国家科学技术学术著作出版基金资助出版
中国科学院中国动物志编辑委员会主编

中国动物志

昆虫纲　第五十六卷
膜翅目
细蜂总科（一）

何俊华　许再福　著

国家自然科学基金重大项目
中国科学院知识创新工程重大项目
(国家自然科学基金委员会　中国科学院　国家科技部　资助)

科学出版社

北　京

内 容 简 介

细蜂总科是膜翅目中发生年代最为久远的昆虫,除个别科或亚科已趋于稳定或仍在扩展外,绝大多数已处于灭绝或孑遗状态。现生类群一般个体比较小,种类也比较少。细蜂总科都是在昆虫体上营寄生性生活,在害虫的自然控制上有一定的影响。该总科是寄生性膜翅目中了解最少的一个类群,在我国尤其如此。

细蜂总科现生 11 个科,国内已发现 6 科。除锤角细蜂科外,本志包括细蜂科、离颚细蜂科、柄腹细蜂科、窄腹细蜂科和修复细蜂科 5 科。内容分总论和各论两大部分。总论中论述了总科名演替,总科的隶属范围和各科研究进展,成虫的形态特征、生物学特性、地理分布,分科检索表,各科简介及总科在地史上的分布。各论部分分别记述各科的属和种 (包括细蜂科的族、亚属和种团) 共 24 属 407 种,除课题立项以来已陆续正式发表的外,本志仍有 1 新属、1 新种团、289 新种、2 中国新记录种团和 4 中国新记录种;各分类阶元有形态特征和分布,并列有检索表。本志有形态特征图共 485 幅。书末附有参考文献、中名索引及学名索引。

本志是我国现生细蜂总科细蜂科、离颚细蜂科、柄腹细蜂科、窄腹细蜂科和修复细蜂科昆虫分类研究现阶段全面、系统的总结,可供生物学、昆虫学和农林等部门的研究、教学人员及高等院校师生查阅和参考。

图书在版编目(CIP)数据

中国动物志. 昆虫纲. 第 56 卷. 膜翅目. 细蜂总科 1 /何俊华,许再福著. —北京:科学出版社,2015

ISBN 978-7-03-044291-8

I. ①中… II. ①何… ②许… III. ①动物志-中国 ②昆虫纲-动物志-中国③膜翅目-动物志-中国 ④细蜂总科-动物志-中国 IV. ①Q958. 52

中国版本图书馆 CIP 数据核字(2015)第 100447 号

责任编辑:矫天扬 /责任校对:郑金红

责任印制:肖 兴 /封面设计:槐寿明

科 学 出 版 社 出版

北京东黄城根北街 16 号
邮政编码:100717
http://www.sciencep.com

中国科学院印刷厂 印刷

科学出版社发行 各地新华书店经销

*

2015 年 6 月第 一 版 开本:787×1092 1/16
2015 年 6 月第一次印刷 印张:67 1/2
字数:1 560 000

定价:350.00 元

(如有印装质量问题,我社负责调换)

Editorial Committee of Fauna Sinica, Chinese Academy of Sciences

FAUNA SINICA

INSECTA Vol. 56
Hymenoptera
Proctotrupoidea (I)

By

He Junhua   Xu Zaifu

A Major Project of the National Natural Science Foundation of China
A Major Project of the Knowledge Innovation Program
of the Chinese Academy of Sciences
(Supported by the National Natural Science Foundation of China,
the Chinese Academy of Sciences, and the Ministry of Science and Technology of China)

Science Press

Beijing, China

前　言

细蜂总科 Proctotrupoidea 隶于膜翅目 Hymenoptera 细腰亚目 Apocrita 寄生部 Parasitica。

细蜂总科是现生膜翅目细腰亚目最古老的类群。在早侏罗纪沉积物中已有化石存在，此后细腰亚目中的其他总科和现生的科才出现。因此，它们在形态构造和生活方式方面比其他寄生性膜翅目变化更多，其隶属和范围也一直比较混乱和庞杂。

重新定义后的细蜂总科有 14 科，其中现生 11 科，只见化石的有 3 科。现生的 11 科中，锤角细蜂科是种数最多的 1 个科，分为 4 个亚科，其中仅锤角细蜂亚科的属种数多些，被认为是细蜂总科中唯一仍在"扩展"的类群，其余 3 个亚科也是趋向"稳定"或已处于"孑遗"的类群。细蜂科是种类位于第 2 位的科，目前已报道 28 属约 396 种，尽管按 H. Townes 和 M. Townes (1981) 估计，可达 40 多属 1200 种，但在膜翅目科中其数量仍然是中下等类群，被认为是处于"稳定"趋势。其余 9 科：柄腹细蜂科、长腹细蜂科、窄腹细蜂科、澳细蜂科、优细蜂科、离颚细蜂科、纤腹细蜂科、修复细蜂科和莫明细蜂科都是只有 1-2 个属，仅 1 种或几种至 20 多种的小科，看来都是属于"孑遗"的类群。事实上，除最后 4 个科外，都已发现有化石种类，有些科的化石属数或种数甚至比现生属种数还多些。

一般地说，该总科是寄生性膜翅目了解最少的一个类群，在我国尤其如此。在本志编写之前，国内基本上没有深入系统的研究，发表的文章也很少。在标本方面，现生类群的 11 个科，我国仅发现 6 科，其中主要寄生于鞘翅目和双翅目的锤角细蜂科比较容易采得，细蜂科偶有获得，窄腹细蜂科和柄腹细蜂科很难遇到，离颚细蜂科和修复细蜂科仅知 1 种，后两科全世界也分别仅知 3 种和 2 种。

作者 1953 年大学毕业留校工作后，师从祝汝佐教授 (1900-1981)，参加水稻螟虫卵寄生蜂调查研究，并广泛采集鳞翅目和半翅目等昆虫的卵，育出了许多缘腹细蜂科的黑卵蜂等蜂类，因此，曾想从事其分类研究，也收集了一些文献资料。当时缘腹细蜂科仍隶属于细蜂总科，从而对细蜂总科也早有兴趣。

1981 年，美国学者 H. Townes 和 M. Townes 夫妇出版 "*A Revision of the Serphidae (Hymenoptera)*"（《世界细蜂科校正研究》）一书，对世界细蜂科的种类作了修订性研究，报道了 26 属 310 种，其中 220 个新种，更正了以往的许多错误，成为迄今唯一最为完整的、可靠性强的世界性专著，为后人的研究奠定了很好的基础。该书列举了新北区 75 种，古北区 62 种 (其中日本 28 种)，澳洲区 60 种，新热区 94 种 (内 91 种是新种)，东洋区 23 种 (主要是菲律宾和尼泊尔种类)，非洲区 10 种。中国种数包括台湾仅 3 属 5 种，且无一种名是国人命名，说明我国当时对细蜂科的研究几乎处于空白状态。细蜂科的研究，在欧美已相当深入，因此，该书作者当时就认为北美洲能够新发现的种类已所剩无几。鉴于我国研究的空白状况及作者手头已有相当数量的标本，预示着值得从事研究并会有美好的前景。于是，从 1984 年开始，作者即已着手准备开展研究。作为前奏，同年作者对世界细蜂科研究状况作了简介，旨在引起国内寄生蜂研究者的兴趣和重视。1986 年招收了硕士研究生共同研究，初步鉴定出 82 种，发表过 4 篇论文。后来由于教学工作和培养研究生，特别是先后集中精力主持编写《中国水稻害虫天敌名录》、《中国稻作害虫名录》、《中国经济昆虫志 姬蜂科》、《中国动物志 茧蜂科 (一) 》、《中国动物志 螯蜂科》、《中国动物志 茧蜂科 (二) 》、《浙江蜂类志》和参加编写《昆虫分类》等书及从事我国松毛虫和十字花科蔬菜害虫天敌调查研究等工作，不得不暂时停下细蜂科的研究。

2003 年，第一作者虽已 73 岁，但上半年尚未退休。因为惯于劳碌、兴趣尚在、身体亦可，加之已经积累了许多标本，所以又想回过头来再作研究，既可驾轻就熟，事半功倍，同时也可了此夙愿，为我国昆虫分类添砖加瓦。关于细蜂科的分类，至 2004 年作者申报编写《中国动物志》前的近 20 多年来，除作者及台湾专家共发表的 10 篇论文外，全世界其他国家仅发表 6 篇论文记述 10 新种，当时估计我国至少有 140-150 种，其种数可雄居世界首位。第一作者深感机不可失，时不再来。于是约请老搭档华南农业大学许再福教授参加申请国家自然科学基金，对第一作者来说有幸获得最后机会 (批准号 30370173)，虽仅资助 2004 年一年，但仍相当珍惜，总之，为后人研究打些基础也好。于是，把过去描述的种类按新要求进行复核和重描，把新标本进行了初分，却也有许多新发现。2004 年秋又有幸获得《中国动物志》课题的编写 (批准号 30499341)，在申报编写计划时，考虑到重新定义后的细蜂总科中我国仅知 6 科，除锤角细蜂科外，其余 5 科作者都研究过，虽然添加内容会多花精力和多用经费，但是为了充分发挥一本书的作用，尽可能提供更多信息，于是仍将本志内容扩大范围，包括细蜂科 Proctotrupidae、离颚细蜂科 Vanhorniidae、柄腹细蜂科 Heloridae、窄腹细蜂科 Roproniidae 和修复细蜂科 Hsiufuroproniidae。为此，又写了一章总科概述。

当作者进一步着手《中国动物志》编写时，有许多困难还是未曾估计到的。首先是细蜂标本相当难采得，有时有多人数天在一地采集，获得蜂类标本好几千，但所需细蜂 (除锤角细蜂外) 或仅几只或竟无一只，因此现在不少新种都是单模；其次是许多种体色、外形和大小几乎一样，增加了种类鉴定和拟定学名的困难；再次，雌雄特征不一，难以配对，将来也可能会有些合并；最后，毕竟年龄比较大了，记忆力下降，效率比过去低多了。

本志包括总论和各论两大部分。总论中论述了总科名演替，总科的隶属范围和研究进展，成虫的形态特征、生物学特性、地理分布、分科检索表、各科简介及总科在地史上的分布。各论部分分别记述各科的属和种 (包括细蜂科的族、亚属和种团) 共24属407种，除课题立项以来已陆续正式发表的外，本志仍有1新属、1新种团、289新种、2中国新记录种团和4中国新记录种 (作者之前已作为新阶元发表的2新属和71新种除外) 的形态特征和分布，并列有各分类阶元检索表和形态特征图共485幅。书末附有参考文献、中名索引及学名索引。模式标本除注明供用单位的外，均存放在杭州市浙江大学昆虫科学研究所寄生蜂标本室。在本志中包括细蜂科19属365种 (研编前全世界和我国属分别为25属和16属，种分别为336种和25种)；柄腹细蜂科1属9种 (研编前全世界和我国均为1属，种分别为12种和2种)；窄腹细蜂科2属30种 (研编前全世界和我国均为2属，种分别为23种和12种)；离颚细蜂科和修复细蜂科未有新的进展。

先后经过27年的努力，现在终于完成了本志的工作，这是世界上唯一一本包含5科的国家细蜂志。在年过80岁时，还能为国土昆虫资源调查和我国细蜂总科分类区系研究作些微薄贡献，作者也深感欣慰。不过，令我难忘的是我的老师、浙江大学老一级教授、植物病理学家陈鸿逵博士 (1900-2008)，91岁时仍每天由保姆陪同送到实验室孜孜不倦地进行研究工作，用显微镜进行镰刀菌分类鉴定。

作者在采集标本时，曾有过两次事故 (故事)，从而对此书有更多一份情怀。一次是2007年7月，在浙江清凉峰国家级自然保护区误入岔路饿狼谷 (小地名)，及至路绝迷途知返，才发现一段上坡有连续480级台阶并见安徽省界石桩，作者老夫妇二人在大山里不停地走了5个小时，未见一人。回想起来相当后怕，一怕心脏病发作；二怕碰到野兽；三怕遇上坏人；四怕下雷阵雨。另一次是同年8月在江西井冈山国家级自然保护区采集，在湘州 (小地名) 为网捕远处一蜂，从斜坡跨步跌翻入长满高草的暗沟，腰和左膝均撞上石块，当时膝盖肿如馒头，现仍有隐痛，没有骨碎或骨折，真是不幸中的大幸。

在本志完成之际，深切怀念和感恩我国寄生蜂专家、业师祝汝佐教授 (1900-1981)，业师蔡邦华院士 (1902-1983)、柳支英教授 (1905-1988)、屈天祥教授 (1915-1980)、唐觉教授 (1917-) 和李学骝教授 (1917-2001) 等在传授知识和各方面给予的关怀。

在编写过程中，中国科学院南京地质及古生物研究所张海春研究员帮助编写了"总科在地史上的分布"一节，首次全面系统地整理了全世界及我国细蜂总科各科已知化石属种及我国种地史上的发生年代和地点，成为本志的一大特色。中南林业科技大学魏美才教授惠赠了他定名的4种窄腹细蜂模式标本及一些未定名标本到我校收藏。所有这些对本志质量的提高都有很大帮助，作者在此谨致以衷心的感谢。

浙江农业大学1986-1989年硕士研究生樊晋江先生和华南农业大学2003-2006年硕士研究生刘经贤先生对细蜂科的编研、整理做过不少有价值的工作。

福建农林大学赵修复、林乃铨、赵景玮、刘长明、黄建，福建林业科学研究所林玉兰，福建武夷山自然保护区汪家社，中国农业大学杨集昆、杨定、王心丽，首都师范大学任东，沈阳农业大学娄巨贤、张治良，南开大学卜文俊，河北大学任国栋，河北邯郸农业研究所马仲实，山西果树研究所曹克诚，河南农业大学原国辉，西北农林科技大学袁锋、张雅林，新疆农业大学王登元，新疆农业科学院马祁、吐尔逊，上海昆虫研究所章伟年，浙江林学院吴鸿、王义平、徐华潮，浙江松阳林科所陈汉林，浙江天目山自然保护区赵明水，苏州大学蔡平，扬州大学杜予州，华中农业大学雷朝亮，湖南林业科学研究院童新旺、倪乐湘，湖南省农业科学院吴慧芬，西南农业大学朱文炳、赵志模，成都白蚁研究所谭速进，贵州大学李子忠，云南农业大学李强等教授、研究员和工程师提供标本、资料和采集时的帮助；加拿大渥太华 Biosystematic Research Centre 的 L. Masner 博士，俄罗斯符拉迪沃斯托克 Institute of Biology and Pedology 的 A. S. Lelej 博士，俄罗斯科学院 Borissiak Paleontological Institute 的 V. A. Kolyada 博士等提供资料，才使得这一工作得以顺利完成。

浙江大学和华南农业大学历届研究生和本科生余晓霞、朴美花、时敏、张红英、魏书军、刘经贤、徐鹏、朱兰兰、胡龙、姚婕敏、曾洁、蒲德强、闫成进、唐璞、王漫漫、宋胜楠、周忠实、肖斌、翁丽琼、洪纯丹、张中润、陈驹坚、蔡亚礼、姜茜、马娟娟、范武青、陈华燕、邱波等不辞辛苦到全国许多省和自治区采集，获得许多珍贵标本；魏书军和刘经贤博士还帮助拍摄标本照片，在此一并致以衷心感谢。

作者在编写过程中还得到浙江大学昆虫科学研究所程家安、刘树生、施祖华、娄永根等教授和华南农业大学陈守坚和侯任环等教授的关怀。浙江大学生物防治研究室寄生蜂课题组陈学新教授和马云副教授给予了多方面的关心和许多具体的帮助，杜彩裕和刘红兵小姐帮助一些文字处理，在此也表示诚挚的谢意！

本志初稿承审阅专家和中国动物志编委会陶冶女士对全文进行了认真、仔细的阅读，对中国动物志专著写作的规范化、学名的拟定及错别字的改正，提出了一些宝贵的建议，帮助提高了本志的质量，也在此表示衷心的感谢！

作者家人顾振芳女士承担全部家务、提醒服药和陪同采集等，外孙、浙江工业大学学生余也奇利用假期帮助文字处理，许再福教授夫人余胜梅女士承担大部分家务和小孩教育等工作，也是本志能及时完成的重要保障。

本志在编写过程中，虽然力求完整、正确，但由于水平有限，时间仓促，难免有一些不足之处，请不吝指正。

何俊华

2015 年 4 月于杭州浙江大学

目 录

总　　论

细蜂总科 Proctotrupoidea 隶于膜翅目 Hymenoptera 细腰亚目 Apocrita 寄生部 Parasitica。该总科是寄生性膜翅目中了解最少的一个类群，在我国尤其如此。细蜂类发生年代久远，可追溯到侏罗纪，甚至到白垩纪，在膜翅目动物相中明显占据优势，占所有化石种中的比率高达 60%，即使到第三纪渐新世，它们在膜翅目中所占比率仍然很高，仅比蚁稍逊。因此，它们在形态构造和生活方式方面比其他寄生性膜翅目变化更多。在现生的细蜂区系中，其隶属和范围也比较混乱和庞杂，目前正在按系统发育，逐步予以澄清。在膜翅目中，近四五十年来，新发现的科很少，但报道的新科却多隶于细蜂总科。

细蜂总科现生 11 科：锤角细蜂科 Diapriidae、柄腹细蜂科 Heloridae、修复细蜂科 Hsiufuproniidae、细蜂科 Proctotrupidae、窄腹细蜂科 Roproniidae、离颚细蜂科 Vanhorniidae、澳细蜂科 Austroniidae、莫明细蜂科 Maamingidae、纤腹细蜂科 Monomachidae、长腹细蜂科 Pelecinidae 和优细蜂科 Peradeniidae。我国仅有前 6 科。其中仅锤角细蜂科和细蜂科种类较多、研究较久，其余各科都比较单纯，或发现较迟或研究不多。本志中未包括锤角细蜂科，将以细蜂科为主。

一、总科名演替

细蜂总科曾经用"Proctotrupoidea"、"Proctotrypoidea"或"Serphoidea"，均因细蜂属 *Serphus* Schrank 的名称演变之故。

关于 Serphidae (Serphoidea) 和 Proctotrupidae (Proctotrupoidea) 的名称，在国际上曾有过争论。国际动物命名委员会禁止使用"*Serphus*"，理由是惯用名可以生效，因而以惯用名"*Proctotrupes*"取而代之，从而其科名（总科名）即为 Proctotrupidae (Proctotrupoidea)。事后曾得到许多研究者的仿效。

但是，H. Townes 和 M. Townes（1981）在对世界细蜂科种类的厘定中，将细蜂科的名称再次恢复使用为"Serphidae"。他认为：属名"*Proctotrupes* Latreille, 1796"要比"*Serphus* Schrank, 1780"迟 16 年；根据国际动物命名法规的优先律 (law of priority)，"*Proctotrupes*"和"*Proctotrypes*"两属名实际上应为"*Serphus*"的次异名 (junior synonym)；因三者具有共同的属模标本，细蜂科正确的名称应为"Serphidae"；并且还认为国际动物命名委员会对"*Serphus*"的禁用并未履行其标准的程序，即刊载此建议于"国际委员会意见"（178 号）出版物中，只是 Francis Hemming 个人的名义，并没有国际动物命名委员会的赞同和许可，也没有委员会对该事项所作的官方建议。另外，发音的相似（即与食蚜蝇属 *Syrphus* 发音相似）并不能作为废弃一科学名称可接受的理由。尽管 H. Townes 和 M. Townes（1981）对细蜂科的研究工作是经典性的，全面深入，影响深远，但是当前绝大部分膜翅目分类工作者并未接受其意见，细蜂属学名仍用 *Proctotrupes* 而摒弃 *Serphus*，细蜂科学名用 Proctotrupidae 而不用 Serphidae，相应的总科名仍用 Proctotrupoidea。

附带一提的是，Latreille (1796) 在 "*Précis des Caractéres Génériques des Insects*" 建立细蜂属 *Proctotrupes* 时，是放在姬蜂科 Ichneumonidae 中的，由两个希腊字 προχτός (肛门、尾) + τρυπάω (钻孔器) 组成，意为产卵管的结构。

二、总科的隶属范围和各科研究进展

(一) 总科的隶属范围

现在多数专家将细蜂总科 Proctotrupoidea 归于膜翅目细腰亚目 Apocrita 的寄生部 Parasitica。

膜翅目习惯上分为细腰亚目和广腰亚目 2 个亚目，虽有一些学者提出质疑，但由于其生物学在分类学上极为实用，而且此分法已根深蒂固，因此，目前多数学者仍接受此传统意义的分类系统，即把并系的广腰亚目和细腰亚目以同等的分类级别来对待。

在细腰亚目传统的分类系统中，过去分成锥尾部 Terebrantia 和针尾部 Aculeata 两大部分时，细蜂总科是隶于针尾部的，与蚁总科 Formicoidea、青蜂总科 Chrysidoidea (=肿腿蜂总科 Bethyloidea)、胡蜂总科 Vespoidea、钩土蜂总科 Tiphioidea (=土蜂总科 Scolioidea)、蛛蜂总科 Pompiloidea、蜜蜂总科 Apoidea 和泥蜂总科 Specoidea 等总科并列。这种分类系统，在我国 20 世纪许多文献中都是如此安排。但是，现在的针尾部也有只分为青 (金) 蜂总科、胡蜂总科和蜜蜂总科 3 个总科的。

20 世纪七八十年代，几位分类学家利用支序分类原理对膜翅目部分类群进行重新分类，将细腰亚目分为寄生部 Parasitica 和针尾部 Aculeata (尽管有专家认为这种分法欠妥，应当抛弃，甚至认为给予"寄生部"作为正式分类地位易引起误解，建议不再应用"寄生部"这个名称，但多数专家仍认为目前还不得不保留它)。寄生部和针尾部范围的唯一区别，就是把细蜂总科从"针尾部"移入"寄生部"内，而与钩腹蜂总科 Trigonalyoidea、巨蜂总科 Megalyroidea、旗腹蜂总科 Evanioidea、冠蜂总科 Stephanioidea、瘿蜂总科 Cynipoidea、小蜂总科 Chalcidoidea、分盾细蜂总科 Ceraphronoidea 和姬蜂总科 Ichneumonoidea 为伍。

Лелей (1995) 在膜翅目细腰亚目的寄生部中，先分成 4 个大类 (型)，即 Ephialtitomorpha (全为化石)、Evaniomorpha、Proctotrupomorpha 和 Ichneumonomorpha。在 Proctotrupomorpha 又分 3 个总科，即细蜂总科、瘿蜂总科和小蜂总科。该作者将 Ceraphronoidea 放在 Evaniomorpha 内。但此分法，目前仍独此一家，似尚未被其他专家接受。

细蜂总科名称，按动物命名法规规范的"-oidea"的写法，最早见于 Ashmead (1899)。但在其前后，下列名称实际所包含的主要内容，均相当于该总科。

Proctotrupii: Latreille, 1802

Oxyuri: Latreille, 1805

Psilotes: Fallén, 1812

Codrini: Dalman, 1820

Proctotrupidae: Stephens, 1829

Oxyurites: Walker, 1836

Proctotrupites: Walker, 1836

Oxyura: Haliday, 1839

Proctotrupoidae: Agassiz, 1846

Proctotrupides: Brulle, 1846

Proctotrupiens: Desmarest, 1860

Proctotrupoidea: Ashmead, 1899

Serphoidea: Brues, 1916

Seryhoidea: Gowdey, 1926

Proctotrupomorpha: Rasnitsyn, 1988

　　关于细蜂总科 (细蜂科) 的范围, 即总科内的成员, 可以说在历史上就是一个相当庞杂的类群, 不仅在早期放入了许多其他类群, 而且在相当长的时期内也包罗了一些不易归属于其他类群的小型细腰亚目蜂类。在 200 多年的发展过程中, 差异很大的类群早已陆续划了出去, 比较接近的类群如分盾细蜂总科也从该总科中分出来。现在又把广腹细蜂总科 Platygastroidea (缘腹细蜂总科 Scelionoidea) 分出。即使如此, 剩余的细蜂总科的组成单元会不会再行划分, 还有待今后进一步研究。

　　Haliday (1839b) 在 "*Hymenopterorum Synopsis*" 论著中, 首次提出隶于细蜂的科级名称。但将隶于细蜂类的各科有放在锥尾部, 也有放在针尾部中, 有关各科名单如下。

Suborder 2.　Petioliventres

　Stirps 3.　Terebellifera

　　Tribe 2.　Oxyura

　　　Fam. 9.　Pelecinidae

　　　Fam.10.　Proctotrupidae

　　　Fam.11.　Diapriidae

　　　Fam.12.　Scelionidae

　　　Fam.13.　Ceraphronidae

　　Tribe 4.　Halticoptera

　　　Fam.17.　Mymaridae

　Strips 4.　Aculeata

　　Tribe 6.　Cenoptera

　　　Fam.19.　Dryinidae

　　　Fam.20.　Bethylidae

按现在标准, 仅 Fam. 9-11 仍隶于细蜂总科。

　　Haliday (1839a) 根据 Latreille (1800) 建立的长腹细蜂属 *Pelecinus* (并于 1810 年指定

Ichneumon polycerator Fabricius 为属模) 提升为长腹细蜂科 Pelecinidae。Brues (1933) 建立过 Pelecinopteridae，但已被 Kozlov (1974) 作为异名。

Westwood (1840) 在 "*Introduction to the Modern Classification of Insects*" 论著中，在细蜂科名下，列有 6 个亚科。

　　Ⅰ. Mymarides

　　Ⅱ. Platygasterides (包括 Scelioninae 和 Platygasterinae)

　　Ⅲ. Ceraphronides

　　Ⅳ. Gonatopides (包括 Bethylinae、Emboleminae 和 Dryininae)

　　Ⅴ. Proctotrupides

　　Ⅵ. Diapriides (包括 Belytinae 和 Diapriinae)

按现在标准，仅 Ⅴ、Ⅵ 仍隶于细蜂总科。

Förster (1856) 在 "*Chalcidae und Proctotrupii*" 论著中，在 Proctotrupii 内列有以下 9 科。其中柄腹细蜂科 Heloroidae 科名是首次建立。

　　Ⅰ. Dryinoidae

　　Ⅱ. Ceraphronoidae

　　Ⅲ. Proctotrupoidae

　　Ⅳ. Scelionoidae

　　Ⅴ. Platygasteroidae

　　Ⅵ. Mymaroidae

　　Ⅶ. Diaprioidae

　　Ⅷ. Belytoidae

　　Ⅸ. Heloroidae

按现在标准，仅Ⅲ、Ⅶ、Ⅷ、Ⅸ隶于细蜂总科；Ⅶ、Ⅷ同隶于锤角细蜂科 Diapriidae。

Thomson (1858-1861) 在 "*Ofvers. K. Vet-Akad. Förh*" 系列论文中，将细蜂科分为 11 族，排列如下。

　　Ⅰ. Proctotrupini

　　Ⅱ. Belytini

　　Ⅲ. Ceraphronini

　　Ⅳ. Diapriini

　　Ⅴ. Ismarini

　　Ⅵ. Helorini

　　Ⅶ. Scelionini

　　Ⅷ. Platygasterini

　　Ⅸ. Telenomini

　　Ⅹ. Dryinini

　　Ⅺ. Epyrini

按现在标准，Ⅰ、Ⅱ、Ⅳ、Ⅴ、Ⅵ隶于细蜂总科，Ⅱ、Ⅳ、Ⅴ同隶于锤角细蜂科。

Ashmead (1893) 在 "*A Monograph of the North American Proctotrupidae*" 专著中，将

细蜂科包括以下 10 个亚科。

Ⅰ. Bethylinae

Ⅱ. Emboleminae

Ⅲ. Dryininae

Ⅳ. Ceraphroninae

Ⅴ. Scelioninae

Ⅵ. Platygasterinae

Ⅶ. Helorinae

Ⅷ. Proctotrupinae

Ⅸ. Belytinae

Ⅹ. Diapriinae

按现在标准，仅Ⅶ-Ⅹ隶于细蜂总科；Ⅸ-Ⅹ同隶于锤角细蜂科。

据 Ashmead (1893) 介绍，自 Latreille 于 1796 年建立细蜂属 *Proctotrupes* 或 *Proctotrypes* 以来，至 1839 年的 40 多年间，Latreille、Dalman、Klug、Jurine、Spinola、Nees、Westwood、Walker 和 Haliday 等学者在"细蜂科"内新添了许多属，但有些属后来被移到瘿蜂科 Cynipidae、土蜂科 Scoliidae、蚁蜂科 Mutillidae、小蜂科 Chalcididae 或茧蜂科 Braconidae 等科内或另立为科。如 Curtis (1832) 建立的新属 *Mymar* (缨小蜂) 就是放在"细蜂科"内的。

Bradley (1905) 建立了窄腹细蜂科 Roproniidae。

Crawford (1909) 建立了离颚细蜂科 Vanhorniidae。H. Townes 和 M. Townes (1981) 将其降为亚科 Vanhorniinae。Wall (1986)、Rasnitsyn (1988) 和何俊华等 (1990) 亦曾如此处理。现仍为独立的科。

Schulz (1911b) 将 Ashmead (1902) 建立的纤腹细蜂亚科 Monomachinae 提升为纤腹细蜂科 Monomachidae。

Essig (1947) 在"*College Entomology*"中将 Serphoidea 分为以下 12 科。

Ⅰ. Diapriidae

Ⅱ. Serphidae

Ⅲ. Calliceratidae (Ceraphronidae)

Ⅳ. Scelionidae

Ⅴ. Platygasteridae

Ⅵ. Embolemidae

Ⅶ. Pelecinidae

Ⅷ. Sclerogibbidae

Ⅸ. Roproniidae

Ⅹ. Heloridae

Ⅺ. Vanhorniidae

Ⅻ. Dicrogeniidae

Masner (1956) 从细蜂总科中分出了缘腹细蜂总科 Scelionoidea。

Maa 和 Yoshimoto（1961）在细蜂总科内建立了一个新科 Loboscelidiidae，但 Day（1978）把 Loboscelidiidae 移到了青蜂科 Chrysididae 中。

Masner 和 Dessart（1967）把分盾细蜂科 Ceraphronidae 提升成分盾细蜂总科 Ceraphronoidea。

Kozlov（1970）将 Riek（1955）在柄腹细蜂科内建立的澳细蜂属 *Austronia* 提升为澳细蜂科 Austroniidae。

Riek（1970）曾把大洋细蜂亚科 Austroserphinae 作为一个独立的科，但这个观点没有被普遍接受。Kozlov（1975）将 Kozlov（1970）在细蜂科 Proctotrupidae 内建立的化石亚科——中细蜂亚科 Mesoserphinae 独立为科——中细蜂科 Mesoserphidae。

Richards（1977）在"*Hymenoptera, Introduction and Key to Family*"（赵修复译，1985，《膜翅目导论及分科检索表》）一书中，把膜翅目细腰亚目先分为寄生部和针尾部，在寄生部中有一细蜂类，再分为缘腹细蜂总科（包含广腹细蜂科和缘腹细蜂科）、细蜂总科（在英国包含锤角细蜂科、柄腹细蜂科和细蜂科）和分盾细蜂总科（包含分盾细蜂科和大痣细蜂科）。

Richards 和 Davies（1977）在"*Imm's General Textbook of Entomology*"中将细腰亚目分为寄生部和针尾部，并分出细蜂总科、缘腹细蜂总科和分盾细蜂总科 3 个总科。在细蜂总科中包括 Peleciniidae、Proctotrupidae、Diapriidae、Vanhorniidae、Heloridae 和 Roproniidae 6 个科。后将 Scelionidae 和 Platygasteridae 归入缘腹细蜂总科 Scelionoidea 内。

Königsmann（1978）认为，细蜂总科似乎包含 3 个自然类群。

锤角细蜂群 Diapriidae *s.l.*：锤角细蜂科 Diapriidae + 缘腹细蜂科 Scelionidae + 广腹细蜂科 Platygasteridae。

柄腹细蜂群 Heloridae *s.l.*：柄腹细蜂科 Heloridae + 离颚细蜂科 Vanhorniidae + 细蜂科 Proctotrupidae + 窄腹细蜂科 Roproniidae。

一个暂时性的进化枝：长腹细蜂科 Pelecinidae + 纤腹细蜂科 Monomachidae。

在 Krombein 等（1979）编著的"*Catalog of Hymenoptera in America North of Mexico*"中，细腰亚目分寄生和针尾部，寄生部中 Proctotrupoidea、Pelecinoidea 和 Ceraphronoidea 3 个总科是分别列出的。

Rasnitsyn（1983）在 Diaprioidea 内建立化石科——侏罗细蜂科 Jurapriidae。

H. Townes 和 M. Townes（1981）在"*A Revision of the Serphidae (Hymenoptera)*"《世界细蜂科校正研究》一书中，认为细蜂科包括 3 个亚科：离颚细蜂亚科 Vanhorniinae、大洋细蜂亚科 Austroserphinae（=Acanthoserphinae）和细蜂亚科 Serphinae（=Proctotrupinae）。但大多数分类学者，如 Königsmann（1979）、Mason（1983）、Naumann 和 Masner（1985）等则把离颚细蜂作为一个独立的科——离颚细蜂科 Vanhorniidae。

Mason（1983）研究了离颚细蜂属 *Vanhornia* 的腹部特征以后，认为离颚细蜂与细蜂科的其他类群相比没有共同的近裔性状（synapomorphy），即没有发现支持把离颚细蜂放在细蜂科内的任何证据。由此认为，离颚细蜂应保留其传统的分类地位，即作为细蜂总科中一个独立的科。在离颚细蜂亚科 Vanhorniinae 内曾包括离颚细蜂属 *Vanhornia* Crawford，1909 和卵腹细蜂属 *Heloriserphus* Masner，1981。在明确离颚细蜂属 *Vanhornia*

的地位之后，卵腹细蜂属 *Heloriserphus* 如何安排？Masner 并没有提出。不过 Masner 本人在参加 H. Towners 和 M. Townes (1981) 一书的编写时，就不同意将此属放在离颚细蜂亚科 Vanhorniinae 中。在 1993 年，Masner 把卵腹细蜂属移入细蜂科 Proctotrupidae 的大洋细蜂亚科 Austroserphinae 内。

Naumann 和 Masner (1985) 建立了优细蜂科 Peradeniidae，仅知分布于大洋洲 (澳洲区)；并对细蜂总科成员进行了详细的形态学研究，提供了现存科的检索表和大量特征图。各科名称如下。

Ⅰ. Peradeniidae

Ⅱ. Heloridae

Ⅲ. Vanhorniidae

Ⅳ. Proctotrupidae

Ⅴ. Peleciniidae

Ⅵ. Roproniidae

Ⅶ. Austroniidae

Ⅷ. Monomachidae

Ⅸ. Diapriidae

Ⅹ. Scelionidae

Ⅺ. Platygasteridae

Gauld 和 Bolton (1988) 在 "*The Hymenoptera*" 专著 (杨忠歧译，1992，《膜翅目》) 和何俊华等 (1999) 在郑乐怡、归鸿主编的《昆虫分类》一书中，膜翅目细蜂总科范围均采用了上述分类系统。

何俊华 (1991) 在《害虫生物防治 (第二版) 》中，在细腰亚目检索表中直接分至总科。将传统细蜂总科分为 3 个总科，即长腹细蜂总科 Pelecinoidea、细蜂总科 Serphoidea (Proctotrupoidea) 和分盾细蜂总科 Ceraphronoidea。该文曾接受了 H. Townes 和 M. Townes (1981)将细蜂科名为 Serphidae 和将离颚细蜂作为细蜂科的亚科——离颚细蜂亚科 Vanhorniinae 的观点。

Masner (1993) 在 Gouler 和 Huber 主编的 "*Hymenoptera of the World: An Identification Guide to Families*" 一书中，分出细蜂总科 Proctotrupoidea、广腹细蜂总科 Platygastroidea 和分盾细蜂总科 Ceraphronoidea。广腹细蜂总科即过去一些学者使用的缘腹细蜂总科 Scelionoidea，学名由 Platygasteroidea 改为 Platygastroidea，仍包括缘腹细蜂科 Scelionidae 和广腹细蜂科 Platygaistridae。细蜂总科内包括其余 9 科：澳细蜂科 Austroniidae、锤角细蜂科 Diapriidae、柄腹细蜂科 Heloridae、纤腹细蜂科 Monomachidae、长腹细蜂科 Pelecinidae、优细蜂科 Peradeniidae、细蜂科 Proctotrupidae、窄腹细蜂科 Roproniidae 和离颚细蜂科 Vanhorniidae。

Kozlov (1994) 根据俄罗斯远东一标本建立了 Renyxidae，但 Lelej 和 Kozlov (1999) 发现 *Renyxa* 属名已在 Litobothridea (Cestoidea) 内被先占后，根据动物命名法规的优先律，遂将 *Renyxa* Kozlov, 1994 属名改为 *Proctorenyxa* Lelej *et* Kozlov, 1999，同时科名 Renyxidae Kozlov, 1994 也更改为 Proctorenyxidae Lelej *et* Kozlov, 1999。

Lelej (1995) 在细蜂总科中，列有 16 个科，其中现生科 13 科，完全绝灭只有化石的有 3 科 (注有 "*")，科名如下：*Mesoserphidae、Pelecinidae、Heloridae、Peradeniidae、Roproniidae、Renyxidae、Proctotrupidae、Vanhorniidae、Austroniidae、Monomachidae、Diapriidae、*Jurapriidae、Scelionidae、Platygasteridae、*Serphitidae、Mymarommatidae。值得注意的是，该作者仍把 Mymarommatidae 放在细蜂总科内。对此科昆虫的分类地位，专家意见一直不一致。最早，该蜂放在细蜂科内 (Duisburg, 1868)。Ashmead (1904) 提出放在小蜂总科后，多从此议。有认为是缨小蜂科 Mymaridae 的一个类群或一个不正常类群，而把它作为一个亚科 Mymaromminae (Blood 和 Kryger, 1922) 处理。Debauche (1948) 建立了 Mymarommidae 作为小蜂总科下的一个独立科，Brues 等 (1954) 改科名为 Mymarommatidae。1979 年，Kozlov 和 Rasnitsyn 根据化石标本，认为它们既不属于小蜂，也不是细蜂，而应属于现已绝迹的古细蜂科 Serphitidae，因而将它作为古细蜂科下的一个亚科。Gibson (1986) 则认为这一看法的证据不足，因为仅仅根据化石标本无法确定许多详细特征。最近几年，有关学者应用系统发育理论研究了柄腹柄翅缨小蜂、缨小蜂及小蜂总科的系统发育关系之后，证实了柄腹柄翅小蜂是一个单源的分类单元，应该成为一个独立的科——柄腹柄翅缨小蜂科 Mymarommatidae (Schauff, 1984；Gibson, 1986)，但不隶于小蜂总科，究竟该属哪一总科，当时仍然无法确定 (Gibson, 1986)。因此，有小蜂分类专家暂时把它称为 "名誉小蜂 (honorary chalcidoids)"。但是，柄腹柄翅缨小蜂科是一类十分稀少的微型寄生蜂，有 3 属 17 种，但其中有 8 种为化石种类，现生者只有 Palaeomymar Meunier 属的 9 种，我国已知 2 种。此科昆虫虽少，但世界各大洲均有分布记录。就一个地区来看，高山和低海拔地区均有。这可能因它个体微小，未能引起人们的注意。Gibson (1993) 将柄腹柄翅缨小蜂科 Mymarommatidae (图 1) 提升为柄腹柄翅缨小蜂总科 Mymarommatoidea，并为此总科中的唯一科。作者拟将此科的中名称为柄腹柄翅缨蜂科。

杨集昆 (1997) 在窄腹细蜂科 Roproniidae 中报道新属修复窄腹细蜂属 Hsiufuropronia，本志现作为修复细蜂科 Hsiufuproniidae (新名，=Proctorenyxidae) 的属模。

Early 等 (2001) 以产于新西兰的新属莫明细蜂属 Maaminga 建立莫明细蜂科 Maamingidae。

何俊华等 (2002)发现我国修复窄腹细蜂属 Hsiufuropronia Yang, 1997 与俄罗斯的 Proctorenyxidae 为同一个科时，曾建议此属中名仍沿用修复细蜂属，科的中名为修复细蜂科。现考虑到 Hsiufuropronia Yang, 1997 早于 Proctorenyxa Lelej et Kozlov, 1999，按 "优先律" 科名学名也应更改为修复细蜂科 Hsiufuproniidae。

关于各时期 "细蜂总科" 内所包含的科，列于表 1；各时期 "细蜂类" 中所包含的总科，列于表 2。

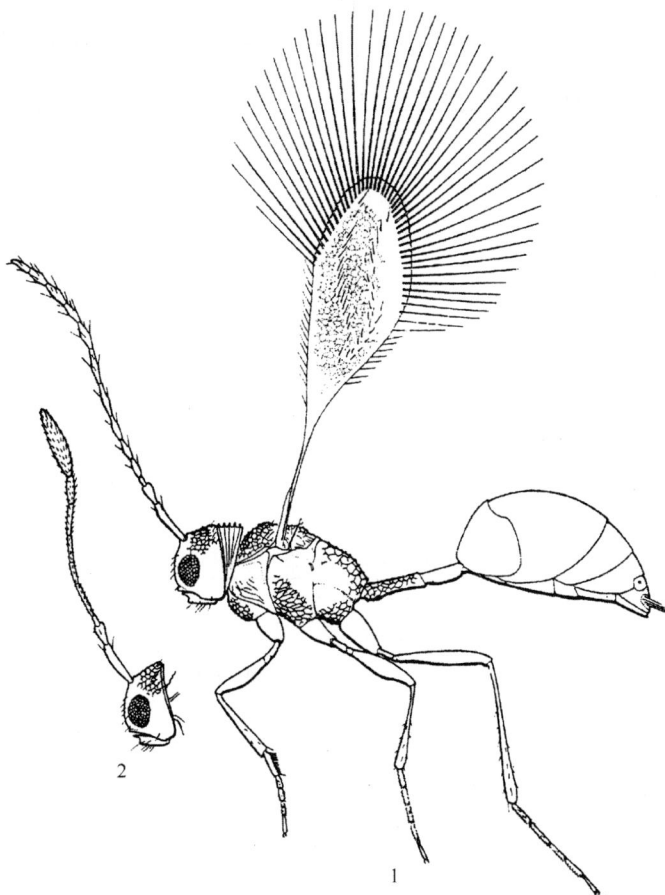

图 1　柄腹柄翅缨小蜂科 Mymarommatidae

1. 雄蜂；2. 雌蜂头部 (仿 Gibson, 1993)

表 1　各时期"细蜂总科"内所包含的科

Haliday, 1839	Westwood, 1840	Förster, 1856	Thomson, 1858-1861	Ashmead, 1893	Essing, 1947	Naumann & Masner, 1985	Lelej, 1995	He & Xu, (本志)
Pelecinidae					Pelecinidae	Pelecinidae	Pelecinidae	Pelecinidae
Proctotrupidae	Proctotrupides	Proctotrupoidae	Proctotrupini	Proctotrupinae	Serphidae	Proctotrupidae	Proctotrupidae	Proctotrupidae
Diapriidae	Diapriides	Diaprioidae	Diapriini	Diapriinae	Diapriidae	Diapriidae	Diapriidae	Diapriidae
Scelionidae		Scelionoidae	Scelionini	Scelioninae	Scelionidae	Scelionidae	Scelionidae	
			Telenomini					
Ceraphronidae	Ceraphronides	Ceraphronoidae	Ceraphronini	Ceraphroninae	Callieeratidae			
	Platygasterides	Platygasteroidae	Platygasterini	Platygasterinae	Platygasteridae	Platygasteridae	Platygasteridae	
		Belytoidae	Belytini	Belytinae				
		Heloroidae	Helorini	Helorinae	Heloridae	Heloridae	Heloridae	Heloridae
			Ismarini					
Mymaridae	Mymarides	Mymaroidae					Mymarommatidae	
					Roproniidae	Roproniidae	Roproniidae	Roproniidae

续表

Haliday, 1839	Westwood, 1840	Förster, 1856	Thomson, 1858-1861	Ashmead, 1893	Essing, 1947	Naumann & Masner, 1985	Lelej, 1995	He & Xu, (本志)
					Vanhorniidae	Vanhorniidae	Vanhorniidae	Vanhorniidae
					Dicrogeniidae			
Dryinidae	Gonatopides	Dryinoidae	Dryinini	Dryininae				
Bethylidae	Bethylinae		Epyrini	Bethylinae				
	Emboleminae			Emboleminae	Embolemidae			
					Sclerogibbidae			
						Monomachidae	Monomachidae	Monomachidae
						Austroniidae		Austroniidae
						Peradeniidae	Peradeniidae	Peradeniidae
							Renyxidae	Hsiufuproniidae
								Maamingidae

表2　各时期"细蜂类"各科所隶属的总科

	Borror et al., 1976	Richards & Davies, 1977	Königsmann, 1978	Muesebeck, 1979	何俊华, 1991	Masner, 1993	Lelej, 1995	He & Xu (本志)
长腹细蜂科 Pelecinidae	Pelecinoidea	Proctotrupoidea	一暂时进化枝	Pelecinoidea	Pelecinoidea	Proctotrupoidea	Proctotrupoidea	Proctotrupoidea
细蜂科 Proctotrupidae	Proctotrupoidea	Proctotrupoidea	Heloridae s. l.	Proctotrupoidea	Serphoidea		Proctotrupoidea	Proctotrupoidea
锤角细蜂科 Diapriidae	Proctotrupoidea	Proctotrupoidea	Diapriidae s. l.	Proctotrupoidea	Serphoidea		Proctotrupoidea	Proctotrupoidea
柄腹细蜂科 Heloridae	Proctotrupoidea	Proctotrupoidea	Heloridae s. l.	Proctotrupoidea	Serphoidea		Proctotrupoidea	Proctotrupoidea
窄腹细蜂科 Roproniidae	Proctotrupoidea	Proctotrupoidea	Heloridae s. l.	Proctotrupoidea	Serphoidea		Proctotrupoidea	Proctotrupoidea
离颚细蜂科 Vanhorniidae	Proctotrupoidea	Proctotrupoidea	Heloridae s. l.	Proctotrupoidea	Serphoidea		Proctotrupoidea	Proctotrupoidea
纤腹细蜂科 Monomachidae			一暂时进化枝				Proctotrupoidea	Proctotrupoidea
澳细蜂科 Austronidae							Proctotrupoidea	Proctotrupoidea
优细蜂科 Peradeniidae							Proctotrupoidea	Proctotrupoidea
修复细蜂科 Hsiufuproniidae							Proctotrupoidea	Proctotrupoidea
莫明细蜂科 Maamingidae								Proctotrupoidea
缘腹细蜂科 Scelionidae	Proctotrupoidea	Scelionoidea	Diapriidae s. l.	Proctotrupoidea	Serphoidea	Platygastroidea	Proctotrupoidea	Platygastroidea
广腹细蜂科 Platygastridae	Proctotrupoidea	Scelionoidea	Diapriidae s. l.	Proctotrupoidea	Serphoidea	Platygastroidea	Proctotrupoidea	Platygastroidea
分盾细蜂科 Ceraphronidae	Ceraphronoidea	Ceraphronoidea		Ceraphronoidea	Ceraphronoidea	Ceraphronoidea	Ceraphronoidea	Ceraphronoidea
大痣细蜂科 Megaspinidae	Ceraphronoidea	Ceraphronoidea		Ceraphronoidea	Ceraphronoidea	Ceraphronoidea	Ceraphronoidea	Ceraphronoidea
柄腹柄翅缨蜂科 Mymarommatidae							Proctotrupoidea	

(二) 各科研究进展

细蜂总科 Proctotrupoidea 现生 11 科：锤角细蜂科 Diapriidae、柄腹细蜂科 Heloridae、修复细蜂科 Hsiufuproniidae、细蜂科 Proctotrupidae、窄腹细蜂科 Roproniidae、离颚细蜂科 Vanhorniidae、澳细蜂科 Austroniidae、莫明细蜂科 Maamingidae、纤腹细蜂科 Monomachidae、长腹细蜂科 Peleciniidae 和优细蜂科 Peradeniidae。我国仅有前 6 科。其中，仅锤角细蜂科和细蜂科为数较多、研究较久，其余各科都比较单纯，或发现较迟或研究不多。本志中未包括锤角细蜂科，因此研究进展将以细蜂科为主，对其余 4 科作些简介。

1. 细蜂科 Proctotrupidae

细蜂科 Proctotrupidae 名称系根据细蜂属 *Proctotrupes* Latreille, 1796 而来。其实在 *Proctotrupes* Latreille, 1796 之前 16 年，已有 *Serphus* Schrank, 1780 名称，且属模标本为同一个种，这两个名称的纠葛和变化，在 "总科名演潜" 中已经介绍，不再赘述。按动物命名法规，细蜂科科级名称 "-idae" 是 1839 年 Haliday 提出的，但在以前，Haliday (1833) 的 *Proctotrupes* 及 Nees ab Esenbeck (1834) 的 Proctotrupii 实际上具有相当于科的地位，并且曾有许多现已移入其他科的属种也放在其内。除此之外，历史上还有一些具有细蜂科地位的名称如下。

Proctotrupes Haliday, 1833

Proctotrupii: Nees ab Esenbeck, 1834

Proctotrupidae: Haliday, 1839

Proctotrupides: Westwood, 1840

Proctotrupiens: Brulle, 1846

Cordinidae: Dahlbom, 1858

Proctotrupini: Thomson, 1858

Proctotrupoidae: Walker, 1873

Proctotrupinae: Howard, 1886

Serphidae: Kieffer, 1909

在 Haliday (1839) 提出细蜂科科名之前，细蜂内是相当庞杂的，包括许多不属于现代细蜂范围的类群，在 "总科的隶属范围" 中已有述及。与现代细蜂科内容研究有关的学者有：Linnaeus (1758, 1761, 1767)，Brünich (1761)，Gmelin (1770)，P. L. Müller (1775)，Fabricius (1775, 1781, 1787, 1793, 1798, 1804)，O. F. Müller (1776)，Schrank (1780, 1802)，Villier (1789)，Christ (1791)，Olivier (1792)，Panzer (1801, 1805)，Walckernaer (1802)，Latreille (1802, 1805, 1806)，Jurine (1807)，Gravenhorst (1807)，Illiger (1807)，Klug (1807)，Spinola (1808)，Rafinesque (1815)，Lamarck (1817, 1835)，Germar (1819)，Thunberg (1822)，Le Peletier 和 Serville (1825)，Stephens (1829)，Nees ab Esenbeck (1834)，Say (1836)，Labram 和 Imhoff (1838) 及 Curtis (1939) 等。他们建立了 *Proctotrupes* 和 *Codrus* 2 新属，并报道了一些新种，但多数种为重复记述，按现在标准有效种为 13 种，已分隶于 5 属中。

其中，有些学名至今仍有效，如 *Codrus niger* Panzer, 1805 和 *Proctotrupes caudatus* Say, 1824；但有些属名已变更，如 *Codrus pallipes* Jurine, 1807 现为 *Phaenoserphus pallipes* (Jurine, 1807), *Proctotrupes abruptus* Say, 1836 现为 *Brachyserphus abruptus* (Say, 1836)；也有原来是放在姬蜂科内，如 *Icheumon gravidator* Linnaeus, 1758 现为 *Proctotrupes gravidator* (Linnaeus, 1758)，此名到 1807 年由 Jurine 搬到细蜂科的 *Codrus* 内，但到 1822 年还有人仍旧延用 *Icheumon gravidator* 名，说明当时信息交流不畅。

Haliday (1839a) 以 *Proctotrupes* 属名发表 18 种，目前有效种名仍有 9 种，但已分隶于 8 个属中。此后，至 19 世纪末 20 世纪初的 50 多年间，研究专家人数不少，但研究成果总的看来不多。这期间发表过论文的专家有：Blanchard (1840)，Herrich-Schäffer (1840)，Westwood (1840)，Zetterstedt (1840)，Agassiz (1846)，Brullé (1846)，Curtis (1846)，Gistel (1848)，Kirchner (1856)，Förster (1856, 1861)，Dahlbom (1858)，Thomson (1858, 1859)，Say (1859)，Desmarest (1860)，Holmgren (1868)，Marshall (1873)，Walker (1874)，Vollenhoven (1876, 1879)，Smith (1878)，Patton (1879)，Gribodo (1880)，Hutton (1881)，Provancher (1881, 1883)，Möller (1882)，Dalla Torre (1885, 1898)，Howard (1886)，Cresson (1887), Ashmead (1887-1902) 和 Cameron (1888) 等。但所记述种类，其新种现在仍作为有效种名的仅 11 种，分隶于 9 属。

Ashmead (1893) 记述了北美细蜂科的 *Proctotrupes* 20 种，其中 8 新种 (现存 6 种)。1900-1904 年的 4 篇论文中仍有 5 种细蜂作为有效种名存在 (现分隶于 4 属)。他的工作，虽对新北区种类进行初步厘定，但是使用他的著作可能只有参考价值；他们的描述很难与模式对上号 (H. Townes 和 M. Townes, 1981)。

Kieffer (1914) 对世界细蜂科的研究专著，记录了 6 属 137 种或亚种，内含 1 新种。此外，Kieffer (1904, 1907, 1908a, 1908b, 1909, 1913) 在 6 篇论文发表的种类中现在仍作为有效种名存在的有 12 种 (分隶于 4 属)。据 H. Townes 和 M. Townes (1981) 评述，Kieffer 对世界细蜂科的研究专著，多半属于编辑工作，对种类的鉴定不大可靠，但是其资料的完整性也相当有用。

Dodd (1915, 1920, 1933) 的研究涉及了大洋细蜂亚科 Austrostrphinae 和细蜂亚科 Proctotrupinae，报道的澳洲区和东洋区种类中，有 10 种仍作为有效种存在，但属名多有变动，现分隶于 7 个属。

Brues (1909, 1910, 1916, 1919, 1923, 1940) 发表了不少论文，其中 Brues (1919) 对新北区种类初步厘定，共记述了 4 属 39 种，内含 13 新种，但目前他命名的有效学名 12 种 (内化石 2 种)。H. Townes 和 M. Townes (1981) 对他工作的评价是，因其描述与模式标本很难对上号，只有参考价值。

从 20 世纪初至 70 年代末，有关细蜂科文献资料很多，他们描述了大量新种，但目前仅 18 新种现在仍然成立 (注有"*"者)，不少已被异名。文献有：Harrington (1900), Cameron (1912), Meunier (1920——1 种*), Box (1921), Morley (1922——2 种*, 1923, 1929、1931), Williams (1932), Fouts (1936), Maneval (1937), Nixon (1938——1 种*, 1940, 1942——1 种*, 1957), Szelényi (1940), Hellén (1941——1 种*), Mani (1941), Tomšik (1942, 1944), Watanabe (1949、1954——2 种*), Risbec (1950——1 种*), Stelfox (1950——1 种*, 1966),

Muesebeck 和 Walkey (1951——1 种*, 1956)，Samedov (1954)，Riek (1955, 1970)，Pschorn-Walcher (1958——1 种*, 1964——2 种*, 1971)，Kelner-Pillault (1958)，Muesebeck (1958)，Ogloblin (1960——1 种*)，Masner (1958, 1961——1 种*, 1965, 1967, 1969, 1981——1 种*)，Pisica 和 Fabritius (1962)，Hedqvist (1963)，Baltazar (1966)，Meusebeck 和 Masner (1967)，De Santis (1967)，Roth (1968)，Oehlke (1969)，Teodorescu (1969)，Drake (1970)，Sundholm (1970)，Kozlov (1970, 1971, 1972——1 种*, 1975)，Dessart (1975)，Richard 和 Davies (1977)，Fergusson (1978)，Königasmann (1978)，Fabritius (1980)，Hoebeke (1980)，Rasnitsyn (1980)等。其中，比较重要的文献如下。

Nixon (1938) 记载了英国细蜂科种类 6 属 29 种，内 6 新种。

Pschorn-Walcher (1964) 报道了日本细蜂科种类 3 属 8 种，内 1 新种。

Pschorn-Walcher (1971) 记录了瑞士细蜂科种类，计 8 属 31 种。

Kozlov (1978) 以检索表形式报道苏联细蜂科种类 10 属 37 种，但属种学名已有较大变动。

Muesebeck (1979) 记录北美 5 属 53 种。但多已被异名，有效学名仅 20 种。

H. Townes 和 M. Townes (1981) 认为，这一时期的细蜂科分类研究工作，多数是重复工作而参考价值较小。以前的资料中有许多鉴定不正确或有问题，或者分类鉴定实际上不能区分种，使得文献资料的可用性或可靠性有所降低，而且经常会出现不正确的命名，给细蜂科的深入研究设置了重重障碍。究其原因，可能是当时欧洲社会动荡，交通不便，信息不畅，各国昆虫学家分别研究描述自己所发现的种类之故。虽然在 Nixon (1938) 的英国细蜂科种类的厘定发表之后，有关欧洲细蜂科种类的文献资料的可靠性有了明显的改善。但是此后欧洲仍有不正确的命名，不止一种细蜂常常习惯性地混于 *Serphus gravidator*、*Cryptoserphus aculeator*、*Exallonyx microserus*、*Exallonyx ligatus*、*Exallonyx confuses* 或 *Exallonyx gracilis* 名称之下。

H. Townes 和 M. Townes (1981) 对细蜂科的分类研究工作影响最为深远。他们出版的专著 "*A Revision of the Serphidae (Hymenoptera)*"《世界细蜂科校正研究》对世界细蜂科的种类作了全面的修订性研究。在书中作者认为细蜂科包括 3 个亚科：离颚细蜂亚科 Vanhorniinae、大洋细蜂亚科 Austroserphinae (=Acanthoserphinae) 和细蜂亚科 Proctotrupinae (=Serphinae)。但大多数分类学者则把离颚细蜂作为一个独立的科——离颚细蜂科 Vanhorniidae。在离颚细蜂亚科 Vanhorniinae 内曾包括卵腹细蜂属 *Heloriserphus* Masner, 1981 (Masner 在参编此书时就不同意把此属放在离颚细蜂亚科 Vanhorniinae 中)，在 Masner (1993)已把该属移入细蜂科 Proctotrupidae 的大洋细蜂亚科内。Riek (1970) 曾把大洋细蜂亚科作为一个独立的科，但这个观点没有被普遍接受。因此，目前比较一致的意见是离颚细蜂科为独立的科，细蜂科分为细蜂亚科和大洋细蜂亚科 2 个亚科。

细蜂亚科包括细蜂科中绝大多数的属和种，已知属占 84%，已知种占 98%，广泛分布于世界各地。据 H. Townes 和 M. Townes (1981)报道，细蜂亚科有 21 属 302 种，估计可能达到 40 属 1200 种。在细蜂科中，叉齿细蜂属 *Exallonyx* 种类为数最多，当时有 162 种，估计可达 750 种，均超过种的半数。全世界目前所知种中，绝大部分都是新北区和欧洲种类，其他地区则知之甚少。据估计，印澳区应是种类相当丰富而多样的地区。1981

年时我国仅知细蜂科 2 族 3 属 5 种，没有一种是国人记述发表的。

H. Townes 和 M. Townes (1981) 报道细蜂科 26 属 310 种，内有 8 新属 204 个新种及 1 个新亚种，更正了以往的错误，成为迄今唯一的、完整的、可靠性强的世界性专著，为后人的研究开辟了道路。其中列举了细蜂科在新北区的 13 属 75 种，使得在北美洲能够发现的种类，已所剩无几。同时记述新热区 9 属 103 种，古北区 15 属 66 种，东洋区 9 属 26 种，澳洲区 10 属 58 种，非洲区 3 属 11 种。东洋区和非洲区种类奇少，估计是研究标本不足所致。绝大部分种类均仅在单区存在，如新北区和新热区都分布仅有 5 种，新北区和古北区都分布的有 12 种，古北区和东洋区都分布的仅 1 种，古北区、新北区和东洋区都分布的仅 1 种，全球分布的也仅 1 种。该书中记录中国 5 种 (内产于台湾的 3 种)，而记述我国附近国家日本 28 种，菲律宾 12 种，尼泊尔 8 种。由此也可看出我国这一类群的分类研究，当时仍处于空白状态。

此后至今 30 年间，据 "Zoological Record" 收录，尽管细蜂总科 Proctotrupoidea (包括缘腹细蜂总科等) 的研究还是比较活跃的，但现生细蜂科的研究除我国描述 2 新属和一些新种外，国外却相当沉寂。在此期间，Johnson (1992) 出版了 "Catalog of World Species of Proctotrupoidea, Exclusive of Platygastridae (Hymenoptera)" 一书。细蜂亚科分为 3 族：分沟细蜂族 Disogmini、隐颚细蜂族 Cryptoserphini 和细蜂族 Proctotrupini。

此外，在国外现生细蜂科仅发表过 6 篇论文，在 6 属中增加 10 新种，如下。

Rajmohana 和 Narendra (1996) 记述印度 4 新种：*Phaenoserphus keralensis, P. longigena, P. sureshi, P. transverses*。

Kolyada (1996) 记述俄罗斯 1 新种：*Pschorinia rossica*。该作者已于 2007 年将此移至 *Oxyserphus*。

Kolyada (1997) 记述俄罗斯和蒙古 2 新种：*Brachyserphus nudipleuralis, B. striatopro podeatus*。

Kolyada (1999) 记述俄罗斯 1 新种：*Parthenocedrus puncticauda*。

Kolyada 等 (2004) 记述南非 1 新种：*Exallonyx townesi*，但此学名已为 He & Fan (2004) 先占。

Buhl (1998) 记述希腊 1 新种：*Discogmus quinquedentatus*。

Kolyada 曾在 1998 年有关著作的检索表中报道过俄罗斯和蒙古 1 种，即 *Proctotrupes terminator* 及俄罗斯远东 2 种，即 *Phaenoserphus cyanescens, P. kurilensis*。现据 Kolyada 说明 (2011 年 8 月私人通信) 此 3 种均尚未正式发表，系裸名。

从 H. Townes 和 M. Townes (1981) 对全世界种类校正研究结果来看，我国细蜂科寄生蜂种类的研究与别国相比，差距甚远，且当时尚无人涉及，令国内寄生蜂研究者深为羞愧。何俊华 (1984) 对当时世界细蜂科研究概况作了一个简介，旨在引起我国广大寄生蜂研究者对细蜂科这一特殊类群的注意。此后，在收集标本和资料，准备招收研究生开展系统研究的同时，何俊华 (1985) 对珍奇前沟细蜂 *Nothoserphus mirabilis* Brues，1940 的新寄主进行了报道。可以说，这是我国对细蜂科种类着手进行全面研究的前奏。此后，林珪瑞 (1987) 对我国台湾的前沟细蜂属 *Nothoserphus* Brues，1940 进行了分类研究，发表了 4 新种和 1 新记录种；1988 年又记述了台湾的细蜂科 (Serphidae) 2 新属，即马氏细

蜂属 *Maaserphus* Lin 和尖脊细蜂属 *Phoxoserphus* Lin，前者包括 5 个新种，后者包括 2 个新种，还报道了 7 个新记录属。20 世纪 90 年代至 2005 年本志立项之前，樊晋江和何俊华 (1990, 1991, 1993, 2003)，何俊华和樊晋江 (1991)，何俊华 (2004)，何俊华和许再福 (2004a, 2004b) 共报道了 1 新属、32 新种和 1 中国新记录属、6 中国新记录种。至此时，我国已知 2 族 16 属 56 种，其中，国人报道的 3 新属 45 新种。立项《中国动物志》研编之后，何俊华等 (2006)，刘经贤等 (2006a, 2006b, 2006c, 2011)，许再福等 (2007a)，许再福等 (2007b)，何俊华和许再福 (2007, 2010, 2011)，许再福和何俊华 (2010)，又陆续发表了一些中国新属新种。至此，我国共记述 18 属 95 种，其中模式产地在中国的 5 属 84 种 (内国人定名的有 4 新属 80 新种)，使我国细蜂科的研究呈现出新的面貌。

我国已知属种名录如下 (注有"*"符号者系作为新单元记述及模式产地；注有"[ ]"者系报道此中国新记录的作者和年份)。

细蜂亚科 Proctotrupinae Haliday, 1839.

分沟细蜂族 Disogmini.

分沟细蜂属 *Disogmus* Förster, 1856. [Lin, 1988. 台湾未记述种]

隐颚细蜂族 Cryptoserphini.

*前沟细蜂属 *Nothoserphus* Brues, 1940.

*浅沟前沟细蜂 *N. debilis* Townes, 1981. *台湾，广西

*瓢虫前沟细蜂 *N. epilachnae* Pschorn-Walcher, 1950. *云南，陕西，浙江，台湾，华南某地

*珍奇前沟细蜂 *N. mirabilis* Brues, 1940. *台湾，福建，浙江，湖南，贵州

*分沟前沟细蜂 *N. partitus* Lin, 1987. *台湾

*汤氏前沟细蜂 *N. townesi* Lin, 1987. *台湾

*褐足前沟细蜂 *N. fuscipes* Lin, 1987. *台湾

*圆突前沟细蜂 *N. admirabilis* Lin, 1987. *台湾

光沟前沟细蜂 *N. aequalis* Townes, 1981. [Lin, 1987. 台湾]

*无沟前沟细蜂 *N. asulacatus* He et Fan, 1991. *云南

*四脊前沟细蜂 *N. quadricarinatus* He et Fan, 1991. *云南

*尖脊细蜂属 *Phoxoserphus* Lin, 1988.

*弱小尖脊细蜂 *Ph. vesculin* Lin, 1988. *台湾

*林氏尖脊细蜂 *Ph. chikoi* Lin, 1988. *台湾

洼缝细蜂属 *Tretoserphus* Townes, 1981. [何俊华等, 1991. 浙江]

落叶松洼缝细蜂 *T. laricis* (Haliday, 1981). [何俊华等, 1991. 浙江]

隐颚细蜂属 *Cryptoserphus* Kieffer, 1907. [Lin, 1988. 福建]

针尾隐颚细蜂 *C. aculeator* Haliday, 1839. [何俊华等, 1991. 福建，贵州]

柄脉细蜂属 *Mischoserphus* Townes, 1981. [Lin, 1988. 台湾]

*中华柄脉细蜂 *M. sinensis* He et Xu, 2004. *浙江

佐村柄脉细蜂 *M. samurai* (Pschor-Walcher, 1964). [何俊华等, 2004. 浙江]

*马氏细蜂属 *Maaserphus* Lin, 1988.

　　　　　*基沟马氏细蜂　*M. basalis* Lin, 1988. *台湾

　　　　　*刻条马氏细蜂　*M. striatus* Lin, 1988. *台湾

　　　　　*褐足马氏细蜂　*M. fuscipes* Lin, 1988. *台湾

　　　　　*长尾马氏细蜂　*M. longicaudus* Lin, 1988. *台湾

　　　　　*短尾马氏细蜂　*M. brevicaudus* Lin, 1988. *台湾

　　　畦颈细蜂属　*Homorserphus* Townes, 1981. [Lin, 1988. 台湾]

　　　　　*中华畦颈细蜂　*H. chinensis* He et Fan, 1991. *四川

　　　短细蜂属　*Brachyserphus* Hellen, 1941. [Lin, 1988. 台湾]

　　　　　*福建短细蜂　*B. fujianensis* He et Fan, 1991. *福建

　　　　　*周氏短细蜂　*B. choui* He et Xu, 2011. *陕西

　　　　　*天目山短细蜂　*B. tianmushanensis* He et Xu, 2011. *浙江

　　　　　*贵州短细蜂　*B. guizhouensis* He et Xu, 2011. *贵州

　　　　　*神农架短细蜂　*B. shennongjiaensis* He et Xu, 2011. *湖北

　　细蜂族　Proctotrupini.

　　　肿额细蜂属　*Codrus* Panzer, 1805. [樊晋江等, 1993. 福建]

　　　　　*赵氏肿额细蜂　*C. chaoi* Fan et He, 2003. *福建

　　　　　*新疆肿额细蜂　*C. xinjiangensis* He et Xu, 2010. *新疆

　　　　　*秦岭肿额细蜂　*C. qinlingensis* He et Xu, 2010. *陕西

　　　　　*窄痣肿额细蜂　*C. tenuistigmus* He et Xu, 2010. *贵州

　　　　　黑肿额细蜂　*C. niger* Panzer, 1805. [许再福等, 2010. 河北，山东]

　　　　　*学新肿额细蜂　*C. xuexini* He et Xu, 2010. *贵州

　　　　　*天目山肿额细蜂　*C. tianmushanensis* He et Xu, 2010. *浙江

　　　*刻胸细蜂属　*Glyptoserphus* Fan et He, 1993.

　　　　　*中华刻胸细蜂　*G. chinensis* Fan et He, 1993. *四川

　　　光胸细蜂属　*Phaenoserphus* Kieffer, 1908. [Lin, 1988. 台湾]

　　　　　*雾灵光胸细蜂　*P. wulingensis* He et Xu, 2010. *河北

　　　　　*皱胸光胸细蜂　*P. rugosipronotum* He et Xu, 2010. *湖北

　　　　　*黄褐足光胸细蜂　*P. fulvipes* He et Xu, 2010. *新疆

　　　　　*短径光胸细蜂　*P. brevicellus* He et Xu, 2010. *河北

　　　*强脊细蜂属　*Carinaserphus* He et Xu, 2007.

　　　　　*中华强脊细蜂　*C. sinensis* He et Xu, 2007. *河南

　　　细蜂属　*Proctotrupes* Latrailla, 1796.

　　　　　短翅细蜂　*P. brachypterus* (Schrank, 1780). [何俊华等, 2004. 浙江，江苏，湖北，湖南]

　　　　　膨腹细蜂　*P. gravidator* (Linnaeus, 1768). [H. Townes 和 M. Townes, 1981. 浙江，甘肃，新疆，江西，湖北，四川，广西，云南]

　　　　　*中华细蜂　*P. sinensis* He et Fan, 2004. *浙江，*吉林，*北京，*河北，*河南，*江西，*湖北，*贵州

中沟细蜂属 *Parthenocodrus* Pschorn-Walcher, 1958. [樊晋江等, 1993]
　　*康定中沟细蜂 *P. kangdingensis* He *et* Xu, 2004. *四川
　　*梵净山中沟细蜂 *P. fanjinshanensis* He *et* Xu, 2011. *贵州
　　*褐足中沟细蜂 *P. fuscipes* He *et* Xu, 2011. *四川
　　*鼓鞭中沟细蜂 *P. tumidiflagellum* He *et* Xu, 2011. *河北
　　*多沟中沟细蜂 *P. multisulcus* He *et* Xu, 2011. *四川
无翅细蜂属 *Paracodrus* Kieffer, 1907. [樊晋江等, 1990. 甘肃]
　　叩甲无翅细蜂 *P. apterogynus* (Haliday, 1839). [樊晋江等, 1990. 甘肃]
脊额细蜂属 *Phaneroserphus* Pschorn-Walcher, 1958. [Lin, 1988]
　　*赵氏脊额细蜂 *P. chaoi* Fan *et* He, 1991. *福建
　　*云南脊额细蜂 *P. yunnanensis* Fan *et* He, 1991. *云南
　　点柄脊额细蜂 *P. punctibasis* Townes, 1981. [何俊华等, 2011. 福建]
　　*卜氏脊额细蜂 *P. bui* Liu, He *et* Xu, 2011. *湖北
　　冠脊额细蜂 *P. cristatus* Townes, 1981. [何俊华等, 2011. 吉林]
　　*黑胫脊额细蜂 *P. nigritibialis* Liu, He *et* Xu, 2011. *贵州
叉齿细蜂属 *Exallonyx* Kieffer, 1904. [H. Townes 和 M. Townes, 1981. 台湾]
　　*邱氏叉齿细蜂 *E. chiuae* Townes, 1981. *台湾
　　*针铗叉齿细蜂 *E. acuticlasper* Fan *et* He, 2003. *福建
　　*短叉齿细蜂 *E. brachycerus* Fan *et* He, 2003. *福建
　　*福建叉齿细蜂 *E. fujianensis* Fan *et* He, 2003. *福建
　　*光滑叉齿细蜂 *E. lavigatus* Fan *et* He, 2003. *浙江，福建
　　*长角叉齿细蜂 *E. longicornis* Fan *et* He, 2003. *云南，*福建
　　*黑角叉齿细蜂 *E. nigricornis* Fan *et* He, 2003. *福建
　　*平颈叉齿细蜂 *E. platocollus* Fan *et* He, 2003. *福建
　　短角原叉齿细蜂 *E. brevicornis* (Haliday, 1839). [何俊华等, 2004. 浙江]
　　*近缘叉齿细蜂 *E. accolus* He *et* Fan, 2004. *浙江
　　*短柄叉齿细蜂 *E. brevibasis* He *et* Fan, 2004. *浙江
　　*短颊叉齿细蜂 *E. brevigena* He *et* Fan, 2004. *浙江，*吉林
　　*赵氏叉齿细蜂 *E. chaoi* He *et* Fan, 2004. *浙江
　　*皱颈叉齿细蜂 *E. corrugicollus* He *et* Fan, 2004. *浙江
　　*瘦小叉齿细蜂 *E. ejunicidus* He *et* Fan, 2004. *浙江
　　*纤细叉齿细蜂 *E. exilis* He *et* Fan, 2004. *浙江
　　*烟色叉齿细蜂 *E. fuliginis* He *et* Fan, 2004. *浙江
　　*杭州叉齿细蜂 *E. hangzhouensis* He *et* Fan, 2004. *浙江
　　*长沟叉齿细蜂 *E. longisulcus* He *et* Fan, 2004. *浙江
　　*黑色叉齿细蜂 *E. nigricans* He *et* Fan, 2004. *浙江
　　*天目山叉齿细蜂 *E. tianmushanensis* He *et* Fan, 2004. *浙江
　　*汤斯叉齿细蜂 *E. townesi* He *et* Fan, 2004. *浙江

*双鬃叉齿细蜂 *E. varia* He *et* Fan, 2004. *浙江

*浙江叉齿细蜂 *E. zhejiangensis* He *et* Fan, 2004. *浙江

*无凹叉齿细蜂 *E. exfoveatus* He, Liu *et* Xu, 2006. *陕西

*强脊叉齿细蜂 *E. firmus* He, Liu *et* Xu, 2006. *浙江

*屏边叉齿细蜂 *E. pingbianensis* Liu, He *et* Xu, 2006. *云南

*束柄叉齿细蜂 *E. strictus* Liu, He *et* Xu, 2006. *河南，*陕西，*甘肃

*短脊叉齿细蜂 *E. brevicarinus* Liu, He *et* Xu, 2006. *贵州

*黑唇叉齿细蜂 *E. nigrolabius* Liu, He *et* Xu, 2006. *陕西，*浙江

*密皱叉齿细蜂 *E. densirugolosus* Liu, He *et* Xu, 2006. *内蒙古，*陕西

*散沟叉齿细蜂 *E. inconditus* Liu, He *et* Xu, 2006. *辽宁

*光腰叉齿细蜂 *E. laevipropodeum* Liu, He *et* Xu, 2006. *贵州

*红颚叉齿细蜂 *E. rufimandibularis* Xu, Liu *et* He, 2007. *广东，*广西

*弓皱叉齿细蜂 *E. arcus* Xu, Liu *et* He, 2007. *浙江，*广西

*网柄叉齿细蜂 *E. areolatus* Xu, He *et* Liu, 2007. *浙江

*凹唇叉齿细蜂 *E. concavus* Xu, He *et* Liu, 2007. *陕西

*宽脊叉齿细蜂 *E. planus* Xu, He *et* Liu, 2007. *贵州

*长颊叉齿细蜂 *E. longimalus* Xu, He *et* Liu, 2007. *贵州

*吴氏叉齿细蜂 *E. wuae* Xu, He *et* Liu, 2007. *浙江

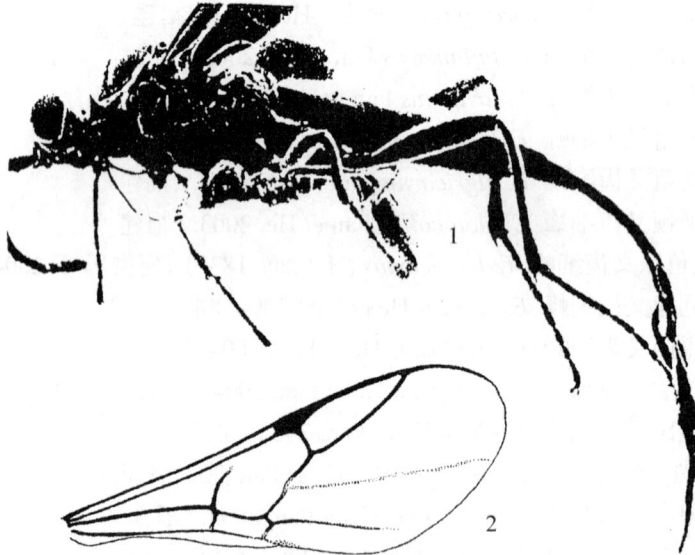

图 2　*Acanthoserphus* Dodd
1. 整体侧面观；2. 前翅 (仿 H. Townes 和 M. Townes, 1981)

细蜂亚科为本志主要内容，将在其后详细讨论。

大洋细蜂亚科 Austroserphinae 在我国没有发现，仅包括 3 属 4 种，即 *Acanthoserphus* Dodd, 1915 (2 种，分布大洋洲) (图 2)，*Austrocodrus* Ogoblin, 1960 (1 种，分布南美洲)，*Austroserphus* Dodd, 1933 (1 种，大洋洲) (图 3)。但 Masner (1993) 把 Johnson (1992) 放

在离颚细蜂科 Vanhorniidae 内的 *Heloriserphus* Masner, 1981 (图 4) 放入大洋细蜂亚科内，同时认为该亚科内只有 3 属。

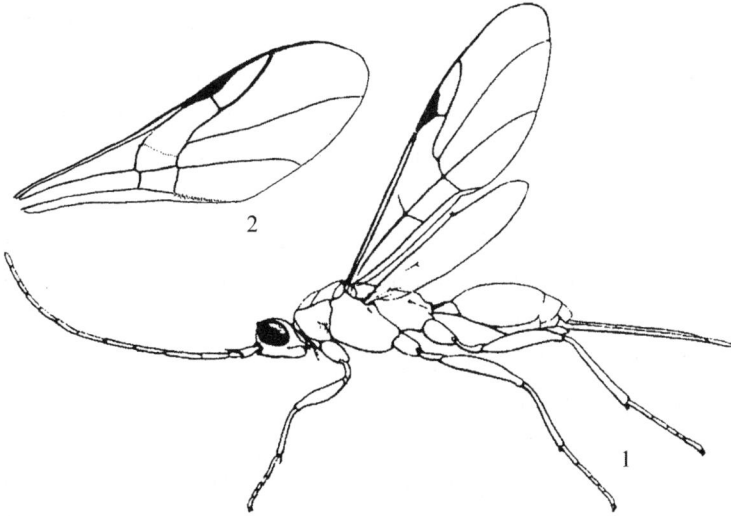

图 3　*Austroserphus* Dodd
1. 整体侧面观；2. 前翅 (仿 Monteith)

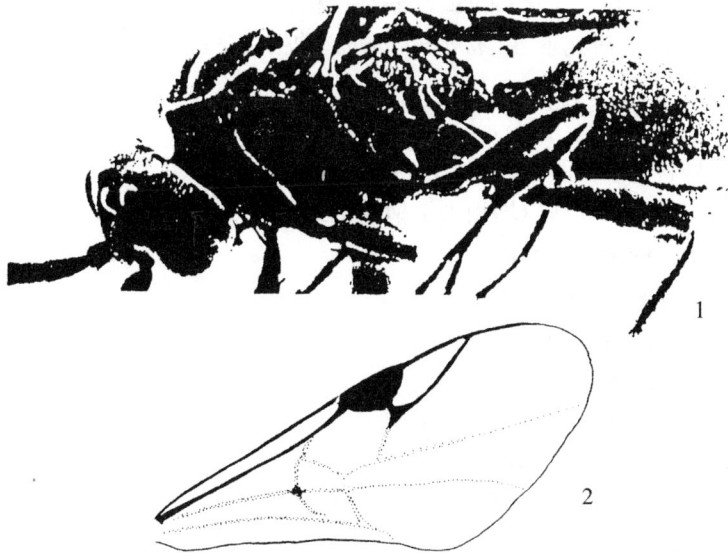

图 4　*Heloriserphus* Masner
1. 整体侧面观；2. 前翅 (仿 H. Townes 和 M. Townes, 1981)

2. 离颚细蜂科 Vanhorniidae

离颚细蜂科是以离颚细蜂属 *Vanhornia* Crawford, 1909 建立的，70 多年来，仅有此一模式属。

离颚细蜂科的科级地位，在 Muesebeck 和 Walkley (1951)，Muesebeck 和 Masner (1967)，Kozlov (1975)，Richards 和 Davis (1977)，Königsmann (1978) 及 Muesebeck (1979) 的论文中一直没有变动，直至 1981 年 H. Townes 和 M. Townes 在 "*A Revision of the Serphidae (Hymenoptera)*"《世界细蜂科校正研究》一书中，将离颚细蜂亚科 Vanhorniinae 放在细蜂科 Serphidae (=Proctotrupidae) 内。此后，Wall (1986)，Rasnitsyn (1988)，He 和 Chu (1990) 曾接受过此意见，但 Kozlov (1981)，Deyrup (1985)，Naumann 和 Masner (1985)，Gauld 和 Bolton (1988)，Johnson (1992)，Kozlov (1998) 及 He 和 Chen (1999) 仍认为应是科级地位。

在 H. Townes 和 M. Townes (1981) 一书中，离颚细蜂亚科曾包括由 Masner 建立的另一新属：智利细蜂属 *Heloriserphus* Masner, 1981 (图 426)，该属包括 2 种，均产自南美洲智利。智利细蜂属现已移至细蜂科。

Hedqvist (1976) 报道产于欧洲瑞典的 1 新种：*Vanhornia leileri* Hedqvist。

He 和 Chu (1990) 主要根据触角窝至唇基间距约等于触角窝直径、上颚 4 齿及产卵管明显比腹长等特征与 *V. eucnemidarum* 明显不同，遂将采自我国贵州惠水的一标本作为新属新种——贵州华颚细蜂 *Sinicivanhornia guizhouensis* He *et* Chu 发表，但 Kozlov (1998) 认为该属为离颚细蜂属 *Vanhornia* 的异名，作者综观由 Kozlov 的上颚特征图，同意并入。自此，离颚细蜂科仅知 1 属 3 种。Masner (1993) 在介绍此科时提及日本和美国还各有一未定名种。

Mason (1983) 研究了离颚细蜂科腹部结构。

Deyrup (1985) 研究了 *V. eucnemidarum* 的生物学。

3. 柄腹细蜂科 Heloridae

柄腹细蜂科是以柄腹细蜂属 *Helorus* Latreille, 1802 建立的。200 多年来仍仅有此一模式属。但下列名称其地位均相当于柄腹细蜂科 Heloridae 的名称。

Heloroidae: Förster, 1856

Heloridae: Dahlbom, 1858

Helorini: Thomson, 1859

Helorinae: Howard, 1886

Proctocyrtidae: Rohdendorf, 1938

Heloroidea: Stelfox, 1966

Townes (1977) 对世界种类进行了校正研究。

该科全世界已知现生种 11 种，名录如下，其中我国 2 种。

畸足柄腹细蜂 *H. anomalipes* (Panzer, 1798). 全北区，中国

黑足柄腹细蜂 *H. nigripes* Förster, 1856. 西欧

红角柄腹细蜂 *H. ruficornis* Förster, 1856. 埃塞俄比亚，日本

刻条柄腹细蜂 *H. striolatus* Cameron, 1906. 古北区 (包括蒙古)

布鲁柄腹细蜂 *H. brèthesi* Ogloblin, 1928. 南美

埃尔贡柄腹细蜂 *H. elgoni* Risbec, 1950. 肯尼亚

澳洲柄腹细蜂 *H. australiensis* New, 1975. 澳大利亚

新几内亚柄腹细蜂 *H. niuginiae* Naumann, 1983. 巴布亚新几内亚

诹访柄腹细蜂 *H. suwai* Kusigemati, 1987. 日本

虾夷柄腹细蜂 *H. yezoensis* Kusigemati, 1987. 日本

中华柄腹细蜂 *H. chinensis* He, 1992. 中国

本志记述 9 种, 新添 6 新种和 1 中国新记录种。

4. 窄腹细蜂科 Roproniidae

窄腹细蜂科为一古老的小科, 自 Provancher 于 1887 年以模式种 *Ropronia pediculata* 建立了窄腹细蜂属 *Ropronia* 后, 百余年来此科科名 Roproniidae 相当专一, 没有异名。

Townes (1948) 对世界性的种类进行了校正研究。

Yasumatsu (1956), Hedqvist (1959), 赵修复 (1962), 何俊华 (1983), Lin (1987a), 何俊华等 (1988), Madl (1991), 魏美才 (1995), 何俊华和陈学新 (2005, 2007) 各自对本国种进行了研究报道, 添加了一些新种, 其地理区系均属于古北区和东洋区。

现生的窄腹细蜂属 *Ropronia* Provancher, 1887 至今共记述过 24 种, 其中新北区 3 种, 日本 3 种, 土耳其 2 种, 俄罗斯和缅甸各 1 种, 中国 15 种 (其中 1 种在日本也有, 1 种已被异名未包括在内)。已知种类名录如下。

前叉窄腹细蜂 *R. pediculata* Provancher, 1887. 美国, 加拿大

加州窄腹细蜂 *R. californica* Ashmead, 1899. 美国

加曼窄腹细蜂 *R. garmani* Ashmead, 1899. 美国

短角窄腹细蜂 *R. brevicornis* Townes, 1948. 中国, 日本

石原窄腹细蜂 *R. ishiharai* Yasumatsu, 1956. 日本

汤斯窄腹细蜂 *R. townesi* Yasumatsu, 1956. 日本

渡边窄腹细蜂 *R. watanabei* Yasumatsu, 1958. 俄罗斯

马莱窄腹细蜂 *R. malaisei* Hedqvist, 1959. 缅甸

四川窄腹细蜂 *R. szechuanensis* Chao, 1962. 中国

浙江窄腹细蜂 *R. zhejiangensis* He, 1983. 中国

宝岛窄腹细蜂 *R. insularis* Lin, 1987. 中国

马氏窄腹细蜂 *R. maai* Lin, 1987. 中国

斑足窄腹细蜂 *R. pectipes* He *et* Zhu, 1988. 中国

浪唇窄腹细蜂 *R. undaclypeus* He *et* Zhu, 1988. 中国

红腹窄腹细蜂 *R. rufiabdominalis* He *et* Zhu, 1988. 中国

安妮窄腹细蜂 *R. anneliesae* Madl, 1991. 土耳其

哈提窄腹细蜂 *R. hathi* Madl, 1991. 土耳其

肿腮窄腹细蜂 *R. dilate* Wei, 1995. 中国

刘氏窄腹细蜂 *R. liui* Wei, 1995. 中国

小窄腹细蜂 *R. minuta* Wei, 1995. 中国

裸角窄腹细蜂 *R. oligopilosa* Wei, 1995. 中国

双斑窄腹细蜂 *R. bimaculatus* He *et* Chen, 2005. 中国

梵净山窄腹细蜂 *R. fanjingshanensis* He *et* Chen, 2005. 中国

李氏窄腹细蜂 *R. lii* He *et* Chen 2007. 中国

本志记述 30 种，新添 15 新种。

何俊华和陈学新 (1991) 以天目山刀腹细蜂 *Xiphyropronia tianmushanensis* 为模式标本，建立了第 2 个属——刀腹细蜂属 *Xiphyropronia* He *et* Chen。由此加拿大细蜂专家 L. Masner 曾认为 (通信联系) 窄腹细蜂科 Roproniidae 起源中心可能在中国浙江省西天目山。由于标本仅 2 只且均为雄性，20 年来，作者曾多次在同一时期上山采集，惜仍无收获。

该科曾有过第 3 个属：修复窄腹细蜂属 *Hsiufuropronia*, Yang, 1997，是杨集昆以赵修复窄腹细蜂 *Hsiufuropronia chaoi* 为模式种建立的，隶于窄腹细蜂科 Roproniidae。根据何俊华等 (2002) 研究，从该属头部宽阔，额无纵脊；上颚具 3 齿；触角柄节最粗，近球形；后翅主脉呈 3 岔，臀脉完整；腹部不侧扁而近圆筒形，分节较均匀等特征来衡量，不隶于窄腹细蜂科 Roproniidae，与俄罗斯远东的 Proctorenyxidae Lelej *et* Kozlov, 1999 同科，并曾放入该科，但属和科的中名仍建议沿用修复窄腹细蜂属 (修复窄腹细蜂科)。

5. 修复细蜂科 Hsiufuroproniidae

修复细蜂科是一极为珍稀的昆虫类群。

Kozlov (1994) 根据产于俄罗斯远东滨海地区游击队城的 1 只雄性标本建立模式属种 *Renyxa incredibilis* 和新科：Renyxidae。据定名人解释，其属名拉丁文含义为不了解 (乏知)，其种名含义为 "不可思议"。

但 Lelej 和 Kozlov 于 1999 发现 *Renyxa* 属名已在 Litobothridea (Cestoidea) 被先占后，根据动物命名法规的 "优先律"，遂将属名 *Renyxa* Kozlov, 1994 改为 *Proctorenyxa* Lelej *et* Kozlov, 1999。同时，科名 Renyxidae Kozlov, 1994 也更名为 Proctorenyxidae Lelej *et* Kozlov, 1999。

杨集昆 (1997) 在窄腹细蜂科 Roproniidae 中建立修复窄腹细蜂属 *Hsiufuropronia* Yang。从其描记、图及讨论来看，他已完全意识到该属与窄腹细蜂科已知的窄腹细蜂属 *Ropronia* 和刀腹细蜂属 *Xiphyropronia* 2 属有许多不同之处 (实际上就是 Renyxidae 的几个重要鉴别特征)，并进行了探讨，可惜他当时未见到 Renyxidae Kozlov, 1994 的资料。

何俊华等 (2002) 为编写动物志在整理我国窄腹细蜂科种类时，发现杨集昆 (1997) 在《武夷科学》上作为新属新种发表的赵修复窄腹细蜂 *Hsiufuropronia chaoi* Yang (1♀, 1991.V.10 采自北京门头沟) 并不隶于窄腹细蜂科，而是属于在我国尚无记录的 Proctorenyxidae Lelej *et* Kozlov, 1999 (= Renyxidae Kozlov, 1994)。这一发现，表明 Proctorenyxidae 在我国为新记录科，并曾把修复窄腹细蜂属 *Hsiufuropronia* Yang 放入该科。关于本科的学名，*Renyxa* 和 Reyxidae Kozlov, 1994，因已被先占成为无效学名。*Proctorenyxa* 和 Proctorenyxidae Lelej *et* Kozlov，系 1999 建立。而 *Hsiufuropronia* Yang 系 1997 年提出，经本作者与俄罗斯 A. S. Lelej 博士交换资料和讨论，A. S. Lelej 博士确认隶于同一个科，是不是同一个属，尚需根据标本进一步研究。2009 年，作者又与来杭州的加拿大细蜂专家 L. Masner 博士讨论，认为按动物命名法规的 "优先律"，该科科名应为修复

细蜂科 Hsiufuproniidae。关于属名，因尚未借到标本 (找到标本)，暂作为不同属处理。

6. 锤角细蜂科 Diapriidae

锤角细蜂科是本总科内为数最多的一个科，在林间极易采到，全世界分布。研究历史较早，资料很多，如下文所述。

Dodd (1915) 对包括锤角细蜂在内的澳大利亚细蜂总科进行了整理，为该科编制了分属检索表，对种数较多的属编制了分种检索表。

Kieffer (1916) 编制了当时世界性的属，有其历史价值。

Dodd (1920) 报道了经整理后英国和牛津大学博物馆的外来细蜂总科标本的结果，其中包括锤角细蜂 15 属 22 种，对新属和新种进行了描述。

Nixon (1957, 1980) 提供了英国种的检索表，也可用于欧洲西北部的研究。1957 年记载了突颜细蜂亚科 24 属 223 种；1980 年记载了锤角细蜂亚科 14 属 109 种。

Masner (1961) 提出 Ambositrinae 亚科。

Hellén (1963) 提供了芬兰 Diapriinae 的检索表。

Masner (1976) 确定了折缘细蜂亚科 Ambositrinae 和寄螯细蜂亚科 Ismarinae，并对新世界寄螯细蜂亚科进行了校正研究。

Early (1980) 对新西兰南部岛屿的锤角细蜂进行了整理，报道了 1 新属和 6 新种。

Naumann (1982, 1987, 1988) 对大洋洲的 Ambositrinae 亚科进行了校正研究。

Huggert (1982) 重新描述了采自非洲、东洋区和大洋洲的 Trichopria 的 6 个种。

Sharma 于 1979 年整理了印度锤角细蜂科标本，记录了 15 个属，其中 13 个属是印度首次记录；1980 年又增加了一些新种描述。

Sharma 和 Mani (1982) 共同整理了印度的细蜂总科标本，描述了一些新种。

Kozlov (1987) 对苏联的种进行了介绍。

Masner (1991) 对墨西哥以北的北美地区 Spilomicrus 的种类进行了详细描述，制作了检索表并附有特征图。

据 Johnson (1992) 出版的 "Catalog of World Species of Proctotrupoidea, Exclusive of Platygastridae (Hymenoptera)" 一书统计，现生锤角细蜂科有 181 属 2010 种。其中，折缘细蜂亚科 Ambositrinae 22 属 99 种 (2 属 2 种在化石中发现)，突颜细蜂亚科 Belytinae 58 属 689 种 (8 属 11 种为化石，其中 6 属兼为现生属)，锤角细蜂亚科 Diapriinae 110 属 1206 种 (3 属 4 种为化石，其中 2 属兼为现生属)，寄螯细蜂亚科 Ismarinae 2 属 30 种。

Perer (1998) 报道了东洋区和澳新区突颜细蜂亚科的 6 属 18 新种。

Notton (1999) 对欧洲西北部的属 Spilomicrus 的 formosus 种团中种类的分类地位进行了整理和讨论。

Macek (2000) 对欧洲的 Entomacis 进行了整理，并描述了新种。

Rajmohana 和 Narendran (2000) 对印度锤角细蜂科进行了整理，记载了 18 个属，先后发表了 3 个新属。

Masner 和 Garcia (2002) 对墨西哥以北北美地区的锤角细蜂亚科 Diapriinae 分属情况进行了整理，记录了 3 族 52 属。

Yoder (2004) 对墨西哥以北北美地区的 *Entomacis* 进行了整理, 并对该区的 19 个种进行了描述 (其中包括 12 个新种), 制作了检索表并附有特征图。

曾洁 (2008) 以《中国南方锤角细蜂亚科的分类研究》作为硕士学位论文 (导师华南农业大学许再福教授) 记录了浙江、广东、海南、云南和贵州 5 省锤角细蜂亚科 Diapriinae 5 属 38 种, 内含 37 新种和 1 中国新记录种。

曾洁等 (2009) 发表了锤角细蜂科 1 新种。

刘经贤和许再福 (2010) 报道了锤角细蜂科中国 1 新记录属 1 新记录种。

Liu 和 Xu (2010) 报道了锤角细蜂科中国 1 新记录属及 1 新种。

Liu 等 (2011) 报道了锤角细蜂科中国 1 新记录属 3 新种及 2 新记录种。

我国一些单位, 如浙江大学、华南农业大学和福建农林大学都收藏有采自全国各省、直辖市、自治区的许多锤角细蜂标本, 现在虽然有人已经开始触及此类群的分类研究, 但还不够。庆幸的是现在华南农业大学和福建农林大学都已有研究生在作此科的系统分类研究。

该科已知化石 13 属 17 种, 我国尚未有发现。

7. 澳细蜂科 Austroniidae

Riek (1955b) 在柄腹细蜂科中描述了澳细蜂属 *Austronia*。

Kozlov (1970) 建立了澳细蜂科 Austroniidae。

本科现生 1 属 3 种, 产于澳大利亚, 另有化石 1 属 1 种。

8. 莫明细蜂科 Maamingidae

本科仅知 1 属: 莫明细蜂属 *Maaminga* Early, 2001, 2 种, 产于新西兰。

学名 Maaming 为毛利字, 意为骗子、魔术师、淘气鬼、神秘, 说明此属特征的组合在细蜂总科的地位莫明其妙、令人迷惑不解。因为早在 1971 年就已采到过标本, Grehan (1990) 曾提到过为"新种", 新科定名人 Early (1995) 亦曾作为"未定名科"介绍过。因此中名拟用"莫明", 同时有些谐音。

9. 纤腹细蜂科 Monomachidae

本科可能原产于南半球, 包括 2 属, 大部分产于新热区 (从墨西哥至阿根廷和智利), 仅少数种产于澳大利亚和新西兰。Musetti 和 Johnson (2000) 对新世界 *Monomachus* 的种类进行了校正研究, 记录 20 种, 其中 9 新种。

10. 长腹细蜂科 Pelecinidae

科名是 Haliday (1839a) 根据 *Pelecinus* Latreille, 1800 所建立。由于体形特殊, 有作者曾将此科从细蜂总科中分出, 作为一独立的总科。

一般认为仅 1 已知种: *Pelecinus polyturator* (Drury, 1773), 但 Johnson 和 Musetti (1999)对此属进行了校正研究, 报道有 3 种 (并列有异名), 如下。

Pelecinus polyturator (Drury, 1773): 美国, 加拿大, 墨西哥, 阿根廷

Pelecinus dichorus Perly, 1833: 阿根廷, 乌拉圭, 巴拉圭, 巴西

Pelecinus thoracicus Klug, 1841：墨西哥

已知化石 7 属 35 种，其中 4 属 20 种产于我国山东和辽宁早白垩世。

11. 优细蜂科　Peradeniidae

仅见 Naumann 和 Masner (1985) 建立该科的记述。

本科包括 1 属 2 种，非常珍罕，分布于大洋洲。

三、各科成虫形态特征、生物学特性和地理分布

现生细蜂总科包含 11 科，其中仅细蜂科和锤角细蜂科的生物学和地理分布等情况较为复杂，资料较多。本卷《中国动物志》中未编写锤角细蜂科，将和其余 9 科一样，只作一简介。

(一)　细　蜂　科

1. 形态特征

体型 (body size) 和体形　细蜂体型较小至中等大。前翅长 1.6-7.4mm，以 2.0-3.0mm 者居多。体多壮实，稍侧扁，少数细长 (图 5)。腹部侧面无脊。

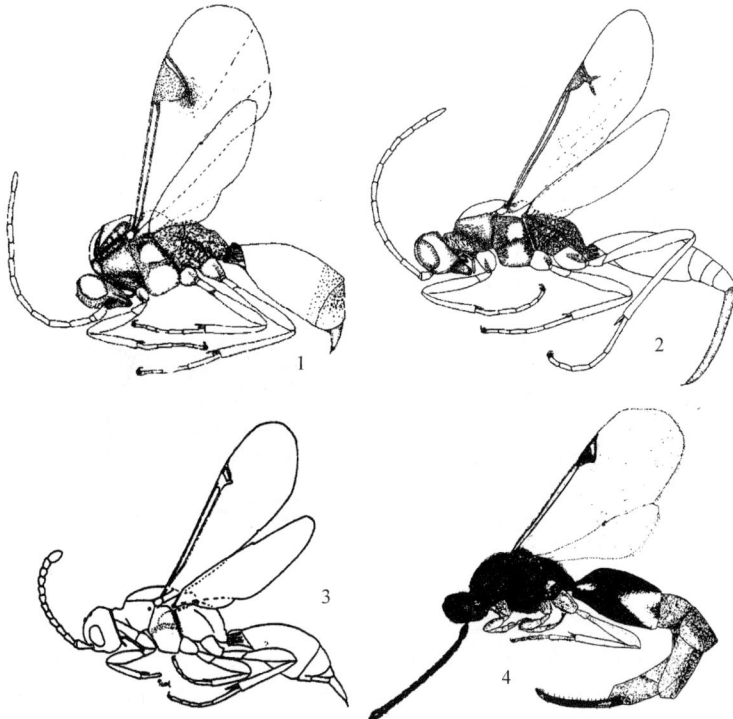

图 5　细蜂科体形，侧面观

1. 浅沟前沟细蜂 *Nothoserphus debilis* Townes；2. 膨腹细蜂 *Proctotrupes gravidator* (Linnaeus) (仿 He & Fan, 2004)；3. 短叉叉齿细蜂 *Exallonyx brachycerus* Fan *et* He (仿 Fan & He, 2003)；4. 欧洲尖细蜂 *Oxyserphus europaeus* Buhl (仿 Buhl, 2004)

一种无翅型，两种有时为短翅型。体色大多数为黑色，少数在头部，或胸部，或腹部呈红褐色或铁锈色。翅半透明至黑色，有时近翅痣具黑色斑纹，在前沟细蜂属 *Nothoserphus* 前翅中央烟褐色。腹部末端几节有时可以伸缩。在腹部末端，雌性多数种类具明显的产卵管鞘，但有时少数种类可以伸入体内；雄性多数具 1 对抱器 (clasper)，少数则无。

头部 (head) (图 6)　多呈半球形，少数种类非常短，呈片状；雌性有时近方形。

头部前面观可以见到下列结构。

复眼 (compound eyes)　1 对，椭圆形，位于头部两侧；或大或小，多占头部较大部分；有些种类复眼表面被有较长的柔毛，多数种类无毛或毛稀少。复眼内缘多数几乎平行，也有向下收窄或向下稍扩张的。

触角 (antenna)　1 对 (图 7)，着生于头部前面中央和复眼之间。雌雄性均为 13 节；

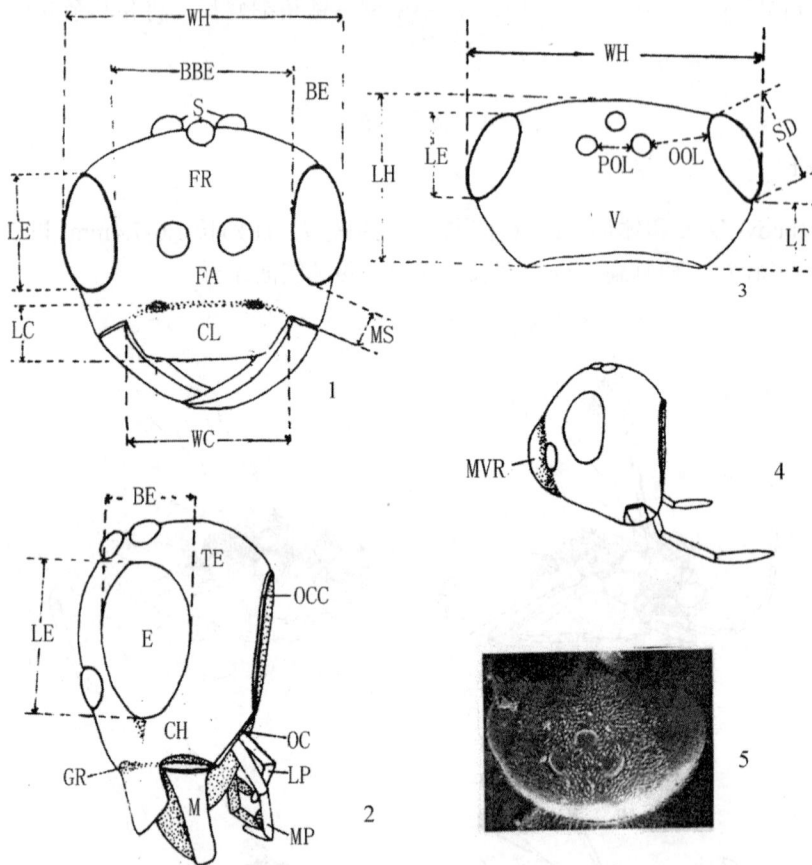

图 6　细蜂科成虫头部

1. 前面观；2. 侧面观；3. 背面观；4. 侧面观，示额部有中竖脊；5. 背面观，示额部肿大

BBE：复眼间距 breadth between eyes；BE：复眼宽 breadth of eye；CH：颊 cheek；CL：唇基 clypeus；E：复眼 eye；FA：脸 face；FR：额 frons；GR：脸唇基沟 groove between face and clypeus；LC：唇基长 length of clypeus；LE：复眼长 length of eye；LH：头长 length of head in dorsal view；LP：下唇须 labial palp；LT：背观上颊长 length of temple in dorsal view；MP：下颚须 maxillary palp；M：上颚 mandible；MS：颚眼距 malar space；MVR：中竖脊 median verticle ridge；OC：口后脊 oral carina；OCC：后头脊 occipital carina；OOL：单复眼间距；POL：侧单眼间距；S：单眼区 stemmaticus；SD：复眼短径 shorter diameter of eye；TE：上颊 temple；V：头顶 vertex；WC：唇基宽 width of clypeus；WH：头宽 width of head

非膝状或明显棒状。柄节端部有时具针状突起。雄性鞭节角下瘤 (tyloid) 有或无，是重要的分类特征。常以第 1、2 鞭节长度之比，第 2、10 鞭节长与宽或端宽之比，端节和亚端节长度之比作为分种特征。

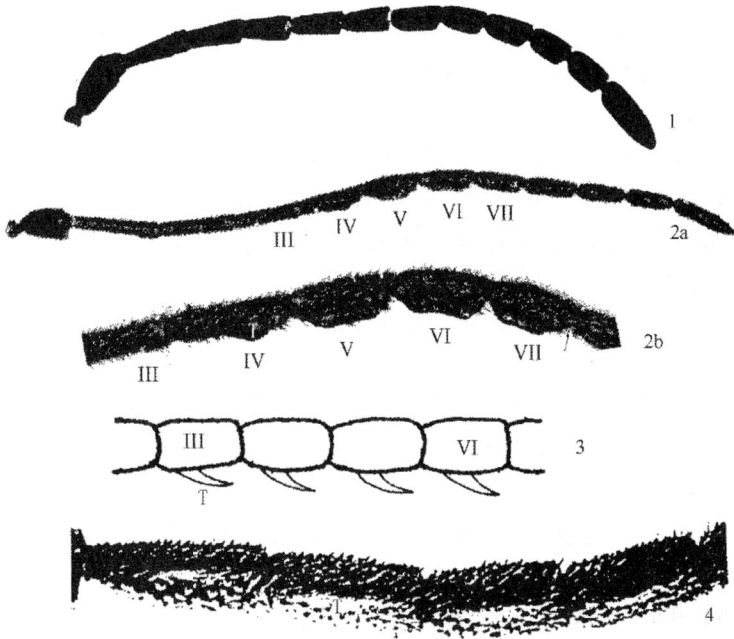

图 7　细蜂科触角

1. 康定中沟细蜂 *Parthenocodrus kangdingensis* He *et* Xu, ♀ (仿何俊华和许再福，2004)；2. 脊角毛眼细蜂 *Trichoserphus carinacornis* He *et* Xu, sp. nov., ♂, a. 触角, b. 第 3-7 节鞭节；3. 基分沟细蜂 *Disogmus basilis* Thomson, ♂, 触角第 3-6 鞭节 (仿 Kolyada, 1998)；4. 痕角叉齿细蜂 *Exallonyx crenicornis* Nees, ♂, 触角第 1-4 鞭节 (仿 H. Townes 和 M. Townes, 1981)

　　唇基 (clypeus)　位于头部下方，隆起或扁平，或中央略凸，端缘一般平截，有时具亚端横脊。常以宽与长 (或高) 之比作为分类特征。

　　上颚 (mandible)　位于唇基下侧方，窄或宽，呈镰刀状，具单齿，偶有 2 端齿 (图 8) 或偶有若干小齿。闭合时相互交叉。

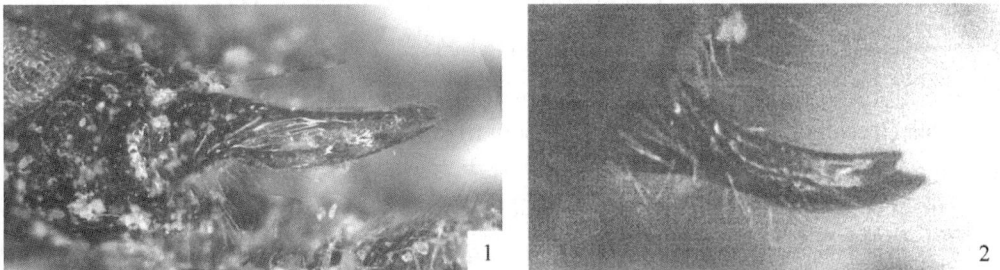

图 8　细蜂科上颚

1. 中华细蜂 *Proctotrupes sinensis* He *et* Fan 右上颚，示具 1 个端齿；2. 梵净山中沟细蜂，新种 *Parthenocodrus fanjinshanensis* He *et* Xu, sp. nov.左上颚，示具 2 端齿

　　颊 (gena)　复眼下缘与上颚基部之间的部分。颊长 (颚眼距) 与复眼长径或上颚基部宽度的比例常是分种的依据之一。颊是否具垂直脊 (竖脊 verticle ridge) 或沟也作为分类依据。

　　头部背面观可以见到下列结构。

　　额 (frons)　前单眼与触角窝之间的区域，一般稍凹。脊额细蜂属 *Phaneroserphus*、叉齿细蜂属 *Exallonyx* 的大多数种类额部有或低或高的中竖脊 (medical vertical ridge)。肿额细蜂属 *Codrus* 额部拱隆。

　　单眼 (ocellus)　3 个，前方中央的 1 个称为前单眼 (anterior ocellus) 或中单眼 (middle ocellus)，后方 2 个单眼称为后单眼 (posterior ocelli) 或侧单眼 (lateral ocelli)。3 个单眼呈三角形排列。侧单眼间距 (之间距离) (POL)、侧单眼长径 (OD) 和单复眼间距 (OOL) 三者之间的比例，常作为分种特征。

　　头顶 (vertex)　头部上方两复眼之间的部分。前方与额相邻 (实际上无分界特征)，后方以后头脊为界。

　　后头脊 (occipital carina)　是分开后头与头顶和颊之间的 1 条脊。有些种类的后头脊完整；有些种类的不完整。后头脊的完整与否，下方 (颊脊) 与口后脊及上颚关节连接的情况，在细蜂亚科中是分族的重要特征。

　　上颊 (temple)　位于复眼后方部位。头部背面观，其上颊长与复眼 (横径长) 的比例是分种的重要特征。

　　下颚须 (maxillary palpi)　下颚须 4 节，少数 3 节。

　　下唇须 (labial palpi)　下唇须 3 节。

　　胸部 (mesosoma) (图 9)　由前胸、中胸、后胸和并胸腹节组成。

　　前胸 (prothorax)　前胸背板 (pronotum) 前方伸出部分为颈部 (collar)，其背表面多具横向皱脊，即颈脊 (collar ridge)。前胸背板侧面发达；从前上方向后下方均匀浅凹呈槽状，称为前胸背板凹槽 (scobe of pronotum)。前胸背板侧面前缘 1 脊，即颈脊，向上伸出，为颈部与前胸背板后方的分界线。在颈脊后下方，前胸背板凹槽前方有时有 1 弯曲的脊，称为前沟缘脊 (epomia)，有时前沟缘脊中断，在该处有 1 凹窝。有些种类颈脊和/或前沟缘脊不明显。前胸背板侧面背前方有时具瘤突 (dorsolateral tubercle)；若有，前沟缘脊则可能穿过前胸背板凹槽向上镶嵌于瘤突的边缘。前胸背板侧面光滑或具皱褶，或均匀被毛，或部分为无毛区域，或上缘有 1 列至多列毛的宽带；马氏细蜂属 *Maaserphus* 有 1 从前至后 "<" 形横凹痕横贯中央下方；后下角具 1 个或 2 个或多个凹窝 (pit)。前胸侧板 (propleuron) 位于前胸背板下方并延伸至腹面中央而相接。前胸腹板 (prosternum) 看不出。

　　中胸 (mesothorax)　中胸背板 (mesonotum) 分为中胸盾片 (mesoscutum) 和小盾片 (scutellum)。中胸盾片上盾纵沟伸过中胸盾片中央，或短于翅基片的长度，或有时被 1 浅凹痕所替代，或无。前沟细蜂属 *Nothoserphus* 一些种类在中胸盾片近外缘还有条具凹洼的沟。小盾片前沟内光滑或具 2-4 条纵脊。中胸侧板 (mesopleurum) 前缘毛带连续或中断。中胸侧板中央横沟 (transverse groove 或 horizontal groove) 有或无，有时不完整。镜面区 (spectum) 光滑或部分具毛，或具一些皱褶。中胸侧板缝 (suture of mesopleurum) 呈凹窝状 (foveatus)，或沟状，或不明显；全段存在或仅部分存在。

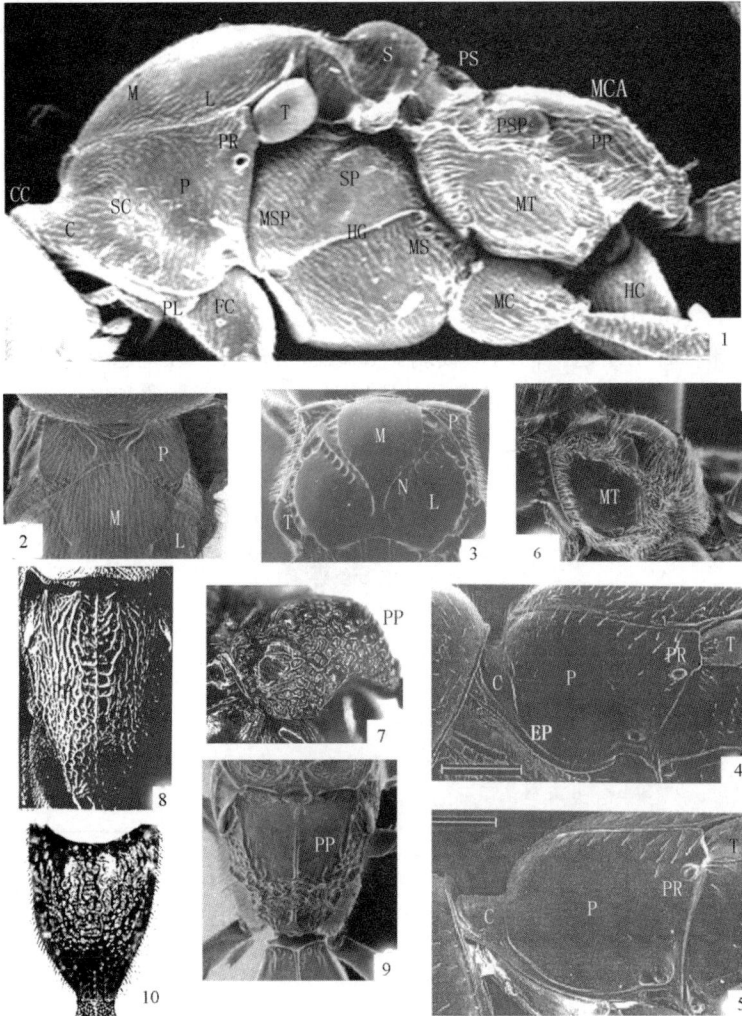

图 9　细蜂科胸部

1. 窄痣肿额细蜂, 新种 *Codrus tenuistigus* He et Xu, sp. nov. 胸部侧面观; 2. 基沟马氏细蜂 *Maaserphus basalis* Lin 前胸背板背面观, 示有侧叶 (仿 Lin, 1988); 3. 珍奇前沟细蜂 *Northoserphus murabilis* Brues 中胸盾片背面观, 示盾纵沟发达, 有前侧沟 (仿 Lin, 1987b); 4. 窄颚叉齿细蜂 *Exallonyx leptocorsa* Kolyada, 示前胸背板后下方具 1 个 凹窝 (仿 Kolyada *et al*., 2004);
5. 汤氏叉齿细蜂 *Exallonyx townesi* Kolyada, 示前胸背板后下方具 2 个凹窝 (仿 Kolyada *et al*., 2004); 6. 基沟马氏细蜂 *Maaserphus basalis* Lin 后胸侧板, 示光滑无刻皱 (仿 Lin, 1988); 7. 黑唇叉齿细蜂 *Exallonyx nigrolabius* Liu, He et Xu 后胸侧板, 示有刻皱 (仿 Liu, He et Xu, 2006a); 8. 短翅细蜂 *Proctotrupes brachypterus* (Schrank), ♂, 示并胸腹节有中纵脊及满布网皱 (仿 H. Townes 和 M. Townes, 1981); 9. 刻条马氏细蜂 *Maaserphus striatus* Lin, 示并胸腹节, 水平表面光滑无刻皱 (仿 Lin, 1988); 10. 康定中沟细蜂 *Parthenocodrus kangdingensis* He et Fan, 示并胸腹节无中脊而为浅中沟 (仿何俊华和许再福, 2004)

C: 颈 collar; CC: 颈脊 carina on collar; EP: 前沟缘脊 epomia; FC: 前足基节 front coxa; HC: 后足基节 hind coxa; HG: 中央横沟 horizontal groove; L: 中胸盾片侧叶 lateral lobe of mesoscutum; M: 中胸盾片中叶 median lobe of mesoscutum; MC: 中足基节 middle coxa; MCA: 并胸腹节中纵脊 median carina of propodeum; MS: 中胸侧板缝 mesopleural suture; MSP: 中胸侧板 mesopleurum; MT: 后胸侧板 metapleurum; N: 盾纵沟 notaulus; P: 前胸背板 pronotum; PL: 前胸侧板 propleurum; PP: 并胸腹节 propodeum; PR: 前胸背板气门 pronotal spiracle; PS: 后小盾片 postscutellum; PSP: 并胸腹节气门 propodeal spiracle; S: 小盾片 scutellum; SC: 前胸背板凹槽 scrobe of pronotum; SP: 镜面区 speculum; T: 翅基片 tegula

后胸 (metathorax)　后胸背板 (metanotum) 短小，仅后小盾片 (postscutellum) 明显。后胸侧板 (metapleurum) 光滑或具刻皱，或仅前方中央和前上方具侧光滑区域，光滑区大小是常用的分类特征。

并胸腹节 (propodeum)　分背表面 (upper face) 和后表面 (lower face)，有或无端横脊分隔。并胸腹节背表面通常具 1 对光滑区，但有些种类仅基部存在，或完全具刻皱。中央具 1 条中纵脊，有时呈皱状，有时消失或部分不明显；中沟细蜂属 *Parthenocodrus* 背表面具中纵沟。

翅 (wings)　(图 10)　一般 2 对，极少种类无翅或短翅。前翅前缘脉、亚前缘脉和径脉发达，其他脉有时稍发达，但通常较弱。翅痣通常较大；径室通常非常短；第 2 回脉几乎缺。后翅无翅脉包围的翅室；通常仅前缘脉基部较发达；后缘近基部通常具 1 缺刻。

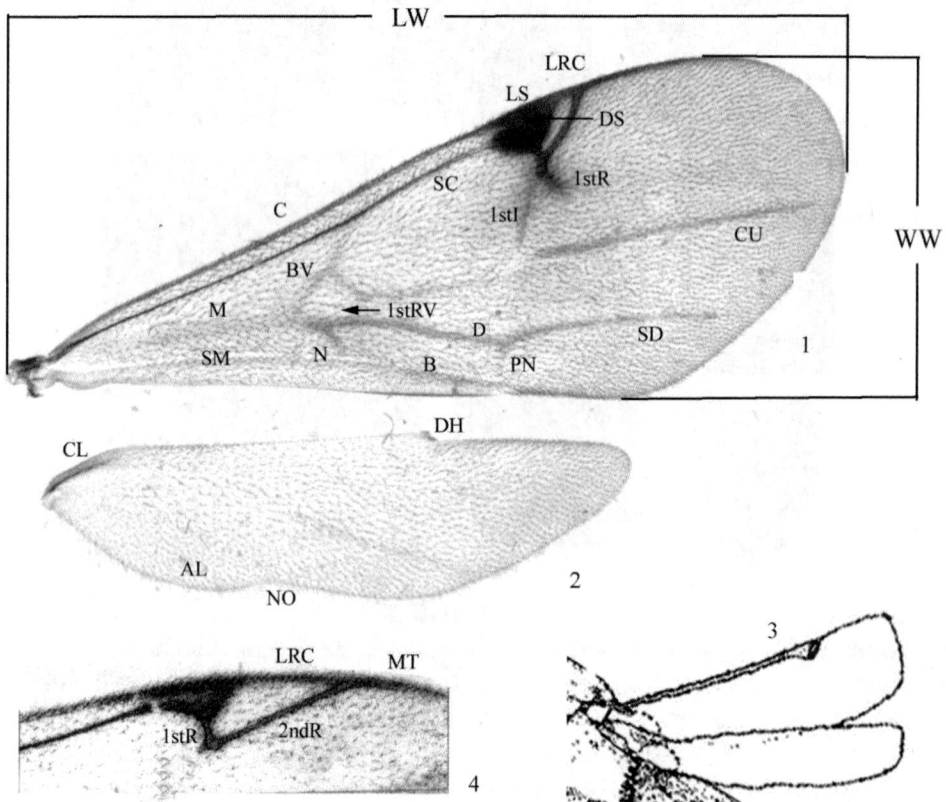

图 10　细蜂科翅

1. 蒋氏光胸细蜂，新种 *Phaenoserphus jiangi* He *et* Xu, sp. nov. 前翅；2. 蒋氏光胸细蜂，新种 *Phaenoserphus jiangi* He *et* Xu, sp. nov. 后翅；3. 短翅细蜂 *Proctotrupes brachypterus* (Schrank) 前后翅，示短翅型 (仿何俊华等，2004)；4. 中华柄脉细蜂 *Mischoserphus sinensis* He *et* Xu 前翅部分 (仿何俊华等，2004)

AL：臀叶 anal lobe；B：臀脉 brachius；BV：基脉 basal vein；C：前缘脉 costa；CL：后前缘脉 costella；CU：肘脉 cubitus；D：盘脉 discoideus；DH：翅钩 distal hamuli；DS：翅痣宽 depth of stigma；LRC：径室长 length of radical cell；LS：翅痣长 length of stigma；LW：翅长 length of wing；M：中脉 medius；MT：径脉端部外方相连的前缘脉 costal vein continued beyond end of radius；N：小脉 nervulus；NO：缺刻 notch；2ndR：径脉第 2 段 2nd abscissa of radius；PN：外小脉 postnervulus；SC：亚前缘脉 subcosta；SD：亚盘脉 subdiscoideus；SM：亚中脉 submedius；1stI：第 1 肘间横脉 1st intercubitus；1stR：径脉第 1 段 1st abscissa of radins；1stRV：第 1 回脉 1st recurrent (=VR：径脉垂直段 vertical part of radius)；WW：翅宽 width of wing

足 (legs) (图 11)　足细长；转节 1 节；腿节常呈棒状；前足胫节具 1 端距，中后足胫节具 2 端距，一长一短；跗节长，5 节；跗爪简单，但非细蜂属 *Afroserphus* 近中央具 2-3 个平行细齿，叉齿细蜂属 *Exallonyx* 前中足爪具黑色分叉。

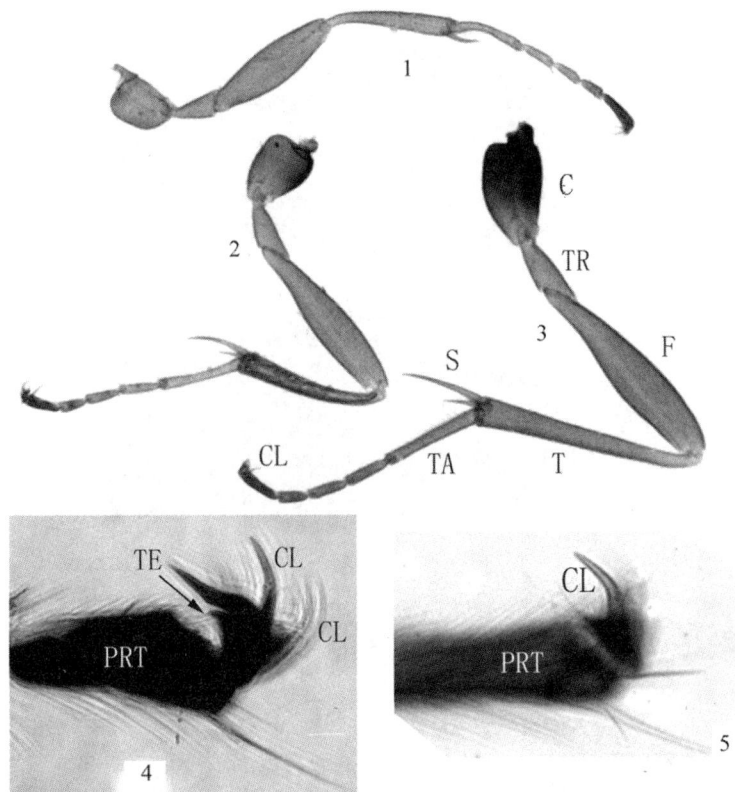

图 11　细蜂科足

1. 隆瘤隐颚细蜂，新种 *Cryptoserphus tuberculatus* He *et* Xu, sp. nov. 前足；2. 隆瘤隐颚细蜂，新种 *Cryptoserphus tuberculatus* He *et* Xu, sp. nov. 中足；3. 隆瘤隐颚细蜂，新种 *Cryptoserphus tuberculatus* He *et* Xu, sp. nov. 后足；4. 长腿叉齿细蜂 *Exallonyx longifemoratus* He *et* Xu, sp. nov. 前足跗爪，示爪基部有 1 黑齿；5. 长腿叉齿细蜂 *Exallonyx longifemoratus* He *et* Xu, sp. nov. 后足跗爪，示爪基部无黑齿

C：基节 coxa；CL：跗爪 claw；F：腿节 femur；PRT：端跗节 pretarsus；S：胫节距 spur；T：胫节 tibia；TA：跗节 tarsus；TE：爪齿 teeth of claw；TR：转节 trochanter

腹部 (metasoma) (图 12，图 13)　在合背板与并胸腹节之间有亚圆柱形的腹柄 (petiola, stalk)，被看作第 1 腹节，上无气门亦无分隔背板和腹板间的缝，表面具明显的刻纹；长、中等长或实际上很短甚至消失。其后为大的合背板(syntergite)，占腹部背面和侧面长度的大部分，其上生有 3 对退化的气门，3 对窗疤 (thyridia) 和 3 条毛带，显然由第 2-4 节背板愈合而成。合背板基部有坚硬的关节与腹柄相连接。在合背板后是第 5-8 背板。雌性第 8 背板与第 9 背板愈合；雄性则多少分开。第 9 背板生有 1 对纽扣状尾须。由第 1-4 节腹板愈合成合腹板 (synsternite)，延续伸到合背板的后端。在合腹板后方，雌性为第 5-6 腹板；雄性为第 5-7 腹板。产卵管鞘 (ovipositor sheath) 起源于第 8 背

板，鞘内是骨化弱的、由 3 个产卵管瓣 (1 个愈合背瓣，2 个分开腹瓣) 组成的产卵管和一个柔软的带状腹片。此腹片看作被产卵管所包围的第 6 腹板端部中央扩大物；在大洋细蜂属 *Austroserphus* 中，第 6 腹板端部骨化并包在产卵管外围，认为是一种原始状态。雌性产卵管鞘坚硬，产卵管由鞘顶端伸出来产卵，但绝不会像姬蜂总科那样可以与鞘分开。

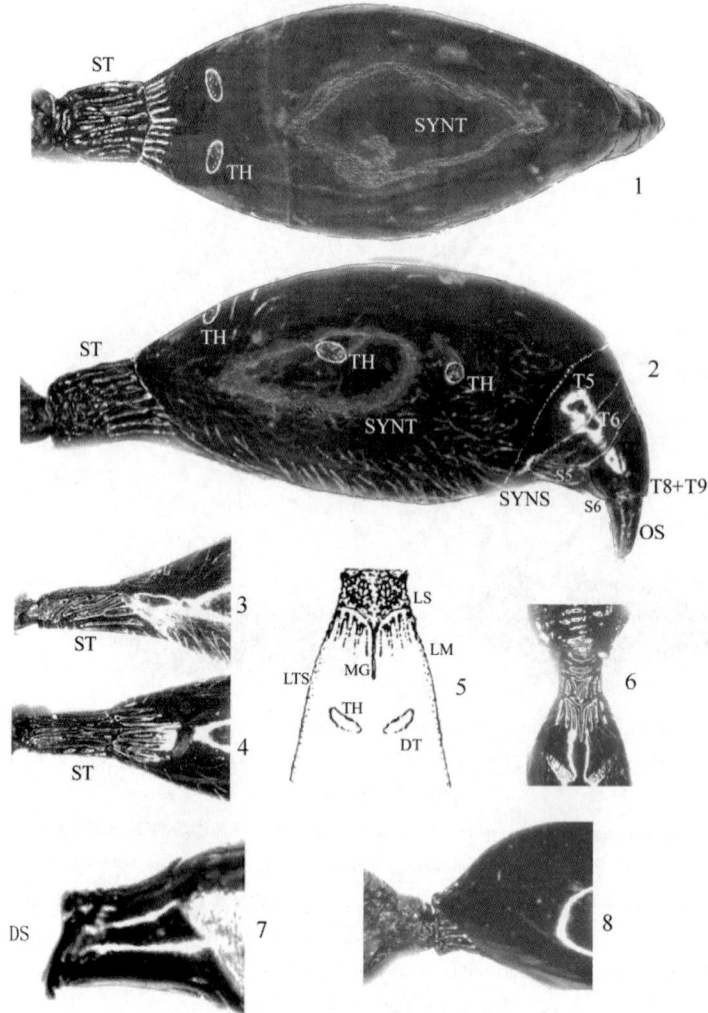

图 12 细蜂科腹部 (1)

1. 中华毛眼细蜂，新种 *Trichoserphus sinensis* He et Xu, sp. nov. 侧面观；2. 中华毛眼细蜂，新种 *Trichoserphus sinensis* He et Xu, gen et sp. nov. 背面观；3. 满皱肿额细蜂，新种 *Codrus rugulosus* He et Xu, sp. nov. 腹柄及柄后腹，侧面观；4. 满皱肿额细蜂，新种 *Codrus rugulosus* He et Xu, sp. nov. 腹柄及柄后腹，背面观；5. 康定中沟细蜂 *Parthenocodrus kangdingensis* He et Xu 腹柄及柄后腹基部；6. 九脊叉齿细蜂，新种 *Exallonyx novemicarinatus* He et Xu, sp. nov. 腹柄及柄后腹基部；7. 网柄叉齿细蜂 *Exallonyx areolatus* Xu, He et Liu, 示腹柄侧面光滑；8. 全窝短细蜂，新种 *Brachysexphus foveolatus* He et Xu, sp. nov., 示腹柄很短

DS: 腹柄高 depth of stalk；DT: 窗疤宽度 width of thyrium；LM: 中纵沟长 length of median groove；LS: 腹柄长 length of stalk；LTS: 窗疤至合背板基部距离 distance between thyrinae and the base of syntergite；MG: 中纵沟 median groove；OS: 产卵管鞘 ovipositor sheath；S: 腹板 sternite；ST: 腹柄 stalk；SYNS: 合腹板 synsternite；SYNT: 合背板 syntergite；T: 背板 tergite；TH: 窗疤 thyridium

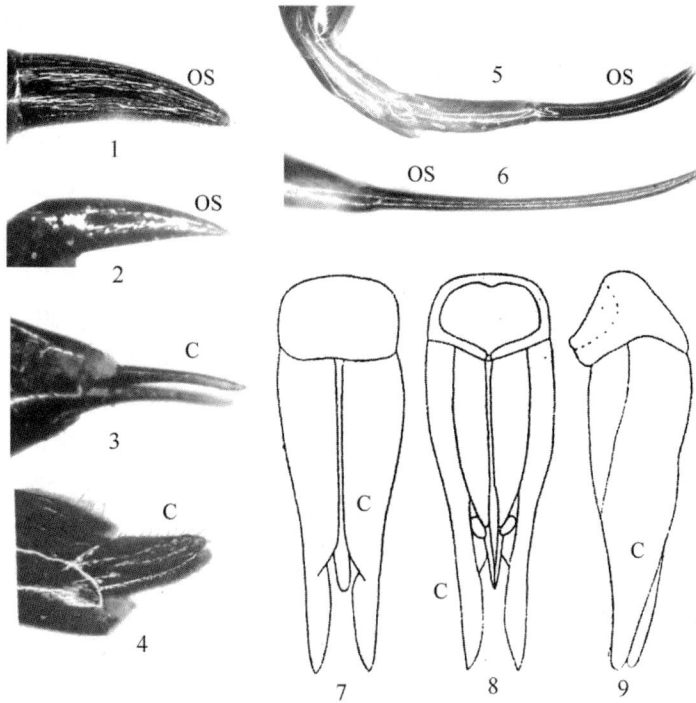

图 13　细蜂科腹部 (2)

1. 具点叉齿细蜂，新种 *Exallonyx punctatus* He *et* Xu, sp. nov., ♀, 产卵管鞘具刻条；2. 双窝叉齿细蜂，新种 *Exallonyx bicavatas* He *et* Xu, sp. nov., ♀, 产卵管鞘具刻点；3. 长白山肿额细蜂，新种 *Codrus changbaishanus* He *et* Xu, sp. nov., 雄性外生殖器呈针状；4. 梵净山中沟细蜂 *Parthencodrus fanjinshanensis* He *et* Xu, 雄性外生殖器呈三角形；5. 黄跗马氏细蜂，新种 *Maaserphus flavitarsis* He *et* Xu, sp. nov., 示腹部端部伸出；6. 中华柄脉细蜂 *Mischoserphus sinensis* He *et* Xu, 示产卵管鞘细长；7. 膨腹细蜂 *Proctotrupes gravidator* (Linnaeus), 雄性外生殖器，腹面观 (仿 Kozlov, 1978)；8. 膨腹细蜂 *Proctotrupes gravidator* (Linnaeus), 雄性外生殖器，背面观 (仿 Kozlov, 1978)；9. 膨腹细蜂 *Proctotrupes gravidator* (Linnaeus), 雄性外生殖器，侧面观 (仿 Kozlov, 1978)

C：抱器 clasper；OS：产卵管鞘 ovipositor sheath

在形态描述中，有关部位的度量标准，解释如下。

体长　从头顶至腹端部之距离，不包括触角和产卵管鞘。由于腹部常曲折或腹端弯曲，或雌性腹端部环节有时延伸，难有标准，常不测量体长，而以前翅长度表示体型之大小。

前翅长　在前翅后缘水平状态下，测量翅基至翅端间的垂直 (最短) 距离。

触角　触角 1 鞭节的宽度，在基部、中央和端部有时粗细不等，本志通常测量第 2 和第 10 鞭节长与端宽或宽 (最宽处) 之比，但也有注明为中宽的。

上颊　在头部背面观下，以上颊相对长度与复眼相对长度 (近于复眼宽度) 之比表示。

颊　在前侧面观下，以颊长 (颚眼距) 与上颚基部宽度或复眼长径长度之比表示。

唇基　在前面观下，以唇基宽度以与唇基长度 (高度) 之比表示。唇基长度为唇基端缘中央至口上沟 (唇基缝) 中央之距离，如口上沟无痕迹，则以唇基凹 (前幕骨陷) 中

央之 (假想) 连线为界。

单眼 侧单眼间距 (POL) 是头部背观情况下两侧单眼内缘最短距离；单复眼间距 (OOL) 是背观情况下侧单眼外缘与复眼内缘的最短距离；侧单眼长径 (OD 或 OL) 是在背观情况下测量。

并胸腹节 背表面光滑区大小有两种表示方式：一种是度量一侧光滑区的中长与中宽之比，通常在光滑区占满背表面时表示；另一种是度量光滑区之长度与并胸腹节基部至气门后缘间的长度 (间距) 之比，通常在光滑区小，仅在背表面基部存在时表示。

腹柄 背面以中央长度与中央宽度之比表示；侧面以背缘长度与中央高度 (大致为背缘后端处的高度) 之比表示。需注意的是，侧面背缘并不是腹柄侧观背面的最上方背缘，而是腹柄背面和侧面交界处之间的纵脊作为侧面的背缘，中央高度是以此背缘中央为准。

合背板中侧纵沟 其长度是以合背板基部中央至第 1 对窗疤背端间的距离表示。

第 1 窗疤 窗疤是从后背方斜伸向前腹方的，虽形状多为长形，因与体轴基本上垂直，故称为宽度；形状较短的部分，因基本上平行于体轴，则为长度。窗疤长宽之比是以最长处和最宽处度量为准。窗疤之间距离 (疤距)，是以两窗疤背缘之最短距离与窗疤宽度之比表示。

2. 生物学特性

细蜂科大多数生活在潮湿地方。一般寄生于鞘翅目幼虫体内，有步甲科 Carabidae、隐翅甲科 Staphylinidae、郭公甲科 Cleridae、叩甲科 Elateridae、隐唇叩甲科 Eucnemidae、大蕈甲科 Erotylidae、长朽木甲科 Melandryidae、瓢虫科 Coccinellidae、象甲科 Curculionidae、长角象甲科 Anthribidae、露尾甲科 Nitidulidae、小蕈甲科 Mycetophagidae、双叶甲科 Diphyllidae 和姬花甲科 Phalacridae；但隐颚细蜂属 *Cryptoserphus* 寄生于菌蚊科 Mycetophilidae (=蕈蚊科 Fungivoridae)，脊额细蜂属 *Phaneroserphus* 曾从石蜈蚣科 Lithobiidae 中育出，棒管细蜂属 *Fustiserphus* 寄生于鳞翅目织蛾科 Oecophoridae 的 *Tingena* (图 14) (Early & Dugdale, 1994)。

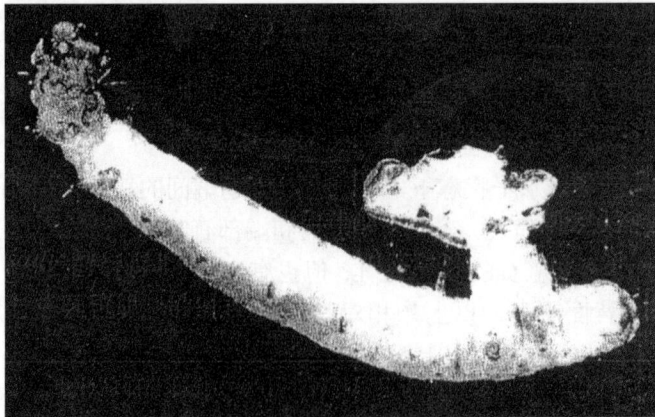

图 14 带有侵棒管细蜂 *Fustiserphus intruden* (Smith) 蛹壳的夜织蛾 *Tingena nycteris* (Meyrich) 末龄幼虫后端，腹面观 (仿 Early *et al*., 1994)

细蜂科各属已知寄主情况列于表 3。

表 3　细蜂科各属已知寄主情况

属　名	寄主范围
大洋细蜂亚科 Austroserphinae	
棘背细蜂属 *Acanthoserphus*	未知
齿胸细蜂属 *Austrocodrus*	未知
大洋细蜂属 *Austroserphus*	未知
细蜂亚科 Proctotrupinae	
分沟细蜂族 Disogmini	
分沟细蜂属 *Disogmus*	未知
隐颚细蜂族 Cryptoserphini	
马氏细蜂属 *Maaserphus*	未知
尖细蜂属 *Oxyserphus*	象甲科 Curculionidae，长角象甲科 Anthribidae
棒管细蜂属 *Fustiserphus*	织蛾科 Oecophoridae
史细蜂属 *Smithoserphus*	未知
非细蜂属 *Afroserphus*	未知
前沟细蜂属 *Nothoserphus*	瓢虫科 Coccinellidae
尖脊细蜂属 *Phoxoserphus*	未知
洼缝细蜂属 *Tretoserphus*	未知
隐颚细蜂属 *Cryptoserphus*	菌蚊科 Mycetophilidae (=Fungivoridae)
柄脉细蜂属 *Mischoserphus*	未知
普细蜂属 *Pschornia*	郭公甲科 Cleridae
畦颈细蜂属 *Homorserphus*	未知
短细蜂属 *Brachyserphus*	小蕈甲科 Mycetophagidae，长朽木甲科 Melandryidae，姬花甲科 Phalacridae，露尾甲科 Nitiduliae，双叶甲科 Diphyllidae，大蕈甲科 Erotylidae，菌蚊科 Mycetophilidae
缩管细蜂属 *Serphonostus*	未知
缺沟细蜂属 *Apoglypha*	大蕈甲科 Erotylidae
细蜂族 Proctotrupini	
肿额细蜂属 *Codrus*	步甲科 Carabidae
刻胸细蜂属 *Glyptoserphus*	未知
光胸细蜂属 *Phaenoserphus*	步甲科 Carabidae
细蜂属 *Proctotrupes*	步甲科 Carabidae
中沟细蜂属 *Parthenocodrus*	叩甲科 Elateridae
无翅细蜂属 *Paracodrus*	叩甲科 Elateridae
强脊细蜂属 *Carinaserphus*	未知
毛眼细蜂属 *Trichoserphus*	未知
脊额细蜂属 *Phaneroserphus*	石蜈蚣科 Lithobiidae，隐翅甲科 Staphylinidae
叉齿细蜂属 *Exallonyx*	隐翅甲科 Staphylinidae

蜂产卵于寄主体内，产卵时刺入动作很快。寄主幼虫在被寄生后起初看起来无明显变化，然后则发育停滞、行动缓慢，到寄生蜂幼虫成熟前静止不动。细蜂成熟幼虫从寄主腹面节间膜处钻出，蜂蛹与寄主幼虫都是腹部腹面对腹部腹面，蜂蛹头部斜向前方 (图 15)。蜂蛹无茧。在寄主上有单寄生，也有聚寄生。

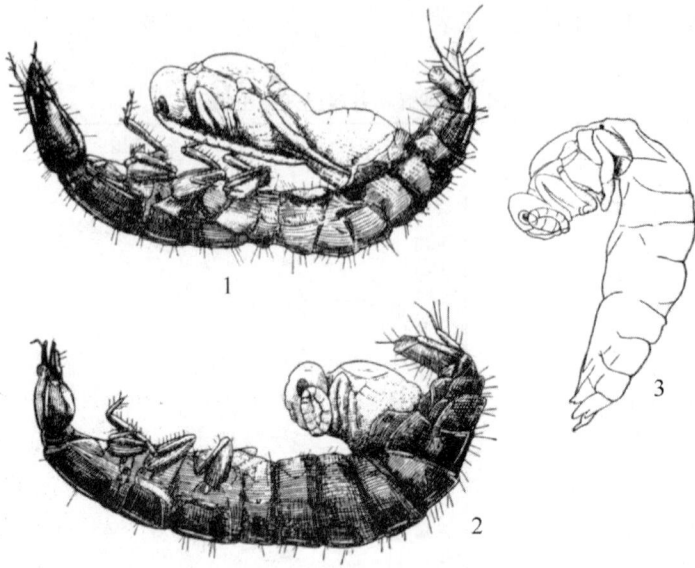

图15 寄生于隐翅虫*Philonthus turbidus*的三窝叉齿细蜂*Exallonyx philonthiphagus* Williams (=*Exallonyx trifoveatus* Kieffer) (仿 Williams, 1932)

1. 从体内钻出的雌细蜂蛹；2. 从体内钻出的雄细蜂蛹；3. 细蜂蛹

Williams 等 (1992) 曾用露尾甲科的黄斑露尾甲 *Carpophilus hemipterus* (L.) (图16)、弗氏露尾甲 *C. freemani* Dobson、微暗露尾甲 *C. lugubris* Murray、八斑露尾甲 *Stelidota geminate* (Say)、锈色露尾甲 *S. ferruginea* Reitter、合唇露尾甲 *Glischrochilus quadrisignatus* (Say) 及小缘露尾甲 *Haptoncus luteolus* (Erichson)在实验室内成功繁殖出截短细蜂 *Brachyserphus abruptus* (Say)。该细蜂对黄斑露尾甲1龄幼虫的寄生率达65%。由此可见，细蜂科昆虫有些种类在害虫生物防治方面有潜在的利用价值。

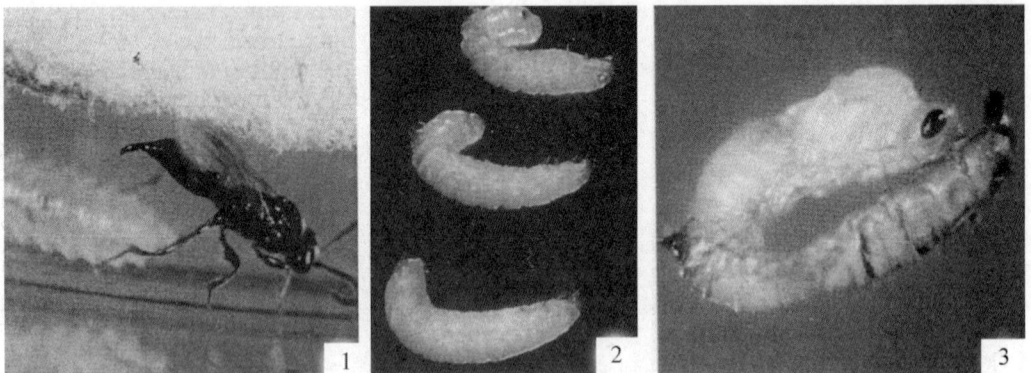

图16 寄生于黄翅露尾甲 *Carpophilus hemipterus* (L.) 的截短细蜂 *Brachyserphus abruptus* (Say)

1. 产卵动作；2. 不同龄期幼虫；3. 紧贴于寄主幼虫的蜂蛹 (仿 Williams *et al.*, 1992)

细蜂科作为一类天敌，在自然界中对寄主肯定起着一定的抑制作用。但是，在生物防治实际工作中，还未曾见有报道细蜂科寄生蜂成功地用于防治害虫的例子，这可能与研究不足有关。实际上，有些种类分布广泛，资源丰富，很有可能成为生物防治中的一支强大的"生力军"，如无翅细蜂属 *Paracodrus* 中的叩甲无翅细蜂 *P. aperogynus* (Haliday) 广泛分布于欧洲大陆，成虫出现于 6 月初至 9 月末，在欧洲是金针虫类地下害虫的重要寄生蜂 (H. Townes 和 M. Townes, 1981)。现知该种在我国北方甘肃省也有分布，但其作用如何，人们一点都不了解，有待今后细致地对其生物学特性，包括生活史、生活习性、繁殖、适应环境、传播、寻找寄主能力等方面进行调查研究。

3. 地理分布

细蜂科 Proctotrupidae (图 17) 广泛分布于世界各地 (温带地区和热带地区)，也有少数种类可进入北极和亚北极地区。据 H. Townes 和 M. Townes (1981) 及其后其他学者研究 (见"各科研究进展") 的文献统计和分析，细蜂科全世界区系内现生种类已知 28 属 396 种，作者估计可能达 40 属 1300 多种。各动物区系分布已知种数如下：古北区 96 种，东洋区 133 种，新北区 89 种，新热区 82 种，澳洲区 39 种，埃塞俄比亚区 (非洲区) 11 种；我国已知 18 属 95 种，内 5 属 84 种的模式标本产于我国。

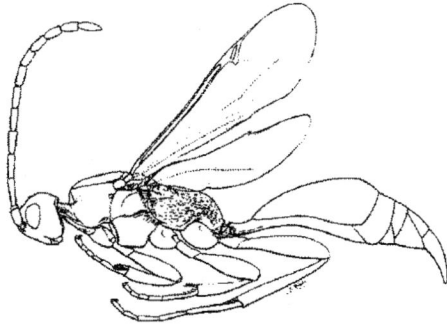

图 17　细蜂科 Proctotrupidae (仿 Masner, 1993)

各属的已知种数，估计种数，地理分布见表 4。

表 4　细蜂科各属已知种数*、估计种数和地理分布

属名	世界种数**		地理分布
	已知	估计	
大洋细蜂亚科 Austroserphinae			
棘背细蜂属 *Acanthoserphus*	2 (0)	4	澳洲区
齿胸细蜂属 *Austrocodrus*	1 (0)	1	新热区
大洋细蜂属 *Austroserphus*	1 (0)	1	澳洲区
细蜂亚科 Proctotrupinae			
分沟细蜂族 Disogmini			
分沟细蜂属 *Disogmus*	5 (0)***	8	全北区，中国
隐颚细蜂族 Cryptoserphini			
马氏细蜂属 *Maaserphus*	5 (5)	25	中国
尖细蜂属 *Oxyserphus*	21 (0)	150	澳洲区，古北区

续表

属名	世界种数**		地理分布
	已知	估计	
棒管细蜂属 *Fustiserphus*	6 (0)	12	澳洲区，新热区，新北区
史细蜂属 *Smithoserphus*	5 (0)	15	新热区
非细蜂属 *Afroserphus*	1 (0)	5	埃塞俄比亚区
前沟细蜂属 *Nothoserphus*	13 (10)	32	古北区，东洋区，中国
尖脊细蜂属 *Phoxoserphus*	2 (2)	5	中国
洼缝细蜂属 *Tretoserphus*	4 (1)	8	全北区，中国
隐颚细蜂属 *Cryptoserphus*	13 (1)	32	全世界，中国
柄脉细蜂属 *Mischoserphus*	21 (2)	50	全世界，中国
普细蜂属 *Pschornia*	3 (0)	5	全北区
畦颈细蜂属 *Homorserphus*	3 (1)	6	全北区，中国
短细蜂属 *Brachyserphus*	18 (5)	30	全北区，夏威夷，中国
缩管细蜂属 *Serphonostus*	1 (0)	1	澳洲区
缺沟细蜂属 *Apoglypha*	3 (0)	10	澳洲区
细蜂族 Proctotrupini			
肿额细蜂属 *Codrus*	13 (7)	15	古北区，东洋区，巴布亚新几内亚，中国
刻胸细蜂属 *Glyptoserphus*	1 (1)	2	中国
光胸细蜂属 *Phaenoserphus*	26 (4)	40	全北区，印度，中国
细蜂属 *Proctotrupes*	8 (4)	10	全北区，中国
中沟细蜂属 *Parthenocodrus*	8 (5)	8	古北区，中国
无翅细蜂属 *Paracodru*	1 (1)	1	古北区，中国
强脊细蜂属 *Carinaserphus*	1 (1)	2	中国
脊额细蜂属 *Phaneroserphus*	9 (6)	50	全世界，中国
叉齿细蜂属 *Exallonyx*	201 (40)	780	全世界，中国
种数*	396 (96)	1308	全世界
属数	28 (18)	40	

*化石属种未包括在内；**括号内数字为中国已记述种，不包括本志中的新属、新种和新记录种；***中国有该属记录。

(二) 离颚细蜂科 Vanhorniidae

　　上颚很壮而宽；外翻，合拢时端部不相接触；有 3-4 个向下伸的直齿；或其中有 2 齿，中等细，直伸向中央，其后齿稍短于前齿。颚须中等长。触角 13 节；触角窝与唇基背缘相连；柄节端部平截，短壮，长为宽的 2 倍以下，无突起。前胸背板有中等强的前沟缘脊或无，无前背齿。盾纵沟深，几乎伸至中胸盾片后缘。小盾片前横沟具凹洼。中胸侧板有中凹，无狭窄横沟。并胸腹节背表面有中脊，由于具粗网状刻皱，此脊有时模糊。跗爪简单或具栉齿。前翅翅脉完整，但有时弱。肘脉基部存在，第 1 肘室和第 1 盘室明显。第 1 回脉与盘脉连接处在外小脉对面。后翅有明显后小脉，强度内斜。腹部具短柄或无。合背板和合腹板很长，其上覆盖中等密的毛，愈合腹板骨化，中央有收纳产卵管的中纵沟。产卵管鞘非常细长，弯曲并转向前方。产卵管细长，与腹部等长或更长。

寄生于隐唇叩甲科 Eucnemidae 幼虫。隐唇叩甲离颚细蜂 *Vanhornia eucnemidarum* Crawford 多次从 *Isorhipis ruficornis* 幼虫中育出，在美国东北部落叶树林区广布；利勒离颚细蜂 *V. leileri* Hedqvist 从瑞典的 *Hypocelus cariniceps* 幼虫中育出；贵州离颚细蜂 *V. guizhouensis* (He *et* Chu) 是从养虫室窗纱外面采到，寄主不知。

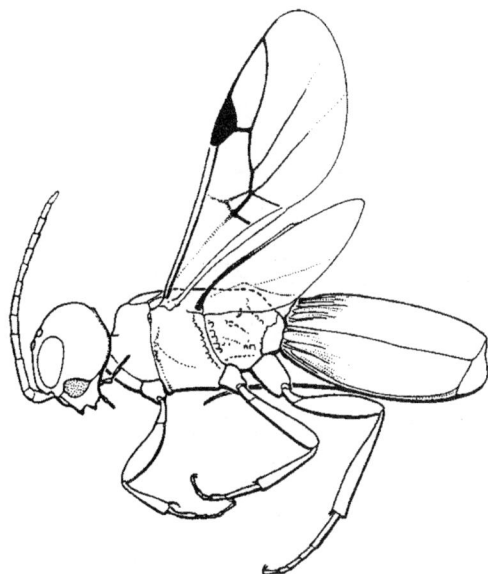

图 18　离颚细蜂科 Vanhorniidae (仿 Masner, 1993)

该科仅有此一模式属离颚细蜂属 *Vanhornia*，全世界仅有 3 种，说明该科极为珍稀。从分布在美洲 (美国)、欧洲 (瑞典) 和亚洲 (中国贵州惠水及西伯利亚) 这种分布格局看，说明该科是一个很古老的孑遗类群，在昆虫生物地理学研究中具有特殊的意义。

(三) 柄腹细蜂科 Heloridae

头横宽；上颚 2 齿，上齿稍长于下齿。触角平伸，着生于颜面中央，16 节，包括甚小的环状节 1 节。前胸背板从上方可见，前端突出稍呈颈状。中胸盾片盾纵沟明显；小盾片近半圆形，稍隆起。并胸腹节后端钝圆。前翅端部较宽；具翅痣和前缘室；缘室狭，密闭；基脉 (中脉) 不伸达亚前缘脉，从中段突然向外方弯折至回脉基部，形成三角形的小室。后翅也宽，有明显的亚前缘脉。足胫节距式 1-2-2；爪具栉齿。腹柄长，至基部稍粗；柄后腹倒圆锥形；第 2 节背板非常大，宽度稍大于高度，侧观背板高度约等于腹板高度。

本科寄生草蛉科 Chrysopidae 的幼虫。已知种类均是寄生草蛉属 *Chrysopa* 极其相近属的幼虫，单个内寄生，成蜂从寄主的茧中羽化爬出。雌蜂产卵时把卵产入寄主低龄幼虫体内，卵就在寄主的血腔中流动。大约在产卵后 2 天幼虫孵化，孵化出的 1 龄幼虫一直到寄主幼虫吐丝作茧才发育，很快完成 2 龄和 3 龄。这个阶段在夏季最短为 3 天，但在夏末世代中却可长达约 8 个月，在此期间，它们以 1 龄幼虫在滞育的寄主幼虫体内越冬。3 龄老熟幼虫的身体部分爬出寄主体壁之外，然后化蛹。蛹期为 8-12 天。一年可发生好几代。

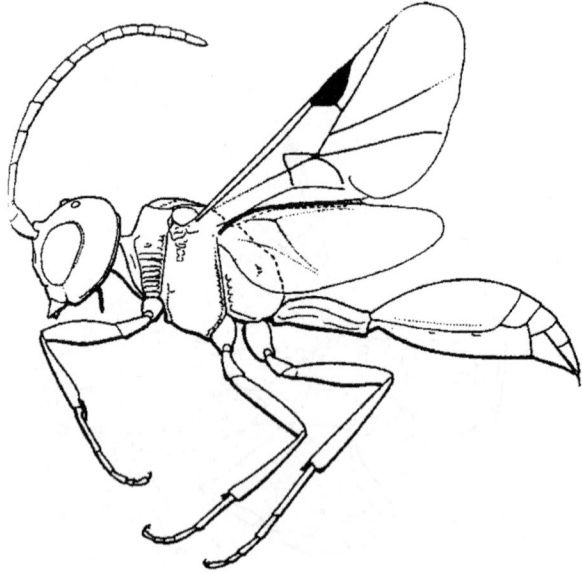

图 19　柄腹细蜂科 Heloridae (仿 Masner, 1993)

　　现生的柄腹细蜂科是个小科，仅知柄腹细蜂属 *Helorus*，分布于世界上大多数动物地理区，但在低纬度的热带地区尚未见有分布，我国已知2种。

(四) 窄腹细蜂科 Roproniidae

　　体小型。雌雄性触角均为14节，无环状节，第3节基部明显缢缩。额中央稍拱隆，下角微突出。颜面中央稍拱隆，无任何纵脊。前翅有翅痣；中室多边形；基脉上半段骨化，直伸达亚前缘脉。腹部腹柄明显，细；柄后腹多少侧扁或强度侧扁，高度明显大于宽度。窄腹细蜂属侧观多少呈舵形，背缘弧形；第2背板长，长约为高的2倍，明显长于腹柄；第3、4背板短，长度之和短于第2节背板。刀腹细蜂属背缘和腹缘近于平行，侧观呈刀形；第2节背板相当短，长约等于其高，稍短于腹柄；第3、4背板明显可见，长度之和约等于第2节背板。

　　窄腹细蜂科生物学不详。其中，两种从叶蜂茧中育出，短角窄腹细蜂 *R. brevicornis* 寄生于栎叶蜂属 *Periclista*。

　　窄腹细蜂科仅知 2 属。窄腹细蜂属 *Ropronia* 共记述过 25 种，其中新北区 3 种，日本 3 种，土耳其 2 种，俄罗斯和缅甸各 1 种，中国 16 种 (1 种在日本也有)。刀腹细蜂属 *Xiphyropronia* He *et* Chen 仅知 1 种，分布于浙江省西天目山。

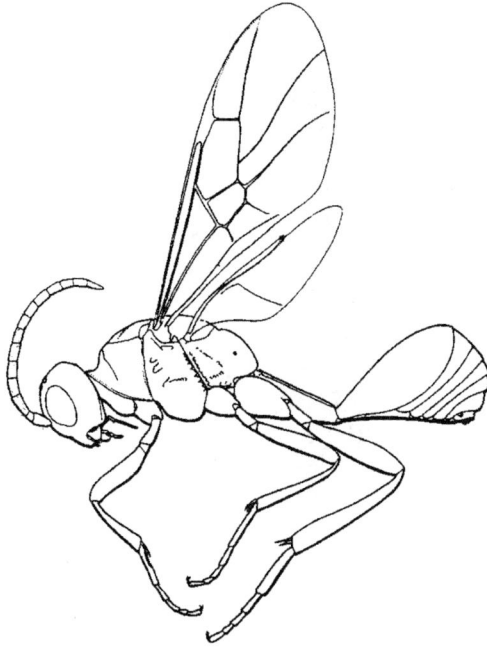

图 20　窄腹细蜂科 Roproniidae (仿 Masner, 1993)

(五) 修复细蜂科 Hsiufuroproniidae

单复眼间距明显大于侧单眼直径；复眼内缘几乎平行，向下不收窄。雄性触角 15 节，但第 3 节为环状节；柄节很短，宽大于长。上颚大而宽，3 齿。胸部(包括并胸腹节)长，长为最高处的 2.2 倍。前胸背板上方很明显，不为中胸盾片所遮盖。盾纵沟深而完整，伸至中胸盾片后缘，内具并列刻条；小盾片前沟内有几条短纵脊。中胸背板后方有 1 个横凹，其内有纵脊。并胸腹节倒三角形，有明显刻皱和明显中纵脊。前翅有封闭的第 2 肘室 (第 1 亚盘室)，在其端部扩大，并有分叉的第 1 臀脉；后翅前缘有 C+SC+R 脉、SC+R 脉、R 脉；在后翅 1/3 处中脉扩大，从此扩大处发出 3 条翅脉，R_1 脉伸向翅前缘、M 脉伸向翅外缘中央和 Cu1a 脉伸向翅后缘；有臀脉。胫距式 1-2-2；跗爪梳状。腹部腹柄狭长卵圆形；柄后腹背板稍为侧扁，不形成愈合背板和愈合腹板，背观各节近于等长，宽大于长；端前节 (第 8 节背板) 有 2 个气门；侧背板很宽；端背板 (第 9 背板) 有 2 个尾须 (图 484)。雌性不知。

寄主不明。俄罗斯的 *Proctorenyxa incredibilis* Lelej *et* Kozlov 雄性标本是 6 月 13 日 35℃时采自核桃楸 *Juglans manshurica* 幼树叶片上。

该科仅知 2 种，分别产于俄罗斯远东滨海地区游击队城和我国北京门头沟。

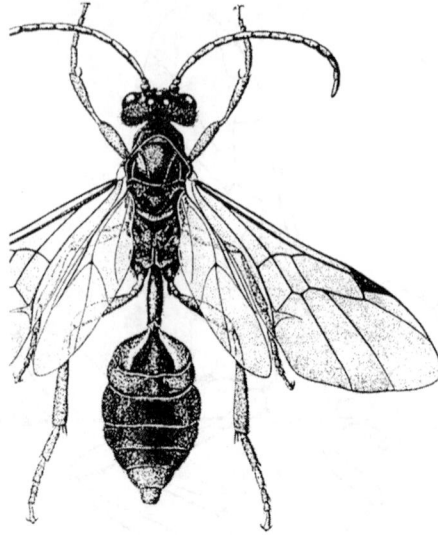

图 21 修复细蜂科 Hsiufuroproniidae (仿 Kozlov, 1994)

(六) 锤角细蜂科 Diapriidae

体微小至小型，大部分体长 2-4mm，个别小至 1mm 或大至 8mm。光滑，有光泽。黑色或褐色。头球形或近于球形，极少横形。3 个单眼很靠近，正三角形排列。上颚多为 2 齿。触角多少膝状；柄节长，常着生于颜面中央的隆起 (额架) 上，长至少为宽的 2.5 倍；雄蜂 12-14 节，丝状或念珠状；雌蜂 9-15 节，棒锤状；两性的第 1 或第 2 鞭节有不同的特化。前胸背板从上方刚可见。盾纵沟有或无；小盾片常隆起，基部有凹洼。并胸腹节短，后缘前凹。前翅缘缨发达；翅脉退化，无明显翅痣，但偶具副痣；缘脉点状或无；有时具关闭的前缘室和缘室；后翅具 1 个翅室或无；常有无翅种类。足胫节距式 1-2-2。腹部卵圆形或锥卵形；近于有柄，极少有长柄；第 2 节常大。产卵器缩入腹部内。

锤角细蜂科是本总科内种数最多的科，全世界分布。分为 4 个亚科：折缘细蜂亚科 Ambositrinae、寄螯细蜂亚科 Ismarinae、突颜细蜂亚科 Belytinae 和锤角细蜂亚科 Diapriinae。

锤角细蜂科在热带与温带地区差不多同样进化，即使在亚北极生境也有相当多的种类。锤角细蜂科似乎比缘腹细蜂科年轻，到了渐新世特别是突颜细蜂亚科种类很多。一般认为，锤角细蜂亚科是细蜂总科中唯一仍在扩展的类群。本科未见有携播或在洞穴中生活的种类。该科种类寄主的选择反映了进化和科内的相互关系。3 个较原始的亚科，即寄螯细蜂亚科、折缘细蜂亚科和突颜细蜂亚科在分类学和生态学上都是甚为内聚的类群。寄螯细蜂亚科为螯蜂科的寄生蜂。折缘细蜂亚科和突颜细蜂亚科差不多与低等双翅目相联系，特别是菌蚊科和尖眼菌蚊科；一些突颜细蜂寄生于腐烂海藻中的鼓翅蝇科或土壤中生活的蚁类幼虫。

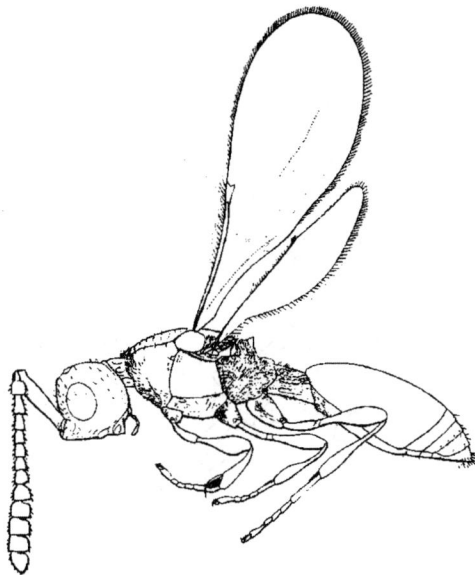

图 22　锤角细蜂科 Diapriidae (仿 Masner, 1993)

锤角细蜂亚科分化很明显，特殊的种类很多，生活在极端的小生境，具有甚为特殊的寄主联系。有些种类水生或半水生，生活在近海岸的潮间带里，还有些种类钻入土中寻找寄主。多数种类寄生于高等双翅目环裂部，如秆蝇科、蝇科、寄蝇科、丽蝇科、麻蝇科和实蝇科；把卵直接产入围蛹中的蛹或幼虫体内；一般为聚内寄生，从一个寄主的围蛹中可羽化出 3-50 头，最多的达 293 头。有些锤角细蜂为重寄生，或为兼性重寄生。仅少数是从隐翅甲科、扁泥甲科中养出来的。本亚科有许多高度特化的种类与各种蚁和白蚁相联系，甚至出现转换寄主的事例，有些较原始的种类本来是寄生蚁巢内的客虫双翅目的，结果变成蚁幼虫的寄生蜂。

据 Johnson (1992) 统计，现生 181 属 2010 种。其中，折缘细蜂亚科 22 属 99 种 (2 属 2 种为化石种)；突颜细蜂亚科 58 属 689 种 (8 属 11 种为化石，其中 6 属兼为现生属)；锤角细蜂亚科 110 属 1206 种 (3 属 4 种为化石，其中 2 属兼为现生属)；寄螯细蜂亚科 2 属 30 种。Masner (1993) 估计全世界可达 4500 种。

我国锤角细蜂科标本很多，华南农业大学和福建农林大学已有研究生正在进行分类研究。

(七) 澳细蜂科 Austroniidae

体长约 5mm。光滑，较坚实。前胸背板中央有横脊，部分覆盖中胸盾片前部。后足基节紧靠并胸腹节洞口。每个跗爪有 1 方形基叶突。腹部短，几乎呈刀形，强度侧扁，特别是雌性。第 1 节 (腹柄) 长至多为宽的 2 倍，雄性比雌性稍长些；第 2、3 背板约等长；产卵管较长，常缩入腹部体内，端部向上弯曲。

本科生物学和寄主均不知。现生 1 属 3 种，产于澳大利亚，另有化石 1 属 1 种。

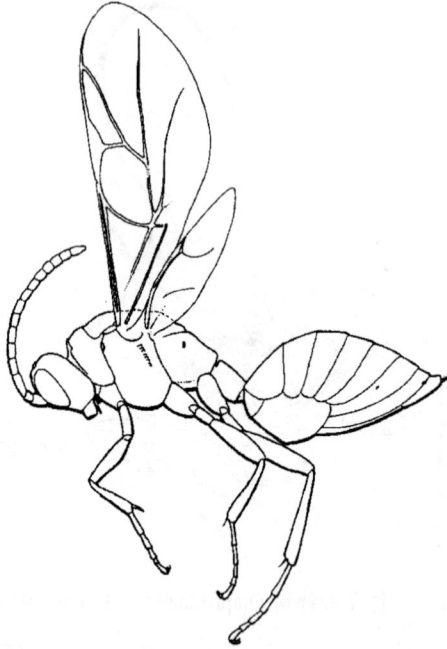

图 23 澳细蜂科 Austroniidae (仿 Masner, 1993)

(八) 莫明细蜂科 Maamingidae

体长 1.0-1.8mm。体大部分光滑，头顶、中胸盾片和腹部前侧角具稀而长的直毛，小盾片侧方和并胸腹节后方具细毛；无金属光泽，通常骨化程度弱，褐色至浅黄色。触角雌性 13 节，雄性 12 节；着生在额架上，有大而呈弧形的毛状感觉器位于浅沟的凹进处。颚须 2 节；唇须 2 节。前胸背板颈部短；前胸背板侧面近方形，具刻条，有膜区与中胸侧板分开。翅长翅型或短翅型；前翅无前缘脉，前缘室狭而开放，后缘脉长；后翅狭，亚前缘脉完整，无基脉。胫节距式 1-2-2。腹柄小，着生于并胸腹节下方。无合背板和合腹板。无窗疤。气门位于第 8 背板，尾须位于第 9 背板。下生殖板犁形，端部尖。产卵管从腹端伸出，细而长，端部具刚毛，稍长于下生殖板。

本科仅知 1 属：莫明细蜂属 Maaminga Early, 2001，2 种，产于新西兰。

生物学不知，标本采自林区，特别是 Kauri 树木上，也有在滨海灌木和高山雪地植物上采到。

学名 Maaming 为毛利字，意为骗子、魔术师、淘气鬼、神秘，说明此属特征的组合在细蜂总科的地位莫明其妙、令人迷惑不解。因为早在 1971 年就已采到过标本，Grehan (1990) 曾提到过为"新种"，新科定名人 Early (1995) 亦曾作为"未定名科"介绍过。因此中名拟用"莫明"，同时有些谐音。

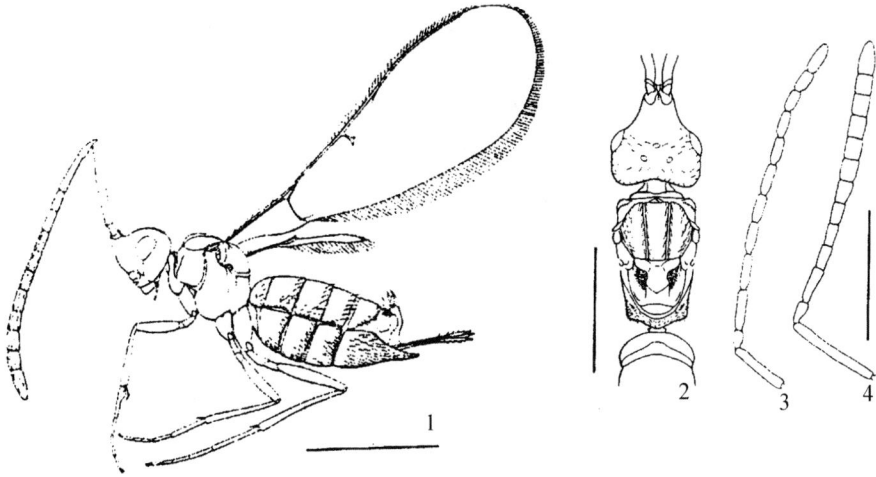

图 24　莫明细蜂科 Maamingidae (仿 Early *et al*., 2001)

(九) 纤腹细蜂科 Monomachidae

　　体长 10-18mm。光滑，细长。一些新热区种浅绿色，少数多色，但非黑色。明显性二型。雌性腹部镰刀形，变细；雄性腹部花梗状。上颚粗大，有若干小齿。前胸背板几乎呈颈状，有明显横脊，可滑动到中胸盾片前部上方。并胸腹节明显锥形，表面无中脊。后足基节着生处远离并胸腹节的腹部着生部位。前翅至少有 5 个封闭的翅室，翅痣相当狭窄，有雌性为微翅型。雌蜂腹部镰刀形至端部渐狭窄 (尾状)；雄性腹部梗状；第 1 节长至少为宽的 3 倍；第 2、3 节约等长。产卵管极短，隐藏于腹部第 8 背板体内。

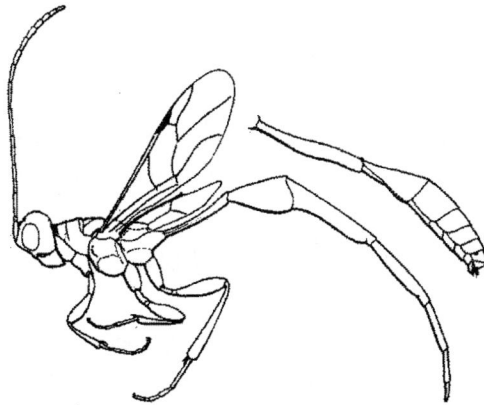

图 25　纤腹细蜂科 Monomachidae (仿 Masner, 1993)

　　已知一澳大利亚种类是从双翅目水虻科 Stratiomyidae 的摇虻亚科 Chiromyzinae 成长幼虫和蛹中育出。澳大利亚种类的成虫在冬季活动。在诱虫灯和马氏网诱集器中可采到成虫。

本科可能原产于南半球,包括2属,大部分产于新热区 (从墨西哥至阿根廷和智利),仅少数种产于澳大利亚和新西兰。Musetti 和 Johnson (2004) 对新世界 *Monomachus* 的种进行了校正研究,记录 20 种,其中 9 新种。

(十) 长腹细蜂科 Pelecinidae

大型蜂类,体型在所有细蜂总科中最大,体长至少 20mm,某些大型雌性可达 70mm。体光滑、光亮、黑色。触角两性均 14 节,丝状,柄节短。前翅烟状;前缘室封闭,翅痣细,缘室开放,Rs 脉端部不为叉状。雌性后足胫节肿大,两性后足基跗节均明显短于第 2 跗节。腹部明显性二型,雌性腹部细长,管状,灵活,飞行时弯曲,第 1-5 节几乎等长;雄性腹部短而梗状,即后端稍粗,第 1 节具柄。

已知 3 种。容性单个内寄生于鞘翅目金龟科 Scarabaeidae 的鳃金龟亚科 Melolonthinae 和犀金龟亚科 Dynastinae 幼虫,特别是食叶鳃金龟属 *Phyllophaga* 一些种类。雌蜂完全弯曲,其腹部伸入土中螫刺寄主。

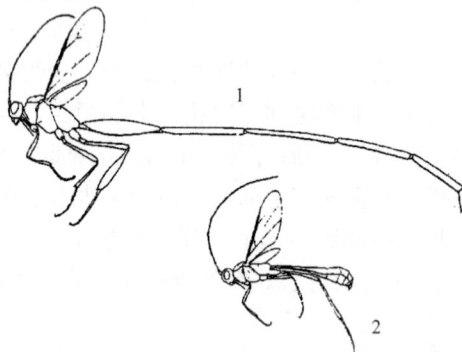

图 26 长腹细蜂科 Pelecinidae (仿 Masner, 1993)

本科分布于西半球,在加拿大西部常在夏末和早秋偶尔见到雌蜂,但雄蜂很少。已知化石 7 属 35 种,其中 4 属 20 种产于我国山东和辽宁早白垩世。

(十一) 优细蜂科 Peradeniidae

体长 6-10mm。坚实,黑色。体形有些相似于短柄泥蜂属 *Pemphredon* (Pemphredonidae)。复眼很大,内眶明显向腹方收窄;颊眼距几乎消失。单复眼间距与侧单眼直径等长或稍短。触角短,雌性 13 节,雄性 12 节,着生处远离唇基凹。前胸背板侧面强度凹入。小盾片后方有 2 条畦状刻点横沟。前翅翅脉退化,仅有 2 个封闭的翅室,中央有 i 个孤独骨片;后翅后缘近基部弧形凸出。后足胫节强度棒状。腹部棒状;第 1 节极长而狭,呈柄状;第 2 背板、第 2 腹板前部收缩呈颈状;第 2-4 背板愈合成合背板;第 2-5 腹板愈合成合腹板。

本科生物学不知，但曾看到在冬季有明显的飞行期。

本科包括 1 属 2 种，为数很少，分布于大洋洲。

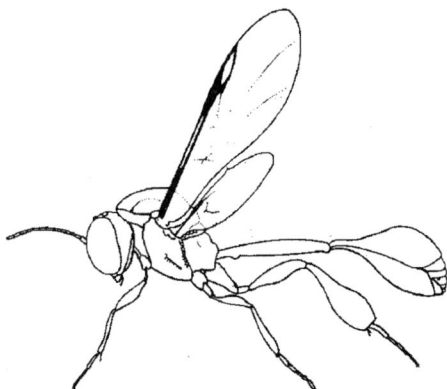

图 27　优细蜂科 Peraderiidae (仿 Masner, 1993)

四、总科分科检索表

传统的现存细蜂类包括细蜂总科 Proctotrupoidea、广腹细蜂总科 Platygastroidea 和分盾细蜂总科 Ceraphronoidea，虽然这 3 个总科已分开多时，但国内由于资料介绍较少，原有合为 1 或 2 总科的资料影响还可能较深。因此，下列细蜂总科分科检索表中仍附带列出其他 2 总科，以便参考。

传统的现生细蜂类分总科及分科检索表
(*我国尚未发现有现生种的科)

1. 前足胫节 1 距；无小盾片横沟 (frenum)，如有三角片，则与小盾片主要表面不在同一水平上·····2
   前足胫节 2 距；通常有小盾片横沟；有三角片，与小盾片主要表面在同一水平上····················
   ··· **分盾细蜂总科 Ceraphronoidea, 14**

2. 触角窝与唇基背缘分开的距离明显大于触角窝直径；如距离较小，其腹部第 1 节柄状 (某些锤角细蜂科) 或上颚外翻；前翅翅脉多 (离颚细蜂科)；前翅通常有封闭的翅室和多条管状翅脉；腹部两侧圆，如较尖锐，则触角 14-15 节 ····························· **细蜂总科 Proctotrupoidea, 3**
   触角窝与唇基背缘相连，若分开，其距离小于触角窝直径；腹部背面第 1 节通常非柄状，前侧角近于直角；前翅无封闭的翅室，只有 1-2 条翅脉；腹部两侧尖钝，或有明显的翅缘；触角不多于 12 节，体稍小，一般不长于 3mm ····················· **广腹细蜂总科 Platygastroidea, 13**

3. 后足跗节第 1 节明显短于第 2 节；腹部很长，线状，雌虫各节大致相等，雄虫棒状，第 1 腹节与头胸部之和等长，雌蜂无螯针；前翅径分脉 Rs 叉状；大型昆虫，雌蜂体长 50-70mm，雄蜂 15-22mm。寄生于金龟科幼虫。新北区 ····························· ***长腹细蜂科 Pelecinidae**
   后足跗节第 1 节长于第 2 节；腹部或腹部第 1 节均相当短；前翅径分脉 Rs 不呈叉状或无；体长短于 15mm ··4

4. 上颚外翻，合拢时其端部不相接触；腹部第 1 背板（合背板）明显最长；产卵管直向前伸至足之间，平时放在腹部腹面中纵沟内。全北区，东洋区 ················· **离颚细蜂科 Vanhorniidae**
   上颚内弯，合拢时其端部相接或交叠甚多，偶有退化或无；腹部第 1 背板不是最长，但常长，圆柱形，某些细蜂科被合背板所盖，仅侧面可见；产卵管直向后，或下弯，或不伸出 ··············5

5. 后翅主脉 3 叉；上颚 3 齿。古北区 ····················· **修复细蜂科 Hsiufuproniidae**
   后翅主脉 2 叉，或仅 1 条，或无；上颚 1-2 齿 ·····································6

6. 复眼内眶明显向腹方收窄；腹部第 1 节与其余各节之和等长；后足胫节棒形；侧观前胸背板有明显斜凹。澳洲区 ··· ***优细蜂科 Peradeniidae**
   复眼内眶不向腹方收窄；腹部第 1 节短于各节之和；后足胫节不呈棒形；侧观前胸背板向前隆凸 ··7

7. 腹部第 2 节背板与第 3 节背板约等长 ·····································8
   腹部第 2 节背板明显长于第 3 节背板，若等长，则柄后腹呈刀形 ····················10

8. 腹部异常细长，雌性尾状，两性第 1 腹节长至少为宽的 3.0 倍；跗爪简单。新热区和新西兰 ·· ***纤腹细蜂科 Monomachidae**
   腹部短，几乎解剖刀形，不呈尾状，两性第 1 腹节长至多为宽的 2.0 倍 ···············9

9. 触角柄节短，触角不着生在额的突起上；前胸背板侧面无明显刻条；前翅有翅痣，有明显翅脉；第 1 跗爪有方形基叶突。澳大利亚 ············· ***澳细蜂科 Austroniidae**
   触角柄节长，触角着生在额的突起上；前胸背板侧面有明显刻条；前翅无翅痣，无明显翅脉；跗爪简单。新西兰 ···················· ***莫明细蜂科 Maamingidae**

10. 触角第 1 节长形，长至少为宽的 2.5 倍；头部侧观触角架通常明显；前翅翅痣至多线形或点状，偶尔无翅脉。全世界 ······················ **锤角细蜂科 Diapriidae**
    触角第 1 节短，长至多为宽的 2.2 倍；无触角架；前翅翅痣长而/或厚 ···············11

11. 触角 13 节；前翅翅痣三角形，缘室很短窄，其余翅脉和翅室不着色。全世界 ············· **细蜂科 Proctotrupidae**
    触角 14 节或 16 节；前翅翅痣长三角形，其余翅脉和翅室明显着色 ··················12

12. 触角 16 节，包括 1 环状节；柄后腹宽度稍大于高度，侧观背板高度等于腹板高度；前翅中室三角形，不与 R 脉接触。全世界 ·················· **柄腹细蜂科 Heloridae**
    触角 14 节，无环状节；柄后腹强度侧扁，宽度明显小于高度，侧观背板高度明显大于腹板高度；前翅中室多于三条边，有脉与 R 脉接触；全北区，东洋区 ·············· **窄腹细蜂科 Roproniidae**

13. 前翅具痣脉，通常也具后缘脉；触角通常 11-12 节，偶有 10 节或更少；雄蜂触角第 5 节特化；大部分腹部第 2 背板至多稍长于第 3 背板，几乎均短于以后各节背板之和，但也有少数甚长。全世界 ···················· **缘腹细蜂科 Scelionidae (图 28)**
    前翅无痣脉或后缘脉，常常没有翅脉；触角通常 10 节或偶尔更少；雄蜂触角第 4 节偶在第 3 节特化；腹部第 2 背板长于第 3 背板若干倍，几乎等长于或长于各节背板之和。全世界 ··············· **广腹细蜂科 Platygastridae (图 29)**

14. 胫距式 2-1-2，前足胫距较大的 1 个不分叉；触角雌性 9-10 节，雄蜂 10-11 节；腹柄节可见 1 个短环节；第 1 背板基部宽；翅痣线形；中胸盾片至多只有中纵沟。全世界 ···················· **分盾细蜂科 Ceraphronidae (图 30)**

胫距式 2-2-2，前足胫距较大的 1 个末端分叉；两性触角均为 11 节；腹柄节甚短，通常为第 2 节所遮盖；第 1 背板基部收窄；翅痣膨大，偶有线形；中胸盾片通常有中纵沟和盾纵沟，偶尔缺一或均缺。全世界 ··· **大痣细蜂科 Megaspilidae (图 31)**

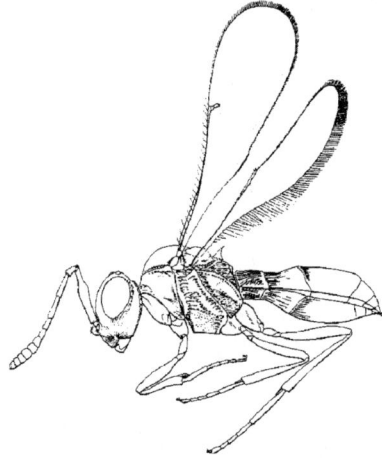

图 28　缘腹细蜂科 Scelionidae (仿 Masner, 1993)

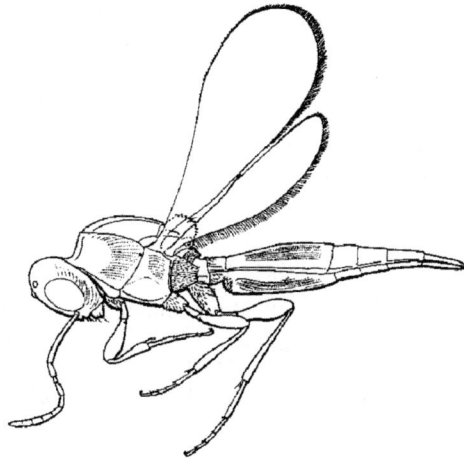

图 29　广腹细蜂科 Platygastridae (仿 Masner, 1993)

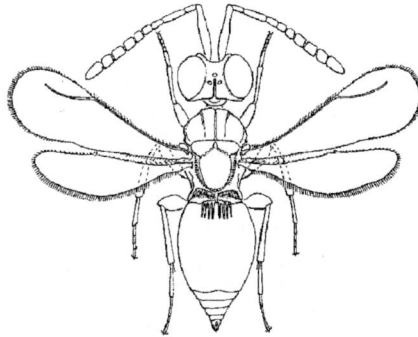

图 30　分盾细蜂科 Ceraphronidae (仿 Masner, 1993)

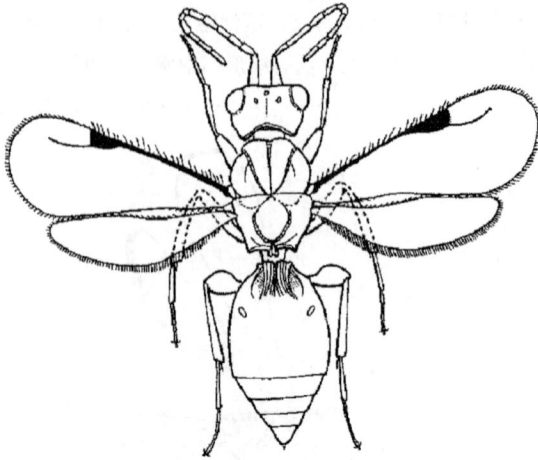

图 31　大痣细蜂科 Megaspilidae (仿 Masner, 1993)

五、总科在地史上的分布[*]

　　细蜂总科是现生膜翅目细腰亚目最古老的种类，我国东北早侏罗世沉积物中的细蜂总科化石的存在是无可争辩的证据。到侏罗纪中期，才出现了旗腹蜂总科和巨蜂总科等总科的代表。过去记录也有冠蜂总科，但该总科的分类在历史上较乱，现在一般认为只包括冠蜂科，涉及一些化石类群，未见有冠蜂科在侏罗纪出现的报道，因此应不包括在内。细腰亚目的辐射主要发生在白垩纪，因为到晚白垩世，所有细腰亚目的总科和许多现存的科才出现。

　　细蜂总科这一很古老的类群中，细蜂科 Proctotrupidae (过去曾认为有在上侏罗纪中发现)、柄腹细蜂科 Heloridae、窄腹细蜂科 Roproniidae、长腹细蜂科 Pelecinidae (过去曾见于晚侏罗世的记录虽已取消，但南京地质古生物研究所待发表论文的标本记录中有中侏罗世化石标本)、中细蜂科 Mesoserphidae 和侏罗细蜂科 Jurapriidae，在侏罗纪地层中已被发现，而且除侏罗细蜂科外在我国均有记录 (部分资料南京地质古生物研究所待发表)。其中，前 4 个科亦为现生类群，后 2 科仅见化石种类。古细蜂科 Serphitidae 见于白垩纪地层发现，现已灭绝。锤角细蜂科 Diapriidae 在渐新世和中新世地层中发现，为现生类群，而且相当兴旺。关于地层年代的认识，随工作的进展和测量手段的改进，可能会有一些变化。澳细蜂科 Austroniidae、优细蜂科 Peradeniidae 为现生的小科，亦发现化石各 1 种。细蜂总科中，离颚细蜂科 Vanhorniidae、纤腹细蜂科 Monomachidae、修复细蜂科 Hsiufuproniidae 和莫明细蜂科 Maamingidae 尚未发现化石种类。细蜂总科在地史上的分布简况，见表 5。

　　细蜂总科现生的 11 个科中，柄腹细蜂科、长腹细蜂科、窄腹细蜂科、离颚细蜂科、纤腹细蜂科、澳细蜂科、优细蜂科、修复细蜂科和莫明细蜂科 9 科都是只有 1-2 属，种类 1 种或几种至二十几种的小科，看来都属于孑遗类群。细蜂科为其中较大的科，目前

---

　* 本节系中国科学院南京地质古生物研究所张海春研究员帮助编写。

仅包含 28 属约 396 种，即使按 H. Townes 和 M. Towner (1981) 估计，可达 40 多属 1200 种，在膜翅目中仍是处于中下等水平类群，被认为是处于"稳定"趋势。锤角细蜂科是本总科中种数最多的科，在世界各地的潮湿生境中常可看到。据 Johnson (1992) 资料统计，现生 181 属 2010 种。其中，折缘细蜂亚科 Ambositrinae 22 属 99 种 (2 属 2 种为化石种，其中 1 属 1 种为现存种)；突颜细蜂亚科 Belytinae 58 属 689 种 (8 属 11 种为化石，其中 6 属兼为现生属)，这 2 个亚科被认为是处于"稳定"趋势。锤角细蜂亚科 Diapriinae 110 属 1206 种 (3 属 4 种为化石，其中 2 属兼为现生属)，在细蜂总科中仅此亚科被认为处于"扩展"趋势。寄螯细蜂亚科 Ismarinae 2 属 30 种，被认为是处于"子遗"水平。锤角细蜂科现在每年都有许多新属新种发表，有待补充。我国过去和现在均无人系统研究过此科分类。从编者曾见到过的浙江大学、福建农林大学和华南农业大学的寄生蜂标本中，藏有大量锤角细蜂科标本来看，我国幅员辽阔，生境复杂，肯定还会有许多新发现。庆幸的是，后两所大学现在都有人在进行分类研究。

表 5　细蜂总科地史分布简表

科及亚科	侏罗纪	白垩纪	古新世	始新世	渐新世	中新世	上新世	更新世	全新世	化石数属一种	中国化石数属一种	现生区系(趋势)
中细蜂科 Mesoserphidae	+++	++								14—29	3—3	灭绝
柄腹细蜂科 Heloridae	++	++	+							9—12	4—4	子遗
窄腹细蜂科 Roproniidae	+	++								4—5	3—4	子遗
侏罗细蜂科 Jurapriidae	+	+								2—2		灭绝
细蜂科 Proctotrupidae		+++		++						15—26	9—11	稳定
长腹细蜂科 Pelecinidae		+++		+						7—35	4—20	子遗
古细蜂科 Serphitidae		+								3—5		灭绝
澳细蜂科 Austroniidae		+								2—2		子遗
锤角细蜂科 Drapriidae		++								15—19		
突颜细蜂亚科 Belytinae				+++		+				8—11		稳定
折缘细蜂亚科 Ambositrinae										2—2		稳定
锤角细蜂亚科 Diapriinae				++		+				3—4		扩展
寄螯细蜂亚科 Ismarinae												子遗
未定名亚科										2—2		子遗
优细蜂科 Peradeniidae				+						1—1		子遗
离颚细蜂科 Vanhorniidae												子遗
纤腹细蜂科 Monomachidae												子遗
修复细蜂科 Hsiufuproniidae												子遗
莫明细蜂科 Maamingidae												子遗
地位未定科										1—1		子遗

　　细蜂总科中具有化石种类的 10 科的化石属种名录如下 (注"*"者，系在我国发现的新属种)。

　　澳细蜂科 Austroniidae 有现生种类。已知化石 1 属 1 种。

　　Trupochalcis Kozlov, 1975

　　　　Trupochalcis inops Kozlov, 1975 (图 32)

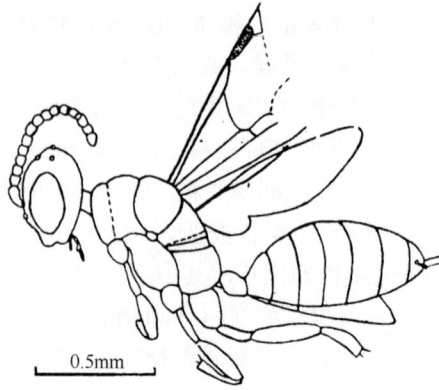

图 32　*Trupochalcis inops* Kozlov (澳细蜂科 Austroniidae) (仿 Rasnitsyn, 1975a)

锤角细蜂科 Diapriidae 绝大部分为现生种类。已知化石 15 属 19 种。

折缘细蜂亚科，Ambositrinae

　　Ambositra Masner, 1961

　　　　Ambositra famosa Masner, 1961 (在非洲，文献记载有现生种)

　　Archaebelyta Meunier, 1923

　　　　Archaebelyta superba Meunier, 1923

突颜细蜂亚科，Belytinae

　　Belyta Jurine, 1807

　　　　Belyta mortuella Brues, 1910

　　Cinetus Jurine, 1807

　　　　Cinetus balticus Szabo *et* Oehlke, 1986

　　　　Cinetus inclusus Maneval, 1938

　　Lithobelyta Cockerell, 1921

　　　　Lithobelyta reducta Cockerell, 1921

　　Miota Förster, 1856

　　　　Miota strigata Cockerell, 1921

　　Pantoclis Förster, 1856

　　　　Pantoclis deperdita Brues, 1906

　　　　Pantoclis manevali Théobald, 1937

　　　　Pantoclis margaritacea Statz, 1938

　　Pantolyta Förster, 1856

　　　　Pantolyta somnuleata Maneval, 1938

　　Psilomma Förster, 1856

　　　　Psilomma pulchellum Statz, 1938

　　Zygota Förster, 1856

　　　　Zygota filicornis Cockerell, 1921

锤角细蜂亚科，Diapriinae

  Diapria Latreille, 1796

    Diapria insignicornis (Statz, 1938)

    Diapria minimus (Statz, 1938)

  Galesimorpha Brues, 1910

    Galesimorpha wheeleri Brues, 1910

  Paramesius Westwood, 1832

    Paramesius defectus Brues, 1910

亚科位置未定，Rasnitsyn 等 (1998) 认为，可能要为它们建立新亚科。

  Coramia Rasnitsyn *et* Jarzembowski, 1998

    Coramia minuta Rasnitsyn *et* Jarzembowski, 1998 (图 33)

  Cretacoformica Jell *et* Duncan, 1986

    Cretacoformica explicata Jell *et* Duncan, 1986

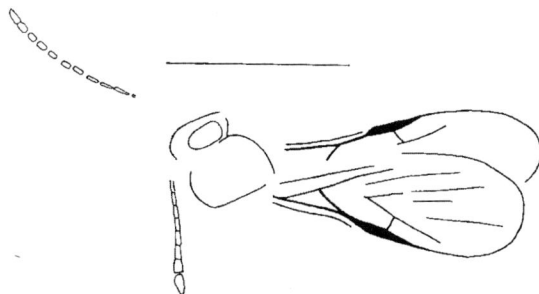

图 33　*Coramia minuta* Rasnitsyn *et* Jarzembowski (锤角细蜂科 Diapriidae) (仿 Rasnitsyn & Jarzembowski，1998)

柄腹细蜂科 Heloridae 有现生种类。已知化石 9 属 12 种，内 4 属 4 种产于我国。

  Conohelorus Rasnitsyn, 1990

    Conohelorus stenocerus Rasnitsyn, 1990

  Helorus Lateille, 1802

    Helorus festivus Statz, 1938

  Gurvanhelorus Rasnitsyn, 1986 (原记述放在中细蜂科 Mesoserphidae 内)

    Gurvanhelorus mongolicus Rasnitsyn, 1986

  *Laiyanghelorus Zhang, 1992

    **Laiyanghelorus erymnus* Zhang, 1992　早白垩世(化石保存的地层时代过去有些争议,但现在基本上认为是早白垩世,故未采用原作者的晚侏罗纪或早白垩世意见); 山东莱阳

  Mesohelorus Martynov, 1925

    **Mesohelorus haifanggouensis* Wang, 1987　中侏罗世；辽宁北票

    Mesohelorus muchini Martynov, 1925

  Obconohelorus Rasnitsyn, 1990

Obconohelorus obconicus Rasnitsyn, 1990

Protocyrtus Rohdendorf, 1938 晚侏罗世—早白垩世

    Protocyrtus jurassicus Rohdendorf, 1938

    Protocyrtus turgensis Rasnitsyn, 1990

    Protocyrtus validus Zhang *et* Zhang, 2001 (图 34) 早白垩世；辽宁北票

Protohelorus Kozlov, 1968

    Protohelorus mesozoicus Kozlov, 1968

Spherogaster Zhang *et* Zhang, 2001

    Spherogaster coronata Zhang *et* Zhang, 2001 早白垩世；辽宁北票

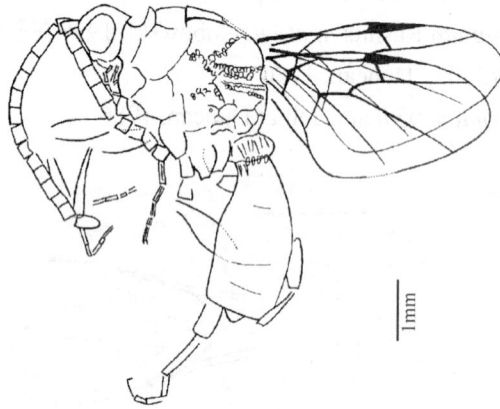

图 34　*Protocyrtus validus* Zhang *et* Zhang (柄腹细蜂科 Heloridae) (仿 Zhang H. C. & Zhang J. F.，2001)

侏罗细蜂科 Jurapriidae 全为化石种类，已知 2 属 2 种。

Chalscelio Rasnitsyn *et* Brothers, 2007

    Chalscelio orapa Rasnitsyn *et* Brothers, 2007 (图 35)

Jurapria Rasnitsyn, 1983

    Jurapria sibrica Rasnitsyn, 1983 (图 36)

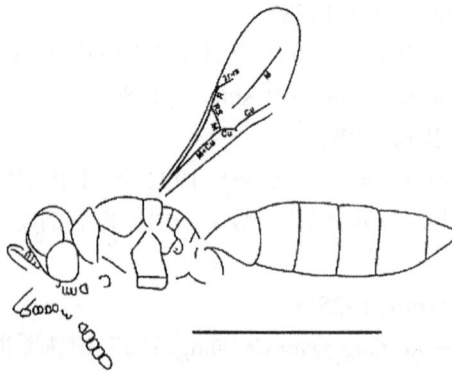

图 35　*Chalscelio orapa* Rasnitsyn *et* Brothers (侏罗细蜂科 Jurapriidae) (仿 Rasnitsyn & Brothers, 2007)

中细蜂科 Mesoserphidae 全为化石种类，已知 14 属 29 种，内 3 属 3 种分布我国。

Auliserphus Rasnitsyn, 1986

　　Auliserphus attennatus Rasnitsyn, 1986

　　Auliserphus brachyurus Rasnitsyn, 1986

　　Auliserphus caudatus Rasnitsyn, 1986

　　Auliserphus imperfectus Rasnitsyn, 1986

　　Auliserphus interstitialis Rasnitsyn, 1986

　　Auliserphus jurassicus Rasnitsyn, 1986

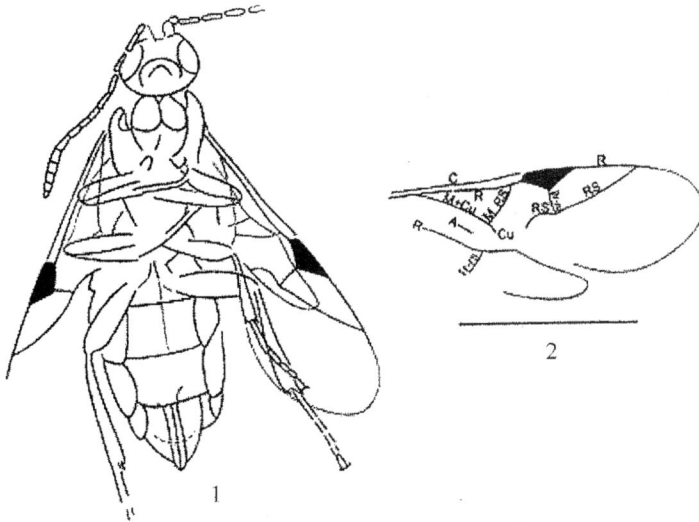

图 36　*Jurapria sibrica* Rasnitsyn (侏罗细蜂科 Jurapriidae) (仿 Rasnitsyn & Brothers, 2007)

　　Auliserphus niger Rasnitsyn, 1986

　　Auliserphus pallidus Rasnitsyn, 1986

　　Auliserphus parvulus Rasnitsyn, 1986

　　? *Auliserphus cretaceus* Rasnitsyn, 1990

Beipiaoserphus Zhang *et* Zhang, 2000

　　Beipiaoserphus elegan Zhang *et* Zhang, 2000 (图 37) 早白垩世；辽宁北票

Campturoserphus Rasnitsyn, 1986

　　Campturoserphus gibbus Rasnitsyn, 1986

　　Campturoserphus obscurus Rasnitsyn, 1986

　　Campturoserphus pumilus Rasnitsyn, 1986

Cretoserphus Rasnitsyn *et* Martínez-Delclòs, 2000

　　Cretoserphus gomezi Rasnitsyn *et* Martínez-Delclòs, 2000

Karataoserphus Rasnitsyn, 1994 (Rasnitsyn, 1994 曾拟为本属、*Lordoserphus* 和 *Karataoserphinus* 建立新亚科 Karataoserphinae)

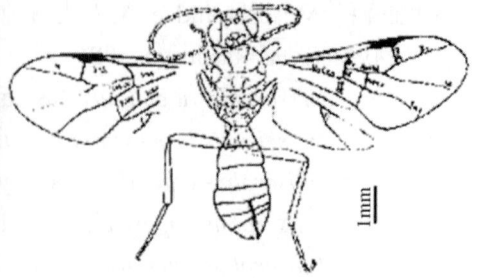

图 37　*Beipiaoserphus elegan* Zhang *et* Zhang (中细蜂科 Mesoserphidae) (仿 Zhang H. C. & Zhang J. F., 2000)

Karataoserphus dorsoniger Rasnitsyn, 1994

Karataoserphus meridionalis Rasnitsyn, 1994

Karataoserphinus Rasnitsyn, 1994

Karataoserphinus minor Rasnitsyn, 1994

Lordoserphus Rasnitsyn, 1994

Lordoserphus cyrturus Rasnitsyn, 1994

Mesoserphus Kozlov, 1968

? *Mesoserphus dubius* Rasnitsyn, 1986

? *Mesoserphus karatavicus* Kozlov, 1968

Otlia Zhang, 1992

Otlia ectemnia Zhang, 1992　早白垩世；山东莱阳 (原记述放在柄腹细蜂科)

Oxyuroserphus Rasnitsyn, 1994

Oxyuroserphus leucurus Rasnitsyn, 1994

Oxyuroserphus sculpturatus Rasnitsyn, 1994

Paraulacus Ping, 1928　早侏罗世；辽宁北票 (原记述认为时代为白垩纪)

Paraulacus sinicus Ping, 1928 (原记述放在举腹蜂科 Aulacidae; Rasnitsyn 于 1986 年移入 Mesoserphidae 内，但也有资料认为科的地位尚待定)

Scoliuroserphus Rasnitsyn, 1986

Scoliuroserphus pallidulus Rasnitsyn, 1986

Scoliuroserphus propodealis Rasnitsyn, 1986

Turgoserphus Rasnitsyn, 1990

Turgoserphus sphenogaster Rasnitsyn, 1990

Udaserphus Rasnitsyn, 1983

Udaserphus transbaicalicus Rasnitsyn, 1983

长腹细蜂科 Pelecinidae 在国外有现生种类。已知化石 8 属 36 种，内 5 属 21 种产于我国。

Iscopininae Rasnitsyn, 1980

Eopelecinus Zhang, Rasnitsyn *et* Zhang, 2002 早白垩世；中国辽宁和山东

Eoplecinus shangyuanensis Zhang, Rasnitsyn *et* Zhang, 2002 早白垩世；辽宁北票

Eoplecinus similaris Zhang, Rasnitsyn *et* Zhang, 2002 早白垩世；辽宁北票

Eoplecinus vicinus Zhang, Rasnitsyn *et* Zhang, 2002 早白垩世；辽宁北票

Eopelecinus exquisitus Zhang *et* Rasnitsyn, 2004

Eopelecinus fragilis Zhang *et* Rasnitsyn, 2004

Eopelecinus minutus Zhang *et* Rasnitsyn, 2004

Eopelecinus rudis Zhang *et* Rasnitsyn, 2004

Eopelecinus scorpioideus Zhang *et* Rasnitsyn, 2004

Eopelecinus eucallus Zhang, 2005 早白垩世；山东莱阳

Eopelecinus giganteus Zhang, 2005 早白垩世；山东莱阳

Eopelecinus hodoiporus Zhang, 2005 早白垩世；山东莱阳

Eopelecinus laiyangicus Zhang, 2005 早白垩世；山东莱阳

Eopelecinus leptaleus Zhang, 2005 早白垩世；山东莱阳

Eopelecinus mecometasomatus Zhang, 2005 (图 38) 早白垩世；山东莱阳

Eopelecinus mesomicrus Zhang, 2005 早白垩世；山东莱阳

Eopelecinus pusillus Zhang, 2005 早白垩世；山东莱阳

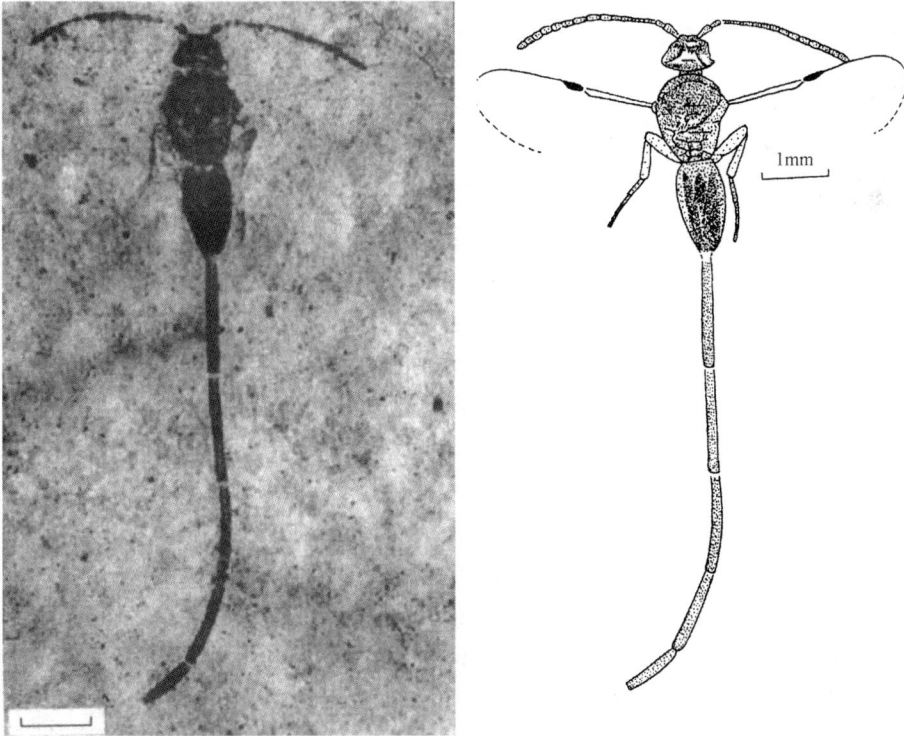

图 38　*Eopelecinus mecometasomatus* Zhang (长腹细蜂科 Pelecinidae) (仿 Zhang, 2005)

Eopelecinus yuanjiawaensis Duan *et* Cheng, 2006　早白垩世；辽宁朝阳
Iscopinus Kozlov, 1974
　　Iscopinus baissicus Kozlov, 1974
　　Iscopinus separatus Zhang *et* Rasnitsyn, 2004
　　Iscopinus simplex Zhang *et* Rasnitsyn, 2004 (图 39)
　　? *Iscopinus suspectus* Zhang *et* Rasnitsyn, 2004
Scorpiopelecinus Zhang, Rasnitsyn *et* Zhang, 2002　早白垩世；中国辽宁
　　Scorpiopelecinus laetus Zhang *et* Rasnitsyn, 2004
　　Scorpiopelecinus versalilis Zhang, Rasnitsyn *et* Zhang, 2002　早白垩世；辽宁北票

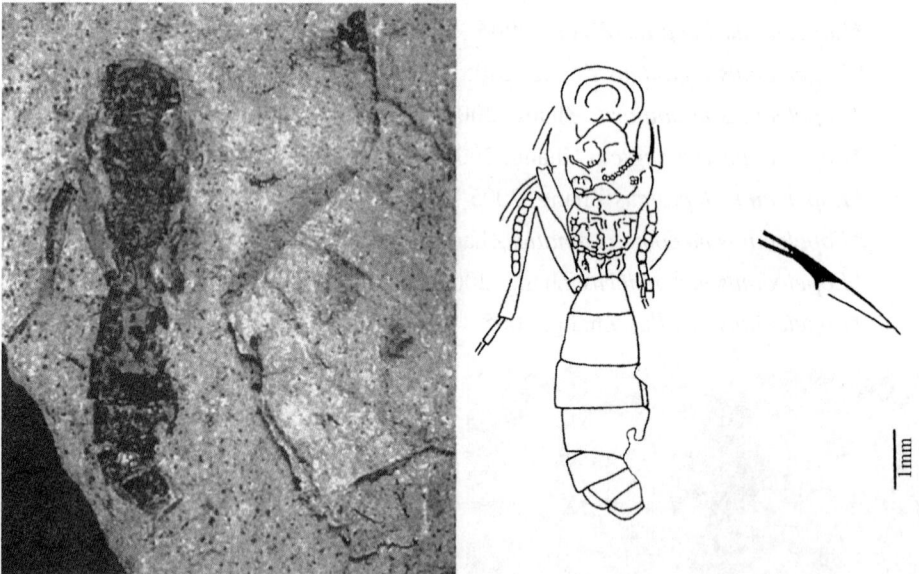

图 39　*Iscopinus simplex* Zhang *et* Rasnitsyn (长腹细蜂科 Pelecinidae) (仿 Zhang & Rasnitsyn, 2004)

Sinopelecinus Zhang, Rasnitsyn *et* Zhang, 2002　早白垩世；辽宁北票
　　Sinopelecinus deilicatus Zhang, Rasnitsyn *et* Zhang, 2002 早白垩世；辽宁北票
　　Sinopelecinus epigaeus Zhang, Rasnitsyn *et* Zhang, 2002 (图 40) 早白垩世；辽宁北票
　　Sinopelecinus magicus Zhang, Rasnitsyn *et* Zhang, 2002 早白垩世；辽宁北票
　　Sinopelecinus viriosus Zhang, Rasnitsyn *et* Zhang, 2002 早白垩世；辽宁北票
　　Sinopelecinus hierus Zhang *et* Rasnitsyn, 2006　早白垩世；山东莱阳
　　Sinopelecinus daspletis Zhang *et* Rasnitsyn, 2006　早白垩世；山东莱阳
Allopelecinus Zhang *et* Rasnitsyn, 2006　早白垩世；中国山东
　　Allopelecinus terpnus Zhang *et* Rasnitsyn, 2006 (图 41) 早白垩世；山东莱阳

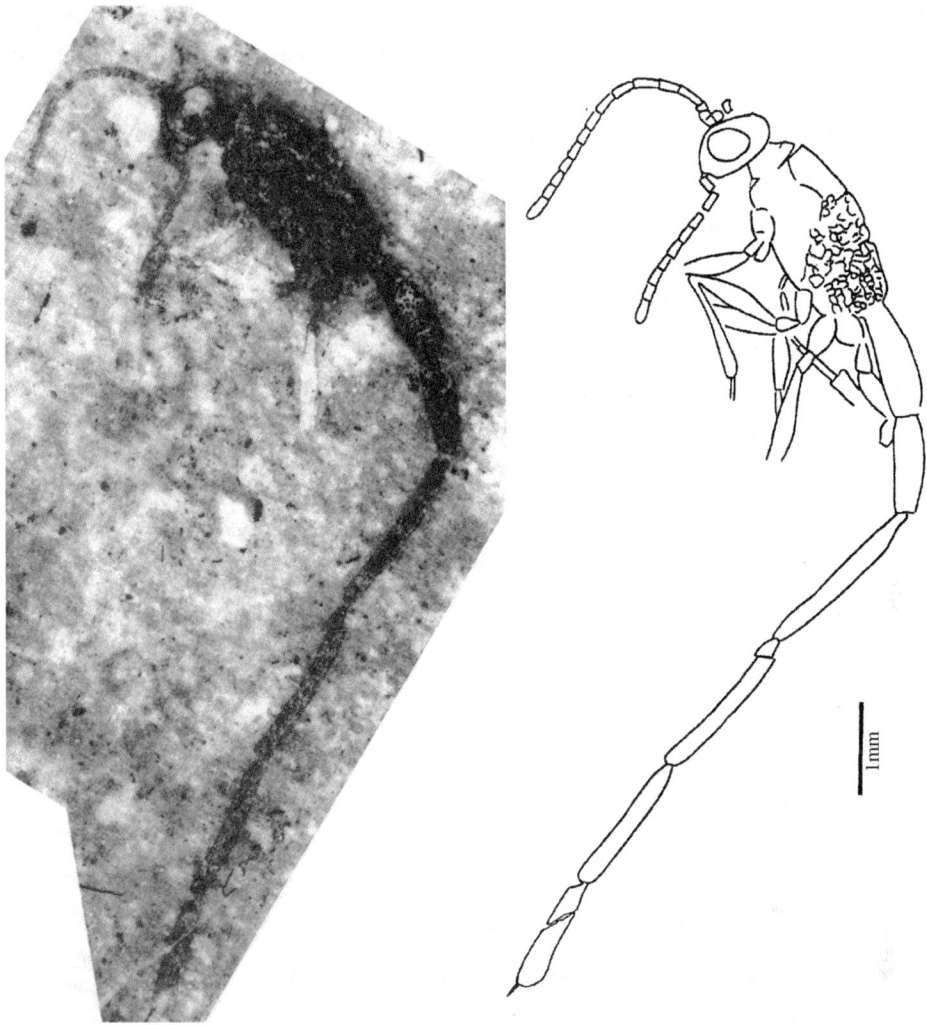

图 40　*Sinopelecinus epigaeus* Zhang, Rasnitsyn *et* Zhang (长腹细蜂科 Pelecinidae) (仿 Zhang, *et al*., 2002)

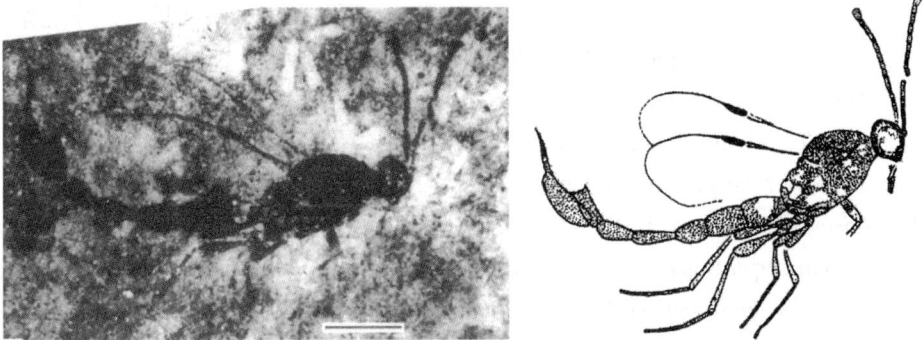

图 41　*Allopelecinus terpnus* Zhang *et* Rasnitsyn (长腹细蜂科 Pelecinidae) (仿 Zhang & Rasnitsyn, 2006)

Pelecininae

Pelecinopteron Brues, 1933 (原隶于 Pelecinopteridae Brues, 1933; Kozlov 于 1974 年移入)

Pelecinopteron tubuliforme Brues, 1933

Protopelecinus Zhang *et* Rasnitsyn, 2004

Protopelecinus deformis Zhang *et* Rasnitsyn, 2004

Protopelecinus dubius Zhang *et* Rasnitsyn, 2004

Protopelecinus furtivus Zhang *et* Rasnitsyn, 2004

Protopelecinus regularis Zhang *et* Rasnitsyn, 2004

*Shoushida Liu, Shih *et* Ren, 2009

*Shoushida regilla Liu, Shih *et* Ren, 2009　上侏罗统；辽宁北票

优细蜂科 Peradeniidae 有现生种类。已知化石 1 属 1 种。

Peradenia Naumann *et* Masner, 1985

Peradenia galerita Johnson, 2001

细蜂科 Proctotrupidae (=Serphidae) 绝大部分为现生种类。已知化石 19 属 26 种， 9 属 11 种分布我国。Kolyada (2007, 2009) 对 Brues (1940) 定名的种进行了厘定。

*Alloserphus Zhang *et* Zhang, 2001

*Alloserphus saxosus Zhang *et* Zhang, 2001　早白垩世；辽宁北票

*Chengdeserphus Ren, 1956

*Chengdeserphus petidatus Ren, 1995　早白垩世；河北承德

Dintonia Rasnitsyn *et* Jarzembowski, 1998

Dintonia despectata Rasnitsyn *et* Jarzembowski, 1998

Fustiserphus Townes, 1981

Fustiserphus pinorum (Brues, 1940)=*Cryptoserphus pinorum* Brues, 1940

*Gurvanotrupes Rasnitsyn, 1986

Gurvanotrupes curtipes Rasnitsyn, 1986

*Gurvanotrupes exiguus Zhang *et* Zhang, 2001 (图 42)　早白垩世；辽宁北票

*Gurvanotrupes liaoningensis Zhang *et* Zhang, 2000 (图 43)　早白垩世；辽宁北票

*Gurvanotrupes stolidus Zhang *et* Zhang, 2001　早白垩世；辽宁北票

*Liaoserphus Zhang *et* Zhang, 2001

*Liaoserphus perrarus Zhang *et* Zhang, 2001　早白垩世；辽宁北票

Mischoserphus Townes, 1981

Mischoserphus gracilis (Brues, 1940)=*Cryptoserphus gracilis* Brues, 1940

Mischoserphus bruesi Kolyada, 2009=*Proctotrupes exhumatus* Brues, 1910, 部分

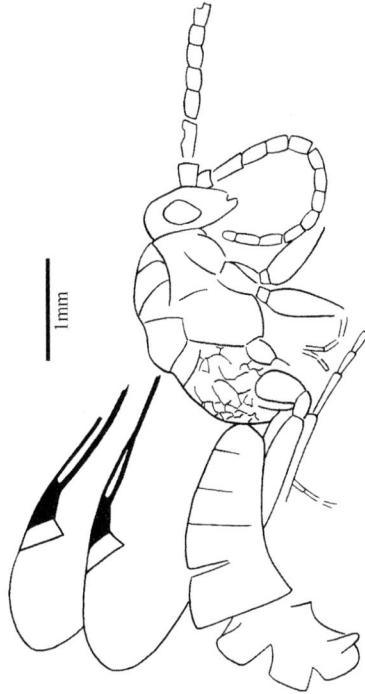

图 42　*Gurvanotrupes exiguus* Zhang *et* Zhang (细蜂科 Proctotrupidae) (仿 Zhang H. C. & Zhang J. F., 2001)

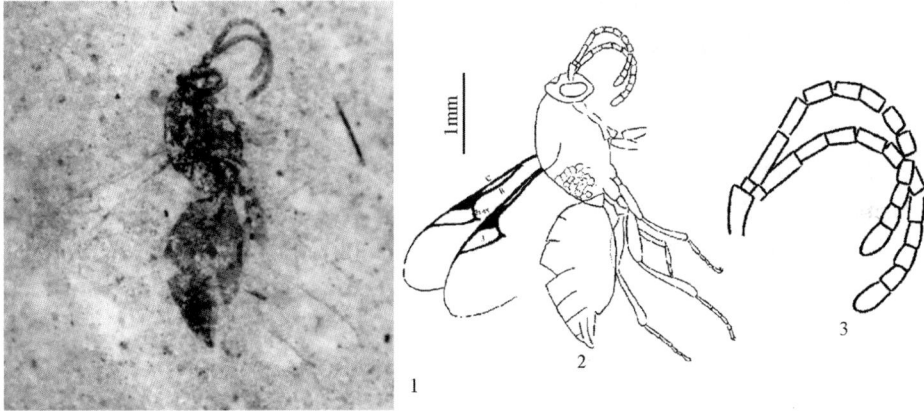

图 43　*Gurvantrupes liaoningensis* Zhang *et* Zhang (细蜂科 Proctotrupidae) (仿 Zhang H. C. & Zhang J. F., 2000)

Nothoserphus Townes, 1981

　　Nothoserphus rasnitsyni Kolyada, 2009= *Proctotrupes exhumatus* Brues, 1910, 部分

*Ocnoserphus Zhang *et* Zhang, 2001

　　*Ocnoserphus sculptus Zhang *et* Zhang, 2001 早白垩世；辽宁北票

*Oligoneuroides Zhang, 1985

Oligoneuroides huadongensis Zhang, 1985 早白垩世；山东莱阳

Oxyserphus masner, 1961

    Oxyserphus hamiferus (Brues, 1940)=*Cryptoserphus hamiferus* Brues, 1940

    Oxyserphus obsolescens (Brues, 1940)=*Cryptoserphus obsolescens* Brues, 1940;

      =*Cryptoserphus succinalis* Brues, 1940

      =*Cryptoserphus tertiarius* Brues, 1940

      =*Cryptoserphus koggeauxilliarius* Szabo *et* Oehlke, 1986

    Oxyserphus exhumatus (Brues, 1910)=*Proctotrupes exhumatus* Brues, 1910

Palaeoteleia Cockerella, 1915

    Palaeoteleia oxyura Cockerella, 1915

Pallenites Rasnitsyn *et* Jarzembowski, 1998

    Pallenites calcarius Rasnitsyn *et* Jarzembowski, 1998

Peverella Rasnitsyn *et* Jarzembowski, 1998

    Peverella punctata Rasnitsyn *et* Jarzembowski, 1998

Proctotrupes Latreille, 1796 (亦为现生属)

    Proctotrupes cellularis (Brues, 1923)

    Proctotrupes rottensis (Meunier, 1920)

Protoprocto Darling *et* Sharkey, 1990

    Protoprocto asodes Sharkey, 1900

Saucrotrupes Zhang *et* Zhang, 2001

    Saucrotrupes decorsus Zhang *et* Zhang, 2001 (图 44) 早白垩世；辽宁北票

Scalprogaster Zhang *et* Zhang, 2001

    Scalprogaster fossilis Zhang *et* Zhang, 2001 早白垩世；辽宁北票

Steleoserphus Zhang *et* Zhang, 2001

    Steleoserphus beipiaoensis Zhang *et* Zhang, 2001 早白垩世；辽宁北票

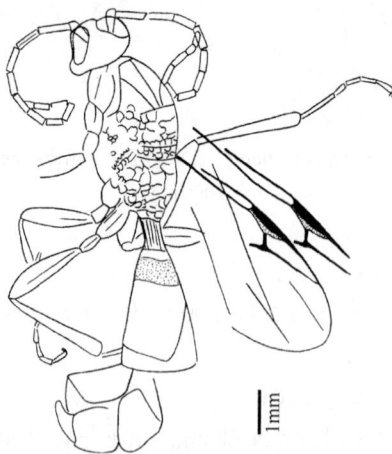

图 44　*Saucrotrupes decorosus* Zhang *et* Zhang, 2001 (细蜂科 Proctotrupidae) (仿 Zhang H. C. & Zhang J. F., 2001)

窄腹细蜂科 Roproniidae 有现生种类。已知化石 4 属 5 种，其中 3 属 4 种分布于我国。

　　Beipiaosirex Hong, 1983 (原描述放入 Siricoidea; Rasnitsyn, 1990 归入 Roproniidae)

　　　　Beipiaosirex parva Hong, 1983　中侏罗世；辽宁北票

　　Jeholoropronia Ren, 1995

　　　　Jeholoropronia pingi Ren, 1995 早白垩世；河北承德

　　Liaoropronia Zhang *et* Zhang, 2001

　　　　Liaoropronia leonina Zhang *et* Zhang, 2001 (图 45)　早白垩世；辽宁北票

　　　　Liaoropronia regia Zhang *et* Zhang, 2001 早白垩世；辽宁北票

　　Mesoropronia Rasnitsyn, 1990

　　　　Mesoropronia byrka Rasnitsyn, 1990

图 45　*Liaoropronia leonina* Zhang *et* Zhang (窄腹细蜂科 Roproniidae) (仿 Zhang H. C. & Zhang J. F., 2001)

古细蜂科 Serphitidae 全为化石种类，已知 3 属 5 种。

　　Aposerphites Kozlov *et* Rasnitsyn, 1979

　　　　Aposerphites solox Kozlov *et* Rasnitsyn, 1979

　　Microserphites Kozlov *et* Rasnitsyn, 1979

　　　　Microserphites parvulus Kozlov *et* Rasnitsyn, 1979 (图 46)

　　Serphites Brues, 1937

　　　　Serphites dux Kozlov *et* Rasnitsyn, 1979

　　　　Serphites gigas Kozlov *et* Rasnitsyn, 1979 (图 47)

　　　　Serphites paradoxus Brues, 1937

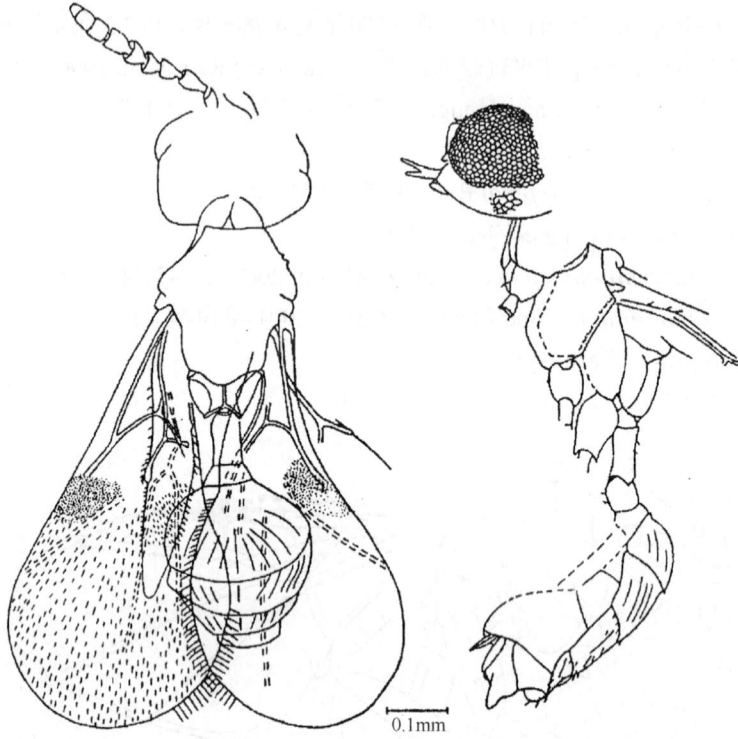

图 46 *Microserphites parvulus* Kozlov *et* Rasnitsyn (古细蜂科 Serphitidae) (仿 Kozlov & Rasnitsyn, 1979)

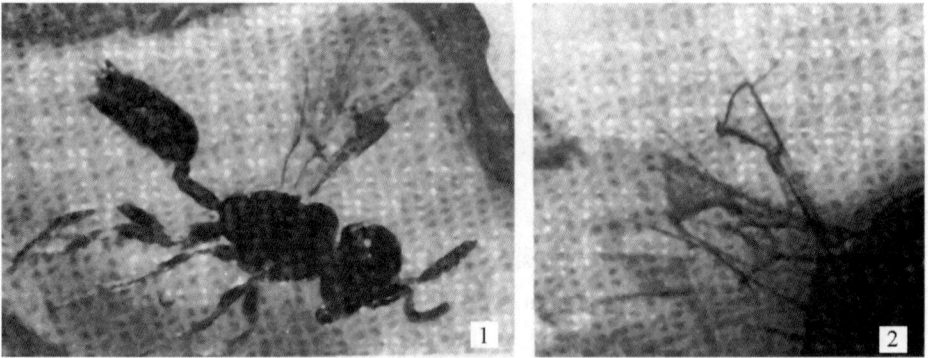

图 47 *Serphites gigas* Kozlov *et* Rasnitsyn (古细蜂科 Serphitidae) (仿 Kozlov & Rasnitsyn, 1979)

地位未定科

Amitchellia Rasnitsyn *et* Jarzembowski, 1998

　　Amitchellia sp. Rasnitsyn *et* Jarzembowski, 1998 (图 48)

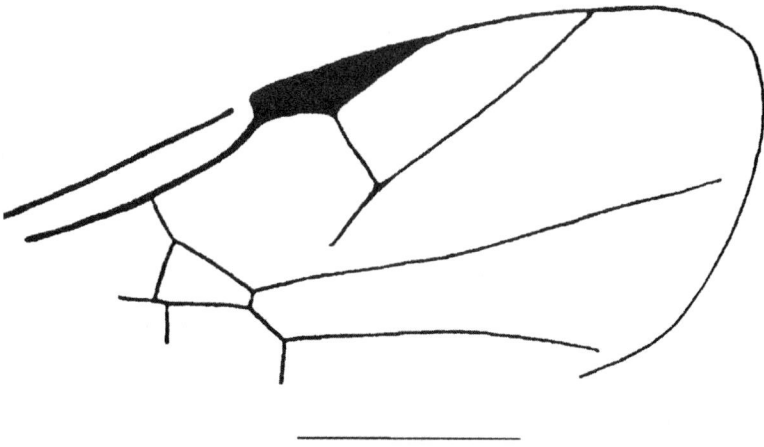

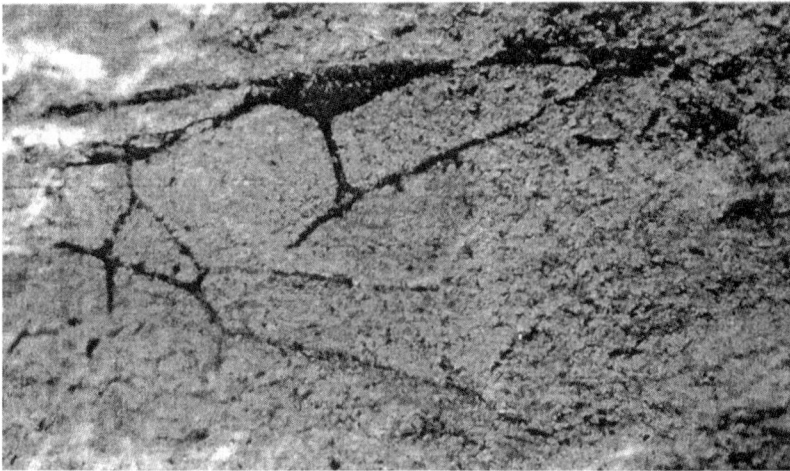

图 48　*Amitchellia* Rasnitsyn *et* Jarzembowski (地位未定科)　(仿 Rasnitsyn *et al.*, 1998)

各　论

一、细蜂科 Proctotrupidae Haliday, 1839

定义后的细蜂科 Proctotrupidae 成虫形态特征如下。前翅长 1.4-7.4mm。有 1 种雌性无翅型，2 种有时为短翅型。体通常稍为侧扁，腹部侧方无脊。雌雄性触角均为 13 节，着生于头部前面的中央；触角不呈膝状，也不明显呈棒形。上颚具 1 或 2 端齿。下颚须 4 节；下唇须 3 节。足转节 1 节；足胫节距式 1-2-2。前翅前缘脉、亚前缘脉、径脉均发达；其余翅脉有时稍发达，但通常仅由弱沟显出；翅痣通常大；径室通常非常短；均无第 2 回脉。后翅没有由翅脉包围的翅室，通常仅在前缘附近有 1 明显的翅脉。腹部基部有 1 结实的柄，由第 1 背板和第 1 腹板组成；此柄长或中等，或短到实际上消失的都有。柄后腹有 2-4 背板愈合成的合背板 (syntergite)，占腹部长度的大部分；由 1-4 腹板愈合成合腹板 (synsternite)。产卵管鞘坚硬，伸出腹端，末端几乎总是下弯。产卵管可伸到鞘的端部之外，但绝不可能像姬蜂总科那样可与鞘分开。头部和体躯一般黑色，偶尔部分铁锈色；翅透明至黑色，除少数种外无斑，有时在近翅痣处有暗色斑点，前沟细蜂属 Nothoserphus 前翅中部常为烟褐色。

细蜂科分细蜂亚科 Proctotrupinae 和大洋细蜂亚科 Austroserphinae 2 个亚科，其区别如下。

亚科检索表

第 1 回脉或者没有，或者与中脉相接处远在中脉基方，即距小脉近而距外小脉远；盾纵沟通常很短或缺，若存在则很少达到中胸盾片中部 (在分沟细蜂属 *Disogmus*，以及通常在缩管细蜂属 *Serphonostus* 和在前沟细蜂属 *Nothoserphus* 的某些种盾纵沟伸过中胸盾片中部；有时在细蜂属 *Proctotrupes* 盾纵沟为长而弱的凹痕)；除缺沟细蜂属 *Apoglypha* 外，中胸侧板具 1 中央横沟；触角柄节端部无突起。全世界 ························· **细蜂亚科 Proctotrupinae**
第 1 回脉与中脉相接处在外小脉对面或稍基方；盾纵沟长而明显，伸达中胸盾片中央之后；中胸侧板具 1 中凹痕或具 1 宽的横槽，通常无明显的横沟；触角柄节端部上缘具棘状突起或无突起。大洋洲，南美洲 ·························· **大洋细蜂亚科 Austroserphinae**

大洋细蜂亚科　上颚退化，弱或无明显端齿，相对时不能相接触。颚须长。触角柄节端部上方有 1 坚固而突出的尖齿，或鳞片状物。前胸背板背部前侧方 1 突出的齿或刺，或前沟缘脊非常强，其上端成角。盾纵沟深，几乎伸达中胸盾片后缘。小盾片前横沟内简单或有凹畦。中胸侧板有 1 中横凹痕，像 1 宽槽，或比较狭的槽或沟。并胸腹节无中脊。跗爪简单。前翅翅脉完整，强或比较强，但肘脉基段消失，以致第 1 肘室和第 1 盘室愈合。第 1 回脉粗，连于后小脉对面或稍基方。后翅狭窄，后小脉明显着色并且几乎垂直。腹部有或无明显的柄。合背板上的毛很稀。产卵管鞘长为后足胫节的 0.25-1.5 倍，无毛。仅包括 3 属 4 种，即 *Acanthoserphus* Dodd, 1915 (2 种，分布大洋洲) (图 2)，*Austrocodrus* Ogoblin, 1960 (1 种，分布南美洲)，*Austroserphus* Dodd, 1933 (1 种，大洋洲) (图 3)。但 Masner (1993) 把 Johnson (1992) 放在离颚细蜂科 Vanhorniidae 内的 *Heloriserphus* Masner, 1981 (图 4) 放入大洋细蜂亚科内，并同时认为该亚科内也只有 3 属。该亚科在我国没有发现。

细蜂亚科　柄节端部平截。上颚发达，常呈镰刀形；具 1 端齿，有时其上缘还有 1 次生小齿；但隐颚细蜂族 Cryptoserphini 的某些属上颚退化。下颚须短至中等长，4 节；下唇须 3 节。前胸背板有或无前沟缘脊，有时背侧前方具 1 瘤或角状脊。盾纵沟通常短或缺，在分沟细蜂属 *Disogmus* 和前沟细蜂属 *Nothoserphus* 的某些种及缩管细蜂属 *Serphonostus* 较长，达中胸盾片中部之后或有时在盾纵沟部位为 1 长而弱的凹痕 (细蜂属 *Proctotrupes*)。小盾片前沟不呈窝状 (非细蜂属 *Afroserphus* 和某些前沟细蜂属 *Nothoserphus* 的种除外)。并胸腹节背表面具 1 中纵脊，或在中沟细蜂属 *Parthenocodrus* 中具 1 中纵沟。跗爪简单，或在叉齿细蜂属 *Exallonyx* 和非细蜂属 *Afroserphus* 中具齿。前翅前缘脉、亚前缘脉、径脉均发达；肘间横脉有时中等发达至稍弱；其余翅脉有时发达，但通常仅由弱沟显出；翅痣通常大；径室中等短或非常短。肘脉基段存在，第 1 肘室和第 1 盘室明显，但有时第 1 盘室和第 2 盘室相愈合。第 1 回脉与中脉相接处远在外小脉基方，即更近于小脉 (第 1 回脉缺者例外)。小脉呈 1 弱沟。腹部有柄或无柄。通常合背板上毛稀少。产卵管鞘坚硬；中等细长至非常粗壮，长为后足胫节的 0.25-1.50 倍，末端几乎总是下弯。

细蜂亚科广布我国，种类众多。本志分类部分的内容均为细蜂亚科。细蜂亚科包括细蜂科中绝大多数属和种，已知属占 84%，种占 98%。广泛分布于世界各地。分为 3 族：分沟细蜂族 Disogmini、隐颚细蜂族 Cryptoserphini 和细蜂族 Proctotrupini。

亚科分族检索表

1. 径脉第 1 段从翅痣端部 0.3 处伸出；径室中等短；肘间横脉明显，几乎完整；有盾纵沟，常伸过中胸盾片中部；合背板侧面下半部无毛；后头脊仅存在于头的上部；全北区，东洋区 …………………………………………………………………… **分沟细蜂族 Disogmini**
径脉第 1 段从翅痣中央附近发出，但径脉很短者可能发自更外方一些；径室中等短至非常短；肘间横脉通常不明显或不完整；盾纵沟有或无，仅在前沟细蜂属 *Nothoserphus* 的某些种和缩管细蜂属 *Serphonostus* 伸过中胸盾片中部；合背板侧面下半部通常有一些毛，后头脊通常伸至头的下半部 …………………………………………………………………………………… 21
2. 常具盾纵沟，通常短，有时被 1 前侧窝代替；腹部通常无柄 (除分沟细蜂属中的某些种)；上颚通常具 2 齿；后胸侧板通常具 1 大而光滑的无刻皱区；前翅长约为宽的 2.5 倍；第 1 盘室和第 2 盘室分离；并胸腹节背表面长，但有时很短；全世界 ………………………… **隐颚细蜂族 Cryptoserphini**
盾纵沟缺，无明显的沟，而为 1 浅洼痕显出；腹部通常具柄 (除无翅细蜂属 *Paracodrus*)；上颚常具 1 齿 (或在中沟细蜂属 *Parthenocodrus* 中具 2 齿);后胸侧板前方的无刻皱区通常小于侧板的 0.35 倍;前翅长约为宽的 3.0 倍(或有时翅退化为短翅型或缺如);第 1 盘室和第 2 盘室愈合,但肿额细蜂属 *Codrus* 有时例外;并胸腹节背表面中等长至长;全世界 ………… **细蜂族 Proctotrupini**

(一) 分沟细蜂族 Disogmini

后头脊仅在头部上方存在,在后头孔上缘下方缺。上颚壮,单齿。触角角下瘤呈叶突状或窄脊状,位于第 3-7 鞭节的一些鞭节。前胸背板有强而垂直的前沟缘脊,其背缘呈突出的瘤。盾纵沟存在,短于翅基片至相当长,常伸至中胸盾片近后缘处。后胸侧板完全具细皱。并胸腹节中等长,有高的中脊,除背表面通常较光滑外具皱。跗爪简单。前翅长约为宽的 2.5 倍。翅痣比较小,长约为宽的 2.7 倍;径脉第 1 段从翅痣端部 0.3 处伸出。径室前缘脉长约为翅痣长的 0.85 倍。肘间横脉着色,长,几乎伸达肘脉。第 1、2 盘室分开。腹柄长约为宽的 1.2 倍。合背板宽,不侧扁,背方有极少细毛,侧观在下半部无毛。雌性腹部端部伸长。产卵管鞘长为后足胫节的 0.75-0.90 倍,圆柱形,均匀下弯,至端部渐尖,顶端狭圆。产卵管鞘上的毛稀,但在端部毛较密而长。

分沟细蜂族仅含 1 属——分沟细蜂属 *Disogmus*,该属主要分布于古北区,但在我国台湾已有发现 (Lin, 1988)。标本很难采得。分类比较困难,据 H. Townes 和 M. Townes (1981) 认为约有 20%的标本研究,鉴别可能不可靠。标本有从朽木中育出,或者沿朽木周围采到。寄主未知。

1. 分沟细蜂属 *Disogmus* Förster, 1856

Disogmus Förster, 1856, *Hymenopterologische Studien*, 2: 99.

Type species: *Proctotrupes areolator* Haliday. Designated by Ashmead, 1893.

Disogmus Förster: H. Townes & M. Townes, 1981, *Mem. Amer. Ent. Inst.*, 32: 21.

Disogmus Förster: Lin, 1988, *J. Taiwan Mus.*, 41(1): 16.

Disogmus Förster: Buhl, 1998, *Phegae*, 26(4): 141-150.

属征概述:前翅长 2.0-3.3mm。体中等细。唇基中等小,强度拱隆,端部平截。唇基端缘薄而折转。在复眼至上颚间通常有颊沟。后头脊仅在头上部存在,在后头孔上缘下方缺。颊部侧观相当光滑至具皱。上颚中等壮,端部单齿。触角鞭节中等细,雄性鞭节有角下瘤。前胸背板有强而垂直的前沟缘脊,其背缘呈突出的瘤。前胸背板侧面凹槽光滑至具皱;颈部侧观相当光滑,前上方有被锐脊包围的强角状瘤。盾纵沟存在,约为翅基片长的 0.5 倍至相当长,并伸过中胸盾片中央。中胸侧板前缘有宽而连续的稀疏毛带;中央横沟完整而强;中胸侧板缝整段具凹窝。后胸侧板具细皱,有 1 小但明显的脊从前上方伸至并胸腹节前侧缘。后足胫节长距伸至基跗节基部约 0.3 处。翅痣小;径脉第 1 段从翅痣端部 0.3 处伸出,垂直部分长约为宽的 3.0 倍;径室中等长,其前缘脉长约为翅痣宽的 2.8 倍;前缘脉几乎不伸过径脉端部。腹柄长约为高的 1.2 倍。合背板基部通常有 6-11 条纵沟 (常无明显中纵沟)。侧观合背板腹侧方 1/4 完全无毛。产卵管鞘长为后足胫节的 0.75-0.90 倍，光滑，细，均匀弯曲，向端部渐尖至顶端狭圆，在端部有一些较密的直毛 (图 49)。

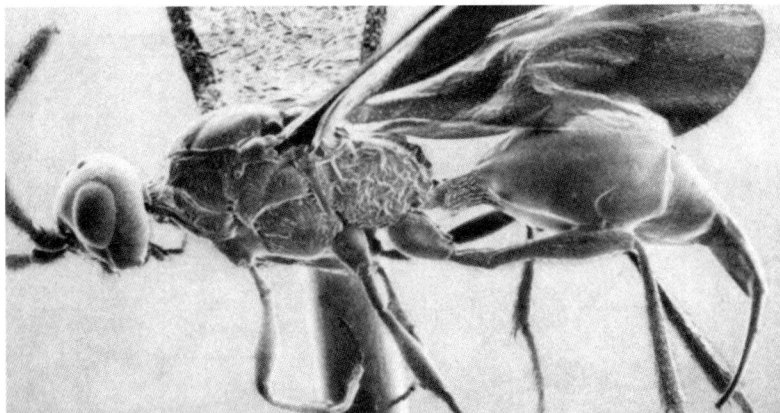

图 49　小室分沟细蜂 *Disogmus areolator* Haliday 整体侧面观 (♀) (分沟细蜂属 *Disogmus*)
(仿 H. Townes & M. Townes, 1981)

该属种类相对较少，标本亦难采得。已知 5 种，均分布于全北区。该属在隶于东洋区的我国台湾已有发现 (Lin, 1988)，但尚无种的记述。本志记述采自我国辽宁的 1 新种。

注：属名汉名"分沟细蜂"是何俊华 (1984) 根据学名 *disogmus* 按"*dis+ogmus*"的含义"分开+沟"而拟定，意为盾纵沟分开。

(1) 中华分沟细蜂，新种 *Disogmus sinensis* He *et* Xu, sp. nov. (图 50)

雄：体长 2.3mm；前翅长 1.7mm。

头：唇基宽为长的 2.2 倍，中央拱隆，端缘平截有翘边。颊长为上颚基宽的 1.1 倍。上颊背观长为复眼的 0.6 倍。POL：OD：OOL=9：4：11。触角第 2、10 鞭节长分别为宽的 2.0 倍和 2.2 倍，第 11 鞭节长为第 10 节的 1.7 倍；第 4-6 各鞭节从基端至 0.8 处有线形角下瘤，角下瘤端部薄而呈尖刀片状。

胸：前胸背板侧面光滑，背前方有锥形瘤状突出 (在背面观位于背板后侧方)，前沟缘脊中央有凹缺；前胸背板背面中央凹入，有细斜脊。中胸盾片光滑；盾纵沟明显，伸至后缘稍前方但不相接。小盾片长大于宽，光滑；小盾片前沟深，其内无脊。中胸侧板大部分光滑，上方具细横皱；中央横沟完整，沟内及沟上方前缘部位具弱皱；侧缝整个具细凹窝。后胸侧板具夹点细网皱，仅在上方近前缘处有 1 卵形光滑区。并胸腹节侧管缓斜；中纵脊强伸至后端；无端横脊，背表面与后表面分界不清；背表面向后方稍收窄，具弱皱，仅前方两侧稍光滑；后表面及侧面具小室状弱网皱。

足：爪简单；后足腿节长为宽的 4.8 倍，在基部收窄；后足胫节长距直，长为基跗节的 0.38 倍；端跗节粗于基跗节。

翅：前翅翅痣长和径室前缘脉长分别为翅痣宽的 3.1 倍和 1.88 倍；径脉第 1 段从翅

痣外方 0.3 处伸出，长为宽的 2 倍；径脉第 2 段稍弧形；肘间横脉上段明显着色；第 1 盘室与第 2 盘室愈合；小脉明显后叉式。

腹：腹柄背面明显矩形，中长为中宽的 1.2 倍，表面具 5 条弱纵脊，侧方 2 条稍向前收窄。合背板基部无中纵沟，但两侧各有约等长的细纵沟 4 条。第 1 窗疤弱，宽为长的 2.5 倍，疤距为疤宽的 1.0 倍。背观合背板近纺锤形，长为宽的 1.9 倍。

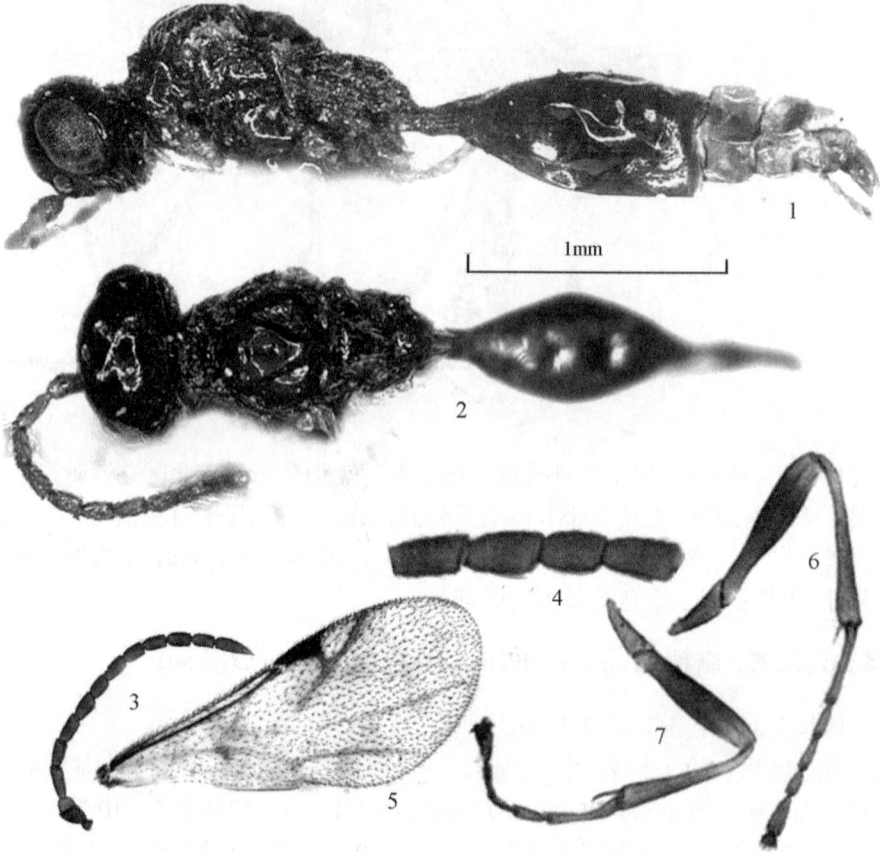

图 50 中华分沟细蜂，新种 *Disogmus sinensis* He *et* Xu, sp. nov.

1. 整体，侧面观；2. 整体，背面观；3. 触角；4. 第 3-6 鞭节，示线形角下瘤；5. 前翅；6. 前足；7. 中足

[1-2. 0.8X 标尺；3, 5-7. 1.0X 标尺；4. 3.0X 标尺]

体色：体黑色，触角梗节和鞭节及胸部带棕色；须黄色。足黄褐色，后足基节及各足腿节中段浅褐色。翅透明，翅痣及强脉黑褐色。

雌：未知。

寄主：未知。

研究标本：正模♂，辽宁沈阳东陵，1994.VI-VII，娄巨贤，No.947792。

分布：辽宁（沈阳）。

鉴别特征：本新种雄性角下瘤位于鞭节第 4-6 节，呈脊状，端部薄且呈尖齿状，盾纵沟长，超过中胸盾片中央等特征与小室分沟细蜂 *Disagmus areolator* Haliday, 1839 最为

相近，其区别在于：本新种　①角下瘤长为该节长的 0.8 倍 (后者 0.6 倍)；②合背板基部无中纵沟，侧纵沟各 4 条 (后者中纵沟长而强，侧纵沟各 5-6 条)；③前翅小脉明显后叉式 (后者对叉式)。

词源：种本名"中华 sinensis"，意为此新种是我国分沟细蜂族第 1 个定名报道的种。

(二) 隐颚细蜂族 Cryptoserphini

后头脊完整或不完整，有时仅头部上方存在。上颚通常中等发达至较弱或退化，具 1 端齿，有时其上缘还有 1 小的前端齿，有时退化为卵圆形小片。触角角下瘤有或无，若有则呈卵圆形，且通常小而低，有时呈长脊。前胸背板侧面通常有前沟缘脊，此脊有时较粗壮，且向背面呈角突或瘤状突。后胸侧板几乎总有无刻皱的大而光滑区域。并胸腹节背表面非常短至中等长，除有中纵脊外常光滑。跗爪简单，或在非细蜂属 Afroserphus 爪的中部具 2 或 3 个细齿。前翅长约为宽的 2.5 倍。翅痣中等宽至非常宽而短；径脉第 1 段从翅痣中央附近发出，当径室异常短时，径脉则在很端部发出。肘间横脉弱而短，通常无色。径室各异，从非常短至长为翅痣宽的 2.2 倍 (沿前缘脉测量)。第 1 盘室和第 2 盘室分开。后盘脉通常发自后小脉前端下方。腹部通常无柄，有时具柄，长约为宽的 2.0 倍。合背板稍侧扁，毛稀少。雌性腹部末端常伸出。产卵管鞘短至长，细长至粗壮，经常几乎无毛或具稀疏的毛，但有时具中等密度的毛。

世界性分布。有 15 个属。隐颚细蜂族的已知寄主多为鞘翅目幼虫，也有寄生菌蚊科和织蛾科的记录。本志记述 8 属，其中 2 属仅在我国发现。在我国尚未发现的 7 属是：非细蜂属 Afroserphus Masner, 1961 (图 54)、尖细蜂属 Oxyserphus Masner, 1961 (图 52)、缺沟细蜂属 Apoglypha Townes, 1981 (图 56)、棒管细蜂属 Fustiserphus Townes, 1981 (图 51)、普细蜂属 Pschornia Townes, 1981 (图 57)、缩管细蜂属 Serphonostus Townes, 1981 (图 55) 和史细蜂属 Smithoserphus Townes, 1981　　(图 53)。

分属检索表 (* 我国未发现的属)

1. 径脉第 1 段从翅痣下角垂直伸出，然后折成锐角斜向前缘脉 ··2

   径脉斜行弯曲或几乎垂直地直接从翅痣下角或下部伸向前缘脉，没有一条短而垂直地从翅痣伸出的径脉第 1 段 ·· 11

2. 中胸侧板中央横沟不完整，仅伸到中胸侧板前缘至中胸侧板缝间距的约 0.7 处；并胸腹节末端通常远远超过后足基节中央，绝无在后足基节基部 0.4 之前的；后胸侧板光滑区的前上方无伸向并胸腹节侧缘上方的脊；前胸背板侧面前上方有一均匀的圆形隆起；产卵管鞘被有直立的毛，端部圆钝。澳洲区，新热区和新北区 (图 51)···*棒管细蜂属 Fustiserphus

   中胸侧板中央横沟完全，伸达中胸侧板缝；并胸腹节短至中等长，末端不达后足基节中央之后；后胸侧板光滑区的前上方有 1 条伸向并胸腹节侧缘上方的脊 (但隐颚细蜂属 Cryptoserphus 和尖脊细蜂属 Phoxoserphus 除外) ··3

3. 径室短，其前缘脉长为翅痣宽的 0.3-1.0 倍；径脉基部垂直的 1 段翅脉粗而短，不长于其宽度或稍长于其宽度 ··4

径室中等长，其前缘脉长为翅痣宽的 0.6-2.0 倍；径脉基部垂直的 1 段翅脉稍长于宽度至长约为宽的 2.0 倍 ···8

4. 并胸腹节背表面中等长，长至少为小盾片宽的 1.2 倍；后头脊在头部下方 0.4±缺如或存在，但较弱；产卵管鞘长为后足胫节的 0.45-1.45 倍，具稀疏的毛或没有毛 ································5
　　并胸腹节背表面非常短，长约为小盾片宽的 0.3 倍，侧面观近其前缘即开始明显向下倾斜；后头脊完整，或在头部下方 0.3±缺如；产卵管鞘长约为后足胫节的 0.4 倍 ····················7

5. 前胸背板背面观两侧各有 1 个平台状突出，其两侧缘平行或几乎平行；前胸背板侧面中央稍下方有 1 前窄后宽的横凹痕；合背板基部具 1 条中纵沟。中国 ·············· **马氏细蜂属 Maaserphus**
　　前胸背板背面观两侧无明显的平台状突出，其侧缘中央凹入；前胸背板侧面中央稍下方无前窄后宽的横凹痕；合背板基部具 1-15 条纵沟 ···6

6. 前胸背板侧面前上方有 1 瘤状突，此脊后缘通常有 1 垂直短脊而形成的边；产卵管鞘中等宽，中部之后稍宽，端部尖，顶端圆钝。澳洲区和东洋区 (图 52) ·················· ***尖细蜂属 Oxyserphus**
　　前胸背板侧面前上方无明显的瘤状突，亦无垂直脊；产卵管鞘窄，向末端渐尖。新热区 (图 53) ··
　　··· ***史细蜂属 Smithoserphus**

7. 颊无发达的竖脊；上颊中等长，强度隆起；上颚长；无盾纵沟，但该区呈皱状刻点；小盾片大，具刻皱，端部阔，两侧和后端陡直；每 1 跗爪中部具 2-3 个细齿。埃塞俄比亚区 (图 54) ···········
　　··· ***非细蜂属 Afroserphus**
　　颊具 1 发达的竖脊；上颊极短；上颚非常短；具盾纵沟；小盾片均匀隆起，具稀疏的小刻点；跗爪简单。古北区和东洋区 ·· **前沟细蜂属 Nothoserphus**

8. 后足胫节长距达后足基跗节中央与端部 0.2 之间；中胸侧板缝光滑无凹窝，或仅在少数种上半部有微弱的小凹窝。全世界 ······································· **隐颚细蜂属 Cryptoserphus**
　　后足胫节长距止于后足基跗节中央之前与中央附近；中胸侧板缝有时呈畦状，即具小凹窝 ·······9

9. 后胸侧板光滑区前上方无脊与并胸腹节侧缘相连接；中胸侧板缝仅在上半部 (中央横沟以上) 有小凹窝，下半部光滑。中国台湾 ······································· **尖脊细蜂属 Phoxoserphus**
　　后胸侧板光滑区前上方有 1 细而短的脊与并胸腹节侧缘上方相连接；中胸侧板缝整个具小凹窝，或仅上半部有小凹窝 ···10

10. 上颚具 2 齿；中胸侧板缝整段有凹窝；前缘脉不伸出径室之外，如伸出也小于径室前缘脉长度的 0.3 倍；产卵管鞘长为后足胫节的 0.6-1.0 倍。全北区 ··············· **洼缝细蜂属 Tretoserphus**
　　上颚 1 齿，短宽而薄；中胸侧板缝仅在中央横沟上方有凹窝或无凹窝。前缘脉伸达径室之外的一段长为径室前缘脉长的 0.4-1.9 倍；产卵管鞘长为后足胫节的 0.9-1.8 倍。全世界 ·················
　　··· **柄脉细蜂属 Mischoserphus**

11. 盾纵沟几乎伸达中胸盾片后缘；中胸侧板中央横沟浅且强度弯曲。塔斯马尼亚 (图 55) ············
　　·· ***缩管细蜂属 Serphonostus**
　　盾纵沟短或几乎缺，长度小于中胸盾片的 0.3 倍；中胸侧板中央横沟略弯曲，或在缺沟细蜂属 Apoglypha 中没有 ··12

12. 中胸侧板无横沟穿过其中央；径室狭缝形，不达前缘脉；中胸侧板部分具细刻条。大洋洲和塔斯马尼亚 (图 56) ·· ***缺沟细蜂属 Apoglypha**
　　中胸侧板有横沟穿过其中央；径室伸达前缘脉，前缘脉长为翅痣宽的 0.3-2.0 倍；中胸侧板通常无刻条 ···13

13. 盾纵沟缺，或在中胸盾片前缘呈小而浅的凹陷；前胸背板侧面凹槽内和后胸侧板下方 0.5-0.7 处具水平细皱；胸部侧扁；唇基宽；鞭节短。全北区 (图 57)……………………***普细蜂属 Pschornia**

　　盾纵沟长约为翅基片的 0.7 倍；前胸背板侧面凹槽内光滑，或具短的斜行皱纹；后胸侧板刻皱各异，但无水平细皱 …………………………………………………………………………… 14

14. 前沟缘脊不向背方延伸而与前胸背板侧面前上方瘤状突的顶端相交；前胸背板侧面凹槽内具粗皱；后胸侧板下方 0.7± 有粗网状皱纹。中国，尼泊尔和北美洲………………**畦颈细蜂属 Hormoserphus**

　　前沟缘脊向背方延伸而与前胸背板侧面前上方瘤状突的顶端相交，呈锐脊；前胸背板侧面凹槽内光滑，或具一些斜的或横的皱纹；后胸侧板下方 0.3± 常有横皱纹，其余部位光滑。全北区，东洋区和新热区 ……………………………………………………………………**短细蜂属 Brachyserphus**

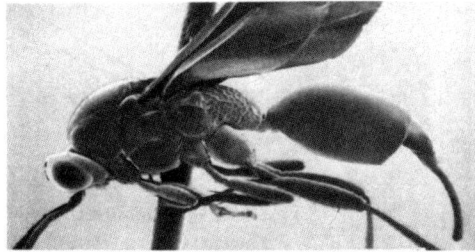

图 51a　*Fustiserphus reticulates* Townes (♀) (棒管细蜂属 *Fustiserphus*) (仿 H. Townes & M. Townes, 1981)

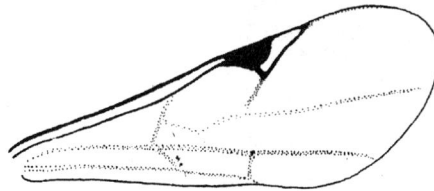

图 51b　*Fustiserphus intrudens* Smith (棒管细蜂属 *Fustiserphus*) (仿 H. Townes & M. Townes, 1981)

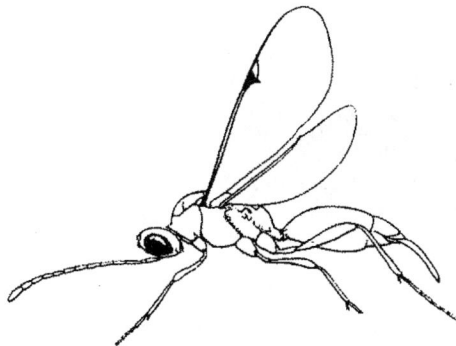

图 52a　*Oxyserphus* sp. (♀) (尖细蜂属 *Oxyserphus*) (仿 Monteith)

b

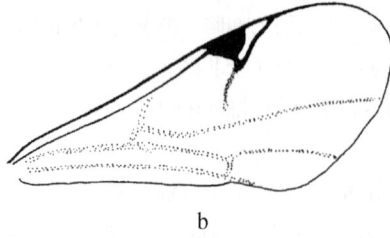

图 52b　*Oxyserphus xanthura* Towens (尖细蜂属 *Oxyserphus*) (仿 Monteith)

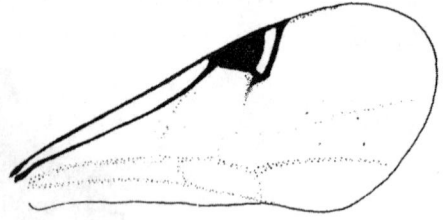

图 53　*Sminthoserphus alvarengai* Towens (♀) (史细蜂属 *Sminthoserphus*) (仿 H. Townes & M. Townes, 1981)

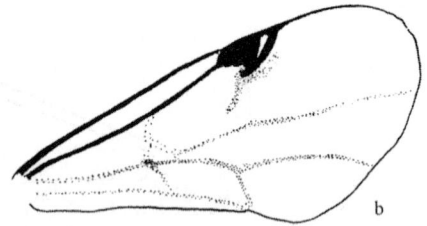

a

b

图 54　*Afroserphus* sp. (♂) (非细蜂属 *Afroserphus*)
a. 整体侧面观；b. 前翅 (仿 H. Townes & M. Townes, 1981)

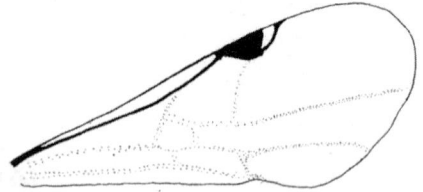

图 55　*Serphonostus nigerrimus* (Dodd) (♀) (缩管细蜂属 *Serphonostus*) (仿 H. Townes & M. Townes, 1981)

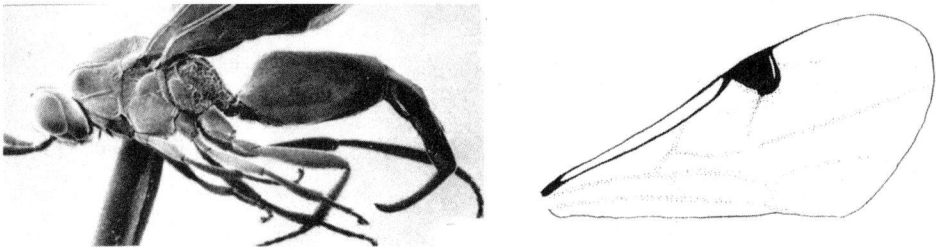

图 56　*Apoglypha radiata* Towens (♀) (缺沟细蜂属 *Apoglypha*) (仿 H. Townes & M. Townes, 1981)

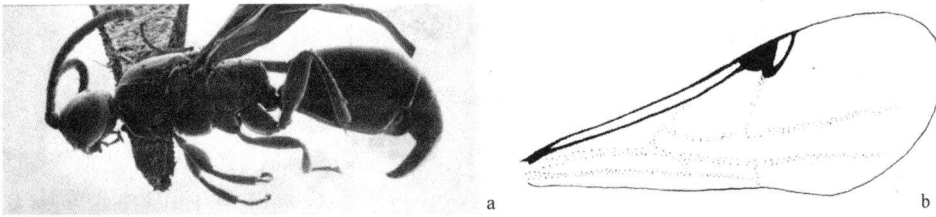

图 57　*Pschornia striata* Towens (♀) (普细蜂属 *Pschornia*)

a. 整体侧面观；b. 前翅 (仿 H. Townes & M. Townes, 1981)

2. 前沟细蜂属 *Nothoserphus* Brues, 1940

Nothoserphus Brues, 1940, *Proc. Amer. Acad. Arts Sci.*, 73:263.

Type species: *Nothoserphus mirabilis* Brues, 1940 (Original designation).

Thomsonina Hellén, 1941, *Notulae Ent.*, 21:40.

Type species: *Proctotrupes boops* Thomson, 1857 (Original designation).

Watanebeia Masner, 1958, *Beitr. Z. Ent.*, 8:477.

Type species: *Disogmus affissae* Watanabe, 1954 (Original designation).

Nothoserphus Brues: H. Townes & M. Townes, 1981, *Mem. Amer. Ent. Inst.*, 32:61.

Nothoserphus Brues: Lin, 1987, *Taiwan Agric. Res. Inst. Spec. Publ.*, 22:51.

Nothoserphus Brues: Lin, 1988, *Jour. Taiwan Mus.*, 41:15-33.

Nothoserphus Brues: He & Fan, 1991, *Acta. Agric. Univ. Zhejiangensis*, 17: 218.

Nothoserphus Brues: Johnson, 1992, *Mem. Amer. Ent. Inst.*, 51: 309.

Nothoserphus Brues: He & Fan, 2004, In: He *et al.*, *Hymenopteran Insect Fauna of Zhejiang*: 327.

　　属征概述：前翅长 1.7-4.5mm。体较壮。头部很短，横形。唇基中等大小，光滑，均匀拱起，端部稍隆，具有窄的缘折。颊具发达的竖脊，脊后凹入。上颊极短。后头平坦或凹入。后头脊完整，上部靠近后头孔。上颚很小，难以看见。触角鞭节 11 节，中等长，雄性具椭圆形或线形的角下瘤。颈部具竖脊。前胸背板侧面前上方具膨大的隆瘤。盾纵沟中等短至长而深。中胸侧板前部具毛。中胸侧板的中央横沟宽，有时前半部不明显。中胸侧板缝呈凹窝状。后胸侧板前上方具一侧光滑区，占侧板表面的 0.2-0.4 倍。并胸腹节背表面非常短，长约为小盾片宽的 0.3 倍，侧面观并胸腹节从近基部开始即向后下方倾斜。后足胫节长距伸达后足基跗节基部的 0.25-0.40。翅痣短宽。径脉垂直段长为宽的 0.4-1.3 倍。径室前缘脉长为翅痣宽的 0.25-0.65 倍。前缘脉止于径室端部或刚超过。腹部具柄，长为宽的 0.3-1.1 倍。合背板基部具 1 条长的中纵沟，其侧方有时有短纵沟。产卵管鞘长约为后足胫节的 0.4 倍，有时很短而缩入体内。

　　寄生于瓢虫科 Coccinellidae 的小毛瓢虫亚科 Scymminae 和植食瓢虫亚科 Epilachninae 的幼虫。

　　该属分布于东洋区和古北区。全世界已记载有 13 种，分隶于 3 个种团；3 个种团在我国均有发现，已知 10 种。本志报道 18 种，内新种 7 种，中国新记录 1 种。

种团检索表

1. 盾纵沟非常短，与翅基片等长或稍长，有时非常短仅存 1 凹窝；后胸侧板光滑区占其表面的 0.35-0.50 倍·······························短沟前沟细蜂种团 *Boops* Group
   盾纵沟明显较长，至少伸过中胸盾片中央；后胸侧板光滑区非常小，最多占其表面的 0.2 倍······2
2. 中胸盾片中叶盾纵沟前无畦沟；后单眼间无突起；前胸背板侧面凹槽内及其上方光滑或有弱皱；盾纵沟后端分隔，其距约为翅基片之长·············无洼前沟细蜂种团 *Affissae* Group
   中胸盾片中叶盾纵沟前有畦沟；后单眼间有 1 对刀片状突起或 1 对圆形突起。前胸背板侧面凹槽内及其上方具粗糙皱纹；盾纵沟后端以楔状狭脊分开·······珍奇前沟细蜂种团 *Mirabilis* Group

1) 短沟前沟细蜂种团 *Boops* Group

　　种团概述：前翅长 1.7-2.4mm。头部顶端无突起。雄性触角鞭节 2-7 节具角下瘤，角下瘤椭圆形，稍微隆起或不隆起。前胸背板侧面前上方的瘤状突边缘镶有竖脊或不甚明显，此瘤后方和前胸背板凹槽内光滑。盾纵沟较短，约与翅基片等长，或稍长或很短，呈凹窝状。中胸盾片中叶近盾纵沟处无凹痕。小盾片前沟光滑或有纵脊。后胸侧板前上方至少 0.35 光滑，其余部分具粗糙的皱纹。产卵管鞘长为后足胫节的 0.2-0.5 倍。

　　该种团已载有 6 种，其中短沟前沟细蜂 *N. boops* (Thomson, 1857) 分布于欧洲，毛瓢虫前沟细蜂 *N. scymni* (Ashmead, 1934) 分布于日本，另外 4 种分布于我国，但有 3 种过去仅发现于我国台湾。本志记述 12 种，其中 7 新种，1 中国新记录种。

　　寄主为瓢虫科小毛瓢虫属 (*Scymus*)。

种检索表 (*我国未发现的种)

1. 雌性··2
   雄性···12
2. 盾纵沟长明显短于翅基片，仅有前方小凹陷···3
   盾纵沟与翅基片等长或稍长···7
3. 产卵管鞘长约为后足胫节的 0.28 倍；前胸背板侧面无前缘沟脊；侧单眼间距长为单复眼间距的 1.27 倍；中胸侧板侧缝仅上段具 1 纵列小凹窝；前翅长 2.3mm。云南·······无沟前沟细蜂 *N. asulcatus*

产卵管鞘长为后足胫节的 0.40-0.46 倍；前胸背板侧面有前缘沟脊；侧单眼间距长为单复眼间距的 1.03-1.13 倍，但褐足前沟细蜂为 1.56 倍；中胸侧板侧缝全段具 1 纵列小凹窝 ……………………4

4. 侧单眼间距明显长，为单复眼间距的 1.56 倍；触角和足大部分褐色；前翅长 1.9-2.3mm。台湾 …
………………………………………………………… 褐足前沟细蜂 *N. fuscipes*
侧单眼间距刚长于单复眼间距，为其 1.03-1.13 倍；触角和足大部分褐黄色，但杜氏前沟细蜂大部分褐色 ……………………………………………………………………5

5. 头背面后方中央突出；侧观上颊长为复眼的 0.3 倍；前胸背板侧面背前方有 1 竖脊，脊后方有一些纵皱；前翅长 1.8-2.4mm。台湾…………………………… 汤斯前沟细蜂 *N. townesi*
头背面后方中央凹入；侧观上颊长为复眼的 0.53-0.59 倍；前胸背板侧面背前方无竖脊，其后方具细刻点和细点皱 ………………………………………………………………6

6. 背观腹柄长为端宽的 0.6 倍；合背板基部中纵沟伸达合背板基部至第 1 对窗疤间距的 0.55 处，侧纵沟各 1 条；径室前缘脉长为翅痣长的 0.12 倍；后足腿节长为宽的 5.25 倍；足除基节和端跗节外褐黄色；前翅长 1.9mm。浙江 ……………… **中华前沟细蜂，新种 *N. sinensis*, sp. nov.**
背观腹柄长为端宽的 0.8 倍；合背板基部中纵沟伸达合背板基部至第 1 对窗疤间距的 0.8 处，无侧纵沟；径室前缘脉长为翅痣长的 0.34 倍；后足腿节长为宽的 4.7 倍；足大部分褐色；体长 3.4mm。陕西、四川 ………………………………… **杜氏前沟细蜂，新种 *N. dui*, sp. nov.**

7. 产卵管鞘短，长为后足胫节的 0.20-0.25 倍 ………………………………………………8
产卵管鞘较长，长为后足胫节的 0.33-0.42 倍 ……………………………………………10

8. 后胸侧板光滑区小，其长占侧板长的 0.35 倍，与其后的小室状网皱之间无脊分开；合背板中纵沟侧方各有 3 条纵沟；上颊侧观长为复眼横径的 0.33 倍；触角第 2 鞭节长为端宽的 2.9 倍；前翅长 1.7mm。浙江 ………………… **短管前沟细蜂，新种 *N. breviterebra*, sp. nov.**
后胸侧板光滑区较大，其长占侧板长的 0.40-0.45 倍，与其后的小室状网皱之间有 1-3 条细脊分开；合背板中纵沟侧方无纵沟或有 2 浅纵沟；上颊侧观长为复眼横径的 0.50-0.56 倍；触角第 2 鞭节长为端宽的 3.2-4.0 倍 …………………………………………………………9

9. 侧单眼间距为单复眼间距的 1.36 倍；后胸侧板光滑区与后方网皱之间有 1 条横脊分开；合背板基部中纵沟侧方有 2 条浅沟；触角第 10 鞭节长为端宽的 2.0 倍，端节长为端前节的 1.9 倍；前翅长 2.3mm。浙江 ……………………… **棉田前沟细蜂，新种 *N. gossypium*, sp. nov.**
侧单眼间距为单复眼间距的 1.5 倍；后胸侧板光滑区与后方网皱之间有 2-3 条横脊分开；合背板基部无侧纵沟；触角第 10 鞭节长为端宽的 1.36 倍，端节长为端前节的 1.6 倍；前翅长 2.0mm。云南 ………………………………………… **离眼前沟细蜂，新种 *N. ocellus*, sp. nov.**

10. 侧单眼间距与单复眼间距约等长；前沟背板侧面后下方有 1 纵列 5 个凹窝；第 1 窗疤宽约为长的 8.0 倍；前翅长 2.1mm。浙江 …………………… **窗疤前沟细蜂，新种 *N. thyridium*, sp. nov.**
侧单眼间距长为单复眼间距的 1.17-1.27 倍；前胸背板侧面后下方有 1-2 个凹窝；第 1 窗疤宽约为长的 6.0 倍 ……………………………………………………………11

11. 产卵管鞘长为后足胫节的 0.42 倍；侧单眼间距为单复眼间距的 1.17 倍；触角向端部明显增粗，第 2 鞭节长为端宽的 3.4 倍；前翅长 3.2mm。江苏 …… **江苏前沟细蜂，新种 *N. jiangsuensis*, sp. nov.**
产卵管鞘长为后足胫节的 0.33 倍；侧单眼间距为单复眼间距的 1.27 倍；触角向端部几乎不粗，第 2 鞭节长为端宽的 2.7 倍；前翅长 2.2mm。吉林；日本 ………… **毛瓢虫前沟细蜂 *N. scymni***

12. 小盾片前沟有 4 条纵脊；触角大部呈褐黄色；第 1-4 鞭节等长；角下瘤不明显；后胸侧板前方畦状沟与中胸侧板后方的沟 (中胸侧板缝) 等宽；翅痣端部颜色较淡；前翅长 1.9mm。台湾·················· **分沟前沟细蜂 N. partitus**

小盾片前沟光滑，无纵脊；触角大部呈褐色或褐黄色；第 1-4 鞭节不等长；角下瘤着生于第 2-7 鞭节，或第 3-7 鞭节，或第 4-6 鞭节；后胸侧板前方畦状沟与中胸侧板后方的沟 (中胸侧板缝) 不等宽；翅痣褐色或褐黄色 ···················· 13

13. 触角角下瘤着生于第 3-7 鞭节，长占该节的 0.35-0.65 倍 ············· 14

触角角下瘤着生于第 2-7 或第 4-6 鞭节，长占该节的 0.6-0.7 倍；翅痣褐色；触角大部分褐色··· 15

14. 触角瘤长占该节的 0.35 倍；转节和腿节带黄色；翅痣褐黄色；触角褐黄色。吉林；日本········· **毛瓢虫前沟细蜂 N. scymni**

触角瘤长占该节的 0.65；转节和腿节烟褐色；翅痣暗褐色；触角黑褐色。北欧········· ***短沟前沟细蜂 N. boops**

15. 上颊下部长约为复眼长的 0.5 倍；侧单眼间距明显长于单复眼间距 (7.8：5.0)；足大部分呈褐色；角下瘤着生于第 4-6 鞭节上，稍隆起，具细刻点。台湾 ·········· **褐足前沟细蜂 N. fuscipes**

上颊下部长约为复眼长的 0.3 倍；侧单眼间距几乎与单复眼间距等长 (6.0：5.8)；足除基节外基本上为褐黄色；角下瘤着生于第 2-7 鞭节上，隆起，光滑。台湾 ·········· **汤斯前沟细蜂 N. townesi**

(2) 无沟前沟细蜂 *Nothoserphus asulcatus* He *et* Fan, 1991 (图 58)

Nothoserphus asulcatus He *et* Fan, 1991, *Acta Agric. Univ. Zhejiangensis*, 17: 218.

雌：前翅长 2.3mm。

头：额光滑，几乎无毛，稍拱隆。POL：OD：OOL=14：8：11。侧观上颊在复眼最宽处长为复眼横径的 0.42 倍。触角各节相对长宽之比约 5：10, 5：7, 17：7, 16：7.5, 15：7.5, 15：7, 13：6.8, 13：6.8, 13：6.8, 13：7, 12：7, 11：7, 21：7。

胸：前胸背板侧面光滑，无前沟缘脊，背前方具细夹点刻皱，前侧下方具弱刻点，后缘下半有 1 纵列 5 个凹窝。中胸盾片拱隆，光滑，散生细刻点，在后方中央更小而密。盾纵沟短于翅基片；前侧沟内凹窝极小而浅。小盾片前沟深，内无纵脊；小盾片平滑。中胸侧板中横沟深，强弧形，伸达后缘附近；镜面区丘状隆起；侧缝仅上段有 1 纵列凹窝。后胸侧板前半为三角形光滑区，后半具明显网状刻皱，之间有 2 条横脊分开。并胸腹节向后方下斜部位相当长；无中纵脊和端横脊；满布小室状网皱，但后表面的刻纹弱。

足：后足腿节长为宽的 4.7 倍；后足胫节长距长为基跗节的 0.32 倍。

翅：前翅长为宽的 1.95 倍；翅痣长和径室前缘脉长分别为翅痣宽的 2.2 倍和 0.65 倍；径脉第 1 段从翅痣近中央伸出，长为宽的 1.0 倍；径脉第 2 段与第 1 段相交处有脉桩。

腹：腹柄背面短，中长为中宽的 0.8 倍，有 "V" 形弱脊，前方光滑倾斜，其后侧方为细皱；腹柄侧面具网皱，其后方有 1 横列大凹窝。合背板基部仅 1 条中纵沟，伸达合背板基部至第 1 对窗疤间距的 0.55 处，无侧纵沟。第 1 窗疤很狭窄，宽约为长的 5.0 倍；疤距为疤宽的 1.4 倍。产卵管鞘长为后足胫节的 0.28 倍。

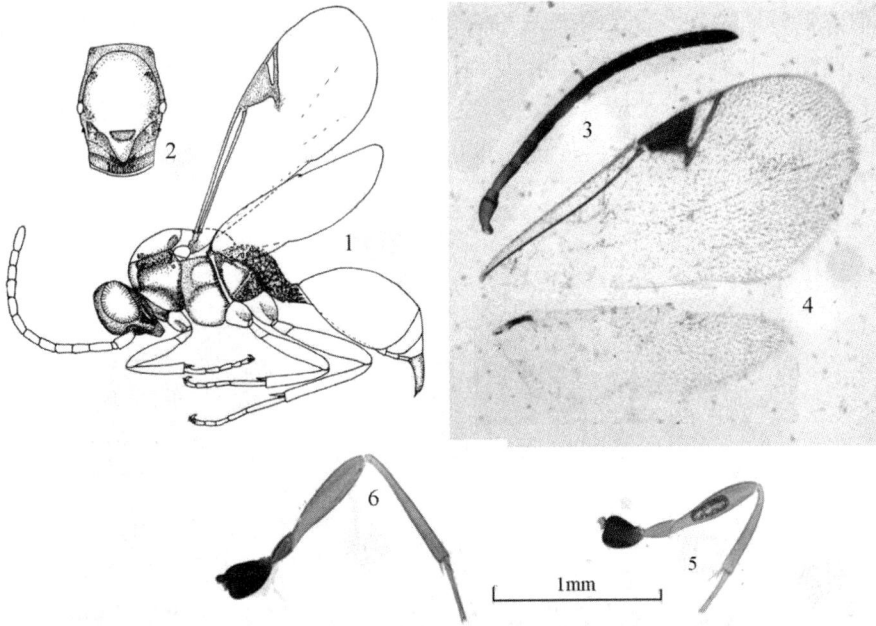

图 58　无沟前沟细蜂 *Nothoserphus asulcatus* He *et* Fan
1. 整体，侧面观；2. 胸部，背面观；3. 触角；4. 翅；5. 前足；6. 中足；
(1-2. 仿何俊华等, 1991) [1-2. 0.6X 标尺；3-7. 1.0X 标尺]

体色：体黑色。前胸背板肩角和下方、腹部带暗褐色。触角基部黄褐色，端部渐黑。须黄色。翅基片褐黄色。足褐黄色，基节和端跗节暗褐色。翅透明，翅痣和强脉褐色。

雄：未知。

寄主：未知。

研究标本：1♀，云南瑞丽勐休，1981.V. 26，何俊华，No. 814081 (正模)。

分布：云南。

(3) 褐足前沟细蜂 *Nothoserphus fuscipes* Lin, 1987 (图 59)

Nothoserphus fuscipes Lin, 1987, *Taiwan Agric. Res. Inst, Spec. publ.*, 22:54.

本种与汤斯前沟细蜂 *N. townesi* Lin, 1987 极其相似，不同之处如下。

雌：前翅长 1.9-2.3mm。

头：额侧观上方均匀拱隆。上颊下方长约为复眼的 0.5 倍。LOL：POL：OOL 约为 2.8：7.8：5。触角各节相对长宽之比约为 6.5：3.6，2：3，6.8：2.8，6：2.8，6：2.8，5.5：2.8，5.3：2.8，5.4：3，5.4：3，4.8：3.1，4.8：3.1，4.4：3.1，9：3.2。

胸：前胸背板侧凹背前方的竖脊弱，在脊之后具短细皱。后胸侧板前沟光滑，或有弱畦状凹。并胸腹节有小室状刻皱，侧观前部强度弧形，而后部平；两侧脊平行，后部有弱刻纹；侧区常光滑。产卵管鞘长为后足胫节的 0.4-0.5 倍。

体色：体黑褐色；触角 (柄节黑)、前胸背板侧面翅基片之前、中后胸侧板下方、足和腹部烟褐色；梗节端部、第 1 鞭节下方、前足腿节内面、前足胫节基部和上方、中足腿节两端、中后足胫节、后足跗节下方和端跗节褐色。翅透明,翅痣和翅脉烟褐色。

雄:前翅长 1.8-2.2mm。触角各节相对长宽比为 6:3.5,2.5:2.2,6.8:2.8,5.5:2.8,5.5:2.8,5.5:2.8,5.5:2.8,5.5:2.5,5.8:2.5,5.8:2.5,5.7:2,5.5:2,9:2;第 4-6 鞭节上角下瘤微弱隆起,有细刻点,约占各节长的 0.7 倍。

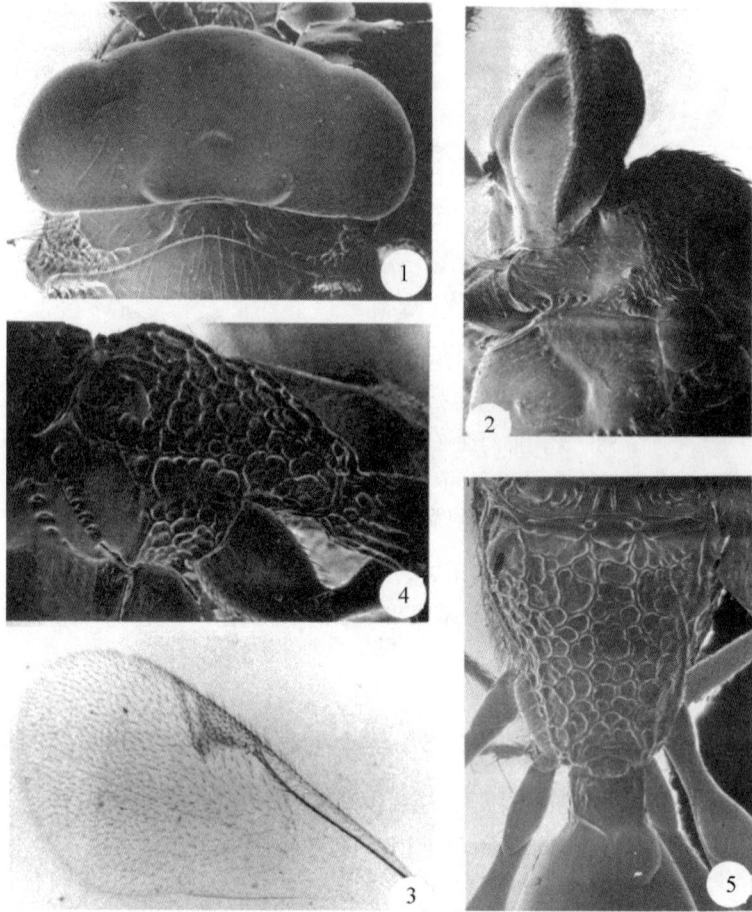

图 59 褐足前沟细蜂 *Nothoserphus fuscipes* Lin

1. 头部,背面观;2. 头部和胸部,侧面观;3. 前翅;4. 后胸侧板、并胸腹节和腹柄,侧面观;5. 并胸腹节,背面观 (仿 Lin, 1987b)

寄主:未知。

研究标本:作者未见此种标本。形态是根据原记述。

分布:台湾 (翠峰、大禹岭、梅峰、松岗等)。

(4) 汤斯前沟细蜂 *Nothoserphus townesi* Lin, 1987 (图 60)

Nothoserphus townesi Lin, 1987, *Taiwan Agric. Res. Inst, Spec. publ.*, 22:53.

雌：前翅长 1.8-2.4mm。

头：额平滑而光亮，有很稀带毛细刻点，侧观额上方均拱隆。LOL：POL：OOL 约为 2.8：6：5.8。上颊长约为复眼的 0.3 倍。触角各节相对长宽之比约为 8：4，2：3，7：2.8，6：2.8，5.8：2.8，5.7：2.8，5：2.8，5.4：3，5：3，4.5：3，4.5：3，4.5：3，8：3.3。

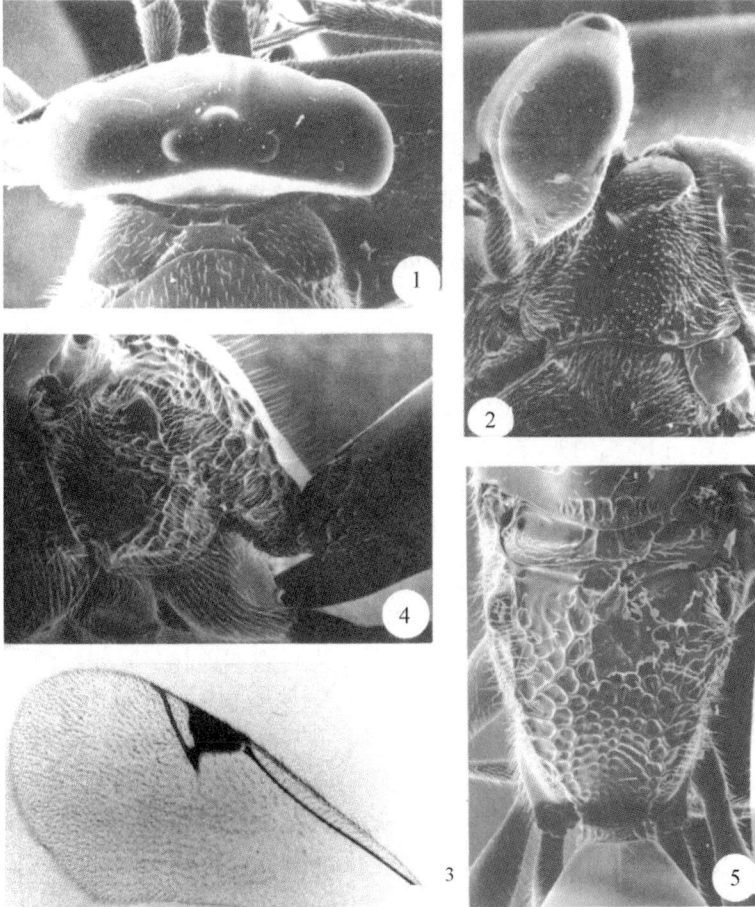

图 60　汤斯前沟细蜂 *Nothoserphus townesi* Lin

1. 头部，背面观；2. 头部和胸部，侧面观；3. 前翅；4. 后胸侧板、并胸腹节和腹柄，侧面观；5. 并胸腹节、腹柄和合背板基部，背面观 (仿 Lin, 1987b)

胸：前胸背板侧凹平滑而光亮，在背前方有隆起的竖脊，此脊之后有一些细纵皱，翅基片和气门前方有带毛细刻点；盾纵沟前方凹窝状，短于翅基片，通常有浅而宽的沟几乎伸达翅基片水平，前侧沟浅而光滑；小盾片前沟光滑，内无纵脊。后胸侧板前沟畦状凹，上方光滑区约占后胸侧板表面 0.6 倍。并胸腹节侧观上部背缘拱起呈弧形，向后方下斜，有小室状刻纹，有侧脊，后部有明显刻纹。

腹：腹柄侧面观长与高等长。合背板在后方 0.2 密布小刻点。产卵管鞘长约为后足胫节的 0.4 倍。

体色：体黑褐色。触角下表面褐黄色，基部 9 节和端部 4 节暗褐色。须灰色。翅基片和基节烟褐色。足褐黄色，跗节背方和端跗节暗褐色。翅透明，翅痣和翅脉烟褐色。

雄：前翅长 1.8-2.0mm。基本上与雌性相似。但体色明显较暗；柄节基部、梗节、第 1-2 鞭节上方多少褐色。触角各节相对长宽之比约为 5.5：3.5，2：3，5.7：2.8，5.5：2.8，5.4：28，5：2.7，5：2.6，5：2.6，5：2.6，4.8：2.4，4.8：2.3，4.4：2.3，7：24；角下瘤位于第 2-7 鞭节上，椭圆形，光滑，长占该节 0.6-0.7 倍。

寄主：未知。

研究标本：作者未见此种标本。形态是根据原记述。

分布：台湾 (南投东埔、梨山、武陵、雾社、松岗、翠峰、阿里山等)。

词源：种本名 townesi，为定名人表示对美国细蜂分类学者 Dr. H. Townes 的敬意。

(5) 中华前沟细蜂，新种 *Nothoserphus sinensis* He *et* Xu, sp. nov. (图 61)

雌：前翅长 1.9mm。

头：额平滑而光亮，均匀拱隆，仅侧下方有很稀带毛细刻点。POL：OD：OOL=13：7.5：12。侧观上颊在复眼最宽处长为复眼横径的 0.57 倍。触角各节相对长宽之比约为 13：7.5，5：6，14：5，13：5，13：5，13：5，13：5，13：5.5，13：5.5，13：5.5，13：5.6，12.5：6.8，20：6。

胸：前胸背板侧面平滑而光亮；有前沟缘脊，背缘具多列毛，前缘下方和下角具夹点刻皱，后缘下方具 3 个凹窝。中胸盾片拱隆，光滑，在前方有不明显的带毛刻点；盾纵沟短，点状，短于翅基片；前侧沟浅，无并列凹窝。小盾片前沟深，内无纵脊；小盾片平滑。中胸侧板中横沟深，弧形，伸达后缘附近；镜面区丘状隆起；侧缝下段凹窝不明显。后胸侧板前方光滑区长占侧板的 0.55 倍，侧板后方具明显网状刻皱，之间有 2 条横脊分开。并胸腹节向后方下斜部位相当长；满布小室状网皱，后部刻纹较细密。

足：后足腿节长为宽的 5.25 倍；后足胫节长距长为基跗节的 0.28 倍。

翅：前翅长为宽的 1.72 倍；翅痣长和径室前缘脉长分别为翅痣宽的 2.67 倍和 0.33 倍；径脉第 1 段从翅痣近中央伸出，长为宽的 0.7 倍；径脉第 2 段直，与第 1 段相交处有脉桩。

腹：腹柄背面短，中长为宽的 0.6 倍，"V" 形脊前方光滑倾斜，后方有 1 横列不明显凹窝；腹柄侧面具网皱，其后方有 1 列大网室。合背板基部窄，中纵沟浅，伸达合背板基部至第 1 对窗疤间距的 0.55 处，侧方有 1 条较宽而斜的纵沟，侧纵沟长为中纵沟的 0.7 倍。第 1 窗疤很狭窄，宽约为长的 5.0 倍，疤距为疤宽的 1.2 倍。产卵管鞘长为后足胫节的 0.46 倍。

体色：体黑褐色。触角柄节、梗节及基部鞭节褐黄色，其余鞭节至端部渐褐色。须及翅基片黄色。足褐黄色，胫节和第 1-4 跗节色较浅，基节和端跗节暗褐色。翅透明，翅痣和强脉浅褐色。

雄：未知。

寄主：未知。

研究标本：正模♀，浙江庆元百山祖，1993.X.24，吴鸿，No.945783。副模：1♀，同正模，No. 945719。

分布：浙江。

鉴别特征：见检索表。

词源：本新种是作者研究该属时定名的第一个中国种，故拟名中华。

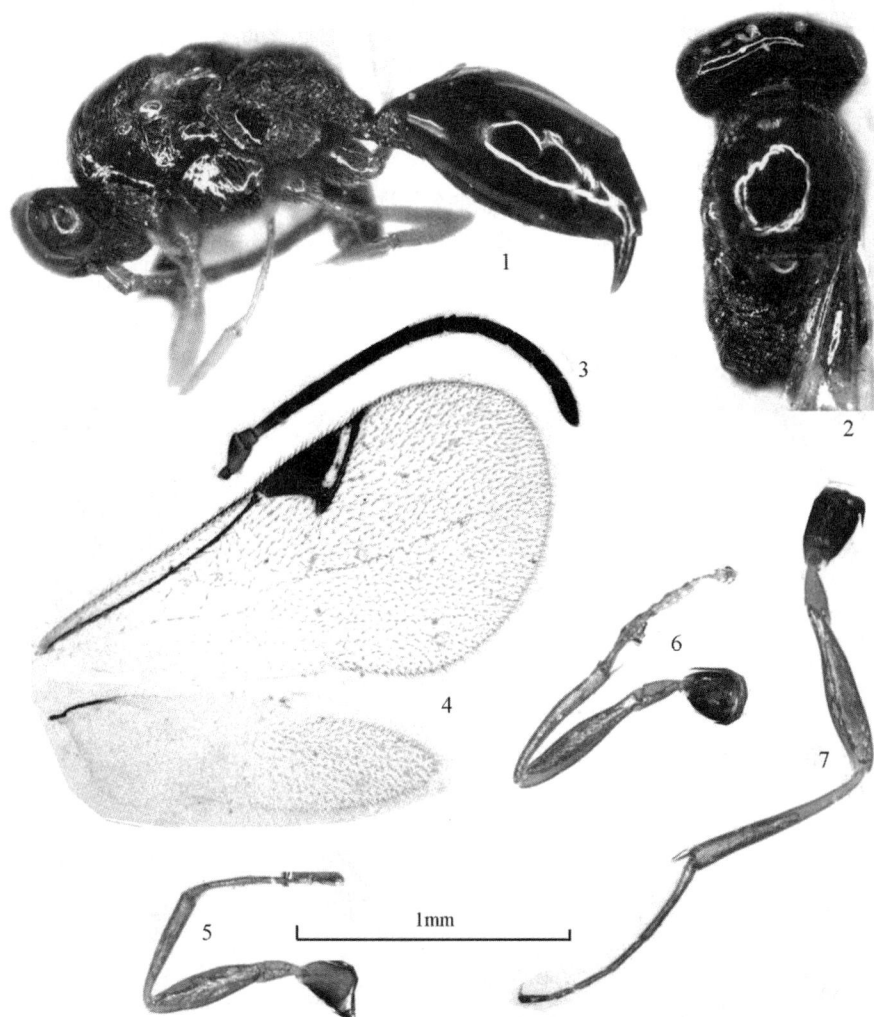

图 61　中华前沟细蜂，新种 *Nothoserphus sinensis* He *et* Xu, sp. nov.

1. 整体，侧面观；2. 头部和胸部，背面观；3. 触角；4. 翅；5. 前足；6. 中足；7. 后足 [1-7. 1.0X 标尺]

(6) 杜氏前沟细蜂，新种 *Nothoserphus dui* He *et* Xu, sp. nov. (图 62)

雌：前翅长 2.2mm。

头：额稍拱隆，光滑，几乎无刻点。POL：OD：OOL=13.5：6：12。侧观上颊在复眼最宽处长为复眼横径的 0.59 倍。触角各节相对长宽之比约为 14：8，6：6，19：5.5，17：5.5，17：5.5，15：5.5，14：5.7，14：6，14：6，14.5：6.3，13：6.3，13：7，

24 : 7。

胸：前胸背板侧面平滑而光亮，有前沟缘脊；在背缘前方 0.3 和前缘下方具带毛细刻点，下角具夹点刻皱，后缘下方有 4 个凹窝。中胸盾片拱隆，光滑，前半稍具带毛细刻点；盾纵沟点状，短于翅基片；前侧沟浅而光滑。小盾片前沟深，内无纵脊；小盾片平滑。中胸侧板中横沟深，弧形，伸达后缘；镜面区不呈丘状隆起；侧缝全段具明显凹窝。后胸侧板光滑区占前方 0.6 倍，与后方的网状刻皱区之间有 1 条粗脊分开。并胸腹节向后方下斜；有较大的室状网皱，在前角气上门内侧有光滑区；后表面刻纹极弱，在端部近于光滑。

足：后足腿节长为宽的 4.7 倍；后足胫节长距长为基跗节的 0.33 倍。

翅：前翅长为宽的 1.83 倍；翅痣长和径室前缘脉长分别为翅痣宽的 2.4 倍和 0.81 倍；径脉第 1 段从翅痣近中央伸出，长为宽的 0.8 倍；径脉第 2 段直，与第 1 段相交处有脉桩。

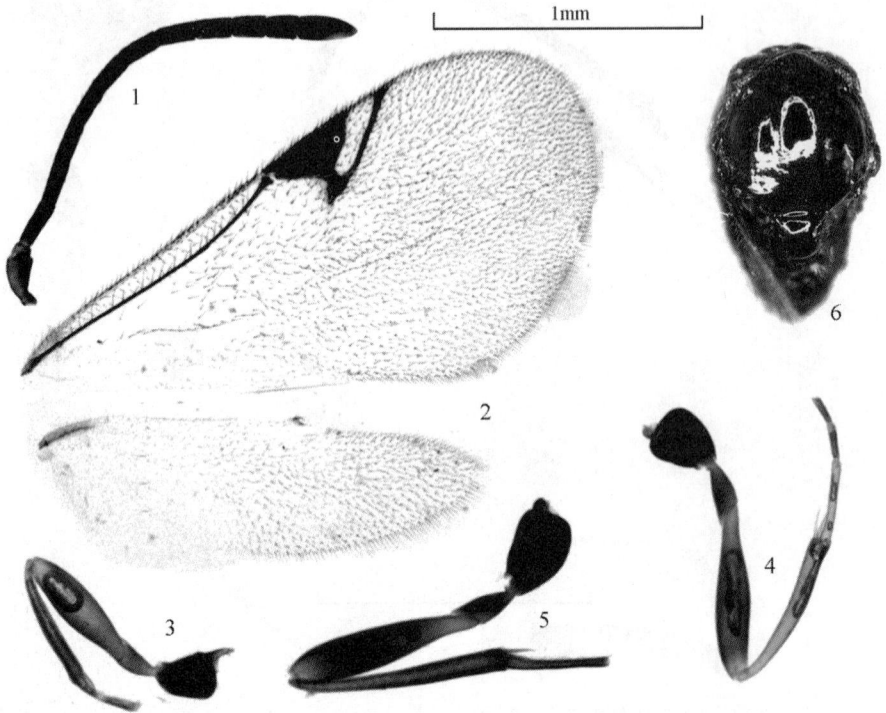

图 62　杜氏前沟细蜂，新种 *Nothoserphus dui* He *et* Xu, sp. nov.
1. 触角；2. 翅；3. 前足；4. 中足；5. 后足；6. 中胸背板 [1-6. 1.0X 标尺]

腹：腹柄背面中长为宽的 0.8 倍，光滑，中央有"V"形平台，其后侧凹窝内无皱脊；腹柄侧面具网皱，但上方基段具斜脊，后方具纵脊。合背板基部窄，中纵沟伸达合背板基部至第 1 对窗疤间距的 0.8 处，中纵沟两侧光滑无沟和脊。第 1 窗疤很狭窄，哑铃形，宽约为中长的 5.0 倍；疤距为疤宽的 1.2 倍。产卵管鞘长为后足胫节的 0.43 倍，表面光滑，具极细刻纹。

体色：体黑褐色。触角黑褐色，柄节、梗节及第1鞭节基部褐黄色。须黄色。翅基片浅褐色。足基节黑褐色；前中足转节背方、腿节背方和第4-5跗节，后足转节、腿节除两端、胫节背方和跗节褐色；其余褐黄色。翅透明，翅痣和强脉浅褐色。

变异：副模标本前翅长1.8mm。触角仅梗节及第1-2鞭节腹方黄褐色；前中足第2-4跗节亦黑褐色；后足腿节暗褐黄色。

雄：未知。

寄主：未知。

研究标本：正模♀，四川雅江，2830m，1996.Ⅵ.14，杜予州，No.977692。副模2♀，陕西留坝紫柏山，1632m，2004.Ⅷ.4，时敏，Nos.20049993，20049984。

分布：陕西、四川。

鉴别特征：见检索表。

词源：种本名"杜氏 dui"，表示对扬州大学昆虫学家杜予州教授给我们帮助的感谢！

(7) 短管前沟细蜂，新种 *Nothoserphus breviterebra* He *et* Xu, sp. nov. (图 63)

雌：前翅长1.7mm。

头：额光滑，均匀拱隆，有很稀带毛细刻点。POL：OD：OOL=12：7：9.5。侧观上颊在复眼最宽处长为复眼横径的0.33倍。触角各节相对长宽之比约为9：8，5.5：5.5，13：4.2，12.5：4.3，12：4.5，12：4.5，11.5：4.5，11.5：4.8，11：5，11：5，11：5.2，10：5.2，20：5.6。

胸：前胸背板侧面光滑，前沟缘脊较弱，背缘具多列毛；前缘具不规则网皱；后下角具2个凹窝。中胸盾片光滑，散生稀细带毛刻点；盾纵沟稍长于翅基片；前侧沟凹窝状。小盾片前沟深，内无纵脊；小盾片光滑。中胸侧板中横沟深，近于直，不达后缘；镜面区光滑，丘状拱隆；侧缝整段具1纵列凹窝。后胸侧板光滑区占表面的0.35倍，其余为小室状网皱。并胸腹节向后方下斜部位相当长，具小室状网皱，在后方的网皱细密。

足：后足腿节长为宽的4.1倍；后足胫节长距长为基跗节的0.3倍。

翅：前翅长为宽的2.0倍；翅痣长和径室前缘脉长分别为翅痣宽的2.5倍和0.5倍；径脉第1段从翅痣中央伸出，长为宽的0.6倍；径脉第2段直，与第1段相交处有短脉桩。

腹：腹柄背面短，中长为宽的0.6倍，"V"形脊前方大部分倾斜而光滑，后侧有1横列纵凹窝；腹柄侧面具纵向网皱。合背板基部宽，中纵沟伸达合背板基部至第1对窗疤间距的0.65处，中纵沟两侧各有不清晰的浅纵沟3条，亚侧纵沟长为中纵沟的0.3倍。第1窗疤弧形，两端尖，宽为长的7.0倍，疤距为疤宽的1.0倍。产卵管鞘甚短，长为后足胫节的0.2倍。

体色：体黑色。触角基部褐黄色，至端部色渐黑褐色。须黄色。翅基片黄褐色。足褐黄色，基节、前中足端跗节和后足跗节暗褐色。翅透明，翅痣和强脉浅褐色。

雄：未知。

寄主：未知。

研究标本：正模♀，浙江文成，1985.Ⅸ.上旬，刘福明，No.853140。

分布：浙江。

鉴别特征：见检索表。

词源：种本名 "短管 *breviterebra*"，意为产卵管鞘甚短，长为后足胫节的 0.2 倍。

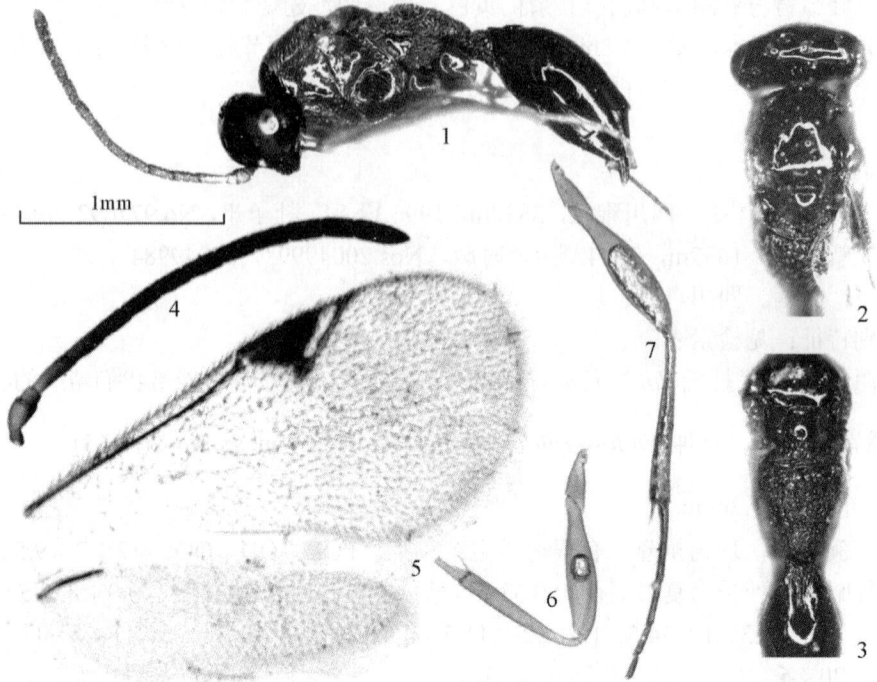

图 63　短管前沟细蜂，新种 *Nothoserphus breviterebra* He *et* Xu, sp. nov.

1. 整体，侧面观；2. 头部和胸部，背面观；3. 并胸腹节和腹部，背面观；4. 触角；5. 翅；6. 中足；7. 后足

[1-7. 1.0X 标尺]

(8) 棉田前沟细蜂，新种 *Nothoserphus gossypium* He *et* Xu, sp. nov. (图 64)

雌：前翅长 2.2mm。

头：额平滑而光亮，均匀拱隆，有很稀带毛细刻点。POL：OD：OOL=15：8：11。侧观上颊最宽处长为复眼横径的 0.56 倍。触角各节相对长宽之比约为 12：9，6：5，15：5，16：5，15：5，15：5，15：5，14：5，14：5，12：5，12：5.2，11：5.5，21：5.5。

胸：前胸背板侧面光滑，有前沟缘脊；沿背缘具多列毛，前缘下方大部分具夹点细纵刻皱；后下角具 2 个大凹窝，其上方还有 3 个小点窝。中胸盾片光滑，散生稀细带毛刻点，在前方的稍明显；盾纵沟等长于翅基片；前侧沟凹窝浅。小盾片前沟深，内无纵脊；小盾片光滑。中胸侧板中横沟缓弧形，不达后缘；镜面区中等拱隆；侧缝上端 1 列纵凹窝明显，下段的弱。后胸侧板前面光滑区占侧板的 0.45 倍，其余具小室状网皱，两者之间有脊分开。并胸腹节向后方下斜部位相当长；有小室状网皱，无侧脊，后部网皱较细而弱。

足：后足腿节长为宽的 4.7 倍；后足胫节长距长为基跗节的 0.28 倍。

翅：前翅长为宽的 1.92 倍；翅痣长和径室前缘脉长分别为翅痣宽的 2.2 倍和 0.56 倍；径脉第 1 段从翅痣中央处伸出，长为宽的 0.8 倍；径脉第 2 段直，与第 1 段相交处有短

脉桩。

　　腹：腹柄背面中长为宽的 0.8 倍，在"V"形弱脊前方倾斜而平滑，其中央具细点皱，"V"形脊侧后方有 1 列浅凹窝；腹柄侧面短，有 3 条纵脊，脊间具刻点。合背板中纵沟伸达合背板基部至第 1 对窗疤间距的 0.7 处，中纵沟侧方各有 2 条浅而短的沟，其长为中纵沟的 0.4 倍；第 1 窗疤弧形，甚狭窄，宽约为长的 6.0 倍，疤距为疤宽的 1.6 倍。产卵管鞘长为后足胫节的 0.25 倍。

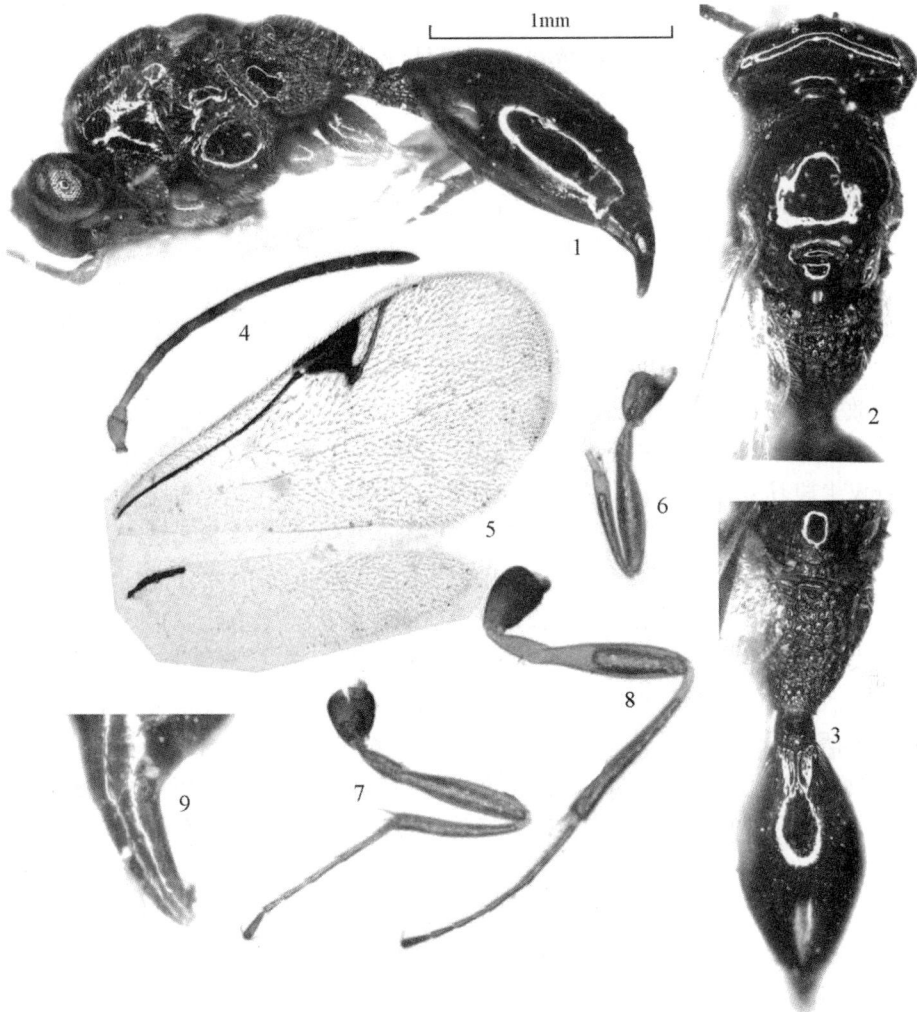

图 64　棉田前沟细蜂，新种 *Nothoserphus gossypium* He *et* Xu, sp. nov.

1. 整体，侧面观；2. 头部和胸部，背面观；3. 胸部和腹部，背面观；4. 触角；5. 翅；6. 前足；7. 中足；8. 后足；9. 产卵管鞘 [1-3. 1.0X 标尺；4-8. 0.8X 标尺；9. 2.5X 标尺]

　　体色：体黑色。触角褐黄色，至端部色渐暗。须和翅基片黄褐色。足褐黄色，端跗节暗褐色。翅透明，翅痣和强脉浅褐色。

　　变异：副模合背板基部亚侧纵沟长为中纵沟的 0.15 倍。

雄：未知。

寄主：未知。

研究标本：正模♀，浙江海盐棉田，1985.Ⅹ.19，王洪祥，No.853524。副模1♀，浙江平湖棉田，1985.Ⅹ.22，王洪祥，No.853362。

分布：浙江。

鉴别特征：见检索表。

词源：种本名"棉田 *gossypium*"，意为标本均采自棉田。

(9) 离眼前沟细蜂，新种 *Nothoserphus ocellus* He *et* Xu, sp. nov. (图 65)

雌：前翅长 1.85mm。

头：额光滑，稍均匀拱隆，有很稀带毛细刻点。POL：OD：OOL=15：6：10。侧观上颊在复眼最宽处长为复眼横径的 0.5 倍。触角各节相对长宽之比约为 14：6，4：5.5，16：3.2，14：3.5，13.5：4，13：4，12.5：4.3，12.5：4.5，12：5，11.5：6，10：6.5，9.5：7，15.5：7.5。

胸：前胸背板侧面光滑，前缘脊较弱，在前缘中央上方有凹缺；背前方瘤突弱，在瘤突之后背缘具不规则稀疏的 2 列长毛；前下方无点皱；后下角有 4 个小凹窝。中胸盾片光滑，散生稀细带毛刻点；盾纵沟稍长于翅基片；前侧沟凹窝状。小盾片前沟深，内有纵脊，中央 2 条强；小盾片光滑。中胸侧板镜面区光滑，丘状拱隆；中央横沟弱，弧形；侧缝仅上段具 4 个大凹窝。后胸侧板光滑区占表面的 0.4 倍，其余为小室状网皱，之间有 2-3 条横脊分开。并胸腹节向后方下斜，相当长，具小室状网皱。

足：后足腿节长为宽的 4.5 倍；后足胫节长距长为基跗节的 0.41 倍。

翅：前翅长为宽的 1.92 倍；翅痣长和径室前缘脉长分别为翅痣宽的 2.5 倍和 0.71 倍；径脉第 1 段从翅痣 0.63 处伸出，长为宽的 0.7 倍；径脉第 2 段直，与第 1 段相交处有脉桩。

腹：腹柄背面中长为宽的 1.2 倍，无"V"形区域，整个具点皱，基半有横皱，端半多纵皱；腹柄侧面向基部明显收窄，表面具夹点细纵沟 4-5 条。合背板基部宽，中纵沟伸达合背板基部至第 1 对窗疤间距的 0.8 处，中纵沟两侧无纵沟。第 1 窗疤线形，宽为长的 7.0 倍，疤距为疤宽的 0.8 倍。产卵管鞘甚短，长为后足胫节的 0.23 倍，表面光滑具稀毛。

体色：体黑色。触角基部红褐色，至端部色渐黑褐色。须黄色。翅基片及产卵管鞘端部红褐色。翅透明，翅痣和强脉浅褐色。足褐黄色，基节黑色，端跗节黑褐色。

雄：未知。

寄主：未知。

研究标本：正模♀，云南屏边大围山，2003.Ⅶ.18，胡龙，No.20048153。

分布：云南。

鉴别特征：见检索表。

词源：种本名"*ocellus*"意为单眼，表示本种 2 个侧单眼特别离开，其距 (POL) 较长。

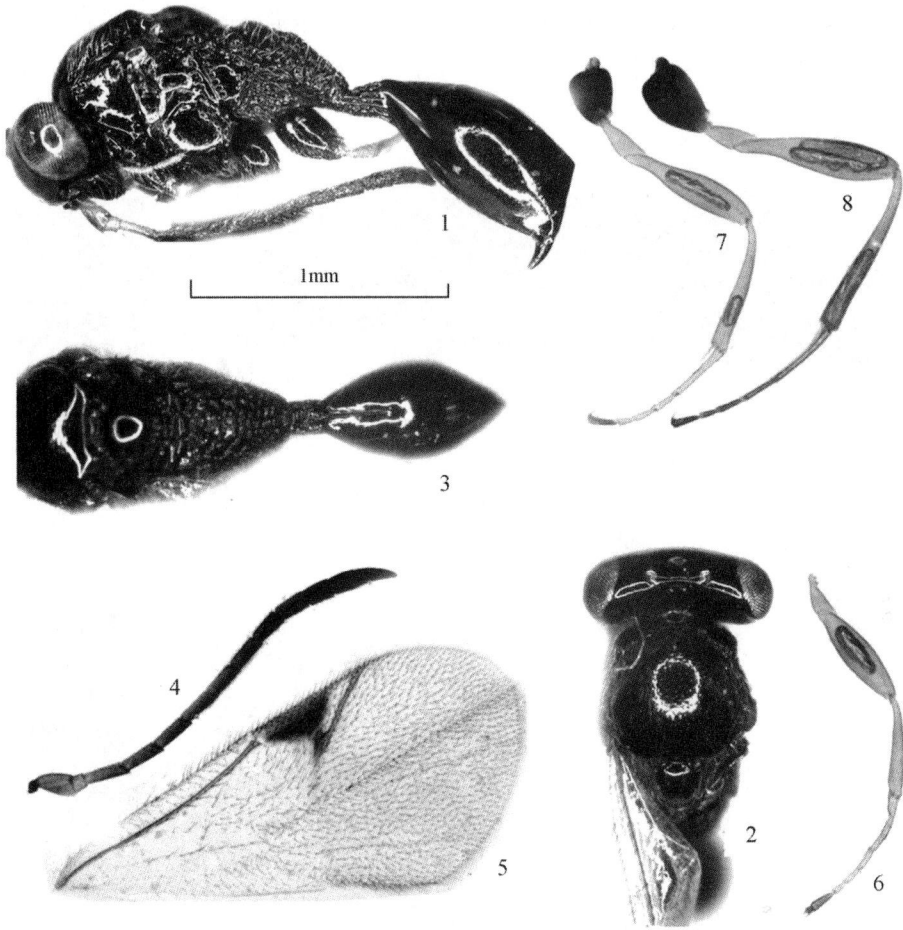

图65　离眼前沟细蜂，新种 *Nothoserphus ocellus* He *et* Xu, sp. nov.

1. 整体，侧面观；2. 头部、前胸和中胸，背面观；3. 胸部和腹部，背面观；4. 触角；5. 前翅；6. 前足；7. 中足；8. 后足[1.0X 标尺]

(10) 窗疤前沟细蜂，新种 *Nothoserphus thyridium* He *et* Xu, sp. nov. (图 66)

雌：前翅长 2.1mm。

头：头顶和额平滑而光亮。POL：OD：OOL=12：7：12。侧观上颊在复眼最宽处长为复眼横径的 0.55 倍。触角各节相对长宽之比约为 14：7，5：5.5，18.5：4.3，16.5：4.3，15.5：4.3，15.5：4.5，15：4.5，15：4.7，14.9：5.0，14：5.5，13.5：6，11：6，22：6。

胸：前胸背板侧面平滑而光亮，有前沟缘脊；沿背缘有多列毛，前缘下半有夹点网皱，后缘下半具 5 个凹窝。中胸盾片平滑，表面无刻点；盾纵沟稍长于翅基片；前侧沟畦状。小盾片前沟深，内无纵脊；小盾片平滑。中胸侧板中横沟稍弧形，伸近后缘；侧缝具 1 纵列凹窝，但下段的弱。后胸侧板前表面 0.5 光滑，其余为夹小室状网皱，之间有 1 条强横脊及 4 个小点窝。并胸腹节向后方下斜部位相当长，有小室状网皱。

足：后足腿节长为宽的 4.5 倍；后足胫节长距长为基跗节的 0.3 倍。

翅：前翅长为宽的 1.8 倍；翅痣长和径室前缘脉长分别为翅痣宽的 2.29 倍和 0.51 倍；径脉第 1 段从翅痣近中央处伸出，长为宽的 0.7 倍；径脉第 2 段直，与第 1 段相交处有脉桩。

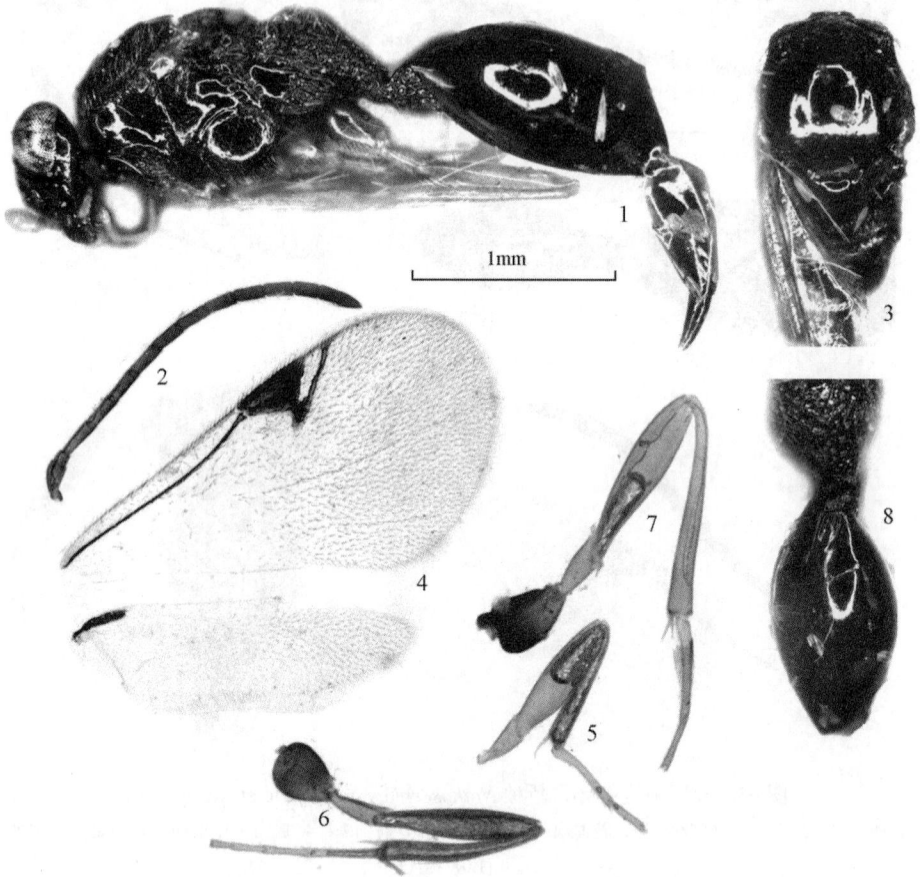

图 66 窗疤前沟细蜂，新种 *Nothoserphus thyridium* He *et* Xu, sp. nov.

1. 整体，侧面观；2. 触角；3. 中胸背板；4. 翅；5. 前足；6. 中足；7. 后足；8. 并胸腹节、腹柄和合背板基部，背面观

[1. 0.8X 标尺；2-8. 1.0X 标尺]

腹：腹柄背面中长约为宽的 0.6 倍，"V"形脊前方倾斜而光滑，生有细刻点，"V"形脊后侧方有 1 横列凹窝；腹柄侧面短，前方具网皱，后方具纵脊。合背板基部中纵沟浅，伸达合背板基部至第 1 对窗疤的 0.6 处，两侧各有弱纵沟 2 条，其长为中纵沟的 0.15 倍。第 1 窗疤线形，宽为长的 8.0 倍；疤距为疤宽的 0.5 倍。产卵管鞘长为后足胫节的 0.36 倍。

体色：体黑色；腹端部棕褐色。触角除柄节褐黄色外，其余黄褐色，至端部色渐暗。须和翅基片污黄色。足褐黄色，基节除端部浅褐色，端跗节黑褐色。翅透明，翅痣和强脉浅褐色。

雄：未知。

寄主：未知。

研究标本：正模♀，浙江西天目山，1982.Ⅹ.8-10，马云，No.826208。

分布：浙江。

鉴别特征：见检索表。

词源：种本名"窗疤 *thyridium*"意为第 1 窗疤特别狭长。

(11) 江苏前沟细蜂，新种 *Nothoserphus jiangsuensis* He *et* Xu, sp. nov. (图 67)

雌：前翅长 2.0mm。

头：额均匀拱隆，光滑，散生细刻点。POL：OD：OOL=14：5.5：12。侧观上颊在复眼最宽处长为复眼横径的 0.5 倍。触角各节相对长宽之比约为 7.5：6，5：4.5，16：5，12.5：5，13：5，13：5，13：5.3，13：5.3，13：5.3，13：5.5，13：5.8，12：6，20：6。

胸：前胸背板侧面光滑，有前沟缘脊；背缘具多列毛，前缘下方具夹点刻皱，后下角具双凹窝。中胸盾片拱隆，光滑，前半具不明显带毛细刻点；盾纵沟稍长于翅基片；前侧沟具并列凹窝。小盾片前沟深，内无纵脊；小盾片平滑。中胸侧板中横沟深，后方弧形下弯；镜面区丘状隆起；侧缝仅上段有 1 纵列凹窝。后胸侧板光滑区占前方 0.4 倍，

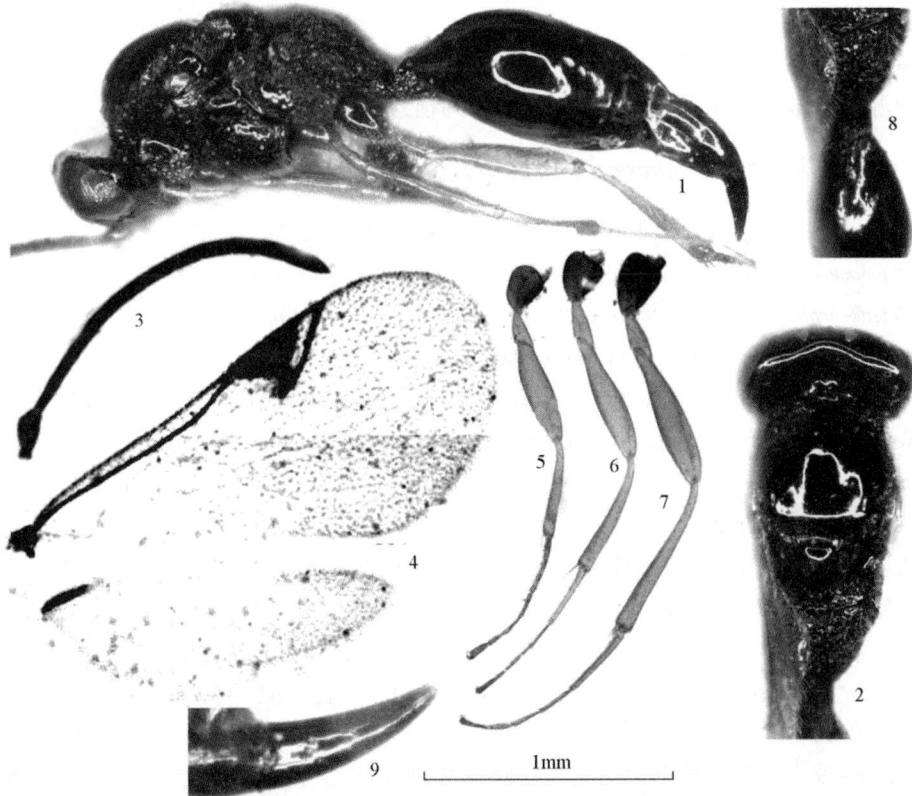

图 67　江苏前沟细蜂，新种 *Nothoserphus jiangsuensis* He *et* Xu, sp. nov.

1. 整体，侧面观；2. 头部和胸部，背面观；3. 触角；4. 翅；5. 前足；6. 中足；7. 后足；8. 并胸腹节、腹柄和合背板基部，背面观；9. 产卵管鞘 [1-8. 1.0× 标尺；9. 3.0× 标尺]

其下方及后方侧板均具明显网状刻皱，与光滑区后下方有 1 横脊分开。并胸腹节向后方下斜部位相当长；有小室状网皱，后部网皱细而密。

足：后足腿节长为宽的 4.8 倍；后足胫节长距长为基跗节的 0.3 倍。

翅：前翅长为宽的 1.85 倍；翅痣长和径室前缘脉长分别为翅痣宽的 2.3 倍和 0.58 倍；径脉第 1 段从翅痣中央伸出，长为宽的 1.0 倍；径脉第 2 段直，与第 1 段相交处膨大，有长脉桩。

腹：腹柄背面短，长为宽的 0.6 倍，"V" 形脊前方光滑倾斜，后侧方有 1 横列凹窝；腹柄侧面短，具夹点网皱。合背板基部窄，中纵沟伸达合背板基部至第 1 对窗疤间距的 0.6 处，中纵沟侧方有 2 条模糊的短而浅纵沟，其长为中纵沟的 0.16 倍。第 1 窗疤很狭窄，宽约为中长的 6.0 倍，疤距为疤宽的 1.0 倍。产卵管鞘长为后足胫节的 0.42 倍。

体色：体黑色；腹部带暗褐色，前胸背板下方和腹端部带暗红褐色。触角暗褐色，柄节、梗节及基部鞭节褐黄色。须及翅基片黄色。足黄褐色，基节和端跗节暗褐色，胫节和第 1-4 跗节浅黄褐色。翅透明，翅痣和强脉褐黄色。

雄：未知。

寄主：未知。

研究标本：正模♀，江苏南京，1989.Ⅹ.19，孙玉珍，No.20004671。

分布：江苏。

鉴别特征：见检索表。

词源：种本名"江苏 jiangsuensis"，意为模式标本产地在江苏省。

(12) 毛瓢虫前沟细蜂 *Nothoserphus scymni* (Ashmead, 1904) (中国新记录种) (图 68)

Proctotrupes scymni Ashmead, 1904, *Jour. New York Ent. Soc.*, 12: 17.

Phaenoserphus scymni (Ashmead): Kieffer, 1909, *Genera Insectorum*, 95: 6.

Phaenoserphus (?) *scymni* (Ashmead): Watanabe, 1949, *Insect Matsumurana*, 17: 25.

Thomsonina scymni (Ashmead): Pschorn-Walcher, 1958, *Beitr. Z. Ent.*, 8: 725, 726, 727.

Nothoserphus scymni (Ashmead): H. Townes & M. Townes, 1981, *Mem. Amer. Ent. Inst.*, 32: 64.

Nothoserphus scymni (Ashmead): Johnson, 1992, *Mem. Amer. Ent. Inst.*, 51: 310.

雌：前翅长 2.2mm。

头：额平滑而光亮，均匀拱隆，侧下方有很稀带毛细刻点，上侧区不凹入，有 1 短而浅中纵沟。POL : OD : OOL=14 : 6 : 11。侧观上颊在复眼最宽处长为复眼横径的 0.37 倍。触角各节相对长宽之比约为 11 : 8，5 : 6，16 : 5.5，15 : 5.5，14 : 5.5，14 : 6.0，13.5 : 6.0，13.5 : 6.0，13.5 : 6.0，13 : 6.3，12 : 6.3，12 : 6.5，22 : 6.5。

胸：前胸背板侧面平滑而光亮，有前沟缘脊；在背缘具多列毛，在前侧下方有 2-3 条平行细斜皱，后下角具单个凹窝。中胸盾片拱隆，光滑，无明显刻点；盾纵沟稍长于翅基片；前侧沟有并列凹窝。小盾片前沟深，内无纵脊；小盾片平滑。中胸侧板中横沟缓弧形，不达后缘；镜面区丘状隆起；侧缝仅上段有凹窝。后胸侧板光滑区占前方 0.5 倍，其余侧板具明显网状刻皱，之间有 2 条横脊分开。并胸腹节向后方下斜部位相当长，有小室状网皱，后部有刻纹。

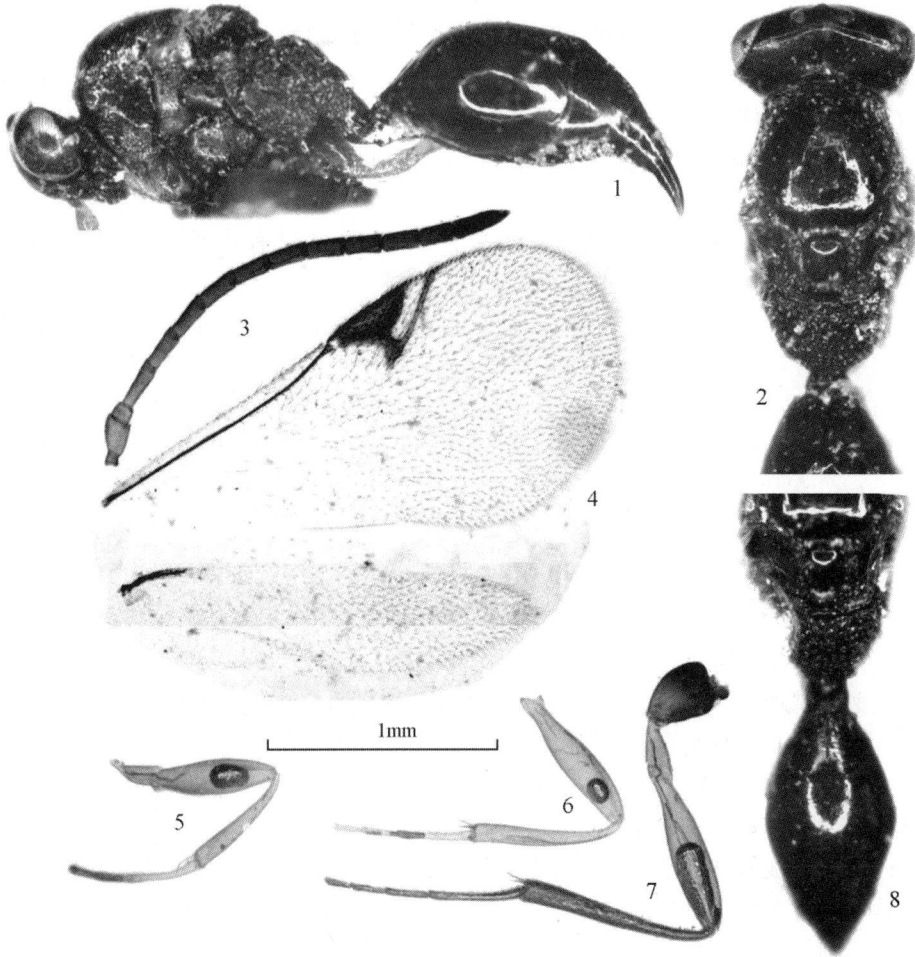

图 68　毛瓢虫前沟细蜂 *Nothoserphus scymni* (Ashmead)
1. 整体，侧面观；2. 头部和胸部，背面观；3. 触角；4. 翅；5. 前足；6. 中足；7. 后足；8. 并胸腹节和腹部，背面观
[6-8. 0.8X 标尺；其余 1.0 X 标尺]

　　足：后足腿节长为宽的 4.3 倍；后足胫节长距长为基跗节的 0.29 倍。

　　翅：前翅长为宽的 1.94 倍；翅痣长和径室前缘脉长分别为翅痣宽的 2.7 倍和 0.54 倍；径脉第 1 段从翅痣中央伸出，向下方扩大；径脉第 2 段直，与第 1 段相交处有短脉桩。

　　腹：腹柄背面短，长为宽的 0.6-0.8 倍，"V" 形脊前方倾斜，光滑，内夹刻点，脊后方有 1 横列凹窝；侧面具夹网斜纵刻条。合背板基部宽，中纵沟浅，伸达合背板基部至第 1 对窗疤间距的 0.6 处，中纵沟侧方各有 3 条弱纵沟；亚侧纵沟长为中纵沟的 0.4 倍。第 1 窗疤狭窄，宽约为长的 6.0 倍，疤距为疤宽的 0.8 倍。产卵管鞘长为后足胫节的 0.33 倍。

　　体色：体黑褐色；前胸背板肩角和下方、腹部带暗褐色。触角褐色，柄节、梗节及基部鞭节褐黄色。须及翅基片黄色。足褐黄色，端跗节暗褐色。翅透明，翅痣和强脉褐黄色。

雄：与雌性相似。不同之处在于，触角黄褐色至褐黄色，至端部渐窄，各节相对长宽之比约为 10：9.0, 5.5：7.0, 20：5.5, 16：5.5, 16：5.8, 16：5, 16：5, 16：5, 16：4.6, 16：4.6, 15：4.5 (端部 2 节断)；第 3-7 鞭节有线形角下瘤，长约占该节的 1/3；前胸背板侧面下方满布斜刻条；中胸侧板镜面区不是特别拱隆；后胸侧板光滑区小，仅占侧板前方 0.25 倍。

寄主：粉蜡瓢虫 (学名未知) 幼虫。据日本记载有小毛瓢虫属的 *Scymnus dorcatomoides* 和 *Scymnus* sp.幼虫。

研究标本：2♀3♂，吉林公主岭，1972，徐庆丰，寄主为粉蜡瓢虫幼虫 (学名未知)，No.72014.3。

分布：吉林；日本。

鉴别特征：见检索表。

(13) 分沟前沟细蜂 *Nothoserphus partitus* Lin, 1987 (图 69)

Nothoserphus partitus Lin, 1987, *Taiwan Agric. Res. Inst, Spec. publ.*, 22:53.

雄：前翅长 1.9mm。

头：额平滑而光亮，均匀拱隆，有很稀带毛细刻点，上侧区稍凹入。LOL：POL：OOL=3.3：7.5：4。上颊明显短，长约为复眼的 0.25 倍。触角各节相对长宽之比约为 6：3, 2.4：2.4, 7：2, 6.5：2, 5.5：1.8, 5.5：1.8, 5.5：1.8, 5.5：2, 5：2, 5：2, 4.8：2, 4.7：2, 7：2, 角下瘤不明显。

胸：前胸背板侧凹平滑而光亮，有 1 隆起的竖脊，在肿突之后背侧区具细皱，并伸达翅基片前方。中胸盾片平滑，在前方有相当密的刻点，在后方刻点很稀；盾纵沟稍长于翅基片；前侧沟具畦状凹窝。小盾片前沟深，内有 4 条纵脊；小盾片平滑。后胸侧板前沟具明显畦状凹窝，与中胸侧板后方畦状凹窝相似；后胸侧板前表面 0.3 光滑。并胸腹节向后方下斜，相当长，有小室状刻纹，无侧脊，后部有刻纹。

体色：体黑褐色。触角至端部色渐暗，下表面褐黄色。中胸侧板下方和腹部暗褐色，前胸背板肩角和下方暗色。翅透明，翅痣边缘和翅脉褐黄色，翅痣端部色浅。翅基片和足褐黄色，端跗节暗褐色。

雌：未知。

寄主：未知。

研究标本：作者未见到此种标本。形态是根据原记述。

分布：台湾 (南投、东埔)。

鉴别特征：见检索表。

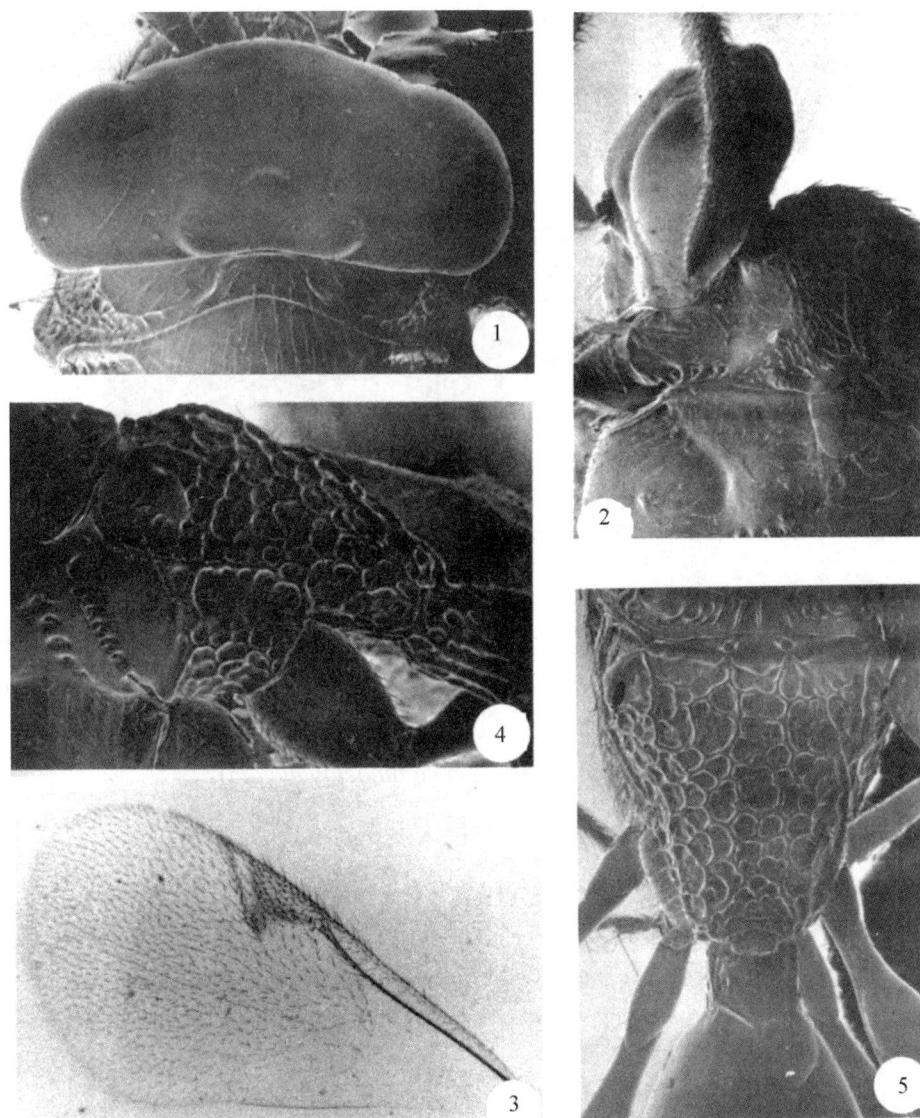

图 69　分沟前沟细蜂 *Nothoserphus partitus* Lin

1. 头部，背面观；2. 头部和前胸，侧面观；3. 前翅；4. 后胸侧板、并胸腹节和腹柄，侧面观；5. 并胸腹节，背面观 (仿 Lin, 1987b)

2) 无洼前沟细蜂种团 *Afissae* Group

种团概述：前翅长 3.1-4.5mm。头部顶端无突起。雄性触角鞭节 5-7 或 4-8 节具角下瘤，每 1 隆起的角下瘤似龙骨状，从该节基部伸向近末端的 1 个小齿。前胸背板侧面前上方的瘤状突边缘圆滑，瘤状突后方光滑或几乎光滑。前胸背板洼槽光滑或多少具皱。中胸盾片中叶近盾纵沟前方无凹痕。盾纵沟伸过中胸盾片中部，两者后端分开，其距约为翅基片之长。小盾片前沟内有或无 1 对纵脊。后胸侧板完全具粗糙的皱纹或前上角具 1 光滑小区。产卵管鞘非常短，常隐蔽 (图 70)。

寄主：食植瓢虫属 *Epilachna* 的一些种类。

图 70　瓢虫前沟细蜂 *N. epilachnae* Pschorn-Walcher 整体，侧面观

(无洼前沟细蜂种团 *Afissae* Group)

该种团已记载 5 种，其中有 4 种在我国台湾、华南及云南有分布，其余产地还有日本和东洋区的越南、尼泊尔和印度尼西亚。本种团的另 1 种：无洼前沟细蜂 *N. afissae* Watanabe, 1954，分布于日本，寄生于瓜十星瓢虫 *Epilachna admirabilis* 和酸浆瓢虫 *Epilachna vigintioctopunctata* (=*Henosepilachna vigintioctopunctata*)。

种检索表 (*我国未发现的种)

1. 前胸背板侧面下半具水平刻皱；并胸腹节中央明显凹入；前翅长约 4.5mm。日本·······
···*无洼前沟细蜂 *N. afissae*
　前胸背板侧面下半几乎光滑；并胸腹节中央不凹入；前翅长 3.0-4.1mm·······2
2. 小盾片前沟内无纵脊；合背板以后背板仅有细刻点；前翅长 3.1-3.5mm。台湾·······
··光沟前沟细蜂 *N. aequalis*
　小盾片前沟至少有 2 条发达亚中纵脊；合背板以后背板有粗细 2 种刻点·······3
3. 小盾片前沟有 4 条纵脊，近两侧者较弱；合背板基部中纵沟两侧有多条纵皱纹；前翅长 4.1mm。云南······························四脊前沟细蜂 *N. quadricarinatus*
　小盾片前沟有 2 条发达的纵脊，有时近中央还有 1-2 条弱脊；合背板基部中纵沟两侧几乎无纵皱纹
··4
4. 雄性触角角下瘤在第 4-8 鞭节；颊长约为复眼长的 0.4 倍；体较窄细；侧单眼间距：单复眼间距约为 9.0：8.5；前翅长为 3.0-3.2mm。台湾、广西·······浅沟前沟细蜂 *N. debilis*
　雄性触角角下瘤在第 5-7 鞭节；颊长约为复眼长的 0.5 倍；体较粗壮；侧单眼间距：单复眼间距约为 7：8；前翅长为 3.1-3.4mm。陕西、浙江、台湾、云南·······瓢虫前沟细蜂 *N. epilachnae*

(14) 光沟前沟细蜂 *Nothoserphus aequalis* Townes, 1981 (图 71)

Nothoserphus aequalis Townes, 1981, *Mem. Amer. Ent. Inst.*, 32: 66.

Nothoserphus aequalis Townes: Sarazin, 1986, *Can. Entomol.*, 118: 967.

Nothoserphus aequalis Townes: Lin, 1987, *Taiwan Agric. Res. Inst. Publ.*, 22: 55.

Nothoserphus aequalis Townes: Johnson, 1992, *Mem. Amer. Ent. Inst.*, 51: 310.

雌：前翅长 3.1-3.5mm。

头：LOL∶POL∶OOL 约为 3∶7∶8。上颊下方长约为复眼的 0.4 倍。触角各节长宽比为 8∶4，3∶4，12.3∶3.7，11∶3.7，10∶3.5，10∶3.5，10∶3.5，9∶3.6，8∶3.5，8∶3.2，8∶3.2，7.5∶3，12∶5.3。

胸：前胸背板侧面下半大部分光滑。小盾片前沟光滑，除侧方外无纵脊 (其他种有亚中脊)。并胸腹节中部平坦，但不凹。

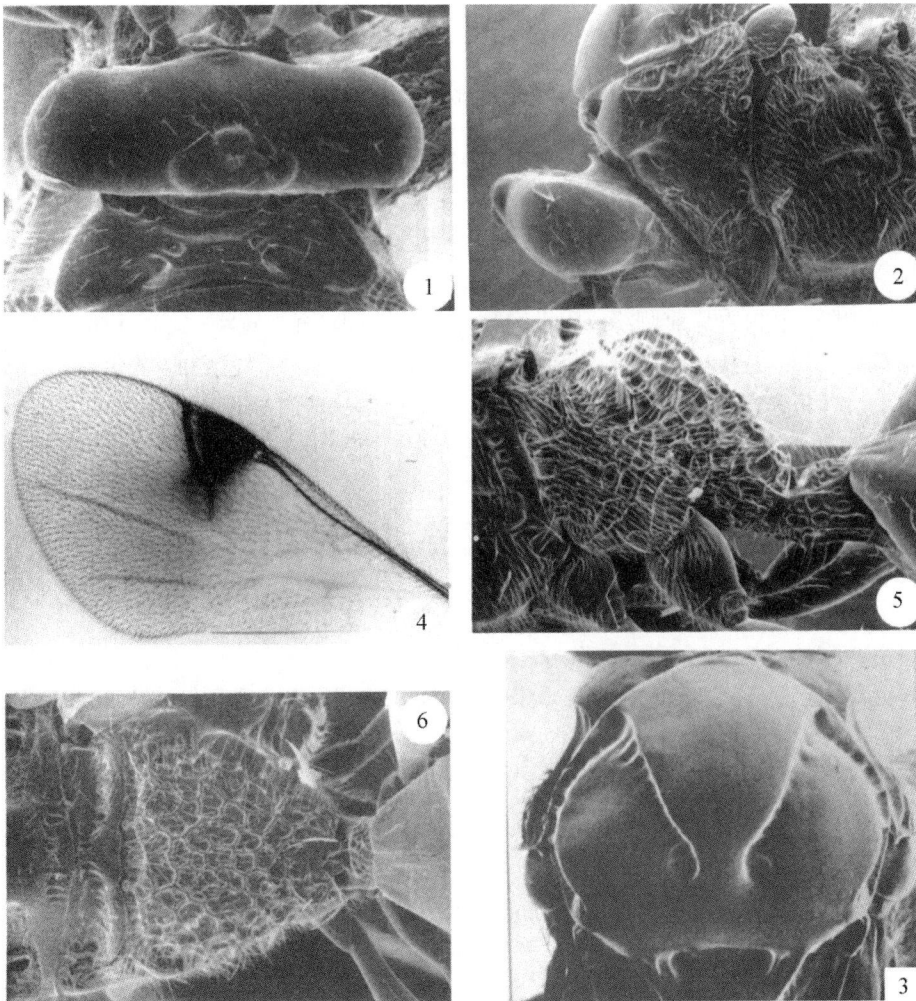

图 71　光沟前沟细蜂 *Nothoserphus aequalis* Townes

1. 头部，背面观；2. 头部和前胸，侧面观；3. 中胸背板；4. 前翅；5. 后胸侧板、并胸腹节和腹柄，侧面观；6. 并胸腹节、腹柄和合背板基部，背面观 (3. 仿 H. Townes & M. Townes, 1981；其余仿 Lin, 1987)

腹：合背板以后背板仅有小刻点而无大刻点。

体色：黑色。柄节、梗节、须和足基节以后褐黄色，后足跗节浅褐色。鞭节基部褐黄色，近中央和其以后变暗至暗褐色。翅基片黑色。基节带黑色。翅亚透明，前翅径室和翅痣后方有烟褐色昙斑，翅痣、亚前缘脉和径脉暗褐色，前缘脉和后前缘脉带黄色，弱脉带褐色。

雄：前翅长 3.1-3.3mm。触角各节长宽比约为 7：4.5，3.5：4，12.6：4，10：4，10：4，10：4，9.5：3.5，10：3.6，8.5：3.5，8.5：3.5，8：3.2，7.5：3.2，12：3，角下瘤位于5-8 鞭节上。

寄主：未知。

研究标本：作者未见到此种标本。形态是根据 H. Townes 和 M. Townes (1981) 和 Lin (1987) 的记述。

分布：台湾；尼泊尔。

(15) 四脊前沟细蜂 *Nothoserphus quadricarinatus* He *et* Fan, 1991 (图 72)

Nothoserphus quadricarinatus He *et* Fan, 1991, *Acta Agric. Univ. Zhejiangensis*, 17: 29.

雌：前翅长约 4.1mm。体粗壮。

胸：前胸背板侧面下半部几乎光滑。前胸背板侧面近上缘有 1 脊与上缘平行，两者被 1 宽沟相隔。中胸盾片前侧缘 (盾纵沟与翅基片之间) 有 1 宽沟，约有 5 个浅窝组成。小盾片前沟较宽，内具 4 条纵脊，近中央两条较发达。并胸腹节背表面中央无明显凹痕。

腹：合背板基部中纵沟两侧有多条非常短的纵褶。合背板以后背板有非常细小、中等密度的刻点；其上半部有较大的刻点，点距约为点径的 2.0 倍。

体色：体黑色。口须褐黄色。触角基部 0.5 褐黄色，其余向末端渐暗褐色。翅基片黑褐色。足基节黑色，其余褐黄色。翅半透明，前翅径室和翅痣后具暗褐色云状斑纹，翅痣褐色，强脉黄褐色，弱脉微着色。

雄：未知。

寄主：未知。

研究标本：1♀，云南河口小南溪 200 公尺，1956.Ⅵ. 7，黄克仁，No. 34916435 (正模，上海昆虫所标本号，保存于 SEI)。

分布：云南。

鉴别特征：本种除检索表之特征可以区别外，看起来与瓢虫前沟细蜂 *Nothoserphus epilachnae* (Pschorn-Walcher, 1958) 最为相似，其区别为：①前翅长约 4.1mm；②小盾片前沟较宽，内具 4 条纵脊，近中央两条较发达；③合背板基部中纵沟两侧有多条非常短的纵褶。

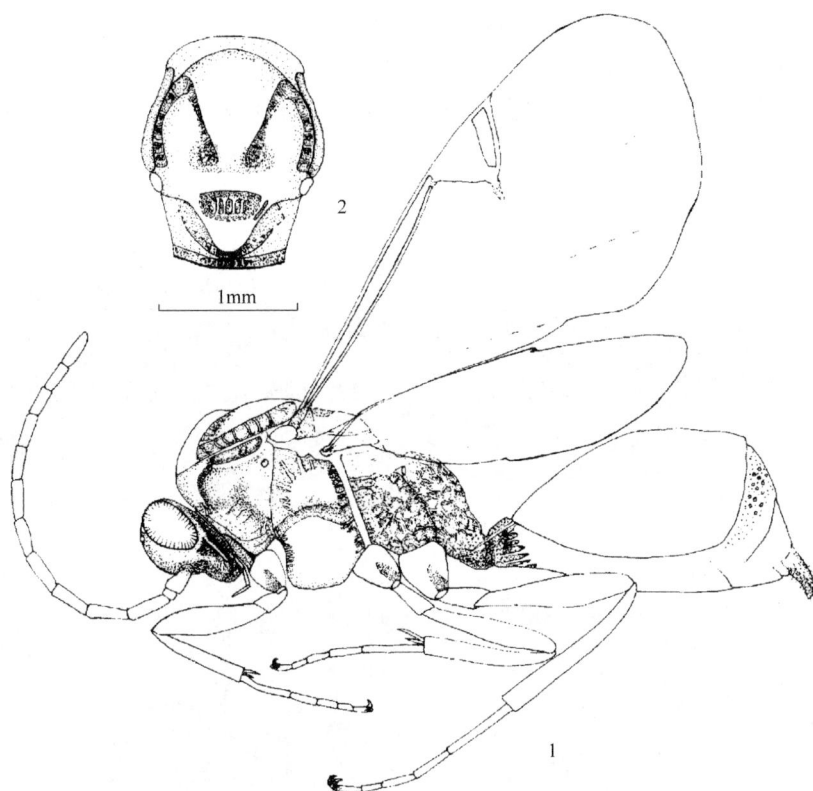

图 72　四脊前沟细蜂 *Nothoserphus quadricarinatus* He *et* Fan
1. 整体，侧面观；2. 胸部，背面观 (仿何俊华和樊晋江，1991) [1.0X 标尺]

(16) 浅沟前沟细蜂 *Nothoserphus debilis* Townes, 1981 (图 73)

Nothoserphus debilis Townes, 1981, *Mem. Amer. Ent. Inst.*, 32:66.

Nothoserphus debilis Townes: Lin, 1987, *Taiwan Agri. Res. Inst. Spec. Publ.*, 22:56.

Nothoserphus debilis Townes: He & Fan, 1991, *Acta Agric. Univ. Zhejiangensis*, 17: 219.

雌：前翅长 2.4mm。

头：额平滑而光亮，稍均匀拱隆。POL∶OD∶OOL=17∶7∶20。侧观上颊在复眼最宽处长为复眼横径的 0.42 倍。颊长为复眼纵径的 0.45 倍。触角各节相对长宽之比约为16∶9，7∶8，23∶6.5，22∶6.5，22∶6，22∶6，22∶6，20∶5.6，19∶5.4，18∶5.3，18∶5.3，17∶5.3，22∶6。

胸：前胸背板侧面平滑而光亮；有前沟缘脊，背缘有凹窝并具稀毛，前缘下方和下角具点皱，后缘下方具 2 个凹窝。中胸盾片拱隆，光滑；盾纵沟长，伸达翅基片端部水平，后端深而分开，其距约等长于翅基片；前侧沟内具并列凹窝。小盾片前沟深，内有3 条纵脊 (2 条居中，1 条偏右)；小盾片光滑。中胸侧板中横沟深，弧形，伸达后缘；镜面区丘状隆起；侧缝下段凹窝明显。后胸侧板具明显网状刻皱，前方光滑区几乎看不出。

并胸腹节向后方下斜部位相当长；满布小室状网皱，后部刻纹较密。

　　足：后足腿节长为宽的 5.3 倍；后足胫节长距长为基跗节的 0.38 倍。

　　翅：前翅长为宽的 1.8 倍；翅痣长和径室前缘脉长分别为翅痣宽的 1.75 倍和 0.3 倍；径脉第 1 段从翅痣近中央处伸出，长为宽的 0.5 倍；径脉第 2 段直，与第 1 段相交处有脉桩。

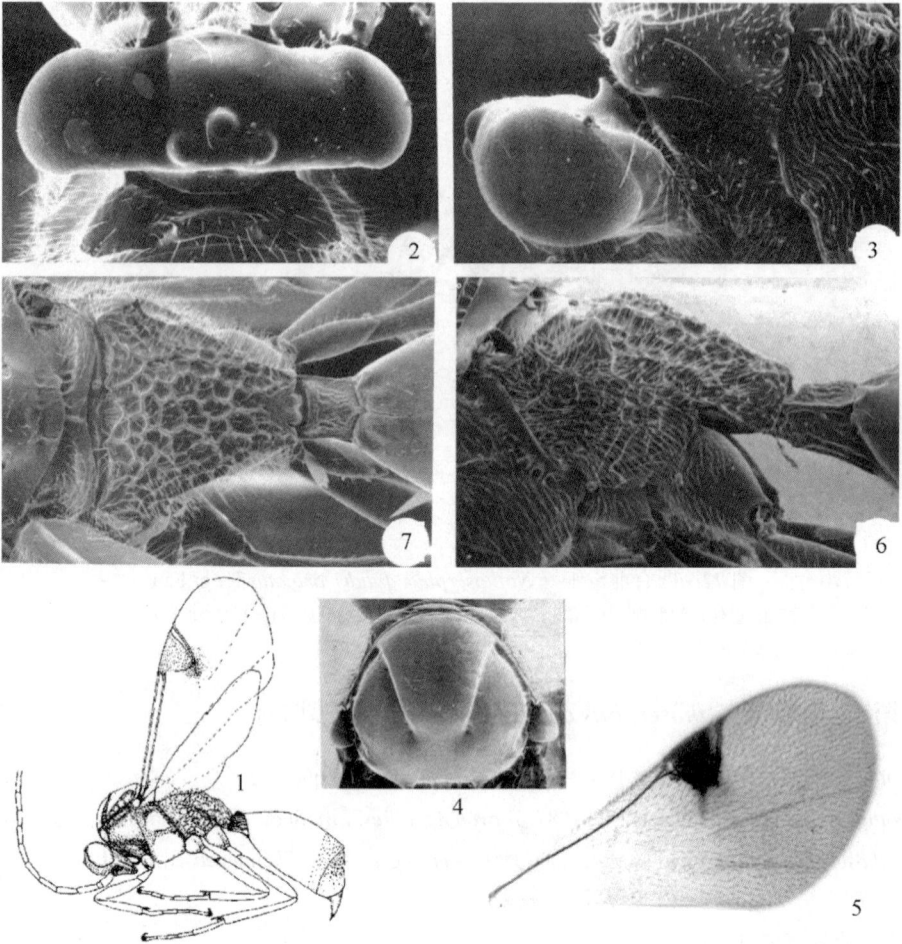

图 73　浅沟前沟细蜂 *Nothoserphus debilis* Townes

1. 整体，侧面观；2. 头部，背面观；3. 头部和前胸，侧面观；4. 中胸盾片，背面观；5. 前翅；6. 后胸侧板、并胸腹节和腹柄，侧面观；7. 并胸腹节、腹柄和合背板基部，背面观 (1. 仿何俊华等，1991；2-3, 5-7. 仿 Lin, 1987；4. 仿 H. Townes & M. Townes, 1981)

　　腹：腹柄背面短，中长为宽的 0.7 倍，前方光滑倾斜，其后具纵向细网皱；腹柄侧面基部具网皱，其后方有 4 条夹网纵脊。合背板基部窄，中纵沟伸达合背板基部至第 1 对窗疤间距的 0.75 处，无侧纵沟。第 1 窗疤宽约为长的 2.5 倍，疤距为疤宽的 1.9 倍。产卵管鞘长为后足胫节的 0.22-0.36 倍。

　　体色：体黑褐色。触角黄褐色，端部鞭节渐褐色。须黄褐色。翅基片褐黄色。足黄褐色，基节黑褐色。翅透明，翅痣和强脉浅褐色。

雄：前翅长 3.0-3.2mm。

头：第 4-8 鞭节具龙骨状角下瘤，从该节近基部处伸过中央，末端平截。触角各节相对长宽之比约为 14：13，8：9，30：7.2，28：7.0，27：7.0，27：7.0，26：6.8，25：6.6，22：6.6，22：6.5，22：6.5，21：6.5，29：6.6。

胸：前胸背板侧面下半部光滑；近上缘有 1 弱脊在前沟缘脊后方与其平行，两者被 1 窄而浅的凹沟相隔；后缘下方具 2 个凹窝，偶有 3 个。中胸盾片前侧缘 (盾纵沟与翅基片之间) 有 1 浅沟，其内具凹窝。小盾片前沟内有 2 纵脊，近中央或者还有 1-2 条弱脊。并胸腹节背表面中央无明显凹入。后胸侧板和并胸腹节网状刻纹较瓢虫前沟细蜂细弱。

足：后足腿节长为宽的 5.6 倍；后足胫节长距长为基跗节的 0.32 倍。

翅：前翅长为宽的 1.9 倍；翅痣长和径室前缘脉长分别为翅痣宽的 1.7 倍和 0.25 倍；径脉第 1 段从翅痣中央处伸出，长为宽的 0.5 倍；径脉第 2 段直，与第 1 段相交处膨大，或有短脉桩。

腹：合背板后方及以后背板有非常细小、中等密度的刻点；其背半部刻点稍大，点距为点径的 2.0-4.0 倍。

体色：体黑色。触角柄节、梗节、第 1 鞭节深褐黄色，其余褐色至暗褐色。口须淡褐色。翅基片黑色。足基节黑色，基节以下浅褐黄色，后足跗节褐色。翅透明，前翅径室和翅痣后具暗褐色斑纹，翅痣和强脉暗褐色，前缘脉和后前缘脉淡褐黄色，弱脉稍着色。

寄主：未知。

标本记录：1♂，湖南桑植天平山，1981.VI.21，童新旺，No.20044814；1♂，四川天全喇叭河，2006.VII.15，张红英，No. 200610711；1♂，四川平武白马寨，2006.VII.25，张红英，No.200610370；1♂，广东乳源南岭，2006.VI.14，刘经贤，No.200610580；1♀1♂，广西田林暗家坪，1982.V.29，何俊华，Nos.821936，824600；1♀1♂，广西金秀大瑶山十六公里，1982.VI.15，何俊华，NoS. 803091，822964。

分布：湖南、四川、台湾 (翠峰、梅峰、雾社)、广东、广西；尼泊尔。

附记：本描述合背板以后背板上部的较大刻点点距约为点径的 2 倍，而原描为 4 倍；触角柄节和梗节褐黄色，而原检索表中为带黑色。

(17) 瓢虫前沟细蜂 *Nothoserphus epilachnae* (Pschorn-Walcher, 1958) (图 74)

Watanabeia epilachnae Pschorn-Walcher, 1958, *Beitr. Z. Ent.*, 8:728.

Nothoserphus epilachnae Pschorn-Walcher: H. Townes & M. Townes, 1981, *Mem. Amer. Ent. Inst.*, 32: 67.

Nothoserphus epilachnae Pschorn-Walcher: Lin, 1987, *Taiwan Agric. Res. Inst. Publ.*, 22: 56.

Nothoserphus epilachnae Pschorn-Walcher: He & Fan, 1991, *Acta Agric. Univ. Zhejiangensis*, 17: 219.

Nothoserphus epilachnae Pschorn-Walcher: He & Fan, 2004, In: He *et al.*, *Hymenopteran Insect Fauna of Zhejiang*: 327.

雌：前翅长 3.1-5.0mm。体较粗壮。

头：额平滑而光亮，均匀拱隆，近触角窝上方中央有浅凹，凹下缘有 2 条弧形浅沟。POL：OD：OOL=23：8：24。侧观上颊在复眼最宽处长为复眼横径的 0.14 倍。触角各节相对长宽之比约为 16：12，8：10，30：8.5，30：8.5，29：8.3，29：8，27：8，26：8，22：8，21：8.5，20：8.5，19：8.5，30：9。

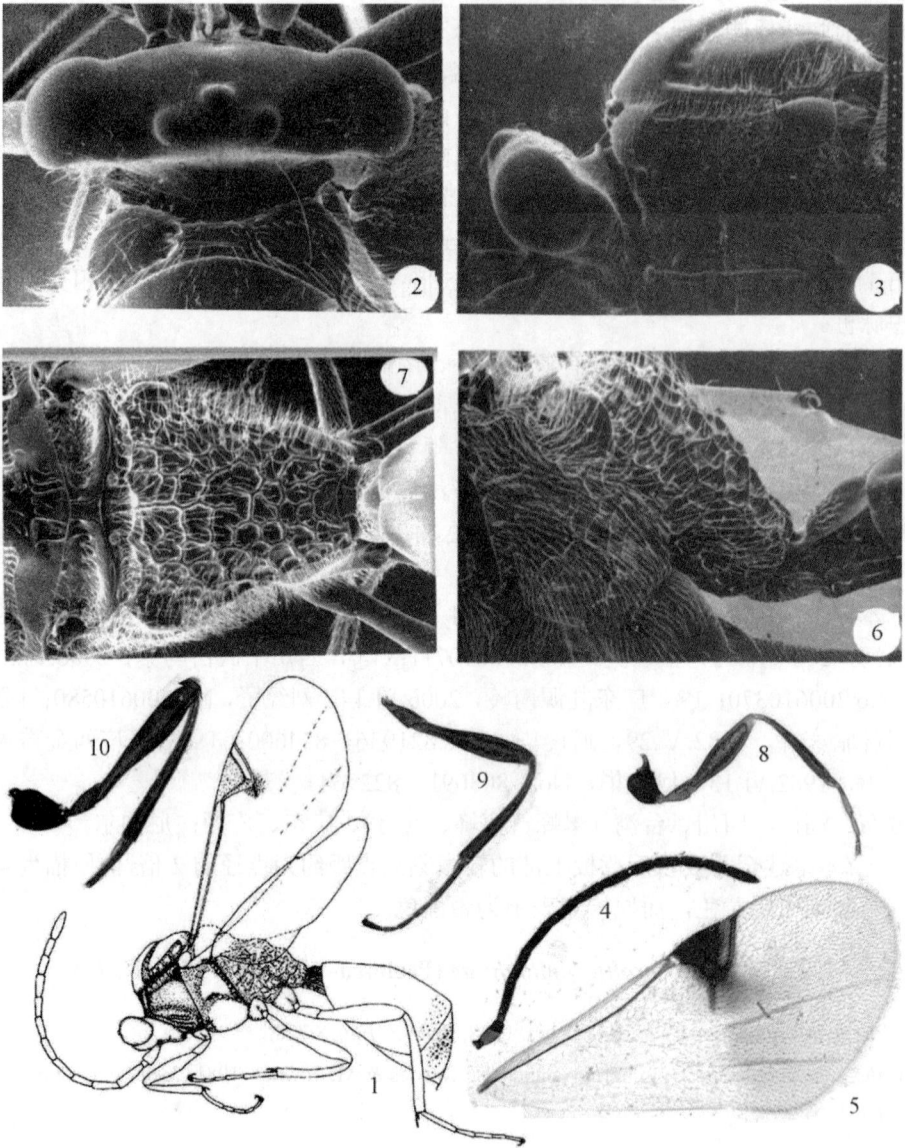

图 74 瓢虫前沟细蜂 *Nothoserphus epilachnae* (Pschorn-Walcher)

1. 整体，侧面观；2. 头部，背面观；3. 头部、前胸和中胸，侧面观；4. 触角；5. 前翅；6. 后胸侧板、并胸腹节和腹柄，侧面观；7. 并胸腹节、腹柄和合背板基部，背面观；8. 前足；9. 中足；10. 后足 (1. 仿何俊华等, 1991; 2-3, 6-7. 仿 Lin, 1987b)

胸：前胸背板侧面平滑而光亮；近上缘有 1 与背缘平行的脊，两脊间的沟内有并列短脊；前缘下方和肩角具粗刻皱，后缘下方具 3 个凹窝。中胸盾片拱隆，光滑；盾纵沟伸达中央后方，端部分开，其距约等于翅基片；前侧沟浅，有并列凹窝。小盾片前沟深，内有 2 条纵脊；小盾片光滑。中胸侧板中横沟深，弧形，伸达后缘附近；镜面区丘状隆起；侧缝下段凹窝明显。后胸侧板后方具网状刻皱，前半侧板中央部位具刻点。并胸腹节向后方下斜部位相当长；满布小室状网皱，后部刻纹较细密。

足：后足腿节长为宽的 5.25 倍；后足胫节长距长为基跗节的 0.28 倍。

翅：前翅长为宽的 1.8 倍；翅痣长和径室前缘脉长分别为翅痣宽的 1.75 倍和 0.31 倍；径脉第 1 段很宽，从翅痣近中央伸出，长为宽的 0.5 倍；径脉第 2 段弯曲，与第 1 段相交处有长脉桩。

腹：腹柄背面短，中长为宽的 0.6 倍，脊前方光滑倾斜，其后方具纵向细点皱；腹柄侧面具网皱，后方的大网室并列。合背板基部窄，中纵沟深，伸达合背板基部至第 1 对窗疤间距的 0.8 处，侧方有 5-6 条较细的斜纵沟，侧纵沟长为中纵沟的 0.4-0.5 倍。第 1 窗疤很狭窄，宽约为长的 5.5 倍，疤距为疤宽的 0.8 倍。产卵管鞘长为后足胫节的 0.11 倍。

体色：体黑褐色。触角柄节、梗节及基部鞭节褐黄色，其余鞭节至端部渐褐色。须黄褐色。翅基片黑色。足褐黄色，基节和端跗节黑褐色。翅透明，翅痣和强脉浅褐色。

雄：未知。

寄主：未知。

寄主：酸浆瓢虫 Epilachna virgintinoctopuncta 和瓜十星瓢虫 E. admirabilis 幼虫。单寄生。

标本记录：3♀，陕西紫阳，1982.Ⅷ.30，王树芳，寄主为酸浆瓢虫，No.844878；1♀，陕西秦岭天台山，1991.Ⅸ.3，马云，No.991105；1♀，浙江杭州玉皇山，2003.Ⅶ.20，时敏，No.20057018；1♀，浙江西天目山，1984.Ⅵ.23，朱锡良，No.841839；2♀，浙江西天目山，1984.Ⅶ.29，吴晓晶，Nos.844307，844388；2♀，浙江西天目山老殿—仙人顶，1250-1547m，1989.Ⅵ.6，陈学新、汪信庚，Nos.891925，892816；3♀，浙江西天目山，1990.Ⅵ.2-4，何俊华，Nos.904678，904814-15；3♀，浙江西天目山仙人顶，马氏网，1998.Ⅶ.4-27，赵明水，Nos.992309，992891，992938；10♀，浙江西天目山仙人顶，1520m，2000.Ⅶ.1-3，2001.Ⅶ.1，陈学新、蒋彩英、朴美花，Nos.200103446，200104275，200106421-28；1♀，浙江西天目山仙人顶，2003.Ⅶ.30，时敏，No.20058119；1♀，浙江安吉龙王山，1995.Ⅶ.20，吴鸿，No.971095。

分布：陕西、浙江、台湾 (大禹岭、翠峰、梅峰、松岗、东埔)、华南 (地点不详)、云南 (昆明)；越南，印度尼西亚。

3) 珍奇前沟细蜂种团 Mirabilis Group

种团概述：前翅长 2.3-3.4mm。头部在中单眼后强度凹陷，两侧单眼间具 1 对强度突出的刀片状突起或 1 对稍圆的突起。雄性触角角下瘤着生于第 4-7 或第 4-8 鞭节上，椭圆形，通常较小，几乎不突出。前胸背板侧面前上方的瘤状突镶嵌有 1 垂直脊，瘤状突后具粗糙的皱状刻点。前胸背板凹槽有粗糙、不规则的短皱。中胸盾片中叶近盾纵沟前方具 1 畦状沟。盾纵沟伸过中胸盾片中部，两者后端被 1 窄的楔状脊所分开。小盾片前沟内有 2 条纵脊。后胸侧板密布粗糙的皱纹。产卵管鞘长约为后足胫节的 0.24 倍，经常缩入体内 (图 75)。

该种团可能仅分布于东洋区。为食蚜瓢虫的寄生蜂。全世界仅知 2 种：珍奇前沟细蜂 *N. mirabilis* Brues 和圆突前沟细蜂 *N. admirabilis* Lin。这 2 种在我国均有记载。

图 75 珍奇前沟细蜂 *Nothoserphus mirabilis* Brues 整体，侧面观
(珍奇前沟细蜂种团 *Mirabilis* Group)

种 检 索 表

头部在两侧单眼间具 1 对强度突出的刀片状突起，中单眼之后区域强度凹陷。中胸盾片中叶盾纵沟前有 1 长而弯曲的畦状沟。雄性触角第 4-7 鞭节着生角下瘤，着生部位近鞭节基部；前翅长 1.7-3.0mm。浙江、湖南、台湾、福建、广东、贵州……………………… 珍奇前沟细蜂 *N. mirabilis*
头部在两侧单眼间具 1 对弱的圆形突起，中单眼后区域非明显凹陷。中胸盾片中叶盾纵沟前有 1 短而直的畦状沟。雄性触角第 4-8 鞭节具角下瘤，着生于近鞭节中部；前翅长 2.6-2.8mm。台湾 · ………………………………………………………………………… 圆突前沟细蜂 *N. admirabilis*

(18) 珍奇前沟细蜂 *Nothoserphus mirabilis* Brues, 1940 (图 76)

Nothoserphus mirabilis Brues, 1940, *Proc. Amer. Acad. Ants Sci.*, 73: 263.

Nothoserphus mirabilis Brues: H. Townes & M. Townes, 1981, *Mem. Amer, Ent. Inst.*, 32: 68.

Nothoserphus mirabilis Brues: He, 1985, *Acta Agric. Univ. Zhejiangensis*, 11(1):74.

Nothoserphus mirabilis Brues: Lin, 1987, *Taiwan Agric. Res. Inst. Spec. Publ.*, 22: 58.

Nothoserphus mirabilis Brues: He & Fan, 1991, *Acta Agric. Univ. Zhejiangensis*, 17: 220.

Nothoserphus mirabilis Brues: Fan & He, 2003, In: Huang, *Fauna of Insects in Fujian Province of China*, 7: 715.

Nothoserphus mirabilis Brues: He & Fan, 2004, In: He *et al.*, *Hymenopteran Insect Fauna of Zhejiang*: 329.

前翅长 1.7-3.0mm。体较壮实。

头：头部很短，横形，在两后单眼间具 1 对强度突出的刀片状突起，头部在中单眼后强度凹陷。POL：OD：OOL=31：8：16。

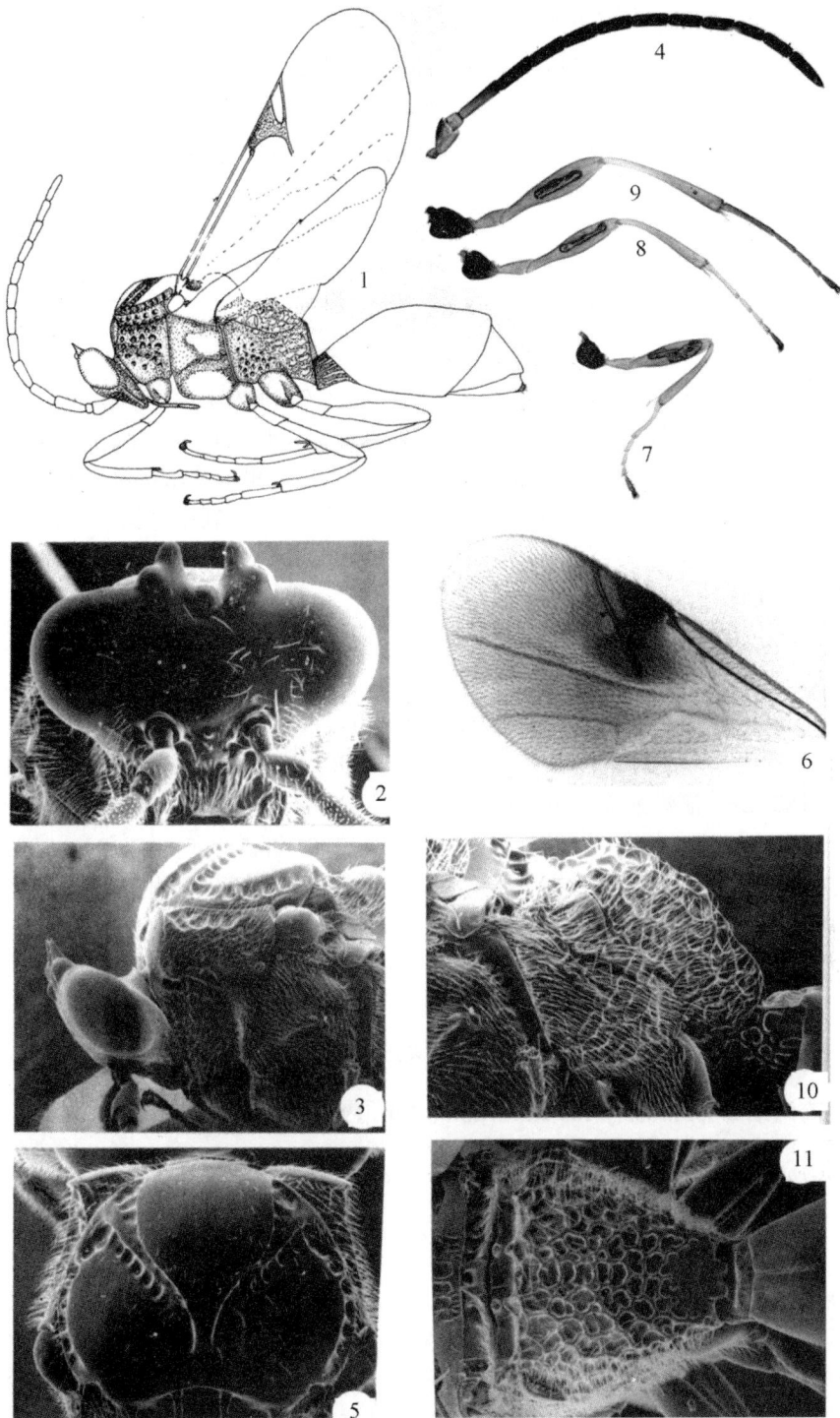

图 76　珍奇前沟细蜂 *Nothoserphus mirabilis* Brues

1. 整体，侧面观；2. 头部，前面观；3. 头部、前胸和中胸盾片，侧面观；4. 触角；5. 中胸盾片；6. 前翅；7. 前足；8. 中足；9. 后足；10. 后胸侧板、并胸腹节和腹柄，侧面观；11. 并胸腹节、腹柄和合背板基部，背面观 (1, 4, 7-9.♂；其余♀) (2-3, 5-6, 10-11. 仿 Lin, 1987b)

胸：前胸背板侧面前上方的瘤状突镶嵌有 1 垂直脊，瘤状突后具粗糙的皱状刻点。前胸背板凹槽内有粗糙、不规则的短皱，后方中央稍光滑。中胸盾片中叶近盾纵沟前方具畦状沟。盾纵沟伸过中胸盾片中部，两者后端被窄的楔状脊所分开，前侧沟为畦状沟。小盾片前沟内有 2 条纵脊。后胸侧板密布粗糙的皱纹。并胸腹节具大网皱，前半中央纵凹，后半中央半圆形凹入，较光滑。

足：后足腿节长为宽的 4.5-4.7 倍；后足胫节长距长为基跗节的 0.38-0.46 倍。

翅：前翅长为宽的 1.83 倍；翅痣长和径室前缘脉长分别为翅痣宽的 1.9-2.1 倍和 0.62-0.65 倍；径脉第 1 段从翅痣中央处伸出，长为宽的 0.5 倍；径脉第 2 段直，与第 1 段相交处膨大，有长脉桩。

腹：腹柄背面中长为宽的 0.4 倍，前方光滑；腹柄侧面观长约为高的 0.85 倍。合背板后基部中央有长的中纵沟。产卵管鞘长约为后足胫节的 0.24 倍，经常缩入体内。

体色：体黑色。触角柄节、梗节、鞭节基部黄褐色，鞭节至端部渐暗褐色。口须黄褐色。足黄褐色，基节，中后足端跗节，或后足其余跗节为褐色。翅基片褐色。翅基部 0.3 和端部 0.15 半透明，其余部分稍呈烟褐色，以翅痣后方和附近颜色最暗，翅痣、径脉、亚前缘脉暗褐色，前后翅缘脉淡褐色。

寄主：黄斑盘瓢虫 *Lemnia (Lemnia) saucia* 幼虫。单寄生。

标本记录：1♀1♂，浙江遂昌，1980，陈汉林，寄主为黄斑盘瓢虫，No.810150；1♀，浙江松阳，1990.Ⅶ.19，陈汉林，寄主为瓢虫幼虫，No.907801；1♂，湖南南山牧场，1986.Ⅶ.20，谢明，No.871261；1♀，福建沙县，1981.Ⅹ.28，张可池，寄主为黄斑盘瓢虫，No.833187；2♀，福建莱舟，1981.Ⅴ.23，林玉兰，No.853567；1♂，福建漳州，1987.Ⅳ，林乃铨，No.984828；1♀1♂，广东大雾岭大田顶，2001.Ⅹ.5，许再福，Nos.20021017，200210451；1♂，贵州贵定，1979，周声震，No.860477；1♀，贵州惠水，1986.Ⅵ-Ⅶ，储吉明，No.862307；1♂，贵州道真大沙河，2004.Ⅷ.20，吴琼，No.20047368。

分布：浙江、湖南、台湾 (雾岭、大禹岭、翠峰、东埔、三天门等)、福建、广东、贵州；尼泊尔，印度尼西亚。

注：此蜂中名，台湾林珪瑞先生用"双突细蜂"。

(19) 圆突前沟细蜂 *Nothoserphus admirabilis* Lin, 1987 (图 77)

Nothoserphus admirabilis Lin, 1987, *Taiwan Agric. Res. Inst, Spec. publ.*, 22:57.

雄：前翅长 2.6-2.8mm。

头：头部在后单眼之间有圆形的弱突起。额光滑，平坦，有或无中沟。LOL：POL：OOL=4：10：6。上颊下部长约为复眼的 0.4 倍。触角各节相对长宽之比约为 6.5：5，3：3.5，11：3.5，9.5：3.5，9.5：3.5，8.7：3，9：3，8.8：3，8.8：3，8：2.8，8：2.8，7.6：2.5，11：2.5；角下瘤小，椭圆形，稍隆起，位于第 4-8 各鞭节纵向中央。

胸：前胸背板侧凹具有规则的细皱。中胸盾片中叶在盾纵沟前方有短而直的畦状沟。中胸侧板纵沟光滑。

腹：腹部合背板在后方 0.2 有小而密的刻点。

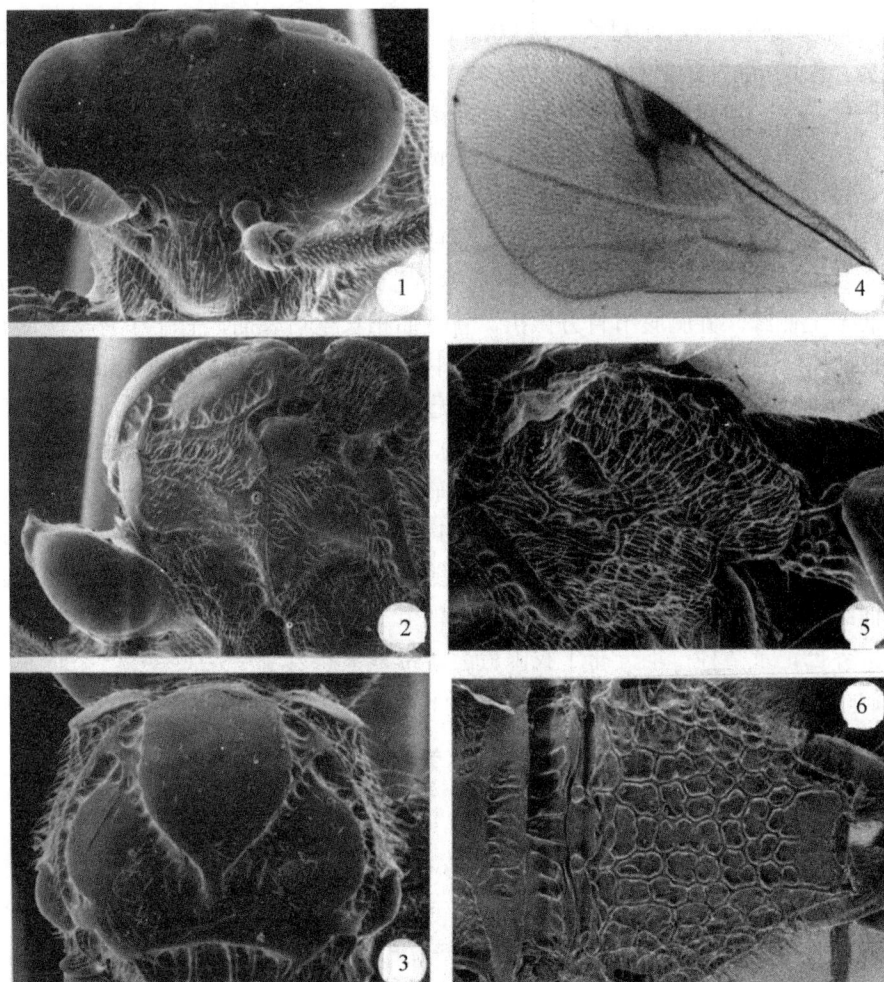

图 77　圆突前沟细蜂 *Nothoserphus admirabilis* Lin

1. 头部，前面观；2. 头部和胸部 (部分)，侧面观；3. 中胸盾片，背面观；4. 前翅；5. 后胸侧板、并胸腹节和腹柄，侧面观；6. 并胸腹节，背面观 (仿 Lin, 1987b)

　　体色：体黑褐色。触角和基节烟褐色；触角基部 4 节或多或少、须、端跗节烟褐色，但所有翅基片和足褐黄色。翅透明，前翅明显烟色，翅脉烟褐色。

　　雌：未知。

　　寄主：未知。

　　研究标本：作者未见到此种标本。形态是根据原记述。

　　分布：台湾 (松岗、三天门)。

3. 尖脊细蜂属 *Phoxoserphus* Lin, 1988

Phoxoserphus Lin, 1988. *Jour. Taiwan Museum*, 41:20.

Type species: *Phoxoserphus chikoi* Lin (Original designation).

　　属征概述：翅正常，前翅长 2.0-3.0mm。体中等细。头相当短，前面观宽大于高。唇基宽为颜面的 0.67-0.76 倍，端缘直或凹，很宽。上颚端部尖，在上缘有 1 个亚端齿。后头脊明显完整。触角中等长，两性均 13 节，雄性鞭节有长毛，第 1-10 节或第 2-8 鞭节上有 1 小而圆形的角下瘤。前胸背板背面侧缘中央之后强度凹入，后部窄于前部；侧面前方有脊，脊上方尖锐，脊的下端有 1 凹痕，侧凹光滑。盾纵沟短于翅基片。小盾片前沟光滑。中胸侧板有水平沟，前部有完整或不完整毛带；中胸侧板缝仅水平沟上段具畦状沟，其下部光滑。后胸侧板有大光滑区，几乎占表面的 0.5 倍；光滑区上方无脊连至并胸腹节上侧缘。并胸腹节背方微拱，背表面稍长于后表面，有 1 中脊，两侧有大的光滑区。前翅径脉垂直段稍长于其宽；径室中等长，前缘长为翅痣宽的 1.6-1.8 倍。后足胫节长距约为后足基跗节长的 0.4 倍。腹部无柄。合背板基部有 9-11 条纵沟。产卵管鞘长为后足胫节的 0.66-0.77 倍，为中央处宽的 7.7-10.3 倍，表面光滑，端部圆或宽。

　　尖脊细蜂属 *Phoxoserphus* Lin, 1988 比较相似于隐颚细蜂属 *Cryptoserphus* Kieffer, 1907 和洼缝细蜂属 *Tretoserphus* Townes, 1981。但隐颚细蜂属 *Cryptoserphus* 后足胫节距非常长，产卵管鞘比较长，体形也不同。洼缝细蜂属 *Tretoserphus* 后胸侧板光滑区上部被 1 短而细的脊连至并胸腹节上侧缘，雄性鞭节上的角下瘤椭圆形。

　　全世界已记录 2 种；均分布于我国台湾。寄主未知。

　　词源：属名 *Phoxos* 意为尖端、顶峰 (peak)，指前胸背板侧窝前脊上端尖锐。

种 检 索 表

产卵管鞘相对较长，长约为后足胫节的 0.77 倍，约为中央宽度的 10.3 倍；雄性角下瘤位于第 1-10 鞭节上；合背板基部有 1 条狭窄中沟，每侧还有 4 条沟；体毛相当密；中胸侧板前部有完整毛带。台湾···弱小尖脊细蜂 **P. vescus**

产卵管相对较短，长约为后足胫节的 0.66 倍，约为中央宽度的 7.7 倍；雄性角下瘤位于第 2-8 鞭节上；合背板基部具 1 条有些宽的中沟，每侧还有 5 条沟；体毛相当稀疏；中胸侧板前部毛带不完整。台湾···林氏尖脊细蜂 **P. chikoi**

(20) 弱小尖脊细蜂 *Phoxoserphus vescus* Lin, 1988 (图 78)

Phoxoserphus vescus Lin, 1988, *Jour. Taiwan Museum*, 41: 21.

　　雌：前翅长 2.6mm。体具相当密的毛。

　　头：唇基宽约为颜面的 0.69 倍，表面拱隆，前缘薄，凹入，平截。前单眼直径约 1.5 个单位 (测微尺单位)。后头脊突出。LOL：POL：OOL 约为 3：5.5：4。复眼长宽比为 9.5：6.5。颚眼距 2 单位。上颊长约为复眼的 0.7 倍。触角各节相对长宽比为 4.5：3，2：2.7，7：2，6：2，6：2，5.7：2，5.5：2，5：2，4.5：2.3，4.3：2.3，4.4：2.3，4.4：2.5，8：3。

　　胸：长、宽、高之比约为 2：1：1.2。前胸背板前面观后侧相对较短，微隆起；侧观前缘上方有细浪形短脊；上部有相当密的毛。中胸侧板前部有完整毛带。并胸腹节背表面几乎与后表面等长，中纵脊侧区长约为宽的 1.75 倍，毛带多于林氏尖脊细蜂。

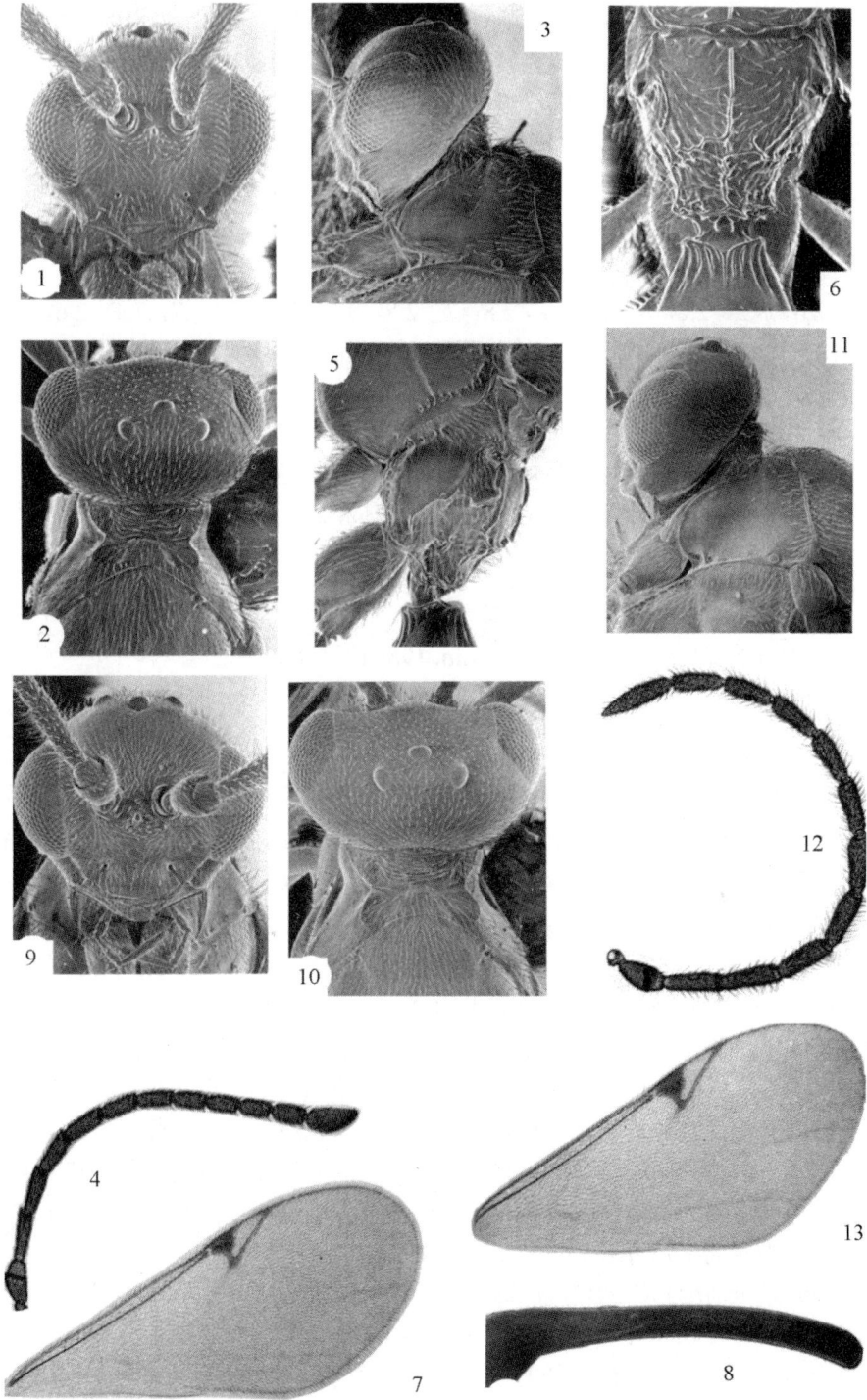

图 78　弱小尖脊细蜂 *Phoxoserphus vescus* Lin

1, 9. 头部，前面观；2, 10. 头部和前胸，背面观；3, 11. 头部和前胸，侧面观；4, 12. 触角；5. 后胸侧板、并胸腹节和腹柄基部，侧面观；6. 并胸腹节、腹柄和合背板基部，背面观；7, 13. 前翅；8. 产卵管鞘 (1-8.♀；9-16.♂) (仿 Lin, 1988)

翅：前翅径室前缘脉长约为翅痣高的 2.0 倍。径脉垂直段长约为厚的 1.7 倍。

足：后足胫节长距长约为后足基跗节的 0.5 倍。

腹：合背板基部有 9 条相当短的纵沟；前侧区下半多于 20 根毛。产卵管鞘长约为后足胫节的 0.77 倍，约为中央宽度的 10.3 倍，有少许短毛，端部钝圆。

雄：前翅长 3.0mm。

头：前单眼直径约 2 单位。LOL：POL：OOL 约为 2.8：6:6。复眼长宽比约为 11：7.5。上颊长约为复眼的 0.67 倍。颚眼距约 3 单位。触角各节相对长宽比为 5：3.5，2.5：2.8，8.3：2.4，8.2：2.6，8：2.8，8：2.8，8：2.8，8：2.6，7.5：2.7，7.4：2.6，7：2.5，7：2.4，10.5：2.7；第 1-10 鞭节上有小而圆形的角下瘤。

胸：长、宽、高之比约为 2.3：1：1.4。

腹：长、宽、高之比 3.2：1：1.1。

体色：体黑褐色。翅基片和足烟褐色，但雌性前足基部、中足基节和雄性前足基节褐黄色。翅透明，翅脉烟褐色，翅痣暗色。体和翅上的毛浅褐色。

研究标本：作者未见到此种标本。形态是根据原记述。

分布：台湾 (翠峰)。

(21) 林氏尖脊细蜂 *Phoxoserphus chikoi* Lin, 1988 (图 79)

Phoxoserphus chikoi Lin, 1988, *Jour. Taiwan Museum*, 41: 22.

雌：前翅长 2.1-2.6mm。体具稀疏的毛。

头：唇基宽约为颜面的 0.69 倍，表面拱隆，前缘薄，均匀凹入，平截。上颚强而长，尖部尖，上缘有 1 亚端齿。前单眼直径约 1.5 个单位 (测微尺单位)。后头脊完整而突出。LOL：POL：OOL 约为 2.5：5：5。复眼长宽比为 10：7。颚眼距 2 单位。上颊长约为复眼的 0.82 倍。触角各节相对长宽比为 4：3.2，2：2.6，6：2，6：2，5.5：2.3，5.4：2.4，5：2.4，4.5：2.5，4.5：2.5，4.3：2.5，4.2：2.5，4.2：2.7，8.5：3.5。

胸：长、宽、高之比为 2.5：1：1.4。前胸背板前面观后侧明显隆起；侧观前缘上方有相当密的毛。盾纵沟长约为翅基片的 0.42 倍；小盾片前沟深，光滑无毛。中胸侧板水平沟完整，具短而直的脊，正下端有 1 凹痕；侧窝光滑，上部有稀疏的毛；中胸侧板缝具凹窝，水平沟下方区域光滑。后胸侧板有 1 大的光滑无刻点区，约占其表面的 0.65 倍。并胸腹节背方稍为拱隆，背表面长于后表面，有中纵脊和侧纵脊，形成 1 对大的侧区，此区长约为宽的 1.75 倍；后表面具不规则皱。

翅：前翅径室前缘长约为翅痣高的 1.6 倍。径脉垂直段长稍大于宽。

足：后足胫节长距长约为后足基跗节的 0.44 倍。

腹：腹部无柄。合背板基部有 11 条相当短的纵沟；前侧区下半约有 15 根毛。产卵管鞘长约为后足胫节的 0.66 倍，约为中央宽度的 7.7 倍，中央稍微弯曲，端部钝圆，有些很稀疏的毛。

雄：前翅长 2.3-2.7mm。

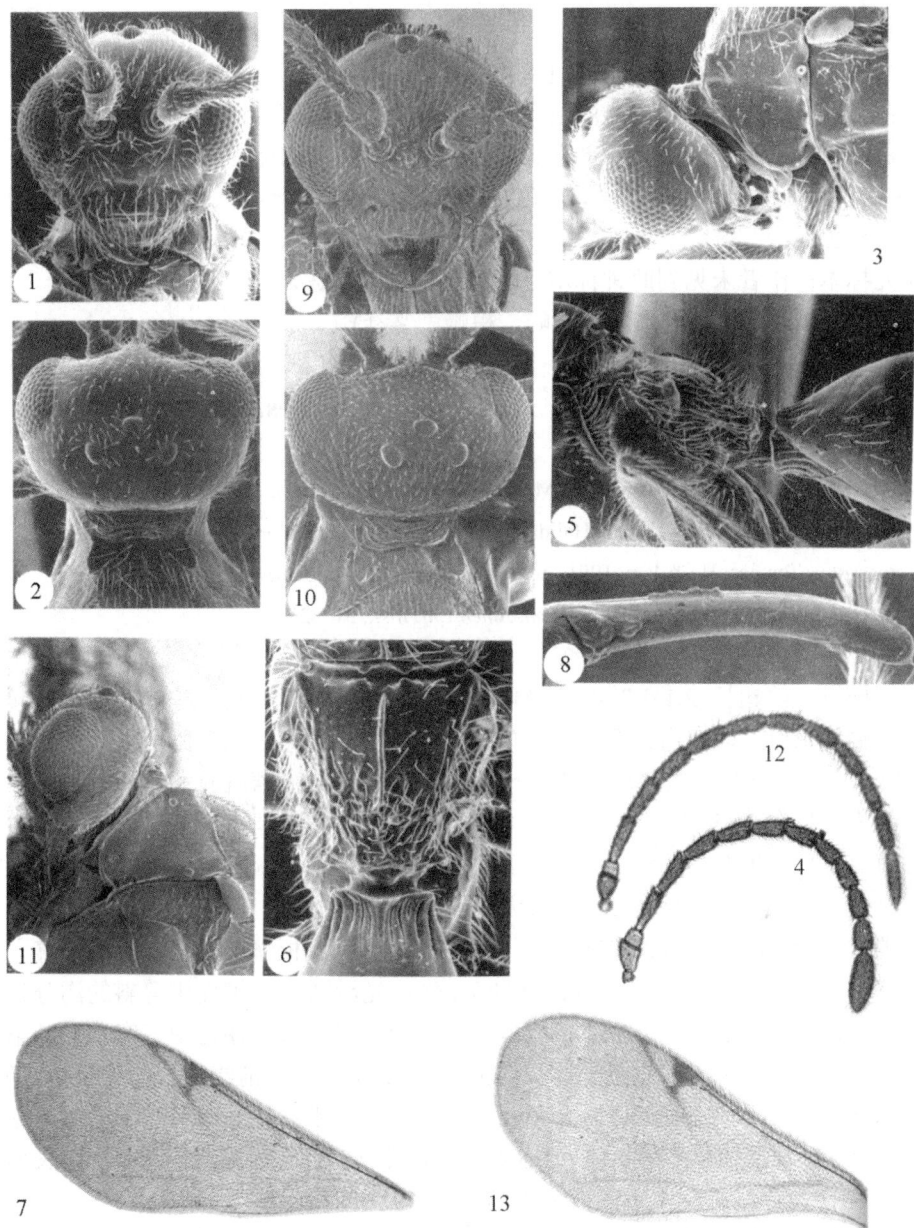

图 79　林氏尖脊细蜂 *Phoxoserphus chikoi* Lin

1, 9. 头部，前面观；2, 10. 头部和前胸，背面观；3, 11. 头部和前胸，侧面观；4, 12. 触角；5. 后胸侧板、并胸腹节和腹柄，侧面观；6. 并胸腹节、腹柄和合背板基部，背面观；7, 13. 前翅；8. 产卵管鞘 (1-8.♀；9-13.♂) (仿 Lin, 1988)

头：唇基宽约为颜面的 0.73 倍。前单眼直径约 1.8 单位。LOL：POL：OOL 约为 2.4：4：5。复眼长宽比约为 9：6.5。上颊长约为复眼的 0.71 倍。颚眼距约 1.5 单位。触角各节相对长宽比为 3.5：3，2：2.5，6：2，6：2.3，6：2.2，5.5：2.1，5.5：2.1，5.5：2.3，5.5：2.2，5.3：2，5.5：2，5.3：2，8：2；第 2-8 鞭节上有小而圆形的角下瘤，鞭

节上有长而直的毛。

胸：长、宽、高之比约为 2.3：1：1.3。

腹：长、宽、高之比约为 2.8：1：1.1。

体色：体黑褐色。头部和腹部多少暗色。上颚 (除端部)、翅基片和足褐黄色。触角 (除基部 2 节褐黄色) 和产卵管鞘烟褐色。翅透明，翅脉浅烟褐色，翅痣烟褐色。体和翅上的毛浅褐色。

研究标本：作者未见到此种标本。形态是根据原记述。

分布：台湾 (松岗、大禹岭、翠峰、梅峰、雾社)。

4. 洼缝细蜂属 *Tretoserphus* Townes, 1981

Tretoserphus Townes, In: H. Townes & M. Townes, 1981, *Mem. Amer. Ent. Inst.*, 32: 69.

Type species: *Proctotrypes laricis* Haliday, 1839 (Original designation).

Tretoserphus Townes: He & Fan, 1991, *Acta Agric. Univ. Zhejiangensis*, 17: 220.

Tretoserphus Townes: Johnson, 1992, *Mem. Amer. Ent. Inst.*, 51: 327.

属征概述：前翅长 2.1-3.7mm。身体各部分比例适中。唇基中等宽，中等隆起，末端平截；端缘双层，即有内外两薄片，中间以沟相隔。颊短，从复眼至上颚基部具 1 强沟。后头脊完整或几乎完整，若完整则下端与口后脊相接。上颚长，中等坚固，具 2 齿，上齿长约为下齿的 0.35 倍。触角鞭节中等长至中等短，雄性具椭圆形的角下瘤。前胸背板侧面前方上部具 1 发达的瘤状突起，其边缘无脊状边镶嵌。颈部和前胸背板侧面凹槽光滑，或有时上部具细皱或细点皱。盾纵沟长为翅基片的 0.3-1.3 倍。中胸侧板前缘毛带完全或中断；横穿中胸侧板的中央横沟深而完整；中胸侧板缝从上至下都有凹窝。后胸侧板的前上方具侧光滑区，约占其面积的 0.4 倍；光滑区被 1 细而中等斜的沟分为不相等的两部分；光滑区的前上方以 1 细脊同并胸腹节侧缘相接。翅痣中等宽。径脉第 1 段从翅痣端部 0.45 处发出，其垂直翅脉长约为宽的 2.5 倍。径室前缘边长约为翅痣宽的 1.2 倍。前缘脉刚终止于径室端部之后。后足胫节长距约止于后足基跗节基部的 0.4 处。腹部无柄。合背板基部约具 17 条 (原记述如此，中国种 7-11 条) 纵沟。产卵管鞘长为后足胫节的 0.5-1.1 倍，具稀疏垂直的或分叉的毛，或几乎裸露。

寄主情况目前尚无记载。

全世界已记录有 4 种；均分布于全北区：落叶松洼缝细蜂 *T. laricis* (Haliday，1839) (英国、瑞典、日本、美国、中国等)；珀金洼缝细蜂 *T. perkins* (Nixon, 1942) (英国、瑞典、日本、蒙古等)；裸尾洼缝细蜂 *T. nudicauda* Townes, 1981 (美国、瑞典)；凹窝洼缝细蜂 *T. foveolatus* (Moller, 1882) (瑞典)。本志报道 6 种，内有 5 新种。

种检索表 (*我国未发现的种)

1. 雌性；触角鞭节无角下瘤 ···2

　雄性；触角第 2-10 鞭节近基部有圆形扁平角下瘤 ·········8

2. 前胸背板侧面前上方的瘤状突高，呈钝圆锥形突出；触角第 2 节长为宽的 3.0 倍；产卵管鞘长为后足胫节的 0.56-0.60 倍，产卵管长为中宽的 7.5 倍，表面几乎光滑；前翅长约 3.4mm。浙江、新疆；英国，瑞典，日本，美国 ·· **落叶松洼缝细蜂 T. larcis**

　　 前胸背板侧面前上方的瘤状突中等高，呈半球形突出 ···································· 3

3. 产卵管鞘长为后足胫节的 0.8-1.1 倍，端部几乎不收窄或明显收窄；腹部第 1 窗疤宽为长的 4.0-8.0 倍 ··· 4

　　 产卵管鞘长为后足胫节的 0.52-0.54 倍，端部几乎不收窄；腹部第 1 窗疤宽为长的 2.0-3.5 倍 ····· 6

4. 产卵管鞘上的毛明显，近于直，长约为产卵管鞘宽的 0.8 倍，鞘端部几乎不收窄；前胸背板侧面前腹方具夹点刻皱。瑞典 ··· ***凹窝洼缝细蜂 T. foveolatus***

　　 产卵管鞘上的毛不明显，其长不大于产卵管鞘宽的 0.2 倍，鞘端部明显收窄；前胸背板侧面前腹方大部分光滑 ··· 5

5. 分开后胸侧板光滑区为上小下大两部分的沟非常细而浅；第 1 窗疤宽约为长的 8.0 倍；产卵管鞘端部侧观顶端宽圆，背观近顶端仅微弱闪亮。英国，瑞典 ···················· ***珀金洼缝细蜂 T. perkinsi***

　　 分开后胸侧板光滑区为上小下大两部分的沟明显清晰；第 1 窗疤宽约为长的 4.0 倍；产卵管鞘端部侧观顶端宽稍圆，背观近顶端明显闪亮。美国，瑞典 ···················· ***裸尾洼缝细蜂 T. nudicauda***

6. 后胸侧板光滑区有 1 列弱凹窝从前上方至后中央分隔光滑成上小下大两部分；腹部第 1 窗疤宽为长的 2.0 倍；前翅翅痣长和径室前缘长分别为翅痣宽的 1.55 倍和 1.11 倍；前翅长 3.0mm。内蒙古 ·· **圆疤洼缝细蜂，新种 T. ellipsocicatrix, sp. nov.**

　　 后胸侧板光滑区有 1 断续弱沟，或前段斜沟连后段凹窝从前至后分隔成上小下大的或几乎相等的两部分；腹部第 1 窗疤宽为长的 2.8-3.5 倍；前翅翅痣长和径室前缘长分别为翅痣宽的 1.75-2.0 倍和 1.23-1.38 倍 ··· 7

7. 后胸侧板光滑区断续水平弱沟从上方 0.3 处分隔成上小下大两部分；腹部第 1 窗疤宽为长的 3.5 倍；产卵管长为中宽的 9.2 倍；前翅长 3.0mm。福建 ··· **瘦鞘洼缝细蜂，新种 T. tenuiterebrans, sp. nov.**

　　 后胸侧板光滑区前段为斜沟、后段为弱凹窝从中央分隔成上下几乎等大的两部分；腹部第 1 窗疤宽为长的 2.8 倍；产卵管长为中宽的 6.7 倍；前翅长 2.5mm。浙江 ··································· ··· **天目山洼缝细蜂，新种 T. tianmushanensis, sp. nov.**

8. 腹部第 1 窗疤宽约为长的 8.0 倍；前翅长 3.0-3.3mm。英国，瑞典 ········ ***珀金洼缝细蜂 T. perkinsi***

　　 腹部第 1 窗疤宽为长的 2.6-4.0 倍 ·· 9

9. 分开后胸侧板光滑区为上小下大两部分的沟几乎总是完整而明显；前翅长 2.5-3.4mm。美国，瑞典 ·· ***裸尾洼缝细蜂 T. nudicauda***

　　 分开后胸侧板光滑区为上小下大两部分或两部分几乎等大的沟细而弱，或前段为沟而后段为细凹窝 ··· 10

10. 分开后胸侧板光滑区为上小下大两部分的沟整段细而弱 ································· 11

　　 分开后胸侧板光滑区分上下两部分几乎等大，其沟的前段为沟而后段为细凹窝 ············· 13

11. 前胸背板瘤低矮，背观不是明显向外突出于前胸背板背方外侧；前翅长 2.7-3.2mm。瑞典 ········· ·· ***凹窝洼缝细蜂 T. foveolatus***

　　 前胸背板瘤中等高或较高 ··· 12

12. 划分后胸侧板光滑区的纵沟浅而细，但明显；第 1 窗疤宽约为长的 3.5 倍；触角端节长为端前节的

1.67 倍；肘间横脉整段着色；合背板基部中纵沟两侧纵沟各 6 条；前翅长 3.3mm。西藏…………
………………………………………………………………… **林氏洼缝细蜂，新种 _T. lini_, sp. nov.**
划分后胸侧板光滑区的纵沟极细而弱，很不明显；第 1 窗疤宽约为长的 2.6 倍；触角端节长为端前
节的 1.47 倍；肘间横脉仅上段着色；合背板基部中纵沟两侧纵沟各 3 条；前翅长 3.2mm。新疆··
………………………………………………………………………… **落叶松洼缝细蜂 _T. larcis_**
13. 腹部第 1 窗疤条形，约等长，宽为长的 3.8 倍，疤距为疤宽的 0.25 倍；划分后胸侧板光滑区的浅
纵沟直，约在中央划分；径室前缘脉长为翅痣宽的 1.31 倍；前翅长 2.7mm。广东…………………
………………………………………………………… **广东洼缝细蜂，新种 _T. guangdongensis_, sp. nov.**
腹部第 1 窗疤眉形，下端大上端小，宽为最长处的 3.5 倍，疤距为疤宽的 0.5 倍；划分后胸侧板光
滑区的浅纵沟斜，从前上方 0.4 处斜向后方中央分成上下大致相等的两部分；径室前缘脉长为翅痣
宽的 0.9-1.1 倍；前翅长 3.1mm。浙江………… **天目山洼缝细蜂，新种 _T. tianmushanensis_, sp. nov.**

(22) 落叶松洼缝细蜂 _Tretoserphus laricis_ (Haliday, 1839) (图 80)

Proctotrupes laricis Haliday, 1839, _Hymenoptera Britannica Oxyura_:14.

Tretoserphus laricis (Haliday): H. Townes & M. Townes, 1981, _Mem. Amer. Ent. Inst._, 32: 69.

Tretoserphus laricis (Haliday): He & Fan, 1991, _Acta Agric. Univ. Zhejiangensis_, 17: 220.

Tretoserphus laricis (Haliday): Johnson, 1992, _Mem. Amer. Ent. Inst._, 51: 327.

Tretoserphus laricis (Haliday): He & Fan, 2004, In: He _et al._, _Hymenopteran Insect Fauna of Zhejiang_: 329.

雌：前翅长 3.4mm。
头：触角第 2、10 鞭节长分别为端宽的 3.0 倍和 2.0 倍；端节长为端前节的 1.85 倍。
胸：前沟缘脊强，颈沟内光滑夹有刻皱。前胸背板侧面前上方的瘤状突明显拱起，
呈钝圆锥形；背板表面除凹槽及前缘具弱刻点外光滑。盾纵沟长约为翅基片的 1.14 倍。
中胸侧板前缘毛带中央中断；侧缝上段 10 个凹窝小而密，下段凹窝 7 个大而稀且前伸成
沟。后胸侧板光滑区长和高分别占侧板的 0.4 倍和 0.7 倍，其上被 1 浅而不完全的斜沟从
上方 0.4 处分为上下大小不相等的两部分。并胸腹节中纵脊伸至后表面后端；端横脊强，
中央明显前伸；背表面向端部收窄，一侧光滑区中长为中宽的 1.4 倍，后方 0.6 内具涟漪
状皱；后表面长于背表面，具弱刻点，近于光滑；外侧区具弱刻点，夹有稀脊。
足：后足腿节长为宽的 7.0 倍；后足胫节长距直，长为基跗节的 0.3 倍。
翅：前翅长为宽的 2.07 倍；翅痣长和径室前缘边长分别为翅痣宽的 1.68 倍和 1.21
倍；径脉第 1 段从翅痣后方 0.41 处伸出，长约为脉粗的 1.2 倍；肘间横脉上段着色。
腹：合背板基部中纵沟伸达合背板基部至第 1 对窗疤间距的 0.3 处，中纵沟两侧各
有纵沟 4 条，均稍宽且长于中沟。第 1 窗疤宽约为长的 3.0 倍；疤距为疤宽的 1.2 倍。合
背板侧面观前基角具 8 根毛。产卵管鞘长约为后足胫节的 0.56 倍，长为中宽的 7.5 倍，
稍拱起，表面光亮，有非常稀而小的刻点，而没有明显的毛，渐向宽圆的顶端稍变窄。
体色：体黑色。触角黑色。口器和翅基片黄褐色。足基节黑褐色；基节以下铁锈色
至暗褐色，但跗节部分稍暗。翅痣和强脉暗褐色。产卵管鞘黑褐色。

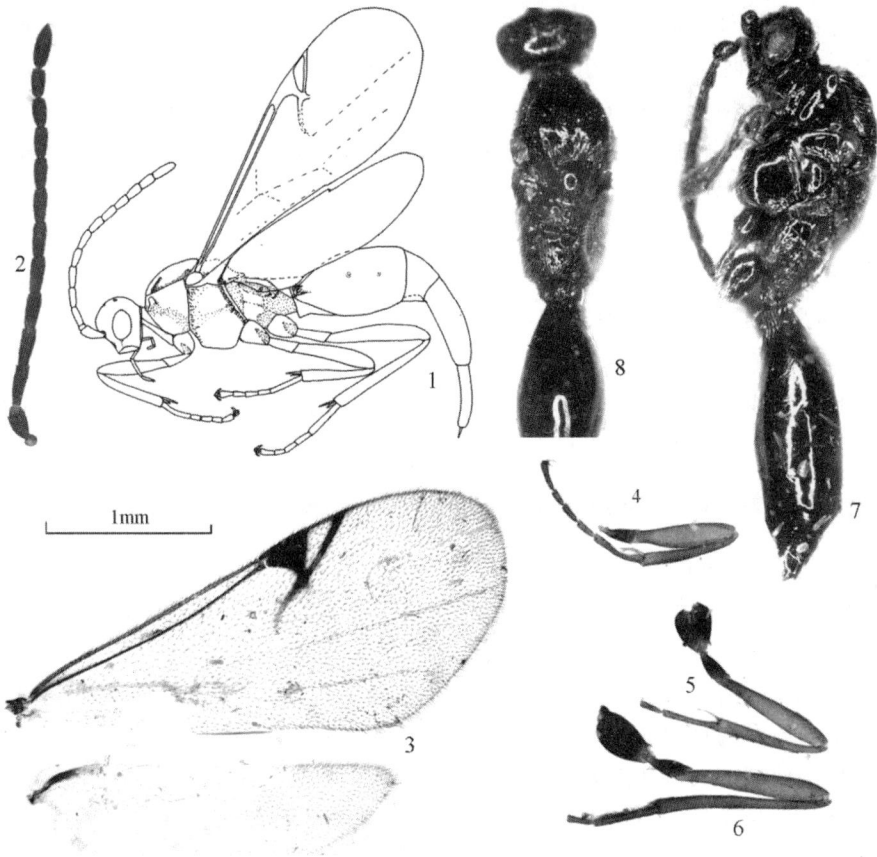

图 80　落叶松洼缝细蜂 *Tretoserphus laricis* (Haliday)

1, 7. 整体，侧面观；2. 触角；3. 翅；4. 前足；5. 中足；6. 后足；8. 头部、胸部和腹部基部，背面观
(1-6.♀；7-8.♂) (1. 仿何俊华等，2004) [1. 0.6X 标尺；其余 1.0X 标尺]

雄：前翅长 2.9mm。

头：触角至端部稍细，鞭状，第 2、10 鞭节长分别为端宽的 3.0 倍和 2.5 倍，端节长为端前节的 1.47 倍；鞭节无明显角下瘤。

胸：前胸背板侧面前上方的瘤状突明显突出，呈钝圆锥形；前沟缘脊发达；表面除前缘散生模糊刻点外光滑。盾纵沟长约为翅基片的 1.0 倍。中胸侧板前缘毛带稀，中央中断；中央横沟内具水平细皱；侧缝上段具 10 个小凹窝，下段具 7 个较大凹窝。后胸侧板光滑区长和高分别约占侧板长的 0.4 倍和 0.7 倍，其上的纵沟极细而浅，在 100 倍实体显微镜下才隐约看得出从上方 0.4 处分为上小下大两部分。并胸腹节中纵脊伸至后表面端部；背表面光滑区中长为中宽的 1.6 倍，光滑区外半具弱刻皱；后表面近于光滑；外侧区具弱皱夹有细脊。

足：后足腿节长为宽的 7.0 倍；后足胫节长距直，长为基跗节的 0.43 倍。

翅：翅痣长和径室前缘边长分别为翅痣宽的 1.55 倍和 1.25 倍；径脉第 1 段从翅痣后方 0.45 处伸出，长约为脉粗的 0.9 倍；肘间横脉上端着色。

腹：合背板侧面观前基角具 11 根毛；中纵沟弱，伸达合背板基部至第 1 对窗疤间距的 0.3 处，中纵沟两侧各有纵沟 3 条，亚侧纵沟与中纵沟约等长。第 1 窗疤大，宽为中长的 2.6 倍；疤距为疤宽的 0.6 倍。抱器三角形，长为基宽的 1.2 倍。

体色：体黑色。触角黑色。须和翅基片褐黄色。足浅褐色，基节、转节黑褐色。翅透明，翅痣和强脉褐色。

寄主：未知。

研究标本：1♀，浙江余姚四明山，1980.VI.29，杨集昆，No.871968；1♂，新疆巩乃斯，1991.VII.9，何俊华，No.913679。

分布：新疆、浙江；日本，英国，瑞典，美国 (阿拉斯加)。

鉴别特征：本种与该属其他已知种区别在于：①基节黑褐色；②前胸背板瘤很高，近于圆锥形；③产卵管鞘长约为后足胫节的 0.56 倍，稍拱起，表面光亮。

(23) 圆疤洼缝细蜂，新种 *Tretoserphus ellipsocicatrix* He et Xu, sp. nov. (图 81)

雌：前翅长 2.8mm。

头：触角至端部稍粗，第 2、10 鞭节长分别为端宽的 2.9 倍和 2.0 倍；端节长为端前节的 1.7 倍。

胸：前胸背板前沟缘脊强，侧面前上方的瘤状突呈丘状突出，表面除前缘散生模糊刻点外光滑。盾纵沟长约为翅基片的 1.2 倍。中胸侧板前缘毛带稀，中央下方短距离中断；中央横沟前端扩大，其内无水平细皱；侧缝上段凹窝 3 个，下段 3 个均较大。后胸侧板光滑区长，近方形，长和高分别占侧板的 0.5 倍和 0.7 倍，其上被浅凹窝斜分为上小下大两部分；下方和后方均有 1 条细纵脊。并胸腹节中纵脊伸至后表面端部；端横脊细而斜；背表面一侧光滑区中长为中宽的 1.3 倍，后半具弱刻皱；后表面稍长于背表面，具弱网皱；外侧区具弱刻皱。

足：后足腿节长为宽的 7.2 倍；后足胫节长距直，长为基跗节的 0.41 倍。

翅：翅痣长和径室前缘边长分别为翅痣宽的 1.55 倍和 1.11 倍；径脉第 1 段从翅痣后方 0.45 处伸出，长约为脉粗的 1.0 倍；肘间横脉上端着色。

腹：合背板侧面观前基角具 11 根毛；中纵沟弱，伸达合背板基部至第 1 对窗疤间距的 0.4 处，中纵沟两侧各有纵沟 4 条，亚侧纵沟长为中纵沟的 0.85 倍。第 1 窗疤宽约为长的 2.0 倍，椭圆形；疤距为疤宽的 1.0 倍。产卵管鞘长为后足腿节的 0.54 倍，长为中宽的 8 倍，光滑，端部稍细，稍下弯。

体色：体黑色。触角黑色。须和翅基片褐黄色。足浅褐色，基节、转节黑褐色。翅透明，翅痣和强脉褐黄色。

雄：未知。

寄主：未知。

研究标本：正模♀，内蒙古武川大青山，2000.VIII.17，何俊华，No.200100270。

分布：内蒙古 (武川)。

鉴别特征：见检索表。

词源：种本名"圆疤 *ellipsocicatrix*"，系 *ellipsis* (椭圆形)+*cicatrix* (瘢痕) 组合词，

意为第 1 窗疤椭圆形。

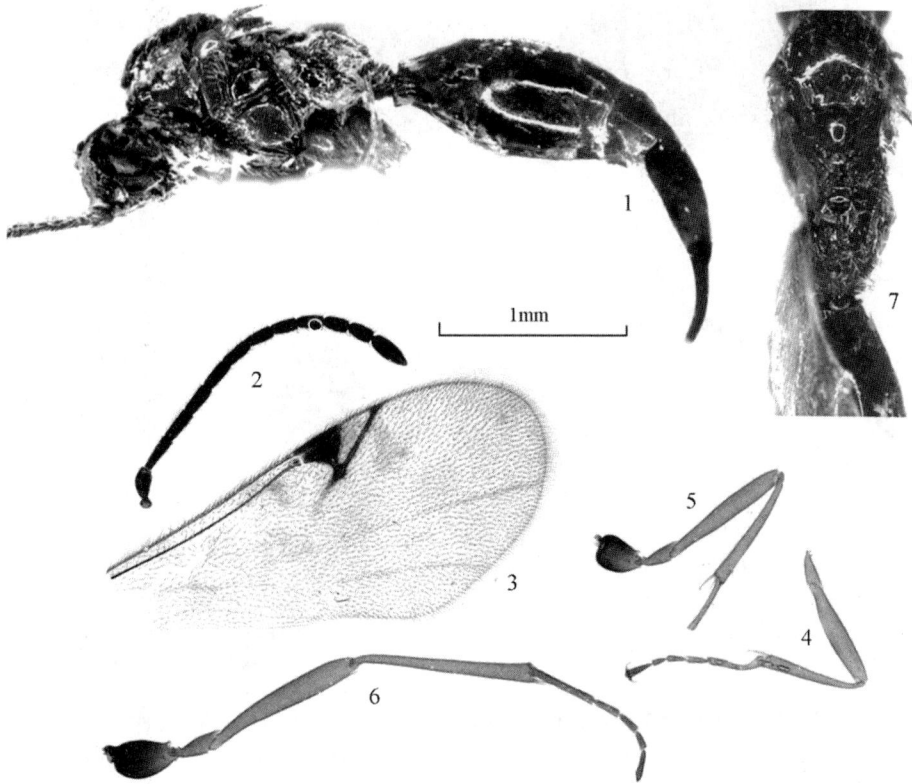

图 81　圆疤洼缝细蜂，新种 *Tretoserphus ellipsocicatrix* He *et* Xu, sp. nov.
1. 整体，侧面观；2. 触角；3. 前翅；4. 前足；5. 中足；6. 后足；7. 胸部，背面观 [1-7. 1.0X 标尺]

(24) 瘦鞘洼缝细蜂，新种 *Tretoserphus tenuiterebrans* He *et* Xu, sp. nov. (图 82)

雌：前翅长 2.8mm。

头：触角至端部稍粗，第 2、10 鞭节长分别为端宽的 2.5 倍和 2.0 倍，端节长为端前节的 1.83 倍。

胸：前胸背板侧面光滑，前沟缘脊强；前上方的瘤状突稍呈丘形突出，前方有 1 纵脊。盾纵沟长约为翅基片的 1.15 倍。中胸侧板前缘毛带完整，但中央毛稀；侧缝凹窝上段 5 个较小，下段 5 个较大。后胸侧板光滑区长和高分别占侧板的 0.3 倍和 0.7 倍，其上被 1 浅而基本上完全的纵沟从上方 0.3 处分为上小下大不相等的两部分。并胸腹节中纵沟伸至后表面端部；端横脊细，后斜；背表面一侧光滑区中长为中宽的 1.4 倍，后角突出，并具细点皱；后表面和外侧区还具细而弱的刻点。

足：后足腿节长为宽的 6.84 倍；后足胫节长距直，长为基跗节的 0.37 倍。

翅：前翅长为宽的 2.1 倍；翅痣长和径室前缘脉长分别为翅痣宽的 1.75 倍和 1.38 倍；径脉第 1 段从翅痣后方 0.39 处伸出，长约为脉粗的 1.9 倍；肘间横脉上段明显着色。

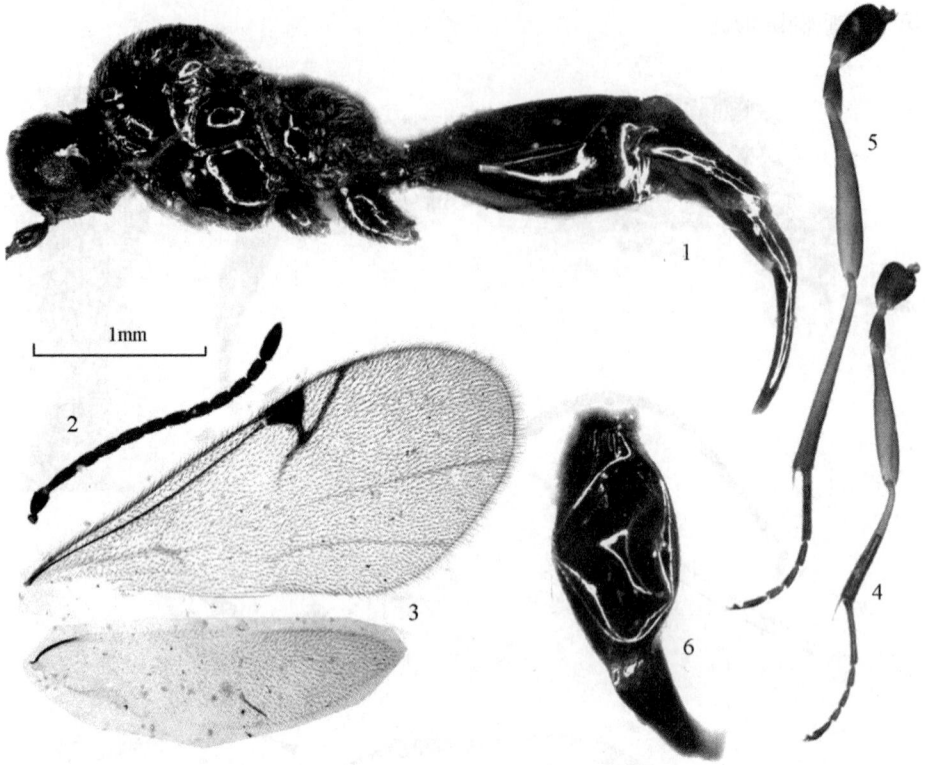

图 82 瘦鞘洼缝细蜂，新种 *Tretoserphus tenuiterebrans* He *et* Xu, sp. nov.

1. 整体，侧面观；2. 触角；3. 翅；4. 中足；5. 后足；6. 腹部，背面观 [1, 6. 1.6X 标尺；2-5. 1.0X 标尺]

腹：合背板侧面观前基角具 6 根毛；中纵沟弱伸达合背板基部至第 1 对窗疤间距的 0.3 处，中纵沟两侧各有纵沟 4 条，与中纵沟约等长。第 1 窗疤宽为长的 3.5 倍；疤距为疤宽的 1.0 倍。产卵管鞘长为后足胫节的 0.52 倍，长为中宽的 9.2 倍 (学名即据此而拟)，向宽圆的顶端渐窄，表面光滑，散生细刻点，无毛。

体色：体黑色；腹部稍带棕黑色。触角黑褐色。须、翅基片黄褐色。足火红色，基节、转节黑褐色，后足跗节浅褐色。翅透明，翅痣和强脉黄褐色。

雄：未知。

寄主：未知。

研究标本：正模♀，福建崇安武夷山三港，1989.XI.20，汪家社，No.20007786。

分布：福建。

鉴别特征：见检索表。

词源：种本名 "瘦鞘 *tenuiterebrans*"，系 *tenui* (瘦)+ *terebrans* (产卵管鞘) 组合词，意为产卵管鞘长，长为中宽的 9.2 倍。

(25) 天目山洼缝细蜂，新种 *Tretoserphus tianmushanensis* He *et* Xu, sp. nov. (图 83)

雄：前翅长 3.0mm。

头：触角至端部稍细，鞭状，第2、10鞭节长分别为端宽的2.5倍和3.0倍，端节长为端前节的1.5倍；第2-10各鞭节近基部有圆形扁平的角下瘤，约占该节长的0.2。

胸：前胸背板侧面除凹槽上方散生刻点外光滑；前沟缘脊强，前上方的瘤状突稍呈丘状突出，背板前方有1纵脊。盾纵沟长约为翅基片的1.0倍。中胸侧板前缘毛带仅中央上方存在；侧缝上段9个凹窝较小而密，下段7个大而浅且前伸成弱沟。后胸侧板光滑区长和高分别占侧板的0.45倍和0.8倍，被前方为纵沟、后方为数个凹窝的斜沟从前上方0.4处至后方中央分为上略小下略大的两部分。并胸腹节中纵脊伸至后表面端部；端横脊后斜；背表面一侧光滑区中长为中宽的1.5倍，后角突出，后方有弱皱；后表面和外侧区具弱网皱。

足：后足腿节长为宽的6.4倍；后足胫节长距直，长为基跗节的0.41倍。

翅：前翅长为宽的2.04倍；翅痣长和径室前缘脉长分别为翅痣宽的1.45倍和0.95倍；径脉第1段从翅痣后方0.38处伸出，长约为脉粗的1.5倍；肘间横脉上端着色。

腹：合背板侧面观前基角具9根毛；中纵沟弱，伸达合背板基部至第1对窗疤间距的0.4处，中纵沟两侧各有纵沟4条，亚侧纵沟与中纵沟约等长。第1窗疤眉形，宽为长的3.0倍；疤距为疤宽的0.5倍。抱器三角形，长为基宽的2.5倍。

体色：体黑色。触角黑色。须浅褐色。翅基片黄褐色。足红褐色，基节、转节黑褐色，胫节除基部外背方和跗节浅褐色。翅透明，翅痣和强脉褐色。

变异：后胸侧板光滑区在上方0.3处为浅而完全的沟分开；前翅翅痣长和径室前缘长分别为翅痣宽的1.5倍和1.0-1.1倍；足红褐色部位基本上为浅褐色代替。

雌：前翅长2.5mm。触角至端部稍粗，第2、10鞭节长分别为宽的2.6倍和1.86倍，端节长为端前节的1.5倍。颈部侧面观有明显纵脊。前胸背板侧面前上方的瘤状突稍呈丘状突出，背板前方有1纵脊，表面除凹槽上方具并列刻点外光滑。盾纵沟长约为翅基片的1.0倍。中胸侧板前缘毛带完整，但毛稀。后胸侧板光滑区大，约占侧板长的0.5倍，下方有斜脊。翅痣长和径室前缘脉长分别为翅痣宽的2.0倍和1.23倍；径脉第1段从翅痣中央稍后方伸出，长约为脉粗的1.1倍；肘间横脉上端着色。合背板侧面观前基角具9-10根毛。中纵沟弱，伸达合背板基部至第1对窗疤间距的0.4处，中纵沟两侧各有纵沟4条，与中纵沟约等长或稍长。第1窗疤眉形，宽为长的2.8倍，疤距为疤宽的0.8倍。产卵管鞘长为后足胫节的0.53倍，长为中宽的6.7倍，光滑，稍下弯。体黑色。触角黑色。须浅褐色。翅基片黄褐色。足褐色，基节、转节、后足胫节和跗节黑褐色。翅透明，翅痣和强脉褐色。

寄主：未知。

研究标本：正模♂，浙江西天目山老殿，1998.XI.14，赵明水，No.20002388。副模：1♂，同正模，No.20002387；19♂，浙江西天目山老殿，马氏网，1998.XI.22，赵明水，Nos.20001283，20001285-90，20001293-1305；1♀，浙江西天目山科技馆，马氏网，1998.XII.22，赵明水，No.20003151。

分布：浙江。

鉴别特征：见检索表。

词源：种本名 "天目山 tianmushanensis"，意为新种模式标本产地。

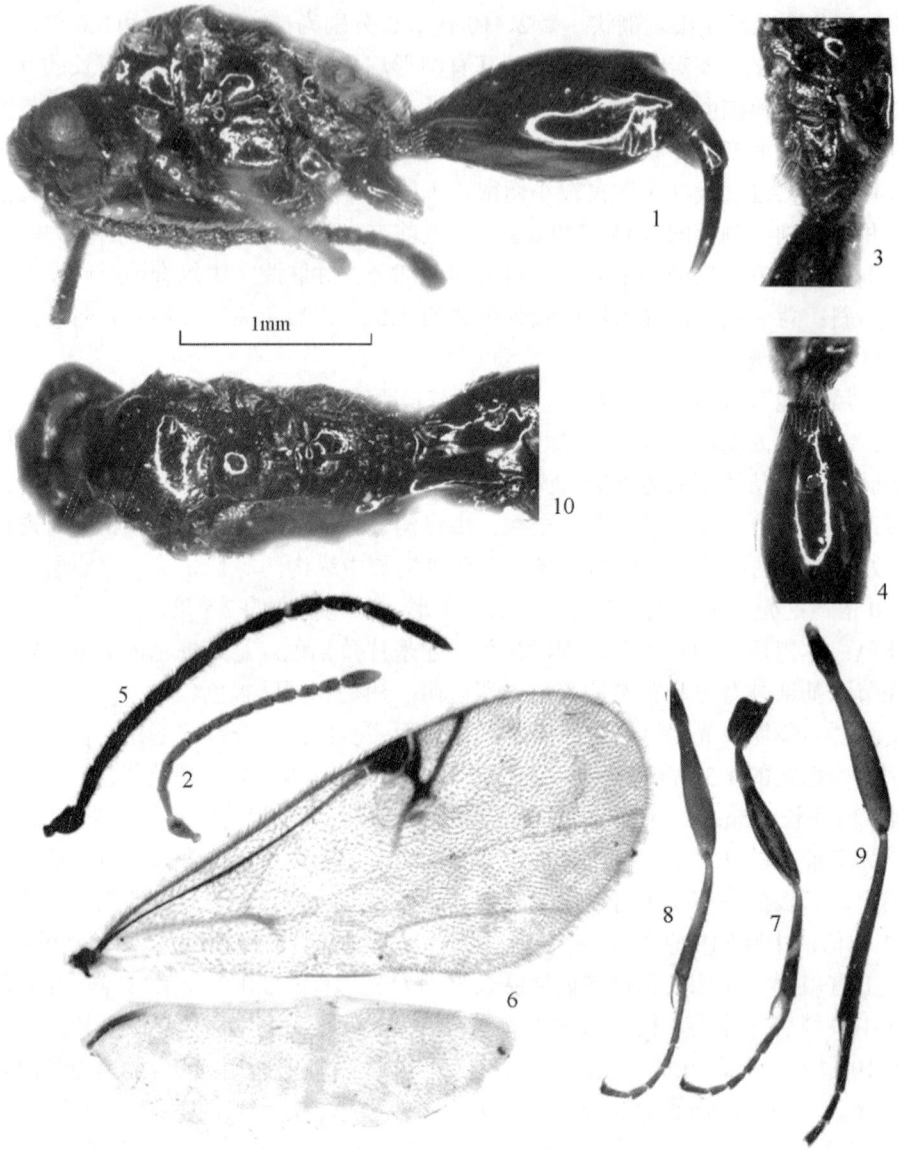

图 83 天目山洼缝细蜂，新种 *Tretoserphus tianmushanensis* He *et* Xu, sp. nov.

1. 整体，侧面观；2, 5. 触角；3. 并胸腹节，背面观；4. 合背板基部，背面观；6. 翅；7. 前足；8. 中足；9. 后足；10. 头部、胸部和腹部基部，背面观 (1-4.♀；5-10.♂) [1, 3-4, 10. 1.5X 标尺；2, 5-9. 1.0X 标尺]

(26) 林氏洼缝细蜂，新种 *Tretoserphus lini* He *et* Xu, sp. nov. (图 84)

雄：前翅长 3.1mm。

头：触角第 2、10 鞭节长分别为端宽的 2.7 倍和 2.6 倍，端节长为端前节的 1.67 倍；第 2-10 鞭节近基部有扁平圆形的角下瘤，占该节长的 0.15-0.18 倍。

胸：前胸背板侧面前沟缘脊强，颈沟内有弱刻纹；前上方的瘤状突明显突起，呈钝圆锥形；凹槽上方散生刻点。盾纵沟长约为翅基片的 1.2 倍。中胸侧板前缘毛带完整，但中央毛稀；中央横沟内有弱点皱；侧缝上段具 10 个小凹窝，下段具 6 个大凹窝。后胸侧板光滑区长和高分别占侧板的 0.4 倍和 0.7 倍，其上前半被 1 浅的纵沟从上方 0.35 处分为上小下大不相等的两部分。并胸腹节中纵脊伸至后表面端部；端横脊细，后斜；背表面一侧光滑区中长为中宽的 1.6 倍，后角突出，有细网皱；后表面稍长于背表面，具细而弱点皱，前方有 1 横脊与端横脊相接；外侧区具稀网皱。

足：后足腿节长为宽的 7.1 倍；后足胫节长距直，长为基跗节的 0.47 倍。

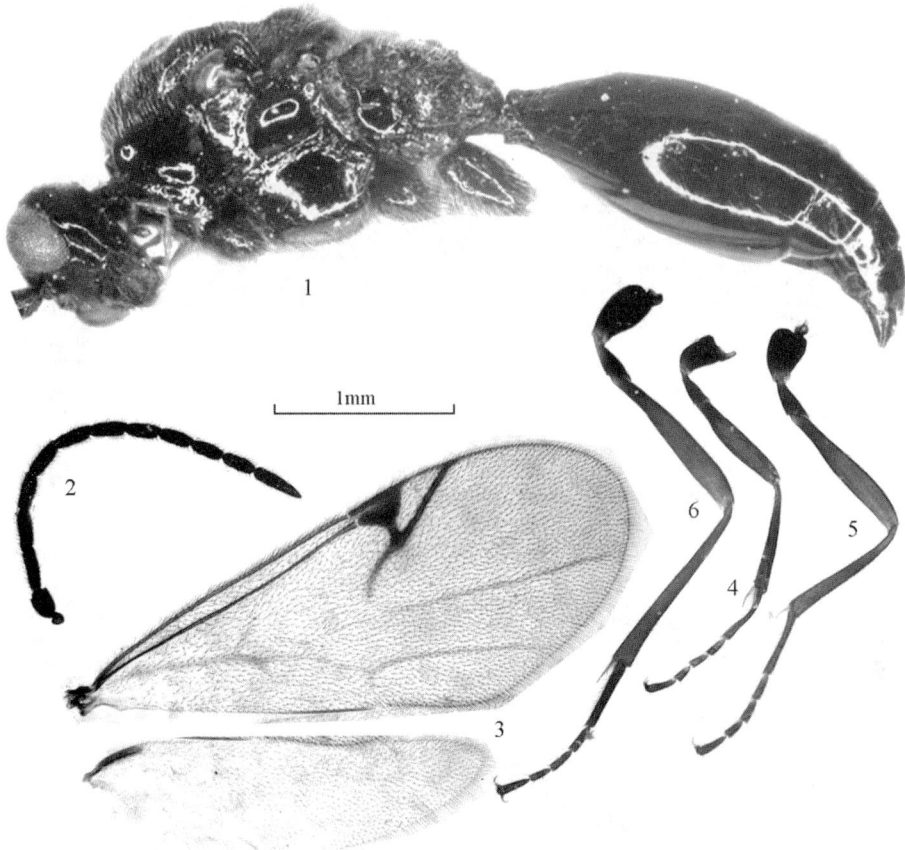

图 84　林氏洼缝细蜂，新种 *Tretoserphus lini* He *et* Xu, sp. nov.
1. 整体，侧面观；2. 触角；3. 翅；4. 前足；5. 中足；6. 后足 [1.1.5X 标尺；2-6.1.0X 标尺]

翅：前翅长为宽的 2.1 倍；翅痣长和径室前缘脉长分别为翅痣宽的 1.58 倍和 1.3 倍；径脉第 1 段从翅痣中央伸出，长约为脉粗的 1.6 倍；肘间横脉整段几乎全部着色。

腹：合背板侧面观前基角具 8 根毛；中纵沟伸达合背板基部至第 1 对窗疤间距的 0.33 处；两侧各有与中沟约等长的侧纵沟 5 条。第 1 窗疤长矩形，宽约为长的 3.5 倍；疤距为疤宽的 0.6 倍。抱器三角形，长为基宽的 1.4 倍。

体色：体黑色。触角黑色。口器和翅基片黄褐色。足基节、转节、腿节基部、胫节背方和跗节黑褐色，其余褐黄色。翅痣和强脉黑褐色。

雌：未知。

寄主：未知。

研究标本：正模♂，西藏林芝色季拉山，2002.IX.1，林乃铨，No.20032848。

分布：西藏。

鉴别特征：见检索表。

词源：种本名 "林氏 *lini*"，意为表示对赠送新种模式标本的福建农林大学林乃铨教授的谢意。

(27) 广东洼缝细蜂，新种 *Tretoserphus guangdongensis* He *et* Xu, sp. nov. (图 85)

雄：前翅长 2.7mm。

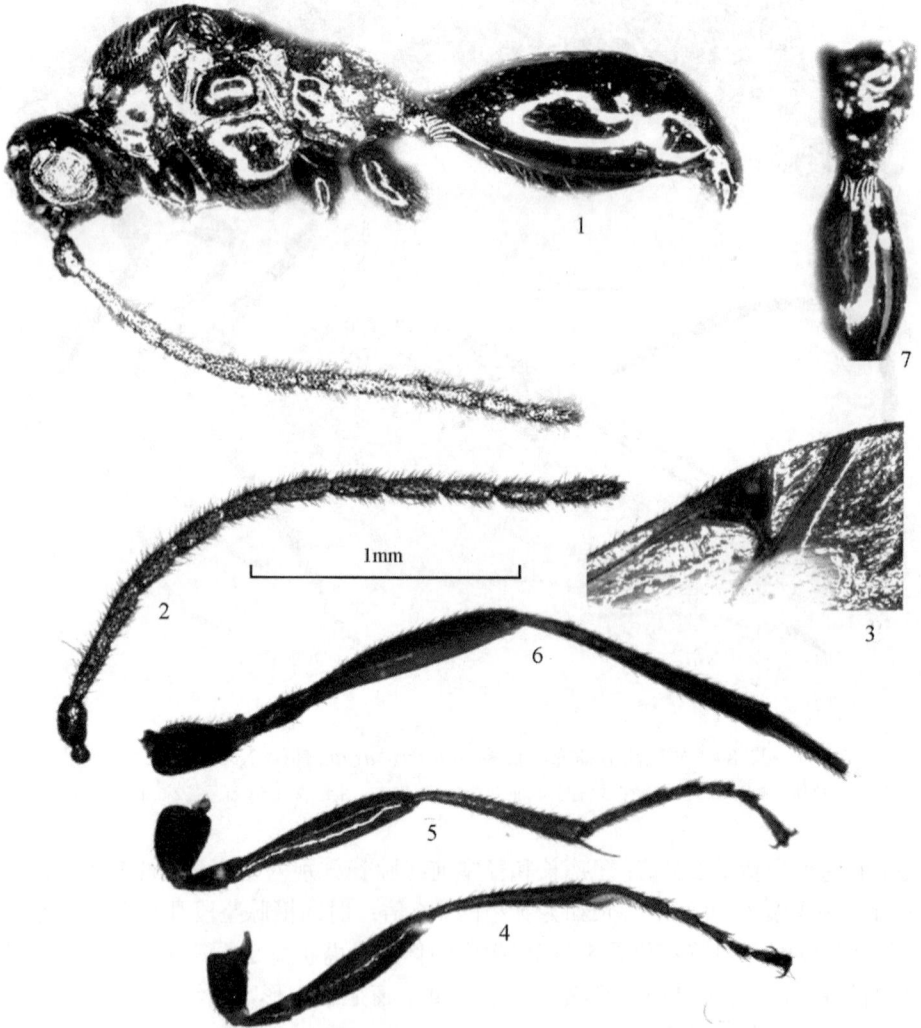

图 85 广东洼缝细蜂，新种 *Tretoserphus guangdongensis* He *et* Xu, sp. nov.

1. 整体，侧面观；2. 触角；3. 翅痣；4. 前足；5. 中足；6. 后足；7. 腹柄和合背板基部，背面观

[1-7. 1.0X 标尺]

头：触角鞭节几乎等粗，第 2、10 鞭节长均为端宽的 2.6 倍，端节长为端前节的 1.47 倍。第 2-10 鞭节近基部各有 1 圆形扁平的角下瘤，占该节长的 0.2-0.25 倍，越向端部相对越大且越靠向中央。

胸：前胸背板侧面光滑，前上方的瘤状突稍呈丘状突出；颈部无明显纵脊；有前沟缘脊。盾纵沟长约为翅基片的 1.0 倍。中胸侧板前缘毛带完整，但毛稀。后胸侧板光滑区长和高分别占侧板的 0.3 倍和 0.6 倍，被前段为纵沟和后段为小凹窝连成的沟分成上小下大的两部分。并胸腹节中纵脊伸至后表面近端部；背表面一侧光滑区中长为中宽的 1.5 倍，光滑区向端部稍收窄，后半具涟漪状弱皱；后横脊细而后斜；后表面稍长于背表面；后表面和外侧区具弱点皱，夹有细脊。

足：后足腿节长为宽的 7.0 倍；后足胫节长距直，长为基跗节的 0.43 倍。

翅：前翅长为宽的 2.2 倍；翅痣长和径室前缘脉长分别为翅痣宽的 1.47 倍和 1.31 倍；径脉第 1 段从翅痣后方 0.39 处伸出，长约为脉粗的 2 倍；肘间横脉上段明显着色。

腹：合背板侧面观前基角具 9 根毛；中纵沟浅，伸达合背板基部至第 1 对窗疤间距的 0.4 处，中纵沟两侧各有纵沟 4 条，与中纵沟约等长。第 1 窗疤宽为长的 3.8 倍；疤距为疤宽的 0.25 倍。抱器三角形，长为基宽的 1.4 倍。

体色：体黑色。触角黑褐色。其余部位因在电镜扫描喷金前未记录，现已不明。

雌：未知。

寄主：未知。

研究标本：正模♂，广东惠州南昆山，2002.Ⅵ.8，许再福，No.20028841。

分布：广东。

鉴别特征：见检索表。

词源：种本名 "广东 guangdongensis"，意为新种模式标本产地。

5. 隐颚细蜂属 *Cryptoserphus* Kieffer, 1907

Cryptoserphus Kieffer, 1907, In: André, *Species des Hyménoptères d'Europe et d'Algérie*, 10: 288.

Type species: *Cryptoserphus longicalcar* Kieffer, 1899 = *flavipes* Provancher, 1881 (Designated by Kieffer, 1908).

Cryptoserphus Kieffer: H. Townes & M. Townes, 1981, *Mem. Amer. Ent. Inst.*, 32:76.

Cryptoserphus Kieffer: Lin, 1988, *J. Taiwan Mus.*, 41:15-33.

Cryptoserphus Kieffer: He & Fan, 1991, *Acta Agric. Univ. Zhejiangensis*, 17: 220.

Cryptoserphus Kieffer: Johnson, 1992, *Mem. Amer. Ent. Inst.*, 51: 283.

Cryptoserphus Kieffer: Fan & He,2003, In: Huang, *Fauna of Insects in Fujian Province of China*, 7: 716.

属征概述：前翅长 2.1-4.1mm。体狭长。唇基窄至宽，末端平截，端缘薄而不锐，具 1 窄的反折。复眼至上颚基部颊区具深沟或者没有。后头脊完整，下方与口后脊相接。上颚中等长而壮至短而弱，上缘有小的亚端齿或无。触角鞭节较细，没有明显的角下瘤。前胸背板凹槽和颈的侧面光滑，背侧部的前方具明显突出的瘤，其边缘无脊状边镶嵌。

盾纵沟通常存在，长约为翅基片的 0.8 倍或有时缺。中胸侧板前缘有 1 毛带，此毛带可能中断。横穿中胸侧板的中央横沟完整。中胸侧板缝光滑，极少数种上半部有小凹窝。后胸侧板的前上方是大而光滑的无刻点区；光滑区的前上方无脊（或有 1 弱而低的细脊）与并胸腹节侧缘相接（在隐颚细蜂族中除尖细蜂属 *Oxyserphus* 和尖脊细蜂属 *Phoxoserphus* 外，其他属中均有此脊）。后足胫节长距伸达后足基跗节中部至端部的 0.2 处。翅痣中等宽。径脉第 1 段从翅痣近端部 0.45 处伸出，长约为宽的 2.0 倍。径室前缘脉长约为翅痣宽的 1.75 倍。前缘脉达径室端部或刚超过。腹部无柄。合背板基部具 5-9 条纵沟。产卵管鞘长为后足胫节的 0.6-1.1 倍，具非常稀疏的毛或无毛。

　　该属似乎世界性分布。全世界已记录 15 种，其中产于古北区 4 种，东洋区 1 种，此两区都有分布的 1 种，其余均在美洲或大洋洲发现；此外曾报道过有 7 种化石种，但已被移至另外 3 属 4 种，即部分被合并成为异名。在我国已记述 1 种。本志记述 20 种，其中包括 18 新种及 1 中国新记录种。

　　据记载寄主种类是为害蕈类的菌蚊科 Mycetophilidae (=Fungivoridae) 幼虫。

种 检 索 表

7. 前翅翅痣长度短于径室前缘脉长 (1.78∶2.0)；产卵管鞘很细，长为中宽的 20 倍；合背板第 1 窗疤疤距为疤宽的 1.8 倍；前翅长 3.2mm。贵州 ······**皱隐颚细蜂，新种 *C. rugulosus*, sp. nov.**

   前翅翅痣长度长于径室前缘脉长 (2.0∶1.5)；产卵管鞘细，长为中宽的 11-17 倍；合背板第 1 窗疤疤距为疤宽的 3.0 倍；前翅长 2.5-3.8mm。陕西、浙江、福建、广东、贵州 ································ ······**针尾隐颚细蜂 *C. aculeator***

8. 并胸腹节背表面一侧光滑区中长为中宽的 1.1 倍；前翅翅痣明显长于径室前缘脉长 (1.9∶1.6)；产卵管鞘长为后足胫节的 0.78 倍；产卵管鞘长为中宽的 10.0 倍；合背板第 1 窗疤疤距为疤宽的 1.2 倍；前翅长 2.7mm。河北 ······**小五台隐颚细蜂，新种 *C. xiaowutaiensis*, sp. nov.**

   并胸腹节背表面一侧光滑区中长为中宽的 1.5 倍；前翅翅痣稍长于径室前缘脉长 (1.8∶1.74)；产卵管鞘长为后足胫节的 0.96 倍；产卵管鞘长为中宽的 12.0 倍；合背板第 1 窗疤疤距为疤宽的 2.2 倍；前翅长 3.1mm。新疆 ······**布尔津隐颚细蜂，新种 *C. burqinensis*, sp. nov.**

9. 后胸侧板光滑区相对较小，长和高分别占侧板的 0.6 倍和 0.7 倍，其后下方无细脊；后足胫节长距长为基跗节的 0.7 倍；产卵管鞘长为后足胫节的 1.0 倍；足基节褐黄色，跗节黑褐色；前翅长 2.7mm。西藏 ······**林氏隐颚细蜂，新种 *C. lini*, sp. nov.**

   后胸侧板光滑区相对较大，长和高分别占侧板的 0.7-0.8 倍和 0.7-0.9 倍，其后下方有 1 细脊；后足胫节长距长为基跗节的 0.72-0.90 倍；产卵管鞘长为后足胫节的 0.55-0.92 倍；至少后足基节基部黑褐色，绝非所有跗节黑褐色 ··· 10

10. 触角第 2 鞭节特细，长为端宽的 5.2-7.7 倍 ·· 11

    触角第 2 鞭节细，长为端宽的 3.6-4.7 倍 ··· 12

11. 触角第 2 鞭节长为端宽的 5.2 倍，端节长为亚端节的 1.33 倍；后胸侧板光滑区长和高分别占侧板的 0.8 倍和 0.9 倍；前翅翅痣比径室前缘脉长，分别为翅痣宽的 2.1 倍和 1.57 倍；后足胫节长距长为基跗节的 0.81 倍；产卵管鞘长为中宽的 14.0 倍；前翅长 2.7mm。甘肃 ······ ······**长痣隐颚细蜂，新种 *C. longistigmatus*, sp. nov.**

    触角第 2 鞭节长为端宽的 7.7 倍，端节长为亚端节的 1.56 倍；后胸侧板光滑区长和高分别占侧板的 0.7 倍和 0.7 倍；前翅翅痣比径室前缘脉稍长，分别为翅痣宽的 1.8 倍和 1.6 倍；后足胫节长距长为基跗节的 0.68 倍；产卵管鞘长为中宽的 10.0 倍；前翅长 2.5mm。四川 ······ ······**细鞭隐颚细蜂，新种 *C. tenuiflagellaris*, sp. nov.**

12. 触角鞭节从基部至端部稍细或稍粗，鞭节端节长为亚端节的 1.5-1.55 倍 ············ 13

    触角鞭节从基部至端部等宽，鞭节端节长为亚端节的 1.18-1.46 倍 ················· 15

13. 触角鞭节从基部至端部稍粗，第 10 鞭节长为端宽的 2.7 倍；上颊背观长为复眼的 0.38 倍；POL 与 OOL 等长；并胸腹节光滑区长和高分别占侧板的 0.8 倍和 0.85 倍；产卵管鞘长为后足胫节的 0.83 倍；产卵管鞘长为中宽的 12.5 倍；前翅长 2.9mm。福建 ······**端粗隐颚细蜂，新种 *C. apicalus*, sp. nov.**

    触角鞭节从基部至端部稍细，第 10 鞭节长为端宽的 3.2-3.7 倍；上颊背观长为复眼的 0.55-0.58 倍；POL 短于 OOL；并胸腹节光滑区长和高分别占侧板的 0.7 倍和 0.8 倍；产卵管鞘长为后足胫节的 0.60-0.66 倍；产卵管长为中宽的 9.50-10.0 倍 ··········· 14

14. 触角第 2 鞭节长为端宽的 3.4 倍；前翅翅痣长比径室前缘脉长，分别为翅痣宽的 1.9 倍和 1.2 倍；

径脉第 1 段长为宽的 1.2 倍；合背板侧纵沟各 2 条；第 1 窗疤宽为长的 1.2 倍；后足腿节长为宽的 5.4 倍；前翅长 2.3mm。河南 ··················· **河南隐颚细蜂，新种 *C. henanensis*, sp. nov.**

触角第 2 鞭节长为端宽的 4.3 倍；前翅翅痣长和径室前缘脉等长，均为翅痣宽的 1.67 倍；径脉第 1 段长为宽的 2.2 倍；合背板侧纵沟各 3 条；第 1 窗疤宽为长的 2.0 倍；后足腿节长为宽的 5.0 倍；前翅长 3.0mm。贵州 ··················· **短痣隐颚细蜂，新种 *C. brevistigmatus*, sp. nov.**

15. 触角第 10 鞭节长为端宽的 2.4 倍；中胸侧板侧缝上段拱隆无凹痕；前翅翅痣长与径室前缘脉约等长（1：0.94）；合背板基部侧纵沟各 1 条；前翅长 3.0mm。贵州 ·························

·················· **隆侧隐颚细蜂，新种 *C. mesopleuralis*, sp. nov.**

触角第 10 鞭节长为端宽的 3.0-4.5 倍；中胸侧板侧缝上段不拱隆有凹痕；前翅翅痣一般比径室前缘脉明显长或约等长 [1：(0.67-0.93)]；合背板基部侧纵沟各 2-4 条 ·················· 16

16. 产卵管鞘较瘦长，长为后足胫节的 0.75-0.80 倍，长为鞘中宽的 10.5-12.4 倍；上颊背面长为复眼的 0.74-0.79 倍 ·················· 17

产卵管鞘较长，长为后足胫节的 0.54-0.60 倍，长为鞘中宽的 9.0 倍；上颊背面长为复眼的 0.56-0.68 倍 ·················· 18

17. 颊长为复眼纵径的 0.43 倍；OOL 为 POL 的 1.3 倍；触角第 10 鞭节长为端宽的 3.8 倍；前翅径室前缘脉长为翅痣宽的 1.87 倍；第 1 窗疤宽为长的 1.5 倍，疤距为疤宽的 3.5 倍；前翅长 2.7mm。湖南 ·················· **湖南隐颚细蜂，新种 *C. hunanensis*, sp. nov.**

颊长为复眼纵径的 0.55 倍；OOL 为 POL 的 1.56 倍；触角第 10 鞭节长为端宽的 3.0 倍；前翅径室前缘脉长为翅痣宽的 1.4 倍；第 1 窗疤宽为长的 2.5 倍，疤距为疤宽的 1.0 倍；前翅长 3.1mm。甘肃 ·················· **长颊隐颚细蜂，新种 *C. longitemple*, sp. nov.**

18. 颊长为复眼纵径的 0.56 倍；OOL 为 POL 的 1.15 倍；触角第 10 鞭节长为端宽的 3.6 倍；前胸背板侧面后下角具单个凹窝；合背板基部中纵沟伸达窗疤间距的 0.6 处，侧纵沟各 4 条；前翅翅痣长和径室前缘脉长分别为翅痣宽的 1.8 倍和 1.6 倍；前翅长 3.1mm。福建 ··················

·················· **刘氏隐颚细蜂，新种 *C. liui*, sp. nov.**

颊长为复眼纵径的 0.46 倍；OOL 为 POL 的 0.93 倍；触角第 10 鞭节长为端宽的 4.5 倍；前胸背板侧面后下角具 2 个凹窝；合背板基部中纵沟伸达窗疤间距的 0.4 处，侧纵沟各 2 条；前翅翅痣长和径室前缘脉长分别为翅痣宽的 2.2 倍和 1.8 倍；前翅长 3.4mm。福建 ··················

·················· **短管隐颚细蜂，新种 *C. breviterebrans*, sp. nov.**

19. 径室前缘边长为翅痣长的 0.95 倍；合背板基部中纵沟伸达合背板基部至第 1 窗疤间距的 0.3 处；侧纵沟各 4 条；并胸腹节一侧光滑区中长为中宽的 1.4 倍；触角第 2 鞭节长为端宽的 3.3 倍；前翅长 2.6mm。四川 ·················· **中华隐颚细蜂，新种 *C. chinensis*, sp. nov.**

径室前缘边长分别为翅痣长的 0.53-0.74 倍；合背板基部中纵沟伸达合背板基部至第 1 窗疤间距的 0.48-0.65 处；侧纵沟各 2-3 条；并胸腹节一侧光滑区中长为中宽的 1.5-1.9 倍；触角第 2 鞭节长为端宽的 4.4-4.6 倍 ·················· 20

20. 唇基宽为长的 2.6 倍；唇基宽为颜面宽的 0.75 倍；上颊背观长为复眼的 0.69 倍；颊长为复眼纵径的 0.6 倍；触角第 10 鞭节长为端宽的 2.5 倍；并胸腹节一侧光滑区中长为中宽的 2.0 倍；前翅长 2.3mm。陕西 ·················· **黑痣隐颚细蜂，新种 *C. nigristigmatus*, sp. nov.**

唇基宽为长的 2.1-2.3 倍；唇基宽为颜面宽的 0.53-0.60 倍；上颊背观长为复眼的 0.45-0.61 倍；颊

(28) 隆瘤隐颚细蜂，新种 *Cryptoserphus tuberculatus* He et Xu, sp. nov. (图 86)

雌：前翅长 3.1mm。

头：唇基宽约为长的 3.1 倍，约为颜面宽的 0.76 倍。头背观上颊长为复眼的 0.6 倍。颊长为复眼纵径的 0.36 倍。POL：OD：OOL=13：6：14。触角第 2、10 鞭节长分别为端宽的 3.8 倍和 2.0 倍，第 11 鞭节长为第 10 鞭节长的 1.57 倍。

胸：前胸背板侧面背前方有 1 明显馒头形隆瘤。盾纵沟长约为翅基片的 0.8 倍。中胸侧板前缘毛带仅在翅基片下方和中央横沟上方明显；侧缝上段中央有 4 个小凹窝。后胸侧板光滑区大，其长和高均占侧板的 0.8 倍；其余具细皱，在上缘后方和下缘后方均有 1 细脊与光滑区相隔。并胸腹节气门开口呈线形；并胸腹节中纵脊伸至后表面端部；背表面短于后表面，一侧光滑区中长为中宽的 1.2 倍，后方及中脊侧方多刻皱；端横脊明显下斜；外侧区和端区具夹有细点皱的稀网脊。

足：后足腿节长为宽的 5.1 倍；后足胫节长距长为基跗节的 0.85 倍。

翅：前翅长为宽的 2.02 倍；前缘脉上的长毛长为前缘室宽的 0.5 倍；翅痣长和径室前缘脉长分别为翅痣宽的 1.75 倍和 1.2 倍；径脉第 1 段从翅痣中央外方伸出，长为宽的 1.6 倍。

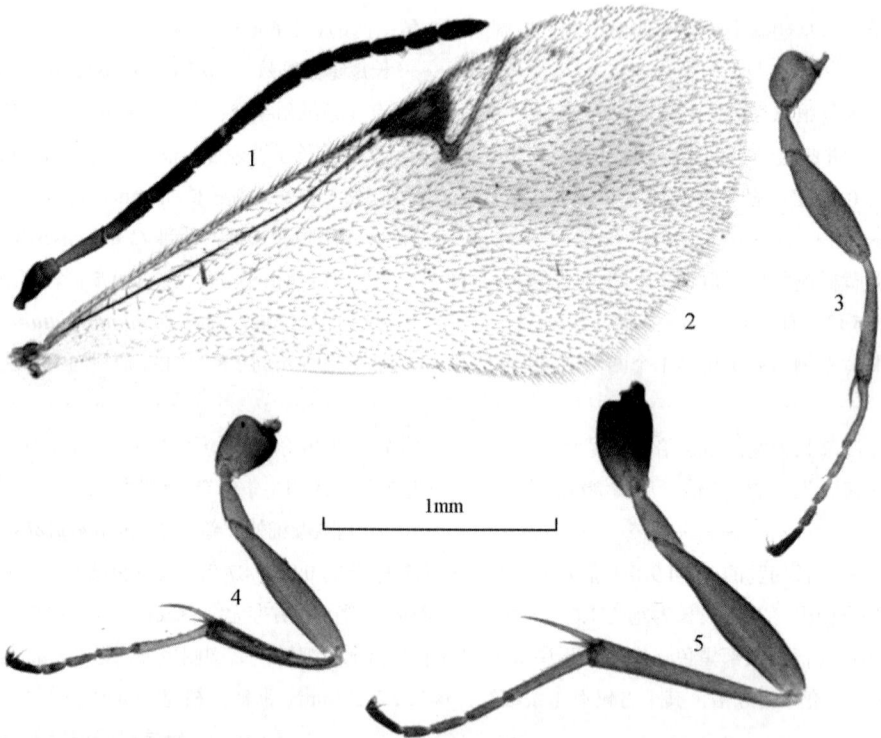

图 86　隆瘤隐颚细蜂，新种 *Cryptoserphus tuberculatus* He et Xu, sp. nov.
1. 触角；2. 前翅；3. 前足；4. 中足；5. 后足 [1-5. 1.0X 标尺]

腹：合背板基部中等宽，中纵沟伸达合背板基部至第 1 对窗疤间距的 0.3 处，侧纵沟各 2 条，亚侧纵沟内斜，长约为中纵沟的 0.8 倍。第 1 窗疤宽为长的 3.0 倍，疤距约为疤宽的 1.0 倍。合背板基部下方具毛约 27 根；合背板基本上光滑，在 100 倍立体解剖镜下仅隐约可见端部 0.25 具极细刻点。产卵管鞘长约为后足胫节的 0.73 倍，长为中宽的 9.0 倍，稍侧扁，端部 0.3 下弯，稍向顶端变细；光滑，无长毛。

体色：体黑色。触角梗节、第 1 鞭节、第 2 鞭节基半红褐色，其余黑褐色。上唇、口器、翅基片黄褐色。足黄褐色，仅后足基节基部及各足跗节褐色。翅透明，翅痣暗黄褐色，亚前缘脉黑褐色，弱脉无色。

雄：未知。

寄主：未知。

研究标本：正模♀，新疆裕民塔斯特，834-1083m，2005.Ⅶ.16，张红英，No.200602332。

副模：1♀，采地、采期同正模，吴琼，No.200602341。

分布：新疆。

鉴别特征：见检索表。

词源：种本名"隆瘤 *tuberculatus*"，意为前胸背板侧面背前方有 1 明显馒头形隆瘤。

(29) 黄足隐颚细蜂 *Cryptoserphus flavipes* (Provancher, 1881) (中国新记录种) (图 87)

Proctotrupes flavipes Provencher, 1881, *Nat. Canad.*, 12: 264.

Serphus (*Cryptoserphus*) *longicalcar* Kieffer, 1908, In: André, *Species des Hyménoptères d'Europe et d'Algérie*, 10: 317.

Serphus (*Cryptoserphus*) *longitarsis* v. *ruficauda* Kieffer, 1908, In: André, *Species des Hyménoptères d'Europe et d'Algérie*, 10: 320.

Serphus (*Cryptoserphus*) *brevimanus* Kieffer, 1908, In: André, *Species des Hyménoptères d'Europes et d'Algérie*, 10: 323.

Cryptoserphus cumaeus Nixon, 1938, *Trans. Roy. Ent. Soc. London*, 87: 462.

Cryptoserphus cumaeus fungorum Szelényi, 1940, *Arb. Über Morph. u. Taxonom. Ent.*, 7: 234.

Cryptoserphus flavipes (Provancher): H. Townes & M. Townes, 1981, *Mem. Amer. Ent. Inst.*, 32: 77, 81.

Cryptoserphus flavipes (Provancher): Johnson, 1992, *Mem. Amer. Ent. Inst.*, 51: 284.

雌：前翅长 2.9-3.3mm。

头：唇基宽约为长的 3.1 倍，约为颜面宽的 0.80 倍。头背观上颊长为复眼的 0.65 倍。颊长为复眼纵径的 0.28 倍。POL：OD：OOL=12：6：12。触角第 2、10 鞭节长分别为端宽的 3.8 倍和 2.3 倍。

胸：前胸背板侧面颈沟内有刻点。盾纵沟长约为翅基片的 0.8 倍。中胸侧板前缘毛带完整；侧缝近中央横沟处有 3 个小凹窝。后胸侧板光滑区长和高分别占侧板的 0.8 倍和 0.8 倍，下方 0.2 斜面具细毛，直至后胸侧板下缘脊；光滑区后下方有长凹窝 3 个，并有 1 水平皱褶，后方上有圆凹窝 4 个。并胸腹节气门开口呈线形；中纵脊伸至后表面端部；背表面短于后表面；背表面光滑区前宽后窄，长为基宽的 1.2 倍，几乎无毛，光滑区中央后方具刻皱；后表面和外侧区具发达网皱。

足：后足腿节长为宽的 5.0 倍；后足胫节长距长为基跗节的 0.83 倍。

翅：前翅长为宽的 2.1 倍；前缘脉上的长毛长约为前缘室宽的 0.65 倍；翅痣长和径室前缘脉长分别为翅痣宽的 1.45 倍和 1.6 倍；径脉第 1 段从翅痣 0.54 处伸出，长为宽的 1.2 倍。

腹：合背板基部中等宽，中纵沟浅，伸达合背板基部至第 1 对窗疤间距的 0.28 处，中纵沟各侧有 3 条弱纵沟，长约为中纵沟的 0.5 倍。第 1 窗疤新月形，两端尖，宽为中长的 2.0-2.2 倍，疤距为疤宽的 1.4-1.8 倍。合背板基部下方具毛约 28 根；合背板端部 0.25 处的刻点极细而浅，点距为其点径的 1.0-2.0 倍。产卵管鞘长约为后足胫节的 1.0 倍，长为中宽的 11 倍，较侧扁，端部稍下弯，稍向宽圆的顶端变细，其上的毛长稍短于管宽。

体色：体黑色。触角柄节、梗节、第 1 鞭节除端部褐黄色，其余黑褐色。口器、翅基片和腹端伸出部分、产卵管鞘褐黄色。足褐黄色；但后足基节背方、前中足端跗节、后足跗节浅褐色。翅透明，翅痣及强脉褐色。

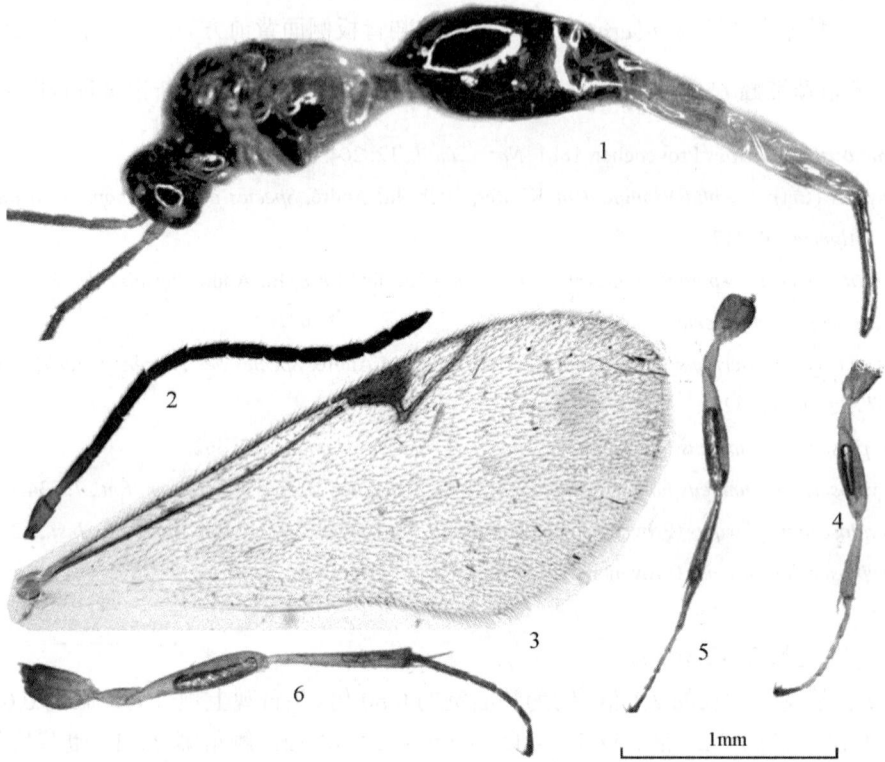

图 87　黄足隐颚细蜂 *Cryptoserphus flavipes* (Provancher)

1. 整体，侧面观；2. 触角；3. 前翅；4. 前足；5. 中足；6. 后足 [1, 4-6. 0.8X 标尺；2-3. 1.0X 标尺]

雄：未知。

寄主：据记载曾从 *Fungivora fungorum* (菌蚊) 中育出。

研究标本：1♀，黑龙江大兴安岭，1979.Ⅷ.17，崔昌之 (保存于 SEI)；1♀，吉林长白山天池，200m，2004.Ⅷ.5，马云，No.20047166。

分布：黑龙江、吉林；日本，罗马尼亚，斯洛伐克，捷克，奥地利，德国，意大利，瑞士，英国，爱尔兰，芬兰，瑞典，美国，加拿大。

鉴别特征：见检索表。

(30) 黑痣隐颚细蜂，新种 *Cryptoserphus nigristigmatus* He et Xu, sp. nov. (图 88)

雌：前翅长 3.2mm。

头：唇基宽约为长的 3.0 倍，约为颜面宽的 0.76 倍。头背观上颊长为复眼的 0.57 倍。颊长为复眼纵径的 0.38 倍。POL：OD：OOL=12：7：14。触角第 2、10 鞭节长分别为端宽的 3.8 倍和 2.5 倍；端节长为第 10 节的 1.57 倍。

胸：盾纵沟长约为翅基片的 0.8 倍。中胸侧板前缘毛带在下半几乎光滑。后胸侧板光滑区长和高分别占侧板的 0.7 和 0.75 倍，下缘后半有 1 短沟和水平皱脊。并胸腹节气门开口呈线形；中纵脊伸达后表面端部；背表面短于后表面，一侧光滑区长约为宽的 1.2 倍，具稀疏的长毛 12-13 根，光滑区近中央毛窝的距离约为毛长的 0.6 倍，端部具浅皱；端横脊中央隆起；后表面 (多长毛) 和外侧区刻皱浅而弱。

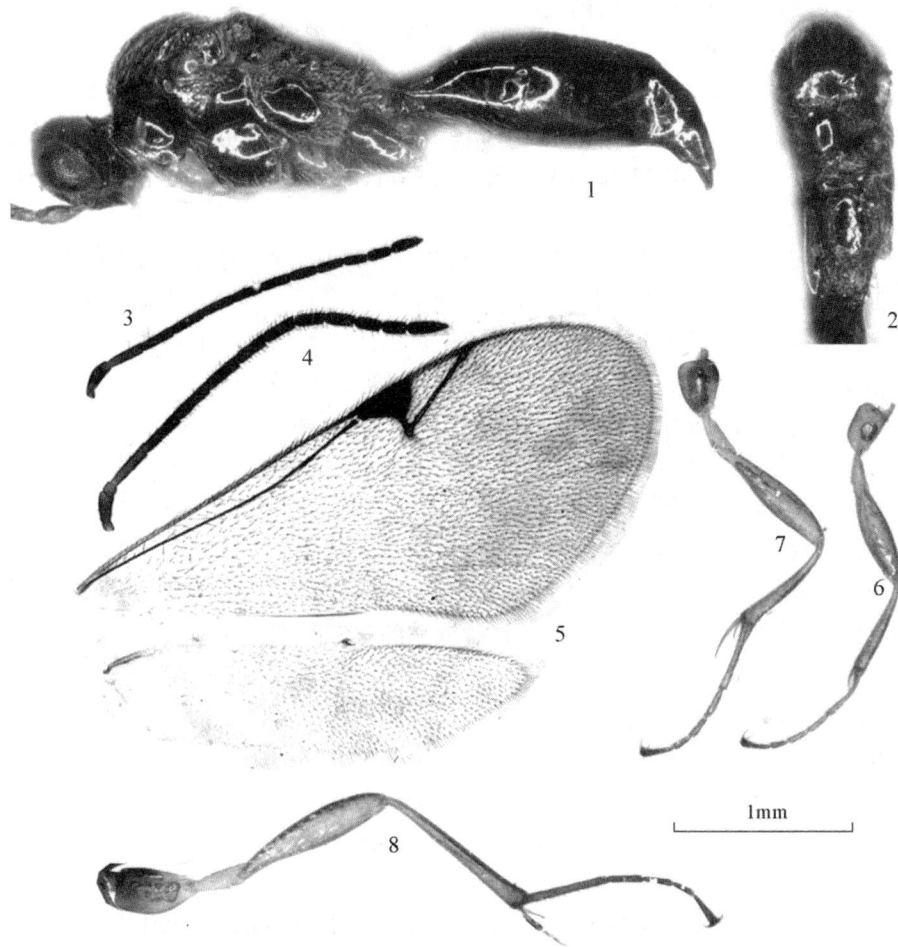

图 88　黑痣隐颚细蜂，新种 Cryptoserhus nigristigmatus He et Xu, sp. nov.

1. 整体，侧面观；2. 胸部，背面观；3, 4. 触角；5. 翅；6. 前足；7. 中足；8. 后足 (1-3.♂; 其余♀) [1-2. 1.5X 标尺；3-7. 1.0X 标尺]

足：后足腿节长为宽的 5.2 倍；后足胫节长距为基跗节的 0.81 倍。

翅：前翅长为宽的 2.0 倍；前缘脉上的长毛长约为前缘室宽的 0.6 倍；翅痣长和径室前缘脉长分别为翅痣宽的 1.8 倍和 1.6 倍；径脉第 1 段从翅痣 0.64 处伸出，长为宽的 2.0 倍；径脉第 1、2 段相接处下方有脉桩。

腹：合背板基部中等宽。中纵沟伸达合背板基部至第 1 对窗疤间距的 0.25 处，中纵沟侧方有 3 条纵沟，亚侧纵沟长约为中纵沟的 1.0 倍。第 1 窗疤宽为长的 2.0 倍，疤距约为疤宽的 2.0 倍。合背板基部下方具毛约 46 根。合背板端部 0.25 的刻点极细，点距为其点径的 2.0-2.5 倍。鞘长约为后足胫节的 0.77 倍，长为中宽的 11.0 倍，稍侧扁，端部 0.3 下弯，稍向宽圆的顶端变细，其上的毛稍短于鞘宽；近鞘的顶端和近 0.62 处具 1 长毛。

体色：体黑色。触角柄节端部、梗节、第 1 鞭节基半褐黄色，其余黑褐色。口器、翅基片及产卵管鞘褐黄色。足黄褐色；中后足基节背方、前中足端跗节和后足第 2-5 跗节褐色。翅透明，翅痣和强脉黑褐色。

雄：前翅长 2.3mm。

头：唇基宽约为长的 2.6 倍，为颜面宽的 0.75 倍。头背观上颊长为复眼的 0.69 倍。颊长为复眼纵径的 0.6 倍。POL：OD：OOL=10：5.5：12。触角第 2、10 鞭节长分别为端宽的 4.0 倍和 2.5 倍，第 11 鞭节长为第 10 鞭节长的 1.44 倍；各鞭节具小而圆形的角下瘤。

胸：盾纵沟长约为翅基片的 0.9 倍。中胸侧板前缘毛带下方稀。后胸侧板光滑区长和高分别占侧板的 0.7 倍和 0.9 倍，其余具刻皱，后上方有 1 细脊与光滑区相隔。并胸腹节气门开口呈线形；中纵脊伸达后表面端部；背表面一侧光滑区中长为中宽的 2.0 倍，具毛 13 根，后半具细皱；后表面短于背表面，具细点皱；外侧区具网皱。

足：后足腿节长为宽的 4.8 倍；后足胫节长距长为基跗节的 0.89 倍。

翅：前翅前缘脉上的长毛长为前缘室宽的 0.6 倍；翅痣长和径室前缘脉长分别为翅痣宽的 1.9 倍和 1.4 倍；径脉第 1 段从翅痣近中央伸出，长为宽的 1.5 倍。

腹：合背板基部中等宽，中纵沟伸达合背板基部至第 1 对窗疤间距的 0.5 处，侧纵沟各 3 条，亚侧纵沟长约为中纵沟的 1.1 倍。第 1 窗疤宽为长的 1.8 倍，疤距约为疤宽的 2.0 倍。合背板基部下方具毛约 18 根。合背板端部背方的刻点极细而浅，点距为其点径的 1.0-2.0 倍。

体色：体黑色。触角黑褐色。口器、翅基片黄褐色。足黄褐色；前中足端跗节浅褐色；中后足基节除端部、后足胫节端部和跗节黑褐色。翅透明，翅痣及强脉浅褐色。

研究标本：正模♀，甘肃宕昌大河坝，2530m，2004.Ⅶ.31，时敏，No.20046986。副模：1♂，陕西秦岭天台山，1999.Ⅸ.3，马云，No.990919。

分布：陕西、甘肃。

鉴别特征：与黄足隐颚细蜂 Cryptoserphus flavipes (Provancher, 1881)相近，其区别可见检索表。

词源：种本名"黑痣 nigristigmatus"，为 nigri (黑色) +stigmatus (翅痣)的组合词，意为新种模式标本翅痣黑褐色。

(31) 皱隐颚细蜂，新种 Cryptoserphus rugulosus He et Xu, sp. nov. (图 89)

雌：前翅长 3.2mm。

头：唇基宽约为长的 2.3 倍，约为颜面宽的 0.5 倍。头背观上颊长为复眼的 0.65 倍。颊长为复眼纵径的 0.5 倍。POL：OD：OOL=13：6.5：14。触角第 2、10 鞭节长分别为端宽的 4.7 倍和 3.0 倍，端节长为亚端节的 1.5 倍。

胸：盾纵沟长约为翅基片的 0.8 倍。中胸侧板前缘毛带在中央中断。后胸侧板光滑区长和高分别占侧板的 0.8 倍和 0.8 倍，下缘后方 0.7 有 1 细沟和 1 水平弯脊与下方刻皱区分开。并胸腹节气门开口呈线形；中纵脊伸至后表面端部；背表面与后表面等长；背表面一侧光滑区长约为宽的 1.3 倍，在近侧脊处具 5 根稀疏的长毛，中央毛窝距离约为毛长的 0.6 倍；光滑区后方侧脊下段消失，外角有与外侧区相连的粗糙网状刻皱；后表面满布细点皱，有"十"字形脊。

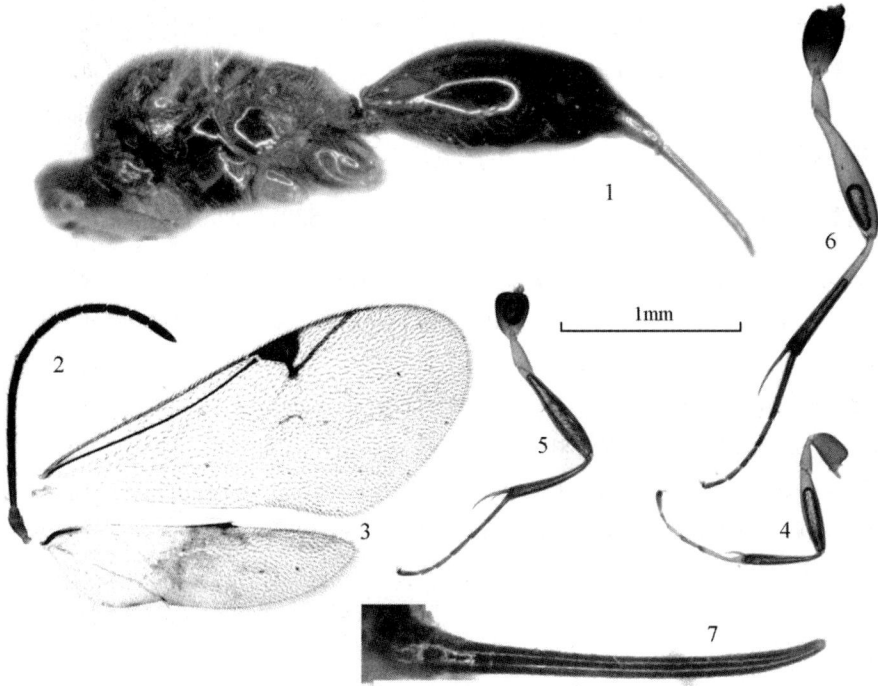

图 89　皱隐颚细蜂，新种 *Cryptoserphus rugulosus* He *et* Xu, sp. nov.
1. 整体，侧面观；2. 触角；3. 翅；4. 前足；5. 中足；6. 后足；7. 产卵管鞘 [1. 0.6X 标尺；2-6. 1.0X 标尺；7. 2.5 X 标尺]

足：后足腿节长为宽的 5.0 倍；后足胫节长距长为基跗节的 0.82 倍。

翅：前翅长为宽的 2.06 倍；前缘脉上的毛长约为前缘室宽的 0.65 倍；翅痣长和径室前缘脉长分别为翅痣宽的 1.58 倍和 2.0 倍；径脉第 1 段从翅痣 0.59 处伸出，长为宽的 1.6 倍。

腹：合背板基部中纵沟伸达合背板基部至第 1 对窗疤间距的 0.45 处，侧方各有 3 条纵沟，其中央 1 条短，另 2 条与中纵沟等长。第 1 窗疤细而浅，宽为长的 2.5 倍，疤距约为疤宽的 1.8 倍。合背板基部下方具毛60根。合背板端部 0.25 的点距为其点径的 1.5-2.0 倍。产卵管鞘长约为后足胫节的 0.8 倍，长为中宽的 20 倍，稍侧扁，端部 0.3 下弯，稍向宽圆的顶端变细，其上的毛看不出。

体色：体黑色。口器黄色。触角柄节、梗节及第 1 鞭节腹方、前胸背板侧面前缘下方、翅基片、腹端部褐黄色。足黄褐色，前足基节红褐色，中后足基节除端部黑褐色；前中足端跗节、后足胫节端部和跗节暗红褐色。

雄：未知。

寄主：未知。

研究标本：正模♀，贵州梵净山金顶，1800m，2001.Ⅷ.3，马云，No.200109902。副模：1♀，贵州梵净山护国寺，1000m，2001.Ⅷ.4，马云，No.200108603。

分布：贵州。

鉴别特征：本新种主要特征在于：①并胸腹节背表面光滑区，后方侧脊下段消失，外角有与外侧区相连的网状刻皱；②径室前缘脉明显长于翅痣，分别为翅痣长和宽的 1.26 倍和 2.0 倍；③触角第 2 鞭节长为端宽的 4.7 倍；④产卵管鞘细，长为中宽的 20 倍。

词源：种本名 "皱 *rugulosus*"，意为 "起了皱的"，指并胸腹节背表面光滑区外角有与外侧区相连的网状刻皱。

(32) 针尾隐颈细蜂 *Cryptoserphus aculeator* (Haliday, 1839) (图 90)

Proctotrupes aculeator Haliday, 1839, *Hymenoptera Britannica Oxyura*:14-15.

Serphus (*Cryptoserphus*) *perrisi* Kieffer, 1907, In: André *Species des Hyménoptères d'Europe et d' Algérie*, 10:318.

Cryptoserphus aculeator (Haliday): Townes, 1981, *Mem. Amer. Ent. Inst.*, 32: 91.

Cryptoserphus aculeator (Haliday): He & Fan, 1991, *Acta Agric. Univ. Zhejiangensis*, 17: 220.

Cryptoserphus aculeator (Haliday): Johnson, 1992, *Mem. Amer. Ent. Inst.*, 51: 284.

Cryptoserphus aculeator (Haliday): Fan & He, 2003, In: Huang, *Fauna of Insects in Fujian Province of China*, 7: 716.

雌：前翅长 2.5-3.8mm。

头：唇基宽约为长的 2.1 倍，约为颜面宽的 0.62 倍。头背观上颊长为复眼的 0.6 倍。颊长为复眼纵径的 0.51 倍。POL：OD：OOL=13：7：13。触角第 2、10 鞭节长分别为端宽的 4.5 倍和 3.2 倍。

胸：盾纵沟长约为翅基片的 0.8 倍。中胸侧板前缘毛带连续，少数中断。后胸侧板光滑区长和高分别占侧板的 0.70-0.75 倍和 0.80-0.85 倍，下缘在其后方 0.2 左右具 1 水平皱褶，有时此皱褶不明显或缺。并胸腹节气门开口呈线形；中纵脊伸至后表面端部；背表面一侧光滑区长约为宽的 1.8 倍，具稀疏的长毛 12-13 根，近光滑区中央的毛窝基部的距离约为毛长的 0.6 倍，端部具浅皱；端横脊中央隆起；外侧区和端区刻皱浅而弱。

足：后足腿节长为宽的 5.0 倍；后足胫节长距长为基跗节的 0.77 倍。

翅：前翅前缘脉上的毛长约为前缘室宽的 0.5 倍；翅痣长和径室前缘脉长分别为翅痣宽的 2.0 倍和 1.5 倍；径脉第 1 段从翅痣 0.59 处伸出，长为宽的 1.5 倍。

腹：合背板基部中等宽，具 7 条 (或少数具 8 或 9 条) 长的纵沟，中央 3 条约伸达合背板基部至第 1 对窗疤间距的 0.5 处，中纵沟侧方的第 2 条纵沟长约为亚纵沟的 0.5 倍。第 1 窗疤宽为长的 2.0 倍，疤距约为疤宽的 3.0 倍。合背板基部下方具毛 38-46 根。合背板端部 0.25 的点距约为其点径的 2.0 倍。产卵管鞘长为后足胫节的 0.78-0.86 倍，长为中宽的 11.0-17.0 倍，稍侧扁，端部 0.3 下弯，稍向宽圆的顶端变细，鞘上的毛长约与鞘宽等长，与鞘成 80°角；近顶端和近中央各具 1 长毛，近基部有 1 或 2 根长毛，有时还另有一些短毛。

体色：体黑色。触角柄节和梗节褐黄色，有时褐色；鞭节除基部外呈黑褐色。口器、翅基片褐黄色。足黄褐色，但后足色稍深；中后足基节除端部外黑褐色；前中足端跗节褐色；后足胫节端部和跗节暗褐色。

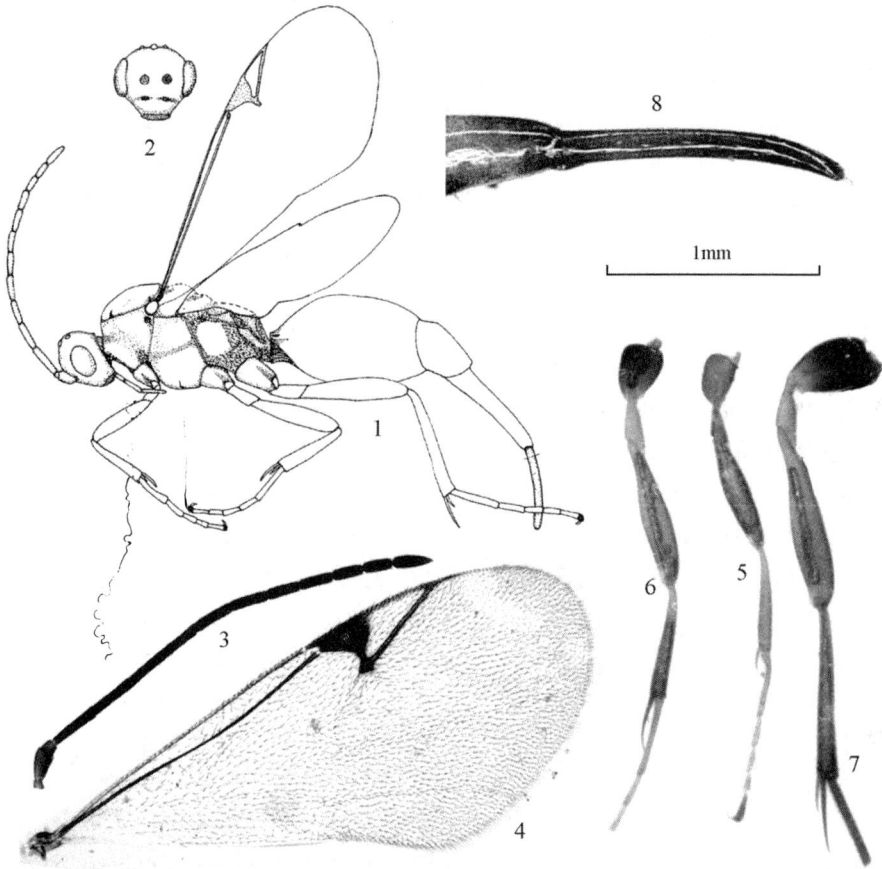

图 90　针尾隐颚细蜂 *Cryptoserphus aculeator* (Haliday)

1. 整体，侧面观；2. 头部，前面观；3. 触角；4. 前翅；5. 前足；6. 中足；7. 后足；8. 产卵管鞘 (1. 仿何俊华等, 1991) [1-2. 0.6X 标尺；3-7. 1.0X 标尺；8. 2.5 X 标尺]

雄：前翅长 2.7-2.8mm。

头：唇基宽约为长的 2.2 倍，为颜面的 0.55-0.59 倍。头背观上颊长为复眼的 0.62 倍。颊长为复眼纵径的 0.38-0.43 倍。POL：OD：OOL= (10-13)：7：13。触角第 2、10 鞭节长分别为端宽的 3.1-3.3 倍和 2.8-3.6 倍，第 11 鞭节长为第 10 鞭节的 1.35 倍；第 2-10 各鞭节基部有 1 小而圆形的角下瘤。

胸：盾纵沟长约为翅基片的 0.8 倍。中胸侧板前缘毛带完整或下方稀。后胸侧板光滑区长和高分别占侧板的 0.7 倍和 0.8 倍；其余具刻皱，多毛，后上方有 2 条细脊与光滑区相隔。并胸腹节气门开口呈线形；中纵脊伸至后表面端部；背表面一侧光滑区中长为中宽的 1.6-1.7 倍，其后半具弱皱；后表面短于背表面，具细皱，多长毛；外侧区具网皱，几乎被长毛覆盖。

足：后足腿节长为宽的 4.2-4.9 倍；后足胫节长距长为基跗节的 0.83-0.87 倍。

翅：前缘脉上的长毛长约为前缘室的 0.4 倍；翅痣长和径室前缘脉长分别为翅痣宽的 1.9-2.0 倍和 1.35-1.4 倍；径脉第 1 段从翅痣中央稍外方伸出，长为宽的 1.9-2.0 倍。

腹：合背板基部中等宽；中纵沟伸达合背板基部至第 1 对窗疤间距的 0.5-0.6 处，侧方各具 2-3 条纵沟，亚侧纵沟长为中纵沟的 0.8-1.0 倍。第 1 窗疤宽为长的 1.8-2.0 倍，疤距为疤宽的 2.2-2.5 倍。合背板端部的刻点极细而浅，点距为其点径的 1.0-2.0 倍。

体色：体黑色。触角柄节、梗节和第 1 鞭节除端部褐黄色，其余褐色。口器、翅基片黄褐色。足黄褐色；但中足基节背方、后足基节除端部、胫节端部黑褐色。翅透明，翅痣及强脉褐黄色。

寄主：据记载为菌蚊幼虫。

研究标本：1♂，陕西秦岭天台山，1999.IX.3，马云，No.990919；1♀，浙江西天目山老殿—仙人顶，1250-1520m，1989.VI.6，马群，No.895120；3♀，浙江西天目山仙人顶，1990.VI.2-4，胡海军，Nos.901118，901130，901190；1♂，浙江西天目山，1992.VI.9，陈学新，No.922514；17♀，浙江西天目山，1993.VI.11-12，马云、马巨法、陈学新、许再福、滕玲，Nos.934242，934244，934284-85，934427，934569，934576-77，934580，934898，934995，934997，935014，935172，935216，935269，935369；1♀，浙江西天目山，1995.V.9，杜予州，No.977782；1♀，浙江西天目山三里亭，马氏网采，1998.V.30，赵明水，No.999745；1♂，浙江西天目山，1998.V.31，陈学新，No.980005；2♀，浙江西天目山仙人顶，马氏网采，1998.VIII.9，1998.IX.5，赵明水，Nos.994185，20057368；2♀1♂，浙江西天目山仙人顶，1520m，2001.VII.1，朴美花，Nos.200106462，200106467-68；1♂，浙江西天目山仙人顶，2003.VII.29，时敏，No.20034543；1♀，浙江莫干山，1992.VI.11，林伟，No.923001；1♀1♂，浙江开化古田山，1992.VII.18，马云、吴鸿，Nos.923923，924243；1♀，浙江庆元百山祖，1993.III.22，吴鸿，No.950079；2♀，浙江龙泉凤阳山凤阳庙，2003.VIII.9-10，余晓霞，Nos.20034615，20034622；34♀，浙江龙泉凤阳山凤阳尖，1650m，2003.VIII.10，戴武、徐华潮，Nos.20034705-26 (缺 20034710)，20034729，20034732-45 (缺 20034737，20034742)；2♀，浙江庆元百山祖，1856m，2003.VIII.13-14，马云、余晓霞，Nos.20034772，20034815；1♀，福建武夷山，1985.VII.20，林乃铨，No.968099；7♀，福建黄岗山，1985.VII.3-VIII.1，刘明晖、郑耿、陈新金、汤玉清 (保存于 FAC)；1♂，福建武夷山龙渡，1979.XI.29，黄居昌 (保存于 FAC)；1♀，福建福州鼓山 380m，1953.IV.3，赵修复 (保存于 FAC)；4♀，福建福州，1993.III.22，V.10，刘长明，Nos.967260，967262-63，967301；1♀，广东韶关，1992.V.12，何俊华，No.921942。

分布：陕西、浙江、福建、广东；尼泊尔，菲律宾，印度尼西亚，匈牙利，奥地利，德国，意大利，西班牙，英国，爱尔兰，瑞典。

鉴别特征：见检索表。

注：据 Townes，在 1981 年的描述，触角鞭节或多或少呈淡黄色，而作者所观察的全部标本鞭节除基部外呈黑褐色。

(33) 小五台隐颚细蜂，新种 *Cryptoserphus xiaowutaiensis* He *et* Xu, sp. nov. (图 91)

雌：前翅长 2.7mm。

头：唇基宽约为长的 2.4 倍，约为颜面宽的 0.63 倍。头背观上颊长为复眼的 0.6 倍。颊长为复眼纵径的 0.32 倍。POL：OD：OOL=14：7：12。触角第 2、10 鞭节长分别为端宽的 4.2 倍和 2.4 倍，第 11 鞭节长为第 10 鞭节的 1.64 倍。

胸：盾纵沟长约为翅基片的 1.0 倍。中胸侧板前缘毛带仅在翅基片下方明显，其余毛很稀，近于光滑。后胸侧板光滑区大，其长和高分别占侧板的 0.7 和 0.8 倍；其余具细皱，在后方交界处有 1 细脊相隔。并胸腹节气门开口呈线形；中纵脊明显，但在后表面的弱，仅端半存在；背表面短，一侧光滑区中长为中宽的 1.1 倍，后方及外侧有细皱；端横脊后斜，中央隆起；后表面和外侧区具弱网皱。

足：后足腿节长为宽的 5.1 倍；后足胫节长距长为基跗节的 0.81 倍。

翅：前翅长为宽的 2.02 倍；前缘脉上的长毛长为前缘室宽的 0.5 倍；翅痣长和径室前缘脉长分别为翅痣宽的 1.9 倍和 1.6 倍；径脉第 1 段从翅痣外 0.3 处伸出，长为宽的 1.8 倍。

腹：合背板基部中等宽，中纵沟伸达合背板基部至第 1 窗疤间距的 0.3 处，侧纵沟各 3 条，亚侧纵沟长约为中纵沟的 0.95 倍。第 1 窗疤宽为长的 2.2 倍，疤距约为疤宽的 1.2 倍。合背板基部下方具毛约 25 根。合背板上光滑，在 100 倍立体解剖镜下仅隐约可见端部背缘有极细刻点。产卵管鞘长约为后足胫节的 0.78 倍，长为中宽的 10.0 倍，光滑，无长毛；稍侧扁，端部 0.3 下弯，向稍尖的顶端变细。

体色：体黑色。触角柄节、梗节和第 1 鞭节基半红褐色，其余黑褐色。上唇、口器、翅基片黄褐色。足黄褐色；后足基节最基部及各足端跗节浅褐色。翅透明，翅痣和强脉褐色，弱脉无色。

雄：前翅长 2.5mm。

头：唇基宽约为长的 2.3 倍，为颜面宽的 0.53 倍。头背观上颊长为复眼的 0.53 倍。颊长为复眼纵径的 0.43 倍。POL：OD：OOL=12：7：12。触角第 2、10 鞭节长分别为端宽的 3.6 倍和 3.6 倍，第 11 鞭节长为第 10 鞭节长的 1.45 倍；第 2-10 各鞭节具小而圆形的角下瘤。

胸：前胸背板侧面前背瘤稍拱隆。盾纵沟长约为翅基片的 0.9 倍。中胸侧板前缘毛带下方稀。后胸侧板光滑区长和高分别占侧板的 0.8 倍和 0.9 倍，其后下方有细沟 3 条，并有 1 水平皱脊与刻皱区相隔。并胸腹节气门开口呈线形；中纵脊伸至后表面前半部；背表面一侧光滑区中长为中宽的 1.5 倍，几乎无毛，后半具弱皱；后表面短于背表面，具细皱；外侧区具稀网皱。

足：后足腿节长为宽的 4.8 倍；后足胫节长距长为基跗节的 0.81 倍。

翅：前翅前缘脉上的长毛长为前缘室宽的 0.5 倍；翅痣长和径室前缘脉长分别为翅痣宽的 2.0 倍和 1.33 倍；径脉第 1 段从翅痣中央伸出，长为宽的 1.6 倍。

腹：合背板基部中等宽，中纵沟伸达合背板基部至第 1 窗疤间距的 0.5 处，侧纵沟各 3 条，亚侧纵沟长约为中纵沟的 1.0 倍。第 1 窗疤宽为长的 2.0 倍，疤距约为疤宽的

2.0 倍。合背板基部下方具毛约 28 根。合背板端部的刻点极细而浅，点距为其点径的 1.5-2.0 倍。

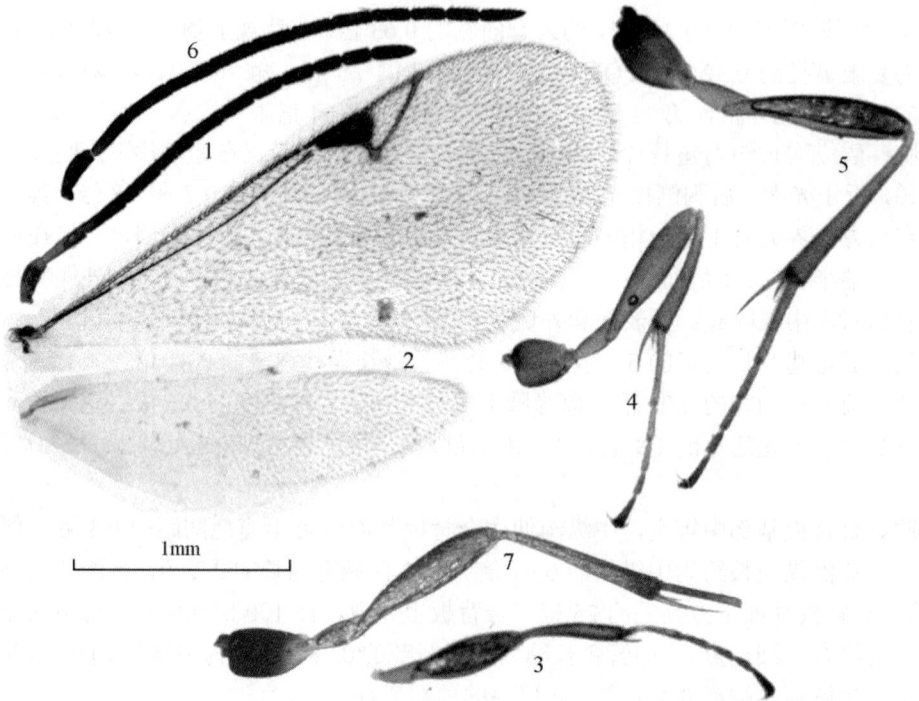

图 91　小五台隐颚细蜂，新种 *Cryptoserphus xiaowutaiensis* He et Xu, sp. nov.
1, 6. 触角；2. 翅；3. 前足；4. 中足；5, 7. 后足 (1-5.♀; 6-7.♂) [1-7. 1.0X 标尺]

体色：体黑色。触角柄节、梗节和第 1 鞭节除端半褐黄色，其余黑褐色。口器、翅基片和腹端伸出部分、产卵管鞘褐黄色。足褐黄色；中后足基节除端部、胫节端部和跗节黑褐色至褐色；前中足端跗节浅褐色。翅透明，翅痣和强脉浅褐色。

寄主：不知。

研究标本：正模♀，河北小五台山山涧口，1200m，2005.Ⅷ.22，时敏，No.200604725。副模：10♀2♂，河北小五台山山涧口—东灵口，1200-2100m，2005.Ⅷ.21-22，时敏、张红英，Nos.200604445，200604461，200604502，200604504，200604552-53，200604560-61，200604565，200604724，200604760，200604770；2♀，河北小五台山，2005.Ⅷ.20-23，刘经贤，Nos.200609441，200609510。

分布：河北。

鉴别特征：见检索表。

词源：种本名 "小五台 xiaowutaiensis"，意为新种模式标本产地为河北小五台山。

(34) 布尔津隐颚细蜂，新种 *Cryptoserphus burqinensis* He et Xu, sp. nov. (图 92)

雌：前翅长 3.1mm。

头：唇基宽约为长的 2.0 倍，约为颜面宽的 0.6 倍。头背观上颊长为复眼的 0.65 倍。颊长为复眼纵径的 0.33 倍。POL：OD：OOL=12：6：13。触角第 2、10 鞭节长分别为端宽的 4.0 倍和 2.5 倍，第 11 鞭节长为第 10 鞭节长的 1.5 倍。

胸：盾纵沟长约为翅基片的 0.8 倍。中胸侧板前缘毛带仅在翅基片下方明显，其余毛很稀，近于光滑。后胸侧板光滑区大，其长和高分别占侧板的 0.8 倍和 0.9 倍，其余具细皱，与光滑区之间无细脊相隔。并胸腹节气门开口呈线形；中纵脊伸至后表面端部；背表面稍短于后表面，一侧光滑区中长为中宽的 1.5 倍，后方及内侧有弱皱；端横脊近于平直；外侧区和端区具细刻点夹稀网皱。

足：后足腿节长为宽的 5.2 倍；后足胫节长距长为基跗节的 0.7 倍。

翅：前翅长为宽的 1.98 倍；前缘脉上的长毛长为前缘室宽的 0.5 倍；翅痣长和径室前缘脉长分别为翅痣宽的 1.8 倍和 1.7 倍；径脉第 1 段从翅痣中央稍外方伸出，长为宽的 2.2 倍。

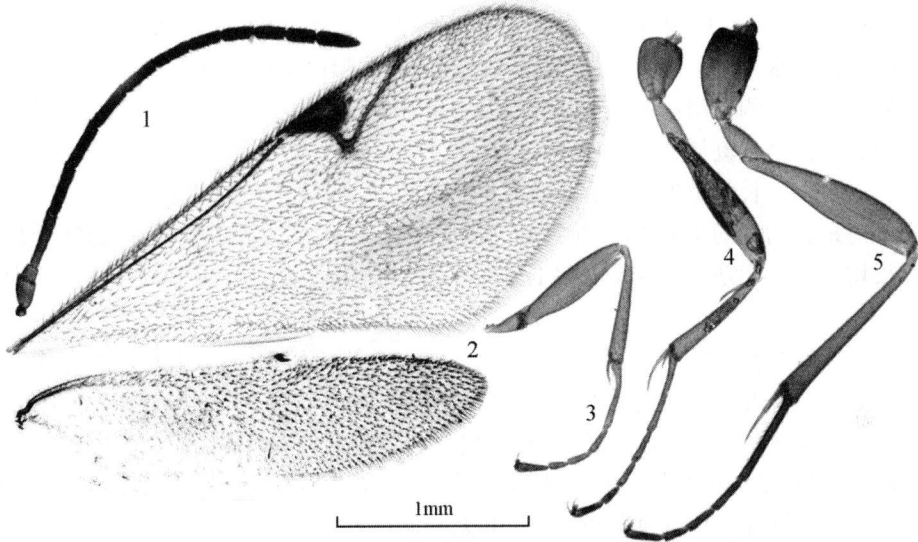

图 92　布尔津隐颚细蜂，新种 *Cryptoserphus burginensis* He *et* Xu, sp. nov.
1. 触角；2. 翅；3. 前足；4. 中足；5. 后足 [1-5. 1.0X 标尺]

腹：合背板基部中等宽。中纵沟伸达合背板基部至第 1 对窗疤间距的 0.4 处，侧纵沟各 3 条，亚侧纵沟深，长约为中纵沟的 1.1 倍。第 1 窗疤 (黄褐色) 宽为长的 2.0 倍，疤距约为疤宽的 2.2 倍。合背板基部下方具毛约 21 根。合背板基本上光滑，在 100 倍立体解剖镜下隐约可见端部背方有极细刻点，点距为点径的 0.5-2.0 倍。产卵管鞘长约为后足胫节的 0.96 倍，长为中宽的 12.0 倍，稍侧扁，端部 0.3 下弯，稍向宽圆的顶端变细，光滑，无长毛。

体色：体黑色，前胸背板侧面和产卵管鞘暗红褐色，腹端延伸部位黄褐色。触角柄节、梗节和第 1 鞭节基半黄褐色，其余黑褐色。上唇、口器、翅基片黄褐色。足黄褐色；但后足基节基部、前中足端跗节和后足跗节褐色。翅透明，翅痣和强脉褐色，弱脉无色。

雄：未知。

寄主：未知。

研究标本：正模♀，新疆布尔津喀纳斯，1450m，2005.Ⅶ.14，张红英，No.200602294。

分布：新疆。

鉴别特征：见检索表。

词源：种本名"布尔津 *burqinensis*"，意为新种模式标本产地为新疆布尔津。

(35) 林氏隐颚细蜂，新种 *Cryptoserphus lini* He et Xu, sp. nov. (图 93)

雌：前翅长 2.7mm。

头：唇基宽约为长的 2.1 倍，约为颜面宽的 0.6 倍。头背观上颊长为复眼的 0.48 倍。颊长为复眼纵径的 0.4 倍。POL∶OD∶OOL=9∶7∶14。触角第 2、10 鞭节长分别为端宽的 4.8 倍和 3.0 倍，端节长为亚端节的 1.5 倍。

胸：盾纵沟长约为翅基片的 0.8 倍。中胸侧板前缘毛带在中央中断宽，仅翅基下方和侧板横沟上方有毛。后胸侧板光滑区长和高分别占侧板的 0.6 倍和 0.7 倍，其下缘与下方刻皱区之间无水平脊分开。并胸腹节气门开口呈线形；中纵脊伸至后表面端部；背表面长于后表面，一侧光滑区长约为宽的 1.6 倍，约具 15 根稀疏的长毛；后表面具细皱，多毛；外侧区具网状刻皱。

足：后足腿节长为宽的 5.3 倍；后足胫节长距长为基跗节的 0.7 倍。

翅：前翅长为宽的 1.93 倍；前缘脉上的毛长约为前缘室宽的 0.5 倍；翅痣长和径室前缘脉长均分别为翅痣宽的 1.8 倍和 1.56 倍；径脉第 1 段从翅痣 0.59 处伸出，长为宽的 3.0 倍。

腹：合背板基部中纵沟伸达合背板基部至第 1 对窗疤间距的 0.4 处，侧方各有 2 条纵沟，亚侧纵沟长为中纵沟的 0.8 倍。第 1 窗疤短椭圆形，宽为长的 1.5 倍，疤距约为疤宽的 3.4 倍。合背板基部下方有细毛约 30 根。合背板端部 0.4 具浅而细刻点，其点距为其点径的 1.5-2.0 倍。产卵管鞘长约为后足胫节的 1.0 倍，长为中宽的 11.5 倍，较侧扁，端部 0.2 下弯，稍向宽圆的顶端变细，其上无明显长毛。

体色：体黑色。触角柄节、梗节及第 1 鞭节基部褐黄色，其余黑褐色。前胸背板侧面前缘下方、翅基片、腹端部褐黄色。口器黄色。足黄褐色，跗节黑褐色。翅透明，带烟黄色；翅痣和强脉暗褐黄色。

雄：未知。

寄主：未知。

研究标本：正模♀，西藏林芝色季拉山，2002.Ⅸ.1，林乃铨，No.20032849。副模：1♀，西藏林芝八一镇，2002.Ⅸ.2，林乃铨，No.20033181。

分布：西藏。

鉴别特征：本新种与针尾隐颚细蜂 *Cryptoserphus aculeator* (Haliday, 1839) 最为相似，其区别见检索表。

词源：种本名"林氏 *lini*"意为表示对福建农林大学教授林乃铨博士惠赠西藏标本及对作者工作帮助的谢意。

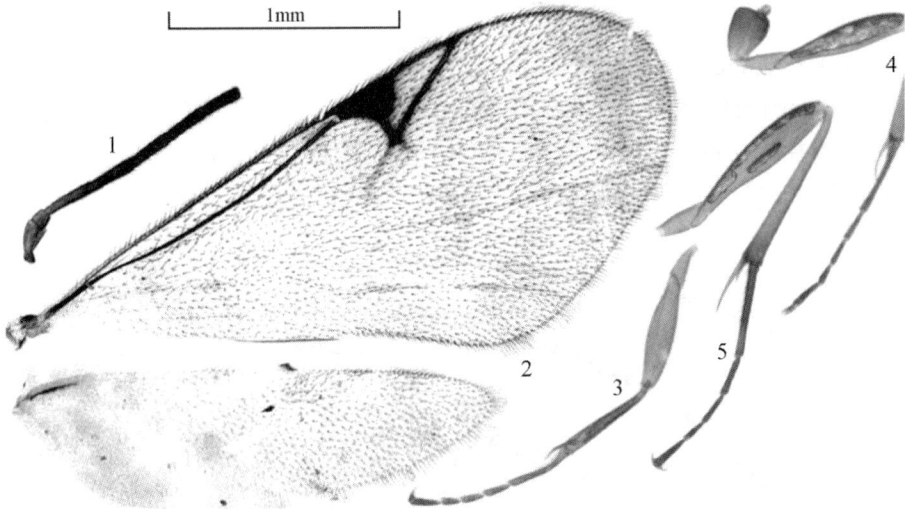

图 93　林氏隐颚细蜂，新种 *Cryptoserphus lini* He *et* Xu, sp. nov.
1. 触角第 1-7 节；2. 翅；3. 前足；4. 中足；5. 后足 [1-5. 1.0X 标尺]

(36) 长痣隐颚细蜂，新种 *Cryptoserphus longistigmatus* He *et* Xu, sp. nov. (图 94)

雌：前翅长 2.5mm。

头：唇基宽约为长的 2.3 倍，约为颜面宽的 0.54 倍。头背观上颊长为复眼的 0.66 倍。颊长为复眼纵径的 0.43 倍。POL：OD：OOL=10：8：12。触角第 2、10 鞭节长分别为端宽的 5.2 倍和 3.3 倍，端节长为端前节的 1.33 倍。

胸：盾纵沟长约为翅基片的 0.8 倍。中胸侧板前缘毛不连续，有些中断；后下角具 2 个凹窝。后胸侧板光滑区大，长和高分别占侧板的 0.8 倍和 0.9 倍；侧板下缘和后方具点皱和长毛，并有 1 脊与光滑区分别。并胸腹节气门开口呈线形；中纵脊伸至后表面端部，但后表面上半无；背表面长于后表面，一侧光滑区长约为宽的 1.8 倍，具稀疏的长毛约 18 根，光滑区近中央毛窝基部距离约为毛长的 0.6 倍，端部具浅皱；端横脊中央隆起；后表面和外侧区刻皱浅而弱，多毛。

足：后足腿节长为宽的 5.0 倍；后足胫节长距长为基跗节的 0.81 倍。

翅：前翅长为宽的 1.9 倍；前缘脉上的长毛长为前缘室宽的 0.5 倍；翅痣长和径室前缘脉长分别为翅痣宽的 2.1 倍和 1.57 倍；径脉第 1 段从翅痣外方 0.3 处伸出，长为宽的 2.2 倍。

腹：合背板基部中等宽。中纵沟伸达合背板基部至第 1 对窗疤间距的 0.5 处，侧纵沟各 3 条，亚侧纵沟长约为中纵沟的 1.0 倍。第 1 窗疤宽为长的 1.6 倍，疤距约为疤宽的 3.5 倍。合背板基部下方具毛 58 根。合背板端部 0.25 的刻点极细，点距为其点径的 1.5-2.0 倍。产卵管鞘长约为后足胫节的 0.75 倍，长为中宽的 14.0 倍，稍侧扁和弯曲，稍向宽圆的顶端变细，近于光滑，无明显刻点和毛。

体色：体黑色，腹端部黄褐色。触角柄节、梗节和第 1 鞭节褐黄色，其余黑褐色。口器、翅基片褐黄色。足黄褐色；后足基节基半黑褐色；前中足端跗节、后足胫节端部和跗节暗褐色。

雄：前翅长 2.6mm。

头：唇基宽约为长的 2.2 倍，约为颜面宽的 0.62 倍。头背观上颊长为复眼的 0.6 倍。颊长为复眼纵径的 0.39 倍。POL：OD：OOL=6：6：12。触角第 2、10 鞭节长分别为端宽的 4.6 倍和 4.0 倍，第 11 鞭节长为第 10 鞭节的 1.4 倍；鞭节上未见明显角下瘤。

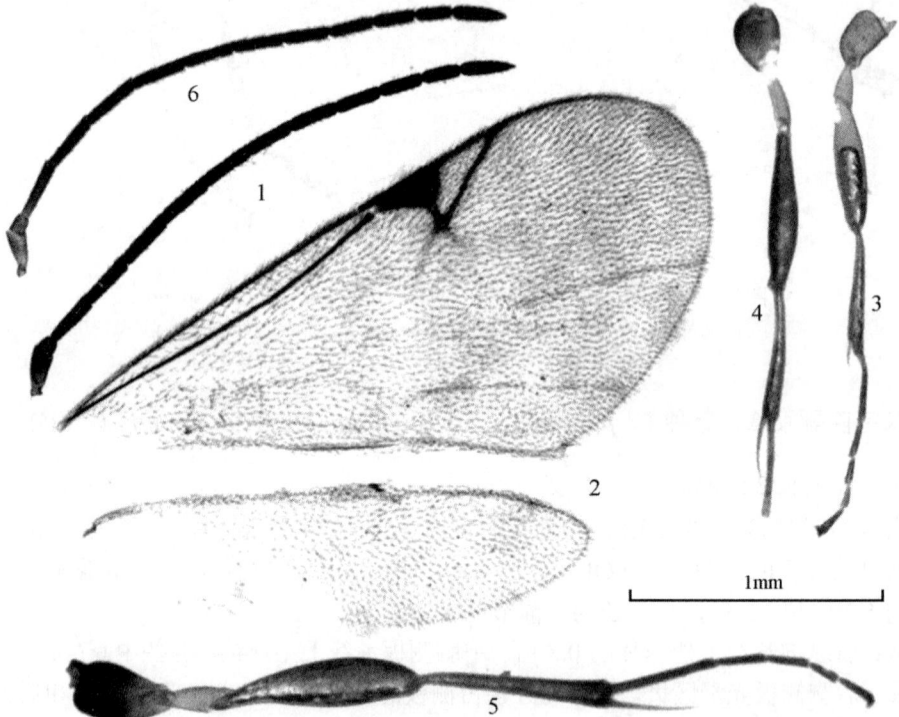

图 94　长痣隐颚细蜂，新种 *Cryptoserphus longistigmatus* He *et* Xu, sp. nov.
1, 6. 触角；2. 翅；3. 前足；4. 中足；5. 后足 (1-2.♂；3-6.♀) [1-6. 1.0X 标尺]

胸：盾纵沟长约为翅基片的 0.8 倍。中胸侧板前缘毛带上方完整，下方光滑；后下角具 2 个凹窝。后胸侧板光滑区大，长和高分别占侧板的 0.8 倍和 0.8 倍；其余具刻皱，后上方有 1 细脊与光滑区相隔。并胸腹节气门开口呈线形；中纵脊伸至后表面端部；背表面一侧光滑区中长为中宽的 1.9 倍，后方具细点皱；后表面短于背表面，具细点皱；外侧区具网皱。

足：后足腿节长为宽的 4.6 倍；后足胫节长距长为基跗节的 0.89 倍。

翅：前翅前缘脉上的长毛长为前缘室宽的 0.5 倍；翅痣长和径室前缘脉长分别为翅痣宽的 1.87 倍和 1.33 倍；径脉第 1 段从翅痣外方 0.63 处伸出，长为宽的 2.0 倍。

腹：合背板基部中等宽。中纵沟伸达合背板基部至第 1 对窗疤间距的 0.6 处，侧方各具 2 条纵沟，亚侧纵沟长约为中纵沟的 1.0 倍。第 1 窗疤宽为长的 2.0 倍，疤距约为疤宽的 2.0 倍。合背板基部下方具毛约 60 根。合背板端部的刻点极细，点距为其点径的 1.0-1.5 倍。

体色：体黑色。触角黑褐色。口器、翅基片和腹端伸出部分、产卵管鞘褐黄色。足黄褐色；前中足端跗节浅褐色；中后足基节除端部、后足腿节除两端、胫节除基部和跗节黑褐色至褐色。翅透明，翅痣及强脉浅褐色。

研究标本：正模♀，甘肃宕昌大河坝，2530m，2004.Ⅶ.31，陈学新，No.20047041。副模：5♂，采地、采期同正模，时敏 (No.20047005)、吴琼 (Nos.20047019，20047031，20047033)、陈学新 (No.20047040)。

分布：甘肃。

鉴别特征：见检索表。

词源：种本名"长痣 *longistigmatus*"，意为新种模式标本翅痣相对较长。

(37) 细鞭隐颚细蜂，新种 *Cryptoserphus tenuiflagellaris* He *et* Xu, sp. nov. (图 95)

雌：前翅长 2.5mm。

头：唇基宽约为长的 2.2 倍，约为颜面宽的 0.62 倍。头背观上颊长为复眼的 0.64 倍。颊长为复眼纵径的 0.36 倍。POL：OD：OOL=10：6：10。触角第 2、10 鞭节长分别为端宽的 7.7 倍和 3.2 倍，第 11 鞭节长为第 10 鞭节长的 1.56 倍。

胸：盾纵沟约为翅基片的 0.8 倍。中胸侧板前缘毛带仅在翅基片下方明显，其余毛很稀，近于光滑。后胸侧板光滑区大，其长和高均占侧板的 0.7 倍，其余具细皱，在上缘后方和下缘后方均有 1 细脊与光滑区相隔。并胸腹节气门开口呈线形；中纵脊伸至后表面端部；背表面稍长于后表面，一侧光滑区中长约为中宽的 1.8 倍，后端具刻点；端横脊明显后斜；后表面具细点皱；外侧区具网皱。

足：后足腿节长为宽的 5.3 倍；后足胫节长距长为基跗节的 0.68 倍。

翅：前翅长为宽的 2.2 倍；前缘脉上的长毛长为前缘室宽的 0.5 倍；翅痣长和径室前缘脉长分别为翅痣宽的 1.8 倍和 1.6 倍；径脉第 1 段从翅痣 0.66 处伸出，长为宽的 1.8 倍；肘间横脊呈短脉桩。

腹：合背板基部中等宽。中纵沟伸达合背板基部至第 1 对窗疤间距的 0.5 处，侧纵沟各 3 条，亚侧纵沟长约为中纵沟的 1.2 倍。第 1 窗疤宽为长的 1.2 倍，疤距约为疤宽的 3.5 倍。合背板基部下方具毛约 60 根。合背板端部 0.25 基本上光滑，在 100 倍立体解剖镜下仅隐约可见极细刻点。产卵管鞘长约为后足胫节的 0.7 倍，长为中宽的 10.0 倍，稍侧扁，弧形下弯，稍向顶端变细，光滑，无长毛。

体色：体黑色。触角柄节、梗节红褐色，其余黑褐色。上唇、口器、翅基片和腹端延伸部位黄褐色。足黄褐色；后足基节基部黑褐色；各足跗节浅褐色至褐色。翅透明，翅痣和强脉黑褐色，弱脉无色。

雄：未知。

寄主：未知。

研究标本：正模♀，四川卧龙自然保护区，2006.Ⅶ.21，高智磊，No.200610816。

分布：四川。

鉴别特征：见检索表。

词源：种本名"细鞭 *tenuiflagellaris*"，意为新种模式标本触角鞭节相对较细瘦。

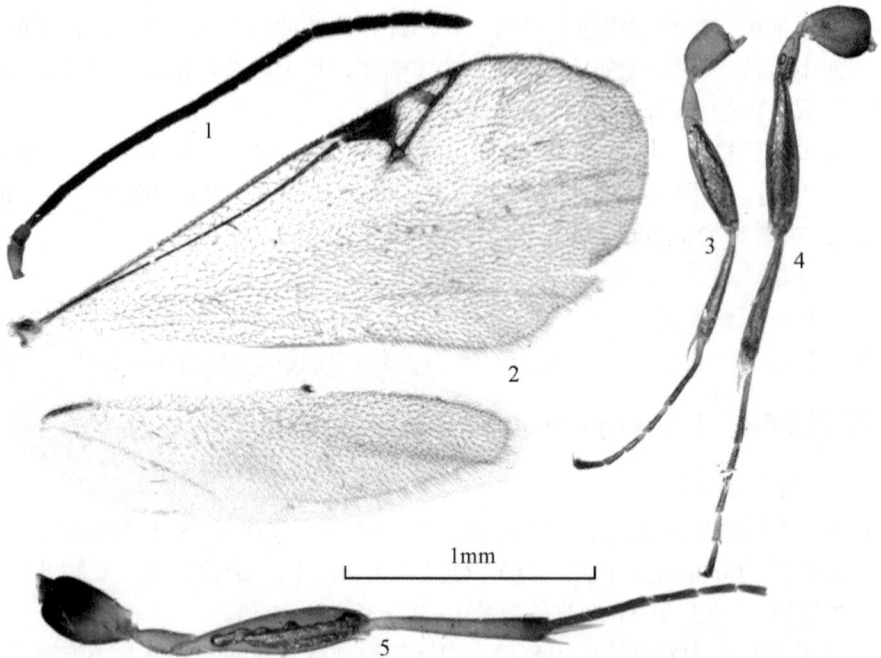

图 95 细鞭隐颚细蜂，新种 *Cryptoserphus tenuiflagellaris* He *et* Xu, sp. nov.

1. 触角；2. 翅；3. 前足；4. 中足；5. 后足 [1-5. 1.0X 标尺]

(38) 端粗隐颚细蜂，新种 *Cryptoserphus apicalus* He *et* Xu, sp. nov. (图 96)

雌：前翅长 2.9mm。

头：唇基宽约为长的 2.0 倍，约为颜面宽的 0.63 倍。头背观上颊长为复眼的 0.38 倍。颊长为复眼纵径的 0.55 倍。POL：OD：OOL=14：6.5：14。触角鞭节至端部渐稍粗（学名即据此特征而拟），第 2、10 鞭节长分别为端宽的 4.2 倍和 2.7 倍，第 11 鞭节长为第 10 鞭节长的 1.55 倍。

胸：前胸背板侧面后下角有 2 个凹窝。盾纵沟长约为翅基片的 0.9 倍。中胸侧板前缘毛稀，下半光滑。后胸侧板光滑区长和高分别占侧板的 0.8 倍和 0.85 倍；其余具刻皱，后上方有 1 细脊与光滑区相隔。并胸腹节气门开口呈线形；中纵脊伸至后表面端部；背表面一侧光滑区中长约为中宽的 1.6 倍，后侧角具网皱；后表面短于背表面，具细点皱；外侧区具稀而强的刻皱。

足：后足腿节长为宽的 5.0 倍；后足胫节长距长为基跗节的 0.83 倍。

翅：前翅长为宽的 2.14 倍；前缘脉上的长毛长为前缘室宽的 0.4 倍；翅痣长和径室前缘脉长分别为翅痣宽的 1.8 倍和 1.7 倍；径脉第 1 段从翅痣 0.55 处伸出，长为宽的 1.8 倍。

腹：合背板基部中等宽。中纵沟伸达合背板基部至第 1 对窗疤间距的 0.4 处，侧方各具 2 条纵沟，亚侧纵沟长约为中纵沟的 0.95 倍。第 1 窗疤宽为长的 2.0 倍，疤距约为疤宽的 2.0 倍。合背板端部的刻点极细而浅，点距为其点径的 1.0-2.0 倍。产卵管鞘长约为后足胫节的 0.83 倍，长为中宽的 12.5 倍，较侧扁，端部稍下弯，稍向宽圆的顶端变细，光滑，无长毛。

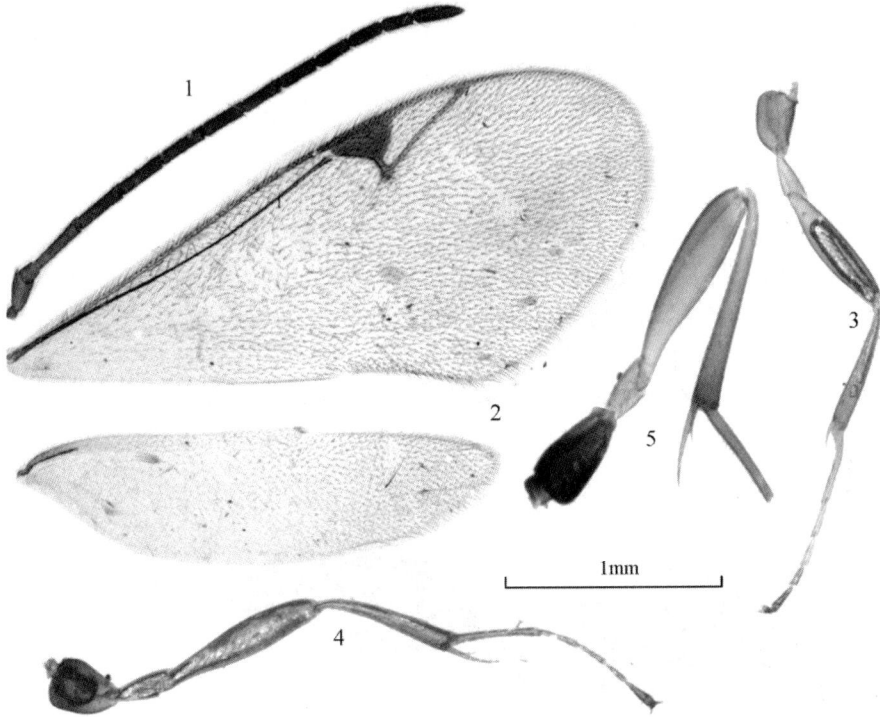

图 96　端粗隐颚细蜂，新种 *Cryptoserphus apicalus* He *et* Xu, sp. nov.
1. 触角；2. 翅；3. 前足；4. 中足；5. 后足 [1-5. 1.0X 标尺]

体色：体黑色。触角柄节、梗节和第 1 鞭节除端部褐黄色，其余褐色。口器、翅基片和腹端伸出部分、产卵管鞘褐黄色。足黄褐色至褐黄色；后足基节除端部黑褐色。翅透明，翅痣和强脉浅褐色。

雄：未知。

寄主：未知。

研究标本：正模♀，福建崇安黄岗山，1985，刘明辉，No.860706。

分布：福建。

鉴别特征：见检索表。

词源：种本名"端部 *apicalus*"，意为触角端部渐稍粗。

(39) 河南隐颚细蜂，新种 *Cryptoserphus henanensis* He *et* Xu, sp. nov. (图 97)

雌：前翅长 2.3mm。

头：唇基宽约为长的 2.2 倍，约为颜面宽的 0.58 倍。头背观上颊长为复眼的 0.55 倍。颊长为复眼纵径的 0.41 倍。POL：OD：OOL=11.5：7：13。触角第 2、10 鞭节长分别为端宽的 3.4 倍和 3.7 倍，端节长为亚端节的 1.5 倍。

胸：盾纵沟长约为翅基片的 0.8 倍。中胸侧板前缘毛带连续，但中央毛稀。后胸侧板光滑区长和高分别占侧板的 0.7 倍和 0.8 倍，下缘在其后方 0.2 具 1 水平皱脊。并胸腹节气门开口呈卵圆形；中纵脊伸至后表面端部；背表面一侧光滑区长约为宽的 1.9 倍，具 10 根稀疏长毛，中央毛窝基部距离约为毛长的 0.6 倍；后横脊甚高；后表面短于背表面，毛糙，无光泽，有弱中纵脊；外侧区具稀网皱。

足：后足腿节长为宽的 5.4 倍；后足胫节长距长为基跗节的 0.87 倍。

翅：前翅前缘脉上的毛长约为前缘室宽的 0.5 倍，翅痣长和径室前缘脉长分别为翅痣宽的 1.9 倍和 1.2 倍；径脉第 1 段从后方 0.48 处伸出；长为宽的 1.2 倍。

腹：合背板基部中等宽，中纵沟伸达合背板基部至第 1 对窗疤间距的 0.55 处，中纵沟侧方各有 2 条短纵沟，亚侧纵沟长为中纵沟的 0.8 倍，其最外 1 条较长而宽。第 1 窗疤近短椭圆形，宽为长的 1.2 倍，疤距约为疤宽的 4.0 倍。合背板基部下半具细毛 33 根。合背板端部 0.2 刻点极细，点距为其点径的 1.0-1.5 倍。产卵管已断。

体色：体黑色。触角黑褐色。须黄色。翅基片褐黄色。足黄褐色；前中足基节、后足胫节端部和跗节浅褐色；中后足基节除端部黑褐色。翅透明，带烟黄色，翅痣和强脉浅褐色。

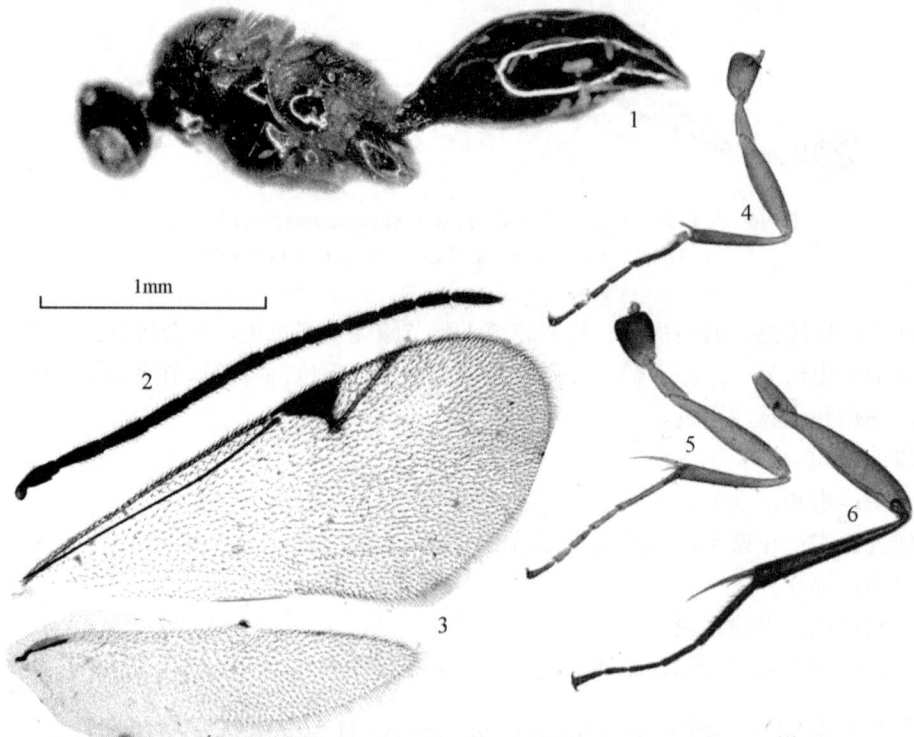

图 97 河南隐颚细蜂，新种 *Cryptoserphus henanensis* He et Xu, sp. nov.
1. 整体，侧面观；2. 触角；3. 翅；4. 前足；5. 中足；6. 后足 [1-6. 1.0X 标尺]

变异：副模产卵管鞘长为后足胫节的 0.62 倍，长为中宽的 10.0 倍，在 0.1 近腹缘处、0.2 近背方处、0.5 中央处、0.75 近背缘处各有斜长毛 1 根，毛长均不及鞘宽。

雄：未知。

寄主：未知。

研究标本：正模♀，河南嵩县白云山，1996.Ⅶ.11-18，蔡平，No.972638。副模：2♀，河南卢氏狮子峰，1996.Ⅷ.24，蔡平，Nos.973150，973269；1♀，河南内乡宝天曼，1998.Ⅶ.14，陈学新，No.988611。

分布：河南。

鉴别特征：本新种与针尾隐颚细蜂 Cryptoserphus aculeator (Haliday, 1839)最为相似，其区别见检索表。

注：正模标本产卵管鞘不全。

词源：种本名"河南 henanensis"，意为新种模式标本产地在河南省。

(40) 短痣隐颚细蜂，新种 Cryptoserphus brevistigmatus He et Xu, sp. nov. (图 98)

雌：前翅长 3.0mm。

头：唇基宽约为长的 2.2 倍，约为颜面宽的 0.59 倍。头背观上颊长为复眼的 0.58 倍。颊长为复眼纵径的 0.5 倍。POL：OD：OOL=12：8：15。触角至端部渐稍细，第 2、10 鞭节长分别为端宽的 4.3 倍和 3.2 倍，第 11 鞭节长为第 10 鞭节长的 1.5 倍。

胸：前胸背板侧面后下角具 2 个凹窝。盾纵沟长约为翅基片的 0.9 倍。中胸侧板前缘毛带完整。后胸侧板光滑区长和高分别占侧板的 0.7 倍和 0.8 倍，其后下方有细刻点；其余具刻皱，后上方有细脊与光滑区相隔。并胸腹节气门开口呈线形；中纵脊伸至后表面端部；背表面一侧光滑区中长为中宽的 1.7 倍，散生长毛 10 根，后方具刻皱；端横脊强，陡斜；后表面短于背表面，具细皱，夹有纵脊；外侧区具稀网皱。

足：后足腿节长为宽的 5.0 倍；后足胫节长距长为基跗节的 0.8 倍。

翅：前翅长为宽的 2.13 倍；前缘脉上的长毛长为前缘室宽的 0.4 倍；翅痣长和径室前缘脉长分别为翅痣宽的 1.67 倍和 1.67 倍；径脉第 1 段从翅痣 0.65 处伸出，长为宽的 2.2 倍。

腹：合背板基部中等宽。中纵沟伸达合背板基部至第 1 对窗疤间距的 0.5 处，侧纵沟各 3 条，亚侧纵沟长为中纵沟的 1.0 倍。第 1 窗疤宽为长的 2.0 倍，疤距约为疤宽的 3.0 倍。合背板基部下方具毛约 27 根。合背板端部背方的刻点极细而浅，在 100 倍立体解剖镜下仍近于光滑。产卵管鞘长约为后足胫节的 0.6 倍，长为中宽的 10.0 倍，较侧扁，端部稍下弯，稍向宽圆的顶端变细，近鞘背方 0.3 处和 0.7 处的毛长稍长于鞘宽。

体色：体黑色。触角柄节、梗节和第 1 鞭节褐黄色，其余黑褐色。口器、翅基片黄褐色。产卵管鞘黑褐色。足黄褐色；但后足基节基半、前中足端跗节、后足跗节浅褐色。翅透明，翅痣及强脉褐色。

雄：未知。

寄主：未知。

研究标本：正模♀，贵州梵净山回香坪，1993.Ⅶ.11，姚松林，No.937326。副模：4♀，贵州梵净山回香坪—金顶，1993.Ⅶ.9-12，陈学新，Nos.937406，937587，937624，938020。

分布：贵州。

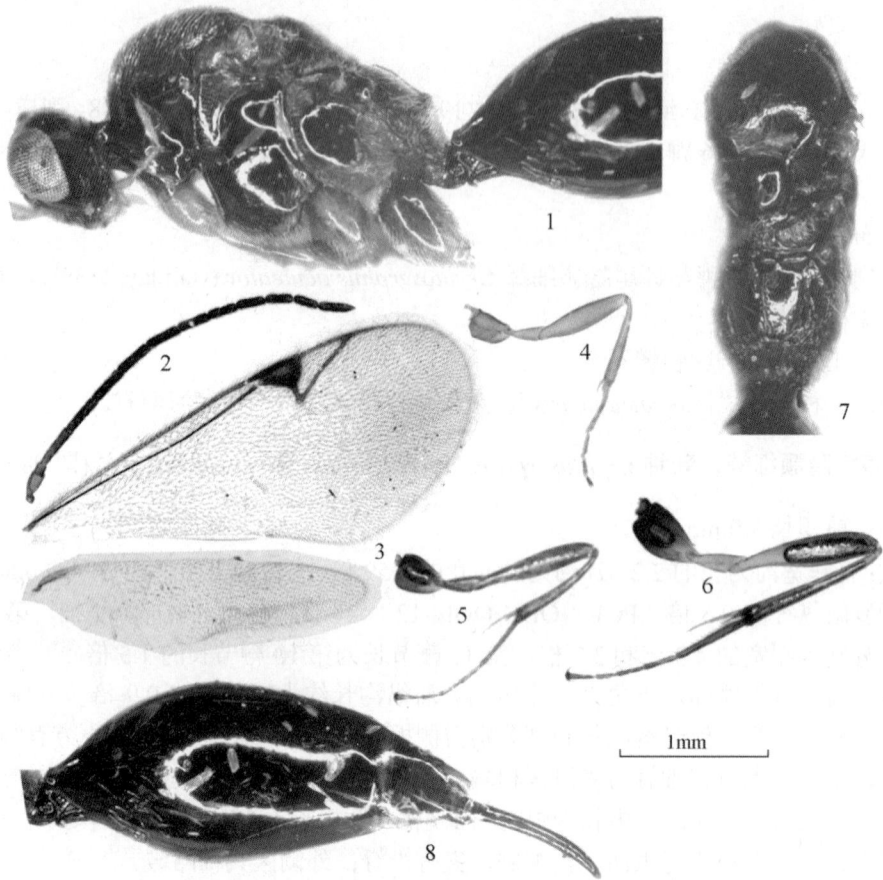

图 98　短痣隐颚细蜂，新种 *Cryptoserphus brevistigmatus* He *et* Xu, sp. nov.

1. 头部、胸部和腹部基部，侧面观；2. 触角；3. 翅；4. 前足；5. 中足；6. 后足；7. 胸部，背面观；8. 腹部，侧面观
[1, 7-8. 1.6 X 标尺；2-6. 1.0X 标尺]

鉴别特征：见检索表。

词源：种本名"短痣 *brevistigmatus*"，意为翅痣相对较短，长仅为宽的 1.67 倍。

(41) 隆侧隐颚细蜂，新种 *Cryptoserphus mesopleuralis* He *et* Xu, sp. nov. (图 99)

雌：前翅长 3.0mm。

头：唇基宽约为长的 2.1 倍，约为颜面宽的 0.61 倍。头背观上颊长为复眼的 0.59 倍。颊长为复眼纵径的 0.42 倍。POL：OD：OOL=11：6：13。触角第 2、10 鞭节长分别为端宽的 4.5 倍和 2.4 倍，第 11 鞭节长为第 10 鞭节的 1.4 倍。

胸：盾纵沟长约为翅基片的 0.9 倍。中胸侧板前缘毛带仅在翅基片下方明显，其余毛很稀，近于光滑；侧缝上段消失，与侧板后上方合成拱隆区域 (学名即据此特征而拟)。后胸侧板光滑区其长和高均占侧板的 0.8 倍；其余具细皱，沿后上缘和后下缘均有短斜沟和 1 细脊与光滑区相隔。并胸腹节气门开口呈线形；中纵脊伸至后表面端部；背表面一侧光滑区长约为宽的 1.9 倍，后半具涟漪状弱皱；端横脊中央隆起；后表面和外侧区

具点皱。

足：后足腿节长为宽的 5.6 倍；后足胫节长距长为基跗节的 0.9 倍。

翅：前翅长为宽的 2.06 倍；前缘脉上的长毛长为前缘室宽的 0.4 倍；翅痣长和径室前缘脉长分别为翅痣宽的 1.7 倍和 1.6 倍；径脉第 1 段从翅痣中央稍外方伸出，长为宽的 1.9 倍。

腹：合背板基部中等宽。中纵沟伸达合背板基部至第 1 对窗疤间距的 0.55 处，侧纵沟各 1 条，亚侧纵沟长约为中纵沟的 0.9 倍。第 1 窗疤宽为长的 2.5 倍，疤距约为疤宽的 2.2 倍。合背板基部下方具毛约 17 根。合背板端部 0.25 基本上光滑，在 100 倍立体解剖镜下仅背方隐约可见极细刻点。产卵管鞘长约为后足胫节的 0.55 倍，长为中宽的 10.0 倍，稍侧扁，端部 0.3 下弯，向稍尖的顶端变细，光滑，无长毛。

体色：体黑色。触角基部 3 节红褐色，其余黑褐色。上唇、口器、翅基片黄褐色。足黄褐色；后足基节基部及各足端跗节黑褐色。翅透明，翅痣暗黄褐色，亚前缘脉黑褐色，弱脉无色。

雄：前翅长 2.7mm。

头：唇基宽约为长的 2.2 倍，约为颜面宽的 0.6 倍。头背观上颊长为复眼的 0.59 倍。颊长为复眼纵径的 0.42 倍。POL：OD：OOL=12：8：14。触角第 2、10 鞭节长分别为端宽的 4.3 倍和 3.5 倍，第 11 鞭节长为第 10 鞭节长的 1.28 倍；第 2-10 各鞭节具小而圆形的角下瘤。

胸：盾纵沟长约为翅基片的 1.0 倍。中胸侧板前缘毛带下方稀；侧缝上段消失而与侧板上方合并成拱区。后胸侧板光滑区其长和高分别占侧板的 0.7 倍和 0.8 倍，光滑区后下方有短沟 3 条，并有水平细脊与后下方刻皱区相隔。并胸腹节气门开口呈线形；中纵脊伸至后表面端部；背表面一侧光滑区中长为中宽的 1.7 倍，几乎无毛，沿脊侧方具刻皱；后表面短于背表面，具细皱；外侧区具网皱。

足：后足腿节长为宽的 5.8 倍；后足胫节长距长为基跗节的 0.96 倍。

翅：前翅前缘脉上的长毛长为前缘室宽的 0.4 倍；翅痣长和径室前缘脉长分别为翅痣宽的 1.94 倍和 1.24 倍；径脉第 1 段从翅痣下方 0.59 处伸出，长为宽的 1.2 倍。

腹：合背板基部中等宽。中纵沟伸达合背板基部至第 1 对窗疤间距的 0.48 处，侧纵沟各 3 条，亚侧纵沟长约为中纵沟的 1.1 倍。第 1 窗疤宽为长的 2.2 倍，疤距约为疤宽的 2.2 倍。合背板基部下方具毛约 24 根。合背板仅端部背方的刻点极细而浅，点距约为其点径的 2.0 倍。

体色：体黑色。触角黑褐色。口器、翅基片黄褐色。足黄褐色；前中足端跗节、中后足基节基部、后足胫节最端部黑褐色；后足跗节浅褐色。翅透明，翅痣及强脉浅褐色。

寄主：未知。

研究标本：正模♀，贵州雷公山自然保护区，2005.Ⅵ.2，张红英，No.20059301。副模：1♀，贵州贵定，1979，周声震，No.860476；1♂，贵州独山，1980.Ⅵ.27，周声震，No.860391；4♀3♂，采地同正模，2005.Ⅴ.31-Ⅵ.3，张红英、刘经贤，Nos.20059217，20059230，20059263，20059268，20059288，20059292，20059339。

分布：贵州。

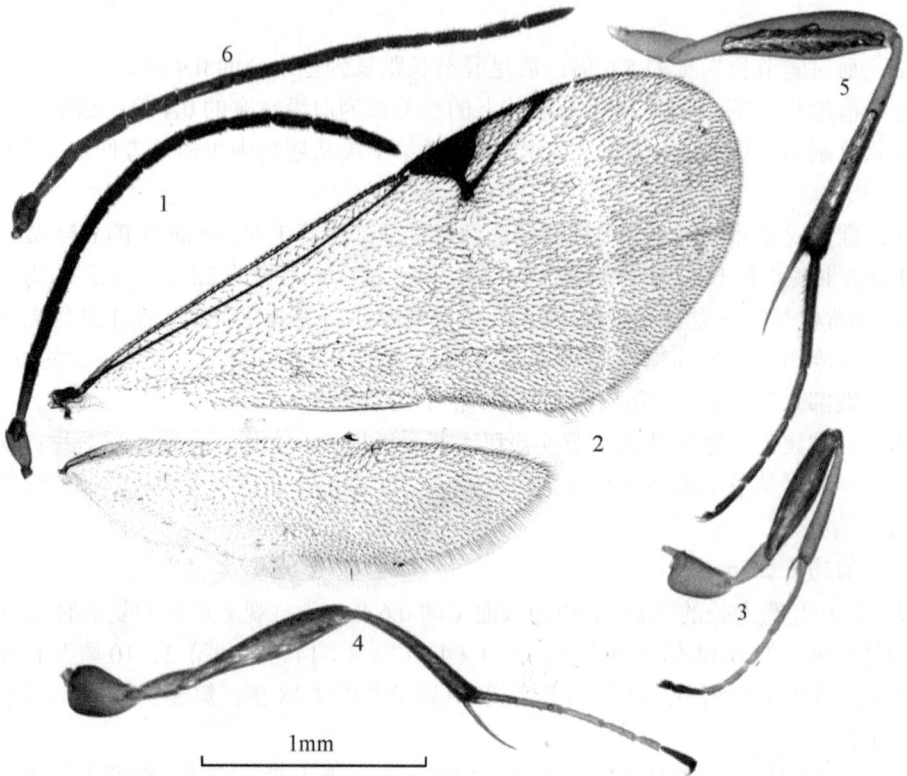

图 99   隆侧隐颚细蜂，新种 *Cryptoserphus mesopleuralis* He *et* Xu, sp. nov.

1, 6. 触角；2. 翅；3. 前足；4. 中足；5. 后足 (1-5.♀；6.♂) [1-6. 1.0X 标尺]

鉴别特征：见检索表。

词源：种本名"隆侧 *mesopleuralis*"，意为中胸侧板侧缝上段消失而与侧板上方合并成拱隆区域。

(42) 湖南隐颚细蜂，新种 *Cryptoserphus hunanensis* He *et* Xu, sp. nov. (图 100)

雌：前翅长 2.7mm。

头：唇基宽约为长的 2.0 倍，约为颜面宽的 0.52 倍。头背观上颊长为复眼的 0.74 倍。颊长为复眼纵径的 0.43 倍。POL：OD：OOL=10：7：13。触角第 2、10 鞭节长分别为端宽的 4.4 倍和 3.8 倍；端节长为亚端节的 1.46 倍。

胸：盾纵沟长约为翅基片的 1.0 倍。中胸侧板前缘毛带连续，但下方缺。后胸侧板光滑区长和高分别占侧板的 0.75 倍和 0.9 倍，在其后缘具细脊。并胸腹节中纵脊伸至后表面端部；背表面长于后表面，一侧光滑区长约为宽的 1.8 倍，具稀疏的长毛约 18 根，近光滑区中央的毛窝基部的距离约为毛长的 0.8 倍；端横脊中央隆起；后表面具点皱，无网皱；外侧区网皱稀而弱。

足：后足腿节长为宽的 5.3 倍；后足胫节长距为基跗节的 0.87 倍。

翅：前翅长为宽的 2.07 倍；前缘脉上长毛长为前缘室宽的 0.6 倍；翅痣长和径室前

缘脉长分别为翅痣宽的 2.0 倍和 1.87 倍；径脉第 1 段从翅痣 0.6 处伸出，长为宽的 1.8 倍。

腹：合背板基部中等宽，中纵沟浅，伸达合背板基部至第 1 对窗疤间距的 0.6 处，侧纵沟各 2 条，亚侧纵沟长约为中纵沟的 0.9 倍。第 1 窗疤宽为长的 1.5 倍，疤距约为疤宽的 3.5 倍。合背板基部下方具毛 36 根。合背板端部 0.25 处的刻点极细，点距为其点径的 1.0-2.0 倍。产卵管鞘长约为后足胫节的 0.75 倍，长为中宽的 12.4 倍，稍侧扁，端部 0.3 下弯，稍向宽圆的顶端变细，无明显刻点和毛。

体色：体黑色。触角柄节、梗节和第 1 鞭节基半黄褐色，其余黑褐色。口器、翅基片褐黄色。足黄褐色，仅后足基节基半黑褐色。翅透明，翅痣和强脉褐色。

雄：前翅长 3.4mm。

头：唇基宽约为长的 2.0 倍，为颜面宽的 0.57 倍。头背观上颊长为复眼的 0.61 倍。颊长为复眼纵径的 0.48 倍。POL：OD：OOL=14：7：17。触角第 2、10 鞭节长分别为端宽的 4.4 倍和 4.3 倍，第 11 鞭节长为第 10 鞭节的 1.3 倍；第 3-11 各鞭节基部有 1 小而圆的角下瘤。

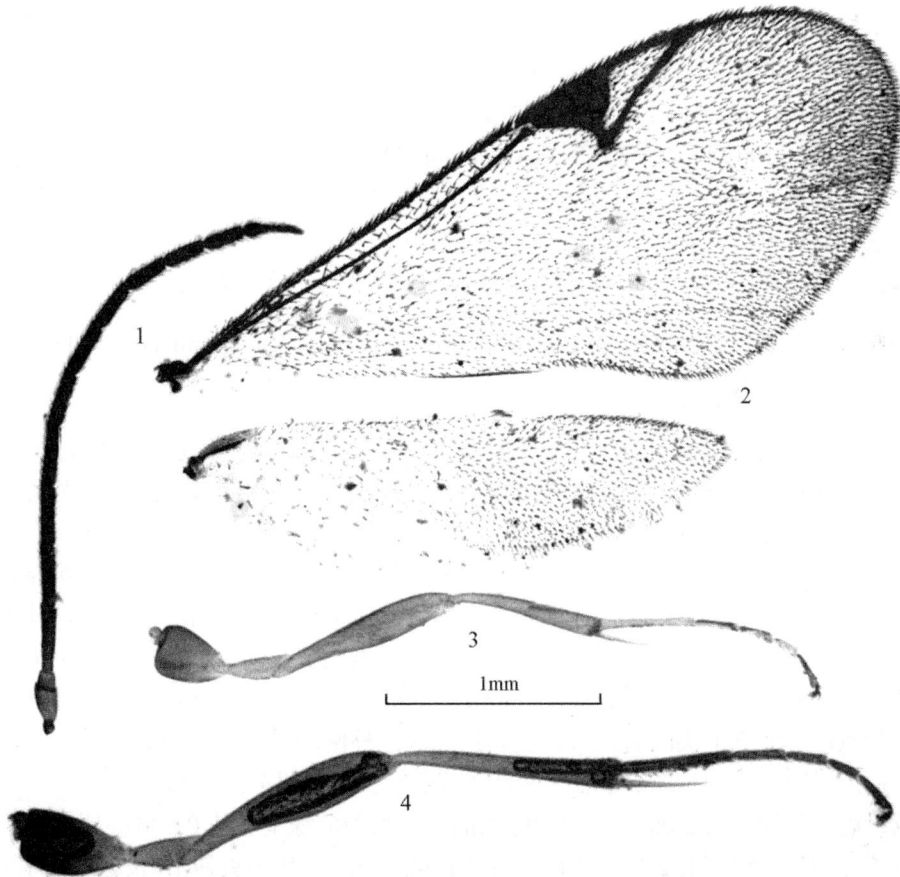

图 100　湖南隐颚细蜂，新种 *Cryptoserphus hunanensis* He et Xu, sp. nov.
1. 触角; 2. 翅; 3. 前足; 4. 中足 [1-4. 1.0X 标尺]

胸：盾纵沟长约为翅基片的 1.0 倍。中胸侧板前缘毛带中央下方稀；下后方近中央横沟处有 5 条短纵沟。后胸侧板光滑区长和高分别占侧板的 0.7 倍和 0.8 倍；其余具刻皱，后上方有 1 细脊与光滑区相隔。并胸腹节气门开口呈线形；中纵脊伸至后表面端部；背表面一侧光滑区中长为中宽的 1.6 倍，有细毛 14 根；后表面与背表面约等长，前方具刻点，后方具网皱；外侧区具网皱。

足：后足腿节长为宽的 4.5 倍；后足胫节长距为基跗节的 0.85 倍。

翅：前翅前缘脉上长毛长为前缘室宽的 0.4 倍；翅痣长和径室前缘脉长分别为翅痣宽的 1.9 倍和 1.0 倍；径脉第 1 段从翅痣近中央伸出，长为宽的 1.6 倍。

腹：合背板基部中等宽。中纵沟浅，伸达合背板基部至第 1 对窗疤间距的 0.6 处，侧纵沟各 3 条，亚侧纵沟长约为中纵沟的 1.1 倍。第 1 窗疤宽为长的 2.5 倍，疤距约为疤宽的 1.6 倍。合背板基部下方具毛约 80 根。合背板端部的刻点极细，点距为其点径的 0.2-0.5 倍。

体色：体黑色。触角柄节、梗节和第 1 鞭节除端部褐黄色，其余黑褐色。口器、翅基片和腹端伸出部分、产卵管鞘褐黄色。足褐黄色，前中足端跗节、中后足基节除端部、后足胫节端部和跗节黑褐色。翅透明，翅痣和强脉浅褐色。

寄主：未知。

研究标本：正模♀，湖南长沙，1981.Ⅳ.5，童新旺，No.20044253。副模：2♀2♂，湖南桑植天平山，1981.Ⅵ.17，Ⅸ.3，童新旺，Nos.20044291-92，20044808，20044811；1♂，湖南浏阳，1985.Ⅳ.7，童新旺，No.20044357。

分布：湖南。

鉴别特征：见检索表。

词源：种本名"湖南 hunanensis"，意为新种模式标本产地在湖南省。

(43) 长颊隐颚细蜂，新种 Cryptoserphus longitemple He et Xu, sp. nov. (图 101)

雌：前翅长 3.1mm。

头：唇基宽约为长的 2.1 倍，约为颜面宽的 0.62 倍。头背观上颊长为复眼的 0.79 倍。颊长为复眼纵径的 0.55 倍。POL：OD：OOL=9：6.5：17。触角第 2、10 鞭节长分别为端宽的 4.0 倍和 3.0 倍，第 11 鞭节长为第 10 鞭节的 1.33 倍。

胸：盾纵沟长约为翅基片的 0.8 倍。中胸侧板前缘毛带仅在翅基片下方明显，其余毛很稀，近于光滑。后胸侧板光滑区其长和高分别占侧板的 0.75 倍和 0.7 倍，其余具细皱，在上缘后方和下缘后方均有 1 细皱褶相隔。并胸腹节气门开口呈线形；中纵脊伸达后表面端部；背表面稍长于后表面，一侧光滑区长约为宽的 1.8 倍，后方及外侧密布许多带毛刻点；端横脊中央隆起；后表面具细点皱；外侧区具夹点网皱。

足：后足腿节长为宽的 5.8 倍；后足胫节长距长为基跗节的 0.86 倍。

翅：前翅长为宽的 2.09 倍；前缘脉上的长毛长为前缘室宽的 0.5 倍；翅痣长和径室前缘脉长分别为翅痣宽的 2.1 倍和 1.4 倍；径脉第 1 段从翅痣中央伸出，长为宽的 1.8 倍。

腹：合背板基部中等宽，中纵沟伸达合背板基部至第 1 对窗疤间距的 0.5 处，侧纵沟各 3 条，亚侧纵沟长约为中纵沟的 1.0 倍。第 1 窗疤宽为长的 2.5 倍，疤距约为疤宽的

1.0 倍。合背板基部下方具毛约 22 根。合背板端部 0.25 基本上光滑，在 100 倍立体解剖镜下仅隐约可见极细刻点。产卵管鞘长约为后足胫节的 0.8 倍，长为中宽的 10.5 倍，稍侧扁，端部 0.3 下弯，向稍尖的顶端稍变细，在 0.1 处、0.3 处、0.55 处、0.6 处和 0.8 处各有 1 根长毛。

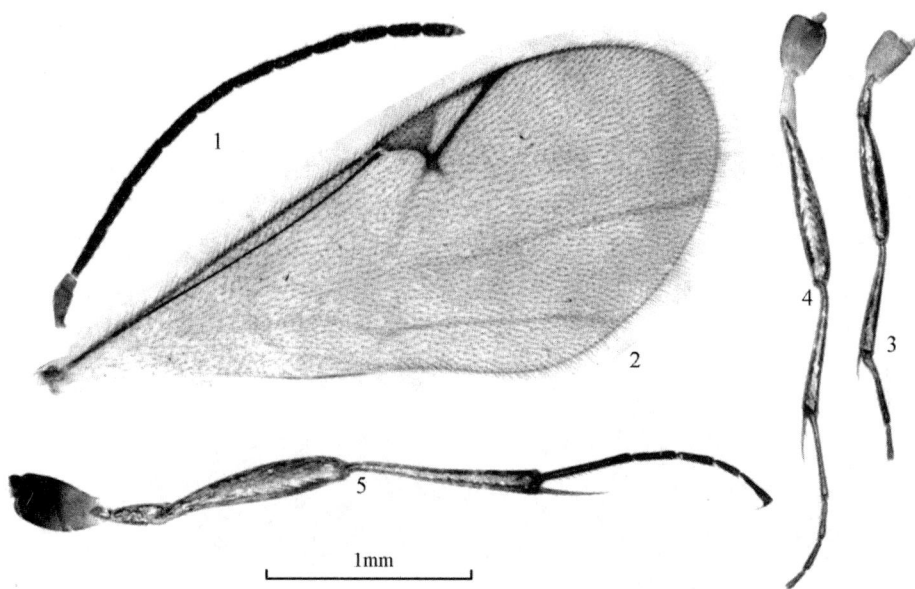

图 101　长颊隐颚细蜂，新种 Cryptoserphus longitemple He et Xu, sp. nov.
1. 触角；2. 前翅；3. 前足；4. 中足；5. 后足 [1-5. 1.0X 标尺]

体色：体黑色。触角梗节红褐色，其余黑褐色。上唇、口器、翅基片黄褐色。足黄褐色；但后足基节基部及各足跗节褐色。翅透明，翅痣黄褐色，强脉黑褐色，弱脉无色。

雄：未知。

寄主：未知。

研究标本：正模♀，甘肃宕昌大河坝，2530m，2004.Ⅶ.31，陈学新，No.20047052。

分布：甘肃。

鉴别特征：见检索表。

词源：种本名"长颊 longitemple"，系 long (长) + temple (上颊、颊部) 组合词，意为新种模式标本上颊相对较长，头背观长为复眼的 0.79 倍。

(44) 刘氏隐颚细蜂，新种 *Cryptoserphus liui* He *et* Xu, sp. nov. (图 102)

雌：前翅长 3.1mm。

头：唇基宽约为长的 2.2 倍，约为颜面宽的 0.59 倍。头背观上颊长为复眼的 0.68 倍。颊长为复眼纵径的 0.56 倍。POL：OD：OOL=13：6：15。触角鞭节等粗，第 2、10 鞭节长分别为端宽的 4.2 倍和 3.6 倍，第 11 鞭节长为第 10 鞭节的 1.39 倍。

胸：前胸背板侧面后下角具单个凹窝。盾纵沟长约为翅基片的 0.8 倍。中胸侧板前缘毛带仅上方密，其余甚稀。后胸侧板光滑区其长和高分别占侧板的 0.7 倍和 0.8 倍，光滑区沿后下方有 1 条沟和 1 条细脊与后上方的刻皱区相隔。并胸腹节气门开口呈线形；中纵脊伸至后表面端部；背表面一侧光滑区中长为中宽的 1.8 倍，外半具毛约 25 根，后方具点皱；后表面短于背表面，具细点皱；外侧区具弱的稀网皱。

足：后足腿节长为宽的 5.4 倍；后足胫节长距长为基跗节的 0.82 倍。

翅：前翅长为宽的 1.95 倍；前缘脉上的长毛长为前缘室宽的 0.6 倍；翅痣长和径室前缘脉长分别为翅痣宽的 1.8 倍和 1.6 倍；径脉第 1 段从翅痣 0.54 处伸出，长为宽的 1.9 倍。

腹：合背板基部中等宽。中纵沟伸达合背板基部至第 1 对窗疤间距的 0.6 处，侧纵沟各 4 条，亚侧纵沟长约为中纵沟的 1.0 倍。第 1 窗疤宽为长的 2.0 倍，疤距约为疤宽的 3.0 倍。合背板基部下方具毛约 70 根。合背板端部背方的刻点极细而浅，点距为其点径的 0.5-2.0 倍。产卵管鞘长约为后足胫节的 0.6 倍，长为中宽的 9.0 倍，较侧扁，端部稍下弯，稍向宽圆的顶端变细，其上 0.75 处近背方有 1 长毛，稍长于鞘宽。

图 102 刘氏隐颚细蜂，新种 *Cryptoserphus liui* He *et* Xu, sp. nov.

1. 整体，侧面观；2. 整体，背面观；3. 触角；4. 前翅；5. 前足；6. 中足；7. 后足 [1-2. 1.6 X 标尺；3-7. 1.0X 标尺]

体色：体黑色。触角柄节、梗节和第 1 鞭节除端部褐黄色，其余黑褐色。口器、翅基片黄褐色。产卵管鞘黑褐色。足黄褐色；中后足基节基部黑褐色；前中足胫节和端跗节，后足转节、腿节、胫节和跗节浅褐色。翅透明，翅痣及强脉褐色。

雄：未知。

寄主：未知。

研究标本：正模♀，福建福州，1993.Ⅴ.10，刘长明，No.967301。副模：3♀，福建福州，1993.Ⅵ.22，刘长明，Nos.967260，967262，967263。

分布：福建。

别特鉴征：见检索表。

词源：种本名"刘氏 *liui*"，意为采集人福建农林大学刘长明教授姓氏，并感谢他对作者研究工作的支持。

(45) 短管隐颚细蜂，新种 *Cryptoserphus breviterebrans* He *et* Xu, sp. nov. (图 103)

雌：前翅长 3.4mm。

头：唇基宽约为长的 2.4 倍，约为颜面宽的 0.62 倍。头背观上颊长为复眼的 0.56 倍。颊长为复眼纵径的 0.46 倍。POL：OD：OOL=14：7：13。触角鞭节等粗，第 2、10 鞭节长分别为端宽的 4.7 倍和 4.5 倍，第 11 鞭节长为第 10 鞭节的 1.3 倍。

胸：前胸背板侧面后下角具 2 个凹窝。盾纵沟长约为翅基片的 0.9 倍。中胸侧板前缘毛带完整。后胸侧板光滑区其长和高分别占侧板的 0.8 倍和 0.85 倍，其余具细皱，后上方有细脊与光滑区相隔。并胸腹节气门开口呈线形；中纵脊伸至后表面端部；背表面一侧光滑区中长为中宽的 1.6 倍，几乎无毛，光滑区后方具弱皱；端横脊强；后表面短于背表面，具细网皱；外侧区具发达网皱。

足：后足腿节长为宽的 5.2 倍；后足胫节长距长为基跗节的 0.75 倍。

翅：前翅前缘脉上的长毛长为前缘室宽的 0.33 倍；翅痣长和径室前缘脉长分别为翅痣宽的 2.2 倍和 1.8 倍；径脉第 1 段从翅痣 0.56 处伸出，长为宽的 2.0 倍。

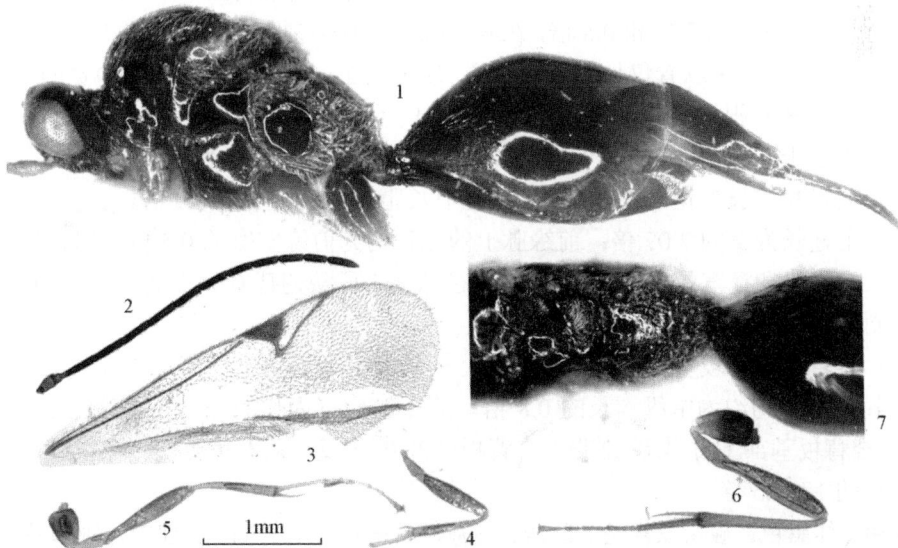

图 103　短管隐颚细蜂，新种 *Cryptoserphus breviterebrans* He *et* Xu, sp. nov.
1. 整体，侧面观；2. 触角；3. 前翅；4. 前足；5. 中足；6. 后足；7. 并胸腹节，背面观 [1, 7. 1.6X 标尺；2-6. 1.0X 标尺]

腹：合背板基部中等宽。中纵沟伸达合背板基部至第 1 对窗疤间距的 0.4 处，侧纵沟各 2 条，亚侧纵沟长约为中纵沟的 0.95 倍。第 1 窗疤宽为长的 1.8 倍，疤距约为疤宽的 2.0 倍。合背板基部下方具毛约 22 根。合背板端部背方的刻点极细而浅，在 100 倍立体解剖镜下仍几乎光滑。产卵管鞘长约为后足胫节的 0.54 倍，长为中宽的 9.0 倍，较侧扁，端部稍下弯，稍向宽圆的顶端变细，近鞘背方 0.5 处和 0.75 处的毛长于鞘宽。

体色：体黑色。触角柄节、梗节褐黄色，其余褐色。口器、翅基片和腹端伸出部分、产卵管鞘褐黄色。足黄褐色；中后足基节除端部黑褐色。翅透明，翅痣及强脉褐黄色。

雄：未知。

寄主：未知。

研究标本：正模♀，福建武夷山先峰岭，1989.XII.17，汪家社，No.20008647。副模：1♀，同正模，No.20008658。

分布：福建。

鉴别特征：见检索表。

词源：种本名"短管 breviterebrans"，系 brevi (短) + terebrans (产卵管) 组合词，意为产卵管鞘相对较短，长约为后足胫节的 0.54 倍。

(46) 中华隐颚细蜂，新种 *Cryptoserphus chinensis* He et Xu, sp. nov. (图 104)

雄：前翅长 2.7mm。

头：唇基宽约为长的 1.7 倍，约为颜面宽的 0.6 倍。头背观上颊长为复眼的 0.61 倍。颊长为复眼纵径的 0.39 倍。POL：OD：OOL=13.5：7：16。触角第 2、10 鞭节长分别为端宽的 3.3 倍和 3.2 倍，端节长为亚端节的 1.4 倍；第 3-8 各鞭节有 1 椭圆形角下瘤。

胸：盾纵沟长约为翅基片的 0.75 倍。中胸侧板前缘毛带明显中断。后胸侧板光滑区长和高分别占侧板的 0.7 倍和 0.8 倍，在其下缘后方有小刻点并具 1 水平皱脊。并胸腹节气门开口呈卵圆形；中纵脊仅伸至背表面端部；背表面一侧光滑区中长为中宽的 1.4 倍，后方具弱皱，具 6 根稀疏长毛，近光滑区中央的毛窝基部距离约为毛长的 1.0 倍；后横脊斜，中央小于 90°；后表面短于背表面，仅后半有中纵脊；外侧区具细网皱。

足：后足腿节长为宽的 5.0 倍；后足胫节长距长为基跗节的 0.9 倍。

翅：前翅长为宽的 2.07 倍；前缘脉上的毛长约为前缘室宽的 0.5 倍，翅痣长和径室前缘脉长分别为翅痣宽的 2.0 倍和 1.9 倍；径脉第 1 段从翅痣 0.64 处伸出；长为宽的 2.0 倍，内斜。

腹：合背板基部较宽。中纵沟伸达合背板基部至第 1 对窗疤间距的 0.3 处，两侧各有 4 条短纵沟，均约为中纵沟长的 0.8 倍。第 1 窗疤宽为长的 2.2 倍，疤距约为疤宽的 1.9 倍。合背板基部下方具毛 42 根。合背板端部 0.25 及以后背板上的刻点很细小，点距为其点径的 1.0-1.5 倍。

体色：体黑色。触角黑褐色。口器、翅基片黄褐色。足黄褐色；前中足跗节浅褐色；中足基节背方、后足基节除端部、腿节除两端、胫节端半和跗节多少黑褐色。

雌：未知。

寄主：未知。

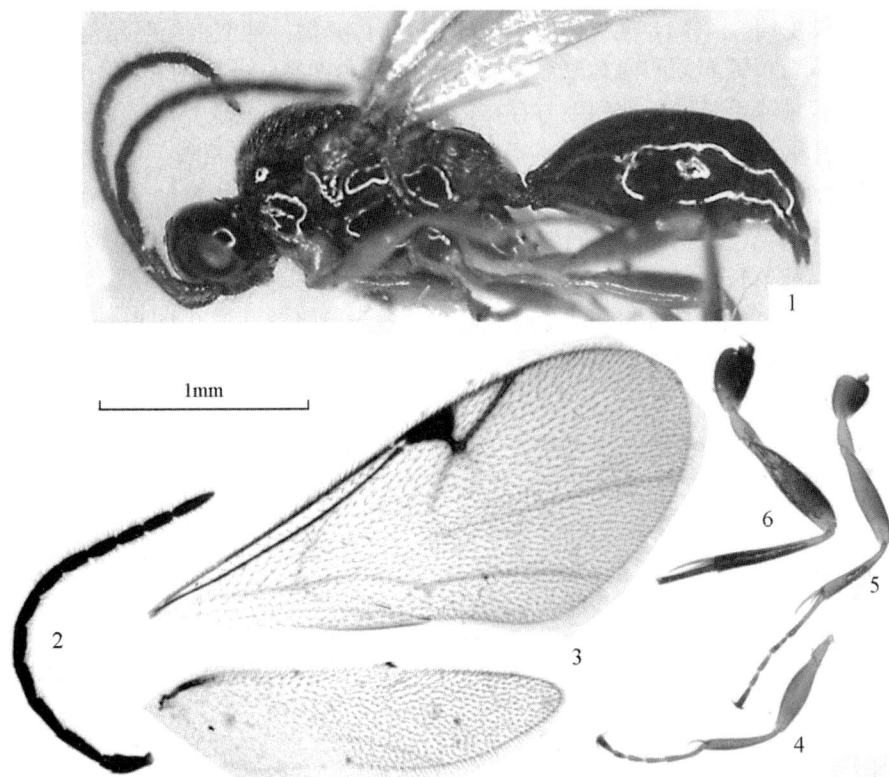

图 104　中华隐颚细蜂，新种 *Cryptoserphus chinensis* He *et* Xu, sp. nov.
1. 整体，侧面观；2. 触角；3. 翅；4. 前足；5. 中足；6. 后足　[1. 0.7X 标尺；2-6. 1.0X 标尺]

研究标本：正模♂，四川米亚罗，3834m，2002.Ⅶ.2，陈学新，No.20030995。

分布：四川。

鉴别特征：本新种合背板基部较宽，中纵沟伸达合背板基部至第 1 对窗疤的 0.3 处，中纵沟两侧各有 4 条纵沟，并胸腹节背表面一侧光滑区长约为宽的 1.4 倍，中胸侧板缝上半无凹窝等特征与新北区种西方隐颚细蜂 *Cryptoserphus occidentalis* Brues, 1919 最相似，其区别在于：①盾纵沟长约为翅基片的 0.75 倍 (后者为 0.6 倍)；②并胸腹节背表面光滑区中央的毛窝基部距离约为毛长的 1.0 倍 (后者为 0.7 倍)；③触角黑褐色 (后者柄节和梗节浅褐黄色)；④中足基节背缘、后足腿节除两端和胫节端半黑褐色 (后者均为浅褐黄色)。

词源：种本名"中华 *chinensis*"，意为采集地点和当时的采集条件比较特殊，故命此名。

(47) 小疤隐颚细蜂，新种 *Cryptoserphus minithyridium* He *et* Xu, sp. nov. (图 105)

雄：前翅长 2.2mm。

头：唇基宽约为长的 2.3 倍，为颜面宽的 0.67 倍。头背观上颊长为复眼的 0.66 倍。颊长为复眼纵径的 0.4 倍。POL：OD：OOL=10：7：10。触角第 2、10 鞭节长分别为端宽的 3.8 倍和 3.4 倍，第 11 鞭节长为第 10 鞭节的 1.48 倍；鞭节上无明显角下瘤。

胸：前胸背板侧面颈凹内具刻点；后下角具 2 个凹窝。盾纵沟长约为翅基片的 0.9 倍。中胸侧板前缘毛带仅上方和下方存在，中央光滑。后胸侧板光滑区其长和高分别占侧板的 0.8 倍和 0.8 倍；其余具刻皱，后上方有 1 细脊与光滑区相隔。并胸腹节气门开口呈椭圆形；中纵脊伸至后表面端部；背表面一侧光滑区中长为中宽的 1.9 倍，后半中央具点皱，有 8 根毛；后表面短于背表面，具细点皱并夹有纵脊；外侧区具夹点网皱。

足：后足腿节长为宽的 4.7 倍；后足胫节长距长为基跗节的 0.92 倍。

翅：前翅长为宽的 1.98 倍；前缘脉上的长毛长为前缘室宽的 0.45 倍；翅痣长和径室前缘脉长分别为翅痣宽的 2.1 倍和 1.4 倍；径脉第 1 段从翅痣 0.64 处伸出，长为宽的 1.8 倍。

腹：合背板基部中等宽。中纵沟伸达合背板基部至第 1 对窗疤间距的 0.5 处，侧纵沟各 3 条，亚侧纵沟长约为中纵沟的 1.0 倍。第 1 窗疤小 (学名即据此特征而拟)，宽为长的 1.5 倍，疤距约为疤宽的 3.5 倍。合背板基部下方具毛约 36 根。合背板端部上方的刻点极细而浅，点距为其点径的 0.5-2.0 倍。

体色：体黑色。触角黑褐色。口器、翅基片黄褐色。足黄褐色；前中足跗节浅褐色；中后足基节除端部、各足腿节除基部、胫节除基部和跗节黑褐色。翅透明，翅痣褐色，强脉黑褐色。

雌：未知。

寄主：未知。

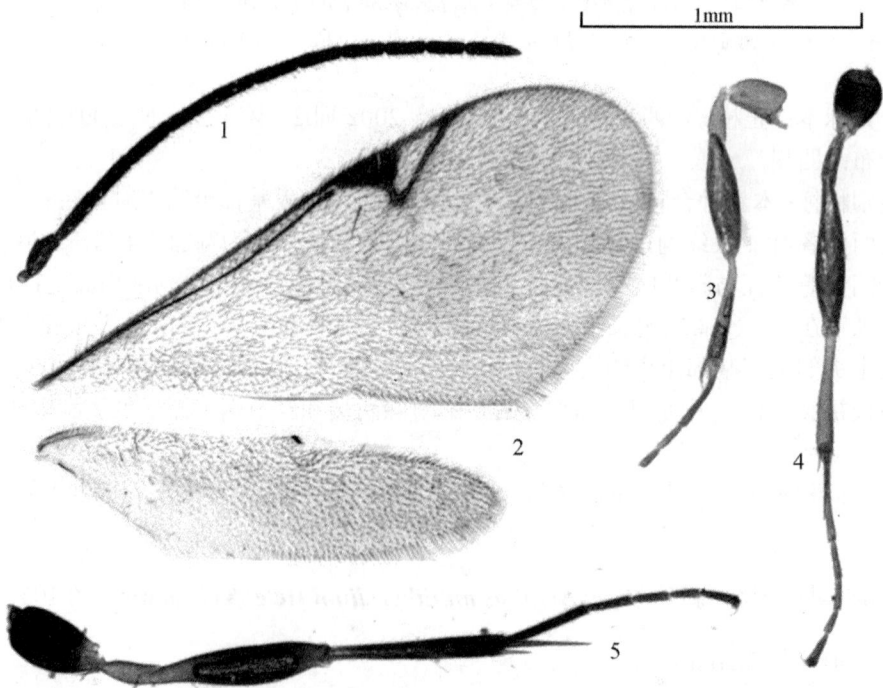

图 105 小疤隐颚细蜂，新种 *Cryptoserphus minithyridium* He *et* Xu, sp. nov.

1. 触角；2. 翅；3. 前足；4. 中足；5. 后足 [1-5. 1.0X 标尺]

研究标本：正模♂，四川天全喇叭河，2006.Ⅶ.15，高智磊，No.200610745。

分布：四川。

鉴别特征：见检索表。

词源：种本名"小疤 minithyridium"，系 mini (小) + thyridium (窗疤) 组合词，意为第 1 窗疤小，宽为长的 1.5 倍。

6. 柄脉细蜂属 *Mischoserphus* Townes, 1981

Mischoserphus Townes in H. Townes & M. Townes, 1981, *Mem. Amer. Ent. Inst.*, 32: 95.

Type species: *Cryptoserphus arcuator* Stelfox, by original designation.

Mischoserphus Townes: Wall, 1986, *Neue Entomol. Nachr.*, 19(3/4): 224, 226.

Mischoserphus Townes: Johnson, 1992, *Mem. Amer. Ent. Inst.*, 51: 308.

Mischoserphus Townes: He & Xu, 2004, *Entomotaxonomia*, 26(2): 151.

属征概述：前翅长 2.2-3.6mm。体中等细。唇基小，中等强度拱隆，光滑，其端部平截或稍拱，端缘锐，稍反折。复眼至上颚间的颊沟有或无。后头脊通常完整，下端与口后脊相连，有时后头脊下方不完整，或仅在背方存在。上颚短宽、薄，端部钝或尖。鞭节细，无明显角下瘤。前胸背板颈部和凹槽光滑。前胸背板侧面背前方有突出的圆形隆瘤。盾纵沟长为翅基片长的 0.8-1.2 倍。中胸侧板前缘在翅基片正下方有毛，但其下方至 (或几乎至) 水平横沟无毛。中胸侧板中央水平横沟完整。中胸侧板缝在横沟上方有时有凹窝，有时无凹窝，水平横沟下方无凹窝。后胸侧板有大而无毛的光滑区，光滑区背前方有脊与并胸腹节侧上缘相连。后足胫节长距止于后足基跗节中央附近。翅痣小；径脉第 1 段发自翅痣中央附近，长为宽的 1.5-2.5 倍；径室前缘脉长为翅痣宽的 1.7-2.2 倍；径脉端部外方相连的前缘脉长为径室前缘脉长的 0.4-1.9 倍。腹部无腹柄，或有时有腹柄，长至多为高的 1.0 倍。合背板基部坚固，约有 9 条纵沟。产卵管鞘长为后足胫节的 0.9-1.8 倍，细，圆柱形，无毛，微弯，至端部渐细。

尚未见寄主记录。据 H. Townes 和 M. Townes (1981)推测，可能是蕈内菌蚊科 Mycetophilidae (=Fungivoridae) 昆虫的寄生蜂。

该属全世界分布，已知 21 种，其中澳洲区 7 种，新北区和新热区 8 种，东洋区 3 种，古北区 1 种，全北区共有 2 种。我国已记述 2 种。本志记述 5 种，内有 3 新种。

种 检 索 表

1. 雌性 ⋯⋯⋯⋯⋯⋯⋯⋯⋯⋯⋯⋯⋯⋯⋯⋯⋯⋯⋯⋯⋯⋯⋯⋯⋯⋯⋯⋯⋯⋯⋯⋯⋯⋯2
   雄性 ⋯⋯⋯⋯⋯⋯⋯⋯⋯⋯⋯⋯⋯⋯⋯⋯⋯⋯⋯⋯⋯⋯⋯⋯⋯⋯⋯⋯⋯⋯⋯⋯⋯⋯4
2. 中胸侧板缝在水平横沟上方有明显凹窝；径脉端部外方的前缘脉长为径室前缘脉长的 0.71 倍；产卵管鞘长为后足胫节的 0.9 倍；前翅长 2.9mm。河北 ⋯⋯⋯ **廖公柄脉细蜂，新种 *M. liaoi*, sp. nov.**
   中胸侧板缝在水平横沟上方无凹窝或凹窝很不明显，近于光滑；径脉端部外方的前缘脉长为径室前缘脉长的 0.36-0.57 倍；产卵管鞘长为后足胫节的 1.30-1.37 倍 ⋯⋯⋯⋯⋯⋯⋯⋯3

3. 中胸侧板缝在水平沟上方有不明显凹窝；径脉第 1 段长为宽的 1.5 倍；径脉端部外方相连的前缘脉长为径室前缘脉长的 0.36 倍；合背板基部中纵沟伸达合背板基部至第 1 窗疤间距的 0.3 处；前翅长 2.3mm。浙江·························**中华柄脉细蜂 *M. sinensis***

中胸侧板缝在水平沟上方无凹窝；径脉第 1 段长为宽的 2.2 倍；径脉端部外方相连的前缘脉长为径室前缘脉长的 0.57 倍；合背板基部中纵沟长伸至基部至第 1 窗疤间距的 0.7 处；前翅长 2.8mm。浙江···················**佐村柄脉细蜂 *M. samurai***

4. 中胸侧板缝在水平横沟上方有明显凹窝；合背板基部纵沟共 7 条；第 1 窗疤宽为长的 5.0 倍；前翅长 2.55mm。云南 ···············**高山柄脉细蜂，新种 *M. montanus*, sp. nov.**

中胸侧板缝在水平横沟上方无凹窝或凹窝很不明显；合背板基部纵沟共 9 条；第 1 窗疤宽为长的 2.0-2.2 倍····························5

5. 有颊沟；径脉端部外方相连的前缘脉长为径室前缘脉长的 0.47 倍；触角第 2 鞭节长为端宽的 4.7 倍；合背板基部中纵沟伸达合背板基部至第 1 窗疤间距的 0.3 处；前翅长 2.8mm。浙江 ·············
·····························**中华柄脉细蜂 *M. sinensis***

无颊沟；径脉端部外方相连的前缘脉长为径室前缘脉长的 0.73 倍；触角第 2 鞭节长为端宽的 2.8 倍；合背板基部中纵沟伸达合背板基部至第 1 窗疤间距的 0.65 处；前翅长 2.3mm。云南 ·········
·····················**屏边柄脉细蜂，新种 *M. pingbianensis*, sp. nov.**

(48) 廖公柄脉细蜂，新种 *Mischoserphus liaoi* He *et* Xu, sp. nov. (图 106)

雌：前翅长 2.9mm。

头：唇基长约为宽的 2.0 倍，约为颜面宽的 0.58 倍。触角鞭形，端部不粗，第 2、9、10 鞭节长分别为端宽的 3.2 倍、2.5 倍和 2.3 倍，端节长为亚端节的 1.63 倍。头背观上颊长为复眼的 0.58 倍。颊长为触角柄节直径的 2.0 倍。后头脊完整，下端与口后脊相连。颊沟弱而不完整。

胸：前胸背板侧面前上角瘤突稍明显。中胸盾片具中等密的毛，毛窝间距约为毛长的 0.4 倍；盾纵沟长约为翅基片长的 1.0 倍。中胸侧板缝上半有 6 个明显的浅凹窝；中胸侧板后下角有约 17 根毛的毛群。后胸侧板光滑区长占侧板长的 0.52 倍，光滑区下缘后方具水平皱脊，光滑区后缘有 1 列不规则形状的小凹窝。并胸腹节气门开口呈线形；背表面一侧光滑区长约为宽的 1.0 倍，其上具 7 根稀疏长毛；端区和外侧区均具发达网皱。

足：后足腿节长为宽的 6.2 倍；后足胫节长距直，长为后足基跗节的 0.59 倍。

翅：前翅长为宽的 2.0 倍；翅痣长和径室前缘脉长分别为翅痣宽的 2.3 倍和 1.8 倍；径脉第 1 段从翅痣外方 0.4 处伸出，垂直部分长为宽的 1.8 倍；径脉端部外方前缘脉长为径室前缘脉长的 0.71 倍。

腹：无腹柄；合背板基部中等宽。中纵沟伸达合背板基部至第 1 对窗疤 (弱而短) 间距的 0.4 处，两侧方各有长短和宽窄不一的 5 条纵沟，其长除最外 1 条与中纵沟等长外均比之稍短。第 1 窗疤小而浅，宽为长的 2.5 倍；疤距为疤宽的 2.0 倍。合背板前端下半具毛约 50 根；合背板端部刻点区小，刻点细，其点距一般为点径的 1.0-1.5 倍。产卵管鞘长约为后足胫节的 0.9 倍，为鞘中宽的 16.0 倍，稍侧扁，稍微下弯，基部稍宽，至端部渐细，顶端钝圆。

体色：体黑色。须和上唇黄色。触角柄节、梗节和第 1 鞭节基半褐黄色，其余黑褐色。翅基片淡黄褐色。足褐黄色；但后足基节基部、胫节端部和跗节褐色。

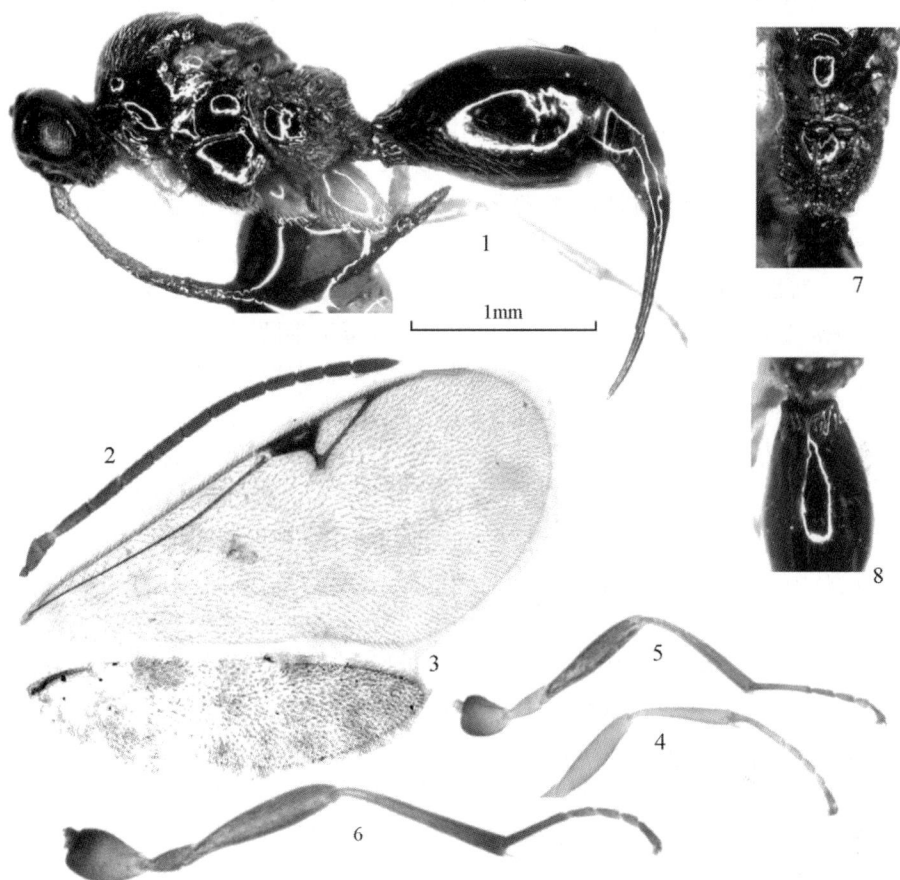

图 106　廖公柄脉细蜂，新种 *Mischoserphus liaoi* He *et* Xu, sp. nov.

1. 整体，侧面观；2. 触角；3. 翅；4. 前足；5. 中足；6. 后足；7. 并胸腹节，背面观；8. 腹柄基部，背面观 [1, 7-8. 1.3X 标尺；2-6. 1.0X 标尺]

雄：未知。

寄主：未知。

研究标本：正模♀，河北小五台山山涧口，2005.Ⅷ.22，张红英，No.200604463。

分布：河北。

鉴别特征：见检索表。

词源：种本名"廖公 *liaoi*"，系同行对中国科学院动物研究所已故研究员、小蜂分类学家廖定熹先生的尊称。他为人热情忠厚，乐于助人，工作认真，特命名表示感谢和怀念。

(49) 中华柄脉细蜂 *Mischoserphus sinensis* He *et* Xu, 2004 (图 107)

Mischoserphus sinensis He *et* Xu, 2004, *Entomotaxonomia*, 26(2): 154.

雌：前翅长 2.3mm。

头：唇基宽约为长的 2.0 倍，约为颜面的 0.65 倍。触角在端部稍粗，第 2、9、10 鞭节长分别为端宽的 3.4 倍、1.8 倍和 1.8 倍，端节长为亚端节的 1.5 倍。头背观上颊长为复眼的 0.45 倍。颊长为触角柄节直径的 2.9 倍。后头脊完整，下端与口后脊相连。颊沟强而完整。

胸：前胸背板侧面前上角瘤突明显。中胸盾片具中等密的毛，毛窝间距约为毛长的 0.4 倍；盾纵沟长约为翅基片长的 1.2 倍。中胸侧板缝上半凹窝浅而不明显，近于光滑；中胸侧板后下角有约 10 根毛的毛群。后胸侧板光滑区长为后胸侧板长的 0.4 倍，光滑区下缘后方具水平皱脊，光滑区后缘及后下角有 1 列小凹窝。并胸腹节气门开口呈线形；背表面一侧光滑区长约为宽的 1.1 倍，上具 9 根稀疏长毛；端区和外侧区均具发达网皱。

足：后足腿节长为宽的 5.9 倍；后足胫节长距直，长为后足基跗节的 0.55 倍。

翅：前翅长为宽的 2.06 倍；翅痣长和径室前缘脉长分别为翅痣宽的 3.0 倍和 2.0 倍；径脉第 1 段从中央伸出，长为宽的 1.5 倍；径脉端部外方前缘脉长为径室前缘室边长的 0.36 倍。

腹：无腹柄；合背板基部中等宽。中纵沟伸达合背板基部至第 1 对窗疤间距的 0.3 处，两侧各有 5 条短纵沟，其长均比中纵沟稍短。第 1 窗疤很浅，几乎看不出，其宽为长的 1.5 倍；疤距为疤宽的 3.0 倍。合背板前端下半具毛约 30 根；合背板端部刻点区小，刻点细，其点距一般为点径的 0.5-1.5 倍。产卵管鞘长约为后足胫节的 1.37 倍，为鞘中宽的 33 倍，稍侧扁，稍微下弯，基部稍宽，至端部渐细，顶端圆。

体色：体黑色。触角柄节、梗节和第 1 鞭节腹方褐黄色，其余褐色。口器、翅基片淡黄色。前胸背板侧面下方、腹部端部褐黄色。足褐黄色；但后足基节基部、胫节端部和跗节褐色。

雄：与雌性相似，不同之处在于，前翅长 2.8mm。唇基长约为宽的 2.5 倍，约为颜面的 0.63 倍。触角鞭状，第 2、10 鞭节长分别为端宽的 4.7 倍和 2.6 倍，端节长为亚端节的 1.5 倍。头背观上颊长为复眼的 0.5 倍。后胸侧板光滑区长为后胸侧板长的 0.6 倍。翅痣长和径室前缘脉长分别为翅痣宽的 2.8 倍和 1.8 倍；径脉端部外方前缘脉长为径室前缘脉的 0.47 倍；径脉第 1 段长为宽的 1.6 倍。合背板基部中纵沟伸达合背板基部至第 1 对窗疤间距的 0.3 处，中纵沟两侧方各有 4 条短纵沟，其长均比中纵沟稍长。第 1 窗疤宽为长的 2.2 倍，疤距为疤宽的 1.8 倍。

寄主：未知。

研究标本：1♀，浙江西天目山仙人顶，马氏网，1998.Ⅶ.27，赵明水，No.992915 (正模)；2♂，浙江西天目山，1993.Ⅵ.11-12，马云、陈学新，Nos.934177，935134。

分布：浙江。

鉴别特征：本种从中胸侧板缝上半有凹窝、中胸侧板后下角毛群毛数、后胸侧板光滑区大小、并胸腹节光滑区大小及产卵管鞘长度等特征与全北区种弓形柄脉细蜂 *Mischoserphus arcuator* Stelfox, 1950 最为相似，其区别在于：①头背面观上颊长为复眼的 0.45 倍 (后者约 0.6 倍)；②颊长为触角柄节直径的 2.9 倍 (后者约 2.6 倍)；③径脉端部外方前缘脉长为径室前缘室边长的 0.36 倍 (后者 0.7 倍)。

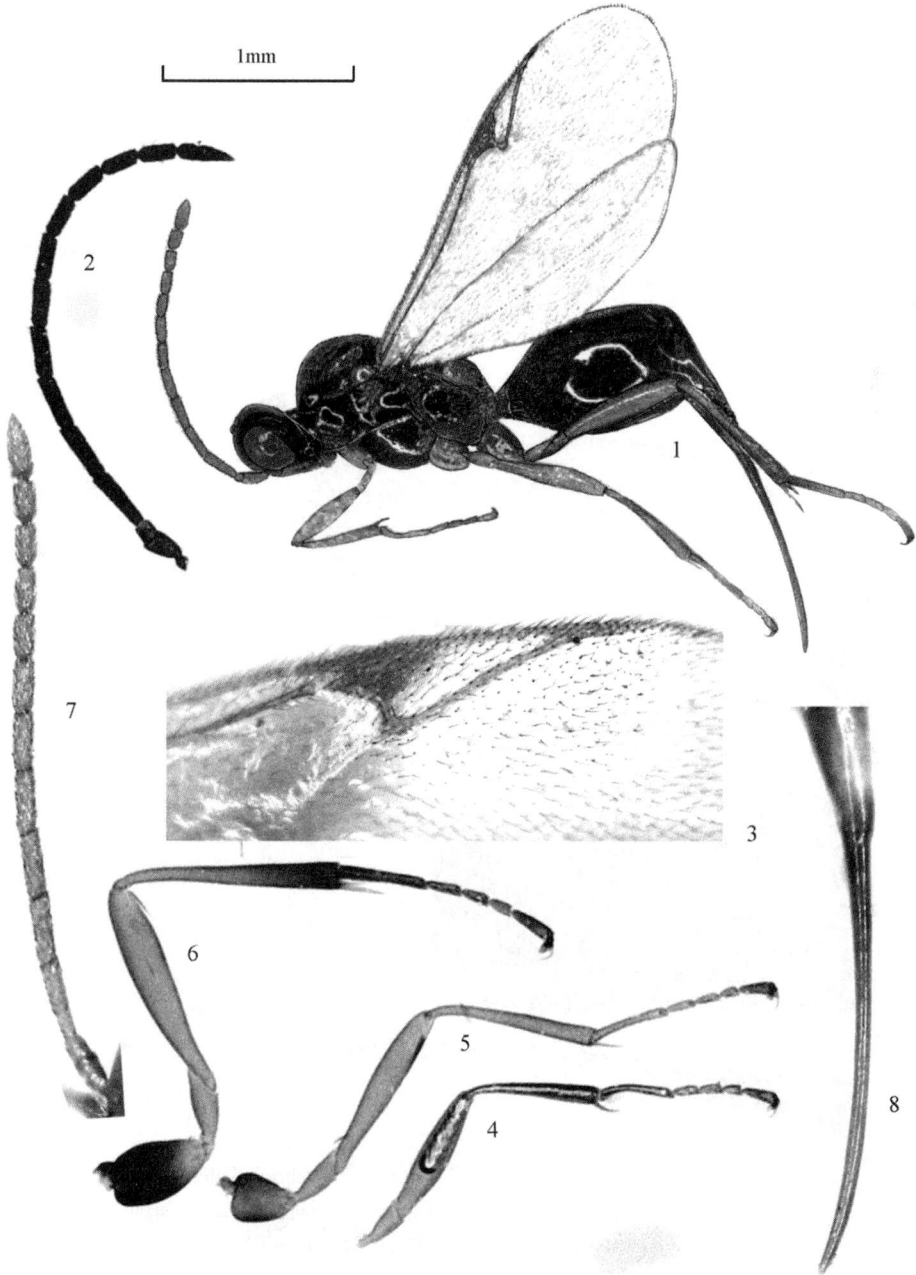

图 107　中华柄脉细蜂 *Mischoserphus sinensis* He *et* Xu

1. 整体，侧面观；2, 7. 触角；3. 翅痣及径室；4. 前足；5. 中足；6. 后足；8. 产卵管鞘 (1, 3, 7, 8. ♀，仿何俊华等，2004；其余♂，均为原图) [1. 0.8X 标尺；8. 2.0X 标尺；其余 1.0X 标尺]

(50) 佐村柄脉细蜂 *Mischoserphus samurai* (Pschorn-Walcher, 1964) (图 108)

Cryptoserphus samurai Pschorn-Walcher, 1964, *Ins. Mats.*, 27: 2.

Cryptoserphus samurai Pschorn-Walcher: Kozlov, 1971, *Vses. Ent. Obshch. Trudy*, 54: 10.

Mischoserphus samurai (Pschorn-Walcher): H. Townes & M. Townes, 1981, *Mem. Amer. Entomol. Inst.*, 32:104.

Mischoserphus samurai (Pschorn-Walcher): Johnson, 1992, *Mem. Amer. Entomol. Inst.*, 51: 309.

Mischoserphus samurai (Pschorn-Walcher): He & Xu, 2004, *Entomotaxonomia*, 26(2): 152.

雌：前翅长 2.8mm。

头：唇基长约为宽的 1.9 倍，约为颜面宽的 0.55 倍。头背观上颊长为复眼的 0.53 倍。触角第 1-9 鞭节等粗 (端部 2 节断)，第 2、9 鞭节长分别为端宽的 3.5 倍和 2.1 倍。后头脊完整，下端与口后脊相连。颊沟浅而断续。

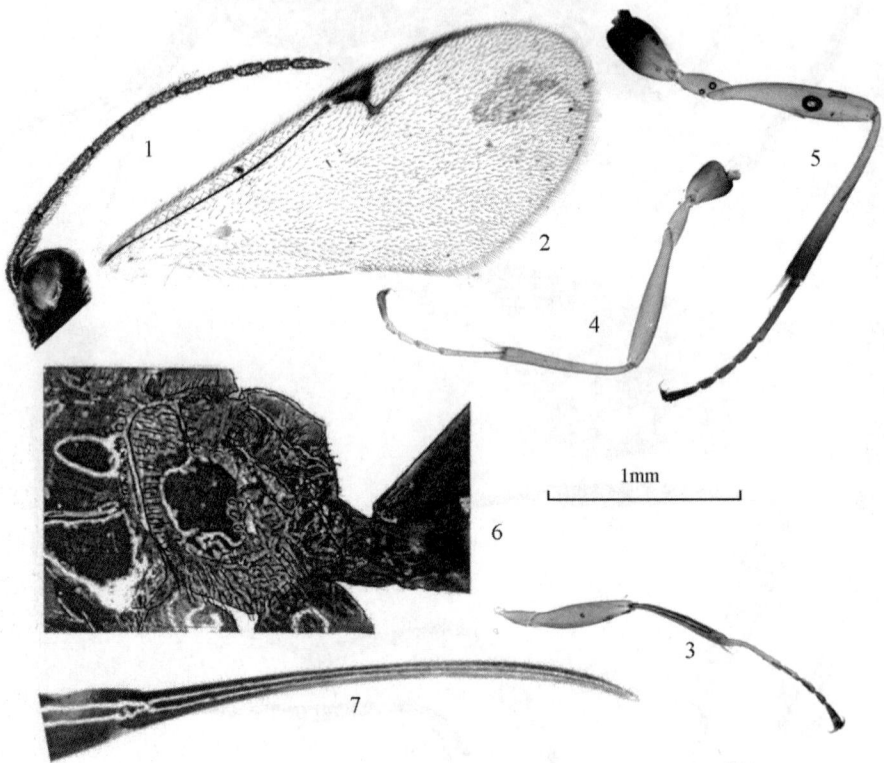

图 108　佐村柄脉细蜂 *Mischoserphus samurai* (Pschorn-Walcher) (♀)
1. 触角；2. 前翅；3. 前足；4. 中足；5. 后足；6. 中胸后部、后胸、并胸腹节和腹部基部，侧面观；7. 产卵管鞘 (1, 6, 7. 仿何俊华等，2004) [1-5. 1.0X 标尺；6-7. 2.0X 标尺]

胸：中胸盾片具中等密的毛，毛窝间距约为毛长的 0.5 倍；盾纵沟长约为翅基片长的 1.2 倍。中胸侧板缝上半无明显凹窝；中胸侧板后下角有 1 约 16 根毛的毛群。后胸侧板光滑区长为后胸侧板长的 0.5 倍，光滑区下缘后方 0.8 处具 1 水平皱脊，沿水平皱脊上方及光滑区后缘有许多大小不等的凹窝。并胸腹节气门开口呈线形；背表面一侧光滑区长约为宽的 1.2 倍，上具约 17 根稀疏长毛，近光滑区中央的毛窝基部距离约为毛长的 0.6 倍；端区网皱较少，而外侧区网皱发达。

足：后足腿节长为宽的 6.0 倍；后足胫节长距直，长为后足基跗节的 0.53 倍。

翅：前翅长为宽的 2.15 倍；翅痣长和径室前缘脉长分别为翅痣宽的 2.3 倍和 2.1 倍；径脉第 1 段从中央伸出，长为宽的 2.2 倍；径脉端部外方前缘脉长为径室前缘室边长的 0.57 倍。

腹：无腹柄；合背板基部中等宽。中纵沟伸达合背板基部至第 1 对窗疤间距的 0.7 处，两侧各有 5 条短纵沟，其长均约为中纵沟的 0.5 倍。第 1 窗疤眉形，宽为长的 4.0 倍，疤距为疤宽的 1.2 倍。合背板下半具毛约 36 根；合背板端部刻点细，其点距一般为点径的 1.5-2.0 倍。产卵管鞘长约为后足胫节的 1.3 倍，为鞘中宽的 29 倍，稍侧扁，稍微下弯，基部稍宽，至端部渐细，顶端圆。

体色：体黑色。触角柄节、梗节和第 1 鞭节基部褐黄色，其余褐色。翅基片、腹部端部、产卵管鞘端部褐黄色。口器淡黄色。足褐黄色；但后足基节基部、胫节端部和跗节褐色。

雄：未知。

寄主：未知。

研究标本：2♀，浙江西天目山，1990.Ⅵ.2-4，何俊华、汪信庚，Nos.903300，904868；1♀，浙江西天目山，1993.Ⅵ.11，马云，No.935579 (产卵管鞘断)。

分布：浙江；日本。

鉴别特征：见检索表。

注：作者见到的标本后足基节基部褐色，而 H. Townes 和 M. Townes (1981) 描述为褐黄色。

(51) 高山柄脉细蜂，新种 *Mischoserphus montanus* He et Xu, sp. nov. (图 109)

雄：前翅长 2.55mm。

头：唇基宽约为长的 2.0 倍，约为颜面宽的 0.62 倍。触角在端部稍粗，第 2、10 鞭节长分别为端宽的 3.5 倍和 2.7 倍，端节长为亚端节的 1.53 倍。头背观上颊长为复眼的 0.33 倍。颊长为触角柄节直径的 2.0 倍。后头脊完整，下端与口后脊相连。颊沟细而完整。

胸：前胸背板侧面前上角瘤突呈丘形。中胸盾片具中等密的毛，毛窝间距约为毛长的 0.3 倍；盾纵沟长约为翅基片长的 1.6 倍。中胸侧板缝上半有凹窝；中胸侧板后下角有 1 约 10 根毛的毛群。后胸侧板光滑区长为后胸侧板长的 0.6 倍，光滑区下缘后半无水平皱脊，光滑区后下角有小凹窝。并胸腹节气门开口呈瓜子形；背表面一侧光滑区长约为宽的 0.9 倍，上无稀疏长毛；端区和外侧区均具发达网皱。

足：后足腿节长为宽的 4.4 倍；后足胫节长距直，长为后足基跗节的 0.56 倍。

翅：前翅长为宽的 2.0 倍；翅痣长和径室前缘脉长分别为翅痣宽的 3.0 倍和 2.27 倍；径脉第 1 段从中央稍外方伸出，垂直部分长为宽的 1.8 倍；径脉端部外方前缘脉长为径室前缘室边长的 0.6 倍。

腹：无腹柄；合背板基部中等宽。中纵沟伸达合背板基部至第 1 对窗疤间距的 0.4 处，两侧各有 3 条短纵沟，中央 1 条最短，亚侧纵沟长为中纵沟的 0.6 倍。第 1 窗疤宽为长的 5.0 倍，疤距为疤宽的 1.2 倍。合背板前端下半具毛约 25 根；合背板端部刻点区小，刻点细，其点距一般为点径的 0.3-1.0 倍。

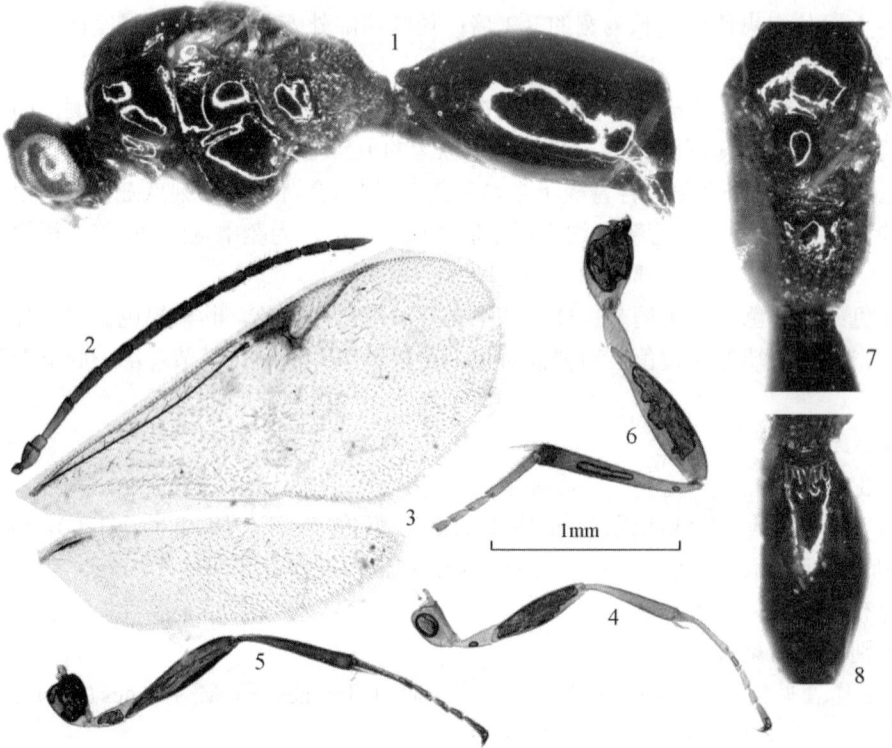

图 109 高山柄脉细蜂，新种 *Mischoserphus montanus* He *et* Xu, sp. nov.

1. 整体，侧面观；2. 触角；3. 翅；4. 前足；5. 中足；6. 后足；7. 胸部，背面观；8. 合背板基部，背面观 [1, 7-8. 1.25X 标尺；2-6. 1.0X 标尺]

体色：体黑色。须、上颚、翅基片浅黄褐色。触角黑褐色，柄节、梗节、第 1 鞭节基部褐黄色。足浅黄褐色；端跗节、后足腿节除基部、胫节大部和跗节黄褐色。翅透明，翅痣及强脉浅黄褐色。

雌：未知。

寄主：未知。

研究标本：正模♂，云南腾冲高黎贡山，2005.Ⅷ.1-18，马娟娟，No.200609428。

分布：云南。

鉴别特征：见检索表。

词源：种本名"高山 *montanus*"，系指模式标本产地在高山区 (云南腾冲高黎贡山)。

(52) 屏边柄脉细蜂，新种 *Mischoserphus pingbianensis* He *et* Xu, sp. nov. (图 110)

雄：前翅长 2.3mm。

头：唇基宽约为长的 2.0 倍，约为颜面宽的 0.65 倍。触角在端部稍粗，第 2、9、10 鞭节长分别为端宽的 2.8 倍、2.1 倍和 2.2 倍，端节长为亚端节的 1.24 倍。头背观上颊长为复眼的 0.63 倍。颊长为触角柄节直径的 2.6 倍。后头脊完整，下端与口后脊相连。无颊沟。

胸：前胸背板侧面前上角瘤突不明显。中胸盾片具中等密的毛，毛窝间距约为毛长的 0.3 倍；盾纵沟长约为翅基片长的 1.6 倍。中胸侧板缝上半无凹窝；中胸侧板后下角有约 20 根毛的毛群。后胸侧板光滑区长为后胸侧板长的 0.8 倍，光滑区下缘后半具 1 水平皱脊，后缘有小凹窝。并胸腹节气门开口呈线形；背表面一侧光滑区长约为宽的 1.1 倍，上具 7 根稀疏长毛；端区和外侧区均具发达网皱。

足：后足腿节长为宽的 5.0 倍；胫节长距端部稍扭曲，长为后足基跗节的 0.62 倍。

翅：翅痣长和径室前缘脉长分别为翅痣宽的 2.1 倍和 1.7 倍；径脉第 1 段从翅痣中央伸出，长为宽的 2.3 倍；径脉端部外方前缘脉长为径室前缘室边长的 0.73 倍。

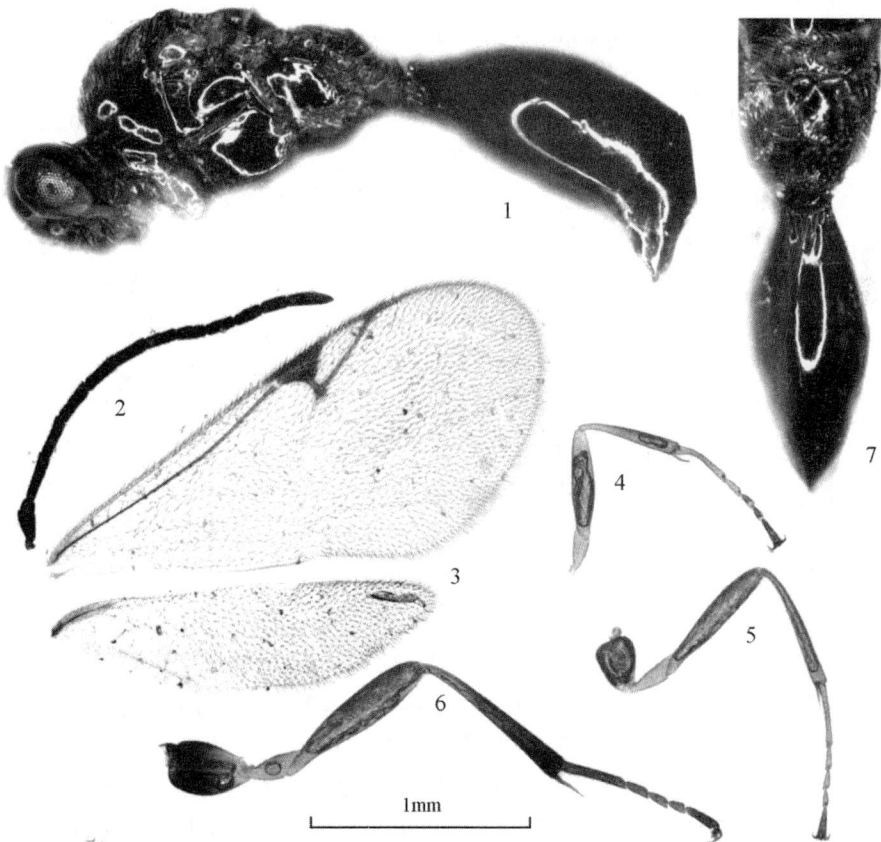

图 110　屏边柄脉细蜂，新种 *Mischoserphus pingbianensis* He *et* Xu, sp. nov.
1. 整体，侧面观；2. 触角；3. 翅；4. 前足；5. 中足；6. 后足；7. 并胸腹节和腹部，背面观 [1,7. 1.2X 标尺；2-6. 1.0X 标尺]

腹：无腹柄；合背板基部中等宽。中纵沟伸达合背板基部至第 1 对窗疤间距的 0.65
处，中纵沟两侧方各有 4 条短纵沟，其长向外渐短，亚侧纵沟长为中纵沟的 0.6 倍。第 1
窗疤宽为长的 2.0 倍，疤距为疤宽的 2.0 倍。合背板前端下半具毛约 15 根；合背板端部
刻点区小，刻点细，其点距一般为点径的 1.0-1.5 倍。

体色：体黑色。须、上颚、翅基片浅黄褐色。触角、足浅黄褐色；中足端跗节、后
足基节基部、胫节端部和跗节黑褐色。翅透明，翅痣及强脉褐色。

雌：未知。

寄主：未知。

研究标本：正模♂，云南屏边大围山，2003.VII.18，许再福，No.20054934。

分布：云南。

鉴别特征：见检索表。

词源：种本名"屏边 pingbianensis"，系指模式标本产地在云南屏边。

7. 马氏细蜂属 *Maaserphus* Lin, 1988

Maaserphus Lin, 1988, *Jour. Taiwan Museum*, 41:16.

Type species: *Maaserphus basalis* Lin (Original designation).

属征概述：翅正常，前翅长 1.8-3.9mm。体正常细。头通常短，前面观常宽于其长。
唇基宽为颜面的 0.6-0.8 倍，端部平截或微凹；颚眼缝存在。上颚端部尖，在上缘有 1 个
亚端齿。后头脊相当弱，背方和侧方存在。触角中等长，雄性第 1-11 各鞭节中央有 1 纵
向小而圆形的角下瘤。背观前胸背板侧方板状，侧缘平行或近于平行，后侧角角状或圆。
前胸背板侧面凹槽内有 1 纵沟和一些细皱；上部有完整的前沟缘脊，此脊上端之后有一
些短脊。盾纵沟长短于翅基片。中胸侧板有 1 水平横沟；中胸侧板缝整个畦状，其下部
凹窝有时小。后胸侧板有占 0.60-0.75 倍大小的光滑区，其前向畦状，光滑区上部有细的
短脊连至并胸腹节上侧缘。并胸腹节中等长，稍弱拱隆，背表面与后表面几乎等长，有
1 中脊，其两侧有大的平滑区，也有一些毛；后表面具不规则细皱。前翅有中等大小的
翅痣。径脉发自翅痣中央附近，其垂直段径脉长宽几乎相等或长于其宽。径室短至中等
短，其前缘脉长为翅痣宽的 0.5-1.0 倍，前缘脉刚伸过径室。后足胫节长距为后足基跗节
长的 0.35-0.50 倍。腹部无柄。合背板基部有 1 中纵沟。产卵管鞘长为后足胫节的 0.59-0.96
倍，无毛或具毛。

该属可由前胸背板背面侧方板状、前胸背板侧面凹槽内有纵沟、前翅翅脉、后足胫
距和合背板基部等形态特征之组合而识别，能够与隐颚细蜂族 Cryptoserphini 的尖细蜂属
Oxyserphus、缺沟细蜂属 *Apoglypha* 和其他属区别。

属名 *Maaserphus* 是定名人表示对 T. C. Maa (马骏超) 教授的敬意而拟。

该属仅发现于我国台湾。已知 5 种，但可很明显地分出 2 个种团。本志记述 19 种，
内有 14 新种。

种团检索表

中胸侧板缝仅在中央横沟上方有畦状凹窝；腹部合背板基部中沟长而窄；产卵管鞘光滑，无毛…
…………………………………………………………………… **基沟马氏细蜂种团** *Basalis* **Group**

中胸侧板缝完全具畦状凹窝；腹部合背板基部中沟短而宽且弱；产卵管鞘有直毛…………………
…………………………………………………………………… **褐足马氏细蜂种团** *Fuscipes* **Group**

1) 基沟马氏细蜂种团 *Basalis* Group

种团概述：前胸背板侧缘从前面观直或近于如此。中胸侧板沟在中央水平横沟上方
具 5-6 个凹窝。后胸侧板下部刻皱区 (原文为光滑区) 为光滑区高的 0.17-0.20 倍。腹部
合背板基部仅有条长而窄的中沟。产卵管鞘无毛，微弯。

该属现仅知我国台湾 2 种。本志报道我国 15 种，其中 13 新种。

种 检 索 表

1. 雌性………………………………………………………………………………………………2
   雄性………………………………………………………………………………………………10

2. 足基节、转节、腿节 (或除端部) 黑褐色…………………………………………………………3
   足全部褐黄色或红褐色……………………………………………………………………………5

3. 头部侧观上颊较短，长为复眼的 0.32 倍；侧单眼间距为单复眼间距的 1.33 倍；毛多；前翅长
   2.2-2.8mm。台湾……………………………………………………… **基沟马氏细蜂** *M. basalis*
   头部侧观上颊较长，长为复眼的 0.78-0.79 倍；侧单眼间距为单复眼间距的 0.89-0.95 倍；毛正常 4

4. 并胸腹节脊很强，背表面光滑区满布纵皱和网皱；前胸背板侧面中央下方前窄后宽凹痕内有许多
   很细刻条，亚背方纵脊强，凹痕和纵脊之间有 7 条长纵沟，后下角具 3 个凹窝；触角第 10 鞭节长
   为端宽的 1.2 倍；后足胫节褐黄色；前翅长 3.4mm。贵州 ………………………………………
   …………………………………………………… **强脊马氏细蜂，新种** *M. carinatus*, **sp. nov.**
   并胸腹节脊正常，背表面光滑区内仅稍有弱皱；前胸背板侧面中央下方前窄后宽凹痕内有 2-3 条细
   刻条，亚背方纵脊弱，凹痕和横脊之间有 3 个小的浅凹窝，后下角具 1 个凹窝；触角第 10 鞭节长
   为端宽的 1.8 倍；后足胫节黑褐色；前翅长 3.8mm。贵州 ……………………………………
   …………………………………………………… **点马氏细蜂，新种** *M. punctatus*, **sp. nov.**

5. 中胸侧板沿中央水平横沟后段下方有纵斜刻条………………………………………………………6
   中胸侧板沿中央水平横沟后段下方无纵斜刻条………………………………………………………7

6. 足第 2-5 跗节黄色；并胸腹节一侧光滑区中长为中宽的 1.0 倍；前翅径室前缘脉长为翅痣宽的
   0.56-0.65 倍；合背板基部光滑，无侧纵沟；产卵管鞘长为后足胫节的 0.84 倍；前翅长 4.0mm。湖
   南………………………………………………… **黄跗马氏细蜂，新种** *M. flavitarsis*, **sp. nov.**
   足第 2-5 跗节褐黄色至红褐色；并胸腹节一侧光滑区中长为中宽的 1.5 倍；前翅径室前缘脉长为翅
   痣宽的 0.9-1.0 倍；合背板基部有侧纵沟；产卵管鞘长为后足胫节的 0.73 倍；前翅长 3.1-4.0mm。
   台湾………………………………………………………………… **刻条马氏细蜂** *M. striatus*

7. 前胸背板后下角有 3 个凹窝；并胸腹节后表面有"十"字形皱脊；触角第 10 鞭节长为端宽的 1.6
倍，第 11 鞭节长为第 10 鞭节的 1.67 倍；前翅径脉第 1 段长为宽的 2.0 倍；前翅长 3.4mm。甘肃
···甘肃马氏细蜂，新种 *M. gansuensis*, sp. nov.
前胸背板后下角有 1-2 个凹窝；并胸腹节后表面无"十"字形皱脊；触角第 10 鞭节长为端宽的
1.25-1.40 倍，第 11 鞭节长为第 10 鞭节的 1.9-2.2 倍；前翅径脉第 1 段长为宽的 1.0-1.2 倍·········8

8. 前胸背板后下角 1 个凹窝；侧单眼间距为单复眼间距的 0.79 倍；合背板基部第 1 窗疤宽为长的 4.0
倍；产卵管鞘长为后足胫节的 0.78 倍；前翅长 2.8mm。贵州··
···李氏马氏细蜂，新种 *M. lii*, sp. nov.
前胸背板后下角 2 个凹窝；侧单眼间距为单复眼间距的 0.92-1.00 倍；合背板基部第 1 窗疤宽为长
的 3.2 倍；产卵管鞘长为后足胫节的 1.00-1.35 倍···9

9. 触角第 2 鞭节长为端宽的 1.43 倍；并胸腹节背表面光滑区端部有短刻皱，端横脊半圆形，弯向侧
后方，后表面具"十"字形脊；前胸背板侧面横凹痕内夹有 1 纵刻条，其上方有 5 条平行沟脊；
前翅长 2.3mm。云南·································云南马氏细蜂，新种 *M. yunnanensis*, sp. nov.
触角第 2 鞭节长为端宽的 2.0 倍；并胸腹节背表面光滑区端部无刻皱，端横脊近于平，弯向侧前方，
后表面仅具纵脊；前胸背板侧面横凹痕内夹有 2 纵刻条，其上方有 3 个波状弱沟；前翅长 3.1mm。
四川···谭氏马氏细蜂，新种 *M. tani*, sp. nov.

10. 中胸侧板沿中央横沟后段下方有纵斜刻条··11
中胸侧板沿中央横沟后段下方无纵斜刻条··14

11. 后足腿节和翅基片黑褐色··12
后足腿节和翅基片黄褐色或红褐色··13

12. 上颊背观长为复眼的 0.57 倍；前胸背板侧面"<"形横凹痕至背方中央有 9 条明显水平沟脊；并胸
腹节一侧光滑区中长为中宽的 1.0 倍，内有许多明显纵皱，后表面具网皱，内有"十"字形脊；合
背板中纵沟伸达基部至第 1 窗疤间距的 0.9 处；前翅长 3.1mm。贵州 ·····························
···强脊马氏细蜂，新种 *M. carinatus*, sp. nov.
上颊背观长为复眼的 0.7-0.8 倍；前胸背板侧面 "<" 形横凹痕至背方中央有 3 条明显水平沟脊；
并胸腹节一侧光滑区中长为中宽的 1.6 倍，内仅有弱点皱，后表面具细皱，多毛，内无"十"字形
脊；合背板中纵沟伸达基部至第 1 窗疤间距的 0.75 处；前翅长 3.1mm。四川·····················
···长颊马氏细蜂，新种 *M. longitemple*, sp. nov.

13. 前胸背板侧面中央下方"<"形横凹痕内有许多平行细刻条，横凹痕上方至背缘间有 7 条明显刻条；
触角第 2 鞭节长为端宽的 1.5 倍；上颊侧观长为复眼的 0.75 倍；足第 2-5 跗节黄色；前翅长 3.8mm。
湖南···黄跗马氏细蜂，新种 *M. flavitarsis*, sp. nov.
前胸背板侧面中央下方 "<" 形横凹痕内有 1-2 平行细刻条，靠横凹痕上方有 2-3 条弱刻痕；触角
第 2 鞭节长为端宽的 2.1 倍；上颊侧观长为复眼的 0.5 倍；足第 2-5 跗节褐黄色；前翅长 3.1mm。
台湾···刻条马氏细蜂 *M. striatus*

14. 后足腿节浅褐色或黑褐色··15
后足腿节褐黄色或红褐色··17

15. 触角第 2 鞭节长为端宽的 1.56 倍；侧单眼间距短于单复眼间距 (0.93 倍)；前翅长 2.7mm。四川·
···褐腿马氏细蜂，新种 *M. fuscifemoratus*, sp. nov.

触角第 2 鞭节长为端宽的 2.0-2.4 倍；侧单眼间距长于单复眼间距 (1.27-1.45 倍) ·················· 16

16. 触角第 2 鞭节长为端宽的 2.4 倍，第 11 鞭节长为第 10 鞭节的 1.52 倍；侧单眼间距长为单复眼间距的 1.45 倍；前胸背板侧面 "<" 形凹痕至背方中央光滑，后下角具 2 个凹窝；翅基片烟褐色；前翅长 2.0-2.7mm。台湾 ··· **基沟马氏细蜂 *M. basalis***
触角第 2 鞭节长为端宽的 2.0 倍，第 11 鞭节长为第 10 鞭节的 1.8 倍；侧单眼间距长为单复眼间距的 1.27 倍；前胸背板侧面 "<" 形凹痕至背方中央有 5 条短沟脊，后下角具 1 个凹窝；翅基片褐黄色；前翅长 2.0mm。云南 ······················ **高山马氏细蜂，新种 *M. montanus*, sp. nov.**

17. 前胸背板侧面 "<" 形横凹痕上方至背缘之间有 4-7 条平行横沟脊；并胸腹节背表面一侧光滑区中长为中宽的 0.9 倍 ·· 18
前胸背板侧面 "<" 形横凹痕上方至背缘之间光滑或有 2 条弱短沟；并胸腹节背表面一侧光滑区中长为中宽的 1.1-1.2 倍 ·· 20

18. 腹部合背板基部中纵沟伸至第 1 窗疤端部，其后有 1 簇 9 个花状短纵凹痕；第 1 窗疤前方及下方有树叶状凹痕；并胸腹节光滑区短；前翅长 2.3mm。陕西 ···················· **沟花马氏细蜂，新种 *M. sulculus*, sp. nov.**
腹部合背板基部中纵沟伸至第 1 窗疤前方，其后光滑，无凹痕；第 1 窗疤前方及下方无凹痕 ··· 19

19. 触角第 2 鞭节长为端宽的 1.6 倍；前胸背板侧面后下角具 1 个凹窝；前翅翅痣长为宽的 1.4 倍；翅基片黑褐色；前翅长 2.3mm。广西 ··············· **广西马氏细蜂，新种 *M. guangxiensis*, sp. nov.**
触角第 2 鞭节长为端宽的 2.0 倍；前胸背板侧面后下角具 2 个凹窝；前翅翅痣长为宽的 1.8 倍；翅基片褐黄色；前翅长 2.7mm。四川 ··············· **谭氏马氏细蜂，新种 *M. tani*, sp. nov.**

20. 前胸背板侧面后下角具 1 个凹窝；并胸腹节背表面光滑区全部光滑，后横脊斜；合背板基部横脊后方光滑；第 1 窗疤宽为长的 4.5 倍；翅基片完全褐黄色；前翅长 3.1mm。贵州 ············· **点马氏细蜂，新种 *M. punctatus*, sp. nov.**
前胸背板侧面后下角具 2 个凹窝；并胸腹节背表面光滑区内有细涟漪状皱或后方有点皱，后横脊近水平外伸；合背板基部横脊后方有 3 个小凹窝或光滑；第 1 窗疤宽为长的 3.0-4.0 倍；翅基片褐黄色，基部黑褐色 ·· 21

21. 头部侧观上颊长为复眼的 0.59 倍；第 10 鞭节长为端宽的 1.75 倍；沿前胸背板侧面 "<" 形横凹痕上方有 3 条浅纵凹；前翅翅痣长和径室前缘翅长分别为翅痣宽的 1.57 倍和 0.62 倍；前翅长 3.2mm。甘肃 ············· **甘肃马氏细蜂，新种 *M. gansuensis*, sp. nov.**
头部侧观上颊长为复眼的 0.75-0.77 倍；第 10 鞭节长为端宽的 1.5-1.6 倍；前胸背板侧面 "<" 形横凹痕上方光滑；前翅翅痣长和径室前缘翅长分别为翅痣宽的 1.86-2.00 倍和 0.71-0.80 倍 ········· 22

22. 前胸背板侧面后下角有 2 个凹窝；侧单眼间距为单复眼间距的 1.23 倍；触角端节长为亚端节的 1.83 倍；前翅长 2.5mm。河南 ············· **河南马氏细蜂，新种 *M. henanensis*, sp. nov.**
前胸背板侧面后下角有 1 个凹窝；侧单眼间距为单复眼间距的 1.0 倍；触角端节长为亚端节的 1.6 倍；前翅长 2.8mm。贵州 ············· **李氏马氏细蜂，新种 *M. lii*, sp. nov.**

(53) 基沟马氏细蜂 *Maaserphus basalis* Lin, 1988 (图 111)

Maaserphus basalis Lin, 1988, *Jour. Taiwan Museum*, 41: 17.

雌：前翅长 2.2-2.8mm。

头：前单眼直径约 3 个单位 (测微尺单位)。LOL：POL：OOL 约为 2.5：6：4.5。上颊长约为复眼的 0.35 倍。复眼长宽比为 16：10.5。颚眼距 3 单位。触角各节相对长宽

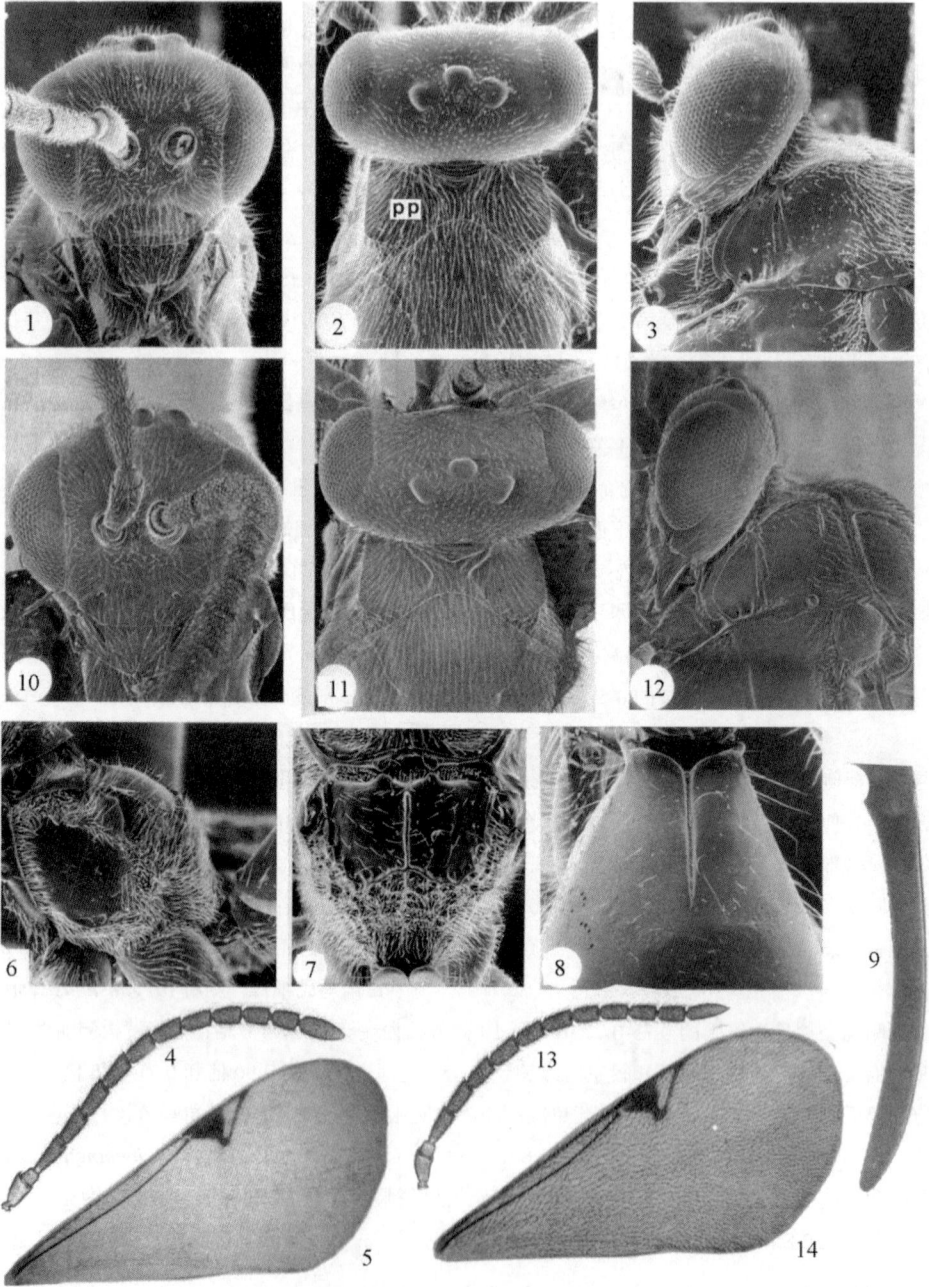

图 111 基沟马氏细蜂 *Maaserphus basalis* Lin

1, 10. 头部，前面观；2, 11. 头部和前胸，背面观；3, 12. 头部和前胸，侧面观；4, 13. 触角；5, 14. 前翅；6. 后胸侧板、并胸腹节和腹部基部，侧面观；7. 并胸腹节，背面观；8. 合背板基部，背面观；9. 产卵管鞘 (1-9.♀; 10-14.♂) (仿 Lin, 1988)

比为 5：3.5，2.8：2.5，6.5：2.5，6：2.8，6：2.9，6：2.8，5.5：2.8，5.5：2.7，5：2.5，4.8：2.8，4.5：2.8，4.5：2.9，8：3.1。

胸：长、宽、高之比约为 2：1：1.2。前胸背板侧凹有很弱细皱。中胸侧板在水平沟下方后部光滑，沿后缘前方排有 1 列毛。后胸侧板光滑区上部有 1 条弱脊连至并胸腹节侧缘。并胸腹节前部侧区相当阔，长约为宽的 0.76 倍。

翅：垂直径脉长厚相等，径室前缘边长约为翅痣宽的 0.86 倍。

足：后足胫节长距长约为后足基跗节的 0.5 倍。

腹：合背板基部平滑，仅有 1 条狭窄中沟伸至近窗疤处；前侧部位约有 16 根毛。产卵管鞘长约为后足胫节的 0.91 倍，约为中央宽度的 11.5 倍，很微弱弯曲，至端部很少一点点加宽。

雄：前翅长 2.0-2.7mm。前单眼直径约 3 单位。LOL：POL：OOL 约为 2.5：5.8：4。上颊长约为复眼的 0.32 倍。复眼长宽比约为 16：11。颚眼距约 3 单位。触角各节相对长宽比为 6：3，2.5：2.5，6.5：2.7，6：2.5，6：2.8，6：2.8，5.5：2.8，5.5：2.8，5：2.8，5：2.7，5：2.6，5：2.7，7.6：2.5；第 1-10 鞭节上有小而圆形的角下瘤，位于各节纵向中央，第 11 鞭节上的约位于近基部 1/3。

胸：长、宽、高之比约为 1.9：1：1.1。

腹：长、宽、高之比约 2.7：1：1.3。

体色：体黑褐色。口器、翅基片、足和产卵管鞘烟褐色。触角烟褐色，柄节下表面基部多少色浅。翅透明，翅脉褐黄色—烟褐色，翅痣暗色。体和翅上的毛褐黄色。

研究标本：作者未采到标本，也未见模式标本。形态是根据原记述。

分布：台湾 (翠峰、松岗、梅峰、胜光、东埔、雾社、阿里山等)。

(54) 强脊马氏细蜂，新种 *Maaserphus carinatus* He *et* Xu, sp. nov. (图 112)

雌：前翅长 3.4mm。

头：唇基宽为长的 7.3 倍，光滑，除端部外具稀细刻点。颊长为上颚基宽的 0.9 倍。头背观上颊长为复眼的 0.57 倍，侧观为 0.78 倍。POL：OD：OOL=19：11：20。触角第 2、10 鞭节长分别为宽的 1.6 倍和 1.2 倍，第 11 鞭节长为第 10 鞭节的 1.7 倍。

胸：前胸背板侧面光滑，沿前缘上方有细脊，前沟缘脊后方具细刻点，在中央下方有前窄后宽的横凹痕，其内夹有许多很细的平行刻条，横凹痕上方凹槽中央有 7 条长的浅纵沟，亚背方 1 横脊强，伸至侧面 0.45 处；后下角有 3 个凹窝；前胸背板背面侧片侧缘平行，后角近于钝圆，侧片内侧密布带毛浅刻点，中央部分 (为侧片宽的 0.7 倍) 前方多少光滑，颈部具 2 明显横刻条。中胸盾片具明显带毛刻点。中胸侧板光滑，中央横沟完整；翅基片下方具毛；侧缝仅在中央横沟上段具 7 个明显凹窝，横沟下段具毛，下端多毛；中央横沟后段下方有平行细沟 4 条。后胸侧板前部平坦而光滑，光滑区长和高分别占侧板的 0.5 倍和 0.6 倍，下缘有 1 脊；其余侧板具网皱，后上方强度凹入。并胸腹节中纵脊强，伸至后表面端部；端横脊强，近于水平伸出；背表面一侧光滑区中长为中宽的 1.0 倍，内满布纵皱或网皱；后表面陡斜，中央有强横皱，基半具小室状网皱。

足：后足腿节长为宽的 3.8 倍；后足胫节长距长为基跗节的 0.31 倍。

翅：前翅长为宽的 2.2 倍；翅痣长和径室前缘脉长分别为翅痣宽的 1.7 倍和 0.76 倍；径脉第 1 段从翅痣中央稍外方伸出，长为宽的 1.4 倍；径脉第 2 段直。

腹：合背板基部光滑，中纵沟伸达合背板基部至第 1 对窗疤间距的 0.85 处，两侧无纵沟。第 1 窗疤宽为长的 4.0 倍，疤距为疤宽的 0.8 倍。产卵管鞘长为后足胫节的 0.67 倍，几乎等粗，长为中宽的 11.0 倍，整个弧形下弯，顶端钝圆，表面光滑。

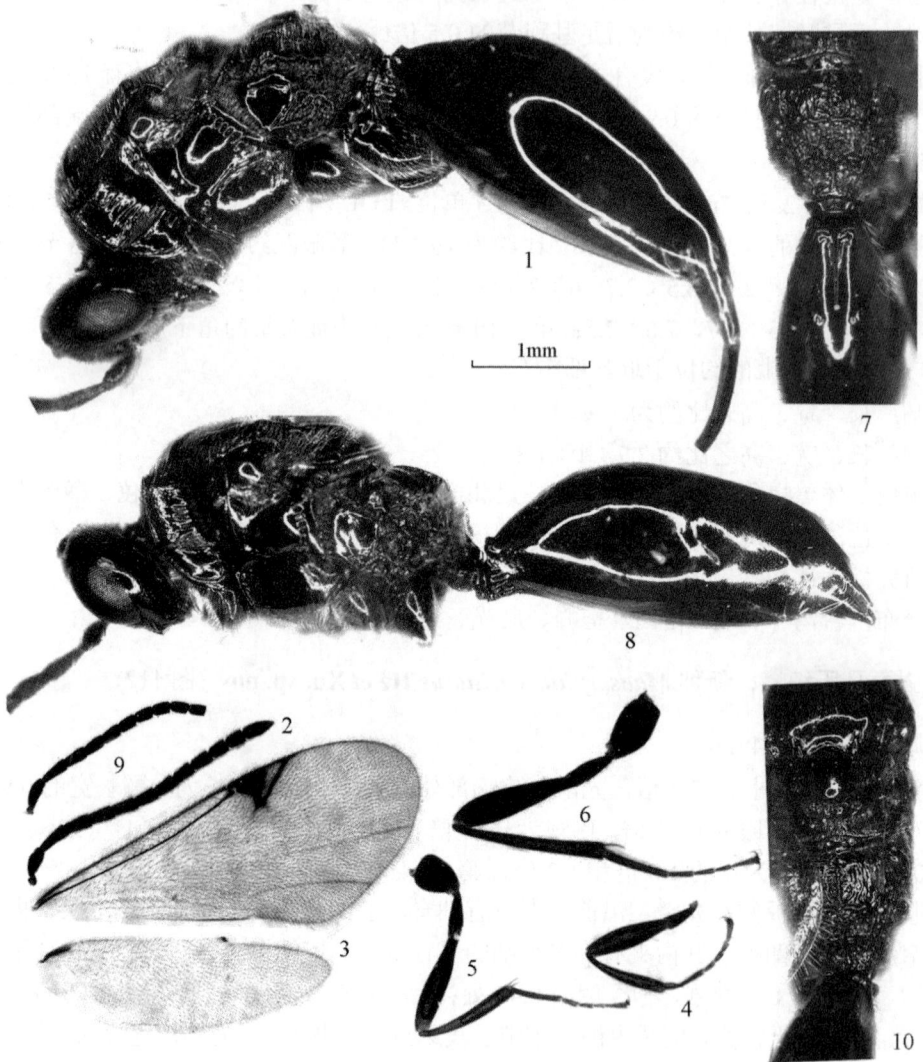

图 112　强脊马氏细蜂，新种 *Maaserphus carinatus* He *et* Xu, sp. nov.
1, 8. 整体，侧面观；2, 9. 触角；3. 前翅；4. 前足；5. 中足；6. 后足；7, 10. 并胸腹节、腹柄和合背板基部，背面观
(1-7.♀；8-10.♂) [1, 7-8, 10. 1.5 X 标尺；其余 1.0X 标尺]

体色：体黑色；腹端伸长 2 节带红褐色。翅基片红褐色。足红褐色，基节、转节、前足腿节基部、中足腿节基半、后足腿节除端部黑褐色。翅透明，翅痣及强脉黑褐色。

雄：前翅长 3.1mm。

头：颊长为上颚基宽的 0.8 倍。头背观上颊长为复眼的 0.57 倍，侧观为 0.87 倍。POL：OD：OOL=17：10：18。触角第 2 鞭节长为宽的 2.0 倍 (第 10 和第 11 鞭节丢失)。

胸：前胸背板侧面光滑，在中央下方有 1 前窄后宽的横凹痕，其内夹有许多条平行细刻条，凹槽中央有 5 个浅的平行凹痕，前沟缘脊细，在脊后方 (至凹痕止) 密布模糊细刻皱，亚背缘前方 0.45 横脊明显，后下角具 3 个凹窝；前胸背板背面侧片侧缘平行，后角近于钝圆，侧片密布带毛刻点，中央部分最窄处 (为侧片宽的 0.5 倍) 亦满布刻点，颈部仅前端具 1 完整横刻条。中胸盾片具明显带毛刻点。中胸侧板光滑，中央横沟完整；翅基片下方具毛；侧缝仅在中央横沟上方具 6 个凹窝，沿横沟下方和后下角具平行斜纵皱，下端多毛。后胸侧板前上方光滑区长和高均约占侧板的 0.5 倍，下方和后方具网皱。并胸腹节背表面中纵脊、侧脊和端横脊均强，沿脊两侧多细皱，仅中央为光滑区；后表面陡斜，有"十"字形脊，具小室状网皱。

足：后足腿节长为宽的 4.7 倍；后足胫节长距长为基跗节的 0.3 倍。

翅：前翅翅痣长和径室前缘脉长分别为翅痣宽的 1.5 倍和 0.85 倍；径脉第 1 段从翅痣中央伸出，长为宽的 0.7 倍；径脉第 2 段直。

腹：合背板基部光滑，中纵沟伸达合背板基部至第 1 对窗疤的 0.9 处，两侧无纵沟。第 1 窗疤宽为长的 3.0 倍，疤距为疤宽的 0.8 倍。

体色：体黑色。须浅褐色。上颚、触角、翅基片黑色。足基节、转节、前足腿节基半、中后足腿节除端部黑色，其余红褐色。翅透明，翅痣及强脉黑褐色。

寄主：未知。

研究标本：正模♀，贵州雷公山自然保护区，1600m，2005.Ⅵ.1，刘经贤，No.20059239。副模：1♂，同正模，No.20059414。

分布：贵州。

鉴别特征：见检索表。

词源：种本名"强脊 carinatus"，意为并胸腹节的皱脊甚强，且背表面光滑区内亦满布皱脊。

(55) 点马氏细蜂，新种 *Maaserphus punctatus* He et Xu, sp. nov. (图 113)

雌：体长 5.5mm；前翅长 3.8mm。

头：唇基宽为长的 4.3 倍，除端缘光滑外，具带毛刻点。颊长为上颚基宽的 0.67 倍。头背观上颊长为复眼的 0.62 倍，侧观 0.79 倍。POL：OD：OOL=17：10：19。触角第 2、10 鞭节长分别为宽的 1.7 倍和 1.8 倍，第 11 鞭节长为第 10 鞭节的 1.5 倍。

胸：前胸背板侧面光滑，在中央下方有 1 前窄后宽的横凹痕，其内后方具 2-3 细纵刻条，凹痕上方中央有 3 个小的浅凹窝，侧面前上角及背方具模糊刻点，亚背缘横脊弱，后下角具 1 个凹窝；前胸背板背面侧片侧缘平行，后角近于钝圆，侧片内侧及中央部分 (为侧片宽的 0.6 倍) 具明显带毛刻点，颈部具横刻条。中胸盾片具明显带毛刻点。中胸侧板光滑，中央横沟后端内有短斜沟 4 条；翅基片下方具毛；侧缝仅在中央横沟上方具 5 个凹窝，横沟下方具带毛浅刻点。后胸侧板大部平坦而光滑，光滑区近方形，其长和高分别占侧板的 0.7 倍和 0.8 倍；仅上方、后方及下方具网皱或凹窝。并胸腹节中纵脊伸至后表面端部；背表面纵脊两侧为光滑区，一侧光滑区中长为中宽的 1.2 倍，内有弱皱；后表面及外侧区具小室状网皱。

足：后足腿节长为宽的 4.2 倍；后足胫节长距长为基跗节的 0.46 倍。

翅：前翅长为宽的 2.1 倍；翅痣长和径室前缘脉长分别为翅痣宽的 1.6 倍和 0.58 倍；径脉第 1 段从翅痣中央稍外方伸出，宽大于长；径脉第 2 段上方稍弯。

腹：合背板基部光滑。中纵沟伸达合背板基部至第 1 对窗疤间距的 0.9 处，两侧无纵沟。第 1 窗疤宽为长的 3.0 倍，疤距为疤宽的 0.7 倍。产卵管鞘长为后足胫节的 0.76 倍，几乎等粗，长为中宽的 11.5 倍，整个弧形下弯，顶端钝圆，表面光滑。

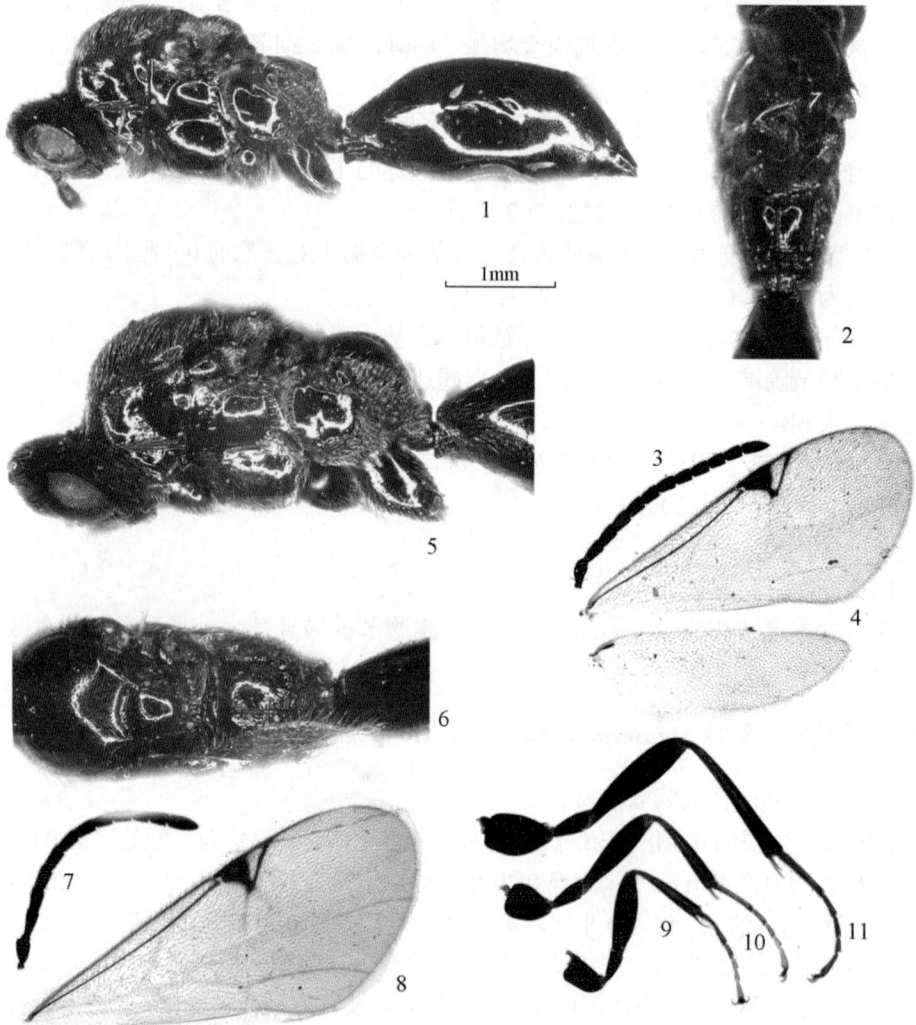

图 113 点马氏细蜂，新种 *Maaserphus punctatus* He *et* Xu, sp. nov.

1. 整体，侧面观；2, 6. 胸部，背面观；3, 7. 触角；4, 8. 翅；5. 头部、胸部和腹部基部，侧面观；9. 前足；10. 中足；11. 后足 (1-4.♂；5-11.♀) [1-2, 5-6. 1.5 X 标尺；其余 1.0X 标尺]

体色：体黑色。须及翅基片黑褐色，腹端部下方及产卵管鞘端部火红色。足黑色至黑褐色；前足转节内侧、腿节内侧和胫节、中足腿节基部和端部、后足腿节基部、胫节基部0.7和跗节红褐色；前足跗节、中足胫节和跗节黄褐色。翅透明，翅痣及强脉黑褐色。

雄：与雌性相似，不同之处在于，体长4.0mm；前翅长3.1mm。头背观上颊长为复眼宽的0.59倍，侧观为0.77倍。触角第2、10鞭节长分别为宽的1.7倍和1.5倍，第11鞭节长为第10鞭节的1.67倍；各鞭节均有1小而圆形的角下瘤。POL：OOL=18：15。前胸背板侧面凹痕上方光滑，无点状凹窝。中胸侧板侧缝在中央横沟上方具5-7个凹窝，下方仅1列毛。前翅长为宽的2.0倍；翅痣长和径室前缘脉长分别为翅痣宽的1.45-1.58倍和0.85-0.89倍；径脉第1段长为宽的1.5倍；径脉第2段直。第1窗疤宽为长的4.5倍，疤距为疤宽的0.3倍。须黄褐色。足赤褐色，前足基节稍暗，中后足基节黑褐色，后足腿节中央有时色稍暗。

寄主：未知。

研究标本：正模♀，贵州梵净山护国寺，1300m，2001.Ⅷ.1，马云，No.200108315。副模：3♂，贵州梵净山金顶，1993.Ⅶ.13，陈学新，Nos.938424，938745，939048；1♂，贵州梵净山回香坪，1993.Ⅶ.13，许再福，No.936138。

分布：贵州。

鉴别特征：本新种与基沟马氏细蜂 *Maaserphus basalis* Lin, 1988 最为相似，其区别在于：①头背观上颊长为复眼的0.59-0.62倍 (后者为0.32-0.35倍)；②前胸背板背面侧片内侧及中央部分具明显带毛刻点 (后者有毛，但无明显刻点)；③中胸盾片前半具明显带毛刻点 (后者有毛，但无明显刻点)。

词源：种本名"点 *punctatus*"，意为前胸背板背面和中胸盾片前半具明显带毛刻点。

(56) 黄跗马氏细蜂，新种 *Maaserphus flavitarsis* He *et* Xu, sp. nov. (图114)

雌：前翅长4.0mm。

头：唇基宽为长的3.5倍，除端部光滑外具浅点皱。颊长为上颚基宽的0.81倍。头背观上颊长为复眼的0.48倍；侧观为0.57倍。POL：OD：OOL=17：11：18。触角第2、10鞭节长分别为宽的1.83倍和1.42倍，端节断。

胸：前胸背板侧面光滑，在中央下方有前窄后宽的横凹痕，其内具细点皱，沿上前方有2弱刻条，沿前沟缘脊后方具模糊带毛刻点，亚背方横脊甚弱，后下角有2个凹窝；前胸背板背面侧片侧缘平行，后角近于钝圆，侧片内侧带毛刻点明显，中央部分 (为侧片宽的0.7倍) 大部分光滑。中胸盾片具明显带毛刻点。中胸侧板光滑，中央横沟完整；翅基片下方具毛；侧缝仅在中央横沟上方具6个凹窝，横沟后段下方侧板上有5条平行斜弱脊。后胸侧板大部平坦而光滑，其长和高分别占侧板的0.55倍和0.85倍；后方和下方具大小不等的夹点网皱。并胸腹节中纵脊和端横脊均强，中纵脊伸至后表面后端；背表面一侧光滑区中长为中宽的1.0倍；后表面陡斜，多毛，具小室状网皱。

足：后足腿节长为宽的4.0倍；后足胫节长距长为基跗节的0.43倍。

翅：前翅翅痣长和径室前缘脉长分别为翅痣宽的1.8倍和0.56倍；径脉第1段从翅痣中央稍外方伸出，宽大于长；径脉第2段上方几乎直。

腹: 合背板基部光滑, 中纵沟伸达合背板基部至第 1 对窗疤间距的 0.85 处, 两侧无纵沟。第 1 窗疤小, 宽为长的 5.0 倍, 疤距为疤宽的 0.8 倍。产卵管鞘长为后足胫节的 0.84 倍, 几乎等粗, 长为中宽的 11.1 倍, 整个稍弧形下弯, 顶端钝圆, 表面光滑。

体色: 体棕黑色; 腹端带红棕色, 伸长的端部 2 节暗黄褐色。触角柄节、梗节红褐色, 鞭节红棕色。须黄色。翅基片红褐色。产卵管鞘红棕色, 端部黄褐色。足红褐色, 第 2-5 跗节黄色。翅透明, 带烟黄色; 翅痣及强脉黄褐色。

雄: 与雌性相似, 不同之处在于, 体长 5.0mm, 前翅长 3.8mm。唇基宽为长的 3.8 倍, 中央有些刻点外, 大部分光滑, 端缘近于平截。头背观上颊长为复眼的 0.58 倍, 侧观为 0.75 倍。POL: OD: OOL=19: 10: 17。触角第 2、10 鞭节长分别为宽的 1.5 倍和 1.6 倍, 第 11 鞭节长为第 10 鞭节的 1.7 倍。前胸背板中央横凹痕的上方和下方均有许多平行刻条。中胸侧板侧缝下段具毛, 沿中央横沟下方的 3 条平行弱脊更长, 直伸至前缘附近。径脉第 1 段宽等于长。

寄主: 未知。

研究标本: 正模♀, 湖南石门壶瓶山, 1987.Ⅶ.13, 雷光春, No.20044541。副模: 1♀1♂, 同正模, Nos.20044531, 20044535。

分布: 湖南。

鉴别特征: 见检索表。

词源: 种本名 "黄跗 *flavitarsis*", 意为足第 2-5 跗节黄色, 其余红褐色。

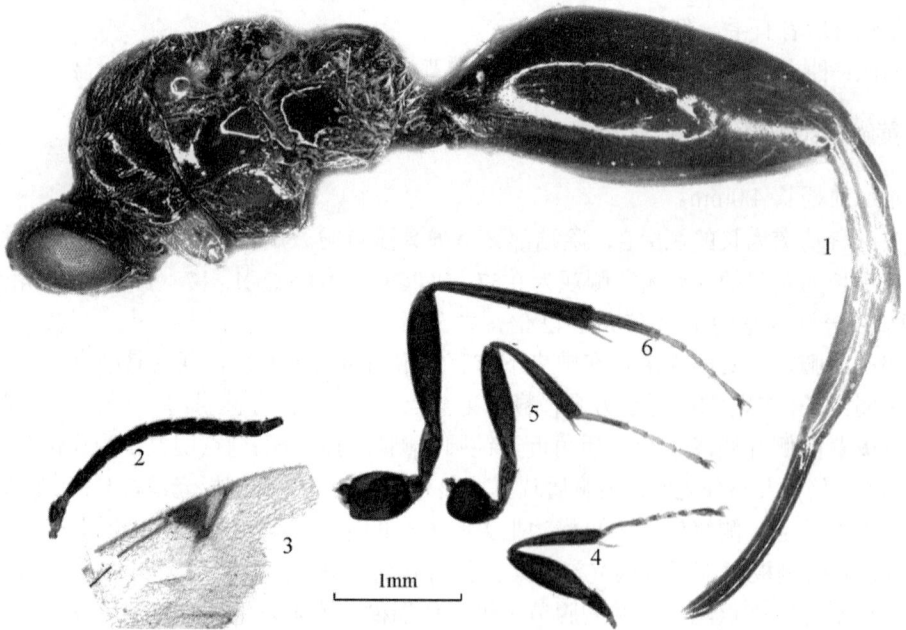

图 114 黄跗马氏细蜂, 新种 *Maaserphus flavitarsis* He *et* Xu, sp. nov.
1. 整体, 侧面观; 2. 触角; 3. 翅痣; 4. 前足; 5. 中足; 6. 后足 [1. 1.5 X 标尺; 2-6. 1.0X 标尺]

(57) 刻条马氏细蜂 *Maaserphus striatus* Lin, 1988 (图 115)

Maaserphus striatus Lin, 1988, *Jour. Taiwan Museum*, 41: 18.

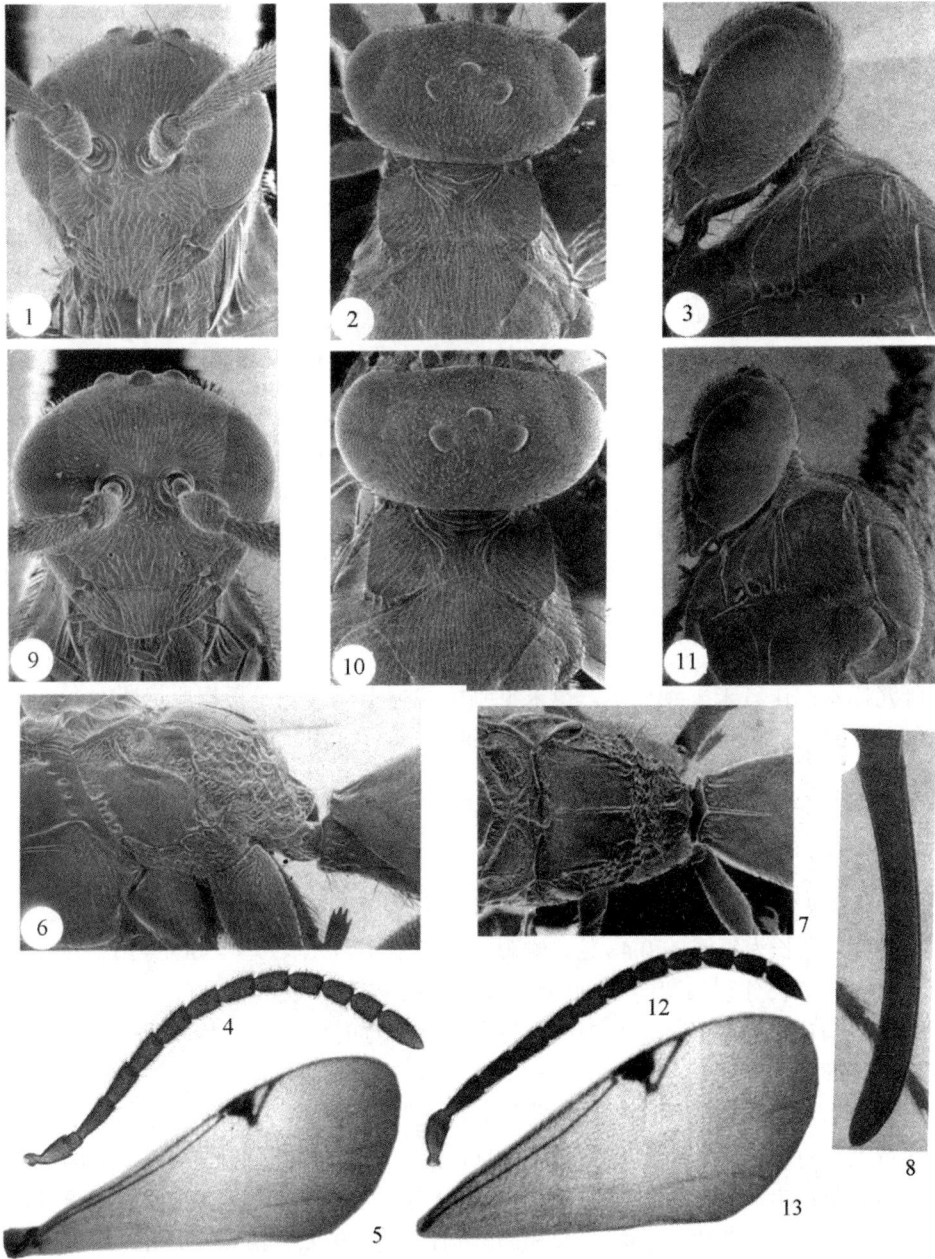

图 115　刻条马氏细蜂 *Maaserphus striatus* Lin

1, 9. 头部，前面观；2, 10. 头部和前胸，背面观；3, 11. 头部和前胸，侧面观；4, 12. 触角；5, 13. 前翅；6. 后胸侧板、并
胸腹节和腹部基部，侧面观；7. 并胸腹节、腹柄和合背板基部，背面观；8. 产卵管鞘 (1-8.♀；9-13.♂) (仿 Lin, 1988)

雌：前翅长 3.3-4.0mm。

头：前单眼直径约 4 个单位 (测微尺单位)。LOL：POL：OOL 约为 3：8：8.5。上颊长约为复眼的 0.64 倍。复眼长宽比为 20.5：11。颚眼距约 5 单位。触角各节相对长宽比为 8：4.4，3：3，9：3.4，8：3.8，8：3.8，8：3.8，7.5：3.8，7.5：3.9，7：3.9，7：4，7.4：4.1，7.4：4.2，11：4.5。

胸：长、宽、高之比约为 2.3：1：1.2。前胸背板侧面凹槽内有细皱，但有时很弱。中胸侧板在水平沟下方后部有刻条，并有相当多的列毛。后胸侧板光滑区上部有 1 条窄脊连至并胸腹节侧缘上方。并胸腹节前部光滑侧区比较狭，长约为宽的 0.67 倍。

足：后足胫节长距长约为后足基跗节的 0.42 倍。

翅：垂直径脉长厚相等，径室前缘边长约为翅痣宽的 0.9 倍。

腹：合背板基部中沟两侧具弱刻条；前侧部位的毛多于 30 根。产卵管鞘长约为后足胫节的 0.73 倍，约为中央宽度的 11.5 倍，在端部稍厚并渐弯曲。

雄：前翅长 3.1mm。前单眼直径约 3 个单位。LOL：POL：OOL 约为 2.6：6.5：6.5。上颊长约为复眼的 0.5 倍。复眼长宽比约为 17.5：10。颚眼距约 4 单位。触角各节相对长宽比为 8：4，2.5：3，9：3.8，8：3.9，8：4，7：4，6.5：3.9，6.5：3.9，6：3.4，6.3：3.8，6：3.7，6：3.7，10：3.7。鞭节上角下瘤如基沟马氏细蜂。胸部长、宽、高之比约为 2.2：1：1.2；腹部长、宽、高之比约为 3.5：1：1.3。

体色：体黑褐色，有时色浅。口器、翅基片、足褐黄色至红褐色；上颚、触角 (柄节基部相当浅) 和产卵管鞘烟褐色。翅透明，翅脉烟褐色，翅痣暗色。体和翅上的毛浅褐色。

研究标本：作者未采到标本，也未见到模式标本。形态是根据原记述。

分布：台湾 (松岗、太平山、翠峰、梅峰)。

(58) 甘肃马氏细蜂，新种 *Maaserphus gansuensis* He *et* Xu, sp. nov. (图 116)

雌：前翅长 3.1mm。

头：唇基宽为长的 4.4 倍，除端缘光滑外，具较大的浅刻点。颊长为上颚基宽的 0.67 倍。头背观上颊长为复眼的 0.48 倍，侧观为 0.59 倍。POL：OD：OOL=15：18：14。触角第 2、10 鞭节长分别为宽的 2.1 倍和 1.6 倍，第 11 鞭节长为第 10 鞭节的 1.67 倍。

胸：前胸背板侧面光滑，在中央下方有前窄后宽的横凹痕，其内有细刻点，并在后段有 1 平行细脊，凹痕上方凹槽中央有 5 条很弱的短沟，侧面前上方光滑，亚背前方 1/3 横脊明显，后下角具 3 个凹窝；前胸背板背面侧片侧缘平行，后角近于钝圆，侧片内侧具明显带毛刻点，中央部分 (为侧片宽的 0.66 倍) 光滑，颈部具横刻条。中胸侧板光滑，中央横沟完整；前缘上方具毛；侧缝仅在中央横沟上方具 7 个凹窝；侧板后下角具弱皱。后胸侧板大部平坦而光滑，光滑区长和高分别占侧板的 0.85 倍和 0.9 倍，沿下缘及后缘有 1 细脊，下缘沟内有小刻点；光滑区后方具细皱。并胸腹节中纵脊和端横脊均强，中纵脊伸达后表面端部，两侧为光滑区；背表面一侧光滑区中长约为中宽的 1.2 倍；后表面多毛，具不规则刻皱，有"十"字形脊。

足：后足腿节长为宽的 4.4 倍；后足胫节长距长为基跗节的 0.48 倍。

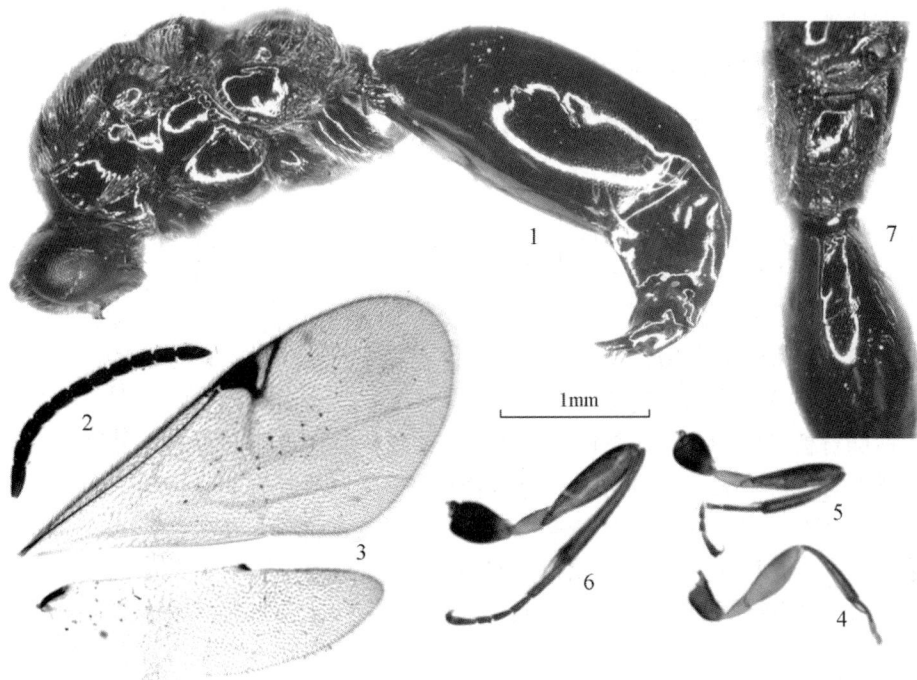

图 116　甘肃马氏细蜂，新种 *Maaserphus gansuensis* He *et* Xu, sp. nov.

1. 整体，侧面观；2. 触角；3. 翅；4. 前足；5. 中足；6. 后足；7. 并胸腹节、腹柄和合背板基部，背面观

[1, 7. 1.5 X 标尺；2-6. 1.0X 标尺]

翅：前翅长为宽的 2.15 倍；翅痣长和径室前缘脉长分别为翅痣宽的 1.67 倍和 0.78 倍；径脉第 1 段从翅痣中央稍外方伸出，长为宽的 2.0 倍；径脉第 2 段上方稍弯。

腹：合背板基部光滑，中纵沟伸达合背板基部至第 1 对窗疤间距的 0.8 处，两侧无纵沟。第 1 窗疤宽为长的 5.0 倍，疤距为疤宽的 0.4 倍。产卵管鞘长为后足胫节的 1.08 倍，几乎等粗，长为中宽的 9.8 倍，整个弧形下弯，顶端尖圆，表面光滑。

体色：体黑色；前胸背板前缘下段、翅基片、合背室端部腹方、伸长的 2 腹节褐黄色。触角黑褐色，柄节、梗节和第 1 鞭节基部红褐色。须黄褐色。足黄褐色。翅透明，翅痣及强脉黑褐色。

雄：与雌性相似，不同之处在于，前翅长 3.2mm。头背观上颊长为复眼的 0.45 倍，侧观为 0.59 倍。触角第 2、10 鞭节长分别为宽的 1.7 倍和 1.75 倍，第 11 鞭节长为第 10 鞭节的 1.7 倍；第 2-10 各鞭节有 1 小而圆形的角下瘤。POL：OOL=19：15。前胸背板侧面中央下方横凹痕内无刻点，但具 2 条刻条。并胸腹节背表面光滑区中宽为中长的 1.5 倍。前翅翅痣长和径室前缘脉长分别为翅痣宽的 1.57 倍和 0.62 倍。触角整个黑褐色；翅基片暗褐黄色；足褐黄色，基节黑色至黑褐色。

寄主：未知。

研究标本：正模♀，甘肃宕昌大河坝，2530m，2004.Ⅶ.31，吴琼，No.20047028。副模：2♂，采地、采期同正模，陈学新、吴琼，Nos.20047036，20047056。

分布：甘肃。

鉴别特征：见检索表。

词源：种本名"甘肃 gansuensis"，意为模式标本产地在甘肃省。

(59) 李氏马氏细蜂，新种 Maaserphus lii He et Xu, sp. nov. (图 117)

雌：前翅长 2.8mm。

头：唇基长为宽的 2.8 倍，具弱而模糊刻点。颊长为上颚基宽的 0.8 倍。头背观上颊长为复眼的 0.45 倍，侧观为 0.65 倍。POL：OD：OOL=15：7：19。触角第 2、10 鞭节长分别为宽的 1.9 倍和 1.3 倍，第 11 鞭节长为第 10 鞭节的 2.2 倍。

胸：前胸背板侧面光滑，在中央下方有前窄后宽的横凹痕，其内夹有 1 平行刻条，凹槽中央上方有 5 个弱的浅旋窝，背上方光滑，亚背前方 0.26 横脊明显，后下角仅 1 个凹窝；前胸背板背面侧片侧缘平行，后角近于钝圆，侧片内侧密布带毛浅刻点，中央部分（为侧片宽的 0.6 倍）后方光滑，颈部具横刻条。中胸盾片具明显带毛刻点。中胸侧板光滑，中央横沟完整；翅基片下方具毛；侧缝仅在中央横沟上方具 6 个浅凹窝，在横沟下方具 1 纵列毛，下端多毛。后胸侧板大部平坦而光滑，光滑区长和高分别占侧板的 0.85 倍和 0.95 倍，沿下缘有凹窝和 1 细脊；其余侧板具网皱。并胸腹节中纵脊和端横脊均强，中纵脊伸至后表面端部；背表面纵脊两侧为光滑区，一侧光滑区中长为中宽的 1.2 倍；后表面斜，具细点皱，夹有纵脊。

足：后足腿节长为宽的 4.6 倍；后足胫节长距长为基跗节的 0.46 倍。

翅：前翅长为宽的 2.2 倍；翅痣长和径室前缘脉长分别为翅痣宽的 1.4 倍和 0.9 倍；径脉第 1 段从翅痣中央外方伸出，长为宽的 1.2 倍；径脉第 2 段直。

腹：合背板基部光滑，中纵沟伸达合背板基部至第 1 对窗疤间距的 0.85 处，两侧无纵沟。第 1 窗疤宽为长的 4.0 倍，疤距为疤宽的 0.5 倍。产卵管鞘长为后足胫节的 0.78 倍，几乎等粗，长为中宽的 10.0 倍，整个弧形下弯，顶端钝圆，表面光滑。

体色：体黑色；翅基片、腹端伸长 2 节的一部分及产卵管鞘顶端褐黄色。触角黑褐色。足褐黄色，端跗节色稍深。翅透明，翅痣及强脉黑褐色。

变异：个别标本触角红棕色，至端部渐黑褐色。侧缝仅在中央横沟上方具 5-6 个浅凹窝。

雄：与雌性相似，不同之处在于，前翅长 2.5-2.6mm。头背观上颊长为复眼的 0.46 倍，侧观为 0.75 倍。触角第 2、10 鞭节长分别为宽的 1.7 倍和 1.6 倍，第 11 鞭节长为第 10 鞭节的 1.6 倍；第 2-11 鞭节各节有 1 小而圆形的角下瘤。POL：OOL=13：13。前胸背板侧面横凹痕上方光滑或有 1 列横沟脊；前胸背板背面中央部分为 1 侧片宽的 0.5 倍。并胸腹节背表面一侧光滑区中长为中宽的 1.42 倍。前翅长为宽的 2.0 倍；翅痣长和径室前缘脉长分别为翅痣宽的 1.86 倍和 0.71 倍。第 1 窗疤宽为长的 3.0 倍，疤距为疤宽的 0.6 倍。触角柄节黑色，梗节和第 1 鞭节下方暗红色，其余鞭节黑褐色；部分标本足褐色，转节、腿节端部和距黄褐色。

寄主：未知。

研究标本：正模♀，贵州道真大沙河仙女洞，644m，2004.Ⅷ.25，魏书军，No.20047441。副模：1♀14♂，同正模，Nos. 20047418，20047420，20047424-26，20047434，20047436-40，

20047445-47，20047449；1♀，贵州道真大沙河，1720m，2004.Ⅷ.18，王志杰，No.20047350；22♂，贵州道真大沙河，1360m，2004.Ⅷ.20，吴琼，Nos.20047353-64（缺20047359），20047367，20047369-72，20047380-81，20047383，20047387-89。

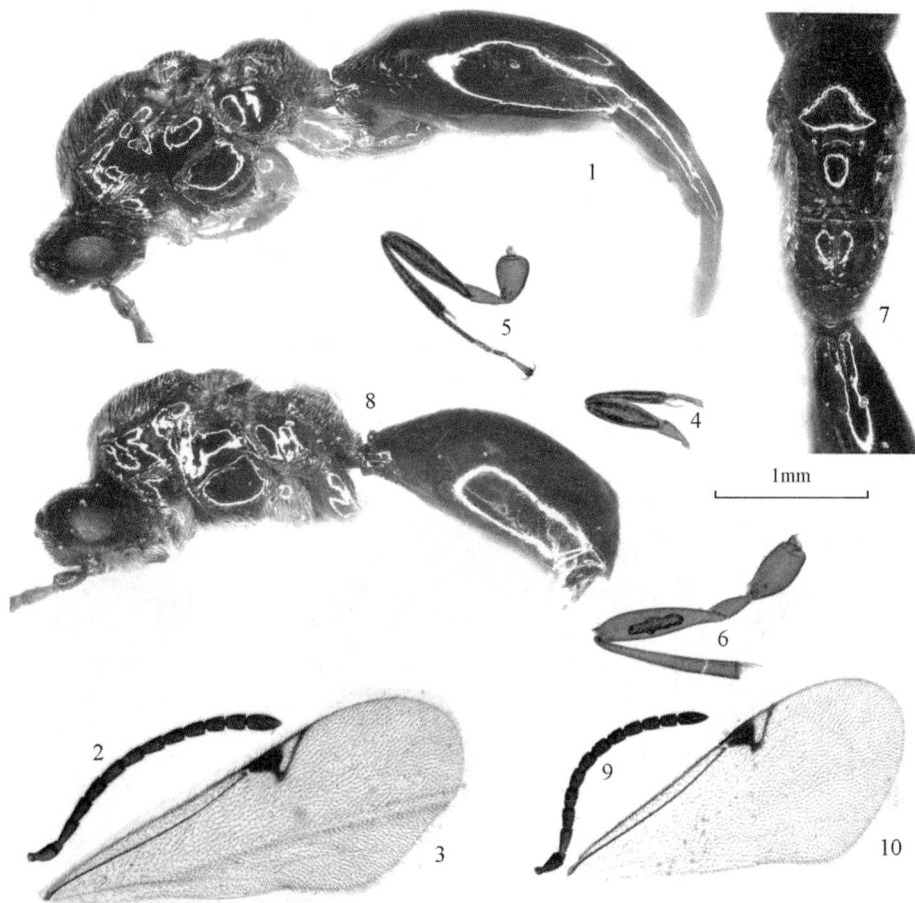

图 117　李氏马氏细蜂，新种 *Maaserphus lii* He *et* Xu, sp. nov.

1, 8. 整体，侧面观；2, 9. 触角；3, 10. 前翅；4. 前足；5. 中足；6. 后足；7. 胸部和合背板基部，背面观

(1-7.♀；8-10.♂) [1, 7-8. 1.5 X 标尺；其余 1.0X 标尺]

分布：贵州。

鉴别特征：见检索表。

词源：种本名"李氏 *lii*"意为感谢贵州大学李子忠教授组织道真采集和对作者工作的帮助。

(60) 云南马氏细蜂，新种 *Maaserphus yunnanensis* He *et* Xu, sp. nov. (图 118)

雌：前翅长 2.3mm。

头：唇基宽为长的 4.2 倍，除侧方有大的浅刻点外，中央光滑。颊长为上颚基宽的 0.63 倍。头背观上颊长为复眼的 0.45 倍，侧观为 0.67 倍。POL：OD：OOL=12：6：13。

触角较粗短，第 2、10 鞭节长分别为宽的 1.43 倍和 1.25 倍，第 11 鞭节长为第 10 鞭节的 1.9 倍。

胸：前胸背板侧面光滑，在中央下方有前窄后宽的横凹痕，凹痕内后方夹有 1 刻条，其上方凹槽中央前方还有 5 条向上渐短的沟脊，背上方光滑，亚背前半横脊明显，后下角具 2 个凹窝；前胸背板背面侧片侧缘平行，后角近于钝圆，侧片具明显带毛刻点，中央部分 (为侧片宽的 0.65 倍) 光滑，颈部具横刻条。中胸盾片具明显带毛刻点。中胸侧板光滑，中央横沟完整；翅基片下方具毛；侧缝在中央横沟上方具 6 个凹窝，在横沟下方光滑，具 1 纵列弱毛，下端毛多。后胸侧板大部平坦而光滑，光滑区长和高分别占侧板的 0.7 倍和 0.9 倍，其后下方有凹窝和 1 细纵脊；侧板后方及下后方具网皱。并胸腹节中纵脊伸至后表面端部；背表面纵脊两侧为光滑区，一侧光滑区中长为中宽的 1.2 倍；后表面及外侧区具小室状网皱。

足：后足腿节长为宽的 4.3 倍；后足胫节长距长为基跗节的 0.5 倍。

翅：前翅长为宽的 2.13 倍；翅痣长和径室前缘脉长分别为翅痣宽的 1.64 倍和 0.71 倍；径脉第 1 段从翅痣中央稍外方伸出，长为宽的 1.0 倍；径脉第 2 段上方稍弯。

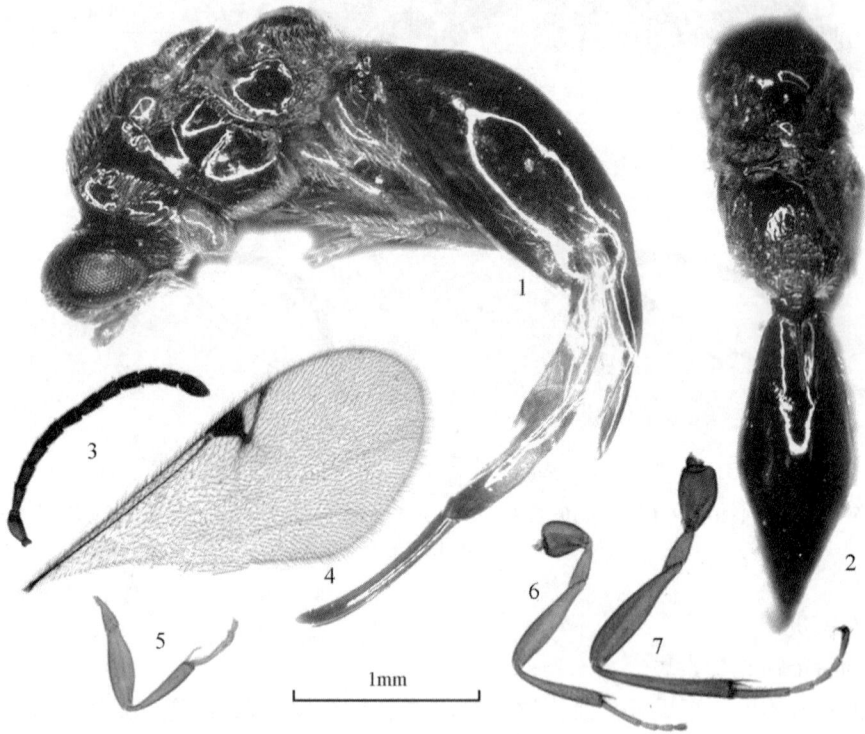

图 118 云南马氏细蜂，新种 Maaserphus yunnanensis He et Xu, sp. nov.
1. 整体，侧面观；2. 整体，背面观；3. 触角；4. 前翅；5. 前足；6. 中足；7. 后足 [1-2. 1.5 X 标尺；3-7. 1.0X 标尺]

腹：合背板基部光滑，中纵沟伸达合背板基部至第 1 对窗疤间距的 0.85 处，两侧无纵沟。第 1 窗疤宽为长的 3.2 倍，疤距为疤宽的 0.7 倍。产卵管鞘长为后足胫节的 1.0 倍，几乎等粗，长为中宽的 10.0 倍，整个弧形下弯，顶端钝圆，表面光滑。

体色：体黑色；合背板端部带红棕色，端部伸长 2 节带明黄色。须黄色。翅基片褐黄色。足黄褐色。翅透明，翅痣及强脉浅黑褐色。

雄：未知。

寄主：未知。

研究标本：正模♀，云南屏边大围山，2003.Ⅶ.18，胡龙，No.20048151。

分布：云南。

鉴别特征：见检索表。

词源：种本名"云南 yunnanensis"意为模式标本产地在云南屏边。

(61) 谭氏马氏细蜂，新种 *Maaserphus tani* He et Xu, sp. nov. (图 119)

雌：体长 5.0mm (包括腹端伸出部分，不包括产卵管鞘)；前翅长 3.1mm。

头：唇基宽为长的 3.8 倍，除端缘光滑外，具稀疏刻点。颊长为上颚基宽的 0.59 倍。颜面光滑，具中等密的刻点。头背观上颊长为复眼的 0.48 倍，侧观为 0.6 倍。POL：OD：OOL=15：7：15。触角第 2、10 鞭节长分别为宽的 2.0 倍和 1.4 倍，第 11 鞭节长为第 10 鞭节的 2.0 倍。

胸：前胸背板侧面光滑，在中央下方有前窄后宽的横凹痕，凹痕端半内夹 2 条细脊，凹痕上缘有 1 条长沟，再上方与背缘横脊 (短) 之间有 3 条短而弱的凹沟，前沟缘脊后方光滑，亚背方 0.2 有细脊，后下角具 2 个凹窝；前胸背板背面侧片侧缘平行，后角近于钝圆，侧片内侧及中央部分 (为侧片宽的 0.7 倍) 具明显带毛刻点，颈部仅前缘具细横刻条。中胸盾片具明显带毛刻点。中胸侧板光滑，中央横沟完整；翅基片下方具毛；侧缝在中央横沟上方具 6 个凹窝，在横沟下方光滑，有 1 纵列毛，至下端多毛。后胸侧板大部平坦而光滑，光滑区长和高分别占侧板的 0.7 倍和 0.8 倍，沿下缘有凹沟及脊；侧板的后方及下方具网皱。并胸腹节中纵脊伸至后表面端部；端横脊明显；背表面一侧光滑区中长为中宽的 1.1 倍，沿端横脊有细点皱；后表面短，斜，前方具稀网皱，后方光滑；外侧区具小室状网皱。

足：后足腿节长为宽的 4.4 倍；后足胫节长距长为基跗节的 0.51 倍。

翅：前翅长为宽的 2.13 倍；翅痣长和径室前缘脉长分别为翅痣宽的 1.6 倍和 1.0 倍；径脉第 1 段从翅痣中央外方伸出，垂直，长为宽的 1.2 倍；径脉第 2 段直。

腹：合背板基部光滑，沿横脊之后无凹窝，中纵沟伸达合背板基部至第 1 对窗疤间距的 0.8 处。第 1 窗疤杆形，宽为长的 3.2 倍，疤距为疤宽的 0.8 倍。产卵管鞘长为后足胫节的 1.35 倍，几乎等粗，长为中宽的 11.2 倍，稍弧形下弯，顶端钝圆，表面光滑。

体色：体黑色。触角黑褐色，柄节、梗节及第 1-2 鞭节腹方红褐色。翅基片红褐色。足褐黄色，前足第 2-5 跗节黄色。翅透明，带烟黄色，翅痣及强脉黑褐色。

雄：体长 2.4mm；前翅长 2.0mm。

头：唇基宽为长的 5.0 倍，无口上沟，近于光滑。颊长为上颚基宽的 0.7 倍。颜面光滑，带细而稀刻点。头背观上颊长为复眼的 0.43 倍，侧观为 0.5 倍。POL：OD：OOL=13：6：9。触角第 2、10 鞭节长分别为宽的 2.0 倍和 1.67 倍，第 11 鞭节长为第 10 鞭节的 1.8 倍；第 2-11 鞭节各有 1 小而圆形的角下瘤。

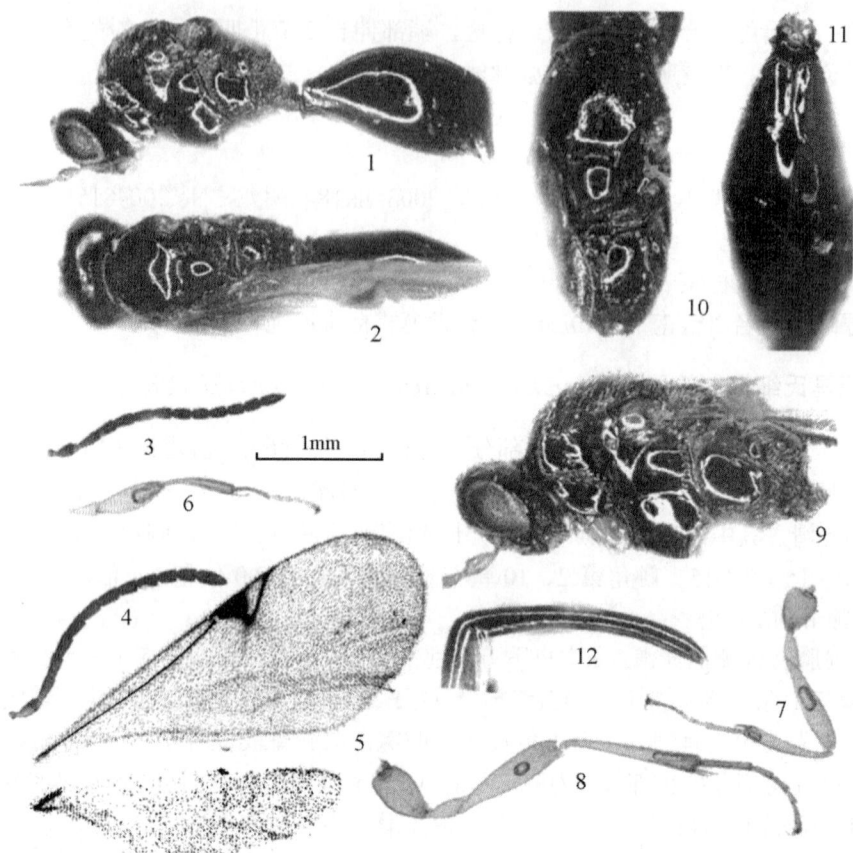

图 119 谭氏马氏细蜂，新种 *Maaserphus tani* He *et* Xu, sp. nov.

1. 整体，侧面观；2. 整体，背面观；3, 4. 触角；5. 翅；6. 前足；7. 中足；8. 后足；9. 头部和胸部，侧面观；10. 胸部，背面观；11. 合背板基部，背面观；12. 产卵管鞘，侧面观 (1-3.♂；其余♀) [1, 2, 9-11. 1.5 X 标尺；3-8. 1.0X 标尺]

胸：前胸背板侧面光滑，在中央下方有前窄后宽横凹痕，凹痕与上方横脊之间中央有 5 条横沟，背缘具稀疏带毛刻点，后下角具 2 个凹窝；前胸背板背面侧片侧缘平行，后角近于钝圆，侧片具明显带毛刻点，中央部分 (为侧片宽的 0.5 倍) 光滑带有稀刻点，颈部前方具横刻条，后方具斜脊。中胸盾片具明显带毛刻点。中胸侧板光滑，中央横沟完整；翅基片下方具毛；侧缝在中央横沟上方具 6 个凹窝，在横沟下方光滑，有 1 纵列毛。后胸侧板大部平坦而光滑，光滑区长和高分别占侧板的 0.8 倍和 0.9 倍，光滑区沿下缘有 4 个圆形凹窝；侧板的后方及下方具网皱，后方中央有 1 条横脊。并胸腹节中纵脊伸至后表面中央；端横脊强，明显后斜；背表面一侧光滑区中长为中宽的 1.0 倍；后表面陡斜，网皱弱多毛；外侧区具小室状网皱。

足：后足腿节长为宽的 4.9 倍；后足胫节长距长为基跗节的 0.57 倍。

翅：前翅长为宽的 1.93 倍；翅痣长和径室前缘脉长分别为翅痣宽的 1.8 倍和 0.92 倍；径脉第 1 段从翅痣中央稍外方伸出，稍内斜，长为宽的 1.1 倍；径脉第 2 段直。

腹：合背板基部光滑，沿横脊之后两侧各有 2 个小凹窝，中纵沟伸达合背板基部至第 1 对窗疤的 0.8 处。第 1 窗疤宽为长的 2.2 倍，疤距为疤宽的 0.6 倍。

体色：体黑色。触角黑褐色，基部 3 节红褐色。翅基片红褐色。足红褐色，后足基节除端部、各足端跗节褐色。翅透明，翅痣及强脉浅黑褐色。

寄主：未知。

研究标本：正模♀，四川平武白马寨，2006.Ⅶ.24，高智磊，No.200610863。副模：1♂，四川灌县青城山，2006.Ⅶ.19，张红英，No.200610782。

分布：四川。

鉴别特征：见检索表。

词源：种本名"谭氏 tani"，是表示对四川成都白蚁防治研究所工程师谭速进博士对作者帮助的感谢之意。

(62) 长颚马氏细蜂，新种 *Maaserphus longitemple* He *et* Xu, sp. nov. (图 120)

雄：体长 2.9mm；前翅长 2.7mm。

头：唇基宽为长的 4.4 倍，除端缘光滑外，具稀疏刻点。颊长为上颚基宽的 0.9 倍。颜面光滑，满布稀疏刻点。头背观上颊长为复眼的 0.8 倍，侧观为 0.78 倍。POL：OD：OOL=12：8：15。触角第 2、10 鞭节长分别为端宽的 2.0 倍和 2.0 倍，第 11 鞭节长为第 10 鞭节的 1.8 倍；各鞭节有 1 小而圆形的角下瘤。

胸：前胸背板侧面光滑，在中央下方有前窄后宽横凹痕，凹痕上方中央有 1 列平行短沟脊，前沟缘脊后方有弱皱，背方具多列带毛刻点，后下角具单个凹窝；前胸背板背面侧片侧缘近于平行，后角钝圆，侧片具明显带毛刻点，中央部分 (为侧片宽的 0.6 倍) 光滑有稀毛，颈部具斜向中央的刻条。中胸盾片具明显带毛刻点。中胸侧板光滑，中央横沟完整；翅基片下方具毛；侧缝仅在中央横沟上方具 5 个凹窝，沿横沟后下方侧板上有 1 列斜横沟，后下角多毛。后胸侧板前上方部位平坦而光滑，光滑区长和高分别占侧板的 0.5 倍和 0.55 倍，沿下缘有 2 个圆形小凹窝；侧板的后方及下方具网皱，但有 1 斜脊伸至后下角。并胸腹节中纵脊和端横脊均明显；中纵脊伸至后表面后端；背表面一侧光滑区中长为中宽的 1.6 倍，后方具弱皱；后表面陡斜，和外侧区均具稀网皱。

足：后足腿节长为宽的 4.7 倍；后足胫节长距长为基跗节的 0.44 倍。

翅：前翅长为宽的 2.0 倍；翅痣长和径室前缘脉长分别为翅痣宽的 1.75 倍和 0.63 倍；径脉第 1 段从翅痣中央伸出，长为宽的 0.7 倍；径脉第 2 段直。

腹：合背板基部光滑，中纵沟伸达合背板基部至第 1 对窗疤间距的 0.75 处。第 1 窗疤杆形，宽为长的 2.2 倍，疤距为疤宽的 1.2 倍。

体色：体黑色。触角黑褐色。翅基片棕褐色。足黑褐色，腿节端部、前中足第 2-4 跗节及后足基跗节浅红褐色。翅透明，带烟黄色，翅痣及强脉黑褐色。

变异：体长 2.9-3.7mm；前翅长 2.7-3.1mm。颊长为上颚基宽的 0.77 倍。头背观上颊长为复眼的 0.7 倍，侧观为 0.9 倍。POL：OD：OOL=12：7：17。前胸背板侧面凹痕中央上方有 3 条平行短沟，后下角有 1 大 3 小共 4 个凹窝。并胸腹节背表面一侧光滑区中长为中宽的 1.2 倍。后足腿节长为宽的 5.2 倍；后足胫节长距长为基跗节的 0.49 倍。翅基片红褐色。足基节端部、中后足转节腹方、腿节两端及后足胫节基半和跗节多少红褐色。

雌：未知。

寄主：未知。

研究标本：正模♂，四川王朗自然保护区，2006.Ⅶ.26，张红英，No.200611206。副模：16♂，采地、采期同前，张红英、高智磊，Nos. 200611146，200611163，200611166，200611196,200611200，200611203，200611205，200611207，200611210-11，200611214-15，200611224，200611228-29，200611236。

分布：四川。

鉴别特征：见检索表。

词源："长颊 *longitemple*"，系 *long* (长) +*temple* (上颊、颊)的组合词，意为模式标本头背观上颊相对较长，长为复眼的 0.8 倍。

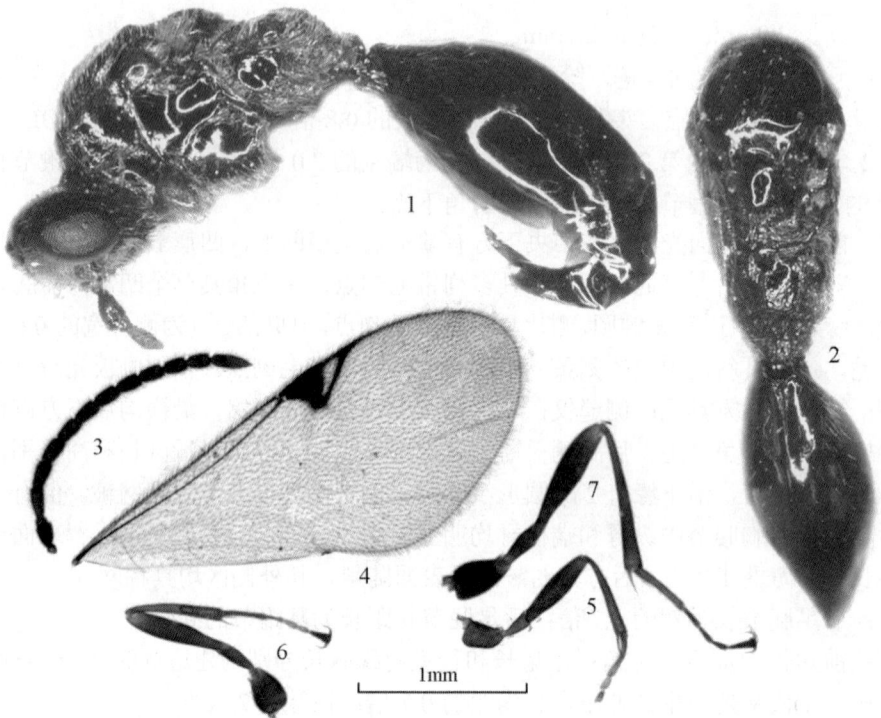

图 120 长颊马氏细蜂，新种 *Maaserphus longitemple* He *et* Xu, sp. nov.
1. 整体，侧面观；2. 胸部和腹部，背面观；3. 触角；4. 前翅；5. 前足；6. 中足；7. 后足 [1-2. 1.5 X 标尺；3-7. 1.0X 标尺]

(63) 褐腿马氏细蜂，新种 *Maaserphus fuscifemoratus* He *et* Xu, sp. nov. (图 121)

雄：体长 3.5mm；前翅长 2.7mm。

头：唇基宽为长的 4.4 倍，除端缘光滑外，具稀疏粗刻点。颊长为上颚基宽的 0.73 倍。颜面基本上光滑。头背观上颊长为复眼的 0.43 倍，侧观为 0.45 倍。POL：OD：OOL=13：7：14。触角第 2、10 鞭节长分别为宽的 1.56 倍和 1.6 倍，第 11 鞭节长为第 10 鞭节的 1.85 倍；第 2-11 各鞭节有 1 小而圆形的角下瘤。

　　胸：前胸背板侧面光滑，在中央下方有前窄后宽、内夹细脊的横凹痕，凹痕与背方横脊之间中央光滑，仅有 1 条短沟，后下角具 3 个凹窝，背缘具多列不规则带毛刻点；前胸背板背面侧片侧缘平行，后角近于钝圆，侧片具明显带毛刻点，中央部分 (为侧片宽的 0.5 倍) 基本上光滑，颈部前缘具细横刻条，后方具斜脊。中胸盾片具明显带毛刻点。中胸侧板光滑，中央横沟完整；翅基片下方具毛；侧缝在中央横沟上方具 7 个凹窝，在横沟下方光滑，有 1 纵列毛，至下端多毛。后胸侧板大部平坦而光滑，光滑区长和高均占侧板的 0.9 倍，沿下缘有 7 个圆形凹窝；侧板的后方及下方具网皱。并胸腹节背表面中纵脊和端横脊均明显，中纵脊一侧光滑区中长为中宽的 1.1 倍；后表面陡斜，无中纵脊，具弱皱，多毛；外侧区具小室状网皱。

　　足：后足腿节长为宽的 4.3 倍；后足胫节长距长为基跗节的 0.5 倍。

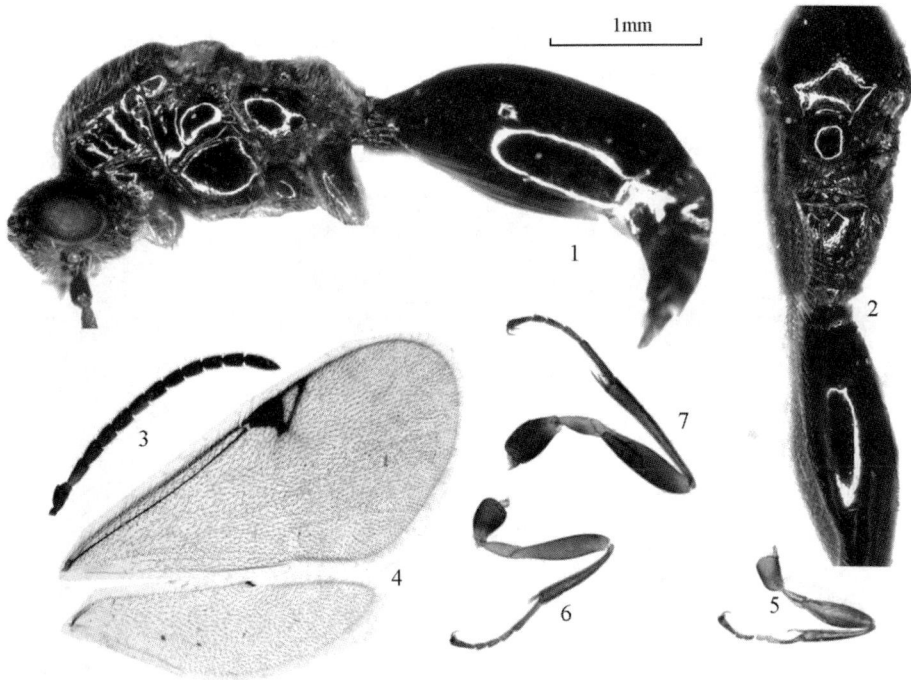

图 121　褐腿马氏细蜂，新种 *Maaserphus fuscifemoratus* He *et* Xu, sp. nov.
1. 整体，侧面观；2. 胸部和腹部，背面观；3. 触角；4. 翅；5. 前足；6. 中足；7. 后足 [1-2. 1.5 X 标尺；3-7. 1.0X 标尺]

　　翅：前翅长为宽的 1.9 倍；翅痣长和径室前缘脉长分别为翅痣宽的 1.64 倍和 0.76 倍；径脉第 1 段从翅痣中央稍外方伸出，垂直，长为宽的 0.8 倍；径脉第 2 段直。

　　腹：合背板基部光滑，中纵沟伸达合背板基部至第 1 对窗疤间距的 0.7 处。第 1 窗疤杆形，宽为长的 3.5 倍，疤距为疤宽的 0.7 倍。

　　体色：体黑色。触角黑褐色，第 1 鞭节腹方红褐色。翅基片黑褐色。足红褐色，基节除端部、腿节除两端、后足转节背方、胫节端半和跗节黑褐色至褐色，后足色泽深，且范围较大。翅透明，带烟黄色，翅痣及强脉黑褐色。

　　雌：未知。

寄主：未知。

研究标本：正模♂，四川平武白马寨，2006.Ⅶ.25，张红英，No.200610993。

分布：四川。

鉴别特征：见检索表。

词源："褐腿 *fuscifemoratus*"，系 *fusci* (褐色) +*femoratus* (腿节)的组合词，意为模式标本腿节除两端黑褐色至褐色。

(64) 高山马氏细蜂，新种 *Maaserphus montanus* He *et* Xu, sp. nov. (图 122)

雄：体长 2.4mm；前翅长 2.0mm。

头：唇基宽为长的 4.2 倍，除端缘光滑外，具稀疏刻点。颊长为上颚基宽的 0.87 倍。颜面光滑，带稀疏浅刻点。头背观上颊长为复眼的 0.35 倍，侧观为 0.56 倍。POL：OD：OOL=14：6：11。触角第 2、10 鞭节长分别为端宽的 2.0 倍和 1.6 倍，第 11 鞭节长为第 10 鞭节的 1.8 倍；各鞭节有 1 小而圆形的角下瘤。

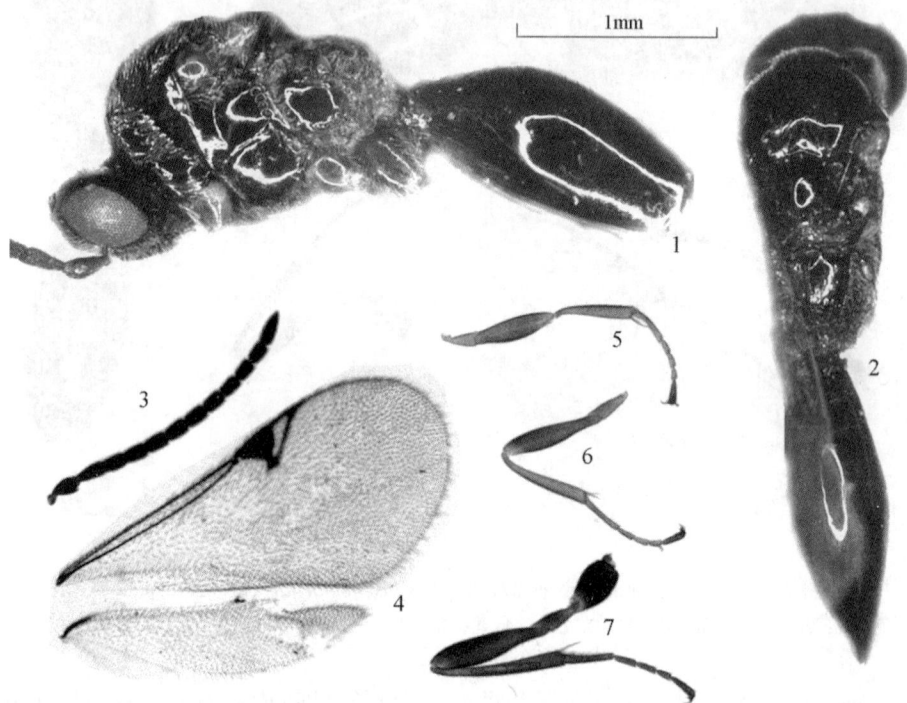

图 122 高山马氏细蜂，新种 *Maaserphus montanus* He *et* Xu, sp. nov.
1. 整体，侧面观；2. 整体，背面观；3. 触角；4. 翅；5. 前足；6. 中足；7. 后足 [1-2. 1.5 X 标尺；3-7. 1.0X 标尺]

胸：前胸背板侧面光滑，在中央下方有前窄后宽横凹痕，凹痕上方前半有 1 列 5 条短沟和脊，凹痕后下方有短横脊和 1 个凹窝，背方具模糊带毛刻点；前胸背板背面侧片侧缘平行，后角近于钝圆，侧片具明显带毛刻点，中央部分 (为侧片宽的 0.5 倍) 近于光滑，颈部具横刻条。中胸盾片具明显带毛刻点。中胸侧板光滑，中央横沟完整；翅基片下方具毛；侧缝在中央横沟上方具 4 个凹窝，在横沟下方光滑，有 1 列纵毛。后胸侧板大部平坦而光滑，其长和高分别占侧板的 0.75 倍和 0.7 倍；沿下缘有 5 个圆形小凹窝和 1 条细纵脊；侧板的后方及下方多毛，具网皱。并胸腹节背表面中纵脊和端横脊均明显；中纵脊一侧光滑区中长为中宽的 1.0 倍；后表面陡斜，中纵脊弱，前方 2/3 具小室状网皱，后方 1/3 具弱纵脊；外侧区网皱明显。

足：后足腿节长为宽的 4.8 倍；后足胫节长距长为基跗节的 0.5 倍。

翅：前翅长为宽的 2.0 倍；翅痣长和径室前缘脉长分别为翅痣宽的 1.9 倍和 0.8 倍；径脉第 1 段从翅痣中央稍外方伸出，长为宽的 0.9 倍；径脉第 2 段直。

腹：合背板基部光滑，沿横脊之后两侧各有 3 个小凹窝，中纵沟伸达合背板基部至第 1 对窗疤的 0.7 处。第 1 窗疤眉毛形，宽为长的 3.2 倍，疤距为疤宽的 0.6 倍。

体色：体黑色。触角黑褐色。翅基片红褐色。前中足褐黄色，端跗节和中足基节除端部褐色；后足红褐色，基节除端部、转节除基部、腿节、端跗节多少黑褐色。翅透明，带烟黄色，翅痣及强脉褐色。

雌：未知。

寄主：未知。

研究标本：正模♂，云南腾冲高黎贡山，2005.Ⅷ.1-18，马娟娟，No.200609429。

分布：云南。

鉴别特征：见检索表。

词源：种本名"高山 montanus"，系指模式标本产地在高山区 (云南腾冲高黎贡山)。

(65) 沟花马氏细蜂，新种 *Maaserphus sulculus* He *et* Xu, sp. nov. (图 123)

雄：体长 3.0mm；前翅长 2.3mm。

头：唇基宽为长的 4.4 倍，除端缘光滑外，具稀疏刻点。颊长为上颚基宽的 0.7 倍。颜面光滑，仅侧方带稀疏刻点。头背观上颊长为复眼的 0.36 倍，侧观为 0.45 倍。POL：OD：OOL=13：8：10。触角第 2、10 鞭节长分别为宽的 1.8 倍和 1.6 倍，第 11 鞭节长为第 10 鞭节的 1.7 倍；各鞭节有 1 小而圆形的角下瘤。

胸：前胸背板侧面光滑，在中央下方有前窄后宽横凹痕，凹痕前端上方有 1 平行短沟，凹痕与背方横脊之间前方有 4 个短沟，前沟缘脊后方光滑，亚背方 0.3 有横脊，后下角具 2 个凹窝；前胸背板背面侧片侧缘平行，后角近于钝圆，侧片内侧及中央部分 (为侧片宽的 0.7 倍) 具明显带毛刻点，颈部具横刻条。中胸盾片具明显带毛刻点。中胸侧板光滑，中央横沟完整；翅基片下方具毛；侧缝仅在中央横沟上方具 8 个凹窝，在横沟下方光滑，有 1 列纵毛，至下端多毛。后胸侧板大部平坦而光滑，光滑区长和高分别占侧板的 0.85 倍和 0.9 倍，光滑区沿下缘有 5 个圆形凹窝；侧板的后方及下方具网皱。并胸腹节背表面中纵脊明显，一侧光滑区中长为中宽的 0.9 倍；端横脊明显；后表面陡斜，中纵脊弱，前方 2/3 具小室状网皱，后方 1/3 具纵脊。

足：后足腿节长为宽的 4.9 倍；后足胫节长距长为基跗节的 0.5 倍。

翅：前翅长为宽的 1.79 倍；翅痣长和径室前缘脉长分别为翅痣宽的 1.8 倍和 1.0 倍；径脉第 1 段从翅痣中央外方伸出，宽等于长；径脉第 2 段直。

腹：合背板基部光滑，沿侧脊之后两侧各有 2 个小凹窝，中纵沟从合背板基部伸至第 1 对窗疤的端部，其后有 1 簇 9 个花状短纵凹痕。第 1 窗疤眉毛形，宽为长的 4 倍，前方及下方有树叶状凹痕，疤距为疤宽的 0.9 倍。

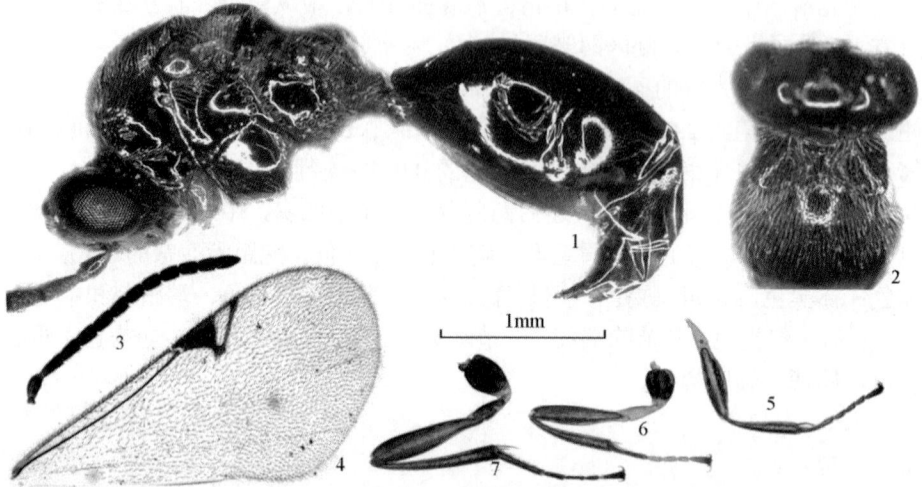

图 123 沟花马氏细蜂，新种 *Maaserphus sulculus* He *et* Xu, sp. nov.

1. 整体，侧面观；2. 头部和前胸背板，背面观；3. 触角；4. 前翅；5. 前足；6. 中足；7. 后足 [1-2. 1.5 X 标尺；3-7. 1.0X 标尺]

体色：体黑色。翅基片红褐色。足红褐色，前足端跗节、中后足整个跗节及后足基节和胫节黑褐色。翅透明，翅痣及强脉浅褐色。

雌：未知。

寄主：未知。

研究标本：正模♂，陕西南郑黎坪国家森林公园，1742m，2004.Ⅶ.23，时敏，No.20046860。

分布：陕西。

鉴别特征：本新种特点是合背板基部光滑，沿侧脊之后两侧各有 2 个凹窝，中纵沟伸达合背板基部至第 1 对窗疤的 1.0 处，其后有 1 簇 9 个花状短纵凹痕；第 1 窗疤前方及下方有树叶状凹痕。

词源：种本名"沟花 *sulculus* (沟)"，系指模式标本合背板基部中纵沟后有 1 簇 9 个花状短纵凹痕。

(66) 广西马氏细蜂，新种 *Maaserphus guangxiensis* He *et* Xu, sp. nov. (图 124)

雄：体长 3.0mm；前翅长 2.3mm。

头：唇基宽为长的 2.4 倍，表面具浅刻纹，端缘缓弧形。颊长与上颚基宽约等长。头背观上颊在复眼后直线陡斜，长为复眼的 0.38 倍；侧观为 0.4 倍。POL：OD：OOL= 16.5：7：10。触角第 2、10 鞭节长分别为宽的 1.6 倍和 1.5 倍，第 11 鞭节长为第 10 鞭节的 1.8 倍；在第 2-10 各鞭节有小而圆形的角下瘤。

胸：前胸背板侧面光滑，除中央下方具有前窄后宽、不达后缘的横凹痕 (内有脊) 外，在凹槽前半有并列刻条 7 条，后下角具单个凹窝；前胸背板背观侧片两侧缘平行，后角钝圆，中央部分宽占 1/5，颈部有横刻条。中胸侧板光滑，中央横沟完整；翅基片下具毛；侧缝仅在中央横沟上方具 6 个小凹窝，在横沟下方的光滑。后胸侧板大部分光滑，光滑区长和高分别占侧板的 0.55 倍和 0.8 倍，其下缘有小凹窝；侧板后方、后上方和下方具小室状网皱。并胸腹节背表面短于后表面；中纵脊强，伸至后表面端部；背表面一侧光滑中长为中宽的 1.0 倍；后表面和外侧区具小室状网皱。

足：后足腿节长为宽的 4.3 倍；后足胫节长距稍弯曲，长为基跗节的 0.57 倍。

翅：前翅翅痣长和径室前缘脉长分别为翅痣宽的 1.4 倍和 1.0 倍；径脉第 1 段从翅痣中央外方伸出，长为宽的 1.0 倍；径脉第 2 段直。

腹：合背板基部中纵沟伸达合背板基部至第 1 对窗疤的 0.83 处，沿侧脊之后各有 2 个小凹窝；第 1 窗疤宽为长的 4.5 倍，疤距为疤宽的 0.4。抱器长矛形，基部平行，长为基宽的 2.7 倍。

图 124　广西马氏细蜂，新种 *Maaserphus guangxiensis* He *et* Xu, sp. nov.
1. 触角；2. 后翅；3. 前足；4. 中足；5. 后足 [1-5. 1.0X 标尺]

体色：体黑色至棕黑色。足黄褐色；前中足基节浅黑褐色；后足基节、转节黑褐色，腿节暗红褐色。翅透明，翅痣及强脉黑褐色。

研究标本：正模♂，广西九万大山环江，2003.Ⅷ.3，王义平，No.20037911。

分布：广西。

鉴别特征：本新种前胸背板背面观侧缘直，中胸侧板缝仅在水平横沟上方具凹窝，下方光滑，合背板基部中沟长而窄等特征与基沟马氏细蜂 *Maaserphus basalis* Lin, 1988 最为近似，其区别主要在于前胸背板侧面前半具并列纵刻条 7 条 (后者仅有 1 纵沟)。

词源：种本名"广西 *guangxiensis*"，系指模式标本产地在广西 (九万大山)。

(67) 河南马氏细蜂，新种 *Maaserphus henanensis* He *et* Xu, sp. nov. (图 125)

雄：体长 2.8mm；前翅长 2.5mm。

头：唇基宽为长的 3.6 倍，具带毛刻点，端缘平截。颊长为上颚基宽的 0.7 倍。头背观上颊长为复眼的 0.5 倍，侧观为 0.75 倍。POL：OD：OOL=16：8：13。触角第 2、10 鞭节长分别为端宽的 1.5 倍和 1.5 倍，第 11 鞭节长为第 10 鞭节的 1.83 倍；各鞭节均有小而圆形的角下瘤。

胸：前胸背板侧面光滑，在中央下方的横凹痕向后扩展，但不达后缘，凹痕内有 2 刻条，背缘具细刻点，近后角部分光滑但也有稀毛，后下角有 2 个凹窝；前胸背板背观侧片两侧缘平行，后角平截，其上满布带毛刻点，中央部分宽为 1 侧片的 0.4 倍，前半有斜脊及凹窝。中胸盾片具明显带毛刻点，前半的较深而密。中胸侧板光滑，中央横沟完整，翅基片下方具毛；侧缝在横沟上方具 5 个凹窝，在横沟下方光滑，有 1 纵列毛，下端毛多。后胸侧板大部分平坦而光滑，下缘沿横脊有凹窝；光滑区后方及下方具细而密的网皱。并胸腹节中纵脊强，伸至后表面端部；背表面一侧光滑区中宽为中长的 1.25 倍；后表面近于光滑，基半陡直，有 1 横脊，后半平坦而多毛；外侧区具小室状网皱。

足：后足腿节长为宽的 4.4 倍；后足胫节长距长为基跗节的 0.48 倍。

翅：前翅长为宽的 2.0 倍；翅痣长和径室前缘脉长分别为翅痣宽的 2.0 倍和 0.8 倍；径脉第 1 段长为宽的 1.4 倍；径脉第 2 段直。

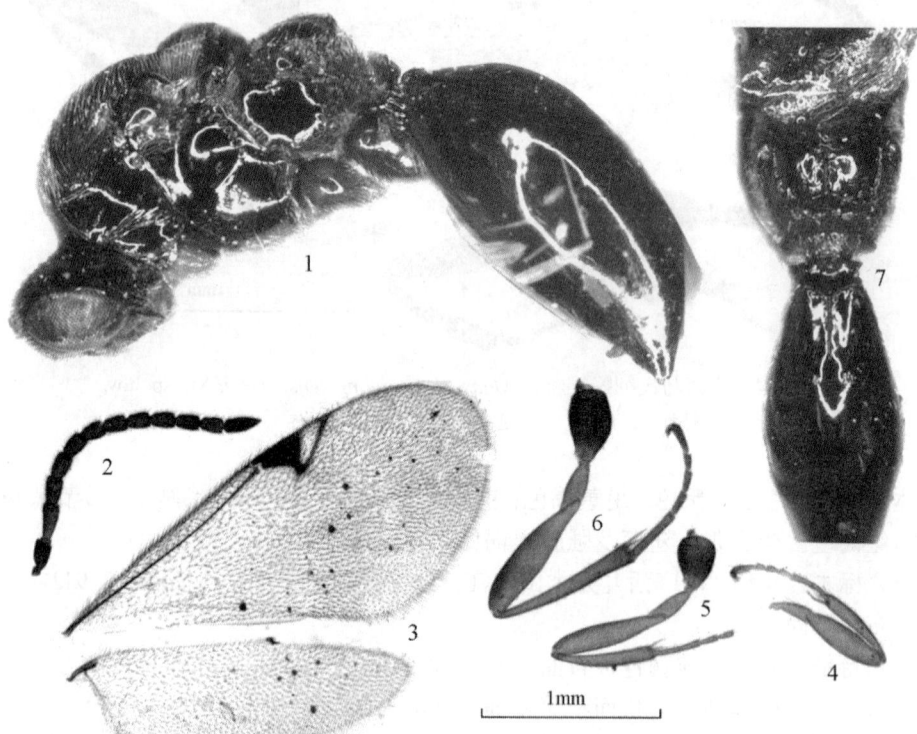

图 125 河南马氏细蜂，新种 *Maaserphus henanensis* He et Xu, sp. nov.

1. 整体，侧面观；2. 触角；3. 翅；4. 前足；5. 中足；6. 后足；7. 并胸腹节、腹柄和合背板基部，背面观 [1, 7. 2.0 X 标尺；2-6. 1.0X 标尺]

腹：合背板基部中纵沟伸达合背板基部至第 1 对窗疤的 0.85 处，两侧光滑无纵沟。第 1 窗疤宽为长的 3.0 倍，疤距为疤宽的 0.45 倍。

体色：体黑色。触角黑褐色。须黄色。翅基片暗褐黄色。足褐黄色；中后足基节浅黑褐色；后足胫节和跗节浅褐色。翅透明，翅痣及强脉黑褐色。

研究标本：正模♂，河南嵩县白云山，1996.Ⅶ.19，蔡平，No.973058。

分布：河南。

鉴别特征：本新种与基沟马氏细蜂 Maaserphus basalis Lin, 1988 近似，其区别在于头背观上颊长为复眼的 0.5 倍 (后者为 0.35 倍)。

词源：种本名"河南 henanensis"，系指模式标本产地在河南 (嵩县白云山)。

2) 褐足马氏细蜂种团 *Fuscipes* Group

种团概述：前胸背板侧缘从前面观短而凹或近于如此。中胸侧板缝在水平沟上方和下方均为畦状沟。后胸侧板下部光滑区窄。腹部合背板基部有 1 条弱而宽的中沟，通常在侧方有长的浅凹痕。产卵管鞘有直毛，端部绝不明显加宽。

该种团仅知我国台湾 3 种，本志记述我国 4 种，内含 1 新种。

种 检 索 表

1. 雄性 ·· 2
   雌性 ·· 3
2. 头背观上颊长为复眼的 0.57 倍；触角第 2、10 鞭节长为宽的 1.6 倍和 1.4 倍；腹部黑褐色；腿节暗褐色；前翅长 1.9mm。台湾 ······································· 褐足马氏细蜂 *M. fuscipes*
   头背观上颊长为复眼的 0.69 倍；触角第 2、10 鞭节长为宽的 2.0 倍和 2.2 倍；腹部多少带红褐色；腿节棕红色；前翅缺失。福建 ··················· **粗腿马氏细蜂，新种 *M. crassifemoratus*, sp. nov.**
3. 产卵管鞘长约为后足胫节的 0.96 倍，约为中央处宽度的 10 倍；前翅径室明显短，约为翅痣高的 0.5 倍；垂直径脉宽大于长，径脉端部逐渐增粗；上颊长约为复眼的 0.69 倍；前翅长 1.8mm。台湾 ·· 褐足马氏细蜂 *M. fuscipes*
   产卵管鞘长至多为后足胫节的 0.77 倍，至多为中央处宽度的 8.3 倍；前翅径室长，约为翅痣高的 1.0 倍；垂直径脉长宽几乎相等，径脉端部稍粗；上颊长约为复眼的 0.36 倍 ··················· 4
4. 产卵管鞘相对较长，约为后足胫节的 0.77 倍，为中央部位宽度的 8.3 倍；前胸背板侧窝上方 1/3 有毛；合背板侧面前方毛多于 20 根；前翅长 3.2mm。台湾 ·········· **长尾马氏细蜂 *M. longicaudus***
   产卵管鞘短，约为后足胫节的 0.56 倍，为中央部位宽度的 5.6 倍；前胸背板侧窝上方在上半和前部有许多毛；合背板侧面前方毛少于 5 根；前翅长 2.6-2.8mm。台湾 ····························· **短尾马氏细蜂 *M. brevicaudus***

(68) 褐足马氏细蜂 *Maaserphus fuscipes* Lin, 1988 (图 126)

Maaserphus fuscipes Lin, 1988, *Jour. Taiwan Museum*, 41: 19.

雌：前翅长 1.8mm。

头：前单眼直径约 2 个单位 (测微尺单位)。LOL∶POL∶OOL 约为 2.4∶5.5∶4。上颊长约为复眼的 0.69 倍。复眼长宽比为 10∶6.5。颚眼距 2.3 单位。触角各节相对长宽比为 5∶2.5，2∶2，4.3∶1.8，4∶1.9，4∶2，4∶2，4∶1.8，4∶2，3.3∶2.1，3.3∶2.2，

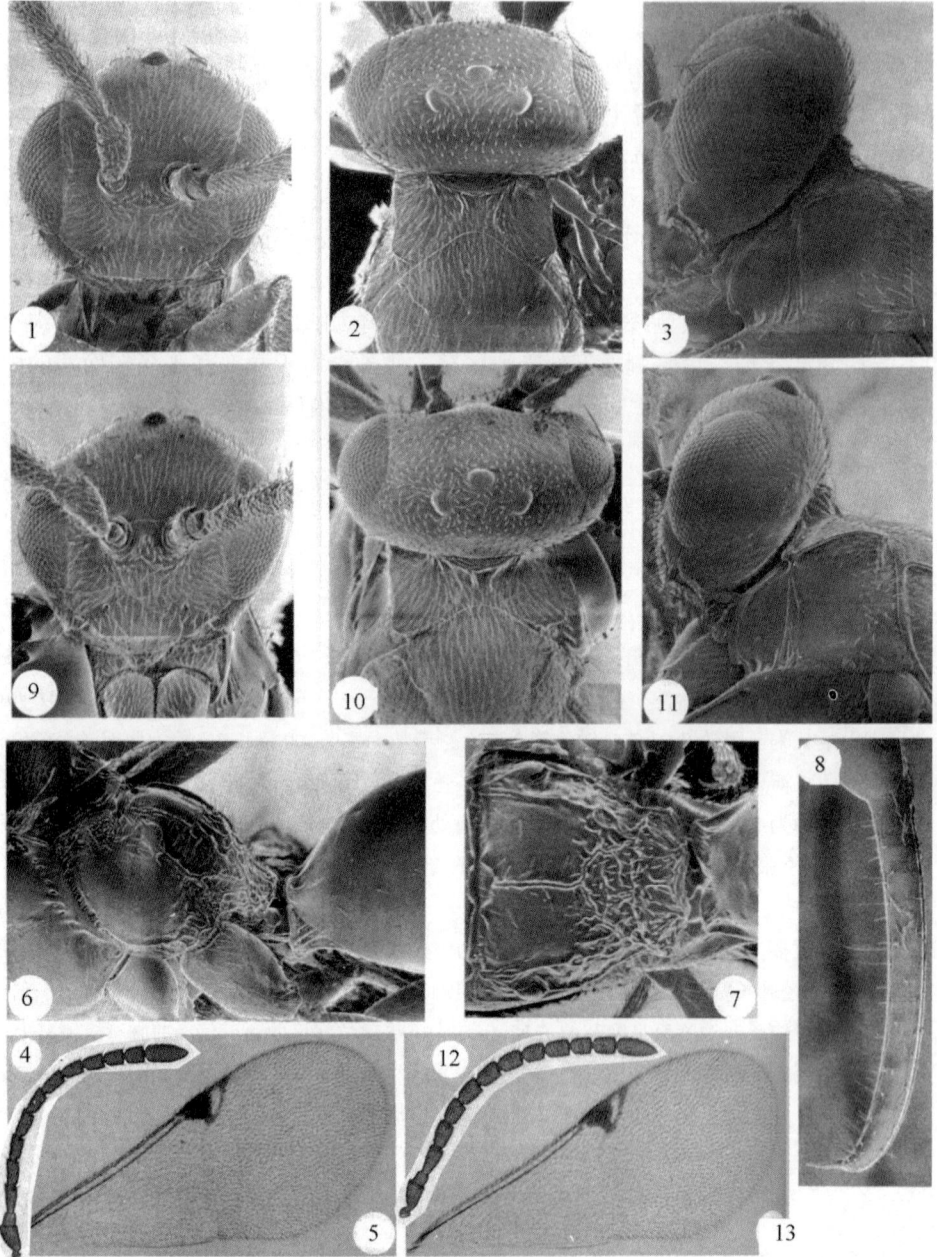

图 126　褐足马氏细蜂 *Maaserphus fuscipes* Lin

1, 9. 头部，前面观；2, 10. 头部和前胸，背面观；3, 11. 头部和前胸，侧面观；4, 12. 触角；5, 13. 前翅；6. 后胸侧板、并胸腹节和腹部基部，侧面观；7. 并胸腹节，背面观；8. 产卵管鞘 (1-8.♀；9-13.♂) (仿 Lin, 1988)

3.3：2.4，3.3：2.5，7：25。

胸：胸部长、宽、高之比约为2.2：1：1.2。前胸背板侧缘比较长，中央之后凹；侧窝上方的毛稀。并胸腹节前部光滑侧区长约为宽的1.3倍。

翅：前翅径室前缘短，约为翅痣高的0.5倍；垂直径脉厚于其长；径脉端部明显变粗。

足：后足胫节长距长约为后足基跗节的0.38倍。

腹：合背板前缘中央宽凹，在凹后方有1短而宽的沟；合背板前侧部位约有6根短毛。产卵管鞘长约为后足胫节的0.96倍，约为中央宽度的10倍，端稍微弯曲，有直毛。

雄：前翅长1.9mm。

头：前单眼直径约1.5单位。LOL：POL：OOL约为1.5：4.3：4.3。上颊长约为复眼的0.57倍。复眼长宽比约为11：7。颚眼距约2.2单位。触角各节相对长宽比为4：2.6，2：2，4：2.4，4：2.5，3.6：2.5，3.8：2.6，3.8：2.6，3.7：2.6，3.5：2.5，3.6：2.5，3.4：2.5，3.5：2.5，6.4：2.6。第1-11鞭节上角下瘤小而圆形。

胸：长、宽、高之比约为2.2：1：1.2。前胸背板侧缘比较短，中央之前凹。径室比雌性稍宽。

腹：长、宽、高之比约2.8：1：1.2。

体色：体黑褐色。上颚和产卵管鞘暗色；触角和足烟褐色，基节和转节端部相当浅。翅透明，翅脉烟褐色。体和翅上的毛浅褐色。

研究标本：作者未采到标本，也未见模式标本。形态是根据原记述。

分布：台湾 (松岗)。

(69) 粗腿马氏细蜂，新种 *Maaserphus crassifemoratus* He et Xu, sp. nov. (图127)

雄：体长2.7mm；前翅缺。

头：唇基宽为长的3.3倍，表面光滑，端缘稍凹。颊长为上颚基宽的0.86倍。头背观上颊长为复眼的0.69倍。POL：OD：OOL=13：6：13。触角第2、10鞭节长分别为宽的2.0倍和2.2倍，第11鞭节长为第10鞭节的1.6倍；第1-10各鞭节基部有圆形的小角下瘤。

胸：前胸背板侧面光滑；前缘上方有1凹缺，背缘散生稀而浅的带毛刻点，中央下方无"<"形凹痕，后下角具2个凹窝；背面观侧片光滑具长毛，中央部分与1侧片等宽，颈部具细横脊。盾纵沟水平状，稍短于翅基片长。中胸侧板中央横沟直而完整，前缘部位上方具弱皱，整个侧缝具小凹窝。后胸侧板大部分平坦而光滑，光滑区长和高均为侧板的0.9倍；侧板前缘、下缘及后缘具细网皱。并胸腹节中纵脊伸达后表面后端；背表面中纵脊一侧光滑区长为宽的1.5倍，后方有弱皱；后表面及外侧区具小室状网皱。

足：后足腿节粗，长为宽的3.6倍；后足胫节长距稍弯曲，长为基跗节的0.4倍。

翅：前翅缺。

腹：腹柄背观短，看不出。合背板基部中纵沟伸达合背板基部至第1对窗疤间距的0.33处，基部两侧稍凹并有弱短凹沟。疤宽为疤长的3.0倍，疤距为疤宽的0.4倍。

体色：体黑色。触角鞭节、翅基片和腹部多少带棕红色。上颚、须黄色。足基节、转节、腿节棕红色，胫节、距及后足跗节褐黄色，前中足跗节黄色。

研究标本：正模♂，福建武夷山三港，1989.Ⅺ.5，汪家社，No.20007929。

分布：福建。

鉴别特征：本新种与已知种区别在于前胸背板侧面中央下方无"<"形凹痕；后足腿节特粗。

词源：种本名"粗腿 *crassifemoratus*"，系 *crass* (粗)+*femoratus* (腿节) 组合词，意为模式标本后足腿节粗，长为宽的 3.6 倍。

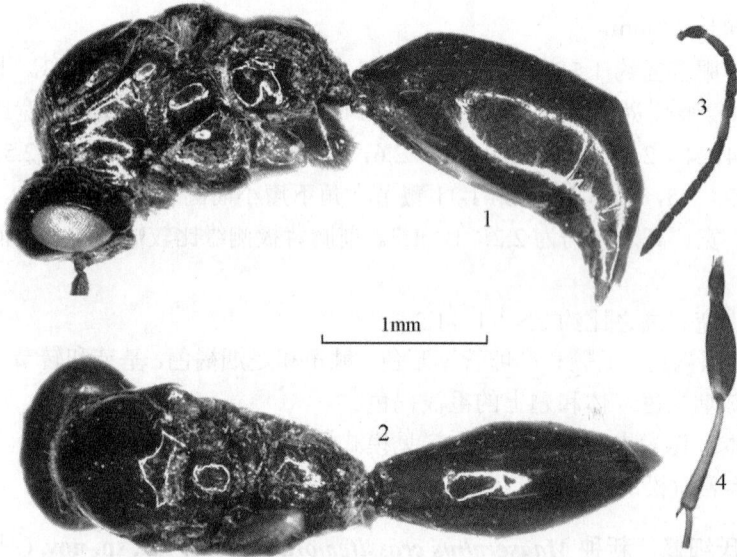

图 127 粗腿马氏细蜂，新种 *Maaserphus crassifemoratus* He *et* Xu, sp. nov.
1. 整体，侧面观；2. 整体，背面观；3. 触角；4. 后足 [1-2. 1.5X 标尺；3-4. 1.0X 标尺]

(70) 长尾马氏细蜂 *Maaserphus longicaudus* Lin, 1988 (图 128)

Maaserphus longicaudus Lin, 1988, *Jour. Taiwan Museum*, 41: 20.

雌：前翅长 3.2mm。

头：前单眼直径约 2.5 个单位 (测微尺单位)。LOL：POL：OOL 约为 2.5：6：6。上颊长约为复眼的 0.36 倍。复眼长宽比为 16：9。颚眼距 4 单位。触角各节相对长宽比为 6：3.5，3：3，7.2：2.8，7：2.9，6.8：2.8，7：2.7，7：2.8，6.6：2.9，5.5：3，6：3，5.4：3.2，5.4：3.4，10：3.7。

胸：长、宽、高之比约为 2.3：1：1.3。前胸背板相对短，侧缘直，侧窝上部毛相当密，覆盖上方 1/3 和前部。并胸腹节前部光滑侧区长约为宽的 1.6 倍。

翅：前翅径室前缘约为翅痣高的 1.0 倍；垂直径脉长厚相等。

足：后足胫节长距长约为后足基跗节的 0.42 倍。

腹：合背板前侧部位约有 17 根毛。产卵管鞘长约为后足胫节的 0.77 倍，约为中央宽度的 8.3 倍，端部强度弯曲，有直毛。

体色：体黑褐色。触角烟褐色，柄节基部下方黄褐色。上颚 (两端暗)、上唇、翅基片和足黄褐色。产卵管鞘红褐色。翅透明，翅脉烟褐色，翅痣暗色。

雄：未知。

研究标本：作者未采到标本，也未见模式标本。形态是根据原记述。

分布：台湾 (松岗)。

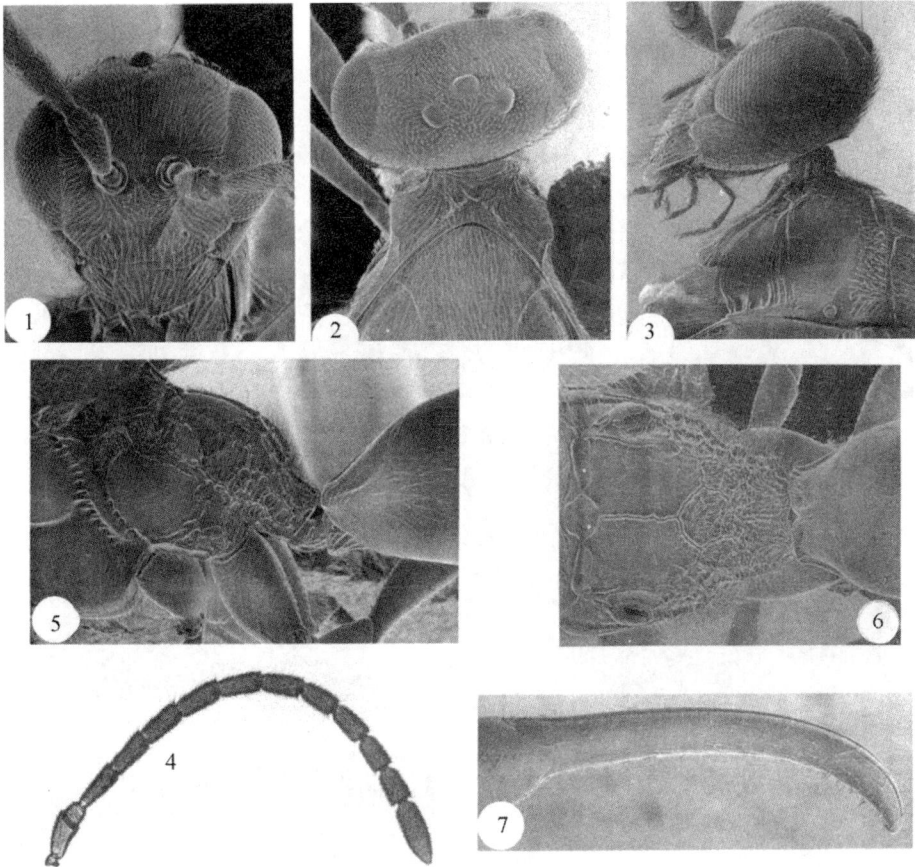

图 128　长尾马氏细蜂 *Maaserphus longicaudus* Lin

1. 头部，前面观；2. 头部和胸部前方，背面观；3. 头部和前胸背板，侧面观；4. 触角；5. 后胸侧板、并胸腹节和腹部基部，侧面观；6. 并胸腹节和腹部基部，背面观；7. 产卵管鞘 (仿 Lin, 1988)

(71) 短尾马氏细蜂 *Maaserphus brevicaudus* Lin, 1988 (图 129)

Maaserphus brevicaudus Lin, 1988, *Jour. Taiwan Museum*, 41: 20.

雌：前翅长 2.6-2.8mm。

头：前单眼直径约 3 个单位 (测微尺单位)。LOL：POL：OOL 约为 2.5：6：5。上颊长约为复眼的 0.29 倍。复眼长宽比为 15：10。颚眼距 4 单位。触角各节相对长宽比为 6：4，2.8：2.8，8：3，7：3，6.5：3，6.5：3，6：3，6：3，5.3：3，5.5：3，5.3：3.4，5.5：3.6，10：4。

胸：长、宽、高之比约为 2.2：1：1.3。前胸背板侧缘中等短，中央之前呈凹弧形。前胸背板侧窝上部毛相当密，纵沟上方有 1 横行光滑区。并胸腹节前部光滑侧区长约为宽的 1.5 倍。

翅：前翅径室前缘约为翅痣高的 1.0 倍；垂直径脉长厚相等。

足：后足胫节长距长约为后足基跗节的 0.36 倍。

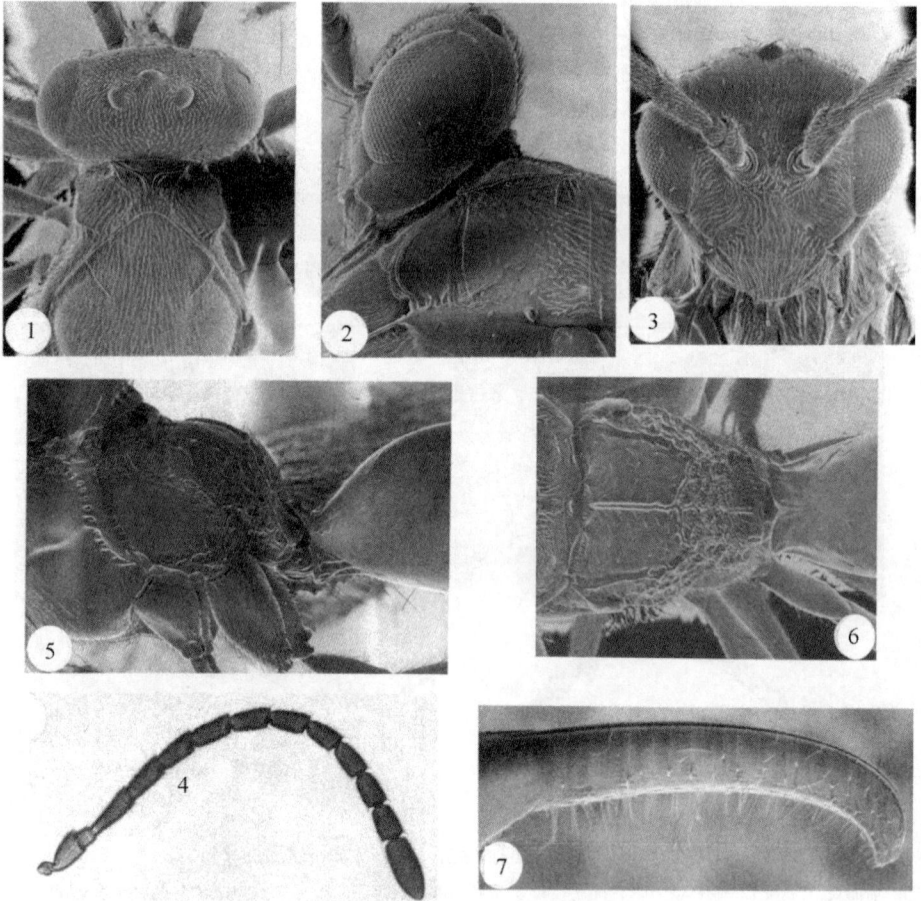

图 129　短尾马氏细蜂 *Maaserphus brevicaudus* Lin
1. 头部和胸部前方，背面观；2. 头部和前胸背板，侧面观；3. 头部，前面观；4. 触角；5. 后胸侧板、并胸腹节和腹部基部，侧面观；6. 并胸腹节和腹部基部，背面观；7. 产卵管鞘 (仿 Lin, 1988)

腹：合背板前侧部裸，无毛。产卵管鞘长约为后足胫节的 0.9 倍，约为中央宽度的 5.6 倍，端部强度弯曲，有直毛。

体色：体黑褐色。触角烟褐色，有时柄节、有时茎部 4 鞭节下方褐黄色。上颚 (两端暗)、翅基片和足褐黄色，产卵管鞘烟褐色，端部褐黄色。翅透明，翅脉烟褐色，翅痣暗色。体和翅上的毛褐黄色。

雄：未知。

研究标本：作者未采到标本，也未见模式标本。形态是根据原记述。

分布：台湾 (松岗、梅峰)。

8. 畦颈细蜂属 *Hormoserphus* Townes, 1981

Hormoserphus Townes, 1981, In: H. Townes & M. Townes, *Mem. Amer. Ent. Inst.*, 32:114.

Type species: *Proctotrypes clypeatus* Ashmead (Original designation).

Hormoserphus Townes: Lin, 1988, *Jour. Taiwan Museum*, 41:15-33

Hormoserphus Townes: He & Fan, 1991, *Acta Agric. Univ. Zhejiangensis*, 17: 220.

属征概述：前翅长 2.6-3.6mm。体中等粗壮。唇基宽，稍拱，末端中等宽，平截，端缘锋锐，有时端缘内还具有第 2 条薄边。颊有 1 深沟。后头脊完整或下段缺，若下段存在则达上颚后关节。上颚中等发达，具 1 端齿。触角鞭节中等长，没有角下瘤。颈部侧方有一些皱褶。前胸背板凹槽上约 0.7 具多数横向的短粗刻皱。前胸背板侧面前方上部具圆形大瘤。盾纵沟发达，长约为翅基片的 1.3 倍。中胸侧板前缘有或者没有窄的稀疏毛带。中胸侧板中央横沟完整而强。中胸侧板缝呈较大的凹窝状缝。后胸侧板的前上方 0.4 左右光滑，其余部分具粗糙的点皱；光滑区的前上方有 1 条脊与并胸腹节侧缘相接。后足胫节长距达后足基跗节基部的 0.45 处至端部的 0.37 处。翅痣很宽。径脉第 1 段从翅痣端部 0.4 处伸出，没有垂直的径脉。径室短，其前缘脉长约为翅痣宽的 0.35 倍。前缘脉终止于径室端部。腹部无柄。合背板基部具 1 条中纵沟，其侧方具 2-3 个凹痕。产卵管鞘长约为后足胫节的 0.6 倍，相当粗壮，端部强度下弯，具垂直的短毛，向末端渐变细。

该属已记载 3 种：唇基畦颈细蜂 *H. clypeatus* (Ashmead, 1893) 分布于北美洲的东北部地区，分沟畦颈细蜂 *H. segregatus* Townes, 1981 分布于尼泊尔，中华畦颈细蜂 *H. chinensis* He et Fan, 1991 分布我国四川省。我国台湾有属的记录，但无种的记述。本志记述 2 种，包括 1 新种。

种检索表 (*我国未发现的种)

1. 基节铁锈色；并胸腹节背表面光滑区内具较弱的皱褶；后足胫节长距伸达后足基跗节中部。北美
   ………………………………………………………………………………*唇基畦颈细蜂 *H. clypeatus*
   基节黑色或黑褐色；并胸腹节背面光滑区内完全无皱褶；后足胫节长距伸达后足基跗节的 0.7 处或更长……2
2. 后胸侧板后下方 0.6 具刻皱，刻皱区和光滑区的分界线为 1 直线。尼泊尔……………………………
   ………………………………………………………………………………*分沟畦颈细蜂 *H. segregatus*
   后胸侧板后下方 0.75-0.80 具刻皱，刻皱区和光滑区的分界线不规则………………………………3

3. 后胸侧板光滑区近圆形；中胸侧板中央横沟下方的侧缝凹窝呈 4 个宽的浅凹槽；前足腿节黑褐色；后足腿节长为宽的 4.8 倍；翅痣宽为长的 1.4 倍；前翅长 3.3mm。四川 ⋯⋯⋯⋯⋯⋯⋯⋯⋯⋯⋯⋯⋯⋯⋯⋯⋯⋯⋯⋯⋯⋯⋯⋯⋯⋯⋯**中华畦颈细蜂 *H. chinensis***
后胸侧板光滑区近铆钉形；中胸侧板中央横沟下方的侧缝凹窝呈 9 条长而密的沟脊；前足腿节红褐色；后足腿节长为宽的 3.9 倍；翅痣宽为长的 1.0 倍；前翅长 3.5mm。云南 ⋯⋯⋯⋯⋯⋯⋯⋯⋯⋯⋯⋯⋯⋯⋯⋯⋯⋯⋯⋯⋯⋯⋯ **刻条畦颈细蜂，新种 *H. striatus*, sp. nov.**

(72) 中华畦颈细蜂 *Hormoserphus chinensis* He *et* Fan, 1991 (图 130)

Hormoserphus chinensis He *et* Fan, 1991, *Acta Agric. Univ. Zhejiangensis*, 17: 220.

雄：前翅长 3.3mm。

头：唇基端缘中央为单脊状边，两侧为双脊状边。触角第 2、10 鞭节长分别为端宽的 2.4 倍和 2.6 倍，端节长为端前节的 1.4 倍。

胸：前胸背板侧面光滑，颈沟深凹，内有并列刻条，前下角有少许弱皱。中胸侧板光滑，在翅基片下方和侧板下半具稀毛；侧缝在中央横沟下方部位的 4 个凹窝前伸呈长形凹槽，后下角具平行细横脊。后胸侧板仅在前上方有一侧光滑区，近于圆形，其长和高分别占侧板的 0.2 倍和 0.7 倍，后方和下方均具网状刻皱，皱褶区与光滑区之间分界线不规则。并胸腹节背表面有中纵脊，一侧光滑区长为宽的 1.0 倍，光滑区后半内具弱皱，其上约具 20 根毛；端横脊弱，水平状；后表面陡斜，具网状刻皱，端部有并列短纵脊；外侧区刻皱发达。

足：后足腿节长为宽的 4.8 倍；后足胫节长距稍弯曲，长为后足基跗节的 0.7 倍。

翅：前翅翅痣长和径室前缘脉长分别为翅痣宽的 1.4 倍和 0.36 倍。

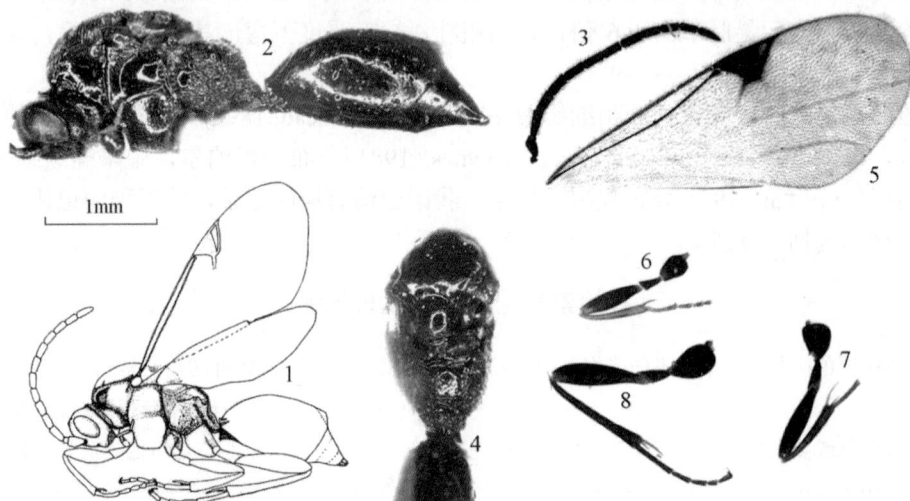

图 130　中华畦颈细蜂 *Hormoserphus chinensis* He *et* Fan

1, 2. 整体，侧面观；3. 触角；4. 胸部，背面观；5. 前翅；6. 前足；7. 中足；8. 后足 [1. 0.6 X 标尺；2-5. 1.5X 标尺；6-8. 0.8X 标尺]

腹：合背板中纵沟伸达合背板基部至第 1 对窗疤间距的 0.3 处，纵沟两侧光滑且稍凹陷。第 1 窗疤宽为长的 3.5 倍，疤距为疤宽的 1.8 倍。

体色：体黑色。口须暗褐色。翅基片黑褐色。触角梗节暗褐色；柄节和鞭节黑褐色。足基节、转节、前中足腿节、后足腿节至跗节基部黑褐色；前中足胫节和跗节、后足跗节末端暗褐色。翅面烟黄色，强脉和翅痣暗褐黄色，弱脉浅褐色。

雌：未知。

寄主：未知。

研究标本：1♂，四川峨眉山，1980.Ⅷ.12，何俊华，No.802553 (正模)。

分布：四川。

鉴别特征：本种与 *Homorserphus segregatus* Townes，1981 十分相近，其区别可见分种检索表；此外，本种后胸侧板在前上角有小光滑区，其长约占侧板的 0.2 倍。

词源：种本名"中华 *chinensis*"，系指本种为我国记述的该属第 1 个种。

(73) 刻条畦颈细蜂，新种 *Homorserphus striatus* He et Xu, sp. nov. (图 131)

雄：前翅长约 3.5mm。

头：唇基端缘中央为单脊状边，两侧为双脊状边。触角在端部稍粗，第 2、10 鞭节长分别为端宽的 2.75 倍和 2.8 倍，端节长为端前节的 1.55 倍。

胸：前胸背板侧面光滑，颈沟明显深凹，内有短纵脊；背板下方具少许点皱；后下角有 4 个凹窝，至下方渐大而深。中胸侧板前缘仅翅基片下方具毛；侧缝在中央横沟下方整个部位的凹窝带有 9 条很密的平行细横脊，越至下方的越长。后胸侧板仅前方 0.25 连上方前半光滑，光滑区近铆钉形；其余大部分具小室状网皱，多毛，刻皱区与光滑区分界不规则，其后上方中央有 1 条强横脊。并胸腹节背表面有中脊，一侧光滑区长为宽的 1.3 倍，其上约具 20 根毛，在光滑区后半具弱皱；端横脊甚发达，斜向后外方；后表面陡斜，网皱甚粗，端半有中纵脊。

足：后足腿节长为宽的 3.9 倍；后足胫节长距弯曲，长为后足基跗节的 0.59 倍。

翅：翅痣杯形，宽为长的 1.0 倍；径室前缘脉长为翅痣宽的 0.28 倍；肘间横脉上段着色，伸出处与径脉分开。

腹：背观腹柄短，相当光滑。合背板中纵沟伸达合背板基部至第 1 对窗疤间距的 0.15 处，纵沟两侧有浅凹窝。第 1 窗疤线形，宽约为长的 8.0 倍，疤距为疤宽的 1.2 倍。

体色：体漆黑色。须暗黄色。翅基片黑色，后缘棕色。足基节、转节及中后足腿节 (除端部) 黑色；前足腿节红褐色，胫节和跗节黄褐色；后足黑褐色。翅带烟黄色，强脉和翅痣暗褐色，弱脉浅褐色。

雌：未知。

寄主：未知。

研究标本：正模♂，云南屏边大围山，2003.Ⅶ.18，胡龙，No.20048150。

分布：云南。

鉴别特征：见检索表。

词源：种本名"刻条 *striatus*"，意为中胸侧板侧缝在中央横沟下方整个部位的凹窝带有 9 条很密的平行细横脊，越至下方的越长。

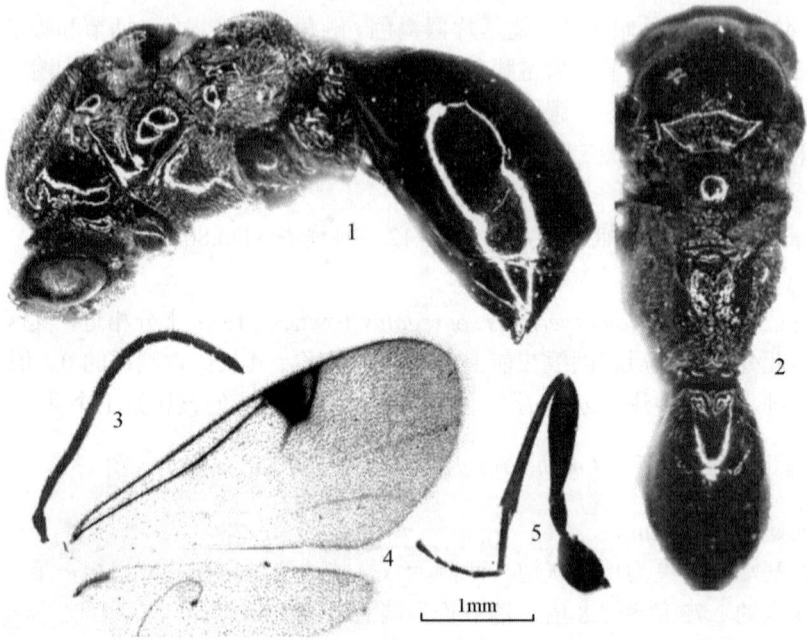

图 131　刻条畦颈细蜂，新种 *Homorserphus striatus* He *et* Xu, sp. nov.
1. 整体，侧面观；2. 整体，背面观；3. 触角；4. 翅；5. 后足 [1-2.1.5 X 标尺；3-5. 1.0X 标尺]

9. 短细蜂属 *Brachyserphus* Hellén, 1941

Brachyserphus Hellén, 1941, *Notulae Ent.*, 21:42.

Type species: *Codrus parvulus* Nees (Original designation).

Brachyserphus Hellén: H. Townes & M. Townes, 1981, *Mem. Amer. Ent. Inst.*, 32:116.

Brachyserphus Hellén: Lin, 1988, *Jour. Taiwan Museum*, 41:15-33.

Brachyserphus Hellén: He & Fan, 1991, *Acta Agric. Univ. Zhejiangensis*, 17: 220.

Brachyserphus Hellén: Johnson, 1992, *Mem. Amer. Ent. Inst.*, 51: 279.

Brachyserphus Hellén: Fan & He, 2003, In: Huang, *Fauna of Insects in Fujian Province of China*, 7: 716.

　　属征概述：前翅长 1.6-3.3mm。体粗壮，稍侧扁。唇基中等宽，稍拱起，端部平截部位宽或稍隆起，端缘狭而不锐。颊短，从复眼至上颚基部具 1 深沟或者没有。后头脊完整或下端不明显，若下段存在则达上颚后关节。上颚长，单齿。触角鞭节短，雄性触角有或没有明显的角下瘤。盾纵沟与横轴呈 20°角(比其他属更加近于横向)，长约等于翅基片的长度。前胸背板侧面前上方具粗壮的大瘤，瘤下方有与前沟缘脊相连的垂直脊嵌边。前胸背板侧面光滑或具一些横行的或斜行的细皱。中胸侧板前缘有连续的中等宽度的毛带。中胸侧板的中央横沟完整。中胸侧板缝呈凹窝状。后胸侧板除前缘和上缘、下方的 0.25 和后方的 0.25 外，光滑无毛；光滑区的前上方有 1 条脊与并胸腹节侧缘相接。后足胫节距伸达后足基跗节基部的 0.4 处。翅痣非常宽。径脉第 1 段从翅痣近中央处伸出，其垂直段消失。径室前缘脉长约为翅痣宽的 0.3 倍。前缘脉终止于径室端部。腹部无柄。合背板基部具中纵沟，其侧方各具 1 对凹痕。产卵管鞘长为后足胫节的 0.4-1.0 倍，粗壮，末端下弯，渐细，被有垂直的、近于垂直的或易卷曲的稀毛，其下缘的毛垂直或卷曲。

寄主据记载主要是为害蕈类的甲虫，如露尾甲科 Nitidulidae、长朽木甲科 Melandryidae、姬花甲科 Phalacridae、大蕈甲科 Erotylidae、小蕈甲科 Mycetophagidae、双叶甲科 Diphyllidae 等的幼虫，聚寄生。也有从菌蚊科 Mycetophilidae (=Fungivoridae) 中育出。

该属全世界已记载有 14 种。分布于北半球，大部分已知种产于美洲，欧洲已知 4 种，夏威夷 1 种。我国已记述 5 种，分布于古北区陕西省和东洋区浙江、湖北、福建、贵州 4 省各 1 种。我国台湾早有属的报道，但未见有种的记录。

本志记述 13 种，其中新种 8 种。该属种间差异小，种内变异大，并且多用雌性的产卵管鞘分类，因此雄性比雌性更加难以鉴定，有时难以区分。

种 检 索 表

1. 雌性 ··· 2
   雄性 ·· 10
2. 中后足腿节和胫节基本褐黄色或红褐色 ··· 3
   中后足腿节和胫节基本黑褐色或深褐色 ··· 9
3. 前胸背板侧面后下角有 1 个凹窝 ··· 4
   前胸背板侧面后下角有 2 个凹窝 ··· 5
4. 后胸侧板下方凹痕的上缘无脊与光滑区分开；中胸侧板侧缝光滑无凹窝；触角第 2 鞭节长为端宽的 2.0 倍；第 1 窗疤宽为长的 5.6 倍；前翅长 2.3mm。福建 ············· **福建短细蜂 B. fujianensis**
   后胸侧板下方凹痕的上缘有 1 条弱脊与光滑区分开；中胸侧板缝有 1 列凹窝；触角第 2 鞭节长为端宽的 2.6 倍；第 1 窗疤宽为长的 4.5 倍；前翅长 2.5mm。陕西 ············· **周氏短细蜂 B. choui**
5. 产卵管鞘长为后足胫节的 0.4 倍，为鞘中央宽度的 3.0 倍；前胸背板前沟缘脊上段后方光滑无刻点；前翅长 2.4mm。陕西 ············· **短管短细蜂，新种 B. breviterebrans, sp. nov.**
   产卵管鞘长为后足胫节的 0.50-0.61 倍，为鞘中央宽度的 3.5-4.8 倍；前胸背板前沟缘脊上段后方有刻点或细刻条 ··· 6
6. 前胸背板侧面前沟缘脊近中央处脊后深凹窝内无刻点 ····································· 7
   前胸背板侧面前沟缘脊近中央处脊后凹窝内有刻点 ····································· 8
7. 中胸侧板侧缝的凹窝全段明显；并胸腹节中纵脊仅伸达背表面后端；产卵管鞘下缘毛长为鞘宽的 0.25 倍；前翅长 2.7mm。河北 ············· **全窝短细蜂，新种 B. foveolatus, sp. nov.**
   中胸侧板侧缝的凹窝上段明显，下段的弱或无；并胸腹节中纵脊伸达后表面后端；产卵管鞘下缘毛长为鞘宽的 0.45-0.50 倍；前翅长 2.3mm。浙江 ············· **天目山短细蜂 B. tianmushanensis**
8. 产卵管鞘长为中央宽的 3.5 倍；中胸侧板侧缝凹窝下段无；前沟缘脊上段后方具细点皱；合背板基部第 1 窗疤宽为长的 5.0 倍；翅基片黑褐色；前翅长 2.2mm。贵州 ···· **贵州短细蜂 B. guizhouensis**

产卵管鞘长为中央宽的 4.8 倍;中胸侧板侧缝凹窝下段弱;前沟缘脊上段后方具细刻条;合背板基部第 1 窗疤宽为长的 3.6 倍;翅基片前半黄褐色,后半黑褐色;前翅长 2.0mm。四川 ……………………………………………………………………………… **鳞片短细蜂,新种 *B. tegulum*, sp. nov.**

9. 翅痣长为宽的 1.43-1.50 倍;并胸腹节中纵脊伸至背表面后端;第 1 窗疤宽为长的 2.2-3.0 倍;前翅长 1.9-2.2mm。河北 …………………… **短脊短细蜂,新种 *B. brevicarinatus*, sp. nov.**

翅痣长为宽的 1.10-1.28 倍;并胸腹节中纵脊伸至后表面后端;第 1 窗疤宽为长的 4.5-5.0 倍;前翅长 2.0-2.1mm。四川 ……………………… **长疤短细蜂,新种 *B. longicicatrix*, sp. nov.**

10. 中后足腿节和胫节基本上褐黄色、暗褐黄色或红褐色 ……………………………………………… 11
    中后足腿节和胫节基本上黑褐色 ……………………………………………………………………… 14

11. 翅基片褐黄色;前沟缘脊近中央处凹窝内光滑 ……………………………………………………… 12
    翅基片黑褐色或端半暗红色;前沟缘脊近中央处凹窝内具细刻点 ………………………………… 13

12. 后胸侧板光滑区下缘有 1 条细纵脊;并胸腹节中纵脊仅伸至背表面端部,背表面一侧光滑区中长为中宽的 1.5 倍,后表面基部具横皱,端部具并列纵脊;合背板中纵沟伸达至第 1 窗疤间距的 0.25 处;前翅长 2.5mm。陕西 ……………………………………… **周氏短细蜂 *B. choui***

后胸侧板光滑区下缘无细纵脊;并胸腹节中纵脊伸至后表面端部,背表面一侧光滑区中长为中宽的 1.2 倍,后表面基部具网皱,并有"十"字形细脊;合背板中纵沟伸达至第 1 窗疤间距的 0.36 处;前翅长 2.9mm。甘肃 ……………………… **甘肃短细蜂,新种 *B. gansuensis*, sp. nov.**

13. 中胸侧板侧缝在中央横沟下方的凹窝弱;并胸腹节后表面陡斜,具稀皱;后胸侧板光滑区几乎占整个侧板,沿下方无刻点也无纵脊;翅痣长为宽的 1.17 倍;前翅长 2.2mm。湖北 …………………………………………………………………………… **神农架短细蜂 *B. shennongjiaensis***

中胸侧板侧缝在中央横沟下方有几条平行细横沟而无凹窝;并胸腹节后表面缓斜,具网皱;后胸侧板光滑区长和高分别占侧板的 0.8 倍和 0.7 倍,沿下方有小点窝和 1 纵脊;翅痣长为宽的 1.35 倍;前翅长 1.86mm。浙江 …………………… **两色短细蜂,新种 *B. bicoloratus*, sp. nov.**

14. 并胸腹节侧观背缘弧形,中纵脊仅背表面存在;合背板基部中纵沟伸达至第 1 窗疤间距的 0.25 处;翅痣长为宽的 1.6 倍;前翅长 1.9mm。四川 ………… **长疤短细蜂,新种 *B. longicicatrix*, sp. nov.**

并胸腹节侧观背缘稍有角度,中纵脊伸达后表面端部;合背板基部中纵沟伸达至第 1 窗疤间距的 0.4 处;翅痣长为宽的 1.2-1.3 倍 ………………………………………………………………… 15

15. 前胸背板侧面前沟缘脊近中央处后方凹窝内具刻点;并胸腹节一侧光滑区中长为中宽的 1.4 倍,后表面缓斜,具稀皱;后胸侧板光滑区几乎占据整个侧板,下方无纵脊;前翅长 2.0mm。陕西 ………………………………………………………… **短管短细蜂,新种 *B. breviterebrans*, sp. nov.**

前胸背板侧面前沟缘脊近中央处后方凹窝内具细皱;并胸腹节一侧光滑区中长为中宽的 1.2 倍,后表面陡斜,具弱网皱;后胸侧板光滑区不占满整个侧板,下方有 1 细纵脊;前翅长 2.2mm。吉林 …………………………………………………………… **吉林短细蜂,新种 *B. jilinensis*, sp. nov.**

(74) 福建短细蜂 *Brachyserphus fujianensis* He *et* Fan, 1991 (图 132)

Brachyserphus fujianensis He *et* Fan, 1991, *Acta Agric. Univ. Zhejiangensis*, 17: 220.

Brachyserphus fujianensis He *et* Fan: Fan & He, 2003, In: Huang, *Fauna of Insects in Fujian Province of China*, 7: 716.

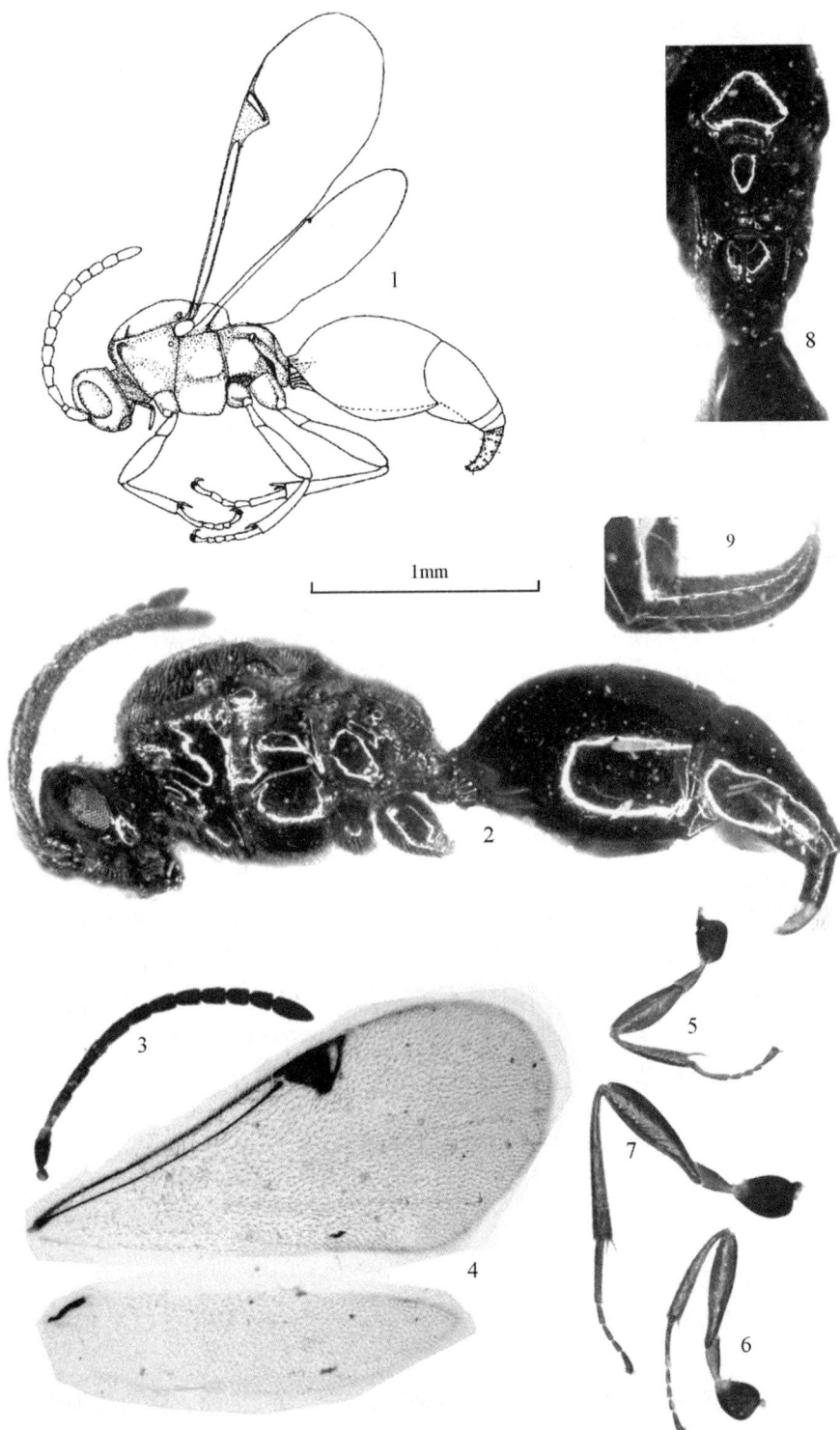

图 132　福建短细蜂 *Brachyserphus fujianensis* He *et* Fan

1, 2. 整体，侧面观；3. 触角；4. 翅；5. 前足；6. 中足；7. 后足；8. 胸部，背面观；9. 产卵管鞘

(1. 仿何俊华等，1991) [1. 0.8 X 标尺；3-7. 1.0X 标尺；2, 8. 1.5X 标尺；9. 2.5X 标尺]

雌：前翅长约 2.3mm。

头：触角至端部渐粗，第 2、10 鞭节长分别为端宽的 2.0 倍和 1.3 倍，端节长为端前节的 2.0 倍。

胸：前胸背板侧面光滑；前沟缘脊中央明显凹缺，其后有凹窝，窝内有弱刻点，前上方瘤状突之后有几个点皱；后下角有 1 个凹窝。中胸侧板前缘毛带上段明显而下段毛稀；侧缝几乎光滑无凹窝。后胸侧板光滑区甚大，长和高均占侧板的 0.8 倍；后端和下方 0.2 凹痕内具刻皱和毛，无脊或皱与光滑区分开。并胸腹节中纵脊伸至后表面端部；背表面一侧光滑区中长为中宽的 1.4 倍，其上约具 20 根毛；端横脊强，斜向后外方；后表面前半和外侧区具网皱。

足：后足腿节长为宽的 4.1 倍；后足胫节长距长为后足基跗节的 0.39 倍。

翅：前翅长为宽的 2.14 倍；翅痣径室和前缘脉长分别为翅痣宽的 0.22 倍和 1.33 倍。

腹：合背板中纵沟伸达合背板基部至第 1 对窗疤间距的 0.4 处。第 1 窗疤宽为长的 5.6 倍，下端尖；疤距为疤宽的 0.8 倍。产卵管鞘长约为后足胫节的 0.6 倍、长为中宽的 4.5 倍，基部 2/3 上下缘平行，末端下弯，渐向端部变细，其下缘的毛长约为产卵管鞘中宽的 0.25 倍。

体色：体黑色。触角梗节和第 1 鞭节基部红褐色，其余均略带黑色。翅基片暗褐色。足基节暗褐色，基节以后各节褐黄色，但后足跗节色略深，各端跗节呈暗褐色。

雄：未知。

寄主：未知。

研究标本：1♀，福建武夷山黄岗山，1985.VII.14，黄东宏 (正模，保存于 FAC)。1♀，福建武夷山黄岗山，1985.VII.12，汤玉清 (副模，保存于 FAC)。

分布：福建。

鉴别特征：本种与小短细蜂 *Brachyserphus parvulus* (Nees, 1834) 极相似，但本种有以下特征可与其相区别：①后胸侧板下部 0.2 有凹痕，内具稀疏的刻皱，其上缘无弱脊或皱褶与上方光滑区相区分 (后者有弱脊或皱褶分开)；②产卵管鞘长为中宽的 4.5 倍 (后者按图为 3.2 倍)；③前胸背板侧面前上方的瘤状突之后有几个点皱 (后者光滑或除微皱外几乎光滑)；④并胸腹节背表面一侧光滑区上具毛约 20 根 (后者约 30 根)。

(75) 周氏短细蜂 *Brachyserphus choui* He et Xu, 2011 (图 133)

Brachyserphus choui He et Xu, 2011, *Entomotaxonomia*, 33(2): 3.

雌：前翅长约 2.4mm。

头：触角在端部稍粗，第 2、10 鞭节长分别为端宽的 2.6 倍和 1.5 倍，端节长为端前节的 1.8 倍。

胸：前胸背板侧面光滑；前沟缘脊中央凹缺，其后有浅凹窝，窝内有细点皱，脊上段后方有一些毛；后下角具 1 个凹窝。中胸侧板前缘宽毛带完整；侧缝具小凹窝，但下段的少而弱。后胸侧板光滑区甚大，几乎占据整个侧板，长和高均占侧板的 0.9 倍；侧板下端深凹痕后方具弱刻皱；侧板后上角具凹窝；侧板上缘后段有脊与并胸腹节分开。

并胸腹节中纵脊伸至后表面端部；背表面一侧光滑区中长为中宽的 1.6 倍，其上约具 40 根毛；后表面缓斜，和外侧区均具弱网皱。

足：后足腿节长为宽的 4.7 倍；后足胫节长距长为后足基跗节的 0.35 倍。

翅：前翅长为宽的 2.0 倍；翅痣长和径室前缘脉长分别为翅痣宽的 1.36 倍和 0.36 倍。

腹：合背板中纵沟伸达合背板基部至第 1 对窗疤间距的 0.25 处。第 1 窗疤宽为长的 4.5 倍，疤距为疤宽的 0.5 倍。产卵管鞘长约为后足胫节的 0.58 倍、长为中宽的 4.4 倍，基部 2/3 上下缘几乎平行，末端下弯，渐向端部变细，其下缘的毛长约为产卵管鞘宽的 0.2 倍。

体色：体黑色。触角梗节腹方红褐色，其余均略带黑色。翅基片基半黑色，端半暗褐色。足基节黑褐色，基节端部和转节、腿节、胫节褐黄色，但转节背面和腿节背面及跗节带黑褐色。

雄：与雌性相似，不同之处在于，触角鞭状，至端部渐细，第 2、10 鞭节长分别为宽的 2.3 倍和 3.0 倍，端节长为端前节的 1.6 倍；鞭节上无明显角下瘤。前胸背板前上方的瘤明显；并胸腹节中纵脊仅伸达背表面端部；第 1 窗疤宽为长的 4.0 倍，疤距为疤宽的 0.6 倍。深色个体，足黑褐色，仅基节端部、腿节端部、胫节基部及腹方和距褐黄色。

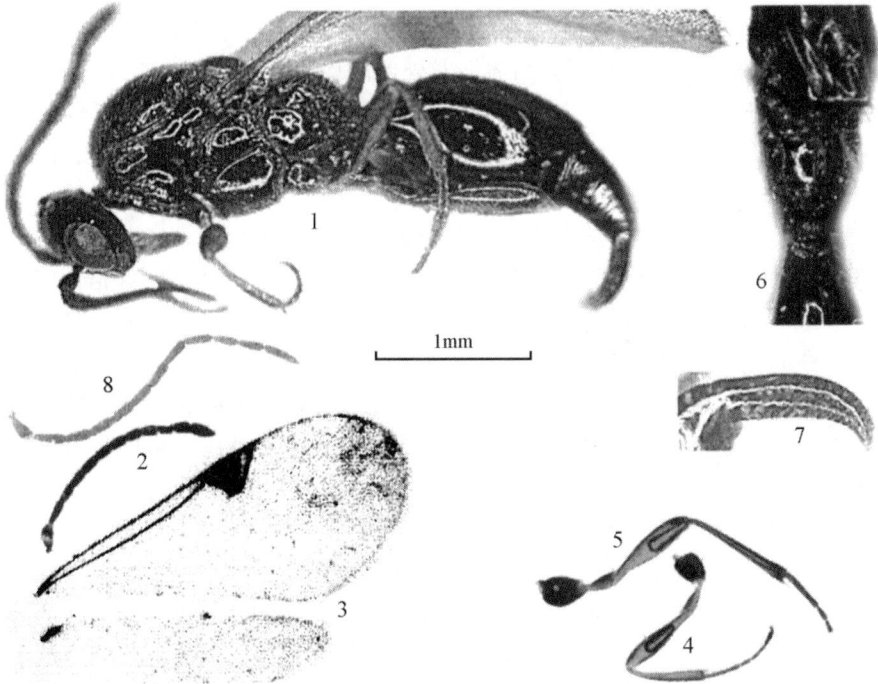

图 133　周氏短细蜂 *Brachyserphus choui* He *et* Xu

1. 整体，侧面观；2, 8. 触角；3. 翅；4. 中足；5. 后足；6. 并胸腹节、腹柄和合背板基部，背面观；7. 产卵管鞘 (1-7.♀；8-10.♂) (仿何俊华和许再福, 2011) [1, 6, 8, 10. 1.5X 标尺；7. 3.0X 标尺；其余 1.0X 标尺]

寄主：未知。

研究标本：1♀，陕西秦岭天台山，1999.IX.3，何俊华，No.990062 (正模)。1♀1♂，

同正模, Nos.990250, 990494 (副模); 1♂, 采地同正模, 1999.Ⅸ.4, 陈学新, No.991617; 1♂, 陕西黎坪元坝, 1283m, 2004.Ⅶ.23, 时敏, No.20046870 (副模)。

分布: 陕西。

鉴别特征: 本种与全北区种小短细蜂 Brachyserphus parvulus (Nees, 1834)最为相似, 但从下列特征可以区别:①产卵管鞘长为中宽的 4.4 倍 [后者按 H. Townes 和 M. Townes (1981) 图为 3.2 倍];②触角第 2 鞭节长为宽的 2.3-2.6 倍 (后者为 2.0 倍);③并胸腹节背表面光滑区上具毛约 40 根 (后者约 30 根);④并胸腹节上刻纹弱 (后者中等强)。

(76) 短管短细蜂, 新种 Brachyserphus breviterebrans He et Xu, sp. nov. (图 134)

雌: 前翅长 2.4mm。

头: 触角在端部稍粗, 第 2、10 鞭节长分别为端宽的 2.3 倍和 1.4 倍, 端节长为端前节的 2.0 倍。

胸: 前胸背板侧面光滑; 前沟缘脊中央凹缺, 其后有凹窝, 窝内有浅而稀的刻点, 脊上段后方光滑; 后下角有 2 个凹窝。中胸侧板前缘宽毛带具浅皱, 中段无毛; 侧缝全段具小凹窝。后胸侧板光滑区长和宽分别占侧板的 0.7 倍和 0.75 倍; 下端 0.25 凹痕内具刻皱和毛, 有 1 弱脊与光滑区分开; 侧板后方约 0.3 具细网皱, 其上缘有 1 弱纵脊与并胸腹节分开。并胸腹节中纵脊伸至后表面端部; 背表面一侧光滑区中长为中宽的 1.4 倍, 其上散生毛约 15 根; 端横脊稍斜; 后表面及外侧区均有网皱。

足: 后足腿节长为宽的 4.8 倍; 后足胫节长距长为后足基跗节的 0.35 倍。

翅: 前翅长为宽的 2.0 倍; 径室前缘脉长分别为翅痣宽的 1.4 倍和 0.33 倍; 肘间横脉上段有着色脉桩。

腹: 合背板基部中纵沟伸达合背板基部至第 1 对窗疤间距的 0.45 处, 侧方凹陷, 外角有 1 条侧纵沟, 长为中纵沟的 0.9 倍。第 1 窗疤近杆形, 宽为长的 3.8 倍, 疤距为疤宽的 0.4 倍。产卵管鞘长约为后足胫节的 0.4 倍、长为中宽的 3.0 倍, 基半上下缘近于平行, 端半下弯, 渐向端部变细, 其下缘的毛长约为鞘宽的 0.3 倍。

体色: 体黑色。触角柄节、梗节和第 1-2 鞭节红褐色, 其余黑褐色。翅基片和产卵管鞘端部红褐色。足褐黄色; 基节黑褐色, 转节背缘、腿节背缘、前中足端跗节和后足全部跗节暗褐色。

雄: 与雌性相似, 不同之处在于, 前翅长 2.0mm。触角鞭状, 鞭节等粗, 第 2、10 鞭节长分别为端宽的 2.2 倍和 2.2 倍, 端节长为端前节的 1.6 倍; 第 2-11 各鞭节上有圆形的小角下瘤。前胸背板侧面前上方的瘤状突较明显, 前沟缘脊上方脊后有浅皱。中胸侧板前缘宽毛带具浅皱, 下半的毛不明显。后胸侧板光滑区大, 长度几乎占整个侧板, 仅背后方有凹窝, 下方几乎达侧板下缘脊, 无点窝也无细脊。并胸腹节后表面具稀皱。前翅翅痣长和径室前缘脉长分别为翅痣宽的 1.21 倍和 0.26 倍。第 1 窗疤宽为长的 5.0 倍。翅基片和足转节、腿节及胫节黑褐色。

寄主: 未知。

研究标本: 正模♀, 陕西秦岭天台山, 1999.Ⅸ.3, 何俊华, No.990041。副模: 1♂, 同正模, No.990273; 1♀1♂, 采地同正模, 1999.Ⅸ.4, 陈学新, Nos.991552, 991689。

图 134　短管短细蜂，新种 *Brachyserphus breviterebrans* He *et* Xu, sp. nov.

1, 8. 整体，侧面观；2. 整体，背面观；3, 9. 触角；4. 翅；5. 中足；6. 后足；7. 产卵管鞘
(1-7.♀；8-9.♂) [1-2, 8. 1.5 X 标尺；3-6, 9. 1.0X 标尺；7. 3.0X 标尺]

分布：陕西。

鉴别特征：见检索表。

词源：种本名"短管 *breviterebrans*"，系 *brevi* (短) + *terebrans* (产卵管) 组合词，意
为本新种产卵管鞘特别短小。

(77) 全窝短细蜂，新种 *Brachyserphus foveolatus* He *et* Xu, sp. nov. (图 135)

雌：前翅长 2.7mm。

头：触角在端部稍粗，第 2、10 鞭节长分别为端宽的 2.3 倍和 1.6 倍，端节长为端前节的 1.56 倍。

胸：前胸背板侧面光滑；前沟缘脊中央上方凹缺后有深凹窝，窝内无刻点，脊上段后方具少许刻点；后下角有 2 个大凹窝。中胸侧板前缘宽毛带完整，但下半几乎无毛；侧缝整个具小凹窝。后胸侧板光滑区占侧板大部分，光滑区内下后缘有 1 列小凹窝；侧板下方 0.2 内有凹窝，但其后方 0.2 为网皱，后半上方有 1 细脊与光滑区分开。并胸腹节仅背表面有中纵脊；背表面一侧光滑区中长为中宽的 1.2 倍，其上约具 9 根毛，毛多位于前方；后表面缓斜，刻纹甚弱；外侧区网皱稍发达。

足：后足腿节长为宽的 4.6 倍；后足胫节长距长为后足基跗节的 0.45 倍。

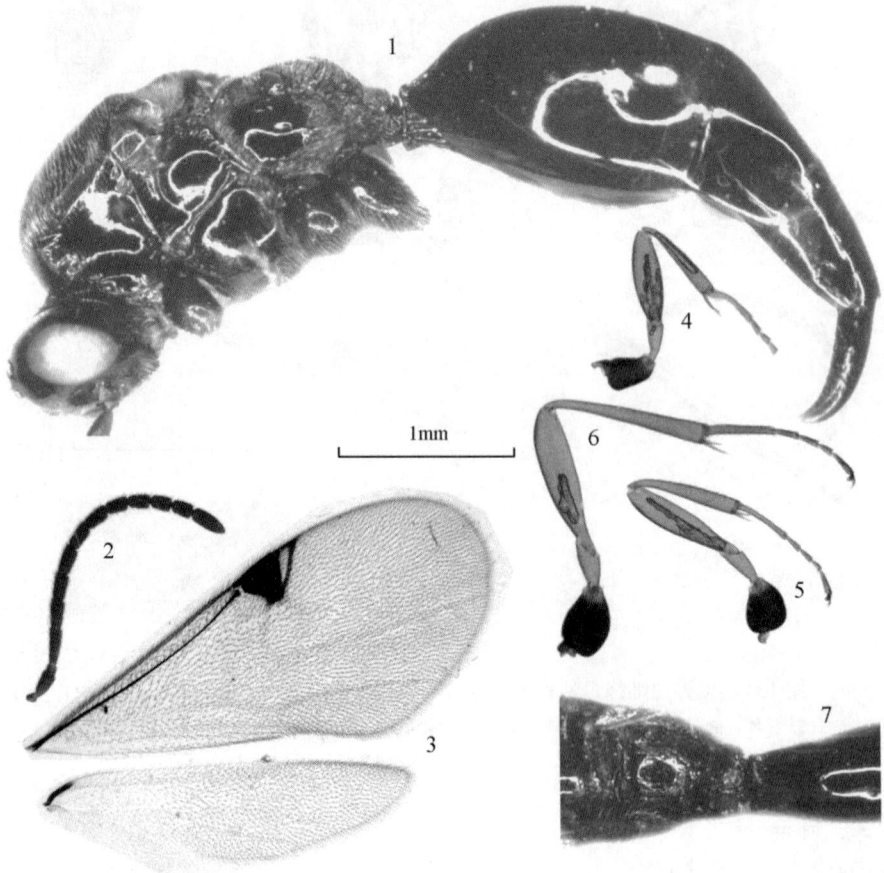

图 135 全窝短细蜂，新种 *Brachyserphus foveolatus* He *et* Xu, sp. nov.
1. 整体，侧面观；2. 触角；3. 翅；4. 前足；5. 中足；6. 后足；7. 并胸腹节、腹柄和合背板基部，背面观 [1, 7. 1.5X 标尺；2-6. 1.0X 标尺]

翅：前翅长为宽的 2.08 倍；翅痣长和径室前缘脉长分别为翅痣宽的 1.28 倍和 0.45 倍。

腹：合背板中纵沟伸达合背板基部至第 1 对窗疤间距的 0.3 处。第 1 窗疤宽为长的 4.0 倍，疤距为疤宽的 0.6 倍。产卵管鞘长为后足胫节的 0.61 倍、长为中宽的 4.1 倍，基部 3/4 上下缘平行，末端下弯，渐向端部变细，其下缘的毛长约为鞘宽的 0.25 倍。

体色：体黑色。触角柄节、梗节和第 1 鞭节基部腹方红褐色，其余黑褐色。翅基片暗褐色。产卵管鞘端部红褐色。足红褐色，基节除端部黑色，端跗节黑褐色。

变异：前翅长 2.5mm。触角第 2、10 鞭节长分别为端宽的 2.2 倍和 1.34 倍，端节长为端前节的 1.9 倍。前翅翅痣长和径室前缘脉长分别为翅痣宽的 1.32 倍和 0.32 倍。

雄：未知。

寄主：未知。

研究标本：正模♀，河北小五台山山涧口，2005.Ⅷ.22，时敏，No.200604748。副模：1♀，河北小五台山，2005.Ⅷ.20-23，刘经贤，No.200609515。

分布：河北。

鉴别特征：见检索表。

词源：种本名"全窝 *foveolatus* (凹窝)"意为中胸侧板侧缝整段具小凹窝。

(78) 天目山短细蜂 *Brachyserphus tianmushanensis* He *et* Xu, 2011 (图 136)

Brachyserphus tianmushanensis He *et* Xu, 2011, *Entomotaxonomia*, 33(2): 4.

雌：前翅长约 2.3mm。

头：触角在端部稍粗，第 2、10 鞭节长分别为端宽的 2.2 倍和 1.5 倍，端节长为端前节的 2.0 倍。

胸：前胸背板侧面光滑；前沟缘脊无凹缺，但中央上方脊后有小的深凹窝，窝内无刻点，脊上段后方具少许刻点；后下角具 2 个明显凹窝。中胸侧板前缘宽毛带完整，但下方毛稀；侧缝具凹窝，但下段的弱而少；后下角具平行横刻条。后胸侧板光滑区长和高分别占侧板的 0.7 倍和 0.8 倍，光滑区内下后缘有 1 列小凹窝；侧板下方 0.2 具沟，其后端内有凹窝，其上缘有 1 皱脊与光滑区分开；光滑区的后端上方有 1 大凹陷，下方内具网皱。并胸腹节中纵脊伸至后表面端部；背表面一侧光滑区中长为中宽的 1.1 倍，其上约具 30 根毛，毛多位于中纵脊侧方及上下缘内侧；后表面缓斜，基半具细网皱；外侧区网皱粗。

足：后足腿节长为宽的 4.3 倍；后足胫节长距长为后足基跗节的 0.48 倍。

翅：前翅长为宽的 1.6 倍；翅痣长和径室前缘脉长分别为翅痣宽的 1.35 倍和 0.35 倍。

腹：合背板中纵沟伸达合背板基部至第 1 对窗疤间距的 0.6 处。第 1 窗疤宽为长的 3.5 倍；疤距为疤宽的 0.4 倍。产卵管鞘长约为后足胫节的 0.61 倍、产卵管鞘长为中宽的 4.4 倍，基部 3/4 上下缘平行，末端下弯，渐向端部变细，其下缘的毛长约为产卵管鞘宽的 0.45 倍。

体色：体黑色。触角柄节、梗节和第 1 鞭节、第 2-3 鞭节腹方红褐色，其余黑褐色。翅基片暗褐色。腹部亚端部及产卵管鞘端部红褐色。足褐黄色；基节和端跗节暗褐色，但前足基节内侧赤褐色。

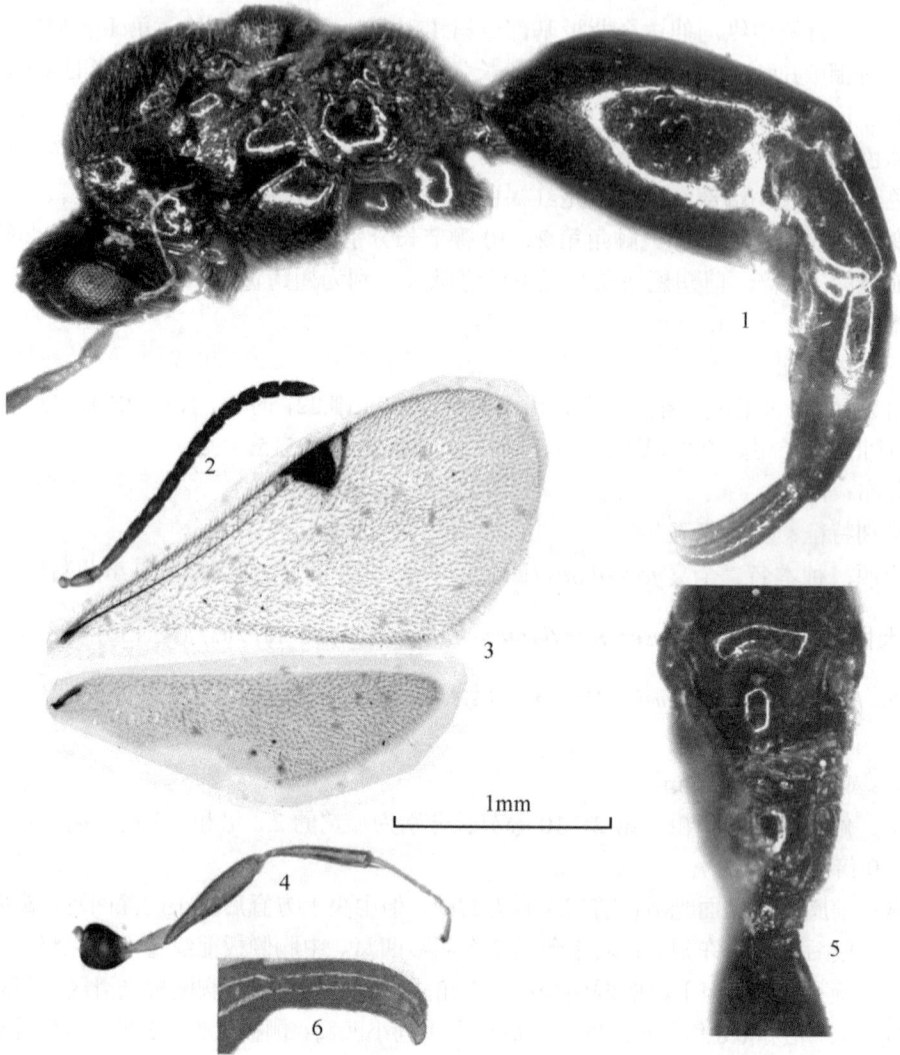

图 136　天目山短细蜂 *Brachyserphus tianmushanensis* He *et* Xu

1. 整体，侧面观；2. 触角；3. 翅；4. 中足；5. 胸部，背面观；6. 产卵管鞘 (仿何俊华和许再福，2011b) [1, 5. 1.5X 标尺；2-4. 1.0X 标尺；6. 2.4X 标尺]

变异：副模前翅长 2.7mm；第 1 窗疤宽为长的 3.2 倍。

雄：未知。

寄主：未知。

研究标本：♀，浙江西天目山仙人顶，1520m，2001.Ⅶ.1，朴美花，No.200106450（正模）。2♀，采地同正模，2003.Ⅶ.28-30，陈学新，Nos.20034483，20034532（副模）。

分布：浙江。

鉴别特征：见检索表。

(79) 贵州短细蜂 *Brachyserphus guizhouensis* He et Xu, 2011 (图 137)

Brachyserphus guizhouensis He *et* Xu, 2011, *Entomotaxonomia*, 33 (2): 6.

雌：前翅长 2.2mm。

头：触角在端部稍粗，第 2、10 鞭节长分别为端宽的 1.8 倍和 1.4 倍，端节长为端前节的 2.0 倍。

胸：前胸背板侧面光滑；前沟缘脊中央凹缺后有深凹窝，窝内有刻点，窝的上下脊后方具点皱；后下角具 2 个凹窝。中胸侧板前缘毛带上段明显而下段毛稀；侧缝仅上段具凹窝。后胸侧板光滑区长和高均占侧板的 0.8 倍；其余具网皱，无纵脊与上方光滑区分开。并胸腹节中纵脊伸至后表面端部；背表面一侧光滑区中长为中宽的 1.2 倍，其上散生毛约 16 根；后表面刻纹甚稀；外侧区具网皱。

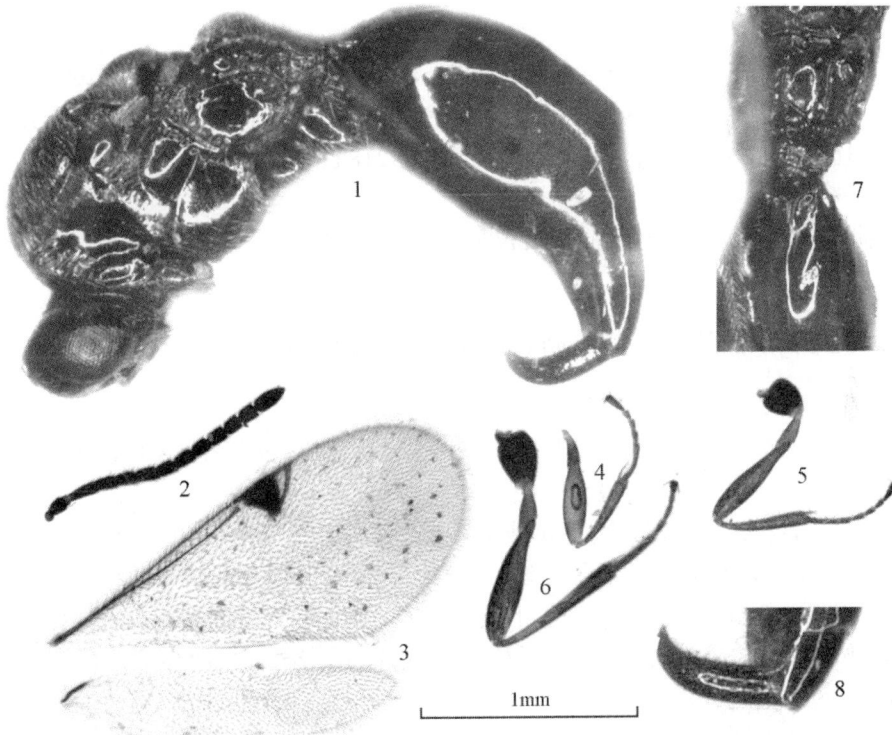

图 137　贵州短细蜂 *Brachyserphus guizhouensis* He *et* Xu

1. 整体，侧面观；2. 触角；3. 翅；4. 前足；5. 中足；6. 后足；7. 并胸腹节和腹部基部，背面观；8. 产卵管鞘 (仿何俊华等，2011b) [1, 7. 1.2X 标尺；2-6. 1.0X 标尺；8. 2.0X 标尺]

足：后足腿节长为宽的 4.1 倍；后足胫节长距长为后足基跗节的 0.37 倍。

翅：前翅长为宽的 1.95 倍；翅痣长和径室前缘脉长分别为翅痣宽的 1.37 倍和 0.31 倍。

腹：合背板基部中纵沟伸达合背板基部至第 1 对窗疤间距的 0.3 处。第 1 窗疤细条形，宽为长的 5.0 倍；疤距为疤宽的 1.0 倍。产卵管鞘长约为后足胫节的 0.5 倍，长为鞘中宽的 3.5 倍，基部 3/4 上下缘近于平行，端部下弯，渐向端部变细；其下缘的毛稍斜，长为产卵管鞘宽的 0.35-0.45 倍。

体色：体黑色。触角略带黑色。翅基片褐色。足褐黄色，基节黑褐色，转节背缘、腿节背缘和跗节褐色。

变异：前翅长 2.0mm。第 2、10 鞭节长分别为端宽的 2.0 倍和 1.3 倍，端节长为端前节的 1.78 倍。中胸侧板侧缝具小凹窝，但下段的弱。并胸腹节背表面一侧光滑区上约具 30 根毛。前翅翅痣长和径室前缘长分别为翅痣宽的 1.22 倍和 0.28 倍。第 1 窗疤宽为长的 4.5 倍，疤距为疤宽的 0.7 倍。触角梗节或和第 1 鞭节基部红褐色。胸部侧面下方及腹部略带棕黑色；或腹部亚端部及产卵管鞘端部暗红褐色。足褐黄色，前中足基节暗赤色，但前足端跗节和中后足跗节略带黑褐色。

雄：未知。

寄主：未知。

研究标本：1♀，贵州梵净山金顶，2500m，2001.Ⅶ.31，朴美花，No.200108997 (正模)；1♀，采地同正模，1993.Ⅶ.11，陈学新，No.937652 (副模)；1♀，贵州雷公山自然保护区，1600m，2005.Ⅴ.31，张红英，No.20059218 (副模)。

分布：贵州。

鉴别特征：本种与周氏短细蜂 Brachyserphus choui He et Xu, 2011 接近，其区别可见检索表。

(80) 鳞片短细蜂，新种 Brachyserphus tegulum He et Xu, sp. nov. (图 138)

雌：前翅长 2.3mm。

头：触角至端部等粗，第 2、10 鞭节长分别为端宽的 1.9 倍和 1.4 倍，端节长为端前节的 1.8 倍。

胸：前胸背板侧面光滑，前下角具浅刻点；前沟缘脊中央上方凹缺后有深凹窝，窝内具浅刻点，脊上段后方具少许弱纵皱；后下角有 2 个凹窝。中胸侧板前缘宽毛带完整，但下方毛很稀；侧缝整个具凹窝，但下段的弱。后胸侧板光滑区占侧板大部分，其长和高分别占侧板的 0.8 倍和 0.9 倍，光滑区内后下角有 1 列小凹窝；侧板下方 0.1 和后方 0.2 内具网皱，无细脊与光滑区分开。并胸腹节中纵脊伸至后表面端部；背表面一侧光滑区中长为中宽的 1.4 倍，其上约具 20 根毛，毛多位于内侧和后方；后表面缓斜，和外侧区均具稀皱。

足：后足腿节长为宽的 5.2 倍；后足胫节长距长为后足基跗节的 0.35 倍。

翅：前翅长为宽的 2.02 倍；翅痣长和径室前缘脉长分别为翅痣宽的 1.22 倍和 0.35 倍。

腹：合背板中纵沟伸达合背板基部至第 1 对窗疤间距的 0.3 处。第 1 窗疤宽为长的 3.6 倍，疤距为疤宽的 1.0 倍。产卵管鞘长约为后足胫节的 0.52 倍、长为中宽的 4.8 倍，基部 3/4 上下缘平行，末端下弯，渐向端部变细，其下缘的毛长约为鞘宽的 0.4 倍。

体色：体黑色。触角黑色。翅基片前半黄褐色，端半黑褐色。腹部亚端部及产卵管鞘端部红褐色。足红褐色；基节黑色，转节背方、前足第 4-5 跗节、中足第 2-5 跗节、后足胫节端部和跗节暗褐色。

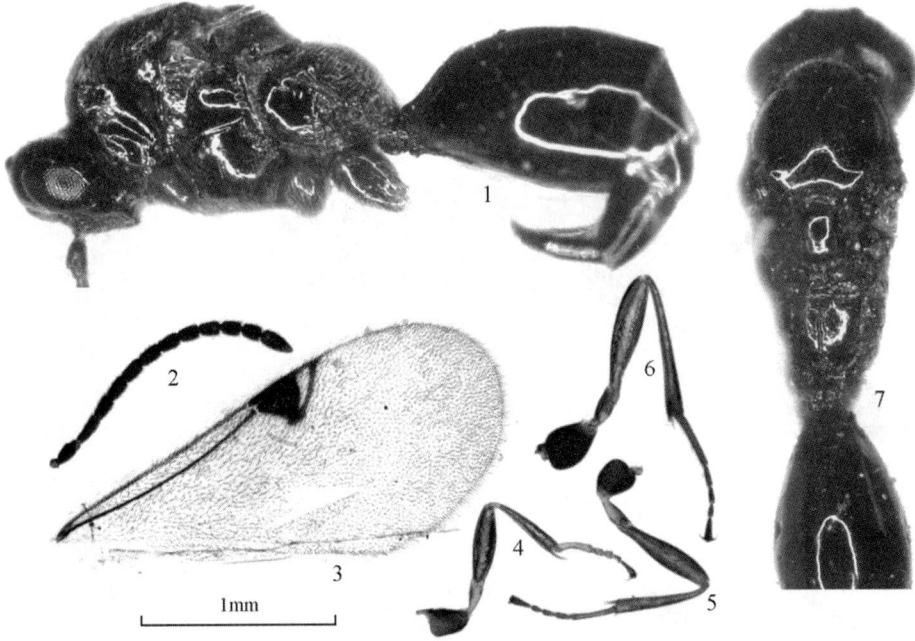

图 138　鳞片短细蜂，新种 *Brachyserphus tegulum* He *et* Xu, sp. nov.

1. 整体，侧面观；2. 触角；3. 前翅；4. 前足；5. 中足；6. 后足；7. 并胸腹节、腹柄和合背板基部，背面观 [1, 7. 1.5X 标尺；2-6. 1.0X 标尺]

雄：未知。

寄主：未知。

研究标本：正模♀，四川王朗自然保护区，2006.Ⅷ.26，张红英，No.200611216。

分布：四川。

鉴别特征：见检索表。

词源：种本名"鳞片 *tegulum*"意为翅基片（过去曾称翅基鳞）两色，即前半黄褐色，后半黑褐色。

(81) 短脊短细蜂，新种 *Brachyserphus brevicarinatus* He *et* Xu, sp. nov. (图 139)

雌：前翅长 2.15mm。

头：触角在端部稍粗，第 2、10 鞭节长分别为端宽的 2.5 倍和 1.6 倍，端节长为端前节的 1.7 倍。

胸：前胸背板侧面光滑，前下方有少许浅刻点；前沟缘脊中央上方缺刻后方有深凹窝，窝内及脊上段后方具少许刻点；后下角有 3 个凹窝。中胸侧板前缘宽毛带完整，但下方毛稀；侧缝整个具小凹窝，但下段的大而稀。后胸侧板光滑区长和高均占侧板的 0.75

倍，光滑区上缘中央有稀刻皱，后方中央有一些小刻皱；侧板下缘光滑，有 1 弱脊与光滑区分开。并胸腹节中纵脊仅伸至背表面；背表面一侧光滑区中长为中宽的 1.4 倍，其上约具 8 根毛，毛多位于光滑区中央；后表面缓斜，刻纹甚弱，内夹涟漪状细皱，后半并有不明显的"T"形细脊；外侧区刻皱稍发达。

　　足：后足腿节长为宽的 4.2 倍；后足胫节长距长为后足基跗节的 0.34 倍。

　　翅：前翅长为宽的 2.19 倍；翅痣长和径室前缘脉长分别为翅痣宽的 1.43 倍和 0.35 倍。

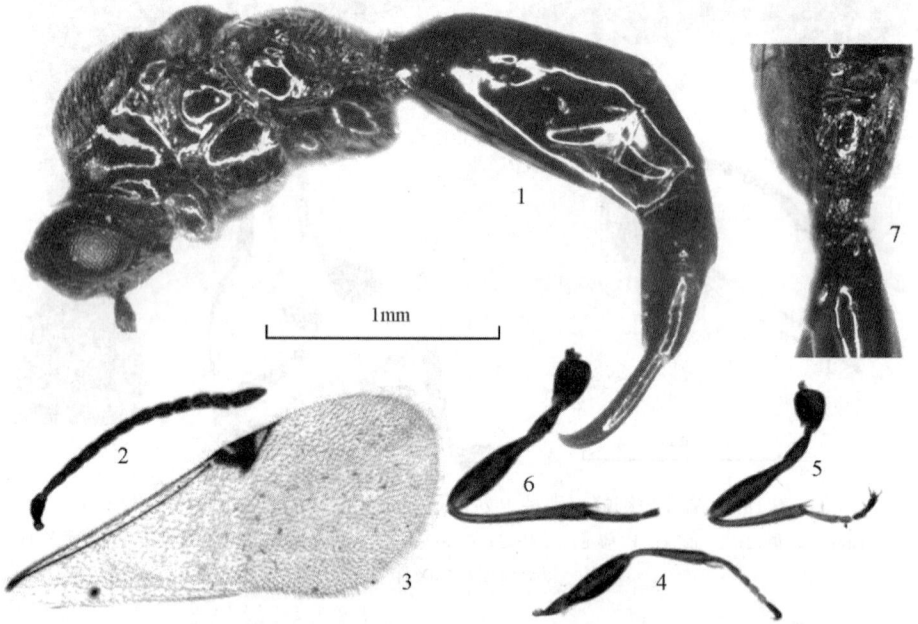

图 139　短脊短细蜂，新种 *Brachyserphus brevicarinatus* He *et* Xu, sp. nov.
1. 整体，侧面观；2. 触角；3. 前翅；4. 前足；5. 中足；6. 后足；7. 并胸腹节、腹柄和合背板基部，背面观
[1, 7. 1.5X 标尺；2-6. 1.0X 标尺]

　　腹：合背板中纵沟伸达合背板基部至第 1 对窗疤间距的 0.35 处。第 1 窗疤宽为长的 3.0 倍，疤距为疤宽的 1.0 倍。产卵管鞘长为后足胫节的 0.67 倍、产卵管鞘长为中宽的 4.7 倍，基部 3/4 上下缘平行，末端下弯，渐向端部变细，其下缘的毛长约为产卵管鞘宽的 0.38 倍。

　　体色：体黑色。触角黑色。翅基片暗褐色。腹部亚端部及产卵管鞘端部红褐色。足褐色；基节、转节和腿节黑色至黑褐色，但前中足胫节褐黄色。翅透明，翅痣及强脉黑褐色。

　　变异：前翅长 1.9mm。触角第 2、10 鞭节长分别为端宽的 2.3 倍和 1.35 倍，端节长为端前节的 2.0 倍。前胸背板侧面前沟缘脊上段后方光滑，后下角有 2 个凹窝。中胸侧板侧缝仅上段有 1 列小凹窝。并胸腹节背表面一侧光滑区中长为中宽的 1.6 倍。产卵管鞘长为后足胫节的 0.6 倍、长为鞘中宽的 5.1 倍。腿节端部、胫节基部、距暗褐色。

寄主：未知。

研究标本：正模♀，河北张家口小五台山金河口，2005.Ⅷ.23，张红英，No.200604487。副模：1♂，同正模，No.200604473。

分布：河北。

鉴别特征：见检索表。

词源：种本名"短脊 brevicarinatus"，系 brevi (短) +carinatus (脊) 组合词，意为并胸腹节中纵脊短，仅背表面存在。

(82) 长疤短细蜂，新种 *Brachyserphus longicicatrix* He *et* Xu, sp. nov. (图 140)

雌：前翅长 2.0mm。

头：触角至端部等粗，第 2、10 鞭节长分别为端宽的 2.5 倍和 1.4 倍，端节长为端前节的 1.76 倍。

胸：前胸背板侧面光滑，脊上段后方光滑；前沟缘脊中央上方凹缺后有深凹窝，窝内具刻点；脊上段后方和凹窝下方具平行弱纵皱；后下角有 2 个凹窝。中胸侧板前缘宽毛带完整，但下方毛稀；侧缝凹窝在下段浅而弱。后胸侧板光滑区占侧板大部分，光滑区内下后缘有 1 弱脊，沿内侧有弱皱；侧板下方 0.25 和后方 0.25 内有网皱。并胸腹节中纵脊伸至后表面端部；背表面一侧光滑区中长为中宽的 1.2 倍，其上约具 37 根毛，毛散生于表面；后表面稍斜，和外侧区均具细皱，夹有稀脊。

足：后足腿节长为宽的 4.45 倍；后足胫节长距长为后足基跗节的 0.36 倍。

翅：前翅长为宽的 2.0 倍；翅痣长和径室前缘边长分别为翅痣宽的 1.1 倍和 0.33 倍。

腹：合背板中纵沟伸达合背板基部至第 1 对窗疤间距的 0.4 处，两侧各有 2 条短而弱的侧沟，亚侧沟长为中纵沟的 0.2 倍。第 1 窗疤宽为长的 4.5 倍，疤距为疤宽的 0.4 倍。产卵管鞘长约为后足胫节的 0.68 倍；长为鞘中宽的 5.4 倍，基部 3/4 上下缘平行，末端下弯，渐向端部变细，其下缘的毛长约为产卵管鞘宽的 0.4 倍。

体色：体黑色。触角黑褐色，仅梗节红褐色。翅基片黑褐色。腹部亚端部红褐色。足黑色至黑褐色；基节端部、腿节最端部、前中足胫节腹方褐黄色。

变异：前翅长 2.2mm。触角第 2 鞭节长为端宽的 1.6 倍。前胸背板侧面前缘下方具弱点皱。后胸侧板光滑区内下缘无细纵脊。并胸腹节背表面一侧光滑区上约具 7 根毛，毛多位于中央，后侧方具细皱。后足胫节长距长为后足基跗节的 0.45 倍。前翅翅痣长和径室前缘脉长分别为翅痣宽的 1.28 倍和 0.2 倍。合背板中纵沟伸至第 1 对窗疤间距的 0.28 处，合背板基部或无侧纵沟。疤距为疤宽的 0.7 倍。翅基片暗红色。产卵管鞘端半红褐色。后足腿节和胫节色稍浅。

雄：与雌性相似，不同之处在于，前翅长 1.88mm。触角至端部等粗，第 2、10 鞭节长分别为端宽的 2.0 倍和 1.9 倍，端节长为端前节的 1.7 倍；第 2-11 各鞭节有 1 圆形的小角下瘤。后胸侧板光滑区下方侧板无刻皱。并胸腹节中纵脊仅伸至背表面端部，背表面一侧光滑区长各为宽的 1.3 倍，其上约具 18 根毛，毛多位于中脊侧方。后足腿节长为宽的 4.6 倍，后足胫节长距长为后足基跗节的 0.39 倍。前翅翅痣长和径室前缘脉长为翅痣宽的 1.59 倍和 0.29 倍。合背板中纵沟伸达合背板基部至第 1 对窗疤间距的 0.25 处。

第 1 窗疤宽为长的 4.0 倍，疤距为疤宽的 0.58 倍。触角完全黑色。前中足胫节腹方和后足胫节基部多少褐黄色。

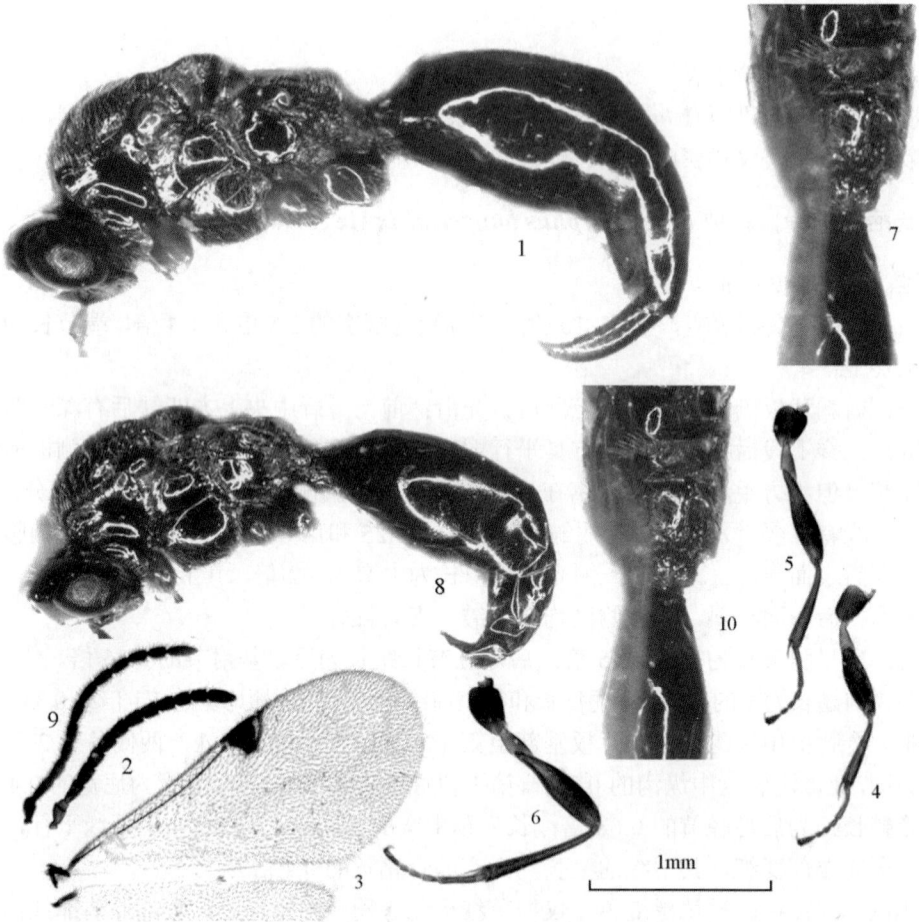

图 140　长疤短细蜂，新种 *Brachyserphus longicicatrix* He *et* Xu, sp. nov.

1, 8. 整体，侧面观；2, 9. 触角；3. 翅；4. 前足；5. 中足；6. 后足；7, 10. 并胸腹节、腹柄和合背板基部，背面观 (1-7.♀；8-10.♂) [1, 7-8, 10. 1.5X 标尺；2-6, 9. 1.0X 标尺]

寄主：未知。

研究标本：正模♀，四川平武白马寨，2006.Ⅷ.25，张红英，No.200611119。副模：5♀5♂，采地、采期同正模，张红英、高智磊，Nos.200610908，200610911，200610948-49，200610957-58，200611030，200611050，200611057，200611059；1♀，四川王朗自然保护区，2006.Ⅷ.26，张红英，No. 200611185。

分布：四川。

鉴别特征：见检索表。

词源：种本名"长疤 *longicicatrix*"，系 *long* (长) + *cicatrix* (瘢痕) 的组合词，意为腹部第 1 窗疤长。

(83) 甘肃短细蜂，新种 *Brachyserphus gansuensis* He *et* Xu, sp. nov. (图 141)

雄：前翅长约 2.8mm。

头：触角第 2、10 鞭节长分别为端宽的 2.3 倍和 2.2 倍，端节长为端前节的 1.6 倍；第 2-11 各鞭节近基部有 1 圆形的小角下瘤。

胸：前胸背板侧面光滑；在前沟缘脊中央上方缺刻，其后深凹窝内无刻点，脊上段之后无刻点；后下角具 2 个凹窝。中胸侧板前缘仅在翅基片下方多毛；侧缝上段凹窝明显，下段凹窝甚弱。后胸侧板光滑区长和高分别占侧板的 0.7 倍和 0.8 倍，下方无点窝和细纵脊；侧板下方和后方凹入处具弱刻皱。并胸腹节中纵脊伸至后表面端部；背表面一侧光滑区中长为中宽的 1.2 倍，其上约具 15 根毛；后表面陡斜，具稀皱，有"十"字形脊；外侧区刻皱稍发达。

足：后足腿节长为宽的 4.2 倍；后足胫节长距长为后足基跗节的 0.38 倍。

翅：前翅长为宽的 2.0 倍；翅痣长和径室前缘边长分别为翅痣宽的 1.23 倍和 0.35 倍。

腹：合背板中纵沟伸达合背板基部至第 1 对窗疤间距的 0.36 处。第 1 窗疤宽为长的 4.0 倍，疤距为疤宽的 0.8 倍。

体色：体黑色。触角柄节、梗节和第 1 鞭节带红褐色，其余黑褐色。须黄褐色。翅基片红褐色。足红褐色，基节基部后方和跗节黑褐色。

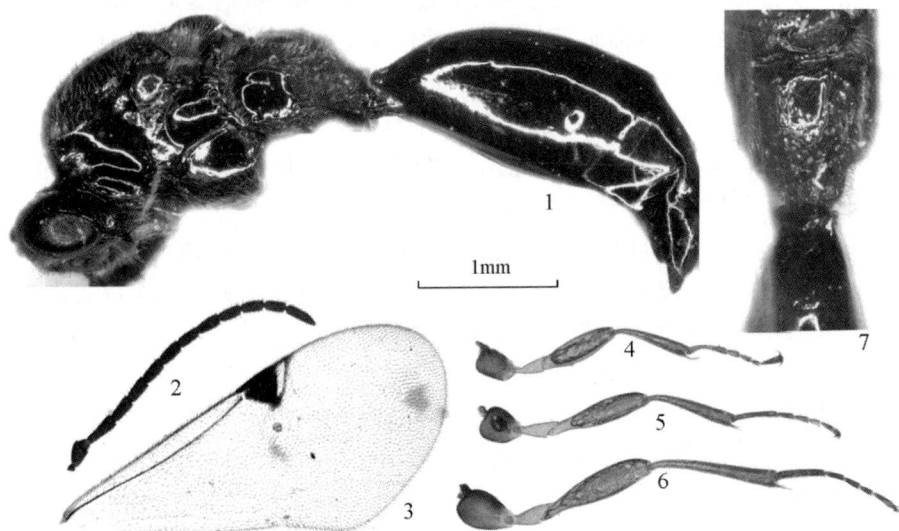

图 141 甘肃短细蜂，新种 *Brachyserphus gansuensis* He *et* Xu, sp. nov.
1. 整体，侧面观；2. 触角；3. 前翅；4. 前足；5. 中足；6. 后足；7. 并胸腹节、腹柄和合背板基部，背面观 [1, 7. 1.5X 标尺；2-6. 1.0X 标尺]

变异：前翅长 2.8-3.2mm；中胸侧板前缘在中央横沟上方有毛带，但仅在翅基片下方毛较密。后胸侧板光滑区长占侧板的 0.70-0.85 倍。径室前缘脉长为翅痣宽的 0.2 倍。第 1 窗疤宽为长的 3.0 倍。触角黑褐色。足基节全部黑褐色，转节背方、腿节背方、胫节端半背方褐色。

雌：未知。

寄主：未知。

研究标本：正模♂，甘肃宕昌大河坝，2530m，2004.Ⅶ.31，陈学新，No.20047043。副模：3♂，采地、采期同正模，时敏，Nos.20046982，20046988，20047003；1♂，采地、采期同正模，吴琼，No.20047013。

分布：甘肃。

鉴别特征：见检索表。

词源：种本名"甘肃 gansuensis"，意为模式标本产地在甘肃省 (宕昌)。

(84) 神农架短细蜂 *Brachyserphus shennongjiaensis* He *et* Xu, 2011 (图 142)

Brachyserphus shennongjiaensis He *et* Xu, 2011, *Entomotaxonomia*, 33 (2): 7.

雄：前翅长约 2.2mm。

头：触角鞭节近于等粗，第 2、10 鞭节长分别为端宽的 2.2 倍和 2.2 倍，端节长为端前节的 1.4 倍；第 2-11 鞭节各有 1 圆形的小角下瘤。

胸：前胸背板侧面光滑，前上方的瘤状突明显；前沟缘脊中央凹缺后有 1 深窝，窝内及脊上段之后方有少许刻点；后下角有 2 个凹窝。中胸侧板前缘宽毛带的毛在下方甚稀；侧缝凹窝上段明显，下段稀而弱。后胸侧板光滑区长和高分别占侧板的 0.75 倍和 0.9 倍；侧板下方为 1 凹沟，沟内无细纵脊；侧板后上角为大凹窝，其上缘有 1 弱脊与并胸腹节分开，其后方有 2 条斜脊。并胸腹节中纵脊仅背表面明显；背表面一侧光滑区中长为中宽的 1.5 倍，其上约具 30 根毛，多沿中纵脊和前缘着生；端横脊后斜；后表面陡斜，几乎光滑无刻纹；外侧区后方刻皱发达。

足：后足腿节长为宽的 4.5 倍；后足胫节长距长为后足基跗节的 0.33 倍。

翅：前翅长为宽的 1.77 倍；翅痣宽和径室前缘脉长分别为翅痣宽的 1.17 倍和 0.3 倍。

腹：合背板中纵沟伸达合背板基部至第 1 对窗疤间距的 0.4 处。第 1 窗疤近长方形，宽为长的 3.5 倍，疤距为疤宽的 0.7 倍。

体色：体黑色。触角略带黑色。翅基片和腹端部暗褐色。足褐黄色；基节黑褐色，各转节背方、中足腿节背方、后足腿节背方和胫节端半背方、中后足跗节暗褐色。

变异：前翅长 1.8mm。

雌：未知。

寄主：未知。

研究标本：1♂，湖北神农架千家坪，1700m，1982.Ⅷ.26，何俊华，No.825556 (正模)；1♂，同正模，No.825556 (副模)。

分布：湖北。

鉴别特征：本种前翅特短宽，长仅为宽的 1.77 倍 (国内各种至少 1.95 倍)。其余鉴别特征见检索表。

词源：种本名"神农架 shennongjiaensis"，意为新种模式标本产地在湖北省神农架。

图 142　神农架短细蜂 *Brachyserphus shennongjiaensis* He *et* Xu

1. 整体，侧面观；2. 触角；3. 翅；4. 中足；5. 后足 (仿何俊华和许再福，2011b) [1-5. 1.0X 标尺]

(85) 两色短细蜂，新种 *Brachyserphus bicoloratus* He *et* Xu, sp. nov. (图 143)

雄：前翅长 1.9mm。

头：触角至端部等粗，第 2、10 鞭节长分别为端宽的 2.36 倍和 2.0 倍，端节长为端前节的 1.6 倍；第 2-11 鞭节各有 1 圆形的小角下瘤。

胸：前胸背板侧面光滑，前缘下半有弱刻点；前沟缘脊中央上方凹缺后有深凹窝，窝内有少许刻点，脊上段后方光滑；后下角有 2 个凹窝。中胸侧板前缘宽毛带下半无毛；侧缝仅在上段有明显凹窝，下段凹窝小。后胸侧板光滑区长和高分别占侧板的 0.7 倍和 0.8 倍，光滑区内下缘和后缘有 1 列小凹窝；侧板下方 0.2 和后方 0.3 有网皱，且均有 1

细脊与光滑区分开。并胸腹节仅背表面有中纵脊；背表面一侧光滑区中长为中宽的 1.2 倍，其上约具 3 根毛，毛散生，沿中脊和端横脊有弱皱；后表面缓斜，和外侧区均具网皱。

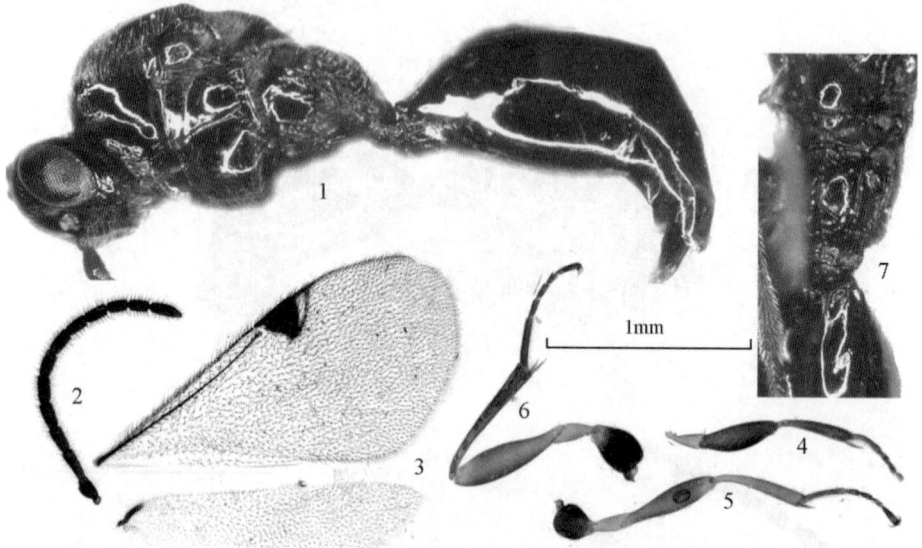

图 143　两色短细蜂，新种 *Brachyserphus bicoloratus* He *et* Xu, sp. nov.

1. 整体，侧面观；2. 触角；3. 翅；4. 前足；5. 中足；6. 后足；7. 并胸腹节、腹柄和合背板基部，背面观 [1, 7. 1.5X 标尺；2-6. 1.0X 标尺]

足：后足腿节长为宽的 4.2 倍；后足胫节长距长为后足基跗节的 0.49 倍。

翅：前翅长为宽的 2.0 倍；翅痣长和径室前缘脉长分别为翅痣宽的 1.35 倍和 0.49 倍。

腹：合背板中纵沟伸达合背板基部至第 1 对窗疤间距的 0.28 处。第 1 窗疤宽为长的 2.8 倍，疤距为疤宽的 0.8 倍。抱器长舌形，长为宽的 2.0 倍，端部具毛。

体色：体黑色。触角黑褐色。翅基片前半黑褐色，端半暗红色。足红褐色；基节除端部黑色，跗节暗褐色。

雌：未知。

寄主：未知。

研究标本：正模♂，浙江临安清凉峰，2005.Ⅷ.12，张红英，No.200603525。

分布：浙江。

鉴别特征：见检索表。

词源：种本名"两色 *bicoloratus*"，系 *bi* (二) +*coloratus* (色) 组合词，意为翅基片两色，即前半黑褐色，端半暗红色。翅基片两色者还有鳞片短细蜂，新种 *Brachyserphus tegulum* He *et* Xu, sp. nov., 雌性，但其为前半黄褐色，端半黑褐色。

(86) 吉林短细蜂，新种 *Brachyserphus jilinensis* He *et* Xu, sp. nov. (图 144)

雄：前翅长约 2.1mm。

头：触角第 2、10 鞭节长分别为端宽的 2.1 倍和 2.0 倍，端节长为端前节的 1.46 倍；

第 2-10 鞭节各有 1 圆形的小角下瘤。

胸：前胸背板侧面光滑；前沟缘脊中央上方缺刻后的深凹窝内有细点皱，脊上段后方具少许刻皱；后下角有 2 个凹窝。中胸侧板光滑，前缘翅基片下方具毛；侧缝上段的凹窝小而密，下段的稀而弱。后胸侧板前方光滑区大，长和高分别占侧板的 0.85 倍和 0.85 倍；光滑区下方凹槽内有短脊；光滑区的后上端为大凹陷，其内刻纹弱。并胸腹节中纵脊伸达后表面端部；背表面一侧光滑区中长为中宽的 1.2 倍；端横脊细而弱；后表面陡斜，具弱网皱，有"十"字形细脊；外侧区刻皱甚弱。

足：后足腿节长为宽的 4.1 倍；后足胫节长距长为后足基跗节的 0.44 倍。

翅：长为宽的 2.05 倍；前翅翅痣长和径室前缘脉长分别为翅痣宽的 1.3 倍和 0.32 倍。

腹：合背板中纵沟伸达合背板基部至第 1 对窗疤间距的 0.4 处，基侧方有细点窝。第 1 窗疤宽为长的 5.0 倍，疤距为疤宽的 0.5 倍。

体色：体黑色。触角黑褐色。足黑色至黑褐色，腿节外侧和胫节外侧赤褐色。翅透明，翅痣及强脉黑褐色。

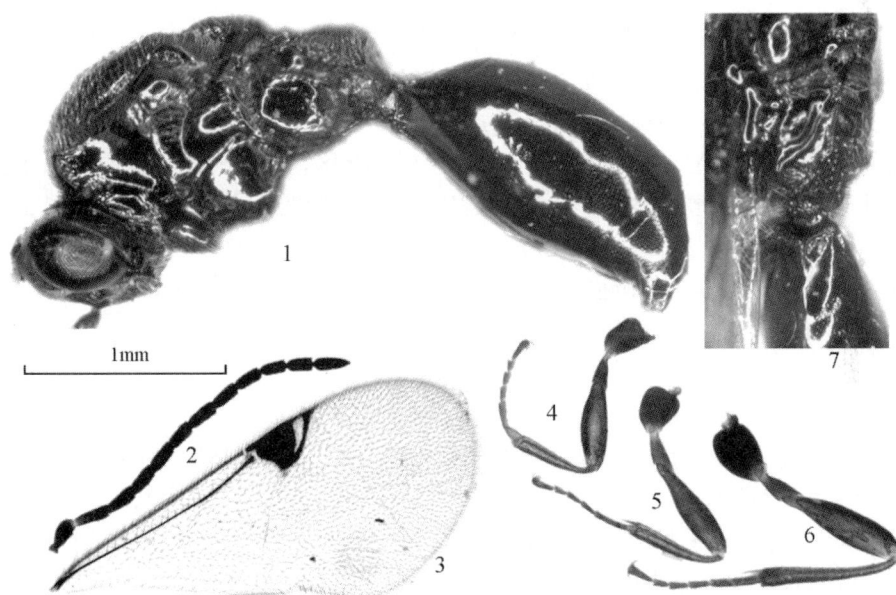

图 144　吉林短细蜂，新种 *Brachyserphus jilinensis* He *et* Xu, sp. nov.

1. 整体，侧面观；2. 触角；3. 前翅；4. 前足；5. 中足；6. 后足；7. 并胸腹节、腹柄和合背板基部，背面观 [1, 7. 1.5X 标尺；2-6. 1.0X 标尺]

雌：未知。

寄主：未知。

研究标本：正模♂，吉林长白山黄松浦林场，1010m，2004.Ⅷ.5，马云，No.20047161。

分布：吉林。

鉴别特征：见检索表。

词源：种本名"吉林 *jilinensis*"，意为新种模式标本产地在吉林省长白山。

(三) 细蜂族 Proctotrupini

后头脊完整，或仅在近口后脊一段缺。上颚镰刀形，单齿，或在中沟细蜂属 *Parthenocodrus* 中为双齿。角下瘤有或无。前沟缘脊短而不明显或无。前胸背板侧面沿颈部通常有折向前胸背板凹槽的脊，但并不穿过。前胸背板侧面前上方无瘤或明显肿大。盾纵沟短，不明显，或缺，或有时被长而弱的凹痕所替代。后胸侧板完全具刻纹，或在前上方 0.7 或更小范围的光滑。并胸腹节背表面中等长至长。跗爪除叉齿细蜂属 *Exallonyx* 外简单。前翅长约为宽的 2.5 倍 (有时翅退化或缺)。翅痣中等宽；径脉第 1 段从翅痣中央附近发出。肘间横脉短，通常着色。径室短至非常短。第 1 盘室和第 2 盘室通常愈合。腹部通常具柄，长为宽的 0.4-3.5 倍，在无翅细蜂属 *Paracodrus* 中无明显的柄。合背板圆筒形或稍微侧扁至中度侧扁，通常有少许毛，但有时在其下半部具中等密度的毛。雌性腹部端节通常不能延伸。产卵管鞘短或长，几乎总是下弯，表面具有中等稀至中等密的毛。

大多数种类寄生于鞘翅目幼虫，特别是隐翅虫科 Staphylinidae、步甲科 Carabidae 和叩甲科 Elateridae。还有从蜈蚣 *Lithobius* 中养出的报道。

该族现有 9 个属。叉齿细蜂属 *Exallonyx* 为世界性分布，包括了细蜂科半数的种类。过去已知的其余几个属曾被认为分布于全北区或古北区，某些种类可能伸入东洋区。但据国人研究，东洋区属种也相当多。作者曾报道过刻胸细蜂属 *Glyptoserphus* Fan *et* He, 1993 (产于四川省) 和强脊细蜂属 *Carinaserphus* He *et* Xu, 2007 (产于河南省) 2 新属。

本志记述 10 个属，其中包括 1 新属：毛眼细蜂属 *Trichoserphus*，标本采自我国陕西省和浙江省。

分属检索表

1. 前中足跗爪近基部各具 1 长的、黑色分叉的齿；前胸背板侧面沿其上缘和颈的上部具毛，通常其他部分无毛。全世界···**叉齿细蜂属 *Exallonyx***
前中足跗爪简单；前胸背板侧面通常具毛，均匀分布，但具有中央无毛区。多分布于北半球··2
2. 并胸腹节背表面和后背表面均光滑或具有极稀少的刻点；腹部无明显的柄；下颚须 3 节；雌性无翅，雄性有翅。古北区·······································**无翅细蜂属 *Paracodrus***
并胸腹节背表面和后背表面大部分或全部有网状皱纹，背表面通常具中纵沟或中纵脊；腹部具柄；下颚须 4 节；雌性偶有无翅，雄性均有翅···3
3. 上颚具 2 端齿，上齿较短；并胸腹节背表面具浅中纵沟。古北区，东洋区·························
···**中沟细蜂属 *Parthenocodrus***
上颚具 1 端齿；并胸腹节背表面具中纵脊，或有时因网状刻纹粗糙而此脊不明显·············4
4. 头部触角窝之间具发达的中竖脊；合背板侧面下半部有毛或无毛；雄性后足胫节长距约为后足基跗节长的 0.65 倍，下弯···5
头部触角窝之间没有发达的中竖脊；合背板侧面下半部多毛；雄性后足胫节长距为后足基跗节长的 0.30-0.75 倍···6

5. 前沟背板侧面布满刻皱，有均匀分布的毛；合背板侧方下半部具较密的毛。东洋区·················· ··刻胸细蜂属 *Glyptoserphus*

前胸背板侧面除少数发自颈部的脊外光滑，仅在前上缘和后下角分布有毛；合背板侧方下半部无毛。全世界·· 脊额细蜂属 *Phaneroserphus*

6. 额的下部中央具圆形肿状突起；小脉约在基脉对面，或在基脉外方，其距为小脉长的 0.45 倍；雄性后足胫节距长约为后足基跗节的 0.65 倍，雌性约为 0.5 倍；雄性抱器末端下弯，呈针状。古北区和东洋区···肿额细蜂属 *Codrus*

额的下部中央无肿状突起；小脉在基脉外方，其距为小脉长的 0.5-0.8 倍；雄性后足胫节长距长为后足基跗节的 0.3-0.6 倍，雌性为 0.30-0.45 倍；雄性抱器末端宽，呈三角形片状物或尖···········7

7. 复眼密布细毛；产卵管鞘很短，长为后足胫节的 0.17 倍；足端跗节稍粗于基跗节，前足第 3-4 跗节明显短；雌性触角末端稍呈棒状。中国··············· 毛眼细蜂属，新属 *Trichoserphus*, gen. nov.

复眼无密的细毛；产卵管鞘较长，长为后足胫节的 0.25-1.50 倍；足端跗节不粗于基跗节，前足第 3-4 跗节正常；雌性触角末端稍呈鞭状 ··8

8. 后头脊强，背中央突出有檐边；并胸腹节端横脊和侧纵脊均强，相接处呈脊突状突出；腹柄侧观长约为高的 1.8 倍。中国东洋区··强脊细蜂属 *Carinaserphus*

后头脊正常，背中央不突出；并胸腹节端横脊弱或无，侧纵脊弱，如相接，该处不呈脊突状突出；腹柄侧观长为高的 0.40-1.55 倍 ··9

9. 产卵管鞘长为后足胫节的 0.25-0.68 倍；前胸背板侧面几乎总是光滑；腹柄长为高的 0.45-1.55 倍；合背板 (除国外种 *P. melliventris* 和 *P. partipes* 外) 均为黑色。全北区··············· ··· 光胸细蜂属 *Phaenoserphus*

产卵管鞘长为后足胫节的 0.6-1.5 倍；前胸背板侧面具有或多或少的刻皱；腹柄长约为高的 0.4 倍；合背板几乎总是呈红褐色或部分红褐色。全北区··············· 细蜂属 *Proctotrupes*

10. 肿额细蜂属 *Codrus* Panzer, 1805

Codrus Panzer, 1805, *Faunae Insectorum Germaniae heft*, 85, no.9.

Type species: *Codrus niger* Panzer (designated by Morrice & Durant, 1915)

Codrus Panzer: H. Townes & M. Townes, 1981, *Mem. Amer. Ent. Inst.*, 32:134.

Codrus Panzer: Johnson, 1992, *Mem. Amer. Ent. Inst.*, 51:281.

Codrus Panzer: Fan & He, 1993, *Entomotaxonomia*, 15: 69.

Codrus Panzer: Fan & He, 2003, In: Huang, *Fauna of Insects in Fujian Province, China*, 7: 716.

属征概述：前翅长 3.0-5.8mm。额区下部中央具圆形肿状突起。触角窝之间有钝中竖脊。上颚单齿。前胸背板侧面光滑，有毛或具中央无毛区。并胸腹节有网状皱褶，背表面具中纵脊，通常在近中纵脊的两侧有光滑区。雄性后足胫节长距长为后足基跗节的 0.6-0.7 倍；雌性为 0.5 倍。跗爪简单。径室前缘脉长为翅痣宽的 0.3-0.8 倍。第 1 盘室和第 2 盘室分离。小脉在基脉对面或在外方，其距约为小脉长的 0.45 倍。腹柄长为宽的 1.0-2.7 倍。合背板侧面下半部覆有中等密度的毛。雄性抱器稍下弯，末端细长针形。产卵管鞘长为后足胫节的 0.3-0.4 倍，具光泽和稀疏的刻点，均匀下弯，向末端尖细。

该属全世界已记载有 13 种，其中欧洲和日本 4 种，菲律宾、尼泊尔和新几内亚各 1 种。我国已知 7 种，其中 1 种是古北区广布种。

据报道寄主是步甲科 Carabidae 幼虫，单寄生。

本志记述我国肿额细蜂属 Codrus 24 种，包括 17 新种。

种 检 索 表

1. 雌性 ···2
   雄性 ··10

2. 触角基部 5 节褐黄色，其余各节至端部渐黑褐色；足红褐色，仅后足端跗节褐色；雌性触角第 2、10 鞭节长分别为宽的 3.1 倍和 2.2 倍；腹柄背面中长为中宽的 1.65 倍，背面中央具 2 弱纵皱及基半具皱，端部中央两侧光滑；产卵管鞘长为后足胫节的 0.41 倍；前翅长 4.1mm。新疆 ···············
   ···新疆肿额细蜂 *C. xinjiangensis*
   触角基本上黑褐色，或仅柄节、梗节或第 1 鞭节基部浅色；后足基节和/或胫节和跗节多少带黑褐
   色；雌性触角第 2、10 鞭节长分别为宽的 3.7-5.0 倍和 2.7-4.0 倍 (保安肿额细蜂和单沟肿额细蜂分
   别为 2.6-3.1 倍和 2.0 倍)；腹柄背面中长为中宽的 2.0-2.7 倍，但短柄肿额细蜂仅 1.3；产卵管
   鞘长为后足胫节的 0.23-0.34 倍 ···3

3. 后胸侧板光滑区小，其长仅占侧板的 0.1 倍，或无光滑区；合背板基部侧纵沟各 4 条 ···········4
   后胸侧板光滑区大，其长仅占侧板的 0.6-0.7 倍；合背板基部侧纵沟各 0-2 条 ···············6

4. 腹柄背面中长为中宽的 1.3 倍，其上除侧脊外具 2 条强纵皱脊；腹柄侧面背缘长为中高的 1.0 倍，
   其基部具网皱；后胸侧板背方 0.4 具 1 列近平行的横皱；后足胫节长距长为基跗节的 0.39 倍；产
   卵管鞘具纵刻条；前翅长 3.9mm。甘肃 ···············短柄肿额细蜂，新种 *C. brevipetiolatus*, sp. nov.
   腹柄背面中长为中宽的 2.7 倍，其上具许多细纵脊或夹点斜纵刻皱；腹柄侧面背缘长为中高的
   2.6-3.2 倍，其基部下方有 7-9 条横皱；后胸侧板背方 0.4 无横刻皱；后足胫节长距长为基跗节的 0.54
   倍；产卵管鞘具刻点 ···5

5. 前翅径脉与前缘脉相接处夹角 35°；腹柄背表面基部 0.7 具 6-7 条纵刻条，端部 0.3 光滑；腹柄侧
   观背缘长为中高的 2.6 倍，基部具斜横皱 7 条，其后另具纵脊 3 条；前翅长 4.5mm。陕西 ·········
   ···秦岭肿额细蜂 *C. qinlingensis*
   前翅径脉与前缘脉相接处夹角 28°；腹柄背表面基部 0.7 具夹点斜纵刻皱，端部 0.3 中央具 4 条断
   续纵皱；腹柄侧观背缘长为中高的 3.2 倍，基部 0.4 具连夹点网皱和纵刻皱的横皱 9 条，其后方光
   滑；前翅长 4.2mm。浙江 ·································满皱肿额细蜂，新种 *C. rugulosus*, sp. nov.

6. 触角第 10 鞭节长为端宽的 2.0 倍；后胸侧板光滑区大，长和高均占侧板的 0.9 倍，其内后方散生
   刻点；合背板基部无侧纵沟或在高倍解剖镜仍极弱；后足腿节长为宽的 4.6-4.9 倍 ···············7
   触角第 10 鞭节长为端宽的 2.4-3.3 倍；后胸侧板光滑区小或中等大，长和高分别占侧板的 0.2-0.7
   倍和 0.25-0.7 倍；合背板基部侧纵沟 2 条或 6 条；后足腿节长为宽的 5.2-6.2 倍 ···············8

7. 触角第 2 鞭节长为端宽的 3.6 倍；前翅长为宽的 3.1 倍；腹柄背观中长为中宽的 2.0 倍；后足胫节
   长距长为基跗节的 0.51 倍；径室前缘边长为翅痣宽的 0.17 倍；前翅长 3.7mm。甘肃 ···············
   ···保安肿额细蜂，新种 *C. bonanza*, sp. nov.

触角第 2 鞭节长为端宽的 2.6 倍；前翅长为宽的 2.5 倍；腹柄背观中长为中宽的 2.4 倍；后足胫节长距长为基跗节的 0.55 倍；径室前缘边长为翅痣宽的 0.37 倍；前翅长 3.8mm。贵州 ……………………………………………………………… **单沟肿额细蜂，新种 *C. unisulcus*, sp. nov.**

8. 后胸侧板前上方光滑区小，其长和高分别为侧板的 0.2 倍和 0.25 倍；腹柄背面中长为中宽的 3.2 倍，大部分具细夹点刻皱，后侧方光滑；合背板基部侧纵沟各 6 条；前翅长 4.7mm。四川 ……………………………………………………………… **褐黄足肿额细蜂，新种 *C. fulvipes*, sp. nov.**
   后胸侧板前上方光滑区中等大，其长和高分别为侧板的 0.5-0.7 倍和 0.65-0.70 倍；腹柄背面中长为中宽的 2.16-2.67 倍，大部分具弱纵刻皱；合背板基部侧纵沟各 2 条 ……………… 9

9. 腹柄背面中长为中宽的 2.16 倍，端部侧方光滑；腹柄侧面背缘长为中高的 1.9 倍，基部 0.4 具连有网皱或纵条的弱横皱 5 条；后足跗节大部褐黄色；前翅长 3.5mm。贵州 ……………………………………………………………… **窄痣肿额细蜂 *C. tenuistigmus***
   腹柄背面中长为中宽的 2.67 倍，端部侧方不光滑；腹柄侧面背缘长为中高的 2.5 倍，基部 0.36 具弱斜横皱；后足跗节浅褐色；前翅长 4.3mm。四川 ……… **张氏肿额细蜂，新种 *C. zhangae*, sp. nov.**

10. 前翅径脉和前缘脉相接处夹角 40°-43° …………………………………………………… 11
    前翅径脉和前缘脉相接处夹角 28°-37° …………………………………………………… 21

11. 前胸背板侧面前半具夹点刻皱或细皱 ………………………………………………… 12
    前胸背板侧面前半细而浅的刻点，无明显刻皱 ………………………………………… 16

12. 触角第 2 鞭节长为端宽的 5.0-5.6 倍，端节长为亚端节的 1.29-1.30 倍；合背板基部侧纵沟 2-3 条；后足胫节端部 0.6 黑褐色或整个红褐色 …………………………………………… 13
    触角第 2 鞭节长为端宽的 3.3-3.9 倍，端节长为亚端节的 1.40-1.63 倍；合背板基部侧纵沟 6-7 条，但黑腿肿额细蜂仅 2 条；第 1 窗疤宽为长的 2.5-3.8 倍；后足胫节端部 0.6 褐黄色 ……… 14

13. 触角第 10 节长为端宽的 5.5 倍；前翅翅痣长为宽的 2.05 倍；腹柄背面中长为中宽的 2.1 倍，侧面背缘长为中高的 2.0 倍；第 1 窗疤宽为长的 2.5 倍；疤距为疤宽的 0.8 倍；前翅长 5.1mm。陕西 ………………………………………………… **马氏肿额细蜂，新种 *C. maae*, sp. nov.**
    触角第 10 节鞭长为端宽的 4.3 倍；前翅翅痣长为宽的 1.67 倍；腹柄背面中长为中宽的 1.52 倍，侧面背缘长为中高的 1.55 倍；第 1 窗疤宽为长的 4.5 倍；疤距为疤宽的 0.3 倍；前翅长 4.3mm。吉林 ……………………………………… **长白山肿额细蜂，新种 *C. changbaishanensis*, sp. nov.**

14. 触角第 10 鞭节长为端宽的 5.0 倍；翅痣长为宽的 1.75 倍；腹柄背面中长为中宽的 1.7 倍，向后端强度加宽，其表面基部具网皱，后半有 6 条纵脊；腹柄侧面背缘长为中高的 1.4 倍；合背板基部侧纵沟 7 条；第 1 窗疤宽为长的 3.8 倍，疤距为疤宽的 0.1 倍；足基节和转节黑色至黑褐色；前翅长 6.3mm。四川 ……………………………………… **硕肿额细蜂，新种 *C. grandis*, sp. nov.**
    触角第 10 鞭节长为端宽的 4.0-4.2 倍；翅痣长为宽的 2.0-2.9 倍；腹柄背面中长为中宽的 2.0 倍，向后端稍加宽，其表面具 3-5 条纵脊；腹柄侧面背缘长为中高的 2.0-2.2 倍；合背板基部侧纵沟 2 条或 6 条；第 1 窗疤宽为长的 2.5-2.8 倍，疤距为疤宽的 0.5-0.6 倍 ……………………… 15

15. 翅痣长为宽的 2.9 倍；合背板基部侧纵沟各 6 条；足基节黄褐色，仅基部后方褐色；前翅长 5.0mm。四川 ……………………………………… **褐黄足肿额细蜂，新种 *C. fulvipes*, sp. nov.**
    翅痣长为宽的 2.0 倍；合背板基部侧纵沟各 2 条；中后足基节黄黑色；前翅长 4.0mm。四川 ……………………………………………………………… **黑腿肿额细蜂，新种 *C. nigrifemoratus*, sp. nov.**

16. 后胸侧板前上方光滑区较大，其长和高分别占侧板的 0.5 倍和 0.8 倍以上，但光滑区后方大部分具
　　刻点···17
　　后胸侧板前上方光滑区较小，其长和高至多分别占侧板的 0.35 倍和 0.5 倍，其余部位具网皱··· 18

17. 腹柄背观中长为中宽的 1.65 倍，基部具横点皱 (或弱)，端部具 6 条纵脊；腹柄侧观背缘长为中高
　　的 1.55 倍；合背板亚侧纵沟长为中纵沟的 0.2-0.3 倍；前翅长 4.4mm。甘肃·······················
　　··时氏肿额细蜂，新种 *C. shiae*, sp. nov.
　　腹柄背观中长为中宽的 2.2 倍，具 5-6 条纵脊，基部无横点皱；腹柄侧观背缘长为中高的 2.0 倍；
　　合背板亚侧纵沟长为中纵沟的 0.08 倍，几乎看不出；前翅长 4.0mm。四川·······················
　　···后侧肿额细蜂，新种 *C. metapleuralis*, sp. nov.

18. 后足腿节长为宽的 4.8-5.5 倍；腹柄背面中长为中宽的 1.27-1.37 倍，腹柄侧面背缘长为中高的 1.6
　　倍；前翅径室前缘脉长为翅痣宽的 0.5-0.6 倍；后胸侧板前方光滑区高占侧板高的 0.5 倍；触角第
　　10 鞭节长为端宽的 5.0-5.3 倍···19
　　后足腿节长为宽的 6.0 倍；腹柄背面中长为中宽的 1.5-1.6 倍，腹柄侧面背缘长为中高的 1.3 倍；前
　　翅径室前缘脉长为翅痣宽的 0.30-0.35 倍；后胸侧板前方无光滑区，或仅占高的 0.22 倍；触角第 10
　　鞭节长为端宽的 3.9-4.0 倍···20

19. 触角第 2 鞭节长为端宽的 4.5 倍；翅痣长为宽的 2.0 倍；腹柄背面除基部刻皱外具 2 条纵脊，腹柄
　　侧面基部具连有纵脊的横脊 3 条；后足基节基部黑褐色；前翅长 4.4mm。甘肃·······················
　　···甘肃肿额细蜂，新种 *C. gansuensis*, sp. nov.
　　触角第 2 鞭节长为端宽的 3.8 倍；翅痣长为宽的 2.9 倍；腹柄背面除基部刻皱外具 6-7 条纵脊，腹
　　柄侧面基部具横网皱；后足基节全部褐黄色；前翅长 4.7-5.0mm。河北、山东·······················
　　··黑肿额细蜂 *C. niger*

20. 触角第 2 鞭节长为端宽的 4.1 倍；后胸侧板前上方无光滑区；腹柄背面基部具 1 条横脊，其后具 5
　　条纵脊；第 1 窗疤宽为长的 2.5 倍；前翅长 3.8mm。内蒙古······················
　　··蔡氏肿额细蜂，新种 *C. caii*, sp. nov.
　　触角第 2 鞭节长为端宽的 3.4 倍；后胸侧板前上方光滑区小；腹柄背面中央具 2 条强纵脊；第 1
　　窗疤宽为长的 4.0 倍；前翅长 4.4mm。河北 ············双脊肿额细蜂，新种 *C. bicarinatus*, sp. nov.

21. 前翅径脉和前缘脉相接处夹角 33°- 37°···22
　　前翅径脉和前缘脉相接处夹角 28°···27

22. 后胸侧板大部分平坦而光滑，其上具细毛···23
　　后胸侧板稍拱，基本上具细网皱···25

23. 触角第 2、10 鞭节长分别为端宽的 3.4 倍和 3.5 倍；并胸腹节后表面满布网皱；腹柄背面基部具网
　　皱，其后具 4 条纵脊；合背板基部无侧纵沟；后足腿节长为宽的 4.5 倍；前翅长 3.8-4.1mm。贵州
　　···单沟肿额细蜂，新种 *C. unisulcus*, sp. nov.
　　触角第 2、10 鞭节长分别为端宽的 4.0-4.4 倍和 4.0-5.5 倍；并胸腹节后表面大部分光滑，仅端部具
　　细网皱；腹柄背面基部具 8 条纵脊或弱纵皱；合背板基部具 2 或 3 条侧纵沟；后足腿节长为宽的
　　5.5-6.1 倍···24

24. 触角第 10 鞭节长为端宽的 5.5 倍；并胸腹节气门后的外侧区具细刻皱；后足跗节带褐色；腹柄背
　　观中长为中宽的 1.77 倍，背面具 8 条纵刻条，基部无网皱；前翅长 4.5-5.0mm。福建·······················
　　··赵氏肿额细蜂 *C. chaoi*

触角第 10 鞭节长为端宽的 4.0 倍；并胸腹节气门后的外侧区光滑；后足基跗节黑褐色，第 2-5 跗节暗黄褐色；腹柄背观中长为中宽的 2.3 倍，基半具网皱，其后具 8 条纵刻皱；前翅 3.0mm。贵州 ……………………………………………………………… **学新肿额细蜂 *C. xuexini***

25. 翅痣长为宽的 1.76 倍；腹柄背面中长为中宽的 1.6 倍，具 5 条细纵脊；腹柄侧面背缘长为中高的 1.3 倍；合背板基部侧纵沟各 2 条；后足腿节长为宽的 5.0 倍；前翅长 3.5mm。浙江 …………… ………………………………………………………… **天目山肿额细蜂 *C. tianmushanensis***

   翅痣长为宽的 2.26-3.00 倍；腹柄背面中长为中宽的 2.2-2.5 倍，具 7-9 条纵脊；腹柄侧面背缘长为中高的 2.0-2.4 倍；合背板基部侧纵沟各 3 条；后足腿节长为宽的 7.0 倍 ……………………… 26

26. 触角第 2、10 鞭节长分别为端宽的 5.2 倍和 4.0-4.5 倍；腹柄侧面背缘长为中高的 2.0 倍，具 6 条纵脊；基部无横脊；合背板基部亚侧纵沟长为中纵沟的 0.4-0.5 倍；第 1 窗疤宽为长的 3.6 倍；后足胫节长距长为基跗节的 0.64 倍；前翅长 2.9-4.6mm。陕西 ………… **秦岭肿额细蜂 *C. qinlingensis***

   触角第 2、10 鞭节长分别为端宽的 4.5 倍和 5.2 倍；腹柄侧面背缘长为中高的 2.4 倍，基部具连有纵脊的横脊 4 条；合背板基部亚侧纵沟长为中纵沟的 0.8 倍；第 1 窗疤宽为长的 2.5 倍；后足胫节长距长为基跗节的 0.53 倍；前翅长 3.9mm。浙江 ……… **满皱肿额细蜂，新种 *C. rugulosus*, sp. nov.**

27. 后胸侧板前上方大部平坦而光滑，其上具细刻点；触角端节长为亚端节的 1.59 倍；前翅径室前缘脉长为翅痣宽的 0.36 倍；腹柄背面和侧面基半均具网皱；后足腿节长为宽的 5.8 倍；后足胫节和跗节褐黄色；前翅长 3.7mm。贵州 ……………………………… **窄痣肿额细蜂 *C. tenuistigmus***

   后胸侧板前上方光滑区甚小；触角端节长为亚端节的 1.38 倍；前翅径室前缘脉长为翅痣宽的 0.63-0.72 倍；腹柄背面具纵脊，侧面具连有斜纵脊的横脊；后足腿节长为宽的 7.4-7.5 倍；后足胫节和跗节黑色 ……………………………………………………………………………………… 28

28. 触角第 2、10 鞭节长分别为端宽的 5.4 倍和 4.6 倍；腹柄背面具 3 条强纵脊；腹柄侧面背缘长为中高的 2.1 倍；合背板基部中纵沟伸达第 1 窗疤的 1.0 处，侧纵沟各 2 条；前翅长 4.3mm。浙江 …… ……………………………………………………… **细腿肿额细蜂，新种 *C. tenuifemoratus*, sp. nov.**

   触角第 2、10 鞭节长分别为端宽的 3.5 倍和 3.8 倍；腹柄背面具 5 条纵皱脊；腹柄侧面背缘长为中高的 1.8 倍；合背板基部中纵沟伸达第 1 窗疤的 0.76 处，侧纵沟各 3 条；前翅长 3.4-5.4mm。四川 ……………………………………………………… **黑胫肿额细蜂，新种 *C. nigritibialis*, sp. nov.**

(87) 新疆肿额细蜂 *Codrus xinjiangensis* He *et* Xu, 2010 (图 145)

Codrus xinjiangensis He *et* Xu, 2010, In: Xu & He, *Entomotaxonomia*, 32(2): 82.

　　雌：前翅长 4.1mm。

　　头：复眼毛很稀，长为下颚须末端直径的 1.1 倍。触角第 2、10 鞭节长分别为端宽的 3.1 倍和 2.2 倍，端节长为亚端节的 1.4 倍。颊脊与口后脊相接处在折向上颚基部拐弯处的中央。

　　胸：前胸背板侧面光滑，满布细毛。后胸侧板具夹室网皱，在前上方有小的光滑区，长宽均约占侧板的 0.25 倍；背缘及腹缘均有密布细刻点的狭带。并胸腹节中纵脊伸达后表面端部；背表面光滑区长约为中宽的 1.8 倍；其余满布夹室网皱。

足：后足腿节长为宽的 4.9 倍；后足胫节长距长为后足基跗节的 0.47 倍。

翅：前翅相当狭长，长为宽的 3.0 倍；翅痣长和径室前缘脉长分别为翅痣宽的 2.0 倍和 0.4 倍；径脉第 1 段从翅痣中央稍外方伸出，稍内斜，长为宽的 0.5 倍，与第 2 段相接处下方脉桩甚长；径脉和前缘脉相接处夹角约 40°。

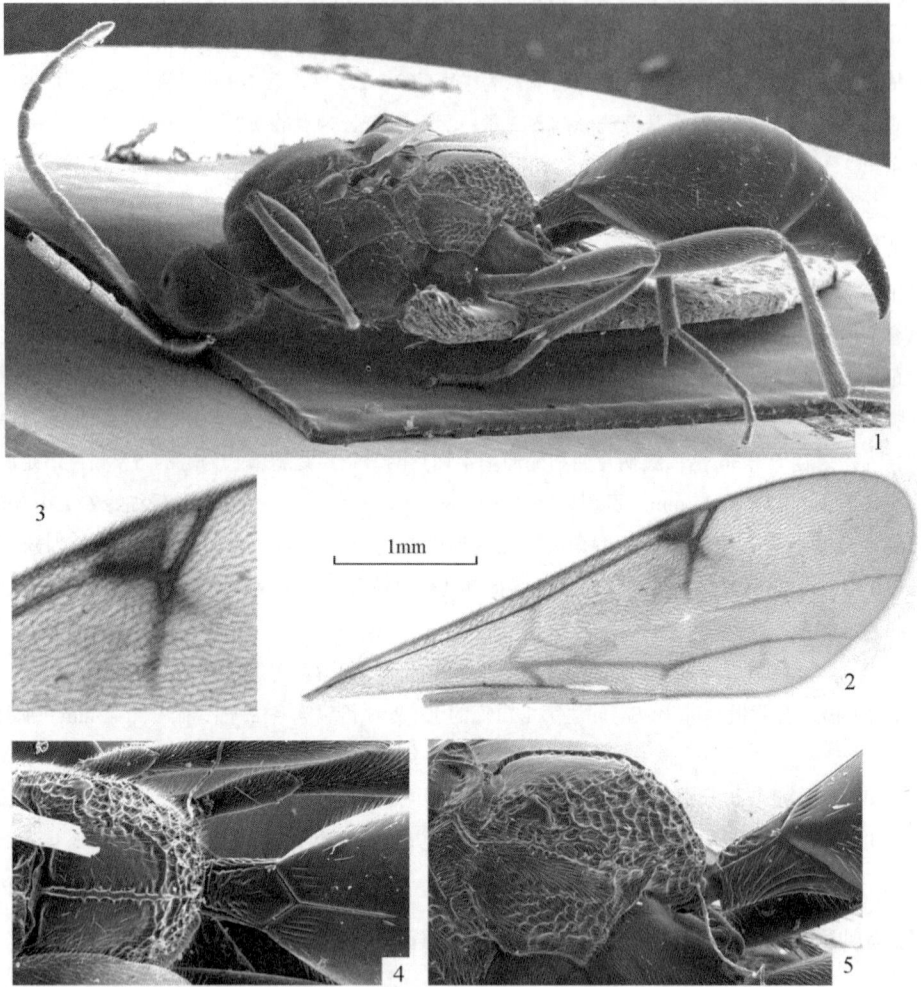

图 145 新疆肿额细蜂 Codrus xinjiangensis He et Xu

1. 整体 (无翅)，侧面观；2. 前翅；3. 翅痣部分；4. 并胸腹节、腹柄和合背板基部，背面观；5. 后胸侧板、并胸腹节和腹柄，侧面观 (仿许再福等，2010) [1-2. 1.0X 标尺；3-5. 2.0X 标尺]

腹：腹柄背面中长为中宽的 1.65 倍，向基部收窄，基半具弱皱，中央具 2 条弱纵皱，端部中央两侧光滑；侧面背缘长为中高的 1.5 倍，基部具连有斜纵皱的横皱 5 条，其后另具纵脊 3 条。合背板基部中纵沟伸达合背板基部至第 1 对窗疤间距的 0.9 处，中纵沟两侧方各有 4 条纵沟，第 1、4 侧沟长分别为中纵沟的 0.25 倍和 0.32 倍。第 1 窗疤宽为长的 2.5 倍，疤距约为疤宽的 0.9 倍。产卵管鞘长为中宽的 3.2 倍，长约为后足胫节的 0.41

倍，近圆锥形，端部稍下弯，散生细毛，毛窝明显。

体色：体黑色。前胸背板侧面下方、腹柄前方、合背板侧方及后方、腹端背板下方、产卵管鞘末端红褐色。触角基部 5 节褐黄色，其余至端部渐黑褐色。足红褐色，第 1-4 跗节色稍浅，后足端跗节褐色。翅透明，带烟黄色，翅痣和强脉浅褐色，肘间横脉、盘脉和亚盘脉暗褐黄色。

雄：未知。

寄主：未知。

研究标本：1♀，新疆阿勒泰，1991.Ⅶ.26，王登元，No.916314 (正模)。

分布：新疆。

鉴别特征：触角基部 5 节暗黄色；前翅狭长，径脉第 1、2 段相接处下方脉桩甚长及足基本上红褐色等特征可与已知所有种区别。

词源：种本名"新疆 xinjiangensis"，根据模式标本产地新疆阿勒泰而拟。

(88) 短柄肿额细蜂，新种 *Codrus brevipetiolatus* He et Xu, sp. nov. (图 146)

雌：前翅长 3.9mm。

头：复眼毛很稀，长为下颚须末端直径的 0.9-1.1 倍。触角第 2、10 鞭节长分别为端宽的 3.7 倍和 3.1 倍，端节长为亚端节的 1.4 倍。颊脊与口后脊相接处在折向上颚基部拐弯处的中央。

胸：前胸背板侧面光滑，凹槽中央具细而弱的刻皱，除后上方外满布细毛。后胸侧板满布细网皱，在上方长凹区有 1 横列平行刻皱。并胸腹节侧观背缘弧形；中纵脊伸至后表面端部；背表面光滑区长约为中宽的 1.8 倍，内有弱皱；后表面和外侧区满布夹室网皱。

足：后足腿节长为宽的 6.6 倍；后足胫节长距长为后足基跗节的 0.39 倍。

翅：前翅相当狭长，长为宽的 3.0 倍；翅痣长和径室前缘脉长分别为翅痣宽的 2.3 倍和 0.27 倍；径脉第 1 段从翅痣外方伸出，稍内斜，长为宽的 1.0 倍，与第 2 段相接处下方脉桩甚长；径脉和前缘脉相接处夹角约 45°。

腹：腹柄短，背面中长为中宽的 1.3 倍，向基部稍收窄，除 2 侧脊和 2 条亚中纵皱明显外其余为弱皱；侧面背缘长为中高的 1.0 倍，除后上方具纵刻条外基半具网皱。合背板基部中纵沟伸达合背板基部至第 1 对窗疤间距的 0.7 处，中纵沟两侧方各有 4 条纵沟，第 1、4 侧沟长分别为中纵沟 0.4 倍和 0.6 倍。第 1 窗疤宽为长的 3.8 倍，疤距约为疤宽的 0.9 倍。产卵管鞘长为中宽的 3.6 倍，长约为后足胫节的 0.3 倍，近圆锥形，端部稍下弯，散生细毛，具细纵刻皱。

体色：体黑色，产卵管鞘末端红褐色。须 2 端节浅褐色。上颚端部和翅基片红褐色。触角梗节、第 1 鞭节、第 2 鞭节基部褐黄色，其余黑褐色。足红褐色，基节黑色，端跗节褐色。翅透明，带烟黄色，翅痣和强脉黑褐色，弱脉浅褐色。

雄：未知。

寄主：未知。

研究标本：正模♀，甘肃宕昌大河坝，2004.Ⅶ.31，陈学新，No.20047062。

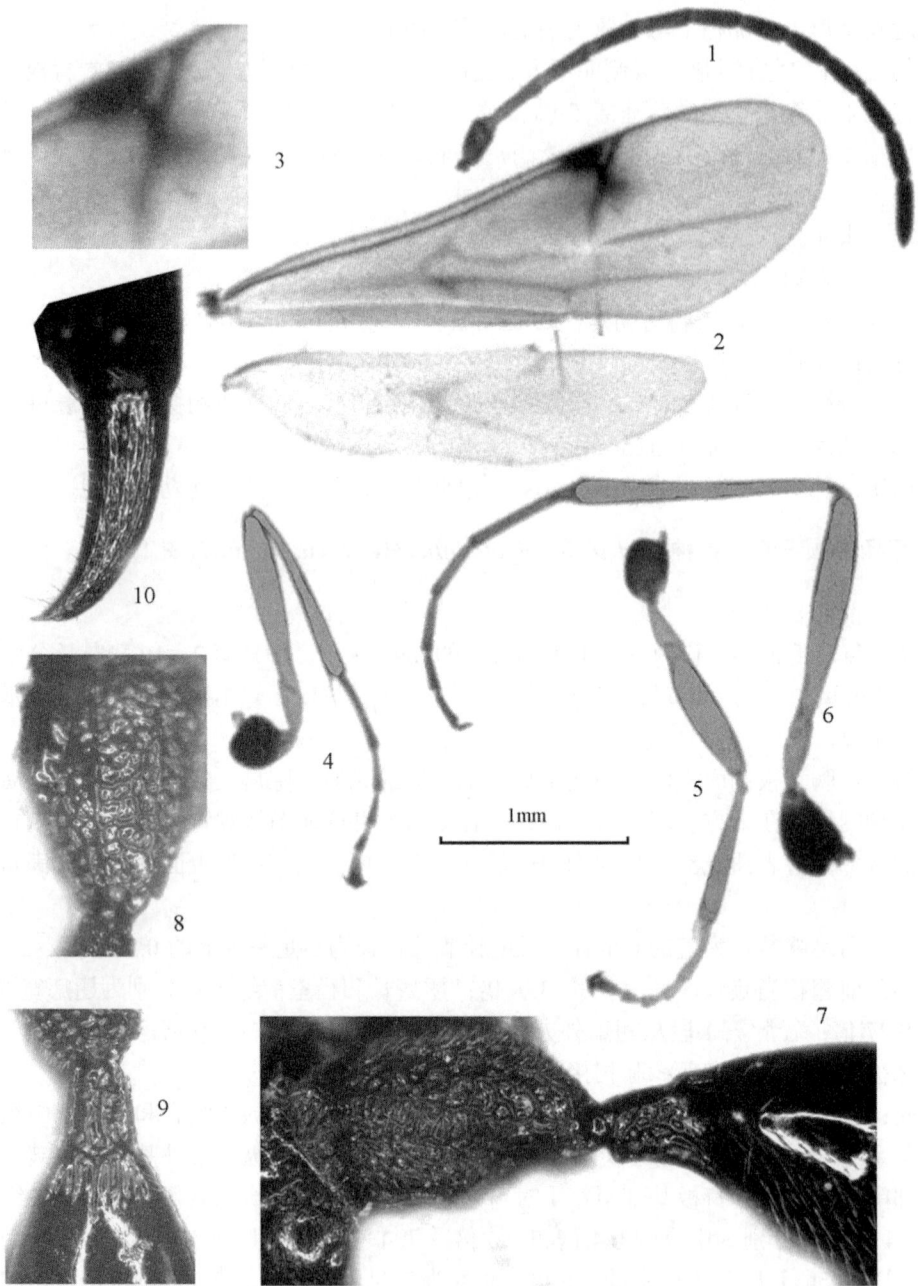

图 146　短柄肿额细蜂，新种 *Codrus brevipetiolatus* He *et* Xu, sp. nov.

1. 触角；2. 翅；3. 翅痣；4. 前足；5. 中足；6. 后足；7. 后胸侧板、并胸腹节和腹柄，侧面观；8. 并胸腹节，背面观；9. 腹柄和合背板基部，背面观；10. 产卵管鞘 [1-2, 4-6. 1.0X 标尺；3, 7-9. 2.0X 标尺；10. 3.0X 标尺]

分布：甘肃。

鉴别特征：见检索表。

词源：种本名"短柄 *brevipetiolatus*"，系 *brevi* (短)+*petiolatus* (柄) 组合词，意为腹

柄短, 背面中长为中宽的 1.3 倍。

(89) 秦岭肿额细蜂 *Codrus qinlingensis* He *et* Xu, 2010 (图 147)

Codrus qinlingensis He *et* Xu, 2010, In: Xu & He, *Entomotaxonomia*, 32 (2): 84.

雌: 前翅长 4.5mm。

头: 复眼毛很稀, 毛长为下颚须端节直径的 2.0 倍。头背观上颊长为复眼的 0.59 倍。触角第 2、10 鞭节长分别为端宽的 4.6 倍和 3.1 倍, 端节长为亚端节的 1.4 倍。颊脊与口后脊相接处在折向上颚基部拐弯处稍上方。

胸: 前胸背板侧面光滑, 几乎满布细网皱并有稀毛。后胸侧板具夹室网皱, 几乎无光滑区。并胸腹节中纵脊伸至后表面端部; 背表面一侧光滑区前宽后窄, 中长为中宽的 2.5 倍, 外侧及端半内有弱皱; 其余表面满布夹室网皱。

足: 后足腿节长为宽的 7.3 倍; 后足胫节长距长为后足基跗节的 0.54 倍。

翅: 前翅长为宽的 2.8 倍; 翅痣长和径室前缘脉长分别为翅痣宽的 2.3 倍和 0.76 倍; 径脉第 1 段从翅痣中央稍外方伸出, 长为宽的 1.4 倍, 与第 2 段相接处有短脉桩; 径脉和前缘脉相接处夹角约 35°。

腹: 腹柄背面长为中宽的 2.67 倍, 基部 0.7 具 6-7 条纵刻条, 端部 0.3 侧方光滑; 侧面背缘长为中高的 2.6 倍, 基部具连有夹点的斜横皱 7 条, 其后另具纵脊 3 条。合背板基部中纵沟伸达合背板基部至第 1 对窗疤间距的 1.0 处, 中纵沟两侧方各有 4 条细的弱纵沟, 均不从合背板基部伸出, 亚侧纵沟长为中纵沟的 0.16 倍。第 1 窗疤细而浅, 宽为长的 2.4 倍, 疤距约为疤宽的 0.6 倍。产卵管鞘长为中宽的 5.0 倍, 长为后足胫节的 0.34 倍, 近圆锥形, 端部稍下弯, 散生长毛, 毛窝明显。

体色: 体黑色。触角黑褐色, 柄节、梗节及第 1 鞭节基部褐色。须黄色。翅基片浅褐色。产卵管鞘顶端红褐色。足黄褐色, 前中足基节色浅, 前中足端跗节、后足基节除端部、胫节和跗节带黑褐色。翅透明, 翅痣及强脉浅黄褐色, 肘间横脉、中脉、小脉、盘脉和亚盘脉浅黄色。

变异: 部分副模标本复眼毛短, 长仅为下颚须末端直径的 0.5 倍。

雄: 与雌性相似, 不同之处在于, 前翅长 2.9-4.6mm。复眼毛长为下颚须末端直径的 2.5-3.0 倍, 个别 1.5 倍。背观上颊长为复眼的 0.57 倍。触角第 2、10 鞭节长分别为端宽的 5.2 倍和 4.0-4.5 倍, 端节长为亚端节的 1.35 倍; 触角未见角下瘤。后胸侧板仅在 No.991447 标本前上角有小光滑区。并胸腹节光滑区长为中宽的 2.3 倍。翅痣长和径室前缘脉长分别为翅痣宽的 2.26-3.00 倍和 0.75-1.10 倍; 径脉垂直部分长为宽的 1.0-1.5 倍。后足腿节长为宽的 7.0 倍。后足胫节长距长为后足基跗节的 0.64 倍。腹柄背面中长为中宽的 2.2 倍, 具 7-9 条强纵刻条; 侧面背缘长为中高的 2.0 倍, 具 6 条纵脊, 脊基部内夹刻点。合背板基部中纵沟伸达合背板基部至第 1 对窗疤间距的 0.95-1.00 处, 中纵沟侧方各有 3 条纵沟, 均深而明显强, 亚纵沟长为中纵沟的 0.4-0.5 倍。第 1 窗疤宽为长的 3.6 倍。抱器细长, 端部尖。后足仅基节基部黑褐色。翅透明或带烟黄色, 翅痣及强脉褐黄色或浅褐色。

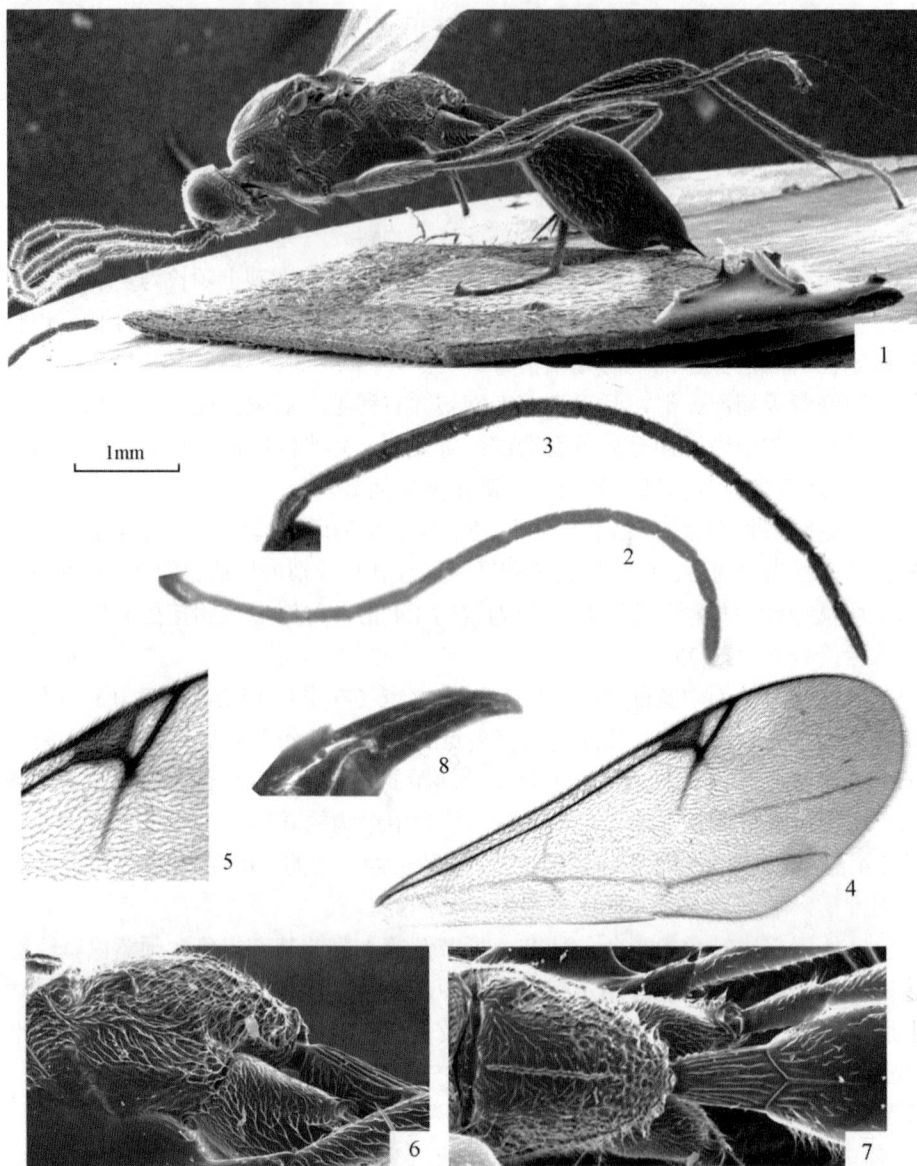

图 147　秦岭肿额细蜂 *Codrus qinlingensis* He *et* Xu

1. 整体，侧面观；2, 3. 触角；4. 前翅；5. 翅痣；6. 后胸侧板、并胸腹节和腹柄，侧面观；7. 并胸腹节、腹柄和合背板基部，背面观；8. 产卵管鞘 (3.♂；其余♀) (仿许再福等，2010) [1, 4. 1.0X 标尺；2-3. 2.0X 标尺；5. 1.5X 标尺；6-7. 2.5X 标尺；8. 3.6X 标尺]

研究标本：1♀，陕西秦岭天台山，1999.IX.4，陈学新，No.991490 (正模)；1♂，陕西秦岭天台山，1999.IX.3，何俊华，No.990777；1♂，同正模，马云，No.991029；7♂，同正模，Nos.991447，991463，991465，991551，991636，991682，991697；1♀2♂，陕西南郑黎坪实验林场，1344m，2004.VII.23，陈学新、吴琼，Nos.20046884，20046888，20046921；1♀1♂，陕西留坝紫柏山，1632m，2004.VIII.4，陈学新，Nos.20047138，20047147

(以上均为副模)。

分布：陕西。

鉴别特征：本种与我国近似种区别，可见检索表。与径脉和前缘脉相交角度近 30° 和翅痣浅黄褐色国外已知 3 种的区别在于，本种腹柄背面长为中高的 2.2-2.7 倍及复眼毛长为下颚须端节直径的 1.5-3.0 倍等组合特征。

(90) 满皱肿额细蜂，新种 *Codrus rugulosus* He *et* Xu, sp. nov. (图 148)

雌：前翅长 4.2mm。

头：复眼毛很稀，毛长一般为下颚须端节直径的 0.8 倍，个别 1.5 倍。触角第 2、10 鞭节长分别为端宽的 5.0 倍和 3.6 倍，端节长为亚端节的 1.37 倍。颊脊与口后脊相接处在折向上颚基部拐弯处稍上方。

胸：前胸背板侧面沿前缘下方有 2-4 并列刻条，后角光滑，其余散生细毛。后胸侧板满布夹室网皱，仅上缘中央前方有小光滑区，大小约为侧板长的 0.1 倍。并胸腹节中纵脊伸至后表面端部；背表面一侧光滑区长三角形，基宽端窄，长为中宽的 2.2 倍，两端和后端内有细皱；其余满布夹室网皱 (学名即据此特征而拟)。

足：后足腿节长为宽的 7.4 倍；后足胫节长距长为后足基跗节的 0.54 倍。

翅：前翅相当狭长，长为最宽处的 2.85 倍；翅痣长和径室前缘边长分别为翅痣宽的 2.57 倍和 0.86 倍；径脉第 1 段从翅痣外方 0.39 处伸出，长为宽的 0.3 倍；径脉和前缘脉相接处夹角约 28°。

腹：腹柄背面中长为中宽的 2.7 倍，基部 0.7 具夹点斜纵刻皱，端部 0.3 中央具 4 条纵皱，其侧方有小光滑区；侧面背缘长为中高的 3.2 倍，基部 0.4 具连有夹点网皱和纵刻条的横皱 9 条，后下方几乎光滑。合背板基部中纵沟伸达合背板基部至第 1 对窗疤间距的 0.95 处，中纵沟两侧方各有 4 条纵沟，亚侧纵沟长为中纵沟的 0.6 倍，其余端部同长。第 1 窗疤宽为长的 2.5 倍，疤距约为窗疤宽的 0.9 倍。产卵管鞘长为中宽的 4.0 倍，长为后足胫节的 0.28 倍，近圆锥形，端部稍下弯，表面有明显小毛窝。

体色：体黑色。触角黑褐色，柄节端部和梗节暗褐色。须黄色。上颚端半、翅基片、产卵管鞘顶端褐黄色。前中足红褐色，前足基节基部和中足基节 (除端部) 黑色，第 3-5 跗节浅褐色；后足红褐色，基节最基部、腿节端部 0.7、胫节和第 2-5 跗节黑色至黑褐色，基跗节暗红褐色。翅稍带烟黄色，翅痣和强脉褐色，肘间横脉、中脉 (浅)、小脉、盘脉、亚盘脉浅褐色。

雄：体长 3.6mm；前翅长 3.9mm。

头：复眼无毛。上颊背观长为复眼的 0.4 倍。触角第 2、10 鞭节长分别为端宽的 4.5 倍和 5.2 倍，端节长为亚端节的 1.44 倍。各鞭节有小水泡状聚成的窄条形角下瘤。颊脊与口后脊相接处在折向上颚基部拐弯处的中央。

胸：前胸背板侧面光滑，散生细毛，仅在前下方具细刻点。前缘中央上方有 "U" 形凹痕。后胸侧板具夹室网皱，在前上方无明显光滑小区。并胸腹节中纵脊伸至后表面近端部；背表面一侧光滑区矩形，长约为中宽的 2.0 倍，其后半内有涟漪状浅皱；后表面基本光滑，网室大而稀，后端具细网皱；外侧区满布夹室网皱。

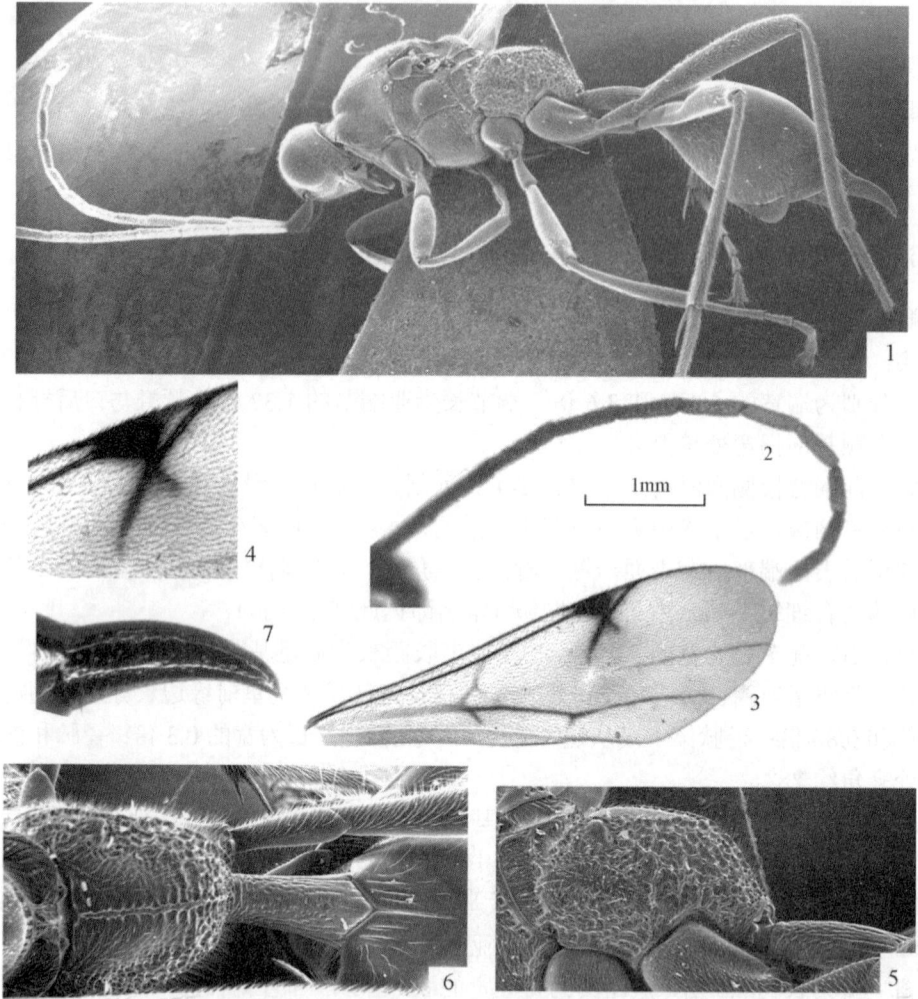

图 148 满皱肿额细蜂，新种 *Codrus rugulosus* He *et* Xu, sp. nov. (♀)

1. 整体，侧面观；2. 触角；3. 前翅；4. 翅痣；5. 后胸侧板、并胸腹节和腹柄，侧面观；6. 并胸腹节、腹柄和合背板基部，背面观；7. 产卵管鞘 [1, 3.1.0X 标尺；2.1.6X 标尺；4-6.2.0X 标尺；7.4.0X 标尺]

足：后足腿节长为宽的 7.1 倍；后足胫节长距长为后足基跗节的 0.53 倍。

翅：前翅长为宽的 2.5 倍；翅痣长和径室前缘长分别为翅痣宽的 2.5 倍和 0.56 倍；径脉第 1 段从翅痣中央伸出，近于垂直，与翅痣宽阔相连；径脉和前缘脉相接处夹角约 34°。

腹：腹柄背面中长为中宽的 2.5 倍，具 5 条细纵脊 (中纵脊基半分 2 条)；侧面背缘长为中高的 2.4 倍，基部 0.4 具连有纵脊的横脊 4 条，其后另有强纵脊 2 条。合背板基部中纵沟伸达合背板基部至第 1 对窗疤间距的 0.9 处，中纵沟两侧方各有 3 条纵沟，亚侧纵沟长为中纵沟的 0.8 倍。第 1 窗疤宽为长的 2.5 倍，疤距为疤宽的 0.55 倍。合背板下半多毛。

体色：体黑色。须黄色。触角黑色。翅基片黄褐色。前中足黄褐色，基节除端部黑褐色；后足黑褐色，基节端部、转节黄色，腿节黄褐色两端黄色。翅透明，带烟黄色，翅痣和强脉褐黄色，肘间横盘脉和亚盘脉浅黄褐色。抱器端部黄褐色。

寄主：未知。

研究标本：正模♀，浙江龙泉凤阳山凤阳尖，1650m，2003.Ⅷ.10，徐华潮，No.20034746。副模：1♂，浙江庆元百山祖，1993.Ⅹ.24，吴鸿，No.945736。

分布：浙江。

鉴别特征：本新种与我国近似种区别见检索表。与径脉和前缘脉相接处夹角约 28°和翅痣及强脉褐色的国外已知 4 种区别在于：①前胸背板侧面沿前缘下方有 2-4 并列刻条；②后胸侧板满布夹室网皱，仅上缘中央前方有小光滑区，大小约为侧板长的 0.1 倍；③后足红褐色，腿节端部 0.7、胫节和第 2-5 跗节黑色至黑褐色，基跗节暗红褐色；④腹柄背面长为中高的 3.2 倍等组合特征。

词源：种本名"满皱 rugulosus (刻皱)"，意为并胸腹节背表面后端内有细皱和其余部位满布夹室网皱。

(91) 保安肿额细蜂，新种 Codrus bonanza He et Xu, sp. nov. (图 149)

雌：体长 4.0mm；前翅长 3.7mm。

头：复眼毛很稀，长为下颚须末端直径的 1.1 倍。触角第 2、10 鞭节长分别为端宽的 3.6 倍和 2.0 倍，端节长为亚端节的 1.44 倍。颊脊与口后脊相接处在折向上颚基部拐弯处的中央。

胸：前胸背板侧面光滑，满布细毛，前缘下半有平行弱刻皱。后胸侧板在前上方有光滑区，长和高分别占侧板的 0.9 倍和 0.9 倍，其后半具带细毛点皱，其余侧板具夹点细皱。并胸腹节中纵脊伸至后表面近端部；背表面光滑区长约为中宽的 2.2 倍；内有涟漪状刻纹，其余满布夹室网皱。

足：后足腿节长为宽的 4.9 倍；后足胫节长距长为后足基跗节的 0.41 倍。

翅：前翅长为宽的 3.1 倍；翅痣长和径室前缘边长分别为翅痣宽的 2.3 倍和 0.17 倍；径脉第 1 段从翅痣外方伸出；很短，长为宽的 0.2 倍，与第 2 段相接处下方有短脉桩；径脉和前缘脉相接处夹角约 40°。

腹：腹柄背面中长为中宽的 2.0 倍，中央有 1 条纵沟脊，基部 0.4 具平行细纵皱，端半侧方光滑；侧面背缘长为中高的 1.8 倍，基部有 4 条横脊，其后上半有浅纵点列，下半光滑。合背板基部中纵沟伸达合背板基部至第 1 对窗疤间距的 0.9 处，中纵沟两侧方光滑无纵沟。第 1 窗疤宽为长的 2.5 倍，疤距约为疤宽的 0.9 倍。合背板下半具毛。产卵管鞘长为中宽的 3.2 倍，长约为后足胫节的 0.31 倍，近圆锥形，端部稍下弯，散生细毛，毛窝明显。

体色：体黑色。前胸背板侧面下方、产卵管鞘末端红褐色。须端部 2 节黄色。上颚端部和翅基片红褐色。触角柄节下方和梗节红褐色，其余黑色。足黄褐色，后足基节基部和中后足端跗节黑褐色。翅透明，带烟黄色，翅痣和强脉暗红褐色，弱脉浅色。

雄：未知。

寄主：未知。

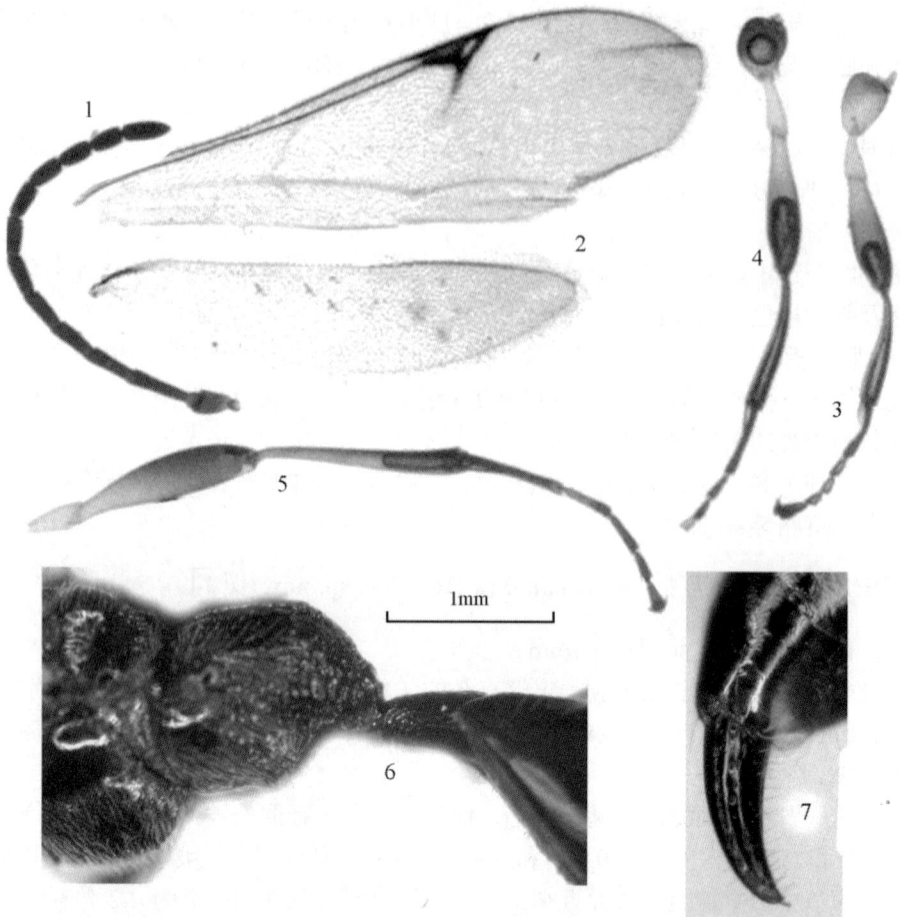

图 149　保安肿额细蜂，新种 *Codrus bonanza* He *et* Xu, sp. nov.

1. 触角；2. 翅；3. 前足；4. 中足；5. 后足；6. 后胸侧板、并胸腹节和腹柄，侧面观；7. 产卵管鞘 [1-5. 1.0X 标尺；6. 2.0X 标尺；7. 3.0X 标尺]

研究标本：正模♀，甘肃宕昌大河坝 2530m，2004.Ⅶ.31，时敏，No.20047065。

分布：甘肃。

鉴别特征：本新种与单沟肿额细蜂，新种 *Codrus unisulcus* 腹部合背板基部仅有 1 条中纵沟而无侧纵沟等特征相似，其区别可见检索表。

词源：种本名"保安 *bonanza*"，为主要分布在我国甘肃省的少数民族保安族，系指本种模式标本产于甘肃之意。

(92) 单沟肿额细蜂，新种 *Codrus unisulcus* He *et* Xu, sp. nov. (图 150)

雌：体长 4.3mm；前翅长 3.8mm。

头：复眼无毛。头背观上颊长为复眼的 0.55 倍。触角第 2、10 鞭节长分别为端宽的 2.6 倍和 2.0 倍，端节长为亚端节的 1.5 倍。颊脊与口后脊相接处在折向上颚基部拐弯处的上方。

胸：前胸背板侧面完全光滑，满布细毛。后胸侧板光滑区很大，长和高分别占侧板的 0.9 倍和 1.0 倍，光滑区上散生刻点，下方具毛；侧板后端 0.1 具夹室网皱。并胸腹节中纵脊伸至后表面近端部；背表面一侧光滑区长为中宽的 1.4 倍；端横脊明显；后表面满布不规则弱网皱。

足：后足腿节长为宽的 4.6 倍；后足胫节长距长为后足基跗节的 0.55 倍。

翅：前翅长为宽的 2.5 倍；翅痣长和径室前缘边长分别为翅痣宽的 2.2 倍和 0.37 倍；径脉第 1 段从翅痣中央稍外方伸出，稍内斜，长为宽的 0.4 倍，与第 2 段相接处不膨大；径脉和前缘脉相接处夹角约 32°。

腹：腹柄背面中长为中宽的 2.4 倍，基部 0.7 具夹点刻皱，在基方的稍密，端部 0.3 中央有浅纵沟，两侧光滑；侧面背缘长为中高的 2.0 倍，下半中央光滑无纵脊，其基部 0.3 具连有短斜脊的弱横脊 3 条，其后端上方及后方具弱纵皱，内夹刻点。合背板基部中纵沟伸达合背板基部至第 1 对窗疤间距的 0.8 处，中纵沟两侧方各有 2 条甚弱而浅的短纵沟，几乎看不出。第 1 窗疤浅，宽为长的 2.2 倍，疤距约为窗疤宽的 1.0 倍。合背板下半多毛。产卵管鞘长为后足胫节的 0.25 倍，为鞘中央宽的 3.0 倍，其上散生刻点。

体色：体黑色。须污黄色。触角黑褐色。翅基片红褐色。足红褐色；基节黑褐色 (前足) 至黑色；转节、腿节基部和前中足跗节黄褐色；后足胫节大部分稍浅褐色。翅透明，带烟黄色，翅痣和强脉黑褐色，肘间横盘脉和亚盘脉浅黄褐色。

雄：与雌性相似，不同之处在于，前翅长 4.1mm；体长 4.7mm。头背观上颊长为复眼的 0.55 倍。触角第 2、10 鞭节长分别为端宽的 3.4 倍和 3.5 倍，端节长为亚端节的 1.46 倍；鞭节无角下瘤。后胸侧板光滑区大，其后方大部分有浅而密的刻点和毛。并胸腹节中纵脊伸至后表面后端；背表面两侧全为光滑区。前翅长为宽的 2.4 倍；翅痣长和径室前缘脉长分别为翅痣宽的 2.06 倍和 0.47 倍；径脉第 1 段从翅痣中央伸出，稍内斜，长为宽的 0.9 倍，与第 2 段相接处有脉桩；径脉和前缘脉相接处夹角约 37°。后足腿节长为宽的 4.5 倍；后足胫节长距长为后足基跗节的 0.62 倍。腹柄背面中长为中宽的 2.1 倍，具 4 条纵刻皱，纵皱内夹有细点皱；侧面背缘长为中高的 1.8 倍，基半具连有斜纵脊的横脊 5 条，其后另具强纵脊 2 条，下半中央无光滑区，但该处为 1 弱横脊。合背板基部中纵沟伸达合背板基部至第 1 对窗疤间距的 0.9 处，中纵沟两侧无纵沟。第 1 窗疤细而浅，宽为长的 3.0 倍，疤距约为疤宽的 0.6 倍。合背板光滑多短毛。体黑色。触角黑色，翅基片污黄色。前中足褐黄色，腿节中央色稍深，基节基部黑褐色；后足红褐色，转节色稍浅，跗节色稍深，基节除端部黑色。翅透明，带烟黄色，翅痣和强脉黑褐色，肘间横盘脉和亚盘脉浅褐色。

寄主：未知。

研究标本：正模♀，贵州雷公山自然保护区，1600m，2005.Ⅴ.31，张红英，No.20059225。副模：2♀，贵州雷公山林场，2005.Ⅵ.1，刘经贤，Nos.20059256，20059259；1♂，采地、采集人同正模，2005.Ⅵ.2，No.20059309。

分布：贵州。

鉴别特征：见检索表。

词源：种本名 "单沟 *unisulcus*"，意为合背板基部仅有 1 条中纵沟，无侧纵沟或极短而弱看不出。

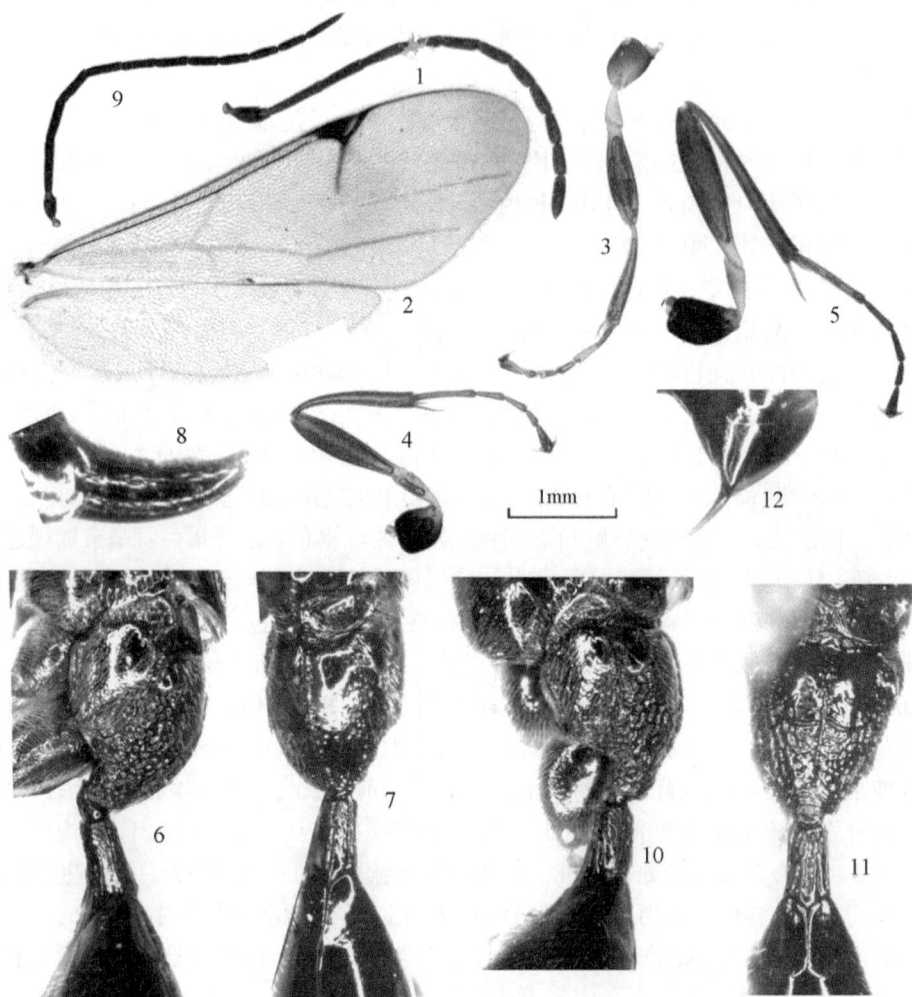

图 150　单沟肿额细蜂，新种 *Codrus unisulcus* He *et* Xu, sp. nov.

1, 9. 触角；2. 翅；3. 前足；4. 中足；5. 后足；6, 10. 后胸侧板、并胸腹节和腹柄，侧面观；7, 11. 并胸腹节、腹柄和合背板基部，背面观；8. 产卵管鞘；12. 抱器 (1-8. ♀；9-12. ♂) [1-5, 9. 1.0X 标尺；6-7, 10, 12. 2.0X 标尺；8, 12. 4.0X 标尺]

(93) 褐黄足肿额细蜂，新种 *Codrus fulvipes* He *et* Xu, sp. nov. (图 151)

雄：体长 5.5mm；前翅长 5.0mm。

头：复眼毛很稀，长为下颚末节直径的 0.6 倍。头背观上颊长为复眼的 0.75 倍。触角第 2、10 鞭节长分别为端宽的 3.3 倍和 4.2 倍，端节长为亚端节的 1.4 倍。颊脊与口后脊相接处在折向上颚基部拐弯处的上方。

胸：前胸背板侧面除肩角部位光滑外，满布细网皱。后胸侧板在前上方有近长方形的光滑小区，长和高分别为侧板的 0.2 倍和 0.25 倍，光滑区内具细刻点，光滑区下方具纵刻条；其余侧板具网皱，网皱内有多个细刻点。并胸腹节中纵脊伸至背表面端部；背表面一侧光滑区，其外侧一半细夹点网皱；后表面和外侧区满布网皱。

足：后足腿节长为宽的 5.6 倍；后足胫节长距长为后足基跗节的 0.62 倍。

翅：前翅长为宽的 2.4 倍；翅痣长和径室前缘边长分别为翅痣宽的 2.9 倍和 0.57 倍；径脉第 1 段从翅痣中央稍外方伸出，稍内斜，长为宽的 0.5 倍，与第 2 段相接处有脉桩；径脉和前缘脉相接处夹角约 41°。

腹：腹柄背面中长为中宽的 3.2 倍，具 3 条纵刻皱，基部纵皱扭曲内夹细皱，后侧方光滑；侧面背缘长为中高的 2.8 倍，基部 0.7 具点皱，其后方有细纵脊 10 条。合背板基部中纵沟伸达合背板基部至第 1 对窗疤间距的 1.0 处，中纵沟侧方各有 6 条纵沟，亚侧纵沟长为中纵沟的 0.26 倍。第 1 窗疤长椭圆形，宽为长的 2.8 倍，疤距约为疤宽的 0.6 倍。合背板下半毛稀。

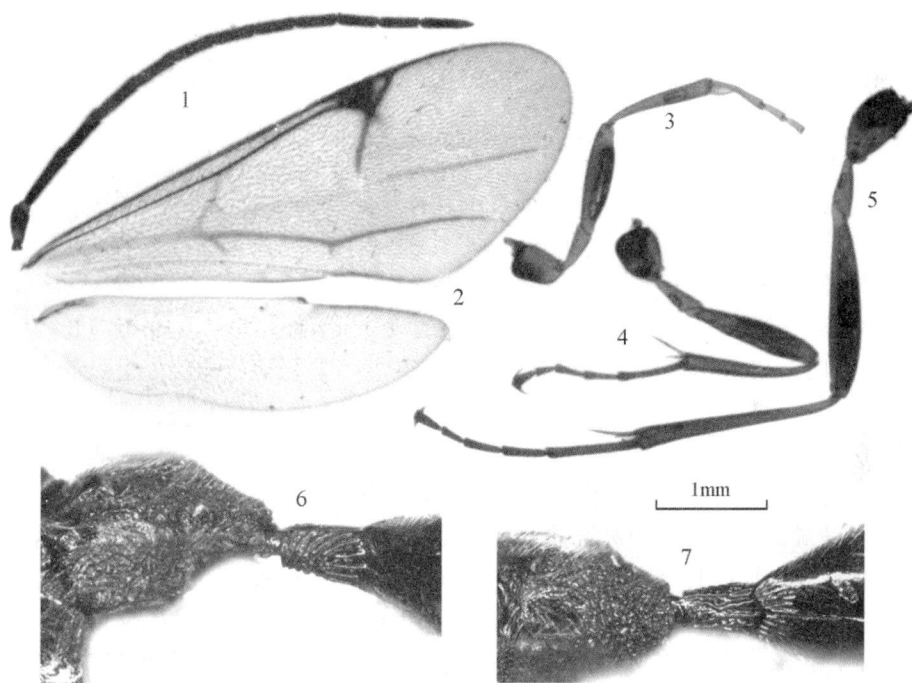

图 151　褐黄足肿额细蜂，新种 *Codrus fulvipe* He *et* Xu, sp. nov.
1. 触角；2. 翅；3. 前足；4. 中足；5. 后足；6. 后胸侧板、并胸腹节和腹柄，侧面观；7. 并胸腹节、腹柄和合背板基部，背面观 [1-5. 1.0X 标尺；6-7. 2.0X 标尺]

体色：体黑色。须、翅基片黄褐色。触角黑色。足褐黄色；但后足色较深暗；各足基节和后方大部分黑色。翅透明，带烟黄色，翅痣和强脉褐黄色，肘间横脉、盘脉和亚盘脉黄褐色。抱器端部 0.6 褐黄色。

雌：与雄性相似，不同之处在于，前翅长 4.7mm。触角第 2、10 鞭节长分别为端宽的 5.0 倍和 3.3 倍，端节长为亚端节的 1.4 倍。前胸背板侧面除肩角光滑外，满布的细网皱内密生横刻条。并胸腹节中纵脊伸至后表面中部；背表面一侧光滑区长为中宽的 1.8

倍, 无端横脊, 侧区具点皱, 与外侧区无脊分开。前翅长为宽的 2.6 倍; 翅痣长和径室前缘边长分别为翅痣宽的 2.23 倍和 0.35 倍; 径脉和前缘相接处夹角约 40°。后足腿节长为宽的 0.5 倍。腹柄背面中长为中宽的 3.2 倍, 除后侧方光滑外具细点皱; 侧面背缘 (无脊) 长为中高的 2.8 倍, 基部 0.7 具夹点细皱, 端部 0.3 具 10 条弱纵脊。合背板基部中纵沟伸达合背板基部至第 1 对窗疤间距的 1.0 处, 中纵沟两侧各有 6 条纵沟, 亚侧纵沟长为中纵沟的 0.26 倍。第 1 窗疤近纺锤形, 宽为长的 2.5 倍, 疤距约为疤宽的 0.6 倍。合背板下半毛稀。产卵管鞘长为后足胫节的 0.23 倍, 为自身中宽的 3.55 倍, 表面光滑, 散生刻点。体黑色, 触角柄节下方、腹端背板前方、抱器末端多少带褐色。翅痣暗黄褐色。

寄主: 未知。

研究标本: 正模♂, 四川平武白马寨, 2006.Ⅶ.24, 高智磊, No.200610847。副模: 1♀, 采地、采集人同正模, 2006.Ⅶ.25, No.200610918。

分布: 四川。

鉴别特征: 见检索表。

词源: 种本名 "褐黄足 *fulvipes*", 系 *fulvi* (褐黄色) +*pes* (足) 组合词, 意为足褐黄色。

(94) 窄痣肿额细蜂 *Codrus tenuistigmus* He et Xu, 2010 (图 152)

Codrus tenuistigmus He *et* Xu, 2010, In: Xu & He, *Entomotaxonomia*, 32 (2): 89.

雌: 体长 3.7mm; 前翅长 3.5mm。

头: 复眼毛很稀, 毛长为下颚须端节直径的 0.5 倍。触角第 2、10 鞭节长分别为端宽的 4.7 倍和 2.7 倍, 端节长为亚端节的 1.45 倍。颊脊与口后脊相接处呈弧形叶突折向上颚基部。

胸: 前胸背板侧面光滑, 散生细毛, 仅在前缘近下方有弱刻皱。后胸侧板大部分为平坦的光滑区, 其长和高均占侧板的 0.7 倍; 其上有细毛, 上缘散生几个刻点, 侧板下缘及后缘具浅皱。并胸腹节中纵脊伸至后表面中央; 背表面一侧光滑区长为中宽的 2.2 倍, 气门前区亦光滑; 其余表面满布刻皱, 但外侧区中央光滑。

足: 后足腿节长为宽的 5.8 倍; 后足胫节长距长为后足基跗节的 0.59 倍。

翅: 前翅较窄 (学名即据此特征而拟), 长为宽的 2.65 倍; 翅痣长和径室前缘脉边长分别为翅痣宽的 2.6 倍和 0.6 倍; 径脉第 1 段从翅痣中央稍外方伸出; 径脉垂直部分长为宽的 0.5 倍; 径脉和前缘脉相接处夹角约 28°。

腹: 腹柄背面中长为中宽的 2.16 倍, 具夹点纵刻皱约 9 条, 端部两侧光滑; 侧面背缘长为中高的 1.9 倍, 基部 0.4 具连网皱或纵条的弱横皱 5 条, 其后另具纵皱 2 条。合背板基部中纵沟伸达合背板基部至第 1 对窗疤间距的 0.8 处, 中纵沟两侧方各有 2 条弱纵沟, 亚侧纵沟长为中纵沟的 0.25 倍。第 1 窗疤宽为长的 2.0 倍, 疤距约为疤宽的 0.8 倍。产卵管鞘长为中宽的 3.1 倍, 长约为后足胫节的 0.29 倍, 端部稍下弯, 下缘着生直毛, 毛窝明显。

体色: 体黑色。触角黑褐色, 柄节和梗节褐黄色。须和翅基片黄白色。产卵管鞘端部红褐色。前中足黄褐色, 端跗节黑褐色; 后足暗褐黄色, 基节基部和端部跗节黑褐色,胫节、距和其余跗节浅褐色。翅透明，翅痣及强脉褐色，肘间横脉、盘脉、亚盘脉、小脉浅黄褐色。

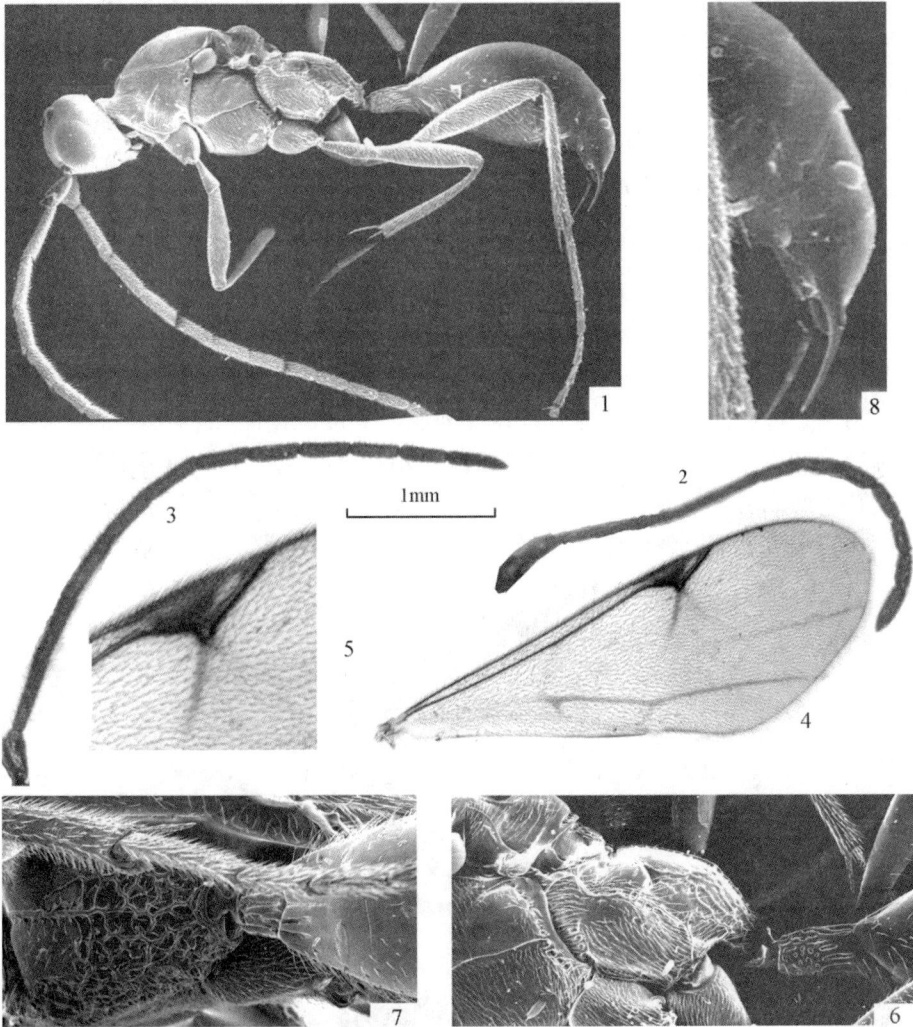

图 152　窄痣肿额细蜂 *Codrus tenuistigmus* He *et* Xu

1. 整体，侧面观；2, 3. 触角；4. 前翅；5. 翅痣；6. 后胸侧板、并胸腹节和腹柄，侧面观；7. 并胸腹节、腹柄和合背板基部，背面观；8. 腹部 (2. ♀；其余♂) (仿许再福和何俊华，2010) [1, 4. 1.0X 标尺；2-3, 5, 7. 1.6X 标尺；6. 2.5X 标尺；8. 3.0X 标尺]

雄：与雌性相似，不同之处在于，触角第 2、10 鞭节长分别为端宽的 4.3 倍和 3.7 倍，端节长为亚端节的 1.59 倍。翅痣长和径室前缘脉长分别为翅痣宽的 2.28 倍和 0.36 倍；径脉垂直部分长为宽的 0.3 倍。后足腿节长为宽的 5.8 倍；后足胫节长距长为后足基跗节的 0.5 倍；腹柄背面中长为中宽的 2.0 倍，具夹网 6 条纵皱，中央 2 条分开宽；腹部侧面背缘长为中高的 1.8 倍，基半具网皱，其后具 5 条纵脊。

研究标本：1♀，贵州梵净山金顶，2500m，2001.VII.30，朴美花，No.200107511 (正模)；1♂，同正模，No.200108992；2♂，贵州梵净山回香坪，1993.VII.11-12，许再福、

7

姚松林，Nos.936429，937119 (以上均为副模)。

分布：贵州。

鉴别特征：本种与我国近似种区别，可见检索表。与在径脉和前缘脉相交角度近30°和复眼毛长为下颚须端节直径约 0.5 倍等特征相似的国外已知种区别在于：①前胸背板侧面前缘近下方有弱刻皱；②后胸侧板大部分平坦，多少光滑；③腹柄长为中高的 1.9 倍等组合特征。

(95) 张氏肿额细蜂，新种 *Codrus zhangae* He *et* Xu, sp. nov. (图 153)

雌：体长 3.7mm；前翅长 4.3mm。

头：复眼毛极稀而短，长为下颚末节直径的 0.5 倍。头背观上颊长为复眼的 0.67 倍。触角第 2、10 鞭节长分别为端宽的 4.3 倍和 2.4 倍，端节长为亚端节的 1.53 倍。颊脊与口后脊相接处在折向上颚基部拐弯处的上方。

胸：前胸背板侧面光滑，前缘下方具浅刻点，中央散生细毛。后胸侧板具网皱，前方中央大部分光滑，其长和高分别为侧板的 0.5 倍和 0.65 倍。并胸腹节中纵脊伸至后表面端部；背表面光滑区与后表面仅有一些刻点分界，长三角形，长为中宽的 1.9 倍；后表面刻皱极弱近于光滑；外侧区具弱刻皱。

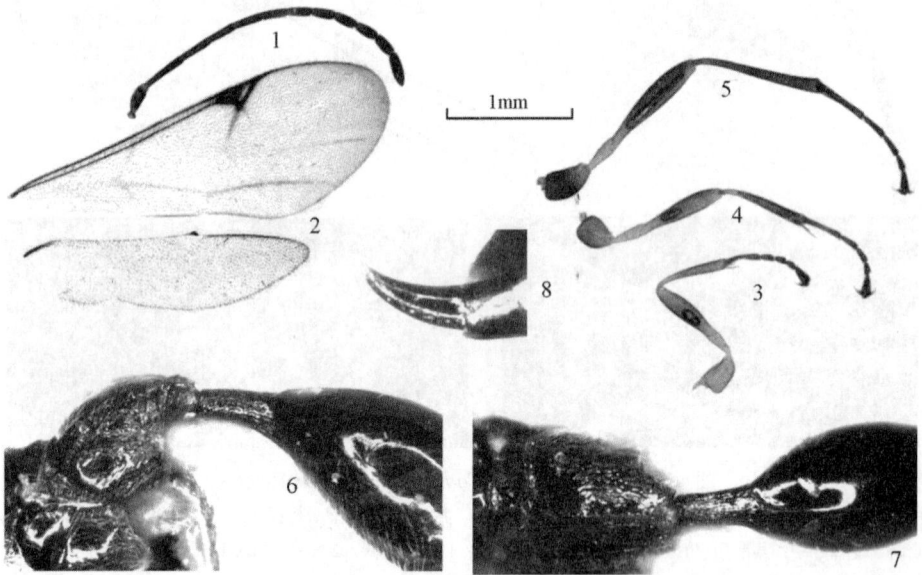

图 153 张氏肿额细蜂，新种 *Codrus zhangae* He *et* Xu, sp. nov.

1. 触角；2. 翅；3. 前足；4. 中足；5. 后足；6. 后胸侧板、并胸腹节和腹柄，侧面观；7. 并胸腹节、腹柄和合背板基部，背面观；8. 产卵管鞘 [1-5. 1.0X 标尺；6-7. 2.0X 标尺；8. 3.0X 标尺]

足：后足腿节长为宽的 5.2 倍；后足胫节长距长为后足基跗节的 0.55 倍。

翅：前翅长为宽的 2.7 倍；翅痣长和径室前缘边长分别为翅痣宽的 2.45 倍和 0.45 倍；径脉第 1 段从翅痣中央稍外方伸出，稍内斜，长为宽的 0.9 倍；径脉和前缘脉相接处夹角约 28°。

腹：腹柄背面中长为中宽的 2.67 倍，具 10 余条细的弱纵脊；侧面背缘长 (无脊) 为中高的 2.5 倍，基部 0.36 具弱斜横皱，其后具 5 条弱纵脊。合背板基部中纵沟伸达合背板基部至第 1 对窗疤间距的 0.8 处，中纵沟侧方各有 2 条弱纵沟，亚侧纵沟长为中纵沟的 0.17 倍。第 1 窗疤宽为长的 2.5 倍，疤距约为疤宽的 1.0 倍。产卵管鞘长为后足胫节的 0.28 倍，为鞘中宽的 3.0 倍。

体色：体黑色。前胸背板、腹部端部棕红色或褐黄色。上颚红褐色。须、翅基片黄褐色。前中足黄褐色，基节、转节色浅，第 2-5 跗节浅褐色；后足浅褐色，转节和腿节基部黄褐色。翅透明，带烟黄色，翅痣和强脉暗褐黄色，弱脉浅黄色。

雄：未知。

寄主：未知。

研究标本：正模♀，四川天全喇叭河，2006.Ⅶ.15，张红英，No.200610690。

分布：四川。

鉴别特征：见检索表。

词源：种本名"张氏 *zhangae*"，以采集人姓氏命名。

(96) 马氏肿额细蜂，新种 *Codrus maae* He *et* Xu, sp. nov. (图 154)

雄：前翅长 5.1mm。

头：复眼毛很稀，长为下颚须端节直径的 0.8 倍。触角第 2、10 鞭节长分别为端宽的 5.0 倍和 5.5 倍，端节长为亚端节的 1.29 倍；鞭节无角下瘤。颊脊与口后脊相接处在折向上颚基部拐弯处的中央稍上方。

胸：前胸背板侧面光滑，前半具夹点细皱。后胸侧板稍拱，基本上为夹点网皱，近前方中央有 1 光滑区，长宽均占侧板的 0.25 倍。并胸腹节中纵脊伸达后表面端部；背表面一侧光滑区长约为中宽的 2.3 倍，光滑区后方有 1 横脊；其余表面满布夹室网皱。

足：后足腿节长为宽的 6.4 倍；后足胫节长距长为后足基跗节的 0.65 倍。

翅：前翅长为宽的 2.2 倍；翅痣长和径室前缘边长分别为翅痣宽的 2.05 倍和 0.68 倍；径脉第 1 段从翅痣中央稍外方伸出；径脉第 1、2 段相接处有脉桩；径脉和前缘脉相接处夹角约 40°。

腹：腹柄背面中长为中宽的 2.1 倍，基部 0.4 具不规则网皱，端部 0.6 具 7 条纵脊，脊间沟内并列小刻点；侧面背缘长为中高的 2.0 倍，基部 0.4 具斜横皱 4 条，端部 0.6 具纵脊 6 条。合背板基部中纵沟伸达合背板基部至第 1 对窗疤间距的 0.9 处，中纵沟两侧方各有 3 条纵沟，亚侧纵沟长为中纵沟的 0.38 倍。第 1 窗疤宽为长的 2.5 倍，疤距约为疤宽的 0.8 倍。

体色：体黑色，腹端部及抱器端半带红褐色。触角柄节除端部暗红色，梗节黄褐色，其余黑褐色。须黄色。翅基片黄褐色。足褐黄色，基节端部、转节、腿节基端色较浅；后足基节最基部、胫节端部 0.6 和跗节黑褐色。翅透明，稍带烟黄色，翅痣和强脉浅褐色，肘间横脉、盘脉和亚盘脉浅黄褐色。

变异：副模标本前胸背板侧面前半有不规则细皱；后胸侧板光滑区较小；合背板基部中纵沟伸达 0.95 处；第 1 窗疤宽为长的 2.0 倍；后足胫节端部 0.6 和第 1-4 跗节黄褐

色；无径脉第 1 段，肘间横脉上段明显。

　　雌：未知。

　　寄主：未知。

　　研究标本：正模♂，陕西秦岭天台山，1999.IX.3，马云，No.991096。副模：1♂，同正模，No.991053。

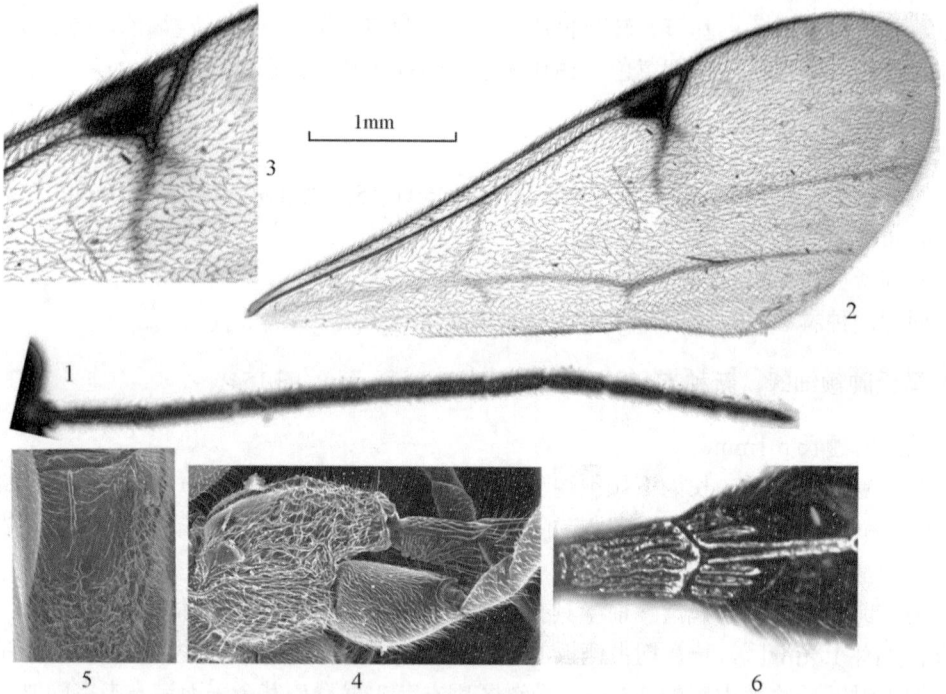

图 154　马氏肿额细蜂，新种 Codrus maae He et Xu, sp. nov.
1. 触角；2. 前翅；3. 翅痣；4. 后胸侧板、并胸腹节和腹柄，侧面观；5. 并胸腹节，背面观；6. 腹柄和合背板基部，背面观
[1. 0.6X 标尺；2. 1.0X 标尺；3-6. 2.0X 标尺]

　　分布：陕西。

　　鉴别特征：本新种与我国近似种区别见检索表。与径脉和前缘脉相接处夹角约 40° 和后胸侧板基本上为夹点网皱，近前方中央光滑区占侧板的 0.25 倍的国外已知 3 种的区别在于：①前胸背板侧面光滑，前半具夹点细皱；②复眼毛长为下颚须端节直径的 0.8 倍；③腹柄侧面背缘长为中高的 2.0 倍。

　　词源：种本名"马氏 maae"，是以采集人姓氏命名。

(97) 长白山肿额细蜂，新种 Codrus changbaishanensis He et Xu, sp. nov. (图 155)

　　雄：前翅长 4.3mm。

　　头：复眼毛很稀，长为下颚须末端直径的 1.1 倍。触角第 2、10 鞭节长分别为端宽的 5.6 倍和 4.3 倍，端节长为亚端节的 1.3 倍；无明显角下瘤。颊脊与口后脊相接处在折

向上颚基部拐弯处的上方。

　　胸：前胸背板侧面光滑，满布细毛。后胸侧板具夹室网皱，在前上方有近长方形的光滑小区，长约占侧板长的 0.35 倍，宽约占侧板高的 0.2 倍。并胸腹节中纵脊伸至后表面端部；背表面一侧有近长三角形的光滑区，长约为中宽的 1.8 倍；后表面和外侧区满布夹室网皱。

　　足：后足腿节长为宽的 6.0 倍；后足胫节长距长为后足基跗节的 0.7 倍。

　　翅：前翅长为宽的 3.0 倍；翅痣长和径室前缘边长分别为翅痣宽的 1.67 倍和 0.48 倍；径脉第 1 段从翅痣稍外方伸出，稍内斜，长为宽的 0.5 倍，与第 2 段相接处膨大，有脉桩；径脉和前缘脉相接处夹角约 40°。

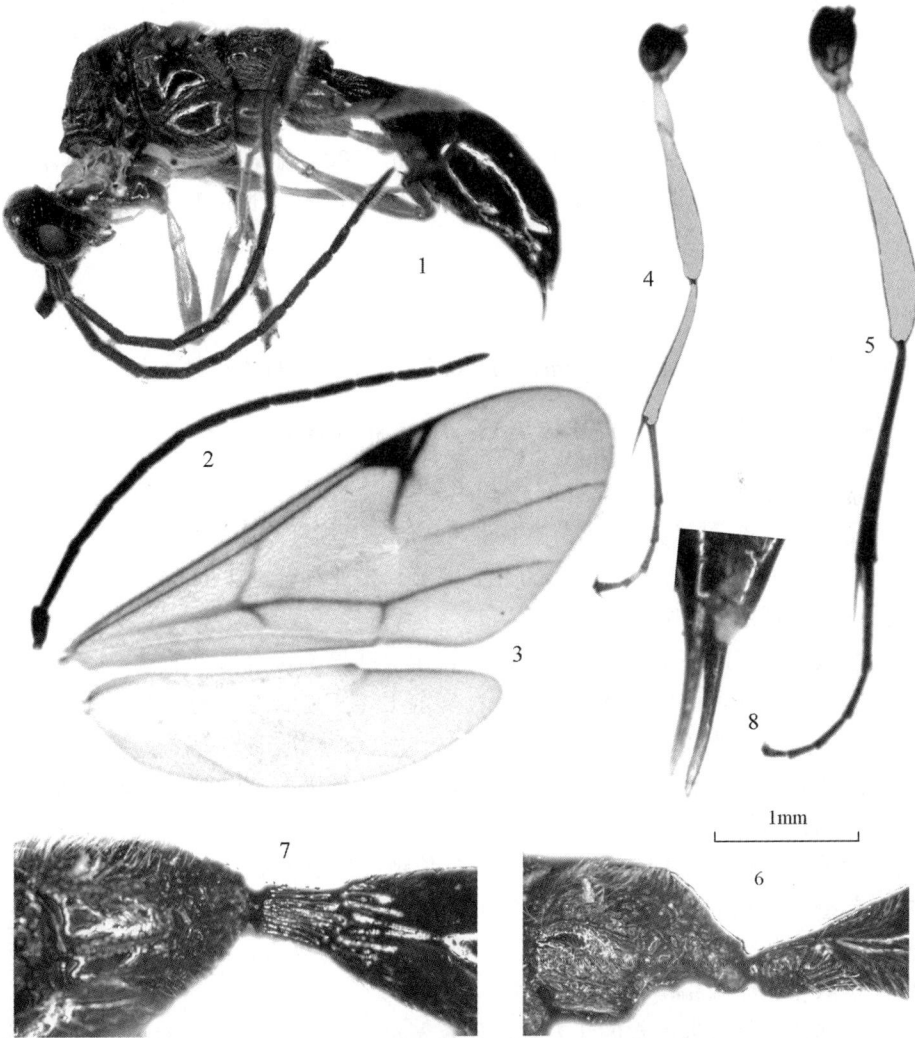

图 155　长白山肿额细蜂，新种 *Codrus changbaishanensis* He *et* Xu, sp. nov.

1. 整体，侧面观；2. 触角；3. 翅；4. 中足；5. 后足；6. 后胸侧板、并胸腹节和腹柄，侧面观；7. 并胸腹节、腹柄和合背板基部，背面观；8. 抱器 [1. 0.7X 标尺；2-5. 1.0X 标尺；6-7. 1.6X 标尺；8. 3.0X 标尺]

腹：腹柄背面中长为中宽的 1.52 倍，具 7-9 条纵刻皱，纵皱内夹有刻皱；侧面背缘长为中高的 1.55 倍，基部具连有斜纵脊的横脊 5 条，其后另具纵脊 3 条。合背板基部中纵沟伸达合背板基部至第 1 对窗疤间距的 0.9 处，中纵沟两侧方各有 3 条纵沟，第 1、3 侧纵沟长分别为中纵沟 0.45 倍和 0.3 倍。第 1 窗疤细而浅，宽为长的 4.5 倍，疤距约为疤宽的 0.3 倍。合背板下半多毛。

体色：体黑色。须、翅基片污黄色。触角黑色，柄节和梗节褐黄色。足红褐色；前中足转节、腿节基部和端部、跗节黄褐色；后足基节基部黑色，胫节端方大部和跗节黑褐色。翅透明，带烟黄色，翅痣和强脉黑褐色，肘间横脉、盘脉和亚盘脉暗褐黄色。

变异：前翅长 3.5-5.2mm；复眼毛长为下颚须末端直径的 0.7-1.5 倍；触角柄节和梗节、足基节完全黑色；腹柄背表面纵皱内无刻纹；合背板中纵沟两侧纵沟 2-3 条，亚侧纵沟长为中纵沟的 0.7 倍；第 1 窗疤宽为长的 2.8 倍，之间距离为窗疤宽的 0.4 倍。

雌：未知。

寄主：未知。

研究标本：正模♂，吉林长白山天池，2000m，2004.Ⅷ.5，马云，No.20047168。副模：3♂，吉林长白山天池瀑布下，1850m，2004.Ⅷ.5，杜予州，Nos.20047173，20047174，20047176。

分布：吉林。

鉴别特征：见检索表。

词源：种本名"长白山 changbaishanensis"，根据模式标本产地而拟。

(98) 硕肿额细蜂，新种 Codrus grandis He et Xu, sp. nov. (图 156)

雄：体长 7.8mm；前翅长 6.3mm。

头：复眼毛极稀，长为下颚末节直径的 0.8 倍。上颊背观长为复眼的 0.6 倍。触角第 2、10 鞭节长分别为端宽的 3.9 倍和 5.0 倍，端节长为亚端节的 1.63 倍。颊脊与口后脊相接处在折向上颚基部拐弯处的上方。

胸：前胸背板侧面整个光滑，散生细毛，中央凹槽部位有夹点细皱；后下方具单个凹窝。后胸侧板具夹室或夹点网皱，多毛；在前上方有近长方形的光滑小区，其长和高分别为侧板的 0.28 倍和 0.25 倍。并胸腹节背表面中央为 1 条细中纵沟，侧方光滑区中长约为中宽的 1.1 倍，表面具纵刻皱 11-12 条，在外侧的夹有细网皱；后表面前半有中纵脊和外侧区均具网皱。

足：后足腿节长为宽的 5.0 倍；后足胫节长距长为后足基跗节的 0.5 倍。

翅：前翅长为宽的 2.6 倍；翅痣长和径室前缘脉长分别为翅痣宽的 1.75 倍和 0.5 倍；径脉第 1 段从翅痣外方 0.33 处伸出，稍内斜，长为宽的 0.9 倍，与第 2 段相接处有短脉桩；径脉和前缘脉相接处夹角约 43°。

腹：腹柄背面中长为中宽的 1.7 倍，具 6 条纵刻皱，纵皱内夹有细皱；侧面背缘长为中高的 1.4 倍，基部具连有斜皱的横皱 6 条，其后半另具短纵脊 5 条。合背板基部中纵沟强，伸达合背板基部至第 1 对窗疤间距的 1.0 处，中纵沟侧方各有 7 条纵沟，侧纵沟由内向外渐短，亚侧纵沟长为中纵沟的 0.5 倍。第 1 窗疤唇形，内侧尤细，宽为长的

3.8 倍，疤距约为疤宽的 0.1 倍。合背板下半多毛。

体色：体黑色，腹端部稍带红褐色。须黄褐色。触角黑色。翅基片红褐色。前足褐黄色，基节、转节、腿节两侧黑褐色；中后足黑色，腿节端部、胫节和跗节浅褐色。翅透明，带烟黄色，翅痣和强脉黑褐色，肘间横脉、盘脉和亚盘脉褐黄色。抱器端部褐黄色。

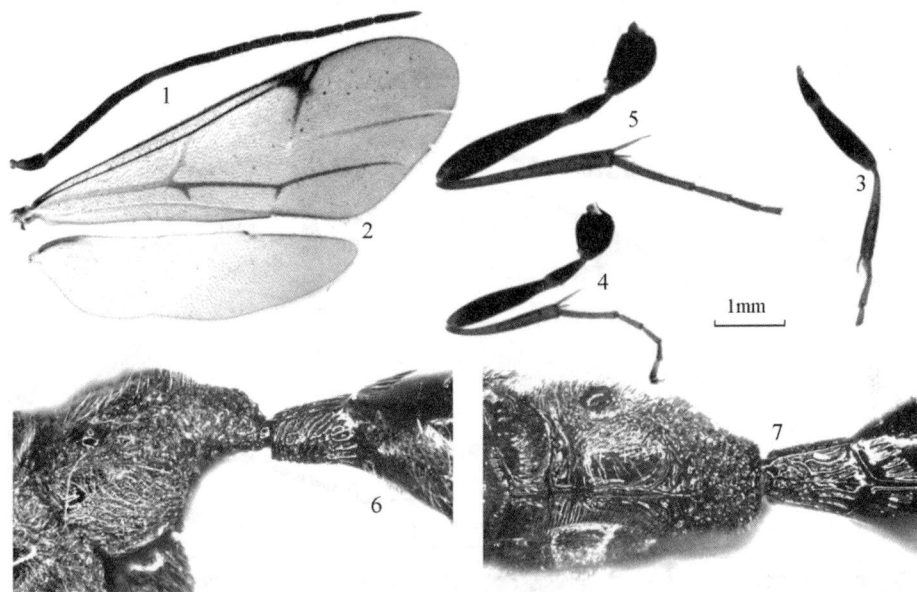

图 156　硕肿额细蜂，新种 *Codrus grandis* He *et* Xu, sp. nov.

1. 触角；2. 翅；3. 前足；4. 中足；5. 后足；6. 后胸侧板、并胸腹节和腹柄，侧面观；7. 并胸腹节、腹柄和合背板基部，背面观 [1-5.1.0X 标尺；6-7.2.0X 标尺]

雌：未知。

寄主：未知。

研究标本：正模♂，四川卧龙自然保护区，2006.Ⅶ.21，高智磊，No.200610821。

分布：四川。

鉴别特征：本新种颇为特殊，除体型较大外，并胸腹节背表面中央为 1 条细中纵沟，侧方光滑区具纵刻皱 11-12 条，在外侧的夹有细网皱和合背板基部中纵沟侧方各有 7 条纵沟。

词源：种本名"硕 *grandis*"，意为本新种体型很大。

(99) 黑腿肿额细蜂，新种 *Codrus nigrifemoratus* He *et* Xu, sp. nov. (图 157)

雄：体长 4.7mm；前翅长 4.0mm。

头：复眼毛很稀，长为下颚末节直径的 1.0 倍。上颊背观长为复眼的 0.59 倍。触角第 2、10 鞭节长分别为端宽的 3.5 倍和 4.0 倍，端节长为亚端节的 1.34 倍。颊脊与口后脊相接处在折向上颚基部拐弯处的上方。

胸：前胸背板侧面除肩角部位光滑外，满布浅点皱。后胸侧板具网皱，仅在上方中央前方有近长方形的光滑小区，长和高分别为侧板的 0.16 倍和 1.7 倍。并胸腹节中纵脊伸至后表面中央；背表面一侧光滑区中长为中宽的 1.7 倍，其外侧具浅刻点；后表面具网皱，在端部的细密；外侧区具网皱。

足：后足腿节长为宽的 5.7 倍；后足胫节长距长为后足基跗节的 0.64 倍。

翅：前翅长为宽的 2.3 倍；翅痣长和径室前缘边长分别为翅痣宽的 2.0 倍和 0.5 倍；径脉第 1 段从翅痣中央稍外方伸出，稍内斜，长为宽的 0.5 倍，与第 2 段相接处有短脉桩；径脉和前缘脉相接处夹角约 40°。

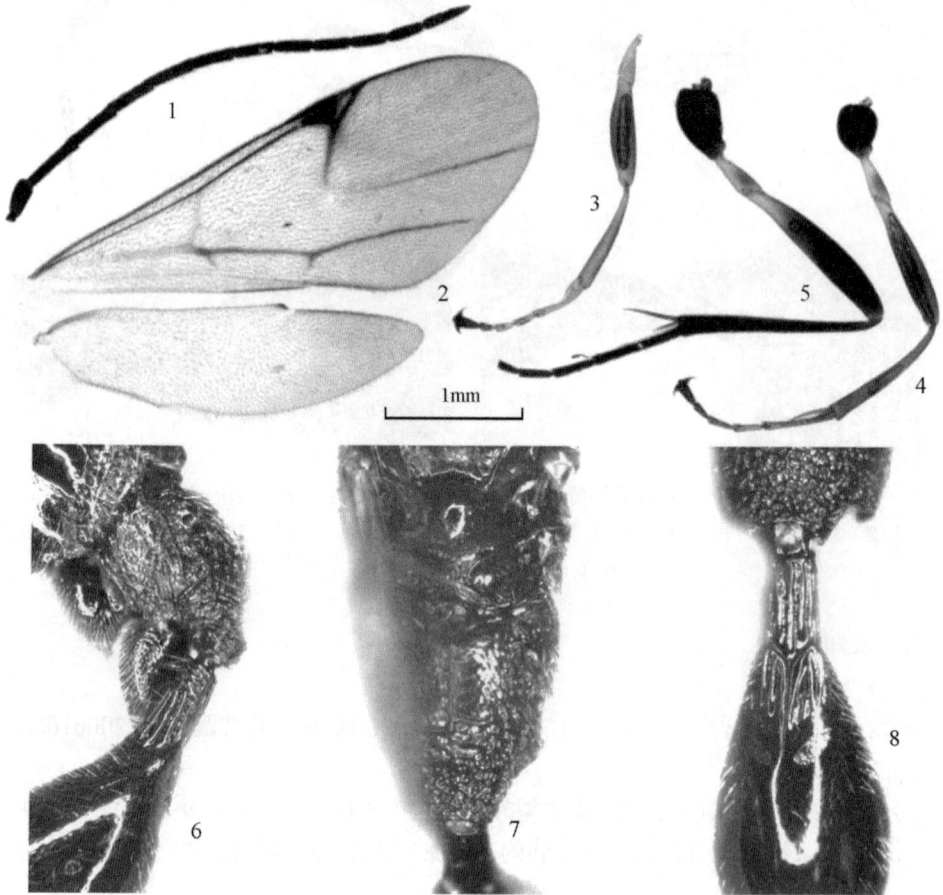

图 157 黑腿肿额细蜂，新种 *Codrus nigrifemoratus* He *et* Xu, sp. nov.
1. 触角；2. 翅；3. 前足；4. 中足；5. 后足；6. 后胸侧板、并胸腹节和腹柄，侧面观；7. 并胸腹节，背面观；8. 腹柄和
合背板基部，背面观 [1-5. 1.0X 标尺；6-8. 2.0X 标尺]

腹：腹柄背面中长为中宽的 2.0 倍，具 5 条强纵脊，脊间无皱，后侧方光滑；侧面背缘长为中高的 2.2 倍，基部 0.4 具 4 条横脊，其后另具 4 条强纵脊。合背板基部中纵沟伸达合背板基部至第 1 对窗疤间距的 1.0 处，中纵沟侧方各有 2 条纵沟，亚侧纵沟长为中纵沟的 0.6 倍。第 1 窗疤宽为长的 2.5 倍，疤距约为疤宽的 0.5 倍。合背板下半多毛。

体色：体黑色。须、翅基片污黄色。触角黑色。前中足褐黄色，中足基节黑色，中

足腿节和前中足端跗节浅褐色；后足黑色，仅转节和腿节基部黄褐色。翅透明，带烟黄色，翅痣和强脉黑褐色，肘间横脉、盘脉和亚盘脉褐黄色。抱器完全黑色。

雌：未知。

寄主：未知。

研究标本：正模♂，四川天全喇叭河，2006.Ⅶ.15，张红英，No.200610682。

分布：四川。

鉴别特征：见检索表。

词源：种本名"黑腿 *nigrifemoratus*"，系 *nigri* (黑) + *femora* (腿节) 组合词，意为后足腿节除最基部外黑色。

(100) 时氏肿额细蜂，新种 *Codrus shiae* He et Xu, sp. nov. (图 158)

雄：前翅长 4.4mm。

头：复眼毛很稀，长为下颚须末端直径的 1.1 倍。触角第 2、10 鞭节长分别为端宽的 3.7 倍和 4.1 倍，端节长为亚端节的 1.4 倍。颊脊与口后脊相接处在折向上颚基部拐弯处的中央。

胸：前胸背板侧面光滑，满布细毛。后胸侧板在前上方有较大的光滑区，长和宽分别约占侧板的 0.5 倍和 0.9 倍，但光滑区后方大部分具刻点，其余侧板部位具夹室网皱。并胸腹节中纵脊伸至后表面后端；背表面一侧光滑区长约为中宽的 1.5 倍；其余满布夹室网皱。

足：后足腿节长为宽的 5.3 倍；后足胫节长距长为后足基跗节的 0.58 倍。

翅：前翅长为宽的 2.55 倍；翅痣长和径室前缘边长分别为翅痣宽的 2.0 倍和 0.4 倍；径脉第 1 段从翅痣稍外方伸出，稍内斜，长为宽的 0.7 倍，与第 2 段相接处下方有短脉桩；径脉和前缘脉相接处夹角约 40°。

腹：腹柄背面中长为中宽的 1.65 倍，基半具夹点横皱，端半具 6 条纵脊；侧面背缘中长为中高的 1.55 倍，基部具连有斜纵皱的横皱 5 条，其后另具纵脊 3 条。合背板基部中纵沟伸达合背板基部至第 1 对窗疤间距的 0.9 处，中纵沟两侧方各有 3 条纵沟，亚侧沟长为中纵沟的 0.3 倍。第 1 窗疤宽为长的 2.2 倍，疤距约为窗疤宽的 0.7 倍。

体色：体黑色。上颚端部前胸背板侧面下方、翅基片、腹端背板前方、抱器末端红褐色。触角柄节下方和梗节红褐色，其余黑色。足黄褐色；后足基节基部黑褐色，后足胫节跗节暗红褐色。翅透明，带烟黄色，翅痣和强脉黑褐色；弱脉黄褐色。

变异：前翅翅痣长和径室前缘边长分别为翅痣宽的 1.7 倍和 0.5 倍；径脉第 1 段长为宽的 1.2 倍。合背板基部弱侧纵沟 2 条，亚侧纵沟长为中纵沟的 0.2 倍。第 1 窗疤疤距为疤宽的 0.3 倍。

雌：未知。

寄主：未知。

研究标本：正模♂，甘肃宕昌大河坝，2530m，2004.Ⅶ.31，时敏，No.20047010。副模：2♂，甘肃宕昌大河坝，2530m，2004.Ⅶ.31，时敏，Nos.20047051，20047054。

分布：甘肃。

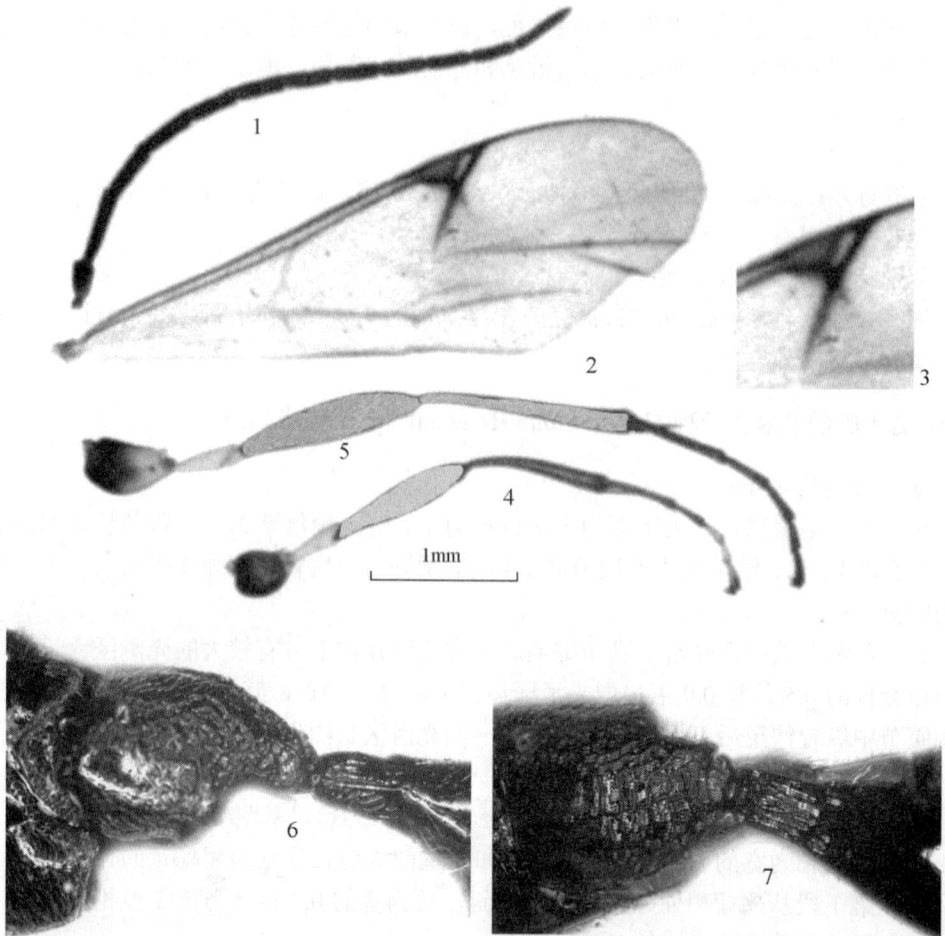

图 158 时氏肿额细蜂，新种 *Codrus shiae* He *et* Xu, sp. nov.

1. 触角；2. 前翅；3. 翅痣；4. 中足；5. 后足；6. 后胸侧板、并胸腹节和腹柄，侧面观；7. 并胸腹节、腹柄和合背板基部，背面观 [1-2, 4-5. 1.0X 标尺；3, 6-7. 2.0X 标尺]

鉴别特征：见检索表。

词源：种本名"时氏 *shiae*"，以采集人浙江大学昆虫科学研究所时敏博士姓氏命名。

(101) 后侧肿额细蜂，新种 *Codrus metapleuralis* He *et* Xu, sp. nov. (图 159)

雄：体长 3.9mm；前翅长 4.0mm。

头：复眼毛很稀，长为下颚末端直径的 0.5 倍。上颊背观长为复眼的 0.67 倍。触角第 2、10 鞭节长分别为端宽的 3.5 倍和 3.5 倍，端节长为亚端节的 1.58 倍。颊脊与口后脊相接处在折向上颚基部拐弯处的上方。

胸：前胸背板侧面整个光滑，散生细毛，但前半具浅刻点。后胸侧板无夹室网皱，几乎全为浅点皱并生有白毛，在前上方有 1 近长方形的光滑小区。并胸腹节中纵脊伸至后表面近端部；背表面一侧光滑区中长约为中宽的 1.8 倍，下方稍收窄；后表面和外侧区满布夹室网皱。

足：后足腿节长为宽的 5.3 倍；后足胫节长距长为后足基跗节的 0.55 倍。

翅：前翅长为宽的 2.3 倍；翅痣长和径室前缘边长分别为翅痣宽的 1.8 倍和 0.41 倍；径脉第 1 段从翅痣中央伸出；稍内斜，长为宽的 1.0 倍，与第 2 段相接处有脉桩；径脉和前缘脉相接处夹角约 40°。

腹：腹柄背面中长为中宽的 2.2 倍，具 6 条纵刻皱，基半纵皱内夹有刻皱；侧面背缘长为中高的 2.0 倍，基半具连有弱斜纵脊的弱横脊 5 条，内夹点皱，后半方具纵脊 3 条。合背板基部中纵沟伸达合背板基部至第 1 对窗疤间距的 1.0 处，中纵沟侧方各有 2 条浅而短的纵沟，亚侧纵沟长为中纵沟的 0.08 倍。第 1 窗疤细而浅，宽为长的 2.5 倍，疤距为疤宽的 0.4 倍。合背板下半多毛。

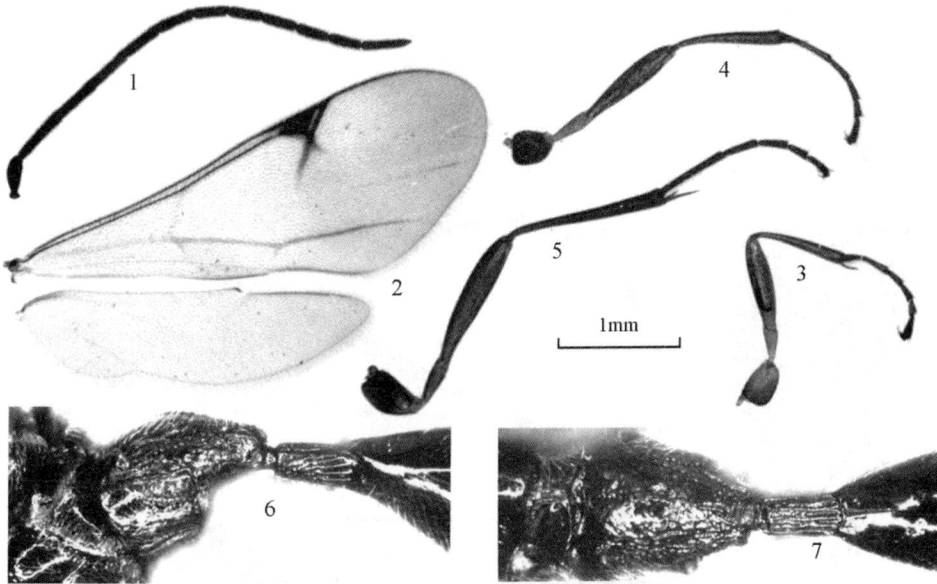

图 159　后侧肿额细蜂，新种 *Codrus metapleuralis* He *et* Xu, sp. nov.
1. 触角；2. 翅；3. 前足；4. 中足；5. 后足；6. 后胸侧板、并胸腹节和腹柄，侧面观；7. 并胸腹节、腹柄和合背板基部，背面观 [1-5. 1.0X 标尺；6-7. 2.0X 标尺]

体色：体黑色，须黄褐色。触角黑色。翅基片褐黄色。前中足黄褐色；中足基节基部黑褐色；后足基节黑色，转节、腿节褐黄色，胫节和跗节褐色。翅透明，带烟黄色，翅痣和强脉黑褐色，肘间横脉、盘脉和亚盘脉黄色。

变异：副模体长 4.8mm，前翅长 4.7mm。合背板基部侧纵沟强，亚侧纵沟长为中纵沟的 0.3 倍。

雌：未知。

寄主：未知。

研究标本：正模♂，四川泸定摩西外镇，2005.Ⅵ.19，刘经贤，No.20059446。副模：1♂，同正模，No.20059447。

分布：四川。

鉴别特征：见检索表。

词源：种本名"后侧 *metapleuralis*"，意为后胸侧板除前上方有光滑小区外，无夹室网皱，几乎全为浅点皱并生有白毛。

(102) 甘肃肿额细蜂，新种 *Codrus gansuensis* He *et* Xu, sp. nov. (图 160)

雄：前翅长 4.4mm。

头：复眼毛很稀，长为下颚须末端直径的 0.8 倍。触角第 2、10 鞭节长分别为端宽的 4.5 倍和 5.3 倍，端节长为亚端节的 1.4 倍，鞭节无角下瘤；颊脊与口后脊相接处在折向上颚基部拐弯处中央。

胸：前胸背板侧面光滑，全部散生细毛；前缘中央上方有"U"形凹痕。后胸侧板具夹室网皱，在前上方有近三角形的光滑小区，长约占侧板长的 0.18 倍，宽均约占侧板高的 0.5 倍。并胸腹节中纵脊伸至表面端部；背表面一侧光滑区矩形，长约为中宽的 1.3 倍；其余满布夹室网皱。

足：后足腿节长为宽的 5.5 倍；后足胫节长距长为后足基跗节的 0.64 倍。

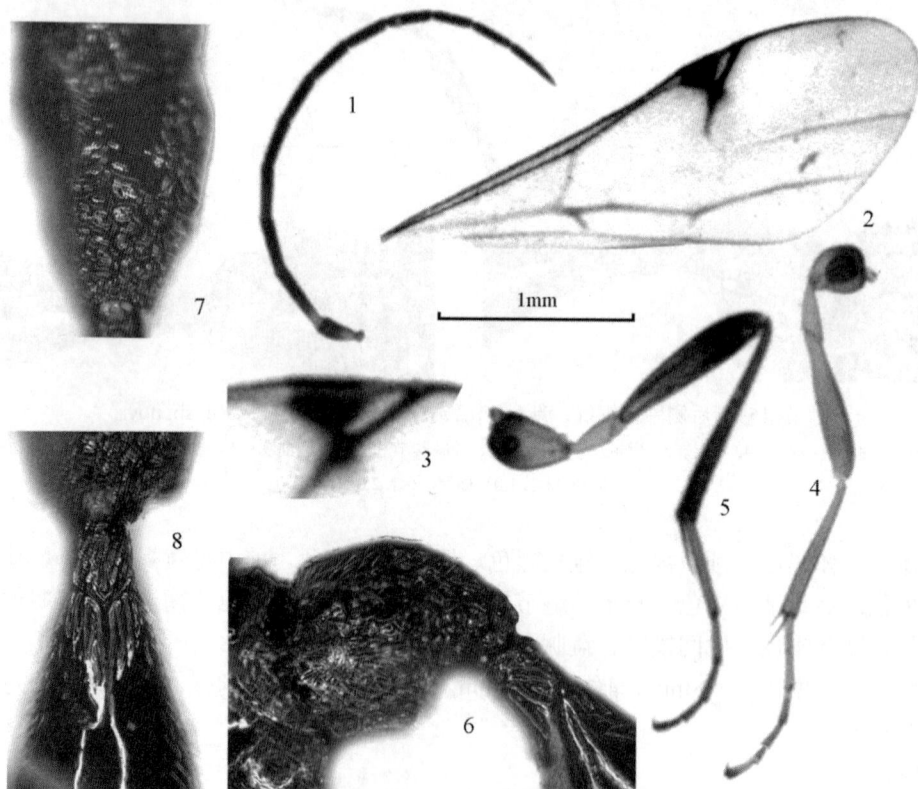

图 160 甘肃肿额细蜂，新种 *Codrus gansuensis* He *et* Xu, sp. nov.
1. 触角；2. 前翅；3. 翅痣；4. 中足；5. 后足；6. 后胸侧板、并胸腹节和腹柄，侧面观；7. 并胸腹节，背面观；8. 腹柄和合背板基部，背面观 [1-2, 4-5. 1.0X 标尺；3, 6-8. 2.0X 标尺]

翅：前翅长为宽的 2.47 倍；翅痣长和径室前缘边长分别为翅痣宽的 2.0 倍和 0.6 倍；径脉第 1 段从翅痣稍外方伸出；稍内斜，长为宽的 1.0 倍；径脉和前缘脉相接处夹角约 42°。

腹：腹柄背面长分别为中宽的 1.2 倍，中央具 2 条强纵皱内夹纵沟，其余为弱纵向夹点刻皱；侧面背缘长为中高的 1.0 倍，基部 0.2-0.3 具网皱，其后方具 6 条斜或纵刻条。合背板基部中纵沟伸达合背板基部至第 1 对窗疤间距的 0.9 处，中纵沟两侧方各有 3 条强纵沟，第 1、3 侧纵沟长分别为中纵沟 0.7 倍和 0.3 倍。第 1 窗疤宽为长的 3.6 倍，疤距为疤宽的 0.55 倍。

体色：体黑色。须黄色。触角柄节、梗节、第 1 鞭节基部和翅基片褐黄色。足黄褐色，后足腿节亚端部有黑褐色环斑。翅透明，带烟黄色，翅痣和强脉黑褐色，肘间横脉、盘脉和亚盘脉浅褐色。

雌：未知。

寄主：未知。

研究标本：正模♂，甘肃文县离楼山，2004.Ⅶ.29，陈学新，No.20046946。

分布：甘肃。

鉴别特征：见检索表。

词源：种本名"甘肃 gansuensis"，是根据模式标本产地而拟。

(103) 黑肿额细蜂 *Codrus niger* Panzer, 1805 (图 161)

Codrus niger Panzer, 1805, *Faunae insectorum Germaniae…heft*, 85: 9.

Codrus niger Panzer: H. Townes & M. Townes 1981, *Mem. Amer. Ent. Inst.*, 32: 140.

Codrus niger Panzer: He & Xu, 2010, In: Xu & He, *Entomotaxonomia*, 32 (2): 88.

雄：前翅长 4.7-5.0mm。

头：复眼毛很稀，毛长为下颚须端节直径的 1.1 倍。触角第 2、10 鞭节长分别为端宽的 3.8 倍和 5.0 倍，端节长为亚端节的 1.6 倍；鞭节无角下瘤。颊脊与口后脊相接处在折向上颚基部拐弯处的中央。

胸：前胸背板侧面光滑，除前缘上方拱隆处和肩角处散生细毛。后胸侧板满布网皱，仅前上方具不明显的光滑区。并胸腹节有中纵脊伸至后表面端部；背表面侧方光滑区长约为中宽的 1.5 倍，光滑区后半特别是沿中纵脊和近侧脊处具弱皱；其余表面满布网皱。

足：后足腿节长为宽的 4.8 倍；后足胫节长距长为后足基跗节的 0.62 倍。

翅：前翅长为宽的 2.39 倍；翅痣长和径室前缘边长分别为翅痣宽的 2.9 倍和 0.5 倍；径脉第 1 段从翅痣稍外方伸出，与第 2 段相接处有脉桩；径脉和前缘脉相接处夹角为 40°-42°。

腹：腹柄背面中长为中宽的 1.37 倍，具 6-7 条不规则纵脊，在基部纵脊间有一些刻皱；侧面背缘长为中高的 1.3 倍，基部 0.3-0.4 具网皱，其下方夹有横脊，后部 0.6-0.7 具 5 条纵脊。合背板基部中纵沟伸达合背板基部至第 1 对窗疤间距的 0.95 处，中纵沟两侧方各有 3 条明显纵沟，亚侧纵沟长为中纵沟的 0.7 倍。第 1 窗疤细而浅，宽为长的 3.5 倍，疤距为疤宽的 0.7 倍。

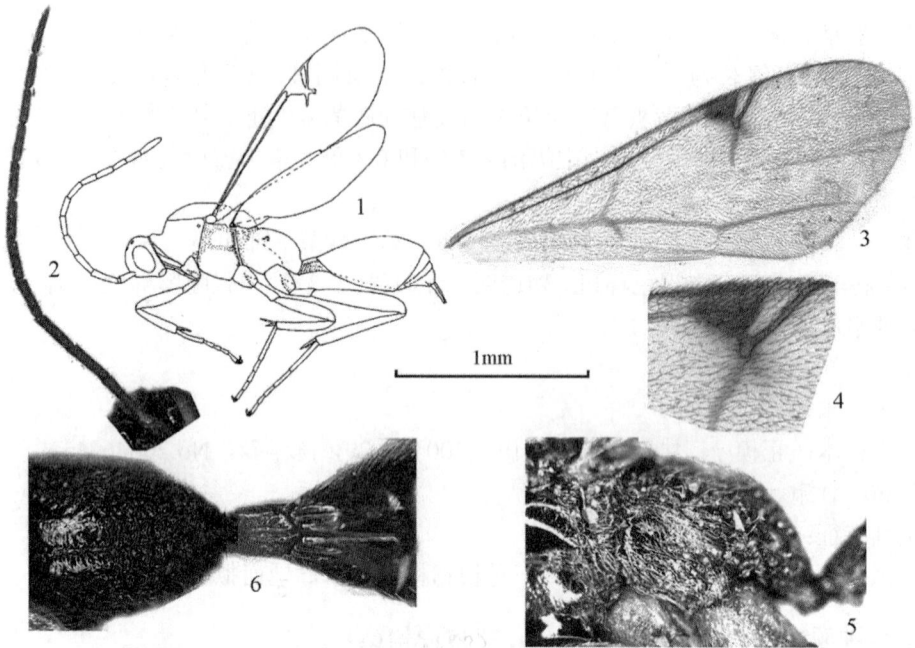

图 161　黑肿额细蜂 *Codrus niger* Panzer

1. 整体，侧面观；2. 触角；3. 前翅；4. 翅痣；5. 后胸侧板、并胸腹节和腹柄，侧面观；6. 并胸腹节、腹柄和合背板基部，背面观 (仿许再福和何俊华，2010) [1. 0.5X 标尺；2-3. 1.0X 标尺；4-6. 2.0X 标尺]

体色：体黑色。触角黑褐色，柄节、梗节及第 1 鞭节基部黄褐色。须黄色。翅基片黄褐色。足褐黄色；后足腿节带红褐色，胫节基半黄白色，端半和跗节带褐色。翅透明，稍带烟黄色，翅痣 (下缘稍暗) 和强脉黄褐色，肘间横脉、中脉、小脉、基脉、盘脉、亚盘脉浅黄色。

雌：未知。

寄主：未知。

研究标本：2♂，河北平泉，1986.Ⅷ.3，杨定、陈乃中，Nos.871232，871225；1♂，山东泰山，1986.Ⅷ.15，李强，No.871251。

分布：河北、山东；俄罗斯，日本，斯洛伐克，捷克，奥地利，德国，意大利，法国，英国，爱尔兰，瑞典。

附记：本种比 H. Townes 和 M. Townes (1981) 重描的前翅稍长 (重描为3.6-4.5mm)。

(104) 蔡氏肿额细蜂，新种 *Codrus caii* He *et* Xu, sp. nov. (图 162)

雄：前翅长 3.8mm。

头：复眼毛很稀，毛长为下颚须端节直径的 0.6 倍。触角第 2、10 鞭节长分别为端宽的 4.1 倍和 3.9 倍，端节长为亚端节的 1.29 倍。颊脊与口后脊相接处在折向上颚基部拐弯处的中央。

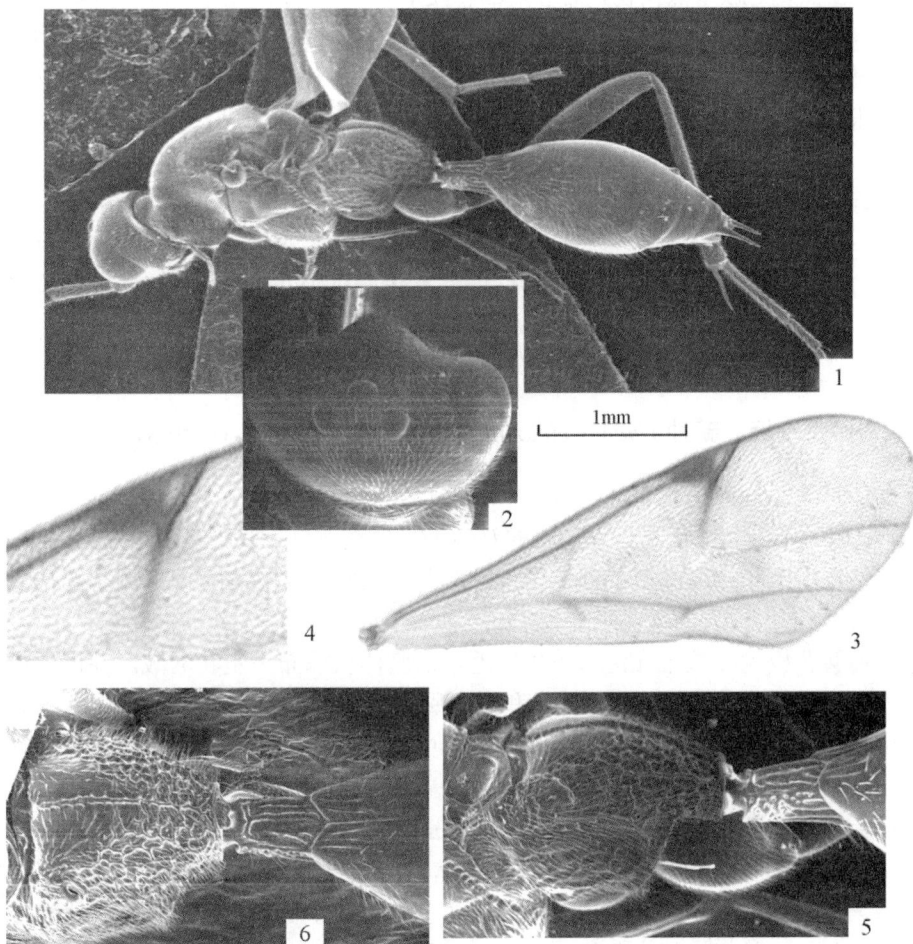

图 162　蔡氏肿额细蜂，新种 *Codrus caii* He *et* Xu, sp. nov.

1. 整体，侧面观；2. 头部，背面观；3. 前翅；4. 翅痣；5. 后胸侧板、并胸腹节和腹柄，侧面观；6. 并胸腹节、腹柄和合
背板基部，背面观 [1, 3. 1.0X 标尺；2, 4-6. 2.0X 标尺]

胸：前胸背板侧面光滑，散生细毛。后胸侧板具夹室大网皱，上缘具有弱皱的长形亚光滑区，长为侧板长的 0.9 倍。并胸腹节中纵脊伸至后表面中央；背表面一侧光滑区基宽端窄，长为中宽的 1.5 倍；其余满布夹室网皱。

足：后足腿节长为宽的 6.0 倍；后足胫节长距长为后足基跗节的 0.64 倍。

翅：前翅长为宽的 2.39 倍；翅痣长和径室前缘边长分别为翅痣宽的 2.1 倍和 0.31 倍；径脉第 1 段从翅痣外方 0.35 处伸出，长为宽的 0.3 倍，第 1、2 段相交处呈尖角突出下方；径脉和前缘脉相接处夹角约 43°。

腹：腹柄背面中长为中宽的 1.7 倍，具 5 条纵脊；侧面背缘长为中高的 1.5 倍，基部 0.4 具网皱，其后方具 5 条纵脊。合背板基部中纵沟伸达合背板基部至第 1 对窗疤间距的 0.9 处，中纵沟两侧方各有 2 条纵沟，亚侧纵沟长为中纵沟的 0.5 倍。第 1 窗疤宽为长的

2.5 倍，疤距为疤宽的 0.55 倍。

　　体色：体黑色。触角黑褐色，柄节基部和梗节暗红色。须黄色。上颚端半、翅基片、抱器端部红褐色。足红褐色，基节最基部黑褐色，第 3-5 跗节浅褐色。翅稍带烟黄色，翅痣和强脉褐色，肘间横脉、中脉 (浅)、小脉、盘脉、亚盘脉浅褐色。

　　雌：未知。

　　寄主：未知。

　　研究标本：正模♂，内蒙古武川大青山，1995.Ⅷ.3，蔡平，No.958645。

　　分布：内蒙古。

　　鉴别特征：本新种与黑肿额细蜂 Codrus niger Panzer, 1805 近似，其区别可见检索表。

　　词源：种本名 "蔡氏 caii"，表示对采集人苏州大学蔡平教授经常惠赠蜂类标本的感谢。

(105) 双脊肿额细蜂，新种 *Codrus bicarinatus* He *et* Xu, sp. nov. (图 163)

　　雄：体长 5.2mm；前翅长 4.4mm。

　　头：复眼无毛。上颊背观长为复眼的 0.68 倍。触角第 2、10 鞭节长分别为端宽的 3.4 倍和 4.0 倍，端节长为亚端节的 1.5 倍。颊脊与口后脊相接处在折向上颚基部拐弯处的上方。

　　胸：前胸背板侧面整个光滑，散生细毛。后胸侧板满布小室状网皱，并密生白毛，仅在前上方有三角形的光滑小区，其长和高分别为侧板的 0.25 倍和 0.22 倍。并胸腹节中纵脊伸至后表面中央；背表面一侧光滑区长为中宽的 1.9 倍，其外方有涟漪状点皱；后表面满布夹室网皱，端半的小而密。

　　足：后足腿节长为宽的 6.0 倍；后足胫节长距长为后足基跗节的 0.58 倍。

　　翅：前翅长为宽的 2.3 倍；翅痣长和径室前缘边长分别为翅痣宽的 1.8 倍和 0.35 倍；径脉第 1 段从翅痣中央稍外方伸出，稍内斜，长为宽的 0.6 倍，与第 2 段相接处有脉桩；径脉和前缘脉相接处夹角约 40°。

　　腹：腹柄背面中长为中宽的 1.6 倍，钢笔尖形，中央具 2 条纵脊，脊间夹有弱刻皱 (学名即据此特征而拟)；侧面背缘长为中高的 1.3 倍，基半背方具网皱，腹方具 4 条横脊，端部具 5 条强纵脊。合背板基部中纵沟强，伸达合背板基部至第 1 对窗疤间距的 0.93 处，中纵沟侧方有 2 (左) -3 (右) 条纵沟，亚侧纵沟长为中纵沟的 0.48 倍。第 1 窗疤细而浅，宽为长的 4.0 倍，疤距为疤宽的 0.45 倍。合背板下半多毛。

　　体色：体黑色。须污黄褐色。触角黑色。柄节两端褐黄色。翅基片红褐色。足红褐色；前中足色稍浅，基节基部黑色，后足跗节褐色。翅透明，带烟黄色，翅痣和强脉黑褐色，肘间横脉、盘脉和亚盘脉浅褐色。抱器端部褐黄色。

　　雌：未知。

　　寄主：未知。

　　研究标本：正模♂，河北张家口小五台山东灵口，2100m，2005.Ⅷ.21，时敏，No.200604563。

　　分布：河北。

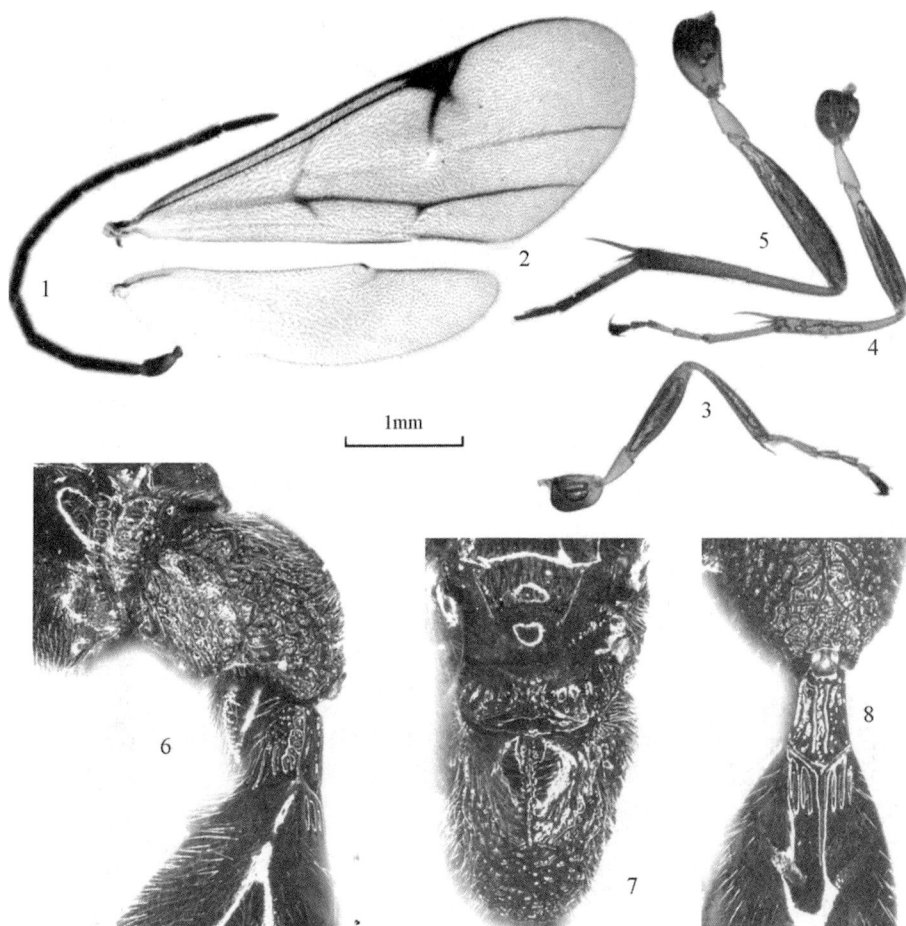

图 163　双脊肿额细蜂，新种 *Codrus bicarinatus* He *et* Xu, sp. nov.

1. 触角；2. 翅；3. 前足；4. 中足；5. 后足；6. 后胸侧板、并胸腹节和腹柄，侧面观；7. 并胸腹节，背面观；8. 腹柄和
合背板基部，背面观　[1-5. 1.0X 标尺；6-8. 2.0X 标尺]

鉴别特征：见检索表。

词源：种本名"双脊 *bicarinatus*"，系 *bi* (双、二)+*carinatus* (脊) 组合词，意为腹柄背面中央具 2 条纵脊，脊间夹有弱刻皱。

(106) 赵氏肿额细蜂 *Codrus chaoi* Fan *et* He, 2003 (图 164)

Codrus chaoi Fan *et* He, 2003, In: Huang, *Fauna of Insects in Fujian Province, China*, 7: 716.

雄：前翅长 4.5-5.0mm。

头：复眼毛很稀，毛长为下颚须端节直径的 0.7 倍。触角第 2、10 鞭节长分别为端宽的 4.4 倍和 5.5 倍，端节长为亚端节的 1.4 倍；鞭节无角下瘤。颊脊与口后脊相接处在折向上颚基部拐弯处稍上方。

胸：前胸背板侧面光滑具细毛。后胸侧板大部分平坦而光滑，其上散生带毛刻点。

并胸腹节中纵脊伸至后表面端部；背表面一侧光滑区长约为中宽的 1.7 倍；端横脊细，外半明显伸向前侧方；后表面侧前方光滑，仅后方具弱网皱；外侧区刻皱浅而细。

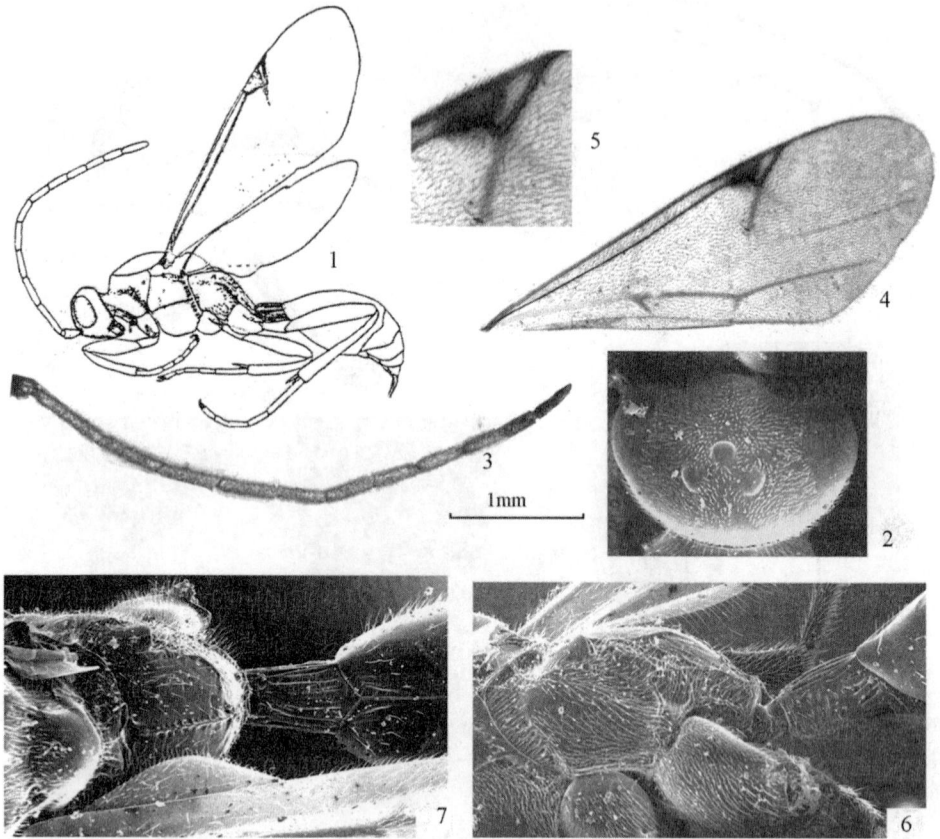

图 164 赵氏肿额细蜂 Codrus chaoi Fan et He, 2003

1. 整体，侧面观；2. 头部，背面观；3. 触角；4. 前翅；5. 翅痣；6. 后胸侧板、并胸腹节和腹柄，侧面观；7. 并胸腹节、腹柄和合背板基部，背面观 (1. 仿樊晋江和何俊华，2003) [1. 0.6X 标尺；2. 1.6X 标尺；3-4. 1.0X 标尺；5-7. 2.0X 标尺]

足：后足腿节长为宽的 5.5 倍；后足胫节长距长为后足基跗节的 0.64 倍。

翅：前翅长为宽的 2.36 倍；翅痣长和径室前缘边长分别为翅痣宽的 2.24 倍和 0.59 倍；径脉第 1 段从翅痣中央稍外方伸出，稍内斜，长为宽的 1.5 倍，与第 2 段几乎呈直角；径脉和前缘脉相接处夹角约 33°。

腹：腹柄背面中长分别为中宽和中高的 1.77 倍，背面具 8 条纵刻条；侧面背缘长为中高的 1.58 倍，基部具 5 条横脊，其后具 4 条纵脊。合背板基部中纵沟伸达合背板基部至第 1 对窗疤间距的 0.9 处，中纵沟两侧方各有 3 条纵沟，亚侧纵沟长为中纵沟的 0.3 倍。第 1 窗疤宽为长的 2.8 倍，疤距为疤宽的 0.5 倍。

体色：体黑色。触角柄节腹方和梗节浅褐色。口器黄色。前胸背板侧面前缘下方及翅基片黄褐色。合背板端部及以后 2 节背板端部黄白色。足褐黄色，后足基节基部、胫节、距和跗节带褐色。翅透明，稍带烟黄色，翅痣 (下缘浅褐色) 及强脉黄褐色，肘间横脉、小脉、盘脉、亚盘脉浅黄褐色。

雌：未知。

寄主：未知。

研究标本：1♂，福建建阳坳头，1965.Ⅷ.20，庄兴发 (正模)；3♂，福建建阳坳头，1964.Ⅶ.17，1965.Ⅶ.20，庄兴发；1♂，福建福州魁岐，1948.Ⅴ.23，赵修复 (均为副模，保存于 FAC)。

分布：福建。

(107) 学新肿额细蜂 *Codrus xuexini* He *et* Xu, 2010 (图 165)

Codrus xuexini He *et* Xu, 2010, In: Xu & He, *Entomotaxonomia*, 32(2): 88.

雄：前翅长 3.0mm。

头：复眼毛很稀，毛长为下颚须端节直径的 0.6 倍。触角第 2、10 鞭节长分别为端宽的 4.0 倍和 4.0 倍，端节长为亚端节的 1.6 倍；鞭节无明显角下瘤。颊脊与口后脊相接处在折向上颚基部拐弯处稍上方。

胸：前胸背板侧面光滑，具稀毛。后胸侧板前方 0.7 平坦而光滑，与后表面前的光滑区相连，仅有一些刻点分界，表面具稀毛，其上方、后方和下方具细刻皱。并胸腹节中纵脊侧伸至后表面基部；背表面一侧光滑区与后表面前方光滑区相连，仅有一些刻点分界，长约为中宽的 2.0 倍；后表面后端和外侧区亦较光滑，具弱刻皱。

足：后足腿节长为宽的 6.1 倍；后足胫节长距长为后足基跗节的 0.64 倍。

翅：前翅长为宽的 2.26 倍；翅痣长和径室前缘边长分别为翅痣宽的 1.6 倍和 0.57 倍；径脉第 1 段从翅痣中央伸出，内斜，长为宽的 1.0 倍；径脉和前缘脉相接处夹角约 36°。

腹：腹柄背面中长为中宽和中高的 2.3 倍，背面基部具网皱，其后具 8 条纵刻皱；侧面背缘长为中高的 1.8 倍，基部具 6 条横皱，具 5 条纵脊。合背板基部中纵沟伸达合背板基部至第 1 对窗疤间距的 0.9 处，中纵沟两侧方各有 2 条浅纵沟，长约为中纵沟的 0.2 倍。第 1 窗疤宽为长的 2.2 倍，疤距为疤宽的 0.6 倍。

体色：体黑色。触角黑褐色，柄节色稍浅，梗节褐黄色。须及翅基片黄色。足暗褐黄色，前足转节、胫节端部、前中足第 1-4 跗节黄褐色，中后足基节、后足胫节和基跗节黑褐色。翅透明，翅痣及强脉浅褐色。

雌：未知。

寄主：未知。

研究标本：1♂，贵州梵净山护国寺，1300m，2001.Ⅷ.1，朴美花，No.200107777 (正模)。

分布：贵州。

鉴别特征：本种与赵氏肿额细蜂 *Codrus chaoi* Fan *et* He, 2003 最为相似，其区别见检索表。

词源：种本名"学新 *xuexini*"，意为对浙江大学教授陈学新博士帮助作者工作的谢意！

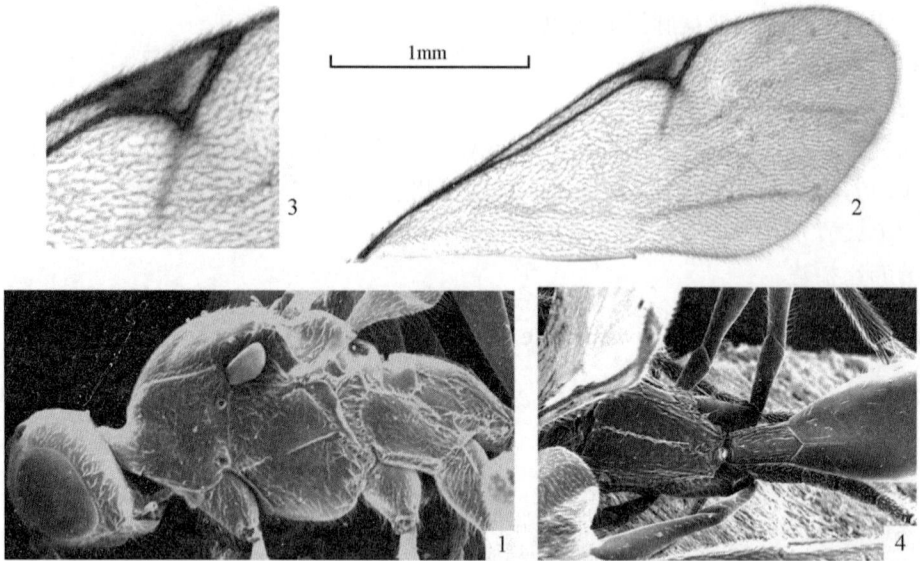

图 165 学新肿额细蜂 *Codrus xuexini* He *et* Xu

1. 头部和胸部，侧面观；2. 前翅；3. 翅痣；4. 并胸腹节、腹柄和合背板基部，背面观 (仿许再福和何俊华，2010) [1, 3-4. 2.0X 标尺；2. 1.0X 标尺]

(108) 天目山肿额细蜂 *Codrus tianmushanensis* He *et* Xu, 2010 (图 166)

Codrus tianmushanensis He *et* Xu, 2010, In: Xu & He, *Entomotaxonomia*, 32 (2): 89.

雄：前翅长 3.5mm。

头：复眼毛很稀，毛长为下颚须端节直径的 1.1 倍。背观上颊长为复眼的 0.4 倍。触角第 2、10 鞭节长分别为端宽的 4.6 倍和 4.2 倍，端节长为亚端节的 1.4 倍；鞭节无角下瘤。颊脊与口后脊相接处至上颚的特征由于虫胶粘着看不清。

胸：前胸背板侧面光滑，散生细毛。后胸侧板具夹室网皱，前上角有甚小的光滑区，背缘有光滑的纵凹槽。并胸腹节中纵脊伸至后表面后端，背表面一侧全为光滑区，其长为中宽的 1.6 倍；其余满布夹室网皱。

足：后足腿节长为宽的 5.0 倍；后足胫节长距长为后足基跗节的 0.71 倍。

翅：前翅长为宽的 2.48 倍；翅痣长和径室前缘边长分别为翅痣宽的 1.76 倍和 0.3 倍；径脉第 1 段从翅痣中央伸出，垂直，长为宽的 0.5 倍；径脉和前缘脉相接处夹角约 37°。

腹：腹柄背面中长为中宽的 1.6 倍，背面具 5 条纵脊，中央 2 条强而完整，外侧 1 条上半弱下半分叉，正中 1 条仅端部存在；侧面背缘长为中高的 1.3 倍，基部背方具网皱，下方具 4 条横皱，后部具 4 条纵脊。合背板基部中纵沟伸达合背板基部至第 1 对窗疤间距的 0.8 处，中纵沟两侧方各有 2 条纵沟，向外侧渐短。第 1 窗疤大，下端窄，宽为长的 2.5 倍，疤距为疤宽的 0.7 倍。

体色：体黑色。触角浅褐色，柄节、梗节及第 1 鞭节基部和末节端部黄褐色。须黄色。翅基片、抱器端部黄褐色。足黄褐色，后足腿节色稍深，端跗节浅褐色。翅透明，稍带烟黄色，翅痣和强脉浅褐色，肘间横脉、肘脉、中脉、小脉、盘脉、亚盘脉浅黄褐色。

雌：未知。

寄主：未知。

研究标本：1♂，浙江西天目山，1990.Ⅵ.2，何俊华，No.907111 (正模)。

分布：浙江。

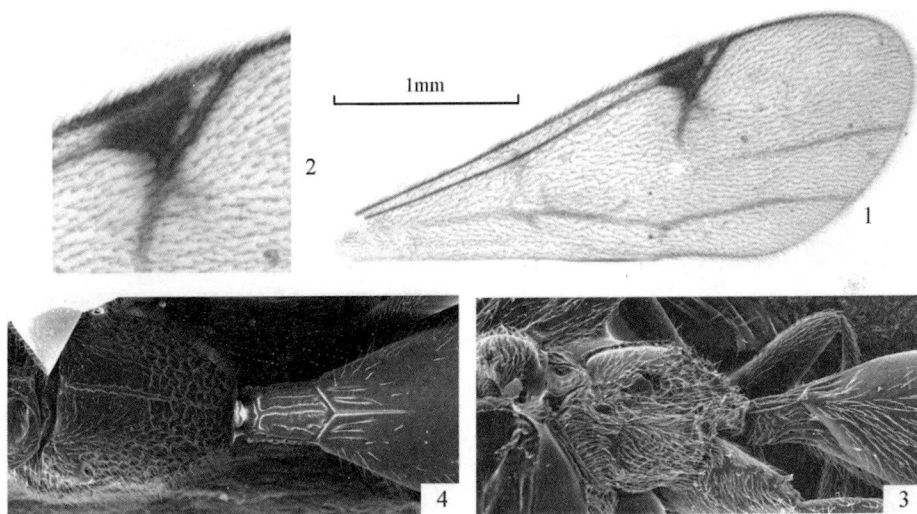

图 166　天目山肿额细蜂 *Codrus tianmushanensis* He *et* Xu

1. 前翅；2. 翅痣；3. 后胸侧板、并胸腹节和腹柄，侧面观；4. 并胸腹节、腹柄和合背板基部，背面观 (仿许再福和何俊华，2010) [1. 1.0X 标尺；2-4. 2.0X 标尺]

鉴别特征：本种与我国近似种区别，可见检索表。与国外已知种的区别在于：①后胸侧板具夹室网皱，前上角有甚小的光滑区；②径脉和前缘脉相接处夹角约37°；③腹柄侧面背缘长为中高的 1.3 倍，背面具 5 条强纵脊；④后足胫节黄褐色等组合特征。

词源：种本名根据模式标本产地而拟。

(109) 细腿肿额细蜂，新种 *Codrus tenuifemoratus* He *et* Xu, sp. nov. (图 167)

雄：前翅长 4.3mm。

头：复眼毛很稀，毛长为下颚须端节直径的 0.5-1.0 倍，个别 1.5 倍。背观上颊长为复眼的 0.44 倍。触角 2、10 鞭节长分别为端宽的 5.4 倍和 4.6 倍，端节长为亚端节的 1.38 倍；鞭节有水泡状聚成的条形角下瘤。颊脊与口后脊相接处在折向上颚基部拐弯处的中央。

胸：前胸背板侧面光滑，散生细毛。后胸侧板满布夹室网皱，仅上缘中央前方有小光滑区，大小约为侧板长的 0.2 倍。并胸腹节中纵脊伸至后表面中央；背表面一侧光滑区近矩形，端部稍窄，长为中宽的 1.5 倍，后半内有弱皱；其余满布夹室网皱。

足：后足腿节长为宽的 7.5 倍；后足胫节长距长为后足基跗节的 0.7 倍。

翅：前翅长为宽的 2.4 倍；翅痣长和径室前缘边长分别为翅痣宽的 2.5 倍和 0.72 倍；

径脉第 1 段从翅痣中央稍外方伸出，长为宽的 0.3 倍，第 1、2 径脉相接处下方有长脉桩；径脉和前缘脉相接处夹角约 28°。

腹：腹柄背面中长为中宽的 2.25 倍，上具 3 条强纵脊；侧面背缘长为中高的 2.14 倍，基部具连有斜纵脊的横脊 3 条，其后具 2 条纵脊。合背板基部中纵沟长为合背板基部至第 1 对窗疤间距的 1.0 倍，中纵沟两侧方各有 2 条纵沟，亚侧纵沟长为中纵沟的 0.7 倍。第 1 窗疤宽为长的 3.0 倍，疤距为疤宽的 0.6 倍。

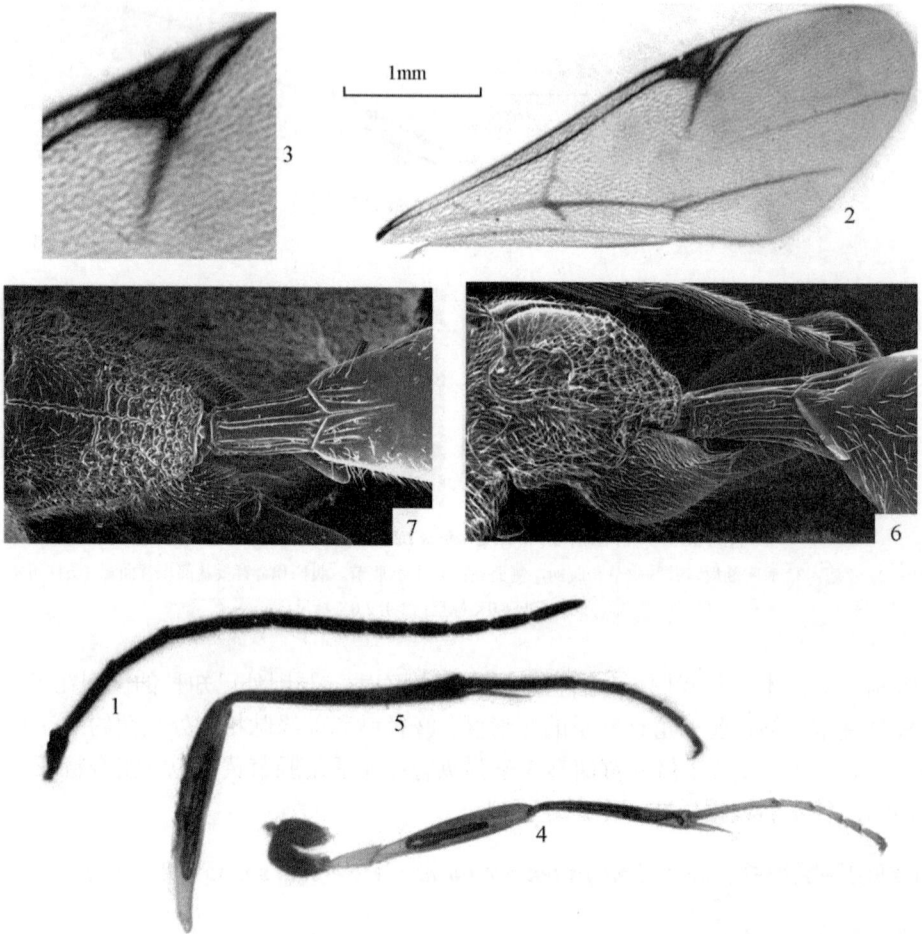

图 167　细腿肿额细蜂，新种 *Codrus tenuifemoratus* He *et* Xu, sp. nov.

1. 触角；2. 前翅；3. 翅痣；4. 中足；5. 后足；6. 后胸侧板、并胸腹节和腹柄，侧面观；7. 并胸腹节、腹柄和合背板基部，背面观 [1-2, 4-5. 1.0X 标尺；3, 6-7. 2.0X 标尺]

体色：体黑色。触角黑褐色。须黄褐色。翅基片、窗疤和抱器端部红褐色。足褐黄色，转节及腿节基部黄色，基节及后足胫节和跗节黑褐色。翅稍带烟黄色，翅痣和强脉黄褐色，肘间横脉、中脉 (浅)、小脉、盘脉、亚盘脉浅褐色。

雌：未知。

寄主：未知。

研究标本：正模♂，浙江安吉龙王山，1995.Ⅹ.20，吴鸿，No.970287。

分布：浙江。

鉴别特征：本新种与天目山肿额细蜂 *Codrus tianmushanus* He *et* Xu, 2010 近似，其区别可见检索表。

词源：种本名"细腿 *tenuifemoratus*"，系 *tenui* (细)+*femoratus* (腿节) 组合词，意指后足腿节比较细长。

(110) 黑胫肿额细蜂，新种 *Codrus nigritibialis* He *et* Xu, sp. nov. (图 168)

雄：体长 4.8mm；前翅长 3.4mm。

头：复眼毛很稀，长为下颚末节直径的 1.5-2.0 倍。上颊背观长为复眼的 0.86 倍。触角第 2、10 鞭节长分别为端宽的 3.5 倍和 3.8 倍，端节长为亚端节的 1.37 倍。颊脊与口后脊相接处在折向上颚基部拐弯处的上方。

胸：前胸背板侧面光滑，前半满布很细的刻皱和细毛；后下方具单个凹窝。后胸侧板具夹室网皱，在前上方有近长方形的光滑小区，长和高分别为侧板的 0.3 倍和 0.28 倍，光滑区前半有纵刻条。并胸腹节中纵脊伸至后表面近端部；背表面一侧光滑区长为中宽的 1.8 倍，其外侧具弱皱；后表面前半近于光滑，后半具细网皱；外侧区具网皱。

足：后足腿节长为宽的 7.4 倍；后足胫节长距长为后足基跗节的 0.58 倍。

翅：前翅长为宽的 2.24 倍；翅痣长和径室前缘边长分别为翅痣宽的 2.25 倍和 0.63 倍；径脉第 1 段从翅痣中央稍外方伸出，稍内斜，长为宽的 0.5 倍，与第 2 段相接处有短脉桩；径脉和前缘脉相接处夹角约 28°。

腹：腹柄背面中长为中宽的 2.0 倍，背面具 5 条纵刻皱，基部的纵皱内夹有细皱；侧面背缘长为中高的 1.8 倍，基半具连有斜脊的横脊 4 条，其后另有强纵脊 2-3 条，脊间具细皱。合背板基部中纵沟伸达合背板基部至第 1 对窗疤间距的 0.76 处，中纵沟侧方各有 3 条纵沟，亚侧纵沟长为中纵沟的 0.75 倍。第 1 窗疤宽为长的 4.0 倍，疤距为疤宽的 0.4 倍。合背板下半毛稀。

体色：体黑色。须污黄色。触角黑色。翅基片褐黄色。足褐黄色；前足基节、各足转节、腿节最基部黄色；中后足基节黑色；后足胫节和跗节黑褐色。翅透明，带烟黄色，翅痣和强脉褐黄色，肘间横脉、盘脉和亚盘脉褐黄色。抱器端部褐黄色。

变异：个别标本前翅长 5.4mm，或径脉第 1 段甚短宽，与翅痣宽阔相连 (图 168)。

雌：未知。

寄主：未知。

研究标本：正模♂，四川王朗自然保护区，2006.Ⅶ.26，张红英，No.200611151。副模：8♂，同正模，Nos.200610994，200610999，200611156，200611178，200611180，200611192-93，200611208；1♂，采地、采期同正模，2006.Ⅶ.26，高智磊，No.200611226。

分布：四川。

鉴别特征：见检索表。

词源：种本名"黑胫 *nigritibialis*"，系 *nigri* (黑) + *tibialis* (胫节)的组合词，意指后足胫节黑褐色。

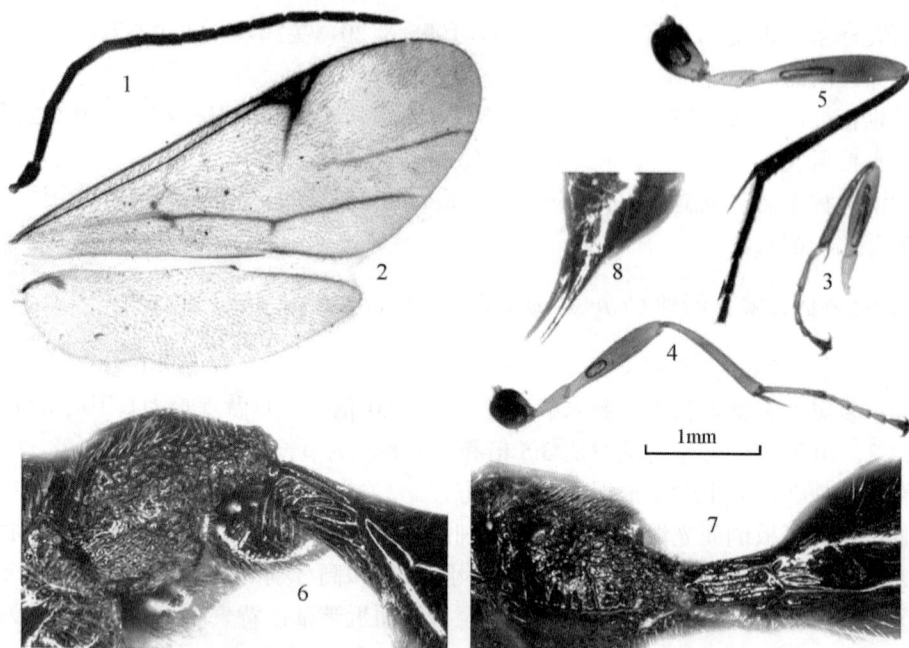

图 168　黑胫肿额细蜂，新种 *Codrus nigritibialis* He *et* Xu, sp. nov.

1. 触角；2. 翅；3. 前足；4. 中足；5. 后足；6. 后胸侧板、并胸腹节和腹柄，侧面观；7. 并胸腹节、腹柄和合背板基部，背面观；8. 抱器 [1-5. 1.0X 标尺；6-8. 2.0X 标尺]

11. 刻胸细蜂属 *Glyptoserphus* Fan *et* He, 1993

Glyptoserphus Fan *et* He, 1993, *Entomotaxonomia*, 15(1): 69.

Type species: *Glyptoserphus chinensis* Fan *et* He (Monobasic).

属征概述：前翅长 6.35mm。额下部中央肿状隆起。触角窝间有发达的中竖脊；上颚单齿。前胸背板除凹槽内几乎布满皱纹外，其他部分有刻点。前胸背板有均匀分布的毛。并胸腹节有网状刻纹，背面中纵脊两侧有光滑区。雄性后足胫节长距稍弯曲，长约为后足基跗节的 0.65 倍。跗爪简单。径室前缘边长约为翅痣宽的 1.0 倍。第 1 盘室与第 2 盘室愈合。小脉在基脉外方，其距约为小脉长度的 0.83 倍。腹柄长约为高的 1.68 倍，侧下缘有毛。合背板除具 2 条不完整的无毛带外，几乎满布长毛。雄性抱器直，细长呈针状，末端稍膨大。

属名据前胸背板上刻点和皱纹而拟，由 *glyptus* (刻纹) + *serphus* (细蜂) 而来。

该属额下部中央肿状隆起、合背板除 2 条不完整的无毛带外几乎满布长毛、雄性抱器直且细长呈针状等特征与肿额细蜂属 *Codrus* Panzer, 1905 相近，但有以下区别特征：①触角窝间有发达的中竖脊，非钝状突起；②前胸背板侧面凹槽内几乎布满皱纹，其他部分有刻点，非光滑；③雄性抱器直，细长呈针状，末端稍膨大，非下弯；④小脉在基脉外方约为其本身长度的 0.83 倍。

该属从触角窝中央有 1 发达的中竖脊,与脊额细蜂属 *Phaneroserphus* Pschorn-Walcher, 1958 也十分相近,但该属:①前胸背板侧面满布刻皱,有分布均匀的毛 (脊额细蜂属除少数发自颈部的脊外光滑,仅在前上缘和下角有毛) ;②合背板侧方下半部具较密的毛 (脊额细蜂属下半部无毛)。

该属可能是脊额细蜂属和肿额细蜂属之间的中间类群,总体上比较,更近于肿额细蜂属。

该属仅在我国发现,目前仅知 1 种。

(111) 中华刻胸细蜂 *Glyptoserphus chinensis* Fan *et* He, 1993 (图 169)

Glyptoserphus chinensis Fan *et* He, 1993, *Entomotaxonomia*, 15(1): 70.

雄: 前翅长 6.35mm。

头: 背观宽约为中长的 1.33 倍,具细刻点。复眼中等,头背观上颊长为复眼的 0.61 倍。唇基宽,基半具细刻点,端半光滑,端缘平截。上唇半圆形,具弱刻点。颊长为上颚基宽的 0.8 倍。上颚单齿。额下方中央隆起。触角窝间有发达的中竖脊。颜面密布带毛细刻点。触角鞭状;第 2、10 鞭节长分别为中宽的 4.3 倍和 4.5 倍,端节长为端前节的 1.45 倍;鞭节无角下瘤。后头脊完整,在上颚基关节前方与口后脊相接。

胸: 前胸背板侧面除凹槽内几乎满布细皱纹外,其他部位具刻点,并有均匀分布的细毛。中胸侧板中横沟完全,沟后段弱;中胸侧板满布带毛细刻点或细刻皱,在镜面区点刻较弱,其中央下方光滑;侧缝畦状窝完整。后胸侧板满布网皱,在前上方小块光滑区内具细刻点,前中方网皱细而纵向。并胸腹节满布夹网状皱纹,中纵脊伸达后表面端部;背表面一侧光滑区长为宽的 1.4 倍,其内具弱斜纵刻条,外方有网皱和长毛。

足: 后足腿节长为宽 5.0 倍;后足胫节距稍弯曲,长为后足基跗节的 0.65 倍。

翅: 翅痣长和径室前缘边长分别为翅痣宽的 1.83 倍和 0.58 倍;径脉第 1 段从翅痣下方 0.64 处伸出,长为脉宽的 0.5 倍,与第 2 段相接处下方有脉桩;肘间横脉完整,色浅;小脉在基脉外方,内斜,其距约为小脉长的 0.83 倍;第 1 和第 2 盘室愈合。

腹: 腹柄背面长为端宽的 1.77 倍,表面具纵刻条,正中刻条内夹刻点;腹柄侧面背缘长约为高的 1.68 倍,侧下方有毛,基部 2/3 具不规则细横斜刻皱,皱内夹有刻点,端部 1/3 为纵刻条。合背板基部中纵沟伸达基部至第 1 对窗疤间距的 0.96 处,两侧各有 3 条侧纵沟,亚侧纵沟长为中纵沟的 0.7 倍。第 1 窗疤宽为长的 2.2 倍,疤距为疤宽的 0.3 倍;合背板除具 2 条不完整的无毛带外,几乎满布长毛。抱器窄三角形,直,细长针状,末端稍膨大,长为后足基跗节的 0.4 倍。

体色: 体黑色。腹端部带棕褐色,抱器端部红褐色。触角柄节、梗节红褐色,鞭节黑褐色。须黄褐色。上颚、翅基片红褐色。足基节褐黑色;胫节、距和跗节红褐色;前足转节和腿节浅褐色,中足转节和腿节浅黑褐色,后足转节和腿节黑色。翅半透明,翅痣及强脉浅褐色,其余脉浅黄褐色或无色。

雌: 未知。

寄主: 未知。

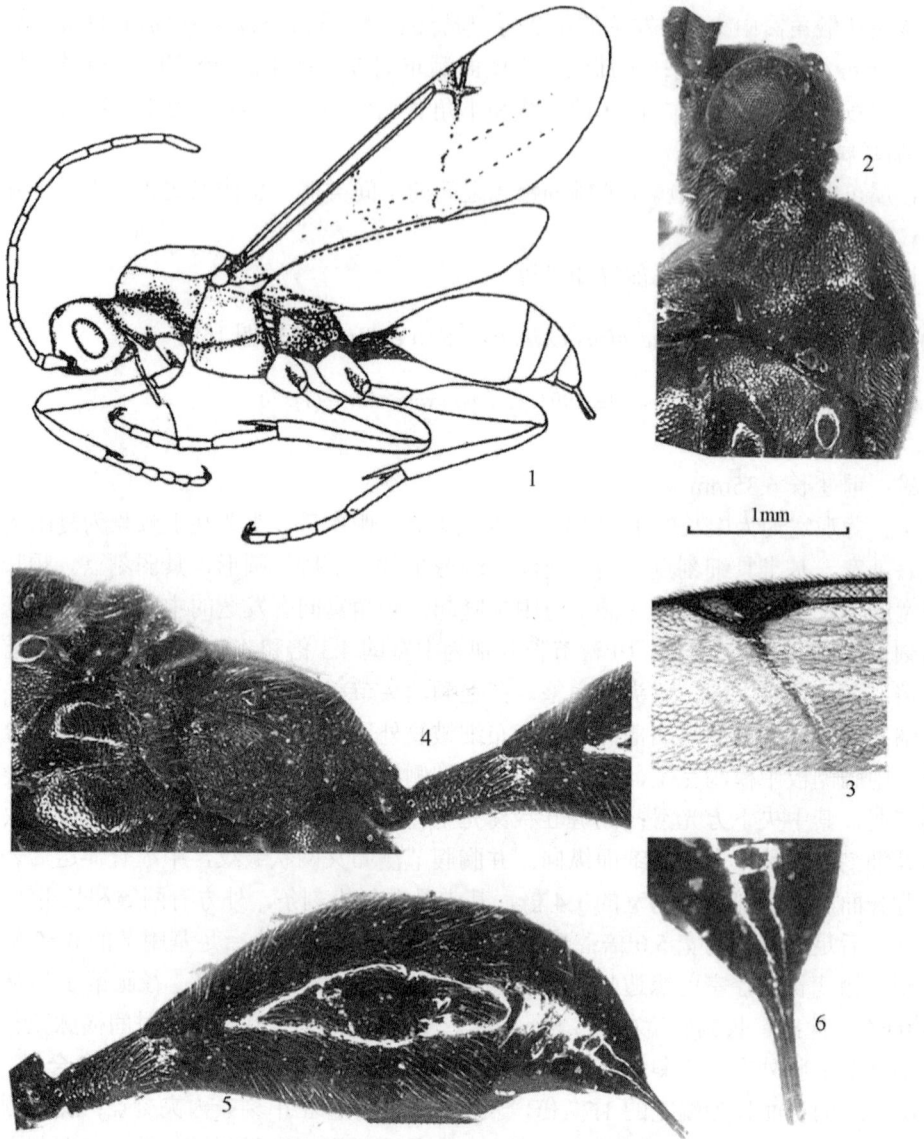

图 169 中华刻胸细蜂 *Glyptoserphus chinensis* Fan *et* He, 1993

1. 整体，侧面观；2. 头部和前胸，侧面观；3. 翅痣；4. 后胸侧板、并胸腹节和腹柄，侧面观；5. 腹部，侧面观；6. 抱器
（1. 仿樊晋江和何俊华，1993）[1. 0.4X 标尺；2-5. 2.0X 标尺；6. 4.0X 标尺]

研究标本：1♂，四川峨眉山，1980.Ⅷ.12，何俊华，No.802456 (正模)。

分布：四川。

12. 光胸细蜂属 *Phaenoserphus* Kieffer, 1908

Phaenoserphus Kieffer, 1908, In: André, *Species des Hyménoptères d'Europe et d'Algérie*, 10:289, 298.

Type species: (*Proctotrupes curtipennis*) = *viator* Haliday (Designated by Muesebeck & Walkley, 1951).

Carabiphagus Morley, 1929, *Trans. Suffolk Nat. Soc.*, 1: 40.

Type species: (*Proctotrupes laerifrons* Foerster)=*viator* Haliday. Monobasic.

Phaulloserphus Pschorn-Watcher, 1958, *Mitt. Schweizerischen Ent. Gesell.*, 31: 63.

Type species: *Phaenoserphus gregori* Tomsik. Original designation.

Phaenoserphus Kieffer: H. Townes & M. Townes, 1981, *Mem. Amer. Ent. Inst.*, 32:143.

Phaenoserphus Kieffer: Lin, 1988, *J. Taiwan Mus.*, 41(1): 16.

Phaenoserphus Kieffer: Fan & He, 1991, *Entomotaxonomia*, 17: 69.

Phaenoserphus Kieffer: Johnson, 1992, *Mem. Amer. Ent. Inst.*, 51: 314.

Phaenoserphus Kieffer: Rajmohana & Narendran, 1996, *J. ent. Res.*, 20(1): 43.

属征概述：前翅长 2.1-5.7mm。额中央无明显肿状突起。触角窝间有弱而低的中竖脊，在中央通常具小瘤状突。上颚单齿。前胸背板侧面光滑，或有时前下方约 0.4 部分具夹点刻皱，被毛或有中央无毛区，或在国外种 *P. gregori* 中几乎无毛。无盾纵沟。并胸腹节具有网状皱褶，背表面有长的中纵脊，背表面皱纹比其他部位细而弱，有时很不明显。后足胫节长距雄性长为后足基跗节的 0.35-0.60 倍，雌性为 0.30-0.45 倍。跗爪简单。径室前缘脉长为翅痣宽的 0.4-0.7 倍 (短径光胸细蜂为 0.16 倍)。第 1 盘室和第 2 盘室愈合。小脉在基脉外方，其距为小脉长度的 0.5-0.8 倍。腹柄长为宽的 0.4-1.6 倍。合背板除 *P. melliventris* 和 *P. partipes* 外黑色。合背板侧面下半部有中等密的毛。雄性抱器窄三角形。产卵管鞘长为后足胫节的 0.25-0.68 倍，端部下弯，向末端渐细，表面具刻点，通常还有不规则刻条。

据记载寄主为步甲科 Carabidae。H. Townes 和 M. Townes (1981) 认为寄生于隐翅甲科 Staphylinidae 和叩甲科 Elateridae 的报道存疑；寄生于菌蚊科 Mycetophilidae (=蕈蚊科 Fungivoridae) 的报道也不可靠。

该属与细蜂属 *Proctotrupes* 差异很小，因此有人认为两者亲缘关系很近。

该属已记载有 28 种，多数栖居于气候较冷的地区，主要分布于全北区，其中北美洲 10 种，欧洲 4 种，蒙古 1 种，全北区共有 2 种；但东洋区的印度记录 5 种。我国台湾有该属的记录，但无种的记述 (林珪瑞, 1988)。我国现已报道了 4 种。

本志报道我国光胸细蜂属 30 种，其中 26 新种。

种 检 索 表

1. 雌性 ⋯⋯ 2

   雄性 ⋯⋯ 11

2. 后胸侧板满布细网皱，无光滑区 ⋯⋯⋯⋯⋯⋯⋯⋯⋯⋯⋯⋯⋯⋯⋯⋯⋯⋯⋯⋯⋯⋯⋯⋯⋯⋯⋯⋯⋯ 3

   后胸侧板大部分具细网皱，前上方有光滑区 ⋯⋯⋯⋯⋯⋯⋯⋯⋯⋯⋯⋯⋯⋯⋯⋯⋯⋯⋯⋯⋯⋯⋯ 9

3. 并胸腹节满布细网皱，无光滑区 ⋯⋯⋯⋯⋯⋯⋯⋯⋯⋯⋯⋯⋯⋯⋯⋯⋯⋯⋯⋯⋯⋯⋯⋯⋯⋯⋯⋯⋯ 4

   并胸腹节大部分具细网皱，前侧方有小光滑区 ⋯⋯⋯⋯⋯⋯⋯⋯⋯⋯⋯⋯⋯⋯⋯⋯⋯⋯⋯⋯⋯⋯ 7

4. 颊长为上颚基宽的 1.8 倍；腹柄背观中长为中宽的 1.0 倍，中央有 2 条稍内弯的纵皱；合背板基部中纵沟伸至基部第 1 对窗疤间距的 0.75 处；第 1 窗疤宽为长的 3.8 倍；产卵管鞘粗短，长为后足胫节的 0.32 倍，为鞘中宽的 2.9 倍。黑龙江 ·········· **短柄光胸细蜂，新种 *P. brevipetiolatus*, sp. nov.**

颊长为上颚基宽的 0.9-1.6 倍；腹柄背观中长为中宽的 1.8-2.0 倍，表面刻纹各样，仅白山光胸细蜂具 2 纵脊；合背板基部中纵沟伸至基部第 1 对窗疤间距的 0.35-0.60 处；第 1 窗疤宽为长的 1.5-2.5 倍；产卵管鞘正常，长为后足胫节的 0.36-0.45 倍，为鞘中宽的 3.9-4.7 倍 ························5

5. 触角第 2、10 鞭节长分别为端宽的 2.0 倍和 1.5 倍；前翅长为宽的 2.9 倍，翅痣长为宽的 1.25 倍，径脉第 1 段与翅痣宽阔相连；后足胫节长距长为基跗节的 0.23 倍；前翅长 2.8mm。河北 ··········
·· **翅痣光胸细蜂，新种 *P. stigmatus*, sp. nov.**

触角第 2、10 鞭节长分别为端宽的 3.7-4.5 倍和 2.0-2.4 倍；前翅长为宽的 2.5-2.8 倍，翅痣长为宽的 1.7-1.9 倍，径脉第 1 段明显，长为宽的 0.3-0.5 倍；后足胫节长距长为基跗节的 0.32-0.39 倍 ··6

6. 并胸腹节中纵脊仅伸至背表面后端；腹柄背面中央具 2 条纵脊；合背板基部侧纵沟各 3 条；产卵管鞘长为后足胫节的 0.37 倍；前翅长 2.7mm。吉林 ··
·· **白山光胸细蜂，新种 *P. baishanensis*, sp. nov.**

并胸腹节中纵脊伸至后表面后端；腹柄背面具网皱；合背板基部侧纵沟各 4 条；产卵管鞘长为后足胫节的 0.39-0.44 倍；前翅长 2.8-3.8mm。陕西、甘肃 ····· **袁氏光胸细蜂，新种 *P. yuani*, sp. nov.**

7. 颊长为上颚基宽的 1.8 倍；触角第 2 鞭节长为端宽的 3.3 倍，端节长为亚端节的 1.48 倍；并胸腹节背表面基部光滑区很小，长仅伸达气门前缘；腹柄背面中长为中宽的 1.5 倍；合背板基部侧纵沟各 3 条；第 1 对窗疤疤距为疤宽的 1.8 倍；后足腿节长为宽的 5.2 倍，中央暗褐色；前翅长 4.7mm。河北 ··· **雾灵光胸细蜂 *P. wulingensis***

颊长为上颚基宽的 1.2-1.3 倍；触角第 2 鞭节长为端宽的 3.8-4.5 倍，端节长为亚端节的 1.67-1.83 倍；并胸腹节背表面基部光滑区稍大，长伸达或伸过气门后缘；腹柄背面中长为中宽的 1.65-1.75 倍；合背板基部侧纵沟各 4 条；第 1 对窗疤疤距为疤宽的 0.6-1.0 倍；后足腿节长为宽的 6.1-6.9 倍，中央黄褐色或暗黄色 ···8

8. 上颊背观长为复眼的 0.67 倍；触角第 7-10 各鞭节等粗，第 2、10 鞭节长分别为端宽的 3.8 倍和 4.0 倍；并胸腹节中纵脊伸达后表面端部；腹柄背表面基部具网皱，后方具 4 条纵脊；腹柄侧观背缘长为中高的 1.7 倍，基部具网皱，后方为 5 条纵脊；合背板第 1 窗疤宽为长的 3.5 倍，疤距为疤宽的 0.9 倍；产卵管鞘长为后足胫节的 0.35 倍，鞘长为中宽的 4.8 倍；前翅长 3.6mm。湖北 ·········
·· **皱胸光胸细蜂 *P. rugosipronotum***

上颊背观长为复眼的 0.94 倍；触角第 7-10 各鞭节中央稍膨出，第 2、10 鞭节长分别为端宽的 4.5 倍和 2.5 倍；并胸腹节中纵脊伸达背表面端部；腹柄背表面具 8 条纵脊；腹柄侧观背缘长为中高的 1.3 倍，基部具连有纵脊的横脊 5 条，其后另具 3 条纵脊；合背板第 1 窗疤宽为长的 1.5 倍，疤距为疤宽的 0.5 倍；产卵管鞘长为后足胫节的 0.29 倍，鞘长为中宽的 4.1 倍；前翅长 2.9mm。陕西
·· **鼓鞭光胸细蜂，新种 *P. tumidiflagellum*, sp. nov.**

9. 颊长为上颚基宽的 0.9 倍；触角第 2、10 鞭节长分别为端宽的 2.0 倍和 1.5 倍，端节长为亚端节的 1.83 倍；后胸侧板光滑区条形，位于上方前半；前翅狭长，长为宽的 3.2 倍，径脉第 1 段很短宽，与翅痣相连部位宽，径室窄，与径脉第 2 段等粗；合背板基部中纵沟伸达基部至第 1 对窗疤的 0.25 处；产卵管鞘长为后足胫节的 0.26 倍，鞘长为中宽的 2.7 倍；后足腿节粗，长为宽的 3.6 倍；后足黑褐色；前翅长 2.7mm。河北 ····················· **窄翅光胸细蜂，新种 *P. angustipennis*, sp. nov.**

颊长为上颚基宽的 1.3-1.4 倍；触角第 2、10 鞭节长分别为端宽的 3.6-4.5 倍和 2.3-2.5 倍，端节长

为亚端节的 1.5 倍；后胸侧板光滑区块形，位于前上方；前翅长为宽的 2.6-2.7 倍，径脉第 1 段不与翅痣相连，长为宽的 0.3-0.5 倍；径室稍宽，阔于径脉第 2 段；合背板基部中纵沟伸达基部至第 1 对窗疤的 0.48-0.85 处；产卵管鞘长为后足胫节的 0.29-0.48 倍，鞘长为中宽的 3.3-5.7 倍；后足腿节稍细，长为宽的 5.0-5.9 倍 ·· 10

10. 触角第 2 鞭节长为端宽的 3.5 倍；侧单眼间距长为单复眼间距的 1.2 倍；后胸侧板光滑区小，其长和高分别占侧板的 0.25 倍和 0.28 倍；并胸腹节背表面满布网皱，无光滑区；翅痣长为宽的 1.5 倍；腹柄背面中长为中宽的 1.5 倍，具细点皱；腹柄侧面背缘长为中高的 1.1 倍，基半具网皱，端半具 6 条纵脊；合背板基部中纵沟伸至距窗疤的 0.48 处，侧纵沟各 3 条，亚侧纵沟长为中纵沟的 1.0 倍；产卵管鞘长为后足胫节的 0.48 倍，鞘长为中宽的 5.7 倍；前翅长 3.1mm。西藏 ················
··· **林氏光胸细蜂，新种 *P. lini*, sp. nov.**
触角第 2 鞭节长为端宽的 4.5 倍；侧单眼间距长为单复眼间距 0.87 倍；后胸侧板光滑区较大，其长和高分别占侧板的 0.45 倍和 0.5 倍；并胸腹节背表面全为光滑区，仅外侧中央有刻点；翅痣长为宽的 2.5 倍；腹柄背面中长为中宽的 2.2 倍，具 11 条细纵脊，端部 0.2 侧方光滑；腹柄侧面背缘长为中高的 2.2 倍，具连有纵脊的横脊 9 条；合背板基部中纵沟伸至距窗疤的 0.85 处，侧纵沟各 2 条，亚侧纵沟长为中纵沟的 0.22 倍；产卵管鞘长为后足胫节的 0.29 倍，鞘长为中宽的 3.3 倍；前翅长 4.0mm。广西 ··················· **光腰光胸细蜂，新种 *P. laevipropodeum*, sp. nov.**

11. 触角瘦长，第 2、10 鞭节长分别为宽的 4.2-5.0 倍和 5.0-5.5 倍 ························· 12
触角一般细长，第 2、10 鞭节长分别为宽的 2.1-4.1 倍和 1.9-4.5 倍 ·················· 16

12. 前翅翅痣短，其长为翅痣宽的 1.0 倍；径脉第 1 段从翅痣下方端角伸出，与翅痣宽阔相连，翅痣外缘陡直；前胸背板侧面光滑无毛，也无点皱；前翅长 2.5mm。西藏 ·····················
·· **西藏光胸细蜂，新种 *P. xizangensis*, sp. nov.**
前翅翅痣较长，其长为翅痣宽的 1.7 倍以上；径脉第 1 段从翅痣下方端角之前伸出，多少明显，翅痣外缘外斜；前胸背板侧面光滑有细毛，并有点皱或刻条 ·································· 13

13. 腹柄背观中长为中宽的 0.8 倍，表面光滑无刻纹；前胸背板侧面整个前半具明显细皱；中胸侧板在翅基片下方具平行横刻条 ·· 14
腹柄背观中长为中宽的 1.2-1.6 倍，表面不光滑，具刻皱或刻条；前胸背板侧面光滑或仅前上方具弱皱，或具明显平行横刻条；中胸侧板在翅基片下方无平行水平刻条 ····················· 15

14. 上颊背观长为复眼的 0.76 倍；颊长为上颚基宽的 1.0 倍；侧单眼间距与单复眼间距等长；后胸侧板背前方有小光滑区；合背板上的毛位于腹方后半；抱器甚小，长为后足端跗节的 0.4 倍；后足腿节整个漆黑色；前翅长 2.5mm。西藏 ············ **光柄光胸细蜂，新种 *P. glabripetiolatus*, sp. nov.**
上颊背观长为复眼的 0.58 倍；颊长为上颚基宽的 0.71 倍；侧单眼间距长为单复眼间距长的 0.85 倍；后胸侧板背前方无光滑区；合背板上的毛位于整个腹方；抱器较大，长为后足端跗节的 1.6 倍；后足腿节黑褐色，腹方及两端红褐色；前翅长 4.2mm。四川 ······················
··· **多窝光胸细蜂，新种 *P. multicavus*, sp. nov.**

15. 触角第 10 鞭节长为端宽的 5.5 倍；前胸背板侧面具明显平行横刻条；并胸腹节背表面有中纵脊；腹柄背观中长为中宽的 1.6-1.8 倍；腹柄侧观背缘长为中高的 1.6 倍，具 9 条斜纵脊；前翅长 2.6mm。青海 ····························· **瘦角光胸细蜂，新种 *P. tenuicornis*, sp. nov.**
触角第 10 鞭节长为端宽的 5.0 倍；前胸背板侧面无横刻条；并胸腹节无中纵脊；腹柄背观中长为

中宽的 1.2 倍；腹柄侧观背缘长为中高的 0.8 倍，基部具网皱，端部具 5 条纵脊；前翅长 2.9mm。
甘肃 ································ **无脊光胸细蜂，新种 *P. excarinatus*, sp. nov.**

16. 触角第 2 鞭节长为端宽的 2.1-2.6 倍 ·· 17
    触角第 2 鞭节长为端宽的 3.0-4.0 倍 ·· 19

17. 触角第 10 鞭节长为端宽的 1.9 倍；各鞭节角下瘤为不明显隆起区域；前胸背板后下方具 1 个凹窝；
    腹柄背表面具横脊；合背板基部有侧纵沟 3 条，亚中纵沟长为中纵沟的 0.7 倍；后足腿节长为宽的
    5.1 倍，前翅长 2.1mm。河南 ··········· **单窝光胸细蜂，新种 *P. unicavus*, sp. nov.**
    触角第 10 鞭节长为端宽的 2.7-3.0 倍；各鞭节角下瘤为多个小水泡状组成；前胸背板后下方具 4
    个凹窝；腹柄背表面具网皱或有纵皱；合背板基部有侧纵沟 4 条，亚中纵沟长为中纵沟的 1.0 倍或
    更长；后足腿节长为宽的 6.0-7.0 倍 ·· 18

18. 上颊背观长为复眼的 0.8 倍；触角第 2、10 鞭节长分别为端宽的 2.25 倍和 3.0 倍；径脉第 1 段明
    显从翅痣外方 0.15-0.26 处伸出，长为宽的 0.4 倍；腹柄背面中长为中宽的 1.1 倍，具纵皱脊；腹
    柄侧面背缘长为中高的 0.8 倍；合背板基部第 1 窗疤宽为长的 2.7-3.0 倍，疤距为疤宽的 0.9 倍；前
    翅长 3.3mm。新疆 ···················· **黄褐足光胸细蜂 *P. fulvipes***
    上颊背观长为复眼的 0.6 倍；触角第 2、10 鞭节长分别为端宽的 2.6 倍和 3.4 倍；径脉第 1 段从翅
    痣中央伸出，长为宽的 1.0 倍；腹柄背面中长为中宽的 1.6 倍，具网皱；腹柄侧面背缘长为中高的
    1.3 倍；合背板基部第 1 窗疤宽为长的 2.0 倍，疤距为疤宽的 1.5 倍；前翅长 3.6mm。四川 ········
    ································ **网柄光胸细蜂，新种 *P. reticulatus*, sp. nov.**

19. 前翅径室前缘脉长为翅痣宽的 0.16 倍；径脉与翅痣阔相连，无明显径脉第 1 段 ·············· 20
    前翅径室前缘脉长为翅痣宽的 0.29-0.50 倍；径脉不与翅痣阔相连，有多少明显的径脉第 1 段 ·· 21

20. 触角第 10 鞭节长为端宽的 3.0 倍；前胸背板侧面后下方具 4 个凹窝；后胸侧板无光滑区；并胸腹
    节背表面基部有小光滑区；腹柄背观中长为中宽的 1.4 倍，侧面背缘长为中高的 0.9 倍；合背板基
    部侧纵沟各 3 条；后足腿节长为宽的 6.2 倍，褐黄色；前翅长 2.8mm。河北 ·················
    ···················· **短径光胸细蜂 *P. brevicellus***
    触角第 10 鞭节长为端宽的 4.5 倍；前胸背板侧面后下方具 1 个凹窝；后胸侧板背缘光滑；并胸腹
    节背表面基部无光滑区；腹柄背观中长为中宽的 1.9 倍，侧面背缘长为中高的 1.5 倍；合背板基部
    侧纵沟各 4 条；后足腿节长为宽的 5.4 倍，浅褐色；前翅长 2.5mm。河北 ·················
    ···················· **翅痣光胸细蜂，新种 *P. stigmatus*, sp. nov.**

21. 腹柄背观中长为中宽的 0.65 倍，光滑，具 5 条浅纵沟；腹柄侧面背缘长为中高的 0.25 倍；触角鞭
    节无角下瘤；上颊背观长为复眼的 0.89 倍；后胸侧板前上方具圆形光滑区。黑龙江 ···········
    ···················· **短柄光胸细蜂，新种 *P. brevipetiolatus*, sp. nov.**
    腹柄背观中长为中宽的 1.0-1.9 倍，具网皱或夹有纵皱；腹柄侧面背缘长为中高的 1.0-1.9 倍；触角
    鞭节有角下瘤；上颊背观长为复眼的 0.57-0.72 倍；后胸侧板前上方满布网皱，有或无光滑区 ·· 22

22. 腹柄背观中长为中宽的 1.0-1.3 倍，侧面背缘长为中高的 0.8-1.1 倍 ····················· 23
    腹柄背观中长为中宽的 1.5-1.9 倍，侧面背缘长为中高的 1.2-1.6 倍 ····················· 28

23. 侧单眼间距明显短于单复眼间距（11:17）；触角第 10 鞭节长为端宽的 2.9 倍；并胸腹节背表面
    基部有 1 小光滑区；合背板基部具 11 条纵沟，亚侧纵沟长为中纵沟的 1.3 倍；后足腿节褐色；前
    翅长 3.6mm。四川 ···················· **沟光胸细蜂，新种 *P. sulcus*, sp. nov.**

侧单眼间距等于、短于或长于单复眼间距；触角第 10 鞭节长为端宽的 3.2-3.7 倍；并胸腹节背表面基部无光滑区；合背板基部具 7-9 条纵沟，亚侧纵沟长为中纵沟的 0.6-1.1 倍；后足腿节褐黄色或红褐色 ·· 24

24. 触角第 2 鞭节长为端宽的 3.9 倍；触角端节长为亚端节的 1.77 倍；并胸腹节中纵脊仅伸达背表面后端；第 1 窗疤疤距为疤宽的 0.3 倍；前翅长 3.7mm。四川 ···
·· **蒋氏光胸细蜂，新种 *P. jiangi,* sp. nov.**
触角第 2 鞭节长为端宽的 2.9-3.4 倍；触角端节长为亚端节的 1.41-1.60 倍；并胸腹节中纵脊伸达后表面端部；第 1 窗疤疤距为疤宽的 0.6-1.0 倍 ··· 25

25. 侧单眼间距明显长于单复眼间距 (19：15)；颊长为上颚基宽的 1.5 倍；后胸侧板背缘前方有条形光滑区；合背板基部具 9 条纵沟；前翅长 3.6mm。内蒙古 ··
·· **离眼光胸细蜂，新种 *P. ocellus,* sp. nov.**
侧单眼间距短于或约等于单复眼间距 (13：17 或 14：16)；颊长为上颚基宽的 1.0-1.2 倍；后胸侧板背缘无光滑区；合背板基部具 7 条纵沟 ··· 26

26. 第 1 窗疤棒状，宽为长的 6.0 倍，疤距为疤宽的 0.7 倍；触角第 2 鞭节长为端宽的 2.9；径脉第 1 段长为宽的 0.5 倍；腹柄侧面具稀网皱，仅夹 1 条纵脊；前翅长 3.2mm。吉林 ·················
·· **吉林光胸细蜂，新种 *P. jilinensis,* sp. nov.**
第 1 窗疤稍短，宽为长的 2.5-3.2 倍，疤距为疤宽的 1.0-1.6 倍；触角第 2 鞭节长为端宽的 3.2-3.4 倍；径脉第 1 段长为宽的 1.5-1.6 倍；腹柄侧面基部具网皱，其后具 3-7 条纵脊 ··················· 27

27. 后足腿节长为宽的 7.4 倍；前胸背板侧面后下方具 3 个凹窝；并胸腹节背表面具网皱；腹柄侧面具 3 条纵脊；第 1 窗疤宽为长的 3.2 倍，疤距为疤宽的 1.6 倍；前翅长 3.3mm。河北 ·····················
·· **雾灵光胸细蜂 *P. wulingensis***
后足腿节长为宽的 5.6 倍；前胸背板侧面后下方具 5 个凹窝；并胸腹节背表面具不规则皱；腹柄侧面具 6-7 条纵脊；第 1 窗疤宽为长的 2.5 倍，疤距为疤宽的 1.0 倍；前翅长 2.2mm。内蒙古········
······································ **内蒙古光胸细蜂，新种 *Phaenoserphus neimongolensis,* sp. nov.**

28. 后足腿节黄褐色、褐黄色或红褐色 ·· 29
后足腿节黑褐色、浅黑褐色或两端色浅 ·· 32

29. 触角鞭节无明显角下瘤；上颊背观长为复眼的 0.69 倍；并胸腹节中纵脊伸达后表面后端；腹柄背面具 2 条细纵皱；前翅长 3.6-3.8 mm。四川 ·············· **平武光胸细蜂，新种 *P. pingwuensis* sp. nov.**
触角鞭节具小气泡状角下瘤；上颊背观长为复眼的 0.46-0.57 倍；并胸腹节中纵脊伸达后表面中央或背表面后端；腹柄背面满布弱皱或纵向网室，或具 4 条纵脊内夹不规则刻点 ····················· 30

30. 并胸腹节中纵脊伸达后表面中央；第 1 窗疤宽为长的 3.5 倍；腹柄背面具 4 条纵脊，内夹不规则刻点；前翅长 3.5 mm。河南 ·························· **河南光胸细蜂，新种 *P. henanensis* sp. nov.**
并胸腹节中纵脊伸达背表面后端；第 1 窗疤宽为长的 1.5-2.5 倍；腹柄背面无纵脊，满布弱皱或纵向网室 ··· 31

31. 并胸腹节满布大网室，背表面基部侧方中央光滑；腹柄背面满布弱皱；第 1 窗疤宽为长的 2.5 倍，疤距为疤宽的 0.6-1.0 倍；前翅长 3.4 mm。陕西、甘肃 ········· **袁氏光胸细蜂，新种 *P. yuani* sp. nov.**
并胸腹节网室在前方稀，最基部光滑；腹柄具纵向网室；第 1 窗疤宽为长的 1.5 倍，疤距为疤宽的 1.2 倍；前翅长 3.4 mm。湖北 ··················· **皱胸光胸细蜂，新种 *P. rugosipronotum* sp. nov.**

32. 上颊背观长为复眼的 0.46-0.56 倍；腹柄背面具 2-4 条弱纵皱；合背板基部中纵沟长为基部至第 1 窗疤间距的 0.4-0.6 处；亚侧纵沟长为中纵沟的 0.4-0.9 倍；前翅长 2.8-3.6mm。陕西 ························· ·· **袁氏光胸细蜂，新种 P. yuani, sp. nov.**

上颊背观长为复眼的 0.57-0.76 倍；腹柄背面具横皱，或龟状皱，或至多 2 条纵脊；合背板基部中纵沟长为基部至第 1 窗疤间距的 0.50-0.75 处，亚侧纵沟长为中纵沟的 0.8-1.0 倍； ··············· 33

33. 后足腿节长为宽的 7.0 倍，完全黑褐色；颊长为上颚基宽的 0.6 倍；前胸背板侧面后下方具 5 个凹窝；腹板背观中长为中宽的 1.5 倍，侧观背缘长为中高的 1.1 倍；前翅长 3.4-3.7mm。甘肃 ········ ··**长腿光胸细蜂，新种 P. longifemoratus, sp. nov.**

后足腿节长为宽的 5.0-5.1 倍，浅黑褐色，两端褐黄色；颊长为上颚基宽的 0.9-1.4 倍；前胸背板侧面后下方具 2-3 个凹窝；腹板背观中长为中宽的 1.7-1.9 倍，侧观背缘长为中高的 1.25-1.60 倍 ···· ··· 34

34. 上颊背观长为复眼的 0.72 倍；颊长为上颚基宽的 1.4 倍；并胸腹节背表面几乎完全光滑；翅痣长为宽的 1.4 倍；腹柄侧面背缘长为中高的 1.25 倍，具网皱，无纵脊；前翅长 4.0mm。四川 ········ ··· **长颊光胸细蜂，新种 P. genalis, sp. nov.**

上颊背观长为复眼的 0.57 倍；颊长为上颚基宽的 0.9 倍；并胸腹节背表面完全具网皱；翅痣长为宽的 1.7-2.0 倍；腹柄侧面背缘长为中高的 1.6 倍，基部具网皱，端部有 5-6 条纵脊 ·············· 35

35. 并胸腹节中纵脊伸至后表面中央；腹柄背面全部具横刻条；合背板基部中纵沟伸至第 1 窗疤间距的 0.75 处，侧纵沟各 3 条；第 1 窗疤宽为长的 1.5 倍，疤距为疤宽的 0.9 倍；前翅长 2.7mm。陕西 ··· **横皱光胸细蜂，新种 P. transirugosus, sp. nov.**

并胸腹节伸至背表面后端；腹柄背面具网皱，并有 2 条弱中脊；合背板基部中纵沟伸至第 1 窗疤间距的 0.5 处，侧纵沟各 5 条；第 1 窗疤宽为长的 2.0 倍，疤距为疤宽的 0.2 倍；前翅长 2.5mm。陕西 ·· **弱脊光胸细蜂，新种 P. obscuricarinatus, sp. nov.**

(112) 短柄光胸细蜂，新种 *Phaenoserphus brevipetiolatus* He et Xu, sp. nov. (图 170)

雄：体长 4.6mm；前翅长 4.3mm。

头：唇基宽为长的 2.5 倍，具带毛刻点，端缘平截。颜面中央上方有 1 小圆形瘤突。颊长为上颚基宽的 0.75 倍。背观上颊长为复眼的 0.89 倍。POL：OD：OOL=14：10：20。触角第 2、10 鞭节长分别为宽的 3.3 倍和 3.6 倍；第 11 鞭节长为第 10 鞭节的 1.45 倍；无明显角下瘤。

胸：前胸背板侧面光滑，仅前缘上方有浅刻点和浅皱；后缘下方具 5 个大凹窝。中胸侧板光滑，除镜面区外具细毛；翅基片下方具横皱；中央横沟宽，沟内有不规则细点皱；中央横沟后下方水平细皱；侧缝整个具凹窝，后角具刻条。后胸侧板具夹点长形网皱，背方前半有长形光滑区。并胸腹节中纵脊强，伸至后表面端部；满布小室状网皱；背表面多为弱点皱，但基部两侧各有 1 三角形小光滑区，长仅达气门前缘。

足：后足腿节长为宽的 4.9 倍；后足胫节长距强度弯曲，长为基跗节的 0.5 倍。

翅：前翅长为宽的 2.3 倍；翅痣长和径室前缘边长分别为翅痣宽的 1.4 倍和 0.36 倍；径脉第 1 段很短，长约为宽的 0.2 倍；第 2 段稍弯曲，与第 1 段相接处下方有粗短脉桩；小脉在基脉外方，其距为小脉长的 0.5 倍。

腹：腹柄短，背面中长为中宽的 0.65 倍，近五角形，表面光滑，中央有 5-6 条浅纵沟；腹柄侧面背缘长为中高的 0.25 倍，具 5-6 条纵脊。合背板基部中纵沟伸至基部达第 1 对窗疤的 0.46 处，两侧各有纵沟 3 条，亚侧纵沟长为中纵沟的 0.7 倍。第 1 窗疤很大，宽为长的 2.2 倍，疤距为疤宽的 0.4 倍。合背板背面及腹方具中等密的长毛。抱器大，窄三角形，长约为基宽的 3.0 倍。

体色：体黑色。须黄色。上颚红褐色。翅基片、窗疤红褐色。足红褐色；基节 (前足基节端部红褐色)、中足跗节端部 3 节、后足跗节黑褐色。翅透明，稍带烟黄色；翅痣及强脉黑褐色。

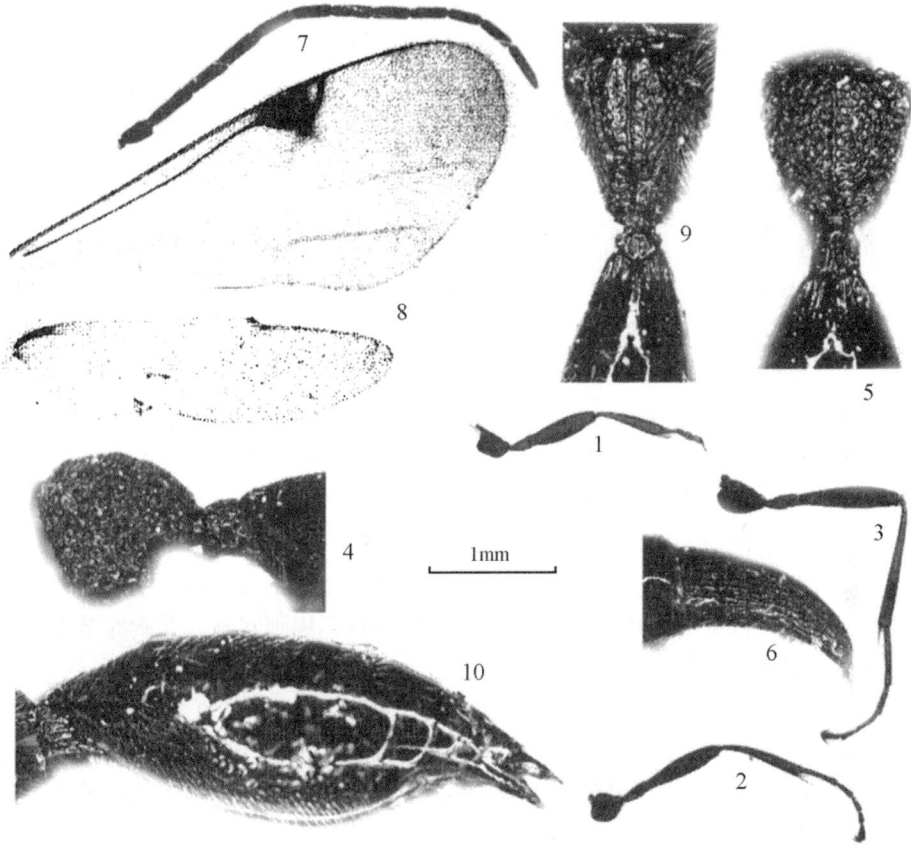

图 170　短柄光胸细蜂，新种 *Phaenoserphus brevipetiolatus* He *et* Xu, sp. nov.
1. 前足；2. 中足；3. 后足；4. 后胸侧板、并胸腹节和腹柄，侧面观；5, 9. 并胸腹节、腹柄和合背板基部，背面观；6. 产卵管鞘；7. 触角；8. 翅；10. 腹部，侧面观 (1-6. ♀; 7-10. ♂) [1-3. 0.8X 标尺；4-5, 9-10. 2.0X 标尺；6. 4.0X 标尺；7-8. 1.0X 标尺]

雌：头胸残缺，前翅丢失。可见特征如下。

头：颊长为上颚基宽的 1.8 倍。

胸：前胸背板侧面在凹槽上方具细点皱，后缘下段具 4 个凹窝，其余部位光滑，有细毛。中胸侧板上方具细刻皱，其余除镜面区光滑外具细毛；侧缝下段凹窝扩展成平行刻皱。后胸侧板满布网皱。并胸腹节中纵脊强，伸至后表面端部；无端横脊；表面满布小室状网皱，沿中脊多横行皱纹。

足：后足腿节长为宽的 5.3 倍；后足胫节长距直，长为基跗节的 0.4 倍。

翅：前翅缺。

腹：腹柄背面短，长为中宽的 1.0 倍，中央具短皱，有 2 条稍内弯且明显的纵皱；侧面背缘长为中高的 0.55 倍，满布网皱。合背板基部中纵沟伸至基部至第 1 对窗疤间距的 0.75 处，两侧各有弱纵沟 4 条，亚侧纵沟长为中纵沟的 0.8 倍。第 1 窗疤宽为长的 3.8 倍，疤距为疤宽的 0.9 倍。合背板后下方具稀毛。产卵管鞘长为后足胫节的 0.32 倍、为鞘中宽的 2.9 倍，表面具细纵刻皱，上下缘有长毛。

体色：胸部和腹部黑色。中后足红褐色，基节黑色。

寄主：未知。

研究标本：正模♂，黑龙江新林，1979.VIII.17，崔昌之 (保存于 SEI)。副模：1♀ (头胸部分残缺)，黑龙江佳木斯，1992.VII.16，娄巨贤，No.950564。

分布：黑龙江。

鉴别特征：见检索表。

词源：种本名"短柄 brevipetiolatus"，意为腹柄背面长仅为中宽的 1.0 倍，在该属雌性中是比较短的一种。

(113) 翅痣光胸细蜂，新种 *Phaenoserphus stigmatus* He *et* Xu, sp. nov. (图 171)

雌：体长 3.2mm；前翅长 2.8mm。

头：颊长为上颚基宽的 1.1 倍。背观上颊长为复眼的 0.52 倍。第 2、10 鞭节长分别为端宽的 2.0 倍和 1.5 倍；第 11 鞭节长为第 10 鞭节的 1.6 倍。

胸：前胸背板侧面光滑，具细毛，仅前缘下方散生浅刻点，后下角的大凹窝上方有并列的 3 个小凹窝；后上角光滑，无毛区大小约为翅基片的 1.0 倍。中胸侧板光滑，除镜面区外有细毛；侧板前缘中段光滑。后胸侧板密布不规则网皱。并胸腹节中纵脊伸至后表面基部；满布细网皱，背表面无光滑区。

足：后足腿节长为宽的 5.3 倍；后足胫节长距长为基跗节的 0.23 倍。

翅：前翅长为宽的 2.9 倍；翅痣长和径室前缘边长分别为翅痣宽的 1.25 倍和 0.17 倍；径脉第 1 段很宽而短，与翅痣宽阔相连；径脉第 2 段直，与第 1 段相连处有脉桩。

腹：腹柄背面中长为中宽的 1.8 倍，满布不规则刻皱，中央有 1 纵凹槽；侧面背缘长为中高的 1.5 倍，具 5 条弱纵皱，基半纵脊间夹有细刻纹。合背板基部中纵沟伸至基部至第 1 对窗疤间距的 0.35 处，两侧各有弱纵沟 3 条，亚中纵沟长为中纵沟的 0.9 倍。第 1 窗疤枕形，宽为长的 2.2 倍，疤距为疤宽的 0.9 倍。合背板下方毛稀。产卵管鞘长为后足胫节的 0.45 倍、为鞘中宽的 4.7 倍，端部下弯，具细刻条，有细毛。

体色：体黑色。须污黄色。触角黑褐色，基部与节黄褐色。翅基片和抱器端部褐黄色。足褐黄色；跗节带黑褐色。翅面烟黄色，翅痣和强脉褐色，弱脉污黄色。

变异：腹柄背面具不规则夹皱弱纵刻条 5 条；合背板基部中纵沟伸达基部至第 1 窗疤间距的 0.5 处，亚侧纵沟长为中纵沟的 0.6 倍。

雄：体长 2.8mm；前翅长 2.5mm。

头：颊长为上颚基宽的 0.7 倍。背观上颊长为复眼的 0.73 倍。第 2、10 鞭节长分别为端宽的 3.8 倍和 4.5 倍；第 11 鞭节长为第 10 鞭节的 1.24 倍；第 3-11 各鞭节中央有 1 个椭圆形的小角下瘤。

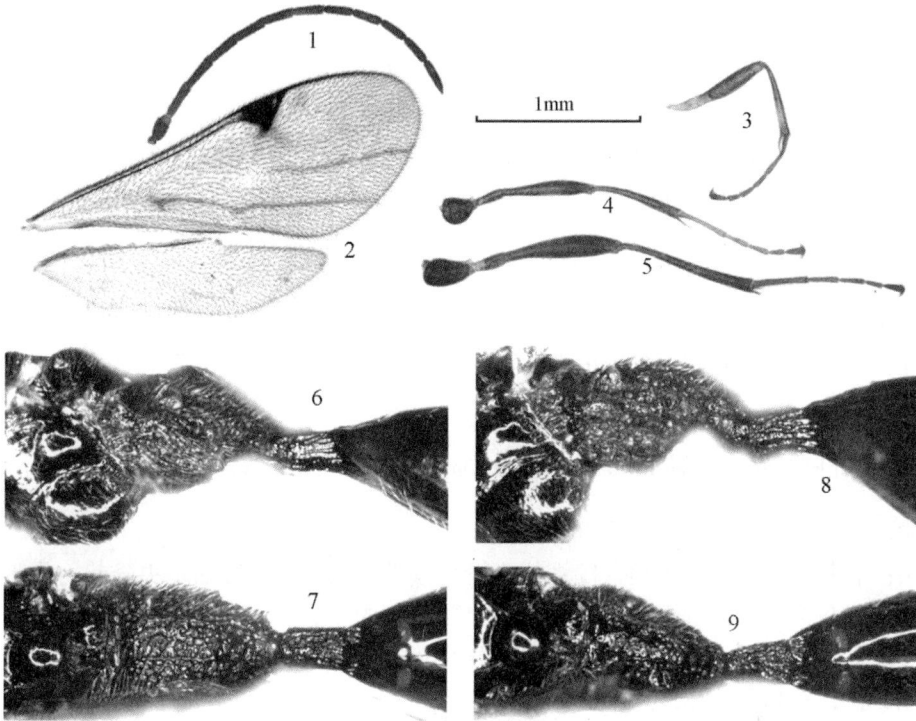

图 171　翅痣光胸细蜂，新种 *Phaenoserphus stigmatus* He *et* Xu, sp. nov.

1. 触角；2. 翅；3. 前足；4. 中足；5. 后足；6, 8. 后胸侧板、并胸腹节和腹部，侧面观；7, 9. 并胸腹节、腹柄和合背板基部，背面观 (1-7.♂; 8-9.♀) [1-5. 1.0X 标尺；6-9. 2.0X 标尺]

胸：前胸背板侧面光滑，具细毛，仅前缘下方散生浅刻点，有时凹槽中央具并列的 5 条细纵刻条；后下角仅有 1 个凹窝。中胸侧板除镜面区光滑外有细毛；侧板前缘上方具细皱，中段光滑。后胸侧板密布不规则网皱，背缘光滑。并胸腹节中纵脊伸至后表面中央；背表面满布细网皱，无光滑区；后表面和侧区满布网皱。

足：后足腿节长为宽的 5.4 倍；后足胫节长距长为基跗节的 0.31 倍。

翅：前翅长为宽的 2.44 倍；翅痣长和径室前缘边长分别为翅痣宽的 1.5 倍和 0.17 倍；径脉第 1 段很宽，与翅痣宽阔相连；径脉第 2 段直，与第 1 段相连处有脉桩。

腹：腹柄背面中长为中宽的 1.9 倍，具不规则纵向网皱，中央有 1 纵凹槽；侧面背缘长为中高的 1.5 倍，具 6-7 条弱纵皱，纵皱基部夹有细皱。合背板基部中纵沟伸至基部至第 1 对窗疤间距的 0.45 处，两侧各有弱纵沟 4 条，亚侧纵沟长为中纵沟的 0.7 倍。第 1 窗疤宽为长的 2.0 倍，疤距为疤宽的 0.8 倍。合背板下方毛较多。抱器小，长三角形，长为基宽的 2.0 倍。

体色：体黑色。须黄色。触角黑褐色。翅基片褐黄色。足浅褐色；前足转节、腿节、胫节褐黄色；中后足基节端部、转节和中足第 1-3 跗节带黄褐色。翅面烟黄色，翅痣和强脉褐色，弱脉浅褐色。抱器端部 0.7 褐黄色。

研究标本：正模♀，河北张家口小五台山杨家坪，2005.Ⅷ.20，时敏、No.200604649。副模：49♂，河北张家口小五台山东灵口—山涧口—金河口，2005.Ⅷ.21-23，时敏、张红英、刘经贤，Nos，200604431，200604434，200604436，200604448，200604460，200604490-91，200604493-94，200604505-10，200604514，200604550-51，200604554，200604556，200604558-59，200604562，200604564，200604566，200604568-71，200604597，200604599，200604602，200604647，200604651，200604699，200604734，200604736，200604755，200604762，200604786，200609447，200609449-50，200609452-53，200609470，200609516-17，200609522。

分布：河北。

鉴别特征：见检索表。

词源：种本名"翅痣 stigmatus"，意为翅痣特短，长为宽的 1.25 倍且下方与径脉第 1 段宽阔相连。

(114) 白山光胸细蜂，新种 *Phaenoserphus baishanensis* He *et* Xu, sp. nov. (图 172)

雌：体长 3.3mm；前翅长 2.7mm。

头：唇基宽为长的 3.2 倍，除端缘光滑外具带毛细刻点。颜面中央隆起，具带毛细刻点，近触角窝间有椭圆形小瘤。颊长为上颚基宽的 1.1 倍。背观上颊长为复眼的 0.57 倍。POL：OD：OOL=10：6：10。触角端部稍膨大，第 2、10 鞭节长分别为端宽的 4.0 倍和 2.0 倍；第 11 鞭节长为第 10 节的 1.55 倍。

胸：前胸背板侧面在凹槽上段具平行短刻皱，后缘下段具 3 个凹窝，其余部位光滑，有细毛。中胸侧板除镜面区光滑外具细毛；中央横沟完整，沟内前端具弱皱；横沟后段下方侧板具弱皱。后胸侧板满布细网皱。并胸腹节中纵脊不强，仅背表面存在；表面满布小室状网皱，背表面最基部也无光滑区。

足：后足腿节长为宽的 5.0 倍；后足胫节长距直，长为基跗节的 0.39 倍。

翅：前翅翅痣长和径室前缘边长分别为翅痣宽的 1.73 倍和 0.4 倍；径脉第 1 段长为宽的 0.3 倍，从翅痣外方 0.4 处伸出；第 2 段近于直，与第 1 段相接处下方有脉桩；肘间横脉不着色；小脉在基脉外方，其距为小脉长的 1.1 倍。

腹：腹柄背面长为中宽的 1.85 倍，表面有 4 条纵皱，中央 2 条长而强，向后稍收窄，外侧 1 条短而弱，仅后半存在，纵皱间散生弱皱；腹柄侧面背缘长为中高的 1.5 倍，具 5 条纵脊，在基部夹有网皱。合背板基部中纵沟伸至基部至第 1 对窗疤间距的 0.6 处，两侧各有弱纵沟 3 条，亚侧纵沟长为中纵沟的 0.6 倍。第 1 窗疤宽为长的 1.8 倍，疤距为疤宽的 0.9 倍。合背板后下方具稀毛。产卵管鞘长为后足胫节的 0.37 倍、为鞘中宽的 4.0 倍，表面具细纵刻皱，上下缘有长毛。

体色：体黑色。触角黑褐色，柄节、梗节及鞭节基部 3 节多少红褐色。上颚 (除两端) 红褐色。须端部及翅基片褐黄色。足红褐色，后足基节色稍深；前中足和后足第 4-5 跗节黑褐色。翅透明，带烟黄色，翅痣和强脉浅褐色。

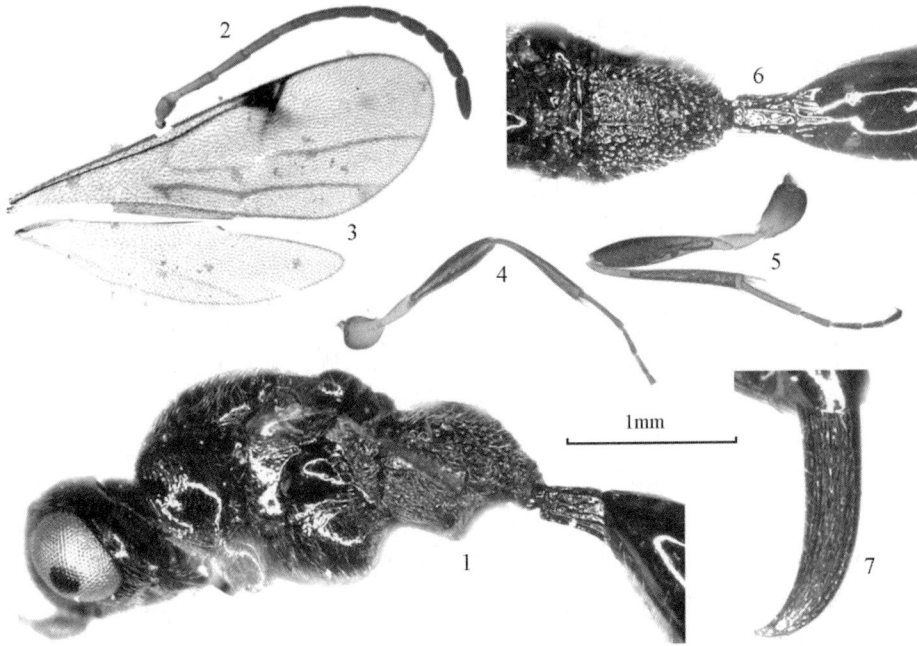

图 172　白山光胸细蜂，新种 *Phaenoserphus baishanensis* He *et* Xu, sp. nov

1. 头部、胸部和腹部基部，侧面观；2. 触角；3. 翅；4. 中足；5. 后足；6. 并胸腹节、腹柄和合背板基部，背面观；7. 产卵管鞘 [1, 6. 2.0X 标尺；2-5. 1.0X 标尺；7. 4.0X 标尺]

研究标本：1♀，吉林长白山二道白河电站，740m，马云，No.20047153。

分布：吉林。

鉴别特征：见检索表。

词源：种本名"白山 *baishanensis*"系指模式标本产地吉林长白山。

(115) 袁氏光胸细蜂，新种 *Phaenoserphus yuani* He *et* Xu, sp. nov. (图 173)

雌：体长 3.5mm；前翅长 3.2mm。

头：唇基宽为长的 2.0 倍，中央拱隆具带毛刻点，端缘光滑平截。颊长为上颚基宽的 1.6 倍。颜面上方在近触角窝间有小瘤突。背观上颊长为复眼的 0.42 倍。POL∶OD∶OOL=12∶7∶11。触角棒状，第 2、10 鞭节长分别为端宽的 4.3 倍和 2.4 倍；第 11 鞭节长为第 10 鞭节的 1.5 倍。

胸：前胸背板侧面满布细毛，背缘细毛较密；凹槽上方具弱的短刻条，后缘下方有 4 个凹窝。中胸侧板光滑，除镜面区中央外满布细毛；中央横沟宽而完整。后胸侧板满布细的密网皱，无光滑区。并胸腹节满布细的小室状网皱；中纵脊伸至背表面后端，两侧皱纹略横向，无光滑区。

足：后足腿节长为宽的 5.0 倍，基部收窄，略呈棒状；后足胫节长距稍弯，长为基跗节的 0.37 倍。

翅：前翅长为宽的 2.5 倍；翅痣长和径室前缘边长分别为翅痣宽的 1.9 倍和 0.18 倍；径脉第 1 段从翅痣中央伸出，长为宽的 0.4 倍；第 2 段直，与第 1 段相交处下方有脉桩；小脉在基脉外方，其距为小脉脉长。

　　腹：腹柄背面长为中宽的 2.0 倍，近长方形，表面具夹点刻皱和小网皱；腹柄侧面背缘长为中高的 1.7 倍，具纵刻条，内夹细皱。合背板基部中纵沟伸至基部达第 1 对窗疤间距的 0.5 处，两侧各有纵沟 4 条，亚侧纵沟长为中纵沟的 0.15 倍（右）和 0.4 倍（左）。第 1 窗疤宽为长的 1.5 倍，疤距为疤宽的 0.9 倍。合背板下方具稀毛。产卵管鞘长为后足胫节的 0.43 倍，为鞘中宽的 4.7 倍，端部 1/4 下弯而渐窄，顶端尖钝，表面具纵沟和细毛。

　　体色：体黑色。须和翅基片黄色。触角柄节和鞭节棕黑色。产卵管鞘端部黑色。足红褐色；转节、前足基节黄褐色。翅透明，稍带烟黄色，翅痣及强脉黑褐色。

　　变异：体长 3.1-3.2mm；前翅长 2.8mm。颊长为上颚基宽的 1.0 倍。背观上颊长为复眼的 0.48-0.55 倍。第 2、10 鞭节长分别为端宽的 2.7 倍和 2.1 倍。中胸侧板中央横沟内具弱皱，沿横沟下方侧板也具弱皱，后胸侧板密布不规则细网皱，上缘有长凹槽，其内刻皱弱。后足腿节长为宽的 4.7 倍。翅痣长和径室前缘脉边长分别为翅痣宽的 1.7 倍和 0.4 倍；合背板亚中纵沟长为中纵沟的 0.8 倍，第 1 窗疤宽为长的 1.8 倍。产卵管鞘长为后足胫节的 0.39 倍，为鞘中宽的 4.0 倍。合背板基部下方和产卵管鞘端部带红棕色。触角黑褐色，梗节和鞭节基部数节带红棕色。足黄褐色，端跗节、后足基节除端部、后足腿节除基部多少带黑褐色。

　　雄：体长 3.1-4.4mm；前翅长 2.8-3.6mm。

　　头：颊长为上颚基宽的 1.1 倍。背观上颊长为复眼的 0.46-0.56 倍。POL：OD：OOL= 11：7：16 或 13：7：13。触角细长，第 2、10 鞭节长分别为端宽的 3.3-3.9 倍和 3.6-4.1 倍，第 11 鞭节长为第 10 鞭节的 1.28-1.52 倍；鞭节具小水泡状角下瘤。

　　胸：前胸背板侧面光滑，凹槽前方具浅点皱，后下角 1 个大凹窝上方有并列的 4 个小的浅凹窝；后上角无毛区长约为翅基片的 1.0 倍。中胸侧板除镜面区光滑外有细毛；侧板前缘上段、沿中央横沟后段下方、侧板后下方具并列细横皱。后胸侧板密布不规则细网皱，上缘有长凹槽，其内刻皱弱。并胸腹节中纵脊伸至后表面端部；满布大网室，背表面基部侧方中央有光滑区，其长伸至气门后缘。

　　足：后足腿节长为宽的 5.1-7.7 倍；后足胫节长距直，长为基跗节的 0.34 倍。

　　翅：前翅长为宽的 2.4 倍；翅痣长和径室前缘边长分别为翅痣宽的 1.6-1.7 倍和 0.46-0.50 倍；径脉第 1 段从翅痣 0.55 处伸出，长为宽的 0.8 倍；径脉第 2 段稍弯，与第 1 段相接处有脉桩。

　　腹：腹柄背面中长为中宽的 1.3-1.6 倍，满布弱皱，中央 2-4 条弱纵皱；侧面背缘长为中高的 1.2 倍，基方大部分具网皱，端部 0.3-0.5 具 5-6 条纵脊。合背板基部中纵沟伸至基部达第 1 对窗疤间距的 0.4-0.6 处，两侧各有弱纵沟 3-4 条，亚侧纵沟长为中纵沟的 0.4-0.9 倍。第 1 窗疤距宽为长的 2.5 倍，疤距为疤宽的 0.6-1.0 倍。合背板下方毛中等密。抱器长三角形，长为基宽的 2.5 倍。

　　体色：体黑色。须黄色。触角黑褐色。翅基片褐黄色。足红褐色，后足胫节和跗节色稍深，中后足基节除端部黑褐色；但足色有深浅，浅色者有如雌性，深色者有中足或前中足基节浅黑褐色，转节背方、腿节背方、胫节背方或除基部浅褐色，跗节端 2 节或 3 节或整个后足跗节黑色。翅面烟黄色，翅痣和强脉黑褐色。抱器褐黄色。

研究标本：正模♀，陕西秦岭天台山，1999.Ⅸ.4，陈学新，No.991458。副模：1♂，同正模，No.991510；1♂，采地、采期同正模，马云，No.991108；1♀9♂，甘肃宕昌大河坝，2300m，2004.Ⅶ.30，时敏，Nos.20046958，20046960-61，20046967，20046970-71，20046977，20046979，20046989，20047004；2♂，采地、采期同正模，陈学新，Nos.20047042，20047045。

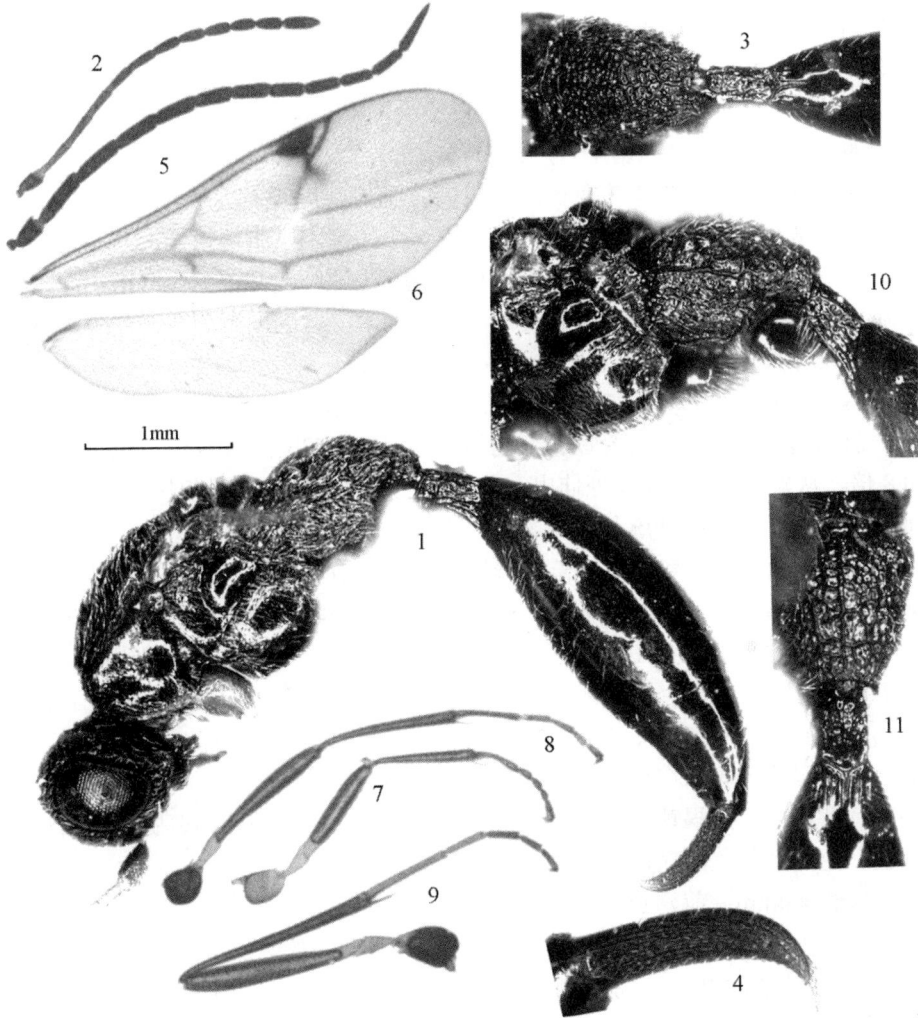

图 173　袁氏光胸细蜂，新种 *Phaenoserphus yuani* He *et* Xu, sp. nov.

1. 整体，侧面观；2, 5. 触角；3, 11. 并胸腹节、腹柄和合背板基部，背面观；4. 产卵管鞘；6. 翅；7. 前足；8. 中足；9. 后足；10. 中胸侧板、并胸腹节和腹柄，侧面观 [1, 3, 10-11. 2.0X 标尺；2, 5-9. 1.0X 标尺；4. 4.0X 标尺]

分布：陕西、甘肃。

鉴别特征：见检索表。

词源：种本名"袁氏 *yuani*"，表示对西北农林科技大学袁锋教授支持作者工作的感谢。

(116) 雾灵光胸细蜂 *Phaenoserphus wulingensis* He *et* Xu, 2010 (图 174)

Phaenoserphus wulingensis He *et* Xu, 2010, *Entomotaxonomia*, 32(3): 224.

雌：体长 4.7mm；前翅长 3.3mm。体较粗壮。

头：唇基宽为长的 4.0 倍，光滑，仅近唇基凹下方具带毛细刻点。颜面中央稍隆起，具带毛细刻点，在近触角窝间有短纵脊。颊长为上颚基部宽的 1.8 倍。背观上颊长为复眼长的 0.67 倍。颊脊约以 80° 与口后脊相接，通常在颊脊向口后脊转角处有 1 残脊，此残脊达上颚关节处。POL：OD：OOL=14：7：14。触角端部稍膨大，第 2、10 鞭节长分别为端宽的 3.3 倍和 2.2 倍，第 11 鞭节长为第 10 节的 1.48 倍。

胸：前胸背板侧面凹槽前方具微弱的模糊的浅刻点和刻纹，其余光滑；后上方无毛区大小约为翅基片的 2.0 倍；后下缘有并列的 4 个凹窝。中胸侧板光滑，除镜面区外有细毛；侧缝下段凹窝前连有弱沟。后胸侧板密布不规则细网皱，无光滑区。并胸腹节中纵脊明显，伸达该节末端；有中等程度的小室状网皱，背表面网皱较稀，基部近中央光滑，光滑区仅伸长至气门前缘。

足：后足腿节长约为宽的 5.2 倍；后足胫节长距直，长为基跗节的 0.42 倍。

翅：前翅翅痣长和径室前缘边长分别为翅痣宽的 1.73 倍和 0.4 倍；径脉第 1 段长为宽的 0.8 倍，从翅痣外方约 0.4 处伸出；第 2 段近于直，与第 1 段相接处下方有短脉桩；肘间横脉不着色；小脉在基脉外方，其距为小脉长的 1.2 倍。

腹：腹柄背面长约为宽的 1.5 倍，后端稍阔，表面后方 0.6 中央有 3 条纵脊，侧方有少许短斜刻皱；腹柄侧面背缘长为中高的 0.9 倍，基部具网皱，端部连有纵刻条。合背板基部中纵沟伸达基部至第 1 对窗疤的 0.6 处；侧沟各 3 条，亚中纵沟长为中纵沟的 0.8 倍。第 1 窗疤拟卵形，宽为长的 2.5 倍，疤距为疤宽的 1.8 倍。合背板下方毛较密。产卵管鞘长为后足胫节的 0.32 倍、为鞘中宽的 3.4 倍，侧面具细纵刻条，背面光滑。

体色：体黑色。腹部棕黑色，端部及产卵管鞘向末端带棕色。口器暗褐色。触角棕色。翅基片黄褐色。足褐黄色；基节黑褐色，背面褐色；转节背面、腿节除两端和端跗节暗褐色。翅面烟黄色，翅痣和强脉褐色，弱脉无色。

雄：体长 4.4mm；前翅长 3.3mm。

头：颊长为上颚基宽的 1.0 倍。背观上颊长为复眼长的 0.64 倍。第 2、10 鞭节长分别为端宽的 3.2 倍和 3.7 倍，第 11 鞭节长为第 10 鞭节的 1.56 倍；鞭节具明显小水泡状角下瘤。POL：OD：OOL=13：7：13。

胸：前胸背板侧面光滑，凹槽前方具浅刻点，前缘具浅刻条，后下缘有 3 个凹窝；后上角均有稀的细毛。中胸侧板除镜面区光滑外有细毛；前缘上段及沿中央横沟下方具并列细横皱。后胸侧板密布不规则细网皱，上缘有长凹槽，其内具并列短纵脊。并胸腹节中纵脊伸至后表面后端；背表面满布大网室，无光滑区；后表面和侧区满布大网室。

足：后足腿节长约为宽的 7.4 倍；后足胫节长距长为基跗节的 0.42 倍。

翅：前翅长为宽的 2.3 倍，翅痣长和径室前缘边长分别为翅痣宽的 1.6 倍和 0.35 倍；径脉第 1 段从翅痣中央伸出，长为宽的 1.5 倍；径脉第 2 段近于直，与第 1 段相接处有竖的短脉桩。

腹：腹柄背面中长为中宽的 1.1 倍，中央 2 条纵脊，脊侧方具弱横皱；侧面背缘长
为中高的 0.8 倍，具 3 条纵脊，基半夹有网皱。合背板基部中纵沟伸达基部至第 1 对窗
疤间距的 0.6 处；两侧各有浅纵沟 3 条，亚侧纵沟长为中纵沟的 1.0 倍。第 1 窗疤宽为长
的 3.2 倍，疤距为疤宽的 1.6 倍。合背板下方毛中等密。抱器长三角形，长为基宽的
2.0 倍。

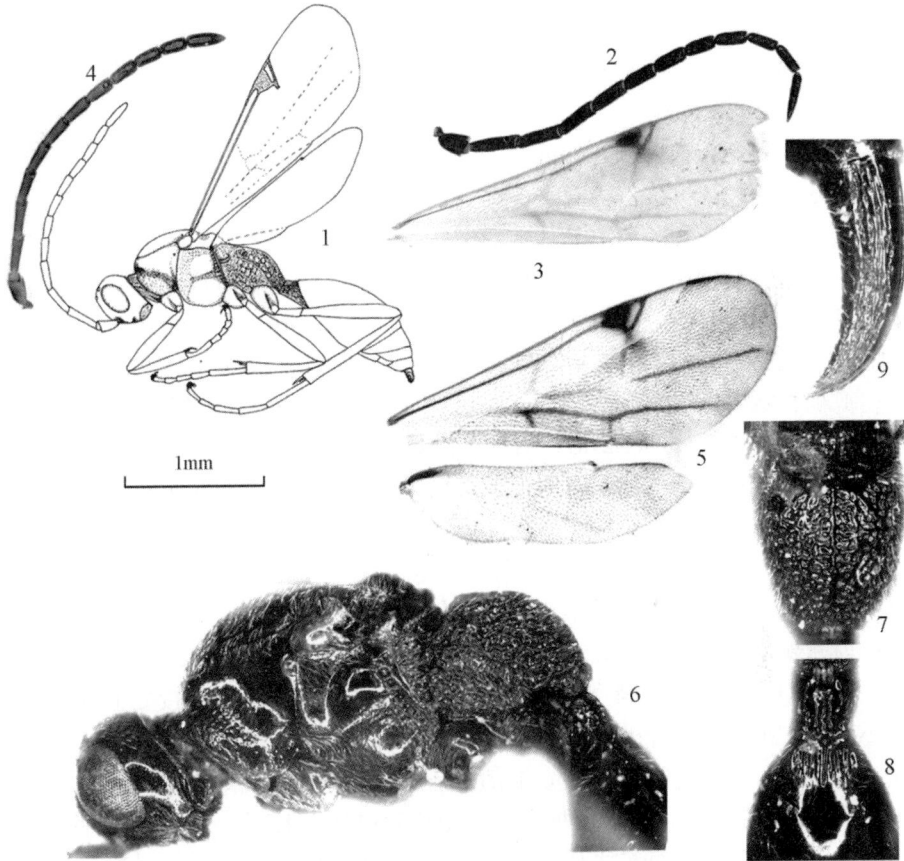

图 174　雾灵光胸细蜂 *Phaenoserphus wulingensis* He *et* Xu

1. 整体，侧面观；2, 4. 触角；3, 5. 翅；6. 头部、胸部和腹部基部，侧面观；7. 并胸腹节，背面观；8. 腹柄和合背板基部，
背面观；9. 产卵管鞘 (仿 He & Xu, 2010) [1. 0.6X 标尺；2-5. 1.0X 标尺；6-9. 2.0X 标尺]

体色：体黑色。须黄色。触角黑褐色。翅基片褐黄色。足红褐色至黄褐色；端跗节、
前中足基节基部棕红色；后足基节黑褐色。翅面烟黄色，翅痣和强脉褐色。抱器褐黄色。

寄主：未知。

研究标本：1♀，河北雾灵山，1974.Ⅷ，郑乐怡，No.871082 (正模)；1♂，同正模，
No.871083 (副模)。

分布：河北。

鉴别特征：本种与全北区种 *Phaenoserphus viator* (Haliday, 1839)十分相近，但有以下特征相区别：①合背板基部第 1 对窗疤间距为疤宽的 1.6-1.8 倍 (后者为 1.0 倍)；②雌性并胸腹节背表面基部 0.1 近中央几乎光滑 (后者基部约 0.3 光滑)；③雌性触角第 10 鞭节长约为宽的 2.2 倍 (后者 2.5 倍)；④雌雄蜂背观上颊长分别为复眼的 0.67 倍和 0.64 倍 (后者分别为 0.78 倍和 0.90 倍)。

词源：种本名根据模式标本产地而拟。

(117) 皱胸光胸细蜂 *Phaenoserphus rugosipronotum* He *et* Xu, 2010 (图 175)

Phaenoserphus rugosipronotum He *et* Xu, 2010, *Entomotaxonomia*, 32 (3): 226.

雌：体长 4.3mm；前翅长 3.6mm。

头：唇基宽为长的 4.4 倍，具带毛细刻点。颜面中央隆起，具带毛细刻点，在近触角窝间有椭圆形小瘤。颊长为上颚基宽的 1.2 倍。背观上颊长为复眼长的 0.67 倍。颊脊稍向外弯，然后突然转向口后脊，约以 70° 与其相接；口后脊与颊脊相接点的以下部分长约为颊脊转向口后脊部分的 1.0 倍。POL：OD：OOL=10：6：14。触角端部稍膨大，第 2、10 鞭节长分别为端宽的 3.8 倍和 4.0 倍，第 11 鞭节长为第 10 鞭节的 1.83 倍。

胸：前胸背板侧面凹槽前上方及其前后具较弱波状皱纹；沿前缘有 2-3 条弧形刻条；后上方无毛区长为翅基片的 1.2 倍；后缘下段具 3 个凹窝。中胸侧板除镜面区外满布带毛的极细刻点，中央横沟端部下方侧板上有极弱的水平刻皱。后胸侧板具网皱，无光滑区。并胸腹节具网皱；中纵脊伸至后表面近端部；背表面基部内侧为光滑区，其长刚伸达气门后方。

足：后足腿节长为宽的 6.1 倍；后足胫节长距直，长为基跗节的 0.35 倍。

翅：前翅翅痣长和径室前缘边长分别为翅痣宽的 1.70 倍和 0.53 倍；径脉第 1 段长为宽的 0.7 倍，从翅痣外方 0.4 处伸出；第 2 段近于直，与第 1 段相接处下方有脉桩；肘间横脉不着色；小脉在基脉外方，其距为小脉长的 0.8 倍。

腹：腹柄背面长为宽的 1.65 倍，端部比基部稍阔，具不规则网皱，但后端网室较大而纵向，具不明显的纵脊 4 条；腹柄侧面背缘长为中高的 1.7 倍，基半具网皱，端半具 5 条纵刻条。合背板基部中纵沟达基部至第 1 对窗疤间距的 0.7 处；两侧各有 4 条纵沟，亚侧纵沟与中纵沟等长。第 1 窗疤宽为长的 3.5 倍，疤距为疤宽的 0.9 倍。合背板下方毛较密。产卵管鞘长为后足胫节的 0.35 倍，为鞘中宽的 4.8 倍，表面有纵刻皱。

体色：体黑色，柄后腹棕黑色，合背板端部稍带红褐色。口器、翅基片黄褐色。触角柄节、梗节褐黄色，鞭节暗褐色。足褐黄色；中足基节暗褐黄色；后足基节暗褐色。翅半透明，翅痣和强脉淡褐色，弱脉褐黄色。产卵管鞘黑色，向末端渐红褐色。

雄：体长 4.6mm；前翅长 3.4mm。

头：唇基宽为长的 1.1 倍。背观上颊长为复眼长的 0.53 倍。第 2、10 鞭节长分别为端宽的 4.1 倍和 3.7 倍，第 11 鞭节长为第 10 鞭节的 1.46 倍；各鞭节有许多小水泡状角下瘤。POL：OD：OOL=15：8：17。

胸：前胸背板侧面光滑，凹槽前方具毛玻璃状细点；前缘下方具浅刻点，后下缘并列 4 个凹窝；后上角无毛。中胸侧板除镜面区光滑外有细毛；侧板前缘上段及中央横沟上方具细弱皱。后胸侧板密布不规则细网皱，上缘有长凹槽，其内刻皱弱。并胸腹节中纵脊伸至后表面端部；背表面满布网室，但前方稀，仅最基部有小光滑区；后表面和侧区满布大网室。

足：后足腿节长为宽的 6.5 倍；后足胫节长距长为基跗节的 0.39 倍。

翅：前翅长为宽的 2.3 倍；翅痣长和径室前缘边长分别为翅痣宽的 1.8 倍和 0.47 倍；径脉第 1 段从翅痣中央伸出，长为宽的 1.0 倍；径脉第 2 段稍弯，与第 1 段相接处有短的斜脉桩。

腹：腹柄背面长为宽的 1.6-1.65 倍，满布纵向网室；侧面背缘长为中高的 1.2 倍，基方大部分具网皱，端部 0.3 具 5 条纵脊。合背板基部中纵沟伸达基部至第 1 对窗疤间距的 0.65 处；两侧各有 3 条纵沟，亚侧纵沟长为中纵沟的 1.1 倍。第 1 窗疤卵圆形，宽为长的 1.5 倍，疤距为疤宽的 1.2 倍。合背板下方毛稀。抱器大，长三角形，长为基宽的 2.4 倍。

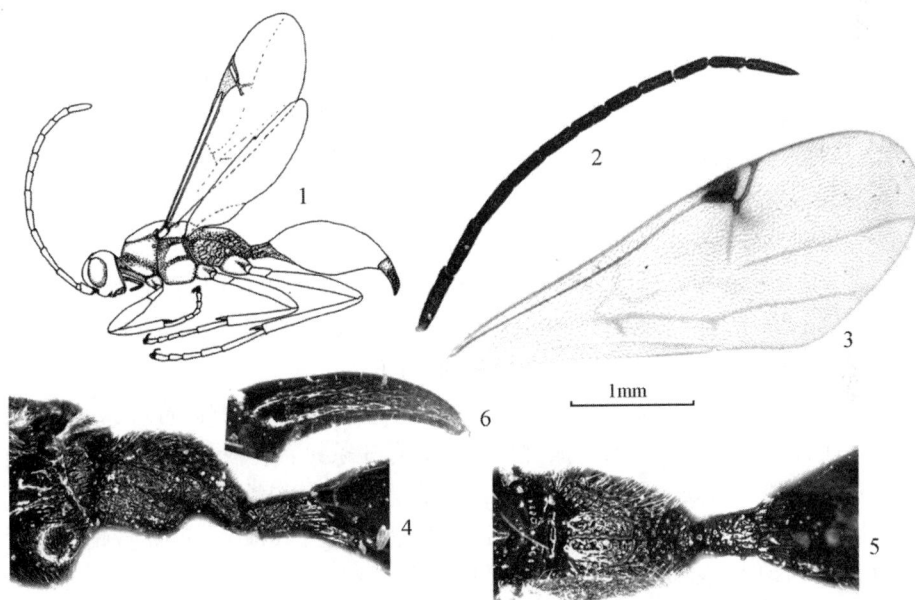

图 175　皱胸光胸细蜂 *Phaenoserphus rugosipronotum* He *et* Xu

1. 整体，侧面观；2. 触角；3. 前翅；4. 后胸侧板、并胸腹节和腹柄，侧面观；5. 并胸腹节、腹柄和合背板基部，背面观；6. 产卵管鞘 (1, 4-6.♀；2-3.♂) (仿 He & Xu, 2010) [1. 0.5X 标尺；2-3. 1.0X 标尺；4-5. 2.0X 标尺；6. 4.0X 标尺]

体色：体黑色。须黄色。触角黑褐色。翅基片黄褐色。足褐黄色；中后足基节除端部棕褐色。翅面烟黄色，翅痣和强脉黑褐色。合背板腹方、腹端部和抱器端半褐黄色。

寄主：未知。

研究标本：1♀，湖北神农架千家坪，1982.Ⅷ.26，石尚柏，No.870103 (正模)；1♂，同正模，No.870105 (副模)。

分布：湖北。

鉴别特征：本种与南欧种 *Phaenoserphus pallipes* (Jurine, 1807)相似，但有以下特征相区别：①前胸背板侧面前方及其前后具较弱皱纹 (后者前半具刻点)；②并胸腹节背表面基部有窄光滑区 (后者无光滑区)；③腹柄长为端宽的 1.60-1.65 倍 (后者 1.0 倍)； ④雄性合背板基部第 1 窗疤相距为宽疤的 1.2 倍 (后者为 0.88 倍)；⑤触角柄节、梗节褐黄色，鞭节暗褐色 (后者触角黄色，第 4-5 鞭节起色渐暗至端部黑)。

词源：种本名"皱胸 *rugosipronotum*"，系 *rugosi* (皱)+*pronotum* (并胸腹节)的组合词，意为并胸腹节满布网皱。

(118) 鼓鞭光胸细蜂，新种 *Phaenoserphus tumidiflagellum* He *et* Xu, sp. nov. (图 176)

雌：体长 3.3mm；前翅长 2.9mm。

头：唇基宽为长的 2.6 倍，光滑，具细毛。颜面光滑，具细毛，近触角窝间有椭圆形小瘤。颊长为上颚基宽的 1.3 倍。背观上颊长为复眼的 0.94 倍。POL：OD：OOL=10：6：10。触角端部稍膨大，第 7-10 各鞭节中央稍鼓出；第 2、10 鞭节长分别为端宽的 4.5 倍和 2.5 倍；第 11 鞭节长为第 10 鞭节的 1.67 倍。

胸：前胸背板侧面前半 (除下方) 具细夹点刻皱，后缘下段具单个凹窝，其余部位光滑，少细毛。中胸侧板除镜面区光滑外具细毛，横沟下方侧板毛稀；中央横沟完整；侧缝整个具凹窝，后下角具水平细皱。后胸侧板满布网皱，下方前半的较弱。并胸腹节侧观背缘缓斜；中纵脊明显，仅背表面存在；背表面具弱点皱，基部光滑区稍伸过气门后缘；其余具小室状细网皱。

足：后足腿节长为宽的 6.9 倍；后足胫节长距直，长为基跗节的 0.32 倍。

翅：前翅翅痣长和径室前缘边长分别为翅痣宽的 1.9 倍和 0.3 倍；径脉第 1 段长为宽的 0.3 倍，从翅痣外方 0.4 处伸出；第 2 段近于直，与第 1 段相接处下方有脉桩；肘间横脉不着色；小脉在基脉外方，其距为小脉长的 1.1 倍。

腹：腹柄背面中长为中宽的 1.75 倍，表面有 8 条纵刻条；侧面背缘长为中高的 1.3 倍，基部具连有纵脊的横脊 5 条，横脊后另有纵脊 3 条。合背板基部中纵沟伸达基部至第 1 对窗疤间距的 0.6 处，两侧各有弱纵沟 4 条，亚中纵沟长为中纵沟的 0.6 倍。第 1 窗疤宽为长的 1.5 倍，疤距为疤宽的 0.5 倍。合背板后下方具稀毛。产卵管鞘长为后足胫节的 0.29 倍，为鞘中宽的 4.1 倍，表面具细纵刻点，上下缘有长毛。

体色：体黑色，胸部侧板和腹亚端部带红褐色。触角柄节、梗节红褐色，鞭节黑褐色。上唇、上颚红褐色。须及翅基片黄褐色。足红褐色，各足第 3-5 跗节、后足基节基部、胫节端部浅褐色。翅透明，带烟黄色，翅痣和强脉黄褐色。

雄：未知。

寄主：未知。

研究标本：正模♀，陕西秦岭天台山，1999.Ⅸ.3，何俊华，No.990074。

分布：陕西。

鉴别特征：见检索表。

词源：种本名"鼓鞭 *tumidiflagellum*"，系 *tumid* (鼓出)+ *flagellum* (鞭节) 组合词，意为第 7-10 各鞭节中央稍鼓出。

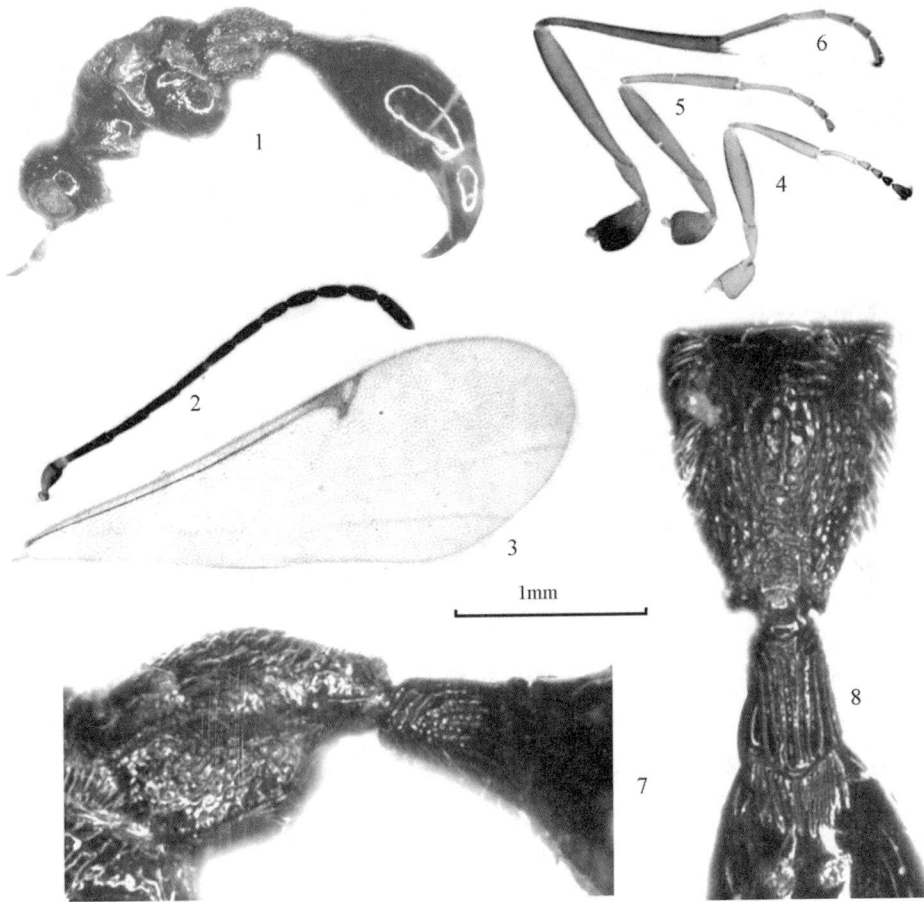

图 176　鼓鞭光胸细蜂，新种 *Phaenoserphus tumidiflagellum* He *et* Xu, sp. nov.
1. 整体，侧面观；2. 触角；3. 前翅；4. 前足；5. 中足；6. 后足；7. 后胸侧板、并胸腹节和腹部，侧面观；8. 并胸腹节、腹柄和合背板基部，背面观 [1-6. 1.0X 标尺；7-8. 2.0X 标尺]

(119) 窄翅光胸细蜂，新种 *Phaenoserphus angustipennis* He *et* Xu, sp. nov. (图 177)

雌：体长 3.4mm；前翅长 2.7mm。

头：颜面光滑，具细毛，在近触角窝间有 1 椭圆形小瘤。唇基宽为长的 2.6 倍，光滑，具细毛。颊长为上颚基宽的 0.56 倍。背观上颊长为复眼的 0.90 倍。POL：OD：OOL= 10：6：10。触角端部稍膨大，第 7-10 各鞭节中央稍鼓出，第 2、10 鞭节长分别为端宽的 2.0 倍和 1.5 倍；第 11 鞭节长为第 10 鞭节的 1.83 倍。

胸：前胸背板侧面光滑无毛，仅前缘上方具并列的 3 条细斜刻条，后下角 1 个大凹窝上方有 2 个小凹窝。中胸侧板光滑，几乎无毛；侧板前缘上段具细点皱；沿中央横沟下方有 1 条弱皱。后胸侧板密布不规则细网皱，上缘前半有长条形光滑区。并胸腹节中纵脊伸至背表面后端；背表面满布细皱，仅基部中央有 1 小光滑区，其后端不达气门前缘；后表面和侧区满布细网皱。

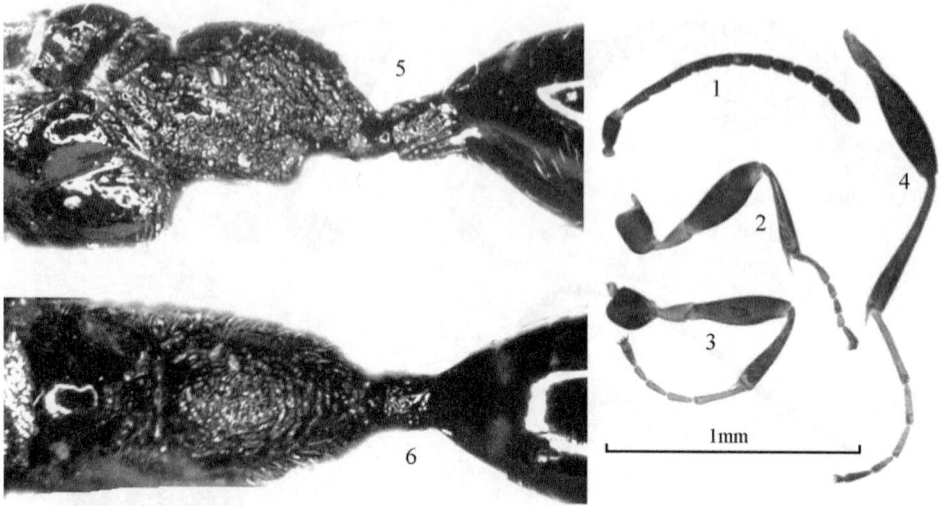

图 177 窄翅光胸细蜂，新种 *Phaenoserphus angustipennis* He *et* Xu, sp. nov.
1. 触角；2. 前足；3. 中足；4. 后足；5. 后胸侧板、并胸腹节和腹部，侧面观；6. 并胸腹节、腹柄和合背板基部，背面观
[1-4. 1.0X 标尺；5-6. 2.0X 标尺]

足：后足腿节长为宽的 3.6 倍；后足胫节长距长为基跗节的 0.3 倍。

翅：前翅较狭窄，长为宽的 3.2 倍；翅痣长和径室前缘边长分别为翅痣宽的 1.42 倍和 0.3 倍；径脉第 1 段很宽而短，与翅痣宽阔相连；径脉第 2 段直，与第 1 段相连处无脉桩，脉粗，与径室等宽。

腹：腹柄背面中长为中宽的 1.6 倍，侧缘有细脊，中央拱隆具不规则刻皱；侧面背缘长为中高的 1.0 倍，具 6 条细纵皱，基部上方纵皱间夹有刻皱。合背板基部中纵沟伸达基部至第 1 对窗疤间距的 0.25 处，两侧各有弱纵沟 3 条，亚侧纵沟长为中纵沟的 1.0 倍。第 1 窗疤肾形，宽为长的 2.0 倍，疤距为疤宽的 0.8 倍。合背板下方毛少而稀，大部光滑。产卵管鞘长为后足胫节的 0.26 倍，为鞘中宽的 2.7 倍，具纵刻条，有细毛。

体色：体黑色。须、触角黑褐色。翅基片和抱器半污黄色。足黑褐色；前中足转节、腿节端部及中足第 1-2 跗节褐黄色。翅面烟黄色，翅痣和强脉褐黄色，弱脉浅褐色。

雄：未知。

寄主：未知。

研究标本：正模♀，河北张家口小五台山，2005.Ⅷ.20-23，刘经贤，No.200609495。

分布：河北。

鉴别特征：本种前翅相对较狭窄；径脉第 2 段脉粗，与径室等宽，以及产卵管鞘相对较短。

词源：种本名"窄翅 *angustipennis*"，系 *angust* (狭窄)+ *pennis* (翅)的组合词，意为前翅相对很狭窄。

(120) 林氏光胸细蜂，新种 *Phaenoserphus lini* He *et* Xu, sp. nov. (图 178)

雌：体长 3.4mm；前翅长 3.1mm。

头：唇基宽为长的 2.8 倍，具带毛刻点，端缘平截。颊长为上颚基宽的 1.4 倍。背观上颊长为复眼的 0.56 倍。POL：OD：OOL=12：6：10。触角棒状，第 2、10 鞭节长分别为端宽的 3.5 倍和 2.2 倍，第 11 鞭节长为第 10 鞭节的 1.6 倍。

胸：前胸背板侧面光滑，满布细毛，前缘上方具斜刻条，前缘下方为浅刻点，背缘无刻点，近后缘下方具单个凹窝。中胸侧板光滑，除镜面区外满布稀毛；中央横沟完整，内有细皱；前缘在翅基片下方具弱横刻条；侧缝整个具凹窝，在横沟下方连有 1 水平弱刻条。后胸侧板满布细的密网皱，多毛，仅在前上方有 1 小光滑区，其长和高分别约占侧板的 0.25 倍和 0.28 倍。并胸腹节侧观背缘缓斜；背表面和后表面分界不清；中纵脊仅在背表面存在；满布小室状网皱；背表面基部无光滑区。

足：后足腿节长为宽的 5.0 倍，基部收窄；后足胫节长距直，长为基跗节的 0.35 倍。

翅：前翅翅痣长和径室前缘边长分别为翅痣宽的 1.5 倍和 0.45 倍；径脉第 1 段长为宽的 0.3 倍；第 2 段直；肘间横脉上段有脉桩。小脉在基脉外方，其距为小脉长的 1.0 倍。

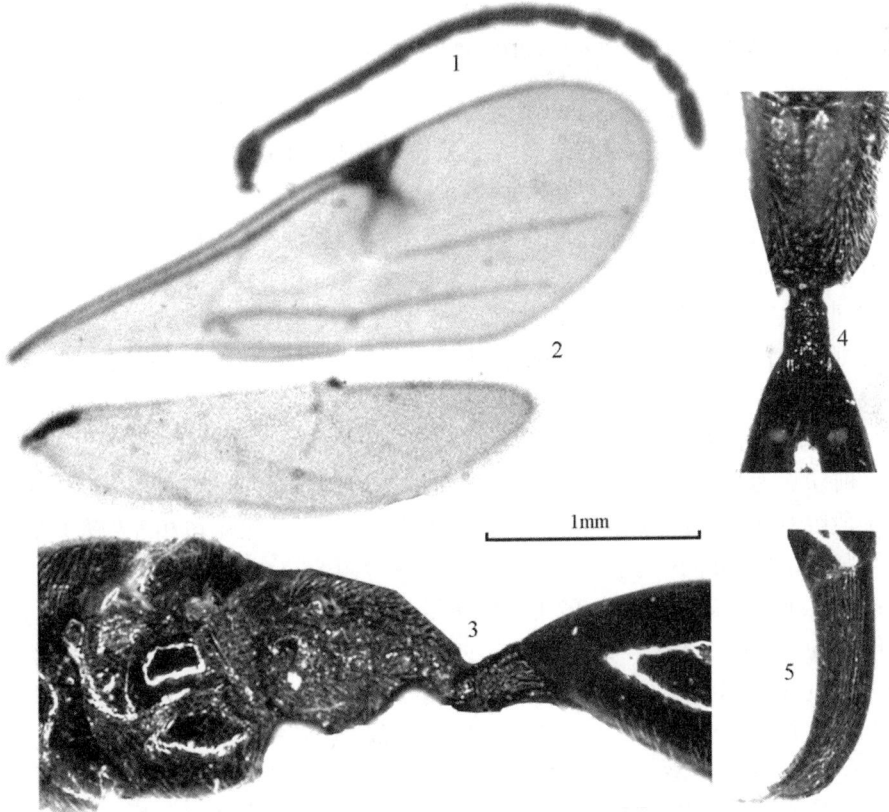

图 178　林氏光胸细蜂，新种 *Phaenoserphus lini* He *et* Xu, sp. nov.

1. 触角；2. 翅；3. 中胸侧板、后胸侧板、并胸腹节和腹柄，侧面观；4. 并胸腹节、腹柄和合背板基部，背面观；5. 产卵管鞘 [1-2. 1.0X 标尺；3-4. 2.0X 标尺；5. 3.0X 标尺]

腹：腹柄背面长为中宽的 1.5 倍，表面具细点皱；腹柄侧面背缘长为中高的 1.1 倍，基半具网皱，端半连 6 纵条。合背板基部中纵沟伸达基部至第 1 对窗疤间距的 0.48 处，两侧各有纵沟3条,亚侧纵沟长为中纵沟的1.0倍。第1窗疤卵圆形,宽为长的1.5倍,疤距为疤宽的1.5倍。合背板下方具稀毛。产卵管鞘长为后足胫节的0.48倍、为鞘中宽的5.7倍,在末端下弯,向末端渐窄,顶端尖钝,表面具纵沟。

体色:体黑色。须、上颚端半、前胸背板侧面前缘下半、翅基片暗黄褐色。触角除柄节外黑褐色。足褐色,基节端部、转节端部、腿节端部黄褐色。翅透明,带烟黄色,翅痣和强脉黑褐色。

雄:未知。

寄主:未知。

研究标本:正模♀,西藏拉萨拉鲁湿地,2000.IX.6,林乃铨,No.20033707。

分布:西藏。

鉴别特征:见检索表。

词源:种本名"林氏 lini",以采集人福建农林大学昆虫学家、教授林乃铨博士姓氏命名。

(121) 光腰光胸细蜂,新种 *Phaenoserphus laevipropodeum* He et Xu, sp. nov. (图179)

雌:体长5.3mm;前翅长4.0mm。

头:颊长为上颚基宽的1.3倍。背观上颊长为复眼的0.6倍。第2、10鞭节长分别为端宽的4.5倍和2.5倍,第11鞭节长为第10鞭节的1.5倍。

胸:前胸背板侧面光滑,具细毛;后上角光滑,无毛区大小约为翅基片的0.7倍;后下角有1个小凹窝。中胸侧板仅镜面区光滑,有细毛;侧板前缘上端具细点皱。后胸侧板密布细毛;前上方有光滑区,其长和高分别占侧板的0.45倍和0.5倍;其余具细刻点和不规则细的浅点皱。并胸腹节中纵脊伸至后表面中央;背表面全为光滑区,其外侧中央有浅刻点;后表面具横皱;外侧区满布网皱。

足:后足腿节长为宽的5.9倍;后足胫节长距长为基跗节的0.59倍。

翅:前翅长为宽的2.6倍;翅痣长和径室前缘边长分别为翅痣宽的2.5倍和0.5倍;径脉第1段很宽而短,长为宽的0.5倍;径脉第2段直,与第1段相连处有短脉桩;径脉和前缘脉相接处夹角小,约28°。

腹:腹柄背面中长为中宽的2.2倍,中央拱隆,具11条纵刻皱,后端0.2侧方光滑;侧面背缘长为中高的2.2倍,具连有纵脊的横或横斜刻条9条。合背板基部中纵沟伸达基部至第1对窗疤间距的0.85处,两侧各有弱纵沟2条,亚侧纵沟长为中纵沟的0.22倍。第1窗疤宽为长的2.5倍,疤距为疤宽的0.8倍。合背板下方毛多但稀而细。产卵管鞘长为后足胫节的0.29倍,为鞘中宽的3.3倍,光滑,具长形稀刻点,有细毛。

体色:体黑色。须黄色。上唇、上颚和翅基片红褐色。触角黑褐色,柄节端部和梗节暗红色。足红褐色;转节、前足基节、腿节两端、胫节和第1-4跗节黄褐色;端跗节、后足基节基部、胫节和跗节褐色或浅褐色。翅透明,烟黄色,翅痣和强脉褐色,弱脉黄色。产卵管鞘端部褐黄色。

变异:副模标本腿节、胫节色稍暗;腹柄刻纹稍弱。

雄:未知。

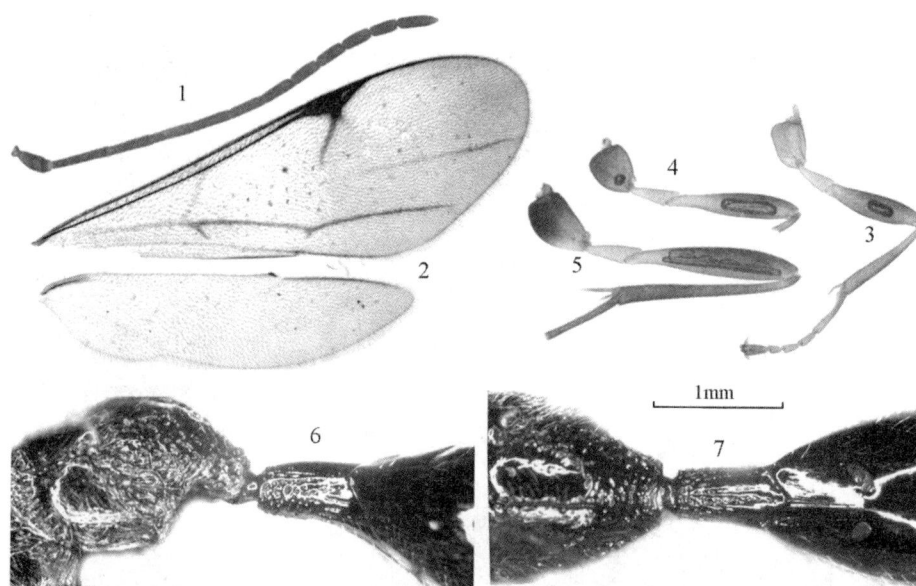

图 179　光腰光胸细蜂，新种 *Phaenoserphus laevipropodeum* He *et* Xu, sp. nov.

1. 触角；2. 翅；3. 前足；4. 中足；5. 后足；6. 后胸侧板、并胸腹节和腹部，侧面观；7. 并胸腹节、腹柄和合背板基部，
背面观 [1-5. 1.0X 标尺；6-7. 2.0X 标尺]

寄主：未知。

研究标本：正模♀，广西桂林猫儿山，2005.Ⅷ.2-10，肖斌，No.200609527。副模 1♀，同正模，No. 200609530。

分布：广西。

鉴别特征：见检索表。

词源：种本名"光腰 *laevipropodeum*"，系 *laevi* (光滑)+ *propodeum* (并胸腹节) 组合词，意为并胸腹节背表面全为光滑区。

(122) 西藏光胸细蜂，新种 *Phaenoserphus xizangensis* He *et* Xu, sp. nov. (图 180)

雄：体长 4.7mm；前翅长 2.5mm。体较粗壮。

头：颊长为上颚基部宽的 0.75 倍。背观上颊长为复眼长的 0.78 倍。颊脊约以 80° 与口后脊相接；通常在颊脊向口后脊转角处有 1 残脊，此残脊达上颚关节处。POL：OD：OOL=10：5：5。触角第 2、10 鞭节长分别为端宽的 5.0 倍和 5.0 倍；端节长为亚端节的 1.28 倍；鞭节上角下瘤看不出。

胸：前胸背板侧面光滑无毛；凹槽上段及前方具模糊的微弱刻点，后下缘有并列的 4 个凹窝；沿前缘并列弱刻条；后上角无毛区长约为翅基片的 1.2 倍。中胸侧板光滑，中央横沟下方细毛亦稀，沿横沟前段下方有弧形弱皱 2 条。后胸侧板密布不规则细网皱。并胸腹节有小室状网皱；中纵脊明显，仅伸达背表面末端；背表面基半光滑，其长为基部至气门后缘间距的 1.5 倍。

图 180 西藏光胸细蜂, 新种 *Phaenoserphus xizangensis* He *et* Xu, sp. nov.
1. 整体, 背面观; 2. 触角; 3. 前翅; 4. 后胸侧板、并胸腹节和腹柄, 侧面观 [1, 4. 2.0X 标尺; 2, 3. 1.0X 标尺]

足: 后足腿节长约为宽的 5.2 倍; 后足胫节长距长为基跗节的 0.34 倍。

翅: 前翅长为宽的 2.5 倍; 翅痣长和径室前缘边长分别为翅痣宽的 1.0 倍和 0.45 倍; 径脉第 1 段从翅痣端角伸出, 与翅痣相连, 翅痣外缘近于陡直。

腹: 腹柄背面中长约为宽的 1.4 倍, 满布细网皱; 腹柄侧面背缘长为中高的 1.0 倍, 基部 0.7 具网皱, 端部 0.3 具 7 条短纵脊。合背板基部中纵沟极弱而不显, 达基部至第 1 对窗疤间距的 0.2 处; 侧方各有 4 条短纵沟, 其长为中纵沟长的 1.5 倍。第 1 窗疤拟卵形, 宽为长的 1.5 倍, 疤距为疤宽的 1.0 倍。合背板下方毛稀。抱器长刚大于基宽, 长为后足端跗节的 0.7 倍。

体色: 体黑色。口器及翅基片红褐色。足黑褐色, 基节端部、腿节端部、胫节端部、跗节红褐色。翅透明, 带烟黄色, 翅痣和强脉褐色, 弱脉无色。抱器褐黄色。

雌: 未知。

寄主: 未知。

研究标本: 正模♂, 西藏林芝生态所, 2002.IX.1, 林乃铨, No.20034416。副模: 1♂ (无头), 西藏林芝农牧学院, 2003.VIII.3, 德吉梅朵, No.20034420。

分布: 西藏。

鉴别特征: 见检索表。

词源: 种本名 "西藏 *xizangensis*", 是根据模式标本产地而拟。

(123) 光柄光胸细蜂，新种 *Phaenoserphus glabripetiolatus* He *et* Xu, sp. nov. (图 181)

雄：体长 4.4mm；前翅长 3.5mm。

头：唇基宽为长的 3.3 倍，除端缘光滑外，具带毛纵向点皱。颜面中央隆起，上具纵向点皱，近触角窝间有椭圆形小瘤。颊长为上颚基宽的 1.0 倍。背观上颊长为复眼的 0.76 倍。POL：OD：OOL=19：8：19。触角第 2、10 鞭节长分别为端宽的 5.0 倍和 5.3 倍，第 11 鞭节长为第 10 节的 1.3 倍；鞭节上看不出角下瘤。

胸：前胸背板侧面前方具夹点刻皱，在凹槽中段具刻皱，背缘后段具细斜刻条；近后缘下段具 5 个凹窝；后半大部分光滑，光滑区长均为翅基片的 1.3 倍。中胸侧板除下半具稀毛外光滑，中央横沟完整；侧板前缘部位在翅基片下方具横斜条，其余为不完整斜刻条，侧板缝整个具凹窝，下段凹窝前方具水平短的弱刻条。后胸侧板满布网皱，前上方有 1 小光滑区。并胸腹节侧观背缘缓斜；中纵脊伸至后表面端部；背表面和后表面分界不清，表面满布小室状网皱。

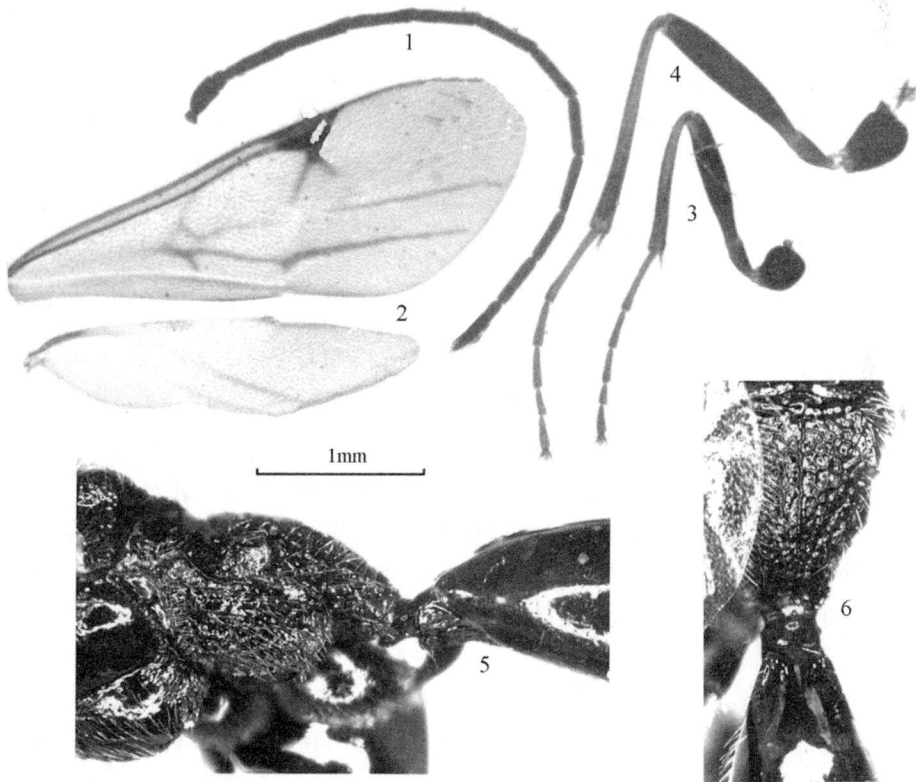

图 181　光柄光胸细蜂，新种 *Phaenoserphus glabripetiolatus* He *et* Xu, sp. nov.

1. 触角；2. 翅；3. 中足；4. 后足；5. 后胸侧板、并胸腹节和腹柄，侧面观；6. 并胸腹节、腹柄和合背板基部，背面观

[1-4. 1.0X 标尺；5-6. 2.0X 标尺]

足：后足腿节长为宽的 6.4 倍；后足胫节长距直，长为基跗节的 0.32 倍。

翅：前翅翅痣长和径室前缘边长分别为翅痣宽的 0.91 倍和 0.48 倍；径脉第 1 段不明显，从翅痣外方 0.3 处伸出；第 2 段近于直，与第 1 段相接处下方有短脉桩；小脉在基脉外方，其距为小脉长的 1.1 倍，长为后足端跗节的 0.4 倍。

腹：腹柄短，背面近五角形，长为中宽的 0.65 倍，表面光滑无刻纹；侧面背缘长 (斜) 为中高的 0.5 倍，基本上光滑，具 3 条细纵脊。合背板基部中纵沟达基部至第 1 对窗疤间距的 0.33 处，两侧各有弱纵沟 3 条，亚侧纵沟长为中纵沟的 0.45 倍。第 1 窗疤卵形，宽为长的 1.5 倍；疤距为疤宽的 1.6 倍。合背板后半下方具稀毛。抱器窄三角形，长为基宽的 1.7 倍，为后足端跗节的 0.4 倍。

体色：体黑色。须端部及翅基片暗褐黄色。前足无；中后足基节、转节、腿节黑褐色；中足胫节和跗节暗褐黄色；后足胫节和跗节浅黑褐色。翅透明，翅痣和强脉浅褐黄色，翅痣下半褐色。

雌：未知。

寄主：未知。

研究标本：1♂，西藏林芝生态所，2002.Ⅸ.1，林乃铨，No.20034415。

分布：西藏。

鉴别特征：见检索表。

词源：种本名 "光柄 glabripetiolatus"，系 glabri (光滑)+ petiolatus (腹柄)的组合词，意为腹柄表面光滑无刻纹。

(124) 多窝光胸细蜂，新种 *Phaenoserphus multicavus* He et Xu, sp. nov. (图 182)

雄：体长 4.6mm；前翅长 4.2mm。

头：颊长为上颚基宽的 1.0 倍。背观上颊长为复眼的 0.58 倍。POL：OD：OOL= 17：10：20。第 2、10 鞭节长分别为端宽的 4.5 倍和 5.4 倍；第 11 鞭节长为第 10 鞭节的 1.32 倍；鞭节有少许小泡状角下瘤。

胸：前胸背板侧面光滑，前方 0.6 具不规则刻皱，后下角大凹窝上方有并列的 6 个小凹窝；中央无毛区长约为翅基片的 0.8 倍。中胸侧板除镜面区光滑外有细毛；侧板前缘上段、中央横沟内及侧板后下方具并列强横皱。后胸侧板密布不规则细网皱，背缘有长凹槽，内并列细纵脊。并胸腹节中纵脊伸至后表面端部；满布大网室，背表面无光滑区。

足：后足腿节长为宽的 6.2 倍；后足胫节长距长为基跗节的 0.32 倍，长为后足端跗节的 1.6 倍。

翅：前翅长为宽的 2.47 倍；翅痣长和径室前缘边长分别为翅痣宽的 1.77 倍和 0.23 倍；径脉第 1 段从翅痣 0.65 处伸出，长为宽的 0.4 倍；径脉第 2 段稍弯，与第 1 段相连处有脉桩。

腹：腹柄背面中长为中宽的 0.8 倍，光滑，后半中央有 3 个凹窝；侧面背缘长为中高的 0.4 倍，具 4 条纵脊。合背板基部中纵沟达基部至第 1 对窗疤间距的 0.3 处；两侧各有浅纵沟 3 条，亚侧纵沟长为中纵沟的 0.8 倍 (右) 或 0.9 倍 (左)。第 1 窗疤宽为长的 1.7 倍，疤距为疤宽的 1.2 倍。合背板下方毛稀。抱器大，长三角形，长为基宽的 3.0 倍，为后足端跗节的 1.6 倍。

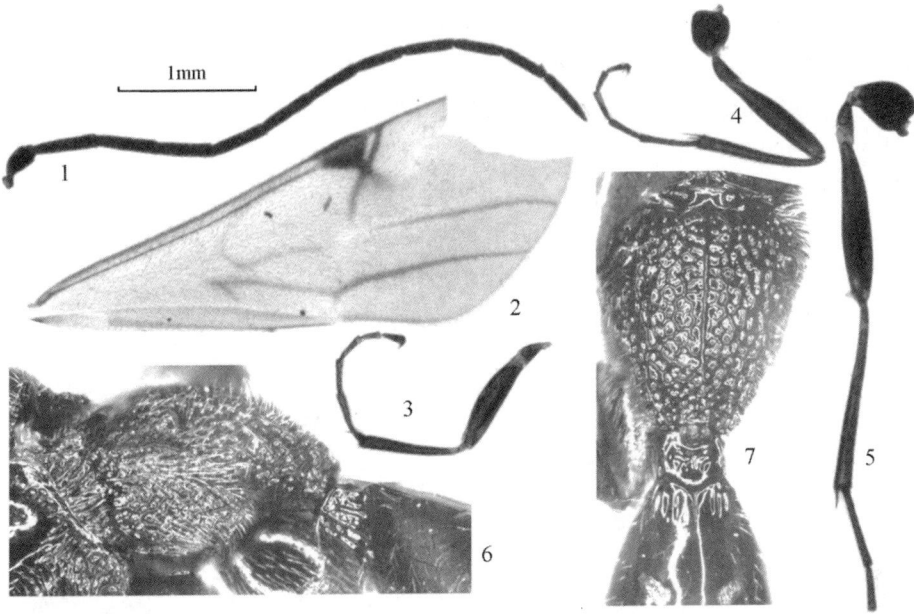

图 182　多窝光胸细蜂，新种 *Phaenoserphus multicavus* He et Xu, sp. nov.

1. 触角；2. 前翅；3. 前足；4. 中足；5. 后足；6. 后胸侧板、并胸腹节和腹部，侧面观；7. 并胸腹节、腹柄和合背板基部，背面观 [1-5. 1.0X 标尺；6-7. 2.0X 标尺]

体色：体黑色。须黄色。触角黑褐色。翅基片褐黄色。足红褐色；基节除端部，前足转节背面和中后足转节、中后足腿节除两端、各足跗节黑褐色。翅面烟黄色，翅痣和强脉黑褐色。抱器褐黄色。

雌：未知。

寄主：未知。

研究标本：正模♂，四川平武白马寨，2006.Ⅶ.25，张红英，No.200611000。

分布：四川。

鉴别特征：见检索表和词源。

词源：种本名"多窝 *multicavus*"，系 *multi* (多个)+ *cavus* (凹窝) 组合词，意为前胸背板后下角大凹窝上方有并列的 6 个小凹窝。

(125) 瘦角光胸细蜂，新种 *Phaenoserphus tenuicornis* He et Xu, sp. nov. (图 183)

雄：体长 3.4mm；前翅长 2.7mm。

头：颊长为上颚基宽的 0.9 倍。背观上颊长为复眼长的 0.75 倍。POL∶OD∶OOL=9∶4∶14。触角鞭节较细瘦，第 2、10 鞭节长分别为端宽的 4.2 倍和 5.5 倍，第 11 鞭节长为第 10 鞭节的 1.35 倍；第 3-9 各鞭节中央有许多圆形小水泡状角下瘤。

胸：前胸背板凹槽中央从背至腹、从前至后具并列的 9 条细纵刻条，近前缘的 2-3 条弧形刻条短而弱；后上角光滑区长为翅基片的 1.2 倍；后下缘前方并列 5 个凹窝。中胸侧板光滑，除镜面区外有细毛；侧板前缘上段翅基片下方具横皱，近横沟处具细纵皱。后胸侧板密布不规则细网皱，上缘刻皱弱，有光泽。并胸腹节满布细网皱；中纵脊明显，仅背表面存在。

足：后足腿节长约为宽的 5.6 倍；后足胫节长距长为基跗节的 0.4 倍。

翅：前翅翅痣长和径室前缘边长分别为翅痣宽的 1.9 倍和 0.4 倍；径脉第 1 段很宽而短，长约为宽的 0.2 倍，下方无脉桩。

腹：腹柄背面中长为中宽的 1.6 倍，侧缘有细脊，中央拱隆具不规则刻皱；腹柄侧面背缘长为中高的 1.6 倍，具 9 条细斜脊。合背板基部中纵沟达基部至第 1 对窗疤间距的 0.3 处；两侧各有浅纵沟 3 条，亚侧纵沟长为中纵沟的 0.8 倍。第 1 窗疤枕形，宽为长的 1.5 倍，疤距为疤宽的 0.5 倍。合背板下方具稀毛。抱器长三角形，长为基宽的 2.2 倍。

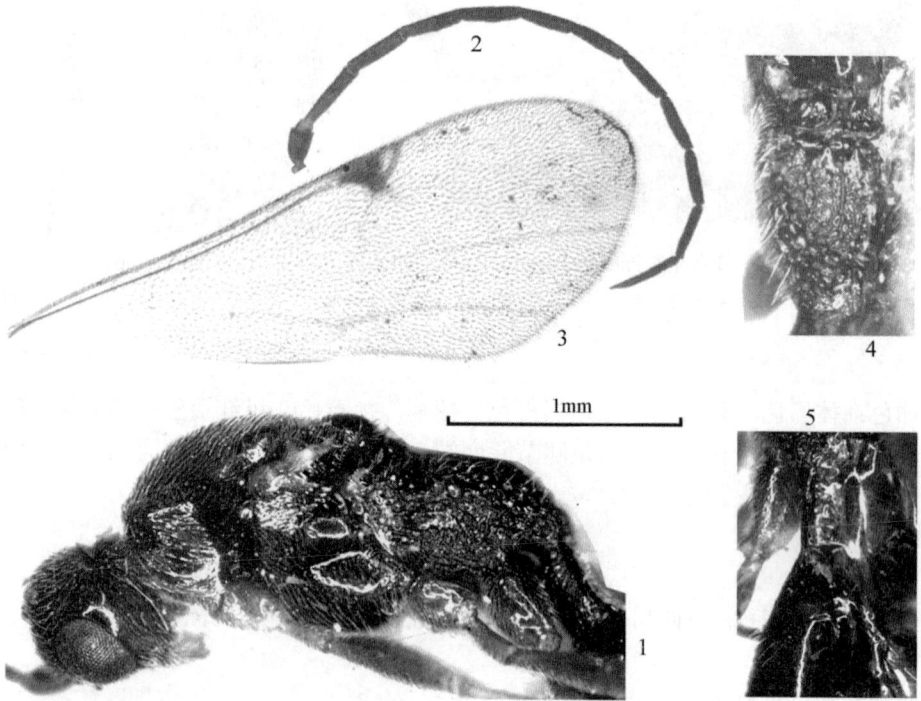

图 183　瘦角光胸细蜂，新种 *Phaenoserphus tenuicornis* He *et* Xu, sp. nov.

1. 头部、胸部和腹部基部，侧面观；2. 触角；3. 前翅；4. 并胸腹节，背面观；5. 腹柄和合背板基部，背面观 [1, 4-5. 2.0X 标尺；2-3. 1.0X 标尺]

体色：体黑色。须、触角柄节、翅痣、翅基片和抱器端半污黄色。足褐黄色；中后足基节基部和转节、各足腿节背方、前中足胫节背方、各足跗节带浅褐色。翅面烟黄色，翅痣和强脉褐黄色。

变异：前胸背板侧面凹槽中央具并列的 5 条细纵刻条。

雌：未知。

寄主：未知。

研究标本：正模♂，青海乐都，1900m，1956.Ⅷ，马世骏等 (保存于 SEI)。2♂，同正模 (保存于 SEI)。

分布：青海。

鉴别特征：本新种第 2 鞭节长为端宽的 4.2 倍，端前节长为宽的 5.5 倍；第 3-9 各鞭节中央有水泡状角下瘤；前胸背板凹槽内并列 9 条细纵刻条；腹柄侧面背缘长为中高的 1.6 倍，具 9 条细斜脊等组合特征可与该属已知种区别。

词源：种本名"瘦角 tenuicornis"，系 tenui (细瘦)+ cornis (角、触角) 组合词，意为触角鞭节较细瘦，第 2、10 鞭节长分别为端宽的 4.2 倍和 5.5 倍。

(126) 无脊光胸细蜂，新种 *Phaenoserphus excarinatus* He et Xu, sp. nov. (图 184)

雄：体长 3.1mm；前翅长 2.9mm。

头：颊长为上颚基宽的 0.5 倍。背观上颊长为复眼的 0.54 倍。POL：OD：OOL= 11：7：12。触角细长，端部稍膨大，第 2、10 鞭节长分别为端宽的 4.3 倍和 5.0 倍，第 11 鞭节长为第 10 鞭节的 1.4 倍；角下瘤看不出。

胸：前胸背板侧面前方具极细点皱；后半大部分光滑，光滑区长约为翅基片的 1.3 倍；后缘下段具 1 个大凹窝，其上并列 3 个小的浅凹窝。中胸侧板光滑，横沟下方侧板具稀毛；侧板前缘上方具横弱皱；中央横沟完整，前半沟下方具弱皱；侧缝整个具凹窝，下方具平行短刻条。后胸侧板满布网皱，上方前部有 1 条形光滑区。并胸腹节侧观背缘缓斜；无中纵脊；背表面和后表面分界不清；表面具小室状网皱，基部有很小的光滑区，长仅达气门前缘。

足：后足腿节长为宽的 6.0 倍；后足胫节长距直，长为基跗节的 0.34 倍。

翅：前翅长为宽的 2.5 倍；翅痣长和径室前缘边长分别为翅痣宽的 1.9 倍和 0.44 倍；径脉第 1 段长为宽的 0.5 倍，从翅痣 0.55 处伸出；径脉第 2 段弧形，与第 1 段相接处下方有短脉桩；小脉在基脉外方，其距为小脉长的 1.0 倍。

腹：腹柄背面短，中长为中宽的 1.2 倍，表面具不规则刻皱；腹柄侧面背缘长为中高的 0.8 倍，基半具网皱，端半有 5 条纵脊。合背板基部中纵沟达基部至第 1 对窗疤间距的 0.4 处，两侧各有纵沟 2 条，亚侧纵沟长为中纵沟的 0.6 倍。第 1 窗疤宽为长的 1.6 倍，疤距为疤宽的 1.2 倍。合背板后下方具稀毛，最下方的毛窝距合背板下缘为毛长的 1.0 倍。抱器窄三角形，长约为基宽的 2.2 倍。

体色：体黑色。须及翅基片黑褐色，须端节浅褐色。上颚除基部红褐色。触角黑色。前中足褐黄色，但基节、转节背缘、腿节背方除两端、胫节背缘和第 3-5 跗节黑褐色；后足火红色，基节除端部、转节背缘、腿节背方除两端、胫节端部 0.7 和跗节黑色。翅透明，翅痣和强脉黑褐色，弱脉带浅褐色。

研究标本：正模♂，甘肃宕昌大河坝，2318m，2004.Ⅶ.26，吴琼，No.20046924。

分布：甘肃。

鉴别特征：见检索表。

词源：种本名"无脊 excarinatus"，系脊 ex (无)+ carinatus (脊) 组合词，意为并胸腹节无中纵脊。

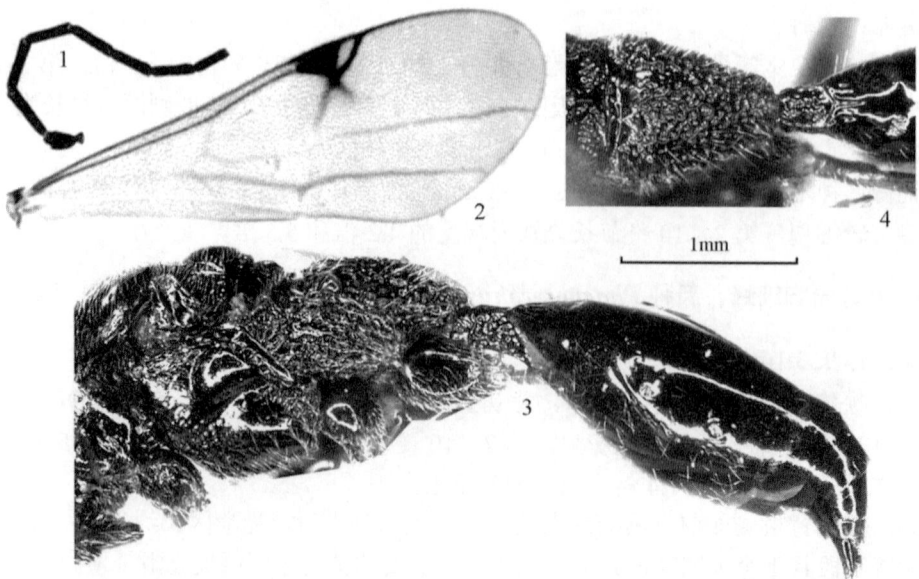

图 184 无脊光胸细蜂，新种 *Phaenoserphus excarinatus* He *et* Xu, sp. nov.

1. 触角；2. 前翅；3. 胸部和腹部，侧面观；4. 并胸腹节、腹柄和合背板基部，背面观 [1-2. 1.0X 标尺；3-4. 2.0X 标尺]

(127) 单窝光胸细蜂，新种 *Phaenoserphus unicavus* He *et* Xu, sp. nov. (图 185)

雄：体长 2.6mm；前翅长 2.1mm。

头：颊长为上颚基宽的 1.2 倍。背观上颊长为复眼的 0.62 倍。POL：OD：OOL= 11.5：5：12。触角第 2、10 鞭节长分别为端宽的 2.2 倍和 1.9 倍，第 11 鞭节长为第 10 鞭节的 1.76 倍；无明显角下瘤，但各鞭节上有 1 块长占该鞭节长 1/2-2/3 的椭圆形扁平隆区。

胸：前胸背板侧面光滑，在凹槽中央上方具细夹点刻皱，前缘下方具细而斜的浅刻皱；后上方光滑区长约为翅基片的 1.2 倍；后下方仅 1 个浅凹窝。中胸侧板光滑；中央横沟完整，前端扩大，内具浅皱；翅基片下方具细刻皱；镜面区四周具弱皱；侧缝具稀凹窝。后胸侧板满布纵向细而浅的网皱，无光滑区。并胸腹节中纵脊伸至后表面近端部；背表面中纵脊强，基部有 1 光滑区，其长为基部至气门后缘间距的 2.0 倍，两侧端部具刻皱；其余满布小室状细网皱。

足：后足腿节长为宽的 5.1 倍；后足胫节长距稍弯曲，长为基跗节的 0.45 倍。

翅：前翅长为宽的 2.5 倍；翅痣长和径室前缘边长分别为翅痣宽的 1.9 倍和 0.4 倍；径脉第 1 段从翅痣中央伸出，长为宽的 0.8 倍；第 2 段直。

腹：腹柄背面长为中宽的 1.0 倍，近五角形，表面具横脊；腹柄侧面背缘长为中高的 0.6 倍，基缘横脊下端前突如檐边，表面基本具细网皱，端半具弱刻条。合背板基部中纵沟达基部至第 1 对窗疤间距的 0.6 处，两侧各有纵沟 3 条，亚侧纵沟长为中纵沟的 0.7 倍。第 1 窗疤纺锤形，宽为长的 2.0 倍，疤距为疤宽的 0.6 倍。合背板仅腹方具稀毛。抱器近三角形，长约为基宽的 2.0 倍。

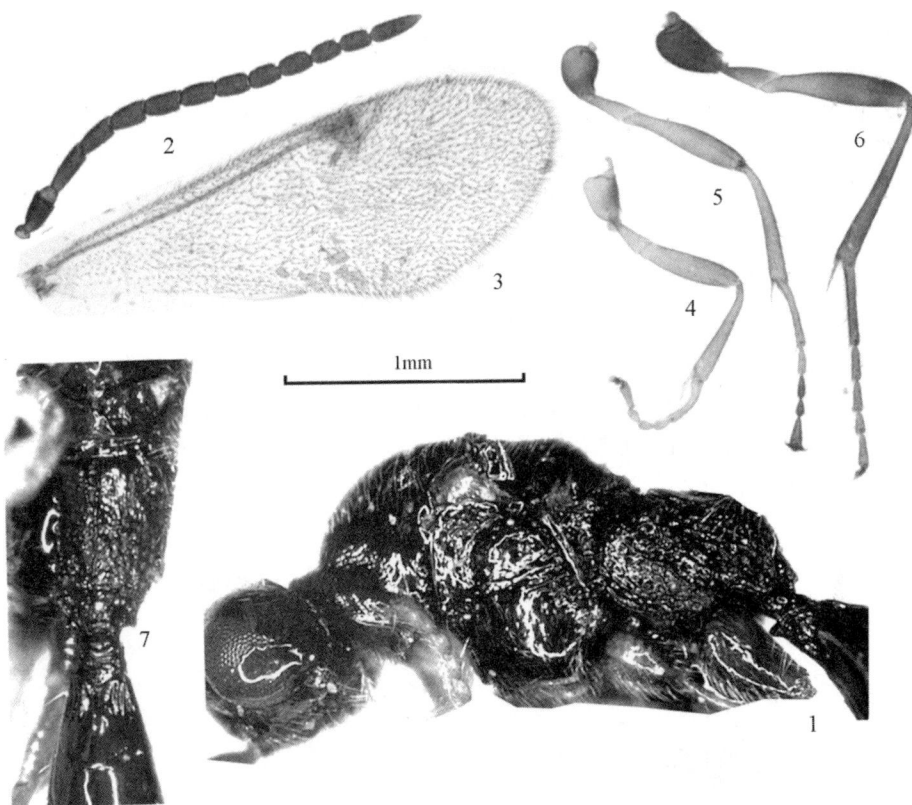

图 185　单窝光胸细蜂，新种 *Phaenoserphus unicavus* He *et* Xu, sp. nov.

1. 头部、胸部和腹柄，侧面观；2. 触角；3. 前翅；4. 前足；5. 中足；6. 后足；7. 并胸腹节、腹柄和合背板基部，背面观
[1, 7. 2.0X 标尺；2-6. 1.0X 标尺]

体色：体黑色，胸部侧面和柄后腹带棕黑色。须黄色。翅基片和抱器端部黄褐色。前中足黄褐色，基节带浅褐色；后足基节、胫节和跗节黑褐色，转节和腿节暗黄褐色。翅透明，翅痣和强脉浅黄褐色。

研究标本：1♂，河南内乡宝天曼，1998.Ⅶ.13，马云，No.986188。

分布：河南。

鉴别特征：见检索表。

词源：种本名"单窝 *unicavus*"，系 *uni* (单个)+ *cavus* (凹窝) 组合词，意为前胸背板后下方仅 1 个浅凹窝。

(128) 黄褐足光胸细蜂 *Phaenoserphus fulvipes* He *et* Xu, 2010 (图 186)

Phaenoserphus fulvipes He *et* Xu, 2010, *Entomotaxonomia*, 32 (3): 222.

雄：体长 4.7mm；前翅长 3.3mm。体较粗壮。

头：颊长为上颚基部宽的 1.2 倍。背观上颊长为复眼的 0.8 倍。颊脊下方不完整，不伸达上颚关节处。POL∶OD∶OOL=14∶8∶16。第 2、10 鞭节长分别为端宽的 2.25 倍

和 3.0 倍，第 11 鞭节长为第 10 鞭节的 1.4 倍；各鞭节腹方有许多小水泡状圆形角下瘤成块状相聚。

胸：前胸背板侧面凹槽前方具浅点皱，前缘具一些浅纵刻条；后上角光滑，无毛区长约为翅基片的 2.2 倍；后下缘有并列的 3 个大凹窝。中胸侧板光滑，除镜面区外有细毛；翅基片下方、沿中央横沟下方和侧缝下段凹窝前方有横皱。后胸侧板密布不规则细网皱，其后上方有纵凹槽，槽内具并列纵刻条。并胸腹节中纵脊伸至后表面端部；有中等程度的小室状网皱；背表面基部光滑，光滑区长不过气门后缘，外侧近气门处有 4-5 条斜纵脊。

足：后足腿节长约为宽的 7.0 倍。后足胫节长距长为基跗节的 0.41 倍。

翅：前翅长为宽的 2.4 倍；翅痣长和径室前缘边长分别为翅痣宽的 1.6 倍和 0.3 倍；径脉第 1 段从翅痣外方 0.15 处伸出，长为宽的 0.4 倍，与第 2 段相接处有长脉桩。

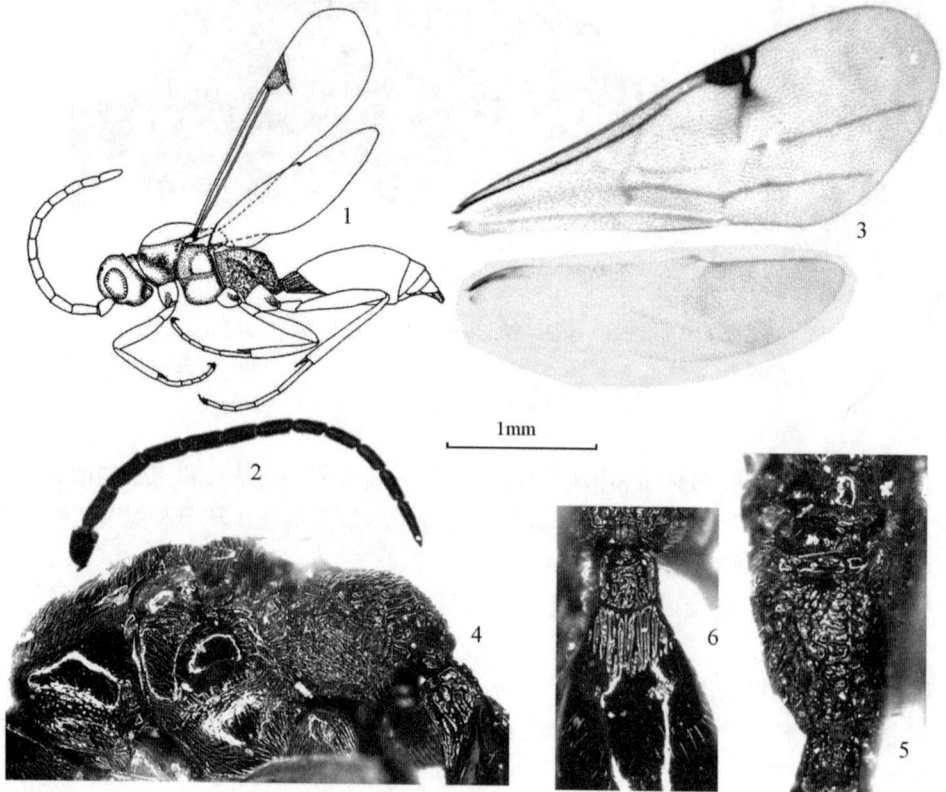

图 186 黄褐足光胸细蜂 *Phaenoserphus fulvipes* He *et* Xu

1. 整体侧面观；2. 触角；3. 翅；4. 胸部和腹柄，侧面观；5. 并胸腹节，背面观；6. 腹柄和合背板基部，背面观 (仿 He & Xu, 2010) [1. 0.6X 标尺；2-3. 1.0X 标尺；4-6. 2.0X 标尺]

腹：腹柄背面长为宽的 1.1 倍，中央拱隆具小室状网皱，但中央前方 2 条横脊和中央侧方 2 条纵脊稍明显 (呈"开"字形)；腹柄侧面背缘长为中高的 0.8 倍，表面具 5 条强纵脊，背方基部夹有网皱。合背板基部中纵沟达基部至第 1 对窗疤的 0.7 处；两侧各有纵沟 4 条，亚侧纵沟稍长于中纵沟。第 1 窗疤枕形，长约为宽的 2.7 倍，疤距为疤宽的 0.9 倍。合背板仅腹方具稀毛。抱器大，长三角形，长为基宽的 2.2 倍。

体色：体黑色。口器污黄色。触角棕褐色。翅基片和抱器端半褐黄色。足褐黄色 (学名即据此特征而拟)；端跗节、后足胫节和和跗节色稍暗。翅面烟黄色，翅痣和强脉褐色。

变异：体长 3.9mm；前翅长 3.0mm。并胸腹节背表面基部光滑区长为基部至气门后缘间距的 1.8 倍。后足腿节长为宽的 6.0 倍。前翅径脉第 1 段从翅痣外方 0.26 处伸出。腹柄背面表面具 5 条纵皱脊，内夹弱横刻纹。合背板基部侧纵沟各有 4 条。第 1 窗疤宽为长的 3.0 倍。足黄色；后足基节褐黄色。

雌：未知。

寄主：未知。

研究标本：1♂，新疆洪加里克 (巩乃斯林场至巴音布鲁克之间)，1991.Ⅶ.10，何俊华，No.914086 (正模)；1♂，同正模，No.914103；1♂，新疆巩留，1980.Ⅶ.12，银建民，No.803438 (副模)。

分布：新疆。

鉴别特征：本种颊脊下方不完整、不伸达上颚关节处和前胸背板大部分光滑，与美国种 *Phaenoserphus disjunctus* Townes, 1981 最为接近，其区别为：①触角第 2 鞭节长约为端宽的 2.3 倍 (后者 4.0 倍)；②前胸背板后方光滑区为翅基片长的 2.2 倍 (后者 0.3 倍)；③后足腿节长为宽的 6.0-7.0 倍 (后者 8.5 倍)；④径室前缘边长为翅痣宽的 0.3 倍 (后者 0.6 倍)；⑤合背板基部中纵沟达基部至第 1 对窗疤的 0.7 处 (后者 0.2 处)。

鉴别特征：见检索表。

(129) 网柄光胸细蜂，新种 *Phaenoserphus reticulatus* He *et* Xu, sp. nov. (图 187)

雄：体长 4.1mm；前翅长 3.6mm。

头：颊长为上颚基宽的 1.0 倍。背观上颊长为复眼的 0.6 倍。POL：OD：OOL= 11：8：6。第 2、10 鞭节长分别为端宽的 2.6 倍和 3.4 倍，第 11 鞭节长为第 10 鞭节的 1.62 倍；各鞭节多小水泡状角下瘤。

胸：前胸背板侧面凹槽内及其前方具浅刻点；后上角无毛区长约为翅基片的 1.5 倍；后下角大凹窝上方并列 3 个小凹窝。中胸侧板除镜面区光滑外有细毛；侧板前缘上方和侧板后下方具并列细横皱。后胸侧板密布不规则网皱，背缘有 1 纵凹槽，其内具并列短纵脊。并胸腹节中纵脊伸至后表面端部；背表面多少光滑，但基半外侧多斜纵皱，端半多弱皱；后表面和外侧区满布网皱。

足：后足腿节长为宽的 6.5 倍；后足胫节长距长为基跗节的 0.42 倍。

翅：前翅长为宽的 2.44 倍；翅痣长和径室前缘边长分别为翅痣宽的 1.56 倍和 0.33 倍；径脉第 1 段从翅痣中央伸出，长为宽的 1.0 倍；径脉第 2 段稍弧形，与第 1 段相连处有脉桩。

腹：腹柄背面中长为中宽的 1.6 倍，具不规则网皱，横向更强；侧面背缘长为中高的 1.3 倍，大部分具纵向网皱，后下方有 6 条纵脊。合背板基部中纵沟伸达基部至第 1 对窗疤间距的 0.6 处，两侧各有弱纵沟 4 条，亚侧纵沟长为中纵沟的 0.96 倍。第 1 窗疤宽为长的 2.0 倍，疤距为疤宽的 1.5 倍。合背板下方多毛。抱器中等大，长三角形，长为基宽的 2.2 倍。

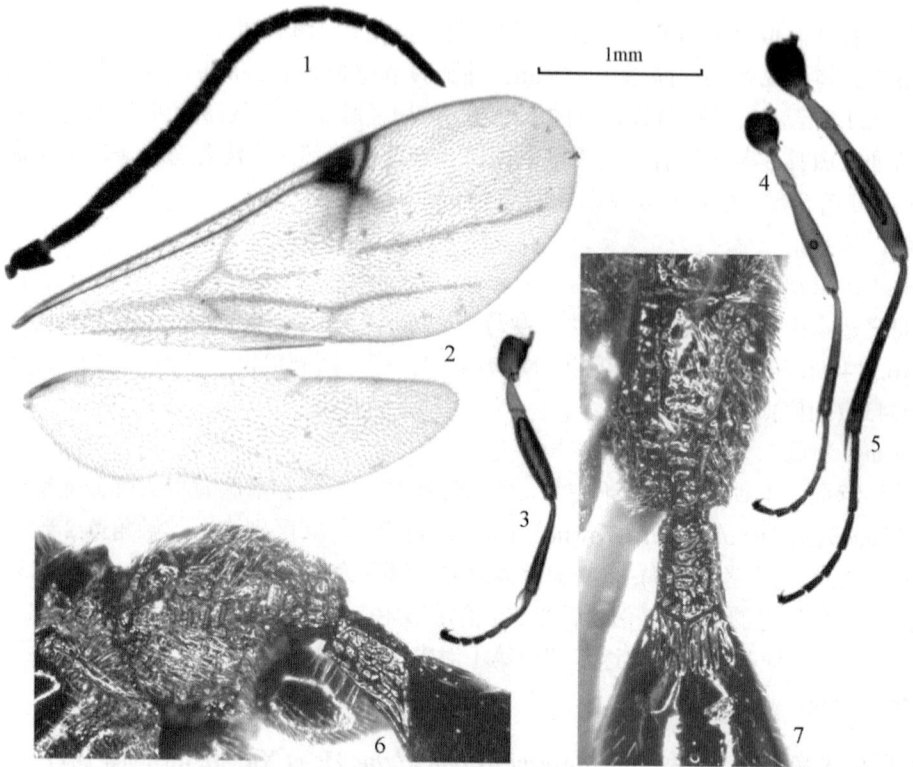

图 187 网柄光胸细蜂，新种 *Phaenoserphus reticulatus* He *et* Xu, sp. nov.
1. 触角；2. 翅；3. 前足；4. 中足；5. 后足；6. 后胸侧板、并胸腹节和腹部，侧面观；7. 并胸腹节、腹柄和合背板基部，背面观 [1-2. 1.0X 标尺；3-5. 0.8X 标尺；6-7. 2.0X 标尺]

体色：体黑色。须浅褐色。触角黑褐色。翅基片、抱器除基部外暗褐黄色。前中足褐黄色，跗节端部浅褐色；中足基节黑褐色；后足红褐色，基节黑褐色，胫节除基部和跗节褐色。翅透明，带烟黄色，翅痣和强脉黑褐色，弱脉浅褐色。

雌：未知。

寄主：未知。

研究标本：正模♂，四川王朗自然保护区，2006.Ⅶ.26，张红英，No.200611186。

分布：四川。

鉴别特征：见检索表。

词源：种本名"网柄 *reticulatus*"，意为腹柄背面具不规则网皱。

(130) 短径光胸细蜂 *Phaenoserphus brevicellus* He *et* Xu, 2010 (图 188)

Phaenoserphus brevicellus He *et* Xu, 2010, *Entomotaxonomia*, 32(3): 220.

雄：体长约 3.2mm；前翅长 2.8mm。

头：颊长为上颚基宽的 1.1 倍；背观上颊长为复眼的 0.6 倍。POL：OD：OOL= 15：8：15。后头脊中等高；颊脊近上颚后关节处变细，分为数条，其中最内侧 1 条以 75°与口后脊相交。触角第 2、10 鞭节长分别为端宽的 3.3 倍和 3.0 倍，第 11 鞭节长为第 10 鞭节的 1.5 倍；各鞭节散生许多小水泡状的圆形角下瘤。

胸：前胸背板前半密布细夹点网皱，其下方刻纹较弱；肩角光滑，长约为翅基片的 1.0 倍；后下角具 4 个凹窝。中胸侧板除镜面区光滑外多白毛；在翅基片下方、中央横沟 前段内和侧缝下段有一些横皱。后胸侧板密布不规则细网皱，背方纵凹槽内具并列纵皱。 并胸腹节有小室状网皱；中纵脊明显，伸达该节末端；背表面基部有 1 小光滑区，其长 刚达气门前方。

足：后足腿节长为宽的 6.0 倍；后足胫节长距长为基跗节的 0.37 倍。

翅：前翅长为宽的 2.5 倍；翅痣宽和径室前缘边长分别为翅痣宽的 1.56 倍和 0.16 倍；径脉第 1 段不明显，与翅痣后下缘相连，下方有垂直脉桩；径脉第 2 段与径室等宽。

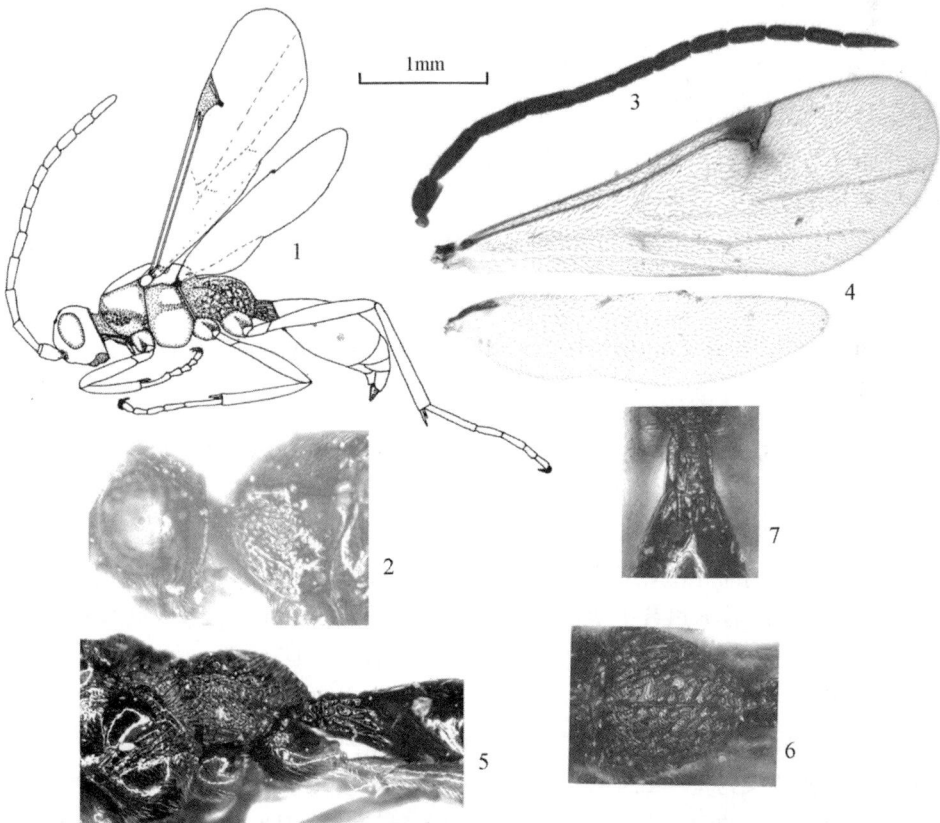

图 188　短径光胸细蜂 *Phaenoserphus brevicellus* He *et* Xu

1. 整体，侧面观；2. 头部和前胸，侧面观；3. 触角；4. 翅；5. 后胸侧板、并胸腹节和腹柄，侧面观；6. 并胸腹节，背面 观；7. 腹柄和合背板基部，背面观 (仿 He & Xu, 2010) [1. 0.6X 标尺；2-3. 1.0X 标尺；4-7. 2.0X 标尺]

腹：腹柄背面长为中宽的 1.4 倍，表面具弱网皱，有 2 条亚中纵脊；腹柄侧面背缘长为中高的 0.9 倍，具 5 条纵脊，但在前上方夹有网皱。合背板基部中纵沟达基部至第 1 对窗疤间距的 0.6 处；两侧各有 3 条侧纵沟，亚侧纵沟长为中纵沟的 0.6 倍。第 1 窗疤枕形，宽为长的 2.0 倍，疤距为疤宽的 0.8 倍。合背板仅腹方具稀毛。抱器长，长三角形，长为基宽的 2.2 倍。

体色：体黑色；合背板下方及后方背板带棕色。上颚基部黑褐色，端部褐色。口须浅褐黄色。触角暗褐黄色，柄节黑色。翅基片及抱器褐黄色。足褐黄色；中足基节基部黑褐色，端部褐黄色；后足基节黑褐色。翅半透明，翅痣和强脉褐色，弱脉淡褐色。

雌：未知。

寄主：未知。

研究标本：1♂，河北平泉，1986.VIII.3，杜进军，No.871221 (正模)。

分布：河北。

鉴别特征：本种前胸背板侧面凹槽前方具夹点刻皱，中胸侧板沿中央横沟和侧板后下角有细皱及体黑色，与蒙古种 *Phaenoserphus punctatus* (Kozlov, 1972) (但为雌性) 最为近似，其区别为：①前胸背板侧面中央无毛区大小约为翅基片的 1.0 倍 (后者没有无毛区)；②并胸腹节中纵脊明显伸达该节末端 (后者无中纵脊)；③腹柄背面具弱网皱，有 2 条亚中纵脊 (后者背面为不规则皱，基部 0.6 有 4 条横皱)；④合背板基部中纵沟两侧各有纵沟 3 条 (后者各 4 条)；⑤翅半透明，前翅径室和翅痣下方无褐晕 (后者翅带浅褐色，前翅径室和翅痣下方有褐晕)。

词源：种本名"短径 brevicellus"，系 brevi (短)+ cellus (翅室) 组合词，意指前翅径室很狭窄，仅与径脉第 2 段翅脉等宽。

(131) 沟光胸细蜂，新种 *Phaenoserphus sulcus* He *et* Xu, sp. nov. (图 189)

雄：体长 4.5mm；前翅长 3.6mm。

头：颊长为上颚基宽的 1.33 倍。背观上颊长为复眼的 0.57 倍。POL：OD：OOL= 11：9：17。第 2、10 鞭节长分别为端宽的 3.0 倍和 2.9 倍，第 11 鞭节长为第 10 鞭节的 1.48 倍；鞭节多小水泡状角下瘤。

胸：前胸背板侧面光滑，背前方具明显隆瘤；前半具夹点细刻皱；后上角光滑区长为翅基片的 1.8 倍；后下角有 1 大凹窝，其上方有并列的 4 个小凹窝。中胸侧板除镜面区光滑外有细毛；侧板前缘上段和下段、中央横沟后下方具细横皱。后胸侧板密布不规则细网皱且多毛，背缘凹槽内并列短纵脊。并胸腹节中纵脊伸至后表面端部；表面满布网皱；背表面与后表面无脊分开，背表面外侧具纵斜刻条，在基部有很小的光滑区。

足：后足腿节长为宽的 6.3 倍；后足胫节长距长为基跗节的 0.41 倍。

翅：前翅长为宽的 2.5 倍；翅痣长和径室前缘边长分别为翅痣宽的 1.31 倍和 0.37 倍；径脉第 1 段从翅痣中央外方伸出，很宽短，长为宽的 0.3 倍；径脉第 2 段弧形，与第 1 段相连处有长脉桩。

腹：腹柄背面中长为中宽的 1.2 倍，具不规则刻皱，但有 2 条断续的亚中纵脊，脊间为中纵沟，沟内具短横脊。侧面背缘长为中高的 1.0 倍，具 8 条纵脊，但基部夹有网皱。合背板基部中纵沟极细，伸达基部至第 1 对窗疤间距的 0.5 处，两侧各有弱纵沟 5 条，亚侧纵沟长为中纵沟的 1.3 倍。第 1 窗疤很小且弱，宽为长的 4.0 倍，疤距为疤宽的 0.9 倍。合背板下方毛多。抱器大，长三角形，长为基宽的 2.5 倍。

体色：体黑色。须暗黄色。触角黑色。翅基片暗褐黄色。足褐色；基节端部、转节、腿节端部、胫节两端、前中足第 1-3 跗节黄褐色。翅面烟黄色，翅痣和强脉黑褐色，弱脉浅黄色。抱器除基部外黄褐色。

变异：体长 4.1mm；前翅长 3.6mm。并胸腹节背表面大部分为纵斜刻条。合背板基部中纵沟极细，伸至距第 1 窗疤的 0.4 处，侧纵沟各 5 条，亚侧纵沟长为中纵沟的 1.7 倍。第 1 窗疤宽为长的 5.0 倍，疤距为疤宽的 3.0 倍或完全看不出。

雌：未知。

寄主：未知。

研究标本：正模♂，四川王朗自然保护区，2006.Ⅶ.26，高智磊，No.200611225。副模：6♂，采地、采期同正模，张红英、高智磊，Nos.200611155，200611159，200611167，200611182，200611194，200611232。

分布：四川。

鉴别特征：见检索表。

词源：种本名"沟 sulcus"，意为腹部合背板基部侧纵沟多，连中纵沟多达 11 条，且亚侧纵沟长，为中纵沟的 1.3 倍。

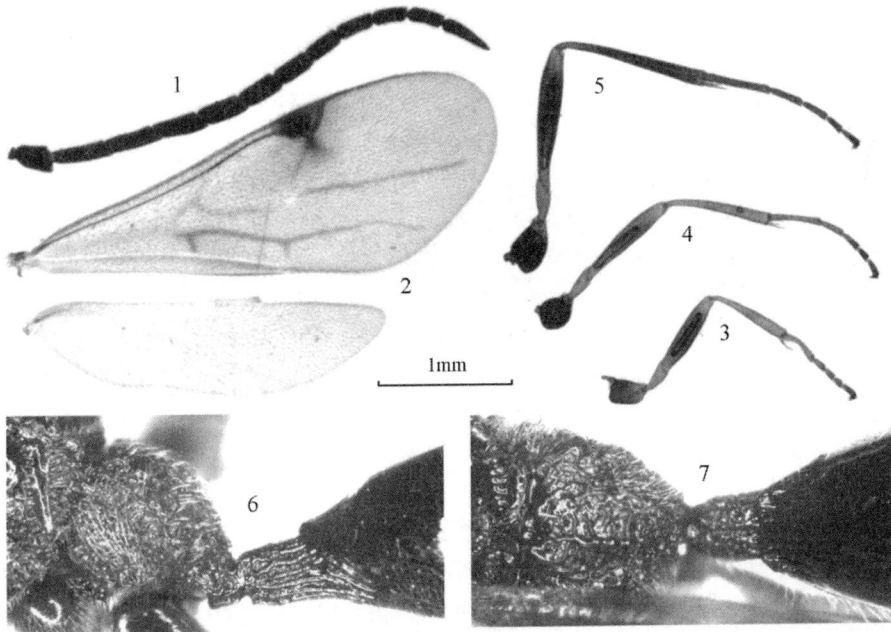

图 189　沟光胸细蜂，新种 *Phaenoserphus sulcus* He et Xu, sp. nov.

1. 触角；2. 翅；3. 前足；4. 中足；5. 后足；6. 后胸侧板、并胸腹节和腹部，侧面观；7. 并胸腹节、腹柄和合背板基部，背面观 [1-2. 1.0X 标尺；3-5. 0.8X 标尺；6-7. 2.0X 标尺]

(132) 蒋氏光胸细蜂，新种 *Phaenoserphus jiangi* He *et* Xu, sp. nov. (图 190)

雄：体长约 4.6mm；前翅长 3.7mm。

头：颊长为上颚基宽的 1.0 倍；背观上颊长为复眼的 0.7 倍。POL：OD：OOL= 13：8：17。触角第 2、10 鞭节长分别为端宽的 3.9 倍和 3.4 倍，第 11 鞭节长为第 10 鞭节的 1.77 倍；鞭节具不明显的小水泡状角下瘤。

胸：前胸背板侧面光滑，满布细毛，仅前缘具浅刻条和刻点；后下缘角大凹窝上方有并列的 3 个小凹窝。中胸侧板除镜面区光滑外有细毛；侧板前缘上段、中央横沟上方及侧板后下方具并列细横皱。后胸侧板密布不规则细网皱，背缘长凹槽内刻皱弱。并胸腹节中纵脊伸至背表面与后表面交界处；满布大网室；背表面内侧有短横脊，外侧多细点皱；无光滑区。

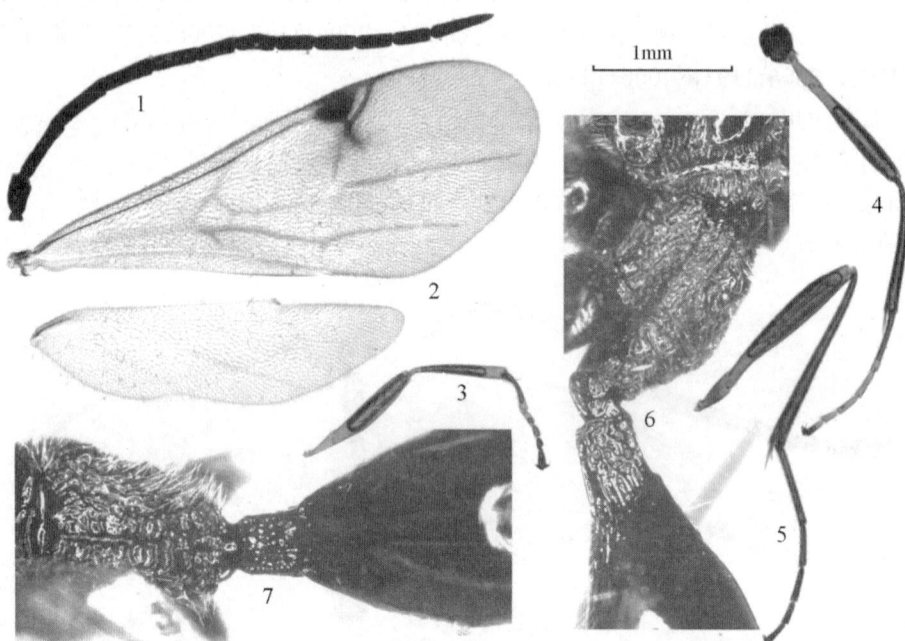

图 190 蒋氏光胸细蜂, 新种 *Phaenoserphus jiangi* He *et* Xu, sp. nov.

1. 触角; 2. 翅; 3. 前足; 4. 中足; 5. 后足; 6. 后胸侧板、并胸腹节和腹部基部, 侧面观; 7. 并胸腹节和腹部基部, 背面观 [1-5. 1.0X 标尺; 6-7. 2.0X 标尺]

足：后足腿节长为宽的 6.8 倍；后足胫节长距长为基跗节的 0.37 倍。

翅：前翅长为宽的 0.24 倍；翅痣宽和径室前缘边长分别为翅痣宽的 1.43 倍和 0.29 倍；径脉第 1 段从翅痣中央伸出，长为宽的 0.5 倍；径脉第 2 段稍弯，与第 1 段相连处有脉桩。

腹：腹柄背面中长为宽的 1.2 倍，满布网室，中央有 2 条纵脊；侧面背缘长为中高的 1.1 倍，基方大部分具网皱，端部 0.3 具 7 条短纵脊。合背板基部中纵沟伸至基部至第 1 对窗疤间距的 0.45 处；两侧各有 3 条侧纵沟，亚侧纵沟长为中纵沟的 1.1 倍。第 1 窗疤宽为长的 3.5 倍, 疤距为疤宽的 0.3 倍。合背板下方具稀毛。抱器长三角形, 长为基宽的 2.0 倍。

体色: 体黑色。须黄色。触角黑褐色。翅基片褐黄色。足红褐色; 端跗节、前足基节基部浅褐色; 中后足基节除端部黑褐色。翅面烟黄色, 翅痣和强脉黑褐色; 抱器褐黄色。

雌: 未知。

寄主: 未知。

研究标本: 正模♂, 四川平武白马寨, 2006.VII.25, 张红英, No.200611091。

分布: 四川。

鉴别特征: 见检索表。

词源: 种本名 "蒋氏 *jiangi*", 表示对校友、前辈、我国著名昆虫学家、西南农业大学老教授蒋书楠先生 (1914-2013)的敬意。

(133) 离眼光胸细蜂, 新种 *Phaenoserphus ocellus* He *et* Xu, sp. nov. (图 191)

雄: 体长 3.3mm; 前翅长 3.6mm。

头: 唇基宽为长的 3.4 倍, 除端缘光滑外, 具带毛细刻点。颜面中央隆起, 具带毛细刻点, 近触角窝间有椭圆形小瘤。颊长为上颚基宽的 1.5 倍。背观上颊长为复眼的 0.6 倍。POL : OD : OOL=19 : 9 : 15。触角第 2、10 鞭节长分别为端宽的 3.2 倍和 3.2 倍, 第 11 鞭节长为第 10 鞭节的 1.41 倍; 各鞭节腹方有小水泡状聚集成的长条状或块状的角下瘤。

胸: 前胸背板侧面光滑; 前半具浅的稀刻点, 在前沟缘脊上段后方具细刻皱; 后上方光滑区长约为翅基片的 1.5 倍; 后缘下段具 3 个凹窝。中胸侧板除镜面区光滑外具细毛; 翅基片下方具细皱, 中央横沟完整; 侧缝整段具凹窝, 下段的凹窝前伸呈水平细皱。后胸侧板满布网皱; 背方前半光滑, 多长毛。并胸腹节侧观背缘缓斜; 中纵脊伸至后表面端部; 表面具小室状网皱, 背表面和后表面分界不清; 背表面前半具斜刻条。

足: 后足腿节长为宽的 5.7 倍; 后足胫节距和跗节丢失。

翅: 前翅长为宽的 2.5 倍; 翅痣长和径室前缘边长分别为翅痣宽的 1.44 倍和 0.44 倍; 径脉第 1 段长为宽的 1.1 倍, 从翅痣 0.68 处伸出; 第 2 段近于直, 与第 1 段相接处下方有脉桩; 肘间横脉不着色; 小脉在基脉外方, 其距为小脉长的 1.3 倍。

腹: 腹柄背面中长为中宽的 1.2 倍, 表面呈龟甲形网状刻皱, 亚中纵皱强, 腹柄侧面背缘长为中高的 1.0 倍, 前方具网皱, 后方具 5 条纵脊。合背板基部中纵沟伸达基部至第 1 对窗疤的 0.7 处, 两侧各有弱纵沟 4 条, 亚侧纵沟长为中纵沟的 0.8 倍。第 1 窗疤宽为长的 4.0 倍, 疤距为疤宽的 0.8 倍。合背板后下方具稀毛。抱器小, 窄三角形, 长为基宽的 1.6 倍。

体色: 体黑色。触角柄节黑色, 其余黑褐色。上颚 (除两端) 红褐色。须端部及翅基片褐黄色。足红褐色, 足基节多少褐色。翅透明, 带烟黄色, 翅痣和强脉黑褐色, 弱脉黄色。抱器褐黄色。

雌: 未知。

寄主: 未知。

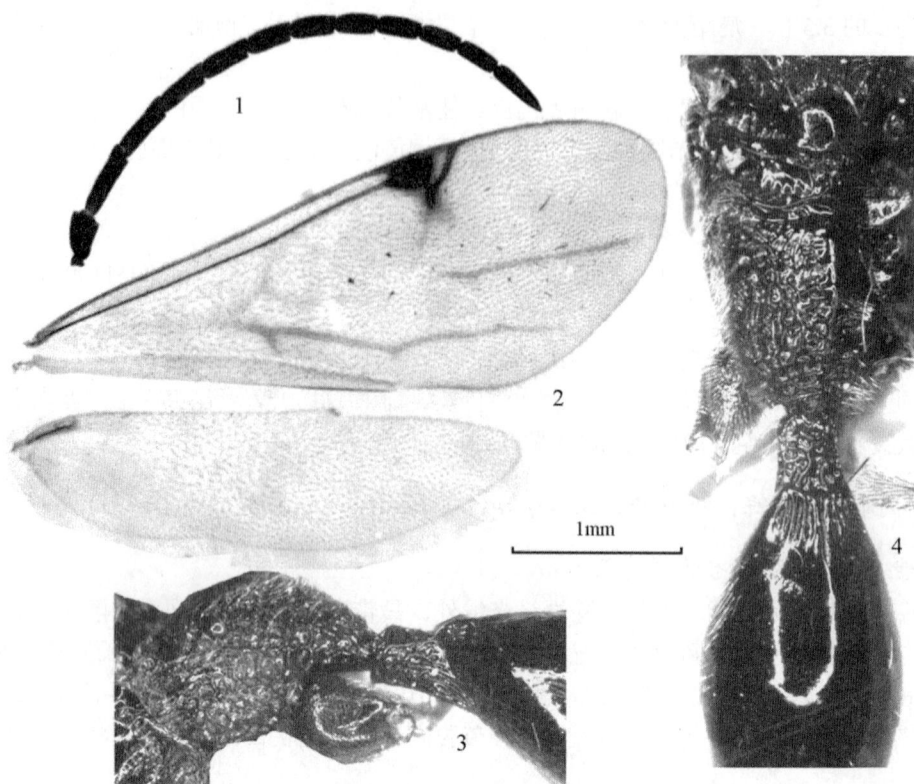

图 191　离眼光胸细蜂，新种 *Phaenoserphus ocellus* He *et* Xu, sp. nov.

1. 触角；2. 翅；3. 后胸侧板、并胸腹节和腹部，侧面观；4. 并胸腹节、腹柄和合背板基部，背面观

[1-2. 1.0X 标尺；3-4. 2.0X 标尺]

研究标本：正模♂，内蒙古武川大青山，2000.Ⅷ.17，马云，No.200100368。

分布：内蒙古。

鉴别特征：见检索表。

词源：种本名"离眼 *ocellus* (单眼)"，意为侧单眼较分开，其距离 (POL) 明显大于单复眼间距 (OOL)。

(134) 吉林光胸细蜂，新种 *Phaenoserphus jilinensis* He *et* Xu, sp. nov. (图 192)

雄：体长 4.0mm；前翅长 3.2mm。

头：颊长为上颚基宽的 1.1 倍。背观上颊长为复眼的 0.57 倍。POL：OD：OOL= 14：9：16。触角第 2、10 鞭节长分别为端宽的 2.9 倍和 3.5 倍，第 11 鞭节长为第 10 鞭节的 1.45 倍；鞭节有许多小水泡状相聚成块的圆形角下瘤。

胸：前胸背板侧面光滑，前半上方具点皱；近后缘下段具 1 个大凹窝和 3 个小凹窝。中胸侧板光滑，除镜面区外具毛；中央横沟完整，直，沟内无点皱；翅基片下方具细皱；侧缝下段凹窝前方具水平短而弱的刻条。后胸侧板满布小室状网皱，但背方具并列短纵脊。并胸腹节中纵脊强而完整，直至后表面后端；表面满布小室状网皱，背表面网皱较

横而稀。

　　足：后足腿节长为宽的 6.3 倍；后足胫节长距直，长为基跗节的 0.41 倍。

　　翅：前翅长为宽的 2.5 倍；翅痣长和径室前缘边长分别为翅痣宽的 1.5 倍和 0.37 倍；径脉第 1 段长为宽的 0.5 倍，从翅痣 0.6 处伸出；第 2 段稍弧形，与第 1 段相接处下方有脉桩；小脉在基脉外方，其距为小脉长的 0.9 倍。

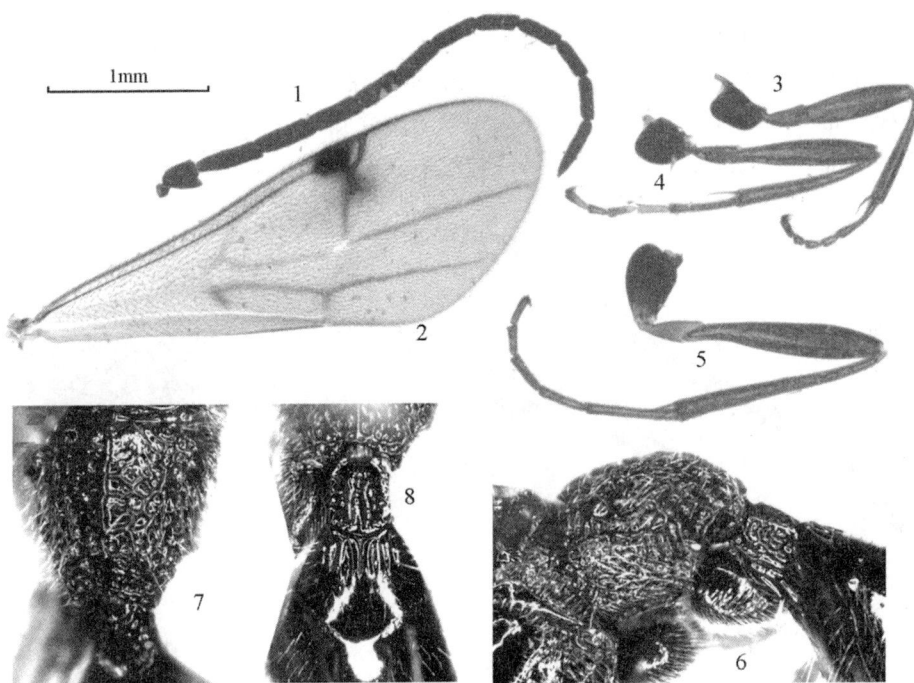

图 192　吉林光胸细蜂，新种 *Phaenoserphus jilinensis* He *et* Xu, sp. nov.

1. 触角；2. 前翅；3. 前足；4. 中足；5. 后足；6. 后胸侧板、并胸腹节和腹部，侧面观；7. 并胸腹节，背面观；8. 腹柄和合背板基部，背面观 [1-5. 1.0X 标尺；6-8. 2.0X 标尺]

　　腹：腹柄短，背面盾形，长为端宽的 1.0 倍，表面光滑，沿侧缘及后缘有刻点，中央有"H"形脊；腹柄侧面背缘长为中高的 0.8 倍，具夹有纵脊的稀网皱。合背板基部中纵沟伸达基部至第 1 对窗疤间距的 0.46 处，两侧各有弱纵沟 3 条，从内至外侧纵沟渐短，亚侧纵沟长为中纵沟的 0.8 倍。第 1 窗疤棒状，宽为长的 6.0 倍，疤距为疤宽的 0.7 倍。合背板后下方具稀毛。抱器中等大，长三角形，长为基宽的 2.5 倍。

　　体色：体黑色。须浅褐色。触角黑褐色。翅基片暗黄褐色。足褐黄色，基节黑色，距和端跗节黑褐色。翅透明，带烟黄色，翅痣和强脉黑褐色。

　　研究标本：正模♂，吉林长白山十六公里，960m，2004.Ⅷ.3，马云，No.20047160。

　　分布：吉林。

　　鉴别特征：见检索表。

　　词源：种本名"吉林 *jilinensis*"，是根据模式标本产地而拟。

(135) 内蒙古光胸细蜂，新种 *Phaenoserphus neimongolensis* He *et* Xu, sp. nov. (图 193)

雄：体长 3.7mm；前翅长 3.2mm。体较粗壮。

头：颊长为上颚基宽的 1.2 倍。背观上颊长为复眼的 0.6 倍。POL：OD：OOL=15：7：15。触角第 2、10 鞭节长分别为端宽的 3.4 倍和 3.3 倍，第 11 鞭节长为第 10 鞭节的 1.6 倍；各鞭节下方中段均具若干小水泡状相聚形成的圆形角下瘤。

胸：前胸背板侧面凹槽前方散生带毛稀刻点；中央无毛区大小约为翅基片的 2.0 倍；后下方具 5 个并列凹窝。中胸侧板除镜面区光滑外有细毛；侧缝下段凹窝前方有细点皱。后胸侧板密布不规则细网皱，其上方并列短纵皱。并胸腹节具小室状网皱，背表面基部皱纹较稀而乱，无光滑区；中纵脊明显，伸达后表面末端。

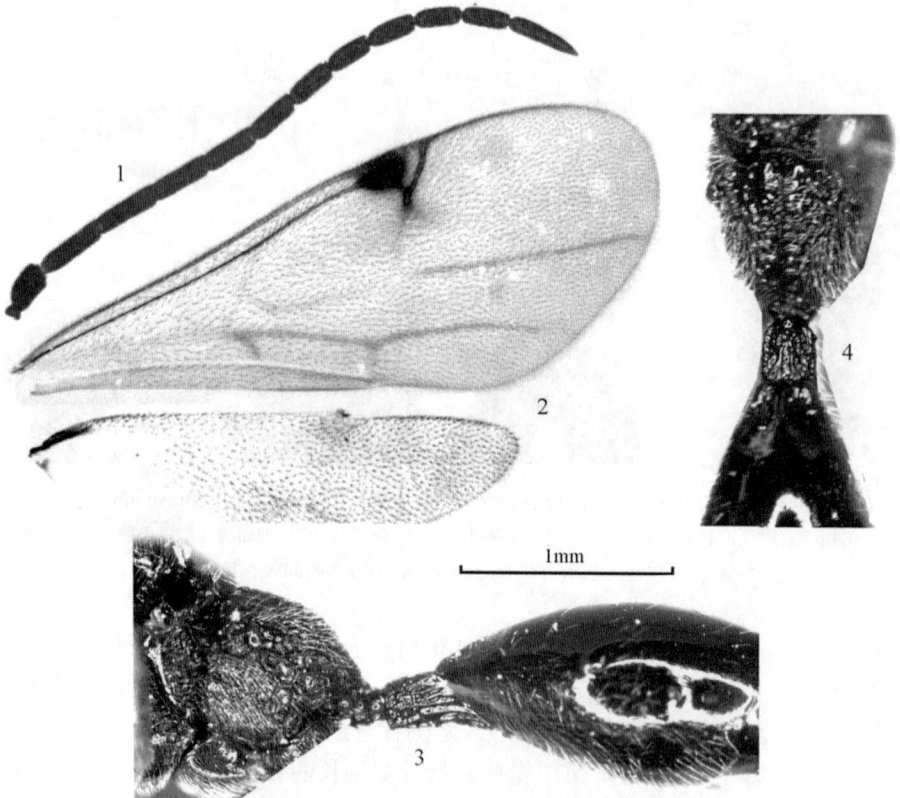

图 193　内蒙古光胸细蜂，新种 *Phaenoserphus neimongolensis* He *et* Xu, sp. nov.
1. 触角；2. 翅；3. 后胸侧板、并胸腹节和腹部，侧面观；4. 并胸腹节、腹柄和合背板基部，背面观 [1-2. 1.0X 标尺；3-4. 2.0X 标尺]

足：后足腿节长约为宽的 5.6 倍；后足胫节长距长为基跗节的 0.45 倍。

翅：前翅长为宽的 2.3 倍；翅痣长和径室前缘边长分别为翅痣宽的 1.7 倍和 0.3 倍；径脉第 1 段从翅痣中央稍外方伸出，长为宽的 1.6 倍；径脉第 1、2 段相接处下端脉桩长。

腹：腹柄背面长约为宽的 1.3 倍，表面具细皱，有 2 条平行亚中脊，但伸向基侧角；

腹柄侧面背缘长为中高的 1.0 倍，基半具稀网皱，端半具 6-7 条纵脊。合背板基部中纵沟达基部至第 1 对窗疤的 0.6 处；有 3 条侧纵沟，亚侧纵沟长为中纵沟的 0.6 倍。第 1 窗疤短杆形，宽约为长的 2.5 倍，疤距为疤宽的 1.0 倍。合背板腹方具中等密的毛。抱器大，近长三角形，长为基宽的 3.0 倍。

体色：体黑色。须浅褐色。翅基片和抱器端半黄褐色。足褐黄色；基节黑褐色，后足腿节色稍暗。翅透明，翅痣和强脉褐色，弱脉无色。

变异：前翅长 3.5-4.1mm；腹柄背表面亚纵脊不清楚；第 1 窗疤宽为长的 2 倍；腹端部暗红褐色。

雌：未知。

寄主：未知。

研究标本：正模♂，内蒙古大青山，2000.VIII.17，何俊华，No.200104584。副模：2♂，同正模，Nos.200100291，200104559。

分布：内蒙古。

鉴别特征：见检索表。

词源：种本名"内蒙古 neimongolensis"，是根据模式标本产地而拟。

(136) 平武光胸细蜂，新种 Phaenoserphus pingwuensis He et Xu, sp. nov. (图 194)

雄：体长 4.3mm；前翅长 3.6mm。

头：唇基宽为长的 3.7 倍，端部刻点较粗，端缘平截。颜面上方有 1 小瘤突。颊长为上颚基宽的 1.2 倍。背观上颊长为复眼的 0.69 倍。POL：OD：OOL=10：7：17。触角第 2、10 鞭节长分别为端宽的 3.6 倍和 3.7 倍，第 11 鞭节长为第 10 鞭节的 1.43 倍；各鞭节无明显角下瘤。

胸：前胸背板侧面光滑，具带毛刻点，前方 0.6 满布浅点皱；后上角光滑区长约为翅基片的 1.2 倍；后下缘大凹窝上方有 4 个浅凹窝。中胸侧板除镜面区光滑外有细毛；翅痣下方、沿中央横沟下方及侧板后下方具细横皱。后胸侧板密布不规则细网皱。并胸腹节中纵脊伸至背表面后端；背表面具细皱，光滑区小，伸达基部至气门后端间距的 0.5 处；后表面和外侧区满布细网皱。

足：后足腿节长为宽的 6.9 倍；后足胫节长距长为基跗节的 0.36 倍。

翅：前翅长为宽的 2.4 倍；翅痣长和径室前缘边长分别为翅痣宽的 1.5 倍和 0.45 倍；径脉第 1 段从翅痣中央后方伸出，长为宽的 0.6 倍；径脉第 2 段稍弧形，与第 1 段相连处有脉桩。

腹：腹柄背面中长为中宽的 1.6 倍，具细网皱，中央有 2 条不规则细纵皱；侧面背缘长为中高的 1.5 倍，具网皱，仅后下方有 4 条短纵脊。合背板基部中纵沟伸达基部至第 1 对窗疤间距的 0.7 处，两侧各有弱纵沟 3 条，亚侧纵沟长为中纵沟的 1.0 倍。第 1 窗疤宽为长的 2.2 倍，疤距为疤宽的 1.2 倍。合背板下方仅后端毛多。抱器大，长三角形，长为基宽的 2.2 倍。

体色：体黑色。须黄色。触角黑色。翅基片褐黄色。足褐黄色；中后足基节基部黑色。翅面烟黄色，翅痣和强脉黑褐色。抱器端半黄褐色。

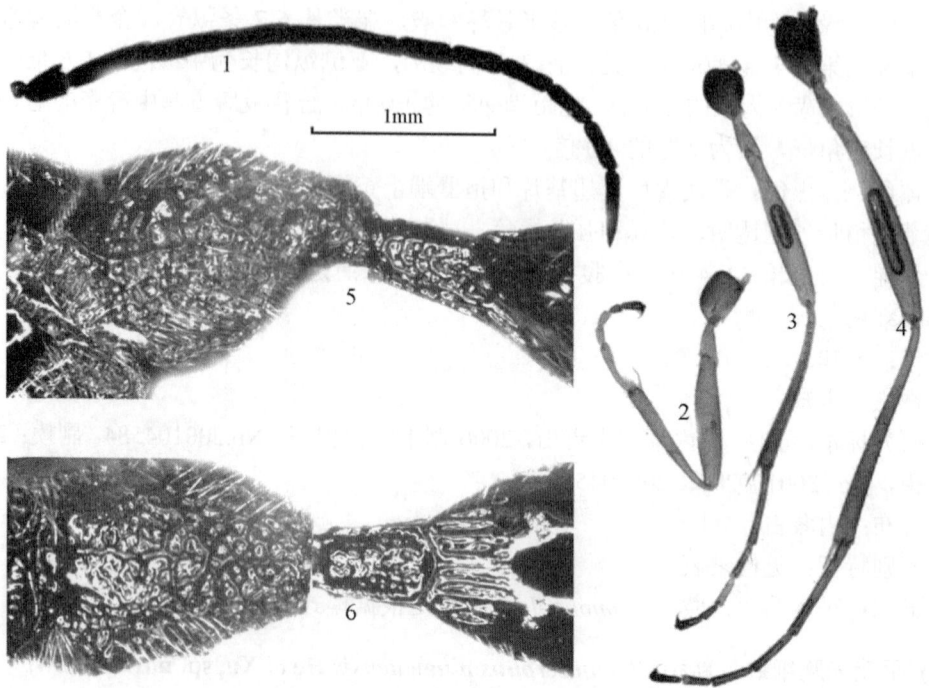

图 194 平武光胸细蜂，新种 *Phaenoserphus pingwuensis* He *et* Xu, sp. nov.

1. 触角；2. 前足；3. 中足；4. 后足；5. 后胸侧板、并胸腹节和腹部，侧面观；6. 并胸腹节、腹柄和合背板基部，背面观
[1. 1.0X 标尺；2-4. 0.8X 标尺；5-6. 2.0X 标尺]

变异：体长 3.7-4.7mm；前翅长 3.1-3.8mm。触角第 10 鞭节长为端宽的 4.0 倍，第 11 鞭节长为第 10 鞭节的 1.45 倍。POL：OD：OOL=12：9：15。前胸背板侧面后下缘具 3 个凹窝。前翅径脉第 1 段长为宽的 1.1 倍；后足腿节长为宽的 7.3 倍。前翅径脉第 1 段长为宽的 1.1 倍。腹柄侧面背缘长为中高的 1.2 倍。合背板中纵沟两侧各有弱纵沟 4 条，第 1 窗疤宽为长的 2.5 倍，第 1 窗疤疤距为疤宽的 0.8 倍。

雌：未知。

寄主：未知。

研究标本：正模♂，四川平武白马寨，2006.Ⅶ.25，张红英，No.200610985。副模：5♂，采地同正模，2006.Ⅶ.24-25，张红英、高智磊，Nos. 200610845，200610850，200611035，200611096，200611110。

分布：四川。

鉴别特征：见检索表。

词源：种本名"平武 pingwuensis"，是根据模式标本产地而拟。

(137) 河南光胸细蜂，新种 *Phaenoserphus henanensis* He *et* Xu, sp. nov. (图 195)

雄：体长 5.0mm；前翅长 3.8mm。体较粗壮。

头：颊长为上颚基宽的 1.0 倍。背观上颊长为复眼长的 0.57 倍。POL：OD：OOL=

9：8：12。触角第 2、10 鞭节长分别为端宽的 3.9 倍和 3.3 倍，第 11 鞭节长为第 10 鞭节的 1.5 倍，各鞭节具许多小气泡状的圆形角下瘤。

胸：前胸背板侧面满布细毛，前方 0.36 具微弱且模糊的浅夹点刻皱；后下缘并列 5 个凹窝。中胸侧板除镜面区光滑外有细毛，翅基片下方具细横皱；沿中央横沟下方及侧缝下段并列横皱。后胸侧板密布不规则细网皱，背方凹槽内并列短纵脊。并胸腹节有小室状网皱，但背表面皱纹较弱而浅，基半为点皱，最基部光滑，长至气门中央处；中纵脊明显，伸达后表面中央。

足：后足腿节长约为宽的 7.3 倍；后足胫节长距长为基跗节的 0.37 倍。

翅：前翅长为宽的 2.43 倍；翅痣长和径室前缘边长分别为翅痣宽的 1.5 倍和 0.5 倍；径脉第 1 段长为宽的 0.5 倍；径脉第 1、2 段相交处下方有长脉桩。

腹：腹柄背面长约为宽的 1.6 倍，内有 4 条纵脊，亚中脊较强，脊间夹有大刻点；侧面背缘长为中高的 1.2 倍，基半具网皱，后半下方具 5 条纵脊。合背板基部中纵沟达基部至第 1 对窗疤间距的 0.55 处；侧纵沟各 3 条，亚侧纵沟长为中纵沟的 0.95 倍。第 1 窗疤杆形，宽为长的 3.5 倍，疤距为疤宽的 0.6 倍。合背板腹方具中等密的毛。抱器长三角形，长为基宽的 2.0 倍。

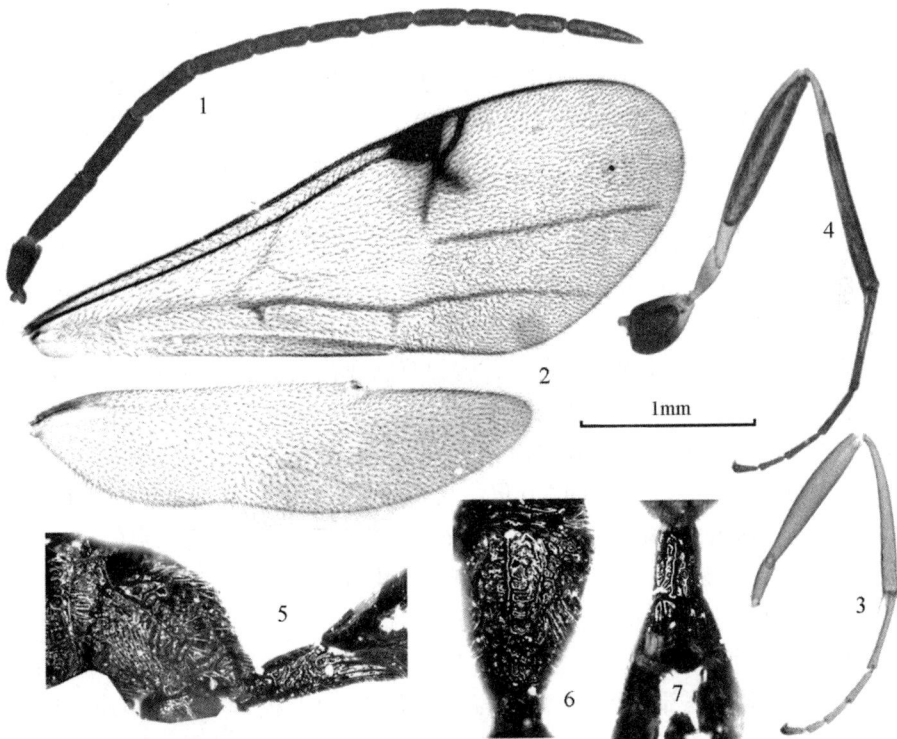

图 195　河南光胸细蜂, 新种 *Phaenoserphus henanensis* He *et* Xu, sp. nov.
1. 触角；2. 翅；3. 中足；4. 后足；5. 后胸侧板、并胸腹节和腹部，侧面观；6. 并胸腹节，背面观；7. 腹柄和合背板基部，背面观 [1-4. 1.0X 标尺；5-7. 2.0X 标尺]

体色：体黑色。须黄色。上颚端半红褐色。翅基片和抱器黄褐色。足褐黄色；腿节背方色深，后足基节基半带黑褐色。翅面烟黄色，翅痣和强脉褐色，弱脉无色。

变异：POL：OD：OOL=17：10：20。触角第 2、10 鞭节长分别为端宽的 2.75 倍和 3.1 倍。后足腿节长为宽的 6.3 倍。腹柄背面长为中宽的 1.4 倍，表面满布不规则刻点，有亚中纵脊。合背板两侧各有纵沟 4 条。

雌：未知。

寄主：未知。

研究标本：正模♂，河南伏牛山，1996.Ⅶ.10，蔡平，No.972306。副模：2♂，河南内乡宝天曼，1800m，1998.Ⅶ.14-15，马云、陈学新，Nos.987049，988716；1♂(腹端部断)，河南卢氏狮子峰，1996.Ⅷ.24，蔡平，No.873264。

分布：河南。

鉴别特征：见检索表。

词源：种本名"河南 henanensis"，是根据模式标本产地而拟。

(138) 长腿光胸细蜂，新种 Phaenoserphus longifemoratus He et Xu, sp. nov. (图 196)

雄：体长 4.4mm；前翅长 4.1mm。

头：唇基宽为长的 3.2 倍，除端缘光滑外，具带毛细刻点。颜面中央隆起，上具带毛细刻点，在触角窝有 1 椭圆形小瘤。颊长为上颚基宽的 0.6 倍。背观上颊长为复眼的 0.76 倍。POL：OD：OOL=16：9：17。触角第 2、10 鞭节长分别为端宽的 3.2 倍和 3.0 倍，第 11 鞭节长为第 10 鞭节的 1.57 倍；鞭节上多小水泡状角下瘤。后头脊背中央高，有檐边。

胸：前胸背板侧面前半具夹点刻皱，背缘后段光滑；侧板后半大部分光滑，光滑区长为翅基片的 1.5 倍；近后缘下段具 5 个凹窝。中胸侧板除镜面区光滑外具细毛；在翅基片下方、中央横沟沟内、沟前端上方及横沟后段下方具弱皱或平行弱刻条。后胸侧板满布大网皱，背方凹槽内并列短纵脊。并胸腹节侧观背缘缓斜；中纵脊强，伸至后表面端部；背表面较光滑，内具不规则弱皱和短横脊，最基部有三角形小光滑区，其长刚达气门前缘水平；后表面与背表面有强横脊分界，后表面和外侧区具大型室状网皱。

足：后足腿节较长，长为宽的 7.0 倍；后足胫节长距直，长为基跗节的 0.38 倍。

翅：前翅长为宽的 2.46 倍；翅痣长和径室前缘边长分别为翅痣宽的 1.5 倍和 0.4 倍；径脉第 1 段不明显，从翅痣 0.65 处伸出；径脉第 2 段直，与第 1 段相接处下方有长脉桩；肘间横脉上段着色；小脉在基脉外方，其距为小脉长的 0.8 倍。

腹：腹柄背面近舌形，长为中宽的 1.5 倍，表面具刻皱，2 条亚中纵皱明显；侧面背缘长为中高的 1.1 倍，基部具网皱，后端有 8 条纵脊。合背板基部中纵沟伸达基部至第 1 对窗疤间距的 0.65 处，两侧各有纵沟 4 条，亚侧纵沟长为中纵沟的 0.9 倍。第 1 窗疤宽为长的 4.0 倍，疤距为疤宽的 0.6 倍。合背板窗疤下方具稀毛。抱器窄三角形，长为基宽的 2.0 倍。

体色：体黑色。须端部及翅基片褐黄色。上颚端齿红褐色。触角黑色。足基节除端部、腿节除两端黑色；前中足第 4-5 跗节、后足胫节和跗节黑褐色。翅透明，翅痣和强脉黑褐色，弱脉褐色。

研究标本：正模♂，甘肃宕昌大河坝，2530m，2004.Ⅶ.30-31，吴琼，No.20047023。副模4♂，同正模，Nos.20047014，20047029-30，20047034；4♂，采地、采期同正模，时敏，Nos.20046975，20046999，20047001-02；2♂，采地、采期同正模，陈学新，Nos.20047046，20067064。

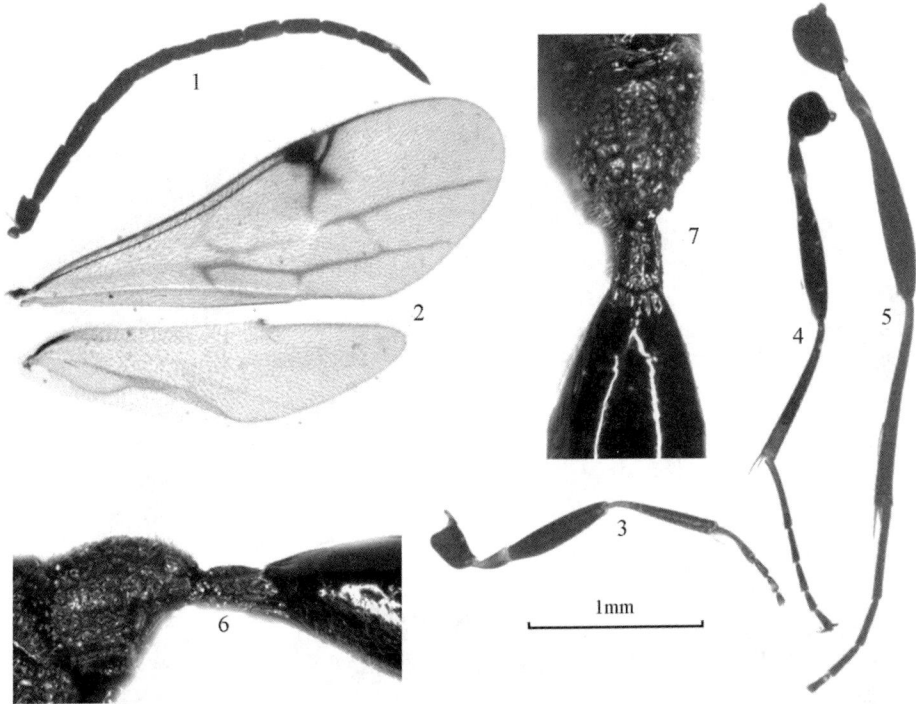

图196　长腿光胸细蜂，新种 *Phaenoserphus longifemoratus* He *et* Xu, sp. nov.

1. 触角；2. 翅；3. 前足；4. 中足；5. 后足；6. 后胸侧板、并胸腹节和腹部，侧面观；7. 并胸腹节、腹柄和合背板基部，背面观 [1-5. 1.0X 标尺；6-7. 2.0X 标尺]

分布：甘肃。

鉴别特征：见检索表。

词源：种本名"长腿 *longifemoratus*"，为 *long* (长)+ *femoratus* (腿节) 组合词，意为后足腿节较长，长为宽的 7.0 倍。

(139) 长颊光胸细蜂，新种 *Phaenoserphus genalis* He *et* Xu, sp. nov. (图197)

雄：体长 4.9mm；前翅长 4.0mm。体较粗壮。

头：颊长为上颚基宽的 1.4 倍。背观上颊长为复眼的 0.72 倍。触角第 2、10 鞭节长分别为端宽的 3.3 倍和 3.5 倍，第 11 鞭节长为第 10 鞭节的 1.56 倍；各鞭节下方有成块的许多小水泡状的圆形角下瘤。

胸：前胸背板凹槽前方具微弱且模糊的浅刻点；前胸背板侧面中央无毛区大小约为翅基片的 2.0 倍；后缘下方有并列的 3 个大凹窝。中胸侧板除镜面区光滑外有细毛，翅基片下方和沿中央横沟后下方有弱刻皱。后胸侧板密布不规则细网皱，上方纵凹槽内并列短纵刻条。并胸腹节中纵脊明显，伸达该节末端；背表面中纵脊侧方几乎全部近于光滑，但其后半有弱皱和横脊；后表面和外侧区具小室状网皱。

足：后足腿节长约为宽的 5.0 倍；后足胫节长距长为基跗节的 0.35 倍。

翅：前翅长为宽的 2.5 倍；翅痣长和径室前缘边长分别为翅痣宽的 1.4 倍和 0.4 倍；径脉第 1 段从翅痣中央伸出，内斜，长为宽的 1.5 倍，与第 2 段相接处下方有脉桩。

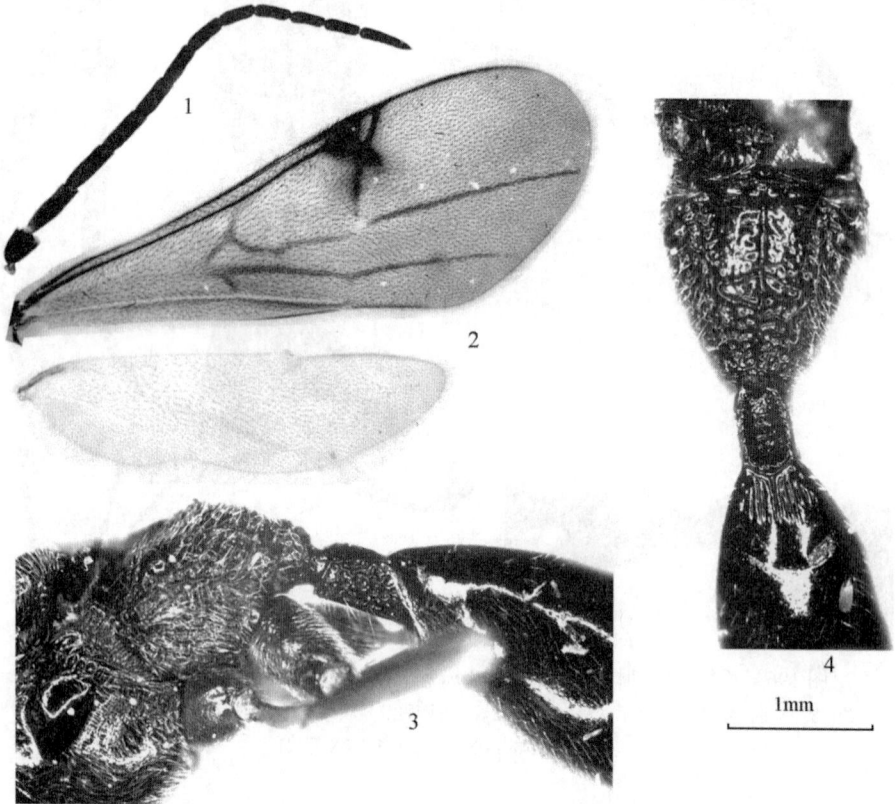

图 197 长颊光胸细蜂，新种 Phaenoserphus genalis He et Xu, sp. nov.

1. 触角；2. 翅；3. 后胸侧板、并胸腹节和腹部基部，侧面观；4. 并胸腹节、腹柄和合背板基部，背面观 [1-2. 1.0X 标尺；3-4. 2.0X 标尺]

腹：腹柄背面长约为宽的 1.9 倍，中央拱隆有 2 条纵脊和一些横皱，呈龟甲状网皱；腹柄侧面背缘长为中高的 1.25 倍，表面满布网皱。合背板基部中纵沟达基部至第 1 对窗疤的 0.55 处；侧方有约等长的纵沟各 4 条，亚侧纵沟长为中纵沟的 1.0 倍。第 1 窗疤拟卵形，宽为长的 2.2 倍，疤距为疤宽的 1.0 倍。合背板腹方具中等密的毛。抱器中等大，长三角形，长为基宽的 2.5 倍。

体色：体黑色。须和翅基片暗褐色。抱器端半黄褐色。足褐黄色；前中足基节黑褐色，腿节背面、胫节背面、距和跗节多少暗褐色；后足基节黑色，腿节背面、胫节和跗节浅黑褐色。翅带烟黄色，翅痣和强脉褐色，弱脉污黄色。

雌：未知。

寄主：未知。

研究标本：正模♂，四川马尔康—红原，3650m，2002.Ⅷ.3，陈学新，No.20031121。
副模：2♂，同正模，Nos.20031123，20031125。

分布：四川。

鉴别特征：Rajmohana 和 Narendran (1996) 报道印度的光胸细蜂属 4 新种中有 1 雌性 *Phaenoserphus longigenalis*，本新种是雄性难以与之比较，但从翅痣和腹柄背面长宽比还是可以区别的。

词源：种本名 "长颊 *genalis* (颊)"，意为本种颊 (*gena*，颚眼距) 特别长。

(140) 横皱光胸细蜂，新种 *Phaenoserphus transirugosus* He *et* Xu, sp. nov. (图 198)

雄：体长 3.3mm；前翅长 2.7mm。

头：颊长为上颚基宽的 0.9 倍。背观上颊长为复眼的 0.57 倍。POL：OD：OOL= 10：7：13。触角鞭状，第 2、10 鞭节长分别为端宽的 3.5 倍和 4.4 倍，第 11 鞭节长为第 10 鞭节的 1.34 倍；第 3-8 鞭节腹方中央有几个聚在一起的小水泡状角下瘤。

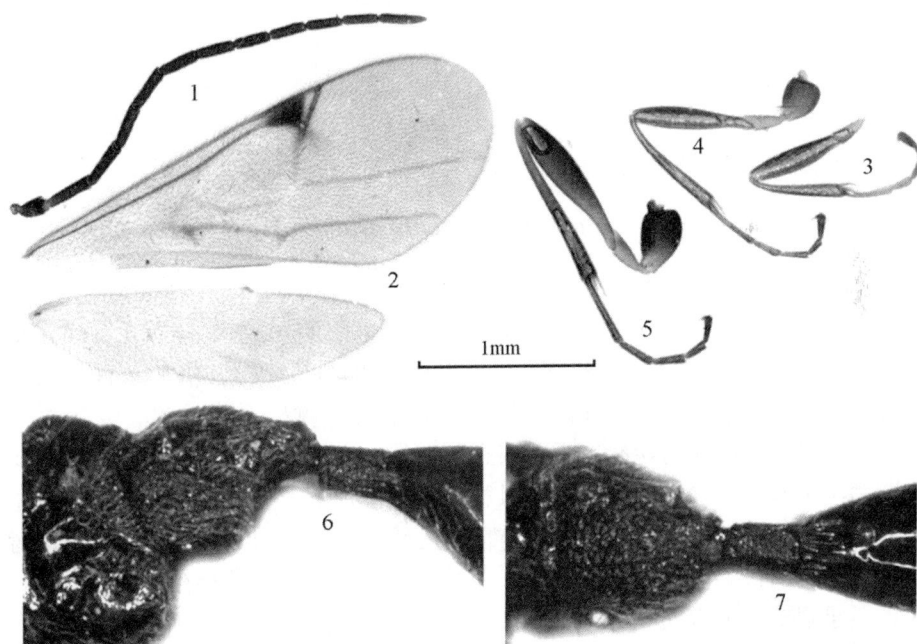

图 198　横皱光胸细蜂, 新种 *Phaenoserphus transirugosus* He *et* Xu, sp. nov.
1. 触角; 2. 翅; 3. 前足; 4. 中足; 5. 后足; 6. 后胸侧板、并胸腹节和腹部, 侧面观; 7. 并胸腹节、腹柄和合背板基部,
背面观 [1-5. 1.0X 标尺; 6-7. 2.0X 标尺]

胸：前胸背板侧面光滑，有细毛，在前上方具细的弱皱；后缘下段具 2 个凹窝。中胸侧板除镜面区光滑外具细毛；翅基片下方、中央横沟前端沟内具弱皱；侧缝整个具凹窝，下段凹窝前方连有水平细皱。后胸侧板满布网皱，多白毛。并胸腹节侧观背缘缓斜；

背表面和后表面分界不清；表面具小室状网皱，背表面无光滑区；中纵脊全部呈细纵皱状伸至后表面中央。

足：后足腿节长为宽的 5.1 倍；后足胫节长距直，长为基跗节的 0.39 倍。

翅：前翅长为宽的 2.34 倍；翅痣长和径室前缘边长分别为翅痣宽的 2.0 倍和 0.33 倍；径脉第 1 段长为宽的 0.7 倍，从翅痣 0.6 处伸出；第 2 段近于直，与第 1 段相接处下方有脉桩；小脉在基脉外方，其距为小脉长的 1.1 倍。

腹：腹柄背面中长为中宽的 1.8 倍，表面具不规则稍横向的细刻皱，近外侧有 1 条稍向前收窄的弱纵脊；腹柄侧面背缘长为中高的 1.6 倍，具不规则纵脊 6 条，在其基部夹有网皱。合背板基部中纵沟伸达基部至第 1 对窗疤间距的 0.75 处，两侧各有纵沟 3 条，亚侧纵沟长为中纵沟的 0.8 倍。第 1 窗疤宽为长的 1.5 倍，疤距为疤宽的 0.9 倍。合背板后下方具稀毛。抱器中等大，窄三角形，长为基宽的 2.5 倍。

体色：体黑色。触角黑色。须及翅基片褐黄色。足暗黄褐色；各足跗节和后足基节除端部、腿节除两端、胫节除基部带黑褐色。翅透明，带烟黄色，翅痣和强脉褐色。

雌：未知。

寄主：未知。

研究标本：正模♂，陕西周至后畛子，1998.VI.2-3，马云，No.981411。

分布：陕西。

鉴别特征：见检索表。

词源：种本名"横皱 transirugosus"， 为 trans (横的) + rugosus (有小皱的) 组合词，意为本种腹柄背面具不规则的横向细刻皱。

(141) 弱脊光胸细蜂，新种 *Phaenoserphus obscuricarinatus* He et Xu, sp. nov. (图 199)

雄：体长 3.3mm；前翅长 2.5mm。

头：颊长为上颚基宽的 0.9 倍。背观上颊长为复眼的 0.57 倍。POL：OD：OOL= 10：6：10。触角鞭状，第 2、10 鞭节长分别为端宽的 4.1 倍和 4.2 倍，第 11 鞭节长为第 10 鞭节的 1.28 倍；鞭节第 3-11 节有集聚的小水泡状角下瘤。

胸：前胸背板侧面光滑，有细毛，仅在颈凹后方和前缘下方具弱刻点；在后缘下段具 2 个凹窝。中胸侧板除镜面区光滑外具稀毛；翅基片下方具弱皱；中央横沟完整；侧缝整段具凹窝。后胸侧板满布网皱，背方前半的较细。并胸腹节侧观背缘缓斜；背表面和后表面分界不清；表面具小室状网皱；中纵脊不强，仅背表面存在。

足：后足腿节长为宽的 5.0 倍；后足胫节长距直，长为基跗节的 0.39 倍。

翅：前翅长为宽的 2.25 倍；翅痣长和径室前缘边长分别为翅痣宽的 1.7 倍和 0.4 倍；径脉第 1 段粗短，长为宽的 0.5 倍，从翅痣 0.6 处伸出；第 2 段近于直，与第 1 段相接处下方有脉桩；肘间横脉不着色；小脉、基脉均看不出。

腹：腹柄背面中长为中宽的 1.7 倍，表面具不规则网皱，除侧缘外有 2 条隐约亚中纵皱；腹柄侧面背缘长为中高的 1.6 倍，具 6 条不规则纵皱，纵皱间夹有细点皱。合背板基部中纵沟伸达基部至第 1 对窗疤的 0.5 处，两侧各有弱纵沟 5 条，亚侧纵沟长为中纵沟的 0.8 倍。第 1 窗疤宽为长的 2.0 倍，疤距为疤宽的 0.3 倍。合背板后下方具稀毛。

抱器中等大，窄三角形，长为基宽的 2.5 倍。

体色：体黑色。触角黑褐色。上颚 (除两端) 红褐色。须端部及翅基片褐黄色。前中足黄褐色，基节黑褐色；后足黑褐色，基节端部和转节黄褐色。翅透明，带烟黄色，翅痣和强脉褐黄色，弱脉浅褐色。

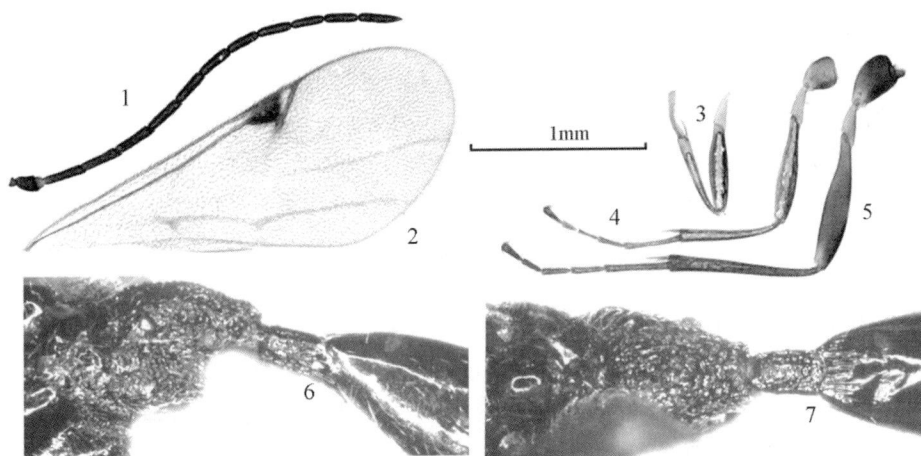

图 199　弱脊光胸细蜂，新种 *Phaenoserphus obscuricarinatus* He et Xu, sp. nov.

1. 触角；2. 前翅；3. 前足；4. 中足；5. 后足；6. 后胸侧板、并胸腹节和腹部，侧面观；7. 并胸腹节、腹柄和合背板基部，背面观 [1-5. 1.0X 标尺；6-7. 2.0X 标尺]

雌：未知。

寄主：未知。

研究标本：正模♂，陕西秦岭天台山，1999.IX.3，马云，No.991030。

分布：陕西。

鉴别特征：见检索表。

词源：种本名"弱脊 *obscuricarinatus*"，为 *obscuri* (不清楚) + *carinatus* (脊) 组合词，意为并胸腹节中纵脊不强，且仅背表面存在；无端横脊。

13. 毛眼细蜂属，新属 *Trichoserphus* He *et* Xu, gen. nov.

属征概述：前翅长 2.7-3.1mm。颊长长于上颚基宽。头背观上颊长为复眼的 0.75-0.80 倍。复眼密布细毛。颜面中央上方有 1 小瘤突。触角稍棒状；第 2 鞭节细长，长为宽的 5.0-5.5 倍。前胸背板侧面凹槽内及前方具微弱浅刻点；中央无毛区有或无。无盾纵沟。中胸侧板光滑，包括镜面区亦满布细毛；侧缝整段具小凹窝。后胸侧板密布不规则细网皱。并胸腹节具细网皱，背表面中纵脊侧方皱纹弱，基部无光滑区；后表面无中纵脊。前翅稍狭长；第 1 盘室和第 2 盘室愈合；小脉在基脉外方。足端跗节稍粗于基跗节；前中足第 3-4 跗节明显短，跗爪简单；前足腿节较粗短。腹柄背面长约为宽的 1.5 倍，表面有纵脊。合背板基部中纵沟达基部至第 1 对窗疤的约 0.35 处。合背板下方具稀毛。产卵管鞘短，长为后足胫节的 0.12-0.17 倍。

寄主：未知。

模式种：中华毛眼细蜂，新种 *Trichoserphus sinensis* He et Xu, sp. nov.。

鉴别特征：本新属与光胸细蜂属 *Phaenoserphus* Kieffer, 1908 相近，其区别在于：①雌蜂触角棒状（后者鞭状）；②镜面区有细毛（后者光滑无毛）；③复眼密生细毛（后者无毛）；④雌性产卵管鞘很短，长为后足胫节的 0.12-0.17 倍（后者 0.25-0.68 倍）；⑤足端跗节稍粗于基跗节（后者正常）；⑥前中足第 3-4 跗节明显短（后者正常）。

词源：属名"毛眼细蜂 *Trichoserphus*"，为 tricho+serphus 组合而成，"tricho"意为"多毛"，表示复眼满布细毛；"serphus"意为"细蜂科之种类"。

本志记述该新属 2 新种。

种 检 索 表

前胸背板侧面满布带毛微弱浅刻点，无中央无毛区；腹部合背板基部中纵沟两侧侧纵沟各 4 条；第 1 窗疤宽为长的 2.5 倍，疤距为疤宽的 0.8 倍；第 10 鞭节长为宽的 2.5 倍。浙江……………………………………………………………………………**中华毛眼细蜂，新种 *T. sinensis*, sp. nov.**

前胸背板侧面凹槽内及前方具微弱浅刻点，有中央无毛区，其大小约为的翅基片的 1.0 倍；腹部合背板基部中纵沟两侧侧纵沟各 3 条；第 1 窗疤宽为长的 1.5 倍（♀）、2.2 倍（♂），疤距为疤宽的 1.5 倍（♀）、0.25 倍（♂）；第 10 鞭节长为宽的 2.0 倍（♀）、3.2 倍（♂）。陕西……………………………………………………………………**脊角毛眼细蜂，新种 *T. carinicornis*, sp. nov.**

(142) 中华毛眼细蜂，新种 *Trichoserphus sinensis* He et Xu, sp. nov. (图 200)

雌：体长 2.6mm；前翅长 2.7mm。

头：颊长为上颚基宽的 1.5 倍。头背观上颊长为复眼的 0.75 倍。复眼密布细毛。唇基宽为长的 2.0 倍，端缘中央稍凹。上唇大，宽为长的 2.0 倍。颜面中央上方有 1 小瘤突。颊脊与口后脊相接处呈 75°，下端以宽的镶边伸达上颚。触角棒状；第 2、10 鞭节长分别为宽的 5.0 倍和 2.5 倍；端节长为端前节的 1.7 倍。

胸：前胸背板侧面满布带毛微弱浅刻点，无中央无毛区；后下角有 1 凹窝。中胸侧板包括镜面区满布细毛；中央横沟前段内无水平弱皱。后胸侧板密布不规则细网皱，上半的稍稀。并胸腹节具细网皱；背表面中纵脊侧方皱纹弱，基部无光滑区；后表面无中纵脊。

足：端跗节稍粗于基跗节；前中足第 3-4 跗节明显短；前足腿节较粗短；后足腿节长约为宽的 7.6 倍；后足胫节长距长为基跗节的 0.28 倍。

翅：前翅长为宽的 2.38 倍；翅痣长和径室前缘边长分别为翅痣宽的 1.6 倍和 0.9 倍。

腹：腹柄背面长约为宽的 1.4 倍，表面有 7 条纵脊，基部纵脊间夹有少许刻皱；侧面背缘长为中高的 1.2 倍，端部 0.4 具 7 条纵脊，基部 0.6 具小网皱且在腹方成横脊。合背板基部中纵沟达基部至第 1 对窗疤的 0.38 处；侧方各有 4 条短纵沟。第 1 窗疤拟卵形，宽为长的 2.5 倍，疤距为疤宽的 0.8 倍。合背板下方具稀毛。产卵管鞘短，长为后足胫节的 0.12 倍，外侧有少许刻点，无纵刻条，背腹缘均具长毛。

体色：体黑色。须污黄色。触角黑褐色。上唇、上颚、前胸背板侧面前缘、翅基片暗黄褐色。足褐色；前足基节腹方、转节和腿节腹方黄褐色。翅略带烟黄色，翅痣和强脉褐色，弱脉无色。

雄：未知。

寄主：未知。

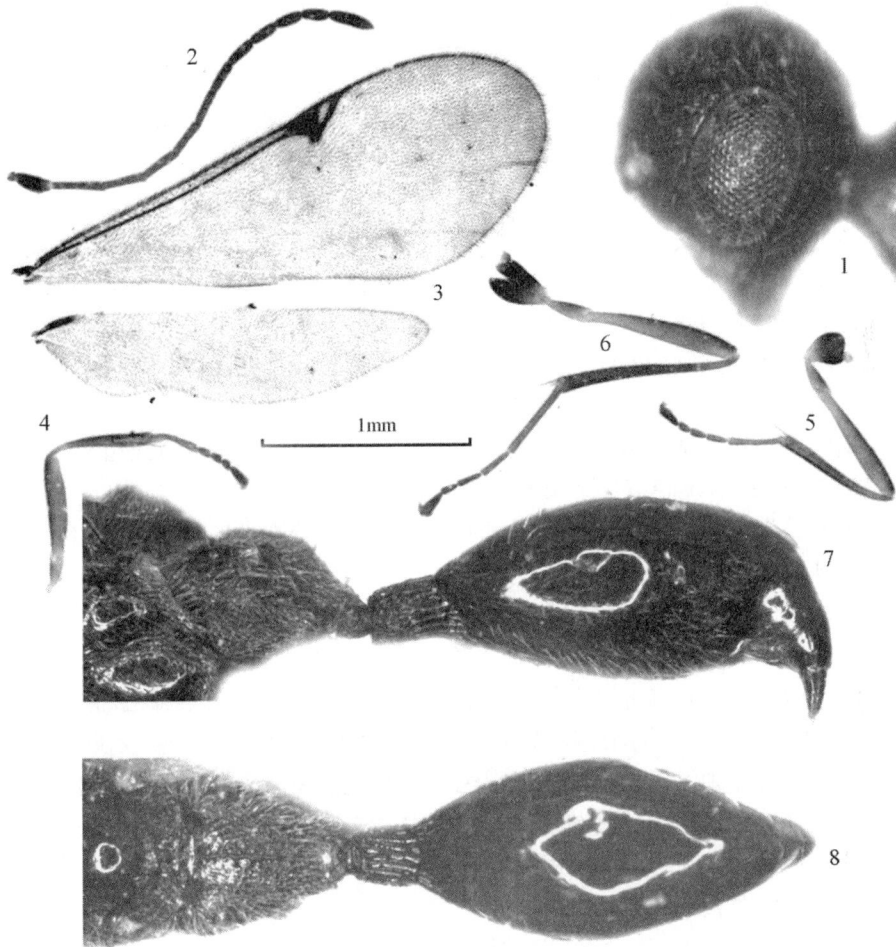

图 200　中华毛眼细蜂，新种 *Trichoserphus sinensis* He *et* Xu, sp. nov.

1. 头部，侧面观；2. 触角；3. 翅；4. 前足；5. 中足；6. 后足；7. 后胸侧板、并胸腹节和腹部，侧面观；8. 并胸腹节和腹部，背面观　[1. 3.0X 标尺；2-6. 1.0X 标尺；7-8. 2.0X 标尺]

研究标本：正模♀，浙江龙泉凤阳山，2003.Ⅷ.9，余晓霞，No.20041852。副模：1♀，同正模，No.20034625；10♀，采地、采期同正模，马云，Nos.20034587-88，20034592，20034594-97，20034599，20034600，20034602；94♀，浙江庆元百山祖，1993.Ⅹ.22-24，1994.Ⅶ.18，吴鸿，Nos.945701，945744，945747-53，945755-74，945776，945778-82，945784-85，945787-88，945790-93，945795，945797-98，945799 (2)，945800-01，945803-17，

945819-31，946784-87，946789-91，946793-95，946797-98，946800，946807，946813，946816；370♀，浙江龙泉凤阳山，1500m，2007.Ⅶ.29，刘经贤，Nos. 200705163-5532。

分布：浙江。

鉴别特征：见检索表。

词源：种本名"中华 sinensis"，意为该新属模式标本产于我国。

(143) 脊角毛眼细蜂，新种 Trichoserphus carinicornis He et Xu, sp. nov. (图 201)

雌：体长 3.0mm；前翅长 3.1mm。

头：颊长为上颚基宽的 1.3 倍。背观上颊长为复眼的 0.8 倍。复眼密布细毛。唇基宽为长的 2.0 倍。上唇大，宽为长的 2.0 倍，端缘中央稍凹。颜面中央上方有 1 小瘤突。颊脊与口后脊相接处呈 75°，下端以宽的镶边伸达上颚。POL：OD：OOL=8.5：5：12。触角棒状；第 2、10 鞭节长分别为宽的 5.5 倍和 2.0 倍；端节长为端前节的 1.7 倍。

胸：前胸背板侧面凹槽内及前方具微弱浅刻点；中央无毛区大小约为翅基片的 1.0 倍；后下缘有 1 个大凹窝。中胸侧板光滑，镜面区亦具细毛；中央横沟前段内有水平弱皱。后胸侧板密布不规则细网皱，上半的稍稀。并胸腹节具细网皱；背表面中纵脊侧方刻皱弱，基部无光滑区；后表面无中纵脊。

足：端跗节稍粗于基跗节；前中足第 3-4 跗节明显短；前足腿节较粗短；后足腿节长约为宽的 7.1 倍；后足胫节长距长为基跗节的 0.4 倍。

翅：前翅长为宽的 2.27 倍；翅痣长和径室前缘边长分别为翅痣宽的 1.6 倍和 1.0 倍。

腹：腹柄背面长约为宽的 1.6 倍，表面有 6 条纵脊，基部纵脊间夹有少许刻皱；侧面背缘长为中高的 1.4 倍，基半具横网皱，端半具 7 条纵脊。合背板基部中纵沟达基部至第 1 对窗疤间距的 0.35 处；侧方各有 3 条短纵沟，亚侧纵沟长为中纵沟的 0.8 倍。第 1 窗疤拟卵形，宽为长的 1.5 倍，疤距为疤宽的 1.5 倍。合背板下方具稀毛。产卵管鞘短，长为后足胫节的 0.17 倍，有刻点和纵刻条，背腹缘均具长毛。

体色：体黑色。须污黄色。触角黑褐色。上唇、上颚、前胸背板侧面前缘、翅基片暗赤褐色。足红褐色；前中足基节仅前方带黑褐色，腿节背面、胫节背面和第 3-5 跗节多少带黑褐色；后足基节、胫节和跗节黑褐色。翅烟黄色，翅痣和强脉褐色，弱脉无色。产卵管鞘向末端渐黄褐色。

雄：与雌性相似，不同之处在于，体长 2.4mm；前翅长 2.5mm。唇基宽为长的 2.3 倍。颊长为上颚基宽的 1.4 倍。POL：OD：OOL=7：4：12。触角第 2、10 鞭节长分别为端宽的 4.0 倍和 3.2 倍；第 11 鞭节长为第 10 鞭节的 1.5 倍；第 4-7 节有脊状角下瘤。前翅翅痣长和径室前缘脉长分别为翅痣宽的 1.8 倍和 0.7 倍；径脉第 1 段长为宽的 0.7 倍，第 2 段直；肘间横脉上段着色。腹柄背面长为中宽的 1.65 倍，表面基半具刻点，端半具 9 条纵刻条；侧面背缘长为中高的 1.6 倍，基半具 5 条夹网横刻条，端半具 6 条纵脊。合背板基部中纵沟两侧各有纵沟 5 条。第 1 窗疤宽为长的 2.2 倍；疤距为疤宽的 0.25 倍。抱器窄三角形，端部尖，外表光滑。上颚、须黄色。足黄褐色，胫节、跗节和中足基节浅褐色，后足基节黑褐色。

寄主：未知。

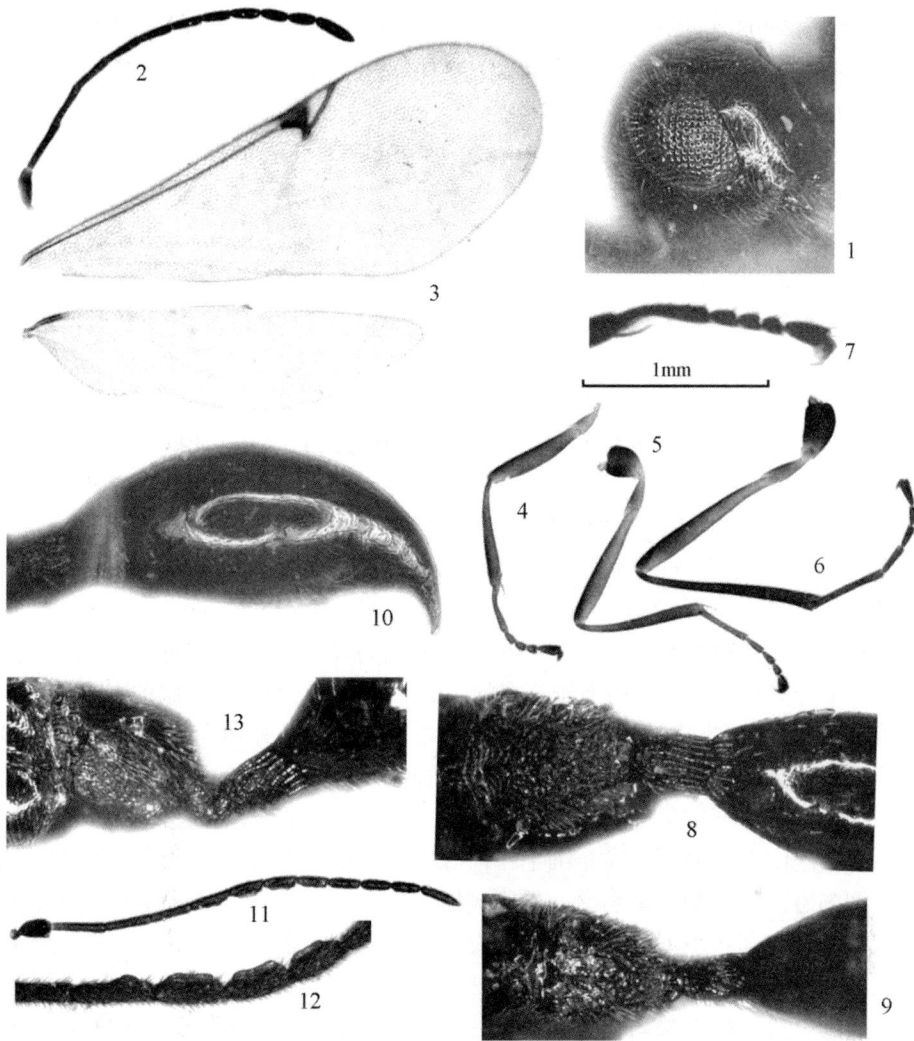

图 201　脊角毛眼细蜂，新种 *Trichoserphus carinicornis* He *et* Xu, sp. nov.

1. 头部，侧面观；2, 11. 触角；3. 翅；4. 前足；5. 中足；6. 后足；7. 前足跗节；8, 13. 中胸侧板、后胸侧板、并胸腹节
和腹柄，侧面观；9. 并胸腹节、腹柄和合背板基部，背面观；10. 腹部，侧面观；12. 第 3-7 鞭节 (1-10.♀；11-13.♂)

[1. 3.0X 标尺；2-6, 11. 1.0X 标尺；7-10, 12-13. 2.0X 标尺]

研究标本：正模♀，陕西秦岭天台山，1999.IX.3，何俊华，No.990259。副模：62♀5♂，
同正模，Nos.990057(♂)，990068，990076，990078，990081，990086，990087(无头)，
990094，990100-01，990106，990112，990120，990124，990126，990156，990192，990196，
990202，990205-06，990223，990225，990233，990238，990251，990253-54，990256，
990258，990270，990278，990282，990320，990395，990401，990403，990410，990424，
990426-27，990431，990445，990447，990449，990469，990473-74，990476，990480，
990493，990497，990518，990525，990527，990534，990558，990711，990714，990718，
990740，990743，990746，990748，990800，990847；14♀5♂，陕西秦岭天台山，1993.

IX.3，马云，Nos. 990891，990920，990922，990938，990945-46，990954，990964，990971，990976，990986，990989，991002，991022，991077，991079，991100，991136，991148；14♀4♂，陕西秦岭天台山，1993.IX.4，陈学新，Nos.991397，991406，991418，991420，991435-36，991440，991462，991472，991486，991497，991526，991543，991546，991554，991561，991563，991696。

分布：陕西。

鉴别特征：见检索表。

词源：种本名"脊角 *carinicornis*"，为 *carini* (脊)+ *cornis* (角、触角) 组合词，意为触角第 3-7 鞭节上有脊状角下瘤。

14. 强脊细蜂属 *Carinaserphus* He *et* Xu, 2007

Carinaserphus He *et* Xu, 2007, *Entomotaxonomia*, 29(2):152.

Type species: *Carinaserphus sinensis* He *et* Xu (Monotypy).

属征概述：前翅长 5.5mm。上颚单齿。唇基宽为长的 2.4 倍。颜面上方有 1 小瘤。额在触角窝上方具横皱。颊长为上颚基宽的 1.0 倍。背观上颊长为复眼的 0.9 倍。后头脊强，有檐边，背中央突出。雄性触角细长，第 2、10 鞭节长分别为宽的 5.7 倍和 5.0 倍；鞭节无角下瘤。胸部狭长，中胸背板 (包括小盾片) 长为翅基片间宽的 2.0 倍。前胸背板侧面满布细皱和夹点刻皱，仅近气门处和背板下方光滑。盾纵沟伸达中胸盾片中央。中胸侧板除镜面区中央光滑外，满布细毛；前缘部位具细而斜的刻条，沿中央横沟后段下方具水平细刻皱；侧缝整个具小窝。后胸侧板中央有 1 强纵皱，强纵皱下方侧板具小室状网皱。并胸腹节满布小室状网皱；中纵脊强而完整；后表面陡斜，与背表面之间有角度且有强横脊分开；侧纵脊和外侧脊均强，与横脊相接处呈棘状突出。中后足胫节距直；所有跗爪简单；后足腿节长为宽的 9.0 倍；后足胫节长距长为基跗节的 0.33 倍。前翅径室前缘脉长为翅痣宽的 0.33 倍；径脉第 2 段稍弯曲；第 1、2 盘室愈合；小脉在基脉外方，其距为小脉长的 0.25 倍。腹柄背面长为中宽的 1.85 倍。合背板基部中纵沟及侧纵沟大致等长。合背板侧方下半部具稀疏的毛。头部和胸部黑色；腹部带火红色。

鉴别特征：该属与光胸细蜂属 *Phaenoserphus* Kieffer, 1908 和细蜂属 *Proctotrupes* Latreille, 1796 最为相近，在细蜂亚科中该属最主要特征在于后头脊强，背中央有檐状边，突出，并胸腹节中纵脊强而完整，后表面陡斜，与背表面之间有角度且有强横脊分开，侧纵脊强，与端横脊相接处呈棘状突出。

词源：属名"强脊细蜂属 *Carinaserphus*"，为 *carina*+*serphus* 组合而成，*carina* (脊) 意为"脊强"，表示后头脊强，中央呈檐状突出和并胸腹节横脊强，且与侧脊相交处呈脊突 (棘) 状突出；"*serphus*"意为"细蜂科习惯之名称"。

该属仅知 1 种。

(144) 中华强脊细蜂 *Carinaserphus sinensis* He *et* Xu, 2007 (图 202)

Carinaserphus sinensis He *et* Xu, 2007, *Entomotaxonomia*, 29(2): 153.

雄：体长 6.3mm；前翅长 5.5mm。

头：上颚单齿。唇基宽为长的 2.4 倍，密布带毛细刻点。颜面密布带毛细刻点，上方有 1 小瘤。额在触角窝上方具横皱。颊长为上颚基宽的 1.0 倍。头背观上颊长为复眼的 0.9 倍。POL：OD：OOL= 17：11：19。后头脊强，背中央有檐状边突出；颊脊稍弯向内方。触角第 2、10 鞭节长分别为宽的 5.7 倍和 5.0 倍；第 11 鞭节长为第 10 鞭节的 1.35 倍；无明显角下瘤。

胸：胸部狭长，中胸背板 (包括小盾片) 长为翅基片间宽的 2.0 倍。前胸背板侧面满布细皱和夹点刻皱，前缘中央具三岔细刻条，背缘具细夹点网皱；近气门片处和背板下方稍光滑，后下角具 1 大凹窝。中胸侧板除镜面区中央光滑外，镜面区四周和侧板其余部位满布细毛；前缘部位具细而斜的刻条，沿中央横沟下方具水平细刻皱。后胸侧板中央有强纵皱；纵皱上方侧板前半具弱横皱，后半后上角具大网皱，后下方大部分多少光滑；强纵皱下半侧板具小室状网皱。并胸腹节满布小室状网皱；中纵脊强而完整；后表面陡斜，与背表面之间有角度且有强横脊分开；侧纵脊和外侧脊均强，与横脊交接处呈脊突 (棘) 状突出。

足：中后足胫节距直；跗爪简单；后足腿节长为宽的 9.0 倍；后足胫节长距长为基跗节的 0.33 倍。

翅：前翅长为宽的 2.4 倍；翅痣长和径室前缘边长分别为翅痣宽的 1.83 倍和 0.33 倍；径脉第 1 段从翅痣中央外方垂直伸出，长为宽的 0.6 倍；径脉第 2 段稍弯曲；肘间横脉上段有脉桩，第 1、2 盘室愈合；小脉在基脉外方，其距为小脉长的 0.25 倍。

腹：腹柄背面长为中宽的 1.85 倍，基部比端部稍狭，表面具大网皱，有不完整 2 条纵皱；侧面背缘长为中高的 1.5 倍，大部分具网皱，仅端部具短纵脊 7 条。合背板基部中纵沟伸达基部至第 1 对窗疤的 0.6 处，两侧各有纵沟 5 条，侧纵沟大致与中纵沟等长。第 1 窗疤甚弱，宽为长的 1.4 倍，疤距为疤宽的 2.6 倍。抱器窄三角形。

体色：头部和胸部黑色；须黄色；上颚除基部及翅基片火红褐色。腹部火红色，但腹柄及抱器基部黑色。足基节、转节背面和腿节背面黑褐色，转节腹面、腿节腹面火红色；胫节和跗节黄褐色，但后足胫节端部 0.4 稍带浅褐色。翅带烟黄色透明，强脉黑褐色，弱脉无色、黄色或浅黄褐色。

雌：未知。

寄主：未知。

研究标本：1♂，河南伏牛山，1996.Ⅶ.11，蔡平，No.973519 (正模)。

分布：河南。

词源：种本名"中华 *sinensis*"，意为该新属模式标本产于我国。

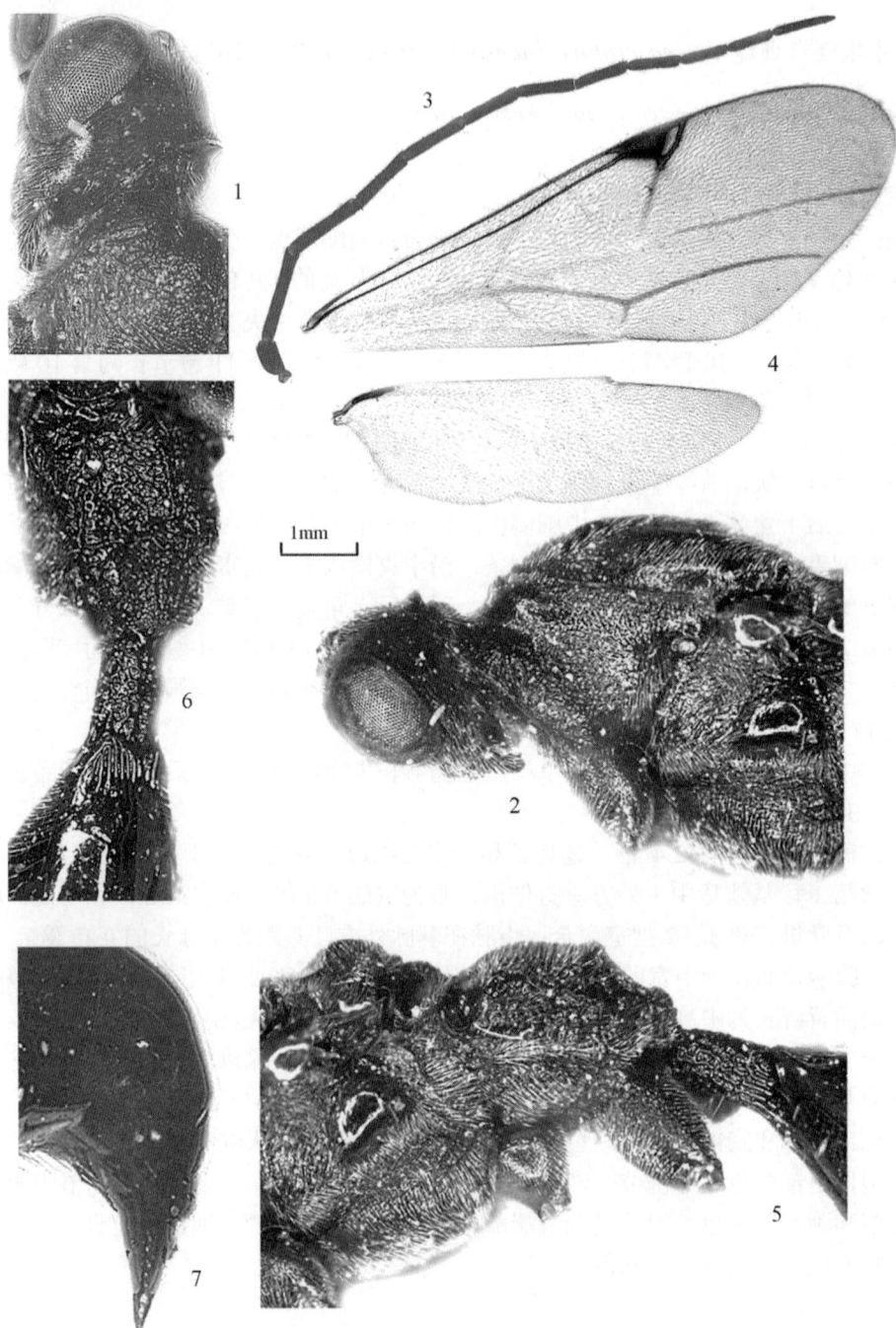

图 202 中华强脊细蜂 *Carinaserphus sinensis* He et Xu

1. 头部，侧面观；2. 头部、前胸和中胸，侧面观；3. 触角；4. 翅；5. 中胸侧板、后胸侧板、并胸腹节和腹柄，侧面观；
6. 并胸腹节、腹柄和合背板基部，背面观；7. 腹部端部，侧面观 (仿何俊华等，2007) [1, 7. 1.25X 标尺； 3-4. 1.0X 标尺；
2, 5-6. 2.0X 标尺]

15. 细蜂属 *Proctotrupes* Latreille, 1796

Serphus Schrank, 1780, *Schrift. Berlin Gesell. Naturf. Freunde*, 1:307.

Type species: *Serphus brachypterus* Schrank (Monotypy) (Original designation).

Proctotrupes Latreille, 1796, *Précis caratères génériques des insects…*, p.108.

Type species: (*Proctotrupes brevipennis* Latreille)=*brachypterus* Schrank, included by Latreille, 1802.

Serphus Schrank: H. Townes & M. Townes, 1981, *Mem. Amer. Ent. Inst.*, 32:169.

Serphus Schrank: Fan & He, 1993, *Entomotaxonomia*, 17: 69.

Proctotrupes Latreille: Johnson, 1992, *Mem. Amer. Ent. Inst.*, 51: 319.

Proctotrupes Latreille: He & Fan, 2004, *Hymenopteran Insect Fauna of Zhejiang*: 330.

属征概述：前翅长 3.1-8.8mm。额中央无明显肿状突起。触角窝间具低而弱的中竖脊，中央通常具有小瘤状突。上颚单齿。前胸背板侧面一部分或全部覆有细毛 (有时仅前面和背面具毛)，具不同程度的细皱和刻皱。并胸腹节具有网状细皱或多数纵向刻皱，通常背面有长的中纵脊，有时纵脊被细皱所掩盖。后足胫节长距长约为后足基跗节的 0.33 倍。跗爪简单。径室前缘脉长约为翅痣宽的 0.33 倍。第 1 和第 2 盘室愈合。小脉在基脉外方，其距为小脉长度的 0.5-0.8 倍。腹柄长为宽的 0.4 倍。合背板几乎总是红色或部分红色或红褐色 (*P. maurus* 为黑色，*P. bistriatus* 有时为暗褐色)。合背板侧面下半部有中等密的毛。雄性抱器窄三角形。产卵管鞘长为后足胫节的 0.6-1.5 倍，整个下弯或仅在末端下弯，向末端渐细或顶端圆钝；表面具刻点，或刻点和纵沟均有。

该属分布于全北区。全世界已记载有 9 个现生种，此外还有 3 个化石种。我国记录有短翅细蜂 *P. brachypterus*、膨腹细蜂 *P. gravidator* 和中华细蜂 *P. sinensis* 3 种。由于该属个体大，又为细蜂科中的常见种类，故了解最多，但过去属名常用 *Serphus*。寄主为步甲科 Carabidae 昆虫。

本志记述我国细蜂属 4 种，其中 1 个中国新记录种。

细蜂属可分为 2 个种团。

种团检索表

前胸背板侧面无中央无毛区；后胸侧板上方 0.3± 的刻纹比下方 0.7± 细密；径脉中等程度弯曲 (有时短翅型标本中近于垂直)；中后足胫节距雄性稍弯曲，雌性强度弯曲；产卵管鞘具纵沟…………………………………………………………………………**短翅细蜂种团** *Brachypterus* **Group**

前胸背板侧面中央几乎总具有 1 无毛区；后胸侧板上方 0.3± 的刻纹同其他部分相同，但前上角通常比其他部分稍光滑；径脉不直或几乎直；中后足胫节距直；产卵管鞘无纵沟…………………………………………………………………………**膨腹细蜂种团** *Gravidator* **Group**

1) 短翅细蜂种团 *Brachypterus* Group

种团概述：前翅长 5.0-8.8mm，或有些雌性为短翅型。唇基宽。颊脊中段强度弯曲伸向口后脊，相接处远在上颚基部上方。胸部狭长，雌性尤为显著。前胸背板侧面在前方和凹槽内稍具有皱褶，其他部分光滑；毛分布均匀，无中央无毛区。后胸侧板上方 0.3± 的刻皱比下方 0.7± 的刻皱较细密。并胸腹节网状刻皱多数呈纵向。中后足胫节长距雄性弱弯，雌性强度弯曲。径脉中等弯曲，在短翅型个体中近于直。产卵管鞘有明显纵沟，长约为后足胫节的 1.4 倍，整个下弯，或在末端下弯程度更强。

该种团全世界已记载有 2 种，分别分布于新北区和古北区。两种亲缘关系非常近。我国已记述 1 种。

种检索表（*我国未发现的种）

头部和胸部完全黑色，仅在颊下方有 1 暗火红色区域；径室向后方强度收窄；后胸侧板和并胸腹节刻皱稍细于 *P. caudatus*。古北区 ·· 短翅细蜂 *P. brachypterus*

头部和胸部部分或完全火红色，至少前胸背板和头部上方暗火红色；径室向后方仅微弱收窄；后胸侧板和并胸腹节刻皱稍粗于 *P. brachypterus*。新北区东部和中部 ················ *尾细蜂 *P. caudatus*

(145) 短翅细蜂 *Proctotrupes brachypterus* (Schrank, 1780) (图 203)

Serphus brachypterus Schrank, 1780, *Schrift. Berlin Gesell. Naturf. Freunde*, 1:307.

Proctotrupes brachypterus Schrank: Dalla Torre, 1898, *Catalogus hymenopteroum…*, 5: 463.

Serphus brachypterus Schrank: Townes, 1981, *Mem. Amer. Ent. Inst.*, 32: 172.

Proctotrupes brachypterus Schrank: Johnson, 1992, *Mem. Amer. Ent. Inst.*, 51: 321.

Proctotrupes brachypterus Schrank: He & Fan, 2004, In: He *et al.*, *Hymenopteran Insect Fauna of Zhejiang*: 330.

雌 (短翅型)：体长 7.0-8.0mm (不包括产卵管鞘)；前翅长 2.2-3.0mm。

头：唇基宽为长的 3.9 倍，除端缘光滑外，具带毛刻点。颊长为上颚基宽的 0.54 倍。头背观上颊长为复眼的 0.74 倍。POL：OD：OOL=17：14：24。触角第 2、10 鞭节长分别为宽的 5.2 倍和 4.2 倍，第 11 鞭节长为第 10 鞭节的 1.3 倍。

胸：胸部狭长，中胸背板 (包括小盾片) 长为翅基片间宽的 2.5 倍。前胸背板侧面在凹槽内及前缘上方具斜刻条，前缘下方为浅刻点和浅皱，背缘具细刻点，近后角部分光滑，但也有稀毛。中胸侧板前缘部位在中央横沟上方具斜刻条，沿中央横沟后下方具横向细而弱刻条。后胸侧板具细而密网皱。并胸腹节相对较长，具小室状网皱，皱纹多呈纵向；中纵脊强而完整。

足：后足腿节长为宽的 3.2 倍；中后足胫节距强弯曲，后足胫节长距长为基跗节的 0.3 倍。

翅：前翅径室前缘脉极短，径室几乎看不出；径脉直。

腹：腹柄背面长为中宽的 0.4 倍。合背板基部中纵沟伸达基部至第 1 对窗疤间距的 0.3 处，两侧各有纵沟 3 条，亚侧纵沟长为中纵沟的 0.6-1.0 倍。产卵管鞘长为后足胫节的 1.5 倍，整个弧形下弯，向末端渐窄，顶端尖，表面具纵沟。

体色：头、胸部黑色，颊近上颚具 1 暗锈色小斑。上颚铁锈色，基部黑色。口须褐色。触角浅褐色。翅基片铁锈色。基节、转节黑色至褐红色；腿节、胫节铁锈色；跗节暗褐色。翅面具细弱褐色毛。腹部铁锈色，腹柄黑色，腹部末端 3 节铁锈色。产卵管鞘铁锈色。

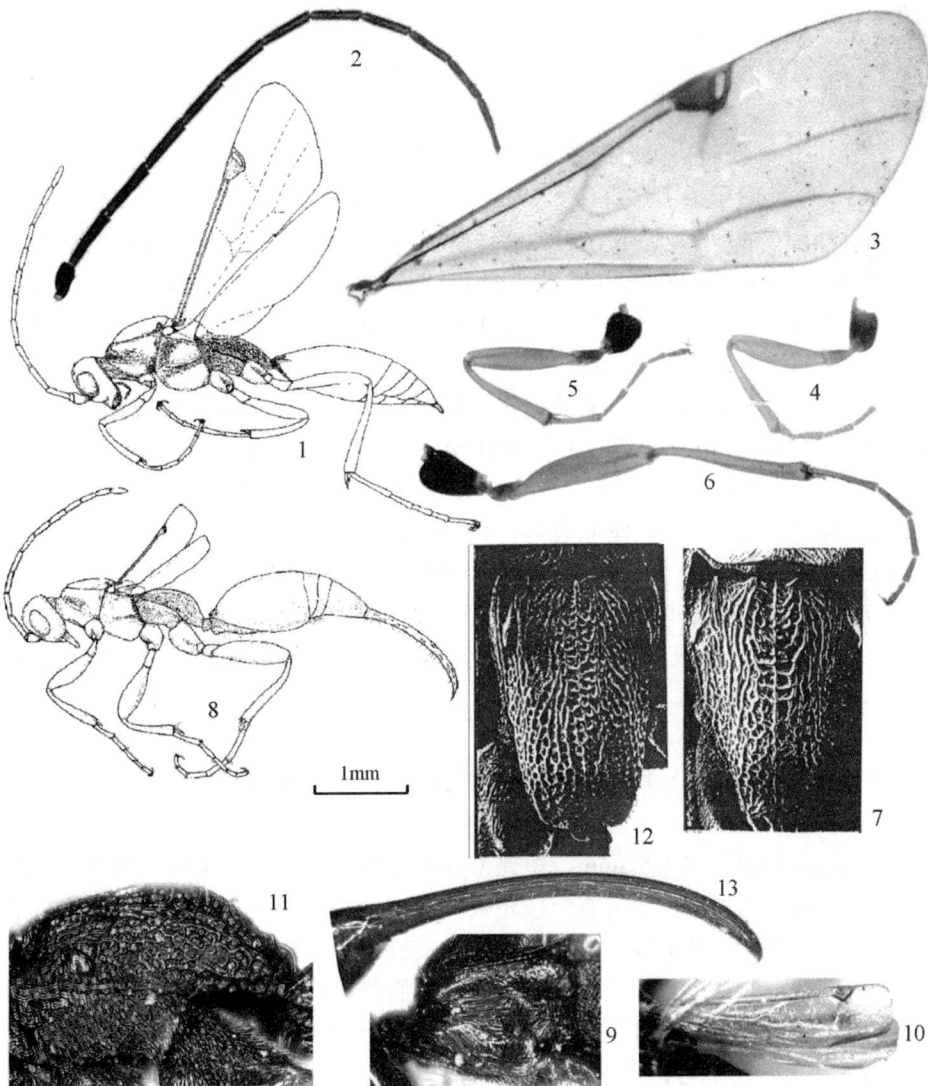

图 203　短翅细蜂 *Proctotrupes brachypterus* (Schrank)

1, 8. 整体，侧面观；2. 触角；3, 10. 前翅；4. 前足；5. 中足；6. 后足；7, 12. 前胸腹节，背面观；9. 前胸背板，侧面观；11. 后胸侧板和并胸腹节，侧面观；13. 产卵管鞘 (1-7.♂; 8-13.♀) (1, 8. 仿何俊华和樊晋江，2004；7, 12. 仿 H. Townes & M. Townes，1981) [1, 8. 0.5X 标尺；2-3, 10. 1.0X 标尺；4-6. 0.8X 标尺；7, 9, 11-12. 2.0X 标尺；13. 1.5X 标尺]

雄：与雌性相似，不同之处在于，体长 8-9mm；前翅长 5.6-6.5mm。头背观上颊长为复眼的 0.88 倍。POL：OD：OOL= 23：15：27。触角第 2、10 鞭节长分别为宽的 5.1 倍和 7.0 倍；第 11 鞭节长为第 10 鞭节的 1.3 倍。前胸背板侧面凹槽内及前缘上方的斜刻条有的较弱或甚弱。中胸侧板在前缘部分中央横沟上方密布斜刻条，沿中央横沟及其后下方具横向细而弱刻条。后足腿节长为宽的 4.1 倍；中后足胫节距稍弯曲，后足胫节长距长为基跗节的 0.38 倍。前翅径室前缘边长为翅痣宽的 0.33 倍；径脉稍弯，直接从翅痣下方伸出。腹柄背面长为中宽的 0.8 倍。合背板基部中纵沟伸达基部至第 1 对窗疤的 0.22 处，两侧各有纵沟 3 条，亚侧纵沟比中纵沟稍长。抱器窄三角形。触角褐色至黑褐色。腹部末端 3 节背腹板黑色。

寄主：据记载为步甲科，有玉米距步甲 *Zabrius tenebrioides elongatus* 和红足婪步甲 *Harpalus rufipes* 等。

研究标本：2♂，新疆裕民塔斯特，1083m，2005.Ⅶ.16，张红英、吴琼，Nos.200602325，200602338；3♂，河南桐柏山，2000.Ⅴ.23，蔡平，Nos.200102123，200102132，200102143；6♂，江苏苏州望亭，1891.Ⅴ-Ⅹ，姜观清，No.815827 (6)；7♂，江苏扬州，1961.Ⅴ，扬州大学，Nos.200800242-48；5♂，江苏扬州，1981.Ⅶ.20，杨联民，No.850152 (5)；3♂，浙江常山，1954.Ⅴ.1，华东农科所，No.5438.47 (3)；1♀，浙江杭州，1957.Ⅺ.13，周正南，No.5789.1；2♂，浙江杭州，1981.Ⅴ.21，马云，No.810678 (2)；1♂，浙江杭州，1985.Ⅴ，何俊华，No. 851012；1♀，浙江杭州，1990.Ⅺ，樊晋江，No. 910174；1♂，浙江武义，1983.Ⅵ，林业局，No. 840876；1♂，浙江松阳，1992.Ⅳ.23-Ⅴ.9，陈汉林，No.924387；1♀，湖北新州，1977.Ⅴ，宗良炳，No.870127；1♂，湖北武昌狮子山，1974.Ⅴ.13，华中农学院，No.750024；1♂，湖北恩施，1979.Ⅴ.21，闵观培，No.870408；3♀，湖北枝江，1979.Ⅴ.13，华中农业大学，Nos.200800250-52；1♀，湖南祁阳，1978.Ⅷ，吴慧芬，No.850128；2♂，湖南长沙，1978.Ⅴ.16，童新旺，Nos.20044821-22。

分布：河南、新疆、江苏、浙江、湖北、湖南；苏联，奥地利，意大利，法国，丹麦，英国，爱尔兰，瑞典，葡萄牙。

2) 膨腹细蜂种团 *Gravidator* Group

种团概述：前翅长 3.1-5.5mm。短翅型标本未知。唇基宽或稍窄。颊脊中央渐斜，与口后脊相接处在上颊基部上方有一段距离，有时颊脊下段不完全。胸部比例适中。前胸背板侧面在颈部，沿其上缘，或多或少地在前胸背板凹槽内具皱褶或夹点刻皱；前胸背板侧面中央具 1 非常小至相当大的无毛区。后胸侧板具网状皱纹，前上角常具刻点或中等光滑。中后足胫节长距直。径脉直或稍弯曲。产卵管鞘具分散的刻点，长为后足胫节长的 0.7-1.0 倍，稍下弯，但端部强度下弯。

该种团主要分布于全北区，全世界已记载有 7 种。本志记述我国膨腹细蜂种团 3 种，其中 1 个为中国新记录种。

种 检 索 表

1. 前胸背板侧面中央无毛区大小为翅基片的 0.7-1.0 倍；颊脊接近口后脊处常缺或弱，近口后脊处常
有几条斜皱；胸部黑色；并胸腹节网皱不斜向中纵脊；雌性产卵管鞘长约为后足胫节的 1.0 倍。辽
宁、内蒙古、河北、山东、陕西、甘肃、新疆、浙江、江西、湖北、四川、广西、云南、西藏⋯
⋯⋯⋯⋯⋯⋯⋯⋯⋯⋯⋯⋯⋯⋯⋯⋯⋯⋯⋯⋯⋯⋯⋯⋯⋯⋯ 膨腹细蜂 *P. gravidator*
前胸背板侧面中央无毛区大小约为翅基片的 2.0 倍；颊脊伸达或不达口后脊；雌性产卵管鞘长为后
足胫节的 0.80-1.05 倍⋯⋯⋯⋯⋯⋯⋯⋯⋯⋯⋯⋯⋯⋯⋯⋯⋯⋯⋯⋯⋯⋯⋯⋯⋯⋯ 2
2. 合背板大部分或完全铁锈色；前胸背板侧面中央无毛区较小；颊脊不达口后脊。吉林、辽宁、内
蒙古、北京、河北、河南、陕西、甘肃、新疆、浙江、江西、湖北、贵州⋯⋯ **中华细蜂 *P. sinensis***
合背板完全黑褐色；前胸背板侧面中央无毛区较大；颊脊达口后脊。吉林、内蒙古、青海、新疆
⋯⋯⋯⋯⋯⋯⋯⋯⋯⋯⋯⋯⋯⋯⋯⋯⋯⋯⋯⋯⋯⋯⋯⋯⋯⋯⋯ **双条细蜂 *P. bistriatus***

(146) 膨腹细蜂 *Proctotrupus gravidator* (Linnaeus, 1758) (图 204)

Serphus gravidator Linnaeus, 1758, *Systema Naturae. Edition* 10, 1:565.

Proctotrupes gravidator Linnaeus: Latreille, 1809, *Genera Crustaceuorum et Insectorum…*, 4: 38.

Serphus gravidator Linnaeus: H. Townes & M. Townes, 1981, *Mem. Amer. Ent. Inst.*, 32: 179.

Proctotrupes gravidator Linnaeus: Johnson, 1992, *Mem. Amer. Ent. Inst.*, 51: 324.

Proctotrupes gravidator Linnaeus: He & Fan, 2004, In: He *et al.*, *Hymenopteran Insect Fauna of Zhejiang*: 330.

雌：体长 (不包括产卵管鞘) 约 5.2mm；前翅长约 4.0mm。

头：唇基宽为长的 3.1 倍，除端缘光滑外，具带毛刻点。颊长为上颚基宽的 1.0 倍。头背观上颊长为复眼的 0.56 倍。POL：OD：OOL= 11：7：18。颊脊接近口后脊处常缺或弱，近口后脊处常有几条斜皱。触角第 2、10 鞭节长分别为宽的 5.1 倍和 3.6 倍；第 11 鞭节长为第 10 鞭节的 1.28 倍。

胸：胸部狭长，中胸背板 (包括小盾片) 长为翅基片间宽的 1.78 倍。前胸背板侧面凹槽内中段具细网皱，背板前缘中央和背板上方具弱刻皱，中央无毛光滑区大小为翅基片的 0.7-1.0 倍。中胸侧板前缘近镜面区部位具横刻条，最前缘为模糊刻点；中央横沟内及侧板后下方或/和前下方具细的横刻条。后胸侧板具小室状网皱。并胸腹节相对较短，具小室状网皱，不斜向中纵脊；中纵脊强但不达后端。

足：后足腿节长为宽的 6.0 倍；中后足胫节距直，后足胫节长距长为基跗节的 0.29 倍。

翅：前翅翅痣长和径室前缘边长分别为翅痣宽的 1.7-1.9 倍和 0.24-0.45 倍；径脉第 1 段短，径脉第 2 段直。

腹：腹柄背面长为中宽的 0.5 倍。合背板基部中纵沟伸达基部至第 1 对窗疤间距的 0.4 处，两侧各有纵沟 3 条，亚侧纵沟长为中纵沟的 0.5 倍。产卵管鞘长为后足胫节的 0.96 倍，弧形，在末端下弯，向末端渐窄，顶端尖，表面具浅刻点。

体色：体黑色。触角和上颚带有铁锈色斑。口须淡褐色至黑色。翅基片铁锈色至暗褐色。足基节黑褐色至黑色；转节铁锈色；腿节铁锈色，或稍呈烟褐色至暗褐色；胫节和跗节褐黄色或铁锈色至暗褐色。腹部铁锈色或褐铁锈色，但腹柄黑色，端部 0.4±烟褐铁锈色。产卵管鞘铁锈色，下弯的端部黑色。翅面稍带褐色，翅痣和强脉暗褐色。

雄：与雌性相似，不同之处在于，体长 4.2-7.4mm；前翅长 3.3-6.0mm。头背观上颊长为复眼的 0.63-0.70 倍。POL：OD：OOL= 13：7：20。触角第 2、10 鞭节长分别为端宽的 4.3-5.1 倍和 5.5 倍；第 11 鞭节长为第 10 鞭节的 1.1-1.3 倍。后足腿节长为宽的 5.7-6.3 倍；后足胫节长距长为基跗节的 0.26-0.30 倍。抱器窄三角形，长为基宽的 2.2 倍。

寄主：据记载为步甲科幼虫，如 *Amara apricaria*，*A. bifrons*，*Harpalus* sp.等。

研究标本：5♂，辽宁沈阳，1994.VI-VII，娄巨贤，Nos.947009，947675，947768，947810，947811；1♂，内蒙古贺兰山北寺，1995.VIII.20，内蒙古师范大学，No.200104540；2♂，内蒙古呼和浩特，1999.IX.28，吴志毅，Nos.200104579-80；2♂，内蒙古正镶白旗，郭元朝，Nos.20030228，20030241；1♂，陕西秦岭天台山，1997.VII，西北农业大学，No.200011646；1♂，甘肃兰州，1965.IX.13，王长政，No.853593；5♂，甘肃文县离楼山，1869-2300m，2004.VII.29-30，陈学新、时敏，Nos.20046945，20046947-48，20046973-74；1♂，新疆石河子，1980.IX.23，贺福德，No.816492；1♂，新疆卜野，1983.VII.30，张兰，No.860152；2♂，新疆乌鲁木齐，1987.VIII.26-IX.2，马祁，Nos.880064，880127；1♂，新疆乌鲁木齐，1991.VI.26，王登元，No.915848；1♂，新疆乌鲁木齐，1991.VII.23，何俊华，No.914763；1♂，新疆乌鲁木齐，2002.VIII.11，胡红英，No.20034434；3♂，新疆布尔津喀纳斯湖，1450m，陈学新、吴琼，Nos. 200602293，200602295-96；20♂，新疆裕民塔斯特，834-1083m，2005.VII.16，陈学新、时敏、张红英、吴琼，Nos.200602297-99，200602303-10，200602324，200602326-30，200602336-37，200602339；7♂，新疆伊犁果子沟，1890m，2005.VII.18，陈学新、时敏、吴琼，Nos.200602352-56，200602378，200602409；1♀17♂，新疆伊犁拉拉提草原，1382m，2005.VII.19-20，陈学新、马云、时敏、张红英、吴琼，Nos.200602510-12，200602555-57，200602724-28，200602957-61，200603047-48；1♀1♂，河北小五台山涧口，1200m，2005.VIII.22-23，时敏，Nos.200604754，200604756；4♂，河北小五台山，2005.VIII.20-23，刘经贤，Nos.200609497，200609514，200609519，200609521；1♂，山东泰安泰山，1997.VI.17，李强，No.200011160；1♀，浙江杭州，1990.X，樊晋江，No.910174；1♂，浙江西天目山，1987.VII.21，陈学新，No.872555；1♂，浙江西天目山仙人顶，2000.VI.3，蒋彩英，No.200104258；2♂，浙江西天目山仙人顶，2003.VII.29-30，陈学新、余晓霞，Nos.20034526，20040210；1♂，江西九江，1981.III.17，彭国煌，No.810365；1♀，湖北神农架酒壶，1700m，1982.VIII.27，何俊华，No.825762；2♂，四川卧龙自然保护区，2006.VII.21，高智磊，Nos.200610826，200610828；1♀23♂，四川平武白马寨，2006.VII.24-25，张红英、高智磊，Nos.200610831，200610846，200610848，200610852-54，200610857，200610874-75，200610878，200610888-89，200610912，200610929，200610955，200610975-76，200610981-82，200610996，200610998，200611065，200611094，200611098；1♂，广西田林，1982.V.29，何俊华，No.821944；1♀，云南云县，1981.IV.23，何俊华，No.812721；3♂，云南昆明，1981.V.3-18，何俊华，Nos.811167，

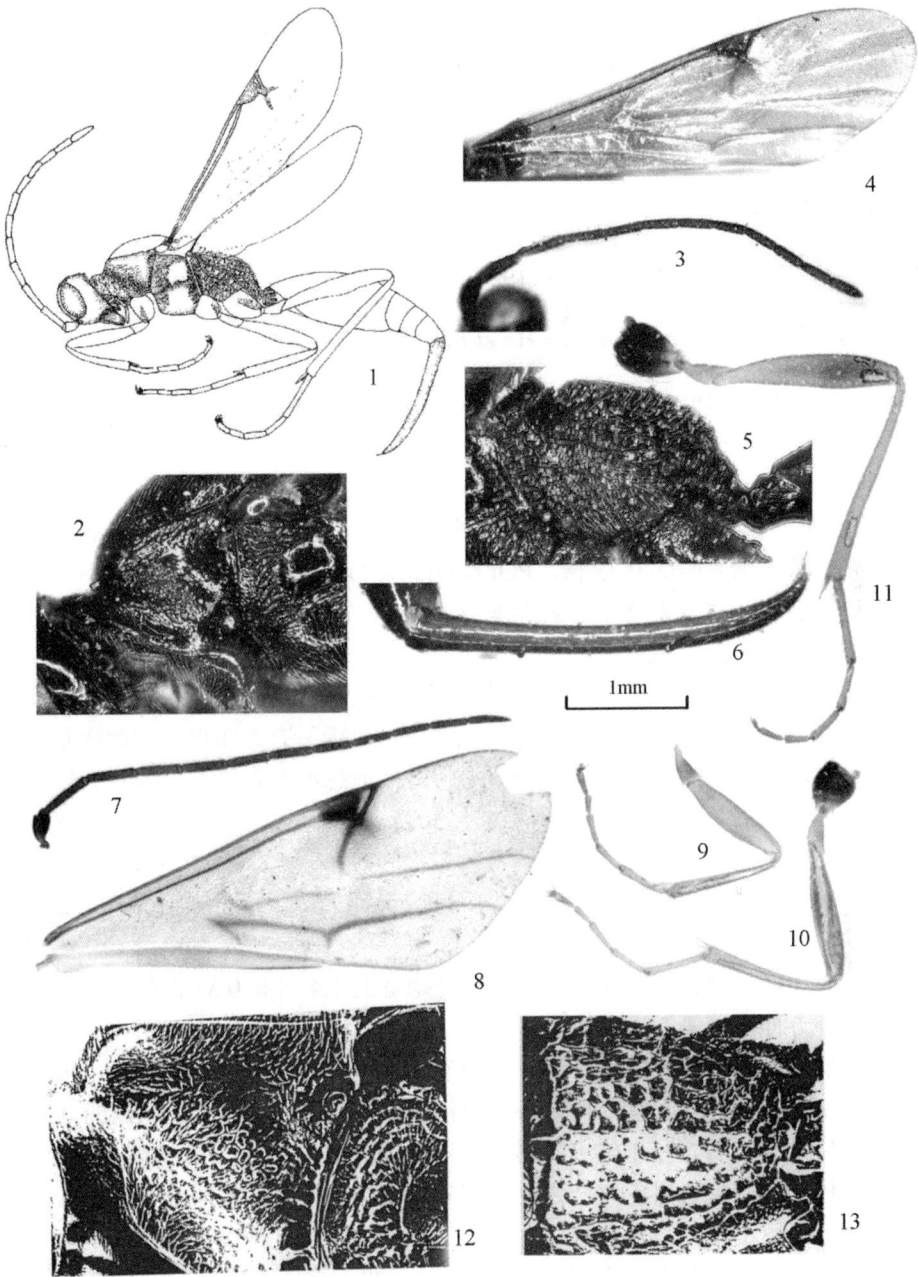

图 204　膨腹细蜂 *Proctotrupus gravidator* (Linnaeus)

1. 整体，侧面观；2, 12. 前胸背板，侧面观；3, 7. 触角；4, 8. 前翅；5. 后胸侧板、并胸腹节和腹柄，侧面观；6. 产卵管鞘；9. 前足；10. 中足；11. 后足；13. 并胸腹节，背面观 (1-6.♀；7-13.♂) (1. 仿何俊华等，2004；12-13. 仿 H. Townes & M. Townes，1981) [1. 0.6X 标尺；2, 5-6, 12-13. 2.0X 标尺；3-4. 1.0X 标尺；7-11. 0.8X 标尺]

814746-47；1♂，云南勐龙版纳勐宋，1600m，1985.Ⅳ.23，洪淳培，No.871715；1♂，云南丽江宁蒗，2003.Ⅷ.22，李延景，No.20046423；5♂，西藏林芝八一镇，2002.Ⅸ.2，林乃铨，Nos.20033176-80；4♂，西藏拉萨拉鲁湿地，2002.Ⅸ.6，林乃铨，Nos.20033704-06，

20033764；4♂，西藏林芝生态所，2002.IX.1，林乃铨，Nos.20034411-14；3♂，西藏林芝农牧学院，2003.VIII.3，德吉梅朵，Nos.20034417-19；6♂，西藏林芝易贡茶场，2003.VIII.9，德吉梅朵，Nos.20034428-33。

分布：辽宁、内蒙古、河北、山东、陕西、甘肃、新疆、浙江、江西、湖北、四川、广西、云南、西藏；日本，约旦，土耳其，斯洛伐克，波兰，捷克，奥地利，德国，意大利，英国，爱尔兰，瑞典，西班牙，葡萄牙。

注：据 H. Townes 和 M. Townes (1981) 记载，在我国四川 Ningyenfu 有分布。

(147) 中华细蜂 *Proctotrupus sinensis* He *et* Fan, 2004 (图 205)

Proctotrupus sinensis He *et* Fan, 2004, In: He *et al.*, *Hymenopteran Insect Fauna of Zhejiang*: 331.

雌：体长 6.8mm；前翅长 5.3mm。

头：唇基宽为长的 3.6 倍，除端缘光滑外，具带毛夹点网皱。颊长为上颚基宽的 0.85 倍。头背观上颊长为复眼的 0.75 倍。POL∶OD∶OOL= 20∶7∶21。颊脊不达口后脊，有时在接近口后脊之前分为 2 叉。触角第 2、10 鞭节长分别为宽的 5.0 倍和 3.1 倍；第 11 鞭节长为第 10 鞭节的 1.29 倍。

胸：胸部狭长，中胸背板 (包括小盾片) 长为翅基片间宽的 1.9 倍。前胸背板侧面凹槽中央及前缘中央具网皱，凹槽中上方具斜刻皱，前缘下方为弱点皱，背缘具细刻点，近后方部分光滑区长为翅基片的 2.0 倍。中胸侧板前缘部位在横沟上方并列横刻条，但夹有斜刻条；侧板后下方具水平刻条，约呈 30°。后胸侧板具小室状网皱。并胸腹节具强小室状网皱；中纵脊强而完整。

足：后足腿节长为宽的 6.6 倍；中后足胫节距直，后足胫节长距长为基跗节的 0.3 倍。

翅：前翅翅痣长和径室前缘边长分别为翅痣宽的 1.4 倍和 0.32 倍；径脉第 1 段短，从翅痣中央外方伸出，第 2 段直。

腹：腹柄背面长为中宽的 0.6 倍，后方有 "M" 形强脊。合背板基部中纵沟伸达基部至第 1 对窗疤间距的 0.45 处，两侧各有纵沟 3 条，亚侧纵沟长为中纵沟的 0.38 倍。产卵管鞘长为后足胫节的 0.95-1.05 倍，末端渐窄，顶端尖，表面具带毛细刻点。

体色：体黑色。腹柄黑色，合背板大部分或全部铁锈色，有时合背板末端及其后方腹节暗铁锈色至黑褐色。唇基和触角柄节黑色。上颚部分铁锈色。口须淡褐色。翅基片铁锈色。足铁锈色；基节黑褐色 (浙江、河南、河北、吉林等地标本腿节中部褐色)。翅面稍带褐色，翅痣和强脉暗褐色。产卵管鞘铁锈色，但端部下弯部位变黑。

雄：与雌性相似，不同之处在于，体长 5.8mm；前翅长 5.2mm。背观上颊长为复眼的 0.91 倍。POL∶OD∶OOL= 19∶14∶27。触角第 10 鞭节长为宽的 5.0 倍；第 11 鞭节长为第 10 鞭节的 1.4 倍。后足胫节长距长为基跗节的 0.21 倍。

寄主：未知。

研究标本：1♂，北京怀柔，1981.X.13，石宝才，No.820890 (正模)；2♂，同正模，Nos.820891，820892；1♀，吉林长春净月潭，1985.X.13，白洪玉，No.861159；2♀，吉

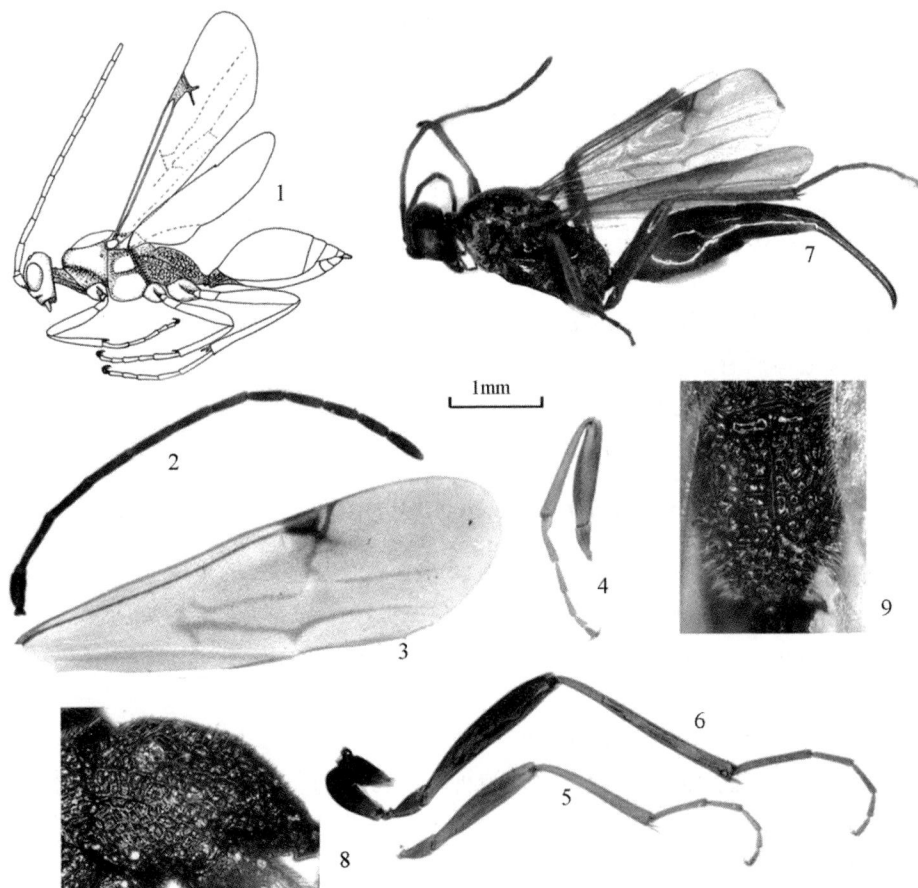

图 205　中华细蜂 *Proctotrupus sinensis* He *et* Fan

1, 7. 整体，侧面观；2. 触角；3. 前翅；4. 前足；5. 中足；6. 后足；8. 后胸侧板和并胸腹节，侧面观；9. 并胸腹节，背面观 (1-6.♂；7-9.♀) (1. 仿何俊华和樊晋江，2004) [1, 7. 0.7X 标尺；2-3. 1.0X 标尺；4-6. 0.8X 标尺；9-10. 2.0X 标尺]

林长春净月潭，1985.Ⅹ.9-11，李兆芬，Nos.861158，861161；2♂，吉林长春，1985.Ⅹ.5，闫惠，No.861162 (2)；1♂，河北石家庄，1980，地区农科所，No.803884；1♂，河南安阳，1979.Ⅷ.8，崔树贞，No.810516 (无头)；1♂，浙江杭州，1957.Ⅺ.19，周正南，No.5789.5；1♀，江西九江，1981，彭国煌，No.816300；1♂，湖北神农架千家坪，1300m，1982.Ⅷ.26，何俊华，No.8255642；1♀，贵州独山，1980.Ⅴ.6，周声震，No.860607；1♂，贵州贵阳，1981.Ⅴ.16，何俊华，No.814169；1♂，贵州贵阳，1979，罗华礼，No.803195 (以上均为副模)；1♂，吉林长白山二道白河，730m，2004.Ⅷ.6，杜予州，No.20047178；1♂，辽宁沈阳东陵，1994.Ⅵ-Ⅶ，娄巨贤，No.947809；3♂，辽宁沈阳东陵，1994.Ⅹ.10，何俊华，Nos.948160-61，948168；1♂，内蒙古希拉穆仁，1995.Ⅷ.30，蔡平，No.958747；1♂，山东泰安泰山，1996.Ⅴ.30，许维岸，No.972065；1♂，陕西周至厚畛子，1998.Ⅵ.2-3，马云，No.981636；1♂，陕西秦岭天台山，1999.Ⅸ.3，何俊华，No.990834；1♂，甘肃文县铁楼科桥村，1500m，1999.Ⅵ.23，王洪建，No.200105002；1♀，新疆乌鲁木齐，1991.Ⅶ.14-21，马氏网，何俊华，No.911809；1♂，新疆塔城，1990.Ⅶ.12，马祁，No.906244；

2♂，新疆阿勒泰，1990.Ⅶ.25，王登元，Nos.916323，916329；1♀，新疆 145 团，1984.Ⅵ，傅金月，No.915851；2♂，浙江杭州天竺山，2005.Ⅴ.21，刘经贤，Nos.200705161-62；1♂，浙江西天目山仙人顶，1990.Ⅵ.2-4，汪信庚，No.903920；1♀，浙江西天目山仙人顶，2003.Ⅶ.29，时敏，No.20034537；1♀，浙江西天目山仙人顶，1520m，朴美花，No.200106411；1♀，浙江庆元百山祖，1993.Ⅺ.20，吴鸿，No.946990。

分布：吉林、辽宁、内蒙古、北京、河北、山东、河南、陕西、甘肃、新疆、浙江、江西、湖北、贵州。

鉴别特征：本种与 *Proctotrupus terminalis* Ashmead 极相近，但该种：①颊脊不达口后脊，有时接近口后脊之前分为 2 叉；②镜面区前方下半部皱褶较规则，约与水平方向成 30°；③后胸侧板前上角刻皱与其余部分相同。

附记：该种南北方的标本在足的颜色上差异较大。

(148) 双条细蜂 *Proctotrupus bistriatus* Möller, 1882 (中国新记录种) (图 206)

Proctotrupus bistriatus Möller, 1882, *Ent. Tidskr.*, 3: 180.

Serphus bistriatus Möller: H. Townes & M. Townes, 1981, *Mem. Amer. Ent. Inst.*, 32: 188.

Proctotrupus bistriatus Möller: Johnson, 1992, *Mem. Amer. Ent. Inst.*, 51: 321.

雌：体长 6.5mm；前翅长 4.6mm。

头：唇基宽为长的 3.0 倍，除端缘光滑外，具带毛刻点。颊长为上颚基宽的 1.2 倍。头背观上颊长为复眼的 0.56 倍。POL：OD：OOL= 21：9：21。颊脊伸达口后脊。触角第 2、10 鞭节长分别为端宽的 5.0 倍和 3.2 倍；第 11 鞭节长为第 10 鞭节的 1.3 倍。

胸：胸部狭长，中胸背板 (包括小盾片) 长为翅基片间宽的 1.8 倍。前胸背板侧面凹槽内下方具粗横刻皱，前缘中央具小室状网皱，背缘具细刻点，近背后方光滑区长为翅基片的 2.0 倍以上。中胸侧板前缘在翅基片下方具横刻条，中段光滑，下方具弱皱；中央横沟下方及侧板后下方具横向细的弱刻条。后胸侧板具夹点网皱。并胸腹节具小室状网皱，皱纹稍呈纵向；中纵脊强而完整。

足：后足腿节长为宽的 5.9 倍；中后足胫节距直，后足胫节长距长为基跗节的 0.35 倍。

翅：前翅翅痣长和径室前缘边长分别为翅痣宽的 1.7 倍和 0.35 倍；径脉第 1 段从翅痣中央外方伸出，径脉第 1 段长为宽的 1.0 倍，与第 2 段之间有突出脉桩；径脉第 2 段直。

腹：腹柄背面长为中宽的 0.3 倍。合背板基部中纵沟伸达基部至第 1 对窗疤间距的 0.3 处，两侧各有纵沟 3 条，亚侧纵沟长为中纵沟的 1.0 倍。产卵管鞘长为后足胫节的 0.88 倍，在末端下弯，向末端渐窄，顶端尖钝圆，表面具长形刻点。

体色：体黑色，腹部合背板基部和端部火红色。上颚中部火红色。须黑褐色。触角柄节黑色，其余黑褐色。翅基片火红色。足基节、转节和腿节 (端部红褐色) 烟褐色至黑色；胫节和跗节暗褐黄色。产卵管鞘火红色，下弯的端部黑色。翅面稍带褐色，翅痣和强脉黑褐色。

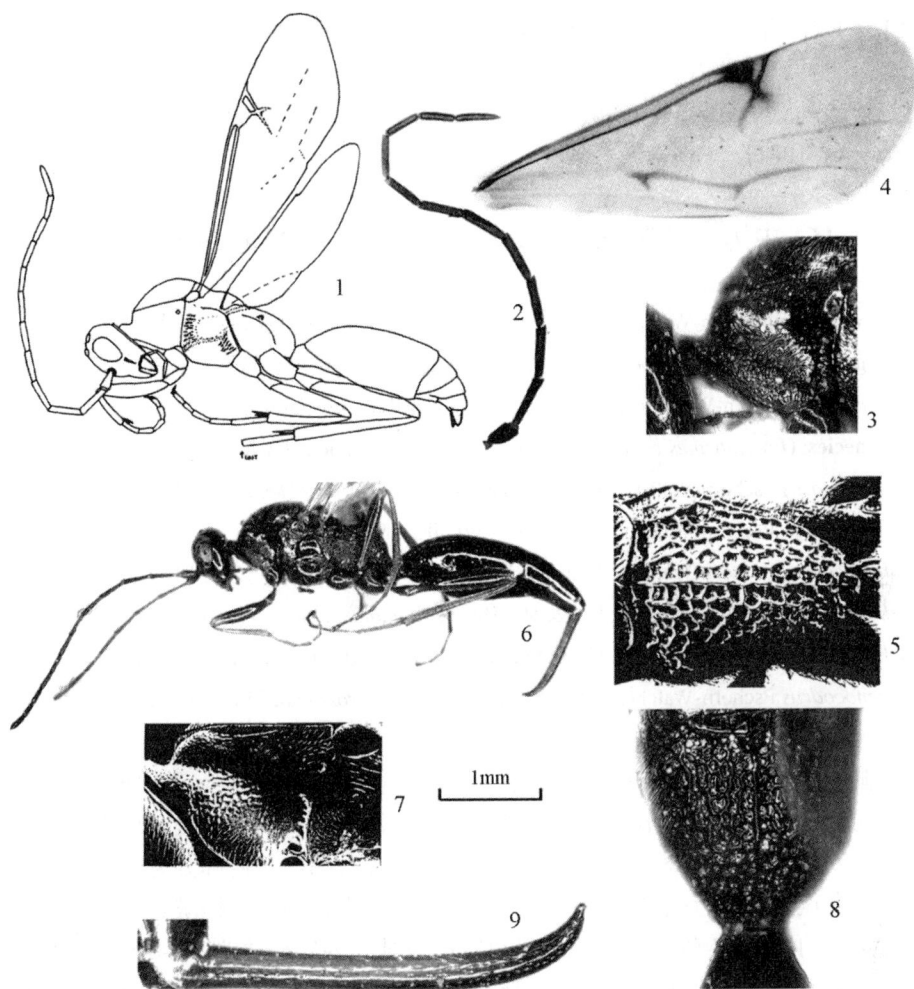

图 206　双条细蜂 *Proctotrupus bistriatus* Möller

1, 6. 整体，侧面观；2. 触角；3, 7. 前胸背板，侧面观；4. 前翅；5, 8. 并胸腹节，背面观；9. 产卵管鞘 (1-5.♂; 6-9.♀)

(5, 7. 仿 H. Townes & M. Townes，1981) [1, 6. 0.6X 标尺；2, 4. 1.0X 标尺；3, 5, 7-9. 2.0X 标尺]

雄：与雌性相似，不同之处在于，颊长为上颚基宽的 1.0 倍。头背观上颊长为复眼的 0.88 倍。触角第 2、10 鞭节长分别为宽的 4.5-5.0 倍和 3.7 倍；第 11 鞭节长为第 10 鞭节的 1.27 倍。前胸背板侧面在凹槽内及前缘上方均具斜刻条或刻皱，前缘中央无网皱或凹槽下方及前缘下方基本上具网皱，但青海标本网皱甚弱近于光滑。中胸侧板前缘满布刻条，上方的横向，下方的斜向；中央横沟不明显，侧板下方除中央光滑外，满布水平细刻条。后足腿节长为宽的 5.3 倍；后足胫节长距长为基跗节的 0.38 倍。前翅径室前缘脉长为翅痣宽的 0.42 倍。抱器窄三角形。

寄主：据记载为步甲 (*Amara carinata*) 幼虫。

研究标本：1♀，内蒙古蛮汗山，1978.Ⅶ.1，陈合明，No.871972；1♂，新疆石河子，1981.Ⅶ.24，贺福德，No.816491；1♂ (无头)，青海海晏，3000m，1956.Ⅷ，马世骏等 (保

存于 SEI）；1♂，吉林长白山，1994.Ⅷ.4，娄巨贤，No.951638。

分布：吉林、内蒙古、青海、新疆；奥地利，瑞典，美国。

附记：该种颜色变异较大；雌性产卵管鞘长有的约为后足胫节的 1.0 倍 (H. Townes 和 M. Townes, 1981)。

16. 中沟细蜂属 *Parthenocodrus* Pschorn-Walcher, 1958

Parthenocodrus Pschorn-Walcher, 1958, *Mitt. Schweizerischer Ent. Gesell.*, 31:63.

Type species: *Proctotrupes elongates* Haliday (Original designation).

Cryptocodrus Pschorn-Walcher, 1958, *Mitt. Schweizerischer Ent. Gesell.*, 31:69.

Type species: (*Proctotrupes buccatus* Thomson)=*elongates* Haliday (Original designation).

Parthenocodrus Pschorn-Walcher: H. Townes & M. Townes, 1981, *Mem. Amer. Ent. Inst.*, 32:191.

Parthenocodrus Pschorn-Walcher: Fan & He, 1991, *Wuyi Sci. Jour.*, 8: 218.

Parthenocodrus Pschorn-Walcher: Johnson, 1992, *Mem. Amer. Ent. Inst.*, 51: 313.

Parthenocodrus Pschorn-Walcher: Fan & He, 1993, *Entomotaxonomia*, 17: 69.

Parthenocodrus Pschorn-Walcher: He & Xu, 2004, *Acta Zootaxonomica Sinica*, 29: 778.

Parthenocodrus Pschorn-Walcher: He & Xu, 2011, *Entomotaxonomia*, 33 (1): 41-52.

属征概述：前翅长 2.3-3.3mm。头宽。复眼小。唇基宽。颊短。上颚长，2 齿，上齿非常小至约为下齿长的 0.6 倍。额强度隆起；触角窝间有弱细的中竖脊或无。前胸背板侧面光滑，或稍欠光泽，部分具细皱；前方和沿上缘有毛，其他部分无毛。无盾纵沟。并胸腹节有夹点刻皱，近基部光滑；背表面有弱中纵沟，沟内具细皱。后足胫节长距长为后足基跗节的 0.4-0.5 倍。跗爪简单。径室前缘脉长为翅痣宽的 0.3-0.8 倍。小脉在基脉外方，其距为小脉长的 0.8-1.2 倍。弱脉均很模糊，第 1 和第 2 盘室愈合。腹柄长为宽的 0.6-1.1 倍。合背板侧方下半部具稀疏的毛。产卵管鞘长为后足胫节的 0.68-0.76 倍，均匀下弯，向末端渐变细，表面具细纵刻条。

据报道欧洲种寄主是从叩甲科昆虫 *Athous haemorrhoidalis* 和 *Agriotes obscurus* 中养出的。

该属已记载有 8 种，长中沟细蜂 *P. elongates* (Haliday, 1839)（产于欧洲）、光颈中沟细蜂 *P. laevicollis* Townes, 1981 (产于尼泊尔)、点尾中沟细蜂 *P. puncticauda* Kolyada, 1999 (产于俄罗斯) 和产于我国的 5 种。本志报道我国 7 种，其中 2 新种。

种检索表 (*我国未发现的种)

1. 前胸背板侧面凹槽上部光滑；上颚上齿为小突起，远在下齿端部基方；第 1 窗疤宽约为长的 1.7 倍。尼泊尔 ···*光颈中沟细蜂 *P. laevicollis*

   前胸背板侧面凹槽上部具细皱 ·· 2

2. 雌性 ·· 3

   雄性 ·· 5

3. 触角第 1 鞭节长为端宽的 2.7-3.0 倍；触角窝之间无中竖脊，但在触角窝下缘连线中央有 1 圆形小突起；径室前缘脉长为翅痣宽的 0.83 倍。四川 ……………… 康定中沟细蜂 *P. kangdingensis*
   触角第 1 鞭节长为端宽的 2.2 倍 ……………………………………………………………… 4
4. 并胸腹节背表面后方无横脊，具细而柔和的网皱；产卵管鞘密布纵刻条。欧洲 ……………
   ……………………………………………………………………… *长中沟细蜂 *P. elongates*
   并胸腹节背表面后方有横脊，具大网皱；产卵管鞘散生刻点，无纵刻条。俄罗斯 ……………
   ……………………………………………………………………… *点尾中沟细蜂 *P. puncticauda*
5. 触角第 2-5 鞭节两端收窄，中央明显膨大；腹部第 1 对窗疤间距为疤宽的 0.6-0.8 倍；第 10 鞭节长为宽的 1.9 倍 ……………………………………………………………………… 6
   触角第 2-5 鞭节基部或稍收窄，中央绝不明显膨大；腹部第 1 对窗疤间距为疤宽的 0-0.3 倍；第 10 鞭节长为宽的 1.5-1.8 倍 …………………………………………………………… 7
6. 头背观上颊长为复眼的 0.56 倍；柄后腹中纵沟长为柄后腹基部至第 1 窗疤的 0.75 处，两侧纵沟各 4 条；端节长为端前节的 1.67 倍。河北 ……………… 鼓鞭中沟细蜂 *P. tumidiflagellum*
   头背观上颊长为复眼的 0.83 倍；柄后腹中纵沟长为柄后腹基部至第 1 窗疤的 0.6 处，两侧纵沟各 5 条；端节长为端前节的 1.9 倍。四川 ……………… 多沟中沟细蜂 *P. multisulcus*
7. 触角第 2 鞭节长为宽的 1.5 倍；足基节大部分黄色或浅褐色。俄罗斯 ……………………
   ……………………………………………………………………… *点尾中沟细蜂 *P. puncticauda*
   触角第 2 鞭节长为宽的 1.9-2.2 倍 ………………………………………………………… 8
8. 足基本上黑褐色，或中后足胫节和跗节黄褐色 …………………………………………… 9
   足基本上黄褐色或褐黄色，或中后足基节及后足跗节浅褐色 …………………………… 10
9. 触角第 2、10 鞭节长分别为宽的 1.9 倍和 1.5 倍，端节长为端前节的 1.6 倍；鞭节第 2-10 节角下瘤强，线形；第 1 窗疤宽为长的 2.2 倍；径室前缘脉长为翅痣宽的 0.25 倍；合背板基部有 3 条侧纵沟。贵州 ……………………………… 梵净山中沟细蜂 *P. fanjingshanensis*
   触角第 2、10 鞭节长分别为宽的 2.2 倍和 1.67 倍，端节长为端前节的 2.0 倍；鞭节第 2-10 节无角下瘤；第 1 窗疤宽为长的 3.0 倍；径室前缘脉长为翅痣宽的 0.5 倍；合背板基部有 4 条侧纵沟。四川 ………………………………………………… 褐足中沟细蜂 *P. fuscipes*
10. 触角窝间有 1 弱中纵脊；中胸侧板中央横沟内有水平状皱；中胸侧板前缘在翅基片下方有斜纵皱；第 10 鞭节长为宽的 1.5 倍，端节长为端前节长的 2.1 倍。河南 ……………………………
   ……………………………………………… 连疤中沟细蜂，新种 *P. connexus*, sp. nov.
   触角窝间无中纵脊；中胸侧板中央横沟内无水平状皱；中胸侧板前缘在翅基片下方仅有不规则弱皱；第 10 鞭节长为宽的 1.8 倍，端节长为端前节长的 1.7 倍。贵州 ……………………
   ……………………………………………… 陈氏中沟细蜂，新种 *P. cheni*, sp. nov.

(149) 康定中沟细蜂 *Parthenocodrus kangdingensis* He et Xu, 2004 (图 207)

Parthenocodrus kangdingensis He *et* Xu, 2004, *Acta Zootaxonomica Sinica*, 29 (4): 778.
Parthenocodrus kangdingensis He *et* Xu: He & Xu, 2011, *Entomotaxonomia*, 33 (1): 42.

雌：体长 3.5mm；前翅长 3.3mm。

头：头背观上颊稍弧形收窄，长为复眼的 0.9 倍。颊长为上颚基部宽的 0.9 倍。上颚端部中等宽，上齿长为下齿的 0.5 倍。触角窝之间无中竖脊。颜面上方中央有小圆形突起。触角端部稍呈棒形，第 1、2、10 鞭节长分别为端宽的 2.9 倍、2.4 倍和 1.45 倍，端节长为亚端节的 1.73 倍。

胸：前胸背板侧面凹槽前方 0.66 几乎布满细皱，其上方 1/3 的皱弱而平行，下方 2/3 的皱强而斜；下角具粗刻条。中胸侧板中央横沟宽，内具刻纹；沟上方约前半具斜刻条，但翅基片下方刻条水平状，镜面区光滑；沟下方除两端外光滑；侧缝具 1 纵列凹窝。后胸侧板具夹点横网皱。并胸腹节侧面观背表面相对较平，后表面倾斜较陡；背表面具中纵沟，沟内具横皱；除基部光滑外，其余满布网状刻皱。

足：后足腿节长为宽的 3.8 倍；后足胫节长距长为基跗节的 0.51 倍。

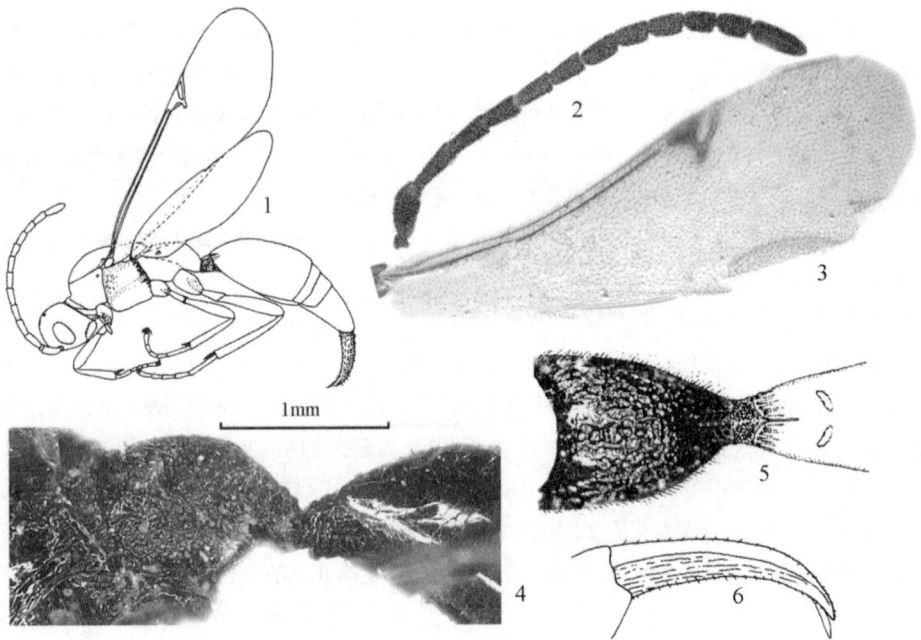

图 207　康定中沟细蜂 *Parthenocodrus kangdingensis* He *et* Xu
1. 整体，侧面观；2. 触角；3. 前翅；4. 后胸侧板、并胸腹节和腹柄，侧面观；5. 并胸腹节、腹柄和合背板基部，背面观；
6. 产卵管鞘 (1-2, 5-6. 仿何俊华等，2004) [1. 0.5X 标尺；2-3. 1.0X 标尺；4-6. 2.0X 标尺]

翅：前翅长为宽的 2.5 倍；翅痣长和径室前缘边长分别为翅痣宽的 1.83 倍和 0.83 倍；径脉第 1 段从翅痣下方中央伸出，长为脉宽的 1.5 倍；肘间横脉近于完整，色浅；小脉在基脉外方，其距约为小脉长的 1.2 倍。

腹：腹柄背面中长与端宽等长，端部中央笔尖状向后突出；表面具明显刻皱。合背板基部中纵沟伸达基部至第 1 对窗疤间距的 0.6 处；中沟两侧各有 5 条侧纵沟。第 1 对窗疤长约为宽的 3.0 倍，疤距为疤宽的 1.0 倍。产卵管鞘长为后足胫节的 0.76 倍，背面光滑，侧面有细纵刻条。

体色：体黑色，腹部后方 2/3 带红褐色。触角除柄节外暗红褐色。上颚端齿红褐色。

须、翅基片褐黄色。产卵管鞘端部黄褐色。足浅黑褐色，转节端部、腿节端部和胫节色更浅；中足基节基部、后足基节黑褐色。翅半透明，翅痣和强脉褐黄色。

变异：第 1 鞭节长为端宽的 2.7-3.0 倍；端前节长为宽的 1.45-1.57 倍；产卵管鞘长为后足胫节的 0.68-0.76 倍。

雄：未知。

寄主：未知。

研究标本：1♀，四川康定，1981.Ⅶ，朱文炳，No.878867 (正模)。4♀，同正模 (副模)。

分布：四川。

鉴别特征：本种有以下特征可与欧洲种 *Parthenocodrus elongates* (Haliday, 1839)相区别：①触角第 1 鞭节长为端宽的 2.7-3.0 倍 (后者为 2.2 倍)；②触角窝之间无中竖脊，但在颜面上方中央有 1 小的圆形突起 (后者触角窝间有细而弱的中竖脊)；③径室前缘脉约长为翅痣宽的 1.0 倍 (后者为 0.43 倍)。

词源：种本名 "康定 *kangdingensis*"，是根据模式标本产地而拟。

(150) 鼓鞭中沟细蜂 *Parthenocodrus tumidiflagellum* He *et* Xu, 2011 (图 208)

Parthenocodrus tumidiflagellum He *et* Xu, 2011, *Entomotaxonomia*, 33 (1): 47.

雄：体长 3.75mm；前翅长 3.0mm。

头：头背观上颊明显收窄，长为复眼的 0.56 倍。颊长为上颚基宽的 0.8 倍。上颚齿看不见。触角窝间无中竖脊。颜面中央上方有 1 个圆形小突起。触角鞭节较粗，第 1-5 各鞭节两端收窄，中央明显膨大呈鼓形；第 2、10 鞭节长分别为中宽的 1.85 倍和 1.9 倍，端节长为端前节的 1.67 倍；鞭节无明显角下瘤。

胸：前胸背板侧面光滑，前方上半和中央凹槽上方 0.6 具细刻皱，沿前缘具平行刻条。中胸侧板光滑，中央横沟宽，内有平行刻皱，沟上方侧板前缘具弱皱；中胸侧板缝畦状窝完整。后胸侧板满布细网皱，夹有几条粗脊。并胸腹节满布网状刻皱；背表面基侧方光滑，有 2 条亚中纵脊，脊间中纵沟浅，沟内具横皱。

足：后足腿节长为宽的 4.2 倍；后足胫节长距长为基跗节的 0.4 倍。

翅：前翅长为宽的 2.3 倍；翅痣长和径室前缘边长分别为翅痣宽的 2.0 倍和 0.6 倍；径脉第 1 段从翅痣下方中央伸出，长为脉宽的 1.0 倍；肘间横脉近于完整，无色；小脉在基脉外方，其距约为小脉长的 1.3 倍。

腹：腹柄背面中长约为端宽的 1.0 倍，表面具细横刻皱。合背板基部中纵沟伸达基部至第 1 对窗疤间距的 0.75 处，中纵沟两侧各 4 条侧纵沟。第 1 窗疤宽为长的 2.0 倍，疤距为疤宽的 0.8 倍。

体色：体黑色。须黄色。上颚、翅基片褐黄色。触角黑褐色，柄节基部黄褐色。足褐黄色；中后足基节和后足跗节浅褐色。翅透明，翅痣及强脉浅褐黄色。

雌：未知。

寄主：未知。

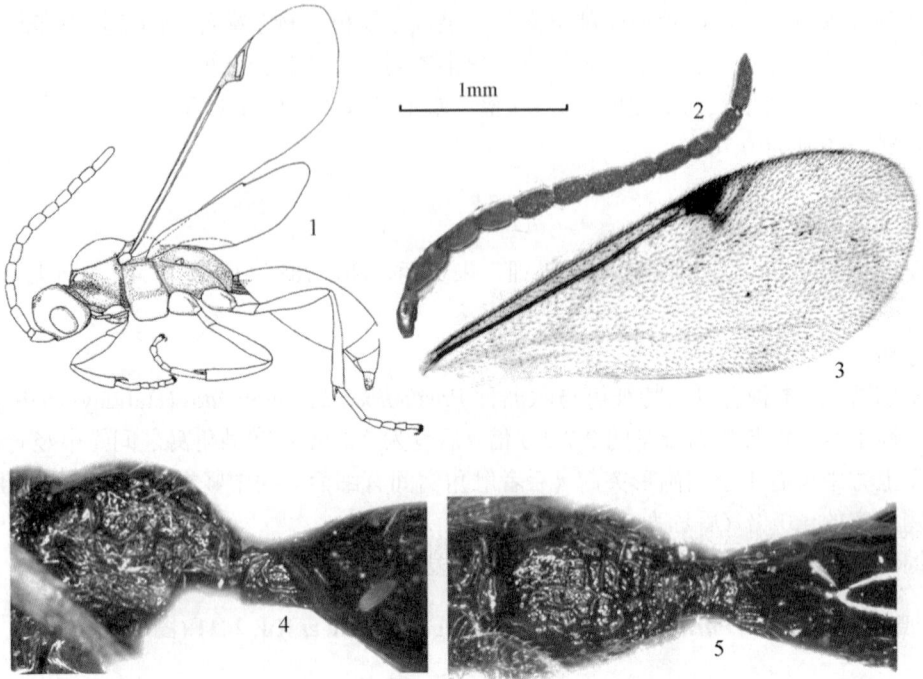

图 208　鼓鞭中沟细蜂 *Parthenocodrus tumidiflagellum* He *et* Xu

1. 整体，侧面观；2. 触角；3. 前翅；4. 后胸侧板、并胸腹节和腹柄，侧面观；5. 并胸腹节、腹柄和合背板基部，背面观
(仿 He & Xu, 2011) [1. 0.6X 标尺；2-3. 1.0X 标尺；4-5. 2.0X 标尺]

研究标本：1♂，河北平泉，1986.VII.2，杜进军，No.871218 (正模)。

分布：河北 (平泉)。

鉴别特征：见检索表。

词源：种本名 "鼓鞭 *tumidiflagellum*"，为 *tumidi* (膨胀的) +*flagellum* (鞭节) 组合而成，意为本种触角第 1-5 各鞭节两端收窄，中央明显膨大呈鼓形。

(151) 多沟中沟细蜂 *Parthenocodrus multisulcus* He *et* Xu, 2011 (图 209)

Parthenocodrus multisulcus He *et* Xu, 2011, *Entomotaxonomia*, 33 (1): 48.

雄：前翅长 3.2mm。

头：头背观上颊长为复眼的 0.83 倍。颊长为上颚基宽的 0.67 倍。上颚 2 齿，上齿较小，为下齿长的 0.3 倍。触角窝间无中竖脊。颜面中央上方与触角窝间有 1 菱形凹窝。触角各鞭节具小瘤突；第 1-10 鞭节中央向一侧明显鼓出，第 2、10 鞭节长分别为中宽的 1.9 倍和 1.9 倍，端节长为端前节的 1.9 倍；第 1-10 各鞭节有由齿状细颗粒组成的线形或椭圆形角下瘤。

胸：前胸背板侧面光滑，前半上方具并列的弧形刻条，中央凹槽上半具细皱纹。中胸侧板中央横沟完全，沟前段内有凹窝；中胸侧板前缘具纵或斜的刻纹，在翅基下方刻纹横行或不规则；沟下方侧板光滑，散生长毛；中胸侧板缝畦状窝完整。后胸侧板具不规则浅网皱，在前方有小块光滑区，长宽范围约占侧板的 0.35 倍。并胸腹节背表面满布夹网纵皱，中纵沟和亚中纵脊均不明显。

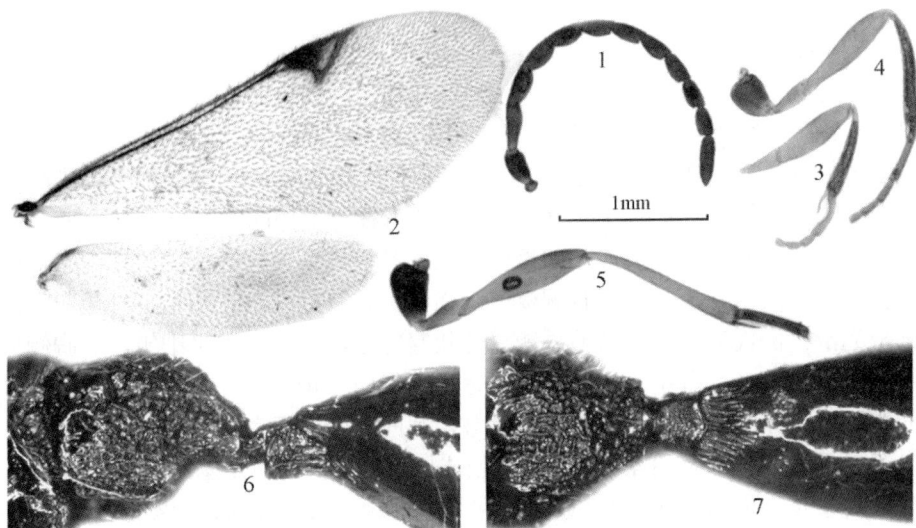

图 209　多沟中沟细蜂 *Parthenocodrus multisulcus* He *et* Xu

1. 触角；2. 翅；3. 前足；4. 中足；5. 后足；6. 后胸侧板、并胸腹节和腹柄，侧面观；7. 并胸腹节、腹柄和合背板基部，
背面观 (仿 He & Xu, 2011) [1-5. 1.0X 标尺；6-7. 2.0X 标尺]

足：后足腿节长为宽的 4.4 倍；后足胫节长距长为基跗节的 0.4 倍。

翅：前翅长为宽的 2.28 倍；翅痣长和径室前缘边长分别为翅痣宽的 2.0 倍和 0.4 倍；径脉第 1 段从翅痣下方 0.54 处垂直伸出，长为脉宽的 1.5 倍；肘间横脉近于完整，无色；小脉在基脉外方，其距约为小边长的 0.9 倍。

腹：腹柄背面长约为宽的 0.9 倍，具不规则细横刻皱。合背板基部中纵沟伸达基部至第 1 对窗疤间距的 0.6 处，中纵沟两侧各有 5 条侧沟。第 1 窗疤大，宽为长的 2.2 倍，疤距为疤宽的 0.6 倍。合背板侧观背缘非整个均匀弧形，前方平直，在第 1 对窗疤处有弱角度；合背板光滑，仅下缘生有极稀疏白毛。抱器窄三角形，长为基宽的 2.4 倍。

体色：体黑色，腹端部部分带棕褐色。触角黑褐色，基部 4 鞭节多少暗黄褐色。须黄色。上颚、翅基片褐黄色。足黄褐色；前中足基节、后足转节稍带褐色；后足基节和基跗节 (第 2-5 跗节断，色未知) 黑褐色。翅透明，翅痣及强脉浅褐色。

雌：未知。

寄主：未知。

研究标本：1♂，四川理县米亚罗，2002.Ⅷ.1，陈学新，No.20031004 (正模)。

分布：四川。

鉴别特征：见检索表。

词源：种本名"多沟 *multisulcus*"，系 *multi* (许多) +*sulcus* (沟) 组合而成，意为合背板基部纵沟多，即中纵沟两侧各有 5 条侧沟。

(152) 梵净山中沟细蜂 *Parthenocodrus fanjingshanensis* He *et* Xu, 2011 (图 210)

Parthenocodrus fanjingshanensis He *et* Xu, 2011, *Entomotaxonomia*, 33 (1): 44.

雄：前翅长 3.1mm。

头：头背观上颊长与复眼约等长。颊短，长为复眼纵径的 0.15 倍。上颚刀形，中央具纵刻条，2 齿，上齿较小，为下齿长的 0.3 倍。触角窝间无中竖脊。颜面中央上方有小瘤突。触角鞭节较粗，第 2、10 鞭节长分别为端宽的 2.2 倍和 1.5 倍，端节长为端前节的 1.6 倍；第 2-10 鞭节具明显的线形角下瘤，其长占各节中央的 0.7-0.8 倍。

胸：前胸背板侧面仅前下方及凹槽内中上方具极细刻皱，其余光滑。中胸侧板中央横沟完全，沟中段内有浅皱；中胸侧板前缘横沟上方具刻纹，在翅基下方最明显；镜面区大部分光滑；侧板下方散生长毛；侧缝畦状窝完整，下段连水平细皱。后胸侧板具不规则浅网皱，在前上方有小块光滑区，长宽仅比气门片稍大。并胸腹节满布弱刻皱；在背表面基侧方有光滑区，有 2 条弱亚中纵皱，其间纵沟浅但有弱横皱。

足：后足腿节长为宽的 4.2 倍；后足胫节长距直，长为后足基跗节的 0.5 倍。

翅：前翅长为宽的 2.28 倍；翅痣长和径室前缘边长分别为翅痣宽的 2.1 倍和 0.25 倍；径脉第 1 段从翅痣下方中央伸出，长为脉宽的 1.5 倍；肘间横脉近于完整，色浅；小脉在基脉外方，其距约为小脉长的 1.2 倍。

腹：腹柄背面中长约为中宽的 0.8 倍，具 3-4 条横皱，端部光滑。合背板中纵沟伸达基部至第 1 对窗疤间距的 0.7 处，中纵沟两侧各 3 条纵侧沟，亚侧纵沟长为中纵沟的 0.6 倍。第 1 对窗疤宽为长的 2.2 倍，疤距为疤宽的 0.3 倍。合背板侧观背缘非整个均匀弧形，前方突然平直，在第 1 对窗疤处有 1 弱角度；合背板光滑，仅下缘生有极稀疏白毛。抱器窄三角形，长为基宽的 2.0 倍；长为后足基跗节的 0.6 倍。

体色：体黑色。触角角下瘤两侧棕色。须黄褐色。前中足基节、转节除端部、端跗节、后足胫节端半和跗节黑褐色；前中足腿节除端部、后足基节、转节、腿节黑色；其余黄褐色。翅透明，翅痣及强脉褐色。

变异：有的标本背观上颊长为复眼的 0.8 倍；后胸侧板光滑区较大；并胸腹节刻纹极细，几乎光滑；腹柄光滑，无刻点和刻纹；合背板基部无侧纵沟；前翅径室前缘脉长约为翅痣宽的 0.5 倍；后足腿节长为宽的 5.0 倍。

雌：未知。

寄主：未知。

研究标本：1♂，贵州梵净山护国寺，1300m，2001.Ⅷ.1，马云，No.200108306(正模)；3♂，同正模，Nos.200108303，200108307，200108309；1♂，采地、采期同正模，朴美花，No.200107629；3♂，贵州梵净山金顶，2100m，2001.Ⅶ.30，马云、朴美花，Nos.20018989-90，200109410 (副模)。

分布：贵州。

鉴别特征：见检索表。

词源：种本名"梵净山 *fanjingshanensis*"，是根据模式标本产地而拟。

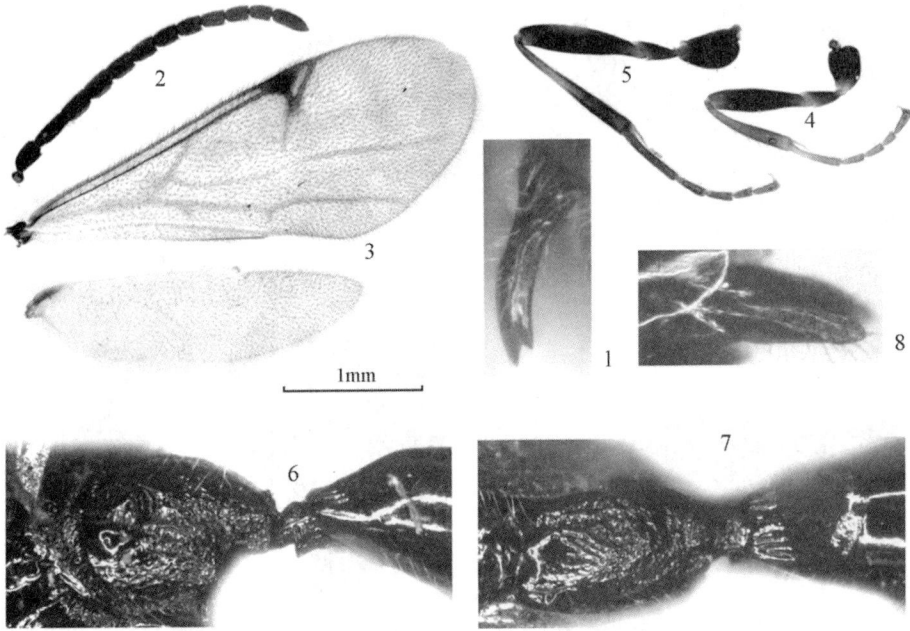

图 210　梵净山中沟细蜂 *Parthenocodrus fanjingshanensis* He *et* Xu

1. 上颚；2. 触角；3. 翅；4. 中足；5. 后足；6. 后胸侧板、并胸腹节和腹柄，侧面观；7. 并胸腹节、腹柄和合背板基部，
背面观；8. 抱器 (仿 He & Xu, 2011) [1, 8. 5.0X 标尺；2-5. 1.0X 标尺；6-7. 2.0X 标尺]

(153) 褐足中沟细蜂 *Parthenocodrus fuscipes* He *et* Xu, 2011 (图 211)

Parthenocodrus fuscipes He *et* Xu, 2011, *Entomotaxonomia*, 33(1): 46.

雄：前翅长 3.1mm。

头：头背观上颊长为复眼的 0.7 倍。颊长为上颚基宽的 1.0 倍。上颚齿粘有虫胶看不见。触角窝间无中竖脊。颜面中央上方有 1 小瘤突。触角第 2、10 鞭节长分别为中宽的 2.2 倍和 1.67 倍，端节长为端前节的 2.0 倍；各鞭节均有不明显的椭圆形或长条形的扁平角下瘤。

胸：前胸背板侧面光滑，前方和中央凹槽具并列纵刻条。中胸侧板光滑，中央横沟完全，沟前半和翅基下方具纵或斜的弱刻纹；中胸侧板缝畦状窝完整。后胸侧板具不规则夹点细网皱，在背前方有小块光滑区，长宽范围均约占侧板的 0.2 倍。并胸腹节满布细网皱，背表面和后表面之间有细横皱分开；背表面基部和基侧方光滑，中段有亚中纵脊，脊间有中纵沟，沟内有横皱。

足：后足腿节长为宽的 4.8 倍；后足胫节长距长为基跗节的 0.48 倍。

翅：前翅长为宽的 2.1 倍；翅痣长和径室前缘边长分别为翅痣宽的 2.0 倍和 0.5 倍；径脉第 1 段从翅痣下方 0.54 处垂直伸出，长为脉宽的 1.5 倍；小脉在基脉外方，其距约为小脉长的 1.2 倍。

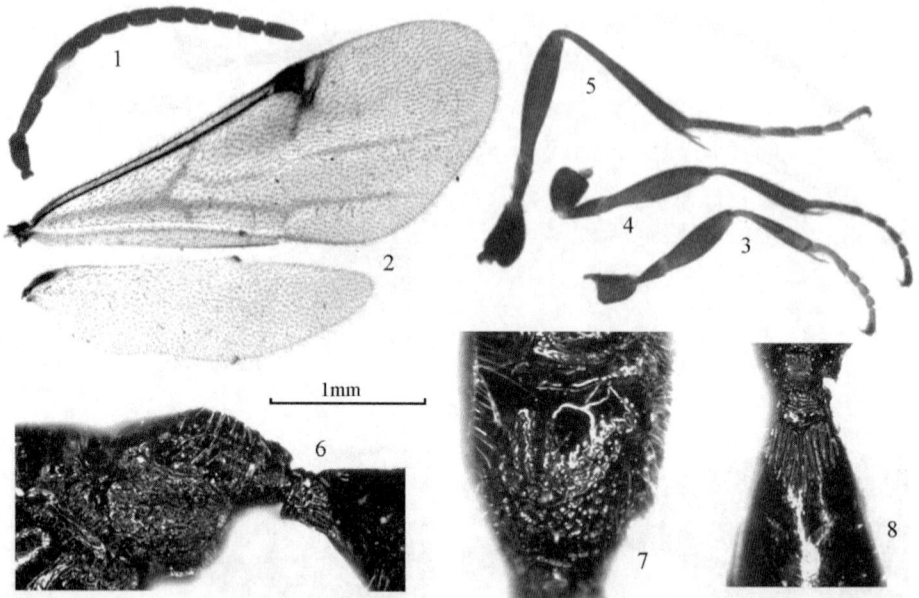

图 211 褐足中沟细蜂 *Parthenocodrus fuscipes* He *et* Xu

1. 触角；2. 翅；3. 前足；4. 中足；5. 后足；6. 后胸侧板、并胸腹节和腹柄，侧面观；7. 并胸腹节，背面观；8. 腹柄和合背板基部，背面观 (仿 He & Xu, 2011) [1-5. 1.0X 标尺；6-8. 2.0X 标尺]

腹：腹柄背面中长约为端宽的 0.9 倍，表面具不规则细横刻皱。合背板中纵沟伸达基部至第 1 对窗疤间距的 0.65 处，两侧各 4 条侧纵沟，亚侧纵沟长为中纵沟的 0.85 倍。第 1 窗疤大，宽为长的 3.0 倍，疤距为疤宽的 0.5 倍。合背板光滑，仅下缘生有极稀疏的白毛。

体色：体黑色，抱器端部红褐色。须和翅基片浅褐色。足褐色；足基节黑褐色。翅透明，带烟黄色，翅痣及强脉褐色。

雌：未知。

寄主：未知。

研究标本：1♂，四川马尔康—红原，3650m，2002.Ⅷ.3，陈学新，No.20031124 (正模)。

分布：四川。

鉴别特征：见检索表。

词源：种本名"褐足 *fuscipes*"，系 *fusci* (褐色) +*pes* (足) 组合而成，意为模式标本足除基节黑褐色外基本上褐色。

(154) 连疤中沟细蜂，新种 *Parthenocodrus connexus* He *et* Xu, sp. nov. (图 212)

雄：前翅长 2.9mm。

头：头背观上颊向后稍收窄，长为复眼的 0.72 倍。颊长为上颚基宽的 1.0 倍。上颚齿看不见。触角窝间有弱中纵脊。颜面中央上方有 1 个圆形小突起。触角鞭节较粗，第 2、10 鞭节长分别为中宽的 2.2 倍和 1.5 倍，端节长为端前节的 2.1 倍；第 2-10 鞭节有不明显的长椭圆形扁平角下瘤。

胸：前胸背板侧面光滑，在前半和凹槽中央 (仅除两端) 具细刻条和刻点。中胸侧板光滑，除镜面区外具稀毛；中央横沟完整，沟内有水平弱皱；前缘近镜面区部位具斜纵向刻皱；中胸侧板缝畦状窝完整。后胸侧板满布细网皱，前上角有小光滑区。并胸腹节具小室状网皱；背表面皱纹多呈纵向，基方 1/4 为光滑小区，亚侧纵皱之间浅中纵沟内有短横皱；后表面中纵脊强而完整。

足：后足腿节长为宽的 5.0 倍；后足胫节长距长为基跗节的 0.42 倍。

翅：前翅长为宽的 2.16 倍；翅痣长和径室前缘边长分别为翅痣宽的 2.4 倍和 0.3 倍；径脉第 1 段从翅痣下方中央伸出，长为脉宽的 1.5 倍；小脉在基脉外方，其距为小脉长的 1.2 倍。

腹：腹柄背面近五角形，长约为端宽的 1.0 倍，表面具不规则刻皱。合背板基部中纵沟伸达基部至第 1 对窗疤间距的 0.75 处，中纵沟两侧各 5 条侧纵沟，亚侧纵沟长为中纵沟的 0.8 倍。第 1 窗疤长纺锤形，宽为长的 2.3 倍，两窗疤相连。抱器长三角形，表面具刻点和纵沟。

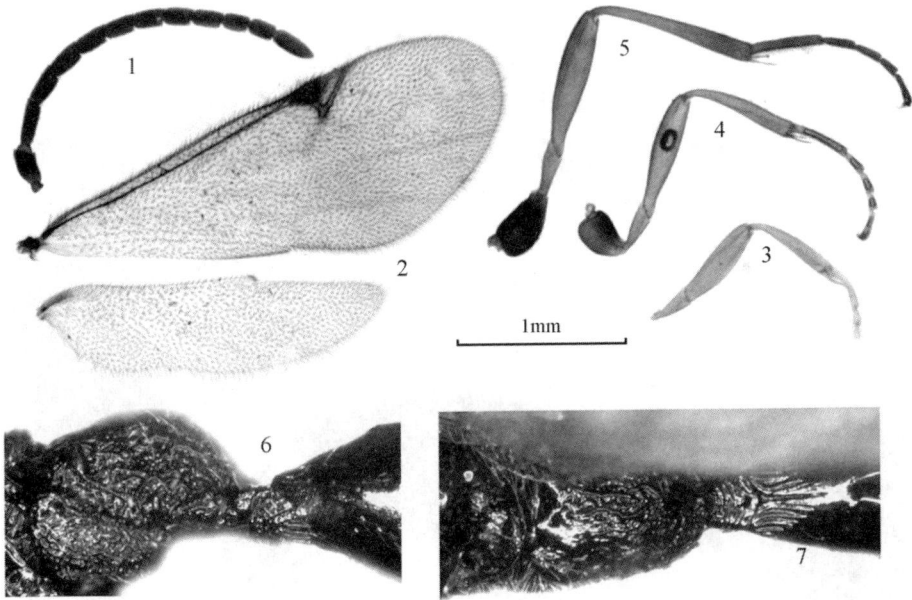

图 212　连疤中沟细蜂，新种 *Parthenocodrus connexus* He et Xu, sp. nov.

1. 触角；2. 翅；3. 前足；4. 中足；5. 后足；6. 后胸侧板、并胸腹节和腹柄，侧面观；7. 并胸腹节、腹柄和合背板基部，背面观 [1-5. 1.0X 标尺；6-7. 2.0X 标尺]

体色：体黑色。触角和鞭节黑褐色。须及翅基片污黄褐色。前中足黄褐色，但中足基节带褐色；后足褐黄色，基节黑褐色。胫节和跗节浅褐色。翅透明，翅痣及强脉浅褐黄色。

变异：并胸腹节背表面亚侧方为纵皱；腹柄背面具横刻皱，但后方中央光滑；前翅肘间横脉上段有短脉桩；第 1 窗疤宽为长的 2.5 倍，疤距为疤宽的 0.3 倍；后足基节黑褐色，其余浅褐色。

雌：未知。

寄主：未知。

研究标本：正模♂，河南内乡宝天曼，1998.Ⅶ.17，陈学新，No.988712。副模：1♂，河南内乡宝天曼，1998.Ⅶ.15，马云、陈学新，No.987717。

分布：河南。

鉴别特征：见检索表。

词源：种本名"连疤 connexus"，是根据模式标本第 1 对窗疤内侧相连或几乎相连这一特征而拟。

(155) 陈氏中沟细蜂，新种 *Parthenocodrus cheni* He *et* Xu, sp. nov. (图 213)

雄：前翅长 3.1mm。

头：背观上颊稍收窄，长为复眼的 0.7 倍。颊长为上颚基宽的 0.9 倍。上颚端齿看不见。触角窝之间无中竖脊。颜面上方中央有小圆形突起。触角鞭节稍粗，第 2、10 鞭节长分别为端宽的 1.9 倍和 1.8 倍，端节长为端前节的 1.7 倍；第 2-10 鞭节有不明显的椭圆形扁平角下瘤。

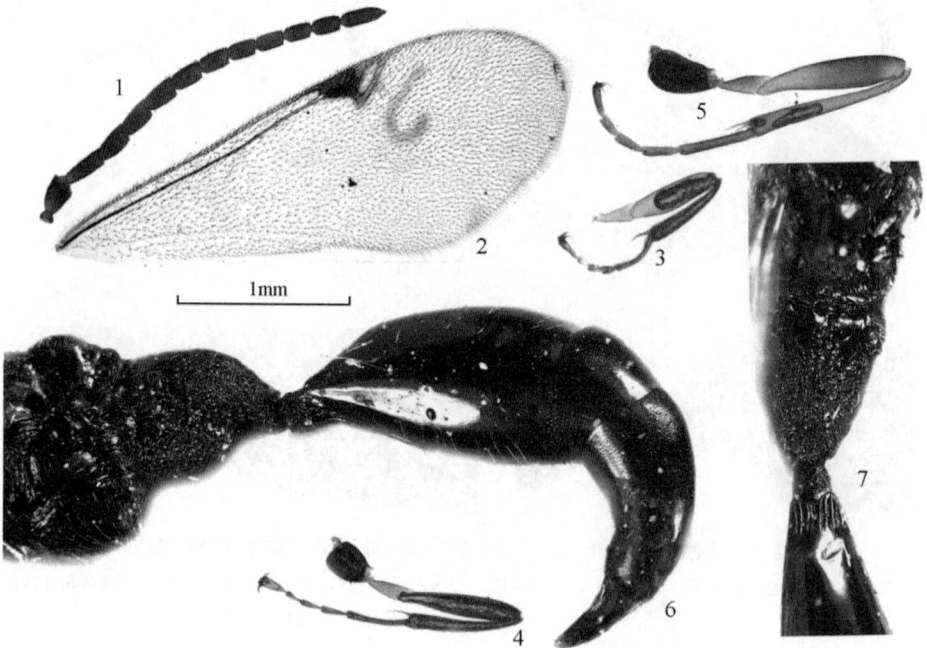

图 213 陈氏中沟细蜂，新种 *Parthenocodrus cheni* He *et* Xu, sp. nov.

1. 触角；2. 前翅；3. 前足；4. 中足；5. 后足；6. 后胸侧板、并胸腹节和腹部，侧面观；7. 并胸腹节、腹柄和合背板基部，背面观 [1-5. 1.0X 标尺；6-7. 1.6X 标尺]

胸：前胸背板侧面除背缘和后缘外具浅刻点、浅刻皱和平行刻条；后下角具凹窝。小盾片前沟内有弱纵皱。中胸侧板光滑；中央横沟宽，前半内具弱刻纹；前缘在翅基片下方和沿镜面区前方具弱刻皱；中央横沟下方侧板除两端外光滑；侧缝畦状窝完整。后胸侧板具细网皱，前上角有近于光滑具浅刻点的矩形区域。并胸腹节具细网皱；背表面基侧方有光滑区，刚伸达气门；中央浅纵沟短，其后方有亚中纵皱，皱间有梯形横皱。

足：后足腿节长为宽的 5.3 倍；后足胫节长距长为基跗节的 0.45 倍。

翅：前翅翅痣长和径室前缘边长分别为翅痣宽的 2.0 倍和 0.47 倍；径脉第 1 段从翅痣中央稍外方伸出，长为脉宽的 0.5 倍；小脉在基脉外方，脉弱，其距为小脉长的 1.0 倍。

腹：腹柄背面中长与端宽等长；表面具不规则刻皱。合背板基部中纵沟伸达基部至第 1 对窗疤间距的 0.6 处；中沟两侧各有 4 条侧纵沟，中沟与全部侧沟端部同长。第 1 对窗疤长约为宽的 2.0 倍，两窗疤相接，无疤距。

体色：体黑色，腹部稍带棕褐色。触角除梗节外暗褐色。上颚端齿红褐色。须黄色。翅基片褐黄色。足黄褐色，中后足基节黑褐色。翅半透明，翅痣和强脉黄褐色。

变异：第 1 窗疤稍分开，疤距为疤宽的 0.2 倍。

雌：未知。

寄主：未知。

研究标本：正模♂，贵州梵净山金顶，1993.Ⅶ.12，陈学新，No.938199。副模：1♂，贵州梵净山金顶，1993.Ⅶ.13，陈学新，No.938833；1♂，贵州梵净山金顶，2500m，2001.Ⅶ.30，朴美花，No.20018991。

分布：贵州。

鉴别特征：见检索表。

词源：种本名 "陈氏 cheni"，意为对标本采集者、浙江大学教授陈学新博士对工作帮助的谢意！

17. 无翅细蜂属 *Paracodrus* Kieffer, 1907

Paracodrus Kieffer, 1907, In: André, *Species des Hyménoptères d'Europe et d'Algérie*, 10:272-273.

Type species: *Paracodrus bethyliformis* Kieffer=*apterogynus* Haliday (Original designation).

Paracodrus Kieffer: H. Townes & M. Townes, 1981, *Mem. Amer. Ent. Inst.*, 32:193-196.

Paracodrus Kieffer: Fan & He, 1993, *Entomotaxonomia*, 17: 69.

属征概述：雄性前翅长 2.7-3.2mm；雌性无翅，或退化，短于翅基片。雄性体中等细长；雌性体较粗壮，稍扁平。头部宽。复眼较小。额隆起，雌性尤为显著。触角窝间有竖脊。唇基宽。上颚齿粗壮。下颚须短，3 节 (细蜂科其他类群均为 4 节)。前胸背板侧面前方和沿上缘具毛 (其他部分无毛)，前上方有一些细弱皱纹 (其他部分光滑)。并胸腹节无中纵脊，侧面具皱状刻点，其余部分光滑，具少数刻点，有光泽或稍毛糙。后足胫节长距长与后足基跗节之比：雄性约为 0.47 倍；雌性约为 0.40 倍。跗爪简单。径室前缘脉长 (雄性) 约为翅痣宽的 0.8 倍。第 1、2 盘室愈合 (雄性)。小脉在基脉外方，其距约为小脉长的 1.6 倍 (雄性)。合背板下半部几乎无毛。产卵管鞘长约为后足胫节 0.52 倍，非常粗壮，强度下弯，渐向末端变细，表面具稀疏的刻点，腹面具纵沟。

该属包括 1 个种，叩甲无翅细蜂 *Paracodrus apterogynus* 分布于欧洲，已在我国发现。据报道寄主为叩甲科 Elateridae (*Agriotes*, *Athous* 和 *Ctenecera*) 幼虫。

(156) 叩甲无翅细蜂 *Paracodrus apterogynus* (Haliday, 1839) (图 214)

Proctotrupes apterogynus Haliday, 1839, *Hymenoptera Britannica. Oxyura*: 15.

Paracodrus apterogynus (Haliday): H. Townes & M. Townes, 1981, *Mem. Amer. Ent. Inst.*, 32:194.

Paracodrus apterogynus (Haliday): Fan & He, 1990, *Acta Agric. Univ. Zhejiangensis*, 16: 156.

雄：前翅长 3.2mm。

头：光滑，有稀疏长毛。头背观上颊长为复眼的 0.84 倍。颊长为复眼纵径的 0.34 倍。唇基宽为长的 3.7 倍，中央平坦，端缘平截，下侧角突出。额脊短。OOL：OD：POL= 15：5：18。触角第 2、10 鞭节长分别为宽的 2.3 倍和 2.3 倍，端节长为端前节的 1.8 倍；鞭节无明显角下瘤。头顶在单眼后向下倾斜。后头脊细。

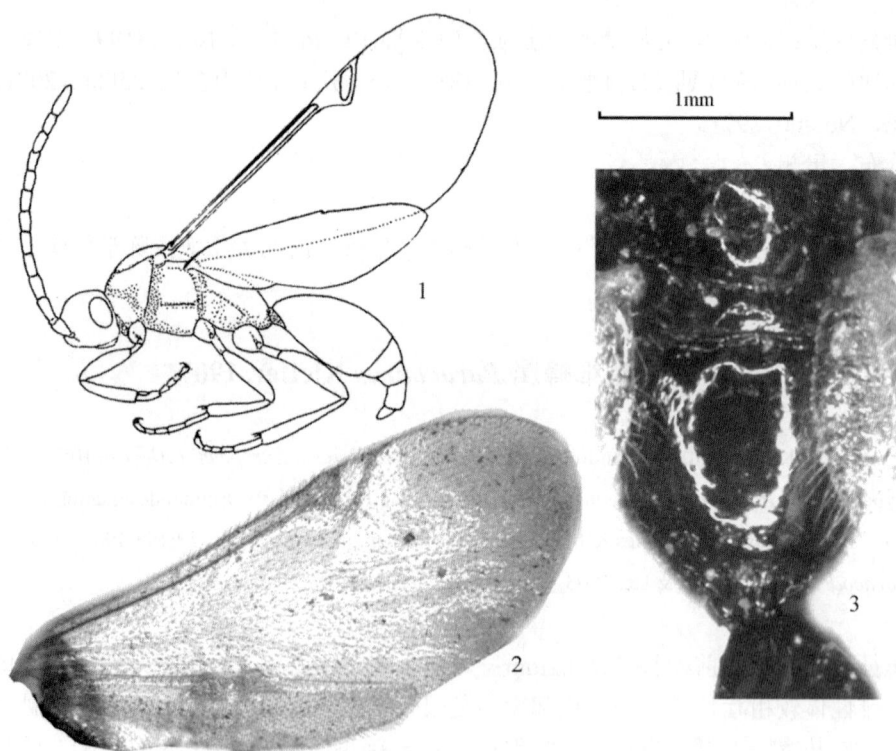

图 214 叩甲无翅细蜂 *Paracodrus apterogynus* (Haliday)

1. 整体，侧面观；2. 翅；3. 并胸腹节，背面观 (1. 仿樊晋江等，1990) [1. 0.5X 标尺；2. 1.0X 标尺；3. 3.0X 标尺]

胸：前胸背板颈部无横皱；侧面光滑，前沟缘脊发达；背缘具双列毛；后下角有凹窝。中胸侧板大部分具刻皱，仅中央横沟后段的上下方侧板 (包括镜面区下半) 光滑。后胸侧板具网皱，仅近并胸腹节气门下一段光滑。并胸腹节侧观背缘缓弧形，表面完全光滑，无中纵脊，仅在后端有浅点皱。

足：前足第 2-4 跗节短，呈串珠形；端跗节粗大。后足腿节长为宽的 4.6 倍；后足胫节长距长为基跗节的 0.5 倍。

翅：前翅翅痣长和径室前缘边长分别为翅痣宽的 1.6 倍和 0.88 倍；翅痣后侧缘稍弯；径脉第 1 段内斜，长为宽的 3.0 倍，从翅痣近中央伸出；径脉第 2 段直。后翅近基部稍凹，无缺刻。

腹：腹柄背面短，长为宽的 0.6 倍，具细横皱；腹柄侧面三角形，上缘长短于高，具夹点网皱。合背板基部中纵沟伸达基部至第 1 对窗疤间距的 0.25 处；每侧各具 7 条纵沟，亚侧纵沟长为中纵沟的 1.3 倍。第 1 窗疤大，宽为长的 2.0 倍，疤距为疤宽的 1.0 倍。合背板上仅窗疤附近有稀而短的毛，远离合背板下缘。抱器不正梯形，上下缘近于平行，下缘稍短于上缘，稍长于端缘，端缘斜截。

体色：体黑色，头前面、上颚端齿、前胸背板侧面、柄后腹带酱红色。触角棕红色。翅基片黄褐色。足基节、转节、腿节酱红色；胫节、距、跗节黄褐色，但后足胫节端部 0.6 褐色。翅透明，翅痣和强脉浅黄褐色，弱脉无色。

雌：国内未知。

寄主：据记载为叩甲科幼虫的重要寄生蜂，寄生多种金针虫，可能还有油菜花露尾甲 *Meligethes aeneus* 幼虫。

研究标本：1♂，甘肃兰州，1979.IV.14，王长政，No. 853594。

分布：甘肃；欧洲。

18. 脊额细蜂属 *Phaneroserphus* Pschorn-Walcher, 1958

Phaneroserphus Pschorn-Walcher, 1958, *Mitt. Schweizerischen Ent. Gesell.*, 31: 60.

Type species: *Proctotrupes calcar* Haliday (Original designation).

Phaneroserphus Pschorn-Walcher: Townes, 1981, *Mem. Amer. Ent. Inst.*, 32; 196.

Phaneroserphus Pschorn-Walcher: Lin, 1988, *Jour. Taiwan Mus.*, 41: 15-33.

Phaneroserphus Pschorn-Walcher: Fan & He, 1991, *Wuyi Science Jour.*, 8: 63.

Phaneroserphus Pschorn-Walcher: Johnson, 1992, *Mem. Amer. Ent. Inst.*, 51: 318.

Phaneroserphus Pschorn-Walcher: Fan & He, 1993, *Entomotaxomomia*, 12: 69.

Phaneroserphus Pschorn-Walcher: Fan & He, 2003, In: Huang, *Fauna of Insects in Fujian Province of China*, 7: 717.

属征概述：前翅长 2.2-3.8mm。额区下部和触角窝之间有高至非常高的中竖脊。雌性触角柄节粗大，鞭节中央稍粗；雄性触角鞭节鞭状，至端部渐细。雌性上颊和颊较长，复眼相对较小；雄性上颊和颊较雌性短，而复眼相对较大。上颚单齿。前胸背板侧面除发自颈部的弱脊外光滑；前方近上缘和后下角有毛，其他部分无毛。并胸腹节有网状刻皱，背表面具中纵脊，有时不明显，通常中纵脊基部近两侧有光滑区。雄性后足胫节长距强度弯曲，长约为后足基跗节的 0.65 倍；雌性为 0.47 倍。跗爪简单。径室前缘脉长约为翅痣宽的 1.25 倍。第 1 和第 2 盘室愈合。小脉在基脉外方，其距约为小脉长的 1.5 倍。腹柄长为宽的 1.1-1.6 倍。合背板侧面下半部完全无毛。产卵管鞘长为后足胫节的 0.24-0.35 倍，具稀疏刻点，微下弯，向末端渐细。

脊额细蜂属 *Phaneroserphus* Pschorn-Walcher 主要分布于全北区，但我国种类也有分布于东洋区。全世界已记载有 11 种，其中我国 6 种。我国台湾有该属的记录，但无种类记述。

寄主据记载为隐翅虫科 Staphylinidae，但也有从唇足纲 Chilopoda 的石蜈蚣科 Lithobiidae 中育出的记录，是膜翅目中唯一寄生于昆虫纲或蛛形纲以外的类群。

本志记述我国脊额细蜂属 20 种，内含 14 新种。

种 检 索 表

1. 雌性 ·· 2
   雄性 ·· 8
2. 头部侧面观额向前突出部分长为复眼横径的 0.71 倍；并胸腹节前侧方光滑区倒三角形，长为并胸腹节基部至气门间距的 1.7 倍；合背板基部纵沟 3 条；前翅长 2.3mm。浙江、广东 ····················
   ·· 三角脊额细蜂，新种 *P. triangularis*, sp. nov.
   头部侧面观额向前突出部分长为复眼横径的 0.80-0.95 倍；并胸腹节前侧方光滑区长方形、倒梯形或无，长为并胸腹节基部至气门间距的 0-1.0 倍，但赵氏脊额细蜂和光柄脊额细蜂为 1.5-1.6 倍；合背板基部纵沟 5-7 条 ·· 3
3. 后胸侧板满布网皱，前上方无光滑区 ·· 4
   后胸侧板前上方有长和高分别占侧板 0.18-0.33 倍和 0.25-0.70 倍的光滑区，其余部位具网皱 ······ 5
4. 腹柄背面中长为中宽的 1.46 倍，除端部外具有 8-9 条横皱；合背板中纵沟伸达基部至第 1 窗疤间距的 0.65 倍，侧纵沟各 2 条；后足腿节黄褐色；前翅长 2.7mm。陕西、甘肃 ·······················
   ·· 田氏额细蜂，新种 *P. tiani*, sp. nov.
   腹柄背面中长为中宽的 1.3 倍，满布网皱，无纵脊；合背板中纵沟伸达基部至第 1 窗疤间距的 0.85 倍，侧纵沟各 3 条；后足腿节中段黑褐色；前翅长 2.65mm。福建 ····· 点柄脊额细蜂 *P. punctibasis*
5. 并胸腹节背表面无中脊；腹柄背面中长为端宽的 1.3 倍，上具 8 条横脊；合背板基部中纵沟两侧各具 3 条侧纵沟，中纵沟伸达合背板基部至第 1 对窗疤的 0.5 处；前翅长 2.9mm。云南 ·······················
   ·· 云南脊额细蜂 *P. yunnanensis*
   并胸腹节背表面有中脊；腹柄背面中长为端宽的 1.6-1.8 倍，其上满布夹点横皱或点皱，或端部多少光滑；合背板基部中纵沟两侧各具 2 条侧纵沟，中纵沟伸达合背板基部至第 1 对窗疤的 0.75-0.95 处 ·· 6
6. 并胸腹节背表面基部无光滑区；腹柄侧面背缘长为中高的 1.1 倍，基部具 3 条横脊，其后具 5 条纵脊；合背板中纵沟伸达至第 1 窗疤的 0.75 处；前翅长 2.7mm。河北 ·······················
   ·· 皱腰脊额细蜂，新种 *P. rugulipropodeum*, sp. nov.
   并胸腹节背表面基部光滑区长为基部至气门后缘间距的 1.5-1.6 倍；腹柄侧面背缘长为中高的 1.6-1.7 倍，基部具弱横点皱，其后光滑；合背板中纵沟伸达至第 1 窗疤的 0.85-0.95 处 ············ 7
7. 触角第 2、10 鞭节长分别为端宽的 2.5 倍和 2.0 倍；触角窝之间中竖脊无次生脊；腹柄背面具夹点刻皱，无横刻条，也不光滑；第 1 窗疤宽为长的 4.0 倍；产卵管鞘长为后足胫节的 0.33 倍；后足腿节长为宽的 4.8 倍；前翅长 2.9-3.3mm。福建 ···································· **赵氏脊额细蜂** *P. chaoi*

触角第 2、10 鞭节长分别为端宽的 3.6 倍和 2.9 倍；触角窝之间中竖脊有次生脊；腹柄背面具 9 条横刻条，后侧方光滑；第 1 窗疤宽为长的 2.8 倍；产卵管鞘长为后足胫节的 0.23 倍；后足腿节长为宽的 5.3 倍；前翅长 3.3mm。陕西 ··················· **光柄脊额细蜂，新种** *P. glabripetiolatus*, **sp. nov.**

8. 触角窝之间中竖脊有次生脊 ··· 9
   触角窝之间中竖脊无次生脊 ·· 17

9. 触角窝之间有 2 条或 3 条次生脊 ··· 10
   触角窝之间仅有 1 条脊 ·· 11

10. 触角窝之间有 2 条次生脊；触角第 11 鞭节长为第 10 鞭节的 1.47 倍；前翅径脉第 1 段长为宽的 2.0 倍；后足腿节长为宽的 3.9 倍；前翅长 2.9mm。辽宁 · **双脊脊额细蜂，新种** *P. bicarinatus*, **sp. nov.**
    触角窝之间有 3 条次生脊；触角第 11 鞭节长为第 10 鞭节的 1.2 倍；前翅径脉第 1 段长为宽的 3.0 倍；后足腿节长为宽的 4.5 倍；前翅长 3.4mm。吉林 ·····································
    ································· **三支脊额细蜂，新种** *P. triramusulcus*, **sp. nov.**

11. 翅痣长为宽的 1.9 倍以上 ·· 12
    翅痣长为宽的 1.6 倍以下 ·· 14

12. 后胸侧板前上方光滑区小，其长和高分别占侧板的 0.2 倍和 0.2 倍；合背板基部侧纵沟各 3 条；并胸腹节背表面基部光滑区长为基部至气门后缘间距的 1.0 倍；前翅长 3.3mm。湖南 ···········
    ····································· **童氏脊额细蜂，新种** *P. tongi*, **sp. nov.**
    后胸侧板前上方光滑区较大，其长和高分别占侧板的 0.33-0.40 倍和 0.45-0.80 倍；合背板基部侧纵沟各 2 条；并胸腹节背表面基部光滑区长为基部至气门后缘间距的 1.4-1.5 倍 ············ 13

13. 头部侧面观复眼前方额突出部分长为复眼横径的 0.65 倍；后胸侧板前方光滑区高不到侧板的 0.5 倍；前翅狭窄，长为宽的 2.67 倍；前翅长 3.3mm。河南 ···················· **冠脊额细蜂** *P. cristatus*
    头部侧面观复眼前方额突出部分长为复眼横径的 0.45-0.50 倍；后胸侧板前方光滑区超过侧板的 0.5 倍；前翅较宽，长为宽的 2.16-2.37 倍；前翅长 3.0-3.4mm。甘肃、四川 ·······················
    ································· **甘川脊额细蜂，新种** *P. ganchuanensis*, **sp. nov.**

14. 合背板基部中纵沟伸达基部至第 1 窗疤间距的 0.55 处，侧纵沟各 3 条；腹柄背面端部光滑 ····· 15
    合背板基部中纵沟伸达基部至第 1 窗疤间距的 0.95 处，侧纵沟各 2 条；腹柄背面端部有纵脊 ·· 16

15. 触角第 2 鞭节长为端宽的 4.5 倍；后胸侧板前方光滑区长和高分别占侧板的 0.4 倍和 0.9 倍；并胸腹节无中纵脊；前翅长为宽的 2.5 倍；腹柄背面中长为中宽的 1.9 倍，侧面背缘长为中高的 1.8 倍；第 1 窗疤宽为长的 2.5 倍；前翅长 3.3mm。广东 ········· **竖脊脊额细蜂，新种** *P. carinatus*, **sp. nov.**
    触角第 2 鞭节长为端宽的 3.7 倍；后胸侧板前方光滑区长和高分别占侧板的 0.1 倍和 0.25 倍；并胸腹节中纵脊伸至后表面中央；前翅长为宽的 2.16 倍；腹柄背面中长为中宽的 1.25 倍，侧面背缘长为中高的 1.0 倍；第 1 窗疤宽为长的 3.5 倍；前翅长 3.6mm。吉林 ·······························
    ····································· **马氏脊额细蜂，新种** *P. maae*, **sp. nov.**

16. 后胸侧板前方光滑区长和高分别占侧板的 0.35 倍和 0.9 倍；并胸腹节中纵脊仅伸达背表面端部，背表面光滑区大，长为并胸腹节基部至气门后缘间距的 2.0 倍；第 1 窗疤宽为长的 2.8 倍；前翅长 3.4mm。云南 ··································· **光脊脊额细蜂，新种** *P. glabricarinatus*, **sp. nov.**

后胸侧板前方光滑区长和高分别占侧板的 0.28 倍和 0.5 倍；并胸腹节中纵脊仅伸达后表面中央，背表面光滑区较小，长为并胸腹节基部至气门后缘间距的 1.0 倍；第 1 窗疤宽为长的 3.2 倍；前翅长 3.0mm。贵州 ······························ **黑胫脊额细蜂 P. nigritibialis**

17. 后胸侧板前方光滑区较大，长和高分别至少占后胸侧板的 0.35 倍和 0.6 倍 ················· 18
　　后胸侧板前方光滑区较小，长和高分别至多占后胸侧板的 0.28 倍和 0.5 倍 ················· 21

18. 头部侧面观从复眼向前突，突出部分长为复眼横径的 0.37 倍；触角第 2、10 鞭节长分别为端宽的 3.0 倍和 2.8 倍；翅痣长为宽的 2.0 倍；腹柄背面中长为中宽的 1.3 倍，其上基部无点皱，具 3 条纵脊腹柄侧面背缘长为中高的 1.1 倍；合背板基部侧纵沟 1 条；前翅长 3.8mm。四川 ················ ······························ **三沟脊额细蜂，新种 P. trisulcus, sp. nov.**
　　头部侧面观从复眼向前突，突出部分长为复眼横径的 0.59-0.65 倍；触角第 2、10 鞭节长分别为端宽的 4.1-4.3 倍和 4.5-5.5 倍；翅痣长为宽的 1.2-1.6 倍；腹柄背面中长为中宽的 1.7-2.2 倍，其上基部有横向点皱，其后具 6 条以上纵脊；腹柄侧面背缘长为中高的 1.6-2.0 倍；合背板基部侧纵沟 2 条 ··· 19

19. 触角第 2 鞭节长为端宽的 3.7 倍；前翅径脉第 1 段从翅痣下方近中央伸出，翅痣长为径室前缘脉长的 1.5 倍；第 1 窗疤宽为长的 3.6 倍；前翅长 3.0mm。福建 ············· **赵氏脊额细蜂 P. chaoi**
　　触角第 2 鞭节长为端宽的 4.1-4.3 倍；前翅径脉第 1 段从翅痣下方中央偏外方伸出，翅痣长为径室前缘脉长的 1.0-1.1 倍；第 1 窗疤宽为长的 2.5-3.2 倍 ······································· 20

20. 后胸侧板光滑区长约占侧板的 0.28 倍；并胸腹节背表面近气门处光滑区表面无纵刻条；腹柄背面中长为中宽的 2.2 倍；合背板基部中纵沟长为基部至第 1 窗疤间距的 0.85 处，亚侧纵沟长为中纵沟的 0.5 倍；前翅长 3.6mm。贵州 ·············· **皱额脊额细蜂，新种 P. rugosifrons, sp. nov.**
　　后胸侧板光滑区长占侧板的 0.40-0.45 倍；并胸腹节背表面近气门处光滑区表面有纵刻条；腹柄背面中长为中宽的 1.7-1.9 倍；合背板基部中纵沟长为基部至第 1 窗疤间距的 0.65 处，亚侧纵沟长为中纵沟的 0.8 倍。浙江 ················ **三角脊额细蜂，新种 P. triangularis, sp. nov.**

21. 并胸腹节背表面无光滑区；合背板基部两侧各具 3 条侧纵沟；体长 3.1mm。河北 ············ ······························ **皱腰脊额细蜂，新种 P. rugulipropodeum, sp. nov.**
　　并胸腹节背表面多少有光滑区；合背板基部两侧各具 1 或 2 条侧纵沟 ························· 22

22. 后胸侧板光滑区较小，长和高分别占侧板的 0.15 倍和 0.2-0.3 倍；前翅长 2.5-3.0mm。陕西、甘肃 ······························ **田氏脊额细蜂，新种 P. tiani, sp. nov.**
　　后胸侧板光滑区较大，长和高分别占侧板的 0.30-0.36 倍和 0.4-0.5 倍 ························· 23

23. 并胸腹节背表面前侧方光滑区长为基部至气门后缘间距的 1.2 倍；腹柄背面中长为中宽的 1.3 倍；合背板基部侧纵沟 1 条，长为中纵沟的 0.4 倍；前翅长 2.8mm。湖北 ········· **卜氏脊额细蜂 P. bui**
　　并胸腹节背表面前侧方光滑区长为基部至气门后缘间距的 0.5 倍；腹柄背面中长为中宽的 1.5-1.6 倍；合背板基部侧纵沟 2 条，亚侧纵沟长为中纵沟的 0.8 倍 ·································· 24

24. 头侧面观额突出部位长为复眼横径的 0.55 倍；上颊背观长为复眼的 0.6 倍；触角第 10 鞭节长为端宽的 5.5 倍；前翅径脉第 1 段长为宽的 2.5 倍；合背板基部中纵沟伸达基部至第 1 窗疤间距的 0.9 处；第 1 窗疤宽为长的 3.2 倍；前翅长 3.7mm。陕西 ················ ······························ **光柄脊额细蜂，新种 P. glabripetiolatus, sp. nov.**
　　头侧面观额突出部位长为复眼横径的 0.4 倍；上颊背观长为复眼的 0.82 倍；触角第 10 鞭节长为端

宽的 4.5 倍；前翅径脉第 1 段长为宽的 1.6 倍；合背板基部中纵沟伸达基部至第 1 窗疤间距的 0.6
处；第 1 窗疤宽为长的 2.2 倍；前翅长 2.7mm。四川 ………………………………………………
…………………………………………………… **弱突脊额细蜂，新种 *P. exilexsertus*, sp. nov.**

(157) 三角脊额细蜂，新种 *Phaneroserphus triangularis* He *et* Xu, sp. nov. (图 215)

雌：体长 2.8mm；前翅长 2.3mm。

头：头部侧面观额向前突出部分长为复眼横径的 0.71 倍。背观上颊长为复眼的
0.77 倍。触角窝之间中竖脊高，无次生脊。触角中央稍粗，第 2、10 鞭节长分别约为端
宽的 2.5 倍和 2.5 倍，端节长为端前节的 1.25 倍。

胸：中胸侧板前缘仅翅基片下方有毛。后胸侧板前上方有大光滑区，光滑区长和高
分别占侧板的 0.38 倍和 0.65 倍；其余部分具夹点网皱。并胸腹节中纵脊伸至后表面中央；
背表面基部外侧具长倒三角形小光滑区，长为并胸腹节基部至气门间距的 1.7 倍；后表
面和侧区满布细网皱。

足：后足腿节长为宽的 4.3 倍；后足胫节长距长为后足基跗节的 0.6 倍。

翅：前翅长为宽的 2.54 倍；翅痣长和径室前缘脉长分别为翅痣宽的 2.2 倍和 1.9
倍；径脉第 1 段长为宽的 2.0 倍。

腹：腹柄背面中长为端宽的 1.7 倍，满布夹点横皱；腹柄侧面背缘长为中高的 1.3
倍，基部具 3 条弱横皱，端部具 7 条很弱的短纵脊，中央大部分光滑。合背板中纵沟伸
达合背板基部至第 1 对窗疤间距的 0.75 处，两侧各具 1 条短纵沟，其长为中纵沟的 0.8
倍。第 1 窗疤宽为长的 2.3 倍，疤距为疤宽的 0.6 倍。产卵管鞘长为后足胫节的 0.29 倍，
光滑，具细毛。

体色：体黑色。触角柄节、梗节和第 1 鞭节黄褐色，其余鞭节黑褐色。须黄色。上
唇、翅基片黄褐色。足褐黄色；前足基节浅黄褐色，前中足腿节中部浅褐色；后足基节
基部、腿节除两端和胫节背方黑褐色。翅透明，翅痣和强脉淡褐色，弱脉无色。

雄：与雌性相似，不同之处在于，前翅长 2.9-3.5mm。头部侧面观复眼向前突出部
分长为复眼横径的 0.59-0.65 倍。背观上颊长为复眼的 0.55 倍。触角第 2、10 鞭节长分
别为端宽的 4.2 倍和 5.0-5.5 倍，端节长为端前节的 1.2-1.5 倍。中胸侧板前缘毛带中断，
仅中横沟上方和翅基片下方有毛。并胸腹节中纵脊伸达背表面后端。后足胫节长距长为
后足基跗节的 0.78 倍。前翅长为宽的 2.3 倍；翅痣长和径室前缘脉长分别为翅宽的 1.2-1.6
倍和 1.2-1.6 倍。腹柄背面观中长为端宽的 1.9 倍，基部 0.3-0.4 具 6 条夹点横脊，端部
0.6-0.7 具 6 条纵脊；腹柄侧面背缘长为中高的 2.0 倍，基部 0.4 具横网皱，端部 0.6 具 5
条强纵脊。合背板中纵沟伸达合背板基部至第 1 对窗疤间距的 0.55-0.65 处，两侧各具 2
条稍短纵沟。后足胫节和基跗节黑褐色。

寄主：未知。

研究标本：正模♀，浙江庆元百山祖，1856m，2003.Ⅷ.14，马云，No.20034822。副
模：1♂，浙江龙泉凤阳山，1650m，2003.Ⅷ.10，戴武，No.20034728；3♂，浙江庆元百
山祖，1856m，2003.Ⅷ.12-14，马云、余晓霞，Nos.20034751-4752，20034828；1♂，广
东乳源南岭，2003.Ⅷ.23，许再福，No.20047691。

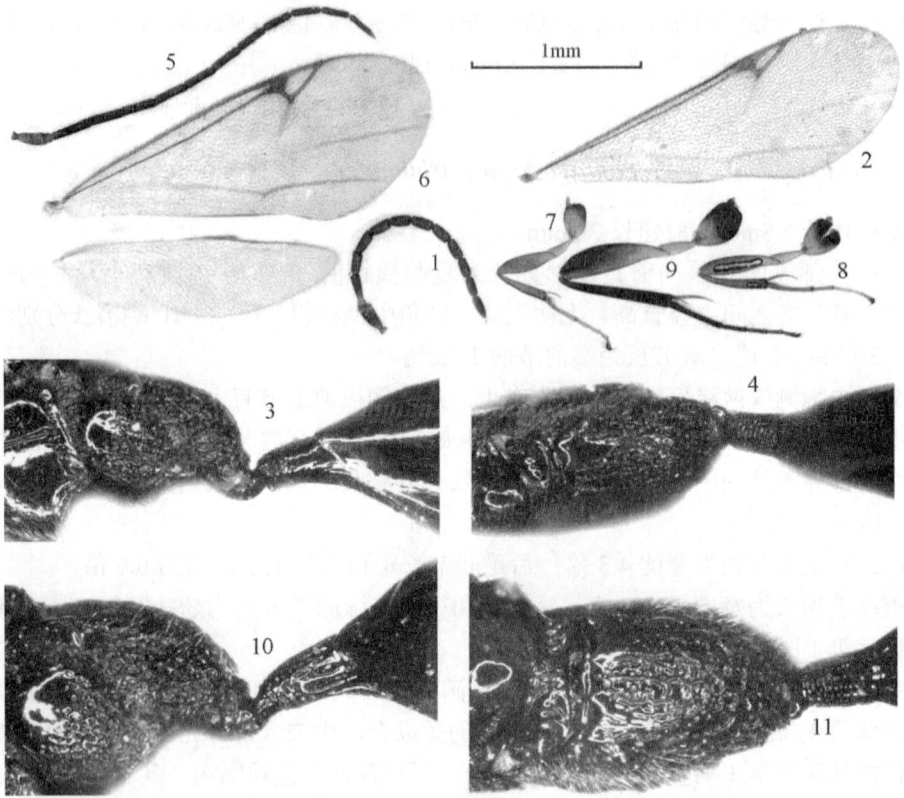

图 215 三角脊额细蜂，新种 *Phaneroserphus triangularis* He *et* Xu, sp. nov.

1, 5. 触角；2, 6. 翅；3, 10. 后胸侧板、并胸腹节和腹柄，侧面观；4, 11. 并胸腹节、腹柄和合背板基部，背面观；7. 前足；
8. 中足；9. 后足（1-4.♀；5-11.♂）[1-2, 5-9. 1.0X 标尺；3-4, 10-11. 2.0X 标尺]

分布：浙江、广东。

鉴别特征：本新种雌性与点柄脊额细蜂 *Phaneroserphus punctibasis* Townes, 1981 近似，从下列特征可以区别：①头部侧面观复眼向前突出部分长为复眼横径的 0.71 倍 (后者 1.0 倍)；②后胸侧板前上方光滑区长占后胸侧板长的 0.38 倍 (后者占 0.18 倍)；③并胸腹节背表面基部两侧光滑区长为并胸腹节基部至气门间距的 1.7 倍 (后者仅达气门前方)；④腹柄背面满布夹点横皱 (后者基部密布小而深的刻点，呈 8 横列，端部 0.25 光滑)。雄性与赵氏脊额细蜂 *Phaneroserphus chaoi* Fan *et* He, 1991 相似，其区别见检索表。

词源：种本名"三角 *triangularis*"，是 *tri* (三) +*angularis* (角)的组合词，意为模式标本并胸腹节背表面基部外侧具长倒三角形小光滑区。

(158) 田氏脊额细蜂，新种 *Phaneroserphus tiani* He *et* Xu, sp. nov. (图 216)

雌：体长 3.1mm；前翅长 2.7mm。

头：头部侧面观复眼向前突出部分长为复眼横径的 0.89 倍。背观上颊长为复眼的 0.86 倍。触角窝之间中竖脊中等高，无次生脊。触角第 2、10 鞭节长分别为端宽的 2.5 倍和 2.1 倍，端节长为端前节的 1.5 倍。

胸：中胸侧板前缘毛带中断，仅中横沟上方和翅基片下方有毛。后胸侧板具小室网皱，在前上方网皱稍稀，无明显光滑区。并胸腹节背表面有细中纵脊，无端横脊，基部两侧具光滑区，刚伸达并胸腹节气门后缘。

足：后足腿节长为宽的 5.0 倍；后足胫节长距长为后足基跗节的 0.5 倍。

翅：前翅长为宽的 2.6 倍；翅痣长和径室前缘脉长分别为翅痣宽的 2.0 倍和 1.5 倍；径脉第 1 段长为宽的 1.7 倍。

腹：腹柄背面中长为端宽的 1.46 倍；除端部外整个具夹点横皱 8-9 条；腹柄侧面背缘长为宽的 1.2 倍，基部 0.45 具夹网弱横皱 4 条，端部 0.55 具纵脊 6 条。合背板中纵沟伸达合背板基部至第 1 对宽疤间距的 0.65 处，两侧各具 2 条侧纵沟，其长为中纵沟的 0.8 倍；第 1 窗疤宽为长的 2.8 倍，疤距为疤宽的 0.6 倍。产卵管鞘长为后足胫节的 0.26 倍，光滑，具细毛。

体色：体黑色。触角柄节下方、梗节和第 1 鞭节基部褐黄色，其余鞭节褐色。口器、翅基片黄色。足黄褐色；前中足腿节除两端、中后足基节除端部、后足胫节背方和跗节多少带褐色。翅透明，翅痣和强脉淡褐色，弱脉无色。

雄：体长 2.8-3.4mm；前翅长 2.5-3.0mm。

头：头部侧面观复眼向前突出部分长为复眼横径的 0.40-0.59 倍。头背观上颊长为复眼的 0.7 倍。触角窝之间中竖脊中等高，无次生脊，侧观竖脊背缘弧形，侧面具毛，无刻条。触角第 2、10 鞭节长分别为端宽的 3.7-4.3 倍和 3.5-4.4 倍，端节长为端前节的 1.2-1.3 倍。

胸：中胸侧板前缘毛带中断，仅中横沟上方和翅基片下方有毛。后胸侧板满布夹小室网皱，仅最前方中央有小块光滑区，光滑区长和高分别占侧板的 0.15-0.20 倍和 0.3 倍。并胸腹节中纵脊伸达后表面中央；满布小室状网皱，仅基部两侧具倒梯形小光滑区，仅达并胸腹节基部至气门间距之半或刚达后缘。

足：后足腿节长为宽的 4.2-4.7 倍；后足胫节长距长为后足基跗节的 0.63-0.71 倍。

翅：前翅长为宽的 2.15-2.35 倍；翅痣长和径室前缘脉长为翅痣宽的 1.5-1.8 倍和 1.0-1.3 倍；径脉第 1 段长为宽的 2.0-3.0 倍。

腹：腹柄背面中长为端宽的 1.35-1.45 倍，基部 0.4 具 3 列夹点横皱，端部 0.6 具 7-8 条纵刻条；腹柄侧面背缘长为中高的 1.2-1.4 倍，基部 0.3 具网皱，其余 0.7 具 5-6 条纵脊。合背板中纵沟伸达合背板基部至第 1 对宽疤间距的 0.6-0.7 处，两侧各具 2 条侧纵沟，亚侧纵沟长为中纵沟的 0.6-0.8 倍。第 1 窗疤宽为长的 3.0 倍，疤距为疤宽的 0.6 倍。

体色：体黑色。触角柄节、梗节黄褐色，鞭节褐色或全部黑褐色。口器、翅基片黄色。翅透明，翅痣和强脉淡褐色，弱脉无色。

寄主：未知。

研究标本：正模♀，陕西秦岭天台山，1999.IX.3，何俊华，No.990548。副模：1♀3♂，采地、采期同正模，何俊华，Nos.990105、990257、990468、990745；1♂，采地、采期同正模，马云，No.990961；3♂，采地、采期同正模，马云、杜予州，Nos.983644、984530、984538；2♂，陕西宁陕火地塘板桥沟，1998.VI.5，马云，Nos.982406、982593；1♂，陕西南郑黎坪实验林场，1344m，2004.VII.23，吴琼，No.20046911；1♂，陕西留坝紫柏山，

1632m，2004.Ⅷ.4，时敏，No.20047085；1♂，甘肃白水江丘家坝，2318m，2004.Ⅶ.26，吴琼，No.20046940；1♂，甘肃文县离楼山，1809m，2004.Ⅶ.29，陈学新，No.20046949；1♂，甘肃宕昌大河坝，2530m，2004.Ⅶ.31，吴琼，No.20047021；2♂，河南内乡宝天曼，1998.Ⅶ.15，陈学新，Nos.989056，988941。

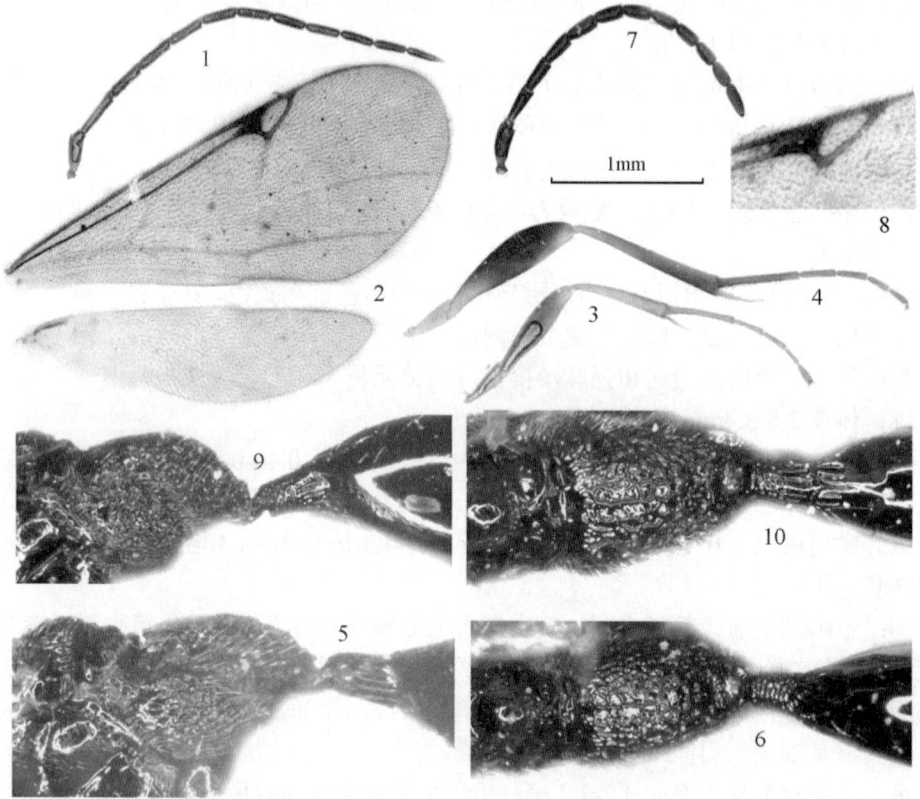

图 216　田氏脊额细蜂，新种 *Phaneroserphus tiani* He *et* Xu, sp. nov.

1, 7. 触角；2. 翅；3. 中足；4. 后足；5, 9. 后胸侧板、并胸腹节和腹部，侧面观；6, 10. 并胸腹节和腹部，背面观；8. 翅痣 (1-6.♂；7-10.♀) [1-4, 7-8. 1.0X 标尺；5-6, 9-10. 2.0X 标尺]

分布：河南、陕西、甘肃。

鉴别特征：本新种从雄性翅痣长宽比、后胸侧板具网皱而光滑区小和合背板基部纵沟数等特征与阿拉斯加种短痣脊额细蜂 *Phaneroserphus brevistigma* Townes, 1981 最为接近，其区别在于：①并胸腹节背表面仅基部两侧具小光滑区，不伸达并胸腹节气门 (后者按图大部分具网皱)；②腹柄背面中长为端宽的 1.35-1.45 倍 (后者按图为 1.0 倍)。

词源：种本名"田氏 *tiani*"，为纪念好友、同行、我国昆虫分类学家、南京农业大学田立新教授 (1931-2003)。

(159) 点柄脊额细蜂 *Phaneroserphus punctibasis* Townes, 1981 (图 217)

Phaneroserphus punctibasis Townes, 1981, *Mem. Amer. Entomol. Inst.*, 32: 202.

Phaneroserphus punctibasis Townes: Liu, He & Xu, 2011, *Acta Zootaxonomica Sinica*, 36(2): 262.

雌：体长 3.4mm；前翅长 2.65mm。

头：侧面观复眼向前突出部分长为复眼横径的 0.95-1.00 倍。头背观上颊长为复眼的 0.89 倍。触角窝之间中竖脊中等高，无次生脊。触角第 2、10 鞭节长分别为端宽的 2.7-2.8 倍和 2.4 倍，端节长为端前节的 1.35 倍。

胸：前胸背板侧面光滑，沿前缘有平行弱皱。中胸侧板前缘在中横沟上方和翅基片下方有毛，中央无毛区长为翅痣的 1.5 倍，上有弱纵皱。后胸侧板满布夹点横网皱，前上方 0.18 光滑或无光滑区。并胸腹节拱隆，中纵脊细，伸达背表面端部；背表面满布网皱，仅最基部有小光滑区，伸达气门前方，气门内侧并列细纵刻条；后表面和外侧区具网皱。

足：后足腿节长为宽的 4.95 倍；后足胫节长距长为后足基跗节的 0.53 倍。

翅：前翅长为宽的 2.5 倍；翅痣长和径室前缘脉长分别为翅痣宽的 2.1 倍和 1.5 倍；径脉第 1 段从翅痣中央稍外方伸出，长为宽的 1.6 倍；径脉第 2 段直，与第 1 段相接处无脉桩。

腹：腹柄背面中长为端宽的 1.3 倍，满布夹点横皱约呈 8 列，端部 0.25 光滑；腹柄侧面背缘长为中高的 1.0 倍，基部具 3 条横脊，其后具 8 条纵脊。合背板中纵沟伸达合背板基部至第 1 对窗疤间距的 0.85 处，两侧各具 3 条侧纵沟，亚侧纵沟长为中纵沟的 0.6 倍；第 1 窗疤宽为长的 2.8 倍，疤距为疤宽的 0.6 倍。合背板下方无毛。产卵管鞘长为后足胫节的 0.25 倍，长为鞘中宽的 2.9 倍，表面光滑，散生细刻点，无细毛。

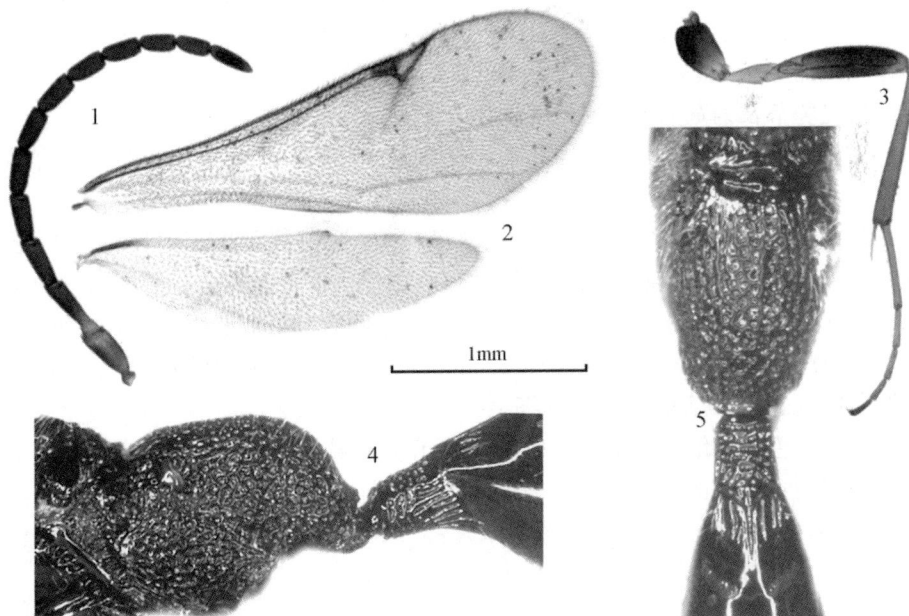

图 217　点柄脊额细蜂 *Phaneroserphus punctibasis* Townes

1. 触角；2. 翅；3. 中足；4. 后胸侧板、并胸腹节和腹柄，侧面观；5. 并胸腹节、腹柄和合背板基部，背面观

(仿 Liu, He & Xu, 2011) [1-3. 1.0X 标尺；4-5. 2.0X 标尺]

体色：体黑色。触角黑褐色，柄节两端、梗节和第 1 鞭节基部褐黄色。口器黄色。翅基片褐黄色。前胸背板侧面下缘带棕色。前中足褐黄色；后足黄褐色，基节基半、腿节除基半和端部黑褐色。翅透明，翅痣和强脉淡褐色，弱脉无色。产卵管鞘顶端褐黄色。

雄：未知。

寄主：未知。

研究标本：1♀，福建闽清雄江镇，2005.Ⅶ.13-17，许再福，No.20069419。

分布：福建；日本。

鉴别特征：见检索表。

(160) 云南脊额细蜂 *Phaneroserphus yunnanensis* Fan *et* He, 1991 (图 218)

Phaneroserphus yunnanensis Fan *et* He, 1991, *Wuyi Sci. Jour.*, 8: 63.

Phaneroserphus yunnanensis Fan *et* He: Liu, He & Xu, 2011, *Acta Zootaxonomica Sinica*, 36 (2): 263.

雌：体长 3.4mm；前翅长 2.9mm。

头：头部侧面观复眼向前突出部分长为复眼横径的 0.87 倍。背观上颊长为复眼的 0.8 倍。触角窝之间中竖脊中等高，无次生脊。触角第 2、10 鞭节长分别约为端宽的 2.7 倍和 2.0 倍，端节长为端前节的 1.35 倍。

胸：中胸侧板前缘毛带中断，仅中横沟上方和翅基片下方有毛。后胸侧板前上方有近三角形的光滑区，其长和高分别占侧板的 0.33 倍和 0.5 倍，其余部分具夹点横网皱。并胸腹节具网皱，无中纵脊和端横脊；基部两侧在气门内侧具长形光滑区，长为基部至气门后缘间距的 2.0 倍。

足：后足腿节长为宽的 5.4 倍；后足胫节长距长为后足基跗节的 0.55 倍。

翅：前翅长为宽的 2.84 倍；翅痣长和径室前缘脉长分别为翅痣宽的 2.0 倍和 1.2 倍；径脉第 1 段长为宽的 2.0 倍。

腹：腹柄背面中长为端宽的 1.3 倍，具 8 条横脊；腹柄侧面背缘长为中高的 1.2 倍，基部 0.3 具 3 条弱横皱，端部 0.3 具 5 条弱纵脊，中段 0.4 光滑。合背板中纵沟伸达合背板基部至第 1 对窗疤间距的 0.5 处，两侧各具 3 条侧纵沟，亚侧纵沟长为中纵沟的 0.6 倍，最外 1 条浅而模糊。第 1 窗疤宽为长的 3.0 倍，疤距约为疤宽的 0.5 倍。产卵管鞘长为后足胫节的 0.24 倍，表面光滑，具细毛。

体色：体黑色。触角柄节、梗节和第 1 鞭节基部褐黄色，其余鞭节褐色。口器、翅基片黄色。前胸背板侧面下缘带棕色。足褐黄色；前中足腿节背方除基部、中足基节、后足胫节端半背方浅褐色；后足基节和腿节端部 2/3 褐色。翅透明，翅痣和强脉淡褐色，弱脉无色。

雄：未知。

寄主：未知。

研究标本：1♀，云南昆明，1981.Ⅴ.18，何俊华，No.810872 (正模)。

分布：云南。

鉴别特征：本种与日本种冠脊额细蜂 *Phaneroserphus cristatus* Townes, 1981 相近，

但有以下区别特征：①触角窝之间中竖脊中等高，无次生脊 (后者在触角窝上方有次生脊)；②腹柄背面具 8 条横脊，端部 0.2 不光滑 (后者基部 0.8 有 7 条横皱，其余光滑)；③合背板背面基部中纵沟两侧各具 3 条侧纵沟 (后者两侧仅 1 条短侧纵沟)。此外本种前翅相当狭窄。

　　词源：种本名"云南 *yunnanensis*"，是表示模式标本产地。

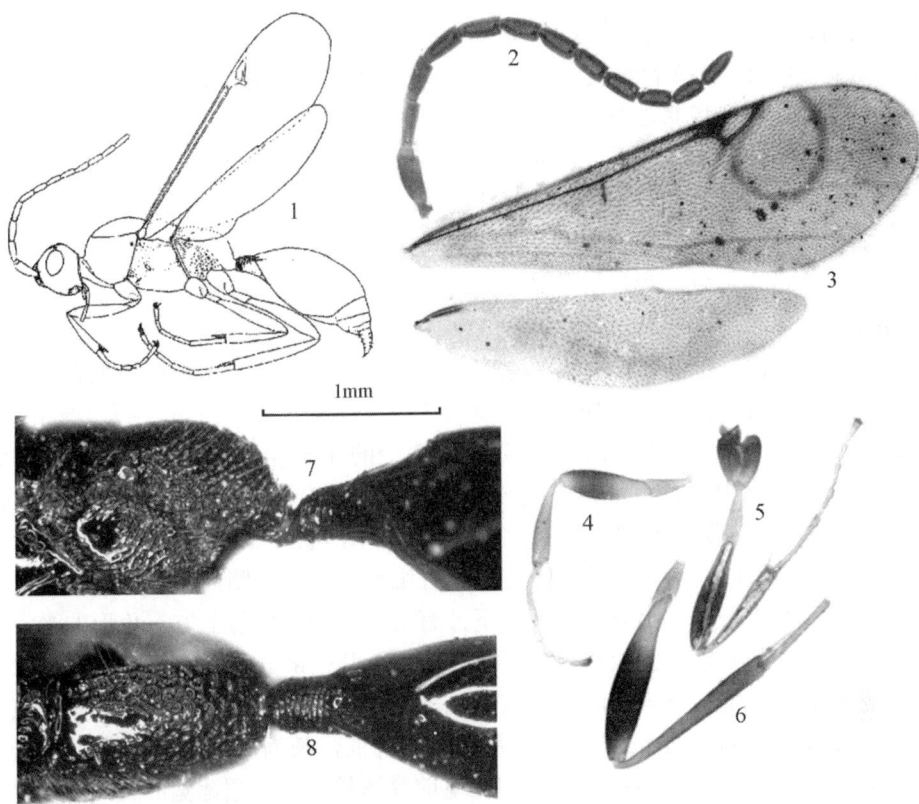

图 218　　云南脊额细蜂 *Phaneroserphus yunnanensis* Fan *et* He

1. 整体，侧面观；2. 触角；3. 翅；4. 前足；5. 中足；6. 后足；7. 后胸侧板、并胸腹节和腹柄，侧面观；8. 并胸腹节、腹柄和合背板基部，背面观 (1. 仿樊晋江和何俊华，1991) [1. 0.5X 标尺；2-6. 1.0X 标尺；7-8. 2.0X 标尺]

(161) 皱腰脊额细蜂，新种 *Phaneroserphus rugulipropodeum* He *et* Xu, sp. nov. (图 219)

　　雌：体长 3.9mm；前翅长 2.7mm。

　　头：头部侧面观复眼向前突出部分长为复眼横径的 0.8 倍。头背观上颊长为复眼的 0.62 倍。触角窝之间中竖脊中等高，无次生脊。触角第 2、10 鞭节长分别为端宽的 2.8 倍和 3.0 倍，端节长为端前节的 1.3 倍。

　　胸：前胸背板侧面光滑，仅前缘下方具平行细纵脊。中胸侧板前缘中央无毛区，长为翅痣的 1.0 倍，在中央横沟上方和翅基片下方有毛。后胸侧板前上方有近三角形的光滑区，其长和高分别约占后胸侧板的 0.18 倍和 0.25 倍，其余部分具网皱。并胸腹节中纵脊伸达后表面中央；背表面满布刻皱，几乎无光滑区，气门内侧具斜纵刻条；后表面和外侧区具网皱。

足：后足腿节长为宽的 4.53 倍；后足胫节长距长为后足基跗节的 0.55 倍。

翅：前翅长为宽的 2.58 倍；翅痣长和径室前缘脉长分别为翅痣宽的 1.8 倍和 1.5 倍；径脉第 1 段从翅痣中央稍外方伸出，长为宽的 1.8 倍；径脉第 2 段直，与第 1 段相连处有脉桩。

腹：腹柄背面中长为端宽的 1.6 倍，基部 0.6 具 6 条夹网横脊，端部光滑，散生刻点，有 2 条不明显亚中脊。侧观背缘长为中高的 1.1 倍，基部具 3 条横皱，其后具 5 条纵脊。合背板中纵沟伸达合背板基部至第 1 对宽疤间距的 0.75 处，两侧各具 2 条侧纵沟，其长为中纵沟的 0.7 倍；第 1 窗疤宽为长的 3.5 倍，疤距为疤宽的 0.5 倍。合背板下方无毛。产卵管鞘长为后足胫节的 0.25 倍，长为鞘中宽的 2.4 倍，表面光滑，具细刻点，无细毛。

体色：体黑色。触角柄节、梗节和第 1 鞭节基部褐黄色，其余鞭节黑褐色。口器、翅基片红褐色。足褐黄色；后足基节基部、腿节除基半和端部黑褐色。翅透明，带烟黄色，翅痣和强脉黑褐色，弱脉浅褐色。

变异：腹柄背面基部 0.75 具 8 条模糊横皱，端部 0.2 光滑，无刻点和纵脊。

雄：体长 3.9mm；前翅长 3.1mm。

头：头部侧面观额向前突出部分长为复眼横径的 0.5 倍。头背观上颊长为复眼的 0.55 倍。触角窝之间中竖脊中等高，无次生脊。触角第 2、10 鞭节长分别为端宽的 3.7 倍和 4.5 倍，端节长为端前节的 1.3 倍；各鞭节上有水泡状的小浅形角下瘤。

胸：前胸背板侧面光滑，仅前缘下方具平行细纵脊。中胸侧板前缘中央无毛区为翅痣长的 1.5 倍，在中央横沟上方和翅基片下方有毛。后胸侧板前上方三角形的光滑区小而不明显，其长和高分别占侧板的 0.13 倍和 0.2 倍，其余部分具夹点横网皱。并胸腹节中纵脊伸达后表面基部；背表面满布网皱，几乎无光滑区；后表面和外侧区具网皱。

足：后足腿节长为宽的 4.3 倍；后足胫节长距弯曲，长为后足基跗节的 0.65 倍。

翅：前翅长为宽的 2.1 倍；翅痣长和径室前缘脉长分别为翅痣宽的 1.78 倍和 1.78 倍；径脉第 1 段从翅痣中央稍外方伸出，长为宽的 3.0 倍，径脉第 2 段稍弧形，与第 1 段相连处有脉桩。

腹：腹柄背面长为端宽的 1.6 倍，基部 0.6 具 6 条夹网横脊，端部 0.4 具 7 条纵脊；侧面背缘长为中高的 1.3 倍，基部具 1 横脊，其后具 6 条纵脊，基半纵脊间内夹网皱。合背板背面基部中纵沟伸达合背板基部至第 1 对窗疤间距的 0.65 处，两侧各具 3 条侧纵沟，其长为中纵沟的 0.7 倍。第 1 窗疤宽为长的 3.5 倍，疤距为疤宽的 0.6 倍。合背板下方无毛。抱器长三角形，长为基宽的 3.5 倍。

体色：体黑色。触角黑褐色，柄节、梗节褐黄色。口器、翅基片褐黄色。足褐黄色；中后足基节基部黑褐色。翅透明，翅痣和强脉黑褐色，弱脉无色。抱器端半褐黄色。

寄主：未知。

研究标本：正模♀，河北张家口小五台山东灵口，2100m，2005.Ⅷ.21，张红英，No.200604511。副模：1♂，采地、采期同正模，时敏，No.200604567；15♂，河北张家口小五台山山涧口，1200m，2005.Ⅷ.22，时敏、张红英，Nos.200604433，200604435，

200604437-43，200604727，200604744-47，200604763；1♀2♂，河北张家口小五台山，2005.Ⅷ.20，时敏、张红英，Nos.200604659，200604689，200604691；1♀5♂，河北小五台山，2005.Ⅷ.20-23，刘经贤，Nos.200609469，200609474，200609479-81，200609483。

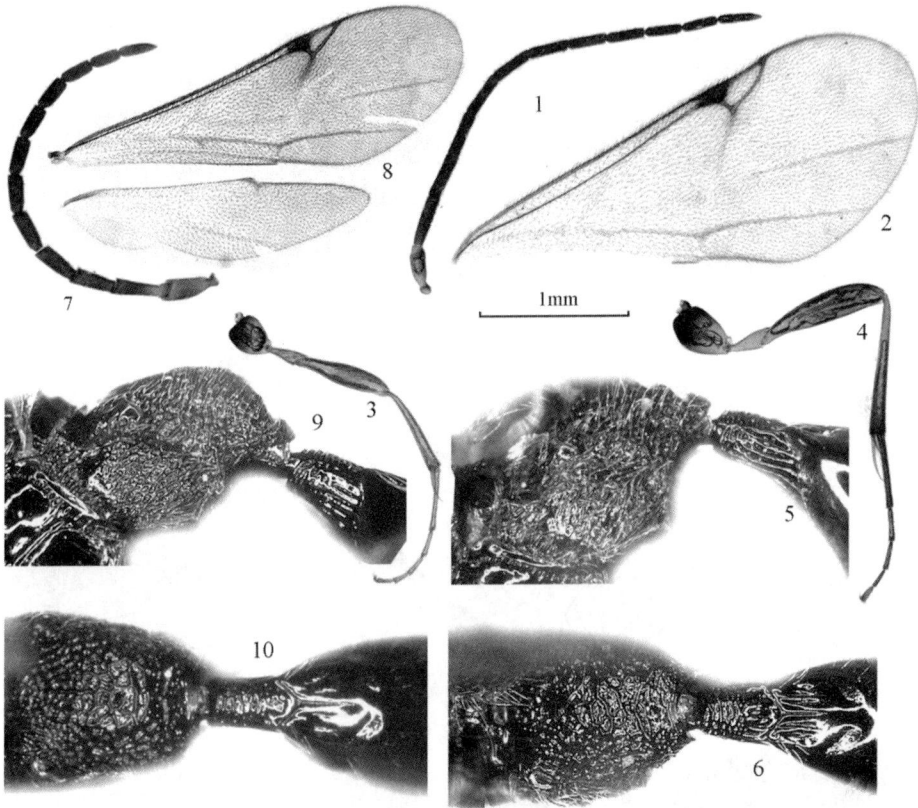

图 219　皱腰脊额细蜂，新种 *Phaneroserphus rugulipropodeum* He *et* Xu, sp. nov.
1, 7. 触角；2, 8. 翅；3. 中足；4. 后足；5, 9. 后胸侧板、并胸腹节和腹柄，侧面观；6, 10. 并胸腹节、腹柄和合背板基部，背面观 [1-4, 7-8. 1.0X 标尺；5-6, 9-10. 2.0X 标尺]

分布：河北。

鉴别特征：见检索表。

词源：种本名"皱腰 *rugulipropodeum*"，系 *ruguli* (皱)+*propodeum* (并胸腹节)的组合词，意为模式标本并胸腹节背表面满布刻皱，几乎无光滑区的特征。

(162) 赵氏脊额细蜂 *Phaneroserphus chaoi* Fan *et* He, 1991 (图 220)

Phaneroserphus chaoi Fan *et* He, 1991, *Wuyi Sci. Jour.*, 8: 64.

Phaneroserphus chaoi Fan *et* He, 2003, In: Huang, *Fauna of Insects in Fujian Province of China*, 7: 717.

Phaneroserphus chaoi Fan *et* He: Liu, He & Xu, 2011, *Acta Zootaxonomica Sinica*, 36(2): 258.

雌：体长 3.3-3.9mm；前翅长 2.9-3.3mm。

头：头部侧面观从复眼向前突出部分长为复眼横径的 0.87 倍，头背观上颊长为复眼的 0.76 倍。触角窝之间中竖脊中等高，无次生脊。触角第 2、10 鞭节长分别为端宽的 2.5 倍和 2.0 倍，端节长为端前节的 1.35 倍。

胸：中胸侧板前缘毛带中断，仅中横沟上方和翅基片下方有毛。后胸侧板前上方有近半圆形较大的光滑区，长和高分别占侧板的 0.3 倍和 0.7 倍，其余部分具夹点网皱。并胸腹节中纵皱伸至背表面近后端；端横脊不明显；背表面基半中央两侧具长梯形光滑区，长为基部至并胸腹节气门间距的 1.3 倍；其余具夹室网皱。

足：后足腿节长为宽的 4.8 倍；后足胫节长距长为后足基跗节的 0.6 倍。

翅：前翅长为宽的 2.6 倍；翅痣长和径室前缘脉长分别为翅痣宽的 1.8 倍和 1.7 倍；径脉第 1 段长为宽的 1.6 倍。

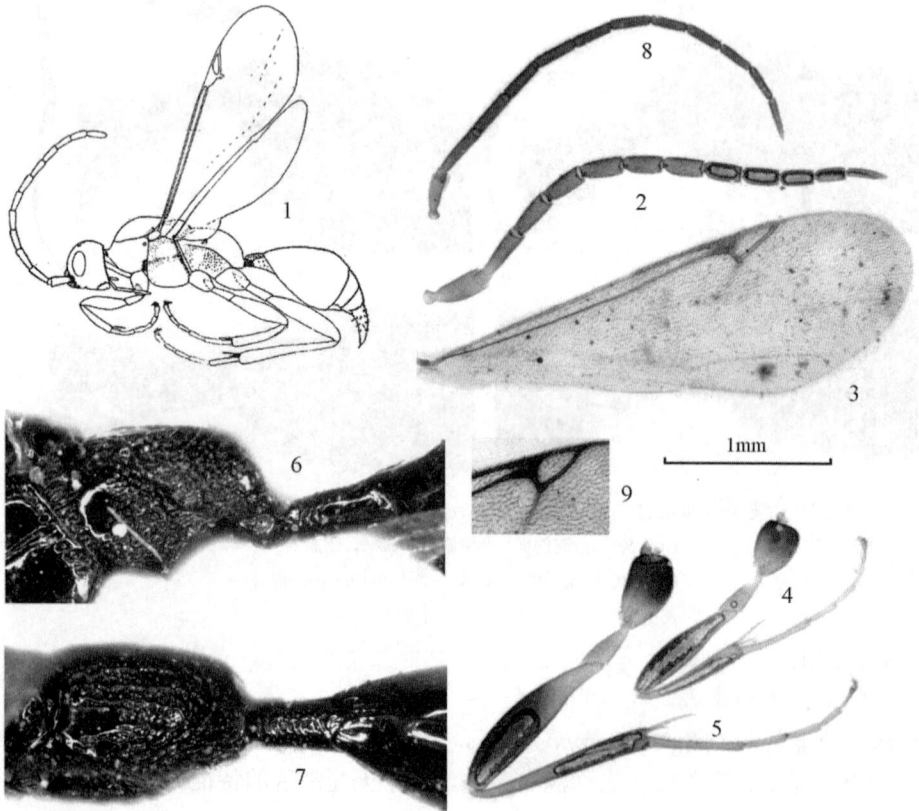

图 220　赵氏脊额细蜂 *Phaneroserphus chaoi* Fan *et* He

1. 整体，侧面观；2, 8. 触角；3. 前翅；4. 中足；5. 后足；6. 后胸侧板、并胸腹节和腹柄，侧面观；7. 并胸腹节、腹柄和合背板基部，背面观；9. 翅痣 (1-7.♀；8-9.♂) (1. 仿樊晋江等，1991) [1. 0.5X 标尺；2-5, 9. 1.0X 标尺]

腹：腹柄背面长为端宽的 1.8 倍，满布夹点横皱；腹柄侧面背缘长为中高的 1.7 倍，除基部 0.3 有弱横皱和弱刻点外，其余光滑。合背板中纵沟伸达合背板基部至第 1 对窗疤间距的 0.85 处，两侧各具 2 条侧纵沟，长为中纵沟的 0.5 倍。第 1 窗疤宽为长的 4.0

倍，疤距为疤宽的 0.4 倍。产卵管鞘长为后足胫节的 0.33 倍，光滑，散生直毛。

体色：体黑色。口须、翅基片黄色。触角柄节、梗节及第 1 鞭节基部为黄褐色，其余鞭节为暗褐色。足褐黄色，腿节除两端、中足基节基部、后足胫节端半和跗节褐色，后足基节黑褐色。翅透明，翅痣和强脉淡褐色，弱脉无色。

寄主：未知。

研究标本：1♀，福建崇安黄岗山，1985.Ⅶ.14，郑耿 (正模，保存于 FAC)；2♀，福建崇安黄岗山，1984.Ⅶ.28，黄居昌；1♀，福建武夷山挂挡，1985.Ⅶ.1-25，黄东宏，No.941977；1♀2♂，福建崇安黄岗山，1985.Ⅶ.6-30，陈新金、刘明晖，No.20004177 (3)；1♂，福建崇安黄岗山，1985.Ⅷ.1，黄东宏 (以上均为副模，部分保存于 FAC)。

分布：福建。

鉴别特征：本种与日本种点柄脊额细蜂 Phaneroserphus punctibasis Townes, 1981 十分相近，但本种：①后胸侧板具夹点网皱，前上方 0.3×0.7 光滑 (后者具中等大刻点前上方 0.18 光滑)；②并胸腹节基部中央两侧具光滑区，伸达并胸腹节气门之后 (后者光滑区小，刚达气门之前)；③合背板基部中纵沟两侧各具 2 条侧纵沟 (后者 3 条侧纵沟)。

词源：种本名"赵氏 chaoi"，是为感谢赵修复教授 (1917-2000) 惠借标本，以及在工作中的热情帮助。

(163) 光柄脊额细蜂，新种 Phaneroserphus glabripetiolatus He et Xu, sp. nov. (图 221)

雌：体长 3.8mm；前翅长 3.2mm。

头：头部侧面观复眼向前突出部分长为复眼横径的 0.82 倍。头背观上颊长为复眼的 0.6 倍。触角窝之间中竖脊高，有 1 条不明显次生脊，侧观竖脊弧形，脊侧面前半具斜纵刻条，除次生脊较强外，其余较弱。触角第 2、10 鞭节长分别约为端宽的 3.6 倍和 2.9 倍，端节长为端前节的 1.3 倍。

胸：中胸侧板前缘光滑，仅翅基片下方有毛，中央横沟完整。后胸侧板大部分具夹点网皱；前上方有三角形的光滑区，其长和高分别约占侧板长的 0.24 倍和 0.55 倍。并胸腹节具小室状网皱；中纵脊伸达后表面中央；背表面基部气门内侧各具长形光滑区，其长为中宽的 2.0 倍，伸达并胸腹节基部至气门间距的 1.6 倍。

足：后足腿节长为宽的 5.3 倍；后足胫节长距长为后足基跗节的 0.54 倍。

翅：前翅长为宽的 2.6 倍；翅痣长和径室前缘脉长分别为翅痣宽的 2.1 倍和 1.6 倍；径脉第 1 段长为宽的 2.5 倍。

腹：腹柄背面中长为端宽的 1.8 倍，具 9 条弱横刻条，端部横刻条模糊，后侧方光滑；腹柄侧面背缘长为中高的 1.6 倍，大部分光滑，仅前方有弱横皱 4 条。合背板中纵沟伸达合背板基部至第 1 对窗疤间距的 0.95 处，两侧各具 2 条侧纵沟，其长分别为中纵沟的 0.55 倍和 0.3 倍。第 1 窗疤宽为长的 2.8 倍，疤距为疤宽的 0.6 倍。产卵管鞘长为后足胫节的 0.23 倍，表面光滑，具白毛。

体色：体黑色。触角柄节 (中段浅褐色)、梗节和第 1 鞭节基部褐黄色，其余鞭节黑褐色。唇基、上颚、翅基片、产卵管鞘端部褐黄色。须黄色。足黄褐色；前中足腿节端部浅褐色；后足基节除端部、腿节端部 0.6 黑褐色。翅透明，稍带烟黄色，翅痣和强脉褐色，弱脉无色。

　　雄：与雌性相似，不同之处在于，触角第 2、10 鞭节长分别约为端宽的 3.6 倍和 5.5 倍，端节长为端前节的 1.3 倍；前翅长为宽的 2.2 倍；后足腿节长为宽的 4.1 倍；腹柄背面观中长为端宽的 1.5 倍，端半具 7 条强纵刻条，基半具夹点网皱，腹柄侧面背缘长为中高的 1.6 倍，基方 0.3 有夹点网横皱外，具 5 条强纵刻条；足基本上褐黄色，雌性的黑褐色部位更浅更少。

　　寄主：未知。

　　研究标本：正模♀，陕西留坝紫柏山，1632m，2004.Ⅷ.4，吴琼，No.20047120。副模：1♀，同正模，No.20047098；1♂，陕西南郑黎坪森林公园，1742m，2004.Ⅶ.22，时敏，No.20046861。

　　分布：陕西。

　　鉴别特征：见检索表。

　　词源：种本名"光柄 glabripetiolatus"，系 glabri (光滑)+ petiolatus (腹柄) 组合词，意为模式标本腹柄背面后侧方光滑，腹柄侧面大部分光滑的特征。

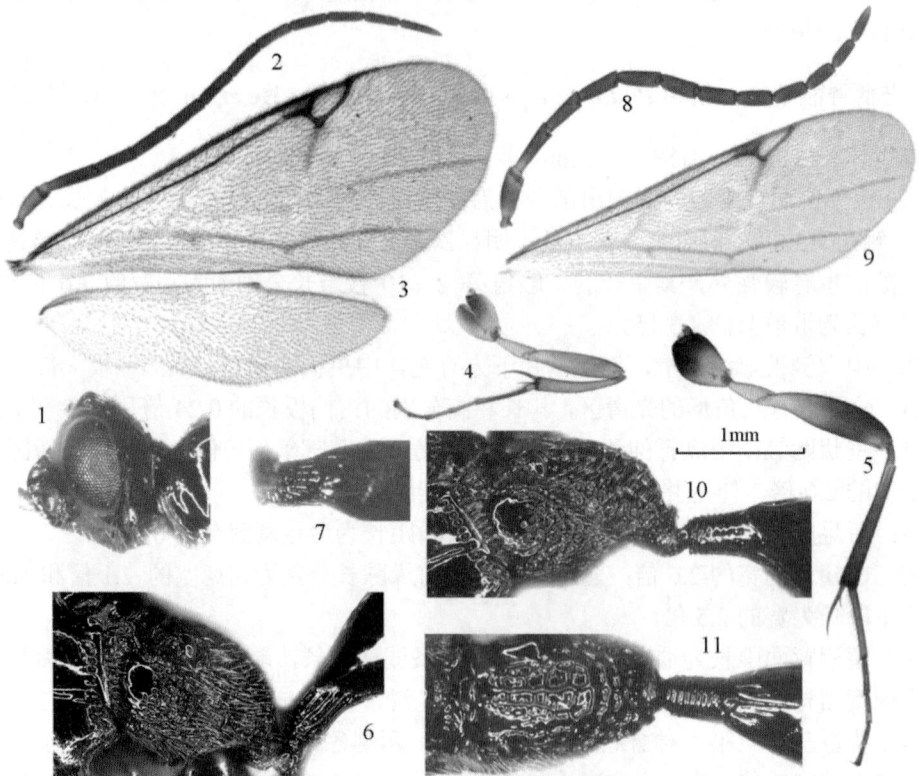

图 221　光柄脊额细蜂，新种 Phaneroserphus glabripetiolatus He et Xu, sp. nov.

1. 头部，侧面观；2, 8. 触角；3, 9. 翅；4. 中足；5. 后足；6, 10. 后胸侧板、并胸腹节和腹柄，侧面观；7. 腹柄，侧面观；11. 并胸腹节、腹柄和合背板基部，背面观 (1-7.♂；8-11，♀) [1, 6-7, 10-11. 2.0X 标尺；2-5, 8-9. 1.0X 标尺]

(164) 双脊脊额细蜂，新种 *Phaneroserphus bicarinatus* He *et* Xu, sp. nov. (图 222)

雄：体长 3.2mm；前翅长 2.9mm。

头：头部侧面观复眼向前突出部分长为复眼横径的 0.5 倍。头背观上颊长为复眼的 0.53 倍。触角窝之间中竖脊高，在触角窝上方、竖脊近中央处生有 2 条相互平行的次生脊。触角第 2、10 鞭节长分别为端宽的 3.7 倍和 4.1 倍，端节长为端前节的 1.47 倍。

胸：中胸侧板前缘毛带中断，仅中横沟上方和翅基片下方有毛。后胸侧板中央正前方有光滑区，光滑区长和高分别占侧板的 0.28 倍和 0.45 倍；其余部分具夹小室网皱。并胸腹节中纵脊仅背表面存在；背表面基部两侧具近方形的光滑区，长为并胸腹节基部至气门后缘间距的 1.5 倍。

足：后足腿节长为宽的 3.9 倍；后足胫节长距长为后足基跗节的 0.78 倍。

翅：前翅长为宽的 2.24 倍；翅痣长和径室前缘脉长分别为翅痣宽的 2.25 倍和 1.17 倍；径脉第 1 段长为宽的 2.0 倍。

腹：腹柄背面中长为端宽的 1.75 倍，基部 0.25 具 3 条横脊，端部 0.75 具 6 条纵脊；腹柄侧面背缘长为中高的 1.4 倍，基部 1/3 具网皱，端部 2/3 具 5 条纵脊。合背板中纵沟伸达合背板基部至第 1 对窗疤间距的 0.8 处，两侧各具 2 条侧纵沟，长为中纵沟的 0.6 倍。第 1 窗疤宽为长的 3.0 倍。合背板几乎无毛。

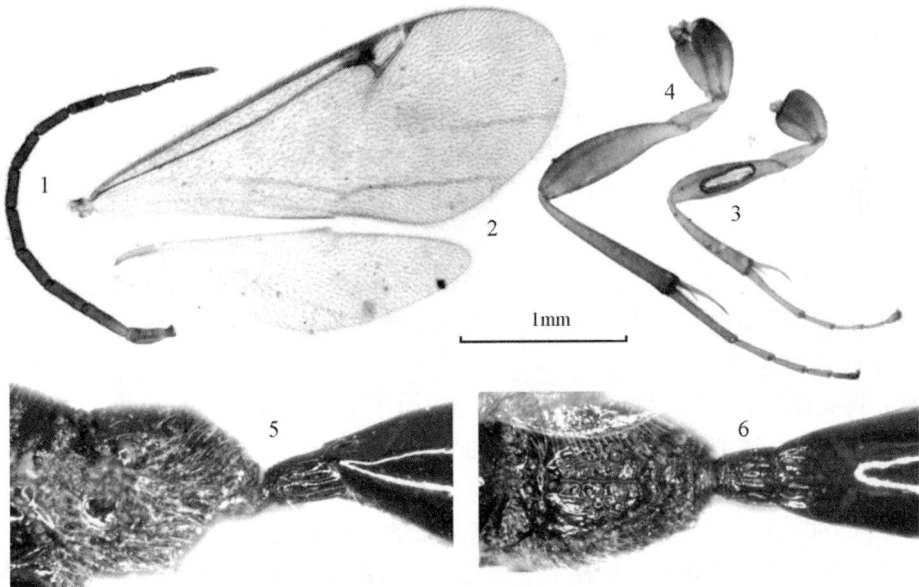

图 222　双脊脊额细蜂，新种 *Phaneroserphus bicarinatus* He *et* Xu, sp. nov.

1. 触角；2. 翅；3. 中足；4. 后足；5. 后胸侧板、并胸腹节和腹柄，侧面观；6. 并胸腹节、腹柄和合背板基部，背面观 [1-4. 1.0X 标尺；5-6. 2.0X 标尺]

体色：体黑色，前胸背板侧面下半和合背板背方多少带棕褐色。触角褐色，柄节、梗节和第 1 鞭节基部色稍浅。口器、翅基片黄色。足黄褐色；中后足基节色稍深。翅透明，翅痣和强脉淡褐色，弱脉无色。

雌：未知。

寄主：未知。

研究标本：正模♂，辽宁沈阳东陵，1994.Ⅴ-Ⅵ，娄巨贤，No.947529。

分布：辽宁。

鉴别特征：本新种在中竖脊具有次生脊这一特征与日本种冠脊额细蜂 *Phaneroserphus crstatus* Townes, 1981 相似，其不同之处主要在于：①头部侧面观复眼向前突出部分长为复眼横径的 0.5 倍 (后者 0.65 倍)；②在触角窝上方、中竖脊近中央处生有 2 条相互平行的次生脊 (后者 1 条次生脊)；③触角第 10 鞭节长为宽的 4.1 倍，为第 11 鞭节长的 0.68 倍 (后者分别为 5.4 倍和 0.85 倍)；④翅痣长和径室前缘脉长分别为翅宽的 2.25 倍和 1.17 倍 (后者分别为 2.0 倍和 1.4 倍)。

词源：种本名"双脊 bicarinatus"，系 bi (二)+ carinatus (脊)的组合词，意为模式标本触角窝之间中竖脊高，竖脊近中央处生有 2 条相互平行的次生脊。

(165) 三支脊额细蜂，新种 *Phaneroserphus triramusulcus* He et Xu, sp. nov. (图 223)

雄：体长 3.7mm；前翅长 3.1mm。

头：头部侧面观复眼向前突出部分长为复眼横径的 0.59 倍。背观上颊长为复眼的 0.46 倍。触角窝之间中竖脊中等高，侧观背缘弧形；触角窝上方竖脊的背侧面有 3 条次生纵脊，但仅上端 1 条明显。触角第 2、10 鞭节长分别约为端宽的 3.5 倍和 4.8 倍，端节长为端前节的 1.2 倍。

胸：中胸侧板前缘光滑，仅翅基片下方和中横沟下方有毛。后胸侧板具夹点网皱，前上角有光滑区，光滑区长和高分别约占侧板的 0.33 倍和 0.55 倍。并胸腹节具小室状网皱；仅背表面有细中纵脊；背表面气门内侧具光滑区，光滑区长为并胸腹节基部至气门间距的 1.5 倍。

足：后足腿节长为宽的 4.5 倍；后足胫节长距长为后足基跗节的 0.75 倍。

翅：前翅长为宽的 0.24 倍；翅痣长和径室前缘边长分别为翅痣宽的 1.8 倍和 1.4 倍；径脉第 1 段长为宽的 3.0 倍。

腹：腹柄背面中长为端宽的 1.56 倍，端部 0.4 有 6 条强纵脊，中央 0.3 具夹点网皱，基部 0.3 为横皱；腹柄侧面背缘长为中高的 1.5 倍，基部 0.4 具夹点横皱，端部 0.6 具 4 条强纵脊。合背板中纵沟伸达合背板基部至第 1 对窗疤间距的 0.85 处，两侧各具 2 条侧纵沟，其长为中纵沟的 0.8 倍。第 1 窗疤宽为长的 2.8 倍，疤距为疤宽的 0.8 倍。

体色：体黑色。触角柄节、梗节褐黄色，鞭节褐色。唇基、上颚、翅基片褐黄色。须黄色。足褐黄色。翅透明，带烟黄色，翅痣基部几乎无色；强脉淡褐色，弱脉无色。

雌：未知。

寄主：未知。

研究标本：正模♂，吉林长白山天池瀑布下，1850m，2004.Ⅷ.5，杜予州，No.20047175。

分布：吉林。

鉴别特征：见检索表。

词源：种本名 "三支 *triramusulcus*"，系 *tri* (三)+ *ramusulcus* (分支) 组合词，意为模式标本触角窝上方竖脊的背侧面有 3 条次生纵脊。

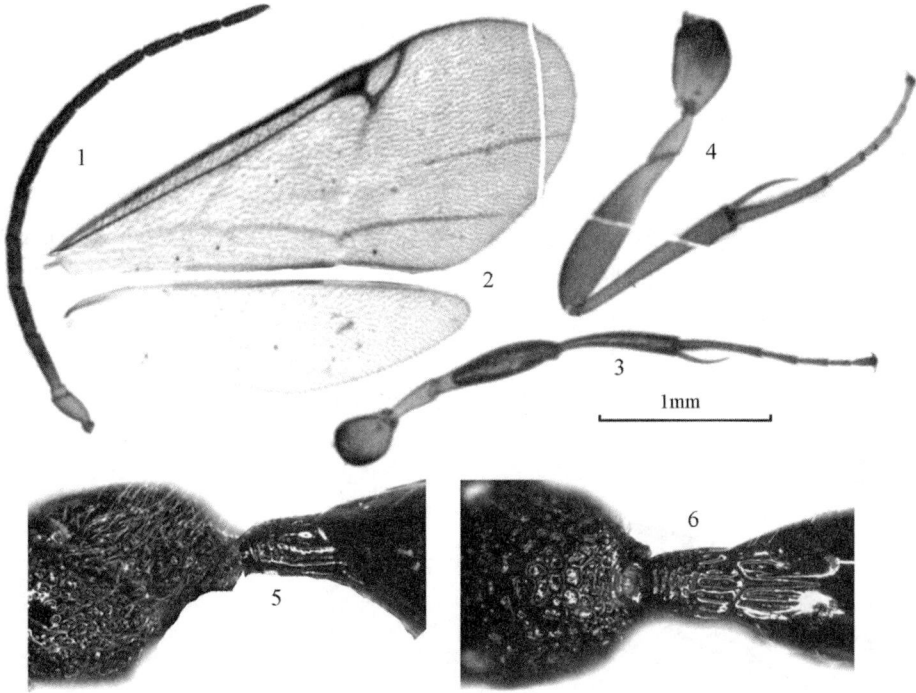

图 223　三支脊额细蜂，新种 *Phaneroserphus triramusulcus* He *et* Xu, sp. nov.
1. 触角；2. 翅；3. 中足；4. 后足；5. 后胸侧板、并胸腹节和腹柄，侧面观；6. 并胸腹节、腹柄和合背板基部，背面观
[1-4. 1.0X 标尺；5-6. 2.0X 标尺]

(166) 童氏脊额细蜂，新种 *Phaneroserphus tongi* He *et* Xu, sp. nov. (图 224)

雄：体长 3.7mm；前翅长 3.0mm。

头：头部侧面观复眼向前突出部分长为复眼横径的 0.43 倍。头背观上颊长为复眼的 0.52 倍。触角窝之间中竖脊中等高，有 1 次生脊，侧观脊缘弧形，脊侧面光滑。触角第 2、10 鞭节长分别约为端宽的 3.6 倍和 4.0 倍，端节长为端前节的 1.2 倍。

胸：中胸侧板前缘光滑，仅侧板前下方和翅基片下方有毛。后胸侧板大部分具夹点网皱，前上角有三角形光滑区，光滑区长和高均约占后胸侧板的 0.2 倍。并胸腹节满布小室状网皱；中纵脊伸至后表面中央；背表面基部两侧有三角形光滑区，刚伸达并胸腹节气门后方。

足：后足腿节长为宽的 4.6 倍；后足胫节长距长为后足基跗节的 0.74 倍。

翅：前翅长为宽的 2.24 倍；翅痣长和径室前缘脉长分别为翅痣宽的 2.0 倍和 1.5 倍；径脉第 1 段长为宽的 2.7 倍。

腹：腹柄背面中长为端宽的 1.4 倍，端半具 6 条强纵脊，基半具夹点网皱；腹柄侧

面背缘长为中高的 1.2 倍，基部 0.4 具网皱，端部 0.6 具 5 条纵脊。合背板中纵沟伸达合背板基部至第 1 对窗疤间距的 0.85 处，两侧各具 3 条侧纵沟，亚侧纵沟长为中纵沟的 0.7 倍。第 1 窗疤宽为长的 2.5 倍，疤距为疤宽的 0.5 倍。

体色：体黑色，腹端部带红棕色。触角柄节、梗节暗褐黄色，鞭节红棕色。唇基、上颚、翅基片红褐色。须端节黄色。足红褐色，后足腿节除基部外色稍深；后足基节基部黑褐色。翅透明，稍带烟黄色，翅痣浅黄色，强脉淡褐黄色，弱脉无色。

雌：未知。

寄主：未知。

研究标本：正模♂，湖南桑植天平山，2895m，1981.IX.6，童新旺，No.20044296。副模：1♂，同正模，No.20044295。

分布：湖南。

鉴别特征：见检索表。

词源：种本名"童氏 tongi"，是表示对湖南省林业科学研究所童新旺研究员夫妇赠送标本的感谢！

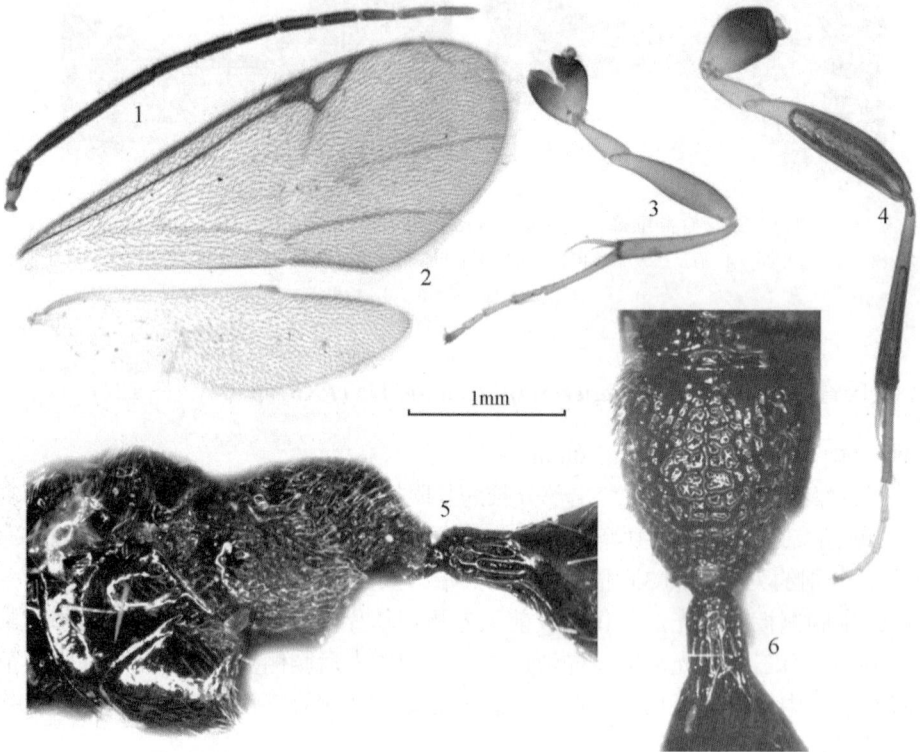

图 224　童氏脊额细蜂，新种 Phaneroserphus tongi He et Xu, sp. nov.

1. 触角；2. 翅；3. 中足；4. 后足；5. 后胸侧板、并胸腹节和腹柄，侧面观；6. 并胸腹节、腹柄和合背板基部，背面观

[1-4. 1.0X 标尺；5-6. 2.0X 标尺]

(167) 冠脊额细蜂 *Phaneroserphus cristatus* Townes, 1981 (图 225)

Phaneroserphus cristatus Townes, 1981, In: H. Townes & M. Townes, *Mem. Amer. Ent. Inst.*, 32: 197; 201.

Phaneroserphus cristatus Townes: Johnson, 1992, *Mem. Amer. Ent. Inst.*, 51: 319.

Phaneroserphus cristatus Townes: Liu, He & Xu, 2011, *Acta Zootaxonomica Sinica*, 36(2): 259.

雄：体长 3.9mm；前翅长 3.3mm。

头：头部侧面观复眼向前突出部分长为复眼横径的 0.65 倍。背观上颊长为复眼的 0.43 倍。触角窝之间中竖脊高，上端 0.25 处生有次生脊。 触角第 2、10 鞭节长分别约为端宽的 3.5 倍和 5.4 倍，端节长为端前节的 1.17 倍。

胸：中胸侧板前缘毛带中断，仅中横沟上方和翅基片下方有毛。后胸侧板前上方光滑区明显，光滑区长占后胸侧板长的 0.35 倍、高占后胸侧板该处高的 0.45 倍；其余部分具夹小室网皱。并胸腹节中纵脊伸至后表面近后端；背表面基侧方在气门内侧具倒三角形光滑区，长为并胸腹节基部至气门后缘间距的 1.5 倍。

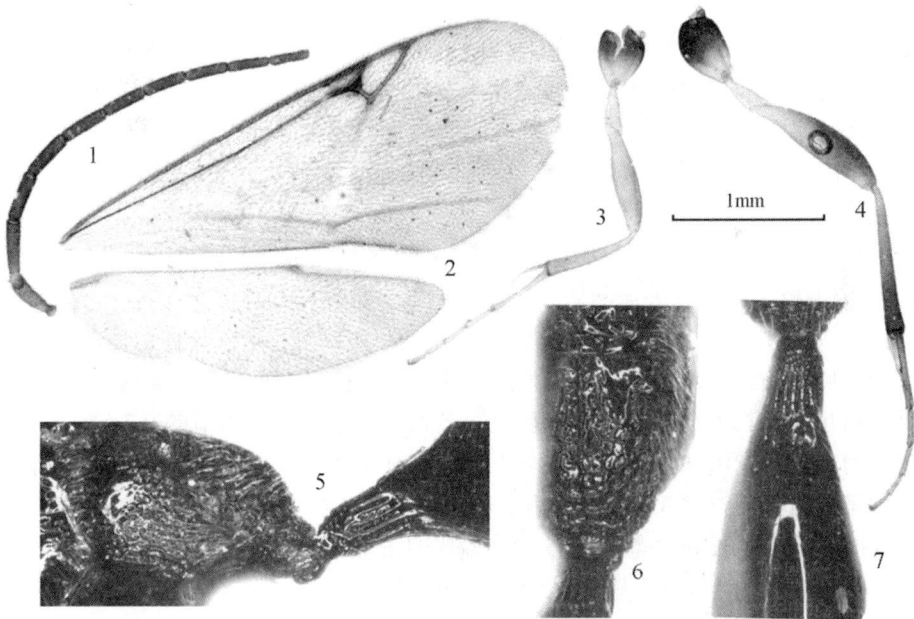

图 225　冠脊额细蜂 *Phaneroserphus cristatus* Townes
1. 触角；2. 翅；3. 中足；4. 后足；5. 后胸侧板、并胸腹节和腹柄，侧面观；6. 并胸腹节，背面观；7. 腹柄和合背板基部，背面观 (仿 Liu *et al*., 2011) [1-4. 1.0X 标尺；5-7. 2.0X 标尺]

足：后足腿节长为宽的 4.35 倍；后足胫节长距长为后足基跗节的 0.8 倍。

翅：前翅长为宽的 2.67 倍；翅痣长和径室前缘边长分别为翅痣宽的 2.0 倍和 1.4 倍；径脉第 1 段长为宽的 2.5 倍。

腹：腹柄背面中长为端宽的 1.75 倍，基部 0.3 具 3 条横脊，端部 0.7 具 8 条纵脊；

腹柄侧面背缘长为中高的 1.5 倍，具 6 条强纵脊，基部脊间具点皱。合背板中纵沟伸达合背板基部至第 1 对窗疤间距的 0.8 处，两侧各具 2 条侧纵沟，从内向外渐短且渐宽于中纵沟。第 1 窗疤宽为长的 2.5 倍。

体色：体黑色。触角柄节、梗节和第 1 鞭节基部黄褐色，其余鞭节褐色。口器、翅基片黄色。基片黄色。足黄褐色；前中足跗节、中足胫节色稍浅；中后足基节基部和后足腿节端部 0.7 和胫节端半、跗节多少带褐色。翅透明，翅痣和强脉淡褐色，弱脉无色。

雌：未知。

寄主：未知。

研究标本：1♂，河南栾川龙峪湾，1996.Ⅶ.11-12，蔡平，No.972573。

分布：河南；日本。

鉴别特征：我国标本与冠脊额细蜂 *Phaneroserphus cristatus* Townes, 1981 的图，在以下两点稍有不同：①并胸腹节后表面中央有中纵脊 (后者图中无)；②腹柄较长，基部 0.3 具 3 条横脊，端部 0.7 具 8 条纵脊 (后者图中腹柄较短，基半具更多条横脊，端半具 6 条纵脊)。

(168) 甘川脊额细蜂，新种 *Phaneroserphus ganchuanensis* He *et* Xu, sp. nov. (图 226)

雄：体长 3.3mm；前翅长 3.0mm。

头：头部侧面观复眼向前突出部分长为复眼横径的 0.45 倍。背观上颊长为复眼的 0.64 倍；触角窝之间中竖脊中等高，侧观竖脊弧形，侧面除前方有 1 条次生脊外光滑。触角第 2、10 鞭节长分别约为端宽的 3.6 倍和 4.2 倍，端节长为端前节的 1.3 倍；各鞭节有小水泡状角下瘤。

胸：中胸侧板前缘光滑，仅中横沟上方和翅基片下方有毛；中央无毛区长为翅痣的 1.6 倍。后胸侧板大部分具夹点网皱和夹小室网皱；前方有近圆形光滑区，光滑区长和高分别约占侧板的 0.4 倍和 0.8 倍。并胸腹节满布夹小室网皱；中纵脊伸达后表面中央；背表面基部外侧具长三角形光滑区，长为并胸腹节基部至气门间距的 1.4 倍。

足：后足腿节长为宽的 4.3 倍；后足胫节长距长为后足基跗节的 0.7 倍。

翅：前翅长为宽的 2.16 倍；翅痣长和径室前缘脉长分别为翅痣宽的 2.0 倍和 1.3 倍；径脉第 1 段长为宽的 3.0 倍，与第 2 段相接处有脉桩。

腹：腹柄背面中长为端宽的 1.35 倍；端半具 6 条强纵脊，基半具 4-5 条横皱；腹柄侧面背缘长为中高的 1.2 倍，基部 0.2 具夹点网皱，其后 0.8 具 4 条强纵脊。合背板中纵沟伸达合背板基部至第 1 对窗疤间距的 0.9 处，两侧各具 2 条侧纵沟，其长分别为中纵沟的 0.6 倍和 0.15 倍；第 1 窗疤宽为长的 2.5 倍，疤距为疤宽的 0.5 倍。

体色：体黑色。触角柄节、梗节和第 1 鞭节基部褐黄色，其余鞭节黑褐色。唇基、翅基片、抱器褐黄色。须黄色。足褐黄色；前中足腿节除两端、中后足基节除端部、后足胫节背方和跗节多少带褐色。翅透明，带烟黄色，翅痣和强脉褐色，弱脉无色。

变异：体长 3.3-3.5mm；前翅长 3.0-3.2mm。背观上颊长为复眼的 0.5-0.7 倍。触角第 10 鞭节长为端宽的 4.9-5.3 倍，端节长为端前节的 1.2 倍。后胸侧板前上方光滑区长和高分别占侧板的 0.25-0.35 倍和 0.6-0.7 倍。后足腿节长为宽的 4.4-5.0 倍；后足胫节长距长为后足基跗节的 0.75-0.82 倍。前翅长为宽的 2.20-2.37 倍；径室前缘脉长为翅宽的 1.14-1.56 倍；径脉第 1 段长为宽的 1.6-2.5 倍。腹柄背面观中长为端宽的 1.4-1.6 倍，基半具 4-6 条横脊，端半具 4-6 条纵脊；侧面端部具纵脊 4-6 条。合背板中纵沟伸达第 1 对窗疤间距的 0.65-0.80 处，亚侧纵沟长为中纵沟的 0.5 倍 (右) 和 0.6 倍 (左)。第 1 窗疤宽为长的 4.0 倍，疤距为疤宽的 0.25-0.40 倍。触角黑褐色。后足腿节除基部、胫节和跗节黑色。

雌：未知。

寄主：未知。

研究标本：正模♀，甘肃文县离楼山，1809m，2004.Ⅶ.29，陈学新，No.20046944；副模：4♂，同正模，Nos.20046951-54; 1♂，四川王朗自然保护区，2006.Ⅶ.26，高智磊，No.200611240；1♂，四川天全喇叭河，2006.Ⅶ.15，张红英，No.200610691。

分布：甘肃、四川。

词源：种本名"甘川 ganchuanensis"，意为模式标本产地在甘肃和四川两省交界地区。

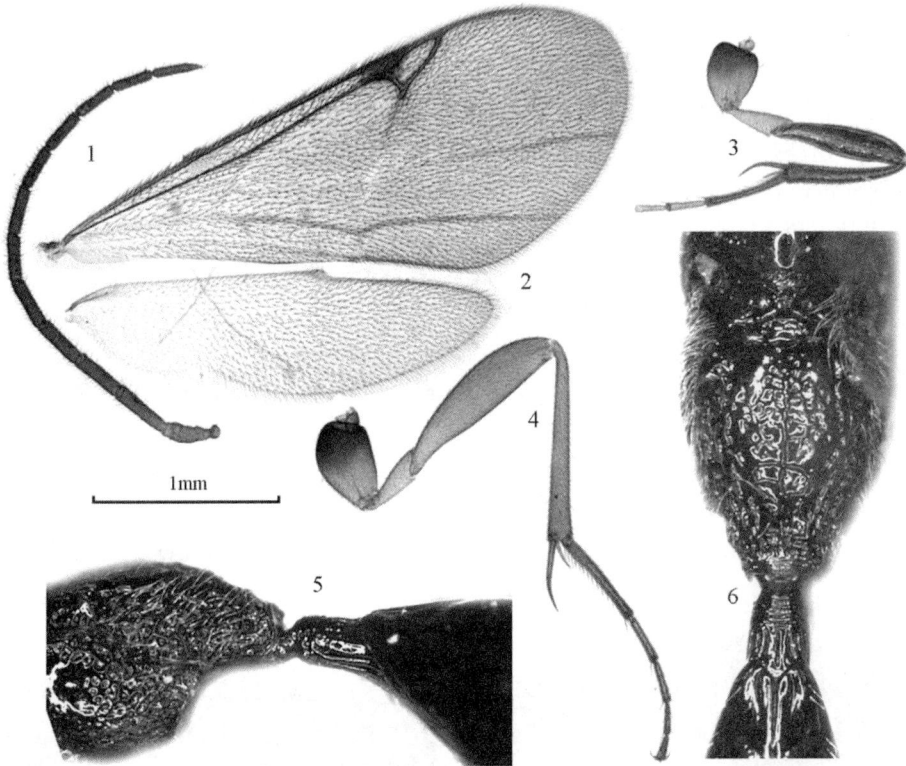

图 226　甘川脊额细蜂，新种 *Phaneroserphus ganchuanensis* He *et* Xu, sp. nov.

1. 触角；2. 翅；3. 中足；4. 后足；5. 后胸侧板、并胸腹节和腹柄，侧面观；6. 并胸腹节、腹柄和合背板基部，背面观

[1-4. 1.0X 标尺；5-6. 2.0X 标尺]

(169) 竖脊脊额细蜂，新种 *Phaneroserphus carinatus* He et Xu, sp. nov. (图 227)

雄：体长 3.6mm；前翅长 3.1mm。

头：头部侧面观复眼向前突出部分长为复眼横径的 0.73 倍。头背观上颊长为复眼的 0.52 倍。触角窝之间中竖脊高，背缘有角度，顶端有次生脊，上端及下端均有一些细网皱，侧观中竖脊侧方有 2-3 条与背缘平行的细脊。 触角第 2、10 鞭节长分别约为端宽的 4.5 倍和 5.6 倍，端节长为端前节的 1.1 倍。

胸：中胸侧板光滑，仅翅基片下方有毛。后胸侧板前缘光滑区长和高分别约占侧板的 0.4 倍和 0.9 倍；其余大部分具夹点网皱。并胸腹节具网皱；背表面无中纵脊，基部气门内侧具光滑区，刚伸到并胸腹节气门后缘，光滑区内有 3 条弱纵凹痕。

足：后足腿节长为宽的 4.3 倍；后足胫节长距长为后足基跗节的 0.8 倍。

翅：前翅长为宽的 2.5 倍；翅痣长和径室前缘脉长分别为翅痣宽的 1.5 倍和 1.5 倍；径脉第 1 段内斜，长为宽的 2.0 倍。

腹：腹柄背面中长为端宽的 1.9 倍，向基部稍收窄，除端部 0.2 光滑有弱纵凹痕外，整个具夹点网皱；腹柄侧面背缘长为中高的 1.8 倍，具 5 条斜纵脊，但基部约 0.4 夹有点皱。合背板中纵沟伸达合背板基部至第 1 对窗疤间距的 0.55 处，两侧各具 3 条侧纵沟，其长为中纵沟的 0.6 倍。第 1 窗疤宽为长的 2.5 倍，疤距为疤宽的 0.8 倍。

体色：体黑色，腹端部红棕色。触角柄节褐黄色，梗节黄褐色，鞭节黑褐色。上唇、上颚、须、翅基片黄色。前中足黄褐色，基节褐黄色；后足基节 (基部黑褐色)、腿节红褐色 (基部黄色)，转节黄色，胫节、跗节具浅褐色。翅透明，带烟黄色，翅痣和强脉淡褐色，弱脉无色。

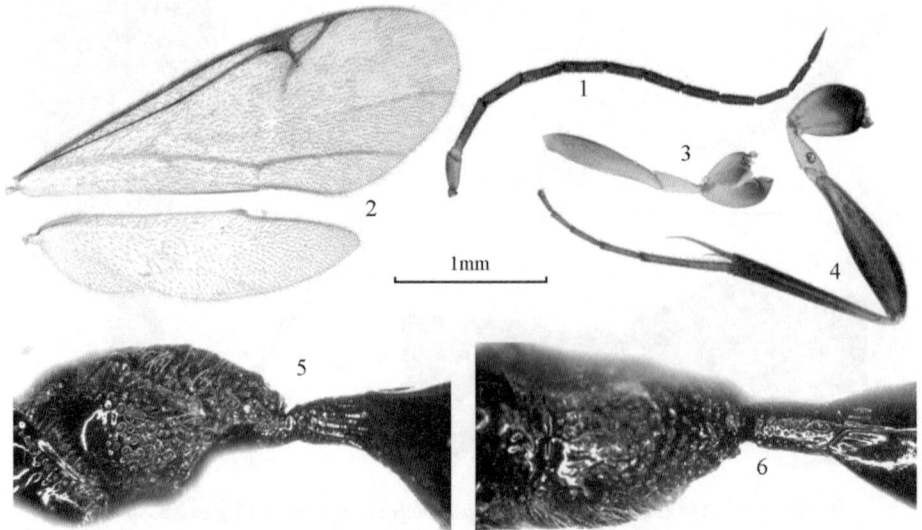

图 227 竖脊脊额细蜂，新种 *Phaneroserphus carinatus* He et Xu, sp. nov.
1. 触角；2. 翅；3. 中足；4. 后足；5. 后胸侧板、并胸腹节和腹柄，侧面观；6. 并胸腹节、腹柄和合背板基部，背面观
[1-4. 1.0X 标尺；5-6. 2.0X 标尺]

雌：未知。

寄主：未知。

研究标本：正模♂，广东乳源南岭，2003.Ⅶ.23，许再福，No.20047718。

分布：广东。

鉴别特征：本新种特征在于：①触角窝之间中竖脊高，背缘有角度，顶端有次生脊，上端及下端均有一些细网皱，侧观中竖脊侧方有 2-3 条与背缘平行的细脊；②并胸腹节无中纵脊。

词源：种本名"竖脊 carinatus (脊)"，意为触角窝之间中竖脊高且背缘有角度和并胸腹节无中纵脊之特征。

(170) 马氏脊额细蜂，新种 *Phaneroserphus maae* He et Xu, sp. nov. (图 228)

雄：体长 3.6mm；前翅长 3.4mm。

头：头部侧面观复眼向前突出部分长为复眼横径的 0.60 倍。头背观上颊长为复眼的 0.46 倍。触角窝之间中竖脊高，背缘有角度，顶端有 1 弱次生脊，上端及下端均有一些细网皱，侧观中竖脊侧方有 3-4 条与背缘平行的细皱。触角第 2、10 鞭节长分别为端宽的 3.7 倍和 5.0 倍，端节长为端前节的 1.17 倍；第 8、9、10 鞭节腹方有 1 纵列由约 10 个圆形小突起组成的角下瘤，占该节的 0.1-0.7。

胸：中胸侧板光滑，翅基片下方、镜面区上方及侧板腹方有稀毛；前缘中央横沟上方和后下角具弱皱。后胸侧板大部分具小室状网皱，前缘光滑区小，长和高分别约占后胸侧板的 0.1 倍和 0.25 倍。并胸腹节具网皱；中纵脊伸至后表面中央；背表面基部气门内侧具小光滑区，其长刚达并胸腹节基部至气门中央，光滑区后方有 3-4 条夹室纵刻条。

足：后足腿节长为宽的 4.58 倍；后足胫节长距长为后足基跗节的 0.7 倍。

翅：前翅长为宽的 2.16 倍；翅痣长和径室前缘脉长分别为翅痣宽的 1.6 倍和 1.2 倍；径脉第 1 段内斜，长为宽的 2.0 倍。

腹：腹柄背面中长为端宽的 1.25 倍，向基部稍收窄，除端部 0.2 光滑有弱纵凹痕外，基部 0.8 具夹点横皱；腹柄侧面背缘长为中高的 1.0 倍，基部 0.2 具背方夹有点皱的弱横脊 3 条，其后 0.8 具强纵脊 4 条。合背板中纵沟伸达合背板基部至第 1 对窗疤间距的 0.55 处，两侧各具 3 条侧纵沟，亚侧纵沟长为中纵沟的 0.8 倍。第 1 窗疤宽为长的 3.5 倍，疤距为疤宽的 0.7 倍。

体色：体黑色。触角柄节、梗节黄褐色，鞭节黑褐色。须黄色。上唇、上颚、翅基片及抱器端部浅黄褐色。足黄褐色，中后足基节基部、后足腿节背方和胫节端部、各足端跗节浅黑褐色。翅透明，翅痣和强脉淡褐色。

雌：未知。

寄主：未知。

研究标本：正模♂，吉林长白山二道白河电站，2004.Ⅷ.2，马云，No.20047151。

分布：吉林。

鉴别特征：见检索表。

词源：种本名"马氏 maae"，意为对模式标本采集人浙江大学马云副教授的谢意。

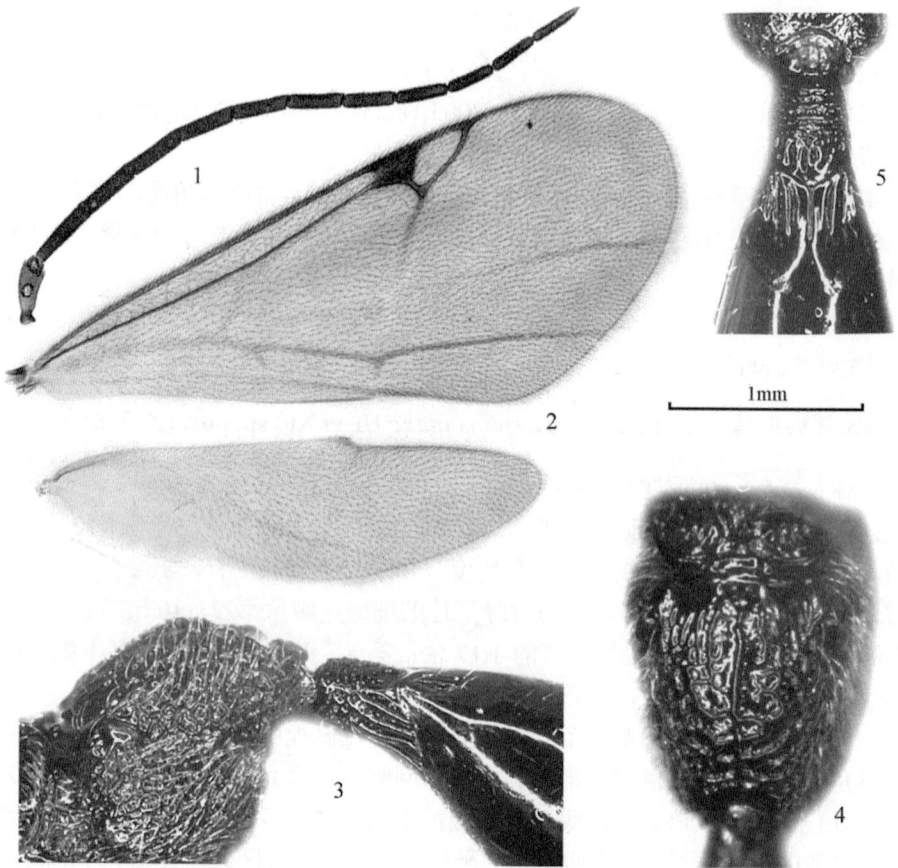

图 228　马氏脊额细蜂，新种 *Phaneroserphus maae* He *et* Xu, sp. nov.

1. 触角；2. 翅；3. 后胸侧板、并胸腹节和腹柄，侧面观；4. 并胸腹节，背面观；5. 腹柄和合背板基部，背面观
[1-2. 1.0X 标尺；3-5. 2.0X 标尺]

(171) 光脊脊额细蜂，新种 *Phaneroserphus glabricarinatus* He *et* Xu, sp. nov. (图 229)

雄：体长 3.9mm；前翅长 3.4mm。

头：头部侧面观复眼向前突出部分长为复眼横径的 0.52 倍。背观上颊长为复眼的 0.5 倍。触角窝之间中竖脊中等高，有 1 次生脊，侧观背缘弧形，竖脊侧面光滑。触角第 2、10 鞭节长分别为端宽的 3.8 倍和 4.5 倍，端节长为端前节的 1.2 倍。

胸：中胸侧板前缘光滑，仅翅基片下方有毛；中央横沟完整。后胸侧板大部分具夹点网皱；前缘近中央有三角形光滑区，光滑区长和高分别约占侧板的 0.35 倍和 0.9 倍。并胸腹节具夹室大网皱；背表面有细中纵脊，基部两侧具长形光滑区，长为中宽的 2 倍，伸达并胸腹节基部至气门间距的 2 倍。

足：后足腿节长为宽的 4.35 倍；后足胫节长距长为后足基跗节的 0.68 倍。

翅：前翅长为宽的 2.28 倍；翅痣长和径室前缘脉长分别为翅痣宽的 1.57 倍和 1.43 倍；径脉第 1 段长为宽的 2.7 倍。

腹：腹柄背面观中长为端宽的 1.6 倍，端部具 6 条纵脊，基半脊间具点皱；腹柄侧面背缘长为中高的 1.6 倍，基部 0.3 具夹点弱横脊 3 条，端部 0.7 具强纵脊 5 条。合背板中纵沟伸达合背板基部至第 1 对窗疤间距的 0.95 处，两侧各具 2 条侧纵沟，其长为中纵沟的 0.6 倍；第 1 窗疤宽为长的 2.8 倍，疤距为疤宽的 0.5 倍。

体色：体黑色。触角柄节、梗节褐黄色，鞭节黑褐色。唇基、上颚、翅基片、腹端部、抱器褐黄色。须黄色。足黄褐色；前中足腿节除两端浅褐色；后足基节除端部、腿节除两端、胫节除基部和跗节黑褐色。翅透明，带烟黄色，翅痣和强脉淡褐色，弱脉无色。

雌：未知。

寄主：未知。

研究标本：正模♂，云南绿春分水岭，2003.Ⅶ.25，许再福、李景廷，No.20045212。副模：1♂，同正模, No. 20045651。

分布：云南。

鉴别特征：见检索表。

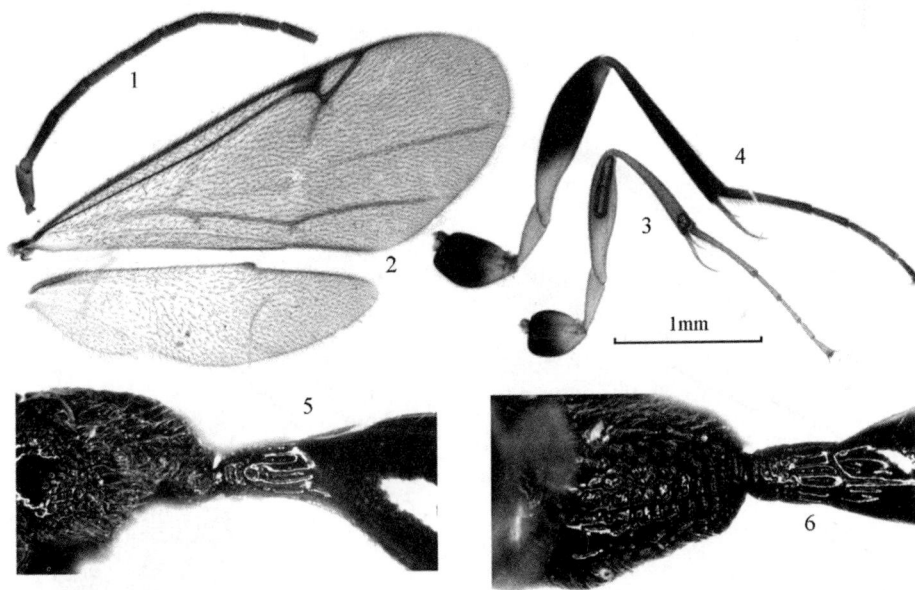

图 229　光脊脊额细蜂，新种 *Phaneroserphus glabricarinatus* He *et* Xu, sp. nov.

1. 触角；2. 翅；3. 中足；4. 后足；5. 后胸侧板、并胸腹节和腹柄，侧面观；6. 并胸腹节、腹柄和合背板基部，背面观

[1-4. 1.0X 标尺；5-6. 2.0X 标尺]

词源：种本名"光脊 *glabricarinatus*"，是 *glabri* (光滑) + *carinatus* (脊) 组合词，意为触角窝之间中竖脊侧面光滑无细脊。

(172) 黑胫脊额细蜂 *Phaneroserphus nigritibialis* Liu, He *et* Xu, 2011 (图 230)

Phaneroserphus nigritibialis Liu, He *et* Xu, 2011, *Acta Zootax. Sinica*, 36 (2): 260.

雄：体长 3.3mm；前翅长 2.7mm。

头：头部侧面观复眼向前突出部分长为复眼横径的 0.6 倍。头背观上颊长为复眼的 0.6 倍。触角窝之间中竖脊高，背缘弧形无角度，在触角窝上方有 1 条分叉的次生脊，侧观中竖脊侧方有 2 条与背缘平行的弱脊。触角第 2、10 鞭节长分别为端宽的 3.3 倍和 5.1 倍，端节长为端前节的 1.2 倍。

胸：中胸侧板光滑，仅翅基片下方、镜面区上方和侧板下方 (中央横沟下方) 有毛。后胸侧板前缘光滑区长和高分别约占侧板的 0.28 倍和 0.5 倍，其余具夹点网皱。并胸腹节具小室状网皱；中纵脊伸达后表面中央；背表面基部气门内侧具光滑区，长为并胸腹节基部至气门后缘间距的 1.0 处，光滑区后方有 1 列纵脊。

足：后足腿节长为宽的 4.3 倍；后足胫节长距长为后足基跗节的 0.7 倍。

翅：前翅长为宽的 2.2 倍；翅痣长和径室前缘脉长分别为翅痣宽的 1.5 倍和 1.55 倍；径脉第 1 段内斜，长为宽的 2.0 倍。

腹：腹柄背面中长为端宽的 1.5 倍，基半具夹点网皱，端半有 5 条纵脊；腹柄侧面背缘长为中高的 1.2 倍，具 5 条强纵脊，其基部 0.2 有 2 条夹有网皱的横脊。合背板中纵沟伸达合背板基部至第 1 对窗疤间距的 0.95 处，两侧各具 2 条侧纵沟，其长为中纵沟的 0.4 倍；第 1 窗疤宽为长的 3.2 倍，疤距为疤宽的 0.6 倍。

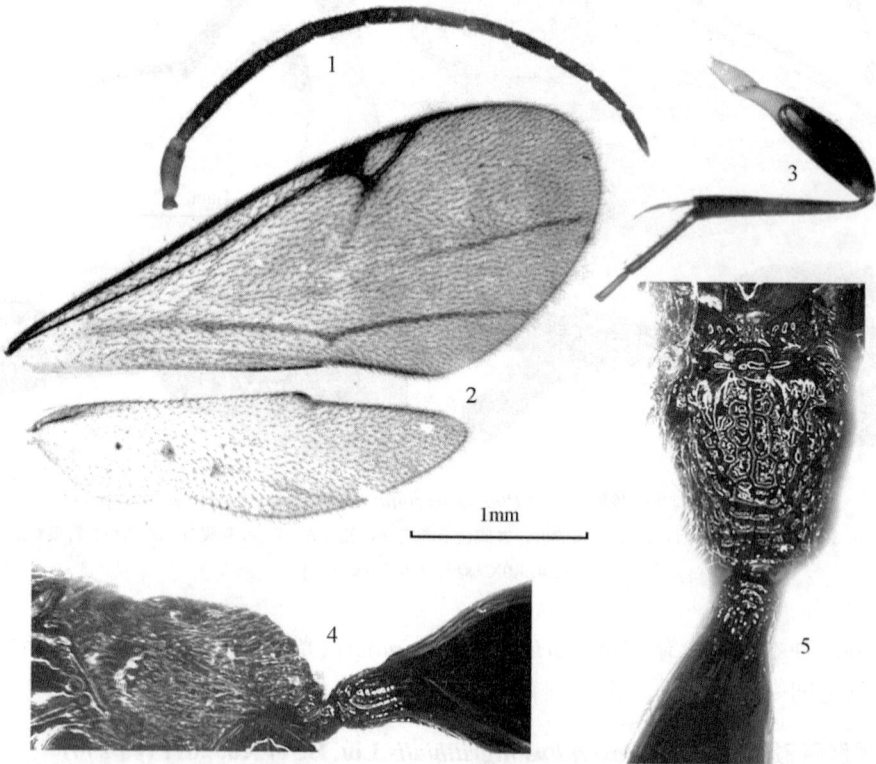

图 230　黑胫脊额细蜂 *Phaneroserphus nigritibialis* Liu, He *et* Xu
1. 触角；2. 翅；3. 后足；4. 后胸侧板、并胸腹节和腹柄，侧面观；5. 并胸腹节、腹柄和合背板基部，背面观 (仿 Liu *et al.*, 2011) [1-2. 1.0X 标尺；3. 0.8X 标尺；4-5. 2.0X 标尺]

体色：体黑色。触角柄节、梗节红褐色，鞭节黑褐色。上唇、上颚端部红褐色。翅基片黄褐色。前中足黄褐色，基节除端部黑褐色；后足基节 (除端部黑褐色)、腿节除基部 0.3、胫节和基跗节黑色，第 2-5 跗节褐色，其余黄褐色。翅透明，带烟黄色，翅痣和强脉浅黑褐色，弱脉黄色。

雌：未知。

寄主：未知。

研究标本：1♂，贵州道真大沙河，2004.Ⅷ.20，魏书军，No.20047392 (正模)。

分布：贵州。

鉴别特征：见检索表。

词源：种本名"黑胫 nigritibialis"，系 nigri (黑) + tibialis (胫节) 组合词，意为本种后足胫节黑色。

(173) 三沟脊额细蜂，新种 *Phaneroserphus trisulcus* He et Xu, sp. nov. (图 231)

雄：体长 4.6mm；前翅长 3.8mm。

头：头部侧面观额突出部分长为复眼横径的 0.37 倍。头背观上颊长为复眼的 0.6 倍。触角窝之间中竖脊高，有次生脊。触角第 2、10 鞭节长分别为端宽的 3.0 倍和 2.8 倍，端节断；鞭节无明显角下瘤。

胸：中胸侧板前缘在中横沟上方和翅基片下方有毛，中央无毛区长为翅痣的 1.8 倍。后胸侧板前上方有被中沟分隔的近三角形的光滑区，其长和高分别占侧板的 0.4 倍和 0.6 倍，其余部分具稀网皱。并胸腹节中纵脊伸达后表面前端；背表面后半具稀网皱，前半为光滑区，伸达并胸腹节基部至气门间距的 1.2 倍处；后表面后半近于光滑，前半和外侧区具稀网皱。

足：后足腿节长为宽的 4.4 倍；后足胫节长距长为后足基跗节的 0.77 倍。

翅：前翅长为宽的 2.17 倍；翅痣长和径室前缘脉长分别为翅痣宽的 2.0 倍和 0.72 倍；径脉第 1 段从翅痣中央伸出，长为宽的 1.0 倍；径脉第 2 段直，下端稍弯曲，与第 1 段相接处不膨大。

腹：腹柄背面中长为端宽的 1.3 倍，具 3 条扭曲纵脊；侧观背缘长为中高的 1.1 倍，基部具 1 条横脊，其后具 4 条宽而强的纵脊。合背板中纵沟伸达合背板基部至第 1 对窗疤间距的 0.9 处，两侧各具 1 条强侧纵沟，侧纵沟长为中纵沟的 0.6 倍。第 1 窗疤宽为长的 2.8 倍，疤距为疤宽的 0.6 倍。合背板下方无毛。抱器长为基宽的 2.6 倍。

体色：体黑色。触角黑色，柄节下方和梗节红棕色。口器黄色。翅基片红褐色。足红褐色；基节、转节和腿节除端部黑色。翅透明，翅痣和强脉淡褐色，弱脉无色。

雌：未知。

寄主：未知。

研究标本：正模♂，四川天全喇叭河，2006.Ⅶ.15，张红英，No.200610685。

分布：四川。

鉴别特征：见检索表。

词源：种本名"三沟 trisulcus"，系 tri (三) + sulcus (沟) 组合词，意为合背板基部有

中纵沟和侧纵沟 (各 1 条) 共 3 条。

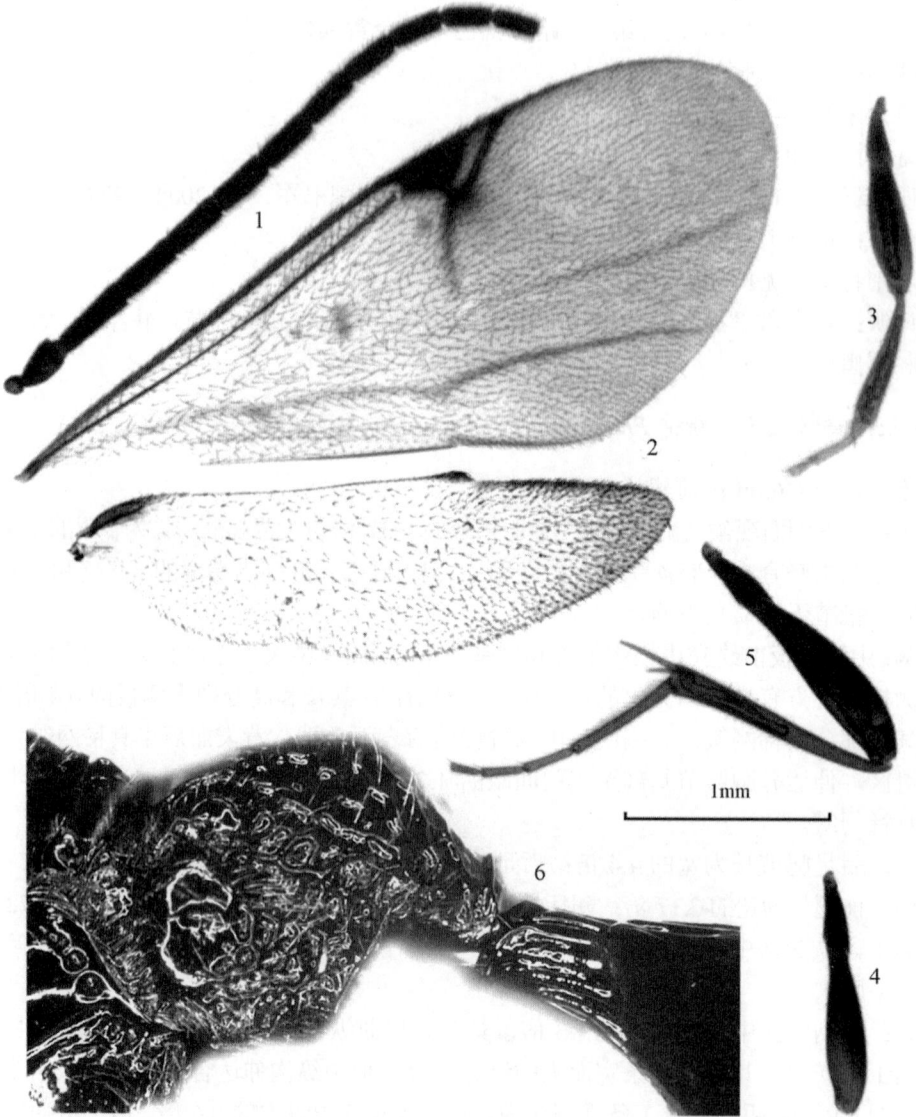

图 231 三沟脊额细蜂，新种 *Phaneroserphus trisulcus* He *et* Xu, sp. nov.

1. 触角；2. 翅；3. 前足；4. 中足；5. 后足；6. 后胸侧板、并胸腹节和腹柄，侧面观 [1-2. 1.0X 标尺；3-5. 0.8X 标尺；6. 2.0X 标尺]

(174) 皱额脊额细蜂，新种 *Phaneroserphus rugosifrons* He *et* Xu, sp. nov. (图 232)

雄：体长 3.6mm；前翅长 3.5mm。

头：头部侧面观复眼向前突出部分长为复眼横径的 0.63 倍。头背观上颊长为复眼的 0.56 倍；触角窝之间中竖脊中等高，无次生脊，但背端额部有些细刻皱。触角第 2、10

鞭节长分别为端宽的 4.1 倍和 4.5 倍，端节长为端前节的 1.15 倍。

胸：中胸侧板前缘毛带中断长，仅中横沟上方和翅基片下方有毛。后胸侧板在前方光滑区长和高分别约占后胸侧板的 0.28 倍和 0.9 倍；其余大部分具夹小室网皱。并胸腹节具网皱；仅背表面有细中纵脊，近气门内侧有长形光滑区，长为并胸腹节气门基部至气门间距的 1.6 倍。

足：后足腿节长为宽的 4.9 倍；后足胫节长距长为后足基跗节的 0.8 倍。

翅：前翅长为宽的 2.44 倍；翅痣长和径室前缘脉长分别为翅痣宽的 1.5 倍和 2.0 倍；径脉第 1 段内斜，长为宽的 3.0 倍。

腹：腹柄背面中长为端宽的 2.2 倍，向基部收窄；端部 1/3 具 8 条纵刻条，基部 2/3 具夹点横网皱；腹柄侧面背缘长为中高的 2.0 倍，基部 0.4 具夹网弱横皱，端部 0.6 具 4 条强纵脊。合背板中纵沟伸达合背板基部至第 1 对窗疤间距的 0.85 处，两侧各具 2 条侧纵沟，其长为中纵沟的 0.5 倍；第 1 窗疤宽为长的 2.5 倍，疤距为疤宽的 0.6 倍。

体色：体黑色。触角柄节、梗节和翅基片褐黄色。口器黄色。足黄褐色至褐黄色；前足基节浅黄褐色，后足基节基部黑色、后足胫节端部和跗节浅褐色。翅透明，带烟褐色，翅痣和强脉褐色，弱脉无色。

变异：前翅长 2.9mm；触角端节长为亚端节的 1.2 倍；后胸侧板光滑区长占后胸侧板的 0.34 倍。

雌：未知。

寄主：未知。

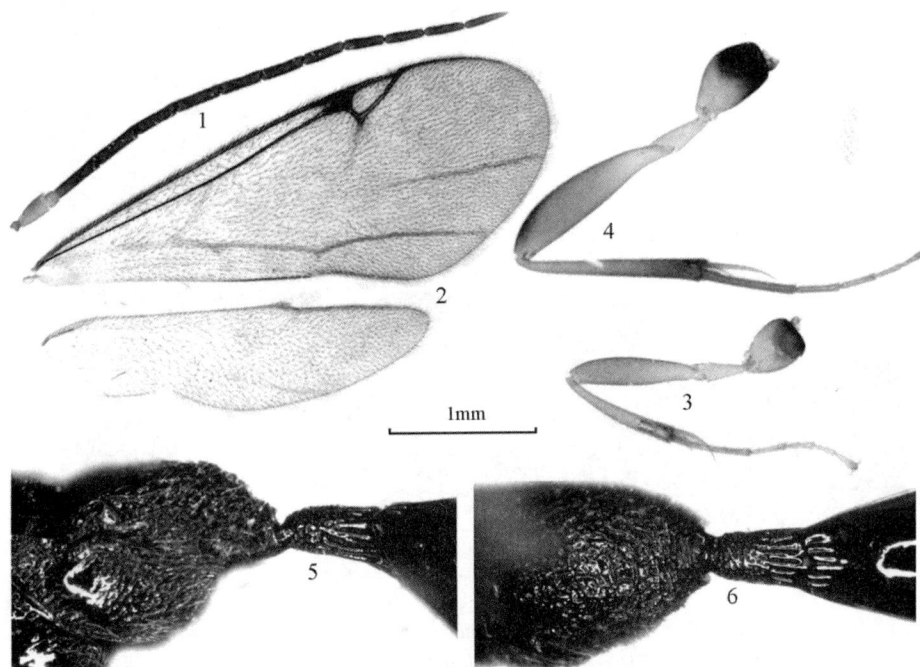

图 232　皱额脊额细蜂，新种 *Phaneroserphus rugosifrons* He *et* Xu, sp. nov.

1. 触角；2. 翅；3. 中足；4. 后足；5. 后胸侧板、并胸腹节和腹柄，侧面观；6. 并胸腹节、腹柄和合背板基部，背面观

[1-4. 1.0X 标尺；5-6. 2.0X 标尺]

研究标本：正模♂，贵州道真大沙河保护区，644m，2004.VIII.25，魏书军，No.20047415。
副模：2♂，同正模，Nos.20047431，20047494。

分布：贵州。

鉴别特征：本新种特征在于竖脊上端额部有一些细刻皱，可与该属已知种区别。

词源：种本名"皱额 *rugosifrons*"，系 *rugosi* (皱) + *frons* (额) 组合词，意为触角窝
之间中竖脊中等高，无次生脊，但背端额部有些细刻皱。

(175) 卜氏脊额细蜂 *Phaneroserphus bui* Liu, He *et* Xu, 2011 (图 233)

Phaneroserphus bui Liu, He *et* Xu, 2011, *Acta Zootax. Sinica*, 36 (2): 258.

雄：体长 3.4mm；前翅长 2.8mm。

头：头部侧面观额突出部分长为复眼横径的 0.46 倍。背观上颊长为复眼的 0.52 倍。
触角窝之间中竖脊中等高，无次生脊。触角第 2、10 鞭节长分别约为端宽的 3.4 倍和 4.4
倍，端节长为端前节的 1.26 倍；各鞭节有小水泡状聚成的条形角下瘤。

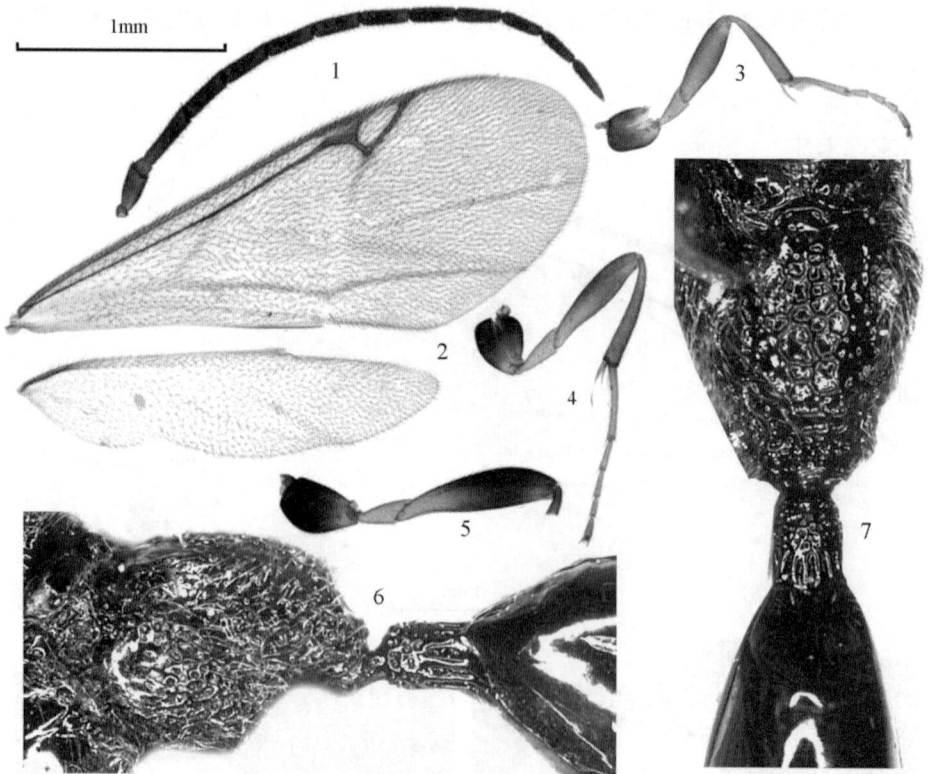

图 233 卜氏脊额细蜂 *Phaneroserphus bui* Liu, He *et* Xu
1. 触角；2. 翅；3. 前足；4. 中足；5. 后足；6. 后胸侧板、并胸腹节和腹柄，侧面观；7. 并胸腹节、腹柄和合背板基部，
背面观 (仿 Liu *et al.*, 2011) [1-5. 1.0X 标尺；6-7. 2.0X 标尺]

胸：前胸背板侧面光滑，沿前缘有并列平行细刻条。中胸侧板前缘在中横沟上方和翅基片下方有毛，中央无毛区长为翅痣的 1.2 倍。后胸侧板前上方有近三角形的光滑区，其长和高分别占侧板的 0.33 倍和 0.5 倍，其余部分具夹点网皱。并胸腹节中纵脊伸达后表面基部；背表面大部分具网皱，光滑区长仅达并胸腹节基部至气门间距的 1.0 倍；后表面和外侧区具网皱。

足：后足腿节长为宽的 4.4 倍；后足胫节长距弯曲，长为后足基跗节的 0.64 倍。

翅：前翅长为宽的 2.3 倍；翅痣长和径室前缘脉长分别为翅痣宽的 2.0 倍和 1.2 倍；径脉第 1 段从翅痣中央伸出，长为宽的 2.5 倍；径脉第 2 段近于直，与第 1 段相接处稍膨大。

腹：腹柄背面观中长为端宽的 1.3 倍，基半具夹点网皱，端半具 6 条纵脊；侧面背缘长为中高的 1.1 倍，基半具网皱，其下方有 3 条弱横脊，后半具 4 条纵脊。合背板中纵沟伸达合背板基部至第 1 对窗疤间距的 0.85 处，两侧各具 1 条强侧纵沟，侧纵沟长为中纵沟的 0.4 倍。第 1 窗疤宽为长的 2.5 倍，疤距为疤宽的 0.5 倍。合背板下方无毛。抱器长为基宽的 3.5 倍。

体色：体黑色，腹端部带棕色。触角黑褐色，柄节、梗节褐黄色。口器黄色。翅基片褐黄色。足褐黄色；基节黑褐色；腿节除基部和胫节端半浅褐色，但后足的色深呈黑褐色。翅透明，翅痣和强脉暗褐黄色，弱脉浅黄褐色。

雌：未知。

寄主：未知。

研究标本：1♂，湖北五峰后河保护区，1999.Ⅶ.11，卜文俊，No.200104512 (正模)。

分布：湖北。

鉴别特征：见检索表。

词源：种本名"卜氏 bui"，表示对采集人南开大学卜文俊教授赠予模式标本的感谢！

(176) 弱突脊额细蜂，新种 *Phaneroserphus exilexsertus* He *et* Xu, sp. nov. (图 234)

雄：体长 2.9mm；前翅长 2.7mm。

头：头部侧面观额突出部分较弱，长为复眼横径的 0.4 倍。背观上颊长为复眼的 0.82 倍。触角窝之间中竖脊中等高，无次生脊。触角第 2、10 鞭节长分别约为端宽的 3.4 倍和 4.5 倍，端节长为端前节的 1.18 倍；各鞭节有小水泡状聚成的条形角下瘤。

胸：前胸背板侧面光滑，仅沿前缘下方有细刻条。中胸侧板前缘在中横沟上方和翅基片下方有毛，中央无毛区长为翅痣的 1.8 倍。后胸侧板具夹点横网皱，前上方有近三角形的光滑区，其长和高分别占侧板的 0.28 倍和 0.4 倍。并胸腹节中纵脊伸达背表面后端；背表面满布网皱，仅基部有小光滑区，伸达并胸腹节基部至气门间距的 0.5 处；后表面和外侧区具网皱。

足：后足腿节长为宽的 4.6 倍；后足胫节长距稍弯，长为后足基跗节的 0.6 倍。

翅：前翅长为宽的 2.25 倍；翅痣长和径室前缘脉长分别为翅痣宽的 2.1 倍和 1.0 倍；径脉第 1 段从翅痣稍外方伸出，长为宽的 1.8 倍；径脉第 2 段稍弧形，与第 1 段相接处有短脉桩。

腹：腹柄背面中长为端宽的 1.6 倍，基半具网皱，端半具 5 条纵脊；侧面背缘长为中高的 1.1 倍，具 5-6 条细纵刻条，基半刻条间夹有细刻点。合背板背面基部中纵沟伸达合背板基部至第 1 对窗疤间距的 0.6 处，两侧各具 2 条强侧纵沟，亚侧纵沟长为中纵沟的 0.8 倍。第 1 窗疤宽为长的 2.2 倍，疤距为疤宽的 0.5 倍。合背板下方无毛。抱器长为基宽的 3.7 倍。

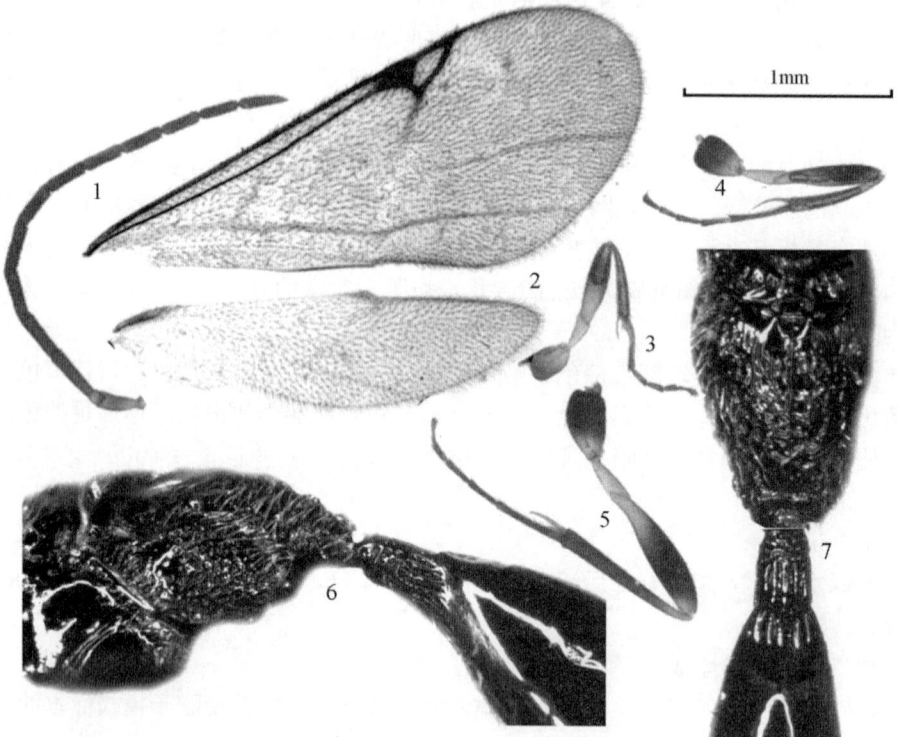

图 234 弱突脊额细蜂，新种 Phaneroserphus exilexsertus He et Xu, sp. nov.
1. 触角；2. 翅；3. 前足；4. 中足；5. 后足；6. 后胸侧板、并胸腹节和腹柄，侧面观；7. 并胸腹节、腹柄和合背板基部，
背面观 [1-2. 1.0X 标尺；3-5. 0.8X 标尺；6-7. 2.0X 标尺]

体色：体黑色。触角柄节、梗节和第 1 鞭节基部褐黄色，其余鞭节黑褐色。口器黄褐色。翅基片暗褐黄色。足褐黄色；基节除端部、腿节除两端、跗节和后足胫节除基部黑褐色。翅透明，翅痣和强脉黑褐色，弱脉浅褐黄色。抱器暗黄褐色。

雌：未知。

寄主：未知。

研究标本：正模♂，四川平武白马寨，2006.Ⅶ.25，张红英，No.200611005。副模：2♂，四川平武白马寨，2006.Ⅶ.24-25，张红英、高智磊，Nos.200610849，200610904。

分布：四川 (平武)。

鉴别特征：见检索表。

词源：种本名"弱突 exilexsertus"，系 exile (弱)+ exsertus (突出) 组合词，意为头侧面观额突出部分较弱，仅为复眼横径的 0.4 倍。

19. 叉齿细蜂属 *Exallonyx* Kieffer, 1904

Exallonyx Kieffer, 1904, *Bull. Soc. Hist. Nat. Metz.*, 23:34.

Type species： *Exallonyx formicarius* Kieffer (Original designation).

Exallonyx Kieffer: H. Townes & M. Townes, 1981, *Mem. Amer. Ent. Inst.*, 32:203.

Exallonyx Kieffer: Lin, 1988, *Jour. Taiwan Mus.*, 41:15-33.

Exallonyx Kieffer: Johnson, 1992, *Mem. Amer. Ent. Inst.*, 51: 289.

Exallonyx Kieffer: Fan & He, 1993, *Entomotaxonomia*, 17: 69.

Exallonyx Kieffer: He & Fan, 2004, *Hymenopteran Insect Fauna of Zhejiang*: 326.

属征概述：前翅长 1.6-5.8mm。额部触角窝之间具中竖脊。上颚单齿。前胸背板侧面光滑，但有 1 脊与颈部后缘相平行，并向上延伸，与前沟缘脊相接 (若前沟缘脊存在)。前胸背板侧面上缘有毛带，有 1-5 列毛宽，但上缘的前后两端变宽且不规则。前胸背板侧面颈脊之前有毛，有时前沟缘脊之后和颈脊上段后方有少数毛，有时颈脊中下段和前胸背板洼槽之间亦具毛；其他部分均光滑无毛。前中足跗爪淡黄色至淡褐色，近基部有 1 黑色分叉的长齿。后足跗爪有时在基部具 1 短黑齿。前中足端跗节通常小。径室前缘脉长为翅痣宽的 1.0-2.0 倍。径脉直接从翅痣下角伸出，然后以锐角折伸向前缘脉。第 1 和第 2 盘室 (若可看出) 愈合。小脉 (若可看出) 在基脉外方，其距为小脉长的 1.5±倍。腹柄背面长为宽的 0.5-3.5 倍。合背板上的毛通常很稀少，有时中等密。产卵管鞘长为后足胫节长的 0.2-0.7 倍，向末端渐细，下弯 (除 *E. pallidistigma*)，表面有刻点或刻条或两者均有。

已知寄主均为隐翅虫科 Staphyliaidae 幼虫。

叉齿细蜂属世界分布。已记载有 201 种，超过了细蜂科已知种数的一半。我国已记载 39 种 (作为异名的 1 种已除外)，有 2 个亚属。分亚属检索表如下。

亚属检索表

腹柄侧面有分散的毛；合背板侧面毛中等密，毛区下缘与合背板下缘相距约为翅基片的 0.3 或更近；产卵管鞘长约为后足胫节的 0.24 倍，表面有刻点，但无刻条 ·············· **原叉齿细蜂亚属 *Eocodrus***

腹柄侧面无毛，但在基部常有毛；合背板侧面毛稀少或有时稍密，但毛区下缘与合背板下缘相距约为翅基片长的 0.5 或更远；产卵管鞘长为后足胫节的 0.2-0.7 倍，表面有刻点或细刻条或两者均有 ··· **叉齿细蜂亚属 *Exallonyx***

原叉齿细蜂亚属 *Exallonyx* (*Eocodrus*) Pschorn-Walcher, 1958

Eocodrus Pschorn-Walcher, 1958, *Mitt. Scheizerischen Ent. Gesell*, 31:62.

Type species: *Codrus longicornis* Nees (Original designation).

Eocodrus Townes *et* Townes, 1981, *Mem. Amer. Ent. Inst.*, 32:204.

亚属特征如亚属检索表中所述。

原叉齿细蜂亚属 *Eocodrus* 分布于全北区，已知 5 种，其中 1 种分布全世界，其余 4 种分布于约旦、叙利亚、土耳其、塞浦路斯和欧洲各个国家。

我国已记载 1 种。

(177) 短角原叉齿细蜂 *Exallonyx brevicornis* Haliday, 1939 (图 235)

Proctotrupes brevicornis Haliday, 1839, *Hymenoptera Britannica Oxyura*: 9.

Eallonyx brevicornis Haliday: H. Townes & M. Townes, 1981, *Mem. Amer. Ent. Inst.*, 32:204.

Eallonyx brevicornis Haliday: He & Fan, 2004, In: He *et al.*, *Hymenopteran Insect Fauna of Zhejiang*: 332.

雄：前翅长 3.6mm。

头：背观上颊长为复眼的 0.75 倍。颊长为复眼纵径的 0.3 倍。唇基宽为长的 2.5 倍，稍均匀隆起，侧角具细皱，亚端横脊细，端缘近于平截。触角第 2、10 鞭节长分别为宽的 3.0 倍和 3.0 倍，端节长为端前节的 1.5 倍；鞭节无明显角下瘤。额脊弱。后头脊正常高。

胸：前胸背板颈部背面具 6 条横皱，后方中央缺；侧面光滑，前沟缘脊发达；前沟缘脊之后无毛，颈脊之后具毛；背缘具连续的双列毛；后下角双凹窝。中胸侧板前缘上角和中央横沟上方有稀毛区，之间无毛区长为翅基片的 1.4 倍；镜面区上半具稀毛；侧板下半部 (中央横沟以下部位) 具稀毛，近中央区域无毛；后下角具平行细皱。小盾片前凹浅。后胸侧板前上方有表面具稀毛的光滑区，其长和高分别占侧板的 0.5 倍和 0.5 倍，上方 0.3 处后半有 1 纵槽；侧板其余部位具不规则网皱。并胸腹节侧观背缘弧形，后表面约 40° 下斜；中纵皱达后表面后端；背表面一侧光滑区长为并胸腹节基部至气门后端间距的 1.8 倍，后方外侧具纵皱；后表面 (端部具横皱) 和外侧区具小室状网皱。

足：后足腿节长为宽的 4.5 倍；后足胫节长距长为基跗节的 0.54 倍。

翅：前翅翅痣长和径室前缘脉长分别为翅痣宽的 1.5 倍和 0.44 倍；翅痣后侧缘稍弯；径脉第 1 段稍内斜，长为宽的 1.0 倍，从翅痣中央稍下方伸出；径脉第 2 段直，两段相接处膨大。后翅后缘近基部缺刻深。

腹：腹柄背面长为中宽的 0.5 倍，表面具 6 条短纵皱；腹柄侧面上缘长为中高的 0.5 倍，上缘直，基部具连有纵脊的横脊 3 条，此外还另有纵脊 2 条，其上散生长毛。合背板基部中纵沟伸达基部至第 1 对窗疤间距的 0.5 处，两侧各具 4 条纵沟，亚侧纵沟长为中纵沟的 0.8 倍。第 1 窗疤宽为长的 3.0 倍，疤距为疤宽的 0.5 倍。合背板上的毛，中等长而密，下方毛窝与合背板下缘之距为毛长的 0.3 倍。抱器长三角形，不下弯，端尖。

体色：体黑色。须黄褐色。上唇、上颚端部和翅基片红褐色。触角黑褐色，柄节黄褐色。足基节除端部黑褐色，前中足端跗节、后足胫节端部、跗节浅褐色，其余红褐色。翅透明，带烟黄色，翅痣和强脉黑褐色，弱脉为浅黄色痕迹。

雌：未知。

寄主：据记载为隐翅虫 *Quedius vexans* 的幼虫。

研究标本：1♂，浙江西天目山，1988.V.17-18，陈学新，No.882649。

　　分布：浙江；冰岛，前苏联，原捷克斯洛伐克，意大利，英国，爱尔兰，苏格兰，瑞典和美国。

　　附记：本描述与重描 (Townes, 1981) 有以下几点差异：①第 2 鞭节长约为宽的 3.0 倍（重描 2.6 倍）；②后足腿节长为宽的 4.5 倍（重描 5.0 倍）。

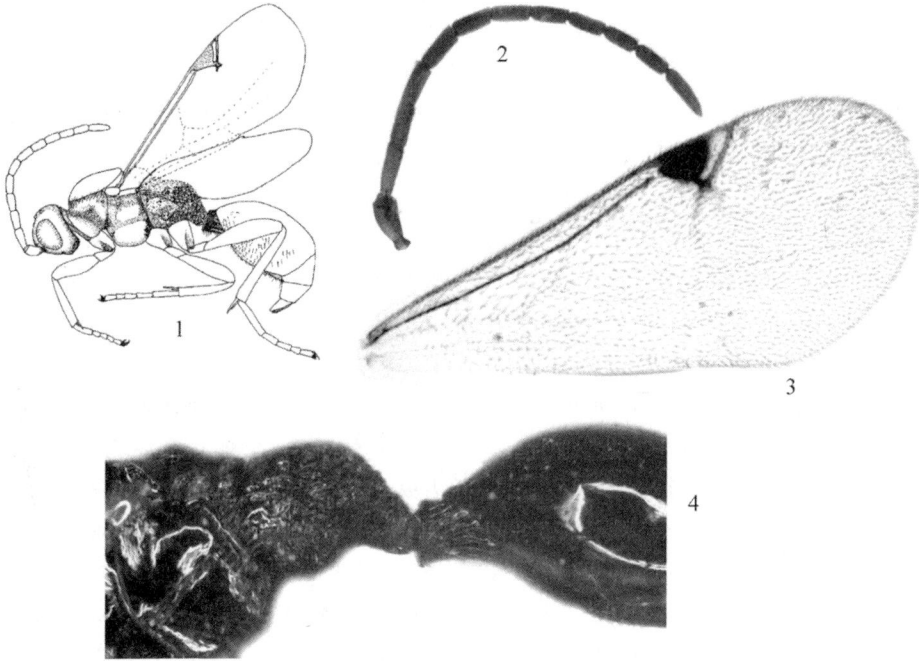

图 235　短角原叉齿细蜂 *Exallonyx brevicornis* Haliday

1. 整体，侧面观；　2. 触角；　3. 前翅；　4. 后胸侧板、并胸腹节和腹部基部，侧面观（1. 仿何俊华等，2004）[1. 0.6X 标尺；2-3. 1.0X 标尺；4. 2.0X 标尺]

叉齿细蜂亚属 *Exallonyx* (*Exallonyx*) Kieffer, 1904

Exallonyx Kieffer, 1904, *Bull. Hist. Nat. Metz.*, 23:34.

Type species: *Exallonyx formicarius* Keffer (Original designation).

Exallonyx Kieffer: H. Townes & M. Townes, 1981, *Mem. Amer. Ent. Inst.*, 32:210.

　　亚属特征如亚属检索表所述。

　　世界性分布。已记载有 196 种，多数分布于欧洲和新北区，可能只包括了世界地区的一小部分种类。本亚属分为 11 个种团，其中南美叉齿细蜂种团 *Evanescens* Group（图 236）和毛胸叉齿细蜂种团 *Capillatus* Group（图 237）在我国未发现。

　　本志记述我国叉齿细蜂亚属的 10 个种团 188 种，其中包含 1 新种团、2 中国新记录种团和 150 新种、2 个种的新名。

种团检索表 (*我国未发现的种团)

1. 前胸背板侧面后下角 2 个凹窝或偶有 3 个凹窝，垂直排列，相同深度，二者之间有 1 窄脊或高皱褶相隔···2

   前胸背板侧面后下角单个凹窝，或极少数在凹窝上方还有 1-3 个浅窝···················9

2. 腹柄侧观向基部明显收窄而呈楔形，并可分出明显的 2 段：前段具几条横脊且下方有长毛，后段向后增宽，有 1 横脊和若干条发达的纵脊。中国···
   ···束柄叉齿细蜂种团，新种团 *Strictus* Group nov.

   腹柄侧观向基部至多稍收窄，分不出明显的前段和后段·································3

3. 腹柄基部侧下方有多条横脊，侧面纵脊终止于最后方横脊。旧世界热带地区；中国·········
   ···环柄叉齿细蜂种团 *Cingulatus* Group

   腹柄基部侧下方仅有 1 横脊，侧面纵脊终止于或接近于此横脊·························4

4. 雄性···5

   雌性···7

5. 抱器渐窄，末端变尖细，下弯，爪状。新热区；中国·········针尾叉齿细蜂种团 *Leptonyx* Group

   抱器窄三角形，较直，顶端尖锐或窄圆···6

6. 合背板最下方毛与其下缘接近，最下方毛窝与合背板下缘之距为其毛长的 1.0-1.4 倍。全北区，东洋区···暗黑叉齿细蜂种团 *Ater* Group

   合背板最下方毛与其下缘远离，最下方毛窝与合背板下缘之距约为其毛长的 1.6 倍。全世界······
   ···蚁形叉齿细蜂种团 *Formicarius* Group

7. 合背板基部有 3 条纵沟 (1 条中纵沟，2 条侧纵沟)；前胸背板侧面颈脊上段后方一定无毛；翅痣后侧缘较直。新热区；中国·································针尾叉齿细蜂种团 *Leptonyx* Group

   合背板基部有 3-9 条纵沟 (1 条中纵沟，两侧 1-4 条侧纵沟)；前胸背板侧面颈脊上段后方有毛；翅痣后侧缘通常稍弯曲···8

8. 合背板最下方毛与下缘接近，最下方毛窝与合背板下缘之距为其毛长的 1.0-1.4 倍。全北区，东洋区···暗黑叉齿细蜂种团 *Ater* Group

   合背板最下方毛与下缘远离，最下方毛窝与合背板下缘之距约为其毛长的 1.6 倍。全世界·········
   ···蚁形叉齿细蜂种团 *Formicarius* Group

9. 后翅后缘近基部 0.35 处无明显的缺刻，后翅后缘近基部非常窄；前翅长 1.6-2.9mm。古北区，印澳区···华氏叉齿细蜂种团 *Wasmanni* Group

   后翅后缘近基部 0.30 处具 1 明显的圆形缺刻·······································10

10. 腹柄基部侧下方有 1 明显突出的横脊·······································11

    腹柄基部侧下方无横脊，或有 1 非常低的不超过腹柄侧下方的纵脊的横脊·············17

11. 并胸腹节背表面基部光滑区短，通常不达并胸腹节气门之后；前胸背板侧面上缘毛带为 1 或 2 列稀疏的毛；抱器三角形，不下弯。新几内亚，马达加斯加；东洋区·································
    ···网腰叉齿细蜂种团 *Dictyotus* Group

    并胸腹节背表面基部光滑区中等长，远过并胸腹节气门之后；前胸背板侧面上缘毛带宽呈双列毛或多列毛，或单列毛或有时仅有稀疏的毛；抱器各异，有时爪状下弯·························12

12. 雄性 ·· 13
　　 雌性 ·· 15

13. 抱器窄长，向末端渐细，稍微或强度下弯，有时呈爪状；否者，前胸背板侧面上缘毛带宽呈双列
　　 或多列毛。北半球和新热区，东洋区 ······················ **窄尾叉齿细蜂种团 Atripes Group**
　　 抱器窄三角形，不下弯；前胸背板侧面上缘毛带宽单列 (E. minor 除外) ························· 14

14. 新热区种；前胸背板侧面上缘毛带均为单列毛 (图 236) ··· ***南美叉齿细蜂种团 Evanescens Group**
　　 全北区种；前胸背板侧面上缘毛带单列毛，或非常稀疏，或双列毛 (E. minor 的一些异常标本及其
　　 他小型种类检索到此，共 4 种) ······························ **蚁形叉齿细蜂种团 Formicarius Group**

15. 产卵管鞘具刻点，通常多少具刻条；前胸背板侧面上缘毛带有 2-6 列毛宽；合背板毛稀而短至中等
　　 密而长。北半球和新热带区，东洋区 ······················ **窄尾叉齿细蜂种团 Atripes Group**
　　 产卵管鞘具刻点，无刻条；前胸背板侧面上缘单列毛 (或部分双列毛)，或有时毛列减少为稀少的
　　 几根毛；合背板上毛非常稀而短 ··· 16

16. 新热区种；前胸背板侧面上缘毛带均为单列毛 ············· ***南美叉齿细蜂种团 Evanescens Group**
　　 全北区和新几内亚种；前胸背板侧面上缘毛带单列，非常稀疏或双列 (新几内亚种 E. siccatus 和
　　 E. monotrema，以及 E. minor 的一些异常个体和其他小型种类检索到此，共 4 种) ··················
　　 ·· **蚁形叉齿细蜂种团 Formicarius Group**

17. 前胸背板侧面颈脊上段后方具毛；并胸腹节和后胸侧板上的毛非常长而密。新几内亚 (图 237) ···
　　 ·· ***毛胸叉齿细蜂种团 Capillatus Group**
　　 前胸背板侧面颈脊上段后方无毛；并胸腹节和后胸侧板上的毛中等稀疏 ························· 18

18. 前胸背板侧面上缘毛带 2-3 列毛宽；雄性合背板基部有发达的侧纵沟，几乎与中纵沟等长。全北区
　　 ·· **陈旧叉齿细蜂种团 Obsoletus Group**
　　 前胸背板侧面上缘单列毛，或有较为稀疏的双列毛；雄性合背板基部无发达的侧纵沟，或有时具 1
　　 条侧纵沟 (若 2 条侧纵沟，则不达中纵沟的 2/3)。新几内亚，中国 ·····························
　　 ·· **单沟叉齿细蜂种团 Unisulcus Group**

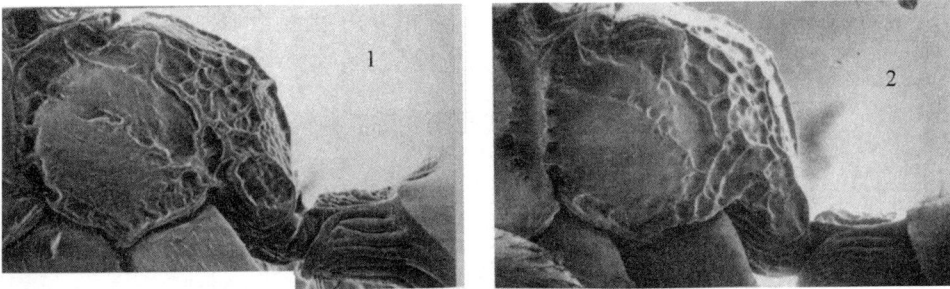

图 236　南美叉齿细蜂 Evanescens evanescens Townes (南美叉齿细蜂种团 Evanescens Group)
1. 雄蜂；2. 雌蜂 (仿 H. Townes & M. Townes, 1981)

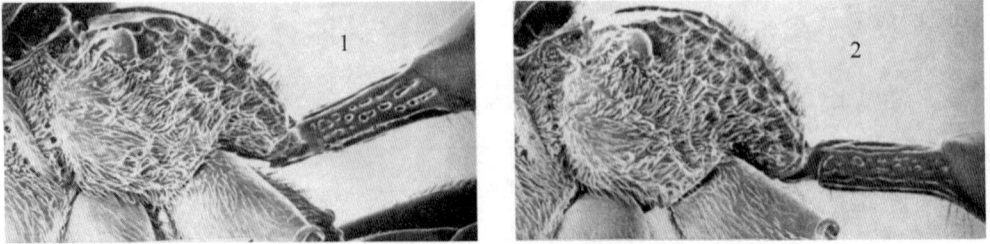

图 237　毛胸叉齿细蜂 *Capillatus jubatus* Townes (毛胸叉齿细蜂种团 *Capillatus* Group)

1. 雄蜂；2. 雌蜂 (仿 H. Townes & M. Townes, 1981)

1) 暗黑叉齿细蜂种团 *Ater* Group (中国新记录种团)

种团概述：前翅长 2.2-4.0mm。雄性触角鞭节无突出的角下瘤，但在高倍显微镜下可见小水泡状、条形或椭圆形的角下瘤。雄性第 2 鞭节长为宽的 2.5-3.0 倍；雌性为 2.0-2.4 倍。雄性第 10 鞭节长为宽的 2.5-3.3 倍；雌性为 1.5-2.2 倍。前胸背板侧面后下角有双凹窝，垂直排列。前胸背板侧面上缘毛带多列毛或双列毛宽。前沟缘脊存在。前胸背板侧面前沟缘脊或颈脊上段后方通常有若干毛，有时无毛；有时颈脊的中下段后方亦具毛。并胸腹节背表面基部两侧的光滑区远过并胸腹节气门之后。后翅后缘近基部 0.35 处有浅缺刻。腹柄侧面观上缘直或稍拱起，侧面有发达的纵沟，基部侧下方有或无横脊。合背板或至少其下半部生中等密的长毛，最低毛窝距合背板下缘之长为毛长的 1.0-1.4 倍。合背板基部中纵沟两侧各具有 2-4 条侧纵沟，偶仅 1 条。产卵管鞘具刻点，光滑，或在欧洲种 *E. quedriceps* 上具刻点和纵刻条。

该种团已记载有 9 种，全北区分布。为便于鉴定，将分布于古北区的 3 种即方头叉齿细蜂 *E. quadriceps* (Ashmead, 1893) (欧洲)、安息香叉齿细蜂 *E. styracura* Townes, 1981 (日本)、暗黑叉齿细蜂 *E. ater* (Gravenhorst, 1807) (欧洲) 和阿拉斯加的 1 种即少毛叉齿细蜂 *E. sparsus* Townes, 1981 也列入检索表中。本种团为中国新记录种团。

本志记述我国暗黑细蜂种团 21 种，均为新种。

种检索表 (*我国未发现的种)

1. 雄性 ·· 2
　 雌性 ··· 24
2. 合背板侧面第 2 和第 3 窗疤之间有 1 条无毛带，常将毛区分开 ·································· 3
　 合背板侧面第 2 和第 3 窗疤之间没有无毛带，下缘的毛是相连的 ··························· 8
3. 前胸背板侧面前沟缘脊后方和颈脊上部后方约有 6 根毛；腹柄侧面前缘下方角状突出；唇基中等拱隆；前翅长 2.2-3.7mm。欧洲 ························· *方头叉齿细蜂 E. quadriceps*
　 前胸背板侧面前沟缘脊后方和颈脊上部后方无毛；腹柄侧面前缘下方圆弧形缺刻或角状突出 ·····4
4. 腹柄侧面前缘下方圆弧形缺刻；前翅痣长为宽的 1.55 倍；后足腿节长为宽的 4.3 倍；唇基微弱拱隆；前翅长 2.8-3.2mm。阿拉斯加等 ································· *少毛叉齿细蜂 E. sparsus*

腹柄侧面前下角角状突出；前翅痣长为宽的 1.88-2.15 倍；后足腿节长为宽的 4.4-5.0 倍；唇基稍拱
隆···5

5. 触角玻片标本在高倍显微镜下具小水泡状、条状或椭圆角下瘤；上颊背观长为复眼的 0.62-0.76 倍；
腹柄侧面背缘长为中高的 1.0 倍··6
触角玻片标本在高倍显微镜下无角下瘤；上颊背观长为复眼的 0.9 倍；腹柄侧面背缘长为中高的
0.5-0.6 倍···7

6. 腹柄背面基部 0.2 具横皱，其后为纵脊，中脊呈"Y"形；后胸侧板无光滑区；合背板基部亚侧纵
沟长为中纵沟的 0.95 倍；前翅长 2.5mm；浙江、福建··
·····································**丫脊叉齿细蜂，新种** *E. furcicarinatus*, **sp. nov.**
腹柄背面基部 0.4 具夹点横皱，其后有纵脊；后胸侧板前方光滑区大，其长和高分别为侧板的 0.5
倍和 0.9 倍；合背板基部亚侧纵沟长为中纵沟的 0.8 倍；前翅长 2.4mm。湖南·······························
··**泡角叉齿细蜂，新种** *E. bullotus*, **sp. nov.**

7. 额脊弱；合背板基部中纵沟伸达基部至第 1 窗疤间距的 0.4 处，侧纵沟各 3 条；第 1 窗疤宽为长的
2.5 倍，疤距为疤宽的 1.1 倍；前翅长 2.8mm。新疆······ **林区叉齿细蜂，新种** *E. silvestris*, **sp. nov.**
额脊强；合背板基部中纵沟伸达基部至第 1 窗疤间距的 0.53 处，侧纵沟各 2 条；第 1 窗疤宽为长
的 3.3 倍，疤距为疤宽的 0.4 倍；前翅长 2.8mm。湖北·······································
··**黄色叉齿细蜂，新种** *E. xanthus*, **sp. nov.**

8. 合背板下方在第 2、3 窗疤之间或和第 1、2 窗疤之间部分无毛·····························9
合背板下方的毛完整，在窗疤之间没有无毛区···11

9. 中胸侧板前缘毛带完整；唇基强度拱隆；合背板基部亚侧纵沟长为中纵沟的 0.4 倍；第 1 窗疤宽为
长的 3.5 倍；前翅长 2.3-2.7mm。日本·····················***安息香叉齿细蜂** E. styracura*
中胸侧板前缘毛带中断；唇基稍拱隆；合背板基部亚侧纵沟长为中纵沟的 0.95 倍；第 1 窗疤宽为
长的 2.0-2.3 倍···10

10. 触角鞭节上具条形角下瘤；并胸腹节背表面光滑区长为基部至气门后端间距的 3.0 倍；并胸腹节后
表面具稀网皱；合背板基部侧纵沟各 1 条；前翅长 2.7mm。河南··
·····································**稀网叉齿细蜂，新种** *E. sparsireticularis*, **sp. nov.**
触角鞭节上具椭圆形或圆形角下瘤；并胸腹节背表面光滑区长为基部至气门后端间距的 1.0 倍；并
胸腹节后表面具小网室；合背板基部侧纵沟各 2 条；前翅长 2.2mm。吉林··
·····································**椭瘤叉齿细蜂，新种** *E. ellipsituberculus*, **sp. nov.**

11. 触角玻片标本在高倍显微镜下具小水泡状、条状或椭圆形角下瘤······························12
触角玻片标本在高倍显微镜下无角下瘤···17

12. 触角玻片标本在高倍显微镜下具聚集的多个小水泡状角下瘤·····································13
触角玻片标本在高倍显微镜下具条状或椭圆形角下瘤···15

13. 前胸背板侧面背缘具多列毛；后胸侧板无光滑区；并胸腹节背表面光滑区长为基部至气门后端间
距的 0.6 倍；合背板基部中纵沟伸达基部至第 1 窗疤间距的 0.4 处；第 1 窗疤宽为长的 2.0 倍；后
足腿节细长，长为宽的 7.9 倍；后足转节黑褐色；前翅长 3.1mm。四川··
·····································**细腿叉齿细蜂，新种** *E. tenuifemoratus* He *et* Xu, **sp. nov.**

前胸背板侧面背缘具双列毛；后胸侧板前上方光滑区长和高分别占侧板的 0.3-0.4 倍和 0.7-0.8 倍；并胸腹节背表面光滑区长为基部至气门后端间距的 1.5-2.6 倍；合背板基部中纵沟伸达基部至第 1 窗疤间距的 0.7-0.8 处；第 1 窗疤宽为长的 2.4-2.5 倍；后足腿节长为宽的 4.9-5.0 倍；后足转节红褐色 ·· 14

14. 并胸腹节背表面光滑区长为基部至气门后端间距的 2.6 倍；腹柄背面中长为中宽的 1.2 倍，具 4 条纵脊；合背板基部侧纵沟各 1 条，亚侧纵沟长为中纵沟的 0.5 倍；前翅长 3.0mm。陕西 ············ ·· 黑胫叉齿细蜂，新种 *E. nigritibialis* He *et* Xu, sp. nov.
    并胸腹节背表面光滑区长为基部至气门后端间距的 1.5 倍；腹柄背面中长为中宽的 1.0 倍，基部 0.4 具 2 条夹点横皱，端部 0.6 具 5 条纵脊；合背板基部侧纵沟各 2 条，亚侧纵沟长为中纵沟的 0.8 倍；前翅长 2.8mm。甘肃 ························ 拱唇叉齿细蜂，新种 *E. arciclypeatus* He *et* Xu, sp. nov.

15. 中后足转节背面黑褐色，腹方红褐色；触角第 2 鞭节长为端宽的 3.8 倍；前翅翅痣长为宽的 1.5 倍；前翅长 3.1mm。陕西 ························ 黑胫叉齿细蜂，新种 *E. nigritibialis* He *et* Xu, sp. nov.
    中后足转节红褐色或褐黄色，触角第 2 鞭节长为端宽的 2.6-3.0 倍，但 20034563 号标本为 3.5 倍；前翅翅痣长为宽的 1.8-2.15 倍 ··· 16

16. 腹柄背面基部多少具点皱或夹点横皱，其后为纵脊；前胸背板侧面背缘具多列毛；并胸腹节背表面光滑区长为基部至气门后端间距的 3.0 倍；合背板基部侧纵沟各 3 条；前翅长 4.0mm。湖北 ··· ·· 多毛叉齿细蜂，新种 *E. hirsutus* He *et* Xu, sp. nov.
    腹柄背面基部无点皱或夹点横皱，仅有纵脊；前胸背板侧面背缘具双列毛；并胸腹节背表面光滑区长为基部至气门后端间距的 1.2 倍；合背板基部侧纵沟各 2 条；前翅长 2.1mm。浙江 ············ ·· 短室叉齿细蜂，新种 *E. brevicellus* He *et* Xu, sp. nov.

17. 后足转节黑褐色；合背板基部侧纵沟各 4 条；并胸腹节中纵脊仅伸达背表面后部；前翅长 2.8mm。广东 ······························· 九沟叉齿细蜂，新种 *E. novemisulcus* He *et* Xu, sp. nov.
    后足转节红褐色或褐黄色；合背板基部侧纵沟各 2-3 条；并胸腹节中纵脊仅伸达后表面中央或后端 ··· 18

18. 腹柄背面基部具 1 条横脊或具夹点横皱，其后具纵脊 ··· 19
    腹柄背面基部无横脊或夹点横皱，只有纵脊 ··· 21

19. 触角第 10 鞭节长为端宽的 3.6 倍；前胸背板侧面背缘具单列毛或双列毛；并胸腹节背表面光滑区长为基部至气门后端间距的 1.0 倍；腹柄背面基部具夹点横皱；前翅长 2.8mm。吉林 ············ ·· 吉林叉齿细蜂，新种 *E. jilinensis*, sp. nov.
    触角第 10 鞭节长为端宽的 3.0-3.3 倍；前胸背板侧面背缘具多列毛；并胸腹节背表面光滑区长为基部至气门后端间距的 2.0-2.2 倍；腹柄背面基部具 1 条横脊 ································· 20

20. 触角第 2 鞭节长为端宽的 3.1 倍；并胸腹节中纵脊伸达背表面后端；腹柄背面中长为中宽的 0.6 倍，基部具 1 条横脊后具 7 条短纵脊；腹柄侧面背缘长为中高的 0.5 倍；前翅长 2.8mm。新疆 ········· ·· 马祁叉齿细蜂，新种 *E. maqii*, sp. nov.
    触角第 2 鞭节长为端宽的 3.6 倍；并胸腹节中纵脊伸达后表面后端；腹柄背面中长为中宽的 1.1 倍，基部具 1 条不完整横脊，其后具 4 条不完整纵皱；腹柄侧面背缘长为中高的 0.9 倍；前翅长 3.0mm。河南 ····································· 葛氏叉齿细蜂，新种 *E. gei*, sp. nov.

21. 后足基节红褐色或褐黄色 ·· 22

　　后足基节黑色或黑褐色 ··· 23

22. 触角第 2、10 鞭节长分别为端宽的 3.8 倍和 4.5 倍；并胸腹节背表面光滑区长为基部至气门后端间
距的 2.5 倍；第 1 窗疤宽为长的 2.2 倍，疤距为疤宽的 0.6 倍；前翅长 2.5mm。云南 ··············
　　··· **云南叉齿细蜂，新种** *E. yunnanensis*, sp. nov.

　　触角第 2、10 鞭节长分别为端宽的 3.0 倍和 3.0 倍；并胸腹节背表面光滑区长为基部至气门后端间
距的 1.8 倍；第 1 窗疤宽为长的 3.0 倍，疤距为疤宽的 0.2 倍；前翅长 2.4mm。福建 ··············
　　··· **红角叉齿细蜂，新种** *E. ruficornis*, sp. nov.

23. 上颊背观长为复眼的 0.65 倍；腹柄背面中长为中宽的 1.0 倍；腹柄侧面背缘长为中高的 0.9 倍；合
背板基部中纵沟伸达基部至第 1 窗疤间距的 0.6-0.7 处，亚侧纵沟长为中纵沟的 0.7-0.9 倍；第 1 窗
疤宽为长的 3.2 倍；后足腿节长为宽的 5.0 倍；前翅长 3.3mm。河南、陕西 ······················
　　··· **周氏叉齿细蜂，新种** *E. zhoui*, sp. nov.

　　上颊背观长为复眼的 0.9 倍；腹柄背面中长为中宽的 1.3 倍；腹柄侧面背缘长为中高的 1.2 倍；合
背板基部中纵沟伸达基部至第 1 窗疤间距的 0.92 处，亚侧纵沟长为中纵沟的 0.5 倍；第 1 窗疤宽
为长的 4.2 倍；后足腿节长为宽的 4.6 倍；前翅长 3.2mm。陕西 ······························
　　··· **雅林叉齿细蜂，新种** *E. yalini*, sp. nov.

24. 产卵管鞘具刻条，夹有不明显刻点；合背板侧面在第 2、3 窗疤之间有条无毛带，从而全部或几乎
全部将下方毛区分开；腹部侧面下半脊的前端通常强度弯向下方；前翅长 2.2-3.7mm。欧洲 ·······
　　······································· ***方头叉齿细蜂** E. quadriceps*

　　产卵管鞘具刻点，刻点常为长形，但不呈刻条；合背板侧面通常没有无毛带，如有无毛区，通常
不伸达毛区下缘而将下方毛区分开，但稀毛叉齿细蜂有 1 无毛带；腹部侧面下半脊的前端水平至
中等弯向下方 ··· 25

25. 合背板在亚基部和亚端部有条宽而完整的无毛带；后胸侧板无毛区大；前翅长 2.8-3.2mm。阿拉斯
加等 ··· ***少毛叉齿细蜂** E. sparsus*

　　合背板在亚基部和亚端部没有无毛带；后胸侧板有毛区，或小或大 ······························· 26

26. 合背板基部侧纵沟 3-4 条 ··· 27

　　合背板基部侧纵沟 1-2 条 ··· 28

27. 前胸背板侧面前沟缘脊后方和颈脊上端具 0-6 根毛，有时多至 15 根；合背板基部中纵沟伸至第 1
窗疤间距的 0.7 处，亚纵沟长为中纵沟的 0.7 倍；前翅长 2.5-3.6mm。欧洲 ·······················
　　··· ***暗黑叉齿细蜂** E. ater*

　　前胸背板侧面前沟缘脊后方和颈脊上端无毛；合背板基部中纵沟伸至第 1 窗疤间距的 0.4 处，亚纵
沟长为中纵沟的 1.0 倍；前翅长 2.5-3.0mm。浙江、福建 ······································
　　··· **丫脊叉齿细蜂，新种** *E. furcicarinatus*, sp. nov.

28. 合背板侧面下方毛区在第 1、2 窗疤之间和第 2、3 窗疤之间有不完全的无毛带，部分地分开无毛
区；腹柄侧面背缘长为中高的 0.7 倍，前端横脊下端稍向后弯；前翅长 2.3-2.7mm。日本 ··········
　　······································· ***安息香叉齿细蜂** E. styracura*

　　合背板侧面下方毛区完整，没有无毛带区；腹柄侧面背缘长为中高的 1.0 倍，前端横脊下端平直或
向前弯 ··· 29

29. 后足基节浅红褐色；腹柄背面仅有纵脊；合背板基部亚侧纵沟长为中纵沟的 0.3 倍；前翅长 2.3mm。
浙江···祝氏叉齿细蜂，**新种 *E. zhui*, sp. nov.**
后足基节黑色或除端部外黑褐色；腹柄背面基半具夹点横皱，其后具纵脊；合背板基部亚侧纵沟
长为中纵沟的 0.5-0.7 倍 ··· 30

30. 后足转节背方黑褐色，腹方红褐色；合背板基部侧纵沟各 1 条；并胸腹节背表面光滑区长为基部
至气门后端间距的 1.5 倍；前翅长 2.5mm。贵州 ············· 郭氏叉齿细蜂，**新种 *E. guoi*, sp. nov.**
后足转节背方全部红褐色或褐黄色；合背板基部侧纵沟各 2 条；并胸腹节背表面光滑区长为基部
至气门后端间距的 2.0-2.7 倍 ··· 31

31. 触角第 2 鞭节长为端宽的 3.5 倍；并胸腹节背表面光滑区长为基部至气门后端间距的 2.7 倍；后足
腿节长为宽的 6.2 倍；第 1 窗疤宽为长的 4.0 倍；产卵管鞘长为后足胫节的 0.29 倍；前翅长 3.2mm。
陕西··雅林叉齿细蜂，**新种 *E. yalini*, sp. nov.**
触角第 2 鞭节长为端宽的 2.4-2.9 倍；并胸腹节背表面光滑区长为基部至气门后端间距的 2.0-2.2 倍；
后足腿节长为宽的 4.7-5.4 倍；第 1 窗疤宽为长的 2.2-2.4 倍；产卵管鞘长为后足胫节的 0.34-0.38
倍 ··· 32

32. 触角第 10 鞭节长为端宽的 2.0 倍；腹柄背面基部具 2 条横皱，其后具 5 条纵脊；腹柄侧面背缘长
为中高的 1.0 倍；疤距为疤宽的 0.5 倍；后足腿节长为宽的 4.7 倍；合背板下方毛数中等；后足基
节基半黑褐色，端半红褐色；前翅长 2.4mm。甘肃···
···拱唇叉齿细蜂，**新种 *E. arciclypealus*, sp. nov.**
触角第 10 鞭节长为端宽的 2.8 倍；腹柄背面基部具夹点横网皱，其后具 8 条纵皱；腹柄侧面背缘
长为中高的 0.8 倍；疤距为疤宽的 1.2 倍；后足腿节长为宽的 5.4 倍；合背板下方毛很多；后足基
节除端部黑色；前翅长 3.1mm。陕西·····························黑胫叉齿细蜂，**新种 *E. nigritibialis*, sp. nov.**

(178) 丫脊叉齿细蜂，新种 *Exallonyx furcicarinatus* He et Xu, sp. nov. (图 238)

雄：前翅长 2.5mm。

头：背观上颊长为复眼的 0.62 倍。颊长为复眼纵径的 0.28 倍。唇基宽为长的 3.6 倍，
稍均匀隆起，光滑，散生刻点，端缘稍凹。触角第 2、10 鞭节长分别为端宽的 3.5 倍和
3.5 倍，端节长为端前节的 1.3 倍；第 5-8 鞭节有条形角下瘤。额脊强而高。后头脊正常高。

胸：前胸背板颈部背面具 5-6 条细横皱；侧面光滑，前沟缘脊发达；前沟缘脊之后
无毛，颈脊之后具毛；背缘具连续的双列毛；后下角双凹窝。中胸侧板前缘上角和中央
横沟上方有稀毛，之间无毛区长为翅基片的 2.0 倍；镜面区上方 0.6 具毛；中央横沟以下
部位内具平行细皱；侧板下半部具稀毛，近中央区域无毛；后下角无平行细皱。后胸侧
板满布小室状网皱；中央前方及前上方有 1 纵沟，但几乎无光滑区。并胸腹节侧观背缘
弧形；中纵脊伸至后表面端部；背表面后端和外侧具网皱，一侧光滑区长为并胸腹节基
部至气门后端间距的 2.0 倍；后表面和外侧区均具小室状网皱。

足：后足腿节长为宽的 4.8 倍；后足胫节长距长为基跗节的 0.5 倍。

翅：前翅长为宽的 2.18 倍；翅痣长和径室前缘脉长分别为翅痣宽的 2.0 倍和 0.5 倍；
翅痣后侧缘弯曲；径脉第 1 段从翅痣中央稍外方伸出，长为宽的 1.7 倍；径脉第 2 段直。
后翅后缘近基部有缺刻。

腹：腹柄背面长为中宽的 1.0 倍，基部 0.2 具 2 条横皱，端部 0.8 具 5 条强纵脊，但

中脊呈"Y"形；腹柄侧面上缘长为中高的1.0倍，上缘直，基部具横脊1条，横脊后具强斜纵脊5条，前缘下角突出，稍成钝角。合背板基部中纵沟伸达基部至第1对窗疤间距的0.65处，两侧各具2条纵沟，亚侧纵沟长为中纵沟的0.95倍。第1窗疤宽为长的2.5倍，疤距为疤宽的0.6倍。合背板上仅窗疤下方有中等长的毛，第2、3窗疤之间有1无毛带将其分开，下方毛窝至合背板下缘之距为毛长的1.0倍。抱器长三角形，不下弯，端尖。

体色：体黑色。须黄色。上唇、上颚端部和翅基片褐黄色。触角黑褐色，柄节基部和梗节黄褐色。前足灰黄色；中后足黄褐色，后足基节基半、腿节背缘及各足端跗节黑褐色。翅透明，带烟黄色，翅痣和强脉黑褐色，弱脉浅黄色痕迹。

雌：前翅长2.5-3.0mm。

头：背观上颊长为复眼的0.78倍。颊长为复眼纵径的0.31-0.42倍。唇基宽为长的2.4倍，稍均匀隆起，几乎光滑，端缘平截。触角第2、10鞭节长分别为端宽的1.8-2.0倍和1.7倍，端节长为端前节的1.7-2.0倍。额脊弱。后头脊正常高。复眼具稀长毛。

胸：前胸背板颈部背面具4-5条细横皱，后方中央无皱；侧面光滑，前沟缘脊发达；前沟缘脊之后无毛；颈脊之后具毛；背缘具稀疏的双列毛；后下角双凹窝。中胸侧板前缘上角和中央横沟上方为有毛区，之间无毛区长为翅基片的1.0-1.8倍；镜面区上方0.4具稀毛；侧板下半部(中央横沟以下部位)具稀毛，近中央区域无毛；后下角具平行细皱。后胸侧板具小室状网皱；中央前方及前上方有1相连的、表面具稀毛的小三角形光滑区，其长和高分别占侧板的0.35-0.50倍和0.5-0.6倍。并胸腹节中纵脊伸至后表面端部；背表面后方有网皱，后侧方有弱纵脊，基部一侧光滑区长为并胸腹节基部至气门后端间距的1.5-1.8倍；后表面和外侧区均具小室状网皱。

足：后足腿节长为宽的4.3倍；后足胫节长距长为基跗节的0.5倍。

翅：前翅长为宽的2.39倍；翅痣长和径室前缘脉长分别为翅痣宽的1.60-1.78倍和0.54倍；翅痣后侧缘稍弯；径脉第1段从翅痣近中央伸出，长为宽的1.1倍；径脉第2段直或稍弯，两段相接处膨大。后翅后缘近基部有缺刻。

腹：腹柄背面长为中宽的0.5-0.6倍，表面具5条强纵皱；腹柄侧面上缘长为中高的0.6-0.7倍，上缘直，基部具横脊1条，其后具强纵脊6条。合背板基部中纵沟伸达基部至第1对窗疤间距的0.4处，两侧各具3条纵沟，亚侧纵沟长为中纵沟的1.0倍。第1窗疤宽为长的3.0倍，疤距为疤宽的0.9倍。合背板上的毛中等长而密，下方毛窝至合背板下缘之距为毛长的1.0倍。产卵管鞘长为后足胫节的0.18-0.28倍，为鞘中宽的2.4-3.1倍，表面具细刻点，光滑，有细毛。

体色：体黑色。须黄色。翅基片褐黄色。触角红褐色，柄节和鞭节至端部渐黑褐色。足红褐色；中后足基节黑褐色；后足胫节除基部、基跗节褐色。翅透明，带烟黄色，翅痣和强脉褐色，弱脉浅黄色痕迹。

寄主：未知。

研究标本：正模♂，浙江西天目山仙人顶，2003.Ⅶ.30，吴琼，No.20034563。副模：1♀1♂，浙江西天目山仙人顶，1998.Ⅶ.27，赵明水，Nos.992953，998455；1♀，福建武夷山先峰岭，1989.Ⅻ.17，汪家社，No.20008646。

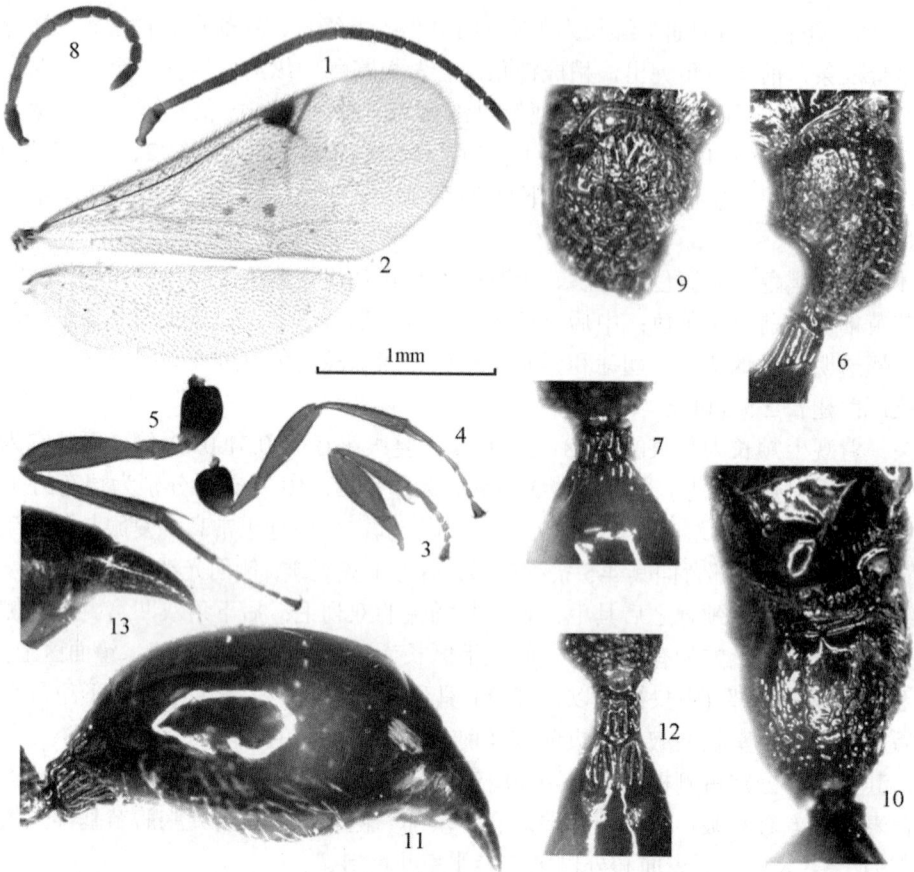

图 238　丫脊叉齿细蜂，新种 *Exallonyx furcicarinatus* He *et* Xu, sp. nov.

1, 8. 触角；2. 翅；3. 前足；4. 中足；5. 后足；6, 9. 后胸侧板、并胸腹节和腹部，侧面观；7, 12. 并胸腹节、腹柄和合背板基部，背面观；10. 并胸腹节，背面观；11. 腹部，侧面观；13. 产卵管鞘 (1-7.♂；8-13.♀) [1-5, 8. 1.0X 标尺；6-7, 9-12. 2.0X 标尺；13. 3.2X 标尺]

分布：浙江、福建。

鉴别特征：本新种雄性合背板第 2、3 窗疤之间有无毛带、前沟缘脊后方无毛等特征与美国种 *Exallonyx sparsus* Townes, 1981 最为相近，其区别在于：①腹柄侧面脊缘长为中高的 1.0 倍，前缘下角突出，稍成钝角 (后者 0.65 倍，前下角圆弧形)；②后胸侧板满布小室状网皱，几乎无光滑区 (后者光滑区很大)；③翅痣长为宽的 2.0 倍 (后者 1.55 倍)。

词源：种本名"丫脊 *furcicarinatus*"，系 *furci* (叉形) +*carinatus* (脊) 的组合词，意为雄性腹柄背面端部 0.8 的 5 条强纵脊，其中脊呈"Y"形。

(179) 泡角叉齿细蜂，新种 *Exallonyx bullotus* He *et* Xu, sp. nov. (图 239)

雄：前翅长 2.4mm。

头：背观上颊长为复眼的 0.76 倍。颊长为复眼纵径的 0.32 倍。唇基宽为长的 2.6 倍，稍均匀隆起，基部具刻点，端缘稍凹。触角第 2、10 鞭节长分别为端宽的 3.2 倍和 3.2

倍，端节长为端前节的 1.5 倍；第 1-8 鞭节具水泡状聚成的圆形或条形角下瘤。额脊中等高。后头脊正常高。

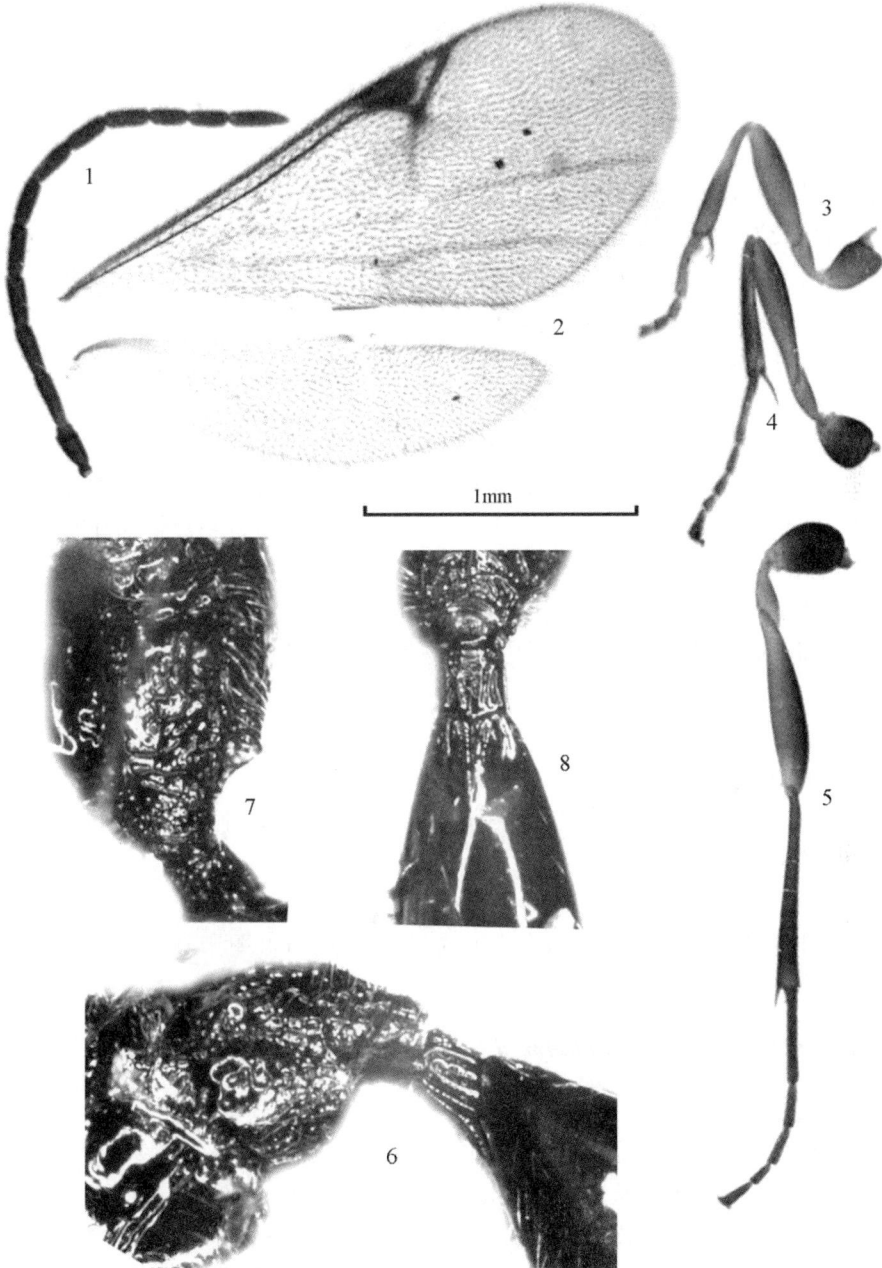

图 239　泡角叉齿细蜂，新种 *Exallonyx bullotus* He *et* Xu, sp. nov.

1. 触角；2. 翅；3. 前足；4. 中足；5. 后足；6. 后胸侧板、并胸腹节和腹部，侧面观；7. 并胸腹节，背面观；8. 腹柄和合背板基部，背面观 [1-5. 1.0X 标尺；6-8. 2.0X 标尺]

胸：前胸背板颈部背面具 4-5 条细横皱；侧面光滑，前沟缘脊发达；前沟缘脊之后无毛，颈脊之后具毛；背缘具连续的双列毛；后下角双凹窝。中胸侧板前缘上角和中央横沟上方为有毛区，之间无毛区长为翅基片的 1.2 倍；镜面区上方 0.3 具稀毛；侧板下半部 (中央横沟以下部位) 具稀毛，近中央区域无毛，但近侧缝处有平行细皱；后下角无平行细皱。后胸侧板中央前方及前上方有被纵沟分隔的、表面具稀毛的光滑区，其长和高分别占侧板的 0.5 倍和 0.9 倍，其余部位具小室状网皱。并胸腹节侧观背缘弧形；中纵脊伸至后表面端部；一侧光滑区长为并胸腹节基部至气门后端间距的 1.8 倍；背表面后端和外侧具细网皱；后表面具稀横网皱；外侧区具小室状网皱。

足：后足腿节长为宽的 5.0 倍；后足胫节长距断。

翅：前翅长为宽的 2.13 倍；翅痣长和径室前缘脉长分别为翅痣宽的 2.15 倍和 0.42 倍；翅痣后侧缘稍弯；径脉第 1 段从翅痣近中央伸出，内斜，长为宽的 1.1 倍；径脉第 2 段直，两段相接处膨大。后翅后缘近基部有缺刻。

腹：腹柄背面长为中宽的 1.0 倍，基部 0.4 具 2 条夹点横皱，端部 0.6 具 5 条纵皱；腹柄侧面上缘长为中高的 1.0 倍，上缘直，基部具横脊 1 条，其后具强纵脊 5 条。合背板基部中纵沟伸达基部至第 1 对窗疤间距的 0.8 处，两侧各具 2 条细纵沟，亚侧纵沟长为中纵沟的 0.8 倍。第 1 窗疤宽为长的 3.0 倍，疤距为疤宽的 0.3 倍。合背板上仅窗疤附近有稀而中等长的毛，第 2、3 窗疤之间有 1 条无毛横带，下方毛窝至合背板下缘之距为毛长的 1.0 倍。抱器长三角形，不下弯，端尖。

体色：体黑色。须黄色。触角黑褐色。翅基片浅褐色。足红褐色；腿节背缘、中后足基节除端部、后足胫节和跗节黑褐色。翅透明，带烟黄色，翅痣和强脉褐色，弱脉浅黄色痕迹。

雌：未知。

寄主：未知。

研究标本：正模♂，湖南桑植天平山，1981.VI.17，童新旺，No.20044805。

分布：湖南。

鉴别特征：见检索表。

词源：种本名"泡角 *bullotus* (有水泡的)"，意为第 1-8 鞭节具水泡状聚成的圆形或条形角下瘤。

(180) 林区叉齿细蜂，新种 *Exallonyx silvestris* He et Xu, sp. nov. (图 240)

雄：前翅长 3.6mm。

头：背观上颊长为复眼的 0.9 倍。颊长为复眼纵径的 0.28 倍。唇基宽为长的 3.0 倍，稍均匀隆起，具刻皱，亚端横脊明显，端缘平截。触角第 2、10 鞭节长分别为端宽的 2.9 倍和 2.7 倍，端节长为端前节的 1.3 倍；鞭节无明显角下瘤。额脊弱。后头脊正常。

胸：前胸背板颈部背面具 7 条横皱；侧面光滑，前沟缘脊发达；前沟缘脊之后无毛，颈脊之后具毛；背缘具连续的 3 列毛；后下角双凹窝。中胸侧板前缘上角和中央横沟上方有稀毛，之间无毛区长为翅基片的 1.1 倍；镜面区上方 0.6 具稀毛；侧板下半部具稀毛，近中央区域无毛；中央横沟内及侧板后下方具平行细皱。后胸侧板中央前方及前上方有被纵沟分隔的、表面具稀毛的光滑区，其长和高分别占侧板的 0.5 倍和 0.8 倍，其余部位具小室状网皱。并胸腹节侧观背缘弧形；中纵脊伸至后表面端部；背表面端半具网皱，一侧光滑区长为并胸腹节基部至气门后端间距的 1.3 倍；后表面和外侧区均具小室状网皱。

足：后足腿节长为宽的 4.4 倍；后足胫节长距断。

翅：前翅长为宽的 2.1 倍；翅痣长和径室前缘脉长分别为翅痣宽的 2.1 倍和 0.77 倍；翅痣后侧缘稍弯；径脉第 1 段从翅痣中央伸出，内斜，长为宽的 1.5 倍；径脉第 2 段直，两段相接处膨大。后翅后缘近基部有缺刻。

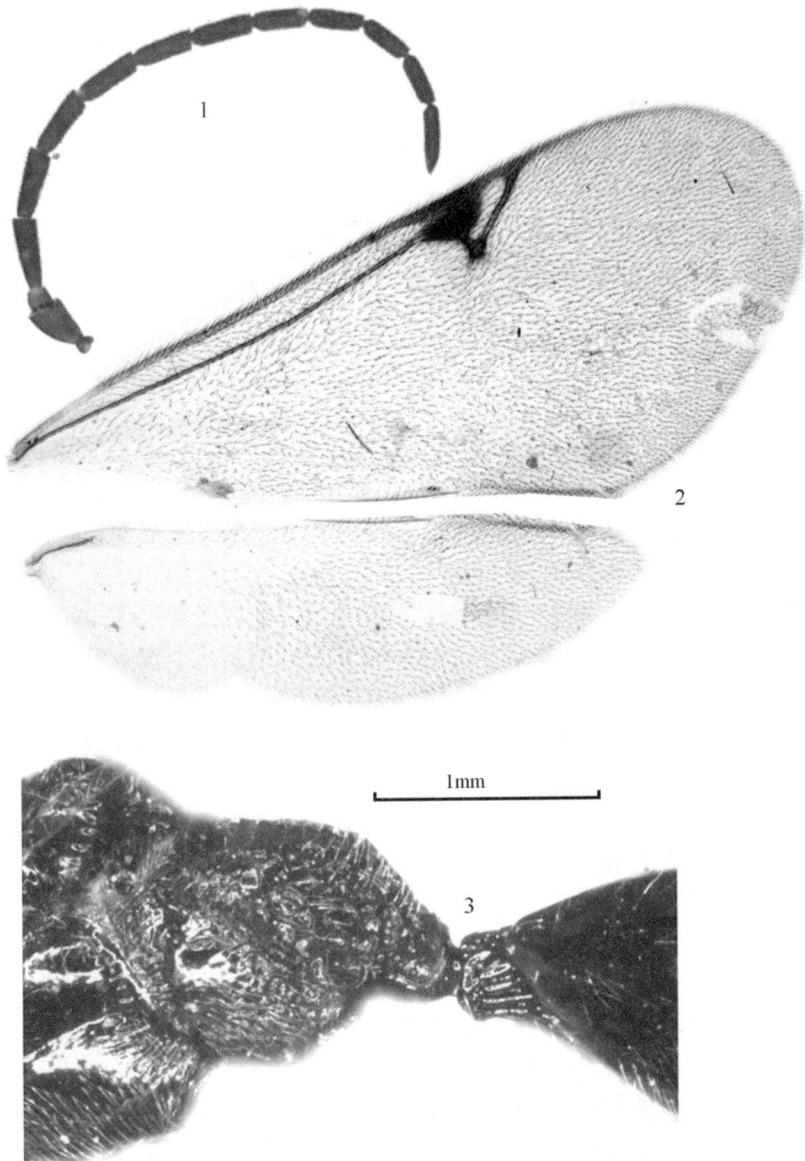

图 240　林区叉齿细蜂，新种 *Exallonyx silvestris* He *et* Xu, sp. nov.

1. 触角；2. 翅；3. 后胸侧板、并胸腹节和腹部，侧面观 [1-2. 1.0X 标尺；3. 2.0X 标尺]

腹：腹柄背面长为中宽的 0.8 倍，基部具夹点网皱，端部具 7 条模糊短纵皱；腹柄侧面上缘长为中高的 0.5 倍，上缘直，基部具横脊 1 条，横脊后具强斜纵脊 6 条。合背板基部中纵沟伸达基部至第 1 对窗疤间距的 0.4 处，两侧各具 3 条纵沟，亚侧纵沟长为中纵沟的 0.9 倍。第 1 窗疤宽为长的 2.5 倍，疤距为疤宽的 1.1 倍。合背板下方的毛中等长而密，在第 1、2 窗疤之间和第 2、3 窗疤之间均有 1 条无毛狭带，下方毛窝至合背板下缘之距为毛长的 1.0-1.2 倍。抱器长三角形，不下弯，端尖。

体色：体黑色。须淡褐色。翅基片黄褐色。上唇黑褐色。上颚端部红褐色。触角黑褐色。足褐黄色；前中足基节除端部外褐色；后足基节除端部外黑色，腿节（除两端）、胫节端半和跗节褐色。翅透明，带烟黄色，翅痣和强脉暗褐黄色，弱脉浅黄色痕迹。

雌：未知。

寄主：未知。

研究标本：正模♂，新疆巩乃斯，1991.Ⅶ.9，何俊华，No.913670。

分布：新疆。

鉴别特征：见检索表。

词源：种本名"林区 silvestris（树木的）"，意为标本采自新疆巩乃斯林区树木上。

(181) 黄色叉齿细蜂，新种 *Exallonyx xanthus* He et Xu, sp. nov. (图 241)

雄：前翅长 2.9mm。

头：背观上颊长为复眼的 0.9 倍。颊长为复眼纵径的 0.31 倍。唇基宽为长的 2.5 倍，稍均匀隆起，基部光滑具刻点，亚端横脊明显，端缘平截。触角第 2、10 鞭节长分别为端宽的 3.7 倍和 3.8 倍，端节长为端前节的 1.4 倍；第 1-8 鞭节有圆形或长椭圆形角下瘤。额脊强而高。后头脊正常高。

胸：前胸背板颈部背面具 4-5 条横皱；侧面光滑，前沟缘脊发达；前沟缘脊之后无毛，颈脊之后具毛；背缘具不规则的双列毛；后下角双凹窝。中胸侧板前缘上角和中央横沟上方有稀毛，之间无毛区长为翅基片的 1.2 倍；镜面区上半具稀毛；侧板下半部具稀毛，近中央区域无毛；中央横沟内有 1 条平行细皱。后胸侧板中央前方及前上方有 1 被纵沟分隔的、表面具稀毛的光滑区，其长和高分别占侧板的 0.4 倍和 0.8 倍，其余部位具小室状网皱。并胸腹节侧观背缘弧形，后表面陡斜；中纵脊直至后表面近端部；背表面一侧光滑区长为并胸腹节基部至气门后端间距的 1.7 倍，其后方 0.6 具涟漪状弱皱；后表面基部具网皱，后方具横皱；外侧区具小室状网皱。

足：后足腿节长为宽的 4.4 倍；后足胫节长距长为基跗节的 0.53 倍。

翅：前翅长为宽的 2.15 倍；翅痣长和径室前缘脉长分别为翅痣宽的 1.88 倍和 0.31 倍；翅痣后侧缘稍弯；径脉第 1 段内斜，长为宽的 1.8 倍，从翅痣近中央伸出；径脉第 2 段直，两段相接处膨大。后翅后缘近基部有缺刻。

腹：腹柄背面长为中宽的 1.0 倍，基部 0.3 夹点横皱，端部 0.7 具 6 条强纵脊，沟内夹细皱；腹柄侧面上缘长为中高的 0.6 倍，上缘直，基部具横脊 1 条，横脊后具强斜纵脊 5 条。合背板基部中纵沟伸达基部至第 1 对窗疤间距的 0.53 处，两侧各具 2 条纵沟，亚侧纵沟长为中纵沟的 1.0 倍。第 1 窗疤宽为长的 3.3 倍，疤距为疤宽的 0.4 倍。合背板下方毛中等长而密，第 2、3 窗疤之间有 1 条无毛带，下方毛窝至合背板下缘之距为毛长的 0.5-1.0 倍。抱器长三角形，不下弯，端尖。

体色：体黑色，胸部侧板和柄后腹带棕黑色。须、上唇、上颚端部和翅基片黄褐色。触角棕褐色，梗节黄色。足褐黄色，后足基节基半褐色，各足端跗节浅褐色。翅透明，带烟黄色，翅痣和强脉黄褐色，弱脉无色。

雌：未知。

寄主：未知。

研究标本：正模♂，湖北神农架千家坪，1700m，1982.Ⅶ.26，何俊华，No.825356。

分布：湖北。

鉴别特征：见检索表。

词源：种本名"*xanthus* (黄色)"，意为本种足大部分褐黄色，翅带烟黄色和翅痣黄褐色。

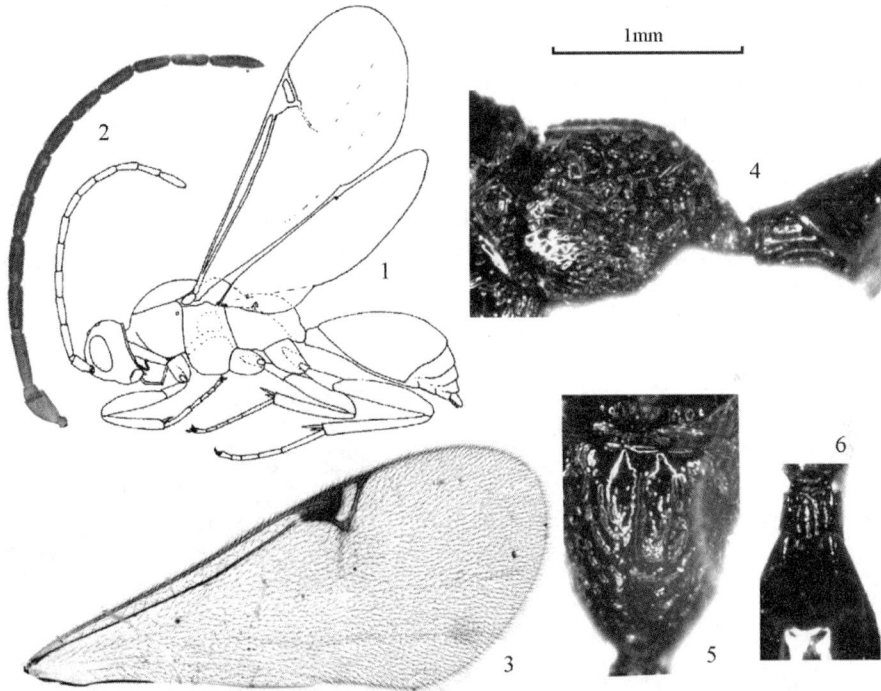

图 241　黄色叉齿细蜂，新种 *Exallonyx xanthus* He *et* Xu, sp. nov.
1. 整体，侧面观；2. 触角；3. 前翅；4. 后胸侧板、并胸腹节和腹部，侧面观；5. 并胸腹节，背面观；6. 腹柄和合背板基部，背面观 [1. 0.6X 标尺；2-3. 1.0X 标尺；4-6. 2.0X 标尺]

(182) 稀网叉齿细蜂，新种 *Exallonyx sparsireticularis* He *et* Xu, sp. nov. (图 242)

雄：前翅长 2.7mm。

头：背观上颊长为复眼的 0.75 倍。颊长为复眼纵径的 0.27 倍。唇基宽为长的 2.8 倍，稍均匀隆起，基部具细刻点，端缘平截。触角第 2、10 鞭节长分别为端宽的 3.0 倍和 3.4

倍,端节长为端前节的 1.29 倍;第 2-9 鞭节有条形角下瘤。额脊中等高。后头脊正常高。

胸:前胸背板颈部背面具 2 条细横皱,中央无毛;侧面光滑,前沟缘脊发达;前沟缘脊之后无毛,颈脊之后具毛;背缘具连续的双列毛;后下角双凹窝,其上还有 2 个小点窝。中胸侧板前缘仅上角具毛;镜面区上方 0.2 具稀毛;侧板下半部 (中央横沟以下部位) 具稀毛,近中央区域无毛;后下角无平行细皱。后胸侧板具小室状网皱;中央前方及前上方有相连的、表面具稀毛的小三角形光滑区,其长和高分别占侧板的 0.7 倍和 0.95 倍。并胸腹节中纵脊伸至后表面端部;背表面全为光滑区,一侧的长为并胸腹节基部至气门后端间距的 3.0 倍;后表面近于光滑,网皱稀;外侧区具小室状网皱。

足:后足腿节长为宽的 5.1 倍;后足胫节长距长为基跗节的 0.55 倍。

翅:前翅长为宽的 2.0 倍;翅痣长和径室前缘脉长分别为翅痣宽的 2.0 倍和 0.55 倍;翅痣后侧缘直;径脉第 1 段从翅痣中央伸出,长为宽的 1.5 倍;径脉第 2 段直,两段相接处膨大且有脉桩。后翅后缘近基部有缺刻。

腹:腹柄背面长为中宽的 1.1 倍,表面具 5 条强纵皱;腹柄侧面上缘长为中高的 1.0 倍,上缘直,基部具横脊 1 条,其后具强纵脊 5 条。合背板基部中纵沟伸达基部至第 1 对窗疤间距的 0.6 处,两侧各具 1 条细纵沟,亚侧纵沟长为中纵沟的 0.95 倍。第 1 窗疤宽为长的 2.3 倍,疤距为疤宽的 0.8 倍。合背板下方的毛中等长而稀,第 2、3 窗疤之间无毛,下方毛窝至合背板下缘之距为毛长的 1.0 倍。抱器长三角形,不下弯,端尖窄圆。

体色:体黑色。须黄色。翅基片褐黄色。触角黑褐色。足红褐色;中后足基节 (除端部)、腿节背缘黑色,后足胫节和跗节黑褐色。翅透明,带烟黄色,翅痣和强脉褐色,弱脉浅黄色痕迹。

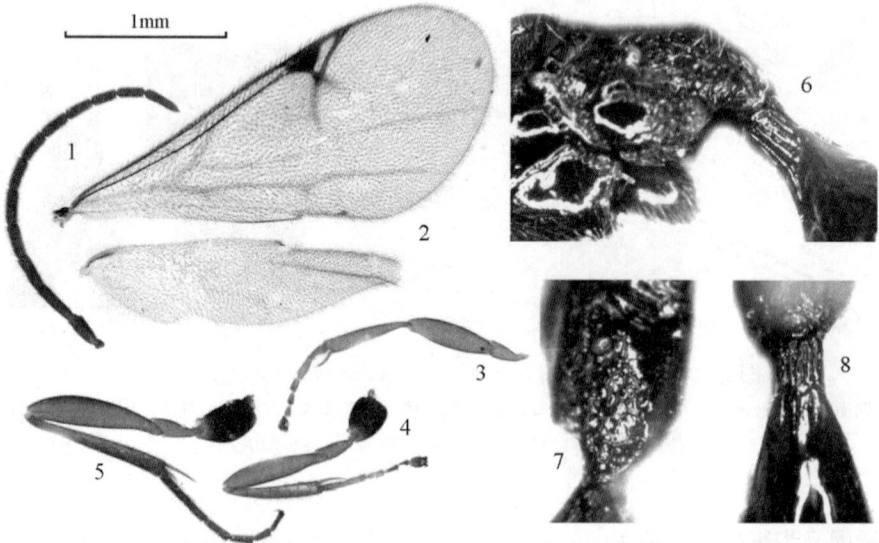

图 242 稀网叉齿细蜂,新种 *Exallonyx sparsireticularis* He et Xu, sp. nov.

1. 触角;2. 翅;3. 前足;4. 中足;5. 后足;6. 后胸侧板、并胸腹节和腹部,侧面观;7. 并胸腹节,背面观;8. 腹柄和合背板基部,背面观 [1-5. 1.0X 标尺;6-8. 2.0X 标尺]

雌：未知。

寄主：未知。

研究标本：正模♂，河南嵩县白云山，1999.V.20，杜予州，No.200011468。

分布：河南。

鉴别特征：见检索表。

词源：种本名"稀网 *sparsireticularis*"，系 *spars* (稀少的) + *reticularis* (有网的) 组合词，意为并胸腹节后表面近于光滑，网皱稀。

(183) 椭瘤叉齿细蜂，新种 *Exallonyx ellipsituberculus* He *et* Xu, sp. nov. (图 243)

雄：前翅长 2.2mm。

头：背观上颊长为复眼的 0.76 倍。颊长为复眼纵径的 0.19 倍。唇基宽为长的 2.6 倍，稍均匀隆起，基部具浅刻点，端缘平截。触角第 2、10 鞭节长分别为端宽的 2.9 倍和 3.0 倍，端节长为端前节的 1.5 倍；第 1-8 鞭节具椭圆形角下瘤。额脊中等高。后头脊正常高。

胸：前胸背板颈部背面具 6-7 条横皱；侧面光滑，前沟缘脊发达；前沟缘脊之后无毛，颈脊之后具毛；背缘具稀疏的双列毛；后下角双凹窝。中胸侧板前缘上角和中央横沟上方有稀毛，之间无毛区长为翅基片的 1.0 倍；镜面区上方 0.5 具稀毛；侧板下半部 (中央横沟以下部位) 具稀毛，近中央区域无毛；后下角无平行细皱。后胸侧板中央前方及前上方有被纵沟分隔的、表面具稀毛的光滑区，其长和高分别占侧板的 0.4 倍和 0.7 倍，其余部位具小室状网皱。并胸腹节侧观背缘弧形；中纵脊伸至后表面中央；背表面后方大部分具不规则网皱，一侧光滑区长为并胸腹节基部至气门后端间距的 1.0 倍；后表面和外侧区均具小室状网皱。

足：后足腿节长为宽的 4.9 倍；后足胫节长距长为基跗节的 0.56 倍。

翅：前翅长为宽的 2.4 倍；翅痣长和径室前缘脉长分别为翅痣宽的 2.4 倍和 0.5 倍；翅痣后侧缘直；径脉第 1 段从翅痣中央伸出，长为宽的 0.8 倍；径脉第 2 段直，两段相接处膨大。后翅后缘近基部有缺刻。

腹：腹柄背面长为中宽的 1.0 倍，具 4 条纵皱 (侧方 2 条稍向前收窄)；腹柄侧面上缘长为中高的 0.8 倍，上缘直，基部具横脊 1 条，其后具强纵脊 5 条。合背板基部中纵沟伸达基部至第 1 对窗疤间距的 0.65 处，两侧各具 2 条深纵沟，亚侧纵沟长为中纵沟的 0.95 倍。第 1 窗疤宽为长的 2.0 倍，疤距为疤宽的 0.8 倍。合背板仅窗疤下方有稀而短的毛，第 2、3 窗疤之间无毛，下方毛窝至合背板下缘之距为毛长的 1.0-1.5 倍。抱器长三角形，不下弯，端尖。

体色：体黑色。须和翅基片浅褐色。触角黑褐色。足浅褐色；基节除端部黑色；中后足转节背方、腿节两端、胫节基端黄褐色。翅透明，带烟黄色，翅痣和强脉褐色，弱脉浅黄色痕迹。

雌：未知。

寄主：未知。

研究标本：正模♂，吉林长白山二道白河，760m，2004.Ⅷ.3，马云，No.20047159。

分布：吉林。

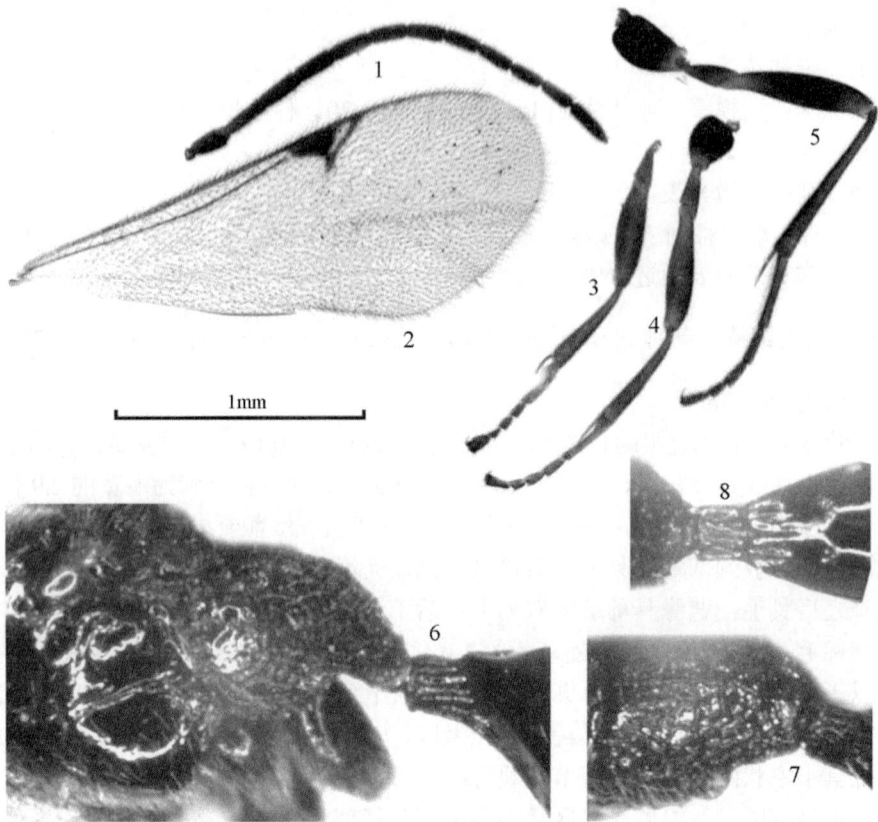

图 243　椭瘤叉齿细蜂，新种 *Exallonyx ellipsituberculus* He *et* Xu, sp. nov.
1. 触角；2. 前翅；3. 前足；4. 中足；5. 后足；6. 后胸侧板、并胸腹节和腹部，侧面观；7. 并胸腹节，背面观；8. 腹柄
和合背板基部，背面观 [1-5. 1.0X 标尺；6-8. 2.0X 标尺]

鉴别特征：见检索表。

词源：种本名"椭瘤 *ellipsituberculus*"，系 *ellips* (椭圆的) + *tuberculus* (具小瘤的) 组合词，意为触角第 1-8 鞭节具椭圆形角下瘤。

(184) 细腿叉齿细蜂，新种 *Exallonyx tenuifemoratus* He *et* Xu, sp. nov. (图 244)

雄：前翅长 3.1mm。

头：背观上颊长为复眼的 0.8 倍。颊长为复眼纵径的 0.36 倍。唇基宽为长的 3.0 倍，稍均匀隆起，散生细刻点，前缘平截。触角第 2、10 鞭节长分别为端宽的 4.8 倍和 4.0 倍，端节长为端前节的 1.4 倍；第 3-10 鞭节有水泡状角下瘤。额脊弱。复眼表面散生长毛。

胸：前胸背板颈部背面具 4-5 条横皱，中央无毛；侧面光滑，前沟缘脊发达；前沟缘脊之后无毛，颈脊之后具毛；背缘具连续的多列毛；后下角双凹窝。中胸侧板前缘上角和中央横沟上方之间均有毛；镜面区几乎均具毛；侧板下半部具稀毛；中央横沟内及其后端下部侧板具水平细刻皱；后下角无平行细皱。后胸侧板满布细网皱；中央前方无光滑区，但该部位有 1 短纵沟。并胸腹节中纵脊伸至后表面端部；背表面后方大部分具

弱皱，光滑区长仅为并胸腹节基部至气门后端间距的 0.6 倍；后表面和外侧区具小室状网皱。

足：后足腿节长为宽的 7.9 倍；后足胫节长距长为基跗节的 0.37 倍。

翅：前翅长为宽的 2.1 倍；翅痣长和径室前缘脉长分别为翅痣宽的 2.0 倍和 0.67 倍；翅痣后侧缘稍弯；径脉第 1 段从翅痣近中央伸出，长为宽的 2.0 倍；径脉第 2 段直，两段相接处膨大。后翅后缘近基部有缺刻。

腹：腹柄背面长为中宽的 1.1 倍，表面具 5 条强纵脊；腹柄侧面上缘长为中高的 0.9 倍，上缘直，基部具横脊 1 条，其后具 7 条基部不直的纵脊。合背板基部中纵沟伸达基部至第 1 对窗疤间距的 0.4 处，两侧各具 2 条纵沟，亚侧纵沟长为中纵沟的 0.8 倍。第 1 窗疤宽为长的 2.0 倍，疤距为疤宽的 0.8 倍。合背板上的毛中等长，下方毛窝与合背板下缘之距为毛长的 1.0 倍。抱器长三角形，不下弯，端尖。

体色：体黑色。须、翅基片黄色。触角黑褐色。足黑褐色，中后足基节色更深。翅透明，带烟黄色，翅痣和强脉暗褐黄色，弱脉浅黄色痕迹。

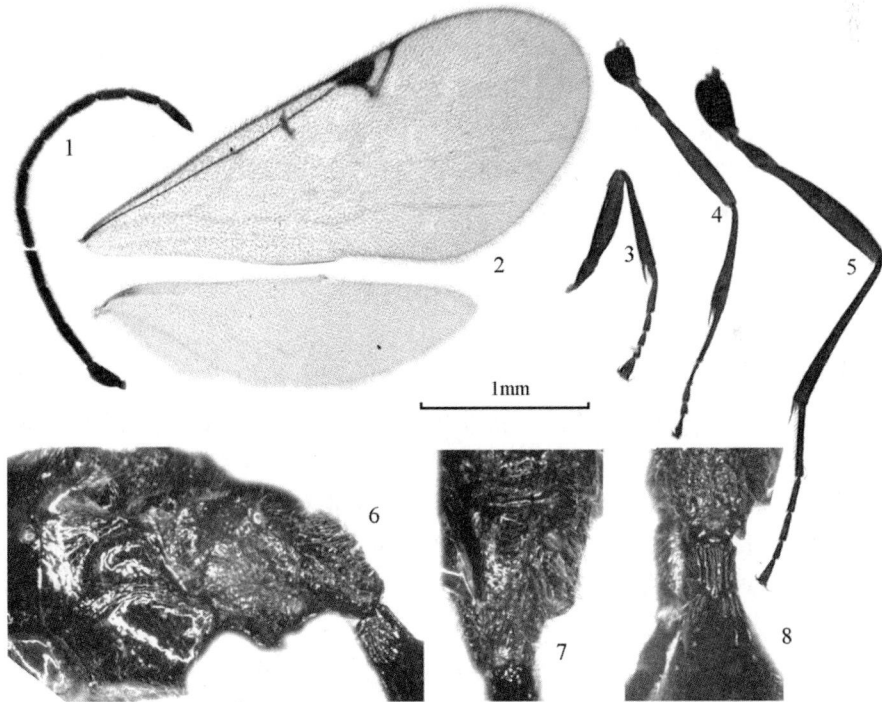

图 244　细腿叉齿细蜂，新种 *Exallonyx tenuifemoratus* He *et* Xu, sp. nov.

1. 触角；2. 翅；3. 前足；4. 中足；5. 后足；6. 中胸侧板、后胸侧板、并胸腹节和腹柄，侧面观；7. 并胸腹节，背面观；8. 腹柄和合背板基部，背面观 [1-5. 1.0X 标尺；6-8. 2.0X 标尺]

雌：未知。

寄主：未知。

研究标本：正模♂，四川康定折多沟，2920m，1996.VI.8，杜予州，No.977595。

分布：四川。

鉴别特征：按本新种前胸背板侧面后下角具双凹窝；合背板上的毛中等长和腹柄侧面基部具 1 条横脊及并胸腹节背表面光滑区小，不达并胸腹节气门后端等特征，放在现有某一种团都不完全符合，现以具有最多特征考虑，暂放在暗黑叉齿细蜂种团。

词源：种本名"细腿 tenuifemoratus"，系 tenu (细的) +femora (腿) 组合而成，意为后足腿节特别细长。

(185) 黑胫叉齿细蜂，新种 *Exallonyx nigritibialis* He *et* Xu, sp. nov. (图 245)

雄：前翅长 3.1mm。

头：背观上颊长为复眼的 0.81 倍。颊长为复眼纵径的 0.28 倍。唇基宽为长的 3.5 倍，稍均匀隆起，具刻点，前缘稍凹。触角第 2、10 鞭节长分别为端宽的 3.8 倍和 3.65 倍，端节长为端前节的 1.5 倍；第 2-9 鞭节具条形角下瘤。额脊弱。后头脊正常高。

胸：前胸背板颈部背面具 4-5 条细横皱，中央无毛；侧面光滑，前沟缘脊发达；前沟缘脊之后无毛，颈脊之后具毛；背缘具连续的双列毛；后下角双凹窝。中胸侧板前缘上角和中央横沟上方为有毛区，之间无毛区长为翅基片的 1.8 倍；镜面区上方 0.4 具毛；侧板下半部 (中央横沟以下部位) 具稀毛，近中央区域无毛；后下角具平行细皱。后胸侧板具小室状网皱；中央前方及前上方有相连的、表面具稀毛的小三角形光滑区，其长和高分别占侧板的 0.46 倍和 0.7 倍。并胸腹节中纵脊伸至后表面近端部；背表面端部和侧后方具网皱，一侧光滑区长为并胸腹节基部至气门后端间距的 1.5 倍；后表面具稀网室，端部光滑；外侧区具小室状网皱。

足：后足腿节长为宽的 5.4 倍；后足胫节长距长为基跗节的 0.62 倍。

翅：前翅长为宽的 2.1 倍；翅痣长和径室前缘脉长分别为翅痣宽的 1.5 倍和 0.73 倍；翅痣后侧缘稍弯；径脉第 1 段从翅痣中央伸出，长为宽的 1.7 倍；径脉第 2 段直，两段相接处膨大。后翅后缘近基部有缺刻。

腹：腹柄背面长为中宽的 1.0 倍，基部 0.3 具 3 条横皱，端部 0.7 具 5 条纵皱，内夹细皱，中脊仅后端存在；腹柄侧面上缘长为中高的 0.9 倍，上缘直，基部具横脊 1 条，其后具强纵脊 5 条。合背板基部中纵沟伸达基部至第 1 对窗疤间距的 0.8 处，两侧各具 2 条纵沟，亚侧纵沟长为中纵沟的 0.5 倍。第 1 窗疤宽为长的 2.5 倍，疤距为疤宽的 0.6 倍。合背板上的毛中等长，下方毛窝至合背板下缘之距约为毛长的 1.0 倍。抱器长三角形，不下弯，端尖。

体色：体黑色。须、翅基片红褐色。触角黑褐色。足红褐色；中后足基节 (除端部)、转节背面、中足腿节背面及后足腿节 (除两端)、后足胫节黑色至黑褐色 (后足跗节不知)。翅透明，带烟黄色，翅痣和强脉黑褐色，弱脉浅黄色痕迹。

变异：颊长为复眼纵径的 0.43 倍。唇基宽为长的 2.2 倍。触角第 2-9 鞭节有水泡状角下瘤。并胸腹节背表面全为光滑区，其长为并胸腹节基部至气门后端间距的 2.6 倍。后足腿节长为宽的 4.9 倍。径脉第 1 段长为宽的 1.2 倍。合背板基部中纵沟两侧各具 1 条纵沟。后足转节红褐色。

雌：前翅长 3.1mm。

头：背观上颊长为复眼的 0.9 倍。颊长为复眼纵径的 0.5 倍。唇基宽为长的 2.5 倍，

近于平坦，具细刻点，端缘稍凹。触角第 2、10 鞭节长分别为端宽的 2.9 倍和 2.8 倍，端节长为端前节的 1.4 倍。额脊中等高。后头脊正常。

胸：前胸背板颈部背面具 9 条横皱；侧面光滑，前沟缘脊发达；前沟缘脊之后无毛，颈脊之后具毛；背缘具连续的双列毛；后下角双凹窝。中胸侧板前缘上角和中央横沟上方有稀毛，之间无毛区长为翅基片的 1.5 倍；镜面区上方 0.7 具毛；侧板下半部具稀毛，沿中央横沟以下部位无毛；后下角无平行细皱。后胸侧板中央前方及前上方有被纵沟分隔的、表面具稀毛的光滑区，其长和高分别占侧板的 0.5 倍和 0.8 倍，其余部位具小室状网皱。并胸腹节侧观背缘弧形；中纵脊伸至后表面近端部；背表面仅后方具皱，一侧光滑区长为并胸腹节基部至气门后端间距的 2.0 倍；后表面和外侧区具小室状网皱。

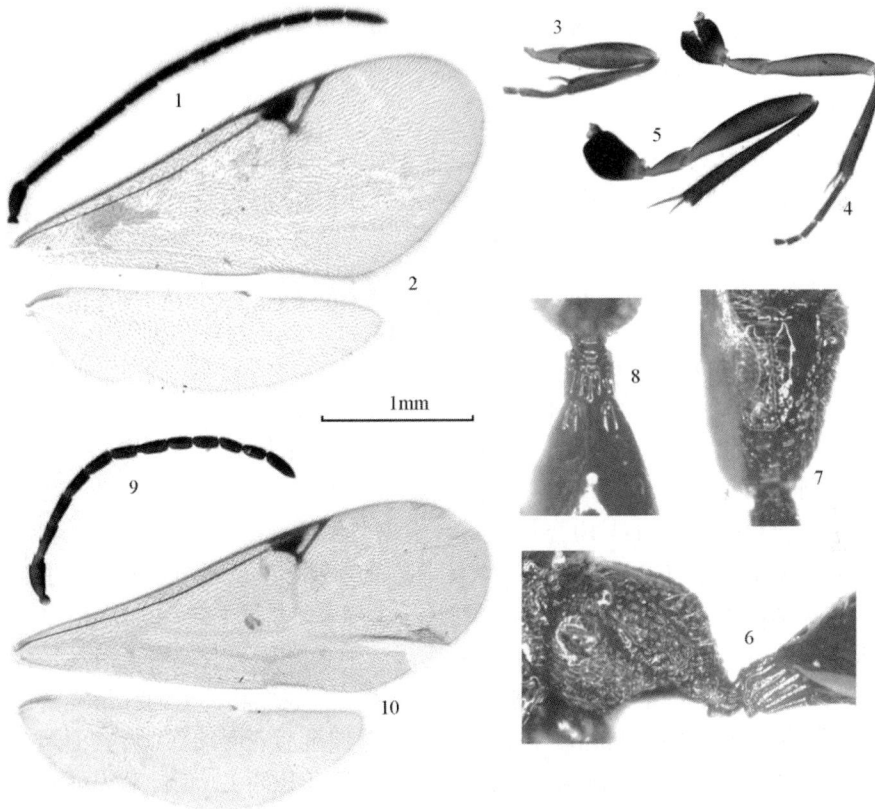

图 245　黑胫叉齿细蜂，新种 *Exallonyx nigritibialis* He *et* Xu, sp. nov.

1, 9. 触角；2, 10. 翅；3. 前足；4. 中足；5. 后足；6. 后胸侧板、并胸腹节和腹部，侧面观；7. 并胸腹节，背面观；8. 腹柄和合背板基部，背面观 (1-8.♂；9-10.♀) [1-5, 9-10. 1.0X 标尺；6-8. 2.0X 标尺]

足：后足腿节长为宽的 5.4 倍；后足胫节长距长为基跗节的 0.4 倍。

翅：前翅长为宽的 2.54 倍；翅痣长和径室前缘脉长分别为翅痣宽的 2.0 倍和 0.43 倍；翅痣后侧缘直；径脉第 1 段从翅痣中央伸出，长为宽的 1.5 倍；径脉第 2 段直，两段相接处膨大。后翅后缘近基部有缺刻。

腹：腹柄背面长为中宽的 1.0 倍，基半具横网皱，端半具 8 条强纵皱；腹柄侧面上

缘长为中高的 0.8 倍，上缘直，基部具横脊 1 条，横脊后具强斜纵脊 5 条。合背板基部
中纵沟伸达基部至第 1 对窗疤间距的 0.7 处，两侧各具 2 条纵沟，亚侧纵沟长为中纵沟
的 0.7 倍。第 1 窗疤宽为长的 2.2 倍，疤距为疤宽的 1.2 倍。合背板上的毛等长而密，接
近合背板下缘，下方毛窝至合背板下缘之距约为毛长的 1.0 倍。产卵管鞘长为后足胫节
的 0.38 倍，为鞘中宽的 4.6 倍，表面具细长刻点，光滑，有细毛。

体色：体黑色。须黄褐色。上唇、上颚端部和翅基片褐黄色。触角黑褐色，基部 5
节腹方红褐色。足褐黄色；基节除端部和腿节背缘黑色。翅透明，带烟黄色，翅痣和强
脉黑褐色，弱脉浅黄色痕迹。

寄主：未知。

研究标本：正模♂，陕西秦岭天台山，1993.IX.3，何俊华，No.990268。副模：3♀2♂，
同正模，Nos.990072，990271，990356，990579，991528；1♂，陕西秦岭天台山，2000m，
1998.VI.8，马云，No.983242。

分布：陕西。

鉴别特征：见检索表。

词源：种本名"黑胫 nigritibialis"，系 nigr (黑色) +tibialis (胫节) 组合词，意为后足
胫节黑褐色至黑色。

(186) 拱唇叉齿细蜂，新种 *Exallonyx arciclypeatus* He et Xu, sp. nov. (图 246)

雌：前翅长 2.4mm。

头：背观上颊长为复眼的 1.0 倍。颊长为复眼纵径的 0.5 倍。唇基宽为长的 3.0 倍，
稍均匀隆起，近于光滑，前缘稍凹。触角第 2、10 鞭节长分别为端宽的 2.4 倍和 2.0 倍，
端节长为端前节的 1.5 倍。额脊中等高。后头脊正常高。颜面上方中央具一些纵刻皱。

胸：前胸背板颈部背面具 10 条细横皱，中央散生细毛；侧面光滑，前沟缘脊发达；
前沟缘脊之后无毛，颈脊之后具毛；背缘具稀疏的双列毛；后下角双凹窝。中胸侧板前
缘上角和中央横沟上方为有毛区，之间无毛区长为翅基片的 1.1 倍；镜面区上方 0.4 具稀
毛；侧板下半部 (中央横沟以下部位) 具稀毛，近中央区域无毛；后下角具平行细皱。
后胸侧板具小室状网皱；中央前方及前上方有相连的、表面具稀毛的梯形光滑区，其长
和高分别占侧板的 0.3 倍和 0.8 倍。并胸腹节中纵脊伸至后表面端部；背表面端部和侧后
方具网皱，一侧光滑区长为并胸腹节基部至气门后端间距的 2.2 倍；后表面和外侧区具
小室状网皱。

足：后足腿节长为宽的 4.7 倍；后足胫节长距长为基跗节的 0.43 倍。

翅：前翅狭长，长为宽的 2.9 倍；翅痣长和径室前缘脉长分别为翅痣宽的 2.0 倍和
0.4 倍；翅痣后侧缘直；径脉第 1 段从翅痣中央伸出，长为宽的 1.0 倍；径脉第 2 段直，
两段相接处膨大。后翅后缘近基部有缺刻。

腹：腹柄背面长为中宽的 1.0 倍，基部 0.4 具 2 条夹点横皱，端部 0.6 具 5 条强纵脊；
腹柄侧面上缘长为中高的 1.0 倍，上缘直，基部具横脊 1 条，其后具强纵脊 5 条。合背
板基部中纵沟伸达基部至第 1 对窗疤间距的 0.8 处，两侧各具 2 条细纵沟，亚侧纵沟长
为中纵沟的 0.5 倍。第 1 窗疤宽为长的 2.4 倍，疤距为疤宽的 0.5 倍。合背板上的毛中等

长，第 2、3 窗疤之间没有完整的无毛带，下方毛窝至合背板下缘之距为毛长的 1.0-2.0 倍。产卵管鞘长为后足胫节的 0.34 倍，为鞘中宽的 3.6 倍，表面具细长刻点，光滑，有细毛。

体色：体黑色。须黄色。触角红褐色，端部 4-5 节黑褐色。翅基片黄褐色。足红褐色；端跗节、中后足基节基半黑褐色。翅透明，带烟黄色，翅痣和强脉黑褐色，弱脉浅黄色痕迹。

雄：与雌性相似，不同之处在于，前翅长 2.8mm。头背观上颊长为复眼的 0.74 倍。颊长为复眼纵径的 0.31 倍。触角第 2、10 鞭节长分别为端宽的 3.3 倍和 3.0 倍，端节长为端前节的 1.52 倍；第 7-11 鞭节具水泡状角下瘤。前胸背板颈部背面具 5 条细横皱，中央无毛；并胸腹节背表面基部一侧光滑区长为并胸腹节基部至气门后端间距的 1.5 倍。后足腿节长为宽的 5.0 倍；后足胫节长距长为基跗节的 0.58 倍。前翅翅痣长和径室前缘脉长分别为翅痣宽的 1.9 倍和 0.6 倍；翅痣后侧缘稍弯；径脉第 1 段从翅痣中央稍外方伸出，长为宽的 1.1 倍。腹部合背板亚侧纵沟长为中纵沟的 0.8 倍。抱器长三角形，不下弯，端尖窄圆。体黑色。须、翅基片红褐色。触角黑色，基部 3 节带红褐色。中后足腿节背缘黑褐色；中足胫节和中后足基跗节浅褐色。

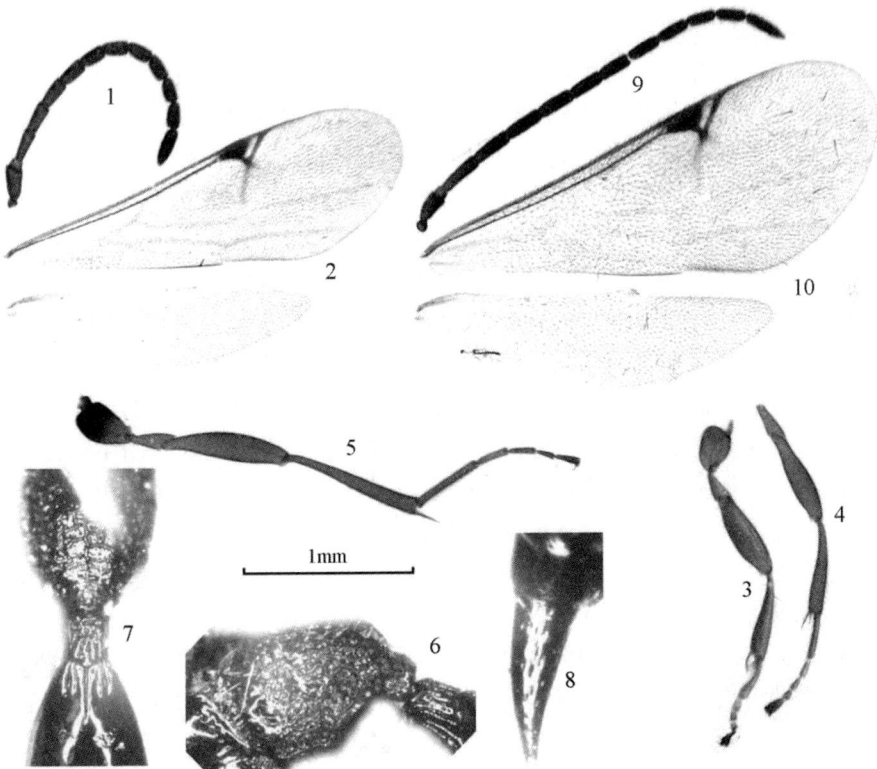

图 246　拱唇叉齿细蜂，新种 *Exallonyx arciclypeatus* He *et* Xu, sp. nov.

1, 9. 触角；2, 10. 翅；3. 前足；4. 中足；5. 后足；6. 后胸侧板、并胸腹节和腹部，侧面观；7. 并胸腹节、腹柄和合背板基部，背面观；8. 产卵管鞘 (1-8.♀；9-10.♂) [1-5, 9-10. 1.0X 标尺；6-7. 2.0X 标尺；8. 4.0X 标尺]

寄主：未知。

研究标本：正模♀，甘肃宕昌大河坝，吴琼，2530m，No.20047016。副模：5♀1♂，采地、采期同正模，时敏、吴琼，Nos.20046965, 2046968, 20046985, 20046998, 20047007, 20047017；1♂，采地、采期同正模，陈学新，No.20047053。

分布：甘肃 (宕昌)。

鉴别特征：本新种在唇基侧观多少拱隆、合背板第 2 窗疤和第 3 窗疤之间没有完整的无毛带、前沟缘脊之后无毛等特征与古北区种 *Exallonyx ater* (Gravenhorst，1807)相近，但从下列特征可以区别：①后胸侧板前上方光滑区长和高分别占侧板的 0.3 倍和 0.8 倍 (后者甚小)；②合背板基部中纵沟两侧各具 2 条细纵沟 (后者 3-4 条)。

词源：种本名"拱唇 *arciclypeatus*"，系 arc (弓形，微拱) + *clypeatus* (唇基) 组合词，意为唇基侧观多少拱隆。

(187) 多毛叉齿细蜂，新种 *Exallonyx hirsutus* He *et* Xu, sp. nov. (图 247)

雄：前翅长 4.0mm。

头：背观上颊长为复眼的 0.6 倍。颊长为复眼纵径的 0.32 倍。唇基宽为长的 3.1 倍，稍均匀隆起，具浅点皱，亚端横脊明显，端缘平截。触角第 2、10 鞭节长分别为端宽的 2.6 倍和 3.0 倍，端节长为端前节的 1.5 倍；鞭节有条形角下瘤，占各节长的 0.5-0.6 倍，位于中央偏基方。额脊中等高。后头脊正常高。

胸：前胸背板颈部背面具 4-5 条横皱；侧面光滑，前沟缘脊发达；前沟缘脊之后无毛，颈脊之后具毛；背缘具连续的多列毛；后下角双凹窝。中胸侧板前缘上角和中央横沟上方有稀毛，之间无毛区长为翅基片的 1.2 倍；镜面区上半具稀毛；侧板下半部具稀毛；中央横沟内及其后半下方侧板具平行细皱。后胸侧板中央前方及前上方有被纵沟分隔的、表面具稀毛的光滑区，其长和高分别占侧板的 0.3 倍和 0.7 倍，其余部位具小室状网皱。并胸腹节侧观背缘弧形，后表面斜；中纵脊伸至后表面近端部；背表面一侧光滑区长约为并胸腹节基部至气门后端间距的 3.0 倍；其余部位具小室状网皱。

足：后足腿节长为宽的 4.4 倍；后足胫节长距长为基跗节的 0.6 倍。

翅：前翅长为宽的 2.5 倍；翅痣长和径室前缘脉长分别为翅痣宽的 1.8 倍和 0.5 倍；翅痣后侧缘稍弯；径脉第 1 段内斜，长为宽的 1.0 倍，从翅痣近中央伸出；径脉第 2 段直，两段相接处下方有脉桩。后翅后缘近基部有缺刻。

腹：腹柄背面长为中宽的 1.1 倍，基部具点皱，端部 0.8 具 6 条强纵脊，亚中脊之间后端有 1 短纵脊；腹柄侧面上缘长为中高的 0.7 倍，上缘直，基部具横脊 1 条，横脊后具强斜纵脊 7 条。合背板基部中纵沟伸达基部至第 1 对窗疤间距的 0.7 处，两侧各具 3 条纵沟，亚侧纵沟长为中纵沟的 0.7 倍。第 1 窗疤大，宽为长的 3.0 倍，疤距为疤宽的 0.4 倍。合背板上的毛中等长而密，下方毛窝至合背板下缘之距为毛长的 0.5-1.0 倍。抱器长三角形，不下弯，端尖。

体色：体黑色，柄后腹下半稍带棕褐色。须黄色。上颚端部红褐色。触角黑褐色。翅基片黄褐色。足基节黑褐色至黑色；转节、腿节红褐色；胫节和前中足跗节黄褐色；后足跗节浅褐色。翅透明，带烟黄色，翅痣和强脉褐色，弱脉浅黄色痕迹。

雌：未知。

寄主：未知。

研究标本：正模♂，湖北大神农架，2890m，1982.VIII.27，何俊华，No.825718。

分布：湖北。

鉴别特征：本新种合背板下方布满细毛，在第 2、3 窗疤之间没有无毛带，前沟缘脊后方无毛及唇基侧观拱隆等特征与日本种 *Exallonyx styracura* Townes，1981 相似，但以下特征可与之区别：①中胸侧板前缘中央无毛区长为翅基片的 1.2 倍 (后者前缘毛带连续)；②合背板基部中纵沟达基部至第 1 对窗疤的 0.7 处；两侧各具 3 条侧纵沟，亚侧纵沟长为中纵沟 0.7 倍 (后者中纵沟伸达 0.5 处，侧纵沟各 2 条，亚侧纵沟长为中纵沟的 0.4 倍)；③前翅长 4.0mm (后者 2.3-2.7mm)。

词源：种本名"多毛 *hirsutus* (毛)"，意为本新种合背板下方布满细毛，在第 2、3 窗疤之间没有无毛带。

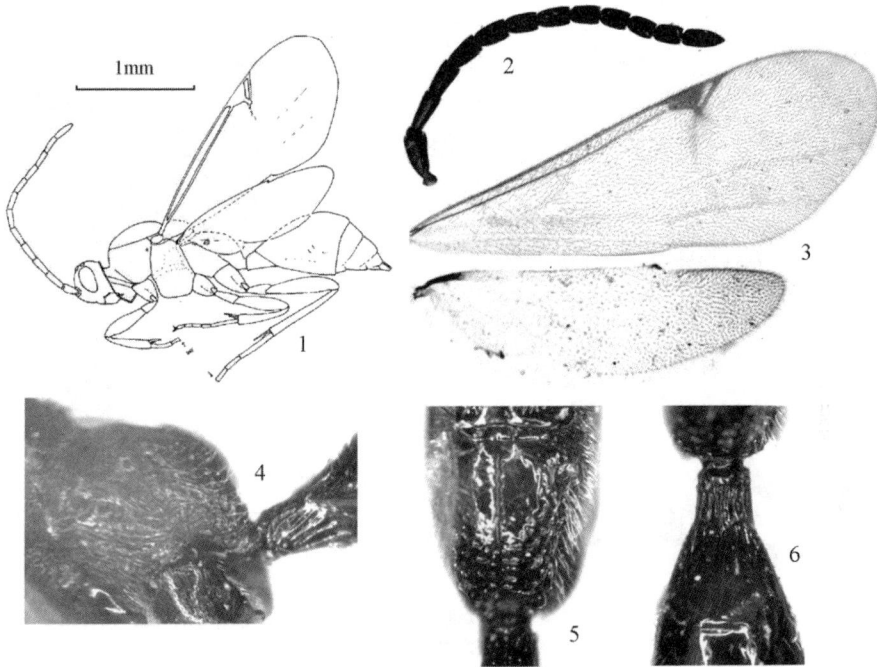

图 247　多毛叉齿细蜂，新种 *Exallonyx hirsutus* He et Xu, sp. nov.

1. 整体，侧面观；2. 触角；3. 翅；4. 后胸侧板、并胸腹节和腹部，侧面观；5. 并胸腹节，背面观；6. 腹柄和合背板基部，背面观 [1. 0.5X 标尺；2-3. 1.0X 标尺；4-6. 2.0X 标尺]

(188) 短室叉齿细蜂，新种 *Exallonyx brevicellus* He *et* Xu, sp. nov. (图 248)

雄：前翅长 2.1mm。

头：背观上颊长为复眼的 0.78 倍。颊长为复眼纵径的 0.25 倍。唇基宽为长的 2.6 倍，稍均匀隆起，散生细刻点，端缘平截。触角第 2、10 鞭节长分别为端宽的 3.4 倍和 3.3

倍，端节长为端前节的 1.5 倍；第 2-9 鞭节有椭圆形角下瘤。额脊中等高。后头脊正常高。

胸：前胸背板颈部背面具 4-5 条细横皱，中央无毛；侧面光滑，前沟缘脊发达；前沟缘脊之后无毛，颈脊之后具毛；背缘具连续的双列毛；后下角双凹窝。中胸侧板前缘上角和中央横沟上方为有毛区，之间无毛区长为翅基片的 1.0 倍；镜面区上方 0.4 具稀毛；侧板下半部 (中央横沟以下部位) 具稀毛，近中央区域无毛；后下角无平行细皱。后胸侧板具小室状网皱；中央前方及前上方有相连的、表面具稀毛的光滑区，其长和高分别占侧板的 0.35 倍和 0.7 倍。并胸腹节中纵脊伸至后表面中央；背表面后半具细网皱，前方为光滑区，其一侧的长为并胸腹节基部至气门后端间距的 1.2 倍；后表面和外侧区具小室状网皱。

足：后足腿节长为宽的 5.0 倍；后足胫节长距长为基跗节的 0.57 倍。

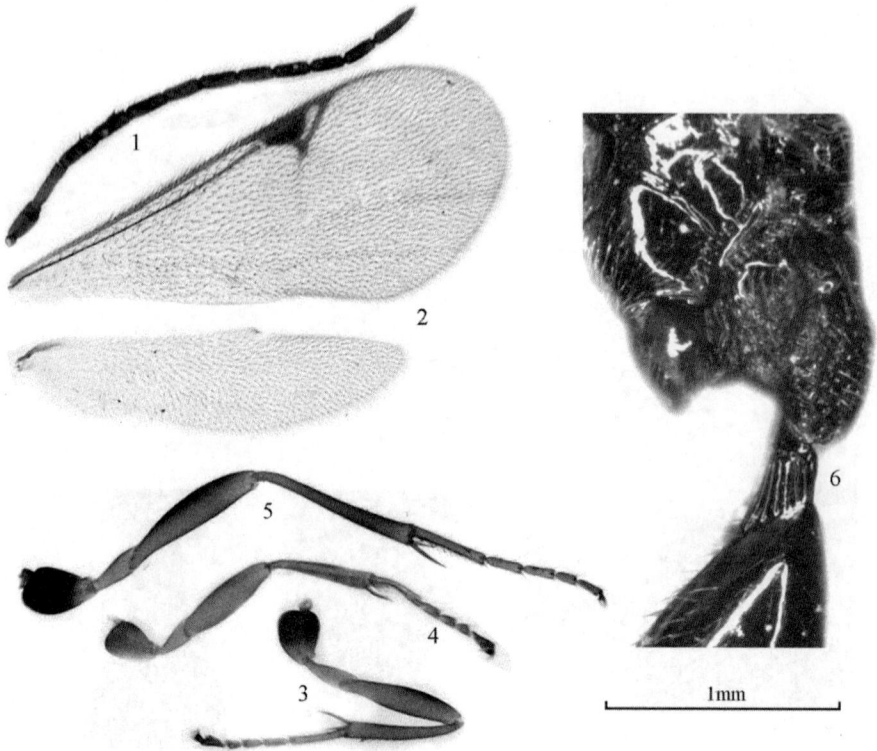

图 248 短室叉齿细蜂，新种 *Exallonyx brevicellus* He *et* Xu, sp. nov.
1. 触角；2. 翅；3. 前足；4. 中足；5. 后足；6. 后胸侧板、并胸腹节和腹部，侧面观 [1-5. 1.0X 标尺；6. 2.0X 标尺]

翅：前翅长为宽的 2.2 倍；翅痣长和径室前缘脉长分别为翅痣宽的 1.9 倍和 0.36 倍；翅痣后侧缘稍弯；径脉第 1 段从翅痣中央稍外方伸出，长为宽的 0.5 倍；径脉第 2 段直，两段相接处膨大。后翅后缘近基部有缺刻。

腹：腹柄背面长为中宽的 1.0 倍，表面具 5 条强纵皱，内夹细皱；腹柄侧面上缘长为中高的 0.9 倍，上缘直，基部具横脊 1 条，其后具强纵脊 6 条。合背板基部中纵沟伸达基部至第 1 对窗疤间距的 0.7 处，两侧各具 2 条细纵沟，亚侧纵沟长为中纵沟的 0.75

倍。第 1 窗疤宽为长的 2.5 倍，疤距为疤宽的 0.3 倍。合背板上的毛中等长，下方毛窝至合背板下缘之距约为毛长的 1.2 倍。抱器长三角形，不下弯，端尖窄圆。

体色：体黑色。须和翅基片黄褐色。触角暗褐黄色。足褐黄色；中后足基节除端部和腿节背缘黑褐色。翅透明，带烟黄色，翅痣和强脉暗褐黄色，弱脉浅黄色痕迹。

雌：未知。

寄主：未知。

研究标本：正模♂，浙江德清筏头，1995.Ⅴ.27，陈学新，No.954858。

分布：浙江。

鉴别特征：见检索表。

词源：种本名"短室 brevicellus"，系 brev (短) +cell (翅室) 组合词，意为前翅径室 (缘室) 短。

(189) 九沟叉齿细蜂，新种 *Exallonyx novemisulcus* He *et* Xu, sp. nov. (图 249)

雄：前翅长 2.8mm。

头：背观上颊长为复眼的 0.68 倍。颊长为复眼纵径的 0.39 倍。唇基宽为长的 2.6 倍，稍均匀隆起，亚端横脊强，端缘平截。触角第 2、10 鞭节长分别为端宽的 3.0 倍和 3.2 倍，端节长为端前节的 1.5 倍；鞭节无角下瘤。额脊强而高。后头脊正常高。

胸：前胸背板颈部背面具 4-5 条横皱；侧面光滑，前沟缘脊发达；前沟缘脊之后无毛，颈脊之后具毛；背缘具连续的双列毛；后下角双凹窝。中胸侧板前缘上角和中央横沟上方有稀毛，之间无毛区长为翅基片的 1.6 倍；镜面区上方 0.4 具稀毛；侧板下半部 (中央横沟以下部位) 具稀毛，近中央区域无毛。后胸侧板前方有表面具稀毛的光滑区，其长和高分别占侧板的 0.5 倍和 0.6 倍，近上方有浅纵沟将光滑区分为上小下大两块；光滑区下方具大凹窝，后方及后上方小室状网皱。并胸腹节侧观背缘弧形，后表面约 45° 下斜；中纵脊仅伸至背表面后端；背表面后侧有网皱，与外侧区网皱相连，一侧光滑区长为并胸腹节基部至气门后端间距的 2.5 倍；后表面无中纵脊，网皱较细；外侧区具网皱。

足：后足腿节长为宽的 4.5 倍；后足胫节长距长为基跗节的 0.54 倍。

翅：前翅长为宽的 2.3 倍；翅痣长和径室前缘脉长分别为翅痣宽的 2.2 倍和 0.8 倍；翅痣后侧缘稍弯；径脉第 1 段从翅痣中央稍外方伸出，内斜，长为宽的 1.9 倍；径脉第 2 段直，两段相接处膨大。后翅后缘近基部有缺刻。

腹：腹柄背面长为中宽的 1.1 倍，表面具 7 条强纵皱；腹柄侧面上缘长为中高的 0.9 倍，上缘直，基部具横脊 1 条，横脊后具强斜纵脊 5 条。合背板基部中纵沟伸达基部至第 1 对窗疤间距的 0.9 处，两侧各具长短粗细不一的纵沟 4 条，亚侧纵沟细而短，长为中纵沟的 0.4 倍，第 2 侧纵沟粗，长为中纵沟的 0.95 倍。第 1 窗疤宽为长的 3.5 倍，疤距为疤宽的 0.8 倍。合背板上仅窗疤附近有中等长而密的毛，下方毛窝至合背板下缘之距为毛长的 1.0 倍。抱器长三角形，不下弯，端尖。

体色：体黑色。须黄褐色。翅基片红褐色。触角黑褐色，柄节下方和梗节暗红色。足红褐色；基节黑色；前中足端跗节、中后足转节背方、腿节背方、后足胫节除基半腹方、距、跗节 (第 2-4 跗节稍浅) 黑褐色。翅透明，带烟黄色，翅痣和强脉黑褐色，弱脉浅黄色痕迹。

雌：未知。

寄主：未知。

研究标本：正模♂，广东乳源南岭，2004.Ⅷ.4，许再福，No.20047783。

分布：广东。

鉴别特征：见检索表。

词源：种本名"九沟 novemisulcus"，系 novem (九) +sulcus (沟) 组合词，意为腹部合背板基部的中纵沟和侧纵沟共 9 条。

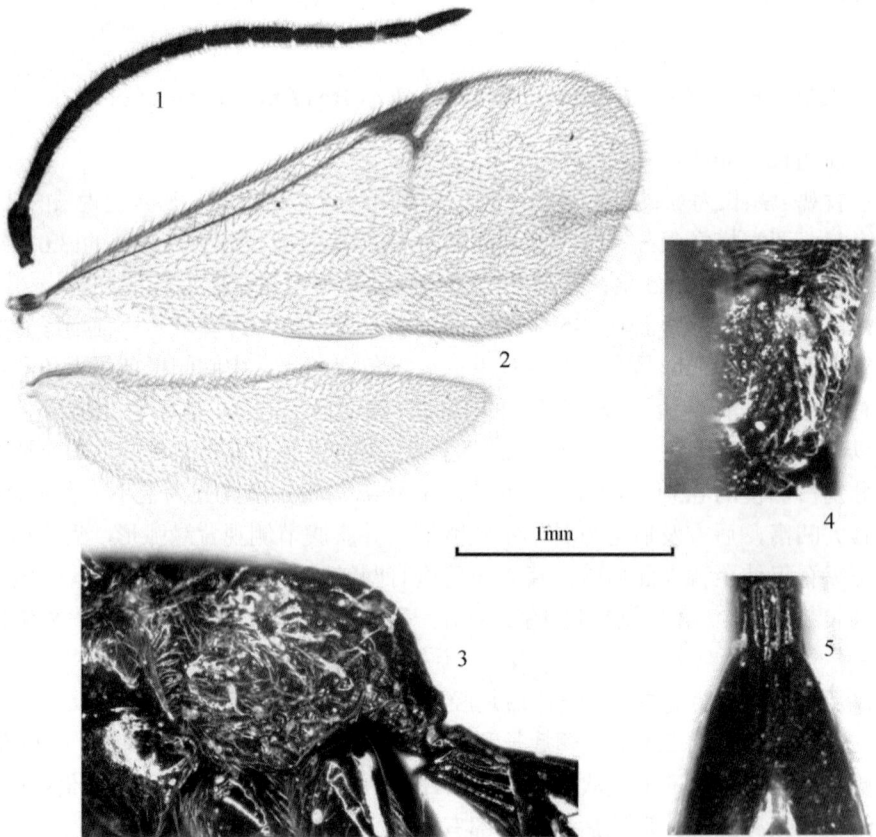

图 249 九沟叉齿细蜂，新种 Exallonyx novemisulcus He et Xu, sp. nov.

1. 触角；2. 翅；3. 后胸侧板、并胸腹节和腹部，侧面观；4. 并胸腹节，背面观；5. 腹柄和合背板基部，背面观 [1-2. 1.0X 标尺；3-5. 2.0X 标尺]

(190) 吉林叉齿细蜂，新种 Exallonyx jilinensis He et Xu, sp. nov. (图 250)

雄：前翅长 2.8mm。

头：背观上颊长为复眼的 0.79 倍。颊长为复眼纵径的 0.27 倍。唇基宽为长的 3.5 倍，

稍均匀隆起，亚端横脊明显，端缘弧凹。触角第 2、10 鞭节长分别为端宽的 3.4 倍和 3.6 倍，端节长为端前节的 1.47 倍；鞭节无明显角下瘤。额脊中等高。后头脊高，呈檐状。

胸：前胸背板颈部背面具 7 条横皱；侧面光滑，前沟缘脊发达；前沟缘脊之后无毛，颈脊之后具毛；背缘具稀疏的单列毛；后下角双凹窝。中胸侧板前缘上角和中央横沟上方有稀毛，之间无毛区长为翅基片的 1.6 倍；镜面区上方 0.3 具稀毛；侧板下半部具稀毛，近中央区域无毛；中央横沟内及其后半下方侧板具平行细皱。后胸侧板中央前方及前上方有被纵沟分隔的、表面具稀毛的光滑区，其长和高分别占侧板的 0.4 倍和 0.4 倍，其余部位具小室状网皱。并胸腹节侧观背缘弧形，后表面缓斜；中纵脊直至后表面近端部；背表面后方及外侧具细网皱，光滑区仅基部内侧明显，一侧光滑区的长为并胸腹节基部至气门后端间距的 1.0 倍，近气门处有弱皱，其余部位具小室状网皱。

足：后足腿节长为宽的 4.5 倍；后足胫节长距长为基跗节的 0.53 倍。

翅：前翅长为宽的 2.25 倍；翅痣长和径室前缘脉长分别为翅痣宽的 1.8 倍和 0.47 倍；翅痣后侧缘稍弯；径脉第 1 段内斜，长为宽的 1.8 倍，从翅痣近中央伸出；径脉第 2 段直，两段相接处膨大。后翅后缘近基部有缺刻。

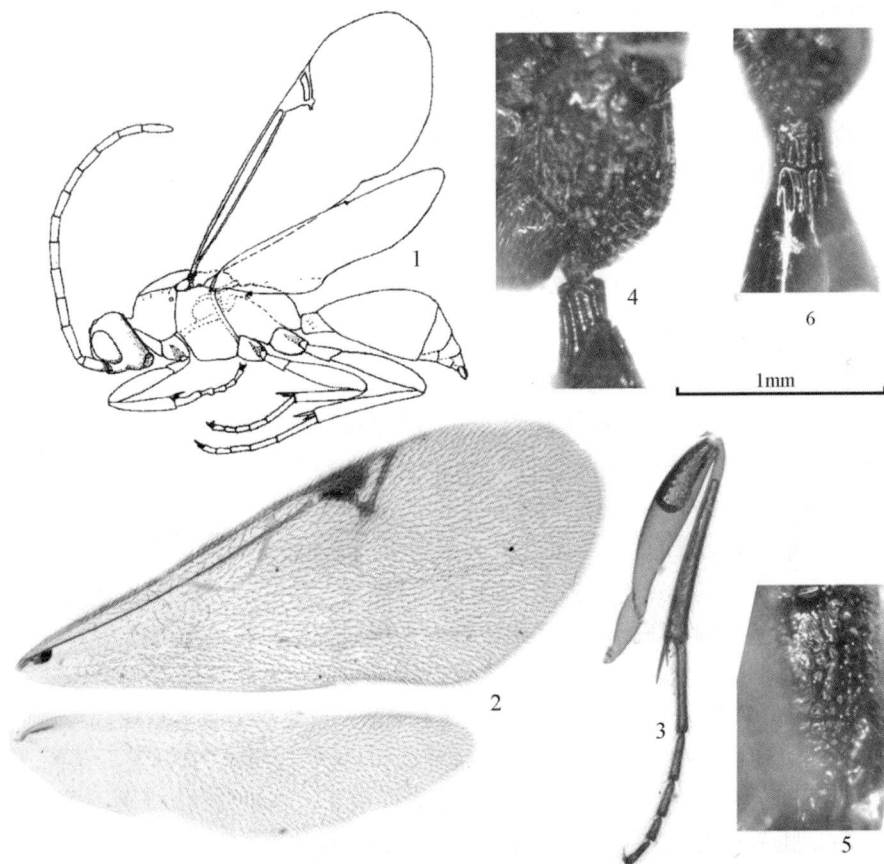

图 250　吉林叉齿细蜂，新种 *Exallonyx jilinensis* He *et* Xu, sp. nov.

1. 整体，侧面观；2. 翅；3. 后足；4. 后胸侧板、并胸腹节和腹部，侧面观；5. 并胸腹节，背面观；6. 腹柄和合背板基部，背面观 [1. 0.6X 标尺；2-3. 1.0X 标尺；4-6. 2.0X 标尺]

腹：腹柄背面长为中宽的 0.7 倍，基部 0.2 具夹点横皱，端部 0.8 具 6 条强纵皱；腹柄侧面上缘长为中高的 0.8 倍，上缘直，基部具横脊 1 条，横脊后具强纵脊 5 条。合背板基部中纵沟伸达基部至第 1 对窗疤间距的 0.6 处，两侧各具 2 条纵沟，亚侧纵沟长为中纵沟的 0.8 倍。第 1 窗疤宽为长的 3.0 倍，疤距为疤宽的 0.5 倍。合背板下半，尤其是后端的毛中等长而密，下方毛窝至合背板下缘之距为毛长的 0.2-1.0 倍。抱器长三角形，不下弯，端尖。

体色：体黑色，胸部侧面及合背板带棕褐色。须黄色。上唇、上颚端部红褐色。触角柄节、梗节及第 1 鞭节大部红褐色，其余至端部渐褐色。翅基片黄褐色。足黄褐色；前足基节和第 1-4 跗节、前中足转节黄色，前足端跗节和后足跗节浅褐色；后足基节黑褐色。翅透明，带烟黄色，翅痣和强脉暗褐黄色，弱脉浅黄色痕迹。

雌：未知。

寄主：未知。

研究标本：正模♂，吉林长白山，1977.Ⅷ.11，何俊华，No.770961。

分布：吉林。

鉴别特征：本新种与欧洲种方头叉齿细蜂 Exallonyx quadriceps Ashmead, 1893 相似，但有以下特征可与之区别：①腹柄长为宽的 0.7 倍（后者 0.5 倍）；②合背板基部中纵沟达基部至第 1 对窗疤的 0.6 处（后者 0.45 处）；③第 1 窗疤宽为长的 3.0 倍（后者♂4.4 倍）；④前胸背板侧面前沟缘脊后上方和颈脊上方无毛（后者约有 12 根毛）；⑤中胸侧板前缘上角和中横沟的上方之间具宽的无毛区（后者♂毛带连续或无毛区短）。

词源：种本名"吉林 jilinensis"，系根据模式标本产地而拟。

(191) 马祁叉齿细蜂，新种 *Exallonyx maqii* He *et* Xu, sp. nov. (图 251)

雄：前翅长 2.8mm。

头：背观上颊长为复眼的 0.85 倍。颊长为复眼纵径的 0.32 倍。唇基宽为长的 3.0 倍，稍均匀隆起，具模糊刻点，亚端横脊明显，端缘平截。触角第 2、10 鞭节长分别为端宽的 3.1 倍和 3.0 倍，端节长为端前节的 1.5 倍；第 2-7 鞭节有圆形或长椭圆形角下瘤。额脊中等高。后头脊正常。

胸：前胸背板颈部背面具 4 条横皱；侧面光滑，前沟缘脊发达；前沟缘脊之后无毛，颈脊之后具毛；背缘具连续的多列毛；后下角双凹窝。中胸侧板前缘上角有稀毛；镜面区上方 0.4 具稀毛；侧板下半部具稀毛，近中央区域无毛；中央横沟内及侧板后下方具平行细皱。后胸侧板中央前方及前上方有被纵沟分隔的、表面具稀毛的光滑区，其长和高分别占侧板的 0.4 倍和 0.8 倍，其余部位具小室状网皱。并胸腹节侧观背缘弧形；中纵脊伸至后表面近端部，但后表面的呈皱状；背表面后侧方及端部具网皱，一侧光滑区长为并胸腹节基部至气门后端间距的 2.0 倍；后表面缓斜，与外侧区均具小室状网皱。

足：后足腿节长为宽的 4.4 倍；后足胫节长距长为基跗节的 0.5 倍。

翅：前翅长为宽的 2.5 倍；翅痣长和径室前缘脉长分别为翅痣宽的 2.0 倍和 0.32 倍；翅痣后侧缘稍弯；径脉第 1 段近于垂直，从翅痣近中央伸出，长为宽的 1.0 倍；径脉第 2 段直，两段相接处膨大。后翅后缘近基部有缺刻。

腹：腹柄背面长为中宽的 0.6 倍，基部具 1 条横脊，其后具 7 条短纵脊；腹柄侧面上缘长为中高的 0.5 倍，上缘直，基部具横脊 1 条，横脊后具强斜纵脊 6 条。合背板基部中纵沟伸达基部至第 1 对窗疤间距的 0.6 处，两侧各具 2 条纵沟，亚侧纵沟长为中纵沟的 0.8 倍。第 1 窗疤宽为长的 3.0 倍，疤距为疤宽的 0.33 倍。合背板上的毛中等长而密，下方毛窝至合背板下缘之距为毛长的 0.6-1.0 倍。抱器长三角形，不下弯，端尖。

体色：体黑色。须浅褐色。上唇、上颚端部褐黄色。触角黑褐色。翅基片黄褐色。足褐黄色；腿节背面 (除两端) 色稍暗；中后足基节除端部黑色；转节、前中足胫节和跗节 (除端跗节) 黄褐色；后足胫节和跗节浅褐色。翅透明，带烟黄色。翅痣和强脉黑褐色，弱脉浅黄色痕迹。

雌：未知。

寄主：未知。

研究标本：正模♂，新疆阿尔泰，1990.Ⅶ.25，王登元，No.916319。副模：1♂，同正模，No.916320。

分布：新疆。

鉴别特征：见检索表。

词源：种本名"马祁 *maqii*"，意为对新疆农业科学院马祁研究员给作者工作上帮助的感谢。

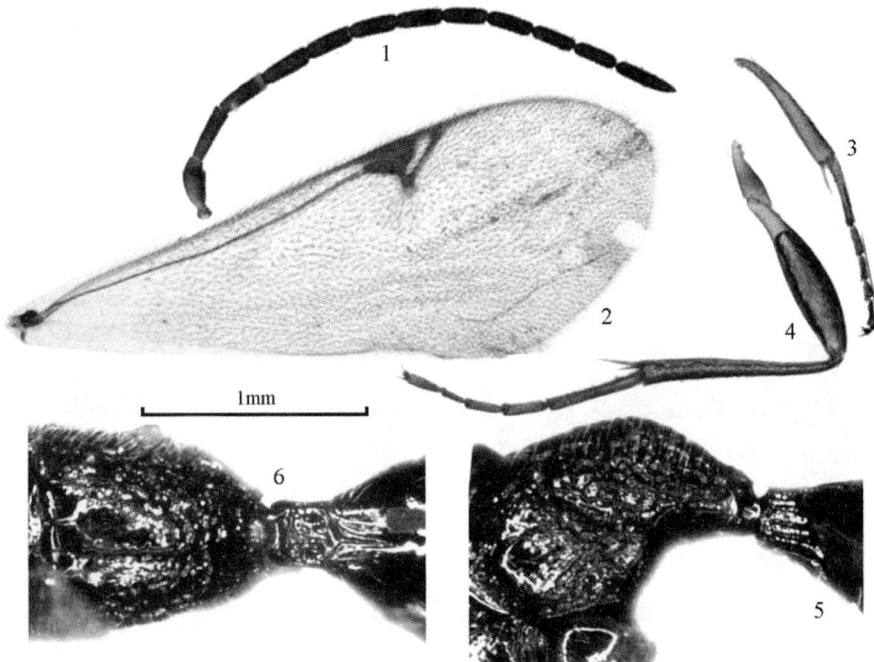

图 251　马祁叉齿细蜂，新种 *Exallonyx maqii* He *et* Xu, sp. nov.

1. 触角；2. 前翅；3. 中足；4. 后足；5. 后胸侧板、并胸腹节和腹部，侧面观；6. 并胸腹节、腹柄和合背板基部，背面观
[1-4. 1.0X 标尺；5-6. 2.0X 标尺]

(192) 葛氏叉齿细蜂，新种 *Exallonyx gei* He *et* Xu, sp. nov. (图 252)

雄：前翅长 3.0mm。

头：背观上颊长为复眼的 0.9 倍。颊长为复眼纵径的 0.37 倍。唇基宽为长的 3.0 倍，稍均匀隆起，散生细刻点，前缘稍凹。触角第 2、10 鞭节长分别为端宽的 3.6 倍和 3.3 倍，端节长为端前节的 1.4 倍；鞭节无明显角下瘤。额脊中等高。后头脊正常高。

胸：前胸背板颈部背面具 8-9 条细横皱，中央无毛；侧面光滑，前沟缘脊发达；前沟缘脊之后无毛，颈脊之后具毛；背缘具连续的多列毛；后下角双凹窝。中胸侧板前缘仅上角具有毛区；镜面区上方 0.5 具稀毛；侧板下半部 (中央横沟以下部位) 具稀毛，近中央区域无毛；后下角无平行细皱。后胸侧板具小室状网皱；中央前方及前上方有相连的、表面具稀毛的光滑区，其长和高分别占侧板的 0.5 倍和 0.8 倍。并胸腹节中纵脊伸达后表面端部；背表面一侧光滑区长为并胸腹节基部至气门后端间距的 2.2 倍；后表面和外侧区具小室状网皱。

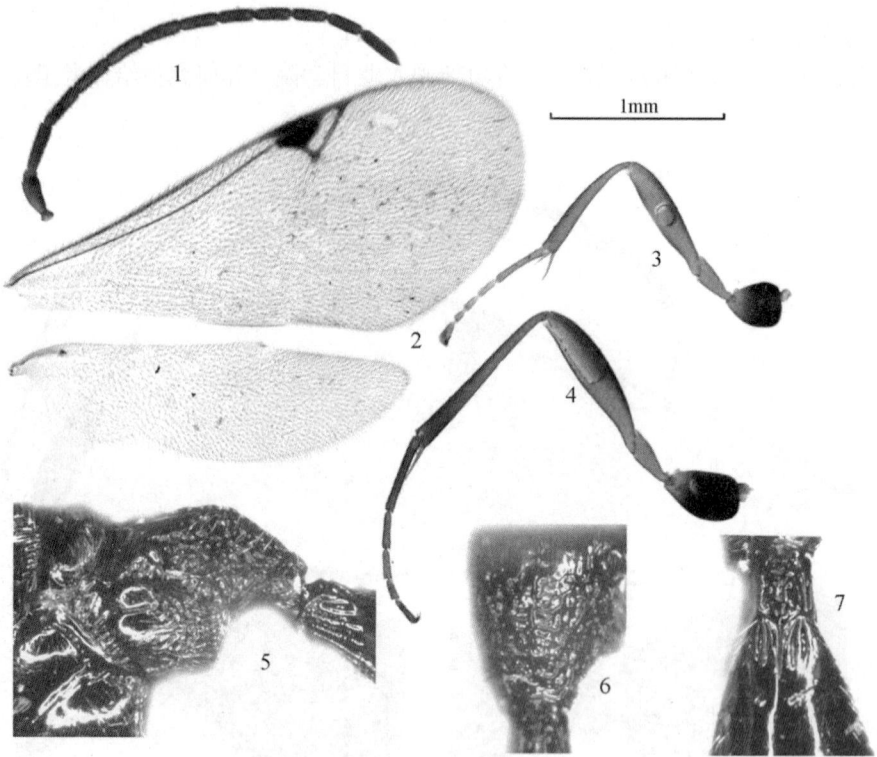

图 252 葛氏叉齿细蜂，新种 *Exallonyx gei* He *et* Xu, sp. nov.
1. 触角；2. 翅；3. 中足；4. 后足；5. 后胸侧板、并胸腹节和腹部，侧面观；6. 并胸腹节，背面观；7. 腹柄和合背板基部，背面观 [1-4. 1.0X 标尺；5-7. 2.0X 标尺]

足：后足腿节长为宽的 4.7 倍；后足胫节长距长为基跗节的 0.48 倍。

翅：前翅长为宽的 2.08 倍；翅痣长和径室前缘脉长分别为翅痣宽的 1.67 倍和 0.61

倍；翅痣后侧缘稍弯；径脉第 1 段从翅痣近中央伸出，长为宽的 1.9 倍；径脉第 2 段直，两段相接处膨大。后翅后缘近基部有缺刻。

腹：腹柄背面长为中宽的 1.1 倍，基部具 1 条不完整横皱，其后具 4 条不完整纵皱；腹柄侧面上缘长为中高的 0.9 倍，上缘直，基部具横脊 1 条，其后具强斜纵脊 5 条。合背板基部中纵沟伸达基部至第 1 对窗疤间距的 0.75 处，两侧各具 2 条深纵沟，亚侧纵沟长为中纵沟的 0.9 倍。第 1 窗疤宽为长的 3.5 倍，疤距为疤宽的 0.5 倍。合背板上的毛中等长，下方毛窝至合背板下缘之距为毛长的 0.6 倍。抱器长三角形，不下弯，端尖。

体色：体黑色。须黄褐色。触角黑褐色，但柄节下方褐黄色。翅基片黄褐色。足红褐色；中后足基节除端部、腿节背缘、后足胫节端部及基跗节黑褐色。翅透明，带烟黄色，翅痣和强脉褐色，弱脉浅黄色痕迹。

雌：未知。

寄主：未知。

研究标本：正模♂，河南卢氏狮子峰，1996.Ⅷ.24，蔡平，No.973193。

分布：河南。

鉴别特征：见检索表。

词源：种本名"葛氏 gei"，系表示对我国叶蝉科和飞虱科昆虫分类专家、安徽农业大学已故葛钟麟教授的纪念。

(193) 云南叉齿细蜂，新种 *Exallonyx yunnanensis* He et Xu, sp. nov. (图 253)

雄：前翅长 2.5mm。

头：背观上颊长为复眼的 0.8 倍。颊长为复眼纵径的 0.29 倍。唇基宽为长的 3.3 倍，稍均匀隆起，侧角具刻点，端缘平截。触角第 2、10 鞭节长分别为端宽的 3.8 倍和 4.5 倍，端节长为端前节的 1.4 倍；第 2-8 鞭节有条形角下瘤。额脊弱。后头脊正常高。

胸：前胸背板颈部背面具 3-4 条横皱；侧面光滑，前沟缘脊发达；前沟缘脊之后无毛，颈脊之后具毛；背缘具连续的单列毛；后下角双凹窝。中胸侧板前缘上角和中央横沟上方有稀毛，之间无毛区长为翅基片的 1.2 倍；镜面区上方 0.7 具稀毛；侧板下半部具稀毛，近中央区域无毛；中央横沟内具平行细皱。后胸侧板中央前方及前上方有被纵沟分隔的、表面具稀毛的光滑区，其长和高分别占侧板的 0.4 倍和 0.6 倍，其余部位具小室状网皱。并胸腹节侧观背缘弧形；中纵脊伸至后表面近端部；背表面后半侧方有网皱，一侧光滑区长为并胸腹节基部至气门后端间距的 2.5 倍；后表面具横形大网室；外侧区具小室状网皱。

足：后足腿节长为宽的 4.6 倍；后足胫节长距长为基跗节的 0.54 倍。

翅：前翅长为宽的 2.1 倍；翅痣长和径室前缘脉长分别为翅痣宽的 2.0 倍和 0.77 倍；翅痣后侧缘稍弯；径脉第 1 段内斜，长为宽的 1.5 倍，从翅痣近中央伸出；径脉第 2 段直，两段相接处膨大。后翅后缘近基部缺刻深。

腹：腹柄背面长为中宽的 1.0 倍，具 6 条强纵皱；腹柄侧面上缘长为中高的 0.85 倍，上缘直，基部具横脊 1 条，横脊后具强斜纵脊 5 条。合背板基部中纵沟伸达基部至第 1 对窗疤间距的 0.7 处，两侧各具 2 条纵沟，亚侧纵沟长为中纵沟的 0.85 倍。第 1 窗疤宽为长的 2.2 倍，疤距为疤宽的 0.6 倍。合背板窗疤下方的毛中等密，下方毛窝与合背板下缘之距为毛长的 1.0-2.0 倍。抱器长三角形，不下弯，端尖。

体色：体黑色，胸部侧面和柄后腹带酱红色。须、上唇、上颚端部和翅基片浅黄褐色。触角基半红褐色，至端部渐褐色。足红褐色；前中足第 3-5 跗节、后足胫节端部和跗节浅褐色。翅透明，带烟黄色，翅痣和强脉黄褐色，弱脉无色。

雌：未知。

寄主：未知。

研究标本：正模♂，云南澜沧，1981.IV.20，何俊华，No. 814361。

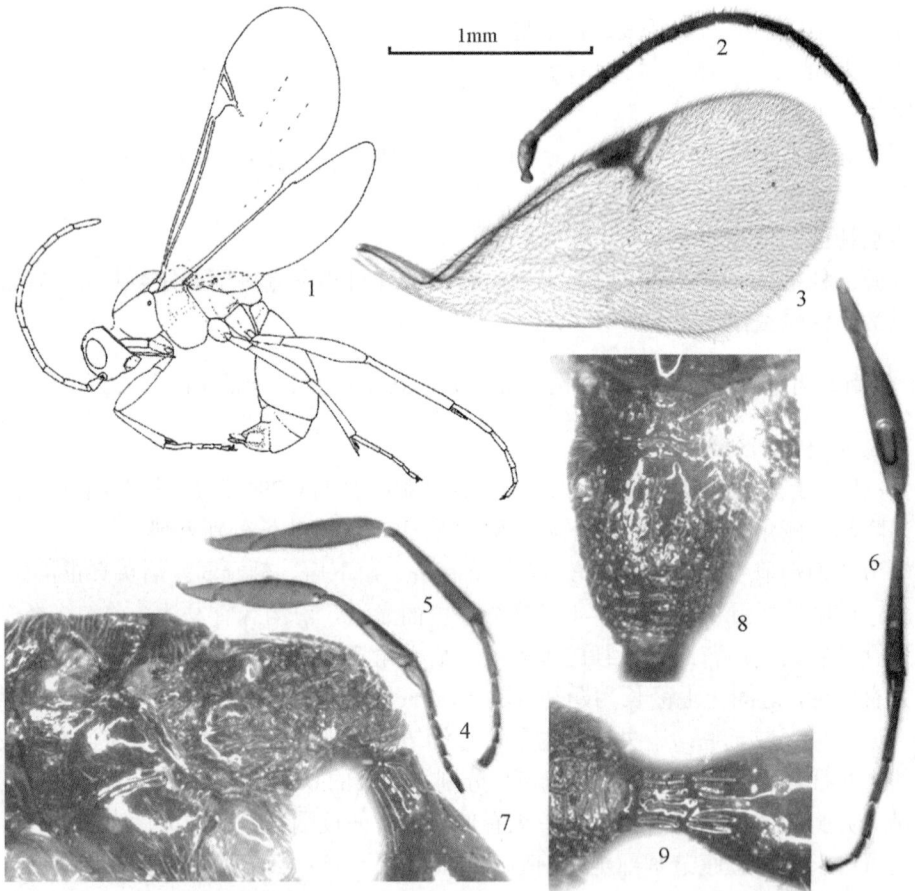

图 253 云南叉齿细蜂，新种 *Exallonyx yunnanensis* He *et* Xu, sp. nov.

1. 整体，侧面观；2. 触角；3. 前翅；4. 前足；5. 中足；6. 后足；7. 后胸侧板、并胸腹节和腹部，侧面观；8. 并胸腹节，背面观；9. 腹柄和合背板基部，背面观 [1. 0.6X 标尺；2-6. 1.0X 标尺；7-9. 2.0X 标尺]

分布：云南。

鉴别特征：见检索表。

词源：种本名"云南 *yunnanensis*"，系根据模式标本产地而拟。

(194) 红角叉齿细蜂，新种 *Exallonyx ruficornis* He *et* Xu, sp. nov. (图 254)

雄：前翅长 2.4mm。

头：背观上颊长为复眼的 0.8 倍。颊长为复眼纵径的 0.25 倍。唇基宽为长的 3.0 倍，稍均匀隆起，光滑，亚端横脊明显，端缘平截。触角第 2、10 鞭节长分别为端宽的 3.0 倍和 3.0 倍，端节长为端前节的 1.6 倍；第 2-8 鞭节有椭圆形至条形角下瘤。额脊弱。后头脊正常。

胸：前胸背板颈部背面具 3-4 条细横皱；侧面光滑，前沟缘脊发达；前沟缘脊之后无毛，颈脊之后具毛；背缘具连续的双列毛；后下角双凹窝。中胸侧板前缘上角和中央横沟上方有稀毛，之间无毛区长为翅基片的 1.2 倍；镜面区上方 0.6 具稀毛；侧板下半部具稀毛，近中央区域无毛；中央横沟内及侧板后下角具平行细皱。后胸侧板中央前方及前上方有被纵沟分隔的、表面具稀毛的光滑区，其长和高分别占侧板的 0.38 倍和 0.8 倍，其余部位具小室状网皱。并胸腹节侧观背缘弧形；中纵脊伸至后表面端部；背表面后方及外侧方具细皱，一侧光滑区长为并胸腹节基部至气门后端间距的 1.8 倍；后表面和外侧区均具小室状网皱。

图 254　红角叉齿细蜂，新种 *Exallonyx ruficornis* He *et* Xu, sp. nov.
1. 头部及触角 (端部断)；2. 翅；3. 后胸侧板、并胸腹节和腹部基部，侧面观；4. 并胸腹节、腹柄和合背板基部，背面观
[1, 3-4. 2.0X 标尺；2. 1.0X 标尺]

足：后足腿节长为宽的 5.0 倍；后足胫节长距长为基跗节的 0.5 倍。

翅：前翅长为宽的 2.3 倍；翅痣长和径室前缘脉长分别为翅痣宽的 2.0 倍和 0.67 倍；

翅痣后侧缘直；径脉第 1 段从翅痣近中央伸出，内斜，长为宽的 0.6 倍；径脉第 2 段直，两段相接处膨大。后翅后缘近基部有缺刻。

腹：腹柄背面长为中宽的 0.9 倍，具 7 条细纵脊，内夹细皱；腹柄侧面上缘长为中高的 0.8 倍，上缘直，基部具横脊 1 条，横脊后具强斜纵脊 6 条。合背板基部中纵沟伸达基部至第 1 对窗疤间距的 0.7 处，两侧各具 2 条纵沟，亚侧纵沟细，长为中纵沟的 0.7 倍。第 1 窗疤宽为长的 3.0 倍，疤距为疤宽的 0.2 倍。合背板上具中等密的毛，下方毛窝至合背板下缘之距为毛长的 1.0 倍。抱器长三角形，不下弯，端尖。

体色：体黑褐色，前胸背板侧面、中胸侧板和合背板红棕色。须黄色。上唇、上颚端部和翅基片黄褐色。触角红褐色。前中足黄褐色；端跗节浅褐色；后足褐黄色。翅透明，带烟黄色，翅痣和强脉褐黄色，弱脉浅黄色痕迹。

雌：未知。

寄主：未知。

研究标本：正模♂，福建武夷山龙渡，1979.Ⅹ.29，黄居昌。

分布：福建。

鉴别特征：见检索表。

词源：种本名"*ruficornis*"，系 *rufi* (红)+*cornis* (触角) 组合词，意为触角完全红褐色。

(195) 周氏叉齿细蜂，新种 *Exallonyx zhoui* He *et* Xu, sp. nov. (图 255)

雌：前翅长 3.2mm。

头：背观上颊长为复眼的 0.87 倍。颊长为复眼纵径的 0.49 倍。唇基宽为长的 2.2 倍，稍均匀隆起，光滑，端缘平截。触角第 2、10 鞭节长分别为端宽的 3.5 倍和 2.4 倍，端节长为端前节的 1.55 倍。额脊中等高。后头脊正常。

胸：前胸背板颈部背面具 6-7 条细横皱；侧面光滑，前沟缘脊发达；前沟缘脊之后无毛，颈脊之后具毛；背缘具连续的双列毛；后下角双凹窝。中胸侧板前缘上角和中央横沟上方有稀毛，之间无毛区长为翅基片的 1.5 倍；镜面区上半具稀毛；侧板下半部具稀毛；沿中央横沟以下部位无毛；后下角无平行细皱。后胸侧板中央前方及前上方有被纵沟分隔的、表面具稀毛的光滑区，其长和高分别占侧板的 0.4 倍和 0.6 倍，其余部位具小室状网皱。并胸腹节侧观背缘弧形；中纵脊伸至后表面中央；背表面全为光滑区，长为并胸腹节基部至气门后端间距的 2.7 倍，但端部夹有刻点；后表面和外侧区均具小室状网皱。

足：后足腿节长为宽的 6.2 倍；后足胫节长距长为基跗节的 0.42 倍。

翅：前翅长为宽的 2.4 倍；翅痣长和径室前缘脉长分别为翅痣宽的 2.2 倍和 0.83 倍；翅痣后侧缘稍弯；径脉第 1 段从翅痣近中央伸出，内斜，长为宽的 0.8 倍；径脉第 2 段直，两段相接处膨大。后翅后缘近基部有缺刻。

腹：腹柄背面长为中宽的 1.2 倍，基半具横网皱，端半具 5 条强纵皱；腹柄侧面上缘长为中高的 0.9 倍，上缘直，基部具横脊 1 条，横脊后具强斜纵脊 6 条。合背板基部中纵沟伸达基部至第 1 对窗疤间距的 0.6 处，两侧各具 2 条纵沟，亚侧纵沟长为中纵沟的 0.7 倍。第 1 窗疤宽为长的 4.0 倍，疤距为疤宽的 0.8 倍。合背板下方具中等长而密的毛，接近合背板下缘，下方毛窝与合背板下缘之距为毛长的 1.0 倍。产卵管鞘长为后足胫节的 0.29 倍，为鞘中宽的 3.6 倍，表面具细长刻点，光滑，有细毛。

体色：体黑色。须和翅基片黄褐色。上唇、上颚端部褐黄色。触角黑褐色。足红褐色；前足基节除端部褐色；中后足基节除端部黑色，中后足腿节背面浅褐色，后足胫节和跗节褐色，或部分标本暗褐黄色。翅透明，带烟黄色，翅痣和强脉黑褐色，弱脉浅黄色。

雄：前翅长 3.3mm。

头：背观上颊长为复眼的 0.65 倍。颊长为复眼纵径的 0.3 倍。唇基宽为长的 3.6 倍，近于平坦，具线刻点，光滑，亚端横脊弱，端缘稍凹。触角第 2、10 鞭节长分别为端宽的 4.0 倍和 3.6 倍，端节长为端前节的 1.47 倍；无明显角下瘤。额脊中等高。后头脊正常。

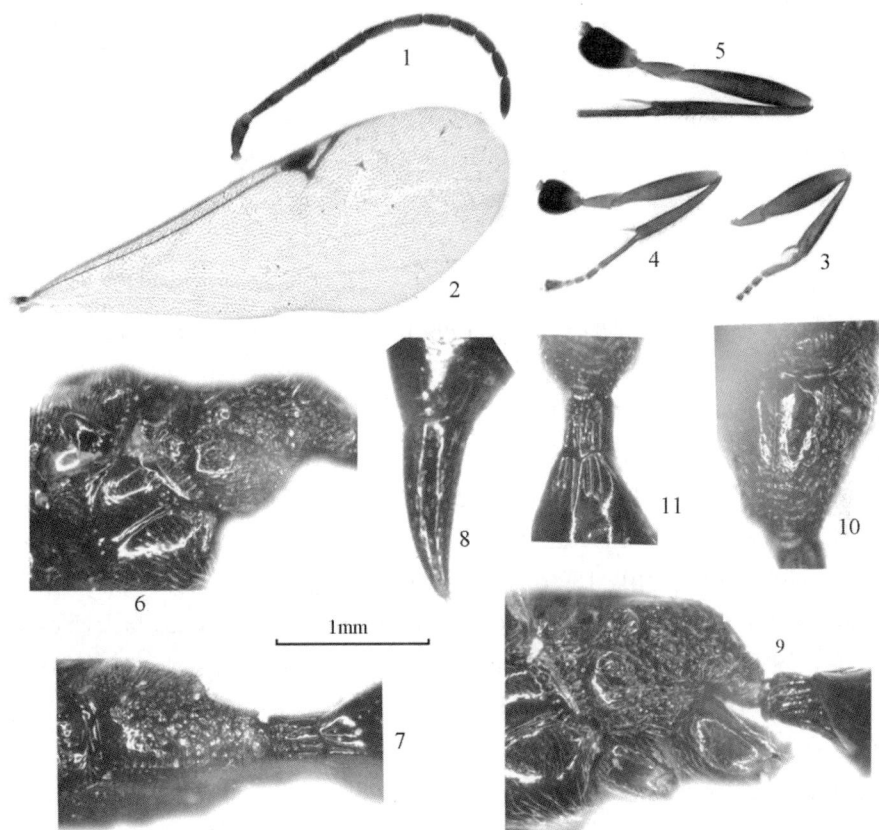

图 255　周氏叉齿细蜂，新种 *Exallonyx zhoui* He *et* Xu, sp. nov.

1. 触角；2. 前翅；3. 前足；4. 中足；5. 后足；6,9. 后胸侧板、并胸腹节和腹基部，侧面观；7,11. 并胸腹节、腹柄和合背板基部，背面观；8. 产卵管鞘；10. 并胸腹节，背面观 (1-8.♀；9-11.♂) [1-5. 1.0X 标尺；6-7,9-11. 2.0X 标尺；8. 4.0X 标尺]

胸：前胸背板颈部背面具 3 条横皱；侧面光滑，前沟缘脊发达；前沟缘脊之后无毛，颈脊之后具毛；背缘中段具单列毛；后下角双凹窝。中胸侧板前缘上角有稀毛；镜面区上半具稀毛；侧板下半部稀毛；中央横沟内具平行细皱。后胸侧板中央前方及前上方有被纵点沟分隔的、表面具稀毛的光滑区，其长和高分别占侧板的 0.5 倍和 0.7 倍，其余部位具小室状网皱。并胸腹节侧观背缘弧形；中纵脊伸至后表面近端部；背表面后方及后侧方具细皱，一侧光滑区长为并胸腹节基部至气门后端间距的 2.2 倍；后表面和外侧区均具小室状网皱。

足：后足腿节长为宽的 5.0 倍；后足胫节长距长为基跗节的 0.5 倍。

翅：前翅翅痣长和径室前缘脉长分别为翅痣宽的 1.9 倍和 0.7 倍；翅痣后侧缘稍弯；径脉第 1 段内斜，长为宽的 1.0 倍，从翅痣中央稍外方伸出；径脉第 2 段直，两段相接处膨大。后翅后缘近基部有缺刻。

腹：腹柄背面长为中宽的 1.0 倍，具 7 条强纵脊，内夹细皱；腹柄侧面上缘长为中高的 0.9 倍，上缘直，基部具横脊 1 条，横脊后具强斜纵脊 6 条。合背板基部中纵沟伸达基部至第 1 对窗疤间距的 0.6-0.7 处，两侧各具 2 条纵沟，亚侧纵沟长为中纵沟的 0.7-0.9 倍。第 1 窗疤浅，宽为长的 3.2 倍，疤距为疤宽的 0.6 倍。合背板上具中等长而密的毛，下方毛窝至合背板下缘之距为毛长的 1.0 倍。抱器长三角形，不下弯，端尖。

体色：体黑色。须黄色。上唇、上颚端部和翅基片褐黄色。触角黑褐色或触角柄节、梗节和第 1 鞭节基部红褐色。足褐黄色，中后足基节除端部外黑色，腿节背面、胫节除基部及跗节浅褐色，或后足除基节大部黑色外其余为红褐色。翅透明，带烟黄色，翅痣和强脉黑褐色，弱脉浅黄色痕迹。

寄主：未知。

研究标本：正模♂，陕西秦岭天台山，1999.IX.3，马云，No.991011。副模：23♀24♂，采地同正模，1999.IX.3-4，何俊华、陈学新、马云，Nos.990082，990364，990367，990412，990414，990460，990483，990499，990757，990931，991033，991047，991056，991104，991120，991126，991129，991131，991137，991233，991394，991399，991415，991423，991426，991434，991437，991449-50，991452，991460，991467，991470，991499，991503，991514，991520，991524，991537-1538，991541，991544-45，991547，991583，991594，991650；4♂，陕西秦岭天台山，1800-2000m，1998.VI.8-10，马云、杜予州，Nos.983045，983083，984519，984521；2♂，陕西宁陕火地塘，1600-1900m，1998.VI.5，马云，Nos.982376，982614；1♂，陕西黎坪实验林场，1344m，2004.VII.23，陈学新，No.200446882；1♂，河南内乡宝天曼，1998.VII.13，马云，No.986152。

分布：河南、陕西。

鉴别特征：见检索表。

词源：种本名"周氏 zhoui"，表示对我国已故著名昆虫学家，西北农林科技大学周尧教授的敬意。

(196) 雅林叉齿细蜂，新种 *Exallonyx yalini* He et Xu, sp. nov. (图 256)

雄：前翅长 3.2mm。

头：背观上颊长为复眼的 0.9 倍。颊长为复眼纵径的 0.28 倍。唇基宽为长的 3.4 倍，稍均匀隆起，具粗刻点，亚端横脊明显，端缘稍凹。触角第 2、10 鞭节长分别为端宽的 3.4 倍和 3.2 倍，端节长为端前节的 1.35 倍；鞭节无明显角下瘤。额脊弱。后头脊正常。

　　胸：前胸背板颈部背面具 4-5 条横皱；侧面光滑，前沟缘脊发达；前沟缘脊之后无毛，颈脊之后具毛；背缘具连续的 3 列毛；后下角双凹窝。中胸侧板前缘上角和中央横沟上方有稀毛，之间无毛区长为翅基片的 1.5 倍；镜面区上半具稀毛；侧板下半部 (中央横沟以下部位) 具稀毛，近中央区域无毛；后下角具平行细皱。后胸侧板中央前方及前上方有被纵向点沟分隔的、表面具稀毛的光滑区，其长和高分别占侧板的 0.6 倍和 0.9 倍，其余部位具小室状网皱。并胸腹节侧观背缘弧形；中纵脊伸至后表面端部；背表面一侧光滑区长为并胸腹节基部至气门后端间距的 2.5 倍；后表面和外侧区均具小室状稀网皱。

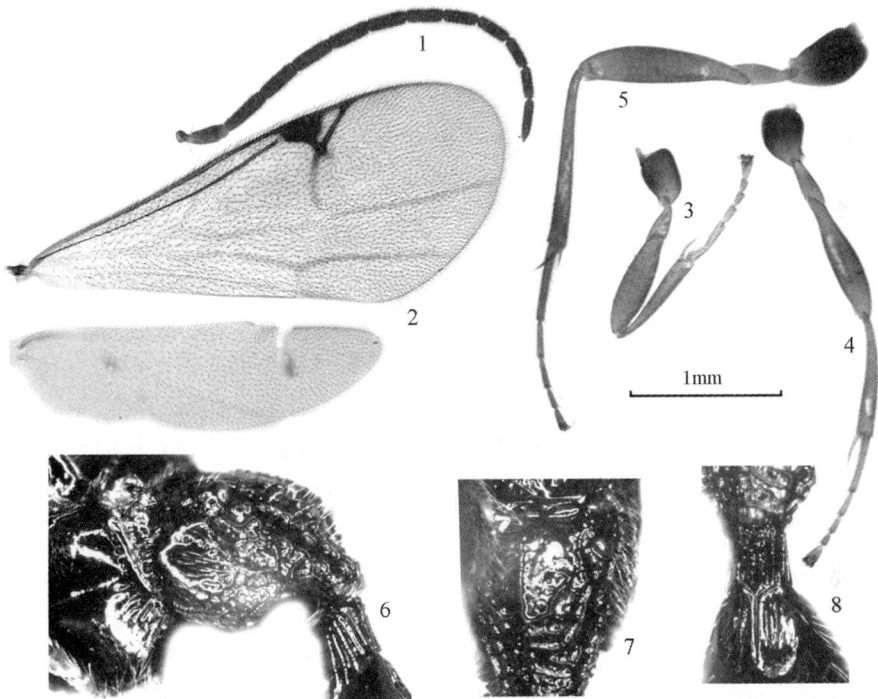

图 256　雅林叉齿细蜂，新种 *Exallonyx yalini* He et Xu, sp. nov.
1. 触角；2. 翅；3. 前足；4. 中足；5. 后足；6. 后胸侧板、并胸腹节和腹部，侧面观；7. 并胸腹节，背面观；8. 腹柄和合背板基部，背面观 [1-5. 1.0X 标尺；6-8. 2.0X 标尺]

　　足：后足腿节长为宽的 4.6 倍；后足胫节长距长为基跗节的 0.65 倍。
　　翅：前翅长为宽的 2.15 倍；翅痣长和径室前缘脉长分别为翅痣宽的 1.8 倍和 0.63 倍；翅痣后侧缘稍弯；径脉第 1 段内斜，长为宽的 1.5 倍，从翅痣近中央伸出；径脉第 2 段直，两段相接处膨大；肘间横脉明显着色。后翅后缘近基部缺刻深。
　　腹：腹柄背面长为中宽的 1.3 倍，具 6 条纵皱，内夹点皱；腹柄侧面上缘长为中高的 1.2 倍，上缘直，基部具横脊 1 条，横脊后具强斜纵脊 5 条。合背板基部中纵沟伸达基部至第 1 对窗疤间距的 0.92 处，两侧各具 2 条纵沟，亚侧纵沟长为中纵沟的 0.5 倍。第 1 窗疤宽为长的 4.2 倍，疤距为疤宽的 0.5 倍。合背板上在窗疤下方有中等长而密的毛，下方毛窝与合背板下缘之距为毛长的 1.0 倍。抱器大，长三角形，不下弯，端尖。

体色：体黑色。须黄色。上唇、上颚端部和翅基片褐黄色。触角黑褐色，柄节腹方、梗节及第 1 鞭节基部红褐色。足红褐色；前中足基节 (一部分) 和中后足胫节端部、距、跗节褐色；后足基节黑色。翅透明，带烟黄色，翅痣和强脉黑褐色，弱脉浅黄色痕迹。

雌：未知。

寄主：未知。

研究标本：正模♂，陕西留坝紫柏山，1682m，2004.Ⅷ.4，时敏，No.20049982。

分布：陕西。

鉴别特征：见检索表。

词源：种本名"雅林 yalini"，表示对西北农林科技大学张雅林教授对作者工作帮助的谢意。

(197) 祝氏叉齿细蜂，新种 *Exallonyx zhui* He *et* Xu, sp. nov. (图 257)

雌：前翅长 2.3mm。

头：背观上颊长为复眼的 1.0 倍。颊长为复眼纵径的 0.5 倍。唇基宽为长的 2.5 倍，稍均匀隆起，基部光滑具刻点，端缘平截。触角第 2、10 鞭节长分别为端宽的 2.3 倍和 1.9 倍，端节长为端前节的 1.58 倍。额脊中等高。后头脊正常高。

胸：前胸背板颈部背面具 3-4 条细横刻条。前胸背板侧面光滑，前沟缘脊发达；前沟缘脊之后无毛，颈脊之后具毛；背缘具连续的双列毛；后下角双凹窝。中胸侧板前缘上角有稀毛区；镜面区几乎无毛；侧板下半部 (中央横沟以下部位) 具稀毛，近中央区域无毛；中央横沟后下方具平行细皱。后胸侧板中央前方及前上方有被纵沟分隔的、表面具稀毛的光滑区，其长和高分别占侧板的 0.5 倍和 0.6 倍，其余部位具小室状网皱。并胸腹节侧观背缘弧形；中纵脊伸至后表面近端部；背表面端部及后侧方具网皱，一侧光滑区长为并胸腹节基部至气门后端间距的 2.5 倍；后表面和外侧区具小室状稀网皱。

足：后足腿节长为宽的 5.0 倍；后足胫节长距长为基跗节的 0.52 倍。

翅：前翅长为宽的 2.45 倍；翅痣长和径室前缘脉长分别为翅痣宽的 2.1 倍和 0.7 倍；翅痣后侧缘稍弯；径脉第 1 段从翅痣中央稍外方伸出，内斜，长为宽的 1.0 倍；径脉第 2 段直，两段相接处膨大。后翅后缘近基部有缺刻。

腹：腹柄背面长为中宽的 1.0 倍，具 8 条纵皱，中央 2 条内夹细皱；腹柄侧面上缘长为中高的 1.0 倍，上缘直，基部具横脊 1 条，横脊后具强斜纵脊 4 条。合背板基部中纵沟伸达基部至第 1 对窗疤间距的 0.85 处，两侧各具 2 条强纵沟，亚侧纵沟长为中纵沟的 0.3 倍。第 1 窗疤宽为长的 2.5 倍，疤距为疤宽的 0.6 倍。合背板上有中等长而稀的毛，第 2、3 窗疤之间有 1 无毛带，下方毛窝至合背板下缘之距为毛长的 1.0-1.5 倍。产卵管鞘长为后足胫节的 0.42 倍，为鞘中宽的 4.4 倍，表面具细刻点，光滑，有细毛。

体色：体黑色。须黄褐色。上唇、上颚端部和翅基片褐黄色。触角基部褐黄色，其余黑褐色。前中足黄褐色；后足浅红褐色。翅透明，带烟黄色，翅痣和强脉黄褐色，弱脉无色。

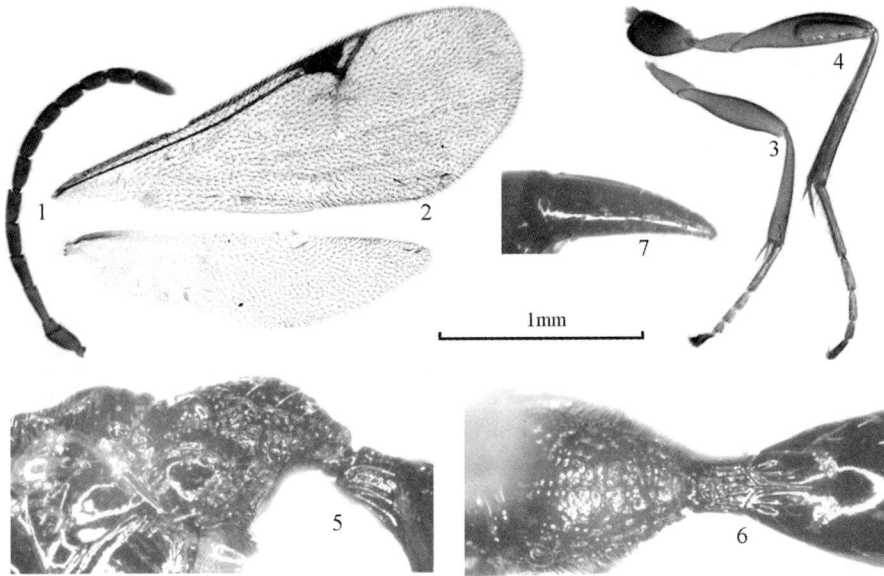

图 257　祝氏叉齿细蜂，新种 *Exallonyx zhui* He *et* Xu, sp. nov.

1. 触角；2. 翅；3. 中足；4. 后足；5. 后胸侧板、并胸腹节和腹部，侧面观；6. 并胸腹节、腹柄和合背板基部，背面观；
7. 产卵管鞘 [1-4. 1.0X 标尺；5-6. 2.0X 标尺；7. 3.0X 标尺]

雄：未知。

寄主：未知。

研究标本：正模♀，浙江西天目山仙人顶，1990.Ⅵ.2-4，施祖华，No.902385。

分布：浙江。

鉴别特征：见检索表。

词源：种本名"祝氏 *zhui*"，表示对我国寄生蜂分类研究开拓者、我的业师、浙江大学祝汝佐教授 (1900-1981) 的怀念和纪念。

(198) 郭氏叉齿细蜂，新种 *Exallonyx guoi* He *et* Xu, sp. nov. (图 258)

雌：前翅长 2.5mm。

头：背观上颊长为复眼的 0.8 倍。颊长为复眼纵径的 0.59 倍。唇基宽为长的 2.5 倍，稍均匀隆起，前缘平截。触角第 2、10 鞭节长分别为端宽的 2.7 倍和 2.0 倍，端节长为端前节的 1.57 倍。额脊中等高。后头脊正常高。

胸：前胸背板颈部背面具 4-5 条横皱，中央无毛；侧面光滑，前沟缘脊发达；前沟缘脊之后无毛，颈脊之后具毛；背缘具稀疏的双列毛；后下角双凹窝。中胸侧板前缘上角和中央横沟上方为有毛区，之间无毛区长为翅基片的 1.3 倍；镜面区近于无毛；侧板下半部具稀毛，近中央区域无毛，中央横沟前段上方具水平细皱；侧缝仅中段具 3 个大凹窝；后下角无平行细皱。后胸侧板具小室状网皱；中央前方及前上方有相连的、表面具稀毛的小三角形光滑区，其长和高分别占侧板的 0.35 倍和 0.5 倍。并胸腹节中纵脊伸至后表面后端；背表面后方具涟漪状细皱，一侧光滑区长为并胸腹节基部至气门后端间距的 1.5 倍；后表面和外侧区具小室状网皱。

足：后足腿节长为宽的 4.7 倍；后足胫节长距长为基跗节的 0.44 倍。

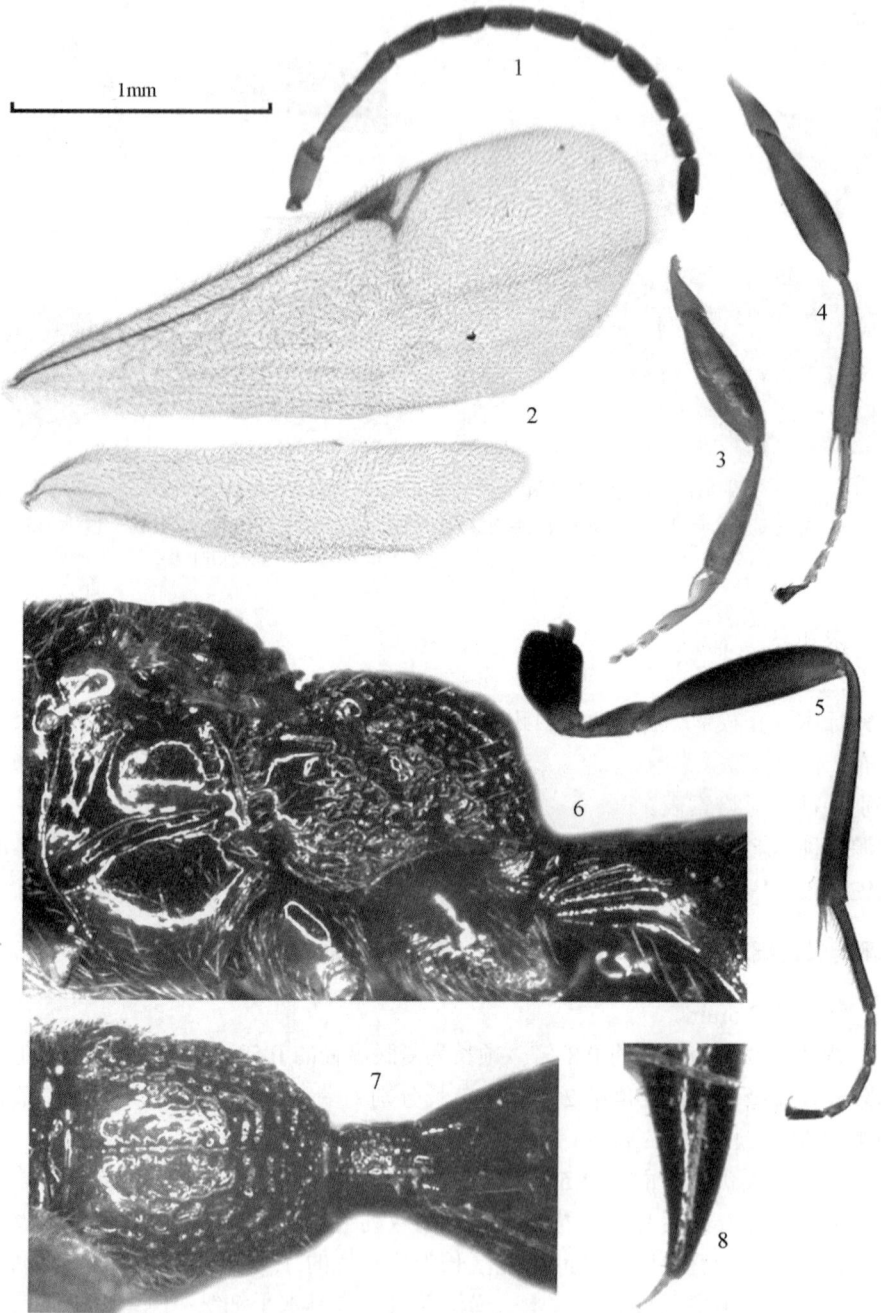

图 258 郭氏叉齿细蜂，新种 *Exallonyx guoi* He *et* Xu, sp. nov.

1. 触角；2. 翅；3. 前足；4. 中足；5. 后足；6. 后胸侧板、并胸腹节和腹部，侧面观；7. 并胸腹节、腹柄和合背板基部，背面观；8. 产卵管鞘 [1-5. 1.0X 标尺；6-7. 2.0 标尺；8. 3.0X 标尺]

翅：前翅长为宽的 2.3 倍；翅痣长和径室前缘脉长分别为翅痣宽的 2.0 倍和 0.9 倍；翅痣后侧缘直；径脉第 1 段从翅痣近中央稍外方伸出，长为宽的 1.3 倍；径脉第 2 段稍弯，两段相接处膨大。后翅后缘近基部有缺刻。

腹：腹柄背面长为中宽的 1.1 倍，表面基半具细点皱，端半具 5 条纵皱，内夹细皱；腹柄侧面上缘长为中高的 1.0 倍，上缘直，基部具斜横脊 1 条，其后具强斜纵脊 5 条。合背板基部中纵沟伸达基部至第 1 对窗疤间距的 0.9 处，两侧各具 1 条强纵沟，亚侧纵沟长为中纵沟的 0.5 倍。第 1 窗疤宽为长的 3.6 倍，疤距为疤宽的 0.4 倍。合背板上的毛稀，下方毛窝与合背板下缘之距约为毛长的 1.0 倍。产卵管鞘长为后足胫节的 0.25 倍，为鞘中宽的 3.4 倍，表面具细刻点，光滑，有细毛。

体色：体黑色。须黄色。触角黑褐色，至基部渐红褐色。翅基片褐黄色。前中足红褐色，中足基节除端部、中足转节背缘和腿节背缘黑褐色；后足黑褐色，基节端部、转节腹方、腿节两端、胫节除基部、距、第 2-4 跗节褐黄色。翅透明，带烟黄色，翅痣和强脉褐色，弱脉浅黄色痕迹。

雄：未知。

寄主：未知。

研究标本：正模♀，贵州梵净山护国寺，1300m，2001.Ⅷ.1，马云，No.200108314。

分布：贵州。

鉴别特征：见检索表。

词源：种本名"郭氏 guoi"，意为对原贵州农学院已故郭振中教授的怀念，他为人谦和并对作者的工作给予了许多帮助。

2) 蚁形叉齿细蜂种团 *Formicarius* Group

种团概述：前翅长 1.6-5.8mm。雄性约 1/3 的种类触角鞭节无角下瘤。前胸背板侧面后下角具 2 个凹窝，垂直排列；极少数种具 3-4 个凹窝，或在有一些个体具单凹窝。前胸背板侧面上缘毛带 1-4 列毛宽。前沟缘脊发达，或弱或无。前胸背板侧面前沟缘脊 (若存在) 和颈脊上段后方常有毛，有时在颈脊的中段、下段之后也具毛。并胸腹节背表面基部的 1 对光滑区通常达并胸腹节气门之后。后翅后缘近基部 0.35 处有 1 浅缺刻。腹柄侧面下方前端有 1 突出的横脊。腹柄侧面上缘通常直，偶稍下凹。合背板毛短至中等长，通常稀少，近合背板下缘无毛 (毛窝距合背板下缘至少为毛长的 2.0 倍)。合背板基部有 1 中纵沟，通常两侧还具有 2-5 条侧纵沟，偶尔仅有 1 条侧纵沟或无。雄性抱器三角形，不明显下弯。产卵管鞘具刻点或刻条，或二者均有。

该种团已知 67 种，世界性分布，但主要是新北区、新热区和古北区的种类。我国已知 6 种 (其中 1 种为新名，1 种由针尾细蜂种团移入)。叉齿细蜂亚属中许多特征不明显的种类都归入此种团。Townes (1981) 在本种团 61 种的 49 种雄性检索表中，多采用触角角下瘤特征，实际上此特征相当难以观察和鉴别，加之描述比较简单，更增加鉴定难度。

本志报道 43 种，其中 37 新种。

种 检 索 表

1. 雄性 ·· 2
   雌性 ··· 31
2. 前胸背板侧面后下角凹窝 2 个 ··· 3
   前胸背板侧面后下角凹窝 1 个 ·· 24
3. 前胸背板侧面背缘具单列毛 ··· 4
   前胸背板侧面背缘具双列毛或多列毛 ··· 13
4. 合背板基部侧纵沟 4 条 ·· 5
   合背板基部侧纵沟 2 条或 3 条 ·· 6
5. 触角第 2、10 鞭节长分别为端宽的 3.4 倍和 3.0 倍；腹柄背面中长为中宽的 1.6 倍；腹柄侧面背缘长为中高的 1.5 倍；第 1 窗疤宽为长的 2.2 倍，疤距为疤宽的 0.4 倍；前翅长 2.4mm。广东·······
   ··· **蒲氏叉齿细蜂，新种 *E. pui*, sp. nov.**
   触角第 2、10 鞭节长分别为端宽的 2.8 倍和 2.7 倍；腹柄背面中长为中宽的 1.0 倍；腹柄侧面背缘长为中高的 0.85 倍；第 1 窗疤宽为长的 4.0 倍，疤距为疤宽的 0.8 倍；前翅长 2.8mm。吉林······
   ··· **杜氏叉齿细蜂，新种 *E. dui*, sp. nov.**
6. 腹柄背面中长为中宽的 0.9-1.0 倍；腹柄侧面背缘长为中高的 0.7-0.8 倍；合背板基部侧纵沟 2 条·
   ··· 7
   腹柄背面中长为中宽的 1.3-1.6 倍；腹柄侧面背缘长为中高的 1.1-1.3 倍；合背板基部侧纵沟 2-3 条，但邱氏叉齿细蜂不知 ·· 8
7. 并胸腹节背表面光滑区长为基部至气门后端间距的 2.5 倍，并胸腹节后表面具横皱，端部光滑；第 1 窗疤宽为长的 1.8 倍；前翅长 2.1mm。浙江 ·············· **樊氏叉齿细蜂 *E. fani* (新名，nom. nov.)**
   并胸腹节背表面光滑区长为基部至气门后端间距的 1.2 倍，并胸腹节后表面满布网皱；第 1 窗疤宽为长的 3.1 倍；前翅长 2.4mm。福建 ·················· **黑角叉齿细蜂 *E. nigricornis***
8. 径脉第 2 段与前缘脉呈 20°角相交；前翅长 2.2-2.4mm。台湾 ·················· **邱氏叉齿细蜂 *E. chiuae***
   径脉第 2 段与前缘脉呈 30°或更大角度相交 ··· 9
9. 合背板基部侧纵沟 2 条；第 1 窗疤宽为长的 2.0-2.2 倍；额脊弱；中后足转节浅褐色或黄色；亚侧纵沟长为中纵沟的 0.3 倍或 0.8 倍 ··· 10
   合背板基部侧纵沟 3 条；第 1 窗疤宽为长的 2.8-3.0 倍；额脊强而高或弱；中后足转节黄褐色或红褐色；亚侧纵沟长为中纵沟的 0.65-0.85 倍 ··· 11
10. 亚侧纵沟长为中纵沟的 0.3 倍；中后足转节浅褐色；后胸侧板光滑区长和高分别占侧板的 0.5 倍和 0.9 倍；腹柄背面具 7 条纵脊；前翅长 2.0mm。陕西 ····· **烟足叉齿细蜂，新种 *E. fumipes*, sp. nov.**
    亚侧纵沟长为中纵沟的 0.8 倍；中后足转节黄色；后胸侧板前方光滑区长和高分别占侧板的 0.2 倍和 0.35 倍；腹柄背面基部 0.4 具 3 条横皱，其后具 5 条纵脊；前翅长 2.3mm。广东·············
    ··· **酱色叉齿细蜂，新种 *E. rubiginosus*, sp. nov.**
11. 触角第 10 鞭节长为端宽的 2.5 倍；并胸腹节光滑区占整个背表面，一侧光滑区长为基部至气门后缘间距的 2.8 倍；并胸腹节后表面具稀网皱，端部光滑；前翅径室前缘脉长为翅痣宽的 0.35 倍；后足胫节长为基跗节的 0.73 倍；额脊强而高；前足基节黑褐色；前翅长 3.0mm。浙江·············
    ··· **光鞘叉齿细蜂，新种 *E. glabriterebrans*, sp. nov.**

触角第 10 鞭节长为端宽的 3.0-3.2 倍；并胸腹节背表面一侧光滑区长为基部至气门后缘间距的 1.0-2.0 倍；并胸腹节后表面全部具细网皱；前翅径室前缘脉长为翅痣宽的 0.8 倍；后足胫节长为基跗节的 0.5-0.6 倍；额脊弱；前足基节红褐色或褐黄色 ·· 12

12. 翅痣浅褐黄色；头背观上颊背面长为复眼的 0.53 倍；前翅长 2.1mm。云南 ·························
··· **李强叉齿细蜂，新种 E. liqiangi, sp. nov.**
翅痣黑褐色；头背观上颊背面长为复眼的 0.65 倍；前翅长 2.6mm。贵州 ·······················
·· **道真叉齿细蜂，新种 E. daozhenensis, sp. nov.**

13. 前胸背板侧面背缘具 2 列毛 ··· 14
前胸背板侧面背缘具 3 列毛或多列毛 ·· 22

14. 中后足转节黑褐色或浅褐色 ·· 15
中后足转节黄褐色、红褐色或褐黄色 ·· 16

15. 中后足转节黑褐色；腹柄背面中长为中宽的 1.0 倍，基部 0.4 具点皱；腹柄侧面背缘长为中高的 0.8 倍，基部的 1 条横脊后方有 5 条纵脊；合背板基部侧纵沟各 2 条；第 1 窗疤宽为长的 2.2 倍，疤距为疤宽的 0.6 倍；前翅长 2.5mm。广东 ··············· **南岭叉齿细蜂，新种 E. nanlingensis, sp. nov.**
中后足转节浅褐色；腹柄背面中长为中宽的 1.7 倍，基部无点皱；腹柄侧面背缘长为中高的 1.2 倍，基部的 1 条横脊后方无纵脊；合背板基部无侧纵沟；第 1 窗疤宽为长的 3.5 倍，疤距为疤宽的 0.3 倍；前翅长 3.0mm。云南 ·············· **交替叉齿细蜂，新种 E. alternans, sp. nov.**

16. 上颊背面长为复眼的 0.96 倍；额脊强而高；并胸腹节中纵脊仅伸至背表面端部；合背板基部亚侧纵沟长为中纵沟的 0.25 倍；前翅长 5.2mm。西藏 ········· **中华叉齿细蜂，新种 E. sinensis, sp. nov.**
上颊背面长为复眼的 0.65-0.80 倍；额脊中等高；并胸腹节中纵脊伸至后表面基部至端部；合背板基部亚侧纵沟长为中纵沟的 0.4-0.9 倍 ·· 17

17. 腹柄背面中长为中宽的 1.4 倍；疤距为疤宽的 0.2 倍；头背观上颊背观长为复眼的 0.65 倍；前翅长 2.8-3.0mm。贵州 ······················· **南方叉齿细蜂，新种 E. australis, sp. nov.**
腹柄背面中长为中宽的 0.8-1.1 倍；疤距为疤宽的 0.5-1.0 倍，但阿尔泰叉齿细蜂为 0.2 倍；头背观上颊背观长为复眼的 0.7-0.8 倍 ··· 18

18. 触角第 2 鞭节长为端宽的 3.1 倍；并胸腹节伸至后表面基部；前翅径脉第 1 段长为宽的 1.0 倍；合背板基部侧纵沟各 2 条；前翅长 2.7mm。浙江 ·················· **烟色叉齿细蜂 E. fuliginis**
触角第 2 鞭节长为端宽的 2.3-2.7 倍；并胸腹节伸至后表面近端部；前翅径脉第 1 段长为宽的 1.5-2.0 倍；合背板基部侧纵沟各 3 条 ··· 19

19. 触角第 10 鞭节长为端宽的 2.2 倍；颊长为复眼纵径的 0.49 倍；腹柄侧面背缘长为中高的 1.1 倍，基部无横刻条，其后具 11 条斜纵脊；亚侧纵沟长为中纵沟的 0.8 倍；疤距为疤宽的 0.2 倍；前翅长 3.7mm。新疆 ···························· **阿尔泰叉齿细蜂，新种 E. altayensis, sp. nov.**
触角第 10 鞭节长为端宽的 3.0 倍；颊长为复眼纵径的 0.19-0.34 倍；腹柄侧面背缘长为中高的 0.6-0.8 倍，基部有 1 条横刻条，其后具 5-6 条斜纵脊；亚侧纵沟长为中纵沟的 0.4-0.6 倍；疤距为疤宽的 0.5-1.0 倍 ··· 20

20. 腹柄背面具 "V" 形脊，基部有 3 条弱横皱，后侧方有 2 条短纵皱；第 1 窗疤宽为长的 2.5 倍；疤距为疤宽的 1.0 倍；前翅长 3.0mm。广东 ··············· **三角叉齿细蜂，新种 E. triangularis, sp. nov.**

腹柄背面无"V"形脊，基部有 6 条纵脊；第 1 窗疤宽为长的 3.0-3.6 倍；疤距为疤宽的 0.5-0.6 倍 ·· 21

21. 颊长为复眼纵径的 0.34 倍；并胸腹节整个背表面为光滑区；前翅长 3.0mm。浙江 ·············· ·· **柳氏叉齿细蜂，新种 *E. liui*, sp. nov.**

颊长为复眼纵径的 0.19 倍；并胸腹节背表面一侧光滑区长为基部至气门后端间距的 1.2 倍，其后 具斜刻条或刻皱；前翅长 2.9mm。浙江 ············ **条腰叉齿细蜂，新种 *E. striopropodeum*, sp. nov.**

22. 中后足基节和转节褐黄色；后胸侧板前方光滑区长和高分别占侧板的 0.6-0.8 倍和 0.8-0.9 倍；合背 板基部侧纵沟各 2 条；前翅长 2.8-3.3mm。浙江 ················**光滑叉齿细蜂 *E. laevigatus***

中后足基节和转节黑色或黑褐色；后胸侧板前方光滑区长和高分别占侧板的 0.35-0.40 倍和 0.4-0.5 倍；合背板基部侧纵沟各 3 条或 6 条 ·· 23

23. 上颊背观长为复眼的 0.74 倍；额脊中等高；触角第 2、10 鞭节长均为端宽的 2.0 倍；并胸腹节后 表面光滑；腹柄背面中长为中宽的 1.2 倍，具 11 条纵脊；腹柄侧面背缘长为中高的 1.0 倍，横脊 后具 9 条纵脊；合背板基部中纵沟伸至基部至第 1 窗疤间距的 0.8 处，侧纵沟各 6 条，亚侧纵沟长 为中纵沟的 1.0 倍；第 1 窗疤宽为长的 5.0 倍，疤距为疤宽的 0.2 倍；前翅长 3.8mm。广东 ········ ·· **无皱叉齿细蜂，新种 *E. exrugatus*, sp. nov.**

上颊背观长为复眼的 0.4 倍；额脊强而高；触角第 2、10 鞭节长分别为端宽的 2.38 倍和 3.6 倍；并 胸腹节后表面具稀网皱；腹柄背面中长为中宽的 0.7 倍，具 6 条纵脊；腹柄侧面背缘长为中高的 0.6 倍，横脊后具 6 条纵脊；合背板基部中纵沟伸至基部至第 1 窗疤间距的 0.65 处，侧纵沟各 3 条，亚侧纵沟长为中纵沟的 0.7 倍；第 1 窗疤宽为长的 3.0 倍, 疤距为疤宽的 0.9 倍；前翅长 4.6mm。 新疆 ·· **多列叉齿细蜂，新种 *E. multiseriae*, sp. nov.**

24. 前胸背板侧面背缘具单列毛 ··· 25

前胸背板侧面背缘具双列毛或多列毛 ·· 28

25. 后足跗爪和前中足跗爪一样均具叉齿；前翅长 1.6mm。云南 ·· ·· **后足叉齿细蜂，新种 *E. posteripes*, sp. nov.**

后足跗爪和前中足跗爪不一样，无叉齿，仅前中足跗爪具叉齿 ··· 26

26. 中后足转节黑色；头背观上颊背观长为复眼的 1.1 倍；触角第 2 鞭节长为端宽的 2.3 倍；并胸腹节 后表面后半光滑；腹柄背面中长为中宽的 0.7 倍，表面具 3 条纵脊；合背板基部侧纵沟各 2 条；后 足腿节长为宽的 3.3 倍；前翅长 4.2mm。云南 ·····**黑转叉齿细蜂，新种 *E. nigritrochantus*, sp. nov.**

中后足转节红褐色或酱红色；头背观上颊背观长为复眼的 0.70-0.84 倍；触角第 2 鞭节长为端宽的 2.5-2.7 倍；并胸腹节后表面全部具网皱；腹柄背面中长为中宽的 1.0 倍，表面具 5-7 条纵脊；合背 板基部侧纵沟各 3 条；后足腿节长为宽的 4.2-4.5 倍 ··· 27

27. 并胸腹节中纵脊伸达背表面端部；并胸腹节后表面具稀疏横皱；腹柄背表面具 5 条纵脊，基部无 横皱或点皱；腹柄侧面背缘长为中高的 1.0 倍；后足胫节长距长为基跗节的 0.45 倍；前翅长 2.6mm。 云南 ·· **横网叉齿细蜂，新种 *E. transireticulum*, sp. nov.**

并胸腹节中纵脊伸达后表面端部；并胸腹节后表面具细网室；腹柄背表面具 6-7 条纵脊，基部有横 皱或点皱；腹柄侧面背缘长为中高的 0.6 倍；后足胫节长距长为基跗节的 0.57 倍；前翅长 2.3-2.9mm。 广东 ·· **庞氏叉齿细蜂，新种 *E. pangi*, sp. nov.**

28. 前胸背板侧面背缘具多列毛；触角第 2 鞭节长为端宽的 3.5 倍；并胸腹节后表面基部具横皱，端部光滑；合背板基部侧纵沟各 2 条；第 1 窗疤宽为长的 4.2 倍；前翅长 4.0mm。湖南 ……………
………………………………………… 石门叉齿细蜂，新种 *E. shimenensis*, sp. nov.
前胸背板侧面背缘具双列毛；触角第 2 鞭节长为端宽的 2.2-3.1 倍；并胸腹节后表面满布网皱；合
背板基部侧纵沟各 3 条；第 1 窗疤宽为长的 2.8-3.5 倍 ………………………………………… 29

29. 中后足转节大部分黑色；中足腿节除两端黑褐色；合背板基部亚侧纵沟长为中纵沟的 0.5 倍；前翅
长 3.4mm。陕西…………………………………… 中黑叉齿细蜂，新种 *E. medinigricans*, sp. nov.
中后足转节大部分褐黄色；中足腿节黄色；合背板基部亚侧纵沟长为中纵沟的 0.70-0.95 倍…… 30

30. 上颊背观长为复眼的 0.9 倍；触角第 2 鞭节长为端宽的 3.1 倍；腹柄侧面背缘长为中高的 0.6 倍；
合背板基部亚侧纵沟长为中纵沟的 0.7 倍；疤距为疤宽的 0.6 倍；后足腿节长为宽的 4.0 倍；后足
胫节长距长为基跗节的 0.52 倍；后足基节褐色；前翅长 2.8mm。云南 …………………………
…………………………………………… 褐足叉齿细蜂，新种 *E. fuscipes*, sp. nov.
上颊背观长为复眼的 0.57 倍；触角第 2 鞭节长为端宽的 2.4 倍；腹柄侧面背缘长为中高的 0.9 倍；
合背板基部亚侧纵沟长为中纵沟的 0.9 倍；疤距为疤宽的 0.3 倍；后足腿节长为宽的 4.5 倍；后足
胫节长距长为基跗节的 0.63 倍；后足基节黑色；前翅长 3.9mm。陕西 …………………………
高脊叉齿细蜂，新种 *E. excelsicarinatus*, sp. nov.

31. 腹柄侧面除基部有 1 斜横脊外，基本上光滑 ……………………………………………………… 32
腹柄侧面除基部有 1 斜横脊外，其后具纵脊 …………………………………………………… 38

32. 前胸背板侧面背缘具单列毛 ……………………………………………………………………… 33
前胸背板侧面背缘具双列毛 ……………………………………………………………………… 34

33. 前胸背板侧面后下角凹窝 2 个；上颊背观长为复眼的 1.2 倍；颊长为复眼纵径的 0.5 倍；前翅长为
宽的 2.9-3.1 倍；合背板基部亚侧纵沟长为中纵沟的 0.25-0.40 倍；前翅长 1.8-2.3mm。陕西………
………………………………………………… 杨氏叉齿细蜂，新种 *E. yangae*, sp. nov.
前胸背板侧面后下角凹窝 3 个；上颊背观长为复眼的 0.67 倍；颊长为复眼纵径的 0.37 倍；前翅长
为宽的 2.6 倍；合背板基部亚侧纵沟长为中纵沟的 0.6 倍；前翅长 2.5mm。贵州 …………………
…………………………………………… 连疤叉齿细蜂，新种 *E. conjugatus*, sp. nov.

34. 前胸背板后下角 3 个凹窝；上颊背观长为复眼的 1.5 倍；触角第 2、10 鞭节长分别为端宽的 1.3 倍
和 1.55 倍；后胸侧板光滑区很大，长和高均占侧板的 0.9 倍；并胸腹节几乎全部光滑，仅端部和
外侧区外侧具稀刻皱；腹柄侧面背缘长为中高的 0.7 倍；第 1 窗疤宽为长的 1.5 倍；前翅长 1.8mm。
四川…………………………………………… 光侧叉齿细蜂，新种 *E. laevimetapleurum*, sp. nov.
前胸背板后下角 2 个凹窝；上颊背观长为复眼的 1.00-1.25 倍；触角第 2、10 鞭节长分别为端宽的
1.7-1.9 倍和 1.30-1.55 倍；后胸侧板光滑区较大，长和高分别占侧板的 0.55-0.70 倍和 0.7-0.9 倍；
并胸腹节背表面光滑，后表面和外侧区多少具刻皱，中纵脊伸达后表面；腹柄侧面背缘长为中高
的 0.9-1.1 倍；第 1 窗疤宽为长的 2.8-3.0 倍 ……………………………………………………… 35

35. 合背板基部侧纵沟 2 条；后足腿节长为宽的 3.2-3.3 倍 ………………………………………… 36
合背板基部侧纵沟 1 条；后足腿节长为宽的 3.5-3.7 倍 ………………………………………… 37

36. 上颊背观长为复眼的 1.25 倍；颊长为复眼纵径的 0.58 倍；翅痣长和径室前缘脉长分别为翅痣宽的
2.2 倍和 0.56 倍；腹柄背面中长为中宽的 1.0 倍；合背板亚侧纵沟长为中纵沟的 0.6 倍；前翅长 2.3mm。
河北……………………………………… 短距叉齿细蜂，新种 *E. brevicalcaratus*, sp. nov.

上颊背观长为复眼的 1.0 倍；颊长为复眼纵径的 0.32 倍；翅痣长和径室前缘脉长分别为翅痣宽的 2.75 倍和 0.95 倍；腹柄背面中长为中宽的 1.3 倍；合背板亚侧纵沟长为中纵沟的 0.28 倍；前翅长 2.6mm。福建 ································· **汪氏叉齿细蜂，新种 E. wangi, sp. nov.**

37. 产卵管鞘具纵刻条；腹柄背面整个具细皱；前翅长 2.3mm。贵州 ·····················
····················· **条尾叉齿细蜂，新种 E. striaticaudatus, sp. nov.**
产卵管鞘具长形刻点；腹柄背面基部 0.7 具细点皱，端部 0.3 光滑；前翅长 2.8mm。浙江 ·········
···························· **网柄叉齿细蜂 E. areolatus**

38. 前胸背板侧面后下角凹窝 2 个；产卵管鞘表面具长刻点或纵刻皱 ······························ 39
前胸背板侧面后下角凹窝 1 个；产卵管鞘表面具长刻点 ······································ 44

39. 前胸背板侧面背缘具单列毛 ··· 40
前胸背板侧面背缘具双列毛或多列毛 ··· 41

40. 额脊强而高；颊长为复眼纵径的 0.1 倍；前翅翅痣长和径室前缘脉长分别为翅痣宽的 1.4 倍和 0.36 倍；腹柄背面中长为中宽的 1.7 倍，基部具夹点细皱，其后有 9 条纵脊；第 1 窗疤宽为长的 2.2 倍，疤距为疤宽的 0.8 倍；产卵管鞘上具长刻点，前翅长 2.1mm。云南 ·······························
··························· **圆头叉齿细蜂，新种 E. globusiceps, sp. nov.**
额脊弱；颊长为复眼长径的 0.4 倍；前翅翅痣长和径室前缘脉长分别为翅痣宽的 2.3 倍和 1.1 倍；腹柄背面中长为中宽的 1.4 倍，全部具不规则纵脊；第 1 窗疤宽为长的 3.0 倍，疤距为疤宽的 0.3 倍；产卵管鞘具纵皱；前翅长 2.2mm。云南 ·············· **李强叉齿细蜂，新种 E. liqiangi, sp. nov.**

41. 前胸背板侧面背缘具多列毛；中后足基节褐黄色；额脊中等高；触角第 2、10 鞭节长为端宽的 3.2 倍和 2.5 倍；腹柄背面基部具 2 条横皱，其后具 7 条纵脊；腹柄侧面基部 1 横脊后具 5 条纵脊；合背板基部侧纵沟各 2 条；产卵管鞘长为后足胫节的 0.33 倍；前翅长 2.7mm。云南 ·····················
·························· **褐黄基叉齿细蜂，新种 E. fulvicoxalis, sp. nov.**
前胸背板侧面背缘具双列毛 ··· 42

42. 中后足转节黑褐色；前翅翅痣长为宽的 2.85 倍；前翅长 2.3mm。贵州 ·······················
························· **长痣叉齿细蜂，新种 E. longistigmatus, sp. nov.**
中后足转节褐黄色；前翅翅痣长为宽的 2.0-2.1 倍 ·· 43

43. 上颊背观长为复眼的 1.2 倍；颊长为复眼纵径的 0.1 倍；合背板基部中纵沟伸达基部至第 1 窗疤间距的 0.4 处，侧纵沟各 2 条；第 1 窗疤宽为长的 1.6 倍，疤距为疤宽的 1.0 倍；前翅长 1.8mm。浙江 ································ **长颞叉齿细蜂，新种 E. longitemporalis, sp. nov.**
上颊背观长为复眼的 0.9 倍；颊长为复眼纵径的 0.3 倍；合背板基部中纵沟伸达基部至第 1 窗疤间距的 0.7 处，侧纵沟各 3 条；第 1 窗疤宽为长的 2.5 倍，疤距为疤宽的 0.6 倍；前翅长 2.1mm。陕西 ································· **郑氏叉齿细蜂，新种 E. zhengi, sp. nov.**

44. 后足跗爪基部具叉形齿；触角第 2、10 鞭节长分别为端宽的 1.1 倍和 2.6 倍；并胸腹节后表面基半光滑，后半具网皱；合背板基部中纵沟伸达基部至第 1 窗疤间距的 0.1 处，无侧纵沟；前翅长 1.8mm。云南 ····························· **后足叉齿细蜂，新种 E. posteripes, sp. nov.**
后足跗爪基部无齿；触角第 2、10 鞭节长分别为端宽的 1.8 倍和 1.3 倍；并胸腹节后表面满布网皱；合背板基部中纵沟伸达基部至第 1 窗疤间距的 0.6 处，侧纵沟各 3 条；前翅长 1.9mm。云南 ·····
···························· **条点叉齿细蜂，新种 E. striopunctatus, sp. nov.**

(199) 蒲氏叉齿细蜂，新种 *Exallonyx pui* He *et* Xu, sp. nov. (图 259)

雄：前翅长 2.32mm。

头：背观上颊长为复眼的 0.82 倍。颊长为复眼纵径的 0.2 倍。唇基宽为长的 2.6 倍，稍均匀隆起，光滑，亚端横脊明显，端缘平截。触角第 2、10 鞭节长分别为宽的 3.4 倍和 3.0 倍，端节长为端前节的 1.5 倍；鞭节无角下瘤。额脊弱。后头脊中等高，稍呈檐状。

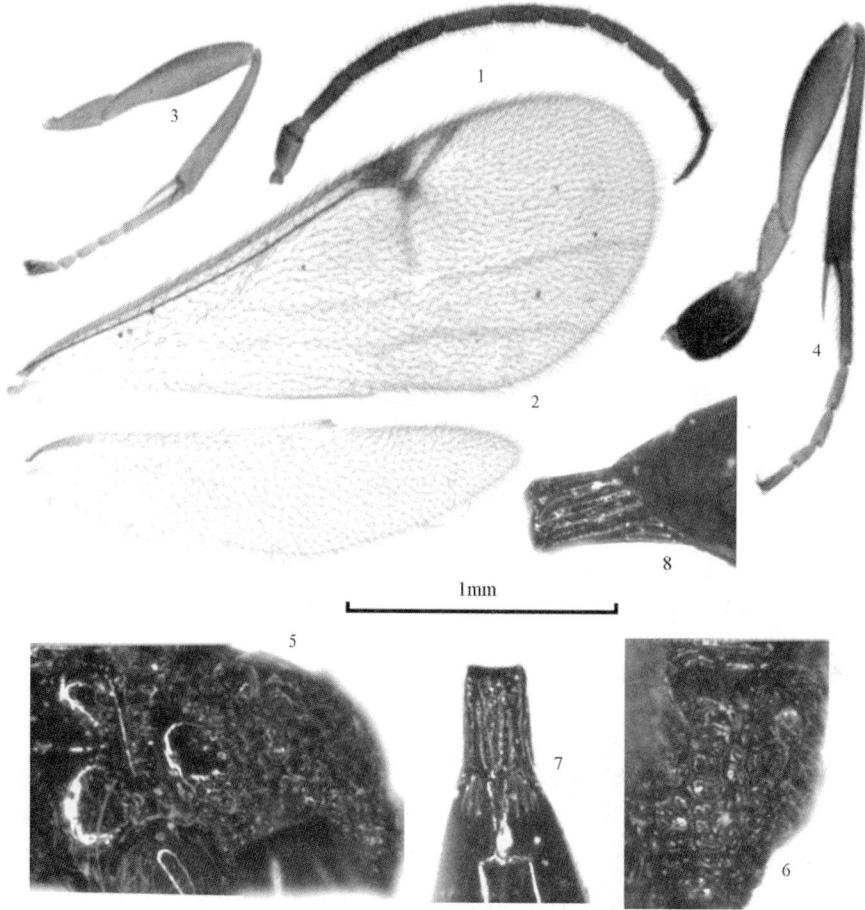

图 259　蒲氏叉齿细蜂，新种 *Exallonyx pui* He *et* Xu, sp. nov.
1. 触角；2. 翅；3. 中足；4. 后足；5. 后胸侧板和并胸腹节，侧面观；6. 并胸腹节，背面观；7. 并胸腹节、腹柄和合背板基部，背面观；8. 腹柄，侧面观 [1-4. 1.0X 标尺；5-8. 2.0X 标尺]

胸：前胸背板颈部背面具 4-5 条弱横皱，中央无毛；侧面光滑，前沟缘脊发达；前沟缘脊之后无毛，颈脊之后具毛；背缘具连续的单列毛；后下角双凹窝。中胸侧板前缘上角和中央横沟上方有稀毛区，之间无毛区长为翅基片的 1.7 倍；镜面区上方 0.5 具稀毛；侧板下半部 (中央横沟以下部位) 具稀毛，近中央区域无毛。后胸侧板前上方有光滑区，其长和高分别占侧板的 0.5 倍和 0.75 倍，其余部位具小室状网皱。并胸腹节侧观背缘弧形，后表约 50°下斜；中纵脊伸至后表面端部，背表面侧方一侧光滑区长为并胸腹节基部至气门后端间距的 2.0 倍；后表面和外侧区具小室状网皱。

足：后足腿节长为宽的 4.0 倍；后足胫节长距长为基跗节的 0.62 倍。

翅：前翅长为宽的 2.3 倍；翅痣长和径室前缘脉长分别为翅痣宽的 2.0 倍和 0.9 倍；翅痣后侧缘直；径脉第 1 段内斜，长为宽的 0.6 倍，从翅痣近中央伸出；径脉第 2 段直，两段相接处膨大。后翅后缘近基部有缺刻。

腹：腹柄背面长为中宽的 1.6 倍，基部 0.3 具点皱，端部 0.7 具 7 条纵皱；腹柄侧面上缘长为中高的 1.5 倍，上缘直，基部具横脊 1 条，横脊后具强纵脊 5 条。合背板基部中纵沟伸达基部至第 1 对窗疤间距的 0.65 处，两侧各具 4 条纵沟，亚侧纵沟长为中纵沟的 0.8 倍。第 1 窗疤宽为长的 2.2 倍，疤距为疤宽的 0.4 倍。合背板上几乎无毛。抱器长三角形，不下弯，端尖。

体色：体黑色，腹端部带棕黑色。须黄色。上唇、上颚端部和翅基片褐黄色。触角黑褐色，柄节腹方和梗节褐黄色。前足基节、腿节褐黄色，端跗节黑褐色，其余浅黄褐色；中足跗节黄褐色，其余浅褐色；后足基节除端部黑色，基节端部、转节、腿节基部及下方第 2-4 跗节褐黄色，其余褐色。翅透明，翅痣和强脉浅褐色，弱脉无色。

雌：未知。

寄主：未知。

研究标本：正模♂，广东乳源南岭，2004.Ⅴ.8，许再福，No.20047739。

分布：广东。

鉴别特征：见检索表。

词源：种本名"蒲氏 pui"，意为对我国已故的害虫生物防治先驱、中国科学院院士、中山大学蒲蛰龙教授的怀念和纪念。

(200) 杜氏叉齿细蜂，新种 *Exallonyx dui* He et Xu, sp. nov. (图 260)

雄：前翅长 2.6mm。

头：背观上颊缓斜，长为复眼的 1.0 倍。颊长为复眼纵径的 0.13 倍。唇基宽为长的 4.5 倍，稍均匀隆起，光滑，散生细毛，亚端横脊弱，端缘平截。触角第 2、10 鞭节长分别为宽的 2.8 倍和 2.7 倍，端节长为端前节的 1.65 倍；第 2-10 鞭节有不明显的圆形或椭圆形角下瘤。额脊中等高。后头脊正常。

胸：前胸背板颈部背面具 4 条横皱；侧面光滑，前沟缘脊发达；前沟缘脊之后无毛，颈脊之后具毛；背缘具稀疏的单列毛；后下角双凹窝。中胸侧板前缘上角有水平细皱和稀毛，沿镜面区有 2 条细纵脊；镜面区上方具稀毛；侧板下半部具稀毛，近中央区域无毛；中央横沟内具平行细皱。后胸侧板中央前方及前上方有被纵沟分隔的、表面具稀毛的光滑区，其长和高分别占侧板的 0.45 倍和 0.7 倍，其余部位具小室状网皱。并胸腹节侧观背缘弧形，后表面斜；中纵脊伸至后表面近端部；背表面后端具网皱，中段、内侧和外侧均具细皱，一侧光滑区长为并胸腹节基部至气门后端间距的 1.2 倍；后表面具大横皱，内夹细皱；外侧区具小室状网皱。

足：后足腿节长为宽的 4.5 倍；后足胫节长距长为基跗节的 0.53 倍。

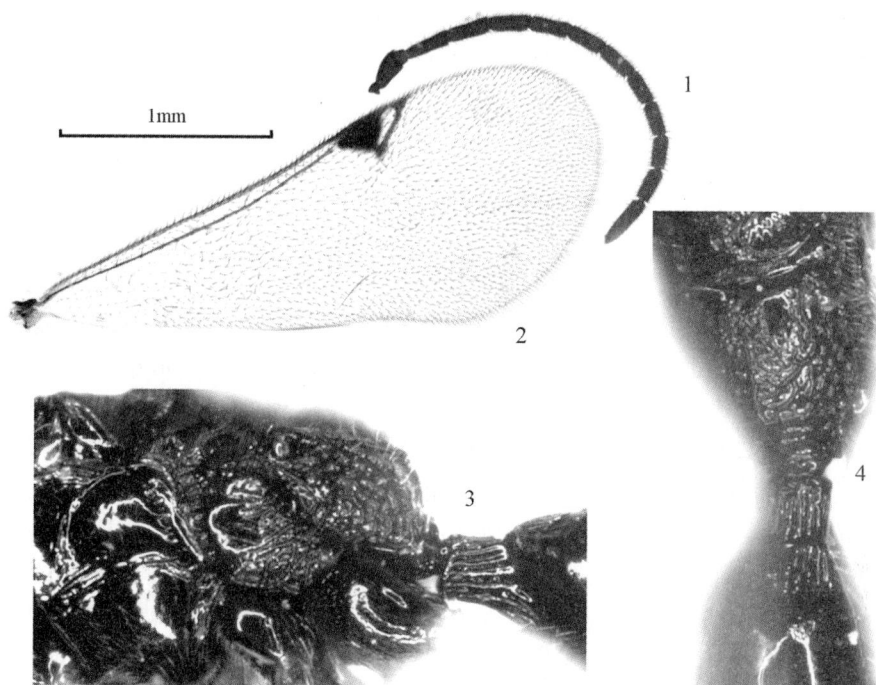

图 260　杜氏叉齿细蜂，新种 *Exallonyx dui* He *et* Xu, sp. nov.

1. 触角；2. 前翅；3. 后胸侧板和并胸腹节，侧面观；4. 并胸腹节、腹柄和合背板基部，背面观 [1-2. 1.0X 标尺；3-4. 2.0X 标尺]

翅：前翅长为宽的 2.3 倍；翅痣长和径室前缘脉长分别为翅痣宽的 1.5 倍和 0.53 倍；翅痣后侧缘稍弯；径脉第 1 段内斜，长为宽的 0.5 倍，从翅痣近中央伸出；径脉第 2 段直，两段相接处膨大。后翅后缘近基部缺刻深。

腹：腹柄背面长为中宽的 1.0 倍，基部具 1 横脊及少许刻点，其后具 7 条强纵皱，内夹细皱；腹柄侧面上缘长为中高的 0.85 倍，上缘直，基部具横脊 1 条，横脊后具强斜纵脊 6 条。合背板基部中纵沟伸达基部至第 1 对窗疤 (背前缘连线) 间距的 0.6 处，两侧各具 4 条纵沟，侧纵沟约等长，为中纵沟的 1.0 倍。第 1 窗疤宽为长的 4.0 倍，疤距为疤宽的 0.8 倍。合背板上仅窗疤附近有稀而短的毛，远离合背板下缘。抱器长三角形，不下弯，端尖。

体色：体黑色。须浅褐色。上唇、上颚端部和翅基片浅黑褐色。触角黑褐色。足暗褐黄色，基节黑色；前足腿节背面、胫节端部和跗节浅褐色。翅透明，翅痣和强脉黑褐色，弱脉无色。

雌：未知。

寄主：未知。

研究标本：正模♂，吉林长白山导站口，1600-1650m，2004.Ⅷ.5，杜予州，No.20047171。

分布：吉林。

鉴别特征：见检索表。

词源：种本名"杜氏 *dui*"，表示对采集者、扬州大学教授杜予州博士的感谢！

(201) 樊氏叉齿细蜂 *Exallonyx fani* He *et* Xu (新名，nom. nov.) (图 261)

Exallonyx ejunicidus He *et* Fan, 2004, In: He *et al.*, *Hymenopteran Insect Fauna of Zhejiang*: 344 (nec
　　Exallonyx ejuncidus Townes, 1981).

雄：前翅长 1.83mm。

头：背观上颊长为复眼的 0.85 倍。颊长为复眼纵径的 0.23 倍。唇基宽为长的 3.1 倍，稍均匀隆起，光滑，亚端横脊明显，端缘稍凹。触角第 2、10 鞭节长分别为宽的 2.4 倍和 2.4 倍，端节长为端前节的 1.56 倍；第 2-11 鞭节有圆形或长椭圆形角下瘤。额脊中等高。后头脊正常。

胸：前胸背板颈部背面具 6 条横皱；侧面光滑，前沟缘脊发达；前沟缘脊之后无毛，颈脊之后具毛；背缘具稀疏的单列毛；后下角双凹窝。中胸侧板前缘上角有稀毛；镜面区上半具稀毛；侧板下半部 (中央横沟以下部位) 具稀毛。后胸侧板中央前方及前上方有被纵沟分隔的、表面具稀毛的光滑区，其长和高分别占侧板的 0.45 倍和 0.6 倍，其余部位具小室状网皱。并胸腹节侧观背缘弧形；中纵脊伸至后表面近端部；背表面后半外侧具弱网皱，一侧光滑区长为并胸腹节基部至气门后端间距的 2.5 倍；后表面斜，具横皱，端半较光滑；外侧区具小室状网皱。

足：后足腿节长为宽的 3.7 倍；后足胫节长距长为基跗节的 0.6 倍。

翅：前翅长为宽的 2.23 倍；翅痣长和径室前缘脉长分别为翅痣宽的 1.7 倍和 0.36 倍；翅痣后侧缘稍弯；径脉第 1 段内斜，长为宽的 1.0 倍，从翅痣近中央伸出；径脉第 2 段直，两段相接处膨大。后翅后缘近基部有缺刻。

腹：腹柄背面长为中宽的 0.9 倍，具 6 条细纵脊；腹柄侧面上缘长为中高的 0.8 倍，上缘直，基部具横脊 1 条，横脊后具强斜纵脊 6 条。合背板基部中纵沟伸达基部至第 1 对窗疤间距的 0.5 处，两侧各具 2 条纵沟，亚侧纵沟长为中纵沟的 0.67 倍。第 1 窗疤宽为长的 1.8 倍，疤距为疤宽的 0.6 倍。合背板上仅窗疤附近有稀而短的毛，远离合背板下缘。抱器长三角形，不下弯，端尖。

体色：体黑色。须黄色。上唇、上颚端部和翅基片褐黄色。触角基部腹方黄褐色，其余至端部渐黑褐色。足褐黄色，基节黑褐色至黑色，后足跗节浅褐色。翅透明，翅痣和强脉暗黄褐色，弱脉无色。

雌：未知。

寄主：未知。

研究标本：1♂，浙江西天目山，1983.Ⅵ.18，马云，No.831346 (正模)。

分布：浙江 (西天目山)。

鉴别特征：本种与菲律宾种吕宋叉翅细蜂 *Exallonyx luzonicus* Kieffer, 1914 极相似，其区别特征如下：①第 2-10 鞭节有角下瘤 (后者无)；②第 2 鞭节长为宽的 2.4 倍 (后者 3.1 倍)；③后足腿节长为宽的 3.7 倍 (后者 4.3 倍)；④合背板基部中纵沟达基部至第 1 对窗疤的 0.5 处 (后者 0.7 处)。

词源：本种种本名"瘦小"应为 "*ejuncidus*"，但误写为 "*ejunicidus*"。在细蜂科中

已有 *Exallonyx ejuncidus* Townes, 1981 名称，因此 *Exallonyx ejunicidus* He *et* Fan，2004 可被认为近于异物同名，易于混淆，因此现改名为"樊氏 *fani*"， 表示对过去合作者樊晋江先生的敬意。

　　注：*Exallonyx ejunicidus* He *et* Fan, 2004 中名曾用瘦小叉齿细蜂。

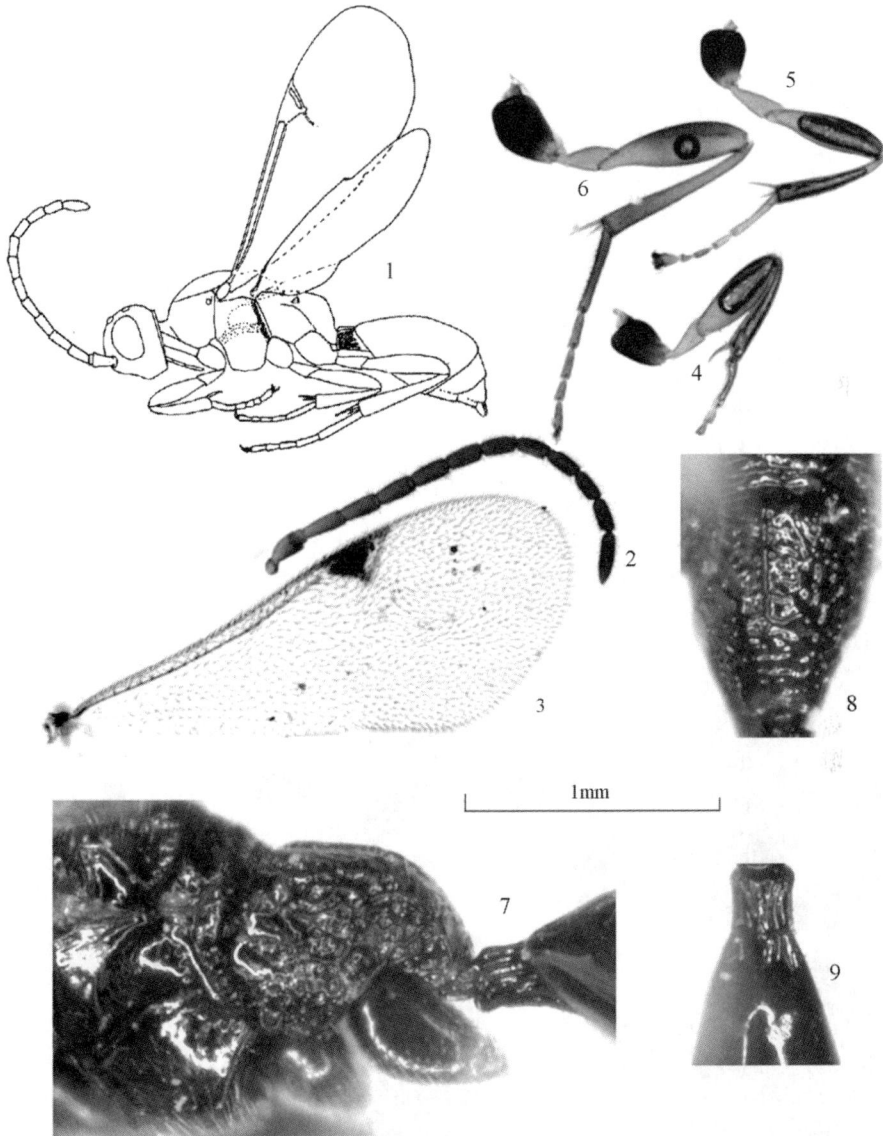

图 261　樊氏叉齿细蜂 *Exallonyx fani* He *et* Xu (新名, nom. nov.)

1. 整体，侧面观；2. 触角；3. 前翅；4. 前足；5. 中足；6. 后足；7. 后胸侧板和并胸腹节，侧面观；8. 并胸腹节，背面观；9. 腹柄和合背板基部，背面观 (仿何俊华等，2004) [1. 0.6X 标尺；2-6. 1.0X 标尺；7-9. 2.0X 标尺]

(202) 黑角叉齿细蜂 *Exallonyx nigricornis* Fan *et* He, 2003 (图 262)

Exallonyx nigricornis Fan *et* He, 2003, In: Huang, *Fauna of Insects in Fujian Province of China*, 7: 720.

雄：前翅长 2.2mm。

头：背观上颊长为复眼的 0.78 倍。颊长为复眼纵径的 0.32 倍。唇基宽为长的 2.8 倍，稍均匀隆起，基部光滑具刻点，亚端横脊明显，端缘平截。触角仅存 8 节，第 2 鞭节长为宽的 2.8 倍；鞭节无明显角下瘤。额脊弱。后头脊正常。

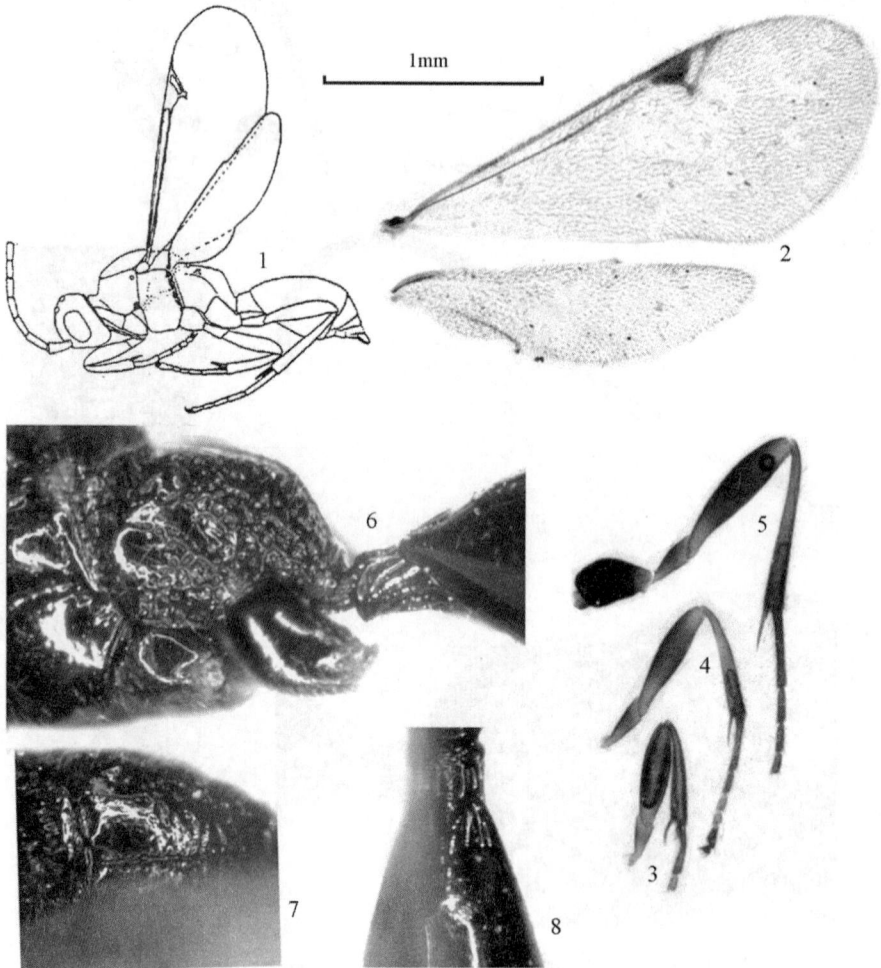

图 262　黑角叉齿细蜂 *Exallonyx nigricornis* Fan *et* He

1. 整体，侧面观；2. 翅；3. 前足；4. 中足；5. 后足；6. 后胸侧板和并胸腹节，侧面观；7. 并胸腹节，背面观；8. 腹柄和合背板基部，背面观 (仿樊晋江等，2003) [1. 0.5X 标尺；2-5. 1.0X 标尺；6-8. 2.0X 标尺]

胸：前胸背板颈部背面具许多条波状细横皱；侧面光滑，前沟缘脊发达；前沟缘脊之后无毛，颈脊之后具毛；背缘具稀疏不规则的单列毛；后下角双凹窝。中胸侧板前缘上角有稀毛；镜面区上半具稀毛；侧板下半部 (中央横沟以下部位) 具稀毛，近中央区域无毛；后下角具平行细皱。后胸侧板中央前方及前上方有被纵沟分隔的、表面具稀毛的光滑区，其长和高分别占侧板的 0.4 倍和 0.7 倍，其余部位呈小室状网皱。并胸腹节侧观背缘弧形；中纵脊伸至后表面端部；背表面后半具细网皱，一侧光滑区长为并胸腹节基部至气门后端间距的 1.2 倍；后表面斜，与外侧区均具小室状网皱。

足：后足腿节长为宽的 4.1 倍；后足胫节长距长为基跗节的 0.59 倍。

翅：前翅长为宽的 2.1 倍；翅痣长和径室前缘脉长分别为翅痣宽的 1.8 倍和 0.64 倍；翅痣后侧缘稍弯；径脉第 1 段内斜，长为宽的 1.2 倍，从翅痣中央稍外方伸出；径脉第 2 段直，两段相接处膨大。后翅后缘近基部有缺刻。

腹：腹柄背面长为中宽的 1.0 倍，具 5 条纵脊，中脊仅后半存在；腹柄侧面上缘长为中高的 0.7 倍，上缘直，基部具横脊 1 条，横脊后具强斜纵脊 6 条。合背板基部中纵沟伸达基部至第 1 对窗疤间距的 0.75 处，两侧各具 2 条纵沟，亚侧纵沟长为中纵沟的 0.63 倍。第 1 窗疤宽为长的 3.1 倍，疤距为疤宽的 0.5 倍。合背板上仅窗疤附近有稀而短的毛，远离合背板下缘。抱器长三角形，不下弯，端尖。

体色：体黑色。须黄褐色。上唇、上颚端部和翅基片褐黄色。触角黑褐色。足黄褐色，基节黑褐色至黑色，转节背面、腿节背方除两端、后足胫节端部和跗节浅褐色。翅透明，翅痣和强脉黄褐色，弱脉无色。

雌：未知。

寄主：未知。

研究标本：1♂，福建崇安黄岗山，1985.Ⅶ.30，黄东宏(正模) (保存于 FAC)。

分布：福建。

鉴别特征：本种与菲律宾种吕宋叉齿细蜂 Exallonyx luzonicus Kieffer, 1914 相近，其区别特征如下：①腹柄侧面背缘长为中高的 0.7 倍 (后者按图为 1.4 倍)；②后胸侧板前上方光滑区长和高分别占侧板的 0.4 倍和 0.7 倍 (后者均为 0.4 倍)；③合背板基部侧纵沟各 2 条 (后者 3 条)。

(203) 邱氏叉齿细蜂 *Exallonyx chiuae* Townes, 1981 (图 263)

Exallonyx chiuae Townes, 1981, *Mem, Amer. Ent. Inst.*, 32: 301.

雄：前翅长 2.2-2.4mm。前胸背面侧面后下角具 2 个凹窝。除后胸侧板和并胸腹节刻纹较细外，其余结构相似于新几内亚种 *E. pissinus* Townes, 1981。

体色：体黑色。上颚浅褐色。须白色。触角柄节黄褐色，端部烟褐色。翅基片黄褐色。前足基节黄褐色，中足基节褐色，前中足转节以后浅褐黄色，有时带褐色；后足基节暗褐色，转节浅褐黄色，腿节黄褐色至褐色，胫节和跗节褐色。翅稍带褐色，翅痣和强脉褐色。

雌：未知。

分布：台湾 (新竹、关刀溪、日月潭)。

研究标本: 作者未采到此种标本, 也未见到模式标本, 现根据原记述及有关资料转译如上。

词源: 种本名"邱氏 *chiuae*", 指我国台湾昆虫分类学家邱瑞珍女士。

注: *E. pissinus* 形态有关译述如下: 颊与上颊等长。唇基宽为长的 2.9 倍, 强度拱隆, 其端部 0.2 内弯几乎呈匀称的直角。触角鞭节无角下瘤, 第 2 鞭节长为宽的 3.1 倍。前胸背板前沟缘脊发达, 前沟缘脊和颈脊之后无毛, 近背缘有单列非常稀疏的毛。后足腿节长为宽的 4.4 倍。翅痣长为宽的 2.4 倍; 径脉从翅痣 0.45 处伸出; 径脉第 2 段与前缘脉呈 20°角相交。合背板基部中纵沟伸达至窗疤间距的 0.4-0.7 处, 具 2-3 条侧纵沟, 其长为侧纵沟的 0.4-0.9 倍。窗疤宽为长的 2.5 倍。

图 263 邱氏叉齿细蜂 *Exallonyx chiuae* Townes, 1981 后胸侧板和并胸腹节, 侧面观
(仿 H. Townes & M. Townes, 1981)

(204) 烟足叉齿细蜂, 新种 *Exallonyx fumipes* He et Xu, sp. nov. (图 264)

雄: 前翅长 1.7mm。

头: 已受压。触角第 2、10 鞭节长分别为宽的 3.0 倍和 2.4 倍, 端节长为端前节的 1.65 倍; 第 2-11 各鞭节有 1 椭圆形角下瘤。额脊弱。后头脊正常。

胸: 前胸背板颈部背面具 5 条横皱; 侧面光滑, 前沟缘脊发达; 前沟缘脊之后无毛, 颈脊之后具毛; 背缘具断续的单列毛; 后下角双凹窝。中胸侧板前缘上角有稀毛; 镜面区上方 0.6 具稀毛; 侧板下半部 (中央横沟以下部位) 具稀毛, 近中央区域无毛。后胸侧板中央前方及前上方有被纵沟分隔的、表面具稀毛的光滑区, 其长和高分别占侧板的 0.5 倍和 0.9 倍, 其余部位具细网皱。并胸腹节侧观背缘弧形; 中纵脊伸至后表面端部; 背表面满布细皱, 几乎无光滑区; 后表面缓斜, 与外侧区均具小室状网皱。

足: 后足腿节长为宽的 4.8 倍; 后足胫节长距长为基跗节的 0.61 倍。

翅: 前翅长为宽的 2.3 倍; 翅痣长和径室前缘脉长分别为翅痣宽的 2.0 倍和 0.64 倍; 翅痣后侧缘稍弯; 径脉第 1 段内斜, 长为宽的 0.5 倍, 从翅痣近中央伸出; 径脉第 2 段直。后翅后缘近基部缺刻深。

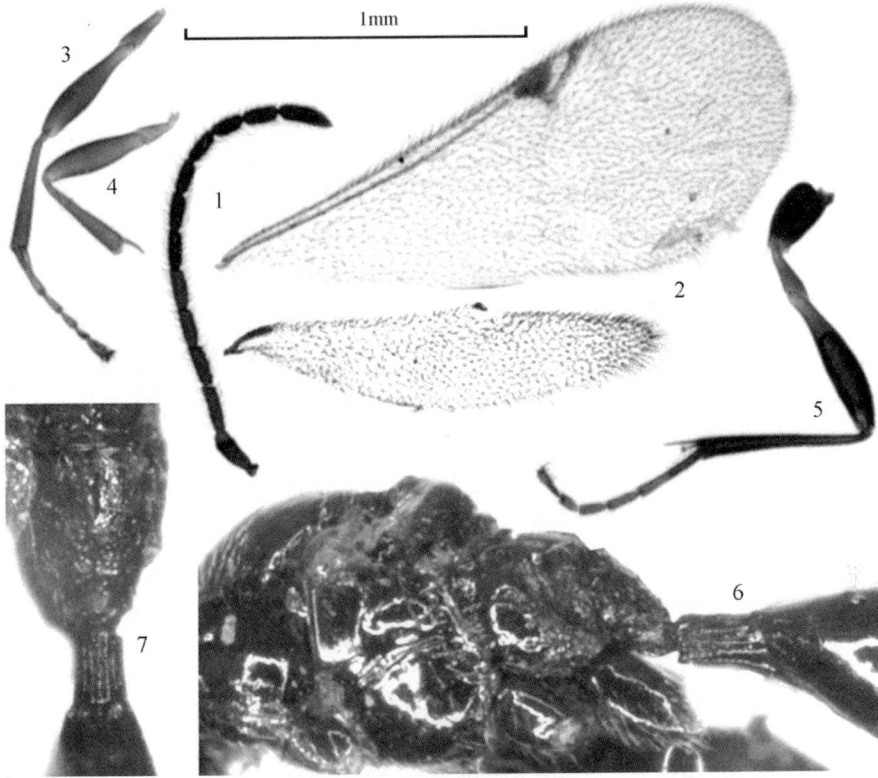

图 264　烟足叉齿细蜂，新种 *Exallonyx fumipes* He *et* Xu, sp. nov.

1. 触角；2. 翅；3. 前足；4. 中足；5. 后足；6. 后胸侧板和并胸腹节，侧面观；7. 并胸腹节、腹柄和合背板基部，背面观
[1-5. 1.0X 标尺；6-7. 2.0X 标尺]

腹：腹柄背面长为中宽的 1.5 倍，具 7 条细纵脊，内夹细皱；腹柄侧面上缘长为中高的 1.3 倍，上缘直，基部具横脊 1 条，横脊后具强斜纵脊 6 条。合背板基部中纵沟长度短于腹柄，伸达基部至第 1 对窗疤间距的 0.9 处，两侧各具 2 条弱纵沟，亚侧纵沟长为中纵沟的 0.3 倍。第 1 窗疤小，宽为长的 2.0 倍，疤距为疤宽的 0.5 倍。合背板上仅窗疤附近有的毛稀而短，远离合背板下缘。抱器长三角形，不下弯，端尖。

体色：体黑色。须黄色。上唇、上颚端部和翅基片浅褐色。触角黑褐色。足浅褐色；中后足基节黑色，转节背方、腿节背方除两端及后足胫节端半黑褐色。翅透明，带烟黄色，翅痣和强脉黑褐色，弱脉浅黄色痕迹。

雌：未知。

寄主：未知。

研究标本：正模♂，陕西宁陕火地塘板桥沟，1600m，1998.Ⅵ.5，马云，No.982401。

分布：陕西。

鉴别特征：见检索表。

词源：种本名"烟足 *fumipes*"，表示本新种足基本上为浅褐色。

(205) 酱色叉齿细蜂，新种 *Exallonyx rubiginosus* He *et* Xu, sp. nov. (图 265)

雄：前翅长 2.3mm。

头：背观上颊长为复眼的 0.52 倍。颊长为复眼纵径的 0.25 倍。唇基宽为长的 3.0 倍，稍均匀隆起，亚端横脊弱，端缘稍凹。触角第 2、10 鞭节长分别为宽的 3.0 倍和 2.8 倍，端节长为端前节的 1.5 倍；第 2-8 鞭节有角下瘤，第 2、8 鞭节上的为圆形，位于中央，第 3-7 各鞭节上的为短棒形，纵向位于中央。额脊弱。后头脊正常高。

胸：前胸背板颈部背面具 3-4 条横皱，中央前弯；侧面光滑，前沟缘脊发达；前沟缘脊之后无毛，颈脊之后具毛；背缘具连续的单列毛；后下角双凹窝。中胸侧板前缘上角和中央横沟上方有稀毛区，之间无毛区长为翅基片的 1.8 倍；镜面区上方 0.7 具稀毛；侧板下半部 (中央横沟以下部位) 具稀毛，近中央区域无毛；后下角具平行细皱。后胸侧板具小室状网皱，前上方有表面具稀毛的三角形光滑区，其长和高分别占侧板的 0.2 倍和 0.35 倍。并胸腹节侧观背缘弧形，后表面约 50° 下斜；中纵脊达后表面后端；背表面前方有光滑区，长稍超过气门，其后方有细点皱。后表面和外侧区具小室状网皱。

足：后足腿节长为宽的 3.5 倍；后足胫节长距长为基跗节的 0.51 倍。

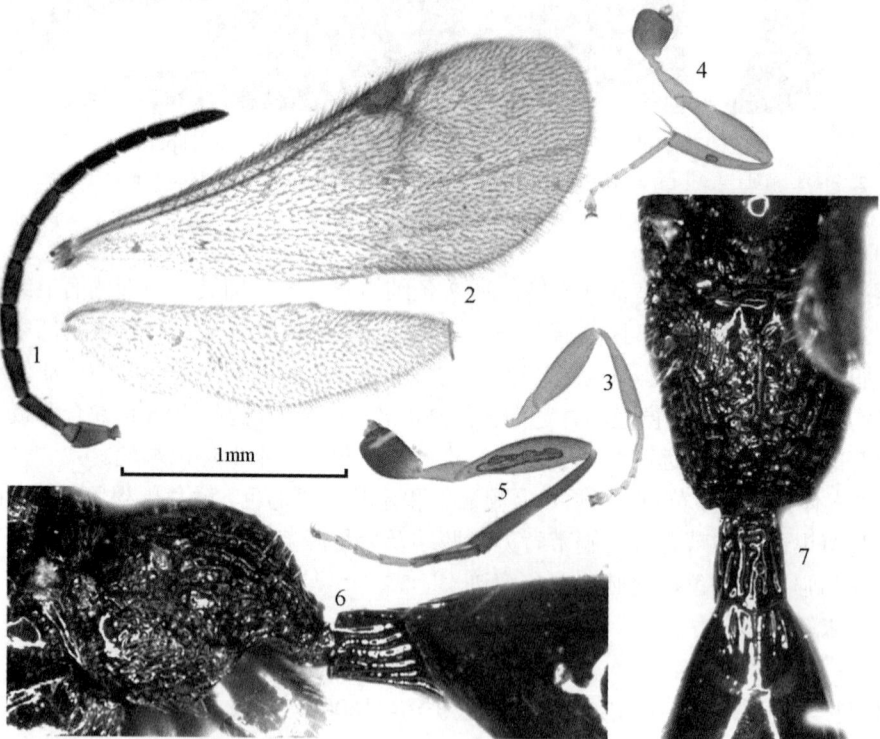

图 265　酱色叉齿细蜂，新种 *Exallonyx rubiginosus* He *et* Xu, sp. nov.
1. 触角；2. 翅；3. 前足；4. 中足；5. 后足；6. 后胸侧板、并胸腹节和腹部，侧面观；7. 并胸腹节、腹柄和合背板基部，背面观 [1-2. 1.0X 标尺；3-5. 0.8X 标尺；6-7. 2.0X 标尺]

翅：前翅长为宽的 2.3 倍；翅痣长和径室前缘脉长分别为翅痣宽的 2.2 倍和 0.6 倍；翅痣后侧缘稍内弯；径脉第 1 段内斜，长为宽的 1.0 倍，从翅痣中央稍外方伸出；径脉第 2 段直，两段相接处膨大。后翅后缘近基部缺刻深。

腹：腹柄背面长为中宽的 1.6 倍，基部 0.4 具 3 条横皱，端部 0.6 具 5 条纵皱；腹柄侧面上缘长为中高的 1.2 倍，上缘稍下凹，基部具横脊 1 条，横脊后具强斜纵脊 5 条。合背板基部中纵沟伸达基部至第 1 对窗疤间距的 0.75 处，两侧各具 2 条纵沟，亚侧纵沟长为中纵沟的 0.8 倍。第 1 窗疤宽为长的 2.2 倍，疤距为疤宽的 0.6 倍。合背板上仅窗疤附近有稀毛，下方毛窝远离合背板下缘。抱器长三角形，不下弯，端尖。

体色：体酱红色，头、并胸腹节和腹柄黑褐色，柄后腹暗红色。须、翅基片黄色。上唇、上颚红褐色。触角黑褐色，柄节和梗节黄色。前中足黄褐色，中足基节、距红褐色；后足基节、胫节、距和跗节深红褐色，转节黄色，腿节褐黄色。翅透明，翅痣和强脉浅黄褐色，弱脉无色。

雌：未知。

寄主：未知。

研究标本：正模♂，广东从化流溪河，2002.Ⅳ.13-14，许再福，No.20026766。

分布：广东。

鉴别特征：见检索表。

词源：种本名"酱色 *rubiginosus*"，意为体部分酱红色。

(206) 光鞘叉齿细蜂，新种 *Exallonyx glabriterebrans* He et Xu, sp. nov. (图 266)

雄：前翅长 2.8mm。

头：背观上颊长为复眼的 0.58 倍。颊长为复眼纵径的 0.27 倍。唇基宽为长的 3.1 倍，除端缘外具刻点，端缘平截。触角第 2、10 鞭节长分别为宽的 3.1 倍和 2.5 倍，端节长为端前节的 1.47 倍；第 3-10 各鞭节有不明显的长椭圆形角下瘤。额脊强而高。后头脊正常。

胸：前胸背板颈部背面具多条横皱；侧面光滑，前沟缘脊发达；前沟缘脊之后无毛，颈脊之后具毛；背缘具稀疏的单列毛；后下角双凹窝。中胸侧板前缘仅上角和镜面区上方具毛；侧板下半部除沿中央横沟以下部位外具稀毛。后胸侧板中央前方及前上方有被纵沟分隔的、表面具稀毛的光滑区，其长和高分别占侧板的 0.45 倍和 0.7 倍，但后缘和下缘均夹有浅刻纹，其余为不规则网皱。并胸腹节具小室状网皱；中央纵脊伸至近后端；背表面中纵脊两侧全为光滑区，长为至气门后端间距的 2.8 倍，沿侧缘和后缘有浅网皱；后表面具稀网皱，后端光滑；外侧区具稀网皱。

足：后足腿节长为宽的 4.3 倍；后足胫节长距长为基跗节的 0.73 倍。

翅：前翅长为宽的 2.42 倍；翅痣长和径室前缘脉长分别为翅痣宽的 2.3 倍和 0.35 倍；翅痣后侧缘直；径脉第 1 段垂直，长为宽的 1.0 倍，从翅痣外方 0.45 处伸出；径脉第 2 段近于直；后翅后缘近基部有缺刻。

腹：腹柄背面长为中宽的 1.3 倍，表面具 4 条强纵脊，亚中脊和侧脊之间还有 1 条弱而不完整的纵脊；腹柄侧面上缘长为中高的 1.0 倍，上缘直，基部具强横脊 1 条，表面具纵脊 5 条。合背板基部中纵沟伸达基部至第 1 对窗疤间距的 0.85 处，两侧各具 3 条纵沟，亚侧纵沟长为中纵沟的 0.85 倍。第 1 窗疤宽为长的 2.8 倍，疤距为疤宽的 0.7 倍。合背板几乎无毛。抱器长三角形，不下弯，端尖。

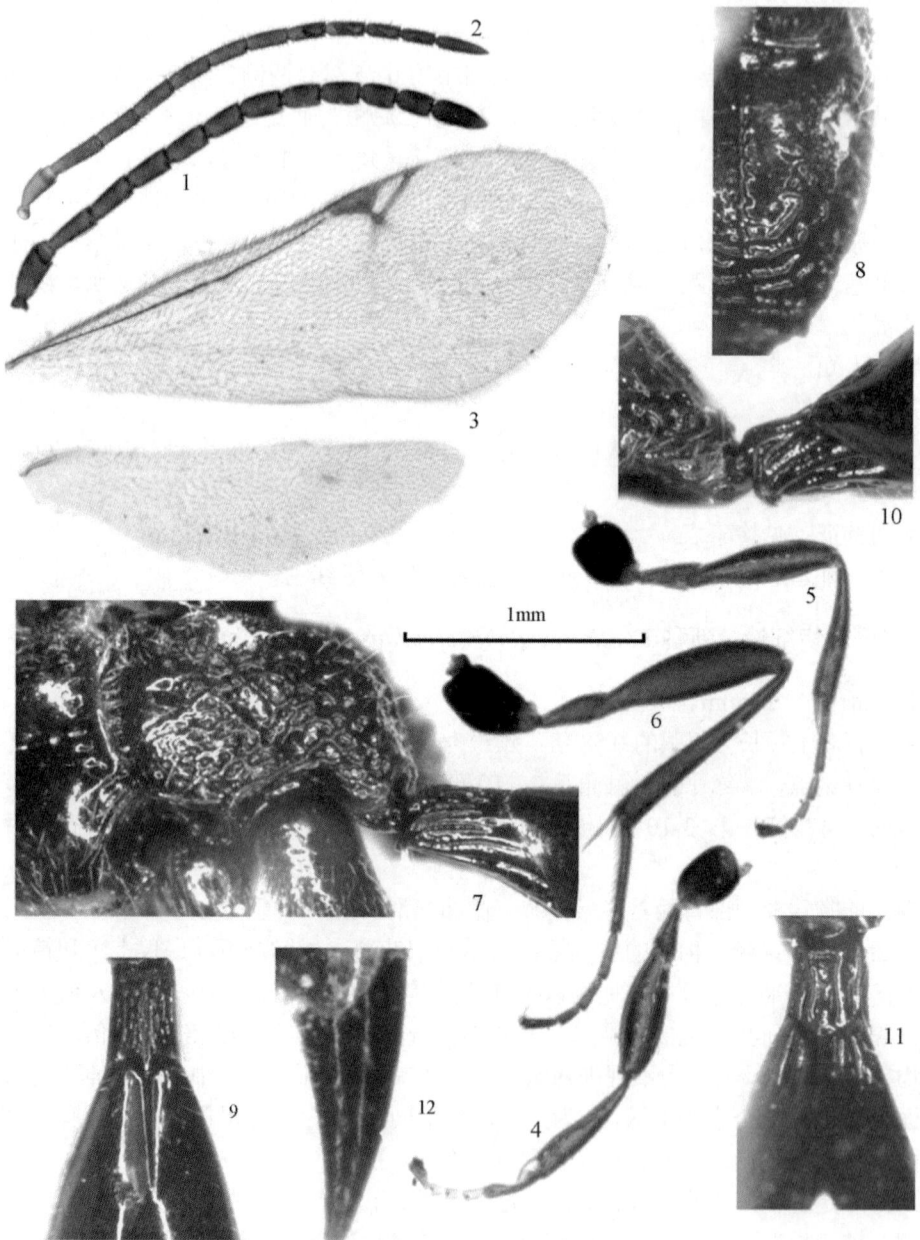

图 266 光鞘叉齿细蜂，新种 *Exallonyx glabriterebrans* He *et* Xu, sp. nov.

1, 2. 触角；3. 翅；4. 前足；5. 中足；6. 后足；7. 后胸侧板和并胸腹节，侧面观；8. 并胸腹节，背面观；9, 11. 腹柄和合背板基部，背面观；10. 腹柄，侧面观；12. 产卵管鞘 (2, 10-11.♂; 其余♀) [1-6. 1.0X 标尺；7-11. 2.0X 标尺；12. 4.0X 标尺]

体色：体黑色。须和翅基片黄色。上唇、上颚除端部红褐色。触角柄节、梗节和第 1 鞭节基部黄褐色，其余鞭节暗红褐色。足褐黄色，基节黑褐色至黑色，前中足胫节、距和跗节黄褐色。翅透明，翅痣和强脉褐色。

雌：前翅长 2.55mm。

头：背观上颊长为复眼的 1.0 倍。颊长为复眼纵径的 0.52 倍。唇基宽为长的 2.7 倍，稍均匀隆起，基部光滑具刻点，亚端横脊明显，端缘平截。触角第 2、10 鞭节长分别为宽的 2.5 倍和 1.9 倍，端节长为端前节的 1.6 倍。额脊强而高。后头脊正常。

胸：前胸背板颈部背面具 3-4 条横皱；侧面光滑，前沟缘脊发达；前沟缘脊之后无毛，颈脊之后具毛；背缘具断续的单列毛；后下角双凹窝。中胸侧板前缘上角和中央横沟上方有稀毛，之间无毛区长为翅基片的 1.5 倍；镜面区上方 0.5 具稀毛；侧板下半部 (中央横沟以下部位) 具稀毛，近中央区域无毛。后胸侧板前上方有表面具稀毛的光滑区，其长和高分别占侧板的 0.4 倍和 0.5 倍，其余部位具小室状网皱。并胸腹节侧观背缘弧形；中央纵脊伸至后表面端部；背表面全为光滑区，长为并胸腹节基部至气门后端间距的 2.8 倍；后表面具横皱，端部稍光滑；外侧区具小室状网皱。

足：后足腿节长为宽的 4.4 倍；后足胫节长距长为基跗节的 0.54 倍。

翅：前翅长为宽的 2.5 倍；翅痣长和径室前缘脉长分别为翅痣宽的 2.1 倍和 0.9 倍；翅痣后侧缘直；径脉第 1 段从翅痣中央稍外方伸出，内斜，长为宽的 1.5 倍；径脉第 2 段直，两段相接处膨大。后翅后缘近基部有缺刻。

腹：腹柄背面长为中宽的 1.5 倍，基部横皱 2 条，其余具 8 条纵皱，内夹细皱；腹柄侧面上缘长为中高的 1.2 倍，上缘直，基部具横脊 1 条，横脊后具强斜纵脊 5 条，但后端较光滑。合背板基部中纵沟伸达基部至第 1 对窗疤间距的 0.98 处，两侧各具 1 条弱纵沟，亚侧纵沟长为中纵沟的 0.1 倍。第 1 窗疤宽为长的 2.2 倍，疤距为疤宽的 0.5 倍。合背板上几乎无毛。产卵管鞘长为后足胫节的 0.34 倍，为鞘中宽的 3.1 倍，表面光滑，无细长刻点或纵刻皱，有细毛。

体色：体黑色。须黄色。上唇、上颚端部和翅基片红褐色。触角红褐色。足红褐色；基节黑褐色至黑色；前足第 2-4 跗节黄褐色；后足端跗节褐色。翅透明，带烟黄色，翅痣和强脉暗黄褐色，弱脉无色。

寄主：未知。

研究标本：正模♀：浙江龙泉凤阳山，2003.VIII.10，刘经贤，No.20047517。副模：1♀，同正模，No.20047525；1♂，浙江西天目山仙人顶，2003.VII.29，陈学新，No.20057959。

分布：浙江。

鉴别特征：见检索表。

词源：种本名 "光鞘 glabriterebrans"，系 glabr (光滑) + terebrans (产卵管鞘) 组合词，意为产卵管鞘表面光滑，无细长刻点或纵刻皱。

(207) 李强叉齿细蜂，新种 *Exallonyx liqiangi* He *et* Xu, sp. nov. (图 267)

雌：前翅长 1.9mm。

头：背观头宽为中长的 1.3 倍；头背观上颊长为复眼的 0.88 倍。颊长为复眼纵径的

0.4 倍。唇基宽为长的 3.1 倍，散生刻点，亚端横脊明显，端缘稍凹。触角第 2、10 鞭节长分别为宽的 2.25 倍和 1.6 倍，端节长为端前节的 1.7 倍。额脊弱。后头脊正常。

胸：前胸背板颈部背面具 4-5 条横皱；侧面光滑，前沟缘脊发达；前沟缘脊之后无毛，颈脊之后具毛；背缘具稀疏的单列毛；后下角双凹窝。中胸侧板前缘上角有稀毛；镜面区上半具稀毛；侧板下半部 (中央横沟以下部位) 具稀毛，近中央区域无毛；后下

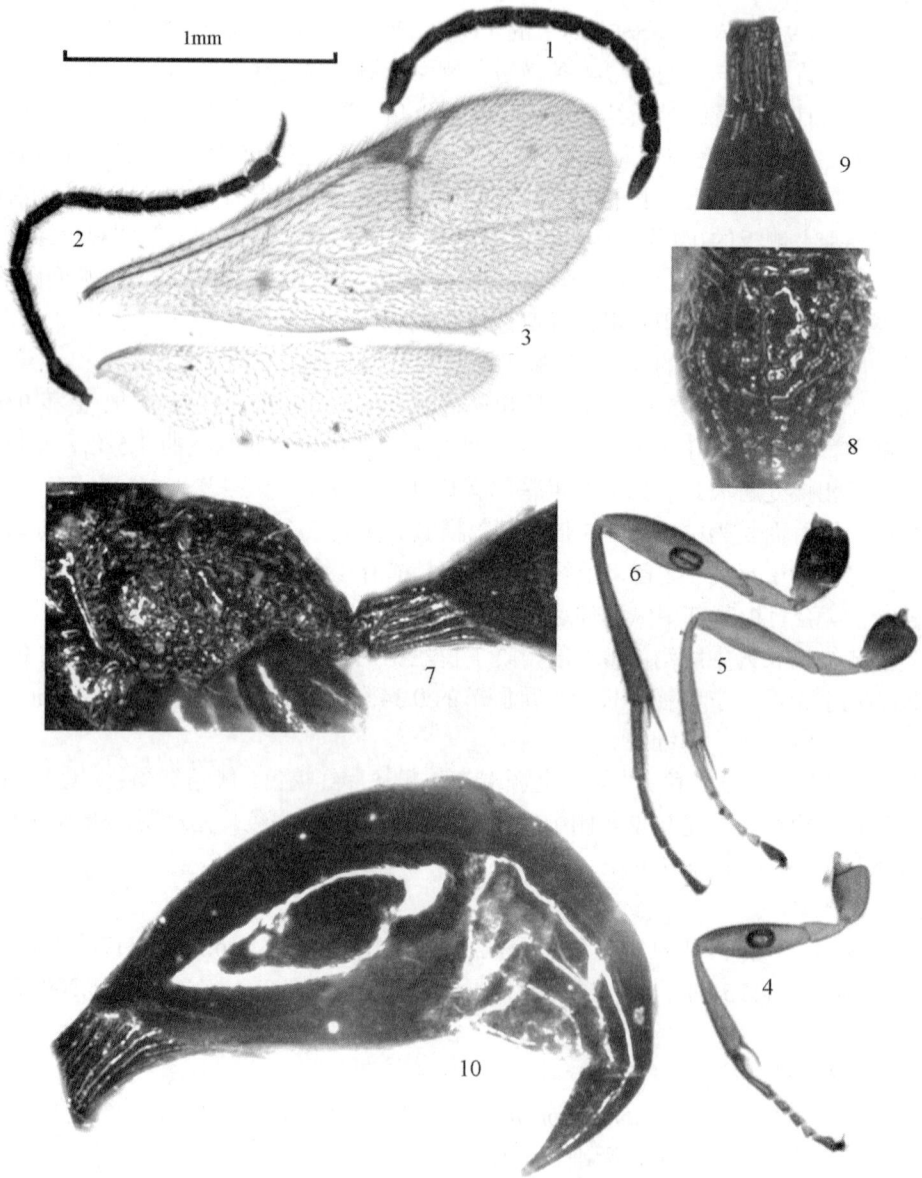

图 267 李强叉齿细蜂，新种 *Exallonyx liqiangi* He *et* Xu, sp. nov.

1, 2. 触角；3. 翅；4. 前足；5. 中足；6. 后足；7. 后胸侧板和并胸腹节，侧面观；8. 并胸腹节，背面观；9. 腹柄和合背板基部，背面观；10. 腹部，侧面观 (2, 7-9.♂；其余♀) [1-6. 1.0X 标尺；7-10. 2.0X 标尺]

角具平行细皱。后胸侧板中央前方及前上方有 1 被纵沟分隔的、表面具稀毛的光滑区，其长和高分别占侧板的 0.4 倍和 0.5 倍，其余部位具小室状网皱。并胸腹节侧观背缘弧形；中纵脊伸至后表面端部；背表面后方及外侧方具网皱，一侧光滑区长为并胸腹节基部至气门后端间距的 2.0 倍；后表面斜，与外侧区均具小室状网皱。

足：后足腿节长为宽的 4.3 倍；后足胫节长距长为基跗节的 0.45 倍。

翅：前翅长为宽的 2.22 倍；翅痣长和径室前缘脉长分别为翅痣宽的 2.3 倍和 1.1 倍；翅痣后侧缘直；径脉第 1 段内斜，长为宽的 1.6 倍，从翅痣中央外方伸出；径脉第 2 段直，两段相接处有脉桩。后翅后缘近基部有缺刻。

腹：腹柄背面长为中宽的 1.4 倍，具 7 条不规则细纵皱，内夹细皱；腹柄侧面上缘长为中高的 1.0 倍，上缘直，基部具横脊 1 条，横脊后具强斜纵脊 7 条。合背板基部中纵沟伸达基部至第 1 对窗疤间距的 0.6 处，两侧各具 3 条纵沟，亚侧纵沟长为中纵沟的 0.8 倍。第 1 窗疤宽为长的 3.0 倍，疤距为疤宽的 0.3 倍。合背板上仅窗疤附近有稀而短的毛，远离合背板下缘。产卵管鞘长为后足胫节的 0.39 倍，为鞘中宽的 3.8 倍，表面具细长纵刻皱，光滑，有细毛。

体色：体黑色。须黄色。上唇、上颚端部和翅基片黄褐色。触角黑褐色，基部 3 节红褐色。足褐黄色，中足基节色稍深；后足基节黑色；前中足端跗节、后足腿节背面、后足胫节端部和整个跗节浅褐色。翅透明，翅痣和强脉浅褐黄色，弱脉无色。

雄：与雌性相似，不同之处在于，前翅长 1.95mm。背观头宽为中长的 1.67 倍，上颊长为复眼的 0.53 倍。颊长为复眼纵径的 0.3 倍。触角第 2、10 鞭节长分别为宽的 3.6 倍和 3.0 倍，端节长为端前节的 1.5 倍；鞭节无明显角下瘤。后足胫节长距长为基跗节的 0.6 倍。腹柄背面具 5 条纵脊，内夹细皱；腹柄侧面上缘长为中高的 1.3 倍。抱器长三角形，不下弯，端尖。足基本上黄褐色，中后足基节、后足胫节端部和各足端跗节黑褐色。

寄主：未知。

研究标本：正模♀，云南屏边大围山，2003.Ⅶ.18，胡龙，No.20048164。副模：1♂，No.20048165。

分布：云南。

鉴别特征：见检索表。

词源：种本名"李强 liqiangi"，意为对云南农业大学教授李强博士对作者研究工作支持的谢意。

(208) 道真叉齿细蜂，新种 *Exallonyx daozhenensis* He *et* Xu, sp. nov. (图 268)

雄：前翅长 2.36mm。

头：背观上颊长为复眼的 0.65 倍。颊长为复眼纵径的 0.3 倍。唇基宽为长的 3.2 倍，稍均匀隆起，光滑，亚端横脊弱，端缘平截。触角第 2、10 鞭节长分别为宽的 3.3 倍和 3.2 倍，端节长为端前节的 1.64 倍；鞭节无角下瘤。额脊强而高。后头脊正常。

胸：前胸背板颈部背面具 4-5 条横皱，中央无毛；侧面光滑，前沟缘脊发达；前沟缘脊之后无毛，颈脊之后具毛；背缘具连续的单列毛；后下角双凹窝。中胸侧板前缘上角和中央横沟上方有稀毛，之间无毛区长为翅基片的 2.0 倍；镜面区后上方具稀毛；侧

板下半部 (中央横沟以下部位) 下缘具稀毛,近中央区域无毛。后胸侧板中央前方有一表面具稀毛的近圆形的光滑区,其长和高分别占侧板的 0.4 倍和 0.6 倍;侧板其余部位具小室状网皱。并胸腹节侧观背缘弧形,后表面缓斜;中纵脊伸至后表面后端;背表面仅中纵脊基半侧方有光滑区,长刚至气门后端,其余具室状网皱。

足:后足腿节长为宽的 4.0 倍;后足胫节长距长为基跗节的 0.52 倍。

翅:前翅长为宽的 2.2 倍;翅痣长和径室前缘脉长分别为翅痣宽的 2.24 倍和 0.8 倍;翅痣后侧缘稍弯;径脉第 1 段内斜,长为宽的 1.5 倍,从翅痣中央稍前方伸出;径脉第 2 段近于直,两段相接处膨大,与前缘脉呈 30° 角相交。后翅后缘近基部有缺刻。

腹:腹柄背面长为中宽的 1.3 倍,表面具 5 条强纵脊;腹柄侧面上缘长为中高的 1.1 倍,上缘直,基部具横脊 1 条,横脊后具强纵脊 5 条,脊上有细刻点。合背板基部中纵沟伸达基部至第 1 对窗疤间距的 0.8 处,两侧各具 3 条纵沟,亚侧纵沟长为中纵沟的 0.7 倍。第 1 窗疤宽为长的 3.0 倍,疤距为疤宽的 0.5 倍。合背板上无毛。抱器长三角形,不下弯,端尖。

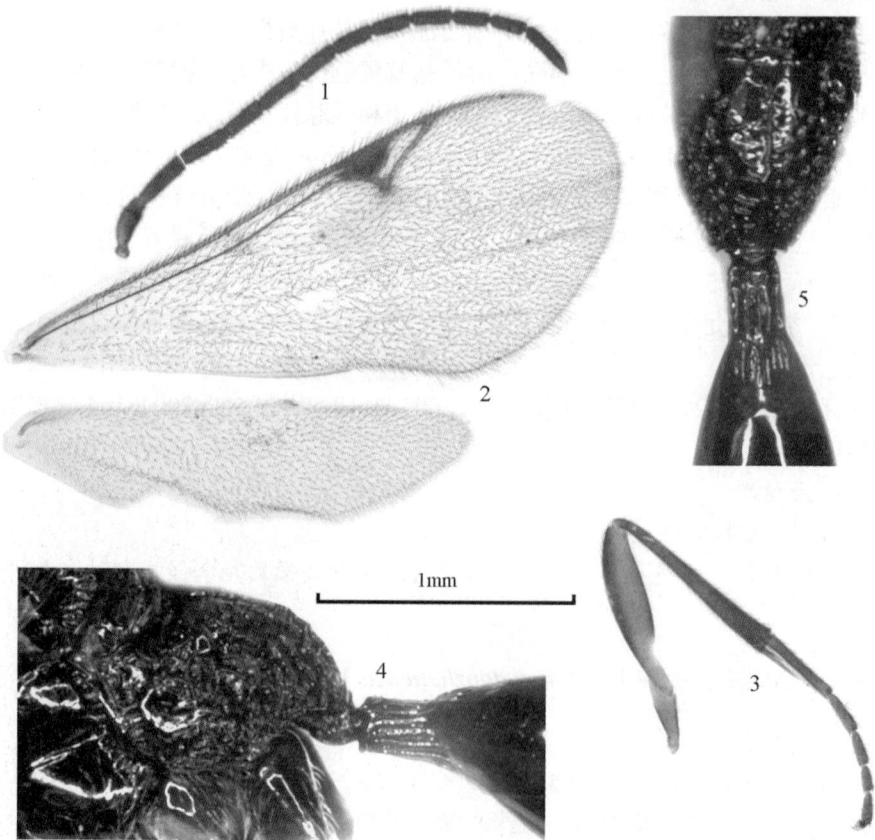

图 268 道真叉齿细蜂, 新种 *Exallonyx daozhenensis* He *et* Xu, sp. nov.

1. 触角;2. 翅;3. 后足;4. 后胸侧板、并胸腹节和腹柄,侧面观;5. 并胸腹节、腹柄和合背板基部,背面观 [1-3. 1.0X 标尺;4-5. 2.0X 标尺]

体色：体黑色。须、上唇、上颚端部和翅基片红褐色。触角黑褐色，柄节基部、梗节和第 1 鞭节基部红褐色。足红褐色，中后足基节除端部、前中足端跗节、后足胫节端半和跗节黑褐色。翅透明，翅痣和强脉黑褐色，弱脉无色。

雌：未知。

寄主：未知。

研究标本：正模♂，贵州道真大沙河，1360m，2004.Ⅷ.21，吴琼，No.20047395。

分布：贵州。

鉴别特征：见检索表。

词源：种本名"道真 daozhenensis"，意为本模式标本产地。

(209) 南岭叉齿细蜂，新种 *Exallonyx nanlingensis* He *et* Xu, sp. nov. (图 269)

雄：前翅长 2.3mm。

头：背观上颊长为复眼的 0.73 倍。颊长为复眼纵径的 0.36 倍。唇基宽为长的 2.9 倍，稍均匀隆起，亚端横脊弱，端缘平截。触角第 2、10 鞭节长分别为宽的 3.0 倍和 2.4 倍，端节长为端前节的 1.8 倍；鞭节无角下瘤。额脊中等高。后头脊中等高。

胸：前胸背板颈部背面具 4-5 条横皱；侧面光滑，前沟缘脊发达；前沟缘脊之后无毛，颈脊之后具毛；背缘具稀疏的双列毛；后下角双凹窝。中胸侧板前缘上角和中央横

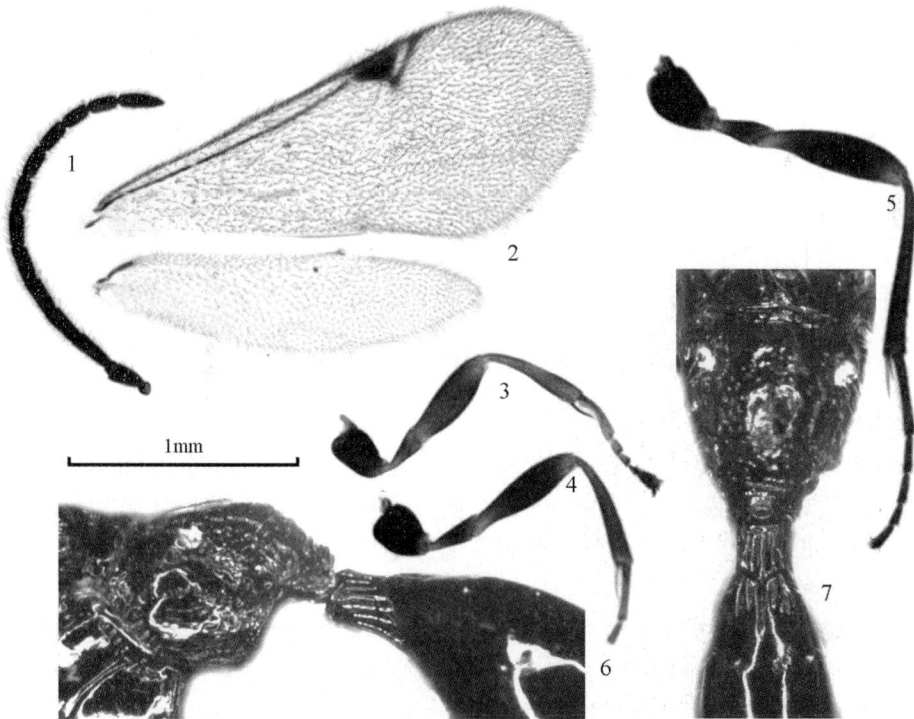

图 269　南岭叉齿细蜂，新种 *Exallonyx nanlingensis* He *et* Xu, sp. nov.
1. 触角；2. 翅；3. 前足；4. 中足；5. 后足；6. 后胸侧板、并胸腹节和腹柄，侧面观；7. 并胸腹节、腹柄和合背板基部，背面观 [1-2. 1.0X 标尺；3-5. 0.8X 标尺；6-7. 2.0X 标尺]

沟上方有稀毛，之间无毛区长为翅基片的 1.5 倍；镜面区上具半稀毛；侧板下半部除沿中央横沟以下部位外具稀毛。后胸侧板光滑区甚大，其长和高均占侧板的 0.8 倍，上方 0.25 处有刻点组成的纵凹痕将其分成上小下大两块；侧板后端和下缘具网皱。并胸腹节侧观背缘弧形；中纵脊伸至后表面中央；背表面一侧光滑区中长为中宽的 1.0 倍；背表面侧后方、后表面和外侧区均具小室状网皱，后表面较斜。

足：后足腿节长为宽的 5.0 倍；后足胫节长距长为基跗节的 0.6 倍。

翅：翅痣长和径室前缘脉长分别为翅痣宽的 1.8 倍和 0.42 倍；翅痣后侧缘稍弯；径脉第 1 段近于垂直，长为宽的 1.0 倍，从翅痣近中央伸出；径脉第 2 段直，两段相接处膨大。后翅后缘近基部有缺刻。

腹：腹柄背面长为中宽的 1.0 倍，基部 0.4 具点皱，端部 0.6 具 5 条强纵脊；腹柄侧面上缘长为中高的 0.8 倍，上缘直，基部具横脊 1 条，横脊后具强斜纵脊 5 条。合背板基部中纵沟伸达基部至第 1 对窗疤间距的 0.8 处，两侧各具 2 条纵沟，亚侧纵沟长为中纵沟的 0.6 倍。第 1 窗疤宽为长的 2.2 倍，疤距为疤宽的 0.6 倍。合背板上仅窗疤下方有几根稀毛，其余光滑。抱器长三角形，不下弯，端尖。

体色：体黑色。须、上唇、上颚端部和翅基片红褐色。触角黑褐色，柄节基部、梗节和第 1 鞭节基部红褐色。足红褐色，基节除中后足端部、转节除两端、腿节除两端、前中足端跗节、后足胫节或仅端半和跗节黑褐色。翅透明，翅痣和强脉黑褐色，弱脉无色。体色有变化，红褐色部位或为黄褐色，黑褐色部位或为淡褐色。

雌：未知。

寄主：未知。

研究标本：正模♂，广东乳源南岭，2003.Ⅶ.23，许再福，No.20047692。副模：3♂，同正模，Nos.20047693-95。

分布：广东。

鉴别特征：见检索表。

词源：种本名"南岭 nanlingensis"，意为本模式标本产地。

(210) 交替叉齿细蜂，新种 *Exallonyx alternans* He et Xu, sp. nov. (图 270)

雄：前翅长 2.8mm。

头：背观上颊长为复眼的 0.82 倍。颊长为复眼纵径的 0.34 倍。唇基宽为长的 2.5 倍，稍均匀隆起，具浅刻点，亚端横脊明显，端缘平截。触角第 2、10 鞭节长分别为宽的 3.1 倍和 2.9 倍，端节长为端前节的 1.5 倍；第 2-11 鞭节有不明显的椭圆形或条形角下瘤。额脊强而高。后头脊正常。

胸：前胸背板颈部背面具 4 条横皱；侧面光滑，前沟缘脊发达；前沟缘脊之后无毛，颈脊之后具毛；背缘具稀疏的双列毛；后下角双凹窝。中胸侧板前缘上角有稀毛；镜面区上方 0.4 具稀毛；侧板下半部 (中央横沟以下部位) 具稀毛，近中央区域大部分无毛；后下角具平行细皱。后胸侧板中央前方及前上方有被纵沟分隔的、表面具稀毛的光滑区，其长和高分别占侧板的 0.7 倍和 0.9 倍，其余部位具小室状网皱。并胸腹节侧观背缘弧形；中纵脊伸至后表面近端部；背表面侧方具网皱，一侧光滑区长为并胸腹节基部至气门后端间距的 3 倍；后表面斜，和外侧区均具小室状网皱。

足：后足腿节长为宽的 4.5 倍；后足胫节长距长为基跗节的 0.62 倍。

翅：前翅长为宽的 2.29 倍；翅痣长和径室前缘脉长分别为翅痣宽的 2.0 倍和 1.0 倍；翅痣后侧缘直；径脉第 1 段内斜，长为宽的 0.5 倍，从翅痣近中央伸出；径脉第 2 段直，两段相接处膨大。后翅后缘近基部缺刻深。

腹：腹柄背面长为中宽的 1.7 倍，具 5 条强纵脊；腹柄侧面上缘长为中高的 1.2 倍，上缘直，基部具横脊 1 条，横脊后为光滑区 (上方具弱皱)，其后才具强斜纵脊 5 条。合背板基部中纵沟伸达基部至第 1 对窗疤间距的 0.95 处，两侧光滑无纵沟。第 1 窗疤浅，宽为长的 3.5 倍，疤距为疤宽的 0.3 倍。合背板上仅窗疤附近有稀毛，远离合背板下缘。抱器长三角形，稍下弯，端尖。

体色：体黑色。须黄色。上唇、上颚端部和翅基片黄褐色。触角浅黑褐色。足浅褐色，基节黑色。翅透明，带烟黄色，翅痣和强脉浅褐色，弱脉浅黄色痕迹。

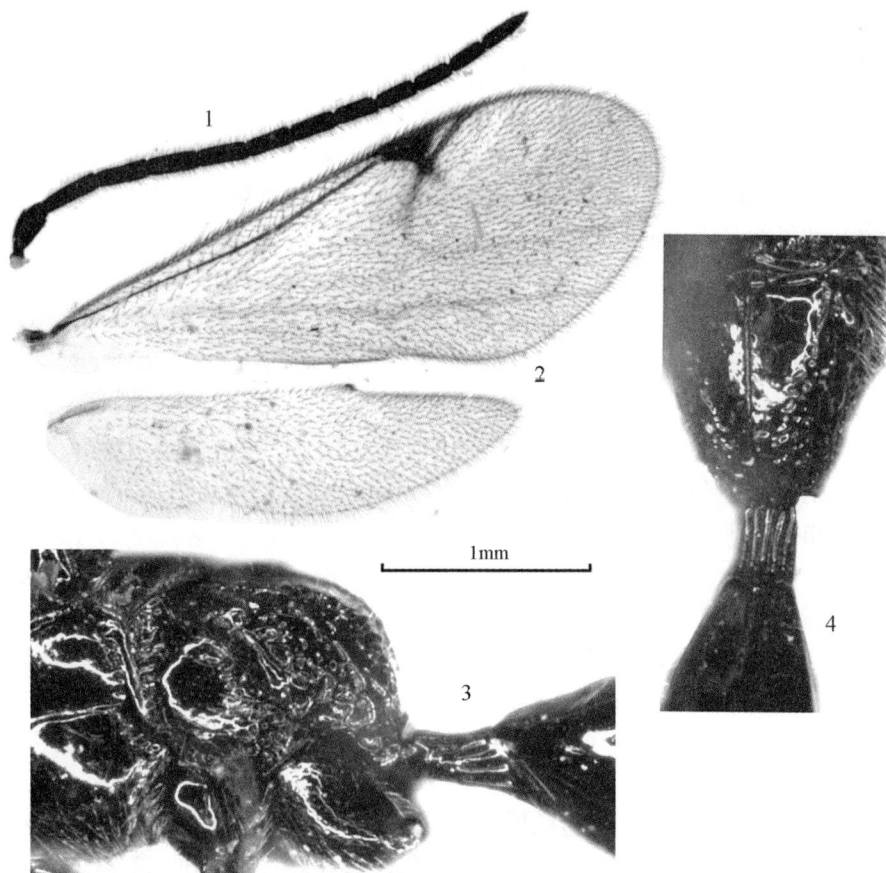

图 270　交替叉齿细蜂，新种 *Exallonyx alternans* He *et* Xu, sp. nov.

1. 触角；2. 翅；3. 后胸侧板、并胸腹节和腹柄，侧面观；4. 并胸腹节、腹柄和合背板基部，背面观 [1-2. 1.0X 标尺；3-4. 2.0X 标尺]

雌：未知。

寄主：未知。

研究标本：正模♂，云南绿春分水岭，2003.Ⅶ.23，胡龙，No.20048137。

分布：云南。

鉴别特征：见检索表。

词源：种本名"交替 *alternans*"，意为腹柄侧面基部具横脊 1 条，横脊后为光滑区，光滑区后又具强斜纵脊 5 条，脊与光滑区交替。

(211) 中华叉齿细蜂，新种 *Exallonyx sinensis* He et Xu, sp. nov. (图 271)

雄：前翅长 4.6mm。

头：背观上颊长为复眼的 0.96 倍。颊长为复眼纵径的 0.3 倍，为上颊的 0.71 倍。唇基宽为长的 3 倍，稍均匀隆起，基部光滑具刻点，亚端横脊明显，端缘稍凹。触角第 2、10 鞭节长分别为宽的 3.0 倍和 3.2 倍，端节长为端前节的 1.6 倍；第 2-11 鞭节有长条形的角下瘤。额脊强而高。后头脊强，稍呈檐状。

胸：前胸背板颈部背面具 6-7 条横皱；侧面光滑，前沟缘脊发达；前沟缘脊之后无毛，颈脊之后具毛；背缘具连续的双列毛；后下角双凹窝。中胸侧板前缘上角和中央横沟上方有稀毛，之间无毛区长为翅基片的 1.2 倍；镜面区上方 0.2 具稀毛；侧板下半部 (中央横沟以下部位) 具稀毛；后下角具细而弱的浅皱。后胸侧板中央前方 (短) 及前上方 (长) 有被纵沟分隔的、表面具稀毛的光滑区，其长和高分别占侧板的 0.3 倍和 0.4 倍，其余部位具小室状网皱。并胸腹节侧观背缘弧形；中纵脊仅背表面存在；背表面端部 0.6 具不完整网皱，一侧光滑区长为并胸腹节基部至气门后端间距的 1.0 倍；后表面斜，基部具横皱，端部光滑；外侧区具小室状网皱。

足：后足腿节长为宽的 4.4 倍；后足胫节长距长为基跗节的 0.56 倍。

翅：前翅长为宽的 2.24 倍；翅痣长和径室前缘脉长分别为翅痣宽的 1.7 倍和 0.44 倍；翅痣后侧缘稍弯；径脉第 1 段内斜，长为宽的 1.0 倍，从翅痣中央稍基方伸出；径脉第 2 段直，两段相接处膨大。后翅后缘近基部有缺刻。

腹：腹柄背面长为中宽的 1.2 倍，基部具 1 条横脊，其后具 5 条强纵脊；腹柄侧面上缘长为中高的 0.9 倍，上缘直，基部具横脊 1 条，横脊后具强斜纵脊 6 条。合背板基部中纵沟伸达基部至第 1 对窗疤间距的 0.85 处，两侧各具 3 条纵沟，亚侧纵沟长为中纵沟的 0.25 倍。第 1 窗疤宽为长的 3.5 倍，疤距为疤宽的 0.6 倍。合背板上仅窗疤附近有稀而短的毛，远离合背板下缘。合背板端部中央有 1 小纵瘤突。抱器长三角形，不下弯，端尖。

体色：体黑色。须黄色。上唇棕黑色。上颚端部和翅基片红褐色。触角黑褐色，柄节腹方、梗节、第 1 鞭节腹方红褐色。足红褐色，基节黑色，转节、后足腿节 (除端部) 黑褐色；后足距、跗节浅褐色。翅透明，带烟黄色，翅痣和强脉黑褐色，弱脉浅黄色痕迹。

雌：未知。

寄主：未知。

研究标本：正模♂，西藏，1991，李法圣，No.210。

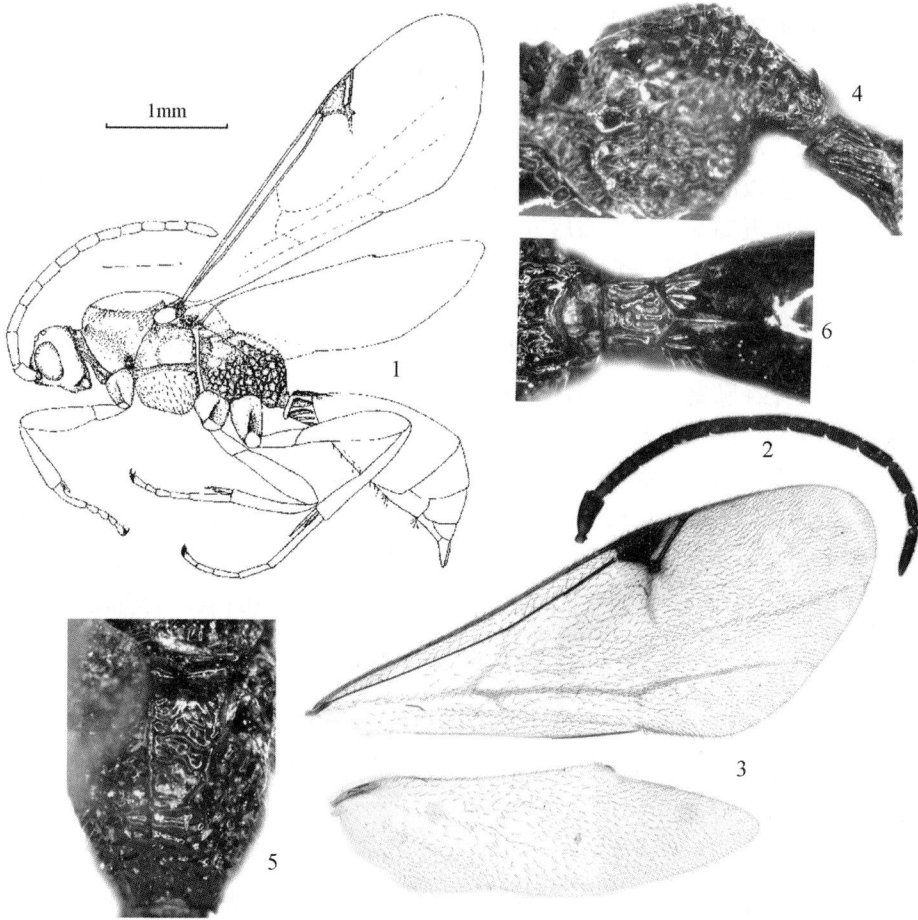

图 271　中华叉齿细蜂，新种 *Exallonyx sinensis* He *et* Xu, sp. nov.

1. 整体，侧面观；2. 触角；3. 翅；4. 后胸侧板、并胸腹节和腹柄，侧面观；5. 并胸腹节，背面观；6. 腹柄和合背板基部，背面观 [1. 0.6X 标尺；2-3. 1.0X 标尺；4-6. 2.0X 标尺]

分布：西藏。

鉴别特征：本新种与南美种粗糙叉齿细蜂 *Exallonyx asper* Townes, 1981 相似，但有以下特征相区别：①前翅长约 4.6mm (后者 2.7-3.5mm)；②颊长为上颊的 0.71 倍 (后者 0.9 倍)；③后足腿节长约为宽的 4.4 倍 (后者 5.7 倍)；④第 1 对窗疤长为宽的 3.5 倍 (后者 2.5 倍)；⑤口须黄色 (后者黑色)。

词源：种本名"中华 *sinensis*"，意为本模式标本产地在我国西藏自治区。

(212) 南方叉齿细蜂，新种 *Exallonyx australis* He *et* Xu, sp. nov. (图 272)

雌：前翅长 2.5mm。

头：背观上颊长为复眼的 0.83 倍。颊长为复眼纵径的 0.68 倍。唇基宽为长的 2.2 倍，稍均匀隆起，与颜面不分界，光滑，亚端横脊弱，端缘平截。触角第 2、10 鞭节长分别为宽的 3.0 倍和 2.1 倍，端节长为端前节的 1.5 倍。额脊强而高。后头脊正常。

胸：前胸背板颈部背面具 4-5 条横皱；侧面光滑，前沟缘脊发达；前沟缘脊之后无毛，颈脊之后具毛；背缘具不完整的双列毛；后下角双凹窝。中胸侧板前缘上角有稀毛；镜面区上方 0.4 具稀毛；侧板下半部 (中央横沟以下部位) 具稀毛，近中央区域无毛；后下角具平行细皱。后胸侧板中央前方及前上方有被纵沟分隔的、表面具稀毛的光滑区，其长和高分别占侧板的 0.4 倍和 0.6 倍，其余部位具小室状网皱。并胸腹节侧观背缘弧形；中纵脊伸至后表面近端部；背表面后方具网皱，一侧光滑区长为并胸腹节基部至气门后端间距的 1.3 倍；后表面斜，和外侧区均具小室状网皱。

足：后足腿节长为宽的 4.7 倍；后足胫节长距长为基跗节的 0.47 倍。

翅：前翅长为宽的 2.41 倍；翅痣长和径室前缘脉长分别为翅痣宽的 2.1 倍和 0.75 倍；翅痣后侧缘稍弯；径脉第 1 段内斜，长为宽的 1.2 倍，从翅痣近中央伸出；径脉第 2 段直，两段相接处膨大。后翅后缘近基部缺刻深。

腹：腹柄背面长为中宽的 1.6 倍，具 4 条细而弱的纵皱，内夹细皱；腹柄侧面上缘长为中高的 1.2 倍，上缘直，基部具横脊 1 条，横脊后具细斜纵脊 6 条。合背板基部中纵沟伸达基部至第 1 对窗疤间距的 0.8 处，两侧各具 3 条纵沟，亚侧纵沟最短而弱，长为中纵沟的 0.3 倍。第 1 窗疤宽为长的 2.0 倍，疤距为疤宽的 0.6 倍。合背板上仅窗疤附近有稀而短的毛，远离合背板下缘。产卵管鞘长为后足胫节的 0.36 倍，为鞘中宽的 4.5 倍，表面具细长刻点，光滑，有细毛。

体色：体黑色。须黄色。上唇、上颚和翅基片黄褐色。触角酱红色。足褐黄色，中后足黑色；后足腿节背面和中央红褐色，后足胫节端部和跗节黄褐色。翅透明，带烟黄色，翅痣和强脉暗褐黄色，弱脉浅黄色痕迹。

雄：与雌性相似，不同之处在于，前翅长 2.4mm。头背观上颊长为复眼的 0.65 倍。颊长为复眼纵径的 0.25 倍。唇基宽为长的 3.2 倍，端缘稍凹。触角第 2、10 鞭节长分别为宽的 3.3 倍和 2.8 倍；第 3-10 鞭节有椭圆形角下瘤。额脊中等高。后胸侧板中央前方及前上方有被纵沟分隔的、表面具稀毛的光滑区，其长和高分别占侧板的 0.55 倍和 0.8 倍。并胸腹节背表面一侧光滑区长为并胸腹节基部至气门后端间距的 3.0 倍。后足腿节长为宽的 4.0 倍；后足胫节长距长为基跗节的 0.55 倍。前翅长为宽的 2.25 倍；翅痣长和径室前缘脉长分别为翅痣宽的 1.7 倍和 0.5 倍；径脉第 1 段长为宽的 0.9 倍。腹部腹柄背面长为中宽的 1.4 倍，具 5 条纵脊，或基部中央具"日"形脊，端半具 5 条强纵脊，内夹细皱；腹柄侧面上缘长为中高的 1.0 倍，基部具横脊 1 条，横脊后具强斜纵脊 5 条。合背板基部中纵沟伸达基部至第 1 对窗疤间距的 0.5 处，两侧各具 2 条纵沟，亚侧纵沟长为中纵沟的 0.7 倍。第 1 窗疤宽为长的 3.0 倍，疤距为疤宽的 0.2 倍。抱器长三角形，不下弯，端尖。

体色：体黑色，腹端部红褐色。须黄色。上唇、上颚端部红褐色。触角黑褐色，柄节、梗节和第 1 鞭节基部红褐色。翅基片黄褐色。足褐黄色，中后足基节黑色；后足腿节背面、中央红褐色，后足胫节端部和跗节浅褐色。翅透明，翅痣和强脉暗褐黄色，弱脉无色。

变异：腹部背观具 5 纵条，基半无"日"形脊。

寄主：未知。

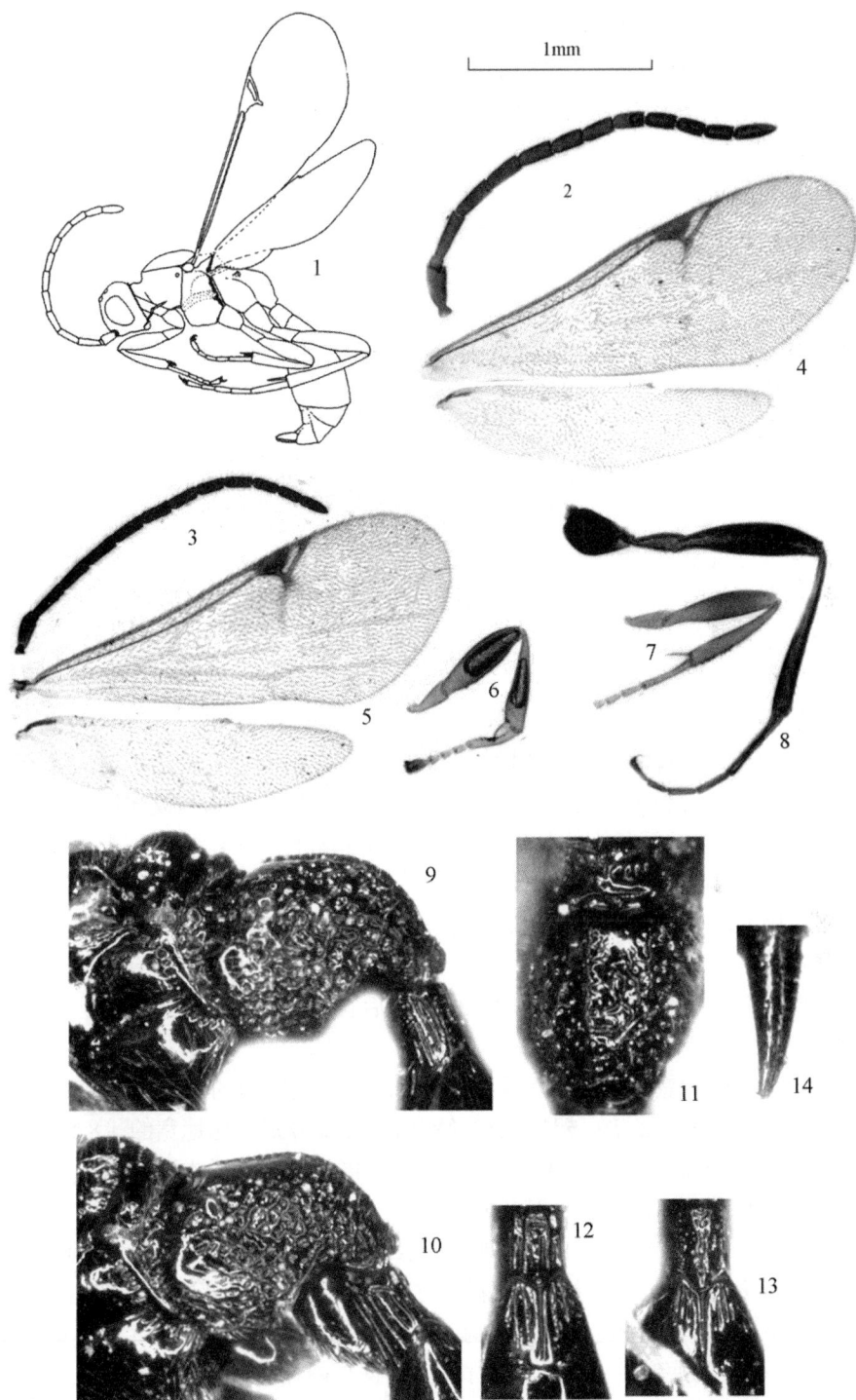

图272　南方叉齿细蜂，新种 *Exallonyx australis* He *et* Xu, sp. nov.

1. 整体，侧面观；2, 3. 触角；4, 5. 翅；6. 前足；7. 中足；8. 后足；9, 10. 后胸侧板、并胸腹节和腹柄，侧面观；11. 并胸腹节，背面观；12, 13. 腹柄和合背板基部，背面观；14. 产卵管鞘 (1, 3, 5, 10, 13.♂；其余♀) [1. 0.7X 标尺；2-8. 1.0X 标尺；9-13. 2.0X 标尺；14. 3.0X 标尺]

研究标本：正模♀，贵州贵阳，1981.Ⅴ.21，何俊华，No.813505。副模：3♂，贵州贵阳，1981.Ⅴ.21-24，何俊华，Nos.813395，873400，814213；1♂，湖北大神农架酒壶，1700m，1982.Ⅶ.27，何俊华，No. 825757 (无头)；1♂，云南蝴蝶泉，1981.Ⅴ.13，何俊华，No.810751。

分布：湖北、贵州、云南。

鉴别特征：本新种雄性与厄瓜多尔种 *Exallonyx phaeomerus* Townes, 1981 相近，其区别为：①触角第 3-10 鞭节有角下瘤；②第 2 鞭节长约为宽的 3.3 倍；③前胸背板侧面上缘不规则 2 列毛。

词源：种本名"南方 *australis*"，意为该种产于我国南方几省。

(213) 烟色叉齿细蜂 *Exallonyx fuliginis* He *et* Fan, 2004 (图 273)

Exallonyx fuliginis He *et* Fan, 2004, In: He *et al.*, *Hymenopteran Insect Fauna of Zhejiang*: 342.

雄：前翅长 2.5mm。

头：背观上颊长为复眼的 0.7 倍。颊长为复眼纵径的 0.36 倍。唇基宽为长的 3.0 倍，稍均匀隆起，基部具浅刻点，亚端横脊明显，端缘平截。触角第 2、10 鞭节长分别为宽的 3.1 倍和 2.5 倍，端节长为端前节的 1.65 倍；第 2-10 鞭节有圆形或短条形角下瘤。额脊中等高。后头脊正常。

胸：前胸背板颈部背面具 5-6 条横皱；侧面光滑，前沟缘脊发达；前沟缘脊之后无毛，颈脊之后具毛；背缘具连续的双列毛；后下角双凹窝。中胸侧板前缘上角和中央横沟上方有稀毛，之间无毛区长为翅基片的 1.4 倍；镜面区上方 0.4 具稀毛；侧板下半部 (中央横沟以下部位) 具很稀的毛；后下角具弱皱。后胸侧板中央前方及前上方有被纵沟分隔的、表面具稀毛的光滑区，其长和高分别占侧板的 0.5 倍和 0.8 倍，其余部位具小室状网皱。并胸腹节侧观背缘弧形；中纵脊仅至后表面基部；背表面外侧有刻条，一侧光滑区长为并胸腹节基部至气门后端间距的 3.0 倍；后表面缓斜，端部具横皱；外侧区具小室状网皱。

足：后足腿节长为宽的 4.3 倍；后足胫节长距长为基跗节的 0.61 倍。

翅：前翅长为宽的 2.2 倍；翅痣长和径室前缘脉长分别为翅痣宽的 1.8 倍和 0.5 倍；翅痣后侧缘稍弯；径脉第 1 段内斜，长为宽的 1.0 倍，从翅痣近中央伸出；径脉第 2 段直，两段相接处膨大。后翅后缘近基部缺刻深。

腹：腹柄背面长为中宽的 1.1 倍，具 5 条强纵脊；腹柄侧面上缘长为中高的 0.8 倍，上缘直，基部具横脊 1 条，横脊后具强斜纵脊 6 条。合背板基部中纵沟伸达基部至第 1 对窗疤间距的 0.65 处，两侧各具 2 条纵沟，亚侧纵沟长为中纵沟的 0.5 倍。第 1 窗疤宽为长的 3.5 倍，疤距为疤宽的 0.6 倍。合背板上仅窗疤附近有稀而短的毛，远离合背板下缘。抱器长三角形，不下弯，端尖。

体色：体黑色。须黄色。上唇、上颚端部和翅基片褐黄色。触角黑褐色。足褐黄色，基节、转节背方、中后足腿节 (除两端)、后足胫节除基部和基跗节黑褐色。翅透明，带烟黄色，翅痣和强脉褐色，弱脉浅黄色痕迹。

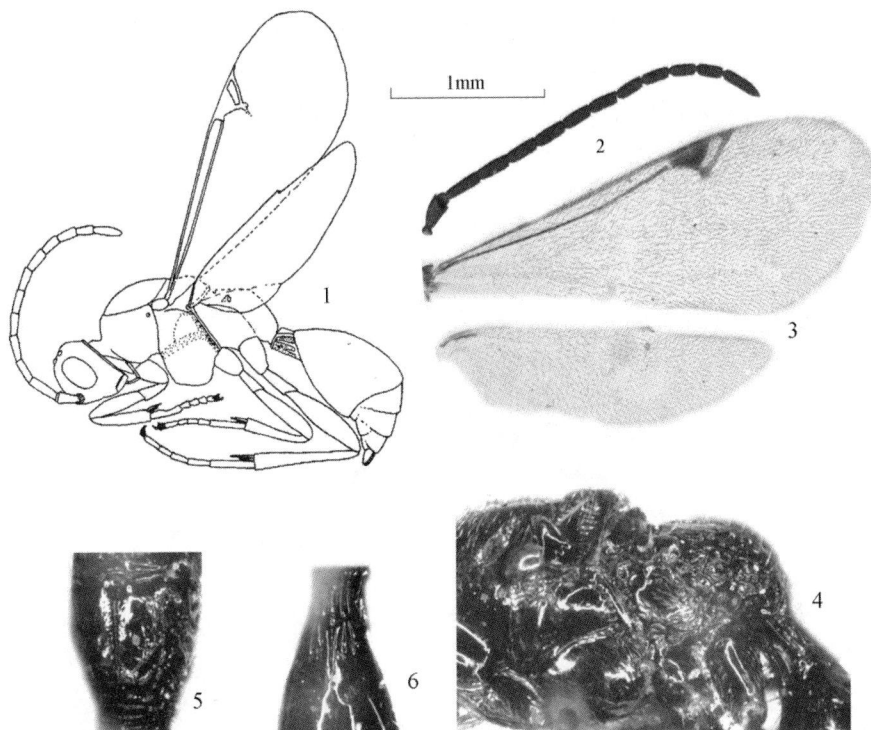

图 273　烟色叉齿细蜂 *Exallonyx fuliginis* He *et* Fan

1. 整体，侧面观；2. 触角；3. 翅；4. 中胸侧板、后胸侧板、并胸腹节和腹柄，侧面观；5. 并胸腹节，背面观；6. 腹柄和
合背板基部，背面观 (1. 仿何俊华等，2004) [1. 0.6X 标尺；2-3. 1.0X 标尺；4-6. 2.0X 标尺]

雌：未知。

寄主：未知。

研究标本：1♂，浙江西天目山，1987.IX.4，樊晋江，No.876220 (正模)。

分布：浙江。

鉴别特征：见检索表。

词源：种本名"烟色 *fuliginis*"，意为本模式标本翅透明，带烟黄色。

(214) 阿尔泰叉齿细蜂，新种 *Exallonyx altayensis* He *et* Xu, sp. nov. (图 274)

雄：前翅长 3.4mm。

头：背观上颊长为复眼的 0.8 倍。颊长为复眼纵径的 0.49 倍。唇基宽为长的 3.0 倍，稍均匀隆起，基部具刻点，亚端横脊明显，端缘稍凹。触角第 2、10 鞭节长分别为宽的 2.55 倍和 2.2 倍，端节长为端前节的 1.4 倍；各鞭节一侧均有小颗粒连成条状的角下瘤。额脊中等高。后头脊正常。

胸：前胸背板颈部背面具 5 条横皱，后方 2 条中断；侧面光滑，前沟缘脊发达；前沟缘脊之后无毛，颈脊之后具毛；背缘具连续的双列毛；后下角双凹窝。中胸侧板前缘上角和中央横沟上方有稀毛，之间无毛区长为翅基片的 1.2 倍；镜面区上半具稀毛；侧板下半部具稀毛，近中央区域无毛；中央横沟端部下方侧板及后下角具平行细皱。后胸侧板中央前方及前上方有被纵沟分隔的、表面具稀毛的光滑区，其长和高分别占侧板的0.6倍和0.66倍，其余部位具小室状网皱及横皱。并胸腹节侧观背缘弧形；中纵脊伸至后表面端部；背表面端半具网皱，中段有弱纵皱，一侧光滑区长为并胸腹节基部至气门后端间距的1.0倍；后表面缓斜，基半具网皱，端半光滑；外侧区具小室状网皱。

足：后足腿节长为宽的4.0倍；后足胫节长距长为基跗节的0.52倍。

翅：前翅长为宽的2.16倍；翅痣长和径室前缘脉长分别为翅痣宽的1.9倍和0.67倍；翅痣后侧缘稍弯；径脉第1段内斜，长为宽的2.0倍，从翅痣近中央伸出；径脉第2段直，两段相接处膨大。后翅后缘近基部有缺刻。

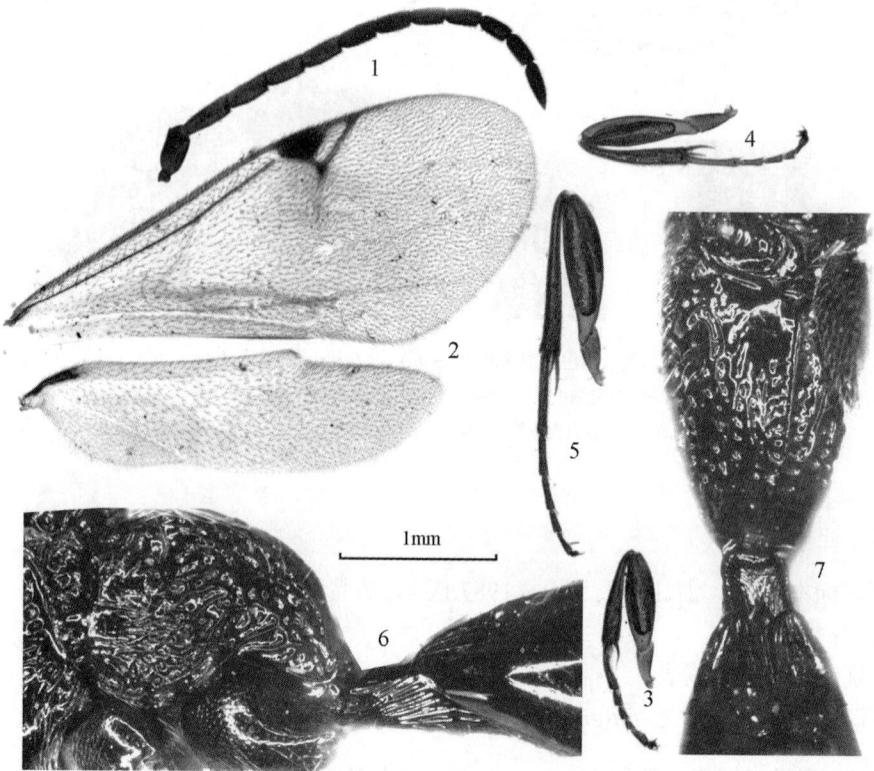

图274　阿尔泰叉齿细蜂 *Exallonyx altayensis* He et Xu, sp. nov.

1. 触角；2. 翅；3. 前足；4. 中足；5. 后足；6. 后胸侧板、并胸腹节和腹柄，侧面观；7. 并胸腹节、腹柄和合背板基部，背面观 [1. 1.0X 标尺；3-5. 0.8X 标尺；6-7. 2.0X 标尺]

腹：腹柄背面长为中宽的1.0倍，基部具2-3条弧形细刻条，其后具6条细斜刻条，侧方纵脊细；腹柄侧面上缘长为中高的1.1倍，上缘稍下凹，基部无横脊，基部上方光滑，从下角伸出细斜脊11条。合背板基部中纵沟伸达基部至第1对窗疤间距的0.85处，两侧各具3条深纵沟，深纵沟间还有细纵沟7-8条，亚侧深纵沟长为中纵沟的0.8倍。第1窗疤宽为长的4.0倍，疤距为疤宽的0.2倍。合背板上仅窗疤附近有稀而短的毛，远离合背板下缘。抱器长三角形，不下弯，端尖。

体色：体黑色。须黄褐色。上唇、上颚端部棕红色。触角棕红色。翅基片黄褐色。足褐黄色；前中足基节棕红色，后足基节黑褐色；端跗节和后足第 2-5 跗节浅褐色。翅透明，带烟黄色，翅痣和强脉暗褐黄色，弱脉浅黄色痕迹。

雌：未知。

寄主：未知。

研究标本：正模♂，新疆阿尔泰，1990.Ⅶ.25，王登元，No.916322。

分布：新疆。

鉴别特征：见检索表。

词源：种本名"阿尔泰 altayensis"，意为本模式标本产地为新疆阿尔泰。

(215) 三角叉齿细蜂，新种 *Exallonyx triangularis* He *et* Xu, sp. nov. (图 275)

雄：前翅长 2.75mm。

头：背观上颊长为复眼的 0.71 倍。颊长为复眼纵径的 0.24 倍。唇基宽为长的 3.1 倍，稍均匀隆起，亚端横脊明显，端缘平截。触角第 2、10 鞭节长分别为宽的 2.6 倍和 3.0 倍，端节长为端前节的 1.4 倍；鞭节无743下瘤。额脊中等高。后头脊中等高。

胸：前胸背板颈部背面具 3-4 条横皱，中央无毛；侧面光滑，前沟缘脊发达；前沟缘脊之后无毛，颈脊之后具毛；背缘具连续的双列毛；后下角双凹窝。中胸侧板前缘上角有稀毛，亦具弱皱；镜面区上方 0.5 具稀毛；侧板下半部 (中央横沟以下部位) 具稀毛；后下角具细皱。后胸侧板具小室状网皱；中央前方有光滑区，其长和高分别占侧板的 0.45 倍和 0.65 倍。并胸腹节侧观背缘弧形；中纵脊达后端；背表面前半光滑区长稍超过气门后端；其后半为网皱；后表面网皱多横形，网室横宽；外侧区具小室状网皱。

足：后足腿节长为宽的 3.8 倍；后足胫节长距长为基跗节的 0.5 倍。

翅：前翅长为宽的 2.17 倍；翅痣长和径室前缘脉长分别为翅痣宽的 2.0 倍和 0.6 倍；翅痣后侧缘稍弯；径脉第 1 段内斜，长为宽的 1.5 倍，从翅痣中央伸出；径脉第 2 段稍弯。后翅后缘近基部缺刻浅圆。

腹：腹柄背面长为中宽的 1.0 倍，表面具 "V" 形脊，基部有 3 条弱横皱，后侧方有 2 条短纵皱；腹柄侧面上缘长为中高的 0.65 倍，上缘直，基部具横脊 1 条，横脊后具稍斜的强纵脊 5 条。合背板基部中纵沟伸达基部至第 1 对窗疤间距的 0.75 处，两侧各具 3 条纵沟，亚侧纵沟长为中纵沟的 0.5 倍。第 1 窗疤宽为长的 2.5 倍，疤距为疤宽的 1.0 倍。合背板上几乎无毛。抱器长三角形，不下弯，端尖。

体色：体黑色。须黄色。上唇、上颚端部和翅基片红褐色。触角黑褐色，柄节下方、梗节、第 1-2 鞭节下方红褐色。足红褐色，前中足基节黑褐色，后足基节黑色，胫节和跗节浅褐色。翅透明，带烟黄色，翅痣和强脉浅褐色，弱脉无色。

雌：未知。

寄主：未知。

研究标本：正模♂，广东乳源南岭，2003.Ⅶ.23，许再福，No.20047697。

分布：广东。

鉴别特征：见检索表。

词源：种本名"三角 *triangularis*"，意为腹柄背面有"Ｖ"形脊形成的三角形区域。

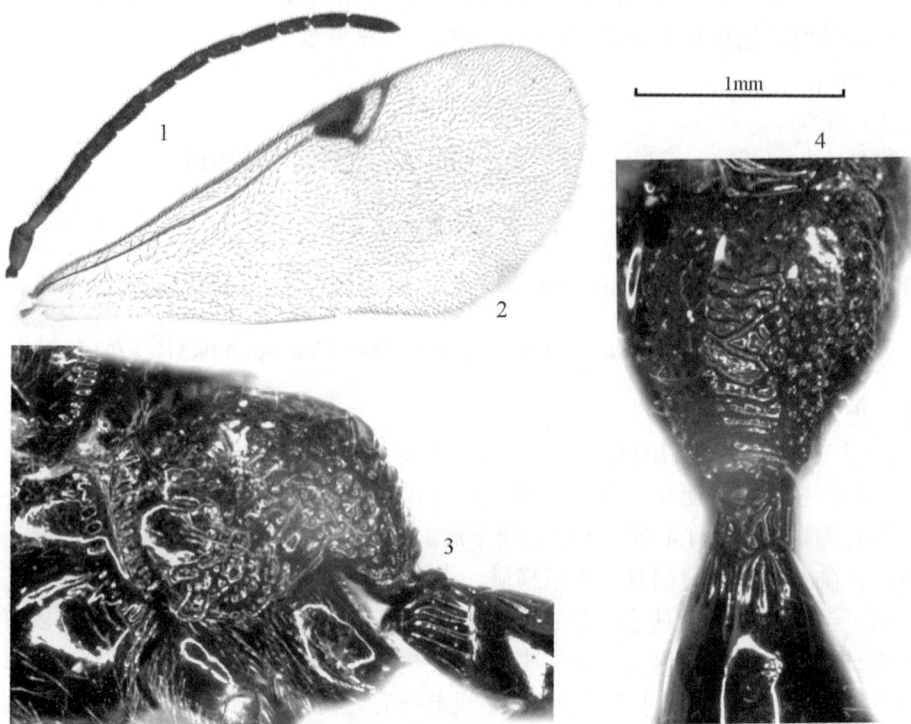

图 275 三角叉齿细蜂 *Exallonyx triangularis* He *et* Xu, sp. nov.
1. 触角；2. 前翅；3. 后胸侧板、并胸腹节和腹柄，侧面观；4. 并胸腹节、腹柄和合背板基部，背面观 [1-2. 1.0X 标尺；3-4. 2.0X 标尺]

(216) 柳氏叉齿细蜂，新种 *Exallonyx liui* He *et* Xu, sp. nov. (图 276)

雄：前翅长 2.6mm。

头：背观上颊长为复眼的 0.75 倍。颊长为复眼纵径的 0.34 倍。唇基宽为长的 2.7 倍，稍均匀隆起，基部具稀刻点，亚端横脊明显，端缘平截。触角第 2、10 鞭节长分别为宽的 2.7 倍和 2.5 倍，端节长为端前节的 1.6 倍；第 2-8 鞭节有不明显的圆形或椭圆形角下瘤。额脊中等高。后头脊正常。

胸：前胸背板颈部背面具 3 条横皱；侧面光滑，前沟缘脊发达，沿脊后方有弱皱；前沟缘脊之后无毛，颈脊之后具毛；背缘具稀疏的双列毛；后下角双凹窝。中胸侧板前缘上角有稀毛；镜面区上方 0.6 具稀毛；侧板下半部具稀毛，近中央区域无毛；中央横沟后方沟内具平行细皱。后胸侧板中央前方及前上方有被纵沟分隔的、表面具稀毛的光滑区，其长和高分别占侧板的 0.4 倍和 0.6 倍，其余部位具粗大室状网皱。并胸腹节侧观背缘弧形；中纵脊伸至后表面近端部；背表面侧方具网皱或纵皱，光滑区狭窄，长为并胸腹节基部至气门后端间距的 3.0 倍；后表面陡斜，与外侧区均具室状网皱，端部光滑。

足：后足腿节长为宽的 4.0 倍；后足胫节长距长为基跗节的 0.52 倍。

翅：前翅长为宽的 2.27 倍；翅痣长和径室前缘脉长分别为翅痣宽的 1.8 倍和 0.6 倍；翅痣后侧缘直；径脉第 1 段内斜，长为宽的 2.0 倍，从翅痣近中央伸出；径脉第 2 段直，两段相接处膨大。后翅后缘近基部缺刻深。

腹：腹柄背面长为中宽的 0.8 倍，具 6 条强纵皱，内夹细皱；腹柄侧面上缘长为中高的 0.6 倍，上缘直，基部具横脊 1 条，横脊后具强斜纵脊 6 条。合背板基部中纵沟伸达基部至第 1 对窗疤间距的 0.7 处，两侧各具 3 条纵沟，亚侧纵沟长为中纵沟的 0.4 倍。第 1 窗疤宽为长的 3.6 倍，疤距为疤宽的 0.5 倍。合背板上仅窗疤附近有稀而短的毛，远离合背板下缘。抱器长三角形，不下弯，端尖。

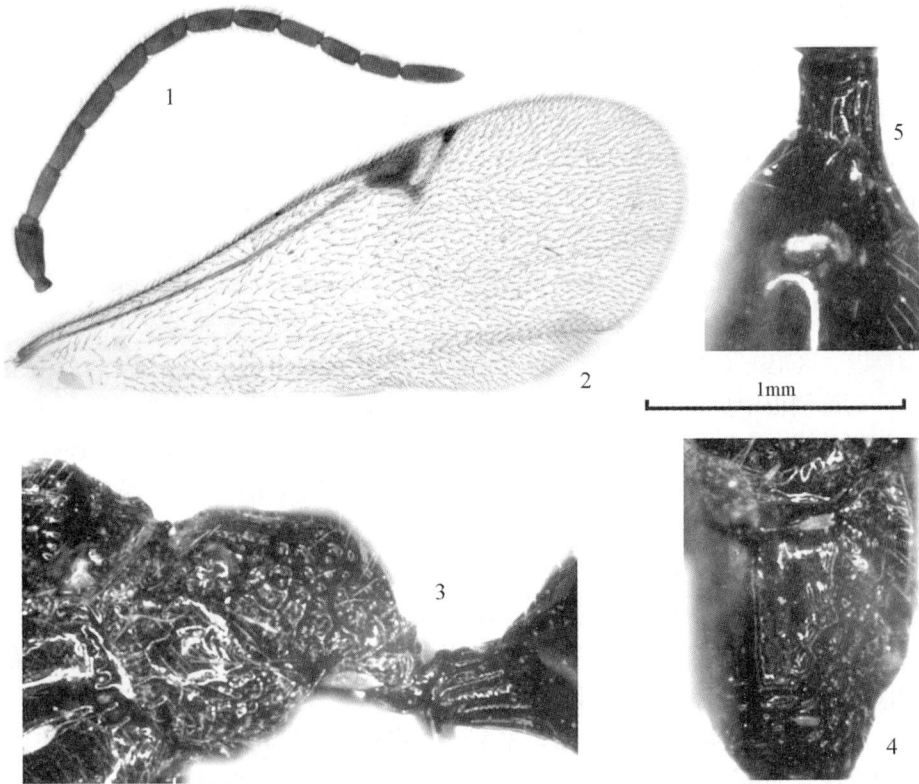

图 276　柳氏叉齿细蜂，新种 *Exallonyx liui* He *et* Xu, sp. nov.

1. 触角；2. 前翅；3. 后胸侧板、并胸腹节和腹柄，侧面观；4. 并胸腹节，背面观；5. 腹柄和合背板基部，背面观 [1-2. 1.0X 标尺；3-5. 2.0X 标尺]

体色：体黑色。须和翅基片黄褐色。上唇、上颚端部红褐色。触角基半红褐色，至端部渐黑褐色。足褐黄色，前中足基节和各足端跗节浅黑褐色，后足基节 (除端部) 黑色。翅透明，带烟黄色，翅痣和强脉褐色，弱脉浅黄色痕迹。

变异：中胸侧板中央横沟内和横沟前端上方或无平行细皱；并胸腹节背表面侧方有网皱或无纵皱。

雌：未知。

寄主：未知。

研究标本：正模♂，浙江西天目山老殿—仙人顶，1125-1547m，1989.Ⅴ.17-18，樊晋江，No.884614。副模：2♂，浙江西天目山，1990.Ⅵ.2-4，何俊华，Nos.904675，904905；1♂，浙江西天目山仙人顶，1998.Ⅸ.5，赵明水，No.20057494。

分布：浙江。

鉴别特征：见检索表。

词源：种本名"柳氏 *liui*"，为悼念曾在浙江大学从事教学工作的我的老师、军事医学科学院柳支英教授。

(217) 条腰叉齿细蜂，新种 *Exallonyx striopropodeum* He *et* Xu, sp. nov. (图 277)

雄：前翅长 2.2mm。

头：背观上颊长为复眼的 0.8 倍。颊长为复眼纵径的 0.19 倍。唇基宽为长的 3.2 倍，稍均匀隆起，具稀疏刻点，亚端横脊明显，端缘平截。触角第 2、10 鞭节长分别为宽的 2.9 倍和 3.0 倍，端节长为端前节的 1.45 倍；第 2-10 鞭节有长椭圆形角下瘤。额脊中等高。后头脊正常。

胸：前胸背板颈部背面具 5 条横皱；侧面光滑，前沟缘脊发达；前沟缘脊之后无毛，颈脊之后具毛；背缘具稀疏的双列毛；后下角双凹窝。中胸侧板前缘上角有稀毛，并有细横皱；镜面区上方 0.7 具稀毛；侧板下半部 (中央横沟以下部位) 具稀毛；后下角具平行细皱。后胸侧板中央前方及前上方有被纵沟分隔的、表面具稀毛的光滑区，其长和高分别占侧板的 0.4 倍和 0.7 倍，其余部位具小室状网皱。并胸腹节侧观背缘弧形；中纵脊伸至后表面近端部；背表面后方 0.7 具刻条或刻皱，一侧光滑区长为并胸腹节基部至气门后端间距的 1.2 倍；后表面斜，端部光滑，与外侧区均具小室状网皱。

足：后足腿节长为宽的 3.8 倍；后足胫节长距长为基跗节的 0.53 倍。

翅：前翅长为宽的 2.14 倍；翅痣长和径室前缘脉长分别为翅痣宽的 1.8 倍和 0.5 倍；翅痣后侧缘稍弯；径脉第 1 段内斜，长为宽的 1.8 倍，从翅痣近中央伸出；径脉第 2 段直，两段相接处膨大。后翅后缘近基部有缺刻。

腹：腹柄背面长为中宽的 0.9 倍，基部具 2 横脊，其后具 6 条强纵脊，内夹细皱；腹柄侧面上缘长为中高的 0.8 倍，上缘直，基部具横脊 1 条，横脊后具强斜纵脊 6 条。合背板基部中纵沟伸达基部至第 1 对窗疤间距的 0.6 处，两侧各具 3 条纵沟，亚侧纵沟长为中纵沟的 0.6 倍。第 1 窗疤宽为长的 3.0 倍，疤距为疤宽的 0.6 倍。合背板上仅窗疤附近有稀而短的毛，远离合背板下缘。抱器长三角形，不下弯，端尖。

体色：体黑色。须和翅基片黄褐色。上唇、上颚端部红褐色。触角黑褐色，至基部渐红褐色。足黄褐色；基节黑褐色至黑色。翅透明，翅痣和强脉黑褐色，弱脉无色。

变异：并胸腹节背表面后方 0.7 仅具夹点刻皱；中胸侧板前缘上角无细皱；No.20057017 标本后足腿节背方 (除两端) 浅褐色。

雌：未知。

寄主：未知。

研究标本：正模♂，浙江杭州，1989.Ⅵ.24，陈学新，No.893310。副模：2♂，同正

模，Nos.893289，893305；1♂，浙江杭州，1991.Ⅵ.28，高其康，No.911462；2♂，浙江
杭州玉皇山，2003.Ⅶ.20，时敏、吴琼，Nos.20057017，20057260。

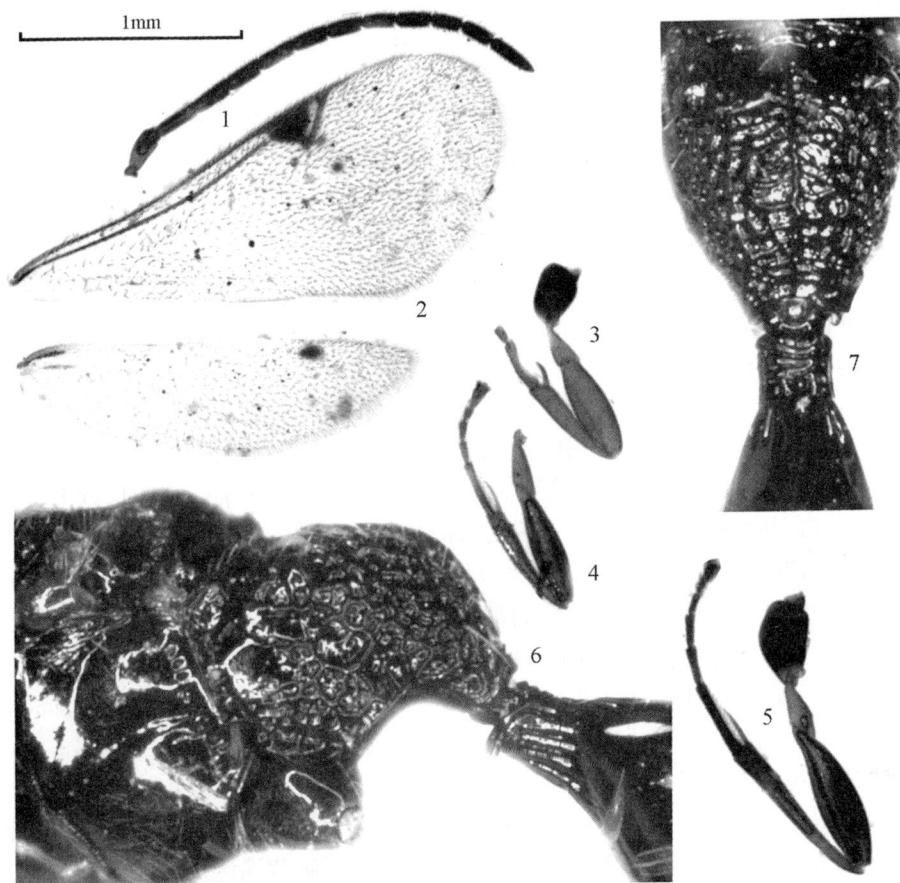

图 277　条腰叉齿细蜂，新种 *Exallonyx striopropodeum* He *et* Xu, sp. nov.

1. 触角；2. 翅；3. 前足；4. 中足；5. 后足；6. 后胸侧板、并胸腹节和腹柄，侧面观；7. 并胸腹节、腹柄和合背板基部，
背面观 [1-5. 1.0X 标尺；6-7. 2.0X 标尺]

分布：浙江。

鉴别特征：见检索表。

词源：种本名"条腰 *striopropodeum*"，系 *strio* (刻条)+ *propodeum* (并胸腹节) 组合
词，意为并胸腹节侧观背表面大部分具刻条或刻皱。

(218) 光滑叉齿细蜂 *Exallonyx laevigatus* Fan *et* He, 2003 (图 278)

Exallonyx lavigatus (!) Fan *et* He, 2003, In: Huang, *Fauna of Insects in Fujian Province of China*, 7:
719.

Exallonyx laevigatus Fan *et* He: He & Fan, 2004, In: He *et al.*, *Hymenopteran Insect Fauna of Zhejiang*:
344.

雄：前翅长 2.6-3.3mm。

头：背观上颊长为复眼的 0.67 倍。颊长为复眼纵径的 0.18-0.23 倍。唇基宽为长的 2.6-3.0 倍，稍均匀隆起，基部散生刻点，亚端横脊明显，端缘平截。触角第 2、10 鞭节长分别为宽的 3.0-3.3 倍和 2.5-2.7 倍，端节长为端前节的 1.4-1.5 倍；第 2-10 各鞭节有长椭圆形角下瘤。额脊中等强而高。后头脊正常。

胸：前胸背板颈部背面具 2-4 条横皱；侧面光滑，前沟缘脊发达；前沟缘脊之后无毛，颈脊之后具毛；背缘具连续的 3 列毛；后下角双凹窝。中胸侧板前缘上角有稀毛；镜面区上方 0.7 具稀毛；侧板下半部 (中央横沟以下部位) 仅腹方具稀毛，中央区域无毛。后胸侧板中央前方及前上方有被纵沟分隔的、表面具稀毛的光滑区，其长和高分别占侧板的 0.6-0.8 倍和 0.8-0.9 倍，其余部位具小室状网皱。并胸腹节侧观背缘弧形，后表面斜；中纵脊伸至后表面近端部，侧方均为光滑区，长为并胸腹节基部至气门后端的 3.0 倍；后表面与背表面无明显分界，近于光滑；外侧区具小室状网皱。

足：后足腿节长为宽的 3.9 倍；后足胫节长距长为基跗节的 0.62 倍。

翅：前翅长为宽的 2.2 倍；翅痣长和径室前缘脉长分别为翅痣宽的 1.8-1.9 倍和 0.54-0.65 倍；翅痣后侧缘稍弯；径脉第 1 段内斜，长为宽的 1.0 倍，从翅痣近中央伸出；径脉第 2 段直，两段相接处膨大。后翅后缘近基部有缺刻。

腹：腹柄背面长为中宽的 1.0-1.2 倍，具 5 条强纵脊；腹柄侧面上缘长为中高的 0.8-0.9 倍，上缘直，基部具横脊 1 条，横脊后具强斜纵脊 5 条。合背板基部中纵沟伸达基部至第 1 对窗疤 (背前缘连线) 间距的 0.85-0.90 处，两侧各具 2 条纵沟，亚侧纵沟长为中纵沟的 0.7 倍。第 1 窗疤宽为长的 3.2-3.6 倍，疤距为疤宽的 0.15-0.60 倍。合背板上仅窗疤附近有稀而短的毛，远离合背板下缘。抱器长三角形，不下弯，端尖。

体色：体黑色。须黄色。上唇、上颚端部和翅基片褐黄色。触角浅黑褐色，柄节、梗节、第 1 鞭节基部褐黄色。足褐黄色；前中足跗节黄褐色；中后足基节黑色；后足腿节背面，胫节端部和跗节暗褐黄色。翅透明，翅痣和强脉黄褐色，弱脉无色。

雌：未知。

寄主：未知。

研究标本：1♂，浙江西天目山，1987.IX.4，樊晋江，No.876216 (正模)。2♂，同正模，Nos.876224，876230；1♂，浙江西天目山，1986.VI.19，马云，No.831480；2♂，福建福州，1984.VI.23，王建栋 (以上均为副模)；2♂，浙江西天目山禅源寺，1988.V.16，陈学新，Nos.882651，882653；1♂，浙江西天目山，1990.VI.2-4，何俊华，No.904182；1♂，福建武夷山挂墩，1983.VIII.6，何俊华，No.832804。

分布：浙江、福建。

鉴别特征：本种与墨西哥种 *Exallonyx vietus* Townes, 1981 特征相近，其区别为：①触角第 2-10 鞭节有长椭圆形角下瘤；②第 2 鞭节长为宽的 3.0-3.3 倍；③前胸背板背缘是连续的 3 列毛；④后足腿节长约为宽的 3.9 倍；⑤合背板基部中纵沟达基部至第 1 对窗疤的 0.85-0.90 处。

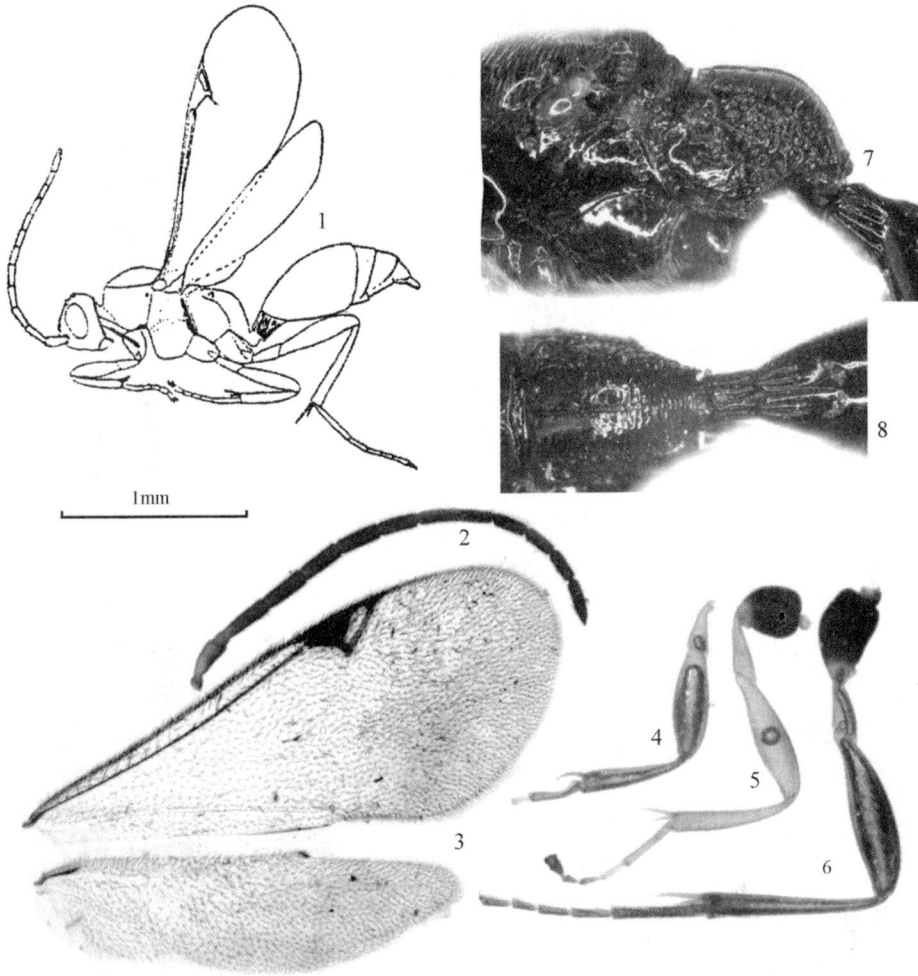

图 278　光滑叉齿细蜂 *Exallonyx laevigatus* Fan *et* He

1. 整体，侧面观；2. 触角；3. 翅；4. 前足；5. 中足；6. 后足；7. 中胸侧板、后胸侧板、并胸腹节和腹柄，侧面观；8. 并
胸腹节、腹柄和合背板基部，背面观 (1. 仿樊晋江等，2003) [1-6. 1.0X 标尺；7-8. 2.0X 标尺]

(219) 无皱叉齿细蜂，新种 *Exallonyx exrugatus* He *et* Xu, sp. nov. (图 279)

雄：前翅长 3.4mm。

头：背观上颊长为复眼的 0.74 倍。颊长为复眼纵径的 0.36 倍。唇基宽为长的 3.3 倍，
稍均匀隆起，中央光滑，亚端横脊不明显，端缘平截。触角第 2、10 鞭节长分别为宽的
2.0 倍和 2.0 倍，端节长为端前节的 1.7 倍；第 2-10 各鞭节有椭圆形的大而扁的角下瘤。
额脊中等高。后头脊正常高。

胸：前胸背板颈部背面具 9-10 条横皱，后方横脊中央几乎光滑；侧面光滑，前沟缘
脊发达；前沟缘脊之后无毛，颈脊之后具毛；背缘具连续的多列毛；后下角双凹窝，上
小下大。中胸侧板前缘上角和中央横沟上方有稀毛，之间无毛区长为翅基片的 1.5 倍；

镜面区上半具稀毛；侧板下半部 (中央横沟以下部位) 具稀毛。后胸侧板具小室状网皱；前上方有表面具稀毛的光滑区，其长和高分别占侧板的 0.4 倍和 0.5 倍；光滑区背方 0.3 处前有 1 条浅纵沟并后连刻点将基部分成上小下大两块。并胸腹节侧观背缘弧形；背表面和后表面均光滑，之间无分界，中纵脊达后端，但在后表面至端部渐弱；无侧纵脊，外侧区具小室状网皱。

足：后足腿节长为宽的 3.3 倍；后足胫节长距长为基跗节的 0.55 倍。

翅：前翅长为宽的 2.17 倍；翅痣长和径室前缘脉长分别为翅痣宽的 2.0 倍和 0.62 倍；翅痣后侧缘稍弯；径脉第 1 段内斜，长为宽的 1.2 倍，从翅痣中央伸出；径脉第 2 段直，两段相接处有脉桩。后翅后缘近基部缺刻深。

腹：腹柄背面长为中宽的 1.2 倍，表面具 11 条纵皱，以亚侧纵皱最强；腹柄侧面稍拱隆，上缘长为中高的 1.0 倍，上缘稍下凹，基部具横脊 1 条，横脊后具斜脊 9 条。合背板基部中纵沟伸达基部至第 1 对窗疤间距的 0.8 处，两侧各具 6 条纵沟，亚侧纵沟与中纵沟几乎等长。第 1 窗疤宽为长的 5.0 倍，疤距为疤宽的 0.2 倍。合背板上的毛稀，下方毛窝与合背板下缘之距为毛长的 2 倍以上。抱器长三角形，不下弯，端尖。

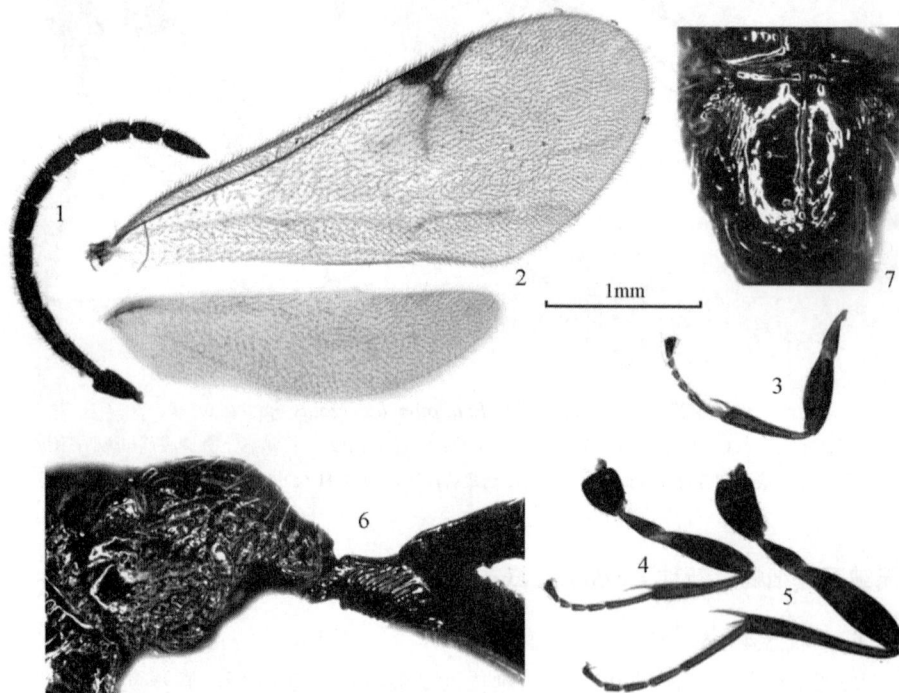

图 279 无皱叉齿细蜂，新种 *Exallonyx exrugatus* He et Xu, sp. nov.

1. 触角；2. 翅；3. 前足；4. 中足；5. 后足；6. 后胸侧板、并胸腹节和腹柄，侧面观；7. 并胸腹节，背面观 [1-2. 1.0X 标尺；3-5. 0.8X 标尺；6-7. 2.0X 标尺]

体色：体黑色。须、翅基片暗褐黄色。触角黑褐色，柄节基部、第 1 鞭节基部红褐色。足基节黑色；转节除基部、中后足腿节除两端、后足胫节除端部及各足端跗节黑褐色；前足腿节、前中足胫节、后足胫节端部、距及各足第 1-4 跗节红褐色。翅透明，带烟黄色，翅痣和强脉黑褐色，弱脉浅黄色痕迹。

雌：未知。

寄主：未知。

研究标本：正模♂，广东封开黑石顶，2003.Ⅹ.1，陈驹坚，No.20047659。

分布：广东。

鉴别特征：见检索表。

词源：种本名"无皱 exrugatus"，系 ex (无) +rugatus (起了皱的) 组合词，意为并胸腹节背表面和后表面均光滑，之间无刻皱分界。

(220) 多列叉齿细蜂，新种 *Exallonyx multiseriae* He et Xu, sp. nov. (图 280)

雄：前翅长 4.2mm。

头：背观上颊长为复眼的 0.4 倍。颊长为复眼纵径的 0.22 倍。唇基宽为长的 3.3 倍，稍均匀隆起，具粗刻点，亚端横脊明显，端缘平截。触角第 2、10 鞭节长分别为宽的 2.38 倍和 3.6 倍，端节长为端前节的 1.43 倍；第 1-11 鞭节均有长条形的角下瘤。额脊强而高。后头脊强，有檐边。

胸：前胸背板颈部背面具 5 条横皱；侧面光滑，前沟缘脊发达；前沟缘脊之后无毛，颈脊之后具毛；背缘具连续的多列毛；后下角双凹窝。中胸侧板前缘上角和中央横沟上方有密毛，之间无毛区长为翅基片的 2.0 倍；镜面区上半具毛；侧板下半部 (中央横沟以下部位) 具中等密毛，近中央区域无毛；侧缝下段凹窝前方具粗刻点。后胸侧板中央前方及前上方有表面具稀毛的光滑区，其长和高分别占侧板的 0.35 倍和 0.4 倍，其余部位具小室状网皱。并胸腹节侧观背缘弧形；中纵脊伸至后表面端部；背表面一侧光滑区长为并胸腹节基部至气门后端间距的 2.8 倍；后表面陡斜，具稀网皱；外侧区具小室状网皱。

足：后足腿节长为宽的 4.2 倍；后足胫节长距断。

翅：前翅长为宽的 2.4 倍；翅痣长和径室前缘脉长分别为翅痣宽的 1.26 倍和 0.5 倍；翅痣后侧缘稍弯；径脉第 1 段内斜，长为宽的 1.5 倍，从翅痣近中央伸出；径脉第 2 段直，两段相接处膨大。后翅后缘近基部缺刻深。

腹：腹柄背面长为中宽的 0.7 倍，具 6 条强纵脊，中沟宽，内夹细皱；腹柄侧面上缘长为中高的 0.6 倍，上缘直，基部具横脊 1 条，横脊后具强斜纵脊 6 条。合背板基部中纵沟伸达基部至第 1 对窗疤间距的 0.65 处，两侧各具 3 条纵沟，亚侧纵沟长为中纵沟的 0.7 倍。第 1 窗疤宽为长的 3.0 倍，疤距为疤宽的 0.9 倍。合背板上仅窗疤附近有稀而短的毛，远离合背板下缘。抱器长三角形，不下弯，端尖。

体色：体黑色。须黄褐色。上唇黑褐色。触角黑褐色，柄节、梗节及第 1 鞭节基部红棕色。翅基片红棕色。足基节、转节黑色；腿节红褐色；胫节、距、跗节黄褐色。翅透明，带烟黄色，翅痣和强脉黑褐色，弱脉浅黄色痕迹。

雌：未知。

寄主：未知。

研究标本：正模♂，新疆阿尔泰，1991.Ⅶ.26，王登元，No.916301。

分布：新疆。

鉴别特征：见检索表。

词源：种本名"多列 *multiseriae*"，系 *multi* (许多) +*seriae* (行列) 组合词，意为前胸背板侧面背缘具连续的多列毛。

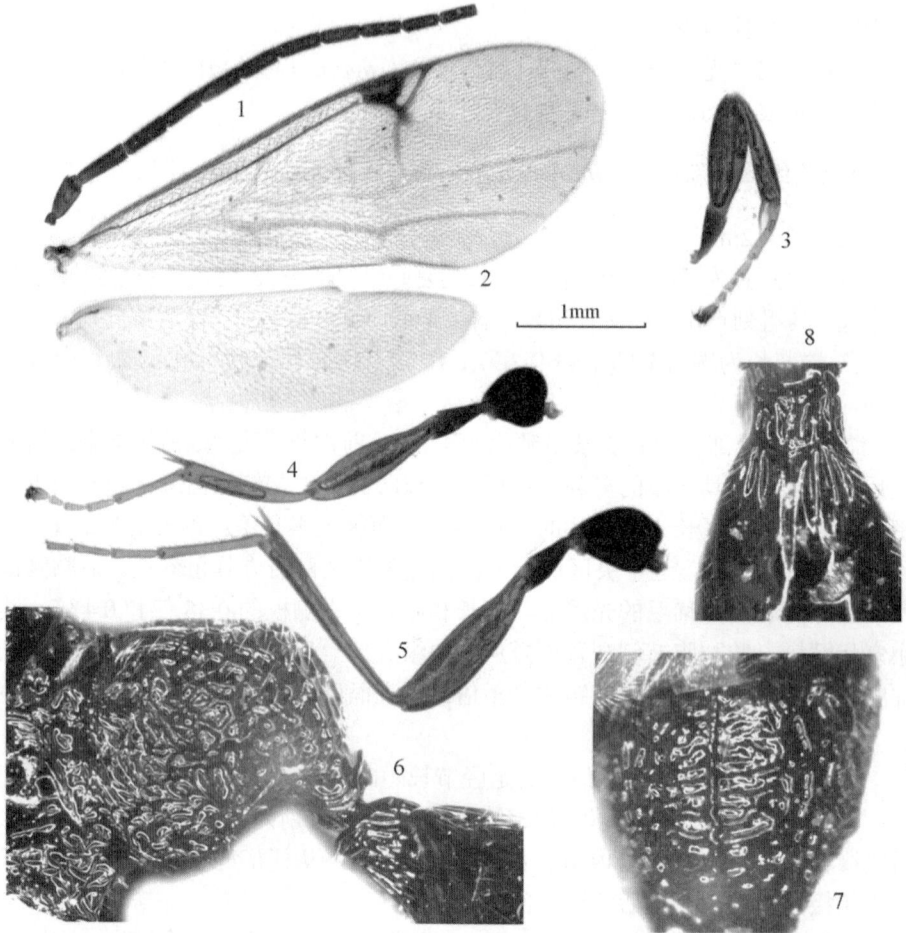

图 280   多列叉齿细蜂，新种 *Exallonyx multiseriae* He *et* Xu, sp. nov.

1. 触角；2. 翅；3. 前足；4. 中足；5. 后足；6. 后胸侧板、并胸腹节和腹柄，侧面观；7. 并胸腹节，背面观；8. 腹柄和合背板基部，背面观 [1-5. 1.0X 标尺；6-8. 2.0X 标尺]

(221) 后足叉齿细蜂，新种 *Exallonyx posteripes* He *et* Xu, sp. nov. (图 281)

雌：前翅长 1.8mm。

头：背观近五角形，宽等于长；头背观上颊长为复眼的 1.0 倍。颊长为复眼纵径的 0.44 倍。唇基宽为长的 2.0 倍，稍均匀隆起，无唇基缝，光滑，亚端横脊弱，端缘平截。触角第 2、10 鞭节长分别为宽的 1.1 倍和 2.6 倍，端节长为端前节的 2.1 倍。额脊中等高。后头脊正常。

　　胸：前胸背板颈部背面具 2-3 条横皱；侧面光滑，前沟缘脊发达；前沟缘脊之后无毛，颈脊之后具毛；背缘具稀疏的单列毛；后下角单个凹窝。中胸侧板前缘上角有稀毛；镜面区上半具稀毛；侧板下半部 (中央横沟以下部位) 具稀毛，近中央区域无毛。后胸侧板中央前方有表面具稀毛的光滑区，其长和高分别占侧板的 0.8 倍和 0.8 倍，其余部位具弱皱。并胸腹节侧观背缘弧形；中纵脊伸至后表面端部；背表面一侧光滑区长为并胸腹节基部至气门后端间距的 2.8 倍；后表面斜，与背表面交界处有横皱，基半光滑，端半具夹点网皱；外侧区具稀小室状网皱。

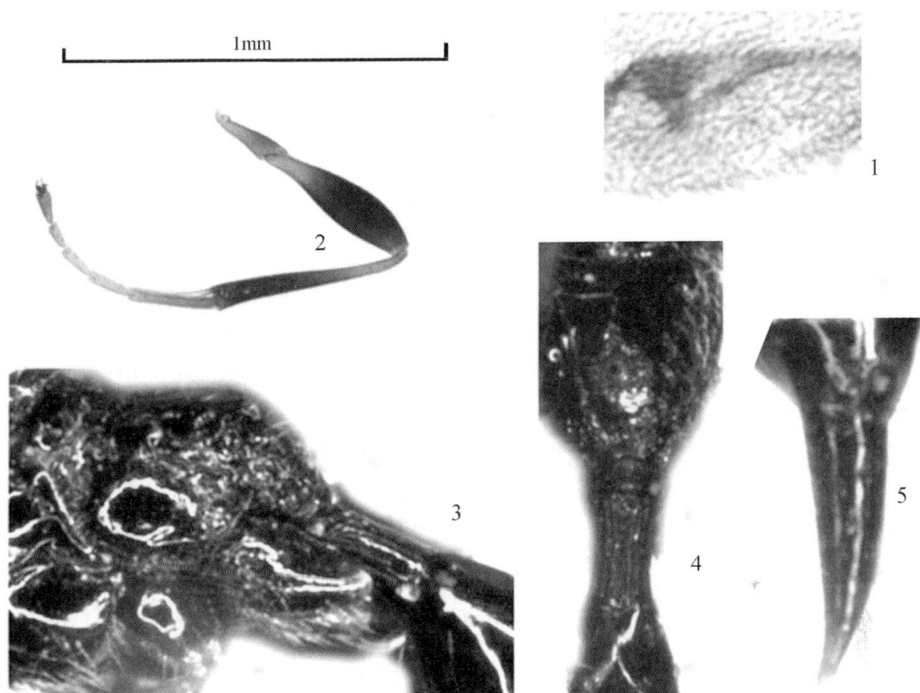

图 281　后足叉齿细蜂 *Exallonyx posteripes* He *et* Xu, sp. nov.

1. 翅痣；2. 后足；3. 后胸侧板、并胸腹节和腹柄，侧面观；4. 并胸腹节、腹柄和合背板基部，背面观；5. 产卵管鞘 [1, 3-5. 2.0X 标尺；2. 1.0X 标尺]

　　足：后足腿节长为宽的 4.0 倍；后足胫节长距长为基跗节的 0.5 倍。后足跗爪亦具叉齿。

　　翅：前翅翅痣长和径室前缘脉长分别为翅痣宽的 1.67 倍和 0.67 倍；翅痣后侧缘稍弯；径脉第 1 段内斜，长为宽的 0.6 倍，从翅痣近中央伸出；径脉第 2 段直，两段相接处膨大。后翅后缘近基部有缺刻。

　　腹：腹柄背面长为中宽的 1.8 倍，具 6 条强纵皱，内夹细皱；腹柄侧面上缘长为中高的 1.6 倍，上缘直，基部具横脊 1 条，横脊后具强斜纵脊 5 条。合背板基部中纵沟极短而弱，伸达基部至第 1 对窗疤间距的 0.1 处，侧方无纵沟。第 1 窗疤弱，宽为长的 1.8 倍，疤距为疤宽的 1.2 倍。合背板上仅窗疤附近有稀而短的毛，远离合背板下缘。产卵管鞘长为后足胫节的 0.4 倍，为鞘中宽的 4.2 倍，表面具细长刻点，光滑，有细毛。

体色：体黑色。须黄色。上唇、上颚端部和翅基片褐黄色。触角黑褐色，柄节、梗节、第 1 鞭节基半褐黄色。足褐黄色，中后足基节黑色，腿节 (除两端)、胫节除基部及端跗节黑褐色至浅黑褐色，距及前中足第 1-4 跗节黄褐色。翅透明，翅痣和强脉黄褐色，弱脉无色。

雄：与雌性相似，不同之处在于，前翅长 1.6mm。头背观宽为长的 1.1 倍，上颊长为复眼的 0.63 倍。颊长为复眼纵径的 0.28 倍。触角第 2、10 鞭节长分别为宽的 3.0 倍和 2.1 倍，端节长为端前节的 1.67 倍；鞭节无明显角下瘤。前胸背板颈部背面具 3 条横皱；侧面光滑，前沟缘脊发达；中胸侧板下半部大部分光滑，仅下缘具稀毛。后足腿节长为宽的 5.0 倍。后足跗爪亦具叉齿。前翅翅痣长为翅痣宽的 1.5 倍。合背板上仅窗疤附近有很稀而短的毛，大部分光滑，抱器短，长三角形，不下弯，端尖。足浅褐色，腿节及后足胫节端半色深；前足基节褐黄色，中后足基节黑色。

寄主：未知。

研究标本：正模♀，云南屏边大围山，2003.Ⅶ.18，胡龙，No.20048159。副模：1♂，同正模，No.20048160。

分布：云南。

鉴别特征：叉齿细蜂属的主要特征为前中足跗爪基部具黑色叉形的齿，后足跗爪简单无齿。本新种的明显不同之处在于雌雄性后足跗爪均与前中足一样，也都具有黑色的叉形齿，学名即据此特征而拟。

词源：种本名 "后足 *posteripes*"，意为后足上也具有黑色叉形齿的特征。

(222) 黑转叉齿细蜂，新种 *Exallonyx nigritrochantus* He et Xu, sp. nov. (图 282)

雄：前翅长 3.8mm。

头：背观上颊长为复眼的 1.1 倍。颊长为复眼纵径的 0.38 倍。唇基宽为长的 2.4 倍，稍均匀隆起，侧方具刻点，亚端横脊明显，端缘稍凹。触角第 2、10 鞭节长分别为宽的 2.3 倍和 2.5 倍，端节长为端前节的 1.6 倍；鞭节无明显角下瘤。额脊强而高。后头脊正常。

胸：前胸背板颈部背面具 4-5 条横皱，其后中央还有 3 条短凹痕；侧面光滑，前沟缘脊发达；前沟缘脊之后无毛，颈脊之后无毛；背缘具稀疏的单列毛；后下角单个凹窝。中胸侧板前缘上角有稀毛；镜面区上方 0.3-0.4 具稀毛；侧板下半部 (中央横沟以下部位) 具稀毛，近中央区域无毛；后下方具平行强皱。后胸侧板中央前方及前上方有被纵沟分隔的、表面具稀毛的光滑区，其长和高分别占侧板的 0.5 倍和 0.6 倍，其余部位具粗的小室状网皱。并胸腹节侧观背缘弧形；中纵脊伸至后表面近端部；背表面后方及后侧方具皱，一侧光滑区长为并胸腹节基部至气门后端间距的 1.0 倍；后表面陡斜，基半具横皱，端半光滑；外侧区具粗的小室状网皱。

足：后足腿节长为宽的 3.3 倍；后足胫节长距长为基跗节的 0.54 倍。

翅：前翅长为宽的 2.35 倍；翅痣长和径室前缘脉长分别为翅痣宽的 1.5 倍和 0.45 倍；翅痣后侧缘稍弯；径脉第 1 段内斜，长为宽的 1.0 倍，从翅痣近中央伸出；径脉第 2 段直，两段相接处膨大。后翅后缘近基部有缺刻。

腹：腹柄背面长为中宽的 0.7 倍，具 3 条倒八字形强皱，后端中央为 "V" 形光滑区；

腹柄侧面上缘长为中高的 0.8 倍，上缘直，基部具横脊 1 条，横脊后具强斜纵脊 5 条。合背板基部中纵沟伸达基部至第 1 对窗疤间距的 0.8 处，两侧各具 2 条纵沟，亚侧纵沟长为中纵沟的 0.4 倍。第 1 窗疤宽为长的 2.5 倍，疤距为疤宽的 0.3 倍。合背板上几乎无毛。抱器长三角形，不下弯，端尖。

体色：体黑色。须褐黄色。上唇、上颚端部黑褐色。触角棕褐色。翅基片红褐色。足棕红色，基节、转节黑色，前中足跗节黄褐色。翅透明，带烟黄色，翅痣和强脉棕黑色，弱脉浅黄色痕迹。

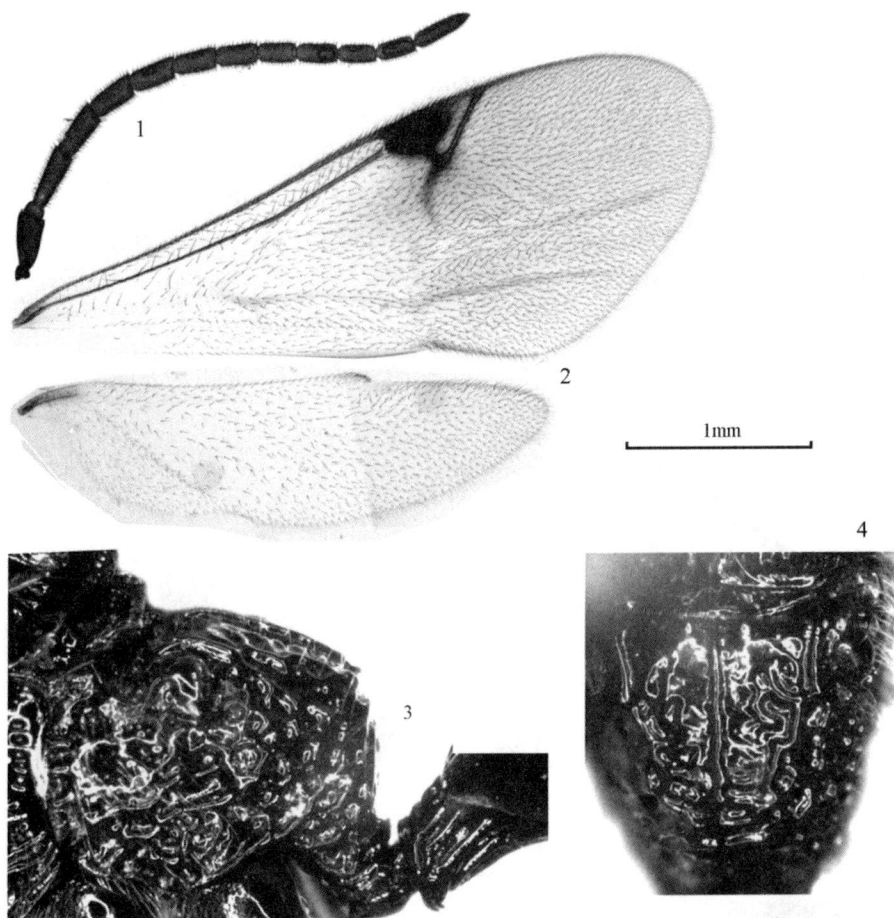

图 282　黑转叉齿细蜂，新种 *Exallonyx nigritrochantus* He et Xu, sp. nov.

1. 触角；2. 翅；3. 后胸侧板、并胸腹节和腹柄，侧面观；4. 并胸腹节，背面观 [1-2. 1.0X 标尺；3-4. 2.0X 标尺]

雌：未知。

寄主：未知。

研究标本：正模♂，云南绿春分水岭，2003.Ⅶ.23，胡龙，No.20048139。

分布：云南。

鉴别特征：见检索表。

词源：种本名"黑转 *nigritrochantus*"，系 *nigri* (黑色) +*trochantus* (转节) 组合词，意为足转节黑色的特征。

(223) 横网叉齿细蜂，新种 *Exallonyx transireticulum* He et Xu, sp. nov. (图 283)

雄：前翅长 2.3mm。

头：背观上颊长为复眼的 0.75 倍。颊长为复眼纵径的 0.25 倍。唇基宽为长的 3.3 倍，稍均匀隆起，光滑，亚端横脊弱，端缘稍凹。触角第 2、10 鞭节长分别为端宽的 2.4 倍和 2.3 倍，端节长为端前节的 1.7 倍；第 2-11 各鞭节有 1 圆形的小角下瘤。额脊弱。后头脊正常。

胸：前胸背板颈部背面具 4-5 条弱横皱；侧面光滑，前沟缘脊发达；前沟缘脊之后无毛，颈脊之后具毛；背缘具稀疏的单列毛；后下角单个凹窝。中胸侧板前缘上角有稀毛；镜面区沿上方具稀毛；侧板下半部 (中央横沟以下部位) 具稀毛，近中央区域无毛；后下角具平行弱皱。后胸侧板中央前方及前上方有被纵沟分隔的、表面具稀毛的光滑区，其长和高分别占侧板的 0.5 倍和 0.8 倍，其余部位具小室状网皱。并胸腹节侧观背缘弧形；中纵脊仅背表面存在；背表面侧方具横网皱，一侧光滑区长为并胸腹节基部至气门后端间距的 2.7 倍，内具涟漪状细皱；后表面具细横皱；外侧区具小室状网皱。

足：后足腿节长为宽的 4.3 倍；后足胫节长距长为基跗节的 0.45 倍。

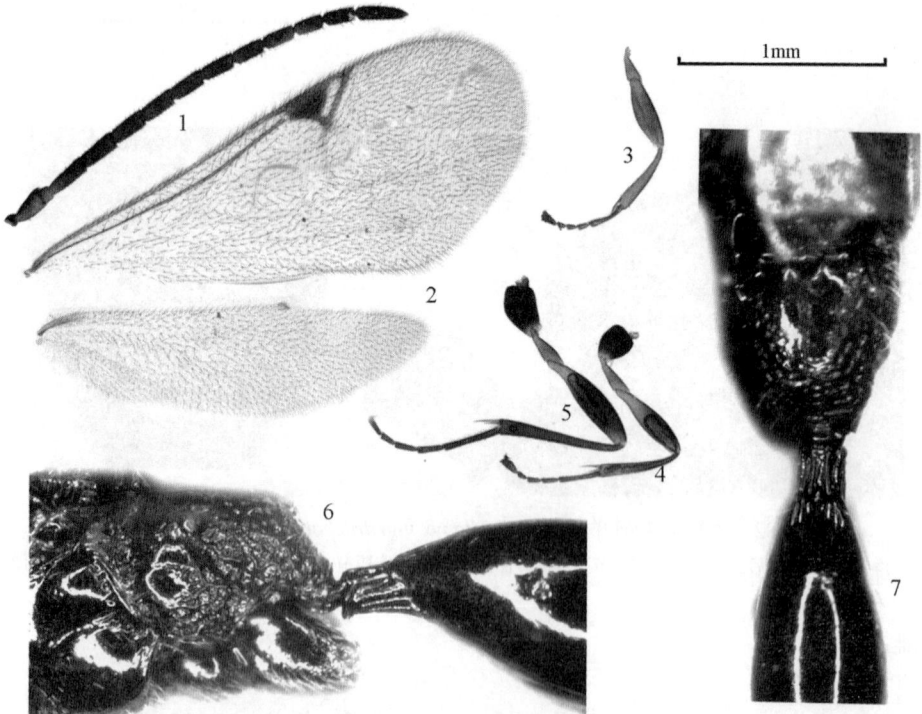

图 283　横网叉齿细蜂，新种 *Exallonyx transireticulum* He et Xu, sp. nov.

1. 触角；2. 翅；3. 前足；4. 中足；5. 后足；6. 后胸侧板、并胸腹节和腹柄，侧面观；7. 并胸腹节、腹柄和合背板基部，背面观 [1-2. 1.0X 标尺；3-5. 0.8X 标尺；6-7. 2.0X 标尺]

翅：前翅长为宽的 2.24 倍；翅痣长和径室前缘脉长分别为翅痣宽的 1.7 倍和 0.56 倍；翅痣后侧缘稍弯；径脉第 1 段内斜，长为宽的 1.4 倍，从翅痣近中央伸出；径脉第 2 段直，两段相接处膨大。后翅后缘近基部缺刻深。

腹：腹柄背面长为中宽的 1.0 倍，具 5 条纵皱，内夹细皱；腹柄侧面上缘长为中高的 1.0 倍，上缘直，基部具横脊 1 条，横脊后具强斜纵脊 6 条。合背板基部中纵沟伸达基部至第 1 对窗疤间距的 0.6 处，两侧各具 3 条纵沟，亚侧纵沟长为中纵沟的 0.67 倍。第 1 窗疤宽为长的 2.5 倍，疤距为疤宽的 0.7 倍。合背板上仅窗疤附近有极稀而短的毛，远离合背板下缘。抱器长三角形，不下弯，端尖。

体色：体黑色。须黄色。上唇、上颚端部酱红色。触角黑褐色，柄节、梗节酱红色。翅基片黄褐色。足酱红色，基节黑色，后足腿节 (除两端) 和胫节、基跗节黑褐色。翅透明，翅痣和强脉浅褐色，弱脉无色。

变异：腹柄较细长，背面中长为中宽的 1.2 倍，侧面上缘长为中高的 1.3 倍。

雌：未知。

寄主：未知。

研究标本：正模♂，云南个旧曼耗镇，2003.Ⅶ.23，胡龙，No.20048135。副模：1♂，云南绿春分水岭，2003.Ⅶ.23，胡龙，No.20048140。

分布：云南。

鉴别特征：见检索表。

词源：种本名"横网 transireticulum"，系 trans (横形的) + reticulum (网、网纹) 组合词，意为并胸腹节背表面侧方具横网皱的特征。

(224) 庞氏叉齿细蜂，新种 *Exallonyx pangi* He et Xu, sp. nov. (图 284)

雄：前翅长 2.3mm。

头：背观上颊长为复眼的 0.84 倍。颊长为复眼纵径的 0.25 倍。唇基宽为长的 2.3 倍，稍均匀隆起，基部光滑具刻点，亚端横脊明显，端缘平截。触角第 2、10 鞭节长分别为宽的 2.5 倍和 2.6 倍，端节长为端前节的 1.5 倍；第 1-10 各鞭节有 1 圆形的小角下瘤。额脊中等高。后头脊正常高。

胸：前胸背板颈部背面具 4-5 条横皱，中央无毛；侧面光滑，前沟缘脊发达；前沟缘脊之后无毛，颈脊之后具毛；背缘具连续的单列毛；后下角单个凹窝。中胸侧板前缘上角有稀毛；镜面区上方 0.3 具稀毛；侧板下半部 (中央横沟以下部位) 具稀毛，近中央区域无毛；后下角具平行细皱。后胸侧板中央前方及前上方有前方相连的光滑区，其长和高分别占侧板的 0.3 倍和 0.7 倍，其余部位具小室状网皱。并胸腹节侧观背缘弧形，后表面约 45°下斜；中纵脊伸至后表面后端；背表面仅前方具光滑区，长为并胸腹节基部至气门后端间距的 1.5 倍，其余部位具小室状网皱。

足：后足腿节长为宽的 4.4 倍；后足胫节长距长为基跗节的 0.57 倍。

翅：前翅长为宽的 2.29 倍；翅痣长和径室前缘脉长分别为翅痣宽的 1.7 倍和 0.46 倍；翅痣后侧缘稍弯；径脉第 1 段内斜，长为宽的 0.8 倍，从翅痣近中央伸出；径脉第 2 段稍弯，两段相接处膨大。后翅后缘近基部有缺刻。

腹：腹柄背面长为中宽的 1.0 倍，基部及纵向中央具夹点细皱，两侧各具 3 条纵皱；腹柄侧面上缘长为中高的 0.6 倍，上缘直，基部具横脊 1 条，横脊后具强而稍斜纵脊 4 条。合背板基部中纵沟伸达基部至第 1 对窗疤间距的 0.7 处，两侧各具 3 条纵沟，亚侧纵沟长为中纵沟的 0.6 倍。第 1 窗疤宽为长的 2.5 倍，疤距为疤宽的 0.4 倍。合背板上几乎无毛。抱器长三角形，不下弯，端尖。

体色：体黑色。须黄色。触角黑褐色，柄节和梗节红褐色。翅基片褐黄色。足基节和端跗节黑色；前足转节、腿节（除端部）红褐色，胫节和第 1-4 跗节浅黄褐色；中足转节、腿节红褐色，其背面浅褐色，腿节端部、胫节和跗节暗黄褐色；后足转节、腿节两端、胫节端部 0.6 腹方、第 2-4 跗节红褐色，其余黑褐色。翅透明，翅痣和强脉黑褐色，弱脉无色。

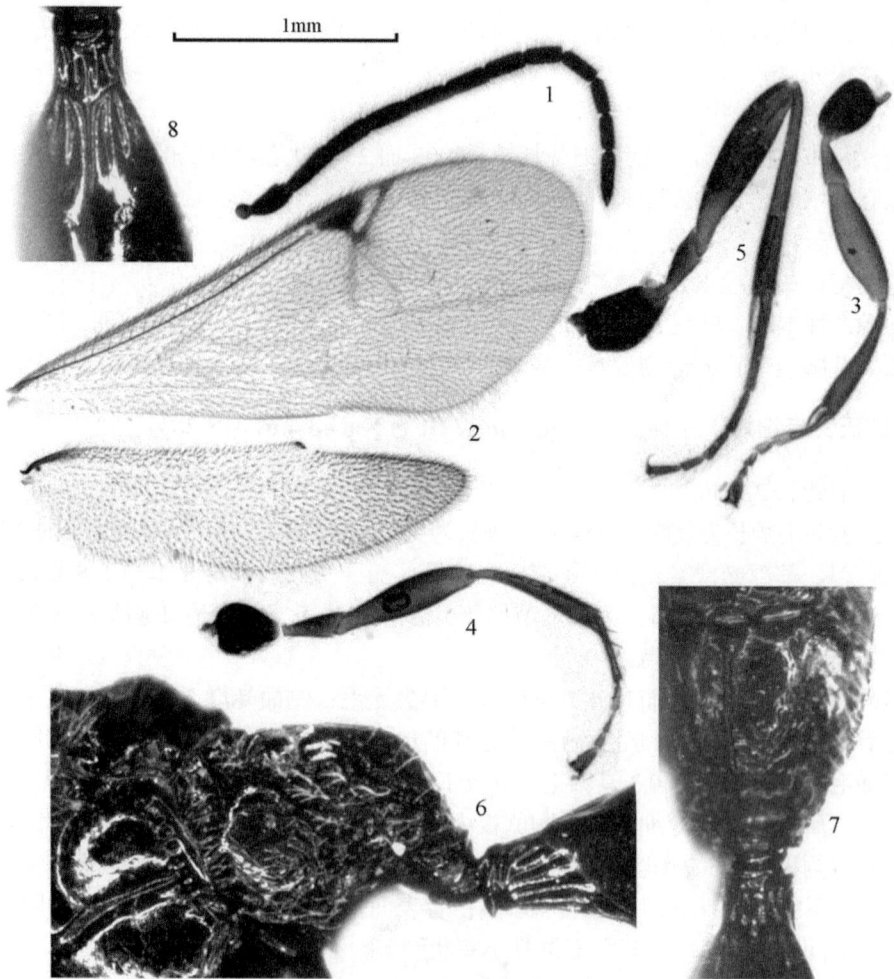

图 284 庞氏叉齿细蜂，新种 *Exallonyx pangi* He *et* Xu, sp. nov.

1. 触角；2. 翅；3. 前足；4. 中足；5. 后足；6. 后胸侧板、并胸腹节和腹柄，侧面观；7. 并胸腹节，背面观；8. 腹柄和合背板基部，背面观 [1-2. 1.0X 标尺；3-5. 0.8X 标尺；6-8. 2.0X 标尺]

变异：前翅长 2.6mm。背观上颊长为复眼的 0.71 倍。颊长为复眼纵径的 0.34 倍。唇基宽为长的 2.7 倍，稍均匀隆起，光滑，亚端横脊弱，端缘平截。触角第 2、10 鞭节长分别为宽的 2.7 倍和 2.5 倍。后胸侧板前上方光滑区长和高分别占侧板的 0.6 倍和 0.9 倍。并胸腹节背表面光滑区长为基部至气门后端间距的 2.2 倍。腹柄侧面基部具横脊 2 条，横脊后具强纵脊 5 条。第 1 窗疤疤距为疤宽的 1.0 倍。

雌：未知。

寄主：未知。

研究标本：正模♂，广东乳源南岭，2004.Ⅴ.8，许再福，No.20047744。副模：1♂，广东乳源南岭，2004.Ⅷ.4，许再福，No.20047795。

分布：广东。

鉴别特征：见检索表。

词源：种本名"庞氏 *pangi*"，意为对好友、我国已故昆虫学家、中国科学院院士、华南农业大学庞雄飞教授的怀念。

(225) 石门叉齿细蜂，新种 *Exallonyx shimenensis* He *et* Xu, sp. nov. (图 285)

雄：前翅长 4.0mm。

头：背观上颊长为复眼的 0.65 倍。颊长为复眼纵径的 0.21 倍。唇基宽为长的 3.5 倍，稍均匀隆起，具点皱，亚端横脊明显，端缘稍凹。颜面具弧形皱。触角仅存 11 节，第 2 鞭节长为宽的 3.5 倍；第 2-9 鞭节有不明显长椭圆形扁角下瘤。额脊强而高。后头脊正常。

胸：前胸背板颈部背面具 5 条横皱；侧面光滑，前沟缘脊发达；前沟缘脊之后无毛，颈脊之后具毛；背缘具稀疏的 3 列毛；后下角单个凹窝。中胸侧板前缘上角有稀毛；镜面区上半具稀毛；侧板下半部 (中央横沟以下部位) 具稀毛，近中央区域无毛；后下角具平行细皱。后胸侧板中央前方及前上方有被纵沟分隔的、表面具稀毛的光滑区，其长和高分别占侧板的 0.45 倍和 0.7 倍，其余部位具小室状网皱。并胸腹节侧观背缘弧形；中纵脊伸至后表面近端部；背表面一侧光滑区长为并胸腹节基部至气门后端间距的 3.5 倍；后表面陡斜，具横皱，端部光滑；外侧区具小室状网皱。

足：后足腿节长为宽的 4.5 倍；后足胫节长距长为基跗节的 0.57 倍。

翅：前翅翅痣长和径室前缘脉长分别为翅痣宽的 1.7 倍和 0.7 倍；翅痣后侧缘稍弯；径脉第 1 段内斜，长为宽的 1.5 倍，从翅痣近中央伸出；径脉第 2 段直，两段相接处膨大。后翅后缘近基部有缺刻。

腹：腹柄背面长为中宽的 1.2 倍，具 7 条强纵脊；腹柄侧面上缘长为中高的 1.0 倍，上缘直，基部具横脊 1 条，横脊后具强斜纵脊 6 条。合背板基部中纵沟伸达基部至第 1 对窗疤间距的 0.8 处，两侧各具 2 条纵沟，亚侧纵沟长为中纵沟的 0.8 倍。第 1 窗疤宽为长的 4.2 倍，疤距为疤宽的 0.5 倍。合背板上几乎无毛。抱器长三角形，不下弯，端尖。

体色：体黑色，唇基和腹端部带红褐色。须黄色。上唇、上颚端部和翅基片红褐色。触角红褐色。足红褐色；中后足基节黑色；后足胫节和跗节黄褐色。翅透明，带烟黄色，翅痣和强脉褐黄色，弱脉浅黄色痕迹。

雌：未知。

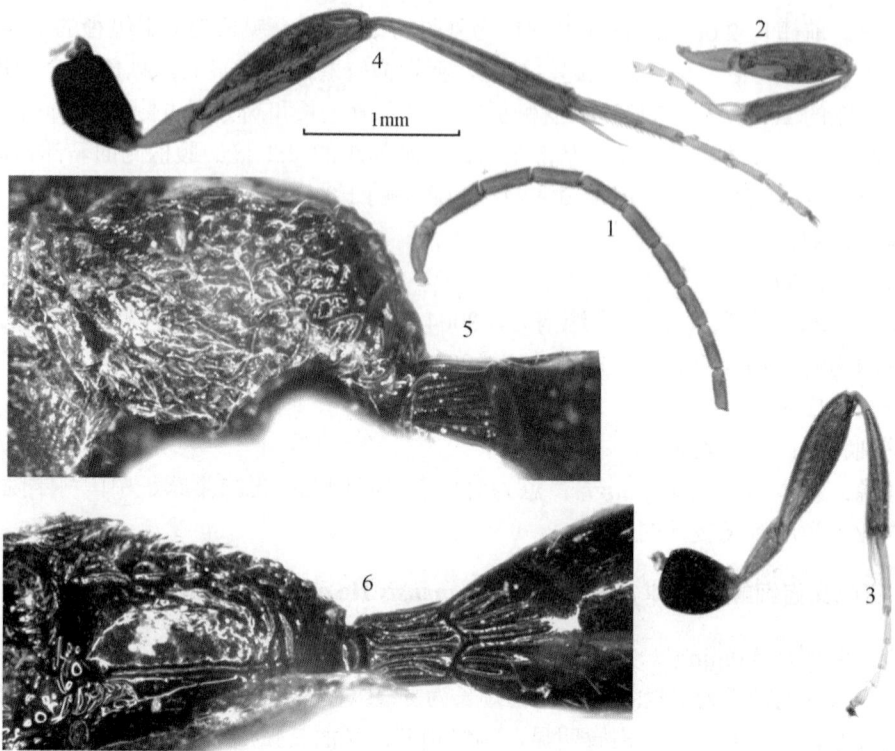

图 285 石门叉齿细蜂，新种 *Exallonyx shimenensis* He *et* Xu, sp. nov.

1. 触角；2. 前足；3. 中足；4. 后足；5. 后胸侧板、并胸腹节和腹柄，侧面观；6. 并胸腹节、腹柄和合背板基部，背面观

[1-4. 0.8X 标尺；5-6. 2.0X 标尺]

寄主：未知。

研究标本：正模♂，湖南石门壶瓶山顶坪，1800m，雷光春，No.20044532。

分布：湖南。

鉴别特征：见检索表。

词源：种本名"石门 *shimenensis*"，意为本模式标本产地为湖南石门县。

(226) 中黑叉齿细蜂，新种 *Exallonyx medinigricans* He *et* Xu, sp. nov. (图 286)

雄：前翅长 2.3mm。

头：背观宽为中长的 1.47 倍。头背观上颊长为复眼的 0.82 倍。颊长为复眼纵径的 0.37 倍。唇基宽为长的 3.0 倍，稍均匀隆起，具刻点，亚端横脊明显，端缘平截。触角第 2、10 鞭节长分别为宽的 2.3 倍和 2.6 倍，端节长为端前节的 1.6 倍；第 2-11 鞭节有不明显的圆形或椭圆形小角下瘤。额脊弱。后头脊正常。

胸：前胸背板颈部背面具 3 条横皱；侧面光滑，前沟缘脊发达；前沟缘脊之后无毛，颈脊之后具毛；背缘具稀疏的双列毛；后下角单个凹窝。中胸侧板前缘上角和中央横沟上方有稀毛，之间无毛区长为翅基片的 1.4 倍；镜面区上方 0.4 具稀毛；侧板下半部 (中央横沟以下部位) 具稀毛，近中央区域无毛；后下角具平行细皱。后胸侧板中央前方及

前上方有被纵沟分隔的、表面具稀毛的光滑区，其长和高分别占侧板的 0.7 倍和 0.8 倍，其余部位具小室状网皱。并胸腹节侧观背缘弧形；中纵脊伸至后表面中央；背表面一侧光滑区长为并胸腹节基部至气门后端间距的 3.0 倍；后表面斜，具稀网皱；外侧区具小室状网皱。

足：后足腿节长为宽的 4.2 倍；后足胫节长距长为基跗节的 0.53 倍。

翅：前翅长为宽的 2.04 倍；翅痣长和径室前缘脉长分别为翅痣宽的 1.7 倍和 0.52 倍；翅痣后侧缘稍弯；径脉第 1 段内斜，长为宽的 1.0 倍，从翅痣近中央伸出；径脉第 2 段直，两段相接处膨大。后翅后缘近基部有缺刻。

腹：腹柄背面长为中宽的 1.0 倍，基部中央具 2 条横脊，其后具 5 条强纵脊，内夹细皱；腹柄侧面上缘长为中高的 0.9 倍，上缘直，基部具横脊 1 条，横脊后具强纵脊 5 条。合背板基部中纵沟伸达基部至第 1 对窗疤间距的 0.7 处，两侧各具 3 条纵沟，亚侧纵沟长为中纵沟的 0.5 倍。第 1 窗疤宽为长的 2.8 倍，疤距为疤宽的 0.5 倍。合背板上几

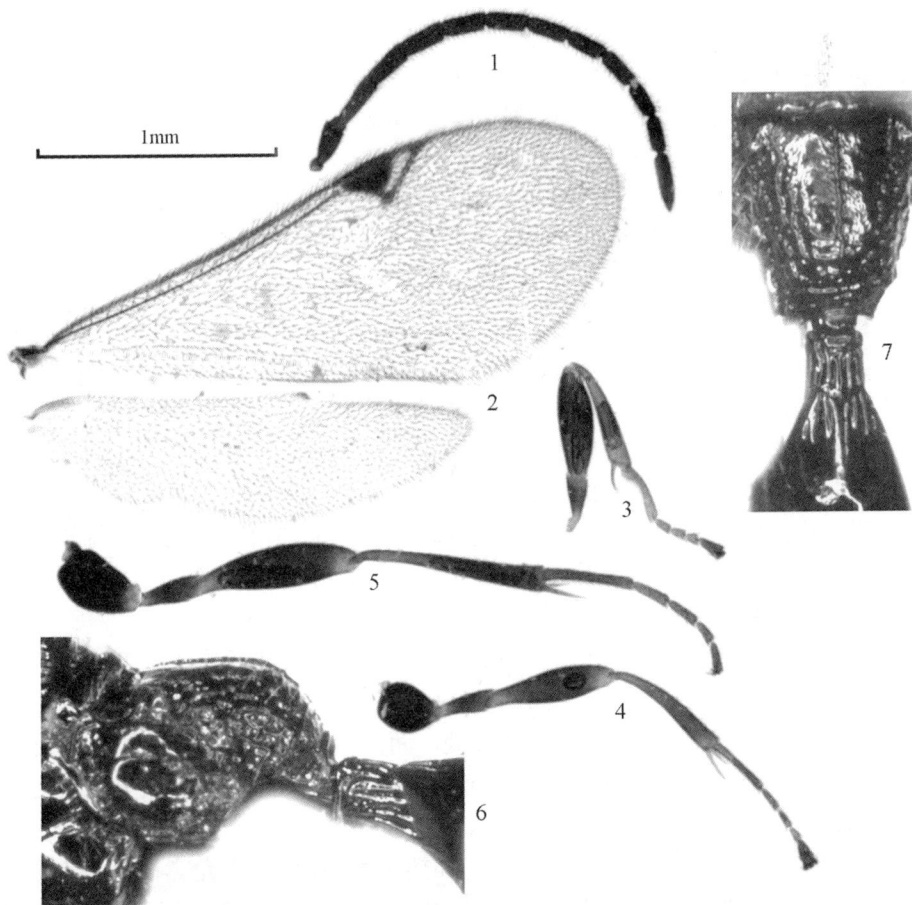

图 286　中黑叉齿细蜂，新种 *Exallonyx medinigricans* He *et* Xu, sp. nov.

1. 触角；2. 翅；3. 前足；4. 中足；5. 后足；6. 后胸侧板、并胸腹节和腹柄，侧面观；7. 并胸腹节、腹柄和合背板基部，背面观 [1-5. 1.0X 标尺；6-7. 2.0X 标尺]

乎无毛。抱器长三角形，不下弯，端尖。

体色：体黑色。须黄色。上唇、上颚端部褐色。触角黑色。翅基片黄褐色。足黄褐色至暗黄褐色；基节、转节背方、腿节（除两端）黑色；前中足端跗节、后足胫节（除基部腹方）和跗节黑色至黑褐色。翅透明，翅痣和强脉黑褐色，弱脉无色。

雌：未知。

寄主：未知。

研究标本：正模♂，陕西留坝紫柏山，1632m，时敏，No.20049989。

分布：陕西。

鉴别特征：见检索表。

词源：种本名"中黑 medinigricans"，系 medi（中间）+nigricans（黑色的）组合词，意为后足腿节中段黑色，两端黄褐色。

(227) 褐足叉齿细蜂，新种 *Exallonyx fuscipes* He et Xu, sp. nov. (图 287)

雄：前翅长 2.8mm。

头：背观上颊长为复眼的 0.9 倍。颊长为复眼纵径的 0.3 倍。唇基宽为长的 2.7 倍，稍均匀隆起，光滑，亚端横脊弱，端缘平截。触角第 2、10 鞭节长分别为宽的 3.1 倍和 2.6 倍，端节长为端前节的 1.5 倍；鞭节无明显角下瘤。额脊弱。后头脊正常。

胸：前胸背板颈部背面具 3 条横皱；侧面光滑，前沟缘脊发达；前沟缘脊上方有凹痕，颈脊之后无毛；背缘具连续的双列毛；后下角单个凹窝。中胸侧板前缘上角有稀毛；镜面区上方 0.4 具稀毛；侧板下半部（中央横沟以下部位）具稀毛。后胸侧板中央前方及前上方有被纵沟分隔的、表面具稀毛的光滑区，其长和高分别占侧板的 0.4 倍和 0.7 倍，其余部位具网皱。并胸腹节侧观背缘弧形；中纵脊仅背表面存在，伸至后表面端部；背表面后方具网皱，一侧光滑区长为并胸腹节基部至气门后端间距的 2 倍；后表面斜，具大而强的横皱；外侧区具网皱。

足：后足腿节长为宽的 4.0 倍；后足胫节长距长为基跗节的 0.52 倍。

翅：翅痣长和径室前缘脉长分别为翅痣宽的 1.5 倍和 0.7 倍；翅痣后侧缘稍弯；径脉第 1 段内斜，长为宽的 1.0 倍，从翅痣近中央伸出；径脉第 2 段直，两段相接处膨大。后翅后缘近基部有缺刻。

腹：腹柄背面长为中宽的 1.0 倍，基部中央有短横脊，其后具 7 条纵皱；腹柄侧面上缘长为中高的 0.6 倍，上缘直，基部具横脊 1 条，横脊后具强斜纵脊 5 条。合背板基部中纵沟伸达基部至第 1 对窗疤间距的 0.8 处，两侧各具 3 条纵沟，亚侧纵沟长为中纵沟的 0.7 倍。第 1 窗疤宽约为长的 3.0 倍，疤距为疤宽的 0.6 倍。合背板上几乎无毛。抱器长三角形，不下弯，端尖。

体色：体黑色。须黄色。上唇、上颚端部和翅基片褐黄色。触角黑褐色。足浅褐色，基节黑色，腿节（除两端）、后足胫节除基部和跗节褐色。翅透明，翅痣和强脉浅褐色，弱脉浅黄色痕迹。

雌：未知。

寄主：未知。

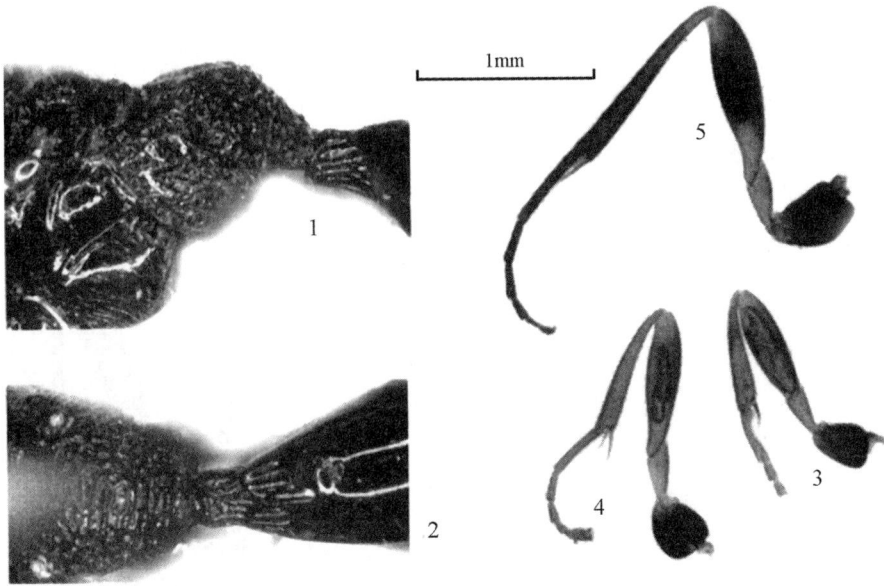

图 287　褐足叉齿细蜂，新种 *Exallonyx fuscipes* He *et* Xu, sp. nov.
1. 后胸侧板、并胸腹节和腹柄，侧面观；2. 并胸腹节、腹柄和合背板基部，背面观；3. 前足；4. 中足；5. 后足 [1-2. 2.0X
标尺；3-5. 1.0X 标尺]

研究标本：正模♂，云南绿春分水岭，2003.Ⅶ.23，胡龙，No.20048141。

分布：云南。

鉴别特征：见检索表。

词源：种本名"褐足 *fuscipes*"，系 *fusc* (褐) +*pes* (足) 组合词，意为足浅褐色，腿节
(除两端)、后足胫节除基部和跗节褐色。

(228) 高脊叉齿细蜂，新种 *Exallonyx excelsicarinatus* He *et* Xu, sp. nov. (图 288)

雄：前翅长 3.5mm。

头：背观上颊长为复眼的 0.57 倍。颊长为复眼纵径的 0.28 倍。唇基宽为长的 3.0 倍，
稍均匀隆起，具细刻点，亚端横脊明显，端缘平截。触角第 2、10 鞭节长分别为宽的 2.4
倍和 3.3 倍，端节长为端前节的 1.4 倍；第 1-6 各鞭节有极不明显的条形角下瘤。额脊强
而高。后头脊正常。

胸：前胸背板颈部背面具 3-4 条横皱；侧面光滑，前沟缘脊发达；前沟缘脊之后无
毛，颈脊之后具毛；背缘具稀疏的双列毛；后下角单个凹窝。中胸侧板前缘上角和中央
横沟上方有稀毛，之间无毛区长为翅基片的 1.2 倍；镜面区上方 0.4 具稀毛；侧板下半部
(中央横沟以下部位) 具稀毛，近中央区域无毛；后下角具平行细皱。后胸侧板中央前方
及前上方有被纵沟分隔的、表面具稀毛的光滑区，其长和高分别占侧板的 0.4 倍和 0.5
倍，其余部位具小室状网皱。并胸腹节侧观背缘弧形；中纵脊伸至后表面近端部；背表
面一侧光滑区长为并胸腹节基部至气门后端间距的 2.6 倍；后表面斜，具横皱；外侧区

具小室状网皱。

足：后足腿节长为宽的 4.8 倍；后足胫节长距长为基跗节的 0.63 倍。

翅：前翅长为宽的 2.14 倍；翅痣长和径室前缘脉长分别为翅痣宽的 1.8 倍和 0.35 倍；翅痣后侧缘直；径脉第 1 段内斜，长为宽的 0.5 倍，从翅痣近中央伸出；径脉第 2 段直，两段相接处膨大。后翅后缘近基部缺刻深。

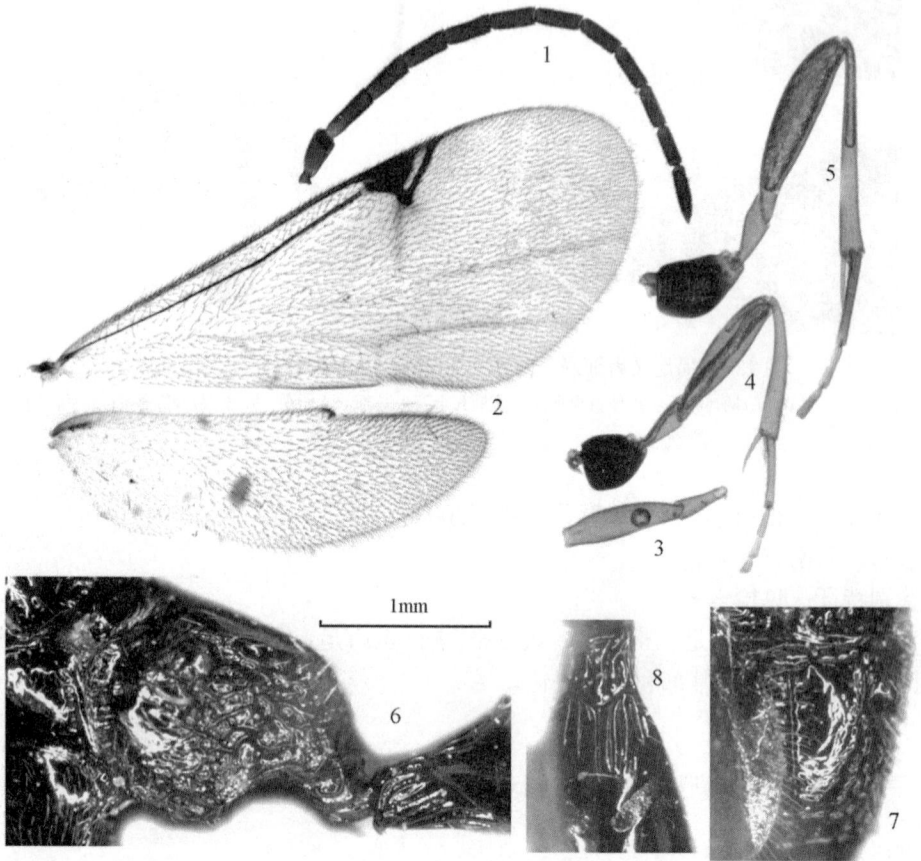

图 288 高脊叉齿细蜂，新种 *Exallonyx excelsicarinatus* He *et* Xu, sp. nov.

1. 触角；2. 翅；3. 前足；4. 中足；5. 后足；6. 后胸侧板、并胸腹节和腹柄，侧面观；7. 并胸腹节，背面观；8. 腹柄和合背板基部，背面观 [1-5. 1.0X 标尺；6-8. 2.0X 标尺]

腹：腹柄背面长为中宽的 1.0 倍，基部具横脊 1 条，具 5 条纵脊，中央呈"丫"形；腹柄侧面上缘长为中高的 0.9 倍，上缘直，基部具横脊 1 条，横脊后具强斜纵脊 6 条。合背板基部中纵沟伸达基部至第 1 对窗疤间距的 0.7 处，两侧各具 3 条纵沟，亚侧纵沟长为中纵沟的 0.95 倍。第 1 窗疤大，宽为长的 3.5 倍，疤距为疤宽的 0.3 倍。合背板上仅窗疤附近有中等长而密的毛，下方毛窝与合背板下缘之距为毛长的 1.2-2.0 倍。抱器长三角形，不下弯，端尖。

体色：体黑色。须黄褐色。上唇、上颚端部和翅基片褐黄色。触角黑褐色，仅柄节基部黄褐色。足褐黄色；前中足基节黑褐色，后足基节黑色；后足胫节端部和基跗节浅褐色。翅透明，翅痣和强脉黑褐色，弱脉浅黄色痕迹。

雌：未知。

寄主：未知。

研究标本：正模♂，陕西秦岭天台山，1999.IX.3，何俊华，No.990829。

分布：陕西。

鉴别特征：见检索表。

词源：种本名"高脊 excelsicarinatus"，系 excels (高举起来的) +carina (脊) 组合词，意为额脊强而高。

(229) 杨氏叉齿细蜂，新种 *Exallonyx yangae* He et Xu, sp. nov. (图 289)

雌：前翅长 2.3mm。

头：近立方形；背观头宽为中长的 0.9 倍；头背观上颊长为复眼的 1.2 倍。颊长为复眼纵径的 0.5 倍。唇基宽为长的 2.0 倍，稍均匀隆起，光滑，前缘平截。触角第 2、10 鞭节长分别为宽的 2.1 倍和 1.1 倍，端节长为端前节的 2.0 倍。额脊中等高。后头脊高，呈檐状。

胸：前胸背板颈部背面具 2 条横皱，中央无毛；侧面光滑，前沟缘脊发达；前沟缘脊之后无毛，颈脊之后具毛；背缘具稀疏的单列毛；后下角双凹窝。中胸侧板前缘上角有稀毛；镜面区上方 0.5 具稀毛；侧板下半部 (中央横沟以下部位) 具稀毛，近中央区域无毛；后下角无平行细皱。后胸侧板中央前方及前上方有被点沟分隔的、表面具稀毛的大光滑区，其长和高分别占侧板的 0.6 倍和 0.7 倍，其余部位具小室状网皱，并在近光滑区后方夹有纵皱。并胸腹节中纵脊伸至表面中央，背表面全为光滑区，其长为并胸腹节基部至气门后端间距的 4.0 倍；后表面具弱点皱；外侧区具小室状网皱。

足：后足腿节长为宽的 3.1 倍；后足胫节长距长为基跗节的 0.45 倍。

翅：前翅长为宽的 3.1 倍；翅痣长和径室前缘脉长分别为翅痣宽的 2.1 倍和 0.55 倍；翅痣后侧缘稍弯；径脉第 1 段内斜，长为宽的 1.3 倍，从翅痣近中央伸出；径脉第 2 段直，两段相接处稍膨大。后翅后缘近基部缺刻深。

腹：腹柄背面长为中宽的 1.2 倍，基部 0.3 具 2 条横皱，其余为细皱；腹柄侧面上缘长为中高的 0.9 倍，上缘无纵脊，基部具斜横脊 1 条，其后面光滑。合背板基部中纵沟深，伸达基部至第 1 对窗疤间距的 0.95 处，两侧各具 2 条弱纵沟，亚侧纵沟长为中纵沟的 0.25 倍。第 1 窗疤宽为长的 2.2 倍，疤距为疤宽的 0.1 倍。合背板上几乎光滑无毛。产卵管鞘长为后足胫节的 0.55 倍，为鞘中宽的 3.9 倍，表面具细长刻点夹有细纵刻皱，光滑，有细毛。

变异：前翅长 1.8mm。后胸侧板光滑区长和高分别占侧板的 0.5 倍和 0.8 倍。后足腿节长为宽的 3.8 倍。前翅长为宽的 2.9 倍；翅痣长和径室前缘脉长分别为翅痣宽的 1.9 倍和 0.8 倍；径脉第 1 段长为宽的 0.9 倍。产卵管鞘长为鞘中宽的 4.5 倍。

体色：体黑色。须污黄色。上唇、上颚端部和翅基片红褐色。触角黑褐色，柄节腹方、梗节和第 1 鞭节基部红褐色。足褐黄色；前足基节、腿节除基部和端跗节浅褐色；

中后足基节黑色，转节背方、腿节除两端、端跗节及中后足胫节端半黑褐色，后足基跗节浅褐色，其余褐黄色。翅透明，翅痣和强脉浅褐色，弱脉无色。

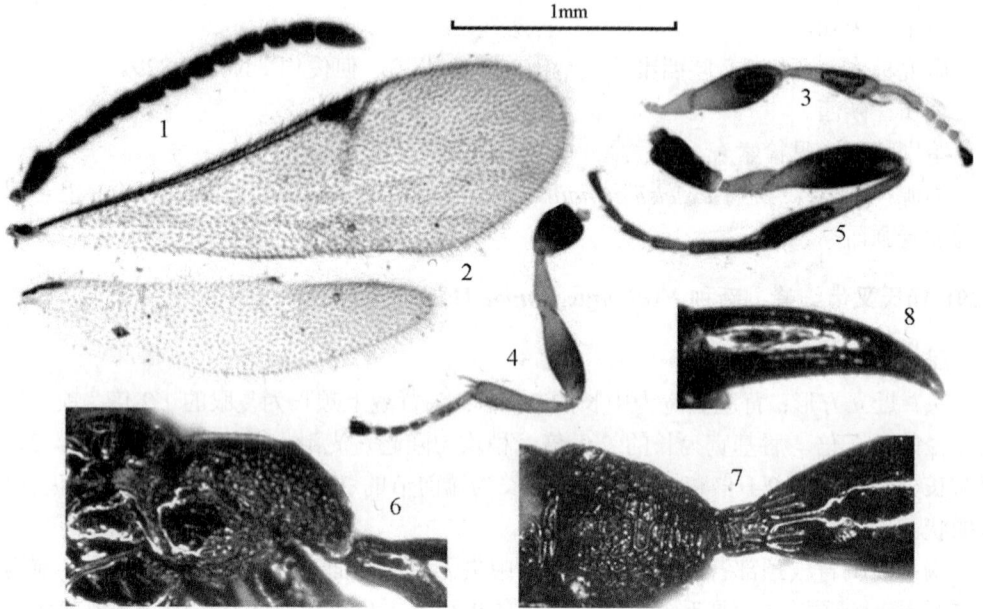

图 289 杨氏叉齿细蜂，新种 *Exallonyx yangae* He *et* Xu, sp. nov.

1. 触角；2. 翅；3. 前足；4. 中足；5. 后足；6. 后胸侧板、并胸腹节和腹柄，侧面观；7. 并胸腹节、腹柄和合背板基部，背面观；8. 产卵管鞘 [1-5. 1.0X 标尺；6-7. 2.0X 标尺；8. 3.0X 标尺]

雄：未知。

寄主：未知。

研究标本：正模♀，陕西宁陕旬阳坝，1998.Ⅵ.6，马云，No.982879。副模：1♀，陕西留坝紫柏山，1632m，2004.Ⅷ.4，时敏，No. 20049988。

分布：陕西。

鉴别特征：见检索表。

词源：种本名"杨氏 *yangae*"，系表示对南京农业大学杨莲芳教授 1998 年组织陕西科考的感谢。

(230) 连疤叉齿细蜂，新种 *Exallonyx conjugatus* He *et* Xu, sp. nov. (图 290)

雌：前翅长 2.5mm。

头：近立方形；背观上颊长为复眼的 0.67 倍 (副模 0.8 倍)。颊长为复眼纵径的 0.37 倍。唇基宽为长的 2.5 倍，光滑，前缘稍凹。触角第 2、10 鞭节长分别为宽的 1.7 倍和 1.1 倍，端节长为端前节的 2.0 倍。额脊高。后头脊高，呈檐状。

胸：前胸背板颈部背面具 7 条横皱，中央无毛；侧面光滑，前沟缘脊发达；前沟缘脊之后无毛，颈脊之后具毛；背缘具稀疏的单列毛；后下角 3 个凹窝。中胸侧板前缘上角和中央横沟上方有稀毛区，之间无毛区长为翅基片的 1.4 倍；镜面区上方 0.3 具稀毛；侧板下半部仅腹方具稀毛；后下角无平行细皱。后胸侧板中央前方及前上方有大光滑区，其长和高分别占侧板的 0.7 倍和 0.8 倍，其余部位及沿光滑区背缘具夹点网皱。并胸腹节中纵脊伸至后表面近端部，背表面全为光滑区，长为并胸腹节基部至气门后端间距的 3.0 倍；后表面具横网皱；外侧区具夹点网皱。

足：后足腿节长为宽的 3.3 倍；后足胫节长距长为基跗节的 0.5 倍。

翅：前翅长为宽的 2.6 倍；翅痣长和径室前缘脉长分别为翅痣宽的 2.1 倍和 0.8 倍；翅痣后侧缘稍弯；径脉第 1 段长为宽的 0.7 倍，稍内斜，从翅痣中央稍外方伸出；径脉第 2 段直，两段相接处不膨大。后翅后缘近基部缺刻深。

腹：腹柄背面长为中宽的 1.3 倍，表面具纵向细网皱；腹柄侧面上缘长为中高的 1.0 倍，上缘无纵脊，基部具斜横脊 1 条，其后表面光滑，仅沿横脊有 3 条短沟。合背板基部中纵沟伸达基部至第 1 对窗疤间距的 1.0 处，两侧各具 2 条纵沟，亚侧纵沟长为中纵沟的 0.6 倍。第 1 窗疤宽为长的 3.5 倍，两疤相连，疤距为 0。合背板上几乎光滑无毛。产卵管鞘长为后足胫节的 0.54 倍，为鞘中宽的 4.0 倍，表面具细长刻点，光滑，有细毛。

体色：体黑色。须、翅基片浅黄褐色。触角黑褐色，但基部 3 节红褐色。足红褐色；基节除端部黑色；端跗节、后足腿节（除两端）和胫节端半黑褐色；中足第 2-4 跗节黄色。翅透明，翅痣和强脉暗黄褐色，弱脉无色。

雄：未知。

寄主：未知。

研究标本：正模♀，贵州梵净山金顶，1800m，2001.Ⅷ.3，马云，No.200109697。副模：1♀，贵州梵净山金顶，2100m，2001.Ⅶ.31，马云，No.200109578。

分布：贵州。

鉴别特征：见检索表。

词源：种本名"连疤 conjugatus (连接的)"意为腹部合背板的 1 对第 1 窗疤相连，无疤距。

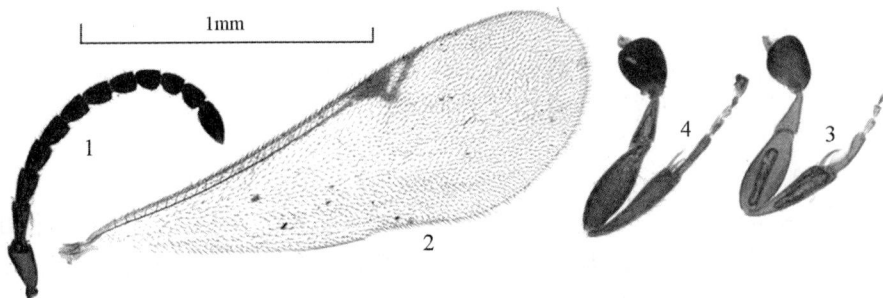

图 290　连疤叉齿细蜂，新种 *Exallonyx conjugatus* He *et* Xu, sp. nov.
1. 触角；2. 前翅；3. 前足；4. 中足 [1-4. 1.0X 标尺]

(231) 光侧叉齿细蜂，新种 *Exallonyx laevimetapleurum* He *et* Xu, sp. nov. (图 291)

雌：前翅长 1.8mm。

头：近立方形；背观上颊长为复眼的 1.5 倍。颊长为复眼纵径的 0.6 倍。唇基宽为长的 2.2 倍，稍均匀隆起，光滑，前缘稍凹。触角第 2、10 鞭节长分别为宽的 1.3 倍和 1.55 倍，端节长为端前节的 1.9 倍。额脊弱。后头脊正常高。

胸：前胸背板颈部背面具 3-4 条横皱，中央无毛；侧面光滑，前沟缘脊发达；前沟缘脊之后无毛，颈脊之后具毛；背缘具很稀疏的双列毛；后下角 3 个凹窝。中胸侧板光滑，仅前缘上角和侧板腹方具稀毛；后下角具 1 细横皱。后胸侧板中央前方及前上方 (小) 有被沟分隔的大光滑区，其长和高分别占侧板的 0.9 倍和 0.9 倍，仅沿下缘和后上缘具点皱。并胸腹节光滑，无中纵脊，仅后表面后端散生细刻点；外侧区具弱皱。

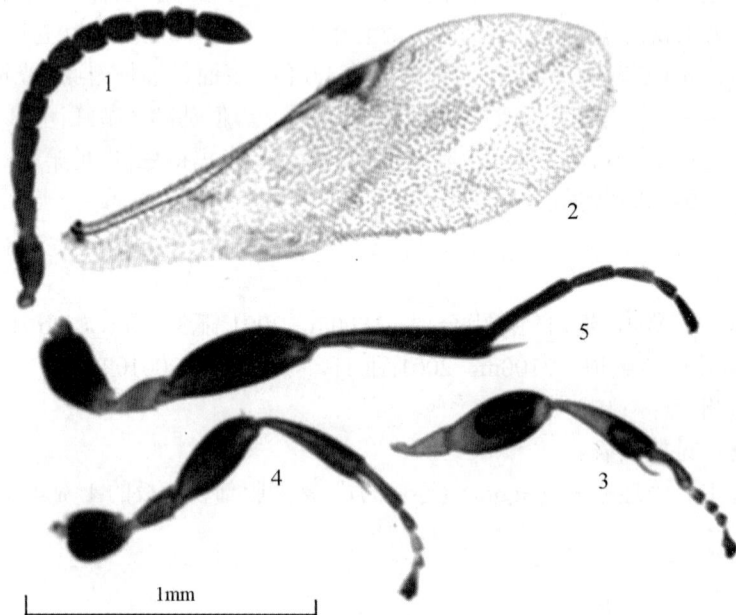

图 291 光侧叉齿细蜂，新种 *Exallonyx laevimetapleurum* He *et* Xu, sp. nov.
1. 触角；2. 前翅；3. 前足；4. 中足；5. 后足 [1-5. 1.0X 标尺]

足：后足腿节长为宽的 3.1 倍；后足胫节长距长为基跗节的 0.5 倍。

翅：前翅长为宽的 2.7 倍；翅痣长和径室前缘脉长分别为翅痣宽的 2.0 倍和 0.5 倍；翅痣后侧缘直；径脉第 1 段长为宽的 1.2 倍，从翅痣中央伸出；径脉第 2 段直，两段相接处不膨大。后翅后缘近基部缺刻深。

腹：腹柄背面长为中宽的 1.1 倍，表面具细点皱；腹柄侧面上缘长为中高的 0.7 倍，上缘直，基部具横脊 1 条，其后表面光滑，夹有零星纵点列。合背板基部中纵沟伸达基部至第 1 对窗疤间距的 1.0 处，两侧各具 2 条弱纵沟，亚侧纵沟长为中纵沟的 0.28 倍。第 1 窗疤宽为长的 1.5 倍，疤距为疤宽的 0.1 倍。合背板上几乎光滑无毛。产卵管鞘长为后足胫节的 0.55 倍，为鞘中宽的 4.0 倍，表面具细长刻点，光滑，有细毛。

体色：体黑色。须、翅基片黄色。触角黑褐色，柄节腹方、梗节、第 1 鞭节基部暗红色。足红褐色；基节、腿节 (除两端)、中足胫节背面、后足胫节端半、各足端跗节黑褐色。翅透明，带烟黄色，翅痣和强脉暗黄褐色，弱脉无色。

雄：未知。

寄主：未知。

研究标本：正模♀，四川平武白马寨，2006.Ⅶ.25，张红英，No.200611056。

分布：四川。

鉴别特征：见检索表。

词源：种本名"光侧 *laevimetapleurum*"，系 *laev* (光滑) +*metapleurum* (后胸侧板) 组合词，意为后胸侧板光滑区很大，几乎占全部侧板。

(232) 短距叉齿细蜂，新种 *Exallonyx brevicalcaratus* He *et* Xu, sp. nov. (图 292)

雌：前翅长 2.3mm。

头：近立方形；背观上颊长为复眼的 1.25 倍。颊长为复眼纵径的 0.58 倍。唇基宽为长的 1.9 倍，稍均匀隆起，基部具浅刻点，前缘平截。触角第 2、10 鞭节长分别为宽的 1.7 倍和 1.3 倍，端节长为端前节的 1.8 倍。额脊高。后头脊高，呈檐状。

胸：前胸背板颈部背面具 4-5 条横皱，中央无毛；侧面光滑，前沟缘脊发达；前沟缘脊之后无毛，颈脊之后具毛；背缘具稀疏的双列毛；后下角双凹窝。中胸侧板前缘上角和中央横沟上方有稀毛区，之间无毛区长为翅基片的 1.6 倍；镜面区上方 0.4 具稀毛，侧板下半部仅腹方具稀毛；后下角具平行细纹。后胸侧板中央前方及前上方有相连的、表面具稀毛的小三角形光滑区，其长和高分别占侧板的 0.55 倍和 0.7 倍，其余具夹点网皱。并胸腹节中纵脊伸至后表面基部；背表面全为光滑区，长为并胸腹节基部至气门后端间距的 4.0 倍；后表面 (前端和后端光滑) 和外侧区具网皱。

足：后足腿节长为宽的 3.3 倍；后足胫节长距长为基跗节的 0.42 倍。

翅：前翅长为宽的 2.9 倍；翅痣长和径室前缘脉长分别为翅痣宽的 2.2 倍和 0.56 倍；翅痣后侧缘近于直；径脉第 1 段长为宽的 1.2 倍，内斜，从翅痣中央伸出；径脉第 2 段直，两段相接处有脉桩。后翅后缘近基部缺刻深。

腹：腹柄背面长为中宽的 1.0 倍，表面全部为细网皱；腹柄侧面上缘长为中高的 0.9 倍，上缘无纵脊，基部具斜横脊 1 条，其后表面光滑，仅沿横脊有几条短沟。合背板基部中纵沟伸达基部至第 1 对窗疤间距的 0.9 处，两侧各具 2 条弱纵沟，亚侧纵沟长为中纵沟的 0.6 倍。第 1 窗疤宽为长的 3.0 倍，疤距为疤宽的 0.2 倍。合背板上几乎光滑无毛。产卵管鞘长为后足胫节的 0.58 倍，为鞘中宽的 4.0 倍，表面具细纵刻皱，光滑，有细毛。

体色：体黑色。须、翅基片红褐色。触角黑褐色，柄节、梗节和第 1-2 鞭节红褐色。足红褐色；基节除端部、端跗节、后足腿节中央、胫节后端黑褐色。翅透明，带烟黄色，翅痣和强脉褐色，弱脉黄色痕迹。

雄：未知。

寄主：未知。

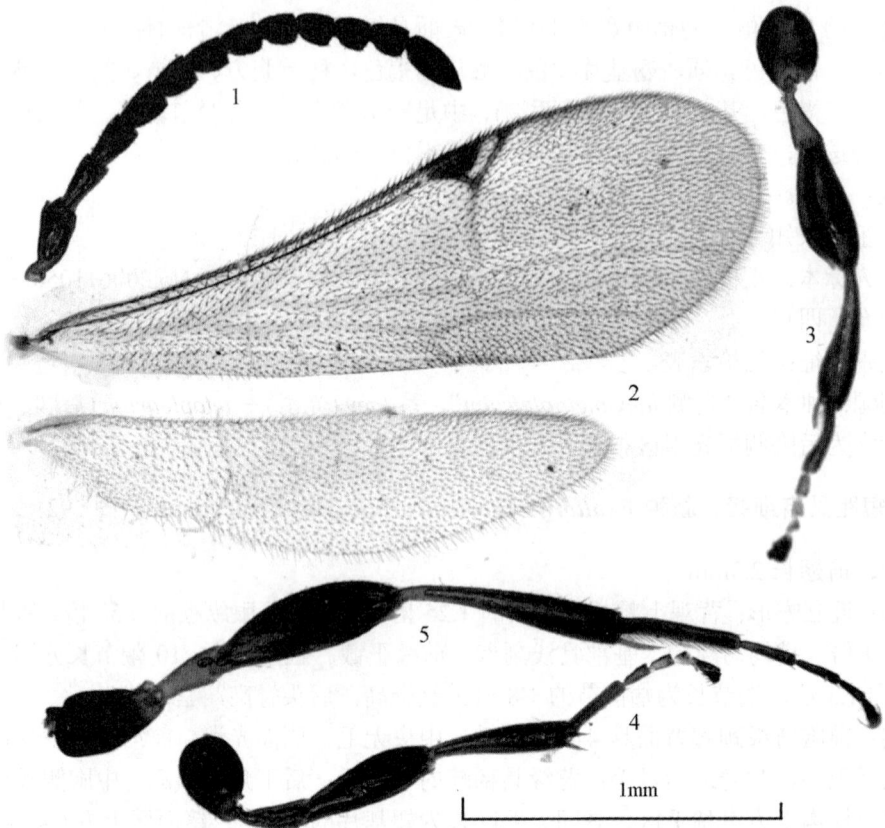

图 292　短距叉齿细蜂，新种 *Exallonyx brevicalcaratus* He *et* Xu, sp. nov.
1. 触角；2. 翅；3. 前足；4. 中足；5. 后足 [1-5. 1.0X 标尺]

研究标本：正模♀，河北小五台山杨家坪，2005.Ⅷ.20，时敏，No.200604652。

分布：河北。

鉴别特征：见检索表。

词源：种本名"短距 *brevicalcaratus*"，系 *brev* (短) +*calcaratus* (距) 组合词，意为后足胫节距相对较短。

(233) 汪氏叉齿细蜂，新种 *Exallonyx wangi* He *et* Xu, sp. nov. (图 293)

雌：前翅长 2.6mm。

头：近立方形；背观上颊长为复眼的 1.0 倍。颊长为复眼纵径的 0.32 倍。唇基宽为长的 2.4 倍，稍均匀隆起，光滑，前缘稍凹。触角第 2、10 鞭节长分别为宽的 2.0 倍和 1.1 倍，端节长为端前节的 2.0 倍。额脊中等高。后头脊高，呈檐状。

胸：前胸背板颈部背面具 4-5 条横皱，中央无毛；侧面光滑，前沟缘脊发达；前沟缘脊之后无毛，颈脊之后具毛；背缘具稀疏的双列毛；后下角双凹窝。中胸侧板前缘上角有稀毛；镜面区上方 0.6 具稀毛，侧板下半部 (中央横沟以下部位) 具稀毛，近中央区域无毛；后下角具平行细皱。后胸侧板中央前方及前上方有被点沟分隔的、表面具稀毛的光滑区，其长和高分别占侧板的 0.65 倍和 0.8 倍，其余具夹点网皱。并胸腹节中纵脊伸至后表面中央；背表面全为光滑区，长为并胸腹节基部至气门后端间距的 4.0 倍；后表面具细网皱；外侧区具小室状网皱。

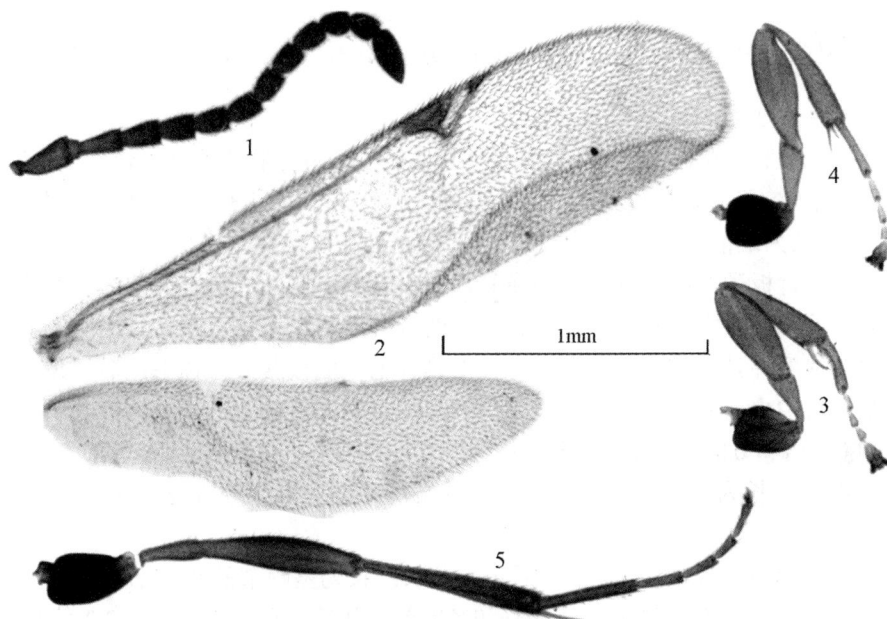

图 293　汪氏叉齿细蜂，新种 *Exallonyx wangi* He *et* Xu, sp. nov.
1. 触角；2. 翅；3. 前足；4. 中足；5. 后足 [1-5. 1.0X 标尺]

足：后足腿节长为宽的 3.2 倍；后足胫节长距长为基跗节的 0.5 倍。

翅：前翅长为宽的 2.8 倍；翅痣长和径室前缘脉长分别为翅痣宽的 2.75 倍和 0.95 倍；翅痣后侧缘稍弯；径脉第 1 段长为宽的 1.2 倍，稍内斜，从翅痣中央伸出；径脉第 2 段直，两段相接处不膨大。后翅后缘近基部缺刻深。

腹：腹柄背面长为中宽的 1.3 倍，表面具细网皱；腹柄侧面上缘长为中高的 1.0 倍，上缘无纵脊，基部具斜横脊 1 条，其后表面光滑，仅沿横脊有 4 条短沟。合背板基部中纵沟伸达基部至第 1 对窗疤间距的 1.0 处，两侧各具 2 条弱纵沟，亚侧纵沟长为中纵沟的 0.28 倍。第 1 窗疤宽为长的 2.5 倍，疤距为 0。合背板上几乎光滑无毛。产卵管鞘长为后足胫节的 0.56 倍，为鞘中宽的 4.0 倍，表面具细长刻点，光滑，有细毛。

体色：体黑色。须、翅基片黄色。触角黑褐色，基部 6 节渐红褐色。足红褐色；前足基节褐色，中后足基节 (除端部) 黑褐色；前中足第 2-4 跗节黄色。翅透明，带烟黄色，翅痣和强脉黄褐色，弱脉无色。

雄：未知。

寄主：未知。

研究标本：正模♀，福建武夷山三港，1989.XII.5，汪家社，No.20008384。副模：1♀，采地、采集人正模，1989.XII.14，No.20008185。

分布：福建。

鉴别特征：见检索表。

词源：种本名"汪氏 *wangi*"，系对福建武夷山自然保护区管理局汪家社高级工程师的感谢。

(234) 条尾叉齿细蜂，新种 *Exallonyx striaticaudatus* He et Xu, sp. nov. (图 294)

雌：前翅长 2.3mm。

头：近立方形；背观上颊长为复眼的 1.0 倍。颊长为复眼纵径的 0.5 倍。唇基宽为长的 2.2 倍，稍均匀隆起，具浅刻点，前缘平截。触角第 2、10 鞭节长分别为宽的 2.0 倍和 1.3 倍，端节长为端前节的 1.7 倍。额脊中等高。后头脊高，呈檐状。

胸：前胸背板颈部背面具 2 条弱横皱，中央无毛；侧面光滑，前沟缘脊发达；前沟缘脊之后无毛，颈脊之后具毛；背缘具稀疏的双列毛；后下角双凹窝。中胸侧板光滑，前缘上角有稀毛并具细皱；镜面区上方 0.3 具稀毛，侧板腹方具稀毛；后下角具平行细皱。后胸侧板中央前方及前上方有被点沟分隔的、表面具稀毛的光滑区，其长和高分别占侧板的 0.6 倍和 0.8 倍，其余具小室状网皱。并胸腹节中纵脊伸至后表面近端部；背表面全为光滑区，长为并胸腹节基部至气门后端间距的 4.0 倍；后表面和外侧区具夹点网皱。

足：后足腿节长为宽的 3.5 倍；后足胫节长距长为基跗节的 0.5 倍。

翅：前翅长为宽的 2.75 倍；翅痣长和径室前缘脉长分别为翅痣宽的 2.2 倍和 0.6 倍；翅痣后侧缘稍弯；径脉第 1 段长为宽的 1.5 倍，内斜，从翅痣中央伸出；径脉第 2 段直，两段相接处不膨大。后翅后缘近基部缺刻深。

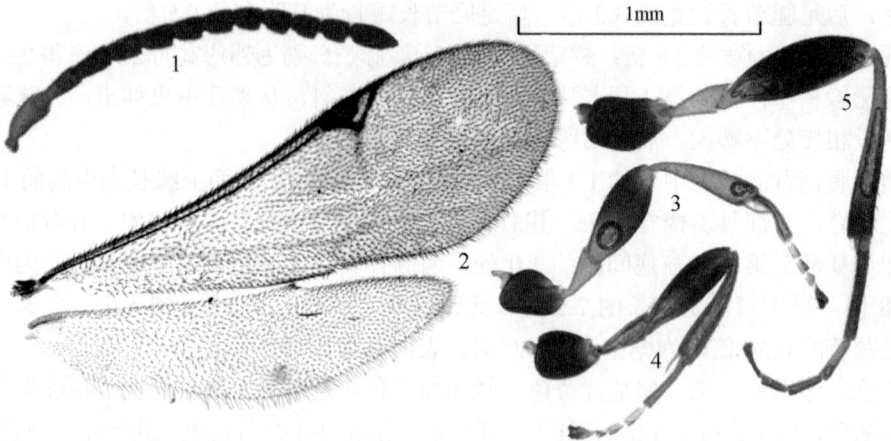

图 294　条尾叉齿细蜂，新种 *Exallonyx striaticaudatus* He et Xu, sp. nov.
1. 触角; 2. 翅; 3. 前足; 4. 中足; 5. 后足 [1-5. 1.0X 标尺]

腹：腹柄背面长为中宽的 1.3 倍，具细皱；腹柄侧面上缘长为中高的 1.0 倍，上缘无纵脊与背表面分开，基部具横脊 1 条，其后表面光滑，仅沿横脊有 4 条短而弱的纵沟。合背板基部中纵沟伸达基部至第 1 对窗疤间距的 0.85 处，两侧各具 1 条纵沟，亚侧纵沟长为中纵沟的 0.25 倍 (右) 和 0.42 倍 (左)。第 1 窗疤宽为长的 3.0 倍，两疤相接。合背板上几乎光滑无毛。产卵管鞘长为后足胫节的 0.51 倍，为鞘中宽的 4.3 倍，表面具细纵刻皱，光滑，有细毛。

体色：体黑色。须、翅基片浅黄褐色。触角黑褐色，柄节、梗节和第 1 鞭节基半暗红色。足红褐色；基节、腿节 (除基部)、后足胫节端部、各足端跗节黑褐色；前中足第 2-4 跗节黄色。翅透明，带烟黄色，翅痣和强脉浅褐色，弱脉黄色痕迹。

雄：未知。

寄主：未知。

研究标本：正模♀，贵州雷公山方祥乡，2005.Ⅵ.2-3，刘经贤，No.20059350。

分布：贵州。

鉴别特征：见检索表。

词源：种本名"条尾 *striaticaudatus*"，系 *striati* (具小刻条的) +*cauda* (尾，产卵管鞘) 组合词，意为产卵鞘表面具细纵刻条。

(235) 网柄叉齿细蜂 *Exallonyx areolatus* Xu, He *et* Liu, 2007 (图 295)

Exallonyx areolatus Xu, He *et* Liu , 2007, *Jour. Kansas Ent. Soc.*, 80(4): 302.

雌：前翅长 2.6mm。

头：背观宽为中长的 1.0 倍。头背观上颊长为复眼的 1.0 倍。颊长为复眼纵径的 0.35 倍。唇基宽为长的 2.3 倍，稍均匀隆起，光滑，亚端横脊明显，端缘平截。触角第 2、10 鞭节长分别为端宽的 2.0 倍和 1.55 倍，端节长为端前节的 1.8 倍。额脊强而高。后头脊正常高，稍呈檐状。

胸：前胸背板颈部横皱不明显；侧面光滑，前沟缘脊发达；前沟缘脊之后无毛，颈脊之后无毛；背缘具连续的双列毛；后下角双凹窝。中胸侧板前缘上角和中央横沟上方为有毛区，之间无毛区长为翅基片的 1.3 倍；镜面区上方 0.47 具毛；侧板下半部 (中央横沟以下部位) 具稀毛，近中央区域大部分无毛；后下角无平行细皱。后胸侧板前方中央光滑区大，其长和高分别占侧板的 0.7 倍和 0.9 倍，其余部位具夹圆刻点的网皱。并胸腹节侧观背缘弧形，后表面斜；中纵脊伸达后表面中央；背表面光滑，与后表面无皱脊分界；后表面基半光滑，后半和外侧区均具夹点细网皱。

足：后足腿节长为宽的 3.6 倍；后足胫节长距长为基跗节的 0.48 倍。

翅：前翅长为宽的 2.55 倍；翅痣长和径室前缘脉长分别为翅痣宽的 2.4 倍和 0.7 倍；翅痣后侧缘直；径脉从翅痣近中央伸出，第 1 段内斜，长为宽的 1.2 倍；径脉第 2 段直，两段相接处不膨大。后翅后缘近基部 0.35 处缺刻浅。

腹：腹柄背面长为中宽的 1.5 倍，基部 0.7 具夹点纵网皱，端部 0.3 光滑；腹柄侧面上缘长为中高的 1.1 倍，上缘纵脊消失，基部具强斜横脊 1 条，其后表面光滑无刻条。合背板基部中纵沟伸达基部至第 1 对窗疤间距的 0.95 处，两侧各具 1 条纵沟，亚侧纵沟浅，长为中纵沟的 0.4 倍。第 1 窗疤宽为长的 3.0 倍，疤距为疤宽的 0.1 倍。合背板几乎光滑，其上的毛极稀而短，远离合背板下缘。产卵管鞘长为后足胫节的 0.5 倍，为鞘中宽的 4.4 倍，表面具长刻点，有细毛。

体色：体黑色。上唇、上颚红褐色。下颚须和下唇须黄色。翅基片灰黄褐色。触角红褐色。足褐黄色；但前足基节暗褐黄色，中、后足基节黑色。翅透明，带烟黄色，翅痣和强脉褐色，弱脉无色。

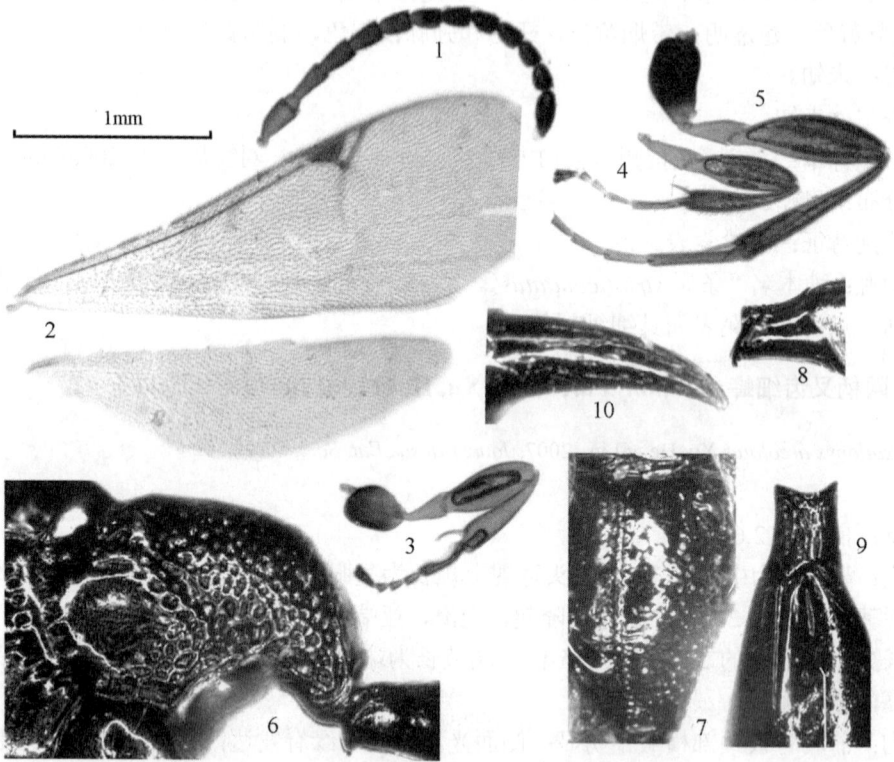

图 295　网柄叉齿细蜂 *Exallonyx areolatus* Xu, He *et* Liu

1. 触角；2. 翅；3. 前足；4. 中足；5. 后足；6. 后胸侧板、并胸腹节和腹柄，侧面观；7. 并胸腹节，背面观；8. 腹柄，侧面观；9. 腹柄和合背板基部，背面观；10. 产卵管鞘（仿 Xu *et al*., 2007b）[1-5. 1.0X 标尺；6-9. 2.0X 标尺；10. 3.0X 标尺]

变异：前翅长 2.7-3.0mm。前胸背板颈部背面具 6 条横皱；背缘具稀疏的 3 列毛。前翅长为宽的 2.8 倍；翅痣长和径室前缘脉长分别为翅痣宽的 1.8 倍和 0.56 倍。腹柄背面长为中宽的 1.2 倍；满布夹点刻皱。第 1 窗疤疤距为疤宽的 0.2 倍或 0.05 倍，几乎相接。足黄褐色，中足基节、端跗节及后足第 4、5 跗节黑褐色；前足第 2-4 跗节黄色。

雄：未知。

寄主：未知。

研究标本：1♀，浙江西天目山仙人顶，马氏网，1999.Ⅶ.20，赵明水，No.992895（正模）；5♀，采地、采集人同正模，1998.Ⅴ.30，赵明水，Nos.992199，992844，992850，993984，20003556（副模）；1♀，浙江西天目山，1987.Ⅸ.4，樊晋江，No.876232；3♀，浙江西天目山，1998.Ⅴ.31，陈学新，Nos.980186，980198，980222；3♀，浙江西天目山仙人顶，1990.Ⅵ.2-4，何俊华、施祖华、娄永根，Nos.900859，940884，902174；16♀，

浙江西天目山仙人顶，1998.Ⅴ.30-Ⅹ.5，马氏网、赵明水，Nos.992834，992843，992881，992595，992936，994420，994443，994451，994470，994479，994491，995012，20002018，20002022，20002760，20003562；3♀，浙江西天目山仙人顶，1999.Ⅶ.12-Ⅷ.10，赵明水，Nos.996815，997012，20003500（无头）；2♀，浙江西天目山仙人顶，1520m，2001.Ⅶ.1，朴美花，Nos.200106455，200106471；4♀，浙江西天目山仙人顶，2003.Ⅶ.27-29，陈学新、余晓霞，Nos.20034469，20034481，20064503，20064511。

分布：浙江。

鉴别特征：见检索表。

注：本种发表时系放在针尾叉齿细蜂种团 *Leptonyx* Group。

(236) 圆头叉齿细蜂，新种 *Exallonyx globusiceps* He *et* Xu, sp. nov. (图 296)

雌：前翅长 1.85mm。

头：背观近圆形，长宽相等；头背观上颊长为复眼的 1.1 倍。颊长为复眼纵径的 0.1 倍。唇基宽为长的 3.2 倍，稍均匀隆起，光滑，亚端横脊弱，端缘稍凹。头侧观单眼后头顶高耸，向前后陡斜。触角第 2、10 鞭节长分别为宽的 1.8 倍和 1.3 倍，端节长为端前节的 2.1 倍。额脊强而高。后头脊正常。上颚甚长。

胸：前胸背板颈部背面具 5 条横皱；侧面光滑，前沟缘脊发达；前沟缘脊之后无毛，颈脊之后具毛；背缘具断续的单列毛；后下角双凹窝。中胸侧板前缘上角有稀毛；镜面区上半具稀毛；侧板下半部具稀毛，近中央区域无毛；沿中央横沟部位及侧板后下角具平行细皱。后胸侧板中央前方及前上方有被纵沟分隔的、表面具稀毛的光滑区，其长和高分别占侧板的 0.5 倍和 0.7 倍，其余部位具小室状网皱。并胸腹节侧观背缘弧形；中纵脊仅背表面存在；背表面一侧光滑区长为并胸腹节基部至气门后端间距的 2.6 倍；后表面斜，和外侧区均具小室状网皱。

足：后足腿节长为宽的 3.4 倍；后足胫节长距长为基跗节的 0.45 倍。

翅：前翅长为宽的 2.63 倍；翅痣长和径室前缘脉长分别为翅痣宽的 1.4 倍和 0.36 倍；翅痣后侧缘稍弯；径脉第 1 段内斜，长为宽的 1.0 倍，从翅痣近中央伸出；径脉第 2 段直，两段相接处膨大。后翅后缘近基部有缺刻。

腹：腹柄背面长为中宽的 1.7 倍，基半具夹点细皱，端半具 9 条细纵脊，内夹细皱；腹柄侧面上缘长为中高的 1.0 倍，上缘直，基部具横脊 1 条，横脊后具强斜纵脊 6 条。合背板基部中纵沟伸达基部至第 1 对窗疤间距的 0.6 处，两侧各具 3 条纵沟，亚侧纵沟长为中纵沟的 0.6 倍。第 1 窗疤小，宽为长的 2.2 倍，疤距为疤宽的 0.8 倍。合背板上几乎无毛。产卵管鞘长为后足胫节的 0.46 倍，为鞘中宽的 3.8 倍，表面具细长刻点，光滑，有细毛。

体色：体黑色。须黄色。上唇、上颚端部褐黄色。触角黑褐色。翅基片黄褐色。足褐黄色；前足基节基部和后足胫节端半褐色；中后足基节黑色。翅透明，翅痣和强脉暗褐黄色，弱脉无色。

雄：与雌性相似，不同之处在于，头背观宽为中长的 1.34 倍。背观上颊长为复眼的 0.83 倍。颊长为复眼纵径的 0.13 倍。唇基宽为长的 3.5 倍，稍均匀隆起，基部光滑具刻

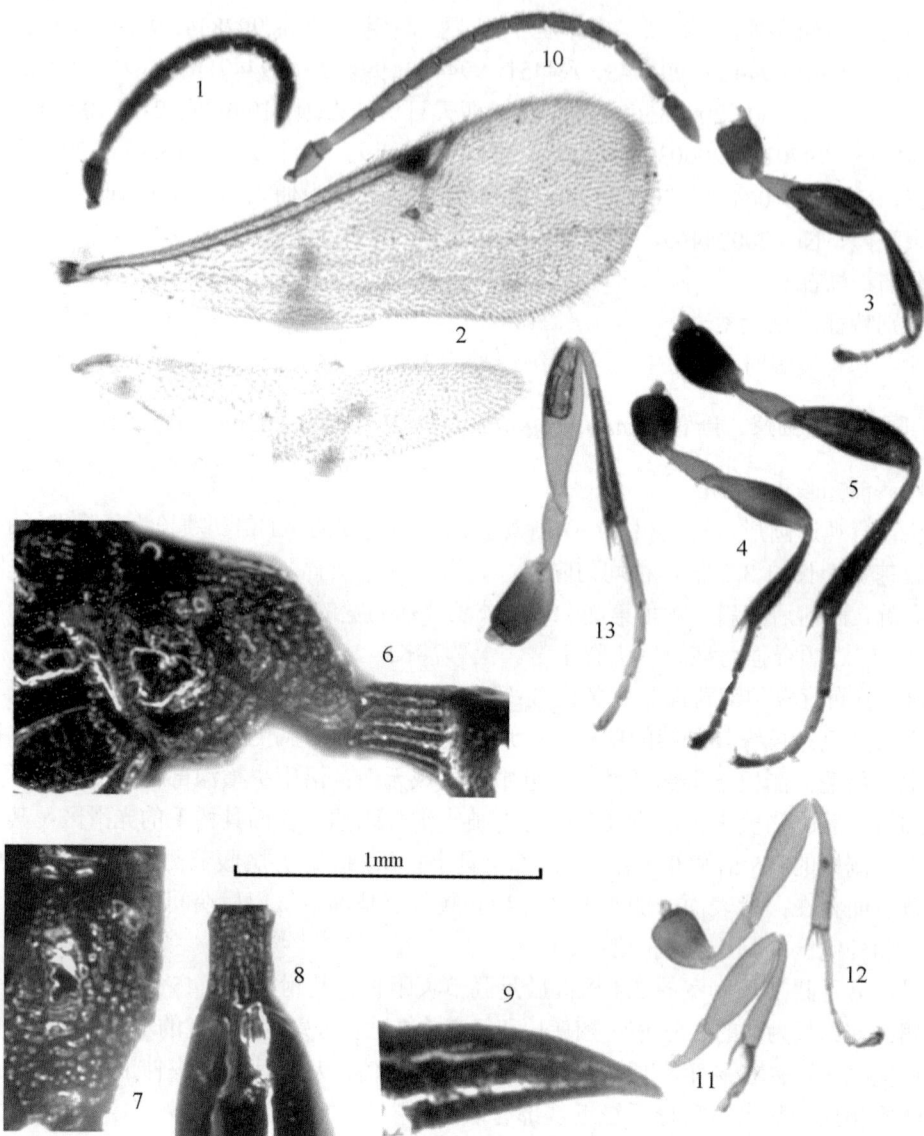

图 296　圆头叉齿细蜂，新种 *Exallonyx globusiceps* He *et* Xu, sp. nov.

1, 10. 触角；2. 翅；3, 11. 前足；4, 12. 中足；5, 13. 后足；6. 后胸侧板、并胸腹节和腹柄，侧面观；7. 并胸腹节，背面观；8. 腹柄和合背板基部，背面观；9. 产卵管鞘 (1-9.♀；10-13.♂) [1-5, 10-13. 1.0X 标尺；6-8. 2.0X 标尺；9. 4.0X 标尺]

点，亚端横脊明显，端缘平截。触角第 2、10 鞭节长分别为宽的 2.8 倍和 2.4 倍，端节长为端前节的 1.64 倍；鞭节圆柱形，第 2-11 各鞭节有 1 圆形或椭圆形小角下瘤。腹柄背面基部基半无夹点细皱，具 7 条细纵脊。第 1 窗疤宽为长的 4.0 倍，疤距为疤宽的 0.5 倍。抱器长三角形，不下弯，端尖。触角黑褐色，基部 3 节腹方红褐色。足红褐色，前足基节黄褐色。

寄主：未知。

研究标本：正模♀，云南绿春分水岭，2003.Ⅶ.23，胡龙，No.20048136。副模：1♂，同正模，No.20048142；1♂，云南个旧曼耗镇，2003.Ⅶ.23，胡龙，No.20048131。

分布：云南。

鉴别特征：见检索表。

词源：种本名"圆头 globusiceps"，系 globus (圆形的) +ceps (头) 组合词，意为头背观近圆形，长宽相等。

(237) 褐黄基叉齿细蜂，新种 *Exallonyx fulvicoxalis* He *et* Xu, sp. nov. (图 297)

雌：前翅长 2.5mm。

头：背观头宽为中长的 1.28 倍；头背观上颊长为复眼的 1.0 倍。颊长为复眼纵径的 0.38 倍。唇基宽为长的 2.5 倍，稍均匀隆起，光滑具毛，亚端横脊明显，端缘平截。触角第 2、10 鞭节长分别为宽的 3.2 倍和 2.5 倍，端节长为端前节的 1.6 倍。额脊中等高。后头脊正常。

胸：前胸背板颈部背面具 3-4 条横皱；侧面光滑，前沟缘脊发达；前沟缘脊之后无毛，颈脊之后具毛；背缘具连续的多列毛；后下角双凹窝。中胸侧板前缘上角有稀毛；镜面区上方 0.4 具稀毛；侧板下半部 (中央横沟以下部位) 具稀毛。后胸侧板中央前方及前上方有被纵沟分隔的、表面具稀毛的光滑区，其长和高分别占侧板的 0.4 倍和 0.6 倍，其余部位具小室状网皱。并胸腹节侧观背缘弧形；中纵脊伸至后表面近端部；背表面一侧光滑区长为并胸腹节基部至气门后端间距的 2.5 倍；后表面斜，和外侧区均具小室状网皱。

足：后足腿节长为宽的 5.3 倍；后足胫节长距长为基跗节的 0.44 倍。

翅：前翅长为宽的 2.69 倍；翅痣长和径室前缘脉长分别为翅痣宽的 2.3 倍和 0.5 倍；翅痣后侧缘稍弯；径脉第 1 段内斜，长为宽的 0.8 倍，从翅痣近中央伸出；径脉第 2 段直，两段相接处有脉桩。后翅后缘近基部缺刻深。

腹：腹柄背面长为中宽的 1.3 倍，基部具 2 条横皱，其后方具 7 条纵皱，中皱短，其前方为夹点细皱；腹柄侧面上缘长为中高的 0.85 倍，上缘直，基部具横脊 1 条，横脊后具强斜纵脊 5 条。合背板基部中纵沟伸达基部至第 1 对窗疤间距的 0.8 处，两侧各具 2 条纵沟，亚侧纵沟长为中纵沟的 0.75 倍。第 1 窗疤宽为长的 2.5 倍，疤距为疤宽的 0.3 倍。合背板上的毛稀而短，下方毛窝与合背板下缘之距为毛长的 1.5 倍。产卵管鞘长为后足胫节的 0.33 倍，为鞘中宽的 4.3 倍，表面具细长刻点，光滑，有细毛。

体色：体黑色，腹端部和产卵管鞘端部酱红色。须黄色。上唇、上颚端部和翅基片黄褐色。触角黑褐色，柄节、梗节、第 1 鞭节基部褐黄色。足褐黄色，前足基节、跗节黄褐色，后足腿节背方、胫节端半和跗节深褐黄色。翅透明，带烟黄色，翅痣和强脉暗黄褐色，弱脉浅黄色痕迹。

雄：未知。

寄主：未知。

研究标本：正模♀，云南勐遮，1981.Ⅳ.19，何俊华，No.812619。

分布：云南。

鉴别特征：见检索表。

词源：种本名"褐黄基 *fulvicoxalis*"，系 *fulv* (褐黄色) +*coxa* (基节) 组合词，意为中后足基节褐黄色。

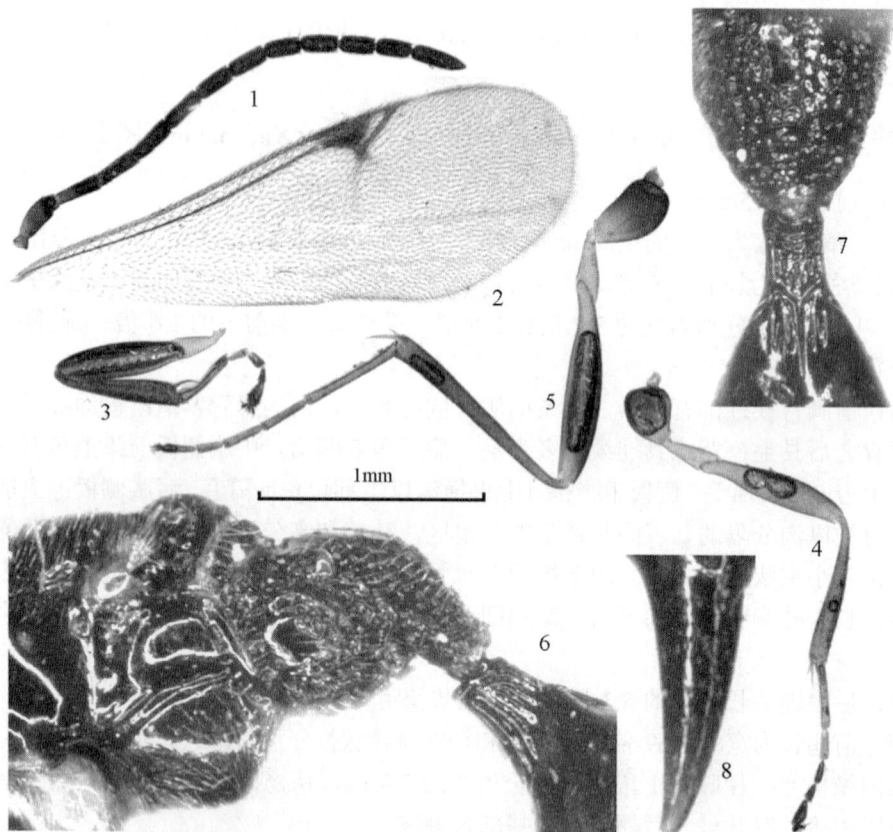

图 297 褐黄基叉齿细蜂，新种 *Exallonyx fulvicoxalis* He *et* Xu, sp. nov.

1. 触角；2. 前翅；3. 前足；4. 中足；5. 后足；6. 中胸侧板、后胸侧板、并胸腹节和腹柄，侧面观；7. 并胸腹节、腹柄和合背板基部，背面观；8. 产卵管鞘 [1-5. 1.0X 标尺；6-7. 2.0X 标尺；8. 4.0X 标尺]

(238) 长痣叉齿细蜂，新种 *Exallonyx longistigmatus* He *et* Xu, sp. nov. (图 298)

雌：前翅长 2.0mm。

头：背观上颊长为复眼的 0.85 倍。颊长为复眼纵径的 0.2 倍。唇基宽为长的 3.6 倍，稍均匀隆起，光滑，亚端横脊强，端缘平截。触角第 2、10 鞭节长分别为端宽的 1.8 倍和 1.5 倍，端节长为端前节的 1.8 倍。额脊中等高。后头脊中等高。

胸：前胸背板颈部背面具 6-7 条横皱；侧面光滑，前沟缘脊发达；前沟缘脊之后无毛，颈脊之后具毛；背缘具连续的双列毛；后下角双凹窝。中胸侧板前缘上角有毛；镜面区上方具稀的细毛；侧板下半部 (中央横沟以下部位) 具稀毛，近中央区域无毛；后下角无平行细皱。后胸侧板具小室状网皱；前上方光滑区长和高分别约占侧板的 0.5 倍和 0.6 倍，上具细毛，近上后缘有夹点纵凹痕分成上小下大两块。并胸腹节侧观背表面平，后表面斜；中纵脊伸至后表面后端；背表面光滑区中长为中宽的 0.9 倍，其后端和后外方及后表面和外侧区具相连的小室状网皱。

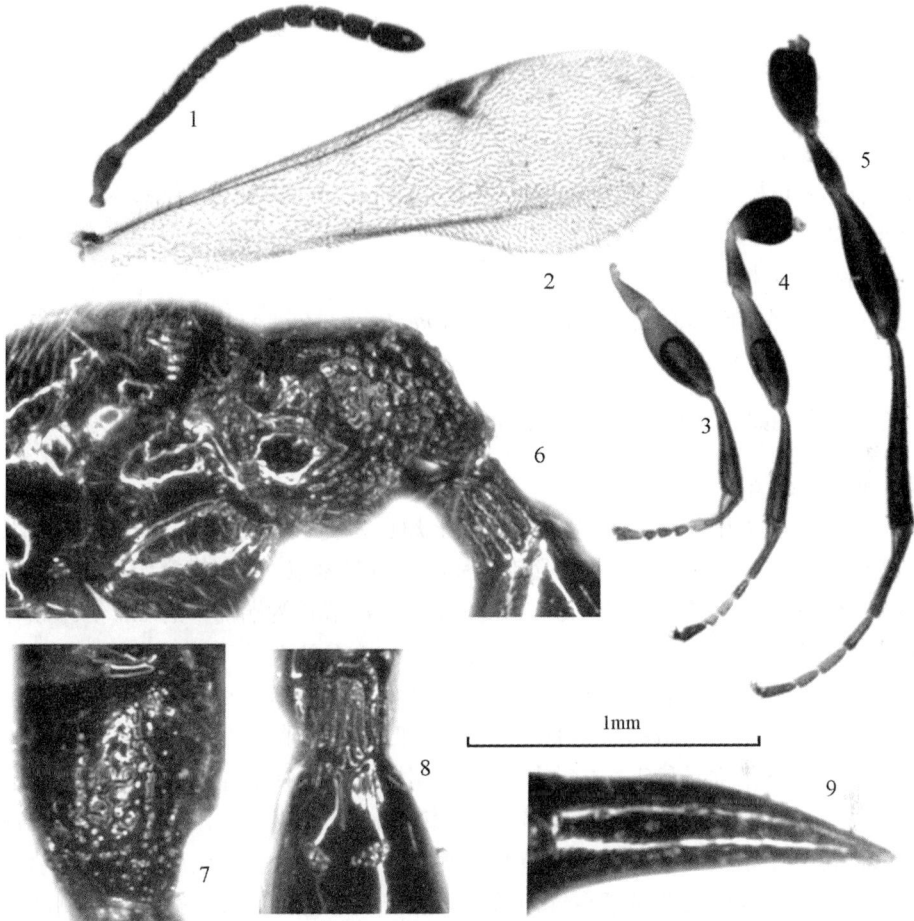

图 298　长痣叉齿细蜂，新种 *Exallonyx longistigmatus* He *et* Xu, sp. nov.
1. 触角；2. 前翅；3. 前足；4. 中足；5. 后足；6. 后胸侧板、并胸腹节和腹柄，侧面观；7. 并胸腹节，背面观；8. 腹柄和合背板基部，背面观；9. 产卵管鞘 [1-5. 1.0X 标尺；6-8. 2.0X 标尺；9. 4.0X 标尺]

足：后足腿节长为宽的 3.8 倍；后足胫节长距长为基跗节的 0.4 倍。

翅：前翅长为宽的 2.85 倍；翅痣长和径室前缘脉长分别为翅痣宽的 2.4 倍和 0.8 倍；翅痣后侧缘稍弯；径脉第 1 段强度内斜，长为宽的 1.5 倍，从翅痣中央伸出；径脉第 2 段直，两段相接处膨大。后翅后缘近基部有缺刻。

腹：腹柄背面长为中宽的 1.3 倍，基部 0.35 具夹点刻皱，端部 0.65 具 6 条强纵皱，在亚中纵皱端部还夹 1 短纵皱；腹柄侧面上缘长为中高的 1.0 倍，上缘直，基部具横脊 1 条，表面具强的直纵脊 5 条，条间夹有细刻点。合背板基部中纵沟伸达基部至第 1 对窗疤间距的 0.65 处，两侧各具 2 条纵沟，亚侧纵沟长为中纵沟的 0.3 倍 (右) 和 0.45 倍 (左)。第 1 窗疤宽为长的 2.0 倍，疤距为疤宽的 0.6 倍。合背板下方无毛。产卵管鞘长为后足胫节的 0.53 倍，为鞘中宽的 4.7 倍，表面光滑，具细长刻点，有细毛。

体色：体黑色。上唇、上颚端半、须和翅基片黄褐色。触角黑褐色，柄节基部、梗节、第 1 鞭节基部红褐色。前足红褐色，基节、腿节背面、第 3-5 跗节多少黑褐色；中后足黑色至黑褐色，转节端部、中足胫节、后足胫节内侧、第 1-4 跗节红褐色。翅透明，带烟黄色，翅痣和强脉浅褐色，弱脉无色。

雄：未知。

寄主：未知。

研究标本：正模♀，贵州道真大沙河观山，1615m，2004.Ⅷ.17，吴琼，No.20047341。

分布：贵州。

鉴别特征：见检索表。

词源：种本名"长痣 longistigmatus"，系 long (长) +stigma (翅痣) 组合词，意为翅痣狭长，长为宽的 2.4 倍。

(239) 长颊叉齿细蜂，新种 *Exallonyx longitemporalis* He *et* Xu, sp. nov. (图 299)

雌：前翅长 1.67mm。

头：背观头宽为中长的 0.91 倍；头背观上颊长为复眼的 1.2 倍。颊长为复眼纵径的 0.1 倍。唇基宽为长的 2.8 倍，稍均匀隆起，基部光滑具刻点，亚端横脊明显，端缘平截。触角第 2、10 鞭节长分别为宽的 1.67 倍和 1.3 倍，端节长为端前节的 2.0 倍。额脊中等高。后头脊正常。

胸：前胸背板颈部背面具 4 条横皱；侧面光滑，前沟缘脊发达；前沟缘脊之后无毛，颈脊之后具毛；背缘具稀疏的双列毛；后下角双凹窝。中胸侧板前缘上角有稀毛；镜面区具稀毛；侧板下半部具稀毛；中央横沟内及侧板后下角具平行细皱。后胸侧板中央前方及前上方有被纵沟分隔的、表面具稀毛的光滑区，其长和高分别占侧板的 0.7 倍和 0.8 倍，其余部位具小室状网皱。并胸腹节侧观背缘弧形；中纵脊伸至后表面近端部；背表面一侧光滑区长为并胸腹节基部至气门后端间距的 2.5 倍；后表面斜，和外侧区均具小室状网皱。

足：后足腿节长为宽的 4.0 倍；后足胫节长距长为基跗节的 0.43 倍。

翅：前翅长为宽的 2.63 倍；翅痣长和径室前缘脉长分别为翅痣宽的 2.0 倍和 0.3 倍；翅痣后侧缘稍弯；径脉第 1 段内斜，长为宽的 0.9 倍，从翅痣近中央伸出；径脉第 2 段直，两段相接处膨大。后翅后缘近基部缺刻浅。

腹：腹柄背面长为中宽的 1.4 倍，基半具夹点网皱，端半具 5 条强纵皱；腹柄侧面上缘长为中高的 1.1 倍，上缘直，基部具横脊 1 条，横脊后具强斜纵脊 6 条。合背板基部中纵沟伸达基部至第 1 对窗疤间距的 0.4 处，两侧各具 2 条纵沟，亚侧纵沟长为中纵沟的 0.9 倍。第 1 窗疤宽为长的 1.6 倍，疤距为疤宽的 1.0 倍。合背板上仅窗疤附近有稀而短的毛，远离合背板下缘。产卵管鞘长为后足胫节的 0.44 倍，为鞘中宽的 4.5 倍，表面具稀细刻点，光滑，有细毛。

体色：体黑色。须和翅基片黄褐色。上唇、上颚端部红褐色。触角黑褐色，第 1 鞭节基部红褐色，第 3-11 鞭节腹方白色。足红褐色；前足跗节黄褐色；中足基节棕褐色；

后足基节 (除端部) 黑色，后足胫节端部 0.4 和中后足端跗节黑褐色。翅透明，翅痣和强脉黑褐色，弱脉无色。

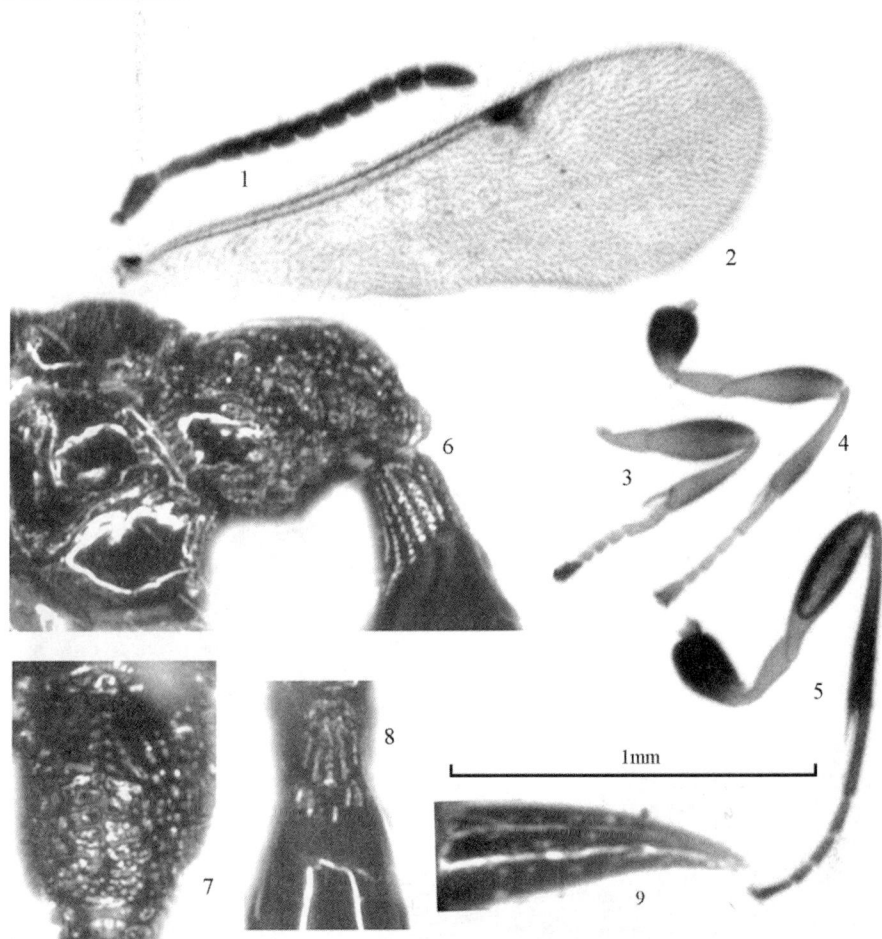

图 299　长颊叉齿细蜂，新种 *Exallonyx longitemporalis* He *et* Xu, sp. nov.

1. 触角；2. 前翅；3. 前足；4. 中足；5. 后足；6. 后胸侧板、并胸腹节和腹柄，侧面观；7. 并胸腹节，背面观；8. 腹柄和合背板基部，背面观；9. 产卵管鞘 [1-5. 1.0X 标尺；6-8. 2.0X 标尺；9. 4.0X 标尺]

雄：未知。

寄主：未知。

研究标本：正模♀，浙江安吉龙王山，2004.IX.22，陈学新，No.20050038。

分布：浙江。

鉴别特征：见检索表。

词源：种本名"长颊 *longitemporalis*"，系 *long* (长) +*tempora* (颞，上颊) 组合词，意为头背观上颊长为复眼的 1.2 倍。

(240) 郑氏叉齿细蜂，新种 *Exallonyx zhengi* He *et* Xu, sp. nov. (图 300)

雌：前翅长 2.1mm。

头：背观头宽为中长的 1.1 倍；头背观上颊长为复眼的 0.9 倍。颊长为复眼纵径的 0.3 倍。唇基宽为长的 3.0 倍，稍均匀隆起，光滑，亚端横脊明显，端缘平截。触角第 2、10 鞭节长分别为宽的 1.83 倍和 1.3 倍，端节长为端前节的 2.2 倍。额脊中等高。后头脊正常。

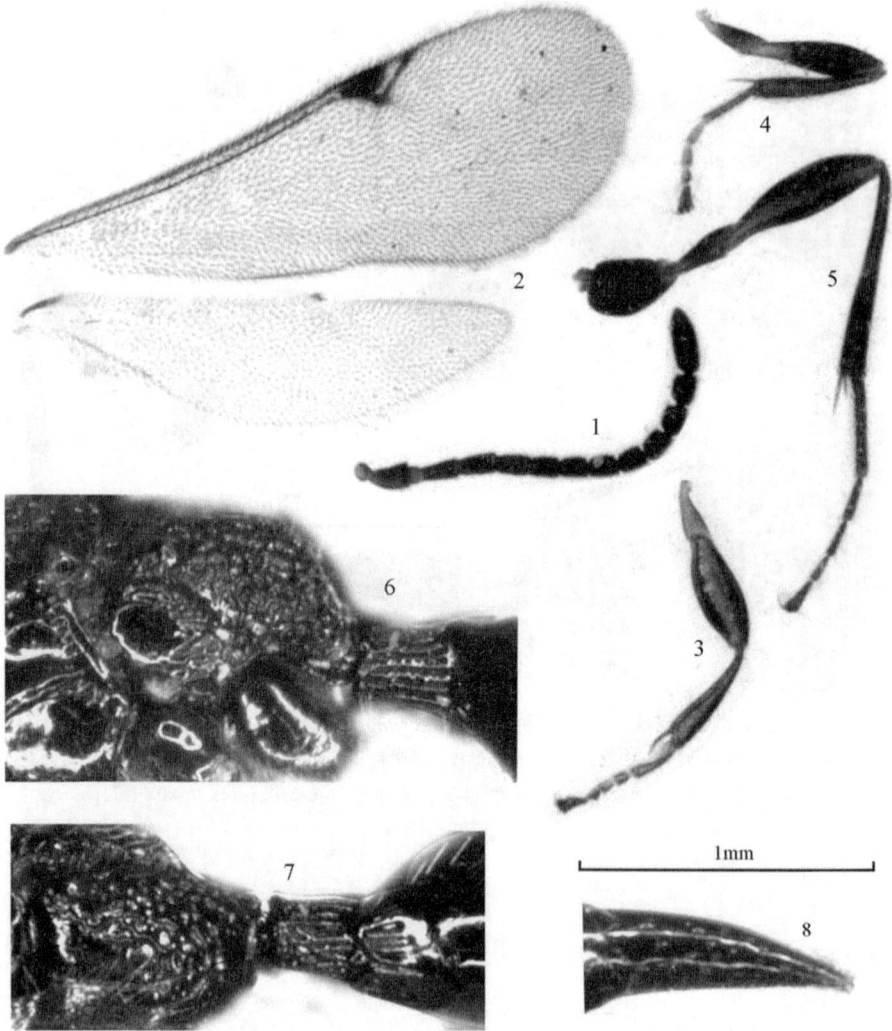

图 300 郑氏叉齿细蜂，新种 *Exallonyx zhengi* He *et* Xu, sp. nov.

1. 触角；2. 翅；3. 前足；4. 中足；5. 后足；6. 后胸侧板、并胸腹节和腹柄，侧面观；7. 并胸腹节、腹柄和合背板基部，背面观；8. 产卵管鞘 [1-5. 1.0X 标尺；6-7. 2.0X 标尺；8. 3.0X 标尺]

胸：前胸背板颈部背面具 3 条横皱；侧面光滑，前沟缘脊发达；前沟缘脊之后无毛，颈脊之后具毛；背缘具稀疏的双列毛；后下角双凹窝。中胸侧板前缘上角和中央横沟上方有稀毛，之间无毛区长为翅基片的 1.0 倍；镜面区上方 0.8 具稀毛；侧板下半部 (中央横沟以下部位) 具稀毛。后胸侧板中央前方及前上方有被纵沟分隔的、表面具稀毛的光滑区，其长和高分别占侧板的 0.5 倍和 0.8 倍，其余部位具夹点网皱。并胸腹节侧观背缘弧形；中纵脊伸至后表面近端部；背表面一侧光滑区长为并胸腹节基部至气门后端间距的 3.0 倍；后表面斜，具网皱，端部光滑；外侧区具小室状网皱。

足：后足腿节长为宽的 4.0 倍；后足胫节长距长为基跗节的 0.5 倍。

翅：前翅长为宽的 2.53 倍；翅痣长和径室前缘脉长分别为翅痣宽的 2.1 倍和 0.63 倍；翅痣后侧缘稍弯；径脉第 1 段内斜，长为宽的 0.9 倍，从翅痣近中央伸出；径脉第 2 段直。后翅后缘近基部缺刻浅。

腹：腹柄背面长为中宽的 1.3 倍，基部 0.35 具夹点细皱，端部 0.65 具 7 条不规则纵皱，内夹细皱；腹柄侧面上缘长为中高的 1.1 倍，上缘直，基部具横脊 1 条，横脊后具强斜纵脊 6 条。合背板基部中纵沟伸达基部至第 1 对窗疤间距的 0.7 处，两侧各具 3 条纵沟，亚侧纵沟长为中纵沟的 0.7 倍。第 1 窗疤宽为长的 2.5 倍，疤距为疤宽的 0.6 倍。合背板上仅窗疤附近有稀而短的毛，远离合背板下缘。产卵管鞘长为后足胫节的 0.5 倍，为鞘中宽的 4.2 倍，表面具细长刻点，光滑，有细毛。

体色：体黑色。须黄色。上唇、上颚端部红褐色。触角黑褐色。翅基片浅褐色。足褐黄色；基节黑色；转节背面、腿节背面 (除两端)、前中足端跗节及后足胫节和跗节褐色。翅透明，翅痣和强脉黑褐色，弱脉浅黄色痕迹。

雄：未知。

寄主：未知。

研究标本：正模♀，陕西南郑元坝，1283m，2004.Ⅶ.23，采集人不详，No.20046869。

分布：陕西。

鉴别特征：见检索表。

词源：种本名"郑氏 zhengi"，意为对南开大学昆虫学家郑乐怡教授的敬意。

(241) 条点叉齿细蜂，新种 *Exallonyx striopunctatus* He et Xu, sp. nov. (图 301)

雌：前翅长 1.9mm。

头：背观近梯形，宽稍大于长；头背观上颊长为复眼的 1.0 倍。颊长为复眼纵径的 0.24 倍。唇基宽为长的 2.8 倍，稍均匀隆起，光滑，亚端横脊弱，端缘平截。触角第 2、10 鞭节长分别为宽的 1.8 倍和 1.3 倍，端节长为端前节的 1.8 倍。额脊弱。后头脊正常。

胸：前胸背板颈部背面具 8 条横皱；侧面光滑，前沟缘脊发达；前沟缘脊之后无毛，颈脊之后具毛；背缘两端具稀疏的单列毛；后下角单个凹窝。中胸侧板前缘上角有稀毛；镜面区上方 0.4 具稀毛；侧板下半部 (中央横沟以下部位) 具稀毛。后胸侧板中央前方及前上方有被纵沟分隔的、表面具稀毛的光滑区，其长和高分别占侧板的 0.5 倍和 0.8 倍，其余部位具小室状网皱。并胸腹节侧观背缘弧形；后表面缓斜；中纵脊伸至后表面近端部；背表面一侧光滑区长为并胸腹节基部至气门后端间距的 1.4 倍；背表面后半、后表面和外侧区均具小室状网皱。

足：后足腿节长为宽的 3.8 倍；后足胫节长距长为基跗节的 0.55 倍。

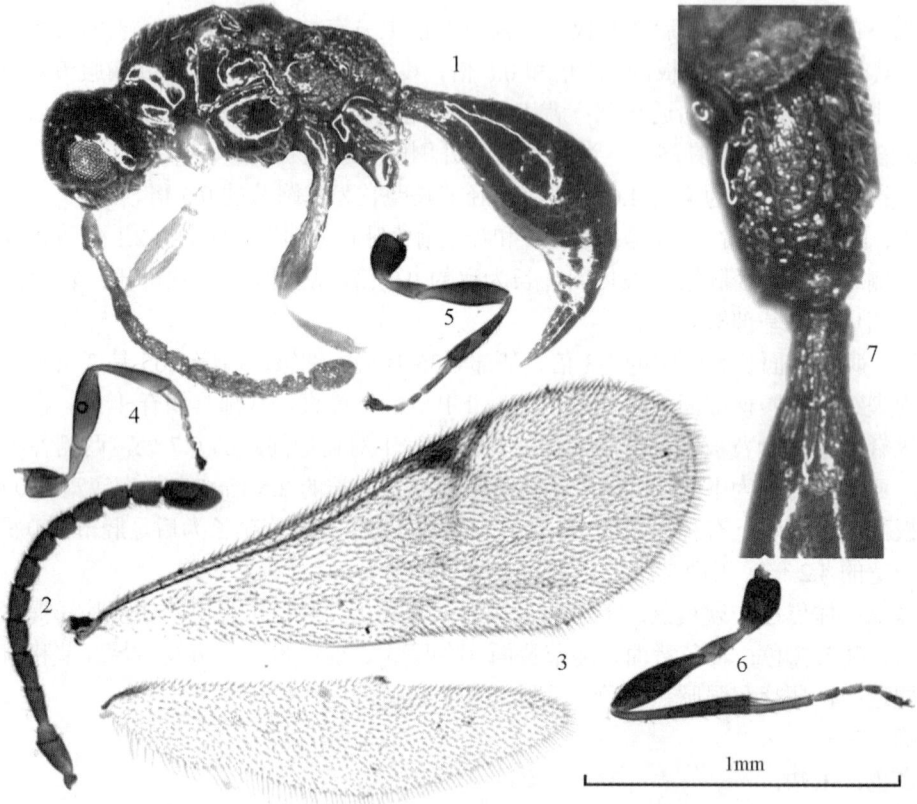

图 301 条点叉齿细蜂，新种 *Exallonyx striopunctatus* He *et* Xu, sp. nov.
1. 整体，侧面观；2. 触角；3. 翅；4. 前足；5. 中足；6. 后足；7. 并胸腹节、腹柄和合背板基部，背面观 [1, 7. 2.0X 标尺；2-3. 1.0X 标尺；4-6. 0.8X 标尺]

翅：前翅长为宽的 2.6 倍；翅痣长和径室前缘脉长分别为翅痣宽的 2.4 倍和 0.7 倍；翅痣后侧缘稍弯；径脉第 1 段内斜，长为宽的 1.0 倍，从翅痣近中央伸出；径脉第 2 段直，两段相接处膨大。后翅后缘近基部缺刻浅。

腹：腹柄背面长为中宽的 1.5 倍，除基部中央有 2 条短横皱外，具 10 余条细而密的纵皱，内夹细皱；腹柄侧面上缘长为中高的 1.5 倍，上缘直，基部具横脊 1 条，横脊后具夹长刻点的不规则细纵皱约 10 条。合背板基部中纵沟浅，伸达基部至第 1 对窗疤间距的 0.6 处，两侧各具 3 条弱纵沟，亚侧纵沟长为中纵沟的 0.8 倍。第 1 窗疤宽为长的 2.5 倍，疤距为疤宽的 0.05 倍，几乎相接。合背板上几乎无毛。产卵管鞘长为后足胫节的 0.49 倍，为鞘中宽的 4.9 倍，表面具细长刻点，光滑，有细毛。

体色：体黑色。须浅褐色。上唇、上颚端部和翅基片浅褐黄色。触角黑褐色，柄节、梗节褐黄色。前中足浅褐色，前足色更浅，前足第 1-4 跗节、中足第 2-3 跗节黄褐色；中足基节和后足黑褐色，但转节、腿节基部、胫节基部和跗节褐色。翅透明，翅痣和强脉浅褐色，弱脉无色。

　　雄：未知。

　　寄主：未知。

　　研究标本：正模♀，云南个旧曼耗镇，2003.Ⅶ.23，胡龙，No.20048133。

　　分布：云南。

　　鉴别特征：见检索表。

　　词源：种本名"条点 *striopunctatus*"，系 *strio* (刻条) +*punctatus* (刻点) 组合词，意为腹柄侧面基部具横脊 1 条，横脊后具夹长刻点的不规则细纵皱约 10 条。

3) 环柄叉齿细蜂种团 Cingulatus Group

　　种团概述：前翅长 2.8-3.7mm。雄性触角鞭节无突出的角下瘤或有角下瘤。前胸背板侧面后下角具 2 个相邻的凹窝，垂直排列。前胸背板侧面上缘毛带约单列毛或双列毛宽。前沟缘脊有或无。前胸背板侧面颈脊上段后方无毛。并胸腹节背表面基部的 1 对光滑区稍达并胸腹节气门之后。后翅后缘近基部 0.35 处有圆形浅缺刻。腹柄前端侧下方有多条横脊；侧面具明显的沟；侧面观上缘直。合背板毛短而稀，无毛近于合背板下缘。合背板基部有中纵沟，两侧通常还具有 2-3 条侧纵沟。抱器窄三角形，无明显下弯 (但雄性 *E. seyrigi* 的抱器细而窄，下弯呈爪状)。产卵管鞘具刻点和纵刻条。

　　本种团已记述 9 种。其中，*E. cingulatus* Townes, 1981 分布于南非，*E. seyriga* Risbec, 1950 分布于马达加斯加，*E. mindorensis* Townes, 1981 分布于菲律宾，我国分布 6 种。本志记述我国 28 种，内含 22 新种。

种 检 索 表

6. 前胸背板侧面背缘具单列毛···7
   前胸背板侧面背缘具双列毛···10

7. 中后足转节黑褐色；腹柄背面有 1 倒梯形的光滑区；前翅长 2.7mm。浙江···········
   ···**皱颈叉齿细蜂 *E. corrugicollus***
   中后足转节红褐色或黄褐色；腹柄背面具纵脊或基部还有横皱，无光滑区·········8

8. 腹柄背面中长为中宽的 0.8 倍，其表面具 6 条纵皱，无横皱；腹柄侧面背缘长为中高的 0.7 倍；前
   翅长 3.2mm。福建··**平颈叉齿细蜂 *E. platocollus***
   腹柄背面中长为中宽的 1.0 倍，后方具 3 或 4 条纵脊，基部有横皱；腹柄侧面背缘长为中高的 0.85
   倍···9

9. 并胸腹节背表面大部分具光滑区；合背板基部中纵沟伸达第 1 窗疤间距的 0.9 处；亚侧纵沟为中纵
   沟的 0.5 倍；第 1 窗疤宽为长的 3.75 倍，疤距为疤宽的 0.4 倍；中胸侧板侧缝下段无凹窝，前翅长
   3.4mm。陕西 ··· **无凹叉齿细蜂 *E. exfoveatus***
   并胸腹节背表面光滑区长为并胸腹节基部至气门后端间距的 1.5 倍；合背板基部中纵沟伸达第 1
   窗疤间距的 0.7 处；亚侧纵沟长为中纵沟的 0.4 倍；第 1 窗疤宽为长的 2.25 倍，疤距为疤宽的 0.8
   倍；中胸侧板侧缝下段有凹窝；前翅长 2.7mm。福建·············**福建叉齿细蜂 *E. fujianensis***

10. 腹柄背面仅具纵脊；前翅长 2.5mm。浙江··················· **赵氏叉齿细蜂 *E. chaoi***
    腹柄背面具横皱和纵脊，或仅具横皱···11

11. 额脊弱；并胸腹节一侧光滑区长为基部至气门后端间距的 1.5 倍；腹柄侧面背缘长为中高的 0.5 倍；
    前翅长 2.5mm。福建·····························**粗皱叉齿细蜂，新种 *E. asperirugosus*, sp. nov.**
    额脊中等高或强；并胸腹节一侧光滑区长为基部至气门后端间距的 2.5-3.2 倍；腹柄侧面背缘长为
    中高的 0.7-0.9 倍···12

12. 上颊背观长为复眼的 0.58 倍；合背板中纵脊伸达第 1 窗疤间距的 0.9 处；第 1 窗疤疤距为疤宽的
    0.7 倍；前翅长 2.7mm。广西·······················**金氏叉齿细蜂，新种 *E. jini*, sp. nov.**
    上颊背观长为复眼的 0.70-0.85 倍；合背板中纵脊伸达第 1 窗疤间距的 0.5-0.7 处；第 1 窗疤疤距为
    疤宽的 0.2-0.5 倍···13

13. 并胸腹节中纵脊伸至背表面后端，背表面全部为光滑区，后表面具稀横皱；合背板基部侧纵沟各 2
    条；触角第 2 鞭节长为端宽的 2.7 倍；前翅长 2.7mm。云南·································
    ·····································**全光叉齿细蜂，新种 *E. totiglabrous*, sp. nov.**
    并胸腹节中纵脊伸至背表面近后端，背表面后端多少具皱，后表面具网皱或后方光滑；合背板基
    部侧纵沟各 3 条；触角第 2 鞭节长为端宽的 1.65-2.60 倍；后表面具细或稀网皱或后方光滑·····14

14. 额脊弱；并胸腹节背表面后方有纵皱；腹柄背面后方具 9 条纵皱；前翅长为宽的 2.45 倍；前翅长
    2.7mm。贵州 ·····························**九脊叉齿细蜂，新种 *E. novemicarinatus*, sp. nov.**
    额脊强而高；并胸腹节背表面内无纵皱；腹柄背面后方具 4-5 条纵脊；前翅长约为宽的 2.6 倍·····15

15. 转节黑褐色；合背板基部中纵沟伸至第 1 窗疤的 0.85 处；亚侧纵沟长为中纵沟的 0.2 倍；第 1 窗
    疤宽为长的 3.0-5.0 倍；前翅长 3.3mm。陕西、浙江、贵州·········**浙江叉齿细蜂 *E. zhejiangensis***
    转节黄褐色；合背板基部中纵沟伸至第 1 窗疤的 0.7 处；亚侧纵沟长为中纵沟的 0.7 倍；第 1 窗疤
    宽约为长的 2.5 倍；前翅长 2.2mm。黑龙江、山西·········**细纹叉齿细蜂，新种 *E. subtilis*, sp. nov.**

16. 前胸背板侧面背缘具多列毛·· 17

前胸背板侧面背缘具 2 列毛或单列毛··· 18

17. 颊长为复眼纵径的 0.66 倍；腹柄背面中央具细点皱，基部 0.4 具强横皱 3 条，端部 0.3 有细纵脊 9 条；合背板基部侧纵沟各 3 条，亚侧沟长为中纵脊的 0.7 倍；第 1 窗疤宽为长的 3.6 倍，疤距为疤宽的 0.3 倍；产卵管鞘表面具细纵皱；前翅长 4.0mm。湖北··· ···脊唇叉齿细蜂，新种 **E. carinus, sp. nov.**

颊长为复眼纵径的 1.0 倍；腹柄背面中央无点皱，基部具弧皱，其后具 7 条纵脊；合背板基部侧沟各 2 条，亚侧沟长为中纵脊的 0.35 倍；第 1 窗疤宽为长的 2.78 倍，疤距为疤宽的 0.8 倍；产卵管鞘表面具长刻点；前翅长 2.5mm。福建······················黄氏叉齿细蜂，新种 **E. huangi, sp. nov.**

18. 前胸背板侧面背缘具单列毛··· 19

前胸背板侧面背缘具 2 列毛·· 25

19. 产卵管鞘表面具细长刻点··· 20

产卵管鞘表面具细纵皱·· 21

20. 额脊强而高；头背观上颊长为复眼的 1.1 倍；并胸腹节后表面近于光滑；前翅翅痣长为宽的 2.78 倍；腹柄背面端部中央具纵脊；合背板基部中纵沟伸达基部至第 1 窗疤间距的 0.9 处，侧纵沟各 1 条，亚侧纵沟长为中纵沟的 0.25 倍；第 1 窗疤宽为长的 3.8 倍；前翅长 2.7mm。陕西、浙江··········· ·· 窄痣叉齿细蜂，新种 **E. stenostigmus, sp. nov.**

额脊正常高；头背观上颊长为复眼的 0.8 倍；并胸腹节后表面具横皱；前翅翅痣长为宽的 1.7 倍；腹柄背面端部中央具弱皱，侧方中央光滑；合背板基部中纵沟伸达基部至第 1 窗疤间距的 0.52 处，侧纵沟各 3 条，亚侧纵沟长为中纵沟的 0.8 倍；第 1 窗疤宽为长的 2.75 倍；前翅长 2.7mm。陕西 ·· 长柄叉齿细蜂，新种 **E. longistipes, sp. nov.**

21. 上颊背观长为复眼的 0.89-1.00 倍；并胸腹节背表面几乎全部光滑；合背板基部侧纵沟各 3 条·· 22

上颊背观长为复眼的 0.75-0.82 倍；并胸腹节背表面光滑区短，仅伸达气门后缘，但红足叉齿细蜂大部分光滑；合背板基部侧纵沟各 2 条或 4 条··· 23

22. 额脊强而高；触角第 2、10 鞭节长分别为端宽的 1.9 倍和 1.56 倍；后胸侧板前方光滑区长和高分别占侧板的 0.8 倍和 0.8 倍；腹柄背面基部具 3 条横皱，后方中央纵向隆起，其外侧具 3 条弱斜皱；前翅长 2.8mm。四川·· 廖氏叉齿细蜂，新种 **E. liaoi, sp. nov.**

额脊中等高；触角第 2、10 鞭节长分别为端宽的 1.5 倍和 1.4 倍；后胸侧板前方光滑区长和高分别占侧板的 0.4 倍和 0.55 倍；腹柄背面基部具不规则刻皱；前翅长 2.1mm。广东························· ··· 利氏叉齿细蜂，新种 **E. liae, sp. nov.**

23. 额脊弱；并胸腹节背表面大部分光滑；合背板基部中纵脊伸达基部至第 1 窗疤间距的 0.46 处，侧纵沟各 4 条，亚侧纵沟长为中纵沟的 0.72 倍；第 1 窗疤疤距为疤宽的 0.3 倍；前翅长 2.4mm。浙江·· 红足叉齿细蜂，新种 **E. rufipes, sp. nov.**

额脊中等高；并胸腹节背表面光滑区短，仅达气门后缘；合背板基部中纵脊伸达基部至第 1 窗疤间距的 0.78-0.83 处，侧纵沟各 2 条，亚侧纵沟长为中纵沟的 0.3-0.4 倍；第 1 窗疤疤距为疤宽的 0.60-0.75 倍··· 24

24. 腹柄背面基部 3 条横皱后具不规则皱；腹柄侧面基部具连有纵脊的横皱 4 条，其后另具 5 条纵脊；前胸背板侧面背缘中央单列毛，前后多列毛；前翅长 3.0mm。浙江····································· ···皱胸叉齿细蜂，新种 **E. rugosus, sp. nov.**

腹柄背面基部 3 条横皱后光滑；腹柄侧面基部具连有纵脊的横脊 5 条，其后光滑；前胸背板侧面背缘均为单列毛；前翅长 2.8mm。浙江·······**弱沟叉齿细蜂，新种 E.delicatus, sp. nov.**

25. 产卵管鞘表面具细长刻点···26
    产卵管鞘表面具细刻皱···27

26. 额脊中等高；头背观上颊背观长为复眼的 1.17 倍；触角第 2、10 鞭节长分别为端宽的 2.1 倍和 1.5 倍，端节长为亚端节的 1.83 倍；腹部背面中长为中宽的 1.2 倍，端方具 7 条纵脊；腹柄侧面背缘长为中高的 0.8 倍，基部具 4 条横脊；合背板基部侧纵沟 1-2 条；第 1 窗疤宽为长的 3.6 倍；前翅长 2.3mm。陕西·········**秦岭叉齿细蜂，新种 E. qinlingensis, sp. nov.**
    额脊弱；头背观上颊背观长为复眼的 0.76 倍；触角第 2、10 鞭节长分别为端宽的 2.6 倍和 2.0 倍，端节长为亚端节的 1.4 倍；腹部背面中长为中宽的 1.0 倍，端方具 3 条纵脊；腹柄侧面背缘长为中高的 0.5 倍，基部具 2 条横脊；合背板基部侧纵沟 3 条；第 1 窗疤宽为长的 2.4 倍；前翅长 3.5mm。陕西·····································**宽唇叉齿细蜂，新种 E. eurycheilus, sp. nov.**

27. 触角第 2、10 鞭节长分别为端宽的 1.5-1.8 倍和 1.3-1.5 倍；合背板基部中纵沟伸达第 1 窗疤间距的 0.7-0.8 处···28
    触角第 2、10 鞭节长分别为端宽的 2.0-2.5 倍和 1.5-1.8 倍；合背板基部中纵沟伸达第 1 窗疤间距的 0.55-0.60 处···29

28. 上颊背观长为复眼的 1.1 倍；前翅翅痣长为宽的 2.2 倍；第 1 窗疤宽为长的 2.0 倍，疤距为疤宽的 0.6 倍；前翅长 2.4mm。吉林、陕西、浙江、湖北··········**突额叉齿细蜂 E. exsertifrons, sp. nov.**
    上颊背观长为复眼的 0.85 倍；前翅翅痣长为宽的 1.75 倍；第 1 窗疤宽为长的 4.0 倍，疤距为疤宽的 0.8 倍；前翅长 2.6mm。湖南·········**童氏叉齿细蜂，新种 E. tongi, sp. nov.**

29. 触角第 2、10 鞭节长分别为端宽的 2.5 倍和 1.5 倍；腹柄侧面背缘长为中高的 1.0 倍，基部横脊腹方愈合而光滑；后足腿节长为宽的 3.5 倍；前翅长 2.3mm。浙江·······················
    ··**屈氏叉齿细蜂，新种 E. qui, sp. nov.**
    触角第 2、10 鞭节长分别为端宽的 2.0-2.3 倍和 1.7-1.8 倍；腹柄侧面背缘长为中高的 0.50-0.86 倍，基部横脊腹方不光滑；后足腿节长为宽的 3.8-4.2 倍；前翅长 2.4mm。浙江·····················
    ··**浙江叉齿细蜂 E. zhejiangensis**

(242) 长距叉齿细蜂，新种 *Exallonyx longicalcaratus* He et Xu, sp. nov. (图 302)

雄：前翅长 4.7mm。

头：背观上颊长为复眼的 0.57 倍。颊长为复眼纵径的 0.24 倍。唇基宽为长的 2.6 倍，稍均匀隆起，有粗刻点，亚端横脊明显，端缘平截。触角第 2、10 鞭节长分别为端宽的 2.6 倍和 2.8 倍，端节长为端前节的 1.56 倍；鞭节无明显角下瘤。额脊中等强而高。后头脊正常高，稍呈檐状。

胸：前胸背板颈部前方有 1 条强横脊，其后两侧的弱而不明显；侧面光滑，前沟缘脊发达；前沟缘脊之后有 4 根毛，颈脊之后具稀毛；背缘具连续的多列毛；后下角双凹窝。中胸侧板前缘上角和中央横沟上方为有毛区，之间无毛区长为翅基片的 1.0 倍；镜面区上方 0.3 具稀毛；侧板下半部 (中央横沟以下部位) 具稀毛；后下方具平行细皱。后胸侧板中央前上方有被纵沟分隔的、表面具稀毛的小三角形光滑区，其长和高分别占侧板的 0.35 倍和 0.5 倍，其余部位具小室状网皱。并胸腹节侧观背缘有弱角度，后表面斜；中纵脊伸达后表面近端部；背表面后方 3/4 具不规则弱皱，基部为光滑区，约止于气门后端水平，与后表面之间有横脊分界；后表面基本上光滑，仅侧前方有网皱；外侧区具小室状网皱。

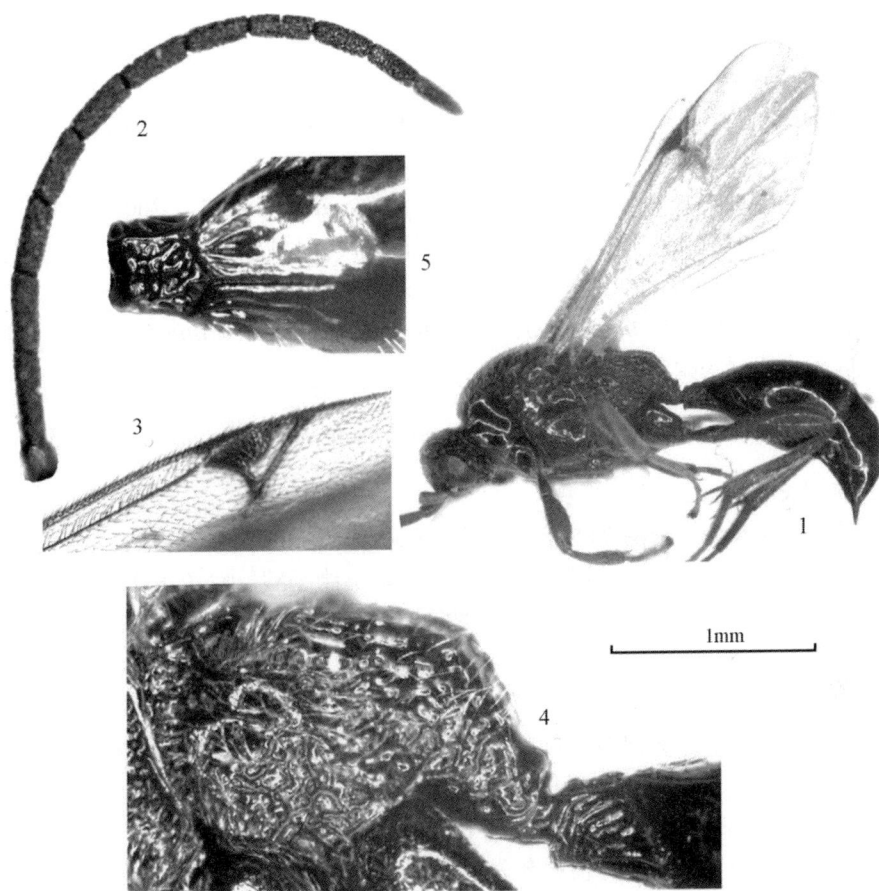

图 302　长距叉齿细蜂，新种 *Exallonyx longicalcaratus* He *et* Xu, sp. nov.

1. 整体，侧面观；2. 触角；3. 翅痣；4. 后胸侧板、并胸腹节和腹柄，侧面观；5. 腹柄和合背板基部，背面观 [1. 0.5X 标尺；2. 1.0X 标尺；3-5. 2.0X 标尺]

足：后足腿节长为宽的 3.4 倍；后足胫节长距长为基跗节的 0.61 倍。

翅：前翅翅痣长和径室前缘脉长分别为翅痣宽的 1.9 倍和 0.41 倍；翅痣后侧缘稍弯；径脉第 1 段近于直，长为宽的 1.3 倍，从翅痣近中央伸出；径脉第 2 段直，两段相接处膨大。后翅后缘近基部 0.35 处缺刻浅。

腹：腹柄背面长为中宽的 1.0 倍，基部在前缘具 1 横皱，其余呈突起的不规则皱；腹柄侧面上缘长为中高的 0.6 倍，上缘直，基部具连斜脊的横脊 4 条，其后另具强斜纵脊 2 条。合背板基部中纵沟伸达基部至第 1 对窗疤间距的 0.8 处，两侧各具 3 条纵沟，第1侧沟长而弱，亚侧纵沟长为中纵沟的0.37倍。第1窗疤宽为长的3.5倍，疤距为疤宽的0.5倍。合背板在各窗疤周围具中等密的毛，背面具稀毛，远离合背板下缘。抱器三角形，不下弯，端尖。

体色：体黑色。须黄色。上唇黑褐色。上颚端部和翅基片红褐色。触角柄节腹面红褐色，其余各节黑褐色。足基节黑色，中后足转节背面黑褐色，其余红褐色。翅透明，带烟黄色，翅痣和强脉黑褐色，弱脉浅黄色。

雌：未知。

寄主：未知。

研究标本：正模♂，陕西秦岭天台山，1999.IX.4，陈学新，No.991675。

分布：陕西。

鉴别特征：本种与平颈叉齿细蜂 *Exallonyx platocollus* Fan *et* He, 2003 相似，不同者在于以下特征：①前胸背板颈部背面横皱不明显，前缘呈领状横脊；②腹柄具突起不规则皱；③合背板基部中纵沟伸达基部至第1对窗疤间距的0.8处。

词源：种本名 "长距 longicalcaratus"，系 *long* (长) +*calcaratus* (胫距) 组合词，意指足胫距较长 (超过基跗节一半)。

(243) 内蒙古叉齿细蜂，新种 *Exallonyx neimongolensis* He *et* Xu, sp. nov. (图 303)

雄：前翅长 4.5mm。

头：背观上颊长为复眼的0.85倍。颊长为复眼纵径的0.34倍。唇基宽为长的3.0倍，稍均匀隆起，除端部光滑外具刻点，亚端横脊强，端缘平截。触角第2、10鞭节长分别为端宽的3.2倍和3.5倍，端节长为端前节的1.39倍；鞭节无明显角下瘤。额脊强而高。后头脊正常高。

胸：前胸背板颈部光滑，无明显横皱；侧面光滑，前沟缘脊发达；前沟缘脊之后具4根毛，颈脊之后具毛；背缘具连续的多列毛；后下角2凹窝。中胸侧板前缘上角和中央横沟上方为有毛区，之间无毛区长为翅基片的1.5倍；镜面区上方0.6具毛；侧板下半部 (中央横沟以下部位) 具中等密毛；后下角无平行细皱。后胸侧板中央前上方有被分隔的、表面具密毛的光滑区，其长和高分别占侧板的0.5倍和0.6倍，其余为小室状强网皱。并胸腹节侧观背缘有角度，后表面斜；中纵脊伸达后表面端部；背表面后半为刻皱，基部光滑区短，刚达气门之后；后表面具不规则刻皱，较光滑；外侧区具小室状网皱。

足：后足腿节长为宽的4.4倍；后足胫节长距长为基跗节的0.55倍。

翅：前翅翅痣长和径室前缘脉长分别为翅痣宽的1.9倍和0.7倍；翅痣后侧缘稍弯；径脉第1段内斜，长为宽的1.8倍，从翅痣近中央伸出；径脉第2段直，两段相接处膨大。后翅后缘近基部0.35处缺刻深。

腹：腹柄背面长为中宽的1.0倍，基半具不规则横刻皱，端半具3条不规则纵皱；腹柄侧面上缘长为中高的0.9倍，上缘直，基部连有斜纵脊的横脊4条，横脊后方另有强纵脊2条。合背板基部中纵沟深，伸达基部至第1对窗疤间距的0.86处，两侧各具2条纵沟，亚侧纵沟长为中纵沟的0.4倍。第1窗疤宽为长的3.5倍，疤距为疤宽的0.8倍。合背板上的毛中等长而密，远离合背板下缘，下方毛窝与合背板下缘之距为毛长的2倍。

抱器三角形，长，不下弯，端尖。

　　体色：体黑色。须浅褐黄色。上唇黑色。上颚端半、翅基片红褐色。触角黑色。足褐黄色，但后足跗节色稍暗；基节、转节黑色，腿节及后足胫节红褐色。翅透明，带烟黄色，翅痣和强脉褐色，弱脉浅黄色。

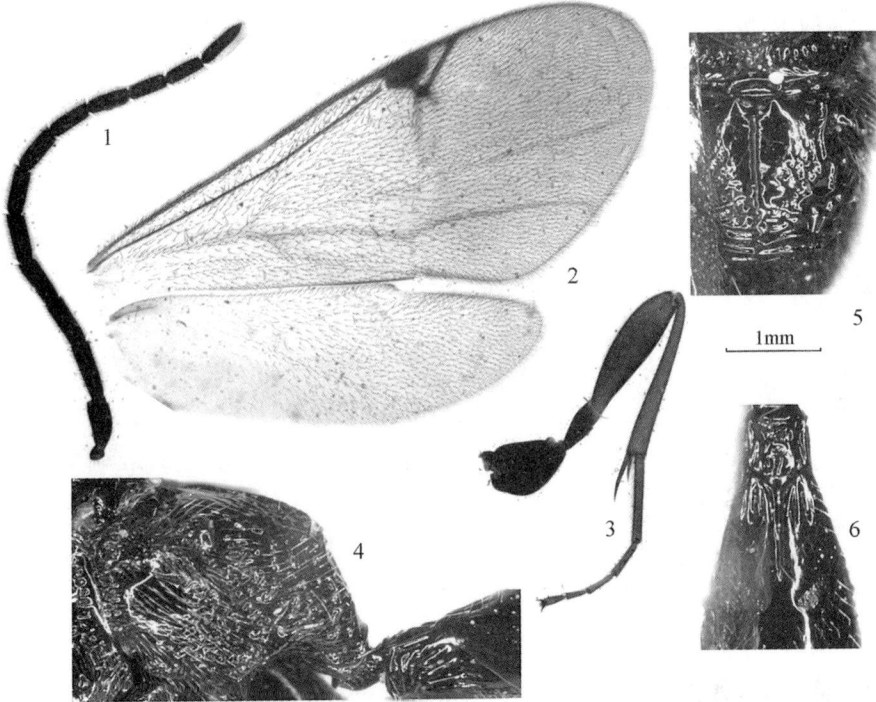

图 303　内蒙古叉齿细蜂，新种 *Exallonyx neimongolensis* He *et* Xu, sp. nov.

1. 触角；2. 翅；3. 后足；4. 后胸侧板、并胸腹节和腹部，侧面观；5. 并胸腹节，背面观；6. 腹柄和合背板基部，背面观

[1-2. 1.0X 标尺；3. 0.8X 标尺；4-6. 2.0X 标尺]

　　雌：未知。

　　寄主：未知。

　　研究标本：正模♂，内蒙古大青山，2000.VIII.17，何俊华，No.200100278。

　　分布：内蒙古。

　　鉴别特征：见检索表。

　　词源：种本名"*neimongolensis*"，是以模式标本采集地点命名。

(244) 脊唇叉齿细蜂，新种 *Exallonyx carinus* He *et* Xu, sp. nov. (图 304)

　　雌：前翅长 3.6mm。

　　头：背观上颊长为复眼的 1.0 倍。颊长为复眼纵径的 0.66 倍。唇基宽为长的 2.67 倍，侧方具刻点，亚端横脊强，端缘平截。触角第 2、10 鞭节长分别为端宽的 1.9 倍和 1.5 倍，端节长为端前节的 1.8 倍。额脊中等高。后头脊正常高。

胸：前胸背板颈部背面具弱横皱；侧面光滑，前沟缘脊发达；前沟缘脊之后无毛，颈脊之后具毛；背缘具连续的多列毛；后下角双凹窝。中胸侧板前缘上角和中央横沟上方有稀毛区，之间无毛区长为翅基片的 1.8 倍；镜面区上半具稀毛；侧板下半部 (中央横沟以下部位) 具稀毛；后下角具平行细皱。后胸侧板中央前方及前上方有被纵沟分隔的、表面具稀毛的光滑区，其长和高分别占侧板的 0.45 倍和 0.6 倍；侧板其余部位多纵网皱。并胸腹节侧观背缘后表面倾斜；中纵脊达后表面后端；背表面中纵脊侧方除后端有横皱外，大部分为光滑区，长为并胸腹节基部至气门后端间距的 2.5 倍；后表面具横形大网室；外侧区具小室状网皱。

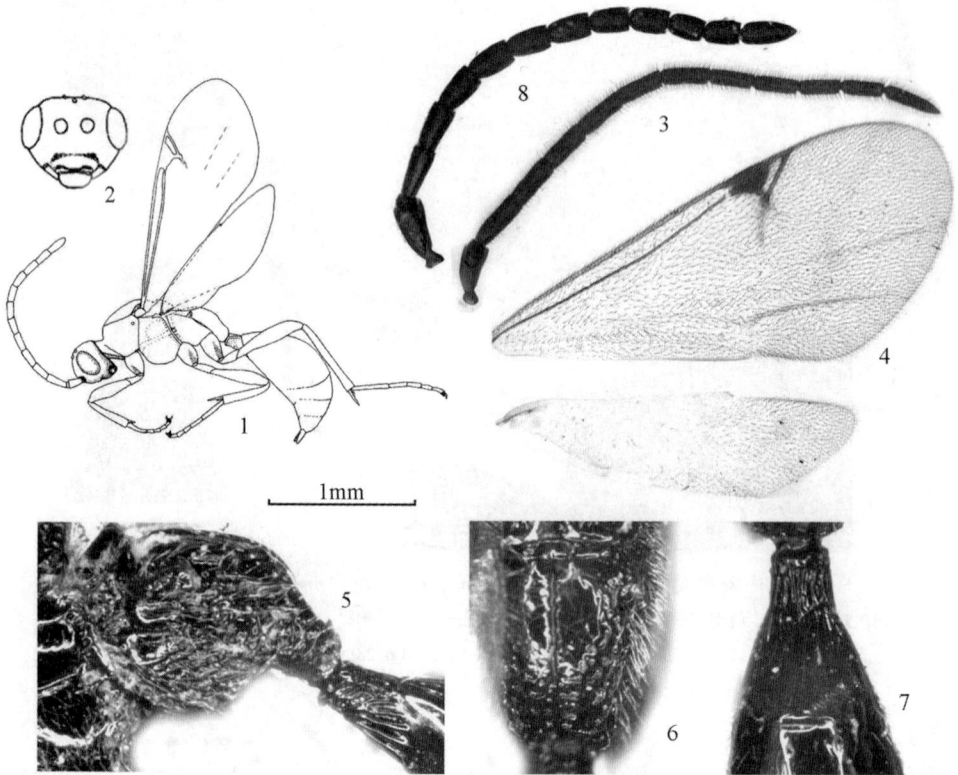

图 304　脊唇叉齿细蜂，新种 *Exallonyx carinus* He *et* Xu, sp. nov.

1. 整体，侧面观；2. 头部，前面观；3,8. 触角；4. 翅；5. 后胸侧板和并胸腹节，侧面观；6. 并胸腹节，背面观；7. 并胸腹节、腹柄和合背板基部，背面观 [1-2. 0.5X 标尺；3-4, 8. 1.0X 标尺；5-7. 2.0X 标尺]

足：后足腿节长为宽的 4.4 倍；后足胫节长距长为基跗节的 0.43 倍。

翅：前翅翅痣长和径室前缘脉长分别为翅痣宽的 1.67 倍和 0.53 倍；翅痣后侧缘稍弯；径脉第 1 段从翅痣中央稍外方伸出，内斜，长为宽的 0.5 倍；径脉第 2 段直。后翅后缘近基部缺刻深。

腹：腹柄背面中长为中宽的 1.2 倍，表面基部 0.4 具强横皱 3 条，端部约 0.3 处具细纵皱 9 条，中间为细点皱；腹柄侧面上缘长为中高的 1.3 倍，上缘直，基部具连斜纵皱的横脊 4 条，下方还有强纵脊 2 条。合背板基部中纵沟强，伸达基部至第 1 对窗疤间距的 0.8 处，两侧各具 3 条纵沟，亚侧纵沟细而短，第 2 侧沟强，长为中纵沟的 0.7 倍。第 1 窗疤宽为长的 3.6 倍，疤距为疤宽的 0.3 倍。合背板上毛仅窗疤下方较多，下方毛窝与合背板下缘之距为毛长的 1.5 倍。产卵管鞘长为后足胫节的 0.38 倍，为鞘中宽的 4.3 倍，表面具细长纵刻皱，不下弯，端窄圆，有细毛。

体色：体黑色。前胸背板侧面下方、腹近端部、产卵管鞘端部带棕红色。须黄色。上唇、上颚端部红褐色。触角基部红褐色，端半渐棕褐色。翅基片黄褐色。足深红褐色，基节黑色；腿节背面、基跗节基部及端跗节浅褐色，其余跗节黄褐色。翅透明，带烟黄色，翅痣和强脉暗红褐色，弱脉浅黄色痕迹。

雄：与雌性相似，不同之处如下。前翅长 3.6mm。背观上颊长为复眼的 0.74 倍。颊长为复眼纵径的 0.34 倍。触角第 2、10 鞭节长分别为端宽的 2.6 倍和 3.5 倍，端节长为端前节的 1.6 倍；第 2-10 各鞭节纵向中央具条形角下瘤。后足胫节长距长为基跗节的 0.54 倍。前翅长为宽的 2.0 倍；翅痣长和径室前缘脉长分别为翅痣宽的 2.4 倍和 0.9 倍；径脉第 1 段长为宽的 1.7 倍。腹部腹柄背面中长为中宽的 1.0 倍，基半具 2 条横皱，端半具 6 条强纵皱。合背板基部亚侧纵沟长为中纵沟的 0.5 倍。抱器长三角形，不下弯，端尖。前胸背板侧面下半、柄后腹下方和端带棕红色。

寄主：未知。

研究标本：正模♀，湖北大神农架，2800m，1982.Ⅷ.27，何俊华，No.825118。副模：2♀1♂，同正模，No.825718 (3)；1♂，湖北神农架酒壶，1700m，1982.Ⅶ.27，何俊华，No.825760。

分布：湖北。

鉴别特征：见检索表。

词源：种本名"脊唇 carInus (脊)"，意指唇基亚端横脊强，端缘平截。

(245) 毛脊叉齿细蜂，新种 *Exallonyx epitrichus* He *et* Liu, sp. nov. (图 305)

雄：前翅长 4.2mm。

头：背观上颊长为复眼的 0.68 倍。颊长为复眼纵径的 0.34 倍。唇基宽为长的 3.2 倍，稍均匀隆起，具粗刻点，亚端横脊明显，端缘平截。触角第 2、10 鞭节长分别为端宽的 3.2 倍和 3.1 倍，端节长为端前节的 1.46 倍；各鞭节无明显角下瘤。额脊强而高。后头脊高，稍呈檐状。

胸：前胸背板颈部具 3 条粗横皱；侧面光滑，前沟缘脊发达；前沟缘脊之后具 12 根毛，颈脊之后具稀毛；背缘具连续的不规则多列毛；后下角双凹窝且上大下小。中胸侧板前缘上角和中央横沟上方为有毛区，之间无毛区长为翅基片的 1.33 倍；镜面区上方 0.4 具稀毛；侧板下半部 (中央横沟以下部位) 具稀毛，近中央区域毛稀；后下角具平行细皱。后胸侧板中央前上方有被斜横沟分隔的、表面具中等长而密毛的光滑区，光滑区前上方斜凹，光滑区长和高分别占侧板的 0.5 倍和 0.6 倍，其余具横刻条或纵刻皱，内夹刻点或细皱。并胸腹节侧观背缘弧形，后表面缓斜；中纵脊伸达后表面近端部；背表面端部具横网皱，中段具弱皱，仅在基部有短的光滑区，刚达气门后端水平；后表面具强斜横网皱，后端光滑；外侧区具小室状强网皱。

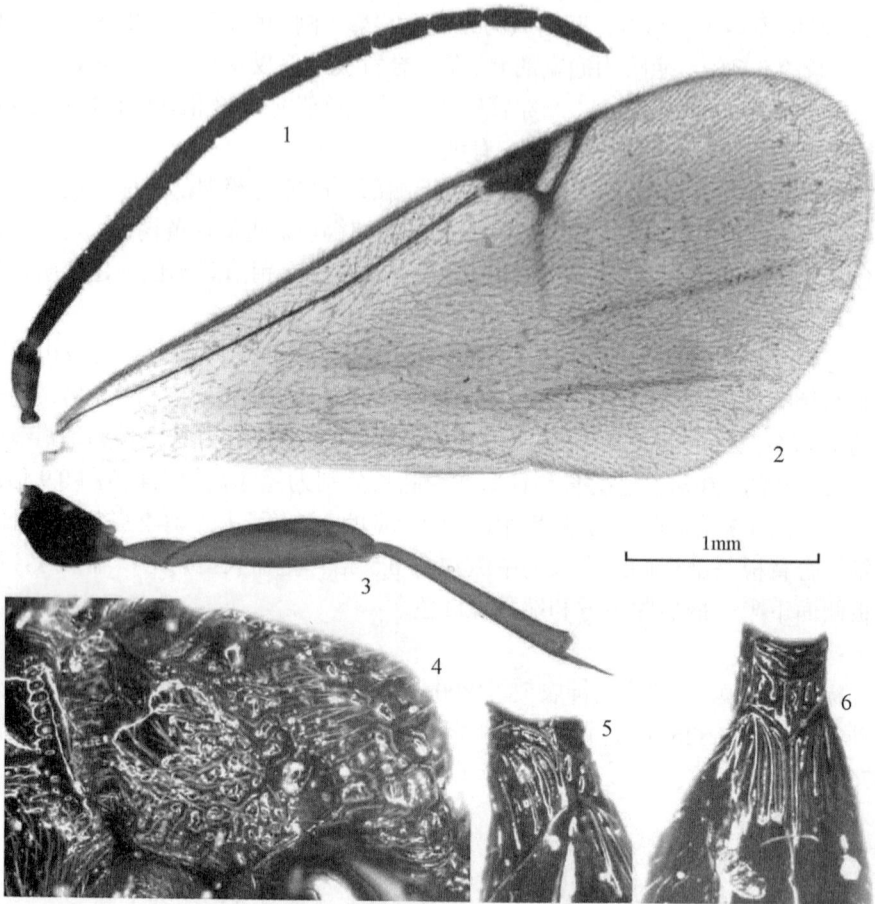

图 305 毛脊叉齿细蜂，新种 *Exallonyx epitrichus* He *et* Liu, sp. nov.

1. 触角；2. 前翅；3. 后足；4. 后胸侧板和并胸腹节，侧面观；5. 腹柄，侧面观；6. 腹柄和合背板基部，背面观 [1-3. 1.0X 标尺；4-6. 2.0X 标尺]

足：后足腿节长为宽的 5.60 倍；后足跗节缺失。

翅：前翅长为宽的 2.05 倍；翅痣长和径室前缘脉长分别为翅痣宽的 1.9 倍和 0.6 倍；翅痣后侧缘稍弯；径脉第 1 段内斜，长为宽的 1.25 倍，从翅痣中央稍外方伸出；径脉第 2 段直，两段相接处膨大，下端有脉桩。后翅后缘近基部 0.35 处缺刻深。

腹：腹柄背面长为中宽的 1.0 倍，基部 0.4 具 3 条稍后弯的横皱，端部 0.6 具 5 条强纵皱，内夹细皱；腹柄侧面上缘长为中高的 0.9 倍，上缘直，基部具连斜纵脊的横脊 3 条，其后另具强斜纵脊 3 条。合背板基部中纵沟伸达基部至第 1 对窗疤间距的 0.64 处，两侧各 3 条强而深的纵沟，亚侧纵沟长为中纵沟的 1.0 倍。第 1 窗疤宽为长的 3.4 倍，疤距为疤宽的 0.58 倍。合背板上的毛中等长而密，3 对窗疤之间有明显的无毛带，远离合背板下缘，下方毛窝与合背板下缘之距为毛长的 2.0 倍。抱器窄三角形，不下弯，端尖。

体色：体黑色。须黄褐色。上唇、上颚端半和翅基片红褐色。触角柄节、梗节腹面褐色，其余黑色至黑褐色。足基节黑色，其余红褐色。翅透明，带烟黄色，翅痣和强脉黑褐色，弱脉浅黄色。

雌：未知。

寄主：未知。

研究标本：正模♂，陕西秦岭天台山，1999.IX.3，何俊华，No.990617。

分布：陕西。

鉴别特征：本种与赵氏叉齿细蜂 *Exallonyx chaoi* He et Fan，2004 相似，可以下列特征与之鉴别：①额脊强而高；②前沟缘脊之后具有 12 根毛；③后足腿节长为宽的 5.60 倍；④合腹背板侧纵沟几乎与中纵沟等长。

词源：种本名"毛脊 *epitrichus*"，意指前沟缘脊之后多毛。

(246) 皱颈叉齿细蜂 *Exallonyx corrugicollus* He *et* Fan, 2004 (图 306)

Exallonyx corrugicollus He *et* Fan, 2004, In: He *et al.*, *Hymenopteran Insect Fauna of Zhejiang*: 335.

Exallonyx corrugicollus He *et* Fan: He *et al.*, 2006, *Acta Zootaxonomica Sinica*, 31 (2): 418.

雄：前翅长 2.7mm。

头：背观上颊长为复眼的 0.83 倍。颊长为复眼纵径的 0.27 倍。唇基宽为长的 2.4 倍，中央隆起散生刻点，除亚端横脊外近中央还有 1 短横脊，端缘平截。触角第 2、10 鞭节长分别为宽的 2.4 倍和 2.6 倍，端节长为端前节的 1.5 倍；鞭节无角下瘤。额脊中等高。后头脊正常高。

胸：前胸背板颈部背面具 7 条细横皱；侧面光滑，前沟缘脊发达；前沟缘脊之后无毛，颈脊之后具毛；背缘具连续的单列毛；后下角双凹窝。中胸侧板前缘上角有稀毛区；镜面区上半具稀毛；侧板下半部除沿中央横沟以下部位具稀毛；后下角具平行细皱。后胸侧板中央前方有表面具稀毛的光滑区，其长和高分别占侧板的 0.35 倍和 0.45 倍，其余部位多具圆形大凹窝。并胸腹节侧观背脊有弱角度，后表面短而斜；中纵脊达后表面后端；背表面一侧光滑区长为并胸腹节基部至气门后端间距的 2.2 倍，其余部位具粗大室状网皱。

足：后足腿节长为宽的 4.0 倍；后足胫节长距长为基跗节的 0.5 倍。

翅：前翅长为宽的 2.1 倍；翅痣长和径室前缘脉长分别为翅痣宽的 1.8 倍和 0.35 倍；翅痣后侧缘稍弯；径脉第 1 段内斜，长为宽的 0.6 倍，从翅痣近中央伸出；径脉第 2 段直。后翅后缘近基部有缺刻。

腹：腹柄背面长为中宽的 0.8 倍，中央有 1 倒梯形光滑区，其侧方具 1 短 1 长纵皱；腹柄侧面上缘长为中高的 0.66 倍，上缘直，基部具连斜纵脊的横脊 4 条，横脊后具强斜纵脊 2 条。合背板基部中纵沟伸达基部至第 1 对窗疤间距的 0.6 处，两侧各具 3 条纵沟，亚侧纵沟长为中纵沟的 0.5 倍。第 1 窗疤宽为长的 3.0 倍，疤距为疤宽的 0.3 倍。合背板上仅窗疤附近有稀毛，远离合背板下缘。抱器长三角形，伸出很短，端尖。

体色：体黑色。须、翅基片红褐色。触角黑褐色。足红褐色；基节黑褐色，端跗节后半浅褐色。翅透明，翅痣和强脉浅褐色，弱脉无色。

雌：未知。

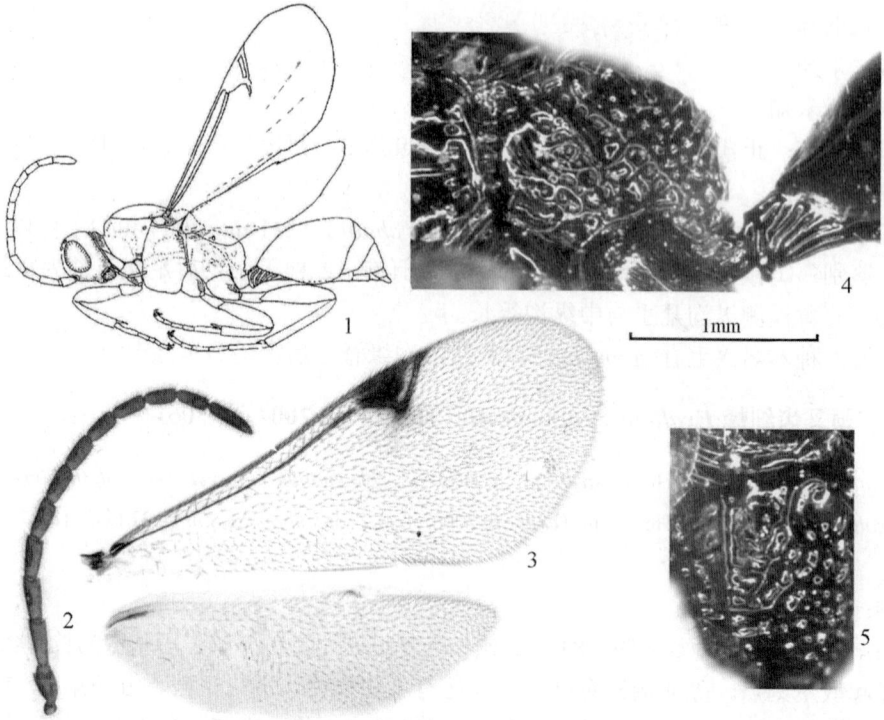

图 306　皱颈叉齿细蜂 *Exallonyx corrugicollus* He et Fan

1. 整体，侧面观；2. 触角；3. 翅；4. 后胸侧板和并胸腹节，侧面观；5. 并胸腹节，背面观 (1. 仿何俊华等，2004) [1. 0.5X 标尺；2-3. 1.0X 标尺；4-5. 2.0X 标尺]

寄主：未知。

研究标本：1♂，浙江西天目山，1983.VI.18，马云，No.831355 (正模)。

分布：浙江。

鉴别特征：见检索表。

词源：种本名"皱颈 *corrugicollus*"，系 *corrugi* (皱) + *collus* (颈) 组合词，意指前胸背板颈部背面具 7 条细横皱。

(247) 平颈叉齿细蜂 *Exallonyx platocollus* Fan *et* He, 2003 (图 307)

Exallonyx platocollus Fan *et* He, 2003, In: Huang, *Fauna of Insects in Fujian Province of China*, 7: 717.

Exallonyx platocollus Fan *et* He: He *et al.*, 2006, *Acta Zootaxonomica Sinica*, 31 (2): 418.

雄：前翅长 3.2mm。

头：背观上颊长为复眼的 0.72 倍。颊长为复眼纵径的 0.3 倍。唇基宽为长的 3.0 倍，稍均匀隆起，具细刻点，亚端横脊明显，端缘平截。触角第 2、10 鞭节长分别为宽的 2.7 倍和 3.0 倍，端节长为端前节的 1.48 倍；鞭节无明显角下瘤。额脊中等高。后头脊正常高。

胸：前胸背板颈部背面较平坦，具 3-4 条弱横皱；侧面光滑，前沟缘脊发达；前沟缘脊之后无毛，颈脊中段之后无毛；背缘具连续的单列毛；后下角双凹窝。中胸侧板前缘上角有稀毛区；镜面区上半具稀毛；侧板下半部 (中央横沟以下部位) 具稀毛；侧缝凹窝大而稀。后胸侧板具小室状网皱；中央前方及前上方有 1 列纵凹窝分隔、表面具稀毛的光滑区，其长和高分别占侧板的 0.4 倍和 0.5 倍。并胸腹节侧观背缘后表面陡斜；中纵皱伸达后表面近端部；背表面仅基部有小光滑区，长伸至气门后端，其余具小室状网皱。

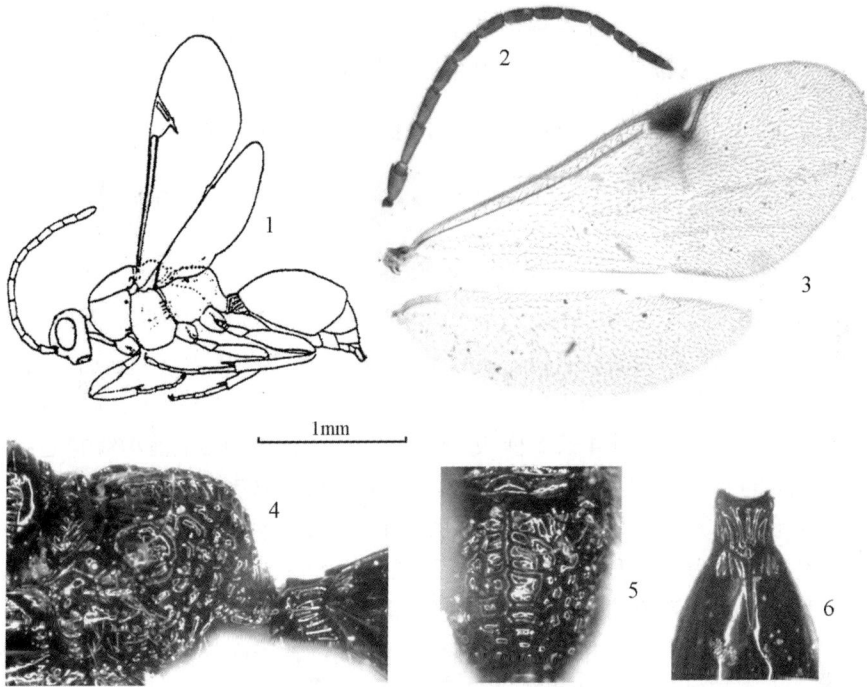

图 307   平颈叉齿细蜂 *Exallonyx platocollus* Fan *et* He

1. 整体，侧面观；2. 触角；3. 翅；4. 后胸侧板和并胸腹节，侧面观；5. 并胸腹节，背面观；6. 腹柄和合背板基部，背面观
(1. 仿樊晋江等, 2003) [1. 0.5X 标尺；2, 3. 1.0X 标尺；4-6. 2.0X 标尺]

足：后足腿节长为宽的 3.6 倍；后足胫节长距长为基跗节的 0.5 倍。

翅：前翅长为宽的 2.2 倍；翅痣长和径室前缘脉长分别为翅痣宽的 1.65 倍和 0.3 倍；翅痣后侧缘稍弯；径脉第 1 段长为宽的 1.0 倍，从翅痣近中央伸出；径脉第 2 段直，两段相接处膨大。后翅后缘近基部有缺刻。

腹：腹柄背面长为中宽的 0.8 倍，表面具 6 条强稍斜的纵皱；腹柄侧面上缘长为中高的 0.7 倍，上缘直，基部具横脊 2 条，横脊后具强斜纵脊 7 条。合背板基部中纵沟伸达基部至第 1 对窗疤间距的 0.75 处，两侧各具 2 条纵沟，亚侧纵沟长为中纵沟的 0.35 倍。第 1 窗疤宽为长的 3.0 倍，疤距为疤宽的 0.55 倍。合背板上仅窗疤下方具稀毛，远离合背板下缘。抱器长三角形，不下弯，端尖。

体色：体黑色。须黄褐色。上唇、上颚端部和翅基片红褐色。触角基部红褐色，向端部渐黑褐色。足红褐色，基节黑色至黑褐色。翅透明，带烟黄色，翅痣和强脉暗红褐色，弱脉无色。

雌：未知。

寄主：未知。

研究标本：1♂，福建沙县洋坊，1980.Ⅴ.15，赵修复（正模，保存于 FAC）。

分布：福建。

鉴别特征：本种与 *Exallonyx cingulatus* Townes，1981 和 *E. mindorensis* Townes，1981 较为接近，可以下列特征之组合予以区别：①合背板基部中纵沟达基部至第 1 对窗疤的 0.75 处；②合背板两侧各有 3 条侧纵沟，亚侧纵沟长为中纵沟长的 0.35 倍；③第 2 鞭节长为宽的 2.7 倍，第 10 鞭节长为宽的 3.0 倍；④颊长为复眼纵径的 0.3 倍。

(248) 无凹叉齿细蜂 *Exallonyx exfoveatus* He, Liu et Xu, 2006（图 308）

Exallonyx exfoveatus He, Liu et Xu, 2006, *Acta Zootaxonomica Sinica*, 31(2): 419.

雄：前翅长 3.4mm。

头：背观上颊长为复眼的 0.81 倍。颊长为复眼纵径的 0.35 倍。唇基宽为长的 3.0 倍，稍均匀隆起，有刻点，亚端横脊明显，端缘平截。触角第 2、10 鞭节长分别为端宽的 3.1 倍和 3.1 倍，端节长为端前节的 1.66 倍；鞭节无角下瘤。额脊强而高。后头脊正常高。

胸：前胸背板颈部背面具 4 条弱横皱；侧面光滑，前沟缘脊弱；前沟缘脊之后无毛，颈脊之后具毛；背缘具单列毛；后下角双凹窝。中胸侧板前缘上角和中央横沟上方为有毛区，之间无毛区长为翅基片的 1.0 倍；镜面区上方 0.5 具稀毛；侧板下半部（中央横沟以下部位）具稀毛；后下方侧缝无凹窝，后下角具平行细皱。后胸侧板前上方和前方光滑区大，长和高分别占侧板的 0.6 倍和 0.8 倍，其余部位具小室状网皱。并胸腹节侧观背缘弧形有弱角度，后表面斜；中纵脊伸达后表面中央；背表面仅后端有网皱，大部分光滑；后表面基半具网皱，后半具涟漪状弱皱；外侧区具小室状细网皱。

足：后足腿节长为宽的 4.3 倍；后足胫节长距长为基跗节的 0.5 倍。

翅：前翅长为宽的 2.08 倍；翅痣长和径室前缘脉长分别为翅痣宽的 1.65 倍和 0.65 倍；翅痣后侧缘稍弯；径脉第 1 段从翅痣近中央伸出，内斜，长为宽的 1.3 倍；径脉第 2 段直，两段相接处不膨大，但下方有明显脉桩。后翅后缘近基部 0.35 处缺刻深。

腹：腹柄背面长为中宽的 1.1 倍，基半具 3 条横皱，端半中央具 3 条强纵皱；腹柄侧面上缘长为中高的 0.85 倍，上缘直，基部具连斜纵脊的横脊 4 条，其后另具强斜纵脊 2 条。合背板基部中纵沟伸达基部至第 1 对窗疤间距的 0.9 处，两侧各具 3 条纵沟，亚侧纵沟细，长为中纵沟的 0.5 倍。第 1 窗疤宽为长的 3.75 倍，疤距为疤宽的 0.4 倍。合背板上的毛稀而短，靠近腹柄处的毛接近合背板下缘，下方毛窝与合背板下缘之距为毛长的 1.0 倍。抱器短三角形，不下弯，端尖。

体色：体黑色。须灰黄色。上唇、上颚端半暗褐黄色。翅基片浅黄褐色。触角柄节下方和梗节暗红褐色，其余黑色。足红褐色；中后足基节黑褐色，胫节和跗节浅褐色。翅透明，带烟黄色，翅痣和强脉棕红色，弱脉浅黄色痕迹。

雌：未知。

寄主：未知。

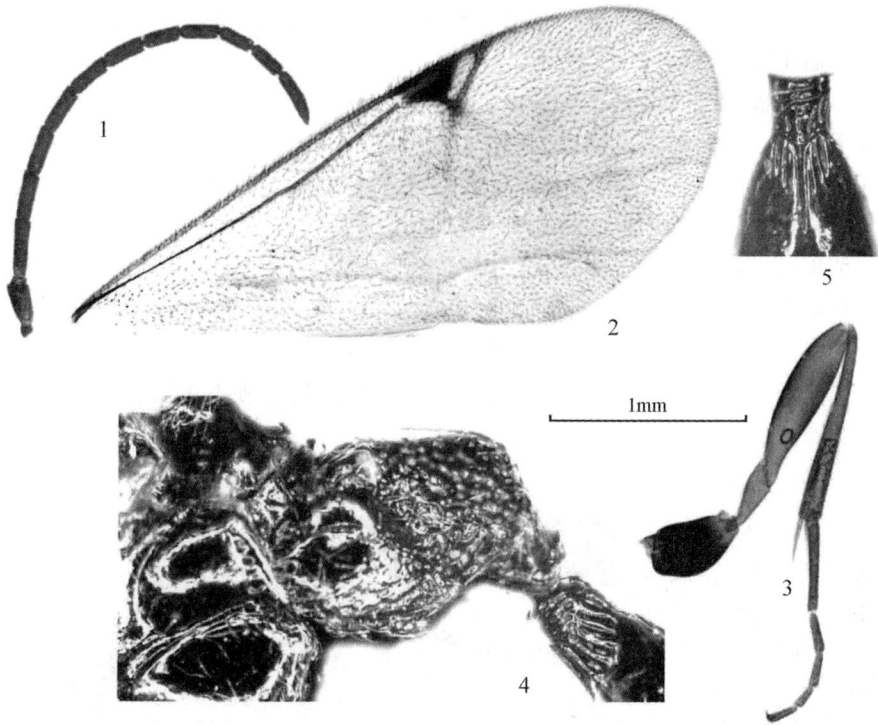

图 308　无凹叉齿细蜂 *Exallonyx exfoveatus* He, Liu *et* Xu

1. 触角；2. 前翅；3. 后足；4. 中胸侧板、后胸侧板和并胸腹节，侧面观；5. 腹柄和合背板基部，背面观 (仿何俊华等, 2006)

[1-3. 1.0X 标尺；4-5. 2.0X 标尺]

研究标本：　1♂，陕西秦岭天台山，2000m，1998.Ⅵ.8，杜予州，No.983454 (正模)；1♂，陕西秦岭天台山，1800m，1998.Ⅵ.10，马云、杜予州，No.983711 (副模)。

鉴别特征：本种从触角鞭节无角下瘤、后胸侧板光滑区大、并胸腹节背表面光滑区长等特征与赵氏叉齿细蜂 *Exallonyx chaoi* He *et* Fan, 2004 相似，本种可从以下特征与后者区别：①触角第 2、10 鞭节长均为端宽的 3.1 倍 (后者为 2.8 倍和 2.7 倍)；②前胸背板背缘具单列毛 (后者为双列毛)；③中胸侧板侧缝下段无凹窝 (后者有凹窝)；④合背板基部中纵沟伸达基部至第 1 对窗疤的 0.9 处，亚侧纵沟长为中纵沟长的 0.5 倍 (后者分别为 0.70 倍和 0.75 倍)。

词源：种本名"无凹 *exfoveatus*"，系 *ex* (无) + *fovea* (凹窝) 组合词，意指中胸侧板侧缝下段无凹窝。

(249) 福建叉齿细蜂 *Exallonyx fujianensis* Fan *et* He, 2003 (图 309)

Exallonyx fujianensis Fan *et* He, 2003, In: Huang, *Fauna of Insects in Fujian Province of China*, 7: 720.

雄：前翅长 2.7mm。

头：背观上颊长为复眼的 0.73 倍。颊长为复眼纵径的 0.25 倍。唇基宽为长的 2.5 倍，稍均匀隆起，光滑，亚端横脊弱，端缘平截。触角第 2、10 鞭节长分别为宽的 2.14 倍和

2.36 倍，端节长为端前节的 1.4 倍；第 2-8 鞭节有不明显的圆形或长椭圆形小角下瘤。额脊稍高。后头脊正常。

胸：前胸背板颈部背面具 2 条弱横皱；侧面光滑，前沟缘脊发达；前沟缘脊之后无毛；背缘毛单列，仅两端具几根毛，中段无毛；后下角双凹窝。中胸侧板前缘上角有稀毛；镜面区仅上缘具稀毛；侧板下半部 (中央横沟以下部位) 具稀毛，近中央区域无毛；后下角具平行细皱。后胸侧板中央前方及前上方有被 3 个大凹窝分隔的光滑区，其长和高分别占侧板的 0.3 倍和 0.6 倍，其余部位具圆凹窝和大网皱。并胸腹节侧观背缘弧形；中纵脊伸至后表面近端部；背表面后半具大网皱，一侧光滑区长为并胸腹节基部至气门后端间距的 1.5 倍；后表面陡斜，与外侧区均具室状大网皱。

足：后足腿节长为宽的 3.8 倍；后足胫节长距长为基跗节的 0.58 倍。

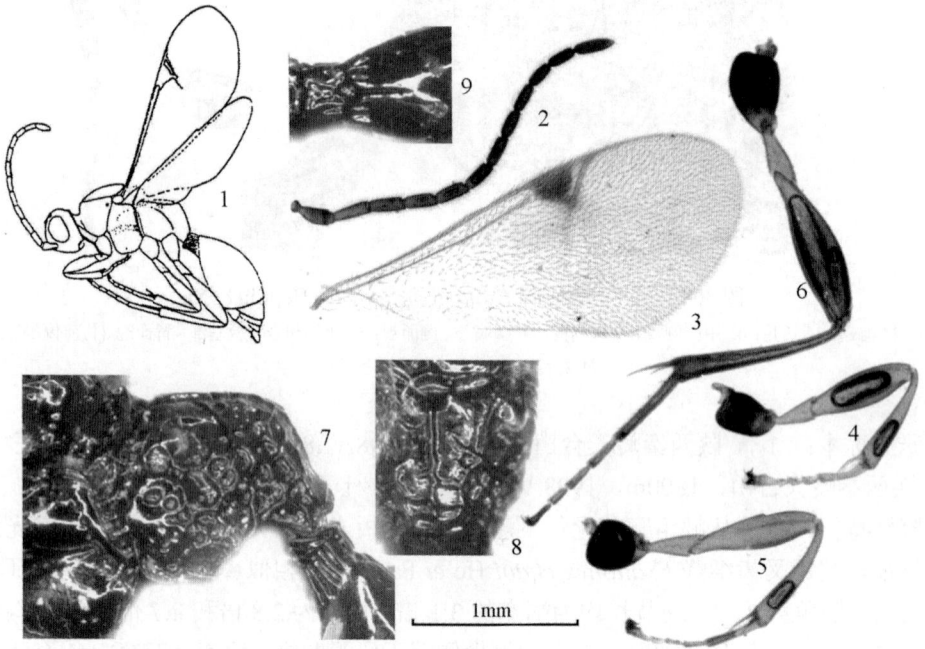

图 309 福建叉齿细蜂 Exallonyx fujianensis Fan et He
1. 整体，侧面观；2. 触角；3. 前翅；4. 前足；5. 中足；6. 后足；7. 后胸侧板和并胸腹节，侧面观；8. 并胸腹节，背面观；9. 腹柄和合背板基部，背面观 (1.仿樊晋江等，2003) [1. 0.6X 标尺；2-6. 1.0X 标尺；7-9. 2.0X 标尺]

翅：前翅长为宽的 2.18 倍；翅痣长和径室前缘脉长分别为翅痣宽的 1.4 倍和 0.37 倍；翅痣后侧缘稍弯；径脉第 1 段内斜，长为宽的 0.6 倍，从翅痣近中央伸出；径脉第 2 段直，两段相接处膨大。后翅后缘近基部缺刻深。

腹：腹柄背面长为中宽的 1.0 倍，基部横脊中断，其后具 4 条纵皱，在中央 2 条向后收窄；腹柄侧面上缘长为中高的 0.85 倍，上缘直，基部具连斜纵脊的横脊 3 条，横脊后另具强斜纵脊 2 条。合背板基部中纵沟强，伸达基部至第 1 对窗疤间距的 0.7 处，两侧各具 2 条纵沟，侧纵沟长为中纵沟的 0.2-0.4 倍。第 1 窗疤宽为长的 2.25 倍，疤距为疤宽的 0.8 倍。合背板上仅窗疤附近有稀而短的毛，远离合背板下缘。抱器长三角形，不下弯，端尖。

体色：体黑色。须黄色。上唇、上颚端部和翅基片褐黄色。触角基部黄褐色，至端部渐黑褐色。足黄褐色，基节黑色。翅透明，翅痣和强脉黄褐色，弱脉无色。

雌：未知。

寄主：未知。

研究标本：1♂，福建崇安大竹岚，1986.Ⅴ.7，邹明权 (正模，保存于 FAC)。

分布：福建。

注：在《福建昆虫志》第 7 卷中，本种曾放在蚁形叉齿细蜂种团内。

(250) 赵氏叉齿细蜂 *Exallonyx chaoi* He et Fan, 2004 (图 310)

Exallonyx chaoi He *et* Fan, 2004, In: He *et al.*, *Hymenopteran Insect Fauna of Zhejiang*: 333.

Exallonyx chaoi He *et* Fan: He *et al.*, 2006. *Acta Zootaxonomica Sinica*, 31(2): 418.

雄：前翅长 2.5mm。

头：背观上颊长为复眼的 0.68 倍。颊长为复眼纵径的 0.38 倍。唇基宽为长的 3.0 倍，稍均匀隆起，光滑，亚端横脊弱，端缘平截。触角第 2、10 鞭节长分别为宽的 2.8 倍和 2.7 倍，端节长为端前节的 1.6 倍；鞭节无角下瘤。额脊弱。后头脊正常高。

胸：前胸背板侧面光滑，前沟缘脊发达；前沟缘脊之后无毛，颈脊之后具毛；背缘具连续的双列毛；后下角双凹窝。中胸侧板前缘上角有稀毛区；镜面区上半具稀毛；侧板下半部 (中央横沟以下部位) 具稀毛；后下角具平行弱细皱。后胸侧板前上方有表面具稀毛的光滑区，其长和高分别占侧板的 0.6 倍和 0.8 倍，其余部位具弱网皱。并胸腹节侧观背缘弧形，后表面较短；中纵脊伸达后表面中央；背表面光滑区甚长，长为并胸腹节基部至气门后端间距的 3.0 倍；后表面缓斜，具横皱，端部光滑；外侧区具弱网皱。

足：后足腿节长为宽的 3.9 倍；后足胫节长距长为基跗节的 0.57 倍。

翅：前翅长为宽的 2.2 倍；翅痣长和径室前缘脉长分别为翅痣宽的 1.9 倍和 0.46 倍；翅痣后侧缘直；径脉第 1 段内斜，长为宽的 0.5 倍，从翅痣中央稍外方伸出；径脉第 2 段直，两段相接处膨大。后翅后缘近基部缺刻深。

腹：腹柄背面长为中宽的 1.0 倍，表面具 4 条强纵皱；腹柄侧面上缘长为中高的 0.7 倍，上缘直，基部具连有斜纵脊的横脊 4 条，其后另有纵脊 1 条。合背板基中纵沟伸达基部至第 1 对窗疤间距的 0.7 处，两侧各具 3 条纵沟，亚侧纵沟长为中纵沟的 0.63 倍。第 1 窗疤宽为长的 2.5 倍，疤距为疤宽的 0.8 倍。合背板上仅窗疤周围有稀毛，远离合背板下缘。抱器长三角形，不下弯，端尖。

体色：体黑色。须黄色。上唇、上颚中央和翅基片黄褐色。触角黑褐色，梗节、第 1 鞭节基部黄褐色。足基节黑色；前足转节内侧除两端、腿节内侧除端部、胫节端半背方褐黄色，其余黄褐色；中足转节、腿节除端部、胫节、端跗节浅褐色，其余黄褐色；后足转节除端部、腿节除两端、胫节除基半、跗节浅黑褐色，其余黄褐色。翅透明，带烟黄色，翅痣和强脉浅褐色，弱脉无色。

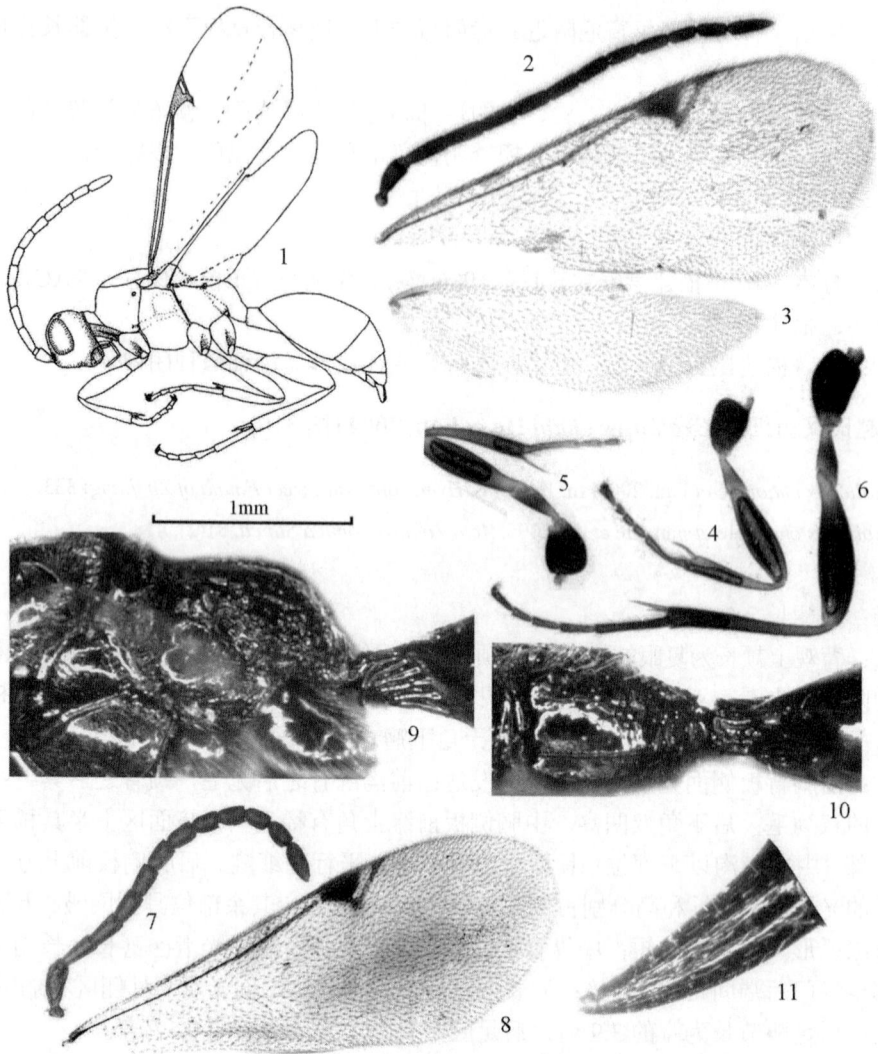

图 310　赵氏叉齿细蜂 *Exallonyx chaoi* He *et* Fan

1. 整体，侧面观；2, 7. 触角；3, 8. 翅；4. 前足；5. 中足；6. 后足；9. 后胸侧板和并胸腹节，侧面观；10. 并胸腹节、腹柄和合背板基部，背面观；11. 产卵管鞘 (1-6. ♂, 7-11. ♀) (1. 仿何俊华等, 2004) [1. 0.6X 标尺；2-8. 1.0X 标尺；9-10. 2.0X 标尺；11. 3.0 X 标尺]

雌：前翅长 2.5mm。

头：背观上颊长为复眼的 0.9 倍。颊长为复眼纵径的 0.36 倍。唇基宽为长的 3.0 倍，稍均匀隆起，光滑，亚端横脊明显，端缘平截。触角第 2、10 鞭节长分别为端宽的 2.0 倍和 1.7 倍，端节长为端前节的 1.5 倍。额脊强而高。后头脊正常高。

胸：前胸背板颈部具细横皱 3 条；侧面光滑，前沟缘脊发达；前沟缘脊之后无毛，颈脊之后无毛；背缘具不规则的稀疏双列毛；后下角双凹窝。中胸侧板前缘上角和中央横沟上方为有毛区，之间无毛区长为翅基片的 1.5 倍；镜面区上方 0.5 具稀毛；侧板下半部 (中央横沟以下部位) 具稀毛；后下角具平行细皱。后胸侧板中央前方及前上方有 1

被纵沟分隔的光滑区，其长和高分别占侧板的 0.5 倍和 0.7 倍，其余部位具小室状网皱。并胸腹节侧观背缘陡弧，后表面陡斜；中纵脊伸达后表面近中央；背表面前半为光滑区，后半具弱皱和弱网皱；后表面前方具弱网皱，后方具弱的细皱；外侧区具小室状网皱。

足：后足腿节长为宽的 3.6 倍；后足胫节长距长为基跗节的 0.45 倍。

翅：前翅长为宽的 2.47 倍；翅痣长和径室前缘脉长分别为翅痣宽的 1.56 倍和 0.59 倍；翅痣后侧缘稍弯；径脉第 1 段从翅痣近中央伸出，内斜直，长为宽的 1.0 倍；径脉第 2 段直，两段相接处不膨大。后翅后缘近基部缺刻浅。

腹：腹柄背面长为中宽的 1.1 倍，基半具 3 条横皱，端半具不规则纵皱或斜皱；腹柄侧面上缘长为中高的 0.80 倍，上缘直，基部具横脊 3 条，表面具强斜纵脊 4 条。合背板基部中纵沟伸达基部至第 1 对窗疤间距的 0.51 处，两侧各具 3-4 条分界不清的纵沟，亚侧纵沟长为中纵沟的 0.6 倍。第 1 窗疤宽为长的 2.4 倍，疤距为疤宽的 0.6 倍。合背板上的毛中等长而密，远离合背板下缘。产卵管鞘长为后足胫节的 0.45 倍，为鞘中宽的 3.9 倍，表面具细长刻条，有细毛。

体色：体黑色。须黄色。上唇、上颚端半红褐色。触角基部红褐色，至端部渐暗红褐色。翅基片黄褐色。足红褐色，但基节黑褐色至黑色，前中足第 2-4 跗节黄褐色。翅透明，带烟黄色，翅痣和强脉褐黄色，弱脉浅黄色痕迹。

变异：副模合背板中纵沟两侧各具 4 条明显纵沟；第 1 窗疤宽为长的 3.4 倍；后足腿节长为宽的 3.8 倍。

寄主：未知。

研究标本：1♂，浙江西天目山，1988. V.17-18，陈学新，No.882659 (正模)；1♀，浙江西天目山老殿—仙人顶，1988. V.17，樊晋江，No.884610；1♀，贵州梵净山回香坪，1993. VII.14，许再福，No.936454。

分布：浙江、贵州。

鉴别特征：见检索表。

附记：种本名"赵氏 chaoi"，为感谢福建农业大学赵修复教授对中国寄生蜂研究所作的贡献和对作者的帮助。

(251) 粗皱叉齿细蜂，新种 *Exallonyx asperirugosus* He et Xu, sp. nov. (图 311)

雄：前翅长 2.5mm。

头：背观上颊长为复眼的 0.77 倍。颊长为复眼纵径的 0.26 倍。唇基宽为长的 3.0 倍，稍均匀隆起，光滑，亚端横脊明显，端缘稍凹。触角第 2、10 鞭节长分别为宽的 2.7 倍和 2.7 倍，端节长为端前节的 1.46 倍；第 2-8 各鞭节有 1 不明显的椭圆形小而弱的角下瘤。额脊弱。后头脊正常。

胸：前胸背板颈部背面具 5-6 条横皱；侧面光滑，前沟缘脊发达；前沟缘脊之后无毛，颈脊之后具毛；背缘具连续的双列毛；后下角双凹窝。中胸侧板前缘上角有稀毛；镜面区前上方 0.4 具稀毛；侧板下半部 (中央横沟以下部位) 具稀毛，近中央区域无毛；后下角具平行细皱。后胸侧板中央前方 (内多粗刻点) 及前上方有被纵点沟分隔的、表面具稀毛的光滑区，其长和高分别占侧板的 0.5 倍和 0.6 倍，其余部位具小室状网皱。并胸腹节侧观背缘弧形；中纵脊伸至后表面近端部；背表面后半具粗刻皱，一侧光滑区长为并胸腹节基部至气门后端间距的 1.5 倍；后表面斜，具大网皱，端部光滑；外侧区具小室状网皱。

图 311　粗皱叉齿细蜂，新种 *Exallonyx asperirugosus* He *et* Xu, sp. nov.

1. 触角；2. 翅；3. 前足；4. 后足；5. 后胸侧板和并胸腹节，侧面观；6. 并胸腹节，背面观；7. 腹柄和合背板基部，背面观　[1-4. 1.0X 标尺；5-7. 2.0X 标尺]

足：后足腿节长为宽的 4.2 倍；后足胫节长距长为基跗节的 0.56 倍。

翅：前翅长为宽的 2.28 倍；翅痣长和径室前缘脉长分别为翅痣宽的 1.8 倍和 0.43 倍；翅痣后侧缘稍弯；径脉第 1 段从翅痣近中央伸出，内斜，长为宽的 0.3 倍；径脉第 2 段直。后翅后缘近基部有缺刻。

腹：腹柄背面长为中宽的 0.9 倍，基部 0.3 具 2 条横脊，其后具 5 条纵皱，中条呈"丫"形；腹柄侧面上缘长为中高的 0.5 倍，上缘直，基部具连斜纵脊的横脊 5 条，横脊后另具强纵脊 2 条。合背板基部中纵沟伸达基部至第 1 对窗疤间距的 0.85 处，两侧各具 3 条纵沟，亚侧纵沟长为中纵沟的 0.38 倍。第 1 窗疤宽为长的 3.0 倍，疤距为疤宽的 0.8 倍。合背板上仅窗疤下方有稀而短的毛，远离合背板下缘。抱器长三角形，不下弯，端尖。

体色：体黑色。须黄色。上唇、上颚端部和翅基片黄褐色。触角黑褐色，但柄节和梗节褐黄色。足其余褐黄色，但端跗节色深；基节黑褐色。翅透明，带烟黄色，翅痣和强脉黑褐色，弱脉浅黄色痕迹。

雌：未知。

寄主：未知。

研究标本：正模♂，福建沙县洋坊，1980.Ⅴ.27，赵修复。

分布：福建。

鉴别特征：见检索表。

词源：种本名"粗皱 asperirugosus"，系 asper (粗糙) + rugosus (有皱的) 组合词，意为并胸腹节背表面后半具粗刻皱。

(252) 金氏叉齿细蜂，新种 *Exallonyx jini* He et Xu, sp. nov. (图 312)

雄：前翅长 2.7mm。

头：背观上颊长为复眼的 0.58 倍。颊长为复眼纵径的 0.31 倍。唇基宽为长的 3.1 倍，稍均匀隆起，光滑，亚端横脊弱，端缘稍凹。触角仅存 10 节，第 2 鞭节长为宽的 2.75 倍；第 3-7 各鞭节有 1 不明显的圆形或椭圆形小角下瘤。额脊中等高。后头脊正常。

胸：前胸背板颈部背面具 3-5 条横皱；侧面光滑，前沟缘脊发达；前沟缘脊之后无毛，颈脊之后具毛；背缘具连续的双列毛；后下角双凹窝。中胸侧板前缘上角有稀毛；镜面区上方 0.3 具稀毛；侧板下半部 (中央横沟以下部位) 具稀毛，近中央区域无毛。后胸侧板中央前方及前上方有被纵沟分隔的、表面具稀毛的光滑区，其长和高分别占侧板的 0.4 倍和 0.7 倍，其余部位具小室状网皱。并胸腹节侧观背缘弧形；中纵脊伸至后表面近端部；背表面一侧光滑区长为并胸腹节基部至气门后端间距的 3 倍；后表面斜，基部具稀网皱，端部光滑；外侧区具小室状网皱。

足：后足腿节长为宽的 4.4 倍；后足基跗节丢失。

翅：前翅长为宽的 2.2 倍；翅痣长和径室前缘脉长分别为翅痣宽的 1.8 倍和 0.44 倍；翅痣后侧缘稍弯；径脉第 1 段内斜，长为宽的 0.8 倍，从翅痣中央稍外方伸出；径脉第 2 段直，两段相接处膨大。后翅后缘近基部有缺刻。

腹：腹柄背面长为中宽的 1.0 倍，基部 0.3 具 2 条横脊，端部 0.7 具 6 条纵脊，中央 2 条呈"V"形；腹柄侧面上缘长为中高的 0.8 倍，上缘直，基部具连斜脊的横脊 4 条，横脊后另具强斜纵脊 2 条。合背板基部中纵沟伸达基部至第 1 对窗疤间距的 0.9 处，两侧各具 2 条纵沟，亚侧纵沟长为中纵沟的 0.45 倍。第 1 窗疤弱，宽为长的 4.0 倍，疤距为疤宽的 0.7 倍。合背板上有稀毛，下方毛窝与合背板下缘之距为毛长的 1.0-2.5 倍。抱器长三角形，不下弯，端尖。

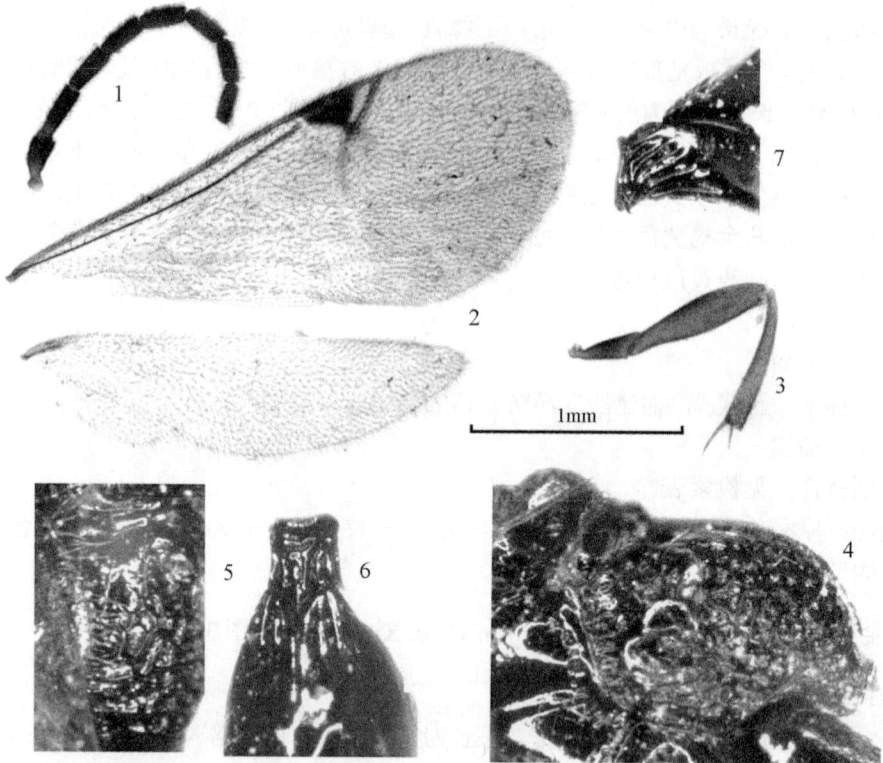

图 312 金氏叉齿细蜂，新种 *Exallonyx jini* He *et* Xu, sp. nov.

1. 触角；2. 翅；3. 后足；4. 后胸侧板和并胸腹节，侧面观；5. 并胸腹节，背面观；6. 腹柄和合背板基部，背面观；7. 腹柄，侧面观 [1-3. 1.0X 标尺；4-7. 2.0X 标尺]

体色：体黑色。须黄色。上唇、上颚端部和翅基片褐黄色。触角黑褐色。足基节黑色，其余红褐色；跗节丢失。翅透明，带烟黄色，翅痣和强脉暗褐黄色，弱脉浅黄色痕迹。

雌：未知。

寄主：未知。

研究标本：正模♂，广西金秀大瑶山，1982.Ⅵ.9-16，何俊华，No.822659。

分布：广西。

鉴别特征：见检索表。

词源：种本名"金氏 *jini*"，为悼念昆虫学家、广西农业大学金孟肖教授。

(253) 全光叉齿细蜂，新种 *Exallonyx totiglabrous* He *et* Xu, sp. nov. (图 313)

雄：前翅长 2.7mm。

头：背观上颊长为复眼的 0.85 倍。颊长为复眼纵径的 0.31 倍。唇基宽为长的 2.5 倍，稍均匀隆起，散生刻点，亚端横脊弱，端缘稍凹。触角第 2、10 鞭节长分别为宽的 2.7 倍和 2.7 倍，端节长为端前节的 1.4 倍；鞭节无明显角下瘤。额脊中等高。后头脊正常高。

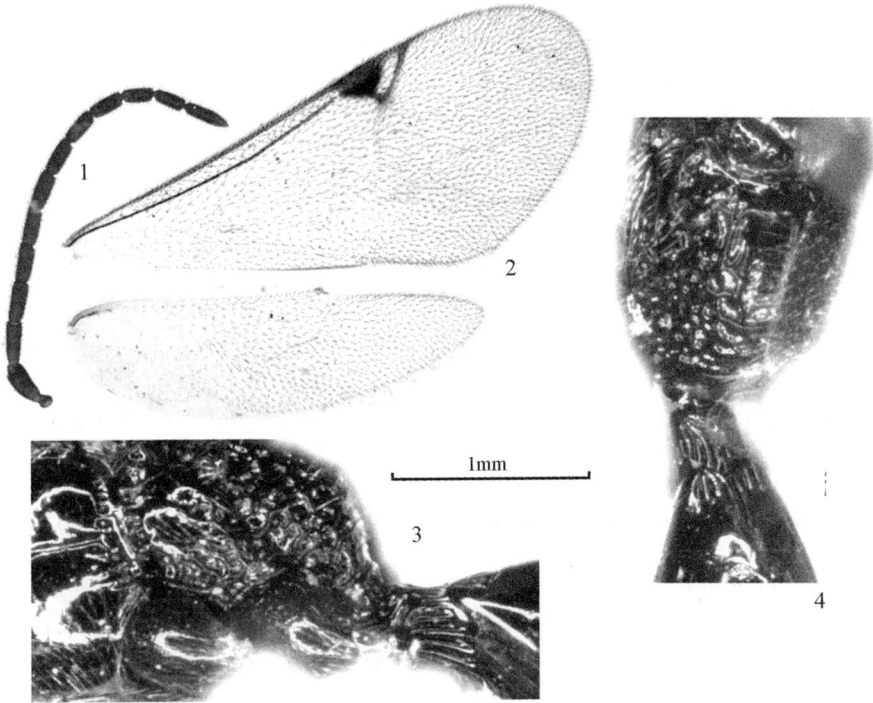

图 313　全光叉齿细蜂，新种 *Exallonyx totiglabrous* He *et* Xu, sp. nov.
1. 触角；2. 翅；3. 后胸侧板、并胸腹节和腹柄，侧面观；4. 并胸腹节、腹柄和合背板基部，背面观 [1-2. 1.0X 标尺；3-4. 2.0X 标尺]

胸：前胸背板颈部背面具 4 条横皱，中央无毛；侧面光滑，前沟缘脊发达；前沟缘脊之后无毛，颈脊之后无毛；背缘具连续的双列毛；后下角双凹窝。中胸侧板前缘上角有稀毛；镜面区上方 0.7 具稀毛；侧板下半部 (中央横沟以下部位) 具稀毛，近中央区域无毛；后下角具平行细皱。后胸侧板中央前方及前上方有被刻点形成的纵沟分隔的、表面具稀毛的光滑区，其长和高分别占侧板的 0.5 倍和 0.75 倍，其余部位具小室状网皱。并胸腹节侧观背缘弧形，后表面陡斜；中纵脊仅背表面存在；背表面全部为光滑区，长为并胸腹节基部至气门后端间距的 3.2 倍，外侧有 2 条细纵脊；后表面具横皱，较光滑；外侧区具小室状网皱。

足：后足腿节长为宽的 4.3 倍；后足胫节长距长为基跗节的 0.52 倍。

翅：前翅长为宽的 2.1 倍；翅痣长和径室前缘脉长分别为翅痣宽的 1.85 倍和 0.44 倍；翅痣后侧缘稍弯；径脉第 1 段内斜，长为宽的 1.5 倍，从翅痣近中央伸出；径脉第 2 段直，两段相接处膨大。后翅后缘近基部缺刻深。

腹：腹柄背面长为中宽的 1.0 倍，端部 0.7 具 7 条强纵皱；腹柄侧面上缘长为中高的 0.8 倍，上缘直，基部具连纵脊的横脊 3 条，横脊后另具强斜纵脊 3 条。合背板基部中纵沟弱，伸达基部至第 1 对窗疤间距的 0.65 处，两侧各具 2 条纵沟，亚侧纵沟长为中纵沟的 0.5 倍。第 1 窗疤宽为长的 3.5 倍，疤距为疤宽的 0.2 倍。合背板上仅窗疤附近有稀而短的毛，远离合背板下缘。抱器长三角形，长为基宽的 4.2 倍，不下弯，端尖。

体色：体黑色。须污黄色。上唇、上颚端半褐黄色。翅基片黄褐色。触角黑褐色。足褐黄色；基节黑色；端跗节、后足腿节背面、胫节端部和整个跗节浅褐色。翅透明，带烟黄色，翅痣和强脉褐黄色，弱脉无色。

变异：前翅长 3.1mm。并胸腹节后表面刻皱弱，大部光滑。

雌：未知。

寄主：未知。

研究标本：正模♂，云南昆明，1981.Ⅴ.18，何俊华，No.814743。副模：1♂，同正模，No.814741。

鉴别特征：见检索表。

分布：云南。

词源：种本名"全光 totiglabrous"，系 tot (整个全部) + glabrous (平滑的，裸的) 组合词，意为并胸腹节背表面全部为光滑区。

(254) 九脊叉齿细蜂，新种 Exallonyx novemicarinatus He et Xu, sp. nov. (图 314)

雄：前翅长 3.0mm。

头：背观上颊长为复眼的 0.75 倍。颊长为复眼纵径的 0.25 倍。唇基宽为长的 3.2 倍，稍均匀隆起，具刻点，亚端横脊弱，端缘平截。触角第 2、10 鞭节长分别为宽的 2.6 倍和 2.7 倍，端节长为端前节的 1.47 倍；鞭节无明显角下瘤。额脊弱。后头脊中等高。

胸：前胸背板颈部背面具 4-5 条横皱，中央无毛；侧面光滑，前沟缘脊发达；前沟缘脊之后无毛，颈脊之后具毛；背缘具连续的双列毛；后下角双凹窝。中胸侧板前缘上角有稀毛；镜面区上方 0.6 具稀毛；侧板下半部 (中央横沟以下部位) 具稀毛，沿中央横沟下方无毛；后下角具平行细皱。后胸侧板前上方有表面具稀毛、中央有纵凹痕和刻点分为上下大致等大的两块近圆形光滑区，其长和高分别占侧板的 0.5 倍和 0.7 倍，其余部位具粗糙大网室。并胸腹节侧观后表面约 45°倾斜；中纵脊伸至后表面 0.75 处；背表面后方具纵皱，一侧光滑区长约为基部至气门后端间距的 2.5 倍；后表面具稀网室，端部光滑；外侧区具粗糙大室状网皱。

足：后足腿节长为宽的 4.1 倍；后足胫节长距长为基跗节的 0.54 倍。

翅：前翅长为宽的 2.45 倍；翅痣长和径室前缘脉长分别为翅痣宽的 1.44 倍和 0.5 倍；翅痣后侧缘稍弯；径脉第 1 段内斜，长为宽的 0.8 倍，从翅痣中央伸出；径脉第 2 段直，两段相接处膨大。后翅后缘近基部缺刻深。

腹：腹柄背面长为中宽的 0.9 倍，表面基部 0.4 有横脊 3 条，端部 0.6 具 9 条短纵皱，但中央 3 条不规则；腹柄侧面上缘长为中高的 0.7 倍，上缘直，基部具横脊 2 条，横脊后具强纵脊 5 条。合背板基部中纵沟强，伸达基部至第 1 对窗疤间距的 0.5 处，两侧各具 3 条纵沟，亚侧纵沟长为中纵沟的 0.6 倍。第 1 窗疤宽为长的 3.5 倍，疤距为疤宽的 0.35 倍。合背板下方无毛。抱器长三角形，不下弯，端尖。

体色：体黑色。须黄色。上唇、上颚端部和翅基片红褐色。触角黑褐色，柄节下方、梗节和第 1 鞭节基部红褐色。足红褐色，基节除两端黑色，后足跗节浅褐色。翅透明，翅痣和强脉黑褐色，弱脉无色。

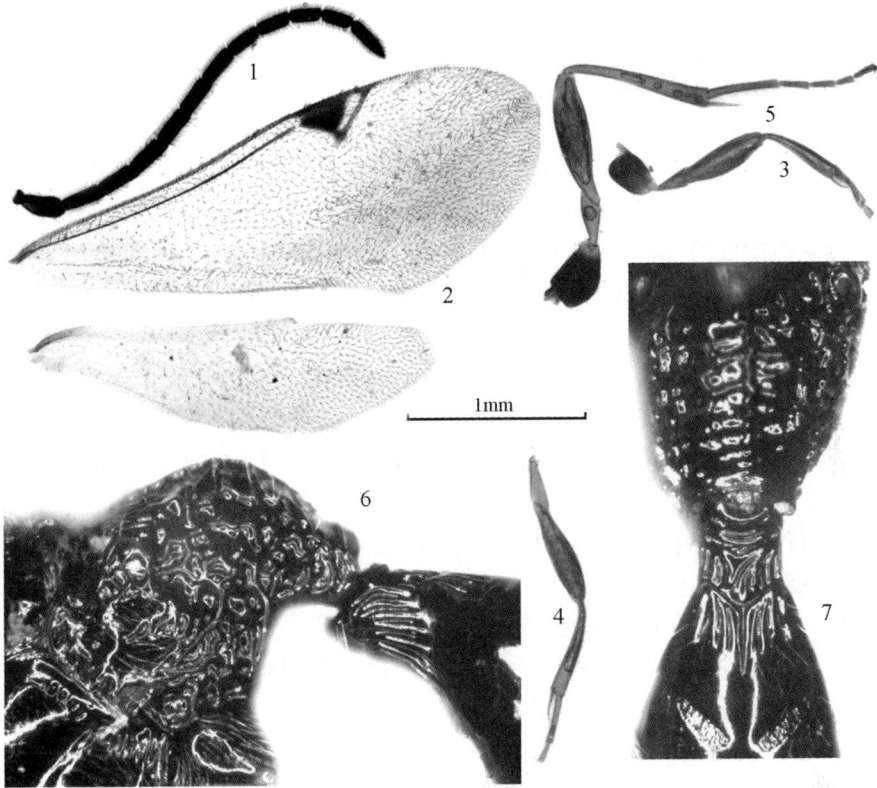

图 314　九脊叉齿细蜂，新种 *Exallonyx novemicarinatus* He *et* Xu, sp. nov.

1. 触角；2. 翅；3. 前足；4. 中足；5. 后足；6. 后胸侧板、并胸腹节和腹柄，侧面观；7. 并胸腹节、腹柄和合背板基部，背面观 [1-2. 1.0X 标尺；3-5. 0.8X 标尺；6-7. 2.0X 标尺]

雌：未知。

寄主：未知。

研究标本：正模♂，贵州道真大沙河仙女庙，613m，2004.Ⅷ.26，吴琼，No.20047461。

分布：贵州。

鉴别特征：见检索表。

词源：种本名"九脊 *novemicarinatus*"，系 *novem* (九) + *carina* (脊) 组合词，意为并胸腹节端部 0.6 具 9 条短纵皱，但中央 3 条不规则。

(255) 浙江叉齿细蜂 *Exallonyx zhejiangensis* He *et* Fan, 2004 (图 315)

Exallonyx zhejiangensis He *et* Fan, 2004, In: He *et al.*, *Hymenopteran Insect Fauna of Zhejiang*: 335.

Exallonyx zhejiangensis He *et* Fan: He *et al.*, 2006, *Acta Zootaxonomica Sinica*, 31(2): 418.

Exallonyx firmus He, Liu *et* Xu, 2006. *Acta Zootaxonomica Sinica*, 31(2): 418 (Syn. nov.) .

雌：前翅长 3.3mm。

头：背观上颊长为复眼的 0.76-1.00 倍。颊长为复眼纵径的 0.41-0.55 倍。唇基宽为长的 2.5-3.0 倍，稍均匀隆起，光滑，具细毛，亚端横脊紧靠前缘。触角第 2、10 鞭节长分别为宽的 2.0-2.3 倍和 1.7-1.8 倍，端节长为端前节的 1.5-1.7 倍。额脊中等高。后头脊高，呈檐状。

胸：前胸背板颈部背面具 4-7 条横皱，中央无毛；侧面光滑，前沟缘脊发达；前沟缘脊之后无毛，颈脊之后具毛；背缘具连续的双列毛；后下角双凹窝，上大下小。中胸侧板前缘上角有毛；镜面区上方 0.6 具毛；侧板下半部（中央横沟以下部位）具稀毛；后下角具平行细皱或无。后胸侧板前上方表面具稀毛、在上方 0.3 处有 1 纵凹痕的光滑区，其长和高分别占侧板的 0.6-0.8 倍和 0.5-0.7 倍；光滑区下方及后方均具纵行大网皱。并胸腹节中纵脊达后端光滑部位，后表面明显陡斜；背表面中纵脊侧方光滑区"U"形，长为中宽的 1.2 倍，其余具小室状网皱。

足：后足腿节长为宽的 3.8-4.2 倍；后足胫节长距长为基跗节的 0.38-0.42 倍。

翅：前翅长为宽的 2.6 倍；翅痣长和径室前缘脉长分别为翅痣宽的 1.7-2.1 倍和 0.40-0.57 倍；翅痣后侧缘稍弯；径脉第 1 段内斜，长为宽的 1.5-2.0 倍，从翅痣近中央伸出；径脉第 2 段直。后翅后缘近基部 0.35 处缺刻深。

腹：腹柄背面长为中宽的 0.8-1.0 倍，表面具约 8 条横皱，内夹细皱；腹柄侧面上缘长为中高的 0.8 倍，上缘直，稍下凹，基部具横脊 4-5 条，仅后下方具纵脊 3-5 条。合背板基部中纵沟伸达基部至第 1 对窗疤间距的 0.50-0.65 处，两侧各具 3 条弱纵沟，亚侧纵沟长为中纵沟的 0.42-0.60 倍。第 1 窗疤宽为长的 2.5-3.2 倍，疤距为疤宽的 0.5-0.7 倍。合背板上的毛稀而短，远离合背板下缘。产卵管鞘长为后足胫节的 0.40-0.53 倍，为鞘中宽的 3.7-4.0 倍，表面光滑，具细纵刻皱，光滑，有细毛。

体色：体黑色，前胸背板侧面下缘和产卵管鞘端部红褐色。须、翅基片黄色。触角红褐色，至端部渐暗。足褐黄色；前足基节棕黑色，中后足基节（除端部）黑色；前中足第 2-5 跗节或褐黄色。翅透明，带烟黄色，翅痣和强脉黑褐色，弱脉浅黄色痕迹。

雄：与雌性相似，不同之处如下。前翅长 3.5mm。颊长为复眼纵径的 0.25 倍。唇基宽为长的 2.4 倍。触角第 2、10 鞭节长分别为宽的 2.8 倍和 2.7 倍，端节长为端前节的 1.4 倍；鞭节无角下瘤。后头脊中等高。后胸侧板前上方光滑区长和高分别占侧板的 0.5 倍和 0.65 倍。后足胫节长距长为基跗节的 0.56 倍。腹柄背面长为中宽的 0.8 倍，基部 0.3 有 2 条强横皱，端部 0.7 具 4 条强纵皱，内夹细皱；腹柄侧面基部具横脊 3 条，横脊后另具强斜纵脊 4 条。合背板基部中纵沟伸达基部至第 1 对窗疤间距的 0.85 处，亚侧纵沟长为中纵沟的 0.2 倍。第 1 窗疤宽为长的 3.0-5.0 倍，疤距为疤宽的 0.3 倍。抱器长三角形，不下弯，端尖。

寄主：未知。

研究标本：1♂，浙江西天目山，1987.IX.4，樊晋江，No.876237（正模）；18♀2♂，浙江西天目山老殿—仙人顶，1250-1561m，1989.VI.6，何俊华、陈学新、陈建明、马群、汪信庚，Nos.890431，890575，891586-87，891767-69，891945-46，891948，892353，892363，892465，892506，892823，892918，892959，895008，895059，895096；68♀23♂，

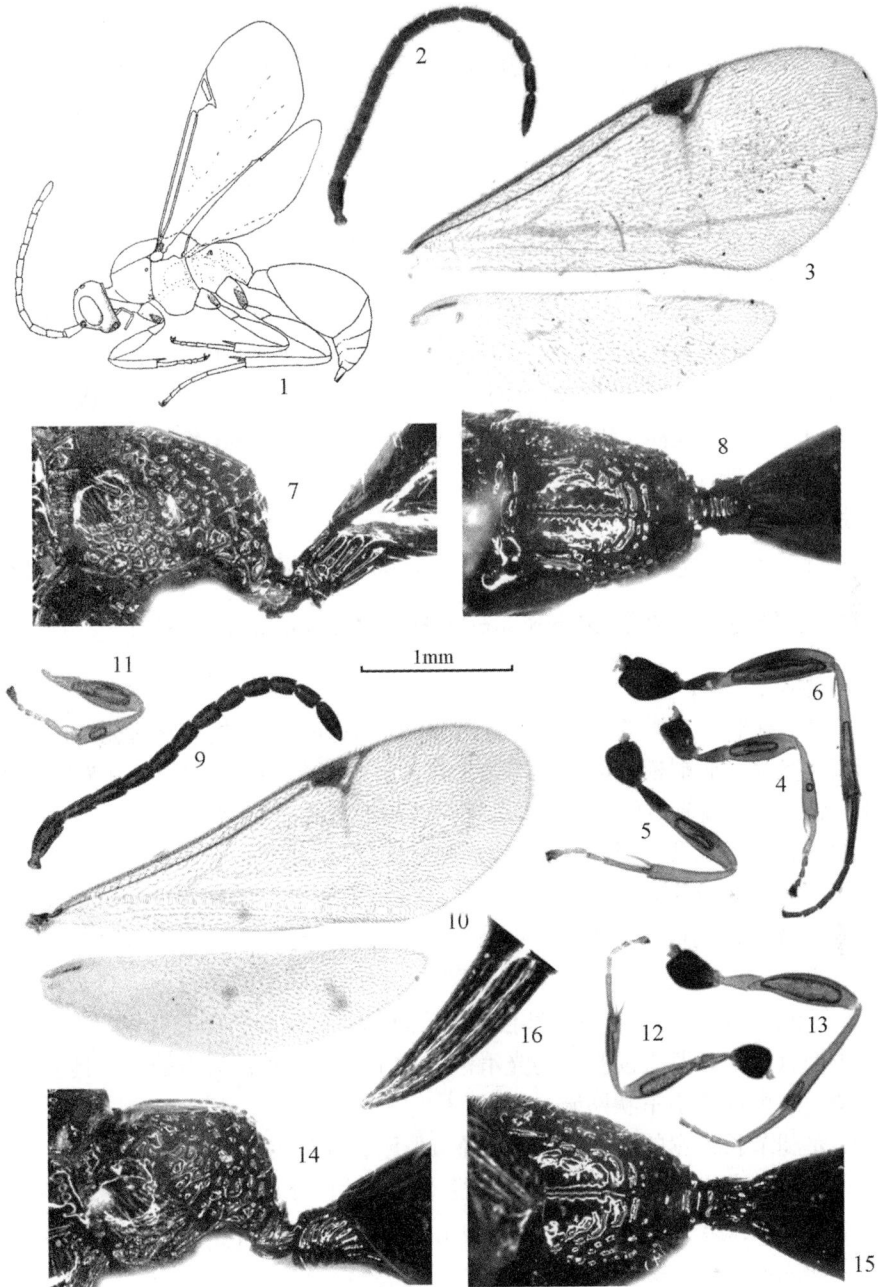

图 315　浙江叉齿细蜂 *Exallonyx zhejiangensis* He *et* Fan

1. 整体，侧面观；2, 9. 触角；3, 10. 翅；4, 11. 前足；5, 12. 中足；6, 13. 后足；7, 14. 后胸侧板、并胸腹节和腹柄，侧面观；8, 15. 并胸腹节、腹柄和合背板基部，背面观；16. 产卵管鞘 (1-8.♂; 9-15.♀) (1. 仿何俊华等, 2004) [1. 0.5X 标尺；2-3, 9-10. 1.0X 标尺；4-6, 11-13. 0.8X 标尺；7-8, 14-15. 2.0X 标尺；16. 2.5X 标尺]

浙江西天目山仙人顶，1250m，1990.Ⅵ.2-4，何俊华、娄永根、汪信庚、施祖华，Nos.900138，900160，900190-91，900427，900655，900742，900783，900852，900876，900883，901874，

901948-49，901962-63，901967，901981，901986，901991，902423-28，902431，902481，902579，902596，902641，902656，903178，903215-16，903219，903253，903313，903753-54，903764，903766，903770-71，903781，903783，903787，903922-23，903954，903986，904228，904459，904464，904825-27，904829，904831-42，904844-48，904867，904869，904876，904878-81，904883-90，904892，904894-96，904898-99，904900，904903-04，904906，906321；1♀，浙江西天目山三亩坪，1999. Ⅴ.12，赵明水，No.999351（此标本为 *Exallonyx firmus* 正模）；1♀，浙江西天目山仙人顶，1993.Ⅵ.12，马云，No.934189；（以下标本为 *Exallonyx firmus* 副模）5♀，浙江天目山仙人顶，1998.Ⅸ.5，1999. Ⅴ.20-27，1999.Ⅶ.4，赵明水，Nos.994974，995980，996467，996472，996560；1♀，浙江西天目山仙人顶，2001.Ⅶ.1，朴美花，No.200106417；1♀，陕西秦岭天台山，1999.Ⅸ.4，陈学新，No.991640；1♀，贵州梵净山铜矿厂，2001.Ⅶ.28，朴美花，No.200107315。

分布：陕西、浙江、贵州。

鉴别特征：见检索表。

注：新异名 *Exallonyx firmus* He, Liu *et* Xu，2006 的原中名为"强脊叉齿细蜂"。

(256) 细纹叉齿细蜂，新种 *Exallonyx subtilis* He *et* Xu, sp. nov. (图 316)

雌：前翅长 2.2mm。

头：背观上颊长为复眼的 1.0 倍。颊长为复眼纵径的 0.56 倍。唇基宽为长的 2.8 倍，稍均匀隆起，光滑，亚端横脊明显，端缘平截。触角第 2、10 鞭节长分别为宽的 1.65 倍和 1.3 倍，端节长为端前节的 1.8 倍。额脊强而高。后头脊正常高。

胸：前胸背板颈部背面具 5-6 条横皱；侧面光滑，前沟缘脊发达；前沟缘脊之后无毛，颈脊之后具毛；背缘具连续的双列毛；后下角双凹窝。中胸侧板前缘上角有稀毛；镜面区上半具稀毛；侧板下半部（中央横沟以下部位）具稀毛；中央横沟内具弱平行细皱。后胸侧板中央前方及前上方有被纵沟分隔、表面具稀毛的光滑区，其长和高分别占侧板的 0.6 倍和 0.7 倍；光滑区下方部位具纵行网皱。并胸腹节侧观背缘后表面陡斜；中纵脊达后表面近端部，背表面基半为光滑区，后半具细网皱；后表面上方具弱皱，下方大部分光滑；外侧区具小室状网皱。

足：后足腿节长为宽的 4.2 倍；后足胫节长距长为基跗节的 0.43 倍。

翅：前翅长为宽的 2.67 倍；翅痣长和径室前缘脉长分别为翅痣宽的 1.2 倍和 0.6 倍；翅痣后侧缘直；径脉第 1 段内斜，长为宽的 1.5 倍，从翅痣近中央伸出；径脉第 2 段直，两段相接处膨大。后翅后缘近基部有缺刻。

腹：腹柄背面长为中宽的 0.8 倍，具 4-5 条细横皱；腹柄侧面上缘长为中高的 0.6 倍，上缘直，基部具横脊 3 条，横脊后具斜纵脊 8 条。合背板基部中纵沟伸达基部至第 1 对窗疤间距的 0.7 处，两侧各具 3 条纵沟，亚侧纵沟长为中纵沟的 0.6 倍。第 1 窗疤宽为长的 2.2 倍，疤距为疤宽的 0.6 倍。合背板上仅窗疤附近有稀毛，远离合背板下缘。产卵管鞘长为后足胫节的 0.54 倍，为鞘中宽的 4.0 倍，表面具细纵刻皱，有细毛。

体色：体黑色。须浅黄褐色。上唇、上颚端部和翅基片红褐色。触角红褐色。足红褐色，基节黑色至黑褐色。翅透明，带烟黄色，翅痣和强脉浅褐色，弱脉无色。

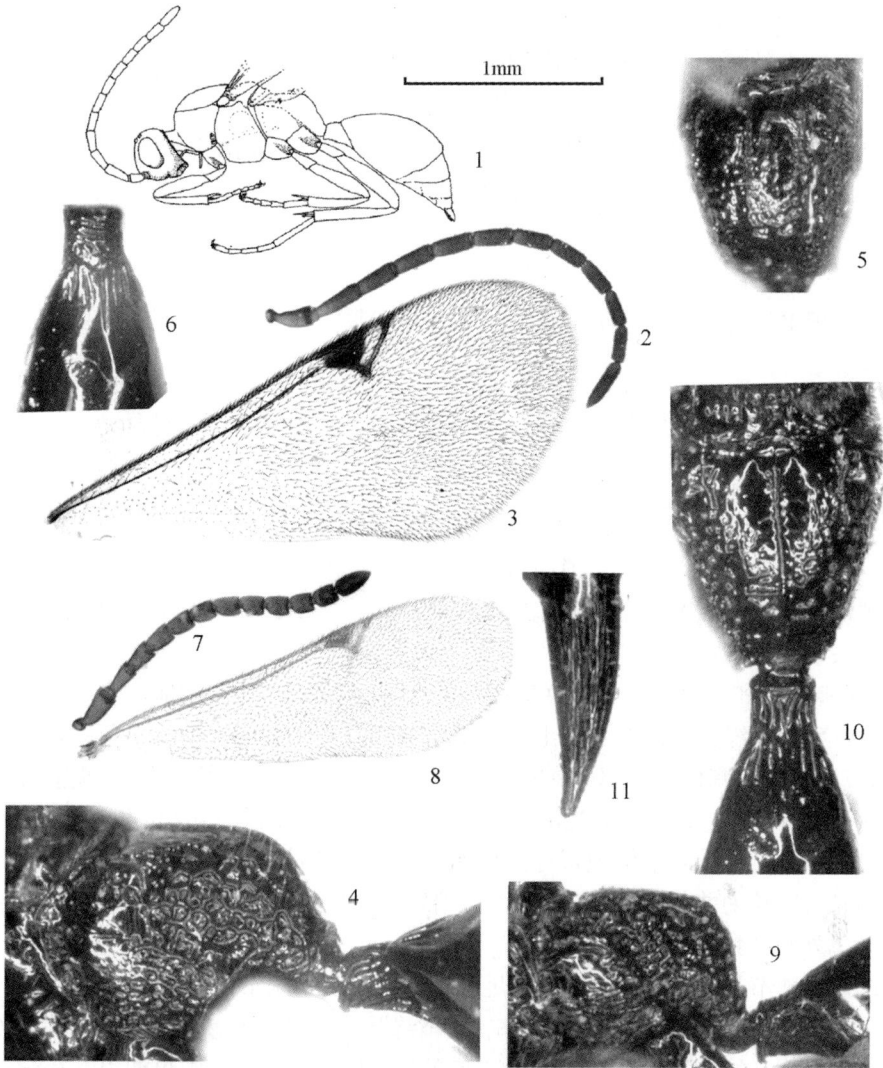

图 316　细纹叉齿细蜂，新种 *Exallonyx subtilis* He *et* Xu, sp. nov.

1. 整体，侧面观；2, 7. 触角；3, 8. 前翅；4, 9. 后胸侧板、并胸腹节和腹柄，侧面观；5. 并胸腹节，背面观；6. 腹部基部，背面观；10. 并胸腹节，腹柄和合背板基部，背面观；11. 产卵管鞘 (1-6.♂；7-11.♀) [1. 0.5X 标尺；2-3, 7-8. 1.0X 标尺；4-6, 9-10. 2.0X 标尺；11. 3.0X 标尺]

　　雄：与雌性相似，不同之点在于：前翅 2.8mm。背观上颊长为复眼的 0.7 倍。颊长为复眼纵径的 0.33 倍。触角第 2、10 鞭节长分别为宽的 2.7 倍和 3.0 倍，端节长为端前节的 1.5 倍；无明显角下瘤。后胸侧板光滑区长和高分别占侧板的 0.45 倍和 0.65 倍，其余部分具小室状网皱。并胸腹节背表面光滑区内端半具细皱，后表面具横皱。后足腿节长为宽的 3.9 倍；后足胫节长距长为基跗节的 0.53 倍。前翅长为宽的 2.08 倍；翅痣长和径室前缘脉长分别为翅痣宽的 1.6 倍和 0.4 倍；径脉第 1 段长为宽的 1.0 倍。腹柄背面端部 0.7 具 5 条强纵脊。合背板基部中纵沟伸达基部至第 1 对窗疤间距的 0.7 处，两侧各具 3 条强纵沟，亚侧纵沟长为中纵沟的 0.7-0.8 倍。第 1 窗疤宽为长的 2.5 倍，疤距为疤宽的 0.4 倍。抱器长三角形,不下弯,端尖。后足跗节浅褐色。

变异:部分副模标本中胸侧板中央横沟内光滑;后胸侧板具小室状网皱。

寄主:未知。

研究标本:正模♀,黑龙江带岭,1977.VII.24,何俊华,No.771789a。副模:3♀1♂,同正模,Nos.770441,770448 (2),771789b;1♀,山西雁北,1986.IX,郑王义,No.870053。

分布:黑龙江、山西。

鉴别特征:见检索表。

词源:种本名"细纹 *subtilis* (细)",意为并胸腹节背表面后半具细网皱和腹柄背面细横皱。

(257) 黄氏叉齿细蜂,新种 *Exallonyx huangi* He *et* Xu, sp. nov. (图 317)

雌:前翅长 2.5mm。

头:背观头宽为中长的 1.16 倍;头背观上颊长为复眼的 1.0 倍。颊长为复眼纵径的 0.57 倍。唇基宽为长的 2.6 倍,稍均匀隆起,光滑,侧角具刻点,亚端横脊明显,端缘平截。触角第 2、10 鞭节长分别为宽的 2.0 倍和 1.6 倍,端节长为端前节的 2.15 倍。额脊弱。后头脊正常。

胸:前胸背板颈部背面具 5 条横皱;侧面光滑,前沟缘脊发达;前沟缘脊之后无毛,颈脊之后具毛;背缘具连续的 3 列毛;后下角双凹窝。中胸侧板前缘上角有稀毛;镜面区上方 0.7 具稀毛;侧板下半部 (中央横沟以下部位) 具稀毛。后胸侧板中央前方及前上方有被纵沟分隔、表面具稀毛的光滑区,其长和高分别占侧板的 0.7 倍和 0.8 倍,其余部位具小室状网皱。并胸腹节侧观背缘弧形;中纵脊伸至后表面近端部;背表面端部具弱皱,一侧光滑区长为并胸腹节基部至气门后端间距的 2.5 倍;后表面陡斜,具横网皱,端部光滑;外侧区具小室状网皱。

足:后足腿节长为宽的 3.8 倍;后足胫节长距长为基跗节的 0.48 倍。

翅:前翅长为宽的 3.0 倍;翅痣长和径室前缘脉长分别为翅痣宽的 1.75 倍和 0.67 倍;翅痣后侧缘稍弯;径脉第 1 段内斜,长为宽的 1.5 倍,从翅痣近中央伸出;径脉第 2 段直,两段相接处有脉桩。后翅后缘近基部缺刻深。

腹:腹柄背面长为中宽的 1.1 倍,基部中央具后凹弧皱,其后具 7 条纵皱;腹柄侧面上缘长为中高的 0.6 倍,上缘直,基部具连斜纵脊的横脊 4 条,横脊后另具强斜纵脊 3 条。合背板基部中纵沟伸达基部至第 1 对窗疤间距的 0.7 处,两侧各具 2 条纵沟,亚侧纵沟长为中纵沟的 0.35 倍。第 1 窗疤宽为长的 2.8 倍,疤距为疤宽的 0.8 倍。合背板上仅窗疤附近有稀而短的毛,远离合背板下缘。产卵管鞘长为后足胫节的 0.5 倍,为鞘中宽的 4.2 倍,表面具细长刻点,光滑,有细毛。

体色:体黑色。须黄色。上唇、上颚端部和翅基片褐黄色。触角棕褐色,基部色稍浅。足基节黑色;转节背方、腿节 (除两端) 多少黑褐色,转节和腿节其余部位及后足胫节和跗节红褐色;前中足胫节和跗节黄褐色。翅透明,翅痣和强脉浅褐色,弱脉无色。

雄:未知。

寄主:未知。

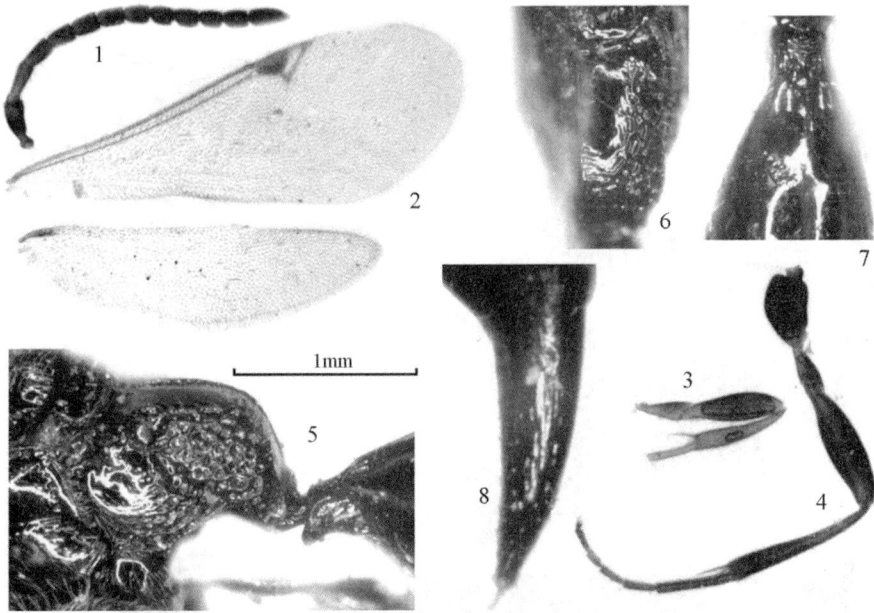

图 317　黄氏叉齿细蜂，新种　*Exallonyx huangi* He *et* Xu, sp. nov.

1. 触角；2. 翅；3. 前足；4. 后足；5. 后胸侧板、并胸腹节和腹柄，侧面观；6. 并胸腹节，背面观；7. 腹柄和合背板基部，背面观；8. 产卵管鞘 [1-4. 1.0X 标尺；5-7. 2.0X 标尺；8. 4.0X 标尺]

研究标本：正模♀，福建武夷山黄岗山，1985.Ⅶ.6，郑耿。

分布：福建。

鉴别特征：见检索表。

词源：种本名"黄氏 *huangi*"，表示对福建农林大学已故昆虫学家黄邦侃教授的怀念。

(258) 窄痣叉齿细蜂，新种　*Exallonyx stenostigmus* He *et* Liu, sp. nov. (图 318)

雌：前翅长 2.7mm。

头：背观上颊长为复眼的 1.1 倍。颊长为复眼长径的 0.6 倍。唇基宽为长的 3.0 倍，稍均匀隆起，光滑，具弱刻点，亚端悬垂物前缘呈新月形倾斜，端缘平截。触角第 2、10 鞭节长分别为宽的 2.0 倍和 1.8 倍，端节长为端前节的 1.5 倍。额脊强而高。后头脊正常高。

胸：前胸背板颈部具 4 条细横皱；侧面光滑，前沟缘脊发达；前沟缘脊之后无毛，颈脊之后具毛；背缘具单列毛；后下角双凹窝。中胸侧板前缘上角和中央横沟上方为有毛区，之间无毛区长为翅基片的 1.45 倍；镜面区上方 0.5 具稀毛；中央横沟内具 1 平行细皱；侧板下半部具稀毛，近中央区域无毛；后下角无平行细皱。后胸侧板前上方及中央前方光滑，长和高分别占侧板的 0.55 倍和 0.65 倍，其余具细皱。并胸腹节侧观背缘有弱角度，后表面斜；中纵脊伸达后表面中央；背表面完全光滑；后有 1 中横脊，脊前具弱皱，脊后 (后表面) 近于光滑；外侧区具小室状网皱。

足：后足腿节长为宽的 3.6 倍；后足胫节长距长为基跗节的 0.40 倍。

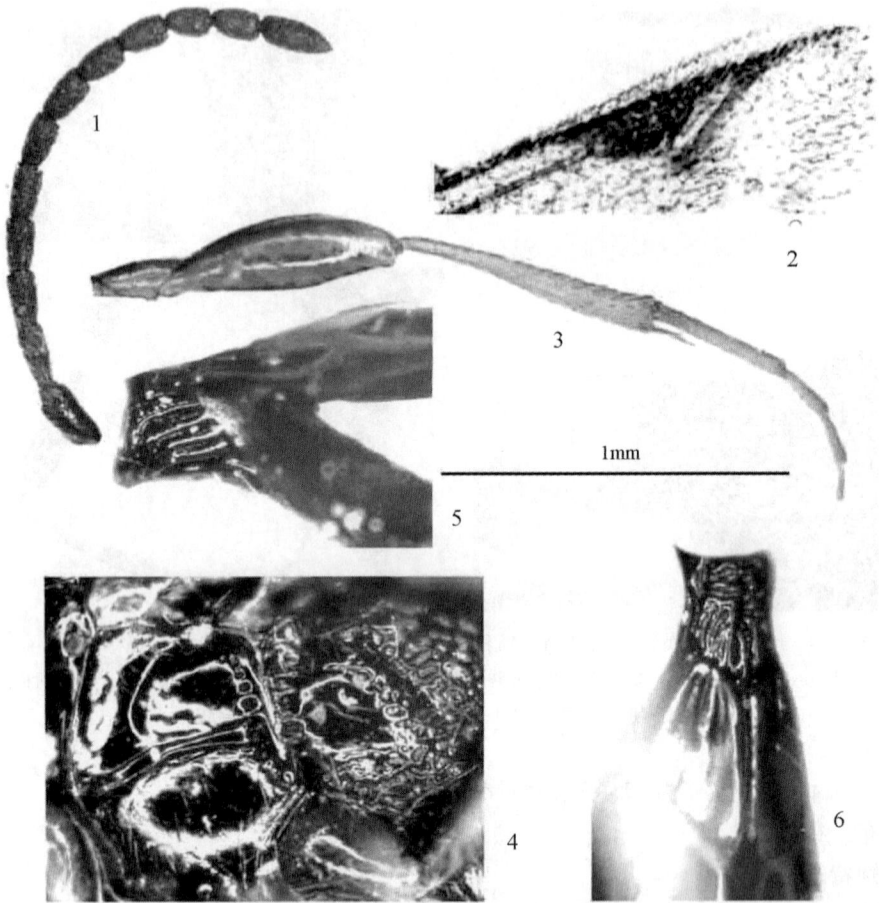

图 318 窄痣叉齿细蜂, 新种 *Exallonyx stenostigmus* He *et* Liu, sp. nov.

1. 触角; 2. 翅痣; 3. 后足; 4. 后胸侧板和并胸腹节, 侧面观; 5. 腹柄, 侧面观; 6. 腹柄和合背板基部, 背面观 [1, 3. 1.0X 标尺; 2, 4-6. 2.0X 标尺]

翅: 前翅长为宽的 2.74 倍; 翅痣长和径室前缘脉长分别为翅痣宽的 2.78 倍和 0.67 倍; 翅痣后侧缘稍弯; 径脉第 1 段内斜, 长为宽的 0.7 倍, 从翅痣中央外方伸出; 径脉第 2 段直, 两段相接处不膨大。后翅后缘近基部 0.35 处具缺刻。

腹: 腹柄背面长为中宽的 1.2 倍, 基部 0.42 具 4 条横皱, 端部 0.58 具 7 条纵皱, 内夹细皱; 腹柄侧面上缘长为中高的 0.71 倍, 上缘直, 基部具连纵脊的横脊 4 条, 其后另具纵脊 2 条。合背板基部中纵沟伸达基部至第 1 对窗疤间距的 0.9 处, 两侧各具 1 条明显纵沟, 亚侧纵沟长为中纵沟的 0.25 倍。第 1 窗疤宽为长的 3.8 倍, 疤距为疤宽的 0.35 倍。合背板上的毛稀而短, 下方毛窝距离合背板下缘为毛长的 1.0-3.0 倍。产卵管鞘长为后足胫节的 0.4 倍, 为鞘中宽的 3.0 倍, 表面光滑, 具细长刻点, 有细毛。

体色: 体黑色。须黄色。上唇、上颚端半黄褐色。触角暗红褐色, 至基部色稍浅。翅基片红褐色。足红褐色, 中足基节黑褐色; 后足基节黑色 (末端红褐色)。翅透明, 带烟黄色, 翅痣和强脉褐黄色, 弱脉浅黄色痕迹。

雄：未知。

寄主：未知。

研究标本：正模♀，陕西秦岭天台山，1999.IX.4，陈学新，No.991615。

分布：陕西。

鉴别特征：本种以下特征可区别于该种团的其他已知种：①背观上颊长为复眼的 1.1 倍；②前翅翅痣长为翅痣宽的 2.78 倍；③合背板基部中纵沟伸达基部至第 1 对窗疤间距的 0.9 处，两侧各具 1 条纵沟。

词源：种本名"窄痣 stenostigmus"，意指前翅翅痣较狭窄。

(259) 长柄叉齿细蜂，新种 *Exallonyx longistipes* He *et* Liu, sp. nov. (图 319)

雌：前翅长 2.7mm。

头：背观上颊长为复眼的 1.0 倍。颊长为复眼纵径的 0.42 倍。唇基宽为长的 3.0 倍，较平坦，光滑，亚端横脊弱，端缘稍凹。触角第 2、10 鞭节长分别为端宽的 2.2 倍和 1.7 倍，端节长为端前节的 1.67 倍。额脊中等高。后头脊正常高，稍呈檐状。

胸：前胸背板颈部具 6-7 条细横皱；侧面光滑，前沟缘脊发达；前沟缘脊之后无毛，颈脊之后具稀毛；背缘具连续的单列毛；后下角双凹窝。中胸侧板前缘上角和中央横沟上方为有毛区，之间无毛区长为翅基片的 1.3 倍；镜面区上方 0.5 具稀毛；侧板下半部 (中央横沟以下部位) 具稀毛；后下角具平行细皱。后胸侧板中央前上方有表面具稀毛的光滑区，长和高分别为侧板的 0.5 倍和 0.55 倍，其余具平行斜横皱，内夹细皱。并胸腹节侧观背缘陡弧，后表面陡斜；中纵脊伸达后表面近端部；背表面光滑，端部具涟漪状皱，中段外侧具网皱和弱纵皱；后表面具横网皱；外侧区具小室状网皱。

足：后足腿节长为宽的 3.9 倍；后足胫节长距长为基跗节的 0.41 倍。

翅：前翅长为宽的 2.4 倍；翅痣长和径室前缘脉长分别为翅痣宽的 1.7 倍和 0.62 倍；翅痣后侧缘稍弯；径脉第 1 段内斜，长为宽的 1.5 倍，从翅痣近中央伸出；径脉第 2 段直，两段相接处膨大。后翅后缘近基部 0.35 处缺刻深。

腹：腹柄背面长为中宽的 1.2 倍，基半具 6 条细横皱，靠基部 2 条较粗，其余短，端部半中央具弱皱，两侧光滑；腹柄侧面上缘长为中高的 0.9 倍，上缘直，基部具连有斜纵脊的粗横脊 5 条，其后另具纵脊 2 条。合背板基部中纵沟伸达基部至第 1 对窗疤间距的 0.52 处，两侧各具 3 条纵沟，亚侧纵沟弱，长为中纵沟的 0.8 倍。第 1 窗疤宽为长的 2.75 倍，疤距为疤宽的 0.4 倍。合背板上的毛稀而短，远离合背板下缘。产卵管鞘长为后足胫节的 0.5 倍，为鞘中宽的 4.0 倍，表面具细长刻点，有细毛。

体色：体黑色。上唇、上颚端半红褐色。须黄色。翅基片褐黄色。触角黑褐色，但基部 3 节带红褐色。翅基片褐黄色。足红褐色，但腿节中段色稍暗；基节黑褐色至黑色，第 2-4 跗节黄褐色。翅透明，带烟黄色，翅痣和强脉褐黄色，弱脉无色。

变异：触角褐色至黑褐色；后足腿节长为宽的 3.8-4.4 倍；亚侧纵沟长为中纵沟的 0.5-0.8 倍；并胸腹节背表面光滑区后或无弱纵皱，或外侧无网皱。

雄：未知。

寄主：未知。

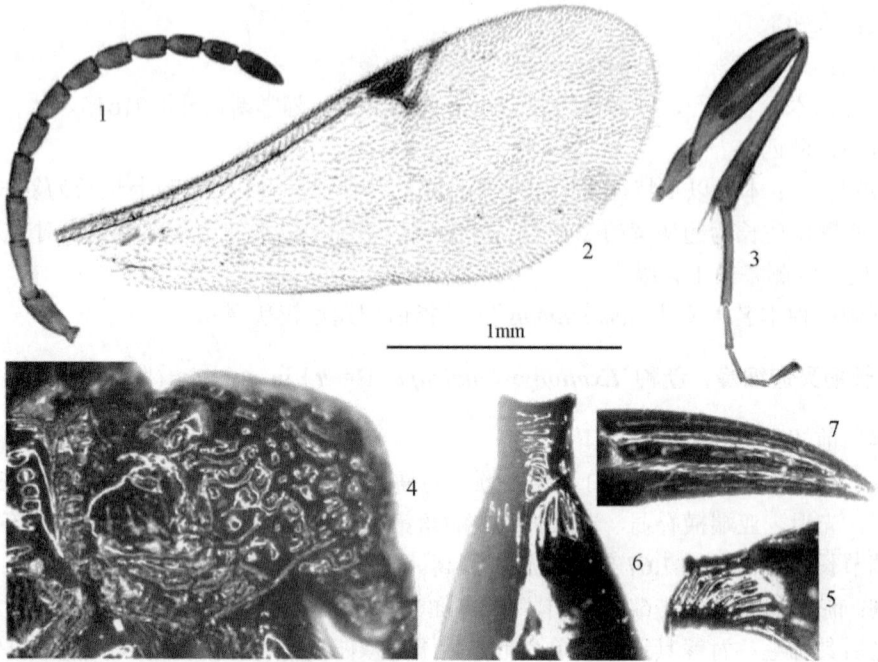

图 319　长柄叉齿细蜂，新种 *Exallonyx longistipes* He *et* Liu, sp. nov.

1. 触角；2. 前翅；3. 后足；4. 后胸侧板和并胸腹节，侧面观；5. 腹柄，侧面观；6. 腹柄和合背板基部，背面观；7. 产卵管鞘 [1-3. 1.0X 标尺；4-6. 2.0X 标尺；7. 3.0X 标尺]

研究标本：正模♀，浙江西天目山，1998.Ⅶ.30，赵明水，No.993972。副模：4♀，浙江西天目山仙人顶，1998.Ⅴ.30，1999.Ⅴ.27，1999.Ⅵ.20，1999.Ⅷ.10，赵明水，Nos.992198，995993，996464，997105；1♀，浙江西天目山仙人顶，1993.Ⅵ.12，马云，No.934278；1♀，浙江西天目山仙人顶，2001.Ⅶ.1，朴美花，No.200106441；1♀，陕西秦岭天台山，1999.Ⅸ.3，何俊华，No.990498。

分布：陕西、浙江。

鉴别特征：本种的并胸腹节表面光滑、腹柄背面具有横皱及中纵沟两侧具 3 条纵沟等特征与浙江叉齿细蜂 *Exallonyx zhejiangensis* He *et* Fan, 2004 相似，可从以下特征与后者区别：①后胸侧板光滑区长和高分别占侧板的 0.5 倍和 0.55 倍 (后者为 0.8 倍和 0.7 倍)；②产卵管鞘表面具细长刻点 (后者为纵刻皱)。本种与分布于菲律宾的民都洛叉齿细蜂 *E. mindorensis* Townes, 1981 区别在于：①前沟缘脊发达 (后者较弱)；②背观上颊长为复眼的 1.0 倍 (后者为 0.79 倍)；③产卵管鞘表面具细长刻点 (后者为长刻皱)。

词源：种本名"长柄 *longistipes*"，系 *long* (长) + *stipes* (柄) 组合词，意为腹柄相对较长。

(260) 廖氏叉齿细蜂，新种 *Exallonyx liaoi* He *et* Xu, sp. nov. (图 320)

雌：前翅长 2.8mm。

头：头背观宽为中长的 1.0 倍；背观上颊长为复眼的 1.0 倍。颊长为复眼纵径的 0.5

倍。唇基宽为长的 3.0 倍，稍均匀隆起，具弱刻点，亚端横脊明显，端缘平截。触角第 2、10 鞭节长分别为宽的 1.9 倍和 1.56 倍，端节长为端前节的 1.6 倍。额脊强而高。后头脊正常。

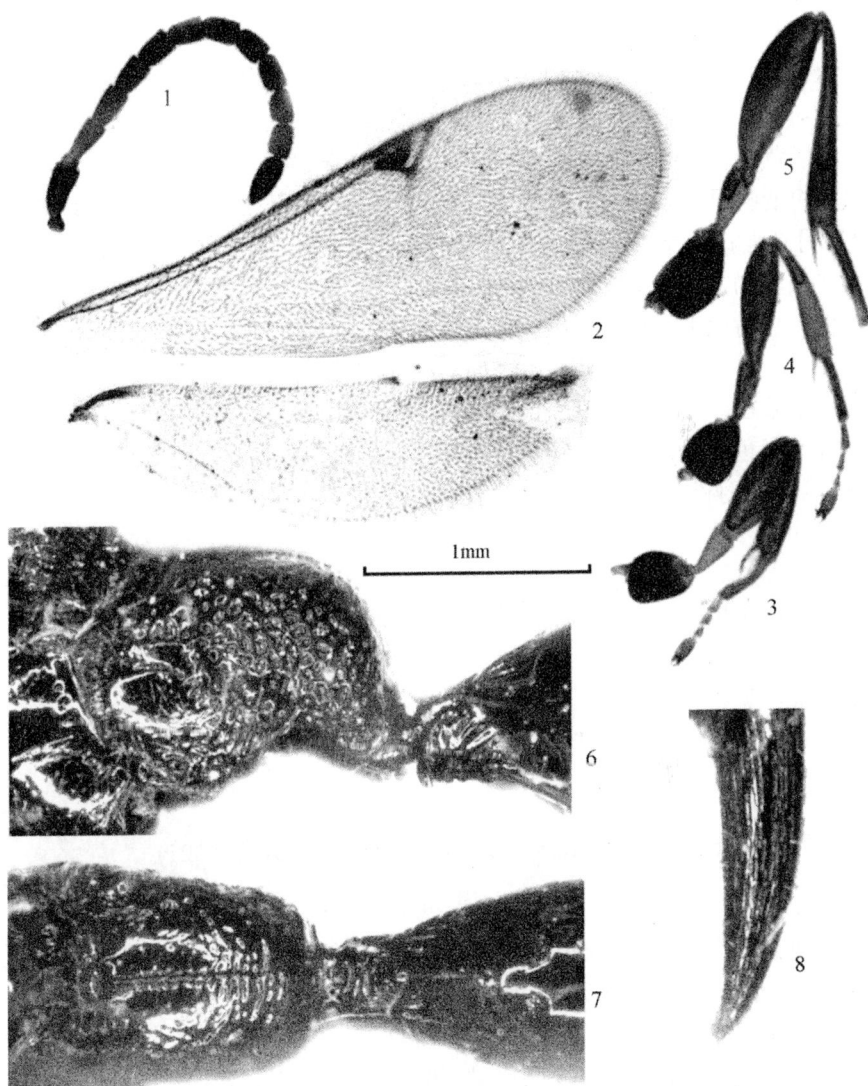

图 320　廖氏叉齿细蜂，新种 *Exallonyx liaoi* He *et* Xu, sp. nov.

1. 触角；2. 翅；3. 前足；4. 中足；5. 后足；6. 后胸侧板、并胸腹节和腹柄，侧面观；7. 并胸腹节、腹柄和合背板基部，背面观；8. 产卵管鞘 [1-5. 1.0X 标尺；6-7. 2.0X 标尺；8. 3.0X 标尺]

胸：前胸背板颈部背面具 5 条横皱；侧面光滑，前沟缘脊发达；前沟缘脊之后无毛，颈脊之后具毛；背缘具连续的单列毛；后下角双凹窝。中胸侧板前缘上角镜面区上半具稀毛；侧板下半部（中横沟以下部位）具稀毛。后胸侧板中央前方及前上方有被纵沟分隔、具稀毛的光滑区，其长和高分别占侧板的 0.8 倍和 0.8 倍，其余部位具小室状网皱。

并胸腹节中纵脊仅背表面存在；背表面中央、后方和外侧有弱皱，一侧光滑区长为并胸腹节基部至气门后端间距的 3.8 倍；后表面陡斜，具弱横皱，大部光滑；外侧区具小室状网皱。

足：后足腿节长为宽的 3.7 倍；后足胫节长距长为基跗节的 0.43 倍。

翅：前翅长为宽的 2.5 倍；翅痣长和径室前缘脉长分别为翅痣宽的 1.76 倍和 0.56 倍；翅痣后侧缘稍弯；径脉第 1 段内斜，长为宽的 2.0 倍，从翅痣近中央伸出；径脉第 2 段直，两段相接处膨大。后翅后缘近基部缺刻深。

腹：腹柄背面长为中宽的 1.0 倍，基部中央具 3 条横皱，后半中央纵隆，两侧各具 3 条弱斜皱；腹柄侧面上缘长为中高的 0.7 倍，上缘直，稍下凹，基部具连斜纵脊的横脊 4 条，横脊后另具强斜纵脊 2 条。合背板基部中纵沟伸达基部至第 1 对窗疤间距的 0.7 处，两侧各具 3 条纵沟，亚侧纵沟长为中纵沟的 0.6 倍。第 1 窗疤宽为长的 3.0 倍，疤距为疤宽的 0.3 倍。合背板上仅窗疤附近有稀而短的毛，远离合背板下缘。产卵管鞘长为后足胫节的 0.53 倍，为鞘中宽的 4.0 倍，表面具细纵刻皱，光滑，有细毛。

体色：体黑色。须黄色。上唇、上颚端部和翅基片褐黄色。触角棕黑色。足红褐色；基节除端部黑褐色至黑色；后足腿节背方及各足端跗节黑褐色。翅透明，带烟黄色，翅痣和强脉褐黄色，弱脉无色。

雄：未知。

寄主：未知。

研究标本：正模♀，四川峨眉山，1980.Ⅷ.9，何俊华，No.802212。

分布：四川。

鉴别特征：见检索表。

词源：种本名"廖氏 liaoi"，表示对中国科学院动物研究所已故膜翅目分类专家廖定熹研究员的怀念和感谢！

(261) 利氏叉齿细蜂，新种 *Exallonyx liae* He et Xu, sp. nov. (图 321)

雌：前翅长 2.1mm。

头：背观上颊长为复眼的 0.89 倍。颊长为复眼纵径的 0.35 倍。唇基宽为长的 3.1 倍，稍均匀隆起，光滑，亚端横脊明显，端缘平截。触角第 2、10 鞭节长分别为宽的 1.5 倍和 1.4 倍，端节长为端前节的 1.6 倍。额脊中等高。后头脊正常。

胸：前胸背板颈部背面具 6-7 条横皱；侧面光滑，前沟缘脊发达；前沟缘脊之后无毛，颈脊之后无毛；背缘具稀疏的单列毛；后下角双凹窝。中胸侧板前缘上角有稀毛；镜面区上半具稀毛；侧板下半部 (中央横沟以下部位) 具稀毛，近中央区域无毛；后下角具平行细皱。后胸侧板中央前方及前上方有被纵点列分隔、表面具稀毛的光滑区，其长和高分别占侧板的 0.4 倍和 0.55 倍，其余部位具小室状网皱。并胸腹节侧观背缘弧形；中纵脊仅背表面存在；背表面一侧光滑区长为并胸腹节基部至气门后端间距的 3.0 倍；后表面陡斜，具大横网皱，内夹点皱；外侧区具小室状网皱。

足：后足腿节长为宽的 3.6 倍；后足胫节长距长为基跗节的 0.45 倍。

翅：前翅长为宽的 2.5 倍；翅痣长和径室前缘脉长分别为翅痣宽的 2.0 倍和 0.5 倍；

翅痣后侧缘稍弯；径脉第 1 段内斜，长为宽的 0.8 倍，从翅痣中央稍外方伸出；径脉第 2 段直。后翅后缘近基部缺刻深。

图 321　利氏叉齿细蜂，新种 *Exallonyx liae* He et Xu, sp. nov.

1. 触角；2. 翅；3. 后胸侧板、并胸腹节和腹柄，侧面观；4. 并胸腹节，背面观；5. 腹柄和合背板基部，背面观；6. 产卵管鞘 [1-2. 1.0X 标尺；3-5. 2.0X 标尺；6. 2.5X 标尺]

腹：腹柄背面长为中宽的 1.0 倍，具不规则网皱，纵向细皱稍强；腹柄侧面上缘长为中高的 0.6 倍，上缘直，上方具细刻点，基部具连细斜脊的细横脊 5 条，斜脊后具细纵脊 5 条。合背板基部中纵沟伸达基部至第 1 对窗疤间距的 0.6 处，两侧各具 3 条纵沟，亚侧纵沟长为中纵沟的 0.4 倍。第 1 窗疤宽为长的 3.5 倍，疤距为疤宽的 0.5 倍。合背板上仅窗疤附近有稀而短的毛，远离合背板下缘。产卵管鞘长为后足胫节的 0.5 倍，为鞘中宽的 4.0 倍，表面具细纵刻皱，光滑，有细毛。

体色：体黑色。须黄色。上唇、上颚端部浅褐色。触角黑褐色。翅基片暗黄褐色。足暗褐黄色；基节、后足腿节 (除两端) 黑色；前中足腿节背面和端跗节、后足胫节端部、整个跗节褐色。翅透明，带烟黄色，翅痣和强脉浅褐色，弱脉浅黄色痕迹。

雄：未知。

寄主：未知。

研究标本：正模♀，广东乳源南岭，2004.Ⅴ.8，许再福，No.20047736。

分布：广东。

鉴别特征：见检索表。

词源：种本名"利氏 *liae*"，表示对我国已故昆虫学家、中山大学利翠英教授的怀念！

(262) 红足叉齿细蜂，新种 *Exallonyx rufipes* He et Liu, sp. nov. (图 322)

雌：前翅长 2.4mm。

头：背观上颊长为复眼的 0.77 倍。颊长为复眼纵径的 0.36 倍。唇基宽为长的 3.0 倍，稍均匀隆起，光滑，亚端横脊弱，端缘平截。触角第 2、10 鞭节长分别为端宽的 2.0 倍和 1.5 倍，端节长为端前节的 1.67 倍。额脊弱。后头脊正常高。

胸：前胸背板颈部背面具 4-5 条横皱；侧面光滑，前沟缘脊发达；前沟缘脊之后无毛，颈脊之后具毛；背缘具单列毛；后下角双凹窝，下凹窝间又有 1 短脊分隔。中胸侧板前缘上角和中央横沟上方为有毛区，之间无毛区长为翅基片的 1.0 倍；镜面区上方 0.67 具稀毛；侧板下半部除沿中央横沟以下部位外具稀毛；后下角具平行细皱。后胸侧板中央前方及前上方各有 1 相连的、表面具稀毛的光滑区，其长和高分别占侧板的 0.5 倍和 0.7 倍，其余具小室状网皱。并胸腹节侧观背缘弧形，后表面陡斜；中纵脊伸达后表面中央；背表面基本上光滑；后表面具弱皱，端部光滑；外侧区具小室状网皱。

足：后足腿节长为宽的 3.8 倍；后足胫节长距长为基跗节的 0.42 倍。

翅：前翅长为宽的 2.5 倍；翅痣长和径室前缘脉长分别为翅痣宽的 1.9 倍和 0.7 倍；翅痣后侧缘稍弯；径脉第 1 段内斜，长为宽的 1.1 倍，从翅痣中央伸出；径脉第 2 段直，两段相接处膨大不明显。后翅后缘近基部缺刻深。

腹：腹柄背面长为中宽的 1.0 倍，具 7 条细横皱，端部具不规则细皱；腹柄侧面上缘长为中高的 0.88 倍，上缘直，基部具连斜纵脊的横脊 4 条，其后另具纵脊 4 条。合背板基部中纵沟伸达基部至第 1 对窗疤间距的 0.46 处，两侧各具 4 条纵沟，亚侧纵沟长为中纵沟的 0.72 倍。第 1 窗疤宽为长的 3.0 倍，疤距为疤宽的 0.3 倍。合背板几乎光滑，其上的毛稀而短，远离合背板下缘。产卵管鞘长为后足胫节的 0.5 倍，为鞘中宽的 4.5 倍，表面具细长纵刻皱，有细毛。

体色：体黑色。须黄褐色。上唇、上颚端半红褐色。触角基部 3 节红褐色，其余黑褐色。翅基片褐色。足基节黑色，其余红褐色。翅透明，带烟黄色，翅痣和强脉黑褐色，弱脉浅黄色痕迹。

雄：未知。

寄主：未知。

研究标本：正模♀，浙江西天目山，1520m，2001.Ⅶ.1，朴美花，No.20106418。

分布：浙江。

鉴别特征：本种的前胸背板侧面上缘具单列毛、并胸腹节中纵脊伸达后表面中央等特征与窄痣叉齿细蜂，新种 *Exallonyx stenostigmus* sp. nov.相似，与后者区别在于：①上颊背面观长为复眼的 0.77 倍 (后者为 1.1 倍)；②前翅翅痣长为宽的 1.9 倍 (后者为 2.78 倍)；③合背板基部中纵脊伸达基部至第 1 对窗疤间距的 0.46 处 (后者为 0.9 处)，两侧各具 4 条侧纵沟 (后者具 1 条侧纵沟)。

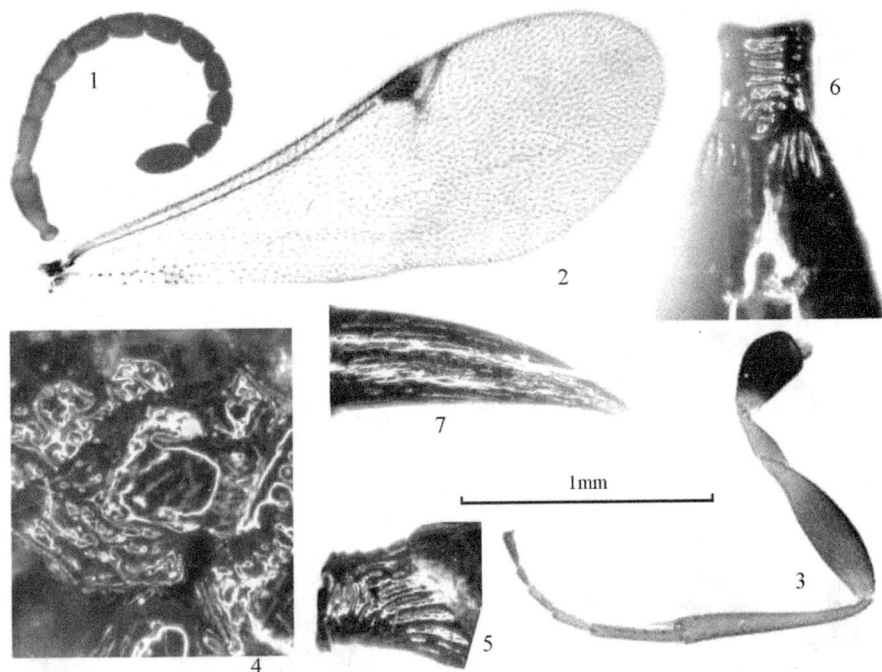

图 322　　红足叉齿细蜂，新种　*Exallonyx rufipes* He *et* Liu, sp. nov.

1. 触角；2. 前翅；3. 后足；4. 后胸侧板和并胸腹节，侧面观；5. 腹柄，侧面观；6. 腹柄和合背板基部，背面观；7. 产卵管鞘 [1-3. 1.0X 标尺；4-6. 2.0X 标尺；7. 3.0X 标尺]

词源：种本名"红足 *rufipes*"，系 *ruf* (变红的) + *pes* (足) 组合词，意指足除基节黑色外红褐色。

(263) 皱胸叉齿细蜂，新种 *Exallonyx rugosus* He *et* Liu, sp. nov. (图 323)

雌：前翅长 2.8mm。

头：背观上颊长为复眼的 0.82 倍。颊长为复眼长径的 0.5 倍。唇基宽为长的 2.5 倍，稍均匀隆起，有刻点，亚端横脊明显，端缘平截。触角第 2、10 鞭节长分别为端宽的 1.9 倍和 1.5 倍，端节长为端前节的 1.6 倍。额脊中等高。后头脊正常高。

胸：前胸背板颈部具 6-7 条细横皱；侧面光滑，前沟缘脊发达；前沟缘脊之后无毛，颈脊之后具毛；背缘具单列毛，两端具多列毛；后下角双凹窝。中胸侧板仅前缘上角为有毛区；镜面区上方 0.6 具稀毛；侧板下半部除沿中央横沟以下部位外具稀毛；后下角具平行细皱。后胸侧板中央前上方有被斜沟分隔的、表面具稀毛的光滑区，其长和高分别占侧板的 0.4 倍和 0.6 倍，其余具平行斜网皱。并胸腹节侧观背缘弧形，后表面斜；中纵脊伸达后表面近端部；背表面后方 2/3 布满横皱，基部光滑区止于气门后端水平；后表面具横网皱，后端光滑；外侧区具小室状强网皱。

足：后足腿节长为宽的 3.9 倍；后足胫节长距长为基跗节的 0.4 倍。

翅：前翅长为宽的 2.71 倍；翅痣长和径室前缘脉长分别为翅痣宽的 2.0 倍和 0.43 倍；翅痣后侧缘稍弯；径脉第 1 段从翅痣近中央伸出，内斜，长为宽的 1.3 倍；径脉第 2 段直，两段相接处不膨大。后翅后缘近基部 0.35 处缺刻深。

腹：腹柄背面长为中宽的 1.0 倍，基半具 3 条横皱，端半光滑具不规则弱皱；腹柄侧面上缘长为中高的 0.7 倍，上缘直，基部具横脊 4 条，表面具强斜纵脊 5 条。合背板基部中纵沟伸达基部至第 1 对窗疤间距的 0.83 处，两侧各具 2 条纵沟，亚侧纵沟长为中纵沟的 0.4 倍。第 1 窗疤宽为长的 2.7 倍，疤距为疤宽的 0.75 倍。合背板上的毛稀而短，远离合背板下缘。产卵管鞘长为后足胫节的 0.53 倍，为鞘中宽的 3.3 倍，表面具细长纵刻皱，有细毛。

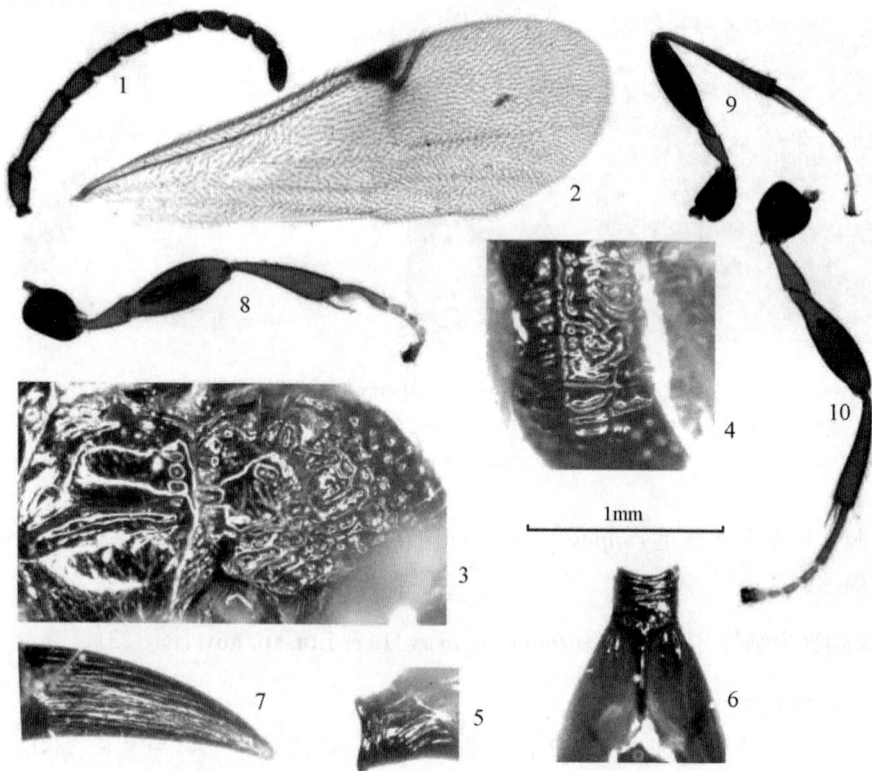

图 323　皱胸叉齿细蜂，新种 *Exallonyx rugosus* He *et* Liu, sp. nov.

1. 触角；2. 前翅；3. 中胸侧板、后胸侧板和并胸腹节，侧面观；4. 并胸腹节，背面观；5. 腹柄，侧面观；6. 腹柄和合背板基部，背面观；7. 产卵管鞘；8. 前足；9. 中足；10. 后足 [1. 1.0X 标尺；2-6. 2.0X 标尺；7. 2.5X 标尺；8-10. 0.8 X 标尺]

体色：体黑色。上唇、上颚端半红褐色。须黄色。触角红褐色，端部色暗。翅基片黄褐色。足红褐色，但后足腿节色稍暗；基节黑色，跗节第 2-5 节黄褐色。翅透明，带烟黄色，翅痣和强脉深褐色，弱脉无色。

雄：未知。

寄主：未知。

研究标本：正模♀，浙江西天目山三里亭，1998.Ⅴ.30，赵明水，No.999747。

鉴别特征：本种的触角第 2、10 鞭节长宽比、腹柄侧面横皱较粗等特征与分布于菲律宾的民都洛叉齿细蜂 *Exallonyx mindorensis* Townes, 1981 相似，与后者主要区别在于：

①并胸腹节背面后方 2/3 满布横皱 (后者光滑)；②合背板基部中纵沟伸达基部至第 1 对窗疤的 0.83 处 (后者为 0.65 处)。

词源：种本名"皱胸 rugosus (皱)"，意为并胸腹节背表面、后表面和外侧区均具网皱。

(264) 弱沟叉齿细蜂，新种 *Exallonyx delicatus* He *et* Liu, sp. nov. (图 324)

雌：前翅长 2.8mm。

头：背观上颊长为复眼的 0.75 倍。颊长为复眼纵径的 0.4 倍。唇基宽为长的 3.0 倍，稍均匀隆起，光滑，具稀毛，亚端横脊明显，端缘平截。触角第 2、10 鞭节长分别为端宽的 1.9 倍和 1.6 倍，端节长为端前节的 1.6 倍。额脊中等高。后头脊高。

胸：前胸背板颈部具 2 条横皱；侧面光滑，前沟缘脊发达；前沟缘脊之后无毛，颈脊之后具毛；背缘具连续的单列毛；后下角双凹窝。中胸侧板仅前缘上角为有毛区；镜面区上方 0.4 具稀毛；侧板下半部 (中央横沟以下部位) 具稀毛；后下角具平行细皱。后胸侧板中央前方有被分隔、表面具稀毛的光滑区，其长和高分别占侧板的 0.38 倍和 0.5 倍，其余具横向粗网皱。并胸腹节侧观背缘陡弧，后表面陡斜；中纵脊伸达后表面近端部；背表面基部 1/3 光滑，其余为刻皱；后表面具横网皱，端部光滑；外侧区具小室状网皱。

足：后足腿节长为宽的 3.9 倍；后足胫节长距长为基跗节的 0.46 倍。

翅：前翅长为宽的 2.34 倍；翅痣长和径室前缘脉长分别为翅痣宽的 2.0 倍和 0.5 倍；翅痣后侧缘弧形；径脉第 1 段内斜，长为宽的 1.0 倍，从翅痣近中央伸出；径脉第 2 段直，两段相接处不膨大。后翅后缘近基部缺刻深。

腹：腹柄背面长为中宽的 0.7 倍，基半具 3 条横皱，端半光滑，端部亚侧方瘤状隆起；腹柄侧面上缘长为中高的 0.7 倍，上缘直，基部具连有斜脊的弱横脊 5 条，其后光滑，无明显斜纵脊。合背板基部中纵沟细，伸达基部至第 1 对窗疤间距的 0.78 处，两侧各具 2 条弱而浅的纵沟，亚侧纵沟长为中纵沟的 0.3 倍。第 1 窗疤宽为长的 2.5 倍，疤距为疤宽的 0.6 倍。合背板几乎光滑，其上的毛稀而短，远离合背板下缘。产卵管鞘长为后足胫节的 0.5 倍，为鞘中宽的 3.9 倍，表面具细长刻条，有细毛。

体色：体黑色。上唇、上颚端半红褐色。须黄色。触角红褐色，至端部色深。翅基片黄褐色。足红褐色；基节黑褐色，前中足第 2-4 跗节黄褐色。翅透明，带烟黄色，翅痣和强脉暗褐黄色，弱脉无色。

雄：未知。

寄主：未知。

研究标本：正模♀，浙江西天目山老殿，1998.Ⅵ.23，赵明水，No.20002142。副模：1♀，浙江西天目山仙人顶，2001.Ⅶ.1，朴美花，No.200106464。

分布：浙江。

鉴别特征：本种与皱胸叉齿细蜂，新种 *Exallonyx rugosus* sp. nov.相似，与后者区别在于：①唇基宽为长的 3.0 倍；②腹柄背面基半具 3 条横皱，端半光滑，端部亚侧方瘤状隆起；③腹柄侧面基部具 5 条横脊，其后表面光滑，无明显斜纵脊。本种与其他已知种类区别见检索表。

词源：种本名"弱沟 *delicatus* (柔弱的)"，意指腹部背板纵沟弱。

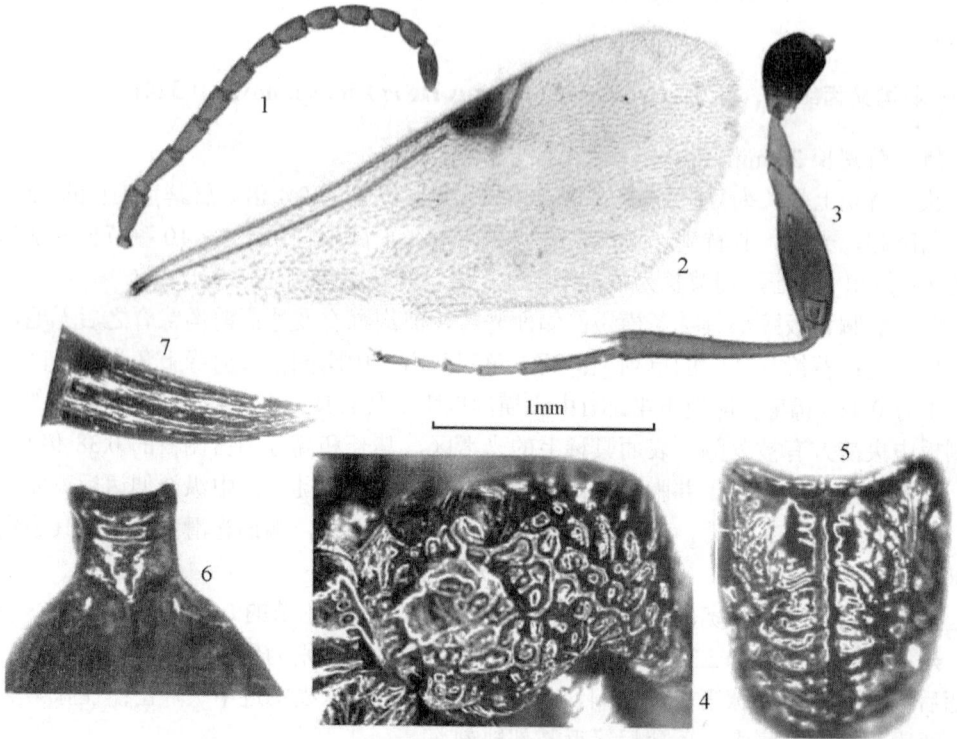

图 324 弱沟叉齿细蜂，新种 *Exallonyx delicatus* He *et* Liu, sp. nov.

1. 触角；2. 前翅；3. 后足；4. 后胸侧板和并胸腹节，侧面观；5. 并胸腹节，背面观；6. 腹柄和合背板基部，背面观；7. 产卵管鞘 [1-3. 1.0X 标尺；4-7. 2.0X 标尺]

(265) 秦岭叉齿细蜂，新种 *Exallonyx qinlingensis* He *et* Liu, sp. nov. (图 325)

雌：前翅长 2.3mm。

头：背观上颊长为复眼的 1.17 倍。颊长为复眼纵径的 0.52 倍。唇基宽为长的 3.0 倍，稍均匀隆起，光滑，亚端横脊不明显，端缘平截。触角第 2、10 鞭节长分别为端宽的 2.1 倍和 1.5 倍，端节长为端前节的 1.83 倍。额脊强而高。后头脊中等高，呈檐状。

胸：前胸背板颈部具 5 条横皱；侧面光滑，前沟缘脊发达；前沟缘脊之后无毛，颈脊之后具毛；背缘具双列毛；后下角双凹窝。中胸侧板前缘上角和中央横沟上方为有毛区，之间无毛区长为翅痣片的 1.3 倍；镜面区上方 0.58 具稀毛；侧板下半部 (中央横沟以下部位) 具稀毛，近中央区域无毛；后下角具平行细皱。后胸侧板中央前上方有表面具稀毛的光滑区，其长和高分别占侧板的 0.75 倍和 0.75 倍；下方和后端具小室状网皱。并胸腹节侧观背缘弧形，后表面斜；中纵脊伸达后表面中央；背表面除侧缘外光滑；后表面具弱皱，端部光滑；外侧区具小室状网皱。

足：后足腿节长为宽的 3.7 倍；后足胫节长距长为基跗节的 0.4 倍。

翅：前翅长为宽的 2.55 倍；翅痣长和径室前缘脉长分别为翅痣宽的 2.2 倍和 0.67 倍；翅痣后侧缘稍直；径脉第 1 段从翅痣近中央伸出，内斜，长为宽的 0.7 倍；径脉第 2 段直，两段相接处略膨大。后翅后缘近基部缺刻深。

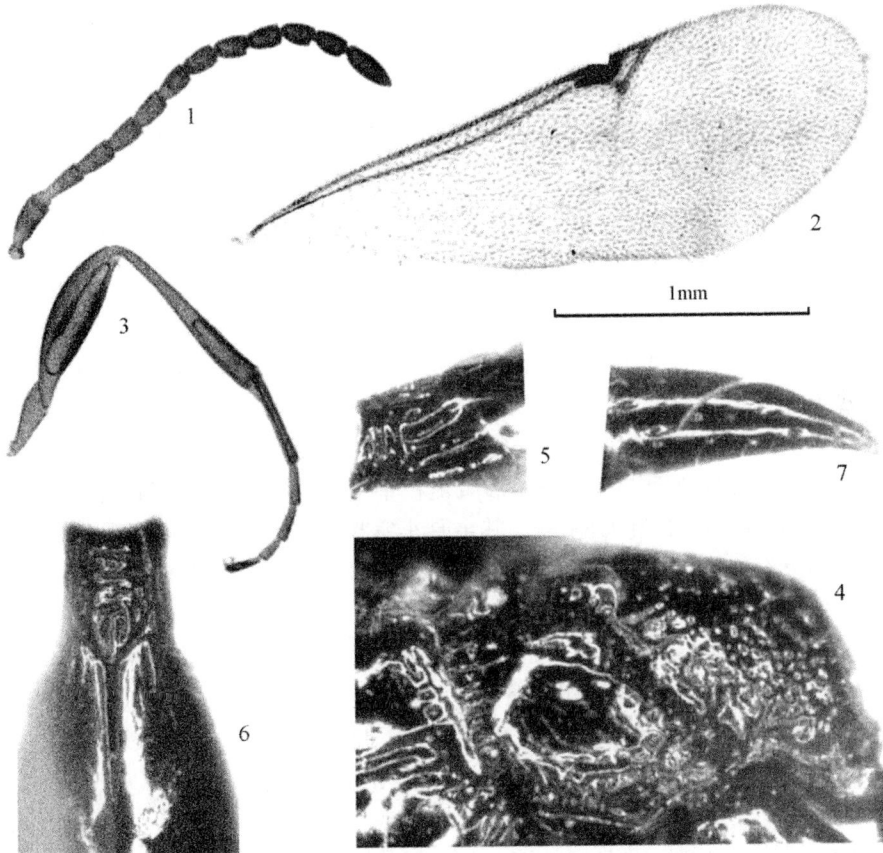

图 325　秦岭叉齿细蜂，新种 *Exallonyx qinlingensis* He *et* Liu, sp. nov.

1. 触角；2. 前翅；3. 后足；4. 后胸侧板和并胸腹节，侧面观；5. 腹柄，侧面观；6. 腹柄和合背板基部，背面观；7. 产卵管鞘 [1-3.1.0X 标尺；4-6.3.0X 标尺；7.4.0X 标尺]

腹：腹柄背面长为中宽的 1.2 倍，基部 0.55 中央具 4 条夹点横皱，端部 0.45 具 7 条短纵脊；腹柄侧面上缘长为中高的 0.8 倍，上缘直，基部具横脊 4 条，其后具斜纵脊 5 条，均与横脊不相连。合背板基部中纵沟伸达基部至第 1 对窗疤间距的 0.87 处，两侧各具 1 条 (右) 或 2 条 (左) 纵沟，亚侧纵沟长为中纵沟的 0.2 倍。第 1 窗疤宽为长的 3.6 倍，疤距为疤宽的 0.4 倍。合背板上的毛稀疏而短，下方毛窝与合背板下缘之距为毛长的 1.0-1.5 倍。产卵管鞘长为后足胫节的 0.48 倍，为鞘中宽的 3.9 倍，表面光滑，具细长刻条，有细毛。

体色：体黑色。上唇、上颚端半红褐色。须黄褐色。触角黑褐色。翅基片褐色。中足基节褐色，后足基节黑色，前、中足第 2-4 跗节黄色，其余各节红褐色。翅透明，翅痣和强脉浅褐色，弱脉无色。

雄：未知。

寄主：未知。

研究标本：正模♀，陕西秦岭天台山，1999.IX.3，马云，No.991087。

分布：陕西。

鉴别特征：见检索表。

词源：种本名"秦岭 qinlingensis"，意为模式标本产地为陕西省秦岭。

(266) 宽唇叉齿细蜂，新种 *Exallonyx eurycheilus* He et Liu, sp. nov. (图 326)

雌：前翅长 3.5mm。

头：背观上颊长为复眼的 0.76 倍。颊长为复眼长径的 0.31 倍。唇基宽为长的 4.0 倍，稍均匀隆起，光滑，侧方具粗刻点，亚端横脊明显，端缘平截。触角第 2、10 鞭节长分别为端宽的 2.6 倍和 2.0 倍，端节长为端前节的 1.4 倍。额脊弱。后头脊正常高。

胸：前胸背板颈部具 4-5 条横皱；侧面光滑，前沟缘脊发达；前沟缘脊之后无毛，颈脊之后具毛；背缘具双列毛；后下角双凹窝。中胸侧板前缘上角和中央横沟上方为有毛区，之间无毛区长为翅痣片的 1.25 倍；镜面区上半具稀毛；侧板下半部 (中央横沟以下部位) 具稀毛；后下角无平行细皱。后胸侧板中央前上方有表面具稀毛的光滑区，其长和高分别占侧板的 0.5 倍和 0.83 倍，其余具小室状网皱。并胸腹节侧观背缘弧形，后表面陡斜；中纵脊伸达后表面端部；背表面有光滑区，后端及沿中脊有弱皱；后表面具横网皱；外侧区具小室状网皱。

足：后足腿节长为宽的 3.8 倍；后足胫节长距长为基跗节的 0.41 倍。

翅：前翅长为宽的 2.46 倍；翅痣长和径室前缘脉长分别为翅痣宽的 1.7 倍和 0.4 倍；翅痣后侧缘稍弯；径脉第 1 段从翅痣近中央伸出，近于垂直，长为宽的 1.6 倍；径脉第 2 段直，两段相接处稍膨大。后翅后缘近基部 0.35 处缺刻深。

腹：腹柄背面长为中宽的 1.0 倍，基部具不规则皱，端部 0.54 具 3 条强纵皱，内夹细皱；腹柄侧面上缘长为中高的 0.5 倍，上缘直，基部具连有 1 条纵脊的横脊 2 条，其后另具平行强纵脊 5 条。合背板基部中纵沟伸达基部至第 1 对窗疤间距的 0.8 处，两侧各具 3 条纵沟，亚侧纵沟长为中纵沟的 0.5 倍。第 1 窗疤宽为长的 2.4 倍，疤距为疤宽的 0.6 倍。合背板上的毛稀而短，远离合背板下缘。产卵管鞘长为后足胫节的 0.37 倍，为鞘中宽的 3.6 倍，表面具长刻条，有细毛。

体色：体黑色。上唇、上颚红褐色。下颚须和下唇须黄色。触角黑褐色，柄节、梗节及第 1 鞭节红褐色。翅基片黄褐色。前足基节黄褐色，中后足基节黑褐色，其余红褐色。翅透明，带烟黄色，翅痣和强脉黑褐色，弱脉浅黄色。

雄：未知。

寄主：未知。

研究标本：正模♀，陕西秦岭天台山，1800m，1998.VI.10，马云、杜予州，No.983685。

分布：陕西。

鉴别特征：本种的触角第 2、10 鞭节长宽比、唇基均匀隆起、后足腿节长宽比及合背板纵沟分布特征与浙江叉齿细蜂 *Exallonyx zhejiangensis* He *et* Fan, 2004 相似，与后者区别在于：①唇基宽为长的 4.0 倍 (后者为 3.0 倍)，侧方具有粗刻点 (后者光滑)；②腹柄背面基部具不规则皱，端半具有 3 条强纵沟 (后者表面具 8 条横皱)；③腹柄侧面上缘长为中高的 0.5 倍 (后者为 0.8 倍)，基部具横脊 2 条 (后者为 4 条)。

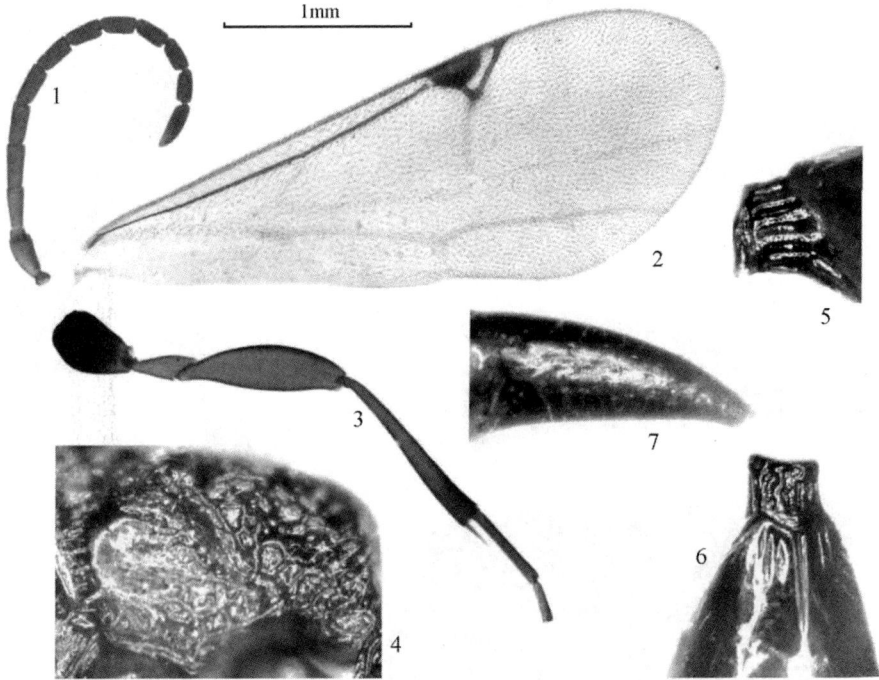

图 326　宽唇叉齿细蜂，新种 *Exallonyx eurycheilus* He *et* Liu, sp. nov.

1. 触角；2. 前翅；3. 后足；4. 后胸侧板和并胸腹节，侧面观；5. 腹柄，侧面观；6. 腹柄和合背板基部，背面观；7. 产卵管鞘 [1-3. 1.0X 标尺；4-6. 2.0X 标尺；7. 3.0X 标尺]

词源：种本名"宽唇 *eurycheilus*"，系 *eury* (宽) + *cheilus* (唇) 组合词，意指唇基较宽。

(267) 突额叉齿细蜂，新种 *Exallonyx exsertifrons* He *et* Xu, sp. nov. (图 327)

雌：前翅长 2.4mm。

头：背观上颊长为复眼的 1.1 倍。颊长为复眼纵径的 0.63 倍。唇基宽为长的 2.4 倍，均匀拱隆，有浅刻点，亚端横脊明显，端缘平截。触角第 2、10 鞭节长分别为端宽的 1.5 倍和 1.3 倍，端节长为端前节的 1.92 倍。额脊强而高，侧面观额长。后头脊正常高。

胸：前胸背板颈部具 4-5 条横皱；侧面光滑，前沟缘脊发达；前沟缘脊之后无毛，颈脊之后具毛；背缘具双列毛，两端多列毛；后下角双凹窝。中胸侧板前缘上角和中央横沟上方为有毛区，之间无毛区长为翅基片的 1.5 倍；镜面区上方 0.46 具稀毛；侧板下半部 (中央横沟以下部位) 具稀毛，近中央区域无毛；后下角无平行细皱。后胸侧板中央前上方有表面具稀毛的光滑区，其长和高分别占侧板的 0.55 倍和 0.7 倍，其余具夹点网皱。并胸腹节侧观背缘稍有角度，后表面陡斜；中纵脊伸达后表面基部；背表面大部分具涟漪状细皱，仅基部有光滑区；后表面除基部外光滑；外侧区具小室状网皱。

足：后足腿节长为宽的 3.6 倍；后足胫节长距长为基跗节的 0.43 倍。

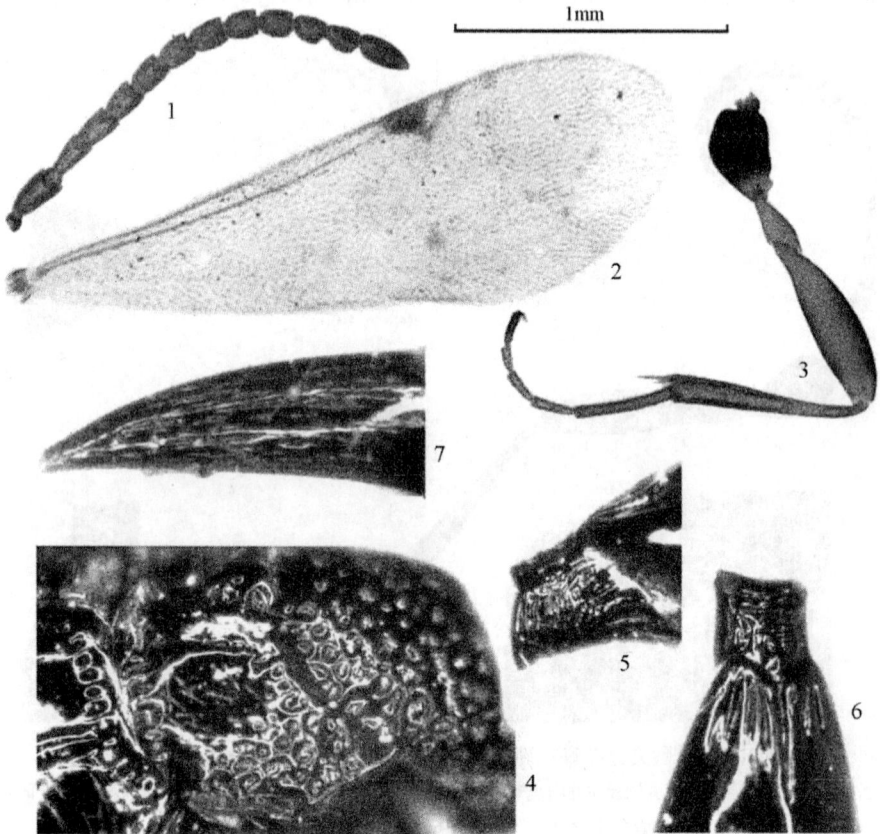

图 327 突额叉齿细蜂，新种 *Exallonyx exsertifrons* He *et* Xu, sp. nov.

1. 触角；2. 前翅；3. 后足；4. 后胸侧板和并胸腹节，侧面观；5. 腹柄，侧面观；6. 腹柄和合背板基部，背面观；7. 产卵管鞘 [1-3. 1.0X 标尺；4-6. 2.0X 标尺；7. 3.0X 标尺]

翅：前翅长为宽的 2.7 倍；翅痣长和径室前缘脉长分别为翅痣宽的 2.2 倍和 0.67 倍；翅痣后侧缘稍弯；径脉第 1 段从翅痣稍外方伸出，内斜直，长为宽的 1.0 倍；径脉第 2 段直，两段相接处稍膨大。后翅后缘近基部 0.35 处缺刻深。

腹：腹柄背面长为中宽的 0.8 倍，基部 0.4 具横皱，端部 0.6 具 4 条细而弱的纵皱，亚纵皱间内夹细横皱；腹柄侧面上缘长为中高的 0.7 倍，上缘直，基部具连斜纵脊的横脊 4 条，纵脊间多夹细皱，其后另具强斜纵脊 4 条。合背板基部中纵沟伸达基部至第 1 对窗疤间距的 0.7 处，两侧各具 3 条纵沟，亚侧纵沟长为中纵沟的 0.7 倍。第 1 窗疤宽为长的 2.0 倍，疤距为疤宽的 0.6 倍。合背板几乎光滑，其上的毛稀而短，远离合背板下缘。产卵管鞘长为后足胫节的 0.57 倍，为鞘中宽的 4.2 倍，表面具细长刻条，有细毛。

体色：体黑色。上唇、上颚端半红褐色。须黄色。触角基部红褐色，至端部渐黑褐色。翅基片黄褐色。足基节黑褐色，其余红褐色。翅透明，翅痣和强脉褐色，弱脉无色。

雄：未知。

寄主：未知。

研究标本：正模♀，吉林长白山二道白河，2004.Ⅷ.3，马云，No.20047158。副模：1♀，湖北恩施五峰后河保护区，1999.Ⅶ.11，卜文俊，No.200104419；1♀，陕西秦岭天台山，1998.Ⅵ.10，马云，No.984180；1♀，浙江西天目山三里亭，1998.Ⅵ.13，陈学新，No.980816。

分布：吉林、陕西、浙江、湖北。

鉴别特征：本种的前胸背板颈部具 4-5 条横皱、前沟缘脊发达、合背板中纵沟两侧具 3 条侧纵沟等特征与浙江叉齿细蜂 *Exallonyx zhejiangensis* He et Fan, 2004 相似，与后者区别在于：①触角第 2、10 鞭节长分别为宽的 1.5 倍和 1.3 倍 (后者为 2.0-2.3 倍和 1.7-1.8 倍)；②并胸腹节后表面除基部外光滑 (后者具粗横皱)；③第 1 窗疤宽为长的 2.0 倍 (后者为 2.5-3.2 倍)。

词源：种本名"突额 exsertifrons"，系 exsert (突出的) + fron (额) 组合词，意为额脊强而高，侧面观额长。

(268) 童氏叉齿细蜂，新种 *Exallonyx tongi* He et Xu, sp. nov. (图 328)

雌：前翅长 2.6mm。

头：背观宽与长约相等。头背观上颊长为复眼的 0.85 倍。颊长为复眼纵径的 0.53 倍。唇基宽为长的 2.5 倍，稍均匀隆起，散生刻点，亚端横脊明显，端缘平截。触角第 2、10 鞭节长分别为宽的 1.8 倍和 1.5 倍，端节长为端前节的 1.6 倍。额脊强而高。后头脊稍有檐边。

胸：前胸背板颈部背面具 2-5 条横皱；侧面光滑，前沟缘脊发达；前沟缘脊之后无毛，颈脊之后具毛；背缘具稀疏的双列毛；后下角双凹窝。中胸侧板前缘上角有稀毛；镜面区上方 0.6 具稀毛；侧板下半部 (中央横沟以下部位) 具稀毛。后胸侧板中央前方及前上方有被纵沟分隔的、表面具稀毛的光滑区，其长和高分别占侧板的 0.5 倍和 0.5 倍，其余部位具小室状网皱。并胸腹节侧观背缘弧形；中纵脊伸至后表面中央；背表面一侧光滑区长为并胸腹节基部至气门后端间距的 2.5 倍；后表面缓斜，与背表面交界处具 2 横皱，其余光滑；外侧区具小室状网皱。

足：后足腿节长为宽的 3.6 倍；后足胫节长距长为基跗节的 0.44 倍。

翅：前翅长为宽的 2.58 倍；翅痣长和径室前缘脉长分别为翅痣宽的 1.75 倍和 0.5 倍；翅痣后侧缘稍弯；径脉第 1 段内斜，长为宽的 1.0 倍，从翅痣近中央伸出；径脉第 2 段直，两段相接处膨大。后翅后缘近基部有缺刻。

腹：腹柄背面长为中宽的 1.0 倍，满布 5-6 条横皱；腹柄侧面上缘长为中高的 0.6 倍，上缘直，基部具连斜纵脊的横脊 4 条，横脊后另具强纵脊 3 条。合背板基部中纵沟伸达基部至第 1 对窗疤间距的 0.8 处，两侧各具 3 条纵沟，亚侧纵沟长为中纵沟的 0.4 倍。第 1 窗疤宽为长的 4.0 倍，疤距为疤宽的 0.8 倍。合背板上仅窗疤附近有稀而短的毛，远离合背板下缘。产卵管鞘长为后足胫节的 0.59 倍，为鞘中宽的 4.5 倍，表面具细纵刻皱，光滑，有细毛。

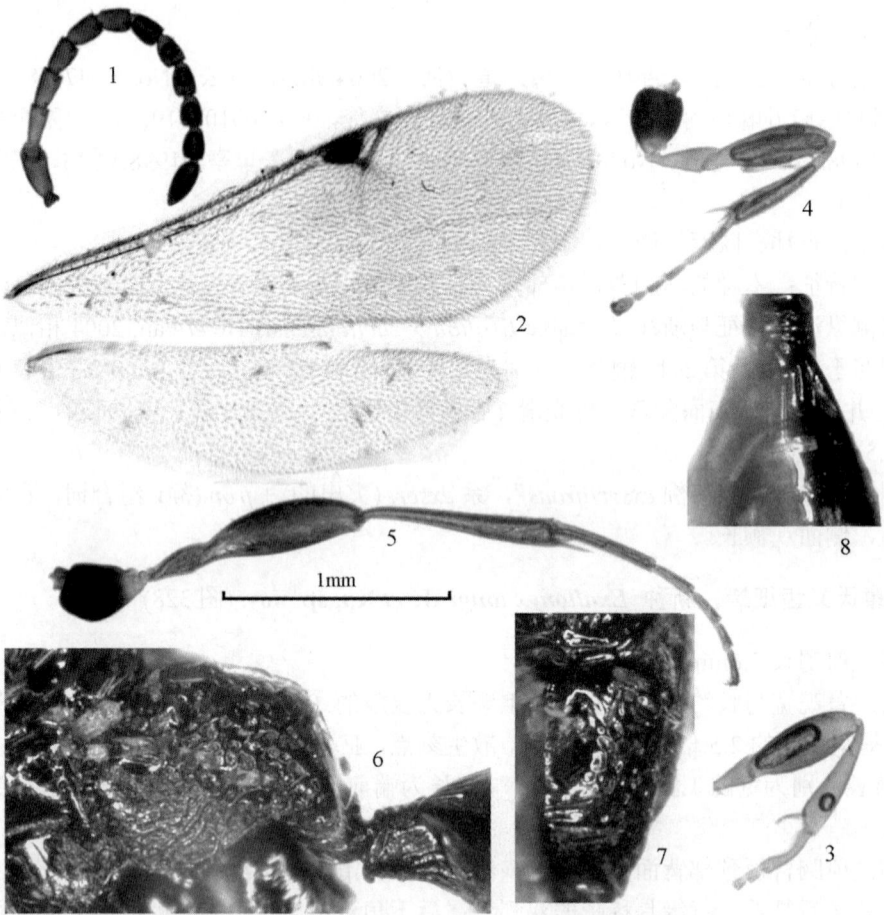

图 328 童氏叉齿细蜂 *Exallonyx tongi* He *et* Xu, sp. nov.

1. 触角；2. 翅；3. 前足；4. 中足；5. 后足；6. 后胸侧板、并胸腹节和腹柄，侧面观；7. 并胸腹节，背面观；8. 腹柄和合背板基部，背面观 [1-5. 1.0X 标尺；6-8. 2.0X 标尺]

体色：体黑色。须黄色。上唇、上颚端部和翅基片黄褐色。触角基部黄褐色，至端部渐酱红色。足基节及后足端跗节黑褐色至黑色；腿节背面 (除两端) 深褐黄色，其余黄褐色。翅透明，带烟黄色，翅痣和强脉黑褐色，弱脉浅黄色痕迹。

雄：未知。

寄主：未知。

研究标本：正模♀，湖南长沙，1975.IV.28，童新旺，No.20044231。

分布：湖南。

鉴别特征：见检索表。

词源：种本名"童氏 *tongi*"，表示对湖南省林业科学院童新旺研究员夫妇惠赠许多标本的感谢！

(269) 屈氏叉齿细蜂，新种 *Exallonyx qui* He *et* Xu, sp. nov. (图 329)

雌：前翅长 2.3mm。

头：背观宽为中长的 1.16 倍；上颊背观长为复眼的 0.84 倍。颊长为复眼纵径的 0.38 倍。唇基宽为长的 3.0 倍，稍均匀隆起，光滑，亚端横脊明显，端缘平截。触角第 2、10 鞭节长分别为宽的 2.5 倍和 1.5 倍，端节长为端前节的 1.7 倍。额脊中等高。后头脊正常。

胸：前胸背板颈部背面具 3 条横皱；侧面光滑，前沟缘脊发达；前沟缘脊之后无毛，颈脊之后具毛；背缘具不完整的双列毛；后下角双凹窝。中胸侧板前缘上角有稀毛；镜面区上半具稀毛；侧板下半部 (中央横沟以下部位) 具稀毛，近中央区域无毛；后下角具平行细皱。后胸侧板中央前方及前上方有被纵点沟分隔、表面具稀毛的光滑区，其长和高分别占侧板的 0.5 倍和 0.7 倍，其余部位具小室状网皱。并胸腹节侧观背缘弧形；中纵脊伸至后表面近端部；背表面一侧光滑区长为并胸腹节基部至气门后端间距的 3.0 倍；后表面陡斜，基部具横皱，端部具弱皱；外侧区具小室状网皱。

足：后足腿节长为宽的 3.5 倍；后足胫节长距长为基跗节的 0.51 倍。

翅：前翅长为宽的 2.7 倍；翅痣长和径室前缘脉长分别为翅痣宽的 1.8 倍和 0.52 倍；翅痣后侧缘稍弯；径脉第 1 段内斜，长为宽的 1.0 倍，从翅痣近中央伸出；径脉第 2 段直，两段相接处膨大。后翅后缘近基部缺刻深。

腹：腹柄背面长为中宽的 1.1 倍，基半具横皱，端半具不规则细刻皱；腹柄侧面上缘长为中高的 1.0 倍，上缘直，基部具连纵脊的横脊 4 条，横脊下方愈合而光滑，横脊后另具纵脊 3 条。合背板基部中纵沟伸达基部至第 1 对窗疤间距的 0.55 处，两侧各具 3 条纵沟，亚侧纵沟长为中纵沟的 0.55 倍。第 1 窗疤宽为长的 2.5 倍，疤距为疤宽的 0.3 倍。合背板上仅窗疤附近有稀而短的毛，远离合背板下缘。产卵管鞘长为后足胫节的 0.58 倍，为鞘中宽的 4.3 倍，表面具细纵刻皱，光滑，有细毛。

体色：体黑色。须黄色。上唇、上颚端部褐黄色。触角基部红褐色，至端部渐黑褐色。翅基片黄褐色。足暗黄褐色；前足基节、腿节背方、后足胫节背方 (浅) 褐色；中后足基节黑褐色。翅透明，带烟黄色，翅痣和强脉暗褐黄色，弱脉浅黄色痕迹。

变异：前翅长 2.9mm。触角第 2、10 鞭节长分别为端宽的 2.0 倍和 1.8 倍。前胸背板颈部具 5 条细横皱；后胸侧板中央前方光滑区长和高分别占侧板的 0.7 倍和 0.7 倍。翅痣长和径室前缘脉长分别为翅痣宽的 2.1 倍和 0.7 倍；径脉第 1 段长为宽的 1.8 倍。腹柄背面基半中央具弱横皱 3-4 条，端半具 3 条或 5 条不规则模糊纵皱；腹柄侧面上缘长为中高的 0.7 倍。合背板基部中纵沟两侧各具 4 条纵沟。第 1 窗疤疤距为疤宽的 0.55 倍。产卵管鞘长为后足胫节的 0.49 倍。

雄：未知。

寄主：未知。

研究标本：正模♀，浙江西天目山，1987.Ⅶ.21，陈学新，No.872562。副模：1♀，浙江西天目山，1993.Ⅵ.11，陈学新，No.935024。

分布：浙江。

鉴别特征：见检索表。

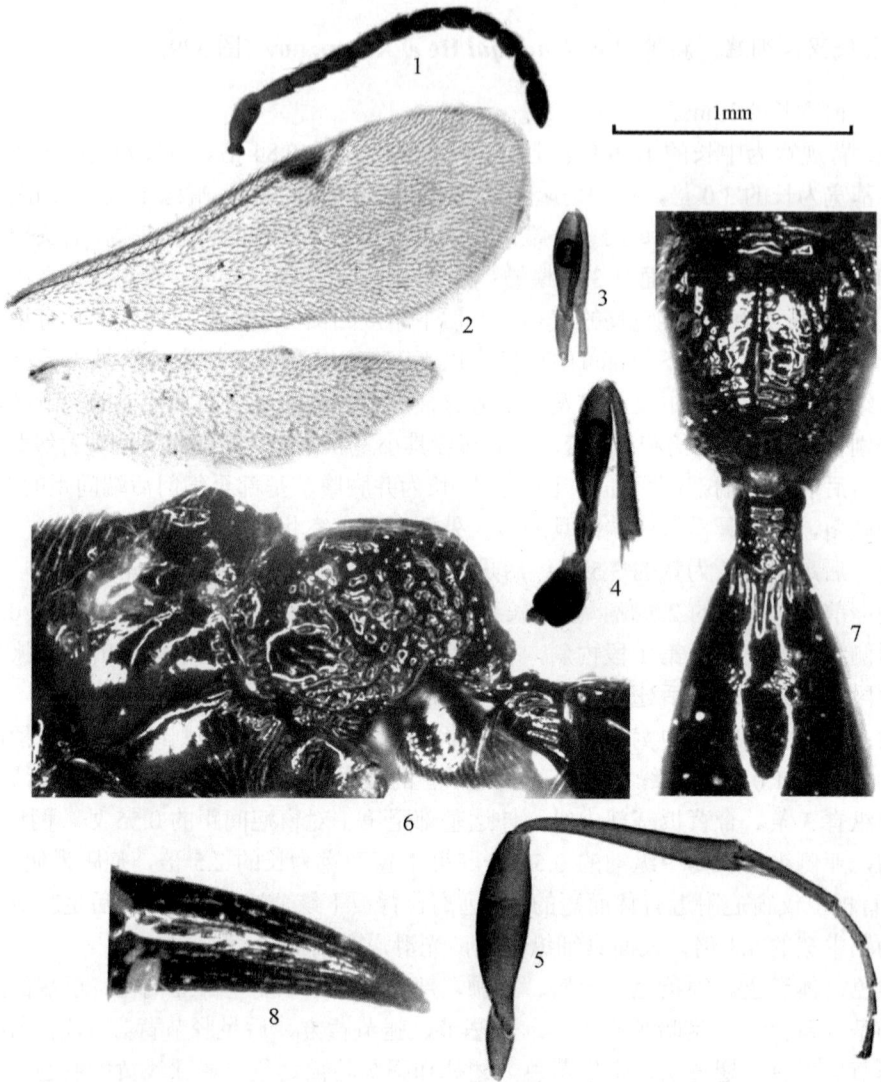

图 329 屈氏叉齿细蜂，新种 *Exallonyx qui* He *et* Xu, sp. nov.

1. 触角；2. 翅；3. 前足；4. 中足；5. 后足；6. 后胸侧板、并胸腹节和腹柄，侧面观；7. 并胸腹节、腹柄和合背板基部，背面观；8. 产卵管鞘 [1-5. 1.0X 标尺；6-7. 2.0X 标尺；8. 3.0 X 标尺]

词源：种本名"屈氏 *qui*"，表示对我的老师、植物化学保护学家、原浙江农业大学已故屈天祥教授的纪念！

4) 束柄叉齿细蜂种团，新种团 *Strictus* Group nov.

种团特征：前翅长 2.0-3.6mm。雄性触角鞭节无突出的角下瘤，但在高倍显微镜下可见小水泡状、条形或椭圆形的角下瘤。雄性第 2 鞭节长为宽的 2.7-3.6 倍；第 10 鞭节长为宽的 2.0-4.0 倍。前胸背板侧面后下角有双凹窝，垂直排列。前胸背板侧面上缘毛带双列毛或单列毛宽。前沟缘脊存在；前沟缘脊或颈脊上段后方通常有若干毛。并胸腹节背表面基部两侧的 1 对光滑区通常远离并胸腹节气门之后。后翅后缘近基部 0.35 处有 1 浅缺刻。腹柄侧面上缘直；向基部明显收窄而呈楔状，基段通常具弱横脊，偶具弱纵脊，后段最宽，有 1 横脊和发达的纵沟。合背板下半部具中等密的长毛或稀而短的毛，最低毛窝至合背板下缘之距为毛长的 1.0-1.4 倍。合背板基部中纵沟两侧各具 1-3 条侧纵沟。抱器长三角形，不下弯，端尖。

　　本新种团主要特征在于前胸背板侧面后下角有双凹窝；腹柄侧面呈楔形，基部明显收窄，具多条弱横脊；合背板下半部多具中等密的长毛等从而可与环柄叉齿细蜂种团 *Cingulatus* Group、针尾叉齿细蜂种团 *Leptonyx* Group、暗黑叉齿细蜂种团 *Ater* Group 和蚁形叉齿细蜂种团 *Formicarius* Group 相区别。

　　本志记述我国 10 种，其中 8 新种，另 2 种由蚁形叉齿细蜂种团移入。

种 检 索 表

1. 中后足转节和腿节黑褐色⋯⋯⋯⋯⋯⋯⋯⋯⋯⋯⋯⋯⋯⋯⋯⋯⋯⋯⋯⋯⋯⋯⋯⋯⋯⋯⋯⋯⋯⋯2
   中后足转节和腿节红褐色或褐黄色，或背方色稍暗⋯⋯⋯⋯⋯⋯⋯⋯⋯⋯⋯⋯⋯⋯⋯⋯⋯⋯⋯3
2. 触角第 2、10 鞭节长分别为端宽的 2.7 倍和 2.0 倍；腹柄侧面背缘长为中高的 1.0 倍，基半收窄部位光滑无横皱，或横皱极弱；合背板基部侧纵沟各 2 条；前翅长 2.0mm。河南、陕西、甘肃⋯⋯
   ⋯⋯⋯⋯⋯⋯⋯⋯⋯⋯⋯⋯⋯⋯⋯⋯⋯⋯⋯⋯⋯⋯⋯⋯**束柄叉齿细蜂** *E. strictus*
   触角第 2、10 鞭节长分别为端宽的 3.0 倍和 3.0 倍；腹柄侧面背缘长为中高的 2.0 倍，基半收窄部位前段光滑，后段有 2 条横皱；合背板基部侧纵沟各 1 条且弱；前翅长 2.2mm。四川⋯⋯⋯⋯
   ⋯⋯⋯⋯⋯⋯⋯⋯⋯⋯⋯⋯⋯⋯⋯**天全叉齿细蜂，新种** *E. tianquanensis*, sp. nov.
3. 合背板基部侧纵沟无或各 1 条，有亚侧纵沟时，长为中纵沟的 0.16-0.30 倍⋯⋯⋯⋯⋯⋯⋯⋯4
   合背板基部侧纵沟各 2-3 条，亚侧纵沟长为中纵沟的 0.35-0.95 倍⋯⋯⋯⋯⋯⋯⋯⋯⋯⋯⋯⋯5
4. 合背板完全黑色；合背板基部侧纵沟各 1 条；头背观上颊背观长为复眼的 0.83 倍；触角第 10 鞭节长为端宽的 2.6 倍，腹柄侧面基部收窄部位具 4 条横脊；前翅长 2.4-3.0mm。云南⋯⋯⋯
   ⋯⋯⋯⋯⋯⋯⋯⋯⋯⋯⋯⋯⋯⋯⋯⋯⋯⋯⋯⋯⋯**屏边叉齿细蜂** *E. pingbianensis*
   合背板后缘有 2 个白斑；合背板基部无侧纵沟；头背观上颊背观长为复眼的 0.68 倍；触角第 10 鞭节长为端宽的 3.2 倍，腹柄侧面基半收窄部位前端光滑，其后具 3 条横皱；前翅长 2.3mm。广西
   ⋯⋯⋯⋯⋯⋯⋯⋯⋯⋯⋯⋯⋯⋯⋯**双斑叉齿细蜂，新种** *E. bimaculatus*, sp. nov.
5. 并胸腹节背表面全部为光滑区，后表面近于光滑；腹柄侧面背缘长为中高的 1.3 倍；前翅长 3.6mm。贵州⋯⋯⋯⋯⋯⋯⋯⋯⋯⋯⋯⋯**腹柄叉齿细蜂，新种** *E. petiolatus*, sp. nov.
   并胸腹节背表面前方为光滑区，后方具刻皱，后表面具网皱或横皱；腹柄侧面背缘长为中高的 0.8-1.1 倍⋯⋯⋯⋯⋯⋯⋯⋯⋯⋯⋯⋯⋯⋯⋯⋯⋯⋯⋯⋯⋯⋯⋯⋯⋯⋯⋯⋯⋯⋯⋯⋯⋯6
6. 合背板基部侧纵沟 2 条；第 1 窗疤宽为长的 2.0 倍，疤距为疤宽的 0.25-0.40 倍⋯⋯⋯⋯⋯⋯7
   合背板基部侧纵沟 3 条；第 1 窗疤宽为长的 2.5-3.5 倍，疤距为疤宽的 0.6-0.9 倍⋯⋯⋯⋯⋯8
7. 上颊背观长为复眼的 1.0 倍；并胸腹节背表面一侧光滑区长为并胸腹节基部至气门后端间距的 1.2 倍；腹柄背面中长为中宽的 1.1 倍，侧面背缘长为中高的 1.0 倍；前翅长 2.5mm。吉林⋯⋯⋯⋯
   ⋯⋯⋯⋯⋯⋯⋯⋯⋯⋯⋯⋯⋯⋯⋯⋯**楔柄叉齿细蜂，新种** *E. cuneatus*, sp. nov.

上颊背观长为复眼的 0.67 倍；并胸腹节背表面一侧光滑区长为并胸腹节基部至气门后端间距的 2.0 倍；腹柄背面中长为中宽的 1.6 倍，侧面背缘长为中高的 1.3 倍；前翅长 2.75mm。甘肃…………………………………………………**密毛叉齿细蜂，新种 E. villosus, sp. nov.**

8. 中胸侧板后下方无平行细皱；合背板下方几乎光滑无毛；后足腿节长为宽的 4.05 倍；前翅长 3.0mm。四川……………………………………**稀毛叉齿细蜂，新种 E. sparsipilosellus, sp. nov.**

中胸侧板后下方多平行细皱；合背板下半毛多而密；后足腿节长为宽的 4.5-4.6 倍………………9

9. 腹柄侧观分 3 段，下缘呈 2 齿状，柄最基部具弱纵脊 2 条，中段具 2 条斜纵脊，后段最宽，1 条横脊后具 5 条纵脊；腹柄背面基部 0.8 具 5 条纵脊，端部 0.2 光滑；头背观上颊长为复眼的 0.86 倍；触角第 2 鞭节长为端宽的 2.8 倍；合背板基部亚侧纵沟长为中纵沟的 0.4 倍；后足胫节长距长为基跗节的 0.63 倍；前翅长 3.2mm。黑龙江……………………**锯柄叉齿细蜂，新种 E. serratus, sp. nov.**

腹柄侧观分 2 段，下缘呈单齿状，柄最基部具弱横脊 2 条，后段最宽，具 5 条纵脊；腹柄背面基部具纵脊；头背观上颊长为复眼的 0.66 倍；触角第 2 鞭节长为端宽的 3.1 倍；合背板基部亚侧纵沟长为中纵沟的 0.95 倍；后足胫节长距长为基跗节的 0.46 倍；前翅长 3.2mm。吉林……………………………………………**桩柄叉齿细蜂，新种 E. palaris, sp. nov.**

(270) 束柄叉齿细蜂 *Exallonyx strictus* Liu, He *et* Xu, 2006 (图 330)

Exallonyx strictus Liu, He *et* Xu, 2006, *Zootaxa*, 1142: 36.

雄：前翅长 2.0mm。

头：背观上颊长为复眼的 0.65 倍。颊长为复眼纵径的 0.3 倍。唇基宽为长的 3.0 倍，稍均匀隆起，光滑，亚端横脊弱，端缘平截。触角第 2、10 鞭节长分别为端宽的 2.7 倍和 2.0 倍，端节长为端前节的 1.6 倍；鞭节无明显角下瘤。额脊弱。后头脊正常高。

胸：前胸背板颈部具 4-5 条横皱；侧面光滑，前沟缘脊发达；前沟缘脊之后无毛，颈脊之后具毛；背缘具单列毛；后下角双凹窝。中胸侧板仅前缘上角为有毛区；镜面区上方 0.3 具稀毛；侧板下半部 (中央横沟以下部位) 具稀毛，近中央区域无毛；后下角无平行细皱。后胸侧板背上方和中央前方为被刻点分开的光滑区，其长和高分别占侧板的 0.5 倍和 0.8 倍，其余为弱网皱。并胸腹节侧观背缘弧形，后表面斜；中纵脊伸达后表面中央；背表面光滑区沿中脊和两侧缘具细刻点；后表面具不规则稀网皱，近中央处有 1 粗横脊；外侧区具小室状网皱。

足：后足腿节长为宽的 4.2 倍；后足胫节长距长为基跗节的 0.64 倍。

翅：前翅长为宽的 2.22 倍；翅痣长和径室前缘脉长分别为翅痣宽的 1.7 倍和 0.6 倍；翅痣后侧缘稍弯；径脉第 1 段从翅痣近中央伸出，近于直，长为宽的 1.1 倍；径脉第 2 段直，两段相接处不膨大。后翅后缘近基部 0.35 处缺刻浅。

腹：腹柄背面中长为中宽的 1.2 倍，中央具 5 条平行强纵皱，内夹细皱；腹柄侧面上缘长为中高的 1.0 倍，上缘直，向基部明显收窄，基部刻条弱，无横脊，后半具斜纵脊 6 条，上方 3 条细。合背板基部中纵沟伸达基部至第 1 对窗疤间距的 0.75 处，两侧各具 2 条短纵沟，亚侧纵沟长为中纵沟的 0.33 倍。第 1 窗疤宽为长的 2.2 倍，疤距为疤宽的 0.33 倍。合背板上的毛稀而短，下方毛窝至合背板下缘之距为毛长的 1.6-2.0 倍。抱器三角形，伸出很短，不下弯，端尖。

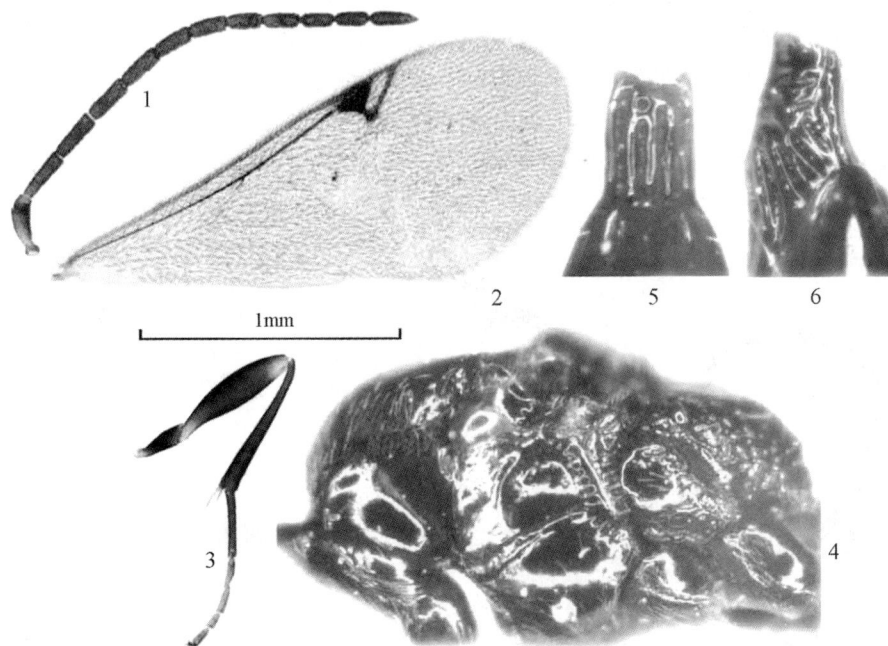

图 330　束柄叉齿细蜂 *Exallonyx strictus* Liu, He *et* Xu

1. 触角；2. 前翅；3. 后足；4. 胸部，侧面观；5. 腹柄，背面观；6. 腹柄，侧面观（仿 Liu *et al*., 2006a）[1-3. 1.0X 标尺；4. 2.0X 标尺；5-6. 4.0X 标尺]

体色：体黑色。上唇、上颚端半和翅基片褐黄色。下颚须和下唇须黄色。触角黑褐色。足基节、转节、中足腿节（除两端）、后足腿节（除两端）、胫节和跗节黑褐色至黑色，其余褐黄色，但跗节浅色。翅透明，带烟黄色，翅痣和强脉浅褐色，弱脉无色。

雌：未知。

寄主：未知。

研究标本：1♂，河南嵩县白云山，1996.Ⅶ.19，蔡平，No.973066（正模）；1♂，陕西秦岭天台山，1999.Ⅸ.3，何俊华，No.990204；1♂，陕西周至，1998.Ⅵ.2，马云，No.981455；1♂，甘肃宕昌，2004.Ⅶ.31，吴琼，No.20047022（以上均为副模）；1♂，同正模，No.973018。

鉴别特征：本种腹柄侧面基部收缩部位光滑，无横皱或横皱极弱；中后足转节黑褐色等特征，可以与该种团其他已知种区别。

词源：种本名"束柄 *strictus*（收缩）"，意指腹柄基部明显收缩。

注：新种发表时是放在蚁形叉齿细蜂种团内的。

(271) 天全叉齿细蜂，新种 *Exallonyx tianquanensis* He *et* Xu, sp. nov. （图 331）

雄：前翅长2.2mm。

头：背观上颊长为复眼的0.94倍。颊长为复眼纵径的0.4倍。唇基宽为长的3.6倍，稍均匀隆起，几乎光滑，前缘平截。触角第2、10鞭节长分别为端宽的3.0倍和3.0倍，端节长为端前节的1.3倍；第3-10鞭节有椭圆形小角下瘤。额脊弱。后头脊正常高。

胸：前胸背板颈部具2-3条横皱，中央无毛；侧面光滑，前沟缘脊发达；前沟缘脊之后无毛，颈脊之后具毛；背缘无毛；后下角双凹窝。中胸侧板前缘仅上角有稀毛；镜面区上方0.4具稀毛；侧板下半部 (中央横沟以下部位) 仅腹方具稀毛；后下角无平行细皱。后胸侧板中央前方和前上方有1被粗点沟分隔的、表面无稀毛的大光滑区，其长和高分别占侧板的0.7倍和0.8倍，其余具小室状网皱。并胸腹节中纵脊伸至后表面近端部；背表面全为光滑区；后表面网脊稀，内具细皱；外侧区具小室状网皱。

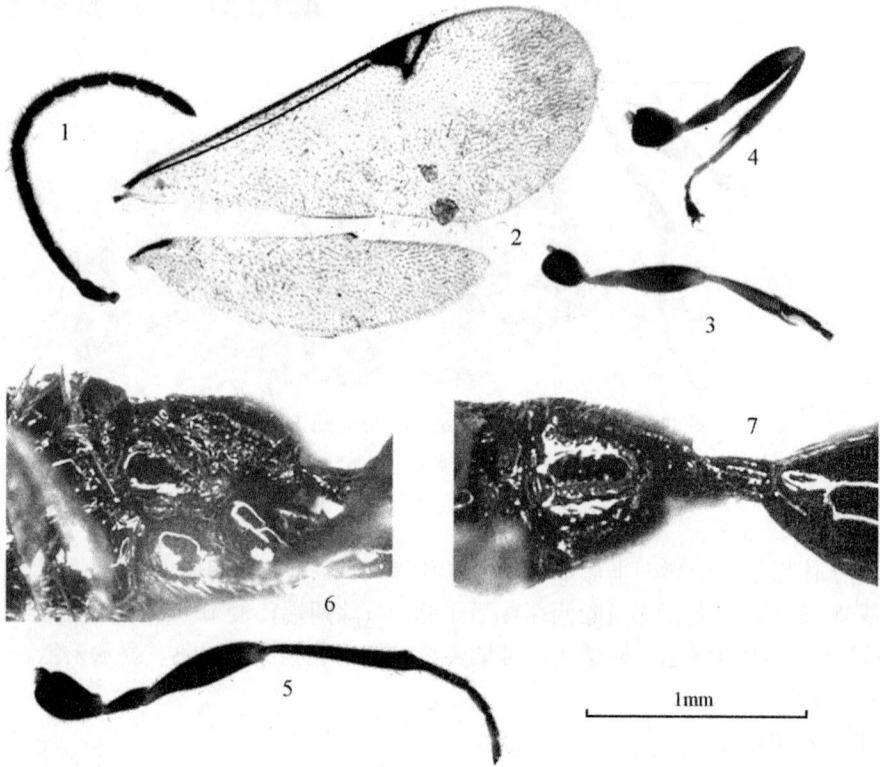

图331 天全叉齿细蜂，新种 *Exallonyx tianquanensis* He et Xu, sp. nov.
1. 触角；2. 翅；3. 前足；4. 中足；5. 后足；6. 后胸侧板、并胸腹节和腹柄，侧面观；7. 并胸腹节、腹柄和合背板基部，背面观 [1-5. 1.0X 标尺；6-7. 2.0X 标尺]

足：后足腿节长为宽的4.8倍；后足胫节长距长为基跗节的0.56倍。

翅：前翅长为宽的2.29倍；翅痣长和径室前缘脉长分别为翅痣宽的2.1倍和0.6倍；翅痣后侧缘稍弯；径脉第1段从翅痣近中央伸出，长为宽的1.5倍；径脉第2段直，两段相接处膨大。后翅后缘近基部缺刻深。

腹：腹柄背面中长为中宽的1.6倍，表面具4条强纵皱，内夹细皱；腹柄侧面上缘长为中高的2.0倍，上缘直，基部收窄部位大部分光滑，仅后方具横脊2条，其后具强纵脊5条。合背板基部中纵沟伸达基部至第1对窗疤间距的0.8处，两侧各具1条弱纵沟，侧纵沟长为中纵沟的0.2倍。第1窗疤宽为长的2.4倍，疤距为疤宽的0.5倍。合背板上几乎无毛。

抱器长三角形，不下弯，端尖。

体色：体黑色，前胸背板侧面前下角黄色。须黄色。上唇、上颚端半和翅基片暗红褐色。触角黑褐色。足黑褐色至黑色，腿节两端、前中足胫节基部暗黄褐色。翅透明，带烟黄色，翅痣和强脉黑褐色，弱脉浅黄色痕迹。

变异：副模 (无头) 前胸背板侧面背缘有稀疏单列毛。

雌：未知。

寄主：未知。

研究标本：正模♂，四川天全喇叭河，2006.Ⅶ.15，高智磊，No.200610748。副模：1♂，同正模，No.200610749。

分布：四川。

鉴别特征：见检索表。

词源：种本名"天全 tianquanensis"，意为模式标本产地四川省天全县。

(272) 屏边叉齿细蜂 *Exallonyx pingbianensis* Liu, He *et* Xu, 2006 (图 332)

Exallonyx pingbianensis Liu, He *et* Xu, 2006, *Zootaxa*, 1142: 37.

雄：前翅长 2.4mm。

头：背观上颊长为复眼的 0.83 倍。颊长为复眼纵径的 0.4 倍。唇基宽为长的 2.5 倍，稍均匀隆起，光滑，亚端横脊明显，端缘平截。触角第 2、10 鞭节长分别为端宽的 3.4 倍和 2.6 倍，端节长为端前节的 1.6 倍；鞭节无角下瘤。额脊弱。后头脊正常高。

胸：前胸背板颈部具 4-5 条横皱；侧面光滑，前沟缘脊发达；前沟缘脊之后无毛，颈脊之后具毛；背缘具单列毛；后下角双凹窝。中胸侧板前缘上角和中央横沟上方为有毛区，之间无毛区长为翅基片的 1.3 倍；镜面区上方 0.47 具稀毛；侧板下半部 (中央横沟以下部位) 具稀毛，中央区域无毛；中央横沟前方及后下角具平行细皱。后胸侧板前上方光滑区长和高分别约占侧板的 0.55 倍和 0.8 倍，其余为不规则细皱。并胸腹节侧观背缘弧形，后表面缓斜；中纵脊伸达后表面中央；背表面光滑，后侧缘具细皱；后表面具弱皱，近中央处具 1 横脊；外侧区具不规则网皱。

足：后足腿节长为宽的 4.5 倍；后足胫节长距长为基跗节的 0.6 倍。

翅：前翅长为宽的 2.22 倍；翅痣长和径室前缘脉长分别为翅痣宽的 2.0 倍和 0.5 倍；翅痣后侧缘稍弯；径脉第 1 段从翅痣近中央伸出，内斜，长为宽的 1.5 倍；径脉第 2 段直，两段相接处膨大。后翅后缘近基部 0.35 处缺刻浅。

腹：腹柄背面中长为中宽的 1.5 倍，中央具 5 条平行强纵皱，内夹细皱；腹柄侧面上缘长为中高的 2.0 倍，上缘直，基部收窄，基半有 4 条不连纵脊的弱横脊，其后具 5 条强斜纵脊，内夹细皱，上方 2 条细。合背板基部中纵沟伸达基部至第 1 对窗疤间距的 0.8 处，两侧各具 1 条短纵沟，亚侧纵沟长为中纵沟的 0.3 倍。第 1 窗疤宽为长的 2.0 倍，疤距为疤宽的 0.35 倍。合背板上的毛稀而短，远离合背板下缘。抱器三角形，不下弯，端尖。

体色：体黑色。须灰黄色。上唇、上颚端半和翅基片红褐色。触角黑褐色。中后足基节、转节背方及后足腿节 (除两端)、胫节和跗节黑色；前中足腿节 (背面浅褐色) 黄褐色，前中足胫节、距和跗节淡褐色。翅透明，翅痣和强脉黑褐色，弱脉无色。

变异：合背板基部亚侧纵沟长为中纵沟的 0.16 倍。

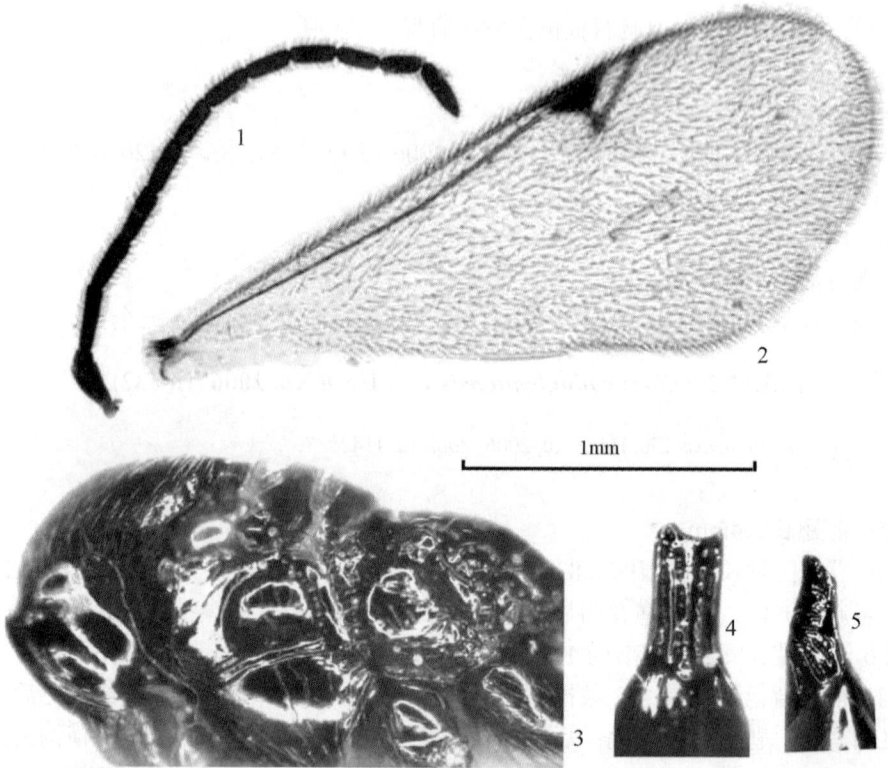

图 332　屏边叉齿细蜂 *Exallonyx pingbianensis* Liu, He *et* Xu

1. 触角；2. 前翅；3. 胸部，侧面观；4. 腹柄，背面观；5. 腹柄，侧面观 (仿 Liu *et al*., 2006b) [1-2. 1.0X 标尺；3. 2.0X 标尺；4-5. 3.0X 标尺]

雌：未知。

寄主：未知。

研究标本：1♂，云南屏边大围山，2003.VII.18，李廷景，No.20045268 (正模)；1♂，采地、采期同上，胡龙，No.20048148。

分布：云南。

鉴别特征：可见分种检索表。其特征在于合背板基部仅 1 条短侧纵沟，其长为中纵沟的 0.3 倍；腹柄侧面基部收窄部位具 5 条强斜纵脊。

词源：种本名"屏边 *pingbianensis*"，是以标本的采集地点命名。

注：新种发表时是放在蚁形叉齿细蜂种团内的。

(273) 双斑叉齿细蜂，新种 *Exallonyx bimaculatus* He *et* Xu, sp. nov. (图 333)

雄：前翅长2.3mm。

　头：背观上颊长为复眼的0.68倍。颊长为复眼纵径的0.33倍。唇基宽为长的3.2倍，稍均匀隆起，具浅刻点，前缘稍凹。触角第2、10鞭节长分别为端宽的3.4倍和3.2倍，端节长为端前节的1.38倍；各鞭节有1不明显的圆形小角下瘤。额脊中等高。后头脊正常高。

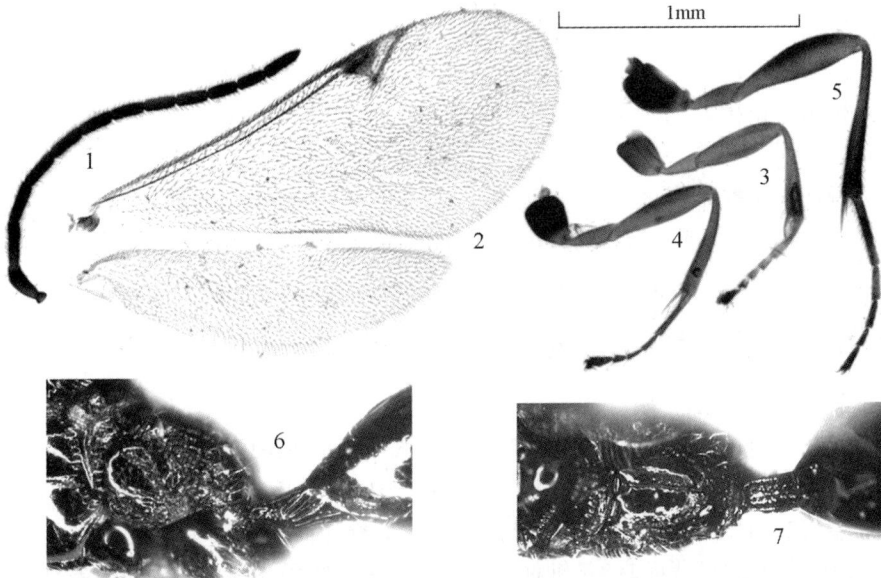

图333　双斑叉齿细蜂，新种 *Exallonyx bimaculatus* He *et* Xu, sp. nov.
1. 触角；2. 翅；3. 前足；4. 中足；5. 后足；6. 后胸侧板、并胸腹节和腹柄，侧面观；7. 并胸腹节、腹柄和合背板基部，背面观 [1-5. 1.0X 标尺；6-7. 2.0X 标尺]

　胸：前胸背板颈部具5 6条横皱，中央无毛；侧面光滑，前沟缘脊发达；前沟缘脊之后无毛，颈脊之后具毛；背缘具连续的双列毛；后下角双凹窝。中胸侧板前缘上角和中央横沟上方为有毛区，之间无毛区长为翅基片的1.0倍；镜面区上方0.4具稀毛；侧板下半部 (中央横沟以下部位) 具稀毛，近中央区域无毛；后下角具平行细皱。后胸侧板中央前方和前上方有1被点沟分隔的、表面具稀毛的大光滑区，其长和高分别占侧板的0.6倍和0.8倍，其余部位具小室状网皱。并胸腹节中纵脊伸至后表面近端部；背表面全为光滑区；仅后端稍有弱皱；后表面网皱稀；外侧区具小室状网皱。

　足：后足腿节长为宽的4.0倍；后足胫节长距长为基跗节的0.54倍。

　翅：前翅长为宽的2.1倍；翅痣长和径室前缘脉长分别为翅痣宽的1.75倍和0.75倍；翅痣后侧缘稍弯；径脉第1段从翅痣中央伸出，长为宽的1.2倍；径脉第2段直，两段相接处有脉桩。后翅后缘近基部缺刻深。

　腹：腹柄背面中长为中宽的1.6倍，表面具5条强纵皱，内夹细皱；腹柄侧面上缘长为中高的1.5倍，上缘直，基部光滑，亚基部具弱横脊3条，其后具强斜纵脊6条。合背板基部中纵沟伸达基部至第1对窗疤间距的0.9处，两侧无纵沟。第1窗疤宽为长的2.2倍，疤距为疤宽的0.8倍。合背板上的毛稀而短，远离合背板下缘。抱器长三角形，不下弯，端尖窄圆。

体色：体黑色，前胸背板侧面前下方、合背板后缘中央侧方2长斑、第5背板后缘两侧白色。须黄白色。上唇黄色。触角黑褐色。翅基片红褐色。足黄褐色；中后足基节 (除基部)、后足转节背方、腿节背方、胫节端半和跗节黑褐色。翅透明，带烟黄色，翅痣和强脉褐色，弱脉浅黄色痕迹。

雌：未知。

寄主：未知。

研究标本：正模♂，广西桂林猫儿山，2005.Ⅷ.2-10，肖斌，No.200609531。

分布：广西。

鉴别特征：见检索表。

词源：种本名"双斑 *bimaculatus*"，系 *bi* (双、二) + *maculatus* (斑点) 组合词，意为腹部第 5 背板后缘两侧各有 1 白斑。

(274) 腹柄叉齿细蜂，新种 *Exallonyx petiolatus* He *et* Xu, sp. nov. (图 334)

雄：前翅长3.5mm。

头：背观上颊长为复眼的0.7倍。颊长为复眼纵径的0.26倍。唇基宽为长的3.2倍，稍均匀隆起，除端部外具刻点，前缘稍凹。触角第2、10鞭节长分别为端宽的3.2倍和4.0倍，端节长为端前节的1.27倍；鞭节无明显角下瘤。额脊强而高。后头脊正常高。

胸：前胸背板颈部背面具8条细横皱，中央无毛；侧面光滑，前沟缘脊发达；前沟缘脊之后无毛，颈脊之后具毛；背缘具连续的双列毛；后下角双凹窝，上窝上方还有2个小窝。中胸侧板前缘上角和中央横沟上方为有毛区，之间无毛区长为翅基片的1.5倍；镜面区上方0.5具稀毛；侧板下半部 (中央横沟以下部位) 具稀毛，近中央区域无毛；侧缝下半凹窝长，侧板后下角具平行的细弱皱。后胸侧板具小室状网皱；中央前方有表面具稀毛的光滑区，其长和高分别占侧板的0.6倍和0.9倍。并胸腹节中纵脊伸至后表面近端部；背表面整个为光滑区，其长为并胸腹节基部至气门后端间距的3.0倍；后表面近于光滑，夹有稀网皱；外侧区具网皱。

足：后足腿节长为宽的4.3倍；后足胫节长距长为基跗节的0.53倍。

翅：前翅长为宽的2.29倍；翅痣长和径室前缘脉长分别为翅痣宽的1.3倍和0.65倍；翅痣后侧缘直；径脉第1段从翅痣中央伸出，长为宽的0.9倍；径脉第2段直，两段相接处不膨大。后翅后缘近基部有缺刻。

腹：腹柄背面中长为中宽的1.4倍，表面具5条强纵皱，内夹细皱；腹柄侧面楔形，基部明显收窄，上缘长为中高的1.3倍，上缘直，基部具横脊3条，其后具强斜纵脊5条。合背板基部中纵沟伸达基部至第1对窗疤间距的0.9处，两侧各具2条很弱的纵沟，亚侧纵沟长为中纵沟的0.35倍。第1窗疤宽为长的3.0倍，疤距为疤宽的0.8倍。合背板下方具中等长的毛，下方毛窝至合背板下缘之距为毛长的0.7-1.0倍。抱器长三角形，不下弯，端尖窄圆。

体色：体黑色。须、翅基片黄褐色。触角黑褐色，但柄节和梗节带褐黄色。足红褐色；前中足跗节黄褐色，中后足基节黑褐色。翅透明，带烟黄色，翅痣和强脉黑褐色，弱脉浅黄色痕迹。

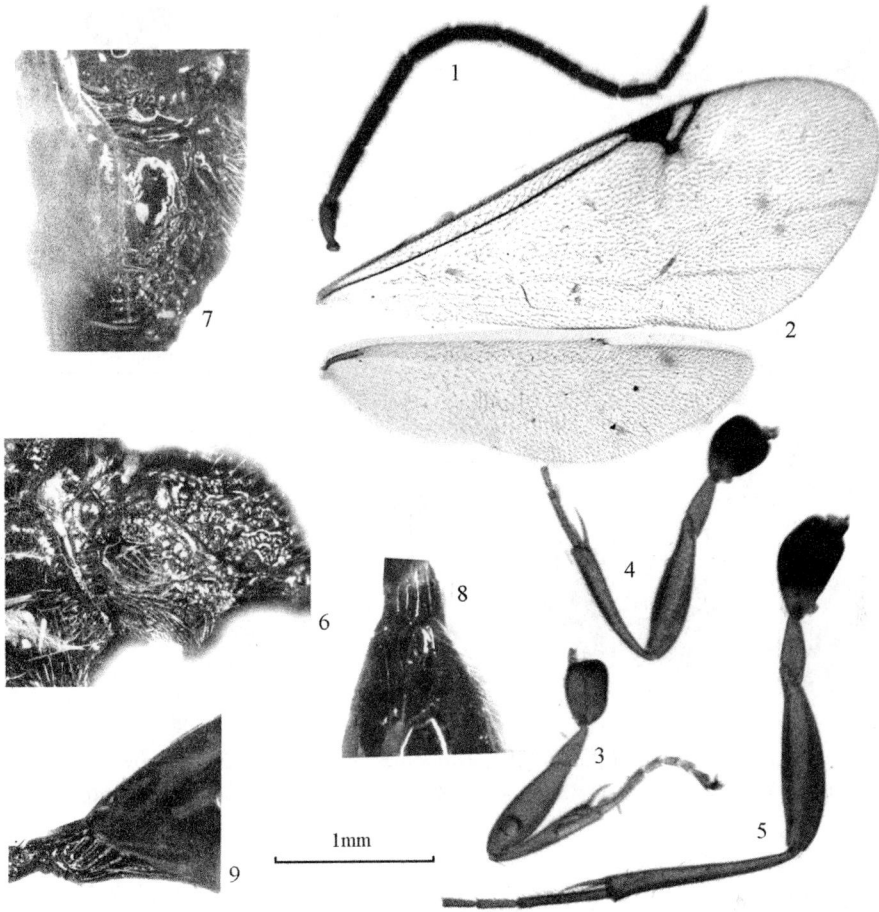

图 334　腹柄叉齿细蜂，新种 *Exallonyx petiolatus* He *et* Xu, sp. nov.

1. 触角；2. 翅；3. 前足；4. 中足；5. 后足；6. 后胸侧板和并胸腹节，侧面观；7. 并胸腹节，背面观；8. 腹柄和合背板基部，背面观；9. 腹柄和合背板基部，侧面观 [1-5. 1.0X 标尺；6-9. 2.0X 标尺]

雌：未知。

寄主：未知。

研究标本：正模♂，贵州梵净山，1993.Ⅶ.12，陈学新，No.939068。

分布：贵州。

鉴别特征：见检索表。

词源：种本名"腹柄 *petiolatus*"，意为腹柄基部明显收窄。

(275) 楔柄叉齿细蜂，新种 *Exallonyx cuneatus* He *et* Xu, sp. nov. (图 335)

雄：体长 2.5mm；前翅丢失。

头：背观上颊长为复眼的 1.0 倍。颊长为复眼纵径的 0.21 倍。唇基宽为长的 3.0 倍，稍均匀隆起，具浅刻点，前缘平截。触角仅存 7 节，第 2 鞭节长为宽的 3.2 倍；鞭节具小水泡状集聚呈条状的角下瘤。额脊中等高。后头脊正常高。

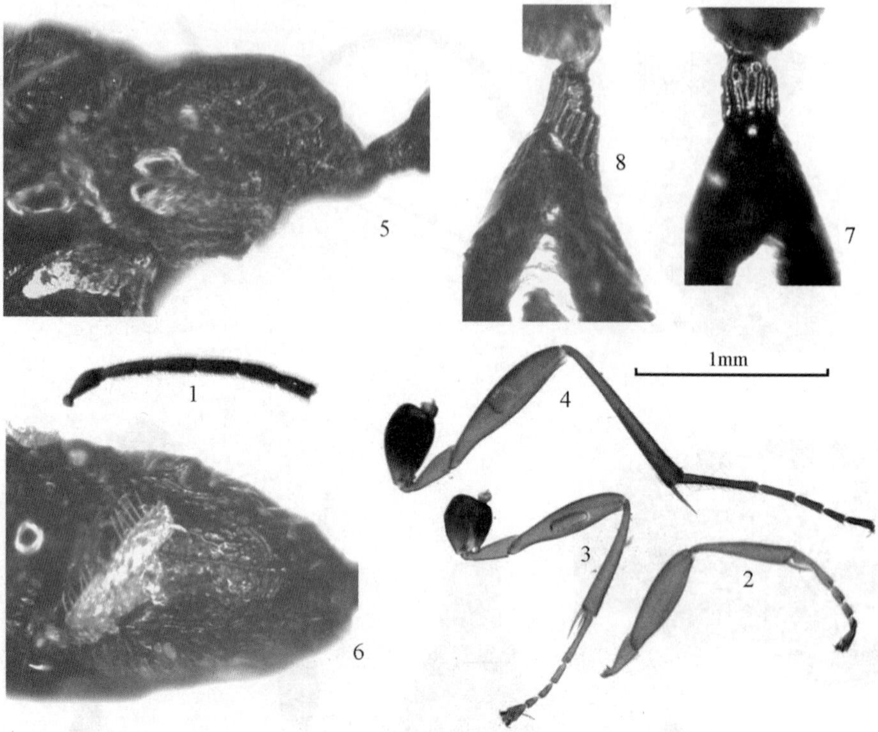

图 335 楔柄叉齿细蜂，新种 *Exallonyx cuneatus* He et Xu, sp. nov.

1. 触角；2. 前足；3. 中足；4. 后足；5. 后胸侧板和并胸腹节，侧面观；6. 并胸腹节，背面观；7. 腹柄，背面观；8. 腹柄，侧面观 [1-4. 1.0X 标尺；5-8. 2.0X 标尺]

胸：前胸背板颈部背面具 6 条横皱，中央无毛；侧面光滑，前沟缘脊发达；前沟缘脊之后无毛，颈脊之后具毛；背缘具稀疏的双列毛；后下角双凹窝。中胸侧板前缘上角和中央横沟上方为有毛区，之间无毛区长为翅基片的 1.7 倍；镜面区上方 0.5 具稀毛；侧板下半部具稀毛，近中央区域无毛；中央横沟前半具平行细横皱；后下角具平行细皱。后胸侧板具小室状网皱；中央前方及前上方各有 1 相连的、表面具稀毛的小三角形光滑区，其长和高分别占侧板的 0.35 倍和 0.8 倍。并胸腹节中纵脊伸至后表面近端部；背表面后方大部分具细皱，基部一侧光滑区长为并胸腹节基部至气门后端间距的 1.2 倍；后表面具稀网皱；外侧区具小室状网皱。

足：后足腿节长为宽的 4.7 倍；后足胫节长距长为基跗节的 0.48 倍。

翅：全部丢失。

腹：腹柄背面长为中宽的 1.1 倍，表面具 6 条强纵皱，内夹细皱；腹柄侧面楔形，基部明显收窄，上缘长为中高的 1.0 倍，上缘直，基部收窄部位具 3 条低横脊，其后另具 6 条强斜纵脊。合背板基部中纵沟伸达基部至第 1 对窗疤间距的 0.7 处，两侧各具 2 条纵沟，亚侧纵沟长为中纵沟的 0.8 倍。第 1 窗疤宽为长的 2.0 倍，疤距为疤宽的 0.4 倍。合背板下方具中等长而密的毛，下方毛窝与合背板下缘之距为毛长的 1.0 倍。抱器长三角形，不下弯，端尖。

体色：体黑色。须、翅基片黄褐色。触角黑褐色。足暗黄褐色；中后足基节 (除端部) 黑色；后足跗节黑褐色。翅透明，带烟黄色，翅痣和强脉黑褐色，弱脉浅黄色痕迹。

雌：未知。

寄主：未知。

研究标本：正模♂，吉林长白山，1994.Ⅷ.4，娄巨贤，No.952104。

分布：吉林。

鉴别特征：见检索表。

词源：种本名"楔柄 cunectus (楔形的)"，意为腹柄基部收窄呈楔形。

(276) 密毛叉齿细蜂，新种 *Exallonyx villosus* He *et* Xu, sp. nov. (图 336)

雄：前翅长2.75mm。

头：背观上颊长为复眼的0.67倍。颊长为复眼纵径的0.29倍。唇基宽为长的4.0倍，稍均匀隆起，具浅刻点，前缘平截。触角第2、10鞭节长分别为端宽的3.5倍和3.4倍，端节长为端前节的1.53倍；第2-11各鞭节有1圆形或椭圆形小角下瘤。额脊中等高。后头脊正常高。

胸：前胸背板颈部背面具5条横皱，中央无毛；侧面光滑，前沟缘脊发达；前沟缘脊之后无毛，颈脊之后具毛；背缘具连续的双列毛；后下角双凹窝。中胸侧板前缘上角和中央横沟上方为有毛区，之间无毛区长为翅基片的1.2倍；镜面区上方0.5具稀毛；侧板下半部 (中央横沟以下部位) 具稀毛，近中央区域无毛；后下角具平行细皱。后胸侧板中央前方及前上方有被点沟分隔的、表面具稀毛的大光滑区，其长和高分别占侧板的0.8倍和1.0倍；后端具小室状网皱。并胸腹节中纵脊伸至后表面后端；背表面整个为光滑区，但后端有涟漪状弱皱；后表面具细皱，有1横脊与中纵脊交叉；外侧区具网皱。

足：后足腿节长为宽的4.1倍；后足胫节长距长为基跗节的0.51倍。

翅：前翅长为宽的2.24倍；翅痣长和径室前缘脉长分别为翅痣宽的2.15倍和0.46倍；翅痣后侧缘稍弯；径脉第1段从翅痣中央稍外方伸出，长为宽的0.6倍；径脉第2段直，两段相接处有短脉桩。后翅后缘近基部缺刻深。

腹：腹柄背面中长为中宽的1.6倍，表面具6条强纵皱，内夹细皱；腹柄侧面上缘长为中高的1.3倍，上缘直，基部收窄部位具横脊3条，其后具强纵脊6条。合背板基部中纵沟伸达基部至第1对窗疤间距的0.63处，两侧各具2条纵沟，亚侧纵沟长为中纵沟的0.7倍。第1窗疤宽为长的2.0倍，疤距为疤宽的0.25倍。合背板上的毛中等长而密，接近合背板下缘。抱器长三角形，不下弯，端尖窄圆。

体色：体黑色。须黄色。上唇、上颚和翅基片红褐色。触角黑褐色，但柄节基半和第1鞭节基部红褐色。足红褐色；中后足基节除端部黑色；中后足腿节背面、后足胫节端半和跗节褐色。翅透明，带烟黄色，翅痣和强脉褐色，弱脉浅黄色痕迹。

雌：未知。

寄主：未知。

研究标本：正模♂，甘肃宕昌大沙河，2530m，2004.Ⅶ.31，陈学新，No.20047055。

分布：甘肃。

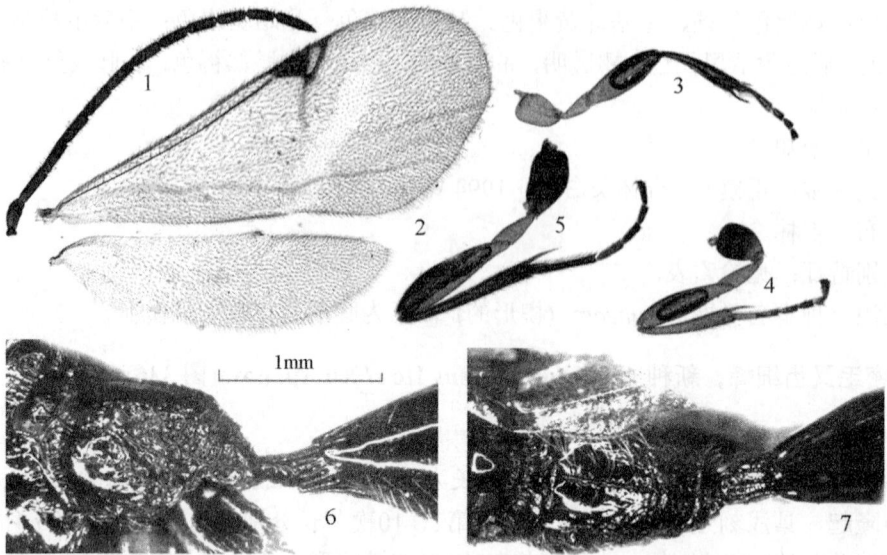

图 336　密毛叉齿细蜂，新种 *Exallonyx villosus* He *et* Xu, sp. nov.

1. 触角；2. 翅；3. 前足；4. 中足；5. 后足；6. 后胸侧板、并胸腹节和腹柄，侧面观；7. 并胸腹节和腹柄，背面观 [1-5. 1.0X 标尺；6-7. 2.0X 标尺]

鉴别特征：见检索表。

词源：种本名"密毛 *villosus* (多毛的)"，意为合背板上的毛中等长而密，接近合背板下缘。

(277) 稀毛叉齿细蜂，新种 *Exallonyx sparsipilosellus* He *et* Xu, sp. nov. (图 337)

雄：前翅长3.0mm。

头：背观上颊长为复眼的0.56倍。颊长为复眼纵径的0.34倍。唇基宽为长的4.0倍，稍均匀隆起，具浅刻点，前缘平截。触角第1鞭节长，为第2鞭节的1.27倍；第2、10鞭节长分别为端宽的3.0倍和2.7倍，端节长为端前节的1.4倍；第3-10各鞭节有条形角下瘤。额脊中等高。后头脊正常高。

胸：前胸背板颈部背面具4-5条横皱，中央无毛；侧面光滑，前沟缘脊发达；前沟缘脊之后无毛，颈脊之后具毛；背缘具连续的双列毛；后下角双凹窝。中胸侧板前缘上角和中央横沟上方为有毛区，之间无毛区长为翅基片的1.0倍；镜面区上方0.5具稀毛；侧板下半部 (中央横沟以下部位) 具稀毛，近中央区域无毛；后下角光滑无细皱。后胸侧板中央前方及前上方有后端被点沟分隔的、表面具稀毛的大光滑区，其长和高分别占侧板的0.7倍和0.9倍，其余部位具小室状网皱。并胸腹节中纵脊伸至后表面端部；背表面全为光滑区，但后半具涟漪状细皱；后表面和外侧区具网皱。

足：后足腿节长为宽的4.05倍；后足胫节长距长为基跗节的0.55倍。

翅：前翅长为宽的2.2倍；翅痣长和径室前缘脉长分别为翅痣宽的2.0倍和0.62倍；径脉第1段从翅痣近中央伸出，长为宽的1.2倍；径脉第2段直，两段相接处膨大。后翅后缘近基部缺刻深。

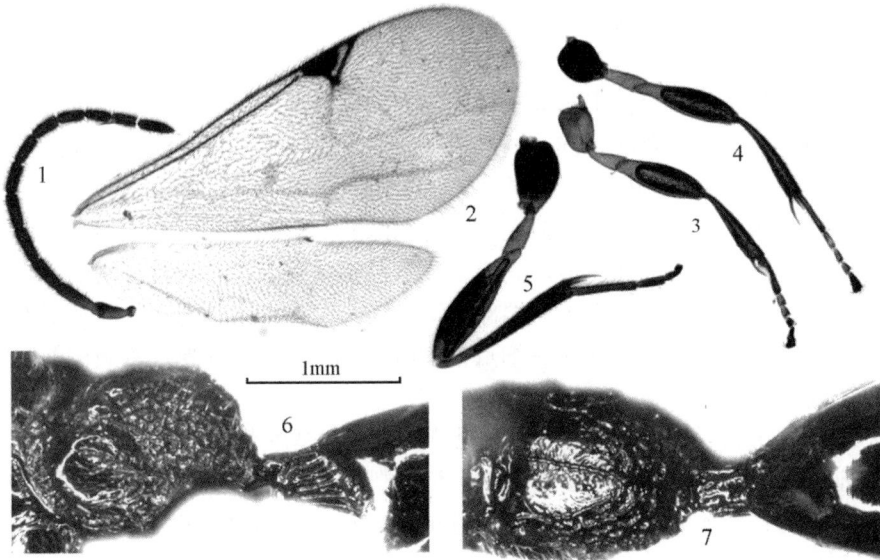

图 337　稀毛叉齿细蜂，新种 *Exallonyx sparsipilosellus* He *et* Xu, sp. nov.

1. 触角；2. 翅；3. 前足；4. 中足；5. 后足；6. 后胸侧板、并胸腹节和腹柄，侧面观；7. 并胸腹节和腹柄，背面观　[1-5. 1.0X 标尺；6-7. 2.0X 标尺]

腹：腹柄背面中长为中宽的1.2倍，表面具5条强纵皱，内夹细皱；腹柄侧面上缘长为中高的0.9倍，上缘直，基部收窄部位光滑，亚基部具横脊2条，其后具强纵脊6条。合背板基部中纵沟伸达基部至第1对窗疤间距的0.67处，两侧各具3条纵沟，亚侧纵沟长为中纵沟的0.6倍。第1窗疤宽为长的2.3倍，疤距为疤宽的0.8倍。合背板上的毛稀而短，远离合背板下缘。抱器长三角形，不下弯，端尖窄圆。

体色：体黑色。须黄褐色。上颚、前胸背面侧面前缘下段和翅基片红褐色。触角黑褐色，柄节基半、第1鞭节基部红褐色。足红褐色；中后足基节除端部、端跗节黑褐色；后足腿节背缘、胫节端半背缘和第2-4跗节褐色。翅透明，带烟黄色，翅痣和强脉黑褐色，弱脉浅黄色痕迹。

雌：未知。

寄主：未知。

研究标本：正模♂，四川王朗自然保护区，2006.Ⅶ.26，张红英，No.200611177。

分布：四川。

鉴别特征：见检索表。

词源：种本名"稀毛 *sparsipilosellus*"，系 *spars* (很少的、散见的) +*pilosellus* (被稀疏柔毛) 组合词，意为合背板上的毛稀而短，远离合背板下缘。

(278) 锯柄叉齿细蜂，新种 *Exallonyx serratus* He *et* Xu, sp. nov. (图338)

雄：前翅长 3.2mm。

头：背观上颊长为复眼的 0.86 倍。颊长为复眼纵径的 0.36 倍。唇基宽为长的 3.7 倍，稍均匀隆起，具粗刻点，仅中央有亚端横脊，端缘稍凹。触角第 2、10 鞭节长分别为宽的 2.8 倍和 2.7 倍，端节长为端前节的 1.54 倍；第 1-10 各鞭节具条形角下瘤。额脊弱。后头脊正常高。

胸：前胸背板颈部背面前半具 4-5 条横皱；侧面光滑，前沟缘脊发达；前沟缘脊之后无毛，颈脊之后无毛；背缘具连续的双列毛；后下角双凹窝。中胸侧板前缘上角有稀毛；镜面区上半具稀毛；侧板下半部具稀毛，近中央区域无毛；中央横沟内及侧缝下段具平行细皱。后胸侧板中央前方及前上方有被纵沟分隔的、表面具稀毛的光滑区，其长和高分别占侧板的 0.45 倍和 0.9 倍，其余部位具小室状网皱。并胸腹节侧观背缘弧形，后表面短而陡斜；中纵脊直至后表面端部；背表面一侧光滑区长为并胸腹节基部至气门后端间距的 2.3 倍，其后方 0.5-0.7 具细点皱和网皱；后表面具横形大网皱；外侧区具小室状网皱。

足：后足腿节长为宽的 4.5 倍；后足胫节长距长为基跗节的 0.63 倍。

翅：前翅长为宽的 2.14 倍；翅痣长和径室前缘脉长分别为翅痣宽的 1.9 倍和 0.53 倍；翅痣后侧缘稍弯；径脉第 1 段从翅痣中央稍外方伸出，内斜，长为宽的 1.5 倍；径脉第 2 段直。后翅后缘近基部有缺刻。

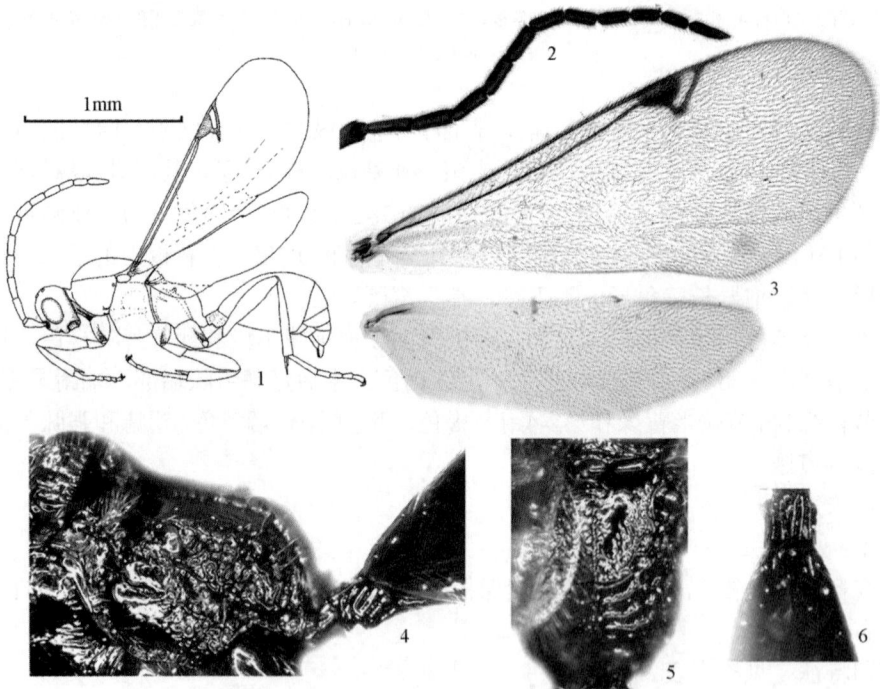

图 338　锯柄叉齿细蜂，新种 *Exallonyx serratus* He *et* Xu, sp. nov.

1. 整体，侧面观；2. 触角；3. 翅；4. 后胸侧板、并胸腹节和腹柄，侧面观；5. 并胸腹节，背面观；6. 腹柄和合背板基部，背面观 [1. 0.7X 标尺；2-3. 1.0X 标尺；4-6. 2.0X 标尺]

腹：腹柄背面长为中宽的 1.0 倍，端部 0.2 光滑，基部 0.8 具 5 条强纵皱，内夹细皱；腹柄侧面上缘长为中高的 0.78 倍，上缘直，下缘呈锯齿状，柄最基部最窄，具弱纵脊 2 条，中段具斜纵脊 2 条，下方生有长毛，后段最宽，1 横脊后连 5 条纵脊。合背板基部中纵沟伸达基部至第 1 对窗疤间距的 0.8 处，两侧各具 3 条纵沟，亚侧纵沟长为中纵沟的 0.4 倍。第 1 窗疤宽为长的 3.5 倍，疤距为疤宽的 0.6 倍。合背板上的毛中等长而密，下方毛窝与合背板下缘之距为毛长的 1.0 倍。抱器长三角形，不下弯，端尖。

体色：体黑色，腹部带棕黑色。须黄褐色。上唇、上颚端部和翅基片红褐色。触角基部酱红色，至端部渐黑褐色。足红褐色，中后足基节及后足跗节浅黑褐色。翅透明，带烟黄色，翅痣和强脉褐黄色，弱脉无色。

雌：未知。

寄主：未知。

研究标本：正模♂，黑龙江伊春带岭凉水，1977.Ⅶ.7，何俊华，No.770477。

分布：黑龙江。

鉴别特征：见检索表。

词源：种本名"锯柄 serratus"，意为腹柄下缘呈锯齿状。

(279) 桩柄叉齿细蜂，新种 *Exallonyx palaris* He et Xu, sp. nov. (图 339)

雄：前翅长 3.1mm。

头：背观上颊长为复眼的 0.66 倍。颊长为复眼纵径的 0.29 倍。唇基宽为长的 2.9 倍，稍均匀隆起，基部具刻点，端缘稍凹。触角第 2、10 鞭节长分别为宽的 3.1 倍和 2.7 倍，端节长为端前节的 1.5 倍；各鞭节均有小水泡状组成的条形角下瘤。额脊中等高。后头脊正常高。

胸：前胸背板颈部背面具 4-5 条细横皱；侧面光滑，前沟缘脊发达；前沟缘脊之后无毛，颈脊之后无毛；背缘具稀疏的双列毛；后下角双凹窝。中胸侧板前缘上角和中央横沟上方为有毛区，之间无毛区长为翅基片的 1.2 倍；镜面区上方 0.6 具稀毛；侧板下半部具稀毛，近中央区域无毛；后上角和后下角具平行细皱；中央横沟内具平行细皱。后胸侧板中央前方及前上方有被纵沟分隔的、表面具稀毛的光滑区，其长和高分别占侧板的 0.4 倍和 0.6 倍；侧面上方后段光滑，其余部位具小室状网皱。并胸腹节侧观背缘弧形；中纵脊直至后表面端部；背表面后方具网皱，基方一侧光滑区长为并胸腹节基部至气门后端间距的 2.0 倍；后表面陡缓斜，具横皱；外侧区具小室状网皱。

足：后足腿节长为宽的 4.6 倍；后足胫节长距长为基跗节的 0.46 倍。

翅：前翅长为宽的 2.14 倍；翅痣长和径室前缘脉长分别为翅痣宽的 2.0 倍和 0.47 倍；翅痣后侧缘稍弯；径脉第 1 段从翅痣近中央伸出，长为宽的 1.0 倍；径脉第 2 段直，两段相接处不膨大。后翅后缘近基部有缺刻。

腹：腹柄背面长为中宽的 1.2 倍，基部中央具点皱，其后具 5 条强纵脊；中脊上方宽，内夹细皱，腹柄端部光滑；腹柄侧面基部收窄，呈桩形，上缘长为中高的 0.8 倍，上缘直，基部 0.4 光滑，上半具短横脊 2 条，后部横脊后具 5 条强斜纵脊。合背板基部中纵沟伸达基部至第 1 对窗疤间距的 0.6 处，两侧各具 3 条纵沟，亚侧纵沟长为中纵沟的 0.95 倍。第 1 窗疤宽为长的 2.5 倍，疤距为疤宽的 0.9 倍。合背板上的毛稀而短，下方毛窝与合背板下缘之距为毛长的 0.8-1.5 倍。抱器长三角形，不下弯，端尖。

体色：体黑色。须黄色。上唇、上颚端部和翅基片黄褐色。触角黑褐色，基部鞭节色稍浅。足红褐色，前中后足胫节和跗节浅灰褐色；中后足基节 (除端部) 黑色；后足胫节端部和跗节黑褐色。翅透明，带烟黄色，翅痣和强脉黑褐色，弱脉浅黄色痕迹。

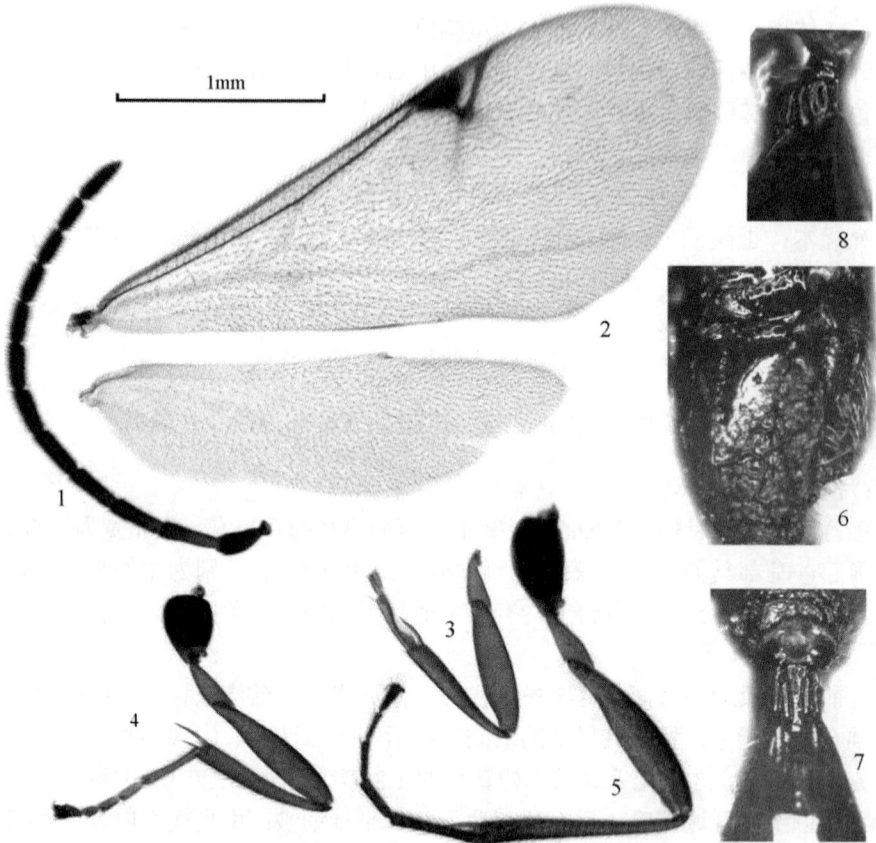

图 339　桩柄叉齿细蜂，新种 *Exallonyx palaris* He *et* Xu, sp. nov.
1. 触角；2. 翅；3. 前足；4. 中足；5. 后足；6. 并胸腹节，背面观；7. 腹柄和合背板基部，背面观；8. 腹柄，侧面观
[1-5. 1.0X 标尺；6-8. 2.0X 标尺]

雌：未知。

寄主：未知。

研究标本：正模♂，吉林长白山，2000m，2004.Ⅷ.5，马云，No.20047165。

分布：吉林。

鉴别特征：见检索表。

词源：种本名"桩柄 *palaris* (桩形)"，意为腹柄侧面基部收窄呈桩形。

5) 针尾叉齿细蜂种团 Leptonyx Group

种团概述：前翅长 2.4-4.8mm。雄性触角鞭节有或无突出的角下瘤，若有角下瘤则为突出的平顶瘤状突或脊状突起。前胸背板侧面后下角双凹窝，垂直排列。前胸背板侧

面上缘具不同程度的毛，有时无毛。前沟缘脊有或无。前胸背板侧面前沟缘脊或颈脊上段后方无毛。并胸腹节背表面基部两侧的 1 对光滑区远过并胸腹节气门之后。后翅后缘近基部 0.35 处有 1 浅缺刻。合背板上的毛稀疏至稍密，短或长，少数种类最低毛窝与合背板下缘之距在毛长的 1.3 倍以内。合背板基部具中纵沟，在其两侧各具有 1-2 条侧纵沟。抱器细长，顶端尖，下弯，爪状。产卵管鞘具刻点，通常亦具纵刻条。

　　该种团过去已记载有 24 种，除我国已报道的 4 种外，均为新热区种类。本志记录我国发现的 9 种，其中 5 新种。

种　检　索　表

1. 雌性；产卵管鞘具刻点 ·· 2
   雄性；抱器爪状 ·· 4
2. 中足基节红褐色；中胸侧板后下角无平行细皱；合背板下方的毛中等长而密；产卵管鞘长为中宽的 4.4 倍；前翅长 3.6mm。四川 ···························· 四川叉齿细蜂，新种 *E. sichuanensis*, sp. nov.
   中足基节黑褐色；中胸侧板后下角有平行细皱；合背板下方的毛短而稀；产卵管鞘长为中宽的 3.6-3.8 倍 ·· 3
3. 颊长为复眼纵径的 0.76 倍；第 1 窗疤宽为长的 3.3 倍，疤距为疤宽的 0.6 倍；合背板侧沟各 1 条，弱；前翅长 3.1mm。贵州 ·· 长颊叉齿细蜂 *E. longimalus*
   颊长为复眼纵径的 0.5 倍；第 1 窗疤宽为长的 4.0 倍，疤距为疤宽的 0.26 倍；合背板侧沟各 2 条，明显；前翅长 2.8mm。浙江 ·· 吴氏叉齿细蜂 *E. wuae*
4. 背观上颊长为复眼的 0.56-0.59 倍；触角第 2 鞭节长为端宽的 4.0-4.3 倍；体型较大，前翅长 3.7-5.0mm ·· 5
   背观上颊长为复眼的 0.68-0.78 倍；触角第 2 鞭节长为端宽的 1.9-3.6 倍；体型较小，前翅长 2.7-3.4mm，但凹唇叉齿细蜂前翅长 3.8mm ·· 6
5. 触角第 10 鞭节长为端宽的 3.0 倍；后胸侧板背前方光滑区多毛，其长和高分别占侧板的 0.33 倍和 0.25 倍；前翅翅痣长和径室前缘脉长分别为翅痣宽的 1.64 倍和 0.36 倍；腹柄背面长为中宽的 1.2 倍；腹柄侧面背缘长为中高的 1.3 倍，基部具横脊 2 条，其后有纵脊 6 条；合背板中纵沟伸至窗疤的 0.9 处，侧纵沟 3 条；前翅长 5.0mm。河北 ·············· 经贤叉齿细蜂，新种 *E. jingxiani*, sp. nov.
   触角第 10 鞭节长为端宽的 3.8 倍；后胸侧板背前方光滑区少毛，其长和高分别占侧板的 0.5 倍和 0.8 倍；前翅翅痣长和径室前缘脉长分别为翅痣宽的 2.1 倍和 0.6 倍；腹柄背面长为中宽的 1.7 倍；腹柄侧面背缘长为中高的 2.0 倍，基部具横脊 1 条，脊后前上方具夹点网皱，前下方和后半具 4-5 条纵脊；合背板中纵沟伸至窗疤的 0.65 处，侧纵沟 2 条；前翅长 3.7mm。广西 ··· 永禧叉齿细蜂，新种 *E. yongxii*, sp. nov.
6. 腹柄背面长为中宽的 1.6 倍；腹柄侧面背缘长为中高的 1.6 倍，基部具夹点网皱，后方具 3 条纵脊；前翅长 2.8mm。广东 ·· 古氏叉齿细蜂，新种 *E. gui*, sp. nov.
   腹柄背面长为中宽的 1.1-1.3 倍；腹柄侧面背缘长为中高的 0.80-1.25 倍 ···························· 7
7. 后胸侧板光滑区大，其长和高分别占侧板的 0.9 倍和 0.9 倍；合背板基部侧纵沟各 2 条，亚侧纵沟长为中纵沟的 0.10-0.15 倍；第 1 窗疤宽为长的 2.0 倍，疤距为疤宽的 0.1 倍；前翅长 2.7mm。云南 ·· 曾氏叉齿细蜂，新种 *E. zengae*, sp. nov.

后胸侧板光滑区中等大，其长和高分别占侧板的 0.4-0.6 倍和 0.60-0.86 倍；合背板基部侧纵沟各 1-2 条，亚侧纵沟长为中纵沟的 0.4-0.6 倍；第 1 窗疤宽为长的 3.0-5.0 倍，疤距为疤宽的 0.3-0.6 倍，但凹唇叉齿细蜂为 0.1 倍 ·· 8

8. 唇基端缘微凹；腹柄侧面基部具 1 斜横脊，近前缘 0.3 具夹点网皱，其后具强斜纵脊 6 条；第 1 窗疤宽为长的 5.0 倍，疤距为疤宽的 0.1；翅痣长为宽的 1.4 倍；后足胫节黑褐色；前翅长 3.8mm。陕西 ··· **凹唇叉齿细蜂 *E. concavus***
唇基端缘平截；腹柄侧面基部具 1 斜横脊，其后具宽长斜纵脊 4-5 条，脊上和脊间具细刻点；第 1 窗疤宽为长的 3.0-4.3 倍，疤距为疤宽的 0.3-0.6 倍；翅痣长为宽的 1.80-2.27 倍；后足胫节褐黄色或红褐色 ·· 9

9. 前翅翅痣长和径室前缘脉长分别为翅痣宽的 2.27 倍和 0.82 倍；径脉第 1 段长为宽的 2.0 倍；腹柄侧面背缘长为中高的 1.25 倍；前翅长 3.0mm。浙江 ························ **吴氏叉齿细蜂 *E. wuae***
前翅翅痣长和径室前缘脉长分别为翅痣宽的 1.8-2.1 倍和 0.67-0.70 倍；径脉第 1 段长为宽的 1.2-1.5 倍；腹柄侧面背缘长为中高的 0.8-0.9 倍 ··· 10

10. 触角第 10 鞭节长为端宽的 3.5-4.0 倍；后胸侧板光滑区长和高分别占侧板的 0.5-0.6 倍和 0.8 倍；腹柄背面具 5 条纵脊；后足胫节长距长为基跗节的 0.4-0.5 倍；前翅长 2.75-3.10mm。四川 ··········· ·· **四川叉齿细蜂，新种 *E. sichuanensis*, sp. nov.**
触角第 10 鞭节长为端宽的 3.2 倍；后胸侧板光滑区长和高分别占侧板的 0.4 倍和 0.6 倍；腹柄背面具 3 条纵脊；后足胫节长距长为基跗节的 0.7 倍；前翅长 2.65mm。贵州 ·· **宽脊叉齿细蜂 *E. planus***

(280) 四川叉齿细蜂，新种 *Exallonyx sichuanensis* Xu *et* He, sp. nov. (图 340)

雌：前翅长 3.6mm。

头：背观上颊长为复眼的 1.04 倍。颊长为复眼纵径的 0.72 倍。唇基宽为长的 2.6 倍，稍均匀隆起，散生浅刻点，前缘稍凹。触角第 2、10 鞭节长分别为宽的 2.3 倍和 2.0 倍，端节长为端前节的 1.6 倍。额脊中等高。后头脊正常高。

胸：前胸背板颈部背面中央具 7 条横皱，中央无毛；侧面光滑，前沟缘脊发达；前沟缘脊之后无毛，颈脊之后具毛，其下方颈沟部位有 3 条短纵脊；背缘具连续的双列毛；后下角双凹窝。中胸侧板前缘上角和中央横沟上方为有毛区，之间无毛区长为翅基片的 1.2 倍；镜面区上方 0.5 具稀毛；整个侧板下半部 (中央横沟以下部位) 具稀毛；后下角无平行细皱。后胸侧板中央前方及前上方有被点沟分隔的、表面具稀毛的光滑区，其长和高分别占侧板的 0.5 倍和 0.6 倍，其余具小室状网皱，中央夹有明显纵皱。并胸腹节中纵脊伸至背表面后端；背表面全为光滑区，但内外侧和后方有细皱；后表面和外侧区具小室状网皱。

足：后足腿节长为宽的 4.7 倍；后足胫节长距长为基跗节的 0.48 倍。

翅：前翅长为宽的 2.45 倍；翅痣长和径室前缘脉长分别为翅痣宽的 2.3 倍和 0.64 倍；翅痣后侧缘直；径脉第 1 段从翅痣近中央伸出，长为宽的 1.2 倍；径脉第 2 段直，两段相接处膨大并有脉桩。后翅后缘近基部缺刻深。

腹：腹柄背面中长为中宽的 1.1 倍，表面基半具横向点皱，端半具 5 条纵皱；腹柄

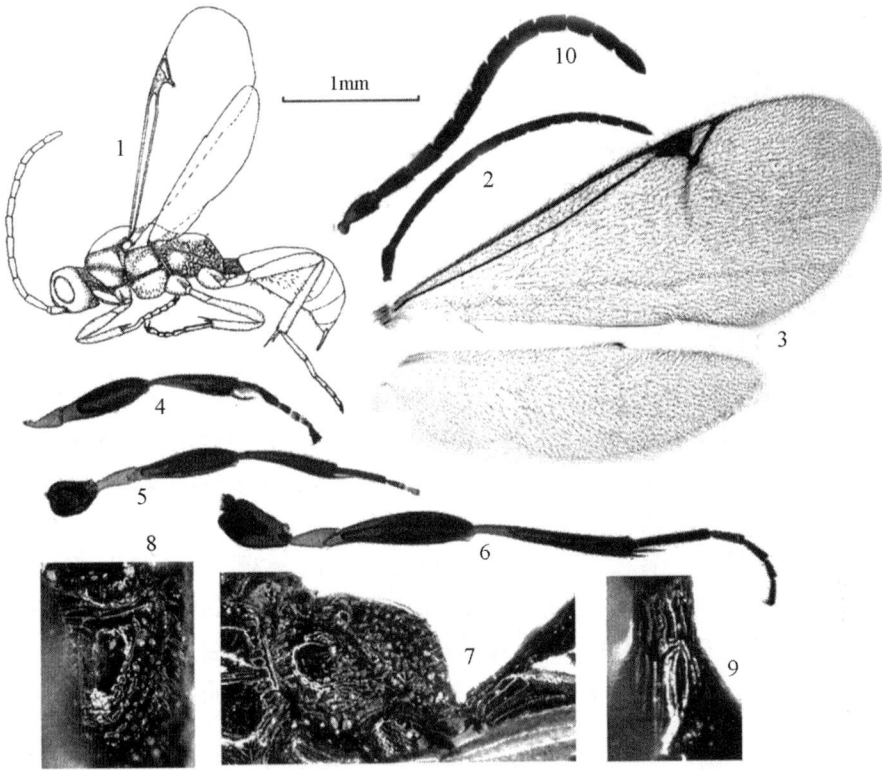

图 340　四川叉齿细蜂，新种 *Exallonyx sichuanensis* Xu *et* He, sp. nov.

1. 整体，侧面观；2, 10. 触角；3. 翅；4. 前足；5. 中足；6. 后足；7. 后胸侧板、并胸腹节和腹柄，侧面观；8. 并胸腹节，背面观；9. 腹柄和合背板基部，背面观　(1-9.♂；10.♀) [1. 0.7X 标尺；2-6, 10. 1.0X 标尺；7-9. 2.5X 标尺]

侧面上缘长为中高的 0.9 倍，上缘直，基部具横脊 1 条，其后具强斜纵脊 6 条，后半下方光滑。合背板基部中纵沟伸达基部至第 1 对窗疤间距的 1.0 处，两侧各具 1 条 (左) 和 2 条 (右) 纵沟，亚侧纵沟长为中纵沟的 0.28 倍。第 1 窗疤宽为长的 4.5 倍，疤距为疤宽的 0.6 倍。合背板上的毛中等长而密，接近合背板下缘，下方毛窝与合背板下缘之距为毛长的 1.0 倍。产卵管鞘长为后足胫节的 0.37 倍，为鞘中宽的 4.4 倍，表面具细长刻点，光滑，有细毛。

体色：体黑色，合背板端缘隐现黄白色条斑，翅基片和产卵管鞘端部红褐色。须黄褐色。触角棕褐色，基部 3 节带红褐色。足红褐色；后足基节基部黑褐色；各足端跗节褐色。翅透明，翅痣和强脉褐黄色，弱脉浅黄色痕迹。

雄：前翅长 2.75-3.10mm。

头：背观上颊长为复眼的 0.68-0.71 倍。颊长为复眼纵径的 0.26-0.35 倍。唇基宽为长的 2.7-3.0 倍，稍均匀隆起，侧方和基部具刻点，亚端横脊明显，端缘稍凹。触角第 2、10 鞭节长分别为宽的 3.0-3.5 倍和 3.4-4.0 倍，端节长为端前节的 1.3-1.5 倍；各鞭节有 1 条形角下瘤。额脊中等高。后头脊正常。

胸：前胸背板颈部背面具 4-6 条横皱；侧面光滑，前沟缘脊发达；前沟缘脊之后无毛，颈脊之后具毛；背缘具连续的单列毛；后下角双凹窝。中胸侧板前缘上角和中央横沟上方为稀毛区，之间无毛区长为翅基片的 1.5 倍；镜面区上方 0.3 具稀毛；侧板下半部（中央横沟以下部位）具稀毛，近中央区域无毛；后下角具平行细皱。后胸侧板中央前方及前上方有被纵沟分隔的、表面具稀毛的光滑区，其长和高分别占侧板的 0.6 倍和 0.8 倍，其余部位具小室状网皱。并胸腹节侧观背缘弧形，后表面斜；中纵脊伸至后表面中央；背表面光滑区宽，长为并胸腹节基部至气门后端间距的 2.6 倍，其余具小室状网皱。

足：后足腿节长为宽的 4.3 倍；后足胫节长距长为基跗节的 0.65 倍。

翅：前翅长为宽的 2.1-2.3 倍；翅痣长和径室前缘脉长分别为翅痣宽的 1.9-2.0 倍和 0.67-1.00 倍；翅痣后侧缘稍弯；径脉第 1 段从翅痣近中央伸出，内斜，长为宽的 1.2-1.6 倍；径脉第 2 段直，两段相接处膨大。后翅后缘近基部有缺刻。

腹：腹柄背面长为中宽的 0.9-1.3 倍，具 5-6 条强纵脊，基部内夹细皱；腹柄侧面上缘长为中高的 0.7-0.9 倍，上缘直，基部具横脊 1 条，横脊后具强斜纵脊 5 条。合背板基部中纵沟伸达基部至第 1 对窗疤间距的 0.9 处，两侧各具 1-2 条纵沟，亚侧纵沟长为中纵沟的 0.4-0.6 倍。第 1 窗疤宽为长的 3.0-3.8 倍，疤距为疤宽的 0.4-0.6 倍。合背板上的毛稀而短，下方毛窝与合背板下缘之距为毛长的 1.0 倍。抱器爪状，稍下弯，端尖。

体色：体黑色。须黄色。上唇、上颚端部和翅基片黄褐色。触角黑褐色，向基部色浅。足褐黄色；前足基节浅褐色；中后足基节除端部黑褐色；后足跗节带浅褐色，或后足腿节除两端红褐色，胫节端半和第 1-4 跗节暗红褐色。翅透明，带烟黄色，翅痣和强脉褐黄色，弱脉无色。

寄主：未知。

研究标本：正模♀，四川平武白马寨，2006.Ⅶ.24，高智磊，No.200610851。副模：2♂，四川峨眉山，1980.Ⅷ.12，何俊华，Nos.802552，802358；8♂，四川青城山，2006.Ⅶ.19，张红英、高智磊，Nos.200610767，200610772，200610774-79；9♂，四川天全喇叭河，2006.Ⅶ.15，张红英、高智磊，Nos.200610687-88，200610693-94，200610699-00，200610707，200610735，20010744。

分布：四川。

鉴别特征：本新种雄性与厄瓜多尔种 *Exallonyx calvescens* Townes, 1981（仅知雄性）极为相似，但有以下特征可与之相区别：①前胸背板侧面背缘毛带双列毛宽（后者单列毛宽）；②合背板基部中纵沟达基部至第 1 对窗疤的 0.8 处（后者 0.75）；每侧各具 1 条或 2 条侧纵沟，亚侧纵沟伸达中纵沟长的 0.34-0.60 处（后者 2 条，亚侧纵沟伸达 0.96 处和 0.7 处）；③翅痣和强脉褐黄色（后者黑褐色）。

词源：种本名"四川 sichuanensis"，是以模式标本采集地点命名。

(281) 长颊叉齿细蜂 *Exallonyx longimalus* Xu, He *et* Liu, 2007 (图 341)

Exallonyx longimalus Xu, He *et* Liu, 2007, *Jour. Kansas Entomol. Soc.*, 80 (4): 304.

雌：前翅长 3.1mm。

头：背观上颊长为复眼的 1.0 倍。颊长为复眼纵径的 0.76 倍。唇基宽为长的 2.9 倍，稍均匀隆起，有刻点，亚端横脊明显，端缘平截。触角第 2、10 鞭节长分别为端宽的 2.45

倍和 1.9 倍，端节长为端前节的 1.5 倍。额脊强而高。后头脊正常高。

胸：前胸背板颈部具 5 条横皱；前沟缘脊发达；侧面前端具弱纵皱，前沟缘脊之后无毛，颈脊之后无毛；中央凹槽上方具弱皱，背缘具连续的双列毛；后下角双凹窝。中胸侧板前缘上角和中央横沟上方为有毛区，之间无毛区长为翅基片的 1.2 倍；镜面区上方 0.3 具稀毛；侧板下半部 (中央横沟以下部位) 具稀毛，近中央区域无毛；后下角具平行细皱。后胸侧板中央前方及前上方有 1 个被斜沟分隔的、表面具稀毛的光滑区，其长和高分别为侧板的 0.45 倍和 0.55 倍，其余具小室状网皱。并胸腹节侧观背缘弧形，后表面陡斜；中纵脊伸达后表面近端部；背表面光滑；后表面和外侧区均具小室状网皱。

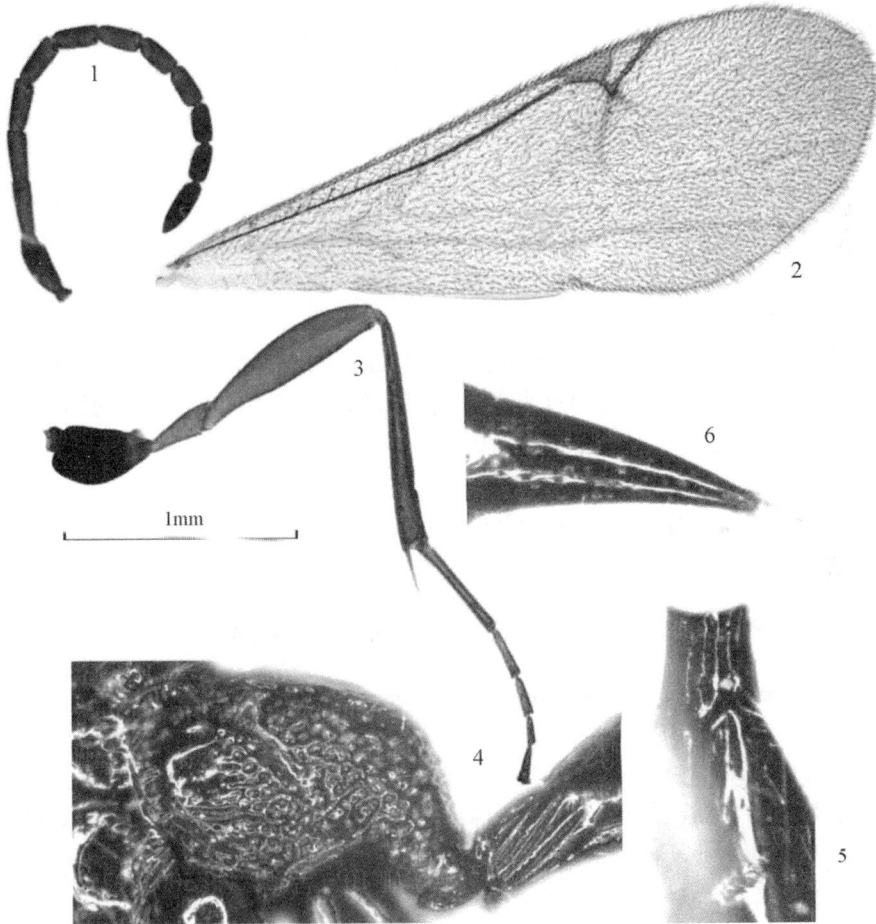

图 341　长颊叉齿细蜂 *Exallonyx longimalus* Xu, He *et* Liu

1. 触角；2. 前翅；3. 后足；4. 后胸侧板、并胸腹节和腹柄，侧面观；5. 腹柄和合背板基部，背面观；6. 产卵管鞘 [1-3. 1.0X 标尺；4-5. 2.5X 标尺；6. 3.5X 标尺]

足：后足腿节长为宽的 4.8 倍；后足胫节长距长为基跗节的 0.5 倍。

翅：前翅长为宽的 2.54 倍；翅痣长和径室前缘脉长分别为翅痣宽的 1.92 倍和 0.83 倍；翅痣后侧缘直；径脉第 1 段从翅痣近中央稍外方伸出，稍内斜，长为宽的 1.5 倍；

径脉第 2 段直，两段相接处稍膨大，并有脉桩。后翅后缘近基部 0.35 处缺刻深。

腹：腹柄背面长为中宽的 1.5 倍，基部 0.4 具夹点横皱，端部 0.6 具 5 条强纵皱，内夹细皱；腹柄侧面上缘长为中高的 1.0 倍，上缘直，基部具强斜横脊 1 条，其后具宽的强斜纵脊 5 条，后端表面多少光滑。合背板基部中纵沟深，伸达基部至第 1 对窗疤间距的 1.0 处，两侧各具 1 条弱纵沟，亚侧纵沟长为中纵沟的 0.25 倍。第 1 窗疤宽为长的 3.3 倍，疤距为疤宽的 0.6 倍。合背板上的毛稀而短，接近合背板下缘，下方毛窝至合背板下缘之距为毛长的 1.0-1.4 倍。产卵管鞘长为后足胫节的 0.34 倍，为鞘中宽的 3.6 倍，表面光滑，散生细长刻点，有细毛。

体色：体黑色。上唇、上颚端半红褐色。须和翅基片黄色。触角红褐色至端部渐褐色。足褐黄色，但前足基节、后足胫节和跗节色稍暗；前、中足第 2-4 跗节黄色；中、后足基节黑色。翅透明，带烟黄色，翅痣和强脉浅褐色，弱脉浅黄色。

雄：未知。

寄主：未知。

研究标本：1♀，贵州梵净山护国寺，2001.Ⅷ.1，朴美花，No.200107535 (正模)；1♀，贵州梵净山护国寺，2001.Ⅷ.1，朴美花，No.200107632；1♀，贵州梵净山护国寺，2001.Ⅷ.1，马云，No.200108302 (以上均为副模)。

分布：贵州。

鉴别特征：本种的后胸侧板和并胸腹节后表面具网皱等特征与分布于巴西的内叉齿细蜂 *Exallonyx enomus* Townes, 1981 相似，与后者的主要区别在于：① 前胸背板侧面上缘具双列毛 (后者单列毛)；②合背板基部中纵沟伸达基部至第 1 对窗疤间距的 1.0 处 (后者为 0.7 处)；③第 1 窗疤宽为长的 3.3 倍 (后者为 2.2 倍)。

词源：种本名"长颊 *longimalus*"，系 *long* (长) + *mal* (颊) 组合词，是以本种颊较长的特征命名。

(282) 吴氏叉齿细蜂 *Exallonyx wuae* Xu, He *et* Liu, 2007 (图 342)

Exallonyx wuae Xu, He *et* Liu, 2007, *Jour. Kansas Entomol. Soc.*, 80 (4): 306.

雌：前翅长 2.5mm。

头：背观上颊长为复眼的 0.85 倍。颊长为复眼纵径的 0.5 倍。唇基宽为长的 2.8 倍，稍均匀隆起，光滑，亚端横脊明显，端缘平截。触角第 2、10 鞭节长分别为端宽的 2.2 倍和 1.7 倍，端节长为端前节的 1.7 倍。额脊强而高。后头脊正常高。

胸：前胸背板颈部具 4-5 条横皱；侧面光滑，前沟缘脊发达；前沟缘脊之后无毛，但有 3 条弱横皱，颈脊之后无毛；背缘具不规则 2 列毛；后下角双凹窝。中胸侧板前缘上角和中央横沟上方为有毛区，之间无毛区长为翅基片的 1.5 倍；镜面区上方 0.3 具毛；侧板下半部 (中央横沟以下部位) 具稀毛；中央区域大部分无毛；后下角具平行细皱。后胸侧板中央前方有 1 个表面具稀毛的光滑区，其长和高分别为侧板的 0.5 倍和 0.7 倍，其余具小室状网皱。并胸腹节侧观背缘弧形，后表面陡斜；中纵脊伸达后表面中央；背表面光滑；后表面具粗横网皱；外侧区具小室状强网皱。

足：后足腿节长为宽的 4.3 倍；后足胫节长距长为基跗节的 0.43 倍。

翅：前翅长为宽的 2.5 倍；翅痣长和径室前缘脉长分别为翅痣宽的 2.1 倍和 0.67 倍；翅痣后侧缘直；径脉第 1 段从翅痣近中央伸出，内斜，长为宽的 1.5 倍；径脉第 2 段直，两段相接处稍膨大。后翅后缘近基部 0.35 处缺刻深。

腹：腹柄背面中长为中宽的 1.5 倍，基部 0.4 具不规则网皱，端部 0.6 具 7 条不规则弱纵皱；腹柄侧面上缘长为中高的 1.0 倍，上缘直，基部具斜横脊 1 条，其后具强纵脊 6 条，后上方光滑。合背板基部中纵沟深，伸达基部至第 1 对窗疤间距的 0.95 处，两侧各具 2 条弱侧纵沟，亚侧纵沟长为中纵沟的 0.25 倍，外侧纵沟长不及中纵沟的 0.1 倍。第 1 窗疤宽为长的 4.0 倍，疤距为疤宽的 0.26 倍。合背板近于光滑，其上的毛稀而短，远离合背板下缘。产卵管鞘长为后足胫节的 0.34 倍，为鞘中宽的 3.8 倍，表面光滑，具点窝，有细毛。

体色：体黑色。上唇、上颚端半红褐色。须黄褐色。触角基部红褐色，至端部渐呈棕褐色。翅基片红褐色。足基节黑色 (前足的色浅)，其余浅红褐色。翅透明，带浅烟黄色，翅痣和强脉浅褐色，弱脉浅黄色痕迹。

雄：前翅长 2.6mm。

头：背观上颊长为复眼的 0.64 倍。颊长为复眼纵径的 0.23 倍。唇基宽为长的 2.8 倍，稍拱，除侧方具刻点外中央光滑，亚端横脊中央明显，端缘稍凹。触角第 2、10 鞭节长分别为端宽的 3.4 倍和 3.5 倍，端节长为端前节的 1.4 倍；各鞭节无明显角下瘤。额脊强而高。后头脊正常。

胸：前胸背板颈部背面具 4-5 条横皱；侧面光滑；前沟缘脊发达，颈脊之后无毛；背缘前后具 2 列细毛，中央单列；后下角双凹窝。中胸侧板前缘仅上方和中央横沟上方具稀毛；镜面区沿后上方 0.3 具稀毛；侧板下半部 (中央横沟以下部位) 具稀毛；近后下角无平行细皱。后胸侧板前上方有表面具带毛刻点的稍光滑区域，其长和高分别占侧板的 0.46 倍和 0.7 倍，其余部位具小室状网皱并密生白毛。并胸腹节侧观背缘弧形；中纵脊伸至后表面中央；背表面光滑，后侧方和后表面具弱网皱；外侧区具小室状网皱。

足：后足腿节长为宽的 4.2 倍；后足胫节长距长为基跗节的 0.67 倍。

翅：前翅长为宽的 2.36 倍；翅痣长和径室前缘脉长分别为翅痣宽的 2.2 倍和 0.87 倍；翅痣后侧缘直；径脉第 1 段从翅痣近中央稍外方伸出，长为宽的 2.5 倍；径脉第 2 段直，两段相接处稍膨大。后翅后缘近基部缺刻深。

腹：腹柄背面中长为中宽的 1.4 倍，具 7 条强纵脊，基部及脊沟内夹细皱；腹柄侧面上缘长为中高的 1.3 倍，上缘直，基部具横脊 2 条，横脊后具强斜纵脊 4 条。合背板基部中纵沟伸达基部至第 1 对窗疤间距的 0.9 处，两侧各具 2 条纵沟，亚侧纵沟长为中纵沟的 0.6 倍。第 1 窗疤宽为长的 4.8 倍，疤距为疤宽的 0.2 倍。合背板上仅下方具稀毛，下方毛窝与合背板下缘之距为毛长的 0.5-1.0 倍。抱器长爪状，稍下弯，端尖。

体色：体黑色。须黄褐色。上唇、上颚端部和翅基片褐黄色。触角黑褐色，但柄节、梗节和第 1 鞭节基部褐黄色。足褐黄色，端跗节、前足基节基部、中后足基节和后足跗节黑色至黑褐色。翅透明，带烟黄色，翅痣和强脉黑褐色，弱脉浅褐色痕迹。

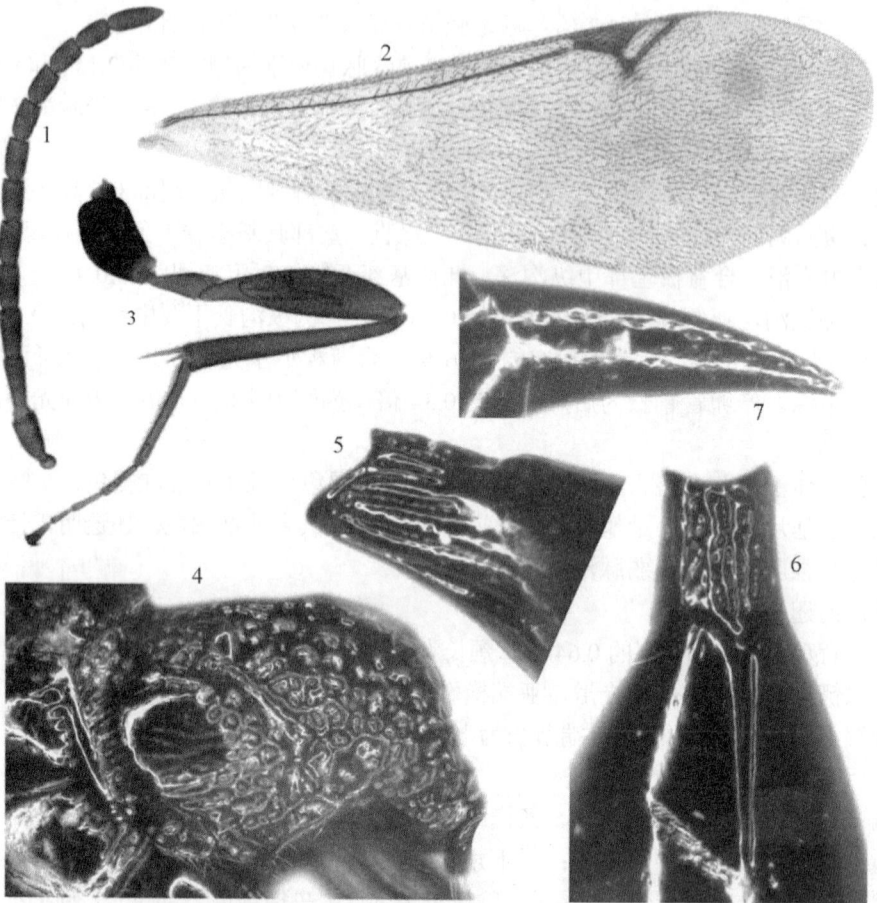

图 342　吴氏叉齿细蜂 *Exallonyx wuae* Xu, He *et* Liu

1. 触角；2. 前翅；3. 后足；4. 后胸侧板和并胸腹节，侧面观；5. 腹柄，侧面观；6. 腹柄和合背板基部，背面观；7. 产卵管鞘 (仿 Xu *et al*., 2007) [1-3. 1.0X 标尺；4-6. 2.0X 标尺；7. 3.0X 标尺]

寄主：未知。

研究标本：1♀，浙江凤阳山凤阳庙，2003.Ⅷ.10，吴琼，No.20034653 (正模)；1♂，同正模，No.20034652 (副模)。

分布：浙江。

鉴别特征：本种的后胸侧板具网皱、并胸腹节后表面具粗网皱、腹柄侧面具强纵脊及产卵管鞘光滑等特征与长颊叉齿细蜂 *Exallonyx longimalus* Xu, He *et* Liu, 2007 相似，与后者主要区别在于：①颊长为复眼的 0.5 倍 (后者为 0.76 倍)；②第 1 窗疤宽为长的 4.0 倍 (后者为 3.3 倍)；③腹柄背面基部 0.4 具不规则网皱 (后者为横皱)，端部 0.6 具 7 条不规则弱纵皱 (后者为 5 条强纵脊)。

词源：种本名"吴氏 *wuae*"，是以模式标本采集人姓氏命名。

(283) 经贤叉齿细蜂，新种 *Exallonyx jingxiani* Xu *et* He, sp. nov. (图 343)

雄：前翅长 4.8mm。

头：背观上颊长为复眼的 0.56 倍。颊长为复眼纵径的 0.29 倍。唇基宽为长的 2.6 倍，平坦，除端部中央光滑外具刻点，亚端横脊中央明显，端缘平截。触角第 2、10 鞭节长分别为端宽的 4.0 倍和 3.0 倍，端节长为端前节的 1.6 倍；各鞭节无明显角下瘤。额脊弱。后头脊正常。

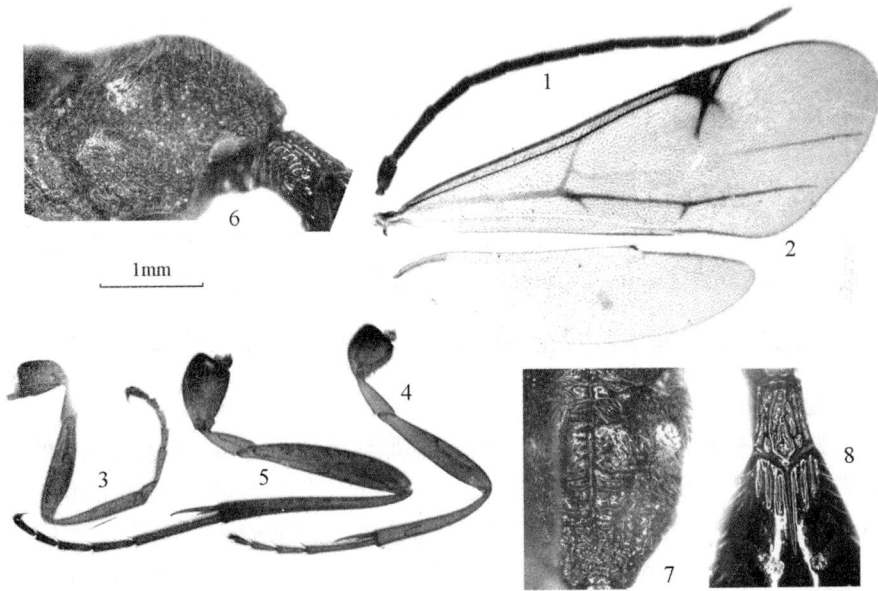

图 343　经贤叉齿细蜂，新种 *Exallonyx jingxiani* Xu *et* He, sp. nov.
1. 触角；2. 翅；3. 前足；4. 中足；5. 后足；6. 后胸侧板、并胸腹节和腹柄，侧面观；7. 并胸腹节，背面观；8. 腹柄和合背板基部，背面观 [1-5. 1.0X 标尺；6-8. 2.0X 标尺]

胸：前胸背板颈部背面具 6-7 条横皱；侧面后半光滑，前半具带毛细刻点；前沟缘脊不发达，颈脊之后无毛；背缘具连续的多列细毛；后下角双凹窝。中胸侧板前缘具稀毛，其上角毛较密；镜面区沿后上方 0.3 具稀毛；侧板下半部 (中央横沟以下部位) 具稀毛；近后下角具平行细皱。后胸侧板前上方有表面具带毛刻点的稍光滑区域，其长和高分别占侧板的 0.33 倍和 0.25 倍，其余部位具小室状网皱并密生白毛。并胸腹节侧观背缘弧形；中纵脊伸至后表面中央；背表面一侧光滑区长为并胸腹节基部至气门后端间距的 2.0 倍；背表面后方和后表面具大网皱；外侧区具小室状网皱。

足：后足腿节长为宽的 4.5 倍；后足胫节长距长为基跗节的 0.53 倍。

翅：前翅长为宽的 2.52 倍；翅痣长和径室前缘脉长分别为翅痣宽的 1.64 倍和 0.36 倍；翅痣后侧缘直；径脉第 1 段从翅痣近中央稍外方伸出，甚短，长为宽的 0.2 倍；径脉第 2 段直，两段相接处有脉桩。后翅后缘近基部缺刻浅。

腹：腹柄背面中长为中宽的 1.2 倍，具 5 条不规则强纵皱，内夹细皱；腹柄侧面上缘长为中高的 1.3 倍，上缘直，基部具横脊 2 条，横脊后前半具斜网皱，后半具强斜纵脊 6 条。合背板基部中纵沟伸达基部至第 1 对窗疤间距的 0.9 处，两侧各具 3 条纵沟，亚侧纵沟长为中纵沟的 0.6 倍。第 1 窗疤宽为长的 3.8 倍，疤距为疤宽的 0.6 倍。合背板上仅窗疤下方毛稀，其余中等长而密，接近合背板下缘，下方毛窝与合背板下缘之距为毛长的 0.5-1.0 倍。抱器长爪状，稍下弯，端尖。

体色：体黑色。须黄褐色。上唇、上颚端部和翅基片褐黄色。触角黑褐色，但柄节基部褐黄色。足红褐色，端跗节和中后足基节基部黑褐色。翅透明，带烟黄色，翅痣和强脉黑褐色，弱脉浅褐色痕迹。

雌：未知。

寄主：未知。

研究标本：正模♂，河北小五台山，2005.Ⅷ.20-23，刘经贤，No.200609434。

分布：河北。

鉴别特征：见检索表。

词源：种本名"刘氏 *liui*"，意为采集者刘经贤先生在华南农业大学和浙江大学攻读研究生期间，到许多省区采得大量蜂类标本并参加过细蜂科的整理工作。

(284) 永禧叉齿细蜂，新种 *Exallonyx yongxii* Xu *et* He, sp. nov. (图 344)

雄：前翅长 3.6mm。

头：背观上颊长为复眼的 0.59 倍。颊长为复眼纵径的 0.17 倍。唇基宽为长的 2.2 倍，稍均匀隆起，具刻点，端缘平截。触角第 2、10 鞭节长分别为端宽的 4.3 倍和 3.8 倍，端节长为端前节的 1.4 倍；鞭节无明显角下瘤。额脊弱。后头脊正常。

胸：前胸背板颈部背面具 6-7 条横皱；侧面光滑，满布细毛；无前沟缘脊；颈脊之后具毛；背缘毛不明显；后下角双凹窝。中胸侧板前缘满布细毛；镜面区沿后上方具稀毛；侧板下半部 (中央横沟以下部位) 具细毛；侧缝下段具平行细皱。后胸侧板前上方有表面具稀毛的光滑区，其长和高分别占侧板的 0.5 倍和 0.8 倍，其余部位具小室状网皱。并胸腹节侧观背缘弧形；中纵脊仅背表面存在；背表面全部为光滑区；后表面和外侧区具小室状网皱。

足：后足腿节长为宽的 5.2 倍；后足胫节长距长为基跗节的 0.6 倍。

翅：前翅长为宽的 2.3 倍；翅痣长和径室前缘脉长分别为翅痣宽的 2.1 倍和 0.6 倍；翅痣后侧缘直；径脉第 1 段从翅痣近中央稍外方伸出，内斜，长为宽的 0.8 倍；径脉第 2 段直，两段相接处有脉桩。后翅后缘近基部缺刻深。

腹：腹柄背面中长为中宽的 1.7 倍，具 6 条强纵脊，内夹细皱，中央 2 条纵脊分开宽，端部光滑；腹柄侧面上缘长为中高的 2.0 倍，上缘直，基部具横脊 1 条，横脊后基半上方具点皱，下方具 4 条横皱，端半具强斜纵脊 5 条。合背板基部中纵沟伸达基部至第 1 对窗疤间距的 0.65 处，两侧各具 2 条纵沟，亚侧纵沟长为中纵沟的 0.4 倍。第 1 窗疤宽为长的 2.5 倍，疤距为疤宽的 0.7 倍。合背板上窗疤下方的毛中等长而密，接近合背板下缘，下方毛窝与合背板下缘之距为毛长的 0.6-1.0 倍。抱器长爪状，下弯，端尖。

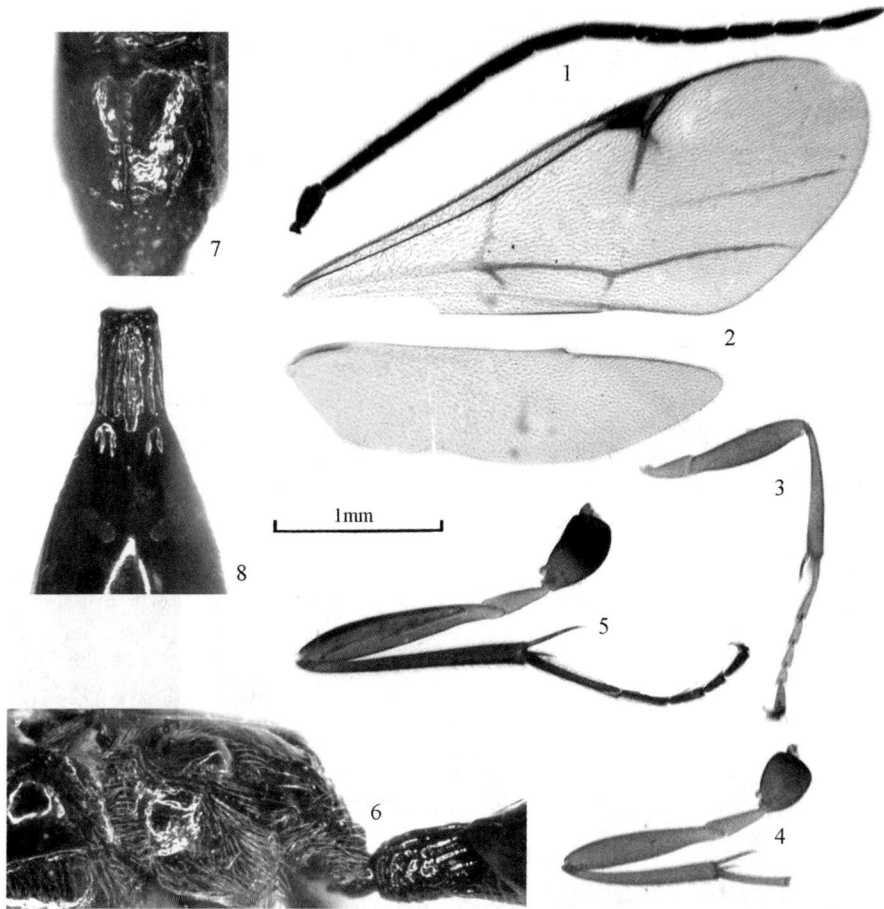

图 344 永禧叉齿细蜂，新种 *Exallonyx yongxii* Xu *et* He, sp. nov.

1. 触角；2. 翅；3. 前足；4. 中足；5. 后足；6. 后胸侧板、并胸腹节和腹柄，侧面观；7. 并胸腹节，背面观；8. 腹柄和合背板基部，背面观 [1-5. 1.0X 标尺；6-8. 2.0X 标尺]

体色：体黑色。须、上唇和翅基片黄褐色。上颚端部褐黄色。触角黑褐色。足黄褐色，后足基节基部黑褐色，腿节端半背方、胫节端部背面、跗节浅褐色。翅透明，带烟黄色，翅痣和强脉黑褐色，弱脉浅褐色。

雌：未知。

寄主：未知。

研究标本：正模♂，广西桂林猫儿山，2005.Ⅷ.2-10，肖斌，No.200609529。

分布：广西。

鉴别特征：见检索表。

词源：种本名"永禧 *yongxii*"，意对广西壮族自治区农业科学院已故昆虫学家李永禧研究员的怀念和敬意。

(285) 古氏叉齿细蜂，新种 *Exallonyx gui* Xu *et* He, sp. nov. (图 345)

雄：前翅长 2.6mm。

头：背观上颊长为复眼的 0.68 倍。颊长为复眼纵径的 0.3 倍。唇基宽为长的 2.0 倍，稍均匀隆起，基部光滑具刻点，亚端横脊明显，端缘平截。触角第 2、10 鞭节长分别为宽的 3.0 倍和 2.7 倍，端节长为端前节的 1.4 倍；鞭节无角下瘤。额脊强而高。后头脊正常高。

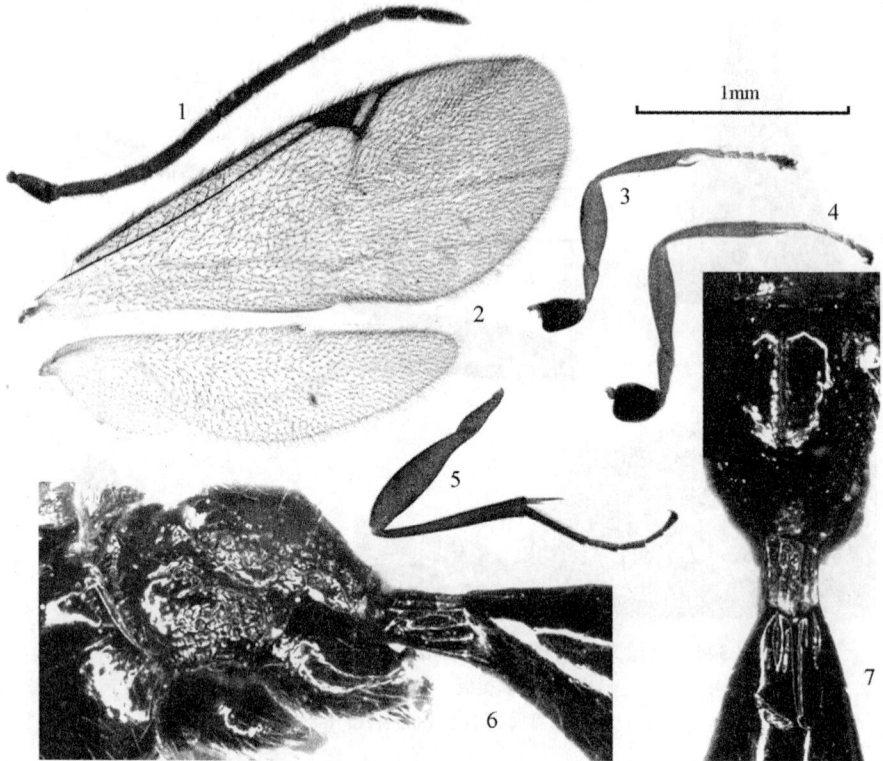

图 345　古氏叉齿细蜂，新种 *Exallonyx gui* Xu *et* He, sp. nov.
1. 触角；2. 翅；3. 前足；4. 中足；5. 后足；6. 后胸侧板、并胸腹节和腹柄，侧面观；7. 并胸腹节、腹柄和合背板基部，背面观 [1-5. 1.0X 标尺；6-7. 2.0X 标尺]

胸：前胸背板颈部背面具 8-9 条横皱，中央无毛；前沟缘脊发达，侧面光滑；前沟缘脊之后无毛，颈脊之后具毛；背缘具连续的单列毛；后下角双凹窝。中胸侧板前缘上角有稀毛；镜面区上方 0.5 具稀毛；侧板下半部 (中央横沟以下部位) 具稀毛，近中央区域无毛。后胸侧板具小室状网皱，前上方有近三角形的光滑区，其长和高分别占侧板的 0.4 倍和 0.6 倍。并胸腹节侧观背缘弧形，后表面缓斜；中纵脊伸至后端附近；背表面光滑区中长约为中宽的 0.8 倍，后方有涟漪状弱皱；后表面刻皱甚弱；外侧区具小室状网皱。

足：后足腿节长为宽的 4.3 倍；后足胫节长距长为基跗节的 0.64 倍。

翅：前翅长为宽的 2.4 倍；翅痣长和径室前缘脉长分别为翅痣宽的 2.36 倍和 0.64 倍；

翅痣后侧缘直；径脉第 1 段内斜，长为宽的 1.8 倍，从翅痣近中央伸出；径脉第 2 段直。后翅后缘近基部缺刻深。

腹：腹柄背面长为中宽的 1.6 倍，表面具 6 条纵皱，内夹细点皱；腹柄侧面上缘长为中高的 1.6 倍，上缘稍下凹，基部具横脊 1 条，横脊后先具点皱，再具强斜纵脊 3 条。合背板基部中纵沟伸达基部至第 1 对窗疤间距的 0.9 处，两侧各具 2 条纵沟，亚侧纵沟长为中纵沟的 0.5 倍。第 1 窗疤宽为长的 3.5 倍，疤距为疤宽的 0.15 倍。合背板上仅窗疤附近有的毛稀而短，下方毛窝与合背板下缘之距为毛长的 1.0 倍。抱器爪状，下弯，端尖。

体色：体黑色。须、翅基片黄色。触角黑褐色，柄节基部、梗节、第 1 鞭节基部红褐色。足褐黄色；前足基节浅黑褐色，中后足基节除端部外黑色；后足跗节褐色。翅透明，翅痣和强脉浅褐色，弱脉无色。

雌：未知。

寄主：未知。

研究标本：正模♂，广东乳源南岭，2003.Ⅶ.23，许再福，No.20047696。

分布：广东。

鉴别特征：见检索表。

词源：种本名 "古氏 gui"，意为对中山大学昆虫学家古德祥教授的敬意和谢意。

(286) 曾氏叉齿细蜂，新种 *Exallonyx zengae* Xu *et* He, sp. nov. (图 346)

雄：前翅长 2.7mm。

头：背观上颊向后强度收窄，长为复眼的 0.78 倍。颊长为复眼纵径的 0.27 倍。唇基宽为长的 3.6 倍，无唇基缝，光滑，亚端横脊明显，端缘稍凹。触角第 2、10 鞭节长分别为宽的 3.3 倍和 2.5 倍，端节长为端前节的 1.5 倍；鞭节无明显角下瘤。额脊弱。后头脊正常。

胸：前胸背板颈部背面具 4 条横皱；侧面光滑，前沟缘脊发达；前沟缘脊之后无毛，颈脊之后无毛；背缘具稀疏的单列毛；后下角双凹窝。中胸侧板前缘上角有稀毛；镜面区上半具稀毛；侧板下半部 (中央横沟以下部位) 具稀毛；后下角具平行细皱。后胸侧板中央前方及前上方有被纵点沟分隔的、表面具稀毛的光滑区，其长和高分别占侧板的 0.9 倍和 0.9 倍，其余部位具弱网皱。并胸腹节侧观背缘弧形；中纵脊仅背表面存在；背表面完全光滑；后表面陡斜，大部分光滑，端部具刻点；外侧区大部分光滑，仅与后胸侧板交界处具网皱。

足：后足腿节长为宽的 4.0 倍；后足胫节长距长为基跗节的 0.59 倍。

翅：前翅长为宽的 2.13 倍；翅痣长和径室前缘脉长分别为翅痣宽的 2.4 倍和 0.63 倍；翅痣后侧缘稍弯；径脉第 1 段内斜，长为宽的 2.0 倍，从翅痣近中央伸出；径脉第 2 段直，两段相接处膨大。后翅后缘近基部缺刻深。

腹：腹柄背面中长为中宽的 1.2 倍，具 5 条强纵脊，脊表有细皱；腹柄侧面上缘长为中高的 1.2 倍，上缘直，基部具横脊 1 条，横脊后具强纵脊 4 条。合背板基部中纵沟伸达基部至第 1 对窗疤间距的 0.9 处，两侧各具 2 条纵沟，亚侧纵沟极短，长为中纵沟的 0.10-0.15 倍。第 1 窗疤宽为长的 2.0 倍，疤距为疤宽的 0.1 倍。合背板上几乎无毛。抱器稍呈爪状，稍下弯，端尖。

体色：体黑色。须黄色。上唇、上颚端部褐黄色。触角黑褐色。翅基片黄褐色。足红褐色；基节黑色；前中足端跗节、后足腿节 (除两端)、胫节端部和整个跗节黑褐色。翅透明，带烟黄色，翅痣和强脉红褐色，弱脉浅黄色痕迹。

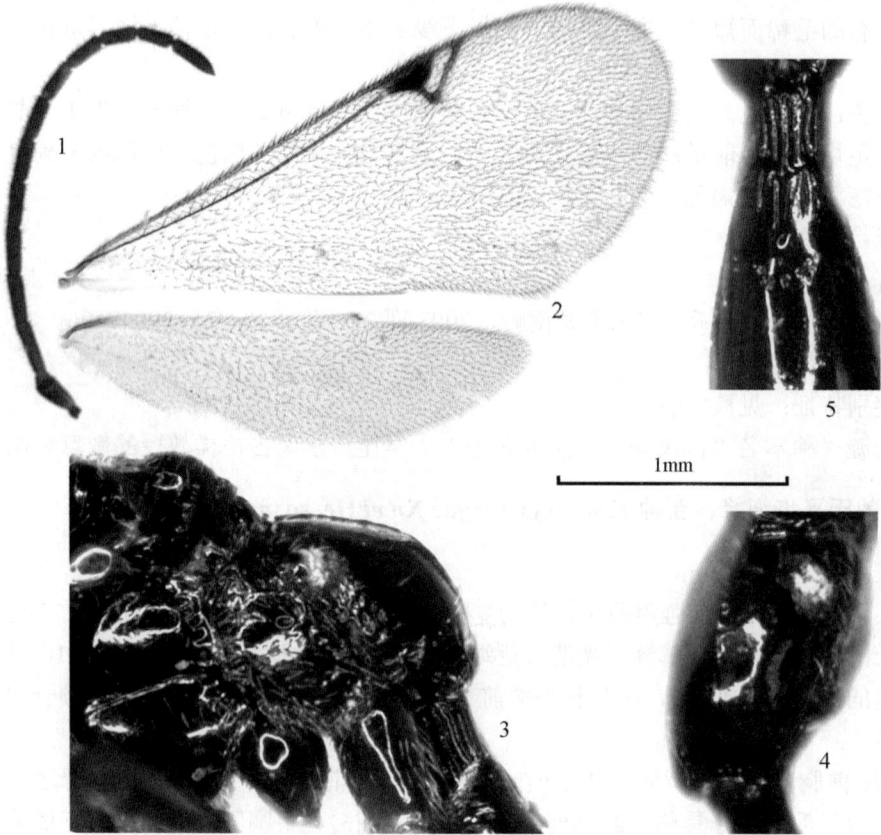

图 346 曾氏叉齿细蜂，新种 *Exallonyx zengae* Xu *et* He, sp. nov.

1. 触角；2. 翅；3. 后胸侧板、并胸腹节和腹柄，侧面观；4. 并胸腹节，背面观；5. 腹柄和合背板基部，背面观 [1-2. 1.0X 标尺；3-5. 2.0X 标尺]

雌：未知。

寄主：未知。

研究标本：正模♂，云南屏边大围山，2003.Ⅶ.18，胡龙，No.20048147。

分布：云南。

鉴别特征：见检索表。

词源：种本名"曾氏 *zengae*"，表示对曾洁在攻读博士期间采集了大量标本和对本志最后定稿的帮助的感谢。

(287) 凹唇叉齿细蜂 *Exallonyx concavus* Xu, He *et* Liu, 2007 (图 347)

Exallonyx concavus Xu, He *et* Liu, 2007, *Jour. Kansas Entomol. Soc.*, 80(4): 298.

雄: 前翅长 3.5mm。

头: 背观上颊长为复眼的 0.75 倍。颊长为复眼纵径的 0.33 倍。唇基宽为长的 2.5 倍, 稍均匀隆起, 有浅刻点, 亚端横脊弱, 端缘微凹。触角第 2、10 鞭节长分别为端宽的 2.7 倍和 3.7 倍, 端节长为端前节的 1.55 倍; 第 1-10 各鞭节有不明显的圆形或椭圆形小角下瘤。额脊强而高。后头脊正常高。

胸: 前胸背板颈部具 4-5 条横皱; 侧面光滑, 前沟缘脊发达; 前沟缘脊之后无毛, 颈脊之后具毛; 背缘具双列毛, 两端具多列毛; 后下角双凹窝。中胸侧板前缘上角和中央横沟上方为有毛区, 之间无毛区长为翅基片的 1.3 倍; 镜面区上方 0.5 具稀毛; 侧板下半部 (中央横沟以下部位) 具稀毛, 近中央区域大部分无毛; 后下角具平行细皱。后胸侧板中央前方及前上方有 1 个被斜沟分隔的、表面平坦具稀毛的光滑区, 其长和高分别为侧板的 0.6 倍和 0.86 倍, 其余具小室状网皱。并胸腹节侧观背缘弧形, 后表面陡斜; 中纵脊伸达后表面前端; 背表面光滑区后侧缘具网皱; 后表面具横形大网皱; 外侧区具小室状网皱。

足: 后足腿节长为宽的 3.9 倍; 后足胫节长距长为基跗节的 0.45 倍。

翅: 前翅长为宽的 2.0 倍; 翅痣长和径室前缘脉长分别为翅痣宽的 1.4 倍和 0.67 倍; 翅痣后侧缘直; 径脉第 1 段从翅痣中央稍外方伸出, 内斜, 长为宽的 1.5 倍; 径脉第 2 段直, 两段相接处膨大, 有肘间横脉痕迹。后翅后缘近基部 0.35 处缺刻深。

腹: 腹柄背面中长为中宽的 1.3 倍, 具 5 条强纵脊, 基部脊间沟内夹细皱; 腹柄侧面上缘长为中高的 1.0 倍, 上缘直, 基部具斜横脊 1 条, 近前缘 0.3 具夹点网皱, 其后部分具强斜纵脊 6 条。合背板基部中纵沟伸达基部至第 1 对窗疤间距的 1.0 处, 两侧各具 2 条纵沟, 亚侧纵沟长为中纵沟的 0.6 倍。第 1 窗疤宽为长的 5.0 倍, 疤距为疤宽的 0.1 倍。合背板上的毛中等长而密, 接近合背板下缘, 下方毛窝与合背板下缘之距为毛长的 1.5 倍。抱器爪状, 略下弯, 端尖。

体色: 体黑色。上唇黑褐色。上颚端半红褐色。下颚须和下唇须灰白色。触角基部 3 节暗红色, 其余黑褐色。翅基片灰黄褐色。足红褐色, 但前、中足第 2-5 跗节色稍浅, 基节、前中足端跗节、后足胫节和跗节黑褐色至黑色。翅透明, 带烟黄色, 翅痣和强脉红褐色, 弱脉浅黄色痕迹。

雌: 未知。

寄主: 未知。

研究标本: 1♂, 陕西火地塘板桥沟, 1998.VI.5, 马云, No.982156 (正模)。

分布: 陕西。

鉴别特征: 本种与分布于厄尔瓜多的变滑叉齿细蜂 *Exallonyx calvescens* Townes, 1981 相似, 与后者主要区别在于: ①触角第 2 鞭节长为宽的 2.7 倍 (后者为 3.3 倍); ②合背板基部中纵沟伸达基部至第 1 窗疤间距的 1.0 处 (后者为 0.75 处); ③第 1 窗疤宽为长的

5.0 倍（后者为 3.9 倍）。

　　词源：种本名词源"凹唇 *concavus* (凹)"，意指其唇基端缘微凹。

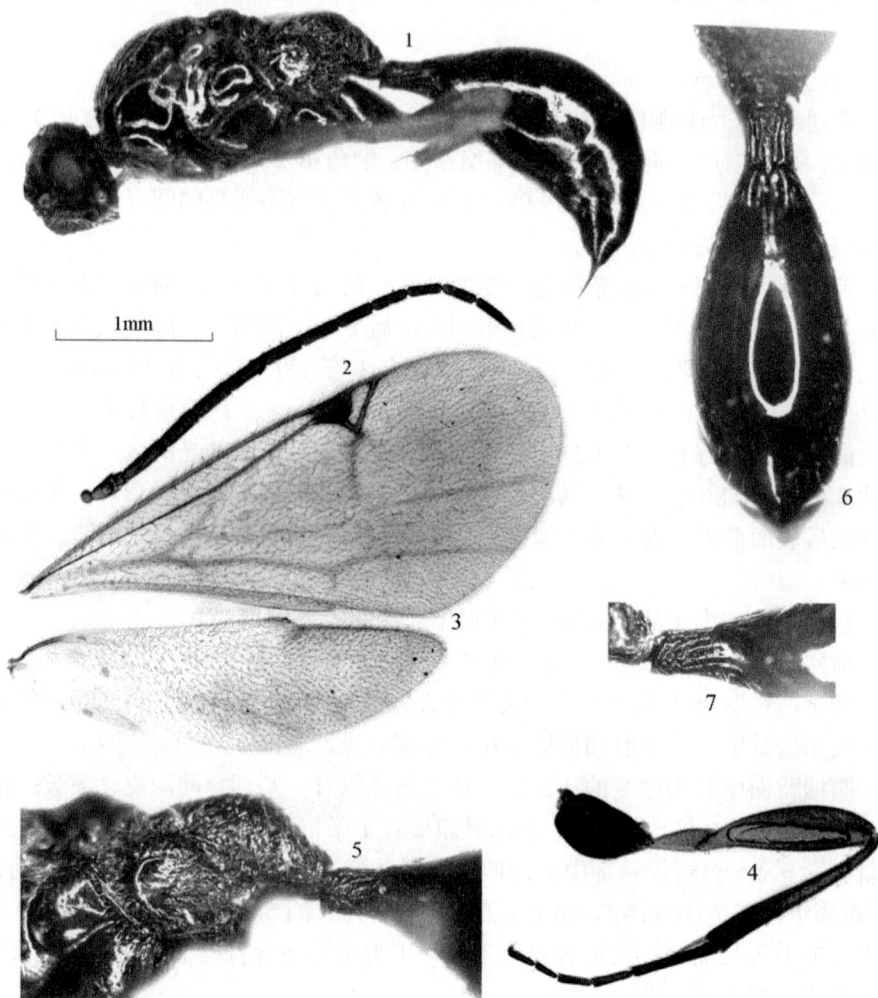

图 347　凹唇叉齿细蜂 *Exallonyx concavus* Xu, He *et* Liu

1. 整体，侧面观；2. 触角；3. 翅；4. 后足；5. 后胸侧板、并胸腹节和腹柄，侧面观；6. 腹柄和腹部，背面观；7. 腹柄，
侧面观 (仿 Xu, *et al.*, 2007) [1. 0.8X 标尺；2-4. 1.0X 标尺；5-6. 1.6X 标尺]

(288) 宽脊叉齿细蜂 *Exallonyx planus* Xu, He *et* Liu, 2007 (图 348)

Exallonyx planus Xu, He *et* Liu, 2007, *Jour. Kansas Entomol. Soc.*, 80 (4): 300.

　　雄：前翅长 2.65mm。

　　头：背观上颊长为复眼的 0.72 倍。颊长为复眼纵径的 0.29 倍。唇基宽为长的 3.0 倍，稍均匀隆起，光滑，多毛，亚端横脊不明显，端缘平截。触角第 2、10 鞭节长分别为端宽的 3.4 倍和 3.2 倍，端节长为端前节的 1.56 倍；第 3-9 各鞭节有 1 不明显的条形角下瘤。额脊强而高。后头脊正常高。

　　胸：前胸背板颈部具 4-5 条横皱；侧面光滑，前沟缘脊发达；前沟缘脊之后无毛，颈脊之后无毛；背缘具连续的单列毛；后下角双凹窝。中胸侧板前缘上角和中央横沟上方为有毛区，之间无毛区长为翅基片的 1.25 倍；镜面区上方 0.5 具稀毛；侧板下半部 (中央横沟以下部位) 具稀毛，近中央区域无毛；后下角具平行细皱。后胸侧板中央前方及前上方有 1 个未被分隔的、表面具稀毛的光滑区，其长和高分别为侧板的 0.4 倍和 0.6 倍，其余具网皱。并胸腹节侧观背缘弧形，后表面缓斜；中纵脊伸达后表面近端部；背表面光滑；后表面及外侧区为网皱。

　　足：后足腿节长为宽的 4.1 倍；后足胫节长距长为基跗节的 0.7 倍。

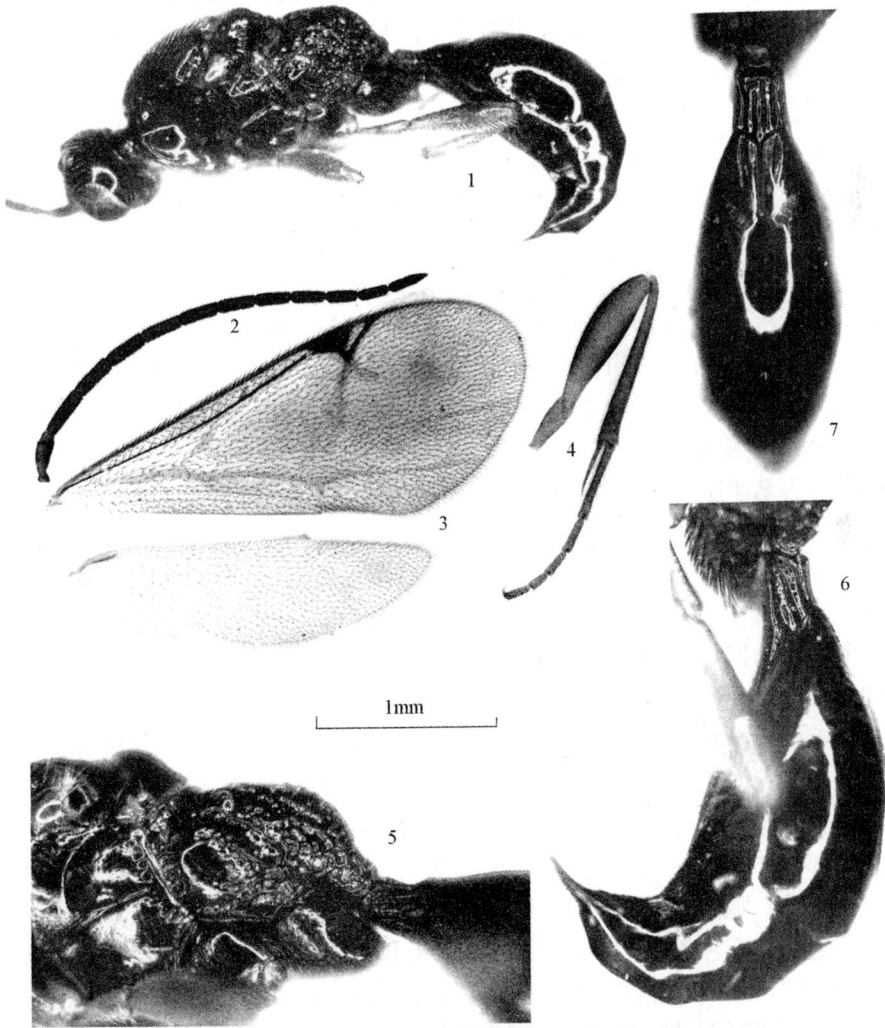

图 348　宽脊叉齿细蜂 *Exallonyx planus* Xu, He *et* Liu

1. 整体，侧面观；2. 触角；3. 翅；4. 后足；5. 后胸侧板、并胸腹节和腹柄，侧面观；6. 腹柄和腹部，侧面观；7. 腹柄和合背板基部，背面观 (仿 Xu *et al*., 2007) [1-4. 1.0X 标尺；5-7. 2.0X 标尺]

翅：前翅长为宽的 2.24 倍；翅痣长和径室前缘脉长分别为翅痣宽的 1.8 倍和 0.69 倍；翅痣后侧缘直；径脉第 1 段从翅痣近中央伸出，近于直，长为宽的 1.2 倍；径脉第 2 段直，两段相接处膨大。后翅后缘近基部 0.35 处缺刻深。

腹：腹柄背面中长为中宽的 1.1 倍，具 3 条平行强纵脊，内夹细皱；腹柄侧面上缘长为中高的 0.9 倍，上缘直，基部具横脊 1 条，其后具宽大的斜纵脊 4 条，脊上和脊间均具细刻点。合背板基部中纵沟伸达基部至第 1 对窗疤间距的 0.91 处，两侧各具 2 条纵沟，亚侧纵沟弱，长为中纵沟的 0.5 倍。第 1 窗疤宽为长的 3.5 倍，疤距为疤宽的 0.6 倍。合背板上的毛中等长而密，接近合背板下缘，下方毛窝与合背板下缘之距为毛长的 1.3 倍。抱器爪状，不下弯，端尖。

体色：体黑色。上唇、上颚端半红褐色。下颚须、下唇须和翅基片浅黄褐色。触角暗红褐色，至端部色渐深。中、后足基节黑色，其余暗红褐色，但转节和跗节色稍浅。翅透明，带烟黄色，翅痣和强脉褐色，弱脉浅黄色痕迹。

雌：未知。

寄主：未知。

研究标本：1♂，贵州梵净山金顶，1993.Ⅶ.11，陈学新，No.937772 (正模)。

分布：贵州。

鉴别特征：本种的合背板中纵沟两侧各具 2 条纵沟、合背板上的毛中等长而密，下方毛窝靠近合背板下缘，其距为毛长的 1.3 倍等特征与分布于哥伦比亚的宽翅叉齿细蜂 *Exallonyx amplipennis* Townes, 1981 相似，但可从以下特征与后者区别：①触角第 2、10 鞭节长分别为端宽的 3.4 倍和 3.2 倍 (后者为 5.1 倍和 3.8 倍)；②前沟缘脊发达 (后者无前沟缘脊)；③后足腿节长为宽的 4.1 倍 (后者为 6.3 倍)。

词源：种本名 "宽脊 *planus*"，意指其腹柄侧面具宽纵脊。

6) 窄尾叉齿细蜂种团 *Atripes* Group

种团概述：前翅长 1.75-5.70mm。雄性触角鞭节无突出的角下瘤。前胸背板侧面后下角单凹窝，少数种类在其上方还具有 1-3 个浅窝。前胸背板侧面上缘毛带多列毛宽，有时为单列毛，或少数种仅具有分散的毛或无毛。前沟缘脊有或无。前胸背板侧面前沟缘脊或颈脊上段后方无毛 (除 *Exallonyx nikkoensis* 雄性外)。并胸腹节背表面基部两侧的光滑区远过并胸腹节气门之后 (除 *Exallonyx melanomerus* 和 *Exallonyx trachocles* 外)。后翅后缘近基部 0.35 有浅缺刻。腹柄基部侧下方有 1 横脊，侧面具纵沟，或有些种的雌性部分或完全光滑。腹柄侧面观上缘直或下凹。合背板上毛稀少至中等密，短或长，近合背板下缘无毛 (最低毛窝距合背板下缘至少为毛长的 2.0 倍)。雄性抱器细长，端部尖，稍微或强度下弯，呈爪状 (除菲律宾种 *Exallonyx datae*)。

该种团已记载有 31 种，其中除我国记述的 11 种和日本、菲律宾及印度各 2 种外，其余分布于南北美洲，但大多数产于新热区。作者发现属于该种团的我国种类很多。估计本种团内的种间亲缘关系并非很近，与蚁形细蜂种团类似，也属细蜂科中的 1 个 "垃圾堆"。

本志记述我国 31 种，内 20 新种，1 新名。

种 检 索 表

触角第 2、10 鞭节长分别为端宽的 3.1-3.2 倍和 3.0 倍；前胸背板背缘具单列毛；后胸侧板前上方有 1 大光滑区；腹柄背面中长为中宽的 1.3-1.6 倍，具 7 条纵脊；腹柄侧面背缘长为中高的 1.1-1.3 倍，基部具 1-2 条横脊；合背板基部侧纵沟各 2 条；后足腿节长为宽的 3.5-3.9 倍 ·················· 11

11. 前翅径脉第 1 段从翅痣中央伸出，长为宽的 1.0 倍；腹柄侧面基部具连纵脊的横脊 2 条；第 1 窗疤疤距为疤宽的 0.35 倍；前翅长 3.3mm。浙江、福建 ·················· **针铗叉齿细蜂 *E. acuticlasper***
   前翅径脉第 1 段从翅痣中央稍外方伸出，长为宽的 1.3 倍；腹柄侧面基部具连纵脊的横脊 1 条；第 1 窗疤疤距为疤宽的 0.15 倍；前翅长 2.5mm。浙江 ··········· **唐氏叉齿细蜂，新种 *E. tangi*, sp. nov.**

12. 前胸背板后下角具 2 个凹窝 ·················· 13
   前胸背板后下角仅 1 个凹窝 ·················· 14

13. 背观上颊长为复眼的 0.5 倍；触角第 10 鞭节长为端宽的 4.3 倍；前胸背板侧面背缘具 3 列毛；并胸腹节后表面前方光滑；腹柄侧面基部具连有纵脊的横脊 4 条，其后另有纵脊 3 条；合背板基部侧纵沟各 3 条；前翅长 5.4mm。四川 ·················· **陈氏叉齿细蜂，新种 *E. cheni*, sp. nov.**
   背观上颊长为复眼的 0.75 倍；触角第 10 鞭节长为端宽的 3.0 倍；前胸背板侧面背缘具 2 列毛；并胸腹节后表面整个具网皱；腹柄侧面基部仅具横脊 1 条，其后另有纵脊 4 条；合背板基部侧纵沟各 2 条；前翅长 2.6mm。云南 ·················· **相连叉齿细蜂，新种 *E. junctus*, sp. nov.**

14. 中后足转节黑色，或基本上黑褐色或暗褐色 ·················· 15
   中后足转节褐黄色或红褐色，少数种背面带浅褐色 ·················· 21

15. 前胸背板侧面上缘毛带至少 3 列毛；颈脊和前沟缘脊之后具数根毛；前翅长 4.1-5.6mm ········· 16
   前胸背板侧面上缘毛带 1 列或 2 列毛；颈脊和前沟缘脊之后无毛或具数根毛；前翅长 1.8-3.9mm，但神农叉齿细蜂前翅长 4.3mm ·················· 18

16. 颈部背面屋脊状横向隆起，向前后倾斜，侧面较光滑，呈单横脊状；中后足腿节火红色；合背板基部侧纵沟 3 条；前翅长 5.2mm。河北 ·················· **脊颈叉齿细蜂，新种 *E. jugularis*, sp. nov.**
   颈部背面中央隆起上有多条细横脊；后头脊正常高，不呈檐状；中后足腿节黑色或黑褐色；合背板基部侧纵沟 1-2 条 ·················· 17

17. 触角第 2 鞭节长为端宽的 2.1 倍；并胸腹节后表面大部分光滑，仅前方具几条横皱；腹柄侧面在基部的 1 条横脊和端半纵刻条之间有点皱；合背板基部侧纵沟各 1 条；前翅长 5.6mm。湖北 ·················· **帚疤叉齿细蜂，新种 *E. penicioides*, sp. nov.**
   触角第 2 鞭节长为端宽的 2.6-3.4 倍；并胸腹节后表面具网皱，仅后端光滑；腹柄侧面在基部具 1 条横脊，之后即有强纵刻条 5 条；合背板基部两侧各有纵沟 2 条；前翅长 4.1-4.8mm。吉林 ·················· **黑足叉齿细蜂，新种 *E. nigripes*, sp. nov.**

18. 中后足腿节基本上红褐色；合背板基部中纵沟较长，伸达基部至第 1 对窗疤的 0.80-0.85 处；腹柄侧面基部具 3-4 条连纵脊的横脊 ·················· 19
   中后足腿节烟褐色至黑色，至少后足腿节中部烟褐色；合背板基部中纵沟伸达基部至第 1 对窗疤的 0.55-0.75 处；腹柄侧面基部具 2 条或仅 1 条独立横脊 ·················· 20

19. 并胸腹节背表面光滑区大，长为基部至气门后端间距的 3.0 倍，后表面具网皱；径脉第 1 段长为宽的 1.0 倍；前翅长 4.3mm。湖北 ·················· **神农叉齿细蜂，新种 *E. shennongensis*, sp. nov.**
   并胸腹节背表面光滑区小，长为基部至气门后端间距的 1.0 倍，后表面大部分光滑；径脉第 1 段长为宽的 1.5 倍；前翅长 3.9mm。浙江 ·················· **双鬃叉齿细蜂 *E. varia***

20. 腹柄背面中长为中宽的 1.0 倍；腹柄侧面基部具连有纵脊的横脊 2 条，其后另有纵脊 3 条；腹部第
　　1 窗疤宽为长的 3.2 倍；合背板基部中纵沟达基部至第 1 对窗疤的 0.55 处；后足腿节和胫节完全黑
　　色；前翅长 3.1mm。西藏·····················**西藏叉齿细蜂，新种** *E. tibetanus*, sp. nov.
　　腹柄背面中长为中宽的 1.3 倍；腹柄侧面基部仅具单独的横脊 1 条，其后另有纵脊 6 条；腹部第 1
　　窗疤宽为长的 1.8-2.4 倍；合背板基部中纵沟达基部至第 1 对窗疤的 0.7-0.8 处；后足腿节两端和胫
　　节基部浅褐色，其他部分黑褐色。浙江·····················**黑色叉齿细蜂** *E. nigricans*

21. 腹柄短，背面中长为中宽的 0.4-0.5 倍，侧观背缘长为中高的 0.2-0.5 倍·····················22
　　腹柄较长，背面中长为中宽的 0.7-1.6 倍，侧观背缘长为中高的 0.5-1.3 倍·····················23

22. 前胸背板侧面上缘 2 列毛；并胸腹节背表面几乎全部为光滑区；腹柄背面具 1 条中纵脊，从其两
　　侧伸出 2 条横脊；腹柄侧面背缘长为中高的 0.2 倍，基部具 2 条连有纵脊的横脊；疤距为疤宽的
　　0.6 倍；前翅长 2.9mm。浙江·····················**短柄叉齿细蜂** *E. brevibasis*
　　前胸背板侧面上缘 3 列毛；并胸腹节背表面几乎全部为细纵皱，光滑区小，仅达气门；腹柄背面
　　具 7 条纵脊，基部中央具网皱，后方水平；腹柄侧面背缘长为中高的 0.5 倍，基部具 1 条独立横脊；
　　疤距为疤宽的 0.15 倍；前翅长 2.8mm。黑龙江·········**三列叉齿细蜂，新种** *E. triseriatus*, sp. nov.

23. 前胸背板侧面上缘双列毛或 3 列毛·····················24
　　前胸背板侧面上缘单列毛；抱器长三角形，非针状，不下弯；并胸腹节后表面具网室或大部分光
　　滑·····················34

24. 前胸背板侧面上缘 3 列毛；合背板上第 1 对窗疤间距为其宽度的 2.0 倍；触角黑褐色；前翅长 3.0mm。
　　浙江·····················**长沟叉齿细蜂** *E. longisulcus*
　　前胸背板侧面上缘 2 列毛·····················25

25. 合背板下半毛多，上毛群宽约 6 列毛，靠近合背板下缘，相距约为毛长的 2.0 倍；合背板亚侧纵沟
　　长为中纵沟的 0.9 倍；疤距为疤宽的 0.2 倍·····················26
　　合背板上毛少，上毛群宽不超过 5 列毛，远离合背板下缘或几乎光滑；合背板亚侧纵沟长为中纵
　　沟的 0.4-0.6 倍，但近缘叉齿细蜂为 0.9 倍；疤距为疤宽的 0.4-1.0 倍·····················27

26. 触角第 2 鞭节长为端宽的 2.6 倍；翅痣长为高的 2.1 倍；腹柄背面中长为中宽的 1.1 倍，基部具 2
　　条横脊，其后有 7 条纵脊；合背板基部中纵沟长为基部至第 1 窗疤间距的 0.76 处，两侧各有 2 条
　　侧纵沟；第 1 窗疤宽为长的 3.5 倍，疤距为疤宽的 0.2 倍；前翅长 3.9mm。湖北·····················
　　·····················**毛腹叉齿细蜂，新种** *E. hirtiventris*, sp. nov.
　　触角第 2 鞭节长为端宽的 1.9 倍；翅痣长为高的 1.14 倍；腹柄背面中长为中宽的 0.7 倍，基部无横
　　脊，其后有 8 条纵皱；合背板基部中纵沟长为基部至第 1 窗疤间距的 0.4 处，两侧各有 3 条侧纵沟；
　　第 1 窗疤宽为长的 2.0 倍，疤距为疤宽的 0.7 倍；前翅长 2.9mm。广东·····················
　　·····················**短痣叉齿细蜂，新种** *E. brevistigmus*, sp. nov.

27. 中后足转节、腿节(两端褐黄色)、胫节端半黑色；体长 3.2mm。广东·····················
　　·····················**两色叉齿细蜂，新种** *E. bicoloratus*, sp. nov.
　　中后足转节、腿节或胫节褐黄色或部分浅褐色·····················28

28. 合背板基部中纵沟两侧各有侧沟 3 条·····················29
　　合背板基部中纵沟两侧各有侧沟 2 条·····················30

29. 上颊背观长为复眼的 1.0 倍；并胸腹节后表面具网皱；翅痣长为宽的 1.5 倍；腹柄背面基部有 2 条
横脊，其后具 7 条纵皱；前翅长 3.1mm。云南……… **褐角叉齿细蜂，新种 *E. antennatus*, sp. nov.**
上颊背观长为复眼的 0.78 倍；并胸腹节后表面近于光滑；翅痣长为宽的 2.0 倍；腹柄背面基部无
横脊；前翅长 2.5mm。浙江……………………………… **天目山叉齿细蜂 *E. tianmushanensis***

30. 腹柄背面仅具 4-5 条纵脊；并胸腹节后表面前方具网室，后方光滑 ……………………………… 31
腹柄背面除具 6-7 条纵脊外，还有 2 条横皱；并胸腹节后表面大部分光滑或几乎全部具网皱 … 32

31. 触角鞭节具圆形角下瘤；后足胫节长距长为基跗节的 0.37 倍；头背观上颊背观长为复眼的 0.7 倍；
合背板基部中纵沟伸至距第 1 窗疤的 0.65 处，亚侧纵沟长为中纵沟的 0.6 倍；前翅长 2.7mm。福
建…………………………………………………… **寡毛叉齿细蜂，新种 *E. oligus*, sp. nov.**
触角鞭节无角下瘤；后足胫节长距长为基跗节的 0.68 倍；头背观上颊背观长为复眼的 0.54 倍；合
背板基部中纵沟伸至第 1 窗疤的 0.85 处，亚侧纵沟长为中纵沟的 0.9 倍；前翅长 3.5mm。浙江…
………………………………………………………………………… **近缘叉齿细蜂 *E. accollus***

32. 腹柄背面基部 0.6 具 6 条纵皱，其后 0.4 具 2 条横皱；触角第 10 鞭节长为端宽的 3.0 倍；合背板基
部亚侧纵沟长为中纵沟的 0.85 倍；前翅长 3.2mm。贵州…… **魏氏叉齿细蜂，新种 *E. weii*, sp. nov.**
腹柄背面基部具 2 条横皱，其后具 6-7 条纵脊；触角第 10 鞭节长为端宽的 2.5-2.6 倍；合背板基部
亚侧纵沟长为中纵沟的 0.4 倍或 0.6 倍 …………………………………………………………… 33

33. 触角第 2 鞭节为端宽的 3.0 倍；并胸腹节后表面大部分光滑；腹柄侧面基部具连有纵脊的横脊 2
条；合背板基部中纵沟伸达第 1 窗疤间距的 0.8 处；第 1 窗疤宽为长的 4.0 倍，疤距为疤宽的 0.8；
前翅长 3.1mm。贵州………………………………… **长毛叉齿细蜂，新种 *E. pilosus*, sp. nov.**
触角第 2 鞭节为端宽的 2.4 倍；并胸腹节后表面具网皱；腹柄侧面基部具独立的横脊 1 条；合背板
基部中纵沟伸达第 1 窗疤间距的 0.53 处；第 1 窗疤宽为长的 3.0 倍，疤距为疤宽的 0.5；前翅长
2.3-2.7mm。浙江…………………………………………………………… **纤细叉齿细蜂 *E. exilis***

34. 前胸背板背面前方具 8-9 条强横皱；合背板基部中纵沟伸达第 1 窗疤间距的 0.85 处，两侧各有 2
条侧纵沟；前中足转节黄褐色；前翅长 2.7mm。浙江………………… **汤斯叉齿细蜂 *E. townesi***
前胸背板背面前方具 4-5 条强横皱；合背板基部中纵沟伸达第 1 窗疤间距的 0.5 处，两侧各有 3 条
侧纵沟；前中足转节浅褐色 ………………………………………………………………………… 35

35. 并胸腹节中纵脊伸至后表面近端部，背表面一侧光滑区伸达基部至气门间距的 1.2 倍处，后表面具
网室；前翅翅痣长为宽的 2.2 倍；腹柄背面具 7 纵脊，无横皱；合背板基部亚侧纵沟长为中纵沟的
0.75 倍；第 1 窗疤宽为长的 2.0 倍，疤距为疤宽的 0.8 倍；前翅长 1.8mm。黑龙江 ………………
……………………………… **黑龙江叉齿细蜂，新种 *E. heilongjiangensis*, sp. nov.**
并胸腹节中纵脊伸至后表面近基部，背表面一侧光滑区伸达基部至气门间距的 2.5 倍处，后表面除
基部外光滑；前翅翅痣长为宽的 1.6 倍；腹柄背面基部 0.3 具横皱，其后有 5 条纵皱；合背板基部
亚侧纵沟长为中纵沟的 0.3 倍；第 1 窗疤宽为长的 3.0 倍，疤距为疤宽的 0.3 倍；前翅长 2.8mm。
四川…………………………………………………… **凉山叉齿细蜂，新种 *E. liangshanensis*, sp. nov.**

(289) 混淆叉齿细蜂 *Exallonyx confusum* He *et* Xu (新名，nom. nov.) (图 349)

Exallonyx longicornis Fan *et* He, 2003, In: Huang, *Fauna of Insects in Fujian Province of China*, 7:
718 (nec *Exallonyx longicornis* Nees, 1834).

雌：体长 3.1mm；前翅长 2.8mm。

头：背观上颊长为复眼的 0.9 倍。颊长为复眼纵径的 0.4 倍。唇基宽为长的 2.4 倍，稍均匀隆起，基部具刻点，亚端横脊明显，端缘平截。触角第 2、10 鞭节长分别为宽的 3.5 倍和 1.8 倍，端节长为端前节的 1.8 倍。额脊中等高。后头脊正常。

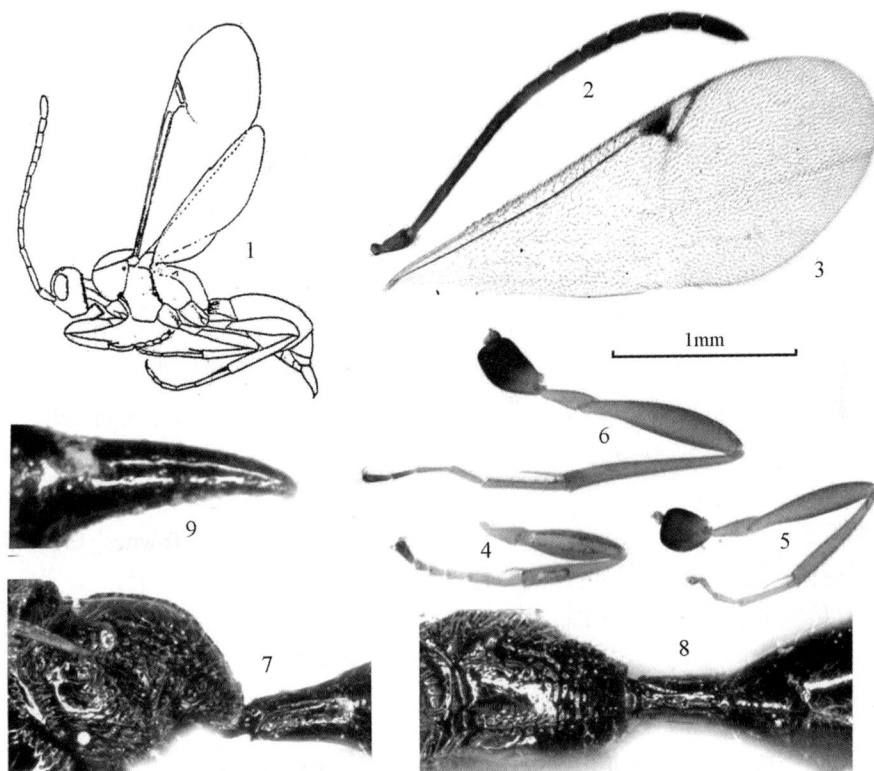

图 349　混淆叉齿细蜂 *Exallonyx confusum* He *et* Xu, nom. nov.

1. 整体，侧面观；2. 触角；3. 前翅；4. 前足；5. 中足；6. 后足；7. 后胸侧板、并胸腹节和腹柄，侧面观；8. 并胸腹节、腹柄和合背板基部，背面观；9. 产卵管鞘 (1. 仿樊晋江等，2003) [1. 0.5X 标尺；2-6. 1.0X 标尺；7-8. 2.0X 标尺；9. 4.0X 标尺]

胸：前胸背板颈部背面具 3 条横皱；侧面光滑，前沟缘脊发达；前沟缘脊之后无毛，颈脊之后具毛；背缘具连续的单列毛；后下角单个凹窝。中胸侧板前缘上角有稀毛；镜面区上半具稀毛；侧板下半部 (中央横沟以下部位) 具稀毛，近中央区域无毛。后胸侧板中央前方及前上方有被纵沟分隔的、表面具稀毛的光滑区，其长和高分别占侧板的 0.5 倍和 0.8 倍，其余部位具小室状网皱。并胸腹节侧观背缘弧形；中纵脊伸至后表面近端部；背表面一侧光滑区长为并胸腹节基部至气门后端间距的 2.2 倍；后表面缓斜，具横皱；外侧区具小室状网皱。

足：后足腿节长为宽的 4.5 倍；后足胫节长距长为基跗节的 0.57 倍。

翅：前翅长为宽的 2.24 倍；翅痣长和径室前缘脉长分别为翅痣宽的 1.5 倍和 0.9 倍；翅痣后侧缘稍弯；径脉第 1 段内斜，长为宽的 0.8 倍，从翅痣中央稍外方伸出；径脉第 2 段直，两段相接处膨大。后翅后缘近基部有缺刻。

腹：腹柄背面中长为中宽的 2.0 倍，具 5 条细纵皱，基部中央具刻点，外侧光滑；腹柄侧面上缘长为中高的 1.8 倍，上缘直，基部具横脊 1 条，横脊后除基部上方具细而弱的刻皱外，全部光滑，无纵脊。合背板基部中纵沟伸达基部至第 1 对窗疤间距的 0.8 处，两侧光滑无纵沟。第 1 窗疤宽为长的 4 倍，疤距为疤宽的 0.4 倍。合背板上仅窗疤附近有稀而短的毛，远离合背板下缘。产卵管鞘长为后足胫节的 0.39 倍，为鞘中宽的 4.0 倍，表面光滑，散生少数带毛长刻点。

体色：体黑色，前胸背板侧面下方和合背板下方棕色。须黄色。上唇、上颚端部和翅基片黄褐色。触角基部黄褐色，至端部渐黑褐色。足黄褐色，中后足基节端部黑色；前中足端跗节和后足第 4-5 跗节浅褐色。翅透明，带烟黄色，翅痣和强脉黑褐色，弱脉浅黄色痕迹。

雄：未知。

寄主：未知。

研究标本：1♀，云南腾冲，1630m，1981.Ⅳ.19-20，何俊华，No.813733 (*Exallonyx longicornis* Fan *et* He, 2003 正模)；1♀，福建武夷山黄岗山，1985.Ⅶ.12，汤玉清(保存于 FAC)；1♀，福建上杭梅花山，1988.Ⅶ.21，何俊华，No.887098 (*E. longicornis* Fan *et* He, 2003 副模)。

分布：福建、云南。

鉴别特征：本种与 *Exallonyx masoni* Townes, 1981 和 *E. datae* Townes, 1981 相似，有以下区别特征：①前沟缘脊发达；②合背板基部无侧纵沟。

注：本种原定名 *longicornis* Fan *et* He, 2003 (长角叉齿细蜂) 为 *longicornis* (Nees, 1834) 的异物同名，根据动物命名法规的优先律，本种现改名为混淆叉齿细蜂 *Exallonyx confusum*。

(290) 短叉齿细蜂 *Exallonyx brachycerus* Fan *et* He, 2003 (图 350)

Exallonyx brachycerus Fan *et* He, 2003, In: Huang, *Fauna of Insects in Fujian Province of China*, 7: 718.

雌：体长 2.7mm；前翅长 2.15-2.30mm。

头：背观近立方形，上颊长为复眼的 1.15 倍。颊长为复眼纵径的 0.31 倍。唇基宽为长的 3.5 倍，稍均匀隆起，基部具刻点，亚端横脊明显，端缘稍凹。触角棒状，第 2、10 鞭节长分别为宽的 1.5 倍和 1.0 倍，端节长为端前节的 2.3 倍。额脊强而高。后头脊正常。

胸：前胸背板颈部背面具 4-5 条横皱；侧面光滑，前沟缘脊发达；前沟缘脊之后无毛，颈脊之后具毛；背缘具连续的单列毛；后下角单个凹窝。中胸侧板前缘上角有稀毛；镜面区上方 0.45 具稀毛；侧板下半部 (中央横沟以下部位) 具稀毛；后下角具平行细皱。后胸侧板中央前方及前上方有被纵沟分隔的、表面具稀毛的光滑区，其长和高分别占侧板的 0.6 倍和 0.8 倍，其余部位具小室状网皱。并胸腹节侧观背缘弧形；中纵脊伸至后表面近端部；背表面一侧光滑区长为并胸腹节基部至气门后端间距的 3.0 倍；后表面斜，具斜横皱；外侧区具小室状网皱。

足：后足腿节长为宽的 4.3 倍；后足胫节长距长为基跗节的 0.43 倍。

翅：前翅长为宽的 2.54 倍；翅痣长和径室前缘脉长分别为翅痣宽的 1.8 倍和 0.6 倍；翅痣后侧缘稍弯；径脉第 1 段内斜，长为宽的 0.7 倍，从翅痣近中央伸出；径脉第 2 段直。后翅后缘近基部有缺刻。

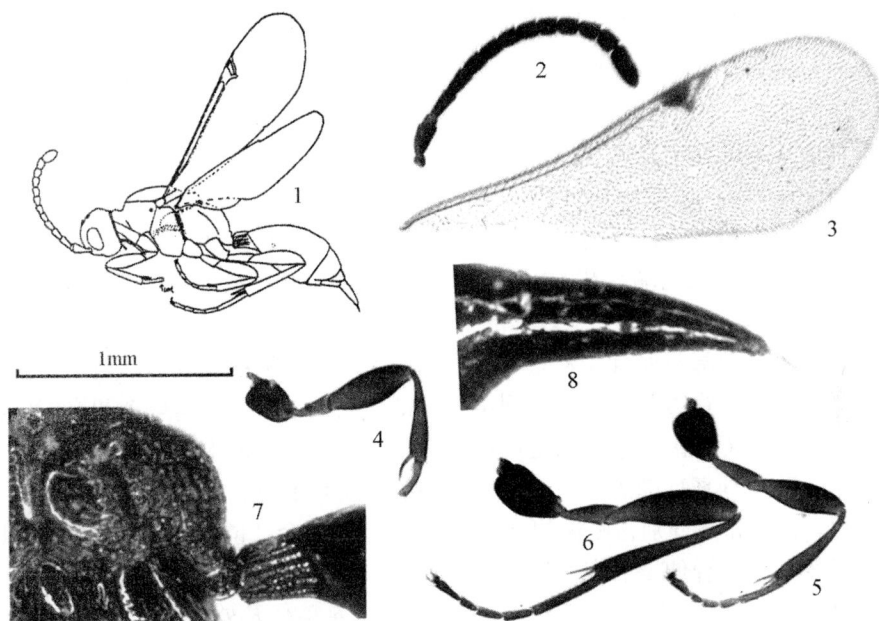

图 350　短叉齿细蜂 *Exallonyx brachycerus* Fan *et* He

1. 整体，侧面观；2. 触角；3. 前翅；4. 前足；5. 中足；6. 后足；7. 后胸侧板、并胸腹节和腹柄，侧面观；8. 产卵管鞘
(1. 仿樊晋江等，2003) [1. 0.5X 标尺；2-6. 1.0X 标尺；7. 2.0X 标尺；8. 4.0X 标尺]

腹：腹柄背面中长为中宽的 1.3 倍，基半中央具细夹点刻皱，具 5 条细纵皱；腹柄侧面上缘长为中高的 1 倍，上缘直，基部具横脊 1 条，横脊后具强纵脊 7 条，内夹细皱。合背板基部中纵沟伸达基部至第 1 对窗疤间距的 0.5 处，两侧各具 3 条纵沟，亚侧纵沟长为中纵沟的 0.6 倍。第 1 窗疤小，宽为长的 3.0 倍，疤距为疤宽的 0.6 倍。合背板上仅窗疤附近有稀而短的毛，远离合背板下缘。产卵管鞘长为后足胫节的 0.47 倍，为鞘中宽的 4.0 倍，表面具细长刻点，光滑，有细毛。

体色：体黑色。须黄色。上唇、上颚和翅基片褐黄色。触角黑褐色，基部 3 节色稍浅。足褐黄色，中后足基节黑色，各足转节背方、腿节背方 (除两端)、后足胫节端部和基跗节浅褐色，前中足第 1-4 跗节、胫节、距和后足第 2-3 跗节黄褐色。翅透明，翅痣和强脉褐黄色，弱脉浅黄色痕迹。

雄：未知。

寄主：未知。

研究标本：1♀，福建武夷山黄岗山，1985.Ⅶ.6，汤玉清 (正模)；1♀，福建武夷山黄岗山，1985.Ⅶ.14，陈新金 (副模，均保存于 FAC)。

分布：福建。

鉴别特征：本种与 *Exallonyx applanatus* Towns，1981 和 *E. brunescens* Towns，1981 相近，区别如下：①前翅长 2.15-2.30mm；②第 2 鞭节长为宽的 1.5 倍；第 10 鞭节长为宽的 1.0 倍；③前沟缘脊发达。

(291) 近缘叉齿细蜂 *Exallonyx accolus* He *et* Fan, 2004 (图 351)

Exallonyx accolus He *et* Fan, 2004, In: He *et al.*, *Hymenopteran Insect Fauna of Zhejiang*: 341.

雄：体长 4.3mm；前翅长 3.5mm。

头：背观上颊长为复眼的 0.54 倍。颊长为复眼纵径的 0.22 倍。唇基宽为长的 2.5 倍，稍均匀隆起，散生粗刻点，亚端横脊明显，端缘平截。触角第 2、10 鞭节长分别为宽的 2.6 倍和 2.5 倍，端节长为端前节的 1.35 倍；鞭节无明显角下瘤。额脊中等高。后头脊正常高。

胸：前胸背板颈部背面具 7-8 条横皱；侧面光滑，前沟缘脊发达；前沟缘脊之后无毛，颈脊之后具毛；背缘具稀疏的单列至不规则的双列毛；后下角单个凹窝。中胸侧板前缘上角有稀毛；镜面区上半具稀毛；侧板下半部具稀毛，近中央区域无毛；中央横沟前半及侧板后下角具平行细皱。后胸侧板中央前方及前上方有被纵沟分隔的、表面具稀毛的光滑区，其长和高分别占侧板的 0.4 倍和 0.7 倍，其余部位具小室状网皱。并胸腹节侧观背缘弧形；中纵脊伸至后表面端部；背表面一侧光滑区长为并胸腹节基部至气门后端间距的 2.2 倍；后表面斜，端部 1/3 近于光滑，其余部位及外侧区具小室状网皱。

足：后足腿节长为宽的 5.0 倍；后足胫节长距长为基跗节的 0.68 倍。

翅：前翅长为宽的 2.1 倍；翅痣长和径室前缘脉长分别为翅痣宽的 2.2 倍和 0.65 倍；翅痣后侧缘稍弯；径脉第 1 段稍内斜，长为宽的 1.0 倍，从翅痣中央稍外方伸出；径脉第 2 段直，两段相接处膨大。后翅后缘近基部有缺刻。

腹：腹柄背面中长为中宽的 1.1 倍，具 4 条强纵脊；腹柄侧面上缘长为中高的 0.9 倍，上缘直，基部具横脊 1 条，横脊后具强斜纵脊 6 条。合背板基部中纵沟伸达基部至第 1 对窗疤间距的 0.85 处，两侧各具 2 条深纵沟，亚侧纵沟长为中纵沟的 0.9 倍。第 1 窗疤大，宽为长的 3.5 倍，窗疤基方有 1 凹痕，疤距为疤宽的 0.4 倍。合背板上仅窗疤附近有极稀而短的毛，远离合背板下缘。抱器长三角形，不下弯，端尖。

体色：体黑色。须黄色。上唇、上颚端部和翅基片褐黄色。触角暗红褐色。足黄褐色，基节黑褐色至黑色。翅透明，翅痣和强脉黑褐色，弱脉浅黄色痕迹。

变异：前翅长 3.7mm。并胸腹节背表面光滑区长为基部至气门后端间距的 2.6 倍。腹柄背面具 5 条纵脊。合背板基部中纵沟伸至 0.7 处。第 1 窗疤宽为长的 2.0-3.0 倍，窗疤基方无凹痕。

雌：与雄性相似，不同之处在于，背观上颊长为复眼的 0.9 倍。颊长为复眼纵径的 0.38 倍。触角第 2、10 鞭节长分别为端宽的 2.7 倍和 2.1 倍，端节长为端前节的 1.5 倍。额脊强而高。中胸侧板中央横沟前半无平行细皱。后足腿节长为宽的 4.1 倍；后足胫节长距长为基跗节的 0.5 倍。前翅翅痣长和径室前缘脉长分别为翅痣宽的 1.9 倍和 0.9 倍。

腹柄背面长为中宽的 1.5 倍，具 6 条模糊弱横皱；腹柄侧面上缘长为中高的 1.0 倍。合背板基部中纵沟均浅而弱。第 1 窗疤浅，宽为长的 2.0 倍，疤距为疤宽的 1.0 倍。产卵管鞘长为后足胫节的 0.49 倍，为鞘中宽的 4.1 倍，表面光滑，散生细长刻点，有细毛。

寄主：未知。

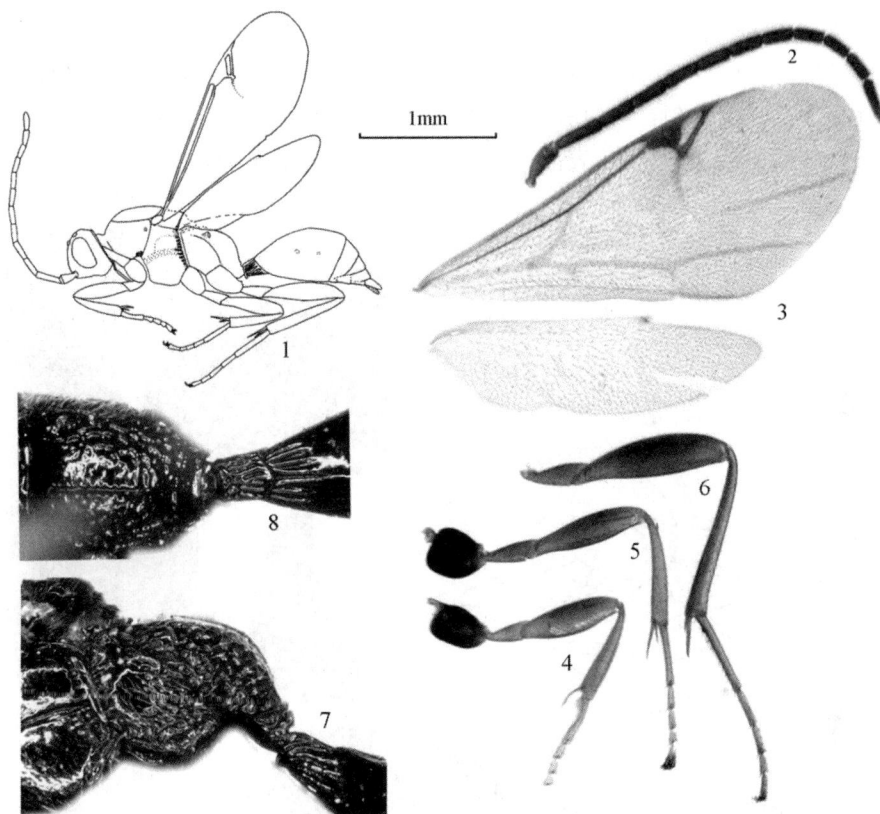

图 351　近缘叉齿细蜂 *Exallonyx accolus* He *et* Fan

1. 整体，侧面观；2. 触角；3. 翅；4. 前足；5. 中足；6. 后足；7. 后胸侧板、并胸腹节和腹柄，侧面观；8. 并胸腹节、腹柄和合背板基部，背面观 (1. 仿何俊华等，2004) [1. 0.5X 标尺；2-6. 1.0X 标尺；7-8. 2.0X 标尺]

研究标本：1♂，浙江西天目山，1987.IX.4，樊晋江，No.876234 (正模)；1♀1♂，同正模，No.876229，876235；1♂，浙江西天目山，1987.IX.3，陈学新，No.878019；1♂，浙江西天目山，1984.VII.27，吴晓晶，No.844016 (以上均为副模)；1♀，浙江西天目山仙人顶，1520m，2001.VII.1，朴美花，No.200106416。

分布，浙江。

鉴别特征：见检索表。

(292) 萧氏叉齿细蜂，新种 *Exallonyx xiaoi* He *et* Xu, sp. nov. (图 352)

雌：体长 4.0mm；前翅长 3.3mm。

头：背观上颊长为复眼的 1.0 倍。颊长为复眼纵径的 0.53 倍。唇基宽为长的 2.5 倍，

稍均匀隆起，有刻点，亚端横脊明显，端缘平截。触角第 2、10 鞭节长分别为宽的 2.2 倍和 1.6 倍，端节长为端前节的 1.52 倍。额脊强而高。后头脊正常。

胸：前胸背板颈部背面侧方具 7-8 条横皱，中央无毛；侧面光滑，前沟缘脊发达；前沟缘脊之后无毛，颈脊之后具毛；背缘具连续的双列毛；后下角单个凹窝。中胸侧板前缘上角有稀毛；镜面区上半具稀毛；侧板下半部 (中央横沟以下部位) 具稀毛，近中央区域无毛；后下角具平行细皱。后胸侧板中央前方及前上方有 1 相连的、表面具稀毛的光滑区，其长和高分别占侧板的 0.4 倍和 0.6 倍，其余部位具小室状网皱。并胸腹节侧观背表面平，后表面陡斜；中纵脊伸达后表面中央；背表面一侧光滑区长为并胸腹节基部至气门后端间距的 2.5 倍；后表面基半具横皱，端半近于光滑；外侧区具小室状网皱。

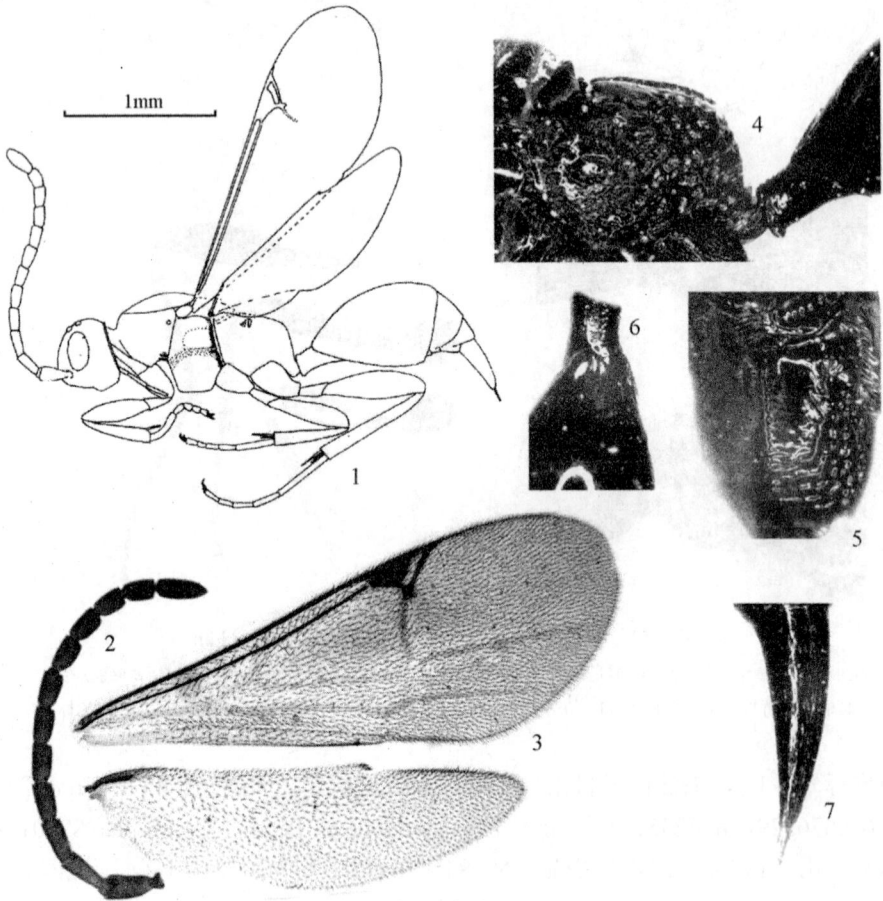

图 352 萧氏叉齿细蜂，新种 *Exallonyx xiaoi* He et Xu, sp. nov.

1. 整体，侧面观；2. 触角；3. 翅；4. 后胸侧板、并胸腹节和腹柄，侧面观；5. 并胸腹节，背面观；6. 腹柄，侧面观；7. 产卵管鞘 [1.0.7X 标尺；2-3.1.0X 标尺；4-6.2.0X 标尺；7.3.0X 标尺]

足：后足腿节长为宽的 4.0 倍；后足胫节长距长为基跗节的 0.44 倍。

翅：前翅长为宽的 2.5 倍；翅痣长和径室前缘脉长分别为翅痣宽的 1.8 倍和 0.5 倍；

翅痣后侧缘稍弯；径脉第 1 段内斜，长为宽的 1.5 倍，从翅痣近中央伸出；径脉第 2 段直。后翅后缘近基部缺刻深。

腹：腹柄背面中长为中宽的 1.2 倍，具 6 条横刻条；腹柄侧面上缘长为中高的 1.0 倍，上缘直，基部具横脊 1 条，横脊后光滑，仅基部下方有 2 条弱横皱，端部下方有 3 条弱纵脊。合背板基部中纵沟伸达基部至第 1 对窗疤间距的 0.85 处，两侧各具 3 条纵沟，亚侧纵沟长为中纵沟的 0.5 倍。第 1 窗疤细，宽为长的 5.0 倍，疤距为疤宽的 0.5 倍。合背板上仅窗疤附近有稀而短的毛，远离合背板下缘。产卵管鞘长为后足胫节的 0.48 倍，为鞘中宽的 4.0 倍；表面具纵刻皱，光滑，有细毛。

体色：体黑色。须黄褐色。上唇、上颚端部和翅基片红褐色。触角棕黑色，基部红褐色。足红褐色，基节黑褐色至黑色，后足腿节背方中央和跗节、前中足第 2-5 跗节黄褐色。翅透明，带烟黄色，翅痣和强脉褐黄色，弱脉浅黄色痕迹。

雄：未知。

寄主：未知。

研究标本：正模♀，四川峨眉山，1980.Ⅷ.11，何俊华，No.802416。

分布：四川。

鉴别特征：本新种与分布于印度的内森叉齿细蜂 *Exallonyx nathani* Townes, 1981 相近，但合背板基部中纵沟达基部至第 1 对窗疤的 0.85 处，两侧各具 3 条纵沟，亚侧纵沟长为中纵沟的 0.5 倍 (后者中纵沟达 0.65 处，侧纵沟各 2 条，亚侧纵沟长为中纵沟 0.35 倍) 等特征可与之相区别。

词源：种本名"萧氏 *xiaoi*"，表示对已故校友、博士、中国林业科学院萧刚柔教授对作者工作的关怀和帮助的感谢。

(293) 双鬃叉齿细蜂 *Exallonyx varia* He *et* Fan, 2004 (图 353)

Exallonyx varia He *et* Fan, 2004, In: He *et al.*, *Hymenopteran Insect Fauna of Zhejiang*: 336.

雌：体长 5.2mm；前翅长 3.9mm。

头：背观上颊长为复眼的 0.85 倍。颊长为复眼纵径的 0.52 倍。唇基宽为长的 3.2 倍，基部稍均匀隆起并具刻点，亚端横脊明显，端缘平截。触角第 2、10 鞭节长分别为宽的 1.9 倍和 2.0 倍，端节长为端前节的 1.38 倍。额脊强而高。后头脊高，稍有檐边。

胸：前胸背板颈部背面具 5 条横皱；侧面光滑，前沟缘脊发达；前沟缘脊之后无毛，颈脊之后具 2 根毛；背缘具稀疏的双列毛；后下角单个凹窝。中胸侧板前缘上角有稀毛；镜面区上方 0.35 具稀毛；侧板下半部 (中央横沟以下部位) 具稀毛，近中央区域无毛；后下角具平行细皱。后胸侧板中央前方及前上方有被纵沟分隔的、表面具稀毛的光滑区，其长和高分别占侧板的 0.4 倍和 0.5 倍，其余部位具小室状网皱。并胸腹节侧观背缘弧形；中纵脊伸至后表面端部；背表面侧方及后方均有网皱，但光滑区仍较长，长为并胸腹节基部至气门后端间距的 3.0 倍；后表面陡斜，基本上光滑；外侧区具小室状网皱。

足：后足腿节长为宽的 3.8 倍；后足胫节长距长为基跗节的 0.5 倍。

翅：前翅长为宽的 2.5 倍；翅痣长和径室前缘脉长分别为翅痣宽的 2.4 倍和 0.71 倍；

翅痣后侧缘直；径脉第 1 段内斜，长为宽的 1.2 倍，从翅痣近中央伸出；径脉第 2 段直。后翅后缘近基部缺刻深。

腹：腹柄背面中长为中宽的 1.4 倍，基部 0.7 具 6 条横皱，端部 0.3 具 5 条模糊弱纵皱；腹柄侧面上缘长为中高的 0.8 倍，上缘直，基部具连有斜纵脊的横脊 4 条，横脊后还具强斜纵脊 4 条。合背板基部中纵沟深，伸达基部至第 1 对窗疤间距的 0.95 处，两侧各具 3 条弱纵沟，亚侧纵沟长为中纵沟的 0.18 倍。第 1 窗疤宽为长的 2.0 倍，疤距为疤宽的 0.9 倍。合背板上仅窗疤附近有稀而短的毛，远离合背板下缘。产卵管鞘长为后足胫节的 0.5 倍，为鞘中宽的 4.0 倍，表面具夹细长刻点的纵刻皱，光滑，有细毛。

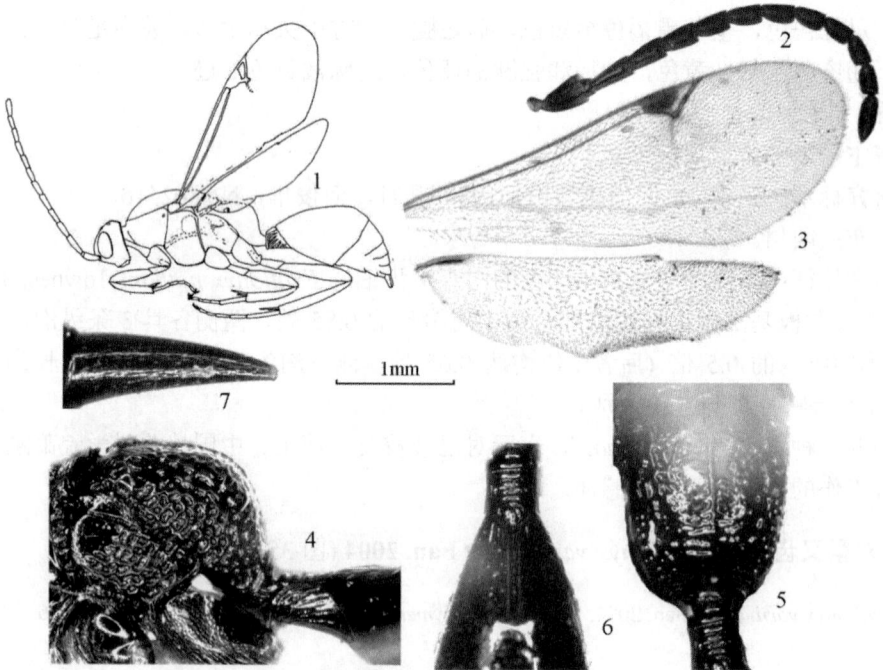

图 353 双鬃叉齿细蜂 *Exallonyx varia* He *et* Fan

1. 整体，侧面观；2. 触角；3. 翅；4. 后胸侧板、并胸腹节和腹柄，侧面观；5. 并胸腹节，背面观；6. 腹柄和合背板基部，背面观；7. 产卵管鞘 (1. 仿何俊华等，2004) [1. 0.5X 标尺；2-3. 1.0X 标尺；4-6. 2.0X 标尺；7. 3.0 X 标尺]

体色：体黑色。须黄褐色。上颚端部和翅基片红褐色。触角黑褐色，柄节端半、梗节、第 1 鞭节、其余各鞭节基部红褐色。足基节、转节背面黑色至黑褐色；前中足第 2-5 跗节黄褐色，其余红褐色。翅透明，带烟黄色，翅痣和强脉黑褐色，弱脉浅黄色痕迹。

雄：与雌性相似，不同之处在于，体长 5.3mm；前翅长 3.5mm。头背观上颊长为复眼的 0.63 倍。颊长为复眼纵径的 0.28 倍。唇基宽为长的 2.3 倍。触角第 2、10 鞭节长分别为宽的 2.9 倍和 3.2 倍，端节长为端前节的 1.5 倍；鞭节无明显角下瘤。并胸腹节中纵脊仅背表面存在；背表面前端光滑区仅达气门后端。前翅翅痣长和径室前缘脉长分别为翅痣宽的 1.8 倍和 0.67 倍；径脉第 1 段长为宽的 1.5 倍。腹部腹柄背面长为中宽的 1.1 倍，具 2 条强而稍斜的亚中纵皱，其余部位具纵或横的短细皱；腹柄侧面上缘长为中高的 0.7 倍，基部横脊后还有强纵脊 3 条。合背板基部中纵沟伸达基部至第 1 对窗疤间距的 0.85 处，亚侧纵沟长为中纵沟的 0.7 倍。第 1 窗疤宽为长的 2.5 倍，疤距为疤宽的 0.7 倍。抱器长三角形，不下弯，端尖。

寄主：未知。

研究标本：1♂，浙江西天目山，1987.Ⅶ.21，陈学新，No.872554 (正模)；1♂，同正模，No.873610；1♀，浙江西天目山，1984.Ⅵ.25，陈学新，No.842423；1♀，浙江西天目山，1984.Ⅶ.27，吴晓晶，No.844099；1♂，浙江西天目山，1987.Ⅶ.22，楼晓明，No.874901；1♂，浙江西天目山，1987.Ⅸ.4，汪信庚，No.877058 (以上均为副模)；4♀，浙江西天目山，1993.Ⅵ.11-12，马云、许再福，Nos.934268，934295，935232，935235；7♀，浙江西天目山仙人顶，1998.Ⅶ.4-Ⅷ.2，Ⅷ.23，Ⅸ.14，赵明水，Nos.992279，992835，992848，992922，993886，994499，995101。

分布：浙江。

鉴别特征：本种与东方叉齿细蜂 Exallonyx orientalis Dodd, 1920 极为相似，但区别如下：①腿节红褐色；②前胸背板侧面和颈脊之后具 2 根毛；③颈部背面有 5 条横皱状脊，背面中央无毛等。

(294) 针铗叉齿细蜂 *Exallonyx acuticlasper* Fan et He, 2003 (图 354)

Exallonyx acuticlasper Fan *et* He, 2003, In: Huang, *Fauna of Insects in Fujian Province of China*, 7: 718.

雄：体长 3.8mm；前翅长 3.3mm。

头：背观上颊长为复眼的 0.65-0.71 倍。颊长为复眼纵径的 0.36 倍。唇基宽为长的 3.0 倍，与颜面分界不清，稍均匀隆起，散生细刻点，亚端横脊明显，端缘平截。触角第 2、10 鞭节长分别为宽的 3.1 倍和 3.0 倍，端节长为端前节的 1.3 倍；鞭节无角下瘤。额脊强而高。后头脊高，呈窄檐状。

胸：前胸背板颈部背面具 7-8 条横皱；侧面光滑，前沟缘脊发达；前沟缘脊之后无毛，颈脊之后具毛；背缘具稀疏的单列毛；后下角个单个凹窝。中胸侧板前缘上角有稀毛；镜面区上半具稀毛；侧板下半部 (中央横沟以下部位) 具稀毛，近中央区域无毛。后胸侧板中央前方及前上方有被纵沟分隔的、表面具稀毛的光滑区，其长和高分别占侧板的 0.6 倍和 0.7 倍，其余部位具弱小室状网皱。并胸腹节侧观背缘弧形，后表面斜；中纵脊伸至后表面近端部；背表面一侧光滑区长为并胸腹节基部至气门后端间距的 2.5 倍，其余部位具小室状网室，之间夹细皱。

足：后足腿节长为宽的 3.5-4.0 倍；后足胫节长距长为基跗节的 0.63 倍。

翅：前翅长为宽的 2.16 倍；翅痣长和径室前缘脉长分别为翅痣宽的 2.0 倍和 0.67 倍；翅痣后侧缘直；径脉第 1 段内斜，长为宽的 1.0 倍，从翅痣中央稍外方伸出；径脉第 2 段直，两段相接处膨大。后翅后缘近基部缺刻深。

腹：腹柄背面中长为中宽的 1.6 倍，具 7 条强纵皱，亚侧 2 条稍弯，内夹细皱；腹柄侧面上缘长为中高的 1.1 倍，上缘直，基部具带纵脊的横脊 2 条，横脊后具强斜纵脊 5

条。合背板基部中纵沟伸达基部至第 1 对窗疤间距的 0.97 处, 两侧各具 2 条深纵沟, 亚侧纵沟长为中纵沟的 0.7 倍。第 1 窗疤宽为长的 4.0 倍, 疤距为疤宽的 0.35 倍。合背板上仅窗疤附近有中等长而密的毛, 远离合背板下缘, 下方毛窝与合背板下缘之距为毛长的 2.0 倍。抱器长爪状, 稍下弯, 端尖。

体色: 体黑色。须黄色。额突、上唇、上颚端部和翅基片红褐色。触角黑褐色, 柄节和梗节褐黄色。足红褐色, 前足基节基部、中后足腿节除端部黑褐色至黑色; 前足第 2-5 跗节黄色, 后足跗节浅褐色。翅透明, 带烟黄色, 翅痣和强脉黑褐色, 弱脉浅黄色痕迹。

雌: 体长 3.6mm; 前翅长 2.7mm。

头: 背观上颊长为复眼的 1.1 倍。颊长为复眼纵径的 0.46 倍。唇基宽为长的 3.1 倍, 稍均匀隆起, 基部光滑具刻点, 亚端横脊明显, 端缘平截。触角第 2、10 鞭节长分别为宽的 2.0 倍和 1.5 倍, 端节长为端前节的 1.8 倍。额脊中等高。后头脊正常。

胸: 前胸背板颈部背面具 4-5 条横皱; 侧面光滑, 前沟缘脊发达; 前沟缘脊之后无毛, 颈脊之后具毛; 背缘具稀疏的单列毛; 后下角单个凹窝。中胸侧板前缘上角有稀毛; 镜面区上方 0.4 具稀毛; 侧板下半部 (中央横沟以下部位) 具稀毛, 近中央区域无毛。后胸侧板中央前方及前上方有被纵沟分隔的、表面具稀毛的光滑区, 其长和高分别占侧板的 0.4 倍和 0.5 倍, 其余部位具小室状网皱。并胸腹节侧观背缘弧形, 后表面陡斜; 中纵脊伸至后表面近端部; 背表面一侧光滑区长为并胸腹节基部至气门后端间距的 3.0 倍, 其余部位具小室状网皱。

足: 后足腿节长为宽的 3.9-4.1 倍; 后足胫节长距长为基跗节的 0.7 倍。

翅: 前翅翅痣长和径室前缘脉长分别为翅痣宽的 2.0 倍和 0.73 倍; 翅痣后侧缘稍弯; 径脉第 1 段内斜, 长为宽的 1.3 倍, 从翅痣近中央伸出; 径脉第 2 段直, 两段相接处膨大。后翅后缘近基部有缺刻。

腹: 腹柄背面中长为中宽的 1.2 倍, 具不规则纵皱; 腹柄侧面上缘长为中高的 0.7 倍, 上缘直, 基部具带纵脊的横脊 2 条, 横脊后具强斜纵脊 5 条。合背板基部中纵沟伸达基部至第 1 对窗疤间距的 0.8 处, 两侧各具 3 条纵沟, 亚侧纵沟长为中纵沟的 0.45 倍。第 1 窗疤宽为长的 3.0-3.1 倍, 疤距为疤宽的 0.35 倍。合背板仅窗疤下方有稀而短的毛, 离合背板下缘约为毛长的 1.0 倍。产卵管鞘长为后足胫节的 0.46 倍, 为鞘中宽的 4.5 倍, 表面具细纵刻皱, 有细毛。

体色: 体黑色。须黄色。上唇、上颚端部和翅基片褐黄色。触角至端部黑褐色, 柄节、梗节、第 1 鞭节褐黄色。足红褐色; 基节除端部黑色; 腿节背面、后足胫节端半和基跗节及端跗节带褐色; 前中足跗节黄色。翅透明, 带烟黄色, 翅痣和强脉浅褐色, 弱脉浅黄色痕迹。

寄主: 未知。

研究标本: 1♂, 福建武夷山黄岗山, 1985.Ⅶ.6, 陈新金 (正模); 1♀1♂, 福建武夷山黄岗山, 1985.Ⅶ.14-21, 陈新金 (副模); 1♂, 浙江庆元百山祖, 1856m, 2003.Ⅷ.13, 余晓霞, No.20034767; 1♀5♂, 浙江龙泉凤阳山, 1650m, 2003.Ⅷ.7-10, 余晓霞、吴琼、徐华潮, Nos.20034609, 20064650, 20064676, 20064692, 20034731, 20034737; 1♂,

福建南靖，1991.Ⅴ.24，刘长明，No.969234；1♂，福建武夷山黄岗山，1994.Ⅶ.17，蔡平，No.943610。

分布：浙江、福建。

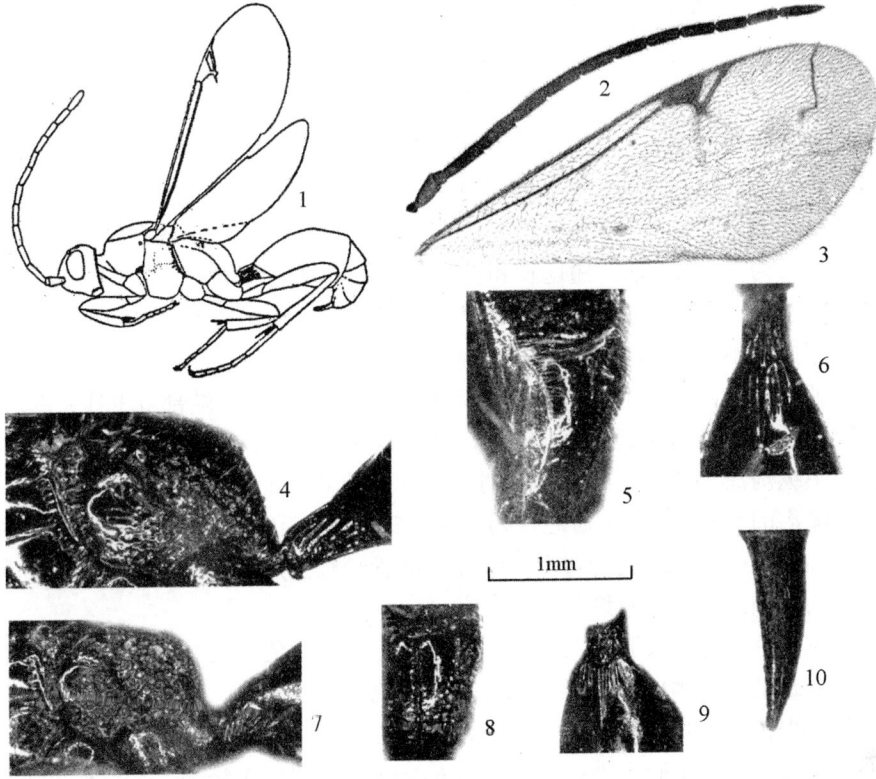

图354　针铗叉齿细蜂 *Exallonyx acuticlasper* Fan *et* He

1. 整体，侧面观；2. 触角；3. 前翅；4, 7. 后胸侧板、并胸腹节和腹柄，侧面观；5, 8. 并胸腹节，背面观；6, 9. 腹柄和合背板基部，背面观；10. 产卵管鞘 (1-6.♂；7-10.♀) (1. 仿樊晋江等，2003) [1. 0.7X 标尺；2-3. 1.0X 标尺；4-9. 2.0X 标尺；10. 4.0X 标尺]

鉴别特征：本新种与南美洲2种 *Exallonyx parcus* Townes, 1981 和 *E. oculatus* Townes, 1981 相近，有以下特征可区别：①雄性上颊背观长为复眼长的 0.65-0.71 倍；②雄性后足腿节长为宽的 3.5-4.0 倍；雌性为 3.9-4.1 倍；③雄性第 1 窗疤窄长，长约为宽的 4.0 倍；雌性为 3.0-3.1 倍。

词源：种本名"针铗 *acuticlasper*"，系 *acuti* (针、尖的) + *clasper* (铗、抱器) 组合词，意为抱器长爪状，端尖。

(295) 陈氏叉齿细蜂，新种 *Exallonyx cheni* He *et* Xu, sp. nov. (图355)

雌：体长 5.5mm；前翅长 4.8mm。

头：背观上颊长为复眼的 0.9 倍。颊长为复眼纵径的 0.55 倍。唇基宽为长的 3.3 倍，稍均匀隆起，密布刻点，亚端横脊明显，端缘平截。触角第 2、10 鞭节长分别为宽的 2.1

倍和 1.9 倍，端节长为端前节的 1.6 倍。额脊强而高。后头脊高，稍有檐边。

胸：前胸背板颈部背面具 4-5 条横皱；侧面光滑，前沟缘脊发达；前沟缘脊之后无毛，颈脊之后具毛；背缘具连续的 3 列毛；后下角单个窝；凹槽中央有 3 条平行弱脊。中胸侧板前缘上角和中央横沟上方有稀毛，之间无毛区长为翅基片的 1.8 倍；镜面区上方 0.4 具稀毛；侧板下半部 (中央横沟以下部位) 满布稀毛；中央横沟后下方侧板具平行细皱。后胸侧板中央前方及前上方有被纵沟分隔的、表面具稀毛的光滑区，其长和高分别占侧板的 0.4 倍和 0.6 倍，其余部位具小室状网皱。并胸腹节侧观背缘弧形；中纵脊伸至后表面近端部；背表面光滑区长，长为并胸腹节基部至气门后端间距的 3.0 倍；后表面基部多少光滑，端部具横皱；外侧区具小室状网皱。

足：后足腿节长为宽的 4.3 倍；后足胫节长距长为基跗节的 0.44 倍。

翅：前翅长为宽的 2.2 倍；翅痣长和径室前缘脉长分别为翅痣宽的 2.1 倍和 0.64 倍；翅痣后侧缘近于直；径脉第 1 段内斜，长为宽的 2.5 倍，从翅痣近中央伸出；径脉第 2 段直，两段相接处不膨大。后翅后缘近基部有缺刻。

腹：腹柄背面长为中宽的 1.7 倍，基部 0.7 具不规则横皱，端部 0.3 具夹点纵网皱；腹柄侧面上缘长为中高的 1.2 倍，上缘直，基部具横脊 1 条，横脊后具细斜纵脊 8 条。合背板基部中纵沟深，伸达基部至第 1 对窗疤间距的 0.8 处，两侧各具 3 条纵沟，亚侧纵沟长为中纵沟的 0.5 倍。第 1 窗疤宽为长的 3.5 倍，疤距为疤宽的 0.6 倍。合背板上仅窗疤附近有稀而短的毛，远离合背板下缘。产卵管鞘长为后足胫节的 0.6 倍，为鞘中宽的 5 倍，表面具细纵刻皱，有细毛。

体色：体黑色，合背板腹方及腹端部带酱红色。须黄色。上唇、上颚端部酱红色。触角酱红色。翅基片黄褐色。足酱红色，基节黑色，转节背面、腿节背面带浅褐色；前中足、跗节黄褐色。翅透明，带烟黄色，翅痣和强脉暗褐黄色，弱脉浅黄色痕迹。

雄：与雌性相似，不同之处在于，体长 6.0mm；前翅长 5.4mm。头背观上颊长为复眼的 0.5 倍。颊长为复眼纵径的 0.17 倍。触角第 2、10 鞭节长分别为宽的 3.5 倍和 4.3 倍，端节长为端前节的 1.45 倍；鞭节无明显角下瘤。前胸背板颈部背面中央具 9 条横皱；后下角双凹窝，上窝小，其上还有 1 小凹窝。中胸侧板前缘中央无毛区长为翅基片的 1.1 倍。后足胫节长距长为基跗节的 0.58 倍。前翅翅痣长和径室前缘脉长分别为翅痣宽的 2.0 倍和 0.54 倍；径脉第 1 段长为宽的 1.7 倍。腹部腹柄背面中长为中宽的 1.1 倍，具 5 条强纵脊，沟内无细皱；腹柄侧面上缘长为中高的 0.9 倍，基部具连有纵脊或斜脊的横脊 4 条，横脊后另具强斜纵脊 3 条。第 1 窗疤疤距为疤宽的 0.4 倍。抱器爪状，长三角形，不下弯，端尖。足基节及转节背面黑褐色至黑色；前中足腿节红褐色；胫节和跗节黄褐色，后足腿节 (除两端红褐色) 浅黑褐色，胫节和跗节黄色。

寄主：未知。

研究标本：正模♂，四川峨眉山，1980.Ⅷ.10，何俊华，No.802232。副模：1♀，四川峨眉山，1980.Ⅷ.10，何俊华，No.802301。

分布：四川。

鉴别特征：本新种与日本种 *Exallonyx nikkoensis* Pschorn-Walcher, 1964 相近，但有以下特征相区别：①颈部背面无毛，具横向皱纹；②雌性前胸背板侧面前沟缘脊之后无毛和颈脊之后具数根毛，并且前胸背板侧面背缘具连续的 3 列毛；③雌性腹柄侧面具明显的斜向纵脊。

词源：种本名"陈氏 *cheni*"，意为感谢浙江大学陈学新教授的帮助。

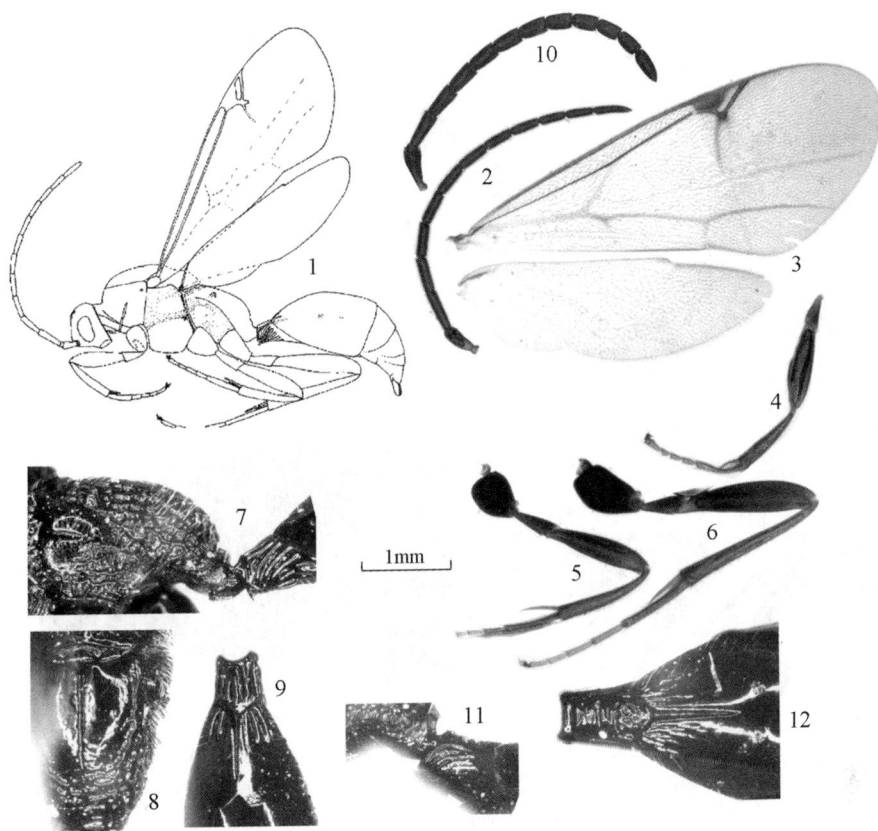

图 355　陈氏叉齿细蜂，新种 *Exallonyx cheni* He et Xu, sp. nov.

1. 整体，侧面观；2,10. 触角；3. 翅；4. 前足；5. 中足；6. 后足；7. 后胸侧板、并胸腹节和腹柄，侧面观；8. 并胸腹节，背面观；9,12. 腹柄和合背板基部，背面观；11. 腹柄，侧面观 (1-9.♂; 10-12.♀) [1. 0.7X 标尺；2-6. 1.0X 标尺；7-12. 2.0X 标尺]

(296) 寡毛叉齿细蜂，新种 *Exallonyx oligus* He *et* Xu, sp. nov. (图 356)

雌：体长 2.8mm；前翅长 2.6mm。

头：背观上颊长为复眼的 0.9 倍。颊长为复眼纵径的 0.56 倍。唇基宽为长的 3.0 倍，稍均匀隆起，光滑，亚端横脊弱，端缘稍凹。触角第 2、10 鞭节长分别为宽的 2.5 倍和 1.3 倍，端节长为端前节的 2.0 倍。额脊强而高。后头脊正常。

胸：前胸背板颈部背面具 4-5 条横皱；侧面光滑，前沟缘脊发达；前沟缘脊之后无毛，颈脊之后具毛；背缘具稀疏的单列毛；后下角单个凹窝。中胸侧板前缘上角有稀毛；镜面区上半具稀毛；侧板下半部具稀毛；中央横沟后端下方侧板和后下角具平行细弱皱。后胸侧板中央前方及前上方有被纵沟分隔的、表面具稀毛的光滑区，其长和高分别占侧板的 0.4 倍和 0.5 倍，其余部位具小室状网皱。并胸腹节侧观背缘有弱角度；中纵脊伸至后表面近端部；背表面一侧光滑区长为并胸腹节基部至气门后端间距的 2.6 倍，外侧有刻纹；后表面陡斜，后方大部分具弱皱；外侧区具小室状网皱。

　　足：后足腿节长为宽的 3.5 倍；后足胫节长距长为基跗节的 0.45 倍。

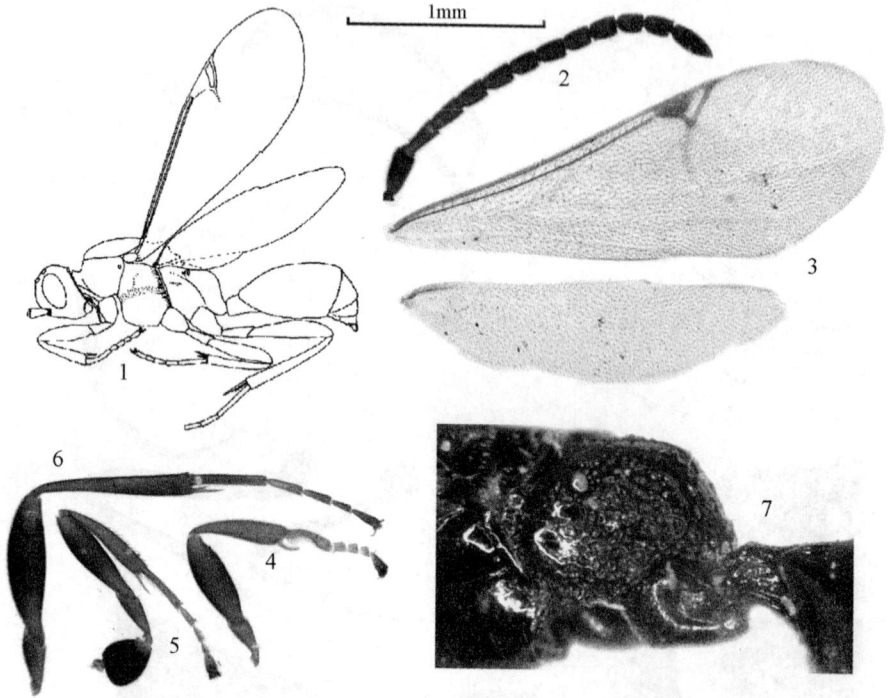

图 356　寡毛叉齿细蜂，新种 *Exallonyx oligus* He *et* Xu, sp. nov.

1. 整体，侧面观；2. 触角；3. 翅；4. 前足；5. 中足；6. 后足；7. 后胸侧板、并胸腹节和腹柄，侧面观 [1. 0.6X 标尺；2-6. 1.0X 标尺；7. 2.0X 标尺]

　　翅：前翅长为宽的 2.5 倍；翅痣长和径室前缘脉长分别为翅痣宽的 2.0 倍和 0.5 倍；翅痣后侧缘稍弯；径脉第 1 段从翅痣中央稍外方伸出，内斜，长为宽的 1.3 倍；径脉第 2 段直，两段相接处膨大。后翅后缘近基部缺刻深。

　　腹：腹柄背面中长为中宽的 1.2 倍，基半具弱点横网皱，端半具 7 条不规则弱纵皱，内夹细皱；腹柄侧面上缘长为中高的 0.8 倍，上缘直，基部具横脊 1 条，横脊后具强斜纵脊 5 条。合背板基部中纵沟伸达基部至第 1 对窗疤间距的 0.7 处，两侧各具 2 条纵沟，亚侧纵沟长为中纵沟的 0.5 倍。第 1 窗疤宽为长的 4.0 倍，疤距为疤宽的 3.5 倍。合背板上仅窗疤附近有稀而短的毛，远离合背板下缘。产卵管鞘长为后足胫节的 0.44 倍，为鞘中宽的 4.2 倍，表面具细纵刻皱，光滑，有细毛。

　　体色：体黑色。须黄色。上唇、上颚端部和翅基片黄褐色。触角褐色，梗节、第 1 鞭节红褐色，其余至端部色深。足基节黑褐色，前足的色稍浅；转节、腿节红褐色，背面色深；前中足胫节和跗节黄褐色；后足胫节和跗节浅褐色。翅透明，带烟黄色，翅痣和强脉褐色，弱脉浅黄色痕迹。

雄：与雌性相似，不同之处在于：体长 3.0mm；前翅长 2.7mm。背观上颊长为复眼的 0.7 倍。颊长为复眼纵径的 0.31 倍。触角第 8 鞭节后丢失，第 2 鞭节长为宽的 2.6 倍；第 2-7 鞭节着生近圆形的角下瘤。额脊正常高。后胸侧板光滑区长和高分别占侧板的 0.4 倍和 0.7 倍。后足腿节长为宽的 4.1 倍；后足胫节长距长为基跗节的 0.37 倍。腹柄背面具 5 条强纵皱；腹柄侧面横脊后具强斜纵脊 6 条。抱器长三角形，不下弯，端尖。

寄主：未知。

研究标本：正模♀，福建建阳敖头，1965.Ⅶ.20，庄兴发 (保存于 FAC)。副模：1♂，福建南平，1965.Ⅶ.26，赵修复 (保存于 FAC)。

分布：福建。

鉴别特征：本新种与菲律宾种 Exallonyx datae Townes, 1981 相近，下列特征可与之区别：①第 2 鞭节雄性长为宽的 2.6 倍，雌性 2.5 倍 (后者雄性为 3.0 倍，雌性为 2.2 倍)；②后足腿节雄性长为宽的 4.1 倍，雌性为 3.5 倍 (后者雄性为 5.0 倍；雌性为 4.0 倍)。

词源：种本名"寡毛 oligus (寡、少)"，意为合背板上仅窗疤附近的毛稀而短。

(297) 谭氏叉齿细蜂，新种 *Exallonyx tani* He *et* Xu, sp. nov. (图 357)

雄：前翅长 4.2mm。

头：背观上颊长为复眼的 0.5 倍。颊长为复眼纵径的 0.24 倍。唇基宽为长的 3.8 倍，稍均匀隆起，前缘平截。触角第 2、10 鞭节长分别为宽的 3.6 倍和 4.8 倍，端节长为端前节的 1.4 倍；鞭节无明显角下瘤。额脊弱。颜面中央具 3 条弱纵脊。后头脊正常高。

胸：前胸背板颈部背面具 8 条横皱，中央无毛；无前沟缘脊；侧面后半光滑，前半具细刻皱；前沟缘脊之后无毛，颈脊之后具毛；背缘前后方均具连续的多列毛；后下角具单个大凹窝。中胸侧板前缘具细皱，上角和中央横沟上方有稀毛；镜面区上方 0.5 具稀毛；侧板下半部 (中央横沟以下部位) 具稀毛，近中央区域无毛；后下角具平行细皱。后胸侧板具小室状网皱，中央上方夹有 4 条平行细纵皱，前上方有长条形小光滑区。并胸腹节中纵脊伸至背表面中央；背表面外侧后半具弱点皱，内侧光滑，后表面和外侧区具小室状网皱。

足：后足腿节长为宽的 6.4 倍；后足胫节长距直，长为基跗节的 0.64 倍。

翅：前翅长为宽的 2.5 倍；翅痣长和径室前缘脉长分别为翅宽的 2.53 倍和 0.47 倍；翅痣后侧缘直；径脉第 1 段从翅痣中央稍外方伸出，长为宽的 0.4 倍；径脉第 2 段直，两段相接处脉桩长。后翅后缘近基部有缺刻。

腹：腹柄背面中长为中宽的 2.3 倍，表面中纵脊完整，两侧前半各有 2 条纵皱，后半光滑；腹柄侧面上缘长为中高的 2.0 倍，上缘直，基部具横脊和斜横脊 5 条，其后另具强纵脊 5 条。合背板基部中纵沟伸达基部至第 1 对窗疤间距的 0.95 处，两侧各具 3 条纵沟，亚侧纵沟长为中纵沟的 0.6 倍。第 1 窗疤宽为长的 2.5 倍，疤距为疤宽的 0.7 倍。合背板上的毛中等长而密，接近合背板下缘，下方毛窝与合背板下缘之距为毛长的 0.6 倍。抱器长爪状，下弯，端尖。

体色：体黑色。须、翅基片和抱器端部黄褐色。触角黑褐色。足黄褐色；基节除端部、前中足端跗节、后足胫节和第 1-4 跗节黑褐色；各足转节和前中足第 1-4 跗节黄色。

翅透明，带烟黄色，翅痣和强脉褐色，弱脉浅黄色痕迹。

雌：未知。

寄主：未知。

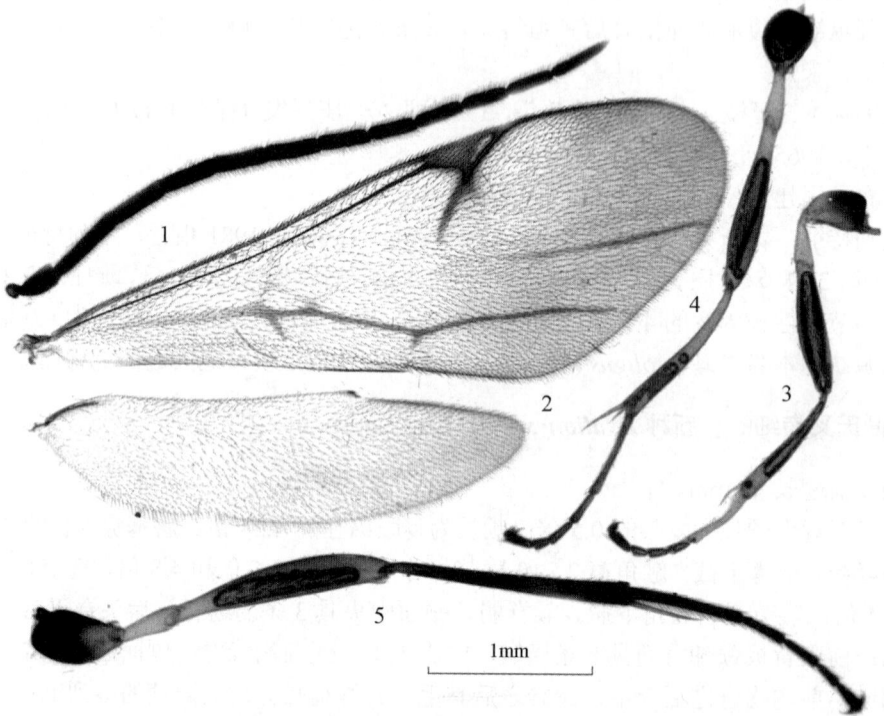

图 357 谭氏叉齿细蜂，新种 *Exallonyx tani* He *et* Xu, sp. nov.
1. 触角；2. 翅；3. 前足；4. 中足；5. 后足 [1-5. 1.0X 标尺]

研究标本：正模♂，四川王朗自然保护区，2006.Ⅶ.26，高智磊，No.200611231。

分布：四川。

鉴别特征：见检索表。

词源：种本名"谭氏 *tani*"，表示对四川成都市白蚁研究所高级工程师谭速进博士支持作者工作的感谢。

(298) 唐氏叉齿细蜂，新种 *Exallonyx tangi* He *et* Xu, sp. nov. (图 358)

雄：体长 3.0mm；前翅长 2.5mm。

头：背观上颊长为复眼的 0.72 倍。颊长为复眼纵径的 0.4 倍。唇基宽为长的 3.0 倍，光滑，亚端横脊明显，端缘平截。触角第 2、10 鞭节长分别为宽的 3.2 倍和 3.0 倍，端节长为端前节的 1.4 倍；鞭节无角下瘤。额脊薄而高。后头脊正常。

胸：前胸背板颈部背面前方 0.3 具多条横皱，其余基本上光滑；侧面光滑，前沟缘脊发达；前沟缘脊之后无毛，颈脊之后具毛；背缘具稀疏的不连续的单列毛；后下角单个凹窝。中胸侧板前缘无毛；镜面区上方散生 4 根毛；侧板下半部 (中央横沟以下部位)

仅在下缘具稀毛；侧缝下段凹窝前方有短细皱。后胸侧板中央前方及前上方有被纵沟分隔的、表面具稀毛的光滑区，其长和高分别占侧板的 0.5 倍和 0.7 倍，其余部位具小室状网皱。并胸腹节侧观背缘弧形；中纵脊伸达后端稍前方的横脊处；背表面近"V"形，整个光滑，长为基部至气门端部间距的 3.0 倍，与后表面无明显分界的脊；后表面具细点皱，夹有不规则细刻条，后方具细横刻条；外侧区具小室状网皱。

足：后足腿节长为宽的 3.9 倍；后足胫节长距长为基跗节的 0.73 倍。

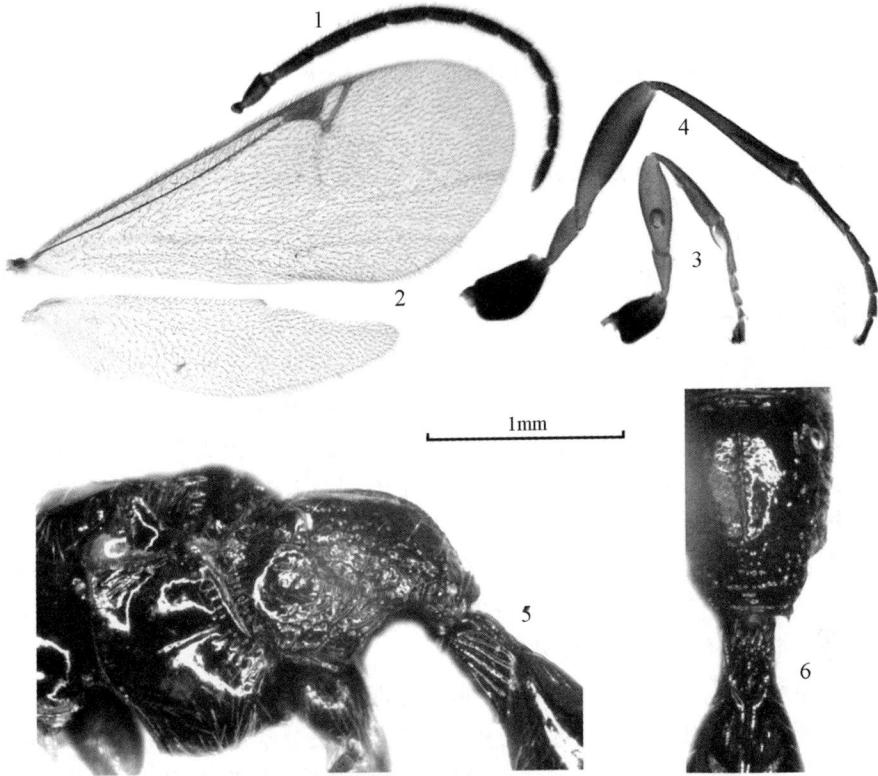

图 358　唐氏叉齿细蜂，新种 *Exallonyx tangi* He *et* Xu, sp. nov.
1. 触角；2. 翅；3. 前足；4. 中足；5. 后胸侧板、并胸腹节和腹柄，侧面观；6. 并胸腹节、腹柄和合背板基部，背面观
[1-4. 1.0X 标尺；5-6. 2.0X 标尺]

翅：前翅长为宽的 2.2 倍；翅痣长和径室前缘脉长分别为翅痣宽的 2.1 倍和 0.67 倍；翅痣后侧缘稍弯；径脉第 1 段内斜，长为宽的 1.3 倍，从翅痣外方 0.43 处伸出；径脉第 2 段直，两段相接处膨大。后翅后缘近基部缺刻深。

腹：腹柄背面中长为中宽的 1.3 倍，表面具 7 条纵脊，中脊仅端部存在；腹柄侧面上缘长为中高的 1.3 倍，上缘直，基部具横脊 1 条，表面具纵脊 6 条。合背板基部中纵沟伸达基部至第 1 对窗疤间距的 0.96 处，两侧各具 2 条纵沟，亚侧纵沟长为中纵沟的 0.6 倍。第 1 窗疤宽为长的 3.2 倍，疤距为疤宽的 0.15 倍。合背板上的毛稀而短，下方毛窝与合背板下缘之距为毛长的 1.0 倍。抱器长爪状，不下弯，端尖。

体色：体黑色。触角红棕色。柄节、梗节、第1鞭节基部色稍浅。须、翅基片黄色。足黑褐色至黑色，其余黄褐色，但后足腿节中段、胫节和跗节带浅褐色。翅透明，翅痣和强脉黑褐色，弱脉浅黄色痕迹。

雌：未知。

寄主：未知。

研究标本：正模♂，浙江龙泉凤阳山，2003.Ⅷ.10，刘经贤，No.20047560。

分布：浙江。

鉴别特征：见检索表。

词源：种本名"唐氏 tangi"，意为对我的老师、昆虫学家、浙江大学唐觉教授(1917-)的敬意和谢意。

(299) 相连叉齿细蜂，新种 *Exallonyx junctus* He *et* Xu, sp. nov. (图 359)

雄：体长 2.8mm；前翅长 2.6mm。

头：背观上颊长为复眼的 0.75 倍。颊长为复眼纵径的 0.27 倍。唇基宽为长的 2.4 倍，稍均匀隆起，亚端横脊明显，端缘平截。触角第 2、10 鞭节长分别为宽的 3.2 倍和 3.0 倍，端节长为端前节的 1.5 倍；鞭节无明显角下瘤。额脊中等高。后头脊正常。

胸：前胸背板颈部背面具 4-5 条横皱；侧面光滑，前沟缘脊发达；前沟缘脊之后无毛，颈脊之后具毛；背缘具稀疏的双列毛；后下角双凹窝，上大下小。中胸侧板前缘上角有稀毛；镜面区上方 0.4 具稀毛；侧板下半部 (中央横沟以下部位) 具很稀的毛；后下角具平行细皱。后胸侧板中央前方及前上方有被纵沟分隔的、表面具稀毛的光滑区，其长和高分别占侧板的 0.5 倍和 0.85 倍，其余部位具小室状网皱。并胸腹节侧观背缘弧形，后表面陡斜；中纵脊仅背表面存在；背表面一侧光滑区长为并胸腹节基部至气门后端间距的 2.3 倍，其余部位具细的小室状网皱。

足：后足腿节长为宽的 4.0 倍；后足胫节长距长为基跗节的 0.55 倍。

翅：前翅长为宽的 2.2 倍；翅痣长和径室前缘脉长分别为翅痣宽的 1.8 倍和 0.5 倍；翅痣后侧缘稍弯；径脉第 1 段从翅痣近中央伸出，内斜，长为宽的 2.0 倍；径脉第 2 段稍弧形，两段相接处膨大。后翅后缘近基部缺刻深。

腹：腹柄背面中长为中宽的 1.1 倍，具 5 条强纵皱，内夹细皱；腹柄侧面上缘长为中高的 0.9 倍，上缘直，基部具横脊 1 条，横脊后具强斜纵脊 4 条。合背板基部中纵沟伸达基部至第 1 对窗疤间距的 0.85 处，两侧各具 2 条纵沟，亚侧纵沟长为中纵沟的 0.6 倍。第 1 窗疤宽为长的 2.2 倍，两窗疤相连，无疤距。合背板上仅窗疤附近有稀而短的毛，远离合背板下缘。抱器长三角形，不下弯，端尖。

体色：体黑色。须黄色。上唇、上颚端部红褐色。触角黑褐色，柄节、梗节、第 1 鞭节基部褐黄色。翅基片黄褐色。足黄褐色，中后足基节、腿节 (除两端) 黑褐色；后足跗节浅褐色。翅透明，带烟黄色，翅痣和强脉褐色，弱脉浅黄色痕迹。

变异：副模合背板基部中纵沟伸达基部至第 1 对窗疤间距的 0.7 处，亚侧纵沟长为中纵沟的 1.0 倍。第 1 窗疤宽为长的 3.0 倍，疤距为疤宽的 0.1 倍。

雌：未知。

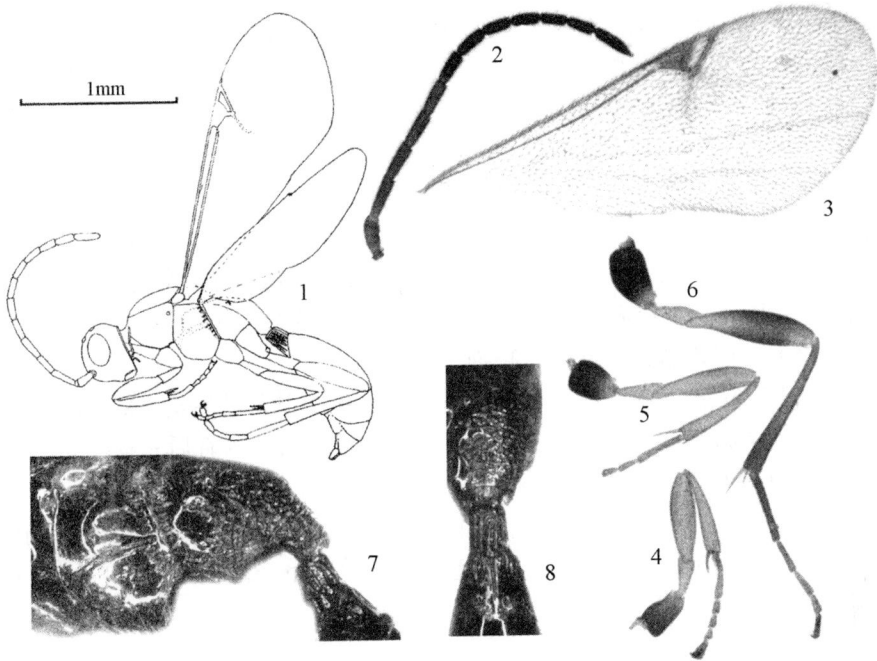

图 359　相连叉齿细蜂，新种 *Exallonyx junctus* He *et* Xu, sp. nov.

1. 整体，侧面观；2. 触角；3. 前翅；4. 前足；5. 中足；6. 后足；7. 中胸侧板、后胸侧板和腹柄，侧面观；8. 并胸腹节、腹柄和合背板基部，背面观 [1.0.7X 标尺；2-6.1.0X 标尺；7-8.2.0X 标尺]

寄主：未知。

研究标本：正模♂，云南昆明，1981.Ⅴ.18，何俊华，No.810857。副模：1♂，云南下关，1981.Ⅴ.14，何俊华，No.810884。

分布：云南。

鉴别特征：本新种与美洲种 *Exallonyx levibasis* Townes, 1981 极为相近，但区别是：①前胸背板侧面上缘具 2 列毛；②中胸侧板下半部 (中横沟以下部分) 毛非常稀疏。

词源：种本名"相连 *junctus*"，意为合背板的 1 对第 1 窗疤相连无间距，或几乎相连。

(300) 脊颈叉齿细蜂，新种 *Exallonyx jugularis* He *et* Xu, sp. nov. (图 360)

雄：体长 6.3mm；前翅长 5.2mm。

头：背观上颊长为复眼的 1.0 倍。颊长为复眼纵径的 0.3 倍。唇基宽为长的 3.2 倍，稍均匀隆起，除端部中央光滑外密布刻点，亚端横脊明显，端缘平截。触角第 2、10 鞭节长分别为端宽的 2.1 倍和 3.1 倍，端节长为端前节的 1.2 倍；鞭节无明显角下瘤。额脊强而高。后头脊正常。

胸：前胸背板颈部背面具屋脊状横隆，无横皱；侧面光滑，前沟缘脊发达；前沟缘脊之后无毛，颈脊之后具毛；背缘具连续的多列毛；后下角单个凹窝。中胸侧板前缘上角和中央横沟上方有稀毛，之间无毛区长为翅基片的 2.0 倍；镜面区上半具稀毛；侧板

下半部 (中央横沟以下部位) 具稀毛，近中央区域无毛。后胸侧板中央前方及前上方有被纵沟分隔的、表面具稀毛的光滑区，其长和高分别占侧板的 0.3 倍和 0.65 倍，其余部位具小室状网皱。并胸腹节侧观背缘弧形；中纵脊伸至后表面近端部；背表面光滑区大，长为并胸腹节基部至气门后端间距的 2.7 倍；后表面陡斜，大部分光滑，仅前方有 2 条横脊；外侧区具小室状网皱。

足：后足腿节长为宽的 2.8 倍；后足胫节长距长为基跗节的 0.55 倍。

翅：前翅长为宽的 2.3 倍；翅痣长和径室前缘脉长分别为翅痣宽的 3.0 倍和 0.72 倍；翅痣后侧缘直；径脉第 1 段内斜，长为宽的 1.3 倍，从翅痣近中央伸出；径脉第 2 段直，两段相接处膨大。后翅后缘近基部有缺刻。

腹：腹柄背面中长为中宽的 0.9 倍，基部具横脊 1 条，其后具 "M" 形强纵皱；腹柄侧面上缘长为中高的 0.9 倍，上缘直，基部具横脊 1 条，横脊后先具网皱再具强斜纵脊 7 条。合背板基部中纵沟伸达基部至第 1 对窗疤间距的 0.9 处，两侧各具 3 条纵沟，亚侧纵沟长为中纵沟的 0.45 倍。第 1 窗疤宽为长的 2.8 倍，疤距为疤宽的 0.4 倍。合背板上仅窗疤附近有中等长而密的毛，下方毛窝与合背板下缘之距为毛长的 1.5-2.0 倍。抱器长三角形，不下弯，端尖。

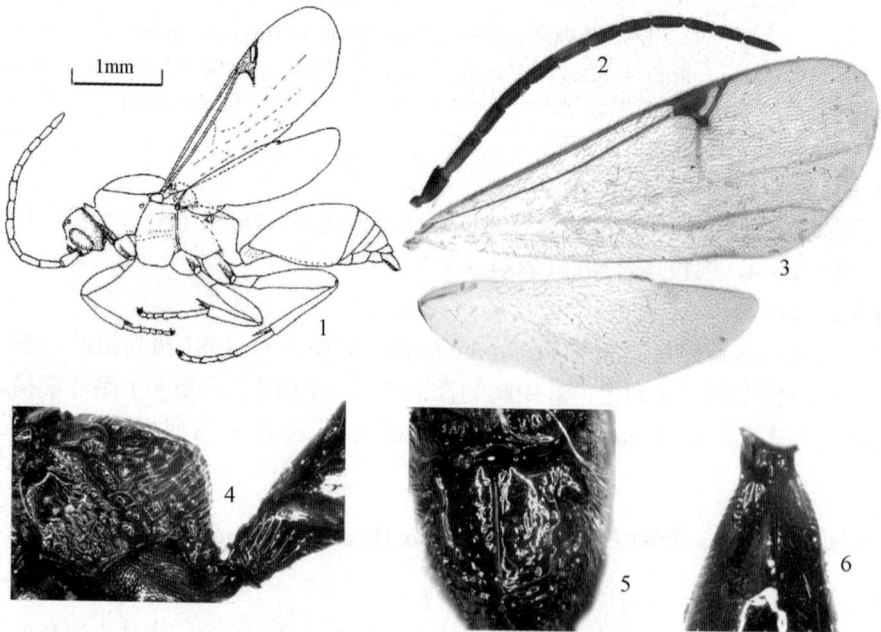

图 360　脊颈叉齿细蜂，新种 *Exallonyx jugularis* He *et* Xu, sp. nov.
1. 整体，侧面观；2. 触角；3. 翅；4. 后胸侧板、并胸腹节和腹柄，侧面观；5. 并胸腹节，背面观；6. 腹柄和合背板基部，背面观 [1. 0.6X 标尺；2-3. 1.0X 标尺；4-6. 2.0X 标尺]

体色：体黑色。须黄色。上唇黑褐色。翅基片黄褐色。触角黑褐色，柄节基部和第 1 鞭节基部红褐色，柄节黄褐色。足红褐色，基节、转节背方黑色，前足腿节 (背面浅褐色)、中后足腿节两端红褐色，胫节、距、跗节 (端跗节后半浅褐) 黄褐色。翅透明，带烟黄色，翅痣和强脉暗红褐色，弱脉浅黄色痕迹。

雌：未知。

寄主：未知。

研究标本：正模♂，河北平泉，1986.Ⅶ.3，杨定，No.871233。

分布：河北。

鉴别特征：见检索表。

词源：种本名"脊颈 jugularis (颈骨)"，意为前胸背板颈部背面具屋脊状横隆，无横皱。

(301) 帚疤叉齿细蜂，新种 *Exallonyx penicioides* He et Xu, sp. nov. (图 361)

雄：体长 6.9mm；前翅长 5.6mm。

头：背观上颊长为复眼的 0.75 倍。颊长为复眼纵径的 0.25 倍。唇基宽为长的 3.0 倍，稍均匀隆起，密布刻点，亚端横脊明显，端缘平截。触角第 2、10 鞭节长分别为宽的 2.1 倍和 2.7 倍，端节长为端前节的 1.56 倍；鞭节无明显角下瘤。额脊强而高。后头脊强度隆起，上稍呈檐状。

胸：前胸背板颈部背面具 10 条细横皱；侧面光滑，前沟缘脊发达；前沟缘脊之后无毛，颈脊之后具毛；背缘具连续的 3 列毛；后下角单个凹窝。中胸侧板前缘上角和中央横沟上方有稀毛，之间无毛区长为翅基片的 1.8 倍；镜面区上方 0.3 具稀毛；侧板下半部 (中央横沟以下部位) 除近横沟区域具稀毛；后下角具平行细皱。后胸侧板中央前方及前上方有被纵沟分隔的、表面具稀毛的光滑区，其长和高分别占侧板的 0.3 倍和 0.6 倍，其余部位具小室状网皱。并胸腹节侧观背缘弧形，后表面缓斜；中纵脊伸至后表面近端部；背表面一侧光滑区长为并胸腹节基部至气门后端间距的 4.0 倍；但后半内有弱皱；后表面中纵脊两侧及后端光滑，侧方具弱横皱；外侧区具小室状网皱。

足：后足腿节长为宽的 3.9 倍；后足胫节长距长为基跗节的 0.63 倍。

翅：前翅长为宽的 2.15 倍；翅痣长和径室前缘脉长分别为翅痣宽的 1.6 倍和 0.4 倍；翅痣后侧缘稍弯；径脉第 1 段内斜，长为宽的 1.6 倍，从翅痣近中央伸出；径脉第 2 段直，两段相接处膨大。后翅后缘近基部缺刻深。

腹：腹柄背面中长为中宽的 1.0 倍，基部具 2 条横脊，其后有 "Y" 形脊从基角直至后端，"Y" 形脊两侧各有 2 条短纵皱；腹柄侧面上缘长为中高的 0.7 倍，上缘直，基部具横脊 1 条，横脊后先具网皱，再具强斜纵脊 7 条。合背板基部中纵沟深，伸达基部至第 1 对窗疤间距的 0.8 处，两侧各具 1 条宽而深的亚侧纵沟，其长为中纵沟的 0.5 倍。第 1 窗疤扫帚形，宽为长的 2.2 倍，疤距为疤宽的 0.65 倍。合背板上的毛中等长而密，下方毛窝至合背板下缘之距为毛长的 1.2-2.0 倍。抱器细长三角形，不下弯，端尖。

体色：体黑色。须黄褐色。上唇、上颚端部和翅基片红褐色。触角酱红色，基部 3 节色浅，至端部渐褐色。足红褐色；前足基节暗红褐色；中足基节黑色，转节背面黑褐色；后足腿节背面带浅褐色。翅透明，带烟黄色，翅痣和强脉浅褐色，弱脉浅黄褐色。

雌：未知。

寄主：未知。

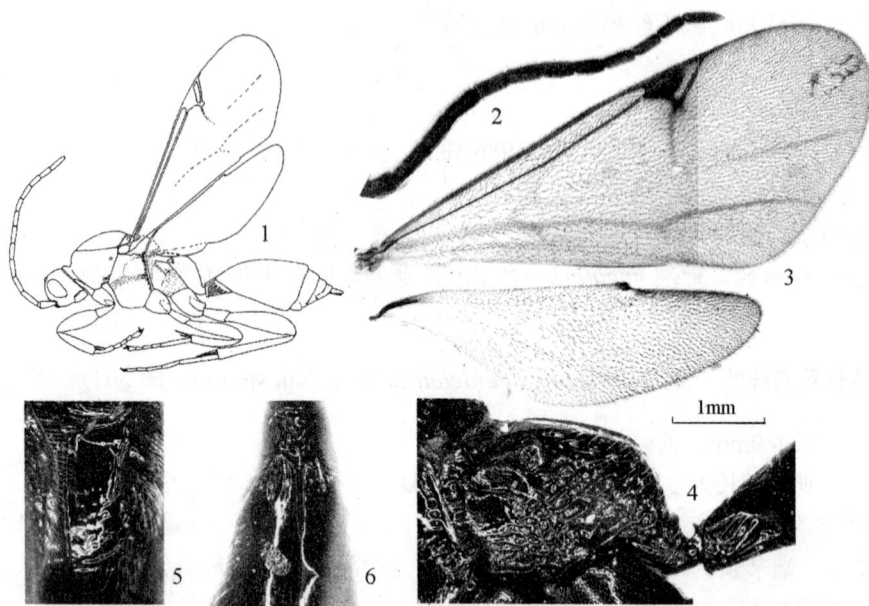

图 361　帚疤叉齿细蜂, 新种 *Exallonyx penicioides* He *et* Xu, sp. nov.

1. 整体, 侧面观; 2. 触角; 3. 翅; 4. 后胸侧板、并胸腹节和腹柄, 侧面观; 5. 并胸腹节, 背面观; 6. 腹柄和合背板基部,
背面观 [1. 0.5X 标尺; 2-3. 1.0X 标尺; 4-6. 2.0X 标尺]

研究标本: 正模♂, 湖北神农架自然保护区大神农架, 1980.Ⅶ.14, 刘思孔, No.871211。

分布: 湖北。

鉴别特征: 本新种与日本种 *Exallonyx japonicus* (Ashmead, 1904)相近, 但有以下区别特征: ①前胸背板侧面前沟缘脊之后无毛和颈脊之后具数根毛; ②颈部背面强度隆起, 其上有纤细的横皱纹; ③前胸背板侧面上缘具 3 列毛。

词源: 种本名 "帚疤 *penicioides* (似帚状的)", 意为第 1 窗疤扫帚形。

(302) 黑足叉齿细蜂, 新种 *Exallonyx nigripes* He *et* Xu, sp. nov. (图 362)

雄: 体长 5.0mm; 前翅长 4.1mm。

头: 背观上颊长为复眼的 0.79 倍。颊长为复眼纵径的 0.28 倍。唇基宽为长的 3.2 倍, 基部稍均匀隆起并具粗刻点, 亚端横脊明显, 端缘平截。触角第 2、10 鞭节长分别为宽的 2.6 倍和 2.4 倍, 端节长为端前节的 1.5 倍; 鞭节无明显角下瘤。额脊强而高。后头脊正常。

胸: 前胸背板颈部背面具 4-5 条横皱; 侧面光滑, 前沟缘脊发达; 前沟缘脊之后无毛, 颈脊之后具毛; 背缘具连续的多列毛; 后下角单个凹窝。中胸侧板前缘上角和中央横沟上方有稀毛, 之间无毛区长为翅基片的 1.8 倍; 镜面区上方约 0.5 具稀毛; 侧板下半部 (中央横沟以下部位) 具稀毛, 近中央区域无毛; 后下角具平行强皱。后胸侧板中央前方及前上方有被纵沟分隔的、表面具稀毛的光滑区, 其长和高分别占侧板的 0.4 倍和 0.7 倍, 其余部位具小室状网皱。并胸腹节侧观背缘弧形, 后表面短而斜; 中纵脊伸至后

表面近端部；背表面侧方和后方具弱皱，一侧光滑区长为并胸腹节基部至气门后端间距的 3.5 倍；后表面基半具横皱，端半几乎光滑；外侧区具小室状网皱。

足：后足腿节长为宽的 4.1 倍；后足胫节长距长为基跗节的 0.6 倍。

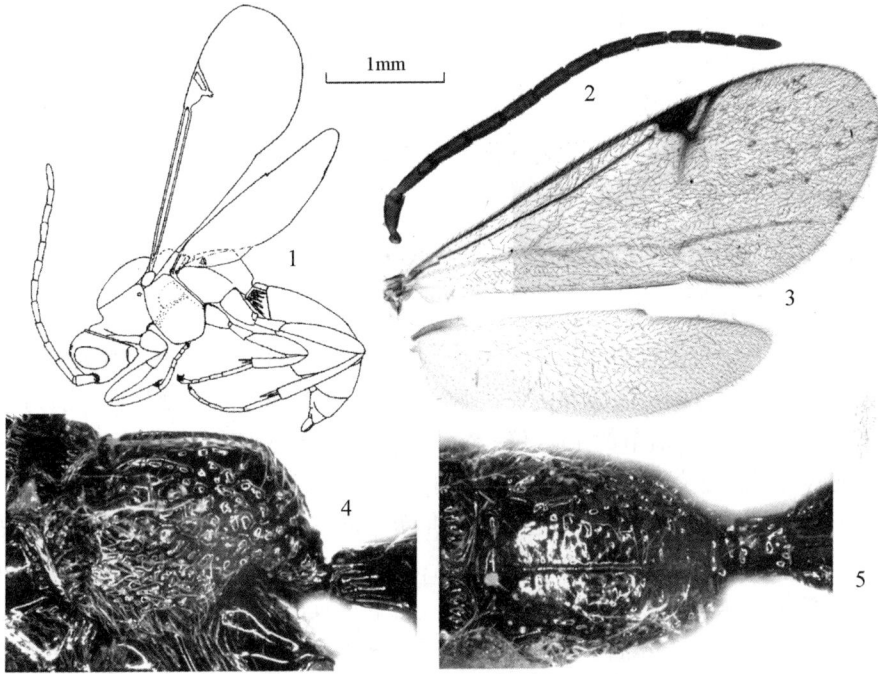

图 362　黑足叉齿细蜂，新种 *Exallonyx nigripes* He *et* Xu, sp. nov.
1. 整体，侧面观；2. 触角；3. 翅；4. 后胸侧板、并胸腹节和腹柄，侧面观；5. 并胸腹节、腹柄和合背板基部，背面观
[1. 0.5X 标尺；2-3. 1.0X 标尺；4-5. 2.0X 标尺]

翅：前翅长为宽的 2.24 倍；翅痣长和径室前缘脉长分别为翅痣宽的 1.8 倍和 0.5 倍；翅痣后侧缘稍弯；径脉第 1 段内斜，长为宽的 1.0 倍，从翅痣近中央伸出；径脉第 2 段直。后翅后缘近基部有缺刻。

腹：腹柄背面中长为中宽的 1.1 倍，表面有 "V" 形弱皱，其中央夹横弱皱，侧方具细斜皱；腹柄侧面上缘长为中高的 1.0 倍，上缘直，基部具横脊 1 条，横脊后具强纵脊 5 条。合背板基部中纵沟伸达基部至第 1 对窗疤间距的 0.56-0.60 处，两侧各具 2 条纵沟，亚侧纵沟长为中纵沟的 0.5 倍。第 1 窗疤宽为长的 3 倍，疤距为疤宽的 0.45 倍。合背板上仅窗疤下方有稀而短的毛，远离合背板下缘。抱器长三角形，不下弯，端尖。

体色：体黑色。须黄褐色。上颚除基部红褐色。触角棕褐色，至基部色渐浅。翅基片褐黄色。足基节、转节、中后足腿节 (除端部) 黑褐色至黑色；前足腿节、中后足腿节端部酱红色，胫节、距、跗节 (端跗节后半浅褐) 黄褐色。翅透明，带烟黄色，翅痣和强脉黑褐色，弱脉浅黄色痕迹。

雌：未知。

寄主：未知。

研究标本：正模♂，吉林长白山，1977.Ⅶ.10，何俊华，No.771381。副模：1♂，吉林长白山二道白河电站，740m，2004.Ⅶ.2，马云，No.20047148。

分布：吉林。

鉴别特征：本新种与日本种 *Exallonyx japanicus* (Ashmead，1904)相近，但区别是：①前胸背板侧面背缘具多列毛（后者 1 列毛）；②前胸背板前沟缘脊发达（后者弱）；③颈脊之后约具毛（后者无毛）；④合背板基部中纵沟伸达基部至第 1 对窗疤的 0.56-0.60 处（后者 0.8 处）；⑤触角第 10 鞭节长为宽的 2.4 倍（后者 3.0 倍）。

词源：种本名"黑足 *nigripes*"，系 *nigri* (黑色) + *pes* (足) 组合词，意为足基节、转节、中后足腿节 (除端部) 黑褐色至黑色。

(303) 神农叉齿细蜂，新种 *Exallonyx shennongensis* He *et* Xu, sp. nov. (图 363)

雄：体长 5.25mm；前翅长 4.3mm。

头：背观上颊长为复眼的 0.81 倍。颊长为复眼纵径的 0.3 倍。唇基宽为长的 2.8 倍，稍均匀隆起，密布刻点，亚端横脊明显，端缘平截。触角第 2、10 鞭节长分别为宽的 2.9 倍和 3.0 倍，端节长为端前节的 1.45 倍；鞭节无明显角下瘤。额脊强而高。后头脊正常。

胸：前胸背板颈部背面具 4-5 条横皱；侧面光滑，前沟缘脊弱；前沟缘脊之后无毛，颈脊之后具毛；背缘具连续的双列毛；后下角单个凹窝。中胸侧板前缘上角和中央横沟上方有稀毛，之间无毛区长为翅基片的 1.9 倍；镜面区上方 0.35 具稀毛；侧板下半部 (中央横沟以下部位) 具稀毛，近中央区域无毛；后下角具平行细皱。后胸侧板中央前方及前上方有被纵沟分隔的、表面具稀毛的光滑区，其长和高分别占侧板的 0.4 倍和 0.5 倍，其余部位具小室状网皱。并胸腹节侧观背缘弧形，后表面斜；中纵脊伸至后表面端部；背表面光滑区大，长为并胸腹节基部至气门后端间距的 3.0 倍，其余部位具小室状网皱。

足：后足腿节长为宽的 3.8 倍；后足胫节长距长为基跗节的 0.55 倍。

翅：前翅长为宽的 2.3 倍；翅痣长和径室前缘脉长分别为翅痣宽的 1.67 倍和 0.43 倍；翅痣后侧缘稍弯；径脉第 1 段内斜，长为宽的 1.0 倍，从翅痣近中央伸出；径脉第 2 段直，两段相接处膨大。后翅后缘近基部有缺刻。

腹：腹柄背面中长为中宽的 1.2 倍，侧方具 2 条倒"丫"形强纵皱，内夹细皱；腹柄侧面上缘长为中高的 0.7 倍，上缘直，基部具连有纵脊的横脊 3 条，横脊后还具强而分开的斜纵脊 3 条。合背板基部中纵沟深，伸达基部至第 1 对窗疤间距的 0.8 处，两侧各具 3 条纵沟，亚侧纵沟长为中纵沟的 0.6 倍。第 1 窗疤宽为长的 2.8 倍，疤距为疤宽的 0.8 倍。合背板上仅窗疤附近有稀而短的毛，远离合背板下缘。抱器长三角形，不下弯，端尖。

体色：体黑色。须黄褐色。上唇黑褐色，上颚端部和翅基片红褐色。触角黑褐色，柄节、梗节、第 1 鞭节及其他各鞭节基部红褐色。足基节、转节黑褐色至黑色；腿节、胫节、跗节红褐色，但前中足第 2-4 跗节黄褐色。翅透明，带烟黄色，翅痣和强脉浅黑褐色，弱脉浅黄色痕迹。

雌：未知。

寄主：未知。

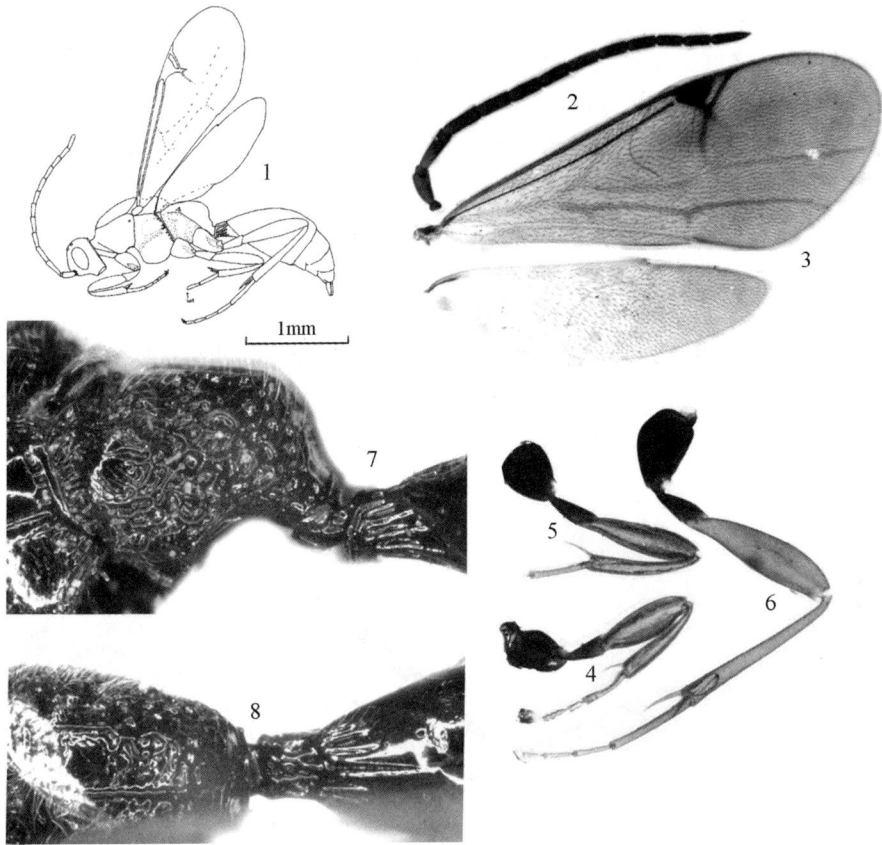

图 363　神农叉齿细蜂，新种 *Exallonyx shennongensis* He *et* Xu, sp. nov.

1. 整体，侧面观；2. 触角；3. 翅；4. 前足；5. 中足；6. 后足；7. 后胸侧板、并胸腹节和腹柄，侧面观；8. 并胸腹节、腹柄和合背板基部，背面观 [1. 0.5X 标尺；2-6. 1.0X 标尺；7-8. 2.0X 标尺]

研究标本：正模♂，湖北大神农架，1700m，1982.Ⅶ.27，何俊华，No.825761。

分布：湖北。

鉴别特征：本新种与日本种 *Exallonyx japanicus* (Ashmead, 1904) 相近，但区别是：①前胸背板侧面背缘具 2 列毛 (后者 1 列毛)；②前胸背板侧面颈脊之后具毛 (后者无毛)；③合背板基部亚侧纵沟长为中纵沟的 0.6 倍 (后者 0.3-0.5 倍)；④后足腿节和胫节红褐色 (后者后足腿节暗褐色至浅黑色，胫节浅褐色)。

词源：种本名"神农 shennongensis"，系指模式标本产地在湖北省神农架。

(304) 西藏叉齿细蜂，新种 *Exallonyx tibetanus* He *et* Xu, sp. nov. (图 364)

雄：体长 3.4mm；前翅长 3.1mm。

头：背观上颊长为复眼的 0.8 倍。颊长为复眼纵径的 0.37 倍。唇基宽为长的 2.5 倍，稍均匀隆起，散生刻点，亚端横脊明显，端缘平截。触角第 2、10 鞭节长分别为宽的 2.7 倍和 2.5 倍，端节长为端前节的 1.6 倍；鞭节无明显角下瘤。额脊中等高。后头脊正常。

胸：前胸背板颈部背面具 4-5 条横皱；侧面光滑，前沟缘脊发达；前沟缘脊之后无毛，颈脊之后具毛；背缘具连续的双列毛；后下角单个凹窝。中胸侧板前缘上角和中央横沟上方有稀毛，之间无毛区长为翅基片的 1.3 倍；镜面区上方 0.5 具稀毛；侧板下半部（中央横沟以下部位）具稀毛，近中央区域无毛；后下角具平行细皱。后胸侧板中央前方及前上方有被纵沟分隔的、表面具稀毛的光滑区，其长和高分别占侧板的 0.5 倍和 0.8 倍，其余部位具稀小室状网皱。并胸腹节侧观背缘弧形；中纵脊伸至后表面近端部；背表面端部具 2 条斜脊，光滑区基部宽，长为并胸腹节基部至气门后端间距的 3 倍；后表面陡斜，具稀横皱；外侧区具小室状网皱。

足：后足腿节长为宽的 4.2 倍；后足胫节长距长为基跗节的 0.49 倍。

翅：前翅长为宽的 2.2 倍；翅痣长和径室前缘脉长分别为翅痣宽的 2.0 倍和 0.6 倍；翅痣后侧缘稍弯；径脉第 1 段内斜，长为宽的 1.2 倍，从翅痣近中央伸出；径脉第 2 段直，两段相接处膨大。后翅后缘近基部缺刻深。

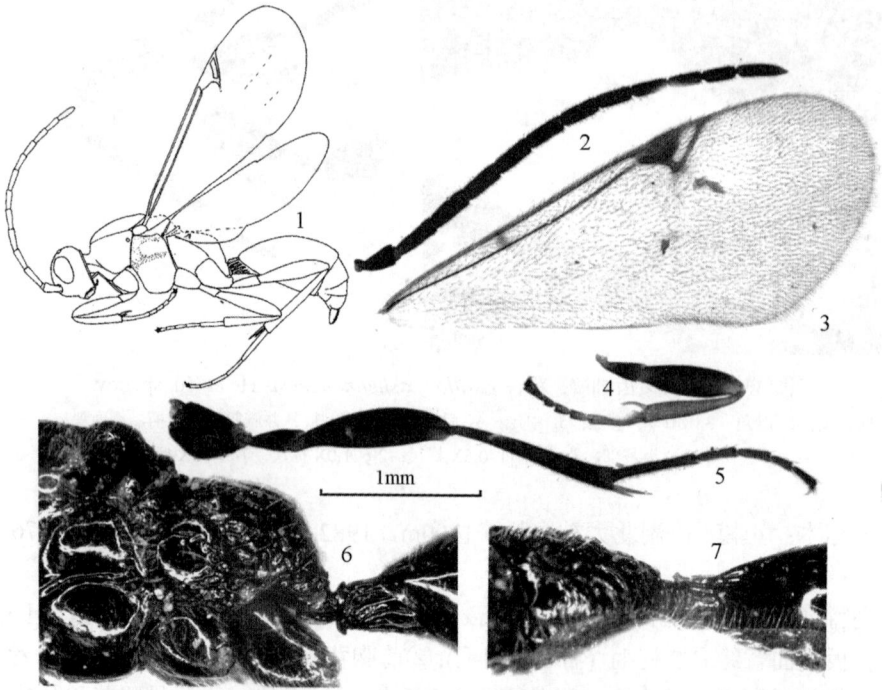

图 364 西藏叉齿细蜂，新种 *Exallonyx tibetanus* He et Xu, sp. nov.
1. 整体，侧面观；2. 触角；3. 前翅；4. 前足；5. 后足；6. 中胸侧板、后胸侧板、并胸腹节和腹柄，侧面观；7. 并胸腹节、腹柄和合背板基部，背面观 [1. 0.5X 标尺；2-5. 1.0X 标尺；6-7. 2.0X 标尺]

腹：腹柄背面中长为中宽的 1.0 倍，基部 0.4 具 2 条横脊，端部 0.6 具 6 条强纵脊；腹柄侧面上缘长为中高的 0.75 倍，上缘直，基部具连纵脊的横脊 2 条，横脊后具强斜纵脊 3 条。合背板基部中纵沟伸达基部至第 1 对窗疤间距的 0.55 处，两侧各具 3 条纵沟，亚侧纵沟长为中纵沟的 0.7 倍。第 1 窗疤眉形，宽为长的 3.2 倍，疤距为疤宽的 0.6 倍。合背板上仅窗疤附近有稀而短的毛，远离合背板下缘。抱器长三角形，不下弯，端尖。

体色：体黑色。须黄褐色。上颚端部红褐色。触角黑褐色。翅基片暗褐黄色。足黑色至黑褐色；中后足基节、各足腿节除两端、前足腿节、胫节和端跗节黄褐色。翅透明，翅痣和强脉浅褐色，弱脉无色。

雌：未知。

寄主：未知。

研究标本：正模♂，西藏亚东，2800m，1978.Ⅶ.23，李法圣，No.871969。

分布：西藏。

鉴别特征：本新种与尼泊尔种东方叉齿细蜂 *Exallonyx orientalis* Dodd, 1902 相近，但有下列特征可与之区别：①合背板基部中纵沟达基部至第 1 对窗疤的 0.55 处 (后者 0.8 处)，侧纵沟为中纵沟 0.7 倍 (后者为 0.35 倍)；②第 2 鞭节长为宽的 2.7 倍 (后者 3.3 倍)；③前足腿节和胫节黄褐色 (后者腿节暗褐色至黑色、胫节浅褐色)。

词源：种本名"西藏 *tibetanus*"，意为模式标本产地在西藏亚东。

(305) 黑色叉齿细蜂 *Exallonyx nigricans* He *et* Fan, 2004 (图 365)

Exallonyx nigricans He *et* Fan, 2004, In: He *et al.*, *Hymenopteran Insect Fauna of Zhejiang*: 338.

雄：体长 2.8mm；前翅长 2.4mm。

头：背观上颊长为复眼的 0.76 倍。颊长为复眼纵径的 0.32 倍。唇基宽为长的 2.7 倍，中央稍均匀隆起并具浅刻点，亚端横脊明显，端缘平截。触角第 2、10 鞭节长分别为宽的 3.0 倍和 2.6 倍，端节长为端前节的 1.55 倍；鞭节无明显角下瘤。额脊中等高。后头脊正常。

胸：前胸背板颈部背面具 5 条横皱；侧面光滑，前沟缘脊发达；前沟缘脊之后无毛，颈脊之后具毛；背缘具不连续的单列毛，但后端为双列毛；后下角单个凹宵。中胸侧板前缘上角和中央横沟上方有稀毛，之间无毛区长为翅基片的 1.0 倍；镜面区前方及上方 0.4 具稀毛；侧板下半部 (中央横沟以下部位) 具稀毛，近中央区域无毛。后胸侧板中央前方及前上方有被纵沟分隔的、表面具稀毛的光滑区，其长和高分别占侧板的 0.7 倍和 0.7 倍，其余部位具浅小室夹点网皱。并胸腹节侧观背缘弧形，后表面斜；中纵脊伸至后表面近端部；背表面外侧中央具弱皱，一侧光滑区长为并胸腹节基部至气门后端间距的 3.8 倍，其余部位具小室状网皱。

足：后足腿节长为宽的 3.7 倍；后足胫节长距长为基跗节的 0.71 倍。

翅：前翅长为宽的 2.16 倍；翅痣长和径室前缘脉长分别为翅痣宽的 1.8 倍和 0.5 倍；翅痣后侧缘稍弯；径脉第 1 段内斜，长为宽的 1.0 倍，从翅痣近中央伸出；径脉第 2 段直，两段相接处膨大。后翅后缘近基部缺刻深。

腹：腹柄背面中长为中宽的 1.3 倍，基部中央"V"形拱隆，具 3 条短横皱，端部具 7 条纵皱，内夹细皱；腹柄侧面上缘长为中高的 0.8 倍，上缘直，基部具横脊 1 条，横脊后具强斜纵脊 6 条。合背板基部中纵沟伸达基部至第 1 对窗疤间距的 0.8 处，两侧各具 3 条纵沟，亚侧纵沟长为中纵沟的 0.6 倍。第 1 窗疤宽为长的 2.4 倍，疤距为疤宽的 0.4 倍。合背板上仅窗疤附近有稀而短的毛，远离合背板下缘。抱器长三角形，不下弯，端尖。

体色：体黑色。须黄褐色，颚须端节褐色。上唇浅褐色。上颚端部和翅基片褐黄色。

触角黑褐色。足基节黑褐色至黑色；转节、腿节两端和前足腿节前面、前足胫节除背面、前中足第 2-4 跗节黄褐色，其余部位浅褐色。翅透明，带烟黄色，翅痣和强脉浅褐色，弱脉无色。

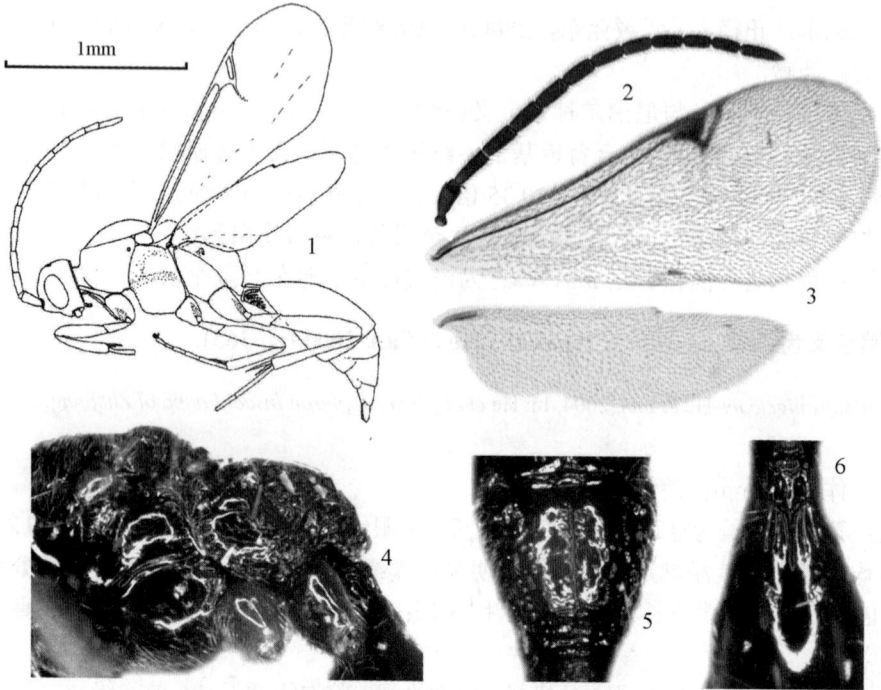

图 365 黑色叉齿细蜂 *Exallonyx nigricans* He *et* Fan

1. 整体，侧面观；2. 触角；3. 翅；4. 中胸侧板、后胸侧板、并胸腹节和腹柄，侧面观；5. 并胸腹节，背面观；6. 腹柄和合背板基部，背面观 (1. 仿何俊华等，2004) [1. 0.7X 标尺；2-3. 1.0X 标尺；4-6. 2.0X 标尺]

变异：前翅长 2.4-2.9mm；腹柄背面长为中宽的 0.8-1.3 倍，基部中央不明显拱隆；合背板基部中纵沟伸达基部至第 1 对窗疤间距的 0.7-0.8 处，两侧各具 2-3 条纵沟，亚侧纵沟长为中纵沟的 0.6-0.7 倍。第 1 窗疤宽为长的 1.8 (右) -2.4 (左) 倍或 3.0 倍。

雌：未知。

寄主：未知。

研究标本：1♂，浙江西天目山，1987.IX.4，樊晋江，No.876219 (正模)；1♂，同正模，No.871212；1♂，浙江西天目山，1983.VI.18，马云，No.831363；1♂，浙江西天目山，1984.VI.23，朱锡良，No.841838；2♂，浙江西天目山，1987.VII.22，楼晓明，Nos.874663，874727 (以上均为副模)；1♂，浙江西天目山禅源寺，350m，1988.V.16，陈学新，No.882654；4♂，浙江西天目山老殿—仙人顶，1050-1647m，1988.V.16-18，陈学新、樊晋江、郭世俭、徐伟良，Nos.882666，883047，884615，885993。

分布：浙江。

鉴别特征：本新种与南美洲种 *Exallonyx atrellus* Townes, 1981 相似，区别如下：①转节黄褐色 (后者带黑色)；②前胸背板侧面背缘具不连续的 1-2 列毛 (后者仅后端有少许毛); ③后足腿节长为宽的 3.84 倍 (后者 4.9 倍); ④颈部背面中央具 5 条横皱 (后者 4 条)。同时可见中国叉齿细蜂属网腹细蜂种团分种检索表。

(306) 短柄叉齿细蜂 *Exallonyx brevibasis* He *et* Fan, 2004 (图 366)

Exallonyx brevibasis He *et* Fan, 2004, In: He *et al.*, *Hymenopteran Insect Fauna of Zhejiang*: 338.

雄: 体长 3.5mm; 前翅长 2.9mm。

头: 背观上颊长为复眼的 0.68 倍。颊长为复眼纵径的 0.33 倍。唇基宽为长的 2.7 倍, 基部稍均匀隆起并具浅的大刻点, 亚端横脊明显, 端缘平截。触角第 2、10 鞭节长分别为宽的 2.9 倍和 3.3 倍, 端节长为端前节的 1.7 倍; 鞭节无明显角下瘤。额脊中等高。后头脊正常。

胸: 前胸背板颈部背面具 4-5 条横皱; 侧面光滑, 前沟缘脊发达; 前沟缘脊之后无毛, 颈脊之后具毛; 背缘具连续的双列毛; 后下角单个凹窝。中胸侧板前缘上角和中央横沟上方有稀毛, 之间无毛区长为翅基片的 1.6 倍; 镜面区上半中央具稀毛; 侧板下半部 (中央横沟以下部位) 具稀毛。后胸侧板中央前方及前上方有被纵沟分隔的、表面具稀毛的光滑区, 其长和高分别占侧板的 0.5 倍和 0.7 倍, 其余部位具纵向小室状网皱。并胸腹节侧观背缘弧形, 后表面陡斜; 中纵脊伸至后表面端部; 背表面侧方具细弱刻皱, 一侧光滑区长为并胸腹节基部至气门后端间距的 4 倍; 后表面具横向网室; 外侧区具小室状网皱。

足: 后足腿节长为宽的 4.0 倍; 后足胫节长距长为基跗节的 0.58 倍。

翅: 前翅长为宽的 2.3 倍; 翅痣长和径室前缘脉长分别为翅痣宽的 1.6 倍和 0.54 倍; 翅痣后侧缘稍弯; 径脉第 1 段内斜, 长为宽的 1.3 倍, 从翅痣中央稍外方伸出; 径脉第 2 段稍弯, 两段相接处膨大。后翅后缘近基部缺刻深。

腹: 腹柄背面甚短, 中长为中宽的 0.4 倍, 具 1 条强纵脊和 2 条横脊; 腹柄侧面上缘长为中高的 0.2 倍, 上缘直, 基部具连短纵脊的横脊 2 条, 横脊后另具强斜纵脊 5 条。合背板基部中纵沟伸达基部至第 1 对窗疤间距的 0.7 处, 两侧各具 2 条纵沟, 亚侧纵沟长为中纵沟的 0.7 倍。第 1 窗疤宽为长的 3.8 倍, 疤距为疤宽的 0.6 倍。合背板上仅窗疤附近有稀而短的毛, 远离合背板下缘。抱器长三角形, 不下弯, 端尖。

体色: 体黑色。须黄褐色。上唇、上颚端部和翅基片红褐色。触角黑褐色。足基节、转节背方、中后足腿节 (除两端) 黑褐色至黑色; 后足胫节端半和跗节 (基跗节稍深) 浅褐色。翅透明, 翅痣和强脉浅褐色, 弱脉无色。

雌: 未知。

寄主: 未知。

研究标本: 1♂, 浙江西天目山老殿—仙人顶, 1988.Ⅴ.17-18, 陈学新, No.882662 (正模)。

分布: 浙江。

鉴别特征: 见检索表。

词源: 种本名"短柄 *brevibasis*", 意为模式标本腹柄背面甚短, 中长为中宽的 0.4 倍。

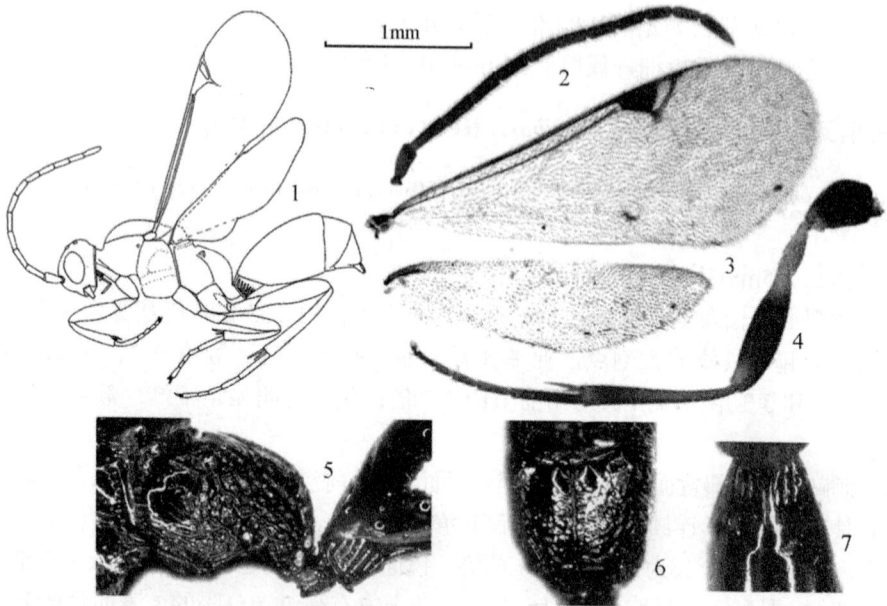

图 366 短柄叉齿细蜂 *Exallonyx brevibasis* He *et* Fan

1. 整体，侧面观；2. 触角；3. 翅；4. 后足；5. 后胸侧板、并胸腹节和腹柄，侧面观；6. 并胸腹节，背面观；7. 腹柄和合背板基部，背面观 (1. 仿何俊华等，2004) [1. 0.6X 标尺；2-4. 1.0X 标尺；5-7. 2.0X 标尺]

(307) 三列叉齿细蜂，新种 *Exallonyx triseriatus* He *et* Xu, sp. nov. (图 367)

雄：体长 3.3mm；前翅长 2.8mm。

头：背观上颊长为复眼的 0.75 倍。颊长为复眼纵径的 0.29 倍。唇基宽为长的 3 倍，基部稍均匀隆起，具稀疏刻点，亚端横脊明显，端缘平截。触角第 2、10 鞭节长分别为宽的 2.6 倍和 2.8 倍，端节长为端前节的 1.6 倍；鞭节无角下瘤。额脊中等高。后头脊正常。

胸：前胸背板颈部背面具 8 条细横皱；侧面光滑，前沟缘脊发达；前沟缘脊之后无毛，颈脊之后具毛；背缘具连续的 3 列毛；后下角单个凹窝。中胸侧板前缘上角有稀毛；镜面区上方 0.8 具稀毛；侧板下半部具稀毛，近中央区域无毛；中央横沟前半及横沟后端下方侧板具平行细皱。后胸侧板中央前方及前上方有被纵沟分隔的、表面具稀毛的光滑区，其长和高分别占侧板的 0.5 倍和 0.6 倍，其余部位具小室状网皱。并胸腹节侧观背缘两表面交界处有角度；中纵脊伸至后表面近端部；背表面具细纵皱，光滑区长仅为并胸腹节基部至气门后端间距的 1.0 倍；后表面斜，网室大而方形；外侧区具小室状网皱。

足：后足腿节长为宽的 3.7 倍；后足胫节长距长为基跗节的 0.56 倍。

翅：前翅长为宽的 2.14 倍；翅痣长和径室前缘脉长分别为翅痣宽的 1.7 倍和 0.4 倍；翅痣后侧缘稍弯；径脉第 1 段内斜，长为宽的 1.2 倍，从翅痣近中央伸出；径脉第 2 段直，两段相接处膨大。后翅后缘近基部缺刻深。

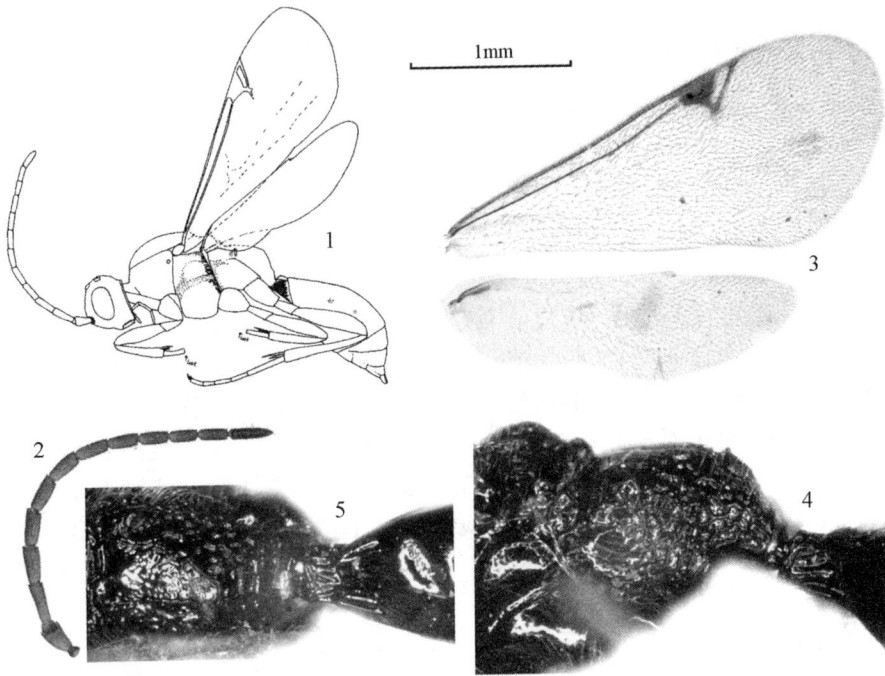

图 367　三列叉齿细蜂，新种 *Exallonyx triseriatus* He et Xu, sp. nov.

1. 整体，侧面观；2. 触角；3. 翅；4. 后胸侧板、并胸腹节和腹柄，侧面观；5. 并胸腹节、腹柄和合背板基部，背面观
[1. 0.6X 标尺；2-3. 1.0X 标尺；4-5. 2.0X 标尺]

　　腹：腹柄背面中长为中宽的 0.5 倍，基部具横网皱，其后具 7 条斜行纵皱，中央呈"↓"形；腹柄侧面上缘长为中高的 0.5 倍，上缘直，基部具横脊 1 条，横脊后具强斜纵脊 5 条。合背板基部中纵沟深，伸达基部至第 1 对窗疤间距的 0.6 处，两侧各具 3 条深纵沟，亚侧纵沟长为中纵沟的 0.9 倍。第 1 窗疤很大，宽为长的 3.5 倍，疤距为疤宽的 0.15 倍。合背板上仅窗疤附近有稀而短的毛，远离合背板下缘。抱器长三角形，不下弯，端尖。

　　体色：体黑色。须黄褐色。上唇、上颚端部和翅基片黄褐色。触角褐黄色，至端部色渐深。足褐黄色；中后足基节黑色；足胫节和跗节黄褐色。翅透明，翅痣和强脉褐黄色，弱脉无色。

　　雌：未知。

　　寄主：未知。

　　研究标本：正模♂，黑龙江带岭，1977.VI.24，何俊华。

　　分布：黑龙江。

　　鉴别特征：本新种与菲律宾种 *Exallonyx datae* Townes, 1981 相近，有以下特征可区别：①前胸背板侧面背缘具连续的 3 列毛 (后者约 2 列毛)；②后足腿节长为宽的 3.7 倍 (后者 5.0 倍)；③腹柄侧面具斜行纵脊 7 条 (后者按图为平行 3 条)；④合背板基部亚侧纵沟长为中纵沟的 0.9 倍 (后者为 0.7 倍)。

　　词源：种本名"三列 *triseriatus*"，系 tri (三) + *seriatus* (列、序列) 组合词，意为前胸背板侧面背缘具连续的 3 列毛。

(308) 长沟叉齿细蜂 *Exallonyx longisulcus* He *et* Fan, 2004 (图 368)

Exallonyx longisulcus He *et* Fan, 2004, In: He *et al.*, *Hymenopteran Insect Fauna of Zhejiang*: 339.

雄：前翅长 3.0mm。唇基宽为长的 0.29 倍，中等隆起，亚端部悬垂物前下方观新月形。触角鞭节无突出的角下瘤。第 2 鞭节长为宽的 2.67 倍。第 10 鞭节长为宽的 2.36 倍。后头脊中等高。前沟缘脊发达。前胸背板侧面后下角单凹窝；前沟缘脊和颈脊之后无毛；腹柄侧面上缘具连续的 3 列毛。镜片前上方 0.5，后上方 0.2 具毛，其他部分无毛。中胸侧板下半部(中横沟以下部分)仅上缘无毛，其他部分毛稀疏。腹柄、后胸侧板和并胸腹节见图 368。后足腿节长为宽的 4.67 倍。合背板基部中纵沟两侧各具 2 条侧纵沟，长达中纵沟的 0.59 处。第 1 对窗疤长为宽的 4.0 倍，两者相距约为其宽度的 2.0 倍。抱器窄细。体黑色。口须淡黄色。触角黑色，柄节基部、梗节、第 1 鞭节基部黄褐色。翅基片黄褐色。足黄褐色；基节黑色，后足跗节褐色。翅半透明，翅痣和强脉烟褐色，弱脉淡黄色。

雌：未知。

寄主：未知。

研究标本：1♂，浙江西天目山，1988.Ⅴ.16，陈学新，No.882632 (正模)。

分布：浙江。

鉴别特征：见检索表。

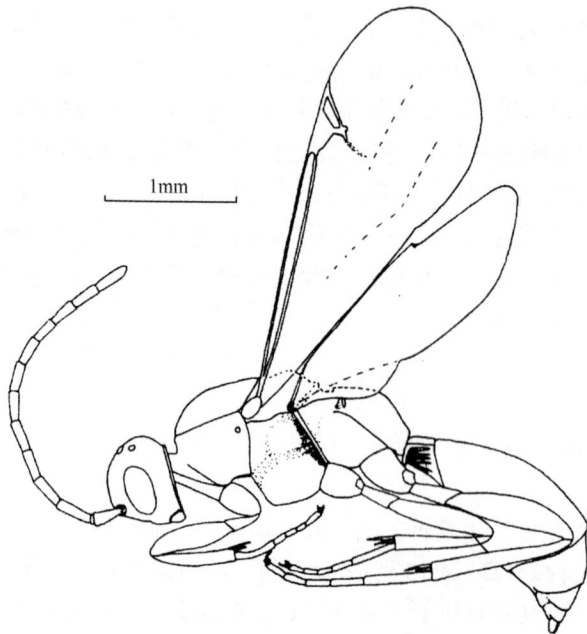

图 368　长沟叉齿细蜂 *Exallonyx longisulcus* He *et* Fan
整体，侧面观 (仿何俊华等，2004) [1.0X 标尺]

(309) 毛腹叉齿细蜂，新种 *Exallonyx hirtiventris* He *et* Xu, sp. nov. (图 369)

雄：体长 4.3mm；前翅长 3.9mm。

头：背观上颊长为复眼的 0.64 倍。颊长为复眼纵径的 0.25 倍。唇基宽为长的 3.3 倍，稍均匀隆起，具粗而浅的刻点，亚端横脊明显，端缘平截。触角第 2、10 鞭节长分别为宽的 2.6 倍和 3.3 倍，端节长为端前节的 1.4 倍；鞭节无明显角下瘤。额脊中等高。后头脊正常。

胸：前胸背板颈部背面具 6-7 条横皱；侧面光滑，前沟缘脊发达；前沟缘脊之后无毛，颈脊之后具毛；背缘具不连续的双列毛，但近后角毛多列；后下角单个凹窝。中胸侧板前缘上角和中央横沟上方有稀毛，之间无毛区长为翅基片的 1.5 倍；镜面区上方 0.6 具稀毛；侧板下半部具稀毛；中央横沟内及沟前后端下方侧板部位具平行细皱。后胸侧板中央前方及前上方有被纵沟分隔的、表面具稀毛的光滑区，其长和高分别占侧板的 0.4 倍和 0.8 倍，其余部位具小室状网皱。并胸腹节侧观背缘近弧形；中纵脊伸至后表面中央；背表面一侧光滑区长为并胸腹节基部至气门后端间距的 2.6 倍；后表面斜，具横形大网室；外侧区具小室状网皱。

足：后足腿节长为宽的 4.3 倍；后足胫节长距长为基跗节的 0.59 倍。

翅：前翅长为宽的 1.95 倍；翅痣长和径室前缘脉长分别为翅痣宽的 2.1 倍和 0.5 倍；翅痣后侧缘稍弯；径脉第 1 段内斜，长为宽的 1.8 倍，从翅痣近中央伸出；径脉第 2 段直，两段相接处膨大。后翅后缘近基部缺刻深。

腹：腹柄背面中长为中宽的 1.1 倍，基部具 2 条横脊，其余具 7 条纵皱，中央及两侧的皱宽；腹柄侧面上缘长为中高的 0.9 倍，上缘直，基部具横脊 1 条，横脊后具强斜纵脊 5 条。合背板基部中纵沟伸达基部全第 1 对窗疤间距的 0.76 处，两侧各具 2 条纵沟，亚侧纵沟长为中纵沟的 0.9 倍。第 1 窗疤宽为长的 3.5 倍，疤距为疤宽的 0.2 倍。合背板上在窗疤下方有中等长而密的毛，下方毛窝至合背板下缘之距为毛长的 2.0 倍。抱器长三角形，不下弯，端尖。

体色：体黑色。须黄色。上唇、上颚端部褐色。触角黑褐色，柄节、梗节和第 1 鞭节基部带红褐色。翅基片黄褐色。足黄褐色，基节黑褐色，后足跗节浅褐色。翅透明，翅痣和强脉褐色，弱脉浅黄色痕迹。

雌：未知。

寄主：未知。

研究标本：正模♂，湖北神农架酒壶，1700m，1982.Ⅷ.27，何俊华，No.825763。

分布：湖北。

鉴别特征：本新种与菲律宾种 *Exallonyx datae* Townes, 1981 相近，但区别是：①合背板上毛较长而密，毛群约有 6 毛宽；②前中足基节黑色。

词源：种本名"毛腹 *hirtiventris*"，系 *hirt* (多毛的) + *ventris* (腹部) 组合词，意为模式标本合背板上在窗疤下方有中等长而密的毛，毛群约有 6 毛宽。

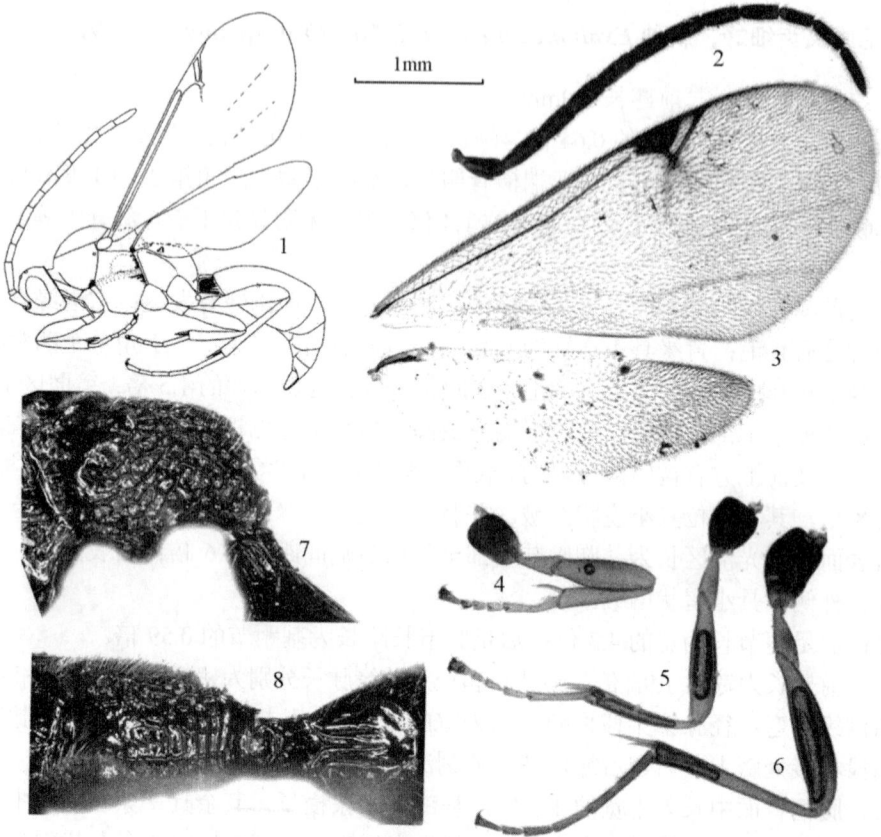

图 369　毛腹叉齿细蜂，新种 *Exallonyx hirtiventris* He *et* Xu, sp. nov.
1. 整体，侧面观；2. 触角；3. 翅；4. 前足；5. 中足；6. 后足；7. 后胸侧板、并胸腹节和腹柄，侧面观；8. 并胸腹节、腹柄和合背板基部，背面观 [1. 0.6X 标尺；2-6. 1.0X 标尺；7-8. 2.0X 标尺]

(310) 短痣叉齿细蜂，新种 *Exallonyx brevistigmus* He *et* Xu, sp. nov. (图 370)

雄：体长 3.2mm；前翅长 2.9mm。

头：背观上颊长为复眼的 0.7 倍。颊长为复眼纵径的 0.3 倍。唇基宽为长的 2.7 倍，稍均匀隆起，具弱横皱，亚端横脊明显，端缘稍凹。触角第 2、10 鞭节长分别为端宽的 1.9 倍和 3.0 倍，端节长为端前节的 1.33 倍；鞭节无角下瘤。额脊弱，头顶后方中央具细皱。后头脊正常。

胸：前胸背板颈部背面具 4-5 条横皱，中央无毛；侧面光滑，前沟缘脊发达；前沟缘脊之后无毛，颈脊之后具毛；背缘具连续的双列毛；后下角单个凹窝，但其上方还有 3 个小的浅凹窝。中胸侧板前缘上角和中央横沟上方有稀毛，之间无毛区长为翅基片的 1.3 倍；镜面区上方具稀毛；侧板下半部除沿中央横沟以下部位具稀毛；后下角具平行细皱。后胸侧板前上方光滑区长和高分别占侧板的 0.5 倍和 0.6 倍，中央上方有 1 纵凹痕将其分为上小下大两块，其余部位具小室状网皱。并胸腹节侧观背缘弧形，后表面约 45° 下斜；中纵脊达后端；背表面光滑区中长为中宽的 1.0 倍；后表面和外侧区具小室状网皱。

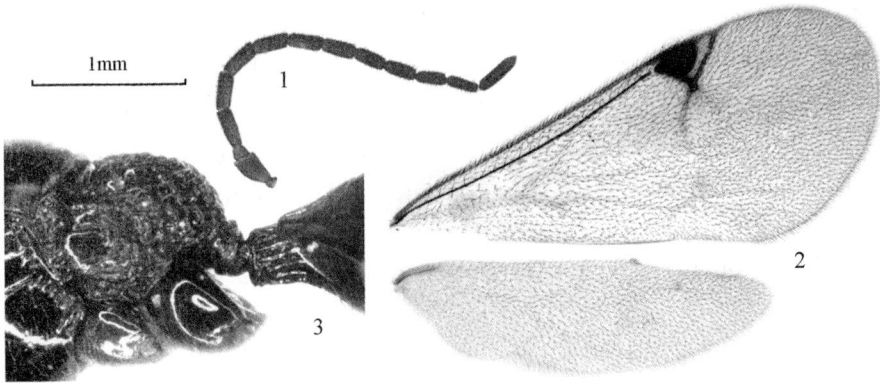

图 370　短痣叉齿细蜂，新种 *Exallonyx brevistigmus* He *et* Xu, sp. nov.
1. 触角；2. 翅；3. 后胸侧板、并胸腹节和腹柄，侧面观 [1-2. 1.0X 标尺；3. 2.0X 标尺]

足：后足腿节长为宽的 4.1 倍；后足胫节长距长为基跗节的 0.5 倍。

翅：前翅长为宽的 2.1 倍；翅痣长和径室前缘脉长分别为翅痣宽的 1.14 倍和 0.33 倍；翅痣后侧缘稍弯；径脉第 1 段稍内斜，长为宽的 1.3 倍，从翅痣中央伸出；径脉第 2 段直，两段相接处有脉桩。后翅后缘近基部有缺刻。

腹：腹柄背面中长为中宽的 0.7 倍，表面具 8 条强纵皱；腹柄侧面上缘长为中高的 0.6 倍，上缘直，基部具横脊 1 条，横脊后具强纵脊 5 条。合背板基部中纵沟伸达基部至第 1 对窗疤间距的 0.4 处，两侧各具 3 条纵沟，亚侧纵沟长为中纵沟的 0.8 倍。第 1 窗疤宽为长的 2.0 倍，疤距为疤宽的 0.7 倍。合背板下方的毛较密，下方毛窝与合背板下缘之距约为毛长的 0.8 倍。抱器长三角形，不下弯，端尖。

体色：体黑色。须黄色。上唇、上颚端部红褐色。触角黑褐色，柄节下方、梗节、第 1 鞭节基部红褐色。翅基片黄褐色。足红褐色；基节、中后足端跗节、中后足基跗节褐色。翅透明，带烟黄色，翅痣和强脉褐色，弱脉无色。

雌：未知。

寄主：未知。

研究标本：正模♂，广东乳源南岭，2004.Ⅴ.8，许再福，No.20047763。

分布：广东。

鉴别特征：见检索表。

词源：种本名"短痣 brevistigmus"，系 brev (短的) +stigm (翅痣) 组合词，意为翅痣较短，长仅为宽的 1.14 倍。

(311) 两色叉齿细蜂，新种 *Exallonyx bicoloratus* He *et* Xu, sp. nov. (图 371)

雄：体长 3.5mm；前翅长 3.2mm。

头：背观上颊长为复眼的 0.9 倍。颊长为复眼纵径的 0.28 倍。唇基宽为长的 2.4 倍，稍均匀隆起，亚端横脊明显，端缘平截。触角第 2、10 鞭节长分别为端宽的 3.0 倍和 3.0 倍，端节长为端前节的 1.55 倍；鞭节无角下瘤。额脊中等高。后头脊正常高。

胸：前胸背板颈部背面具 4-5 条横皱，中央光滑；侧面光滑，前沟缘脊发达；前沟缘脊之后无毛，颈脊之后具毛；背缘具连续的双列毛；后下角单个凹窝。中胸侧板前缘上角有稀毛；镜面区上半具稀毛；侧板下半部 (中央横沟以下部位) 具稀毛，近中央区域无毛。后胸侧板中央前方及前上方有相连的、表面具稀毛的光滑区，其长和高分别占侧板的 0.7 倍和 0.8 倍，光滑区下方具大凹窝；后方具小室状网皱。并胸腹节侧观背缘弧形，后表面约 45°下斜；中纵脊达后端；背表面光滑区中长为中宽的 1.0 倍；后表面和外侧区具小室状网皱。

足：后足基节外侧具细点皱。后足腿节长为宽的 4.0 倍；后足胫节长距长为基跗节的 0.54 倍。

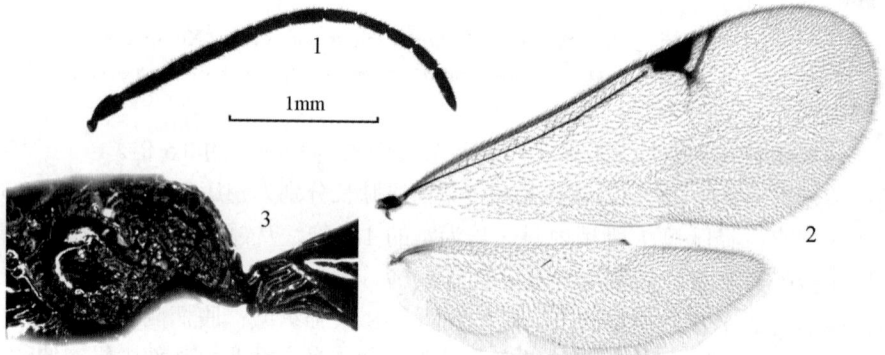

图 371 两色叉齿细蜂，新种 *Exallonyx bicoloratus* He *et* Xu, sp. nov.
1. 触角；2. 翅；3. 后胸侧板、并胸腹节和腹柄，侧面观 [1-2. 1.0X 标尺；3. 2.0X 标尺]

翅：前翅长为宽的 2.2 倍；翅痣长和径室前缘脉长分别为翅痣宽的 1.7 倍和 0.53 倍；翅痣后侧缘稍弯；径脉第 1 段稍内斜，长为宽的 1.5 倍，从翅痣近中央伸出；径脉第 2 段直，两段相接处膨大。后翅后缘近基部有缺刻。

腹：腹柄背面中长为中宽的 0.9 倍，表面具 7 条纵皱，内夹细皱；腹柄侧面上缘长为中高的 0.75 倍，上缘直，基部具横脊 1 条，横脊后具强纵脊 5 条。合背板基部中纵沟伸达基部至第 1 对窗疤间距的 0.7 处，两侧各具 3 条纵沟，亚侧纵沟中断，长为中纵沟的 0.6 倍。第 1 窗疤宽为长的 2.8 倍，疤距为疤宽的 0.6 倍。合背板上仅窗疤下方具稀毛，远离合背板下缘。抱器长三角形，不下弯，端尖。

体色：体黑色。上唇、上颚端部、须和翅基片褐黄色。触角黑色。足黑褐色至黑色；前足腿节除背面 (浅褐色)、胫节和基跗节、中后足腿节两端、胫节基部和距褐黄色。翅透明，带烟黄色，翅痣和强脉黑褐色，弱脉浅黄色痕迹。

雌：未知。

寄主：未知。

研究标本：正模♂，广东乳源南岭，2004.V.8，许再福，No.20047738。

分布：广东。

鉴别特征：见检索表。

词源：种本名"两色 *bicoloratus*"，系 *bi* (二、两) + *color* (颜色) 组合词，意为中后

足腿节两端、胫节基半褐黄色，而腿节中段，胫节端半黑色。

(312) 褐角叉齿细蜂，新种 *Exallonyx antennatus* He *et* Xu, sp. nov. (图 372)

雄：体长 3.6mm；前翅长 3.1mm。

头：背观上颊长为复眼的 1.0 倍。颊长为复眼纵径的 0.34 倍。唇基宽为长的 3.3 倍，中央平坦，侧方具浅刻点，亚端横脊明显，端缘稍凹。触角第 2、10 鞭节长分别为宽的 2.6 倍和 2.8 倍，端节长为端前节的 1.6 倍；鞭节无明显角下瘤。额脊中等高。后头脊正常。

胸：前胸背板颈部背面侧方具 2 条横皱；侧面光滑，前沟缘脊发达；前沟缘脊之后无毛，颈脊之后具毛；背缘具连续的双列毛；后下角单个凹窝。中胸侧板前缘上角和中央横沟上方有稀毛，之间无毛区长为翅基片的 1.5 倍；镜面区上方 0.6 具稀毛；侧板下半部 (中央横沟以下部位) 具稀毛。后胸侧板中央前方及前上方有被纵沟分隔的、表面具稀毛的光滑区，其长和高分别占侧板的 0.4 倍和 0.8 倍，其余部位具小室状网皱。并胸腹节侧观背缘在后表面斜；中纵脊伸至后表面近端部；背表面光滑区基部宽，长为并胸腹节基部至气门后端间距的 3.0 倍，其余部位具小室状网皱。

足：后足腿节长为宽的 4.0 倍；后足胫节长距长为基跗节的 0.57 倍。

翅：前翅长为宽的 2.26 倍；翅痣长和径室前缘脉长分别为翅痣宽的 1.5 倍和 0.35 倍；翅痣后侧缘稍弯；径脉第 1 段从翅痣近中央伸出，内斜，长为宽的 1.3 倍；径脉第 2 段直，两段相接处膨大。后翅后缘近基部有缺刻。

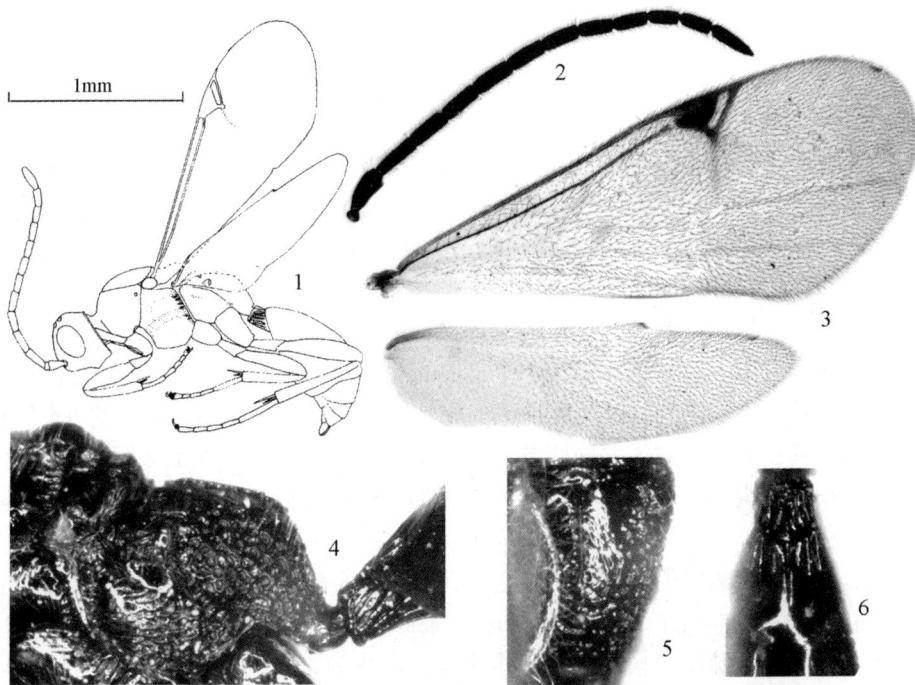

图 372　褐角叉齿细蜂，新种 *Exallonyx antennatus* He *et* Xu, sp. nov.

1. 整体，侧面观；2. 触角；3. 翅；4. 后胸侧板、并胸腹节和腹柄，侧面观；5. 并胸腹节，背面观；6. 腹柄和合背板基部，
背面观 [1. 0.5X 标尺；2-3. 1.0X 标尺；4-6. 2.0X 标尺]

腹：腹柄背面中长为中宽的 1.0 倍，具 7 条强纵皱，内夹细皱；腹柄侧面上缘长为中高的 0.8 倍，上缘直，基部具横脊 1 条，横脊后具强斜纵脊 6 条。合背板基部中纵沟伸达基部至第 1 对窗疤间距的 0.8 处，两侧各具 3 条纵沟，亚侧纵沟长为中纵沟的 0.4 倍。第 1 窗疤宽为长的 3.8 倍，疤距为疤宽的 0.6 倍。合背板上仅窗疤附近有稀而短的毛，远离合背板下缘。抱器长三角形，不下弯，端尖。

体色：体黑色。须黄褐色。上唇、上颚端部和翅基片红褐色。触角黑褐色。足红褐色；前足基节、后足腿节（除两端）、胫节背面和跗节背面浅褐色；中后足基节黑褐色。翅透明，翅痣和强脉浅褐色，弱脉无色。

雌：未知。

寄主：未知。

研究标本：正模♂，云南瑞丽，1981.V.3，何俊华，No.812432。

分布：云南。

鉴别特征：本新种与菲律宾种 *Exallonyx datae* Townes, 1981 相近，但区别是：①第 2 鞭节长为宽的 2.6 倍（后者 3.0 倍）；②前足基节浅褐色，中足基节黑褐色（后者前足基节黄褐色，中足基节褐黄色至褐色）；③合背板基部亚侧纵沟长为中纵沟的 0.4 倍（后者为 0.7 倍）。

词源：种本名"褐角 *antennatus*（触角）"，意为触角黑褐色。

(313) 天目山叉齿细蜂 *Exallonyx tianmushanensis* He et Fan, 2004 (图 373)

Exallonyx tianmushanensis He et Fan, 2004, In: He *et al.*, *Hymenopteran Insect Fauna of Zhejiang*: 339.

雄：体长 2.7mm；前翅长 2.5mm。

头：背观上颊长为复眼的 0.78 倍。颊长为复眼纵径的 0.29 倍。唇基宽为长的 3.0 倍，稍均匀隆起，近于光滑，亚端横脊明显，端缘平截。触角第 2、10 鞭节长分别为宽的 3.0 倍和 2.6 倍，端节长为端前节的 1.6 倍；鞭节无明显角下瘤。额脊中等高。后头脊正常。

胸：前胸背板颈部背面具不完整横皱 7 条；侧面光滑，前沟缘脊发达；前沟缘脊之后无毛，颈脊之后具毛；背缘具连续的双列毛；后下角单个凹窝。中胸侧板前缘上角有稀毛；镜面区上方 0.7 具稀毛；侧板下半部具稀毛；后下角具弱细皱。后胸侧板中央前方及前上方有被纵沟分隔的、表面具稀毛的光滑区，其长和高分别占侧板的 0.6 倍和 0.8 倍，其余部位具小室状网皱。并胸腹节侧观背缘弧形；中纵脊伸至后表面端部；背表面一侧光滑区长为并胸腹节基部至气门后端间距的 2.0 倍；后表面斜，近于光滑；外侧区具稀网皱。

足：后足腿节长为宽的 4.4 倍；后足胫节长距长为基跗节的 0.57 倍。

翅：前翅长为宽的 2.24 倍；翅痣长和径室前缘脉长分别为翅痣宽的 2.0 倍和 0.35 倍；翅痣后侧缘稍弯；径脉第 1 段从翅痣近中央伸出，内斜，长为宽的 0.8 倍；径脉第 2 段直，两段相接处膨大。后翅后缘近基部缺刻深。

腹：腹柄背面中长为中宽的 1.0 倍，基半中央有 2 条横脊，端半具 7 条强纵脊；腹柄侧面上缘长为中高的 0.6 倍，上缘直，基部具横脊 1 条，横脊后具强斜纵脊 6 条。合背板基部中纵沟伸达基部至第 1 对窗疤间距的 0.85 处，两侧各具 3 条纵沟，亚侧纵沟长为中纵沟的 0.46 倍。第 1 窗疤宽为长的 3.5 倍，疤距为疤宽的 0.7 倍。合背板上仅窗疤附近有稀而短的毛，远离合背板下缘。抱器长三角形，不下弯，端尖。

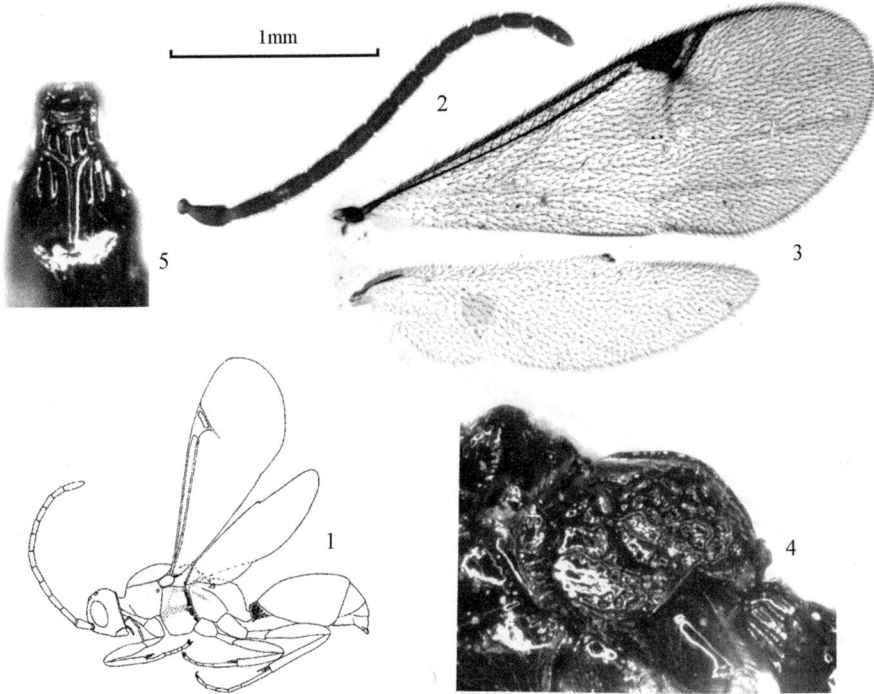

图 373　天目山叉齿细蜂 *Exallonyx tianmushanensis* He *et* Fan

1. 整体，侧面观；2. 触角；3. 翅；4. 后胸侧板、并胸腹节和腹柄，侧面观；5. 腹柄和合背板基部，背面观 (1. 仿何俊华等，2004) [1. 0.5X 标尺；2-3. 1.0X 标尺；4-5. 2.0X 标尺]

体色：体黑色。须黄色。上唇、上颚端部和翅基片褐黄色。触角黑褐色。足褐黄色，基节黑褐色；前中足端跗节和后足跗节浅褐色。翅透明，翅痣和强脉浅褐色，弱脉无色。

雌：未知。

寄主：未知。

研究标本：1♂，浙江西天目山，1988.Ⅶ.18，樊晋江，No.884612 (正模)。

分布：浙江。

鉴别特征：见检索表。

词源：种本名"天目山 *tianmushanensis*"，是以模式标本采集地点浙江省西天目山命名。

(314) 魏氏叉齿细蜂，新种 *Exallonyx weii* He *et* Xu, sp. nov. (图 374)

雄：体长 2.9mm；前翅长 2.4mm。

头：背观上颊长为复眼的 0.75 倍。颊长为复眼纵径的 0.26 倍。唇基宽为长的 3.2 倍，两侧有刻点，中央光滑，亚端横脊明显，端缘平截。触角第 2、10 鞭节长分别为宽的 2.8

倍和 3.0 倍，端节长为端前节的 1.5 倍；鞭节无角下瘤。额脊强而高。后头脊高，呈檐状。

胸：前胸背板颈部背面具 3 条横皱，中央无毛；侧面光滑，前沟缘脊发达；前沟缘脊之后无毛，颈脊之后具稀毛；背缘具不连续的双毛列；后下角单个凹窝。中胸侧板前缘上角和紧靠中央横沟上方有稀毛，之间无毛区长为翅基片的 2.0 倍；镜面区前上方 0.3 具稀毛；侧板下半部 (中央横沟以下部位) 沿周边具稀毛，近中央区域无毛；后下角具平行细皱。后胸侧板具小室状网皱，前上方有光滑区，其长和高分别占侧板的 0.4 倍和 0.6 倍，其上后方有点窝嵌入。并胸腹节侧观背表面平，后表面斜；背表面光滑区中央有中纵脊，中长为光滑区中宽的 0.9 倍，侧纵脊皱状，具粗小室状网皱，在后表面多横形。

足：后足腿节长为宽的 3.84 倍；后足胫节长距长为基跗节的 0.52 倍。

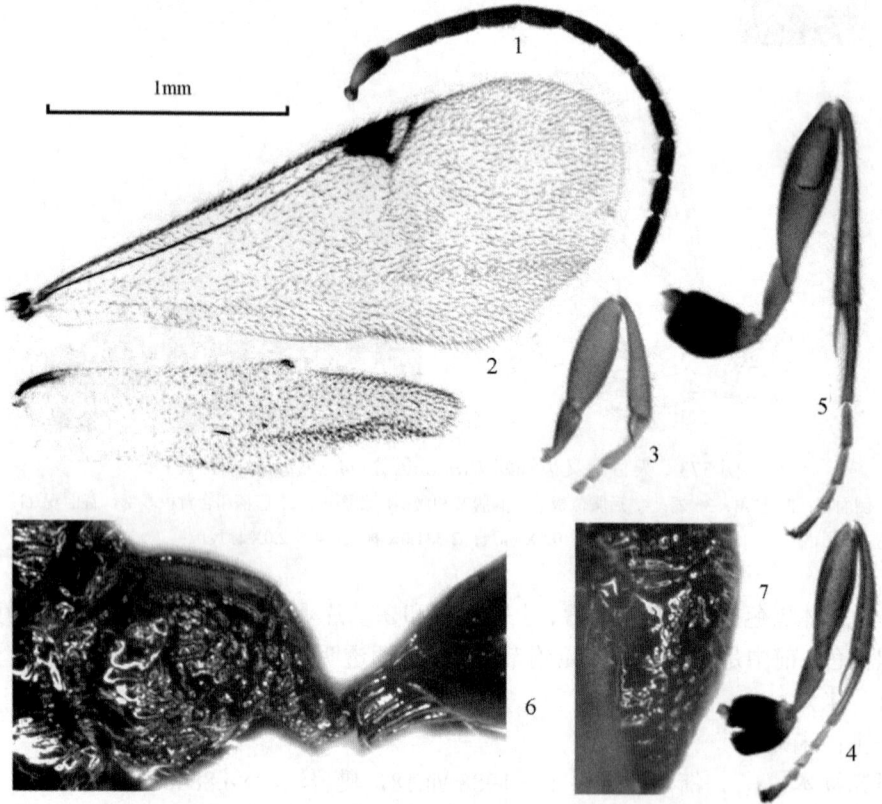

图 374　魏氏叉齿细蜂，新种 *Exallonyx weii* He *et* Xu, sp. nov.
1. 触角；2. 翅；3. 前足；4. 中足；5. 后足；6. 后胸侧板、并胸腹节和腹柄，侧面观；7. 并胸腹节，背面观 [1-5. 1.0X 标尺；6-7. 2.0X 标尺]

翅：前翅长为宽的 2.2 倍；翅痣长和径室前缘脉长分别为翅痣宽的 2.06 倍和 0.53 倍；翅痣后侧缘稍弯；径脉第 1 段内斜，长为宽的 0.9 倍，从翅痣近中央伸出；径脉第 2 段直，两段相接处膨大。后翅后缘近基部有缺刻。

腹：腹柄背面长为中宽的 1.0 倍，基部 0.4 具 2 条横皱，端部 0.6 具 6 条强纵皱；腹柄侧面上缘长为中高的 0.8 倍，上缘直，稍下凹，基部具横脊 1 条，脊下方有毛，横脊后具强斜纵脊 5 条。合背板基部中纵沟伸达基部至第 1 对窗疤间距的 0.78 处，两侧各具 2 条纵沟，亚侧纵沟长为中纵沟的 0.85 倍。第 1 窗疤宽为长的 2.5 倍，疤距为疤宽的 0.6 倍。合背板上无毛。抱器长三角形，不下弯，端尖。

体色：体黑色。须黄色。触角柄节除端部、梗节和第 1 鞭节基部棕褐色，其余黑褐色。翅基片黄褐色。足红褐色，基节除端部黑色，后足腿节背面和跗节稍带褐色。翅透明，带烟黄色，翅痣和强脉黑褐色，弱脉浅黄色痕迹。

变异：体长 2.9-3.9mm；前翅长 3.2-3.4mm。腹柄背面中长为中宽的 0.8-1.1 倍，端部具 4-6 条强纵皱；合背板基部中纵沟伸至基部第 1 对窗疤间距的 0.65-0.90 处，个别侧纵沟 3 条；疤距为疤宽的 0.6-0.8 倍。

雌：未知。

寄主：未知。

研究标本：正模♂，贵州道真大沙河，1615m，2004.Ⅷ.17，吴琼，No.20047343。副模：1♂，贵州道真大沙河，1720m，2004.Ⅷ.18，王志杰，No.20047349；3♂，贵州道真大沙河，1360m，2004.Ⅷ.21，吴琼，Nos.20047376，20047396，20047402；12♂，贵州道真仙女洞，644m，2004.Ⅷ.24-25，魏书军、吴琼，Nos.20047408，20047412-13，20047417，20047423，20047427，20047430，20047432-33，20047443，20047448，20047450。

分布：贵州。

鉴别特征：见检索表。

词源：种本名"魏氏 weii"，表示对魏书军博士在标本采集和拍照等工作上帮助的谢意。

(315) 长毛叉齿细蜂，新种 *Exallonyx pilosus* He et Xu, sp. nov. (图 375)

雄：体长 3.7mm；前翅长 3.1mm。

头：背观上颊长为复眼的 0.73 倍。颊长为复眼纵径的 0.27 倍。唇基宽为长的 2.73 倍，稍均匀隆起，亚端横脊明显，端缘平截。触角第 2、10 鞭节长分别为宽的 3.0 倍和 2.5 倍，端节长为端前节的 1.6 倍；鞭节无明显角下瘤。额脊中等高。后头脊正常。

胸：前胸背板颈部背面具 4-5 条横皱；侧面光滑，前沟缘脊发达；前沟缘脊之后无毛，颈脊之后具毛；背缘具稀疏的不完整的双列毛；后下角单个凹窝。中胸侧板前缘上角有稀毛；镜面区上方 0.6 具稀毛；侧板下半部 (中央横沟以下部位) 具稀毛；后下角具平行细皱。后胸侧板中央前方及前上方有被纵沟分隔的、表面具稀毛的光滑区，其长和高分别占侧板的 0.5 倍和 0.8 倍，其余部位具小室状网皱。并胸腹节侧观背缘有角度；中纵脊伸至后表面近端部；背表面一侧光滑区长为并胸腹节基部至气门后端间距的 2.0 倍；后表面陡斜，后方大部分光滑；外侧区具小室状网皱。

足：后足腿节长为宽的 3.9 倍；后足胫节长距长为基跗节的 0.58 倍。

翅：前翅长为宽的 2.2 倍；翅痣长和径室前缘脉长分别为翅痣宽的 2.0 倍和 0.6 倍；翅痣后侧缘稍弯；径脉第 1 段从翅痣中央稍外方伸出，内斜，长为宽的 1.1 倍；径脉第 2 段直，两段相接处膨大。后翅后缘近基部有缺刻。

腹：腹柄背面中长为中宽的 1.0 倍，基部中央有 2 条短横脊，其余具 7 条强纵脊；

腹柄侧面上缘长为中高的 0.8 倍，上缘直，基部具连纵脊的横脊 2 条，横脊后具强斜纵脊 4 条。合背板基部中纵沟伸达基部至第 1 对窗疤间距的 0.8 处，两侧各具 2 条深纵沟，亚侧纵沟长为中纵沟的 0.4 倍。第 1 窗疤宽为长的 4.0 倍，疤距为疤宽的 0.8 倍。合背板上仅窗疤附近有中等长而密的毛，下方毛窝与合背板下缘之距为毛长的 2.0 倍。抱器长三角形，不下弯，端尖。

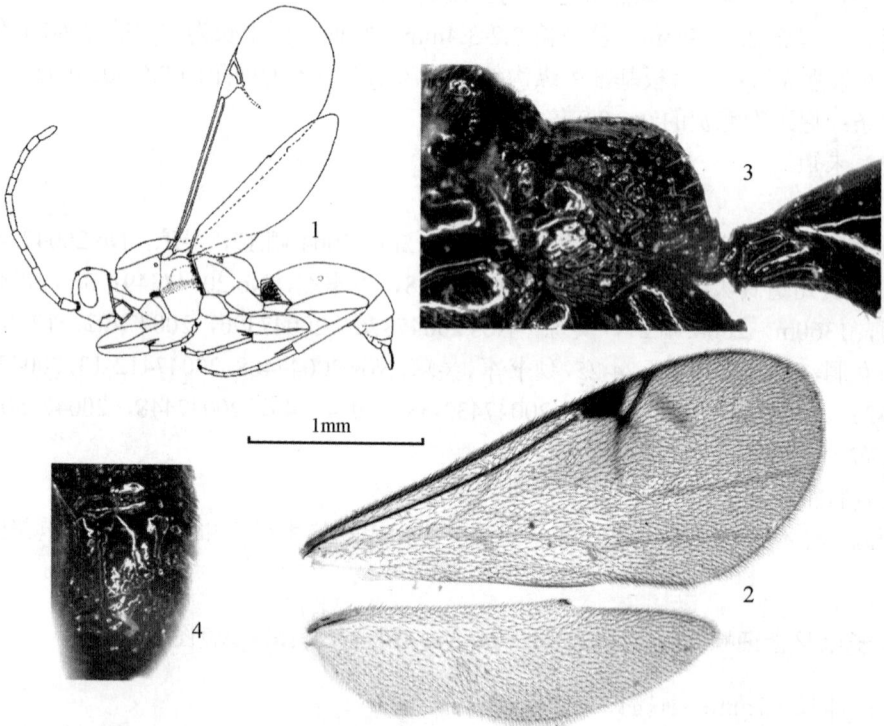

图 375 长毛叉齿细蜂, 新种 *Exallonyx pilosus* He *et* Xu, sp. nov.

1. 整体，侧面观；2. 翅；3. 后胸侧板、并胸腹节和腹柄，侧面观；4. 并胸腹节，背面观 [1. 0.5X 标尺；2. 1.0X 标尺；3-4. 2.0X 标尺]

体色：体黑色。须黄色。上唇、上颚端部和翅基片褐黄色。触角黑褐色，柄节基部、梗节、第 1 鞭节基部褐黄色。足褐黄色，基节黑褐色，中后足转节背方、腿节 (除两端)、端跗节和后足基跗节浅褐色。翅透明，带烟黄色，翅痣和强脉褐色，弱脉浅黄色痕迹。

雌：未知。

寄主：未知。

研究标本：正模♂，贵州贵阳花溪，1000m，1981.Ⅴ.25，李法圣，No.871970。

分布：贵州 (贵阳)。

鉴别特征：本新种与美洲种光基叉齿细蜂 *Exallonyx levibasis* Townes, 1981 相近，有以下特征可区别：①第 2 鞭节长为宽的 3.0 倍 (后者 3.2 倍)；②后足腿节长为宽的 3.9 倍 (后者 4.6 倍)；③镜面区上方 0.6 具毛 (后者上方 0.3-0.4 具毛)。

词源：种本名 "长毛 *pilosus* (毛)"，意为合背板窗疤附近有中等长而密的毛。

(316) 纤细叉齿细蜂 *Exallonyx exilis* He *et* Fan, 2004 (图 376)

Exallonyx exilis He *et* Fan, 2004, In: He *et al.*, *Hymenopteran Insect Fauna of Zhejiang*: 341.

雄：体长 2.9-3.3mm；前翅长 2.3-2.7mm。

头：背观上颊长为复眼的 0.8 倍。颊长为复眼纵径的 0.25 倍。唇基宽为长的 3 倍，稍均匀隆起，基部具细刻点，亚端横脊明显，端缘平截。触角第 2、10 鞭节长分别为宽的 2.4 倍和 2.6 倍，端节长为端前节的 1.5 倍；鞭节无明显角下瘤。额脊稍高。后头脊稍高。

胸：前胸背板颈部背面具 7-8 条横皱；侧面光滑，前沟缘脊发达；前沟缘脊之后无毛，颈脊之后具毛；背缘具稀疏的双列毛；后下角单个凹窝。中胸侧板前缘上角有稀毛；镜面区上半具稀毛；侧板下半部 (中央横沟以下部位) 具稀毛，近中央区域无毛。后胸侧板中央前方及前上方有被纵沟分隔的、表面具稀毛的光滑区，其长和高分别占侧板的 0.4 倍和 0.6 倍，其余部位具小室状网皱。并胸腹节侧观背缘弧形，后表面陡斜；中纵脊伸至后表面近端部；背表面后半具细皱，一侧光滑区长为并胸腹节基部至气门后端间距的 2.0 倍，其余部位具小室状网皱。

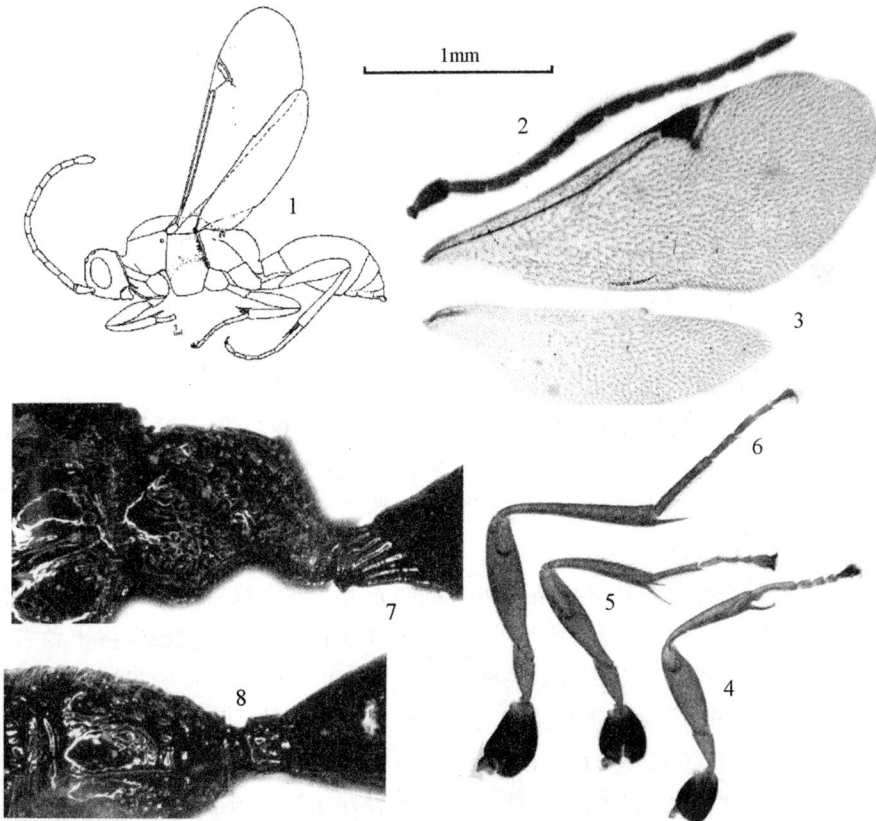

图 376　纤细叉齿细蜂 *Exallonyx exilis* He *et* Fan
1. 整体，侧面观；2. 触角；3. 翅；4. 前足；5. 中足；6. 后足；7. 后胸侧板、并胸腹节和腹柄，侧面观；8. 并胸腹节、腹柄和合背板基部，背面观 (1. 仿何俊华等，2004) [1. 0.5X 标尺；2-6. 1.0X 标尺；7-8. 2.0X 标尺]

足：后足腿节长为宽的 3.8 倍；后足胫节长距长为基跗节的 0.5 倍。

翅：前翅长为宽的 2.15 倍；翅痣长和径室前缘脉长分别为翅痣宽的 1.8 倍和 0.5 倍；翅痣后侧缘稍弯；径脉第 1 段从翅痣近中央伸出，内斜，长为宽的 1.6 倍；径脉第 2 段稍弯，两段相接处膨大。后翅后缘近基部缺刻深。

腹：腹柄背面中长为中宽的 1.1 倍，基半具 2 条不规则横皱，端半具 6 条短纵皱；腹柄侧面上缘长为中高的 0.9 倍，上缘直，基部具横脊 1 条，横脊后具强斜纵脊 5 条。合背板基部中纵沟伸达基部至第 1 对窗疤间距的 0.53 处，两侧各具 2 条纵沟，亚侧纵沟长为中纵沟的 0.6 倍。第 1 窗疤宽为长的 3.0 倍，疤距为疤宽的 0.5 倍。合背板上仅窗疤附近有稀而短的毛，远离合背板下缘。抱器短，长三角形，不下弯，端尖。

体色：体黑色。须黄色。上唇、上颚端部红褐色。触角背面浅黑褐色，腹面基半黄褐色。翅基片褐黄色。足基节黑褐色；转节、腿节红褐色；后足腿节背面、胫节（除基部）和跗节浅褐色；前中后足胫节和跗节黄褐色或红褐色或浅褐色。翅透明，翅痣和强脉浅褐色，弱脉浅黄色痕迹。

雌：未知。

寄主：未知。

研究标本：1♂，浙江西天目山，1983.VI.18，马云，No.831353（正模）；1♂，浙江杭州，1983.VIII.1，马云，No.831708；2♂，浙江西天目山老殿—仙人顶，1050-1547m，1988.V.17-18，陈学新、楼晓明，Nos.882661，883656（副模）。

分布：浙江（西天目山）。

鉴别特征：见检索表。

(317) 汤斯叉齿细蜂 *Exallonyx townesi* He *et* Fan, 2004 (图 377)

Exallonyx townesi He *et* Fan, 2004, In: He *et al.*, *Hymenopteran Insect Fauna of Zhejiang*: 342.

雄：体长 3.1mm；前翅长 2.7mm。

头：背观上颊长为复眼的 0.8 倍。颊长为复眼纵径的 0.27 倍。唇基宽为长的 2.8 倍，稍均匀隆起，中央光滑，亚端横脊明显，端缘平截。触角第 2、10 鞭节长分别为宽的 2.1 倍和 2.0 倍，端节长为端前节的 1.67 倍；第 3-11 各鞭节有 1 从长条形至长椭圆形角下瘤。额脊中等高。后头脊正常。

胸：前胸背板颈部背面具 8-9 条横皱；侧面光滑，前沟缘脊发达；前沟缘脊之后无毛，颈脊之后具毛；背缘具稀疏的单列毛；后下角单个凹窝。中胸侧板前缘上角有稀毛；镜面区上半具稀毛；侧板下半部（中央横沟以下部位）具稀毛，近中央区域无毛；后下角具平行细皱。后胸侧板中央前方及前上方有被纵沟分隔的、表面具稀毛的光滑区，其长和高分别占侧板的 0.6 倍和 0.6 倍，其余部位具小室状网皱。并胸腹节侧观背缘弧形，后表面陡斜；中纵脊伸至后表面近端部；背表面后方 1/3 具弱皱，一侧光滑区长为并胸腹节基部至气门后端间距的 2.0 倍，其余部位具小室状网皱。

足：后足腿节长为宽的 4.3 倍；后足胫节长距长为基跗节的 0.55 倍。

翅：前翅长为宽的 2.1 倍；翅痣长和径室前缘脉长分别为翅痣宽的 2.3 倍和 0.32 倍；

翅痣后侧缘稍弯；径脉第 1 段稍内斜，长为宽的 1.0 倍，从翅痣近中央伸出；径脉第 2 段直，两段相接处膨大。后翅后缘近基部缺刻深。

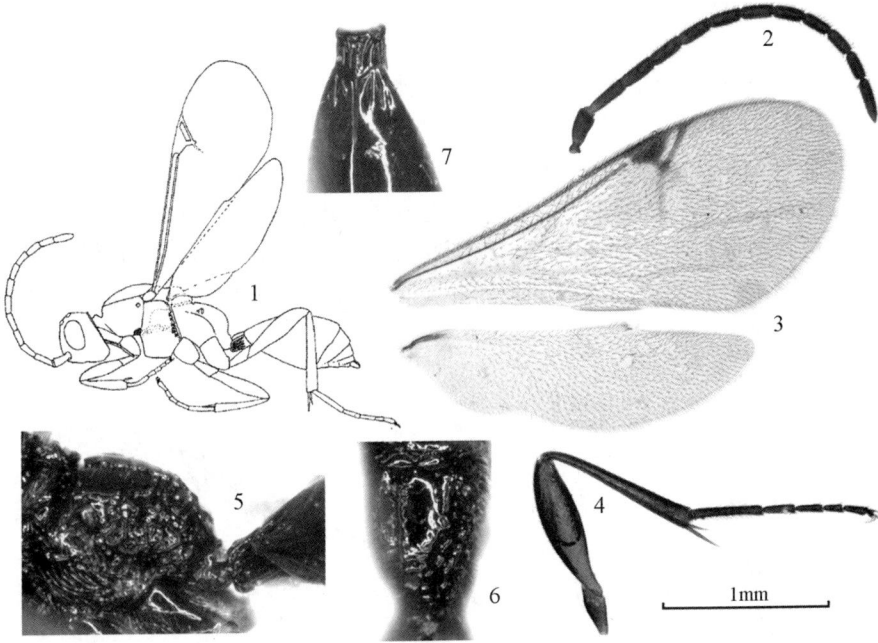

图 377　汤斯叉齿细蜂 *Exallonyx townesi* He *et* Fan

1. 整体，侧面观；2. 触角；3. 翅；4. 后足；5. 后胸侧板、并胸腹节和腹柄，侧面观；6. 并胸腹节，背面观；7. 腹柄和合背板基部，背面观 (1. 仿何俊华等，2004) [1. 0.6X 标尺；2-4. 1.0X 标尺；5-7. 2.0X 标尺]

腹：腹柄背面中长为中宽的 1.0 倍，除基横脊外具 7 条强纵脊，中脊侧方沟浅；腹柄侧面上缘长为中高的 0.5 倍，上缘直，基部具横脊 1 条，横脊后具强斜纵脊 6 条。合背板基部中纵沟伸达基部至第 1 对窗疤间距的 0.85 处，两侧各具 2 条深纵沟，亚侧纵沟长为中纵沟的 0.6 倍。第 1 窗疤宽为长的 4.0 倍，疤距为疤宽的 0.3 倍。合背板上仅窗疤附近有稀而短的毛，下方毛窝与合背板下缘之距为毛长的 1.6-2.0 倍。抱器短，长三角形，不下弯，端尖。

体色：体黑色，前胸背板侧面和柄后腹带棕黑色。须黄色。上唇、上颚端部和翅基片褐黄色。触角黑褐色。足基节除端部黑色，前中足端跗节及后足跗节浅褐色，其余黄褐色。翅透明，翅痣和强脉浅褐色，弱脉浅黄色痕迹。

雌：未知。

寄主：未知。

研究标本：1♂，浙江杭州，1981.V.21，马云，No.810669 (正模)。

分布：浙江。

鉴别特征：见检索表。

注：Kolyada 等 (2004, December) 在 *African Invertebrates* 一文中，报道新种：*Exallonyx townesi* Kolyada, sp. nov. (p. 242)，按国际动物命名法规的"优先律"，Kolyada 命名的 *Exallonyx townesi* 晚于 He *et* Fan, 2004 (March) 的命名，因此应予更名。

(318) 黑龙江叉齿细蜂，新种 *Exallonyx heilongjiangensis* He *et* Xu, sp. nov. (图 378)

雄：体长 (缺头) 1.9mm；前翅长 1.8mm。

头：丢失。

胸：前胸背板颈部背面具 4-5 条横皱；侧面光滑，前沟缘脊发达；前沟缘脊之后无毛，颈脊之后具毛；背缘具连续的单列毛；后下角单个凹窝。中胸侧板前缘上角有稀毛；镜面区上方 0.4 具稀毛；侧板下半部 (中央横沟以下部位) 具稀毛，近中央区域无毛；后下角具平行细皱。后胸侧板前上方有三角形光滑区，其长和高分别占侧板的 0.5 倍和 0.3 倍，其余部位具斜纵行小室状稀网皱。并胸腹节侧观背缘弧形，后表面缓斜；中纵脊伸至后表面近端部；背表面一侧光滑区长为并胸腹节基部至气门后端间距的 1.2 倍，其余部位具小室状网皱。

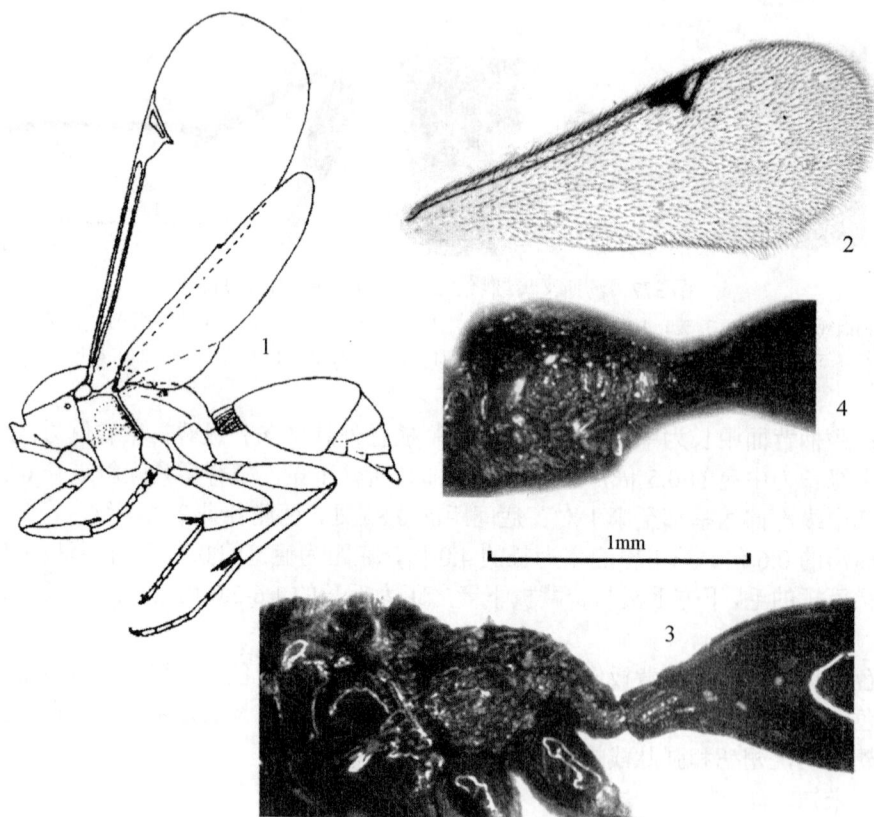

图 378　黑龙江叉齿细蜂，新种 *Exallonyx heilongjiangensis* He *et* Xu, sp. nov.

1. 整体 (缺头)，侧面观；2. 前翅；3. 中胸侧板、后胸侧板、并胸腹节和腹柄，侧面观；4. 并胸腹节、腹柄和合背板基部，背面观 [1. 0.8X 标尺；2. 1.0X 标尺；3-4. 2.0X 标尺]

足：后足腿节长为宽的 4.0 倍；后足胫节长距长为基跗节的 0.56 倍。

翅：前翅长为宽的 2.3 倍；翅痣长和径室前缘脉长分别为翅痣宽的 2.2 倍和 0.45 倍；

翅痣后侧缘稍弯；径脉第 1 段内斜，长为宽的 1.2 倍，从翅痣中央稍外方伸出；径脉第 2 段直，两段相接处膨大。后翅后缘近基部缺刻深。

腹：腹柄背面中长为中宽的 0.9 倍，除基部中央具刻点外，具 7 条纵脊；腹柄侧面上缘长为中高的 0.8 倍，上缘直，基部具横脊 1 条，横脊后具强斜纵脊 5 条。合背板基部中纵沟伸达基部至第 1 对窗疤间距的 0.5 处，两侧各具 2 条纵沟，亚侧纵沟深，长为中纵沟的 1.0 倍。第 1 窗疤宽为长的 2.0 倍，疤距为疤宽的 0.8 倍。合背板上仅窗疤附近有稀而短的毛，远离合背板下缘。抱器长三角形，不下弯，端尖。

体色：体棕红色，仅腹柄和腹端部黑色。翅基片浅棕黑色。足浅棕黑色，基节、腿节两端、前中足胫节和跗节、后足胫节端部黄褐色。翅透明，带烟黄色，翅痣和强脉黑褐色，弱脉浅黄色痕迹。

雌：未知。

寄主：未知。

研究标本：正模♂，黑龙江伊春带岭凉水，1977.Ⅶ.24，何俊华，No.201008226。

分布：黑龙江。

鉴别特征：见检索表。

词源：种本名"黑龙江 heilongjiangensis"，是以模式标本采集地点黑龙江命名。

(319) 凉山叉齿细蜂，新种 *Exallonyx liangshanensis* He *et* Xu, sp. nov. (图 379)

雄：体长 2.9mm；前翅长 2.8mm。

头：背观上颊长为复眼的 0.7 倍。颊长为复眼纵径的 0.36 倍。唇基宽为长的 2.7 倍，基部稍均匀隆起，具点皱，亚端横脊明显，端缘平截。触角第 2、10 鞭节长分别为宽的 2.9 倍和 2.8 倍，端节长为端前节的 1.35 倍；鞭节无明显角下瘤。额脊中等高。后头脊正常。

胸：前胸背板颈部背面具 4-5 条横皱；侧面光滑，前沟缘脊发达，前沟缘脊之后无毛，颈脊之后具毛；背缘具连续的单列毛；后下角单个凹窝。中胸侧板前缘上角和中央横沟上方有稀毛，之间无毛区长为翅基片的 1.7 倍；镜面区上方 0.7 具稀毛；侧板下半部(中央横沟以下部位) 具稀毛，近中央区域无毛；后下角具细皱。后胸侧板中央前方及前上方有被纵沟分隔的、表面具稀毛的光滑区，其长和高分别占侧板的 0.4 倍和 0.8 倍，其余部位具小室状网皱。并胸腹节侧观背缘弧形；中纵脊伸至后表面基部；背表面一侧光滑区长为并胸腹节基部至气门后端间距的 2.5 倍；后表面斜，除基部外大部分光滑具细刻点；外侧区具小室状网皱。

足：后足腿节长为宽的 4.8 倍；后足胫节长距长为基跗节的 0.55 倍。

翅：前翅长为宽的 2.1 倍；翅痣长和径室前缘脉长分别为翅痣宽的 1.6 倍和 0.44 倍；翅痣后侧缘稍弯；径脉第 1 段近于垂直，长为宽的 1.3 倍，从翅痣近中央伸出；径脉第 2 段直，两段相接处膨大。后翅后缘近基部有缺刻。

腹：腹柄背面中长为中宽的 0.8 倍，基部 1/3 具不规则横脊，其后具 5 条斜或纵皱；腹柄侧面上缘长为中高的 0.6 倍，上缘直，基部具横脊 1 条，横脊后具强斜纵脊 6 条。合背板基部中纵沟伸达基部至第 1 对窗疤间距的 0.5 处，两侧各具 3 条弱纵沟，亚侧纵沟长为中纵沟的 0.3 倍。第 1 窗疤宽为长的 3.0 倍，疤距为疤宽的 0.3 倍。合背板上仅窗疤附近有稀而短的毛，远离合背板下缘。抱器长三角形，不下弯，端尖。

体色：体黑色。须黄色。上唇、上颚端部和翅基片褐黄色。触角黑褐色。足基节黑褐色至黑色；转节、腿节红褐色；前中足胫节、距、跗节黄褐色；后足胫节基部黄褐色和跗节浅褐色。翅透明，带烟黄色，翅痣和强脉深褐黄色，弱脉浅黄色痕迹。

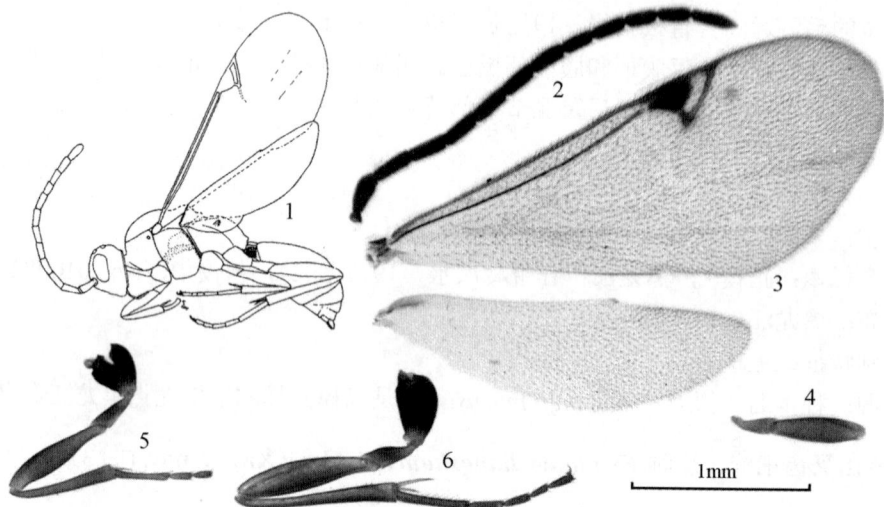

图 379　凉山叉齿细蜂，新种 *Exallonyx liangshanensis* He *et* Xu, sp. nov.
1. 整体，侧面观；2. 触角；3. 翅；4. 前足；5. 中足；6. 后足 [1. 0.5X 标尺；2-6. 1.0X 标尺]

雌：未知。

寄主：未知。

研究标本：正模♂，四川凉山，1978. V.11，李果，No.201008827。

分布：四川。

鉴别特征：见检索表。

词源：种本名"凉山 *liangshanensis*"，是以模式标本采集地点四川省凉山命名。

7) 陈旧叉齿细蜂种团 *Obsoletus* Group

种团概述：前翅长 2.3-4.7mm。雄性触角鞭节有些种类具角下瘤。前胸背板侧面后下角具单凹窝。前胸背板侧面上缘毛带单列或双列毛。前沟缘脊有或无。前胸背板侧面前沟缘脊或颈脊上段后方无毛。并胸腹节背表面基部的 1 对光滑区伸过并胸腹节气门之后。后翅后缘近基部 0.35 处有 1 个浅缺刻。腹柄基部侧下方前端无横脊，有时有 1 个低于纵脊的横脊；雄性腹柄侧面有纵脊；雌性腹柄侧面纵脊有，或部分有，或无。腹柄侧面上缘直，或雄性稍下凹、雌性凹陷。合背板毛中等长，不接近其下缘。合背板基部有 1 个长中纵沟，雄性有时两侧还具有 3-4 条侧纵沟；雌性无侧纵沟，或有 1-3 条侧纵沟。雄性抱器向末端渐尖，下弯，爪状。雌性产卵管鞘具刻点，或纵刻条。

　　该种团已记载有 9 种，4 种分布于北美，2 种分布于欧亚大陆和日本，3 种分布于我国。本志记述我国 5 种，其中 2 新种。

种 检 索 表

1. 触角第 1-11 鞭节无明显角下瘤；并胸腹节背表面光滑，仅在侧后角有很弱的皱褶；前翅长 4.0mm。贵州 ………………………………………………………… 光腰叉齿细蜂 *E. laevipropodeum*

　　触角第 1-11 鞭节具明显角下瘤；并胸腹节背表面有明显的皱褶或网皱，仅在基部有很小的光滑区 ………………………………………………………………………………………………… 2

2. 腹柄侧面基部下方具 2 条连纵脊的横脊；后足转节黑褐色；前翅径脉第 1 段长为宽的 2.4 倍；前翅长 3.5mm。内蒙古、陕西 ……………………………………… 密皱叉齿细蜂 *E. densirugolosus*

　　腹柄侧面基部下方无横脊，仅有纵脊；后足转节褐黄色；前翅径脉第 1 段长为宽的 1.2-2.2 倍 …… 3

3. 背观上颊长为复眼的 0.75 倍；后胸侧板光滑区长和高分别占侧板的 0.45 倍和 0.6 倍；合背板基部侧纵沟具 2 条 (左) 或 4 条 (右) 纵沟；前翅长 2.7mm。山西 ……………………………………
………………………………………………… 山西叉齿细蜂，新种 *E. shanxiensis,* sp. nov.

　　背观上颊长为复眼的 0.9-1.0 倍；后胸侧板具网皱，多毛，几乎无光滑区；合背板基部侧纵沟 3-4 条，或分界不清、不规则的 5-6 条 ……………………………………………………………… 4

4. 触角第 2 鞭节长为端宽的 2.1 倍；后足腿节长为宽的 4.2 倍；腹柄背面具 8 条近于平行的强纵皱；腹柄侧面具 5 条完整强斜纵脊；合背板第 1 窗疤宽为长的 6.0 倍，疤距为疤宽的 0.45 倍；合背板基部具分界不清、不规则的 5-6 条；前翅长 3.6mm。辽宁 …………… 散沟叉齿细蜂 *E. inconditus*

　　触角第 2 鞭节长为端宽的 2.5 倍；后足腿节长为宽的 3.6 倍；腹柄背面几乎光滑，散生纵向短沟；腹柄侧面具 6 条近基部断开的强斜纵脊，有 1 小光滑区；合背板第 1 窗疤宽为长的 4.0 倍，疤距为疤宽的 0.2 倍；合背板基部侧纵沟 3-4 条；前翅长 3.5mm。新疆 …………………………………
………………………………………………… 深沟叉齿细蜂，新种 *E. profundisulcus,* sp. nov.

(320) 光腰叉齿细蜂 *Exallonyx laevipropodeum* Liu, He *et* Xu, 2006 (图 380)

Exallonyx laevipropodeum Liu, He *et* Xu, 2006, *Entomological News*, 117(4):418.

　　雄：前翅长 4.0mm。

　　头：背观上颊长为复眼的 1.1 倍。颊长为复眼纵径的 0.44 倍。唇基宽为长的 3.0 倍，稍均匀隆起，光滑，具细刻点，亚端横脊弱，端缘平截。触角第 2、10 鞭节长分别为端宽的 2.40 倍和 1.9 倍，端节长为端前节的 1.85 倍；各鞭节无明显角下瘤。额脊中等强而高。后头脊正常高。

　　胸：前胸背板颈部具 4-5 条横皱；侧面光滑，前沟缘脊发达；前沟缘脊之后无毛，颈脊之后无毛；背缘具 3 列毛；后下角单凹窝。中胸侧板前缘上角和中央横沟上方为有毛区，之间无毛区长为翅基片的 1.6 倍；镜面区上方 0.35 具毛；侧板下半部除沿中央横沟以下部位外具非常稀的毛；后下角具平行细皱。后胸侧板中央前方及前上方有 1 个相连的、表面具稀毛的近三角形光滑区，其长和高分别占侧板的 0.35 倍和 0.5 倍，其余具不规则网皱。并胸腹节侧观背缘弧形，后表面陡斜；中纵脊伸达后表面中央；背表面光滑，仅在侧后方具很弱的皱纹；后表面光滑，仅外侧方具弱皱；外侧区具弱而模糊的小室状网皱。

足：后足腿节长为宽的 3.8 倍；后足胫节长距长为基跗节的 0.5 倍。

翅：前翅长为宽的 2.2 倍；翅痣长和径室前缘脉长分别为翅痣宽的 2.0 倍和 0.67 倍；翅痣后侧缘直；径脉第 1 段从翅痣近中央伸出，内斜，长为宽的 1.2 倍；径脉第 2 段直，两段相接处下方稍呈脉桩状。后翅后缘近基部 0.35 处缺刻深。

腹：腹柄背面中长为中宽的 1.2 倍，表面具 7 条近于平行的强纵脊，中脊较短；腹柄侧面上缘长为中高的 1.0 倍，上缘直，基部具横脊 1 条，表面具强斜纵脊 6 条，均与横脊不相连。合背板基部中纵沟伸达基部至第 1 对窗疤间距的 0.83 处，两侧各具 3 条纵沟，其基半深而明显，端半又衍生许多浅纵沟，亚侧纵沟长为中纵沟的 1.0 倍。第 1 窗疤狭窄，宽为长的 6.0 倍，疤距为疤宽的 0.4 倍。合背板近于光滑，仅在纵沟及其周围有稀毛，远离合背板下缘。抱器三角形，不下弯，端尖。

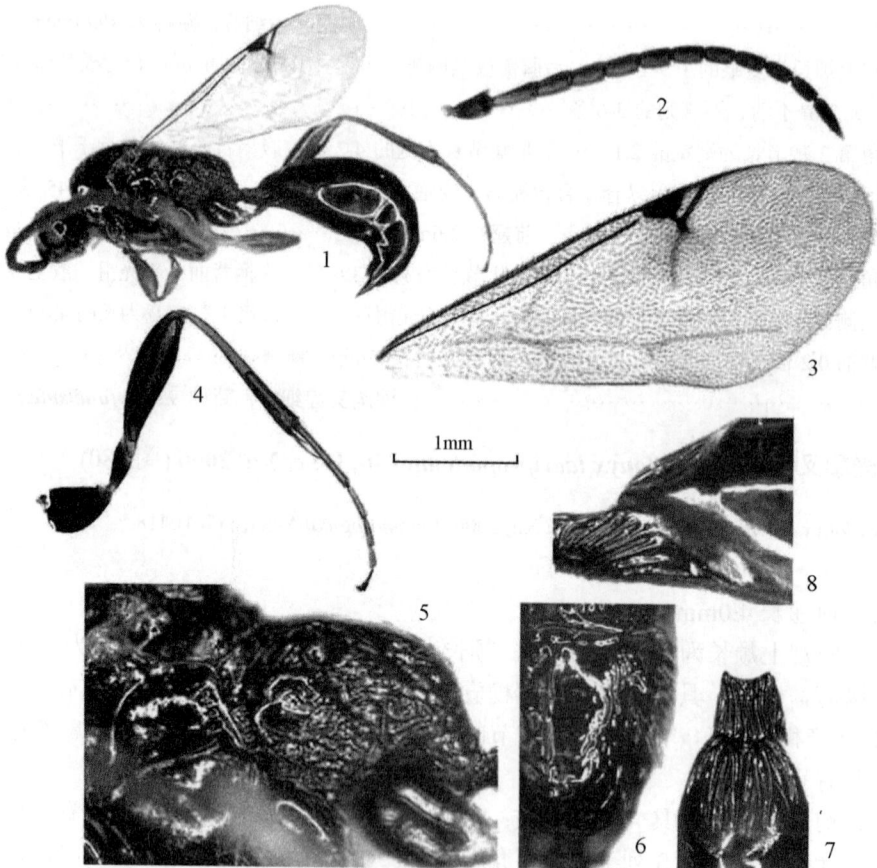

图 380　光腰叉齿细蜂 *Exallonyx laevipropodeum* Liu, He *et* Xu

1. 整体，侧面观；2. 触角；3. 前翅；4. 后足；5. 中胸侧板、后胸侧板、并胸腹节和腹柄，侧面观；6. 并胸腹节，背面观；7. 腹柄和合背板基部，背面观；8. 腹柄，侧面观 (仿 Liu *et al*., 2006c) [1. 0.7X 标尺；2-4. 1.0X 标尺；5-8. 2.0X 标尺]

体色：体黑色。上唇和上颚端半红褐色。下颚须和下唇须浅褐黄色。触角黑褐色。翅基片褐色。前足基节及各足转节 (除两端) 黑褐色，中、后足基节黑色；腿节、胫节和后足跗节红褐色；前、中足跗节黄褐色。翅透明，烟黄色，翅痣和强脉暗红褐色，弱脉浅黄色痕迹。

变异：合背板基部侧纵沟端部衍生的细纵沟有时甚多且长，伸至窗疤的前方。No.938391 标本背观上颊长为复眼的 0.9 倍。

雌：未知。

寄主：未知。

研究标本：1♂，贵州梵净山护国寺，2001.Ⅷ.1，马云，No.200108308 (正模)；3♂，贵州梵净山护国寺，2001.Ⅷ.1，朴美花，Nos.200107623，200107625，200107631 (副模)；1♂，贵州梵净山金顶，1993.Ⅶ.12，陈学新，No.938391 (副模)。

分布：贵州 (梵净山)。

鉴别特征：本种与分布于墨西哥的凹叉齿细蜂 *Exallonyx recavus* Townes, 1981 相似，但是本种区别于后者的特征是：①并胸腹节背表面和后表面大部分光滑 (后者具网皱)；②腹柄基部具 1 横皱 (后者无横脊)。

(321) 密皱叉齿细蜂 *Exallonyx densirugolosus* Liu, He *et* Xu, 2006 (图 381)

Exallonyx densirugolosus Liu, He *et* Xu, 2006, *Entomological News*, 117(4): 413.

雄：前翅长 3.5mm。

头：背观上颊长为复眼的 1.1 倍。颊长为复眼纵径的 0.39 倍。唇基宽为长的 2.8 倍，稍均匀隆起，光滑，具浅刻点，亚端横脊不明显，端部斜，端缘平截。触角第 2、10 鞭节长分别为端宽的 2.3 倍和 2.5 倍，端节长为端前节的 1.6 倍；各鞭节腹面中央具枣核状角下瘤，占该节的 0.25-0.50 倍。额脊强而高。后头脊稍高，稍呈檐状。

胸：前胸背板颈部具 4-5 条横皱；侧面光滑，前沟缘脊发达；前沟缘脊后无毛，颈脊后无毛；背缘具中等密的双列毛；后下角单凹窝。中胸侧板前缘上角和中央横沟上方为有毛区，之间无毛区长为翅基片的 1.3 倍；镜面区上方 0.65 具稀毛；侧板下半部除沿中央横沟以下部位外具稀毛；后下方具平行细皱。后胸侧板具粗网皱，毛中等密；前上方光滑区小，中央有浅沟分隔，其长和高分别占侧板的 0.16 倍和 0.5 倍。并胸腹节侧观背缘弧形，后表面斜；中纵脊伸达后表面中央；背表面后方具网皱，中央为纵斜皱，基部光滑区较短，不伸达气门前方水平处；后表面后方光滑，前方和外侧区均具小室状强网皱。

足：后足腿节长为宽的 4.0 倍；后足胫节长距长为基跗节的 0.44 倍。

翅：前翅长为宽的 2.16 倍；翅痣长和径室前缘脉长分别为翅痣宽的 2.0 倍和 0.69 倍；翅痣后侧缘稍弯；径脉第 1 段从翅痣近中央伸出，内斜，长为宽的 2.4 倍；径脉第 2 段直，两段相接处稍膨大，肘间横脉痕迹明显。后翅后缘近基部 0.35 处缺刻深。

腹：腹柄背面中长为中宽的 0.9 倍，中央具 7 条强平行纵脊；腹柄侧面上缘长为中高的 0.87 倍，上缘直，基部具连有纵脊的弱斜横脊 2 条，其后另具强斜纵脊 5 条，均从斜横脊伸出。合背板基部中纵沟伸达基部至第 1 对窗疤间距的 0.8 处，两侧各具 4 条端部扩散的浅纵沟，亚侧纵沟长为中纵沟的 1.0 倍。第 1 窗疤宽为长的 6.7 倍，疤距为疤宽的 0.35 倍。合背板在各窗疤周围及上方具稀毛，远离合背板下缘。抱器三角形，不下弯，端钝尖。

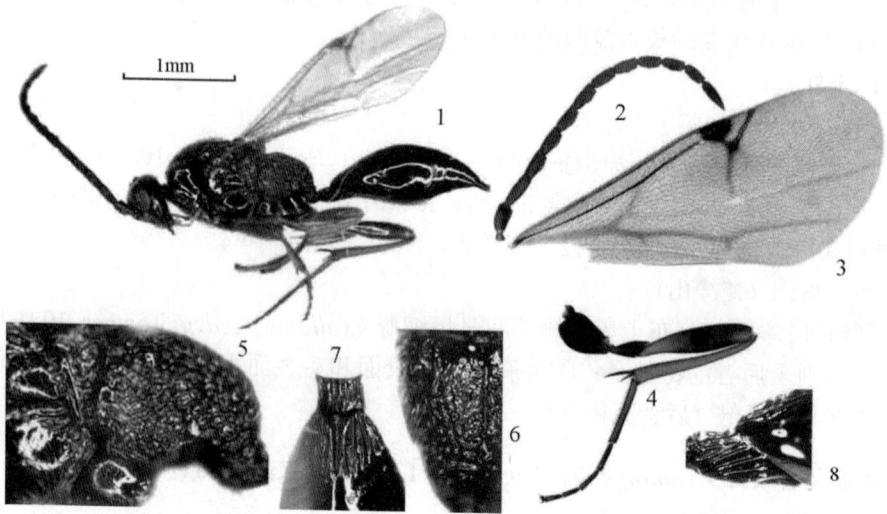

图 381　密皱叉齿细蜂 *Exallonyx densirugolosus* Liu, He *et* Xu

1. 整体，侧面观；2. 触角；3. 前翅；4. 后足；5. 后胸侧板和并胸腹节，侧面观；6. 并胸腹节，背面观；7. 腹柄和合背板基部，背面观；8. 腹柄，侧面观 (仿 Liu *et al*., 2006c) [1. 0.7X 标尺；2-4. 1.0X 标尺；5-8. 2.0X 标尺]

体色：体黑色。上唇黑褐色。上颚端半红褐色。下颚须和下唇须黄褐色。触角黑褐色。翅基片红褐色。足基节和转节黑色至黑褐色，其余各节红褐色。翅透明，带烟黄色，翅痣和强脉黑褐色，弱脉浅黄色痕迹。

雌：未知。

寄主：未知。

研究标本：1♂，内蒙古大青山，2000.Ⅷ.17，何俊华，No.200100286 (正模)；1♂，陕西秦岭大散关，1999.Ⅸ.4，蔡平，No.200011717 (副模)。

分布：内蒙古、陕西。

鉴别特征：本种的触角鞭节具角下瘤与分布欧洲的痕角叉齿细蜂 *Exallonyx crenicornis* (Nees, 1834) 相似，不同于后者的主要特征在于：①触角第 10 鞭节长为端宽的 2.5 倍 (后者为 2.1 倍)；②前胸背板侧面上缘毛带双列毛宽 (后者为 4 列毛宽)；③后胸侧板具粗密网皱 (后者较细而疏)。

词源：种本名 "密皱 *densirugolosus*"，系 *densi* (密的) + *rugolosus* (刻皱) 组合词，意为后胸侧板具粗而密的网皱特征。

(322) 山西叉齿细蜂，新种 *Exallonyx shanxiensis* Xu *et* He, sp. nov. (图 382)

雄：前翅长 2.7mm。

头：背观上颊长为复眼的 0.75 倍。颊长为复眼纵径的 0.43 倍。唇基宽为长的 2.6 倍，无亚端横脊，端缘平截。触角第 2、10 鞭节长分别为宽的 2.5 倍和 2.2 倍，端节长为端前节的 1.4 倍；各鞭节均具条形角下瘤，除端节的较短外，其余各节占该节长的 0.5-0.8 倍。额脊中等高。后头脊正常高。

胸：前胸背板颈部背面具 3-4 条横皱；侧面光滑，前沟缘脊发达；前沟缘脊上端后方具细皱，颈脊之后具毛；背缘具连续的双列毛；后下角单个凹窝。中胸侧板前缘上角有稀毛；镜面区上方 0.7 具稀毛；侧板下半部具稀毛；中央横沟内及后下方具平行细皱，侧缝下段凹窝为横皱代替。后胸侧板中央前方及前上方有被纵沟分隔的、表面具稀毛和细点皱的区域 (通常为光滑区)，其长和高分别占侧板的 0.45 倍和 0.6 倍；该区下方具夹网纵皱，后方凹，毛糙，仅有 1 横脊。并胸腹节侧观背缘弧形，后表面短而斜；中纵皱伸至后表面近端部；背表面仅基部为光滑区，长为并胸腹节基部至气门后端间距的 1.0 倍，其余部位具小室状网皱。

足：后足腿节长为宽的 4.4 倍；后足胫节长距长为基跗节的 0.5 倍。

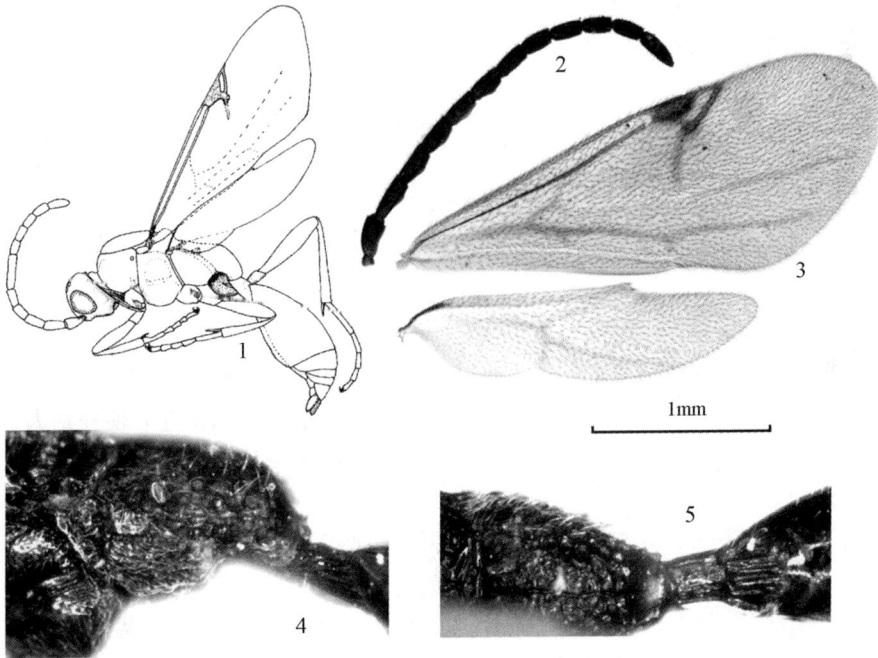

图 382　山西叉齿细蜂，新种 *Exallonyx shanxiensis* Xu *et* He, sp. nov.

1. 整体，侧面观；2. 触角；3. 翅；4. 后胸侧板、并胸腹节和腹柄，侧面观；5. 并胸腹节、腹柄和合背板基部，背面观
[1. 0.5X 标尺；2-3. 1.0X 标尺；4-5. 2.0X 标尺]

翅：前翅长为宽的 2.3 倍；翅痣长和径室前缘脉长分别为翅痣宽的 2.0 倍和 0.69 倍；翅痣后侧缘稍弯；径脉第 1 段弱，内斜，长为宽的 1.2 倍，从翅痣近中央伸出；径脉第 2 段直，两段相接处膨大。后翅后缘近基部有缺刻。

腹：腹柄背面中长为中宽的 1.3 倍，约具 9 条弱而不完整的纵皱；腹柄侧面上缘长为中高的 1.1 倍，上缘直，基部无横脊，具斜纵脊 7 条。合背板基部中纵沟深，伸达基

部至第 1 对窗疤间距的 0.6 处，两侧具 2 条 (左) 或 4 条 (右)纵沟，亚侧纵沟长为中纵沟的 1.0 倍。第 1 窗疤眉毛形，细，宽为长的 6.0 倍，疤距为疤宽的 0.25 倍。合背板上仅窗疤附近有稀而短的毛，远离合背板下缘。抱器长三角形，不下弯，端尖。

体色：体黑色，前胸背板侧面下方和腹部带棕红色。须黄色。上唇、上颚端部和翅基片黄褐色。触角浅黑褐色，角下瘤黄褐色。足黄褐色，基节黑褐色，转节红褐色，跗节浅褐色。翅透明，带烟黄色，翅痣和强脉黄褐色，弱脉浅黄色痕迹。

变异：副模额脊较强；前沟缘脊上端后方无细皱；中胸侧板仅沿中央横沟下方的侧板上存在；基节棕红色。

雌：未知。

寄主：未知。

研究标本：正模♂，山西雁北，1980.Ⅸ，郑王义，No.870053。副模：1♂，同正模。

分布：山西。

鉴别特征：本新种与欧洲种痕角叉齿细蜂 *Exallonyx crenicornis* (Nees, 1834) 极为相似，但以下特征可与之相区别：①前胸背板侧面上缘毛带 2 列毛宽（后者 4 列毛宽）；②触角第 2 鞭节长为宽的 2.5 倍 (后者 2.1 倍)；③后足腿节长为宽的 4.4 倍 (后者 3.9 倍) 等。

词源：种本名"山西 *shanxiensis*"，是以模式标本采集地点山西省命名。

(323) 散沟叉齿细蜂 *Exallonyx inconditus* Liu, He *et* Xu, 2006 (图 383)

Exallonyx inconditus Liu, He *et* Xu, 2006, *Entomological News*, 117(4): 416.

雄：前翅长 3.6mm。

头：背观上颊长为复眼的 1.0 倍。颊长为复眼纵径的 0.37 倍。唇基宽为长的 3.0 倍，稍均匀隆起，有弱刻点，亚端横脊明显，端缘平截。触角第 2、10 鞭节长分别为宽的 2.1 倍和 2.1 倍，端节长为端前节的 1.6 倍；各鞭节均具长条形角下瘤，占该节 0.5-0.7 倍。额脊中等高。后头脊正常高。

胸：前胸背板颈部具 4-5 条横皱，侧观隆起；侧面光滑，前沟缘脊发达；前沟缘脊之后无毛，颈脊之后无毛；背缘具双列毛；后下角单凹窝。中胸侧板前缘上角和中央横沟上方为有毛区，之间无毛区长为翅基片的 1.2 倍；镜面区上方 0.6 具稀毛；侧板下半部具稀毛，但中央横沟以下部位光滑；后下方具平行细皱。后胸侧板具斜横皱，具中等密毛，几乎无光滑区。并胸腹节侧观背缘弧形，后表面缓斜；中纵脊伸达后表面近端部；背表面端部具不规则网皱，中央前方具不规则刻点，基部光滑区极短，不达气门前缘；后表面除前方 1/3 具横形长网皱外，后方光滑；外侧区小室状强网皱。

足：后足腿节长为宽的 4.2 倍；后足胫节长距长为基跗节的 0.44 倍。

翅：前翅长为宽的 2.56 倍；翅痣长和径室前缘脉长分别为翅痣宽的 1.86 倍和 0.57 倍；翅痣后侧缘稍弯；径脉第 1 段从翅痣端部 0.35 伸出，内斜，长为宽的 1.6 倍；径脉第 2 段直，两段相接处稍膨大。后翅后缘近基部 0.35 处缺刻深。

腹：腹柄背面中长为中宽的 1.0 倍，具 8 条近于平行的强纵皱，外侧 3 条紧靠；腹柄侧面上缘长为中高的 1.2 倍，上缘直，基部无横脊，表面具强斜纵脊 5 条。合背板基部中纵沟伸达基部至第 1 对窗疤间距的 0.75 处，两侧具分界不清、不规则的 5-6 条纵沟，亚侧纵沟长度短于中纵沟。第 1 窗疤宽为长的 6.0 倍，疤距为疤宽的 0.45 倍。合背板在窗疤及纵沟周围具稀毛，远离合背板下缘。抱器长三角形，中央稍弯，端尖。

体色：体黑色。下颚须和下唇须黄色。上唇和上颚端半红褐色。触角黑褐色，角下瘤黄褐色。翅基片红褐色。足基节黑褐色至黑色，其余各节褐黄色。翅透明，带烟黄色，翅痣和强脉暗褐黄色，弱脉浅黄色。

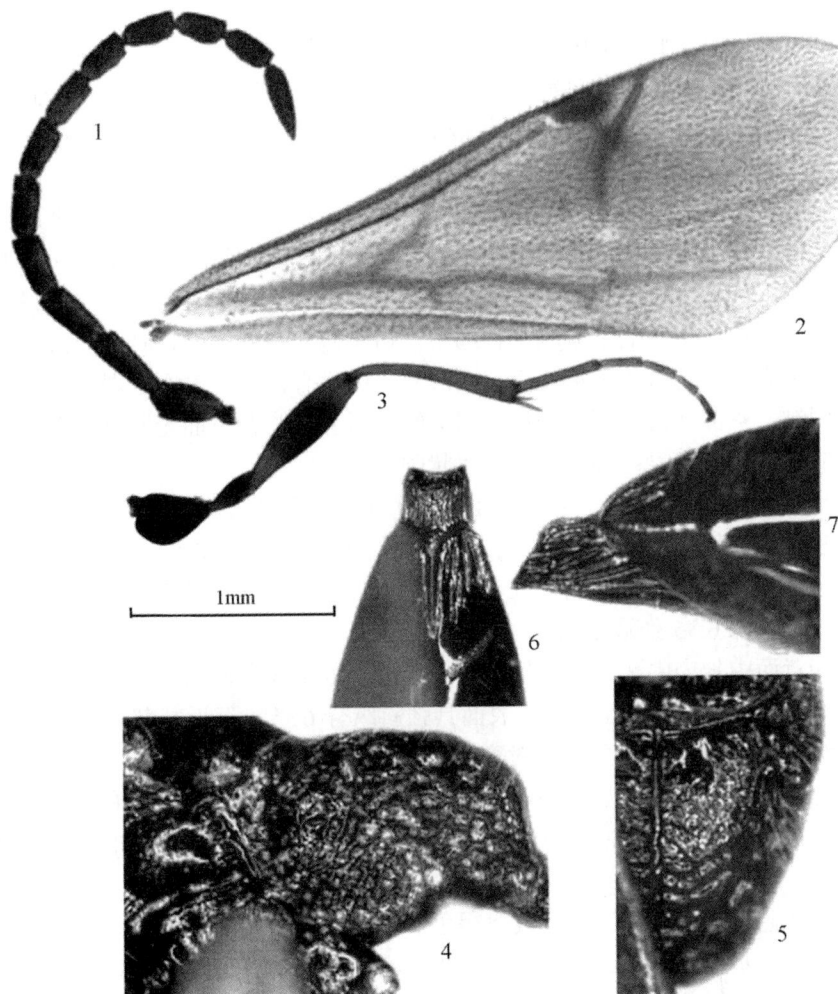

图 383　散沟叉齿细蜂 *Exallonyx inconditus* Liu, He *et* Xu

1. 触角；2. 前翅；3. 后足；4. 后胸侧板和并胸腹节，侧面观；5. 并胸腹节，背面观；6. 腹柄和合背板基部，背面观；7. 腹柄，侧面观 (仿 Liu *et al.*, 2006)

雌：未知。

寄主：未知。

研究标本：1♂，辽宁凌源铁路站，2002.Ⅷ.8，王义平，No. 20030615 (正模)。

分布：辽宁。

鉴别特征：本种的触角具角下瘤与密皱叉齿细蜂 *Exallonyx densirugolosus* Liu, He *et* Xu, 2006 和分布于欧洲的痕角叉齿细蜂 *E. crenicornis* (Nees, 1834)相似，但本种的后胸侧板具斜横皱、腹柄侧方基部无横脊等特征可以与密皱叉齿细蜂区别；本种的前胸背板侧面上缘毛带双列毛宽和后胸侧板布满横皱、几乎无光滑区等特征可与痕角叉齿细蜂区别。

(324) 深沟叉齿细蜂，新种 *Exallonyx profundisulcus* Xu *et* He, sp. nov. (图 384)

雄：前翅长 3.5mm。

头：背观上颊长为复眼的 0.91 倍。颊长为复眼纵径的 0.38 倍。唇基宽为长的 2.9 倍，中央稍隆起，有稀刻点，亚端横脊明显，端缘平截。触角第 2、10 鞭节长分别为宽的 2.5 倍和 2.7 倍，端节长为端前节的 1.4 倍；各鞭节中央稍膨大，均具小水泡状聚成的长条形角下瘤，占该节 0.7-0.9 倍。额脊中等高。后头脊正常高。

胸：前胸背板颈部具 4-5 条横皱；侧面光滑，前沟缘脊发达；前沟缘脊之后无毛，颈脊之后无毛；背缘具 2-4 列毛；后下角单凹窝。中胸侧板前缘上角和中央横沟上方为有毛区，之间无毛区长为翅基片的 1.2 倍；镜面区上方 0.6 具稀毛；侧板下半部具稀毛，但中央横沟以下部位光滑；后下方具平行细皱。后胸侧板具斜横皱，具中等密毛，几乎无光滑区。并胸腹节侧观背缘弧形，后表面缓斜；中纵脊伸达后表面近端部；背表面后部具不规则网皱，基部光滑区短，刚达气门前缘；后表面与背表面无明显分界，除前半具横形长网皱外，后方光滑；外侧区具小室状强网皱。

足：后足腿节长为宽的 3.6 倍；后足胫节长距长为基跗节的 0.54 倍。

翅：前翅翅痣长和径室前缘脉长分别为翅痣宽的 1.83 倍和 0.78 倍；翅痣后侧缘稍弯；径脉第 1 段从翅痣中央伸出，内斜，长为宽的 2.2 倍；径脉第 2 段直，两段相接处刚膨大。后翅后缘近基部 0.35 处缺刻深。

腹：腹柄背面中长为中宽的 1.1 倍，几乎光滑，散生纵向短沟；腹柄侧面上缘长为中高的 1.2 倍，上缘直，基部无横脊，表面具强斜纵脊 6 条，但近基部有 1 光滑区。合背板基部中纵沟深，伸达基部至第 1 对窗疤间距的 0.8 处，两侧具分界不清、不规则的 3-4 条纵沟，亚侧纵沟长为中纵沟的 0.8 倍。第 1 窗疤长纺锤形，宽为长的 4.0 倍，疤距为疤宽的 0.2 倍。合背板在窗疤及纵沟周围具稀毛，远离合背板下缘。抱器长三角形，直，端尖。

体色：体黑色。下颚须和下唇须浅黄褐色。上唇和上颚端半红褐色。触角黑褐色，角下瘤黄褐色。翅基片红褐色。足基节黑褐色至黑色，其余各节褐黄色。翅透明，带烟黄色，翅痣和强脉暗褐黄色，弱脉浅黄色。

雌：未知。

寄主：未知。

研究标本：正模♂，新疆阿勒泰，1990.Ⅶ.8，王登元，No.916328。

分布：新疆。

鉴别特征：本新种的触角具角下瘤与密皱叉齿细蜂 *Exallonyx densirugolosus* Liu, He *et* Xu, 2006、散沟叉齿细蜂 *E. inconditus* Liu, He *et* Xu, 2006 和分布于欧洲的痕角叉齿细

蜂 *E. crenocornis* (Nees, 1834) 相似，但本种的后胸侧板密布斜横皱，无光滑区；腹柄背面光滑，无明显纵脊；腹柄侧面亚基部有 1 小光滑区等综合特征可与之区别。

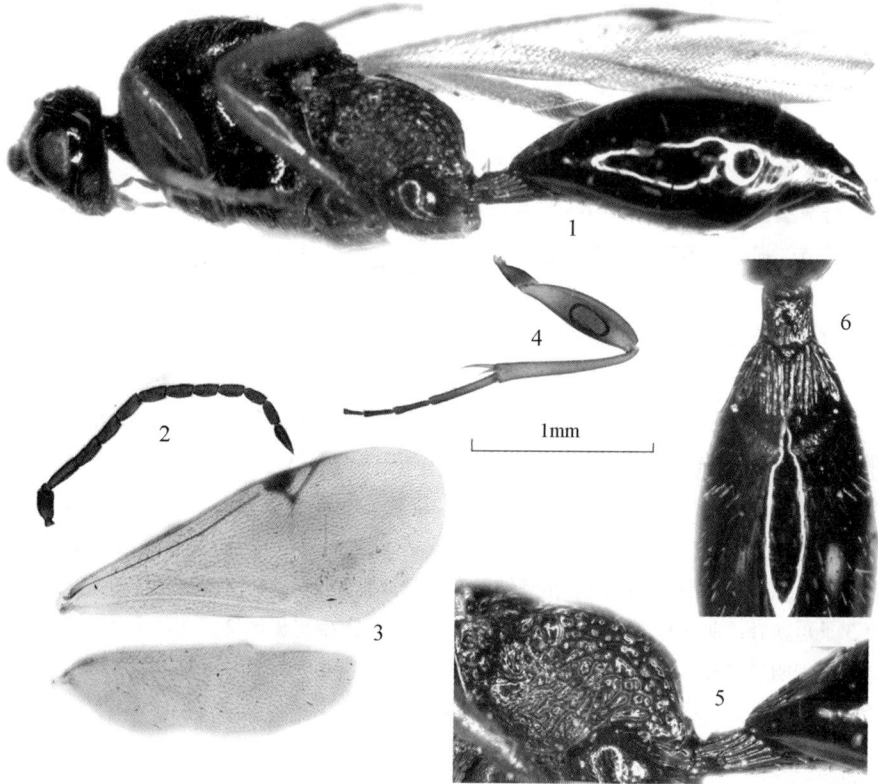

图 384　深沟叉齿细蜂，新种 *Exallonyx profundisulcus* Xu *et* He, sp. nov.

1. 整体，侧面观；2. 触角；3. 翅；4. 后足；5. 后胸侧板、并胸腹节和腹柄，侧面观；6. 腹柄和合背板基部，背面观
[1-4. 1.0X 标尺；5-6. 2.0 X 标尺]

词源：种本名"深沟 *profundisulcus*"，系 *profund* (深的) +*sulcus* (沟) 组合词，意为合背板基部中纵沟深。

8) 网腰叉齿细蜂种团 *Dictyotus* Group

种团概述：前翅长 2.6-5.3mm。雄性触角鞭节有或无角下瘤。前胸背板侧面后下角单凹窝。前胸背板侧面上缘单列毛，或部分具毛，或在 *E. nimius* 无毛；但在中国发现的种类有具双列毛或多列毛。前沟缘脊有或无。前胸背板侧面前沟缘脊和颈脊上段后方无毛。中胸侧板前方上半部 (中横沟的上方) 除前上角和中横沟下上方处无毛。并胸腹节背表面基部两侧的光滑区短至非常短，通常不达并胸腹节气门之后。后翅后缘近基部 0.35 处有浅缺刻。腹柄侧面上缘直，基部前下方有横叶突，侧面有纵脊。合背板上毛非常稀少，中等短，近合背板下缘无毛。雄性抱器长三角形，不下弯或稍下弯，末端尖。产卵管鞘具刻点和刻皱，或仅具刻点。

该种团已记载有 12 种，5 种分布于中国，1 种分布于马达加斯加，其余均分布于新几内亚。该种团与单沟叉齿细蜂种团 *Unisulcus* Group 最为相近。

本志记述我国该种团 26 种，其中 21 新种。

种 检 索 表

1. 雄性 ··· 2
   雌性 ··· 20
2. 中后足转节黑色或褐色 ·· 3
   中后足转节红褐色、褐黄色或浅褐色 ··· 5
3. 中后足转节褐色；腹柄背面具 6 条纵脊；腹柄侧面背缘长为中高的 1.3 倍；合背板基部中纵沟长伸至第 1 窗疤间距的 0.6 处，侧纵沟各 2 条；前翅长 2.1mm。云南 ··· **裸腹叉齿细蜂，新种 E. nudatisyntergite, sp. nov.**
   中后足转节黑色；腹柄背面具 3 条纵脊；腹柄侧面背缘长为中高的 0.8-0.9 倍；合背板基部中纵沟长伸至第 1 窗疤间距的 0.9 处，侧纵沟各 4 条 ··································· 4
4. 前胸背板上缘具不规则双列毛；中胸侧板仅前上角有毛；腹柄背面具 3 条强纵脊；前翅长 3.4-3.9mm。浙江、陕西 ······································· **黑唇叉齿细蜂 E. nigrolabius**
   前胸背板上缘具多列毛；中胸侧板布满细毛；腹柄背面基部 0.3 光滑，其后具 2 条强纵脊，脊外侧连有 3 条短斜脊；前翅长 5.0mm。河南 ········ **河南叉齿细蜂，新种 E. henanensis, sp. nov.**
5. 腹柄背面无明显横脊 ··· 6
   腹柄背面基部具明显横脊，端部具明显纵脊或具三角形光滑区 ····························· 12
6. 腹柄背面中长为中宽的 1.9-2.2 倍，侧面背缘长为中高的 1.6-2.1 倍；合背板基部中纵沟伸达基部至第 1 窗疤间距的 0.28-0.40 处；第 1 窗疤宽为长的 1.6-2.0 倍，疤距为疤宽的 0.95 倍；合背板腹方多毛 ·· 7
   腹柄背面中长为中宽的 0.9-1.4 倍，侧面背缘长为中高的 0.7-1.1 倍；合背板基部中纵沟伸达基部至第 1 窗疤间距的 0.45-0.70 处 ·· 8
7. 后胸侧板背方中央有 1 小隆瘤；腹柄侧面背缘长为中高的 2.1 倍；合背板中纵沟伸至第 1 窗疤间距的 0.28 处；侧纵沟各 2 条，亚侧纵沟长为中纵沟的 1.2 倍；前翅长 2.6mm。云南 ··· **具瘤叉齿细蜂，新种 E. tuberculatus, sp. nov.**
   后胸侧板背方中央无小隆瘤；腹柄侧面背缘长为中高的 1.8 倍；合背板中纵沟伸至第 1 窗疤间距的 0.4 处；侧纵沟各 3 条，亚侧纵沟长为中纵沟的 0.9-1.0 倍；前翅长 2.6mm。四川 ·· **长腿叉齿细蜂，新种 E. longifemoratus, sp. nov.**
8. 上颊背观长为复眼的 0.74-0.85 倍 ·· 9
   上颊背观长为复眼的 0.59-0.60 倍 ·· 11
9. 前胸背板侧面单个凹窝上方另有 3 个小浅凹窝；腹柄侧面具 8 条纵脊；后胸侧板光滑区长为侧板的 0.2 倍；并胸腹节背表面几乎无光滑区；前翅长 2.05mm。辽宁 ·· **疏脊叉齿细蜂，新种 E. dissitus, sp. nov.**
   前胸背板侧面单个凹窝上方无小浅凹窝；腹柄侧面具 5-6 条纵脊；后胸侧板光滑区长为侧板的 0.4 倍；并胸腹节背表面除蔡氏叉齿细蜂外多少有 1 小光滑区 ···················· 10

10. 并胸腹节背表面无光滑区；腹柄侧面背缘长为中高的 1.1 倍；合背板基部亚侧纵沟长为中纵沟的 0.4 倍或 0.7 倍；后足除基部黑色外黄褐色；前翅长 1.9mm。河南·······························
·· 蔡氏叉齿细蜂，新种 *E. caii*, sp. nov.
并胸腹节背表面有光滑区，长约至气门后缘；腹柄侧面背缘长为中高的 0.8 倍；合背板基部亚侧纵沟长为中纵沟的 0.9 倍；后足浅褐色至褐色；前翅长 1.9mm。河北·························
·· 李氏叉齿细蜂，新种 *E. lii*, sp. nov.

11. 颜面褐黄色；颊长为复眼纵径的 0.18 倍；触角第 2 鞭节长为端宽的 2.5 倍；鞭节上角下瘤明显，椭圆形；翅痣长为宽的 2.2 倍；腹柄侧面基部 1 条横脊；合背板基部中纵沟伸达第 1 窗疤间距的 0.8 处；前翅长 1.7mm。广西···················· 瘤角叉齿细蜂，新种 *E. tuberocornis*, sp. nov.
颜面黑色；颊长为复眼纵径的 0.4 倍；触角第 2 鞭节长为端宽的 3.6 倍；鞭节上角下瘤弱；翅痣长为宽的 1.8 倍；腹柄侧面基部 2 条横脊；合背板基部中纵沟伸达第 1 窗疤间距的 0.5 处；前翅长 2.1mm。云南···················· 黄角叉齿细蜂，新种 *E. flavicornis*, sp. nov.

12. 合背板基部第 1 窗疤宽为长的 5.0 倍；前胸背板侧面后下角单个凹窝上方还有 2 个小凹窝；前翅长 3.25mm。浙江···················· 七脊叉齿细蜂，新种 *E. septemicarinus*, sp. nov.
合背板基部第 1 窗疤宽为长的 1.5-3.8 倍；前胸背板侧面后下角单个凹窝上方无小凹窝或仅有 1 个小凹窝···13

13. 前胸背板侧面背缘具单列毛···14
前胸背板侧面背缘具双列毛···15

14. 上颊背观长为复眼的 0.4 倍；腹柄背面基部具 2 条横皱，其后具 4 条纵脊，之间无三角形光滑区；合背板基部各具 2 条浅侧纵沟；第 1 窗疤宽为长的 3.6 倍；前翅长 3.7mm。贵州················
·· 短脊叉齿细蜂 *E. brevicarinus*
上颊背观长为复眼的 0.75 倍；腹柄背面基部具 1 条横皱，其后端具 2 条纵脊，之间有三角形光滑区；合背板基部各有 3 条浅侧纵沟；第 1 窗疤宽为长的 2.4 倍；前翅长 2.9mm。福建···········
·· 三角区叉齿细蜂，新种 *E. deltatiformis*, sp. nov.

15. 前翅翅痣长为宽的 2.3 倍；腹柄背面中长为中宽的 1.5 倍；腹柄侧面背缘长为中高的 1.3 倍；合背板基部中纵沟伸达第 1 窗疤间距的 0.8 处；前翅长 2.4mm。云南·······························
·· 隐瘤叉齿细蜂，新种 *E. obscurotuberosus*, sp. nov.
前翅翅痣长为宽的 1.67-1.80 倍；腹柄背面中长为中宽的 0.86-1.10 倍；腹柄侧面背缘长为中高的 0.6-0.8 倍；合背板基部中纵沟伸达第 1 窗疤间距的 0.55-0.60 处·································16

16. 合背板第 1 窗疤宽为长的 1.5-1.8 倍；触角第 2、10 节长分别为端宽的 2.5-3.0 倍和 3.0 倍········17
合背板第 1 窗疤宽为长的 3.0-3.75 倍；触角第 2、10 节长分别为端宽的 2.2-2.4 倍 (杭州叉齿细蜂和贵州叉齿细蜂有达 2.7-2.8 倍) 和 2.2-2.4 倍···18

17. 腹柄背面基部具 4 条弧形横皱，其后具 5 条纵脊；头背观上颊长为复眼的 0.83 倍；第 1 窗疤疤距为疤宽的 0.28 倍；前翅长 2.1mm。浙江···················· 弓皱叉齿细蜂 *E. arcus*
腹柄背面基部具 2 条横皱，其后具 1 个 "Y" 形纵脊；头背观上颊长为复眼的 0.6 倍；第 1 窗疤疤距为疤宽的 0.8 倍；前翅长 2.5mm。福建···················· 平行叉齿细蜂，新种 *E. parallelus*, sp. nov.

18. 合背板基部各具 4 条侧纵沟；前胸背板侧面后下角单凹窝上方还有 1 个小凹窝；触角端节长为亚端节的 1.74 倍；前翅长 2.25mm。浙江···················· 马氏叉齿细蜂，新种 *E. maae*, sp. nov.

合背板基部各具 3 条侧纵沟；前胸背板侧面后下角单凹窝上方无小凹窝；触角端节长为亚端节的
1.4-1.5 倍 ·· 19

19. 触角第 2-10 鞭节上角下瘤明显杆形；前翅翅痣长为径室前缘脉长的 3.1 倍；腹柄侧面基部具 2 条
横脊；前翅长 2.6mm。浙江 ······································· **杭州叉齿细蜂 E. hangzhouensis**
触角鞭节上角下瘤不明显或无；前翅翅痣长为宽的 4.0-4.2 倍；腹柄侧面基部具 1 条横脊；前翅长
2.6-2.7mm。贵州 ······································· **贵州叉齿细蜂，新种 E. guizhouensis, sp. nov.**

20. 触角第 2、10 鞭节长分别为端宽的 5.3 倍和 2.5 倍；后胸侧板中央上方有 1 小瘤突；腹柄背面中长
为中宽的 2.2 倍，表面具 8 条纵皱；腹柄侧面背缘长为中高的 2.1 倍，合背板基部中纵沟伸达基部
至第 1 窗疤间距的 0.4 处，亚侧纵沟长为中纵沟的 1.0 倍；后足腿节长为宽的 7.3 倍；产卵管鞘长
为后足胫节的 0.26 倍，表面具刻点；前翅长 2.0mm。云南 ··
····························· **具瘤叉齿细蜂，新种 E. tuberculatus, sp. nov.**
触角第 2、10 鞭节长分别为端宽的 1.57-2.20 倍和 1.4-1.7 倍 (李氏叉齿细蜂触角断)；后胸侧板中央
上方无小瘤突；背柄背观中长为中宽的 0.83-1.30 倍，表面具网皱或基部具横皱；腹柄侧面背缘长
为中高的 0.67-1.10 倍；合背板基部中纵沟伸达基部至第 1 窗疤间距的 0.67-0.90 处，亚侧沟长为中
纵沟的 0.12-0.71 倍；后足腿节长为宽的 3.4-4.2 倍；产卵管鞘长为后足胫节的 0.44-0.54 倍，表面
具细纵皱，但窄唇叉齿细蜂具长刻点 ·· 21

21. 中后足转节黑色或褐色 ·· 22
中后足转节褐黄色或红褐色 ·· 24

22. 颊长为复眼纵径的 0.2 倍；触角第 10 鞭节长为端宽的 1.25 倍；径脉第 1 段长为宽的 0.5 倍；腹柄
背面中长为中宽的 1.5 倍；腹柄侧面背缘长为中高的 1.3 倍，基部横脊后约具 9 条纵向细点皱；合
背板基部中纵沟伸至第 1 窗疤间距的 0.6 处；前翅长 2.0mm。陕西 ·································
····························· **点尾叉齿细蜂，新种 E. puncticaudatus, sp. nov.**
颊长为复眼纵径的 0.50-0.68 倍；触角第 10 鞭节长为端宽的 1.7 倍；径脉第 1 段长为宽的 1.30-1.67
倍；腹柄背面中长为中宽的 1.1-1.2 倍；腹柄侧面背缘长为中高的 0.9-1.1 倍，基部横脊后具 4 条或
10 条斜纵脊；合背板基部中纵沟伸至第 1 窗疤间距的 0.9 处 ··· 23

23. 腹柄背面大部分具 6 条夹点横皱；腹柄侧面基部具连纵脊的横脊 4 条，其后方具斜纵脊 4 条；合
背板基部各具侧纵沟 2 条；产卵管鞘具细长刻点；前翅长 3.6mm。浙江 ···························
····························· **窄唇叉齿细蜂，新种 E. stenochilus, sp. nov.**
腹柄背面大部分具 4 条粗横皱；腹柄侧面基部具连纵脊的横脊 1 条，其后方具斜纵脊 10 条；合背
板基部各具侧纵沟 4 条；产卵管鞘具细长刻皱；前翅长 3.7mm。陕西 ································
····························· **多皱叉齿细蜂，新种 E. polyptychus, sp. nov.**

24. 前翅径室前缘脉长为翅痣宽的 0.85 倍；腹柄背面中长为中宽的 1.3 倍，其上具不规则网皱；合背
板基部亚侧纵沟长为中纵沟的 0.71 倍；第 1 窗疤疤距为疤宽的 0.3 倍；前翅长 1.9mm。吉林······
····························· **方氏叉齿细蜂，新种 E. fangi, sp. nov.**
前翅径室前缘脉长为翅痣宽的 0.4-0.5 倍；腹柄背面中长为中宽的 0.83-1.00 倍，但李氏叉齿细蜂为
1.3 倍，基部具横皱，端部或端部中央光滑；合背板基部亚侧纵沟长为中纵沟的 0.25-0.50 倍；第 1
窗疤疤距为疤宽的 0.60-0.75 倍；产卵管鞘表面具细纵皱或长刻点 ······································· 25

25. 上颊背观长为复眼的 1.2 倍；颊长为复眼纵径的 0.68 倍；触角第 2、10 鞭节长分别为端宽的 1.4

倍和 1.2 倍；腹柄背面中长为中宽的 1.3 倍；腹柄侧面背缘长为中高的 1.2 倍，基部仅 1 条横脊；产卵管鞘长为后足胫节的 0.42 倍，表面具长刻点；后足腿节长为宽的 4.3 倍；前翅长 2.0mm。河北 ·· **李氏叉齿细蜂，新种 E. lii, sp. nov.**

上颊背观长为复眼的 0.9-1.0 倍；颊长为复眼纵径的 0.38-0.46 倍；触角第 2、10 鞭节长分别为端宽的 1.57-2.20 倍和 1.4-1.6 倍；腹柄背面中长为中宽的 0.83-1.00 倍；腹柄侧面背缘长为中高的 0.67-1.00 倍，基部具 2-4 条横脊；产卵管鞘长为后足胫节的 0.52-0.54 倍，表面具细纵皱；后足腿节长为宽的 3.4-3.7 倍 ··· 26

26. 腹柄侧面背缘长为中高的 1.0 倍，基部具 4 条弱横脊，端半近于光滑，仅 1 条纵脊；腹柄背面基半具 3 条弱横脊，端半和两侧光滑；前翅长 3.0mm。广东、广西·· **红颚叉齿细蜂 E. rufimandibularis**

腹柄侧面背缘长为中高的 0.67-0.70 倍，基部具 2 条或 3 条连有纵脊的横脊，其后方具 4 条或 3 条纵脊，无光滑区；腹柄背面基半具 2 条细横皱，端半中央光滑，或基部 0.7 具 5 条细横皱，其余光滑，但有 1 纵脊或 2-3 条短斜横皱 ·· 27

27. 触角第 2 鞭节长为端宽的 1.57 倍；唇基光滑无刻点；前翅翅痣长为宽的 2.05 倍；额脊弱；腹柄背面基部 0.7 具 5 条细横皱，端部 0.3 光滑，有 1 不明显中纵脊；合背板基部侧纵沟各 3 条；前翅长 2.4mm。浙江 ···························· **盾脸叉齿细蜂，新种 E. peltatus, sp. nov.**

触角第 2 鞭节长为端宽的 2.0 倍；唇基光滑有刻点；前翅翅痣长为宽的 1.06 倍；额脊强；腹柄背面基半具 2 条细横皱，端半中央光滑，两侧具 2-3 条短斜横脊；合背板基部侧纵沟各 2 条；前翅长 2.7mm。浙江 ···························· **具点叉齿细蜂，新种 E. punctatus, sp. nov.**

(325) 裸腹叉齿细蜂，新种 *Exallonyx nudatisyntergite* He et Xu, sp. nov. (图 385)

雄：前翅长 2.1mm。

头：背观上颊长为复眼的 0.81 倍。颊长为复眼纵径的 0.18 倍。唇基宽为长的 3.5 倍，稍均匀隆起，光滑，亚端横脊弱，端缘稍凹。触角第 2、10 鞭节长分别为宽的 3.3 倍和 2.7 倍，端节长为端前节的 1.6 倍；鞭节无明显角下瘤。额脊弱。后头脊正常。

胸：前胸背板颈部背面具 3-4 条横皱；侧面光滑，前沟缘脊发达；前沟缘脊之后无毛，颈脊之后具毛；背缘具稀疏的单列毛；后下角单个凹窝。中胸侧板前缘上角有稀毛；镜面区上半具稀毛；侧板下半部 (中央横沟以下部位) 具稀毛。后胸侧板中央前方及前上方有被纵沟分隔的、表面具稀毛的光滑区，其长和高分别占侧板的 0.4 倍和 0.6 倍，其余部位具小室状网皱。并胸腹节侧观背缘弧形；中纵脊伸至后表面近端部；背表面端半具细网皱，基半具弱点皱，无光滑区；后表面缓斜，具横皱；外侧区具小室状网皱。

足：后足腿节长为宽的 3.8 倍；后足胫节长距长为基跗节的 0.53 倍。

翅：前翅长为宽的 2.3 倍；翅痣长和径室前缘脉长分别为翅痣宽的 1.9 倍和 0.67 倍；翅痣后侧缘稍弯；径脉第 1 段内斜，长为宽的 0.9 倍，从翅痣近中央伸出；径脉第 2 段直，两段相接处膨大。后翅后缘近基部有缺刻。

腹：腹柄背面中长为中宽的 1.3 倍，具 6 条强纵脊，亚中脊间夹细点皱；腹柄侧面上缘长为中高的 1.3 倍，上缘直，基部具横脊 1 条，横脊后具强斜纵脊 6 条。合背板基部中纵沟伸达基部至第 1 对窗疤间距的 0.6 处，两侧各具 2 条纵沟，亚侧纵沟长为中纵沟的 0.4 倍。第 1 窗疤宽为长的 2.0 倍 (右) 或 2.5 倍 (左)，疤距为右疤宽的 0.2 倍。合背板上几乎无毛。抱器长三角形，不下弯，端尖。

体色：体黑色。须黄色。上唇、上颚端部和翅基片褐黄色。触角黑褐色，柄节褐黄色。前中足红褐色；中后足基节黑色；后足转节、腿节和胫节基半棕色；胫节端半和跗节黑褐色。翅透明，翅痣和强脉暗褐黄色，弱脉无色。

雌：未知。

寄主：未知。

研究标本：正模♂，云南绿春分水岭，2003.Ⅶ.23，胡龙，No.20048143。

分布：云南。

鉴别特征：见检索表。

词源：种本名"裸腹 *nudatisyntergite*"，系 *nudatis* (裸体) +*syntergite* (合背板) 组合词，意为合背板上几乎无毛。

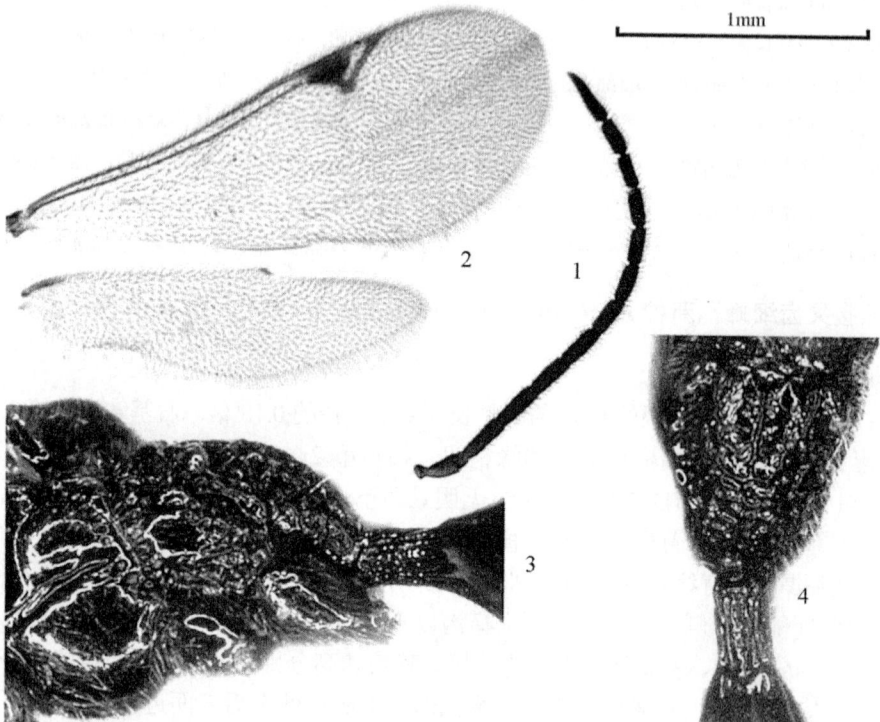

图 385 裸腹叉齿细蜂，新种 *Exallonyx nudatisyntergite* He et Xu, sp. nov.

1. 触角; 2. 翅; 3. 中胸侧板、后胸侧板、并胸腹节和腹柄，侧面观; 4. 并胸腹节、腹柄和合背板基部，背面观 [1-2. 1.0X 标尺; 3-4. 2.0X 标尺]

(326) 黑唇叉齿细蜂 *Exallonyx nigrolabius* Liu, He *et* Xu, 2006 (图 386)

Exallonyx nigrolabius Liu, He *et* Xu, 2006, *Entomotaxonomia*, 28(2): 140.

Exallonyx nigrolabius Liu, He *et* Xu: Liu *et al.*, 2007, *Proc. Entomol. Soc. Wash.*, 109 (4): 802.

雄：前翅长 3.9mm。

　　头：背观上颊长为复眼的 0.75 倍。颊长为复眼纵径的 0.31 倍。唇基宽为长的 3.0 倍，稍均匀隆起，散生刻点，亚端横脊明显，端缘稍凹。上唇具夹点刻皱。上颚外侧具强刻条。触角第 2、10 鞭节长分别为端宽的 2.5 倍和 2.8 倍，端节长为端前节的 1.48 倍；第 3-10 各鞭节有不明显的条形角下瘤。额脊强而高。后头脊高，呈檐状。

　　胸：前胸背板颈部具 8 条细横皱；侧面光滑，前沟缘脊发达；前沟缘脊之后具 2 根毛，颈脊之后具毛；背缘具连续的不规则双列毛；后下角单凹窝。中胸侧板前缘上角和中央横沟上方为有毛区，之间无毛区长为翅基片的 1.1 倍；镜面区上方 0.4 具毛；侧板下半部 (中央横沟以下部位) 具稀毛，近中央区域无毛；后下角具平行细皱。后胸侧板具小室状网皱；中央前方及前上方有被纵沟分隔的、表面具稀毛的光滑区，其长和高分别占侧板的 0.4 倍和 0.7 倍。并胸腹节侧观背表面平，后表面斜；中纵脊伸达近后表面端部，后表面中纵脊比周围横皱弱；背表面具强网皱，光滑区极短，仅基部中央存在；后表面具强横脊；外侧区具小室状强网皱。

　　足：后足腿节长为宽的 4.0 倍；后足胫节长距长为基跗节的 0.6 倍。

　　翅：前翅长为宽的 2.18 倍；翅痣长和径室前缘脉长分别为翅痣宽的 1.7 倍和 0.7 倍；翅痣后侧缘稍弯；径脉第 1 段从翅痣近中央伸出，内斜，长为宽的 0.75 倍；径脉第 2 段直，两段相接处稍膨大。后翅后缘近基部 0.35 处缺刻浅。

　　腹：腹柄背面中长为中宽的 1.1 倍，背表面具 3 条强纵脊，中纵脊短，仅端半存在，两侧脊强而高；腹柄侧面上缘长为中高的 0.87 倍，上缘直，基部具横脊 1 条，表面具强斜纵脊 6 条。合背板基部中纵沟伸达基部至第 1 对窗疤间距的 0.9 处，两侧各具 4 条纵沟，亚侧纵沟长为中纵沟的 0.74 倍。第 1 窗疤宽为长的 2.4 倍，疤距为疤宽的 0.58 倍。合背板上的毛稀而短，远离合背板下缘，下方毛窝至合背板下缘之距为毛长的 2.0 倍。

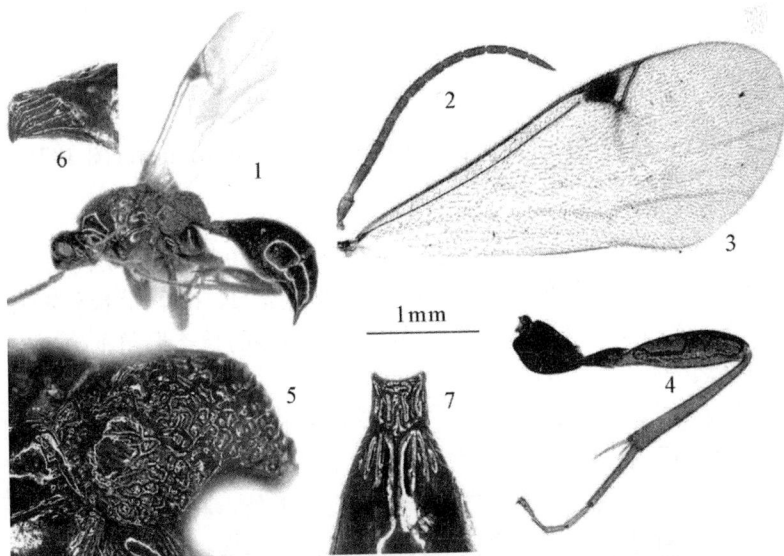

图 386　黑唇叉齿细蜂 *Exallonyx nigrolabius* Liu, He *et* Xu

1. 整体，侧面观；2. 触角；3. 前翅；4. 后足；5. 后胸侧板和并胸腹节，侧面观；6. 腹柄，侧面观；7. 腹柄和合背板基部，背面观 (仿 Liu *et al*., 2006a) [1. 0.5X 标尺；2-3. 1.0X 标尺；4-7. 2.0X 标尺]

抱器三角形，不下弯，端尖。

体色：体黑色。上唇黑色，上颚端半、须黄色。触角柄节、梗节及第 1 鞭节基部褐色，其余黑褐色。翅基片红褐色。足基节和转节黑色，其余各节红褐色。翅透明，带烟黄色，翅痣和强脉黑褐色，弱脉无色。

雌：未知。

寄主：未知。

变异：前翅长 3.4-3.9mm；触角褐色至黑褐色；须黄色至黄褐色；并胸腹节背表面光滑区短至极短；足腿节褐色至深褐色。

研究标本：1♂，浙江西天目山仙人顶，1999.Ⅷ.18，马云，No.997602 (正模)；1♂，浙江西天目山仙人顶，2000.Ⅶ.3，马云，No.200103631；5♂，浙江西天目山仙人顶，1987.Ⅸ.4，1994.Ⅵ.4，2003.Ⅶ.28，陈学新，Nos.877272，941673，20034486，20034489，20034490；1♂，浙江西天目山仙人顶，1993.Ⅵ.12，马巨法，No.934537；15♂，浙江西天目山仙人顶，1997.Ⅶ.15，1998.Ⅶ.4-27，1998.Ⅷ.2-10，赵明水，Nos.991984，992277，992308，992855，992870，992876，992880，992896-97，992925，992927，992933，993855，994139，997104；1♂，浙江西天目山仙人顶，1999.Ⅷ.18，杨雅芬，No.997740；1♂，浙江西天目山仙人顶，2003.Ⅶ.29，时敏，No.20034535；1♂，陕西汉中黎坪国家森林公园，2004.Ⅶ.22，吴琼，No.20046851 (以上均为副模)。

分布：陕西、浙江。

鉴别特征：本种的并胸腹节表面具网皱、足转节黑色、腹柄表面具强斜纵脊等特征与分布于新几内亚的鸦叉齿细蜂 Exallonyx coracinus Townes, 1981 相似，与后者不同在于：①前沟缘脊发达，前胸背板上缘具双列毛 (后者单列毛)；②并胸腹节后表面具强横脊 (后者按图无横脊)；③合背板基部中纵沟伸达基部至第 1 窗疤间距的 0.9 处 (后者为 0.75)。本种与国内其他种区别见检索表。

词源：本种名"黑唇 nigrolabius"，意指其上唇黑色。

(327) 河南叉齿细蜂，新种 Exallonyx henanensis He et Liu, sp. nov. (图 387)

雄：前翅长 5.0mm。

头：背观上颊长为复眼的 0.85 倍。颊长为复眼纵径的 0.31 倍。唇基宽为长的 3.1 倍，稍均匀隆起，有刻点，亚端横脊明显，端缘平截。触角第 2、10 鞭节长分别为端宽的 3.2 倍和 3.3 倍，端节长为端前节的 1.4 倍；各鞭节均有不明显的长条形角下瘤。额脊强而高。后头脊高，呈檐状。

胸：前胸背板颈部前缘具领状拱隆，具弱而不完整的横脊 4 条；侧面光滑，前沟缘脊发达；前沟缘脊之后具 6 根毛，颈脊之后无毛；背缘具连续的多列毛；后下角单凹窝。中胸侧板前缘满布细毛；镜面区除下方 0.4 及上方无毛外，其余具中等密毛；侧板下半部具毛；后下角具平行细皱。后胸侧板中央前方及前上方有被纵沟分隔的、表面具密毛的光滑区，其长和高分别占侧板的 0.5 倍和 0.6 倍，其余具小室状强网皱。并胸腹节侧观背缘曲折，后表面陡斜；中纵脊伸达后表面近端部，比周围横脊弱；背表面满布刻皱，几乎无光滑区；后表面具平行强横网皱；外侧区具小室状强网皱。

足：后足腿节长为宽的 4.1 倍；后足胫节长距长为基跗节的 0.5 倍。

翅：前翅长为宽的 2.09 倍；翅痣长和径室前缘脉长分别为翅痣宽的 1.6 倍和 0.6 倍；翅痣后侧缘稍弯；径脉第 1 段从翅痣中央稍外方伸出，内斜，长为宽的 1.2 倍；径脉第 2 段直，两段相接处脉桩膨大。后翅后缘近基部 0.35 处缺刻浅。

腹：腹柄背面中长为中宽的 1.2 倍，基部 0.3 光滑而下斜，其后表面具 2 条强纵脊，脊之间有粗刻点，脊外侧连有 3 条短斜脊；腹柄侧面上缘长为中高的 0.8 倍，上缘直，基部具横脊 1 条，表面具强斜纵脊 7 条。合背板基部中纵沟伸达基部至第 1 对窗疤间距的 0.9 处，两侧各具 3 条纵沟，亚侧纵沟长为中纵沟的 0.42 倍，外侧纵沟弱。第 1 窗疤宽为长的 4.0 倍，疤距为疤宽的 0.48 倍。合背板上的毛中等长而密，近合背板下缘亦多毛，下方毛窝至合背板下缘之距为毛长的 1.5-2.0 倍。抱器三角形，不下弯，端尖。

体色：体黑色。上唇黑色。须黄褐色。上颚端部、翅基片红褐色。触角黑色。足红褐色，基节、转节黑色，端跗节、后足腿节和基跗节浅黑褐色。翅透明，带烟黄色，翅痣和强脉黑褐色，弱脉浅黄褐色。

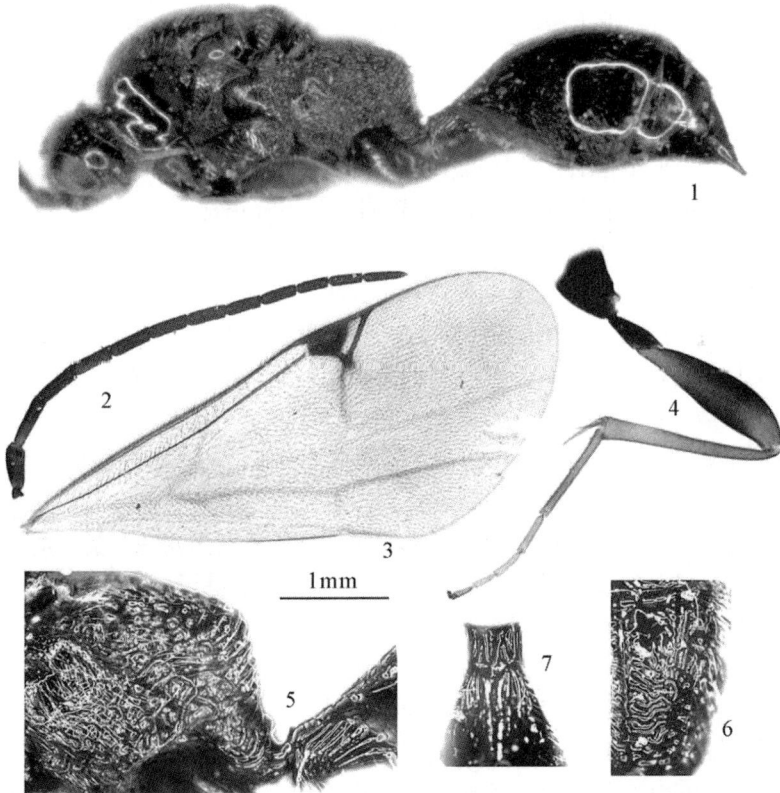

图 387　河南叉齿细蜂，新种 *Exallonyx henanensis* He *et* Liu, sp. nov.

1. 整体，侧面观；2. 触角；3. 前翅；4. 后足；5. 后胸侧板、并胸腹节和腹柄，侧面观；6. 并胸腹节，背面观；7. 腹柄和合背板基部，背面观 [1-4. 1.0X 标尺；5-7. 2.0X 标尺]

雌：未知。

寄主：未知。

研究标本：正模♂，河南卢氏，2000.Ⅴ.29，蔡平，No.200101483。

分布：河南。

鉴别特征：本种的足转节黑色、并胸腹节背面具强横皱、合背板基部中纵沟伸达基部至第 1 对窗疤间距的 0.9 处等特征与黑唇叉齿细蜂 *Exallonyx nigrolabius* Liu, He *et* Xu, 2006 相似，不同于后者的主要特征在于：①中胸侧板前缘满布细毛 (后者仅前缘上角具毛)；②腹柄背面基部 0.3 光滑而下斜，其后具 2 条强纵脊，脊之间有粗刻点，脊纵侧连有 3 条短斜脊 (后者腹柄背面观具 5 条强纵脊)；③第 1 窗疤宽为长的 4.0 倍 (后者为 2.4 倍)。从触角鞭节黑色与分布于新几内亚的斜叉齿细蜂 *E. clinatus* Townes, 1981 和黑翅叉齿细蜂 *E. melanoptera* Townes, 1981 相似，可从以下特征与后两者区别：①前胸背板上缘具多列毛 (后两者为单列毛)；②中胸侧板具密毛 (后两者仅前缘上角具毛)；③合背板基部中纵沟伸达基部至第 1 对窗疤间距的 0.9 处 (后两者为 0.6 处)；④前翅透明，带烟黄色 (后两者黑色)。

词源：种本名 "河南 *henanensis*"，是以模式标本采集地点河南省命名。

(328) 具瘤叉齿细蜂，新种 *Exallonyx tuberculatus* He *et* Xu, sp. nov. (图 388)

雌：前翅长 2.6mm。

头：背观上颊长为复眼的 0.82 倍。颊长为复眼纵径的 0.57 倍。唇基宽为长的 3.0 倍，稍均匀隆起，光滑，亚端横脊弱，端缘平截。触角细长，第 2、10 鞭节长分别为宽的 5.3 倍和 2.5 倍，端节长为端前节的 1.5 倍。额脊弱。后头脊正常。

胸：前胸背板颈部背面具 3-4 条横皱；侧面光滑，前沟缘脊发达；前沟缘脊上方之后有细脊，颈脊之后具毛；背缘无毛列；后下角单个凹窝。中胸侧板前缘上角和中央横沟上方有稀毛，之间无毛区长为翅基片的 1.3 倍；镜面区上方 0.2 具稀毛；侧板下半部 (中央横沟以下部位) 具稀毛。后胸侧板满布细而密的网皱，中央前方及前上方无光滑区，背方中央有小隆瘤。并胸腹节侧观背缘稍有角度；中纵脊伸至后表面近中央；背表面无光滑区，满布细网皱；后表面缓斜，与背表面间有强横皱；与外侧区均具小室状网皱。

足：后足腿节长为宽的 7.3 倍；后足胫节长距长为基跗节的 0.35 倍。

翅：前翅长为宽的 2.4 倍；翅痣长和径室前缘脉长分别为翅痣宽的 2.4 倍和 1.0 倍；翅痣后侧缘稍弯；径脉第 1 段垂直，长为宽的 1.3 倍，从翅痣近中央基方伸出；径脉第 2 段直，两段相接处膨大。后翅后缘近基部缺刻深。

腹：腹柄背面长为中宽的 2.2 倍，具 8 条强纵皱，内夹细皱；腹柄侧面上缘长为中高的 2.1 倍，上缘直，基部具横脊 1 条，横脊后具强斜纵脊 6 条，基半内夹细皱。合背板基部中纵沟短而浅，伸达基部至第 1 对窗疤间距的 0.4 处，两侧各具 2 条深纵沟，亚侧纵沟长为中纵沟的 1.0 倍。第 1 窗疤宽为长的 2.0 倍，疤距为疤宽的 0.95 倍。合背板上的毛较密，多位于近合背板下缘，下方毛窝至合背板下缘之距为毛长的 0.5-0.8 倍。产卵管鞘长为后足胫节的 0.26 倍，为鞘中宽的 4.0 倍，表面具细刻点，光滑，有细毛。

体色：体黑色。须黄色。上唇、上颚端部和翅基片褐黄色。触角黑褐色。足黄褐色，后足基节基部、中后足腿节背方 (除两端)、前足胫节端半、中后足胫节和后足第 1-2 跗节浅褐色。翅透明，带烟黄色，翅痣和强脉褐黄色，弱脉无色。

雄：与雌性相似，不同之处在于，背观上颊长为复眼的 0.73 倍。触角第 2、10 鞭节长分别为宽的 4.4 倍和 3.8 倍。后足胫节长距长为基跗节的 0.5 倍。合背板基部中纵沟伸达基部至第 1 对窗疤间距的 0.28 处，亚侧纵沟长为中纵沟的 1.4 倍。抱器长三角形，不下弯，端尖。

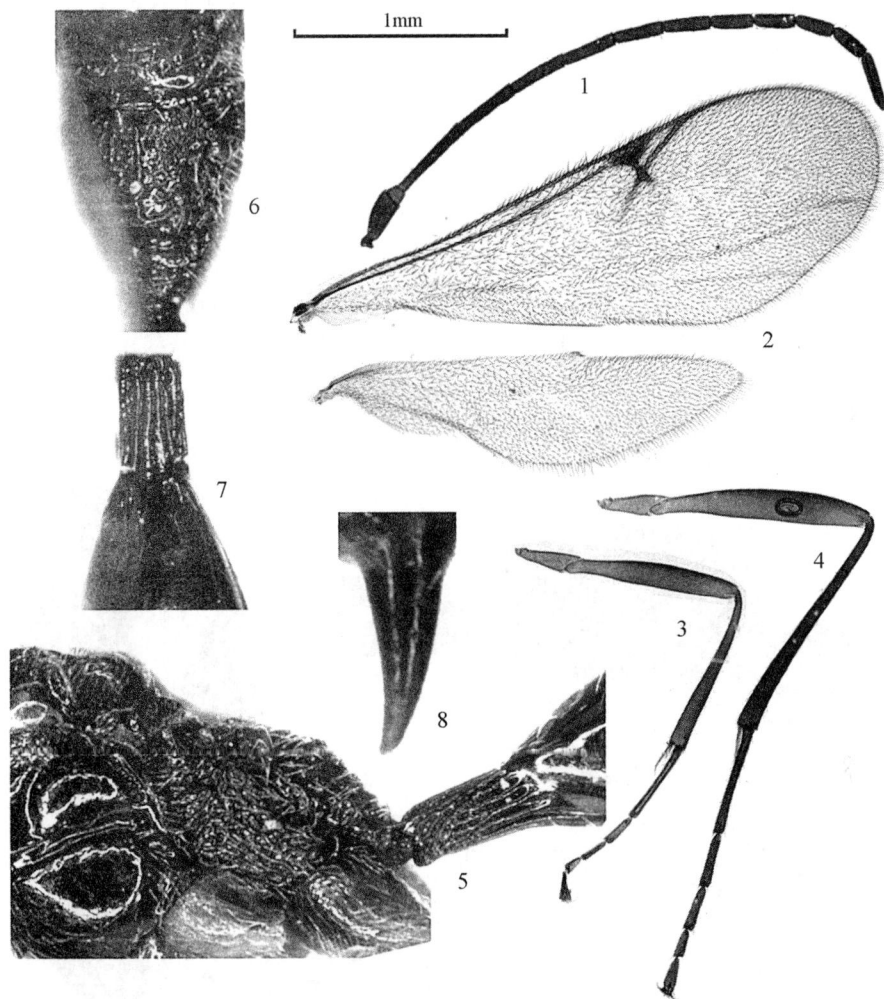

图 388　具瘤叉齿细蜂，新种 *Exallonyx tuberculatus* He *et* Xu, sp. nov.

1. 触角；2. 翅；3. 中足；4. 后足；5. 中胸侧板、后胸侧板、并胸腹节和腹柄，侧面观；6. 并胸腹节，背面观；7. 腹柄和合背板基部，背面观；8. 产卵管鞘 [1-4. 1.0X 标尺；5-7. 2.0X 标尺；8. 4.0X 标尺]

寄主：未知。

研究标本：正模♀，云南个旧曼耗镇，2003.Ⅶ.23，胡龙，No.20048132。副模：2♂，云南屏边大围山，2003.Ⅶ.18，胡龙，Nos.20048145，20048154。

分布：云南。

鉴别特征：见检索表。

词源：种本名"具瘤 *tuberculatus*"，意为后胸侧板背方中央有小隆瘤。

(329) 长腿叉齿细蜂，新种 *Exallonyx longifemoratus* He et Xu, sp. nov. (图 389)

雄：前翅长 2.35mm。

头：背观上颊长为复眼的 0.76 倍。颊长为复眼纵径的 0.52 倍。唇基宽为长的 2.0 倍，稍均匀隆起，光滑，亚端横脊弱，端缘平截。触角第 2、10 鞭节长分别为宽的 3.5 倍和 2.8 倍，端节长为端前节的 1.4 倍；鞭节无明显角下瘤。额脊中等高。后头脊正常。

胸：前胸背板颈部背面具 1-2 条弱横皱；侧面光滑，前沟缘脊发达；前沟缘脊之后无毛，颈脊之后具毛；背缘几乎无毛；后下角具单个凹窝。中胸侧板光滑，仅前缘上角有稀毛和弱皱；镜面区上方 0.3 具稀毛；侧板下半部除沿中央横沟以下部位外具稀毛。后胸侧板具网皱，无光滑区。并胸腹节侧观背缘缓斜；满布小室状网皱；中纵脊达后表面近端部；背表面光滑区小，长为并胸腹节基部至气门后缘间距的 0.8 倍。

足：后足腿节长为宽的 6.2 倍；后足胫节长距长为基跗节的 0.46 倍。

翅：前翅翅痣长和径室前缘脉长分别为翅痣宽的 3.4 倍和 0.75 倍；翅痣后侧缘稍弯；径脉第 1 段从翅痣近中央基方伸出，近于垂直，长为宽的 1.0 倍；径脉第 2 段直，两段相接处有脉桩。后翅后缘近基部有缺刻。

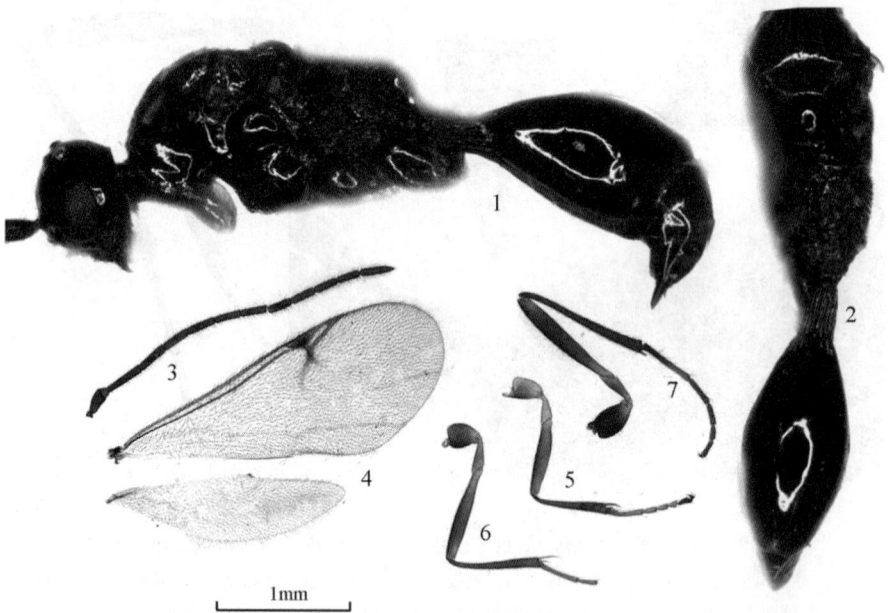

图 389 长腿叉齿细蜂，新种 *Exallonyx longifemoratus* He et Xu, sp. nov.
1. 整体，侧面观；2. 胸部和腹部，背面观；3. 触角；4. 翅；5. 前足；6. 中足；7. 后足 [1-2. 1.5X 标尺；3-7. 1.0X 标尺]

腹：腹柄背面中长为中宽的 2.0 倍，基部无横脊，具 7 条强纵脊；腹柄侧面上缘长为中高的 1.8 倍，上缘直，基部具横脊 1 条，横脊后具强纵脊 5 条，基部沟内夹刻点。合背板基部中纵沟伸达基部至第 1 对窗疤间距的 0.4 处，两侧各具 3 条纵沟，亚侧纵沟长为中纵沟的 1.0 倍。第 1 窗疤宽为长的 2.3 倍，疤距为疤宽的 0.8 倍。合背板上仅窗疤下方和后方近腹缘处有几根稀毛，其余光滑。抱器长三角形，不下弯，端尖。

体色：体黑色。须浅黄褐色。上唇和上颚端半暗红色。触角黑褐色。翅基片棕褐色。前中足浅褐色，转节、腿节、前足基节和中足基节腹方黄褐色；后足黑褐色，基节端部、转节、腿节基部黄褐色。翅透明，带烟黄色，翅痣和强脉褐色，弱脉无色。

变异：前翅长 2.7mm。第 2、10 鞭节长分别为端宽的 4.0 倍和 4.0 倍。

雌：未知。

寄主：未知。

研究标本：正模♂，四川天全喇叭河，2006.Ⅶ.15，张红英，No.200610708。副模：1♂，同正模，No.200610683。

分布：四川。

鉴别特征：见检索表。

词源：种本名"长腿 *longifemoratus*"，系 *long* (长)+ *femoratus* (腿节) 组合词，意为后足腿节较细长，长为宽的 6.2 倍。

(330) 疏脊叉齿细蜂，新种 *Exallonyx dissitus* He *et* Liu, sp. nov. (图 390)

雄：前翅长 2.05mm。

头：背观上颊长为复眼的 0.83 倍。颊长为复眼纵径的 0.33 倍。唇基宽为长的 3.5 倍，稍均匀隆起，光滑，亚端横脊不明显，端缘稍凹。触角第 2、10 鞭节长分别为端宽的 3.0 倍和 2.9 倍，端节长为端前节的 1.44 倍；各鞭节无明显角下瘤。额脊弱。后头脊正常高。

胸：前胸背板颈部具 4-5 条横皱；侧面光滑，前沟缘脊发达；前沟缘脊和颈脊之后无毛；背缘具稀疏的双列毛；后下角单凹窝，上方具 3 个小的浅凹窝。中胸侧板前缘仅上角具毛和细皱；镜面区上半具稀毛；侧板下半部 (中央横沟以下部位) 前后角具稀毛，中央区域无毛；后下方具平行细皱。后胸侧板大部分具小室状网皱；中央前上方有被纵沟和刻点分隔的、表面具稀毛和刻点的小三角形光滑区，长占侧板的 0.2 倍。并胸腹节侧观背缘弧斜；中纵脊伸达后表面端部；背表面具刻皱，几乎无光滑区；后表面和外侧区均具小室状细网皱。

足：后足腿节长为宽的 4.2 倍；后足胫节长距缺。

翅：前翅长为宽的 2.17 倍；翅痣长和径室前缘脉长分别为翅痣宽的 1.9 倍和 0.63 倍；翅痣后侧缘稍弯；径脉第 1 段从翅痣近中央伸出，内斜，长为宽的 0.5 倍；径脉第 2 段直，两段相接处膨大。后翅后缘近基部 0.35 处缺刻浅。

腹：腹柄背面中长为中宽的 1.0 倍，表面具 4 条纵脊，亚纵脊强，脊间很分开，脊下端分叉；腹柄侧面上缘长为中高的 0.9 倍，上缘直，基部具横脊 1 条，表面具强斜纵脊 8 条。合背板基部中纵沟伸达基部至第 1 对窗疤间距的 0.67 处，两侧各具 3 条纵沟，亚侧纵沟长为中纵沟的 0.75 倍。第 1 窗疤宽为长的 3.3 倍，疤距为疤宽的 0.5 倍。合背板上的毛稀而短，远离合背板下缘。抱器三角形，不下弯，端尖。

体色：体黑色，前胸和腹部带暗棕色。上唇、上颚端半、翅基片褐色。须黄色。触角柄节、梗节褐黄色，鞭节棕黑色。足黄褐色；前足基节红棕色，中后足基节除端部黑褐色。翅带烟黄色透明，翅痣和强脉浅褐色，弱脉无色。

雌：未知。

寄主：未知。

研究标本：正模♂，辽宁沈阳，1990.Ⅶ.27，刘高盛，No.9611573。

鉴别特征：本种的前沟缘脊发达、腹柄具明显的沟脊、合背板基部中纵沟两侧具侧沟等特征与分布于新几内亚的链颈叉齿细蜂 *Exallonyx torquatus* Townes, 1981 相似，但可从以下主要特征区别于后者：①后胸侧板大部分具小室状网皱 (后者后胸侧板大部分光滑)；②前翅带烟黄色透明 (后者翅黑色)；③后足腿节长为宽的 4.2 倍 (后者为 3.9 倍)。本种与本种团其他种类区别见检索表。

词源：种本名"疏脊 *dissitus* (离散)"，指腹柄背面纵脊脊间距离较大。

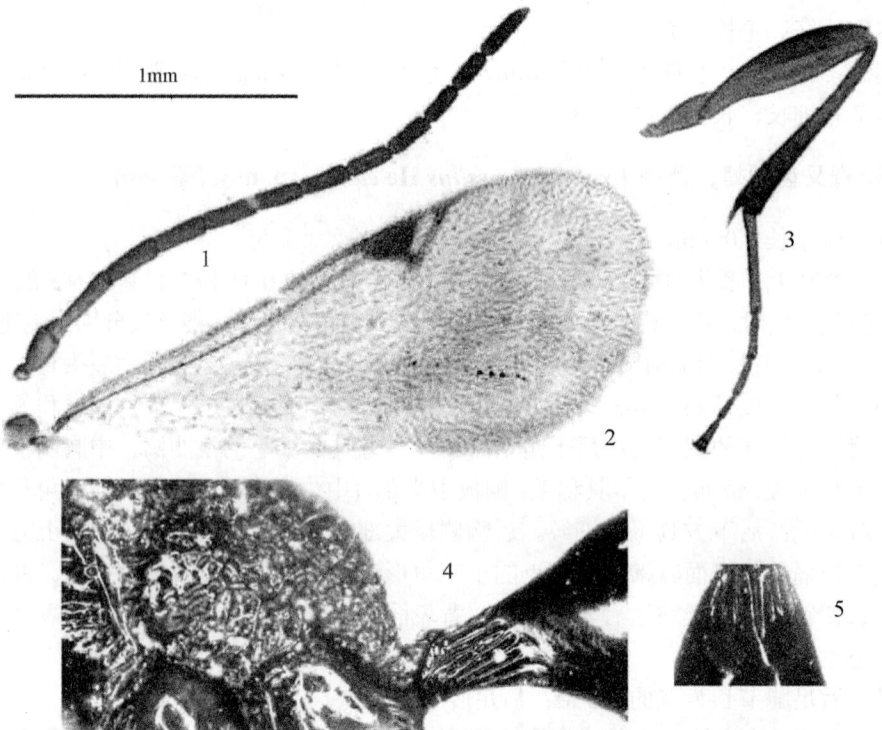

1mm

图 390　疏脊叉齿细蜂，新种 *Exallonyx dissitus* He *et* Liu, sp. nov.

1. 触角；2. 前翅；3. 后足；4. 后胸侧板、并胸腹节和腹柄，侧面观；5. 合背板基部，背面观 [1-3. 1.0X 标尺；4-5. 2.0X 标尺]

(331) 蔡氏叉齿细蜂，新种 *Exallonyx caii* He *et* Liu, sp. nov. (图 391)

雄：前翅长 1.9mm。

头：背观上颊长为复眼的 0.74 倍。颊长为复眼纵径的 0.32 倍。唇基宽为长的 3.0 倍，稍均匀隆起，光滑，亚端横脊不明显，端缘平截。触角第 2、10 鞭节长分别为端宽的 3.0 倍和 2.4 倍，端节长为端前节的 1.7 倍；第 4-10 各鞭节有不明显近圆形的角下瘤。额脊弱。后头脊正常。

胸：前胸背板颈部具2条横皱；侧面光滑，前沟缘脊发达；前沟缘脊之后无毛，颈脊之后无毛；背缘具连续的稀疏的单列毛；后下角单凹窝。中胸侧板前缘上角和中央横沟上方为有毛区，之间无毛区长为翅基片的1.1倍；镜面区前方0.3具稀毛；侧板下半部(中央横沟以下部位) 具稀毛。后胸侧板具小室状网皱；中央前方及前上方有被纵沟分隔的、表面具稀毛的光滑区，其长和高分别占侧板的0.4倍和0.6倍。并胸腹节侧观背缘弧形，后表面缓斜；中纵脊伸达后表面端部；背表面内具细皱，几乎无光滑区；后表面与外侧区具小室状网皱。

足：后足腿节长为宽的5.0倍；后足胫节长距长为基跗节的0.5倍。

翅：前翅长为宽的2.1倍；翅痣长和径室前缘脉长分别为翅痣宽的1.87倍和0.75倍；翅痣后侧缘直；径脉第1段从翅痣近中央伸出，内斜直，长为宽的1.5倍；径脉第2段直，两段相接处不膨大。后翅后缘基部0.35处缺刻浅。

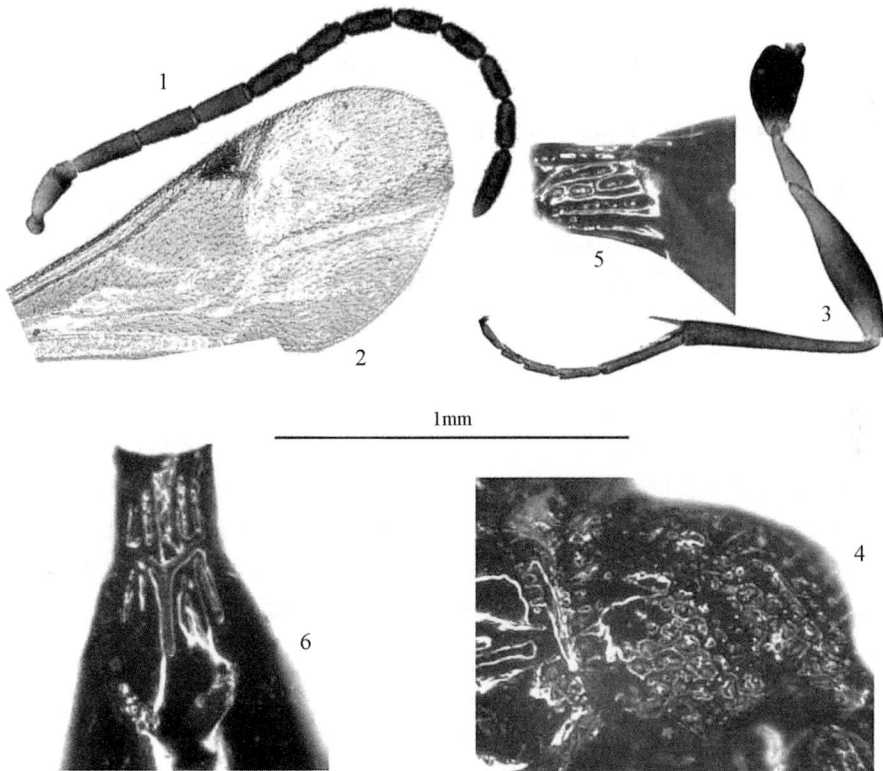

图391　蔡氏叉齿细蜂，新种 *Exallonyx caii* He et Liu, sp. nov.

1. 触角；2. 前翅；3. 后足；4. 后胸侧板和并胸腹节，侧面观；5. 腹柄，侧面观；6. 腹柄和合背板基部，背面观 [1-3.1.0X 标尺；4-6.2.0X 标尺]

腹：腹柄背面中长为中宽的1.2倍，表面具4条细纵脊，内夹细皱；腹柄侧面上缘长为中高的1.1倍，上缘直，基部具横脊1条，表面具强斜纵脊6条。合背板基部中纵沟伸达基部至第1对窗疤间距的0.6处，两侧各具2条纵沟，亚侧纵沟长为中纵沟的0.71倍 (右) 或0.4倍 (左)。第1窗疤宽为长的2.67倍，疤距为疤宽的0.25倍。合背板上的毛稀而短，远离合背板下缘。抱器三角形，不下弯，端尖。

体色：体黑色。上唇、上颚端半及翅基片褐黄色。须黄色。触角黑褐色，柄节褐黄色。前中足基节、各腿除两端、后足胫节端半和跗节浅褐色，后足基节黑色，其余各节褐黄色。翅透明，翅痣和强脉褐色，弱脉无色。

雌：未知。

寄主：未知。

研究标本：正模♂，河南嵩县白云山，1996.Ⅶ.11，蔡平，No.972690。

鉴别特征：本新种的唇基亚端横脊不明显、额脊弱、腹柄背面无横皱、足转节褐黄色等特征与疏背叉齿细蜂，新种 *Exallonyx dissitus* sp. nov.相似，与后者主要区别在于：①前胸背板上缘毛带单列毛宽 (后者双列毛宽)；②前胸背板侧面后下角凹窝上方无其他凹窝 (后者凹窝上方具 3 个小的浅凹窝)；③第 1 对窗疤宽为长的 2.67 倍 (后者为 3.3 倍)。本种的触角第 10 鞭节长为端宽的 2.4 倍可以与国外所有已知种区别 (国外已知种触角第 10 鞭节长为宽的 2.9-3.4 倍)。

词源：种本名"蔡氏 *caii*"，根据采集者苏州大学昆虫学教授蔡平博士姓氏命名。

(332) 李氏叉齿细蜂，新种 *Exallonyx lii* He *et* Xu, sp. nov. (图 392)

雌：前翅长 2.0mm。

头：背观上颊长为复眼的 1.2 倍。颊长为复眼纵径的 0.68 倍。唇基宽为长的 2.6 倍，稍均匀隆起，光滑，端缘平截。触角第 2、10 鞭节长分别为宽的 1.4 倍和 1.2 倍，端节长为端前节的 1.64 倍；额脊中等高。后头脊正常。

胸：前胸背板颈部背面具 6 条细横皱；侧面光滑，前沟缘脊发达；前沟缘脊之后无毛，颈脊之后具毛；背缘具连续的单列毛；后下角具单个凹窝。中胸侧板前缘上角具细皱并有稀毛，中央横沟上方有稀毛，之间无毛区长为翅基片的 1.8 倍；镜面区上半具稀毛；侧板下半部 (沿中央横沟以下部位) 具稀毛，近中央区域无毛；后下角具平行细皱。后胸侧板中央前方及前上方有被纵沟分隔的、表面具稀毛的光滑区，其长和高分别占侧板的 0.3 倍和 0.7 倍，其余部位具小室状网皱。并胸腹节侧观背缘强弧形；中纵脊伸至后表面近端部；背表面一侧光滑区长为并胸腹节基部至气门后缘间距的 0.5 倍；后表面具横网皱；外侧区具小室状网皱。

足：后足腿节长为宽的 4.3 倍；后足胫节长距长为基跗节的 0.42 倍。

翅：前翅翅痣长和径室前缘脉长分别为翅痣宽的 2.0 倍和 0.4 倍；翅痣后侧缘直；径脉第 1 段从翅痣近中央伸出，内斜，近于垂直，长为宽的 0.6 倍；径脉第 2 段直，两段相接处膨大。后翅后缘近基有缺刻。

腹：腹柄背面中长为中宽的 1.3 倍，基部 0.6 具不规则横网皱，端部 0.4 具 7 条短纵脊；腹柄侧面上缘长为中高的 1.2 倍，上缘直，基部具横脊 1 条，横脊后具强斜纵脊 6 条。合背板基部中纵沟伸达基部至第 1 对窗疤间距的 0.7 处，两侧各具 3 条纵沟，亚侧纵沟长为中纵沟的 0.5 倍。第 1 窗疤宽为长的 3.0 倍，疤距为疤宽的 0.6 倍。合背板上几乎毛。产卵管鞘长为后足胫节的 0.42 倍，为鞘中宽的 3.1 倍，表面具细长刻点，光滑，有细毛。

体色：体黑色。须黄色。上唇、上颚端部和翅基片红褐色。触角黑色，基部 3 节红褐色。足红褐色，基节和端跗节黑褐色；后足腿节除两端和胫节除基部带黑褐色。翅透明，带烟黄色，翅痣和强脉褐色，弱脉无色。

雄：前翅长 1.9mm。

头：背观上颊长为复眼的 0.85 倍。颊长为复眼纵径的 0.46 倍。唇基宽为长的 2.8 倍，稍均匀隆起，光滑，端缘平截。触角第 2、10 鞭节长分别为宽的 3.3 倍和 2.6 倍，端节长为端前节的 1.46 倍；第 2-11 鞭节有 1 小而椭圆形的角下瘤。额脊弱。后头脊正常高。

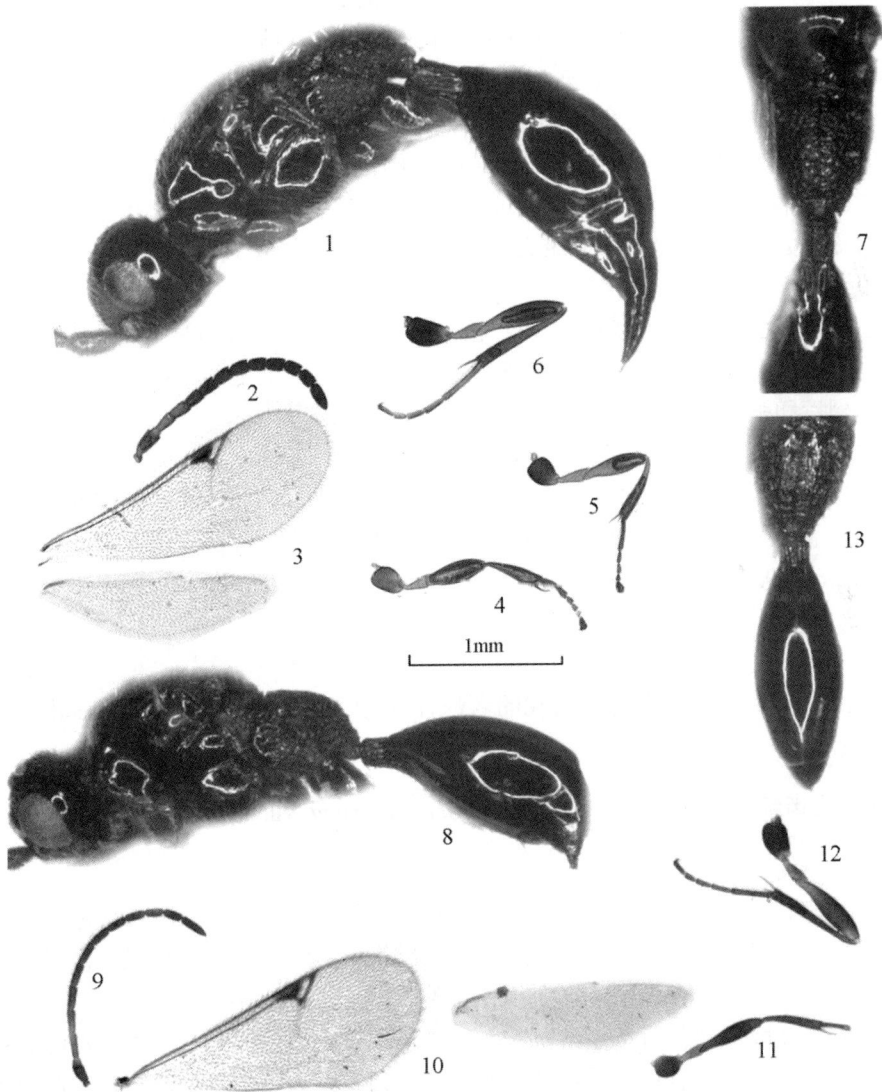

图 392　李氏叉齿细蜂，新种 *Exallonyx lii* He *et* Xu, sp. nov.

1, 8. 整体，侧面观；2, 9. 触角；3, 10. 翅；4. 前足；5, 11. 中足；6, 12. 后足；7, 13. 并胸腹节、腹柄和合背板基部，背面观 (1-7.♀；8-13.♂) [1, 7-8, 13. 2.0X 标尺；其余 1.0X 标尺]

胸：前胸背板颈部背面具 4-5 条细横皱；侧面光滑，前沟缘脊发达；前沟缘脊之后无毛，颈脊之后具毛；背缘具稀疏的单列毛；后下角具单个凹窝。中胸侧板前缘上角具细横皱并有稀毛；镜面区上方 0.4 具稀毛；侧板下半部除沿中央横沟以下部位外具稀毛。后胸侧板光滑区长和高分别占侧板的 0.4 倍和 0.7 倍，其余部位具网皱。并胸腹节侧观背缘弧形；中纵脊达后表面后端；背表面光滑区长为背表面基部至气门后缘间距的 1.0 倍；背表面其余部位、后表面和外侧区具小室状网皱。

足：后足腿节长为宽的 4.1 倍；后足胫节长距长为基跗节的 0.52 倍。

翅：前翅翅痣长和径室前缘脉长分别为翅痣宽的 2.2 倍和 0.6 倍；翅痣后侧缘近于直；径脉第 1 段从翅痣近中央伸出，近于垂直，长为宽的 1.0 倍；径脉第 2 段直，两段相接处不膨大。后翅后缘近基部有缺刻。

腹：腹柄背面中长为中宽的 1.0 倍，基部无横皱，具 5 条强纵脊；腹柄侧面上缘长为中高的 0.8 倍，上缘直，基部具横脊 1 条，横脊后具强斜纵脊 5 条。合背板基部中纵沟伸达基部至第 1 对窗疤间距的 0.55 处，两侧各具 2 条纵沟，亚侧纵沟长为中纵沟的 0.9 倍。第 1 窗疤宽为长的 2.0 倍，疤距为疤宽的 0.2 倍。合背板上几乎无毛。抱器小，长三角形，不下弯，端尖。

体色：体黑色。须黄色。翅基片褐黄色。触角黑褐色，梗节和第 1-2 鞭节带红褐色。足黑褐色，基部和端跗节黑色，转节基部、腿节两端、胫节基部污黄褐色。翅透明，带烟黄色，翅痣和强脉褐色，弱脉无色。

寄主：未知。

研究标本：正模♀，河北小五台山杨家坪，2005.Ⅷ.20，张红英，No.200604694。副模：4♀2♂，河北小五台山杨家坪—山涧口，2005.Ⅷ.20，张红英、时敏，Nos.200604663-64，200604692-93，200604695，200604751。

分布：河北。

鉴别特征：见检索表。

词源：种本名"李氏 *lii*"，意为对我的老师、浙江大学已故昆虫学家李学骝教授 (1917-2001) 的纪念。

(333) 瘤角叉齿细蜂，新种 *Exallonyx tuberocornis* He et Xu, sp. nov. (图 393)

雄：前翅长 1.7mm。

头：背观上颊长为复眼的 0.59 倍。颊长为复眼纵径的 0.18 倍。唇基宽为长的 3.5 倍，稍均匀隆起，亚端横脊明显，端缘平截。触角端部 2 节丢失，第 2 鞭节长分别为宽的 2.5 倍；第 2-8 鞭节在中央稍基方有椭圆形小角下瘤。额脊低。后头脊正常。

胸：前胸背板颈部背面具 6 条横皱，后 2 条中央缺；侧面光滑，无前沟缘脊；前沟缘脊之后无毛，颈脊之后具毛；背缘具连续的单列毛；后下角单个凹窝。中胸侧板前缘上角有稀毛区；镜面区上方 0.3 具稀毛；侧板下半部 (中央横沟以下部位) 具稀毛，近中央区域无毛；后下角具平行细皱。后胸侧板中央前方及前上方有被纵沟分隔的、表面具稀毛的光滑区，其长和高分别占侧板的 0.35 倍和 0.6 倍，其余部位具小室状网皱。并胸腹节侧观背缘弧形；中纵脊伸至后表面近端部；背表面光滑区短，长为并胸腹节基部至气门后端间距的 1.5 倍；后表面陡斜，具横皱，端部光滑；外侧区具小室状网皱。

足：后足腿节长为宽的 4.5 倍；后足胫节长距长为基跗节的 0.67 倍。

翅：前翅长为宽的 2.2 倍；翅痣长和径室前缘脉长分别为翅痣宽的 2.2 倍和 1.0 倍；翅痣后侧缘稍弯；径脉第 1 段内斜，长为宽的 1.7 倍，从翅痣近中央伸出；径脉第 2 段直，两段相接处膨大。后翅后缘近基部缺刻深。

腹：腹柄背面中长为中宽的 1.3 倍，端部 0.7 具 6 条强斜纵皱，内夹细皱；腹柄侧面上缘长为中高的 1.0 倍，上缘稍下凹，基部具横脊 1 条，横脊后具强斜纵脊 7 条。合背板基部中纵沟伸达基部至第 1 对窗疤间距的 0.8 处，两侧各具 3 条纵沟，亚侧纵沟长为中纵沟的 0.7 倍。第 1 窗疤宽为长的 3.0 倍，疤距为疤宽的 0.6 倍。合背板几乎无毛。抱器长三角形，不下弯，端尖。

体色：体棕红色，仅并胸腹节和腹柄黑色。须黄色。上唇、上颚端部和翅基片黄褐色。触角浅褐色。足黄褐色；前足基节、前中足跗节黄色；中后足基节黑褐色。翅透明，翅痣和强脉浅黄褐色，弱脉无色。

雌：未知。

寄主：未知。

研究标本：正模♂，广西南宁，1982.Ⅴ.26，何俊华，No.822477。

分布：广西 (南宁)。

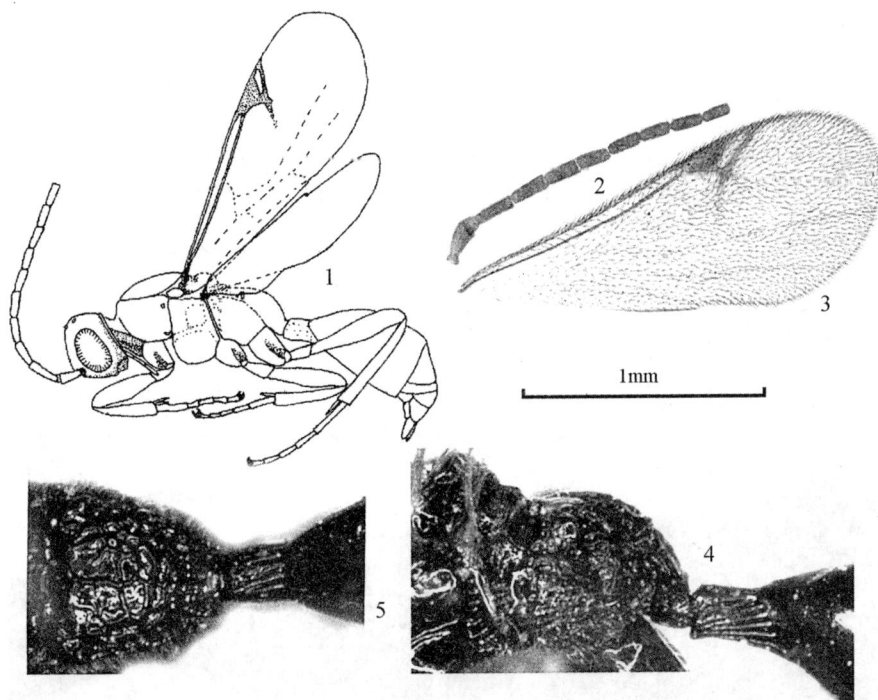

图 393　瘤角叉齿细蜂，新种 *Exallonyx tuberocornis* He *et* Xu, sp. nov.

1. 整体，侧面观；2. 触角；3. 前翅；4. 后胸侧板、并胸腹节和腹柄，侧面观；5. 并胸腹节、腹柄和合背板基部，背面观

[1. 0.6X 标尺；2-3. 1.0X 标尺；4-5. 2.0X 标尺]

鉴别特征：本新种与该种团的其他成员易于辨认，主要区别特征如下：①触角第 2-8 鞭节具椭圆形角下瘤；②触角浅褐色。

词源：种本名"瘤角 *tuberocornis*"，系角 *tubero* (瘤)+ *cornis* (触角) 组合词，意为触角第 2-8 鞭节具椭圆形角下瘤。

(334) 黄角叉齿细蜂，新种 *Exallonyx flavicornis* He *et* Xu, sp. nov. (图 394)

雄：前翅长 2.1mm。

头：背观上颊长为复眼的 0.6 倍。颊长为复眼纵径的 0.4 倍。唇基宽为长的 2.4 倍，稍均匀隆起，光滑，亚端横脊不明显，端缘稍凹。触角第 2、10 鞭节长分别为宽的 3.6 倍和 2.8 倍，端节长为端前节的 1.5 倍；鞭节有不明显的长椭圆形角下瘤。额脊弱。后头脊正常。

胸：前胸背板颈部背面具 4-5 条横皱；侧面光滑，前沟缘脊发达；前沟缘脊之后无毛，颈脊之后具毛；背缘具连续的单列毛；后下角单个凹窝。中胸侧板前缘上角有稀毛；镜面区上方 0.3 具稀毛；侧板下半部 (中央横沟以下部位) 具稀毛，近中央区域无毛；后下角具平行细皱。后胸侧板中央前方有表面具稀毛的光滑区，其长和高分别占侧板的 0.25 倍和 0.5 倍，其余部位具小室状网皱。并胸腹节侧观背缘弧形；中纵脊伸至后表面近端部；背表面光滑区小，长为并胸腹节基部至气门后端间距的 0.6 倍，其余部位具小室状网皱。

足：后足腿节长为宽的 4.1 倍；后足胫节长距长为基跗节的 0.59 倍。

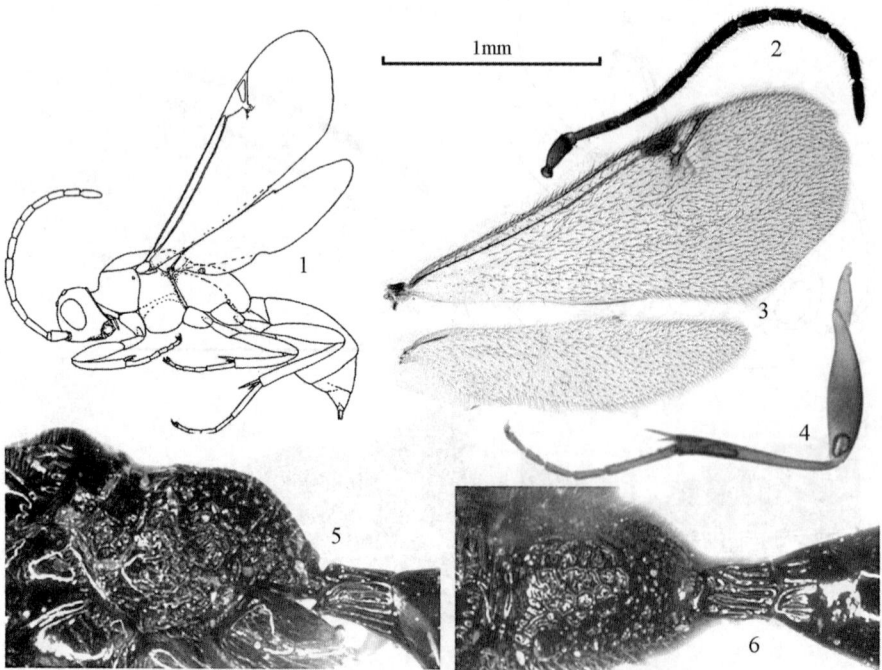

图 394 黄角叉齿细蜂，新种 *Exallonyx flavicornis* He *et* Xu, sp. nov.

1. 整体，侧面观；2. 触角；3. 翅；4. 后足；5. 后胸侧板、并胸腹节和腹柄，侧面观；6. 并胸腹节、腹柄和合背板基部，背面观 [1. 0.6X 标尺；2-4. 1.0X 标尺；5-6. 2.0X 标尺]

翅：前翅长为宽的 2.16 倍；翅痣长和径室前缘脉长分别为翅痣宽的 1.8 倍和 0.9 倍；翅痣后侧缘稍弯；径脉第 1 段内斜，长为宽的 1.0 倍，从翅痣中央稍外方伸出；径脉第 2 段直，两段相接处下端有脉桩。后翅后缘基部 0.35 处缺刻深。

腹：腹柄背面中长为中宽的 1.4 倍，具 7 条强纵脊，中纵脊斜；腹柄侧面上缘长为中高的 1.1 倍，上缘稍下斜，基部具横脊 2 条 (后方 1 条甚弱而细)，横脊后具强斜纵脊 6 条。合背板基部中纵沟伸达基部至第 1 对窗疤间距的 0.5 处，两侧各具 3 条弱纵沟，亚侧纵沟长为中纵沟的 0.8 倍。第 1 窗疤宽为长的 2.5 倍，疤距为疤宽的 0.3 倍。合背板上的毛稀而短，远离合背板下缘。抱器短，长三角形，不下弯，端尖。

体色：体棕黑色。须、上唇、上颚端部和翅基片黄褐色。触角黄褐色，但柄节和各鞭节基部色较浅。足红褐色；前足基节黄褐色，后足基节除端部黑褐色。翅透明，翅痣和强脉褐黄色，弱脉无色。

雌：未知。

寄主：未知。

研究标本：正模♂，云南昆明，1980.Ⅷ.19，何俊华，No.802638。

分布：云南。

鉴别特征：本新种与链颈叉齿细蜂 Exallonyx torquatus Townes, 1981 相近，但从以下特征可与后者区别：①第 2 鞭节长为宽的 3.6 倍；②合背板基部中纵沟两侧各具 3 条弱纵沟；③触角黄褐色，但柄节和各鞭节基部色较浅。

词源：种本名"黄角 flavicornis"，系 flav (黄) + cornis (触角) 组合词，意为触角基本上黄褐色。

(335) 七脊叉齿细蜂，新种 Exallonyx septemicarinus He et Xu, sp. nov. (图 395)

雄：前翅长 3.25mm。

头：背观上颊长为复眼的 0.83 倍。颊长为复眼纵径的 0.31 倍。唇基宽为长的 3.2 倍，稍均匀隆起，侧角有刻点，亚端横脊明显，端缘平截。触角第 2、10 鞭节长分别为宽的 3.1 倍和 3.2 倍，端节长为端前节的 1.5 倍；第 4-8 各鞭节有不明显的长椭圆形或圆形的角下瘤。额脊弱。后头脊正常高。

胸：前胸背板颈部具 4-5 条横皱；侧面光滑，前沟缘脊发达；前沟缘脊和颈脊之后无毛；背缘具非常稀疏的双列毛；后下角单凹窝，其上方另外具 2 小的浅凹窝。中胸侧板前缘上角和中央横沟上方为有毛区，之间无毛区长为翅基片的 1.8 倍；镜面区上方 0.6 和前方 0.33 具毛；侧板下半部 (中央横沟以下部位) 具稀毛，近中央区域有倒三角形无毛区；中央横沟后端下方具平行细皱。后胸侧板中央前上方有被斜沟分隔的、表面具稀毛的光滑区，其长和高分别占侧板的 0.5 倍和 0.6 倍，其余具小室状网皱。并胸腹节侧观背缘弧形，后表面斜；中纵脊在背表面清楚，后表面因虫胶覆盖看不清；背表面端部收窄，有网皱，中段外方有纵刻条，光滑区短，刚达气门后端，但近中纵脊处稍长；后表面具斜横皱；侧脊明显具小室状网皱。

足：后足腿节长为宽的 4.3 倍；后足胫节长距长为基跗节的 0.51 倍。

翅：前翅长为宽的 2.3 倍；翅痣长和径室前缘脉长分别为翅痣宽的 1.76 倍和 0.67 倍；

翅痣后侧缘稍弯；径脉第 1 段从翅痣近中央伸出，内斜，长为宽的 1.2 倍；径脉第 2 段直，两段相接处膨大。后翅后缘基部 0.35 处缺刻浅。

腹：腹柄背面中长为中宽的 1.0 倍，基部前缘具 2 横刻条，端部具 7 条强纵脊；腹柄侧面上缘长为中高的 0.67 倍，上缘直，基部具横脊 1 条，表面具强斜纵脊 5 条。合背板基部中纵沟伸达基部至第 1 对窗疤间距的 0.6 处，两侧各具 3 条纵沟，亚侧纵沟长为中纵沟的 0.67 倍。第 1 窗疤宽为长的 5.0 倍，疤距为疤宽的 0.44 倍。合背板上的毛稀而短，远离合背板下缘。抱器三角形，不下弯，端尖。

体色：体黑色。上唇暗火红色，上颚端半和翅基片红褐色。须黄色。触角柄节、梗节和第 1 鞭节基部暗火红色，其余暗褐色。足基节黑褐色，其余各节红褐色。翅透明，翅痣和强脉黄褐色，弱脉无色。

雌：未知。

寄主：未知。

研究标本：正模♂，浙江西天目山仙人顶，1998.Ⅶ.30，赵明水，No.994471。

鉴别特征：本新种的前沟缘脊发达、合背板中纵沟伸达基部至第 1 对窗疤的 0.6 处等特征与巴布亚新几内亚种链颈叉齿细蜂 *Exallonyx torquatus* Townes, 1981 相似，但可从以下特征与后者区别：①合背板中纵沟两侧各具侧纵沟 3 条 (后者为 2 条)；②前胸背板上缘具双列毛 (后者为稀疏单列毛)；③翅透明 (后者黑色)；④触角具不明显的角下瘤 (后者无角下瘤)。

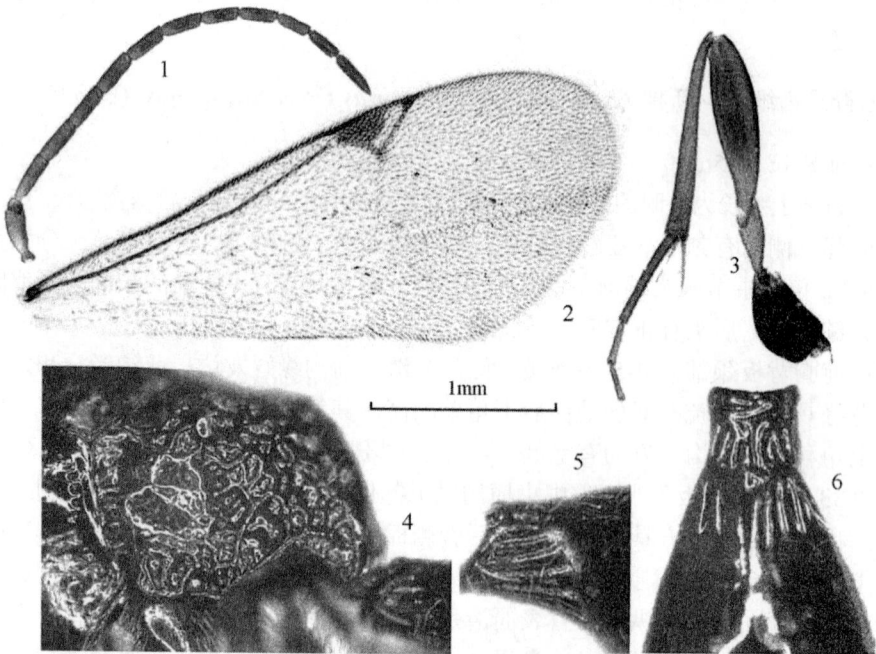

图 395　七脊叉齿细蜂，新种 *Exallonyx septemicarinus* He et Xu, sp. nov.

1. 触角；2. 前翅；3. 后足；4. 后胸侧板和并胸腹节，侧面观；5. 腹柄，侧面观；6. 腹柄和合背板基部，背面观 [1-3. 1.0X 标尺；4. 2.0X 标尺；5-6. 2.5X 标尺]

词源：种本名"七脊 *septemicarinus*"，系 *septem* (七)+ *carinus* (脊) 组合词，意为腹柄背面具 7 条纵脊。

(336) 短脊叉齿细蜂 *Exallonyx brevicarinus* Liu, He *et* Xu, 2006 (图 396)

Exallonyx brevicarinus Liu, He *et* Xu , 2006, *Entomotaxonomia*, 28(2): 141.

Exallonyx brevicarinus Liu, He *et* Xu: Xu, Liu *et* He, 2007, *Proc. Entomol. Soc. Wash.*, 109 (4): 802.

雄：前翅长 3.7mm。

头：背观上颊长为复眼的 0.4 倍。颊长为复眼纵径的 0.32 倍。唇基宽为长的 2.8 倍，略拱隆，中央光滑，无亚端横脊，端缘平截。触角第 2、10 鞭节长分别为端宽的 3.0 倍和 2.3 倍，端节长为端前节的 1.56 倍；第 2-10 各鞭节有不明显的条形角下瘤。额脊高。后头脊正常高。

胸：前胸背板颈部具 4 条细横皱；侧面光滑，前沟缘脊发达；前沟缘脊之后无毛，颈脊之后具毛；背缘具连续的单列毛，两端多列毛；后下角单凹窝。中胸侧板前缘上角和中央横沟上方为有毛区，之间无毛区长为翅基片的 1.67 倍；镜面区上方 0.5 具毛；侧板下半部 (中央横沟以下部位) 具稀毛；后下角具平行细皱。后胸侧板中央前方及前上方有被纵沟分隔的、表面具稀毛的光滑区，其长和高分别占侧板的 0.4 倍和 0.4 倍，其余具小室状网皱。并胸腹节侧观背表面平，后表面陡斜；中纵脊仅伸达背表面端部；背表面大部分具刻皱，基部光滑区短，刚达气门后缘；后表面具平行横脊；外侧区具小室状网皱。

足：后足腿节长为宽的 3.7 倍；后足胫节长距长为基跗节的 0.56 倍。

翅：前翅长为宽的 2.23 倍；翅痣长和径室前缘脉长分别为翅痣宽的 1.6 倍和 0.5 倍；翅痣后侧缘近于直；径脉第 1 段从翅痣 0.4 处伸出，内斜直，长为宽的 3.0 倍；径脉第 2 段直，两段相接处膨大。后翅后缘基部 0.35 处缺刻浅。

腹：腹柄背面中长为中宽的 1.0 倍，基部前缘具 2 条横皱，端部具 4 条强纵皱；腹柄侧面上缘长为中高的 0.5 倍，上缘直，基部具横脊 1 条，其后具强斜纵脊 4 条。合背板基部中纵沟伸达基部至第 1 对窗疤间距的 0.83 处，两侧各具 2 条浅纵沟，靠近中沟具浅痕，亚侧纵沟长为中纵沟的 0.45 倍 (右) 或 0.3 倍 (左)。第 1 窗疤宽为长的 3.6 倍，疤距为疤宽的 0.56 倍。合背板上的毛稀而短，远离合背板下缘。抱器三角形，不下弯，端尖。

体色：体黑色。上唇、上颚端半红褐色，须黄色。触角黑褐色。翅基片褐色。足红褐色；基节黑色；前中足跗节黄褐色；后足胫节端部暗红褐色。翅透明，带烟黄色，翅痣和强脉褐色，弱脉浅黄色。

雌：未知。

寄主：未知。

研究标本：1♂，贵州梵净山金顶，2001.Ⅷ.3，马云，No. 200109686 (正模)。

鉴别特征：本种与分布于新几内亚的网腰叉齿细蜂 *Exallonyx dictyotus* Townes, 1981 相似，但是可从以下特征与后者区别：①触角第 10 鞭节长为宽的 2.3 倍 (后者为 3.0 倍)；

②后足腿节长为宽的 3.7 倍 (后者为 4.4 倍)；③腹柄侧面上缘长为中高的 0.5 倍 (后者为 0.9 倍)；④并胸腹节背面中纵脊仅在背表面存在 (后者中纵脊完整)。

附记：种本名 "短脊 brevicarinus"，系 brev (短)+ carinus (脊) 组合词，意指并胸腹节背表面中纵脊短，不伸达后表面。

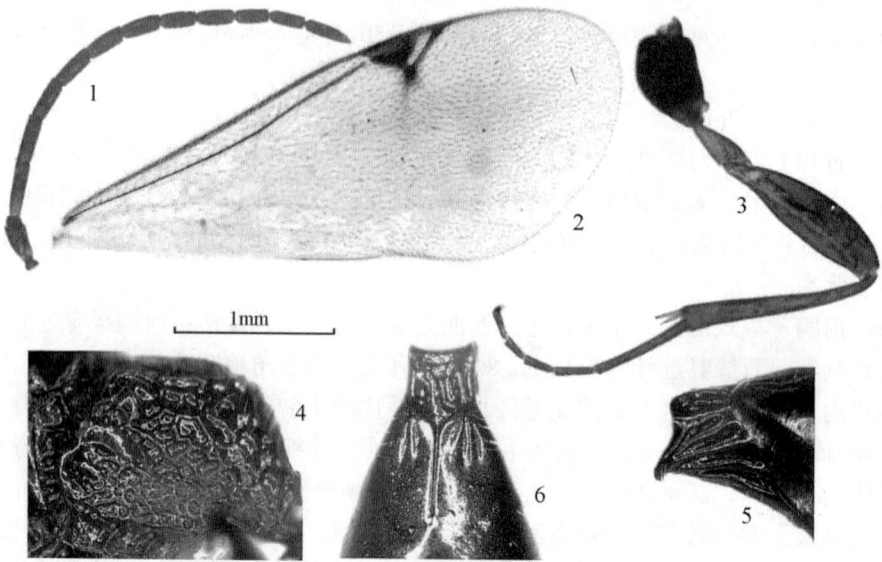

图 396 短脊叉齿细蜂 Exallonyx brevicarinus Liu, He et Xu
1. 触角；2. 前翅；3. 后足；4. 后胸侧板和并胸腹节，侧面观；5. 腹柄，侧面观；6. 腹柄和合背板基部，背面观 (仿刘经贤等，2006a) [1-3. 1.0X 标尺；4. 2.0X 标尺；5-6. 2.5X 标尺]

(337) 三角区叉齿细蜂，新种 Exallonyx deltatiformis He et Xu, sp. nov. (图 397)

雄：前翅长 2.9mm。

头：背观上颊长为复眼的 0.75 倍。颊长为复眼纵径的 0.25 倍。唇基宽为长的 2.8 倍，稍均匀隆起，有浅刻点，亚端横脊明显，端缘平截。触角第 2、10 鞭节长分别为端宽的 2.6 倍和 2.4 倍，端节长为端前节的 1.44 倍；第 2-8 各鞭节有不明显的椭圆形或条形角下瘤。额脊弱。后头脊正常高。

胸：前胸背板颈部具 4-5 条弱横皱；侧面光滑，前沟缘脊发达，前沟缘脊之后无毛，颈脊之后具毛；背缘具很稀疏的单列毛；后下角单凹窝，下方具横形浅凹。中胸侧板前缘上角和中央横沟上方为有毛区，之间无毛区长为翅基片的 1.67 倍；镜面区上方 0.4 具稀毛；侧板下半部 (中央横沟以下部位) 具稀毛；后下角具平行细皱。后胸侧板中央前方及前上方各有相连的、表面具稀毛的小三角形光滑区，其长和高分别占侧板的 0.2 倍和 0.4 倍，其余具大网皱。并胸腹节侧观背缘有明显角度，后表面陡斜；中纵脊伸达后表面端部；背表面后方大部分具大的网皱，基部光滑区短，不达气门后缘水平处；后表面具弱斜横网皱；外侧区具室状强的大网皱。

足：后足腿节长为宽的 3.8 倍；后足胫节长距长为基跗节的 0.4 倍。

翅：前翅长为宽的 2.28 倍；翅痣长和径室前缘脉长分别为翅痣宽的 1.4 倍和 0.48 倍；翅痣后侧缘稍弯；径脉第 1 段从翅痣近中央伸出，内斜，长为宽的 0.8 倍；径脉第 2 段直，两段相接处不膨大。后翅后缘基部 0.35 处缺刻浅。

腹：腹柄背面中长为中宽的 0.9 倍，基部具 1 条横皱，其后中央有 1 三角形稍拱的光滑表面，此表面侧方具 1 条短的弱纵皱；腹柄侧面上缘长为中高的 0.53 倍，上缘直，基部具横脊 1 条，表面具强斜纵脊 6 条。合背板基部中纵沟伸达基部至第 1 对窗疤间距的 0.72 处，两侧各具 3 条短纵沟，亚侧纵沟长为中纵沟的 0.33 倍。第 1 窗疤宽为长的 2.4 倍，疤距为疤宽的 0.67 倍。合背板几乎光滑，其上的毛稀而短，远离合背板下缘。抱器短三角形，不下弯，端尖。

体色：体黑色。须黄褐色。上唇、上颚和翅基片红褐色。触角红褐色至端部渐棕褐色。前足基节棕褐色，后足基节黑褐色；转节、腿节、胫节红褐色，前中足第 2-4 跗节黄褐色。翅透明，翅痣和强脉黄褐色，弱脉浅黄色。

雌：未知。

寄主：未知。

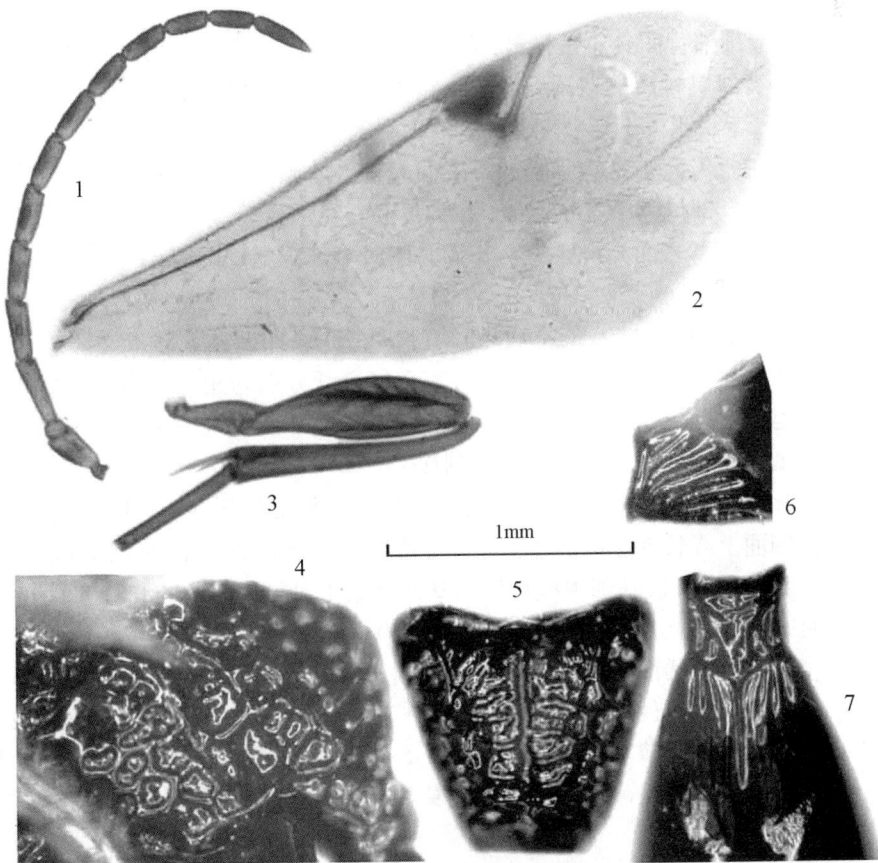

图 397　三角区叉齿细蜂，新种 *Exallonyx deltatiformis* He *et* Xu, sp. nov.

1. 触角；2. 前翅；3. 后足；4. 后胸侧板和并胸腹节，侧面观；5. 并胸腹节，背面观；6. 腹柄，侧面观；7. 腹柄和合背板基部，背面观 [1-3. 1.0X 标尺；4-7. 2.0X 标尺]

研究标本：正模♂，福建寿宁，1987.Ⅶ.14，刘长明，No.9611417。

分布：福建。

鉴别特征：本新种的前胸背板上缘具单列毛、前沟缘脊发达、腹柄侧面纵脊强和合背板基部具纵沟等特征与分布于巴布亚新几内亚的链颈叉齿细蜂 *Exallonyx torquatus* Townes，1981 相似，与后者主要区别在于：①触角鞭节第 10 节长为宽的 2.4 倍（后者为 2.9 倍）；②腹柄背面端部具三角形光滑区（后者为纵脊）；③翅透明、带烟黄色（后者带黑色）。

词源：种本名"三角区 *deltatiformis*（三角形的）"，意指腹柄背表面具有三角形拱区。

(338) 隐瘤叉齿细蜂，新种 *Exallonyx obscurotuberosus* He et Xu, sp. nov. (图 398)

雄：前翅长 2.4mm。

头：背观上颊长为复眼的 0.8 倍。颊长为复眼纵径的 0.36 倍。唇基与颜面之间不分界，长为宽的 3.2 倍，基半相当隆起，端半倾斜，端缘平截。触角第 2、10 鞭节长分别为宽的 3.0 倍和 2.9 倍，端节长为端前节的 1.4 倍；第 3-10 各鞭节有不明显的椭圆形角下瘤。额脊强而短。后头脊正常。

胸：前胸背板颈部背面具 4 条横皱；侧面光滑，前沟缘脊发达；前沟缘脊之后无毛，颈脊之后具毛；背缘具稀疏的双列毛；后下角单个凹窝。中胸侧板前缘上角有稀毛；镜面区上方 0.3 具稀毛；侧板下半部（中央横沟以下部位）具稀毛，近中央区域无毛。后胸侧板中央前方及前上方有被纵沟分隔的、表面具稀毛的光滑区，其长和高分别占侧板的 0.3 倍和 0.6 倍，其余部位具小室状网皱。并胸腹节侧观背缘弧形，后表面斜；中纵脊（皱）伸至后表面近端部；背表面光滑区短，长为并胸腹节基部至气门后端间距的 1.2 倍，其余部位具小室状网皱。

足：后足腿节长为宽的 3.9 倍；后足胫节长距长为基跗节的 0.59 倍。

翅：前翅长为宽的 2.1 倍；翅痣长和径室前缘脉长分别为翅痣宽的 2.3 倍和 0.7 倍；翅痣后侧缘稍弯；径脉第 1 段内斜，长为宽的 0.9 倍，从翅痣近中央伸出；径脉第 2 段直，两段相接处膨大。后翅后缘近基部缺刻深。

腹：腹柄背面中长为中宽的 1.5 倍，端部 0.7 具 5 条强纵脊，中央 1 条短而粗，沟内夹细皱；腹柄侧面上缘长为中高的 1.3 倍，上缘直，基部具横脊 1 条，横脊后具强斜纵脊 3 条，内夹细皱。合背板基部中纵沟伸达基部至第 1 对窗疤间距的 0.8 处，两侧各具 3 条纵沟，亚侧纵沟长为中纵沟的 0.6 倍。第 1 窗疤宽为长的 2.8 倍，疤距为疤宽的 0.2 倍。合背板上仅窗疤附近有稀而短的毛，远离合背板下缘。抱器已丢失。

体色：体黑色。须黄色。上唇、上颚端部和翅基片褐黄色。触角黑褐色，柄节红褐色。足红褐色；中后足基节黑色；前中足第 1-5 跗节、后足腿节端半、胫节端半和跗节浅褐色。翅透明，带烟黄色，翅痣和强脉褐黄色，弱脉浅黄色痕迹。

雌：未知。

寄主：未知。

研究标本：正模♂，云南腾冲，1630m，1980.Ⅵ.20，何俊华，No.813692b。

分布：云南。

鉴别特征：本新种同该种团的其他已知成员有以下主要区别特征：前胸背板侧面上缘具双列稀疏的毛。与杭州叉齿细蜂 *Exallonyx hangzhouensis* He *et* Fan, 2004 之区别见检索表。

词源：种本名"隐瘤 *obscurotuberosus*"，系瘤 *obscur* (隐，不清楚的) + *tuberosus* (瘤) 组合词，意为触角第 3-10 各鞭节有不明显的椭圆形角下瘤。

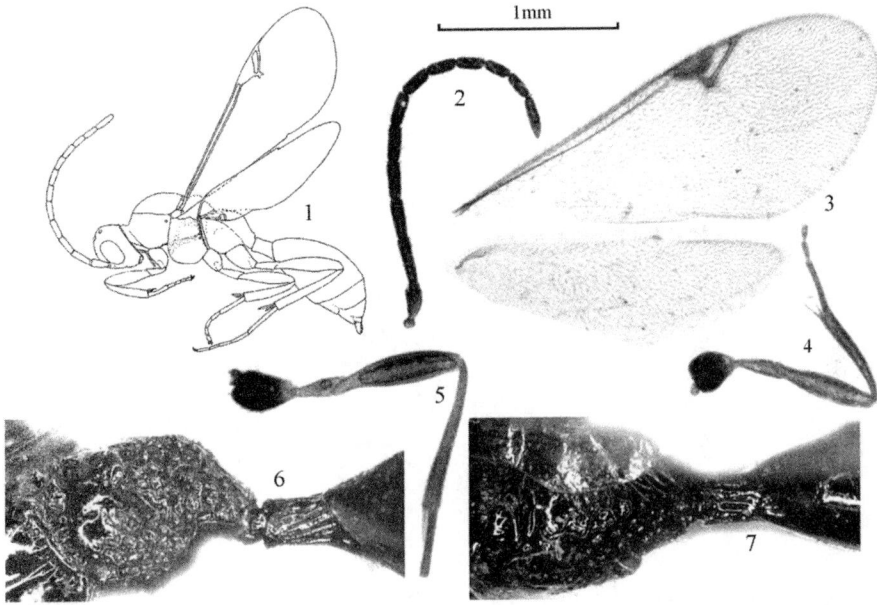

图 398　隐瘤叉齿细蜂，新种 *Exallonyx obscurotuberosus* He *et* Xu, sp. nov.

1. 整体，侧面观；2. 触角；3. 翅；4. 中足；5. 后足；6. 后胸侧板、并胸腹节和腹柄，侧面观；7. 并胸腹节、腹柄和合背板基部，背面观 [1. 0.5X 标尺；2-5. 1.0X 标尺；6-7. 2.0X 标尺]

(339) 弓皱叉齿细蜂 *Exallonyx arcus* Xu, Liu *et* He, 2007 (图 399)

Exallonyx arcus Xu, Liu *et* He, 2007, *Proc. Entomol. Soc. Wash.*, 109(4): 802, 804.

雄：前翅长 2.1mm。

头：背观上颊长为复眼的 0.83 倍。颊长为复眼纵径的 0.31 倍。唇基宽为长的 3.0 倍，稍均匀隆起，光滑，亚端横脊不明显，端缘斜截。触角第 2、10 鞭节长分别为端宽的 2.5 倍和 2.35 倍，端节长为端前节的 1.4 倍；第 2-9 各鞭节有不明显的椭圆形扁角下瘤。额脊弱。后头脊正常高。

胸：前胸背板颈部具 4-5 条细横皱；前沟缘脊弱；侧面光滑，前沟缘脊之后无毛，颈脊之后无毛；背缘具双列毛；后下角单凹窝。中胸侧板前缘上角和中央横沟上方为有毛区，之间无毛区长为翅基片的 0.9 倍；镜面区上方 0.67 具稀毛；侧板下半部 (中央横沟以下部位) 具稀毛。后胸侧板中央前上方有被刻点分隔的、表面具稀毛的光滑区，其长和高分别占侧板的 0.5 倍和 0.75 倍，其余具小室状网皱。并胸腹节侧观背缘钝弧形，后表面缓斜；中纵脊伸达后表面近端部；背表面基半为光滑区，稍超过气门后缘，后半具细网皱和刻皱；后表面和外侧区具小室状网皱。

足：后足腿节长为宽的 4.0 倍；后足胫节长距长为基跗节的 0.5 倍。

翅：前翅长为宽的 2.2 倍；翅痣长和径室前缘脉长分别为翅痣宽的 1.8 倍和 0.5 倍；翅痣后侧缘稍弯；径脉第 1 段从翅痣近中央伸出，稍内斜，长为宽的 1.5 倍；径脉第 2 段直，两段相接处不膨大。后翅后缘基部 0.35 处缺刻浅。

腹：腹柄背面中长为中宽的 1.1 倍，基半具 4 条弧形细横皱，端半具近于平行的 5 条纵脊，外侧两条间距宽；腹柄侧面上缘长为中高的 0.7 倍，上缘直，基部具横脊 1 条，表面具斜纵脊 7 条。合背板基部中纵沟伸达基部至第 1 对窗疤间距的 0.6 处，两侧各具 3 条纵沟，亚侧纵沟长为中纵沟的 0.5 倍。第 1 窗疤宽为长的 1.8 倍，疤距为疤宽的 0.28 倍。合背板上的毛稀而短，远离合背板下缘。抱器三角形，不下弯，端尖。

图 399 弓皱叉齿细蜂 *Exallonyx arcus* Xu, Liu *et* He

1. 触角；2. 前翅；3. 后足；4. 后胸侧板和并胸腹节，侧面观；5. 腹柄，侧面观；6. 腹柄和合背板基部，背面观 (仿 Xu *et al.*, 2007) [1-3. 1.0X 标尺；4-6. 2.0X 标尺]

体色：体黑色。上唇、上颚端半红褐色，须黄色。触角柄节、梗节和第 1 鞭节褐黄色，其余各节褐色。翅基片褐色。足褐黄色；腿节背方色稍深，前中足跗节色稍浅；前足基节浅黑褐色，中后足基节黑褐色。翅透明，带烟黄色，翅痣和强脉褐黄色，弱脉无色。

变异：前翅长 2.10-2.25mm。腹柄侧面在基横脊后仅 5 条纵皱。

雌：未知。

寄主：未知。

研究标本：1♂，浙江西天目山仙人顶，1993.VI.11，陈学新，No.935052 (正模)；1♂，浙江西天目山仙人顶，1998.VII.3，赵明水，No.20000119 (副模)。

分布：浙江。

鉴别特征：本种的后胸侧板光滑区大小及合背板基部中纵沟具侧纵沟等特征与分布于新几内亚的链颈叉齿细蜂 E. torquatus Townes, 1981 相似，可从以下特征与后者区别：①前胸背板上缘具双列毛 (后者为单列毛)；②腹柄背面观基半具 4 条弧形细横皱，端半具 5 条接近平行的纵脊 (后者腹柄背面为纵脊)；③合背板基部中纵沟两侧各有 3 条侧纵脊 (后者为 2 条)。

词源：种本名 "弓皱 arcus (弓形的)"，意为腹柄背面基半具 4 条弧形细横皱。

(340) 平行叉齿细蜂，新种 *Exallonyx parallelus* He *et* Liu, sp. nov. (图 400)

雄：前翅长 2.5mm。

头：背观上颊长为复眼的 0.6 倍。颊长为复眼纵径的 0.25 倍。唇基宽为长的 3.0 倍，稍均匀隆起，光滑，亚端横脊弱，端缘平截。触角第 2、10 鞭节长分别为端宽的 3.0 倍和 3.0 倍，端节长为端前节的 1.5 倍；第 3-10 各鞭节有不明显的椭圆形角下瘤。额脊弱。后头脊正常高。

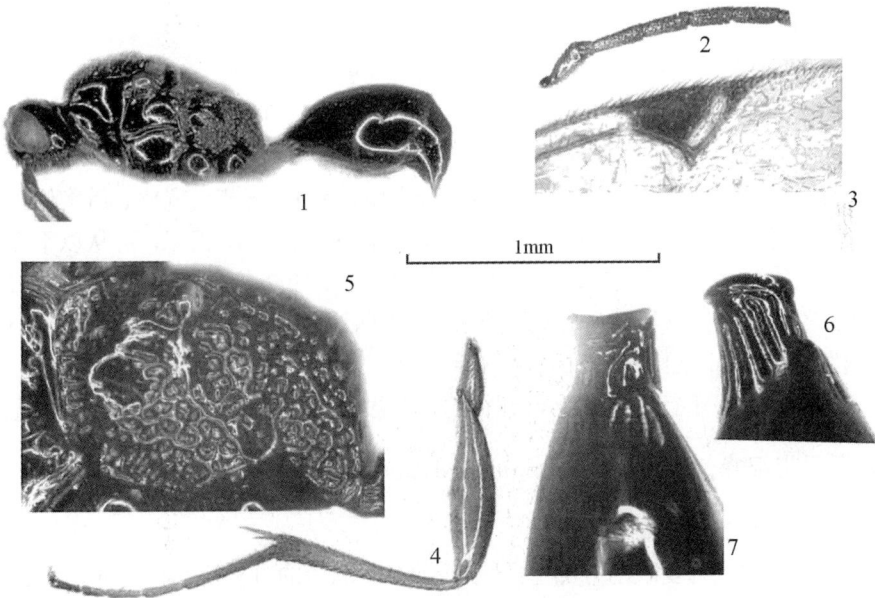

图 400　平行叉齿细蜂，新种 *Exallonyx parallelus* He *et* Liu, sp. nov.
1. 整体，侧面观；2. 触角；3. 翅痣；4. 后足；5. 后胸侧板和并胸腹节，侧面观；6. 腹柄，侧面观；7. 腹柄和合背板基部，背面观 [1. 0.6X 标尺；2, 4. 1.0X 标尺；3. 1.5X 标尺；5-7. 2.0X 标尺]

胸：前胸背板颈部具 6-7 条细横皱；侧面光滑，前沟缘脊发达；前沟缘脊之后无毛，颈脊之后具毛；背缘具稀疏的双列毛；后下角单凹窝，上方具 1 酒窝状小浅凹。中胸侧板前缘上角和中央横沟上方为有毛区，之间无毛区长为翅基片的 1.25 倍；镜面区上方 0.67

具稀毛；侧板下半部 (中央横沟以下部位) 具稀毛；后下角无平行细皱。后胸侧板中央前上方有被纵沟分隔的、表面具稀毛的光滑区，其长和高分别为侧板的 0.4 倍和 0.7 倍；下缘具平行细刻条，其余为小室状网皱。并胸腹节侧观背缘钝弧形，后表面陡斜；中纵脊伸达后表面端部；背表面大部分具网皱，光滑区短，不超过气门之后；后表面及外侧区具小室状网皱。

足：后足腿节长为宽的 3.8 倍；后足胫节长距长为基跗节的 0.4 倍。

翅：前翅长为宽的 2.25 倍；翅痣长和径室前缘脉长分别为翅痣宽的 1.77 倍和 0.38 倍；翅痣后侧缘稍弯；径脉第 1 段从翅痣近中央伸出，内斜，长为宽的 1.0 倍；径脉第 2 段直，两段相接处不膨大。后翅后缘基部 0.35 处缺刻浅。

腹：腹柄背面中长为中宽的 1.0 倍，基部具 2 条不规则横皱，其后具 "Y" 形脊，后侧方有 2 条短纵皱；腹柄侧面上缘长为中高的 0.8 倍，上缘直，基部具横脊 1 条，表面具强纵脊 5 条。合背板基部中纵沟伸达基部至第 1 对窗疤间距的 0.6 处，两侧各具 3 条纵沟，亚侧纵沟最短，长为中纵沟的 0.4 倍。第 1 窗疤宽为长的 1.5 倍，疤距为疤宽的 0.8 倍。合背板上的毛极稀而短，远离合背板下缘。抱器三角形，不下弯，端尖。

体色：体黑色。上唇、上颚端半和翅基片红褐色。下颚须和下唇须黄褐色。触角除柄节、梗节和第 1 鞭节红褐色，其余黑褐色。足红褐色，仅基节黑褐色。翅透明，带烟黄色，翅痣和强脉褐色，弱脉无色。

雌：未知。

寄主：未知。

研究标本：正模♂，福建永安天宝岩自然保护区，2001.VII.20，朴美花，No.200107098。

分布：福建。

鉴别特征：本新种的并胸腹节背面中纵脊完整、第 10 鞭节长宽比、后胸侧板光滑区大小等特征与弓皱叉齿细蜂 *Exallonyx arcus* Xu, Liu *et* He, 2007 相似，可从以下主要特征与后者区别：①触角第 2 鞭节长为宽的 3.0 倍 (后者为 2.7 倍)；②后胸侧板下缘具平行细刻条 (后者后胸侧板下缘无平行细刻条)；③腹柄背面基部具 2 条不规则横皱 (后者为 4 条弧形横皱)，端部具 1 个 "Y" 形纵脊 (后者为 5 条平行纵脊)。

词源：种本名 "平行 *parallelus* (平行的)"，意指后胸侧板下缘具平行细刻条。

(341) 马氏叉齿细蜂，新种 *Exallonyx maae* He *et* Liu, sp. nov. (图 401)

雄：前翅长 2.25mm。

头：背观上颊长为复眼的 0.83 倍。颊长为复眼纵径的 0.3 倍。唇基宽为长的 3.2 倍，稍均匀隆起，近于光滑，亚端横脊明显，端缘平截。触角第 2、10 鞭节长分别为宽的 2.2 倍和 2.2 倍，端节长为端前节的 1.74 倍；第 3-10 各鞭节有不明显的椭圆形角下瘤。额脊弱。后头脊正常高。

胸：前胸背板颈部具 4-5 条横皱，侧观隆起；侧面光滑，前沟缘脊发达；前沟缘脊之后无毛，颈脊之后具毛；背缘具稀疏的双列毛；后下角单个凹窝，上方另具 1 小的浅凹窝。中胸侧板前缘上角和中央横沟上方为有毛区，之间无毛区长为翅基片的 1.7 倍；镜面区上方 0.67 具稀毛；侧板下半部除沿中央横沟以下部位外具非常稀疏的毛；后下角无平行细皱。后胸侧板中央前方及前上方有被纵沟分隔的、表面具稀毛的光滑区，其长和高分别占侧板的 0.4 倍和 0.6 倍，其余部位具小室状网皱。并胸腹节侧观背缘有弱角度，后表面斜；中纵脊伸达后表面中央；背表面大部分为刻皱，基部光滑区短，止于气门中央水平处；后表面具横形网皱；外侧区具小室状网皱。

足：后足腿节长为宽的 3.67 倍；后足胫节长距长为基跗节的 0.5 倍。

翅：前翅长为宽的 2.27 倍；翅痣长和径室前缘脉长分别为翅痣宽的 1.6 倍和 0.47 倍；翅痣后侧缘直；径脉第 1 段从翅痣近中央伸出，内斜，长为宽的 0.7 倍；径脉第 2 段直，两段相接处不膨大。后翅后缘基部 0.35 处缺刻深。

腹：腹柄背面中长为中宽的 1.0 倍，表面基部具 2 条横皱，其后具 5 条强纵皱，内夹细皱；腹柄侧面上缘长为中高的 0.7 倍，上缘直，基部具横脊 1 条，表面具强斜纵脊 5 条。合背板基部中纵沟伸达基部至第 1 对窗疤间距的 0.6 处，两侧各具 4 条纵沟，亚侧纵沟较窄，紧靠中纵沟，长为中纵沟的 0.6 倍。第 1 窗疤宽为长的 3.5 倍，疤距为疤宽的 0.6 倍。合背板近乎光滑，其上的毛稀而短，远离合背板下缘。抱器三角形，不下弯，端尖。

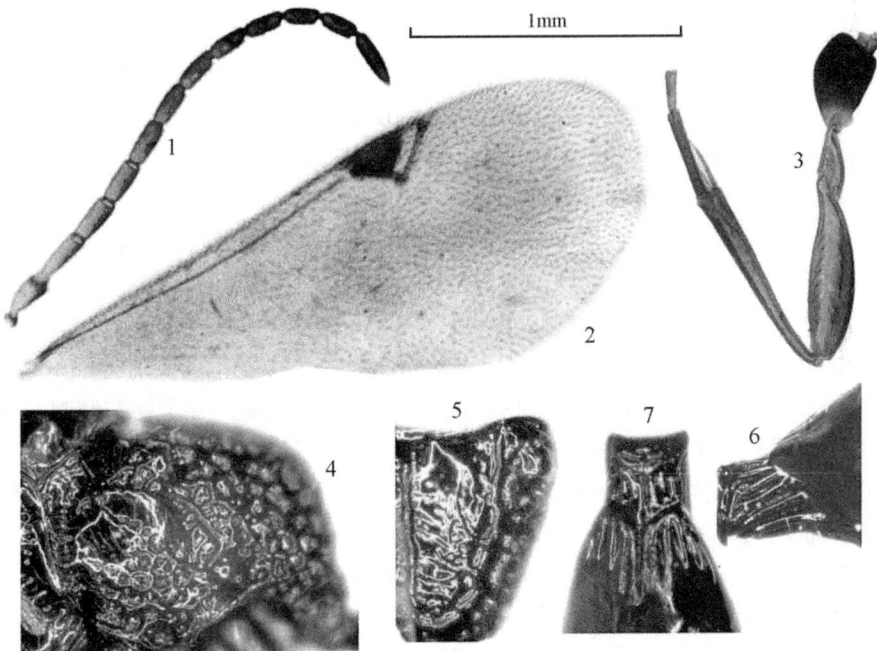

图 401　马氏叉齿细蜂，新种 *Exallonyx maae* He et Liu, sp. nov.

1. 触角；2. 前翅；3. 后足；4. 后胸侧板和并胸腹节，侧面观；5. 并胸腹节，背面观；6. 腹柄，侧面观；7. 腹柄和合背板基部，背面观　[1-3. 1.0X 标尺；4-7. 2.0X 标尺]

体色：体黑色。须黄色。上唇、上颚端半和翅基片红褐色。触角红褐色，向末端渐暗红褐色。足红褐色，但基节黑褐色，后足胫节端部和跗节深褐色。翅透明，略带烟黄色，翅痣和强脉褐色，弱脉无色。

雌：未知。

寄主：未知。

研究标本：正模♂，浙江西天目山，1993.VI.11，马云，No.934351。

分布：浙江。

鉴别特征：本新种的并胸腹节中纵脊伸达后表面中央、合背板基部中纵沟伸达基部至第 1 对窗疤间距的 0.6 处等特征与贵州叉齿细蜂，新种 *Exallonyx guizhouensis* sp. nov. 相似，可从以下特征与后者区别：①后足腿节长为宽的 3.67 倍 (后者为 4.3 倍)；②合背板中纵沟两侧各具 4 条侧纵沟 (后者为 3 条)；③第 1 窗疤宽为长的 3.5 倍 (后者为 3.0 倍)。

词源：种本名"马氏 *maae*"，是以采集者姓氏命名。

(342) 杭州叉齿细蜂 *Exallonyx hangzhouensis* He et Fan, 2004 (图 402)

Exallonyx hangzhouensis He et Fan, 2004, In: He *et al.*, *Hymenopteran Insect Fauna of Zhejiang*: 336.

Exallonyx hangzhouensis He et Fan: Liu *et al.*, 2006, *Entomotaxonomia*, 28(2): 140.

Exallonyx hangzhouensis He et Fan: Xu *et al.*, 2007, *Proc. Entomol. Soc. Wash.*, 109(4): 802.

雄：前翅长 2.6mm。

头：背观上颊长为复眼的 0.65 倍。颊长为复眼纵径的 0.18 倍。唇基宽为长的 3.2 倍，稍均匀隆起，端部下斜，端缘平截。触角第 2、10 鞭节长分别为宽的 2.8 倍和 2.3 倍，端节长为端前节的 1.5 倍；第 2-10 各鞭节有杆状角下瘤，约占中长的 0.5 倍，第 11 鞭节有圆形角下瘤，位于基部。额脊强而高。后头脊正常。

胸：前胸背板颈部背面具许多条细而中断的横皱；侧面光滑，前沟缘脊发达；前沟缘脊之后无毛，颈脊之后具毛；背缘具连续的双列毛；后下角单个凹窝。中胸侧板前缘上角有稀毛区；镜面区上半具稀毛；侧板下半部 (中央横沟以下部位) 具稀毛；后下角具平行细皱。后胸侧板中央前方及前上方有被纵沟分隔的、表面具稀毛的光滑区，其长和高分别占侧板的 0.4 倍和 0.5 倍，其余部位具强小室状网皱。并胸腹节侧观背缘弧形，后表面斜；中纵脊伸至后表面端部；背表面光滑区短，长为并胸腹节基部至气门后端间距的 1.0 倍，其余部位为斜向中央前方的刻皱；后表面有中纵刻皱，网室大而横形；外侧区具小室状网皱。

足：后足腿节长为宽的 3.3 倍；后足胫节长距长为基跗节的 0.55 倍。

翅：前翅长为宽的 2.2 倍；翅痣长和径室前缘脉长分别为翅痣宽的 1.67 倍和 0.53 倍；翅痣后侧缘稍弯；径脉第 1 段内斜，长为宽的 1.1 倍，从翅痣近中央伸出；径脉第 2 段直，两段相接处膨大。后翅后缘近基部缺刻深。

腹：腹柄背面中长为中宽的 1.0 倍，基部有具横皱的"V"形区域，端部及侧方具 5 条分开的短纵脊；腹柄侧面上缘长为中高的 0.62 倍，上缘直，基部具横脊 2 条，横脊后具强斜纵脊 6 条。合背板基部中纵沟伸达基部至第 1 对窗疤间距的 0.6 处，两侧各具 3 条纵沟，亚侧纵沟细，长为中纵沟的 0.7 倍。第 1 窗疤宽为长的 3.2 倍，疤距为疤宽的 0.7 倍。合背板上仅窗疤附近有稀而短的毛，远离合背板下缘。抱器长三角形，不下弯，端尖。

体色：体黑色。须黄色。上唇、上颚端部红褐色。触角红褐色，至端部渐褐色。翅基片褐黄色。足红褐色；基节黑褐色至黑色；后足胫节端部和基跗节浅褐色。翅透明，带烟黄色，翅痣和强脉暗褐黄色，弱脉无色。

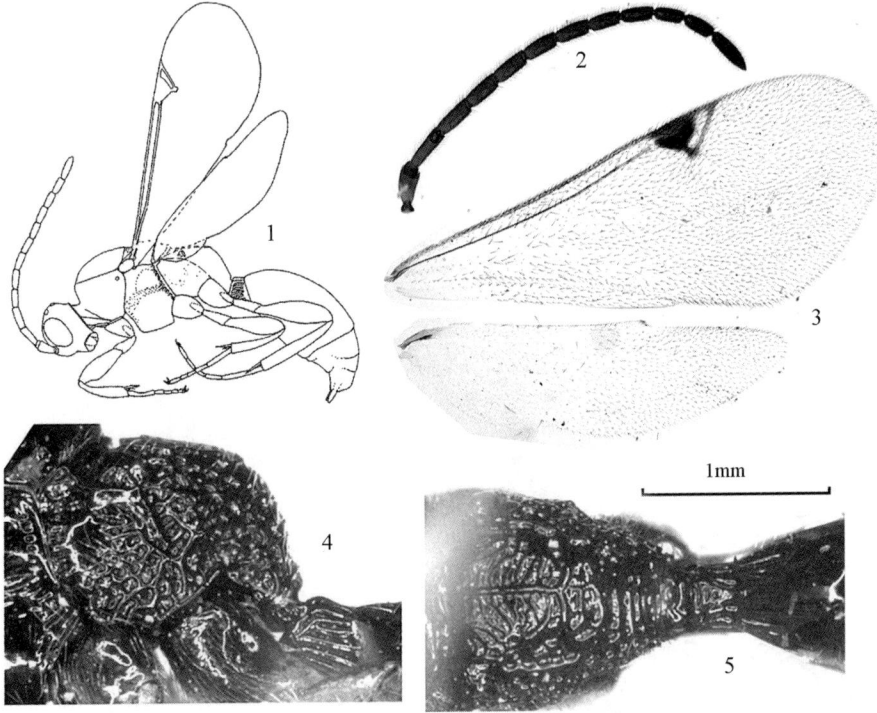

图 402　杭州叉齿细蜂 *Exallonyx hangzhouensis* He *et* Fan

1. 整体，侧面观；2. 触角；3. 翅；4. 后胸侧板、并胸腹节和腹柄，侧面观；5. 并胸腹节、腹柄和合背板基部，背面观

(1. 仿何俊华等，2004) [1. 0.5X 标尺；2-3. 1.0X 标尺；4-5. 2.0X 标尺]

雌：未知。

寄主：未知。

研究标本：1♂，浙江杭州，1985.VI.7，何俊华，No.850531 (正模)。

分布：浙江。

鉴别特征：本种与此种团的其他成员有以下主要区别特征：前胸背板侧面上缘具双列毛；腹柄侧面背缘长为中宽的 0.62 倍。

(343) 贵州叉齿细蜂，新种 *Exallonyx guizhouensis* He *et* Liu, sp. nov. (图 403)

雄：前翅长 2.6mm。

头：背观上颊长为复眼的 0.78 倍。颊长为复眼纵径的 0.21 倍。唇基宽为长的 3.0 倍，稍均匀隆起，光滑，亚端横脊弱，端缘平截。触角第 2、10 鞭节长分别为端宽的 2.4 倍和 2.3 倍，端节长为端前节的 1.4 倍；第 3-10 各鞭节有不明显的椭圆形角下瘤。额脊弱。后头脊正常高。

胸：前胸背板颈部具 4-5 条横皱；侧面光滑，前沟缘脊发达；前沟缘脊之后无毛，颈脊之后无毛；背缘具稀疏的双列毛；后下角单个凹窝。中胸侧板前缘上角有稀毛，中央横沟上方无毛；镜面区上方 0.75 具稀毛；侧板下半部 (中央横沟以下部位) 具非常稀的毛；后下角具平行细皱。后胸侧板中央前方及前上方有被纵沟分隔的、表面具稀毛的光滑区，其长和高分别占侧板的 0.5 倍和 0.6 倍，其余具小室状网皱。并胸腹节侧观背缘弧形，后表面缓斜；中纵脊伸达后表面中央；背表面端半为不规则刻皱，基半为光滑区，超过气门后缘；后表面和外侧区均具小室状网皱。

足：后足腿节长为宽的 4.3 倍；后足胫节长距长为基跗节的 0.46 倍。

翅：前翅长为宽的 2.3 倍；翅痣长和径室前缘脉长分别为翅痣宽的 1.86 倍和 0.35 倍；翅痣后侧缘稍弯；径脉第 1 段从翅痣近中央伸出，内斜，长为宽的 1.0 倍；径脉第 2 段直，两段相接处脉桩状膨大。后翅后缘基部 0.35 处缺刻浅。

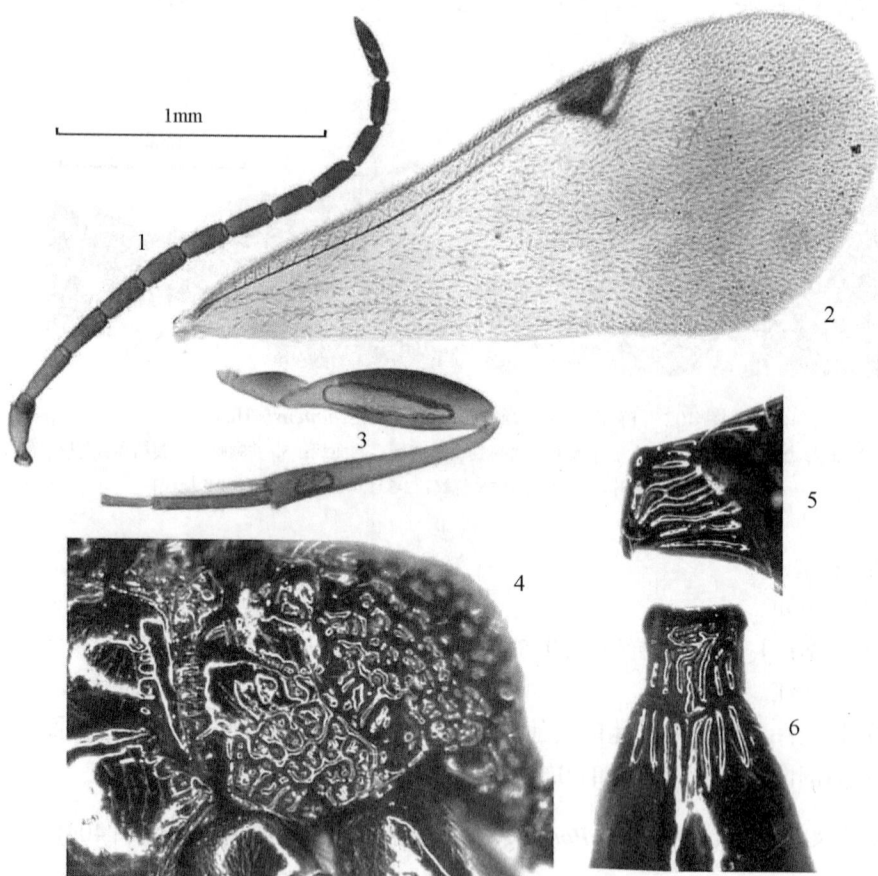

图 403　贵州叉齿细蜂，新种 *Exallonyx guizhouensis* He *et* Liu, sp. nov.

1. 触角；2. 前翅；3. 后足；4. 后胸侧板和并胸腹节，侧面观；5. 腹柄，侧面观；6. 腹柄和合背板基部，背面观 [1-3. 1.0X 标尺；4-6. 2.0X 标尺]

腹：腹柄背面中长为中宽的 0.86 倍，基部 0.3 具横皱，端部 0.7 具 6 条强纵皱；腹柄侧面上缘长为中高的 0.68 倍，上缘直，基部具横脊 1 条，表面具强斜纵脊 5 条。合背板基部中纵沟伸达基部至第 1 对窗疤间距的 0.6 处，两侧各具 3 条纵沟，亚侧纵沟长为中纵沟的 0.42 倍。第 1 窗疤宽为长的 3.0 倍，疤距为疤宽的 0.3 倍。合背板上的毛稀而短，远离合背板下缘。抱器三角形，不下弯，端尖。

体色：体黑色。须黄色。上唇黑褐色。上颚端半和翅基片红褐色。触角柄节、梗节和第 1 鞭节红褐色，其余黑色。足红褐色至褐黄色，基节黑褐色至黑色，中后足腿节除两端色深；后足跗节深褐色。翅透明，翅痣和强脉褐色，弱脉无色。

变异：前翅长 2.7mm。触角第 2、10 鞭节长分别为端宽的 2.7 倍和 2.4 倍，端节长为端前节的 1.5 倍；各鞭节无明显角下瘤。后胸侧板光滑区长和高分别占侧板的 0.45 倍和 0.7 倍。并胸腹节中纵脊伸达后表面端部；背表面光滑区短，仅基部中央存在，不超过气门之后。后足腿节长为宽的 3.8 倍；后足胫节长距长为基跗节的 0.5 倍。腹柄背面长为中宽的 1.0 倍，端部具 5 条强纵皱；腹柄侧面表面具强斜纵脊 6 条。合背板基部亚侧纵沟长为中纵沟的 0.8 倍。第 1 窗疤宽为长的 3.75 倍，疤距为疤宽的 0.3-0.5 倍。触角褐色或完全棕黑色。足褐色，基节黑色。翅痣和强脉褐色或红褐色。

雌：未知。

寄主：未知。

研究标本：正模♂，贵州梵净山金顶，2001.Ⅶ.30，朴美花，No.200108996。副模：1♂，贵州梵净山金顶，2001.Ⅶ.30，朴美花，No.200108894；2♂，贵州梵净山金顶，1993.Ⅶ.10-13，陈学新，Nos.937499，938730。

分布：贵州。

鉴别特征：本新种的前沟缘脊发达、后胸侧板光滑区大小、腹柄侧面纵脊较强及合背板基部具纵沟等特征与分布于新几内亚的链颈叉齿细蜂 *Exallonyx torquatus* Townes, 1981 相似，与后者的主要不同之处在于：①触角第 2、10 鞭节长分别为宽的 2.4 倍和 2.3 倍 (后者为 2.9 倍和 2.9 倍)；②前胸背板侧面上缘具双列毛 (后者为单列毛)；③后足腿节长为宽的 4.3 倍 (后者为 3.9 倍)。本种与其他种的区别见检索表。

词源：种本名"贵州 *guizhouensis*"，是根据模式标本产地命名。

(344) 点尾叉齿细蜂，新种 *Exallonyx puncticaudatus* He et Xu, sp. nov. (图 404)

雌：前翅长 2.0mm。

头：背观上颊长为复眼的 1.1 倍。颊长为复眼纵径的 0.2 倍。唇基宽为长的 3.0 倍，稍均匀隆起，光滑，端缘平截。触角第 2、10 鞭节长分别为宽的 1.9 倍和 1.25 倍，端节长为端前节的 1.8 倍。额脊稍高。后头脊正常。

胸：前胸背板颈部背面具 4-5 条细横皱；侧面光滑，前沟缘脊发达；前沟缘脊之后无毛，颈脊之后具毛；背缘具连续的单列毛；后下角具单个凹窝。中胸侧板前缘仅上角有稀毛；镜面区上方 0.4 具稀毛；侧板下半部 (中央横沟以下部位) 具稀毛，近中央区域无毛；后下角无平行细皱。后胸侧板前上方光滑区长和高分别占侧板的 0.5 倍和 0.7 倍，其余部位具小室状网皱。并胸腹节侧观背缘弧形；中纵脊伸至后表面近端部；背表面一侧光滑区长为并胸腹节基部至气门后缘间距的 1.6 倍；后表面和外侧区具小室状网皱。

足：后足腿节长为宽的 4.0 倍；后足胫节长距长为基跗节的 0.42 倍。

翅：前翅翅痣长和径室前缘脉长分别为翅痣宽的 2.0 倍和 0.62 倍；翅痣后侧缘近于直；径脉第 1 段从翅痣中央伸出，内斜，长为宽的 0.5 倍；径脉第 2 段直，两段相接处稍膨大。后翅后缘近基部有缺刻。

腹：腹柄背面中长为中宽的 1.5 倍，基部 0.3 具网皱，端部 0.7 有 7 条强纵脊；腹柄侧面上缘长为中高的 1.3 倍，上缘直，基部具横脊 1 条，横脊后具纵向细点皱 9 条。合背板基部中纵沟伸达基部至第 1 对窗疤间距的 0.6 处，两侧各具 3 条纵沟，亚侧纵沟长为中纵沟的 0.8 倍。第 1 窗疤宽为长的 3.0 倍，疤距为疤宽的 0.3 倍。合背板上几乎无毛。产卵管鞘长为后足胫节的 0.49 倍，为鞘中宽的 4.4 倍，表面具细长刻点，光滑，有细毛。

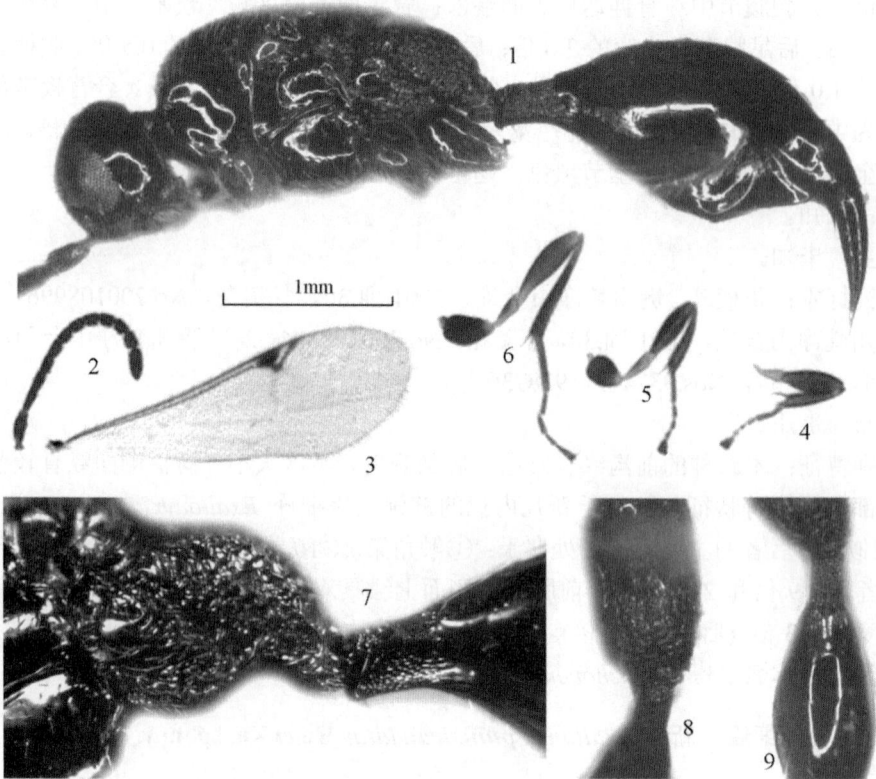

图 404　点尾叉齿细蜂，新种 *Exallonyx puncticaudatus* He *et* Xu, sp. nov.

1. 整体，侧面观；2. 触角；3. 前翅；4. 前足；5. 中足；6. 后足；7. 后胸侧板、并胸腹节和腹柄，侧面观；8. 并胸腹节，背面观；9. 腹柄和合背板基部，背面观 [1, 7-9. 2.0X 标尺；2-6. 1.0X 标尺]

体色：体黑色。须黄色。上唇、上颚端部和翅基片红褐色。触角黑褐色，柄节和梗节色稍浅。足黄褐色；中后足基节、转节背方、各足腿节 (除两端)、胫节除基部和跗节黑褐色至黑色，但前足色稍浅。翅透明，带烟黄色，翅痣和强脉褐色，弱脉无色。

雄：未知。

寄主：未知。

研究标本：正模♀，陕西南郑黎坪国家森林公园，1742m，2004.Ⅶ.22，吴琼，No.20046837。

分布：陕西。

鉴别特征：见检索表。

词源：种本名"点尾 *puncticaudatus*"，系 *punct* (具刻点的) +*cauda* (尾，产卵管鞘) 组合词，意为产卵管鞘表面具细长刻点。

(345) 窄唇叉齿细蜂，新种 *Exallonyx stenochilus* He et Liu, sp. nov. (图 405)

雌：前翅长 3.6mm。

头：背观上颊长为复眼的 0.92 倍。颊长为复眼纵径的 0.68 倍。唇基宽为长的 2.6 倍，稍均匀隆起，有刻点，亚端横脊短，端缘平截。触角第 2、10 鞭节长分别为端宽的 2.0 倍和 1.7 倍，端节长为端前节的 1.5 倍。额脊很强而高。后头脊正常高。

胸：前胸背板颈部具 4 条横皱；前沟缘脊发达；侧面前缘具弱纵皱，其余光滑，前沟缘脊之后具 2 根毛，颈脊之后具毛；背缘具稀疏的双列毛，两端具多列毛；后下角单个凹窝。中胸侧板前缘上角为有毛区；镜面区上方 0.6 具稀毛；侧板下半部除沿中央横沟以下部位具稀毛。后胸侧板中央前上方有被纵沟分隔的、表面具稀毛的光滑区，其长和高分别占侧板的 0.3 倍和 0.5 倍，其余部位具横形网皱。并胸腹节侧观背缘弧形，后表面斜；中纵脊伸达后表面端部；背表面基部光滑区短，刚达气门后方，背表面后方外侧具弱皱，内侧近中纵脊处光滑；后表面具横网皱；外侧区具小室状强网皱。

足：后足腿节长为宽的 3.6 倍；后足胫节长距长为基跗节的 0.41 倍。

翅：前翅长为宽的 2.56 倍；翅痣长和径室前缘脉长分别为翅痣宽的 1.9 倍和 0.44 倍；翅痣后侧缘稍弯；径脉第 1 段从翅痣近中央稍外方伸出，内斜，长为宽的 1.3 倍；径脉第 2 段直，两段相接处不膨大。后翅后缘近基部缺刻浅。

腹：腹柄背面中长为中宽的 1.1 倍，基部具 6 条夹点横皱，端部光滑；腹柄侧面上缘长为中高的 1.1 倍，上缘直，基部具连斜纵脊的横脊 4 条，其后还具较弱的斜纵脊 4 条。合背板基部中纵沟伸达基部至第 1 对窗疤间距的 0.9 处，两侧各具 2 条浅而断续的纵沟，亚侧纵沟长为中纵沟的 0.33 倍 (右) 和 0.45 倍 (左)。第 1 窗疤宽为长的 2.6 倍，疤距为疤宽的 0.7 倍。合背板在窗疤周围具短稀毛，远离合背板下缘。产卵管鞘长为后足胫节的 0.47 倍，为鞘中宽的 3.9 倍，表面具相连的细长刻点，有细毛。

体色：体黑色。上唇黑色，须黄色，上颚端半、翅基片红褐色。触角柄节、梗节及第 1-2 鞭节红褐色，其余鞭节黑褐色。足红褐色；基节、中后足转节黑色，前足转节及后足腿节 (除两端) 黑褐色，前足腿节暗红褐色。翅透明，翅痣和强脉深褐黄色，弱脉浅黄色。

雄：未知。

寄主：未知。

研究标本：正模♀，浙江西天目山仙人顶，1999.VI.14，赵明水，No.200010769。

分布：浙江。

鉴别特征：见检索表。

词源：种本名"窄唇 *stenochilus*"，系 *steno* (窄) + *chilus* (唇) 组合词，意为唇基较狭窄。

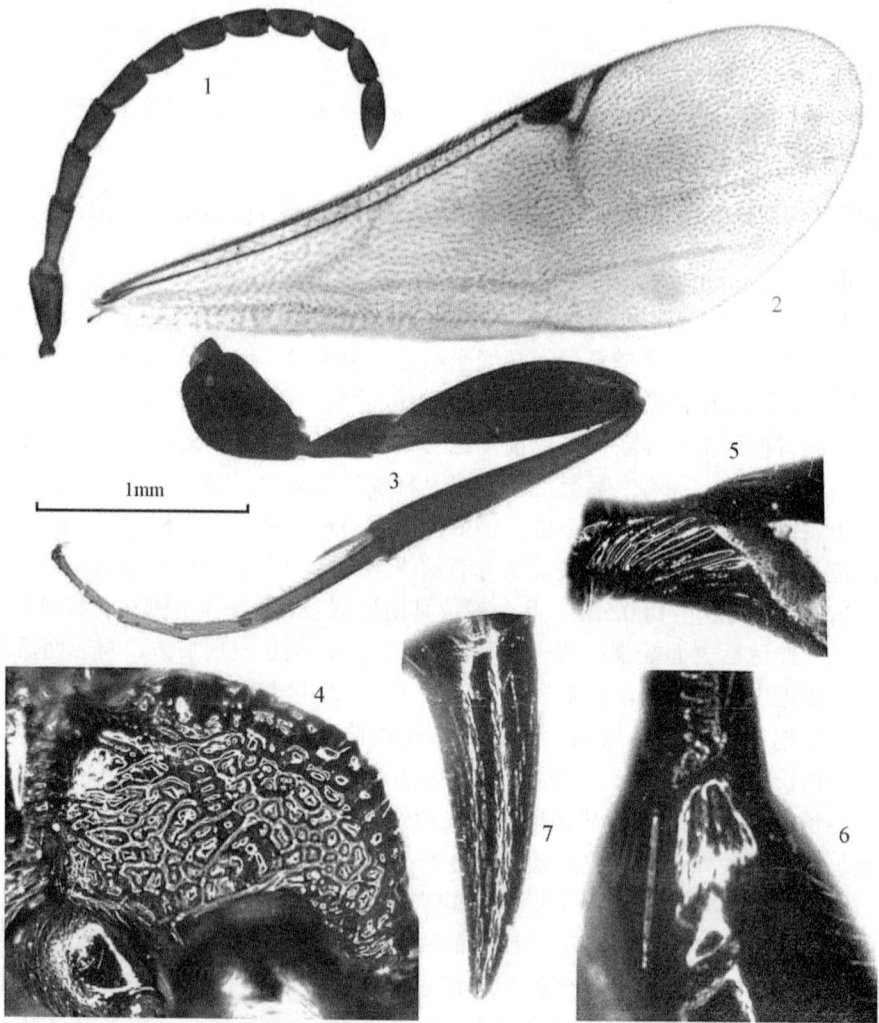

图 405 窄唇叉齿细蜂，新种 *Exallonyx stenochilus* He *et* Liu, sp. nov.

1. 触角；2. 前翅；3. 后足；4. 后胸侧板和并胸腹节，侧面观；5. 腹柄，侧面观；6. 腹柄和合背板基部，背面观；7. 产卵管鞘 [1-3. 1.0X 标尺；4-6. 2.0X 标尺；7. 2.5X 标尺]

(346) 多皱叉齿细蜂，新种 *Exallonyx polyptychus* He *et* Liu, sp. nov. (图 406)

雌：前翅长 3.7mm。

头：背观上颊长为复眼的 1.2 倍。颊长为复眼纵径的 0.5 倍。唇基宽为长的 2.5 倍，稍均匀隆起，具刻点，亚端横脊不明显，端缘平截。触角第 2、10 鞭节长分别为宽的 2.2 倍和 1.7 倍，端节长为端前节的 1.6 倍。额脊高。后头脊稍呈檐状。

胸：前胸背板颈部具 8 条细横皱；前沟缘脊中等强；侧面光滑，前沟缘脊之后无毛，颈脊之后具毛；背缘具稀疏的双列毛，两端具多列毛；后下角单个凹窝。中胸侧板前缘上角多细毛，中央横沟上方几乎无毛；镜面区上方 0.4 具稀毛；侧板下半部除沿中央横沟以下部位外具稀毛；后下角具平行细皱。后胸侧板中央前方及前上方各有 1 相连的、表面具稀毛的小三角形光滑区，其长和高分别占侧板的 0.4 倍和 0.6 倍，其余具稀的小室状网皱。并胸腹节侧观背缘有角度，后表面陡斜；中纵脊伸达后表面端部；背表面大部分为弱横皱，光滑区短，止于气门后缘水平；后表面上方具横网皱，后端光滑；外侧区具小室状网皱。

　　足：后足腿节长为宽的 4.25 倍；后足胫节长距长为基跗节的 0.42 倍。

　　翅：前翅长为宽的 2.5 倍；翅痣长和径室前缘脉长分别为翅痣宽的 2.0 倍和 0.68 倍；翅痣后侧缘稍弯；径脉第 1 段内斜，直，长为宽的 1.67 倍，从翅痣近中央处伸出；径脉第 2 段直，两段相接处略膨大。后翅后缘基部 0.35 处缺刻深。

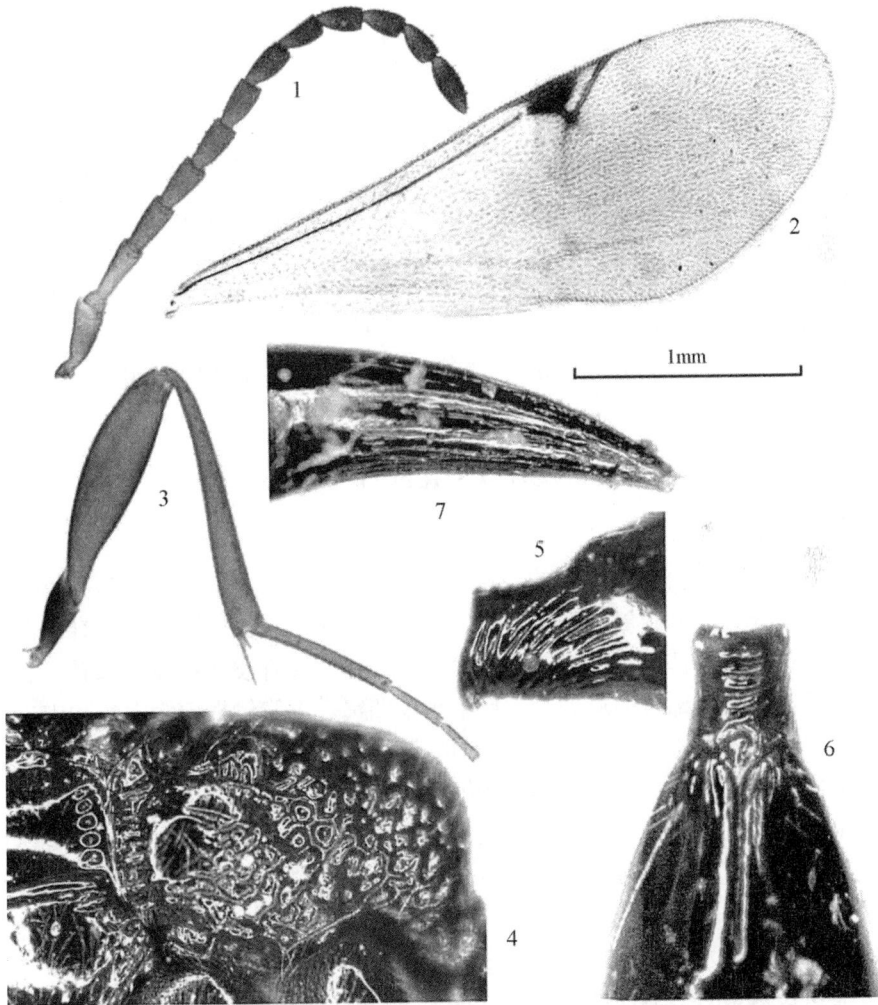

图 406　多皱叉齿细蜂，新种 *Exallonyx polyptychus* He *et* Liu, sp. nov.

1. 触角；2. 前翅；3. 后足；4. 后胸侧板和并胸腹节，侧面观；5. 腹柄，侧面观；6. 腹柄和合背板基部，背面观；7. 产卵管鞘 [1, 3. 1.0X 标尺；2. 0.8X 标尺；4. 2.0X 标尺；5-6. 2.5X 标尺；7. 3.0X 标尺]

　　腹：腹柄背面中长为中宽的 1.2 倍，基部具 4 条夹点粗横皱；腹柄侧面上缘长为中高的 0.92 倍，上缘直，基部具横脊 1 条，其后面具弱斜脊 10 条。合背板基部中纵沟伸达基部至第 1 对窗疤间距的 0.9 处，两侧各具 4 条弱纵沟，亚侧纵沟最短，长为中纵沟的 0.12 倍。第 1 窗疤宽为长的 3.0 倍，疤距为疤宽的 0.8 倍。合背板上的毛稀而短，远离合背板下缘。产卵管鞘长为后足胫节的 0.53 倍，为鞘中宽的 4.5 倍，表面除基部外具细长纵刻皱，有细毛。

体色：体黑色。须黄褐色。上唇黑褐色。上颚端半、翅基片红褐色。触角柄节、梗节和第 1 鞭节红褐色，其余黑褐色。足红褐色；基节、中后足转节黑色，前足转节黑褐色；前中足跗节黄褐色。翅透明，带烟黄色，翅痣和强脉黑褐褐色，弱脉无色。

雄：未知。

寄主：未知。

研究标本：正模♀，陕西秦岭天台山，1999.IX.3，何俊华，No.990762。

分布：陕西。

鉴别特征：本新种的触角鞭节端部不膨大和基本上黑褐色、后足转节黑色等特征与分布于巴布亚新几内亚的 *Exallonyx ejuncidus* Townes, 1981 和鸦叉齿细蜂 *E. coracinus* Townes, 1981 相似，不同之处在于：①上颊背观长为复眼的 1.2 倍（后两者分别为 0.82 倍和 0.83）；②腹柄侧面上缘长为中高的 0.92 倍（后两者分别为 1.9 倍和 1.3 倍）；③合背板基部中纵沟伸达基部至第 1 对窗疤间距的 0.9 处（后两者分别为 0.68 处和 0.75 处）。本种与国内其他种区别见检索表。

词源：种本名"多皱 polyptychus"，系 poly（多）+ ptychus（褶皱）组合词，意为腹柄侧面具多条纵脊。

(347) 方氏叉齿细蜂，新种 *Exallonyx fangi* He *et* Xu, sp. nov. (图 407)

雌：前翅长 1.9mm。

头：背观上颊长为复眼的 0.85 倍。颊长为复眼纵径的 0.67 倍。唇基宽为长的 2.3 倍，稍均匀隆起，光滑，端半倾斜，端缘弧形。触角仅存 3 节。额脊弱。后头脊正常。

胸：前胸背板颈部具 3-4 条横皱；侧面光滑，前沟缘脊发达；前沟缘脊之后无毛，颈脊之后具毛；背缘具稀疏的单列毛；后下角单凹窝。中胸侧板前缘上角和中央横沟上方为有毛区，之间无毛区长为翅基片的 1.5 倍；镜面区上方 0.5 具毛；侧板下半部除近中央横沟以下部位外具稀毛；后下角具平行细皱。后胸侧板几乎满布小室状网皱；仅前上方表面有 1 甚小的三角形光滑区。并胸腹节侧观背缘有角度，后表面陡斜；中纵脊伸达后表面端部；背表面基部光滑区短，伸达气门中央处；背表面后方大部分、后表面和外侧区均具小室状网皱。

足：后足腿节长为宽的 4.1 倍；后足胫节长距长为基跗节的 0.4 倍。

翅：前翅长为宽的 2.33 倍；翅痣长和径室前缘脉长分别为翅痣宽的 2.14 倍和 0.85 倍；翅痣后侧缘直；径脉第 1 段从翅痣近中央伸出，内斜，长为宽的 0.6 倍；径脉第 2 段直，两段相接处不膨大。后翅后缘基部 0.35 处缺刻深。

腹：腹柄背面中长为中宽的 1.3 倍，具不规则横网皱，端部刻皱稍纵斜，内夹细皱；腹柄侧面上缘长为中高的 0.9 倍，上缘直，基部具横脊 1 条，表面具强纵脊 7 条，沟内夹有刻点。合背板基部中纵沟宽，伸达基部至第 1 对窗疤间距的 0.67 处，两侧各具 3 条纵沟，亚侧纵沟长为中纵沟的 0.71 倍。第 1 窗疤宽为长的 2.3 倍，疤距为疤宽的 0.3 倍。合背板近乎光滑，其上的毛稀而短，远离合背板下缘。产卵管鞘长为后足胫节的 0.36 倍，为鞘中宽的 3.6 倍，表面光滑，散生带毛细刻点。

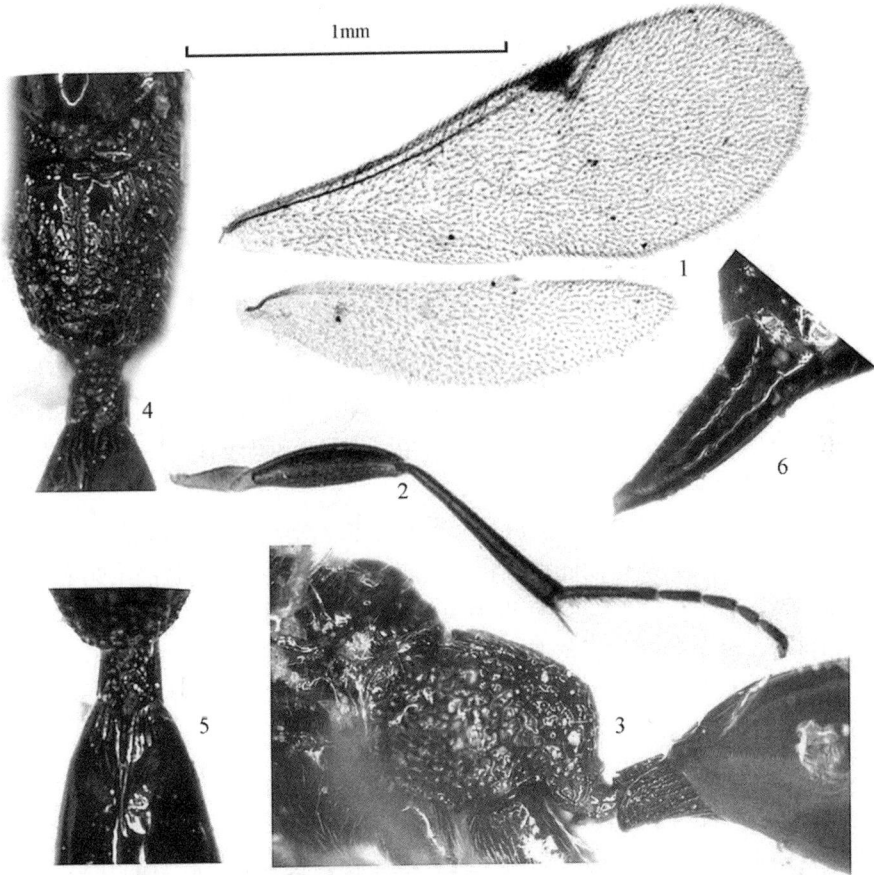

图 407　方氏叉齿细蜂，新种 *Exallonyx fangi* He *et* Xu, sp. nov.
1. 翅；2. 后足；3. 后胸侧板、并胸腹节和腹柄，侧面观；4. 并胸腹节，背面观；5. 腹柄和合背板基部，背面观；6. 产卵管鞘 [1-2.1.0X 标尺；3-5.2.0X 标尺；6.3.0X 标尺]

体色：体黑色，前胸侧面、柄后腹带红棕色。须黄褐色。上唇、上颚端半和翅基片红褐色。触角红褐色。足红褐色，中后足基节、后足跗节黑褐色，腿节带褐色。翅透明，翅痣和强脉浅褐色，弱脉浅黄色痕迹。

雄：未知。

寄主：未知。

研究标本：正模♀，吉林长春净月潭，1985.IX.9，李兆芬，No.861331。

分布：吉林。

鉴别特征：见检索表。

注：标本触角缺失。

词源：种本名"方氏 *fangi*"，意为对东北林业大学方三阳教授的敬意。

(348) 红颚叉齿细蜂 *Exallonyx rufimandibularis* Xu, Liu *et* He, 2007 (图 408)

Exallonyx rufimandibularis Xu, Liu *et* He, 2007, *Proc. Entomol. Soc. Wash.*, 109(4): 801, 802.

雌：前翅长 3.0mm。

头：背观上颊长为复眼的 0.91 倍。颊长为复眼纵径的 0.41 倍。唇基宽长的 2.7 倍，稍均匀隆起，有浅刻点，端缘平截。触角第 2、10 鞭节长分别为端宽的 2.2 倍和 1.6 倍，端节长为端前节的 1.6 倍。额脊强。后头脊正常高。

胸：前胸背板颈部具 3 条横皱；侧面光滑，前沟缘脊发达；前沟缘脊之后无毛，颈脊之后无毛；背缘具稀疏单列毛；后下角单凹窝。中胸侧板仅前缘上角为有毛区；镜面区上半具稀毛；侧板下半部 (中央横沟以下部位) 具稀毛；后下角具平行细皱。后胸侧板中央前方及前上方有被纵沟分隔的、表面具稀毛的光滑区，其长和高分别占侧板的 0.3 倍和 0.53 倍；前缘为平行细皱，具小室状网皱。并胸腹节侧观背缘有角度，后表面陡斜；中纵脊伸达后表面中央；背表面具刻皱，光滑区极短，不超过气门后缘；后表面基半具弱皱，端半光滑具小室状强网皱。

足：后足腿节长为宽的 3.7 倍；后足胫节长距长为基跗节的 0.40 倍。

翅：前翅长为宽的 2.54 倍；翅痣长和径室前缘脉长分别为翅痣宽的 1.56 倍和 0.5 倍；翅痣后侧缘稍弯；径脉第 1 段从翅痣近中央伸出，内斜，长为宽的 0.6 倍；径脉第 2 段直，两段相接处不膨大。后翅后缘基部 0.35 处缺刻浅。

腹：腹柄背面中长为中宽的 1.0 倍，基半部中央具 3 条弱横皱，端半和两侧光滑；腹柄侧面上缘长为中高的 1.0 倍，上缘直，基半具弱横脊 4 条，端半近于光滑，仅有 1 条明显纵沟。合背板基部中纵沟伸达基部至第 1 对窗疤间距的 0.72 处，两侧各具 2 条极浅弱纵沟，亚侧纵沟长为中纵沟的 0.44 倍。第 1 窗疤宽为长的 2.5 倍，疤距为疤宽的 0.75 倍。合背板上的毛稀而短，远离合背板下缘。产卵管鞘长为后足胫节的 0.54 倍，为鞘中宽的 4.4 倍，表面具细纵刻条，有细毛。

体色：体黑色。上唇和上颚除端部红褐色。须黄色。触角红褐色，至端部色渐深。翅基片黄褐色。足红褐色；基节黑色，转节和跗节黄褐色。翅透明，翅痣和强脉褐色，弱脉无色。

变异：副模并胸腹节背表面后半及后表面前方大部分具强横网皱，后端光滑区短。

雄：未知。

寄主：未知。

研究标本：1♀，广东从化流溪河，2002.VI.13，许再福，No.20026961 (正模)；1♀，广西防城板八，550m，2000.VI.8，吴鸿，No.200100232 (副模)。

分布：广东、广西。

鉴别特征：本种的触角第 2、10 鞭节长宽比、前沟缘脊发达等特征与分布于新几内亚的链颈叉齿细蜂 *Exallonyx torquatus* Townes, 1981 较相似，与后者主要不同在于：①前翅透明 (后者前翅黑色)，弱脉无色 (后者暗褐色)；②腹柄侧面基半具 4 条弱横脊，端半近于光滑，仅有 1 条明显纵脊 (后者基半具 3 条横脊，端半具 4 条明显纵脊)；③合背板基部中纵沟两侧各具 2 条浅弱纵沟 (后者无侧纵沟)。本种的腹柄背面基半中央具 3 条弱横皱、端半和两侧光滑，该特征可以与该种团的其他种类区别。

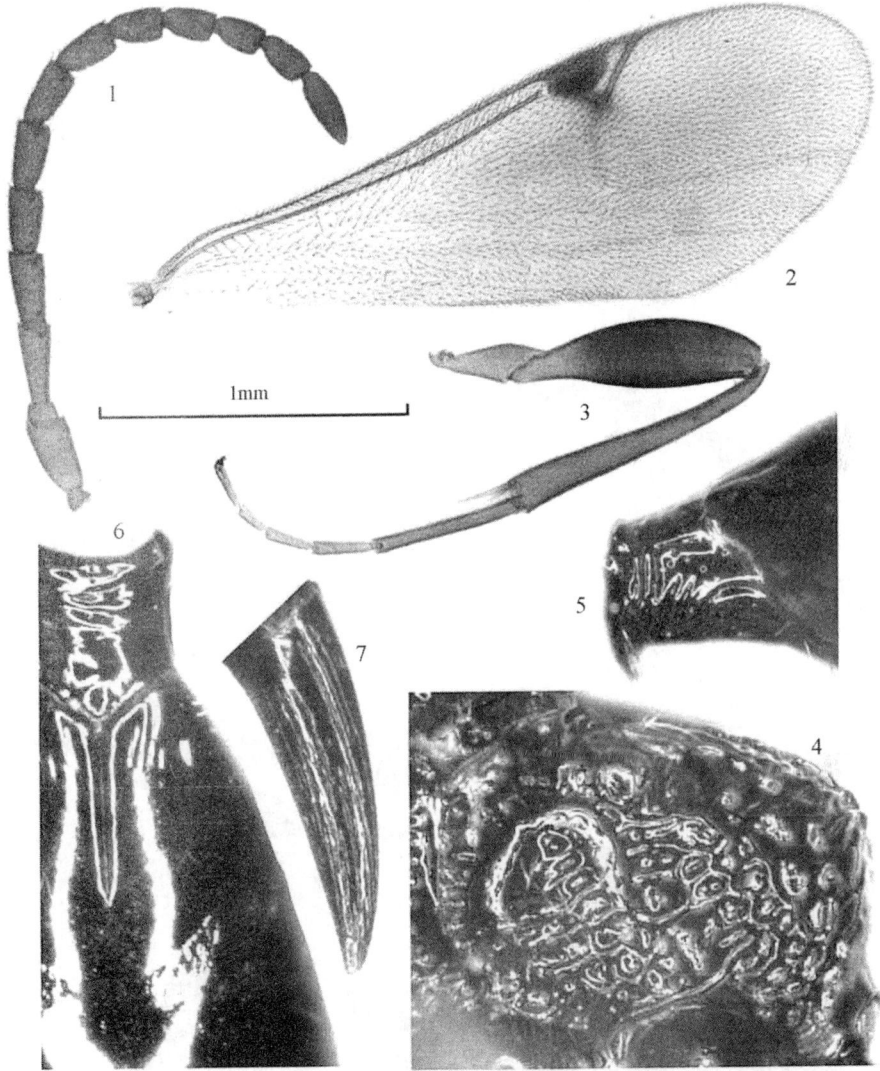

图 408　红颚叉齿细蜂 *Exallonyx rufimandibularis* Xu, Liu *et* He

1. 触角；2. 前翅；3. 后足；4. 后胸侧板和并胸腹节，侧面观；5. 腹柄，侧面观；6. 腹柄和合背板基部，背面观；7. 产卵管鞘 (仿 Xu *et al.*，2007) [1. 1.0X 标尺；2-3. 0.8X 标尺；4-7. 2.0X 标尺]

词源：种本名"红颚 *rufimandibularis*"，系 *ruf* (红色的) + *mandibularis* (上颚)组合词，意为整个上颚红褐色。

(349) 盾脸叉齿细蜂，新种 *Exallonyx peltatus* He *et* Liu, sp. nov. (图 409)

雌：前翅长 2.4mm。

头：背观上颊长为复眼的 1.0 倍。颊长为复眼纵径的 0.46 倍。唇基宽为长的 2.9 倍，稍均匀隆起，光滑，亚端横脊明显，端缘平截。颜面略呈盾形。触角第 2、10 鞭节长分别为端宽的 1.57 倍和 1.5 倍，端节长为端前节的 1.6 倍。额脊弱。后头脊正常高。

胸：前胸背板颈部具 6 条横皱；前沟缘脊弱；侧面光滑，前沟缘脊之后无毛，颈脊之后无毛；背缘具单列毛；后下角单凹窝。中胸侧板前缘上角为有毛区；镜面区上方 0.8 具稀毛；侧板下半部 (中央横沟以下部位) 具稀毛。后胸侧板中央前上方有被纵沟分隔的、表面具稀毛的光滑区，其长和高分别占侧板的 0.5 倍和 0.5 倍，其余为小室状网皱。并胸腹节侧观背缘曲折，后表面陡斜；中纵脊伸达后表面端部，后表面中纵脊弱；背表面大部分具刻皱，基部光滑区短，不伸过气门之后；后表面具横网皱；外侧区具小室状网皱。

足：后足腿节长为宽的 3.4 倍；后足胫节长距长为基跗节的 0.37 倍。

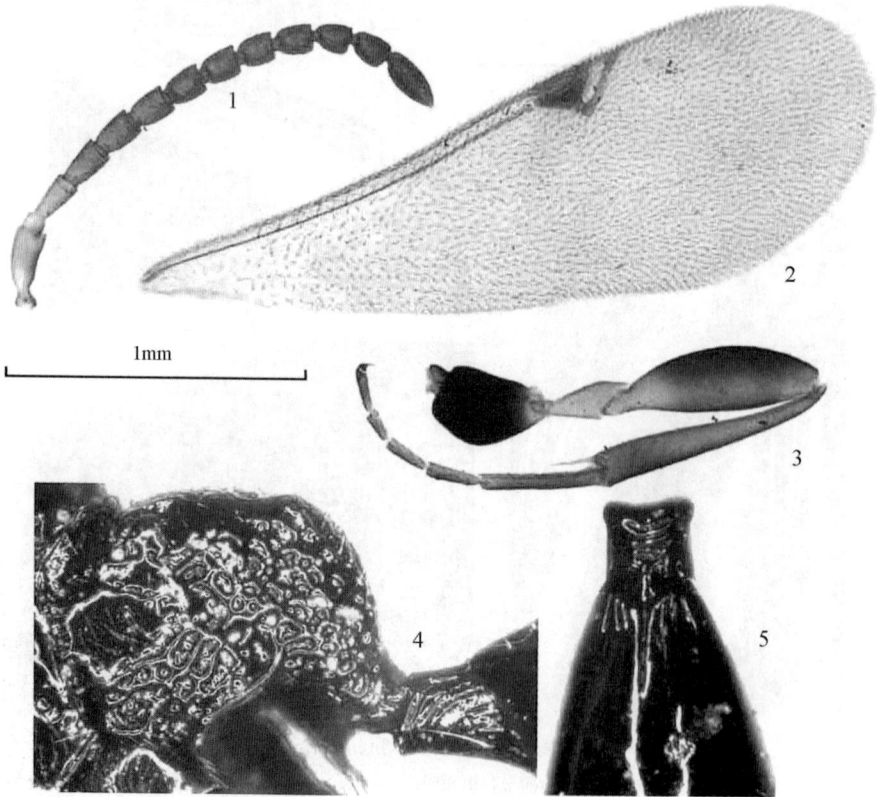

图 409 盾脸叉齿细蜂，新种 *Exallonyx peltatus* He *et* Liu, sp. nov.
1. 触角；2. 前翅；3. 后足；4. 后胸侧板、并胸腹节和腹柄，侧面观；5. 腹柄和合背板基部，背面观
[1-3. 1.0X 标尺；4-5. 2.0X 标尺]

翅：前翅长为宽的 2.53 倍；翅痣长和径室前缘脉长分别为翅痣宽的 2.05 倍和 0.4 倍；翅痣后侧缘直；径脉第 1 段从翅痣近中央伸出，内斜，长为宽的 1.0 倍；径脉第 2 段直，两段相接处不膨大。后翅后缘基部 0.35 处缺刻浅。

腹：腹柄背面中长为中宽的 1.0 倍，基部 0.7 具 5 条横皱，端部 0.3 光滑，有 1 不明显的中纵脊；腹柄侧面上缘长为中高的 0.7 倍，上缘直，基部具连斜脊的横脊 3 条，其后具强斜纵脊 4 条。合背板基部中纵沟伸达基部至第 1 对窗疤间距的 0.71 处，两侧各具 3 条短纵沟，亚侧纵沟长为中纵沟的 0.33 倍。第 1 窗疤宽为长的 3.0 倍，疤距为疤宽的 0.6 倍。合背板上的毛稀而短，远离合背板下缘。产卵管鞘长为后足胫节的 0.52 倍，为鞘中宽的 3.9 倍，表面具细长纵刻条，有细毛。

体色：体黑色。须浅黄色。上唇、上颚端半和翅基片红褐色。触角柄节、梗节和第 1 鞭节红褐色，其余浅黑褐色。足基节黑褐色至黑色，转节和腿节红褐色，前中足胫节和跗节黄褐色，后足胫节端半和跗节褐色。翅透明，翅痣和强脉暗褐黄色，弱脉无色。

雄：未知。

寄主：未知。

研究标本：正模♀，浙江西天目山老殿—仙人顶，1988.Ⅴ.17，楼晓明，No.883655。

分布：浙江。

鉴别特征：本新种与分布于新几内亚的驼色叉齿细蜂 *Exallonyx camelius* Townes, 1981、姐妹叉齿细蜂 *E. soror* Townes, 1981、链颈叉齿细蜂 *E. torquatus* Townes, 1981 相似，但是本种可以从以下特征与后者区别：①触角第 2 鞭节长为宽的 1.57 倍 (后者为 2.0-2.7 倍)；②腹柄侧面上缘长为中高的 0.7 倍 (后者为 1.10-1.65 倍)；③合背板中纵沟两侧各具 3 条短纵沟 (后者合背板中纵沟两侧无明显侧纵沟)。

词源：种本名"盾脸 *peltatus* (盾形的)"，意指颜面略呈盾状。

(350) 具点叉齿细蜂，新种 *Exallonyx punctatus* He et Xu, sp. nov. (图 410)

雌：前翅长 2.7mm。

头：背观上颊长为复眼的 1.0 倍。颊长为复眼纵径的 0.38 倍。唇基宽为长的 3.2 倍，稍均匀隆起，有刻点，端半倾斜，端缘平截。触角第 2、10 鞭节长分别为宽的 2.0 倍和 1.4 倍，端节长为端前节的 1.5 倍。额脊中等强而高。后头脊正常高。

胸：前胸背板颈部具 4-5 条横皱；侧面光滑，前沟缘脊发达；前沟缘脊之后无毛，颈脊之后具毛；背缘具稀疏的单列毛；后下角单凹窝。中胸侧板前缘仅上角有稀毛，中央横沟上方有弱皱；镜面区上方 0.38 具毛；侧板下半部除中央横沟部位外具稀毛；后下角具平行细皱。后胸侧板中央前方及前上方有被粗刻点分隔的、表面具稀毛的光滑区，其长和高分别占侧板的 0.3 倍和 0.6 倍，其余具不规则网皱。并胸腹节侧观背缘弧形，后表面陡斜；中纵脊伸达后表面端部；背表面端部大部分具斜横皱，基部外侧具纵斜皱，光滑区短，仅基部内侧存在；后表面具横网皱；外侧区具小室状网皱。

足：后足腿节长为宽的 3.6 倍；后足胫节长距长为基跗节的 0.43 倍。

翅：前翅长为宽的 2.58 倍；翅痣长和径室前缘脉长分别为翅痣宽的 1.6 倍和 0.4 倍；翅痣后侧缘稍弯；径脉从翅痣外方水平伸出，第 1 段不明显；径脉第 2 段直，两段相接处膨大。后翅后缘基部 0.35 处缺刻浅。

腹：腹柄背面中长为中宽的 0.83 倍，基部 0.5 具 2 条横皱，端部 0.5 中央光滑，两侧具 2-3 条短斜横皱；腹柄侧面上缘长为中高的 0.67 倍，上缘直，基部具连斜脊的横脊

2 条，表面具细斜纵脊 3 条，后下方光滑。合背板基部中纵沟深，伸达基部至第 1 对窗疤间距的 0.8 处，两侧各具 2 条短纵沟，亚侧纵沟长为中纵沟的 0.25 倍。第 1 窗疤宽为长的 3.0 倍，疤距为疤宽的 0.6 倍。合背板几乎光滑，其上的毛极稀而短，远离合背板下缘。产卵管鞘长为后足胫节的 0.53 倍，为鞘中宽的 3.4 倍，表面具纵刻皱，有细毛。

体色：体黑色。下颚须和下唇须黄褐色。上唇、上颚端半和翅基片红褐色。触角基部红褐色，至端部渐棕褐色。足红褐色，但基节黑褐色至黑色，前中足转节和第 2-4 跗节黄褐色。翅透明，翅痣和强脉暗褐黄色，弱脉浅黄色。

变异：副模前翅径脉第 1 段正常内斜，长为宽的 1.4 倍。

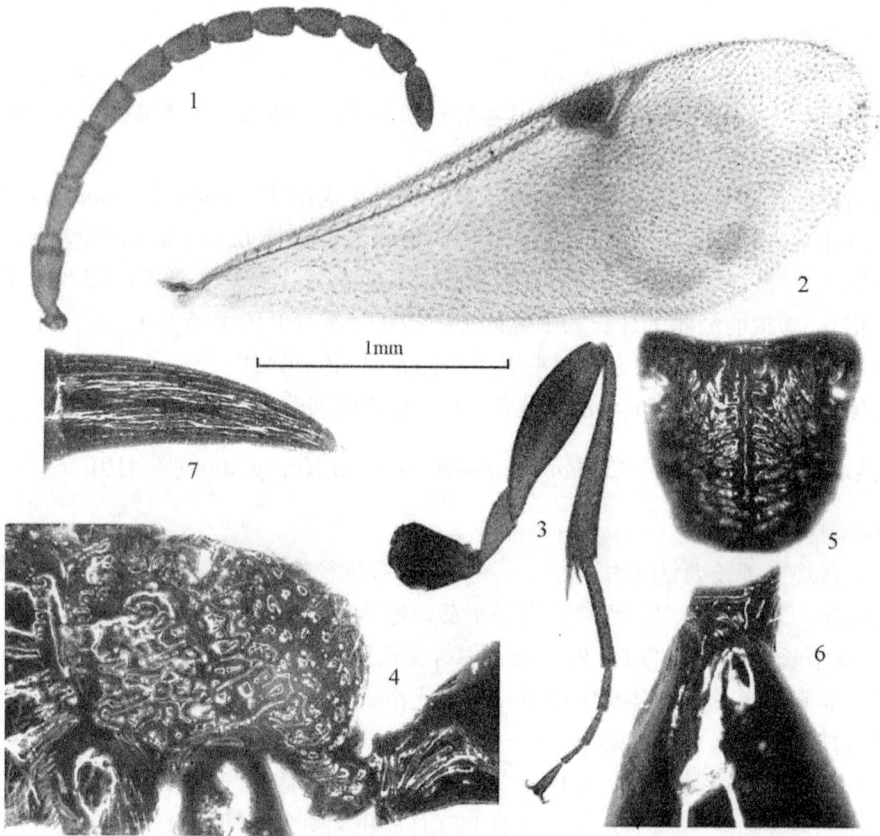

图 410 具点叉齿细蜂，新种 *Exallonyx punctatus* He *et* Xu, sp. nov.

1. 触角；2. 前翅；3. 后足；4. 后胸侧板、并胸腹节和腹柄，侧面观；5. 并胸腹节，背面观；6. 腹柄和合背板基部，背面观；7. 产卵管鞘 [1.1.0X 标尺；2-3.0.8X 标尺；4-6.2.0X 标尺；7.2.5X 标尺]

雄：未知。

寄主：未知。

研究标本：正模♀，浙江西天目山朱驼岭，1998.Ⅴ.31，赵明水，No.20000572。副模：1♀，浙江西天目山三亩坪，1998.Ⅶ.14，赵明水，No.999150。

分布：浙江。

鉴别特征：本新种与盾脸叉齿细蜂，新种 *Exallonyx peltatus* sp. nov.相似，其区别可见检索表。本种的腹柄上缘长为中高的 0.67 倍，可与巴布亚新几内亚的姐妹叉齿细蜂 *E. soror* Townes, 1981 和链颈叉齿细蜂 *E. torquatus* Townes, 1981 区别 (后两者腹柄侧面上缘长分别为中高的 1.65 倍和 1.1 倍)。

词源：种本名"具点 *punctatus* (刻点)"，意指唇基稍均匀隆起，有刻点。

9) 单沟叉齿细蜂种团 *Unisulcus* Group (中国新记录种团)

种团概述：前翅长 2.9-5.0mm。唇基微弱至中等隆起，无端前横脊。雄性触角鞭节无角下瘤或有。前胸背板侧面后下角具单凹窝。前胸背板侧面上缘毛带单列毛或有较为稀疏的双列毛。前沟缘脊弱或缺。前胸背板侧面颈脊上段后方无毛。中胸侧板前方上半部除前上角和中横沟正上方外无毛。并胸腹节背表面基部 1 对光滑区短至中等短；有时不达并胸腹节气门之后。后翅后缘近基部 0.35 处有 1 浅缺刻。腹柄基部侧下方无横脊，或有 1 不突出于腹柄侧下方纵脊的横脊；腹柄侧观上缘和下缘通常均直，少数种类稍向下凹陷。雄性合背板基部有 1 中纵沟，约伸达第 1 对窗疤的 0.5 处，有时两侧还具有 1-2 条侧纵沟，长约为中纵沟的 0.5 倍。合背板上毛很稀，大部分短，不接近其下缘。抱器窄三角形，不弯曲。

本种团已知 5 种：单沟叉齿细蜂 *E. unisulcus*、白角叉齿细蜂 *E. albicornis*、白基叉齿细蜂 *E. pallibasis*、褐须叉齿细蜂 *E. fuscipalpis* 和染黄叉齿细蜂 *E. flavotinctus* 均由 Townes (1981) 作为新种报道产于巴布亚新几内亚。本种团与网腰叉齿细蜂种团 *Dictoytus* Group 和毛胸叉齿细蜂种团 *Capillitus* Group 极其相近，靠检索表中列出的特征即可与之相区别。

本志记述我国分布的 3 新种。

种检索表 (*我国未发现的种)

1. 触角鞭节端部 5 节或更多环节白色···2
   触角鞭节完全黑色··3
2. 后足转节和后足腿节完全黑色；并胸腹节网皱中等粗；唇基稍拱隆。巴布亚新几内亚·············
   ··*单沟叉齿细蜂 *E. unisulcus*
   后足转节、后足腿节基部白色；并胸腹节网皱中等细；唇基中等拱隆。巴布亚新几内亚·············
   ··*白角叉齿细蜂 *E. albicornis*
3. 中后足腿节基部 0.10-0.25 和端部 0.2 浅藁黄色或整个黄褐色或浅褐色·······················4
   中后足腿节基部完全黑色··6
4. 中后足腿节基部 0.10-0.25 和端部 0.2 浅藁黄色。巴布亚新几内亚·······*白基叉齿细蜂 *E. pallibasis*
   中后足腿节整个黄褐色或浅褐色··5
5. 须黑褐色；合背板基部仅有 1 条中纵沟而无侧纵沟。巴布亚新几内亚·····························
   ··*褐须叉齿细蜂 *E. fuscipalpis*
   须浅藁黄色；合背板基部有 1 条中纵沟和 1 条短侧纵沟。巴布亚新几内亚·························
   ··*染黄叉齿细蜂 *E. flavotinctus*

6. 腹柄背面中长为中宽的 2.3 倍；腹柄侧面背缘长为中高的 2.0 倍，基部有 3 条弱横脊，其后下方光滑；合背板基部中沟长为至窗疤间距的 0.9 处，无侧纵沟；前翅长 2.1mm。云南 ………………………………
………………………………………………………… 短腹叉齿细蜂，新种 *E. brachygaster*, sp. nov.
腹柄背面中长为中宽的 1.0-1.6 倍；腹柄侧面背缘长为中高的 1.0-1.1 倍，基部有横脊或纵脊，不光滑；合背板基部中沟长为至窗疤间距的 0.40-0.45 处，有 1 或 2 条侧纵沟 ………………………………7
7. 合背板基部中纵沟两侧各有 2 条侧纵沟；触角第 2 节长为端宽的 2.6 倍，角下瘤不明显；腹柄背面中长为中宽的 1.6 倍，后方 0.7 具 7 条纵皱；腹柄侧面基部具连续脊的横脊 2 条，其后另有纵脊 5 条；前翅长 2.0mm。云南 ……………………………… 隐尾叉齿细蜂，新种 *E. cryptus*, sp. nov.
合背板基部中纵沟两侧各有 1 条侧纵沟；触角第 2 节长为端宽的 3.7 倍，角下瘤明显；腹柄背面中长为中宽的 1.0 倍，后方 0.7 具 6 条强纵皱；腹柄侧面基部具横脊 1 条，其后纵脊 5 条；前翅长 2.7mm。云南 ……………………………… 三沟叉齿细蜂，新种 *E. trisulcus*, sp. nov.

(351) 短腹叉齿细蜂，新种 *Exallonyx brachygaster* Xu *et* He, sp. nov. (图 411)

雄：前翅长 2.1mm。

头：背观上颊长为复眼的 0.72 倍。颊长为复眼纵径的 0.36 倍。唇基宽为长的 3.1 倍，光滑，端缘稍凹。触角第 2、10 鞭节长分别为端宽的 3.2 倍和 2.8 倍，端节长为端前节的 1.7 倍；鞭节无明显角下瘤。额脊弱。后头脊正常高。

胸：前胸背板颈部背面具 4-5 条横皱；侧面光滑，前沟缘脊发达；前沟缘脊之后无毛，颈脊之后具毛；背缘具连续的单列毛；后下角单个凹窝。中胸侧板前缘上角有稀毛区；镜面区上半具稀毛；侧板下半部 (中央横沟以下部位) 具稀毛，近中央区域无毛。后胸侧板中央前方及前上方有被纵沟分隔的、表面具稀毛的光滑区，其长和高分别占侧板的 0.45 倍和 0.8 倍，其余部位具小室状网皱。并胸腹节侧观背缘弧形；中纵脊直至后表面端部；背表面除端部具横脊外几乎全部光滑；后表面陡斜，具横皱，端部光滑；外侧区具小室状网皱。

足：后足腿节长为宽的 5.0 倍；后足胫节长距长为基跗节的 0.52 倍。

翅：前翅翅痣长和径室前缘脉长分别为翅痣宽的 1.55 倍和 0.73 倍；翅痣后侧缘稍弯；径脉第 1 段从翅痣近中央伸出，内斜，长为宽的 1.5 倍；径脉第 2 段直。后翅后缘近基部缺刻深。

腹：腹柄背面中长为中宽的 2.3 倍，表面下凹，具 5 条纵皱，中皱与亚中皱分开宽，内夹细皱；腹柄侧面上缘长为中高的 2.0 倍，上缘直，基部窄而具柄，其后有模糊横脊 3 条，横脊后上半具强斜纵脊 3 条，下半前方为小光滑区，再后另有纵脊 3 条。合背板基部中纵沟伸达基部至第 1 对窗疤间距的 0.9 处，两侧无纵沟。第 1 窗疤宽为长的 3 倍，疤距为疤宽的 0.3 倍。合背板上仅窗疤附近有稀毛，远离合背板下缘。端部各节几乎完全被合背板遮盖。抱器长三角形，不下弯，端尖。

体色：体黑色。须黄白色。上唇、上颚端部和翅基片黄褐色。触角黑褐色。足红褐色；前中足跗节黄色；中后足基节黑色，腿节背方浅褐色，胫节端半、跗节黑褐色。翅透明，带烟黄色。翅痣和强脉浅褐色，弱脉无色。

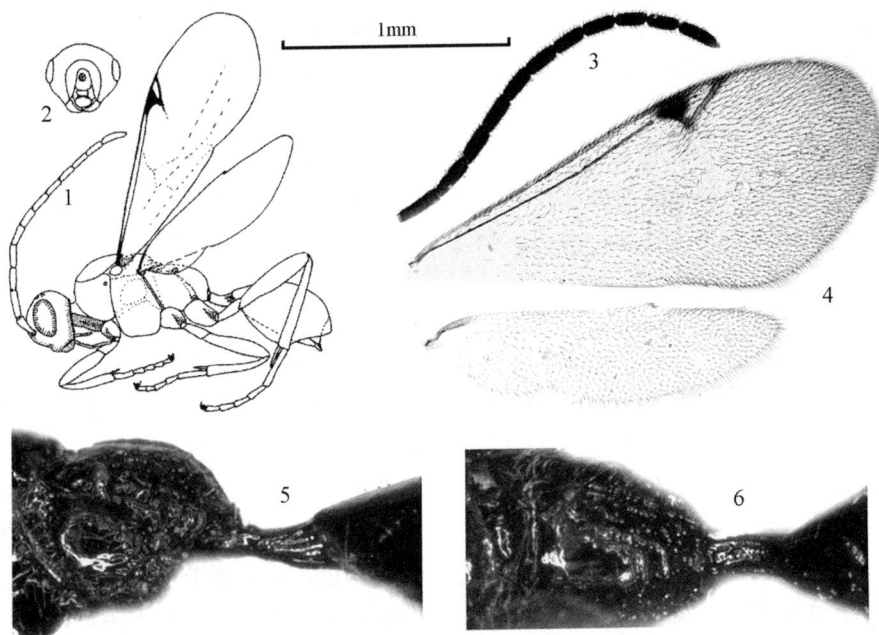

图 411　短腹叉齿细蜂，新种 *Exallonyx brachygaster* Xu *et* He, sp. nov.
1. 整体，侧面观；2. 头部，后面观；3. 触角；4. 翅；5. 后胸侧板、并胸腹节和腹柄，侧面观；6. 并胸腹节、腹柄和合背板基部，背面观 [1-2. 0.6X 标尺；3-4. 1.0X 标尺；5-6. 2.0X 标尺]

雌：未知。

寄主：未知。

研究标本：正模♂，云南腾冲，1630m，1981.Ⅳ. 19-20，何俊华，No.813688。

分布：云南。

鉴别特征：本新种与本种团已知种类别如下：①前胸背板侧面有前沟缘脊；②合背板基部中纵沟伸达基部至第 1 对窗疤间距的 0.9 处；③腹端部各节几乎完全被合背板所遮盖。

词源：种本名"短腹 *brachygaster*"，系 *brachy* (短的) + *gaster* (腹部) 组合词，意指腹部较短，端部各节几乎完全被合背板所遮盖。

(352) 隐尾叉齿细蜂，新种 *Exallonyx cryptus* Xu *et* He, sp. nov. (图 412)

雄：前翅长 2.0mm。

头：背观上颊长为复眼的 0.9 倍。颊长为复眼纵径的 0.35 倍。唇基宽为长的 2.6 倍，稍均匀隆起，光滑，中央有亚端横脊，端缘稍凹。触角第 2、10 鞭节长分别为宽的 2.6 倍和 2.7 倍，端节长为端前节的 1.5 倍；鞭节无明显角下瘤。额脊弱。后头脊正常高。

胸：前胸背板颈部背面具 3-4 条横皱；侧面光滑，前沟缘脊发达；前沟缘脊之后无毛，颈脊之后具稀毛；背缘具稀疏的单列毛；后下角单个凹窝。中胸侧板前缘上角有稀毛区；镜面区上方具稀毛；侧板下半部 (中央横沟以下部位) 具稀毛，近中央区域无毛；后下角具平行细皱。后胸侧板中央前方及前上方有被纵沟分隔的、表面具稀毛的光滑区，其长和高分别占侧板的0.6倍和0.9倍,其余部位具小室状网皱。并胸腹节侧观背缘弧形,后表面下斜;中纵皱仅伸至后表面近端部;背表面光滑区后端 1/3 具稀皱;后表面外侧区具稀网皱。

足:后足腿节长为宽的 4.5 倍;后足胫节长距长为基跗节的 0.55 倍。

翅:前翅翅痣长和径室前缘脉长分别为翅痣宽的 1.8 倍和 0.54 倍;翅痣后侧缘直;径脉第 1 段从翅痣近中央伸出,内斜,长为宽的 1.0 倍;径脉第 2 段直,两段相接处膨大。后翅后缘近基部有缺刻。

腹:腹柄背面中长为中宽的 1.6 倍,基部 0.3 中央具夹点细皱,端部 0.7 具 7 条纵皱,内夹细皱;腹柄侧面上缘长为中高的 1.0 倍,上缘直,基部具连有纵脊的横脊 2 条,横脊后另具纵脊 5 条。合背板基部中纵沟伸达基部至第 1 对窗疤间距的 0.4 处,两侧各具 2 条弱纵沟,亚侧纵沟长为中纵沟的 0.6 倍。第 1 窗疤宽为长的 2.5 倍,疤距为疤宽的 0.3 倍。合背板上仅窗疤附近有稀而短的毛,远离合背板下缘。抱器甚短,三角形,端尖。

体色:体黑色,胸部侧面带棕红色。须和翅基片黄色。上唇和上颚端部黄褐色。触角褐色,基部下方黄色。足黄褐色,中后足基节黑褐色,后足腿节中央褐黄色;后足胫节端部和跗节浅褐色。翅透明,带烟黄色,翅痣和强脉浅褐色,弱脉无色。

雌:未知。

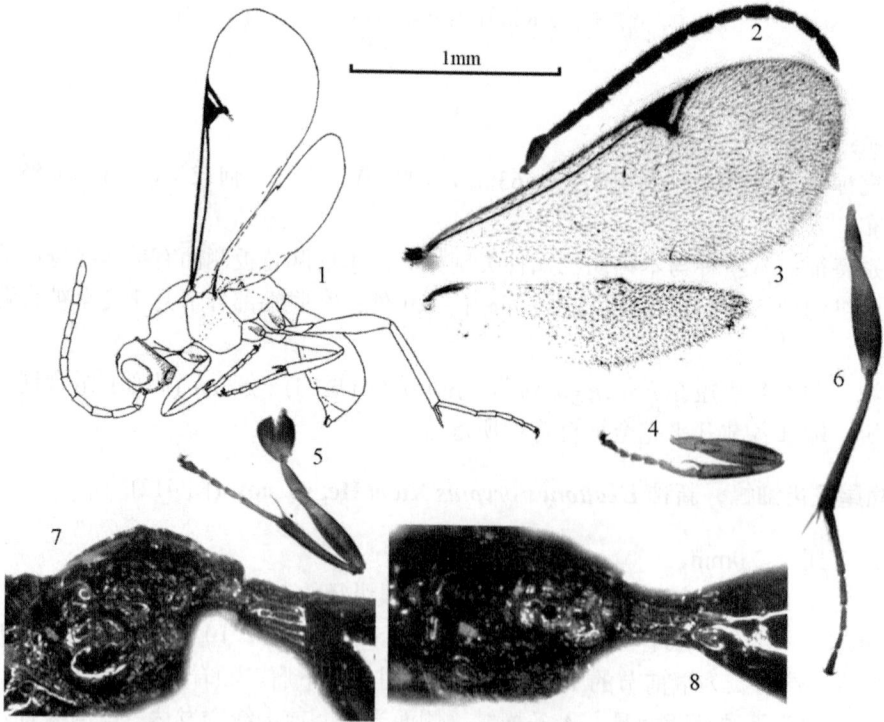

图 412 隐尾叉齿细蜂, 新种 *Exallonyx cryptus* Xu et He, sp. nov.

1. 整体, 侧面观; 2. 触角; 3. 翅; 4. 前足; 5. 中足; 6. 后足; 7. 后胸侧板、并胸腹节和腹柄, 侧面观; 8. 并胸腹节、腹柄和合背板基部, 背面观 [1. 0.7X 标尺; 2-6. 1.0X 标尺; 7-8. 2.0X 标尺]

寄主：未知。

研究标本：正模♂，云南昆明，1981.Ⅴ.18，何俊华，No.814736。

分布：云南。

鉴别特征：本新种因以下特征之组合区别于该种团的我国已知种：①触角褐色；②合背板基部中纵沟两侧各有 2 条短侧纵沟。

词源：种本名"隐尾 cryptus (隐)"，意指腹部抱器甚短，三角形。

(353) 三沟叉齿细蜂，新种 *Exallonyx trisulcus* Xu *et* He, sp. nov. (图 413)

雄：前翅长 2.7mm。

头：背观上颊长为复眼的 0.73 倍。颊长为复眼纵径的 0.3 倍。唇基宽为长的 2.6 倍，稍均匀隆起，光滑，散生刻点，亚端横脊弱，端缘平截。触角第 2、10 鞭节长分别为宽的 3.7 倍和 3.3 倍，端节长为端前节的 1.4 倍；第 2-9 鞭节有长椭圆形角下瘤。额脊弱。后头脊正常高。

胸：前胸背板颈部背面具 4-5 条横皱；侧面光滑，前沟缘脊发达；前沟缘脊之后无毛，颈脊之后具毛；背缘具连续的双列毛；后下角单凹窝。中胸侧板前缘上角有稀毛区；镜面区上方具稀毛；侧板下半部具稀毛，中央横沟以下部位无毛。后胸侧板中央前方及前上方有被纵沟分隔的、表面具稀毛的光滑区，其长和高分别占侧板的 0.55 倍和 0.8 倍，其余部位具小室状网皱。并胸腹节侧观背缘弧形，后表面缓斜；中纵脊直至后表面近端部；背表面和后表面仅在两表面交界处有横脊及细网皱外光滑；外侧区具小室状网皱。

足：后足腿节长为宽的 5.4 倍；后足胫节长距长为基跗节的 0.51 倍。

翅：前翅翅痣长和径室前缘脉长分别为翅痣宽的 1.75 倍和 0.67 倍；翅痣后侧缘稍弯；径脉第 1 段从翅痣中央稍外方伸出，内斜，长为宽的 0.8 倍；径脉第 2 段直，两段相接处膨大。后翅后缘近基部缺刻深。

腹：腹柄背面中长为中宽的 1.0 倍，具 6 条强纵皱，内夹细皱；腹柄侧面上缘长为中高的 1.1 倍，上缘直，基部具横脊 1 条，横脊后具强纵脊 5 条。合背板基部中纵沟伸达基部至第 1 对窗疤间距的 0.45 处，两侧各具 1 条纵沟，亚侧纵沟远离中纵沟，长为中纵沟的 0.55 倍。第 1 窗疤宽为长的 2.4 倍，疤距为疤宽的 0.4 倍。合背板上仅窗疤附近有稀毛，远离合背板下缘。抱器长三角形，不下弯，端尖。

体色：体黑色。须、上唇、上颚端部和翅基片黄褐色。触角黑褐色。足黄褐色；中足基节褐黄色，后足胫节端部和跗节浅褐色。翅透明，翅痣和强脉浅褐色，弱脉无色。

雌：未知。

寄主：未知。

研究标本：正模♂，云南腾冲，1981.Ⅳ.27，何俊华，No.812162。

分布：云南。

鉴别特征：本新种因以下特征之组合区别于该种团的其他已知种：①触角黑褐色；②合背板基部中纵沟两侧各有 1 条短侧纵沟；③前胸背板侧面背缘具双列毛。

词源：种本名"三沟 trisulcus"，系 tri (三) + sulcus (沟) 组合词，意指合背板基部中纵沟和侧纵沟共 3 条。

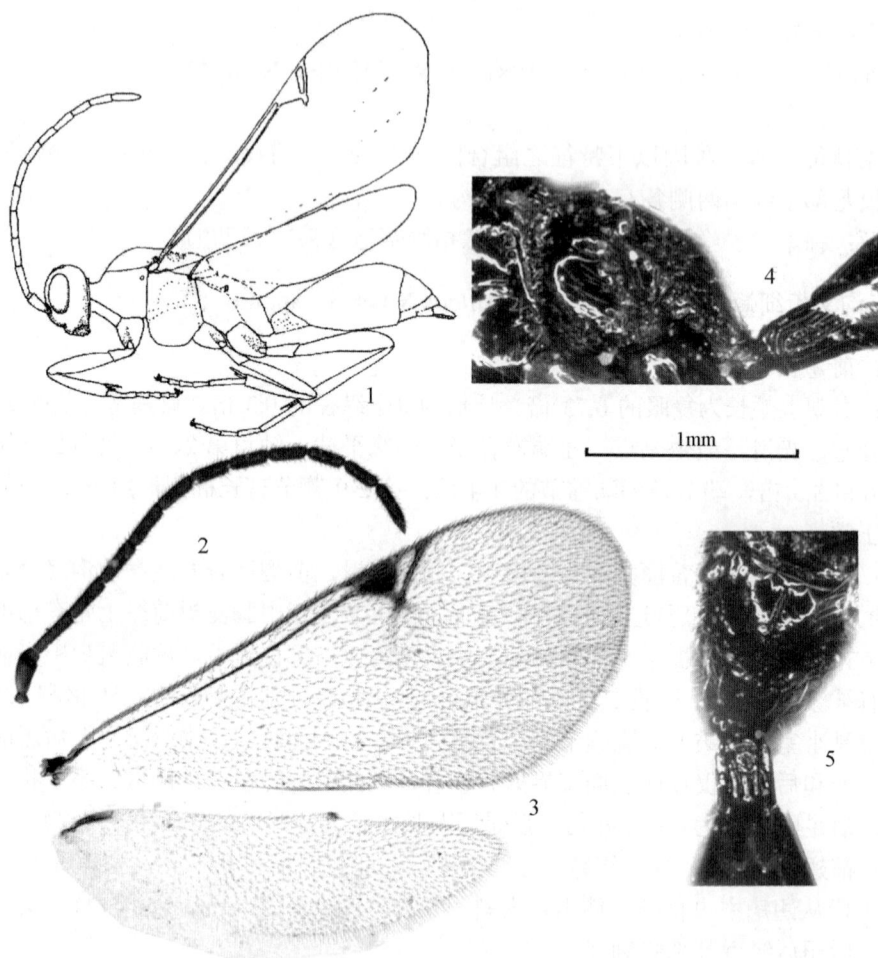

图 413 三沟叉齿细蜂, 新种 *Exallonyx trisulcus* Xu *et* He, sp. nov.
1. 整体，侧面观；2. 触角；3. 翅；4. 后胸侧板、并胸腹节和腹柄，侧面观；5. 并胸腹节、腹柄和合背板基部，背面观
[1. 0.7X 标尺；2-3. 1.0X 标尺；4-5. 2.0X 标尺]

10) 华氏叉齿细蜂种团 *Wasmanni* Group

种团概述：前翅长 1.6-2.9mm。雄性触角鞭节无角下瘤或有。唇基短而宽。前胸背板侧面后下角单凹窝或少数双凹窝。前胸背板侧面上缘有单列毛，或无毛，或有时双列毛。前沟缘脊发达至弱，或缺。前胸背板侧面前沟缘脊 (若存在) 和颈脊上段后方无毛。并胸腹节背表面基部的 1 对光滑区远过并胸腹节气门之后。后翅异常窄，其后缘近基部 0.35 处无明显的缺刻。腹柄长，侧面基部有 1 横脊；侧面有强纵沟；背观腹柄直。合背板毛稀少，远离合背板下缘。合背板基部有一些弱的短纵沟，或无。抱器窄三角形，不下弯。产卵管鞘具稀疏刻点，或有时刻点延长。

本种团已记述 4 种：华氏叉齿细蜂 *E. wasmanni* Kieffer, 1904 (分布于欧洲和日本)、

张嘴叉齿细蜂 *E. ringens* Townes, 1981 (分布于巴布亚新几内亚)、可疑叉齿细蜂 *E. anceps* Townes, 1981 (分布于菲律宾和巴布亚新几内亚) 和短颊叉齿细蜂 *E. brevigena* He *et* Fan, 2004 (分布于中国)。

本志记述 12 种, 其中 11 新种。

种检索表 (*我国未发现的种)

1. 合背板基部无中纵沟, 也无侧纵沟 ··2
   合背板基部有中纵沟, 也有侧纵沟或偶尔无 ····································4
2. 前翅径室前缘脉长为翅痣宽的 1.5 倍; 前翅长 1.6-2.3mm。欧洲, 日本
   ···***华氏叉齿细蜂 *E. wasmanni***
   前翅径室前缘脉长为翅痣宽的 0.50-0.67 倍 ······································3
3. 腹柄背面长为中宽的 1.5 倍, 具 5 条纵皱, 侧面背缘长为中高的 1.2 倍, 具 6 条纵脊; 第 1 窗疤宽为长的 2.2 倍; 足大部分褐黄色; 前翅长 1.76mm。陕西 ················
   ·····································**无沟叉齿细蜂, 新种 *E. nihilisulcus*, sp. nov.**
   腹柄背面长为中宽的 1.8 倍, 具 7 条纵脊, 侧面背缘长为中高的 1.9 倍, 具 5 条纵脊; 第 1 窗疤宽为长的 1.2 倍; 足大部分黑褐色至黑色; 前翅长 2.2mm。广东 ············
   ·····························**裸基叉齿细蜂, 新种 *E. nudatibasilaris*, sp. nov.**
4. 前翅径室前缘脉长为翅痣宽的 2.5-2.7 倍; 腹柄侧面背缘长为中高的 2.0-3.0 倍 (按图) ·········5
   前翅径室前缘脉长为翅痣宽的 0.4-1.0 倍; 腹柄侧面背缘长为中高的 0.8-1.7 倍, 通常为 1.0-1.2 倍 ···6
5. 足和前胸背板黑色; 前翅长 2.5-2.9mm。巴布亚新几内亚 ··············***张嘴叉齿细蜂 *E. ringens***
   足和前胸背板浅褐黄色; 前翅长 1.6mm。菲律宾 ·············***可疑叉齿细蜂 *E. anceps***
6. 前胸背板侧面后下角单个凹窝; 合背板基部侧纵沟通常 2 条, 偶为 0 条、1 条或 3 条 ············7
   前胸背板侧面后下角 2 个凹窝; 合背板基部侧纵沟通常 3 条 ····················17
7. 雌性 ···8
   雄性 ···13
8. 腹部合背板基部侧纵沟 1 条; 触角端节长为亚端节的 2.3 倍; 并胸腹节背表面满布弱皱, 无明显光滑区; 前翅较狭, 长为宽的 3.3 倍; 第 1 窗疤宽为长的 1.5 倍; 产卵管鞘长为后足胫节的 0.58 倍; 前翅长 1.82mm。山东 ·····················**牟氏叉齿细蜂, 新种 *E. moui*, sp. nov.**
   腹部合背板基部侧纵沟 2 条或无; 触角端节长为亚端节的 1.4-2.2 倍; 并胸腹节背表面多少有光滑区 ···9
9. 腹部合背板基部无侧纵沟; 头背观上颊长为复眼的 0.75 倍; 并胸腹节中纵脊仅背表面存在; 腹柄背面具纵刻条; 足黄褐色, 但中后足基节浅褐色; 前翅长 1.7mm。广东 ·····················
   ·····································**窄翅叉齿细蜂, 新种 *E. stenopennis*, sp. nov.**
   腹部合背板基部有 2-3 条侧纵沟; 头背观上颊长为复眼的 1.0-1.2 倍; 并胸腹节中纵脊伸至后表面中央或端部; 腹柄背面基部 (半) 具细点皱, 端部具纵刻条 ·····················10
10. 触角端节长为亚端节的 1.7 倍; 并胸腹节背表面几乎全为光滑区所占; 合背板基部亚侧纵沟长为中纵沟的 0.3 倍; 前翅长 1.4mm。浙江、贵州 ·······**细点叉齿细蜂, 新种 *E. micropunctatus*, sp. nov.**

触角端节长为亚端节的 2.0 倍；并胸腹节背表面光滑区约占基部 1/2 或大部分；合背板基部亚侧纵沟长为中纵沟的 0.5-1.0 倍 ··· 11

11. 额脊弱；后足腿节长为宽的 3.5 倍；翅痣长为翅痣宽的 1.7 倍；产卵管鞘长分别为后足胫节长和自身宽的 0.56 倍和 3.7 倍；前翅长 1.8mm。浙江 ····················· **短颊叉齿细蜂 *E. brevigena***
额脊强或弱；后足腿节长为宽的 4.0-4.1 倍；翅痣长为翅痣宽的 2.0-2.5 倍；产卵管鞘长分别为后足胫节长和自身宽的 0.48-0.50 倍和 4.2-4.5 倍 ··· 12

12. 前翅长为宽的 3.0 倍；径室前缘脉长为翅痣宽的 1.0 倍；头背观上颊长为复眼的 1.08 倍；颊长为复眼纵径的 0.41 倍；额脊弱；合背板基部侧纵沟各 2 条；前翅长 1.65mm。吉林 ·· **长春叉齿细蜂，新种 *E. changchunensis*, sp. nov.**
前翅长为宽的 2.5 倍；径室前缘脉长为翅痣宽的 0.63 倍；头背观上颊长为复眼的 0.73 倍；颊长为复眼纵径的 0.16 倍；额脊强而高；合背板基部侧纵沟各 3 条；前翅长 1.6mm。湖南 ··· **小叉齿细蜂，新种 *E. nanus*, sp. nov.**

13. 腹部合背板基部侧纵沟 3 条；后胸侧板光滑区大，几乎占满整个侧板；腹柄侧面背缘长为中高的 1.7 倍；第 1 窗疤间距为疤宽的 0.1 倍；前翅长 1.6mm。云南 ···································· ·· **邻疤叉齿细蜂，新种 *E. vicinicicatrix*, sp. nov.**
腹部合背板基部侧纵沟 2 条；后胸侧板光滑区中等或较小，不占满整个侧板；腹柄侧面背缘长为中高的 0.8-1.3 倍；第 1 窗疤间距为疤宽的 0.3-1.0 倍 ································· 14

14. 并胸腹节背表面几乎全为光滑区；后足腿节长为宽的 4.2-4.8 倍；翅痣长和径室前缘室长分别为翅痣宽的 1.60-1.67 倍和 0.4-0.5 倍 ···································· 15
并胸腹节背表面至多 0.65 为光滑区；后足腿节长为宽的 3.5-3.6 倍；翅痣长和径室前缘室长分别为翅痣宽的 1.8 倍和 0.6-1.0 倍 ····································· 16

15. 颊长为复眼纵径的 0.62 倍；触角端节长为亚端节的 1.4 倍；腹柄背面具 5 条纵脊，基部内夹细皱；腹柄侧面上缘长为中高的 1.0 倍；第 1 窗疤宽为长的 3.0 倍，疤距为疤宽的 0.3 倍；足大部分褐色；前翅长为 1.84mm。陕西 ························ **虞氏叉齿细蜂，新种 *E. yuae*, sp. nov.**
颊长为复眼纵径的 0.13-0.16 倍；触角端节长为亚端节的 1.60-1.65 倍；腹柄背面端半具 5 条纵刻条，基部有点皱；腹柄侧面上缘长为中高的 1.2-1.3 倍；第 1 窗疤宽为长的 2.2-2.3 倍，疤距为疤宽的 0.8-0.9 倍；足大部分黄褐色，中后足基节黑褐色；前翅长 1.8mm。浙江、贵州 ···················· ·· **细点叉齿细蜂，新种 *E. micropunctatus*, sp. nov.**

16. 颊长为复眼纵径的 0.14 倍；额脊强；前翅长为宽的 2.42 倍；径室前缘脉长为翅痣宽的 1.0 倍；合背板基部亚侧纵沟长为中纵沟的 0.7 倍；前翅长 2.5-3.0mm。浙江 ······· **短颊叉齿细蜂 *E. brevigena***
颊长为复眼纵径的 0.29 倍；额脊弱；前翅长为宽的 2.5 倍；径室前缘脉长为翅痣宽的 0.6 倍；合背板基部亚侧纵沟长为中纵沟的 1.0 倍；前翅长 1.5mm。吉林 ···················· ·· **长春叉齿细蜂，新种 *E. changchunensis*, sp. nov.**

17. 触角端节长为端前节的 1.8 倍；后胸侧板光滑区长和高分别为侧板的 0.4 倍和 0.4 倍；并胸腹节背表面仅基部有光滑区，其长为并胸腹节基部至气门后端间距的 0.7 倍；腹柄背面中长为中宽的 1.0 倍，表面满布网皱；产卵管鞘长为后足胫节的 0.44 倍；前翅长 1.4mm。贵州 ·················· ·· **光基叉齿细蜂，新种 *E. laevibasilaris*, sp. nov.**
触角端节长为端前节的 2.5 倍；后胸侧板光滑区长和高分别为侧板的 0.8 倍和 0.9 倍；并胸腹节背

表面光滑区较大，其长为并胸腹节基部至气门后端间距的 2.0 倍；腹柄背面中长为中宽的 1.6 倍，表面具 7 条纵皱；产卵管鞘长为后足胫节的 0.54 倍；前翅长 2.0mm。贵州 ⋯⋯⋯⋯⋯⋯⋯⋯
⋯⋯⋯⋯⋯⋯⋯⋯⋯⋯⋯⋯⋯⋯⋯⋯⋯⋯⋯⋯⋯ **双窝叉齿细蜂，新种 *E. bicavatus*, sp. nov.**

(354) 无沟叉齿细蜂，新种 *Exallonyx nihilisulcus* He *et* Xu, sp. nov. (图 414)

雄：前翅长 1.76mm。

头：背观上颊长为复眼的 0.86 倍。颊长为复眼纵径的 0.32 倍。唇基宽为长的 3.2 倍，稍隆起，光滑具稀刻点，端缘稍凹。触角第 2、10 鞭节长分别为端宽的 3.7 倍和 3.0 倍，端节长为端前节的 1.55 倍；第 2-9 鞭节有水泡状的角下瘤。额脊稍高。后头脊正常。

胸：前胸背板颈部背面具不规则皱；背板侧面光滑，前沟缘脊发达；前沟缘脊之后无毛，颈脊之后具毛；背缘具稀疏的单列毛；后下角单个凹窝。中胸侧板前缘上角和中央横沟上方有稀毛，之间无毛区长为翅基片的 1.5 倍；镜面区上半具稀毛；侧板下半部 (中央横沟以下部位) 具稀毛，近中央区域无毛；后下角具弱细皱。后胸侧板中央前方及前上方有被纵沟分隔的、表面具稀毛的光滑区，其长和高分别占侧板的 0.7 倍和 0.8 倍，其余部位具小室状网皱。并胸腹节侧观背缘弧形；中纵脊伸至后表面中央；背表面整个光滑，但脊的内侧具刻纹；后表面和外侧区具小室状网皱。

足：后足腿节长为宽的 4.9 倍；后足胫节长距长为基跗节的 0.5 倍。

翅：前翅长为宽的 2.15 倍；翅痣长和径室前缘脉长分别为翅痣宽的 1.7 倍和 0.5 倍；翅痣后侧缘直；径脉第 1 段从翅痣近中央伸出，内斜，长为宽的 0.6 倍；径脉第 2 段直。后翅狭长，长为宽的 4.2 倍；后缘基部稍凹入，无缺刻。

腹：腹柄背面中长为中宽的 1.5 倍，具 5 条强纵皱；腹柄侧面上缘长为中高的 1.2 倍，上缘直，基部具横脊 1 条，横脊后具强斜纵脊 6 条。合背板基部无中纵沟和侧纵沟。第 1 窗疤宽为长的 2.2 倍，疤距为疤宽的 1.0 倍。合背板上几乎光滑无毛。抱器长三角形，不下弯，端尖。

体色：体黑色。须、上唇和上颚端部污黄色。翅基片浅褐色。触角黑褐色。足褐黄色，转节背面、腿节背面、胫节端半色稍暗；中后足基节黑褐色。翅透明，带烟黄色，翅痣和强脉褐黄色，弱脉无色。

雌：前翅长 2.0mm。

头：近立方形，背观宽为中长的 1.0 倍；背观上颊长为复眼的 1.15 倍。颊长为复眼纵径的 0.4 倍。唇基宽为长的 2.4 倍，稍隆起，光滑，端缘稍凹。触角第 2、10 鞭节长分别为端宽的 2.3 倍和 1.8 倍，端节长为端前节的 1.55 倍。额脊高。后头脊正常。

胸：前胸背板颈部背面具不规则弱皱；背板侧面光滑，前沟缘脊发达；前沟缘脊之后无毛，颈脊之后具毛；背缘具稀疏的单列毛；后下角单个凹窝。中胸侧板前缘上角和中央横沟上方有稀毛，之间无毛区长为翅基片的 1.5 倍；镜面区上半具稀毛；侧板下半部 (中央横沟以下部位) 具稀毛，近中央区域无毛；后下角无弱细皱。后胸侧板中央前方及前上方有 1 不被纵沟分隔的、表面具稀毛的光滑区，其长和高分别占侧板的 0.8 倍和 0.8 倍，其余部位具小室状网皱。并胸腹节侧观背缘后方下斜；中纵脊伸至后表面端部；背表面整个光滑，但脊的内侧具刻纹；后表面和外侧区具小室状网皱。

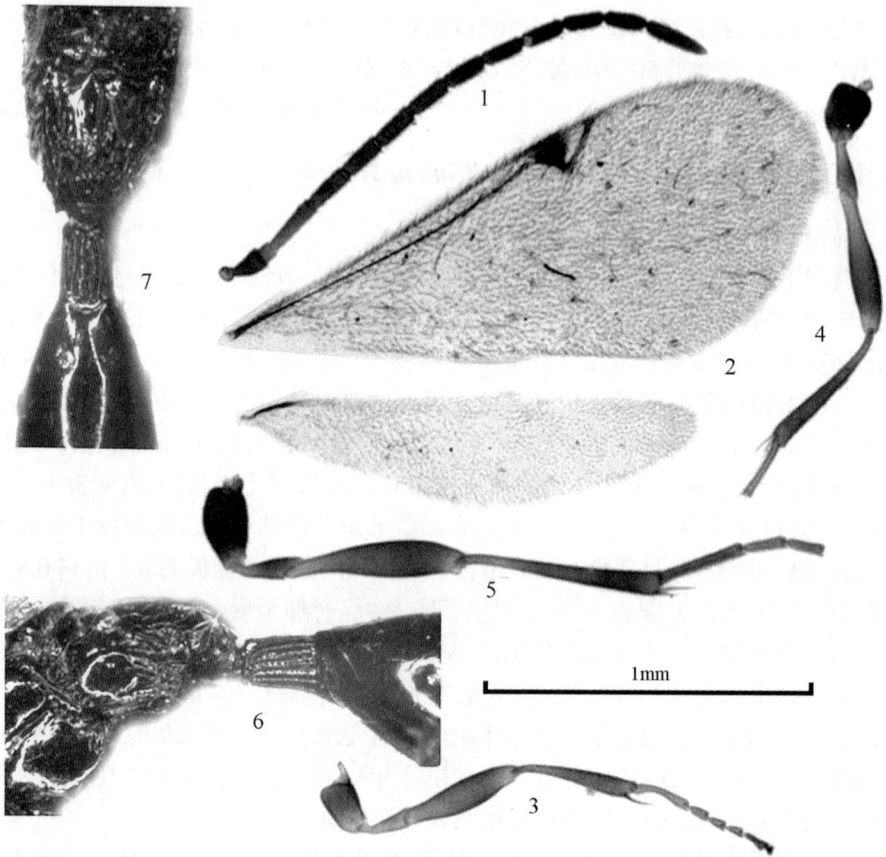

图 414 无沟叉齿细蜂，新种 *Exallonyx nihilisulcus* He *et* Xu, sp. nov.
1. 触角；2. 翅；3. 前足；4. 中足；5. 后足；6. 后胸侧板、并胸腹节和腹柄，侧面观；7. 并胸腹节、腹柄和合背板基部，背面观 [1-5. 1.0X 标尺；6-7. 2.0X 标尺]

足：后足腿节长为宽的 4.7 倍；后足胫节长距长为基跗节的 0.39 倍。

翅：前翅长为宽的 2.6 倍；翅痣长和径室前缘脉长分别为翅痣宽的 1.25 倍和 0.5 倍；翅痣后侧缘直；径脉第 1 段从翅痣近中央伸出，稍内斜，长为宽的 0.8 倍；径脉第 2 段直。后翅狭长，长为宽的 4.4 倍；后缘基部无缺刻。

腹：腹柄背面中长为中宽的 1.4 倍，具 5 条强纵脊；腹柄侧面上缘长为中高的 1.2 倍，上缘直，基部具横脊 1 条，横脊后具强斜纵脊 6 条。合背板基部无中纵沟和侧纵沟。第 1 窗疤小，宽为长的 2.0 倍，疤距为疤宽的 1.0 倍。合背板上几乎光滑无毛。产卵管鞘长为后足基跗节的 0.83 倍，散生带毛刻点。

体色：体黑色。须、上唇和上颚端部污黄色。触角和翅基片黑褐色。足褐黄色，转节背面、腿节背面、胫节端半色稍暗；中后足基节黑褐色。翅透明，带烟黄色，翅痣和强脉褐黄色，弱脉无色。

寄主：未知。

研究标本：正模♂，陕西秦岭天台山，2000m，1998.VI.8，杜予州，No.983517。副模：1♀，甘肃宕昌大河坝，2530m，2004.Ⅶ.31，时敏，No.20046992。

分布：陕西、甘肃。

鉴别特征：见检索表。

词源：种本名"无沟 nihilisulcus"，系 nihil (无) + sulcus (沟) 组合词，意为合背板基部无中纵沟和侧纵沟。

(355) 裸基叉齿细蜂，新种 *Exallonyx nudatibasilaris* He *et* Xu, sp. nov. (图 415)

雄：前翅长 2.0mm。

头：背观上颊长为复眼的 0.81 倍。颊长为复眼纵径的 0.39 倍。唇基宽为长的 3.1 倍，稍均匀隆起，侧方具刻点，亚端横脊明显，端缘稍凹。触角第 2、10 鞭节长分别为宽的 3.6 倍和 2.9 倍，端节长为端前节的 1.5 倍；第 1-9 鞭节中央有纵向排列的 1-5 个圆形角下瘤。额脊强而高。后头脊中等高。

胸：前胸背板颈部背面具 4-5 条横皱，中央无毛；侧面光滑，前沟缘脊发达；前沟缘脊之后无毛，颈脊之后具毛；背缘具连续的单列毛；后下角单凹窝。中胸侧板前缘上角和中央横沟上方有稀毛，之间无毛区长为翅基片的 1.3 倍；镜面区上半具稀毛；侧板下半部 (中央横沟以下部位) 具稀毛；侧缝下方凹窝弱。后胸侧板表面几乎为具稀毛的光滑区所占，仅后缘和下缘具小室状网皱。并胸腹节中纵脊伸至后表面后端，背表面几乎全部为光滑区，仅后方具涟漪状弱皱；后表面和外侧区具稀网皱。

足：后足腿节长为宽的 5.3 倍；后足胫节长距长为基跗节的 0.49 倍。

翅：前翅长为宽的 2.2 倍；翅痣长和径室前缘脉长分别为翅痣宽的 1.67 倍和 0.67 倍；翅痣后侧缘稍弯；径脉第 1 段从翅痣中央伸出，内斜，长为宽的 0.6 倍；径脉第 2 段扭曲，两段相接处有脉桩。后翅狭长，长为宽的 4.27 倍，后缘基部无缺刻。

腹：腹柄背面中长为中宽的 1.8 倍，表面具 7 条强纵脊，中央 1 条最短，纵脊基部内夹细皱；腹柄侧面上缘长为中高的 1.9 倍，上缘直，基部具横脊 1 条，横脊后具强斜纵脊 5 条。合背板基部无中纵沟和侧纵沟。第 1 窗疤宽为长的 1.2 倍，疤距为疤宽的 0.8 倍。合背板上仅窗疤下方有 2 根毛，远离合背板下缘。抱器很短，长三角形，不下弯，端尖。

体色：体黑色。须黄色。翅基片浅褐色。触角黑褐色。足基节黑色至黑褐色，其余浅褐色，但转节背方、腿节背方和后足胫节、跗节褐色。翅透明，带烟色，翅痣和强脉褐色，弱脉浅黄色痕迹。

雌：未知。

寄主：未知。

研究标本：正模♂，广东乳源南岭，2004.Ⅴ.8，许再福，No.20047752。副模：1♂，广东乳源南岭，2004.Ⅹ.1-5，刘长明，No.20059428。

分布：广东。

鉴别特征：见检索表。

词源：种本名"裸基 nudatibasilaris"，系 nudat (裸体) + basilaris (基部的) 组合词，意为合背板基部裸，无中纵沟和侧纵沟。

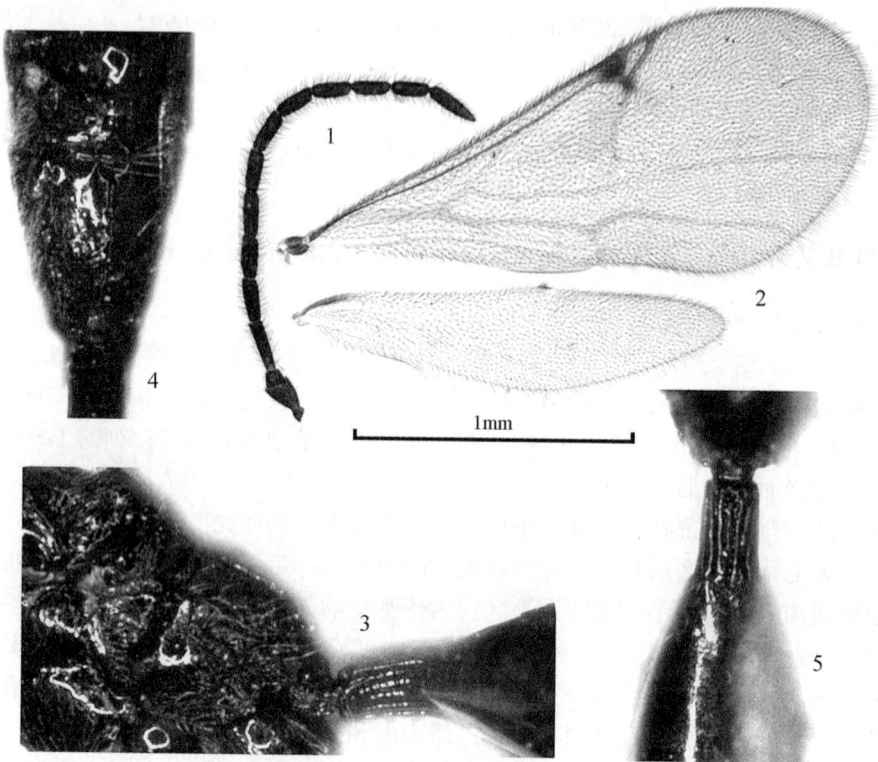

图 415　裸基叉齿细蜂，新种 *Exallonyx nudatibasilaris* He *et* Xu, sp. nov.

1. 触角；2. 翅；3. 后胸侧板、并胸腹节和腹柄，侧面观；4. 并胸腹节，背面观；5. 腹柄和合背板基部，背面观 [1-2. 1.0X 标尺；3-5. 2.0X 标尺]

(356) 牟氏叉齿细蜂，新种 *Exallonyx moui* He *et* Xu, sp. nov. (图 416)

雌：前翅长 1.75mm。

头：背观上颊长为复眼的 1.25 倍。颊长为复眼纵径的 0.26 倍。唇基宽为长的 3.3 倍，稍均匀隆起，光滑，亚端横脊中央强，端缘平截。触角鞭节至端部渐粗；第 2、10 鞭节长分别为宽的 1.9 倍和 1.0 倍，端节长为端前节的 2.3 倍。额脊弱。后头脊正常高。

胸：前胸背板颈部背面具 4-5 条弱横皱；背板侧面光滑，前沟缘脊发达；前沟缘脊之后无毛，颈脊之后具毛；背缘具稀疏的单列毛；后下角单个凹窝。中胸侧板前缘上角和中央横沟上方有稀毛，之间无毛区长为翅基片的 2.0 倍；镜面区无稀毛；中央横沟内具平行细皱，侧板下半部下方具稀毛；后下角具平行细弱皱。后胸侧板中央前方及前上方有被浅沟分隔的光滑区，其长和高分别占侧板的 0.5 倍和 0.8 倍，其余部位具小室状网皱。并胸腹节侧观背缘弧形；中纵脊达后表面中央；背表面中纵脊侧方光滑区满布弱皱；后表面网皱细；外侧区具小室状网皱。

足：后足腿节长为宽的 3.6 倍；后足胫节长距长为基跗节的 0.5 倍。

翅：前翅长为宽的 3.3 倍；翅痣长和径室前缘脉长分别为翅痣宽的 2.5 倍和 0.6 倍；翅痣后侧缘直；径脉第 1 段从翅痣近中央伸出，内斜，长为宽的 0.4 倍；径脉第 2 段直。

后翅狭长，长为宽的 4.4 倍；后缘基部无缺刻。

腹：腹柄背面中长为中宽的 1.3 倍，具 5 条强纵皱，内夹细点皱，在基部 0.3 尤为明显；腹柄侧面上缘长为中高的 1.1 倍，上缘直，基部具横脊 1 条，横脊后具强斜纵脊 6 条。合背板基部中纵沟伸达基至第 1 对窗疤间距的 0.6 处，两侧各具 1 条纵沟，亚侧纵沟长为中纵沟的 0.8 倍。第 1 窗疤宽为长的 1.5 倍，疤距为疤宽的 0.7 倍。合背板上几乎光滑无毛。产卵管鞘长为后足胫节的 0.58 倍，为鞘中宽的 4.6 倍，表面光滑，具细长刻点。

体色：体黑色。须、上唇、上颚基部和翅基片污黄色。触角柄节、梗节和第 1 鞭节黄褐色，其余黑褐色。足黄褐色，后足基节基部和中后足第 2-4 跗节浅褐色。翅透明，带烟黄色，翅痣和强脉浅黄褐色，弱脉无色。

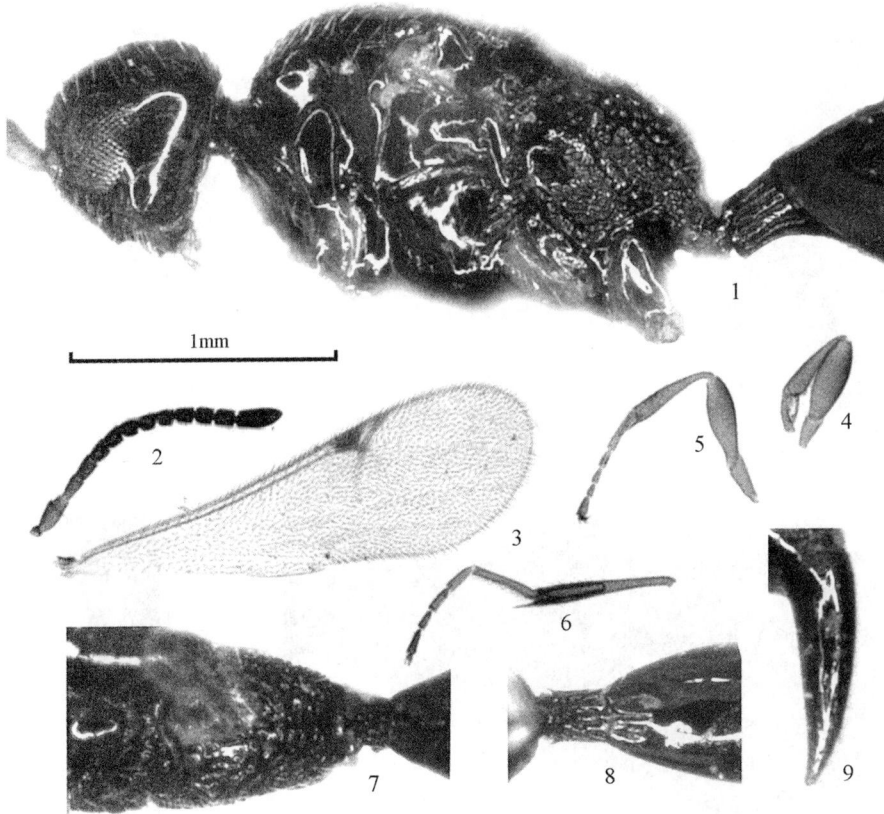

图 416　牟氏叉齿细蜂，新种 *Exallonyx moui* He *et* Xu, sp. nov.

1. 头部、胸部和腹部基部，侧面观；2. 触角；3. 前翅；4. 前足；5. 中足；6. 后足；7. 并胸腹节，背面观；8. 腹柄和合背板基部，背面观；9. 产卵管鞘 [1, 7-8. 2.0X 标尺；2-6. 1.0X 标尺；9. 3.0X 标尺]

雄：未知。

寄主：未知。

研究标本：正模♀，山东泰安泰山，1996.Ⅵ.4，许维岸，No.972079。

分布：山东。

鉴别特征：见检索表。

词源：种本名"牟氏 *moui*"，意为对昆虫学家、山东农业大学已故牟吉元教授的纪念。

(357) 窄翅叉齿细蜂，新种 *Exallonyx stenopennis* He et Xu, sp. nov. (图 417)

雌：前翅长 1.5mm。

头：背观宽与中长约相等；头顶中央拱隆；头背观上颊长为复眼纵径的 0.75 倍。颊长为复眼纵径的 0.15 倍。唇基宽为长的 2.9 倍，稍均匀隆起，光滑，亚端横脊中央强，端缘平截。触角鞭节至端部渐粗；第 2、10 鞭节长分别为宽的 1.9 倍和 2.0 倍，端节长为端前节的 2.3 倍。额脊弱。后头脊正常高。

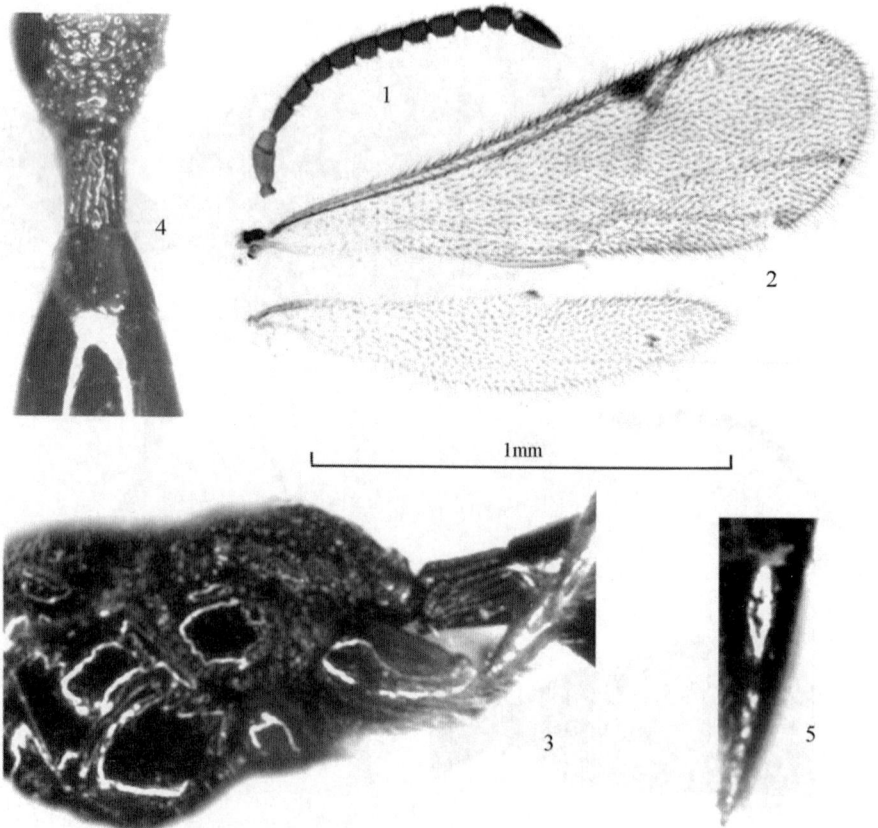

图 417　窄翅叉齿细蜂，新种 *Exallonyx stenopennis* He et Xu, sp. nov.
1. 触角；2. 翅；3. 中胸侧板、后胸侧板、并胸腹节和腹柄，侧面观；4. 并胸腹节、腹柄和合背板基部，背面观；5. 产卵管鞘 [1-2. 1.0X 标尺；3-4. 2.0X 标尺；5. 3.0X 标尺]

胸：前胸背板颈部背面具 3-4 条横皱；背板侧面光滑，前沟缘脊发达；前沟缘脊之后无毛，颈脊之后具毛；背缘具稀疏的单列毛；后下角单个凹窝。中胸侧板前缘上角和中央横沟上方有稀毛，之间无毛区长为翅基片的 2.0 倍；镜面区无稀毛；中央横沟内具

平行细皱，侧板下半部下方具稀毛；后下角具平行细弱皱。后胸侧板中央前方及前上方
(小) 有被浅沟分隔的光滑区，其长和高分别占侧板的 0.35 倍和 0.5 倍，其余部位具小室
状网皱。并胸腹节侧观背缘弧形，后表面缓斜；中纵脊仅背表面存在；背表面一侧光滑
区长为并胸腹节基部至气门后端间距的 2.5 倍；后表面和外侧区具小室状网皱。

足：后足腿节长为宽的 4.1 倍；后足胫节长距长为基跗节的 0.32 倍。

翅：前翅狭长，长为宽的 2.9 倍；翅痣长和径室前缘脉长分别为翅痣宽的 2.7 倍和
1.0 倍；翅痣后侧缘稍弯；径脉第 1 段内斜，长为宽的 1.0 倍，从翅痣近中央伸出；径脉
第 2 段直，两段相接处膨大。后翅后缘近基部狭长，长为宽的 5.0 倍，后缘无缺刻。

腹：腹柄背面中长为中宽的 1.6 倍，基部具网皱，端半具 7 条强纵脊；腹柄侧面上
缘长为中高的 1.2 倍，上缘直，基部具横脊 1 条，横脊后具强斜纵脊 6 条。合背板基部
中纵沟伸达基部至第 1 对窗疤间距的 0.45 处，无侧纵沟。第 1 窗疤弱，宽为长的 2.2 倍，
疤距为疤宽的 0.6 倍。合背板上几乎无毛。产卵管鞘长为后足胫节的 0.48 倍，为鞘中宽
的 4.0 倍，表面具细长刻点，光滑，有细毛。

体色：体黑色。须黄色。上唇、上颚端部黄褐色。触角柄节、梗节褐黄色，鞭节黑
褐色。翅基片浅灰色。足黄褐色，端跗节及中后足浅褐色。翅透明，翅痣和强脉浅黄褐
色，弱脉无色。

雄：未知。

寄主：未知。

研究标本：正模♀，广东始兴车八岭，2003.Ⅶ.10，许再福，No. 20047927。

分布：广东。

鉴别特征：见检索表。

词源：种本名“窄翅 stenopennis”，系 steno (狭窄) +penn (翅) 组合词，意为前翅狭
长，长为宽的 2.9 倍。

(358) 细点叉齿细蜂，新种 *Exallonyx micropunctatus* He *et* Xu, sp. nov. (图 418)

雌：前翅长 1.4mm。

头：背观上颊长为复眼的 1.2 倍。颊长为复眼纵径的 0.2 倍。唇基宽为长的 4.0 倍，
稍隆起，光滑无刻点，端缘平截。触角鞭节向端部渐粗，第 2、10 鞭节长分别为端宽的
1.9 倍和 1.1 倍，端节长为端前节的 1.7 倍。额脊稍高。后头脊正常。

胸：前胸背板颈部背面具 3 条细横皱；背板侧面光滑，前沟缘脊发达；前沟缘脊之
后无毛，颈脊之后具毛；背缘具稀疏的单列毛；后下角单个凹窝。中胸侧板前缘上角和
中央横沟上方有稀毛，之间无毛区长为翅基片的 1.3 倍；镜面区上方 0.3 具稀毛；侧板下
半部 (中央横沟以下部位) 具稀毛，近中央区域无毛；后下角具平行细皱。后胸侧板中
央前方及前上方有被纵沟分隔的、表面具稀毛的光滑区，其长和高分别占侧板的 0.5 倍
和 0.7 倍，其余部位具小室状网皱。并胸腹节侧观背缘弧形；中纵脊伸至后表面中央；
背表面整个光滑，但脊内侧具刻点；后表面和外侧区具小室状网皱。

足：后足腿节长为宽的 4.0 倍；后足胫节长距长为基跗节的 0.43 倍。

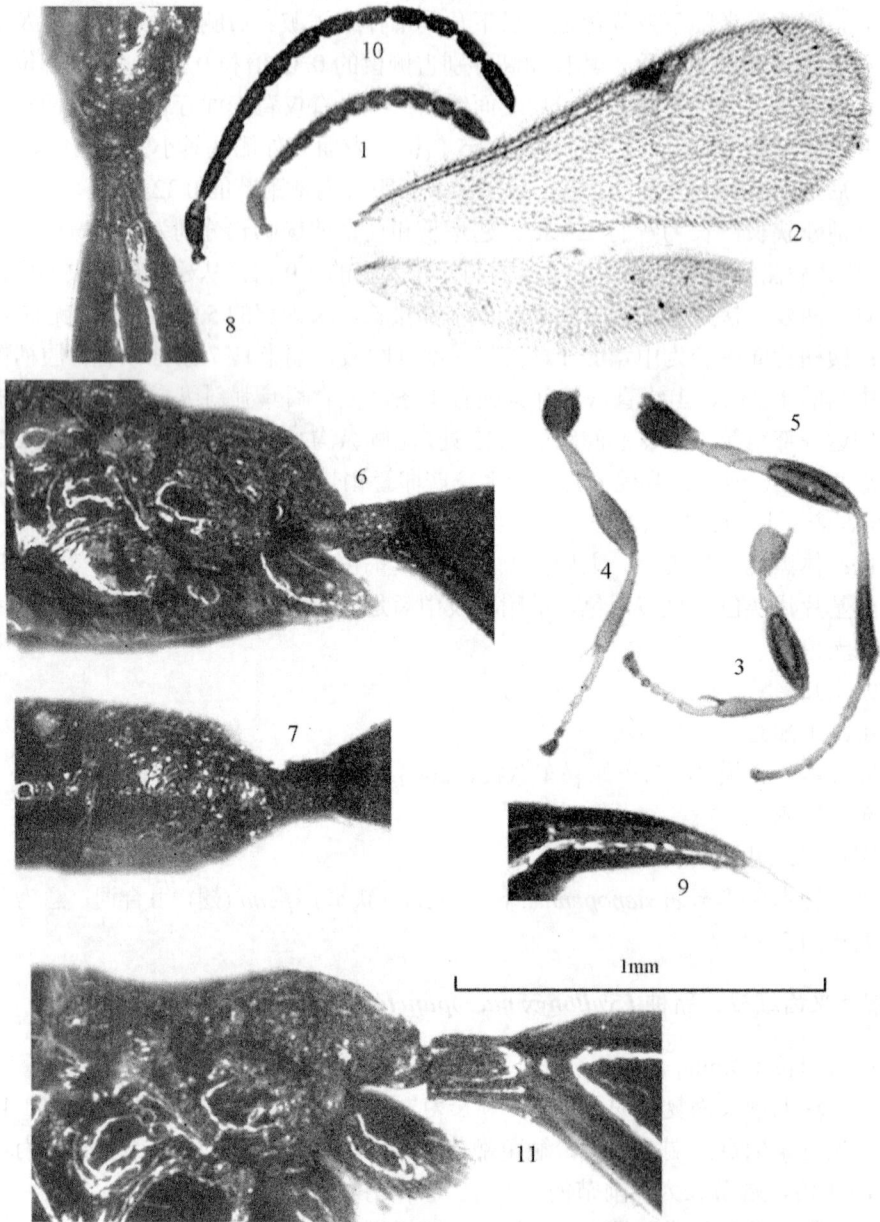

图 418 细点叉齿细蜂，新种 *Exallonyx micropunctatus* He *et* Xu, sp. nov.

1, 10. 触角；2. 翅；3. 前足；4. 中足；5. 后足；6, 11. 后胸侧板、并胸腹节和腹柄，侧面观；7. 并胸腹节，背面观；8. 腹柄和合背板基部，背面观；9. 产卵管鞘 (1-9.♀；10-11.♂) [1-5, 10. 1.0X 标尺；6-8, 11. 2.0X 标尺；9. 3.0X 标尺]

翅：前翅长为宽的 2.64 倍，翅痣长和径室前缘脉长分别为翅痣宽的 2.1 倍和 0.8 倍；翅痣后侧缘直；径脉第 1 段从翅痣近中央伸出，内斜，长为宽的 1.0 倍；径脉第 2 段直，两段相接处膨大。后翅狭长，长为宽的 4.7 倍；后缘基部无缺刻。

腹：腹柄背面中长为中宽的 1.6 倍，端半具 5 条纵皱，基半具细点皱；腹柄侧面上缘长为中高的 1.0 倍，上缘直，基部具横脊 1 条，横脊后具强斜纵脊 6 条。合背板基部中纵沟伸达基部至第 1 对窗疤间距的 0.7 处，两侧各具 2 条弱纵沟，亚侧纵沟长为中纵沟的 0.3 倍。第 1 窗疤宽为长的 3.0 倍，疤距为疤宽的 0.3 倍。合背板上几乎光滑无毛。产卵管鞘长为后足胫节的 0.46 倍，为鞘中宽的 4.1 倍，表面具细刻点，光滑，有细毛。

体色：体黑色。须、上唇、上颚端部和翅基片污黄色。触角黑褐色。足浅褐色；中后足基节褐色；各足转节、胫节基半和跗节黄褐色。翅透明，带烟黄色，翅痣和强脉浅褐黄色，弱脉无色。

雄：前翅长 1.8mm。

头：背观上颊长为复眼的 0.93 倍，上颊向后收窄。颊长为复眼纵径的 0.16 倍。唇基宽为长的 3.0 倍，均匀隆起，光滑，亚端横脊不明显，端缘平截。触角第 2、10 鞭节长分别为端宽的 2.8 倍和 2.0 倍，端节长为端前节的 1.65 倍；第 3-11 鞭节各有 1 圆形或椭圆形角下瘤。额脊强而高。后头脊正常。

胸：前胸背板颈部背面具 3-4 条横皱；背板侧面光滑，前沟缘脊不发达，前沟缘脊之后无毛，颈脊之后具毛；背缘具稀疏的单列毛；后下角单个凹窝。中胸侧板前缘上角和中央横沟上方有稀毛，之间无毛区长为翅基片的 1.6 倍；镜面区上方具稀毛；侧板下半部 (中央横沟以下部位) 具稀毛，近中央区域无毛；后下角无平行细皱。后胸侧板中央前方及前上方有被纵沟分隔的、表面具稀毛的光滑区，其长和高分别占侧板的 0.55-0.70 倍和 0.8 倍，其余部位具小室状网皱。并胸腹节侧观背缘弧形；中纵脊伸至后表面近端部；背表面一侧光滑区长为并胸腹节基部至气门后端间距的 2.5 倍；后表面和外侧区具小室状网皱。

足：后足腿节长为宽的 4.5 倍；后足胫节长距长为基跗节的 0.48 倍。

翅：前翅长为宽的 2.45 倍；翅痣长和径室前缘脉长分别为翅痣宽的 1.6 倍和 0.42 倍；翅痣后缘直；径脉第 1 段从翅痣中央稍外方伸出，内斜，长为宽的 0.3-0.6 倍；径脉第 2 段直。后翅狭长，长为宽的 4.6 倍；后缘近基部无缺刻。

腹：腹柄背面中长为中宽的 1.3-1.6 倍，具 5 条强纵皱，基部内夹细皱；腹柄侧面上缘长为中高的 1.3 倍，上缘直，基部具横脊 1 条，横脊后具强斜纵脊 5 条。合背板基部中纵沟伸达基部至第 1 对窗疤间距的 0.5 处，两侧各具 2 条纵沟，亚侧纵沟长为中纵沟的 0.50-0.65 倍。第 1 窗疤宽为长的 2.2 倍，疤距为疤宽的 0.8 倍。合背板几乎光滑无毛。抱器长三角形，不下弯，端尖。

体色：体黑色。须黄白色。上唇、上颚端部和翅基片浅黄褐色。触角黑褐色，或柄节基部黄褐色。足黄褐色，前足基节背方、各足腿节背方、胫节端半及跗节色稍暗；中后足基节带褐色。翅透明，带烟黄色，翅痣和强脉褐色，弱脉浅黄色痕迹。

寄主：未知。

研究标本：正模♀，浙江西天目山，1983.IX.10-12，万兴生，No.834166。副模：1♂，浙江西天目山，1990.VI.2，何俊华，No.907087；6♂，浙江安吉龙王山，2004.IX.22，Nos.20050068-69，20050096-97，20050101-02；1♀7♂，浙江开化古田山，2005.VII.2，陈学新、时敏、张红英，Nos.200601583，200601776，200601783，200602158-59，200602161，200602182，200604012；6♂，浙江临安清凉峰，2005.VIII.8-12，张红英、时敏，Nos.200603260，200603317-18，200603526，200603617，200603892；1♂，贵州雷公山方祥乡，2005.VI.2-3，

刘经贤，No.20059328。

分布：浙江、贵州。

鉴别特征：见检索表。

词源：种本名"细点 *micropunctatus*"，系 *micro* (细、小) + *punctatus* (刻点) 组合词，意指腹柄背面基半具细点皱和产卵管鞘表面具细刻点。

(359) 短颊叉齿细蜂 *Exallonyx brevigena* He *et* Fan, 2004 (图 419)

Eallonyx brevigena: He & Fan, 2004, In: He *et al.*, *Hymenopteran Insect Fauna of Zhejiang*: 333.

雄：前翅长 1.75-2.10mm。

头：背观上颊长为复眼的 0.69 倍。颊长为复眼纵径的 0.14 倍。唇基宽为长的 3.3 倍，稍均匀隆起，光滑，亚端横脊中央强，端缘平截。触角第 2、10 鞭节长分别为宽的 3.6 倍和 2.5 倍，端节长为端前节的 1.6 倍；第 2-8 鞭节有不明显椭圆形角下瘤。额脊弱。后头脊高，呈檐状。

胸：前胸背板颈部背面具 4-5 条弱横皱；背板侧面光滑，前沟缘脊发达；前沟缘脊之后无毛，颈脊之后具毛；背缘具稀疏的单列毛；后下角单个凹窝。中胸侧板前缘上角和中央横沟上方有稀毛，之间无毛区长为翅基片的 2.0 倍；镜面区无稀毛；中央横沟内具平行细皱，侧板下半部仅腹方具稀毛；后下角具平行细皱。后胸侧板中央前方及前上方有被浅沟分隔的光滑区，其长和高分别占侧板的 0.45 倍和 0.5 倍，其余部位具小室状网皱。并胸腹节侧观背缘弧形，中央稍有角度，后表面约 45°下斜；中纵脊达后表面中央；背表面中纵脊侧方一侧光滑区长为并胸腹节基部至气门后端间距的 2.0 倍；后表面和外侧区具小室状网皱。

足：后足腿节长为宽的 3.6 倍；后足胫节长距长为基跗节的 0.5 倍。

翅：前翅长为宽的 2.42 倍；翅痣长和径室前缘脉长分别为翅痣宽的 1.8 倍和 1.0 倍；翅痣后侧缘直；径脉第 1 段从翅痣近中央伸出，内斜，长为宽的 0.5 倍；径脉第 2 段直，两段相接处膨大。后翅狭长，基部无明显缺刻。

腹：腹柄背面中长为中宽的 1.5 倍，具 7 条强纵皱，内夹细点皱，基部 0.3 尤为明显；腹柄侧面上缘长为中高的 1.0 倍，上缘直，基部具横脊 1 条，横脊后具强斜纵脊 5 条。合背板基部中纵沟伸达基部至第 1 对窗疤间距的 0.5 处，两侧各具 2 条纵沟，亚侧纵沟长为中纵沟的 0.7 倍。第 1 窗疤宽为长的 3.0 倍，疤距为疤宽的 0.9 倍。合背板上几乎光滑无毛。抱器长三角形，不下弯，端尖。

体色：体棕红色，并胸腹节和腹柄黑色。须、上唇、上颚基部和翅基片黄色。触角黑褐色。足黄褐色，中后足基节红褐色。翅透明，带烟黄色，翅痣和强脉浅黄褐色，弱脉无色。

雌：与雄性相似，不同之处在于，前翅长 1.54mm。头背观上颊长为复眼的 1.2 倍。唇基宽为长的 2.8 倍，稍均匀隆起，光滑，亚端横脊中央明显，端缘平截。触角第 2、10 鞭节长分别为端宽的 2.2 倍和 1.0 倍，端节长为端前节的 2.0 倍。额脊强而高。后头脊正常高。头前面观颊在上颚后关节处角状突出。并胸腹节中纵脊仅背表面存在，背表面一侧光滑区长为并胸腹节基部至气门后端间距的 2.5 倍。后足腿节长为宽的 3.5 倍；后足胫节长距长为基跗节的 0.25 倍。前翅狭长，长为宽的 2.5 倍；径室翅痣长和前缘脉长分别为翅痣宽的 1.7 倍和 0.64 倍。后翅狭长，长为宽的 4.6 倍，后缘近基部稍有缺刻。腹柄背面基半具点皱，端半 5 条纵皱斜生。合背板基部中纵沟伸达基部至第 1 对窗疤间距的 0.6 处，两侧各具 2 条弱纵沟，长分别为中纵沟的 0.8-0.9 倍和 0.6 倍。第 1 窗疤宽为长的 1.5-2.2 倍，疤距为疤宽的 0.5-1.0 倍。合背板上几乎无毛。产卵管鞘长为后足胫节的 0.56 倍，为鞘中宽的 3.7 倍，表面光滑，具细长刻点。

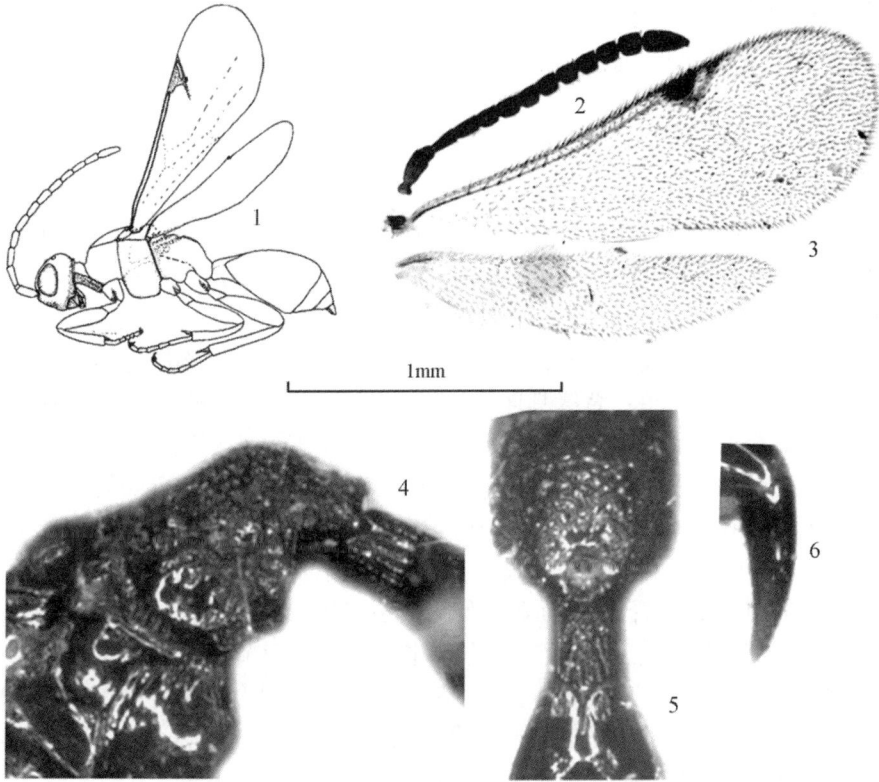

图 419　短颊叉齿细蜂 *Exallonyx brevigena* He et Fan

1. 整体，侧面观；2. 触角；3. 翅；4. 后胸侧板、并胸腹节和腹柄，侧面观；5. 并胸腹节、腹柄和合背板基部，背面观；
6. 产卵管鞘 (1. 仿何俊华等，2004) [1. 0.5X 标尺；2-3. 1.0X 标尺；4-5. 2.0X 标尺；6. 3.0X 标尺]

寄主：未知。

研究标本：1♂，浙江杭州，1974.Ⅷ，贺贤进，No.740760 (正模)；2♂，浙江西天目山，1983.Ⅵ.17-19，马云、周彩娥，No.830775, 831488；1♀3♂，浙江莫干山，1984.Ⅷ.12，钱英，Nos.845273, 845370, 845371, 845415 (以上均为副模)；1♀，浙江杭州，1958.Ⅴ.22，胡萃，No.5839.17；2♂，浙江杭州，1991.Ⅸ.6，楼晓明，Nos.930397-98；3♂，浙江松阳安岱后，1989.Ⅵ.15-17，何俊华，Nos.894066, 894155, 894498；1♂，浙江开化古田山，1992.Ⅶ.18，何俊华，No.923924。

分布：浙江。

鉴别特征：本种有以下特征可与其本种团其他种相区别：①雄性触角有椭圆形角下瘤；②径室前缘脉长约为翅痣宽的 1.0 倍 (♂) 或 0.64 倍 (♀)；③颊短，其长仅为复眼纵径的 0.14 倍。

注：原记述中，长春 3 件标本 (1♀2♂) 经进一步研究实系另 1 新种，已定名为长春叉齿细蜂。

词源：种本名"短颊 brevigena"，系 brevi (短小) + gena (颊) 组合词。

(360) 长春叉齿细蜂，新种 *Exallonyx changchunensis* He et Xu, sp. nov. (图 420)

Exallonyx brevigena He et Fan, 2004, In: He *et al.*, *Hymenopteran Insect Fauna of Zhejiang*: 333 (prartim).

雌：前翅长 1.65mm。

头：背观上颊长为复眼的 1.08 倍。颊长为复眼纵径的 0.41 倍。唇基宽为长的 3.5 倍，稍均匀隆起，光滑，亚端横脊中央强，端缘平截。触角第 2、10 鞭节长分别为端宽的 1.9 倍和 1.2 倍，端节长为端前节的 2.2 倍。额脊弱。后头脊明显。

胸：前胸背板颈部背面具 4-5 条弱横皱；背板侧面光滑，前沟缘脊不发达；前沟缘脊之后无毛，颈脊之后具毛；背缘具连续的单列毛；后下角单个凹窝。中胸侧板前缘仅上角具弱皱，其余光滑；镜面区无稀毛；中央横沟下方具平行细皱，侧板下半部仅腹方具稀毛；后下角具平行细皱。后胸侧板中央前方及前上方有被浅沟分隔的光滑区，其长和高分别占侧板的 0.4 倍和 0.6 倍，其余部位具小室状网皱。并胸腹节侧观背缘弧形，后表面约 45°下斜；中纵脊达后表面中央；背表面中纵脊侧方一侧光滑区长为并胸腹节基部至气门后端间距的 2.0 倍；后表面和外侧区具小室状细网皱。

足：后足腿节长为宽的 4.1 倍；后足胫节长距长为基跗节的 0.44 倍。

翅：前翅长为宽的 3.0 倍；翅痣长和径室前缘脉长分别为翅痣宽的 2.5 倍和 1.0 倍；翅痣后侧缘直；径脉第 1 段从翅痣近中央伸出，内斜，长为宽的 0.5 倍；径脉第 2 段直，两段相接处稍膨大。后翅狭长，长为宽的 5.0 倍；基部无缺刻。

腹：腹柄背面中长为中宽的 1.3 倍，具 7 条强纵皱，内夹细点皱，在基部 0.3 尤为明显；腹柄侧面上缘长为中高的 1.0 倍，上缘直，基部具横脊 1 条，横脊后具强斜纵脊 5 条。合背板基部中纵沟伸达基部至第 1 对窗疤间距的 0.5 处，两侧各具 2 条纵沟，亚侧纵沟长为中纵沟的 1.0 倍。第 1 窗疤宽为长的 2.5 倍，疤距为疤宽的 0.6 倍。合背板上几乎光滑无毛。产卵管鞘长为后足胫节的 0.48 倍，为鞘中宽的 4.2 倍，表面光滑，具带毛细刻点。

体色：体黑色。须浅黄褐色；腹柄侧面、上唇、上颚基部和翅基片黄色。触角柄节、梗节污黄色，鞭节黑褐色。足浅褐色。翅透明，翅痣和强脉浅黄褐色，弱脉无色。

雄：与雌性相似，不同之处在于，前翅长 1.5mm。颊长为复眼纵径的 0.29 倍。触角第 2、10 鞭节长分别为端宽的 3.3 倍和 3.0 倍，端节长为端前节的 1.5 倍。前翅长为宽的 2.5 倍；翅痣长和径室前缘脉长分别为翅痣宽的 1.8 倍和 0.6 倍。后翅狭长，长为宽的 4.2

倍。腹柄背面基半具点皱，端半 5 条纵皱斜生。合背板基部中纵沟伸达基部至第 1 对窗疤间距的 0.4 处，两侧各具 2 条弱纵沟，长为中纵沟的 1.0 倍。第 1 窗疤宽为长的 2.0 倍，疤距为疤宽的 0.5 倍。合背板上几乎无毛。抱器长三角形，不下弯，端尖。体黑色，部分带红棕色。

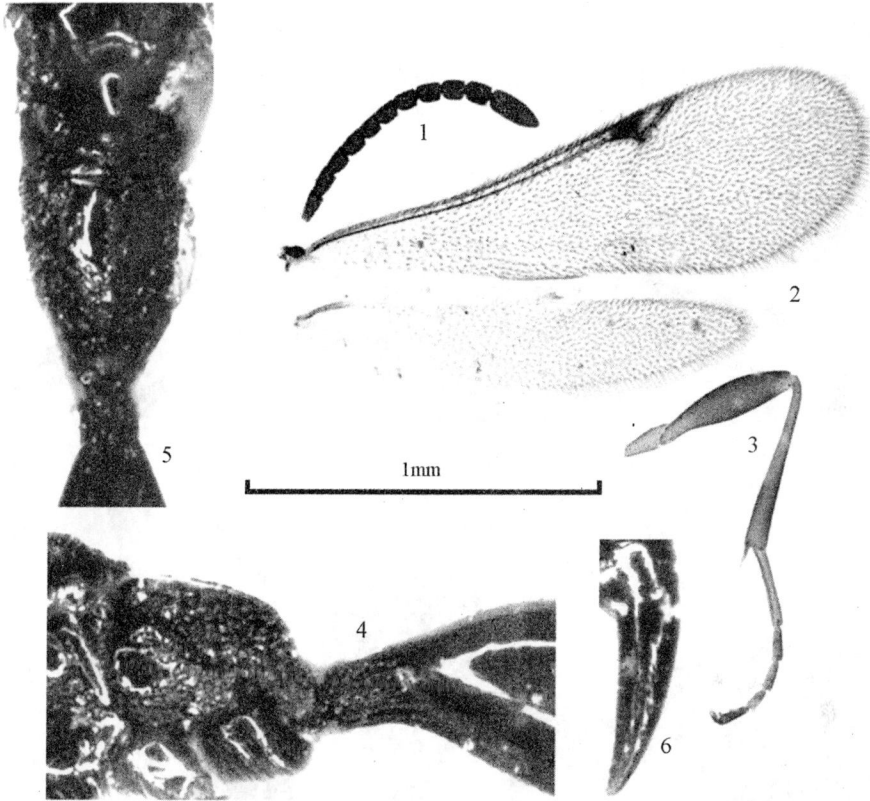

图 420　长春叉齿细蜂，新种 *Exallonyx changchunensis* He *et* Xu, sp. nov. (♀)

1. 触角；2. 翅；3. 后足；4. 后胸侧板、并胸腹节和腹柄，侧面观；5. 并胸腹节、腹柄和合背板基部，背面观；6. 产卵管鞘 [1-3. 1.0X 标尺；4-5. 2.0X 标尺；6. 2.5X 标尺]

寄主：未知。

研究标本：正模♀，吉林长春净月潭，1985.Ⅹ.11，李兆芬，No.861330。副模：2♂，吉林长春净月潭，1985.Ⅹ.8-9，李兆芬、闫惠，Nos.861332-33。

分布：吉林。

鉴别特征：见检索表。

词源：种本名 "长春 changchunensis"，是以模式标本产地点命名。

(361) 小叉齿细蜂，新种 *Exallonyx nanus* He *et* Xu, sp. nov. (图 421)

雌：前翅长 1.6mm。

头：背观近方形，宽与长约相等，上颊长为复眼的 0.73 倍。颊长为复眼纵径的 0.16

倍。唇基宽为长的 3.6 倍,稍均匀隆起,光滑,亚端横脊弱,端缘稍凹。触角第 2、10 鞭节长分别为宽的 1.75 倍和 1.2 倍,端节长为端前节的 2.0 倍。额脊强而高。后头脊正常。

胸:前胸背板颈部背面具 4-5 条横皱;侧面光滑,前沟缘脊发达;前沟缘脊之后无毛,颈脊之后无毛;背缘具稀疏的单列毛;后下角单个凹窝。中胸侧板前缘上角有稀毛;镜面区上半具稀毛;侧板下半部 (中央横沟以下部位) 具稀毛;后下角具平行细皱。后胸侧板中央前方及前上方有被纵沟分隔的、表面具稀毛的光滑区,其长和高分别占侧板的 0.5 倍和 0.8 倍,其余部位具小室状网皱。并胸腹节侧观背缘弧形;中纵脊伸至后表面近端部;背表面一侧光滑区长为并胸腹节基部至气门后端间距的 2.2 倍;后表面和侧区均具小室状网皱。

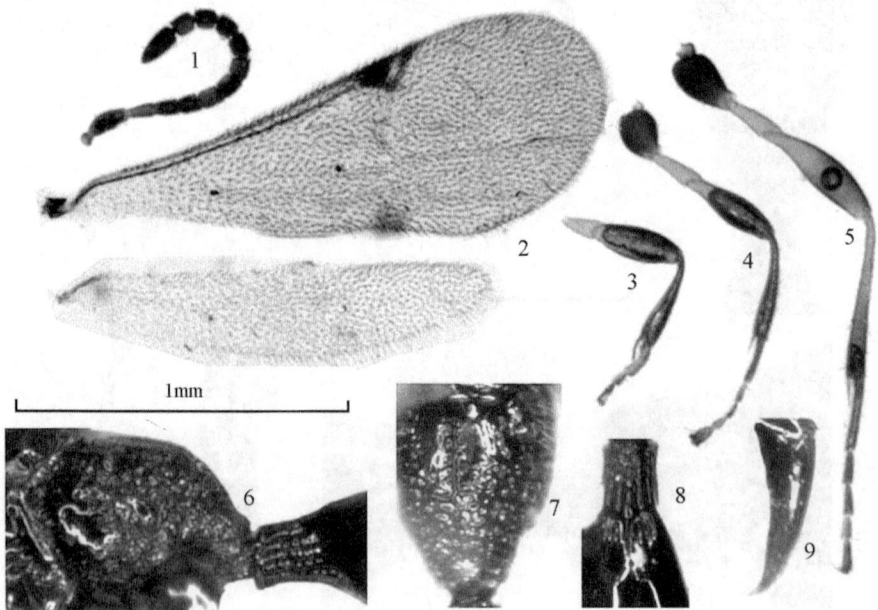

图 421 小叉齿细蜂,新种 *Exallonyx nanus* He *et* Xu, sp. nov.

1. 触角;2. 翅;3. 前足;4. 中足;5. 后足;6. 后胸侧板、并胸腹节和腹柄,侧面观;7. 并胸腹节,背面观;8. 腹柄和合背板基部,背面观;9. 产卵管鞘 [1-5. 1.0X 标尺;6-9. 2.0X 标尺]

足:后足腿节长为宽的 4.0 倍;后足胫节长距长为基跗节的 0.5 倍。

翅:前翅长为宽的 2.5 倍;翅痣长和径室前缘脉长分别为翅痣宽的 2.0 倍和 0.63 倍;翅痣后侧缘稍弯;径脉第 1 段内斜,长为宽的 0.8 倍,从翅痣近中央伸出;径脉第 2 段直,两段相接处膨大。后翅后缘近基部无缺刻。

腹:腹柄背面中长为中宽的 1.3 倍,基部中央具细点皱,其后具 5 条纵脊,内夹细皱;腹柄侧面上缘长为中高的 1.0 倍,上缘直,基部具横脊 1 条,横脊后具强斜纵脊 6 条。合背板基部中纵沟伸达基部至第 1 对窗疤间距的 0.4 处,两侧各具 3 条纵沟,亚侧纵沟长为中纵沟的 0.95 倍。第 1 窗疤宽为长的 2.0 倍,疤距为疤宽的 0.7 倍。合背板上几乎光滑无毛。产卵管鞘长为后足胫节的 0.5 倍,为鞘中宽的 4.5 倍,表面具细长刻点,光滑,有细毛。

体色：体黑色。须黄色。上唇、上颚端部和翅基片褐黄色。触角浅黑褐色，基部 3 节褐黄色。足黄褐色，中后足基节黑色，腿节背面浅褐色，后足胫节端部和端跗节浅褐色。翅透明，翅痣和强脉浅黑褐色，弱脉无色。

雄：未知。

寄主：未知。

研究标本：正模♀，湖南张家界，1996.Ⅹ.16-21，何俊华，No.9611834。

分布：湖南。

鉴别特征：见检索表。

词源：种本名"小 nanus"，意为体小，前翅长仅 1.6mm。

(362) 邻疤叉齿细蜂，新种 *Exallonyx vicinicicatrix* He et Xu, sp. nov. (图 422)

雄：前翅长 1.6mm。

头：背观上颊长为复眼的 1.0 倍。颊长为复眼纵径的 0.24 倍。唇基宽为长的 3.0 倍，稍均匀隆起，光滑，端缘稍凹。触角第 2、10 鞭节长分别为宽的 2.8 倍和 2.5 倍，端节长为端前节的 1.6 倍；第 3-10 鞭节有圆形小角下瘤。额脊强而高。后头脊正常。

胸：前胸背板颈部背面具 2-3 条细横皱；侧面光滑，前沟缘脊弱；前沟缘脊之后无毛，颈脊之后具毛；背缘具稀疏的单列毛；后下角单个凹窝。中胸侧板前缘上角和中央横沟上方有稀毛，之间无毛区长为翅基片的 1.2 倍；镜面区上半具稀毛；侧板下半部 (中央横沟以下部位) 具稀毛，近中央区域无毛；后下角无平行细皱。后胸侧板中央前方及前上方有被纵沟分隔的、表面具稀毛的光滑区，其长和高几乎占满侧板。并胸腹节侧观背缘弧形；中纵脊伸至后表面近端部；背表面一侧光滑区长为并胸腹节基部至气门后端间距的 1.5 倍，其余部位具涟漪状细皱；后表面和外侧区多少光滑，具夹刻点的稀网皱。

足：后足腿节长为宽的 4.4 倍；后足胫节长距长为基跗节的 0.45 倍。

翅：前翅长为宽的 2.5 倍；翅痣长和径室前缘脉长分别为翅痣宽的 2.0 倍和 0.57 倍；翅痣后侧缘直；径脉第 1 段从翅痣近中央伸出，内斜，长为宽的 1.0 倍；径脉第 2 段直。后翅稍狭，长为宽的 3.9 倍；后缘近基部无缺刻。

腹：腹柄背面长为中宽的 1.7 倍，具 7 条细纵脊；腹柄侧面上缘长为中高的 1.7 倍，上缘直，基部具横脊 1 条，横脊后具强纵脊 6 条。合背板基部中纵沟伸达基部至第 1 对窗疤间距的 0.65 处，两侧各具 3 条细纵沟，亚侧纵沟长为中纵沟的 0.6 倍。第 1 窗疤宽为长的 2.5 倍，疤距为疤宽的 0.1 倍，几乎相接。合背板几乎光滑无毛。抱器长三角形，不下弯，端尖。

体色：体黑色。须、上唇、上颚端部和翅基片污黄色。触角黑褐色。足除前足基节、各足转节和腿节基部黄褐色外黑褐色。翅透明，带烟黄色，翅痣和强脉黑褐色，弱脉浅黄色痕迹。

雌：未知。

寄主：未知。

研究标本：正模♂，云南屏边大围山，2003.Ⅶ.18，胡龙，No.20048162。

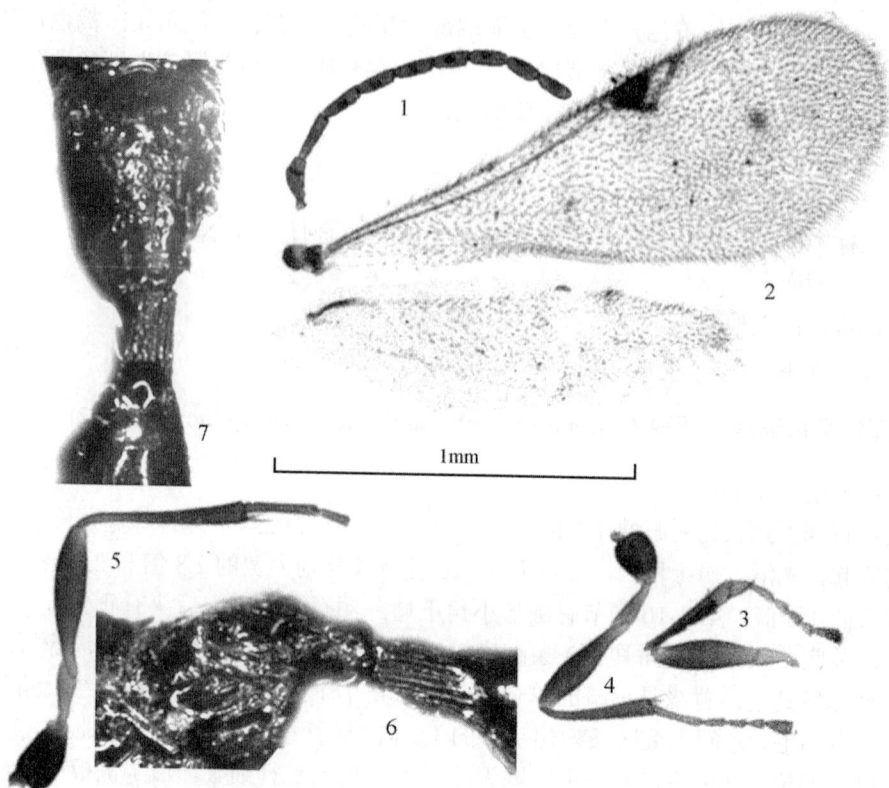

图 422　邻疤叉齿细蜂，新种 *Exallonyx vicinicicatrix* He *et* Xu, sp. nov.

1. 触角；2. 翅；3. 前足；4. 中足；5. 后足；6. 后胸侧板、并胸腹节和腹柄，侧面观；7. 并胸腹节、腹柄和合背板基部，背面观 [1-5. 1.0X 标尺；6-7. 2.0X 标尺]

　　分布：云南。

　　鉴别特征：见检索表。

　　词源：种本名"邻疤 *vicinicicatrix*"，系 *vicin* (邻近) +*cicatrix* (瘢痕，窗疤) 组合词，意为腹部第 1 对窗疤几乎相接，疤距为疤宽的 0.1 倍。

(363) 虞氏叉齿细蜂，新种 *Exallonyx yuae* He *et* Xu, sp. nov. (图 423)

　　雄：前翅长 1.84mm 。

　　头：背观上颊长为复眼的 0.81 倍。颊长为复眼纵径的 0.62 倍。唇基宽为长的 3.0 倍，稍隆起，光滑，端缘平截。触角第 2、10 鞭节长分别为端宽的 3.1 倍和 2.1 倍，端节长为端前节的 1.4 倍。额脊强而高。后头脊正常。

　　胸：前胸背板颈部背面具不明显弱横皱；背板侧面光滑，前沟缘脊弱，前缘具弱皱；前沟缘脊之后无毛，颈脊之后具毛；背缘具稀疏的单列毛；后下角单个凹窝。中胸侧板前缘上角和中央横沟上方有稀毛，之间无毛区长为翅基片的 1.2 倍；镜面区上方 0.4 具稀毛；侧板下半部 (中央横沟以下部位) 具稀毛，近中央区域无毛；后下角无平行细皱。后胸侧板中央前方及前上方有被纵沟分隔的、表面具稀毛的光滑区，其长和高分别占侧板的 0.5 倍和 0.6 倍，其余部位具小室状网皱。并胸腹节侧观背缘弧形；中纵脊伸至后表面中央；背表面全为光滑区，仅侧方和后端稍有细刻纹；后表面和外侧区具小室状网皱。

足：后足腿节长为宽的 4.8 倍；后足胫节长距长为基跗节的 0.5 倍。

翅：前翅长为宽的 2.3 倍；翅痣长和径室前缘脉长分别为翅痣宽的 1.67 倍和 0.39 倍；翅痣后侧缘稍弯；径脉第 1 段从翅痣近中央伸出，稍内斜，长为宽的 1.0 倍；径脉第 2 段直，两段相接处膨大。后翅稍狭，长为宽的 4.3 倍；后缘近基部无缺刻。

腹：腹柄背面中长为中宽的 1.3 倍，具 5 条强纵脊，基部内夹细皱；腹柄侧面上缘长为中高的 1.0 倍，上缘直，基部具横脊 1 条，横脊后具强斜纵脊 6 条。合背板基部中纵沟伸达基部至第 1 对窗疤间距的 0.7 处，两侧各具 2 条纵沟，亚侧纵沟长为中纵沟的 0.6 倍。第 1 窗疤宽为长的 3.0 倍，疤距为疤宽的 0.3 倍。合背板上几乎光滑，仅窗疤附近有稀而短的毛，远离合背板下缘。抱器长三角形，不下弯，端尖。

体色：体黑色。须污黄色。足褐色，基节色稍深，转节、腿节两端色稍浅。翅透明，带烟黄色，翅痣和强脉褐色，弱脉浅黄色痕迹。

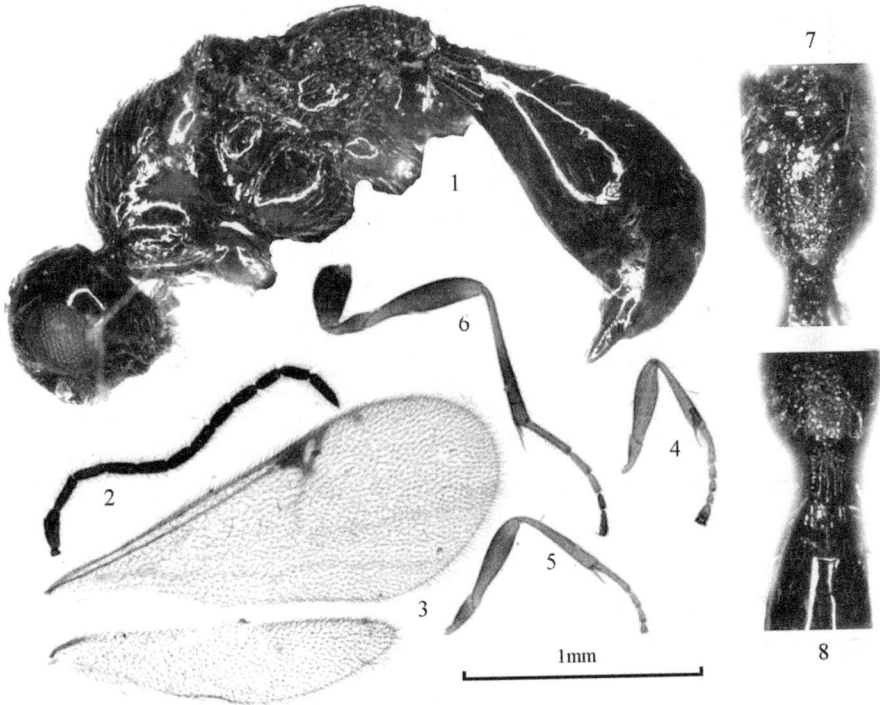

图 423　虞氏叉齿细蜂，新种 *Exallonyx yuae* He *et* Xu, sp. nov.
1. 整体，侧面观；2. 触角；3. 翅；4. 前足；5. 中足；6. 后足；7. 并胸腹节，背面观；8. 腹柄和合背板基部，背面观
[1, 7-8. 2.0X 标尺；2-6. 1.0X 标尺]

变异：腹柄背面中长为中宽的 1.0 倍。

雌：与雄性相似，不同之处在于，前翅长 2.0mm。背观上颊长为复眼的 1.0 倍。触角第 2、10 鞭节长分别为端宽的 2.6 倍和 1.6 倍，端节长为端前节的 1.6 倍。前胸背板颈

部背面具 6 条横皱；中胸侧板镜面区上无毛；侧板下半部具少数几根毛，近中央区域无毛。后胸侧板中央前方及前上方有表面具稀毛的光滑区，但未被纵沟分隔，其长和高分别占侧板的 0.4 倍和 0.4 倍，其余部位具小室状网皱。并胸腹节中纵脊伸至后表面端部，后表面具不规则小室状网皱。后足腿节长为宽的 4.3 倍。翅痣长和径室前缘脉长分别为翅痣宽的 2.2 倍和 0.5 倍，径脉第 1 段长为宽的 0.5 倍；径脉第 2 段与第 1 段相接处膨大。腹柄背面中长为中宽的 1.0 倍，具 7 条强纵脊，基部内夹细皱；合背板基部中纵沟伸达基部至第 1 对窗疤间距的 0.6 处，两侧各具 2 条纵沟，亚侧纵沟长为中纵沟的 0.4 倍；第 1 窗疤疤距为疤宽的 0.6 倍；产卵管鞘长为后足胫节的 0.37 倍，为鞘中宽的 4.5 倍，表面光滑，有带毛细刻点。足褐色，前足基节和转节黄褐色，腿节背面和胫节大部分及后足基节黑褐色；中后足腿节背面浅黑褐色。

寄主：未知。

研究标本：正模♂，陕西火地塘板桥沟，1600m，1998.Ⅵ.5，马云，No. 982444。副模：2♂，同正模，Nos.982192，982615；1♀2♂，陕西留坝紫柏山，1632m，2004.Ⅷ.4，陈学新，Nos.20047104，20047143-44。

分布：陕西。

鉴别特征：见检索表。

词源：种本名 "虞氏 yuae"，意为对中国科学院动物研究所虞佩玉研究员工作认真负责态度的敬佩和对作者工作关怀的谢意。

(364) 光基叉齿细蜂，新种 *Exallonyx laevibasilaris* He et Xu, sp. nov. (图 424)

雌：前翅长 1.4mm。

头：背观上颊长为复眼的 1.15 倍。颊长为复眼纵径的 0.71 倍。唇基宽为长的 3.0 倍，光滑，亚端横脊弱，端缘平截。触角第 2、10 鞭节长分别为宽的 1.8 倍和 1.15 倍，端节长为端前节的 1.8 倍。额脊中等高。后头脊中等高。

胸：前胸背板颈部背面具 4-5 条横皱，中央无毛；背板侧面光滑，前沟缘脊发达；前沟缘脊之后无毛，颈脊之后具毛；背缘具连续的单列毛；后下角双凹窝。中胸侧板前缘上角有毛；镜面区上半具毛；侧板下半部 (中央横沟以下部位) 具稀毛；后下角无平行细皱。后胸侧板具小室状网皱；仅前方和前上方有被刻点形成的浅沟分开的光滑区，其长和高分别占侧板的 0.4 倍和 0.4 倍。并胸腹节侧观后表面斜；中纵脊伸至后表面后端；背表面仅基部有光滑区，长为并胸腹节基部至气门后端间距的 0.7 倍，其余部位具细网皱。

足：后足腿节长为宽的 4.4 倍；后足胫节长距长为基跗节的 0.39 倍。

翅：前翅长为宽的 3.2 倍；翅痣长和径室前缘脉长分别为翅痣宽的 3.2 倍和 0.5 倍；翅痣后侧缘直；径脉第 1 段垂直，长为宽的 0.5 倍，从翅痣中央稍后方伸出；径脉第 2 段直，两段相接处有脉桩。后翅狭长，长为宽的 5.1 倍；后缘基部无缺刻。

腹：腹柄背面中长为中宽的 1.0 倍，表面具不规则细网皱；腹柄侧面上缘长为中高的 0.8 倍，上缘直，基部具横脊 1 条，横脊后具纵脊 5 条。合背板基部中纵沟伸达基部至第 1 对窗疤间距的 0.4 处，两侧各具 3 条纵沟，亚侧纵沟长为中纵沟的 0.9 倍。第 1 窗疤宽为长的 1.6 (右) -2.0 (左) 倍，疤距为左窗疤宽的 0.5 倍。合背板几乎光滑无毛。产卵管鞘长为后足胫节的 0.44 倍，为鞘中宽的 5.0 倍，表面光滑，有带毛细刻点。

体色：体黑色。上唇、上颚端部和翅基片黄褐色。触角黑褐色，柄节基部、梗节、第 1 鞭节基部红褐色。前足基节、转节、胫节基部和第 1-4 跗节浅黄褐色，其余浅黑褐色；中足基节浅黑褐色，其余同前足；后足基节端部黑色，转节、腿节基部、基跗节黄褐色，其余浅黑褐色。翅透明，翅痣和强脉浅褐色，弱脉无色。

雄：未知。

寄主：未知。

研究标本：正模♀，贵州道真大沙河麒盘石，1720m，2004.Ⅷ.17，吴琼，No.20047348。

分布：贵州。

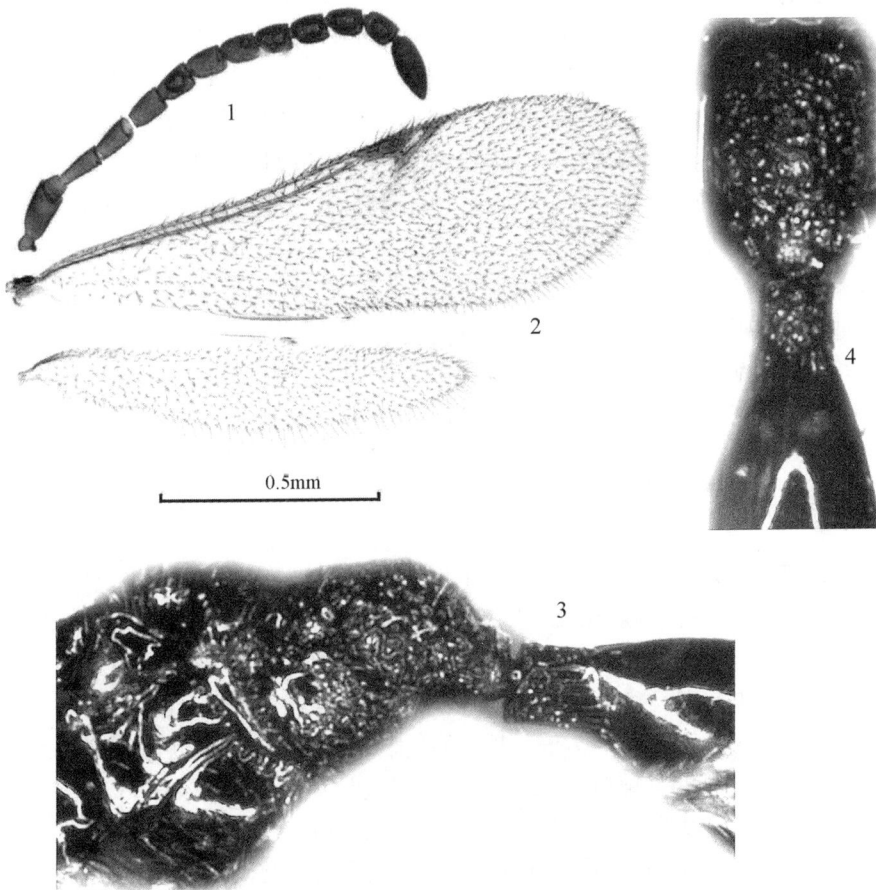

图 424　光基叉齿细蜂，新种 *Exallonyx laevibasilaris* He *et* Xu, sp. nov.

1. 触角；2. 翅；3. 中胸侧板、后胸侧板、并胸腹节和腹柄，侧面观；4. 并胸腹节、腹柄和合背板基部，背面观 [1-2. 1.0X 标尺；3-4. 2.0X 标尺]

鉴别特征：见检索表。

词源：种本名"光基 *laevibasilaris*"，系 *laev* (光滑的) + *basilaris* (在基部的) 组合词，意为并胸腹节背表面仅基部有光滑区，其余部位具细网皱。

(365) 双窝叉齿细蜂，新种 *Exallonyx bicavatus* He et Xu, sp. nov. (图 425)

雌：前翅长 2.0mm。

头：背观头宽为中长的 1.0 倍；头背观上颊长为复眼的 1.0 倍。颊长为复眼纵径的 0.27 倍。唇基宽为长的 3.0 倍，稍均匀隆起，光滑，亚端横脊弱，端缘平截。触角第 2、10 鞭节长分别为宽的 1.8 倍和 1.1 倍，端节长为端前节的 2.5 倍。额脊弱。后头脊正常。

胸：前胸背板颈部背面具 4 条横皱；背板侧面光滑，前沟缘脊发达；前沟缘脊之后无毛，颈脊之后具毛；背缘具稀疏的单列毛；后下角双凹窝。中胸侧板前缘上角有稀毛；镜面区前上方具稀毛；侧板下半部 (中央横沟以下部位) 具稀毛，近中央区域无毛。后胸侧板中央前方及前上方有被纵沟分隔的、表面具稀毛的光滑区，其长和高分别占侧板的 0.8 倍和 0.9 倍，其余部位具夹点网皱或小室状网皱。并胸腹节侧观背缘弧形，后表面斜；中纵脊伸至后表面近端部；背表面后端有微皱，一侧光滑区长为并胸腹节基部至气门后端间距的 2.0 倍；后表面基部具网皱，端部光滑；外侧区具小室状网皱。

足：后足腿节长为宽的 3.6 倍；后足胫节长距长为基跗节的 0.42 倍。

翅：前翅长为宽的 2.75 倍；翅痣长和径室前缘脉长分别为翅痣宽的 1.9 倍和 0.7 倍；翅痣后侧缘稍弯；径脉第 1 段内斜，长为宽的 0.8 倍，从翅痣近中央伸出；径脉第 2 段直，两段相接处膨大。后翅狭长，长为宽的 4.3 倍；后缘基部无缺刻。

腹：腹柄背面中长为中宽的 1.6 倍，基部具点皱，其后具 7 条纵皱，内夹细皱；腹柄侧面上缘长为中高的 1.0 倍，上缘直，基部具横脊 1 条，横脊后具强斜纵脊 6 条。合背板基部中纵沟伸达基部至第 1 对窗疤间距的 0.6 处，两侧各具 3 条纵沟，亚侧纵沟长为中纵沟的 0.5 倍。第 1 窗疤宽为长的 2.0 倍，疤距为疤宽的 0.6 倍。合背板上几乎光滑无毛。产卵管鞘长为后足胫节的 0.54 倍，为鞘中宽的 4.8 倍，表面具稀细刻点，光滑，有细毛。

体色：体黑色。须、上唇、上颚端部和翅基片黄褐色。触角褐黄色，至基部色稍浅。足黄褐色；中后足基节、后足腿节 (除两端) 黑褐色。翅透明，翅痣和强脉黄褐色，弱脉无色。

雄：前翅长 1.9mm。

头：背观上颊长为复眼的 0.7 倍。颊长为复眼纵径的 0.34 倍。唇基宽为长的 3.0 倍，稍隆起，光滑，端缘稍凹。触角第 2、10 鞭节长分别为端宽的 3.0 倍和 3.3 倍，端节长为端前节的 1.6 倍；第 2-9 鞭节有水泡状的角下瘤。额脊稍高。后头脊正常。

胸：前胸背板颈部背面具不规则皱；背板侧面光滑，前沟缘脊发达；前沟缘脊之后无毛，颈脊之后具毛；背缘具稀疏的单列毛；后下角具不明显的 2 凹窝。中胸侧板前缘上角和中央横沟上方有稀毛，之间无毛区长为翅基片的 1.7 倍；镜面区上半具稀毛；侧板下半部 (中央横沟以下部位) 具稀毛，近中央区域无毛；后下角具弱细皱。后胸侧板中央前方及前上方有被纵沟分隔的、表面具稀毛的光滑区，其长和高分别占侧板的 0.7 倍和 0.8 倍，其余部位具小室状网皱。并胸腹节侧观背缘后表面稍下斜；中纵脊伸至后表面中央；背表面几乎整个光滑，但外侧和后角具刻纹；后表面和外侧区具小室状网皱。

足：后足腿节长为宽的 4.1 倍；后足胫节长距长为基跗节的 0.64 倍。

翅：前翅长为宽的 2.18 倍；翅痣长和径室前缘脉长分别为翅痣宽的 1.9 倍和 0.5 倍；翅痣后侧缘直；径脉第 1 段从翅痣近中央伸出，内斜，长为宽的 0.6 倍；径脉第 2 段直。后翅狭长，长为宽的 4.1 倍；后缘基部稍凹入，无缺刻。

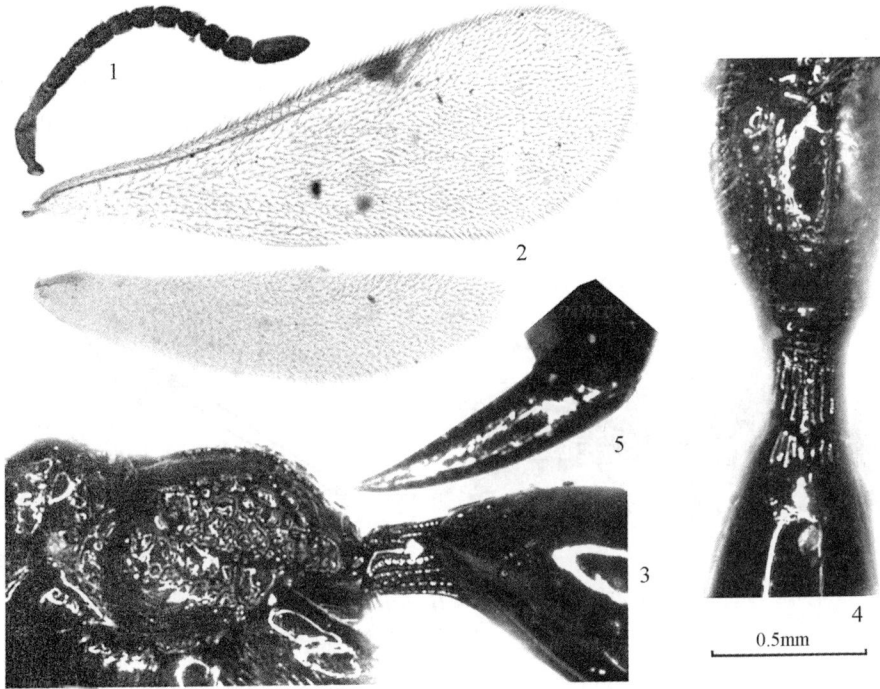

图 425　双窝叉齿细蜂，新种 *Exallonyx bicavatus* He *et* Xu, sp. nov.

1. 触角；2. 翅；3. 后胸侧板、并胸腹节和腹柄，侧面观；4. 并胸腹节、腹柄和合背板基部，背面观；5. 产卵管鞘 [1-2. 1.0X 标尺；3-4. 2.0X 标尺；5. 3.0X 标尺]

腹：腹柄背面中长为中宽的 1.6 倍，基部具点皱，其后具 7 条强纵皱，内夹细皱；腹柄侧面上缘长为中高的 1.2 倍，上缘直，基部具横脊 1 条，横脊后具强斜纵脊 6 条。合背板基部中纵沟伸达基部至第 1 对窗疤间距的 0.55 处，两侧各具侧纵沟 3 条，亚侧纵沟长为中纵沟的 0.6 倍。第 1 窗疤宽为长的 2.5 倍，疤距为疤宽的 0.4 倍。合背板上几乎光滑无毛。抱器长三角形，不下弯，端尖。

体色：体黑色。须、上唇、上颚端部和翅基片黄褐色。触角暗褐黄色，至基部色稍浅。足褐黄色；中后足基节和转节背面黑褐色，腿节 (除两端) 和胫节端半褐色。翅透明，翅痣和强脉黄褐色，弱脉无色。

寄主：未知。

研究标本：正模♀，贵州梵净山金顶，1993.Ⅶ.12，陈学新，No.938426。副模：1♂，贵州梵净山回香坪，1993.Ⅶ.13，许再福，No.938428。

分布：贵州。

鉴别特征：见检索表。

词源：种本名 "双窝 bicavatus"，系 *bi* (二) +*cavatus* (孔洞的) 组合词，意为前胸背板侧面后下角具双凹窝。

二、离颚细蜂科 Vanhorniidae Crawford, 1909

离颚细蜂科 Vanhorniidae，现仅有此模式属离颚细蜂属 *Vanhoria* Crawford, 1909。在 H. Townes 和 M. Townes (1981) 一书中作为细蜂科 Serphidae 的离颚细蜂亚科 Vanhorniinae，其中还曾包括智利细蜂属 *Heloriserphus* Masner, 1981 (图 426) 2 新种，均产自南美洲智利。但据 Masner (1993) 已把智利细蜂属放入细蜂科 Proctotrupidae 内。

何俊华和储吉明 (1990) 曾记述我国新属新种——贵州华颚细蜂 *Sinicivanhornia guizhouensis* He *et* Chu，该属现已作为离颚细蜂属 *Vanhornia* 的异名。自此，离颚细蜂科仅知 1 属 3 种。

图 426　智利细蜂属 *Heloriserphus* Masner
1. 整体，侧面观；2. 前翅 (仿 Townes, 1981)

20. 离颚细蜂属 *Vanhornia* Crawford, 1909

Vanhornia Crawford, 1909. *Proc. Ent. Soc. Washington*, 11: 63.

Type species: *Vanhornia eucnermidarum* Crawford (Monotype).

属征概述：前翅长 3.2-4.2mm。上颊中等宽至非常宽。后头脊近中央上方模糊，其余存在，与上颚后关节相连接。上颚极宽，3-4 个三角形齿，齿更伸向下方，上颚闭合时齿端在中线不相接。头顶很高，复眼上端约在口器至头顶的中央处。单眼小，侧单眼位于复眼上端水平位置。前胸背板无前沟缘脊，凹洼内具粗糙刻点。盾纵沟明显，内具并列刻条，几乎伸至中胸盾片后缘。中胸盾片后缘有 1 翻卷的横沟。小盾片稍拱隆，小盾片前沟内具 5 个大凹窝。中胸侧板大部分凹入，无横沟。前翅翅脉完整，如图 427-图 429 所示，而且着色，基本上与柄腹细蜂科 Heloridae 相似。转节 1 节。腹部无柄。合背板基部和合腹板基部均有发达的横脊，其后有长刻皱。雌性合背板之后有勺形背板盖住腹部端部，并有弯曲的产卵管沿腹部下面伸向前方。雌性合腹板之后腹板看不到。产卵管鞘与腹部约等长，细，无毛，可弯曲。

该属寄生于隐唇叩甲科 Eucnemidae。隐唇叩甲离颚细蜂 *V. eucnemidarum* Crawford

多次从 *Isorhipis ruficornis* 幼虫中育出，利勒离颚细蜂 *V. leileri* Hedqvist 从 *Hypocelus cariniceps* 幼虫中育出。

离颚细蜂属 *Vanhornia* 是很小的类群，已知 3 种：隐唇叩甲离颚细蜂 *V. eucnemidarum* Crawford, 1909，在美国东北部林区广布(图 427)；利勒离颚细蜂 *V. leileri* Hedqvist, 1976，产自瑞典 (图 428)，贵州离颚细蜂 *V. guizhouensis* (He *et* Chu, 1990)，分布于我国贵州。

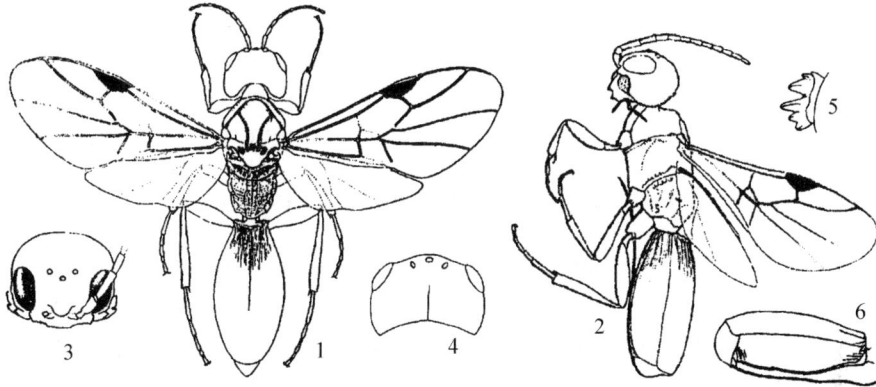

图 427　隐唇叩甲离颚细蜂 *Vanhornia eucnemidarum* Crawford

1. 整体，背面观；2. 整体，侧面观；3. 头部，前面观；4. 头部，背面观；5. 上颚；6. 腹部，侧面观

(1, 3, 6. 仿 Crawford, 1909；2. 仿 Goulet & Huber, 1993；4-5. 仿 Hedqvist, 1976)

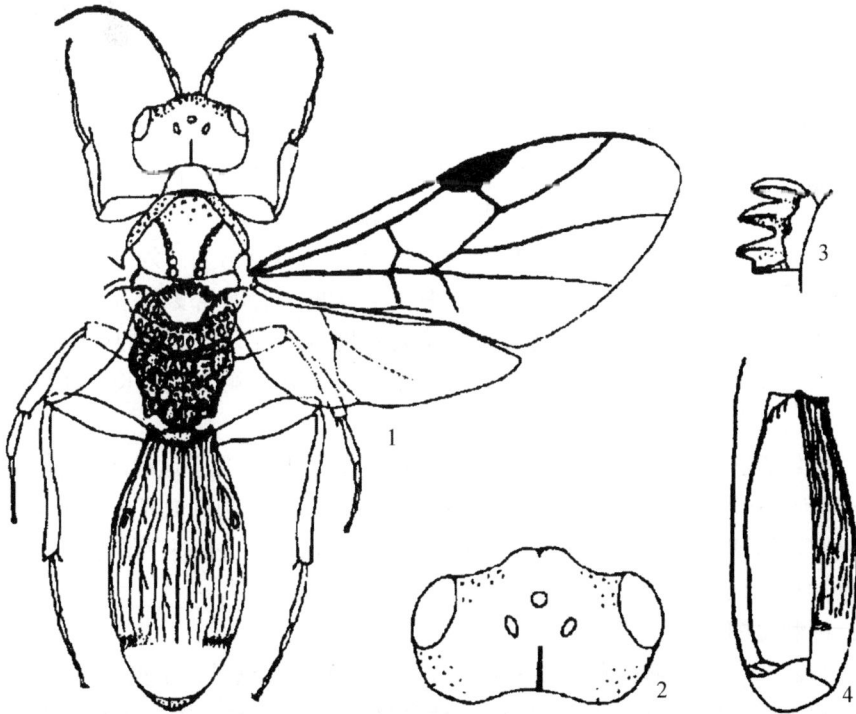

图 428　利勒离颚细蜂 *Vanhornia leileri* Hedqvist

1. 整体，背面观；2. 头部，背面观；3. 上颚；4. 腹部，侧面观 (仿 Hedqvist, 1976)

本志记述我国 1 种。

种检索表（*我国未发现的种）

1. 腹部背板基部 2/3 有纵刻条；上颊长为复眼的 0.75 倍；体长 4.5-5.0mm。瑞典，俄罗斯沿海……
……………………………………………………………………………………*利勒离颚细蜂 *V. leileri*
　　腹部背板基部 1/3 有纵刻条；上颊长为复眼的 1.4 倍 ……………………………………………2
2. 上颚端部有 4 个三角形小齿；前翅端半暗色；产卵管长约为腹长的 1.3 倍；体长 5.5mm。中国 …
……………………………………………………………………… 贵州离颚细蜂 *V. guizhouensis*
　　上颚端部有 3 个三角形小齿；前翅端无暗色；产卵管长约为腹长的 1.0 倍；体长 4.0mm。美国 …
…………………………………………………………… *隐唇叩甲离颚细蜂 *V. encnemidarum*

(366) 贵州离颚细蜂 *Vanhornia guizhouensis* (He *et* Chu, 1990) (图 429)

Sinicivanhornia quizhouensis (!) He *et* Chu, 1990, *Acta Entomologica Sinica*, 33(1): 102.

Sinicivanhornia quizhouensis (!) He *et* Chu: Johnson, 1992, *Mem. Amer. Entmol. Inst.*, 51: 641.

Sinicivanhornia guizhouensis He *et* Chu: He & Chen, 1999, In: Chen, *Pictorial Handbook of Rareand Precious Insects in China*: 301.

Vanhornia quizhouensis (!) He *et* Chu: Kozlov, 1998, In: Lep, *Key to the Insects of Russian Far East.*, 4(3): 677 (Syn. by Kozlov, 1998).

Sinicivanhornia guizhouensis He & Chu: He *et al.*, 1999, In: Zheng & Gui, *Insect Classification*: 946.

雌：体长 6.7mm；前翅长 4.7mm。

头：额宽约为中长的 2 倍，具粗刻点，在下方中央有 "Y" 形脊。颜面很短，有中纵脊，与 "Y" 形脊相连。唇基很宽。上颚闭合时不相接触，表面具刻点，有 4 个三角形齿，齿均稍伸向下方，上齿近于唇基，第 2 齿最大，第 3、4 齿较小。复眼达上颚基部。单眼小，排列呈矮三角形，侧单眼间距比单复眼间距稍大，为侧单眼直径的 2.4 倍。头顶光滑，具稀疏刻点。后头脊细，中央稍下凹；上颊强度隆起，侧观长为复眼宽的 1.6 倍。触角窝与唇基之距离等于触角窝之长度，着生部位及周围甚凹入。触角短，长约为头宽的 1.35 倍，11 节（端部断），柄节粗，梗节短，第 1 鞭节长，以后各节依次渐短。

胸：背面具粗刻点。前胸背板凹陷内具刻点。盾纵沟深，几乎达后缘，沟内有凹洼；小盾片前沟内有 5 个深凹窝，小盾片后方亦有 5 个凹窝。中胸侧板有 1 大凹陷。后小盾片具强纵脊。后胸侧板具粗网皱，但中央有 1 小块光滑区。并胸腹节向后方收窄，表面具强纵脊和粗网皱。

翅：翅脉见图 429。

腹：腹部愈合背板基部有 1 发达的横脊，并由此伸出纵皱，中央纵皱伸至基部 0.3处，侧方纵皱伸至基部 0.15 处，其余部分散生刻点，刻点至后方较密且多毛。愈合背板之后背板勺形，中央有梭形的光滑区域。愈合腹板除基部有纵皱外，有 1 深中沟，沿沟缘及两侧有 3 条细纵皱，沿后缘有平行的低皱 6 条。产卵管鞘细长，长为腹长的1.34 倍。

体色：体黑色。触角柄节黑褐色，其余暗红色。足黑褐色；腿节最基部暗红色；前中足胫节和跗节褐黄色；后足胫节和跗节淡褐色。翅端半带烟色，翅痣及强脉黑色。

雄：未知。

寄主：未知。

研究标本：1♀，贵州惠水，1986.Ⅵ.2，储吉明，No.861718 (正模)。

分布：贵州。

鉴别特征：见检索表。

注：种本名"贵州 *guizhouensis*"，意为模式标本产地在贵州省，但发表时误写为 *quizhouensis*。

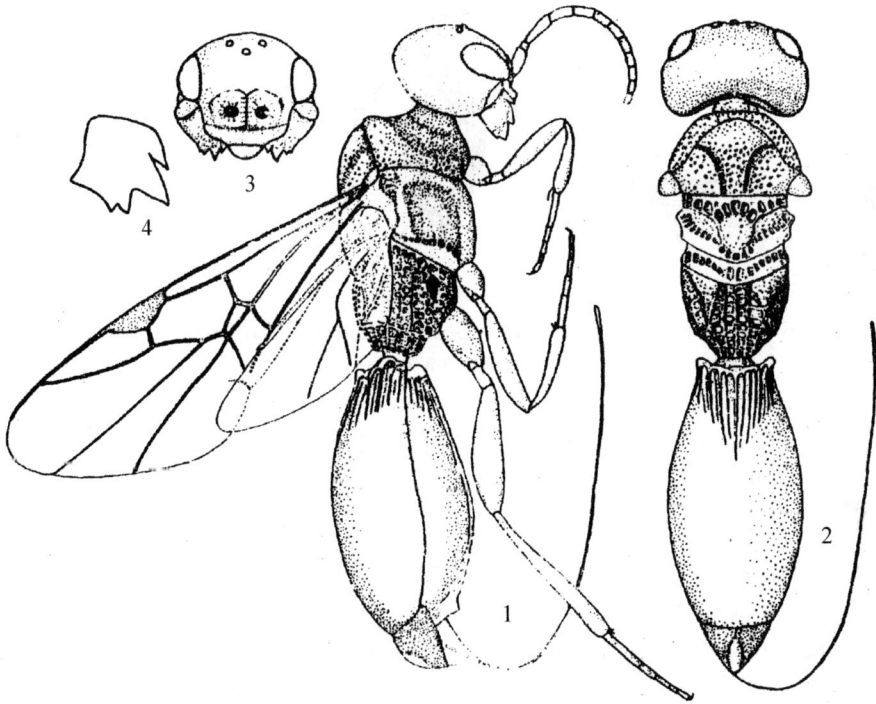

图 429　贵州离颚细蜂 *Vanhornia guizhouensis* (He *et* Chu)
1. 整体，侧面观；2. 整体 (翅和足未绘)，背面观；3. 头部，前面观；4. 上颚 (仿何俊华等，1990)

三、柄腹细蜂科　Heloridae Latreille, 1802

柄腹细蜂科Heloridae (图430) 是个小科，仅有柄腹细蜂属*Helorus* 1属。

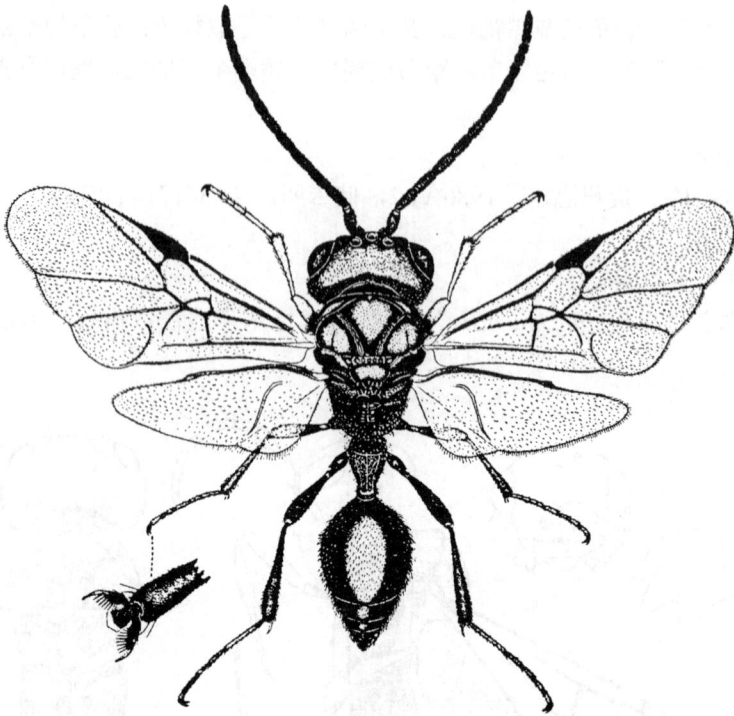

图 430　畸足柄腹细蜂 *Helorus anomalipes* (Panzer) (♀) (柄腹细蜂科　Heloridae)
整体，背面观及中足端跗节和爪 (仿 Clancy, 1946)

21. 柄腹细蜂属　*Helorus* Latreille, 1802

Helorus Latreille, 1802, *Histoire naturella, générale et particulière des crustacés et des insectes*, 3: 309.

Type species: (*Helorus ater* Latreille)= *anomalipes* Panzer. Monobasis.

Copelus Provancher, 1881, *Nat. Canad.*, 12: 206.

Type species: (*Copelus paradoxus* Provancher)= *anomalipes* Panzer. Monobasis.

该属特征如科的简述（见 39 页）。从翅脉、体型和跗爪具栉齿等特征易于识别。种间区别特征主要在于头胸部刻纹有无，刻点深浅，触角窝内侧叶突形状、触角环节比例、翅脉比例、腹柄长短及背表面刻纹等。

该属全世界已知现存种 11 种，其中我国已记录 2 种。我国未发现的 9 种是：

黑足柄腹细蜂 *Helorus nigripes* Foerster, 1856　西欧 (图 432)

红角柄腹细蜂 *Helorus ruficornis* Foerster, 1856　埃塞俄比亚；日本 (图 445)

刻条柄腹细蜂 *Helorus striolatus* Cameron, 1906　古北区 (图 435b)

布鲁柄腹细蜂 *Helorus brèthesi* Ogloblin, 1928　南美洲 (图 435a)

埃尔贡柄腹细蜂 *Helorus elgoni* Risbec, 1950　肯尼亚

澳洲柄腹细蜂 *Helorus australiensis* New, 1975　澳大利亚 (图 433)

新几内亚柄腹细蜂 *Helorus niuginiae* Naumann, 1983　巴布亚新几内亚 (图 434)

诹访柄腹细蜂 *Helorus suwai* Kusigemati, 1987　日本　(图 431)

虾夷柄腹细蜂 *Helorus yezoensis* Kusigemati, 1987　日本　(图 436)

本志记述 9 种，内含 6 新种和 1 中国新记录种。该属分种检索表如下。

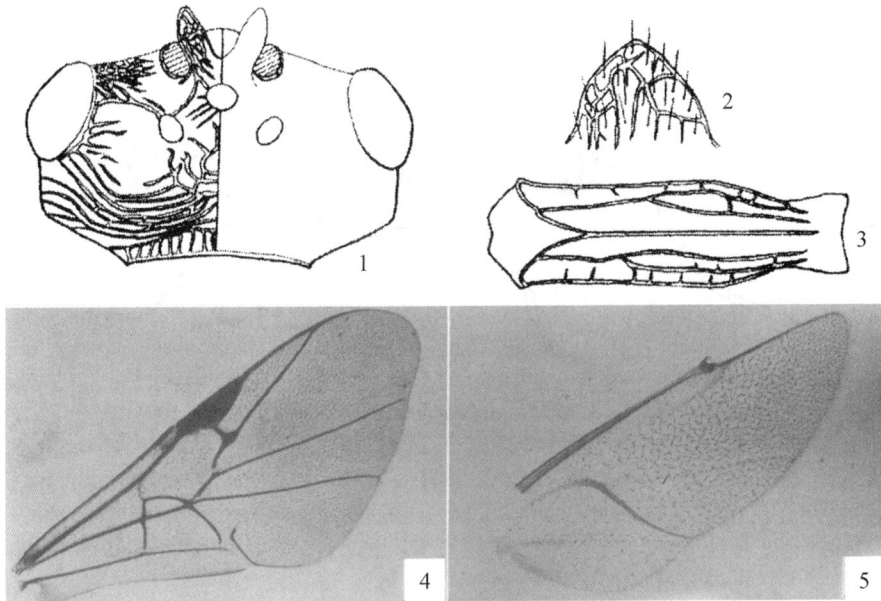

图 431　诹访柄腹细蜂 *Helorus suwai* Kusigemati

1. 头部，背面观；2. 触角窝内侧叶突；3. 腹柄，背面观；4. 前翅；5. 后翅 (仿 Kusigemati, 1987)

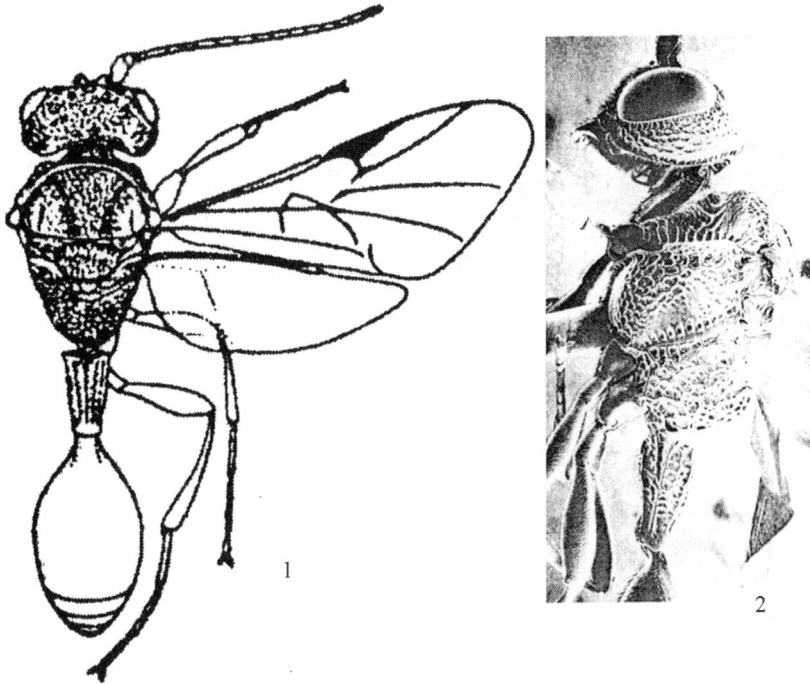

图 432　黑足柄腹细蜂 *Helorus nigripes* Foerster

1. 整体，背面观；2. 头部、胸部和腹柄，侧面观 (1. 仿 Kratochvíl, 1957；2. 仿 Townes, 1977)

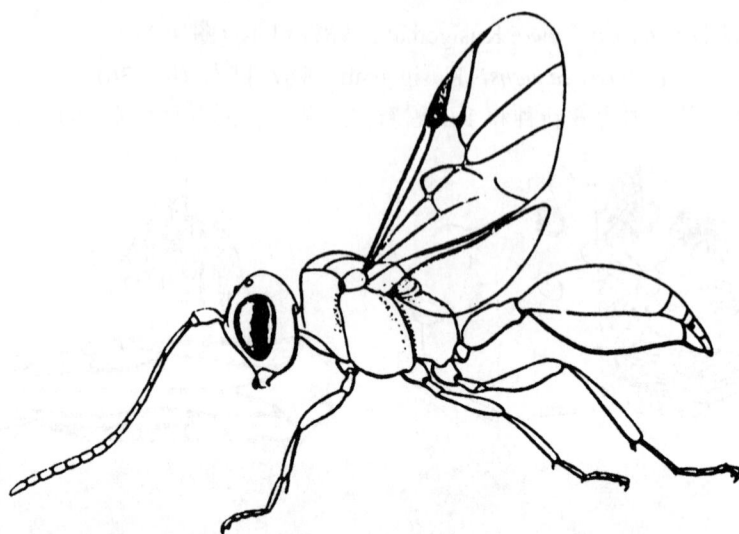

图 433　澳洲柄腹细蜂 *Helorus australiensis* New（仿 Csiro, 1991）

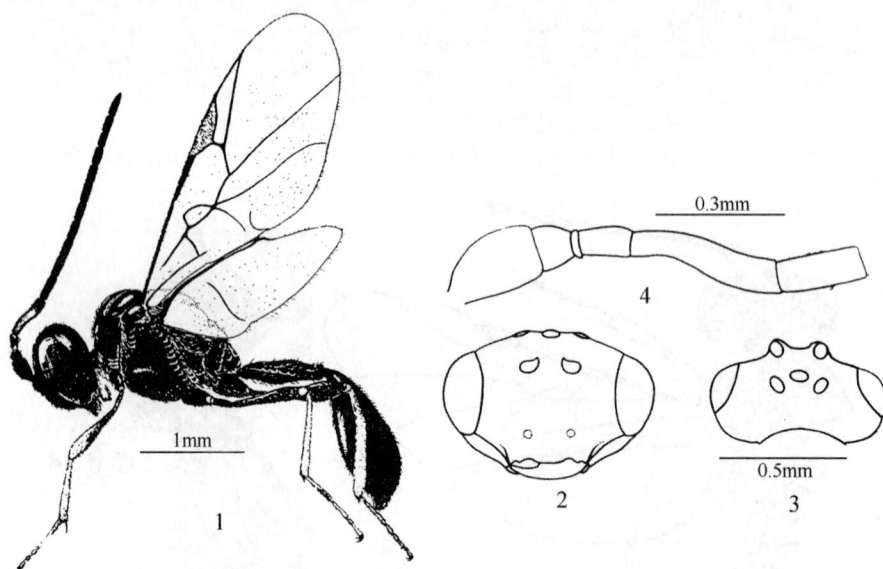

图 434　新几内亚柄腹细蜂 *Helorus niuginiae* Naumann

1. 整体，侧面观；2. 头部，前面观；3. 头部，背面观；4. 触角基部（仿 Naumann, 1983）

图 435a　布鲁柄腹细蜂 *Helorus brèthesi* Ogloblin
头部、胸部、腹柄侧面观 (仿 Townes, 1977)

图 435b　刻条柄腹细蜂 *Helorus striolatus* Cameron
头部、胸部、腹柄侧面观 (仿 Townes, 1977)

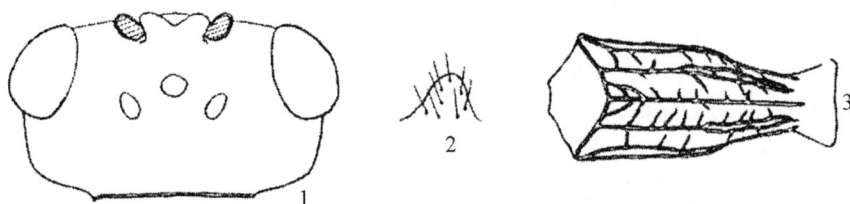

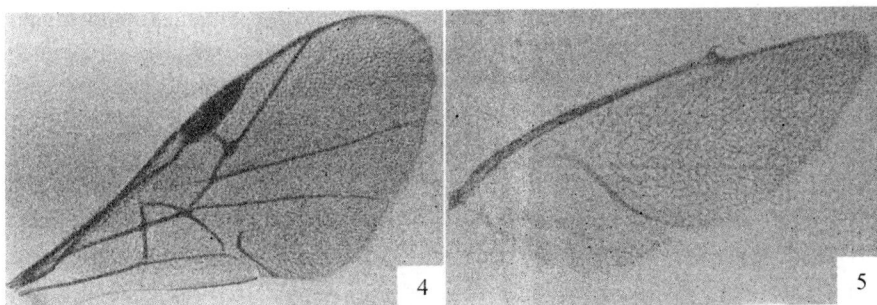

图 436　虾夷柄腹细蜂 *Helorus yezoensis* Kusigemati
1. 头部，背面观；2. 触角窝内侧叶突；3. 腹柄，背面观；4. 前翅；5. 后翅 (仿 Kusigemati, 1987)

种检索表（*我国未发现的种）

1. 颜面和中胸盾片有小的深刻点，或为很粗糙夹点刻皱；腹柄（腹部第1节）背面长为宽的1.7-2.0倍（但澳洲柄腹细蜂 *H. australiensis* 长约为宽的2.3倍，诹访柄腹细蜂 *H. suwai* 长为宽的3.6倍）·····2
   颜面和中胸盾片基本上光滑，其刻点细而浅以致不明显；腹柄背面长为宽的2.5-3.8倍············9

2. 颜面、头顶、中胸盾片中叶具很粗糙夹点刻皱·····································3
   颜面、头顶、中胸盾片中叶具中等大小刻点·······································6

3. 触角窝内侧叶突高；腹柄背面长为宽的3.6倍，背板有7条强纵脊；第2节背板无任何脊或皱；体长7.5mm。日本·· *诹访柄腹细蜂 H. suwai*
   触角窝内侧叶突不特别高；腹柄背面长为宽的1.85-2.00倍，背板夹点网皱；第2节背板具强而粗的网皱，或仅具细刻点无任何脊或皱···4

4. 第2节背板具强而粗的网皱；雌性臀板刻点小而深，点距约为点径的0.6倍；体长3.7-4.3mm。西欧·· *黑足柄腹细蜂 H. nigripes*
   第2节背板具细刻点，无脊或皱··5

5. 雌性臀板基宽为中长的1.5倍，基方刻点距离为点径的0.3-0.5倍，至后端更细而密；体长6.7mm。江苏、上海、浙江、湖北、湖南····································· 中华柄腹细蜂 *H. chinensis*
   雌性臀板基宽为中长的2.0倍，刻点均匀且较稀，点距为点径的1.0倍；体长5.7mm。吉林·······
   ··· 吉林柄腹细蜂，新种 *H. jilinensis* sp. nov.

6. 转节红褐色；前中足腿节红褐色；腹柄背面长为宽的2.3倍。澳大利亚·························
   ·· *澳洲柄腹细蜂 H. australiensis*
   转节黑色或浅黑色；前中足腿节黑褐色，仅端部黄褐色·······························7

7. 腹柄背观长为宽的2.67倍；腹柄侧观腹缘平直，背腹缘近于平行；小盾片光滑；体长4.8mm。新疆···································· 新疆柄腹细蜂，新种 *H. xinjiangensis*, sp. nov.
   腹柄背观长为宽的1.9-2.2倍；腹柄侧观腹缘突出，背腹缘不平行；小盾片具刻皱或刻点·········8

8. 腹柄背表面有发达的网皱、纵皱或纵脊，有时具少许刻点；雌性臀板刻点深，小至中等大小；翅稍带烟黄色；体长4.5-6.0mm。辽宁、内蒙古、河北、山东、山西、陕西、甘肃、新疆、浙江；全北区许多国家··················· 畸足柄腹细蜂 *H. anomalipes*
   腹柄背表面散生粗刻点；雌性臀板满布夹点纵网皱，皱网在前方的较大；翅透明；体长5.0mm。黑龙江··························· 黑龙江柄腹细蜂，新种 *H. heilongjiangensis*, sp. nov.

9. 小脉在基脉基方，其距约为小脉长的0.3倍；前胸背板侧面凹入部分光滑或有少许弱皱；中胸盾片全部或部分火红色，或黑色···10
   小脉在基脉对方，或端方，或稍基方；前胸背板侧面凹入部分有发达的平行细皱；中胸盾片黑色
   ···11

10. 中胸盾片部分或完全火红色；第1鞭节长为宽的5.7-6.0倍。南美······· *布鲁柄腹细蜂 H. brèthesi*
    中胸盾片黑色；第1鞭节长为宽的1.3-1.4倍。新几内亚·········· *新几内亚柄腹细蜂 H. niuginiae*

11. 转节和中足腿节黑色；中胸侧板在胸腹侧脊后方的1列凹窝宽；腹柄背面基部有1比较大的斜截面区···12
    转节和中足腿节浅黄褐色；中胸侧板在胸腹侧脊后方的1列凹窝窄；腹柄背面基部有1小的斜截面区···13

12. 翅痣长约为宽的 3.1 倍；腹柄背面长为宽的 3.0 倍；小盾片沿后缘无短纵刻条。古北区 (包括蒙古)
　　‧‧***刻条柄腹细蜂 *H. striolatus***
　　翅痣长为宽的 3.6-3.8 倍；腹柄背面长为宽的 2.4 倍；小盾片沿后缘有 1 列短纵刻条。日本‧‧‧‧‧‧‧‧
　　‧‧***虾夷柄腹细蜂 *H. yezoensis***

13. 小脉在基脉基方，其距约为小脉长的 0.5 倍；腹柄背面长约为宽的 3.8 倍。肯尼亚‧‧‧‧‧‧‧‧‧‧‧‧‧‧
　　‧‧‧***埃尔贡柄腹细蜂 *H. elgoni***
　　小脉在基脉对方、端方或基方，其距至多为小脉长的 0.3 倍‧‧‧‧‧‧‧‧‧‧‧‧‧‧‧‧‧‧‧‧‧‧‧‧‧‧‧‧‧‧ 14

14. 翅痣长为宽的 3.3 倍；第 1 鞭节长为第 2 鞭节长的 0.9 倍；触角鞭节黑褐色，柄节和梗节黄褐色；
　　后足腿节黄褐色；第 1 背板长为宽的 4.0 倍。陕西‧‧‧‧‧‧‧‧‧‧‧‧‧‧ **蔡氏柄腹细蜂，新种 *H. caii*, sp. nov.**
　　翅痣长为宽的 2.3-2.8 倍；第 1 鞭节长为第 2 鞭节长的 1.2 倍；触角暗黄褐色或全为黑褐色；后足
　　腿节除两端黑褐色‧‧‧ 15

15. 翅痣长为宽的 2.3 倍，径脉从近中央伸出；腹柄背面长为最宽处的 4.5 倍，背面具稀纵刻条，基部
　　内夹细皱。四川‧‧‧‧‧‧‧‧‧‧‧‧‧‧‧‧‧‧‧‧‧‧‧‧‧‧‧‧‧‧‧‧**前叉柄腹细蜂，新种 *H. antefurcalis*, sp. nov.**
　　翅痣长为宽的 2.55-2.65 倍；径脉明显从中央基方伸出；腹柄背面长为最宽处的 3.0-4.0 倍，背面基
　　本上具网皱‧‧ 16

16. 小脉后叉；臀板刻点粗，腹柄无中脊，端半光滑具细皱；后足胫节除基部外和端跗节黑褐色；触
　　角第 1 鞭节长为端宽的 3.6 倍。河北‧‧‧‧‧‧‧‧‧‧‧‧‧‧‧‧‧‧**任氏柄腹细蜂，新种 *H. reni*, sp. nov.**
　　小脉对叉或刚前叉；臀板刻点小而深，腹柄有中脊，端部 2/3 具浅刻点；后足胫节和端跗节黄褐色；
　　触角第 1 鞭节长为端宽的 4.9 倍。河南、陕西、浙江；日本，埃塞俄比亚‧‧‧‧‧‧‧‧‧‧‧‧‧‧‧‧‧‧‧‧‧‧‧‧‧‧‧‧‧
　　‧‧ **红角柄腹细蜂 *H. ruficornis***

(367) 中华柄腹细蜂 *Helorus chinensis* He, 1992 (图 437)

Helorus chinensis He, 1992, In: Hunan Forestry Department, *Iconography of Forest Insects in Hunan, China*: 1295.

Helorus chinensis He: He, 2004, *Hymenopteran Insect Fauna of Zhejiang*: 325.

雌：体长 6.7mm；前翅长 4.6mm。

头：背观宽为中长的 1.9 倍；满布小室状粗糙网皱。颜面宽为高的 2.0 倍，中央稍拱隆，网皱亦较小，侧方网皱长而斜。唇基仅侧方光滑，中央密布刻点，端缘中央稍凹。颚眼距为上颚基宽的 1.1 倍。上颊背观弧形收窄，长为复眼的 1.0 倍。触角窝内侧叶突稍隆起，表面具纵脊，叶突后端止于触角窝后缘至中单眼间距的 0.25 处。触角洼光滑。触角第 1 鞭节长为端宽的 3.6 倍，为第 2 鞭节长的 1.25 倍；第 2 鞭节长为端宽的 2.7 倍。

胸：前胸背板侧面前沟缘脊发达，其后方凹入部位下方 0.7 有完整的水平刻条 8 条，上方 0.3 光滑。中胸盾片满布小室状网皱，但侧叶上的稍浅而弱；盾纵沟宽而深，内有并列刻条。小盾片前沟内有 5 个大凹窝；小盾片拱隆，满布粗网皱，沿后缘有 1 列 6 个凹窝。中胸侧板满布小室状网皱，镜面区光滑部位甚小，中胸侧板沿后缘侧缝有 10 个深凹窝；后胸侧板和并胸腹节满布小室状网皱。

足：后足基跗节长为第 2 跗节的 2.0 倍。

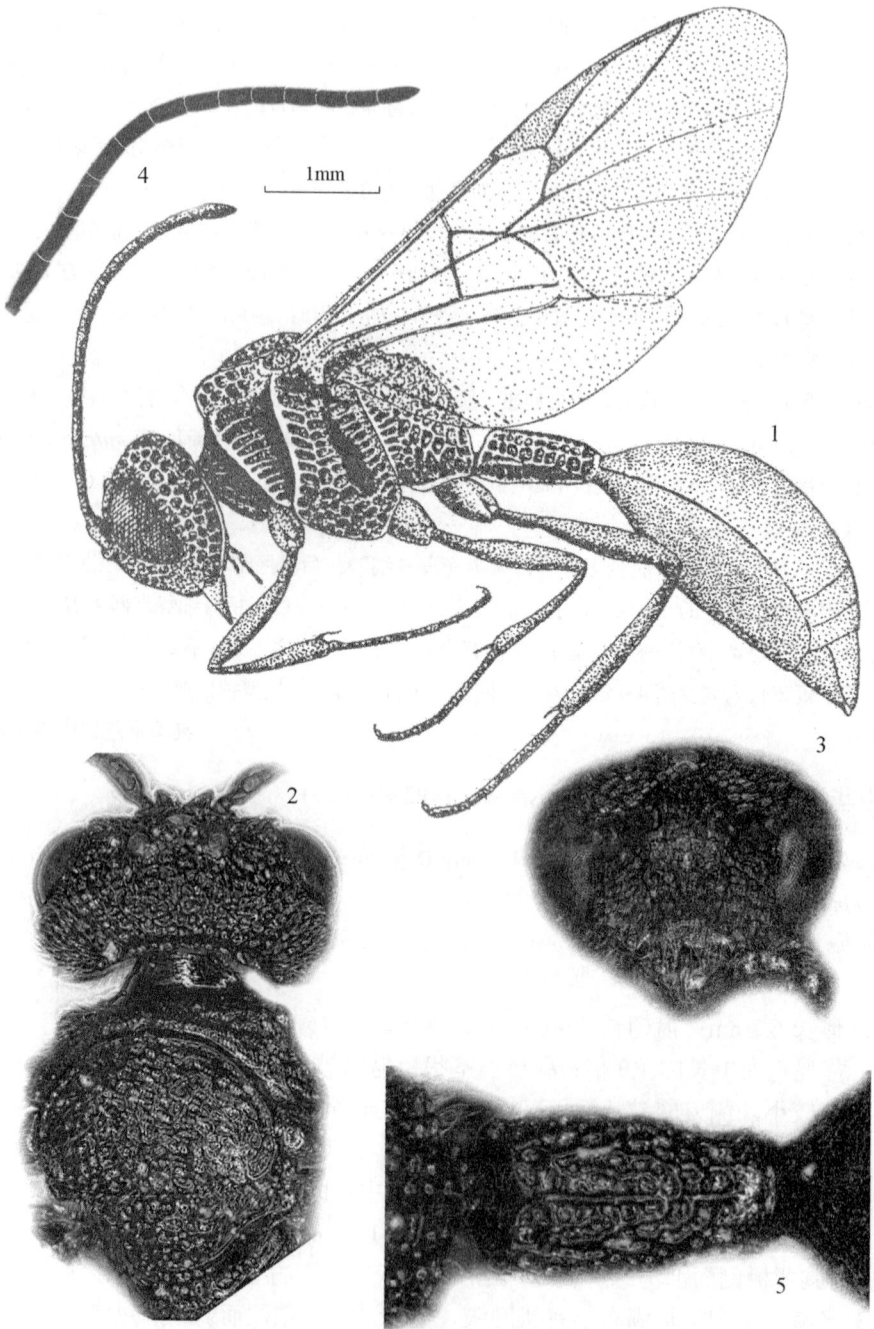

图 437 中华柄腹细蜂 *Helorus chinensis* He

1. 整体，侧面观；2. 头部和胸部，背面观；3. 头部，前面观；4. 触角鞭节；5. 腹柄，背面观 (1. 仿何俊华, 1992) [1. 1.0X 标尺；2-4. 1.5X 标尺；5. 2.5X 标尺]

翅：翅痣长为宽的 2.8-3.0 倍；径脉从基部 0.3 处伸出；小脉直，稍外斜，刚前叉或对叉。后翅斜脉着色弱。

腹：腹柄 (第 1 节) 背面长为宽的 2.0 倍；背方基部斜截面很大，其周围有脊，与垂直面约呈 25°；背板从基角向后稍收窄，表面具小室状网皱，有 1 中纵脊。第 2 节长：宽：高=110：76：65；第 2 节背板具带毛刻点。臀板密布带毛刻点，在后端的更细而密，点距为点径的 0.3 倍。

体色：体黑色。上颚、触角鞭节黑褐色。须褐黄色，但颚须基部 2 节烟褐色。足黑色至黑褐色；跗节、前中足胫节赤褐色。翅基半透明，外半稍带烟褐色，翅痣及翅脉烟褐色。

雄：与雌性相似，不同之处在于，体长 5.8mm；前翅长 4.2mm。颚眼距为上颚基宽的 0.8 倍。上颊背观长为复眼的 0.74 倍。触角第 1 鞭节基部稍弯曲，长为端宽的 3.1 倍；第 2 鞭节长为端宽的 2.8-3.0 倍。小盾片前沟内有 5-7 个凹窝。翅痣相当窄，长为宽的 3.3 倍。腹柄基部斜截面很小，与垂直面约呈 35°；第 2 节长：宽：高=87：64：50；臀板密布刻点。

寄主：大草蛉 Chrysopa septempunctata，茧内育出，单寄生。

研究标本：1♀1♂，浙江龙游，1985.Ⅴ.20，何俊华，No.850281 (正模、配模)；1♀1♂，浙江杭州，1984，李广武，寄主为大草蛉，No.840828 (2)；1♂，湖南浏阳，1985.Ⅴ.28，童新旺，No.854012 (以上均为副模)；1♂，江苏南京，1989.Ⅹ.19，孙玉珍，No.20004647；2♀，上海佘山，1981.Ⅵ.下旬 (1980 年越冬茧中育出)，于采，寄主为大草蛉 (保存于 SEI)；1♀，湖北竹溪，1979.Ⅵ.23，华中农业大学，No.20060517；1♀，浙江杭州龙井，2005.Ⅵ.5，时敏、吴琼，No.200800224。

分布：江苏、上海、浙江、湖北、湖南。

鉴别特征：见检索表。

(368) 吉林柄腹细蜂，新种 Helorus jilinensis He et Xu, sp. nov. (图 438)

雌：体长 5.7mm；前翅长 4.3mm。

头：背观宽为中长的 1.7 倍。颜面中央隆起，具网皱，侧方为斜皱，宽为高的 2.3 倍。唇基光滑，具模糊刻点，端缘中央稍凹缺。颚眼距为上颚基宽的 1.0 倍；上颚端部宽，齿粗大。上颊背观弧形收窄，长为复眼的 0.9 倍，具网皱。头顶具粗糙网皱。触角窝内侧叶突稍隆起，表面具网皱，叶突后端止于触角窝后缘至中单眼间距的中央。触角第 1 鞭节长为端宽的 3.0 倍，为第 2 鞭节长的 1.1 倍；第 2 鞭节长为端宽的 2.7 倍。

胸：前胸背板侧面前沟缘脊发达，其后方凹入部位有完整的水平刻条 8 条，下角具粗糙网皱。中胸盾片满布小室状网皱，但侧叶上的稍浅而弱。小盾片前沟内有 7 个深凹窝；小盾片稍拱，满布粗网皱，中纵皱粗而明显，沿后缘有 1 横列 6 个凹窝。中胸侧板除镜面区外满布小室状网皱，沿后缘有 8 个深凹窝。中胸腹板满布小室状网皱。后胸侧板和并胸腹节满布网皱。

足：后足基跗节长为第 2 跗节的 2.0 倍。

翅：翅痣相当窄，长为宽的 3.3 倍，径脉从基部 0.33 处伸出；小脉垂直，对叉；后翅斜脉强度着色。

　　腹：腹柄（第 1 节）背面长为宽的 1.7 倍，背方基部斜截面很大，近于陡直，其周围有脊，与垂直面约呈 35°；基角稍突出，向后明显收窄，上有纵网皱，中纵脊强。第 2 节长：宽：高=87：64：49，散生带毛刻点。臀板具均匀带毛刻点。

　　体色：体黑色。上颚端部棕色；须黄褐色，但颚须基部 2 节烟褐色；触角黑褐色。足黑色，胫节和跗节棕黑色。翅痣及翅脉烟褐色。

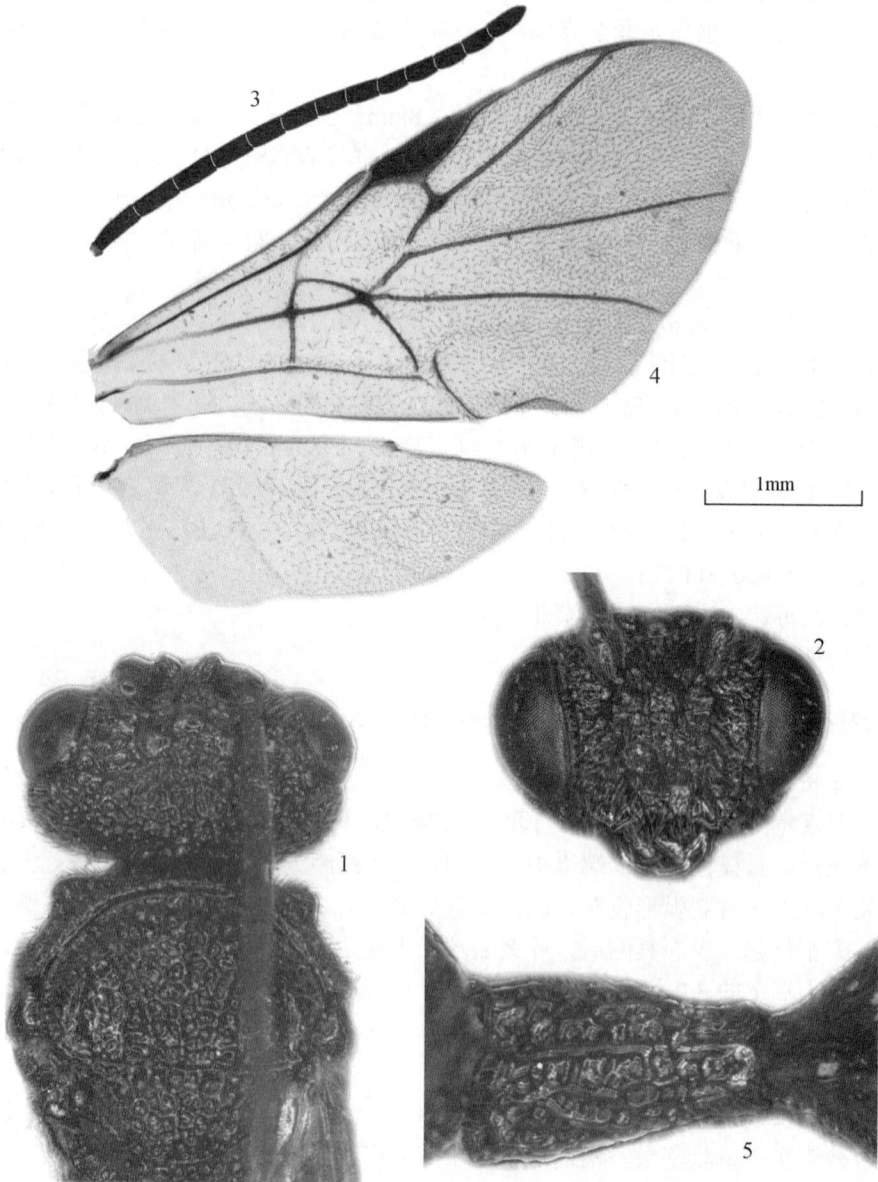

图 438　吉林柄腹细蜂，新种 *Helorus jilinensis* He et Xu, sp. nov.

1. 头部和胸部，背面观；2. 头部，前面观；3. 触角鞭节；4. 翅；5. 腹柄，背面观 [1-2. 1.5X 标尺；3-4. 1.0X 标尺；5. 2.5X 标尺]

雄：未知。

寄主：未知。

研究标本：正模♀，吉林长白山，1977.Ⅷ.10，何俊华，No.771457。

分布：吉林。

鉴别特征：本新种与中华柄腹细蜂 *Helorus chinensis* He, 1992 很相似，其区别见检索表。

词源：种本名"吉林 *jilinensis*"，意为模式标本产地。

(369) 新疆柄腹细蜂，新种 *Helorus xinjiangensis* He *et* Xu, sp. nov. (图 439)

雄：体长 4.8mm；前翅长 3.5mm。

头：背观宽为中长的 2.04 倍。颜面宽为高的 2.3 倍，具中等刻点，中央 1/3 稍拱，刻点亦稍密。唇基光滑，中央散生刻点，端缘中央稍凹缺。颚眼距为上颚基宽的 1.25 倍。上颊背观弧形收窄，散生刻点，长约为复眼的 1.0 倍。头顶具稀细刻点，在侧方的稍稀。触角窝内侧叶突中等隆起，表面光滑，叶突后端止于触角窝后缘至中单眼间距的 1/3 处。额具中等刻点，触角洼仅在触角窝上方光滑。触角第 1 鞭节长为端宽的 2.6 倍，为第 2 鞭节长的 1.0 倍；第 2 鞭节长为端宽的 2.4 倍。

胸：前胸背板侧面前沟缘脊发达，其后方凹入部位有完整的水平刻条 10 条，条内夹弱皱；上方光滑。中胸盾片拱隆，光亮，散生细刻点；盾纵沟明显，沟内有并列短脊。小盾片前沟内有 5 个大小相等的深凹窝；小盾片近于平坦，光滑有光泽，仅沿侧缘有弱皱，沿后缘有 1 横列 8 个凹窝。中胸侧板具刻点，镜面区及其下方稍光滑，翅基下脊下方、胸腹侧脊上端后方有 1 列不规则横形大凹窝，侧缝内有 10 个深凹洼。中胸腹板光滑，光亮。后胸侧板和并胸腹节具室状大形网皱，后者有 1 中纵脊。

足：后足基跗节长为第 2 跗节的 1.8 倍。

翅：翅痣相当窄，长为宽的 3.3 倍，径脉从基部 0.29 处伸出；小脉稍外斜，刚后叉。后翅斜脉着色浅。

腹：第 1 节 (腹柄) 背观长为宽的 2.67 倍，从基部向端部稍收窄，其上具明显纵脊，纵脊内散生细刻皱；侧观长为最高处 (近基部) 的 3.1 倍，基部斜截面大，与垂直面约呈 50°，腹缘平直。第 2 节长：宽：高=145：103：82，散生稀而细的带毛刻点。臀板钝三角形，基宽：中长=40：18，满布夹点网皱，刻点在端方的较小而密。

体色：体黑色。上颚端齿及须黄褐色。翅基片褐色。足黑色至黑褐色；前足腿节端部、胫节、距和跗节黄褐色；中足腿节最端部黄褐色，胫节和跗节褐色。翅透明，稍带烟黄色，翅痣及翅脉烟褐色。

雌：与雄性相似，臀板近正三角形，前缘宽与中长约等长。

寄主：未知。

研究标本：正模♂，新疆伊犁那拉提草原，1387m，2005.Ⅶ.19-20，陈学新，No.200602519。副模：1♀1♂，同正模，Nos.200602881，200602953。

分布：新疆。

鉴别特征：本新种近于畸足柄腹细蜂 *Helorus anomalipes* (Panzer, 1798) 和黑龙江柄腹细蜂，新种 *H. heilongjiangensis*, sp. nov.，但其区别在于：①腹柄背观长为最宽处的 2.67 倍 (后两种为 1.9-2.2 倍)；②腹柄侧观腹缘平直，背腹缘近于平行 (后两种侧观腹缘突出，背腹缘不平行)；③小盾片光滑 (后两种具刻皱或刻点)；④第 2 节背板背观长为宽的 1.4 倍 (后两种为 1.5-1.7 倍)。

词源：种本名"新疆 *xinjiangensis*"，意为模式标本产地。

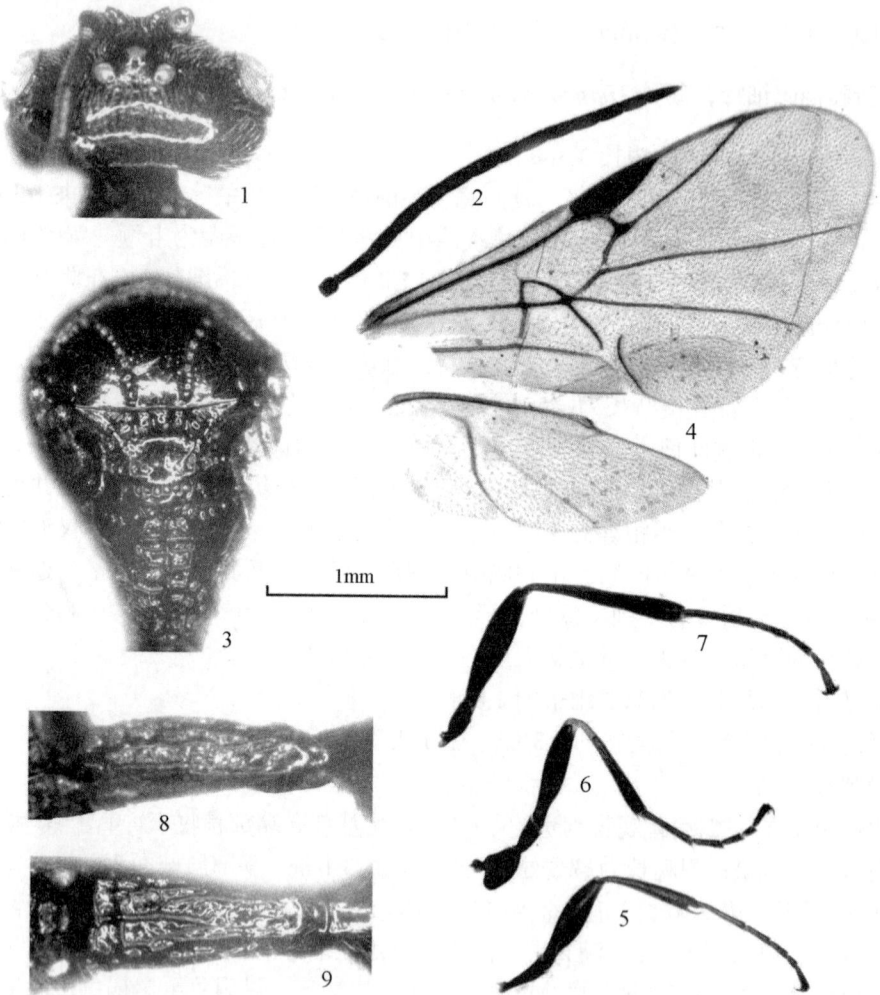

图 439 新疆柄腹细蜂，新种 *Helorus xinjiangensis* He *et* Xu, sp. nov.

1. 头部，背面观；2. 触角；3. 胸部，背面观；4. 翅；5. 前足；6. 中足；7. 后足；8. 腹柄，侧面观；9. 腹柄，背面观
[1, 3. 1.5X 标尺；2, 4-7. 1.0X 标尺；8-9. 2.5X 标尺]

(370) 畸足柄腹细蜂 *Helorus anomalipes* (Panzer, 1798) (图 440)

Sphex anomalipes Panzer, 1798, *Faunae insectorum germaniae heft* 52, plate 23.

Helorus ater Latreille, 1802, *Histoire naturelle générale et particulière des crustacés et des insects*, 3:

309.

Copelus paradoxus Provancher, 1881, *Nat. Canad.*, 12: 207.

?*Helorus anomalipes* var. *bifoveolata* Gregor, 1938, *Časopis Česk. Spol. Ent.*, 34: 15.

?*Helorus coruscus nigrotibia* Hellén, 1941. *Notulae Ent.*, 21: 30.

Helorus anomalipes (Panzer): Townes, 1977, *Contrib. Amer. Ent. Inst.*, 15: 7.

Helorus anomalipes (Panzer): Wan, 1985, *Entomotaxonomia*, 7(4): 264.

Helorus anomalipes (Panzer): He, 1986, *Acta Agric. Univ. Zhejiangensis*, 12(2): 136.

Helorus anomalipes (Panzer): Johnson, 1992, *Mem. Ame. Entomol. Inst.*, 51: 264.

体长 4.5-6.0mm；前翅长 2.9-4.1mm。

头：背观宽为中长的 2.2 倍，平滑，有光泽，满布带毛中等刻点。颜面宽为高的 2.0 倍，中央上方稍拱，刻点亦稍密。唇基端缘中央浅凹。颚眼距约为上颚基宽的 1.0 倍。上颊背观弧形收窄，长为复眼的 0.82 倍。触角窝内侧叶突小，内侧面光滑，有刻点，叶突后端止于触角窝后缘至中单眼间距的 0.4 处。触角洼光滑，额在其间稍拱隆。触角至端部稍粗；第 1 鞭节长为端宽的 3.0 倍，为第 2 鞭节长的 0.93-1.10 倍；第 2 鞭节长为端宽的 3.0 倍。

胸：平滑有光泽，具带毛中等刻点。前胸背板侧面前沟缘脊强，其后方凹入部位从上至下满布横刻条 17-18 条。中胸盾片具小而深的带毛刻点，盾纵沟明显，内有并列短脊。小盾片前沟有 7 个深凹窝；小盾片具夹点刻皱，亚端部有横沟，内有 6 小凹窝，沿后缘有 1 横列 7 个凹窝。中胸侧板基本上光滑，上前方具小室内状网皱，下方具带毛极细刻点，沿后缘侧缝内有 12 个凹窝。中胸腹板光滑，具带毛模糊刻点。后胸侧板及并胸腹节具小室状网皱。

足：后足基跗节长为第 2 跗节的 1.9 倍。

翅：翅痣长为宽的 3.1 倍，径脉从基部 0.33 处伸出；小脉垂直，对叉；第 1 肘间横脉长为回脉的 1.0 倍。后翅斜脉基部无色。

腹：第 1 节（腹柄）长为宽的 1.9-2.2 倍，背方基部斜截面大，与垂直面约呈 45°，其周围有脊，背表面具网皱、纵皱或纵脊，常有 1 中脊。第 2 节长：宽：高=72：47：43。臀板近三角形，密布粗刻点，点距为点径的 0.2-0.3 倍。

体色：体黑色。触角鞭节黑褐色。上颚基部红褐色。须及翅基片黄褐色。足黑褐色；前中足腿节最端部、胫节、跗节黄褐色；中足跗节、后足胫节、跗节带褐色。翅透明，稍带烟黄色，翅痣及翅脉黑褐色。

变异：宁夏标本翅痣长为宽的 3.4 倍，径脉从翅痣基部 0.3 处伸出；腹柄长为宽的 2.8 倍。

寄主：未知。

研究标本：1♀，辽宁大连，1992.Ⅸ.5，娄巨贤，No.976130；1♂，内蒙古准旗，1978.Ⅵ.29，陈合明，No.871971；1♂，内蒙古伊盟达拉特旗，1978.Ⅶ.4，杨集昆，No.200012285；1♂，内蒙古锡林郭勒盟白族，1978.Ⅶ.19，杨集昆，No.200012266；1♂，内蒙古大青山，1978.Ⅶ.24，杨集昆，No.200012194；1♂，内蒙古蛮汉山，1978.Ⅷ.1，杨集昆，No.200012230；

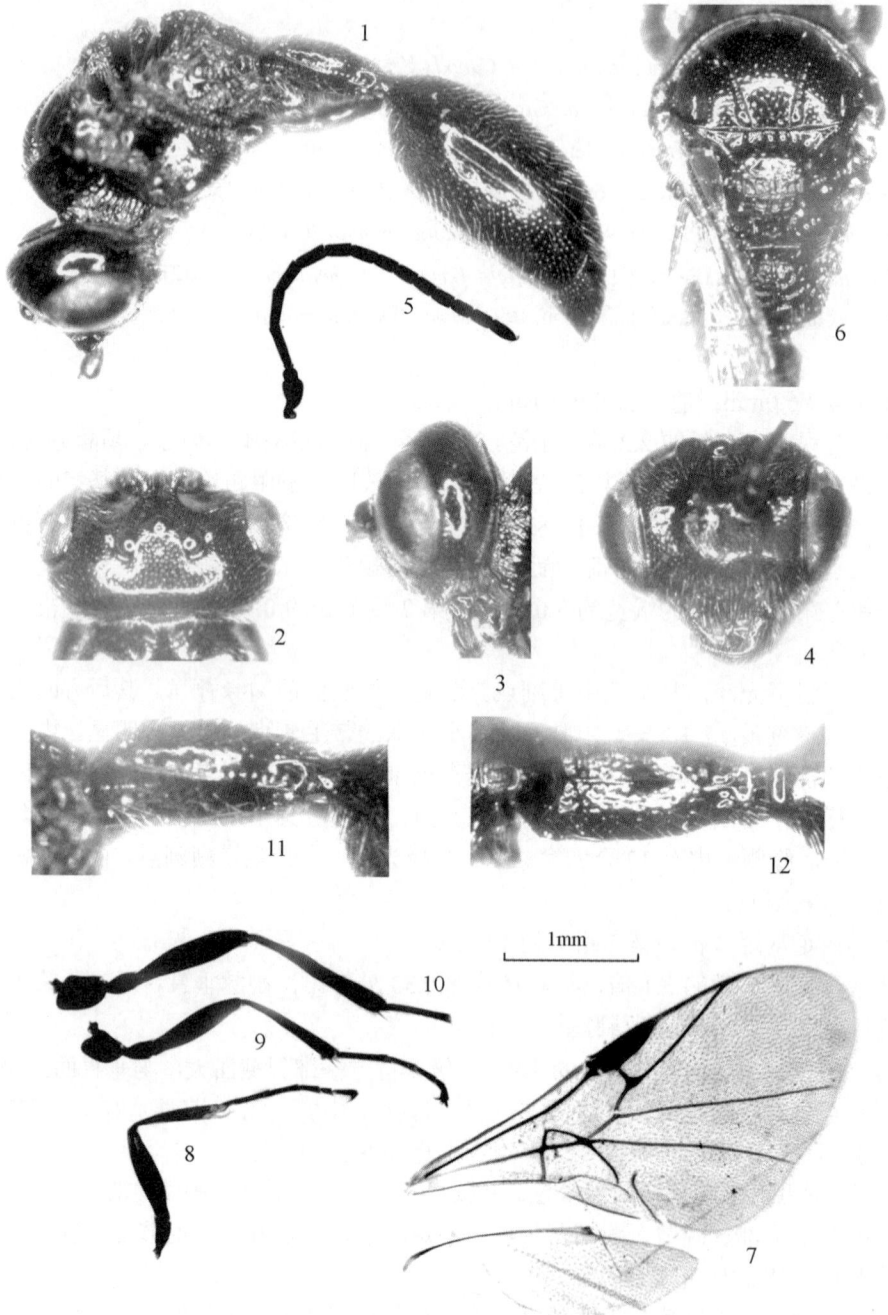

图 440 畸足柄腹细蜂 *Helorus anomalipes* (Panzer)

1. 整体，侧面观；2. 头部，背面观；3. 头部，侧面观；4. 头部，前面观；5. 触角；6. 胸部，背面观；7. 翅；8. 前足；9. 中足；10. 后足；11. 腹柄，侧面观；12. 腹柄，背面观 [1. 1.25X 标尺；2-4, 6. 1.5X 标尺；5, 7-10. 1.0X 标尺，11-12. 2.5X 标尺]

1♀，内蒙古惊城，1978.Ⅷ.4，杨集昆，No.200012219；1♀，内蒙古化德，1978.Ⅷ.11，陈合明，No.200012489；1♂，内蒙古卓资，1978.Ⅷ.23，陈合明，No.200012294；1♀，内蒙古大青山，1995.Ⅷ.30，蔡平，No.958642；1♂，内蒙古希拉穆仁，1996.Ⅷ.30，蔡

平，No.958768；2♀，内蒙古正镶白旗，1999.Ⅷ.13-15，郭元朝，Nos.200010473，200010523；1♂，内蒙古大青山，2000.Ⅷ.17，何俊华，No.200104567；1♀，内蒙古正镶白旗查干卓尔，1380m，2001.Ⅶ.7，郭元朝，No.20021775；1♀2♂，内蒙古正镶白旗草种场，2001.Ⅶ.22，郭元朝，Nos.20022100，20022102，20022116；3♀1♂，内蒙古正镶白旗，2002.Ⅶ.5-Ⅷ.7，郭元朝，Nos.20030051，20030152，20030286，20030336；6♀10♂，河北邯郸，1975.Ⅷ-Ⅺ中旬，马仲实，Nos.76045(6)，770105(2)，800173(8)；1♀，河北小五台山金河口，2005.Ⅷ.23，时敏，No.200604584；1♀，河北小五台山，2005.Ⅷ.20-23，刘经贤，No.20069533；1♀，山东文登，1988.Ⅵ.26，王习文，No.886937；3♀2♂，山西太谷，1979.Ⅳ.21，1981.Ⅵ.24，曹克诚，Nos.870055(2)，870060(2)，870078；1♀，宁夏彭阳挂马沟，2008.Ⅶ.9，刘经贤，No.200801047；1♀，陕西凤县，1974.Ⅸ.1，西北农学院，No.200011533；1♀，甘肃兰州，1980.Ⅹ.22，王长政，No.853595；6♀1♂，新疆乌鲁木齐，1987.Ⅸ.16，1988.Ⅶ.5，马祁，Nos.915866 (6)，915867；3♀2♂，新疆和田策勒，2004.Ⅷ.27-29，吐尔逊，Nos.200600963 (4)，200601027；1♀2♂，浙江杭州，1991.Ⅵ-Ⅸ，陈学新、马云，Nos.922180，922200，922211。

分布：辽宁、内蒙古、河北、山东、山西、陕西、宁夏、甘肃、新疆、浙江；蒙古，欧洲，北美洲。

鉴别特征：见检索表。

(371) 黑龙江柄腹细蜂，新种 *Helorus heilongjiangensis* He *et* Xu, sp. nov. (图 441)

雌：体长 5.0mm；前翅长 3.7mm。

头：背观宽为中长的 1.7 倍。颜面宽为高的 2.3 倍，具中等刻点，中央 1/3 稍拱，刻点亦稍密。唇基光滑，中央散生刻点，端缘中央稍凹缺。颚眼距为上颚基宽的 1.1 倍。上颊背观弧形收窄，散生刻点，长为复眼的 0.85 倍。头顶具刻点，在中央及单眼区处的密，侧方的稍稀。触角窝内侧叶突中等隆起，表面有刻点，叶突后端止于触角窝后缘至中单眼间距的 1/3 处。额具中等刻点，触角洼仅在触角窝上方光滑。触角第 1 鞭节长为端宽的 3.7 倍，为第 2 鞭节长的 1.0 倍；第 2 鞭节长为端宽的 3.3 倍。

胸：前胸背板侧面前沟缘脊发达，其后方凹入部位有完整的水平刻条 15 条，上方密，下方稍稀。中胸盾片拱隆，光亮，散生刻点；盾纵沟细但明显，沟内有并列短脊。小盾片前沟内有 5 个大小不等的深凹窝；小盾片馒形隆起，前半具刻点，后半有弱皱，沿后缘有 1 横列 7 个凹窝。中胸侧板具刻点，镜面区及其下方光滑，翅基下脊下方、胸腹侧脊上端后方有 1 列不规则横凹窝，沿后缘有 8 个深凹窝。中胸腹板散生细刻点，光亮。后胸侧板和并胸腹节具小室状网皱。

足：后足基跗节长为第 2 跗节的 1.7 倍。

翅：翅痣相当窄，长为宽的 3.3 倍，径脉从基部 0.33 处伸出；小脉近于垂直，刚后叉。后翅斜脉着色浅。

腹：第 1 节 (腹柄) 背板长为宽的 2.1 倍，背方基部斜截面中等大，与垂直面约呈 45°，腹柄从亚基部向端部收窄，其上散生粗刻点。第 2 节长：宽：高=83：48：46，散生稀而深的带毛刻点。臀板满布夹点纵网皱，皱网在前方的较大。

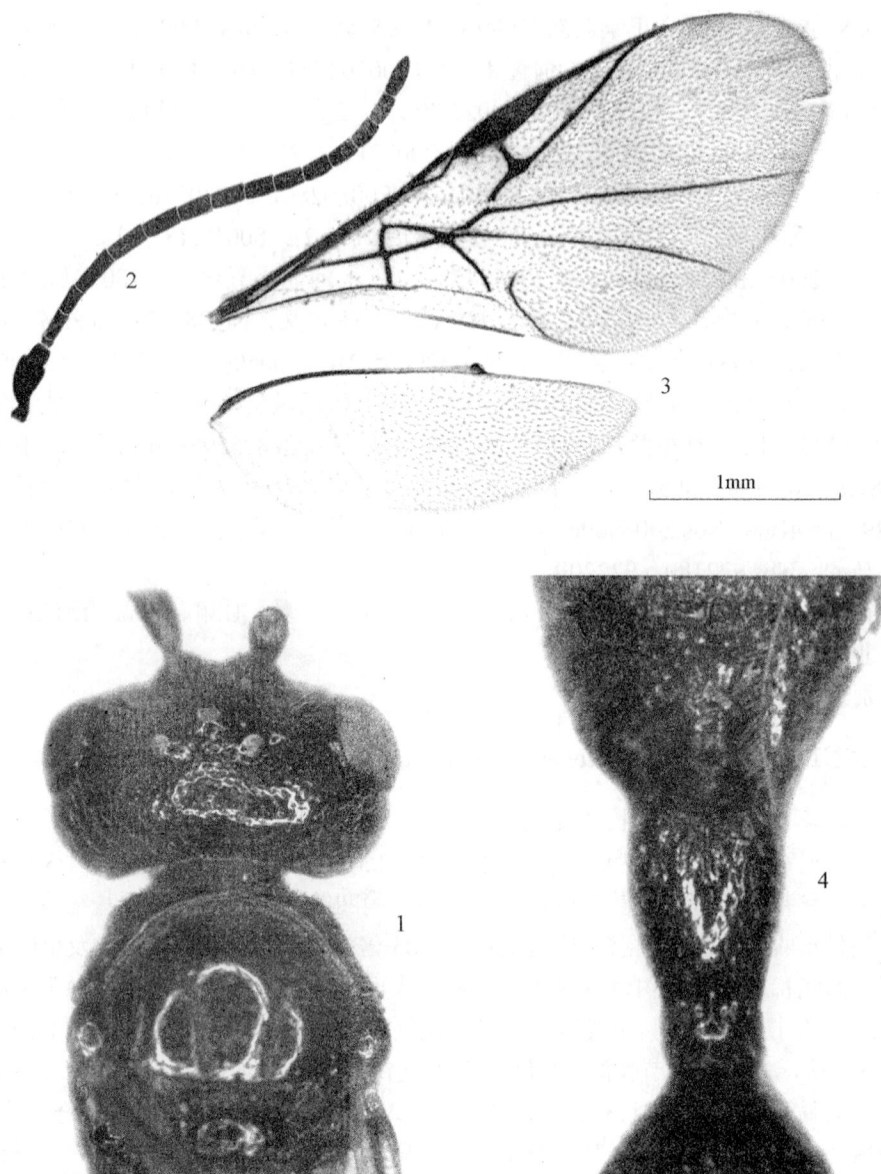

图 441　黑龙江柄腹细蜂，新种 *Helorus heilongjiangensis* He *et* Xu, sp. nov.

1. 头部和胸部，背面观；2. 触角；3. 翅；4. 腹柄，背面观 [1. 1.5X 标尺；2-3. 1.0X 标尺；4. 2.5X 标尺]

体色：体黑色。上颚端齿及须黑褐色；翅基片除基部暗黄褐色。足黑色至黑褐色；前中足腿节最端部、胫节、距和跗节赤褐色 (中足的色稍深)。翅透明，翅痣及翅脉烟褐色。

雄：未知。

寄主：未知。

研究标本：正模♀，黑龙江佳木斯，1992.Ⅶ.16，娄巨贤，No.950548。

分布：黑龙江。

鉴别特征：本新种近于畸足柄腹细蜂 *Helorus anomalipes* (Panzer, 1798)，但其区别在

于，①腹柄表面散生粗刻点 (后者表面有发达的网皱、纵皱或纵脊，无明显刻点)；②臀板满布夹点纵网皱，在前方的皱网较大 (后者臀板刻点深，小至中等大小)；③翅透明 (后者稍带烟黄色)。

词源：种本名"黑龙江 *heilongjiangensis*"，意为模式标本产地。

(372) 蔡氏柄腹细蜂，新种 *Helorus caii* He *et* Xu, sp. nov. (图 442)

雄：体长 4.3mm；前翅长 3.7mm。

头：背观宽为中长的 2.2 倍，平滑，有光泽，满布稍密带毛细刻点。颜面宽为高的 2.2 倍，中央 1/3 稍拱。唇基端缘中央平截。颚眼距约为上颚基宽的 1.0 倍。上颊背观弧形收窄，长为复眼的 0.75 倍。触角窝内侧叶突小，内侧表面具弱脊，叶突后端刚超过触角窝后缘。触角第 1 鞭节基部稍细，长为端宽的 3.1 倍，为第 2 鞭节长的 0.9 倍；第 2 鞭节长为端宽的 3.6 倍。

胸：平滑有光泽，具带毛极细刻点。前胸背板侧面前沟缘脊强，其后方凹入部位上方 1/3 光滑，夹有 3 条放射状刻条，下方 2/3 具横刻条 9 条。中胸盾片盾纵沟明显，内有并列短脊。小盾片前沟有 8 个深凹窝。小盾片亚端部有短斜沟，内有 6 小凹窝，沿后缘有 1 横列 8 个凹窝。中胸侧板基本上光滑，上下方均具带毛极细稀刻点，中央有 1 横凹痕，其横凹痕前半及翅基下脊下方凹陷部位内均具 4 条并列刻条，侧缝内有 15 个凹窝。中胸腹板光滑，具带毛极细刻点。后胸侧板和并胸腹节均具小室状网皱。

足：后足基跗节长为第 2 跗节的 2.4 倍。

翅：翅痣长为宽的 3.3 倍，径脉从基部 0.33 处伸出；小脉稍内斜，对叉；第 1 肘间横脉长为回脉的 0.86 倍。后翅斜脉着色弱。

腹：第 1 节 (腹柄) 长为宽的 4.0 倍，背方基部缓斜，斜截面小，与垂直面约呈 60°，其周围无脊；背表面具纵皱，部分夹有弱横皱，有不明显中脊；腹柄侧观背缘弧形。第 2 节长：宽：高=70：38：35。臀板近于梯形，端缘弧形，散生较粗刻点，其间夹有细刻点。

体色：体黑色。触角黑褐色，柄节和梗节黄褐色。上颚基部黄色，端齿红褐色。须及翅基片黄褐色。足黄褐色，后足胫节端部 2/3 外侧及跗节除基部褐色。翅透明，翅痣黑褐色，翅脉黑褐色至黄褐色。

雌：未知。

寄主：未知。

研究标本：正模♂，陕西秦岭天台山，1999.IX.3，何俊华，No.990817。

分布：陕西。

鉴别特征：本新种近于红角柄腹细蜂 *Helorus ruficornis* Foerster, 1856，其区别可见检索表。

词源：种本名"蔡氏 *caii*"，系纪念曾在浙江大学任教、我的老师、中国科学院院士、动物研究所研究员已故蔡邦华教授。

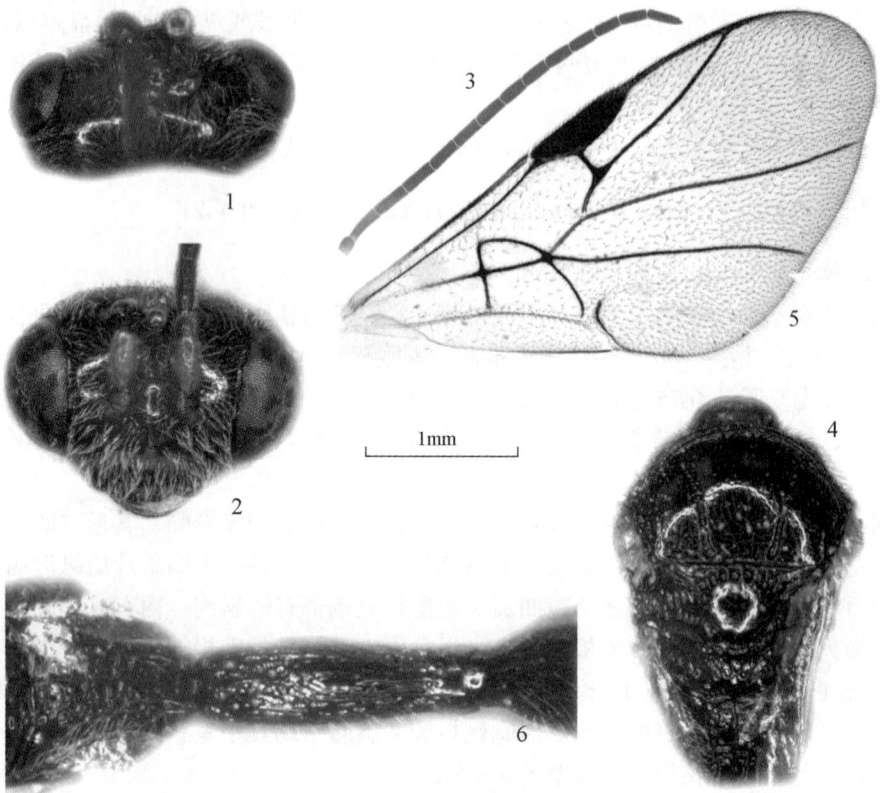

图 442　蔡氏柄腹细蜂，新种 *Helorus caii* He *et* Xu, sp. nov.

1. 头部，背面观；2. 头部，前面观；3. 触角；4. 胸部，背面观；5. 前翅；6. 腹柄，背面观 [1, 2, 4. 1.6X 标尺；3, 5. 1.0X 标尺；6. 2.3X 标尺]

(373) 前叉柄腹细蜂，新种 *Helorus antefurcalis* He *et* Xu, sp. nov. (图 443)

雌：体长 4.4mm；前翅长 3.4mm。

头：背观宽为中长的 2.2 倍，平滑，有光泽，具带毛细刻点。颜面宽为高的 1.64 倍，中央稍拱，几乎无毛。唇基端缘缓弧形。颚眼距约为上颚基宽的 1.0 倍。上颊背观弧形收窄，长为复眼的 0.93 倍。触角窝内侧叶突中等大，表面光滑，叶突后端稍超过触角窝后缘。触角洼浅而无毛，其中央稍拱隆。触角细长，鞭节等粗，第 1 鞭节端部背方稍肿，长为端宽的 4.7 倍，为第 2 鞭节长的 1.19 倍；第 2 鞭节长为端宽的 4.0 倍。

胸：平滑有光泽，具带毛极细刻点。前胸背板颈部仅中央前方有细横皱；侧面前沟缘脊强，前半下方具横刻条，近后缘中央下方有 1 个大凹窝。中胸盾片盾纵沟明显，内有并列短脊。小盾片前沟有 5 个深凹窝；小盾片沿后缘有 1 横列 6 个凹窝。中胸侧板基本上光滑，中央有 1 横凹痕，其下方具带毛极细刻点；翅基下脊下方具横皱；沿后缘侧缝内有 15 个凹窝。中胸腹板光滑，具带毛极细刻点。后胸侧板具网皱，背前方有 1 近三角形的光滑区。并胸腹节具粗大网室。

足：后足基跗节长为第 2 跗节的 2.0 倍。

翅：翅痣长为宽的 2.3 倍，径脉从基部 0.42 处伸出；径脉第 1 段短，长为翅痣宽的 0.21 倍；小脉垂直，明显前叉式，与基脉距离约为小脉长的 0.5 倍；第 1 肘间横脉长为回脉的 1.17 倍。后翅斜脉无色。

腹：第 1 节 (腹柄) 长为宽的 4.5 倍，背方基部斜截面小，与垂直面约呈 40°，其周围无脊，背表面 5 条具不规则强纵皱，其基部内夹细皱；腹柄侧观背缘弧形，侧面具稀纵皱，内夹细皱。第 2 节长：宽：高=140：80：40。臀板钝三角形 (底边宽 25，中长 12)，密布刻点，点距为点径的 0.5 倍。

体色：体黑色。触角黑褐色。上颚基部黄色，端齿红褐色。须浅黄褐色。翅基片黑褐色。足褐黄色，前中足腿节和中足胫节色稍深；前中足基节基部、后足基节、腿节除两端、胫节除最基部、各跗小节除基部黑褐色。翅透明，带烟黄色，翅痣和翅脉黑褐色。

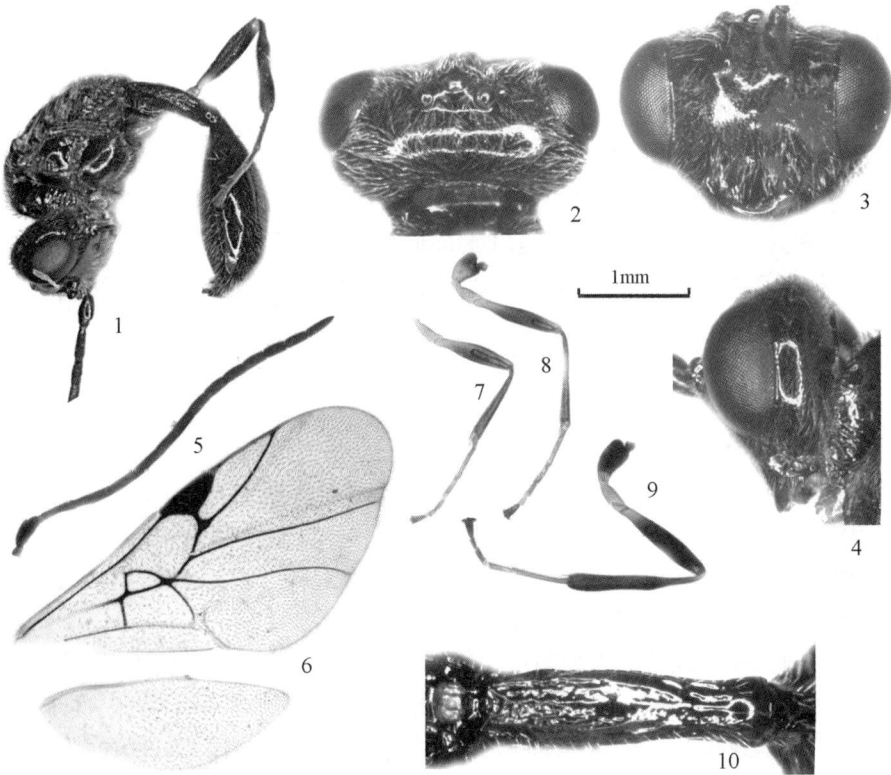

图 443　前叉柄腹细蜂，新种 *Helorus antefurcalis* He et Xu, sp. nov.
1. 整体，侧面观；2. 头部，背面观；3. 头部，前面观；4. 头部，侧面观；5. 触角；6. 翅；7. 前足；8. 中足；9. 后足；
10. 腹柄，背面观 [1, 5-9. 1.0X 标尺；2-4. 2.0X 标尺；10. 3.0X 标尺]

变异：触角第 1 鞭节长为端宽 5.6 倍、长为第 2 鞭节的 1.29 倍；翅痣长为宽的 2.60-2.75 倍，径脉从翅痣基部 0.3 处伸出，长为翅痣宽的 0.5 倍；小脉位于基脉基方，其距为小脉长的 0.25 倍；腹柄长为最宽处的 3.8 倍，背面纵脊间夹有斜形长网状刻皱。

雄：与雌性相似，不同之处在于，头背观宽为中长的 1.8 倍。触角第 1 鞭节基部稍细，长为端宽的 4.4 倍，为第 2 鞭节长的 1.07 倍；第 2 鞭节中央背方稍肿，长为端宽的

4.1 倍。翅痣长为宽的 2.4-2.6 倍，径脉从基部 0.35-0.40 处伸出；小脉垂直，前叉式，与基脉距离为小脉长的 0.25-0.45 倍 (左右翅常不等长)。腹柄背表面具不规则纵皱，端半有时纵皱不明显。第 2 节背板长：宽：高=130：76：38。臀板钝三角形 (底边宽 27，中长 15)，基部 0.4 刻点极细，成 5 横列，端部 0.6 刻点稍粗，点距约为点径的 0.5 倍。

寄主：未知。

研究标本：正模♀，四川天全喇叭河，2006.Ⅶ.15，高智磊，No.200610737。副模：1♀，同正模，No.200610706；1♂，采地、采期同正模，张红英，No.200613328；1♀1♂，四川平武白马寨，2006.Ⅶ.25，张红英，Nos.200611092，200613330；3♂，四川王朗自然保护区，2006.Ⅶ.26，张红英，Nos.200611143，200611150，200611179；1♂，四川王朗自然保护区，2500m，2006.Ⅶ.26，王义平，No.200705574；1♀，宁夏隆德六盘山苏台，2008.Ⅵ.27，姚刚，No.200800409；2♀，宁夏泾源六盘山秋千架，2008.Ⅶ.6-8，刘经贤，Nos.200801006-07。

分布：宁夏、四川。

鉴别特征：从本新种颜面和中胸盾片基本上近于光滑、小脉、前胸背板侧面下方有发达平行横皱和中胸盾片黑色等特征，与红角柄腹细蜂 Helorus ruficornis Foerster, 1856 最为近似，其区别在于本种：①前翅小脉明显前叉 (后者对叉或刚前叉)；②腹柄长为最宽处的 4.5 倍 (后者为 3.0-3.6 倍)；③前翅第 1 肘间横脉长为回脉的 1.17 倍（后者 0.85 倍）。

词源：种本名“前叉 antefurcalis”，意为模式标本小脉垂直，明显前叉式。

(374) 任氏柄腹细蜂，新种 *Helorus reni* He *et* Xu, sp. nov. (图 444)

雄：体长 3.7mm；前翅长 2.7mm。

头：背观宽为中长的 2.2 倍，平滑，有光泽，具带毛细刻点。颜面宽为高的 2.1 倍，中央稍拱，几乎无毛。唇基端缘缓弧形。颚眼距约为上颚基宽的 1.4 倍。上颊背观弧形收窄，长为复眼的 0.79 倍。触角窝内侧叶突小，表面光滑，叶突后端稍超过触角窝后缘。触角洼浅而无毛，其中央稍拱隆。触角鞭节等粗，第 1 鞭节长为端宽的 3.6 倍，为第 2 鞭节长的 1.14 倍；第 2 鞭节长为端宽的 3.1 倍。

胸：平滑有光泽，具带毛极细刻点。前胸背板颈部仅中央有细横皱；侧面前沟缘脊强，近后缘有 1 纵列浅凹窝，下角具横刻条 2 条。中胸盾片盾纵沟明显，内有并列短脊。小盾片前沟有 6 个深凹窝；小盾片亚端部有短斜沟，内有 4 小凹窝，沿后缘有 1 横列 6 个凹窝。中胸侧板基本上光滑，中央有 1 横凹痕，其下方具带毛极细刻点，翅基下脊下方具皱，沿后缘侧缝有 12 个凹窝。中胸腹板光滑，具带毛极细刻点。后胸侧板具网皱，背前方有 1 光滑区。并胸腹节具粗大室状网皱，中央有 1 纵脊。

足：后足基跗节长为第 2 跗节的 2.2 倍。

翅：翅痣长为宽的 2.65 倍，径脉从基部 0.35 处伸出；小脉垂直，后叉式，与基脉距离约为小脉脉粗的 1.8 倍；第 1 肘间横脉长为回脉的 1.0 倍。后翅斜脉无色。

腹：第 1 节 (腹柄) 长为宽的 3.0 倍，背方基部缓斜，斜截面小，与垂直面呈 50°-60°，其周围无脊；背表面具不规则纵皱，端半光滑，具细皱，无中脊；腹柄侧观背缘弧形。第 2 节长：宽：高=120：75：58。臀板钝三角形 (底边宽 25，中长 18)，具粗刻点，点距为点径的 0.7-1.2 倍，内夹极细横皱。

体色：体黑色。触角黑褐色，但柄梗节腹方褐黄色，鞭节内侧暗红褐色；上颚基部黄色，端齿红褐色。须及翅基片浅黄褐色。足黄褐色，前中足端跗节、后足基节、腿节除两端、胫节除基部、跗节除基部黑褐色至褐色。翅透明，带烟黄色，翅痣和翅脉黑褐色。

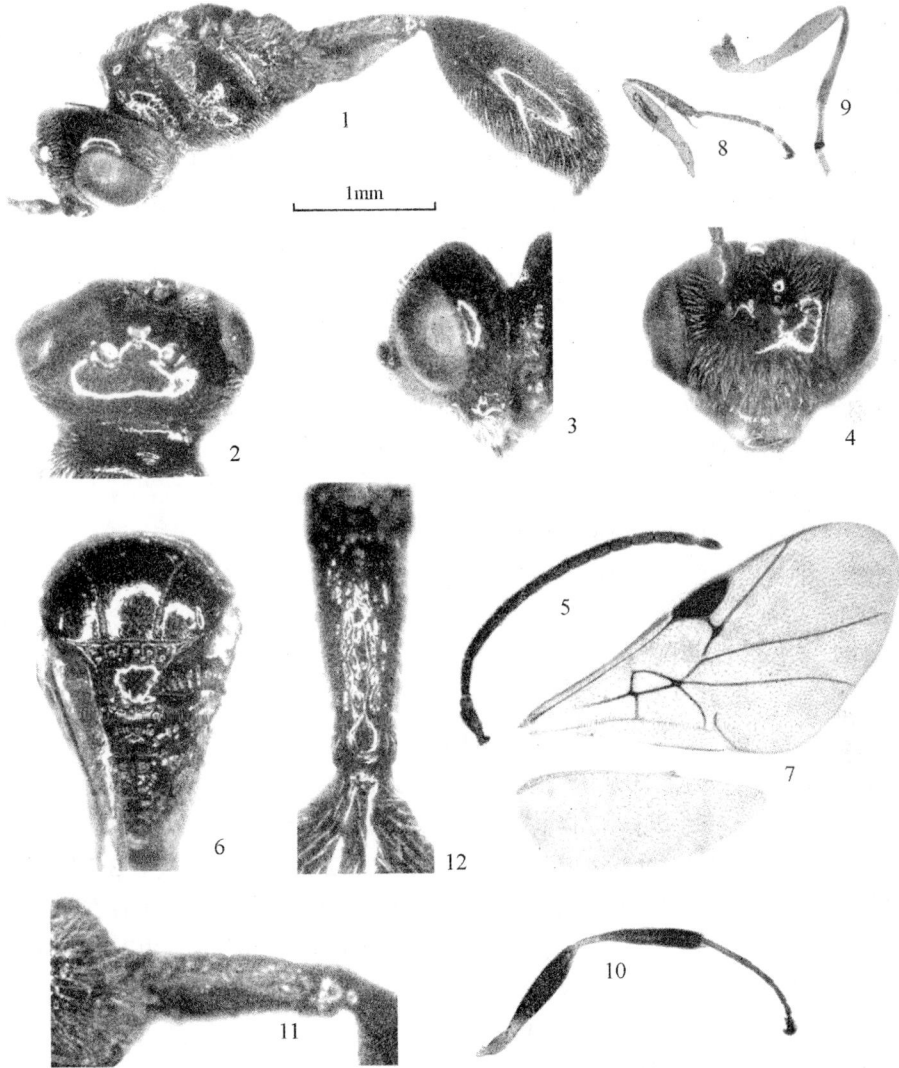

图 444　任氏柄腹细蜂，新种 *Helorus reni* He *et* Xu, sp. nov.

1. 整体，侧面观；2. 头部，背面观；3. 头部，侧面观；4. 头部，前面观；5. 触角；6. 胸部，背面观；7. 翅；8. 前足；9. 中足；10. 后足；11. 腹柄，侧面观；12. 腹柄，背面观　[1. 1.25X 标尺；2-4, 6. 1.5X 标尺；5, 7-10. 1.0X 标尺；11-12. 2.5X 标尺]

雌：未知。

寄主：未知。

研究标本：正模♂，河北小五台山涧口，1200m，2005.Ⅷ.22，时敏，No.200604768。副模：2♂，河北小五台山，2005.Ⅷ.20-23，刘经贤，Nos.200609534-35。

分布：河北。

鉴别特征：从本新种颜面和中胸盾片基本上近于光滑、腹柄背观长为宽的 3.0 倍、前胸背板侧面下方有发达平行横皱、翅痣长为宽的 2.65 倍及中足腿节浅黄褐色等特征，与红角柄腹细蜂 *Helorus ruficornis* Foerster, 1856 最为近似，其区别在于，①小脉后叉（后者对叉或刚前叉）；②臀板钝三角形，具粗刻点，点距为点径的 0.7-1.2 倍（后者刻点小而深，点距为点径的 0.7 倍）；③前中足基节黄褐色，端跗节黑褐色至褐色（后者基节除端部外黑褐色，端跗节黄褐色）；④触角第 1 鞭节长为端宽的 3.6 倍（后者为 2.8 倍）。

词源：种本名"任氏 reni"，表示对河北省小五台山昆虫采集活动组织者河北大学任国栋教授的感谢！

(375) 红角柄腹细蜂 *Helorus ruficornis* Förster, 1856 (中国新记录种) (图 445)

Helorus ruficornis Förster, 1856, *Hymenopterologische studien*: 143.

Helorus coruscus Haliday, 1857, *Nat. Hist. Review*, 4(proc.): 168.

Helorus flavipes Kieffer, 1907, In: André, *Species des Hyménoptéres d'Europe et d'Algérie*, 10: 267.

Helorus ruficornis Förster: Townes, 1977, *Contr. Amer. Entomol. Inst.*, 15(2): 5.

Helorus ruficornis Förster: Kusigemati, 1987, *Kontyû, Tokyo*, 55(3): 483.

Helorus ruficornis Förster: Johnson, 1992, *Mem. Amer. Ent. Inst.*, 32: 266.

雌：体长 4.5mm；前翅长 3.2mm。

头：背观宽为中长的 1.8 倍，平滑，有光泽，满布带毛细刻点。颜面宽为高的 2.0 倍，中央 1/3 稍拱，刻点亦稍密。唇基端缘中央 0.4 突出，平截。颚眼距为上颚基宽的 0.8-1.0 倍。上颊背观弧形收窄，长为复眼的 0.9 倍；触角窝内侧叶突小，表面光滑，叶突后端刚止于触角窝后缘或稍超过。触角洼浅而无毛，额在其间稍拱隆。触角至端部稍粗，第 1 鞭节长为端宽的 4.9 倍，为第 2 鞭节长的 1.2 倍；第 2 鞭节长为端宽的 3.7 倍。

胸：平滑有光泽，具带毛极细刻点。前胸背板侧面前沟缘脊强，其后方凹入部位上半的后方有 1 纵列凹窝，下方具横刻条 6 条。中胸盾片盾纵沟明显，内有并列短脊。小盾片前沟有 6 个深凹窝；小盾片亚端部有短斜沟，内有 4 小凹窝，沿后缘有 1 横列 6 个凹窝。中胸侧板基本上光滑，中央有 1 横凹痕，其下方具带毛极细刻点，翅基下脊下方具皱，沿后缘侧缝内有 12 个凹窝。中胸腹板光滑，具带毛极细刻点。后胸侧板具网皱。并胸腹节具小室状网皱。

足：后足基跗节长为第 2 跗节的 2.1 倍。

翅：翅痣长为宽的 2.55 倍，径脉从基部 0.35-0.37 处伸出；小脉垂直，对叉或刚前叉；第 1 肘间横脉长为回脉的 0.85 倍。后翅斜脉无色。

腹：腹柄背面长为宽的 3.0-3.6 倍；基部缓斜，斜截面小，与垂直面呈 50°-60°，其周围有无脊，背表面具夹网纵皱，并有 1 中脊，或基部 1/3 具弱纵皱，并有 1 中脊，其余 2/3 具浅而弱的刻点；腹柄侧观背缘弧形。第 2 节长：宽：高=80：40：32。臀板密布细刻点，点距为点径的 0.5-1.0 倍。

体色：体黑色。触角暗黄褐色。上颚基部黄色，端齿红褐色。须及翅基片浅黄褐色。足黄褐色至浅黄褐色，基节除端部、后足腿节除两端黑褐色。翅透明，翅痣黑褐色，翅脉黑褐色至黄褐色。

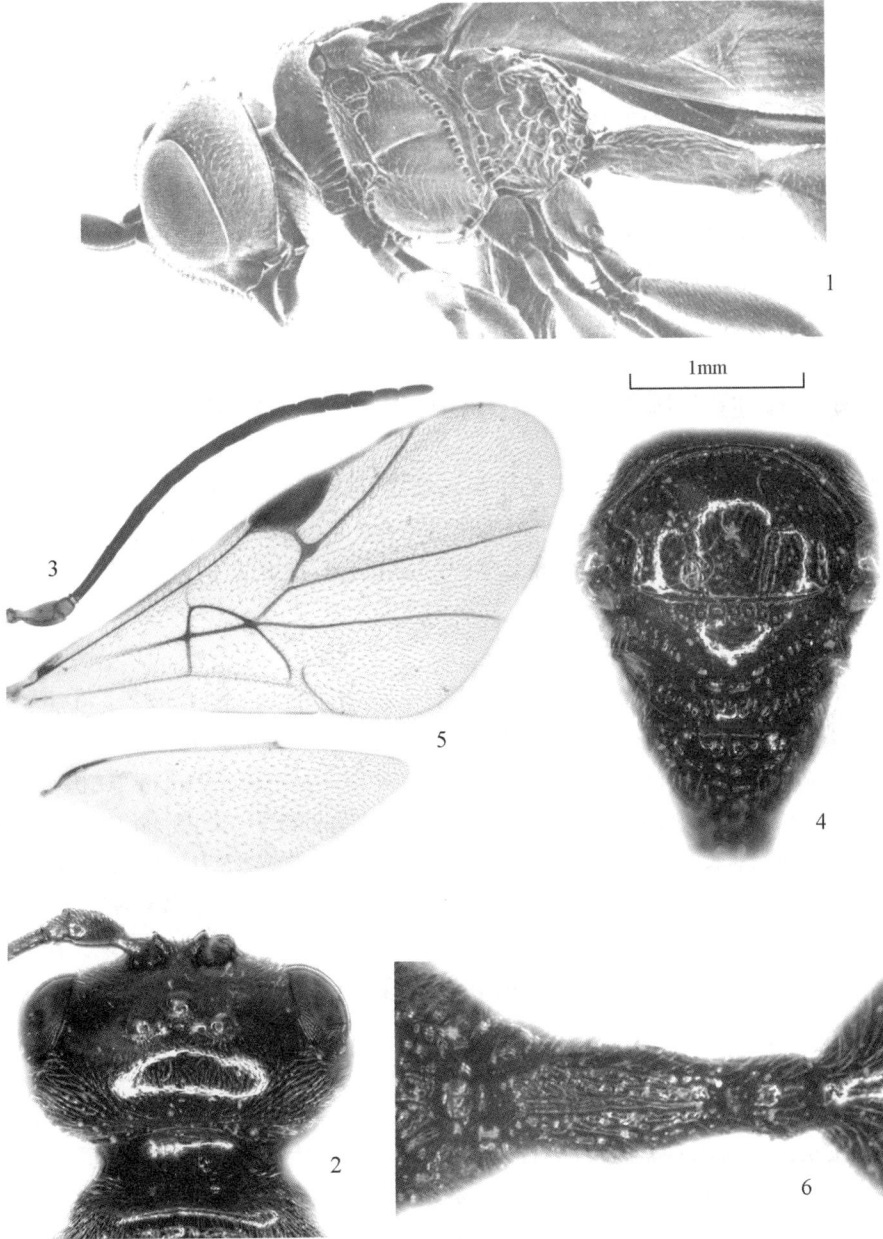

图 445　红角柄腹细蜂 *Helorus ruficornis* Förster

1. 头部、胸部和腹柄，侧面观；2. 头部，背面观；3. 触角；4. 胸部，背面观；5. 翅；6. 腹柄，背面观 (1. 仿 Townes, 1977)

[1. 1.25X 标尺；2, 4. 1.5X 标尺；3, 5. 1.0X 标尺；6. 2.3X 标尺]

雄：与雌性相似。

变异：据 Townes (1977) 记述，体长 2.8-3.7mm。雌性触角第 1、2 鞭节长分别为宽的 4.2 倍和 3.8 倍，雄性分别为 2.8 倍和 2.7 倍。翅痣长约为宽的 2.2 倍。小脉对叉或在基脉基方距小脉长为小脉长的 0.23 倍。腹柄背面具纵向夹点粗刻皱或强度不规则纵皱。雌性臀板刻点小而深，点距约为点径的 0.7 倍。触角浅褐色或暗褐色，偶有烟褐色。

寄主：晋草蛉 Chrysopa shansiensis（寄主新记录）；据欧洲记载有草蛉 C. prasina 和 C. ventralis。从茧内羽化，单寄生。

研究标本：1♀，河南栾川，1996.Ⅶ.12，蔡平，No.974496；2♀1♂，陕西楼观台，1979.Ⅷ，冉瑞碧，Nos.200011759-61，寄主为晋草蛉；1♂，浙江杭州，1987.Ⅷ.9，李强，No.200012442。

分布：河南、陕西、浙江；日本，巴基斯坦，尼泊尔，瑞典，英国，瑞士，意大利，奥地利，芬兰，冰岛，捷克，斯洛伐克，美国。

鉴别特征：见检索表。

四、窄腹细蜂科 Roproniidae Provancher, 1886

窄腹细蜂科 Roproniidae 为古老的小科，窄腹细蜂属 Ropronia 共记述过 25 种。

1991 年何俊华和陈学新以天目山刀腹细蜂 Xiphyropronia tianmushanensis 为模式标本，建立了第 2 个属——刀腹细蜂属 Xiphyropronia He et Chen, 1991，仅有 1 种。

分属检索表

柄后腹不强度侧扁，侧观多少为舵形，背缘弧形；第 2 节背板长，长约为高的 2 倍，明显长于腹柄，至少为柄后腹长的 1/2；第 3、4 节背板非常短，之和短于第 2 节背板；触角洼之间有薄片状脊，与颜面上方的中纵脊相连。全北区，东洋区；中国 ……………………… **窄腹细蜂属** *Ropronia*

柄后腹强度侧扁，侧观刀形，背腹缘近于平行；第 2 节背板较短，长小于高的 1.5 倍，与腹柄约等长，仅为柄后腹长的 1/3；第 3、4 节背板明显可见，之和与第 2 节背板等长；触角洼之间无强脊，颜面上方也无纵脊。中国（浙江）…………………………………… **刀腹细蜂属** *Xiphyropronia*

22. 窄腹细蜂属 *Ropronia* Provancher, 1886

Ropronia Provancher, 1886, *Additions et Corrections à la faune hyménoptérologique de la Province de Québec*: 154.

Type species: *Ropronia pediculata* Provancher, by monotypic.

Roptronia Ashmead, 1898, *Proc. Ent. Soc. Washington*, 4: 132. Error.

属征概述：头横宽。触角窝深，之间有薄片状脊，水平部位偶尔有纵槽，侧上方有或无额侧瘤；雌雄性触角均为 14 节。前翅有翅痣；第 1 盘室多边形。腹部腹柄明显，短于第 2 节背板；第 2 节背板长，约为高的 2 倍，至少为柄后腹长的 1/2；第 3、4 节背板非常短，之和短于第 2 节背板；柄后腹不强度侧扁，侧观多少为舵形，背缘弧形。

现存的窄腹细蜂属至今共记述过有效种 24 种，内我国 15 种。在我国未发现的 9 种是：

前叉窄腹细蜂 *Ropronia pediculata* Provancher, 1886　美国，加拿大（图 447）

加州窄腹细蜂 *Ropronia californica* Ashmead, 1899　美国（图 446）

加曼窄腹细蜂 *Ropronia garmani* Ashmead, 1899　美国（图 448）

石原窄腹细蜂 *Ropronia ishiharai* Yasumatsu, 1956　日本（图 452）

汤斯窄腹细蜂 *Ropronia townesi* Yasumatsu, 1956　日本（图 451）

渡边窄腹细蜂 *Ropronia watanabei* Yasumatsu, 1958　俄罗斯（图 449）

马莱窄腹细蜂 *Ropronia malaisei* Hedqvist, 1959　绚甸（图 450）

安妮窄腹细蜂 *Ropronia anneliesae* Madl, 1991　土耳其

哈提窄腹细蜂 *Ropronia hathi* Madl, 1991　地耳其

本志报道我国 30 种，内 15 新种。

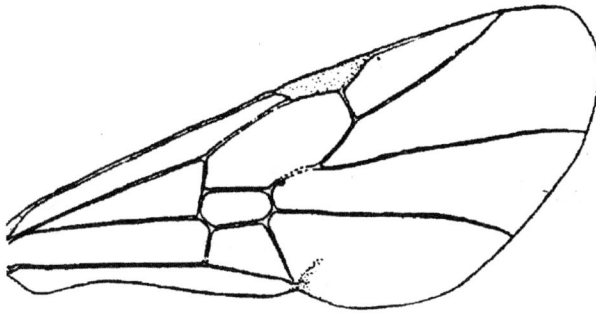

图 446　加州窄腹细蜂 *Ropronia californica* Ashmead
前翅

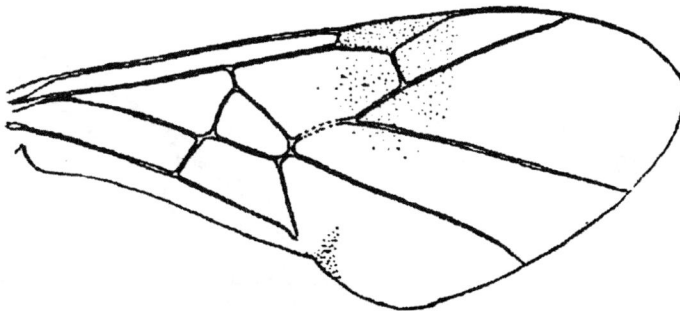

图 447　前叉窄腹细蜂 *Ropronia pediculata* Provancher
前翅（仿 Townes,1948）

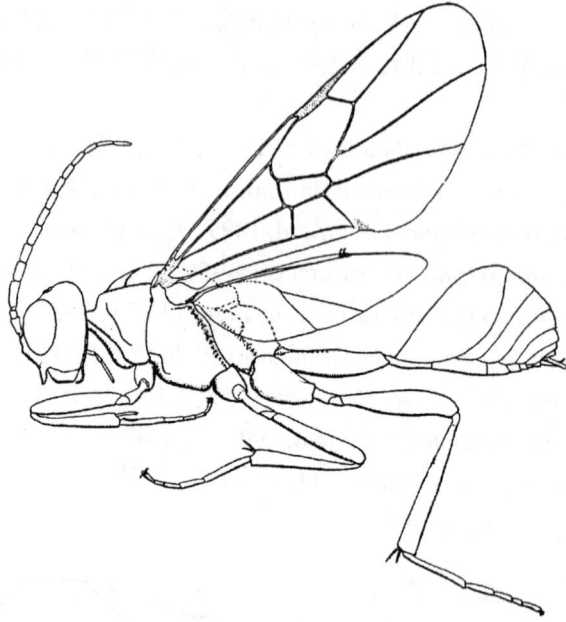

图 448 加曼窄腹细蜂 *Ropronia garmani* Ashmead
整体，侧面观 (仿 Townes, 1948)

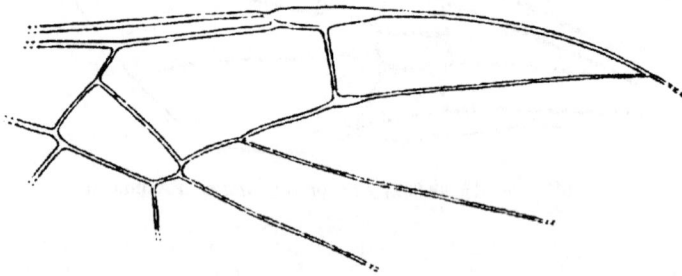

图 449 渡边窄腹细蜂 *Ropronia watanabei* Yasumatsu
前翅 (仿 Yasumatsu, 1958)

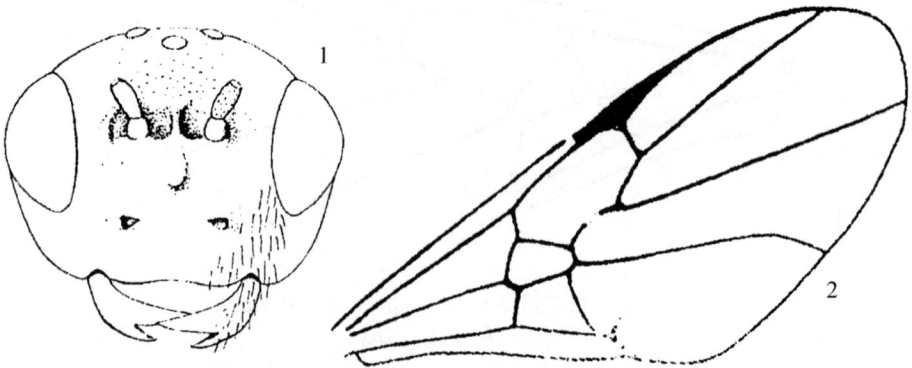

图 450 马莱窄腹细蜂 *Ropronia malaisei* Hedqvist (仿 Hedqvist, 1959)
1. 头部，前面观；2. 前翅

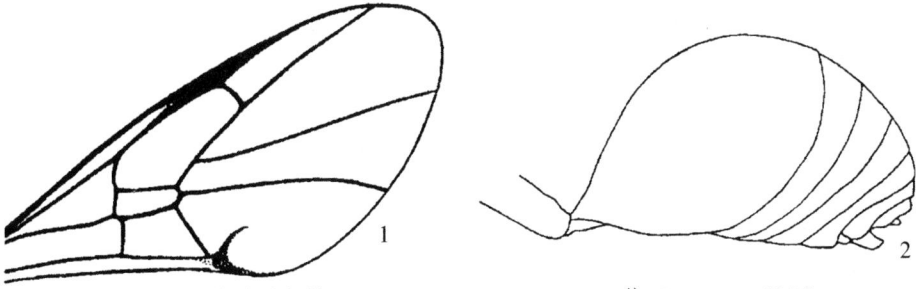

图 451　汤斯窄腹细蜂 *Ropronia townesi* Yasumatsu (仿 Yasumatsu, 1956)
1. 前翅；2. 雄性腹部，侧面观

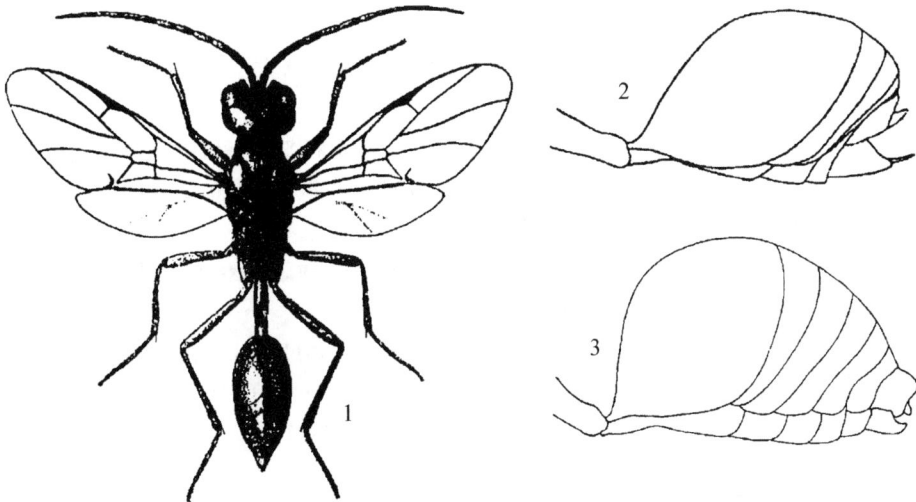

图 452　石原窄腹细蜂 *Ropronia ishiharai* Yasumatsu (仿 Yasumatsu, 1956)
1. 整体，背面观；2. 雌性腹部，侧面观；3. 雄性腹部，侧面观

种检索表 (*我国未发现的种)

1. 头部和胸部大部或完全火红色··2
   头部和胸部黑色，有时有浅色斑；后小盾片拱隆，没有明显的突起······················3
2. 后小盾片呈尖的锥形突起。美国································*加州窄腹细蜂 *R. californica*
   后小盾片仅稍为拱隆。土耳其······························*安妮窄腹细蜂 *R. anneliesae*
3. 小脉前叉式。美国，加拿大································*前叉窄腹细蜂 *R. pediculata*
   小脉后叉式··4
4. 前翅翅痣下方有烟褐色斑··5
   前翅翅痣下方无烟褐色斑··21
5. 前翅具烟褐色大斑，位于翅痣和中脉之间。山西、浙江、台湾、福建；日本·················
   ··短角窄腹细蜂 *R. brevicornis*
   前翅烟褐色斑较小，位于翅痣和径脉之间···6

6. 头部完全黑色，但长明窄腹细蜂唇基端部中央黄色 ·· 7

　头部黑色，但颜面、颊和口器黄褐色或黄白色 ·· 16

7. 唇基端缘直，中央无 2 个钝齿；后足黑色，胫节亚基部背方有 1 黄褐色斑 ················· 8

　唇基端缘波浪形，中央有 2 个钝齿 ·· 11

8. 背观上颊在复眼之后稍膨出，长与复眼相近；小盾片前沟内有 3 个凹窝。浙江 ·············
　··· **斑足窄腹细蜂 *R. pectipes***

　背观上颊在复眼之后收窄，长为复眼的 0.62-0.63 倍；小盾片前沟内有 5 个凹窝 ············· 9

9. 前胸背板侧面中央横贯夹点刻皱；柄后腹黑色；前翅第 1 回脉稍短于肘间横脉；第 1 盘室短，长
　为高的 1.46 倍。陕西 ······························· **皱带窄腹细蜂，新种 *R. rugifasciata*, sp. nov.**

　前胸背板侧面中央光滑，无夹点刻皱；柄后腹黑褐色，基部及腹方淡黄褐色或第 2 节背板和腹端
　带沥青色；前翅第 1 回脉稍长于肘间横脉；第 1 盘室较长，长均为高的 1.6 倍或更长 ········ 10

10. 唇基具纵刻皱；中胸盾片中叶后方刻点极稀，几乎光滑；亚盘脉从第 1 盘室外方 0.7 处伸出；翅面
　烟黄色；翅痣和翅脉暗红褐色；后足跗节褐色。广西 ···
　··· **广西窄腹细蜂，新种 *R. guangxiensis*, sp. nov.**

　唇基具刻点；中胸盾片中叶后方具稀疏刻点；亚盘脉从第 1 盘室外方 0.52 处伸出；翅面透明；翅
　痣和翅面翅脉黑褐色；翅里翅脉多数白色；后足跗节基部 2 节半白色，其余浅褐色。广西 ········
　··· **童氏窄腹细蜂，新种 *R. tongi*, sp. nov.**

11. 前中足基节黄色；后足胫节黑色，其基部 1/3 黄褐色 ·· 12

　前中足基节黑色至黑褐色；后足胫节黑色，基部无浅色斑，但梵净山窄腹细蜂胫节亚基部有不明
　显黄褐色斑 ·· 13

12. 体型较大，体长 8.0mm；后足跗节黑褐色；翅痣下方烟褐色斑较大，其宽与径脉第 1 段约等长；
　唇基端部中央黄色；亚盘脉从第 1 盘室中央稍上方伸出。福建 ·······························
　··· **长明窄腹细蜂，新种 *R. changmingi*, sp. nov.**

　体型较小，体长 5.8mm；后足跗节黄褐色；翅痣下方烟褐色斑较小，其宽明显短于径脉第 1 段；
　唇基完全黑色；亚盘脉从第 1 盘室中央稍下方伸出。浙江、湖北、湖南、福建、贵州 ············
　··· **浪唇窄腹细蜂 *R. undaclypeus***

13. 触角鞭节除第 1 节外仅具极稀疏短毛，毛长短于鞭节宽度的 1/5；中胸盾片完全光滑；柄后腹强烈
　侧扁，高宽比为 1.5∶1。湖南 ····························· **裸角窄腹细蜂 *R. oligopilosa***

　触角鞭节细毛长且分布均匀，毛长超过鞭节宽度的 1/2；中胸盾片后半具稀疏但明显的刻点 ···· 14

14. 中足基节、转节、腿节除端部黑色，胫节端半、端跗节褐色，其余黄色；后足胫节亚基部外侧及
　跗节第 2-4 节黄褐色；小脉与基脉之距为小脉长的 0.6 倍；腹柄背面满布细网皱。贵州 ···········
　··· **梵净山窄腹细蜂 *R. fanjingshanensis***

　中足黑色，或仅第 2-4 跗节黄褐色；后足胫节和跗节黑色，或仅第 2 跗节端半和第 3-4 跗节黄褐色；
　小脉与基脉之距为 0.30-0.34 倍 ·· 15

15. 中足完全黑色；后足跗节黑色；头部背观宽为中长的 1.6 倍；背观上颊长为复眼的 0.74 倍。湖南
　··· **小窄腹细蜂 *R. minuta***

　中足黑色，第 2-4 跗节黄褐色；后足第 2 跗节端半和第 3-4 跗节黄褐色；头部背观宽为中长的 2.23
　倍；背观上颊长为复眼的 1.23 倍。四川 ················· **卧龙窄腹细蜂，新种 *R. wolongensis*, sp. nov.**

16. 颜面中央呈鼻形拱隆；腹柄中央基方具刻点。陕西 ········· **鼻形窄腹细蜂，新种 *R. nasata*, sp. nov.**

颜面中央不呈鼻形拱隆；腹柄中央基方无刻点 ·· 17

17. 中胸盾片中叶前半具夹点横皱，或整个中叶具刻点；前胸背板侧面后角黄色；中胸侧板全部黑色
·· 18
中胸盾片中叶具细而浅的刻点，或后方近于光滑；前胸背板侧面后角及下角黄色；中胸侧板前缘
连镜面区或仅下缘中央 1 小点黄色 ··· 19

18. 触角窝间片状突起的水平部位中央有纵沟；第 1 盘室长为高的 1.37 倍；间间横脉长为径脉第 1 段
的 1.4 倍；第 2 节背板黄褐色，后半上方黑色；后足跗节浅褐色；前翅长 5.5mm。四川、台湾、福
建 ··· 四川窄腹细蜂 *R. szechuanensis*
触角窝间片状突起的水平部位中央无纵沟；第 1 盘室长为高的 1.6 倍；肘间横脉长为径脉第 1 段的
1.6 倍；第 2 节背板黑色，下缘多少棕褐色；后足跗节黄色；前翅长 5.2mm。西藏 ················
·· 西藏窄腹细蜂，新种 *R. xizangensis*, sp. nov.

19. 腹部第 2 节背板中央大部为红褐色，腹板基部黑色；中足浅黄褐色；后足跗节浅黄褐色。浙江、
湖北、湖南、福建、贵州 ····································· 浪唇窄腹细蜂 *R. undaclypeus*
腹部第 2 节背板中央大部为黑色，腹板中央有白色矩形斑；中足胫节端半和跗节黑褐色；后足跗
节基本上黑色 ·· 20

20. 前翅肘间横脉长分别为第 1 回脉和径脉第 1 段的 0.92 倍和 1.05 倍；腹柄背面光滑，但侧方有长纺
锤形浅纵凹痕；中胸侧板仅下缘中央 1 小斑点黄白色；中胸侧板除镜面区及其下方光滑外满布网
状刻纹。广东 ······································· 兜肚窄腹细蜂，新种 *R. abdominalis*, sp. nov.
前翅肘间横脉与第 1 回脉等长，为径脉第 1 段的 1.28 倍；腹柄背面几乎完全光滑；中胸侧板黑色，
仅上半除后缘黄白；中胸侧板光滑，仅前方具刻皱和侧缝具凹窝。海南 ····································
·· 经贤窄腹细蜂，新种 *R. jingxiani*, sp. nov.

21. 前胸背板光滑无毛；中胸侧板大部分光滑；后胸侧板中央前方有大光滑区；腹柄细长，长为中央
最宽处的 6.2 倍，且大部分光滑；第 1 盘室长为高的 1.5 倍；柄后腹红褐色，但其端部渐暗红褐色；
第 2 节背板中央（除背方）黄色；前翅长 3.2mm。湖南 ··· 光滑窄腹细蜂，新种 *R. laevigata*, sp. nov.
特征不全如上述 ·· 22

22. 头前面观宽明显长于其高 ··· 23
头前面观外廓近圆形 ··· 38

23. 触角窝间额中脊水平部位长三角形槽状，中央有 1 纵沟，背侧方额侧瘤发达 ·············· 24
触角窝间额中脊水平部位片状，中央无中纵沟，背侧方额侧瘤无或很弱 ··················· 32

24. 雌性 ··· 25
雄性 ··· 27

25. 头部黑色，仅触角窝下方颜面上有 2 个黄白色斑；腹部第 2 节背板大部分黑色，仅在基部红褐色。
湖南、贵州 ··· 双斑窄腹细蜂 *R. bimaculata*
头部背方黑色，触角窝下方整个颜面和唇基及侧面颊部黄白色；腹部第 2 节背板几乎全部红褐色
·· 26

26. 前翅第 1 盘室长为高的 2.3 倍；肘间横脉长为第 1 回脉的 1.13 倍；第 2 节背板长为高的 1.6 倍；触
角腹面全部浅色；前翅长 5.9mm。河南、浙江、湖南、四川、贵州 ··
·· 红腹窄腹细蜂 *R. rufiabdominalis*

前翅第 1 盘室长为高的 1.94 倍；肘间横脉长为第 1 回脉的 1.62 倍；第 2 节背板长为高的 2.1 倍；触角仅第 1 节全部和第 3 节基部 2/3 腹面黄褐色；前翅长 5.4mm。湖南 ……… 刘氏窄腹细蜂 *R. liui*

27. 头部完全黑色；柄后腹完全黑色；中后足完全黑色；前翅长 6.0mm。贵州………………………
………………………………………………………… 槽沟窄腹细蜂，新种 *R. fossula*, sp. nov.
    头部黑色，或触角窝下方颜面上有黄白色斑，或触角窝下方整个颜面和唇基及颊为黄白色；柄后腹第 2 节背板基部或大部带暗红色；中后足总有一部分环节非黑色 ……………………………… 28

28. 背观上颊在复眼后方稍膨出，长为复眼的 1.10-1.19 倍；前翅长 5.7-6.5mm。湖南 ………………
………………………………………………………………… 肿腮窄腹细蜂 *R. dilata*
    背观上颊在复眼后方等宽，长为复眼的 0.82-1.00 倍 …………………………………………… 29

29. 腹柄背面具纵向夹点细皱；小盾片前沟内有 3 个凹窝；后足胫节亚基部有 1 黄白色小斑；前翅长 5.0mm。湖南 ………………………………………………………… 刘氏窄腹细蜂 *R. liui*
    腹柄背面具不规则网皱；小盾片前沟内有 4 个凹窝；后足胫节亚基部无黄白色小斑 ………… 30

30. 前翅肘间横脉长为第 1 回脉的 2.0 倍；第 1 盘室较狭窄，长为高的 2.2 倍；前中足转节黄褐色；后足跗爪上有 9 个密的栉齿；前翅长 5.7mm。湖南、贵州 ………… 双斑窄腹细蜂 *R. bimaculata*
    前翅肘间横脉长为第 1 回脉的 1.25-1.84 倍；第 1 盘室宽，长为高的 1.78-2.10 倍；前中足转节至少背面黑色；后足跗爪上栉齿稀，仅 3-4 根 …………………………………………………… 31

31. 前翅第 1 回脉长为径脉第 1 段的 1.09-1.18 倍；基脉上段长为下段的 0.76 倍；第 1 盘室长为高的 2.0-2.1 倍；腹柄背面长为最宽处的 4.4-5.2 倍；前翅长 5.2mm。河南、浙江、湖南、四川、贵州………
………………………………………………………… 红腹窄腹细蜂 *R. rufiabdominalis*
    前翅第 1 回脉长为径脉第 1 段的 1.25 倍；基脉上段长为下段的 0.86 倍；第 1 盘室长为高的 1.78 倍；腹柄背面长为最宽处的 4.0 倍；前翅长 5.5mm。湖南 ……………………………………………
………………………………………………… 永州窄腹细蜂，新种 *R. yongzhouensis*, sp. nov.

32. 柄后腹大部分火红色；第 1 回脉长为肘间横脉的 0.5 倍 ……………………………………… 33
    柄后腹黑色或棕褐色；第 1 回脉长为肘间横脉的 0.8 倍以上 …………………………………… 34

33. 额密布中等大小刻点；前翅长 5.4mm。美国………………………… *加曼窄腹细蜂 *R. garmani*
    额具粗糙的纵皱和横皱；体长 8.0mm。土耳其 ………………………… *哈提窄腹细蜂 *R. hathi*

34. 前翅回脉长于肘间横脉，为 1.36 倍；第 1 盘室短，长为高的 1.35 倍；腹柄背表面光滑无刻点。广东……………………………………………… 南岭窄腹细蜂，新种 *R. nanlingensis*, sp. nov.
    前翅回脉短于肘间横脉，长为 0.35-0.91 倍；第 1 盘室长，长为高的 1.5-2.1 倍；腹柄背表面光滑或基部夹有稀刻点或夹点刻皱………………………………………………………………… 35

35. 头部黑色，颜面、唇基、颊和口器黄白色至暗黄色；前中足基节黄白色至暗黄色 …………… 36
    头部完全黑色；前中足基节黑色 ………………………………………………………………… 37

36. 肘间横脉长为径脉第 1 段的 1.1 倍；径脉第 1 段与翅痣几乎呈直角相交；后足跗节黑色，但基跗节黄白色；腹部第 2 背板侧观长至少为高的 3.0 倍；触角窝内壁光滑，无小刺状突；前翅长约 4.5mm。俄罗斯 (库页岛) …………………………………………… *渡边窄腹细蜂 *R. watanabei*
    肘间横脉长为径脉第 1 段的 1.58-1.94 倍；径脉第 1 段与翅痣几乎呈锐角相交；后足跗节黑色，但端跗节黄色；腹部第 2 背板侧观长为高的 2.2 倍；触角窝内壁外侧上方有 1 个小刺状突；前翅长 5.2mm。浙江 ………………………………………… 具刺窄腹细蜂，新种 *R. spinata*, sp. nov.

37. 头顶具细横皱；腹柄光滑，基部 0.3 有弱刻皱；前翅第 1 盘室长为高的 1.7-2.1 倍；翅透明，带烟
黄色；前翅长 4.8-6.4mm。浙江、湖南、贵州 ······························ **浙江窄腹细蜂 *R. zhejiangensis***
　　头顶具细刻点，无细横皱；腹柄背表面光滑；前翅第 1 盘室长为高的 1.5 倍；翅透明；前翅长 5.0mm。
河南 ·· **河南窄腹细蜂，新种 *R. henanensis*, sp. nov.**

38. 前翅第 1 回脉稍长于肘间横脉；头顶和中胸盾片具细刻点；小盾片光滑。缅甸 ·······················
··· ***马莱窄腹细蜂 *R. malaisei***
　　前翅第 1 回脉短于肘间横脉 ·· 39

39. 头侧观上颊约与复眼等长；腹柄背面密布明显刻点；前翅第 1 盘室狭，长为高的 2 倍以上。日本
··· ***汤斯窄腹细蜂 *R. townesi***
　　头部侧观上颊长于或短于复眼；腹柄背面具不规则刻纹或光滑；前翅第 1 盘室形状不定 ········ 40

40. 侧单眼之间区域平坦，并有 1 短纵沟；头顶稍为拱隆。福建 ·················· **马氏窄腹细蜂 *R. maai***
　　侧单眼之间区域有 1 短纵脊 ·· 41

41. 头侧观上颊明显长于复眼；腹柄背面有一些不规则刻纹；柄后腹黑色。日本 ·····························
··· ***石原窄腹细蜂 *R. ishiharai***
　　头侧观上颊短于复眼；触角洼间叶状突水平部位有 1 中纵沟 ······························· 42

42. 雌性腹柄背面光滑，但雄性有刻纹；柄后腹火红色；盘室长为高的 1.75 倍 (据图)；后足胫节基半
浅黄色；基脉上段短于下段。台湾 ·································· **宝岛窄腹细蜂 *R. insularis***
　　雌性腹柄背面满布夹点细网皱；柄后腹黑色；盘室长为高的 2.44 倍；后足胫节基半完全黑色；基
脉上段长于下段。贵州 ·· **李氏窄腹细蜂 *R. lii***

(376) 短角窄腹细蜂 *Ropronia brevicornis* Townes, 1948 (图 453)

Ropronia brevicornis Townes, 1948, *Proc. U. S. Nat. Mus.*, 98(3224): 88.

Ropronia brevicornis Townes: Chao, 1957, *Fukien Agric Coll. Jour.*, 5: 73.

Ropronia brevicornis Townes: Yasumatsu, 1961, *Mushi*, 35: 67

Ropronia brevicornis Townes: Chao, 1962, *Acta Entomologia Sinica*, 11(4): 378.

Ropronia brevicornis Townes: Lin, 1987, *Taiwan Agric. Res. Inst., Spec. Publ.*, No.22: 43.

Ropronia brevicornis Townes: He *et al.*, 1988, *Entomotaxonomia*, 10(3-4): 212.

Ropronia brevicornis Townes: Lin, 1989, *Jour. Taiwan Mus.*, 42(2): 14.

Ropronia brevicornis Townes: Johnson, 1992, *Mem. Amer. Entomol. Inst.*, 51: 329.

Ropronia brevicornis Townes: Wei, 1995, *Jour. Central-South Forestry Univ.*, 15(2): 103.

Ropronia brevicornis Townes: Huang, 2003, *Fauna of Insects in Fujian Province of China*, 7: 723.

Ropronia brevicornis Townes: He, 2004, *Hymenopteran Insect Fauna of Zhejiang*: 346.

体长 5.4mm；前翅长 4.5mm。全体被有稀疏的白色细毛。

头：前面观宽为高的 1.41 倍。颜面中央刻点密而细，呈网皱，有中纵脊。额具细刻点，触角窝间的额中脊呈片状突起，与颜面的中脊相连；触角洼深凹，其侧上方无额背侧瘤。唇基满布稀而粗的刻点，端缘平截，光滑。头部背面观宽为中长的 2.3 倍。头顶

刻点明显较额上的稀。单复眼间距和侧单眼间距分别为侧单眼长径的 3.1 倍和 1.4 倍。背观上颊在复眼之后稍弧形收窄，其长为复眼的 0.71 倍，刻点与头顶的相似。触角较短，长为前翅的 0.67 倍，第 1 鞭节最长，长为宽的 2.8 倍，为第 2 鞭节长的 1.12 倍，毛长约为该节宽的 0.4 倍。

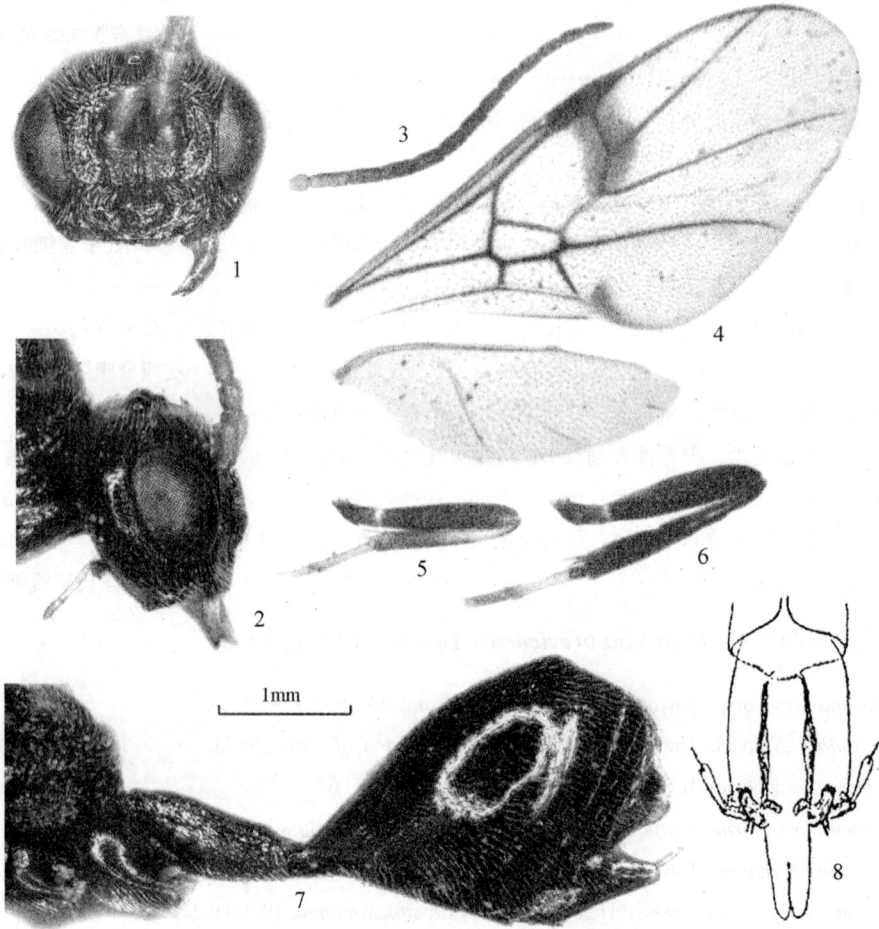

图 453　短角窄腹细蜂 *Ropronia bravicornis* Townes

1. 头部，前面观；2. 头部，侧面观；3. 触角；4. 翅；5. 中足；6. 后足；7. 腹部，侧面观；8. 雄性外生殖器 (8. 仿赵修复，1957) [1-2, 7. 1.6X 标尺；3-6. 10X 标尺]

胸：前胸背板侧面满布刻皱。中胸盾片满布刻点；盾纵沟深，内有短脊。小盾片略隆起，具夹点细皱，小盾片前沟内有 3 条短纵脊。中胸侧板除镜面区及其下方光滑外满布夹点细皱，中央横沟不达后缘，镜面区前方侧板夹有稀的斜刻条。后小盾片后方有夹点细皱。后胸侧板具不规则网皱，内夹刻点，中央上方为光滑区。并胸腹节满布小室状网皱。

翅：前翅基脉上段稍弯曲，长为下段的 1.07 倍；小脉后叉式，与基脉之距为小脉长的 0.6 倍；径脉第 1 段、肘间横脉和第 1 回脉长度之比为 32：28：41 (1：0.88：1.28)；第 1 盘室较狭长，长为高的 1.8 倍，亚盘脉从第 1 盘室外方中央伸出。

　　腹：腹柄细长，背表面长为中央最宽处的 3.2 倍，略短于中足腿节，满布不规则细皱，中段 0.25 较光滑。柄后腹侧扁，各节光滑，多带毛稀细刻点。第 2 节背板长为高的 2.0 倍。

　　体色：体黑色。须端节白色。上唇、上颚红褐色。触角柄节、梗节、第 1 鞭节基半黄褐色，其余褐色。前胸背板侧面后角及其下方圆斑白色。翅基片黑褐色。腹柄近末端白色，下生殖板红褐色。前中足基节、转节、腿节基部黑褐色，其余黄褐色；后足黑褐色；跗节浅褐色，但基跗节除端部黄白色。翅半透明，带烟黄色，翅脉褐色，翅痣下方烟褐色斑大，位于径脉第 1 段和肘间横脉两侧。

　　寄主：据记载为栎叶蜂 Periclista sp. (叶蜂科 Tenthredinidae)。

　　研究标本：2♀，浙江西天目山，1988.Ⅴ.17，何俊华，No.880828 (2)。

　　分布：山西、浙江、福建 (福州)、台湾 (梅峰)；日本。

　　鉴别特征：见检索表。

(377) 斑足窄腹细蜂 *Ropronia pectipes* He et Zhu, 1988 (图 454)

Ropronia pectipes He et Zhu, In: He et al., 1988, Entomotaxonomia, 10(3-4): 208.

Ropronia pectipes He et Zhu: Johnson, 1992, Mem. Amer. Entomol. Inst., 51: 330.

Ropronia pectipes He et Zhu: Wei, 1995, Jour. Central-South Forestry Univ., 15(2): 103.

Ropronia pectipes He et Zhu: He, 2004, Hymenopteran Insect Fauna of Zhejiang: 346.

　　雄：体长 5.5mm；前翅长 4.5mm。全体被有稀疏的白色或淡黄褐色细毛，触角和足上的细毛较密。

　　头：前面观宽约为高的 1.2 倍。额和颜面中央有明显的刻点；颜面上方呈指状突出，颜面上半有中纵脊，与触角洼之间的额叶突相连；触角洼深凹，无额背侧瘤。唇基凹甚深；唇基呈倒梯形，端缘平截，近端缘刻点呈皱状。上唇端缘弧形，密排刚毛。头部背面观宽约为长的 1.5 倍。头顶刻点甚稀而小，近于光滑。上颊背观在复眼之后稍膨出，其长度与复眼宽度相等 (1.0 倍)，刻点比头顶稍密。单眼排列略呈钝三角形，单复眼间距和侧单眼间距分别为侧单眼长径的 3.0 倍和 1.2 倍。触角第 1 鞭节最长，长为宽的 3.0 倍，长为第 2 鞭节的 1.45 倍，毛长为该节的 1.0 倍；第 2-11 节依次稍细，末节锥形。

　　胸：前胸背板侧面光滑，近上缘有畦状沟脊，并与后缘的相连。中胸盾片刻点在前方密，后方极稀；盾纵沟深，向后方宽，内有短脊。小盾片稍隆起，散生细刻点；小盾片前沟内有 3 个凹窝。中胸侧板中央横沟达后缘，具有刻点，其上下方陡斜面光滑，侧板前缘有网状刻纹，在翅基片下方尤为明显；侧缝内亦有较小的短脊。后小盾片平。后胸侧板四周有网皱，中央光滑。并胸腹节满布网皱；气门前方光滑；气门小而圆形。

　　翅：前翅基脉上段弯曲，长为下段的 0.8 倍；小脉后叉式，与基脉的距离为小脉长的 0.5 倍；径脉第 1 段、肘间横脉和第 1 回脉长度之比为 32：37：40 (1：1.16：1.25)；第 1 盘室长为宽的 1.3 倍；亚盘脉从第 1 盘室外侧中央稍下方伸出。

　　腹：侧扁。腹柄背面观长为中央稍粗处的 4.3 倍，背表面在基部 0.33 及端部有点皱。柄后腹各节光滑具细毛。第 2 节背板长为宽的 2.0 倍。

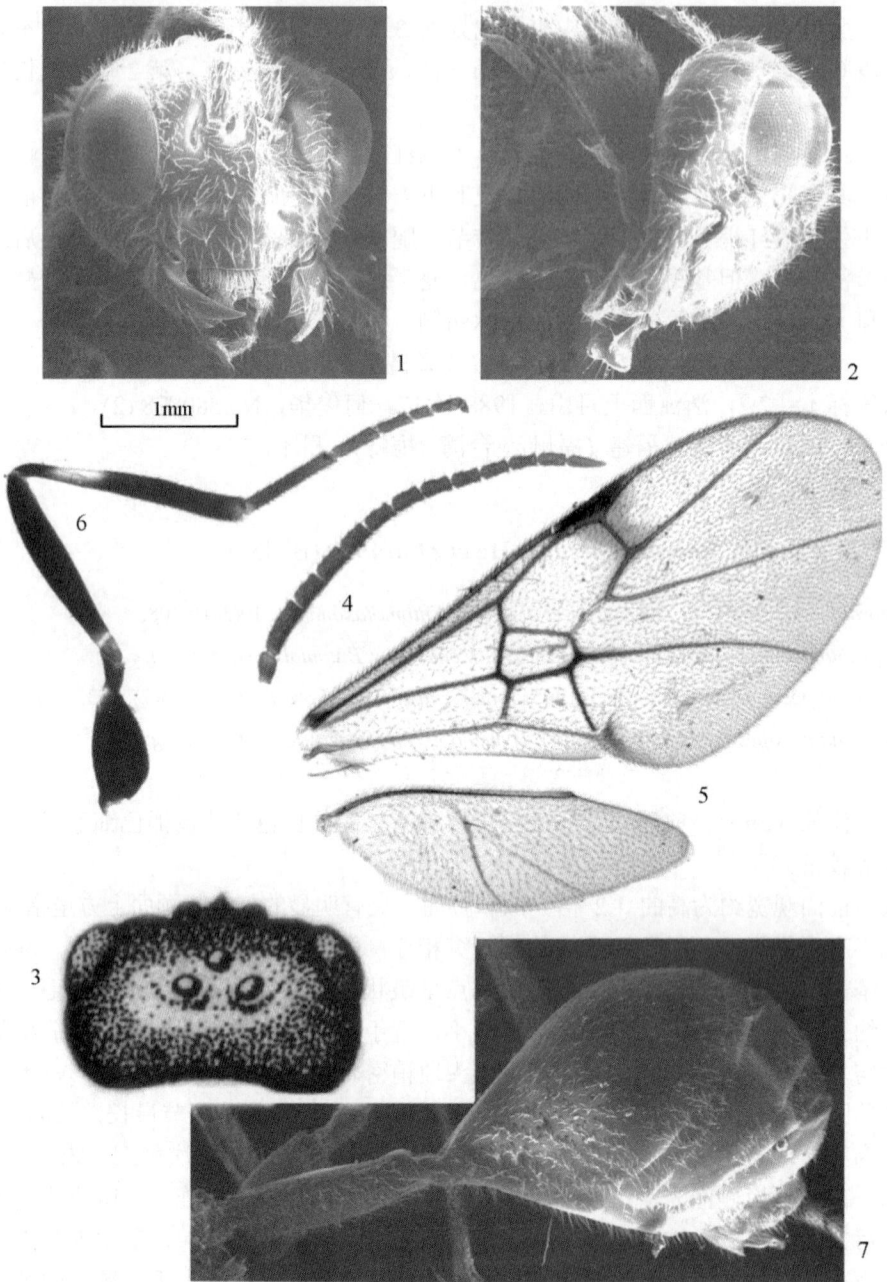

图 454 斑足窄腹细蜂 *Ropronia pectipes* He et Zhu

1. 头部，前面观；2. 头部，侧面观；3. 头部，背面观；4. 触角；5. 翅；6. 后足；7. 腹部，侧面观 (3. 仿何俊华等, 1988)

[1-3, 7. 1.6X 标尺；4-6. 1.0 标尺]

体色：头部及胸部黑色。单眼、触角支角突、上唇端缘、上颚 (除基部黑褐) 及须、前胸背板后角及后缘上方小点、翅基片均藁黄色。触角黑褐色，梗节端部黄褐色。前中足藁黄色，腿节除两端外、中足胫节端部约 0.67 为黑褐色；后足黑色，胫节亚基部背方有长约为胫节 0.2 倍的黄褐色斑 (种名即据此特征而拟)。翅透明, 略呈烟褐色, 翅脉暗褐色, 翅痣下方径脉第 1 段两侧有烟褐色斑。腹部黑色, 第 2 节背板前方及腹方略带红褐。

雌: 未知。

寄主: 未知。

研究标本: 1♂, 浙江西天目山, 1983.Ⅵ.18, 马云, No.831381 (正模); 1♂, 浙江西天目山老殿—仙人顶, 1250-1520m, 1989.Ⅵ.6, 何俊华, No.892755; 1♂, 浙江西天目山, 1990.Ⅵ.2, 何俊华, No.907656; 3♂, 浙江西天目山仙人顶, 1520m, 马氏网, 1998.Ⅷ.2, 1999.Ⅴ.27, 1999.Ⅵ.20, 赵明水, Nos.995987, 996449, 200010695; 1♂, 浙江西天目山仙人顶, 2001.Ⅶ.1, 朴美花, No.200106506; 6♂, 浙江龙泉凤阳山, 马氏网, 2007.Ⅴ.6, 2007.Ⅵ.27, 2007.Ⅶ.31, 刘胜龙, Nos.200705155-60; 3♀13♂, 浙江龙泉凤阳山, 马氏网, 2008.Ⅵ.26-Ⅶ.5, 2008.Ⅶ.31, 刘胜龙, Nos.200801087-95, 200801097-103。

分布: 浙江。

鉴别特征: 本种头部及胸部基本上黑色和翅痣下方有 1 烟褐色斑, 与短角窄腹细蜂 *Ropronia brevicornis* Townes, 1948 和四川窄腹细蜂 *R. szechuanensis* Chao, 1962 相似。与短角窄腹细蜂的区别在于: ①本种翅痣下方的烟褐色斑仅在径脉第 1 段两侧 (后者的较大, 下伸达中脉); ②本种前足基节和转节藁黄色, 后足跗节全为黑色 (后者前足基节和转节全为黑色, 后足跗节第 1 节末端、第 2 节的大部及以下各节略带烟褐色); ③本种小盾片散生细刻点 (后者密生较大刻点)。与四川窄腹细蜂的主要区别在于: ①本种前胸背板近上缘和后缘具皱脊 (后者基本上光滑); ②本种中足胫节端部约 0.67 黑褐色, 后足腿节和跗节黑色, 胫节亚基部背方有长约为胫节 0.2 倍的黄褐色斑纹 (后者中足胫节黄褐色, 后足腿节基部、胫节基部 0.33-0.67 及跗节浅褐色); ③本种颜面黑色 (后者在触角窝下方具有甚大横形黄褐色斑纹); ④本种腹部第 2 节背板基部及腹方带红褐色 (后者全为黑色)。此外, 本种径脉第 1 段与肘间横脉约等长, 而另 2 种均较短。

(378) 皱带窄腹细蜂, 新种 *Ropronia rugifasciata* He *et* Xu, sp. nov. (图 455)

雄: 体长 4.0mm; 前翅长 3.7mm。全体被有稀疏的白色细毛。

头: 前面观宽约为高的 1.3 倍。颜面中央具刻点, 侧方光滑, 上半具中纵脊, 脊两侧具细刻条。触角洼深凹, 触角洼间有片状突起, 额背侧瘤中等隆起。唇基凹甚深, 唇基端部具纵刻条, 端缘平截。头部背面观宽约为长的 1.7 倍。头顶散生带毛细稀刻点。单眼外围有浅沟, 单复眼间距和侧单眼间距分别为侧单眼长径的 3.0 倍和 1.46 倍。背观上颊在复眼之后稍弧形收窄, 其长为复眼的 0.62 倍, 刻点与头顶的相似。触角较细长, 第 1 鞭节最长, 长为宽的 2.8 倍, 为第 2 节长的 1.4 倍, 毛长约为本鞭节宽的 0.9 倍。

胸: 前胸背板侧面光滑, 中段横贯 1 条带状的细夹点刻皱, 背缘具带毛细刻点, 前缘下方具细皱, 后缘有 1 纵列凹窝。中胸盾片具稀刻点, 中叶后方及侧叶刻点极稀, 近于光滑; 盾纵沟深, 内有短脊。小盾片平坦, 几乎光滑; 小盾片前沟内有 5 个凹窝。中胸侧板前方及中央横沟内具浅刻皱及网皱。后小盾片有粗网脊。后胸侧板前缘具 3 个方形大网室, 中央上方有光滑区, 后方具弱皱。并胸腹节几乎满布网状刻纹, 基部有 3 纵刻条。

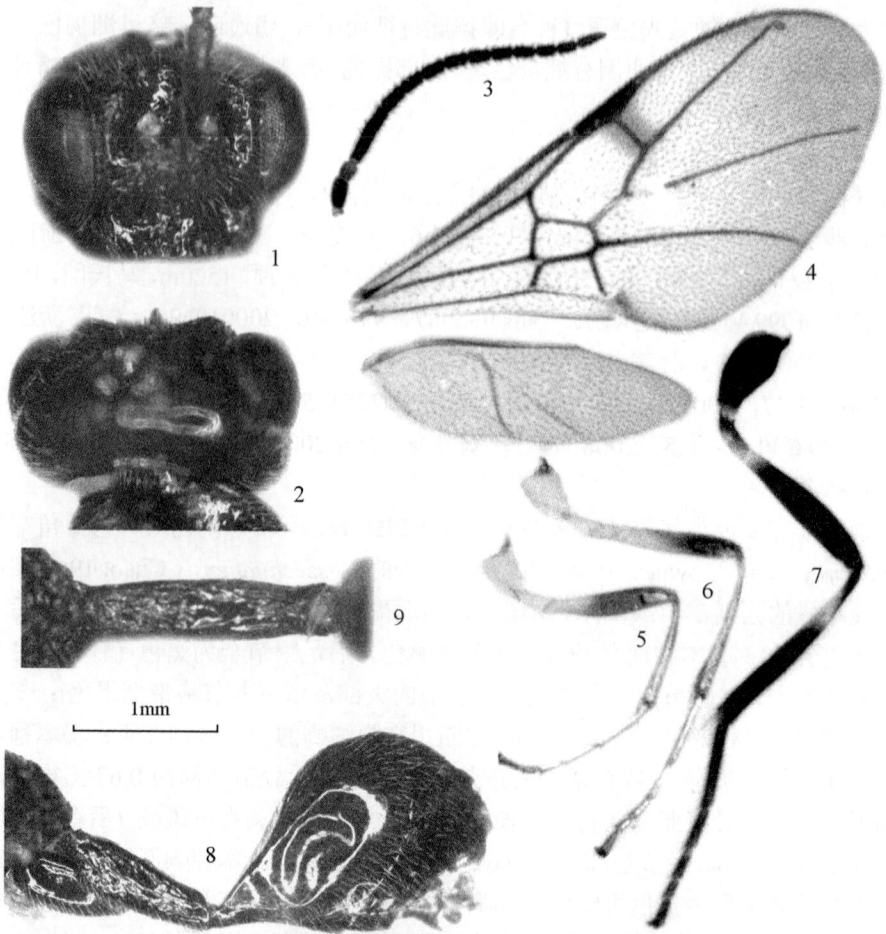

图 455　皱带窄腹细蜂，新种 *Ropronia rugifasciata* He *et* Xu, sp. nov.

1. 头部，前面观；2. 头部，背面观；3. 触角；4. 翅；5. 前足；6. 中足；7. 后足；8. 腹部，侧面观；9. 腹柄，背面观
[1-2, 9. 2.5X 标尺；3-7. 1.0X 标尺；8. 1.4X 标尺]

　　翅：前翅基脉上段稍弯曲，为下段长的 0.74 倍；小脉后叉式，与基脉的距离为小脉长的 0.3 倍；径脉第 1 段、肘间横脉和第 1 回脉长度之比为 26：30：29 (1：1.15：1.12)；第 1 盘室较短，长为高的 1.46 倍；亚盘脉在第 1 盘室下方 0.3 处伸出。

　　腹：腹柄细长，背表面长为中央最宽处的 5.1 倍，略短于中足腿节，满布不规则刻皱。柄后腹侧扁，各节光滑，具带毛细刻点。第 2 节背板长为高的 2 倍。

　　体色：头部及胸部黑色。上颚黄褐色，须及前胸背板后角 2 小斑黄白色。触角柄节黑褐色，梗节褐黄色，鞭节黑色。翅基片浅褐色。前中足黄白色，其腿节后半浅褐色；后足黑色，转节、腿节基部，胫节亚基部 0.20-0.35 部位及距黄白色，跗节黑褐色。翅透明，带烟色，翅脉暗褐色。腹部黑色，第 2 节背板带棕褐色，端部浅褐色。

　　雌：未知。

　　寄主：未知。

　　研究标本：正模♂，陕西南郑黎坪实验林场，1344m，2004.Ⅶ.23，陈学新，No.20046887。

分布：陕西。

鉴别特征：见检索表。

词源：种本名"皱带 *rugifasciata*"，系 *rug* (起皱的) + *fascia* (带状的) 组合词，意为本新种具有前胸背板侧面中段横贯 1 条带状的夹点细刻皱这一重要特征。

(379) 广西窄腹细蜂，新种 *Ropronia guangxiensis* He *et* Xu, sp. nov. (图 456)

雄：体长 4.4mm；前翅长 3.9mm。全体被稀疏白色细毛。

头：前面观宽为高的 1.22 倍。颜面中央具明显的细刻点，侧方光滑，上方呈指状突出，除近唇基处外有纵中脊，与触角洼之间的叶突状和额中脊相接。额前方密布夹点横皱，后方刻点渐稀，触角洼深凹，光滑，额背侧瘤稍隆起。唇基侧方具斜皱，中央为纵皱，端缘平截无齿。头背面观宽为中长的 1.67 倍。头顶刻点甚稀细，近于光滑；在后方陡斜。上颊在复眼之后弧形收窄，背观其长度为复眼的 0.63 倍，刻点比头顶的稍密。单复眼间距和侧单眼间距分别为侧单眼长径的 2.3 倍和 1.0 倍。触角长约为前翅的 0.6 倍，第 1 鞭节长为端宽的 2.8 倍，为第 2 节长的 1.7 倍；毛长约为该节宽的 0.8 倍。

胸：前胸背板侧面光滑，凹槽内无刻点，仅后缘有 1 列浅凹窝。中胸盾片具极细而稀的刻点，仅中叶前方的稍密；盾纵沟深，向后方加宽，内有短脊。小盾片前沟内有 5 个凹窝；小盾片稍隆起，光滑，近后缘有 1 横列 9 个小凹窝。中胸侧板基本上光滑，中央横沟伸至近后缘处，沿侧板前缘有夹网横刻纹；侧缝为 1 纵列小凹窝。后胸侧板四周有大小不等网皱，中央为小块光滑区。并胸腹节基部 0.3 有纵皱，后部 0.7 满布小室状网皱。

翅：前翅基脉上段长为下段的 0.67 倍；小脉后叉式，与基脉的距离为小脉长的 0.3 倍；径脉第 1 段：肘间横脉：第 1 回脉长度=24：27：30 (1：1.13：1.25)；第 1 盘室长为宽的 1.6 倍，亚盘脉从其外方的 0.7 处生出。

腹：腹柄背表面长为中央最宽处的 5.0 倍，光滑，在基部 0.3 有 4 条模糊纵刻条。第 2 节背板侧观长为高的 1.5 倍。

体色：头部、胸部及腹柄黑色，柄后腹基半 (第 2 节背板背方中央有 2 小褐点) 及端部黄褐色。触角柄节、梗节褐黄色，鞭节黑褐色。上颚中段、须、前胸背板后上角及翅基片污黄色或黄色。前中足黄色，腿节上方、胫节端半背方及中足跗节多少浅褐色；后足黑色至黑褐色，腿节最基部、胫节亚基部 1/3、距、跗节最基部黄色。翅透明，带烟褐色，翅痣及翅脉暗红褐色，翅痣下方径脉第 1 段两侧有烟褐色斑，但色较浅。

雌：未知。

寄主：未知。

研究标本：正模♂，广西那坡德孚保护区，1400m，2000.VI.19，吴鸿，No.200100183。

分布：广西。

鉴别特征：本新种前翅第 1 径脉两侧有褐斑、头全部黑色、唇基端缘直，后足黑色及胫节亚基部有 1 段黄色等特征与斑足窄腹细蜂 *Ropronia pectipes* He *et* Zhu, 1988 最为相似，其区别在于：①上颊在复眼之后弧形收窄，背观其长度为复眼的 0.63 倍 (后者上颊在复眼之后稍膨出，长与复眼相近)；②触角第 1 鞭节长为第 2 节长的 1.7 倍 (后者第 1、2 鞭节等长)；③小盾片前沟内有 5 个凹窝 (后者 3 个凹窝)。

词源：种本名"广西 *guangxiensis*"，是以模式标本产地而拟。

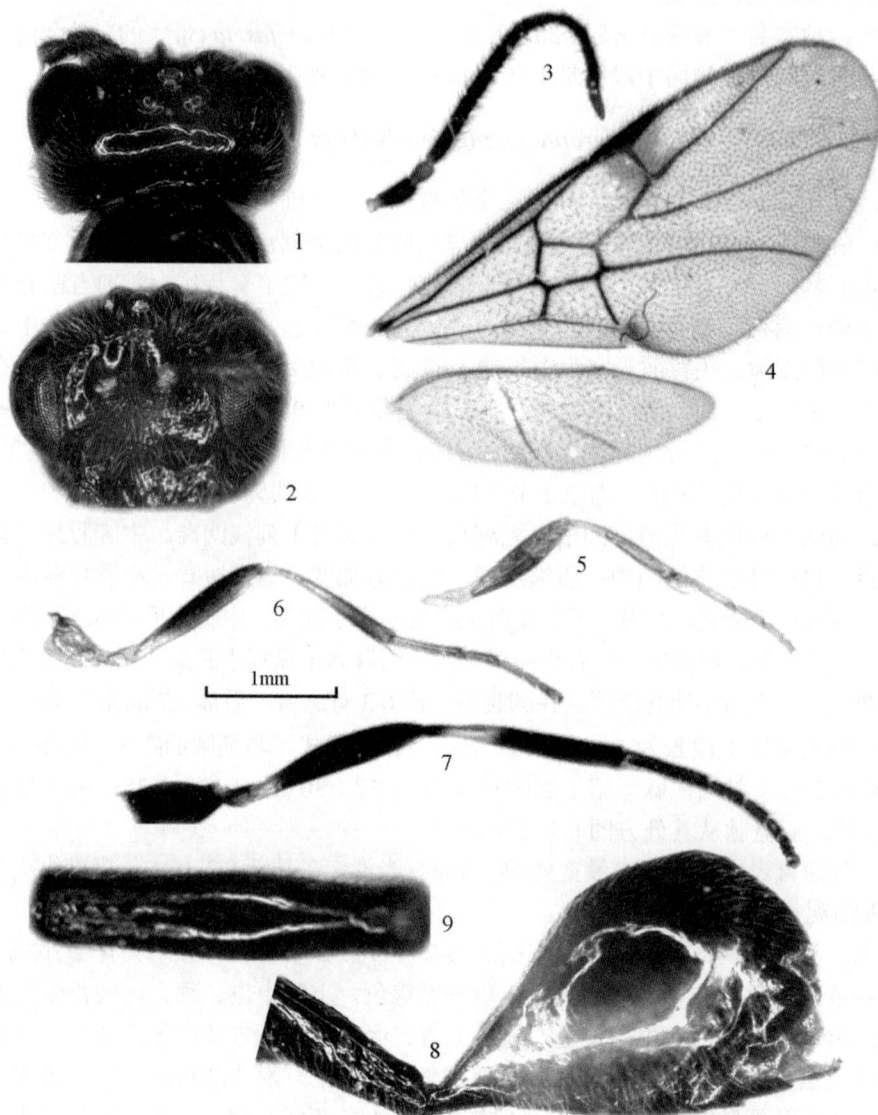

图 456 广西窄腹细蜂，新种 *Ropronia guangxiensis* He et Xu, sp. nov.

1. 头部，背面观；2. 头部，前面观；3. 触角；4. 翅；5. 前足；6. 中足；7. 后足；8. 腹部，侧面观；9. 腹柄，背面观
[1-2, 8. 2.0X 标尺；3-7. 1.0X 标尺；9. 3.0X 标尺]

(380) 童氏窄腹细蜂，新种 *Ropronia tongi* He et Xu, sp. nov. (图 457)

雄：体长 5.1mm；前翅长 4.2mm。全体被稀疏白毛。

头：前面观宽为高的 1.27 倍。颜面中央拱隆，具明显的细刻点和夹点刻皱，侧方光滑；上方呈指状突出，在颜面中央上半有纵脊，与触角洼之间的叶片状相接。额具中等粗刻点；触角洼深凹，光滑，无额背侧瘤。唇基光滑，具带毛刻点；中央稍拱，端缘平

截无齿。头背面观宽为中长的 1.83 倍。头顶刻点甚稀细，近于光滑，在后方陡斜。上颊背观在复眼之后弧形收窄，其长度为复眼的 0.66 倍，刻点比头顶的稍密。单复眼间距和侧单眼间距分别为侧单眼长径的 2.8 倍和 1.6 倍。触角端部断，第 1 鞭节长为端宽的 3.5 倍，为第 2 节长的 1.5 倍，毛长为该节宽的 0.8 倍。

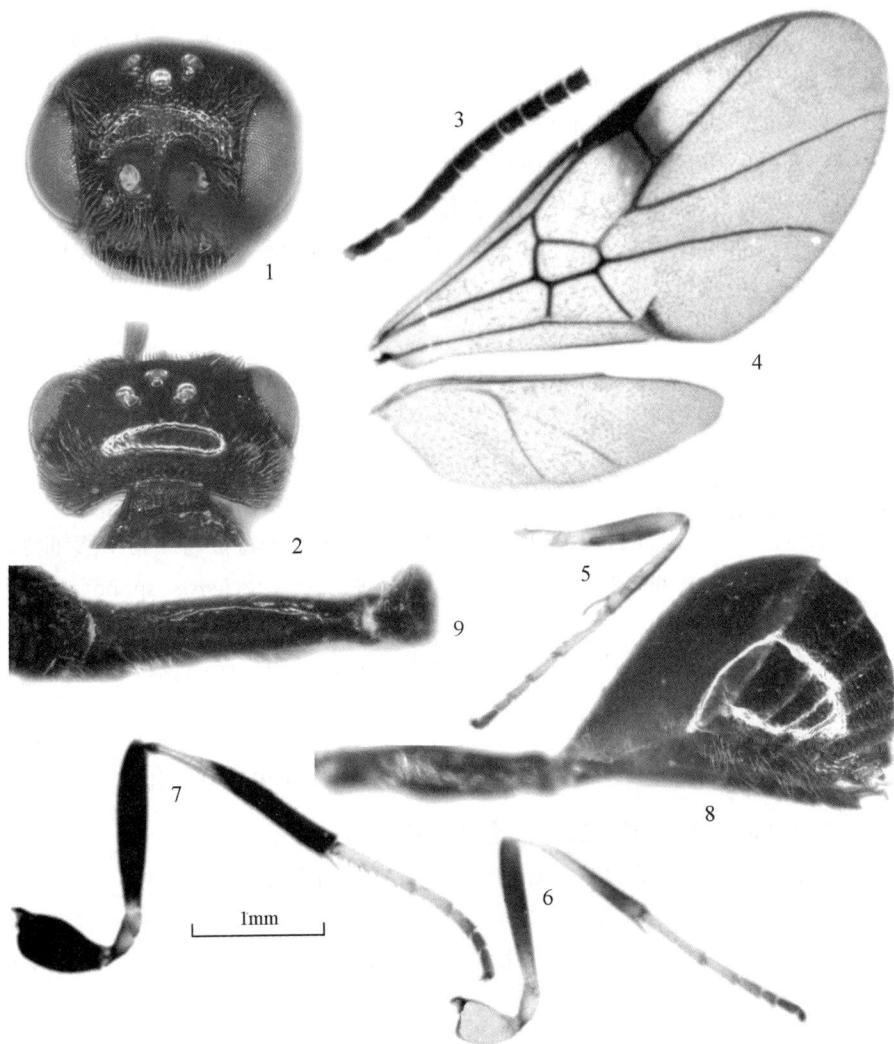

图 457　童氏窄腹细蜂，新种 *Ropronia tongi* He et Xu, sp. nov.

1. 头部，前面观；2. 头部，背面观；3. 触角；4. 翅；5. 前足；6. 中足；7. 后足；8. 腹部，侧面观；9. 腹柄，背面观
[1-2, 8. 1.6X 标尺；3-7. 1.0X 标尺；9. 2.0X 标尺]

　　胸：前胸背板侧面光滑，凹槽内无刻点，仅后缘有 1 列浅凹窝；前沟缘脊强，呈檐状突出。中胸盾片具细刻点，中叶后方的稍稀；盾纵沟深，向后方加宽，内有短脊。小盾片前沟内有 5 个凹窝；小盾片稍隆起，光滑，近后缘有 1 横列 9 个小凹窝。中胸侧板基本上光滑，中央横沟伸达后缘附近，前段内有凹窝，沿侧板前缘有夹网横刻纹；侧缝

有 1 纵列小凹窝。后胸侧板四周有大小不等网皱,中央小块光滑。并胸腹节基部 0.3 有纵皱,后部 0.7 满布小室状网皱。

翅:前翅基脉上段长为下段的 0.74 倍;小脉后叉式,与基脉的距离为小脉长的 0.27 倍;径脉第 1 段:肘间横脉:第 1 回脉长度=28:33:35 (1:1.18:1.25);第 1 盘室长为宽的 1.67 倍,亚盘脉从其外侧 0.52 处伸出。

腹:腹柄背表面长为中央最宽处的 5.0 倍,向两端收窄,光滑,在基部 0.3 有 4 条弱纵皱及模糊浅皱。第 2 节背板侧观长为高的 2.25 倍。

体色:体黑色,但腹部第 2 节背板和腹端部沥青色。触角黑褐色,柄梗节褐色。须黄色。上颚褐黄色,端齿红褐色。前胸背板后上角白色。翅基片污黄色。前中足白色,腿节中央、胫节外方及端跗节浅褐色;后足黑褐色,转节、腿节最基部、胫节亚基部 1/3、距、第 1-2 跗节和第 3 跗节基半白色。翅透明,翅痣及翅面翅脉暗褐色,翅里翅脉大部分白色,翅痣下方径脉第 1 段两侧有烟褐色斑。

雌:未知。

寄主:未知。

研究标本:正模♂,湖南宜章莽山,2004.X.1-6,许再福,No.20059083。

分布:湖南。

鉴别特征:本新种前翅第 1 径脉两侧有褐斑、头全部黑色、唇基端缘直,后足黑褐色,其胫节亚基部有 1 段白色、上颊长约为复眼的 0.66 倍等特征与皱带窄腹细蜂,新种 *Ropronia rugifasciatus*, sp. nov.和广西窄腹细蜂,新种 *R. guangxiensis*, sp. nov.最为近似,其区别可见检索表。

词源:种本名"童氏 *tongi*",意为对湖南省林业科学研究院童新旺研究员夫妇对作者工作支持的感谢。

(381) 长明窄腹细蜂,新种 *Ropronia changmingi* He et Xu, sp. nov. (图 458)

雄:体长 8.0mm;前翅长 7.2mm。全体被稀疏白毛。

头:前面观宽为高的 1.37 倍。颜面中央具明显的细刻点,侧方光滑,除近唇基处外有中纵脊,在颜面上方呈指状突出,伸向两触角窝之间。额密布细刻点,后方呈夹点细皱;触角洼深凹,之间有与颜面中纵脊相连叶片状突,无额背侧瘤。唇基侧方散生刻点,端缘平截,中央有 2 个钝齿。头背面观宽为中长的 1.78 倍。头顶刻点甚稀细,近于光滑,中央横形拱隆,向后方陡斜。上颊在复眼之后刚膨出,背观其长度为复眼的 0.88 倍,刻点比头顶稍密。单复眼间距和侧单眼间距分别为侧单眼长径的 3.0 倍和 1.4 倍。触角第 1 鞭节长为端宽的 2.4 倍,为第 2 节长的 1.4 倍,毛长为该节宽的 0.6 倍。

胸:前胸背板侧面光滑,凹槽内前缘及中央有粗刻点,后缘有畦状沟脊。中胸盾片中叶具中等刻点,在后方稍稀;盾纵沟深,向后方加宽,内有短脊。小盾片前沟内有 5 个凹窝,中央 2 条纵脊甚低;小盾片稍隆起,光滑,散生细刻点,近后缘有 1 横列小凹窝。中胸侧板中央横沟达后缘附近,沟内及其前上方和前下方有网状刻纹,在翅基片下方尤为宽而明显。后胸侧板四周有网皱,中央小块光滑。并胸腹节基半并列纵皱,后半满布网皱。

翅：前翅基脉上段长为下段的 0.67 倍；小脉后叉式，与基脉的距离为小脉长的 0.22 倍；径脉第 1 段、肘间横脉和第 1 回脉长度之比为 55：60：63 (1：1.09：1.14)；第 1 盘室长为宽的 1.5 倍，亚盘脉从第 1 盘室外方 0.4 处伸出。

腹：腹柄背表面长为最宽处 (在中央) 的 4.1 倍，有背侧纵脊，在基部 0.4 及端部夹有模糊横刻条。第 2 节背板侧观长为高的 1.8 倍。

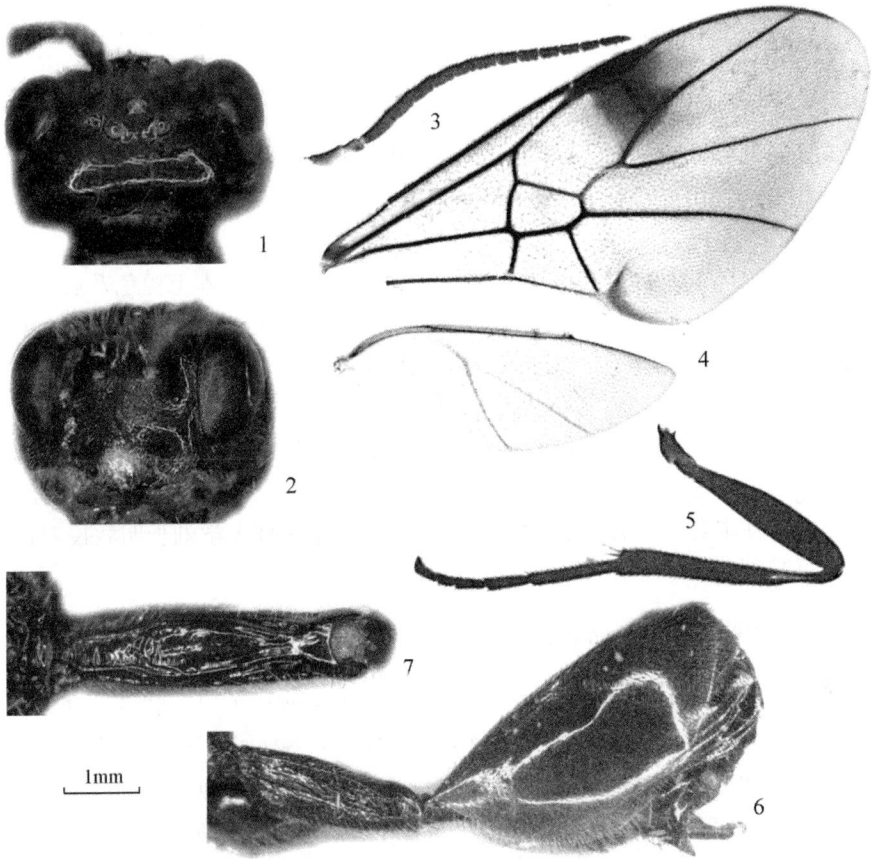

图 458　长明窄腹细蜂，新种 *Ropronia changmingi* He *et* Xu, sp. nov.

1. 头部，背面观；2. 头部，前面观；3. 触角；4. 翅；5. 后足；6. 腹部，侧面观；7. 腹柄，背面观

[1-2, 6.1.6X 标尺；3-5.1.0X 标尺；7.2.7X 标尺]

体色：头部及胸部黑色，柄后腹及触角、翅基片黑褐色。触角支角突及柄节腹方、唇基端缘中央、上颚 (除基部黑褐色)、须、前胸背板后角及后缘上方小斑点、腹部第 2 节背板前下方黄褐色或褐黄色。前中足基节、转节、腿节基部、胫节基部黄色，其余褐色或黑褐色；后足黑色或黑褐色，第 2 转节、腿节最基部、胫节基部 1/3、距、跗节最基部黄褐色。翅透明，略呈烟黄色，翅痣及翅脉暗褐色，翅痣下方径脉第 1 段两侧有烟褐色大斑，斑宽与径脉第 1 段约等长。

变异：第 2 节背板侧观长为高的 1.8-2.0 倍。

雌：与雄性相似，不同之处在于，体长 6.1mm；前翅长 4.4mm。头前面观宽为高的 1.21 倍。头背面观宽为中长的 1.66 倍。单复眼间距为侧单眼长径的 2.5 倍。触角鞭节各节基部收窄，竹鞭形；第 1 鞭节长为第 2 节长的 1.48 倍。前翅基脉上段长为下段的 0.55 倍；小脉与基脉的距离为小脉长的 0.45 倍；第 1 盘室长为宽的 1.7 倍；径脉第 1 段、肘间横脉和第 1 回脉长度之比为 40：43：44 (1：1.08：1.10)。腹柄背表面长为最宽处的 5.9 倍，在基部 0.4 处有刻皱，近端部有刻点。第 2 节背板侧观长为高的 2.24 倍。唇基全部黑色。前中足黄褐色，腿节背方褐色或浅黑褐色；翅痣下方烟褐色斑较小而浅。

寄主：未知。

研究标本：正模♂，福建将乐龙栖山，1991.VI.1，刘长明，No.969630。副模：2♂，同正模，Nos.969641，969642；1♀，福建武夷山，1986.VIII.6，谢明，No.871265；12♂，福建南靖，1991.V.30，刘长明，Nos.969307-18。

分布：福建。

鉴别特征：从本新种径脉第 1 段两侧有烟褐色斑、头部基本上黑色及唇基端缘有 2 个钝齿等特征与浪唇窄腹细蜂 *Ropronia undaclypeus* He et Zhu, 1988 最为相似，但有以下区别特征：①体型较大，体长 8.0mm (后者 5.8mm)；②后足跗节黑褐色 (后者黄褐色)；③翅痣下方烟褐色斑大，其宽与径脉第 1 段约等长 (后者斑小而色浅，明显短于径脉第 1 段长)；④小脉与基脉之距为小脉长的 0.22 倍 (后者为 0.5 倍)；⑤肘间横脉与第 1 回脉约等长 (后者为 1.15 倍)。

词源：学名种本名"长明 changmingi"，是感谢福建农林大学刘长明教授对作者研究工作的支持并惠赠标本。

(382) 浪唇窄腹细蜂 *Ropronia undaclypeus* He *et* Zhu, 1988 (图 459)

Ropronia undaclypeus He *et* Zhu, 1988, In: He *et al*., *Entomotaxonomia*, 10 (3-4): 207, 209.

Ropronia bituberculata He *et* Tong, 1988, In: He *et al*., *Entomotaxonomia*, 10 (3-4): 210.

Ropronia undaclypeus He *et* Zhu: Johnson, 1992, *Mem. Amer. Entomol. Inst.*, 51: 331.

Ropronia bituberculata He *et* Tong: Johnson, 1992, *Mem. Amer. Entomol. Inst.*, 51: 329.

Ropronia undaclypeus He *et* Zhu: Wei, 1995, *Jour. Central-South Forestry Univ.*, 15(2): 102, 103.

Ropronia bituberculata He *et* Tong: Wei, 1995, *Jour. Central-South Forestry Univ.*, 15(2): 102 (Syn. by Wei, 1995).

雄：体长 5.8mm；前翅长 5.0mm。全体被有稀疏的黄白色或黄褐色的细毛。

头：前面观宽约为高的 1.3 倍。额和颜面布满刻点，略呈网状；颜面中央上方呈指状突出，颜面上半具强中纵脊，与触角洼之间的片状突相连；额背侧瘤甚弱。唇基凹甚深，唇基端缘略呈波浪形凹缺 (学名即据此而拟)，中部有 2 个钝齿。上唇密生 1 排刚毛。头部背面观宽约为中长的 1.7 倍；头顶自侧单眼之后光滑，无明显刻点。单复眼间距和侧单眼间距分别为侧单眼长径的 2.6 倍和 1.3 倍。背观上颊在复眼之后稍膨出，其长度约与复眼宽度相等，表面几乎光滑。触角以鞭节第 1 节最长，长为宽的 2.8 倍，为第 2 鞭节长的 1.25 倍，毛长为该节宽的 0.8 倍；以后各节依次渐细渐短，末节长锥形。

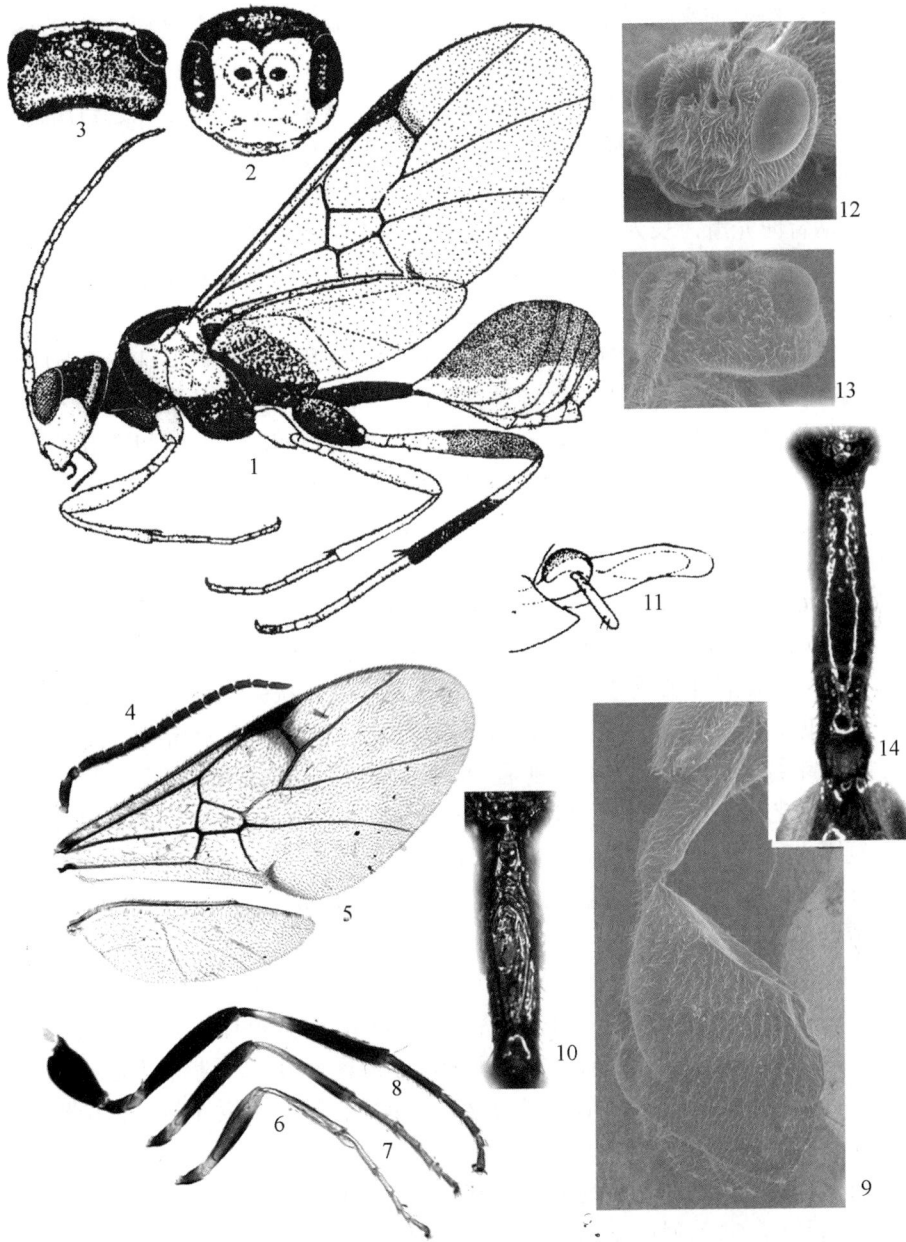

图 459　浪唇窄腹细蜂 *Ropronia undaclypeus* He *et* Zhu, 1988
1. 整体, 侧面观; 2,12. 头部, 前面观; 3,13. 头部, 背面观; 4. 触角; 5. 翅; 6. 前足; 7. 中足; 8. 后足; 9. 腹部, 侧面观; 10,14. 腹柄, 背面观; 11. 雄性外生殖器 (1-3、11. 仿何俊华等, 1988) (1-10. ♀; 11-14. ♂)

胸: 前胸背板侧区光滑, 仅在上缘有刻点, 在后缘有 8-9 条短皱脊。中胸盾片中央前方具刻点, 中叶后方及侧叶近于光滑, 仅散生小刻点; 盾纵沟深, 在后半内有短横脊 4 条。小盾片稍隆起, 仅散生小刻点, 小盾片前沟内有 3 条短纵脊。中胸侧板除镜面区光滑外具明显的网皱; 中央横沟深, 内具纵脊, 不达后缘。后胸小盾片均匀隆起而光滑。

后胸侧板中央有隆起而光滑的小区；四周围沟内具横脊。并胸腹节基部 0.33 为纵刻条，端部 0.67 为网皱。

翅：前翅基脉上稍弯曲，长为下段的 0.7 倍；小脉后叉式，与基脉之距离为小脉长的 0.5 倍；径脉第 1 段、肘间横脉和第 1 回脉长度之比为 40：46：42 (1：1.15：1.05)；第 1 盘室长为宽的 1.43 倍，亚盘脉从外侧下方 0.38 处伸出。

腹：腹柄背面光滑，长为中央前方最宽处的 4.5 倍，仅基部有弱刻皱。柄后腹各节光滑无刻点。外生殖器指状突盘绕阳茎基侧突基部的上方，外侧有 4 个极不明显的爪；阳茎基侧突棒状，末端钝圆，端部侧方有 2 根刚毛。

体色：体黑色。单眼、上颚中段和须淡黄褐色。触角黑褐色，但基部 3 节的腹面黄褐色。前胸背板后缘近翅基片的小斑淡黄褐色，下缘及翅基片暗黄褐色。第 2 腹节基部及腹部末端带红褐色。前足黄褐色，腿节和胫节的背缘色较暗，基节和转节藁黄色；中足淡黄褐色，腿节除两端、胫节端部 0.5 和端跗节为黑褐色；后足黑色，第 2 转节、胫节基部 0.33 和跗节黄褐色。翅透明，略带烟褐色，翅脉暗褐色，前翅在翅痣与径脉之间有淡烟褐色斑。

雌：体长 6.2mm；前翅长 5.3mm。全体被有稀疏的淡黄褐色短细毛。

头：前面观宽约为高的 1.2 倍；额、颜面中央及唇基 (除端缘) 有小刻点；颜面中央上方呈指状突，颜面上半有中纵脊并连于触角洼间叶片状突；触角洼深凹，额背侧瘤稍隆起。唇基凹甚深，唇基端缘中部有两个半球形小突起 (原名双瘤窄腹细蜂学名即据此而拟)；上唇端缘呈弧形，密生 1 排刚毛。头部背面观宽约为长的 1.8 倍；头顶较平坦，刻点甚细，近于光滑；单复眼间距和侧单眼间距分别为侧单眼长径的 3.0 倍和 1.2 倍；背观上颊在复眼之后不膨出，长度为复眼 0.9 倍，表面具极细刻点。触角第 1 鞭节最长，长为最宽处的 3.4 倍，长为第 2 鞭节的 1.5 倍，毛长为该节宽的 0.5 倍；触角鞭节至端部渐细，末节锥形。

胸：前胸背板侧面较光滑，仅上缘有稀疏的刻点，前沟缘脊后方和后缘有少数斜脊。中胸盾片具细刻点，但后方 0.33 几乎消失；盾纵沟细，内有短脊。小盾片稍隆起，具细刻点，小盾片前沟内有 4 条短纵脊。中胸侧板除镜面区光滑外，满布网状刻纹，中央横沟深而宽，内具少数刻条。后小盾片拱形隆起，光滑。后胸侧板 (中央上方光滑) 和并胸腹节上有粗网脊。

翅：前翅基脉上段弯曲，长为下段的 0.7 倍；小脉后叉式，与基脉的距离约为小脉长的 0.33 倍；径脉第 1 段、肘间横脉和第 1 回脉长度之比为 34：45：42 (1：1.32：1.24)；第 1 盘室长为高的 1.57 倍，亚盘脉从外侧中央伸出。

腹：腹柄细长，背面长为中央最宽处的 4.3 倍，约与中足腿节等长；基部 1/4 有不规则弱刻皱，其余平坦而光滑 (少数后半有弱皱)。柄后腹各节光滑，有细毛。第 2 节背板长为高的 1.9 倍。

体色：头部及胸部黑色，个别标本前胸背板下缘明显白色，中胸侧板前上方完全黑色；额从触角洼侧瘤之下方、颜面、唇基、上颚 (除端齿红褐色)、须、颊下方 0.6、单眼、前胸背板后上方、后缘及下缘、翅基片、中胸侧板上方的 0.4 均为黄白色。触角淡黄褐色，第 2-8 节背面淡褐色。前中足淡黄褐色；后足基节、腿节端部约 0.75 (少数较小而浅) 及胫节端部约 0.5 部分黑褐色，其余部分均为淡黄褐色。翅透明，略呈淡褐色，翅脉褐色，前翅在翅痣下方径脉第 1 段两侧有褐色斑。腹柄黑色；柄后腹红褐色，基部腹板黑色，第 2 节背板除基部和端部外为烟褐色。

寄主：未知。

研究标本：1♂，湖南长沙，1984.Ⅹ.8，童新旺，No.846509 (正模)；1♂，福建崇安三港，1982.Ⅴ.3，韩英采 (副模，保存于福建农学院生防所，该所模式标本编号 033)；1♂，福建武夷山，1982.Ⅵ.11，许建飞，No.881388；5♂，湖南石门，1994.Ⅶ，刘志伟，Nos.200610482-83，200610489-90，200610492；2♂，湖南炎陵桃源洞，1995.Ⅵ.10，郑波益，Nos.200610505-06；1♀，湖南常德，1978.Ⅳ，童新旺，No.846508 (双瘤窄腹细蜂的正模)；1♀，福建崇安桐木，1981.Ⅸ.29，黄居昌，保存于福建农学院生防所，该所模式标本编号 034 (双瘤窄腹细蜂的副模)；2♀，浙江天目山仙人顶，马氏网，1997.Ⅶ.15，1998.Ⅷ.2，赵明水，Nos.200010688，200010694；1♀，浙江天目山老殿，马氏网，1998.Ⅸ.27，赵明水，No.200011004；1♀，浙江天目山十里亭，1999.Ⅵ.1，赵明水，No.200010607；1♀，浙江天目山仙人顶，1520m，2001.Ⅶ.1，朴美花，No.200106505；1♀，浙江安吉龙王山，1996.Ⅵ.26，何俊华，No.962767；1♀，湖北五峰后河保护区，1999.Ⅶ.11，卜文俊，No.200104497；5♀，湖南石门，1994.Ⅶ，刘志伟，Nos.200610484-88；1♀，湖南石门，1994.Ⅹ.1，刘志伟，No.200610497；1♀，湖南炎陵桃源洞，1995.Ⅶ.15，郑波益，No.200610509；1♀，贵州梵净山金顶，2100m，2001.Ⅶ.30，马云，No.200109576。

分布：浙江、湖北、湖南、福建、贵州。

鉴别特征：本种雄性与斑足窄腹细蜂 Ropronia pectipes He *et* Zhu, 1988 较近似，但区别显著：①本种唇基端缘有波浪形凹缺，中央有 2 个钝齿；②本种前胸背板侧区光滑，仅在上缘有刻点和后缘有短皱脊；③小盾片前沟内有 3 条短纵脊；④腹柄仅在基部有少数刻点，其余光滑。

注：*R. bituberculata* He *et* Tong 中名曾用双瘤窄腹细蜂。

(383) 裸角窄腹细蜂 *Ropronia oligopilosa* Wei, 1995 (图 460) *

Ropronia oligopilosa Wei, 1995, *Jour. Central-South Forestry Univ.*, 15(2): 101.

雄：体长 5.4mm；前翅长 4.7mm。全体被有稀疏白色细毛。

头：前面观宽为高的 1.26 倍。颜面中央拱隆，密布细夹点网皱，颜面中央上半有 1 纵脊，并与触角洼之间三角形片状突相连。额密布刻点，触角洼深凹，之间叶状突水平部分薄，正中无纵沟，额背侧瘤弱。唇基具纵刻皱，端缘缓弧形，中央有 2 个钝齿。头背面宽为中长的 1.52 倍。头顶中央刻点较额的浅而分开，侧方光滑。背观上颊在复眼之后几乎与复眼等宽，其长度为复眼的 0.9 倍，光滑几乎无刻点。单复眼间距和侧单眼间距分别为侧单眼长径的 2.7 倍和 1.27 倍。触角长为前翅的 0.6 倍；第 1 鞭节长为端宽的 2.8 倍，为第 2 节长的 1.48 倍，除基部 5 节有稀疏长毛 (毛长为该节宽的 0.3 倍) 外，其余各节无毛。

---

* 本种模式标本承中南林业科技大学魏美才教授赠送，保存于杭州市在浙江大学昆虫科学研究所。

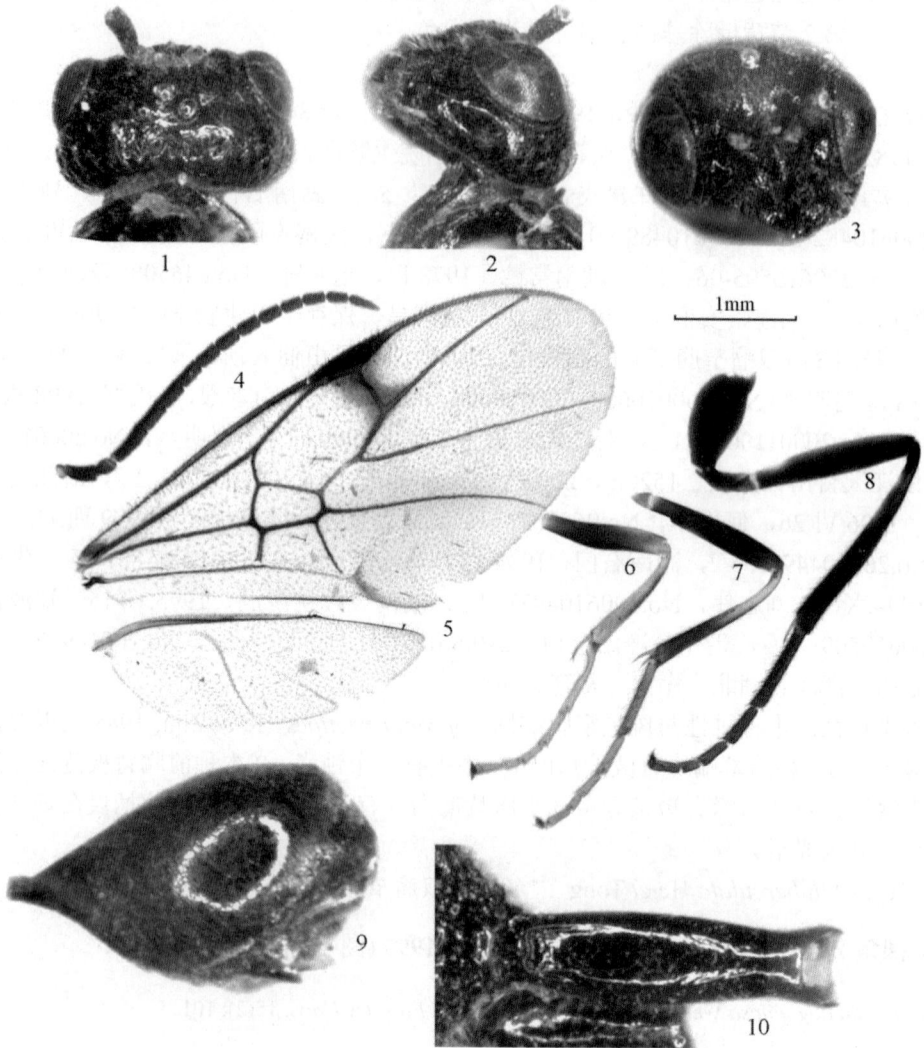

图 460 裸角窄腹细蜂 *Ropronia oligopilosa* Wei

1. 头部，背面观；2. 头部，侧面观；3. 头部，前面观；4. 触角；5 翅；6. 前足；7. 中足；8. 后足；9. 柄后腹，侧面观；
10. 腹柄，背面观 [1-3, 9. 1.6X 标尺；4-8. 1.0X 标尺；10. 3.2X 标尺]

胸：前胸背板侧面光滑，仅背缘具带毛细刻点，后缘有畦状沟脊。中胸盾片中叶前半和侧叶前端具弱皱，其余光滑；盾纵沟深，向后方加宽，内有短脊。小盾片前沟内有 5 个凹窝，但侧窝小；小盾片和后小盾片稍隆起，近于光滑，小盾片近后缘有 1 横列小凹窝。中胸侧板中央横沟远离后缘，沟内并列横刻条；侧板前方和下方具夹点网状刻纹，镜面区及其相连下方光滑；侧缝具 1 纵列凹窝。后胸侧板前方及下方具小网室，上方隆起而光滑。并胸腹节除基部有弱纵皱外，其余满布网室。

翅：前翅基脉上段长为下段的 0.7 倍；小脉后叉式，强度外斜，与基脉的距离为小脉长的 0.43 倍；径脉第 1 段：肘间横脉：第 1 回脉长度=31：42：37 (1：1.35：1.19)；第 1 盘室长为宽的 1.53 倍，亚盘脉从其外侧方 0.4 处生出。

腹：腹柄背表面长为中央最宽处的 3.8 倍，长为后足腿节的 0.73 倍，表面平滑，基部 0.4 具涟漪状弱皱。第 2 节背板侧观长为高的 1.93 倍，背缘长为柄后腹背缘长的 0.7 倍。

体色：体黑色。须黄色。触角、翅基片和柄后腹基半 (界线不清) 棕褐色。上颚除端齿红褐色。足黑褐色至黑色；各足转节和距、前中足腿节至跗节黄褐色 (但中足胫节端半浅褐色)。翅透明，略呈烟黄色，翅痣及翅脉暗褐色，翅痣下方径脉第 1 段两侧有浅而窄的烟褐色斑。

雌：未知。

寄主：未知。

研究标本：1♂，湖南石门，1994.Ⅶ，刘志伟，No.200610481 (正模)。

分布：湖南。

鉴别特征：本种与浪唇窄腹细蜂 *Ropronia undaclypeus* He et Zhu, 1988 及小窄腹细蜂 *R. minuta* Wei, 1995 较近似，但本种触角端部鞭节裸，中胸背板前部具刻纹，后部光滑等特征与上述两种区别显著。本种触角毛构造与同属已知各种迥异。

(384) 梵净山窄腹细蜂 *Ropronia fanjingshanensis* He et Chen, 2005 (图 461)

Ropronia fanjingshanensis He et Chen, 2005, In: He *et al.*, *Enotmotaxonomia*, 27(3): 220.

Ropronia fanjingshanensis He *et* Chen: He & Chen, 2007, In: Li *et al.*, *Insects from Leigongshan Landscape*: 630.

雄：体长 5.0mm；前翅长 4.4mm。

头：前面观宽为高的 1.3 倍。颜面中央具明显的细刻点，侧方光滑；除近唇基处外有纵中脊，在颜面上方呈指状突出，与触角洼之间的叶状突相连。额前方具夹点细皱，后方散生刻点；触角洼深凹，光滑，无明显额背侧瘤。唇基散生刻点，端缘中央有 2 个大钝齿。头背面观宽为中长的 1.8 倍。头顶刻点甚稀细，近于光滑，在后方陡斜。背观上颊在复眼之后刚膨出，其长度为复眼的 0.83 倍，刻点比头顶稍密。单复眼间距和侧单眼间距分别为侧单眼长径的 2.4 倍和 1.0 倍。触角长为前翅的 0.65 倍，第 1 鞭节长为端宽的 3.1 倍，为第 2 节长的 1.3 倍；鞭节毛长为该节宽的 0.8 倍。

胸：前胸背板侧面光滑，仅凹槽内前上角和前下角有刻点，后缘有畦状沟脊。中胸盾片具中等刻点，在中叶前方的稍密；盾纵沟深，在后方稍宽，内有短脊。小盾片前沟内有 3 个大凹窝；小盾片稍隆起，近于光滑，近后缘有横列小凹窝。中胸侧板基本上光滑，中央的横凹痕达后缘，侧板前上方和前下角有网状刻纹和夹点网皱；侧缝内具 1 纵列凹窝。后胸侧板四周有网皱，中央光滑。并胸腹节除基部具纵皱外其余满布网皱。

翅：前翅基脉上段长为下段的 0.8 倍；小脉后叉式，与基脉的距离为小脉长的 0.6 倍；径脉第 1 段：肘间横脉：第 1 回脉长度=31：42：36 (1：1.35：1.16)；第 1 盘室长为宽的 1.54 倍，亚盘脉从第 1 盘室外方 0.55 处伸出。

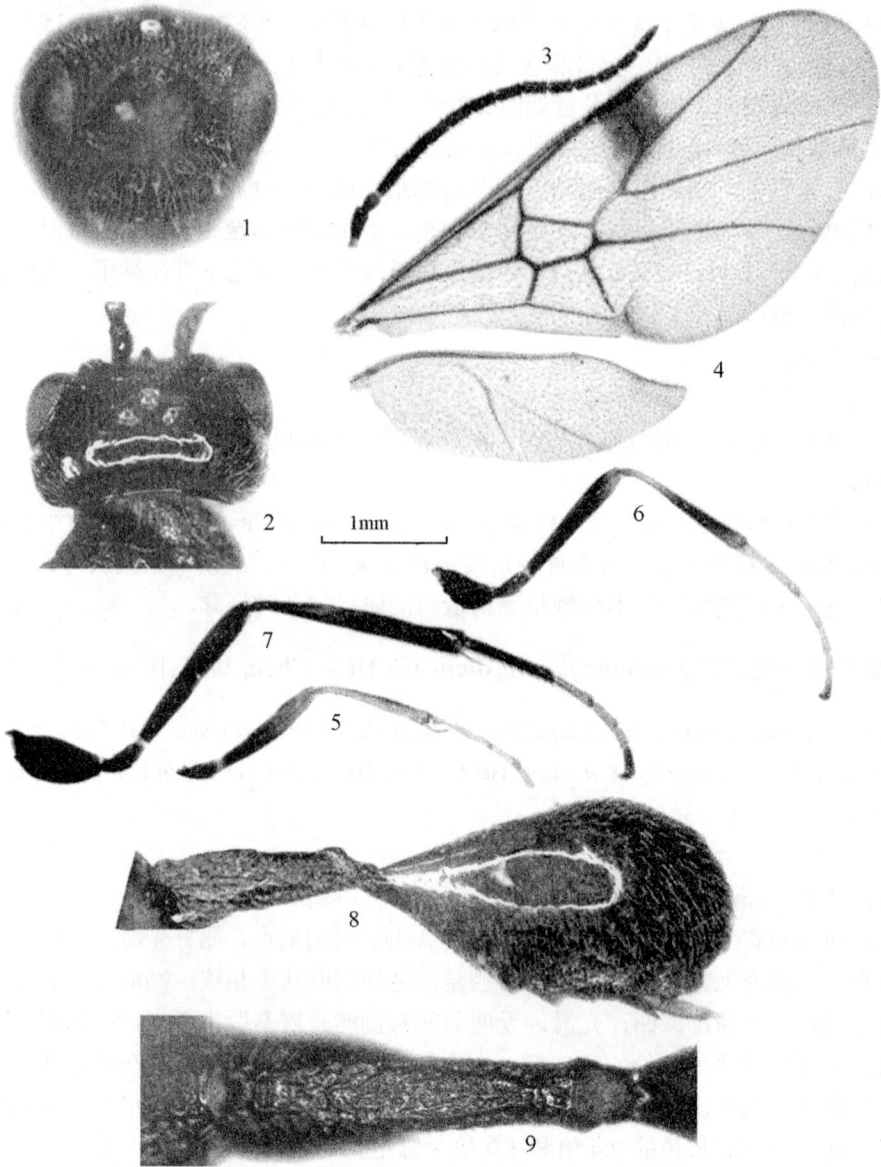

图 461　梵净山窄腹细蜂 *Ropronia fanjingshanensis* He *et* Chen

1. 头部，前面观；2. 头部，背面观；3. 触角；4. 翅；5. 前足；6. 中足；7. 后足；8. 腹部，侧面观；9. 腹柄，背面观（仿
何俊华等，2005b）(1-2, 8. 1.6X 标尺；3-7. 1.0X 标尺；9. 3.0X 标尺)

腹：腹柄背表面长为最宽处（中央前方）的 4.5 倍，满布刻皱，在基部 0.2 及端半有
弱纵刻条。第 2 节背板侧观长为高的 1.84 倍。

体色：头部、胸部及腹柄黑色。柄后腹、触角及翅基片棕褐色。上颚（除两端）、须、
前胸背板后角及后缘上方小斑点黄色。前中足基节、转节、腿节基部黑色，胫节端半、
端跗节褐色，其余黄褐色；后足黑色，胫节亚基部外侧、距、跗节第 2-4 节黄褐色。翅
透明，略带烟褐色，翅痣及翅脉暗褐色，翅痣下方径脉第 1 段两侧有烟褐色大斑，斑宽

与径脉第 1 段近于等长。

变异：副模标本柄后腹大部分黑色，仅第 2 节背板基部渐棕褐色。

雌：未知。

寄主：未知。

研究标本：1♂，贵州梵净山金顶，2100m，2001.Ⅶ.30，马云，No.200109427 (正模)；1♂，贵州梵净山护国寺，1300m，2001.Ⅷ.1，马云，No.200108312 (副模)。

分布：贵州。

鉴别特征：本种从前翅径脉第 1 段两侧有烟褐色大斑、头部完全黑色、唇基端缘中央有 2 个钝齿、触角鞭节毛长及前中足基节黑色等特征，最相似于湖南种小窄腹细蜂 *Ropronia minuta* Wei, 1995。但有以下区别特征：①中足基节、转节、腿节基部黑色，胫节端半、端跗节褐色，其余黄褐色 (后者完全黑色)；②后足胫节亚基部外侧及跗节第 2-4 节黄褐色 (后者完全黑色)；③小脉与基脉之距为小脉长的 0.6 倍 (后者 0.25 倍)。

词源：种本名 "梵净山 *fanjingshanensis*"，是以模式标本产地而拟。

(385) 小窄腹细蜂 *Ropronia minuta* Wei, 1995 (图 462) *

Ropronia minuta Wei, 1995, *Jour. Central-South Forestry Univ.*, 15(2): 101.

雄：体长 5.0mm；前翅长 4.5mm。全体被有稀疏白色细毛。

头：前面观宽为高的 1.2 倍。颜面中央稍拱隆，满布夹点网皱，中央有 1 小长瘤向上连 1 纵脊，并与触角洼之间三角形片状突相连。额密布细刻点，触角洼深凹，之间叶状突与水平部分无中纵沟，额背侧瘤中等发达。唇基基半具细刻点，端半光滑，端缘平截，中央有 2 个小齿。头背面观宽为中长的 1.6 倍。头顶较平坦，刻点很细几乎光滑。背观上颊在复眼之后几乎与复眼等宽，然后向后头脊收窄，其长度为复眼的 0.74 倍，具稍细密点皱。单复眼间距和侧单眼间距分别为侧单眼长径的 2.6 倍和 1.4 倍。触角全断。

胸：前胸背板侧面大部分光滑，仅前缘和背缘有带毛细刻点，后缘有畦状沟脊。中胸盾片具刻点，中叶后方刻点稀，侧叶后方近于光滑；盾纵沟深，在后方加宽，内有短脊。小盾片前沟内有 5 个凹窝，中央 2 条纵脊弱；小盾片和后小盾片稍隆起，近于光滑，小盾片后缘有 1 横列小凹窝。中胸侧板中央横沟远离后缘，沟内并列横刻条；侧板前方和下方具夹点网状刻纹，镜面区及其相连下方光滑；侧缝内具 1 纵列凹窝。后胸侧板具小网室，前上方有橄榄球形光滑隆区。并胸腹节满布网皱，基部有并列纵皱。

翅：前翅基脉上段长为下段的 0.85 倍；小脉后叉式，强度外斜，与基脉的距离为小脉长的 0.3 倍；径脉第 1 段：肘间横脉：第 1 回脉长度=30：38：39 (1：1.27：1.3)；第 1 盘室长为宽的 1.65 倍，亚盘脉从其外侧近中央处伸出。

腹：腹柄背表面长为中央最宽处的 4.0 倍，长为后足腿节的 0.7 倍，表面平坦，基部 4/7 满布不规则低网皱，后方 3/7 光滑。第 2 节背板侧观长为高的 2.0 倍，背缘长为柄后腹背缘长的 0.7 倍。

* 本种模式标本承中南林业科技大学魏美才教授赠送，将保存于杭州市浙江大学昆虫科学研究所寄生蜂标本室。

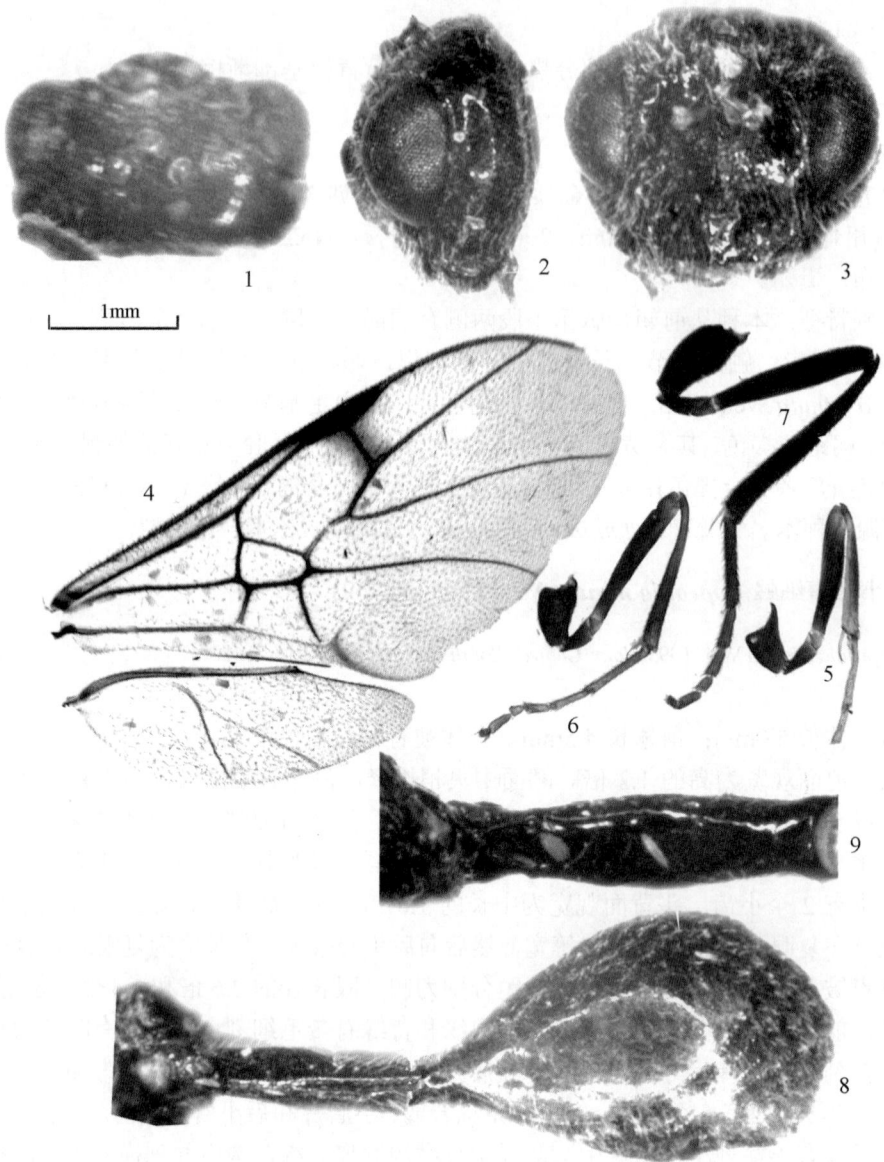

图 462 小窄腹细蜂 *Ropronia minuta* Wei

1. 头部，背面观；2. 头部，侧面观；3. 头部，前面观；4. 翅；5. 前足；6. 中足；7. 后足；8. 腹部，侧面观；9. 腹柄，背面观 [1-3, 8. 1.5X 标尺；4-7. 1.0X 标尺；9. 3.0X 标尺]

体色：体黑色；上颚端齿及柄后腹基部带暗红褐色。足黑色至黑褐色，仅各足胫距、前足腿节端部、胫节两端和前中足跗节黄褐色。翅透明，略带烟褐色，翅痣及翅脉暗褐色，翅痣下方径脉第 1 段两侧有浅烟褐色窄斑。

雌：未知。

寄主：未知。

研究标本：1♂，湖南石门，1994.Ⅶ，刘志伟，No.200610480 (正模)。

分布：湖南。

鉴别特征：本种与浪唇窄腹细蜂 *Ropronia undaclypeus* He et Zhu, 1988 近似。不同的是后者：①足具丰富淡斑；②背面观后头与复眼等长；③柄后腹强烈侧扁，宽高比为 1.5：1；④前翅第 1 回脉稍长于肘间横脉；⑤中胸盾纵沟向后显著收敛等特征易与本种区别。

(386) 卧龙窄腹细蜂，新种 *Ropronia wolongensis* He et Xu, sp. nov. (图 463)

雄：体长 6.3mm；前翅长 4.5mm。

头：前面观宽为高的 1.2 倍。颜面中央具明显的刻点，侧方光滑；上半有中纵脊，在颜面上方呈指状突出，与触角洼之间的叶状突相连。额前方具夹点细皱，后方散生刻点，单眼前方有 1 短纵瘤；触角洼深凹，光滑，中央纵叶状突水平部位无中纵沟；额背侧瘤明显。唇基光滑，侧方散生刻点，端缘中央有 2 个大钝齿。头背面观宽为中长的 2.23 倍。头顶刻点甚稀细，近于光滑，在后方陡斜。背观上颊在复眼之后刚膨出，其长度为复眼的 1.23 倍，刻点比头顶稍密。单复眼间距和侧单眼间距分别为侧单眼长径的 2.5 倍和 1.3 倍。触角长为前翅的 0.67 倍；第 1 鞭节长为端宽的 2.9 倍，为第 2 节长的 1.45 倍；鞭节毛长为该节宽的 0.8 倍。

胸：前胸背板侧面光滑，仅凹槽内前上角和前下角有刻点，后缘有畦状沟脊。中胸盾片具细刻点，在中叶前方的稍密；盾纵沟深，在后方稍宽，内有短脊。小盾片前沟内有 4 个大凹窝；小盾片稍隆起，后半近光滑，近后缘的 1 横列小凹窝弱。中胸侧板基本上光滑，中央的横凹痕达后缘，侧板前上方和前下角有网状刻纹和夹点网皱；侧缝具 1 纵列凹窝。后胸侧板四周有网皱，中央有近三角形的光滑区。并胸腹节除端半具 1 条中纵皱外其余满布网室。

翅：前翅基脉上段长为下段的 0.58 倍；小脉后叉式，与基脉的距离为小脉长的 0.34 倍；径脉第 1 段：肘间横脉：第 1 回脉长度=34：44：48 (1：1.29：1.41)；第 1 盘室长为宽的 1.54 倍，亚盘脉从第 1 盘室外方 0.45 处伸出。

腹：腹柄背表面长为最宽处 (中央前方) 的 4.3 倍，基部 0.4 满布刻皱，端部 0.6 光滑。第 2 节背板侧观长为高的 1.86 倍。

体色：头部、胸部及腹部漆黑色。上颚端齿暗红色。足黑色；前足腿节腹方和端部、胫节和跗节黄褐色；中后足胫节最端部、距、跗节第 2-4 节黄褐色 (后足第 2 跗节基半黑褐色)。翅透明，略带烟褐色，翅痣及翅脉黑褐色；翅痣下方径脉第 1 段两侧有烟褐色大斑，斑宽与径脉第 1 段近于等长。

雌：未知。

寄主：未知。

研究标本：正模♂，四川卧龙自然保护区，2006.Ⅶ.21，张红英，No.200613329。

分布：四川。

鉴别特征：本新种从前翅径脉第 1 段两侧有烟褐色大斑、头部完全黑色、唇基端缘中央有 2 个钝齿、触角鞭节毛长、前中足基节黑色、中足腿节黑色及腹柄基半具皱端半光滑等特征，最相似于小窄腹细蜂 *Ropronia minuta* Wei, 1995。但有以下区别特征：①前足腿节腹方及胫节黄褐色 (后者腿节除端部和胫节除两端完全黑色)；②后足跗节第 2 节端半和第 3-4 节黄褐色 (后者完全黑色)；③头部背观宽为中长的 2.23 倍 (后者 1.6 倍)；④背观上颊长为复眼的 1.23 倍 (后者 0.74 倍)。

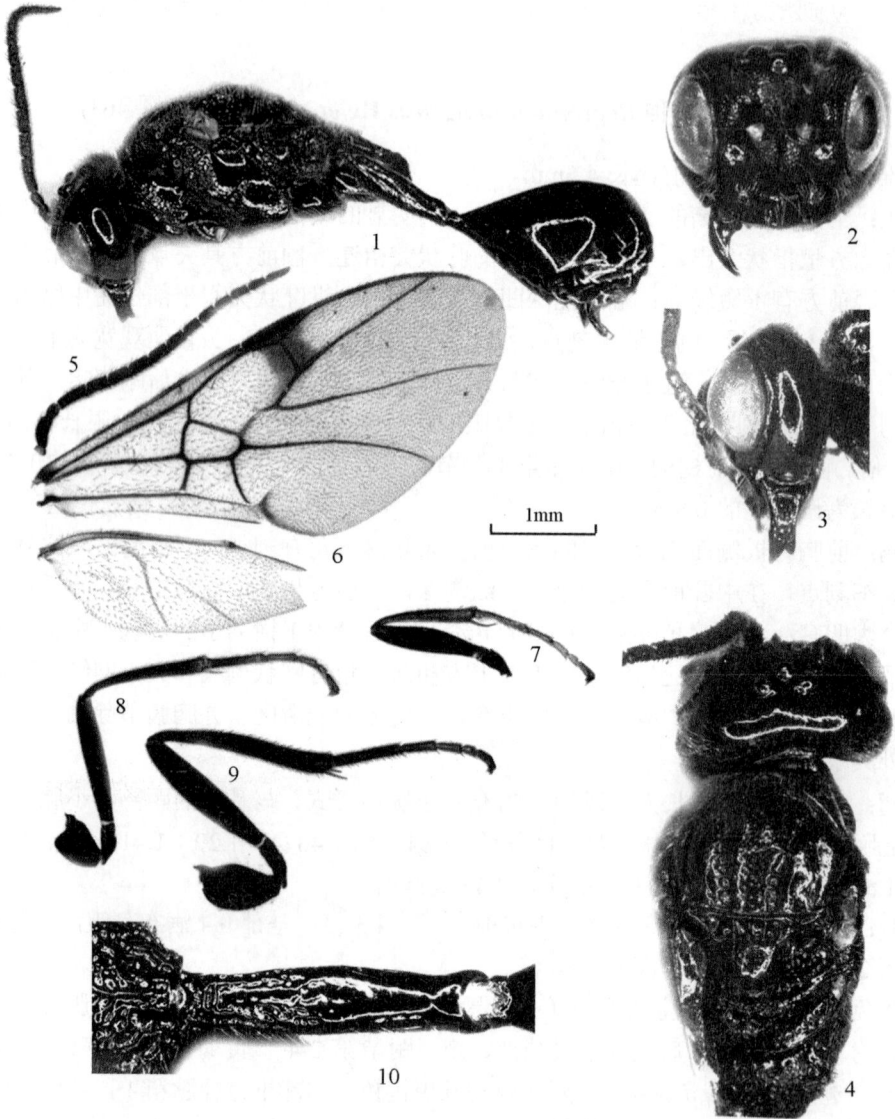

图 463　卧龙窄腹细蜂，新种 *Ropronia wolongensis* He *et* Xu, sp. nov.

1. 整体，侧面观；2. 头部，前面观；3. 头部，侧面观；4. 头部和胸部，背面观；5. 触角；6. 翅；7. 前足；8. 中足；9. 后足；10. 腹柄，背面观 [1, 5-9. 1.0X 标尺；2-4. 1.6X 标尺；10. 3.0X 标尺]

词源：种本名"卧龙 *wolongensis*"是以模式标本产地四川省卧龙自然保护区而拟。

(387) 鼻形窄腹细蜂，新种 *Ropronia nasata* He *et* Xu, sp. nov. (图 464)

雌：体长 5.5mm；前翅长 5.2mm。全体被有稀疏的白色细毛。

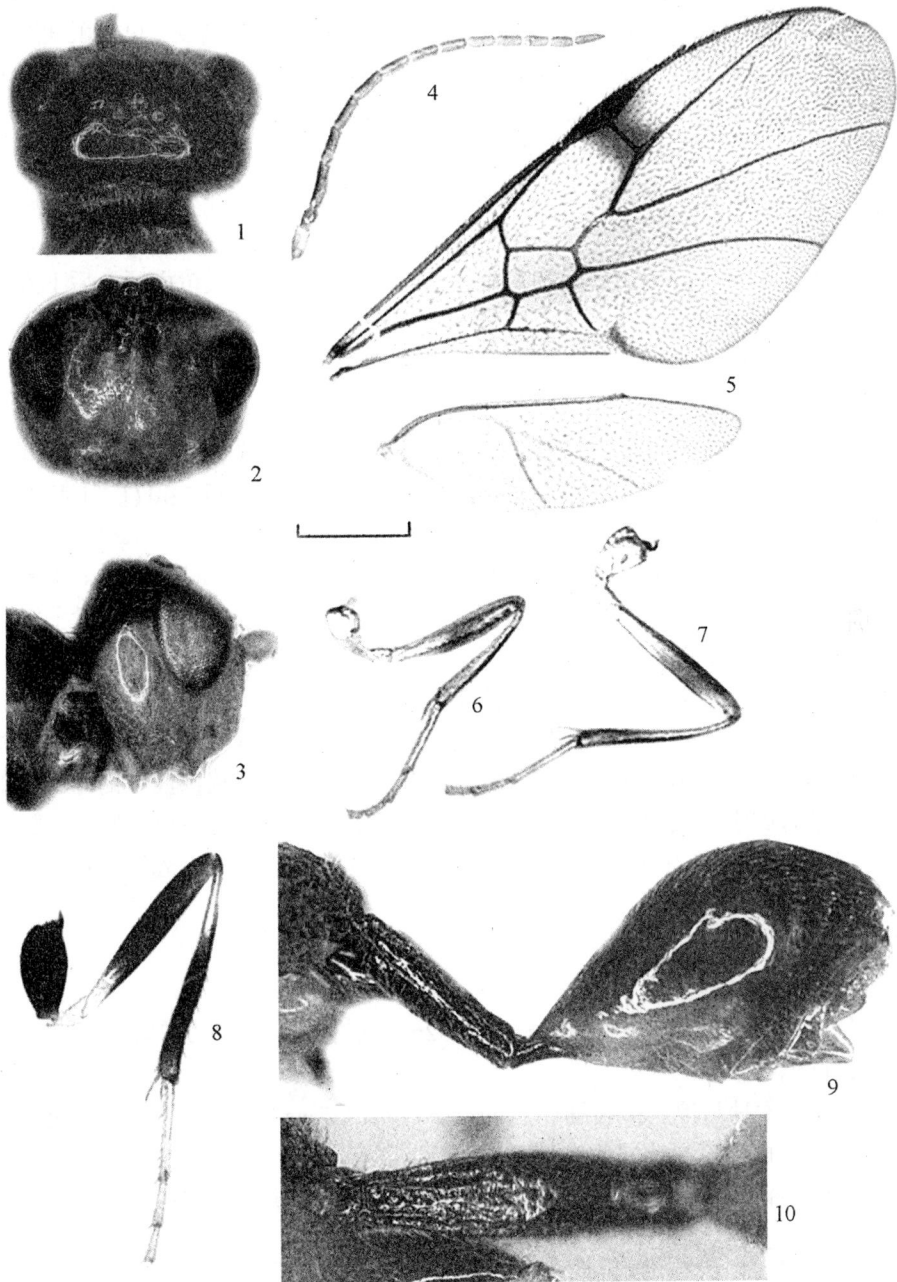

图 464　鼻形窄腹细蜂，新种 *Ropronia nasata* He *et* Xu, sp. nov.
1. 头部，背面观；2. 头部，前面观；3. 头部，侧面观；4. 触角；5. 翅；6. 前足；7. 中足；8. 后足；9. 腹部，侧面观；
10. 腹柄，背面观 [1-3, 9. 1.5X 标尺；4-8. 1.0X 标尺；10. 3.0X 标尺]

头：前面观宽约为高的 1.3 倍；颜面鼻状拱隆，中央有模糊刻点，两侧光滑，上方呈指状突出，颜面上半有中纵脊，与触角洼间的片状突相连。触角洼深凹，其侧上方额背侧瘤弱；额具粗刻点，在中央略呈夹点刻皱。唇基凹甚深；唇基光滑，端缘中央有 2

个钝齿突。头部背面观宽约为中长的 1.62 倍。头顶有稀细带毛刻点。单复眼间距和侧单眼间距分别为侧单眼长径的 3.0 倍和 1.17 倍。背观上颊在复眼之后稍弧形膨出，其长为复眼的 0.9 倍，刻点与头顶的相似。触角较细长，第 1 鞭节最长，长为宽的 4.2 倍，为第 2 鞭节的 1.4 倍；各鞭节毛长约为该节宽的 0.5 倍。

胸：前胸背板侧面光滑，背缘具带毛细刻点，后缘下半具并列长凹窝。中胸盾片中叶前半满布粗而稀的刻点，中叶后半及侧叶刻点稀细，近于光滑；盾纵沟深，内有短脊。小盾片平，散生细刻点，小盾片前沟内有 3 条短纵脊。中胸侧板镜面区及后下方光滑，在前缘具小室状网皱，后下角具夹点网皱，中央横沟不达后缘，内具刻皱。后小盾片有粗网脊。后胸侧板中央光滑，其余为小室状网皱。并胸腹节基部 0.25 具 4 纵刻条，其余满布小室状网皱，后半中央有 1 纵皱。

翅：前翅基脉上段稍弯曲，长为下段的 0.73 倍；小脉后叉式，与基脉的距离为小脉长的 0.32 倍；径脉第 1 段、肘间横脉和第 1 回脉长度之比为 32：47：40 (1：1.47：1.25)；第 1 盘室长为高的 1.7 倍，亚盘脉从下方 0.38 处伸出。

腹：腹柄细长，背表面长为最宽处的 4.7 倍，长为中足腿节的 0.82 倍；基部 0.4 有刻条及夹点刻皱，亚端部有粗刻点，其余光滑。柄后腹侧扁，各节光滑，具带毛细刻点。第 2 节背板长为高的 2.0 倍。

体色：头部、胸部黑色。额区从触角洼侧瘤以下、颜面、唇基、上颚 (端齿红褐色)、须、上颊下方、触角 (鞭节背面浅褐色)、前胸背板后缘及下缘、中胸侧板前缘、翅基片黄白色。腹柄、柄后腹基部腹板黑色；柄后腹黑褐色，下方及端部浅红褐色。前中足黄白色，其胫节背面中央浅褐色，胫节端部和跗节浅黄褐色；后足黑色，转节、腿节基部 0.3、胫节亚基部约 0.35 和跗节黄白色，胫节端部黄褐色。翅透明，翅脉暗褐色，前翅翅痣下方径室内有烟褐色斑。

雄：未知。

寄主：未知。

研究标本：正模♀，陕西留坝紫柏山 1632m，陈学新，No.20047127。

分布：陕西。

鉴别特征：本种与浪唇窄腹细蜂 Ropronia undaclypeus He et Zhu, 1988 较近似，但从颜面中央呈鼻状拱隆可与该属所有种区别。

词源：种本名"鼻形 nasata (鼻)"，是以模式标本颜面中央呈鼻状拱隆这一特征而拟。

(388) 四川窄腹细蜂 *Ropronia szechuanensis* Chao, 1962 (图 465)

Ropronia szechuanensis Chao, 1962, *Acta Ent. Sinica*, 11: 378.

Ropronia szechuanensis Chao: Lin, 1987, *Taiwan Agric. Res. Inst. Spec. Publ.*, 22: 43.

Ropronia szechuanensis Chao: He *et al.*, 1988, *Entomotaxonomia*, 10(3-4): 213.

Ropronia szechuanensis Chao: Lin, 1989, *J. Taiwan Mus.*, 42(2) : 14.

Ropronia szechuanensis Chao: Johnson, 1992, *Mem. Amer. Entomol. Inst.*, 51: 330.

Ropronia szechuanensis Chao: Wei, 1995, *Jour. Central-South Forestry Univ.*, 15(2): 103.

Ropronia szechuanensis Chao: He, 2004, *Hymenopteran Insect Fauna of Zhejiang*: 347.

雌：体长 6.8mm；前翅长 5.5mm。全体被有稀疏的白色细毛。

头：前面观宽为高的 1.25 倍。颜面侧方光滑，中央刻点密而呈网绉，上方具指状突，有 1 中纵脊。额具中等刻点；触角窝间呈片状突起，突起的水平部位稍宽，中央有浅中纵沟；触角洼深凹，额背侧瘤中等。唇基具浅刻点，端缘平截，中央有 2 个稍浪形突起。头部背面观宽为中长的 1.8 倍。头顶近于光滑。单复眼间距和侧单眼间距分别为侧单眼长径的 3.1 倍和 1.35 倍。背观上颊在复眼之后稍弧形收窄，其长为复眼的 1.1 倍，刻点与头顶的相似。触角较细长，第 1 鞭节最长，长为宽的 4.0 倍，为第 2 鞭节长的 1.29 倍；鞭节毛长约为该节宽的 0.6 倍。

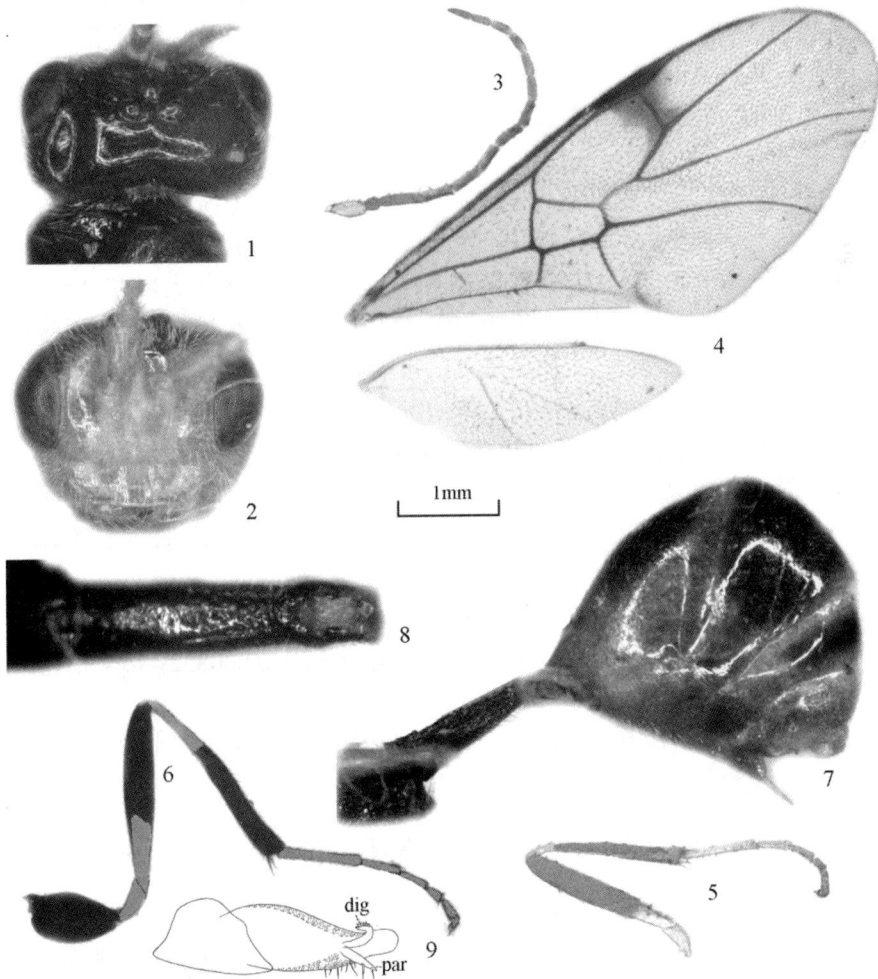

图 465　四川窄腹细蜂 *Ropronia szechuanensis* Chao

1. 头部，背面观；2. 头部，前面观；3. 触角；4. 翅；5. 中足；6. 后足；7. 腹部，侧面观；8. 腹柄，背面观；9. 雄性外生殖器(9. 仿赵修复，1962. dig. 指状突；par. 阳茎基侧突) [1-2, 7. 1.6X 标尺；3-6. 1.0X 标尺；8. 2.5X 标尺]

胸：前胸背板侧面光滑，仅后缘有 1 纵列凹窝。中胸盾片具稀细刻点，后方光滑；盾纵沟深，内有短脊。小盾片略隆起，近于光滑；小盾片前沟凹内有 4 条短纵脊。中胸侧板大部分光滑，仅镜面区前方侧板及中央横沟前半下方侧板具夹点网皱。后小盾片前方有 2 个大凹窝。后胸侧板具稀网皱，中央上方有光滑区。并胸腹节满布小室状网皱。

翅：前翅基脉上段长为下段的 0.57 倍 (21∶37)；小脉后叉式，其距为小脉长的 0.45 倍；径脉第 1 段、肘间横脉和第 1 回脉长度之比为 40∶56∶36 (1∶1.4∶0.9)；第 1 盘室较短，长为高的 1.37 倍；亚盘脉从第 1 盘室外侧中央下方伸出。

腹：腹柄细长，背表面长为中央最宽处的 5.0 倍，明显短于中足腿节；表面基本上光滑，仅端部 1/4 有弱皱，基部 1/4 有"冂"形脊。柄后腹稍侧扁，各节光滑，具带毛稀细刻点。第 2 节背板长为高的 2.1 倍。

体色：头部及胸部黑色；头前面额瘤以下部位、颊、须、上颚、前胸背板侧面后上角及翅基片黄白色；上颚端齿红褐色。前中足黄白色；后足基节、腿节端部 2/3、胫节端部 3/5 黑色，其余黄白色。翅透明，翅脉褐色，翅痣下方径脉第 1 段两侧有浅烟褐色斑。腹柄黑色，柄后腹黄褐色，但第 2 节腹板黑色，第 2 节背板后半上方及第 3-4 节背板上方黑褐色。

雄：作者未采到标本。根据赵修复 (1992) 描述：体长 5.0-5.5mm。唇基短，具小刻点；触角间的纵脊下伸抵触角与上唇基部之间；颜面及额密生刻点，头顶及上颊光滑。前胸背板侧区的上方光滑无刻点，亦无皱脊。中胸盾片中叶密生粗大刻点，但中叶末端、侧叶和小盾片基本上光滑，具稀而细的刻点。腹柄节基本上光滑，具若干不规则微弱纵脊。外生殖器侧面观见图 465-9，阳茎基侧突末端尖细，具 2 根刚毛。指状突长，末端钩曲。体黑色；上颚黄色，基部暗褐色，端齿赤褐色。须浅黄色至黄褐色。颜面在触角窝下方具甚大横形黄褐色斑纹；触角暗褐色，基部两节和鞭节腹面色较浅。前胸背板接近翅基片处的背缘和后缘黄色；翅基片赤褐色。前翅在翅痣与径脉第 1 段之间具烟褐色斑纹。前足和中足黄褐色，其腿节背面暗赤褐色，后足黑色，腿节基部、胫节基部的 1/3-2/3 及跗节浅褐色。

寄主：未知。

研究标本：1♀，浙江西天目山，1998.Ⅴ.16，何俊华，No.880832；1♀，福建武夷山，1980.Ⅵ.20，刘依华，No.870041。

分布：浙江、四川 (成都、峨眉山)、福建、台湾 (佳保台、东埔)。

鉴别特征：见检索表。

(389) 西藏窄腹细蜂，新种 Ropronia xizangensis He et Xu, sp. nov. (图 466)*

雄：体长 7.0mm；前翅长 5.2mm。全体被有稀疏的白色细毛。

头：前面观宽为高的 1.33 倍。颜面满布细夹点网皱，中央稍拱隆，颜面中央上方有 1 小长瘤向上连 1 纵脊，并与触角洼之间三角形状突相连。额密布细夹点横皱，至后方稍稀，触角洼深凹，之间叶状突水平部分弱，正中无纵沟；额背侧瘤中等发达。唇基具夹点刻皱；端部呈并列纵刻条，端缘缓弧形，有 2 个很钝的齿。头背面观宽为中长的 1.77 倍。头顶光滑，具细刻点，头顶向前后方倾斜。背观上颊比复眼稍宽，其长度为复眼的

---

* 此模式标本保存于上海昆虫博物馆。

1.2 倍，刻条同头顶。单复眼间距和侧单眼间距分别为侧单眼长径的 3.3 倍和 1.9 倍。触角长为前翅的 0.69 倍；第 1 鞭节长为端宽的 2.6 倍，为第 2 节长的 1.18 倍；毛长约为该节宽的 0.2 倍。

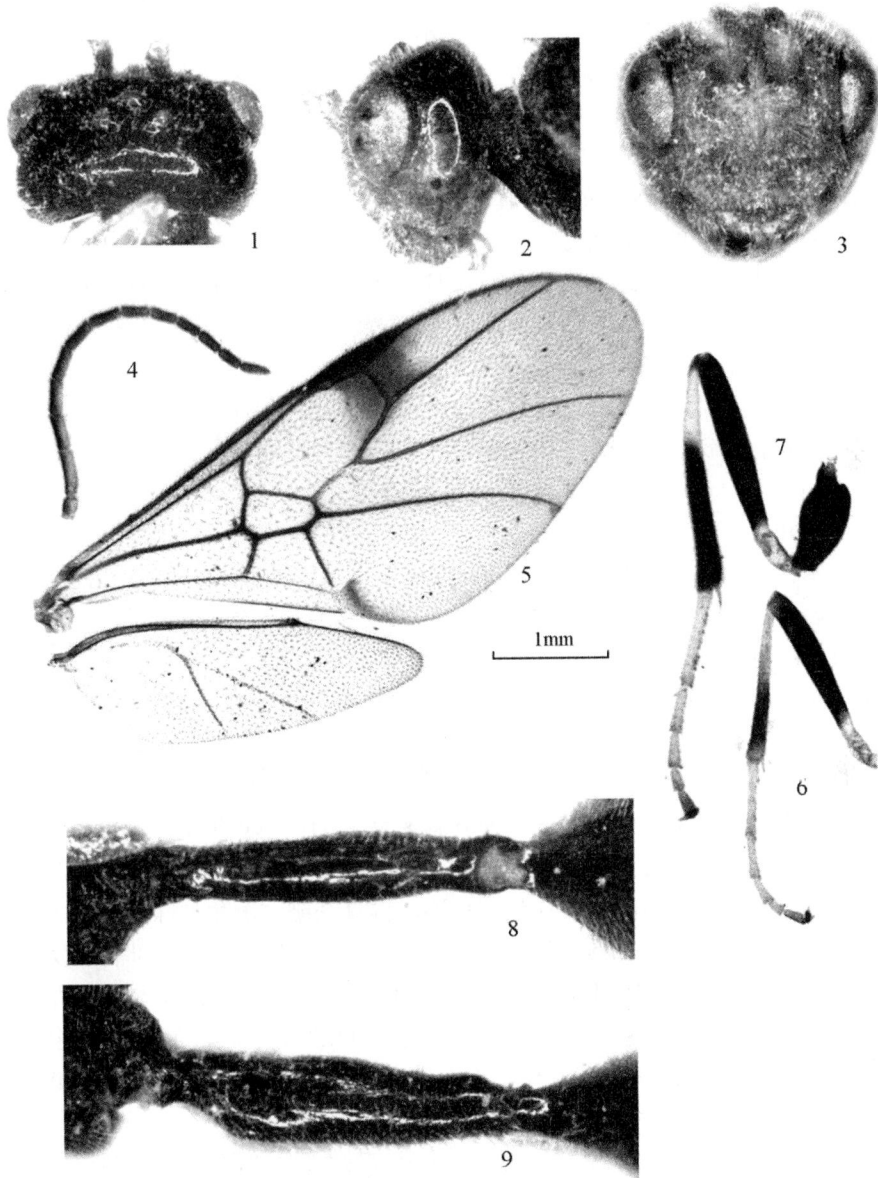

图 466 西藏窄腹细蜂，新种 *Ropronia xizangensis* He *et* Xu, sp. nov.

1. 头部，背面观；2. 头部，侧面观；3. 头部，前面观；4. 触角；5. 翅；6. 中足；7. 后足；8. 腹柄，背面观；9. 腹柄，
侧面观 [1-3.1.5X 标尺；4-7.1.0X 标尺；8-9.2.4X 标尺]

胸：前胸背板侧面满布刻点，凹槽中段光滑，后缘有畦状沟脊。中胸盾片中叶前半具夹点横皱，中叶后方和侧叶刻点较弱而稀；盾纵沟深，向后方加宽，内有短脊。小盾

片前沟内有 5 个凹窝；小盾片稍隆起，光滑，基部具夹点细纵皱，近后缘有 1 横列模糊小凹窝。后小盾片拱隆，具点皱。中胸侧板中央横沟远离后缘，沟内具刻皱；侧板前方和下方具夹点网状刻纹，镜面区及其相连下方光滑；侧缝具 1 纵列凹窝。后胸侧板具小网室，上方部分中央有球形隆起且光滑。并胸腹节除基部有并列纵皱外，其余满布网室。

翅：前翅基脉上段长为下段的 0.65 倍；小脉后叉式，强度外斜，与基脉间距为小脉长的 0.44 倍；径脉第 1 段、肘间横脉和第 1 回脉长度之比为 34∶55∶50 (1∶1.61∶1.47)；第 1 盘室长为高的 1.63 倍，亚盘脉从第 1 盘室外侧上方 0.47 处伸出。

腹：腹柄背观长为中央后方最宽处的 5.3 倍，长为后足腿节的 0.88 倍，表面光滑，仅基部 0.17 处稍有细皱；侧方光滑，具带毛细刻点。第 2 节背板侧观长为高的 2.18 倍，背缘长为柄后腹背缘长的 0.73 倍。

体色：体黑色。头前面触角窝下方、头侧面上颊下方大部分、前胸背板侧面后角连上缘和下方黄色。柄后腹背板下缘多少棕褐色。须黄色。触角黄褐色，鞭节背方黑褐色。上颚端齿红褐色。前中足黄色，前足腿节背面黑褐色，中足腿节黑色，胫节端半 (除最端部) 黑褐色；后足黑色，转节、胫节基部 0.4、距和跗节黄色。翅透明，略呈烟黄色，翅痣暗褐色，翅脉褐黄色，翅痣下方径脉第 1 段两侧有烟褐色大斑。

雌：未知。

寄主：未知。

研究标本：正模♂，西藏墨脱背崩，900m，1980.Ⅱ.2，金根桃、吴建毅，No.200610467。

分布：西藏。

鉴别特征：见检索表。

词源：种本名"西藏 *xizangensis*"，是以模式标本产地而拟。

(390) 兜肚窄腹细蜂，新种 *Ropronia abdominalis* He et Xu, sp. nov. (图 467)

雌：体长 7.7mm；前翅长 6.8mm。全体被有稀疏的白色短细毛。

头：前面观宽约为高的 1.37 倍；颜面中央及唇基密布浅刻点；上方呈指状突出，颜面上半有 1 强纵脊，与触角洼中央片状突相连。额具细皱，触角洼深凹，侧上方额背侧瘤不隆起。唇基凹甚深，唇基具浅刻点，端缘中端有 2 个钝突起。头部背观宽约为长的 2.3 倍；头顶中央高耸，向单眼和后头倾斜，刻点甚细，近于光滑；单复眼间距和侧单眼间距分别为侧单眼长径的 2.8 倍和 1.1 倍；上颊在复眼之后与复眼同宽，其长度为复眼的 0.7 倍，表面光滑。触角第 1 鞭节最长，长为最宽处的 3.3 倍，长为第 2 鞭节的 1.3 倍；毛长为该节的 0.8 倍；末节锥形。

胸：前胸背板侧区光滑，仅上缘后段有稀疏的刻点，后缘有 1 列凹窝。中胸盾片具细而稀的刻点；盾纵沟宽而明显，内有并列短脊。小盾片稍隆起，具细刻点；小盾片前沟内有 4 条短纵脊。中胸侧板除镜面区及后下方光滑外满布网状刻纹；中央横沟深而宽，前段内具少数刻条。后小盾片拱形隆起，光滑。后胸侧板 (中央上方光滑) 和并胸腹节上有粗网脊，多白毛。

翅：前翅基脉上段弯曲，长为下段的 0.52 倍；小脉后叉式，与基脉的距离约为小脉长的 0.27 倍；径脉第 1 段、肘间横脉和第 1 回脉长度之比为 57∶60∶65 (1∶1.05∶1.14)；

第 1 盘室长为高的 1.6 倍，亚盘脉从外侧中央稍上方伸出。

腹：腹柄细长，背面长为中央最宽处的 5.0 倍，长为中足腿节的 0.75 倍，基部 0.15 有不规则弱刻皱，侧方有长纺锤形浅纵凹痕，其余平坦而光滑。柄后腹各节光滑，有细毛。第 2 节背板侧观长为高的 2.4 倍。

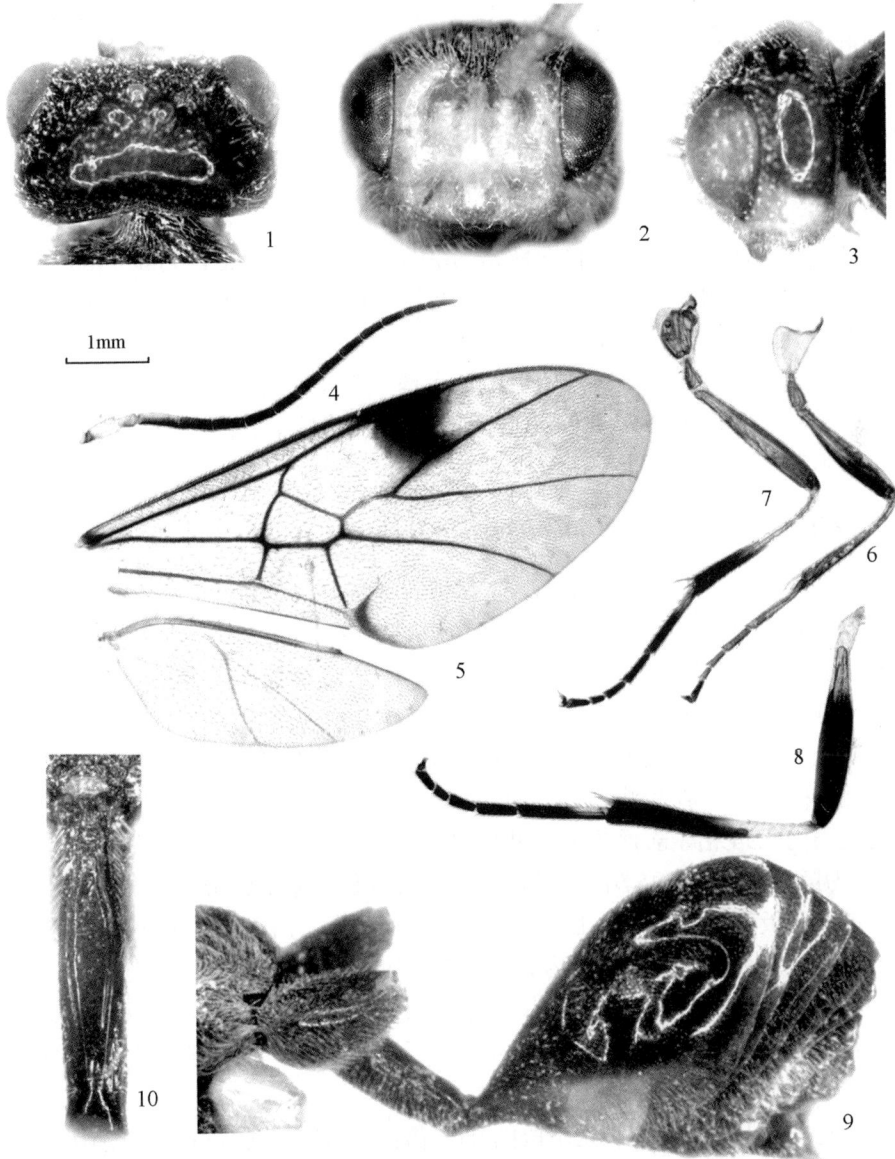

图 467　兜肚窄腹细蜂，新种 *Ropronia abdominalis* He *et* Xu, sp. nov.
1. 头部，背面观；2. 头部，前面观；3. 头部，侧面观；4. 触角；5. 翅；6. 前足；7. 中足；8. 后足；9. 腹部，侧面观；
10. 腹柄，背面观 [1-3, 9. 1.6X 标尺；4-7. 1.0X 标尺；10. 2.5X 标尺]

体色：头部及胸腹黑色。额从触角洼侧瘤之下方、颜面、唇基、上颚 (除端齿红褐色)、须、颊下方 0.4、单眼、前胸背板后上方和后缘及下缘、翅基片、中胸侧板下缘中央 1 小点均黄白色。触角黑色，柄节、梗节、第 1-2 鞭节腹方白色。前中足白色，前足腿节内侧下方后半、胫节外侧、基跗节外侧及其余跗节、中足腿节内侧后半、胫节端部 0.4 及跗节 (除最基部) 褐色至黑褐色；后足基节、腿节端部 0.6、胫节端部 0.6、跗节 (除基跗节基半腹方) 黑色，其余白色。翅透明，带烟黄色，翅脉黑褐色，前翅在翅痣下方径脉第 1 段两侧有黑色斑。腹部黑色；第 2 节背板腹缘灰白色，并可透见腹板白色矩形斑，形似肚兜 (中名即据此而拟为"兜肚")。

雄：未知。

寄主：未知。

研究标本：正模♀，广东龙门南昆山，2004.Ⅷ.16，刘经贤，No.20059426。

分布：广东。

鉴别特征：本新种与浪唇窄腹细蜂 *Ropronia undaclypeus* He *et* Zhu, 1988 最为近似，主要区别在于：①前翅肘间横脉与径脉第 1 段约等长 (后者为 1.3 倍)；②本种第 2 节背板基本上黑色，腹板中央有白色矩形斑 (后者第 2 背板除基部和端部外为烟褐色，腹板完全黑色)；③本种后足跗节基本上黑色 (后者基本上浅黄褐色)。

词源：种本名"兜肚 *abdominalis*（腹部）"是以模式标本黑色的腹部可透见腹板白色矩形斑，形似肚兜这一特征而拟。

(391) 经贤窄腹细蜂，新种 *Ropronia jingxiani* He *et* Xu, sp. nov. (图 468)

雌：体长 6.8mm；前翅长 5.3mm。全体被有稀疏的白色短细毛。

头：前面观宽约为高的 1.39 倍；颜面中央及唇基密布浅刻点；上方呈指状突出，颜面上半有 1 强纵脊，与触角洼中央片状突相连。额具夹点细横皱，触角洼深凹，侧上方额背侧瘤不隆起。唇基凹甚深，唇基具浅刻点，端缘中端稍翘，有 2 个钝突起。头部背观宽约为长的 2.27 倍；头顶中央高耸，向单眼和后头倾斜，刻点甚细，近于光滑；单复眼间距和侧单眼间距分别为侧单眼长径的 3.1 倍和 1.38 倍；上颊在复眼之后与复眼同宽，其长度为复眼的 0.94 倍，表面光滑。触角第 1 鞭节最长，长为最宽处 (中央稍基方) 的 3.8 倍，长为第 2 鞭节的 1.45 倍；毛长为该节的 0.4 倍；末节锥形。

胸：前胸背板侧区光滑，仅上缘后段有稀疏的刻点，后缘有 1 列凹窝。中胸盾片具细而稀的刻点；盾纵沟宽而明显，内有并列短脊。小盾片稍隆起，具细刻点，小盾片前沟内有 3 条短纵脊。中胸侧板光滑，仅前方具刻皱和侧缝具凹窝；中央横沟深而宽，前段内具少数刻条。后小盾片拱形隆起，光滑。后胸侧板 (中央上方光滑) 和并胸腹节上有粗网脊，多白毛。

翅：前翅基脉上段弯曲，长为下段的 0.66 倍；小脉后叉式，与基脉的距离约为小脉长的 0.32 倍；径脉第 1 段、肘间横脉和第 1 回脉长度之比为 43：55：55 (1：1.28：1.28)；第 1 盘室长为高的 1.64 倍，亚盘脉从外侧中央伸出。

腹：腹柄细长，背面长为中央最宽处的 5.0 倍，长为中足腿节的 0.87 倍，基部 0.05 有"∩"形脊及 5 个弱刻点，其余平坦而光滑，侧方无纵脊或凹痕。柄后腹各节光滑，有细毛。第 2 节背板侧观长为高的 1.9 倍。

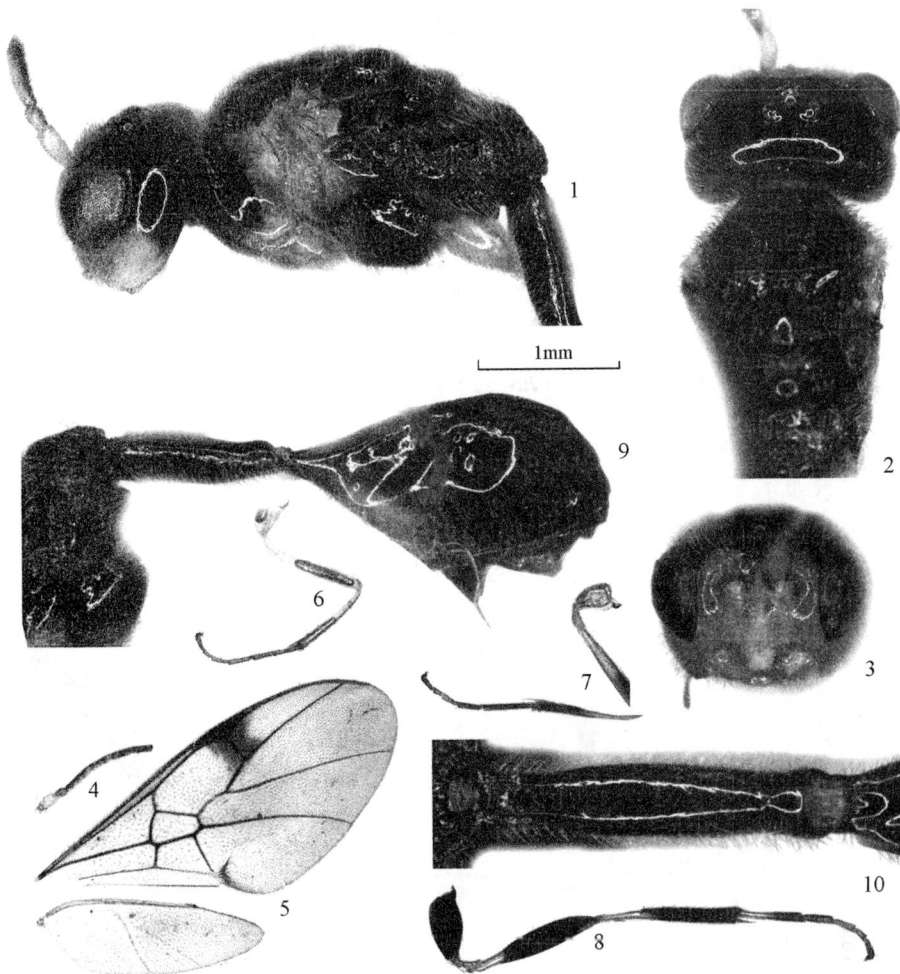

图 468　经贤窄腹细蜂，新种 *Ropronia jingxiani* He *et* Xu, sp. nov.
1. 头部和胸部，侧面观；2. 头部和胸部，背面观；3. 头部，前面观；4. 触角；5. 翅；6. 前足；7. 中足；8. 后足；9. 腹部，侧面观；10. 腹部，背面观 [1-3, 9. 2.0X 标尺；4-8. 1.0X 标尺；10. 4.0X 标尺]

体色：头部及胸部黑色。额从触角洼侧瘤之下方、颜面、唇基、上颚 (除端齿红褐色)、须、颊下方 0.5、前胸背板侧面后半、翅基片、中胸侧板上半除后缘均黄白色。触角黑色，柄节、梗节、第 1-3 鞭节腹方白色。前中足白色，前足胫节外侧和端跗节、中足腿节端部背方、胫节端半及跗节黑褐色；后足基节、腿节端部 0.8、胫节亚基部 0.35、距、跗节除基跗节基半 (第 3-5 跗节色稍浅)，其余白色。翅透明，带烟黄色，翅脉黑褐色，前翅在翅痣下方径脉第 1 段两侧有 1 黑色斑。腹部黑色；并可透见整个腹板具白色矩形斑，形与肚兜窄腹细蜂相似。

雄：未知。

寄主：未知。

研究标本：正模♀，海南白沙鹦哥岭，2007.Ⅹ.19，刘经贤，No.200705147。

分布：海南。

鉴别特征:本新种与兜肚窄腹细蜂,新种 *Ropronia abdominalis* He et Xu, sp. nov. 最为近似,主要区别在于:①前翅肘间横脉与第 1 回脉等长、为径脉第 1 段的 1.28 倍 (后者肘间横脉长分别为第 1 回脉和径脉第 1 段的 0.92 倍和 1.05 倍);②腹柄背面几乎完全光滑 (后者光滑,但侧方有长纺锤形浅纵凹痕);③中胸侧板仅上半除后缘黄白色 (后者仅下缘中央 1 小斑点黄白色);④中胸侧板光滑,仅前方具刻皱和侧缝具凹窝 (后者中胸侧板除镜面区及其下方光滑外满布网状刻纹)。

词源:种本名"经贤 *jingxiani*",意为对采集人刘经贤博士不辞辛苦,多次深入深山老林采集的感谢!

(392) 光滑窄腹细蜂,新种 *Ropronia laevigata* He et Xu, sp. nov. (图 469)

雌:前翅长 3.2mm。全体被有稀疏的白色细毛。

头:已丢失。

胸:前胸背板侧面及背面均光滑无毛,前沟缘脊强。中胸盾片中叶具弱皱,侧叶几乎光滑;盾纵沟深,内有短脊。小盾片光滑,小盾片前沟内有 2 条短纵脊,但其部位不

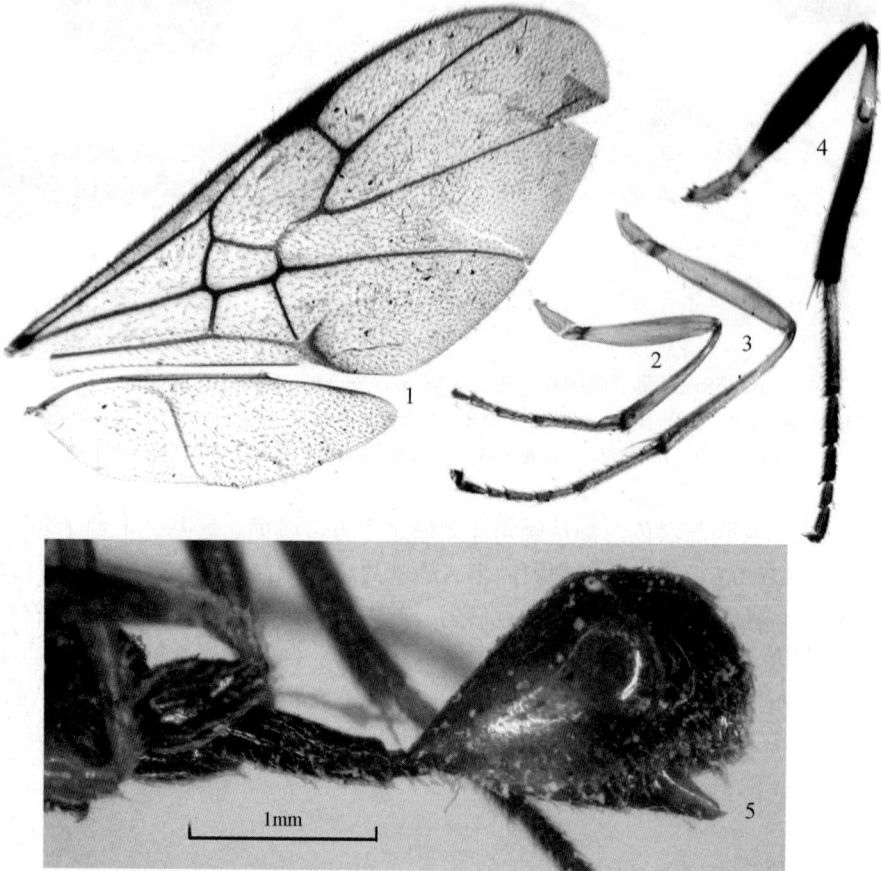

图 469 光滑窄腹细蜂,新种 *Ropronia laevigata* He et Xu, sp. nov.
1. 翅;2. 前足;3. 中足;4. 后足;5. 腹部,侧面观 [1-4. 1.0X 标尺;5. 1.3X 标尺]

对称。中胸侧板光滑，仅前缘、翅基下方及中央横沟前方具小室状网皱。后小盾片有粗网脊。后胸侧板具不规则大网皱，前半中央有 1 大光滑区。并胸腹节满布小室状网皱。

翅：前翅基脉上段稍弯曲，长为下段的 0.67 倍；小脉外斜，后叉式，与基脉间距为小脉长的 0.35 倍；径脉第 1 段、肘间横脉和第 1 回脉长度之比为 26：40：36 (1：1.54：1.38)；第 1 盘室较短，长为高的 1.5 倍，亚盘脉从第 1 盘室外方伸出。

腹：腹柄细长，背表面长为中央最宽处的 6.2 倍，与中足腿节等长；光滑，仅基部 0.3 具弱皱。柄后腹侧扁，各节光滑，多带毛稀细刻点。第 2 节背板长为高的 2.1 倍。

体色：胸部及腹柄黑色；柄后腹红褐色，但其端部渐暗红褐色，第 2 节背板中央 (除背方) 黄色。前中足黄色；后足基节黑色，转节、腿节基部、胫节基部 0.4 和跗节基部黄白色，其余浅褐色。翅半透明，带烟黄色，翅脉黑褐色，翅痣下方无烟褐色斑。

雄：未知。

寄主：未知。

研究标本：正模♀，湖南石门丰家河，1987.IX.21，童新旺，No.896472。

分布：湖南。

鉴别特征：本新种头部虽丢失，但从前胸光滑无毛，中胸侧板大部分光滑，后胸侧板中央前方有大光滑区，腹柄细长且大部分光滑，第 1 盘室长为高的 1.5 倍及柄后腹和足的色泽等综合特征可与该属已知种区别。

词源：种本名"光滑 laevigata"，意指本种胸部基本上光滑。

(393) 双斑窄腹细蜂 *Ropronia bimaculata* He et Chen, 2005 (图 470)

Ropronia sp. He, Chen *et* Ma, 2005, In: Yang & Jin, *Insects from Dashahe Nature Reserve of Guizhou*: 475.

Ropronia bimaculata He *et* Chen, 2005, In: He *et al.*, *Entomotaxonomia*, 27(3): 222.

Ropronia bimaculata He *et* Chen: He & Chen, 2007, In: Li *et al.*, *Insects from Leigongshan Landscape*: 630.

雌：体长 6.1mm；前翅长 5.2mm。全体被有稀疏的白色细毛。

头：前面观宽为高的 1.46 倍。颜面满布粗刻点，在中央的刻点密而呈网皱；颜面中纵脊明显，在上方呈指状突。额具粗刻点，略呈纵皱；触角洼深凹，洼中间具片状纵叶突，叶突的水平部位有深纵沟；额背侧瘤明显。唇基凹甚深；唇基满布粗刻点，端缘平截，光滑。头背面观宽为中长的 2.2 倍。头顶有带毛刻点，但较额上的明显稀。单眼外围有浅沟，单复眼间距和侧单眼间距分别为侧单眼长径的 2.0 倍和 1.5 倍。背观上颊在复眼之后稍弧形收窄，其长为复眼的 0.82 倍，刻点与头顶的相似。触角较细长，第 1 鞭节最长，长为宽的 3.5 倍，为第 2 鞭节长的 1.15 倍；鞭节毛长约为该节宽的 0.3 倍。

胸：前胸背板侧面满布较粗而稀的刻点。中胸盾片满布刻点，中叶后半具夹点网皱；盾纵沟深，内有短脊。小盾片前沟内有 4 条短纵脊，仅外侧 2 条强；小盾片略隆起，具夹点网皱。中胸侧板除镜面区及其下方光滑外满布夹点刻皱，中央横凹痕不达后缘。后小盾片有粗网脊。后胸侧板具刻点及不规则网皱。并胸腹节满布小室状网皱。

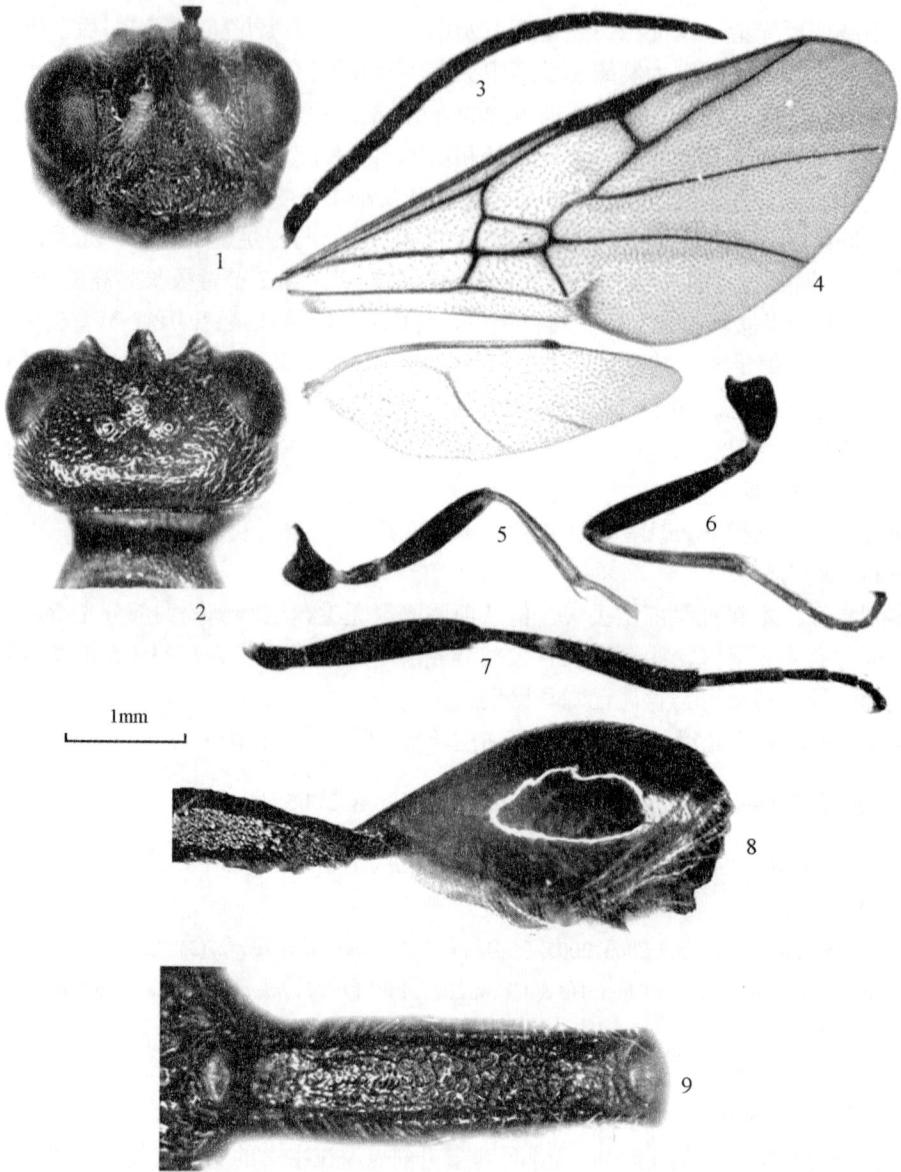

图 470 双斑窄腹细蜂 *Ropronia bimaculata* He *et* Chen

1. 头部，前面观；2. 头部，背面观；3. 触角；4. 翅；5. 前足；6. 中足；7. 后足；8. 腹部，侧面观；9. 腹柄，背面观（仿
何俊华等，2005a）[1-2, 8. 1.6X 标尺；3-7. 1.0X 标尺；9. 3.0X 标尺]

翅：前翅基脉上段相当弯曲，长为下段的 0.89 倍；小脉刚后叉式，其距尚不达小脉
脉粗；径脉第 1 段、肘间横脉和第 1 回脉长度之比为 30：50：40 (1：1.67：1.33)；第 1
盘室较狭长，长为高的 2.6 倍，亚盘脉从第 1 盘室外方中央伸出。

腹：腹柄背观细长，背表面长为中央最宽处的 4.1 倍，满布不规则细皱。柄后腹侧
扁，各节光滑，多带毛稀细刻点。第 2 节背板长为高的 2.1 倍。

体色：头部及胸部黑色；颜面上方两侧条纹连支角突白色 (学名即据此而拟)。上颚

端齿红褐色。足基节、转节、腿节（前足的除两端）黑色；距黄白色；前足腿节两端和跗节黄白色；中足胫节和跗节浅褐色；后足胫节和跗节黑色，胫节背方 0.28 处小斑黄白色。翅半透明，带烟褐色，翅脉黑褐色，翅痣下方无烟褐色斑。腹柄黑色，近末端白色；第 2 节背板红褐色，其背面后半及其余背板、下生殖板黑褐色；第 2 节基部腹板黑色。

　　雄：与雌性相似，不同之处在于，体长 6.2-7.7mm；前翅长 5.1-5.7mm。唇基端半并列纵皱。背观上颊在复眼之后刚膨出，其长度为复眼的 0.83-1.00 倍。单复眼间距和侧单眼间距分别为侧单眼长径的 1.7 倍和 1.1 倍。前胸背板中央前方有并列刻条，后缘有畦状沟脊。中胸盾片满布夹点网皱，在中叶后方皱略粗。后足跗爪上有 9 个密的栉齿。前翅亚盘脉在第 1 盘室外侧下方 0.36 处伸出；径脉第 1 段：肘间横脉：第 1 回脉长度= 39：62：31 (1：1.6：0.8) 或 32：67：37 (1：2.09：1.16)；小脉后叉式，与基脉的距离为小脉长的 0.3 倍。腹柄背表面长为中央最宽处的 4.5 倍，除中段 0.2 中央光滑外，基段具不规则刻皱，端段具夹点网皱。须、触角、翅基片黑褐色；触角柄节及第 1-3 鞭节腹面红褐色；前胸背板后缘上方小斑黄色。前足黄褐色，基节、腿节除端部黑褐色；中足基节、腿节黑褐色，第 1 转节、胫节和跗节浅褐色，第 2 转节和距黄褐色；后足黑色，仅第 2 转节色稍浅，距黄色。

　　研究标本：1♀，贵州道真大沙河，1283m，2004.Ⅷ.17，吴琼，No.20047346 (正模)；1♂，湖南张家界，1996.Ⅹ.16-21，何俊华，No.9611775 (副模)。

　　寄主：未知。

　　分布：湖南、贵州。

　　鉴别特征：本种唇基端缘光滑、触角洼之间额纵叶突水平部位有深纵沟、翅痣下方无烟褐色斑和腹部第 2 节背板红褐色等特征与红腹窄腹细蜂 *Ropronia rufiabdominalis* He et Zhu, 1988 最近似，但区别显著：①头部更横宽，前面观宽为高的 1.46 倍，背面观宽为中长的 2.2 倍 (后者前面观宽为高的 1.3 倍，背面观宽为中长的 1.5 倍)；②头部黑色，仅颜面两侧各有 1 白色斜纹 (后者颜面、唇基、上颊下方等完全黄白色)；③触角黑色 (后者触角背面黑褐色，柄节腹面及第 1 鞭节基部 0.67 腹面黄白色)；④前中足基节、转节黑色，后足胫节仅基部 0.28 处背方有小白斑 (后者前中足基节、转节淡黄褐色，后足胫节亚基部约 0.4 黄白色)。

(394) 红腹窄腹细蜂 *Ropronia rufiabdominalis* He et Zhu, 1988 (图 471)

Ropronia rufiabdominalis He et Zhu, 1988, In: He et al., *Entomotaxonomia*, 10(3-4):207.

Ropronia rufiabdominalis He et Zhu: He & Tong, 1992, In: Hunan Foerstry Department, *Iconography of forest Insects in Hunan, China*: 1295.

Ropronia rufiabdominalis He et Zhu: Johnson, 1992, *Mem. Amer. Entomol. Inst.*, 51: 300.

Ropronia rufiabdominalis He et Zhu: Wei, 1995, *Jour. Central-South Forestry Univ.*, 15(2): 102.

Ropronia rufiabdominalis He et Zhu: He, 2004, *Hymenopteran Insect Fauna of Zhejiang*: 347.

Ropronia rufiabdominalis He et Zhu: He & Chen, 2007, In: Li et al., *Insects from Leigongshan Landscape*: 630.

雌：前翅长 5.9mm。全体被有稀疏的白色或黄褐色细毛。

头：前面观宽为高的 1.3–1.5 倍。在颜面中央刻点密而呈网皱，在触角窝之间有三角形突起，中央有纵脊，并与触角洼之间叶突相连。额具刻点略呈纵皱；触角洼间有叶片状突起的水平部位 (背缘) 中央有纵沟，触角洼深凹，其侧上方额背侧瘤隆起。唇基凹甚深；唇基满布刻点，唇基端缘光滑，中央锋锐稍反卷。头部背面观宽为长的 1.5–1.6 倍。头顶有带毛刻点，但较额上的明显稀。单眼外围有浅沟，侧单眼之间有向后延伸的小纵脊，单复眼间距和侧单眼间距分别为侧单眼长径的 2.2 倍和 1.4 倍；上颊在复眼之后稍弧形收窄，其长度为复眼的 0.8–1.0 倍，刻点与头顶的相似。触角较细长，第 1 鞭节最长，圆柱形，长为宽的 3.8–4.5 倍，长为第 2 鞭节的 1.16 倍。

胸：前胸背板侧面满布细刻点，内散生少数不规则大刻点和皱脊，中央前方有小光滑区；中胸盾片满布粗刻点，近后缘中央有 1 弧形脊；盾纵沟深，内有短脊。小盾片略隆起，具网状刻点，小盾片前沟内有 4 条短纵脊。中胸侧板中央横凹痕浅，不达后缘；除镜面区及中央横沟后段下方光滑外满布刻点，在前上角和前下角还夹有刻条。后小盾片有粗网脊。后胸侧板和并胸腹节几乎满布网状刻纹。

翅：前翅基脉上段稍弯曲，与下段几乎等长；小脉后叉式，与基脉的距离为小脉长的 0.25 倍；径脉第 1 段、肘间横脉和第 1 回脉长度之比为 34∶61∶55 (1∶1.8∶1.6) 或 38∶70∶45 (1∶1.84∶1.18)；第 1 盘室长为高的 2.3 倍；亚盘脉从第 1 盘室外侧中央伸出。

腹：腹柄细长，背表面长为最宽处的 4.5 倍，略长于中足腿节；腹柄满布不规则夹点网皱，尤以背面的较粗。柄后腹侧扁，各节光滑，多细毛。

体色：头部及胸部黑色。额区从触角洼侧瘤以下、颜面、唇基、上颚基半 (端半为红褐色)、须 (除端节淡褐)、上颊下方和前胸背板侧面后缘及下缘均黄白色。触角背面黑褐色，柄节腹面及第 1 鞭节基部 0.67 腹面黄白色。翅基片淡褐色。前中足淡黄褐色，其腿节背面和胫节背面褐色；后足黑色，转节黄褐色，胫节亚基部约 0.4 部位黄白色，跗节黑褐色，基跗节基部 0.25 黄褐色。翅透明，翅脉暗褐色，翅痣下方无烟褐色斑。腹柄黑色，近末端红褐色；柄后腹红褐色 (种名即据此特征而拟)，端部色稍暗，在基部腹板黑色。

雄：体长 6.2–7.0mm；前翅长 5.2–5.7mm。全体被有稀疏的白色细毛。

头：前面观宽为高的 1.28–1.34 倍。满布细夹点网皱，颜面中央上方有 1 纵脊，并与触角洼之间叶状突相连。额密布纵向网皱，触角洼深凹，之间叶状突水平部位正中有 1 纵沟，额背侧瘤很发达。唇基具夹点刻皱，端部光滑，端缘缓弧形无齿。头背面观宽为中长的 1.56–1.82 倍。头顶向前后方倾斜，刻点较浅而分开。背观上颊在复眼之后几乎与复眼等宽，其长度为复眼的 1.00–1.19 倍，刻点同头顶，但下方稍密。单复眼间距和侧单眼间距分别为侧单眼长径的 2.3–2.5 倍和 1.44–1.70 倍。触角长为前翅的 0.79–0.82 倍；第 1 鞭节长为端宽的 3.2 倍，为第 2 节长的 1.08 倍；毛长约为该节宽的 0.3 倍。

胸：前胸背板侧面满布夹点网皱，后缘有畦状沟脊。中胸盾片中叶前方具夹点横皱，中叶后方刻点较大而稀，侧叶点皱较弱；盾纵沟深，向后方加宽，内有短脊。小盾片前沟内有 3 个凹窝；小盾片稍隆起，具夹点网皱；近后缘有 1 横列模糊小凹窝。后小盾片具网皱。中胸侧板中央横沟远离后缘，沟内并列横刻条和刻点；侧板前方和下方具夹点网状刻纹，镜面区及其相连下方光滑；侧缝具 1 纵列凹窝。后胸侧板具小网室，上方部位前半稍隆起且光滑。并胸腹节满布网室，基部有 1 纵皱。

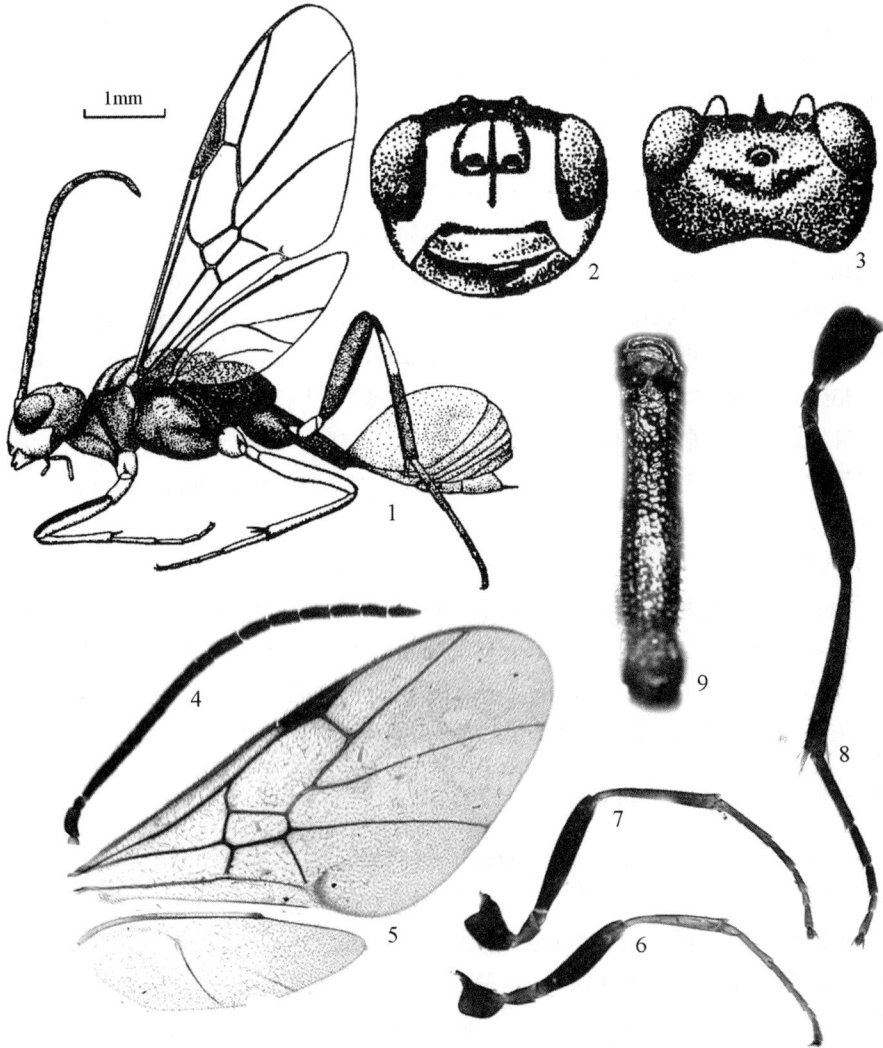

图 471　红腹窄腹细蜂 *Ropronia rufiabdominelis* He *et* Zhu

1. 整体，侧面观；2. 头部，前面观；3. 头部，背面观；4. 触角；5. 翅；6. 前足；7. 中足；8. 后足；9. 腹柄，背面观
(1-3. 仿何俊华等，1988) [1. 0.8X 标尺；2-3. 1.6X 标尺；4-8. 1.0X 标尺；9. 3.2X 标尺]

足：后足跗爪上有 3-4 根稀栉齿。

翅：前翅基脉上段长为下段的 0.8-1.0 倍；小脉后叉式，强度外斜，与基脉间距为小脉长的 0.33-0.37 倍；径脉第 1 段、肘间横脉和第 1 回脉长度之比为 34∶66∶40 (1∶1.94∶1.18) 或 33∶45∶36 (1∶1.36∶1.09)；第 1 盘室长为高的 2.0-2.1 倍，亚盘脉从其外侧下方 0.44 处伸出。

腹：腹柄背观长为中央后方最宽处的 4.2-4.7 倍，长为后足腿节的 0.78 倍，表面满布不规则夹点细网皱；第 2 节背板侧观长为高的 1.6-2.0 倍，背缘长为柄后腹背缘长的 0.7 倍。

体色：体黑色。颜面在触角窝下方有黄白色大斑。柄后腹基部背方带棕褐色。须、触角黑褐色，第 1 鞭节腹方、上颚端齿及腹柄端部红褐色。前胸背板后缘上方小斑黄色。足黑色至黑褐色，前足第 2 转节、腿节端部、胫节和跗节黄褐色。翅透明，略呈烟黄色；翅痣及翅脉暗褐色，翅痣下方径脉第 1 段两侧无烟褐色斑。

寄主：未知。

研究标本：1♀，贵州贵阳，1983.Ⅹ.7-12，何俊华，No.833700 (正模)；2♀，贵州贵阳，1983.Ⅹ.8-12，1983.Ⅹ.18，何俊华，No.834424，834760 (副模)；1♀，湖南张家界，1988.Ⅹ.10，童新旺，No.896469；2♀，贵州雷公山方祥乡，1000m，2005.Ⅵ.2-3，张红英、刘经贤，Nos.20059322-23；1♀，河南嵩县白云山，2008.Ⅷ，王漫漫，No.201008825；1♀，湖南石门，1994.Ⅶ，刘志伟，No.200610498；2♀，湖南炎陵桃园洞，1995.Ⅶ.15，郑波益，Nos.200610507-508；2♂，湖南石门，1994.Ⅶ，刘志伟，Nos.200610493，200610494；1♀6♂，四川卧龙自然保护区，2006.Ⅶ.21，张红英、高智磊，Nos.200610784-85，200610817-20，200613329；3♂，四川卧龙自然保护区，2006.Ⅶ.20，王义平，Nos.200706187-89。

分布：河南、浙江、湖南、四川、贵州。

鉴别特征：本种与浪唇窄腹细蜂 Ropronia undaclypeus He et Zhu, 1988 较近似，但区别显著：①本种唇基端缘光滑，无两个半球形小突起；②本种前翅翅痣与胫脉之间无暗褐色斑；③本种柄后腹除基部腹板黑色外，其余全为红褐色。此外，头顶、前胸背板侧区、中胸盾片及腹柄上的刻点状况及足的颜色也明显有别。

(395) 刘氏窄腹细蜂 *Ropronia liui* Wei, 1995 (图 472)[*]

Ropronia liui Wei, 1995, *Jour. Central-South Forestry Univ.*, 15(2): 100.

雌：体长 6.2mm；前翅长 5.4mm。全体被有稀疏白色细毛。

头：前面观宽为高的 1.47 倍。脸满布细夹点网皱，在触角窝之间有棒形突起，下连 1 纵脊伸至颜面中央。额密布夹点网皱，侧方有 3 条斜脊；触角洼深凹，之间叶状突的水平部分正中有 1 纵沟；额背侧瘤很发达。唇基基半具夹点刻皱，端半呈并列纵刻条，端缘平截，光滑无齿。头背面观宽为中长的 1.4 倍。头顶中央横耸，向前后倾斜，刻点较额的浅而细。背观上颊在复眼之后几乎与复眼等宽，其长度约与复眼等长，刻点甚稀。单复眼间距和侧单眼间距分别为侧单眼长径的 2.7 倍和 1.3 倍。触角长为前翅的 0.8 倍；第 1 鞭节长为端宽的 3.9 倍，为第 2 节长的 1.18 倍；毛长为该节宽的 0.35 倍。

胸：前胸背板侧面凹槽内满布粗网皱，上方和下方呈夹点网皱，下端近于光滑，后缘有畦状沟脊。中胸盾片具夹点网皱，侧叶刻点较弱；盾纵沟深，向后方加宽，内有短

---

[*] 刘氏窄腹细蜂模式标本，承中南林业科技大学魏美才教授赠送，保存于杭州市浙江大学昆虫科学研究所寄生蜂标本室。

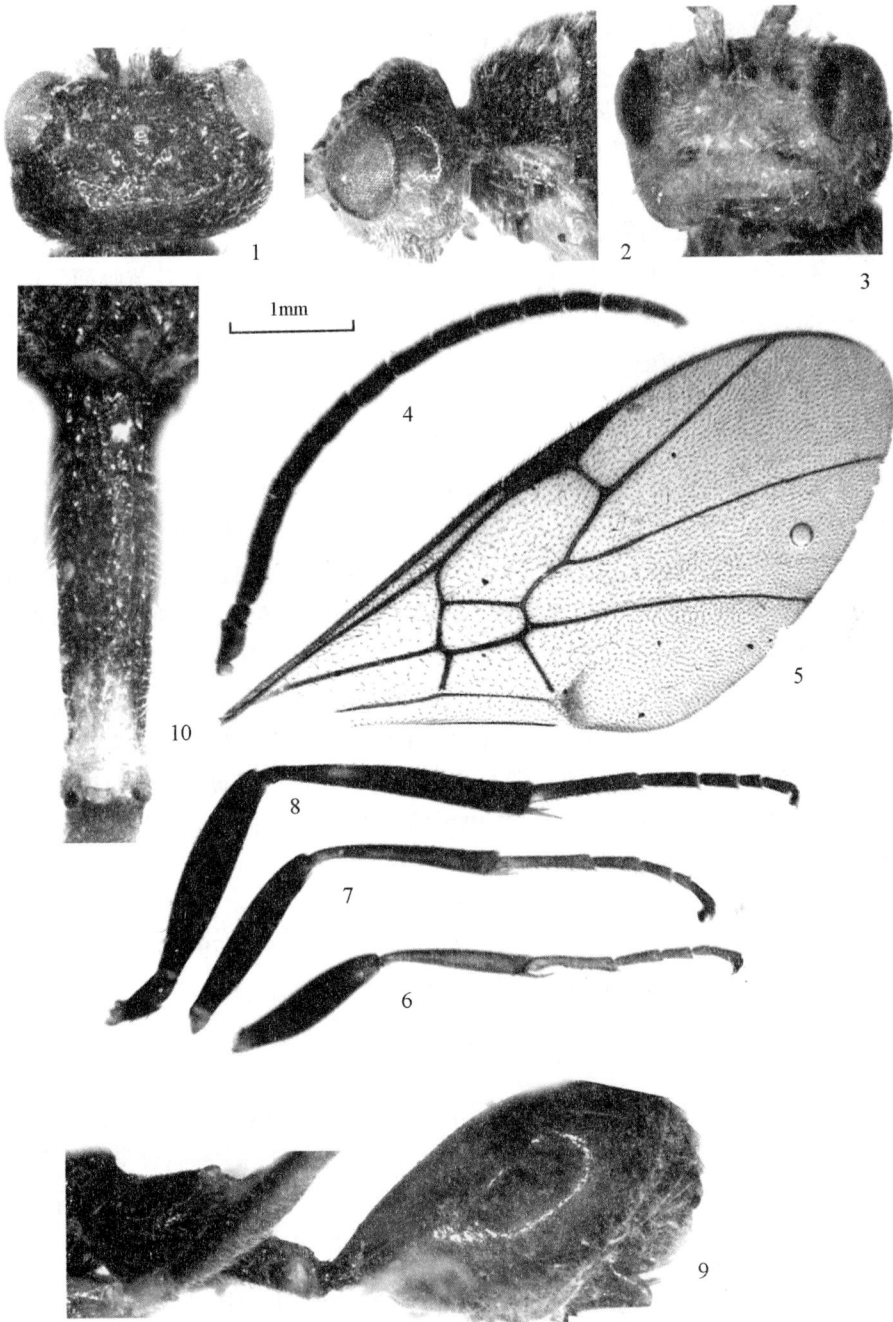

图 472　刘氏窄腹细蜂 *Ropronia liui* Wei

1. 头部，背面观；2. 头部，侧面观；3. 头部，前面观；4. 触角；5. 前翅；6. 前足；7. 中足；8. 后足；9. 腹部，侧面观；10. 腹柄，背面观 [1-3, 9. 1.5X 标尺；4-8. 1.0X 标尺；10. 3.0X 标尺]

脊。小盾片前沟内有 4 个凹窝；小盾片稍隆起，具夹点网皱，近后缘有 1 横列模糊小凹窝。中胸侧板中央横沟远离后缘，沟内并列横刻条；侧板前方和下方具夹点网状刻纹，镜面区及其相连下方光滑；侧缝内具 1 纵列凹窝。后胸侧板具小网室，中央上方有半球形隆起。并胸腹节满布网室，基半中央有 1 纵脊。

翅：前翅基脉上段长为下段的 0.84 倍；小脉后叉式，强度外斜，与基脉的距离为小脉长的 0.25 倍；径脉第 1 段：肘间横脉：第 1 回脉长度=30：63：38 (1：2.1：1.3)；第 1 盘室长为宽的 1.94 倍，亚盘脉从其外侧下方 0.4 处生出。

腹：腹柄背表面长为中央最宽处的 4.3 倍，表面满布不规则纵向细网皱。第 2 节背板侧观长为高的 2.1 倍，背缘长为柄后腹背缘长的 0.7 倍。

体色：体黑色。头部触角窝侧瘤以下及上颊下半、口须、触角各节腹面、前胸背板背缘和下缘及后角、腹柄端部及背方后端 3/7 黄白色。上颚端部暗红色。柄后腹(基部腹面黑色)红褐色至暗褐色。前中足黄白色，腿节背面黑褐色；胫节 (除基端) 和跗节浅褐色；后足黑色、转节、胫节基半 (除基端背方黑色) 黄白色。翅透明，略带烟黄色。翅痣及翅脉暗褐色，翅痣下方径脉第 1 段两侧无烟褐色斑。

雄：与雌性相似，不同之处在于，体长 5.7mm；前翅长 5.0mm。前面观宽为高的 1.6 倍。额密布细点皱，额背侧瘤发达，但不及雌性。头背面观宽为中长的 1.39 倍。中单眼前后均有 1 短中纵脊；头顶刻点浅而分开。背观上颊长为复眼的 0.9 倍。单复眼间距和侧单眼间距分别为侧单眼长径的 2.3 倍和 1.3 倍。触角端部断，第 1 鞭节长为端宽的 3.3 倍，为第 2 节长的 1.22 倍。小盾片前沟内有 3 个凹窝，但中窝小。后胸侧板上方部位稍隆起且光滑，散生刻点。并胸腹节亚纵脊明显，似有中室，内有横皱。径脉第 1 段：肘间横脉：第 1 回脉长度=27：51：41 (1：1.89：1.52)。腹部腹柄背表面长为中央最宽处的 4.7 倍，满布不规则纵皱，后半呈纵网皱。体黑色，仅触角柄节腹方、颜面在触角窝下方斑点 (较雌性小) 和腹柄端部黄色。足黑色至黑褐色；距、前中足胫节和跗节黄褐色至暗黄褐色；后足胫节亚基部外侧和基跗节基端黄色。

寄主：未知。

研究标本：1♀，湖南石门，1994.Ⅶ，刘志伟，No.200610479 (正模)；1♂，湖南石门，1994.Ⅹ.1，刘志伟，No.200610496 (副模)；1♂，湖南石门，1993.Ⅹ，刘志伟，No.200610470。

分布：湖南。

鉴别特征：本种与红腹窄腹细蜂 *Ropronia rufiabdominalis* He et Zhu, 1988 近似，所不同的是后者：①前翅第 1 盘室宽高比等于 2.5：1；②基脉上下段等长；③径脉第 1 段、肘间横脉和第 1 回脉长度之比为 1：1.8：1.4；④柄后腹亚卵形，第 2 节背板背缘显著隆凸，与柄后腹长度之比为 5：6；⑤触角鞭节腹面大部黑色。

(396) 槽沟窄腹细蜂，新种 *Ropronia fossula* He et Xu, sp. nov. (图 473)

雄：体长 7.8mm；前翅长 6.0mm。全体被有稀疏白色细毛。

头：前面观宽为高的 1.3 倍。颜面满布细夹点网皱，在触角窝之间有三角形突起，中央稍上方有 1 小长瘤向上连 1 纵脊，并与触角洼之间三角形片状突相连。额密布细刻点，至后方稍稀；触角洼深凹，之间叶状突的水平部分有 1 中纵沟，额背侧瘤很发达。唇基基半具夹点刻皱，端半并列纵刻条，端缘缓弧形，光滑无齿。头背面观宽为中长的 1.55 倍。头顶在单眼区后有 1 小纵脊，刻点较额的浅而分开，头顶后方陡斜。背观上颊在复眼之后几乎与复眼等宽，其长度约与复眼等长，刻点同头顶，但下方稍密。单复眼间距和侧单眼间距分别为侧单眼长径的 2.4 倍和 1.1 倍。触角长为前翅的 0.75 倍；第 1 鞭节长为端宽的 3.0 倍，为第 2 节长的 1.17 倍；毛长为该节宽的 0.3 倍。

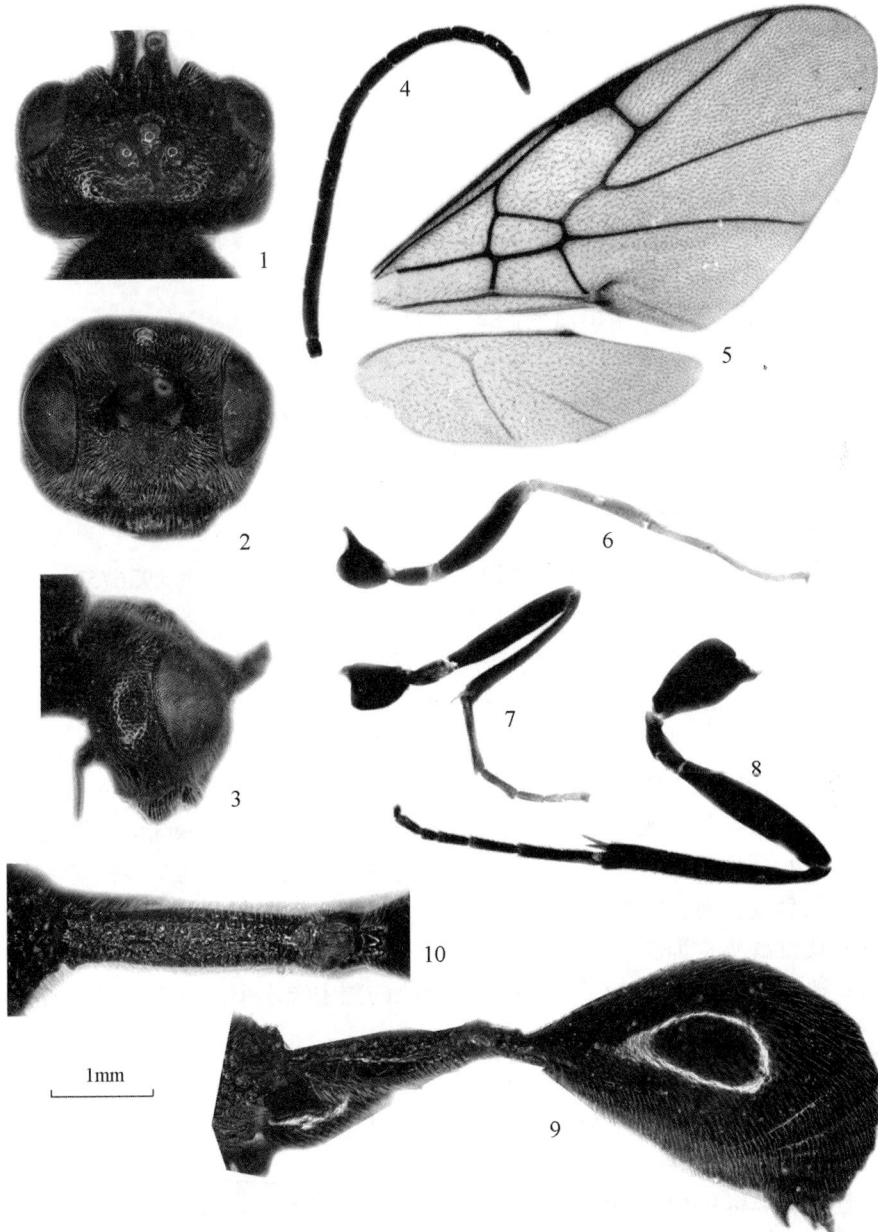

图 473　槽沟窄腹细蜂，新种 *Ropronia fossula* He *et* Xu, sp. nov.

1. 头部，背面观；2. 头部，前面观；3. 头部，侧面观；4. 触角；5. 翅；6. 前足；7. 中足；8. 后足；9. 腹部，侧面观；10. 腹柄，背面观　[1-3, 9. 1.5X 标尺；4-8. 1.0X 标尺；10. 2.5X 标尺]

胸：前胸背板侧面凹槽内满布粗刻点，下方呈夹点网皱，后缘有畦状沟脊。中胸盾片具夹点网皱，中叶后方刻点较大而稀，侧叶刻点较弱；盾纵沟深，向后方加宽，内有短脊。小盾片前沟内有 5 个凹窝，但右 3 左 2 不对称；小盾片稍隆起，具夹点网皱，近后缘有 1 横列模糊小凹窝。中胸侧板中央横沟远离后缘，沟内并列横刻条；侧板前方和下方具夹点网状刻纹，镜面区及其相连下方光滑；侧缝内具 1 纵列凹窝。后胸侧板具小网室，中央有半球形隆起，隆瘤前方凹而光滑。并胸腹节除基部有并列纵皱外满布网室。

翅：前翅基脉上段长为下段的 0.74 倍；小脉后叉式，强度外斜，与基脉的距离为小脉长的 0.3 倍；径脉第 1 段：肘间横脉：第 1 回脉长度=35：58：52 (1：1.7：1.5)；第 1 盘室长为宽的 1.76 倍，亚盘脉从其外侧下方 0.4 处伸出。

腹：腹柄背表面长为中央最宽处的 4.6 倍，表面满布不规则夹点细网皱。第 2 节背板侧观长为高的 1.95 倍，背缘长为柄后腹背缘长的 0.7 倍。

体色：体黑色。须、触角黑褐色，第 1 鞭节腹方、上颚端齿及腹柄端部红褐色。前胸背板后缘上方 1 小点黄色。前中足基节、腿节及后足黑色；前中足转节、胫节黑褐色；跗节浅褐色；所有胫距浅黄色。翅透明，略呈烟黄色，翅痣及翅脉暗褐色，翅痣下方径脉第 1 段两侧无烟褐色斑。

雌：未知。

寄主：未知。

研究标本：正模♂，贵州梵净山金顶，1993.Ⅶ.12，姚松林，No.936753。

分布：贵州。

鉴别特征：本新种特征有：颜面中央稍上方有 1 小瘤，并连 1 纵脊伸向颜面上方，与两触角窝之间有三角形片状突相连；触角洼之间片状突的水平部位正中有 1 纵沟；额背侧瘤发达；唇基基半具夹点刻皱，端半并列纵刻条，端缘缓弧形，光滑无齿；第 1 回脉：肘间横脉：径脉第 1 段长度=1：1.7：1.5；腹柄长为中央最宽处的 4.6 倍，表面满布夹点不规则细网皱。与在触角洼间叶状突的水平部位正中具有 1 深纵沟和翅痣下方无暗斑等特征的几种区别，主要在于：①头部和后足胫节完全黑色 (其余各种多少有白色或浅黄色斑)；②盘室长为宽的 1.76 倍 (其余除宝岛窄腹细蜂据图为 1.75 倍外均在 2.2 倍以上；宝岛窄腹细蜂头宽为高的 1.17 倍，而本种为 1.3 倍)。

词源：种本名"槽沟 *fossula*"，意为纵叶突状的额中脊水平部位中央有 1 槽状纵沟。

(397) 肿腮窄腹细蜂 *Ropronia dilata* Wei, 1995 (图 474) [*]

Ropronia dilata Wei, 1995, *Jour. Central-South Forestry Univ.*, 15 (2): 99.

雄：体长 7.2-7.5mm；前翅长 5.8-6.5mm。全体被有稀疏白色细毛。

头：前面观宽为高的 1.3 倍。颜面满布细夹点网皱，在触角窝之间有三角形突起，

---

[*] 肿腮窄腹细蜂模式标本，承中南林业科技大学魏美才教授赠送，保存于杭州市浙江大学昆虫科学研究所寄生蜂标本室。

向下有 1 纵脊伸至颜面中央。额密布细刻点，触角洼深凹，之间叶状突水平部分正中有 1 纵沟，额背侧瘤很发达。唇基基半具夹点刻皱，端半呈纵刻条，端缘缓弧形，光滑无齿。头背面观宽为中长的 1.6 倍。头顶中央高耸，向前后方陡斜，刻点与额相似。背观上颊在复眼之后明显肿出 (学名即据此而拟)，其长度为复眼的 1.18 倍，刻点同头顶的但下方稍稀。单复眼间距和侧单眼间距分别为侧单眼长径的 2.2 倍和 1.5 倍。触角长为前翅的 0.75 倍；第 1 鞭节长为端宽的 3.0 倍，为第 2 节长的 1.18 倍；毛长为该节宽的 0.3 倍。

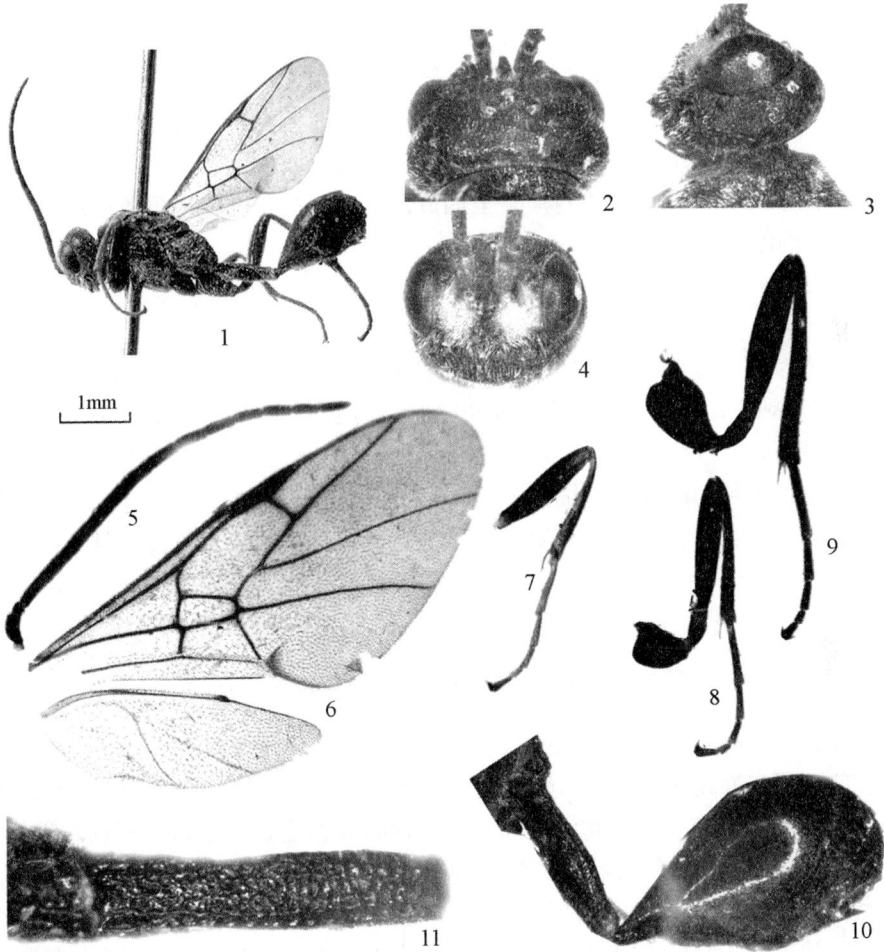

图 474　肿腮窄腹细蜂 *Ropronia dilata* Wei

1. 整体，侧面观，♂；2. 头部，背面观；3. 头部，侧面观；4. 头部，前面观；5. 触角；6. 翅；7. 前足；8. 中足；9. 后足；10. 腹部，侧面观；11. 腹柄，背面观 (仿魏美才，1995) [1. 0.5X 标尺；2-4, 10. 1.5X 标尺；5-9. 1.0X 标尺；11. 3.0X 标尺]

胸：前胸背板侧面满布粗刻点，凹槽内呈夹点横网皱，后缘有畦状沟脊。中胸盾片具细夹点网皱，侧叶刻点较弱；盾纵沟深，向后方加宽，内有短脊。小盾片前沟内有 3 个凹窝；小盾片稍隆起，具夹点网皱，近后缘有 1 横列模糊小凹窝。中胸侧板中央横沟远离后缘，沟内并列横刻条；侧板前方和下方具夹点网皱，镜面区及其相连下方光滑；

侧缝具 1 纵列凹窝。后胸侧板具小网室，前上方有三角形光滑隆起。并胸腹节满布网皱。

翅：前翅基脉上段长为下段的 0.96 倍；小脉后叉式，强度外斜，与基脉的距离为小脉长的 0.25 倍；径脉第 1 段：肘间横脉：第 1 回脉长度=40：60：56 (1：1.5：1.4)；或 36：70：44 (1：1.94：1.22)；第 1 盘室长为宽的 2.0 倍，亚盘脉从其外侧中央或稍下方伸出。

腹：腹柄背观长为中央最宽处的 4.6 倍，表面满布不规则纵向细网皱，短于后足腿节；侧观两端稍收窄，刻点浅，下半几乎光滑。第 2 节背板侧观长为高的 1.93 倍，背缘长为柄后腹背缘长的 0.7 倍。

体色：体黑色。须褐色。触角黑褐色，第 1 鞭节腹方黄褐色；上颚端齿、腹柄端部及柄后腹基部和下方红褐色；颜面在触角窝下侧方有黄色圆斑。足黑色至黑褐色；前中足转节腹方、前足腿节端部、胫节、跗节和胫距黄褐色或中足转节全部黑褐色；后足胫节亚基部背侧小斑黄白色。翅透明，略呈烟黄色，翅痣及翅脉暗褐色，翅痣下方径脉第 1 段两侧无烟褐色斑。

雌：未知。

寄主：未知。

研究标本：1♂，湖南石门，1994.Ⅵ，刘志伟，No.200610474 (正模)；1♂，同正模，No.200610475 (副模)；2♂，湖南石门，1993.Ⅹ，刘志伟，Nos.200610468-69。

分布：湖南。

鉴别特征：本种与浙江窄腹细蜂 Ropronia zhejiangensis He, 1983 近似，但有显著区别，主要表现在后者：①触角窝无明显额背侧瘤；②背观上颊显著长于复眼；③触角第 3 节长宽比等于 2.6：1；④中胸小盾片前沟内有 4 条纵脊；⑤第 2 腹背板短，仅占柄后腹长的 4/7；⑥第 1 盘室宽高比小于 1.5：1；⑦第 1 回脉不长于肘间横脉的 1/2。

(398) 永州窄腹细蜂，新种 Ropronia yongzhouensis He et Xu, sp. nov. (图 475)

雄：体长 7.4mm；前翅长 5.5mm。全体被有稀疏白色细毛。

头：前面观宽为高的 1.3 倍。颜面满布细夹点网皱，在触角窝之间有三角形突起，颜面中央上方有 1 纵脊，与触角洼之间三角形片状突相连。额密布细刻点，侧前方有 3 条纵脊，触角洼深凹，之间叶状突的水平部分正中有 1 纵沟，额背侧瘤很发达。唇基基半具夹点刻皱，端半并列纵刻条，端缘平截，光滑无齿。头背面观宽为中长的 1.6 倍。头顶向前后倾斜，刻点浅。背观上颊在复眼之后几乎与复眼等宽，其长度约与复眼等长，刻点同头顶，但下方稍稀。单复眼间距和侧单眼间距分别为侧单眼长径的 2.6 倍和 1.7 倍。触角长为前翅的 0.87 倍；第 1 鞭节长为端宽的 3.0 倍，为第 2 节长的 1.26 倍；毛长为该节宽的 0.25 倍。

胸：前胸背板侧面具夹点网皱，凹槽内上方和下方有粗刻条，后缘下方有畦状沟脊。中胸盾片具夹点网皱，中叶后方的较大而稀；盾纵沟深，向后方加宽，内有短脊。小盾片前沟内有 4 个凹窝；小盾片和后小盾片稍隆起，具夹点网皱。中胸侧板中央横沟远离后缘；侧板前方和下方具夹点网状刻纹，镜面区及其相连下方光滑；侧缝内具 1 纵列凹窝。后胸侧板具网室，上方和下方具细点皱。并胸腹节除基部有并列纵皱外，其余满布网室。

足：后足跗节上有 3-4 根稀栉齿。

翅：前翅基脉上段长为下段的 0.86 倍；小脉后叉式，强度外斜，与基脉的距离为小脉长的 0.4 倍；径脉第 1 段：肘间横脉：第 1 回脉长度=36：63：45 (1：1.75：1.25)；第 1 盘室长为宽的 1.78 倍，亚盘脉从其外侧下方 0.38 处伸出。

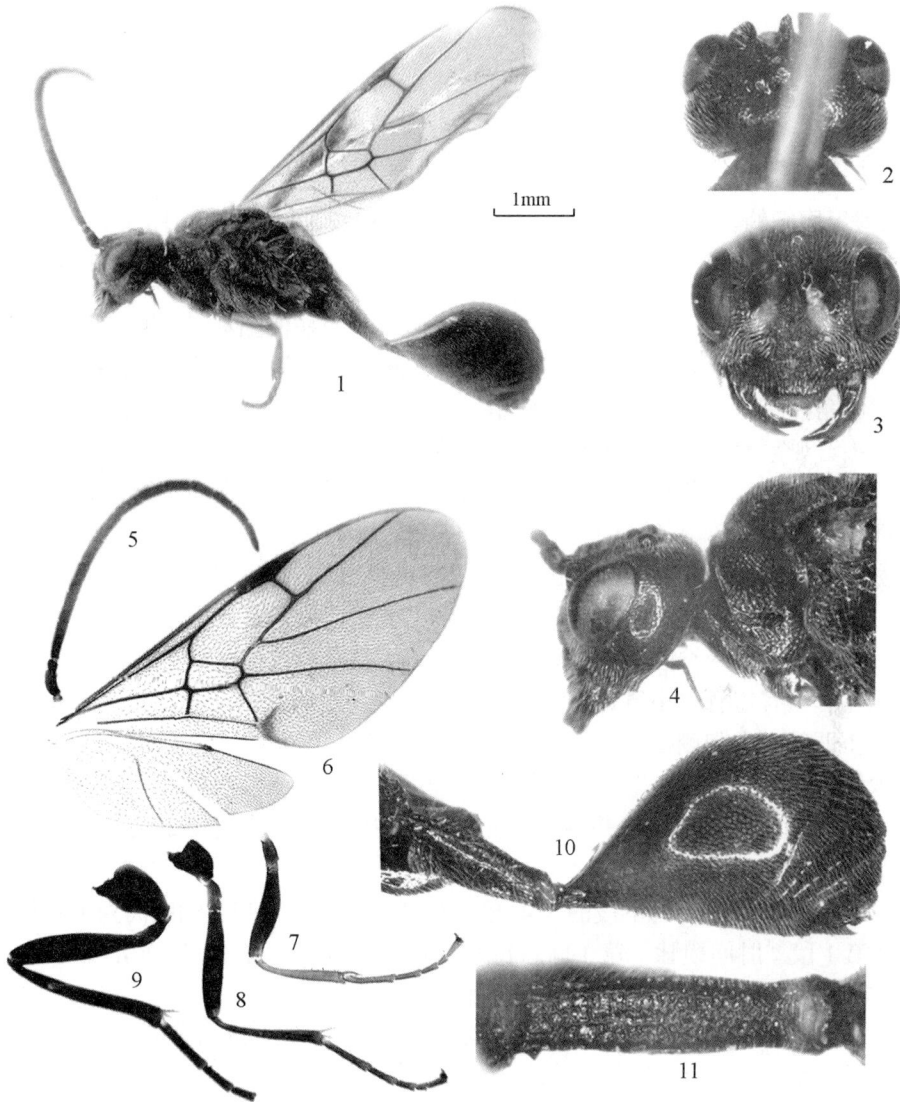

图 475　永州窄腹细蜂，新种 *Ropronia yongzhouensis* He *et* Xu, sp. nov.

1. 整体，侧面观；2. 头部，背面观；3. 头部，前面观；4. 头部和前胸，侧面观；5. 触角；6. 翅；7. 前足；8. 中足；9. 后足；10. 腹部，侧面观；11. 腹柄，背面观 [1. 0.8X 标尺；2-4, 10. 1.6X 标尺；5-9. 1.0X 标尺；11. 3.0X 标尺]

腹：腹柄背观长为中央最宽处的 4.0 倍，长为后足腿节的 0.7 倍，表面满布不规则夹点网皱。第 2 节背板侧观长为高的 1.9 倍，背缘长为柄后腹背缘长的 0.66 倍。

体色：体黑色。颜面在触角窝下方有白点；上颚中段、触角基部 4 节外侧和柄后腹基部背方带红褐色。足黑色至黑褐色；距、前中足胫节和跗节腹面黄褐色。翅透明，略呈烟黄色，翅痣及翅脉暗褐色，翅痣下方径脉第1段两侧无烟褐色斑。

雌：未知。

寄主：未知。

研究标本：正模♂，湖南永州阳明山，900-1000m，2004.Ⅳ.25，刘卫星，No.200610511。副模，1♂，同正模，No.200610512。

分布：湖南。

鉴别特征：见检索表。

词源：种本名"永州 yongzhouensis"，是以模式标本产地湖南省永州命名。

(399) 南岭窄腹细蜂，新种 Ropronia nanlingensis He et Xu, sp. nov. (图 476)

雌：体长 5.6mm；前翅长 4.3mm。

头：前面观长为高的 1.28 倍。颜面中央拱隆，具明显的细刻点，侧方光滑；中央上半有纵中脊，在颜面上方指状突出，呈薄片状与触角窝之间的纵叶状突相接。额前方密布刻点，触角洼深凹，光滑，额背侧瘤稍脊状突出。唇基稍拱，具粗而浅刻点，端缘平截无齿。头背观宽为中长的 1.68 倍。头顶刻点甚稀细，近于光滑，在后方陡斜。上颊在复眼之后稍弧形收窄，背观其长度为复眼的 1.0 倍，刻点与头顶的相似。单复眼间距和侧单眼间距分别为侧单眼长径的 3.0 倍和 1.16 倍。触角长约为前翅的 0.74 倍；第 1 鞭节长为端宽的 3.4 倍，为第 2 节长的 1.2 倍；毛长为该节宽的 0.7 倍。

胸：前胸背板侧面光滑，凹槽内从前缘中央上方至后角有 6 个分散的浅刻点，后缘有 1 列浅凹窝；前沟缘脊强，中央呈檐状突出。中胸盾片仅中叶刻点稍密；盾纵沟深；向后方加宽，内有短脊。小盾片前沟内有 5 个凹窝；小盾片稍隆起，光滑，近后缘有 1 横列 8 个小凹窝。中胸侧板基本上光滑，中央横沟达后缘附近；沿侧板前缘和中央横沟下方侧板的前半具小室状网皱；侧缝具 1 纵列小凹窝。后胸侧板四周有大小不等的网皱，中央为 1 小块新月形光滑区。并胸腹节有不完整的中纵脊，基部 0.2 光滑，其余满布小室状网皱。

翅：前翅基脉上段长为下段的 0.4 倍；小脉后叉式，与基脉的距离为小脉长的 0.4 倍；径脉第 1 段：肘间横脉：第 1 回脉长度=23：33：45 (1：1.43：1.96)；第 1 盘室长为宽的 1.35 倍，亚盘脉从其外方的 0.6 处伸出。

腹：背观腹柄长为中央最宽处的 5.1 倍，表面光滑，两侧散生细毛。第 2 节背板侧观长为高的 2.2 倍。

体色：头部、胸部及腹柄黑色，第 2 节背板背方和腹端带酱褐色。触角窝下方及头下半、前胸背板后缘窄条和侧面下缘及后角、中胸侧板前上角、翅基片、腹柄端缘及第 2 节背板下半中央和该处腹板，均白色。唇基端缘黑色。上颚端齿红褐色。触角浅褐色，但柄节、梗节下方和第 1-4 鞭节下方白色。前中足白色，仅前足腿节后半和中足腿节 (除腹方) 后半浅褐色；后足基节 (背方有白斑)、腿节除基部、胫节基部和端半黑色，其余黄白色，但基跗节端部 0.6 的毛基部有黑褐色突起。翅透明，翅痣及翅脉暗褐色，翅痣下方径脉第 1 段两侧无烟褐色斑。

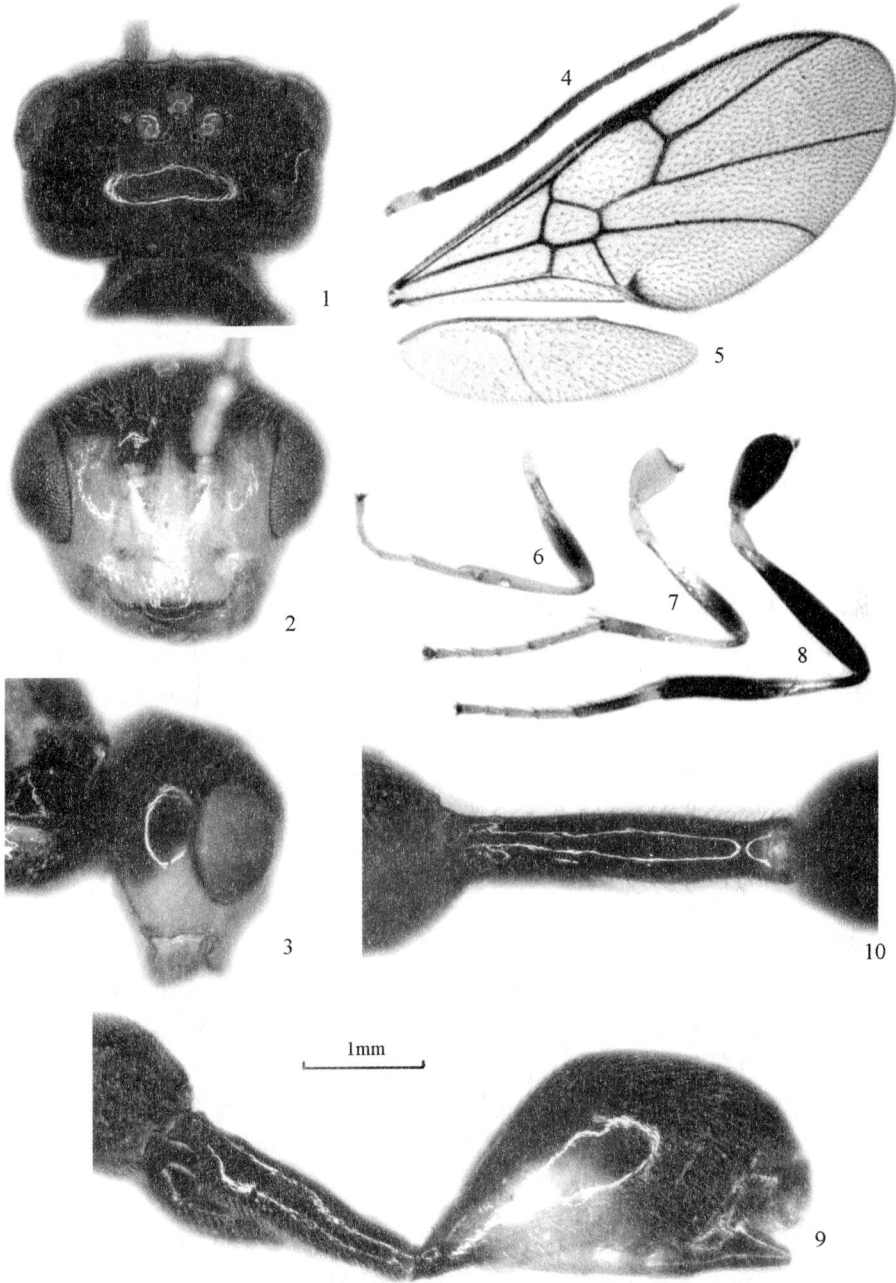

图 476　南岭窄腹细蜂，新种 *Ropronia nanlingensis* He *et* Xu, sp. nov.

1. 头部，背面观；2. 头部，前面观；3. 头部，侧面观；4. 触角；5. 翅；6. 前足；7. 中足；8. 后足；9. 腹部，侧面观；
10. 腹柄，背面观　[1-3. 2.0X 标尺；4-8. 1.0X 标尺；9. 1.8X 标尺；10. 2.5X 标尺]

雄：未知。

寄主：未知。

研究标本：正模♀，广东乳源南岭，2004. X .1-6，许再福，No.20058989。

分布：广东。

鉴别特征：本新种前翅第 1 径脉两侧无褐斑、头下半白色、唇基端缘直、后足基本上黑色、其胫节亚基部有 1 段黄白色等特征与红腹窄腹细蜂 *Ropronia rufiabdominalis* He et Zhu, 1988 和刘氏窄腹细蜂 *R. liui* Wei, 1995 最为相似，其区别见检索表。

词源：种本名"南岭 *nanlingensis*"，是以模式标本产地广东省乳源县南岭自然保护区命名。

(400) 浙江窄腹细蜂 *Ropronia zhejiangensis* He, 1983 (图 477)

Ropronia zhejiangensis He, 1983, *Entomotaxonomia*, 5: 279.

Ropronia zhejiangensis He: Lin, 1987, *Taiwan Agric. Res. Inst., Spec. Publ.*, 22: 43.

Ropronia zhejiangensis He: He et al., 1988, *Entomotaxonomia*, 10 (3-4): 213.

Ropronia zhejiangensis He: Wei, 1995, *Jour. Central-South Forestry Univ.*, 15 (2): 102.

Ropronia zhejiangensis He: He, 2004, *Hymenopteran Insect Fauna of Zhejiang*: 348.

雄：体长 6.0-8.6mm；前翅长 4.8-6.4mm。

头：前面观宽为高的 1.35 倍。颜面满布细点皱，中央拱隆，中央上方有纵中脊，伸向两触角洼之间与纵叶状突相接，但相接处无明显角突。额密布细夹点网皱，触角洼深凹，叶突水平部位无中纵沟，触角着生处稍突出，无额背侧瘤。唇基密生点皱，端缘平截而光滑，无齿。头背面观宽为中长的 1.73 倍。头顶在后方陡斜处密布夹点横皱；背观上颊在复眼之后刚弧形收窄，其长度为复眼的 0.90-1.24 倍，上方刻点同头顶，但下方具夹点纵皱。单复眼间距和侧单眼间距分别为侧单眼长径的 2.4-3.0 倍和 0.8-1.3 倍。触角长约为前翅的 0.78 倍；第 1 鞭节长为端宽的 2.5-3.6 倍，为第 2 节长的 1.2 倍；毛长为该节宽的 0.6 倍。

胸：前胸背板侧面凹槽内满布中等粗刻点，下角刻点弱并在后缘有 3 条并列弱刻条。中胸盾片满布夹点网皱，在中叶后方和侧叶的弱而稀；盾纵沟明显，向后方加宽，内有短脊。小盾片前沟内有 5 个凹窝；小盾片稍隆起，散生粗刻点，近后缘有 1 横列小凹窝。中胸侧板中央横沟达后缘，侧板前方具室状网皱，侧板沟下方有夹点网皱，镜面区及其下方光滑，侧缝内有 1 纵列凹窝。后胸侧板四周有室状网皱，中央上方小块光滑。并胸腹节满布小室状网皱。

翅：前翅基脉上段长为下段的 0.6 倍；小脉后叉式，与基脉的距离为小脉长的 0.2 倍；肘间横脉：径脉第 1 段：第 1 回脉径长度=47：88：31 (1：1.87：0.66) 或 1：1.6-2.2：0.70-0.94；第 1 盘室长为宽的 1.75-1.80 倍，亚盘脉在其外侧 0.45 处伸出。

腹：腹柄长为中央后方最宽处的 4.3-5.0 倍，在基部 0.3 有背侧纵脊，脊间有模糊弱刻纹。第 2 节背板侧观长为高的 2.2 倍。

体色：体黑色。上唇、唇基侧角、上颚亚端部、腹柄端部黄褐色。足黑色；前足腿节端部、胫节、跗节，中足胫节基部 2/3 (除背缘) 及最端部、第 1-3 跗节端部及第 4-5 跗节，后足胫节亚基部外侧 1 斑点及所有距黄褐色。翅透明，略呈烟褐色，翅痣及翅脉暗褐色，翅痣下方径脉第 1 段两侧无烟褐色斑。

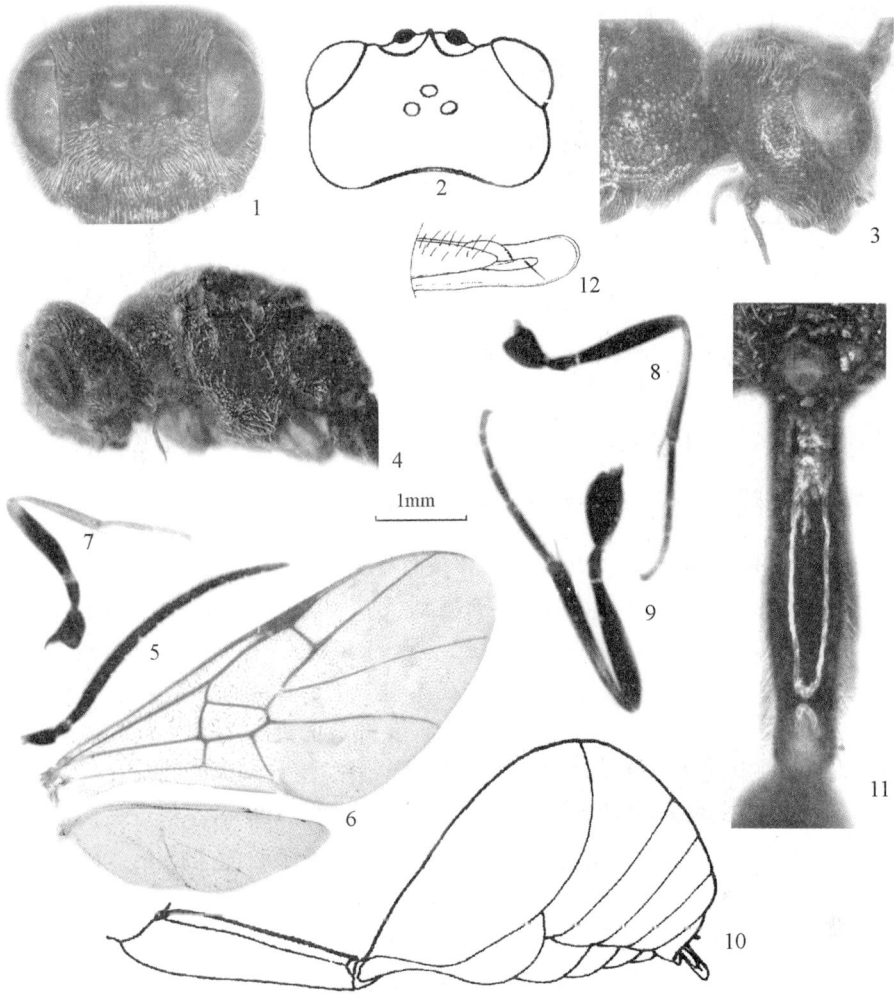

图 477　浙江窄腹细蜂 *Ropronia zhejiangensis* He (♂)

1. 头部，前面观；2. 头部，背面观；3. 头部，侧面观；4. 头部和胸部，侧面观；5. 触角；6. 翅；7. 前足；8. 中足；9. 后足；10. 腹部，侧面观；11. 腹柄，背面观；12. 外生殖器 (2-3, 5, 11. 仿何俊华，1983) [1-3. 1.5X 标尺；4. 1.0X 标尺；5-9. 0.8X 标尺；10. 1.4X 标尺；11. 2.5X 标尺；12. 6.0X 标尺]

　　雌：与雄性相似，不同之处在于，前翅长 5.8mm。头前面观宽为高的 1.2 倍。头背面观宽为中长的 1.8 倍。头背面上颊长为复眼的 1.13 倍。单复眼间距和侧单眼间距分别为侧单眼长径的 3.3 倍和 1.4 倍。触角长为前翅的 0.72 倍；第 1 鞭节长为端宽的 3.2 倍，为第 2 节长的 1.5 倍，毛长为该节宽的 0.5 倍。肘间横脉：径脉第 1 段：第 1 回脉长度=42：68：30 (1：1.62：0.71)。腹柄长为中央后方最宽处的 4.5 倍。触角窝下方颜面、唇基及颊、触角柄节和梗节、前胸背板后缘及侧面后角、后缘和下角、腹柄端部黄白色。前中足黄白色，腿节背缘、胫节背缘和中足基跗节浅褐色；后足黑色，转节下方、胫节亚基部黄白色。

　　寄主：未知。

研究标本：1♂，浙江西天目山，1982.Ⅶ.1，王瑞亮，No.825914 (正模)；1♂，浙江西天目山，1983.Ⅵ.18，马云，No.831019；2♀8♂，浙江西天目山仙人顶，1998.Ⅶ.14-Ⅷ.2，马氏网，赵明水，Nos.200010678-81，200010689-93，200010853；3♂，浙江西天目山仙人顶，1520m，2001.Ⅶ.1，朴美花，Nos.200106502-04；1♂，浙江西天目山仙人顶，2003.Ⅶ.29，时敏，No.20034553；1♂，浙江龙泉凤阳山，马氏网，2008.Ⅵ.25-Ⅶ.5，刘胜龙，No.200801096；4♀2♂，湖南炎陵桃源洞，1995.Ⅵ.10，郑波益，Nos.200610499-504；1♂，贵州梵净山回香坪，1993.Ⅶ.14，许再福，No.936452；1♀，贵州梵净山护国寺，2001.Ⅷ.1，朴美花，No.200107635。

分布：浙江、湖南、贵州。

鉴别特征：见检索表。

词源：种本名"浙江 zhejiangensis"，是以模式标本产地浙江省命名。

(401) 具刺窄腹细蜂，新种 *Ropronia spinata* He *et* Xu, sp. nov. (图 478)

雌：体长 6.2mm；前翅长 5.2mm。全体被有较密的白色细毛。

头：前面观宽为高的 1.22 倍。颜面满布粗刻点，上方呈指状突出，上半有 1 中纵脊，与触角洼间的片状纵突相连。额满布粗刻点，侧方的略呈夹点横皱；触角洼深凹，额背侧瘤不隆起，近触角窝上方有 1 小刺状突 (在本科中仅本种存在，学名即据此而拟)。唇基凹甚深，唇基满布粗刻点，端缘平截，光滑。头部背面观宽为中长的 1.85 倍。头顶有带毛刻点，但较额上的明显稀。单复眼间距和侧单眼间距分别为侧单眼长径的 3.1 倍和 1.3 倍。背观上颊在复眼之后稍弧形收窄，其长为复眼的 0.96 倍，刻点与头顶的相似。触角较细长，第 1 鞭节最长，长为宽的 3.8 倍，为第 2 鞭节长的 1.15 倍；鞭节毛长约为该节宽的 0.5 倍。

胸：前胸背板侧面满布较粗刻点，中央下方有小块三角形光滑区。中胸盾片和小盾片满布刻点；盾纵沟深，内有短脊。小盾片拱隆，散生粗刻点；小盾片前沟内有 2 条短纵脊。中胸侧板除镜面区及其下方光滑外满布刻点和刻皱，中央横沟不达后缘。后小盾片前方有 3 个大凹窝。后胸侧板和并胸腹节满布小室状网皱。

翅：前翅基脉上段稍弯曲，长为下段的 0.6 倍；小脉后叉式，与基脉的距离约为小脉的脉粗；径脉第 1 段、肘间横脉和第 1 回脉长度之比为 32：62：25 (1：1.94：0.78)；第 1 盘室长为高的 2.0 倍，亚盘脉从第 1 盘室外侧上方 0.4 处伸出。

腹：腹柄细长，背面长为中央稍后方最宽处的 5.2 倍；背表面光滑，仅基部 0.2 有弱刻皱。柄后腹侧扁，各节光滑，多带毛稀细刻点。侧观第 2 节背板长为高的 2.2 倍。

体色：体基本上黑色至黑褐色。头部触角窝以下、前胸背板侧面下方、背缘和后缘、腹柄最端部黄白色。上颚端半红褐色，齿端及口须端节黑褐色。触角柄节和梗节浅褐色，其腹方黄白色；鞭节黑褐色，其腹方端半褐黄色。翅基片浅褐色。前中足黄白色，其转节背缘、腿节背缘和胫节背缘浅褐色；后足黑褐色，其基节外侧 1 斑点、转节下方、胫节基部 0.35、距、端跗节黄色或黄白色。翅透明，翅脉黑褐色，翅痣下方无褐斑。

雄：未知。

寄主：未知。

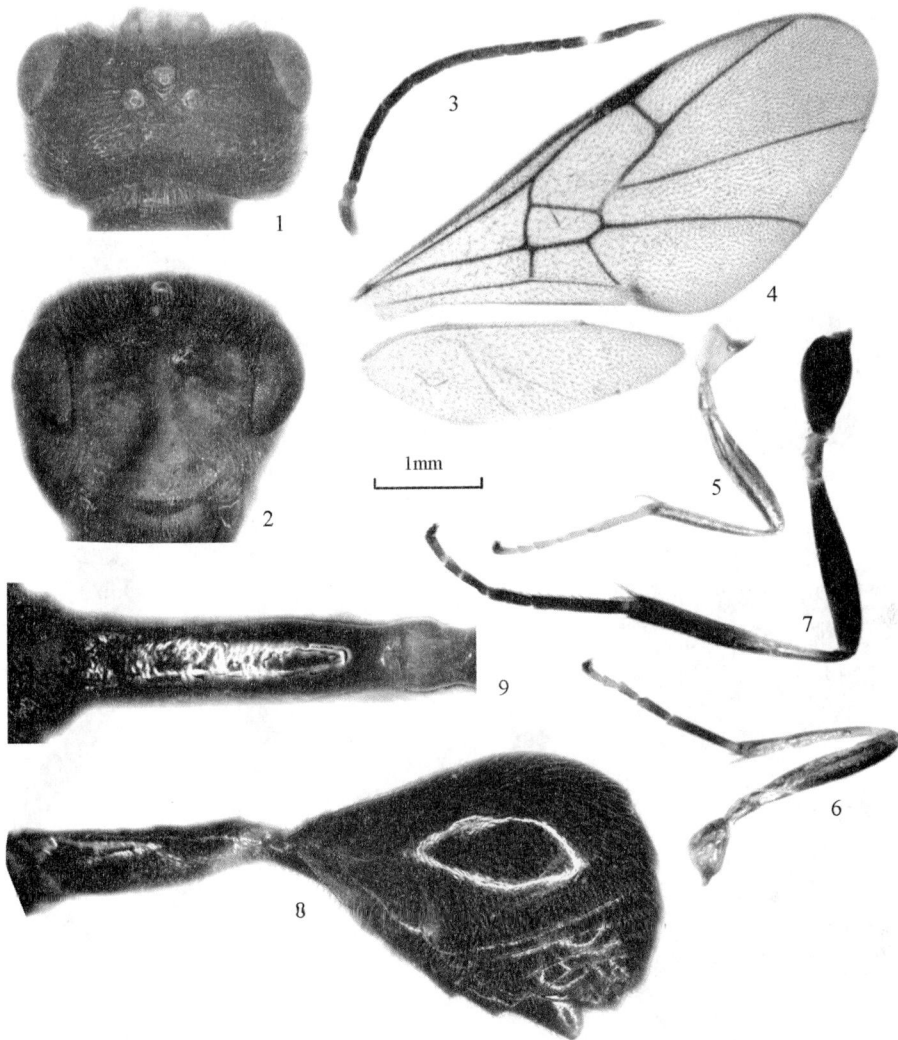

图478　具刺窄腹细蜂, 新种 *Ropronia spinata* He et Xu, sp. nov.

1. 头部, 背面观; 2. 头部, 前面观; 3. 触角; 4. 翅; 5. 前足; 6. 中足; 7. 后足; 8. 腹部, 侧面观; 9. 腹柄, 背面观
[1-2, 8. 1.5X 标尺; 3-7. 1.0X 标尺; 9. 2.5X 标尺]

研究标本: 正模♀, 浙江西天目山仙人顶, 1506m, 2003.Ⅶ.29, 陈学新, No.20034504。

分布: 浙江。

鉴别特征: 本新种翅痣下方无褐斑, 头部和腹部色泽与俄罗斯种渡边窄腹细蜂 *Ropronia watanabei* Yasumatsu, 1958 最为接近, 从以下特征相区别: ①径脉第1段、肘间横脉和第1回脉长度之比为 1: 1.94: 0.78 (后者按图其比为 1: 1.1: 0.68); ②翅基片浅褐色 (后者黄白色); ③后足基节黑褐色, 外侧有黄白色斑点 (后者完全黑色); ④后足跗节黑褐色, 仅端跗节黄色 (后者跗节黑色, 仅基跗节基部白色); ⑤侧观腹部第2节背板长为高的 2.2 倍 (后者多于 3 倍); ⑥近触角窝上方有 1 小刺状突 (后者及该属其他种无此刺突)。

词源：种本名"具刺 *spinata* (刺)"是以深凹的触角洼内近触角窝上方有 1 小刺状突这一特征而拟。

(402) 河南窄腹细蜂，新种 *Ropronia henanensis* He *et* Xu, sp. nov. (图 479)

雄：体长 6.4mm；前翅长 5.0mm。全体被有稀疏的白色细毛。

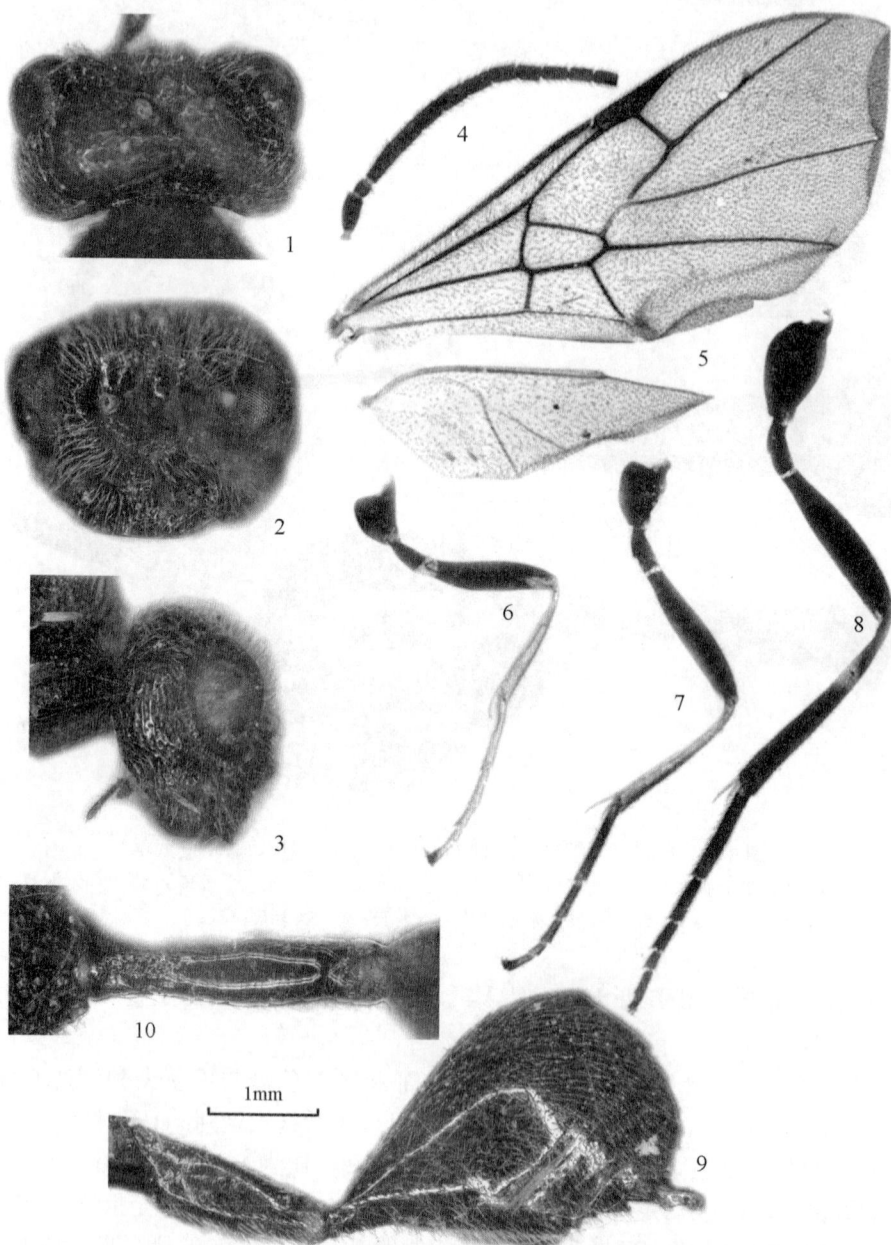

图 479 河南窄腹细蜂，新种 *Ropronia henanensis* He *et* Xu, sp. nov.

1. 头部，背面观；2. 头部，前面观；3. 头部，侧面观；4. 触角；5. 翅；6. 前足；7. 中足；8. 后足；9. 腹部，侧面观；
10. 腹柄，背面观 [1-3, 9. 1.5X 标尺；4-8. 1.0X 标尺；10. 1.8X 标尺]

头：前面观宽为高的 1.2 倍。颜面满布夹点刻皱，中央上方无指状突，有 1 短中脊与触角洼间的纵叶片状突相连。额满布夹点刻皱，触角窝间纵叶突的上部弱；触角洼深凹，额背侧瘤部位无隆起。唇基凹甚深，唇基满布夹点刻皱，端缘平截，光滑。头部背面观宽为中长的 1.8 倍。头顶刻点明显较额上的稀；侧观单眼后方头顶不特别高耸。单复眼间距和侧单眼间距分别为侧单眼长径的 2.3 倍和 0.8 倍。背观上颊在复眼之后稍弧形膨出，其长为复眼的 0.9 倍，刻点与头顶的相似。触角端部均断，第 1 鞭节最长，长为宽的 2.7 倍，为第 2 鞭节长的 1.45 倍；鞭节毛长约为该节宽的 0.4 倍。

胸：前胸背板侧面满布不规则夹点网皱，仅在凹槽下半前方光滑。中胸盾片满布刻点，中叶后方和侧叶刻点较稀；盾纵沟深，内有短脊。小盾片略隆起，具刻点；小盾片前沟内有许多弱纵脊，仅 2 条强。中胸侧板除镜面区及其下方光滑外满布网皱，中央横沟达后缘。后小盾片有网脊。后胸侧板具网皱，前半中央光滑。并胸腹节满布小室状网皱。

翅：前翅基脉上段稍弯曲，长为下端的 0.68 倍；小脉后叉式，与基脉间距为小脉长的 0.28 倍；径脉第 1 段、肘间横脉和第 1 回脉长度之比为 38∶60∶27 (1∶1.58∶0.71)；第 1 盘室长为高的 1.5 倍，亚盘脉从第 1 盘室外侧上方 0.38 处伸出。

腹：腹柄背观长为中央后方最宽处的 4.4 倍，与中足腿节等长；背表面光滑，基部有"∩"形脊。柄后腹侧扁，各节光滑，多带毛稀细刻点。第 2 节背板长为高的 2.7 倍，背缘长为柄后腹背缘长的 0.64 倍。

体色：体黑色。颊最下方、前胸背板侧面最下方、腹柄最端部、雄性外生殖器黄色。上颚端齿红褐色。须污黄色至浅褐色。足基节、转节、腿节 (前中足除端部) 黑色，距黄白色；前中足胫节背方浅褐色，腹方和前足跗节黄白色，中足跗节浅褐色；后足胫节和跗节黑色，胫节基方 0.15-0.35 处小斑黄白色。翅透明，翅脉黑褐色，翅痣下方无烟褐色斑。

雌：未知。

寄主：未知。

研究标本：正模♂，河南嵩县白云山，1400m，2003.Ⅶ.24，杨涛，No.20047319。副模：1♂，河南嵩县白云山，1400m，2003.Ⅶ.29，杨涛，No.20047326。

分布：河南。

鉴别特征：本新种翅痣下方无烟褐色斑，体黑色，前中足基节黑色和触角窝无明显背侧瘤等特征与浙江窄腹细蜂 *Ropronia zhejiangensis* He, 1983 最近似，其区别见检索表。

词源：种本名 "河南 *henanensis*"，是以模式标本产地河南省命名。

(403) 马氏窄腹细蜂 *Ropronia maai* Lin, 1987 (图 480)

Ropronia maai Lin, 1987, *Taiwan Agric. Res. Inst. Spec. Publ.*, 22: 43.

Ropronia maai Lin: Lin, 1989, *J. Taiwan Mus.*, 42(2): 14.

Ropronia maai Lin: Johnson, 1992, *Mem. Amer. Entomol. Inst.*, 51: 330.

雄：前翅长 6.6mm。

头：背面观宽阔于胸 (39∶31)，复眼后方两侧平行；前面观高短于宽 (32∶37)。除头顶中区外具相当密度的带毛刻点；上颊和颊后方具明显稀的刻点；头顶极微隆起，在中单眼之后有短纵沟；单眼排列呈矮三角形，LOL：POL：OOL 长度之比约为 3：5.5：10.5；后头和上颊、额上方有些弱而横行细皱；前单眼之前有细纵皱；额侧方稍凹。触角窝之间有 1 条脊并向下伸至颜面，脊的背缘侧观浪形。颜面密布刻点。唇基宽为长的3.4 倍，刻点稍粗于颜面，侧区具细皱。颚眼距短，约为复眼高的 0.3 倍。复眼相对较小，高约为宽的 1.5 倍；颊和上颊拱隆，上颊稍长于复眼。触角鞭节至端部渐瘦而弯，但端节为圆柱形；各节长宽比为 8：4，4：3，10：3，8.5：3，8.5：2.7，7.5：2.5，7：2.4，6.9：2.4，6：2.3，6：2.3，5.5：2，5.4：1.9，5：1.8，7：1.7。

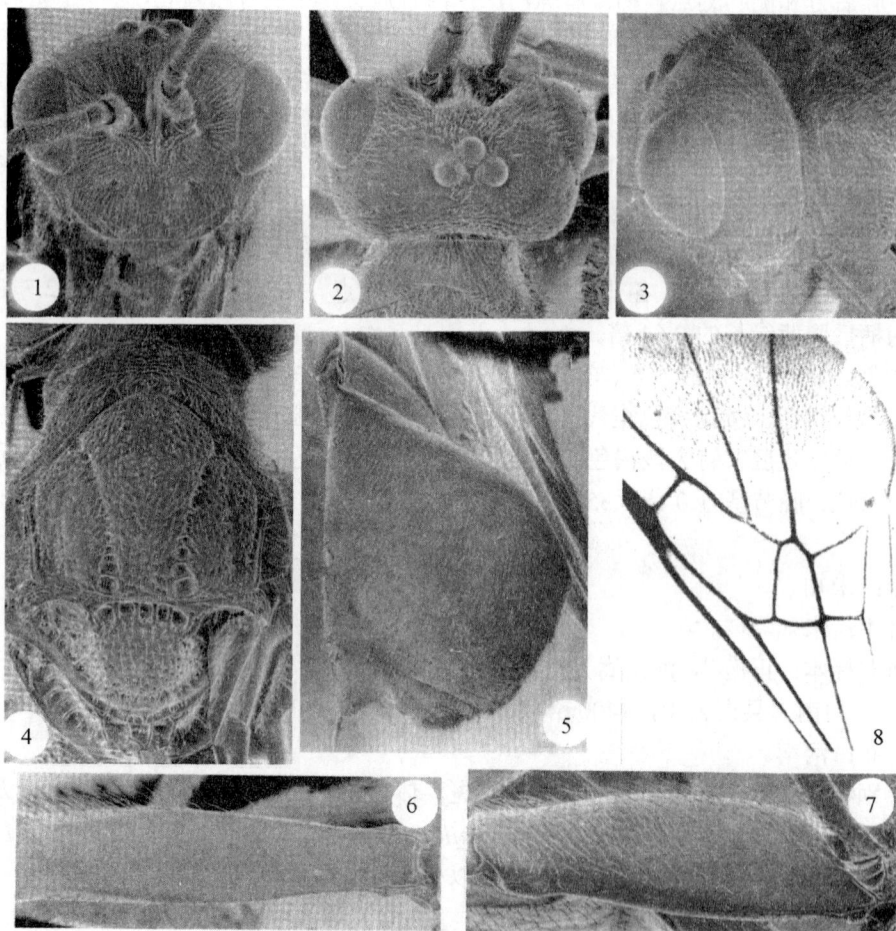

图 480 马氏窄腹细蜂 *Ropronia maai* Lin (♀)
1. 头部，前面观；2. 头部，背面观；3. 头部，侧面观；4. 胸部，背面观；5. 柄后腹，侧面观；6. 腹柄，背面观；7. 腹柄，侧面观；8. 前翅，部分 (仿 Lin, 1987a)

胸：胸部密布带毛细刻点；前胸背板密布刻点和细皱，侧面具斜行细皱，下方有小光滑区；前沟缘脊明显。中胸盾片短于其宽，后侧缘隆起，亚缘沟窄；盾纵沟具明显凹洼；前平行线和侧线明显；前部和侧部刻点相当细而密，在侧线内侧的刻点稍稀。小盾片前沟深，内有 5-6 条纵脊。小盾片具与中胸盾片中叶后方同样的粗刻点；侧凹具横皱。中胸侧板前方具夹点刻皱，下方密布刻点，后方拱隆，中央横沟光滑，侧缝具凹洼。后胸背板微弱拱隆，大部分具夹点网纹，在前侧区更强。后胸侧板除有一些细刻点的光滑隆区外具网皱。并胸腹节具小室状刻皱，前方有 1 弱中脊，亚中脊明显。

翅：前翅见图 480-8。

足：足具细刻点和毛。

腹：腹柄长约为高的 3.7 倍，腹面和侧面具刻点；背面光滑，前部有弱脊，侧方有刻纹。柄后腹光滑，有短毛；腹柄之后腹方有刻点，近基部的更密。

体色：体黑褐色，被灰白色毛。头下半褐黄色，上颚 (端部褐色)、颚须、前胸背板后侧方和后缘、前足、中足基节、所有转节基部、中后足腿节两端、胫节和跗节、后足胫节基半褐黄色。翅基片、中后足其余部位褐色。触角背方带褐色，腹方浅褐黄色。翅透明，前翅端部极弱烟褐色，翅脉带褐色。

雌：体长 7.8mm；前翅长 6.2mm。头背观长约为宽的 0.6 倍 (雄为 0.55 倍)。头顶在中单眼之后有弱纵沟。复眼相当突出，高约为宽的 1.4 倍 (雄为 1.5 倍)。颚眼距相当短，约为复眼高的 0.28 倍 (雄为 0.3 倍)。侧观上颊长约为复眼宽的 1.3 倍 (雄为 1.2 倍)。体色与雄性相同。

寄生：未知。

研究标本：未见模式标本，也未采到。形态系根据原记述。

分布：福建 (邵武、建阳)。

词源：学名种本名 "*maai*"，为定名人表示对 T. C. Maa (马骏超) 教授的敬意。

注：据定名人林珪瑞 (1989) 说明，原始描记之雌性实为雄性之误。

(404) 宝岛窄腹细蜂 *Ropronia insularis* Lin, 1987 (图 481)

Ropronia insularis Lin, 1987, *Taiwan Agric. Res. Inst. Spec. Publ.*, 22: 44.

Ropronia insularis Lin: Johnson, 1992, *Mem. Amer. Entomol. Inst.*, 51: 330.

雌：前翅长 5.2-5.6mm。

头：背面观宽阔于胸 (27∶23)，在复眼后方稍微收窄；前面观高短于宽 (23∶27)。头顶、后头、上颊和颊后密布带毛刻点；头顶稍微隆起，在中单眼之后有弱而短的纵脊；单眼排列呈很矮的三角形，LOL∶POL∶OOL 长度之比约为 3∶7∶11.5；额平，具粗刻点，前侧方和中单眼前方具细皱；触角窝侧方 (额背侧瘤) 非常强度突出。触角窝之间有 1 条脊，后半强度突起，侧观脊呈三角形；背后面观，脊分 2 叉，并有 1 很深的中纵沟；脊的前半微弱隆起，伸过颜面中央。颜面具相当密的刻点。唇基宽为长的 3.8 倍，中央有相当纵向刻点，在侧方有斜刻点，前缘光滑，均匀弧形，有时有非常凹的弧形。颚眼距短，约为复眼高的 0.2 倍。复眼高约为宽的 1.3 倍，明显突出，阔于上颊；上颊拱隆，后方圆弧状。触角鞭节至端部渐瘦，除端节外稍弯；各节长宽比为 6∶3, 2.5∶2.5, 7.5∶2.4, 7.5∶2.2, 7∶2, 7∶2.1, 6∶2.1, 6∶2.1, 5.7∶2, 5.5∶1.8, 4.7∶1.8, 4.5∶1.2, 4.5∶1.7, 6∶1.7。

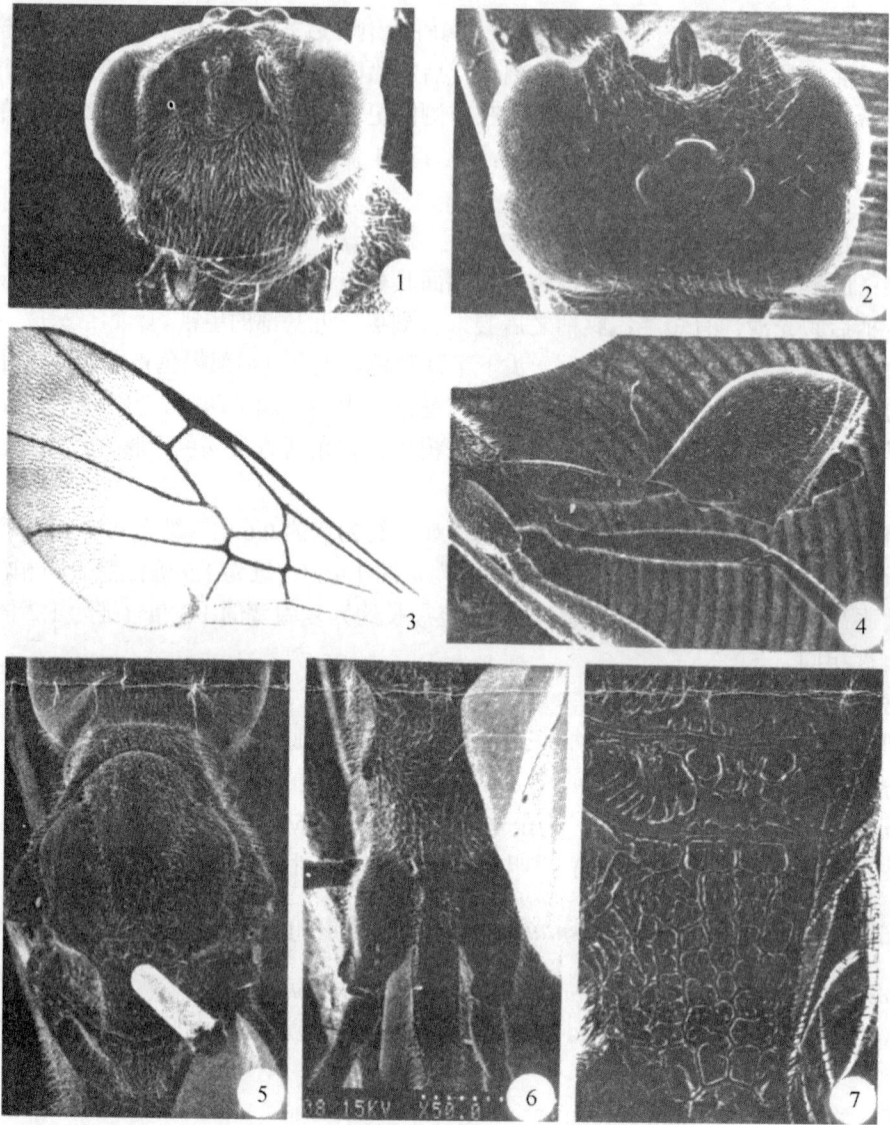

图 481 宝岛窄腹细蜂 *Ropronia insularis* Lin

1. 头部，前面观；2. 头部，背面观；3. 前翅；4. 腹部，侧面观；5. 胸部，背面观；6. 并胸腹节及腹柄，背面观；7. 并
胸腹节，背面观 (仿 Lin, 1987a)

胸：密布带毛细刻点；前胸背板侧面刻点明显稀于下部。前沟缘脊明显。中胸盾片
后侧缘微弱隆起，亚缘沟凹洼状；盾纵沟具凹洼；后部凹洼相当粗而深；平行线前方不
明显，侧线弱；刻点粗，但前方的稍小而密；小盾片前沟深，内有 4-5 条纵脊。中胸侧
板前方具不规则刻皱，有时有 1 或 2 条弧形亚缘脊；后方平滑而光亮；中央纵沟平滑，
前半具凹洼，并有 1 横脊。下方具相当密的刻点和一些细横皱；侧缝具凹洼。后胸背板
前方有大的凹洼，有 1 中脊和 1 对弱亚中脊；后方稍隆起，具不规则细皱。后胸侧板具
不规则刻皱和弱脊。并胸腹节具小室状刻皱，前方 4 个大凹畦，有时前方有 1 中脊。

翅：前翅见图 481-3。

腹：腹柄侧观长约为高的 3.8 倍，腹面毛密于侧面；背表面中央光滑，前方有夹点网皱，侧脊伸过中央或后侧方有 1 列小刻点；侧面后方有不规则细皱。柄后腹光滑，有短毛。

体色：体黑色。上颚端部和腹部火红色。头下半浅黄色，柄节腹面、上颚基部、须 (端节稍暗)、前胸背板侧后缘和下方、前中足基节和转节、腿节腹方和后胫节基半浅黄色。翅基片、中足基节基部、前中足腿节背方和端跗节浅褐色。触角褐色，腹方褐黄色；后足褐色。翅透明，前翅端部极弱烟褐色，翅脉褐色。

雄：前翅长 5.4-6.2mm。基本上与雌性相似，头通常黑色；颜面和唇基侧方通常有黄斑，有时头下半完全黄色，但唇基前缘均黑色；须和足通常暗褐色；前中足基节背面暗褐色至黑色。腹柄背面多少有纵刻纹。

分布：台湾 (南投翠峰、梅峰、松岗、阿里山等)。

研究标本：未见模式标本，也未采到。形态系根据原记述。

词源：种本名"宝岛 insularis"，是以模式标本产地我国台湾(宝岛)命名。

(405) 李氏窄腹细蜂 *Ropronia lii* He et Chen, 2007 (图 482)

Ropronia lii He et Chen: He & Chen, 2007, In: Li *et al.*, *Insects from Leigongshan Landscape*: 630.

雄：体长 6.7mm；前翅长 5.1mm。

头：前面观宽为高的 1.1 倍。颜面满布细夹刻点网皱，中央拱隆，上方在触角窝之间有三角形突起，颜面有完整中纵脊，与触角洼之间的矩形薄片状突相连。额密布细点皱，触角洼深凹，片状纵突水平部正中有 1 纵沟；额背侧瘤很发达。唇基基半具夹点刻皱，端半并列纵刻条，端缘缓弧形，光滑无齿。头背面观宽为中长的 2.2 倍。单眼区中央有 1 矮纵脊；头顶后方陡斜，刻点较额的浅而分开。背观上颊在复眼之后几乎与复眼等宽，其长度为复眼的 0.86 倍，刻点同头顶，但下方稍稀。单复眼间距和侧单眼间距分别为侧单眼长径的 2.4 倍和 1.6 倍。触角长为前翅的 0.83 倍；柄节基部收窄，第 1 鞭节长为端宽的 3.3 倍，为第 2 节长的 1.07 倍；毛长为该节宽的 0.25 倍。

胸：前胸背板侧面满布粗刻点，凹槽中央多少光滑，下方呈夹点网皱，后缘有畦状沟脊。中胸盾片具夹点网皱，中叶后方刻点较大而稀，侧叶刻点较弱；盾纵沟深，向后方加宽，内有短脊。小盾片前沟内有 3 个凹窝；小盾片稍隆起，具夹点网皱，近后缘 4 个横凹窝。中胸侧板中央横沟远离后缘，沟内有凹窝或并列横刻条；侧板前方和下方具夹点网皱，镜面区及其相连下方光滑；侧缝内具 1 纵列凹窝。后胸侧板具小网室网皱，前上方有小块光滑区。并胸腹节除基部有 4 个大凹窝外，其余满布网室，基半有中纵脊。

足：后足腿节长为宽的 4.5 倍。

翅：前翅基脉上段长为下段的 1.13 倍；小脉后叉式，强度外斜，与基脉的距离为小脉长的 0.24 倍；径脉第 1 段：肘间横脉：第 1 回脉长度=32：50：40 (1：1.56：1.25)；第 1 盘室长为宽的 2.44 倍，亚盘脉从其外侧近中央处伸出。

腹：腹柄背面长为中央最宽处的 4.4 倍，表面满布不规则夹点细网皱。第 2 节背板侧观长为高的 1.7 倍，背缘长为柄后腹背缘长的 0.59 倍。

体色：体黑色。颜面触角窝下方有 2 小白斑。腹柄端部黄褐色；第 2 节背板基部隐现暗红色。须浅黑褐色，端部红褐色。触角黑褐色，柄节背方红褐色。上颚端齿红褐色。前中足基节、腿节及后足黑色；前中足第 2 转节、前足腿节端部、胫节和跗节黄褐色；中足胫节背方褐色，腹方和跗节褐黄色；所有胫距浅黄褐色。翅透明，翅痣及翅脉黑褐色，翅痣下方径脉第 1 段两侧无烟褐色斑。

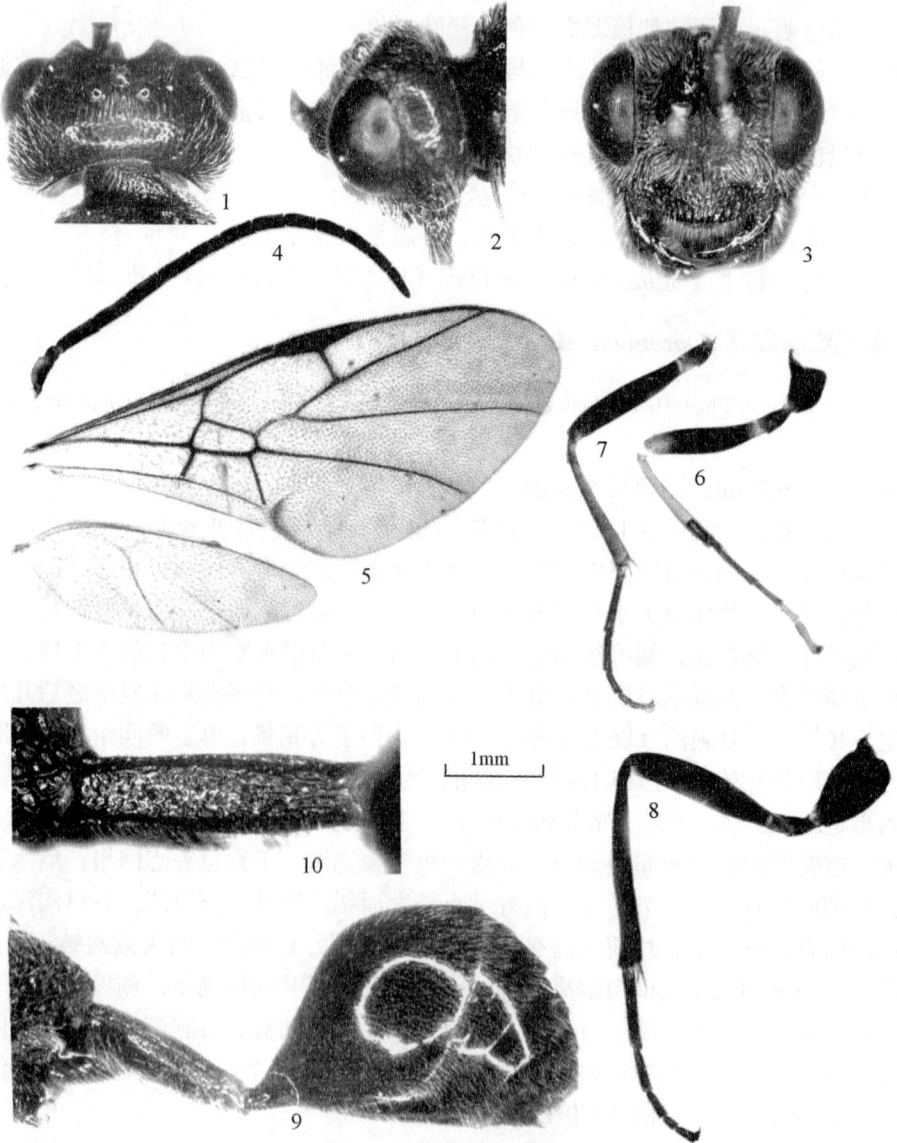

图 482 李氏窄腹细蜂 *Ropronia lii* He *et* Chen

1. 头部，背面观；2. 头部，侧面观；3. 头部，前面观；4. 触角；5. 翅；6. 前足；7. 中足；8. 后足；9. 腹部，侧面观；
10. 腹柄，背面观 (仿何俊华等，2007) [1-3, 9. 1.5X 标尺；4-8. 1.0X 标尺；10. 2.5X 标尺]

雌：未知。

寄主：未知。

研究标本：1♂，贵州雷公山自然保护区，2005.V.31，张红英，No.20059221 (正模)。

分布：贵州 (雷公山)。

鉴别特征：本种翅痣下方无暗斑、触角洼间叶状突水平部位有中纵沟，以及后足完全黑色等特征与槽沟窄腹细蜂，新种 Ropronia fossula sp. nov. 相近，其区别是：①颜面在触角下方有白斑 (后者无)；②前面观头宽为高和背面观头宽为中长的 1.1 倍和 2.2 倍 (后者为 1.3 倍和 1.55 倍)；③盘室长为高的 2.44 倍 (后者为 1.76 倍)；④基脉上段长为下段的 1.13 倍 (后者为 0.74 倍)；⑤翅透明 (后者稍带烟黄色)。其颜面触角窝下方有白斑与双斑窄腹细蜂 R. bimaculata He et Chen, 2005 相近，其区别是：①头部前面观宽为高的 1.1 倍 (后者为 1.46 倍)；②柄后腹黑色 (后者第 2 节背板红褐色)；③后足胫节黑色 (后者后足胫节背方 0.28 处的小斑白色)。与宝岛窄腹细蜂 R. insularis Lin, 1987 相近，其区别见检索表。

注：模式标本系雄性而原记述误为雌性。

词源：种本名"李氏 lii"，表示对贵州大学李子忠教授对作者工作支持的感谢。

23. 刀腹细蜂属 *Xiphyropronia* He *et* Chen, 1991

Xiphyropronia He *et* Chen, 1991, *Canada J. Zool.*, 69: 1718.

Type species: *Xiphyropronia tianmushanensis* He *et* Chen, 1991 (Monotypy).

Xiphyropronia He *et* Chen: He, 2004, *Hymenopteran Insect Fauna of Zhejiang*: 345.

属征概述：体长 7.6mm，前翅长 5.3mm。额中央稍拱隆，下角微突出。颜面中央稍拱隆，无任何纵脊。上颚 2 齿，上齿稍长于下齿。触角相对较长，长为头高的 3.7 倍。胸部(包括并胸腹节)长，长为最高处的 2.2 倍。盾纵沟深而完整，伸至中胸盾片后缘，内具并列刻条；小盾片前沟内有几条短纵脊。并胸腹节倒三角形，有明显刻皱和明显中纵脊。翅脉见图 483-1；腹柄细；柄后腹强度侧扁，背缘和腹缘近于平行，侧观呈刀形。第 2 节背板相当短，长约等于其高，稍短于腹柄；第 3、4 背板明显可见，长度之和约等于第 2 节背板。

鉴别特征：与窄腹细蜂属 Ropronia 不同之处在于以下特征：①柄后腹强度侧扁，背缘和腹缘近于平行，侧观呈刀形 (后者柄后腹稍侧扁，侧观呈船舵形，背缘弧形)；②第 2 节背板相当短，沿背缘长不到高的 1.5 倍，稍短于腹柄，仅为柄后腹长的 1/3 (后者第 2 节背板长，长约为其高的 2.0 倍，明显长于腹柄，至少为柄后腹长的 1/2)；③第 3、4 背板明显可见，长度之和约等于第 2 节背板 (后者第 3、4 背板通常很短，明显短于第 2 节背板)；④触角洼小，之间无叶状突，该区至多稍堤形隆起 (后者在触角洼大而深，之间有片状叶突)；⑤颜面中央上半无纵脊，上方在触角窝之间无指状突或三角形突起 (后者上半有中纵脊，上方有指状突或三角形突起)。

词源：属名 Xiphyropronia，为 xiph (刀)，与其密切相近的属 Ropronia 结合，表示该属主要特征在于腹部柄后腹强度侧扁，背缘和腹缘近于平行，侧观呈刀形。

该属目前仅知 1 种。

(406) 天目山刀腹细蜂 *Xiphyropronia tianmushanensis* He *et* Chen, 1991 (图 483)

Xiphyropronia tianmushanensis He *et* Chen, 1991, *Canada J. Zool.*, 69: 1718.

Xiphyropronia tianmushanensis He *et* Chen: He, 2004, *Hymenopteran Insect Fauna of Zhejiang*: 348.

雄：体长 8.5mm；前翅长 5.3mm。

头：前面观头宽为高的 1.42 倍，几乎呈横椭圆形。额和颜面密布刻点；额侧方稍隆起，在触角窝之间有弱的堤状脊；颜面中央稍隆起，除中央有 1 小纵瘤外，上方无任何纵脊或指状突。唇基宽，端部光滑，端缘稍凹。头背观宽为中长的 1.63 倍。头顶具稀细刻点。上颊在复眼后稍膨出，背观长为复眼的 0.9 倍，下方刻点更稀。单复眼间距和侧单眼间距分别为侧单眼长径的 3.25 倍和 2.0 倍。触角长，长为头高的 3.7 倍，鞭节渐细而短，端节与第 3 鞭节约等长。

胸：胸部密布刻点。前沟缘脊明显。盾纵沟内具并列刻条，在后方宽，不达盾片后缘。小盾片后方有 1 条具并列刻条的横沟。中胸侧板除镜面区外多少具刻点，翅基下脊下方的上部和基节前沟具皱。后胸侧板具细皱，前方有小块光滑区；上方部分具均匀刻条。并胸腹节呈倒三角形，密布细皱，有中纵脊。

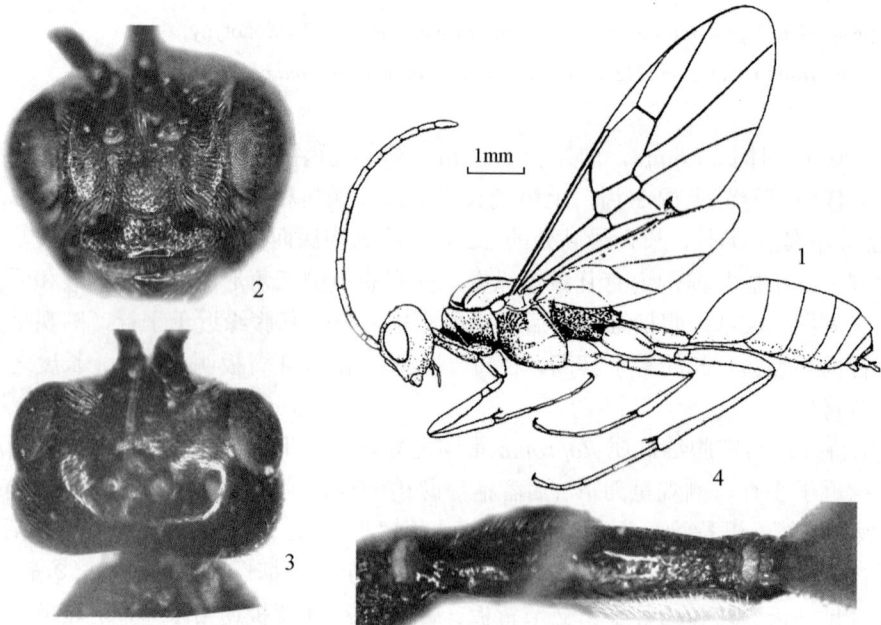

图 483 天目山刀腹细蜂 *Xiphyropronia tianmushanensis* He *et* Chen
1. 整体，侧面观；2. 头部，前面观；3. 头部，背面观；4. 腹柄 (1. 仿 He & Chen, 1991) [1. 1.0X 标尺；2-3. 3.4X 标尺；4. 5.0X 标尺]

　　足：后足腿节长为宽的 5.3 倍；后足胫节长为端宽的 10.0 倍，后足各跗节长度之比为 80：45：40：23：30；爪腹缘具稀疏栉齿。

　　翅：基脉上段长为下段的 1.44 倍；小脉后叉，与基脉距离为小脉长的 0.8 倍；径脉第 1 段：肘间横脉：第 1 回脉长度=38：60：42 (1：1.58：1.11)；第 1 盘室狭长，长为高的 2.47 倍，亚盘脉从其外侧的 0.6 处伸出。

　　腹：腹柄细，长为腹长的 0.3 倍；背观中央渐粗，向两端稍细，长为柄中央最宽处的 4.8 倍；表面除端部 1/4 具网皱外，其余部位刻皱弱，大部分近于光滑。

　　体：体黑色。腹部第 2、3 背板和第 4 背板基半红黄色。上颚和须浅黄色。足黑色；前足腿节端半、胫节和跗节、中足腿节端部、胫节两端和跗节褐黄色；后足跗节带褐色。翅膜透明，翅痣和翅脉褐色。

　　雌：未知。

　　寄主：未知。

　　研究标本：1♂，浙江西天目山，1988.Ⅴ.16，何俊华，No.880827 (正模)；1♂，同正模 (副模，保存于加拿大渥太华 Biosystematics Research Centre)。

　　分布：浙江。

五、修复细蜂科 Hsiufuroproniidae (新名，nom. nov.)

Renyxidae Kozlov, 1994 (Name preocc.).

Hsiufuroproniidae Yang, 1997 (Nom. nov.).

Proctorenyxidae Lelej et Kozlov, 1999 (Syn. nov.).

　　修复细蜂科 Hsiufuroproniidae Yang, 1997 是一极为珍稀的昆虫类群。关于本科学名的来龙去脉，已如前述，不再重复（见 22 页）。

　　该科最主要鉴别特征是单复眼间距明显大于侧单眼直径；复眼内缘几乎平行，向下不收窄。雄性触角 15 节，但第 3 节为环状节；柄节很短，宽大于长。上颚大而宽，3 齿。前胸背板上方很明显，不为中胸盾片所遮盖。中胸背板后方有 1 个横凹，其内有纵脊。前翅有封闭的第 2 肘室 (第 1 亚盘室)，在其端部扩大，并有分叉的第 1 臀脉；后翅前缘有 C+SC+R 脉、SC+R 脉、R 脉；在后翅 1/3 处中脉扩大，从此扩大处发出 3 条翅脉，R_1 脉伸向翅前缘、M 脉伸向翅外缘中央和 CU 脉伸向翅后缘；有臀脉。胫距式 1-2-2；跗爪梳状。腹部腹柄狭长卵圆形；柄后腹背板稍为侧扁，不形成愈合背板和愈合腹板，背观各节近于等长，宽大于长；端前节 (第 8 节背板) 有 2 个气门；侧背板很宽；端背板 (第 9 背板) 有 2 个尾须。雌性不知 (图 484)。

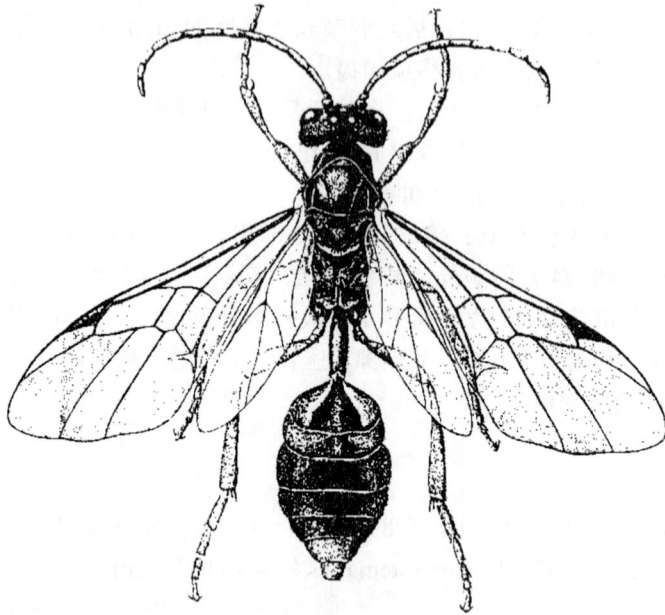

图 484 *Proctorenyxa incredibilis* (Lelej *et* Kozlov) (修复细蜂科 Hsiufuroproniidae) (仿 Kozlov, 1994)

24. 修复细蜂属 *Hsiufuropronia* Yang, 1997

Hsiufuropronia (!) Yang, 1997, *Wuyi Sci. Jour.*, 13: 101.

Type species: *Hsiufuropronia* (!) *chaoi* Yang (Monotypy).

Proctorenyxa Lelej *et* Kozlov: He *et al.*, 2002, *Acta Zootaxonomica Sinica*, 37(3): 630.

该属主要形态特征见科的描述。

寄主：不明。

分布：现仅知 1 种，产于我国北京。

属和种检索表（*我国未发现的种)

小脉后叉式；径脉第 1 段垂直，与第 2 段相交处近于直角；第 1 盘室长约为高的 2 倍；前翅前缘
室有黄褐色横条；后足基跗节粗，呈纺锤形，宽为第 2 跗节的 2 倍；腹部第 3-5 节背板长度约相等；
足基节、转节、腿节（除第 2 转节、腿节两端和腹面红棕色）黑褐色；体长 11.0mm。中国（北京）
·· 赵修复细蜂 *Hsiufuropronia chaoi*

小脉刚前叉式；径脉第 1 段内斜，与第 2 段相交成钝角；第 1 盘室长约为高的 2.5 倍；前翅前缘室
无黄褐色横条；后足基跗节不特别粗；腹部第 3-5 节背板长度之比为 3.8：3.3：3.0；足红褐色；体
长 13.5mm。俄罗斯（哈巴罗夫斯克边区）···················*难信乏知细蜂 Proctorenyxa incredibilis*

(407) 赵修复细蜂 *Hsiufuropronia chaoi* Yang, 1997 (图 485)

Hsiufuropronia (!) *chaoi* Yang, 1997, *Wuyi Sci. Jour.*, 13: 102.

Proctorenyxa chaoi (Yang): He *et al.*, 2002, *Acta Zootaxonomica Sinica*, 27(3): 630.

雌：体长约 11mm (自然状态，腹稍弯)，翅展 19mm，前翅长 9mm，触角长 6mm。颜色以棕褐为主，部分呈褐黑，体被金黄色毛，具光泽。

头：头部背视横阔，长仅及宽的一半，头顶在单眼后方呈屋脊状凸升，复眼后方向外弧突为头最宽处；侧单眼间距大于侧中单眼间距，但甚小于单复眼间距，单眼较大，淡黄色，单眼周围呈凹环。头部前视高与宽约等；复眼褐色，高为宽的 2 倍多，内缘直；额唇基沟明显，前幕骨陷呈 1 对凹窝；唇基与上唇约等，上唇前缘直而光滑；上颚宽大，红棕色，基部和 3 个端齿呈黑色，上边 2 齿等长，下齿显较长而大；颚须及唇须淡黄褐色。头部侧视高大于长，后颊窄于复眼的宽度；触角柄节黑色似球形，其基部具小球关节紧嵌在触角窝内，梗节褐色而短小，鞭节红棕色，各节末端褐色，触角 14 节，第 3 节最长且基部很细，长为宽径的 4 倍，以后各节渐短但粗细均匀，端部几节色变暗，长不到宽的 2 倍，末节则较长，为宽的 2 倍多。

胸：胸部与头宽约等，前胸则显较头窄；胸褐黑色，密生金黄色毛，光线反射而好似有光滑区；胸部密布刻点较头者稍大且多脊纹而更粗糙。中胸背板的盾纵沟深而完整，伸达盾间沟，盾片上另有纵沟；小盾片倒梯形，其基部凹窝深且色淡；并胸腹节宽大，气门处突出成瘤，端半矩形而侧端呈角突。

翅：翅基片黄褐色。翅透明稍带淡烟色，密布微毛，翅端更密。前翅的脉黑褐色，前缘室内有黄褐色横条，翅痣黄褐而中央色淡，痣宽于痣下脉；后缘基部的臀瓣黄褐色，臀角处的新月形斑沿臀脉延伸；第 1 中盘室的前后缘平行，小脉为外叉式，紧靠基脉的外侧。后翅短小，长度未超过前翅后缘；翅脉褐色，主脉分 3 岔，上边 1 条伸到前缘，臀脉发达而伸达翅缘。

足：足基节和转节褐黑色，腿节大部分褐黑而两端 (包括第 2 转节) 及腹面红棕色，胫节以下棕色，稍带暗色部分，胫端距均为淡色；后足的基跗节粗大，略呈纺锤形，2 倍于第 2 跗节的宽度。

腹：腹部的腹柄褐黑色，狭长而稍长于并胸腹节和后胸的长度；柄后腹部粗大，宽度与胸部约等，棕褐色，密生金黄色毛，毛三两成束，组成断续的条纹；腹部背视 (图 485-1) 柄后腹部第 1 节 (实为原始第 3 腹节) 呈锥形，长与腹柄约等，基部与腹柄关联处具深凹窝；柄后腹部第 2-4 节长度约等，以后渐短且窄。腹部侧视 (图 485-2) 腹柄仅稍弯，柄后腹部粗大而拱弯，背板两侧包向腹面；柄后第 1 腹节侧视其背缘斜伸而平直，仅末端弯下，背板的侧缘翘张，腹板明显外露，其后缘呈双叶凹缘；第 2 腹节的背板侧叶亦微张，其腹板后缘则平直；柄后第 5 节的腹板呈锥状突伸并多长毛，实为第 7 腹板；腹部的背板则实际明显可见 9 节。

雄：未知。

寄主：未知。

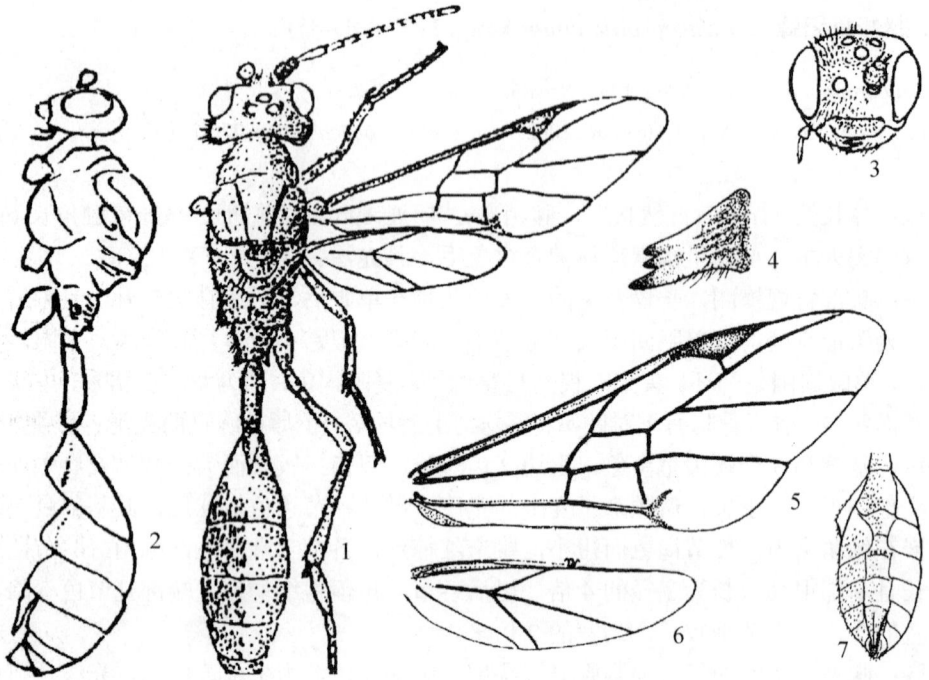

图 485　赵修复细蜂 *Hsiufuropronia chaoi* Yang

1. 整体，背面观；2. 整体 (无翅)，侧面观；3. 头部，前面观；4. 上颚；5. 前翅；6. 后翅；7. 腹部，腹面观

(仿杨集昆，1997)

　　研究标本：作者未采到标本，多次寻找也未见到模式标本，形态描述及图是根据原记述。

　　分布：北京 (门头沟区小龙门)。

　　注：本种原记述中的属名学名均误印刷为 *Hisufuropronia*。

参 考 文 献

Agassiz L. 1846. Nomenclatoris zoologici index universalis, continens nomina systematica classium, ordinum, familiarum et generum animalium omninm, tam viventium quam fossilium, secundum ordinem alphabeticum univum disposita, adjectis homonymiis plantarum, nec non variis adnotationibus et emendationibus. Soloduri

Algarra A, P Ros, C Segade, *et al*. 1997. Proctotrupidae with simple claws captured in Santa Coloma Andorra (Hymenoptera: Proctotrupidae). Boletin dela Asociacian Espanola de Entomologia, 21(3-4): 111-118

Ashmead W H. 1887a. Studies on the North American Proctotrupidae, with descriptions of new species from Florida. Entomol. Amer., 3: 73-76, 97-100, 117-119

Ashmead W H. 1887b. Studies of the North American Proctotrupidae, with descriptions of new species from Florida. Can. Entomol., 19: 192-198

Ashmead W H. 1888. Descriptions of some new genera and species of Canadian Proctotrupidae. Can. Entomol., 20: 48-55

Ashmead W H. 1893. A monograph of the North American Proctotrypidae. Bull. U.S. Nat. Mus., 45: 472

Ashmead W H. 1897. A new species of *Roptronia*. Proc. Entomol. Soc. Wash., 4: 132-133

Ashmead W H. 1899. Super-families in the Hymenoptera and generic synopses of the families Thynnidae, Myrmosidae and Mutillidae. J. N. Y. Entomol. Soc., 7: 45-60

Ashmead W H. 1900. Classification of the ichneumon flies, or the superfamily Ichneumonoidea. Proc. U. S. Nat. Mus., 23: 1-220

Ashmead W H. 1902. Classification of the pointed-tailed wasps, or the superfamily Proctotrypoidea Ⅰ. J. N.Y. Entomol. Soc., 10: 240-247

Ashmead W H. 1903a. Classification of the pointed-tailed wasps, or the superfamily Proctotrypoidea Ⅱ. J. N.Y. Entomol. Soc., 11: 28-35

Ashmead W H. 1903b. Classification of the pointed-tailed wasps, or the superfamily Proctotrypoidea Ⅲ. J. N.Y. Entomol. Soc., 11: 86-99

Ashmead W H. 1904a. A list of the Hymenoptera of the Philippine Islands, with descriptions of new species. J. N. Y. Entomol. Soc., 12: 1-22

Ashmead W H. 1904b. Descriptions of new Hymenoptera from Japan- I. J. N.Y. Entomol. Soc., 12: 65-84

Baltazar C R. 1961. New generic synonyms in parasitic Hymenoptera. Philipp. J. Sci., 90: 391-395

Baltazar C R. 1966. A catalogue of Philippine Hymenoptera (with a bibliography, 1758-1963). Pac. Ins. Monogr., 8: 1-488

Bernard F. 1951. Super-famille des Serphoidea Kieffer (= Proctotrypoidea Ashmead). 959-975. In: Grassé P P. Traité de Zoologie. Anatomie, systématique, biologie. Tome X. Insectes supérierus et hémiptéroides (premier fascicule). Masson et Cle Éditeurs, Paris. 1-975

Blanchard E. 1840. Histoire naturelle des insectes, Orthoptères, Névroptères, Hémiptères, Hyméno ptères, Lépidoptères et Diptères. P. Duménil, Paris

Blood B N and J P Kryger. 1922. A new mymarid from Brockenhurst. The Entomologist's Monthly Magazine, 58: 229-230.

Box I A. 1921. On *Phaenoserphus levifrons* Förster (Proctotrypoidea). Entomol. Mon. Mag., 57: 92

Bradley J C. 1904. On *Ropronia garmani* Ashm. Entomol. News, 15: 212-214

Bradley J C. 1905. *Ropronia*, an anomalous Hymenopteron. Entomol. News, 16: 14-18

Brothers D R. 1975. Phylogeny and classification of the Aculeate Hymenoptera, with special reference to Mutillidae. University of Kansas Scientific Bulletin, 50: 483-648

Brues C T, A L Malander and F M Carpenter. 1954. Classfication of insects. Key to the living and extinct families of insects, and to the families of Terestrial arthopods. Cambridge, Mass., Bulletin: Museum of Comparative Zoology, Harvard College, 108:1-917

Brues C T. 1909a. Notes and descriptions of North American parasitic Hymenoptera. VII. Bull. Wisc. Nat. Hist. Soc., 7:154-163

Brues C T. 1909b. A preliminary list of the proctotrypoid Hymenoptera of Washington, with descriptions of new species. Bull, Wisc. Nat. Hist. Soc. 7:111-122

Brues C T. 1910a. The parasitic Hymenoptera of the Tertiary of Florissant, Colorado. Bull. Mus. Comp. Zool. Harvard Coll., 54(1):4-125

Brues C T. 1910b. Notes and descriptions of North American parasitic Hymenoptera. VIII. Bull. Wisc. Nat. Hist. Soc., 8:45-52

Brues C T. 1910c. Some parasitic Hymenoptera from Vera Cruz, Mexico. Bull. Amer. Mus. Nat. Hist., 28:79-85

Brues C T. 1910d. Notes and descriptions of North American parasitic Hymenoptera. IX. Bull. Wisc. Nat. Hist. Soc., 8:67-85

Brues C T. 1916. Serphoidea (Proctotrypoidea). 529-577. In: H L Viereck. The Hymenoptera or, Wasp-like Insects, of Connecticut. Guide to the Insects of Connecticut, Part III. Bull. State Geol. Nat. Hist. Surv., No. 22. 1-824

Brues C T. 1919. Notes and descriptions of North American Serphidae (Hymenoptera). J.N.Y. Entomol. Soc., 27: 1-19

Brues C T. 1923, Some new fossil parasitic Hymenoptera from Baltic amber. Amer. Acad. Arts & Sci., 58: 327-346

Brues C T. 1928. A note on the genus *Pelecinus*. Psyche, 35: 205-209

Brues C T. 1933. The parasitic Hymenoptera of the Baltic amber. Part I. Bernsteinforschungen, 3: 4-178

Brues C T. 1937. Superfamilies Ichneumonoidea, Serphoidea and Chalcidoidea. In: Insects and arachnids from Canadian amber. Univ. Toronto Studies, Geol. Ser., 40: 27-44

Brues C T. 1940. Serphidae in Baltic amber, with the description of a new living genus. Proc. Amer. Acad. Arts and Sci., 73: 259-264

Brullé A. 1846. Histoire naturelle des insects, Hyménoptcrès. Tome quatrième. Librairie Ency- clopédique de

Roret, Paris. 1-680

Buhl P N. 1998. New species of Proctotrupoidea s. l. from Europe (Hymenoptera). Phegae, 26(4): 141-150

Buhl P N. 2004. *Oxyserphus* Masner, 1961. represented in West Palearctic by a new species (Hymenoptera, Proctotrupidae). Entomologiske Meddelielser, 72: 79-80

Cameron P. 1888 (1883-1900). Insecta. Hymenoptera (Families Tenthredinidae Chrysididae). Vol. 1. Biologia Centrali-Americana, 33: 1-487

Cameron P. 1906. On the Tenthredinidae and parasitic Hymenoptera collected in Baluchistan by Major C. G. Nurse. J. Bombay Nat. Hist. Soc., 17: 89-107

Cameron P. 1912. Descriptions of new genera and species of parasitic Hymenoptera taken at Kuching, Sarawak, Bornco by Mr. John Hewitt B. A. Soc. Entomol., 27: 63-64, 69-70,74-78, 82, 84-85, 90, 94-95

Carpenter F M, J W Folsom, E O Essig, *et al.* 1937. Insects and arachnids from Canadian amber. Univ. Toronto Stud. Geol. Ser., 40: 7-62

Carpenter F M. 1992. Treatise on Invertebrate Palaeontology, Part R, Arthropoda 4. The Geological Society of America, Inc, and The University of Kansas. 1-655

Carpenter J M and A P Rasnitsyn. 1990. Mesozoic Vespidae. Psyche, 97: 1-20

Ceballos G. 1957. Himenópteros nuevos para la fauna espñola. Eos, 33: 7-18

Ceballos G. 1965. El género *Helorus* Latr. (Hym. Proctotrupoidea). Graellsia, 21: 11-16

Chao H-F. 1957. A note on *Ropronia brevicornis* Townes (Hymenoptera: Roproniidae). Fukien Agric. Jour., 5: 73-76 [赵修复, 1957. 短角窄腹细蜂 *Ropronia brevicornis* 记要 (膜翅目: 窄腹细蜂科). 福建农学院学报, 5: 73-76]

Chao H-F. 1962. Description of a new species of *Ropronia* from Szechaun, China (Hymenoptera: Roproniidae). Acta Entomologica Sinica., 11: 377-381 [赵修复, 1962. 窄腹细蜂属 *Ropronia* 一新种记载(膜翅目: 窄腹细蜂科). 昆虫学报, 11(4): 377-381]

Christ J L. 1791. Naturgeschichte, Classification und Nomenklatur der Insecten von Bienen, Wespen, und Ameisengeschlccht; als der fünften Klasse fünftcn Ordnung des Linneischen Natur-Systems von den Insecten Hymenoptera. Hermann, Frankfurt am Main. 1-535

Clancy D W. 1946. The insect parasites of the Chrysopidae (Neuroptera). Univ. Calif. Publ. Ent., 7: 403-496

Clausen C P. 1940. Entomophagous insects. New York, London, Mcgraw-Hill Book Company. 1-342

Crawford J C. 1909. A new family of Parasitic Hymenoptera. Proceedings Entomological Society of Washington, 11: 63-65

Cresson E T. 1887. Synopsis of the families and genera of the Hymenoptera of America, north of Mexico, together with a catalogue of the described species, and bibliography. Trans. Amer. Entomol. Soc., (Suppl): 351

Csiro. 1991. The Insects of Australia. A textbook for students and research workers. 2nd ed. Vol. I and II. Melbourne University Press. 1137p.

Curtis J. 1823-1840. British Entomology; being illustrations and descriptions of the genera of insects found in Great Britain and Ireland; containing coloured figures from nature of the most rare and beautiful species, and in many instances of the plants upon which they are found. Vol. 3. Dermaptera, Orthoptera,

Dictyoptera, Strepsiptera, Hymenoptera, part 1. E. Ellis and Co., London

Curtis J. 1846. *Proctotrupes viator.* The Gardeners'Chronicle and Agricultural Gazette 1846:36. [Published under the pseudonym of *Ruricola*]

Dahlbom A G. 1858. Svenska små-ichneumonernas familjer och slägten. Öfvcrs. K. Vet.- Akad. Förh., 14: 289-298

Dalla Torre C W V 1885. Die hymenopterologischen Arbeiten Prof. Dr. Arn. Försters. Jahresb. Naturf. Ges. Graubundens, 28: 44-82.

Dalla Torre C G de. 1890. Hymenopterologische Notizen. Wiener Entomol. Zeitung, 9: 97-99

Dalla Torre C G de. 1902. Catalogus hymenopterorum hucusque descriptorum systematicus et syno-nymicus. Volumen III: Trigonalidae, Megalyridae, Stephanidae, Ichneumonidae, Agriotypidae, Evaniidae, Pelecinidae. Sumptibus Guilelmi Engelmann, Lipsiae. 1-1141

Dalla Torre C G de.1898. Catalogus hymenopterorum hucusque descriptiorm systematicus et synonymicus. Vol. V: Chalcididae et Proctotrupidae. Sumptibus Guilelmi Engelmann, Lipsiae. 1-598

Darling D Ch and M J Sharkey. 1990. Order Hymenoptera. In: Grimaldi D A. Insects from the Santana Formation, Lower Cretaceous, of Brazil. Bulletin of the American Museum of Natural History, 95: 12-129

Dathe H H, A Tager and M B Stephan. 2001. Entomofauna Germanica 4. Verzeichnis der Hautfiügler Deutschland. Entomologische Nachrichten und Berichte. Beiheft, 7: 1-180

Day M. 1978. The affinities of *Loboscelidia* Westwood (Hymenoptera: Chrysididae, Loboscelidiinae). Systematic Entomology, 4: 21-30

De Romand B. 1840. Note sur le genre *Pelecinus* (Hyménoptères pupivores évaniales). Mag. Zool., 10: plates 48-49

De Romand B. 1842. Notice sur le genre *Pelecinus*, faisant suite à a notice publiée dans le Magasin de zoologie, année 1840, pl. 48-49. Mag. Zool., 12: plate 86

De Romand B. 1844. Revue du genre *Pelecinus*, Latr., d'après Its écrits publiés jusquà ce jour. Rev. Zool., 7: 97-99

De Santis L. 1967. Catálogo de los himenópteros argentinos de la serie parasitica, incluyendo Bethyloidea. Comision de Investigacion Cientifica, Provincia de Buenos Aires Gobernacion, La Plata. 1-337

De Santis L. 1980. Catálogo de los himenópteros brasileños dc la serie Parasítica incluyendo Bethyloidea. Editora da Universidade Federal do Paraná, Curitiba. 1-395

De Villers C J. 1789. Caroli Linnaei entomologia, faunae suecicae descriptionibus aucta; D. D. Scopoli, Geoffroy, De Geer, Fabricii, Schrank, & c. speciebus vel in systematic non enumertis, vel nuperrime detectis, vel speciebus Galliae australis locupletata, generum specierumque rariorum iconibus ornate, curante et augente Carolo dc Villers. VoI. 3. Piestre et Delamolliere, Lugduni. 1-656

Debauche H R. 1948. Etude sur les Mymarommatidae et les Mymaridae de la Belgique (Hymenoptera: Chalcidoidea). Mem. Mus. Hist. Nat. Belg., 108: 42-46

Desmarest E. 1860. Sixième ordre. Hyménoptères. Pages 123-181. In: Chenu J C. Encyclopédie d'Histoire Naturelle ou Traité complet de cette science d'après les travaux des naturalists les plus éminents de tous les pays et de toutes des époques. Vol. 18. Marescq et Compagnie, Paris.Early J W. 1995. Insects of the Aldermen Islands. Tane, 35: 1-14.

Dessart P. 1975. Matériel typique des microhymenoptera myrmécophiles de la Collection Wasmann depose au Muséum Wasmannianum A Maastricht (Pays-Bas). Publ. Natuurhist. Genootschap Limburg, 24(1-2): 1-94

Deyrup M. 1985. Notes on the Vanhorniidae (Hymenoptera). Great Lakes Entomol., 18: 65-68

Dodd A P. 1915. Australian Hymenoptera Proctotrypoidea. No.3. Trans. R. Soc. S. Austr., 39: 384-454

Dodd A P. 1920. Two new Hymenoptera of the superfamily Proctotrypoidea from Australia. Proc. Linn. Soc. N. S. W., 45: 443-446

Dodd A P. 1933. A new genus and species of Australian Proctotrypidae. Proc. Linn. Soc. N. S.W., 58: 275-277

Doutt R L. 1973. The fossil Mymaridae (Hymenoptera: Chalcidoidea). Pan-Pac. Ent., 49 (3): 221-228

Dowton M and A D Austin. 2001. Simultaneous analysis of 16S, 28S, COI and morphology in the Hymenoptera: Apocrita-evolutionary transitions among parasitic wasps. Biological Journal of the Linnean Society, 74: 87-111

Dowton M, A D Austin, N Dillon, *et al.* 1997. Molecular phylogeny of the apocritan wasps: the Proctotrupomorpha and Evaniomorpha. Systematic Entomology, 22: 245-255

Drake E F. 1969 (1970). A new species of *Cryptoserphus* from Japan (Hymenoptera: Proctotrupidae). Proc. Haw. Entomol. Soc., 20: 327-329

Duan Y and Cheng S-L. 2006. A new species of Pelecinidae (Insecta, Hymenoptera, Proctotrupoidea) from the Lower Cretaceous Jiufotang Formation of western Liaoning. Acta Palaeontological Sinica, 45(3): 393-398 [段冶, 程绍利, 2006. 辽西下白垩统九佛堂组长腹细蜂 (昆虫纲, 膜翅目) 化石一新种. 古生物学报, 45 (3): 393-398]

Duisburg V. 1868. Zur Bernstein-Fauna. Physikalisch Ökonomische Gesellsch. Konigsberg Schrif., 9:23-28

Early J W and I D Naumann. 1990. *Rostropria*, a new genus of opisthognathous diapriine wasp from Australia, and notes on the genus *Neurogalesus* (Hymenoptera: Proctotrupoidea: Diapriidae). Invertebr. Taxon., 3: 523-550

Early J W and J S Dugdale. 1994. *Fustiserphus* (Hymenoptera: Proctotrupidae) parasitises Lepidoptera in leaf litter in New Zealand. New Zealand Journal of Zoology, 21: 249-252

Early J W, L Masner, I D Naumann, *et al.* 2001. Maamingidae, a new family of proctotrupoid wasp (Insecta: Hymenoptera) from New Zealand. Invertebrate Taxonomy, 15(3): 341-352

Early J W. 1980. The Diapriidae (Hymenoptera) of the southern islands of New Zealand. J. R. Soc. New Zealand, 10:153-171

Early J W. 1995. Insects of the Aldermen Islands. Tane, 35:1-14

Enderlein G. 1916. *Proctotrupes reicherti* nov. spec., ein Parasit Von *Quedius*-Larven in Wespennestern. Zool. Anz., 47: 236-237

Engel M S. 2002. The fossil pelecinid *Pelecinopteron tubuliforme* Brues in Baltic amber (Hymenoptera: Pelecinidae). Journal of Hymenoptera Research, 11: 5-11

Essig E O. 1947. College Entomology. The Macmillan Company. 1-900.

Evans H E. 1969. Three new Cretaceous wasps (Hymenoptera). Psyche, 76: 251-261

Fabricius J C. 1775. Systema entomologiae, sistens insectorum classes, ordines, genera, species, adiectis synonymis, locis, descriptionibus, observationibus. Libraria Kortii, Flensburgi et Lipsiae. 1-832.

Fabricius J C. 1781. Species insectorum; exhibentcs eorum differentias speciticas, synonyma, auctorum, loca natalia, metamorphosin adiectis observationibus, descriptionibus. Vol. l. Carol. Ernest. Bohnii, Hamburg. 1-552

Fabricius J C. 1787. Mantissa insectorum, sisterts eorum species nuper detectas characteribus genericis, differentiis specificis, emendationibus, observationibus. Vol.1. Christ. Gottl. Proft, Hafniae

Fabricius J C. 1793. Eniomologia systematica emendate et Hafniae. 1-519

Fabricius J C. 1798. Supplementum Entomologiae Systematicae. Proft et Storon, Hafniae. 1-572

Fabricius J C. 1804. Systema Piezatorum. Carolum Reichard, Brunsviga. 1-439

Fabritius K. 1980. Heloride si proctotrupide (Hym. Proctotrupoidea) din România. Complexul muzeal de ştiinţe ale naturii, Constanta. Pontus Euxinus Studii şi Cercetari, 1: 261-272

Fan J-J and He J-H. 1990. New records of genus and species of Serphidae from China——*Paracordrus apterogynus* Haliday (Serphidae, Hymenoptera). Acta Agriculturae Universitatis Zhejiangensis, 16(2): 156 [樊晋江, 何俊华, 1990. 中国细蜂科一新纪录属种——叩甲无翅细蜂. 浙江农业大学学报, 16(2): 156]

Fan J-J and He J-H. 1991. Two new species of the genus *Phaneroserphus* Pschorn-walcher (Hymenoptera: Serphidae) from China. Wuyi Science Journal, 8: 63-66 [樊晋江, 何俊华, 1991. 中国脊额细蜂属 *Phaneroserphus* 二种新种记述 (膜翅目：细蜂科). 武夷科学, 8: 63-66]

Fan J-J and He J-H. 1993. A new genus and species of Serphini (Hymenoptera: Serphidae) from China. Entomotaxonomia, 15(1): 69-73 [樊晋江, 何俊华, 1993. 中国细蜂族一新属新种 (膜翅目：细蜂科). 昆虫分类学报, 15(1): 69-73]

Fan J-J and He J-H. 2003. Serphidae. 716-723. In: Huang B-K. Fauna of Insects in Fujian Province of China. Vol. 7. Fujian Science and Technology Publishing House, Fuzhou. 1-927 [樊晋江, 何俊华, 2003. 细蜂科, 716-723. 见：黄邦侃编, 福建昆虫志.七卷. 福州: 福建科学技术出版社. 1-927]

Fergusson N D M. 1978. Proctotrupoidea and Ceraphronoidea. 110-126. In: Fitton M G, *et al*. A Check List of British Insects by George Sidney Kloet and the Late Walter Douglas Hincks. 2nd ed (completely revised). Part 4: Hymenoptera. Handbooks Ident. Brit. Ins., 11(4): 159

Förster A. 1856. Hymenopterologische Studien. II. Heft. Chalcidiae und Proctotrupii. *Ernstter* Meer, Aachen. 1-152

Förster A. 1861. Ein Tag in den Hoch Alpen. Programm der Realschule en für das Schuljahr 1860/61. Aachen. 1-44

Foust R M. 1936. Check list of the Serphoidea, Bethylidae, and Anteonidae of Oceania. Occ. Papers B. P. Bishop Mus., 11(8): 1-15

Gahan A B and S A Rohwer. 1918. Lectotypes of Hymenoptera (except Apoidea) described by Abbé Provancher. Can. Entomol., 50: 28-33, 101-106, 133-137, 166-171, 196-201

Gauld I and B Bolton. 1988. The Hymenoptera. British Museum (Natural History) and Oxford University

Press, Oxford.1-332

Germar E F. 1819. Fauna insectorum Europae. Fasciculus V. Car. Aug. Kümmelii, Halae

Gibson G A P. 1986. Evidence for monophyly and relationships of Calcidoidea, Mymaridae, and Mymarommatidae (Hymenoptera: Terebrantes). Canadian Entomologist, 118: 205-240

Gistel J. 1848. Naturgeschichte des Thierreichs. Fur hohere Schulen bearbeitet. Scheitlin and Krais, Stuttgart

Gmelin J F. 1790. Systema naturae, 13th ed. Beer, Lipsiae

Goulet H and J T Huber. 1993. Hymenoptera of the World: An identification guide to families. Research Branch Agriculture Canada Publication 1894/E: 1-VII+1-688

Gowdey C C. 1926. Catalogus insectorum Jamaicensis. Part 2. Entomol. Bull. Dept. Agric. Jamaica, No. 4. 1-12

Gravenhorst J L C. 1807. Vergleichende Uebersicht des Linneischen und einiger neuern zoologischen Systeme, nebst dem eingeschalteten Verzeichnisse der zoologischen Sammlung des Verffassers und den Besc-hribungen neuer Thierarten, die in derselben vorhanden sind. Dietrich, Göttingen. 1-476

Gregor F. 1938. Moravské druhy podčeledě Helorinae (Hym., Proct.). Čas. Česk. Spol. Entomol., 35: 14-15

Grehan J R.1990. Invertebraie survey of Somes Island (Matiu) and Mokopuna Island, Wellington Harbour. New Zealand. New Zealand Entomologist, 13: 62-75

Gribodo G. 1880. Communication to Societ/-Entomologica Italiana. 7-8. In: Resoconti delle Adunanze, compilata dal Segretario G. Cavanna. Anno 1880. Tipografia Cenniniana, Firenze

Guérin Méneville F E. 1845. Iconographie de régne animal de G. Cuvier, ou représentation d'après nature de l'une des espèces les plus remarquables, et souvent non encore figurées, de chaque genre d'animaux. J. B. Baillière, Paris [Date on title page: 1829-1858; this date from Dalla Torre 1898]

Haliday A H. 1833. An essay on the classification of the parasitic Hymenoptera of Britain, which correspond with the *Ichneumones minuti* of Linnaeus. Entomol. Mag., 1: 259-276

Haliday A H. 1839a. Hymenoptera Britannica Oxyura. Fasc. I. Hippolytus Baillière, London. 1-16

Haliday A H. 1839b. Hymenopterorum synopsis ad methodum clm. Fallenii utplurimum accommodata. Addendum to Hymenoptera BriHanica: Alysia. Hippolytus Baillière, London. 1-4

Haliday A H. 1857. Note on a peculiar form of the ovaries observed in a hymenopterous insect, constituting a new genus and species of the family Diapridae. Nat. Hist. Rev. Proc., 4: 166-174

Handlirsch A. 1933. Siebente Überordnung der Pterygogenea: Hymenoptera. 17. Ordnung der Pterygogenea: Hymenoptera =Hautflügler. 895-1036. In: Handbuch der Zoologie. Eine Naturgeschichte der Stämme des Tierreiches. Vierter Band, zweite Hälfte, Insecta 2, erste Lieferung

Harrington W H. 1900. Catalogue of Canadian Proctotrypidae. Trans. R. Soc. Can., 5 (4): 169-206

He J-H and Chen X-X. 1999a. Vanhorniidae. 301. In: Chen S C. Pictorial Handbook of Rare and Precious Insects in China. China Forestry Publishing House, Beijing. 1-332 [何俊华, 陈学新, 1999a. 离颚细蜂科 301. 见: 陈树椿. 中国珍稀昆虫图鉴. 北京: 中国林业出版社. 1-332]

He J-H and Chen X-X. 1999b. Vanhorniidae. 946. In: Zheng L-Y and Gui H. Insect Classification. 1-1070 Nanjing Normal University Press, Nanjing [何俊华, 陈学新, 1999b. 离颚细蜂科. 946. 见: 郑乐怡, 归鸿. 昆虫分类. 南京: 南京师范大学出版社. 1-1070]

He J-H. 1991. Parasitoids of Pest Insects. 20-96. In: Fujian Agricultural College. Biological Control of Pest
　　Insects. 2nd ed. Chinese Agricultural Press, Beijing. 1-354 [何俊华, 1991. 寄生性天敌昆虫. 20-96. 见:
　　福建农学院. 害虫生物防治. 2 版. 北京：中国农业出版社. 1-354]

He J-H and Chen X-X. 1991. *Xiphyropronia* gen. nov., a new genus of the Roproniidae (Hymenoptera:
　　Serphoidea) from China. Canada J. Zool., 69: 1717-1719

He J-H and Chen X-X. 1999. Vanhorniidae: *Sinicivanhornia guizhouensis* He *et* Chu. 301. In: Chen S-C.
　　Pictorial Hardbook of Rare and Precious Insects in China. China Forestry Publishing House, Bejing.
　　1-332 [何俊华, 陈学新, 1999. 离颚细蜂科 Vanhorniidae: 贵州离颚细蜂 *Sinicivanhornia guizhouensis*
　　He *et* Chu. 301. 见: 陈树椿, 中国珍稀昆虫图鉴. 北京: 中国林业出版社. 1-332]

He J-H and Chen X-X. 2007. Hymenoptera: Roproniidae. 630-633. In: Li Z-Z, *et al*. Insects from Leigongshan
　　Landscape. Guizhou Science and Technology Publishing House, Guiyang. 1-759 [何俊华, 陈学新, 2007.
　　窄腹细蜂科. 630-633. 见: 李子忠等, 雷公山景观昆虫. 贵阳: 贵州科技出版社. 1-759]

He J-H and Chu J-M. 1990. A new genus and species of Vanhorniinae from China (Hymenoptera: Serphidae).
　　Acta Entomologica Sinica, 33: 102-104 [何俊华, 储吉明, 1990. 离颚细蜂亚科一新属新种 (膜翅目:
　　细蜂科). 昆虫学报, 33(1): 102-104]

He J-H and Fan J-J. 1991. New species and new records of Cryptoserphini from China (Hymenoptera:
　　Serphoidea: Serphidae). Acta Agriculturae Universitatis Zhejiangensis, 17(2): 218-221 [何俊华, 樊晋江,
　　1991. 中国隐颚细蜂族分类研究. 浙江农业大学报, 17(2): 218-221]

He J-H and Fan J-J. 2004. Proctotrupidae. In: He J-H. Hymenopteran Insect Fauna of Zhejiang. Science Press,
　　Beijing. 1-1373 [何俊华, 樊晋江, 2004. 细蜂科 Proctotrupidae. 326-345. 见: 何俊华, 浙江蜂类志.
　　北京: 科学出版社. 1-1373]

He J-H and Ma Z-S. 1986. A new record of family Heloridae (Hymenoptera) from China. Acta Agrculturae
　　Universitatis. Zhejiangensis, 12(2): 136 [何俊华, 马仲实, 1986. 柄腹细蜂科在中国的新发现. 浙江农
　　业大学学报, 12(2): 136]

He J-H and Tong X-W. 1992. Roproniidae. 1294-1295. In: Hunan Forestory Department. Iconography of
　　Forest insects in Hunan, China. Hunan Science and Technology Publishing House, Changsha. 1-1473 [何
　　俊华, 童新旺, 1992. 窄腹细蜂科. 1294-1295. 见: 湖南省林业厅, 湖南森林昆虫图鉴. 长沙: 湖南
　　科学技术出版社. 1-1473]

He J-H and Xu Z-F. 2004a. A new species of the genus *Mischoserphus* Townes (Hymenoptera: Proctotrupidae)
　　from China. Entomotaxonomia, 26(2): 151-155 [何俊华, 许再福, 2004a. 中国柄脉细蜂属一新种记述
　　(膜翅目, 细蜂科). 昆虫分类学报, 26(2): 151-155]

He J-H and Xu Z-F. 2004b. A new species of *Parthenocodrus* Pschorn-Walcher from China (Hymenoptera,
　　Proctotrupidae). Acta Zootaxonomica Sinica, 29(4): 778-780 [何俊华, 许再福, 2004b. 中国中沟细蜂
　　属一新种记述 (膜翅目, 细蜂科). 动物分类学报, 29(4): 778-780]

He J-H and Xu Z-F. 2006. Hymenoptera: Proctotrupidae. 567. In: Li Z-Z and Jin D-C. Insects from
　　Fanjingshan Landscape. Guizhou Science and Technology Publishing House, Guiyang. 1-780 [何俊华,
　　许再福, 2006. 膜翅目: 细蜂科. 567. 见: 李子忠, 金道超, 梵净山景观昆虫. 贵阳: 贵州科技出版
　　社. 1-780]

He J-H and Xu Z-F. 2007. A new genus of Proctotrupinae (Hymenoptera: Proctotrupidae). Entomotaxonomia, 29(2): 152-156 [何俊华, 许再福, 2007. 细蜂亚科一新属一新种 (膜翅目：细蜂科). 昆虫分类学报, 29(2): 152-156]

He J-H and Xu Z-F. 2010. Four new species of *Phaenoserphus* Kieffer (Hymenoptera, Proctotrupidae) from China. Entomotaxonomia, 32(3): 219-230 [何俊华, 许再福, 2010. 光胸细蜂属四新种记述 (膜翅目, 细蜂科). 昆虫分类学报, 32(3): 219-230]

He J-H and Xu Z-F. 2011a. Notes on the species of genus *Parthenocodrus* Pschorn-Walcher (Hymenoptera, Proctotrupidae) from China. Entomotaxonomia, 33(1): 41-52 [何俊华, 许再福, 2011a. 中国中沟细蜂属种类记述 (膜翅目, 细蜂科). 昆虫分类学报, 33(1): 41-52]

He J-H and Xu Z-F. 2011b. Notes on the species of genus *Brachyserphus* (Hymenoptera, Proctotrupidae) from China. Entomotaxonomia, 33(2): 132-142 [何俊华, 许再福, 2011b. 中国短细蜂属种类记述 (膜翅目, 细蜂科). 昆虫分类学报, 33(2): 132-142]

He J-H, Chen X-X and Ma Y. 2005a. Roproniidae. 475. In: Yan M-F and Jin D-C. Insects from Dashahe Nature Reserve of Guizhou. Guizhou People's Publishing House, Guiyang. 1-607 [何俊华, 陈学新, 马云, 2005a. 窄腹细蜂科. 475. 见：杨茂发, 金道超, 贵州大沙河昆虫. 贵阳: 贵州人民出版社. 1-607]

He J-H, Chen X-X and Ma Y. 2005b. Two new species of *Ropronia* Provancher (Hymenoptera: Roproniidae) from China. Entomotaxonomia, 27(3): 220-226 [何俊华, 陈学新, 马云, 2005b. 窄腹细蜂属二新种 (膜翅目：窄腹细蜂科). 昆虫分类学报, 27(3): 220-226]

He J-H, Chen X-X and Ma Y. 2006a. Hymenoptera: Roproniidae. 568. In: Li Z-Z and Jin D-C. Insects from Fanjingshan Landscape. Guizhou Science and Technology Publishing House, Guiyang. 1-780 [何俊华, 陈学新, 马云, 2006a. 膜翅目：窄腹细蜂科. 568. 见：李子忠, 金道超, 梵净山景观昆虫. 贵阳: 贵州科技出版社. 1 780]

He J-H, Chen X-X, Ma Y, *et al.* 1999. Hymenoptera. 882-977. In: Zheng L-Y and Gui H. Insect Classification. Normal University Press, Nanjing. 1-1070 [何俊华, 陈学新, 马云, 等, 1999. 膜翅目. 882-977. 见: 郑乐怡, 归鸿, 昆虫分类. 南京: 南京师范大学出版社. 1-1070]

He J-H, Liu J-X and Xu Z-F. 2006. Two new species of the *Cingulatus* group in *Exallonyx* Kieffer (Hymenoptera: Proctotrupidae) from China. Acta Zootaxonomica Sinica, 31(2): 418-421 [何俊华, 刘经贤, 许再福, 2006. 中国叉齿细蜂属环柄细蜂种团两新种记述 (膜翅目：细蜂科). 动物分类学报, 31(2): 418-421]

He J-H, Ma Y and Chen X-X. 2002. Proctorenyxidae Lelej *et* Kozlov, 1999. A new record family from China (Hymenoptera: Proctotrupoidea). Acta Zootaxonomica Sinica, 27(3): 630 [何俊华, 马云, 陈学新, 2002. 中国新记录科——修复细蜂科 Proctorenyxidae (膜翅目：细蜂总科). 动物分类学报, 27(3): 630]

He J-H, Zhu K-Y and Tong X-W. 1988. Descriptions of four new species of the genus *Ropronia* Provancher from China (Hymenoptera: Roproniidae). Entomotaxonomia, 10 (3-4): 207-214 [何俊华, 朱坤炎, 童新旺, 1988. 中国窄腹细蜂属四新种记述 (膜翅目：窄腹细蜂科). 昆虫分类学报, 10 (3-4): 207-214]

He J-H. 1983. A new species of the genus *Ropronia* (Hymenoptera: Roproniidae). Entomotaxonomia, 5(4): 279-280 [何俊华, 1983. 窄腹细蜂属一新种 (膜翅目：窄腹细蜂科). 昆虫分类学报, 5(4): 279-280]

He J-H. 1984. A brief account of the Serphidae (Hymenoptera). Natural Enemies of Insects, 6(3): 150-152 [何俊华, 1984. 细蜂科简介. 昆虫天敌, 6 (3): 150-152]

He J-H. 1985. New host record of *Nothoserphus mirabilis* Brues (Hymenoptera: Serphidae). Acta Agriculturae Universitatis Zhejiangensis, 11(1): 74 [何俊华, 1985. 珍奇前沟细蜂的寄主新纪录. 浙江农业大学学报, 11(1): 74]

He J-H. 1992. Heloridae. 1295-1296. In: Hunan Forestry Department. Iconography of Forest Insects in Hunan, China. Hunan Science and Technology Publishing House, Changsha. 1-1473 [何俊华, 1992. 柄腹细蜂科. 1295-1296. 见: 湖南省林业厅, 湖南森林昆虫图鉴. 长沙: 湖南科学技术出版社. 1-1473]

He J-H. 2004. Helonidae. 325-326. Roproniidae. 345-350. In: He Junhua. Hymenopteran Insect Fauna of Zhejiang, Science Press, Bejing. 1-1373, figs. 1-3576, pl. 43 [何俊华, 2004. 柄腹细蜂科. 325-326. 窄腹细蜂科. 345-350. 见: 何俊华, 浙江蜂类志. 北京：科学出版社. 1-1373, 图 1-3576, 图版 43]

Hedicke H. 1927. Ein neuer deutscher *Phaenoserphus* (Hym. Serph.). Deutsch. Entomol. Zeitschr, 1927: 32

Hedqvist K J. 1959. A new species of *Ropronia* from Burma (Proctotrupoidea, Heloridae). Entomol. Tudsjr. Arg., 80: 137-139

Hedqvist K J. 1963. Notes on Proctotrupidae (Hym., Proctotrupoidea). I. Entomol. Tidskr., 84: 62-64

Hedqvist K J. 1976. *Vanhornia leileri* n. sp. from Central Sweden (Hymenoptera: Proctotrupidae, Vanhorniinae). Entomol. Scand., 7: 315-316

Hellén W. 1941. Ubersicht der Proctotrupoiden (Hym.) Ostfennoskandiens. 1. Heloridae, Proctotru- pidae. Not. Entomol., 21: 28-42

Hellén W. 1963. Die Diapriinen Finnlands (Hymenoptera: Proctotrupoidea). Fauna Fennica,14:1-35

Herrich-Schäffer G A W. 1840. Nomenclator entomologicus. Verzeichniss der europäischen Insecten; znr Erleichterung des Tauschverkehrs mit Preisen versehen. Zweites Heft. Coleoptcra, Orthoptera, Deratoptera und Hymenoptera. Friedrich Pustet, Regensburg. 1-244

Hoebeke E R. 1980. Catalogue of the Hymenoptera types in the Cornell University Insect Collection. Part I: Sympyta and Apocrita (Parasitica). Search: Agriculture; Cornell Univ. Agr. Exp. Sta., Ithaca, N.Y, No, 9. 1-36

Holmgren A E. 1868. Hymenoptera. Species novas descripsit. Kongliga Svenska Fregatten Eugenies Resa omkring Jorden. Vetenskapliga Iakttagelser, ii. Zoologi; l. Insecta. 12: 391-442

Howard L O. 1886. A generic synopsis of the hymenopterous family Proctotrupidae. Trans. Amer. Entomol. Soc., 13: 169-178

Huggert L. 1982b. New taxa off soil-inhabiting diapriids from India and Sri Lanka (Hymenoptera, Proctotrupoidea). Rev. Suisse Zool., 89: 183-200

Huggert L. 1982a. Descriptions and redescriptions of *Tnchopria* species from Africa and the Oriental & Australian regions (Hymenoptera: Proctotrupoidea: Diapriidae). Entomol. Scand., 13: 109-122

Hutton F W. 1881. Catalogues of the New Zealand Diptera, Orthoptera, Hymenoptera; with descriptions of the species. George Didsbury, Government Printer, Wellington. 1-132

Illiger K. 1807. Vergleichung der Gattungen der Hautflugler Piezata Fabr. Hymenoptera Linn. Jur. Mag. Insektenkunde, 6:189-199

International Commission on Zoological Nomenclature. 1946. Opinion 178. On the status of the names *Serphus* Schrank, 1780, and Proctotrupes Latreille, 1796 (Class Insecta, Order Hymenoptera). Opinions and Declarations Rendered by the International Commission on Zoological Nomenclature, 2: 545-556

Jell P A and P M Duncan. 1986. Invertebrates, mainly insects from the freshwater, Lower Cretaceous, Koonwarra Fossil Bed (Korumburra Group), South Gippsland, Victoria. Memoirs of the Association of Australasian Palaeontologists, 3: 111-205

Johnson N F and L Musetti. 1999. Revision of the proctotrupoid genus *Pelecinus* Latreille (Hymenoptera: Pelecinidae). J. Nat. Hist., 33: 1513-1543

Johnson N F. 1992. Catalog of world species of Proctotrupoidea, exclusive of Platygasteridae (Hymenoptera). Memoirs of the American Entomological Institute, 51: 1-825

Johnson N F. 1998. The fossil pelecinids *Pelecinopteron* Brues and *Iscopinus* Kozlov (Hymenoptera: Pelecinidae). Proceedings of the Entomological Society of Washington, 100: 1-6

Jurine L. 1807. Nouvelle méthode de classer les Hyménoptères et les Diptères. Paschoud, Geneva. 1-319

Kelner-Pillault S. 1958. Les Diapriinae (Hym. Proctotrupidae) des îles Philippines provenant de la collection de l'Abbé J.-J. Kieffer. Bull. Mus. Nat. Ilist. Nat., (2)30:418-421

Kieffer J J and T A Marshall. 1904. Proctotrypidae. Species des Hyménoptères d'Europe and d'Algérie, 9: 1-64

Kieffer J J. 1904. Nouveaux proctotrypides myrmécophiles. Bull. Soc. Hist. Nat. Metz., 23: 31-58

Kieffer J J. 1907. Species des Hyménoptères d'Europe et d'Algérie. In: André E. Librarie Scientifique A. Vol. 10. Hermann and Fils, Paris. 145-288

Kieffer J J. 1908b. Species des Hyménoptères d'Europe et d'Algérie. In: André E. Librarie Scientifique A. Vol. 10. Hermann and Fils, Paris. 289-448

Kieffer J J. 1908a. Nouveaux proctotrypides et cynipides d´Amérique recucillis par M. Baker. Ann. Soc. Sci. Bruxelles Mem., 32:7-64.

Kieffer J J. 1909. Hymenoptera. Fam. Serphidae. Genera Insectorum, 95: 10

Kieffer J J. 1913. Proctotrupidae, Cynipidae et Evaniidae. In: Voyage de Ch. Alluand et R. Jeannel en Afrigue Orientale (1911-1912). Résultats scientifigues. Hymenoptera, 1: 1-35

Kieffer J J. 1914. Fam. Serphidae (=Proctotrupidae) et Cauiceratidae (=Ceraphronidae). Das Tierreich, 42: 1-254

Kieffer J J. 1916. Diapriidae. Das Tierreich. Vol. 44. Walter dc Gruyter & Co., Berlin. 1-627

Kirchner I. 1856. Die von mir erzogenen Ichneumonen der Umgegend von Kaplitz. Lotos, 6: 33-40, 63-67, 107-118, 146-154, 169-174, 185-195, 214-223, 226-234

Klug J C F. 1807. Ueber die Geschlechtsverschiedenheit der Piezaten. Erste Hälfte der Fabriciusschen Gattungen. Mag. Ges. Naturf. Freuude Berlin, 1: 68-80

Klug J C F. 1841. Die Arten der Gattung *Pelecinus* (Latr.). Zeitschr. Entomol., 3: 377-385

Kolyad V A and M B Mostovski. 2007a. On a putative Gondwanan relic *Afroserphus bicornis* Masner (Hymenoptera: Proctotrupidae), with a description of the hitherto unknown female. African Invertebrates, 48 (2): 261-265

Kolyad V A and M B Mostovski. 2007b. Revision of Proctotrupidae (Hymenoptera: Proctotrupidae) description by Ch. T. Brues from Baltic amber. Zootaxa, 1661: 29-38

Kolyad V A, M B Mostovski and D J Brothers. 2004. New data on proctotrupid wasp genus *Exallonyx* Kiffer (Hymenoptera: Proctotrupidae) from South Africa, with description of a new species and new synonymy. African Invertebrates, 45: 237-248

Kolyada V A. 1996. A new species of the genus *Pschornia* Townes, 1981 (Hymenoptera: Serphidae) from the European part of Russia. Russian Entomological Journal, 5 (1-4): 107-108

Kolyada V A. 1997. A review of the Palearctic species of the genus *Brachyserphus* Hellen (Hymenoptera: Proctotrupidae), with descriptions of two new species from Russian Far East. Far Eastern Entomologist, 49: 1-6

Kolyada V A. 1998. Proctotrupidae. 666-675. In: Ler P A. Key to the insects of Russian Far East, Vol. IV. Neuropteroidea, Mecoptera. Hymenoptera, pt. 3. Vladivostok: Dal'nauka. 1-708

Kolyada V A. 1999. Review of the genus *Parthenocodrus* (Hymenoptera, Proctotrupidae) with description of a new species from the Russian Far East. Zoolopicheskii Zhurnar, 78(11): 1371-1373

Kolyada V A. 2007. On the generic placement of *Pschornia rossica* Kolyada, 1996 (Hymenoptera: Proctotrupidae), with a new synonymy. Russian Entomological Journal, 16 (4): 475

Kolyada V A. 2009. Revision of some parasitic wasps (Hymenoptera: Proctotrupoidea sensu lato) from the Florissant Locality, United States. Paleontological Journal, 43 (2): 70-75

Königsmann E. 1978. Das phylogenetische System der Hymenoptera. Teil 3: "Terebrantes" (Unterordnung Apocrita). Deutsche Entomol. Zeitschr., 25: 1-55

Kozlov M A and A P Rasnitsyn. 1979. On volume of the family Serphitidae (Hymenoptera, Proctotrupoidea). Entomol. Obozr., 58: 402-416 (in Russian)

Kozlov M A. 1966. New species of proctotrupids (Hymenoptera, Proctotrupoidea) of the fauna of the USSR. Tr. Zool. Inst. AN SSSR, 37: 137-147

Kozlov M A. 1967. New representatives of Proctotrupoidea (Hymenoptera) from Kazakhstan and Middle Asia. Zool. Zh., 46: 715-720

Kozlov M A. 1968. Jurassic Proctotrupoidea (Hymenoptera). 237-240. In: Rodendorf B B. Jurassic insects of the Karatau. Nauka, Moscow. 1-252

Kozlov M A. 1970. Supergeneric groupings of Proctotrupoidea (Hymenoptera). Entomol. Obozr., 49: 203-226

Kozlov M A. 1971. Proctotrupoids (Hymenoptera, Proctotrupoidea) of the USSR. Tr. Vses. Entomol. Obshch., 54: 3-67

Kozlov M A. 1972. On the fauna of Hymenoptera Proctotrupoidea of the Mongolian People's Republic. I. Heloridae, Proctotrupidae, Scelionidae. Insects of Mongolia, 1: 645-672

Kozlov M A. 1974. An early Cretaceous ichneumon of the family Pelecinidae (Hymenoptera, Pelecinoidea). Paleontol. Zh., 1974 (1): 144-146 [Paleontol. J. 8: 136-138]

Kozlov M A. 1978. Superfamily Proctotrupoidea. 538-664. In: Medvedev G S. A key to the Insects of the European portion of the USSR, Nauk Publ., Leningrad, vol. 3, part 2. 1-758

Kozlov M A. 1981. On the phylogeny and classification of proctotrupoid wasps (Hymenoptera, Proctotrupoidea). Vestnik Zoologii, 1981 (3): 3-10

Kozlov M A. 1987. Morphological bases of evolution, paleontological history, phylogeny, and classification of scelionid parasitoids (Hymenoptera, Scelionidae).Tr. Vses. Entomol. Obshch., 69:128-190

Kozlov M A. 1994. Renyxidae fam. n. a new remarkable family of parasitic Hymenoptera (Proctotrupoidea) from the Russian Far East. Far Eastern Entomologist, N.1: 1-7

Kozlov M A. 1995b. 22. Family Renyxidae. Key to the insects of Russian Far East, 4 (1): 149-153

Kozlov M A. 1998. Family Vanhorniidae. 675-677. In: Ler P A. Key to the insects of Russian Far East. Vol. IV. Neuropteroidea, Mecoptera, Hymenoptera. Pt. 3. Vladivostok: Dal'nauka. 1-708

Krombein K V and B D Burks. 1967. Hymenoptera of America north of Mexico. Synoptic Catalog (Agriculture Monograph No. 2). Second supplement. U.S. Government Printing Office, Washington. 1-584

Krombein K V, P D Hurd, D R Smith, *et al.* 1979. Catalog of Hymenoptera in America North of Mexico, Smithsonian Institution Press. 1-2735

Kusigemati K. 1987. The Heloridae (Hymenoptera, Proctotrupoidea) of Japan. Kontyû, 55: 477-485

Labram J D and L Imhoff. 1838. Insekten der Schweiz. Die vorzüglichsten Gattungen je durch eine Art bildlich dargestellt. VoI. 2. Plates 81-160. C. F. Spittler und Comp., Basel

Lamarck J B P A de M de. 1817. Histoire naturelle des animaux sans vertèbres, présentant les cara-ctères généraux et particuliers de ces animaux, leur distribution, leurs classes, leurs families, leurs genres, et la citation des principales espèces qni s'y rapprotant. Vol. 4. Deterville, Paris. 1-603

Lamarck J B P A de M de. 1835. Histoire naturelle des animaux sans vertèbres prèsentant les caractères généraux et particuliers de ces animaux, leur distribution, leurs classcs, leurs familles, leurs genres, et la citation des principals espèces qui s′y rapprotant. Ed. 2. VoI. 4. J. B. Baillière, Lìbraire, Paris. 1-587

Latreille P A. 1796. Précis des caractères génériques des insectes, disposés dans un ordre naturel. Prévôt, Paris

Latreille P A. 1800. Description d'un nouveau genre d'insectes. Bull. Soc. Philomath, Paris, 2: 155-156

Latrcillc Г A. 1802. IIistoirc naturcllc, gónóralc ct particulière dcs crustacés ct des insectes. Vol. 3. F. Dufart, Paris. 1-467

Latreille P A. 1805. Histoire naturelle, générale et particulière des crustacés et des insectes. Vol. 13. F. Dufart, Paris. 1-432

Latreille P A. 1806. Genera crustaceorum et insectorum, secundum ordinem naturalem in familias disposita, iconibus exemplisque plurimis explicata. Vol. l. Amand Kocnig, Paris. 1-303

Latreille P A. 1810. Considérations générales sur l'ordre naturel des animaux conlposant les classes des Crustacés, des Arachnides, et des Insectes. F., Schoell, Paris. 1-444

Latreille P A. 1817. Les crustacés, les arachnides et les inseetcs. Vol. 3, in Cuvier G. Le Règne Animal, distribué d'après son organisation, pour servir de base à l'histoire naturelle des animaux et d'introduction à l'anatomie comlparée, Deterville, Paris. 1-653

Le Peletier A L M and J G A Serville. 1825. Encyclopedie methodique. Histoire Naturelle. Entomologie, ou histoire naturelle des crustaces, des arachnides et des insectes. Agasse, Paris. 1-833.

Lee J H, D K Reed and H P Lee. 1998. Parasitoids of *Henosepilachna vigintioctomaculata* (Motschulsky) (Coleoptera: Coccinellidae) in Kyonggido area, Korea. Korean Journal of Applied Entomology, 27 (1): 28-34

Lelej A S and M A Kozlov. 1999. Proctorenyxidae nom. n. and *Proctorenyxa* nom. n. a new replacement names for Renyxidae Kozlov and *Renyxa* Kozlov (Hymenoptera, Proctotrupoidea). Far Eastern Entomologist, N.74. 6-7

Lelej A S. 1994. Female description of *Renyxa incredibilis* Kozlov (Hymenoptera, Proctotrupoidea, Renyxidae). Far Eastern Entomologist, N.4. 1-7

Lelej A S. 1995. Order Hymenoptera. Key to the suborder, superfamilies and families. In: Lehr P A. Key to the insects of Russian Far East. St. Petersburg: Nauka, 4(1): 127-149

Lelej A S. 1999. 22. Family Proctorenyxidae. Key to the insects of Russian Far East, 4 (4): 577

Lim K P, W N Yule and R K Stewart. 1980. A note on *Pelecinus polyturator* (Hymenoptera: Pelecinidae), a parasite of *Phyllophaga anxia* (Coleoptera: Scarabaeidae). Canadian Entomologist, 112: 219-220

Lin K S. 1987a. On the genus *Ropronia* Provancher, 1886 (Hymenoptera: Roproniidae) of Taiwan and Fukien, China. Taiwan Agric. Res. Inst. Spec. Publ., 22: 41-50

Lin K S. 1987b. On the genus *Nothoserphus* Brues, 1940 (Hymenoptera: Serphidae) from Taiwan. Taiwan Agric. Res. Inst. Spec. Publ., 22: 51-66

Lin K S. 1988. Two new genera of Serphidae from Taiwan (Hymneoptera: Serphoidea). Journal of Taiwan Museum, 41(1): 15-33

Lin K S. 1989. The genus *Ropronia* (Hymenoptera: Roproniidae) from Fukien, China. J. Taiwan Mus., 42(2): 13-16 [林珪瑞, 1989. 福建省之窄腹细蜂. 台湾省立博物馆半年刊, 42(2): 13-16]

Linnaeus C. 1758. Systema naturae. Regnum Animale. 10th ed. W. Engelmann, Lipsiae

Linnaeus C. 1761. Fauna Suecica sistens Animalia Suecicae regni: quadrupedia, aves, amphibian, pisces, insecta, vermes distribute per classes et ordines, genera et species, speaes, cum differentiis specierum, synonymis autorum, nominibus incolarum, locis habitationum, descriptionibus insectorum. Laur. Silvii, Stockholmiae. 1-578

Linnaeus C. 1767. Systema naturae per regna tria naturae secundum classes, ordines, gencra, spccies cum characteribus, differentiis, synonymis. 12th ed. Laur. Salvii, Holmiae

Liu J-X and Xu Z-F. 2010. A newly recorded genus and species of subfamily Belytinae (Hymenoptera: Diapriidae) from China. Entomotaxonomia, 32(Suppl.): 110-112 [刘经贤, 许再福, 2010. 突颜细蜂亚科一新记录属新记录种. 昆虫分类学报, 32(增刊):110-112]

Liu J-X, Chen H-Y and Xu Z-F. 2011. Notes on the genus *Ismarus* Haliday (Hymenoptera: Diapriidae) from China. ZooKeys, 108: 49-60

Liu J-X, He J-H and Xu Z-F. 2006b. The *Obsoletus* group of genus *Exallonyx* (Hymenoptera: Proctotrupidae) from China. Entomological News, 117(4): 413-421

Liu J-X, He J-H and Xu Z-F. 2006a. Two new species of the *Dictyonotus* group in genus *Exallonyx* Kieffer (Hymenoptera: Proctotrupidae) from China. Entomotaxonomia, 28(2): 139-144 [刘经贤, 何俊华, 许再福, 2006b. 中国叉齿细蜂属网腰细蜂种团二新种记述 (膜翅目: 细蜂科). 昆虫分类学报, 28(2): 139-144]

Liu J-X, He J-H and Xu Z-F. 2006c. Two new species of *Exallonyx* Kieffer (Hymenoptera: Proctotrupidae) from China, with a key to the Chinese species. Zootaxa, 1142: 35-41

Liu J-X, He J-H and Xu Z-F. 2011. Study on the genus *Phaneroserphus* Pschorn-Walcher, 1958 (Hymenoptera: Proctotrupidae) from China. Acta Zootaxonomica Sinica, 36(2): 257-263 [刘经贤, 何俊华, 许再福, 2011. 中国脊额细蜂属分类研究 (膜翅目, 细蜂科).动物分类学报, 36(2): 257-263]

Loiacono M S and C B Margaria. 2002. Ceraphoronoidea, Platygastroidea and Proctotrupoidea from Brazil (Hymenoptera). Neotropical Entomology, 31(4): 551-560

Maa T C and C M Yoshimoto. 1961. Loboscelidiidae, a new family of Hymenoptera. Pacific Insects, 3: 523-548

Macek J. 2000. Revision of the genus *Entomacis* in Europe (Hymenoptera: Diapriidae) with description of new species. Folia Heyrovskyana, 8: 119-126

Madl M. 1991. Zwei nene *Ropronia* Arten aus der Turkei (Hymenoptera: Serphoidea: Roproniidae). Linzer Biol. Beitr., 23 (1): 378-392

Maneval H. 1937. Serphoidea de la faune belge. Bulletin de l'Institut Royal des Sciences Naturalles de Belgique, 13(22): 1-28

Mani M S and S K Sharma. 1982. Proctotrupoidea (Hymenoptera) from India. A review, Oriental Ins., 16: 135-258

Mani M S. 1941. Serphoidea. Catalogue of Indian Insects, 26: 1-58

Marshall T A. 1873. A catalogue of British Hymenoptera; Oxyura. Entomological Society of London. 1-27

Martynov A. 1925. To the knowledge of fossil insects from Jurassic beds in Turkestan.3. Hymenoptera, Mecoptera. Izv. Akad. Nauk SSSR, 19 (6): 753-762

Masner L and P Dessart. 1967. La reclassification des catégories taxonomiques supérieures des Ceraphronoidea (Hymenoptera). Bulletin Institut royal des Sciences naturelles de Belgique, 43:1-33

Masner L and C F W Muesebeck. 1968. The types of Proctotrupoidea (Hymenoptera) in the United States National Museum. Bull. U.S. Nat. Mus., 270: 1 143

Masner L and C F W Muesebeck. 1967. Superfamily Proctotrupoidea. 285-305. In: Hymenoptera of America North of Mexico. Synoptic Catalog. Second Supplement. United States Department of Agriculture, Agriculture Monograpah. No. 2: 1-584

Masner L, J R Barron, H E Bisdee, *et al*. 1987. Order Hymenoptera. 223-252. In: Lafontaine J D, S Allyson, V M Behan-Pelletier, *et al*. The Insects, Spiders and Mites of Cape Breton Highlands National Park. Agriculture Canada Research Branch, Biosystematics Research Centre Report 1. 1-302

Masner L. 1956. First preliminary report on the occurrence of genera of the group Proctotrupoidea (Hym.) in ĜSR. (First part--family Scelionidae). Acta Faun. Entomol. Mus. Nat. Pragae, 1: 99-126

Masner L. 1957. Proctotrupoidea. In "Hymenoptera." Klič Szireny ČSR, 2: 289-312

Masner L. 1958. A new genus of Proctotrupidae from Japan (Hymenoptera: Proctotrupoidea). Beitr. Entomol., 8: 477-481

Masner L. 1961. Proctotrupidae. Key to the genera of the world (Hymenoptera Proctotrupoidea). Explor. Parc National Upemba Mission de Witte 1946-1949, 60 (4): 37-47

Masner L. 1965a. The types of Proctotrupoidea (Hymenoptera) in the British Museum (Natural History) and in the Hope Department of Entomology (Oxford). Bull. Brit. Mus. (Nat. Hist.), Entomol., Suppl. 1: 1-154

Masner L. 1965b. The types of Proctotrupoidea (Hymenoptera) in the Charles T. Brues collection at the Museum of Comparative Zoology. Psyche, 72:295-304.

Masner L. 1969a. A scelionid wasp surviving unchanged since Tertiary (Hymenoptera: Proctotrupoidea). Proceedings of the Entomological Society of Washington, 71: 397-400

Masner L. 1969b. The Provancher species of Proctotrupoidea (Hymenoptera). Naturaliste Can., 96:775-784

Masner L. 1976a. Notes on the ecitophilous diapriid gcnus *Mimopria* Holmgren (Hymenoptera: Proctotrupoidea, Diapriidae). Can. Entomol., 108:123-126

Masner L. 1976b. A revision of the Ismarinae of the New World (Hymenoptera, Proctotrupoidea, Diapriidae). Can. Entomol., 108:1243-1266

Masner L. 1991. Revision of *Spilomicrus* Westwood in America North of Mexico (Hymenoptera: Proctotrupoidea, Diapriidae). Canadian Entomologist, 123: 107-177

Masner L and Garcia J L. 2002. The genera of Diapriinae (Hymenoptera: Diapriidae) in the New World. Bulletin of the American Museum of Natural History, 268: 1-138

Masner L. 1981. Descriptions of *Heloriserphus* and *Acanthoserphus bidens*. 11-16. In: Townes H and M Townes. A Revision of the Serphidae (Hymenoptera). Memoirs of the American Entomological Institute, 32: 1-541

Masner L. 1993. Chapter 13. Superfamily Proctotrupoidea. 537-557. In: Goulet H and J T Huber. Hymenoptera of the World: an Identification Guide to Families Agriculture Canada, Ottawa. 1-668

Mason W R M. 1983. The abdomen of *Vanhornia eucnemidarum* (Hymenoptera: Proctotrupoidea). Can. Entomol., 115: 1438-1488

Mason W R M. 1984. Structure and movement of the abdomen of female *Pelecinus polyturalor* (Hymenoptera: Pelecinidae). Can. Entomol., 116: 419-426

Mayer K O. 2001. Proctotrypidae. 33-34. In: Dathe H H, A Taeger and S M Bland. (Hrsg.) Entomofauna Germaniva. Dresden: Entomologische Nachrichten und Berichte, 7: 1-180

Meunier F. 1920. Neue Beiträge über die fossilen lnsekten aus der Braunkohle von Rott (Aquitanien) im Siebengebirge (Rheinpreussen). Jahrb. Preuss. Geol. Landesanst. Berlin, 39: 141-153

Meyer K O. 1969. In Deutschland festgestelle Arten der Gattung *Helorus* Latreille (Hymenoptera, Proctotrupoidea). Dortmunder Beitr. Landeskunde, Naturwiss. Mitt., 3: 15-18

Morley C. 1922. A synopsis of British Proctotrypidae (Oxyura). The Entomologist, 55: 1-3, 59-60, 82-83, 108-110, 132-135, 157-161, 182-186

Morley C. 1923. A synopsis of British Proctotrypidae (Oxyura). Entomol. Mon. Mag., 59: 142-149, 184-195, 228-232, 263-269

Morley C. 1929. Catalagus Oxyurarum Britannicorum. Trans Suffolk Nat. Soc., 1: 39-60

Morley C. 1931. New Oxyura from Britain. The Entomologist, 64:14-16

Muescbeck C F W and L M Walkley. 1951. Superfamily Proctotrupoidea. 655-718. In: Muesebeck C F W, K V Krombein and H K Townes. Hymenoptera of America North of Mexico- Synoptic Catalog. U. S. Dept. Agriculture Monograph. No. 2-1420

Muesebeck C F W and Walkey L M. 1956. Type species of the genera and subgenera of parasitic wasps comprising the superfamily Proctotrupoidea (order Hymenoptera). Proc. U.S. Nat. Mus., 105: 319-419

Muesebeck C F W and L Masner. 1967. Family Proctotrupoidea. 285-305. In: Krombein K V and B D Burks. Hymenoptera of America North of Mexico. Synoptic Catalog, United States Department of Agriculture, Agriculture Monograph No. 2 (Suppl. 2). United States Government Printing Office Washington

Muesebeck C F W. 1958. Superfamily Proctotrupoidea. 88-94. In: Krombcin K V. Hymenoptera of America North of Mexico Synoptic Catalog (Agriculture Monograph No. 2), First Supplement. United States Government Printing Office, Washington, DC. 1-305

Muesebeck C F W. 1979. Superfamily Pelecinoidea. 1119-1120. In: Krombein K V, P D Hurd, D R Smith, et al. Catalog of Hymenoptera in America, North of Mexico. Smithsonian Institution Press, Washington, DC

Müller O F. 1776. Zoologicae Danicae, prodromus, seu animalium Daniae et Norvegiae indigenarum, characters, nomina, et synonyma imprimis popularium. Typis Hallageriis, Hafniae

Muller P L S. 1775. Des Ritters Carl von Linne, Vollstandiges Natursystem der Insecten mit einer ausführlichen Erklarung. Vol. 2. Gabriel Nicolaus Kaspe, Nurnberg

Musetti L and N F Johnson. 2000. First documented record of Monomachidae (Hymenoptera: Proctotrupoidea) in New Guinea and description of two new species. Proceedings of the Entomological Society of Washington, 102: 957-963

Musetti L and N F Johnson. 2004. Revision of the New World species of the genus *Monomachus* Klug (Hymenoptera: Proctotrupoidea, Monomachidae). The Canadian Entomologist, 136(4): 501-552

Naumann I D. 1982. Systematics of the Australian Ambositrinae (Hymenoptera: Diapriidae), with a synopsis of the non-Australian genera of the subfamily. Austral. J. Zool., Suppl. 85: 1-239

Naumann I D. 1983. A new species of *Helorus* Latreille (Hymenoptera: Proctotrupoidea: Heloridae) from Ncw Guinca. J. Aust. Entomol. Soc., 22: 253-255

Naumann I D. 1985a. Erroneous record of the family Pelecinidae (Hymenoptera: Proctotrupoidea) from Australia. Aust. Entomol. Mag., 11 (6): 98

Naumann I D. 1985b. The Australian species of Monomachidae (Hymenoptera: Proctotrupoidea), with a revised diagnosis of the family. J. Aust. Entomol. Soc., 214: 261-274

Naumann, I D. 1987. The Ambositrinae (Hymenoptera: Diapriidae) of Melanesia. Invertebr

Naumann, I D. 1988. Ambositrinae (Insecta: Hymenoptera: Diapriidae). Fauna of New Zealand, No. 15: 1-165

Naumann I D and L Masner. 1985. Parasitic wasps of the proctotrupoid complex: a new family from Australia and a key to world families (Hymenoptera: Proctotrupoidea sensu lato). Australian Journal of Zoology, 33: 761-783

Nees ab Esenbeck C G. 1834. Hymenopterorum ichneumonibus affinium monographiae, genera europaea et species illustrantes. Vol. 2. J. G. Cotta. Stuttgart. 1-448

New T R. 1975. An Australian species of *Helorus* Latreille (Hymenoptera: Heloridae). J. Aust. Entomol. Soc., 14: 15-17

New T R. 1984. Identification of hymenopterous parasites of Chrysopidae. 193-204. In: Canard M, Y Séméria and T R New. Biology of Chrysopidae. series l. Entomologica, 27

Nixon G E J. 1938. A preliminary revision of the British Proctotrupinae (Hym. Proctotrupoidea). Trans. R. Entomol. Soc. Lond., 87: 431-465

Nixon G E J. 1940. A new African diapriid (Hym, Proctotrupoidea). Bulletin of Entomological Research, 31: 59-60

Nixon G E J. 1940. New species of Proctotrupoidea. Ann. Mag. Nat. Hist., 6 (11): 497-512

Nixon G E J. 1942. Notes on the males of Cryptoserphus together with the description of a new species (Hym. Serphoidea). Entomologist, 75: 195-197

Nixon G E J. 1957. Hymenoptera, Proctotrupoidea, Diapriidae, subfamily Belytinae. Handbooks for the Identification of British Insects, 8(3dii): 1-107

Nixon G E J. 1980. Diapriidae (Diapriinae). Hymenoptera, Proctotrupoidea. Handbooks for the Identification of British Insects, 8(3di): 1-55

Noonan G R. 1984. Type specimens in the insect collections of the Milwaukee Public Museum. Contrib. Biol. Geol. Milwaukee Public Mus., No. 58: 1-14

Oehlke J. 1969. Beiträge zur lnsektenfauna der DDR: Hymenoptera Bestimmungstabellen bis zu den Unterfamilien. Beilr. Entomol., 19: 753-801

Oglobin A A. 1928. Una nueva especie de Helorus de ia República Argentina (Heloridae, Serphoidea, Hymenoptera). Rev. Soc. Entomol. Argent., 2: 77-80

Oglobin A A. 1960. Una especie nueva del género Austroserphus Dodd. (Proctotrupidae, Hymenoptera). Actas Trab. Primer Congr. Sudamer. Zool., 3: 117-123

Olivier A G. 1792. Encyclopédie méthodique, Histoire naturelle. Insectes. Vol. 7. Panckoucke, Paris. 1-827

Panzer G W F. 1793-1813. Faunae Insectorum Germaniae initia oder Deutschlands Insecten

Panzer G W F. 1805. Kritische Revision der lnsektenfaune Deutschlands. 1. Baendchen. Felsse- ckerchen Buchhandlung, Nürnberg

Patton W H. 1879. Descriptions of several new Proctotrupidae and Chrysididae. Can. Entomol., 11: 64-68

Patton W H. 1894. Description of a new Pelecinus from Tennessee. American Naturalist, 28: 895-896

Ping C. 1928. Cretaceous fossil insects of China. Palacontol. Sinica, Ser, B, 13 (1): 1-56

Pisica C D and K Fabritius. 1962. Contributii la studiul proctotrupoidelor (Hym.) din R.P.R. Studii Cerc. Stiint. Lasi, Biologie si Stiinte agricole, 13: 79-84

Prinsloo G L. 1985. Section Parasitica. 402-422. In: Scholtz C H and E Holm. Insects of Southern Africa. Butterworths, Durban. 1-502

Provancher L. 1885-1889. Additions et Corrections au volume de la Faune entomologique du Canada traitant des Hyménoptères. C. Darveau, Québec. 1-477

Provancher L.1881. Faune canadienne. Les insectes-Hyménoptéres. Nat. Can., 12: 257-269

Provancher L.1883. Petite faune entomologique du Canada et particutierement de la province de

Pschorn-Walcher H A. 1955. Revision der Heloridae (Hymenoptera, Proctotrupoidea). Mitt. Schweiz. ent. Ges., 38 : 233-250

Pschorn-Walcher H A. 1958. Vorlaufige Gliederung der palacarktischen Proctotrupidae. Mitt. Schweiz. Entomol. Ges., 31: 57-64

Pschorn-Walcher H. 1964a. A list of Proctotrupidae of Japan with descriptions of two new species (Hymenoptera). Insectes Matsumurana, 27: 1-7

Pschorn-Walcher H. 1964b. Zur Kenntnis der Proctotrupidae der *Thomsonina*-Gruppe (Hymenoptera). Beitr. Entomol., 8: 724-731

Pschorn-Walcher H. 1971. Insecta Helvetica Fauna. 4. Hymenoptera. Heloridae et Proctotrupidae. Fotorotar, Zürich. 1-64

Rajmohana K and T C Narendran. 2000. Two new genera of Diapriidae (Proctotrupoidea: Hymenoptera) from India. Uttar Pradesh Journal of Zoology, 20(1): 21-28

Rajmohana K and T C Naredran. 1996. Four new species of the genus *Phaenoserphus* Kiffer, 1908 (Hymenoptera: Proctotrupidae) from India. Journal of Entomological Research, 20 (1): 43-51

Rasnitsyn A P and D J Brothers. 2007. Two new hymenopteran fossils from the mid-Cretaceous of southern Africa (Hymenoptera: Jurapriidae, Evaniidae). African Invertebrates, 48 (1): 193-202

Rasnitsyn A P and X Martínez-Delclòs. 2000. Wasps (Insecta: Vespida = Hymenoptera) from the Early Cretaceous of Spain. Acta Geologica Hispanica, 35 (1-2): 65-95

Rasnitsyn A P, E A Jarzembowski and A J Ross. 1998. Wasps (Insecta: Vespida = Hymenoptera) from the Purbeck and Wealden (Lower Cretaceous) of southern England and their biostratigraphical and paleoenvironmental significance. Cretaceous Research, 19 (3-4): 329-391

Rasnitsyn A P. 1966. Key to superfamilies and families of Hymenoptera. Entomol. Obozr., 45: 599-611 [in Russian, English translation in Entomol. Review, 45 (3): 340-347]

Rasnitsyn A P. 1975a. Early evolution of higher Hymenoptera (Apocrita). Zool. Zhurn., 54: 848-860 (in Russian with English summary)

Rasnitsyn A P. 1975b. Hymenoptera Apocrita of Mesozoic. Trudy Paleontologicheskogo Instituta Acad. Sci. USSR., 147: 1-134 (in Russian)

Rasnitsyn A P. 1977. New Hymenoptera from the Jurassic and Cretaceous of Asia. Paleontol. Zhurn., 3: 98-108 (in Russian, translated into English in Paleontol. J., 11: 349-357)

Rasnitsyn A P. 1980. Origin and evolution of Hymenoptera. Trans. Paleontol. Inst. Acad. Sci. USSR., 174: 1-192 (in Russian)

Rasnitsyn A P. 1983. Jurassic Hymenoptera of eastern Siberia. Byull Mosk. Obshch. Ispit. Prirody otd. Geol., 58 (5): 85-94 (in Russian)

Rasnitsyn A P. 1985. Hymenopterous insects in Jurassic of the Eastern Siberia. Bull. Moscow Soc. Naturalists, Biol. Sect., 58: 85-94 (in Russian)

Rasnitsyn A P. 1986a. New hymenopterous insects of the family Mesoserphidae from the Upper Jurassic of Karatau. Vestnik Zool., 2: 19-25 (in Russian)

Rasnitsyn A P. 1986b. Vespida (= Hymenoptera). In: Rasnitsyn A P. Insects in the Early Cretaceous Ecosystems of the West Mongolia. Trans. Joint Soviet-Mongol. Paleontol. Exped., 28: 154-164 (in Russian)

Rasnitsyn A P. 1988. An outline of evolution of the hymenopterous insects (order Vespida). Oriental Insects, 22: 115-145

Rasnitsyn A P. 1990. Hymenoptera. In: Ponomarenko A G. Late Mesozoic insects of Eastern Transbaikalian. Trans. Paleontol. Inst. Acad. Sci. USSR, 239: 177-205 (in Russian)

Rasnitsyn A P. 1991. Early Cretaceous members of Evaniomorphous hymenopteran families Stigmaphronidae, Cretevaniidae, and subfamily Kotujellitinae (Gasteruptiidae). Paleontol. Zhurn., (4): 128-132 (in Russian, translated into English in Paleontol. J., 25 (4): 172-179)

Rasnitsyn A P. 1994. New Late Jurassic Mesoserphidae (Vespida, Proctotrupoidea). Paleontol. Zhurn., 2: 115-119 (in Russian)

Ren D, Lu W, Guo Z-G, *et al.* 1995. Faunae and Stratigraphy of Jurassic-Cretaceous in Beijing and the adjacent areas. Seismic Publishing House. 1-222 (in Chinese with English abstract)

Richards O W and R G Davies. 1977. Imms' general textbook of entomology. Tenth ed. Volume 2: Classification and biology. Chapman and Hall, London. 1-1354

Riek E F. 1955a. Australian wasps of the family Proctotrupidae (Hymenoptera: Proctotrupoidea). Australian Journal of Zoology, 3: 106-117

Riek E F. 1955b. Australian Heloridae, including Monomachidae (Hymenoptera). Aust. J. Zool., 3: 258-265

Riek E F. 1955c. A new species of *Proctotrupes* reared from the fern weevil (Hymenoptera, Proctotrupidae). Proc. Linn. Soc. N. S. W., 80: 147

Riek E F. 1970. Hymenoptera. (Wasps, bees, ants). 867-959. In: Insects of Australia. Melbourne University Press, Carlton, Victoria. 1-1029

Risbec J. 1950. Contribution à l'étude des Proctotrupidae (Serphiidae). Proctotrupidés de la Section technique d'Agriculture tropicale (A.O.F) et Proctotrupidés du Muséum national d'Histoire naturelle (Afrique et Colonies françaises). Travaux du Laboratoire d'Entomologie du Secteur Soudanais de Recherches Agronomiques, Gouvernement Générale de l'Afrique Occidentale Francais. 1-639

Ronquist F, A P Rasnitsyn, A Roy, *et al.* 1999. Phylogeny of the Hymenoptera: A cladistic reanalysis of Rasnitsyn's (1988) data. Zoologica Scripta, 28: 13-50

Roth M. 1968. Initiation à la systématique et à la biologie des insectes. Initiations/ Documentations Techniques Office de la Recherche Scientifique et Technique Outre-Mer, Paris. No. 6, 1-189

Ruthe J F. 1859. Verzeichniss der von Dr. Staudinger im Jahre 1856 auf Island gesammelten Hymenopteren. Stett. Entomol. Zeitnng, 20: 305-322

Sarazin M J. 1986. Primary types of Ceraphronoidea, Evanioidea, Proctotrupoidea, and Trigonaloidea (Hymenoptera) in the Canadian National Collection. Can. Entomol., 118: 957-989

Say T. 1836. Descriptions of new species of North American Hymenoptera, and observations on some already described. Boston J. Nat. Hist., 1: 209-305, 361-416

Schauff M E. 1984. The holarctic genera of Mymaridae (Hymenoptera: Chalcidoidea). Memoirs of the Entomological Society of Washington, 12: 1-67

Schletterer A. 1889 (1890). Die Hymenopteren-Gattungen *Stenophasraus* Smith, *Monomachus* Westw., *Pelecinus* Latr. und *Megalyra* Westw. Berl. Entomol. Z., 33: 197-250

Schrank F V P. 1780. Entomologische Beiträge. Schriften Berlin. Gesell. Naturforsch. Freunde, 1: 301-309

Schrank F V P. 1802. Fauna Boica. Vol. 2. Nurnberg. Sharma & Mani (1982). 25

Schulz W A. 1904. Beiträge zur näheren Kenntnis der Schlupfwespen-Familie Pelecinidae Hal. Sitzungsber. Bayer. Akad. Wiss. München Math.-Phys. Klasse, 33: 435-450

Schulz W A. 1907. Alte Hymenopteren. Berl. Entomol. Z., 51: 303-333

Schulz W A. 1911a. Süsswasser-Hymenopteren aus dem See von Overmeire. Ann. Biol. Lacustre, 4: 194-210

Schulz W A. 1911b. Systematische Uebersicht der Monomachiden. Mem. Internat. Congr. Entomol., 2: 405-422

Schulz W A. 1912. Zweihundert alte Hymenopteren. Zool. Ann., 4: 1-220

Sharkey M J and A Roy. 2002. Phylogeny of the Hymenoptera: a reanalysis of the Ronquist *et al.* (1999) reanalysis, emphasizing wing venation and apocritan relationships. Zoologica Scripta, 31: 57-66

Smiih F. 1878. Descriptions of new species of hymenopterous insects from new Zealand, collected by Prof. Hutton, at Otago. Trans. Entomol. Soc. Lond., 1878:1-7

Spinola M. 1808. Insectorum Liguriae species novae aut rariores, quae in agro Ligustico nuper detexit, descripsit et iconibus illustravit. Genoa

Statz G. 1938. Neue Funde parasitischer Hymenopteren aus dem Tertiär von Rott am Siebengebirge. Deeheniana, 98A: 71-154

Stelfox A W. 1950. A new species of *Cryptoserphus* (Hym., Proctotrupinae) from Ireland. Entomol. Mon. Mag., 86: 314-315

Stelfox A W. 1966a. Notes on the species of the superfamily Heloroidea so far found in Ireland (Hymenoptera). Proc. R. Irish Acad., 64 (B): 513-515

Stelfox A W. 1966b. A list of the Proctotrupinae found in Ireland (Hymenoptera). Proc. R. Irish Acad., 64 (B): 529-540

Stephens J F. 1829a. The nomenclature of British insects···Baldwin and Cradock, London. 1-68

Stephens J F. 1829b. A systematic catalogue of British insects. Baldwin and Cradock, London. 1-388

Sundholm A. 1970. Hymenoptera: Proctotrupidae. In: Hanström B, P Brink and G Rudebcck. South African Animal Life. Lund: Berlingska Boktryckeriet, 14: 305-401

Sundholm A. 1970. Hymenoptera: Proctotrupoidea. South African Animal Life, 14: 305-401

Szelényi G. 1940. Ein Beitrag zur Kenntnis parasitischer Hymenopteren an Hand einiger Zuchter- gebnisse (Hymenoptera: Proctotrupoidea). Arb. Morphol. Taxon. Entomol. Berlin-Dahlem, 7: 226-236

Szépligeti V. 1903. Neue Evaniiden aus der Sammlung des Ungarischen National-Museums. Ann. Mus. Nat. Hung., 1: 364-395

Tania M Arias-Penna. 2003. Lista de los generos y especies de la superfamilia Proctotrupoidea (Hymenoptera) de la región Neotropical. Biota Colombiana, 4 (1): 3-32

Teodorescu I. 1969. Noi contributii la studiul (Hymenoptera-Proctotrupoidea) din Republica Socialista Romania. Comunicari de Zoologie, 1969(3):129-139

Teodorescu I. 1986. Contributions to the knowledge of genitalia in males of Ceraphronoidea and Proctotrupoidea. Analele Univ. Bucuresti (Biol.), 35: 3-15

Thomson C G. 1858. Skandinaviens Proctotruper beskrifna af C. G. Thomson. 1. Tribus. Proctotrupini. Öfvers. K. Vet.-Akad. Förh., 14: 411-422

Thomson C G. 1859a. Skandinaviens Proctotruper. II. Tribus. Belytini. Öfvcrs. K. Vet.-Akad. Förh., 15: 155-180

Thomson C G. 1859b. Sverges Proctotruper. IV. Tribus Diapriini. Tribus V. lsmarini. Tribus VI. Helorini. Öfvers. K. Vet.-Akad. Förh., 15: 359-380

Thomson C G. 1859c. Skandinaviens Proctotruper. VII. Tribus. Scelionini. Öfvcrs. K. Vet.-Akad. Förh., 15:417-431

Thomson C G. 1861. Skandinaviens Proctotruper. Tribus IX. Telenomini. X. Dryinini. Öfvcrs. K. Vet.-Akad. Förh., 17:169-181

Thunberg C P. 1822. Ichneumonidea, Insecta Hymenoptera, illustrate a C. P. Thunberg. Mém. Acad. Imp. Sci. St. Pétersbourg, 88: 249-281

Tomšík B. 1942. Rod *Phaenoserphus* (Hym. Serph.) v našich zemích. Entomol. Listy, 5: 73-76

Tomšík B. 1944a. Rody *Serphus*, *Cryptoserphus*, *Exallonyx*, a Disogmus v našich zemích. Entomol. Listy, 7: 50-55

Tomšík B. 1944b. Nový druh rodu *Serphus* Schrank (Hym. - Serph.). S. Hofferi m. Čas. Česk. Spol. Entomol., 41: 136-138

Townes H and M Townes. 1981. A revision of Serphidae (Hymenoptera). Memoirs of the American Entomological Institute, 32: 1-541

Townes H. 1948. The Serphoid Hymenoptera of the Family Roproniidae. Proceedings United States National Museum, 98 (3224): 85-89

Townes H. 1977. A revision of the Heloridae (Hymenoptera). Contr. Am. Ent. Inst., 15: 1-12

Van Vollenhoven S C Snellen. 1874-1880. Pinacographia. Illustrations of more than 1000 species of North-West European Ichneumonidae sensu Linnaeano. Part 1 (1874), Part 4 (1876), Part 5 (1877), Part 8 (1879a), Part 9 (1880). Martinus Nijhoff, s'Gravenhage. 1- 68, pls. 45

Viereck H L. 1916. The Hymenoptera or, wasp-like insects, of Connecticut. Guide to the Insects of Connecticut, Part III. Bull. State Geol. Nat. Hist. Surv., 22: 1-824

Walckenaer C A. 1802. Faune Parisienne, lnsectes, ou Histoire abrégée des insectes des environs de Paris, classés d'après le système de Fabricius; précédée d'un discours sur les insectes en général, pour servir d'introduction, à l'étude de l'entomologie; accompagnée de sept planches gravées, tome second, Dentu, Paris

Walker F. 1873. Notes on the Mymaridae. Entomologist, 6: 498-502

Walker F. 1874a. Notes on the Oxyura.——Family 2. Scelionidae. Entomologist, 7: 4-10

Walker F. 1874b. Notes on the Oxyura.——Family 3. Ceraphronidae. 4. Diapridae. 5. Belytidae. 6. Proctotrupidae. 7. Heloridae. 8. Embolemidae. 9. Bethylidae. 10. Dryinidae. Entomologist, 7: 25- 35

Wall I. 1986. Die Serphiden Südwestdeutschlands (unter besonderer Berücksichtigung des Heubergs) (Hymenoptera parasitica: Serphidae (*Serphus* Schrank, 1780) (=Proctotrupidae auct.))-6. Beitrag zur Kenntnis von Biologie und Verbreitung mitteleuropäischer Zehrwespen. Neue Entomol. Nachr., 19 (3/4): 189-251

Wall I. 1991. Heloriden und Serphiden aus Südwestdeutschland (Hymenoptera parasitica: Serphoidea: (Heloridae, Serphidae)). Nachr. Entomol. Ver. Apollo, Frankfurt/Main N.F., 12 (1): 33-55

Wall I. 1994. Serphiden aus Waldem in Sudwestdeutschland (Hymenoptera, Parasitica Serphoidea: Familie.-2. Nachtrag) 9. Beitrag zur Kenntnis von Biologie und Verbreitung mitteleuropaischer Zehrwespen. Rudolstaedter Naturhistorische Schriften. 6, Dez., 1994: 43-56

Wan S-W. 1985. *Helorus anomalipes* Panzer discovered in China. Entomotaxonomia, 7(4): 264 [万森娃, 1985. 草蛉柄腹细蜂在我国首次发现. 昆虫分类学报, 7(4): 264]

Watanabe C. 1949. Proctotrupidae of Japan (Hymenoptera). Insect Matsumurana, 17: 23-27

Watanabe C. 1954. New species and host records of Proctotrupidae (Hymenoptera). Mushi, 26: 5-8

Wei M-C. 1995. Study of the genus *Ropronia* Provancher in China (Hymenoptera: Roproniidae). Journal of Central-South Forestry University, 15(2): 99-104 [魏美才, 1995. 中国窄腹细蜂属的研究. 中南林学院学报, 15(2): 99-104]

Westwood J O. 1840. Synopsis of the genera of British Insects. Longman, Orme, Brown, Green, and Longmans, London. 1-158

Williams F X. 1932. *Exallonyx philonthiphagus*, a new proctotrypid wasp in Hawaii, and its host. Proc. Haw. Entomol. Soc., 8: 203-208

Williams R N, D S Fickle, J R Galford. 1992. Biological studies of *Brachyserphus abruptus* (Hymenoptera: Proctotrupidae), a nitidulid parasite. Entomophaga, 37 (1): 91-98

Williams R N, M J Weiss, M Kehat, *et al.* 1984. The hymenopterous parasite Nitidulidae. Phytoparasitica, 12: 53-64

Xu Z-F and He J-H. 2010. Notes on the species of genus *Codrus* Panzer (Hymenoptera, Proctotrupidae) from China. Entomotaxonomia, 32(2): 81-92 [许再福, 何俊华, 2010. 中国肿额细蜂属五新种记述 (膜翅目, 细蜂科). 昆虫分类学报, 32(2): 81-92]

Xu Z-F, He J-H and Liu J-X. 2007a. Five new species of the *Leptonyx* group of genus *Exallonyx* (Hymenoptera: Proctotrupidae) from China. Jour. Kansas Ent. Soc., 80 (4): 298-308

Xu Z-F, Liu J-X and He J-H. 2007b. Two new species of the *Dictyotus* group of the genus *Exallonyx* (Hymenoptera : Proctotrupidae) from China with a key to the world species. Proc. Entomol. Soc. Wash., 109 (4): 801-806

Yang C-K. 1997. The descriptions of *Hisafuropronia chaoi* gen. and sp. nov. (Hymenoptera: Roproniidae). Wuyi Science Journal, 13: 101-105 [杨集昆, 1997. 赵修复窄腹细蜂新属种记述 (膜翅目：窄腹细蜂科). 武夷科学, 13: 101-105]

Yasumatsu K. 1956. Two new species of Roproniidae (Hymenoptera). Insecta Matsumurana, 19 (3/4): 117-122

Yasumatsu K. 1958. A new species of the genus *Ropronia* from Saghalien (Hymenoptera, Roproniidae). Insecta Matsumurana, 21 (3/4): 112-114

Yasumatsu K. 1961. The genera *Eucharis* and *Ropronia* from Shansi, North China (Hymenoptera). Mushi, 35: 67-69

Yoder M J. 2004. Revision of the North American species of the genus *Entomacis* (Hymenoptera: Diapriidae). Canadian Entomologist, 136: 323-405

Zeng J, Xu Z-F and He J-H. 2009. A new record genus of subfamily Diapriinae (Hymenoptera: Diapriidae) from China with description of a new species. Entomotaxonomia, 31(1): 54-57 [曾洁, 许再福, 何俊华, 2009. 中国锤角细蜂亚科一新记录属及一新种记述. 昆虫分类学报, 31(1): 54-57]

Zetel H. 1991. Zur Serphiden-Fauna Karintens. Carinthia, 101 (2): 315-319

Zetterstedt J W. 1840. Insecta lapponica. Leopoldi Voss, l.cipzig. 1139 col.

Zhang H-C and A P Rasnitsyn. 2004. Pelecinid wasps (Insecta, Hymenoptera, Proctotrupoidea) from the Mesozoic of Russia and Mongolia. Cretaceous Research, 25 (6): 807-825

Zhang H-C and Zhang J-F. 2000. A new genus of Mesoserphidae (Hymenoptera: Proctotrupoidea) from the Upper Jurassic of northeast China. Entomotaxonomia, 22(4): 279-282 [张海春, 张俊峰, 2000. 中国东北侏罗纪中细蜂科一新属 (膜翅目：细蜂总科). 昆虫分类学报, 22(4): 279-282]

Zhang H-C and Zhang J-F. 2000a. A new genus and two new species of Hymenoptera (Insecta) from the Upper Jurassic Yixian Formation of Beipiao, Western Liaoning. Acta Micropalaeonfologica Sinica, 17: 286-290 [张海春, 张俊峰, 2000a. 北票尖山沟义县组下部两种膜翅目昆虫化石. 微体古生物学报, 17(3): 286-290]

Zhang H-C and Zhang J-F. 2000b. A new genus of Mesoserphidae (Hymenoptera: Proctotrupoidea) from the Upper Jurassic of northeast China. Entomotaxonomia, 22(4): 279-282 [张海春, 张俊峰, 2000b. 中国东北侏罗纪中细蜂科一新属 (膜翅目: 细蜂总科). 昆虫分类学报, 22(4): 279-282]

Zhang H-C and Zhang J-F. 2001. Proctotrupoid wasps (Insect, Hymenoptera) from the Yixian Formation of western Liaoning province. Acta Micropalaeontological Sinica, 18(1): 11-28 [张海春, 张俊峰, 2001. 辽西义县组细蜂总科 (昆虫纲, 膜翅目) 昆虫化石. 微体古生物学报, 18(1): 11-28]

Zhang H-C, A P Rasnitsyn and Zhang J-F. 2002. Pelecinid wasps (Insecta: Hymenoptera: Proctotrupoidea) from the Yixian Formation of western Liaoning, China. Cretaceous Research, 23 (1): 87-98

Zhang J-F and A P Rasnitsyn. 2006. New extinct taxa of Pelecinidae sensu lato (Hymenoptera: Proctotrupoidea) in the Laiyang Formation, Shandong, China. Cretaceous Research, 27 (5): 684-688

Zhang J-F. 1985. New data on the Mesozoic fossil insects from Laiyang in Shandong. Geology of Shandong, 1: 23-39

Zhang J-F. 1992. Two new genera and species of Heloridae (Hymenoptera) from Late Mesozoic of China. Entomotaxnnomia, 14(3): 222-228 [张俊峰, 1992. 中生代晚期柄腹细蜂的两新属. 昆虫分类学报，14 (3): 222-228]

Zhang J-F. 2005. Eight new species of *Eopelecinus* (Insecta: Hymenoptera: Pelecinidae) from the Laiyang Formation of Shandong, China. Paleontological Journal, 39 (4): 417-427

Лелей А С. 1995. 27. Hymenoptera. 6. Systema. Key to the insects of Russian Far East. Vol. 4. Neuroptera, Mecoptera, Hymenoptera, pt.1: 116-119

英 文 摘 要

Abstract

The present monograph deals with the proctotrupid fauna of China. It comprises two parts, general part and taxonomic part. The general part divided into five chapters while the taxonomic part contains five parts that corresponds to five families of the superfamily Proctotrupoidea from China.

Ⅰ. General part

1. The name of the superfamily

2. The phylogeny position and current advance

3. Morphology, biology and biogeography

4. Key to families

5. The geochronology

Ⅱ. Taxonomic part

1. Family Proctotrupidae

2. Family Vanhorniidae

3. Family Heloridae

4. Family Roproniidae

5. Family Hsiufuroproniidae

In the first chapter of the general part the nomenclatural change between the name Proctotrupoidea and Serphoidea is discussed. In the second chapter the phylogeny position and the members of the superfamily are summaried. In the third chapter, the morphology, biology and biogeography of the superfamily is reviewed. In the fourth chapter, keys to families and introductions of each family were listed. In the fifth chapter, The geochronology of the superfamily is discussed. Proctotrupoidea, including eleven families currently, is the oldest superfamily in Hymenoptera. All the ten families have fossils. Seven families of them contain extinct species and existent species, another four families were extinct. Catalogue of world species of fossil species in the present work were listed, of which species origin from China were marked with locality and geographic era.

In the taxonomic part, Family Proctotrupidae is grouped into 19 genera and 365 species, of which one is new genus, one is new species group, 268 are new species, 2 species group and 4 species are new to China.

Family Vanhorniidae: One genus, *Vanhornia* Crawford, 1909, with one species, is described.

Family Heloridae: Only one genus with nine species, of which six new species and one species is new to China, is described.

Family Roproniidae: Two genera comprising 31 species, of which 15 are new to science.

Family Hsiufuroproniidae, new family name. The family name originally proposed as Proctorenyxidae by Lelej and Kozlov (1999) based on the generic name *Proctorenyxa* Lelej *et* Kozlov, 1999; but the generic name *Hsiufuropronia* Yang, 1997 was proposed more earlier than that, and according to the law of priority, the name Hsiufuroproniidae is proposed. Only one species is described.

Taxonomy

In this monograph, 5 family, 24 genera, 407 species, of which 289 new to science. Each species is fully described. Illustrations of critical characters of adults and key to different taxa are provided. All holotypes are preserved in the Parasitic Hymenoptera Collection of Zhejiang University, Hangzhou (ZJU).

Key to current superfamilies of traditional proctotrupoid wasps
(* Not found in the Chinese fauna)

1. Protibia with one apical spur; frenum absent; if axillula present, then it is not in the same horizontal level of scutellum ·· 2
   Protibia with two apical spurs; frenum usually present; axillula present and is in the same horizontal level of scutellum ··· **Ceraphronoidea, 14**

2. Distance between antennal socket and dorsal margin of clypeus distinct longer than the diameter of one antennal socket; if not, then the first metasomal tergite petiolate (some Diapriidae) or mandible exodont and fore wing with some veins (Vanhorniidae); fore wing usually with some closed cells and tubular veins; lateral sides of metasoma round, or if sharp, then antenna with 14-15 segments ·· **Proctotrupoidea, 3**
   Antennal socket connected with dorsal margin of clypeus, if not, then distance between them shorter than the diameter of one antennal socket; first metasomal tergite always not petiolate, and with anterior corner nearly right angle; fore wing without enclosed cells, only with 1-2 veins; lateral sides of metasoma sharp, or with distinct margin; antenna no more than 12 flagellomeres; small size, body length usually no more than 3mm ·· **Platygastroidea, 13**

3. Hind leg with first tarsomere distinctly shorter than the second; metasoma of female long and slender, of male club-shaped; female stingless; fore wing with vein Rs forked; large size, body length of female 50-70mm, of male 15-22mm. Nearctic Region ··· ***Pelecinidae**
   Hind leg with first tarsomere distinctly longer than the second; metasoma or first metasomal segment very short; fore wing with vein Rs not forked or Rs absent; body length less than 15mm ·················· 4

4. Mandible exodont, with tips not touching when closed; first metasomal tergite (syntergum) distinctly the largest; ovipositor directed forward between legs and housed in ventral groove on metasoma. Holarctic

and Oriental Regions ·· **Vanhorniidae**

Mandible endodont, with tips touching or crossing when closed, rarely reduced or absent; first metasomal tergite not largest, but often long, cylindrical, in some Proctotrupidae covered dorsally by syntergum and visible only sides; ovipositor backward or curved downward, or not extruded ····························· 5

5. Main vein of hind wing with 3 branches; mandible with 3 teeth. Palearctic Region ··· **Hsiufuproniidae**
   Main vein of hind wing with 2 branches, or only 1 vein, or absent; mandible with 1-2 teeth ············· 6

6. Eyes with inner margins strongly convergent ventrally; first metasomal segment as long as the rest of metasoma; metatibia club-like; pronotum with distinct oblique concave in lateral view. Australian Region ··· ***Peradeniidae**
   Eyes with inner margins not convergent ventrally; first metasomal segment shorter than the rest of metasoma; metatibia not club-like; pronotum convex forward in lateral view ····························· 7

7. Metasomal tergite 2 subequal to tergite 3 ·· 8
   Metasomal tergite 2 distinctly longer than tergite 3, if in equal length, then metasoma knife-like ······· 10

8. Metasoma very long and slender, tail-like in female; first segment in both sexes at least 3.0 times as long as wide; tarsal claws simple. Neotropic Region; New Zealand ····························· ***Monomachidae**
   Metasoma short, almost scalpel-like, not tail-like in female, first segment at most twice as long as wide · 9

9. Scape short, antennae not raised from the projection of frons; pronotum laterally without distinct striae; fore wing with stigma present and veins distinct; first tarsal claw with basal rectangular lobes. Australia ··· ***Austroniidae**
   Scape distinctly elongate; antennae raised from the projection of frons; pronotum laterally with distinct striae; fore wing with stigma absent and veins indistinct; tarsal claw simple. New Zealand ··· ***Maamingidae**

10. Scape distinctly elongate, at least 2.5 times as long as wide; head in lateral view with antennal shelf usually distinct; fore wing with stigma at most linear or spot-like, or rarely veinless. Worldwide ·· **Diapriidae**
    Scape short, at most 2.2 times as long as wide; head without antennal shelf; fore wing with stigma elongate and / or thick ··· 11

11. Antenna with 13 segments; fore wing with stigma triangular, marginal cell very narrow, veins and cells not pigmented. Worldwide ·· **Proctotrupidae**
    Antenna with 14 or 16 segments; fore wing with stigma long triangular, veins and cells distinctly pigment ·· 12

12. Antenna with 16 segments, including one ring-like; metasoma beyond segment 1 slightly wider than high; in lateral view with terga subequal in height to sterna; fore wing with medial cell triangular, not touching vein R. Worldwide ·· **Heloridae**
    Antenna with 14 segments, without ring-like; metasoma beyond segment 1 strongly compressed laterally, much higher than wide, in lateral view with terga much higher than sterna; fore wing with medial cell more than three sides, touching vein R. Holarctic and Oriental Regions ····················· **Roproniidae**

13. Fore wing with stigmal vein and usually with postmarginal vein; antenna with 11-12 segments, very

rarely with 10 segments or fewer; fifth antennal segment of male modified; most species with second tergite at most slightly longer than the third, almost always shorter than subsequent terga together, rarely longer. Worldwide··**Scelionidae**

Fore wing without stigmal vein or postmarginal veins, usually veinless; antenna with 10 segments, rarely with fewer; fourth antennal segment or rarely the third of male modified; second metasomal tergite several times as long as the third, usually as long as or longer than subsequent terga together. Worldwide ··**Platygastridae**

14. Tibial pattern: 2-1-2; the apex of larger spur of protibia not forked; antenna of female with 9-10 segments, of male with 10-11 segments; petiole with a short ring-like segment; first metasomal tergite basally wide; fore wing with stigma linear like; mesoscutum at most with median furrow. Worldwide ··**Ceraphronidae**

Tibial pattern: 2-2-2; the apex of larger spur of protibia forked; both sexes with 11 antennal segments; petiole of metasoma very short, usually covered by second tergite; first tergite basally constrict; fore wing with large stigma, rarely linear-like; mesoscutum usually with median furrow and notaulus present or rarely reduced. Worldwide··· **Megaspilidae**

Ⅰ. Family Proctotrupidae

Key to subfamilies

First recurrent vein either absent or joining medius far basad of posternervulus (nearer to nervulus than to posternervlus); notaulus usually very short or absent, if present, seldom reaching to middle of mesoscutum (in some species of *Disogmus*, in *Serphonostus* and usually in *Nothoserphus* the notaulus past center of mesoscutum; sometimes in *Proctotrupes* the notaulus represented by a long weak impression); mesopleuruon with a median transverse groove except in *Apoglypha*; apex of scape without projection. Worldwide ··**Proctotrupinae**

First recurrent vein present and joining medius opposite or a little basad of posternervulus; notaulus long and distinct, reaching past center of mesoscutum; mesopleuron with a median impression or broad transverse trough, usually without a distinct transverse groove; apex of scape with a spine-like projection on upper side. Oceania, South America ······································· **Austroserphinae**

Proctotrupinae Haliday, 1839

Key to tribes

1. Radius raising from apical 0.3 of stigma; radial cell moderately short; intercubitus distinct and almost complete; notaulus present, usually past center of mesoscutum; lower half of lateral aspect of syntergite without hairs; occipital carina present only on upper part of head. Holarctic and Oriental Regions ·········· ·· (Ⅰ) **Disogmini**

Radius raising from near middle of stigma, except in some cases where radius is very short, of which it may raising from farther distad; radial cell moderately short to very short; intercubitus usually indistinct or incomplete; notaulus present or absent, reaching beyond center only in some species of *Nothoserphus*, and in the genus *Serphonostus*; lower half of lateral aspect of syntergite usually with some hairs; occipital carina usually extend to lower half of head ·· 2

2. Notaulus often present, usually short and sometimes represented by an anterolateral pit; metasoma usually without a stalk (except in some species of *Nothoserphus*); mandible usually with 2 teeth; metapleuron usually with a large smooth unsculptured area; fore wing about 2.5 times as long as wide; first and second discal cells separated; dorsal face of propodeum long or sometimes very short. Worldwide·· (II) **Cryptoserphini**

    Notaulus absent or represented by a shallow impression, not by a distinct groove; metasoma usually with a stalk (except in *Paracodrus*); mandible usually with one tooth (or with two teeth in *Parthenocodrus*); metapleuron usually with less than its anterior 0.35 unsculptured; fore wing about 3.0 times as long as wide (or wings sometimes absent, or reduced); first and second discal cells confluent, except sometimes in *Codrus*; dorsal face of propodeum of moderately length to long. Worldwide········· (III) **Proctotrupini**

(I)   Disogmini

One genus, *Disogmus* Foerster, 1856, is described.

1. *Disogmus* Foerster, 1856

One new species, *Disogmus sinensis* He *et* Xu, sp. nov., is described.

(1) *Disogmus sinensis* He *et* Xu, sp. nov.

Material examined: Holotype ♂, Dongling (41.8°N, 123.5°E), Shenyang City, Liaoning Prov., 1994.VI-VII, by LOU Juxian, No.947792.

Distribution: Liaoning.

Diagnostic characters: The species is closed to *Disogmus areolator* Haliday, 1839 by male fourth to sixth flagellomeres with carina-like tyloids, notauli long and extending over the middle of mesoscutum, but it can be separated from the latter by: ①tyloids 0.8 times as long as flagellomere (vs. 0.6); ②base of syntergite without median groove, with four lateral grooves on each sides (vs. median groove strong, with 5-6 lateral grooves on each side); ③ fore wing with vein cu-a postfurcal (vs. interstitial).

(II) Cryptoserphini

Eight genera are described.

Key to genera
(* Not found in the Chinese fauna)

1. Radius descending vertically from lower corner of stigma, then turned at an acute angle obliquely toward costa··· 2

Radius curved obliguely or almost vertically toward costa directly from lower corner or lower part of stigma, without first a short vertical descent from stigma ·· 11

2. Groove across middle of mesopleuron incomplete, reaching only about 0.7 the distance from anterior margin of mesopleuron toward mesopleural suture; propodeum long, its apex usually far behind middle of hind coxa, never in front of basal 0.4 of hind coxa; anterior upper part of smooth area on metapleruon without a ridge extending to upper lateral margin of propodeum; pronotum with an evenly rounded swelling at anterior upper part; ovipositor sheath covered with erect hairs, its apex blunt and rounded. Australian, Neotropic and Nearctic Regions ··· *Fustiserphus*
Groove across middle of mesopleuron complete, reaching the mesopleural suture; propodeum short to moderately long, its apex not reaching middle of hind coxa; anterior upper part of smooth area on metapleuron with a ridge extending to upper lateral margin of propodeum (except in the genus *Cryptoserphus* and *Phoxoserphus*) ··· 3

3. Radial cell short, the side next to costa 0.3-1.0 times as long as width of stigma; vertical basal part of radial vein thick and short, not longer than its thick ·· 4
Radial cell moderately long, the side next to costa 0.6-2.0 times as long as width of stigma; vertical basal part of radial vein about 2.0 times as long as its width ·· 8

4. Dorsal face of propodeum moderately long, at least 1.2 times as long as width of scutellum; occipital carina absent from its lower 0.4± of head, or present but weak; ovipositor sheath 0.45-1.45 times as long as hind tibia, with sparse hairs or bare ·· 5
Dorsal face of propodeum very short, 0.3 times as long as width of scetellum, propodeum in profile consequently sloping downward; occipital carina complete, or absent at lower 0.3± of head; ovipositor sheath up to 0.4 times as long as hind tibia ·· 7

5. Pronotum in dorsal view with platform-like projections, lateral margins parallel or subparallel; lateral middle of pronotum with a transverse impression that narrow at anterior part and broad at posterior part; base of syntergite with one median groove. China ·· *Maaserphus*
Pronotum in dorsal view without platform-like projections, lateral margins concave at middle; pronotum without a transverse impression that narrow at anterior part and broad at posterior part; base of syntergite with 1 to 15 longitudinal grooves ·· 6

6. Anterior upper part of pronotum with a tubercle that is usually margined on hind edge by a short vertical carina; ovipositor sheath moderately wide, a little widened beyond middle, its tip tapered and rounded at apex. Australia and Oriental Regions ·· *Oxyserphus*
Anterior upper part of pronotum without a distinct tubercle and without a vertical carina; ovipositor sheath narrow, gradually tapered to apex. Neotropic Region ·· *Smithoserphus*

7. Cheek without a strong vertical ridge; temple moderately long, strongly convex; mandible long; notaulus absent but represented by a punctato-rugose area; scutellum large, rugose, its apex broad and sides and hind end descending vertically; tarsal claws each medially with 2 or 3 fine teeth. Ethiopian Region ·· *Afroserphus*
Cheek with a strong vertical ridge; temple extremely short; mandible very short; notaulus present;

scutellum evenly convex, with sparse small punctures; tarsal claw simple. Palaearctic and Oriental Regions ·· **2. *Nothoserphus***

8. Longer spur of hind tibia ending between the middle and the apical 0.2 of hind basitarsus; mesopleural suture smooth not foveate, or with upper half weakly foveate in some species. Worldwide ················· ··· **5. *Cryptoserphus*** Longer spur of hind tibia ending near or before middle of hind basitarsus; mesopleural suture sometimes foveate ·· 9

9. Anterior upper part of smooth area on metapleuron not connected by a carina to upper edge of propodeum; mesopleural suture foveate only upper half, and lower half smooth. China ·· **3. *Phoxoserphus*** Anterior upper part of smooth area on metapleuron connected by a fine and short carina to upper edge of propodeum; mesopleural suture foveate its entire length, or only upper half···································· 10

10. Mandible with two teeth; mesopleural suture foveate its entire length; costal vein not continued beyond apex of radial cell, or less than 0.3 the length of costal edge of radial cell; ovipositor sheath 0.6-1.0 times as long as hind tibia. Holarctic Region·· **4. *Tretoserphus*** Mandible with one tooth, the mandible short, wide and thin; mesopleural suture foveate only above horizontal groove or not foveate; costal vein continued beyond apex of radial cell by a distance 0.4-1.9 the length of costal edge of radial cell; ovipositor sheath 0.9-1.8 times as long as hind tibia.Worldwide ··· ··· **6. *Mischoserphus***

11. Notaulus reaching almost to hind margin of mesoscutum; groove across middle of mesopleuron strongly arched and shallow. Tasmania ··· ****Serphonostus*** Notaulus short or absent, less than 0.3 as long as mesoscutum; groove across middle of mesoscutum weakly arched, or in *Apoglypha* absent ·· 12

12. Mesopleuron without a horizontal groove across its middle; radial cell in the form of a narrow slit, not reach costa; mesopleuron partly striate. Australia and Tasmania······························· ****Apoglypha*** Mesopleuron with a horizontal groove across its middle; radial cell reaching costa, its length along costa 0.3-2.0 times as long as the width of stigma; mesopleuron usually not striate ···························· 13

13. Notaulus absent or represented by a small shallow pit at anterior margin of mesoscutum; scrobe of pronotum and lower 0.5-0.7 of metapleuron with fine horizontal wrinkles; mesosoma compressed; clypeus wide; flagellum short. Holarctic Region ······································· ****Pschornia*** Notaulus about 0.7 times as long as tegula; scrobe of pronotum smooth or with short oblique wrinkles; metapleuron variously sculptured, but without fine horizontal wrinkles··································· 14

14. Epomia not continued dorsad to cross tip of the tubercle on anterior upper part of pronotum; scrobe of pronotum with coarse wrinkles; lower 0.7± of metapleuron with coarsely reticulate wrinkles. China, Nepal and North America ··· **8. *Hormoserphus*** Epomia continued dorsad to cross tip of the tubercle on anterior upper part of pronotum as a sharp carina; scrobe of propodeum smooth, or with some oblique or transverse wrinkles; lower 0.3± of metapleuron usually with horizontal wrinkles, the rest smooth. Holarctic, Oriental, and Neotropic Regions·············· ··· **9. *Brachyserphus***

2. *Nothoserphus* Brues, 1940

Three species group are described.

Key to species group

1. Notaulus very short, about 1.0 times as long as tegula or slightly longer, sometimes very short and represented by a pit; metapleuron with a smooth area occupied about 0.35-0.50 its surface·················
··· 1) *Boops* Group
   Notaulus long, at least reaching past center of mesoscutum; metapleuron with smooth area very small, at most occupied 0.2 its surface ·· 2

2. Median lobe of mesoscutum without a impression next to front part of notaulus; area between posterior ocelli without a pair of processes; side of pronotum smooth or almost smooth in and above the sulcus; hind ends of notauli separated by about the length of tegula ································ 2) *Affissae* Group
   Median lobe of mesoscutum with a impression next to front part of notauli; area between posterior ocelli with a pair of erect blade-like processes; side of pronotum coarsely rugose in and above the sulcus; hind ends of notauli separated by a narrow, wedge-shaped ridge ···························· 3) *Mirabilis* Group

1) *Boops* Group

Twelve species are described, of which seven are new to science, and one is new to China.

Key to species
(* Not found in the Chinese fauna)

1. Female ·· 2
   Male··· 12

2. Notaulus distinctly shorter than the length of tegula, only represented by a pit at anterior··············· 3
   Notaulus 1.0 times as long as the length of tegula, or slightly longer ································· 7

3. Ovipositor sheath 0.28 times as long as hind tibia; epomia absent; POL: OOL=1.27:1.0; mesopleural suture foveate only on upper part; fore wing 2.3mm. Yunnan ······························ **(2)** *N. asulcatus*
   Ovipositor sheath 0.4-0.46 times as long as hind tibia; epomia present; POL : OOL=1.03-1.13 : 1.00, or POL : OOL=1.56 : 1.00; mesopleural suture foveate its entire length ································ 4

4. POL : OOL=1.56 : 1.00; antenna and legs mostly brown; fore wing 1.9-2.3mm. Taiwan · **(3)** *N. fuscipes*
   POL : OOL=1.02-1.13 : 1.00; antenna and legs mostly brownish yellow, except mostly brown in *N. dui*5

5. Posterior margin of vertex convex at middle; temple 0.3 as long as eye in lateral view; anterior dorsal face of pronotum with a vertical carina, behind which with some longitudinal wrinkles; fore wing 1.8-2.4mm. Taiwan ··· **(4)** *N. townesi*
   Posterior margin of vertex concave at middle; temple 0.53-0.59 times as long as eye in lateral view; anterior dorsal face of pronotum without a vertical carina ·· 6

6. Metasomal stalk in dorsal side 0.6 times as long as apical width; base of syntergite with median groove reaching 0.55 to space between first thyridia, and with one lateral groove at each side; costal vein of radial cell 0.12 times as long as the length of stigma; hind femur 5.25 times as long as wide; legs brownish yellow (excluding coxa and apical tarsus); fore wing 1.9mm. Zhejiang **(5)** *N. sinensis*, **sp. nov.**

   Metasomal stalk 0.8 times as long as apical width; base of syntergite with median groove reaching 0.8 to space between first thyridia and without lateral groove; costal vein of radial cell 0.34 as long as the length of stigma; hind femur 4.7 times as long as wide; legs mostly brown; body 3.4mm. Shaanxi, Sichuan ·· **(6)** *N. dui*, **sp. nov.**

7. Ovipositor sheath short, 0.20-0.25 times as long as hind tibia·································8

   Ovipositor sheath longer, 0.33-0.42 times as long as hind tibia ·························· 10

8. Smooth area of metapleuron small, about 0.35 as long as metapleuron, and not separated from areolet-reticulate wrinkles by a carina; each side of median groove of syntergite with three lateral grooves; temple 0.33 times as long as short diameter of eye; second flagellomere 2.9 times as long as apical width; fore wing 1.7mm. Zhejiang ······························· **(7)** *N. breviterebra*, **sp. nov.**

   Smooth area of metapleuron large, about 0.40-0.45 as long as metapleuron, and separated from areolet-reticulate wrinkles by a carina; each side of median groove of syntergite with two lateral grooves; temple 0.50-0.56 times as long as short diameter of eye; second flagellomere 3.2-4.0 times as long as apical width ···9

9. POL : OOL=1.36 : 1.00; smooth area of metapleuron separated from posterior areolet-reticulate wrinkles by a transverse carina; each side of median groove of syntergite with two lateral grooves; tenth flagellomere 2.0 times as long as apical width, apical flagellomere 1.9 times as long as penultimate segment; fore wing 2.3mm. Zhejiang ···································· **(8)** *N. gossypium*, **sp. nov.**

   POL : OOL=1.5 : 1.0; smooth area of metapleuron separated from posterior reticulate wrinkles by 2-3 transverse carinae; each side of median groove of syntergite without lateral grooves; tenth flagellomere 1.36 times as long as apical width, apical flagellomere 1.6 times as long as penultimate one; fore wing 2.0mm. Yunnan ···**(9)** *N. ocellus*, **sp. nov.**

10. POL : OOL=1.0 : 1.0; posterior lower part of pronotum with a row of five foveae; first thyridium about 8.0 times as wide as long; fore wing 2.1mm. Zhejiang ···························· **(10)** *N. thyridium*, **sp. nov**.

    POL : OOL=1.17-1.27 : 1.00; posterior lower part of pronotum with 1-2 foveae; first thyridium about 6.0 times as wide as long··· 11

11. Ovipositor sheath 0.42 times as long as hind tibia; POL : OOL=1.17 : 1.00; antenna gradually widen from base to apex, second flagellomere 3.4 times as long as apical wide; fore wing 3.2mm. Jiangsu······· ·· **(11)** *N. jiangsuensis*, **sp. nov.**

    Ovipositor sheath 0.33 times as long as hind tibia; POL : OOL=1.27 : 1.00; antenna not widen from base to apex, second flagellmoere 2.7 times as long as apical wide; fore wing 2.2mm. Jilin; Japan········· ·· **(12)** *N. scymni*

12. Prescutellar groove with four longitudinal ridges; antenna mainly brownish yellow; first to fourth flagellomeres equal length; tyloids indistinct; anterior foveate sulcus of metapleuron as wide as

mesopleural suture; stigma with apex light colour; fore wing 1.9mm. Taiwan·············· **(13)** *N. partitus*
Prescutellar groove smooth without longitudinal ridges; antenna mainly brown or brownish yellow; first
to fourth flagellomeres not equal length; tyloids present on flagellar segments 2-7, or 3-7, or 4-6; anterior
foveate sulcus of metapleuron not as wide as mesoplerual suture; stigma brown or brownish yellow ··· 13

13. Tyloids present on flagellar segments 3-7; tyloids 0.35-0.65 times as long as the segments bearing them
·· 14
    Tyloids present on flagellar segments 2-7, or 4-6; tyloids 0.6-0.7 times as long as the segments bearing
    them; stigma brown; antenna mostly brown ·· 15

14. Tyloids 0.35 times as long as the segments bearing them; trochanter and femur tinged with yellow;
    stigma brownish yellow; antenna brownish yellow. Jilin; Japan ································· **(12)** *N. scymni*
    Tyloids 0.65 times as long as the segments bearing them; trochanter and femur fuscous; stigma dark
    brown. Northern Europe ·· **N. boops*

15. Lower part of temple 0.5 times as long as eye; POL ：OOL=7.8 ：5.0; legs mostly brown; tyloids present
    on flagellar segments 4-6, weakly convex, finely punctate. Taiwan ························· **(3)** *N. fuscipes*
    Lower part of temple 0.3 times as long as eye; POL ：OOL= 6.0 ：5.8; leg brownish yellow except for
    coxa; tyloids present on flagellar segments 2-7, convex, smooth. Taiwan ····················· **(4)** *N. townesi*

(5) *Nothoserphus sinensis* He *et* Xu, sp. nov.

Material examined: Holotype ♀, Mt. Baishanzu (27.7°N, 119.2°E), Qingyuan County,
Zhejiang Prov., 1993.Ⅹ.24, by WU Hong, No. 945783. Paratype: 1♀, same data as holotype,
No.945719.

Distribution: Zhejiang.

Diagnostic characters: Listed in the key.

(6) *Nothoserphus dui* He *et* Xu, sp. nov.

Material examined: Holotype ♀, Yajiang County (30.0°N, 101.0°E), Sichuan Prov.,
2830m, 1996.Ⅵ.14, by DU Yuzhou, No. 977692. Paratypes: 2♀, Mt. Ziboshan, Liuba County
(33.6°N, 106.9°E), Shaanxi Prov., 1632 m, 2004.Ⅷ.4, by SHI Min, Nos.20049993, 20049984.

Distribution: Shaanxi, Sichuan.

Diagnostic characters: Listed in the key.

(7) *Nothoserphus breviterebra* He *et* Xu, sp. nov.

Material examined: Holotype ♀, Wencheng County (27.7°N, 120.0°E), Zhejiang Prov.,
1985.Ⅸ.1-10, by LIU Fuming, No.853140.

Distribution: Zhejiang.

Diagnostic characters: Listed in the key.

(8) *Nothoserphus gossypium* He *et* Xu, sp. nov.

Material examined: Holotype ♀, Haiyan County (30.5°N, 120.9°E), Zhejiang Prov., 1985.
Ⅹ.19, by WANG Hongxiang, No.853524. Paratype: 1♀, Pinghu County (30.7°N, 121.0°E),
Zhejiang Prov., 1985.Ⅹ.22, by WANG Hongxiang, No. 853362.

Distribution: Zhejiang.

Diagnostic characters: Listed in the key.

(9) *Nothoserphus ocellus* **He** *et* **Xu, sp. nov.**

Material examined: Holotype ♀, Mt. Daweishan, Pingbian Miao Aut. County (22.9°N, 103.6°E), Yunnan Prov., 2003.Ⅷ.18, by HU Long, No.20048153.

Distribution: Yunnan.

Diagnostic characters: Listed in the key.

(10) *Nothoserphus thyridium* **He** *et* **Xu, sp. nov.**

Material examined: Holotype ♀, Mt. W. Tianmushan (30.4°N, 119.5°E), Zhejiang Prov., 1982.Ⅹ.8-10, by MA Yun, No.826208.

Distribution: Zhejiang .

Diagnostic characters: Listed in the key.

(11) *Nothoserphus jiangsuensis* **He** *et* **Xu, sp. nov.**

Material examined: Holotype ♀, Nanjing City (32.0°N, 118.7°E), Jiangsu Prov.,1989. Ⅹ.19, by SUN Yuzhen, No.20004671.

Distribution: Jiangsu.

Diagnostic characters: Listed in the key.

(12) *Nothoserphus scymni* **(Ashmead, 1904) (New to China)**

Host: Larva Coccinelidae. Larvae of *Scymnus dorcatomoides* and *Scymnus* sp.

Material examined: 2♀3♂, Gongzhuling (43.5°N, 124.8°E), Jilin Prov., 1972, by XU Qingfeng, ex: Larva of unknown species of Coccinelidae, No.72014.3.

Distribution: Jilin.

2) *Afissae* **Group**

Four species are described.

Key to species
(* Not found in the Chinese fauna)

1. Lower half of side of pronotum with horizontal wrinkles; median part of propodeum distinctly impressed; fore wing 4.5mm. Japan ··*N. afissae*
    Lower half of side of pronoum almost smooth; median part of pronotum not impressed; fore wing 3.0-4.1mm··2
2. Prescutellar groove without longitudinal ridges; tergites following syntergite with fine punctures only; fore wing 3.1- 3.5mm. Taiwan ··· **(14)** *N. aequalis*
    Prescutellar groove at least with two strong submedian longitudinal ridges; tergites following syntergite with both fine punctures and coarser punctures··3
3. Prescutellar groove with four longitudinal ridges, lateral ridges weaker; each side of median groove of syntergite with several longitudinal wrinkles; fore wing 4.1mm. Yunnan ········· **(15)** *N. quadricarinatus*

Prescutellar groove with a pair of strong longitudinal ridges, sometimes with 1-2 weak ridges near middle; each side of median groove of syntergite almost without longitudinal wrinkles ··············4

4. Tyloids on male flagellar segments 4-8; temple 0.4 times as long as eye; body narrow; POL：OOL= 9.0：8.5; fore wing 3.0-3.2mm. Taiwan, Guangxi ··············**(16) *N. debilis***

Tyloids on male falgellar segments 5-7; temple 0.5 as long as eye; body stout; POL：OOL=7.0：8.0; fore wing 3.1-3.4mm. Shaanxi, Zhejiang, Taiwan, Yunnan ··············**(17) *N. epilachnae***

3) *Mirabilis* Group

Two species are described.

Key to species

Head with a pair of strong blade-like processes between posterior ocellus; area behind middle ocellus strongly concave; front end of notauli of median lobe of mesoscutum with a long and curved foveate groove; tyloids on male flagellar segments 4-7, each extending from the base of the segment; fore wing 1.7-3.0mm. Zhejiang, Hunan, Taiwan, Fujian, Guangdong, Guizhou ··············**(18) *N. mirabilis***

Head with a pair of weakly rounded processes between posterior ocellus; area behind middle ocellus not distinctly concave; front end of notuali of median lobe of mesoscutum with a short and straight foveate groove; tyloids on male flagellar segments 4-8, each extending from the middle of the segment; fore wing 2.6-2.8mm. Taiwan ··············**(19) *N. admirabilis***

3. *Phoxoserphus* Lin, 1988

Two species are described.

Key to species

Ovipositor longer, about 0.77 times as long as hind tibia, 10.3 times as long as its middle width; tyloids on male flagellar segments 1-10; median groove of syntergite narrow, each side with four lateral grooves; body with dense hairs; hairs band on anterior part of mesopleuron complete. China ··············**(20) *P. vescus***

Ovipositor shorter, about 0.66 as long as hind tibia, 7.7 times as long as its middle width; tyloids on male flagellar segments 2-8; median groove of syntergite broad, each side with five lateral grooves; body with sparse hairs; hair band on anterior part of mesopleuron incomplete. China ··············**(21) *P. chikoi***

4. *Tretoserphus* Townes, 1981

Six species are described, of which five species are new to science.

Key to species
(* Not found in the Chinese fauna)

1. Female ··············2

Male; flagellum with elliptic tyloids on 2-10 flagellomeres; upper anterolateral part of pronotum with a moderately high and hemispherical tubercle ···8

2. Pronotal tubercle very high, subconical; second flagellomere 3.0 times as long as wide; ovipositor sheath 0.56-0.60 times as long as hind tibia, 7.5 times as long as its middle width, its surface almost smooth. Zhejiang, Xinjiang; Holarctic Region ··· **(22)** ***T. laricis***
Pronotal tubercle moderately high, hemispherical ···3

3. Ovipositor sheath 0.8-1.1 times as long as hind tibia, its apex almost not narrow or distinctly narrow; first thyridium about 4.0-8.0 times as wide as long ··4
Ovipositor sheath 0.52-0.54 times as long as hind tibia, its apex almost not narrow; first thyridium about 2.0-3.5 times as wide as long ··6

4. Hair on ovipositor sheath conspicuous, suberect and about 0.8 times as long as width of the sheath; apex of ovipositor sheath not narrow; anteroventral part of side aspect of pronotum punctato-rugulose. Sweden ·· ****T. foveolatus***
Hairs on ovipositor sheath inconspicuous, no more than 0.2 times as long as width of the sheath; apex of ovipositor sheath distinctly narrow; anteroventral part of side aspect of pronotum mostly smooth·········5

5. Groove dividing the smooth area on metapleuron into an upper small part and a lower larger part very faint and shallow; first thyridium about 8.0 times as wide as long; tip of ovipositor sheath in lateral view with a broadly rounded apex, in dorsal view only faintly flared near apex. England and Sweden ··········· ·· ****T. perkinsi***
Groove dividing the smooth area on metapleuron into an upper small part and a lower larger part distinct and sharp; first thyridium about 4.0 as wide as long; tip of ovipositor sheath in lateral view tapered to a narrowly rounded apex, in dorsal view distinctly flared near paex. America and Sweden ···****T. nudicauda***

6. Smooth area on metapleuron separated by a row weak fovea into an upper small part and lower larger part from anterior upper part to posterior middle part; first thyridium 2.0 times as wide as long; fore wing with stigma and costal margin of radial cell, each 1.55 and 1.11 times as long as width of stigma; fore wing length 3.0mm. Inner Mongolia ·· **(23)** ***T. ellipsocicatrix*, sp. nov.**
Smooth area on metapleuron separated by a discontinued groove or oblique groove into an upper smaller part and a lower larger part, or two subequal size parts from anterior part to posterior part; first thyridium 2.8-3.5 times as wide as long; fore wing with stigma and costal margin of radial cell 1.75-2.0 and 1.23-1.38 times as long as width of stigma ··7

7. Smooth area on metapleuron separated by a discontinued horizontal weak groove into an upper smaller part and a lower larger part from upper 0.3; first thyridium 3.5 times as wide as long; ovipositor sheath 9.2 times as long as middle width; fore wing length 3.0mm. Fujian········· **(24)** ***T. tenuiterebrans*, sp. nov.**
Smooth area on metapleuron separated by a oblique groove (its posterior part weakly foveate) into two subequal size parts; first thyridium 2.8 times as wide as long; ovipositor sheath 6.7 times as long as its middle width; fore wing length 2.5mm. Zhejiang ························· **(25)** ***T. tianmushanensis*, sp. nov.**

8. First thyridium 8.0 as wide as long; fore wing length 3.0-3.3mm. England and Sweden·······****T. perkinsi***
First thyridium about 2.6-4.0 times as wide as long ···9

9. Groove dividing the smooth area on metapleuron into an upper smaller part and a lower larger part

always complete and distinct; fore wing length 2.5-3.4mm. America and Sweden·········· ***T. nudicauda***
Groove dividing the smooth area on metapleuron into an upper smaller part and a lower larger part (or two subequal parts) fine and weak or with anterior part groove like while posterior part finely foveate····
·· 10

10. Groove dividing the smooth area on metapleuron into an upper small part and a lower larger part entirely fine and weak ··· 11
    Groove dividing the smooth area on the metapleuron into two subequal size parts with posterior part finely foveate ·· 13

11. Pronotal tubercle lower, in dorsal view the tubercle not distinctly projecting outward from the outline of dorsal margin part of pronotum; fore wing length 2.7-3.2mm. Sweden·······················***T. foveolatus***
    Pronotal tubercle moderately high or higher ·· 12

12. Groove dividing the smooth area on metapleuron fine and shallow, but distinct; first thyridium 3.5 times as wide as long; antenna with apical segment 1.67 times as subapical segment; intercubitus entirely pigment; median groove of syntergite with six lateral grooves on each side; fore wing length 3.3mm. Xizang ·· **(26) *T. lini*, sp. nov.**
    Groove dividing the smooth area on metapleuron very fine and weak, indistinct; first thyridium 2.6 times as wide as long; antenna with apical segment 1.47 times as long as subapical segment; intercubitus only with upper part pigment; median groove of syntergite with three lateral grooves on each side; fore wing length 3.2mm. Xinjiang ··**(22) *T. larcis***

13. First thyridium bar-like, equal length, 3.8 times as wide as long, distance between thyridium 0.25 times as long as width of thyridium; groove dividing the smooth area on metapleuron straight; costal margin of radial cell 1.31 times as long as width of stigma; fore wing length 2.7mm. Guangdong ·····················
    ··· **(27) *T. guangdongensis*, sp. nov.**
    First thyridium eye brow-like, with lower part broad and upper part narrow, 3.5 times as wide as maximum length; distance between thyridium 0.5 times as long as width of thyridium; groove dividing the smooth area on metapleuron into two equal parts shallow and oblique, the smooth area divided by the groove from upper 0.4 to posterior middle; costal margin of radial cell 0.9-1.1 times as long as width of stigma; fore wing 3.1mm. Zhejiang ······························· **(25) *T. tianmushanensis*, sp. nov.**

(23) *Tretoserphus ellipsocicatrix* He *et* Xu, sp. nov.

Material examined: Holotype ♀, Mt. Daqingshan (40.6°N, 110.7°E), Wuchuan County (41.1°N, 111.5°E), Inner Mongolia, 2000.Ⅷ.17, by HE Junhua, No.200100270.

Distribution: Inner Mongolia.

Diagnostic characters: Listed in the key.

(24) *Tretoserphus tenuiterebrans* He *et* Xu, sp. nov.

Material examined: Holotype ♀, Sangang (27.3°N, 117.6°E), Mt. Wuyishan, 1989.Ⅺ.20, by WANG Jiashe, No.20007786.

Distribution: Fujian.

Diagnostic characters: Listed in the key.

(25) *Tretoserphus tianmushanensis* **He** *et* **Xu, sp. nov.**

Material examined: Holotype ♂, Laodian, Mt. W. Tianmushan (30.4°N, 119.5°E), Zhejiang Prov., 1998.XI.14, by ZHAO Mingshui, No. 20002388. Paratypes: 1♂, same as Holotype, No.20002387; 19♂, Laodian, Mt. W. Tianmushan (30.4°N, 119.5°E), Zhejiang Prov., Malaise Trap, 1998. XI .22, by ZHAO Mingshui, Nos. 20001283, 20001285-90, 20001293-305; 1♀, Mt. W. Tianmushan (30.4°N, 119.5°E), Zhejiang Prov., Malaise trap, 1998. XII.22, by ZHAO Mingshui, No.20003151.

Distribution: Zhejiang.

Diagnostic characters: Listed in the key.

(26) *Tretoserphus lini* **He** *et* **Xu, sp. nov.**

Material examined: Holotype ♂, Shaijilashan, Nyingchi County (29.5°N, 94.3°E), Xizang Aut. Reg., 2002.IX.1, by LIN Naiquan, No.20032848.

Distribution: Xizang.

Diagnostic characters: Listed in the key.

(27) *Tretoserphus guangdongensis* **He** *et* **Xu, sp. nov.**

Material examined: Holotype ♂, Mt. Nankunshan, Huizhou (23.0°N, 114.3°E), Guangdong Prov., 2002.VI.8,   by XU Zaifu, No.20028841.

Distribution: Guangdong.

Diagnostic characters: Listed in the key.

5. *Cryptoserphus* Kieffer, 1907

20 species are described, of which 18 species are new to science, one is new to China.

Key to the Chinese species

1. Female ···2
   Male ·· 19
2. Clypeus 0.76-0.80 times as wide as face, 3.0-3.1 times as wide as high; propodeum with dorsal face shorter than posterior face; hair band on front edge of mesopleuron complete (*Flavipes* Group); opening of propodeum spiracle linear, posterior pleural area of propodeum strongly reticulate rugulose ···········3
   Clypeus 0.50-0.68 times as wide as face, 1.7-2.3 as wide as high; propodeum with dorsal face usually longer than posterior face, sometimes equal length, rarely shorter; hair band on front edge of mesopleuron interrupted or complete (*Aculeator* Group) ···5
3. Tubercle on anterolateral aspect of pronotum distinct; mesopleural suture with four foveae at middle of upper part; base of syntergite with two lateral grooves; first thyridium 3.0 times as wide as long, distance between thyridia 1.0 times as wide as a thyridium; ovipositor sheath 9.0 times as long as its median width; fore wing length 3.1mm. Xinjiang·· **(28)** *C. tuberculatus*, **sp. nov.**
   Tubercle on anterolateral aspect of pronotum weak; mesopleural suture entirely smooth; base of

syntergite with three lateral grooves; first thyridium 2.0-2.2 times as wide as long, distance between thyridia 1.4-2.0 times as wide as a thyridium; ovipositor sheath 11.0 times as long as median width ······4

4.　Hair band on front edge of mesopleuron complete; lower part of smooth area on metapleuron with dense hairs; stigma 1.45 times as long as wide; first abscissa of radius 1.2 times as long as wide, conjunction between first part and Second abscissa of radius　without stub; ovipositor sheath 1.0 times as long as hind tibia; stigma brown; fore wing length 2.9-3.3mm. Heilongjiang ······················ **(29) C. flavipes**
　　Hair band on front edge of mesopleuron incomplete, with lower half almost smooth; lower part of smooth area on metapleuron with sparse hairs; stigma 1.8 times as long as wide; first abscissa of radius 2.0 times as long as wide, conjunction between first part and second abscissa of radius　with a distinct stub; ovipositor sheath 0.77 times as long as hind tibia; stigma blackish brown; fore wing length 3.2mm. Gansu ································ **(30) C. nigristigmatus, sp. nov.**

5.　Propodeum with dorsal face shorter than posterior face, or equal length; paired smooth area on propodeum each about 1.1-1.5 times as long as wide ··································6
　　Propodeum with dorsal face distinct longer than posterior face; paired smooth area on upper face of propodeum each about 1.6-1.9 times as long as wide ··································9

6.　Temple 0.5 times as long as maximum diameter of eye; tenth flagellomere 3.0-3.2 times as long as apical width; propodeum with dorsal face and posterior face in about equal length ····················7
　　Temple 0.32-0.33 times as long as maximum diameter of eye; tenth flagellomere 2.4-2.5 times as long as apical width; propodeum with dorsal face longer than posterior face ······················8

7.　Fore wing with stigma shorter than costal margin of radial cell (1.78 : 2.0); ovipositor sheath very slender, 20.0 times as long as median width; distance between first thyridia 1.8 times as long as width of thyridium; fore wing length 3.2mm. Guizhou ························ **(31) C. rugulosus, sp. nov.**
　　Fore wing with stigma longer than costal margin of radial cell (2.0 : 1.5); ovipositor slender, 11.0-17.0 times as long as median width; distance between first thyridia 3.0 as long as width of thyridium; fore wing length 2.5-3.8mm. Shaanxi, Zhejiang, Fujian, Guangdong, Guizhou ············· **(32) C. aculeator**

8.　Dorsal smooth areas on propodeum each 1.1 times as long as wide; fore wing with stigma distinct longer than costal margin of radial cell (1.9 : 1.6); ovipositor sheath 0.78 times as long as hind tibia, 10.0 times as long as wide; distance between first thyridia 1.2 times as long as width of thyridium; fore wing 2.7mm. Hebei ······························ **(33) C. xiaowutaiensis, sp. nov.**
　　Dorsal smooth areas on propodeum each 1.5 times as long as wide; fore wing with stigma light longer than costal margin of radial cell (1.8 : 1.74); ovipositor sheath 0.96 times as long as hind tibia, 12.0 times as long as median width; distance between first thyridia 2.2 times as long as width of thyridium; fore wing length 3.1mm. Xinjiang ······················ **(34) C. burqinensis, sp. nov.**

9.　Smooth area on metapleuron small, 0.6 times as long as metapleuron and 0.7 times as high as metapleuron, and without fine rides on posterior lower part; longer spur of hind tibia 0.7 times as long as hind basitarsus; ovipositor sheath 1.0 times as long as hind tibia; all coxae brownish yellow, tarsus blackish brown; fore wing length 2.7mm. Xizang ························ **(35) C. lini, sp. nov.**
　　Smooth area on metapleuron larger, 0.7-0.8 times as long as metapleuron and 0.7-0.9 as high as

metapleuron, and with a fine ridge at posterior lower part; longer spur of hind tibia 0.72-0.90 times hind basitarsus; ovipositor sheath 0.55-0.92 times as long as hind tibia; at least hind coxa blackish brown, not all tarsus blackish brown ·· 10

10. Second flagellomere very slender, 5.2-7.7 times as long as apical width ································· 11
    Second flagellomere slender, 3.6-4.7 times as long as apical width ······································· 12

11. Second flagellomere 5.2 times as long as apical width, apical segment 1.33 times as long as subapical segment; smooth area on metapleuron 0.8 times as long as metapleuron and 0.9 times as high as metapleuron; stigma longer than costal margin of radial cell, each 2.1, 1.57 times as long as width of stigma; longer spur of hind tibia 0.81 as basitarsus; ovipositor sheath 14.0 times as long as median width; fore wing length 2.7mm. Gansu··(36) *C. longistigmatus*, sp. nov.
    Second flagellomere 7.7 times as long as apical width, apical segment 1.56 times subapical segment; smooth area on metapleuron 0.7 times as long as metapleuron and 0.7 times as high as metapleuron; stigma and costal margin of radial cell each 1.8 and 1.6 times as long as width of stigma; longer spur 0.68 times as long as basitarsus; ovipositor sheath 10.0 times as long as median width; fore wing length 2.5mm. Sichuan ·· (37) *C. tenuiflagellaris*, sp. nov.

12. Flagellum weakly narrow or broad from base to apex, apical segment 1.5-1.55 times as long as subapical segment·· 13
    Flagellum uniform width from base to apex, apical segment 1.18-1.46 times as long as subapical segment ·· 15

13. Flagellum gradually weakly widen from base to apex, tenth flagellomere 2.7 times as long as apical width; temple in dorsal view 0.38 times as long as eye; POL and OOL in equal length; smooth area on metapleuron 0.8 as long as metapleruon and 0.85 times as high as metapleuron; ovipositor sheath 0.83 times as long as hind tibia, 12.5 times as long as its median width; fore wing length 2.9mm. Fujian ·······
    ··(38) *C. apicalus*, sp. nov.
    Flagellum gradually tapered from base to apex, tenth flagellomere 3.2-3.7 times as long as apical width; temple in dorsal view 0.55-0.58 times as long as eye; POL shorter than OOL; smooth area on metapleuron 0.7 times as long as metapleuron and 0.8 times as high as metapleuron; ovipositor sheath 0.60-0.66 times as long as hind tibia, 9.50-10.0 times as long as its median width ························· 14

14. Second flagellomere 3.4 times as long as width; fore wing with stigma and costal margin of radial cell each 1.9 and 1.2 times as long as width of stigma; first abscissa of radius 1.2 times as long as wide; base of syntergite with two lateral grooves on each side; first thyridium 1.2 times as wide as long; hind femur 5.4 times as long as wide; fore wing length 2.3mm. Henan·····················(39) *C. henanensis*, sp. nov.
    Second flagellomere 4.3 times as long as apical width; fore wing with stigma and costal margin of radial cell both 1.67 times as long as width of stigma; first abscissa of radius 2.2 times as long as wide; base of syntergite with three lateral grooves; first thyridium 2.0 as wide as long; hind femur 5.0 times as long as wide; fore wing 3.0mm. Guizhou ·· (40) *C. brevistigmatus*, sp. nov.

15. Tenth flagellomere 2.4 times as long as apical width; upper part of mesopleural suture convex without impression; fore wing with stigma and costal margin of radial cell subequal; base of syntergite with one

lateral groove on each side; fore wing length 3.0mm. Guizhou ············**(41)** *C. mesopleuralis*, **sp. nov.**
Tenth flagellomere 3.0-4.5 times as long as apical width; upper part of mesopleural suture not convex, with impression; fore wing with stigma distinct longer than or subegual costal margin of radial cell; base of syntergite with 2-4 lateral grooves on each side ··· 16

16. Ovipositor sheath slender, 0.75-0.80 times as long as hind tibia, 10.5-12.4 times as long as its median width; temple in dorsal view 0.74-0.79 times as long as eye ··· 17

  Ovipositor sheath 0.54-0.60 times as long as hind tibia, 9.0 times as long as its median width; temple in dorsal view 0.56-0.68 times as long as eye ··· 18

17. Temple 0.43 times as long as maximum diameter of eye; POL：OOL=1.0：1.3; tenth flagellomere 3.8 times as long as apical width; costal margin of radial cell 1.87 times as long as width of stigma; first thyridium 1.5 times as wide as long; distance between first thyridia 3.5 times as long as width of thyridium; fore wing length 2.7mm. Hunan ································· **(42)** *C. hunanensis*, **sp. nov.**

  Temple 0.55 times as long as maximum diameter of eye; POL：OOL=1.0：1.56; tenth flagellomere 3.0 times as long as apical width; costal margin of radial cell 1.4 times as long as width of stigma; first thyridium 2.5 as wide as long, distance between first thyridia 1.0 as long as width of thyridium; fore wing length 3.1mm. Gansu ································· **(43)** *C. longitemple*, **sp. nov.**

18. Temple 0.56 times as long as maximum of eye; POL：OOL= 1.0：1.15; tenth flagellomere 3.6 times as long as apical width; posterior lower corner of lateral side of pronotum with one pit; base of syntergite with median groove reaching 0.6 the distance to first thyridia, each side with four lateral grooves; fore wing stigma and costal margin of radial cell, each 1.8 and 1.6 times as long as width of stigma; fore wing length 3.1mm. Fujian ································· **(44)** *C. liui*, **sp. nov.**

  Temple 0.46 times as long as maximum diameter of eye; POL：OOL=1.0：0.93; tenth flagellomere 4.5 times as long as apical width; posterior lower corner of lateral side of pronotum with two pits; base of syntergite with median groove reaching 0.4 the distance to first thyridia, with two lateral grooves on each side; fore wing with stigma and costal margin of radial cell, each 2.2 and 1.8 times as long as width of stigma; fore wing 3.4mm. Fujian ································· **(45)** *C. breviterebrans*, **sp. nov.**

19. Costal margin of radial cell of fore wing 0.95 times as long as width of stigma; base of syntergite with median groove reaching 0.3 the distance to first thyridia, with four lateral grooves on each side; paired smooth areas on dorsal face of propodeum each 1.4 times as long as wide; second flagellomere 3.3 times as long as apical width; fore wing length 2.6mm. Sichuan ································· **(46)** *C. chinensis*, **sp. nov.**

  Costal margin of radial cell of fore wing 0.53-0.74 times as long as width of stigma; base of syntergite with median groove reaching 0.48-0.65 the distance to first thyridia, with two to three lateral grooves on each side; paired smooth areas on propodeum each about 1.5-1.9 times as long as wide; second flagellomere 4.4-4.6 times as long as apical width ································· 20

20. Clypeus 2.6 times as wide as long, 0.75 as wide as facial width; temple in dorsal view 0.69 times as long as eye; malar space 0.6 times as long as maximum diameter of eye; tenth flagellomere 2.5 times as long as apical width; paired smooth areas on propodeum each 2.0 times as long as wide; fore wing 2.3mm. Shaanxi ································· **(30)** *C. nigristigmatus*, **sp. nov.**

Clypeus 2.1-2.3 times as wide as long, 0.53-0.60 times as wide as facial width; temple in dorsal view 0.45-0.61 times as long as eye; malar space 0.38-0.43 times as long as diameter of eye; tenth flagellomere 2.8-3.6 times as long as apical width; paired smooth area on propodeum each 1.5-1.7 times as long as wide ·· 21

21. Flagellum slender and long, second and tenth flagellomeres each 4.4-4.6 and 4.0-4.3 as long as apical width ·· 22

Flagellum normal, second and tenth flagellomeres each 3.3-4.0 and 2.5-3.6 times as long as apical width ··· 23

22. Temple 0.39 times as long as maximum diameter of eye; lower half of hair band on anterior margin of mesopleuron smooth; posterior lower corner of lateral aspect of pronotum with two pits; paired smooth areas on upper face of propodeum each about 1.90 times as long as wide; posterior face shorter than dorsal face; costal margin of radial cell 0.71 times as long as length of stigma; radius distinctly raised distad of middle of stigma; base of syntergite with two lateral grooves on each side; fore wing length 2.6mm. Gansu ···(36) *C. longistigmatus*, sp. nov.

Temple 0.48 times as long as maximum diameter of eye; lower half of hair band on anterior margin of mesopleuron with four fine and oblique ridges; posterior lower corner of lateral aspect of pronotum with one pit; paired smooth areas on upper face of propodeum each about 1.6 times as long as wide; posterior face equal to dorsal face; costal margin of radial cell 0.53 as long as length of stigma; radius raised distad of middle of stigma; base of syntergite with three lateral grooves on each side; fore wing length 3.4mm. Hunan ·· (42) *C. hunanensis*, sp. nov.

23. Posterior lower corner of lateral aspect of prontum with two pits; collar with punctures inside concave; thyridia on syntergite, 1.5 times as wide as long, distance between first thyridia 3.5 times as long as width of thyridium; fore wing length 2.2mm. Sichuan ···································· (17) *C. minithyridium*, sp. nov.

Posterior lower corner of lateral aspect of pronotum with one pit; collar smooth inside concave; thyridium on syntergite 1.8-2.2 times as wide as long, distance between first thyridia 1.8-2.5 times as long as width of thyridium ·· 24

24. Hind femur 5.8 times as long as wide; longer spur of hind tibia 0.96 times as long as basitarsus; radius raised distad of stigma; first abscissa of radius 1.2 times as long as wide; posterior lower part of smooth area on metapleuron with three short grooves and one fine ridge; fore wing length 2.7mm. Guizhou ······ ··(41) *C. mesopleuralis*, sp. nov.

Hind femur 4.2-4.9 times as long as wide; longer spur of hind tibia 0.81-0.87 times as long as basitarsus; radius raised weakly distad of middle of stigma, first abscissa of radius 1.6-2.0 times as long as wide; posterior lower part of smooth area on metapleuron without fine ridge or only with one fine ridge······ 25

25. Collar of pronotum black; posterior lower part of median horizontal groove of mesopleuron without parallel fine wrinkles; smooth area on metapleuron 0.7 times as long as metapleuron and 0.8 times as high as metapleuron, with only one fine ridge on lower part; body length 2.7-2.8mm. Zhejiang, Fujian, Guizhou ·· (32) *C. aculeator*

Collar of pronotum yellowish brown on lateral side and black at middle; posterior lower part of median horizontal groove with some fine parallel wrinkles; smooth area on metapleuron 0.8 times as long as metapleuron and 0.9 times as high as metapleuron, with three short and oblique longitudinal grooves and one fine ridge; body length 2.5mm. Hebei ·································· **(33)** *C. xiaowutaiensis***, sp. nov.**

(28) *Cryptoserphus tuberculatus* He *et* Xu, sp. nov.

Material examined: Holotype ♀, Tasti (45.7°N, 83.1°E), Yumin County, Xinjiang Uygur Aut. Reg., 834-1083m, 2005.Ⅶ.16, by ZHANG Hongying, No.200602332. Paratype: 1♀, same locality and dates as Holotype, by WU Qiong, No.200602341.

Distribution: Xinjiang.

Diagnostic characters: Listed in the key.

(29) *Cryptoserphus flavipes* (Provancher, 1881) (New to China)

Material examined:♀, Daxinganling (49.5°N, 122.0°E), Heilongjiang Prov., 1979.Ⅷ.17, by CUI Changzhi (SEI); 1♀, Tianchi, Mt. Changbaishan (42.0°N, 128.1°E), Jilin Prov., 200m, 2004.Ⅷ.5, by MA Yun, No.20047166.

Distribution: Heilongjiang, Jilin.

Diagnostic characters: Listed in the key.

(30) *Cryptoserhus nigristigmatus* He *et* Xu, sp. nov.

Material examined: Holotype ♀, Daheba (32.6°N, 107.4°E), Dangchang County (34.0°N, 104.3°E), Gansu Prov., 2530m, 2004.Ⅶ.31, by SHI Min, No.20046986. Paratype: 1♂, Mt. Tiantaishan, Qinling (34.2°N, 106.8°E), Shaanxi Prov.,1999.Ⅸ.3, by MA Yun, No.990919.

Distribution: Shaanxi, Gansu.

Diagnostic characters: Listed in the key.

(31) *Cryptoserphus rugulosus* He *et* Xu, sp. nov.

Material examined: Holotype ♀, Jinding, Mt. Fanjingshan (27.9°N, 108.6°E), Guizhou Prov.,1800m, 2001.Ⅷ.3, by MA Yun, No.200109902. Paratype: 1♀, Huguosi, Mt. Fanjingshan (27.9°N, 108.6°E), Guizhou Prov., 1000m, 2001.Ⅷ.4, by MA Yun, No.200108603.

Distribution: Guizhou.

Diagnostic characters: ①dorsal face of propodeum smooth, pleural carina with lower part absent, outer corner with reticulate wrinkles between pleural area; ②costal margin of radial cell distinctly longer than stigma, 2.0 as long as stigma, and 1.78 as stigmal width; ③second flagellomere 4.7 as long as wide; ④ovipositor sheath slim, 20 times as long as its median width.

(33) *Cryptoserphus xiaowutaiensis* He *et* Xu, sp. nov.

Material examined: Holotype ♀, Shanjiankou, Mt. Xiaowutaishan (39.9°N, 115.0°E), Zhangjiakou City, Hebei Prov., 1200m, 2005.Ⅷ.22, by SHI Min, No.200604725. Paratypes: 10♀2♂, Shanjiankou-Donglingkou, Mt. Xiaowutaishan (39.9°N, 115.0°E), Zhangjiakou City, Hebei Prov., 1200-2100m, 2005.Ⅷ.21-22, by SHI Min and ZHANG Hongying, Nos. 200604445, 200604461, 20064502, 20064504, 20064552-53, 20064560-61, 20064565,

20064724, 20064760, 20064770; 2♀, Shanjiankou, Mt. Xiaowutaishan (39.9°N, 115.0°E), Zhangjiakou City, Hebei Prov., 2005.Ⅷ.20-23, by LIU Jingxian, Nos. 200609441,200609510.

Distribution: Hebei.

Diagnostic characters: Listed in the key.

(34) *Cryptoserphus burqinensis* **He** *et* **Xu, sp. nov.**

Material examined: Holotype ♀, Kanasi, Burqin County (47.7°N, 86.9°E), Xinjiang Uygur Aut. Reg., 1450m, 2005.Ⅶ.14, by ZHANG Hongying, No.200602294.

Distribution: Xinjiang.

Diagnostic characters: Listed in the key.

(35) *Cryptoserphus lini* **He** *et* **Xu, sp. nov.**

Material examined: Holotype ♀, Mt. Shaijilashan, Nyingchi County (29.5°N, 94.3°E), Xizang Aut. Reg., 2002.Ⅸ.1, by LIN Naiquan, No.20032849. Paratype: 1♀, Bayi Town, Nyingchi County (29.5°N,94.3°E), Xizang Aut. Reg., 2002. Ⅸ.2, by LIN Naiquan, No.20033181.

Distribution: Xizang.

Diagnostic characters: Listed in the key.

(36) *Cryptoserphus longistigmatus* **He** *et* **Xu, sp. nov.**

Material examined: Holotype ♀, Daheba (32.6°N, 107.4°E), Dangchang County (34.0°N, 104.3°E), Gansu Prov., 2530m, 2004.Ⅶ.31, by CHEN Xuexin, No.20047041. Paratypes: 1♂, Same locality and date as Holotype, by SHI Min, No.20047005; 3♂, same locality and date as Holotype, by WU Qiong, Nos.20047019, 20047031, 20047033; 1♂, same locality and date as Holotype, by CHEN Xuexin, No.20047040.

Distribution: Gansu.

Diagnostic characters: Listed in the key.

(37) *Cryptoserphus tenuiflagellaris* **He** *et* **Xu, sp. nov.**

Material examined: Holotype ♀, Wolong National Nature Reserve (30.5°N, 102.8°E), Sichuan Prov., 2006.Ⅶ.21, by GAO Zhilei, No.200610816.

Distribution: Sichuan.

Diagnostic characters: Listed in the key.

(38) *Cryptoserphus apicalus* **He** *et* **Xu, sp. nov.**

Material examined: Holotype ♀, Mt. Huanggang (27.8°N, 117.7°E), 1985, by LIU Minghui, No.860706.

Distribution: Fujian.

Diagnostic characters: Listed in the key.

(39) *Cryptoserphus henanensis* **He** *et* **Xu, sp. nov.**

Material examined: Holotype ♀, Mt. Baiyunshan, Songxian County (34.1°N, 112.0°E), Henan Prov., 1996.Ⅶ.11-18, by CAI Ping, No.972638. Paratypes: 2♀, Mt. Shizifeng (34.0°N,111.0°E), Lushi County, Henan Prov., 1996.Ⅷ.24, by CAI Ping, Nos. 973150, 973269;

1♀, Baotianman, Neixiang County (33.0°N,111.8°E), Henan Prov., 1998.Ⅶ.14, by CHEN Xuexin, No.988611.

Distribution: Henan.

Diagnostic characters: Listed in the key.

(40) *Cryptoserphus brevistigmatus* He *et* Xu, sp. nov.

Material examined: Holotype ♀, Huixiangping, Mt. Fanjingshan (27.9°N, 108.6°E), Guizhou Prov., 1993.Ⅶ.11, by YAO Songlin, No.937326. Paratypes: 4♀, Huixiangping—Jinding, Mt. Fanjingshan (27.9°N, 108.6°E), Guizhou Prov., 1993.Ⅶ.9-12, by CHEN Xuexin, Nos.937406, 937587, 937624, 938020.

Distribution: Guizhou.

Diagnostic characters: Listed in the key.

(41) *Cryptoserphus mesopleuralis* He *et* Xu, sp. nov.

Material examined: Holotype ♀, Mt. Leigongshan National Nature Reserve (26.4°N, 108.2°E), Guizhou Prov., 2005.Ⅵ.2, by ZHANG Hongying, No.20059301. Paratypes: 1♂, Dushan County (25.8°N,107.5°E), Guizhou Prov., 1980. Ⅵ.27, by ZHOU Shengzhen, No.860391; 1♀, Guiding County (26.5°N,107.2°E), Guizhou Prov., 1979, by ZHOU Shengzhen, No.860476; 4♀3♂, same locality as holotype, 2005.Ⅴ.31-Ⅵ.3, by ZHANG Hongying and LIU Jingxian, Nos.20059217, 20059230, 20059263, 20059268, 20059288, 20059292, 20059339.

Distribution: Guizhou.

Diagnostic characters: Listed in the key.

(42) *Cryptoserphus hunanensis* He *et* Xu, sp. nov.

Material examined: Holotype ♀, Changsha City (28.2°N, 112.9°E), Hunan Prov., 1981. Ⅳ.5, by TONG Xinwang, No.20044253. Paratypes: 2♀, Mt. Tianpingshan, Sangzhi County (29.3°N, 110.1°E), Hunan Prov., 1981.Ⅵ.17, by TONG Xinwang, No.20044808, 20044811; 2♂, Mt. Tianpingshan, Sangzhi County (29.3°N, 110.1°E), Hunan Prov., 1981.Ⅸ.3, by TONG Xinwang, Nos.20044291-92; 1♂, Liuyang County (28.1°N, 113.6°E), Hunan Prov., 1985.Ⅳ.7, by TONG Xinwang, No.20044357.

Distribution: Hunan.

Diagnostic characters: Listed in the key.

(43) *Cryptoserphus longitemple* He *et* Xu, sp. nov.

Material examined: Holotype ♀, Daheba (32.6°N, 107.4°E), Dangchang County (34.0°N, 104.3°E), Gansu Prov., 2530m, 2004.Ⅶ.31, by CHEN Xuexin, No.20047052.

Distribution: Gansu.

Diagnostic characters: Listed in the key.

(44) *Cryptoserphus liui* He *et* Xu, sp. nov.

Material examined: Holotype ♀, Fuzhou (26.0°N, 119.3°E), 1993. Ⅴ.10, by LIU Changming, No.967301. Paratypes: 3♀, Fuzhou City (26.0°N, 119.3°E), 1993.Ⅲ.22, by LIU

Changming, Nos.967260, 967262, 967263.

　　Distribution: Fujian.

　　Diagnostic characters: Listed in the key.

(45) *Cryptoserphus breviterebrans* **He** *et* **Xu, sp. nov.**

　　Material examined: Holotype ♀, Xianfengling, Mt. Wuyishan (26.4°N, 116.4°E), 1989. XII.17, by WANG Jiashe, No.20008647. Paratype: 1♀, same data as holotype, No.20008658.

　　Distribution: Fujian.

　　Diagnostic characters: Listed in the key.

(46) *Cryptoserphus chinensis* **He** *et* **Xu, sp. nov.**

　　Material examined: Holotype ♂, Miyaluo Town (31.6°N, 102.8°E), Lixian County, Sichuan Prov., 3834m, 2002.VII.2, by CHEN Xuexin, No.20030995.

　　Distribution: Sichuan.

　　Diagnostic characters: This species resembles to *Cryptoserphus occidentalis* Brues, but is different from the latter by: ①notaulus 0.75 times as long as tegular width (vs. 0.6); ②pits on central smooth area of propodeum separated from base by 1.0 times hair's length (vs. 0.7); ③antenna black (vs. scape and pedicle light brownish yellow); ④dorsal margin of middle coxae, hind femur expect for base and apex, and apical half of hind tibia blackish brown (vs. light brownish yellow).

(47) *Cryptoserphus minithyridium* **He** *et* **Xu, sp. nov.**

　　Material examined: Holotype ♂, Labahe, Tianquan County (30.1°N, 102.7°E), Sichuan Prov., 2006.VII.15, by GAO Zhilei, No.200610745.

　　Distribution: Sichuan.

　　Diagnostic characters: Listed in the key.

6. *Mischoserphus* Townes, 1981

Five species are described, three of which are new to science.

Key to species

1. Female ···2
   Male···4
2. Upper part of mesopleural suture above horizontal groove distinctly foveate; vein costa beyond apex of radius 0.71 as long as costal margin of radial cell; ovipositor sheath 0.9 times as long as hind tibia; fore wing 2.9mm. Hebei ···**(48)** *M. liaoi*, **sp. nov.**
   Upper part of mesopleural suture above horizontal groove smooth or not distinctly foveate, nearly smooth; vein costa beyond apex of radius 0.36-0.57 times as long as costal margin of radial cell; ovipositor sheath 1.30-1.37 times as long as hind tibia ···3
3. Upper part of mesopleural suture above horizontal groove indistinctly foveate; first abscissa of radius 1.5 times as long as wide; vein costa beyond apex of radius 0.36 times as long as costal margin of radial cell;

base of syntergite with median groove reaching 0.3 the distance to first thyridia; fore wing 2.3mm. Zhejiang ··· **(49)** *M. sinensis*

Upper part of mesopleural suture above horizontal groove not foveate; first abscissa of radius 2.2 times as long as wide; vein costa beyond apex of radius 0.57 times as long as costal margin of radial cell; base of syntergite with median groove reaching 0.7 the distance to first thyridia; fore wing 2.8 mm. Zhejiang · ··· **(50)** *M. samurai*

4. Upper part of mesopleural suture above horizontal groove distinctly foveate; base of syntergite with seven grooves; first thyridium 5.0 times as wide as long; fore wing length 2.55mm. Yunnan ················ ··· **(51)** *M. montanus*, **sp. nov.**

Upper part of mesopleural suture above horizontal groove without foveae or indistinctly foveate; base of syntergite with nine grooves; first thyridium 2.0-2.2 times as wide as long ······························· 5

5. Malar suture present; vein costa beyond apex of radius 0.47 times as long as costal margin of radial cell; second flagellomere 4.7 times as long as apical width; base of syntergite with median groove reaching 0.3 the distance to first thyridia; fore wing length 2.8mm. Zhejiang ························ **(49)** *M. sinensis*

Malar suture absent; vein costa beyond apex of radius 0.73 times as long as costal margin of radial cell; second flagellomere 2.8 times as long as apical width; base of syntergite with median groove reaching 0.73 the distance to first thyridia; fore wing length 2.3mm. Yunnan ······· **(52)** *M. pingbianensis*, **sp. nov.**

(48) *Mischoserphus liaoi* He *et* Xu, sp. nov.

Material examined: Holotype ♀, Shanjiankou, Mt. Xiaowutaishan (39.9°N, 115.0°E), Zhangjiakou City, Hebei Prov., 2005.Ⅷ.22, by ZHANG Hongying, No.200604463.

Distribution: Hebei.

Diagnostic characters: Listed in the key.

(51) *Mischoserphus montanus* He *et* Xu, sp. nov.

Material examined: Holotype ♂, Mt. Gaoligongshan (26.9°N, 98.7°E), Yunnan Prov., 2005.Ⅷ.1-18, by MA Juanjuan, No.200609428.

Distribution: Yunnan.

Diagnostic characters: Listed in the key.

(52) *Mischoserphus pingbianensis* He *et* Xu, sp. nov.

Material examined: Holotype ♂, Mt. Daweishan, Pingbian Miao Aut. County (22.9°N, 103.6°E), Yunnan Prov., 2003.Ⅶ.18, by XU Zaifu, No.20054934.

Distribution: Yunnan .

Diagnostic characters: Listed in the key.

7. *Maaserphus* Lin, 1988

19 species in two species groups are described, of which 14 species are new to science.

Key to species

Mesopleural suture only above horizontal groove foveate; base of syntergite with median groove long and narrow; ovipositor sheath smooth, bare ··· **1) *Basalis* Group**

Mesopleural suture entirely foveate; base of syntergite with median groove short and broad; ovipositor sheath with erect hairs ··· **2) *Fuscipes* Group**

1) *Basalis* Group

15 species are described, of which 13 species are new to science.

Key to species

1. Female ··· 2

   Male ··· 10

2. Leg with coxa, trochanter and femur (or excluding apex) blackish brown ··············· 3

   Leg entirely brownish yellow or reddish brown ··· 5

3. Temple shorter in lateral view, 0.32 times as long as eye; distance between posterior ocelli 1.33 times as long as distance between posterior ocellus and eye; dense hairs; fore wing length 2.2-2.8mm. Taiwan ··· **(53) *M. basalis***

   Temple longer in lateral view, 0.78-0.79 times as long as eye; distance between posterior ocelli 0.89-0.95 times as long as distance between posterior ocellus and eye; hairs normal ··· 4

4. Carinae on propodeum strong; dorsal face of propodeum with dense longitudinal and reticulate wrinkles; impression that narrow at anterior part and broad at posterior part of median lower part of lateral aspect of pronotum with many fine striations inside, longitudinal carina on subdorsal margin strong, area between impression and carina with seven longitudinal grooves; posterior lower corner of pronotum with three pits; tenth flagellomere 1.2 times as long as apical width; hind tibia brownish yellow; fore wing length 3.4mm. Guizhou ··· **(54) *M. carinatus*, sp. nov.**

   Carinae on propodeum normal; dorsal face of propodeum with weak wrinkles; impression that narrow at anterior part and broad at posterior part of median lower part of lateral aspect of pronotum with 2-3 fine striations inside, longitudinal carina on subdorsal margin weak, area between impression and carina with three small and shallow pits; posterior lower corner of pronotum with one pit; tenth flagellomere 1.8 times as long as apical width; hind tibia blackish brown; fore wing length 3.8 mm. Guizhou ··· **(55) *M. punctatus*, sp. nov.**

5. Mesopleuron with longitudinal oblique striations along posterior lower part of median horizontal groove 6

   Mesopleuron without longitudinal oblique striations along posterior lower part of median horizontal groove ··· 7

6. Second to fifth tarsomeres yellow; paired smooth area on propodeum each 1.0 times as long as wide; costal margin of radial cell 0.56-0.65 as long as width of stigma; base of syntergite smooth without lateral grooves; ovipositor sheath 0.84 times as long as hind tibia; fore wing length 4.0mm. Hunan ··· **(56) *M. flavitarsis*, sp. nov.**

Second to fifth tarsomeres brownish yellow to reddish brown; paired smooth area on propodeum each about 1.5 times as long as wide; costal margin of radial cell 0.9-1.0 times as long as width of stigma; base of syntergite with lateral grooves; ovipositor sheath 0.73 times as long as hind tibia; fore wing length 3.1-4.0mm. Taiwan ·· **(57)** *M. striatus*

7. Posterior lower corner of pronotum with three pits; hind face of propodeum with cross-like carina; tenth flagellomere 1.6 times as long as apical width; eleventh flagellomere 1.67 times as long as tenth flagellomere; first abscissa of radius 2.0 times as long as wide; fore wing length 3.4mm. Gansu ···········
·· **(58)** *M. gansuensis*, **sp. nov.**
Posterior lower corner of pronotum with 1-2 pits; hind face of pronotum without cross-like carina; tenth flagellomere 1.25-1.40 times as long as apical width; eleventh flagellomere 1.9-2.2 times as long as tenth flagelomere; first abscissa of radius 1.0-1.2 times as long as wide ··8

8. Posterior lower corner of pronotum with one pit; the distance between posterior ocelli 0.79 as long as that between ocellus and eye; first thyridium 4.0 times as wide as long; ovipositor sheath 0.78 times as long as hind tibia; fore wing length 2.8mm. Guizhou····························**(59)** *M. lii*, **sp. nov.**
Posterior lower corner of pronotum with two pits; the distance between posterior ocelli 0.92-1.00 times as long as that between ocellus and eye; first thyridium 3.2 times as wide as long; ovipositor sheath 1.00-1.35 times as long as hind tibia ··9

9. Second flagellomere 1.43 times as long as apical width; apex of smooth area on propodeum with short striations; apical transverse carina semicircle, curved backward, hind face of propodeum with cross-like carina; transverse impression on lateral aspect of pronotum with one longitudinal striation, above which with five parallel ridges; fore wing length 2.3mm. Yunnan ················ **(60)** *M. yunnanensis*, **sp. nov.**
Second flagellomere 2.0 times as long as apical width; apex of smooth area on propodeum without striations; apical transverse carina nearly horizontal, curved forward, hind face only with longitudinal carinae; impression on lateral aspect of pronotum with two longitudinal striations, above which with three sinuate and weak grooves; fore wing length 3.1mm. Sichuan ···················· **(61)** *M. tani*, **sp. nov.**

10. Mesopleuron with longitudinal and oblique striations along the lower part of horizontal grooves········ 11
Mesopleuron without longitudinal and oblique striations along the lower part of horizontal grooves···· 14

11. Hind femur and tegula blackish brown ··· 12
Hind femur and teugla yellowish brown and reddish brown································· 13

12. Temple in dorsal view 0.57 times as long as eye; lateral aspect of pronotum with nine horizontal ridges between '<' shape impression and dorsal middle; paired smooth area on propodeum each about 1.0 times as long as wide, with many distinct wrinkles inside, hind face of propodeum with reticulate wrinkles, with a cross-like ridges inside; base of syntergite with median groove reaching 0.9 the distance to first thyridia; fore wing length 3.1mm. Guizhou ······································ **(54)** *M. carinatus*, **sp. nov.**
Temple in dorsal view 0.7-0.8 times as long as eye; lateral aspect of pronotum with three horizontal ridges between '<' shape impression and dorsal middle; paired smooth area on propodeum each about 1.6 times as long as wide, only weakly punctato- rugulose, hind face of propodeum with fine wrinkles, hairy, without a cross-like ridges inside; base of syntergite with median groove reaching 0.75 the distance

between first thyridia; fore wing length 3.3mm. Sichuan ·····················**(62)** *M. longitemple,* **sp. nov.**

13. Impression under middle of pronotum with many parallel fine striations inside, above the impression to dorsal margin with seven distinct striations; second flagellomere 1.5 times as long as apical width; temple in lateral view 0.75 times as long as eye; second to fifth tarsus yellow; fore wing length 3.8mm. Hunan ·································**(56)** *M. flavitarsis,* **sp.nov.**

    Impression under middle of pronotum with one to two parallel fine striations inside, above the impression to dorsal margin with two to three weak striations; second flagellomere 2.1 times as long as apical width; temple in lateral view 0.5 times as long as eye; second to fifth tarsus brownish yellow; fore wing length 3.1mm. Taiwan ··············· **(57)** *M. striatus*

14. Hind femur light brown or blackish brown ···································· 15
    Hind femur brownish yellow or reddish brown ································ 17

15. Second flagellomere 1.56 times as long as apical width; the distance between posterior ocelli shorter than that between posterior ocellus and eye (0.93X); fore wing length 2.7mm. Sichuan ·················· ·····························**(63)** *M. fuscifemoratus,* **sp. nov.**

    Second flagellomere 2.0-2.4 times as long as apical width; the distance between posterior ocelli longer than that between posterior ocellus and eye (1.27-1.45X) ····································· 16

16. Second flagellomere 2.4 times as long as apical width; eleventh flagellomere 1.52 times as long as tenth flagellomere; the distance between posterior ocelli 1.45 times as long as that between posterior ocellus and eye; area between the '<' shape impression and dorsal middle on lateral aspect of pronotum smooth, posterior lower corner of side of pronotum with two pits; tegula fuscous; fore wing length 2.0-2.7mm. Taiwan ·············· **(53)** *M. basalis*

    Second flagellomere 2.0 times as long as apical width; eleventh flagellomere 1.8 times as long as tenth flagellomere; the distance between posterior ocelli 1.8 times as long as that between posterior ocellus and eye; area between the '<' shape impression and dorsal middle on lateral aspect of pronotum with five short ridges, posterior lower corner of side of pronotum with one pit; tegula brownish yellow; fore wing length 2.0mm. Yunnan ·································**(64)** *M. montanus,* **sp. nov.**

17. Area between the '<' shape impression and dorsal margin with four to seven parallel ridges; paired smooth area on propodeum each 0.9 times as long as wide ································ 18
    Area between the '<' shape impression and dorsal margin with two weak and short grooves; paired smooth area on propodeum each 1.1-1.2 times as long as wide ····························· 20

18. Base of syntergite with median groove reaching to the apex of first thyridia, and with a cluster of short impressions at the end of median groove; anterior and lower parts of first thyridia with leaf shape impression; smooth area on propodeum short; fore wing length 2.3mm. Shaanxi ························· ·······························**(65)** *M. sulculus,* **sp. nov**.

    Base of syntergite with median groove reaching to the front end of first thyridia, apex of median groove smooth without impression; anterior and lower parts of first thyridia without impression ················ 19

19. Second flagellomere 1.6 times as long as apical width; posterior lower corner on lateral aspect of pronotum with one pit; stigma 1.4 times as long as wide; tegula blackish brown; fore wing length 2.3mm.

Guangxi ···(66) *M. guangxiensis*, sp. nov.
Second flagellomere 2.0 times as long as apical width; posterior lower corner on lateral aspect of pronotum with two pits; stigma 1.8 times as long as wide; tegula brownish yellow; fore wing length 2.3mm. Sichuan ···(61) *M. tani*, sp. nov.

20. Posterior lower corner on lateral aspect of pronotum with one pit; dorsal face of propodeum entirely smooth, posterior transverse carina oblique; area behind basal transverse carina on base of syntergite smooth; first thyridium 4.5 times as wide as long; tegula entirely brownish yellow; fore wing length 3.1mm. Guizhou···(55) *M. punctatus*, sp. nov.
  Posterior lower corner on lateral aspect of pronotum with two pit; dorsal smooth area of propodeum with fine ripply wrinkles or with punctulate wrinkles at posterior part, posterior transverse carina near horizontal and extending outward; area behind basal transverse carina on base of syntergite with three small pits or smooth; first thyridium 3.0-4.0 times as wide as long; tegula brownish yellow, with base blackish brown ···21

21. Temple in lateral view 0.59 times as long as eye; tenth flagellomere 1.75 times as long as apical width; along upper part of the '<' shape impression on lateral aspect of pronotum with three shallow longitudinal impression; stigma and costal margin of radial cell each 1.57 and 0.62 times as long as width of stigma; fore wing length 3.2mm. Gansu···(58) *M. gansuensis*, sp. nov.
  Temple in lateral view 0.75-0.77 times as long as eye; tenth flagellomere 1.5-1.6 times as long as apical width; along upper part of the '<' shape impression on lateral aspect of pronotum smooth; stigma and costal margin of radial cell each 1.86-2.00 and 0.71-0.80 times as long as width of stigma ··············22

22. Posterior lower corner of lateral aspect of pronotum with two pits; the distance between posterior ocelli 1.23 times as long as that of posterior ocellus and eye; flagellum with apical segment 1.83 times as long as subapical segment; fore wing length 2.5mm. Henan ·······················(67) *M. henanensis*, sp. nov.
  Posterior lower corner of lateral aspect of pronotum with one pit; the distance between posterior ocelli 1.0 times as long as that of posterior ocellus and eye; flagellum with apical segment 1.6 times as long as subapical segment; fore wing length 2.8mm. Guizhou ·······································(59) *M. lii*, sp. nov.

(54) *Maaserphus carinatus* He *et* Xu, sp. nov.
  Material examined: Holotype ♀, Mt. Leigongshan National Nature Reserve (26.4°N, 108.2°E), Guizhou Prov., 1600m, 2005.Ⅵ.1, by LIU Jingxian, No.20059239. Paratype: 1♂, same as holotype, No.20059414.
  Distribution: Guizhou .
  Diagnostic characters: Listed in the key.

(55) *Maaserphus punctatus* He *et* Xu, sp. nov.
  Material examined: Holotype ♀, Huguosi, Mt. Fanjingshan (27.9°N, 108.6°E), Guizhou Prov., 1300m, 2001. Ⅷ.1, by MA Yun, No.200108315. Paratypes: 3♂, Jinding, Mt. Fanjingshan (27.9°N, 108.6°E), Guizhou Prov., 1993.Ⅶ.13, by CHEN Xuexin, Nos.938424, 938745, 939048; 1♂, Huixiangping, Mt. Fanjingshan (27.9°N, 108.6°E), Guizhou Prov., 1993.

VII.13, by XU Zaifu, No.936138.

Distribution: Guizhou.

Diagnostic characters: This species is closed to *Maaserphus basalis* Lin, 1988, but can be distinguished from the latter by: ①temple in dorsal view 0.59-0.62 times as long as eye (vs. 0.32-0.35); ②dorsal and central parts of pronotum with punctures (vs. unpunctate); ③anterior half of mesoscutum distinctly punctuate (vs. unpunctate).

(56) *Maaserphus flavitarsis* **He *et* Xu, sp. nov.**

Material examined: Holotype ♀, Mt. Hupingshan, Shimen County (29.6°N, 111.3°E), Hunan Prov., 1987.VII.13, by LEI Guangchun, No.20044541. Paratypes: 1♀1♂, same as holotype, Nos.20044531, 20044535.

Distribution: Hunan.

Diagnostic characters: Listed in the key.

(58) *Maaserphus gansuensis* **He *et* Xu, sp. nov.**

Material examined: Holotype ♀, Daheba (32.6°N, 107.4°E), Dangchang County, Gansu Prov., 2530m, 2004.VII.31, by WU Qiong, No.20047028. Paratypes: 2♂, same locality as holotype, by CHEN Xuexin and WU Qiong, Nos.20047036, 20047056.

Distribution: Gansu.

Diagnostic characters: Listed in the key.

(59) *Maaserphus lii* **He *et* Xu, sp. nov.**

Material examined: Holotype ♀, Xiannvdong, Dashahe, Daozhen County(28.8°N, 107.5°E), Guizhou Prov., 644m, 2004.VIII.25, by WEI Shujun, No.20047441. Paratypes: 1♀14♂, same as holotype, Nos.20047418, 20047420, 20047424-26, 20047434, 20047436-40, 20047445-47, 20047449; 1♀, Dashahe, Daozhen County(28.8°N, 107.5°E), Guizhou Prov., 1720m, 2004.VIII.18, by WANG Zhijie, No.20047350; 22♂, Dashahe, Daozhen County (28.8°N, 107.5°E), Guizhou Prov., 1360m, 2004.VIII.20, by WU Qiong, Nos.20047353-58, 20047360-64, 20047367, 20047369-72, 20047380- 81, 20047383, 20047387-89.

Distribution: Guizhou

Diagnostic characters: Listed in the key.

(60) *Maaserphus yunnanensis* **He *et* Xu, sp. nov.**

Material examined: Holotype ♀, Mt. Daweishan, Pingbian Miao Aut. County (22.9°N, 103.6°E), Yunnan Prov., 2003.VII.18, by HU Long, No.20048151.

Distribution: Yunnan.

Diagnostic characters: Listed in the key.

(61) *Maaserphus tani* **He *et* Xu, sp. nov.**

Material examined: Holotype ♀, Baimazhai, Pingwu County (32.4°N, 104.5°E), Sichuan Prov., 2006.VII.24, by GAO Zhilei, No.200610863. Paratype: 1♂, Mt. Qingchengshan (30.9°N,103.5°E), Sichuan Prov., 2006.VII.19, by ZHANG Hongying, No.200610782.

Distribution: Sichuan.

Diagnostic characters: Listed in the key.

(62) *Maaserphus longitemple* He *et* Xu, sp. nov.

Material examined: Holotype ♂, Wanglang National Nature Reserve (32.9°N, 104.1°E), Sichuan Prov., 2006.Ⅶ.26, by ZHANG Hongying, No.200611206. Paratypes: 16♂, same locality and date as holotype, by ZHANG Hongying and GAO Zhilei, Nos.200611146, 200611163, 200611166, 200611196, 200611200, 200611203, 200611205, 200611207, 200611210-11, 200611214- 15, 200611224, 200611228-29, 200611236.

Distribution: Sichuan.

Diagnostic characters: Listed in the key.

(63) *Maaserphus fuscifemoratus* He *et* Xu, sp. nov.

Material examined: Holotype ♂, Baimazhai, Pingwu County (32.4°N, 104.5°E), Sichuan Prov., 2006.Ⅶ.25, by ZHANG Hongying, No.200610993.

Distribution: Sichuan.

Diagnostic characters: Listed in the key.

(64) *Maaserphus montanus* He *et* Xu, sp. nov.

Material examined: Holotype ♂, Mt. Gaoligongshan (26.9°N, 98.7°E), Tengchong County, Yunnan Prov., 2005. Ⅷ.1-18, by MA Juanjuan, No.200609429.

Distribution: Yunnan.

Diagnostic characters: Listed in the key.

(65) *Maaserphus sulculus* He *et* Xu, sp. nov.

Material examined: Holotype ♂, Liping National Forest Park, Nanzheng County (33.0°N, 106.9°E), Shaanxi Prov., 1742m, 2004.Ⅶ.23, by SHI Min, No.20046860.

Distribution: Shaanxi.

Diagnostic characters: ①base of syntergite smooth, along lateral carina with two pits, median groove reaching 1.0 the distance between first thyridia, end of the median groove with 9 short impressions; ②anterior and lower parts of first thylidium with leaf-like impressions.

(66) *Maaserphus guangxiensis* He *et* Xu, sp. nov.

Material examined: Holotype ♂, Mt. Jiuwandashan (25.3°N, 108.6°E), Huanjiang County, Guangxi Zhuang Aut. Reg., 2003.Ⅷ.3, by WANG Yiping, No.20037911.

Distribution: Guangxi.

Diagnostic characters: The species is similar to *Maaserphus basalis* Lin, 1988, but can be distinguished from the latter by lateral aspect of pronotum with seven longitudinal striae on anterior half (vs. only with one longitudinal groove).

(67) *Maaserphus henanensis* He *et* Xu, sp. nov.

Material examined: Holotype ♂, Mt. Baiyunshan, Songxian County (34.1°N, 112.0°E), Henan Prov., 1996.Ⅶ.19, by CAI Ping, No.973058.

Distribution: Henan.

Diagnostic characters: This species is closed to *Maaserphus basalis* Lin, 1988 but it can be separated from the latter by temple 0.5 times as long as eye in dorsal view (vs. 0.35).

2) *Fuscipes* Group

Four species are described, of which one is new to science.

Key to species

1. Male···2
   Female··3
2. Temple in dorsal view 0.57 times as long as eye; second and tenth flagellomeres each 1.6 and 1.4 times as long as apical width; metasoma blackish brown; femur dark brown; fore wing length 1.9mm. Taiwan ·· **(68) *M. fuscipes***
   Temple in dorsal view 0.69 times as long as eye; second and tenth flagellomeres each 2.0 and 2.2 times as long as apical width; metasoma more or less tinged with reddish brown; femur brownish red; fore wing broken, body length 2.7mm. Fujian························· **(69) *M. crassifemoratus*, sp. nov.**
3. Ovipositor sheath about 0.96 times as long as hind tibia, 10.0 times as long as its median width; radial cell of fore wing distinctly shorter, 0.5 times as long as median height of stigma; radius with vertical part wider than long, radius gradually widen to apex; temple 0.69 times as long as eye; fore wing length 1.8mm. Taiwan ·· **(68) *M. fuscipes***
   Ovipositor sheath at most 0.77 times as long as hind tibia, and 8.3 times as long as its median width; radial cell of fore wing longer, about 1.0 times as long as median height of stigma; radius with vertical part nearly as long as wide, radius weakly widen at apex; temple 0.36 times as long as eye ···············4
4. Ovipositor sheath longer, about 0.77 times as long as hind tibia, and 8.3 times as long as its median width; upper 1/3 of lateral aspect of pronoum with hairs; anterolateral side of syntergite with more than 20 hairs; fore wing length 3.2mm. Taiwan ······································· **(70) *M. longicaudus***
   Ovipositor shorter, about 0.56 times as long as hind tibia, and 5.6 times as long as its median width; upper half and anterior part of lateral aspect of pronotum with dense hairs; anterolateral side of syntergite with less than 5 hairs; fore wing 2.6-2.8mm. Taiwan ···························· **(71) *M. brevicaudus***

(69) *Maaserphus crassifemoratus* He *et* Xu, sp. nov.

Material examined: Holotype ♂, Sangang (27.3°N, 117.6°E), Mt. Wuyishan, 1989.XI.5, by WANG Jiashe, No.20007929.

Distribution: Fujian.

Diagnostic characters: ①middle part of lateral aspect of pronotum without '<' shape impression; ②hind femur robust.

8. *Hormoserphus* Townes, 1981

Two species are described, of which one species is new to science.

Key to species
(* Not found in the Chinese fauna)

1. Coxae ferruginous; upper face of propodeum with a pair of smooth areas that contain weaker rugosity than the rest of propodeum; longer spur of hind tibia reaching to the middle of basitarsus. North America ·· *H. clypeatus*
   Coxae black or blackish brownish; smooth area on upper face of propodeum without rugosity; longer spur of hind tibia reaching to 0.7 of basitarsus or more ·· 2

2. Posterior lower 0.6 of metapleuron with wrinkles; division line between upper smooth part of metapleuron and lower sculptured part of metapleuron is distinct. Nepal ····················*H. segregatus*
   Posterior lower 0.75-0.80 of metapleuron with wrinkles; division line between upper smooth part of metapleuron and lower sculptured part of metapleuron is indistinct··· 3

3. Smooth area on metapleuron near rounded; mesopleural suture under the median horizontal groove with four broad and shallow foveae; fore femur blackish brown, hind femur 4.8 times as long as wide; stigma 1.4 times as wide as long; fore wing length 3.3mm. Sichuan ····································· **(72)** *H. chinensis*
   Smooth area on metapleuron nearly rivet like; mesopleural suture under the median horizontal groove with nine long and dense striations and grooves; fore femur reddish brown, hind femur 3.9 times as long as wide; stigma 1.0 times as wide as long; fore wing length 3.5mm. Yunnan ····· **(73)** *H. striatus*, **sp. nov.**

(73) *Homorserphus striatus* He *et* Xu, sp. nov.

Material examined: Holotype ♂, Mt. Daweishan, Pingbian Miao Aut. County (22.9°N, 103.6°E), Yunnan Prov., 2003.Ⅶ.18, by HU Long, No.20048150.

Distribution: Yunnan.

Diagnostic characters: Listed in the key.

9. *Brachyserphus* Hellén, 1941

13 species are described, of which eight are new to science.

Key to species

1. Female ···2
   Male·· 10

2. Middle and hind femora and tibiae mainly brownish yellow or reddish yellow ······························3
   Middle and hind femora and tibiae mainly blackish brown or dark brown ··································9

3. Posterior lower corner on lateral aspect of pronotum with one pit···4
   Posterior lower corner on lateral aspect of pronotum with two pits ··5

4. Dorsal margin of lower impression on metapleuron not separated from smooth area by a ridge; mesopleural suture entirely smooth and not foveate; second flagellomere 2.0 times as long as apical width; first thyridium 5.6 times as wide as long; fore wing length 2.3mm. Fujian ······ **(74)** *B. fujianensis*

Dorsal margin of lower impression on metapleuron separated from smooth area by a weak ridge; mesopleural suture foveate; second flagellomere 2.6 times as long as apical width; first thyridium 4.5 times as wide as long; fore wing length 2.5mm. Shaanxi ·· **(75) *B. choui***

5. Ovipositor sheath 0.4 times as long as hind tibia, 3.0 times as long as median width; area behind upper part of epomia on pronotum smooth; fore wing length 2.4mm. Shaanxi··· **(76) *B. breviterebrans*, sp. nov.**
   Ovipositor sheath 0.50-0.61 times as long as hind tibia, 3.5-4.8 times as long as median width; area behind upper part of epomia on pronotum punctate or finely striate ·······································6

6. Inside the deep fovea behind middle of epomia not punctate·······································7
   Inside the fovea behind middle of epomia punctuate ···8

7. Mesopleural suture with foveae entirely distinct; median longitudinal carina on propodeum reaching only to apex of dorsal face; hairs on lower margin of ovipositor sheath 0.25 times as long as width of ovipositor sheath; fore wing length 2.7mm. Hebei ·································· **(77) *B. foveolatus*, sp. nov.**
   Mesopleuron suture with foveae only distinct on upper part, weak or absent on lower part; median longitudinal carina on propodeum reaching to apex of hind face; hairs on lower margin of ovipositor sheath 0.45-0.50 times as long as width of ovipositor sheath; fore wing length 2.3mm. Zhejiang ···········
   ·· **(78) *B. tianmushanensis***

8. Ovipositor sheath 3.5 times as long as median width; mesopleural suture with foveae absent on lower part; area behind upper part of epomia finely punctato-rugulose; first thyridium 5.0 times as wide as long; tegula blackish brown; fore wing length 2.2mm. Guizhou··························· **(79) *B. guizhouensis***
   Ovipositor sheath 4.8 times as long as median width; mesopleural suture with foveae weak on lower part; area behind upper part of epomia with fine longitudinal striations; first thyridium 3.6 times as wide as long; tegula with anterior half yellowish brown, posterior half blackish brown; fore wing length 2.0mm. Sichuan ··· **(80) *B. tegulum*, sp. nov.**

9. Stigma 1.43-1.50 times as long as wide; median longitudinal carina on propodeum reaching to apex of dorsal face; first thyridium 2.2-3.0 times as wide as long; fore wing length 1.9-2.2mm. Hebei··············
   ·· **(81) *B. brevicarinatus*, sp. nov.**
   Stigma 1.1-1.28 times as long as wide; median longitudinal carina on propodeum reaching to apex of hind face; first thyridium 4.5-5.0 times as wide as long; fore wing length 2.0-2.1mm. Sichuan ·············
   ·· **(82) *B. longicicatrix*, sp. nov.**

10. Middle and hind femora and tibiae mainly brownish yellow, dark brownish yellow or reddish brown ·· 11
    Middle and hind femora and tibiae mainly blackish brown ···································· 14

11. Tegula brownish yellow; inside the foveae near middle of epomia smooth ·························· 12
    Tegula blackish brown or with apical half dark red; inside the foveae near middle of epomia finely punctate··· 13

12. Lower margin of smooth area on metapleuron with a fine longitudinal ridge; median longitudinal carina on propodeum reaching only to apex of dorsal face, paired smooth areas each 1.5 times as long as wide, hind face with transverse wrinkles at base, and with parallel longitudinal wrinkles at apex; base of syntergite with median groove reaching 0.25 the distance to first thyridia; fore wing length 2.5mm.

Shaanxi ·· **(75) *B. choui***

Lower margin of smooth area on metapleuron without ridges; median longitudinal carina on propodeum reaching to apex of hind face, paired smooth areas on of propodeum each 1.2 times as long as wide, hind face with reticulate wrinkles at base and with cross-like fine ridges; base of syntergite with median groove reaching 0.36 the distance to first thyridia; fore wing length 2.9mm. Gansu ···························

·· **(83) *B. gansuensis*, sp. nov.**

13. Mesopleural suture under the median horizontal groove with foveae weak; hind face of propodeum abruptly slope, with sparse wrinkles; smooth area on metapleuron almost occupied the whole metapleuron, along lower margin without punctures or longitudinal ridges; stigma 1.17 times as long as wide; fore wing length 2.2mm. Hubei ··· **(84) *B. shennongjiaensis***

mesopleuron suture under the horizontal groove with several transverse sulcus, not foveate; hind face of propodeum gradually slope, with reticulate wrinkles; smooth area on metapleuron 0.8 times as long as metapleuron and 0.7 times as high as metapleuron, along lower margin of smooth area with some small fovea and one longitudinal ridge; stigma 1.35 times as long as wide; fore wing length 1.86mm. Zhejiang

·· **(85) *B. bicoloratus*, sp. nov.**

14. Dorsal margin of propodeum in lateral view arched; median longitudinal carina only present on dorsal face; base of syntergite with median groove reaching 0.25 the distance to first thyridium; stigma 1.6 times as long as wide; fore wing length 1.9mm. Sichuan ···················· **(82) *B. longicicatrix*, sp. nov.**

Dorsal margin of propodeum in lateral view weakly angled, median longitudinal carina on propodeum reaching to apex of hind face; base of syntergite with median groove reaching 0.4 the distance to first thyridia; stigma 1.2-1.3 times as long as wide ·· 15

15. Foveae behind middle of epomia with punctures inside; paired smooth areas on propodeum each 1.4 times as long as wide, hind face gradually sloped, sparsely rugulose; smooth area on metapleuron almost occupied the whole metapleuron, lower part of smooth area without longitudinal ridges; fore wing length 2.0mm. Shaanxi ···································· **(76) *B. breviterebrans*, sp. nov.**

Foveae behind middle of epomia with fine wrinkles inside; paired smooth areas on propodeum each 1.2 times as long as wide, hind face of propodeum abruptly sloped, with weak wrinkles; smooth area on metapleuron not occupied the whole metapleuron, lower part of smooth area with one fine longitudinal ridge; fore wing length 2.2mm. Jilin ···································· **(86) *B. jilinensis*, sp. nov.**

(76) *Brachyserphus breviterebrans* He *et* Xu, sp. nov.

Material examined: Holotype ♀, Mt. Tiantaishan, Qinling (34.2°N, 106.8°E), Shaanxi Prov., 1999.IX.3, by HE Junhua, No.990041. Paratypes: 1♂, same as holotype, No.990273; 1♀1♂, same locality as holotype, 1999.IX.4, by CHEN Xuexin, Nos.991552, 991689.

Distribution: Shaanxi.

Diagnostic characters: Listed in the key.

(77) *Brachyserphus foveolatus* He *et* Xu, sp. nov.

Material examined: Holotype ♀, Shanjiankou, Mt. Xiaowutaishan (39.9°N, 115.0°E),

Zhangjiakou City, Hebei Prov., 2005.Ⅷ.22, by SHI Min, No.200604748. Paratype: 1♀, Shanjiankou, Mt. Xiaowutaishan (39.9°N, 115.0°E), Zhangjiakou City, Hebei Prov., 2005.Ⅷ. 20-23, by LIU Jingxian, No.200609515.

Distribution: Hebei.

Diagnostic characters: Listed in the key.

(80) *Brachyserphus tegulum* **He *et* Xu, sp. nov.**

Material examined: Holotype ♀, Wanglang National Nature Reserve (32.9°N, 104.1°E), Sichuan Prov., 2006.Ⅷ.26, by ZHANG Hongying, No.200611216.

Distribution: Sichuan.

Diagnostic characters: Listed in the key.

(81) *Brachyserphus brevicarinatus* **He *et* Xu, sp. nov.**

Material examined: Holotype ♀, Jinhekou, Mt. Xiaowutaishan (39.9°N, 115.0°E), Zhangjiakou City, Hebei Prov., 2005.Ⅷ.23, by ZHANG Hongying, No.200604487. Paratype: 1♂, same data as holotype, No.200604473.

Distribution: Hebei.

Diagnostic characters: Listed in the key.

(82) *Brachyserphus longicicatrix* **He *et* Xu, sp. nov.**

Material examined: Holotype ♀, Baimazhai, Pingwu County (32.4°N, 104.5°E), Sichuan Prov., 2006.Ⅷ.25, by ZHANG Hongying, No.200611119. Paratypes: 5♀5♂, same locality and date as holotype, by ZHANG Hongying and GAO Zhilei, Nos.200610908, 200610911, 200610948-49, 200610957-58, 200611030, 200611050, 200611057, 200611059; 1♀, Wanglang National Nature Reserve (32.9°N,104.1°E), Sichuan Prov., 2006.Ⅷ.26, by ZHANG Hongying, No.200611185.

Distribution: Sichuan.

Diagnostic characters: Listed in the key.

(83) *Brachyserphus gansuensis* **He *et* Xu, sp. nov.**

Material examined: Holotype ♂, Daheba (32.6°N, 107.4°E), Dangchang County (34.0°N, 104.3°E), Gansu Prov., 2530m, 2004.Ⅶ.31, by CHEN Xuexin, No.20047043. Paratypes: 3♂, same locality and date as holotype, by SHI Min, Nos.20046982, 20046988, 20047003; 1♂, same locality and date as holotype, by WU Qiong, No.20047013.

Distribution: Gansu.

Diagnostic characters: Listed in the key.

(85) *Brachyserphus bicoloratus* **He *et* Xu, sp. nov.**

Material examined: Holotype ♂, Mt. Qingliangfeng (30.1°N, 118.8°E), Linan County, Zhejiang Prov., 2005.Ⅷ.12, by ZHANG Hongying, No.200603525.

Distribution: Zhejiang.

Diagnostic characters: Listed in the key.

(86) *Brachyserphus jilinensis* **He *et* Xu, sp. nov.**

Material examined: Holotype ♂, Huangsongpu Forestry Farm, Mt. Changbaishan (42.0°N, 128.1°E), Jilin Prov., 1010m, 2004.Ⅷ.5, by MA Yun, No.20047161.

Distribution: Jilin.

Diagnostic characters: Listed in the key.

(Ⅲ)　Proctotrupini

Ten genera are described, of which one genus is new to science.

Key to genera

1. Front and middle tarsal claws each with a long black divergent tooth near base; lateral aspect of pronotum with hairs on upper part of collar and along upper margin, usually without hairs elsewhere. Worldwide ···················· **19. *Exallonyx***
   Front and middle tarsal claws simple; lateral aspect of pronotum usually with hairs generally distributed, but often with a median bare area. Mostly in the North Hemisphere ···················· 2

2. Dorsal and posterodorsal faces of propodeum entirely smooth or with very few sparse punctures; metasoma without a distinct stalk; maxillary palpus with three segments; female wingless; male fully winged. Palaearctic Region ···················· **17. *Paracodrus***
   Dorsal and posterodorsal faces of propodeum largely or entirely covered with reticulate wrinkles, the dorsal face usually with a median groove or carina; metasoma with a stalk; maxillary palpus with four segments; female rarely wingless; male fully winged ···················· 3

3. Mandible with two apical teeth, the upper tooth shorter; dorsal face of propodeum with a shallow median longitudinal groove. Palaearctic and Oriental Regions ···················· **16. *Parthenocodrus***
   Mandible with one apical tooth; dorsal face of propodeum with a median longitudinal carina; or the carina sometimes obliterated by coarse reticulate sculpture ···················· 4

4. Head with a strong median vertical carina between antennal sockets; lower half of lateral aspect of syntergite with hairs or bare; longer spur of male hind tibia about 0.65 times as long as hind basitarsus, curved ···················· 5
   Head without a strong median vertical carina between antennal sockets; lower half of lateral aspect of syntergite with numerous hairs; longer spur of male hind tibia 0.30-0.75 times as long as hind basitarsus ···················· 6

5. Lateral aspect of pronotum densely rugulose, with evenly distributed hairs; lower half of lateral aspect of syntergite with dense hairs. Oriental Region ···················· **11. *Glyptoserphus***
   Lateral aspect of pronotum smooth except for some ridges extending from collar, only with hairs on upper margin and posterior lower corner; lower half of lateral aspect of syntergite bare. Worldwide ······· ···················· **18. *Phaneroserphus***

6. Lower part of frons with a median rounded bulge; nervulus approximately opposite basal vein or distad by as much as 0.45 times its length; longer spur of hind tibia about 0.65 times as long as hind basitarsus in male, about 0.5 times as long in female; male clasper ending in a decurved needle-like point. Palearctic

and Oriental Regions ·· **10. *Codrus***

Lower part of frons without a median rounded bulge; nervulus distad of basal vein about 0.5-0.8 times its length. longer spur of hind tibia about 0.3-0.6 times as long as hind basitarsus in male, about 0.30-0.45 times as long in female; male clasper ending in a triangular lobe or point································· 7

7. Eye densely and finely pubescent; ovipositor sheath very short, 0.17 times as long as hind tibia; fifth tarsomere slightly thicker than basitarsus, third and fourth tarsomeres of fore leg distinctly short; apex of flagellum weakly club-like in female. Oriental Region························ **13. *Trichoserphus*, gen. nov**.

Eye not pubescent; ovipositor longer, about 0.25-1.50 times as long as hind tibia; fifth tarsomere not thicker than basitarsus; third and four tarsomeres of fore leg normal; apex of flagellum not club-like in female··· 8

8. Occipital carina very strong, dorsal margin with high brim at middle; both apical transverse carina and lateral carina of propodeum strong, conjunction between them with a crestiform prominence; metasomal stalk in lateral side 1.8 times as long as high. Oriental Region························ **14. *Carinaserphus***

Occipital carina normal, dorsal margin not convex at middle; porpodeum with apical transverse carina weak or absent, lateral carina weak, conjunction between them not prominent; metasomal stalk in lateral side 0.40-1.55 times as long as high··· 9

9. Ovipositor sheath 0.25-0.68 times as long as hind tibia; lateral aspect of pronotum nearly almost smooth; metasomal stalk in lateral side 0.45-1.55 times as long as high; syntergite entirely black (except in *P. melliventris* and *P. partipes*). Holarctic Region····························· **12. *Phaenoserphus***

Ovipositor sheath about 0.6-1.5 times as long as hind tibia; lateral aspect of pronotum more or less wrinkling; metasomal stalk about 0.4 times as long as high; syntergite nearly always red or partly red. Holarctic Region ·· **15. *Proctotrupes***

10. *Codrus* Panzer, 1805

24 species are described, of which 17 are new to science.

Key to species

1. Female ··· 2

   Male··· 10

2. Basal five segments of antenna brownish yellow, the rest gradually blackish brown to apex; leg reddish brown, with hind fifth tarsomere brown; second and tenth flagellomeres of female each 3.1 and 2.2 times as long as wide; metasomal stalk in dorsal side 1.65 times as long as median width, with two weak longitudinal wrinkles at centre, basal half rugulose and apical part smooth on sides; ovipositor sheath 0.41 times as long as hind tibia; fore wing length 4.1mm. Xinjiang ···················· **(87) *C. xinjiangensis***

   Antenna mainly blackish brown, or only with scape, pedicel or base of first flagellomere light; hind coxa and/or tibia and tarsus more or less tinged with blackish brown; second and tenth falgellomeres each 3.7-5.0 and 2.7-4.0 times as long as wide (2.6-3.1 times in *C. bonanza*, 2.0 times in *C. unisulcus*); metasomal stalk in dorsal side 2.0-2.7 times as long as median width, but in *C. brevipetiolatus* only 1.3

times as wide; ovipositor sheath 0.23-0.34 times as long as hind tibia ·······················3

3. Smooth area on metapleuron small, occupied by 0.1 times the length of metapleuron, or smooth area absent; base of syntergite with four lateral grooves ·······················4

Smooth area on metapleuron larger, occupied by 0.6-0.7 times the length of metapleuron; base of syntergite with 0-2 lateral grooves at each side ·······················6

4. Metasomal stalk in dorsal side 1.3 times as long as median width, with two strong longitudinal ridges between lateral carinae; metasomal stalk in lateral side with dorsal margin 1.0 times as long as median height, reticulate rugulose at base; dorsal 0.4 of metapleuron with a row of transverse wrinkles that nearly parallel; longer spur of hind tibia 0.39 times as long as hind basitarsus; ovipositor sheath with longitudinal striations; fore wing length 3.9mm. Gansu ··············**(88)** *C. brevipetiolatus*, **sp. nov.**

Metasomal stalk in dorsal side 2.7 times as long as median width, with many finely longitudinal ridges or oblique longitudinal wrinkles; metasomal stalk in lateral side with dorsal margin 2.6-3.2 times as long as median height, with 7-9 transverse wrinkles at lower part of base; dorsal 0.4 of metapleuron without transverse wrinkles; longer spur of hind tibia 0.54 times as long as hind basitarsus; ovipositor sheath punctate ·······················5

5. Radius meeting costal vein at about 35°; metasomal stalk in dorsal side with 6-7 oblique longitudinal striations at basal 0.7, smooth at apical 0.3 ; dorsal margin of metasomal stalk in lateral side 2.6 times as long as high, with 7 oblique transverse wrinkles, and with 3 longitudinal ridges behind these transverse wrinkles; fore wing length 4.5mm. Shaanxi ··············**(89)** *C. qinlingensis*

Radius meeting costal vein at about 28°; metasomal stalk in dorsal side with oblique longitudinal wrinkles at basal 0.7, and with four discontinued longitudinal wrinkles at apical 0.3; dorsal margin of metasomal stalk in lateral side 3.2 times as long as high, with 9 transverse wrinkles at basal 0.4, area behind them smooth; fore wing length 4.2mm. Zhejiang ··············**(90)** *C. rugulosus*, **sp. nov.**

6. Tenth flagellomere 2.0 times as long as its apical width; smooth area on metapeuron large, occupied 0.9 times of the metapleuron, containing sparse punctures at posterior part; base of syntergite without distinct lateral grooves; hind femur 4.6-4.9 times as long as wide ·······················7

Tenth flagellomere 2.4-3.3 times as long as its apical width; smooth area on metapeuron small or moderately large, length and height each occupied 0.2-0.7 and 0.25-0.7 times of metapleuron; base of syntergite with 2 or 6 lateral grooves; hind femur 5.2-6.2 times as long as wide ·······················8

7. Second flagellomere 3.6 times as long as apical wide; fore wing 3.1 times as long as wide; metasomal stalk in dorsal side 2.0 times as long as median width; longer spur of hind tibia 0.4 times as long as basitarsus; costal margin of radial cell 0.17 times as long as width of stigma; fore wing length 3.7mm. Gansu ··············**(91)** *C. bonanza*, **sp. nov.**

Second flagellomere 2.6 times as long as apical wide; fore wing 2.5 times as long as wide; metasomal stalk in dorsal side 2.4 times as long as median width; longer spur of hind tibia 0.55 times as long as basitarsus; costal margin of radial cell 0.37 times as long as width of stigma; fore wing length 3.8mm. Guizhou ··············**(92)** *C. unisulcus*, **sp. nov.**

8. Smooth area on anterior upper part of metapleuron small, about 0.2 times as long as metapleuron and

0.25 times as high as metapleuron; metasomal stalk in dorsal side 3.2 times as long as median width, mostly punctato-rugulose, and with posterior lateral part smooth; base of syntergite with 6 lateral grooves; fore wing length 4.7mm. Sichuan ·· **(93)** *C. fulvipes*, **sp. nov.**

Smooth area on anterior upper part of metapleuron moderately large, 0.5-0.7 times as long as metapleuron and 0.65-0.70 times as high as metapleuron; metasomal stalk in dorsal side 2.16-2.67 times as long as median width, mostly with weak longitudinal wrinkles; base of syntergite with 2 lateral grooves on each side ··· 9

9. Metasomal stalk in dorsal side 2.16 times as long as median width, lateral area of apical part smooth; dorsal margin of metasomal stalk in lateral side 1.9 times as long as median height, with reticulate wrinkles or five weak transverse wrinkles at basal 0.4; hind tarsus mostly brownish yellow; fore wing length 3.5mm. Guizhou ··· **(94)** *C. tenuistigmus*

Metasomal stalk in dorsal side 2.67 times as long as median width, lateral area of apical part not smooth; dorsal margin of metasomal stalk in lateral side 2.5 times as long as median height, with some weak oblique transverse wrinkles at basal 0.36; hind tarsus light brown; fore wing length 4.3mm. Sichuan ······ ···**(95)** *C. zhangae*, **sp. nov.**

10. Radius meeting costal vein at about 40°-43° ·· 11

Radius meeting costal vein at about 28°-37° ·· 21

11. Lateral aspect of pronotum punctato-rugulose or finely rugulose at anterior half ························· 12

Lateral aspect of pronotum finely and shallow punctate, without distinct wrinkles at anterior half······· 16

12. Second flagellomere 5.0-5.6 times as long as its apical width; apical flagellar segment 1.29-1.30 times as long as subapical segment; base of syntergite with 2-3 lateral grooves at each side; hind tibia with apical 0.6 blackish brown or entirely reddish brown·· 13

Second flagellomere 3.3-3.9 times as long as its apical width; apical flagellar segment 1.40-1.63 times as long as subapical segment; base of syntergite with 6-7 lateral grooves at each side (2 grooves in *C. nigrifemoratus*); first thyridium 2.5-3.8 times as wide as long; hind tibia with apical 0.6 brownish yellow ··· 14

13. Tenth flagellomere 5.5 times as long as apical width; stigma 2.05 times as long as wide; metasomal stalk in dorsal side 2.1 times as long as median wide, in lateral view with dorsal margin 2.0 times as long as median height; first thyridium 2.5 times as wide as long; distance between first thyridia 0.8 times as long as width of thyridium; fore wing length 5.1mm. Shaanxi ··································· **(96)** *C. maae*, **sp. nov.**

Tenth flagellomere 4.3 times as long as apical width; stigma 1.67 times as long as wide; metasomal stalk in dorsal side 1.52 times as long as median wide, in lateral view with dorsal margin 1.55 times as long as median height; first thyridium 4.5 times as wide as long; distance between first thyridia 0.3 times as long as width of thyridium; fore wing length 4.3mm. Jilin ················ **(97)** *C. changbaishanensis*, **sp. nov.**

14. Tenth flagellomere 5.0 times as long as apical width; stigma 1.75 times as long as wide; metasomal stalk in dorsal side 1.7 times as long as median wide, strongly widen backward, reticulate rugulose at basal half, and with 6 longitudinal ridges at apical half; metasomal stalk in lateral side with dorsal margin 1.4 times as long as median height; base of syntergite with 7 lateral longitudinal grooves at each side; first

thyridium 3.8 times as wide as long, distance between first thyridia 0.1 times as long as width of thyridium; coxae and trochanters black to blackish brown; fore wing length 6.3mm. Sichuan ··············· ·· **(98) *C. grandis*, sp. nov.**

Tenth flagellomere 4.0-4.2 times as long as apical width; stigma 2.0-2.9 times as long as wide; metasomal stalk in dorsal side 2.0 times as long as median wide, weakly widen backward, with 3-5 longitudinal ridges; metasomla stalk in lateral view with dorsal margin 2.0-2.2 times as long as median height; base of syntergite with 2 or 6 lateral grooves; first thyridium 2.5-2.8 times as wide as long, distance between first thyridia 0.5-0.6 times as long as width of thyridium ································ 15

15. Stigma 2.9 times as long as wide; base of syntergite with 6 lateral grooves on each side; coxae yellowish brown except for posterior part of base brown; fore wing length 5.0mm. Sichuan ························· ·· **(93) *C. fulvipes*, sp. nov.**

 Stigma 2.0 times as long as wide; base of syntergite with 2 lateral grooves on each side; middle and hind coxae yellowish brown; fore wing length 4.0mm. Sichuan ················· **(99) *C. nigrifemoratus*, sp. nov.**

16. Smooth area on anterior upper part of metapleuron larger, more than 0.5 times as long as metapleuron and 0.8 times as high as metapleuron; but posterior part of smooth area mostly punctate ················ 17

 Smooth area on anterior upper part of metapleuron small, no more than 0.35 times as long as metapleuron and 0.5 time as high as metapleuron; the rest with reticulate wrinkles ······················ 18

17. Metasomal stalk in dorsal side 1.65 times as long as median wide, with wrinkles at base, and with 6 longitudinal ridges at apex; metasomal stalk with dorsal margin 1.55 times as long as median height; syntergite with lateral groove 0.2-0.3 times as long as median groove; fore wing length 4.4mm. Gansu ·· **(100) *C. shiae*, sp. nov.**

 Metasomal stalk in dorsal side 2.2 times as long as median wide, with 5-6 longitudinal ridges, basal part without transverse wrinkles; metasomal stalk with dorsal margin 2.0 times as long as median height; lateral grooves of syntergite very short, almost invisible; fore wing length 4.0mm. Sichuan ················ ·· **(101) *C. metapleuralis*, sp. nov.**

18. Hind femur 4.8-5.5 times as long as wide; metasomal stalk in dorsal side 1.27-1.37 times as long as median width, in lateral view with dorsal margin 1.6 times as long as median height; fore wing with costal margin of radial cell 0.5-0.6 times as long as width of stigma; smooth area on anterior upper part of metapleuron 0.5 times as high as metapleuron; tenth flagellomere 5.0-5.3 times as long as wide ····· 19

 Hind femur 6.0 times as long as wide; metasomal stalk in dorsal side 1.5-1.6 times as long as median width, in lateral view with dorsal margin 1.3 times as long as median height; fore wing with costal margin of radial cell 0.30-0.35 times as long as width of stigma; smooth area on anterior upper part of metapleuron 0.22 times as high as metapleuron, or without smooth area; tenth flagellomere 3.9-4.0 times as long as wide ··· 20

19. Second flagellomere 4.5 times as long as wide; fore wing with stigma 2.0 times as long as wide; metasomal stalk with 2 longitudinal ridges besides with some wrinkles at base, lateral aspect of stalk with 3 transverse ridges at base; base of hind coxae blackish brown; fore wing length 4.4mm. Gansu ··········· ·· **(102) *C. gansuensis*, sp. nov.**

Second flagellomere 3.8 times as long as wide; fore wing with stigma 2.9 times as long as wide; metasomal stalk with 6-7 longitudinal ridges besides with some wrinkles at base, lateral aspect with transverse reticulate wrinkles at base; base of hind coxae entirely brownish yellow; fore wing 4.7-5.0mm. Hebei, Shandong ·· **(103)** *C. niger*

20. Second flagellomere 4.1 times as long as wide; anterior upper part of metapleuron without smooth area; Metasomal stalk in dorsal side with a transverse ridge at base and then with 5 longitudinal ridges behind; first thyridium 2.5 times as wide as long; fore wing length 3.8mm. Inner Mongolia ························· ·· **(104)** *C. caii*, **sp. nov.**

    Second flagellomere 3.4 times as long as wide; smooth area on metapleruon small; Metasomal stalk in dorsal side with 2 strong longitudinal ridges; first thyridium 4.0 as wide as long; fore wing length 4.4mm. Hebei·· **(105)** *C. bicarinatus*, **sp. nov.**

21. Radius meeting costal vein at about 33° -37° ·· 22

    Radius meeting costal vein at about 28° ·· 27

22. Metapleuron mostly flat and smooth, finely pubescent ··· 23

    Metapleuron weakly convex, finely reticulate rugulose ··· 25

23. Second and tenth flagellomere each 3.4 and 3.5 times as long as their apical width; hind face of propodeum reticulate rugulose; metasomal stalk in dorsal side with reticulate wrinkles at base, and then with 4 longitudinal ridges behind; base of syntergite without lateral grooves on each side; hind femur 4.5 times as long as wide; fore wing length 3.8-4.1mm. Guizhou ···················· **(92)** *C. unisulcus*, **sp. nov.**

    Second and tenth flagellomere each 4.0-4.4 and 4.0-5.5 times as long as their apical width; hind face of propodeum mostly smooth, with finely reticulate wrinkles only at apex; metasomal stalk in dorsal side with 8 longitudinal ridges or weak longitudinal wrinkles; base of syntergite with 2-3 lateral grooves on each side; hind femur 5.5-6.1 times as long as wide ··· 24

24. Tenth falgellomere 5.5 times as long as apical width; pleural area behind spiracle of propodeum with fine wrinkles; hind tarsus tinged with brown; metasomal stalk in dorsal side 1.77 times as long as median width, with 8 longitudinal wrinkles, basal part without reticulate wrinkles, apical centre smooth; fore wing length 4.5-5.0mm. Fujian ·· **(106)** *C. chaoi*

    Tenth flagellomere 4.0 times as long as its apical width; pleural area behind spiracle of propodeum smooth; hind basitarsus blackish brown, second to fifth tarsomeres dark yellowish brown; metasomal stalk in dorsal side 2.3 times as long as median width, with 8 longitudinal wrinkles at basal half, and 6 at apical half; fore wing length 3.0mm. Guizhou ·· **(107)** *C. xuexini*

25. Stigma of fore wing 1.76 times as long as wide; metasomal stalk in dorsal side 1.6 times as long as median width, with 5 fine longitudinal carinae; metasomal stalk in lateral side with dorsal margin 1.3 times as long as median height; base of syntergite with 2 lateral grooves on each side; hind femur 5.0 times as long as wide; fore wing length 3.5mm. Zhejiang ························· **(108)** *C. tianmushanensis*

    Stigma of fore wing 2.26-3.00 times as long as wide; metasomal stalk in dorsal side 2.2-2.5 times as long as median width, with 7-9 longitudinal carinae; metasomal stalk in lateral side with dorsal margin 2.0-2.4 times as long as median height; base of syntergite with 3 lateral grooves on each side; hind femur 7.0

times as long as wide ·· 26

26. Second and tenth flagellomeres each 5.2 and 4.0-4.5 times as long as apical wide; metasomal stalk in lateral side dorsal margin 2.0 times as long as median height and with 6 longitudinal carinae, without transverse carina at basal part; syntergite with sublateral grooves 0.4-0.5 times as long as median groove; first thyridium 3.6 times as wide as long; longer spur of hind tibia 0.64 times as long as hind basitarsus; fore wing length 2.9-4.6mm. Shaanxi ·· **(89) *C. qinlingensis***

Second and tenth flagellomeres each 4.5 and 5.2 times as long as apical wide; base of metasomal stalk in lateral side dorsal margin 2.4 times as long as median height with 4 transverse ridges that connecting the longitudinal ridges on basal part; syntergite with sublateral groove 0.8 times as long as median groove; first thyridium 2.5 times as wide as long, longer spur of hind tibia 0.53 times as hind basitarsus; fore wing length 3.9mm. Zhejiang ·· **(90) *C. rugulosus*, sp. nov.**

27. Anterior upper part of metapleuron mostly flat and smooth, finely punctate; flagellum with apical segment 1.59 times as long as subapical segment; costal margin of radial cell 0.36 times as long as width of stigma; both basal half of dorsal and lateral part of metasomal stalk with reticulate wrinkles; hind femur 5.8 times as long as wide; hind tibia and tarsus brownish yellow; fore wing length 3.7mm. Guizhou ··· **(94) *C. tenuistigmus***

Smooth area on upper part of metapleuron very small; flagellum with apical segment 1.38 times as long as subapical segment; costal margin of radial cell 0.63-0.72 times as long as width of stigma; metasomal stalk with longitudinal ridges on dorsal part and some transverse ridges on lateral part; hind femur 7.4-7.5 times as long as wide; hind tibia and tarsus black ··· 28

28. Second and tenth falgellomeres each 5.4 and 4.6 times as long as wide; dorsal part of metasomal stalk with 3 strong longitudinal carinae; metasomal stalk in lateral side with dorsal margin 2.1 times as long as median height; base of syntergite with median groove reaching 1.0 the distance to the first thyridia, with 2 lateral grooves; fore wing length 4.3mm. Zhejiang ···················· **(109) *C. tenuifemoratus*, sp. nov.**

Second and tenth falgellomeres each 3.5 and 3.8 times as long as wide; dorsal part of metasomal stalk with 5 longitudinal wrinkles; metasomal stalk in lateral side with dorsal margin 1.8 times as long as median height; base of syntergite with median groove reaching 0.76 the distance to the first thyridia, with 3 lateral grooves; fore wing length 3.4-5.4mm. Sichuan ························ **(110) *C. nigritibialis*, sp. nov.**

(88) *Codrus brevipetiolatus* He *et* Xu, sp. nov.

Material examined: Holotype ♀, Daheba (32.6°N, 107.4°E), Dangchang County, Gansu Prov., 2004.Ⅶ.31, by CHEN Xuexin, No.20047062.

Distribution: Gansu.

Diagnostic characters: Listed in the key.

(90) *Codrus rugulosus* He *et* Xu, sp. nov.

Material examined: Holotype♀, Mt. Fengyangjian, Fengyangshan, Longquan County (28.8°N, 119.1°E), Zhejiang Prov., 1650m, 2003.Ⅷ.10, by XU Huachao, No.20034746. Paratype: 1♂, Mt. Baishanzu (27.7°N, 119.2°E), Qingyuan County, Zhejiang Prov., 1993.

X.24, by WU Hong, No.945736.

Distribution: Zhejiang.

Diagnostic characters: Listed in the key. Differ from other previously known congener of other fauna by: ①lateral aspect of pronotum with 2-4 striae along anterior lower margin; ②metapleuron densely areolet reticulate rugose, with a small smooth area on anterior upper margin, 0.1 times as long as metapleuron; ③hind leg reddish brown, apical 0.7 of femur, tibia and second to fifth tarsomeres black to blackish brown, basitarsus dark reddish brown; ④meatsomal stalk 3.2 times as long as median height.

(91) *Codrus bonanza* He *et* Xu, sp. nov.

Material examined: Holotype ♀, Daheba (32.6°N, 107.4°E), Dangchang County, Gansu Prov., 2530m, 2004.Ⅶ.31, by SHI Min, No.20047065.

Distribution: Gansu.

Diagnostic characters: Listed in the key.

(92) *Codrus unisulcus* He *et* Xu, sp. nov.

Material examined: Holotype ♀, Mt. Leigongshan National Nature Reserve (26.4°N, 108.2°E), Guizhou Prov., 1600m, 2005.Ⅴ.31, by ZHANG Hongying, No.20059225. Paratypes: 2♀, Mt. Leigongshan Forestry Farm (26.4°N, 108.2°E), Guizhou Prov., 2005.Ⅵ.1, by LIU Jingxian, Nos.20059256, 20059259; 1♂, same locality as holotype, 2005.Ⅵ.2, No.20059309.

Distribution: Guizhou.

Diagnostic characters: Listed in the key.

(93) *Codrus fulvipes* He *et* Xu, sp. nov.

Material examined: Holotype ♂, Baimazhai, Pingwu County (32.4°N, 104.5°E), Sichuan Prov., 2006.Ⅶ.24, by GAO Zhilei, No.200610847. Paratype: 1♀, same locality and collector as holotype, 2006.Ⅶ.25, No.200610918.

Distribution: Sichuan.

Diagnostic characters: Listed in the key.

(95) *Codrus zhangae* He *et* Xu, sp. nov.

Material examined: Holotype ♀, Labahe, Tianquan County (30.1°N, 102.7°E), Sichuan Prov., 2006.Ⅶ.15, by ZHANG Hongying, No.200610690.

Distribution: Sichuan.

Diagnostic characters: Listed in the key.

(96) *Codrus maae* He *et* Xu, sp. nov.

Material examined: Holotype ♂, Mt. Tiantaishan (33.9°N, 108.8°E), Qinling Shaanxi Prov., 1999.Ⅸ.3, by MA Yun, No.991096. Paratype: 1♂, same data as holotype, No.991053.

Distribution: Shaanxi.

Diagnostic characters: Difference from congeneric species of Chinese fauna are listed in the key. It can be separated from other congeneric species of previously known from other fauna by: ① pronotum smooth, expect for anterior half punctate rugose; ②hairs on eye 0.8 times as long as the diameter of apical segment of maxillary palpus; ③metasomal stalk 2.0 times as long as median height.

(97) *Codrus changbaishanensis* **He *et* Xu, sp. nov.**

Material examined: Holotype ♂, Tianchi, Mt. Changbaishan (42.0°N, 128.1°E), Jilin Prov., 2000m, 2004. Ⅷ.5, by MA Yun, No.20047168. Paratypes: 3♂, Tianchi, Mt. Changbaishan (42.0°N,128.1°E), Jilin Prov., 1850m, 2004. Ⅷ.5, by DU Yuzhou, Nos.20047173, 20047174, 20047176.

Distribution: Jilin.

Diagnostic characters: Listed in the key.

(98) *Codrus grandis* **He *et* Xu, sp. nov.**

Material examined: Holotype ♂, Wolong National Nature Reserve, Sichuan Prov., 2006. Ⅶ.21, by GAO Zhilei, No.200610821.

Distribution: Sichuan.

Diagnostic characters: Large size, propodeum with a fine median longitudinal groove, lateral area with 11-12 longitudinal striae; base of syntergite with seven lateral grooves on each side.

(99) *Codrus nigrifemoratus* **He *et* Xu, sp. nov.**

Material examined: Holotype ♂, Labahe, Tianquan County (30.1°N, 102.7°E), Sichuan Prov., 2006.Ⅶ.15, by ZHANG Hongying, No.200610682.

Distribution: Sichuan.

Diagnostic characters: Listed in the key.

(100) *Codrus shiae* **He *et* Xu, sp. nov.**

Material examined: Holotype ♂, Daheba (32.6°N, 107.4°E), Dangchang County, Gansu Prov., 2530m, 2004.Ⅶ.31, by SHI Min, No.20047010. Paratypes: 2♂, Daheba (32.6°N, 107.4°E), Dangchang County, Gansu Prov., 2530m, 2004.Ⅶ.31, by SHI Min, Nos.20047051, 20047054.

Distribution: Gansu.

Diagnostic characters: Listed in the key.

(101) *Codrus metapleuralis* **He *et* Xu, sp. nov.**

Material examined: Holotype ♂, Moxi Town (29.6°N, 102.1°E), Luding County, Sichuan Prov., 2005.Ⅵ.19, by LIU Jingxian, No.20059446. Paratype: 1♂, same data as holotype, No.20059447.

Distribution: Sichuan.

Diagnostic characters: Listed in the key.

(102) *Codrus gansuensis* **He *et* Xu, sp. nov.**

Material examined: Holotype ♂, Mt. Liloushan, Wenxian County (33.0°N, 104.6°E), Gansu Prov., 2004.Ⅶ.29, by CHEN Xuexin, No.20046946.

Distribution: Gansu.

Diagnostic characters: Listed in the key.

(104) *Codrus caii* **He** *et* **Xu, sp. nov.**

Material examined: Holotype ♂, Mt. Daqingshan (41.0°N, 111.6°E), Wuchuan County, Inner Mongolia, 1995.Ⅷ.3, by CAI Ping, No.958645.

Distribution: Inner Mongolia.

Diagnostic characters : Listed in the key.

(105) *Codrus bicarinatus* **He** *et* **Xu, sp. nov.**

Material examined: Holotype ♂, Donglingkou, Mt. Xiaowutaishan (39.9°N, 115.0°E), Zhangjiakou City, Hebei Prov., 2100m, 2005.Ⅷ.21, by SHI Min, No.200604563.

Distribution: Hebei.

Diagnostic characters: Listed in the key.

(109) *Codrus tenuifemoratus* **He** *et* **Xu, sp. nov.**

Material examined: Holotype ♂, Mt. Longwangshan (30.3°N, 119.4°E), Anji County, Zhejiang Prov., 1995.Ⅹ.20, by WU Hong, No.970287.

Distribution: Zhejiang.

Diagnostic characters: Listed in the key.

(110) *Codrus nigritibialis* **He** *et* **Xu, sp. nov.**

Material examined: Holotype ♂, Wanglang National Nature Reserve (32.9°N,104.1°E), Sichuan Prov., 2006.Ⅶ.26, by ZHANG Hongying, No.200611151. Paratypes: 8♂, same data as holotype, Nos.200610994, 200610999, 200611156, 200611178, 200611180, 200611192-93, 200611208; 1♂, same locality and date as holotype, 2006. Ⅶ.26, by GAO Zhilei, No.200611226.

Distribution: Sichuan.

Diagnostic characters: Listed in the key.

11. *Glyptoserphus* **Fan** *et* **He, 1993**

Only the type species, (111) *Glyptoserphus chinensis* Fan *et* He, 1993, is described from Sichuan Province.

12. *Phaenoserphus* **Kieffer, 1908**

30 species are described, of which 26 are new to science.

Key to species

1. Female ··· 2
   Male ·· 11
2. Metapleuron entirely reticulate-rugulose, without smooth area ·························· 3
   Metapleuron mostly reticulate-rugulose, with a smooth area on anterior upper part ·························· 9

3. Propodeum entirely reticulate-rugulose, without smooth area ··4

Propodeum mostly reticulate-rugulose, with a smooth area on anterior lateral part ·····························7

4. Malar space 1.8 times as long as basal width of mandible; metasomal stalk in dorsal side 1.0 times as long as median width, centrally with 2 longitudinal wrinkles that weakly arched inward; base of syntergite with median groove reaching 0.75 the distance to the first thyridia; first thyridium 3.8 times as wide as long; ovipositor sheath large and short, 0.32 times as long as hind tibia, 2.9 times as long as its median width. Heilongjiang ··· **(112)** *P. brevipetiolatus*, **sp. nov.**

Malar space 0.9-1.6 times as long as basal width of mandible; metasomal stalk in dorsal side 1.8-2.0 times as long as median width, sculptures various, only in *P. baishanensis* with 2 longitudinal carinae; base of syntergite with median groove reaching 0.35-0.60 the distance to the first thyridia; first thyridium 1.5-2.5 times as wide as long; ovipositor sheath normal, 0.36-0.45 times as long as hind tibia, 3.9-4.7 times as long as its median width ···5

5. Second and tenth flagellomeres each 2.0 and 1.5 times as long as wide; fore wing 2.9 times as long as wide, stigma 1.25 times as long as wide; conjunction between first abscissa of radius and stigma wide; longer spur of hind tibia 0.23 times as long as hind basitarsus; fore wing length 2.8mm. Hebei ············· ··· **(113)** *P. stigmatus*, **sp. nov.**

Second and tenth flagellomeres each 3.7-4.5 and 2.0-2.4 times as long as wide; fore wing 2.5-2.8 times as long as wide, stigma 1.7-1.9 times as long as wide; first abscissa of radius distinct, 0.3-0.5 times as long as wide; longer spur of hind tibia 0.32-0.39 times as long as hind basitarsus ·····························6

6. Median longitudinal carina on propodeum only reaching to apex of dorsal face; dorsal face of metasomal stalk centrally with 2 longitudinal ridges; base of syntergite with 3 lateral grooves on each side; ovipositor sheath 0.37 times as long as hind tibia; fore wing length 2.7mm. Jilin ····························· ··· **(114)** *P. baishanensis*, **sp. nov.**

Median longitudinal carina on propodeum reaching to apex of hind face; dorsal face of metasomal stalk with reticulate wrinkles; base of syntergite with 4 lateral grooves; ovipositor sheath 0.39-0.44 times as long as hind tibia; fore wing length 2.8-3.8mm. Shaanxi, Gansu ····················· **(115)** *P. yuani*, **sp. nov.**

7. Malar space 1.8 times as long as basal width of mandible; second flagellomere 3.3 times as long as wide; flagellum with apical segment 1.48 times as long as subapical segment; smooth areas on dorsal face of propodeum very small, only reaching to anterior margin of spiracle; dorsal face of metasomal stalk 1.5 times as long as median width; base of syntergite with 3 lateral grooves; distance between first thyridia 1.8 times as long as width of a thyridium; hind femur 5.2 times as long as wide, centrally dark brown; fore wing length 4.7mm. Hebei ···**(116)** *P. wulingensis*

Malar space 1.2-1.3 times as long as basal width of mandible; second flagellomere 3.8-4.5 times as long as wide; flagellum with apical segment 1.67-1.83 times as long as subapical segment; smooth areas on dorsal face of propodeum slightly larger, reaching to or beyond the posterior margin of spiracle; dorsal face of metasomal stalk 1.65-1.75 times as long as median width; base of syntergite with 4 lateral grooves; distance between first thyridia 0.6-1.0 times as long as width of a thyridium; hind femur 6.1-6.9 times as long as wide, centrally yellowish brown or dark yellow ································8

8. Temple in dorsal view 0.67 times as long as eye; flagellum with seventh to tenth flagellomeres evenly wide, second and tenth flagellomeres each 3.8 and 4.0 times as long as wide; median longitudinal carina on propodeum reaching to apex of hind face; dorsal face of metasomal stalk with reticulate wrinkles at base, with 4 longitudinal ridges at posterior part; dorsal margin of metasomal stalk in lateral side 1.7 times as long as median height, with reticulate wrinkles at base, behind them with 5 longitudinal ridges; first thyridium 3.5 times as wide as long, distance between first thyridia 0.9 times as long as width of a thyridium; ovipositor sheath 0.35 times as long as hind tibia, 4.8 times as long as its median width; fore wing length 3.6mm. Hubei ·· **(117) *P. rugosipronotum***

    Temple in dorsal view 0.94 times as long as eye; flagellum with seventh to tenth flagellomeres centrally weakly convex, second and tenth flagellomeres each 4.5 and 2.5 times as long as wide; median longitudinal carina on propodeum reaching to apex of dorsal face; dorsal face of metasomal stalk with 8 longitudinal ridges; dorsal margin of metasomal stalk in lateral side 1.3 times as long as median height, with 5 transverse carinae, behind them with 3 longitudinal carinae; first thyridium 1.5 times as wide as long, distance between first thyridia 0.5 times as long as width of a thyridium; ovipositor sheath 0.29 times as long as hind tibia, 4.1 times as long as its median width; fore wing length 2.9mm. Shaanxi ·······
    ·· **(118) *P. tumidiflagellum*, sp. nov.**

9. Malar space 0.9 times as long as basal width of mandible; second and tenth flagellomeres each 2.0 and 1.5 times as long as wide; flagellum with apical segment 1.83 times as long as subapical segment; smooth area of anterior half on upper part of metapleuron bar-like; fore wing narrow and long, 3.2 times as long as wide; first abscissa of radius very short and wide, conjunction between radius and stigma wide, radial cell narrow, equal wide to second abscissa of radius; base of syntergite with median groove reaching 0.25 the distance to first thyridia; ovipositor sheath 0.26 times as long as hind tibia, 2.7 times as long as median width; hind femur wide, 3.6 times as long as wide; hind legs blackish brown; fore wing length 2.7mm. Hebei ·· **(119) *P. angustipennis*, sp. nov.**

    Malar space 1.3-1.4 times as long as basal width of mandible; second and tenth flagellomeres each 3.6-4.5 and 2.3-2.5 times as long as wide; flagellum with apical segment 1.5 times as long as subapical segment; smooth area of anterior upper part of metapleuron not bar-like; fore wing 2.6-2.7 times as long as wide; first abscissa of radius separated from stigma, 0.3-0.5 times as long as wide, radial cell slightly wider, wider than second abscissa of radius; base of syntergite with median groove reaching 0.48-0.85 the distance to the first thyridia; ovipositor sheath 0.29-0.48 times as long as hind tibia, 3.3-5.7 times as long as median width; hind femur slightly narrow, 5.0-5.9 times as long as wide ··························· 10

10. Second flagellomere 3.5 times as long as apical width; POL : OOL=1.2 : 1.0; smooth area on metapleuron small, its length and height each occupied 0.25 and 0.28 times of metapleuron; dorsal face of propodeum entirely reticulate-rugulose; stigma 1.5 times as long as wide; metasomal stalk in dorsal side 1.5 times as long as median width, finely punctato-rugulose; metasomal stalk in lateral side with upper margin 1.1 times as median height; with reticulate wrinkles at basal half, and with 6 longitudinal carinae at apical half; base of syntergite with median groove reaching 0.48 the distance to first thyridia, with 3 lateral grooves on each side, sublateral groove 1.0 times as long as median groove; ovipositor

sheath 0.48 times as long as hind tibia, 5.7 times as long as its median width; fore wing length 3.1mm. Xizang ·· **(120) P. lini, sp. nov.**

Second flagellomere 4.5 times as long as apical width; POL ：OOL=0.87 ：1.0; smooth area on metapleuron larger, its length and height each occupied 0.45 and 0.5 times of metapleuron; dorsal face of propodeum entirely smooth, only with punctures at middle of lateral side; stigma 2.5 times as long as wide; metasomal stalk in dorsal side 2.2 times as long as median wide, with 11 finely longitudinal ridges, lateral area at apical 0.2 smooth; metasomal stalk in lateral side with upper margin 2.2 times as median height, with 9 transverse ridges that connecting the longitudinal carinae; base of syntergite with median groove reaching 0.85 the distance to first thyridia, with 2 lateral grooves on each side, sublateral groove 0.22 times as long as median groove; ovipositor sheath 0.29 times as long as hind tibia, 3.3 times as long as its median width; fore wing length 4.0mm. Guangxi ····················· **(121) P. laevipropodeum, sp. nov.**

11. Flagellum slender, second and tenth flagellomeres each 4.2-5.0 and 5.0-5.5 times as long as wide ······ 12

Flagellum normally long, second and tenth flagellomeres each 2.1-4.1 and 1.9-4.5 times as long as wide ··· 16

12. Stigma of fore wing short, 1.0 times as long as its width; first abscissa of radius raised from apical corner of lower part of stigma, conjunction between radius and stigma wide; outer margin of stigma vertically straight; lateral aspect of pronotum entirely hairless, and not punctato-rugulose; fore wing length 2.5mm. Xizang ·· **(122) P. xizangensis, sp. nov.**

Stigma of fore wing longer, more than 1.7 times as long as its width; first abscissa of radius raised from before apical corner of lower part of stigma, more or less distinct; outer margin of stigma oblique; lateral aspect of pronotum smooth and hairy, with punctato-wrinkles or striations ····························· 13

13. Metasomal stalk in dorsal side 0.8 times as long as median width, smooth and without wrinkles; lateral aspect of pronotum with fine wrinkles at anterior half; mesopleuron with horizontal striations under tegula ··· 14

Metasomal stalk in dorsal side 1.2-1.6 times as long as median width, wrinkled or striated; lateral aspect of pronotum smooth or only anterior upper part with weak wrinkles, or with distinct horizontal striations; mesopleuron without any horizontal striations under tegula ······································· 15

14. Temple in dorsal view 0.76 times as long as eye; malar space 1.0 times as long as basal width of mandible; POL ：OOL=1.0 ：1.0; metapleuron with a small smooth area on dorsa margin of anterior part; hairs of syntergite present at ventrally posterior half; clasper very small, 0.4 times as long as apical tarsus; hind femur entirely black; fore wing length 2.5mm. Xizang ············**(123) P. glabripetiolatus, sp. nov.**

Temple in dorsal view 0.58 times as long as eye; malar space 0.71 times as long as basal width of mandible; POL ：OOL=0.85 ：1.00; metapleuron without smooth area; hairs of syntergite entirely present at ventral part; clasper longer, 1.6 times as long as apical tarsus; hind femur blackish brown, with ventral part, base and apex reddish brown; fore wing length 4.2mm. Sichuan ·······························
·· **(124) P. multicavus, sp. nov.**

15. Tenth flagellomere 5.5 times as long as wide; lateral aspect of pronotum distinctly with horizontally parallel striations; dorsal face of propodeum with median carina; metasomal stalk in dorsal side 1.6-1.8

times as long as median width, in lateral view with dorsal margin 1.6 times as long as median height; lateral side of metasomal stalk with 9 oblique ridges; fore wing length 2.6mm. Qinghai ····················· ··· **(125)** *P. tenuicornis*, **sp. nov.**

Tenth flagellomere 5.0 times as long as wide; lateral aspect of pronotum not striate; propodeum without median longitudinal carina; metasomal stalk in dorsal side 1.2 times as long as median width, in lateral side with dorsal margin 0.8 times as long as median height, with reticulate wrinkles at base, and with 5 longitudinal ridges at apex; fore wing length 2.9mm. Gansu ················ **(126)** *P. excarinatus*, **sp. nov.**

16. Second flagellomere 2.1-2.6 times as long as apical width ·· 17
    Second flagellomere 3.0-4.0 times as long as apical width ·· 19

17. Tenth flagellomere 1.9 times as long as apical width; convex area on tyloids of flagellum indistinct; posterior lower corner of pronotum with one fovea; dorsal face of metasomal stalk with transverse carinae; base of syntergite with 3 lateral grooves, sublateral grooves 0.7 times as long as median groove; hind femur 5.1 times as long as wide; fore wing length 2.1mm. Henan·········· **(127)** *P. unicavus*, **sp. nov.**
    Tenth flagellomere 2.7-3.0 times as long as apical width; tyloids on flagellum small bubble-like; posterior lower corner of pronotum with four foveae; dorsal face of metasomal stalk with reticulate wrinkles or longitudinal wrinkles; base of syntergite with 4 lateral grooves, sublateral grooves at least 1.0 times as long as median groove; hind femur 6.0-7.0 times as long as wide ·· 18

18. Temple in dorsal view 0.8 times as long as eye; second and tenth flagellomeres each 2.25 and 3.0 times as long as wide; first abscissa of radius raised from apical 0.15 of stigma, 0.4 times as long as wide; metasomal stalk in dorsal side 1.1 times as long as wide, dorsal face with longitudinal wrinkles; metasomal stalk in lateral side with dorsal margin 0.8 times as long as median height; first thyridium 2.7-3.0 times as wide as long, distance between first thyridia 0.9 times as long as width of a thyridium; fore wing length 3.0-3.3mm. Xinjiang ····················· ······································· **(128)** *P. fulvipes*
    Temple in dorsal view 0.6 times as long as eye; second and tenth flagellomeres each 2.6 and 3.4 times as long as wide; first abscissa of radius distinctly raised from middle of stigma, 1.0 times as long as wide; metasomal stalk in dorsal side 1.6 times as long as median wide, dorsal face with reticulate wrinkles; metasomal stalk in lateral side with dorsal margin 1.3 times as long as median height; first thyridium 2.0 times as wide as long, distance between first thyridia 1.5 times as long as width of a thyridium; fore wing length 3.6mm. Sichuan ··· **(129)** *P. reticulatus*, **sp. nov.**

19. Costal margin of radial cell 0.16 times as long as width of stigma; conjunction between radius and stigma very wide, first abscissa of radius indistinct·· 20
    Costal margin of radial cell 0.29-0.50 times as long as width of stigma; conjunction between radius and stigma not very wide, first abscissa of radius more or less distinct ································ 21

20. Tenth falgellomere 3.0 times as long as wide; posterior lower corner of pronotum with four foveae; metapleuron without smooth area; dorsal face of propodeum with a small smooth areas at base; metasomal stalk in dorsal side 1.4 times as long as median width, in lateral side with dorsal margin 0.9 times as long as median height; base of syntergite with 3 lateral grooves; hind femur 6.0 times as long as wide, brownish yellow; fore wing length 2.8mm. Hebei ································**(130)** *P. brevicellus*

Tenth falgellomere 4.5 times as long as wide; posterior lower corner of pronotum with one fovea; dorsal margin of metapleuron smooth; dorsal face of propodeum without smooth area; metasomal stalk in dorsal side 1.9 times as long as median wide, in lateral side with dorsal margin 1.5 times as long as median height; base of syntergite with 4 lateral grooves; hind femur 5.4 times as long as wide, light brown; fore wing length 2.5mm. Hebei ·· **(113) *P. stigmatus*, sp. nov.**

21. Metasomal stalk in dorsal side 0.65 times as long as median wide, dorsal face smooth and with 5 shallow longitudinal grooves; metasomal stalk in lateral side with dorsal margin 0.25 times as long as median height; tyloids on flagellum absent; temple in dorsal view 0.89 times as long as eye; anterior upper part of metapeluron with a round smooth area. Heilongjiang ··············· **(112) *P. brevipetiolatus*, sp. nov.**
   Metasomal stalk in dorsal side 1.0-1.9 times as long as wide, dorsal face with reticulate wrinkles or longitudinal wrinkles; metasomal stalk in lateral side with dorsal margin 1.0-1.9 times as long as median height; tyloids on flagellum present; temple in dorsal view 0.57-0.72 times as long as eye; anterior upper part of metapeluron entirely reticulate-rugulose, with or without small smooth area ····················· 22

22. Metasomal stalk in dorsal side 1.0-1.3 times as long as median wide, in lateral side with dorsal margin 0.8-1.1 times as long as median height ·· 23
   Metasomal stalk in dorsal side 1.5-1.9 times as long as median wide, in lateral side with dorsal margin 1.2-1.6 times as long as median height ··· 28

23. POL distinctly shorter than OOL (11 ∶ 17); tenth flagellomere 2.9 times as long as wide; dorsal face of propodeum with a small smooth area at base; base of syntergite with 11 grooves, sublateral groove 1.3 times as long as median groove; hind femur brown; fore wing length 3.6mm. Sichuan ······················
   ······························ **(131) *P. sulcus*, sp. nov.**
   POL equal to, or longer or shorter than OOL; tenth flagellomere 3.2-3.7 times as long as wide; dorsal face of propodeum without smooth area; base of syntergite with 7-9 grooves, sublateral groove 0.6-1.1 times as long as median groove; hind femur brownish yellow or reddish brown ·························· 24

24. Flagellum with second flagellomere 3.9 times as long as wide, apical segment 1.77 times as long as subapical segment; median longitudinal carina of propodeum only reaching to apex of dorsal face; distance between first thyridia 0.3 times as long as width of a thyridium; fore wing length 3.7mm. Sichuan ·····················(**132) *P. jiangi*, sp. nov.**
   Flagellum with second flagellomere 2.9-3.4 times as long as wide, apical segment 1.41-1.60 times as long as subapical segment; median longitudinal carina of propodeum reaching to apex of hind face; distance between first thyridia 0.6-1.0 times as long as width of a thyridium ····················· 25

25. POL distinct longer than OOL(19 ∶ 15); malar space 1.5 times as long as basal width of mandible; dorsal margin of anterior part of metapleuron with a bar-like smooth area; base of syntergite with 9 longitudinal grooves; fore wing length 3.6mm. Inner Mongolia ····························· **(133) *P. ocellus*, sp. nov.**
   POL equal to OOL, or shorter(13 ∶ 17 or 14 ∶ 16); malar space 1.0-1.2 times as long as basal width of mandible; dorsal margin of metapleuron without smooth area; base of syntergite with 7 longitudinal grooves ······················· 26

26. First thyridium stick-like, 6.0 times as wide as long, distance between first thyridia 0.7 times as long as

width of a thyridium; second flagellomere 2.9 times as long as its apical width; first abscissa of radius 0.5 times as long as wide; lateral side of metasomal stalk with sparse reticulate wrinkles, with only one longitudinal ridge; fore wing length 3.2mm. Jilin ·····································**(134) *P. jilinensis*, sp. nov.**

First thyridium slightly shorter, 2.5-3.2 times as wide as long, distance between first thyridia 1.0-1.6 times as long as width of a thyridium; second flagellomere 3.2-3.4 times as long as itd apical width; first abscissa of radius 1.5-1.6 times as long as wide; lateral side of metasomal stalk with reticulate wrinkles at base, and then with 3-7 longitudinal carina behind·································· 27

27. Hind femur 7.4 times as long as wide; posterior lower corner of pronotum with 3 foveae; dorsal face of propodeum with reticulate wrinkles; lateral side of metasomal stalk with 3 longitudinal ridges; first thyridium 3.2 times as wide as long, distance between first thyridia 1.6 times as long as width of a thyridium; fore wing length 3.3mm. Hebei··**(116) *P. wulingensis***

    Hind femur 5.6 times as long as wide; posterior lower corner of pronotum with 5 foveae; dorsal face of propodeum with irregular wrinkles; lateral side of metasomal stalk with 6-7 longitudinal ridges; first thyridium 2.5 times as wide as long, distance between first thyridia 1.0 times as long as width of a thyridium; fore wing length 2.2mm. Inner Mongolia ·······················**(135) *P. neimongolensis*, sp. nov.**

28. Hind femur yellowish-brown, testaceous or reddish-brown ·· 29

    Hind femur blackish-brown, light blackish-brown or with base and apex light colour ··················· 33

29. Antenna without distinct tyloids on flagellar segments; temple in dorsal view 0.69 times as long as eye; median longitudinal carina of propodeum reaching to apex of dorsal surface; dorsal surface of metasomal stalk with 2 weak longitudinal wrinkles; fore wing length 3.6-3.8 mm. Sichuan ··
···**(136) *P. pingwuensis*, sp. nov.**

    Antenna with bubblelike distinct tyloids on flagellar segments; temple in dorsal view 0.46-0.57 times as long as eye; median longitudinal carina of propodeum reaching to median or posterior part of dorsal surface; dorsal surface of metasomal stalk with reticulate wrinkles, or with 4 distinct longitudinal ridges ··· 30

30. Median longitudinal carina of propodeum reaching to median part of dorsal surface; first thyridium 3.5 times as wide as long; dorsal surface of metasomal stalk with 4 distinct longitudinal ridges; fore wing length 3.5mm. Henan·····································**(137) *P. henanensis*, sp. nov.**

    Median longitudinal carina of propodeum reaching to posterior part of dorsal surface; first thyridium 1.5-2.5 times as wide as long; dorsal surface of metasomal stalk with reticulate wrinkles, without distinct longitudinal ridges ··· 31

31. Propodeum fully reticulate, base of dorsal surface with smooth area at median part laterally; dorsal surface of metasomal stalk fully weakly reticulate; first thyridium 2.5 times as wide as long; distance between first thyridia 0.6-1.0 times as long as width of a thyridium; fore wing length 3.4mm. Shaanxi, Gansu ··**(115) *P. yuani*, sp. nov.**

    Reticulate areolet of propodeum sparse at front part, smooth at base part; metasomal stalk with longitudinal reticulate areolet; first thyridium 1.5 times as wide as long; distance between first thyridia 1.2 times as long as width of a thyridium; fore wing length 3.4mm. Hubei ································

·· **(117)** *P. rugosipronotum*, **sp. nov.**

32. Temple in dorsal view 0.46-0.56 times as long as eye; dorsal face of metasomal stalk with 2-4 weak longitudinal wrinkles; base of syntergite with median groove reaching 0.4-0.6 the distance to the first thyridia; fore wing length 2.8-3.6mm. Shaanxi ·· **(115)** *P. yuani*, **sp. nov.**

   Temple in dorsal view 0.57-0.76 times as long as eye; dorsal face of metasomal stalk with transverse wrinkles, or more wrinkles or at most with 2 longitudinal ridges; base of syntergite with median groove reaching 0.50-0.75 the distance to the first thyridia ·· 34

33. Hind femur 7.0 times as long as wide, entirely blackish brown; malar space 0.6 times as long as basal width of mandible; posterior lower corner of pronotum with 5 foveae; metasomal stalk in dorsal side 1.5 times as long as median wide, in lateral side with dorsal margin 1.1 times as long as median height; fore wing length 3.4-3.7mm. Gansu ···································· **(138)** *P. longifemoratus*, **sp. nov.**

   Hind femur 5.0-5.1 times as long as wide, light blackish brown, with base and apex brownish yellow; malar space 0.9-1.4 times as long as basal width of mandible; posterior lower corner of pronotum with 2-3 foveae; metasomal stalk in dorsal side 1.7-1.9 times as long as median wide, in lateral side with dorsal margin 1.25-1.60 times as long as median height ·· 35

34. Temple in dorsal view 0.72 times as long as eye; malar space 1.4 times as long as basal width of mandible; dorsal face of propodeum almost entirely smooth; stigma 1.4 times as long as wide; metasomal stalk in lateral side with dorsal margin 1.25 times as long as median height, reticulate rugulose, without longitudinal ridges; fore wing length 4.0mm. Sichuan ·································· **(139)** *P. genalis*, **sp. nov.**

   Temple in dorsal view 0.57 times as long as eye; malar space 0.9 times as long as basal width of mandible; dorsal face of propodeum entirely reticulate-rugulose; stigma 1.7-2.0 times as long as wide; metasomal stalk in lateral side with dorsal margin 1.6 times as long as median height, with reticulate wrinkles at base, and with 5-6 longitudinal ridges at apex ··· 36

35. Median longitudinal carina of propodeum reaching to middle of hind face; dorsal face of metasomal stalk entirely tran-striate; base of syntergite with median groove reaching 0.75 the distance to first thyridia, each side of median groove with 3 lateral grooves; first thyridium 1.5 times as wide as long, distance between first thyridia 0.9 times as long as width of a thyridium; fore wing length 2.7mm. Shaanxi ········
   ···**(140)** *P. transirugosus*, **sp. nov.**

   Median longitudinal carina of propodeum only present on dorsal face; dorsal face of metasomal stalk reticulate-rugulose, with 2 weak median longitudinal ridges; base of syntergite with median groove reaching 0.5 the distance to first thyridia, each side of median groove with 5 lateral grooves; first thyridium 2.0 times as wide as long, distance between first thyridia 0.2 times as long as width of a thyridium; fore wing length 2.5mm. Shaanxi ···························· **(141)** *P. obscuricarinatus*, **sp. nov.**

(112) *Phaenoserphus brevipetiolatus* He *et* Xu, sp. nov.

Material examined: Holotype ♂, Xinlin (51.7°N, 124.3°E), Heilongjiang Prov., 1979. Ⅷ.17, by CUI Changzhi (SEI). Paratype: 1♀, Jiamusi City (46.8°N, 130.3°E), Heilongjiang Prov., 1992.Ⅶ.16, by LOU Juxian, No.950564.

Distribution: Heilongjiang.

Diagnostic characters: Listed in the key.

(113) *Phaenoserphus stigmatus* He *et* Xu, sp. nov.

Material examined: Holotype ♀, Yangjiaping, Mt. Xiaowutaishan (39.9°N, 115.0°E), Zhangjiakou City, Hebei Prov., 2005.Ⅷ.20, by SHI Min, No.200604649. Paratypes: 45♂, Donglingkou-Shanjiankou-Jinhekou, Mt. Xiaowutaishan (39.9°N,115.0°E), Zhangjiakou City, Hebei Prov., 2005.Ⅷ.21-23, by SHI Min, ZHANG Hongying, LIU Jingxian, Nos.200604431, 200604434, 200604436, 200604448, 200604460, 200604490-91, 200604493-94, 200604505-10, 200604514, 200604550-51, 200604554, 200604556, 200604558-59, 200604562, 200604564, 200604566, 200604568-71, 200604597, 200604599, 200604602, 200604647, 200604651, 200604699, 200604734, 200604736, 200604755, 200604762, 200604786, 200609447, 200609449-50, 200609452-53, 200609470, 200609516-17, 200609522.

Distribution: Hebei.

Diagnostic characters: Listed in the key.

(114) *Phaenoserphus baishanensis* He *et* Xu, sp.nov

Material examined: Holotype ♀, Erdaobaihe (42.4°N, 128.1°E), Mt. Changbaishan, Jilin Prov., 740m, by MA Yun, No.20047153.

Distribution: Jilin.

Diagnostic characters: Listed in the key.

(115) *Phaenoserphus yuani* He *et* Xu, sp. nov.

Material examined: Holotype ♀, Mt. Tiantaishan, Qinling (34.2°N, 106.8°E), Shaanxi Prov., 1999.Ⅸ.4, by CHEN Xuexin, No.991458. Paratypes: 1♂, same data as holotype, No.991510; 1♂, same locality and date as holotype, by MA Yun, No.991108; 1♀10♂, Daheba (32.6°N, 107.4°E), Dangchang County, Gansu Prov., 2300m, 2004.Ⅶ.30, by SHI Min, Nos.20046958, 20046960-61(♀), 20046967, 20046970-71, 20046977-79, 20046989, 20047004; 2♂, same locality and date as holotype, by CHEN Xuexin, Nos.20047042, 20047045.

Distribution: Shaanxi, Gansu.

Diagnostic characters: Listed in the key.

(118) *Phaenoserphus tumidflagellum* He *et* Xu, sp. nov.

Material examined: Holotype ♀, Mt. Tiantaishan, Qinling (34.2°N, 106.8°E), Shaanxi Prov., 1999.Ⅸ.3, by HE Junhua, No.990074.

Distribution: Shaanxi.

Diagnostic characters: Listed in the key.

(119) *Phaenoserphus angustipennis* He *et* Xu, sp. nov.

Material examined: Holotype ♀, Mt. Xiaowutaishan (39.9°N, 115.0°E), Zhangjiakou City, Hebei Prov., 2005.Ⅷ.20-23, by LIU Jingxian, No.200609495.

Distribution: Hebei.

Diagnostic characters: Fore wing narrow; radius with second part robust and as wide as radial cell; ovipositor sheath short.

(120) *Phaenoserphus lini* He *et* Xu, sp. nov.

Material examined: Holotype ♀, Lalu, Lhasa City (29.6°N, 91.1°E), Xizang Aut. Reg., 2000.Ⅸ.6, by LIN Naiquan, No.20033707.

Distribution: Xizang.

Diagnostic characters: Listed in the key.

(121) *Phaenoserphus laevipropodeum* He *et* Xu, sp. nov.

Material examined: Holotype ♀, Mt. Maoershan (25.8°N, 110.4°E), Guilin City, Guangxi Zhuang Aut. Reg., 2005.Ⅷ.2-10, by XIAO Bin, No.200609527. Paratype: 1♀, same data as holotype, No.200609530.

Distribution: Guangxi.

Diagnostic characters: Listed in the key.

(122) *Phaenoserphus xizangensis* He *et* Xu, sp. nov.

Material examined: Holotype ♂, Ecological Institute, Nyingchi County (29.5°N, 94.3°E), Xizang Aut. Reg., 2002.Ⅸ.1, by LIN Naiquan, No.20034416. Paratype: 1♂ (head absent), Agricultural and Animal Husbendry College, Nyingchi County (29.5°N, 94.3°E), Xizang Aut. Reg., 2003.Ⅷ.3, by DEJIMEIDUO, No.20034420.

Distribution: Xizang.

Diagnostic characters: Listed in the key.

(123) *Phaenoserphus glabripetiolatus* He *et* Xu, sp. nov.

Material examined: Holotype ♂, Ecological Institute, Nyingchi County (29.5°N, 94.3°E), Xizang Aut. Reg., 2002.Ⅸ.1, by LIN Naiquan, No.20034415.

Distribution: Xizang.

Diagnostic characters: Listed in the key.

(124) *Phaenoserphus multicavus* He *et* Xu, sp. nov.

Material examined: Holotype ♂, Baimazhai, Pingwu County (32.4°N, 104.5°E), Sichuan Prov., 2006.Ⅶ.25, by ZHANG Hongying, No.200611000.

Distribution: Sichuan.

Diagnostic characters: Listed in the key.

Note: Specific name '*multicavus*' means lower corner of pronotum with six small foveae above the pit.

(125) *Phaenoserphus tenuicornis* He *et* Xu, sp. nov.

Material examined: Holotype ♂, Ledu County (36.4°N, 102.4°E), Qinghai Prov., 1900m, 1956.Ⅷ, by MA Shijun *et al.* (SEI). Paratypes: 3♂, same data as holotype (SEI).

Distribution: Qinghai.

Diagnostic characters: Second flagellomere 4.2 times as long as wide, tenth flagellomere 5.5 times as long as wide; third to ninth flagellomeres with bubble-like tyloids; pronotum centrally with 9 horizontal striae; metasomal stalk 1.6 times as long as high, lateral side with 9 oblique longitudinal carinae.

(126) *Phaenoserphus excarinatus* **He *et* Xu, sp. nov.**

Material examined: Holotype ♂, Daheba (32.6°N, 107.4°E), Dangchang County, Gansu Prov., 2318m, 2004.Ⅶ.26, by WU Qiong, No.20046924.

Distribution: Gansu.

Diagnostic characters: Listed in the key.

(127) *Phaenoserphus unicavus* **He *et* Xu, sp. nov.**

Material examined: Holotype ♂, Baotianman, Neixiang County (33.0°N, 111.8°E), Henan Prov., 1998.Ⅶ.13, by MA Yun, No.986188.

Distribution: Henan.

Diagnostic characters: Listed in the key.

(129) *Phaenoserphus reticulatus* **He *et* Xu, sp. nov.**

Material examined: Holotype ♂, Wanglang National Nature Reserve (32.9°N, 104.1°E), Sichuan Prov., 2006.Ⅶ.26, by ZHANG Hongying, No.200611186.

Distribution: Sichuan.

Diagnostic characters: Listed in the key.

(131) *Phaenoserphus sulcus* **He *et* Xu, sp. nov.**

Material examined: Holotype ♂, Wanglang National Nature Reserve (32.9°N, 104.1°E), Sichuan Prov., 2006.Ⅶ.26, by Gao Zhilei, No.200611225. Paratypes: 6♂, Same locality and date as holotype, by ZHANG Hongying and GAO Zhilei, Nos.200611155, 200611159, 200611167, 200611182, 200611194, 200611232.

Distribution: Sichuan.

Diagnostic characters: Listed in the key.

(132) *Phaenoserphus jiangi* **He *et* Xu, sp. nov.**

Material examined: Holotype ♂, Baimazhai, Pingwu County (32.4°N, 104.5°E), Sichuan Prov., 2006.Ⅶ.25, by ZHANG Hongying, No.200611091.

Distribution: Sichuan.

Diagnostic characters: Listed in the key.

(133) *Phaenoserphus ocellus* **He *et* Xu, sp. nov.**

Material examined: Holotype ♂, Mt. Daqingshan (40.6°N, 110.7°E), Wuchuan County, Inner Mongolia, 2000.Ⅷ.17, by MA Yun, No.2000100368.

Distribution: Inner Mongolia.

Diagnostic characters: Listed in the key.

(134) *Phaenoserphus jilinensis* **He *et* Xu, sp. nov.**

Material examined: Holotype ♂, Shiliugongli, Mt. Changbaishan (42.0°N, 128.1°E), Jilin Prov., 960m, 2004.Ⅷ.3, by MA Yun, No.20047160.

Distribution: Jilin.

Diagnostic characters: Listed in the key.

(135) *Phaenoserphus neimongolensis* He *et* Xu, sp. nov.

Material examined: Holotype ♂, Mt. Daqingshan (40.6°N, 110.7°E), Inner Mongolia, 2000. Ⅷ.17, by HE Junhua, No.200104584. Paratypes: 2♂, same data as holotype, Nos.200100291, 200104559.

Distribution: Inner Mongolia.

Diagnostic characters: Listed in the key.

(136) *Phaenoserphus pingwuensis* He *et* Xu, sp. nov.

Material examined: Holotype ♂, Baimazhai, Pingwu County (32.4°N, 104.5°E), Sichuan Prov., 2006.Ⅶ.25, by ZHANG Hongying, No.200610985. Paratypes: 5♂, same locality as holotype, 2006.Ⅶ.24-25, by ZHANG Hongying and GAO Zhilei, Nos.200610845, 200610850, 200611035, 200611096, 200611110.

Distribution: Sichuan.

Diagnostic characters: Listed in the key.

(137) *Phaenoserphus henanensis* He *et* Xu, sp. nov.

Material examined: Holotype ♂, Mt. Funiushan (33.6°N, 111.9°E), Henan Prov., 1996. Ⅶ.10, by CAI Ping, No.972306. Paratypes: 2♂, Baotianman, Neixiang County (33.0°N, 111.8°E), Henan Prov., 1800m, 1998.Ⅶ.14-15, by MA Yun and CHEN Xuexin, Nos.987049, 988716; 1♂ (measoma broken), Mt. Shizifeng (34.0°N, 111.0°E), Lushi County, Henan Prov., 1996.Ⅷ.24, by CAI Ping, No.873264.

Distribution: Henan.

Diagnostic characters: Listed in the key.

(138) *Phaenoserphus longifemoratus* He *et* Xu, sp. nov.

Material examined: Holotype ♂, Daheba (32.6°N, 107.4°E), Dangchang County, Gansu Prov., 2530m, 2004.Ⅶ.30-31, by WU Qiong, No.20047023. Paratypes: 4♂, same data as holotype, Nos.20047014, 20047029-30, 20047034; 4♂, same locality and date as holotype, by SHI Min, Nos.20046975, 20046999, 20047001-02; 2♂, same locality and date as holotype, by CHEN Xuexin, Nos.20047046, 20067064.

Distribution: Gansu.

Diagnostic characters: Listed in the key.

(139) *Phaenoserphus genalis* He *et* Xu, sp. nov.

Material examined: Holotype ♂, Maerkang-Hongyuan County (31.9°N, 102.2°E to 32.7°N, 102.5°E), Sichuan Prov., 3650m, 2002.Ⅷ.3, by CHEN Xuexin, No.20031121. Paratypes: 2♂, same data as holotype, Nos.20031123, 20031125.

Distribution: Sichuan.

Diagnostic characters: Rajmohana and Narendran (1996) proposed four species from India, this species can be distinguished from those species by relative ratio of stigma and metasomal stalk.

(140) *Phaenoserphus transirugosus* **He** *et* **Xu, sp. nov.**

Material examined: Holotype ♂, Houzhenzi (33.8°N, 107.8°E), Zhouzhi County, Shaanxi Prov., 1998.Ⅵ.2-3, by MA Yun, No.981411.

Distribution: Shaanxi.

Diagnostic characters: Listed in the key.

(141) *Phaenoserphus obscuricarinatus* **He** *et* **Xu, sp. nov.**

Material examined: Holotype ♂, Mt. Tiantaishan, Qinling (34.2°N, 106.8°E), Shaanxi Prov., 1999.Ⅸ.3, by MA Yun, No.991030.

Distribution: Shaanxi.

Diagnostic characters: Listed in the key.

13. *Trichoserphus* **He** *et* **Xu, gen. nov.**

Fore wing length 2.7-3.1mm. Malar space longer than the basal width of mandible. Temple in dorsal view 0.75-0.80 times as long as eye. Eyes with dense hairs. Face with a small tubercle above center. Antenna weakly club-like; second flagellomere slender, 5.0-5.5 times as long as wide. Lateral aspect of pronotum with weak and shallow punctures in scrobe and anterior part; centrally with or without hairless area. Notaulus absent. Mesopleuron smooth and densely pubescent including speculum; mesopleural suture entirely foveate. Metapleuron densely with irregular fine reticulate wrinkles. Propodeum with fine reticulate wrinkles, lateral sides of median longitudinal carina weakly rugose, basal part without smooth area; hind face without median longitudinal carina. Fore wing narrow and long, with first and second discal cells confluent; vein cu-a distad of 1M vein. Apical tarsomere weakly thicker than basitarsus; third to fourth tarsomeres of fore and middle legs distinctly short, tarsal claw simple; fore femur robust and short. Metasomal stalk in dorsal side 1.5 times as long as wide, with longitudinal carinae. Base of syntergite with median groove reaching 0.35 the distance to first thyridia. Lower margin of syntergite with sparse hairs. Ovipositor sheath short, 0.12-0.17 times as long as hind tibia.

Host: unknown.

Type-species: *Trichoserphus sinensis* He *et* Xu, sp. nov.

Diagnostic characters: The genus is similar to *Phaenoserphus* Kieffer, 1908, but it can be separated from the latter by: ①antenna of female club-like (vs. filiform); ②speculum with hairs (vs. hairless); ③eyes covered densely hairs (vs. bare); ④ovipositor sheath very short, 0.12-0.17 times as long as hind tibia (vs. 0.25-0.68); ⑤apical tarsomere weakly thicker than basitarsus; third and fourth tarsomeres of fore and middle legs distinctly short (vs. normal).

Terminology. *Trichoserphus* derives from the Latin '*trich-*' means eyes covered densely hairs, and '*serphus*' means species of family Proctotrupidae.

Two new species are described.

Key to species

Lateral aspect of pronotum entirely with shallow and weak punctures, centrally without a hairless area; base of syntergite with 4 lateral grooves at each side; first thyridium 2.5 times as wide as long, distance between first thyridia 0.8 times as long as width of a thyridium; tenth flagellomere 2.5 times as long as wide. Zhejiang ·· **(142)** *T. sinensis*, **sp. nov.**

Lateral aspect of pronotum with weak punctures inside scrobe and on anterior part, centrally with a hairless area, that 1.0 times as long as tegula; base of syntergite with 3 lateral grooves at each side; first thyridium 1.5 (♀) or 2.2 (♂) times as wide as long, distance between first thyridia 1.5 (♀) or 0.25 (♂) times as long as width of a thyridium; tenth flagellomere 2.5 (♀) or 3.2 (♂) times as long as wide. Shaanxi ··· **(143)** *T. carinicornis*, **sp. nov.**

(142) *Trichoserphus sinensis* He *et* Xu, sp. nov.

Material examined: Holotype ♀, Mt. Fengyangshan, Longquan County (28.8°N, 119.1°E), Zhejiang Prov., 2003.Ⅷ.9, by YU Xiaoxia, No.20041852. Paratypes: 1♀, same data as holotype, No.20034625; 11♀, same locality and date as holotype, by MA Yun, Nos.20034587-88, 20034592, 20034594-97, 20034599, 20034600, 20034602, 20034625; 94♀, Mt. Baishanzu (27.7°N,119.2°E), Qingyuan County, Zhejiang Prov., 1993.Ⅹ.22-24, 1994. Ⅶ.18, by WU Hong, Nos.945701, 945744, 945747-53, 945755-74, 945776, 945778-82, 945784-85, 945787-88, 945790-93, 945795, 945797-01, 945803-17, 945819-31, 946784-87, 946789-91, 946793-95, 946797-98, 946800, 946807, 946813, 946816; 370♀, Mt. Fengyangshan, Longquan County (28.8°N,119.1°E), Zhejiang Prov., 1500m, 2007.Ⅶ.29, by LIU Jingxian, Nos.200705163-5532.

Distribution: Zhejiang.

Diagnostic characters: Listed in the key.

(143) *Trichoserphus carinicornis* He *et* Xu, sp. nov.

Material examined: Holotype ♀, Mt. Tiantaishan, Qinling (34.2°N, 106.8°E), Shaanxi Prov., 1999.Ⅸ.3, by HE Junhua, No.990259. Paratypes: 62♀5♂, same data as holotype, Nos.990057(♂), 990068, 990076, 990078, 990081, 990086, 990087 (head missing), 990094, 990100, 990101, 990106, 990112, 990120, 990124, 990126, 990156, 990192, 990196, 990202, 990205-206, 990223, 990225, 990233, 990238, 990251, 990253-54, 990256, 990258, 990270, 990278, 990282, 990320, 990395, 990401, 990403, 990410, 990424, 990426-27, 990431, 990445, 990447, 990449, 990469, 990473-74, 990476, 990480, 990493, 990497, 990518, 990525, 990527, 990534, 990558, 990711, 990714, 990718, 990740, 990743, 990746, 990748, 990800, 990847; 14♀5♂, Mt. Tiantaishan, Qinling (34.2°N,106.8°E), Shaanxi Prov., 1993. Ⅸ.3, by MA Yun, Nos.990891, 990920, 990922, 990938, 990945-46, 990954, 990964, 990971, 990964, 990976, 990986, 990989, 991002, 991022, 991077, 991079, 991100, 991136, 991148; 14♀4♂, Mt. Tiantaishan, Qinling (34.2°N, 106.8°E), Shaanxi Prov., 1993.Ⅸ.4, by CHEN Xuexin, Nos.991397, 991406, 991418, 991420, 991435, 991436, 991440, 991462,

991466, 991472, 991486, 991497, 991526, 991543, 991546, 991554, 991561, 991563, 991696.

Distribution: Shaanxi.

Diagnostic characters: Listed in the key.

14. *Carinaserphus* He *et* Xu, 2007

Only the type-species *Carinaserphus sinensis* He *et* Xu is described from Henan Prov.

15. *Proctotrupes* Latreille, 1796

Two species group are described.

Key to species group of *Proctotrupes*

Side of pronotum without a median hairless area; upper 0.3± of metapleuron much less coarsely sculptured than lower 0.7±; radial vein moderately curved, expect sometimes in *brachypterous* specimen nearly vertical; spurs of middle and hind tibiae weakly curved in male, strongly curved in female; ovipositor sheath with longitudinal grooves ·· **1) *Brachypterus* Group**
Side of pronotum nearly always with a median hairless area; upper 0.3± of metapleuron almost as coarsely sculptured as the rest, expect that its upper anterior corner is usually more smooth; radial vein straight or almost so; spurs of middle and hind tibiae straight; ovipositor sheath without longitudinal grooves ·· **2) *Gravidator* Group**

1) *Brachypterus* Group

One species, *Proctotrupes brachypterus* (Schrank, 1780), is described from Henan Prov., Xinjiang Uygur Aut. Reg., Jiangsu Prov., Zhejiang Prov., Hubei Prov. and Hunan Prov.

2) *Gravidator* Group

Three species are described, of which one is new to China.

Key to species

1. Median hairless area on side of pronotum about 0.7-1.0 times as large as tegula; genal carina often absent or weak next to oral carina, often with several oblique wrinkles next to oral carina in place of a distinct genal carina; mesosoma entirely black; reticulation of propodeum without a bias toward longitudinal ridging; ovipositor sheath about 1.0 times as long as hind tibia; clypeus 2.8-3.1 times as wide as long; fore wing length about 4.0mm. Liaoning, Inner Mongolia, Hebei, Shandong, Shaanxi, Gansu, Xinjiang, Zhejiang, Jiangxi, Hubei, Sichuan, Guangxi, Yunnan, Xizang ·························· **(146) *P. gravidator***
   Median hairless area on side of pronotum about 2.0 times as large as tegula, or larger; genal carina reaching or no to oral carina; ovipositor sheath about 0.8-1.05 times as long as hind tibia; clypeus 2.5-2.9 times as wide as long ·· 2

2. Syntergite entirely or mostly ferrugineous; median hairless area on side of pronotum smaller; genal carina not reaching to oral carina; fore wing length about 5.3mm. Jilin, Liaoning, Inner Mongolia, Beijing, Hebei, Henan, Shaanxi, Gansu, Xinjiang, Zhejiang, Jiangxi, Hubei, Guizhou ··· **(147)** *P. sinensis*

Syntergite entirely black; median hairless area on side of pronotum larger; genal carina reaching to oral carina; fore wing length about 4.6mm. Jilin, Inner Mongolia, Qinghai, Xinjiang ······ **(148)** *P. bistriatus*

(148) *Proctotrupus bistriatus* Möller, 1882 (New to China)

Material examined: 1♀, Mt. Manhanshan, Inner Mongolia, 1978.Ⅶ.1, by CHEN Heming, No.871972 (BAU); 1♂, Shihezi City (44.2°N, 86.0°E), Xinjiang Uygur Aut. Reg., 1981. Ⅶ.24, by HE Fude, No.816491; 1♂ (head missing), Haiyan County (36.9°N, 100.9°E), Qinghai Prov., 3000 m, 1956.Ⅷ, by MA Shijun *et al.* (SEI); 1♂, Mt. Changbaishan (42.0°N, 128.1°E), Jilin Prov., 1994.Ⅷ.4, by LOU Juxian, No.951638.

Distribution: Jilin, Inner Mongolia, Qinghai, Xinjiang.

16. *Parthenocodrus* Pschorn-Walcher, 1958

Seven species are described, of which two are new to science.

Key to species
(* Not found in the Chinese fauna)

1. Female ···2

   Male···5

2. Upper part of pronotal scrobe smooth; upper tooth of mandible in the form of a small projection far basad of apex of lower tooth; first thyridium 1.7 times as wide as long. Nepal ····················· **P. laevicollis*

   Upper part of pronotal scrobe wrinkled···3

3. First flagellomere 2.7-3.0 times as long as wide; vertical carina between antennal sockets absent, but with a small rounded tubercle at middle of the line between antennal sockets; costal margin of radial cell 0.83 times as long as width of stigma. Sichuan ··· **(149)** *P. kangdingensis*

   First flagellomere 2.2 times as long as wide ·· 4

4. Dorsal face of propodeum with small punctures and some mat sculpture; ovipositor sheath with longitudinal striae. Europe··· **P. elongates*

   Dorsal face of propodeum with transverse rugose and reticulate rugulose; ovipositor sheath with sparsely punctate. Russia ··· **P. puncticauda*

5. Second to fifth flagellomeres each narrowed at base and apex, distinctly widen at middle; distance between first thyridia 0.6-0.8 times as long as width of a thyridium; tenth flagellomere 1.9 times as long as wide···6

   Second to fifth flagellomeres each at most weakly narrowed at base, never widen at middle; distance between first thyridia 0-0.3 times as long as width of a thyridium; tenth flagellomere 1.5-1.8 times as long as wide··7

6. Temple in dorsal view 0.56 times as long as eye; base of syntergite with median groove reaching 0.75 the distance to the first thyridia, each side with 4 lateral grooves; apical flagellar segment 1.67 times as long as subapical segment. Hebei ·· **(150)** *P. tumidiflagellum*

   Temple in dorsal view 0.83 times as long as eye; base of syntergite with median groove reaching 0.6 the distance to the first thyridia, each side with 5 lateral grooves; apical flagellar segment 1.9 times as long as subapical segment. Sichuan ·· **(151)** *P. multisulcus*

7. Second falgellomere 1.5 times as long as wide; coxa mainly yellowish brown or light brown. Russia ····· ··· ***P. puncticauda**

   Second falgellomere 1.90-2.20 times as long as wide ··· 8

8. Legs mainly blackish brown, or with middle and hind tibiae and tarsus yellowish brown ················· 9

   Legs mainly yellowish brown or brownish yellow, or with middle and hind coxae and hind tarsus light brown ··· 10

9. Tenth falgellomere 1.5 times as long as wide, apical flagellar segment 1.6 times as long as the subapical segment; tyloids on second to tenth flagellomeres distinct, linear like; first thyridium 2.2 times as wide as long; costal margin of radial cell 0.25 times as long as width of stigma; base of syntergite with 3 lateral grooves on each side. Guizhou ·· **(152)** *P. fanjingshanensis*

   Tenth falgellomere 1.67 times as long as wide, apical flagellar segment 2.0 times as long as the subapical segment; tyloids on second to tenth flagellomeres absent or indistinct; first thyridium 3.0 times as wide as long; costal margin of radial cell 0.5 times as long as width of stigma; base of syntergite with 4 lateral grooves on each side. Sichuan ··· **(153)** *P. fuscipes*

10. Area between antennal sockets with a weak longitudinal carina; horizontal groove of mesopleuron with parallel wrinkles in side; under the tegula on anterior margin of mesopleuron with oblique longitudinal wrinkles; tenth flagellomere 1.5 times as long as wide, apical flagellar segment 2.1 times as long as subapical segment. Henan ··· **(154)** *P. connexus*, **sp. nov.**

    Area between antennal sockets without a longitudinal carina; horizontal groove of mesopleuron without parallel wrinkles in side; under the tegula on anterior margin of mesopleuron with only irregular weak wrinkles; tenth flagellomere 1.8 times as long as wide, apical flagellar segment 1.7 times as long as subapical segment. Guizhou ··· **(155)** *P. cheni*, **sp. nov.**

(154) *Parthenocodrus connexus* **He *et* Xu, sp. nov.**

   Material examined: Holotype ♂, Baotianman, Neixiang County (33.0°N, 111.8°E), Henan Prov., 1998.Ⅶ.17, by CHEN Xuexin, No.988712. Paratype: 1♂, Baotianman, Neixiang County (33.0°N, 111.8°E), Henan Prov., 1998.Ⅶ.15, by MA Yun and CHEN Xuexin, No.987717.

   Distribution: Henan.

   Diagnostic characters: Listed in the key.

(155) *Parthenocodrus cheni* **He *et* Xu, sp. nov.**

   Material examined: Holotype ♂, Jinding, Mt. Fanjingshan (27.9°N, 108.6°E), Guizhou

Prov., 1993.Ⅶ.12, by CHEN Xuexin, No.938199. Paratypes: 1♂, Jinding, Mt. Fanjingshan (27.9°N, 108.6°E), Guizhou Prov., 1993.Ⅶ.13, by CHEN Xuexin, No.938833; 1♂, Jinding, Mt. Fanjingshan (27.9°N, 108.6°E), Guizhou Prov., 2500m, 2001.Ⅶ.30, by PIAO Meihua, No.20018991.

Distribution: Guizhou.

Diagnostic characters: Listed in the key.

17. *Paracodrus* Kieffer, 1907

One species, *Paracodrus apterogynus* (Haliday, 1839), is described from Gansu Prov.

18. *Phaneroserphus* Pschorn-Walcher, 1958

20 species are described, of which 14 are new to science.

Key to species

1. Female ·· 2
    Male ·· 8
2. Head in lateral view projecting forward from eye by 0.71 times the length of eye; smooth area on anterolateral part of propodeum reverse triangular like, 1.7 times as long as the distance between base and spiracle; base of syntergite with 3 lateral grooves on each side; fore wing length 2.3mm. Zhejiang, Guangdong ··· **(157)** *P. triangularis*, **sp. nov.**
    Head in lateral view projecting forward from eye by 0.80-0.95 times the length of eye; smooth area on anterolateral part of propodeum various or absent, 0-1.0 times as long as the distance base and spiracle, except in *P. chaoi* and *P. glabripetiolatus* , of which about 1.5-1.6 times as long as the distance base and spiracle; base of syntergite with 5-7 lateral grooves ··· 3
3. Metapleuron entirely rugose, smooth area absent ·· 4
    Metapleuron with a smooth area on anterior upper part that 0.18-0.33 times as long as metapleuron and 0.25-0.70 times as height as metapleuron, the rest rugose ··· 5
4. Metasomal stalk in dorsal side 1.46 times as long as wide, with 8-9 transverse wrinkles except for apex; base of syntergite with median groove reaching 0.65 the distance to first thyridia, with 2 lateral grooves on each side; hind femur yellowish brown; fore wing length 2.7mm. Shaanxi, Gansu ························ ··· **(158)** *P. tiani*, **sp. nov.**
    Metasomal stalk in dorsal side 1.3 times as long as wide, entirely reticulate rugose, without longitudinal carinae; base of syntergite with median groove reaching 0.85 the distance to first thyridia, with 3 lateral grooves on each side; hind femur with median part blackish brown; fore wing length 2.65mm. Fujian ···· ·· **(159)** *P. punctibasis*
5. Propodeum with median longitudinal carina absent; metasomal stalk in dorsal side 1.3 times as long as apical width, with 8 transverse carinae; base of syntergite with median groove reaching 0.5 the distance to first thyridia, with 3 lateral grooves on each side; fore wing length 2.9mm. Yunnan ······················ ·· **(160)** *P. yunnanensis*

Propodeum with median longitudinal carina present; metasomal stalk in dorsal side 1.6-1.8 times as long as apical width, entirely with transverse wrinkles, or punctato-rugose, or more or less smooth at apex; base of syntergite with median groove reaching 0.75-0.95 the distance to first thyridia, with 2 lateral grooves on each side ···6

6.　Smooth area on dorsal face of propodeum absent; metasomal stalk in lateral side with dorsal margin 1.1 times as long as median height, with 3 transverse carinae at base, and then with 5 longitudinal carinae; base of syntergite with median groove reaching 0.75 the distance to first thyridia; fore wing length 2.7mm. Hebei ·· **(161) *P. rugulipropodeum*, sp. nov.**
Smooth area on dorsal face of propodeum present, about 1.5-1.6 times as long as the distance between base and posterior margin of spiracle; metasomal stalk in lateral side with dorsal margin 1.6-1.7 times as long as median height, with weak transverse punctulate wrinkles at base, and smooth behind; base of syntergite with median groove reaching 0.85-0.95 the distance to first thyridia ····························7

7.　Second and tenth flagellomers each 2.5 and 2.0 times as long as their apical width; vertical ridge between antennal sockets without secondary ridge; metasomal stalk in dorsal side punctato-rugose, without transverse wrinkles, not smooth; first thyridium 4.0 times as wide as long; ovipositor sheath 0.33 times as long as hind tibia; hind femur 4.8 times as long as wide; fore wing length 2.9-3.3mm. Fujian ············· ·· **(162) *P. chaoi***
Second and tenth flagellomers each 3.6 and 2.9 times as long as their apical width; vertical ridge between antennal sockets with a secondary ridge; metasomal stalk in dorsal side with 9 transverse wrinkles, posterior lateral part smooth; first thyridium 2.8 times as wide as long; ovipositor sheath 0.23 times as long as hind tibia; hind femur 5.3 times as long as wide; fore wing length 3.3mm. Shaanxi ················ ··· **(163) *P. glabripetiolatus*, sp. nov.**

8.　Vertical ridge between antennal sockets with secondary ridge ···9
Vertical ridge between antennal sockets without secondary ridge ···17

9.　Vertical ridge between antennal sockets with 2 or 3 secondary ridges ···································10
Vertical ridge between antennal sockets with only one secondary ridge ································11

10.　Vertical ridge between antennal sockets with 2 secondary ridges; eleventh flagellar segment 1.47 times as long as tenth; first abscissa of vein radius 2.0 times as long as wide; hind femur 3.9 times as long as wide; fore wing length 2.9mm. Liaoning ··· **(164) *P. bicarinatus*, sp. nov.**
Vertical ridge between antennal sockets with 3 secondary ridges; eleventh flagellar segment 1.2 times as long as tenth; first abscissa of vein radius 3.0 times as long as wide; hind femur 4.5 times as long as wide; fore wing length 3.4mm. Jilin ······························ **(165) *P. triramusulcus*, sp. nov.**

11.　Stigma more than 1.9 times as long as wide ···12
Stigma less than 1.6 times as long as wide ···14

12.　Smooth area on anterior upper part of metapleuron small, about 0.2 times as long as metapleuron and 0.2 times as high as metapleuron; base of syntergite with 3 lateral grooves on each side; smooth area on base of dorsal face of propodeum 1.0 times as long as the distance between base and posterior margin of spiracle; fore wing length 3.3mm. Hunan ······························· **(166) *P. tongi*, sp. nov.**

Smooth area on anterior upper part of metapleuron larger, about 0.33-0.40 times as long as metapleuron and 0.45-0.80 times as high as metapleuron; base of syntergite with 2 lateral grooves on each side; smooth area on base of dorsal face of propodeum 1.4-1.5 times as long as the distance between base and posterior margin of spiracle··· 13

13. Head in lateral view projecting forward from eye by about 0.65 the length of eye; smooth area on anterior part of metapleuron less than 0.5 times as high as metapleuron; fore wing narrow, about 2.67 times as long as wide; fore wing length 3.3mm. Henan···**(167)** *P. cristatus*

Head in lateral view projecting forward from eye by about 0.45-0.50 the length of eye; smooth area on anterior part of metapleuron more than 0.5 times as high as metapleuron; fore wing wider, 2.16-2.37 times as long as wide; fore wing length 3.0-3.4mm. Gansu, Sichuan ···· **(168)** *P. ganchuanensis*, **sp. nov.**

14. Base of syntergite with median groove reaching 0.55 the distance to first thyridia, with 3 lateral grooves on each side; dorsal face of metasomal stalk smooth at apex··· 15

Base of syntergite with median groove reaching 0.95 the distance to first thyridia, with 2 lateral grooves on each side; dorsal face of metasomal stalk with longitudinal carinae at apex··························· 16

15. Second flagellomere 4.5 times as long as its apical width; smooth area on anterior part of metapleuron 0.4 times as long as metapleuron and 0.9 times as high as metapleuron; propodeum with median longitudinal carina absent; fore wing 2.5 times as long as wide; metasomal stalk in dorsal side 1.9 times as long as median wide, in lateral side with dorsal margin 1.8 times as long as median height; first thyridia 2.5 times as wide as long; fore wing length 3.3mm. Guangdong ······ **(169)** *P. carinatus*, **sp. nov.**

Second flagellomere 3.7 times as long as its apical width; smooth area on anterior part of metapleuron 0.1 times as long as metapleuron and 0.25 times as high as metapleuron; propodeum with median longitudinal carina reaching to middle of hind face; fore wing 2.16 times as long as wide; metasomal stalk in dorsal side 1.25 times as long as median wide, in lateral side with dorsal margin 1.0 times as long as median height; first thyridia 3.5 times as wide as long; fore wing length 3.6mm. Jilin····················

··· **(170)** *P. maae*, **sp. nov.**

16. Smooth area on anterior part of metpleuron 0.35 times as long as metapleuron and 0.9 times as high as metapleuron; propodeum with median longitudinal carina only reaching to apex of dorsal face; smooth area on dorsal face of propodeum larger, 2.0 times as long as the distance between base and posterior margin of spiracle; first thyridia 2.8 times as wide as long; fore wing length 3.4mm. Yunnan ··············

··· **(171)** *P. glabricarinatus*, **sp. nov.**

Smooth area on anterior part of metpleuron 0.28 times as long as metapleuron and 0.5 times as high as metapleuron; propodeum with median longitudinal carina reaching to the middle of hind face, smooth area on dorsal face of propodeum smaller, 1.0 times as long as the distance between base and posterior margin of spiracle; first thyridia 3.2 times as wide as long; fore wing length 3.0mm. Guizhou ·············

··· **(172)** *P. nigritibialis*

17. Smooth area on anterior part of metapleuron larger, its length and height each at least occupied by 0.35 and 0.6 of metapleuron ··· 18

Smooth area on anterior part of metapleuron smaller, its length and height each at most occupied by 0.28 and 0.5 of metapleuron ·· 21

18. Head in lateral view projecting forward from eye by 0.37 the length of eye; second and tenth flagellomeres each 3.0 and 2.8 times as long as their apical width; stigma 2.0 times as long as wide; metasomal stalk in dorsal side 1.3 times as long as median width, with only 3 longitudinal carinae, in lateral side with dorsal margin 1.1 times as long as median height; base of syntergite with 1 lateral groove on each side; fore wing length 3.8mm. Sichuan ···································· **(173) *P. trisulcus*, sp. nov.**
Head in lateral view projecting forward from eye by 0.59-0.65 the length of eye; second and tenth flagellomeres each 4.1-4.3 and 4.5-5.5 times as long as their apical width; stigma 1.2-1.6 times as long as wide; metasomal stalk in dorsal side 1.7-2.2 times as long as median width, with transverse punctulate wrinkles at base, and with more than 6 longitudinal carinae behind them, in lateral side with dorsal margin 1.6-2.0 times as long as median height; base of syntergite with 2 lateral grooves ················· 19

19. Second flagellomere 3.7 times as long as apical width; first part of vein radius raised from stigma near middle; stigma 1.5 times as long as costal margin of radial cell; first thyridium 3.6 times as wide as long; fore wing length 3.0mm. Fujian ··· **(162) *P. chaoi***
Second flagellomere 4.1-4.3 times as long as apical width; first part of vein radius raised from stigma weakly distad of middle; stigma 1.0-1.1 times as long as costal margin of radial cell; first thyridium 2.5-3.2 times as wide as long ·· 20

20. Smooth area of metapleuron 0.28 times as long as metapleuron; smooth area on dorsal face near spiracle of propodeum without longitudinal wrinkles; metasomal stalk in dorsal side 2.2 times as long as median wide; base of syntergite with median groove reaching 0.85 the distance to first thyridia, sublateral groove 0.5 times as long as median groove; fore wing length 3.6mm. Guizhou ······**(174) *P. rugosifrons*, sp. nov.**
Smooth area of metapleuron 0.40-0.45 times as long as metapleuron; smooth area on dorsal face near spiracle of propodeum with longitudinal wrinkles; metasomal stalk in dorsal side 1.7-1.9 times as long as median wide; base of syntergite with median groove reaching 0.65 the distance to first thyridia, sublateral groove 0.8 times as long as median groove. Zhejiang ························· **(157) *P. triangularis*, sp. nov.**

21. Smooth area on dorsal face of propodeum entirely absent; base of syntergite with 3 lateral grooves on each side; fore wing length 2.7mm. Hebei ···························· **(161) *P. ruglipropodeum*, sp. nov.**
Smooth area on dorsal face of propodeum more or less present; base of syntergite with 1 or 2 lateral grooves on each side ·· 22

22. Smooth area of metapleuron smaller, with length and height each occupied by 0.15 and 0.2-0.3 of metapleuron; fore wing length 2.5-3.0mm. Shaanxi, Gansu ···························· **(158) *P. tiani*, sp. nov.**
Smooth area of metapleuron larger, with length and height each occupied by 0.30-0.36 and 0.4-0.5 of metapleuron ·· 23

23. Smooth area at anterior lateral part on dorsal face of propodeum 1.0 times as long as the distance between base and posterior margin of spiracle; metasomal stalk in dorsal side 1.3 times as long as median wide; base of syntergite with 1 lateral groove on each side, about 0.4 times as long as median groove; fore wing length 2.8mm. Hubei ·· **(175) *P. bui***

Smooth area at anterior lateral part on dorsal face of propodeum 0.5 times as long as the distance between base and posterior margin of spiracle; metasomal stalk in dorsal side 1.5-1.6 times as long as median wide; base of syntergite with 2 lateral grooves on each side, sublateral groove 0.8 times as long as median groove ·· 24

24. Head in lateral view projecting forward from eye by about 0.55 times as long as eye; temple in dorsal view 0.6 times as long as eye; tenth flagellomere 5.5 times as long as apical width; first abscissa of vein radius 2.5 times as long as wide; base of syntergite with median groove reaching 0.9 the distance to first thyridia; first thyridium 3.2 times as wide as long; fore wing length 3.7mm. Shaanxi ·······················
···**(163) *P. glabripetiolatus*, sp. nov.**

Head in lateral view projecting forward from eye by about 0.4 times as long as eye; temple in dorsal view 0.82 times as long as eye; tenth flagellomere 4.5 times as long as apical width; first abscissa of vein radius 1.8 times as long as wide; base of syntergite with median groove reaching 0.6 the distance to first thyridia; first thyridium 2.2 times as wide as long; fore wing length 2.7mm. Sichuan ························
··· **(176) *P. exilexsertus*, sp. nov.**

(157) *Phaneroserphus triangularis* He *et* Xu, sp. nov.

Material examined: Holotype ♀, Mt. Baishanzu (27.7°N, 119.2°E), Qingyuan County (37.7°N, 117.3°E), Zhejiang Prov., 1856m, 2003.Ⅷ.14, by MA Yun, No.20034822. Paratypes: 1♂, Mt. Fengyangshan, Longquan County (28.8°N,119.1°E), Zhejiang Prov., 1650m, 2003. Ⅷ.10, by DAI Wu, No.20034728; 3♂, Mt. Baishanzu (27.7°N, 119.2°E), Qingyuan County (37.7°N, 117.3°E), Zhejiang Prov., 1856m, 2003.Ⅷ.12-14, by MA Yun and YU Xiaoxia, Nos.20034751-52, 20034828; 1♂, Nanling National Nature Reserve (23.3°N, 115.3°E), Ruyuan Yao Aut. County, Guangdong Prov., 2003.Ⅷ.23, by XU Zaifu, No.20047691.

Distribution: Zhejiang, Guangdong.

Diagnostic characters: This species is similar to *Phaneroserphus punctibasis* Townes, 1981 , but it can be distinguished from the latter by: ①the projected part of eye in profile 0.71 times as long as the transverse diameter of eye; ②metapleuronal smooth area on anterior upper part 0.38 times as long as metapleuron; ③dorsal smooth area of propodeum 1.7 times as long as the distance between base and spiracle; ④dorsal face of metasomal stalk densely transverse punctato-rugose. Male is similar to *Phaneroserphus chaoi* Fan *et* He, 1991, differences are listed in the key.

(158) *Phaneroserphus tiani* He *et* Xu, sp. nov.

Material examined: Holotype ♀, Mt. Tiantaishan, Qinling (34.2°N, 106.8°E), Shaanxi Prov., 1999.Ⅸ.3, by HE Junhua, No.990548. Paratypes: 1♀3♂, Mt. Tiantaishan, Qinling (34.2°N, 106.8°E), Shaanxi Prov., 1999.Ⅸ.3, by HE Junhua, Nos.990105, 990257, 990468, 990745; 1♂, same locality and date as holotype , by MA Yun, No.990961; 3♂, same locality and date as holotype,by MA Yun and DU Yuzhou, Nos.983644, 984530, 984538; 2♂, Huoditang (33.4°N, 108.4°E), Ningshan County, Shaanxi Prov., 1998.Ⅵ.5, by MA Yun,

Nos.982406, 982593; 1♂, Liping Forestry Experimental Centre, Nanzheng County (33.0°N, 106.9°E), Shaanxi Prov., 1344m, 2004.Ⅶ.23, by WU Qiong, No.20046911; 1♂, Mt. Ziboshan, Liuba County (33.6°N, 106.9°E), Shaanxi Prov., 1632m, 2004.Ⅷ.4, by SHI Min, No.20047085; 1♂, Qiujiaba, Baishuijiang (32.8°N, 105.1°E), Gansu Prov., 2318m, 2004.Ⅶ.26, by WU Qiong, No.20046940; 1♂, Mt. Liloushan, Wenxian County (33.0°N, 104.6°E), Gansu Prov., 1809m, 2004.Ⅶ.29, by CHEN Xuexin, No.20046949; 1♂, Daheba (32.6°N, 107.4°E), Dangchang County, Gansu Prov., 2530m, 2004.Ⅶ.31, by WU Qiong, No.20047021; 2♂, Baotianman, Neixiang County (33.0°N, 111.8°E), Henan Prov., 1998. Ⅶ.15, by CHEN Xuexin, Nos.989056, 988941.

Distribution: Henan, Shaanxi, Gansu.

Diagnostic characters: The species is similar to *Phaneroserphus brevistigma* Townes, 1981, but it can be separated from the latter by: ①base of propodeum with smooth area (vs. mostly reticulate rugose); ②metasomal stalk 1.35-1.45 times as long as wide in dorsal view (vs. 1.0 times based on the figures).

(161) *Phaneroserphus rugulipropodeum* He *et* Xu, sp. nov.

Material examined: Holotype ♀, Donglingkou, Mt. Xiaowutaishan (39.9°N, 115.0°E), Zhangjiakou City, Hebei Prov., 2100m, 2005.Ⅷ.21, by ZHANG Hongying, No.200604511. Paratypes: 1♂, same locality and date as holotype, by SHI Min, No.200604567; 15♂, Shanjiankou, Mt. Xiaowutaishan (39.9°N, 115.0°E), Zhangjiakou City, Hebei Prov., 1200m, 2005.Ⅷ.22, by SHI Min and ZHANG Hongying, Nos.200604433, 200604435, 200604437-43, 200604727, 200604744-47, 200604763; 1♀2♂, Shanjiankou, Mt. Xiaowutaishan (39.9°N, 115.0°E), Zhangjiakou City, Hebei Prov., 2005.Ⅷ.20, by SHI Min and ZHANG Hongying, Nos.200604659, 200604689, 200604691; 1♀5♂, Mt. Xiaowutaishan (39.9°N, 115.0°E), Zhangjiakou City, Hebei Prov., 2005.Ⅷ.20-23, by LIU Jingxian, Nos.200609469, 200609474, 200609479-81, 200609483.

Distribution: Hebei.

Diagnostic characters: Listed in the key.

(163) *Phaneroserphus glabripetiolatus* He *et* Xu, sp. nov.

Material examined: Holotype ♀, Mt. Ziboshan, Liuba County (33.6°N, 106.9°E), Shaanxi Prov., 1632m, 2004.Ⅷ.4, by WU Qiong, No.20047120. Paratypes: 1♀, same data as holotype, No.20047098; 1♂, Liping National Forest Park, Nanzheng County (33.0°N, 106.9°E), Shaanxi Prov., 1742 m, 2004.Ⅶ.22, by SHI Min, No.20046861.

Distribution: Shaanxi.

Diagnostic characters: Listed in the key.

(164) *Phaneroserphus bicarinatus* He *et* Xu, sp. nov.

Material examined: Holotype ♂, Dongling (41.8°N, 123.5°E), Shenyang City, Liaoning Prov., 1994. Ⅴ-Ⅵ, by LOU Juxian, No.947529.

Distribution: Liaoning.

Diagnostic characters: The species is closed *Phaneroserphus crstatus* Townes, 1981, but it can be distinguished from the latter by: ①the projected part of eye 0.5 times as long as the transverse diameter of eye (vs. 0.65); ②upper part of antennal sockets and center of frontal carina with two parallel secondary ridges (vs. only one); ③tenth flagellomere 4.1 times as long as wide, 0.68 times as long as apical segment (vs. 5.4 and 0.85); ④stigma and costal margin of radial cell each 2.25, 1.17 times as long as stigmal width (vs. 2.0, 1.4).

(165) *Phaneroserphus triramusulcus* **He *et* Xu, sp. nov.**

Material examined: Holotype ♂, Tianchi, Mt. Changbaishan (42.0°N, 128.1°E), Jilin Prov., 1850m, 2004.Ⅷ.5, by DU Yuzhou, No.20047175.

Distribution: Jilin.

Diagnostic characters: Listed in the key.

(166) *Phaneroserphus tongi* **He *et* Xu, sp. nov.**

Material examined: Holotype ♂, Mt. Tianpingshan, Sangzhi County (29.3°N, 110.1°E), Hunan Prov., 2895m, 1981.Ⅸ.6, by TONG Xinwang, No.20044296. Paratype: 1♂, No. 20044295.

Distribution: Hunan.

Diagnostic characters: Listed in the key.

(168) *Phaneroserphus ganchuanensis* **He *et* Xu, sp. nov.**

Material examined: Holotype ♂, Mt. Liloushan, Wenxian County (33.0°N, 104.6°E), Gansu Prov., 1809m, 2004.Ⅶ.29, by CHEN Xuexin, No.20046944. Paratypes: 4♂, Same data as holotype, Nos.20046951-54; 1♂, Wanglang National Nature Reserve (32.9°N, 104.1°E), Sichuan Prov., 2006.Ⅶ.26, by GAO Zhilei, No.200611240; 1♂, Labahe, Tianquan County (30.1°N, 102.7°E), Sichuan Prov., 2006.Ⅶ.15, by ZHANG Hongying, No.200610691.

Distribution: Gansu, Sichuan.

Diagnostic characters: Listed in the key.

(169) *Phaneroserphus carinatus* **He *et* Xu, sp. nov.**

Material examined: Holotype ♂, Nanling National Nature Reserve (23.3°N, 115.3°E), Ruyuan Yao Aut. County, Guangdong Prov., 2003.Ⅶ.23, by XU Zaifu, No.20047718.

Distribution: Guangdong.

Diagnostic characters: ①frontal carina between antennal sockets high, dorsal margin angled, upper end with secondary ridge, both basal and apical ends weakly reticulate rugose; ②propodeum without median longitudinal carina.

(170) *Phaneroserphus maae* **He *et* Xu, sp. nov.**

Material examined: Holotype ♂, Erdaobaihe (42.4°N, 128.1°E), Mt. Changbaishan, Jilin Prov., 2004.Ⅷ.2, by MA Yun, No.20047151.

Distribution: Jilin.

Diagnostic characters: Listed in the key.

(171) *Phaneroserphus glabricarinatus* He *et* Xu, sp. nov.

Material examined: Holotype ♂, Fenshuiling, Lüchun County (23.0°N, 102.4°E), Yunnan Prov., 2003.Ⅶ.25, by Xu Zaifu and Li Jingting, No.20045212. Paratype: 1♂, same as holotype, XU Zaifu, No.20045651.

Distribution: Yunnan.

Diagnostic characters: Listed in the key.

(173) *Phaneroserphus trisulcus* He *et* Xu, sp. nov.

Material examined: Holotype ♂, Labahe, Tianquan County (30.1°N, 102.7°E), Sichuan Prov., 2006.Ⅶ.15, by ZHANG Hongying, No.200610685.

Distribution: Sichuan.

Diagnostic characters: Listed in the key.

(174) *Phaneroserphus rugosifrons* He *et* Xu, sp. nov.

Material examined: Holotype ♂, Dashahe, Daozhen County (28.8°N,107.5°E), Guizhou Prov., 644m, 2004.Ⅷ.25, by WEI Shujun, No.20047415. Paratypes: 2♂, Nos.20047431, 20047494.

Distribution: Guizhou.

Diagnostic characters: frons with some weak wrinkles on the upper end of frontal carina.

(176) *Phaneroserphus exilexsertus* He *et* Xu, sp. nov.

Material examined: Holotype ♂, Baimazhai, Pingwu County (32.4°N, 104.5°E), Sichuan Prov., 2006.Ⅶ.25, by ZHANG Hongying, No.200611005. Paratypes: 2♂, Baimazhai, Pingwu County (32.4°N, 104.5°E), Sichuan Prov., 2006.Ⅶ.24-25, by ZHANG Hongying and GAO Zhilei, Nos.200610849, 200610904.

Distribution: Sichuan.

Diagnostic characters: Listed in the key.

19. *Exallonyx* Kieffer, 1904

Two subgenera are described.

Key to subgenera

Stalk of metasoma with scattered hairs along its sides; side of syntergite with moderately dense hairs down to within 0.3 the length of tegula from its lower margin; ovipositor sheath about 0.24 times as long as hind tibia, its surface punctured and not striate ·· *Eocodrus*

Stalk of metasoma without hairs along its sides, but often with hairs at its base; side of syntergite with sparse hairs or sometimes the hairs moderately dense but the hairy area not reaching to within less than 0.5 the length of tegula from its lower margin; ovipositor sheath 0.2-0.7 times as long as hind tibia, its surface puncture or striate or both ··· *Exallonyx*

Exallonyx (*Eocodrus*) Pschorn-Walcher, 1958

One species, *Exallonyx brevicornis* Haliday, 1939, is described from Zhejiang Prov.

Note: Speicmen from China is a few different from the original descrption of Townes, 1981 by second flagellomere 2.4 times as long as wide (vs. 2.6); and hind femur 4.5 times as long as wide (vs. 5.0).

Exallonyx (*Exallonyx*) Kieffer, 1904

Ten species groups are described, of which one is new to science and two are new to China.

Key to species groups
(* Not found in the Chinese fauna)

1. Lower corner of pronotum with two pits (or rarely three), one above the other, of equal depth, and separated by a narrow ridge or high wrinkle ·· 2

   Lower corner of pronotum with one pit, rarely also with 1-3 shallow dimples above the pit ··············· 9

2. Stalk of metasoma becoming distinctly narrow at base and separating in two parts in lateral view; anterior part with several transverse carina and some long hairs, posterior part borad, with one transverse wrinkle and several longitudinal wrinkles. China ·· **4) *Strictus* Group. nov.**

   Stalk of metasoma with the upper and lower sides parallel or nearly parallel in lateral view, no separating in two parts ·· 3

3. Under side of base metasomal stalk with several transverse wrinkles, the longitudinal ridges of stalk ending at the hind-most of these wrinkles. Old World tropics; China ················· **3) *Cingulatus* Group**

   Under side of base metasomal stalk with only one transverse ridge, the longitudinal ridges of stalk ending at this ridge or close to it ·· 4

4. Male ··· 5

   Female ··· 7

5. Clasper tapered to slender point, decurved, claw-like. Neotropic Region; China ······· **5) *Leptonyx* Group**

   Clasper narrowly triangular, straight, its apex sharp or narrowly rounded ··································· 6

6. Syntergite with lower-most hairs close to its lower margin, the sockets of the lowest hairs separated from lower margin of tergite by 1.0-1.4 the length of the hairs. Holarctic Region, Oriental Regions ·············· ·· **1) *Ater* Group**

   Syntergite with lower-most hairs distant from its lower margin, the sockets of lowest hairs separated from lower margin of tergite by more than 1.6 the length of the hairs. World wide ······ **2) *Formicarius* Group**

7. Base of syntergite with 3 grooves (a median groove and one lateral groove on each side); sides of pronotum never with hairs behind upper end of carina on collar; posterodistal side of stigma straight. Neotropic Region; China ··· **5) *Leptonyx* Group**

   Base of syntergite with 3-9 grooves; sides of pronotum often with hairs behind upper end of carina on collar; posterodistal side of stigma usually weakly convex ·· 8

8. Syntergite with lowest hairs close to its lower margin, the sockets of the lowest hairs separated from lower margin of tergite by 1.0 to 1.4 the length of the hairs. Holarctic Region, Oriental Regions ············

··· **1)** *Ater* **Group**

Syntergite with lowest hairs distant from its lower margin, the sockets of the lowest hairs separated from lower margin of tergite by more than 1.6 the length of the hairs. World wide ·······························

··· **2)** *Formicarius* **Group**

9. Hind margin of hind wing without a distinct notch near its basal 0.3, the hind wing unusually narrow near base; for wing length 1.6-2.9mm. Palearcfis Region and Indo-Australian Region ·· **10)** *Wasmanni* **Group**

Hind margin of hind wing with a prominent rounded notch near its basal 0.3 ······························ 10

10. Base of under side of metasomal stalk with a projecting transverse ridge ································· 11

Base of under side of metasomal stalk without a transverse ridge, or with a very low ridge that does not project below the longitudinal wrinkles on under side of stalk ··································· 17

11. Dorsal smooth area of propodeum short, usually not reaching behind propodeal spiracle; upper margin of pronotum with a single row or two rows of sparse hairs; male clasper narrowly triangular, not decurved. New Guinea, Madagascar, Oriental Regions ······································ **8)** *Dictyotus* **Group**

Dorsal smooth area of propodeum moderately long, reaching far behind propodeal spiracle; upper margin of pronotum with a hair band that is two or more hairs wide, a single row of hairs or sometimes only a few sparse hairs; male clasper variable, sometimes claw-like and decurved ···························· 12

12. Male·· 13

Female··· 15

13. Clasper slender, faintly to strongly decurved, claw-like; if not, then upper margin of pronotum with a hair band that two or more hairs wide. Northern Hemisphere and Neotropic Region, Oriental Regions ·········

··· **6)** *Atripes* **Group**

Clasper narrowly triangular, not decurved; upper margin of pronotum with a single row of hairs except in *E. minor* ··· 14

14. Neotropic species: upper margin of pronotum with a single row of hairs. ·····································

··· ***Evanescens* Group**

Holarctic species: upper margin of pronotum with a single row of hairs, or very sparse hairs or with two rows hairs (some abnormal specimens of *E. minor* and of other small species will key to here, about four species) ·· **2)** *Formicarius* **Group**

15. Ovipositor sheath punctate, and more or less striate; upper margin of pronotum with a band hairs about 2-6 hairs wide; hairs of syntergite sparse and short to moderately dense and long. Oriental Regions ·······

··· **6)** *Atripes* **Group**

Ovipositor sheath punctate, not striate; upper margin of pronotum with a single (or sometimes partly double) row of hairs, or sometimes reduced to a few scattered hairs; hairs of syntergite very sparse and short ··· 16

16. Neotropic species: upper margin of pronotum with a single row of hairs. Neotropic ·······················

··· ***Evanescens* Group**

Holarctic and New Guinea species: upper margin of pronotum with a single row of hairs, or very sparse or two row of hairs ·· **2) *Formicarius* Group**

17. Side of pronotum with hairs behind upper part of carina on collar; hairs on propodeum and metapleuron very long and dense. New Guinea ·· ***Capillatus* Group**

    Side of pronotum without hairs behind upper part of carina on collar; hairs on propodeum and metapleuron moderately sparse ·· 18

18. Upper margin of pronotum with a band of hairs that about 3 hairs wide; base of syntergite in male with strong lateral longitudinal grooves that are almost as long as median groove. Holarctic Region and Mexico ·· **7) *Obsoletus* Group**

    Upper margin of pronotum with a single row of hair or with sparse two row of hairs; base of syntergite of male without lateral longitudinal grooves or with a single lateral groove that is not more than half as long as median groove. New Gainea, China ·· **9) *Unisulcus* Group**

1) *Ater* Group (New to China)

21 new species are described.

Key to species
(* Not found in the Chinese fauna)

1. Male ·· 2

   Female ·· 24

2. Side of syntergite with a hairless band between second and third thyridia that completely subdivides the hairs area ·· 3

   Side of syntergite without a hairless band between second and third thyridia that completely subdivides the hairs area, the hairs continuous near lower edge of syntergite ·· 8

3. Side of pronotum with about 6 hairs behind epomia and upper part of carina on collar; anterior lower edge of metasomal stalk angularly projecting; clypeus moderately convex. Europe ·········· ***E. quadriceps***

   Side of pronotum without hairs behind epomia and upper part of carina on collar; anterior lower edge of metasomal stalk rounded off or angularly projecting ·· 4

4. Anterior lower edge of metasomal stalk rounded; stigma 1.55 times as long as wide; hind femur 4.3 times as long as wide; clypeus weakly convex; fore wing length 2.8-3.2mm. North America ········· ***E. sparsus***

   Anterior lower edge of metasomal stalk angularly projecting; stigma 1.88-2.15 times as long as wide; hind femur 4.4-5.0 times as long as wide ·· 5

5. Antenna with tyloids; temple 0.62-0.76 times as long as eye in dorsal view; metasomal stalk in lateral side with dorsal margin 1.0 times as long as median height ·· 6

   Antenna without tyloids; temple 0.9 times as long as eye in dorsal view; metasomal stalk in lateral side with dorsal margin 0.5-0.6 times as long as median height ·· 7

6. Metasomal stalk in dorsal side with transverse wrinkles at basal 0.2, then with longitudinal carinae, of which the median one 'Y' shape; metapleuron without smooth area; base of syntergite with sublateral

groove 0.95 times as long as median groove; fore wing length 2.5mm. Zhejiang, Fujian ··················

·· **(178)** *E. furcicarinatus*, **sp. nov.**

Metasomal stalk in dorsal side with transverse punctulate wrinkles at basal 0.4, then with longitudinal

carinae behind; metapleuron with smooth area larger, its length and height each occupied by 0.5 and 0.9

the length and height of metapleuron; base of syntergite with sublateral groove 0.8 times as long as

median groove; fore wing length 2.4mm. Hunan ································· **(179)** *E. bullotus*, **sp. nov.**

7. Frontal ridge weak; base of syntergite with median groove reaching 0.4 the distance to first thyridia, with

3 lateral grooves on each side; first thyridium 2.5 times as wide as long, distance between first thyridia

1.1 times as long as width of a thyridium; fore wing length 2.8mm. Xinjiang ································

·· **(180)** *E. silvestris*, **sp. nov.**

Frontal ridge strong; base of syntergite with median groove reaching 0.53 the distance to first thyridia,

with 2 lateral grooves on each side; first thyridium 3.3 times as wide as long, distance between first

thyridia 0.4 times as long as width of a thyridium; fore wing length 2.8mm. Hubei ·····················

·· **(181)** *E. xanthus*, **sp. nov.**

8. Lower part of syntergite with hairless area between second or/and third thyridia or between first and

second thyridia ··9

Lower part of syntergite without a hairless area between thyridia ································· 11

9. Hairs band on anterior margin of mesopleuron complete; clypeus strongly convex; base of syntergite with

lateral groove 0.4 times as long as median groove; first thyridium 3.5 times as wide as long; fore wing

length 2.3-2.7mm. Japan ··****E. styracura***

Hairs band on anterior margin of mesopleuron incomplete; clypeus weakly convex; base of syntergite

with lateral groove 0.95 times as long as median groove; first thyridium 2.0-2.3 times as wide as long· 10

10. Antenna with line-like tyloids; dorsal smooth area of propodeum 3.0 times as long as the distance

between base and posterior margin of spiracle; hind face of propodeum sparsely reticulate rugose; base of

syntergite with 1 lateral groove on each side; fore wing length 2.7mm. Henan ····························

·· **(182)** *E. sparsireticularis*, **sp. nov.**

Antenna with oval-like or rounded tyloids; dorsal smooth area of propodeum 1.0 times as long as the

distance between base and posterior margin of spiracle; hind face of propodeum with areolet wrinkles;

base of syntergite with 2 lateral grooves on each side; fore wing length 2.2mm. Jilin ·····················

·· **(183)** *E. ellipsituberculus*, **sp. nov.**

11. Antenna with small bubble-like, line-like or oval-like tyloids··· 12

Antenna without tyloids ··· 17

12. Antenna with several small bubble-like tyloids··· 13

Antenna with line-like or oval-like tyloids ··· 15

13. Laterodorsal margin of pronotum with more than 2 rows of hairs; smooth area of metapleuron absent;

dorsal smooth area of propodeum 0.6 times as long as distance between base and posterior margin of

spiracle; base of syntergite with median groove reaching 0.4 the distance to first thyridia; first thyridium

2.0 times as wide as long; hind femur slender, 7.9 times as long as wide; hind trochanter blackish-brown;

fore wing 3.1mm. Sichuan ···· **(184) *E. tenuifemoratus*, sp. nov.**
Laterodorsal margin of pronotum with 2 rows of hairs; smooth area of metapleuron present, its length and height occupied by 0.3-0.4 and 0.7-0.8 the length and height of metapleuron, respectively; dorsal smooth area of propodeum 1.5-2.6 times as long as distance between base and posterior margin of spiracle; base of syntergite with median groove reaching 0.7-0.8 the distance to first thyridia; first thyridium 2.4-2.5 times as wide as long; hind femur 4.9-5.0 times as long as wide; hind trochanter reddish-brown ···· 14

14. Dorsal smooth area of propodeum 2.6 times as long as the distance between base and posterior margin of spiracle; dorsal surface of metasomal stalk 1.2 times as long as wide, with four longitudinal carinae; base of syntergite with 1 lateral groove on each side, sublateral groove 0.5 times as long as median groove; fore wing length 3.0mm. Shaanxi ···· **(185) *E. nigritibialis*, sp. nov.**
Dorsal smooth area of propodeum 1.5 times as long as the distance between base and posterior margin of spiracle; dorsal surface of metasomal stalk as long as wide, with 2 punctulate wrinkles on basal 0.4, and with 5 longitudinal carinae on apical 0.6; base of syntergite with 2 lateral groove on each side, sublateral groove 0.8 times as long as median groove; fore wing length 2.8 mm. Gansu ···· ···· **(186) *E. arciclypeatus*, sp. nov.**

15. Mid and hind trochanters dorsally blackish-brown, ventrally reddish-brown; second flagellomere 3.8 times as long as its apical width; stigma 1.5 times as long as wide; fore wing length 3.1mm. Shaanxi ···· ···· **(185) *E. nigritibialis*, sp. nov.**
Mid and hind trochanters reddish-brown or brownish-yellow; second flagellomere 2.6-3.5 times as long as its apical width; stigma 1.8-2.15 times as long as wide ···· 16

16. Dorsal surface of metasomal stalk with base more or less punctulate rugose or with transverse punctulate wrinkles, behind which with longitudinal carinae; laterodorsal margin of pronotum with several rows of hairs; dorsal smooth area of propodeum 3.0 times as long as the distance between base and posterior margin of spiracle; base of syntergite with 3 lateral groove on each side; fore wing length 4.0mm. Hubei ···· ···· **(187) *E. hirsutus*, sp. nov.**
Dorsal surface of metasomal stalk in dorsal side without any punctulate rugose or transverse wrinkles, with only longitudinal carinae; laterodorsal margin of pronotum with 2 rows of hairs; dorsal smooth area of propodeum 1.2 times as long as the distance between base and posterior margin of spiracle; base of syntergite with 2 lateral grooves on each side; fore wing length 2.1mm. Zhejiang ···· ···· **(188) *E. brevicellus*, sp. nov.**

17. Hind trochanters blackish brown; base of syntergite with 4 lateral grooves on each side; propodeum with median longitudinal carina only reaching to apex of dorsal face. Guangdong ···· ···· **(189) *E. novemisulcus*, sp. nov.**
Hind trochanters reddish brown or brownish yellow; base of syntergite with 2-3 lateral grooves on each side; propodeum with median longitudinal carina only reaching to middle or apex of hind face ···· 18

18. Metasomal stalk in dorsal side with 1 transverse carina at base or transverse punctulate wrinkles, behind which with longitudinal carinae ···· 19

Metasomal stalk in dorsal side without transverse carina at base, with only longitudinal carinae········ 21

19. Tenth flagellomere 3.6 times as long as its apical width; dorsal margin of side of pronotum with single row or two rows of hairs; dorsal smooth area of propodeum 1.0 times as long as the distace between base and posterior margin of spiracle; metasomal stalk in dorsal side with punctate transverse wrinkles at base; fore wing length 2.8mm. Jilin ·· **(190)** *E. jilinensis*, **sp. nov.**
Tenth flagellomere 3.0-3.3 times as long as its apical width; dorsal margin of side of pronotum with more than two rows of hairs; dorsal smooth area of propodeum 2.0-2.2 times as long as the distance between base and posterior margin of spiracle; metasomal stalk in dorsal side with one transverse carina at base
·· 20

20. Second flagellomere 3.1 times as long as its apical width; propodeum with median longitudinal carina reaching to apex of dorsal face; metasomal stalk in dorsal side 0.6 times as long as wide, with one transverse wrinkles at base, behind which with 7 short longitudinal carinae; metasomal stalk in lateral side with dorsal margin 0.5 times as long as median height; fore wing length 2.8mm. Xinjiang·············
··· **(191)** *E. maqii*, **sp. nov.**
Second flagellomere 3.6 times as long as its apical width; propodeum with median longitudinal carina reaching to apex of hind face; metasomal stalk in dorsal side 1.1 times as long as wide, with one incomplete transverse carina at base, behind which with 4 incomplete longitudinal wrinkles; metasomal stalk in lateral side with dorsal margin 0.9 times as long as median height; fore wing length 3.0mm. Henan ·· **(192)** *E. gei*, **sp. nov.**

21. Hind coxae reddish brown or brownish yellow ·· 22
Hind coxae black or blackish brown ·· 23

22. Second and tenth flagellomeres each 3.8 and 4.5 times as long as their apical width; dorsal smooth area of propodeum 2.5 times as long as the distance between base and posterior margin of spiracle; first thyridium 2.2 times as wide as long, distance between first thyridia 0.6 times as long as width of a thyridium; fore wing length 2.5mm. Yunnan····················· **(193)** *E. yunnanensis*, **sp. nov.**
Second and tenth flagellomeres each 3.0 and 3.0 times as long as their apical width; dorsal smooth area of propodeum 1.8 times as long as the distance between base and posterior margin of spiracle; first thyridium 3.0 times as wide as long, distance between first thyridia 0.2 times as long as width of a thyridium; fore wing length 2.4mm. Fujian ··· **(194)** *E. ruficornis*, **sp. nov.**

23. Temple in dorsal view 0.65 times as long as eye; metasomal stalk in dorsal side 1.0 times as long as median wide, in lateral side with with dorsal margin 0.9 times as long as median height; base of syntergite with median groove reaching 0.6-0.7 the distance to first thyridia, sublateral groove 0.7-0.9 times as long as median groove; first thyridium 3.2 times as wide as long; hind femur 5.0 times as long as wide; fore wing length 3.3mm. Henan, Shaanxi·····································**(195)** *E. zhoui*, **sp. nov.**
Temple in dorsal view 0.9 times as long as eye; metasomal stalk in dorsal side 1.3 times as long as median wide, in lateral side with dorsal margin 1.2 times as long as median height; base of syntergite with median groove reaching 0.92 the distance to first thyridia, sublateral groove 0.5 times as long as median groove; first thyridium 4.2 times as median wide as long; hind femur 4.6 times as long as wide;

fore wing length 3.2mm. Shaanxi ··· **(196) *E. yalini*, sp. nov.**

24. Ovipositor sheath striate, with indistinct punctures; side of syntergite with a hairless band between second and third thyridia that completely or almost completely subdivides the hairy area; front end of ridges on lower half of metasomal stalk usually strongly curved downward. Europe ········***E. quadriceps**
    Ovipositor sheath punctate, often with elongate punctures but not striate; side of syntergite without hairless band, if the hairless area present, then usually not extend to lower edge of hairy area and thus not completely subdivide it; front end of ridges on lower half of metasomal stalk horizontal to moderately curved downward ·· 25

25. Syntergite with a wide and complete hairless band between subbase and subapex; hairless area of metapleuron large; fore wing length 2.8-3.2mm. North American ·································***E. sparsus**
    Syntergite without a wide and complete hairless band between subbase and subapex; hairless area of metapleuron small or large·· 26

26. Base of syntergite with 3-4 lateral grooves on each side ·· 27
    Base of syntergite with 1-2 lateral grooves on each side ·· 28

27. Side of pronotum with about 0-6 hairs or sometimes with 15 hairs behind epomia and upper part of carina on collar; base of syntergite with median groove reaching 0.7 the distance to first thyridia; sublateral groove 0.7 times as long as median groove; fore wing length 2.5-3.6 mm. Europe ·················· ***E. ater**
    Side of pronotum without hairs behind epomia and upper part of carina on collar; base of syntergite with median groove reaching 0.4 the distance to first thyridia; sublateral groove 1.0 times as long as median groove; fore wing length 2.5-3.0mm. Zhejiang, Fujiang ··················**(178) *E. furcicarinatus*, sp .nov.**

28. Side of syntergite with a incomplete hairless band between first and second, and second and third thyridia; metasomal stalk in lateral side with dorsal margin 0.7 times as long as median height; front end of ridges on lower half of metasomal stalk weakly curved backward; fore wing 2.3-2.7 mm. Japan ···················
    ···***E. styracura**
    Side of syntergite with hairy area complete; metasomal stalk in lateral side with dorsal margin 1.0 times as long as median height; front end of ridges on lower half of metasomal stalk horizontal or curved forward ··· 29

29. Hind coxae light reddish brown; metasomal stalk in dorsal side only with longitudinal carinae; base of syntergite with sublateral groove 0.3 times as long as median groove; fore wing length 2.3mm. Zhejiang
    ··· **(197) *E. zhui*, sp. nov.**
    Hind coxae black or blackish brown except for apex; metasomal stalk with transverse punctelate wrinkles at basal half, and with longitudinal carinae apical half; base of syntergite with sublateral groove 0.5-0.7 times as long as median groove ·· 30

30. Hind coxae dorsally blackish brown, and ventrally reddish brown; base of syntergite with 1 lateral groove on each side; dorsal smooth area of propodeum 1.5 times as long as the distance between base and posterior margin of spiracle; fore wing length 2.5mm. Guizhou ··················**(198) *E. guoi*, sp. nov.**
    Hind coxae dorsally entirely reddish brown or brownish yellow; base of syntergite with 2 lateral grooves on each side; dorsal smooth area of propodeum 2.0-2.7 times as long as the distance between base and

posterior margin of spiracle·· 31

31. Second flagellomere 3.5 times as long as its apical width; dorsal smooth area of propodeum 2.7 times as long as the distance between base and posterior margin of spiracle; hind femur 6.2 times as long as wide; first thyridium 4.0 times as wide as long; ovipositor sheath 0.29 times as long as hind tibia; fore wing 3.2mm. Shaanxi ··· **(196) *E. yalini*, sp. nov.**
    Second flagellomere 2.4-2.9 times as long as its apical width; dorsal smooth area of propodeum 2.0-2.2 times as long as the distance between base and posterior margin of spiracle; hind femur 4.7-5.4 times as long as wide; first thyridium 2.2-2.4 times as wide as long; ovipositor sheath 0.34-0.38 times as long as hind tibia ··· 32

32. Tenth flagellomere 2.0 times as long as its apical width; metasomal stalk with 2 transverse wrinkles at base, behind which with 5 longitudinal carinae at apex; metsomal stalk in lateral side with dorsal margin 1.0 times as long as median height; distance between first thyridia 0.5 times as long as width of one thyridium; hind femur 4.7 times as long as wide; hairs on lower side of syntergite moderately dense; hind coxa with basal half blackish brown, apical half reddish brown; fore wing length 2.4mm. Gansu ··········
    ··· **(186) *E. arciclypeatus*, sp. nov.**
    Tenth flagellomere 2.8 times as long as its apical width; metasomal stalk with punctulate transverse reticulate wrinkles at base, behind which with 8 longitudinal wrinkles; metsomal stalk in lateral side with dorsal margin 0.8 times as long as median height; distance between first thyridia 1.2 times as long as width of one thyridium; hind femur 5.4 times as long as wide; hairs on lower side of syntergite dense; hind coxa black except apex; fore wing length 3.1mm. Shaanxi ············· **(185) *E. nigritibialis*, sp. nov.**

(178) *Exallonyx furcicarinatus* He *et* Xu, sp. nov.

Material examined: Holotype ♂, Xianrending, Mt. W. Tianmushan (30.4°N, 119.5°E), Zhejiang Prov., 2003.Ⅶ.30, by WU Qiong, No.20034563. Paratypes: 1♀1♂, Xianrending, Mt. W. Tianmushan (30.4°N, 119.5°E), Zhejiang Prov., 1998.Ⅶ.27, by ZHAO Mingshui, Nos.992953, 998455; 1♀, Xianfengling, Mt. Wuyishan (26.4°N, 116.4°E), 1989.Ⅻ.17, by WANG Jiashe, No.20008646.

Distribution: Zhejiang, Fujian.

Diagnostic characters: The species is similar to *Exallonyx sparsus* Townes, 1981, but it can be distinguished from the latter by: ①metasomal stalk in lateral view 1.0 times as long as median height, with anterior lower corner projecting as blunt angle (vs. 0.65, with anterior lower corner rounded); ②metapleuron densely reticulate rugose, hardly with smooth area (vs. with distinct smooth area; ③stigma 2.0 times as long as wide (vs. 1.55).

(179) *Exallonyx bullotus* He *et* Xu, sp. nov.

Material examined: Holotype ♂, Mt. Tianpingshan, Sangzhi County (29.3°N, 110.1°E), Hunan Prov., 1981.Ⅵ.17 ,by TONG Xinwang, No.20044805.

Distribution: Hunan.

Diagnostic characters: Listed in the key.

(180) *Exallonyx silvestris* **He** *et* **Xu, sp. nov.**

Material examined: Holotype ♂, Künes Forestry Centre (43.2°N, 84.6°E), Xinjiang Uygur Aut. Reg., 1991.Ⅶ.9, by HE Junhua, No.913670.

Distribution: Xinjiang.

Diagnostic characters: Listed in the key.

(181) *Exallonyx xanthus* **He** *et* **Xu, sp. nov.**

Material examined: Holotype ♂, Mt. Qianjiaping, Shennongjia National Nature Reserve (31.7°N, 110.6°E), Hubei Prov., 1700m, 1982.Ⅶ.26, by HE Junhua, No.825356.

Distribution: Hubei.

Diagnostic characters: Listed in the key.

(182) *Exallonyx sparsireticularis* **He** *et* **Xu, sp. nov.**

Material examined: Holotype ♂, Mt. Baiyunshan, Songxian County (34.1°N, 112.0°E), Henan Prov., 1999.Ⅴ.20, by DU Yuzhou, No.200011468.

Distribution: Henan.

Diagnostic characters: Listed in the key.

(183) *Exallonyx ellipsituberculus* **He** *et* **Xu, sp. nov.**

Material examined: Holotype ♂, Erdaobaihe (42.4°N, 128.1°E), Mt. Changbaishan, Jilin Prov., 760m, 2004.Ⅷ.3, by MA Yun, No.20047159.

Distribution: Jilin.

Diagnostic characters: Listed in the key.

(184) *Exallonyx tenuifemoratus* **He** *et* **Xu, sp. nov.**

Material examined: Holotype ♂, Mt. Zheduogou, Kangding County (30.3°N, 101.9°E), Sichuan Prov., 2920m, 1996.Ⅵ.8, by DU Yuzhou, No.977595.

Distribution: Sichuan.

Diagnostic characters: Pronotum with two pits on lower corner; hairs on syntergite moderately long; side of metasomal stalk with one transverse carina on base and smooth area on dorsal face of propodeum small, ect., all these characters make it difficult to put it to each group. Base on the complex characters, we treated it as a member of *Ater* Group.

(185) *Exallonyx nigritibialis* **He** *et* **Xu, sp. nov.**

Material examined: Holotype ♂, Mt. Tiantaishan, Qinling (34.2°N, 106.8°E), Shaanxi Prov., 1993.Ⅸ.3, by HE Junhua, No.990268. Paratypes: 3♀2♂, same data as holotype, Nos.990072, 990271, 990356, 990579, 991528; 1♂, Mt. Tiantaishan, Qinling (34.2°N, 106.8°E), Shaanxi Prov., 2000m, 1998.Ⅵ.8, by MA Yun, No.983242.

Distribution: Shaanxi.

Diagnostic characters: Listed in the key.

(186) *Exallonyx arciclypeatus* **He** *et* **Xu, sp. nov.**

Material examined: Holotype ♀, Daheba (32.6°N, 107.4°E), Dangchang County, Gansu Prov., 2530m, by WU Qiong, No.20047016. Paratypes: 5♀1♂, same locality and date as holotype, by SHI Min and WU Qiong, Nos.20046965, 2046968, 20046985, 20046998, 20047007, 20047017; 1♂, same locality and date as holotype, by CHEN Xuexin, No.20047053.

Distribution: Gansu.

Diagnostic characters: The species is similar to *Exallonyx ater* (Gravenhorst, 1807), but can be separated from the latter by: ①smooth area of metapleuron 0.3 times as long and 0.8 times as wide of those of metapleuron; ②base of syntergite with two fine lateral grooves on each side (vs. 3-4).

(187) *Exallonyx hirsutus* He *et* Xu, sp. nov.

Material examined: Holotype ♂, Shennongjia National Nature Reserve (31.7°N, 110.6°E), Hubei Prov., 2890m, 1982.Ⅷ.27, by HE Junhua, No.825718.

Distribution: Hubei.

Diagnostic characters: The species resembles *Exallonyx styracura* Townes, 1981, but it is different from the latter by: ①hairless area on anterior centre of mesopleuron 1.2 times as long as tegula (vs. with a continuous band of hairs); ②base of syntergite with median groove reaching 0.7 the distance between first thyridia (vs. 0.5), each side with 3 lateral grooves, (vs. 2) sublateral grooves 0.7 times as median groove (vs. 0.5); ③fore wing 4.0 mm.length (vs. 2.3-2.7mm).

(188) *Exallonyx brevicellus* He *et* Xu, sp. nov.

Material examined: Holotype ♂, Fatou (30.5°N, 119.8°E), Deqing County, Zhejiang Prov., 1995.Ⅴ.27, by CHEN Xuexin, No.954858.

Distribution: Zhejiang.

Diagnostic characters: Listed in the key.

(189) *Exallonyx novemisulcus* He *et* Xu, sp. nov.

Material examined: Holotype ♂, Nanling National Nature Reserve (23.3°N, 115.3°E), Ruyuan Yao Aut. County, Guangdong Prov., 2004.Ⅷ.4, by XU Zaifu, No.20047783.

Distribution: Guangdong.

Diagnostic characters: Listed in the key.

(190) *Exallonyx jilinensis* He *et* Xu, sp. nov.

Material examined: Holotype ♂, Mt. Changbaishan (42.0°N, 128.1°E), Jilin Prov., 1977. Ⅷ.11, by HE Junhua, No.770961.

Distribution: Jilin

Diagnostic characters: This species is similar to *Exallonyx quadriceps* Ashmead, 1893, but it can be distinguished from the latter by: ①metasomal stalk 0.82 times as long as wide (vs. 0.50); ②base of syntergite with median groove reaching 0.6 to the distance between first thyridia (vs. 0.45); ③first thyridium 2.7 times as long as wide (vs. 4.4); ④pronotum without hairs behind epomia and upper part of collar (vs. with about 12 hairs); ⑤mesopleuron with a hairless area above the horizontal groove (vs. with a continuous or narrowly interrupted band of hairs).

(191) *Exallonyx maqii* He *et* Xu, sp. nov.

Material examined: Holotype ♂, Altay City (47.8°N, 88.2°E), Xinjiang Uygur Aut. Reg., 1990.Ⅶ.25, by WANG Dengyuan, No.916319. Paratype: 1♂, same data as holotype, No.916320.

Distribution: Xinjiang.

Diagnostic characters: Listed in the key.

(192) *Exallonyx gei* He *et* Xu, sp. nov.

Material examined: Holotype ♂, Mt. Shizifeng (34.0°N, 111.0°E), Lushi County, Henan Prov., 1996.Ⅷ.24, by CAI Ping, No.973193.

Distribution: Henan.

Diagnostic characters: Listed in the key.

(193) *Exallonyx yunnanensis* He *et* Xu, sp. nov.

Material examined: Holotype ♂, Lancang Lahuzu Aut. County (22.5°N, 99.9°E), Yunnan Prov., 1981.Ⅳ.20, by HE Junhua, No.814361.

Distribution: Yunnan.

Diagnostic characters: Listed in the key

(194) *Exallonyx ruficornis* He *et* Xu, sp. nov.

Material examined: Holotype ♂, Longdu, Mt. Wuyishan (26.4°N, 116.4°E), 1979.Ⅹ.29, by HUANG Juchang.

Distribution: Fujian.

Diagnostic characters: Listed in the key.

(195) *Exallonyx zhoui* He *et* Xu, sp. nov.

Material examined: Holotype ♂, Mt. Tiantaishan, Qinling (34.2°N, 106.8°E), Shaanxi Prov., 1999.Ⅸ.3, by MA Yun, No.991011. Paratypes: 23♀26♂, same locality as holotype, 1999.Ⅸ.3-4, by HE Junhua, CHEN Xuexin and MA Yun, Nos.990082, 990364, 990367, 990412, 990414, 990460, 990483, 990499, 990757, 990931, 991033, 991047, 991056, 991104, 991120, 991126, 991129, 991131, 991137, 991233, 991394, 991399, 991415, 991423, 991426, 991434, 991437, 991449-50, 991452, 991460, 991467, 991470, 991499, 991503, 991514, 991520, 991524, 991537-38, 991541, 991544-45, 991547, 991583, 991594, 991650; 4♂, Mt. Tiantaishan, Qinling (34.2°N, 106.8°E), Shaanxi Prov., 1800-2000m, 1998.Ⅵ.8-10, by MA Yun and DU Yuzhou, Nos.983045, 983083, 984519, 984521; 2♂, Huoditang (33.4°N,108.4°E), Ningshan, Shaanxi Prov., 1600-1900m, 1998.Ⅵ.5,by MA Yun, Nos.982376, 982614; 1♂, Liping Experimental Forestry Centre (33.0°N, 106.9°E), Nanzheng County, Shaanxi Prov., 1344m, 2004. Ⅶ.23, by CHEN Xuexin, No.200446882; 1♂, Baotianman, Neixiang County (33.0°N, 111.8°E), Henan Prov., 1998.Ⅶ.13, by MA Yun, No.986152.

Distribution: Henan, Shaanxi.

Diagnostic characters: Listed in the key.

(196) *Exallonyx yalini* **He** *et* **Xu, sp. nov.**

Material examined: Holotype ♂, Mt. Ziboshan, Liuba County (33.6°N, 106.9°E), Shaanxi Prov., 1682m, 2004.Ⅷ.4, by SHI Min, No.20049982.

Distribution: Shaanxi.

Diagnostic characters: Listed in the key.

(197) *Exallonyx zhui* **He** *et* **Xu, sp. nov.**

Material examined: Holotype ♀, Xianrending, Mt. W. Tianmushan (30.4°N, 119.5°E), Zhejiang Prov., 1990.Ⅵ.2-4, by SHI Zuhua, No.902385.

Distribution: Zhejiang.

Diagnostic characters: Listed in the key.

(198) *Exallonyx guoi* **He** *et* **Xu, sp. nov.**

Material examined: Holotype ♀, Huguosi, Mt. Fanjingshan (27.9°N, 108.6°E), Guizhou Prov., 1300m, 2001. Ⅷ.1, by MA Yun, No.200108314.

Distribution: Guizhou.

Diagnostic characters: Listed in the key.

2) *Formicarius* Group

43 species are described, of which 37 are new to science, one is nom. nov.

Key to species

5. Second and tenth flagellomeres each 3.4 and 3.0 times as long as their apical width; metasomal stalk in dorsal side 1.6 times as long as median wide, in lateral side with dorsal margin 1.5 times as long as median height; first thyridium 2.2 times as wide as long, distance between first thyridia 0.4 times as long as width of one thyridium; fore wing length 2.4mm. Guangdong ······················ **(199)** *E. pui*, **sp. nov.**
   Second and tenth flagellomeres each 2.8 and 2.7 times as long as their apical width; metasomal stalk in dorsal side 1.0 times as long as median wide, in lateral view with dorsal margin 0.85 times as long as median height; first thyridium 4.0 times as median wide as long, distance between first thyridia 0.8 times as long as width of a thyridium; fore wing length 2.8mm. Jilin ························· **(200)** *E. dui*, **sp. nov.**
6. Metasomal stalk in dorsal side 0.9-1.0 times as long as median wide, in lateral side with dorsal margin 0.7-0.8 times as long as median height; base of syntergite with 2 lateral grooves on each side ············ 7

Metasomal stalk in dorsal side 1.3-1.6 times as long as median wide, in lateral side with dorsal margin 1.1-1.3 times as long as median height; base of syntergite with 2-3 lateral grooves on each side (unknown in *E. chiuae*) ·· 8

7. Dorsal smooth area of propodeum 2.5 times as long as the distance between base and posterior margin of spiracle, hind face of propodeum with transverse wrinkles, and smooth at apex; first thyridium 1.8 times as wide as long; fore wing length 2.1mm. Zhejiang ······································ **(201)** *E. fani* **(nom. nov.)**

   Dorsal smooth area of propodeum 1.2 times as long as the distance between base and posterior margin of spiracle, hind face of propodeum entirely reticulate rugose; first thyridium 3.1 times as wide as long; fore wing length 2.4mm. Fujian ·· **(202)** *E. nigricornis*

8. Second abscissa of radius vein meeting costal vein at about 20°; fore wing length 2.2-2.4mm. Taiwan ·· **(203)** *E. chiuae*

   Second abscissa of radius vein meeting costal vein at about 30° or more ···································· 9

9. Base of syntergite with 2 lateral grooves; sublateral groove 0.3 or 0.8 times as long as median groove;first thyridium 2.0-2.2 times as wide as long; frontal carina weak; middle and hind trochanters brownish or yellow ·· 10

   Base of syntergite with 3 lateral grooves, sublateral groove 0.65-0.85 times as long as median groove; first thyridium 2.8-3.0 times as wide as long; frontal carina strong and high or weak; middle and hind trochanters yellowish brown or reddish brown ·· 11

10. Sublateral groove 0.3 times as long as median groove; middle and hind trochanters light brown; smooth area of metapleuron with its length and height each occupied by 0.5 and 0.9 the length and height of metapleuron; metasomal stalk in dorsal part with 7 longitudinal carinae; fore wing length 2.0mm. Shaanxi ·· **(204)** *E. fumipes*, **sp. nov.**

    Sublateral groove 0.8 times as long as median groove; middle and hind trochanters yellow; smooth area of metapleuron with its length and height each occupied by 0.2 and 0.35 the length and height of metapleuron; metasomal stalk in dorsal side with 3 transverse wrinkles at basal 0.4, with 5 longitudinal carinae at apical 0.6; fore wing length 2.3mm. Guangdong················**(205)** *E. rubiginosus*, **sp. nov.**

11. Tenth flalgellomere 2.5 times as long as its apical width; dorsal area of propodeum entirely smooth, 2.8 times as long as the distance between base and posterior margin of spiracle; hind face of propodeum with sparse reticulate wrinkles, and smooth at apex; costal margin of radial cell 0.35 times as long as stigma; longer spur of hind tibia 0.73 times as long as hind basitarsus; frontal ridge strong and high; fore coxae blackish brown; fore wing length 3.0mm. Zhejiang····················· **(206)** *E. glabriterebrans*, **sp. nov.**

    Tenth flalgellomere 3.0-3.2 times as long as its apical width; dorsal smooth area of propodeum 1.0-2.0 times as long as the distance between base and posterior margin of spiracle; hind face of propodeum entirely with fine reticulate wrinkles; costal margin of radial cell 0.8 times as long as stigma; longer spur of hind tibia 0.5-0.6 times as long as hind basitarsus; frontal ridge weak; fore coxae reddish brown or brownish yellow··· 12

12. Stigma light brownish yellow; temple in dorsal view 0.53 times as long as eye; fore wing length 2.1mm. Yunnan··· **(207)** *E. liqiangi*, **sp. nov.**

Stigma blackish brown; temple in dorsal view 0.65 times as long as eye; fore wing length 2.6mm. Guizhou ·· **(208)** *E. daozhenensis*, **sp. nov.**

13. Dorsal margin of side of pronotum with two rows of hairs ······································· 14

Dorsal margin of side of pronotum with three or more rows of hairs····························· 22

14. Middle and hind trochanters blackish brown or light brown·· 15

Middle and hind trochanters yellowish brown, reddish brown or brownish yellow ····················· 16

15. Middle and hind trochanters blackish brown; metasomal stalk in dorsal side 1.0 times as long as median wide, with punctulate wrinkles on basal 0.4; metsaomal stalk in lateral side with dorsal margin 0.8 times as long as median height, with one transverse ridge at base, behind which with five longitudinal carinae; base of syntergite with two lateral grooves on each side; first thyridium 2.2 times as wide as long, distance between first thyridia 0.6 times as long as width of a thyridium; fore wing length 2.5mm. Guangdong··· **(209)** *E. nanlingensis*, **sp. nov.**

Middle and hind trochanters light brown; metasomal stalk in dorsal side 1.7 times as long as median wide, without punctulate wrinkles at base; metsaomal stalk in lateral side with dorsal margin 1.2 times as long as median height, with one transverse ridge at base, behind which without longitudinal carinae; base of syntergite without lateral grooves on each side; first thyridium 3.5 times as wide as long, distance between first thyridia 0.3 times as long as width of a thyridium; fore wing length 3.0mm. Yunnan ········· ·· **(210)** *E. alternans*, **sp. nov.**

16. Temple in dorsal view 0.96 times as long as eye; frontal ridge strong and high; median longitudinal carina of propodeum only reaching to apex of dorsal face; base of syntergite with sublateral groove 0.25 times as long as median groove; fore wing length 5.2mm. Xizang ···············**(211)** *E. sinensis*, **sp. nov.**

Temple in dorsal view 0.65-0.80 times as long as eye; frontal ridge moderately high; median longitudinal carina of propodeum reaching to base or apex of hind face; base of syntergite with sublateral groove 0.4-0.9 times as long as median groove··· 17

17. Metasomal stalk in dorsal side 1.4 times as long as wide; distance between first thyridia 0.2 times as long as width of one thyridium; temple in dorsal view 0.65 times as long as eye; fore wing length 2.8-3.0mm. Guizhou ··· **(212)** *E. australis*, **sp . nov.**

Metasomal stalk in dorsal side 0.8-1.1 times as long as wide; distance between first thyridia 0.5-1.0 times as long as width of a thyridium (except *E. altayensis*, of which is 0.2); temple in dorsal view 0.7-0.8 times as long as eye··· 18

18. Second flagellomere 3.1 times as long as its apical width; median longitudinal carina of propodeum reaching to base of hind face; first abscissa of radius of fore wing 1.0 times as long as wide; base of syntergite with two lateral grooves on each side; fore wing length 2.7mm. Zhejiang····· **(213)** *E. fuliginis*

Second flagellomere 2.3-2.7 times as long as its apical width; median longitudinal carina of propodeum reaching to near apex of hind face; first abscissa of radius of fore wing 1.5-2.0 times as long as wide; base of syntergite with three lateral grooves on each side··· 19

19. Tenth flagellomere 2.2 times as long as its apical width; malar space 0.49 times as long as longer diameter of eye; metasomal stalk in lateral side with dorsal margin 1.1 times as long as median height,

with eleven oblique longitudinal carinae at apex; base of syntergite with sublateral groove 0.8 times as long as median groove; distance between first thyridia 0.2 times as long as width of a thyridium; fore wing length 3.7mm. Xinjiang ·· **(214) *E. altayensis*, sp. nov.**
Tenth flagellomere 3.0 times as long as its apical width; malar space 0.19-0.34 times as long as longer diameter of eye; metasomal stalk in lateral side with dorsal margin 0.6-0.8 times as long as median height, with one transverse wrinkle at base, behind which with 5-6 oblique longitudinal carinae; base of syntergite with sublateral groove 0.4-0.6 times as long as median groove; distance between first thyridia 0.5-1.0 times as long as width of a thyridium ·· 20

20. Metasomal stalk in dorsal side with 'V' shape carina, with three weak transverse wrinkles at base and two short longitudinal wrinkles at posterior lateral side; first thyridium 2.5 times as wide as long, distance between first thyridia 1.0 times as long as width of a thyridium; fore wing length 3.0mm. Guangdong ·· **(215) *E. triangularis*, sp .nov.**
Metasomal stalk in dorsal side without 'V' shape carina, with six longitudinal carinae at base; first thyridium 3.0-3.6 times as wide as long, distance between first thyridia 0.5-0.6 times as long as width of a thyridium ·· 21

21. Malar space 0. 34 times as long as longer diameter of eye; dorsal face of propodeum entirely smooth; fore wing length 3.0mm. Zhejiang ································ **(216) *E. liui*, sp. nov.**
Malar space 0. 19 times as long as longer diameter of eye; smooth area on dorsal face of propodeum 1.2 times as long as the distance between base and posterior margin of spiracle, behind the smooth area with oblique striations or winkles; fore wing length 2.9mm. Zhejiang ········ **(217) *E. striopropodeum*, sp. nov.**

22. Middle and hind coxae and trochanters brownish yellow; smooth area of metapleuron with its length and height each occupied by 0.6-0.8 and 0.8-0.9 the length and height of metapleuron; base of syntergite with two lateral grooves on each side; fore wing length 2.8-3.3mm. Zhejiang ················ **(218) *E. laevigatus***
Middle and hind coxae and trochanters black or blackish brown; smooth area of metapleuron with its length and height each occupied by 0.35-0.40 and 0.4-0.5 the length and height of metapleuron; base of syntergite with three or six lateral grooves on each side ·· 23

23. Temple in dorsal view 0.74 times as long as eye; frontal ridge moderately high; both second and tenth flagellomeres 2.0 times as long as apical width; hind face of propodeum smooth; metasomal stalk in dorsal side 1.2 times as long as wide, with eleven longitudinal carinae, in lateral side with dorsal margin 1.0 times as long as median height, with nine longitudinal carinae behind the transverse ridge; base of syntergite with median groove reaching 0.8 the distance to first thyridia, with 6 lateral grooves on each side, sublateral groove 1.0 times as long as median groove; first thyridium 5.0 times as wide as long, distance between first thyridia 0.2 times as long as width of a thyridium; fore wing length 3.8mm. Guangdong ·· **(219) *E. exrugatus*, sp. nov.**
Temple in dorsal view 0.4 times as long as eye; frontal ridge strong and high; second and tenth flagellomeres each 2.38 and 3.6 times as long as apical width; hind face of propodeum with sparse reticulate wrinkles; metasomal stalk in dorsal side 0.7 times as long as wide, with six longitudinal carinae, in lateral side with dorsal margin 0.6 times as long as median height, with six longitudinal carinae behind

the transverse ridge; base of syntergite with median groove reaching 0.65 the distance to first thyridia, with 3 lateral grooves on each side, sublateral groove 0.7 times as long as median groove; first thyridium 3.0 times as wide as long, distance between first thyridia 0.9 times as long as width of one thyridium; fore wing length 4.6mm. Xinjiang ··· **(220)** *E. multiseriae*, **sp. nov.**

24. Dorsal margin of side of pronotum with a single row of hairs ·· 25

　　 Dorsal margin of side of pronotum with two or more rows of hairs ································· 28

25. Hind tarsal claw with a long black divergent tooth near base as that of fore and middle claws; fore wing length 1.6mm. Yunnan ··· **(221)** *E. posteripes*, **sp. nov.**

　　 Hind tarsal claw without a long black divergent tooth near base as that of fore and middle claws ······· 26

26. Middle and hind trochanters black; temple in dorsal view 1.1 times as long as eye; second flagellomere 2.3 times as long as wide; hind face of propodeum smooth at apical half; Metasomal stalk in dorsal side 0.7 times as long as median wide, with three longitudinal carinae; base of syntergite with two lateral grooves on each side; hind femur 3.3 times as long as wide; fore wing length 4.2mm. Yunnan ·············· ·· **(222)** *E. nigritrochantus*, **sp. nov.**

　　 Middle and hind trochanters reddish brown or rubiginous; temple in dorsal view 0.70-0.84 times as long as eye; second falgellomere 2.5-2.7 times as long as wide; hind face of propodeum entirely with reticulate wrinkles; Metasomal stalk in dorsal side 1.0 times as long as median wide, with 5-7 longitudinal carinae; base of syntergite with 3 lateral grooves on each side; hind femur 4.2-4.5 times as long as wide ··· 27

27. Porpodeum with median longitudinal carina reaching to apex of dorsal face; hind face of propodeum with sparse transverse wrinkles; metasomal stalk in dorsal side with only 5 longitudinal carinae, in lateral side with dorsal margin 1.0 times as long as median height; longer spur of hind tibia 0.45 times as long as basitarsus of hind tarsus; fore wing length 2.6mm. Yunnan ·············· **(223)** *E. transireticulum*, **sp. nov.**

　　 Porpodeum with median longitudinal carina reaching to apex of hind face; hind face of propodeum with finely transverse wrinkles; metasomal stalk in dorsal side with 6-7 longitudinal carinae, with transverse wrinkles or punctulate wrinkles at base, in lateral side with dorsal margin 0.6 times as long as median height; longer spur of hind tibia 0.57 times as long as basitarsus of hind tarsus; fore wing length 2.3-2.9mm. Guangdong ·· **(224)** *E. pangi*, **sp. nov.**

28. Dorsal margin of side of pronotum with several rows of hairs; second flagellomere 3.5 times as long as its apical width; hind face of propodeum with transverse wrinkles at base, smooth at apex; base of syntergite with 2 lateral grooves on each side; first thyridium 4.2 times as wide as long; fore wing length 4.0mm. Hunan ··· **(225)** *E. shimenensis*, **sp. nov.**

　　 Dorsal margin of side of pronotum with two rows of hairs; second flagellomere 2.2-3.1 times as long as its apical width; hind face of propodeum entirely with reticulate wrinkles; base of syntergite with 3 lateral grooves on each side; first thyridium 2.8-3.5 times as wide as long ································· 29

29. Middle and hind trochanters mostly black; middle femur blackish brown except for base and apex; base of syntergite with sublateral groove 0.5 times as long as median groove; fore wing length 3.4mm. Shaanxi ·· **(226)** *E. medinigricans*, **sp. nov.**

Middle and hind trochanters mostly brownish yellow; middle femur yellow; base of syntergite with sublateral groove 0.70-0.95 times as long as median groove ··· 30

30. Temple in dorsal view 0.9 times as long as eye; second flagellomere 3.1 times as long as its apical width; metasomal stalk in lateral side with dorsal margin 0.6 times as long as median height; base of syntergite with sublateral groove 0.7 times as long as median groove; distance between first thyridia 0.6 times as long as width of a thyridium; hind femur 4.0 times as long as wide; longer spur of hind tibia 0.52 times as long as basitarsus of hind tarsus; hind coxae brown; fore wing length 2.8mm. Yunnan ······················ ·· **(227) *E. fuscipes*, sp. nov.**

Temple in dorsal view 0.57 times as long as eye; second flagellomere 2.4 times as long as its apical width; metasomal stalk in lateral side with dorsal margin 0.9 times as long as median height; base of syntergite with sublateral groove 0.9 times as long as median groove; distance between first thyridia 0.3 times as long as width of a thyridium; hind femur 4.5 times as long as wide; longer spur of hind tibia 0.63 times as long as basitarsus of hind tarsus; hind coxae black; fore wing length 3.9mm. Shaanxi ······················ ··· **(228) *E. excelsicarinatus*, sp. nov.**

31. Side of metasomal stalk most smooth, except for a oblique transverse ridge at base ······················· 32
Side of metasomal stalk with longitudinal ridges except for besides a oblique transverse ridge at base ··· 38

32. Dorsal margin of side of pronotum with a single row of hairs·· 33
Dorsal margin of side of pronotum with two rows of hairs ··· 34

33. Lower corner of side of pronotum with 2 pits; temple in dorsal view 1.2 times as long as eye; malar space 0.5 times as long as longer diameter of eye; fore wing 2.9-3.1 times as long as wide; base of syntergite with sublateral groove 0.25-0.40 times as long as median groove; fore wing length 1.8-2.3mm. Shaanxi ···**(229) *E. yangae*, sp. nov.**

Lower corner of side of pronotum with 3 pits; temple in dorsal view 0.67 times as long as eye; malar space 0.37 times as long as longer diameter of eye; fore wing 2.6 times as long as wide; base of syntergite with sublateral groove 0.6 times as long as median groove; fore wing length 2.5mm. Guizhou ··**(230) *E. conjugatus*, sp. nov.**

34. Lower corner of side of pronotum with 3 pits; temple in dorsal view 1.5 times as long as eye; second and tenth flagellomeres each 1.3 and 1.55 times as long as their apical width; smooth area of metapeluron very large, both its length and height occupied by 0.9 that of metapleuron; propodeum almost entirely smooth, except for apex and outer side of pleural area with sparse wrinkles, median longitudinal carina absent; metasomal stalk in lateral side with dorsal margin 0.7 times as long as median height; first thyridium 1.5 times as wide as long; fore wing length 1.8mm. Sichuan ······················· ··· **(231) *E. laevimetapleurum*, sp. nov.**

Lower corner of side of pronotum with 2 pits; temple in dorsal view 1.00-1.25 times as long as eye; second and tenth flagellomeres each 1.7-1.9 and 1.30-1.55 times as long as their apical width; smooth area of metapeluron with its length and height each occupied by 0.55-0.70 and 0.7-0.9 of those of metapleuron; propodeum with dorsal face smooth, hind face and pleural area more or less with wrinkles, median longitudinal carina reaching to hind face; metasomal stalk in lateral side with dorsal margin

0.9-1.1 times as long as median height; first thyridium 2.8-3.0 times as wide as long ···················· 35

35. Base of syntergite with 2 lateral grooves on each side; hind femur 3.2-3.3 times as long as wide ········ 36

　　Base of syntergite with 1 lateral groove on each side; hind femur 3.5-3.7 times as long as wide ········· 37

36. Temple 1.25 times as long as eye; malar space 0.58 times as long as longer diameter of eye; stigma and costal margin of radial cell each 2.2 and 0.56 times as long as width of stigma; metasomal stalk in dorsal side 1.0 times as long as median wide; base of syntergite with sublateral groove 0.6 times as long as median groove; fore wing length 2.3mm. Hebei ··························· **(232)** *E. brevicalcaratus*, **sp. nov.**

　　Temple 1.0 times as long as eye; malar space 0.32 times as long as longer diameter of eye; stigma and costal margin of radial cell each 2.75 and 0.95 times as long as width of stigma; metasomal stalk in dorsal side 1.3 times as long as median wide; base of syntergite with sublateral groove 0.28 times as long as median groove; fore wing length 2.6mm. Fujian ····························· **(233)** *E. wangi*, **sp. nov.**

37. Ovipositor sheath with longitudinal striate; metasomal stalk in dorsal side entirely with fine wrinkles; fore wing length 2.3mm. Guizhou ································· **(234)** *E. striaticaudatus*, **sp. nov.**

　　Ovipositor sheath with long punctures; metasomal stalk in dorsal side with finely punctulate wrinkles at basal 0.7, and smooth at apical 0.3; fore wing length 2.8mm. Zhejiang ················ **(235)** *E. areolatus*

38. Lower corner of side of pronotum with 2 pits; ovipositor sheath with long punctures or longitudinal wrinkles ··· 39

　　Lower corner of side of pronotum with one pit; ovipositor sheath with long punctures ··················· 44

39. Dorsal margin of side of pronotum with a single row of hairs ··· 40

　　Dorsal margin of side of pronotum with two or more rows of hairs ····································· 41

40. Frontal ridge strong and high; malar space 0.1 times as long as longer diameter of eye; stigma and costal margin of radial cell each 1.4 and 0.36 times as long as width of stigma; metasomal stalk in dorsal side 1.7 times as long as median wide, with finely punctulate wrinkles at base, and with 9 longitudinal ridges behind; first thyridium 2.2 times as wide as long, distance between first thyridia 0.8 times as long as width of one thyridium; ovipositor sheath with long punctures; fore wing length 2.1mm. Yunnan ··········
　　··· **(236)** *E. globusiceps*, **sp. nov.**

　　Frontal ridge weak; malar space 0.4 times as long as longer diameter of eye; stigma and costal margin of radial cell each 2.3 and 1.1 times as long as width of stigma; metasomal stalk in dorsal side 1.4 times as long as median wide, entirely with irregular longitudinal ridges; first thyridium 3.0 times as wide as long, distance between first thyridia 0.3 times as long as width of a thyridium; ovipositor sheath with longitudinal wrinkles; fore wing length 2.2mm. Yunnan ···························· **(207)** *E. liqiangi*, **sp. nov.**

41. Dorsal margin of side of pronotum with several rows of hairs; middle and hind coxae brownish yellow; frontal ridge moderately high; second and tenth flagellomeres each 3.2 and 2.5 times as long as their apical width; metasomal stalk in dorsal side with 2 transverse wrinkles on base, behind which with 7 longitudinal ridges; metasomal stalk in lateral view with a transverse ridge at base, behind which with 5 longitudinal ridges at apex; base of syntergite with 2 lateral grooves on each side; ovipositor sheath 0.33 times as long as hind tibia; fore wing length 2.7mm. Yunnan ················ **(237)** *E. fulvicoxalis*, **sp. nov.**

　　Dorsal margin of side of pronotum with two rows of hairs ··· 42

42. Middle and hind trochanters blackish brown; stigma 2.85 times as long as wide; fore wing length 2.3mm. Guizhou ·· **(238) *E. longistigmatus*, sp. nov.**
   Middle and hind trochanters brownish yellow; stigma 2.0-2.1 times as long as wide ····················· 43
43. Temple in dorsal view 1.2 times as long as wide; malar space 0.1 times as long as longer diameter of eye; base of syntergite with median groove reaching 0.4 the distance to first thyridia, with 2 lateral grooves on each side; first thyridium 1.6 times as wide as long, distance between first thyridia 1.0 times as long as width of one thyridium; fore wing length 1.8mm. Zhejiang ·············· **(239) *E. longitemporalis*, sp. nov.**
   Temple in dorsal view 0.9 times as long as wide; malar space 0.3 times as long as longer diameter of eye; base of syntergite with median groove reaching 0.7 the distance to first thyridia, with 3 lateral grooves on each side; first thyridium 2.5 times as wide as long, distance between first thyridia 0.6 times as long as width of a thyridium; fore wing length 2.1mm. Shaanxi ···························· **(240) *E. zhengi*, sp. nov.**
44. Hind tarsal claw with a divergent tooth near base; second and tenth flagellomeres each 1.1 and 2.6 times as long as their apical width; hind face of propodeum with basal half smooth, apical half reticulate rugose; base of syntergite with median groove reaching 0.1 the distance to first thyridia, without lateral grooves; fore wing length 1.8mm. Yunnan ·· **(221) *E. posteripes*, sp. nov.**
   Hind tarsal claw without a divergent tooth near base; second and tenth flagellomeres each 1.8 and 1.3 times as long as their apical width; hind face of propodeum entirely with reticulate wrinkles; base of syntergite with median groove reaching 0.6 the distance to first thyridia, with 3 lateral grooves on each side; fore wing length 1.9mm. Yunnan ·· **(241) *E. striopunctatus*, sp. nov.**

(199) *Exallonyx pui* He *et* Xu, sp. nov.

Material examined: Holotype ♂, Nanling National Nature Reserve (23.3°N, 115.3°E), Ruyuan Yao Aut. County, Guangdong Prov., 2004.Ⅴ.8, by XU Zaifu, No.20047739.

Distribution: Guangdong.

Diagnostic characters: Listed in the key.

(200) *Exallonyx dui* He *et* Xu, sp. nov.

Material examined: Holotype ♂, Mt. Changbaishan (42.0°N, 128.1°E), Jilin Prov., 1600-1650m, 2004.Ⅷ.5, by DU Yuzhou, No.20047171.

Distribution: Jilin.

Diagnostic characters: Listed in the key.

(201) *Exallonyx fani* He *et* Xu (nom. nov.)

Exallonyx ejunicidus He *et* Fan, 2004, In: He, *Hymenopteran Insect Fauna of Zhejiang*: 344 (nec *Exallonyx ejuncidus* Townes, 1981).

Material examined: 1♂, Mt. W. Tianmushan (30.4°N, 119.5°E), Zhejiang Prov., 1983.Ⅵ.18, by MA Yun, No.831346 (Holotype).

Distribution: Zhejiang.

Diagnostic characters: The species is similar to *Exallonyx luzonicus* Kieffer, 1914, differences between them as follows: ①second to tenth flagellomeres with tyloids (vs. tyloids absent); ②second flagellomere 2.4 times as long as wide (vs. 3.1); ③hind femur 3.7 times as long as its maximum width (vs. 4.3); ④base of syntergite with median groove reaching 0.5 to the distance between first thyridia (vs. 0.7).

(204) *Exallonyx fumipes* **He *et* Xu, sp. nov.**

Material examined: Holotype ♂, Huoditang (33.4°N, 108.4°E), Ningshan County, Shaanxi Prov., 1600m, 1998.Ⅵ.5, by MA Yun, No.982401.

Distribution: Shaanxi.

Diagnostic characters: Listed in the key.

(205) *Exallonyx rubiginosus* **He *et* Xu, sp. nov.**

Material examined: Holotype ♂, Liuxihe National Forest Park (23.5°N, 113.5°E), Conghua, Guangdong Prov., 2002.Ⅳ.13-14, by XU Zaifu, No.20026766.

Distribution: Guangdong.

Diagnostic characters: Listed in the key.

(206) *Exallonyx glabriterebrans* **He *et* Xu, sp. nov.**

Material examined: Holotype ♀, Mt. Fengyangshan, Longquan County (28.8°N, 119.1°E), Zhejiang Prov., 2003.Ⅷ.10, by LIU Jingxian, No.20047517. Paratypes: 1♀, same data as holotype, Nos.20047525, 20047525; 1♂, Xianrending, Mt. W. Tianmushan (30.4°N, 119.5°E), Zhejiang Prov., 2003.Ⅶ.29, by CHEN Xuexin, No.20057959.

Distribution: Zhejiang.

Diagnostic characters: Listed in the key.

(207) *Exallonyx liqiangi* **He *et* Xu, sp. nov.**

Material examined: Holotype ♀, Mt. Daweishan, Pingbian Miao Aut. County (22.9°N, 103.6°E), Yunnan Prov., 2003.Ⅶ.18, by HU Long, No.20048164. Paratype: 1♂, Mt. Daweishan, Pingbian Miao Aut. County (22.9°N, 103.6°E), Yunnan Prov., 2003.Ⅶ.18, by HU Long, No.20048165.

Distribution: Yunnan.

Diagnostic characters: Listed in the key.

(208) *Exallonyx daozhenensis* **He *et* Xu, sp. nov.**

Material examined: Holotype ♂, Dashahe, Daozhen County (28.8°N, 107.5°E), Guizhou Prov., 1360m, 2004.Ⅷ.21, by WU Qiong, No.20047395.

Distribution: Guizhou.

Diagnostic characters: Listed in the key.

(209) *Exallonyx nanlingensis* **He *et* Xu, sp. nov.**

Material examined: Holotype ♂, Nanling National Nature Reserve (23.3°N, 115.3°E), Ruyuan Yao Aut. County, Guangdong Prov., 2003.Ⅶ.23, by XU Zaifu, No.20047692. Paratypes: 3♂, same data as holotype, Nos.20047693-95.

Distribution: Guangdong.

Diagnostic characters: Listed in the key.

(210) *Exallonyx alternans* He *et* Xu, sp. nov.

Material examined: Holotype ♂, Fenshuiling, Lüchun County (23.0°N, 102.4°E), Yunnan Prov., 2003.Ⅶ.23, by HU Long, No.20048137.

Distribution: Yunnan.

Diagnostic characters: Listed in the key.

(211) *Exallonyx sinensis* He *et* Xu, sp. nov.

Material examined: Holotype ♂, Xizang Aut. Reg., 1991, by LI Fasheng, No.210.

Distribution: Xizang.

Diagnostic characters: This species is closed to *Exallonyx asper* Townes, 1981, but it is different from the latter by: ①fore wing length 5.2 mm (vs. 2.7-3.5 mm); ②malar space 0.71 times as long as temple (vs. 0.9); ③hind femur 4.17 times as long as wide (vs. 5.7); ④first thyridium 2.0 times as long as wide (vs. 2.5 times); ⑤palpus yellow (vs. black).

(212) *Exallonyx australis* He *et* Xu, sp. nov.

Material examined: Holotype ♀, Guiyang City (26.6°N, 106.7°E), Guizhou Prov., 1981. Ⅴ.21, by HE Junhua, No.813505. Paratypes: 3♂, Guiyang City (26.6°N, 106.7°E), Guizhou Prov., 1981.Ⅴ.21-24, by HE Junhua, Nos.813395, 873400, 814213; 1♂, Jiuhu, Shennongjia National Nature Reserve (31.7°N, 110.6°E), Hubei Prov., 1700m, 1982.Ⅶ.27, by HE Junhua, No.825757 (head missing); 1♂, Hudiequan, Yunnan Prov., 1981.Ⅴ.13, by HE Junhua, No.810751.

Distribution: Hubei , Guizhou, Yunnan.

Diagnostic characters: Male of this species is similar to *Exallonyx phaeomerus* Townes, 1981 different from the latter by: ①third to tenth flagellomeres with tyloids present; ②second flagellomere 3.2 times as long as wide; ③dorsal margin of pronotum with two rows of hairs.

(214) *Exallonyx altayensis* He *et* Xu, sp. nov.

Material examined: Holotype ♂, Altay City (47.8°N, 88.2°E), Xinjiang Uygur Aut. Reg., 1990.Ⅶ.25, by WANG Dengyuan, No.916322.

Distribution: Xinjiang.

Diagnostic characters: Listed in the key.

(215) *Exallonyx triangularis* He *et* Xu, sp. nov.

Material examined: Holotype ♂, Nanling National Nature Reserve (23.3°N, 115.3°E), Ruyuan Yao Aut. County, Guangdong Prov., 2003.Ⅶ.23, by XU Zaifu, No.20047697.

Distribution: Guangdong.

Diagnostic characters: Listed in the key.

(216) *Exallonyx liui* He *et* Xu, sp. nov.

Material examined: Holotype ♂, Laodian—Xianrending, Mt. W. Tianmushan (30.4°N, 119.5°E), Zhejiang Prov., 1125-1547m, 1989. Ⅴ.17-18, by FAN Jinjiang, No.884614. Paratypes: 2♂, Mt. W. Tianmushan (30.4°N, 119.5°E), Zhejiang Prov., 1990.Ⅵ.2-4, by HE

Junhua, Nos.904675, 904905; 1♂, Xianrending, Mt. W. Tianmushan (30.4°N, 119.5°E), Zhejiang Prov., 1998.IX.5, by ZHAO Mingshui, No.20057494.

Distribution: Zhejiang.

Diagnostic characters: Listed in the key.

(217) *Exallonyx striopropodeum* **He** *et* **Xu, sp. nov.**

Material examined: Holotype ♂, Hangzhou (30.2°N, 120.1°E), Zhejiang Prov., 1989. VI.24, by CHEN Xuexin, No.893310. Paratypes: 2♂, Hangzhou (30.2°N, 120.1°E), Zhejiang Prov., 1989.VI.24, by CHEN Xuexin, Nos.893289, 893305; 1♂, Hangzhou (30.2°N, 120.1°E), Zhejiang Prov., 1991.VI.28, by GAO Qikang, No.911462; 2♂, Yuhuandshan, Hangzhou (30.2°N,120.1°E), Zhejiang Prov., 2003.VII.20,by SHI Min and WU Qiong, Nos.20057017, 20057260.

Distribution: Zhejiang.

Diagnostic characters: Listed in the key.

(219) *Exallonyx exrugatus* **He** *et* **Xu, sp. nov.**

Material examined: Holotype ♂, Heishiding, Fengkai County (23.4°N, 111.4°E), Guangdong Prov., 2003. X .1, by CHEN Jujian, No.20047659.

Distribution: Guangdong.

Diagnostic characters: Listed in the key.

(220) *Exallonyx multiseriae* **He** *et* **Xu, sp. nov.**

Material examined: Holotype ♂, Altay City (47.8°N, 88.2°E), Xinjiang Uygur Aut. Reg., 1991.VII.26, by WANG Dengyuan, No.916301.

Distribution: Xinjiang.

Diagnostic characters: Listed in the key.

(221) *Exallonyx posteripes* **He** *et* **Xu, sp. nov.**

Material examined: Holotype ♀, Mt. Daweishan, Pingbian Miao Aut. County (22.9°N, 103.6°E), Yunnan Prov., 2003.VII.18, by HU Long, No.20048159. Paratype: 1♂, same data as holotype, No.20048160.

Distribution: Yunnan.

Diagnostic characters: Hind claw with basal tooth as that of middle and fore legs. Specific name referring to this character.

(222) *Exallonyx nigritrochantus* **He** *et* **Xu, sp. nov.**

Material examined: Holotype ♂, Fenshuiling, Lüchun County (23.0°N, 102.4°E), Yunnan Prov., 2003.VII.23, by HU Long, No.20048139.

Distribution: Yunnan.

Diagnostic characters: Listed in the key.

(223) *Exallonyx transireticulum* **He** *et* **Xu, sp. nov.**

Material examined: Holotype ♂, Luohao Town, Gejiu City (23.3°N, 103.1°E), Yunnan Prov., 2003.VII.23, by HU Long, No.20048135. Paratype: 1♂, Fenshuiling, Lüchun County

(23.0°N, 102.4°E), Yunnan Prov., 2003.Ⅶ.23, by HU Long, No.20048140.

　　Distribution: Yunnan.

　　Diagnostic characters: Listed in the key.

(224) *Exallonyx pangi* He *et* Xu, sp. nov.

　　Material examined: Holotype ♂, Nanling National Nature Reserve (23.3°N, 115.3°E), Ruyuan Yao Aut. County, Guangdong Prov., 2004.Ⅴ.8, by XU Zaifu, No.20047744. Paratype: 1♂, Nanling National Nature Reserve (23.3°N, 115.3°E), Ruyuan Yao Aut. County, Guangdong Prov., 2004.Ⅷ.4, by XU Zaifu, No.20047795.

　　Distribution: Guangdong.

　　Diagnostic characters: Listed in the key.

(225) *Exallonyx shimenensis* He *et* Xu, sp. nov.

　　Material examined: Holotype ♂, Mt. Hupingshan, Shimen County (29.6°N, 111.3°E), Hunan Prov., 1800m, by LEI Guangchun, No.20044532.

　　Distribution: Hunan.

　　Diagnostic characters: Listed in the key.

(226) *Exallonyx medinigricans* He *et* Xu, sp. nov.

　　Material examined: Holotype ♂, Mt. Ziboshan, Liuba County (33.6°N, 106.9°E), Shaanxi Prov., 1632m, by SHI Min, No.20049989.

　　Distribution: Shaanxi.

　　Diagnostic characters: Listed in the key.

(227) *Exallonyx fuscipes* He *et* Xu, sp. nov.

　　Material examined: Holotype ♂, Fenshuiling, Lüchun County (23.0°N, 102.4°E), Yunnan Prov., 2003.Ⅶ.23, by HU Long, No.20048141.

　　Distribution: Yunnan.

　　Diagnostic characters: Listed in the key.

(228) *Exallonyx excelsicarinatus* He *et* Xu, sp. nov.

　　Material examined: Holotype ♂, Mt. Tiantaishan, Qinling (34.2°N, 106.8°E), Shaanxi Prov., 1999.Ⅸ.3, by HE Junhua, No.990829.

　　Distribution: Shaanxi.

　　Diagnostic characters: Listed in the key.

(229) *Exallonyx yangae* He *et* Xu, sp. nov.

　　Material examined: Holotype ♀, Xunyangba (33.5°N, 108.5°E), Ningshan County, Shaanxi Prov., 1998.Ⅵ.6, by MA Yun, No.982809. Paratype: 1♀, Mt. Ziboshan, Liuba County (33.6°N, 106.9°E), Shaanxi Prov., 1632m, 2004.Ⅷ.4, by SHI Min, No.20049988.

　　Distribution: Shaanxi.

　　Diagnostic characters: Listed in the key.

(230) *Exallonyx conjugatus* He *et* Xu, sp. nov.

　　Material examined: Holotype ♀, Jinding, Mt. Fanjingshan (27.9°N, 108.6°E), Guizhou

Prov., 1800m, 2001.Ⅷ.3, by MA Yun, No.200109697. Paratype: 1♀, Jinding, Mt. Fanjingshan (27.9°N, 108.6°E), Guizhou Prov., 2100m, 2001.Ⅶ.31, by MA Yun, No.200109578.

Distribution: Guizhou.

Diagnostic characters: Listed in the key.

(231) *Exallonyx laevimetapleurum* **He *et* Xu, sp. nov.**

Material examined: Holotype ♀, Baimazhai, Pingwu County (32.4°N, 104.5°E), Sichuan Prov., 2006.Ⅶ.25, by ZHANG Hongying, No.200611056.

Distribution: Sichuan.

Diagnostic characters: Listed in the key.

(232) *Exallonyx brevicalcaratus* **He *et* Xu, sp. nov.**

Material examined: Holotype ♀, Yangjiaping, Mt. Xiaowutaishan (39.9°N, 115.0°E), Zhangjiakou City, Hebei Prov., 2005.Ⅷ.20, by SHI Min, No.200604652.

Distribution: Hebei.

Diagnostic characters: Listed in the key.

(233) *Exallonyx wangi* **He *et* Xu, sp. nov.**

Material examined: Holotype ♀, Sangang (27.3°N, 117.6°E), Mt. Wuyishan, 1989.Ⅻ.5, by WANG Jiashe, No.20008384. Paratype: 1♀, same locality and collector as holotype, 1989.Ⅻ.14, No.20008185.

Distribution: Fujian.

Diagnostic characters: Listed in the key.

(234) *Exallonyx striaticaudatus* **He *et* Xu, sp. nov.**

Material examined: Holotype ♀, Fangxiangxiang, Mt. Leigongshan National Nature Reserve (26.4°N, 108.2°E), Guizhou Prov., 2005.Ⅵ.2-3, by LIU Jingxian, No.20059350.

Distribution: Guizhou.

Diagnostic characters: Listed in the key.

(236) *Exallonyx globusiceps* **He *et* Xu, sp. nov.**

Material examined: Holotype ♀, Fenshuiling, Lüchun County (23.0°N, 102.4°E), Yunnan Prov., 2003.Ⅶ.23, by HU Long, No.20048136. Paratypes: 1♂, same data as holotype, No.20048142; 1♂, Luohao Town, Gejiu City (23.3°N, 103.1°E), Yunnan Prov., 2003.Ⅶ.23, by HU Long, No.20048131.

Distribution: Yunnan.

Diagnostic characters: Listed in the key.

(237) *Exallonyx fulvicoxalis* **He *et* Xu, sp. nov.**

Material examined: Holotype ♀, Mengzhe, Menghai County (23.5°N, 99.0°E), Yunnan Prov., 1981.Ⅳ.19, by HE Junhua, No.812619.

Distribution: Yunnan.

Diagnostic characters: Listed in the key.

(238) *Exallonyx longistigmatus* He *et* Xu, sp. nov.

Material examined: Holotype ♀, Dashahe, Daozhen County (28.8°N, 107.5°E), Guizhou Prov., 1615m, 2004.Ⅷ.17, by WU Qiong, No.20047341.

Distribution: Guizhou.

Diagnostic characters: Listed in the key.

(239) *Exallonyx longitemporalis* He *et* Xu, sp. nov.

Material examined: Holotype ♀, Mt. Longwangshan (30.3°N, 120.4°E), Anji County (30.6°N, 119.6°E), Zhejiang Prov., 2004.Ⅸ.22, by CHEN Xuexin, No.20050038.

Distribution: Zhejiang.

Diagnostic characters: Listed in the key.

(240) *Exallonyx zhengi* He *et* Xu, sp. nov.

Material examined: Holotype ♀, Yuanba, Nanzheng County (33.0°N, 106.9°E), Shaanxi Prov. (32.8°N, 106.5°E), 1283m, 2004.Ⅶ.23, No.20046869.

Distribution: Shaanxi.

Diagnostic characters: Listed in the key.

(241) *Exallonyx striopunctatus* He *et* Xu, sp. nov.

Material examined: Holotype ♀, Luohao Town, Gejiu City (23.3°N, 103.1°E), Yunnan Prov., 2003.Ⅶ.23, by HU Long, No.20048133.

Distribution: Yunnan.

Diagnostic characters: Listed in the key.

3) *Cingulatus* Group

28 species are described, of which 22 are new to science.

Key to species

1. Male ···2
   Female ·· 16
2. Dorsal margin of side of pronotum with three rows of hairs ···································3
   Dorsal margin of side of pronotum with two rows or a single row of hairs ···········6
3. Middle and hind trochanters blackish brown or dorsally blackish brown ···············4
   Middle and hind trochanters reddish brown ··5
4. Temple in dorsal view 0.57 times as long as eye; frontal ridge moderately high; second and tenth flagellomeres each 2.6 and 2.8 times as long as their apical width; metasomal stalk in lateral side with dorsal margin 0.6 times as long as median height; base of syntergite with 3 lateral grooves on each side; hind femur 3.4 times as long as wide; fore wing length 4.7mm. Shaanxi ···································· ·· **(242) *E. longicalcaratus*, sp. nov.**
   Temple in dorsal view 0.85 times as long as eye; frontal ridge strong and high; second and tenth flagellomeres each 3.2 and 3.5 times as long as their apical width; metasomal stalk in lateral side with

dorsal margin 0.9 times as long as median height; base of syntergite with 2 lateral grooves on each side; hind femur 4.4 times as long as wide; fore wing length 4.5mm. Inner Mongolia ··· **(243)** *E. neimongolensis*, **sp. nov.**

5. Frontal ridge moderately high; second and tenth flagellomeres each 2.6 and 3.5 times as long as their apical width; flagellum with tyloids; metasomal stalk in lateral side with dorsal margin 1.3 times as long as median height; fore wing length 3.6mm. Hubei ······························ **(244)** *E. carinus*, **sp. nov.**
   Frontal ridge strong and high; second and tenth flagellomeres each 3.2 and 3.1 times as long as their apical width; flagellum without tyloids; metasomal stalk in lateral side with dorsal margin 0.9 times as long as median height; fore wing length 4.2mm. Shaanxi ···················· **(245)** *E. epitrichus*, **sp. nov.**

6. Dorsal margin of side of pronotum with one row of hairs ··· 7
   Dorsal margin of side of pronotum with two rows of hairs ·· 10

7. Middle and hind trochanters blackish brown; metasomal stalk in dorsal side with a reverse trapezoid-like smooth area; fore wing length 2.7mm. Zhejiang ······················ **(246)** *E. corrugicollus*
   Middle and hind trochanters reddish brown or yellowish brown; metasomal stalk in dorsal side with longitudinal ridges or also with transverse wrinkles at base, without smooth area ·······················8

8. Metasomal stalk in dorsal side 0.8 times as long as median wide, with 6 longitudinal wrinkles, without transverse wrinkles; metasomal stalk in lateral of side with dorsal margin 0.7 times as long as median height; fore wing length 3.2mm. Fujian ································· **(247)** *E. platocollus*
   Metasomal stalk in dorsal side 1.0 times as long as median wide, with 3-4 longitudinal wrinkles, with transverse wrinkles at base; metasomal stalk in lateral side with dorsal margin 0.85 times as long as median height ···9

9. Dorsal face of propodeum mostly smooth; base of syntergite with median groove reaching 0.9 the distance to first thyridia, sublateral groove 0.5 times as long as median groove; first thyridium 3.75 times as wide as long, distance between first thyridia 0.4 times as long as width of one thyridium; lower part of mesopleural suture without fovea; fore wing length 3.4mm. Shaanxi ·············· **(248)** *E. exfoveatus*
   Smooth area on dorsal face of propodeum 1.5 times as long as the distance between base and posterior margin of spiracle; base of syntergite with median groove reaching 0.7 the distance to first thyridia, sublateral groove 0.2 times as long as median groove; first thyridium 2.0 times as wide as long, distance between first thyridia 0.8 times as long as width of a thyridium; lower part of mesopleural suture with foveae; fore wing length 3.4mm. Fujian ································ **(249)** *E. fujianensis*

10. Metasomal stalk in dorsal side only with longitudinal ridges; fore wing length 2.5mm. Zhejiang ··········· ···**(250)** *E. chaoi*
    Metasomal stalk in dorsal side with both transverse wrinkles and longitudinal ridges, or only with transverse wrinkles ·· 11

11. Frontal ridge weak; smooth area on dorsal face of propodeum 1.5 times as long as the distance between base and posterior margin of spiracle; metasomal stalk in lateral side with dorsal margin 0.5 times as long as median height; fore wing length 2.5mm. Fujian ···························· **(251)** *E. asperirugosus*, **sp. nov.**
    Frontal ridge moderately high or strong; smooth area on dorsal face of propodeum 2.5-3.2 times as long

as the distance between base and posterior margin of spiracle; metasomal stalk in lateral side with dorsal margin 0.7-0.9 times as long as median height ·· 12

12. Temple in dorsal view 0.58 times as long as eye; base of syntergite with median groove reaching 0.9 the distance to first thyridia; distance between first thyridia 0.7 times as long as width of a thyridium; fore wing length 2.7mm. Guangxi ·· **(252) *E. jini*, sp. nov.**
   Temple in dorsal view 0.7-0.85 times as long as eye; base of syntergite with median groove reaching 0.5-0.7 the distance to first thyridia; distance between first thyridia 0.2-0.5 times as long as width of a thyridium ··· 13

13. Median longitudinal groove of propodeum reaching to apex of dorsal face; dorsal face entirely smooth, hind face with sparse transverse wrinkles; base of syntergite with 2 lateral grooves on each side; second flagellomere 2.7 times as long as its apical width; fore wing length 2.7mm. Yunnan ·························· ··· **(253) *E. totiglabrous*, sp. nov.**
   Median longitudinal groove of propodeum reaching to near apex of dorsal face; dorsal face more or less rugose, hind face with reticulate wrinkles or smooth at apex; base of syntergite with 3 lateral grooves on each side; second flagellomere 1.65-2.60 times as long as its apical width ····························· 14

14. Frontal ridge weak; dorsal face of propodeum with longitudinal wrinkles near apex; metasomal stalk with 9 longitudinal wrinkles at posterior part; fore wing 2.45 times as long as wide; fore wing length 2.7mm. Guizhou ···**(254) *E. novemicarinatus*, sp. nov.**
   Frontal ridge strong and high; dorsal face of propodeum without longitudinal wrinkles; metasomal stalk with 4-5 longitudinal ridges at posterior part; fore wing 2.6 times as long as wide ························ 15

15. Trochanters blackish brown; base of syntergite with median groove reaching 0.85 the distance to first thyridia, sublateral groove 0.2 times as long as median groove; first thyridium 3.0-5.0 times as wide as long; fore wing length 3.3mm. Shaanxi, Zhejiang, Guizhou·····························**(255) *E. zhejiangensis***
   Trochanters yellowish brown; base of syntergite with median groove reaching 0.7 the distance to first thyridia, sublateral groove 0.7 times as long as median groove; first thyridium 2.5 times as wide as long; fore wing length 2.2mm. Heilongjiang, Shanxi································· **(256) *E. subtilis*, sp. nov.**

16. Dorsal margin of pronotum with several rows of hairs ·· 17
   Dorsal margin of pronotum with one to two rows of hairs ··· 18

17. Malar space 0.66 times as long as longer diameter of eye; metasomal stalk in dorsal side centrally with punctate wrinkles, with 3 transverse wrinkles at basal 0.4, with 9 longitudinal ridges at apical 0.3; base of syntergite with 3 lateral grooves on each side, sublateral groove 0.7 times as long as median groove; first thyridium 3.6 times as wide as long; distance between first thyridia 0.3 times as long as width of a thyridium; ovipositor sheath with fine longitudinal wrinkles; fore wing length 4.0mm. Hubei ············· ··· **(244) *E. carinus*, sp. nov.**
   Malar space 1.0 times as long as longer diameter of eye; metasomal stalk in dorsal side centrally without punctate wrinkles, with arched wrinkles at base, with 7 longitudinal ridges at apex; base of syntergite with 2 lateral grooves on each side, sublateral groove 0.35 times as long as median groove; first thyridium 2.8 times as wide as long, distance between first thyridia 0.8 times as long as width of a

thyridium; ovipositor sheath with fine longitudinal punctures; fore wing length 2.5mm. Fujian ············· .... **(257)** *E. huangi*, **sp. nov.**

18. Dorsal margin of side of pronotum with a single row of hairs ·· 19

    Dorsal margin of side of pronotum with two rows of hairs ··· 25

19. Ovipositor sheath with fine long punctures ·· 20

    Ovipositor sheath with fine longitudinal wrinkles ··· 21

20. Frontal ridge strong and high; temple in dorsal view 1.1 times as long as eye; hind face of propodeum nearly smooth; stigma 2.78 times as long as wide; metasomal stalk in dorsal side with longitudinal ridges at apical centre; base of syntergite with median groove reaching 0.9 the distance to first thyridia, with 1 lateral groove on each side, sublateral groove 0.25 times as long as median groove; first thyridium 3.8 times as wide as long; fore wing length 2.7mm. Shaanxi, Zhejiang ········ **(258)** *E. stenostigmus*, **sp. nov.**

    Frontal ridge normal high; temple in dorsal view 0.8 times as long as eye; hind face of propodeum with transverse wrinkles; stigma 1.7 times as long as wide; metasomal stalk in dorsal side with weak wrinkles at apical centre, laterally smooth; base of syntergite with median groove reaching 0.52 the distance to first thyridia, with 3 lateral groove on each side, sublateral groove 0.8 times as long as median groove; first thyridium 2.75 times as wide as long; fore wing length 2.7mm. Shaanxi ································· .... **(259)** *E. longistipes*, **sp. nov.**

21. Temple in dorsal view 0.89-1.00 times as long as eye; dorsal face of propodeum almost entirely smooth; base of syntergite with 3 lateral grooves on each side ··· 22

    Temple in dorsal view 0.75-0.82 times as long as eye; dorsal face of propodeum with smooth area short, only reaching to posterior margin of spiracle (except in *E. rufipes*, of which largely smooth); base of syntergite with 2 or 4 lateral grooves on each side ··· 23

22. Frontal ridge strong and high; second and tenth flagellomeres each 1.9 and 1.56 times as long as their apical width; smooth area on anterior part of metapleuron with its length and height both occupied by 0.8 that of metapleuron; metasomal stalk in dorsal side with 3 transverse wrinkles at base, apical centre longitudinal convex, lateral side of that with 3 weak oblique wrinkles; fore wing length 2.8mm. Sichuan· .... **(260)** *E. liaoi*, **sp. nov.**

    Frontal ridge moderately high; second and tenth flagellomeres each 1.5 and 1.4 times as long as their apical width; smooth area on anterior part of metapleuron with its length and height each occupied by 0.4 and 0.55 that of metapleuron; metasomal stalk in dorsal side with irregular wrinkles at base; fore wing length 2.1mm. Guangdong ··· **(261)** *E. liae*, **sp. nov.**

23. Frontal ridge weak; dorsal face of propodeum largely smooth; base of syntergite with median groove reaching 0.46 the distance to first thyridia, with 4 lateral grooves on each side, sublateral groove 0.72 times as long as median groove; distance between first thyridia 0.3 times as long as width of one thyridium; fore wing length 2.4mm. Zhejiang ·································· **(262)** *E. rufipes*, **sp .nov.**

    Frontal ridge moderately high; dorsal face of propodeum with smooth area short, only reaching to the posterior margin of spiracle; base of syntergite with median groove reaching 0.78-0.83 the distance to first thyridia, with 2 lateral grooves on each side, sublateral groove 0.3-0.4 times as long as median groove; distance between first thyridia 0.60-0.75 times as long as width of one thyridium ·············· 24

24. Metasomal stalk in dorsal view with irregular wrinkles behind the basal three transverse wringkles; metasomal stalk in lateral side with four transverse ridges at base, behind which with five longitudinal ridges; dorsal margin of side of pronotum centrally with a single row of hairs, basally and apically with several rows of hairs; fore wing length 3.0mm. Zhejiang ························· **(263)** *E. rugosus*, **sp. nov.**
Metasomal stalk in dorsal side smooth behind the basal three transverse wrinkles; metasomal stalk in lateral side with five transverse ridges at base, smooth behind; dorsal margin of side of pronotum evenly with a single row of hairs; fore wing length 2.8mm. Zhejiang ················· **(264)** *E. delicatus*, **sp. nov.**

25. Ovipositor sheath with fine long punctures ·· 26
Ovipositor sheath with fine wrinkles ··· 27

26. Frontal ridge moderately high; temple in dorsal view 1.17 times as long as eye; second and tenth flagellomeres each 2.1 and 1.5 times as long as their apical width, apical flagellar segment 1.83 times as subapical segment; metasomal stalk in dorsal side 1.2 times as long as median wide, with seven longitudinal ridges at apex; metasomal stalk in lateral side with dorsal margin 0.8 times as long as median height, with four transverse ridges at base; base of syntergite with one to two grooves on each side; first thyridium 3.6 times as wide as long; fore wing length 2.3mm. Shaanxi ························· ··· **(265)** *E. qinlingensis*, **sp. nov.**
Frontal ridge weak; temple in dorsal view 0.76 times as long as eye; second and tenth flagellomeres each 2.6 and 2.0 times as long as their apical width, apical flagellar segment 1.4 times as subapical segment; metasomal stalk in dorsal side 1.0 times as long as median width, with three longitudinal ridges at apex; metasomal stalk in lateral side with dorsal margin 0.5 times as long as median height, with two transverse ridges at base; base of syntergite with three grooves on each side; first thyridium 2.4 times as wide as long; fore wing length 3.5mm. Shaanxi ················· **(266)** *E. eurycheilus*, **sp. nov.**

27. Second and tenth flagellomeres each 1.5-1.8 and 1.3-1.5 times as long as their apical width; base of syntergite with median groove reaching 0.7-0.8 the distance to first thyridia ··························· 28
Second and tenth flagellomeres each 2.0-2.5 and 1.5-1.8 times as long as their apical width; base of syntergite with median groove reaching 0.55-0.60 the distance to first thyridia ························· 29

28. Temple in dorsal view 1.1 times as long as eye; stigma 2.2 times as long as wide; first thyridium 2.0 times as wide as long, distance between first thyridia 0.6 times as long as width of a thyridium; fore wing length 2.4mm. Jilin, Shaanxi, Zhejiang, Hubei ······························ **(267)** *E. exsertifrons*, **sp. nov.**
Temple in dorsal view 0.85 times as long as eye; stigma 1.75 times as long as wide; first thyridium 4.0 times as wide as long, distance between first thyridia 0.8 times as long as width of a thyridium; fore wing length 2.6mm. Hunan ·· **(268)** *E. tongi*, **sp. nov.**

29. Second and tenth flagellomeres each 2.5 and 1.5 times as long as their apical width; metsaomal stalk in lateral side with dorsal margin 1.0 times as long as median height, basal transverse ridges ventrally convergent and smooth; hind femur 3.5 times as long as wide; fore wing length 2.3mm. Zhejiang ········ ··· **(269)** *E. qui*, **sp. nov.**
Second and tenth flagellomeres each 2.0-2.3 and 1.7-1.8 times as long as their apical width; metsaomal

stalk in lateral side with dorsal margin 0.50-0.86 times as long as median height, basal transverse ridges not ventrally smooth; hind femur 3.8-4.2 times as long as wide; fore wing length 2.4mm. Zhejiang ⋯⋯⋯
⋯⋯⋯⋯⋯⋯⋯⋯⋯⋯⋯⋯⋯⋯⋯⋯⋯⋯⋯⋯⋯⋯⋯⋯⋯⋯⋯⋯⋯⋯⋯⋯⋯**(255)** *E. zhejiangensis*

(242) *Exallonyx longicalcaratus* He *et* Xu, sp. nov.

Material examined: Holotype ♂, Mt. Tiantaishan, Qinling (34.2°N, 106.8°E), Shaanxi Prov., 1999.Ⅸ.4, by CHEN Xuexin, No.991675.

Distribution: Shaanxi.

Diagnostic characters: The species is similar to *Exallonyx platocollus* Fan *et* He, 2003, but it can be distinguished from the latter by: ①pronotum without distinct transverse wrinkle on collar, while with one tranverse carina on anterior margin; ②metasomal stalk with convex irregular wrinkles; ③base of syntergite with median groove reaching 0.8 to the distance between first thyridia.

(243) *Exallonyx neimongolensis* He *et* Xu, sp. nov.

Material examined: Holotype ♂, Daqingshan (41.0°N, 111.6°E), Wuchuan County, Inner Mongolia, 2000.Ⅷ.17, by HE Junhua, No.200100278.

Distribution: Inner Mongolia.

Diagnostic characters: Listed in the key.

(244) *Exallonyx carinus* He *et* Xu, sp. nov.

Material examined: Holotype ♀, Shennongjia National Nature Reserve (31.7°N, 110.6°E), Hubei Prov., 2800m, 1982.Ⅷ.27, by HE Junhua, No.825118. Paratypes: 2♀1♂, same data as holotype, No.825718; 1♂, Jiuhu, Shennongjia National Nature Reserve (31.7°N, 110.6°E), Hubei Prov., 1700m, 1982.Ⅶ.27, by HE Junhua, No.825760.

Distribution: Hubei.

Diagnostic characters: Listed in the key.

(245) *Exallonyx epitrichus* He *et* Liu, sp. nov.

Material examined: Holotype ♂, Mt. Tiantaishan, Qinling (34.2°N, 106.8°E), Shaanxi Prov.,1999.Ⅸ.3, by HE Junhua, No.990617.

Distribution: Shaanxi.

Diagnostic characters: This species closed to *Exallonyx chaoi* He *et* Fan, 2004, but it can be separated from the latter by: ①frontal carina strong and high; ②pronotum with 12 hairs behind epomia; ③hind femur 5.60 times as long as wide; ④base of syntergite with lateral groove almost as long as median groove.

(251) *Exallonyx asperirugosus* He *et* Xu, sp. nov.

Material examined: Holotype ♂, Yangfang, Sha County (26.4°N, 117.7°E), Fujian Prov., 1980.Ⅴ.27, by ZHAO Xiufu.

Distribution: Fujian.

Diagnostic characters: Listed in the key.

(252) *Exallonyx jini* **He** *et* **Xu, sp. nov.**

Material examined: Holotype ♂, Mt. Dayaoshan (24.0°N, 110.2°E), Jinxiu County, Guangxi Zhuang Aut. Reg., 1982.Ⅵ.9-16, by HE Junhua, No.822659.

Distribution: Guangxi.

Diagnostic characters: Listed in the key.

(253) *Exallonyx totiglabrous* **He** *et* **Xu, sp. nov.**

Material examined: Holotype ♂, Kunming City (25.0°N, 102.7°E), Yunnan Prov., 1981. Ⅴ.18, by HE Junhua, No.814743. Paratype: 1♂, same data as holotype, No.814741.

Distribution: Yunnan.

Diagnostic characters: Listed in the key.

(254) *Exallonyx novemicarinatus* **He** *et* **Xu, sp. nov.**

Material examined: Holotype ♂, Xiannümiao, Dashahe, Daozhen County (28.8°N, 107.5°E), Guizhou Prov., 613m, 2004.Ⅷ.26, by WU Qiong, No.20047461.

Distribution: Guizhou.

Diagnostic characters: Listed in the key.

(256) *Exallonyx subtilis* **He** *et* **Xu, sp. nov.**

Material examined: Holotype ♀, Dailing (47.0°N, 129.0°E), Heilongjiang Prov., 1977. Ⅶ.24, by HE Junhua, No.771789. Paratypes: 4♀1♂, same data as holotype, Nos.770441, 770445, 770448, 771789; 1♀, Yanbei County (40.1°N, 113.2°E), Shanxi Prov., 1986.Ⅸ, by ZHENG Wangyi, No.870053.

Distribution: Heilongjiang, Shanxi.

Diagnostic characters: Listed in the key.

(257) *Exallonyx huangi* **He** *et* **Xu, sp. nov.**

Material examined: Holotype ♀, Mt. Huanggang (27.8°N, 117.7°E), Fujian Prov., 1985. Ⅶ.6, by ZHENG Geng.

Distribution: Fujian.

Diagnostic characters: Listed in the key.

(258) *Exallonyx stenostigmus* **He** *et* **Liu, sp. nov.**

Material examined: Holotype ♀, Mt. Tiantaishan, Qinling (34.2°N, 106.8°E), Shaanxi Prov. (34.14°N, 106.54°E), 1999.Ⅸ.4, by CHEN Xuexin, No.991615.

Distribution: Shaanxi .

Diagnostic characters: ①temple in dorsal view 1.1 times as long as eye; ②stigma 2.78 times as long as wide; ③base of syntergite with median groove reaching 0.9 to the distance between first thyridia, with one lateral groove on each side.

(259) *Exallonyx longistipes* **He** *et* **Liu, sp. nov.**

Material examined: Holotype ♀, Mt. W. Tianmushan (30.4°N, 119.5°E), Zhejiang Prov. (30.26°N, 119.34°E), 1998.Ⅶ.30, by ZHAO Mingshui, No.993972. Paratypes: 5♀, Xianrending, Mt. W. Tianmushan (30.4°N, 119.5°E), Zhejiang Prov., 1998.Ⅴ.30, 1999.Ⅴ.27,

1999.Ⅵ.20, 1999.Ⅵ.20, 1999.Ⅷ.10, by ZHAO Mingshui, Nos.992198, 996464, 995993, 997105; 1♀, Xianrending, Mt. W. Tianmushan (30.4°N, 119.5°E), Zhejiang Prov., 1993.Ⅵ.12, by MA Yun, No.934278; 1♀, Xianrending, Mt. W. Tianmushan (30.4°N, 119.5°E), Zhejiang Prov., 2001.Ⅶ.1, by PIAO Meihua, No.200106441; 1♀, Mt. Tiantaishan, Qinling (34.2°N, 106.8°E), Shaanxi Prov., 1999.Ⅸ.3, by HE Junhua, No.990498.

Distribution: Shaanxi, Zhejiang.

Diagnostic characters: This species is similar to *Exallonyx zhejiangensis* He *et* Fan, 2004, but it is different from the latter by: ①smooth area of metapleuron 0.5 times as long as and 0.55 as high as that of metapleuron (vs. 0.8 and 0.7); ②ovipositor sheath punctate (vs. striate);. It also can be separated from *E. midorensis* Townes, 1981 by epomia strong, temple 1.0 as long as eye in dorsal view, and ovipositor sheath punctate.

(260) *Exallonyx liaoi* He *et* Xu, sp. nov.

Material examined: Holotype ♀, Mt. Emeishan (29.5°N, 103,3°E), Sichuan Prov.,1980. Ⅷ.9, by HE Junhua, No.802212.

Distribution: Sichuan.

Diagnostic characters: Listed in the key.

(261) *Exallonyx liae* He *et* Xu, sp. nov.

Material examined: Holotype ♀, Nanling National Nature Reserve (23.3°N, 115.3°E), Ruyuan Yao Aut. County, Guangdong Prov., 2004.Ⅴ.8, by XU Zaifu, No.20047736.

Distribution: Guangdong.

Diagnostic characters: Listed in the key.

(262) *Exallonyx rufipes* He *et* Liu, sp. nov.

Material examined: Holotype ♀, Mt. W. Tianmushan (30.4°N, 119.5°E), Zhejiang Prov., 1520m, 2001.Ⅶ.1, by PIAO Meihua, No.20106418.

Distribution: Zhejiang.

Diagnostic characters: This species resembles *Exallonyx stenostigmus* sp. nov. but different from the latter by: ①temple 0.77 times as long as eye in dorsal view (vs. 1.1); ②fore wing with stigma 1.9 times as long as wide (vs. 2.78); ③base of syntergite with median groove reaching 0.46 the distance to first thyridia (vs. 0.9) and with four lateral grooves on each side (vs. one lateral groove).

(263) *Exallonyx rugosus* He *et* Liu, sp. nov.

Material examined: Holotype ♀, Sanliting, Mt. W. Tianmushan (30.4°N, 119.5°E), Zhejiang Prov., 1998.Ⅴ.30, by ZHAO Mingshui, No.999747.

Distribution: Zhejiang.

Diagnostic characters: This species is similar to *Exallonyx mindorensis* Townes, 1981, but it can be distinguished from the latter by: ①posterior 2/3 of propodeum with transverse wrinkles (vs. smooth); ②base of syntergite with median groove reaching 0.83 the distance to first thyridia (vs. 0.65).

(264) *Exallonyx delicatus* He *et* Liu, sp. nov.

Material examined: Holotype ♀, Laodian, Mt. W. Tianmushan (30.4°N, 119.5°E), Zhejiang Prov., 1998.Ⅵ.23, by ZHAO Mingshui, No.20002142. Paratype: 1♀, Xianrending, Mt. W. Tianmushan (30.4°N, 119.5°E), Zhejiang Prov., 2001.Ⅶ.1, by PIAO Meihua, No.200106464.

Distribution: Zhejiang.

Diagnostic characters: The species is closed to *Exallonyx rugosus* sp. nov., separated from the latter by: ①clypeus 3.0 times as wide as long; ②Metasomal stalk in dorsal side with 3 transverse carinae on basal half, apical half smooth, and with sublateral part convex; ③metasomal stalk in lateral view with 5 transverse carinae on base, behind which without distinct carinae. Differences between other congeneric species are listed in the key.

(265) *Exallonyx qinlingensis* He *et* Liu, sp. nov.

Material examined: Holotype ♀, Mt. Tiantaishan, Qinling (34.2°N, 106.8°E), Shaanxi Prov.,1999.Ⅸ.3, by MA Yun, No.991087.

Distribution: Shaanxi.

Diagnostic characters: This species is similar to *Exallonyx eurycheilus* sp. nov., but it can be separated from the latter by: ①temple in dorsal view 1.17 times as long as eye (vs. 0.76); ②base of syntergite with median groove reaching 0.87 the distance to first thyridia (vs. 0.5); ③median groove of syntergite with one or two lateral grooves (vs. with 3 lateral grooves on both sides).

(266) *Exallonyx eurycheilus* He *et* Liu, sp. nov.

Material examined: Holotype ♀, Mt. Tiantaishan, Qinling (34.2°N, 106.8°E), Shaanxi Prov., 1800m, 1998.Ⅵ.10, by MA Yun and DU Yuzhou, No.983685.

Distribution: Shaanxi.

Diagnostic characters: This species is similar to *Exallonyx zhejiangensis* He *et* Fan, 2004, it differs from the latter by: ①clypeus 4.0 as wide as long (vs. 3.0), lateral side punctate (vs. smooth); ②Metasomal stalk in dorsal side with irregular wrinkles on basal half and with three longitudinal grooves on apical half (vs. eight transverse wrinkles); ③metasomal stalk in lateral view 0.5 times as long as high (vs. 0.8), and with two transverse carinae on base (vs. four).

(267) *Exallonyx exsertifrons* He *et* Xu, sp. nov.

Material examined: Holotype ♀, Erdaobaihe (42.4°N, 128.1°E), Mt. Changbaishan, Jilin Prov., 2004.Ⅷ.3, by MA Yun, No.20047158. Paratypes: 1♀, Wufeng Enshi County (30.2°N, 109.4°E), Hubei Prov., 1999.Ⅶ.11, by BU Wenjun, No.200104419; 1♀, Mt. Tiantaishan, Qinling (34.2°N, 106.8°E), Shaanxi Prov. (34.14°N, 106.54°E), 1998.Ⅵ.10, by MA Yun, No.984180; 1♀, Sanliting, Mt. W. Tianmushan (30.4°N, 119.5°E), Zhejiang Prov., 1998.Ⅵ.13, by CHEN Xuexin, No.980816.

Distribution: Jilin, Shaanxi , Zhejiang, Hubei.

Diagnostic characters: This species is similar to *Exallonyx zhejiangensis* He *et* Fan, 2004, but it can be distinguished from the latter by: ①second and tenth flagellomeres each 1.7 and 1.25 times as long as wide (vs. 2.0-2.3 and 1.7-1.8); ②hind face of propodeum mostly smooth expect for base (vs. with strong transverse wrinkles); ③first thyridia 2.0 times as wide as long (vs. 2.5-3.2 times).

(268) *Exallonyx tongi* He *et* Xu, sp. nov.

Material examined: Holotype ♀, Changsha (28.2°N, 112.9°E), Hunan Prov., 1975.Ⅳ.28, by TONG Xinwang, No.20044231.

Distribution: Hunan.

Diagnostic characters: Listed in the key.

(269) *Exallonyx qui* He *et* Xu, sp. nov.

Material examined: Holotype ♀, Mt. W. Tianmushan (30.4°N, 119.5°E), Zhejiang Prov., 1987.Ⅶ.21, by CHEN Xuexin, No.872562. Paratypes: 1♀, Mt. W. Tianmushan (30.4°N, 119.5°E), Zhejiang Prov., 1993.Ⅵ.11, by CHEN Xuexin, No.935024.

Distribution: Zhejiang.

Diagnostic characters: Listed in the key.

4) *Strictus* Group nov.

Fore wing length 2.0-3.6mm. Flagellum of male without prominent tyloids, but under high magnification stereomicroscope those small bubble like, line like or oval tyloids are visible. Sceond flagellomere 2.7-3.6 times as long as wide, tenth flagellomere 2.0-4.0 times as long as wide. Lower corner of pronotum with two pits, one above the other. Dorsal margin of lateral aspect of pronotum with single or two rows of hairs. Epomia present. Pronotum with several hairs behind epomia and posterior part of collar. Dorsal face of propodeum with paired smooth areas usally extending behind spiracle. Hind margin of hind wing with a shallow notch near basal 0.35. Dorsal margin of metasomal stalk in lateral side straight, basally constricted as wedge, usually with weak transverse ridges, sometimes with weak longitudinal ridges on base; posteriorly broad, with one transverse ridge and strong longitudinal grooves. Lower half of syntergite with moderately dense long hairs or sparse and short hairs, the lowest sockets distance from the lower margin of syntergite by 1.0-1.4 times length of hair. Base of syntergite with one to three lateral grooves on each side. Clasper long triangular, not decurved, tapered to apex.

Ten species are described, of which 8 species are new to science, and 2 species are transferred from *Formicarius* Group.

Key to species

1. Middle and hind trochanters and femora blackish brown ···2
   Middle and hind trochanters and femora reddish brown or brownish yellow, or dorsally light darker ·····3

2. Second and tenth flagellomeres each 2.7 and 2.0 times as long as their apical width; metasomal stalk in lateral side with dorsal margin 1.0 times as long as median height, constrict part at basal half of stalk smooth without transverse wrinkles or with very weak transverse wrinkles; base of syntergite with two lateral grooves on each side; fore wing length 2.0mm. Henan, Shaanxi, Gansu ············ **(270) *E. strictus***
   Second and tenth flagellomeres each 3.0 and 3.0 times as long as their apical width; metasomal stalk in lateral side with dorsal margin 2.0 times as long as median height, constrict part at basal half of stalk smooth on anterior part and with two transverse wrinkles on posterior part; base of syntergite with one weak lateral groove on each side; fore wing length 2.2mm. Sichuan ······ **(271) *E. tianquanensis*, sp. nov.**

3. Base of syntergite without or with one lateral groove on each side, sublateral groove when present 0.16-0.30 times as long as median groove ··4
   Base of syntergite with two to three lateral grooves on each side, sublateral groove 0.35-0.95 times as long as median groove ··5

4. Syntergite entirely black, base of syntergite with one lateral groove on each side; temple in dorsal view 0.83 times as long as eye; tenth flagellomere 2.6 times as long as its apical width; metasoaml stalk in lateral side with four transverse ridges at base; fore wing length 2.4-3.0mm. Yunnan ·······················
   ·· **(272) *E. pingbianensis***
   Syntergite with two white spots on posterior margin, base of syntergite without lateral groove; temple in dorsal view 0.68 times as long as eye; tenth flagellomere 3.2 times as long as its apical width; metasoaml stalk in lateral side with constrict part smooth on anterior, and then with three transverse wrinkles; fore wing length 2.3mm. Guangxi ·· **(273) *E. bimaculatus*, sp. nov.**

5. Dorsal face of propodeum entirely smooth, hind face nearly smooth; metasomal stalk in lateral side with dorsal margin 1.3 times as long as median height; fore wing length 3.6mm. Guizhou ·······················
   ·· **(274) *E. petiolatus*, sp. nov.**
   Dorsal face of propodeum with smooth at anterior part and with wrinkles at posterior part, hind face with reticulate wrinkles or transverse wrinkles; metasomal stalk in lateral side with dorsal margin 0.8-1.1 times as long as median height ··6

6. Base of syntergite with two lateral grooves on each side; first thyridium 2.0 times as wide as long, distance between first thyridia 0.25-0.40 times as width of a thyridiunm·······························7
   Base of syntergite with three lateral grooves on each side; first thyridium 2.5-3.5 times as wide as long, distance between first thyridia 0.6-0.9 times as width of one thyridium ·······························8

7. Temple in dorsal view 1.0 times as long as eye; smooth area on dorsal face of propodeum 1.2 times as long as the distance between base and posterior margin of spiracle; metasomal stalk in dorsal side 1.1 times as long as median wide, in lateral side with dorsal margin 1.0 time as long as median height; fore wing length 2.5mm. Jilin·· **(275) *E. cuneatus*, sp. nov.**
   Temple in dorsal view 0.67 times as long as eye; smooth area on dorsal face of propodeum 2.0 times as long as the distance between base and posterior margin of spiracle; metasomal stalk in dorsal side 1.6 times as long as median wide, in lateral side with dorsal margin 1.3 time as long as median height; fore wing length 2.75mm. Gansu·· **(276) *E. villosus*, sp. nov.**

8. Posterior lower part of mesopleuron without fine parallel wrinkles; lower part of syntergite almost smooth and hairless; hind femur 4.0 times as long as wide; fore wing length 3.0mm. Sichuan ·············· ··· **(277)** *E. sparsipilosellus*, **sp. nov.**

   Posterior lower part of mesopleuron with fine parallel wrinkles; lower part of syntergite with dense hairs; hind femur 4.5-4.6 times as long as wide ···9

9. Metasomal stalk in lateral side with three parts, lower margin two teeth like, the basal part with two weak longitudinal ridges, the median part with two oblique longitudinal ridges, the apical part widest, with one transverse ridge, behind that with five longitudinal ridges; metasomal stalk in dorsal side with five longitudinal ridges at basal 0.8, smooth at apical 0.2; temple in dorsal view 0.86 times as long as eye; second flagellomere 2.8 times as long as its apical width; base of syntergite with sublateral groove 0.4 times as long as median groove; longer spur of hind tibia 0.63 times as long as basitarsus of hind tarsus; fore wing length 3.2mm. Heilongjiang ···································· **(278)** *E. serratus*, **sp. nov.**

   Metasomal stalk in lateral side with two parts, lower margin single tooth like, the basal part with two weak transverse ridges, apical part widest, with five longitudinal ridges; metasomal stalk in dorsal side with longitudinal ridges at base; temple in dorsal view 0.66 times as long as eye; second flagellomere 3.1 times as long as its apical width; base of syntergite with sublateral groove 0.95 times as long as median groove; longer spur of hind tibia 0.46 times as long as basitarsus of hind tarsus; fore wing length 3.2mm. Jilin ··· **(279)** *E. palaris*, **sp .nov.**

(270) *Exallonyx strictus* Liu, He *et* Xu, 2006

Transferred from *Formicarius* Group.

(271) *Exallonyx tianquanensis* He *et* Xu, sp. nov.

Material examined: Holotype ♂, Labahe, Tianquan County (30.1°N, 102.7°E), Sichuan Prov., 2006.Ⅶ.15, by GAO Zhilei, No.200610748. Paratype: 1♂, same data as holotype, No.200610749.

Distribution: Sichuan.

Diagnostic characters: Listed in the key.

(272) *Exallonyx pingbianensis* Liu, He *et* Xu, 2006

Transferred from *Formicarius* Group.

(273) *Exallonyx bimaculatus* He *et* Xu, sp. nov.

Material examined: Holotype ♂, Mt. Maoershan, Guilin (25.8°N, 110.4°E), Guangxi Zhuang Aut. Reg., 2005.Ⅷ.2-10, by XIAO Bin, No.200609531.

Distribution: Guangxi.

Diagnostic characters: Listed in the key.

(274) *Exallonyx petiolatus* He *et* Xu, sp. nov.

Material examined: Holotype ♂, Mt. Fanjingshan (27.9°N, 108.6°E), Guizhou Prov., 1993. Ⅶ.12, by CHEN Xuexin, No.939068.

Distribution: Guizhou.

Diagnostic characters: Listed in the key.

(275) *Exallonyx cuneatus* **He *et* Xu, sp. nov.**

Material examined: Holotype ♂, Mt. Changbaishan (42.0°N, 128.1°E), Jilin Prov., 1994. Ⅷ.4, by LOU Juxian, No.952104.

Distribution: Jilin.

Diagnostic characters: Listed in the key.

(276) *Exallonyx villosus* **He *et* Xu, sp. nov.**

Material examined: Holotype ♂, Dashahe, Dangchang County (34.0°N, 104.3°E), Gansu Prov., 2530m, 2004.Ⅶ.31, by CHEN Xuexin, No.20047055.

Distribution: Gansu.

Diagnostic characters: Listed in the key.

(277) *Exallonyx sparsipilosellus* **He *et* Xu, sp. nov.**

Material examined: Holotype ♂, Wanglang National Nature Reserve (32.9°N, 104.1°E), Sichuan Prov., 2006.Ⅶ.26, by ZHANG Hongying, No.200611177.

Distribution: Sichuan.

Diagnostic characters: Listed in the key.

(278) *Exallonyx serratus* **He *et* Xu, sp. nov.**

Material examined: Holotype ♂, Liangshui, Dailing Town (47.0°N, 129.0°E), Yichun City, Heilongjiang Prov., 1977.Ⅶ.7, by HE Junhua, No.770477.

Distribution: Heilongjiang.

Diagnostic characters: Listed in the key.

(279) *Exallonyx palaris* **He *et* Xu, sp. nov.**

Material examined: Holotype ♂, Mt. Changbaishan (42.0°N, 128.1°E), Jilin Prov., 2000m, 2004.Ⅷ.5, by MA Yun, No.20047165.

Distribution: Jilin.

Diagnostic characters: Listed in the key.

5) *Leptonyx* Group

9 species are described, of which 5 species are new to science.

Key to species

1. Female: ovipositor sheath with puncture ·· 2
   Male: clasper claw-like ··· 4
2. Middle coxae reddish brown; posterior lower corner of mesopleuron without parallel wrinkles; hairs on lower part of syntergite moderately long, dense; ovipositor sheath 4.4 times as long as middle width; fore wing length 3.6mm. Sichuan ·· **(280)** *E. sichuanensis*, **sp. nov.**
   Middle coxae blackish brown; posterior lower corner of mesopleuron with parallel wrinkles; hairs on lower part of syntergite short and sparse; ovipositor sheath 3.6-3.8 times as long as middle width ········· 3

3. Malar space 0.76 times as long as longer diameter of eye; first thyridium 3.3 times as wide as long, distance between first thyridia 0.6 times as long as width of one thyridium; base of syntergite with one weak lateral grooves on each side; fore wing length 3.1mm. Guizhou ·················**(281)** *E. longimalus*

Malar space 0.5 times as long as longer diameter of eye; first thyridium 4.0 times as wide as long, distance between first thyridia 0.26 times as long as width of one thyridium; base of syntergite with two distinct lateral grooves on each side; fore wing length 2.8mm. Zhejiang ···················· **(282)** *E. wuae*

4. Temple in dorsal view 0.56-0.59 times as long as eye; second flagellomere 4.0-4.3 times as long as its apical width; large size; fore wing length 3.7-5.0mm ···5

Temple in dorsal view 0.68-0.78 times as long as eye; second flagellomere 1.9-3.6 times as long as its apical width; small size; fore wing length 2.7-3.4mm, except in *E. concavus* 3.8mm ······················6

5. Tenth flagellomere 3.0 times as long as its apical width; smooth area on anterior part of metapleuron with many hairs, its length and height each occupied by 0.33 and 0.25 that of metapleuron; stigma and costal margin of radial cell each 1.64 and 0.36 times as long as width of stigma; metasomal stalk in dorsal side 1.2 times as long as median wide; metasomal stalk in lateral side with dorsal margin 1.3 times as long as median height, with two transverse ridges at base, and with six longitudinal ridges behind; base of syntergite with median groove reaching 0.9 the distance to first thyridia, with three lateral grooves on each side; fore wing length 5.0mm. Hebei ·································· **(283)** *E. jingxiani*, **sp. nov.**

Tenth flagellomere 3.8 times as long as its apical width; smooth area on anterior part of metapleuron with few hairs, its length and height each occupied by 0.5 and 0.8 that of metapleuron; stigma and costal margin of radial cell each 2.1 and 0.6 times as long as width of stigma; metasomal stalk in dorsal side 1.7 times as long as median wide; metasomal stalk in lateral side with dorsal margin 2.0 times as long as median height, with one transverse ridge at base, with punctate reticulate wrinkles on anterior upper part behind the transverse ridge, and with 4-5 longitudinal ridges at apical half; base of syntergite with median groove reaching 0.65 the distance to first thyridia, with two lateral grooves on each side; fore wing length 3.7mm. Guangxi ··································· **(284)** *E. yongxii*, **sp. nov.**

6. Metasomal stalk in dorsal side 1.6 times as long as median wide, in lateral side with dorsal margin 1.6 times as long as median height, with punctate reticulate wrinkles at base, and with three longitudinal ridges at apex; fore wing length 2.8mm. Guangdong ······························· **(285)** *E. gui*, **sp. nov.**

Metasomal stalk in dorsal side 1.1-1.3 times as long as median wide, in lateral side with dorsal margin 0.80-1.25 times as long as median height ··7

7. Smooth area of metapleuron large, with its length and height both occupied by 0.9 that of metapleuron; base of syntergite with two lateral grooves on each side, sublateral groove 0.10-0.15 times as long as median groove; first thyridium 2.0 times as wide as long, distance between first thyridia 0.1 times as long as width of one thyridium; fore wing length 2.7mm. Yunnan ····················· **(286)** *E. zengae*, **sp. nov.**

Smooth area of metapleuron moderately large, with its length and height each occupied by 0.4-0.6 and 0.60-0.86 that of metapleuron; base of syntergite with 1-2 lateral grooves on each side, sublateral groove 0.4-0.6 times as long as median groove; first thyridium 3.0-5.0 times as wide as long, distance between first thyridia 0.3-0.6 times as long as width of one thyridium (except in *E. concavus*, of which is 0.1) ····8

8. Clypeus apical margin weakly emarginated; metasomal stalk in lateral side with one oblique transverse ridge, near anterior 0.3 with reticulate wrinkles, and then with six strong longitudinal ridge; first thyridium 5.0 times as wide as long, distance between first thyridia 0.1 times as long as width of one thyridium; stigma 1.4 times as long as wide; hind femur blackish brown; fore wing length 3.8mm. Shaanxi ·· **(287) *E. concavus***

Clypeus apical margin truncate; metasomal stalk in lateral side with one oblique transverse ridge and intersperse with 4-5 longitudinal ridges and intersperse, finely punctate; first thyridium 3.0-4.3 times as wide as long, distance between first thyridia 0.3-0.6 times as long as width of one thyridium; stigma 1.80-2.27 times as long as wide;hind tibia brownish yellow or reddish brown ·····························9

9. Stigma and costal margin of radial cell each 2.27 and 0. 82 times as long as width of stigma; first abscissa of radius 2.0 times as long as median wide; metasomal stalk in lateral side with dorsal margin 1.25 times as long as median height; fore wing length 3.0mm. Zhejiang ·································· **(282) *E. wuae***

Stigma and costal margin of radial cell each 1.8-2.1 and 0.67-0.70 times as long as width of stigma; first abscissa of radius 1.2-1.5 times as long as median wide; metasomal stalk in lateral side with dorsal margin 0.8-0.9 times as long as median height ··· 10

10. Tenth flagellomere 3.5-4.0 times as long as its apical width; smooth area of metapleuron with its length and height each occupied by 0.5-0.6 and 0.8 that of metapleuron; metasomal stalk in dorsal side with five longitudinal ridges; longer spur of hind tibia 0.4-0.5 times as long as basitatsus of hind tarsus; fore wing length 2.75-3.10mm. Sichuan ································· **(280) *E. sichuanensis*, sp. nov.**

Tenth flagellomere 3.2 times as long as its apical width; smooth area of metapleuron with its length and height each occupied by 0.4 and 0.6 that of metapleuron; metasomal stalk in dorsal side with three longitudinal ridges; longer spur of hind tibia 0.7 times as long as basitatsus of hind tarsus; fore wing length 2.65mm. Guizhou ··· **(288) *E. planus***

(280) *Exallonyx sichuanensis* Xu *et* He, sp. nov.

Material examined: Holotype ♀, Baimazhai, Pingwu County (32.4°N, 104.5°E), Sichuan Prov., 2006.Ⅶ.24, by GAO Zhilei, No.200610851. Paratypes: 2♂, Mt. Emeishan (29.5°N, 103.3°E), Sichuan Prov., 1980. Ⅷ.12, by HE Junhua, No.802552, 802358; 8♂, Mt. Qingchengshan (30.9°N, 103.5°E), Sichuan Prov., 2006.Ⅶ.19, by ZHANG Hongying and GAO Zhilei, Nos.200610767, 200610772, 200610774-79; 9♂, Labahe, Tianquan County (30.1°N, 102.7°E), Sichuan Prov., 2006.Ⅶ.15, by ZHANG Hongying and GAO Zhilei, Nos.200610687-88, 200610693-94, 200610699-700, 200610707, 200610735, 20010744.

Distribution: Sichuan.

Diagnostic characters: This species is closed to *Exallonyx calvescens* Townes, 1981, but it can be separated from the latter by: ①laterodorsal margin of pronotum with tow rows of hairs (the latter with one row of hairs); ②base of syntergite with median groove reaching 0.8 times the distance between first thyridia (the latter is 0.75), each side with 1-2 lateral groove and 0.34-0.60 times as long as median groove (the latter with 2 lateral groove, 0.96 and 0.7

times as long as median groove, respectively); ③stigma and strong vein brownish-yellow (the latter blackish-brown).

(283) *Exallonyx jingxiani* **Xu** *et* **He, sp. nov.**

Material examined: Holotype ♂, Mt. Xiaowutaishan (39.9°N, 115.0°E), Zhangjia kou City, Hebei Prov., 2005.Ⅷ.20-23, by LIU Jingxian, No.200609434.

Distribution: Hebei.

Diagnostic characters: Listed in the key.

(284) *Exallonyx yongxii* **Xu** *et* **He, sp. nov.**

Material examined: Holotype ♂, Mt. Maoershan (25.8°N, 110.4°E), Guilin City, Guangxi Zhuang Aut. Reg., 2005.Ⅷ.2-10, by XIAO Bin, No.200609529.

Distribution: Guangxi.

Diagnostic characters: Listed in the key.

(285) *Exallonyx gui* **Xu** *et* **He, sp. nov.**

Material examined: Holotype ♂, Nanling National Nature Reserve (23.3°N, 115.3°E), Ruyuan Yao Aut. County, Guangdong Prov., 2003.Ⅶ.23, by XU Zaifu, No.20047696.

Distribution: Guangdong.

Diagnostic characters: Listed in the key.

(286) *Exallonyx zengae* **Xu** *et* **He, sp. nov.**

Material examined: Holotype ♂, Mt. Daweishan, Pingbian Miao Aut. County (22.9°N, 103.6°E), Yunnan Prov., 2003.Ⅶ.18, by HU Long, No.20048147.

Distribution: Yunnan.

Diagnostic characters: Listed in the key.

6) *Atripes* Group

31 species are described, of which 20 species are new to science, and one is nomen novum.

Key to species

1. Female ···2
   Male ··9
2. Ovipositor sheath punctate, not striate ···3
   Ovipositor sheath striate ···5
3. Metasomal stalk in lateral side at least with apical half smooth, without longitudinal grooves; base of syntergite without lateral groove on each side of median groove; fore wing length 2.8mm. Fujian, Yunnan ···**(289)** *E. confusum* **(nom. nov.)**
   Metasomal stalk in lateral side with distinct longitudinal grooves; base of syntergite with lateral grooves on each side of median groove ···4

4. Second and tenth flagellomeres each 1.5 and 1.0 times as long as their apical width, apical flagellar segment 2.3 times as long as subapical one; metasomal stalk in dorsal side with basal centre punctulate wrinkles, the rest with five fine longitudinal ridges; base of syntergite with median groove reaching 0.5 the distance to first thyridia, with three lateral grooves on each side, sublateral groove 0.6 times as long as median groove; fore wing length 2.15-2.30mm. Fujian ···························· **(290)** *E. brachycerus*
Second and tenth flagellomeres each 2.7 and 2.1 times as long as their apical width, apical flagellar segment 1.5 times as long as subapical one; metasomal stalk in dorsal side with six transverse wrinkles at basal centre, without longitudinal ridges; base of syntergite with median groove reaching 0.85 the distance to first thyridia, with two lateral grooves on each side, sublateral groove shallow and weak; fore wing length 3.5mm. Zhejiang ···························· **(291)** *E. accolus*

5. Metasomal stalk in lateral side mainly smooth, without longitudinal ridges or grooves; in dorsal side of metasomal stalk with 6 transverse striations; fore wing length 3.3mm. Sichuan ··· **(292)** *E. xiaoi*, **sp. nov.**
Metasomal stalk in lateral side with distinct longitudinal grooves; in dorsal side of metasomal stalk at least partly with longitudinal striations ··6

6. Metasomal stalk in lateral side with two or four transverse ridges, behind which with four or five longitudinal ridges ··7
Metasomal stalk in lateral side with only one transverse ridge; behind which with five or eight longitudinal ridges ··8

7. Dorsal margin of side of pronotum with two rows of hairs; temple in dorsal view 0.85 times as long as eye; tenth flagellomere 2.0 times as long as its apical width, apical flagellar segment 1.38 times as long as subapical one; hind face of propodeum smooth; metasomal stalk in dorsal side with 6 transverse wrinkles at basal 0.7, with 5 longitudinal ridges at apical 0.3; metasomal stalk in lateral side with 4 transverse ridges at base, behind which with 4 longitudinal ridges; first thyridium 2.0 times as wide as long, distance between first thyridia 0.9 times as long as width of a thyridium; hind femur reddish brown; fore wing length 3.9mm. Zhejiang···························· **(293)** *E. varia*
Dorsal margin of side of pronotum with a single row of hairs; temple in dorsal view 1.1 times as long as eye; tenth flagellomere 1.5 times as long as apical width, apical flagellar segment 1.8 times as long as subapical one; hind face of propodeum with areolet; metasomal stalk in dorsal side with irregular longitudinal wrinkles at base; metasomal stalk in lateral side with 2 transverse ridges at base, behind which with 5 longitudinal ridges; first thyridium 3.0 times as wide as long, distance between first thyridia 0.35 times as long as width of a thyridium; hind femur reddish brown, ventrally brown; fore wing length 3.3mm. Zhejiang, Fujian ···························· **(294)** *E. acuticlasper*

8. Dorsal margin of side of pronotum with three rows of hairs; metasomal stalk in dorsal side 1.7 times as long as median wide; dorsal margin in lateral side of metasomal stalk 1.2 times as long as median height; base of syntergite with three lateral grooves on each side; fore wing length 4.8mm. Sichuan···············
··**(295)** *E. cheni*, **sp. nov.**
Dorsal margin of side of pronotum with a single row of hairs; metasomal stalk in dorsal side 1.2 times as long as median width, in lateral side with dorsal margin 0.8 times as long as median height; base of

syntergite with two lateral grooves on each side; fore wing length 2.6mm. Fujian **(296) *E. oligus*, sp. nov.**

9.   Clasper slender and long, needle-like, weakly decurved ·· 10

       Clasper long triangular, not needle-like nor decurved ··· 12

10.   Second and tenth flagellomeres each 3.6 and 4.8 times as long as their apical width; dorsal margin of side of pronotum with several rows of hairs; smooth area of metapleuron narrow and stripe-like; metasomal stalk in dorsal side 2.3 times as long as median wide, posterior lateral side smooth; metasomal stalk in lateral side with dorsal margin 2.0 times as long as median height, with five oblique transverse wrinkles at base; base of syntergite with three lateral grooves on each side; hind femur 6.4 times as long as wide; fore wing length 4.2mm. Sichuan ·· **(297) *E. tani*, sp. nov.**

       Second and tenth flagellomeres each 3.1-3.2 and 3.0 times as long as their apical width; dorsal margin of side of pronotum with a single row of hairs; smooth area on anterior upper part of metapleuron large; metasomal stalk in dorsal side 1.3-1.6 times as long as median wide, with 7 longitudinal ridges; metasomal stalk in lateral side with dorsal margin 1.1-1.3 times as long as median height, with 1-2 transverse ridges at base; base of syntergite with two lateral grooves on each side; hind femur 3.5-3.9 times as long as wide ·· 11

11.   First abscissa of radius raised from middle of stigma, 1.0 times as long as wide; metasomal stalk in lateral side with two transverse ridge; distance between first thyridia 0.35 times as long as width of one thyridium; fore wing length 3.3mm. Zhejiang, Fujian ·································· **(294) *E. acuticlasper***

       First abscissa of radius raised weakly distad of middle of stigma, 1.3 times as long as wide; metasomal stalk in lateral side with one transverse ridge; distance between first thyridia 0.15 times as long as width of one thyridium; fore wing length 2.5mm. Zhejiang ···················· **(298) *E. tangi*, sp. nov.**

12.   Lower corner of side of pronotum with two pits ··· 13

       Lower corner of side of pronotum with only one pit ·· 14

13.   Temple in dorsal 0.5 times as long as eye; tenth flagellomere 4.3 times as long as its apical width; dorsal margin of side of pronotum with three rows of hairs; hind face of propodeum anterior smooth; metasomal stalk in lateral side with four transverse ridges at base, behind which with three longitudinal ridges; base of syntergite with three lateral grooves on esch side; fore wing length 5.4mm. Sichuan ·····················
       ··· **(295) *E. cheni*, sp. nov.**

       Temple in dorsal 0.75 times as long as eye; tenth flagellomere 3.0 times as long as its apical width; dorsal margin of side of pronotum with two rows of hairs; hind face of propodeum entirely with reticulate wrinkles; metasomal stalk in lateral side with one transverse ridge at base, behind which with four longitudinal ridges; base of syntergite with two lateral grooves on each side; fore wing length 2.6mm. Yunnan ·· **(299) *E. junctus*, sp. nov.**

14.   Middle and hind trochanters black, or mainly blackish brown or dark brown ························· 15

       Middle and hind trochanters brownish yellow or reddish brown, few species dorsally light brown ······ 21

15.   Dorsal margin of side of pronotum with at least three rows of hairs; pronotum with several hairs behind collar and epomia; fore wing length 1.8-3.9mm ·· 16

       Dorsal margin of side of pronotum with one or two rows of hairs; pronotum without or with several hairs behind collar and epomia; fore wing length 1.8-3.9mm, except that of *E. shennongensis* ·············· 18

16. Dorsal part of collar transversely convex, sloping backward, smooth; middle and hind femora ferrugineous; base of syntergite with three lateral grooves on each side; fore wing length 5.2mm. Hebei ·· **(300) *E. jugularis*, sp. nov.**

Dorsal part of collar centrally convex area with several transverse slender ridges; occipital carina normal, not reflex; middle and hind femora black or blackish brown; base of syntergite with one or two lateral grooves on each side·· 17

17. Second flagellomere 2.1 times as long as its apical width; hind face of propodeum largely smooth, only with several transverse wrinkles at anterior part; metasomal stalk in lateral side with one transverse ridge at base, and with punctulate wrinkles between transverse ridge and apical longitudinal wrinkles; base of syntergite with one lateral groove on each side of median groove; fore wing length 5.6mm. Hubei ········ ·· **(301) *E. penicioides*, sp. nov.**

Second flagellomere 2.6-3.4 times as long as its apical width; hind face of propodeum with reticulate wrinkles, only apex smooth; metasomal stalk in lateral side with five apical longitudinal ridges closed the basal transverse ridge; base of syntergite with two lateral grooves on each side of median groove; fore wing length 4.1-4.8mm. Jilin ····························· **(302) *E. nigripes*, sp. nov.**

18. Middle and hind femora mainly reddish brown; base of syntergite with median groove longer, reaching 0.80-0.85 the distance to first thyridia; metasomal stalk in lateral side with three to four transverse ridges at base·· 19

Middle and hind femora fuscous to black, at least middle part fuscous; base of syntergite with median groove shorter, reaching 0.55-0.75 the distance to first thyridia; metasomal stalk in lateral side with two or one transverse ridges at base ··· 20

19. Smooth area on dorsal face of propodeum large, 3.0 times as long as the distance between base and posterior margin of spiracle, hind face of propodeum with reticulate wrinkles; first abscissa of radius 1.0 times as long as wide; fore wing length 4.3mm. Hubei················· **(303) *E. shennongensis*, sp. nov.**

Smooth area on dorsal face of propodeum small, 1.0 times as long as the distance between base and posterior margin of spiracle, hind face of propodeum mostly smooth; first abscissa of radius 1.5 times as long as wide; fore wing length 3.9mm. Zhejiang··· **(293) *E. varia***

20. Metasomal stalk in dorsal side 1.0 times as long as median wide; metasomal stalk in lateral side with two transverse ridges at base, behind which with three longitudinal ridges; first thyridium 3.2 times as wide as long; base of syntergite with median groove reaching 0.55 the distance to first thyridia; hind femur and tibia entirely black; fore wing length 3.1mm. Xizang ····························· **(304) *E. tibetanus*, sp. nov.**

Metasomal stalk in dorsal side 1.3 times as long as median wide; metasomal stalk in lateral side with one transverse ridges at base, behind which with six longitudinal ridges; first thyridium 1.8-2.4 times as wide as long; base of syntergite with median groove reaching 0.7-0.8 the distance to first thyridia; hind femur blackish brown except for base and apex light brown, hind tibia blackish brown with basal part light brown. Zhejiang ·· **(305) *E. nigricans***

21. Metasomal stalk shorter, in dorsal side 0.4-0.5 times as long as median wide, in lateral side 0.2-0.5 times

22. Dorsal margin of side of pronotum with two rows of hairs; dorsal face of propodeum almost entirely smooth; metasomal stalk in dorsal side with one median longitudinal ridge, with two transverse ridges raising from its sides; metasomal stalk in lateral side with dorsal margin 0.2 times as long as median height, with two transverse ridges; distance between first thyridia 0.6 times as long as width of one thyridium; fore wing length 2.9mm. Zhejiang ································ **(306)** *E. brevibasis*

Dorsal margin of side of pronotum with three rows of hairs; dorsal face of propodeum almost entirely with finely longitudinal wrinkles, smooth area small, just reaching to spiracle; metasomal stalk in dorsal side with seven longitudinal ridges, basal centre with reticulate wrinkles, metasomal stalk in lateral side with dorsal margin 0.5 times as long as median height, with one transverse ridges; distance between first thyridia 0.15 times as long as width of one thyridium; fore wing length 2.8mm. Heilongjiang ··············
·· **(307)** *E. triseriatus*, **sp. nov.**

23. Dorsal margin of side of pronotum with two or three rows of hairs ································ 24

Dorsal margin of side of pronotum with one row of hairs; clasper long triangular, not needle-like, not decurved; hind face of propodeum with areolet or mostly smooth ································ 34

24. Dorsal margin of side of pronotum with three rows of hairs; distance between first thyridia 2.0 times as long as width of one thyridium; antennae blackish brown; fore wing length 3.0mm. Zhejiang ··············
·· **(308)** *E. longisulcus*

Dorsal margin of side of pronotum with two rows of hairs ································ 25

25. Lower part of syntergite with many hairs, the upper hairy group about 6 hairs wide, hair sockets separated from lower margin of syntergite by 2.0 times the length of hair; base of syntergite with sublateral groove 0.9 times as long as median groove; distance between first thyridia 0.2 times as long as width of one thyridium ································ 26

Syntergite with few hairs, upper hairy group no more than 5 hairs wide, distant from lower margin of syntergite or almost smooth; base of syntergite with sublateral groove 0.4-0.6 times as long as median groove (except in *E. accollus* 0.9); distance between first thyridia 0.4-1.0 times as long as width of one thyridium ································ 27

26. Second flagellomere 2.6 times as long as its apical width; stigma 2.1 times as long as high; metasomal stalk in dorsal side 1.1 times as long as median wide, with two transverse ridges at base, with seven longitudinal ridges at apex; base of syntergite with median groove reaching 0.76 the distance to first thyridia, with two lateral grooves on each side; first thyridium 3.5 times as wide as long, distance between first thyridia 0.2 times as long as width of one thyridium; fore wing length 3.9mm. Hubei·······
································ **(309)** *E. hirtiventris*, **sp. nov.**

Second flagellomere 1.9 times as long as its apical width; stigma 1.14 times as long as high; metasomal stalk in dorsal side 0.7 times as long as median wide, only with eight longitudinal wrinkles at apex; base of syntergite with median groove reaching 0.4 the distance to first thyridia, with three lateral grooves on each side; first thyridium 2.0 times as wide as long, distance between first thyridia 0.7 times as long as width of one thyridium; fore wing length 2.9mm. Guangdong ·············· **(310)** *E. brevistigmus*, **sp. nov.**

27. Middle and hind trochanters black, femora black with base and apex brownish yellow, tibiae black at apical half; body length 3.2mm. Guangdong ································ **(311)** *E. bicoloratus*, **sp. nov.**
    Middle and hind trochanters, femora and tibiae brownish yellow or partly light brown ···················· 28

28. Base of syntergite with three lateral grooves on each side of median groove ··························· 29
    Base of syntergite with two lateral grooves on each side of median groove ································ 30

29. Temple in dorsal view 1.0 times as long as eye; hind face of porpodeum with reticulate wrinkles; stigma 1.5 times as long as wide; metasomal stalk in dorsal side with two transverse ridges at base, and with seven longitudinal wrinkles at apex; fore wing length 3.1mm. Yunnan ······ **(312)** *E. antennatus*, **sp. nov**.
    Temple in dorsal view 0.78 times as long as eye; hind face of porpodeum nearly smooth; stigma 2.0 times as long as wide; metasomal stalk in dorsal side without transverse ridges at base; fore wing length 2.5mm. Zhejiang ·· **(313)** *E. tianmushanensis*

30. Metasomal stalk in dorsal side only with four to five longitudinal ridges; hind face of propodeum with areolet on anterior, smooth on posterior ··· 31
    Metasomal stalk in dorsal side with six to seven longitudinal ridges, and with two transverse wrinkles; hind face of propodeum mostly smooth or entirely with reticulate wrinkles ··························· 32

31. Flagellum with rounded tyloids; longer spur of hind tibia 0.37 times as long as hind basitarsus; temple in dorsal view 0.7 times as long as eye; base of syntergite with median reaching 0.65 the distance to first thyridia, sublateral groove 0.6 times as long as median groove; fore wing length 2.7mm. Fujian ···········
    ·· **(296)** *E. oligus*, **sp. nov.**
    Flagellum without tyloids; longer spur of hind tibia 0.68 times as long as hind basitarsus; temple in dorsal view 0.54 times as long as eye; base of syntergite with median reaching 0.85 the distance to first thyridia, sublateral groove 0.9 times as long as median groove; fore wing length 3.5mm. Zhejiang ········
    ··· **(291)** *E. accollus*

32. Metasomal stalk in dorsal side with six longitudinal wrinkles at basal 0.6, with two transverse wrinkles at apical 0.4; tenth flagellomere 3.0 times as long as its apical width; base of syntergite with sublateral groove 0.85 times as long as median groove; fore wing length 3.2mm. Guizhou ··· **(314)** *E. weii*, **sp. nov.**
    Metasomal stalk in dorsal side with two transverse wrinkles at base, with 6-7 longitudinal ridges at apex; tenth flagellomere 2.5-2.6 times as long as its apical width; base of syntergite with sublateral groove 0.4 or 0.6 times as long as median groove ··· 33

33. Second flagellomere 3.0 times as long as its apical width; hind face of propodeum mostly smooth; metasomal stalk in lateral side with two transverse ridges; base of syntergite with median groove reaching 0.8 the distance to first thyridia; first thyridium 4.0 times as wide as long, distance between first thyridia 0.8 times as long as width of one thyridium; fore wing length 3.1mm. Guizhou ····················
    ··· **(315)** *E. pilosus*, **sp. nov.**
    Second flagellomere 2.4 times as long as its apical width; hind face of propodeum with reticulate wrinkles; metasomal stalk in lateral side with only one transverse ridge; base of syntergite with median

groove reaching 0.53 the distance to first thyridia; first thyridium 3.0 times as wide as long, distance between first thyridia 0.5 times as long as width of one thyridium; fore wing length 2.3-2.7mm. Zhejiang ··· **(316)** *E. exilis*

34. Dorsal side of pronotum with 8-9 strong transverse wrinkles on collar; base of syntergite with median groove reaching 0.85 the distance to first thyridia, with 2 lateral grooves on each side of median groove; fore and middle trochanters yellowish brown; fore wing length 2.7mm. Zhejiang ········ **(317)** *E. townesi*

    Dorsal side of pronotum with 4-5 strong transverse wrinkles on collar; base of syntergite with median groove reaching 0.5 the distance to first thyridia, with 3 lateral grooves on each side of median groove; fore and middle trochanters light brown ··· 35

35. Median longitudinal carina of propodeum reaching to near apex of hind face, smooth area on dorsal face of propodeum 1.2 times as long as the distance between base and spiracle, hind face with areolets; stigma 1.6 times as long as wide; metasomal stalk in dorsal side only with 7 longitudinal ridges; base of syntergite with sublateral groove 0.75 times as long as median groove; first thyridium 2.0 times as wide as long, distance between first thyridia 0.8 times as long as width of one thyridium; fore wing length 1.8mm. Heilongjiang ··· **(318)** *E. heilongjiangensis*, **sp. nov.**

    Median longitudinal carina of propodeum reaching to near base of hind face, smooth area on dorsal face of propodeum 2.5 times as long as the distance between base and spiracle, hind face smooth except for base; stigma 1.6 times as long as wide; metasomal stalk in dorsal side with transverse wrinkles at basal 0.3, behind them with 5 longitudinal wrinkles; base of syntergite with sublateral groove 0.3 times as long as median groove; first thyridium 3.0 times as wide as long, distance between first thyridia 0.3 times as long as width of one thyridium; froe wing length 2.8mm. Sichuan ······· **(319)** *E. liangshanensis*, **sp. nov.**

(289) *Exallonyx confusum* **He** *et* **Xu (nom. nov.)**

Exallonyx longicornis Fan *et* He, 2003, In: Huang, *Fauna of Insects in Fujian Province of China*, 7: 718 (nec *Exallonyx longicornis* Nees, 1834).

(292) *Exallonyx xiaoi* **He** *et* **Xu, sp. nov.**

Material examined: Holotype ♀, Mt. Emeishan (29.5°N, 103.3°E), Sichuan Prov., 1980. VIII.11, by HE Junhua, No.802416.

Distribution: Sichuan.

Diagnostic characters: The species is similar to *Exallonyx nathani* Townes, 1981, but it differs from the latter by the base of syntergite with median groove reaching 0.83 to the first thyridia.

(295) *Exallonyx cheni* **He** *et* **Xu, sp. nov.**

Material examined: Holotype ♂, Mt. Emeishan (29.5°N, 103.3°E), Sichuan Prov., 1980. VIII. 10, by HE Junhua, No.802232. Paratype: 1♀, Mt. Emeishan (29.5°N, 103.3°E), Sichuan Prov., 1980.VIII.10, by HE Junhua, No.802301.

Distribution: Sichuan.

Diagnostic characters: The species is similar to *Exallonyx nikkoensis* Pschorn-Walcher, but it can be distinguished from the latter by: ①dorsal face of collar hairless, with transverse wrinkles; ②pronotum with several hairs behind epomia and collar in female, dorsal margin of pronotum with three irregular rows of hairs; ③metasomal stalk in lateral view with distinct oblique carinae in female.

(296) *Exallonyx oligus* He *et* Xu, sp. nov.

Material examined: Holotype ♀, Aotou, Jianyang County (27.3°N, 118.1°E), Fujian Prov., 1965.Ⅶ.20, by ZHUANG Xingfa (FAC). Paratype: 1♂, Nanping County (26.6°N, 118.1°E), Fujian Prov., 1965.Ⅶ.26, by ZHAO Xiufu (FAC).

Distribution: Fujian.

Diagnostic characters: This species is closed to *Exallonyx datae* Townes, 1981, but it is different from the latter by: ①second flagellomere 2.6 times as long as wide, 2.5 times of female (vs. 3.0 of male, 2.2 of female); ②hind femur 4.0 times as long as wide of male, 3.5 times of female (vs. 5.0 times of male, 4.0 times of female).

(297) *Exallonyx tani* He *et* Xu, sp. nov.

Material examined: Holotype ♂, Wanglang National Nature Reserve (32.9°N, 104.1°E), Sichuan Prov., 2006.Ⅶ.26, by GAO Zhilei, No.200611231.

Distribution: Sichuan.

Diagnostic characters: Listed in the key.

(298) *Exallonyx tangi* He *et* Xu, sp. nov.

Material examined: Holotype ♂, Mt. Fengyangshan, Longquan County (28.8°N, 119.1°E), Zhejiang Prov., 2003.Ⅷ.10, by LIU Jingxian, No.20047560.

Distribution: Zhejiang.

Diagnostic characters: Listed in the key.

(299) *Exallonyx junctus* He *et* Xu, sp. nov.

Material examined: Holotype ♂, Kunming City (25.0°N, 102.7°E), Yunnan Prov., 1981. Ⅴ.18, by HE Junhua, No.810857. Paratype: 1♂, Xiaguan (25.5°N, 100.2°E), Yunnan Prov., 1981.Ⅴ.14, by HE Junhua, No.810884.

Distribution: Yunnan.

Diagnostic characters: The species is similar to *Exallonyx levibasis* Townes, 1981, differs from the latter by: ①dorsal margin of pronotum with two rows of hairs; ②hairs below horizontal groove of mesopleuron very sparse.

(300) *Exallonyx jugularis* He *et* Xu, sp. nov.

Material examined: Holotype ♂, Pingquan County (41.0°N, 118.6°E), Hebei Prov., 1986. Ⅶ.3, by YANG Ding, No.871233.

Distribution: Hebei.

Diagnostic characters: Listed in the key.

(301) *Exallonyx penicioides* He *et* Xu, sp. nov.

Material examined: Holotype ♂, Mt. Dashennongjia (31.4°N, 110.2°E), Shennongjia

National Nature Reserve, Hubei Prov., 1980.Ⅶ.14, by LIU Sikong, No.871211.

Distribution: Hubei.

Diagnostic characters: This species is similar to *Exallonyx japonicus* (Ashmead,1904), but it can be distinguished from the latter by: ①pronotum with several hairs behind epomia and collar carina; ②dorsal face of collar strongly convex, with fine transverse wrinkles; ③dorsal margin of side of pronotum with three rows of hairs.

(302) *Exallonyx nigripes* He *et* Xu, sp. nov.

Material examined: Holotype ♂, Mt. Changbaishan (42.0°N, 128.1°E), Jilin Prov., 1977. Ⅶ.10, by HE Junhua, No.771381. Paratype: 1♂, Erdaobaihe (42.4°N, 128.1°E), Mt. Changbaishan, Jilin Prov., 740m, 2004.Ⅶ.2, by MA Yun, No.20047148.

Distribution: Jilin.

Diagnostic characters: This species resembles *Exallonyx japanicus* (Ashmead, 1904), but it differs from the latter by: ①laterodorsal margin of pronotum with two rows of hairs (the latter with one row of hairs); ②pronotum with one hair behind epomia and collar (the latter without hair); ③dorsal face of collar hardly with transverse wrinkles and hairs (the latter with five transverse wrinkles and few hairs); ④base of syntergite with median groove reaching 0.56-0.6 to the first thyridia (the latter 0.8); ⑤tenth flagellomere 2.4 times as long as wide (the latter 3.0).

(303) *Exallonyx shennongensis* He *et* Xu, sp. nov.

Material examined: Holotype ♂, Mt. Dashennongjia, Shennongjia National Nature Reserve (31.4°N, 110.2°E), Hubei Prov., 1700m, 1982.Ⅶ.27, by HE Junhua, No.825761.

Distribution: Hubei.

Diagnostic characters: This species is closed to *Exallonyx japanicus* (Ashmead, 1904), but it can be distinguished from the latter by: ①laterodorsal margin of pronotum with two rows of hairs (the latter with one row of hairs); ②pronotum with hairs behind collar carina (the latter without hair); ③base of syntergite with lateral groove 0.6 times as long as median groove (the latter 0.3-0.5); ④hind femur and tibia reddish-brown (the latter hind femur with dark brown, tibia light brown).

(304) *Exallonyx tibetanus* He *et* Xu, sp. nov.

Material examined: Holotype ♂, Yadong (Chomo) County (27.4°N, 88.9°E), Xizang Aut. Reg., 2800m, 1978.Ⅶ.23, by LI Fasheng, No.871969.

Distribution: Xizang.

Diagnostic characters: This species is similar to *Exallonyx orientalis* Dodd, 1902, but differs from the latter by: ①base of syntergite with median groove reaching 0.55 to the first thyridia (the latter 0.8), lateral grooves 0.7 times as long as median groove (the latter 0.8); ②second flagellomere 2.7 times as long as wide (the latter 3.3 times); ③fore femur and tibia testaceous (the latter with fore femur dark brown to black, and fore tibia light brown).

(307) *Exallonyx triseriatus* He *et* Xu, sp. nov.

Material examined: Holotype ♂, Dailing (47.0°N, 129.0°E), Heilongjiang Prov., 1977. Ⅵ.24, by HE Junhua.

Distribution: Heilongjiang.

Diagnostic characters: This species is similar to *Exallonyx datae* Townes, 1981, but it differs from them by: ①laterodorsal margin of pronotum with three rows of hairs (the latter with two rows of hairs); ②hind femur 3.7 times as long as wide (the latter 5.0 times); ③metasomal stalk with seven longitudinal carinae on each lateral side (the latter with three); ④base of syntergite with lateral groove 0.9 times as long as median groove (the latter 0.7 times).

(309) *Exallonyx hirtiventris* He *et* Xu, sp. nov.

Material examined: Holotype ♂, Jiuhu, Shennongjia National Nature Reserve (31.7°N, 110.6°E), Hubei Prov., 1700m, 1982.Ⅷ.27, by HE Junhua, No.825763.

Distribution: Hubei.

Diagnostic characters: This species is similar to *Exallonyx datae* Townes, 1981, but it can be distinguished from the latter by: ①syntergite with long and dense hairs, hairs group about six hairs wide; ②fore and middle coxae black.

(310) *Exallonyx brevistigmus* He *et* Xu, sp. nov.

Material examined: Holotype ♂, Nanling National Nature Reserve (23.3°N, 115.3°E), Ruyuan Yao Aut. County, Guangdong Prov., 2004.Ⅴ. 8, by XU Zaifu, No.20047763.

Distribution: Guangdong.

Diagnostic characters: Listed in the key.

(311) *Exallonyx bicoloratus* He *et* Xu, sp. nov.

Material examined: Holotype ♂, Nanling National Nature Reserve (23.3°N, 115.3°E), Ruyuan Yao Aut. County, Guangdong Prov., 2004.Ⅴ.8, by XU Zaifu, No.20047738.

Distribution: Guangdong.

Diagnostic characters: Listed in the key.

(312) *Exallonyx antennatus* He *et* Xu, sp. nov.

Material examined: Holotype ♂, Ruili County (24.0°N, 97.8°E), Yunnan Prov., 1981.Ⅴ.3, by HE Junhua, No.812432.

Distribution: Yunnan.

Diagnostic characters: This species is similar to *Exallonyx datae* Townes, 1981, but it can be separated the latter by: ①second flagellomere 2.6 times as long as wide (the latter 3.0 times); ②fore coxa light brown, mid coxa blackish-brown (the latter with fore coax testaceous and mid coax testaceous to brown); ③base of syntergite with lateral groove 0.4 times as long as median groove (the latter 0.7 times).

(314) *Exallonys weii* He *et* Xu, sp. nov.

Material examined: Holotype ♂, Dashahe, Daozhen County (28.8°N, 107.5°E), Guizhou

Prov., 1615m, 2004.Ⅷ.17, by WU Qiong, No.20047343. Paratypes: 1♂, Dashahe, Daozhen County (28.8°N, 107.5°E), Guizhou Prov., 1720m, 2004. Ⅷ.18, by WANG Zhijie, No.20047349; 3♂, Dashahe, Daozhen County (28.8°N, 107.5°E), Guizhou Prov., 1360m, 2004.Ⅷ.21, by WU Qiong, Nos.20047376, 20047396, 20047402; 12♂, Xiannvdong, Daozhen County (28.8°N, 107.5°E), Guizhou Prov., 644m, 2004.Ⅷ.24-25, by WEI Shujun and WU Qiong, Nos.20047408, 20047412-13, 20047417, 20047423, 20047427, 20047430, 20047432-33, 20047443, 20047448, 20047450.

Distribution: Guizhou.

Diagnostic characters: Listed in the key.

(315) *Exallonyx pilosus* **He *et* Xu, sp. nov.**

Material examined: Holotype ♂, Huaxi, Guiyang, Guizhou Prov., 1000m, 1981.Ⅴ. 25, by LI Fasheng, No.871970.

Distribution: Guizhou.

Diagnostic characters: This species is similar to *Exallonyx levibasis* Townes, 1981, but it can be distinguished from the latter by: ①second flagellomere 3.0 times as long as wide (the latter 3.2 times); ②hind femur 3.9 times as long as wide (the latter 4.6 times); ③speculum with hairs on upper 0.6 (the latter on upper 0.3-0.4).

(317) *Exallonyx townesi* **He *et* Fan, 2004**

Material examined: Holotype ♂, Hangzhou (30.2°N, 120.1°E), Zhejiang Prov., 1981. Ⅴ.21, by MA Yun, No.810669.

Distribution: Zhejiang.

Diagnostic characters: Listed in the key.

(318) *Exallonyx heilongjiangensis* **He *et* Xu, sp. nov.**

Material examined: Holotype ♂, Liangshui, Dailing Town (47.0°N, 129.0°E), Yichun City, Heilongjiang Prov., 1977.Ⅶ.24, by HE Junhua.

Distribution: Heilongjiang.

Diagnostic characters: Listed in the key.

(319) *Exallonyx liangshanensis* **He *et* Xu, sp. nov.**

Material examined: Holotype ♂, Liangshan (27.9°N, 102.2°E), Sichuan Prov., 1978. Ⅴ.11, by LI Guo.

Distribution: Sichuan.

Diagnostic characters: Listed in the key.

7) *Obsoletus* Group

Five species are described, of which two are new to science.

Key to species

1.   Flagellar segments without tyloids; dorsal face of propodeum smooth, only with very weak wrinkles at

posterior lateral corner; fore wing length 4.0mm. Guizhou ·······················**(320)** *E. laevipropodeum*
Flagellar segments each with distinct tyloids; dorsal face of propodeum with distinct wrinkles or
reticulate wrinkles, only near base with small smooth area ·· 2

2. Metasomal stalk in lateral side with two transverse ridges at base, followed by seven slopind longitudinal
ridges; hind trochanters blackish brown; first abscissa of radius of fore wing 2.4 times as long as wide;
fore wing length 3.5mm. Inner Mongolia, Shaanxi ································**(321)** *E. densirugolosus*
Metasomal stalk in lateral side without transverse ridges, only with longitudinal ridges; hind trochanters
brownish yellow; first abscissa of radius of fore wing 1.2-2.2 times as long as wide ····················· 3

3. Temple in dorsal view 0.75 times as long as eye; smooth area of metapleuron with its length and height
occupied by 0.45 and 0.6 that of metapleuron; base of syntergite with 2 (left) or 4 (right) lateral grooves
on each side of median groove; fore wing length 2.7mm. Shanxi ············**(322)** *E. shanxiensis*, **sp. nov.**
Temple in dorsal view 0.9-1.0 times as long as eye; metapleuron with reticulate wrinkles, hairy, almost
without smooth area; base of syntergite with 3-4 or 5-6 lateral grooves which confused together on each
side of median groove ·· 4

4. Second flagellomere 2.1 times as long as its apical width; hind femur 4.2 times as long as wide;
metasomal stalk in dorsal side with 8 subparallel longitudinal wrinkles; metasomal stalk in lateral side
with 5 strong and complete oblique longitudinal ridges; first thyridium 6.0 times as wide as long,
distance between first thyridia 0.45 times as long as width of one thyridium; fore wing length 3.6mm.
Liaoning ·· **(323)** *E. inconditus*
Second flagellomere 2.5 times as long as its apical width; hind femur 3.6 times as long as wide;
metasomal stalk in dorsal side almost entirely smooth, with sparsely short longitudinal grooves;
metasomal stalk in lateral side with 6 strong oblique longitudinal ridges which broken at base, with one
small smooth area; first thyridium 4.0 times as wide as long, distance between first thyridia 0.2 times as
long as width of one thyridium; fore wing length 3.5mm. Xinjiang ······**(324)** *E. profundisulcus*, **sp. nov.**

(322) *Exallonyx shanxiensis* **Xu** *et* **He, sp. nov.**

Material examined: Holotype ♂, Yanbei (40.1°N, 113.2°E), Shanxi Prov., 1980. Ⅸ, by
ZHENG Wangyi, No.870053. Paratype: 1♂, same data as holotype.

Distribution: Shanxi.

Diagnostic characters: This species is very similar to *Exallonyx crenicornis* (Nees, 1834),
but it can be separated from the latter by: ①upper edge of pronotum with a hairs band 2 hairs
wide (vs. 4); ②second flagellomere 2.5 times as long as apical width (vs. 2.1); ③hind femur
4.4 times as long as wide (vs. 3.9).

(324) *Exallonyx profundisulcus* **Xu** *et* **He, sp. nov.**

Material examined: Holotype ♂, Altay City (47.8°N, 88.2°E), Xinjiang Uygur Aut. Reg.,
1990.Ⅶ.8, by WANG Dengyuan, No.916328.

Distribution: Xinjiang.

Diagnostic characters: This species is closed to *Exallonyx densirugolosus* Liu, He *et* Xu,

2006, *E. inconditus* Liu, He *et* Xu, 2006 and *E. crenocornis* (Nees, 1834), but it can be distinguished from them by meapleuron with dense oblique transverse wrinkles, without smooth area; dorsal face of metasomal stalk smooth without distinct longitudinal carinae; lateral side of stalk with a small smooth area.

8) *Dictyotus* Group

26 species are described, of which 21 are new to science.

Key to speices

1. Male ·· 2
    Female ·· 20
2. Middle and hind trochanters black or brown ··· 3
    Middle and hind trochanters reddish brown, brownish yellow or light brown ························· 5
3. Middle and hind trochanters brown; metasomal stalk in dorsal side with 6 longitudinal ridges; metasomal stalk in lateral side with dorsal margin 1.3 times as long as median height; base of syntergite with median groove reaching 0.6 the distance to first thyridia, with two lateral grooves on each side; fore wing length 2.1mm. Yunnan ·· **(325) *E. nudatisyntergite*, sp. nov.**
    Middle and hind trochanters black; metasomal stalk in dorsal side with 3 longitudinal ridges; metasomal stalk in lateral side with dorsal margin 0.8-0.9 times as long as median height; base of syntergite with median groove reaching 0.9 the distance to first thyridia, with four lateral grooves on each side ··········· 4
4. Dorsal margin of side of pronotum with two irregular rows of hairs; mesopleuron only with hairs on anterior upper corner; metasomal stalk in dorsal side with three strong longitudinal ridges; fore wing length 3.4-3.9mm. Shaanxi, Zhejiang ···································· **(326) *E. nigrolabius***
    Dorsal margin of side of pronotum with several rows of hairs; mesopleuron entirely pubescent; metasomal stalk in dorsal side smooth at basal 0.3, and then with two strong longitudinal ridges, lateral side of which with three short oblique ridges; fore wing length 5.0mm. Henan ···································· ··· **(327) *E. henanensis*, sp. nov.**
5. Metasomal stalk in dorsal side without distinct transverse ridges ··· 6
    Metasomal stalk in dorsal side with distinct transverse ridges at base, with longitudinal ridges at apex or with a triangular smooth area ·· 12
6. Metasomal stalk in dorsal side 1.9-2.2 times as long as median wide, in lateral side 1.6-2.1 times as long as median height; base of syntergite with median groove reaching 0.28-0.40 the distance to first thyridia; first thyridium 1.6-2.0 times as wide as long, distance between 0.95 times as long as width of one thyridium; syntergite ventrally with many hairs ·· 7
    Metasomal stalk in dorsal side 0.9-1.4 times as long as median wide, in lateral side 0.7-1.1 times as long as median height; base of syntergite with median groove reaching 0.45-0.7 the distance to first thyridia · 8
7. Metasomal stalk in lateral side with dorsal margin 2.1 times as long as median height; base of syntergite with median groove reaching 0.28 the distance to first thyridia, with two lateral grooves on each side,

sublateral groove 1.2 times as long as median groove; fore wing length 2.6mm. Yunnan·················· ··· **(328)** *E. tuberculatus*, **sp. nov.** Metasomal stalk in lateral side with dorsal margin 1.8 times as long as median height; base of syntergite with median groove reaching 0.4 the distance to first thyridia, with three lateral grooves on each side, sublateral groove 0.9-1.0 times as long as median groove; fore wing length 2.6mm. Sichuan ·············· ··· **(329)** *E. longifemoratus*, **sp. nov.**

8. Temple in dorsal view 0.74-0.85 times as long as eye ··9
   Temple in dorsal view 0.59-0.60 times as long as eye ···11

9. Lower corner of side of pronotum with three small foveae above the single pit; metasomal stalk in lateral side with 8 longitudinal ridges; smooth area of metapleuron 0.2 times as long as metapleuron; dorsal face of propodeum almost without smooth area; fore wing length 2.05mm. Liaoning ·························· ·· **(330)** *E. dissitus*, **sp. nov.** Lower corner of side of pronotum without foveae above the single pit; metasomal stalk in lateral side with 5-6 longitudinal ridges; smooth area of metapleuron 0.4 times as long as metapleuron; dorsal face of propodeum with a small smooth area (except for *E. caii*) ···10

10. Dorsal face of propodeum without smooth area; metasomal stalk in lateral side with dorsal margin 1.1 times as long as median height; base of syntergite with sublateral groove 0.4 or 0.7 times as long as median groove; hind leg yellowish brown except for base black; fore wing length 1.9mm. Henan ········ ··· **(331)** *E. caii*, **sp. nov.** Dorsal face of propodeum with smooth area 0.8 times as long as the distance between base and posterior margin of spiracle; metasomal stalk in lateral side with dorsal margin 0.8 times as long as median height; base of syntergite with sublateral groove 0.9 times as long as median groove; hind leg light brown to brown; fore wing length 1.9mm. Hebei···**(332)** *E. lii*, **sp. nov.**

11. Face brownish yellow; malar space 0.18 times as long as longer diameter of eye; second flagellomere 2.5 times as long as its apical width; flagellar segments with distinct elliptic tyloids; stigma 2.2 times as long as wide; metasomal stalk in lateral side with one transverse ridge; base of syntergite with median groove reaching 0.8 the distance to first thyridia; fore wing length 1.7mm. Guangxi···································· ···**(333)** *E. tuberocornis*, **sp. nov.** Face black; malar space 0.4 times as long as longer diameter of eye; second flagellomere 3.6 times as long as its apical width; flagellar segments with weak tyloids; stigma 1.8 times as long as wide; metasomal stalk in lateral side with two transverse ridges at base; base of syntergite with median groove reaching 0.5 the distance to first thyridia; fore wing length 2.1mm. Yunnan···································· ·· **(334)** *E. flavicornis*, **sp. nov.**

12. First thyridium of syntergite 5.0 times as wide as long; lower corner of side of pronotum with two small foveae above the pit; fore wing length 3.25mm. Zhejiang ···············**(335)** *E. septemicarinus*, **sp. nov.** First thyridium of syntergite 1.5-3.8 times as wide as long; lower corner of side of pronotum without small foveae or only with one small fovea above the pit ···13

13. Dorsal margin of side of pronotum with a single row of hairs···14

Dorsal margin of side of pronotum with two rows of hairs ··· 15

14. Temple in dorsal view 0.4 times as long as eye; metasomal stalk in dorsal side with 2 transverse wrinkles at base, then with four longitudinal ridges behind; base of syntergite with two shallow lateral grooves on each side of median groove; first thyridium 3.6 times as wide as long; fore wing length 3.7mm. Guizhou ··· **(336)** *E. brevicarinus*

Temple in dorsal view 0.75 times as long as eye; metasomal stalk in dorsal side with 1 transverse wrinkles at base, with two longitudinal ridges at apex, area between transverse wrinkles and longitudinal ridges with a triangular smooth area; base of syntergite with three shallow lateral grooves on each side of median groove; first thyridium 2.4 times as wide as long; fore wing length 2.9mm. Fujian ················· ··· **(337)** *E. deltatiformis,* **sp. nov.**

15. Stigma 2.3 times as long as wide; metasomal stalk in dorsal side 1.5 times as long as wide, in lateral side with dorsal margin 1.3 times as long as median height; base of syntergite with median groove reaching 0.8 the distance to first thyridia; fore wing length 2.4mm. Yunnan ··· **(338)** *E. obscurotuberosus,* **sp. nov.**

Stigma 1.67-1.8 times as long as wide; metasomal stalk in dorsal side 0.86-1.1 times as long as wide, in lateral side with dorsal margin 0.6-0.8 times as long as median height; base of syntergite with median groove reaching 0.55-0.60 the distance to first thyridia ··· 16

16. First thyridium of syntergite 1.5-1.8 times as wide as long; second and tenth flagellomeres each 2.5-3.0 and 3.0 times as long as their apical width ··· 17

First thyridium of syntergite 3.00-3.75 times as wide as long; second and tenth flagellomeres both 2.2-2.4 times as long as their apical width (some specimen of *E. hangzhouensis* and *E. guizhouensis* will be 2.7-2.8 times) ·· 18

17. Metasomal stalk in dorsal side with four arched transverse wrinkles at base, and then with five longitudinal ridges behind; temple in dorsal view 0.83 times as long as eye; distance between first thyridia 0.28 times as long as width of one thyridium; fore wing length 2.1mm. Zhejiang ··**(339)** *E. arcus*

Metasomal stalk in dorsal side with two transverse wrinkles at base, and then with a 'Y' shaped longitudinal ridge behind; temple in dorsal view 0.6 times as long as eye; distance between first thyridia 0.8 times as long as width of one thyridium; fore wing length 2.5mm. Fujian ································ ·· **(340)** *E. parallelus,* **sp. nov.**

18. Base of syntergite with four lateral grooves on each side of median groove; lower corner of side of pronotum with a small fovea above the pit; apical flagellar segment 1.74 times as long as the subapical one; fore wing length 2.25mm. Zhejiang ·······················**(341)** *E. maae,* **sp. nov.**

Base of syntergite with three lateral grooves on each side of median groove; lower corner of side of pronotum without fovea above the pit; apical flagellar segment 1.4-1.5 times as long as the subapical one ·· 19

19. Tyloids on second to tenth flagellomeres distinct and line like; stigma 3.1 times as long as length of costal margin of radial cell; metasomal stalk in lateral side with two transverse ridges at base; fore wing length 2.6mm. Zhejiang ··· **(342)** *E. hangzhouensis*

Tyloids on second to tenth flagellomeres indistinct or absent; stigma 4.0-4.2 times as long as length of costal margin of radial cell; metasomal stalk in lateral side with one transverse ridges at base; fore wing length 2.6-2.7mm. Guizhou ·· **(343) *E. guizhouensis*, sp. nov.**

20. Second and tenth flagellomeres each 5.3 and 2.5 times as long as their apical width; metapleuron with a small tubercle on centrally upper part; metasomal stalk in dorsal side 2.2 times as long as median wide, with 8 longitudinal wrinkles, in lateral side with dorsal margin 2.1 times as long as median height; base of syntergite with median groove reaching 0.4 the distance to first thyridia, sublateral groove 1.0 times as long as median groove; hind femur 7.3 times as long as wide; ovipositor sheath 0.26 times as long as hind tibia, punctate; fore wing length 2.0mm. Yunnan ·····················**(328) *E. tuberculatus*, sp. nov.**
    Second and tenth flagellomeres each 1.57-2.2 and 1.4-1.7 times as long as their apical width (antennae of *E. lii* broken); metapleuron without a small tubercle on centrally upper part; metasomal stalk in dorsal side 0.8-1.3 times as long as wide, with reticulate or transverse wrinkles, in lateral side with dorsal margin 0.67-1.10 times as long as median height; base of syntergite with median groove reaching 0.67-0.90 the distance to first thyridia, sublateral groove 0.12-0.71 times as long as median groove; hind femur 3.4-4.2 times as long as wide; ovipositor sheath 0.44-0.54 times as long as hind, tibia with longitudinal wrinkles fine, but in *E. stenochilus* with longitudinal punctures ······························ 21

21. Middle and hind trochanters black or brown ·· 22
    Middle and hind trochanters brownish yellow or reddish yellow ·· 24

22. Malar space 0.2 times as long as longer diameter; tenth flagellomere 1.25 times as long as its apical width; eleventh flagellomere 1.8 times as long as tenth flagellomere; first abscissa of radius 0.5 times as long as wide; metasomal stalk in dorsal side 1.5 times as long as median wide, in lateral side with dorsal margin 1.3 times as long as median height, and with 9 longitudinal punctulate wrinkles behind basal transverse ridge; base of syntergite with median groove reaching 0.6 the distance to first thyridia; fore wing length 2.0mm. Shaanxi ··· **(344) *E. puncticaudatus*, sp. nov.**
    Malar space 0.50-0.68 times as long as longer diameter; tenth flagellomere 1.7 times as long as its apical width; eleventh flagellomere 1.5-1.6 times as long as tenth flagellomere; first abscissa of radius 1.30-1.67 times as long as wide; metasomal stalk in dorsal side 1.1-1.2 times as long as median wide, in lateral side with dorsal margin 0.9-1.1 times as long as median height, and with 4 or 10 oblique longitudinal ridges behind basal transverse ridge; base of syntergite with median groove reaching 0.9 the distance to first thyridia ·· 23

23. Metsomal stalk in dorsal side mostly with six punctate transverse wrinkles, apex nearly smooth, with indistinct transverse wrinkles; metasomal stalk in lateral side with four transverse ridges, and with four oblique longitudinal ridges behind; base of syntergite with two lateral grooves on each side of median groove; ovipositor sheath with finely long punctures; fore wing length 3.6mm. Zhejiang ···················· ·· **(345) *E. stenochilus*, sp. nov.**
    Metsomal stalk in dorsal side mostly with four coarse transverse wrinkles, apex nearly smooth; metasomal stalk in lateral side with one transverse ridge, and with ten oblique longitudinal ridges behind; base of syntergite with four lateral grooves on each side of median groove; ovipositor sheath with longitudinal wrinkles; fore wing length 3.7mm. Shaanxi ······················**(346) *E. polyptychus*, sp. nov.**

24. Costal margin of radial cell 0.85 times as long as width of stigma; metasomal stalk in dorsal side 1.3 times as long as median wide, with irregular reticulate wrinkles; base of syntergite with sublateral groove 0.71 times as long as median groove; distance between first thyridia 0.3 times as long as width of one thyridium; fore wing length 1.9mm. Jilin ··· **(347) *E. fangi*, sp. nov.**
Costal margin of radial cell 0.4-0.5 times as long as width of stigma; metasomal stalk in dorsal side 0.83-1.00 times as long as wide (1.3 times in *E. lii*), with transverse wrinkles at base, apex or apical centre smooth; base of syntergite with sublateral groove 0.25-0.50 times as long as median groove; distance between first thyridia 0.60-0.75 times as long as width of one thyridium; ovipositor sheath with finely longitudinal wrinkles or longitudinal punctures ··· 25

25. Temple in dorsal view 1.2 times as long as eye; malar space 0. 68 times as long as longer diameter of eye; second and tenth flagellomeres each 1.4 and 1.2 times as long as their apical width; metasomal stalk in dorsal side 1.3 times as long as median wide, in lateral side with dorsal margin 1.2 times as long as median height, with one transverse ridge at base; ovipositor sheath 0.42 times as long as hind tibia, with longitudinal punctures; hind femur 4.3 times as long as wide; fore wing length 2.2mm. Hebei ············ ·· **(332) *E. lii*, sp. nov.**
Temple in dorsal view 0.9-1.0 times as long as eye; malar space 0.38-0.46 times as long as longer diameter of eye; second and tenth flagellomeres each 1.57-2.20 and 1.4-1.6 times as long as their apical width; metasomal stalk in dorsal side 0.83-1.00 times as long as median wide, in lateral side with dorsal margin 0.67-1.00 times as long as median height, with 2-4 transverse ridge at base; ovipositor sheath 0.52-0.54 times as long as hind tibia, with longitudinal wrinkles; hind femur 3.4-3.7 times as long as wide ··· 26

26. Metasomal stalk in lateral side with dorsal margin 1.0 times as long as median height, with 4 weak transverse ridges, apical half nearly smooth, with only one longitudinal ridge; metasomal stalk in dorsal side with 3 weak transverse ridges at basal half, smooth at apical half and lateral sides; fore wing length 3.0mm. Guangdong ··· **(348) *E. rufimandibularis***
Metasomal stalk in lateral side with dorsal margin 0.67-0.7 times as long as median height, with 2 or 3 transverse ridges at base, and with 4 or 3 longitudinal ridges behind, without smooth area; metasomal stalk in dorsal side with 2 fine transverse wrinkles at base, apical half centrally smooth, or with 5 fine transverse wrinkles at basal 0.7 and the rest smooth, but with one longitudinal ridges and 2-3 short oblique short transverse wrinkles ··· 27

27. Second flagellomere 1.57 times as long as its apical width; clypeus smooth, not punctate; stigma 2.05 times as long as wide; frontal ridge weak; metasomal stalk in dorsal side with 5 fine transverse wrinkles at basal 0.7, smooth at apical 0.3 and with one indistinct median longitudinal ridge; base of syntergite with 3 lateral grooves on each side of median groove; fore wing length 2.4mm. Zhejiang ·················· ··· **(349) *E. peltatus*, sp. nov.**
Second flagellomere 2.0 times as long as its apical width; clypeus smooth, punctate; stigma 1.06 times as long as wide; frontal ridge strong; metasomal stalk in dorsal side with 2 finely transverse wrinkles at basal half, apical half centrally smooth, and laterally with 2-3 short oblique transverse ridges; base of

syntergite with 2 lateral grooves on each side of median groove; fore wing length 2.7mm. Zhejiang·······
·· **(350)** ***E. punctatus*, sp. nov.**

(325) ***Exallonyx nudatisyntergite*** **He *et* Xu, sp. nov.**

Material examined: Holotype ♂, Fenshuiling, Lüchun County (23.0°N, 102.4°E), Yunnan Prov., 2003.Ⅶ.23, by HU Long, No.20048143.

Distribution: Yunnan.

Diagnostic characters: Listed in the key.

(327) ***Exallonyx henanensiss*** **He *et* Liu, sp. nov.**

Material examined: Holotype ♂, Lushi County (34.0°N, 111.0°E), Henan Prov., 2000. Ⅴ.29, by CAI Ping, No.200101483.

Distribution: Henan.

Diagnostic characters: this species can be separated from *Exallonyx nigrolabius* Liu., He *et* Xu, 2006 by: ①anterior margin of mesopleuron with dense hairs (vs. only upper corner with hairs); ②metasomal stalk in dorsal side with basal 0.3 smooth, then with two strong longitudinal carinae, lateral side of carinae connecting with three short oblique carinae (vs. five); ③first thylidium 4.0 times as wide as long (vs. 2.4). It also can be distinguished from *E. clinatus* Townes, 1981 and *E. melanoptera* Townes, 1981 by: ①pronotum with several rows of hairs on dorsal margin (vs. single row of hairs); ②mesopleuron with dense hairs; ③base of syntergite with median groove reaching 0.9 the distance to first thyridia (vs. 0.6); ④fore wing hyaline, tinged with fuscous (vs. black).

(328) ***Exallonyx tuberculatus*** **He *et* Xu, sp. nov.**

Material examined: Holotype ♀, Luohao Town, Gejiu City (23.3°N,103.1°E), Yunnan Prov., 2003.Ⅶ.23, by HU Long, No.20048132. Paratypes: 2♂, Mt. Daweishan, Pingbian Miao Aut. County (22.9°N,103.6°E), Yunnan Prov., 2003.Ⅶ.18, by HU Long, Nos.20048145, 20048154.

Distribution: Yunnan.

Diagnostic characters: Listed in the key.

(329) ***Exallonyx longifemoratus*** **He *et* Xu, sp. nov.**

Material examined: Holotype ♂, Labahe, Tianquan County (30.1°N, 102.7°E), Sichuan Prov., 2006.Ⅶ.15, by ZHANG Hongying, No.200610708. Paratype: 1♂, same data as holotype, No.200610683.

Distribution: Sichuan.

Diagnostic characters: Listed in the key.

(330) ***Exallonyx dissitus*** **He *et* Liu, sp. nov.**

Material examined: Holotype ♂, Shenyang City (41.8°N, 123.4°E), Liaoning Prov., 1990. Ⅶ.27, by LIU Gaosheng, No.9611573.

Distribution: Liaoning.

Diagnostic characters: This species can be separated from *Exallonyx torquatus* Townes, 1981 by: ①metapleuron mostly with areolet-reticulate wrinkles (vs. mostly smooth); ②fore wing hyaline, tinged with yellow (vs. black); ③hind femur 4.2 times as long as wide (vs. 3.9 times). Differences between other species listed in the key.

(331) *Exallonyx caii* He *et* Liu, sp. nov.

Material examined: Holotype ♂, Baiyunshan, Song County (34.08°N, 112.05°E), Henan Prov., 1996.Ⅶ.11, by CAI Ping, No.972690.

Distribution: Henan.

Diagnostic characters: This species is similar to *Exallonyx dissitus* sp. nov., but it differs from the latter by: ①pronotum with a single row of hairs (vs. double); ②lower corner of side of pronotum without any fovea above the pits (vs. with three small foveae above); ③first thyridia 2.67 times as wide as long (vs. 3.3 times).

(332) *Exallonyx lii* He *et* Xu, sp. nov.

Material examined: Holotype ♀, Yangjiaping, Mt. Xiaowutaishan (39.9°N, 115.0°E), Zhangjiakou, Hebei Prov., 2005.Ⅷ.20, by ZHANG Hongying, No.200604694. Paratypes: 4♀2♂, Yangjiaping—Shanjiankou, Mt. Xiaowutaishan (39.9°N, 115.0°E), Zhangjiakou, Hebei Prov., 2005.Ⅷ.20, by ZHANG Hongying and SHI Min, Nos.200604751, 200604692-93, 200604695, 200604663-64.

Distribution: Hebei.

Diagnostic characters: Listed in the key.

(333) *Exallonyx tuberocornis* He *et* Xu, sp. nov.

Material examined: Holotype ♂, Nanning City (22.8°N, 108.3°E), Guangxi Zhuang Aut. Reg., 1982. Ⅴ.26, by HE Junhua, No.822477.

Distribution: Guangxi .

Diagnostic characters: second to seventh flagellomeres with tyloids and antenna light brown.

(334) *Exallonyx flavicornis* He *et* Xu , sp. nov.

Material examined: Holotype ♂, Kunming City (25.0°N, 102.7°E), Yunnan Prov., 1980. Ⅷ.19, by HE Junhua, No.802638.

Distribution: Yunnan.

Diagnostic characters: This species is similar to *Exallonyx torquatus* Townes,1981, but it can be distinguished from the latter by: ①second flagellomere 3.4 times as long as wide; ②base of syntergite with three lateral groove on each side; ③antenna yellowish brown with scape and pedicle light brown.

(335) *Exallonyx septemicarinus* He *et* Xu, sp. nov.

Material examined: Holotype ♂, Xianrending, Mt. W. Tianmushan (30.4°N, 119.5°E), Zhejiang Prov. , 1998.Ⅶ.30, by ZHAO Mingshui, No.994471.

Distribution: Zhejiang.

Diagnostic characters: This species is similar to *Exallonyx torquatus* Townes, 1981, but it differs from the latter by: ①second flagellomere 2.4 times as long as wide (vs. 2.9 times); ②side of pronotum with two rows of hairs on dorsal margin (vs. single row of hairs); ③wing hyaline (vs. black). It can be separated from *E. clinatus* Townes, 1981 and *E. melanoptera* Townes, 1981 by flagellum dark brown. It also can be distinguished from *E. dictyotus* Townes, 1981 and *E. coracinus* Townes, 1981 by antenna dark brown, second flagellomere 3.0 times as long as wide and epomia indistinct.

(337) *Exallonyx deltatiformis* He *et* Xu, sp. nov.

Material examined: Holotype ♂, Shouning County (27.4°N, 119.5°E), Fujian Prov., 1987. Ⅶ.14, by LIU Changming, No.9611417.

Distribution: Fujian.

Diagnostic characters: This species is similar to *Exallonyx torquatus* Townes, 1981, but it differs from the latter by: ①tenth flagellomere 2.4 times as long as wide (vs. 2.9 times); ②metasomal stalk with a triangular smooth area on dorsal face (vs. carinae). It is also different from *E. clinatus* Townes, 1981 and *E. melanoptera* Townes, 1981 by wing hyaline. It can be separated from *E. dictyotus* Townes, 1981 and *E. cracens* Townes, 1981 by hind femur 3.8 times as long as wide (vs. 4.4 times and 5.2 times).

(338) *Exallonyx obscurotuberosus* He *et* Xu, sp. nov.

Material examined: Holotype ♂, Tengchong County (25.0°N, 98.5°E), Yunnan Prov., 1630m, 1980.Ⅵ.20, by HE Junhua, No.813692b.

Distribution: Yunnan.

Diagnostic characters: It can be distinguished from the other species of *Dictyotus* Group by side of pronotum with two rows of hairs.

(340) *Exallonyx parallelus* He *et* Liu, sp. nov.

Material examined: Holotype ♂, Tianbaoyan Nature Reserve, Yong'an County (25.9°N, 117.3°E), Fujian Prov., 2001.Ⅶ.20, by PIAO Meihua, No.200107098.

Distribution: Fujian.

Diagnostic characters: This species is similar to *Exallonyx arcus* sp. nov., but it can be distinguished from the latter by: ①second flagellomere 3.0 times as long as wide (vs. 2.7 times); ②lower margin of metapleuron with parallel striae (vs. without striae); ③metasomal stalk with two irregular transverse wrinkles on base (vs. four arched transverse wrinkles and with a 'Y' shaped carina at apex (vs. five longitudinal carinae).

(341) *Exallonyx maae* He *et* Liu, sp. nov.

Material examined: Holotype ♂, Mt. W. Tianmushan (30.4°N, 119.5°E), Zhejiang Prov., 1993.Ⅵ.11, by MA Yun, No.934351.

Distribution: Zhejiang.

Diagnostic characters: This species is closed to *Exallonyx guizhouensis* sp.nov., but it differs from the latter by: ①hind femur 3.67 times as long as wide (vs. 4.3 times); ②base of syntergite with four lateral grooves on each side (vs. three); ③first thyridia 3.5 times as wide as long (vs. 3.0 times).

(343) *Exallonyx guizhouensis* He *et* Liu, sp. nov.

Material examined: Holotype ♂, Jinding, Mt. Fanjingshan (27.9°N, 108.6°E), Guizhou Prov., 2001.Ⅶ.30, by PIAO Meihua, No.200108996. Paratypes: 1♂, Jinding, Mt. Fanjingshan (27.9°N, 108.6°E), Guizhou Prov., 2001.Ⅶ.30, by PIAO Meihua, No.200108894; 2♂, Jinding, Mt. Fanjingshan (27.9°N, 108.6°E), Guizhou Prov., 1993.Ⅶ.10-13, by CHEN Xuexin, Nos.937499, 938730.

Distribution: Guizhou.

Diagnostic characters: The species is similar to *Exallonyx torquatus* Townes, 1981, but it si different from the latter by: ①second and tenth flagellomeres each 2.2, 2.3 times as long as wide (vs. both 2.9 times); ②side of pronotum with two rows of hairs on dorsal margin; ③hind femur 4.3 times as long as wide (vs. 3.9 times).

(344) *Exallonyx punctaticaudatus* He *et* Xu, sp. nov.

Material examined: Holotype ♀, Liping National Forest Park, Nanzheng County (33.0°N, 106.9°E), Shaanxi Prov., 1742m, 2004.Ⅶ.22, by WU Qiong, No.20046837.

Distribution: Shaanxi.

Diagnostic characters: Listed in the key.

(345) *Exallonyx stenochilus* He *et* Liu, sp. nov.

Material examined: Holotype ♀, Xianrending, Mt. W. Tianmushan (30.4°N, 119.5°E), Zhejiang Prov., 1999.Ⅵ.14, by ZHAO Mingshui, No.200010769.

Distribution: Zhejiang.

Diagnostic characters: Listed in the key.

(346) *Exallonyx polyptychus* He *et* Liu, sp. nov.

Material examined: Holotype ♀, Mt. Tiantaishan, Qinling (34.2°N, 106.8°E), Shaanxi Prov., 1999.Ⅸ.3, by HE Junhua, No.990762.

Distribution: Shaanxi.

Diagnostic characters: This species is closed to *Exallonyx ejuncidus* Townes, 1981 and *E. coracinus* Townes, 1981, but it is different from them by: ①temple 1.2 times as long as eye in dorsal view (vs. 0.82 and 0.83); ②metasomal stalk in profile 0.92 times as long as high (vs. 1.9 and 1.3); ③base of syntergite with median groove reaching 0.9 the distance between first thyridia (vs. 0.68- 0.75). Differences from other species are listed in the key.

(347) *Exallonyx fangi* He *et* Xu, sp. nov.

Material examined: Holotype ♀, Jingyuetan, Changchun (43.9°N, 125.3°E), Jilin Prov., 1985.Ⅸ.9, by LI Zhaofen, No.861331.

Distribution: Jilin.

Diagnostic characters: Listed in the key.

(349) *Exallonyx peltatus* **He *et* Liu, sp. nov.**

Material examined: Holotype ♀, Laodian-Xianrending, Mt. W. Tianmushan (30.4°N, 119.5°E), Zhejiang Prov., 1988. V.17, by LOU Xiaoming, No.883655.

Distribution: Zhejiang.

Diagnostic characters: This species is closed to *Exallonyx camelius* Townes, 1981, *E. soror* Townes, 1981 and *E. torquatus* Townes, 1981, but differs from them by: ①second flagellomere 1.57 times as long as wide (vs. 2.0-2.7); ②metasomal stalk 0.7 times as long as high in lateral view (vs. 1.10-1.65); base of syntergite with three lateral grooves (vs. lateral groove indistinct).

(350) *Exallonyx punctatus* **He *et* Xu, sp. nov.**

Material examined: Holotype ♀, Zhutuoling, Mt. W. Tianmushan (30.4°N, 119.5°E), Zhejiang Prov., 1998. V.31, by ZHAO Mingshui, No.20000572. Paratype: 1♀, Shama ping, Mt. W. Tianmushan (30.4°N, 119.5°E), Zhejiang Prov., 1998.VII.14, by ZHAO Mingshui, No.999150.

Distribution: Zhejiang.

Diagnostic characters: This species is similar to *Exallonyx peltatus* sp. nov., but it can be distinguished from the latter by: ①second flagellomere 2.1 times as long as wide (vs. 1.57); ②fore wing with stigma 1.6 times as long as wide (vs. 2.05); ③base of syntergite with two lateral grooves (vs. three). It's also different from *E. soror* Townes, 1981 and *E. torquatus* Townes, 1981 by metasomal stalk 0.67 times as long as high in lateral view (vs. 1.65 and 1.1).

9) *Unisulcus* Group (New to China)

Three new species are described.

Key to species
(* Not found in the Chinese fauna)

1. Flagellum with apical 5 or more segments whitish ··2
   Flagellum entirely black ···3
2. Hind trochanter and femur entirely black; propodeal reticulation moderately coarse; clypeus weakly convex. New Guinea··· ****E. unisulcus***
   Hind trochanter and base of hind femur whitish; propodeal reticulation moderately fine; clypeus moderately convex. New Guinea ··· ****E. albicornis***
3. Hind and middle femora with basal 0.10 to 0.25 and apical 0.2 pale stramineous or entirely yellowish brown or light brown ··4
   Hind and middle femora entirely black ··6
4. Middle and hind femora with basal 0.10-0.25 and apical pale stramineous. New Guinea·····****E. pallibasis***
   Middle and hind femora entirely yellowish brown or light brown ·······························5
5. Palpi blackish brown; base of syntergite with a median longitudinal groove but no lateral grooves. New

Guinea ·· *E. fuscipalpis

Palpi stramineous; base of syntergite with a median longitudinal groove and a short lateral groove. New

Guinea ·· *E. flavotinctus

6. Metasomal stalk in dorsal side 2.3 times as long as median wide; metasomal in lateral side with dorsal
    margin 2.0 times as long as median height, with 3 weak transverse ridges, smooth at apical lower part;
    base of syntergite with median groove reaching 0.9 the distance to first thyridia, without lateral grooves;
    fore wing length 2.1mm. Yunnan ································· **(351) E. brachygaster, sp. nov.**
    Metasomal stalk in dorsal side 1.0-1.6 times as long as wide; metasomal in lateral side with dorsal
    margin 1.0-1.1 times as long as median height, with transverse or longitudinal ridges at base, not smooth;
    base of syntergite with median groove reaching 0.40-0.45 the distance to first thyridia, with 1 or 2 lateral
    grooves ··· 7

7. Base of syntergite with two lateral grooves on each side of median groove; second flagellomere 2.6 times
    as long as its apical width, tyloids indistinct; metasomal stalk in dorsal side 1.6 times as long as median
    wide, with punctulate wrinkles at basal 0.3, with 7 longitudinal wrinkles at apical 0.7; metasomal stalk in
    lateral side with 2 transverse ridges, and with 5 longitudinal ridges behind; fore wing length 2.2mm.
    Yunnan ·· **(352) E. cryptus, sp. nov.**
    Base of syntergite with one lateral groove on each side of median groove; second flagellomere 3.7 times
    as long as apical width, tyloids distinct; metasomal stalk in dorsal side 1.0 times as long as median wide,
    with punctulate wrinkles at basal 0.3, with 6 longitudinal wrinkles at apical 0.7; metasomal stalk in
    lateral side with 1 transverse ridge, and with 5 longitudinal ridges behind; fore wing length 2.7mm.
    Yunnan ··
    ·· **(353) E. trisulcus, sp. nov.**

(351) *Exallonyx brachygaster* Xu *et* He, sp. nov.

Material examined: Holotype ♂, Tengchong County (25.0°N, 98.5°E), Yunnan Prov., 1630m, 1981.IV.19-20, by HE Junhua, No.813688.

Distribution: Yunnan.

Diagnostic characters: ①epomia present; ②base of syntergite with median groove reaching 0.83 to first thyridia; ③apical segments of metasoma almost wholly covered by syntergite.

(352) *Exallonyx cryptus* Xu *et* He, sp. nov.

Material examined: Holotype ♂, Kunming City (25.0°N, 102.7°E), Yunnan Prov., 1981. V.18, by HE Junhua, No.814736.

Distribution: Yunnan.

Diagnostic characters: ①antenna blackish brown; ②base of syntergite with two lateral grooves on each side.

(353) *Exallonyx trisulcus* Xu *et* He, sp. nov.

Material examined: Holotype ♂, Tengchong County(25.0°N, 98.5°E), Yunnan Prov.,

1981.Ⅳ.27, by HE Junhua, No.812162.

　　Distribution: Yunnan.

　　Diagnostic characters: ①antenna blackish brown; ②base of syntergite with one lateral groove on each side; ③pronotum with two rows of hairs on dorsal margin.

10) *Wasmanni* Group

12 species are described, of which 11 species are new to science.

Key to species
(*Not found in the Chinese fauna)

1. Base of syntergite without median or lateral grooves ···2
   Base of syntergite with median groove and lateral grooves, or lateral grooves sometimes absent ··········4
2. Costal margin of radial cell 1.5 times as long as stigma; fore wing length 1.6-2.3mm. Europe, Japan ······
   ···*E. wasmanni*
   Costal margin of radial cell 0.50-0.67 times as long as stigma ···3
3. Metasomal stalk in dorsal side 1.5 times as long as median wide, with five longitudinal wrinkles; metasomal stalk in lateral side with dorsal margin 1.2 times as long as median height, with six longitudinal ridges; first thyridium 2.2 times as wide as long; legs mostly brownish yellow; fore wing length 1.76mm. Shaanxi ·····································**(354) E. nihilisulcus, sp. nov.**
   Metasomal stalk in dorsal side 1.8 times as long as median wide, with seven longitudinal wrinkles; metasomal stalk in lateral side with dorsal margin 1.9 times as long as median height, with five longitudinal ridges; first thyridium 1.2 times as wide as long; legs mostly blackish brown to black; fore wing length 2.2mm. Guangdong ·····································**(355) E. nudatibasilaris, sp. nov.**
4. Costal margin of radial cell 2.5-2.7 times as long as stigma; metasomal stalk in lateral side with dorsal margin 2.0-3.0 times as long as median height (based on the figures) ·······································5
   Costal margin of radial cell 0.4-1.0 times as long as stigma; metasomal stalk in lateral side with dorsal margin 0.8-1.7, usually 1.0-1.2 times as long as median height ·······································6
5. Legs and pronotum black; fore wing length 2.5-2.9mm. New Guinea ·····························*E. ringens*
   Legs and pronotum light brownish yellow; fore wing length 1.6mm. Philippines·················*E. anceps*
6. Lower corner of side of pronotum with one pit; base of syntergite usually with two lateral grooves, rarely absent, or with 1 or 3 lateral grooves···7
   Lower corner of side of pronotum with two pits; base of syntergite usually with three lateral grooves ·· 17
7. Female ···8
   Male···13
8. Base of syntergite with one lateral grooves; apical flagellar segment 2.3 times as long as subapical segment; dorsal face of propodeum entirely weakly rugose, without distinct smooth area; fore wing narrow, 3.3 times as long as wide; first thyridium 1.5 times as wide as long; ovipositor sheath 0.58 times as long as hind tibia; fore wing length 1.82mm. Shandong ·····································**(356) E. moui, sp. nov.**

Base of syntergite with two lateral grooves or none; apical flagellar segment 1.4-2.2 times as long as subapical segment; dorsal face of propodeum more or less with smooth area ································9

9. Base of syntergite without lateral grooves; temple in dorsal view 0.75 times as long as eye; median longitudinal carina of propodeum present only on dorsal face; metasomal stalk in dorsal side with longitudinal wrinkles; legs yellowish brown, with middle and hind coxae light brown; fore wing length 1.7mm. Guangdong ································**(357)** *E. stenopennis*, **sp. nov.**
Base of syntergite with two to three lateral grooves; temple in dorsal view 1.0-1.2 times as long as eye; median longitudinal carina of propodeum reaching to middle or apex of hind face; metasomal stalk in dorsal side with long punctures at basal half, and with longitudinal wrinkles at apex ····················· 10

10. Apical flagellar segment 1.7 times as long as subapical segment; dorsal face of propodeum almost entirely smooth; base of syntergite with sublateral groove 0.3 times as long as median groove; fore wing length 1.4mm. Zhejiang, Guizhou ····················· **(358)** *E. micropunctatus*, **sp. nov.**
Apical flagellar segment 2.0 times as long as subapical segment; dorsal face of propodeum with basal 0.5 or more smooth; base of syntergite with sublateral groove 0.5-1.0 times as long as median groove······ 11

11. Frontal ridge weak; hind femur 3.5 times as long as wide; stigma 1.7 times as long as wide; ovipositor sheath 0.56 times as long as hind tibia, and 3.7 times as long as its width; froe wing length 1.8mm. Zhejiang ······················· **(359)** *E. brevigena*
Frontal ridge strong or weak; hind femur 4.0-4.1 times as long as wide; stigma 2.0-2.5 times as long as wide; ovipositor sheath 0.48-0.50 times as long as hind tibia, and 4.2-4.5 times as long as its width ···· 12

12. Fore wing 3.0 times as long as wide; costal margin of radial cell 1.0 times as long as wide; temple 1.08 times as long as eye; malar space 0.41 times as long as longer diameter of eye; frontal ridge weak; base of syntergite with two lateral grooves on each side of median groove; fore wing length 1.65mm. Jilin ···
······················· **(360)** *E. changchunensis*, **sp .nov.**
Fore wing 2.5 times as long as wide; costal margin of radial cell 0.63 times as long as wide; temple 0.73 times as long as eye; malar space 0.16 times as long as longer diameter of eye; frontal ridge strong and high; base of syntergite with three lateral grooves on each side of median groove; fore wing length 1.60mm. Hunan ·······················**(361)** *E. nanus*, **sp. nov.**

13. Base of syntergite with three lateral grooves on each side of median groove; smooth area of metapleuron very large, almost occupied the whole metapleuron; metasomal stalk in lateral side with dorsal margin 1.7 times as long as median height; distance between first thyridia 0.1 times as long as width of one thyridium; fore wing length 1.6mm. Yunnan····················· **(362)** *E. vicinicicatrix*, **sp. nov.**
Base of syntergite with two lateral grooves on each side of median groove; smooth area of metapleuron moderate or small, not occupied by the whole metapleuron; metasomal stalk in lateral side with dorsal margin 0.8-1.3 times as long as median height; distance between first thyridia 0.3-1.0 times as long as width of one thyridium ·······················14

14. Dorsal face of propodeum almost entirely smooth; hind femur 4.2-4.8 times as long as wide; stigma and costal margin of radial cell each 1.60-1.67 and 0.4-0.5 times as long as width of stigma ···············15
Dorsal face of propodeum at most with 0.65 its length smooth; hind femur 3.5-3.6 times as long as wide;

stigma and costal margin of radial cell each 1.8 and 0.6-1.0 times as long as width of stigma ············ 16

15. Malar space 0.62 times as long as longer diameter of eye; apical flagellar segment 1.4 times as long as subapical segment; metasomal stalk in dorsal side with five longitudinal ridges, sandwiched fine wrinkles at base; metasomal stalk in lateral side 1.0 times as long as median height; first thyridium 3.0 times as wide as long, distance between first thyridia 0.3 times as long as width of one thyridium; legs mostly brown; fore wing length 1.84mm. Shaanxi ··**(363)** *E. yuae*, **sp. nov.**
Malar space 0.13-0.16 times as long as longer diameter of eye; apical flagellar segment 1.60-1.65 times as long as subapical segment; metasomal stalk in dorsal side with five longitudinal ridges at apical half, basally with punctulate wrinkles; metasomal stalk in lateral side 1.2-1.3 times as long as median height; first thyridium 2.2-2.3 times as wide as long, distance between first thyridia 0.8-0.9 times as long as width of one thyridium; legs mostly yellowish brown, middle and hind coxae blackish brown; fore wing length 1.84mm. Zhejiang, Guizhou ······································ **(358)** *E. micropunctatus*, **sp. nov.**

16. Malar space 0.14 times as long as longer diameter of eye; frontal ridge strong; fore wing 2.42 times as long as wide; costal margin of radial cell 1.0 times as long as width of stigma; base of syntergite with sublateral groove 0.7 times as long as median groove; fore wing length 1.75-2.1mm. Zhejiang ············ ······································ **(359)** *E. brevigena*
Malar space 0.29 times as long as longer diameter of eye; frontal ridge weak; fore wing 2.5 times as long as wide; costal margin of radial cell 0.6 times as long as width of stigma; base of syntergite with sublateral groove 1.0 times as long as median groove; fore wing length 1.5mm. Jilin ························· ······································ **(360)** *E. changchunensis*, **sp. nov.**

17. Apical flagellar segment 1.8 times as long as subapical segment; smooth area of metapleuron with its length and height both occupied by 0.4 that of metapleuron; basal smooth area on dorsal face of propodeum 0.7 times as long as the distance between base and posterior margin of spiracle; metasomal stalk in dorsal side 1.0 times as long as median wide, entirely with reticulate wrinkles; ovipositor sheath 0.44 times as long as hind tibia; fore wing length 1.4mm. Guizhou ······· **(364)** *E. laevibasilaris*, **sp. nov.**
Apical flagellar segment 2.5 times as long as subapical segment; smooth area of metapleuron with its length and height each occupied by 0.8 and 0.9 that of metapleuron; basal smooth area on dorsal face of propodeum 2.0 times as long as the distance between base and posterior margin of spiracle; metasomal stalk in dorsal side 1.6 times as long as median wide, with seven longitudinal wrinkles; ovipositor sheath 0.54 times as long as hind tibia; fore wing length 2.0mm. Guizhou ··········· **(365)** *E. bicavatus*, **sp. nov.**

(354) *Exallonyx nihilisulcus* He *et* Xu, sp. nov.

Material examined: Holotype ♂, Mt. Tiantaishan, Qinling (34.2°N, 106.8°E), Shaanxi Prov., 2000m, 1998.Ⅵ.8, by DU Yuzhou, No.983517. Paratype: 1♀, Daheba (32.6°N, 107.4°E), Dangchang County, Gansu Prov., 2530m, 2004.Ⅶ.31, by SHI Min, No.20046992.

Distribution: Shaanxi, Gansu.

Diagnostic characters: Listed in the key.

(355) *Exallonyx nudatibasilaris* **He *et* Xu, sp. nov.**

Material examined: Holotype ♂, Nanling National Nature Reserve (23.3°N, 115.3°E), Ruyuan Yao Aut. County, Guangdong Prov., 2004. Ⅴ.8, by XU Zaifu, No.20047752. Paratype: 1♂, Nanling National Nature Reserve (23.3°N, 115.3°E), Ruyuan Yao Aut. County, Guangdong Prov., 2004. Ⅹ.1-5, by LIU Changming, No.20059428.

Distribution: Guangdong.

Diagnostic characters: Listed in the key.

(356) *Exallonyx moui* **He *et* Xu, sp. nov.**

Material examined: Holotype ♀, Mt. Taishan (36.4°N, 117.2°E), Tai'an, Shandong Prov., 1996.Ⅵ.4, by XU Weian, No.972079.

Distribution: Shandong.

Diagnostic characters: Listed in the key.

(357) *Exallonyx stenopennis* **He *et* Xu, sp. nov.**

Material examined: Holotype ♀, Mt. Chebaling, Shixing County (24.9°N, 114.0°E), Guangdong Prov., 2003.Ⅶ.10, by XU Zaifu, No.20047927.

Distribution: Guangdong.

Diagnostic characters: Listed in the key.

(358) *Exallonyx micropunctatus* **He *et* Xu, sp. nov.**

Material examined: Holotype ♀, Mt. W. Tianmushan (30.4°N, 119.5°E), Zhejiang Prov., 1983.Ⅸ.10-12, by WAN Xingsheng, No.834166. Paratypes: 1♂, Mt. W. Tianmushan (30.4°N, 119.5°E), Zhejiang Prov., 1990.Ⅵ.2, by HE Junhua, No.907087; 6♂, Mt. Longwangshan (30.3°N, 120.4°E), Anji County, Zhejiang Prov., 2004.Ⅸ.22, Nos.20050068-69, 20050096-97, 20050101-102; 1♀7♂, Mt. Gutianshan (29.2°N, 118.1°E), Kaihua County, Zhejiang Prov., 2005. Ⅶ.2, by CHEN Xuexin, SHI Min and ZHANG Hongying, Nos.200601583, 200601776, 200601783, 200602158-59, 200602161, 200602182, 200604012; 6♂, Mt. Qingliangfeng (30.1°N, 118.8°E), Lin'an County, Zhejiang Prov., 2005.Ⅷ.8-12, by ZHANG Hongying and SHI Min, Nos.200603260, 200603317-18, 200603526, 200603617, 200603892; 1♂, Mt. Leigongshan National Nature Reserve (26.4°N, 108.2°E), Guizhou Prov., 2005.Ⅵ.2-3, by LIU Jingxian, No.20059328.

Distribution: Zhejiang, Guizhou.

Diagnostic characters: Listed in the key.

(360) *Exallonyx changchunensis* **He *et* Xu, sp. nov.**

Material examined: Holotype ♀, Jingyuetan, Changchun (43.9°N, 125.3°E), Jilin Prov., 1985. Ⅹ.11, by LI Zhaofen, No.861330. Paratypes: 2♂, Jingyuetan, Changchun (43.9°N, 125.3°E), Jilin Prov., 1985. Ⅹ.8-9, by LI Zhaofen and YAN Hui, Nos.861332-1333.

Distribution: Jilin.

Diagnostic characters: Listed in the key.

(361) *Exallonyx nanus* He *et* Xu, sp. nov.

Material examined: Holotype ♀, Mt. Zhangjiajie (29.1°N, 110.4°E), Hunan Prov., 1996. Ⅹ. 16-21, by HE Junhua, No.9611834.

Distribution: Hunan.

Diagnostic characters: Listed in the key.

(362) *Exallonyx vicinicicatrix* He *et* Xu, sp. nov.

Material examined: Holotype ♂, Mt. Daweishan, Pingbian Miao Aut. County (22.9°N, 103.6°E), Yunnan Prov., 2003.Ⅶ.18, by HU Long, No.20048162.

Distribution: Yunnan.

Diagnostic characters: Listed in the key.

(363) *Exallonyx yuae* He *et* Xu, sp. nov.

Material examined: Holotype ♂, Huoditang (33.4°N, 108.4°E), Ningshan County, Shaanxi Prov., 1600m, 1998.Ⅵ.5, by MA Yun, No.982444. Paratypes: 2♂, same data as Holotype, Nos.982192, 982615; 1♀2♂, Mt. Ziboshan, Liuba County (33.6°N, 106.9°E), Shaanxi Prov., 1632m, 2004.Ⅷ.4, by CHEN Xuexin, Nos.20047104, 20047143-44.

Distribution: Shaanxi.

Diagnostic characters: Listed in the key.

(364) *Exallonyx laevibasilaris* He *et* Xu, sp. nov.

Material examined: Holotype ♀, Qipanshi, Dashahe, Daozhen County (28.8°N, 107.5°E), Guizhou Prov., 1720m, 2004.Ⅷ.17, by WU Qiong, No.20047348.

Distribution: Guizhou.

Diagnostic characters: Listed in the key.

(365) *Exallonyx bicavatus* He *et* Xu, sp. nov.

Material examined: Holotype ♀, Jinding, Mt. Fanjingshan (27.9°N, 108.6°E), Guizhou Prov., 1993.Ⅶ.12, by CHEN Xuexin, No.938426. Paratype: 1♂, Mt. Fanjingshan (27.9°N, 108.6°E), Guizhou Prov., 1993.Ⅶ.13, by XU Zaifu, No.938428.

Distribution: Guizhou.

Diagnostic characters: Listed in the key.

Ⅱ. Family Vanhorniidae

Only one genus, *Vanhornia* Crawford, 1909, is described.

20. *Vanhornia* Crawford, 1909

One species, *Vanhornia guizhouensis* (He *et* Chu, 1990), is described.

Note. The original name is '*guizhouensis*', referring locality of the type, but when published, the name was misspelled.

Key to species
(* Not found in the Chinese fauna)

1. Syntergite with longitudinal wrinkles on basal 2/3; temple in dorsal view 0.75 times as long as eye; body length 4.5-5.0mm. Sweden, Russia ·· *V. leileri*

   Syntergite with longitudinal wrinkles on basal 1/3; temple in dorsal view 1.4 times as long as eye ········2

2. Mandible with 4 triangular teeth at apex; fore wing with apical half darken; ovipositor 1.3 times as long as length of metasoma; body length 5.5mm. China ······································· **(366) *V. guizhouensis***

   Mandible with 3 triangular teeth at apex; fore wing with apical half not darken; ovipositor 1.0 times as long as length of metasoma; body length 4.0mm. America ······························· *V. encnemidarum*

III. Family Heloridae

Only one genus, *Helorus* Latreille, 1802, is described.

21. *Helorus* Latreille, 1802

Nine species are described, of which six species are new to science, and one is new to China.

Key to species
(* Not found in the Chinese fauna)

1. Face and mesoscutum with small and deep punctures, or with coarsely punctatule wrinkles; first segment of metasoma 1.7-2.0 times as long as wide (2.3 times in *H. australiensis*, and 3.6 times in *H. suwai*)·····2

   Face and mesoscutum mainly smooth, or punctures very fine and not distinct; first segment of metasoma 2.5-3.8 times as long as wide ··9

2. Face, vertex and median lobe of mesoscutum with coarsely punctatule wrinkles ·····························3

   Face, vertex and median lobe of mesoscutum with moderate punctures ·····································6

3. Inner projection of antennal sockets very high; metasomal stalk in dorsal side 3.6 times as long as wide, tergite with 7 strong longitudinal ridges; second tergite without any ridges or wrinkles; body length 7.5mm. Japan ·· *H. suwai*

   Inner projection of antennal sockets not very high; metasomal stalk in dorsal side 1.85-2.0 times as long as wide, tergite with punctatule reticulate wrinkles; second tergite with strong and coarse reticulation, or only finely punctate ··4

4. Second tergite with strong and coarse reticulation; hypopygium of female with small and deep punctures, which separated from each other by 0.6 the length of their own diameter; body length 3.7-4.3mm Western Europe ·· *H. nigripes*

   Second tergite with only fine punctures···5

5. Basal width of hypopygium in female 1.5 times as its median length, punctures separated from each other by 0.3-0.5 their diameters on base, gradually finer and denser to apex; body 6.7mm. Jiangsu, Shanghai, Zhejiang, Hubei, Hunan·· **(367) *H. chinensis***

Basal width of hypopygium in female 2.0 times as its median length, punctures evenly distributed and sparse, separated from each other by 1.0 their diameters; body length 5.7mm. Jilin ························· ··· **(368) *H. jilinensis*, sp. nov.**

6. Trochanters reddish brown; fore and middle femora reddish brown; metasomal stalk in dorsal side 2.3 times as long as wide. Australia ··· ****H. australiensis***

  Trochanters black or light black; fore and middle femora blackish brown, with apex yellowish brown ··· 7

7. Metasomal stalk in dorsal side 2.67 times as long as wide, in lateral side with ventral margin straight, against dorsal margin near parallel; scutellum flat and smooth; body length 4.8mm. Xinjiang ············· ··· **(369) *H. xinjiangensis*, sp. nov.**

  Metasomal stalk in dorsal side 1.9-2.2 times as long as wide, in lateral side with ventral margin convex, against dorsal margin not parallel; scutellum with wrinkles or punctures ···································· 8

8. Dorsal face of metasomal stalk with strong reticulations, longitudinal wrinkles or longitudinal ridges, sometimes with few punctures; punctures on hypopygium of female deep, small to moderately large; wings tinged with fuscous; body length 4.5-6.0mm. Liaoning, Inner Mongolia, Hebei, Shandong, Shanxi, Shaanxi, Ningxia, Gansu, Xinjiang, Zhejiang; Holarctic and Oriental Regions ······ **(370) *H. anomalipes***

  Dorsal face of metasomal stalk scattered coarse punctures; hypopygium of female entirely with punctate longitudinal reticulations that larger on anterior; wings hyaline; body length 5.0mm. Heilongjiang ········ ··· **(371) *H. heilongjiangensis*, sp. nov.**

9. Nervulus basad of basal vein, separated from basal vein by 0.3 its length; scrobe of pronotum smooth or with a few weak wrinkle; mesoscutum entirely or partly fire red or black ································· 10

  Nervulus opposite, or distad or weakly basad of basal vein; scrobe of pronotum with strong parallel wrinkles; mesoscutum black··· 11

10. Mesoscutum partly or entirely flame-red; first flagellomere 5.7-6.0 times as long as wide. South America ··· ****H. brèthesi***

  Mesoscutum black; first flagellomere 1.3-1.4 times as long as wide. New Guinea ··········· ****H. niuginiae***

11. Trochanters and middle femur black; a row of foveae behind prepectal carina of mesopleuron wide; base of metasomal stalk in dorsal side with a large oblique truncate area ······································ 12

  Trochanters and middle femur light yellowish brown; a row of foveae behind prepectal carina of mesopleuron narrow; base of metasomal stalk in dorsal side with a small oblique truncate area ········· 13

12. Stigma 3.1 times as long as wide; dorsal face of metasomal stalk 3.0 times as long as wide; scutellum without short longitudinal wrinkles along posterior margin. Palaearctic Region ·············· ****H. striolatus***

  Stigma 3.6-3.8 times as long as wide; dorsal face of metasomal stalk 2.4 times as long as wide; scutellum with a row short longitudinal wrinkles along posterior margin. Japan ··························· ****H. yezoensis***

13. Nervulus basad of basal vein, separated from basal vein by 0.5 times its length; first metasomal tergite 3.8 times as long as wide. Kenya ··· ****H. elgoni***

  Nervulus opposite, distad or basad of basal vein, separated from basal vein at most 0.3 its length ······· 14

14. Stigma 3.3 times as long as wide; first flagellomere 0.9 times as long as the second; flagellum blackish brown, scape and pedicel yellowish brown; hind femur yellowish brown; metasomal stalk in dorsal side

4.0 times as long as wide. Shaanxi ································· **(372)** *H. caii*, **sp. nov.**

Stigma 2.3-2.8 times as long as wide; first flagellomere 1.2 times as long as the second; antennae dark yellowish brown or entirely blackish brown; hind blackish brown except for base and apex ·············· 15

15. First flagellomere 4.7 times as long as apical width; stigma 2.3 times as long as wide; receiving vein r near middle; metasomal stalk in dorsal side 4.5 times as long as maximum width, with sparse longitudinal wrinkles, finely rugose at base.Sichuan ······················· **(373)** *H. antefurcalis*, **sp. nov.**
First flagellomere 2.7-3.6 times as long as apical width; stigma 2.65-3.8 times as long as wide; receiving vein r from base of middle or near middle; metasomal stalk in dorsal side 3.0-4.0 times as long as maximum width, mainly with reticulate wrinkles ··· 16

16. Nervulus postfurcal; punctures of hypopygium coarse, separated from each other by 0.7 to 1.2 times of their diameters; hind tibia except for base and apical tarsus blackish brow; first flagellomere 3.6 times as long as wide. Hebei ·· **(374)** *H. reni*, **sp. nov.**
Nervulus interstitial or weakly antefurcal; punctures of hypopygium small and deep, separated from each other by 0.7 times of their diameters; hind tibia and apical tarsus yellowish brown; first flagellomere 2.8 times as long as wide. Henan, Shaanxi ································· **(375)** *H. ruficornis*

(368) *Helorus jilinensis* He *et* Xu, sp. nov.

Material examined: Holotype ♀, Mt. Changbaishan (42.0°N, 128.1°E), Jilin Prov., 1977. Ⅷ.10, by HE Junhua, No.771457.

Distribution: Jilin.

Diagnostic characters: It is closed to *Helorus chinensis* He, 1992, differences are listed in the key.

(369) *Helorus xinjiangensis* He *et* Xu, sp. nov.

Material examined: Holotype ♂, Lalati Grasslands, Ili City (43.9°N, 81.3°E), Xinjiang Uygur Aut. Reg., 1387m, 2005.Ⅶ.19-20, by CHEN Xuexin, No.200602519. Paratypes: 1♀1♂, same data as holotype, Nos.200602881, 200602953.

Distribution: Xinjiang.

Diagnostic characters: This species is similar to *Helorus anomalipes* (Panzer, 1798) and *H. heilongjiangensis* sp. nov., but it can be distinguished from the latter by: ①metasomal stalk in dorsal side 2.67 times as its maximum width (vs. 1.9-2.2 times); ②metasomal stalk in profile with ventral margin straight, nearly parallel (vs. convex, not parallel); ③scutellum smooth, impunctate (vs. rugose or punctate); ④second tergite in dorsal view 1.4 times as long as wide (vs. 1.5-1.7).

(371) *Helorus heilongjiangensis* He *et* Xu, sp. nov.

Material examined: Holotype ♀, Jiamusi (46.8°N, 130.3°E), Heilongjiang Prov., 1992. Ⅶ.16, by LOU Juxian, No.950548.

Distribution: Heilongjiang.

Diagnostic characters: This species is similar to *Helorus anomalipes* (Panzer, 1798), but it differs from the latter by: ①metasomal stalk scattered with sparse punctures (vs. with reticulate wrinkles, or longitudinal wrinkles, or longitudinal carinae, no punctate); ②hypopygium of female with longitudinal reticulate wrinkles that larger on anterior part (vs. deeply punctate, small to moderate size); ③wing hyaline (vs. weakly tinged with fuscous).

(372) *Helorus caii* He *et* Xu, sp. nov.

Material examined: Holotype ♂, Mt. Tiantaishan, Qinling (34.2°N, 106.8°E), Shaanxi Prov., 1999.Ⅸ.3, by HE Junhua, No.990817.

Distribution: Shaanxi.

Diagnostic characters: This species closed to *Helorus ruficornis* Foerster, 1856, differences are listed in the key.

(373) *Helorus antefurcalis* He *et* Xu, sp. nov.

Material examined: Holotype ♀, Labahe, Tianquan County (30.1°N, 102.7°E), Sichuan Prov., 2006.Ⅶ.15, by GAO Zhilei, No.200610737. Paratypes: 1♀, same data as holotype, No.200610706 ; 1♂, same locality and date as holotype, by Zhang Hongying, No.200613328 ; 1♀1♂, Baimazhai, Pingwu County (32.4°N, 104.5°E), Sichuan Prov., 2006.Ⅶ.25, by ZHANG Hongying, Nos.200611092, 200613330; 3♂,Wanglang National Nature Reserve (32.9°N, 104.1°E), Sichuan Prov., 2006.Ⅶ.26, by ZHANG Hongying, Nos.200611143, 200611150, 200611179 ; 1♂, Wanglang National Nature Reserve (32.9°N, 104.1°E), Sichuan Prov., 2500m, 2006.Ⅶ.26, by WANG Yiping, No.200705574; 1♀, Sutai, Mt. Liupan shan, (35.4°N, 106.2°E), Longde County, Ningxia Hui Aut. Reg., 2008.Ⅵ.27, by YAO Gang, No.200800409; 2♀, Qiuqianjia, Mt. Liupan shan, (35.4°N, 106.2°E), Jingyuan County, Ningxia Hui Aut. Reg., 2008. Ⅶ.27, by LIU Jingxian, No.200801006-1007.

Distribution: Ningxia, Sichuan.

Diagnostic characters: This species is similar to *Helorus ruficornis* Foerster, 1856, but it can be separated from the latter by: ①first flagellomere 4.7 times as long as its apical width, longer than the second one (vs. 1.3-1.4 times and shorter than the second flagellomere); ②stigma 2.3-2.6 times as long as wide (vs. 3.5); ③metasomal stalk 4.5 as long as its maximum width (vs. 3.5); ④trochanters brownish yellow (vs. dark brown to black).

(374) *Helorus reni* He *et* Xu, sp. nov.

Material examined: Holotype ♂, Shanjiankou, Mt. Xiaowutaishan (39.9°N, 115.0°E), Zhangjiakou City, Hebei Prov., 1200m, 2005.Ⅷ.22, by SHI Min, No.200604768. Paratypes: 2♂, Mt. Xiaowutaishan (39.9°N, 115.0°E), Zhangjiakou City, Hebei Prov., 2005.Ⅷ.20-23, by LIU Jingxian, Nos.200609534-9535.

Distribution: Hebei.

Diagnostic characters: This species is similar to *Helorus ruficornis* Foerster, 1856, but it can be separated from the latter by: ①cu-a vein postfurcal (vs. opposited or just anterfurcal); ②hypopygium blunt triangle, with coarse punctures that separated from each other by 0.7-1.2 times their diameters (vs. punctures small, separated by 0.7 times their diameters); ③fore and middle coxae yellowish brown, fifth tarsomere blackish brown (vs. blackish brown expect for apex, fifth tarsomere yellowish brown); ④first flagellomere 3.6 times as long as its apical width (vs. 2.7 times).

(375) *Helorus ruficornis* Foerster, 1856 (New to China)

Material examined: 1 ♀, Luanchuan (33.7°N, 111.5°E), Henan Prov., 1996.Ⅶ.12, by CAI Ping, No.974496; 2♀1♂, Louguantai (34.0°N, 108.3°E), Huoditang, Ningshan County, Shaanxi Prov., 1979.Ⅷ, by RAN Ruibi, Nos.200011759-61, ex: *Chrysopa shansiensis* Kuwayama; 1♂, Hangzhou (30.2°N, 120.1°E), Zhejiang Prov., 1987.Ⅷ.9, by LI Qiang, No.200012442.

Distribution: Henan, Shaanxi, Zhejiang.

Diagnostic characters: Listed in the key.

Ⅳ. Family Roproniidae

Two genera are described.

Key to genera

Postmetasoma not strongly compressed, in lateral view more or less helm-like, dorsal margin arched; second metasomal tergite about 2.0 times as long as high, distinctly longer than metasomal stalk, at least 0.5 times longer than postmetasoma; third and fourth meatsomal tergites very short, total length shorter than the second one; area between antennal sockets with lamella-like ridge that connecting to the median longitudinal ridge on upper part of face. Holarctic Region. Oriental Region and China······· **22. *Ropronia***
Postmetasoma strongly compressed, in lateral view knife-like, with dorsal and ventral edges subparallel; second metasomal tergite shorter, less than 1.5 times as long as high, nearly equal to metasomal stalk, about 1/3 the length of postmetasoma; third and fourth tergites distinct, total length equal to the second one; area between antennal sockets without any ridges, upper part of face without longitudinal carina. China (Zhejiang) ·· **23. *Xiphyropronia***

22. *Ropronia* Provancher, 1886

30 species are described, of which 15 are new to science.

Key to species
(* Not found in the Chinese fauna)

1.　Head and mesosoma mostly or entirely ferruginous ··2
　　Head and mesosoma black, sometimes marked with pale spot; metascutellum convex, not conspicuously elevated ···3
2.　Metascutellum elevated as acute pyramid. USA···*R. californica*
　　Metascutellum only weakly convex. Turkey ···*R. anneliesae*

3. Nervulus antefurcal. North American ·· *R. pediculata*

 Nervulus postfurcal ··4

4. Fore wing with a fuscous spot below stigma ·······································5

 Fore wing without a fuscous spot below stigma ·····························21

5. Fore wing with a large fuscous spot between stigma and median vein. Shanxi, Zhejiang, Taiwan, Fujian;

 Japan ···(376) *R. brevicornis*

 Fore wing with a fuscous spot between stigma and radius vein ·····················6

6. Head entirely black, except in *R. changmingi* with apical centre of clypeus yellow ···················7

 Head black, with face, gena and mouth-parts yellowish brown or yellowish white ······················16

7. Apical margin of clypeus straight, centrally without two blunt teeth; hind legs black, dorsal side of

 subbase of tibia with a yellow spot ···8

 Apical margin of clypeus undulate, centrally with two blunt teeth ·····················11

8. Temple in dorsal view weakly convex behind eyes, nearly as long as eye; prescutellar depression with

 three foveae. Zhejiang ··(377) *R. pectipes*

 Temple in dorsal view narrow behind eyes, about 0.62-0.63 times as long as eye; prescutellar depression

 with five foveae ··9

9. Lateral side of pronotum centrally rugulose-punctate; postmetasoma black; fore wing with first recurrent

 vein weakly shorter than intercubitus; first discoidal cell short, about 1.46 times as long as high. Shaanxi

 ··(378) *R. rugifasciata*, sp. nov.

 Lateral side of pronotum centrally smooth, not rugulose-punctate; postmetasoma blackish brown, with

 basal part and ventral side light yellowish brown, or second tergite and apex tinged with black; first

 recurrent vein weakly longer than intercubitus; first discoidal cell longer, about 1.6 or more times as long

 as high ···10

10. Clypeus with longitudinal wrinkles; punctures on posterior part of median lobe of mesoscutum very

 sparse, almost smooth; first discoidal cell receiving subdiscoidal vein at apical 0.7; wing membrane

 smoky-yellow, stigma and veins dark reddish brown; hind tarsus brown. Guangxi ·····························

 ···(379) *R. guangxiensis*, sp. nov.

 Clypeus with punctures; punctures on posterior of median lobe of mesoscutum sparse; first discoidal cell

 receiving subdiscoidal vein at apical 0.52; wing membrane hyaline, stigma and veins blackish brown,

 veins inside wings mostly whitish; hind tarsus light brown, with basal two segments white. Hunan········

 ···(380) *R. tongi*, sp. nov.

11. Fore and middle coxae yellow; hind tibia black with basal 1/3 yellowish brown·····················12

 Fore and middle coxae black to blackish brown; hind tibia black without pale spot at base (in *R.*

 fanjingshanensis with subasal apart with obscure yellowish brown spot) ·····················13

12. Body length 8.0mm; hind tarsus blackish brown; fuscous spot below stigma large, with its width

 subequal to the length of first scissa of radius vein; apex of clypeus centrally yellow; first discoidal cell

 receiving subdiscoidal vein weakly upper of middle. Fujian ·············· (381) *R. changmingi*, sp. nov.

 Body length 5.8mm; hind tarsus yellowish brown; fuscous spot below stigma small, with its width distinct shorter than first scissa of radius vein; clypeus entirely black; first discoidal cell receiving subdiscoidal vein weakly lower of middle. Hunan, Fujian ·· **(382)** *R. undaclypeus*

13. Flagellum with very spares and short hairs except for first segment, the length of hairs no longer than 1/5 the width of flagellum; mesoscutum entirely smooth; postmetasoma strongly compress, about 1.5 times as high as wide. Hunan ·· **(383)** *R. oligopilosa*
Flagellum with evenly distributed fine and long hairs, the length of hair longer than 1/2 the width of flagellum; mesoscutum with sparse but distinct punctures on posterior half ································ 14

14. Middle leg with coxa, trochanter, femur (except for apex) black, with apical half of tibia, apical tarsus brown, the rest yellow; outer side of subasal part of hind tibia and second to fourth tarsomeres of hind tarsus yellow brown; nervulus distant from basal vein by 0.6 its length; metasomal stalk entirely with fine reticulate wrinkles. Guizhou ·· **(384)** *R. fanjingshanensis*
Middle leg black or only with second to fourth tarsomeres yellowish brown; hind tibia and tarsus black, or only with apical half of second tarsomere and third to fourth tarsomeres yellowish brown; nervulus distant from basal vein by 0.30-0.34 its length ·· 15

15. Middle leg entirely black; hind tarsus black; head in dorsal view 1.6 times as wide as median length; temple in dorsal view 0.74 times as long as eye. Hunan ·· **(385)** *R. minuta*
Middle leg black, with second to fourth tarsomeres yellowish brown; hind tarsus with apical half of second tarsomere and third to fourth tarsomeres yellowish brown; head in dorsal view 2.23 times as wide as median length; temple in dorsal view 1.23 times as long as eye. Sichuan ··
·· **(386)** *R. wolongensis*, **sp. nov.**

16. Face centrally convex as nose-like; metasomal stalk with punctures at central base. Shaanxi ················
·· **(387)** *R. nasata*, **sp. nov.**
Face centrally not convex as nose-like; metasomal stalk without punctures at central base ·············· 17

17. Median lobe of mesoscutum at anterior half punctatule wrinkle, or entirely with coarse and deep punctures; lateral aspect of pronotum with posterior corner yellow; mesopleuron entirely black ········ 18
Median lobe of mesoscutum with fine and shallow punctures, or nearly smooth on posterior part; lateral aspect of pronotum with posterior and lower corners yellow; mesopleuron with anterior edge and speculum or only with a spot on central part of lower edge yellow ·· 19

18. Horizontal part of median longitudinal ridge between antennal sockets lamella like, centrally with a longitudinal groove; first discoidal cell 1.37 times as long as high; intercubitus about 1.4 times as long as first scissa of radius vein; second metasomal tergite yellowish brown, upper part of posterior half black; hind light brown; fore wing length 5.5mm Sichuan, Taiwan, Fujian ················ **(388)** *R. szechuanensis*
Horizontal part of median longitudinal ridge between antennal sockets lamella like, centrally without groove; first discoidal cell 1.63 times as long as high; intercubitus about 1.6 times as long as first scissa of radius vein; second metasomal tergite black, lower margin fusco-rufous; hind yellow; fore wing length 5.2mm. Xizang ·· **(389)** *R. xizangensis*, **sp. nov.**

19. Second metasomal tergite with centre mostly reddish brown, base of sternite black; middle leg light yellowish brown; hind tarsus light yellowish brown. Zhejiang, Hubei, Hunan, Fujian, Guizhou ············

······ **(382) R. undaclypeus**

Second metasomal tergite with centre mostly black, sternite centrally with a whitish rectangular mark; apical half of middle tibia, apical tarsomere of middle tarsus blackish brown; hind tarsus mainly black ··· ······ 20

20. Intercubitus about 0.92 times as long as first recurrent vein and 1.05 times as long as first scissa of radius vein; dorsal face of metasomal stalk smooth, with spindle longitudinal depression laterally; mesopleuron with a small yellowish white spot on lower centre; mesopleuron entirely with reticulate wrinkles, except for speculum and its lower side smooth. Guangdong ······ **(390) R. abdominalis, sp. nov.**
Intercubitus about 1.0 times as long as first recurrent vein and 1.28 times as long as first scissa of radius vein; dorsal face of metasomal stalk smooth; mesopleuron black, only with upper half excluding hind margin yellowish white; mesopleuron smooth, anteriorly with wrinkles, mesopleural suture foveolate. Hainan ······ **(391) R. jingxiani, sp. nov.**

21. Pronotum smooth and bare; mesopleuron mostly smooth; metapleuron with a large smooth area on centrally anterior; metasomal stalk slender and long, 6.2 times as long as middle maximum width, mostly smooth; first discoidal cell 1.5 times as long as high; postmetasoma reddish brown with apex gradually dark reddish brown; second tergite centrally (excluding the dorsal part) yellow; fore wing length 3.2mm. Hunan ······ **(392) R. laevigata, sp. nov.**
Characters not all as above ······ 22

22. Head in front view distinctly wider than high ······ 23
Head in front view subcircular in outline ······ 38

23. Horizontal part of median longitudinal ridge between antennal sockets long triangular scrobe like, centrally with a longitudinal groove, lateral tubercle on dorsolateral part strong ······ 24
Horizontal part of median longitudinal ridge between antennal sockets lamella like, centrally without groove, lateral tubercle on dorsolateral side absent or weak ······ 32

24. Female ······ 25
Male ······ 27

25. Head black, with only two yellowish white spots on face below antennal sockets; second metasomal tergite mostly black, only base reddish brown. Guizhou ······ **(393) R. bimaculata**
Head dorsally black, the whole face below antennal sockets, clypeus and lateral side of gena, yellowish white; second metasomal tergite almost entirely reddish brown ······ 26

26. Fore wing with first discoidal cell 2.3 times as long as high; intercubitus 1.13 times as long as first recurrent vein; second metasomal tergite 1.6 times as long as high; ventral side of antennae entirely pale; fore wing length 5.9mm. Guizhou, Hunan, Sichuan ······ **(394) R. rufiabdominalis**
Fore wing with first discoidal cell 1.94 times as long as high; intercubitus 1.62 times as long as first recurrent vein; second metasomal tergite 2.1 times as long as high; antennae only with first segment entirely and ventral side on basal 2/3 of third segment yellowish brown; fore wing length 5.4mm. Hunan ······ **(395) R. liui**

27. Head entirely black; postmetasoma entirely black; middle and hind legs black; fore wing length 6.0mm.

Guizhou ···**(396) R. fossula, sp. nov.**
Head black, or with yellowish white spots just below antennal sockets, or the whole face below antennal sockets, clypeus and gena yellowish white; base or most part of second metasomal tergite tinged with dark red; middle and hind legs always with part not black ·· 28

28. Temple in dorsal view weakly widen behind eyes, about 1.1-1.9 times as long as eye; fore wing length 5.7-6.5mm. Hunan ·· **(397) R. dilata**
Temple in dorsal view as wide as eyes, about 0.82-1.00 times as long as eye ···························· 29

29. Dorsal face of metasomal stalk with punctate longitudinal wrinkles; prescutellar depression with three foveae; subbase of hind tibia with a yellowish white small spot; fore wing length 5.0mm. Hunan ··········
·· **(395) R. liui**
Dorsal face of metasomal stalk with irregular reticulate wrinkles; prescutellar depression with four foveae; subbase of hind tibia without a yellowish white small spot ·································· 30

30. Fore wing with intercubitus 2.0 times as long as first recurrent vein; first discoidal cell narrow, 2.2 times as long as high; fore and middle trochanters yellowish brown; hind tarsal claw with 9 teeth, closed; fore wing length 5.7mm. Hunan ····································· **(393) R. bimaculata**
Fore wing with intercubitus 1.25-1.84 times as long as first recurrent vein; first discoidal cell broad, 1.78-2.10 times as long as high; fore and middle trochanters at least dorsal side black; hind tarsal claw with 3-4 teeth, separated ·· 31

31. Fore wing with first recurrent vein 1.09-1.18 times as long as first abscissa of vein radius; basal vein with upper part 0.76 times as long as the lower part; first discoidal cell 2.0-2.1 times as long as high; metasomal stalk 4.4-5.2 times as long as maxmum width; fore wing length 5.2mm. Henan, Zhejiang, Hunan, Sichuan, Guizhou ····································· **(394) R. rufiabdominalis**
Fore wing with first recurrent vein 1.25 times as long as first abscissa of vein radius; basal vein with upper part 0.86 times as long as the lower part; first discoidal cell 1.78 times as long as high; metasomal stalk 4.0 times as long as maximum width; fore wing length 5.5mm. Hunan ·····························
··· **(398) R. yongzhouensis, sp. nov.**

32. Postmetasoma mostly ferruginous; first recurrent vein 0.5 times as long as inter- cubitus ··············· 33
Postmetasoma black or dark reddish brown; first recurrent vein more than 0.8 times as long as intercubitus ·· 34

33. Frons with dense moderately large punctures; fore wing length 5.4mm. USA ················ ***R. garmani**
Frons with coarse longitudinal and transverse wrinkles; body length 8.0mm. Turkey ············ ***R. hathi**

34. Fore wing with recurrent vein longer than intercubitus, about 1.36 times as long as intercubitus; first discoidal cell short, 1.35 times as long as high; dorsum of metasomal stalk smooth, without punctures. Guangdong ································· **(399) R. nanlingensis, sp. nov.**
Fore wing with recurrent vein shorter than intercubitus, about 0.35-0.91 times as long as intercubitus; first discoidal cell long, 1.5-2.1 times as long as high; dorsum of metasomal stalk smooth, or basally punctate, or with punctate wrinkles ··································· 35

35. Head black with face, clypeus, gena and mouth-parts yellowish white to dark yellow; fore and middle

coxae yellowish white to dark yellow ·· 36

Head entirely black; fore and middle coxae black ·· 37

36. Intercubitus 1.1 times as long as first abscissa of radius vein; first abscissa of radius vein meeting stigma almost at right angle; hind tarsus black with basitarsus yellowish-white; second metasomal tergite at least 3.0 times as long as high in lateral view; inner side of antennal sockets without a spine like projection on lateral upper part; fore wing length 4.5mm. Russia ···*R. watanabei

Intercubitus 1.58-1.94 times as long as first abscissa of radius vein; first abscissa of radius vein meeting stigma almost at acute angle; hind tarsus black with apical tarsomere yellow; second metasomal tergite 2.2 times as long as high in lateral view; inner side of antennal sockets with a spine like projection on lateral upper part; fore wing length 5.2mm. Zhejiang ······························· **(401) R. spinatus, sp. nov.**

37. Vertex with fine transverse wrinkles; dorsal surface of metasomal stalk smooth, with fine punctate wrinkles at base; fore wing with first discoidal cell 1.7-2.1 times as long as high; wing membrane hyaline, tinged with smoky-yellow; fore wing length 4.8-6.4mm . Zhejiang, Hunan, Guizhou ··························· ·· **(400) R. zhejiangenis**

Vertex with fine punctures, without transverse wrinkles; dorsal surface of metasomal stalk smooth; fore wing with first discoidal cell 1.5 times as long as high; wing membrane hyaline; fore wing length 5.0mm. Henan ·· **(402) R. henanensis, sp. nov.**

38. First recurrent vein weakly longer than intercubitus; vertex and mesoscutum finely punctate; scutellum smooth. Burma ··*R. malaise

First recurrent vein shorter than intercubitus ·· 39

39. Temple in lateral view equal to the length of eye; dorsum of metasomal stalk densely with distinct punctures; first discoidal cell narrow, more than 2.0 times as long as high. Japan ············ *R. townesi

Temple in lateral view longer or shorter than eye; dorsum of metasomal stalk with irregular sculptures or smooth; first discoidal cell various ·· 40

40. Area between ocelli flat, with a short longitudinal groove; vertex weakly convex. Fujian··· **(403) R. maai**

Area between ocelli with a short longitudinal carina ·· 41

41. Temple in lateral view distinct longer than eye; dorsum of metasomal stalk with some irregular sculptures; postmetasoma black. Japan ···*R. ishiharai

Temple in lateral view shorter than eye; horizontal part of projection between antennal sockets with a longitudinal groove ·· 42

42. Dorsum of metasomal stalk smooth in female, and with sculptures in male; postmetasoma ferruginous; first discoidal cell 1.75 times as long as high (based on figures); hind tibia with basal half light yellow; basal vein with upper part shorter than lower part. Taiwan ······························· **(404) R. insularis**

Dorsum of metasomal stalk entirely with punctate reticulate wrinkles; postmetasoma stalk black; discoidal cell 2.44 times as long as high; hind tibia with basal half entirely black; basal vein with upper part longer than lower part. Guizhou ·· （405）**R. lii**

(378) *Ropronia rugifasciata* He *et* Xu, sp. nov.

Material examined: Holotype ♂, Liping Experimental Forestry Centre, Nanzheng County (33.0°N, 106.9°E), Shaanxi Prov., 1344m, 2004.Ⅶ.23, by CHEN Xuexin, No.20046887.

Distribution: Shaanxi.

Diagnostic characters: This species is closed to *Ropronia guangxiensis* He *et* Xu, sp. nov. , main differences are listed in the key.

(379) *Ropronia guangxiensis* He *et* Xu, sp. nov.

Material examined: Holotype ♂, Defu Nature Reserve, Napo County (23.4°N, 105.8°E), Guangxi Zhuang Aut. Reg., 1400m, 2000.Ⅵ.19, by WU Hong, No.200100183.

Distribution: Guangxi.

Diagnostic characters: This species is similar to *Ropronia pectipes* He *et* Zhu, 1988, but it can be distinguished from the latter by: ①temple rounded behind eyes, 0.63 times as long as eye in dorsal view (vs. weakly convex, nearly as long as eye); ②first flagellomere 1.47 times as long as second one (vs. same length); ③prescutellum sulcus with five foveae (vs. three foveae).

(380) *Ropronia tongi* He *et* Xu, sp. nov.

Material examined: Holotype ♂, Mt. Mangshan, Yizhang County (25.4°N, 112.9°E), Hunan Prov., 2004.Ⅹ.1-6, by XU Zaifu, No.20059083.

Distribution: Hunan.

Diagnostic characters: Listed in the key.

(381) *Ropronia changmingi* He *et* Xu, sp. nov.

Material examined: Holotype ♂, Mt. Longqishan, Jiangle County (26.7°N, 117.4°E), Fujian Prov., 1991.Ⅵ.1, by LIU Changming, No.969630. Paratypes: 12♂, Nanjing County (24.5°N, 117.3°E), Fujian Prov., 1991.Ⅴ.30, by LIU Changming, Nos.969307-18; 2♂, same locality as holotype, 1991.Ⅵ.1, by LIU Changming, Nos.969641, 969642; 1♀, Mt. Wuyishan (26.4°N, 116.4°E), Fujian Prov., 1986.Ⅷ.6, by XIE Ming, No.871265.

Distribution: Fujian.

Diagnostic characters: This species resembles *Ropronia undaclypeus* He *et* Zhu, 1988, but it differs from the latter by: ①large size, body length 8.0mm (vs. 5.8mm); ②hind tarsus blackish brown (vs. yellowish brown); ③fuscous mark below stigma as wide as length of the first abscissa of radius (vs. small, shorter than first part of radius); ④distance between M and cu-a vein 0.22 times as long as length of cu-a vein (vs. 0.5 times); ⑤intercubitus as long as 1m-cu (vs. 1.5times).

(386) *Ropronia wolongensis* He *et* Xu, sp. nov.

Material examined: Holotype ♂, Wolong National Nature Reserve (31.29°N, 103.36°E), Sichuan Prov., 2006.Ⅶ.21, by ZHANG Hongying, No.200613329.

Distribution: Sichuan.

Diagnostic characters: This species is similar to *Ropronia minuta* Wei, 1995, it is different from the latter by: ①ventral side of fore femur, fore tibia yellowish brown (vs. black expect for base and apex); ②hind tarsus with apical half of second segment, third and fourth segments yellowish brown (vs. wholly black); ③head in dorsal view 2.23 times as wide as median length (vs. 1.6 times); ④temple in dorsal view 1.23 times as long as eye (vs. 0.23 times).

(387) *Ropronia nasata* He *et* Xu, sp. nov.

Material examined: Holotype ♀, Mt. Ziboshan, Liuba County (33.6°N, 106.9°E), Shaanxi Prov., 1632m, by CHEN Xuexin, No.20047127.

Distribution: Shaanxi .

Diagnostic characters: Face centrally convex as nose like.

(389) *Ropronia xizangensis* He *et* Xu, sp. nov.

Material examined: Holotype ♂, Baibung, Mêdog County (29.2°N, 95.3°E), Xizang Aut. Reg., 900m, 1980. Ⅱ.2, by JIN Gentao and WU Jianyi, No.200610467.

Distribution: Xizang.

Diagnostic characters: Listed in the key.

(390) *Ropronia abdominalis* He *et* Xu, sp. nov.

Material examined: Holotype ♀, Mt. Nankunshan, Longmen County (23.7°N, 114.1°E), Guangdong Prov., 2004.Ⅷ.16, by LIU Jingxian, No.20059426.

Distribution: Guangdong.

Diagnostic characters: This species is similar to *Ropronia undaclypeus* He *et* Zhu, 1988, but it differs from the latter by: ①fore wing with intercubitus same length as first abscissa of radius vein (vs. 1.3 times); ②second tergite mostly black expect for a rectangular white mark near middle (vs. wholly black, without white marks); ③hind tarsus black (vs. light yellowish brown).

(391) *Ropronia jingxiani* He *et* Xu, sp. nov.

Material examined: Holotype ♀, Mt. Yinggeling (19.0°N, 109.5°E), Baisha County, Hainan Prov., 2007. Ⅹ.19, by LIU Jingxian, No.200705147.

Distribution: Hainan.

Diagnostic characters: This species is similar to *Ropronia abdominalis* He *et* Xu, sp. nov., but it can be distinguished from the latter by: ①fore wing with intercubitus same length as 1m-cu, and 1.28 times of length of first abscissa of radius vein (vs. 0.92 times of length of 1m-cu, and 1.05 times of length of first abscissa of radius vein); ②metasomal stalk with dorsal face smooth (vs. with shallow impressions); ③mesopleuron black with upper half yellowish white excluding posterior marin (vs. only lower margin with a small yellowish white spot); ④mesopleuron smooth, with wrinkles on anterior part, and suture with parallel striae (vs. densely reticulate wrinkles excluding speculum and lower side).

(392) *Ropronia laevigata* He *et* Xu, sp. nov.

Material examined: Holotype ♀, Fengjiahe, Shimen County (29.6°N, 111.3°E), Hunan

Prov., 1987.Ⅸ.21, by TONG Xinwang, No.896472.

Distribution: Hunan.

Diagnostic characters: The head of the specimen missed, but it still can be separated from congeneric species by mesopleuron mostly smooth, metapleuron with a large smooth area, stalk slim and mostly smooth, fore wing with first discal cell 1.5 times as long as wide, and the colour of metasoma and legs.

(396) *Ropronia fossula* He *et* Xu, sp. nov.

Material examined: Holotype ♂, Jinding, Mt. Fanjingshan (27.9°N, 108.6°E), Guizhou Prov., 1993.Ⅶ.12, by Yao Songlin, No.936753.

Distribution: Guizhou.

Diagnostic characters: Central upper part of face with a small tubercle that connected with the triangular lamellar projection between antennal sockets by a longitudinal carina; horizontal part on lamella between antennal sockets centrally with a longitudinal groove; frons with strong lateral tubercles; clypeus with punctate striae on basal half and with parallel striae on apical half, with apical margin bluntly rounded, without teeth; ratio of 1m-cu, intercubitus and first abscissa of radius as follows: 1 : 1.7 : 1.5; metasomal stalk 4.6 times as its maximum width, punctuate reticulate rugose. It is also different from those species of which lamella between antennal sockets with a deep groove and stigma without clouded mark by: ①head and hind tibia wholly black (vs. more or less with whitish or light yellow spots); ②discal cell 1.76 times s long as wide (vs. 2.2 times, expect for *Ropronia insularis* Lin, 1987, of which head 1.17 as wide as high).

(398) *Ropronia yongzhouensis* He *et* Xu, sp. nov.

Material examined: Holotype ♂, Mt. Yangmingshan (26.1°N, 112.0°E), Yongzhou City (26.2°N, 111.6°E), Hunan Prov., 900-1000m, 2004.Ⅳ.25, by LIU Weixing, No.200610511. Paratype: 1♂, same as holotype, No.200610512.

Distribution: Hunan.

Diagnostic characters: Listed in the key.

(399) *Ropronia nanlingensis* He *et* Xu, sp. nov.

Material examined: Holotype ♀, Nanling National Nature Reserve (23.3°N, 115.3°E), Ruyuan Yao Aut. County, Guangdong Prov., 2004.Ⅹ.1-6, by XU Zaifu, No.20058989.

Distribution: Guangdong.

Diagnostic characters: It is similar to *Ropronia rufiabdominalis* He *et* Zhu, 1988 and *R. liui* Wei, 1995, differences between them are listed the key.

(401) *Ropronia spinata* He *et* Xu, sp. nov.

Material examined: Holotype ♀, Xianrending, Mt. W. Tianmushan (30.4°N, 119.5°E), Zhejiang Prov., 1506m, 2003.Ⅶ.29, by CHEN Xuexin, No.20034504.

Distribution: Zhejiang.

Diagnostic characters: This species is similar to *Ropronia watanabei* Yasumatsu, 1958, but it can be distinguished from the latter by: ①ratio of first part of radius, intercubitus and 1m-cu veins as follows: 1 : 1.94 : 0.78 (vs. 1 : 1.1 : 0.68, based on the figures); ②tegula light brown (vs. yellowish white); ③hind tarsus blackish brown with only apical segment yellow (vs. black, with basitarsus white); ④second tergite in lateral view 2.2 times as long as high (vs. more than 3.0 times); ⑤frons with a small spur-like projection above antennal sockets (vs. without spur).

(402) *Ropronia henanensis* He *et* Xu, sp. nov.

Material examined: Holotype ♂, Mt. Baiyunshan, Song County (34.1°N, 112.0°E), Henan Prov., 1400m, 2003.Ⅶ.24, by YANG Tao, No.20047319. Paratype: 1♂, Mt. Baiyunshan, Song County (34.1°N, 112.0°E), Henan Prov., 1400m, 2003.Ⅶ.29, by YANG Tao, No.20047326.

Distribution: Henan.

Diagnostic characters: Listed in the key.

23. *Xiphyropronia* He *et* Chen, 1991

Only one species, *Xiphyropronia tianmushanensis* He *et* Chen, 1991, is described.

Ⅴ. Hsiufuroproniidae (nom. nov.)

Kozlov (1994) proposed a new family Renyxidae based on the monotype *Renyxa incredibilis*. Later on, Lelej and Kozlov (1999) found that the name 'Renyxa' had been preoccupied by one genus in Litobothridea (Cestoidea), according to the International Code of Zoological Nomenclature, the names of the genus and family were changed to *Proctorenyxa* Lelej *et* Kozlov, 1999 and Proctorenyxidae Lelej *et* Kozlov, 1999.

In 1997, Yang Chi-kun proposed a new genus *Hsiufuropronia* Yang in family Roproniidae. According his descriptions, figures and discussion, Yang had noticed the differences between his new genus, *Ropronia* and *Xiphyropronia*, which actually were the diagnostic characters of Renyxidae. But Yang did not known the information about Renyxidae Kozlov, 1994.

He Junhua *et al.* (2002) found that *Hsiufuropronia chaoi* Yang, 1997 did not belong to family Roproniidae, but Proctorenyxidae Lelej *et* Kozlov, 1999 (= Renyxidae Kozlov, 1994). Subsequently, He Junhua discussed with Dr. Lelej by personal communication, and Dr. Lelej confirmed that *Hsiufuropronia chaoi* Yang, 1997 belonging to Proctorenyxidae, but could not affirm whether they were the same genus. As mention above, we suggest that Proctorenyxidae is a newly record to the Chinese fauna.

According the law of priority, 'Renyxa' and 'Renyxidae' are invalid. 'Proctorenyxa' and 'Proctorenyxidae' were proposed in 1999, while *Hsiufuropronia* Yang was proposed in 1997. Based on the law of priority, the family name should be changed to Hsiufuroproniidae. In the end of 2009, we discussed with Dr. Masner, and he suggested that 'Hsiufuroproniidae' should be used for the family name. For the name of genus, we treated them as different genera because we did not checked the type species of *Hsiufuropronia*.

Key to genera and species

Nervulus postfurcal; first part of R vein vertical, meeting the second part at right angle; first discoidal cell 2.0 times as long as high; marginal cell of fore wing with yellowish brown stripe; hind basitarsus robust, spindle like, 2.0 times as wide as the second tarsomere; third to fifth metasomal tergites in subequal length; leg with coxa, trochanter and femur (except for second trochanter, basal and apical ends and ventral side of femur reddish brown) blackish brown; body length 11.0mm. China (Beijing)··············· ···**24. *Hsiufuropronia chaoi***

Nervulus weakly antefurcal; first part of vein R inclivous, meeting the second part in a blunt angle; first discoidal cell 2.5 times as long as wide; marginal cell of fore wing without yellow brown stripe; hind basitarsus not specially robust; ratio of length of third to fifth metasomal tergites, 3.8 ∶ 3.3 ∶ 3.0; hind leg reddish brown; body length 13.5mm. Russia ··· ****Proctorenyxa incredibilis***

24. *Hsiufuropronia*Yang

One species, *Hsiufuropronia chaoi* Yang, 1997, is reported from Beijing.

中 名 索 引

学 名 索 引

A

abdominalis, Ropronia 755, <u>784</u>, 788, 988, 992

abruptus, Brachyserphus 12, 36

abruptus, Proctotrupes 12

Acanthoserphinae 6, 13, 18, 67

Acanthoserphus 35, 37

accolus, Exallonyx 17, 589, 592, <u>596</u>, 954, 958

Aculeata 2, 3

Aculeator Group, Cryptoserphus 124

aculeator, Cryptoserphus 13, 15, 125, 127, <u>134</u>, 140, 147, 860, 863

aculeator, Proctotrupes 134

acuticlasper, Exallonyx 17, <u>523</u>, 589, 590, <u>601</u>, 954, 955

admirabilis, Nothoserphus 15, 104, <u>106</u>

aequalis, Nothoserphus 15, 96, <u>97</u>, 855

affissae, Disogmus 75

Afissae Group, Nothoserphus 76, <u>95</u>, 852, 855

afissae, Nothoserphus 96, 855

Afroserphus 31, 35, 38, 67, 71, 72, 850

albicornis, Exallonyx 695, 974

Allopelecinus 58

Allopelecinus terpnus 58

Alloserphus 60

Alloserphus saxosus 60

altayensis, Exallonyx 433, <u>461</u>, 928

alternans, Exallonyx 433, <u>454</u>, 927

Ambositra 52

Ambositra famosa 52

Ambositrinae 23, 41, 42, 52

Amitchellia sp. 64

anceps, Exallonyx 701, 976

angustipennis, Phaenoserphus 272, <u>289</u>, 891, 897

anomalipes var. bifoveolata, Helorus 739

anomalipes, Helorus 20, 728, 732, 737, <u>738</u>, 742, 982, 983

antefurcalis, Helorus 733, <u>744</u>, 983, 984

antennatus, Exallonyx 592, <u>629</u>, 958, 962

Apocrita 1, 2

Apoglypha 35, 38, 66, 71, 72, 168, 851

Aposerphites 63

Aposerphites solox 63

applanatus, Exallonyx 596

apterogynus, Paracodrus 7, 37, <u>352</u>, 905

Archaebelyta 52

Archaebelyta superba 52

arciclypeatus, Exallonyx 394, 396, <u>410</u>, 919, 922

arcus, Exallonyx 18, 651, <u>675</u>, 678, 967, 972

areolator, Disagmus 70, 849

areolatus, Exallonyx 18, 436, <u>493</u>, 931

asodes, Protoprocto 62

asper, Exallonyx 457

asperirugosus, Exallonyx 506, <u>523</u>, 940, 943

Astroniidae 7

asulcatus, Nothoserphus 15, 76, <u>78</u>, 852

Ater Group 390, <u>392</u>, 555, 915

Ater Group, Exallonyx 390, <u>392</u>, 555, 915, 917, 953

ater, Exallonyx 392, 395, 412, 920, 923

ater, Helorus 728

Athomsonina scymni 92

atrellus, Exallonyx 620

Atripes Group 391, <u>588</u>, 914, 915

Atripes Group, Exallonyx 391, <u>588</u>, 914, 915

Auliserphus 55

Auliserphus attennatus 55

Exallonyx ejunicidus 440, 441, 688, 973

Exallonyx ellipsituberculus 393, <u>405</u>, 918, 922

Exallonyx enomus 576

Exallonyx epitrichus 505, <u>513</u>, 939, 943

Exallonyx eurycheilus 508, <u>548</u>, 942, 946

Exallonyx Evanescens Group 389, 390, 915, 916

Exallonyx excelsicarinatus 435, <u>483</u>, 930, 936

Exallonyx exfoveatus 18, 506, <u>518</u>, 939, 942

Exallonyx exilis 17, 592, <u>635</u>, 959

Exallonyx exrugatus 434, <u>469</u>, 935, 928, 935

Exallonyx exsertifrons 508, <u>549</u>, 946

Exallonyx fangi 652, <u>688</u>, 969, 973

Exallonyx fani 432, <u>440</u>, 926, 932

Exallonyx firmus 18, 529, 532

Exallonyx flavicornis 651, <u>668</u>, 966, 971

Exallonyx flavotinctus 695, 975

Exallonyx formicaritts 387, 389

Exallonyx Formicarius Group 390, <u>431</u>, 555, 914, 915, 916, 925, 947

Exallonyx fujianensis 17, 506, <u>519</u>, 939

Exallonyx fuliginis 17, 433, <u>460</u>, 927

Exallonyx fulvicoxalis 436, <u>497</u>, 931, 937

Exallonyx fumipes 432, <u>444</u>, 926, 933

Exallonyx furcicarinatus 393, 395, <u>396</u>, 398, 918, 920, 921

Exallonyx fuscipalpis 695, 975

Exallonyx fuscipes 435, <u>482</u>, 930, 936

Exallonyx gei 394, <u>420</u>, 919, 953

Exallonyx glabriterebrans 432, <u>447</u>, 926, 933

Exallonyx globusiceps 436, <u>495</u>, 931, 937

Exallonyx gracilis 13

Exallonyx gui 571, <u>582</u>, 924, 951

Exallonyx guizhouensis 652, 680, <u>681</u>, 967, 968, 973

Exallonyx guoi 396, <u>429</u>, 920, 925

Exallonyx hangzhouensis 17, 652, 675, <u>680</u>, 967, 968

Exallonyx heilongjiangensis 592, <u>638</u>, 959, 923

Exallonyx henanensis 650, <u>656</u>, 965, 970

Exallonyx hirsutus 394, <u>412</u>, 919, 962

Exallonyx hirtiventris 591, <u>625</u>, 957, 962

Exallonyx huangi 507, <u>534</u>, 941, 944

Exallonyx inconditus 18, 641, <u>646</u>, 648, 964

Exallonyx japonicus 614, 616, 617, 961

Exallonyx jilinensis 394, <u>416</u>, 919, 923

Exallonyx jingxiani 571, <u>579</u> , 951, 953

Exallonyx jini 506, <u>525</u>, 940, 944

Exallonyx jugularis 590, <u>611</u>, 956, 960

Exallonyx junctus 590, <u>610</u>, 955, 960

Exallonyx laevibasilaris 702, <u>720</u>, 978, 980

Exallonyx laevigatus 17, 434, <u>467</u>, 928

Exallonyx laevimetapleurum 435, <u>488</u>, 930, 937

Exallonyx laevipropodeum 18, <u>641</u>, 964

Exallonyx lavigatus 467

Exallonyx Leptonyx Group 390, 495, 555, <u>570</u>, 914, 950

Exallonyx levibasis 611, 960, 923

Exallonyx liae 507, <u>540</u>, 941, 945

Exallonyx liangshanensis 592, <u>639</u>, 959, 923

Exallonyx liaoi 507, <u>538</u>, 941, 945

Exallonyx ligatus 13

Exallonyx lii 651, 653, <u>664</u>, 966, 969, 971

Exallonyx liqiangi 433, 436, <u>449</u>, 927, 931, 933

Exallonyx liui 434, <u>464</u>, 928, 934

Exallonyx longicalcaratus 505, <u>508</u>, 938, 943

Exallonyx longicornis 17, 592

Exallonyx longifemoratus 650, <u>660</u>, 966, 970

Exallonyx longimalus 18, 571, <u>574</u>, 578, 951

Exallonyx longistigmatus 436, <u>498</u>, 932, 938

Exallonyx longistipes 507, <u>537</u>, 941, 944

Exallonyx longisulcus 17, 591, <u>624</u>, 957

Exallonyx longitemporalis 436, <u>500</u>, 932, 938

Exallonyx luzonicus 440, 443

Exallonyx maae 652, <u>678</u>, 967, 972

Exallonyx maqii 394, <u>418</u>, 919, 924

Exallonyx masoni 594

F

Hormorserphus striatus 202, <u>203</u>, 876

Hormoserphus clypeatus 201, 876

Hormoserphus segregates 201, 203, 876

Hsiufuropronia 8, 22, <u>818,</u> 994, 995

Hsiufuropronia chaoi 22, 818, <u>819,</u> 994, 995

Hsiufuproniidae 1, 10, 11, 22, 41, 48, 50, 51, <u>817</u>, 847, 994

huadongensis, Oligoneuroides 62

huangi, Exallonyx 507, <u>534</u>, 941, 944

hunanensis, Cryptoserphus 126, 127, <u>150</u>, 863, 866

Hymenoptera 1, 6, 7

I

Icheumon gravidator 12

Ichneumon polycerator 4

Ichneumonidae 2

Ichneumonoidea 2

Ichneumonomorph 2

inclusus, Cinetus 52

inconditus, Exallonyx 18, 641, <u>646</u>, 648, 964

incredibilis, Proctorenyxa 41, 818, 995

incredibilis, Renyxa 22

insignicornis, Diapria 52

insularis, Ropronia 22, 757, <u>811</u>, 815, 990, 993

Iscopininae 57

Iscopinus 58

Iscopinus baissicus 58

Iscopinus separatus 58

Iscopinus simplex 58

Iscopinus suspectus 58

ishihara, Ropronia 22, 751, 990

Ismarinae 23, 42, 51,

Ismarini 4, 9

J

japonicus, Exallonyx 614, 616, 617, 961

Jeholoropronia 63

Jeholoropronia pingi 631

jiangi, Phaenoserphus 275, <u>308</u>, 894, 899

jiangsuensi, Nothoserphus 77, <u>91,</u> 853, 855

jilinensis, Brachyserphus 206, <u>224</u>, 878, 879

jilinensis, Exallonyx 394, <u>416</u>, 919, 923

jilinensis, Helorus 732, <u>735</u>, 982, 983

jilinensis, Phaenoserphus 275, <u>309</u>, 895, 899

jingxiani, Exallonyx 571, <u>579</u>, 951, 953

jingxiani, Ropronia 755, <u>786</u>, 988, 992

jini, Exallonyx 506, <u>525</u>, 940, 944

jugularis, Exallonyx 590, <u>611</u>, 956, 960

junctus, Exallonyx 590, <u>610</u>, 955, 960

Jurapria 55

Jurapria sibrica 55

Jurapriidae 6, 50, 51, 55

jurassicus, Protocyrtus 54

K

kangdingensis, Parthenocodrus 17, <u>341</u>, 904

Karataoserphinae 55

Karataoserphinus minor 56

Karataoserphus 55

Karataoserphus dorsoniger 56

Karataoserphus mcridionalis 56

karatavicus, Mesoserphus 56

keralensis, Phaenoserphus 14

koggeauxilliarius, Cryptoserphus 62

kurilensis, Phaenoserphus 14

L

laerifrons, Proctotrupes 271

laetus, Scorpiopelecinus 58

laevibasilaris, Exallonyx 702, <u>720</u>, 978, 980

laevicollis, Parthenocodrus 340, 904

laevigata, Ropronia 755, <u>788</u>, 988, 992

laevigatus, Exallonyx 17, 434, <u>467</u>, 928

laevimetapleurum, Exallonyx 435, <u>488</u>, 930, 937

laevipropodeum, Exallonyx 18, <u>641</u>, 964

laevipropodeum, Phaenoserphus 273, <u>292</u>, 892, 898

Maaserphus brevicaudus 16, 195, 199, 875

Maaserphus carinatus 169, 170, 173, 869, 870, 872

Maaserphus crassifemoratus 195, 197, 875

Maaserphus flavitarsis 169, 170, 177, 869, 871, 873

Maaserphus fuscifemoratus 170, 188, 871, 874

Maaserphus fuscipes 16, 195, 875

Maaserphus Fuscipes Group 169, 195, 869, 875

Maaserphus gansuensis 170, 171, 180, 870, 872

Maaserphus guangxiensis 171, 192, 872, 873, 874

Maaserphus henanensis 171, 193, 872, 874

Maaserphus lii 170, 171, 182, 870, 872, 873

Maaserphus longicaudus 16, 195, 198, 875

Maaserphus longitemple 170, 187, 871, 874

Maaserphus montanus 171, 190, 871, 874

Maaserphus punctatus 169, 171, 175, 869, 872

Maaserphus striatus 16, 169, 170, 179, 870, 871

Maaserphus sulculus 171, 191, 871, 874

Maaserphus tani 170, 171, 185, 870, 872, 873

Maaserphus yunnanensis 170, 183, 870, 873

magicus, Sinopelecinus 58

malaisei, Ropronia 22, 751, 990

manevali, Pantoclis 52

maqii, Exallonyx 394, 418, 919, 924

margaritacea, Pantoclis 52

masoni, Exallonyx 594

maurus, Proctotrupes 329

mecometasomatus, Eopelecinus 57

medinigrcans, Exallonyx 435, 480, 930, 936

Megalyroidea 2

Megaspilidae 10, 49, 848

melanomerus, Exallonyx 588

melanoptera, Exallonyx 658, 970, 972

melliventris, Phaenoserphus 271

meridionalis, Karataoserphus 56

Mesohelorus 54

Mesohelorus haifanggouensis 54

Mesohelorus muchini 54

mesomicrus, Eopelecinus 57

mesopleuralis, Cryptoserphus 126, 127, 148, 862, 863, 866

Mesoropronia 63

Mesoropronia byrka 63

Mesoserphidae 6, 8, 50, 51, 55, 56

Mesoserphinae 6

Mesoserphus 56

Mesoserphus dubius 56

Mesoserphus karatavicus 56

mesozoicus, Protohelorus 54

metapleuralis, Codrus 230, 254, 884, 888

micropunctatus, Exallonyx 701, 702, 709, 977, 978, 979

Microserphites 63

Microserphites parvulus 63

microseru, Exallonyx 13

mindorensis, Exallonyx 505, 518, 538, 544, 945

minimus, Diapria 52

minithyridium, Cryptoserphus 127, 157, 863, 867

minor, Karataoserphinus 56

minuta, Coramia 52

minuta, Ropronia 22, 754, 773, 775, 777, 987, 991

minutus, Eopelecinus 57

Miota 52

Miota strigata 52

Mirabilis Group, Nothoserphus 76, 103, 852

mirabilis, Nothoserphus 14, 15, 75, 104

Mischoserphus 15, 35, 38, 72, 159, 867

Mischoserphus 60

Mischoserphus arcuator 163

Mischoserphus bruesi 60

Mischoserphus gracilis 60

Mischoserphus liaoi 159, 160, 851, 867, 868

Mischoserphus montanus 160, 165, 868

Mischoserphus pingbianensis 160, 167, 868

Mischoserphus samurai 15, 160, 164, 868

Mischoserphus sinensis 15, 160, 162, 868

mongolicus, Gurvanhelorus 54

nudipleuralis, Brachyserphus 14

Oxyuroserphus sculpturatus 56

O

obconicus, Obconohelorus 54

Obconohelorus 54

Obconohelorus obconicus 54

obscures, Campturoserphus 55

obscuricarinatus 276, <u>320</u>, 896, 901

obscurotuberosus, Exallonyx 651, <u>674</u>, 967, 972

obsolescens 62

obsolescens, Oxyserphus 62

Obsoletus Group, Exallonyx 391, <u>640</u>, 916, 923

occidentalis, Cryptoserphus 157, 867

ocellus, Nothoserphus 77, <u>88,</u> 853, 855

ocellus, Phaenoserphus 275, <u>309</u>, 894, 899

Ocnoserphus 61

Ocnoserphus sculptus 61

oculatus, Exallonyx 603

Oligoneuroides 61

Oligoneuroides huadongensis 62

oligopilosa, Ropronia 22, 754, <u>771</u>, 987

oligus, Exallonyx 589, 592, <u>605</u>, 955, 958, 960

omplipennis, Exallonyx 588

ongitemple, Maaserphus 170, <u>187</u>, 871, 874

orientalis, Exallonyx 601, 619, 961

Otlia 56

Otlia ectemnia 56

Oxyserphus 35, 37, 62, 71, 72, 124, 168, 850

Oxyserphus exhumatus 62

Oxyserphus hamiferu 62

Oxyserphus obsolescens 62

Oxyserphus rossica 14

Oxyura 3

oxyura, Palaeoteleia 62

Oxyuri 3

Oxyurites 3

Oxyuroserphus 56

Oxyuroserphus leucurus 56

P

Palaeomymar 8

Palaeoteleia 62

Palaeoteleia oxyura 62

palaris, Exallonyx 556, <u>569</u>, 949, 950

Pallenites 62

pallibasis, Exallonyx 695, 975

pallidistigma, Exallonyx 387

pallidulus, Scoliuroserphus 56

pallipes, Codrus 12

pallipes, Phaenoserphus 12, 288

pangi, Exallonyx 434, <u>477</u>, 929, 936

Pantoclis 52

Pantoclis deperdita 52

Pantoclis manevali 52

Pantoclis margaritacea 52

Pantolyta 52

Pantolyta somnuleata 52

Paracodrus 17, 35, 37, 38, 226, <u>351</u>, 880, 905

Paracodrus apterogynus 17, 37, <u>352</u>, 905

Paracodrus bethyliformis 351

paradoxus, Copelus 728, 739

parallelus, Exallonyx 651, <u>677</u>, 967, 972

Paramesius 52

Paramesius defectus 52

Parasitica 1, 2

Paraulacus 56

Paraulacus sinicus 56

parcus, Exallonyx 603

Parthenocedrus puncticauda 14

Parthenocodrus 17, 29, 35, 38, 67, 68, 226, <u>340</u>, 880, 904

Parthenocodrus cheni 341, <u>350</u>, 905, 906

Parthenocodrus connexus 341, <u>348</u>, 905

Parthenocodrus elongates 340, 341, 343, 904

Parthenocodrus fanjingshanensis 17, 341, <u>346</u>, 905

shimenensis, Exallonyx 435, <u>479</u>, 929, 936

sibrica, Jurapria 55

sichuanensis, Exallonyx 571, <u>572</u>, 951, 952

silvestris, Exallonyx 393, <u>400</u>, 918, 922

similaris, Eopelecinus 57

simplex, Iscopinus 58

sinensis, Carinaserphus 16, 327, 903

sinensis, Disogmus <u>69</u>, 849

sinensis, Exallonyx 433, <u>456</u>, 934

sinensis, Mischoserphus 15, 160, <u>162</u>, 868

sinensis, Nothoserphus 77, <u>82</u>, 853, 854

sinensis, Proctotrupes 16, 329, 333, <u>336</u>, 904

sinensis, Trichoserphus <u>322</u>, 901, 902

Sinicivanhornia guizhouensis 20, 724

Sinicivanhornia quizhouensis 726

sinicus, Paraulacus 56

Sinopelecinus 58

Sinopelecinus daspletis 58

Sinopelecinus deilicatus 58

Sinopelecinus epigaeus 58

Sinopelecinus hierus 58

Sinopelecinus magicus 58

Sinopelecinus viriosus 58

Siricoidea 63

Smithoserphus 35, 38, 71, 72, 850

somnuleata, Pantolyta 52

soror, Exallonyx 693, 695, 974

sparsipilosellus, Exallonyx 556, <u>566</u>, 949, 950

sparsireticularis, Exallonyx 393, <u>403</u>, 918, 922

sparsus, Exallonyx 392, 395, 398, 917, 920, 921

Specoidea 2

sphenogaster, Turgoserphus 56

Spherogaster 54

Spherogaster coronata 54

Spilomicrus 23

spinata, Ropronia 756, <u>806</u>, 990, 993

Steleoserphus 62

Steleoserphus beipiaoensis 62

stenocerus, Conohelorus 54

stenochilus, Exallonyx 652, <u>685</u>, 968, 973

stenopennis, Exallonyx 701, <u>708</u>, 977, 979

stenostigmus, Exallonyx 507, <u>535</u>, 542, 941, 944, 945

Stephanioidea 2

stigmatus, Phaenoserphus 272, 274, <u>278</u>, 890, 894, 897

stolidus, Gurvanotrupes 60

striaticaudatus, Exallonyx 436, <u>492</u>, 931, 935, 937

striatopropodeatus, Brachyserphus 14

striatus, Hormorserphus 202, <u>203</u>, 876

striatus, Maaserphus 16, 169, 170, <u>179</u>, 870, 871

Strictus Group, Exallonyx 390, <u>554</u>, 947

strictus, Exallonyx 18, 555, <u>556</u>, 948, 949

strigata, Miota 52

striolatus, Helorus 20, 728, 733, 982

striopropodeum, Exallonyx 434, <u>466</u>, 935, 928, 935

striopunctatus, Exallonyx 436, <u>503</u>, 932, 938

styracura, Exallonyx 392, 395, 413, 918, 920, 923

subtilis, Exallonyx 506, <u>532</u>, 940, 944

succinalis, Cryptoserphus 62

sulculus, Maaserphus 171, <u>191</u>, 871, 874

sulcus, Phaenoserphus 274, <u>306</u>, 894, 899

sureshi, Phaenoserphus 14

suspectus, Iscopinus 58

suwai, Helorus 20, 729, 732, 981

Syrphus 1

szechuanensis, Ropronia 22, 755, 761, <u>780</u>, 987

T

tangi, Exallonyx 590, <u>608</u>, 955, 960

tani, Exallonyx 589, <u>607</u>, 955, 960

tani, Maaserphus 170, 171, <u>185</u>, 870, 872, 873

tegulum, Brachyserphus 206, <u>216</u>, 877, 879

Telenomini 4, 9

tenuicornis, Phaenoserphus 273, <u>297</u>, 893, 898

tenuifemoratus, Codrus 231, <u>265</u>, 886, 889

U

Udaserphus 56

Udaserphus transbaicalicus 56

undaclypeus, Ropronia 22, 754, 755, _768_, 773, 777, 780, 786, 794, 987, 988, 991, 992

unicavus, Phaenoserphus 274, _300_, 893, 899

unisulcus Exallonyx 695, 974

Unisulcus Group, Exallonyx 391, 650, _695_, 916, 974

unisulcus, Codrus 229, 230, _240_, 882, 885, 887

V

validus, Protocyrtus 54

Vanhomiidae 5-7, 10, 11, 13, 19, 38, 50, 67, _824_, 845, 847, 980

Vanhornia 19, 39, 724, 845, 980

Vanhornia eucnemidarum 20, 39, 724-726, 981

Vanhornia guizhouensis 39, 725, _726_, 980, 981

Vanhornia leileri 20, 39, 725, 726, 981

Vanhorniinae 1, 5-8, 10, 13, 20, 724

varia, Exallonyx 18, 589, 590, _599_, 954, 956

versalilis, Scorpiopelecinus 58

vesculin, Phoxoserphus 15, _108_, 856

Vespoidea 2

viator, Proctotrupes 270

vicinicicatrix, Exallonyx 702, _717_, 977, 980

vicinus, Eopelecinus 57

vietus, Exallonyx 468

villosus, Exallonyx 556, _565_, 949, 950

viriosus, Sinopelecinus 58

W

wangi, Exallonyx 436, _490_, 931, 937

Wasmanni Group, Exallonyx 390, _700_, 915, 976

wasmanni, Exallonyx 700, 701, 976

watanabei, Ropronia 22, 751, 756, 807, 990, 993

Watanabeia epilachnae 101

Watanebeia 75

weii, Exallonyx 592, _631_, 958, 923

wheeleri, Galesimorpha 52

wolongensis, Ropronia 754, _777_, 987, 991

wuae, Exallonyx 18, 571, 572, _576_, 579, 951, 952

wulingensis, Phaenoserphus 16, 272, _284_, 890, 895

X

xanthus, Exallonyx 393, _402_, 918, 922

xiaoi, Exallonyx 589, _597_, 954, 959

xiaowutaiensis, Cryptoserphus 125, 127, _137_, 860, 864

xinjiangensis, Codrus 16, 228, _231_, 732, 737, 881

xinjiangensis, Helorus 732, 737, 982

Xiphyropronia 40, 750, _815_, 994

Xiphyropronia tianmushanensis 750, 815, _816_, 994

xizangensis 273, _293_, 892, 898

xizangensis, Ropronia 755, _782_, 987, 992

xuexini, Codrus 16, 231, _263_, 885

Y

yalini, Exallonyx 395, 396, _426_, 920, 921, 925

yangae, Exallonyx 435, _485_, 930, 936

yezoensis, Helorus 20, 729, 733, 982

yongxii, Exallonyx 571, _580_, 951, 953

yongzhouensis, Ropronia 756, _800_, 989, 993

yuae, Exallonyx 702, _718_, 978, 980

yuani, Phaenoserphus 272, 275, 276, 281, 890, 895, 896, 897

yuanjiawaensis, Eopelecinus 58

yunnanensis, Exallonyx 395, _421_, 919, 924

yunnanensis, Maaserphus 170, _183_, 870, 873

yunnanensis, Phaneroserphus 17, 354, _362_, 907

Z

zengae, Exallonyx 571, _583_, 951, 953

zhangae, Codrus 229, _246_, 887

zhejiangensis, Exallonyx 506, 508, _529_, 538, 549,

寄主中名索引

蚁 42, 43

隐翅虫 36, 388

隐翅甲科 34, 35, 43, 226, 271, 354, 387

隐唇叩甲科 34, 724

蝇科 43

油菜花露尾甲 353

玉米距步甲 332

织蛾科 34, 35, 71

寄主拉丁学名索引

M-N

Melandryidae 34, 35, 205

Meligethes aeneus 353

Melolonthinae 46

Mycetophagidae 34, 35, 205

Mycetophilidae 34, 35, 124, 205, 271

Nitidulidea 34, 35, 205

O-P

Oecophoridae 34, 35

Periclista 40

Periclista sp. 759

Phalacridae 34, 35, 205

Philonthus turbidus 36

Phyllophag 46

prasina, Chrysopa 750

Q-R

quadrisignatus, Glischrochilus 36

Quedius vexans 388

ruficornis, Isorhipis 39, 725

rufipes, Harpalus 332

S-T

sauci, Lemnia (Lemnia) 106

Scarabaeidae 46

Scymnus dorcatomoides 94

Scymnus sp. 76, 94

septempunctata, Chrysopa 735

shansiensis, Chrysopa 750

Staphylinidae 34, 35, 226, 271, 354, 387

Stelidota ferruginea 36

Stelidota geminate 36

tenebrioides elongates, Zabrius 332

Tenthredinidae 759

Tingena 34

turbidus, Philonthus 36

V-Z

ventralis, Chrysopa 750

vexans, Quedius 388

vigintioctopunctata, Epilachna 96, 103

vigintioctopunctata, Henosepilachna 96

Zabrius tenebrioides elongates 332

《中国动物志》已出版书目

《中国动物志》

兽纲 第六卷 啮齿目(下) 仓鼠科 罗泽珣等 2000, 514 页, 140 图, 4 图版。

兽纲 第八卷 食肉目 高耀亭等 1987, 377 页, 66 图, 10 图版。

兽纲 第九卷 鲸目 食肉目 海豹总科 海牛目 周开亚 2004, 326 页, 117 图, 8 图版。

鸟纲 第一卷 第一部 中国鸟纲绪论 第二部 潜鸟目 鹳形目 郑作新等 1997, 199 页, 39 图, 4 图版。

鸟纲 第二卷 雁形目 郑作新等 1979, 143 页, 65 图, 10 图版。

鸟纲 第四卷 鸡形目 郑作新等 1978, 203 页, 53 图, 10 图版。

鸟纲 第五卷 鹤形目 鸻形目 鸥形目 王岐山、马鸣、高育仁 2006, 644 页, 263 图, 4 图版。

鸟纲 第六卷 鸽形目 鹦形目 鹃形目 鸮形目 郑作新、冼耀华、关贯勋 1991, 240 页, 64 图, 5 图版。

鸟纲 第七卷 夜鹰目 雨燕目 咬鹃目 佛法僧目 鴷形目 谭耀匡、关贯勋 2003, 241 页, 36 图, 4 图版。

鸟纲 第八卷 雀形目 阔嘴鸟科 和平鸟科 郑宝赉等 1985, 333 页, 103 图, 8 图版。

鸟纲 第九卷 雀形目 太平鸟科 岩鹨科 陈服官等 1998, 284 页, 143 图, 4 图版。

鸟纲 第十卷 雀形目 鹟科(一) 鸫亚科 郑作新、龙泽虞、卢汰春 1995, 239 页, 67 图, 4 图版。

鸟纲 第十一卷 雀形目 鹟科(二) 画眉亚科 郑作新、龙泽虞、郑宝赉 1987, 307 页, 110 图, 8 图版。

鸟纲 第十二卷 雀形目 鹟科(三) 莺亚科 鹟亚科 郑作新、卢汰春、杨岚、雷富民等 2010, 439 页, 121 图, 4 图版。

鸟纲 第十三卷 雀形目 山雀科 绣眼鸟科 李桂垣、郑宝赉、刘光佐 1982, 170 页, 68 图, 4 图版。

鸟纲 第十四卷 雀形目 文鸟科 雀科 傅桐生、宋榆钧、高玮等 1998, 322 页, 115 图, 8 图版。

爬行纲 第一卷 总论 龟鳖目 鳄形目 张孟闻等 1998, 208 页, 44 图, 4 图版。

爬行纲 第二卷 有鳞目 蜥蜴亚目 赵尔宓、赵肯堂、周开亚等 1999, 394 页, 54 图, 8 图版。

爬行纲 第三卷 有鳞目 蛇亚目 赵尔宓等 1998, 522 页, 100 图, 12 图版。

两栖纲 上卷 总论 蚓螈目 有尾目 费梁、胡淑琴、叶昌媛、黄永昭等 2006, 471 页, 120 图, 16 图版。

两栖纲 中卷 无尾目 费梁、胡淑琴、叶昌媛、黄永昭等 2009, 957 页, 549 图, 16 图版。

两栖纲　下卷　无尾目　蛙科　费梁、胡淑琴、叶昌媛、黄永昭等　2009，888 页，337 图，16 图版。

硬骨鱼纲　鲽形目　李思忠、王惠民　1995，433 页，170 图。

硬骨鱼纲　鲇形目　褚新洛、郑葆珊、戴定远等　1999，230 页，124 图。

硬骨鱼纲　鲤形目(中)　陈宜瑜等　1998，531 页，257 图。

硬骨鱼纲　鲤形目(下)　乐佩绮等　2000，661 页，340 图。

硬骨鱼纲　鲟形目　海鲢目　鲱形目　鼠鱚目　张世义　2001，209 页，88 图。

硬骨鱼纲　灯笼鱼目　鲸口鱼目　骨舌鱼目　陈素芝　2002，349 页，135 图。

硬骨鱼纲　鲀形目　海蛾鱼目　喉盘鱼目　鮟鱇目　苏锦祥、李春生　2002，495 页，194 图。

硬骨鱼纲　鲉形目　金鑫波　2006，739 页，287 图。

硬骨鱼纲　鲈形目(五)　虾虎鱼亚目　伍汉霖、钟俊生等　2008，951 页，575 图，32 图版。

硬骨鱼纲　鳗鲡目　背棘鱼目　张春光等　2010，453 页，225 图，3 图版。

硬骨鱼纲　银汉鱼目　鳉形目　颌针鱼目　蛇鳚目　鳕形目　李思忠、张春光等　2011，946 页，345 图。

圆口纲　软骨鱼纲　朱元鼎、孟庆闻等　2001，552 页，247 图。

昆虫纲　第一卷　蚤目　柳支英等　1986，1334 页，1948 图。

昆虫纲　第二卷　鞘翅目　铁甲科　陈世骧等　1986，653 页，327 图，15 图版。

昆虫纲　第三卷　鳞翅目　圆钩蛾科　钩蛾科　朱弘复、王林瑶　1991，269 页，204 图，10 图版。

昆虫纲　第四卷　直翅目　蝗总科　癞蝗科　瘤锥蝗科　锥头蝗科　夏凯龄等　1994，340 页，168 图。

昆虫纲　第五卷　鳞翅目　蚕蛾科　大蚕蛾科　网蛾科　朱弘复、王林瑶　1996，302 页，234 图，18 图版。

昆虫纲　第六卷　双翅目　丽蝇科　范滋德等　1997，707 页，229 图。

昆虫纲　第七卷　鳞翅目　祝蛾科　武春生　1997，306 页，74 图，38 图版。

昆虫纲　第八卷　双翅目　蚊科(上)　陆宝麟等　1997，593 页，285 图。

昆虫纲　第九卷　双翅目　蚊科(下)　陆宝麟等　1997，126 页，57 图。

昆虫纲　第十卷　直翅目　蝗总科　斑翅蝗科　网翅蝗科　郑哲民、夏凯龄　1998，610 页，323 图。

昆虫纲　第十一卷　鳞翅目　天蛾科　朱弘复、王林瑶　1997，410 页，325 图，8 图版。

昆虫纲　第十二卷　直翅目　蚱总科　梁络球、郑哲民　1998，278 页，166 图。

昆虫纲　第十三卷　半翅目　姬蝽科　任树芝　1998，251 页，508 图，12 图版。

昆虫纲　第十四卷　同翅目　纩蚜科　瘿绵蚜科　张广学、乔格侠、钟铁森、张万玉　1999，380 页，121 图，17+8 图版。

昆虫纲　第十五卷　鳞翅目　尺蛾科　花尺蛾亚科　薛大勇、朱弘复　1999，1090 页，1197 图，25 图版。

昆虫纲　第十六卷　鳞翅目　夜蛾科　陈一心　1999，1596 页，701 图，68 图版。

昆虫纲　第十七卷　等翅目　黄复生等　2000，961 页，564 图。

昆虫纲　第十八卷　膜翅目　茧蜂科(一)　何俊华、陈学新、马云　2000，757 页，1783 图。

昆虫纲　第十九卷　鳞翅目　灯蛾科　方承莱　2000，589 页，338 图，20 图版。

昆虫纲　第二十卷　膜翅目　准蜂科　蜜蜂科　吴燕如　2000，442 页，218 图，9 图版。

昆虫纲 第二十一卷 鞘翅目 天牛科 花天牛亚科 蒋书楠、陈力 2001，296 页，17 图，18 图版。

昆虫纲 第二十二卷 同翅目 蚧总科 粉蚧科 绒蚧科 蜡蚧科 链蚧科 盘蚧科 壶蚧科 仁蚧科 王子清 2001，611 页，188 图。

昆虫纲 第二十三卷 双翅目 寄蝇科(一) 赵建铭、梁恩义、史永善、周士秀 2001，305 页，183 图，11 图版。

昆虫纲 第二十四卷 半翅目 毛唇花蝽科 细角花蝽科 花蝽科 卜文俊、郑乐怡 2001，267 页，362 图。

昆虫纲 第二十五卷 鳞翅目 凤蝶科 凤蝶亚科 锯凤蝶亚科 绢蝶亚科 武春生 2001，367 页，163 图，8 图版。

昆虫纲 第二十六卷 双翅目 蝇科(二) 棘蝇亚科(一) 马忠余、薛万琦、冯炎 2002，421 页，614 图。

昆虫纲 第二十七卷 鳞翅目 卷蛾科 刘友樵、李广武 2002，601 页，16 图，136+2 图版。

昆虫纲 第二十八卷 同翅目 角蝉总科 犁胸蝉科 角蝉科 袁锋、周尧 2002，590 页，295 图，4 图版。

昆虫纲 第二十九卷 膜翅目 螯蜂科 何俊华、许再福 2002，464 页，397 图。

昆虫纲 第三十卷 鳞翅目 毒蛾科 赵仲苓 2003，484 页，270 图，10 图版。

昆虫纲 第三十一卷 鳞翅目 舟蛾科 武春生、方承莱 2003，952 页，530 图，8 图版。

昆虫纲 第三十二卷 直翅目 蝗总科 槌角蝗科 剑角蝗科 印象初、夏凯龄 2003，280 页，144 图。

昆虫纲 第三十三卷 半翅目 盲蝽科 盲蝽亚科 郑乐怡、吕楠、刘国卿、许兵红 2004，797 页，228 图，8 图版。

昆虫纲 第三十四卷 双翅目 舞虻总科 舞虻科 螳舞虻亚科 驼舞虻亚科 杨定、杨集昆 2004，334 页，474 图，1 图版。

昆虫纲 第三十五卷 革翅目 陈一心、马文珍 2004，420 页，199 图，8 图版。

昆虫纲 第三十六卷 鳞翅目 波纹蛾科 赵仲苓 2004，291 页，153 图，5 图版。

昆虫纲 第三十七卷 膜翅目 茧蜂科(二) 陈学新、何俊华、马云 2004，581 页，1183 图，103 图版。

昆虫纲 第三十八卷 鳞翅目 蝙蝠蛾科 蛱蛾科 朱弘复、王林瑶、韩红香 2004，291 页，179 图，8 图版。

昆虫纲 第三十九卷 脉翅目 草蛉科 杨星科、杨集昆、李文柱 2005，398 页，240 图，4 图版。

昆虫纲 第四十卷 鞘翅目 肖叶甲科 肖叶甲亚科 谭娟杰、王书永、周红章 2005，415 页，95 图，8 图版。

昆虫纲 第四十一卷 同翅目 斑蚜科 乔格侠、张广学、钟铁森 2005，476 页，226 图，8 图版。

昆虫纲 第四十二卷 膜翅目 金小蜂科 黄大卫、肖晖 2005，388 页，432 图，5 图版。

昆虫纲 第四十三卷 直翅目 蝗总科 斑腿蝗科 李鸿昌、夏凯龄 2006，736 页，325 图。

昆虫纲 第四十四卷 膜翅目 切叶蜂科 吴燕如 2006，474 页，180 图，4 图版。

昆虫纲 第四十五卷 同翅目 飞虱科 丁锦华 2006，776 页，351 图，20 图版。

昆虫纲　第四十六卷　膜翅目　茧蜂科　窄径茧蜂亚科　陈家骅、杨建全　2006，301 页，81 图，32 图版。

昆虫纲　第四十七卷　鳞翅目　枯叶蛾科　刘有樵、武春生　2006，385 页，248 图，8 图版。

昆虫纲　蚤目(第二版，上下卷)　吴厚永等　2007，2174 页，2475 图。

昆虫纲　第四十九卷　双翅目　蝇科(一)　范滋德、邓耀华　2008，1186 页，276 图，4 图版。

昆虫纲　第五十卷　双翅目　食蚜蝇科　黄春梅、成新月　2012，852 页，418 图，8 图版。

昆虫纲　第五十一卷　广翅目　杨定、刘星月　2010，457 页，176 图，14 图版。

昆虫纲　第五十二卷　鳞翅目　粉蝶科　武春生　2010，416 页，174 图，16 图版。

昆虫纲　第五十三卷　双翅目　长足虻科(上下卷)　杨定、张莉莉、王孟卿、朱雅君 2011，1912 页，1017 图，7 图版。

昆虫纲　第五十四卷　鳞翅目　尺蛾科　尺蛾亚科　韩红香、薛大勇　2011，787 页，929 图，20 图版。

昆虫纲　第五十五卷　鳞翅目　弄蝶科　袁锋、袁向群、薛国喜　2015，754 页，280 图，15 图版。

昆虫纲　第五十六卷　膜翅目　细蜂总科(一)　何俊华、许再福　2015，1078 页，485 图。

昆虫纲　第五十七卷　直翅目　螽斯科　露螽亚科　康乐、刘春香、刘宪伟　2013，574 页，291 图，31 图版。

昆虫纲　第五十八卷　襀翅目　叉𧎾总科　杨定、李卫海、祝芳　2014，518 页，294 图，12 图版。

昆虫纲　第五十九卷　双翅目　虻科　许荣满、孙毅　2013，870 页，495 图，17 图版。

昆虫纲　第六十一卷　鞘翅目　叶甲科　叶甲亚科　杨星科、葛斯琴、王书永、李文柱、崔俊芝　2014，641 页，378 图，8 图版。

昆虫纲　第六十二卷　半翅目　盲蝽科(二)　合垫盲蝽亚科　刘国卿、郑乐怡　2014，297 页，134 图，13 图版。

无脊椎动物　第一卷　甲壳纲　淡水枝角类　蒋燮治、堵南山　1979，297 页，192 图。

无脊椎动物　第二卷　甲壳纲　淡水桡足类　沈嘉瑞等　1979，450 页，255 图。

无脊椎动物　第三卷　吸虫纲　复殖目(一)　陈心陶等　1985，697 页，469 图，10 图版。

无脊椎动物　第四卷　头足纲　董正之　1988，201 页，124 图，4 图版。

无脊椎动物　第五卷　蛭纲　杨潼　1996，259 页，141 图。

无脊椎动物　第六卷　海参纲　廖玉麟　1997，334 页，170 图，2 图版。

无脊椎动物　第七卷　腹足纲　中腹足目　宝贝总科　马绣同　1997，283 页，96 图，12 图版。

无脊椎动物　第八卷　蛛形纲　蜘蛛目　蟹蛛科　逍遥蛛科　宋大祥、朱明生　1997，259 页，154 图。

无脊椎动物　第九卷　多毛纲(一)　叶须虫目　吴宝铃、吴启泉、丘建文、陆华　1997，323 页，180 图。

无脊椎动物　第十卷　蛛形纲　蜘蛛目　圆蛛科　尹长民等　1997，460 页，292 图。

无脊椎动物　第十一卷　腹足纲　后鳃亚纲　头楯目　林光宇　1997，246 页，35 图，24 图版。

无脊椎动物　第十二卷　双壳纲　贻贝目　王祯瑞　1997，268 页，126 图，4 图版。

无脊椎动物　第十三卷　蛛形纲　蜘蛛目　球蛛科　朱明生　1998，436 页，233 图，1 图版。

无脊椎动物　第十四卷　肉足虫纲　等辐骨虫目　泡沫虫目　谭智源　1998，315 页，273 图，25 图版。

无脊椎动物　第十五卷　粘孢子纲　陈启鎏、马成伦　1998，805 页，30 图，180 图版。

无脊椎动物　第十六卷　珊瑚虫纲　海葵目　角海葵目　群体海葵目　裴祖南　1998,286页,149图,20图版。

无脊椎动物　第十七卷　甲壳动物亚门　十足目　束腹蟹科　溪蟹科　戴爱云　1999,501页,238图,31图版。

无脊椎动物　第十八卷　原尾纲　尹文英　1999, 510 页, 275 图, 8 图版。

无脊椎动物　第十九卷　腹足纲　柄眼目　烟管螺科　陈德牛、张国庆　1999, 210 页, 128 图, 5 图版。

无脊椎动物　第二十卷　双壳纲　原鳃亚纲　异韧带亚纲　徐凤山　1999, 244 页, 156 图。

无脊椎动物　第二十一卷　甲壳动物亚门　糠虾目　刘瑞玉、王绍武　2000, 326 页, 110 图。

无脊椎动物　第二十二卷　单殖吸虫纲　吴宝华、郎所、王伟俊等　2000, 756 页, 598 图, 2 图版。

无脊椎动物　第二十三卷　珊瑚虫纲　石珊瑚目　造礁石珊瑚　邹仁林　2001,289页,9图,55图版。

无脊椎动物　第二十四卷　双壳纲　帘蛤科　庄启谦　2001, 278 页, 145 图。

无脊椎动物　第二十五卷　线虫纲　杆形目　圆线亚目(一)　吴淑卿等　2001, 489 页, 201 图。

无脊椎动物　第二十六卷　有孔虫纲　胶结有孔虫　郑守仪、傅钊先　2001, 788 页, 130 图, 122 图版。

无脊椎动物　第二十七卷　水螅虫纲　钵水母纲　高尚武、洪惠馨、张士美　2002, 275 页, 136 图。

无脊椎动物　第二十八卷　甲壳动物亚门　端足目　蛾亚目　陈清潮、石长泰　2002, 249 页, 178 图。

无脊椎动物　第二十九卷　腹足纲　原始腹足目　马蹄螺总科　董正之　2002,210页,176图,2图版。

无脊椎动物　第三十卷　甲壳动物亚门　短尾次目　海洋低等蟹类　陈惠莲、孙海宝　2002, 597 页, 237 图, 4 彩色图版, 12 黑白图版。

无脊椎动物　第三十一卷　双壳纲　珍珠贝亚目　王祯瑞　2002, 374 页, 152 图, 7 图版。

无脊椎动物　第三十二卷　多孔虫纲　罩笼虫目　稀孔虫纲　稀孔虫目　谭智源、宿星慧　2003, 295 页, 193 图, 25 图版。

无脊椎动物　第三十三卷　多毛纲(二)　沙蚕目　孙瑞平、杨德渐　2004, 520 页, 267 图, 1 图版。

无脊椎动物　第三十四卷　腹足纲　鹑螺总科　张素萍、马绣同　2004, 243 页, 123 图, 5 图版。

无脊椎动物　第三十五卷　蛛形纲　蜘蛛目　肖蛸科　朱明生、宋大祥、张俊霞　2003, 402 页, 174 图, 5 彩色图版, 11 黑白图版。

无脊椎动物　第三十六卷　甲壳动物亚门　十足目　匙指虾科　梁象秋　2004, 375 页, 156 图。

无脊椎动物　第三十七卷　软体动物门　腹足纲　巴锅牛科　陈德牛、张国庆　2004,482页,409图,8图版。

无脊椎动物　第三十八卷　毛颚动物门　箭虫纲　萧贻昌　2004, 201 页, 89 图。

无脊椎动物　第三十九卷　蛛形纲　蜘蛛目　平腹蛛科　宋大祥、朱明生、张锋　2004, 362 页, 175 图。

无脊椎动物　第四十卷　棘皮动物门　蛇尾纲　廖玉麟　2004, 505 页, 244 图, 6 图版。

无脊椎动物　第四十一卷　甲壳动物亚门　端足目　钩虾亚目(一)　任先秋　2006, 588 页, 194 图。

无脊椎动物　第四十二卷　甲壳动物亚门　蔓足下纲　围胸总目　刘瑞玉、任先秋　2007,632页,239图。

无脊椎动物　第四十三卷　甲壳动物亚门　端足目　钩虾亚目(二)　任先秋　2012，651 页，197 图。

无脊椎动物　第四十四卷　甲壳动物亚门　十足目　长臂虾总科　李新正、刘瑞玉、梁象秋等　2007，381 页，157 图。

无脊椎动物　第四十六卷　星虫动物门　螠虫动物门　周红、李凤鲁、王玮　2007，206 页，95 图。

无脊椎动物　第四十七卷　蛛形纲　蜱螨亚纲　植绥螨科　吴伟南、欧剑峰、黄静玲　2009，511 页，287 图，9 图版。

无脊椎动物　第四十八卷　软体动物门　双壳纲　满月蛤总科　心蛤总科　厚壳蛤总科　鸟蛤总科　徐凤山　2012，239 页，133 图。

无脊椎动物　第四十九卷　甲壳动物亚门　十足目　梭子蟹科　杨思谅、陈惠莲、戴爱云　2012，417 页，138 图，14 图版。

无脊椎动物　第五十一卷　线虫纲　杆形目　圆线亚目(二)　张路平、孔繁瑶　2014，316 页，97 图，19 图版。

无脊椎动物　第五十四卷　环节动物门　多毛纲(三)　缨鳃虫目　孙瑞平、杨德渐　2014，493 页，239 图，2 图版。

《中国经济动物志》

兽类　寿振黄等　1962，554 页，153 图，72 图版。

鸟类　郑作新等　1963，694 页，10 图，64 图版。

鸟类(第二版)　郑作新等　1993，619 页，64 图版。

海产鱼类　成庆泰等　1962，174 页，25 图，32 图版。

淡水鱼类　伍献文等　1963，159 页，122 图，30 图版。

淡水鱼类寄生甲壳动物　匡溥人、钱金会　1991，203 页，110 图。

环节(多毛纲)　棘皮　原索动物　吴宝铃等　1963，141 页，65 图，16 图版。

海产软体动物　张玺、齐钟彦　1962，246 页，148 图。

淡水软体动物　刘月英等　1979，134 页，110 图。

陆生软体动物　陈德牛、高家祥　1987，186 页，224 图。

寄生蠕虫　吴淑卿、尹文真、沈守训　1960，368 页，158 图。

《中国经济昆虫志》

第一册　鞘翅目　天牛科　陈世骧等　1959，120 页，21 图，40 图版。

第二册　半翅目　蝽科　杨惟义　1962，138 页，11 图，10 图版。

第三册　鳞翅目　夜蛾科(一)　朱弘复、陈一心　1963，172 页，22 图，10 图版。

第四册　鞘翅目　拟步行虫科　赵养昌　1963，63 页，27 图，7 图版。

第五册　鞘翅目　瓢虫科　刘崇乐　1963，101 页，27 图，11 图版。

第六册　鳞翅目　夜蛾科(二)　朱弘复等　1964，183 页，11 图版。

第七册　鳞翅目　夜蛾科(三)　朱弘复、方承莱、王林瑶　1963，120 页，28 图，31 图版。

第八册　等翅目　白蚁　蔡邦华、陈宁生，1964，141 页，79 图，8 图版。

第九册　膜翅目　蜜蜂总科　吴燕如　1965，83 页，40 图，7 图版。

第十册　同翅目　叶蝉科　葛钟麟　1966，170 页，150 图。

第十一册　鳞翅目　卷蛾科(一)　刘友樵、白九维　1977，93 页，23 图，24 图版。

第十二册　鳞翅目　毒蛾科　赵仲苓　1978，121 页，45 图，18 图版。

第十三册　双翅目　蠓科　李铁生　1978，124 页，104 图。

第十四册　鞘翅目　瓢虫科(二)　庞雄飞、毛金龙　1979，170 页，164 图，16 图版。

第十五册　蜱螨目　蜱总科　邓国藩　1978，174 页，707 图。

第十六册　鳞翅目　舟蛾科　蔡荣权　1979，166 页，126 图，19 图版。

第十七册　蜱螨目　革螨股　潘镖文、邓国藩　1980，155 页，168 图。

第十八册　鞘翅目　叶甲总科(一)　谭娟杰、虞佩玉　1980，213 页，194 图，18 图版。

第十九册　鞘翅目　天牛科　蒲富基　1980，146 页，42 图，12 图版。

第二十册　鞘翅目　象虫科　赵养昌、陈元清　1980，184 页，73 图，14 图版。

第二十一册　鳞翅目　螟蛾科　王平远　1980，229 页，40 图，32 图版。

第二十二册　鳞翅目　天蛾科　朱弘复、王林瑶　1980，84 页，17 图，34 图版。

第二十三册　螨　目　叶螨总科　王慧芙　1981，150 页，121 图，4 图版。

第二十四册　同翅目　粉蚧科　王子清　1982，119 页，75 图。

第二十五册　同翅目　蚜虫类(一)　张广学、钟铁森　1983，387 页，207 图，32 图版。

第二十六册　双翅目　虻科　王遵明　1983，128 页，243 图，8 图版。

第二十七册　同翅目　飞虱科　葛钟麟等　1984，166 页，132 图，13 图版。

第二十八册　鞘翅目　金龟总科幼虫　张芝利　1984，107 页，17 图，21 图版。

第二十九册　鞘翅目　小蠹科　殷惠芬、黄复生、李兆麟　1984，205 页，132 图，19 图版。

第三十册　膜翅目　胡蜂总科　李铁生　1985，159 页，21 图，12 图版。

第三十一册　半翅目(一)　章士美等　1985，242 页，196 图，59 图版。

第三十二册　鳞翅目　夜蛾科(四)　陈一心　1985，167 页，61 图，15 图版。

第三十三册　鳞翅目　灯蛾科　方承莱　1985，100 页，69 图，10 图版。

第三十四册　膜翅目　小蜂总科(一)　廖定熹等　1987，241 页，113 图，24 图版。

第三十五册　鞘翅目　天牛科(三)　蒋书楠、蒲富基、华立中　1985，189 页，2 图，13 图版。

第三十六册　同翅目　蜡蝉总科　周尧等　1985，152 页，125 图，2 图版。

第三十七册　双翅目　花蝇科　范滋德等　1988，396 页，1215 图，10 图版。

第三十八册　双翅目　蠓科(二)　李铁生　1988，127 页，107 图。

第三十九册　蜱螨亚纲　硬蜱科　邓国藩、姜在阶　1991，359 页，354 图。

第四十册　蜱螨亚纲　皮刺螨总科　邓国藩等　1993，391 页，318 图。

第四十一册　膜翅目　金小蜂科　黄大卫　1993，196 页，252 图。

第四十二册　鳞翅目　毒蛾科(二)　赵仲苓　1994，165 页，103 图，10 图版。

第四十三册　同翅目　蚧总科　王子清　1994，302 页，107 图。

第四十四册　蜱螨亚纲　瘿螨总科(一)　匡海源　1995，198 页，163 图，7 图版。

Serial Faunal Monographs Already Published

FAUNA SINICA

Mammalia vol. 6 Rodentia III: Cricetidae. Luo Zexun *et al.*, 2000. 514 pp., 140 figs., 4 pls.

Mammalia vol. 8 Carnivora. Gao Yaoting *et al.*, 1987. 377 pp., 44 figs., 10 pls.

Mammalia vol. 9 Cetacea, Carnivora: Phocoidea, Sirenia. Zhou Kaiya, 2004. 326 pp., 117 figs., 8 pls.

Aves vol. 1 part 1. Introductory Account of the Class Aves in China; part 2. Account of Orders listed in this Volume. Zheng Zuoxin (Cheng Tsohsin) *et al.*, 1997. 199 pp., 39 figs., 4 pls.

Aves vol. 2 Anseriformes. Zheng Zuoxin (Cheng Tsohsin) *et al.*, 1979. 143 pp., 65 figs., 10 pls.

Aves vol. 4 Galliformes. Zheng Zuoxin (Cheng Tsohsin) *et al.*, 1978. 203 pp., 53 figs., 10 pls.

Aves vol. 5 Gruiformes, Charadriiformes, Lariformes. Wang Qishan, Ma Ming and Gao Yuren, 2006. 644 pp., 263 figs., 4 pls.

Aves vol. 6 Columbiformes, Psittaciformes, Cuculiformes, Strigiformes. Zheng Zuoxin (Cheng Tsohsin), Xian Yaohua and Guan Guanxun, 1991. 240 pp., 64 figs., 5 pls.

Aves vol. 7 Caprimulgiformes, Apodiformes, Trogoniformes, Coraciiformes, Piciformes. Tan Yaokuang and Guan Guanxun, 2003. 241 pp., 36 figs., 4 pls.

Aves vol. 8 Passeriformes: Eurylaimidae-Irenidae. Zheng Baolai *et al.*, 1985. 333 pp., 103 figs., 8 pls.

Aves vol. 9 Passeriformes: Bombycillidae, Prunellidae. Chen Fuguan *et al.*, 1998. 284 pp., 143 figs., 4 pls.

Aves vol. 10 Passeriformes: Muscicapidae I: Turdinae. Zheng Zuoxin (Cheng Tsohsin), Long Zeyu and Lu Taichun, 1995. 239 pp., 67 figs., 4 pls.

Aves vol. 11 Passeriformes: Muscicapidae II: Timaliinae. Zheng Zuoxin (Cheng Tsohsin), Long Zeyu and Zheng Baolai, 1987. 307 pp., 110 figs., 8 pls.

Aves vol. 12 Passeriformes: Muscicapidae III Sylviinae Muscicapinae. Zheng Zuoxin, Lu Taichun, Yang Lan and Lei Fumin *et al.*, 2010. 439 pp., 121 figs., 4 pls.

Aves vol. 13 Passeriformes: Paridae, Zosteropidae. Li Guiyuan, Zheng Baolai and Liu Guangzuo, 1982. 170 pp., 68 figs., 4 pls.

Aves vol. 14 Passeriformes: Ploceidae and Fringillidae. Fu Tongsheng, Song Yujun and Gao Wei *et al.*, 1998. 322 pp., 115 figs., 8 pls.

Reptilia vol. 1 General Accounts of Reptilia. Testudoformes and Crocodiliformes. Zhang Mengwen *et al.*, 1998. 208 pp., 44 figs., 4 pls.

Reptilia vol. 2 Squamata: Lacertilia. Zhao Ermi, Zhao Kentang and Zhou Kaiya *et al.*, 1999. 394 pp., 54 figs., 8 pls.

Reptilia vol. 3 Squamata: Serpentes. Zhao Ermi *et al.*, 1998. 522 pp., 100 figs., 12 pls.

Amphibia vol. 1 General accounts of Amphibia, Gymnophiona, Urodela. Fei Liang, Hu Shuqin, Ye Changyuan and Huang Yongzhao *et al.*, 2006. 471 pp., 120 figs., 16 pls.

Amphibia vol. 2 Anura. Fei Liang, Hu Shuqin, Ye Changyuan and Huang Yongzhao *et al.*, 2009. 957 pp., 549 figs., 16 pls.

Amphibia vol. 3 Anura: Ranidae. Fei Liang, Hu Shuqin, Ye Changyuan and Huang Yongzhao *et al.*, 2009. 888 pp., 337 figs., 16 pls.

Osteichthyes: Pleuronectiformes. Li Sizhong and Wang Huimin, 1995. 433 pp., 170 figs.

Osteichthyes: Siluriformes. Chu Xinluo, Zheng Baoshan and Dai Dingyuan *et al.*, 1999. 230 pp., 124 figs.

Osteichthyes: Cypriniformes II. Chen Yiyu *et al.*, 1998. 531 pp., 257 figs.

Osteichthyes: Cypriniformes III. Yue Peiqi *et al.*, 2000. 661 pp., 340 figs.

Osteichthyes: Acipenseriformes, Elopiformes, Clupeiformes, Gonorhynchiformes. Zhang Shiyi, 2001. 209 pp., 88 figs.

Osteichthyes: Myctophiformes, Cetomimiformes, Osteoglossiformes. Chen Suzhi, 2002. 349 pp., 135 figs.

Osteichthyes: Tetraodontiformes, Pegasiformes, Gobiesociformes, Lophiiformes. Su Jinxiang and Li Chunsheng, 2002. 495 pp., 194 figs.

Ostichthyes: Scorpaeniformes. Jin Xinbo, 2006. 739 pp., 287 figs.

Ostichthyes: Perciformes V: Gobioidei. Wu Hanlin and Zhong Junsheng *et al.*, 2008. 951 pp., 575 figs., 32 pls.

Ostichthyes: Anguilliformes Notacanthiformes. Zhang Chunguang *et al.*, 2010. 453 pp., 225 figs., 3 pls.

Ostichthyes: Atheriniformes, Cyprinodontiformes, Beloniformes, Ophidiiformes, Gadiformes. Li Sizhong and Zhang Chunguang *et al.*, 2011. 946 pp., 345 figs.

Cyclostomata and Chondrichthyes. Zhu Yuanding and Meng Qingwen *et al.*, 2001. 552 pp., 247 figs.

Insecta vol. 1 Siphonaptera. Liu Zhiying *et al.*, 1986. 1334 pp., 1948 figs.

Insecta vol. 2 Coleoptera: Hispidae. Chen Sicien *et al.*, 1986. 653 pp., 327 figs., 15 pls.

Insecta vol. 3 Lepidoptera: Cyclidiidae, Drepanidae. Chu Hungfu and Wang Linyao, 1991. 269 pp., 204 figs., 10 pls.

Insecta vol. 4 Orthoptera: Acrioidea: Pamphagidae, Chrotogonidae, Pyrgomorphidae. Xia Kailing *et al.*, 1994. 340 pp., 168 figs.

Insecta vol. 5 Lepidoptera: Bombycidae, Saturniidae, Thyrididae. Zhu Hongfu and Wang Linyao, 1996. 302 pp., 234 figs., 18 pls.

Insecta vol. 6 Diptera: Calliphoridae. Fan Zide *et al.*, 1997. 707 pp., 229 figs.

Insecta vol. 7 Lepidoptera: Lecithoceridae. Wu Chunsheng, 1997. 306 pp., 74 figs., 38 pls.

Insecta vol. 8 Diptera: Culicidae I. Lu Baolin *et al.*, 1997. 593 pp., 285 pls.

Insecta vol. 9 Diptera: Culicidae II. Lu Baolin *et al.*, 1997. 126 pp., 57 pls.

Insecta vol. 10 Orthoptera: Oedipodidae, Arcypteridae III. Zheng Zhemin and Xia Kailing, 1998. 610 pp., 323 figs.

Insecta vol. 11 Lepidoptera: Sphingidae. Zhu Hongfu and Wang Linyao, 1997. 410 pp., 325 figs., 8 pls.

Insecta vol. 12 Orthoptera: Tetrigoidea. Liang Geqiu and Zheng Zhemin, 1998. 278 pp., 166 figs.

Insecta vol. 13 Hemiptera: Nabidae. Ren Shuzhi, 1998. 251 pp., 508 figs., 12 pls.

Insecta vol. 14 Homoptera: Mindaridae, Pemphigidae. Zhang Guangxue, Qiao Gexia, Zhong Tiesen and Zhang Wanfang, 1999. 380 pp., 121 figs., 17+8 pls.

Insecta vol. 15 Lepidoptera: Geometridae: Larentiinae. Xue Dayong and Zhu Hongfu (Chu Hungfu), 1999. 1090 pp., 1197 figs., 25 pls.

Insecta vol. 16 Lepidoptera: Noctuidae. Chen Yixin, 1999. 1596 pp., 701 figs., 68 pls.

Insecta vol. 17 Isoptera. Huang Fusheng *et al.*, 2000. 961 pp., 564 figs.

Insecta vol. 18 Hymenoptera: Braconidae I. He Junhua, Chen Xuexin and Ma Yun, 2000. 757 pp., 1783 figs.

Insecta vol. 19 Lepidoptera: Arctiidae. Fang Chenglai, 2000. 589 pp., 338 figs., 20 pls.

Insecta vol. 20 Hymenoptera: Melittidae and Apidae. Wu Yanru, 2000. 442 pp., 218 figs., 9 pls.

Insecta vol. 21 Coleoptera: Cerambycidae: Lepturinae. Jiang Shunan and Chen Li, 2001. 296 pp., 17 figs., 18 pls.

Insecta vol. 22 Homoptera: Coccoidea: Pseudococcidae, Eriococcidae, Asterolecaniidae, Coccidae, Lecanodiaspididae, Cerococcidae, Aclerdidae. Wang Tzeching, 2001. 611 pp., 188 figs.

Insecta vol. 23 Diptera: Tachinidae I. Chao Cheiming, Liang Enyi, Shi Yongshan and Zhou Shixiu, 2001. 305 pp., 183 figs., 11 pls.

Insecta vol. 24 Hemiptera: Lasiochilidae, Lyctocoridae, Anthocoridae. Bu Wenjun and Zheng Leyi (Cheng Loyi), 2001. 267 pp., 362 figs.

Insecta vol. 25 Lepidoptera: Papilionidae: Papilioninae, Zerynthiinae, Parnassiinae. Wu Chunsheng, 2001. 367 pp., 163 figs., 8 pls.

Insecta vol. 26 Diptera: Muscidae II: Phaoniinae I. Ma Zhongyu, Xue Wanqi and Feng Yan, 2002. 421 pp., 614 figs.

Insecta vol. 27 Lepidoptera: Tortricidae. Liu Youqiao and Li Guangwu, 2002. 601 pp., 16 figs., 2+136 pls.

Insecta vol. 28 Homoptera: Membracoidea: Aetalionidae and Membracidae. Yuan Feng and Chou Io, 2002. 590 pp., 295 figs., 4 pls.

Insecta vol. 29 Hymenoptera: Dyrinidae. He Junhua and Xu Zaifu, 2002. 464 pp., 397 figs.

Insecta vol. 30 Lepidoptera: Lymantriidae. Zhao Zhongling (Chao Chungling), 2003. 484 pp., 270 figs., 10 pls.

Insecta vol. 31 Lepidoptera: Notodontidae. Wu Chunsheng and Fang Chenglai, 2003. 952 pp., 530 figs., 8 pls.

Insecta vol. 32 Orthoptera: Acridoidea: Gomphoceridae, Acrididae. Yin Xiangchu, Xia Kailing *et al.*, 2003. 280 pp., 144 figs.

Insecta vol. 33 Hemiptera: Miridae, Mirinae. Zheng Leyi, Lü Nan, Liu Guoqing and Xu Binghong, 2004. 797 pp., 228 figs., 8 pls.

Insecta vol. 34 Diptera: Empididae, Hemerodromiinae and Hybotinae. Yang Ding and Yang Chikun, 2004. 334 pp., 474 figs., 1 pls.

Insecta vol. 35 Dermaptera. Chen Yixin and Ma Wenzhen, 2004. 420 pp., 199 figs., 8 pls.

Insecta vol. 36 Lepidoptera: Thyatiridae. Zhao Zhongling, 2004. 291 pp., 153 figs., 5 pls.

Insecta vol. 37 Hymenoptera: Braconidae II. Chen Xuexin, He Junhua and Ma Yun, 2004. 518 pp., 1183 figs., 103 pls.

Insecta vol. 38 Lepidoptera: Hepialidae, Epiplemidae. Zhu Hongfu, Wang Linyao and Han Hongxiang, 2004. 291 pp., 179 figs., 8 pls.

Insecta vol. 39 Neuroptera: Chrysopidae. Yang Xingke, Yang Jikun and Li Wenzhu, 2005. 398 pp., 240 figs., 4 pls.

Insecta vol. 40 Coleoptera: Eumolpidae: Eumolpinae. Tan Juanjie, Wang Shuyong and Zhou Hongzhang, 2005. 415 pp., 95 figs., 8 pls.

Insecta vol. 41 Diptera: Muscidae I. Fan Zide *et al.*, 2005. 476 pp., 226 figs., 8 pls.

Insecta vol. 42 Hymenoptera: Pteromalidae. Huang Dawei and Xiao Hui, 2005. 388 pp., 432 figs., 5 pls.

Insecta vol. 43 Orthoptera: Acridoidea: Catantopidae. Li Hongchang and Xia Kailing, 2006. 736pp., 325 figs.

Insecta vol. 44 Hymenoptera: Megachilidae. Wu Yanru, 2006. 474 pp., 180 figs., 4 pls.

Insecta vol. 45 Diptera: Homoptera: Delphacidae. Ding Jinhua, 2006. 776 pp., 351 figs., 20 pls.

Insecta vol. 46 Hymenoptera: Braconidae: Agathidinae. Chen Jiahua and Yang Jianquan, 2006. 301 pp., 81 figs., 32 pls.

Insecta vol. 47 Lepidoptera: Lasiocampidae. Liu Youqiao and Wu Chunsheng, 2006. 385 pp., 248 figs., 8 pls.

Insecta Saiphonaptera(2 volumes). Wu Houyong *et al.*, 2007. 2174 pp., 2475 figs.

Insecta vol. 49 Diptera: Muscidae. Fan Zide *et al.*, 2008. 1186 pp., 276 figs., 4 pls.

Insecta vol. 50 Diptera: Syrphidae. Huang Chunmei and Cheng Xinyue, 2012. 852 pp., 418 figs., 8 pls.

Insecta vol. 51 Megaloptera. Yang Ding and Liu Xingyue, 2010. 457 pp., 176 figs., 14 pls.

Insecta vol. 52 Lepidoptera: Pieridae. Wu Chunsheng, 2010. 416 pp., 174 figs., 16 pls.

Insecta vol. 53 Diptera Dolichopodidae(2 volumes). Yang Ding *et al.*, 2011. 1912 pp., 1017 figs., 7 pls.

Insecta vol. 54 Lepidoptera: Geometridae: Geometrinae. Han Hongxiang and Xue Dayong, 2011. 787 pp., 929 figs., 20 pls.

Insecta vol. 55 Lepidoptera: Hesperiidae. Yuan Feng, Yuan Xiangqun and Xue Guoxi, 2015. 754 pp., 280 figs., 15 pls.

Insecta vol. 56 Hymenoptera: Proctotrupoidea(I). He Junhua and Xu Zaifu, 2015. 1078 pp., 485 figs.

Insecta vol. 57 Orthoptera: Tettigoniidae: Phaneropterinae. Kang Le *et al.*, 2013. 574 pp., 291 figs., 31 pls.

Insecta vol. 58 Plecoptera: Nemouroides. Yang Ding, Li Weihai and Zhu Fang, 2014. 518 pp., 294 figs., 12 pls.

Insecta vol. 59 Diptera: Tabanidae. Xu Rongman and Sun Yi, 2013. 870 pp., 495 figs., 17 pls.

Insecta vol. 61 Coleoptera: Chrysomelidae: Chrysomelinae. Yang Xingke, Ge Siqin, Wang Shuyong, Li Wenzhu and Cui Junzhi, 2014. 641 pp., 378 figs., 8 pls.

Insecta vol. 62 Hemiptera: Miridae(II): Orthotylinae. Liu Guoqing and Zheng Leyi, 2014. 297 pp. 134 figs., 13 pls.

Invertebrata vol. 1 Crustacea: Freshwater Cladocera. Chiang Siehchih and Du Nanshang, 1979. 297 pp.,192 figs.

Invertebrata vol. 2 Crustacea: Freshwater Copepoda. Shen Jiarui *et al.*, 1979. 450 pp., 255 figs.

Invertebrata vol. 3 Trematoda: Digenea I. Chen Xintao *et al.*, 1985. 697 pp., 469 figs., 12 pls.

Invertebrata vol. 4 Cephalopode. Dong Zhengzhi, 1988. 201 pp., 124 figs., 4 pls.

Invertebrata vol. 5 Hirudinea: Euhirudinea and Branchiobdellidea. Yang Tong, 1996. 259 pp., 141 figs.

Invertebrata vol. 6 Holothuroidea. Liao Yulin, 1997. 334 pp., 170 figs., 2 pls.

Invertebrata vol. 7 Gastropoda: Mesogastropoda: Cypraeacea. Ma Xiutong, 1997. 283 pp., 96 figs., 12 pls.

Invertebrata vol. 8 Arachnida: Araneae: Thomisidae and Philodromidae. Song Daxiang and Zhu Mingsheng, 1997. 259 pp., 154 figs.

Invertebrata vol. 9 Polychaeta: Phyllodocimorpha. Wu Baoling, Wu Qiquan, Qiu Jianwen and Lu Hua, 1997. 323pp., 180 figs.

Invertebrata vol. 10 Arachnida: Araneae: Araneidae. Yin Changmin *et al.*, 1997. 460 pp., 292 figs.

Invertebrata vol. 11 Gastropoda: Opisthobranchia: Cephalaspidea. Lin Guangyu, 1997. 246 pp., 35 figs., 28 pls.

Invertebrata vol. 12 Bivalvia: Mytiloida. Wang Zhenrui, 1997. 268 pp., 126 figs., 4 pls.

Invertebrata vol. 13 Arachnida: Araneae: Theridiidae. Zhu Mingsheng, 1998. 436 pp., 233 figs., 1 pl.

Invertebrata vol. 14 Sacodina: Acantharia and Spumellaria. Tan Zhiyuan, 1998. 315 pp., 273 figs., 25 pls.

Invertebrata vol. 15 Myxosporea. Chen Chihleu and Ma Chenglun, 1998. 805 pp., 30 figs., 180 pls.

Invertebrata vol. 16 Anthozoa: Actiniaria, Ceriantharis and Zoanthidea. Pei Zunan, 1998. 286 pp., 149 figs., 22 pls.

Invertebrata vol. 17 Crustacea: Decapoda: Parathelphusidae and Potamidae. Dai Aiyun, 1999. 501 pp., 238 figs., 31 pls.

Invertebrata vol. 18 Protura. Yin Wenying, 1999. 510 pp., 275 figs., 8 pls.

Invertebrata vol. 19 Gastropoda: Pulmonata: Stylommatophora: Clausiliidae. Chen Deniu and Zhang Guoqing, 1999. 210 pp., 128 figs., 5 pls.

Invertebrata vol. 20 Bivalvia: Protobranchia and Anomalodesmata. Xu Fengshan, 1999. 244 pp., 156 figs.

Invertebrata vol. 21 Crustacea: Mysidacea. Liu Ruiyu (J. Y. Liu) and Wang Shaowu, 2000. 326 pp., 110 figs.

Invertebrata vol. 22 Monogenea. Wu Baohua, Lang Suo and Wang Weijun, 2000. 756 pp., 598 figs., 2 pls.

Invertebrata vol. 23 Anthozoa: Scleractinia: Hermatypic coral. Zou Renlin, 2001. 289 pp., 9 figs., 47+8 pls.

Invertebrata vol. 24 Bivalvia: Veneridae. Zhuang Qiqian, 2001. 278 pp., 145 figs.

Invertebrata vol. 25 Nematoda: Rhabditida: Strongylata I. Wu Shuqing *et al.*, 2001. 489 pp., 201 figs.

Invertebrata vol. 26 Foraminiferea: Agglutinated Foraminifera. Zheng Shouyi and Fu Zhaoxian, 2001. 788 pp., 130 figs., 122 pls.

Invertebrata vol. 27 Hydrozoa and Scyphomedusae. Gao Shangwu, Hong Hueshin and Zhang Shimei, 2002. 275 pp., 136 figs.

Invertebrata vol. 28 Crustacea: Amphipoda: Hyperiidae. Chen Qingchao and Shi Changtai, 2002. 249 pp.,

178 figs.

Invertebrata vol. 29 Gastropoda: Archaeogastropoda: Trochacea. Dong Zhengzhi, 2002. 210 pp., 176 figs., 2 pls.

Invertebrata vol. 30 Crustacea: Brachyura: Marine primitive crabs. Chen Huilian and Sun Haibao, 2002. 597 pp., 237 figs., 16 pls.

Invertebrata vol. 31 Bivalvia: Pteriina. Wang Zhenrui, 2002. 374 pp., 152 figs., 7 pls.

Invertebrata vol. 32 Polycystinea: Nasellaria; Phaeodarea: Phaeodaria. Tan Zhiyuan and Su Xinghui, 2003. 295 pp., 193 figs., 25 pls.

Invertebrata vol. 33 Annelida: Polychaeta II Nereidida. Sun Ruiping and Yang Derjian, 2004. 520 pp., 267 figs., 193 pls.

Invertebrata vol. 34 Mollusca: Gastropoda Tonnacea, Zhang Suping and Ma Xiutong, 2004. 243 pp., 123 figs., 1 pl.

Invertebrata vol. 35 Arachnida: Araneae: Tetragnathidae. Zhu Mingsheng, Song Daxiang and Zhang Junxia, 2003. 402 pp., 174 figs., 5+11 pls.

Invertebrata vol. 36 Crustacea: Decapoda, Atyidae. Liang Xiangqiu, 2004. 375 pp., 156 figs.

Invertebrata vol. 37 Mollusca: Gastropoda: Stylommatophora: Bradybaenidae. Chen Deniu and Zhang Guoqing, 2004. 482 pp., 409 figs., 8 pls.

Invertebrata vol. 38 Chaetognatha: Sagittoidea. Xiao Yichang, 2004. 201 pp., 89 figs.

Invertebrata vol. 39 Arachnida: Araneae: Gnaphosidae. Song Daxiang, Zhu Mingsheng and Zhang Feng, 2004. 362 pp., 175 figs.

Invertebrata vol. 40 Echinodermata: Ophiuroidea. Liao Yulin, 2004. 505 pp., 244 figs., 6 pls.

Invertebrata vol. 41 Crustacea: Amphipoda: Gammaridea I. Ren Xianqiu, 2006. 588 pp., 194 figs.

Invertebrata vol. 42 Crustacea: Cirripedia: Thoracica. Liu Ruiyu and Ren Xianqiu, 2007. 632 pp., 239 figs.

Invertebrata vol. 43 Crustacea: Amphipoda: Gammaridea II. Ren Xianqiu, 2012. 651 pp., 197 figs.

Invertebrata vol. 44 Crustacea: Decapoda: Palaemonoidea. Li Xinzheng, Liu Ruiyu, Liang Xingqiu and Chen Guoxiao 2007. 381 pp., 157 figs.

Invertebrata vol. 46 Sipuncula, Echiura. Zhou Hong, Li Fenglu and Wang Wei, 2007. 206 pp., 95 figs.

Invertebrata vol. 47 Arachnida: Acari: Phytoseiidae. Wu weinan, Ou Jianfeng and Huang Jingling. 2009. 511 pp., 287 figs., 9 pls.

Invertebrata vol. 48 Mollusca: Bivalvia: Lucinacea, Carditacea, Crassatellacea and Cardiacea. Xu Fengshan. 2012. 239 pp., 133 figs.

Invertebrata vol. 49 Crustacea: Decapoda: Portunidae. Yang Siliang, Chen Huilian and Dai Aiyun. 2012. 417 pp., 138 figs., 14 pls.

Invertebrata vol. 51 Nematoda: Rhabditida: Strongylata (II). Zhang Luping and Kong Fanyao. 2014. 316 pp., 97 figs., 19 pls.

Invertebrata vol. 54 Annelida: Polychaeta (III): Sabellida. Sun Ruiping and Yang Dejian. 2014. 493 pp., 239 figs., 2 pls.

ECONOMIC FAUNA OF CHINA

Mammals. Shou Zhenhuang *et al.*, 1962. 554 pp., 153 figs., 72 pls.

Aves. Cheng Tsohsin *et al.*, 1963. 694 pp., 10 figs., 64 pls.

Marine fishes. Chen Qingtai *et al.*, 1962. 174 pp., 25 figs., 32 pls.

Freshwater fishes. Wu Xianwen *et al.*, 1963. 159 pp., 122 figs., 30 pls.

Parasitic Crustacea of Freshwater Fishes. Kuang Puren and Qian Jinhui, 1991. 203 pp., 110 figs.

Annelida. Echinodermata. Prorochordata. Wu Baoling *et al.*, 1963. 141 pp., 65 figs., 16 pls.

Marine mollusca. Zhang Xi and Qi Zhougyan, 1962. 246 pp., 148 figs.

Freshwater molluscs. Liu Yueyin *et al.*, 1979.134 pp., 110 figs.

Terrestrial molluscs. Chen Deniu and Gao Jiaxiang, 1987. 186 pp., 224 figs.

Parasitic worms. Wu Shuqing, Yin Wenzhen and Shen Shouxun, 1960. 368 pp., 158 figs.

Economic birds of China (Second edition). Cheng Tsohsin, 1993. 619 pp., 64 pls.

ECONOMIC INSECT FAUNA OF CHINA

Fasc. 1 Coleoptera: Cerambycidae. Chen Sicien *et al.*, 1959. 120 pp., 21 figs., 40 pls.

Fasc. 2 Hemiptera: Pentatomidae. Yang Weiyi, 1962. 138 pp., 11 figs., 10 pls.

Fasc. 3 Lepidoptera: Noctuidae I. Chu Hongfu and Chen Yixin, 1963. 172 pp., 22 figs., 10 pls.

Fasc. 4 Coleoptera: Tenebrionidae. Zhao Yangchang, 1963. 63 pp., 27 figs., 7 pls.

Fasc. 5 Coleoptera: Coccinellidae. Liu Chongle, 1963. 101 pp., 27 figs., 11pls.

Fasc. 6 Lepidoptera: Noctuidae II. Chu Hongfu *et al.*, 1964. 183 pp., 11 pls.

Fasc. 7 Lepidoptera: Noctuidae III. Chu Hongfu, Fang Chenglai and Wang Lingyao, 1963. 120 pp., 28 figs., 31 pls.

Fasc. 8 Isoptera: Termitidae. Cai Bonghua and Chen Ningsheng, 1964. 141 pp., 79 figs., 8 pls.

Fasc. 9 Hymenoptera: Apoidea. Wu Yanru, 1965. 83 pp., 40 figs., 7 pls.

Fasc. 10 Homoptera: Cicadellidae. Ge Zhongling, 1966. 170 pp., 150 figs.

Fasc. 11 Lepidoptera: Tortricidae I. Liu Youqiao and Bai Jiuwei, 1977. 93 pp., 23 figs., 24 pls.

Fasc. 12 Lepidoptera: Lymantriidae I. Chao Chungling, 1978. 121 pp., 45 figs., 18 pls.

Fasc. 13 Diptera: Ceratopogonidae. Li Tiesheng, 1978. 124 pp., 104 figs.

Fasc. 14 Coleoptera: Coccinellidae II. Pang Xiongfei and Mao Jinlong, 1979. 170 pp., 164 figs., 16 pls.

Fasc. 15 Acarina: Lxodoidea. Teng Kuofan, 1978. 174 pp., 707 figs.

Fasc. 16 Lepidoptera: Notodontidae. Cai Rongquan, 1979. 166 pp., 126 figs., 19 pls.

Fasc. 17 Acarina: Camasina. Pan Zungwen and Teng Kuofan, 1980. 155 pp., 168 figs.

Fasc. 18 Coleoptera: Chrysomeloidea I. Tang Juanjie *et al.*, 1980. 213 pp., 194 figs., 18 pls.

Fasc. 19 Coleoptera: Cerambycidae II. Pu Fuji, 1980. 146 pp., 42 figs., 12 pls.

Fasc. 20 Coleoptera: Curculionidae I. Chao Yungchang and Chen Yuanqing, 1980. 184 pp., 73 figs., 14 pls.

Fasc. 21 Lepidoptera: Pyralidae. Wang Pingyuan, 1980. 229 pp., 40 figs., 32 pls.

Fasc. 22 Lepidoptera: Sphingidae. Zhu Hongfu and Wang Lingyao, 1980. 84 pp., 17 figs., 34 pls.

Fasc. 23 Acariformes: Tetranychoidea. Wang Huifu, 1981. 150 pp., 121 figs., 4 pls.

Fasc. 24 Homoptera: Pseudococcidae. Wang Tzeching, 1982. 119 pp., 75 figs.

Fasc. 25 Homoptera: Aphidinea I. Zhang Guangxue and Zhong Tiesen, 1983. 387 pp., 207 figs., 32 pls.

Fasc. 26 Diptera: Tabanidae. Wang Zunming, 1983. 128 pp., 243 figs., 8 pls.

Fasc. 27 Homoptera: Delphacidae. Kuoh Changlin *et al.*, 1983. 166 pp., 132 figs., 13 pls.

Fasc. 28 Coleoptera: Larvae of Scarabaeoidae. Zhang Zhili, 1984. 107 pp., 17. figs., 21 pls.

Fasc. 29 Coleoptera: Scolytidae. Yin Huifen, Huang Fusheng and Li Zhaoling, 1984. 205 pp., 132 figs., 19 pls.

Fasc. 30 Hymenoptera: Vespoidea. Li Tiesheng, 1985. 159pp., 21 figs., 12pls.

Fasc. 31 Hemiptera I. Zhang Shimei, 1985. 242 pp., 196 figs., 59 pls.

Fasc. 32 Lepidoptera: Noctuidae IV. Chen Yixin, 1985. 167 pp., 61 figs., 15 pls.

Fasc. 33 Lepidoptera: Arctiidae. Fang Chenglai, 1985. 100 pp., 69 figs., 10 pls.

Fasc. 34 Hymenoptera: Chalcidoidea I. Liao Dingxi *et al.*, 1987. 241 pp., 113 figs., 24 pls.

Fasc. 35 Coleoptera: Cerambycidae III. Chiang Shunan. Pu Fuji and Hua Lizhong, 1985. 189 pp., 2 figs., 13 pls.

Fasc. 36 Homoptera: Fulgoroidea. Chou Io *et al.*, 1985. 152 pp., 125 figs., 2 pls.

Fasc. 37 Diptera: Anthomyiidae. Fan Zide *et al.*, 1988. 396 pp., 1215 figs., 10 pls.

Fasc. 38 Diptera: Ceratopogonidae II. Lee Tiesheng, 1988. 127 pp., 107 figs.

Fasc. 39 Acari: Ixodidae. Teng Kuofan and Jiang Zaijie, 1991. 359 pp., 354 figs.

Fasc. 40 Acari: Dermanyssoideae, Teng Kuofan *et al.*, 1993. 391 pp., 318 figs.

Fasc. 41 Hymenoptera: Pteromalidae I. Huang Dawei, 1993. 196 pp., 252 figs.

Fasc. 42 Lepidoptera: Lymantriidae II. Chao Chungling, 1994. 165 pp., 103 figs., 10 pls.

Fasc. 43 Homoptera: Coccidea. Wang Tzeching, 1994. 302 pp., 107 figs.

Fasc. 44 Acari: Eriophyoidea I. Kuang Haiyuan, 1995. 198 pp., 163 figs., 7 pls.

Fasc. 45 Diptera: Tabanidae II. Wang Zunming, 1994. 196 pp., 182 figs., 8 pls.

Fasc. 46 Coleoptera: Cetoniidae, Trichiidae, Valgidae. Ma Wenzhen, 1995. 210 pp., 171 figs., 5 pls.

Fasc. 47 Hymenoptera: Formicidae I. Tang Jub, 1995. 134 pp., 135 figs.

Fasc. 48 Ephemeroptera. You Dashou *et al.*, 1995. 152 pp., 154 figs.

Fasc. 49 Trichoptera I: Hydroptilidae, Stenopsychidae, Hydropsychidae, Leptoceridae. Tian Lixin *et al.*, 1996. 195 pp., 271 figs., 2 pls.

Fasc. 50 Hemiptera II: Zhang Shimei *et al.*, 1995. 169 pp., 46 figs., 24 pls.

Fasc. 51 Hymenoptera: Ichneumonidae. He Junhua, Chen Xuexin and Ma Yun, 1996. 697 pp., 434 figs.

Fasc. 52 Hymenoptera: Sphecidae. Wu Yanru and Zhou Qin, 1996. 197 pp., 167 figs., 14 pls.

Fasc. 53 Acari: Phytoseiidae. Wu Weinan *et al.*, 1997. 223 pp., 169 figs., 3 pls.

(Q-3510.0101)

ISBN 978-7-03-044291-8